Innere Medizin

Thieme

Innere Medizin

Herausgegeben von

Heiner Greten
Franz Rinninger
Tim Greten

Mit Beiträgen von:

Michael Amling
Konrad Andrassy*
Manuel Battegay
Helmut Baumgartner
Martin Borggrefe
Stefan Bornstein
Günter Breithardt
Thomas Budde
Martin Caselitz*
Wolfgang Caspary
Curt Diehm
Nicolas Diehm
Hans Jochen Diesfeld*
Lars Eckardt
Gerhard Eger
Ursula Flückiger
Reimar Fritzen*
Knut Grasedyck*
Heiner Greten
Matthias Gruber
Johannes Hadem
Andreas Hamann
Richard Herrmann
Karl Friedrich Hilgers
Joachim Kalden
Georg Kanzow
Stefan Kluge
Jens Koopmann
Gérard Krause*
Georg Kreymann
Helgo Magnussen
Johannes Mann
Michael P. Manns
Christian Morath
Gert Müller-Berghaus
Reto Nüesch
Ralf Paschke
Bernd Pötzsch
Holger Reinecke
Franz Rinninger
Eberhard Ritz
Werner Scherbaum
Georg Schett
Jan Schmielau*
Gerhard Scholz
Matthias Schott
Pramod Shah*
Hans-Jürgen Stellbrink*
André Tichelli
Roland Veelken
Till Wehrmann
Thomas Wichter
Holger Willenberg
Eberhard Windler

*Mitarbeiter früherer Auflagen

13., vollständig überarbeitete
und erweiterte Auflage

780 Abbildungen
395 Tabellen/Übersichten

Georg Thieme Verlag
Stuttgart · New York

Bibliografische Information der Deutschen Nationalbibliothek

Die Deutsche Nationalbibliothek verzeichnet diese Publikation in der Deutschen Nationalbibliografie; detaillierte bibliografische Daten sind im Internet über http://dnb.d-nb.de abrufbar.

Zeichnungen: Karin Baum, Paphos, Zypern
Umschlaggestaltung: Thieme Verlagsgruppe
Layout: Ulrike Holzwarth, Stuttgart

1. Auflage 1969
2. Auflage 1970
3. Auflage 1972
4. Auflage 1976
5. Auflage 1980
6. Auflage 1984
7. Auflage 1987
8. Auflage 1990
9. Auflage 1998
10. Auflage 1999
11. Auflage 2002
12. Auflage 2005
1. spanische Auflage 1975
1. türkische Auflage 1982
2. spanische Auflage 1984
1. chinesische 1985
 1. Nachdruck 1991
1. japanische Auflage 1988

Rüdigerstraße 14
70469 Stuttgart
Deutschland
E-mail: Innere-Lehrbuch. Greten@thieme.de
Unsere Homepage: www.thieme.de

Printed in Germany

Satz: Druckhaus Götz GmbH, 71636 Ludwigsburg
gesetzt in 3B2, Version 9.1, Unicode
Druck: GCC Grafisches Centrum Cuno, Calbe

ISBN 978-3-13-552213-5 1 2 3 4 5 6

Wichtiger Hinweis: Wie jede Wissenschaft ist die Medizin ständigen Entwicklungen unterworfen. Forschung und klinische Erfahrung erweitern unsere Erkenntnisse, insbesondere was Behandlung und medikamentöse Therapie anbelangt. Soweit in diesem Werk eine Dosierung oder eine Applikation erwähnt wird, darf der Leser zwar darauf vertrauen, dass Autoren, Herausgeber und Verlag große Sorgfalt darauf verwandt haben, dass diese Angabe **dem Wissensstand bei Fertigstellung des Werkes** entspricht.

Für Angaben über Dosierungsanweisungen und Applikationsformen kann vom Verlag jedoch keine Gewähr übernommen werden. **Jeder Benutzer ist angehalten,** durch sorgfältige Prüfung der Beipackzettel der verwendeten Präparate und gegebenenfalls nach Konsultation eines Spezialisten festzustellen, ob die dort gegebene Empfehlung für Dosierungen oder die Beachtung von Kontraindikationen gegenüber der Angabe in diesem Buch abweicht. Eine solche Prüfung ist besonders wichtig bei selten verwendeten Präparaten oder solchen, die neu auf den Markt gebracht worden sind. **Jede Dosierung oder Applikation erfolgt auf eigene Gefahr des Benutzers.** Autoren und Verlag appellieren an jeden Benutzer, ihm etwa auffallende Ungenauigkeiten dem Verlag mitzuteilen.

Anschriften

Prof. Dr. med. Michael Amling
Institut für Osteologie und Biomechanik (IOBM)
Universitätsklinikum Hamburg-Eppendorf
Martinistr. 52
20246 Hamburg

Prof. Dr. med. Konrad Andrassy*
Nierenzentrum der Universität Heidelberg
Im Neuenheimer Feld 162
69120 Heidelberg

Prof. Dr. med. Manuel Battegay
Klinik für Infektiologie und Spitalhygiene
Universitätsspital Basel
Petersgraben 4
CH-4031 Basel

Prof. Dr. med. Helmut Baumgartner
Zentrum für Erwachsene mit angeborenen (EMAH) und erworbenen Herzfehlern
Universitätsklinikum Münster
Albert-Schweitzer-Str. 33
48149 Münster

Prof. Dr. med. Martin Borggrefe
Universitätsklinikum Mannheim
I. Medizinische Klinik
Schwerpunkt: Kardiologie, Internistische Intensivmedizin, Angiologie und Pneumologie
Theodor-Kutzer-Ufer 1–3
68167 Mannheim

Prof. Dr. med. Stefan Bornstein
Medizinische Klinik III
Universitätsklinikum Dresden
Fetscherstr. 74
01307 Dresden

Prof. Dr. med. Günter Breithardt
Medizinische Klinik und Poliklinik C
(Kardiologie und Angiologie)
Universitätsklinikum Münster
Albert-Schweitzer-Str. 33
48149 Münster

Prof. Dr. Thomas Budde
Klinik für Innere Medizin I
Alfried-Krupp-Krankenhaus
Alfried-Krupp-Str. 21
45131 Essen

PD Dr. med. Martin Caselitz*
Medizinische Klinik II
Klinikum Deggendorf
Perlasbergerstr. 41
94469 Deggendorf

Prof. Dr. med. Wolfgang Caspary
Bleichstr. 28
61137 Schöneck

Prof. Dr. med. Curt Diehm
Abteilung Innere Medizin/Gefäßmedizin
SRH Klinikum Karlsbad-Langensteinbach gGmbH
Guttmannstr. 1
76307 Karlsbad

PD Dr. med. Nicolas Diehm
Klinische und interventionelle Angiologie
Inselspital der Universitätsklinik Bern
Freiburgerstraße
CH-3010 Bern

Prof. Dr. med. Hans Jochen Diesfeld*
Leopoldstr. 6
82319 Starnberg

Prof. Dr. med. Lars Eckardt
Medizinische Klinik und Poliklinik C
(Kardiologie und Angiologie)
Universitätsklinikum Münster
Albert-Schweitzer-Str. 33
48149 Münster

Dr. med. Gerhard Eger
Gosbergerstr. 23
91361 Pinzberg

Prof. Dr. med. Ursula Flückiger
Klinik für Infektiologie und Spitalhygiene
Universitätsspital Basel
Petersgraben 4
CH-4031 Basel

Dr. med. Reimar Fritzen*
Endokrinologische Praxis am Aachener Platz
Aachener Str. 196
40223 Düsseldorf

Prof. Dr. med. Knut Grasedyck*
Gussau 116
22359 Hamburg

Prof. Dr. med. Heiner Greten
Asklepios Klinik St. Georg
Hanseatisches Herzzentrum
Lohmühlenstr. 5
20099 Hamburg

Prof. Dr. med. Tim Greten
National Cancer Institute
Building 10 Rm 12N226
9000 Rockville Pike
USA-20892 Bethesda, MD

Dr. med. Matthias Gruber
Medizinische Klinik III
Universitätsklinikum Dresden
Fetscherstr. 74
01307 Dresden

Dr. med. Johannes Hadem
Zentrum für Innere Medizin
Klinik für Gastroenterologie,
Hepatologie und Endokrinologie
Medizinische Hochschule
Hannover
Carl-Neuberg-Str. 1
30625 Hannover

Prof. Dr. med. Andreas Hamann
Diabetes-Klinik Bad Nauheim
GmbH
Ludwigstr. 37–39
61231 Bad Nauheim

Prof. Dr. med. Richard Herrmann
Klinik für Onkologie
Universitätsspital Basel
Petersgraben 4
CH-4031 Basel

Prof. Dr. med. Karl Friedrich
Hilgers
Medizinische Klinik 4
Universität Nürnberg-Erlangen
Krankenhausstr. 12
91054 Erlangen

Prof. Dr. med. Dr. h. c. mult.
Joachim R. Kalden
Direktor emeritus Medizinische
Klinik III
Abteilung für Molekulare
Immunologie
Universität Nürnberg-Erlangen
Glücksstr. 6
91054 Erlangen

Dr. med. Georg Kanzow
Zentrum für Pneumologie und
Thoraxchirurgie
Krankenhaus Großhansdorf
Wöhrendamm 80
22927 Großhansdorf

PD Dr. med. Stefan Kluge
Klinik für Intensivmedizin
Universitätsklinik Hamburg-
Eppendorf
Martinistr. 52
20251 Hamburg

Dr. med. Jens Koopmann
Medizinische Universitätsklinik
Ruhr-Universität-Bochum
Knappschaftskrankenhaus
In der Schonau 23–25
44892 Bochum

PD Dr. med. Gérard Krause*
Abteilung für
Infektionsepidemiologie
Robert-Koch-Institut
Nordufer 20
13353 Berlin

Prof. Dr. med. Georg Kreymann
Schaffhauser Str. 118
CH-8057 Zürich

Prof. Dr. med. Helgo Magnussen
Zentrum für Pneumologie und
Thoraxchirurgie
Krankenhaus Großhansdorf
Wöhrendamm 80
22927 Großhansdorf

Prof. Dr. med. Johannes Mann
Abt. für Nieren- und
Hochdruckerkrankungen
Klinikum Schwabing
Kölner Platz 1
80804 München

Prof. Dr. med. Michael P. Manns
Zentrum für Innere Medizin
Klinik für Gastroenterologie,
Hepatologie und Endokrinologie
Medizinische Hochschule
Hannover
Carl-Neuberg-Str. 1
30625 Hannover

PD Dr. med. Christian Morath
Nierenzentrum der Universität
Heidelberg
Im Neuenheimer Feld 162
69120 Heidelberg

Prof. Dr. med. Gert Müller-
Berghaus
Im Hafergarten 5
61239 Ober-Mörlen

PD Dr. med. Reto Nüesch
Infektiologie und Spitalhygiene
Hirslanden Klinik St. Anna
St. Anna-Str. 32
CH-6006 Luzern

Prof. Dr. med. Ralf Paschke
Klinik für Endokrinologie und
Nephrologie
Universitätsklinik Leipzig
Liebigstr. 20
04103 Leipzig

Prof. Dr. med. Bernd Pötzsch
Institut für Experimentelle
Hämatologie
und Transfusionsmedizin
Universität Bonn
Sigmund-Freud-Str. 25
53105 Bonn

Prof. Dr. med. Holger Reinecke
Medizinische Klinik und
Poliklinik C
(Kardiologie und Angiologie)
Universitätsklinikum Münster
Albert-Schweitzer-Str. 33
48149 Münster

Prof. Dr. med. Franz Rinninger
Zentrum für Innere Medizin
Universitätsklinikum Hamburg-
Eppendorf
Martinistr. 52
20246 Hamburg

Prof. Dr. med. Dr. h. c. mult.
Eberhard Ritz
Nierenzentrum der Universität
Heidelberg
Im Neuenheimer Feld 162
69120 Heidelberg

Prof. Dr. med. Werner Scherbaum
Klinik für Endokrinologie,
Diabetologie und Rheumatologie
Universitätsklinik Düsseldorf
Moorenstr. 5
40225 Düsseldorf

Prof. Dr. med. Georg Schett
Medizinische Klinik 3 mit
Poliklinik
Universität Nürnberg-Erlangen
Krankenhausstr. 12
91054 Erlangen

Dr. med. Jan Schmielau*
Sana Kliniken Lübeck
Akademisches Lehrkrankenhaus
der Universität zu Lübeck
Medizinische Klinik III
Kronsforder Allee 71–73
23560 Lübeck

Prof. Dr. med. Gerhard Scholz
Innere Medizin I
St. Elisabeth-Krankenhaus
Biedermannstr. 84
04277 Leipzig

Prof. Dr. med. Matthias Schott
Klinik für Endokrinologie,
Diabetologie und Rheumatologie
Universitätsklinik Düsseldorf
Moorenstr. 5
40225 Düsseldorf

Prof. Dr. med. Pramod Shah*
Auf dem Mühlberg 30c
60599 Frankfurt am Main

Prof. Dr. med. Hans-Jürgen
Stellbrink*
Grindelallee 35
20146 Hamburg

Prof. Dr. med. André Tichelli
Diagnostische Hämatologie
Labormedizin
Universitätsspital Basel
Petersgraben 4
CH-4031 Basel

Prof. Dr. med. Roland Veelken
Medizinische Klinik 4
Universität Nürnberg-Erlangen
Krankenhausstr. 12
91054 Erlangen

Prof. Dr. med. Till Wehrmann
Deutsche Klinik für Diagnostik
Fachbereich Gastroenterologie
Aukammallee 33
65191 Wiesbaden

Prof. Dr. med. Thomas Wichter
Klinik für Innere Medizin und
Kardiologie
Niels-Stensen-Kliniken
Marienhospital Osnabrück
Herzzentrum Osnabrück –
Bad Rothenfelde
Bischofstr. 1
49074 Osnabrück

PD Dr. med. Holger Willenberg
Klinik für Endokrinologie,
Diabetologie und Rheumatologie
Universitätsklinik Düsseldorf
Moorenstr. 5
40225 Düsseldorf

Prof. Dr. med. Eberhard Windler
Endokrinologie und Stoffwechsel
des Alterns
Universitätsklinikum Hamburg-
Eppendorf
Martinistr. 52 – Haus N36
20246 Hamburg

*Mitarbeiter früherer Auflagen

Vorwort zur 13. Auflage

Liebe Leserinnen, liebe Leser,

das Lehrbuch Innere Medizin liegt nun in der 13. vollständig überarbeiteten und aktualisierten Auflage vor. Da sich das Wissen in allen Bereichen der Medizin rapide vermehrt, wurde das Buch komplett überarbeitet und an vielen Stellen völlig neu geschrieben. Unter anderem sind neue und besonders aktuelle Krankheitsbilder hinzugekommen, zahlreiche Differenzialdiagnosen und Leitsymptome werden noch intensiver beleuchtet und darüberhinaus finden Sie Profitipps für den klinischen Alltag. Neu sind die klinischen Fallbeispiele, die einen ausgezeichneten Praxisbezug herstellen und das Gelesene zusätzlich vertiefen.

Aufgrund der Vielzahl an Texten, Bildern und Tabellen aus allen Fachdisziplinen der Inneren Medizin, die eine beachtliche inhaltliche Tiefe gewährleisten, schien es uns wichtig und richtig, das Format des Buches aus Gründen der Übersichtlichkeit zu vergrößern und das Buch außerdem mit einem stabilen Hardcoverumschlag zu versehen.

Weiterhin wurde das Layout modernisiert, um so das bewährte Farbleitsystem zur guten Orientierung im Buch, die klare und einheitliche Textstrukturierung, die Kennzeichnung von Abbildungen, Tabellen und Differenzialdiagnosetabellen noch besser zur Geltung zu bringen und die Übersichtlichkeit weiter zu verbessern.

Außerdem hat das Buch zwei weitere Herausgeber hinzugewonnen: Neben Herrn Professor Heiner Greten, der die Geschicke des Buches seit vielen Auflagen als Herausgeber steuert, sind ab dieser Auflage auch Herr Professor Franz Rinninger und Herr Professor Tim Greten mit dabei. Herr Professor Rinninger ist im Zentrum für Innere Medizin des Universitätsklinikums Hamburg im Fachbereich Endokrinologie und Stoffwechsel tätig und wirkt als Autor bereits seit vielen Jahren am Buch mit. Herr Professor Tim Greten arbeitet seit 2010 in den USA am National Cancer Institute und leitet dort die Sektion für Gastrointestinale Onkologie.

Für die Anregungen und Verbesserungsvorschläge unserer Leser für die 13. Auflage möchten wir uns herzlich bedanken, wir haben sie wo immer möglich berücksichtigt.

Für die 13. Auflage haben zahlreiche Personen gut zusammengearbeitet, besonders bedanken möchten wir uns bei den Autoren, die alle renommierte Experten auf ihren Fachgebieten an zahlreichen Universitäten in Deutschland und der Schweiz sind.

Unser gemeinsames Ziel war es einmal mehr die Inhalte der Inneren Medizin zu Ihrem bestmöglichen Nutzen in der Form eines vierfarbigen hochwertigen Lehrbuchs aufzubereiten. Wir hoffen, dass wir dieses Ziel erreicht haben. Wir freuen uns sehr über Ihre Anregungen und Verbesserungsvorschläge. Ihnen wünschen wir viel Erfolg beim Lernen und Praktizieren der Inneren Medizin und am Arztberuf.

Hamburg, August 2010

Inhaltsverzeichnis

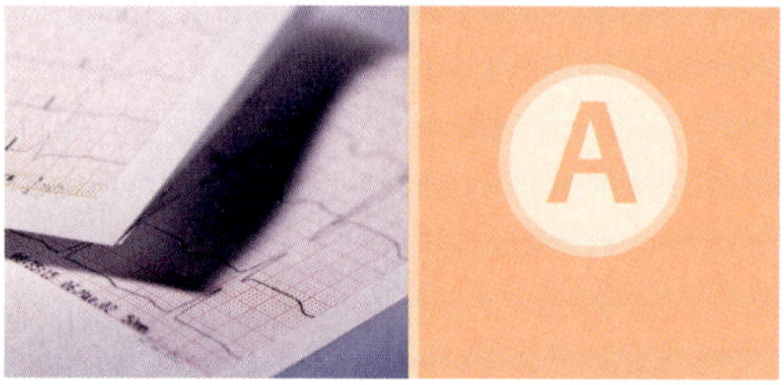

Kardiologie

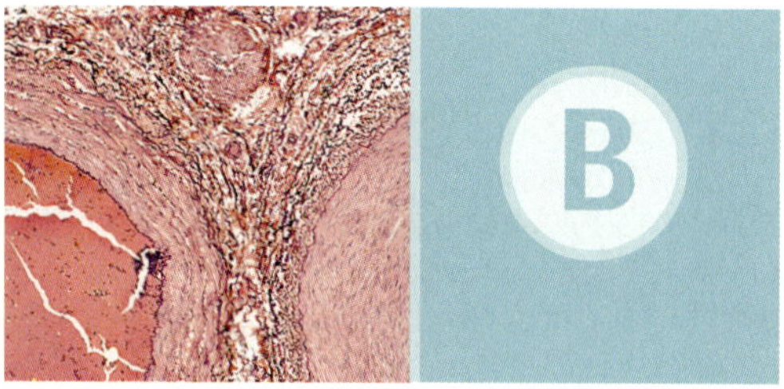

Angiologie

Arterielle Hypertonie

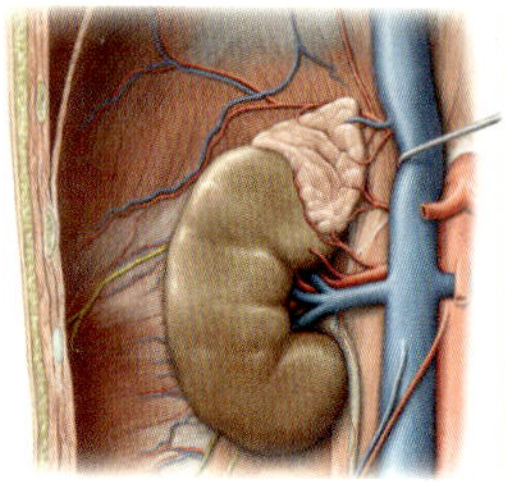

D

Nephrologie

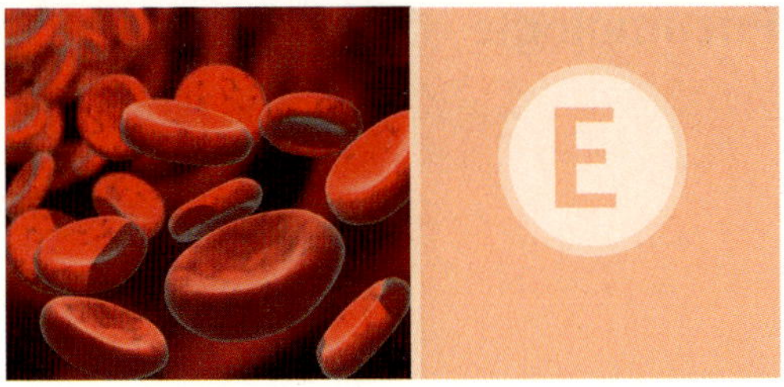

Hämostaseologie

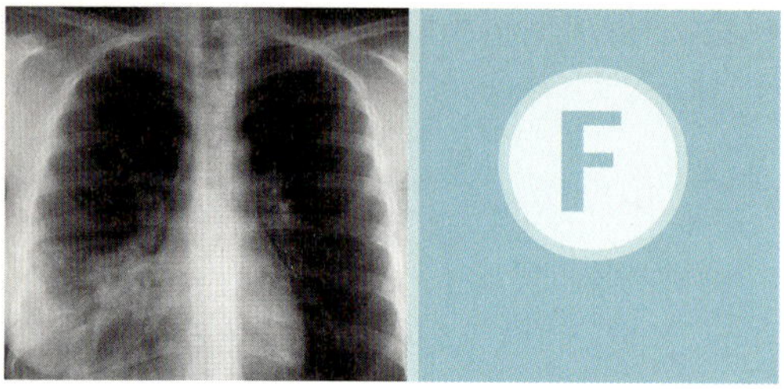

Pneumologie

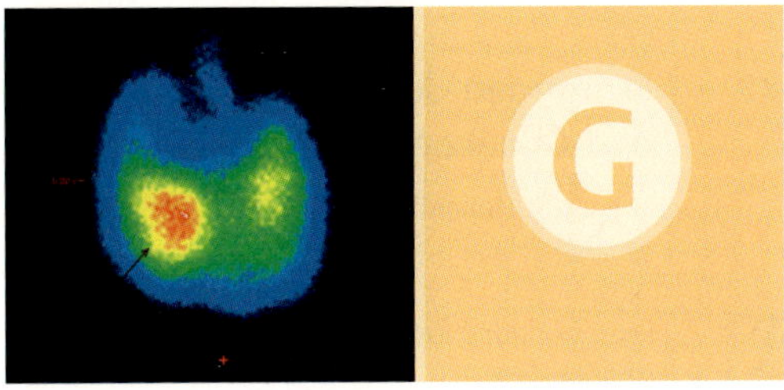

Endokrinologie

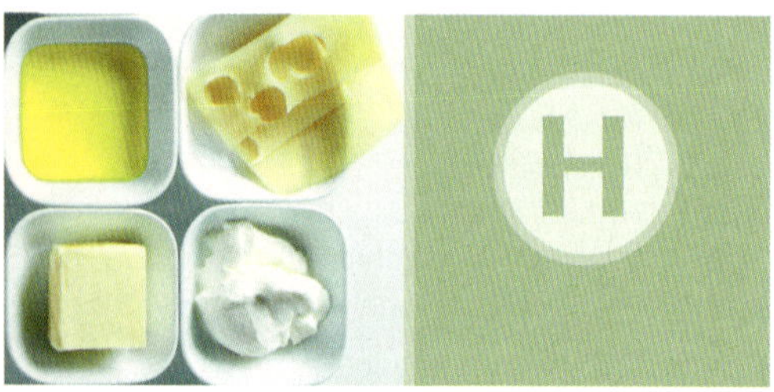

Stoffwechsel

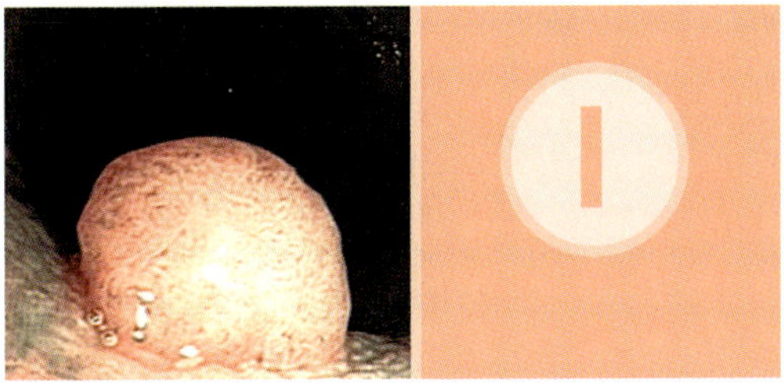

Gastroenterologie

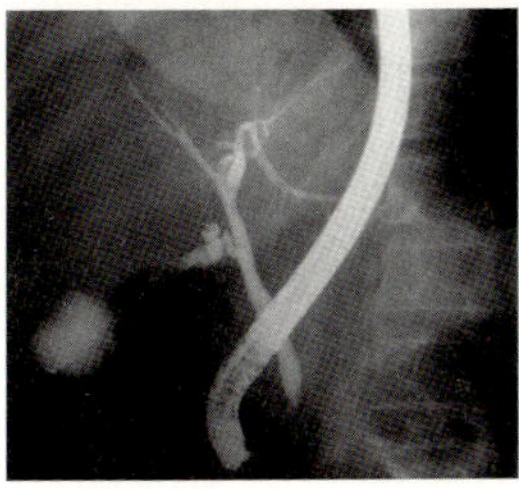

J

Leber, Gallenwege, Pankreas

Hämatologie, Onkologie

Infektiologie

Immunologie

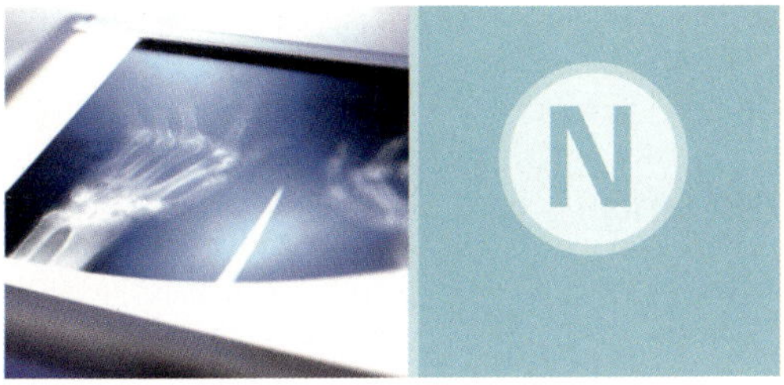

Rheumatologie

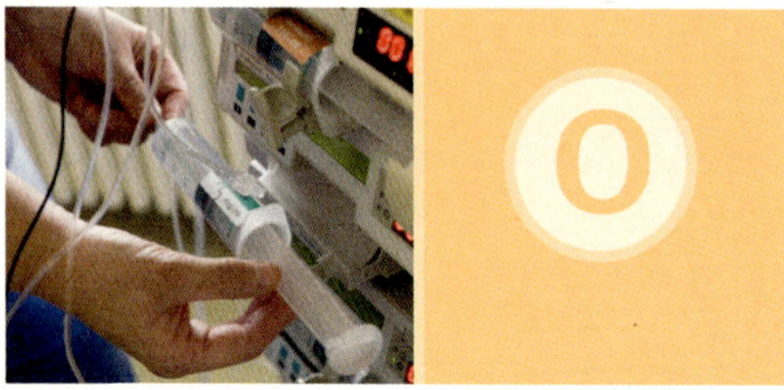

Internistische Intensivmedizin

Anhang

Kardiologie

A

1 Grundlagen der Kardiologie

Günter Breithardt, Thomas Wichter

Erkrankungen des Herz-Kreislauf-Systems stellen in westlichen Ländern die Hauptursache von Todesfällen und akuten wie auch chronischen Erkrankungen dar. Sie sind daher sowohl aus Sicht der medizinischen Versorgung als auch hinsichtlich der resultierenden Kosten für das Gesundheitssystem von besonderer Bedeutung. Die nachfolgenden Kapitel befassen sich mit den Grundlagen der kardiologischen Diagnostik und den wesentlichen Erkrankungsbildern des Fachgebietes.

1.1 Anatomie

Bildgebende Verfahren spielen in der Kardiologie eine große Rolle. Waren es früher die Röntgen-Angiografie und später die Echokardiografie, so werden diese heute ergänzt durch Schnittbildverfahren wie Computertomografie (CT) und Magnetresonanztomografie (MRT). In jüngster Zeit gelingt es auch, mittels Echokardiografie Strukturen des Herzens dreidimensional darzustellen. Diese Methoden stellen nicht nur die anatomischen normalen oder krankhaften Strukturen des Herzens dar, sondern sie liefern zusätzlich wichtige funktionelle Informationen (z. B. Wandbewegung, Blutfluss, Klappenfunktion). Auch die elektrische Aktivierung des Herzens lässt sich bei normalem Rhythmus und bei Rhythmusstörungen dreidimensional abbilden, das sog. Mapping. Solche Informationen stellen eine wichtige Voraussetzung für gezielte Interventionen dar, z. B. katheterbasierte perkutane Koronarinterventionen (PCI, s. S. 59 f) oder die Beseitigung von Strukturen, die für die Entstehung und Aufrechterhaltung von Rhythmusstörungen wichtig sind (Katheterablation, s. S. 74 ff).

Die Anatomie des Herzens wird grundsätzlich als bekannt vorausgesetzt. Hier sollen spezielle Aspekte behandelt werden, die erfahrungsgemäß Schwierigkeiten bereiten.

1.1.1 Lagebeziehung des Herzens im Thorax

Korrekterweise müssten alle Strukturen in Relation zu den drei orthogonalen Ebenen des Körpers beschrieben werden. Das Herz wird jedoch in der Regel in Relation zu seinen eigenen Achsen beschrieben. So liegen der rechte Vorhof und Ventrikel nicht rechts von ihren „linken" Gegenstücken, sondern vor (ventral) von ihnen. Zudem hat der Herzchirurg nach Eröffnung des Sternums eine andere Blickrichtung als der Kardiologe oder Radiologe z. B. beim konventionellen Röntgenbild (z. B. posterior-anterior und seitlich) oder der Kardiologe beim Herzkatheter bzw. bei der Echokardiografie ebenso wie beim MRT oder CT mit den möglichen multiplen Ebenen und Angulationen.

Das Herz ist vergleichbar mit einem Kegel (gebildet von Herzbasis und -spitze [linker Ventrikel]). Im Zentrum dieses Kegels befindet sich die Aortenklappe bzw. die Aorta ascendens. Die Längsachse des Herzens) ist um 40 Grad im Raum geneigt, von der rechten Schulter zum linken Hypochondrium. Die Klappenebene von Mitralklappe und Aortenklappe bildet dabei das „Dach" des Herzens (**Abb. 1.1**).

Die im **Röntgenbild des Thorax** sichtbaren randbildenden Strukturen sind in **Abb. 1.14** auf S. 27 beschrieben.

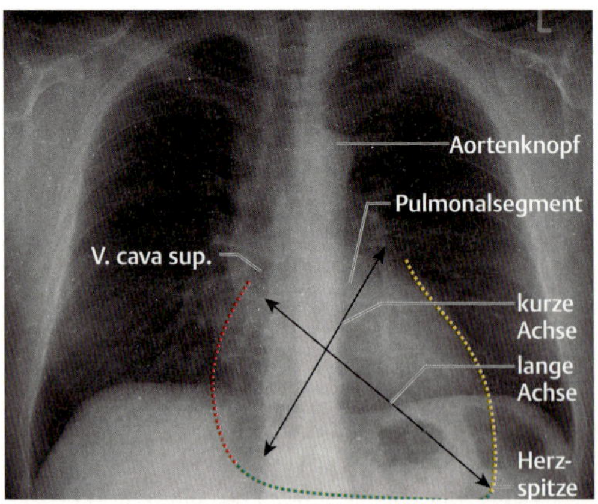

Abb. 1.1 Randbildende Strukturen und Achsen. Röntgen des Thorax p. a. (vgl. **Abb. 1.14**)

1.1.2 Unterscheidung zwischen rechtem und linkem Ventrikel

Der vorne (ventral) gelegene rechte Ventrikel hat im Gegensatz zum hinten (dorsal) gelegenen linken Ventrikel eine muskuläre Ausflussbahn, wodurch Trikuspidal- und Pulmonalklappe getrennt werden. **Mitral- und Aortenklappenring** sind dagegen in Form einer 8 **miteinander verbunden** (s. **Abb. 1.15**); die Ausflussbahn des linken Ventrikels besteht aus dem septalen (anterioren) Mitralsegel (den dorsalen/posterioren Anteil der Ausflussbahn darstellend) und dem interventrikulären Septum (anteriorer Anteil). Bei kongenitalen Anomalien können der (anatomisch) rechte und linke Ventrikel verdreht sein, d. h. umgekehrt liegen. Sie lassen sich dann oft nur an diesen Merkmalen auseinanderhalten, da ihre sonstige Strukturen (Wanddicke, Trabekularisierung) krankhaft verändert sein können und damit bei der Unterscheidung nicht helfen. Die Ausflussbahnen von rechtem und linkem Ventrikel überschneiden sich, die des linken liegt dorsal der rechten.

Ein Kurzachsenschnitt durch den linken Ventrikel verdeutlicht die Bezeichnung der einzelnen Wandabschnitte. Diese werden auf das Herz bezogen und nicht im Zusammenhang mit dem Situs, denn sonst müsste die anteriore Wand „superior" genannt werden. (1) Septum; (2) anteriore (Vorder-)Wand; (3) Lateralwand; (4) inferiore Wand (sog. Hinterwand). Dies entspricht dem „Bull's-eye"-Blick (Polar Map), wie er z. B. in der Nuklearmedizin benutzt wird (**Abb. 1.2**).

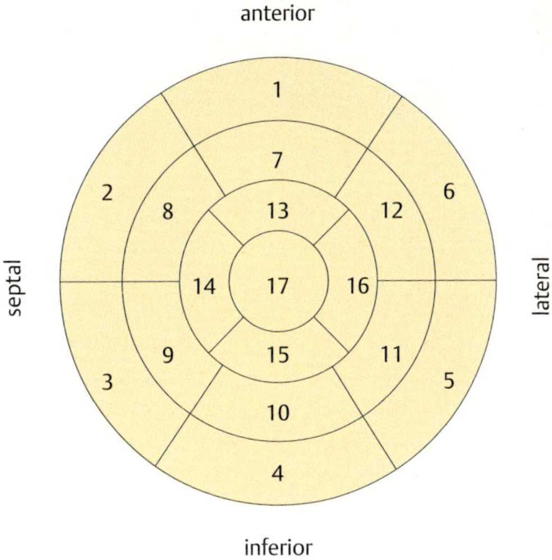

Abb. 1.2 Polar Map. Man blickt von „vorne", d. h. von der Spitze auf den linken Ventrikel. Die äußeren Ringe repräsentieren die basalen Abschnitte, die zentralen Ringe die apikalen Abschnitte des linken Ventrikels.

1.1.3 Herzklappen

Die Kenntnis der Lage der Klappen im Herzen ist unter anderem wichtig für das Erkennen von Klappenverkalkungen und der Position von Kunstklappen. Die Lage der einzelnen Herzklappen im Bezug zum Herzschatten ist **Abb. 1.15** auf S. 27 dargestellt. Aufbau und Funktion der Atrioventrikular-(AV-) Klappen ist komplex. Die Segel werden durch Sehnenfäden an den Papillarmuskeln und somit an den Kammerwänden befestigt. Krankhafte Veränderungen können in Stenose oder Insuffizienz der betroffenen Klappe resultieren. Ursächlich können degenerative oder entzündliche Veränderungen, eine Erweiterung des AV-Klappenrings mit relativer Verkürzung der Sehnenfäden (z. B. bei Dilatation des linken Ventrikels), eine ischämiebedingte Dysfunktion der die Papillarmuskel tragenden Wandabschnitte, ein Papillarmuskelabriss bei Infarkt, ein Abriss von Sehnenfäden im Rahmen einer Endokarditis etc. vorliegen.

1.1.4 Koronararterien

Die Lage der **Koronararterien** ist in **Abb. 1.18** auf S. 34 dargestellt.

1.1.5 Erregungsleitungssystem des Herzens

Die elektrische Erregung beginnt im **Sinusknoten**. Die P-Welle im EKG entspricht dem Beginn der nachfolgenden Erregung des **Vorhofmyokards**. Die Depolarisation des linken Vorhofs erfolgt etwa 20 – 30 ms nach dem Beginn der Depolarisation des rechten Vorhofs.

Die **Kammererregung** erfolgt nach Ablauf der PQ-Dauer, welche durch die intraatriale Leitungszeit und die Leitungszeit im AV-Knoten und im His-Bündel bestimmt wird. Der **AV-Knoten** leitet die Erregung verzögert zum **His-Bündel** und von dort über den rechten und linken **Tawara-Schenkel** und das **Purkinje-System** zur **Kammermuskulatur**. Der initia-

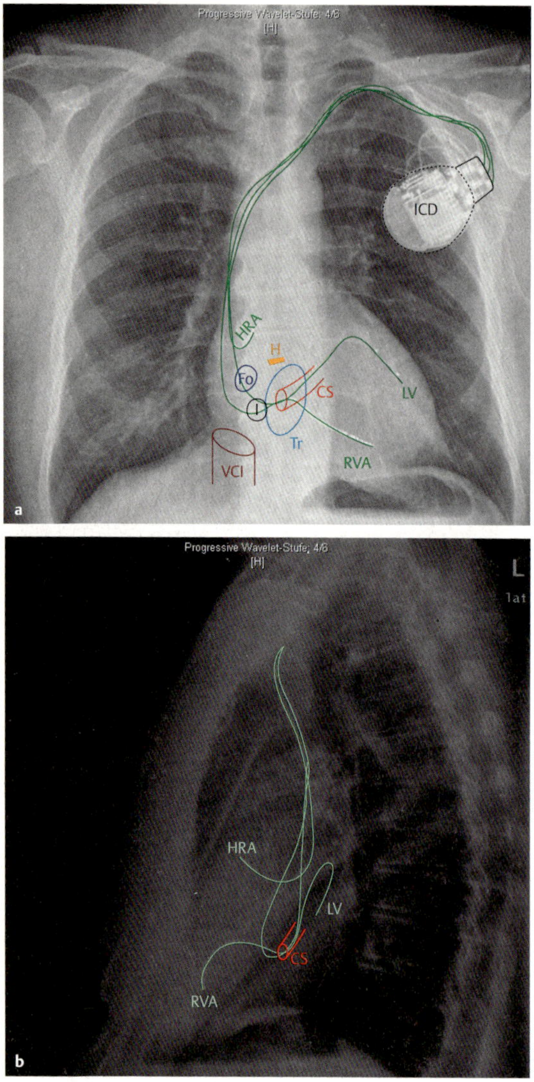

Abb. 1.3 Lage wichtiger Strukturen im Röntgenbild (oder bei Durchleuchtung) im Hinblick auf die elektrische Therapie von Rhythmusstörungen.
a p.-a. Projektion, **b** Seitenaufnahme.
Dargestellt ist ein zur Resynchronisationstherapie implantierter Kardioverter-Defibrillator (**ICD**) mit drei Elektroden, welche in der Spitze (Apex) des rechten Ventrikels (**RVA**), im hohen rechten Vorhof im Bereich des Herzrohres (**HRA**) und im Koronarsinus (**CS**) auf der epikardialen Seite der lateralen Wand des linken Ventrikels (**LV**) enden. Ferner ist die Einmündung der unteren Hohlvene (V. cava inferior, **VCI**) dargestellt. Die Region zwischen VCI, Trikuspidalklappenebene (**Tr**) und CS stellt die sog. Isthmusregion (**I**) dar, die eine wichtige Region für die Entstehung und Aufrechterhaltung sowie die Ablation von Vorhofflattern darstellt (s. **Abb. 1.4**). Die Fossa ovalis (**Fo**) ist für den Zugang zum linken Vorhof (transseptale Punktion) bei der Ablation von Vorhofflimmern (s. S. 89) von Bedeutung. Auch das His-Bündel (**H**) ist Ansatzpunkt für Ablationstherapien (His-Bündel-Ablation, z. B. bei Vorhofflimmern mit schneller Vorhof-Kammer-Überleitung). Aufgrund des resultierenden totalen AV-Blocks (s. S. 80) besteht allerdings nachfolgend die Indikation zur Schrittmacherimplantation.

le Anteil des QRS-Komplexes entspricht der Septumaktivierung, die für kurze Zeit von links nach rechts erfolgt (R-Zacke in V_1, Q in $V_{5/6}$), anschließend überwiegend nach links gerichtet ist (S-Zacke in V_1, R-Zacken in $V_{5/6}$).
Im Sinus- und AV-Knoten wird die Depolarisation von Ca^{2+}-Kanälen, im Vorhofmyokard, im His-Bündel und den Tawara-Schenkeln sowie in der Arbeitsmuskulatur dagegen von Na^{+}-Kanälen übernommen. Die Repolarisation erfolgt im Wesentlichen durch Aktivierung auswärts gerichteter K^{+}-Kanäle

1.1.6 Anatomische Grundlagen der Entstehung und Behandlung von Rhythmusstörungen

Aufgrund der zunehmenden Zahl von Eingriffen zur Therapie von Rhythmusstörungen (Katheterablation) und der großen Zahl von Patienten mit implantierten Herzschrittmachern oder Defibrillatoren ist die Kenntnis der an der Entstehung von Rhythmusstörungen beteiligten Strukturen und der typischen Positionen z. B. von transvenös eingebrachten Elektroden wichtig. **Abb. 1.3** zeigt die anatomischen Verhältnisse des Erregungsleitungssystems. Die Kennt-

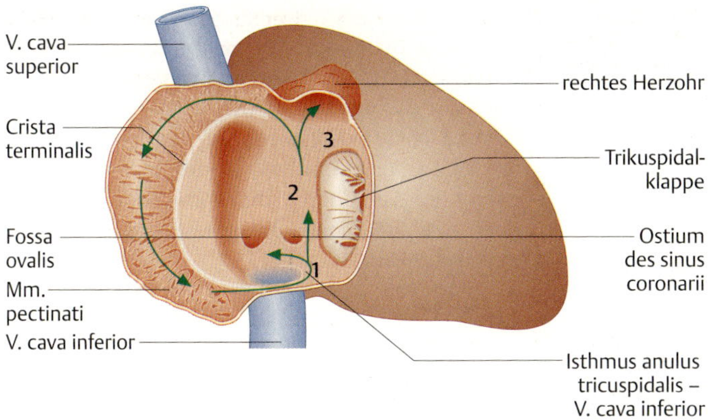

Abb. 1.4 Schematische Darstellung der für die Ablation von Rhythmusstörungen wichtigen Strukturen im rechten Vorhof. 1 = sog. Isthmusregion (Vorhofflattern); 2 = „slow pathway"-Region (AV-Knoten-Reentry-Tachykardien); 3 = His-Bündel (Unterbrechung der AV-Leitung mit Induktion eines totalen AV-Blockes).

nis der Lage der erregungsleitenden Strukturen, z. B. des AV-Knotens, ist wichtig für die Therapie von Rhythmusstörungen mittels Katheterablation (**Abb. 1.4**).

1.1.6.1 Isthmusregion im rechten Vorhof

Die Isthmusregion im rechten Vorhof ist eine aus rhythmologischer Sicht definierte Region zwischen Vena cava inferior, Mündung des Koronarsinus (CS) und Trikuspidalklappenring. Diese Region ist wichtig für **Entstehung und Aufrechterhaltung von Vorhofflattern.** Man unterscheidet den *septalen* Isthmus zwischen Eingang des Koronarsinus und Trikuspidalklappe vom *inferioren* Isthmus zwischen Trikuspidalklappe und Vena cava inferior. Eine elektrische „Barriere" im Isthmus, induziert durch eine lineare Hochfrequenzstrom-Applikation (Ablation), verhindert das Wiederauftreten von Vorhofflattern durch eine Blockade der kreisenden Erregung („Reentry") im rechten Vorhof (**Abb. 1.4**).

Die Erkennung der Lage des Koronarsinus im Röntgenbild ist wichtig für die Beurteilung der korrekten Elektrodenlage bei biventrikulärer Stimulation (biventrikulärer Schrittmacher/Defibrillator zur kardialen Resynchronisationstherapie, s. S. 110) und für die Identifikation von Elektrodenfehllagen von üblichen Herzschrittmachern.

1.1.6.2 Linker Vorhof und Pulmonalvenenmündungen

Die Anatomie des linken Vorhofes und der Lungenvenenmündungen hat seit kurzem für die Katheterablation von Vorhofflimmern an Bedeutung gewonnen (**Abb. 1.5**).

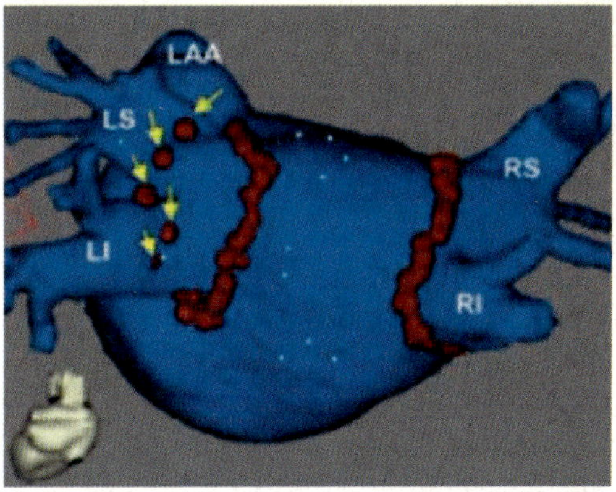

Abb. 1.5 Linker Vorhof mit einmündenden Lungenvenen und Ablationslinien nach dreidimensionaler Rekonstruktion mittels CT (oder MRT) dargestellt. Linker Vorhof, von dorsal gesehen mit einmündenden Lungenvenen = häufiger Ursprungsort für paroxysmales Vorhofflimmern. **Katheterablation.** Rot = Ablationslinien, um hochfrequente elektrische Herde im Bereich der Einmündung der Lungenvenen als Trigger für Vorhofflimmern auszuschalten („Pulmonalvenenisolation"). Auch der Ösophagus hat streckenweise direkten Kontakt mit dem linken Vorhof und eine sehr variable Position. Zudem ist er verschieblich und so ein Kontakt mit Ablationsstellen möglich. Es besteht die Gefahr der sehr seltenen (jedoch in der Regel tödlichen) Komplikation einer ösophageal-linksatrialen Fistel (Häufigkeit etwa 0,2 % der Vorhofflimmerablationen; Häufigkeit abnehmend). LS = linke obere Pulmonalvene, LI = linke untere Pulmonalvene, RS = rechte obere Pulmonalvene, RI = rechte untere Pulmonalvene.

1.2 Physiologie

Das Herz ist ein muskulöses Hohlorgan: ca. 300 g schwer (etwas größer als die eigene Faust), ca. 70 Schläge/min und 70 ml/Schlag.

1.2.1 Frank-Starling-Mechanismus

Stärke und Geschwindigkeit der Kontraktion nehmen mit steigender Vorspannung (Preload) zu, dagegen mit steigender Nachlast (Afterload) ab. Im gesunden Herzen verbessert daher eine Vordehnung der Herzmuskelfasern die Kraft-Geschwindigkeits-Beziehung der Kontraktion (Frank-Starling-Mechanismus). Eine Erhöhung des enddiastolischen Volumens führt somit zu einer Zunahme der Schlagarbeit (Aortendruck × Schlagvolumen). Dieser Mechanismus wird stark beeinflusst durch die Sympathikusinnervation.

1.2.2 Mechanischer Herzzyklus

Mit Beginn der Systole kommt es bei Überschreiten der Drücke in den Vorhöfen durch die Ventrikeldrücke zum Schluss der Mitral- und Trikuspidalklappe **(erster Herzton).** Nach der isovolämischen Kontraktion („Anspannungsphase") beginnt die Ejektionsphase mit der Öffnung von Aorten- und Pulmonalklappen. Mit Beginn der Relaxation der Kammermuskulatur fallen die Drücke in den Kammern unter diejenigen von Aorta und Pulmonalarterie, deren Klappen sich schließen **(zweiter Herzton).** Nach der isovolämischen Relaxation kommt es durch Abfall des Ventrikeldrucks unter den Vorhofdruck zur Öffnung der Atrioventrikularklappe (Mitral- und Trikuspidalklappe) mit nachfolgend passiver Füllung der Ventrikel. In der späten Diastole kommt es dann durch die Vorhofkontraktion zu einer präsystolischen aktiven Füllungsphase der Ventrikel (**Abb. 1.6**).

1.2.3 Das normale EKG

Der Erregungsablauf und die sich hieraus ergebenden EKG-Intervalle sind in **Tab. 1.1** und **Abb. 1.6** wiedergegeben.

1.3 Leitsymptome

Anamnese und körperliche Untersuchung stellen die Grundlage für das diagnostische und therapeutische Vorgehen dar. Invasive Befunde sollten nur unter Berücksichtigung des „klinischen Bildes" bewertet werden.

1.3.1 Angina pectoris

Typischerweise belastungsabhängiges oder kälteinduziertes, kurzdauerndes (< 15 min) **ischämiebedingtes Enge- oder Schweregefühl** mit retrosternaler

Tab. 1.1 Erregungsablauf und Normalwerte des EKG

EKG	Erregungsablauf	Dauer	Amplitude
P-Welle	Aktivierung des rechten (initialer Teil) und des linken Vorhofes (terminaler Anteil der P-Welle)	0,05 – 0,1 s	< 0,2 mV
PQ-Dauer	atrioventrikuläre (AV-) Überleitung (Leitungszeit vom rechten Vorhof zum AV-Knoten, dem His-Bündel und den beiden Tawara-Schenkeln)	0,12 – 0,20 s	–
QRS-Komplex	Aktivierung der Kammern	0,06 – 0,10 s	< 1–2 mV
T-Welle und QT-Dauer	Repolarisation sowie Gesamtdauer von De- und Repolarisation; mit steigender Herzfrequenz Abnahme der QT-Dauer, Frequenzkorrektur (nach Bazett): $QT_c = QT/RR^{1/2}$ (Werte in s; RR = Abstand zwischen zwei R-Zacken)	Normalwert für QT_c: < 0,40 für Männer, < 0,44 für Frauen	
U-Welle	Mechanismus umstritten, Repolarisation von Purkinje-Fasern, Folge von Nachdepolarisation oder mechanoelektrische Dehnung		

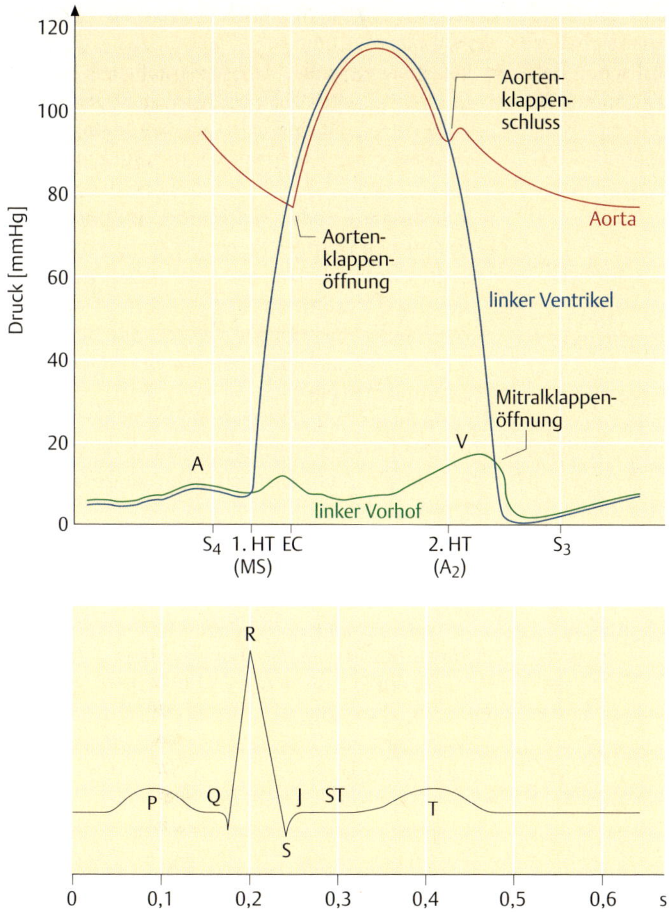

Abb. 1.6 Druckkurve und EKG. Beschreibung im Text. S_4 = 4. Herzton, 1. HT = 1. Herzton, EC = Ejektionsklick, 2. HT = 2. Herzton, S_3 = 3. Herzton.

Lokalisation („Druck in der Brust", „ringförmige Zuschnürung des Brustkorbs"), oft ausstrahlend in linke Schulter und Arm, Unterkiefer oder Epigastrium. Typisch ist eine rasche Besserung (< 5 min) nach sublingualer Applikation von Nitroglycerin (Spray oder Kapseln). Die Formen der Angina pectoris und die Schweregradeinteilung nach den Kriterien der Canadian Cardiovascular Society (CCS) werden im Kapitel „Koronare Herzkrankheit" auf S. 40 ff. besprochen.

> **!** **Angina pectoris ist nicht synonym mit Ischämie des Herzens, sondern lediglich ein deskriptiver Begriff.**

Neben der koronaren Herzkrankheit (KHK) kommen auch andere Ursachen für thorakale Schmerzen infrage:

- **Myokardinfarkt:** mehr als 30 Minuten anhaltender Schmerz, oft rezidivierend, in Ruhe auftretend, oft nicht auf Nitroglycerin reagierend (s. S. 58)
- **Perikarditis:** retrosternal oder epigastrisch, hält länger als Angina pectoris an, oft stechender Charakter, atem- und lageabhängig (s. S. 154)
- **Aortenbedingter Schmerz:**
  - Dissektion der Aorta oder Ruptur eines Aortenaneurysmas: plötzlicher, stechender, schneidender Schmerz retrosternal, in den Rücken ausstrahlend (s. S. 221)
  - bei chronisch bestehendem Aneurysma mit Arrosion der Rippen oder Wirbelsäule oft anhaltender Schmerz

- **Lungenembolie:** plötzlich einsetzender Schmerz, oft verbunden mit Dyspnoe und inspiratorischer Zunahme der Schmerzintensität, Lokalisation des Schmerzes abhängig vom betroffenen Pulmonalarterienast bzw. der zugehörigen Lungenregion, häufig laterale oder dorsale Thoraxbereiche betroffen, aber auch retrosternale Lokalisation möglich (s. S. 458 und S. 114)
- **Seltenere Ursachen:**
  - Tonuserhöhungen des Ösophagus: nicht belastungsabhängig
  - ausstrahlende Schmerzen von der Gallenblase oder vom Magen
  - Schmerzen der Muskulatur oder des Skelettsystems nach Trauma oder ungewöhnlichen Bewegungen, oft über Tage oder Wochen anhaltend
  - vertebragene Schmerzen und Interkostalneuritis
  - funktionelle oder psychogene Beschwerden, oft dumpfer, anhaltender Schmerz, typischerweise im Bereich der Herzspitze lokalisiert; gelegentlich mit Hyperventilation verbunden

1.3.2 Dyspnoe

→ vgl. auch Kapitel „Grundlagen der Pneumologie", S. 404 ff

Die Dyspnoe stellt ein wichtiges Kriterium innerhalb der funktionellen Klassifikation des Schweregrades von Herzerkrankungen nach den Kriterien der New York Heart Association (NYHA; s. S. 101) dar. Dyspnoe ist ein Symptom mit vielfältigen Ursachen. Es kann lediglich Ausdruck eines unzureichenden Trainingszustandes sein, aber auch durch zahlreiche andere Ursachen ausgelöst werden. **Kardiale Dyspnoe** ist oft Folge einer pulmonalvenösen und/oder -arteriellen Drucksteigerung durch systolische und/oder diastolische Funktionsstörung des linken Ventrikels oder pulmonale Hypertonie. Auch bei Mitralklappenfehlern oder Perikarderkrankungen tritt Dyspnoe auf, ebenso bei myokardialen Ischämien. Verschiedene Lungenerkrankungen können Auslöser für eine **pulmonale Dyspnoe** sein (s. S. 411 ff.). Auch eine ausgeprägte Anämie geht mit Luftnot einher.

> **!** **Bei vorbestehender Herzerkrankung kann auch schon eine mäßige Anämie Dyspnoe erzeugen.**

Differenzialdiagnostisch sind Form und Auftreten der Dyspnoe wichtig:

- **Belastungsdyspnoe:** belastungsabhängig auftretend; kann selten auch ein Äquivalent der Angina pectoris sein (Dauer: kurz wie bei Angina pectoris; Besserung durch Nitrate, nicht durch Digitalis).
- **Ruhedyspnoe oder nächtliche Dyspnoe:** zur nächtlichen Dyspnoe kommt es bei kardialen Ursachen durch den vermehrten nächtlichen Flüssigkeitsrückstrom mit Stau vor dem linken Herzen (evtl. interstitielles Ödem). Die Patienten schlafen deshalb mit erhöhtem Oberkörper (sog. „Asthma cardiale").
- **Orthopnoe:** höchste Atemnot, die der Patient durch aufrechte Haltung und unter Inanspruchnahme der Atemhilfsmuskulatur zu kompensieren versucht.
- **Lungenödem:** höchster Grad der Ruhedyspnoe mit schwerem Krankheitsgefühl, extremer Luftnot, Orthopnoe, brodelndem Atemgeräusch, Husten, schaumigem, oft blutigem Sputum.
- **Plötzlicher Beginn der Dyspnoe:** Typisch bei Lungenembolie, Pneumothorax, akutem Lungenödem, akute Atemwegsobstruktion, oder Myokardinfarkt (auch ohne Angina pectoris, z. B. bei Langzeitdiabetikern).
- **Plötzliche, oft wiederholte, nicht vorhersagbare Dyspnoe oder Leistungsschwäche:** kann auf Rhythmusstörungen hinweisen (z. B. Bigeminus, intermittierender höhergradiger AV-Block, paroxysmales Vorhofflimmern oder Kammertachykardie).
- **Bei Lagewechsel auftretend:** typisch bei Vorhofmyxom (s. S. 143), einseitigem Pleuraerguss oder Pneumothorax.

1.3.3 Palpitationen und Extrasystolie

Als **Palpitation** wird ein störend empfundenes Gefühl des normalen (schlanke Individuen in Linksseitenlage; stark vergrößertes Herz; hohes Herzminutenvolumen) oder abnormen Herzschlags (unregelmäßig; schnell; kräftig) als Folge von Angst oder Rhythmusstörungen bezeichnet. Ein verstärkter Herzschlag tritt z. B. auch bei Thyreotoxikose oder Anämie auf.

Zu den **Beschwerden bei Extrasystolie** werden von den Betroffenen Angaben oft erst auf ausdrückliches Befragen gemacht:

- Herzstolpern
- unregelmäßiger Puls, Pausen
- trockene Hustenstöße (bei ventrikulärer Extrasystolie durch simultane Kontraktion des linken Vorhofes gegen geschlossene Mitralklappe; Nachbarschaft des linken Vorhofes zur Bifurkation der Trachea)

Typisch für rhythmusbedingte Beschwerden ist das **plötzliche und unerwartete Auftreten**, oft in unregelmäßigen Abständen, in der Regel in Ruhe, seltener unter Belastung. Bei paroxysmalen Tachykardien geben die Patienten häufig (jedoch nicht immer) eine typische Beschreibung mit plötzlichem Beginn von Herzrasen, oft auch plötzlich endend. Auftreten in der Regel ohne unmittelbar vorhergehende provozierende Faktoren, gelegentlich beim Bücken oder bei plötzlichen Körperbewegungen. Bei supraventrikulären Tachykardien kommt es nicht selten anschließend zu einer Polyurie. Als Begleitsymptome von Rhythmusstörungen können außerdem Schwächegefühl, Benommenheit, Schweißausbruch oder (seltener) Synkopen auftreten.

1.3.4 Weitere Symptome bei kardialen Erkrankungen

Synkope. Kurze Bewusstlosigkeit als Folge zerebraler Minderperfusion mit spontaner Erholung ohne medizinische Maßnahmen. Typisch sind plötzlicher Beginn ohne Aura und rasches Wiedererwachen ohne Zungenbiss oder Einnässen. Hypoxisch bedingtes Krampfen („konvulsive Synkope") kommt selten vor (Fehldiagnose „Epilepsie")

Nykturie. Vermehrtes nächtliches Wasserlassen, häufig bei latenter oder manifester Herzinsuffizienz.

Husten. Zahlreiche Ursachen sind möglich. Kurzer, trockener Husten bei sonst Gesunden: Folge von Extrasystolen (s. S. 9)? Trockener Reizhusten: Nebenwirkung einer Therapie mit ACE-Hemmern (s. S. 105)? Therapierefraktärer Husten: Lungentumor (s. S. 478)?

Hämoptysen. Ruptur einer Pulmonal- oder Bronchialvene bei pulmonalvenöser Stauung, fortgeschrittener pulmonaler Hypertonie oder Lungeninfarkten (Lungenembolie). Des Weiteren bei kavernöser Lungentuberkulose, Lungentumoren und Brochiektasien (s. S. 438).

Heiserkeit > 3 – 4 Wochen. Verdacht auf Neoplasma, oft mit Husten verbunden. Kompression des N. recurrens durch Aortenaneurysma, einen großen linken Vorhof oder eine stark dilatierte Pulmonalarterie.

Uncharakteristische Beschwerden. Abgeschlagenheit, Antriebsminderung sowie die Neigung, schwierigen (psychisch anstrengenden) Situationen aus dem Weg zu gehen, können als Folge verminderter Herzleistung, z. B. einem Herzinfarkt, vorausgehen. Auch die **Belastungsdyspnoe** wird als Hinweis für myokardiale Ischämie (Äquivalent für Angina pectoris) häufig verkannt.

1.4 Diagnostik

1.4.1 Körperliche Untersuchung

Inspektion und Palpation

Allgemeiner Eindruck. Allgemein- und Ernährungszustand (Übergewicht als Risikofaktor für Hypertonus, Diabetes mellitus und KHK; Kachexie, z. B. bei schwerer Herzinsuffizienz), Hautfarbe (Ikterus, Blässe, Zyanose), Luftnot (Ruhedyspnoe, Orthopnoe), Atmungstyp und Atemfrequenz, Flüssigkeitshaushalt (Ödeme, Hautturgor, trockene Zunge), Schmerzen.

Zyanose. Folge eines vermehrten Anteils reduzierten Hämoglobins (ab 5 g/dl deoxygeniertes Hb, selten abnormes Hb, vgl. S. 903).

> ! **Besteht eine Anämie, dann ist eine Zyanose selten sichtbar.**

- **Zentrale Zyanose:** arterielle Untersättigung (Herzfehler mit Rechts-Links-Shunt, inadäquate Oxygenierung in den Lungen). Oft Trommelschlägelfinger und -zehen. Zyanose von Zunge und Schleimhäuten. O_2-Atmung vermindert oder beseitigt eine zentrale Zyanose bei Lungenerkrankungen, nicht jedoch bei Shuntvitien.
- **Periphere Zyanose:** vermehrte O_2-Ausschöpfung in der Peripherie durch niedriges Herzminutenvolumen bei Herzerkrankungen. Schleimhäute sind nicht zyanotisch.

Polyglobulie, Erythrocytose. Vermehrung der Erythrozyten (Hämoglobin und Hämatokrit erhöht) als Folge chronischer Hypoxie (chronische Lungenerkrankung, zyanotischer Herzfehler) oder bei hämatologischer Systemerkrankung (= Polyzythämie, s. S. 928).

Zeichen der Anämie. Blasse Haut und Schleimhäute (s. S. 899), Ruhetachykardie.

Ikterus. Als Folge einer Rechtsherzinsuffizienz mit Leberstauung meistens leichtgradig. Massive Bilirubinerhöhung als Folge dekompensierter mechanischer Hämolyse möglich (z. B. durch ein kleines Randleck bei künstlichen Herzklappen).

Ödeme. Als Zeichen der Rechtsherzinsuffizienz üblicherweise symmetrisch im Bereich der Knöchel, des Fußrückens und/oder prätibial, bei starker Ausprägung auch im Sakralbereich (Anasarka) nachweisbar:

- symmetrisch: kardial, jedoch auch bei beidseitiger venöser Insuffizienz
- generalisiert: Anasarka (bei schwerer Herzinsuffizienz, nephrotischem Syndrom, Leberzirrhose)
- bei oberer Einflussstauung: z. B. durch Obstruktion der V. cava superior
- Ödem einer Extremität: Folge venöser Thrombose, chronisch venöser Insuffizienz (Varikosis) oder Lymphabflussstörung

Halsvenenstauung (obere Einflussstauung). Bei Rechtsherzinsuffizienz infolge

- Trikuspidalklappeninsuffizienz: positiver systolischer Venenpuls, hepatojugulärer Reflux, v-Welle
- Pericarditis constrictiva und Perikardtamponade: Kussmaul-Zeichen (inspiratorische Venenfüllung), Pulsus paradoxus
- Trikuspidalklappenstenose (selten): betonte präsystolische a-Welle (bei Sinusrhythmus)

Leber. Sie ist bei Rechtsherzinsuffizienz durch venöse Stauung vergrößert (untere Einflussstauung über eine dilatierte V. cava inferior). Der Rand ist abgerundet (stumpf), die Oberfläche glatt, oft mäßig druckempfindlich (Kapselspannung). Bei schwerer akuter Stauung kann ein Spontanschmerz bestehen. Bei chronischer Stauung ist die Leber palpatorisch oft derb und induriert.

Milz. Sie ist normalerweise nicht tastbar, bei Rechtsherzinsuffizienz hingegen durch venöse Stauung vergrößert und daher tastbar. Die Größenbestimmung ist sonografisch sicherer als palpatorisch (s. S. 951).

Untersuchung der Arterienpulse Untersuchung auf Rhythmus, Füllung, Anstiegsgeschwindigkeit, Pulsdefizit (nicht jede Herzaktion ist als Pulsschlag tastbar, typisch für Tachyarrhythmia absoluta und Extrasystolie), Pulsus paradoxus (Abnahme der Füllung bei Einatmung), Pulsus alternans (wechselnde Füllung, oft in einem 2:1-Rhythmus, bei regelmäßigem Grundrhythmus), Seitengleichheit und Differenz zwischen oberer und unterer Extremität (s. S. 197).

Teleangiektasien. Erweiterung kleiner oberflächlicher Hautgefäße. Bei Lungen- und Herzerkrankungen typischerweise entlang dem Rippenbogen lokalisiert, bei Mitralklappenfehlern (v. a. bei Stenose) auch im Gesicht („Facies mitralis").
Hautveränderungen bei infektiöser **Endokarditis,** siehe infektiöse Endokarditis (s. S. 146).

Untersuchung der Lungen

→ ausführliche Beschreibung im Kapitel „Grundlagen der Pneumologie" auf S. 404 ff.

- Inspektion und Palpation des Thorax: Trichterbrust, Voussure (Herzbuckel), Atembewegungen, Atemfrequenz, Atemtypus, Stimmfremitus,
- Perkussion: (seiten)vergleichend; hypersonorer oder gedämpfter Klopfschall, inspiratorische Verschieblichkeit der Zwerchfellgrenzen,
- Auskultation: fein-, mittel- oder grobblasige Rasselgeräusche, klingend oder nichtklingend, abgeschwächtes oder fehlendes Atemgeräusch, verlängertes Exspirium mit trockenen Atemgeräuschen (Giemen, Brummen etc.).

Palpation des Herzens

Der normale **Herzspitzenstoß** wird im 5. ICR innerhalb der Medioklavikularlinie lokalisiert. Unterscheidung von Druck- und Volumenbelastung:

- Druckbelastung: hebender, kräftiger Spitzenstoß an regelrechter Stelle
- Volumenbelastung: Spitzenstoß nach lateral verlagert, verbreitert

Systolisches **Schwirren** (tastbar bei Auflage der flachen Hand präkordial) kann bei Ventrikelseptumdefekt (3.-4. ICR links) oder Aortenklappenstenose (1.-2. ICR rechts oder im Jugulum) tastbar sein. Ein diastolisches Schwirren ist extrem selten und kommt z. B. bei angeborener Mitralklappenstenose vor. Gelegentlich kann über der Schilddrüse bei Hyperthyreose Schwirren tastbar sein.

Auskultation des Herzens

> ! Hochfrequente Töne und Geräusche sowie systolische Klicks sind am besten mit der Membran, niedrige Frequenzen dagegen besser mit dem Trichter hörbar (locker aufsetzen, um die Haut nicht wie eine Membran zu spannen).

Herztöne. Sie entstehen in zeitlicher Beziehung zum Klappenschluss.

- **1. Herzton:** Mitral- und Trikuspidalklappenschluss
- **2. Herzton:** Aorten- und Pulmonalklappenschluss
- **3. Herzton:** Folge der raschen passiven Ventrikelfüllung, bei Jugendlichen physiologisch, ansonsten Ausdruck eines vermehrten diastolischen Einstromes (z. B. bei Mitralklappeninsuffizienz) oder eines erhöhten Füllungsdrucks bei Herzinsuffizienz
- **4. Herzton (pathologisch):** Folge der aktiven, durch die Vorhofkontraktion präsystolisch in der späten Diastole ausgelösten Phase der Ventrikelfüllung (daher während der Erregung des linken Vorhofes auftretend)
- **Auswurftöne** (Ejection Click) als Folge der Öffnung der Aorten- und Pulmonalklappen (z. B. bei Klappenstenosen, auch bei Jugendlichen)
- **Öffnungstöne der Mitral- und Trikuspidalklappe** sind hörbar bei Stenosen der AV-Klappen und treten in Abhängigkeit vom Schweregrad bis zu 0,12 s nach dem zweiten Herzton (vor dem dritten Herzton) auf (Öffnungstonintervall kürzer bei hochgradiger Stenose).

Herzgeräusche. Es handelt sich um längere Schallphänomene, bestehend aus Frequenzgemischen mit unterschiedlichen Amplituden (aber: musikalische Geräusche haben regelmäßige Sinusschwingungen). Sie entstehen durch Turbulenzen bei der Blutströmung (s. u.). Üblicherweise wird die Lautstärke nach der Sechser-Skala eingeteilt (**Tab. 1.2**).

> ! Die Lautstärke eines Geräusches ist kein Maß für die Schwere eines Klappenfehlers.

Akzidentelle systolische Geräusche sind ohne pathognomonische Bedeutung. Sie entstehen vor allem bei Kindern und Jugendlichen ohne erkennbare strukturelle Herzveränderung und sind abhängig von Körperlage und Belastung. Entstehungsmechanismus und -ort sind nicht genauer bestimmbar.

Funktionelle Geräusche sind Folge eines vergrößerten Schlag- und damit Flussvolumens. Dadurch kann sich die normale laminare Strömung des Blutes in eine turbulente verwandeln und mit dem Stethoskop hörbar werden. Als Ursachen kommen u. a. Fieber, Anämie, Hyperthyreose und andere Zustände mit gesteigertem Herzzeitvolumen infrage.

Der **Frequenzgehalt** eines Geräuschs kann ebenfalls Hinweise auf die Ursache liefern:

- bei hohem Druckgradient ist das Geräusch hochfrequent und gießend (z. B. bei Mitral- oder Aortenklappeninsuffizienz oder bei Pulmonalklappeninsuffizienz infolge pulmonaler Hypertonie)
- bei niedrigem Druckgradient ist das Geräusch tieffrequent und rau (z. B. Mitral- oder Trikuspidalklappenstenose, Trikuspidal- und Pulmonalklappeninsuffizienz bei normalem Druck im kleinen Kreislauf)

Bei den **systolischen Geräuschen** sind folgende Formen zu unterscheiden:

Tab. 1.2 Beschreibung der Lautstärke von Herzgeräuschen

Grad	Beschreibung
1 (1/6)	leises Geräusch, nur mit gutem Stethoskop in ruhiger Umgebung hörbar
2 (2/6)	leises bis mittellautes Geräusch, sicher zu hören
3 (3/6)	lautes Geräusch ohne tastbares Schwirren
4 (4/6)	lautes Geräusch, mit tastbarem Schwirren
5 (5/6)	sehr lautes Geräusch, mit tastbarem Schwirren, auch hörbar, wenn das Stethoskop nur teilweise auf die Brustwand aufgelegt ist
6 (6/6)	sehr lautes Geräusch, mit tastbarem Schwirren, auch hörbar, wenn das Stethoskop von der Brustwand abgehoben ist („Distanzgeräusch“)

- spindelförmig: Aorten- oder Pulmonalklappenstenose (Austreibungsphase)
- frühsystolisch oder holosystolisch: Mitral- oder Trikuspidalklappeninsuffizienz (früh-/holosystolisch), Ventrikelseptumdefekt (holosystolisch), muskulärer Ventrikelseptumdefekt (frühsystolisch), großer Ventrikelseptumdefekt mit bidirektionalem oder vorwiegendem Rechts-Links-Shunt mit Zeichen der pulmonalen Hypertonie (frühsystolisch)
- spätsystolische Geräusche: Mitralklappenprolaps
- akzidentell oder funktionell (s. o.)

Diastolische Geräusche entstehen

- durch Regurgitation an den Taschenklappen bei Aorten- oder Pulmonalklappeninsuffizienz
- als ventrikuläre Füllungsgeräusche bei Mitral- oder Trikuspidalklappenstenose
- funktionell durch vermehrten Fluss über Mitral- oder Trikuspidalklappe durch Regurgitation oder Shunt

Kontinuierliche Geräusche dauern die komplette Systole und Diastole an. Als Ursachen kommen ein persistierender Ductus arteriosus (Botalli), eine operativ angelegte arteriopulmonalarterielle Anastomose bei zyanotischem Vitium, arteriovenöse Fisteln oder ein veränderter Fluss in Arterien oder Venen (Stenosierung) in Betracht.

1.4.2 Elektrokardiogramm (EKG)

Ruhe-EKG

Das normale Ruhe-EKG wird im Liegen angefertigt. Da es nur einige Sekunden dauert, kann man es auch bei Notfällen gut durchführen.

Ableitungen (Abb. 1.7, vgl. Tab. 1.1).

- **Extremitätenableitungen** (Frontalebene) nach Einthoven (bipolare Ableitungen I, II, III) und Goldberger (unipolare Ableitungen aVR, aVL, aVF)
- **Brustwandableitungen** (Horizontalebene) nach Wilson (unipolare Ableitungen V_1–V_6).

Im Folgenden sollen einige **EKG-Befunde** dargestellt werden; ansonsten sei auf die speziellen Abschnitte der nachfolgenden Kapitel und die Literatur verwiesen.

Veränderungen der AV-Überleitung.

- verkürzte PQ-Dauer: bei Sinustachykardie, Kindern, Präexzitationssyndrom
- verlängerte PQ-Dauer: AV-Block I. Grades
- AV-Block I.–III. Grades
- AV-Dissoziation: Vorhöfe und Kammern werden (vorübergehend) unabhängig voneinander elektrisch erregt. Klassisches Beispiel: kompletter AV-Block (Grad III). Weitere Beispiele: kurzfristiges Absinken der Sinusknotenfrequenz, Einspringen eines AV-junktionalen oder ventrikulären Ersatzrhythmus; gelegentlich Interferenz durch übergeleitete Vorhoferregung).

> **!** **Zur Diagnostik von Rhythmusstörungen immer einen langen kontinuierlichen EKG-Streifen (möglichst Ableitungen I, II, III, V_1, V_4, V_6) schreiben (ggf. langsamerer Papiervorschub 10–25 mm/sec).**

Veränderungen des QRS-Komplexes.

- **Niederspannung/-voltage:** verminderte Amplituden von R und S. QRS in Extremitätenableitungen ≤ 0,5 mV, in Brustwandableitungen ≤ 0,7 mV. Vorkommen: Perikarderguss, ausgeprägte Ödeme, Hypothyreose, Kachexie (atrophisches Herz), Emphysem, ausgeprägte Adipositas
- **Lagetypen:** mit zunehmendem Alter Drehung des Hauptvektors nach links
- **Hypertrophiezeichen:** Amplitudenzunahme von R und/oder S.
  - Widerstands-(Druck-)hypertrophie: in der Regel normale QRS-Breite
  - Volumenhypertrophie: QRS verbreitert (Dilatation des linken Ventrikels)
  - Häufig benutzter Index für Hypertrophie: **Sokolow-Lyon-Index:**
    - **Linksherzhypertrophie**: S in $V_{1\ \text{oder}\ 2}$ + R in $V_{5\ \text{oder}\ 6}$ > 3,5 mV. Sensitivität und Spezifität des EKG für Erkennung der Linksherzhypertrophie begrenzt. Klinischer Standard ist die Echokardiografie, Goldstandard ist die Magnetresonanztomografie (MRT).
    - **Rechtsherzhypertrophie**: R in V_1 + S in V_5 > 1,05 mV. Das EKG ist dabei wenig sensitiv, die beste Übereinstimmung zum Hypertrophiegrad besteht bei angeborenen Herzfehlern, pulmonaler Hypertonie und chronischem Cor pulmonale.
  - Hypertrophie-Indizes zeigen eingeschränkte Sensitivität und sind nicht verwertbar bei Jugendlichen, mageren Personen, Sportlern und Schenkelblock.
- **S_I-Q_{III}-Typ:** S in Ableitung I und Q in Ableitung III; neu auftretend bei akutem Cor pulmonale (z. B. Lungenembolie).

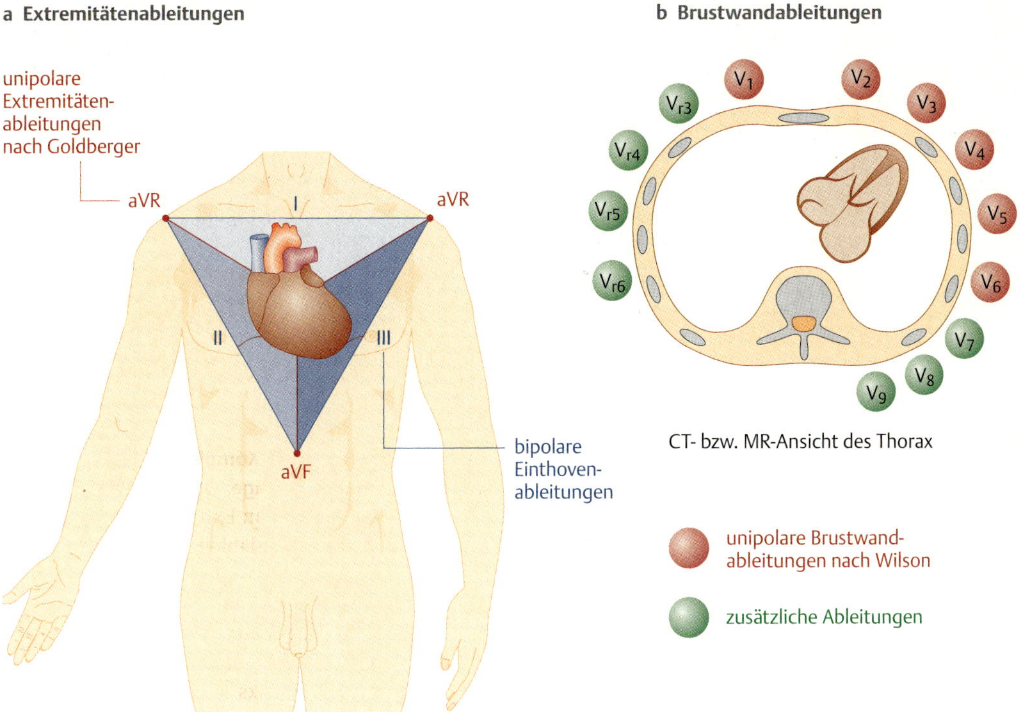

Abb. 1.7 EKG-Ableitungen. Extremitätenableitungen (**a**) in der Frontalebene und Brustwandableitungen (**b**) in der Horizontalebene in Bezug auf die Lage des Herzens.

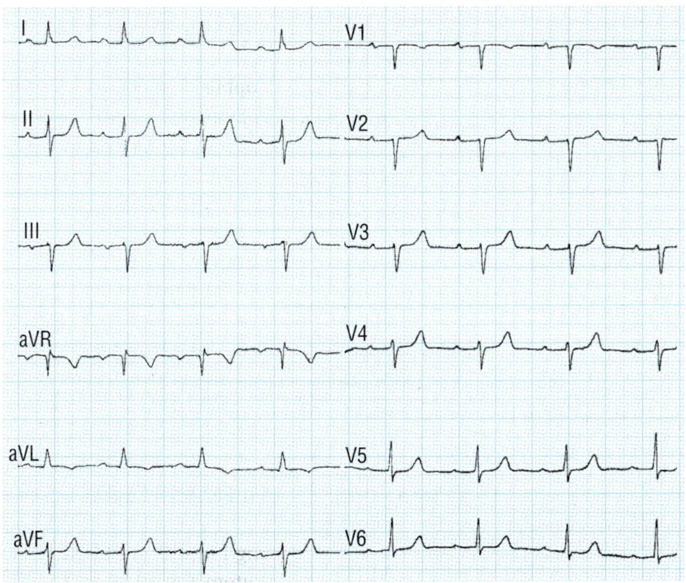

Abb. 1.8 AV-Block I. Grades. Sinusrhythmus, Frequenz 63/min, Linkslagetyp, PQ-Dauer mit 0,24 s verlängert, QRS-Dauer 0,75 s, QT-Dauer 0,40 s. T-Negativierung in aVL und V_1. (aus Hamm, Checkliste EKG, Thieme)

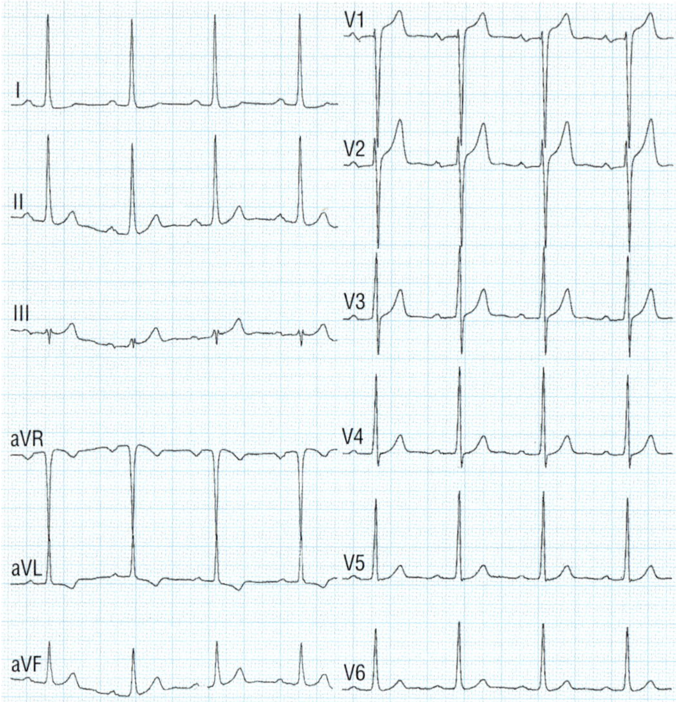

Abb. 1.9 Linksherzhypertrophie im EKG. 64-jähriger Patient mit langjährigem arteriellen Hypertonus. Sinusrhythmus 68/min, Linkstyp, PQ-Dauer 0,24 s (AV-Block I°), QRS-Dauer 0,08 s, QT-Dauer 0,40 s. Positiver Sokolow-Lyon-Index (5,1 mV). (aus Hamm, Checkliste EKG, Thieme)

- **Schenkelblock:** elektrische Leitungsblockade des spezifischen Leitugssystems, z. B. im rechten (Rechtsschenkelblock = RSB) oder linken (Linksschenkelblock = LSB) Tawara-Schenkel mit permanentem, intermittierendem, oder funktionellem (frequenzabhängigem) Schenkelblock.
- **intraventrikuläre Leitungsstörungen** organisch oder funktionell (z. B. „aberrierende Leitung") bei supraventrikulären Arrhythmien und Vorhofflimmern sowie bei Dilatation des linken Ventrikels bei Herzinsuffizienz
- **idioventrikulärer Rhythmus:** beschleunigter ventrikulärer Rhythmus (QRS verbreitert) bei in der Regel normaler Sinusknotenfrequenz mit gelegentlicher Interferenz (antegrade Leitung), Frequenz zwischen 50 und 120/min
- **Kammertachykardie:** breite QRS-Komplexe, Frequenz über 100 – 120/min, oft venrikuloatriale (VA-)Dissoziation. Weitere diagnostische Kriterien für Kammertachykardien s. S. 94 ff.

Belastungs-EKG (Ergometrie)

Technische Voraussetzungen. Man benötigt ein Fahrradergometer (in den USA wird meist ein Laufband-Ergometer eingesetzt), einen Mehrkanal-EKG-Schreiber (möglichst 6 Kanäle), ein Oszilloskop, eine Uhr, ein Blutdruckmessgerät, ein EKG-Lineal, eine Tabelle zur Ermittlung der gewünschten Herzfrequenz und des tolerierbaren Blutdruckes. Diese Voraussetzungen werden durch die heute zumeist eingesetzten digitale (Ergometrie-)Systeme erfüllt. Zudem sollte eine Notfallausrüstung mit Notfallmedikamenten, Intubationsbesteck und Defibrillator einsatzbereit vorhanden sein.

Ziel des **Belastungsprotokolls** ist eine stufenförmige, mindestens submaximale Belastung, entsprechend 85 % der maximalen Herzfrequenz.

> **!** Faustregel: maximale Herzfrequenz = 220 minus Lebensalter

Indikationen.

- Nachweis von Ischämiereaktionen (siehe unten: „Endpunkte und Abbruchkriterien")
- Erfassung belastungsinduzierter Rhythmusstörungen
- Erfassung belastungsinduzierter Leitungsstörungen, speziell auch unter Antiarrhythmika mit lei-

tungsverzögernder Wirkung (z. B. Flecainid, Propafenon, etc
- Verhalten der QT-Dauer unter Belastung bei Verdacht auf QT-Syndrom oder unter repolarisationsverlängernden Antiarrhythmika (z. B. Sotalol, Amiodaron, Dronedaron)
- Verdacht auf belastungsabhängige Hypertonie
- Beurteilung des Blutdruckverhaltens bei Belastung, z. B. zur Objektivierung einer Leistungsschwäche bei arterieller Hypotonie oder zur Risikostratifizierung bei hypertropher Kardiomyopathie (s. S. 130).
- Beurteilung der kardiopulmonalen Belastbarkeit mit Objektivierung der funktionellen Auswirkung einer Herzinsuffizienz und/oder Herzklappenfehlern (ideal als Spiroergometrie; s. u.)
- Beurteilung der Effektivität therapeutischer Maßnahmen (z. B. antianginöse, antihypertensive oder antiarrhythmische Therapie oder Revaskularisation nach Bypass-Operation oder perkutaner Katheterintervention = PCI).

Kontraindikationen sind:
- akutes Koronarsyndrom (instabile Angina, NSTEMI, STEMI),
- manifeste dekompensierte Herzinsuffizienz (NYHA IV),
- akute Myo- oder Perikarditis,
- Endokarditis (bei Nachweis einer akuten Inflammation),
- schwere Aortenklappenstenose bzw. schwere hypertrophisch-obstruktive Kardiomyopathie,
- schwere pulmonale Hypertonie,
- Aneurysma dissecans,
- entgleiste arterielle Hypertonie (Werte in Ruhe > 220/120 mmHg).

Besondere Sorgfalt ist geboten bei Patienten
- mit Angina pectoris bereits bei geringer Belastung,
- in der frühen Postinfarktphase (bei sorgfältigem Vorgehen risikoarm, symptomlimitiert abbrechen),
- mit intraventrikulären Leitungsstörungen (per se keine Kontraindikation, Art und Schweregrad der Grunderkrankung sind bestimmend),
- mit implantierten Kardioverter-Defibrillatoren (Belastung nur in Kenntnis der programmierten Interventionsfrequenz),
- mit Herzschrittmachern (keine grundsätzliche Kontraindikation, aber ST-T-Veränderungen nicht verwertbar),
- mit fortgeschrittener Herzinsuffizienz (NYHA III) oder linksventrikulärem Aneurysma (keine grundsätzliche Kontraindikation),
- mit medikamentös unzureichend behandelter arterieller Hypertonie.

> **!** **Grundsätzlich ist die Belastbarkeit des Patienten im täglichen Leben als Maßstab zu berücksichtigen.**

Zu beachten sind die **Endpunkte und Abbruchkriterien:**
- Erreichen der Soll-Herzfrequenz
- **Auftreten einer Ischämiereaktion oder Angina pectoris**:
  - horizontale oder deszendierende ST-Streckensenkung ≥ 0,2 mV,
  - langsam aszendierende ST-Senkung, 60 – 80 ms nach dem J-Punkt > 0,1 mV unter der isoelektrischen Linie,
  - ST-Hebung > 0,1 mV (in rechtspräkordialen Ableitungen): Verdacht auf hochgradige proximale RIVA-Stenose; bei Zustand nach Vorderwandinfarkt: Ausdruck der chronischen Wandbewegungsstörung (Aneurysma),
  - ventrikuläre Arrhythmien unter Belastung verbunden mit ST-Senkung und/ oder Angina pectoris (Verdacht auf ischämische Genese)
- muskuläre oder allgemeine körperliche Erschöpfung, starke Dyspnoe, Blässe, Zyanose, Kaltschweißigkeit,
- komplexe ventrikuläre Arrhythmien (häufige ventrikuläre Paare, ventrikuläre Salven oder Kammertachykardie),
- neu auftretender Linksschenkelblock oder bifaszikulärer Block (relativer Grund zum Abbruch),
- Blutdruckanstieg systolisch über 250 mmHg (bei älteren Patienten über 220 mmHg), diastolisch über 120 mmHg

> **!** **Ein unauffälliges Belastungs-EKG schließt eine Koronarinsuffizienz oder eine stenosierende KHK nicht aus. Falsch negative Befunde sind möglich.**

Falsch negative Befunde (unauffälliger Test bei Vorliegen einer KHK) können auftreten
- bei zu geringer Belastung,
- unzureichendem Frequenz- und Blutdruckanstieg unter Betablockern,

- Verhinderung der Ischämiereaktion durch Nitropräparate oder
- schwer erfassbarer Ischämieregion (niedrige Sensitivität im Bereich der Lateralwand = Versorgungsgebiet des Ramus circumflexus).

Falsch positive Befunde (auffälliger Test bei Ausschluss einer KHK) im Sinne von Veränderungen der ST-Strecke sind u. a. möglich bei

- Digitalis-Therapie
- Hypokaliämie
- Frauen (insbesondere jüngere; häufig!)

Die Reaktion der Kammerendteile ist **nicht verwertbar bei WPW-Syndrom** oder **Linksschenkelblock**. Bei Rechtsschenkelblock ist eine Beurteilung der linkspräkordialen Ableitungen dagegen meist möglich.

> ! **Der prädiktive Wert eines Tests wird durch die Wahrscheinlichkeit bestimmt, mit der ein Individuum die vermutete Krankheit hat (Bayes-Theorem). In einer Population mit hohem Vorkommen einer KHK (Risikogruppe) bedeutet ein pathologisches Testergebnis eine hohe Wahrscheinlichkeit des tatsächlichen Vorliegens einer KHK. In einer Population mit geringem Vorkommen einer KHK (asymptomatische Personen ohne Risikofaktoren) sind dagegen falsch positive Befunde möglich.**

Komplikationen. Bei Beachtung der Sicherheitsmaßnahmen, Abbruchkrierien und Kontraindikationen ist das Belastungs-EKG eine sichere Methode. Die Sterblichkeit durch Infarkt, therapieresistenten Kreislaufstillstand (Kammerflimmern, Asystolie) etc. beträgt ca. 1:30 000 – 40 000.

Prognostische Bedeutung. Das Belastungs-EKG erfasst funktionelle Störungen (z. B. Ischämie), es erlaubt jedoch im Vergleich zum EKG beim frischen Herzinfarkt nicht, die Lokalisation von Koronarstenosen anhand der betroffenenen EKG-Ableitungen vorherzusagen.

Im Hinblick auf die **Risikostratifizierung** lässt sich konstatieren, dass nach einem Myokardinfarkt für Patienten mit Ischämiereaktion, fehlender Belastbarkeit oder solchen, die als zu krank zur Durchführung einer Ergometrie angesehen werden, ein erhöhtes Langzeitrisiko besteht. Bei asymptomatischen Personen weist ein pathologisches Belastungs-EKG auf ein erhöhtes Risiko hin, es gibt jedoch viele falsch positive Befunde.

Langzeit-EKG

Prinzip. EKG-Registrierung auf elektronischem Speicher, typischerweise über 24 Stunden unter alltäglicher Belastung (Phasen der Anstrengung wechseln mit Ruhephasen ab etc.). Die Auswertung erfolgt zeitgerafft und computergestützt, entweder visuell oder halb- bzw. vollautomatisch mit visueller Kontrolle.

Hauptindikationen.

- Klärung von Symptomen (Schwindelanfälle, Synkopen, atypische Herzsensationen, Palpitationen)
- Risikostratifizierung nach Herzinfarkt oder bei Kardiomyopathien
- Erfassung der Wirkungen und Nebenwirkungen (proarrhythmische Effekte) einer antiarrhythmischen Therapie (medikamentös oder nach Katheterablation)
- Herzfrequenzprofil bei Vorhofflimmern und frequenzregulierender Therapie
- Erfassung höhergradiger Leitungsstörungen oder pathologischer Pausen bei Patienten mit Schenkelblock oder Dysfunktion des AV-Knotens und/oder des Sinusknotens.

Weitere Anwendungsmöglichkeiten sind die

- „ST-Strecken-Analyse“ zur Erfassung passagerer ST-Strecken-Veränderungen („stumme Ischämien“): technisch problematisch, prognostische Bedeutung umstritten)
- „Herzfrequenzvariabilität“, mit Analyse der Schwankungen der RR-Intervalle, wobei eine verminderte Variabilität (= erhöhter Sympathikotonus, erniedrigter Vagotonus) mit schlechterer Prognose einhergeht.

Normalbefunde. Einzelne supraventrikuläre und ventrikuläre Extrasystolen sind bei 24-stündiger Registrierung praktisch immer nachweisbar. Mit zunehmender Häufigkeit von Extrasystolen nimmt die Wahrscheinlichkeit zu, dass eine Herzerkrankung zugrunde liegt. Eine exakte Grenze lässt sich kaum nennen. Vor allem bei jüngeren Personen kommen Sinusbradykardien mit Frequenzen von 35 – 40/min, Sinusarrhythmien mit Pausen bis zu 2 s, sinuatrialer Block und AV-Block 2. Grades Typ I (Wenckebach) verhältnismäßig häufig während des Schlafes vor und sind nicht zwangsläufig abnorm. Daher sollte immer angegeben werden, zu welcher Tageszeit eine derartige Rhythmusstörung beobachtet wurde. AV-Blockierungen 2. Grades Typ II (Mobitz) sind dagegen praktisch immer pathologisch.

Von begrenztem diagnostischem Wert (geringe Sensitivität) ist das Langzeit-EKG bei (sehr) seltenen Ereignissen, die daher mit einer 24-stündigen Registrierung schwer erfassbar sind (z. B. paroxysmale Tachykardien oder rezidivierende, in langen Abständen auftretende Synkopen). Auch bei Patienten mit rezidivierenden Kammertachykardien oder früherem Herzstillstand finden sich oft wenig auffällige Befunde im Intervall. Auch bei der Verlaufsbeobachtung von Vorhofflimmern ist eine einzelne 24-stündige EKG-Registierung von begrenztem Wert, da Rezidive in wechselnden Abständen praktisch unvorhersehbar auftreten; zudem stellen die subjektiv erfahrenen Rezidive von Vorhofflimmern nur die Spitze des Eisberges dar, da etwas zwei Drittel aller Episoden keine Symptome hervorrufen (asymptomatisches Vorhofflimmern, s. S. 87). Nicht geeignet ist das Langzeit-EKG außerdem zur Beurteilung der Wirksamkeit (im Sinne der Prognoseverbesserung) einer antiarrhythmischen Medikation.

Eine Lösung bieten **neuere technische Möglichkeiten mit** automatisch erfassenden oder vom Patienten aktivierbaren sogenannten Ereignis-Aufzeichnungsgeräten („Event-Recorder")

- **Tele-EKGs** sind scheckkartengroße Geräte, die das EKG für 30 Sekunden aufzeichnen und per Telefon übertragen
- **7-Tage-Langzeit-EKGs** mit großem digitalen Speicher
- **„Loop-Recorder"** sind subkutan implantierbare EKG-Recorder mit Speicher-Chips, die über einen Zeitraum von bis zu 2 – 3 Jahren (Lebensdauer der Batterie) das EKG in einem überschreibbaren „Loop"-Speicher registrieren können. Ereignisse werden entweder gemäß Programmierung des Systems oder durch Aktivierung des Patienten in ein permanentes Speichersegment abgelegt und können von dort abgefragt, ausgelesen und analysiert werden.

1.4.3 6-Minuten-Gehtest

Prinzip. Der 6-Minuten-Gehtest ist bei Patienten ohne relevante Einschränkung des Bewegungsapparates und der Beindurchblutung eine einfache nichtinvasive Belastungsuntersuchung zur Beurteilung der kardiopulmonalen Belastbarkeit. Der Patient legt dabei innerhalb von 6 Minuten zu ebener Erde eine möglichst weite Gehstrecke zurück.

Hauptindikationen und Befunde. Der Test dient zur Objektivierung, Schweregradbestimmung und Verlaufsbeurteilung einer kardiopulmonalen Belastungseinschränkung und hat zudem Bedeutung für die Einschätzung der Prognose. Zurückgelegte Gehstrecken von > 500 Metern gelten als normal, während Distanzen < 300 Meter mit einer Einschränkung der Prognose verbunden sind.

1.4.4 Spiroergometrie

Prinzip. Kombinierter Herz-Lungen-Belastungstest mit Messung der Atemgase (Exspirationsluft) während körperlicher Belastung. Der Patient trägt während der Untersuchung eine Gesichtsmaske, über welche das ventilierte Luftvolumen und der prozentuale Gasgehalt der Exspirationsluft im Vergleich mit der Umgebungsluft analysiert werden. Gleichzeitig kann unter der stufenweise gesteigerten Belastung ein EKG zur Ischämie- und Arrhythmiediagnostik abgeleitet werden und eine kontinuierliche Blutdruckmessung erfolgen.

Hauptindikationen.

- Beurteilung der Ausdauerleistungsfähigkeit zur Statusbestimmung und Verlaufskontrolle.
- Messung des Energiestoffwechsels unter Belastung (indirekte Kalometrie).
- Untersuchung der kardiopulmonalen Leistungsfähigkeit mit Möglichkeit der Differenzierung zwischen kardialen, pulmonalen und gemischt kardiopulmonalen Einschränkungen.

Befunde. Neben dem Atemminutenvolumen und der Atemfrequenz werden belastungsabhängig die Sauerstoffaufnahme (VO_2) und die Kohlendioxidabgabe (VCO_2) gemessen. Daraus errechnen sich weitere Parameter wie respiratorischer Quotient ($RQ = VCO_2/VO_2$), Atemäquivalent für O_2 und CO_2.

Die **maximale Sauerstoff-Aufnahme (VO_{2max})** unter Belastung ist ein wichtiges Maß für die Schweregradbestimmung einer Herzinsuffizienz:

- 15 – 20 ml/min/kgKG = leichte Herzinsuffizienz
- 10 – 15 ml/min/kgKG = mäßige bis schwere Herzinsuffizienz
- < 10 ml/min/kgKG = schwere bis sehr schwere Herzinsuffizienz (Transplantationsindikation?)

Die **anaerobe Schwelle** (auch als „Laktatschwelle" bezeichnet) ist ein Begriff aus der Leistungsphysiologie und wird vor allem in der Sportmedizin eingesetzt. Es handelt sich dabei um die höchstmögliche Leistungsintensität, welche gerade noch unter Aufrechterhaltung eines „Steady-state"-Gleichgewichts zwischen Laktatbildung und -abbau erbracht werden kann.

1.4.5 Spirometrie (Lungenfunktion) und Bodyplethysmografie

Prinzip. Die am häufigsten durchgeführte Lungenfunktionsmessung ist die **Spirometrie,** bei der mit einem Flusssensor der Luftstrom bei der Atmung gemessen wird. Neben der Ruheatmung wird eine maximale Aus- und Einatmung gefordert. Neben den Lungenvolumina und der Vitalkapazität (VC) werden auch exspiratorische Parameter wie das Residualvolumen (ERV), die Einsekundenkapazität (FEV-1; „Tiffeneau-Test") und der exspiratorische Spitzenfluss („peak-flow"; EPF) bestimmt. Die **Bodyplethysmografie** wird in einer Kabine mit abgeschlossenem Luftvolumen durchgeführt und ermöglicht zusätzlich die objektive (weniger mitarbeitsabhängige) Messung des Atemwegswiderstandes (Resistance) sowie des totalen Luftvolumens (TLC) und des Restvolumens (nach maximaler Exspiration) der Lunge.

Hauptindikationen.
- Abgrenzung zur kardial bedingten (Belastungs-) Dyspnoe
- Diagnose und Schweregradbestimmung einer obstruktiven oder restriktiven Ventilationsstörung
- Diagnose und Schweregradbestimmung einer Störung des Gasaustauschs (Diffusionskapazität)
- Bronchospasmolysetest
- Verlaufskontrollen unter
- Therapiekontrolle unter inhalativer oder systemischer antiobstruktiver Medikation.

1.4.6 Langzeit-Blutdruckmessung

Prinzip. Engmaschige (z. B. alle 15 Minuten) Blutdruckmessung durch automatisches Aufpumpen einer Armmanschette und Registrierung der Blutdruckwerte auf elektronischem Speicher. Durchführung typischerweise über 24 Stunden unter alltäglicher Belastung (Phasen der Belastung wechseln mit Ruhe- und Schlafphasen ab).

Hauptindikationen.
- Diagnosesicherung einer arteriellen Hypertonie in Abgrenzung zum situativ erhöhten Blutdruck
- Feststellung eines Belastungshypertonus und Erfassung eines Blutdrucktagesprofils
- Therapiekontrolle unter antihypertensiver Medikation

1.4.7 Kipptischuntersuchung („Tilt-Table")

Prinzip. Die Kipptischuntersuchung ermöglicht die Beurteilung der Anpassung von Blutdruck, Herzfrequenz und Herzrhythmus an passive Lageänderungen der Körpers und wird eingesetzt in der Diagnos-

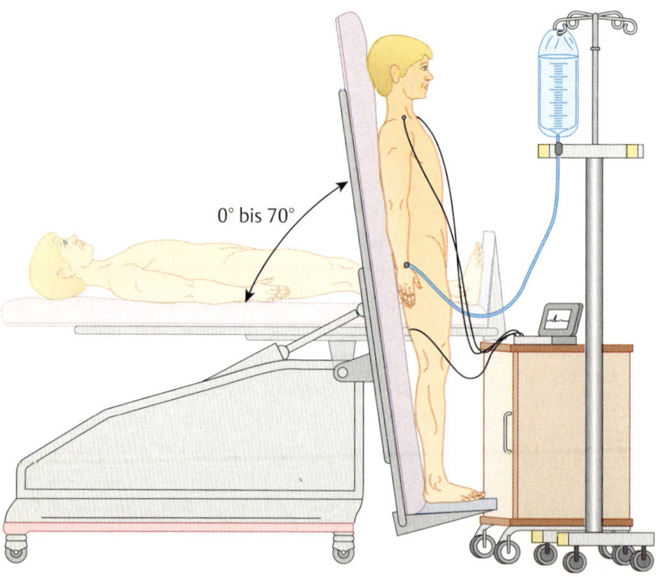

Abb. 1.10 Prinzip der Kipptischuntersuchung.

tik unklarer Kollapszustände und Synkopen bei Verdacht auf neurokardiogene bzw. vasovagale Genese (s. S. 98 Herzrhythmusstörungen: neurokardiogene/vasovagale Synkope).
Der Patient wird hierzu auf einer speziellen Untersuchungsliege („Kipptisch", „tilt-table") gelagert und mit Gurten und einem festen Fußbrett gesichert. Aus der horizontalen Ausgangssituation wird dann der Tisch auf 60 – 80° gekippt. Hierunter werden kontinuierlich die Kreislaufparameter über einen Zeitraum von bis zu 30 – 60 Minuten gemessen und registriert. Teilweise werden nach Ablauf von 30 – 45 Minuten zusätzliche Provokationsmaneuver durchgeführt (z. B. Gabe von Nitroglycerin sublingual), was zur Steigerung der Sensitivität, jedoch auch zum Verlust an Spezifität des Tests führt.
Bei Eintreten einer pathologischen Kreislaufreaktion (plötzlicher Abfall von Blutdruck und/oder Herzfrequenz mit Auftreten einer [Prä-]Synkope) wird der Kipptisch rasch wieder in die Horizontale rückgeführt, was durch Rückfluss von „versacktem" venösem Blut in den zentralen Kreislauf rasch zur Erholung des Patienten führt (**Abb. 1.10**).

Hauptindikationen. Diagnostische Abklärung unklarer (Prä-)Synkopen.

1.4.8 Invasive elektrophysiologische Untersuchungen

→ Kapitel „Herzrhythmusstörungen", S. 62 ff.

1.4.9 Echokardiografie

Die Echokardiografie hat als nicht invasives bildgebendes Verfahren in der **Struktur- und Funktionsdiagnostik** des Herzens eine zentrale Stellung erlangt. Wesentliche Vorteile liegen neben der hohen Bildqualität und der vielseitigen Einsatzgebiete auch in der hohen Verfügbarkeit (Klinik und Praxis) und der Durchführbarkeit „am Bett" (Notfalldiagnostik!). **Tab. 1.3** zeigt einen Überblick über den diagnostischen Stellenwert der Echokardiografie bei kardialen Erkrankungen.

Physikalisches Prinzip. Der Ultraschallstrahl wird an akustischen Grenzflächen (Blut/Gewebe) reflektiert. Anhand der Laufzeit des Schallsignals kann der Ort der reflektierenden Struktur bestimmt werden, worauf die Bildrekonstruktion beruht. Da Luft (Lungen!) für Schall undurchlässig ist, kann die transthorakale Untersuchung nur von bestimmten Positionen erfolgen (parasternal, Herzspitze, Jugulum, subxiphoidal).

Zweidimensionale und M-Mode-Echokardiografie

Zweidimensionale (2 D-, Schnittbild-) Echokardiografie. Der Ultraschallstrahl wird mehr als 30-mal pro Sekunde durch einen Sektor von bis zu 90 Grad gesteuert. Dadurch entstehen anatomische Schnittbilder in „Echtzeit" mit sehr gutem räumlichen Auflösungsvermögen, sodass die Aktion der Herzstrukturen direkt beurteilt und Messungen vorgenommen werden können (**Abb. 1.11 a**).

Eindimensionale (M-Mode-)Echokardiografie Bei konstanter Position des Ultraschallstrahls werden Bewegungen der Strukturen in der Achse des Strahls (y-Achse) in Abhängigkeit von der Zeit (x-Achse) mit hoher zeitlicher Auflösung dargestellt. Dadurch ist die standardisierte Vermessung von Herzhöhlen, Wanddicken und Klappenbewegungen möglich (**Abb. 1.11 b**).

Doppler-Echokardiografie

Wird Ultraschall von sich bewegenden Strukturen (z. B. im Blut strömenden Erythrozyten) reflektiert, so verändert sich dessen Frequenz proportional zur **Flussgeschwindigkeit.** Diese kann daher mit hoher Genauigkeit bestimmt werden, wenn der Ultraschallstrahl annähernd parallel zur Strömungsrichtung liegt.

Pulsed-Wave-(PW-)Doppler.

- *Vorteil:* lokale Messung der Geschwindigkeit in einem Messfenster möglich.
- *Nachteil:* hohe Geschwindigkeiten (> 2,5 m/s) können nicht erfasst werden.
- *Einsatz:* Abschätzung von Volumenfluss durch Herzklappen, daher prinzipiell Bestimmung von HZV, Shuntvolumen, Regurgitationsfraktion und diastolischer Funktion möglich.

Continuous-Wave-(CW-)Doppler.

- *Vorteil:* Erfassung auch hoher Geschwindigkeiten (> 2,5 m/s)
- *Nachteil:* Die Lokalisation eines Geschwindigkeitssignals auf dem Strahl ist nicht möglich. Stattdessen wird die maximale Flussgeschwindigkeit entlang des Dopplerstrahls gemessen.

Tab. 1.3 Diagnostischer Stellenwert der Echokardiografie

Erkrankung	diagnostische Information
koronare Herzkrankheit (KHK)	*Größe und Funktion* des linken Ventrikels (LV): • globale Pumpfunktion (Ejektionsfraktion = EF) • regionale Wandbewegungsstörung (Hypokinesie, Akinesie, Dyskinesie); • Kontraktionsablauf (synchron, asynchron, dyssynchron) *Infarktkomplikationen* (Methode der Wahl, da schnell verfügbar): • Ventrikelaneurysma mit/ohne Thrombus • Papillarmuskelabriss mit akuter Mitralklappeninsuffizienz • Ventrikelseptumruptur (Links-Rechts-Shunt) • Perikardtamponade durch Ventrikelruptur • Perikarderguss bei Dressler-Syndrom
arterielle Hypertonie/hypertensive Herzkrankheit	Größe und Funktion des LV, Ausmaß der LV-Hypertrophie (Wanddicken), diastolische Dysfunktion, Aortenektasie, Aortenaneurysma
Kardiomyopathie • dilatative (DCM)	Größe und Funktion des LV (global, regional, synchron), funktionelle Mitralklappeninsuffizienz, Beteiligung des rechten Ventrikels (RV)
• hypertrophe (HCM)	Hypertrophiemuster (asymmetrisch septal, diffus, apikal), diastolische Ventrikelfunktion (Doppler), Beteiligung des RV
– obstruktive Form (HOCM)	systolische Vorwärtsbewegung des vorderen Mitralsegels (systolic anterior movement = SAM), Obstruktion im Ausflusstrakt (Druckgradient quantifizierbar), Mitralklappeninsuffizienz
– nichtobstruktive Form (HNCM)	apikale Hypertrophie Cave: kann übersehen werden
• restriktive (RCM)	Ausschluss von DCM und HCM, Nachweis der „restriktiven Physiologie" (Doppler: diastolische Ventrikelfunktion), Differenzialdiagnose zur Pericarditis constrictiva, typisches Echomuster bei Amyloidose und Morbus Fabry
• rechtsventrikulär arrhythmogen (ARVC)	regionale und/oder globale Vergrößerung und Kontraktionsstörung des RV mit Aneurysmen, Bulgings und Aussackungen, prominente Trabekelstruktur (hyperreflexives Moderatorband), Trikuspidalinsuffizienz, Beteiligung des LV.
• LV-Non-Compaction (LVNC)	Schwammartige Struktur des LV-Myokards mit blutdurchströmten tiefen Rezessus und Sinusoiden. Systolische LV-Funktion, LV-Thromben, Beteiligung des RV.
• Tako-Tsubo (Stress-) Kardiomyopathie	„apical ballooning" mit aneurysmatischer Kontraktionsstörung (Akinesie) der apikalen Hälfte bis ⅔ des LV mit globaler Dysfunktion.
Herzinsuffizienz	Differenzierung der Ursache: • Funktionsstörung von LV und RV • Klappenfehler • Perikarderkrankung • bei LV-Dysfunktion: Kontraktionsablauf (synchron/asynchron; v. a. bei linkschenkelblockartig verbreitertem ORS-Komplex)
Perikarderguss, Perikardtamponade, Pericarditis constrictiva	Methode der Wahl zum Nachweis eines Ergusses (Größe, hämodynamische Beeinträchtigung?), Tamponade, Kompression des rechten Vorhofs und Ventrikels, respiratorische Variation der Ventrikelfüllung (Doppler). Bei perikardialer Konstriktion: Nachweis verdickten Perikards und Abgrenzung zur restriktiven Kardiomyopathie (RCM).

Fortsetzung ►

Tab. 1.3 Fortsetzung

Erkrankung	diagnostische Information
Herzklappenerkrankungen	Methode der Wahl zur Darstellung der Klappenmorphologie, Feststellung der Ätiologie (morphologische Kriterien) und Einschätzung von Schweregrad sowie der funktionellen Folgen der Hämodynamik (Funktion von LV und RV, Pulmonalarteriendruck, etc.).
• Klappenstenosen	Druckgradienten und Öffnungsflächen
• Klappeninsuffizienzen	Abschätzung des Schweregrades der Regurgitation
• Klappenprothesen	Beurteilung der Prothesenfunktion (ggf. TEE)
• Endokarditis	Vegetationen, Klappendestruktionen, -lecks und -ringabzesse (ggf. TEE)
Angeborene Herzfehler	Bestimmung der Lagebeziehung von Vorhöfen, Kammern und großen Gefäßen zueinander. Nachweis von Fehlanlagen, Septumdefekten und Klappenfehlern (inkl. deren Quantifizierung)
Aortenerkrankungen	Diagnose von Aneurysmen oder (akuten) Dissektionen der Aorta. Methode der Wahl (ggf. transösophageal): Darstellung der Dissektionsmembran. Bei chronischer Dissektion: alternativ MRT/CT. Nachweis arteriosklerotischer Veränderungen der Aortenwand (einschließlich des Bogens).
Herztumoren	Myxom vor allem im linken (seltener rechten) Vorhof, oft gestielter Ansatz am Vorhofseptum und ggf. mobilem Prolaps in die AV-Klappenebene („Mitralstenoseeffekt"). Bei perikardialer Metastierung (z. B. Mamma- oder Bronchialkarzinom) häufig Perikarderguss/-tamponade. Selten maligne Primärtumoren des Herzens mit infiltrativem Wachstum.
Schlaganfall und periphere arterielle Embolie	Ausschluss einer kardialen Emboliequelle: • Schlierenphänomen („slow-flow", „Sludge") im linken Vorhof als Vorstufe von Thromben, • Thrombus im linken Vorhof oder v. a. im linken Vorhofohr (TEE, s. S. 22) oder im linken Ventrikel, • offenes Foramen ovale oder Vorhofseptumaneurysma (paradoxe Embolie) • Atheromatose oder Thromben mit mobilen (flottierenden) Strukturen der Aorta ascendens und/oder des Aortenbogens, • Klappenvegetationen, Mitralklappenringverkalkung • Vorhofmyxom

- *Einsatz:* Bestimmung der Flussgeschwindigkeit an Herzklappenstenosen und -insuffizienzen, Obstruktionen (z. B. bei hypertropher Kardiomyopathie) und Shuntvitien (z. B. Ventrikelseptumdefekt) mit Abschätzung von Druckgradienten, Pulmonalarteriendrücken und Klappenöffnungsflächen.

Farbkodierte Doppler-Echokardiografie („Farb-Doppler")

Durch **Farbkodierung der Strömungsrichtung** (blau vom Schallkopf weg, rot auf ihn zu) gelingt die zweidimensionale Darstellung des intrakardialen Blutflusses. *Einsatz:* Nachweis und (semiquantitative) Abschätzung des Schweregrades von Klappeninsuffizienzen und Shunts.

Gewebe-Doppler („Tissue-Doppler-Imaging" = TDI)

Hierbei handelt es sich um ein neues Verfahren mit teilweise neuen Parametern zur quantifizierenden regionalen systolischen und diastolischen Funktionsanalyse des Myokards mit hoher zeitlicher und räumlicher Auflösung. Zusätzlich durch Messung von „strain" und „strain rate" auch Beurteilung der radialen und longitudinalen Deformierung des linken Ventrikels (Torsion, Rotation und Twist) möga 2 D-Bild

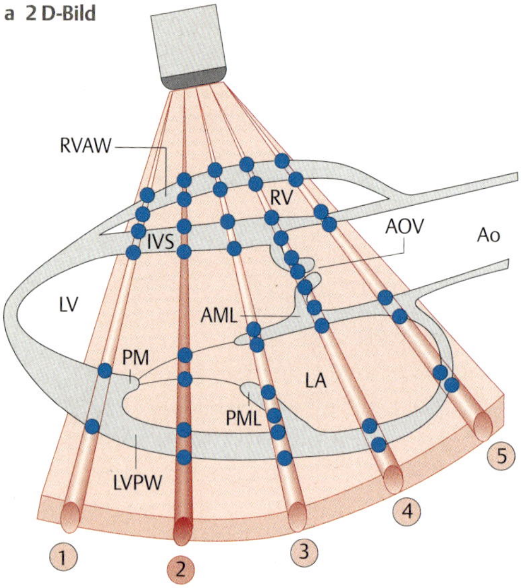

b M-Mode

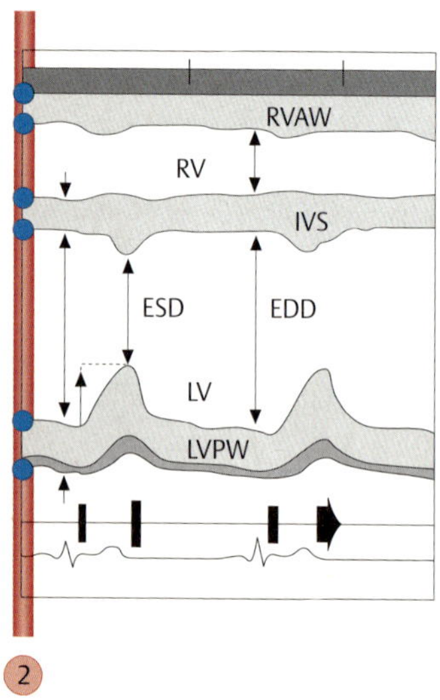

Abb. 1.11 Echokardiografie. a Sektorschnitt durch die Längsachse des Herzens im 2D-Bild. Abkürzungen: LV = linker Ventrikel, LA = linker Vorhof, AOV = Aortenklappe, Ao = Aorta, IVS = interventrikuläres Septum, LVPW = linksventrikuläre posteriore Wand, AML = anteriores Mitralsegel, PML = posteriores Mitralsegel, RV = rechter Ventrikel, RVAW = rechtsventrikuläre anteriore Wand, LVOT = linksventrikuläre Ausflussbahn (outflow tract = OT).
b Entlang des Strahls 2 abgeleitete M-Mode-Aufzeichnung mit Vermessung von enddiastolischem Durchmesser des linken Ventrikels (EDD), des endsystolischen Durchmessers (ESD), der enddiastolischen Dicke von IVS und LVPW.

lich (siehe Spezialliteratur zur Echokardiografie). *Vorteile:* quantifizierbare Funktionsanalyse, relativ unabhängig von Bedingungen der Vorlast und Nachlast.

Transösophageale Echokardiografie (TEE)

Durch die Lage des Ösophagus unmittelbar hinter dem Herzen entstehen mit einem Ultraschallwandler an der Spitze eines (modifizierten) Endoskops hoch aufgelöste Bilder in multiplanen Schnittebenen ohne Beeinträchtigung durch Luft oder Knochen (**Abb. 1.12**).

Hauptindikationen für die transösophageale Echokardiografie sind:

- kardiale Emboliequellen: Nachweis (z. B. nach Schlaganfall oder Embolie) oder Ausschluss (z.b. vor Kardioversion von Vorhofflimmern) von Thromben im linken Vorhofohr sind praktisch nur transösophageal darstellbar)
- Vorhofseptumdefekt und offenes Foramen ovale (transthorakal schwer darstellbar)
- Endokarditis (v. a. bei Klappenprothesen und Klappenringabszess)
- Aortendissektion
- schwer von transthorakal beschallbarer Patient (intubiert/beatmet, nach Thorakotomie/Thoraxtrauma, Emphysem, Adipositas, Thoraxdeformität)

Kontrast-Echokardiografie

- Intravenöse Applikation eines Ultraschall-Kontrastmittels zur Verbesserung der Bilgebung und Analysequalität. Verwendet werden mit Luft agitierte Lösungen mit Kochsalz- oder Gelatine (z. B. Gelafundin®) oder mit Gas (z. B. Schwefelhexaflourid; SonoVue®) gefüllte Mikrobläschen („microbubbles"). Indikationen sind:
- verbesserte Abgrenzung des Endokards zur Beurteilung der regionalen Wandbewegung,
- Signalverstärkung bei Doppler-Untersuchungen,
- Darstellung eines intrakardialen Shuntflusses durch Bubble-Übertritt (z. B. offenes Foramen ovale) oder Auslöschphänomene (z. B. Links-Rechts-Shunt bei Vorhofseptumdefekt),
- semiquantitative Beurteilung der regionalen Myokardperfusion des linken Ventrikels (in Entwicklung; derzeit klinisch nicht etabliert)

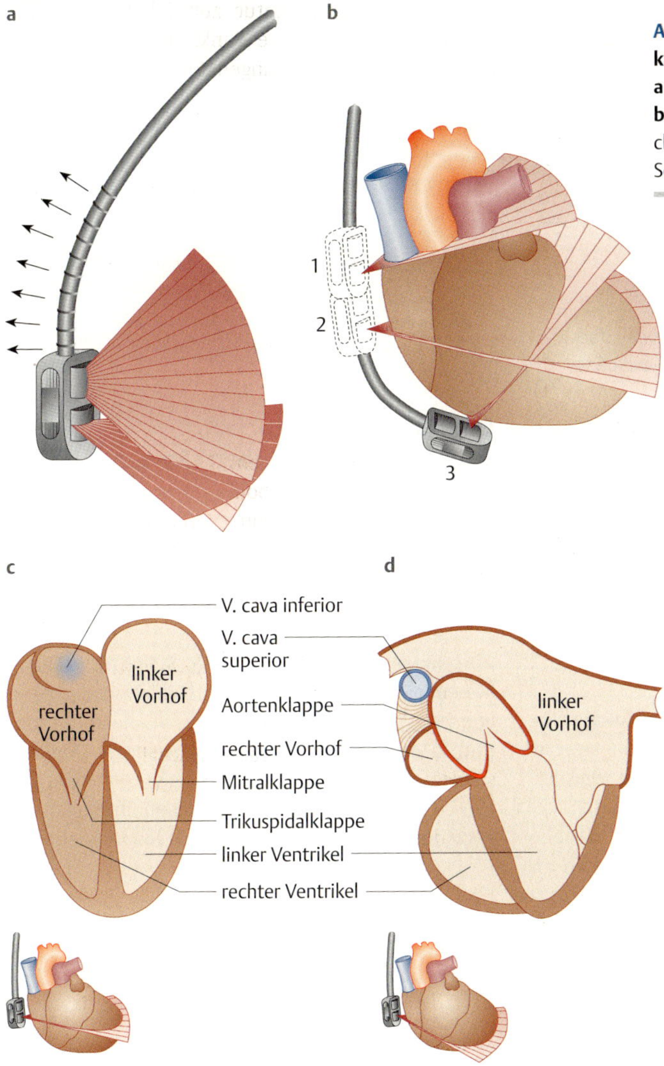

Abb. 1.12 Transösophageale Echokardiografie.
a Transösophageale Ultraschallsonde, **b** von drei verschiedenen Positionen mögliche Horizontalschnitte, **c**, **d** typische Schnittbilder aus Position 2.

Stress-Echokardiografie

Bei der Stress-Echokardiografie erfolgt eine Ultraschalluntersuchung des linken Ventrikels unter pharmakologischer (Dobutamin oder Adenosin) oder dynamischer (Ergometrie) Belastung zum Nachweis oder Ausschluss einer Ischämie oder zur Vitalitätsdiagnostik von kontraktionsgestörten Wandabschnitten.

- Eine **Ischämie** äußert sich in einer durch Belastung induzierbaren Wandbewegungsstörung.
- Bei Vorliegen einer **Narbe** bleibt das Wandsegment unter Belastung kontraktionsgestört.
- **Vitales**, jedoch kontraktionsgestörtes Myokard weist bei niedriger Belastung (inotrope Stimulation) eine Verbesserung der regionalen Kontraktionen auf, die sich bei höherer Belastung (einsetzende Ischämie) wieder verschlechtern.

Nachteil: Limitierte Interobserver-Variabilität.

Alternative Verfahren: Myokardszintigrafie mit Belastung; Stress-MRT mit Dobutamin oder Adenosin.

Bestimmung von Druckgradienten

Quantifizierung von Klappenstenosen (s. u.). An einer Klappenstenose kommt es zur Zunahme der poststenotischen Strömungsgeschwindigkeit. Deren Messung mittels CW-Doppler erlaubt eine zuverlässige nicht invasive Berechnung des maximalen (max. = instantanen) und mittleren (mean = integralen) Druckgradienten (s. S. 137 f) nach der vereinfachten **Bernoulli-Gleichung:**

> **!** **Druckgradient [mmHg] = 4 × v^2 (vereinfachte Bernoulli-Gleichung mit v = Flussgeschwindigkeit)**

Beispiele: v_{max} = 5,0 m/s, max. Gradient = 100 mmHg. v_{mean} = 4,3 m/s, mittlerer Gradient = 74 mmHg (s. S. 172)
Unter Benutzung der vereinfachten Bernoulli-Gleichung kann somit der Druckgradient bei Klappenstenosen bestimmt werden. Voraussetzung ist eine parallele Lage des Ultraschallstrahls zur Strömungsrichtung, ansonsten kommt es zur Unterschätzung des Gradienten.

Quantifizierung von intrakavitären Obstruktionen. In ähnlicher Weise können auch Druckgradienten an intrakavitären Obstruktionen quantifiziert werden. Beispiele sind die linksventrikuläre Ausflusstrakt-Obstruktion bei hypertropher obstruktiver Kardiomyopathie (HOCM; s. S. 130) oder Obstruktionen im rechtsventrikulären Ausflusstrakt (Infundibulum) bei manchen angeborenen Herzfehlern (z. B. Fallot-Tetralogie, Pulmonalatresie etc. s. S. 205). Auch bei Aortenisthmusstenosen oder degenerativ stenosierten Conduits nach Operation angeborener Herzfehler kann durch Messung des Druckgradienten eine Quantifizierung der Stenose erreicht werden.

Charakterisierung von Shuntvitien (s. S. 200 ff). Bei Shuntvitien (z. B. Ventrikelseptumdefekt) kann durch Messung des Druckgradienten über dem Shunt eine Unterscheidung zwischen drucktrennenden und druckangleichenden Shuntverbindungen vorgenommen werden (s. S. 204).

Abschätzung des Pulmonalarteriendrucks. Häufig ist auch beim Gesunden echokardiografisch eine minimale Trikuspidalklappeninsuffizienz nachweisbar, die zur Bestimmung des systolischen Gradienten zwischen rechtem Ventrikel und rechtem Vorhof benutzt werden kann. Über die Messung der maximalen Flussgeschwindigkeit im Jet der Trikuspidalklappeninsuffizienz wird mittels CW-Doppler über die vereinfachte Bernoulli-Gleichung (s. o.) der systolische rechtsventrikuläre Druck abgeschätzt, indem zum berechneten Druckgradienten der geschätzte oder gemessene rechtsatriale Druck (oder ZVD) hinzugerechnet wird. Bei Ausschluss einer Pulmonalklappenstenose entspricht der systolische rechtsventrikuläre dem pulmonalarteriellen Druck:

> **!** **Systolischer Pulmonalarteriendruck [mmHg] = (4 × v_{max}^2) + rechtsatrialer Druck (v_{max} = max. Flussgeschwindigkeit)**

Quantifizierung von Klappenöffnungsflächen (Aorten-/Mitralklappenstenose)

Im Rahmen der Echokardiografie können auch die Klappenöffnungsflächen bestimmt werden. Dies ist besonders relevant bei Vorliegen einer Aorten- oder Mitralklappenstenose.

Aortenklappenöffnungsfläche (s. S. 173 ff). Durch Messung der maximalen Flussgeschwindigkeiten vor ($v_{max\ (LVOT)}$ mit PW-Doppler im Ausflusstrakt) und in der Stenose ($v_{max\ (Stenose)}$ mit CW-Doppler) sowie der Fläche des Ausflusstraktes (A = π × (Radius LVOT)^2 im 2 D-Bild) kann die Klappenöffnungsfläche nach der Kontinuitätsgleichung berechnet werden:

> **!** **Aortenklappenöffnungsfläche [cm²] = $v_{max(LVOT)}$ × A $_{(LVOT)}$ / $v_{max\ (Stenose)}$ (Kontinuitätsgleichung)**

So ist die Bestimmung des Schweregrades der Stenose unabhängig vom Schlagvolumen möglich, während der Druckgradient bei zusätzlicher Aortenklappeninsuffizienz die Stenosekomponente „überschätzt" und bei linksventrikulärer Funktionsstörung „unterschätzt" wird.

Mitralklappenöffnungsfläche (s. S. 182). Die planimetrische Messung der Klappenöffnungsfläche während der Diastole aus dem 2 D-Bild (Querschnitt) ergibt verlässliche Ergebnisse, sofern die Mitralklappensegel nicht deutlich verkalkt und destruiert sind.
Eine viel verwendete Methode zur Bestimmung der Mitralklappenöffnungsfläche stellt die Druckhalbwertszeitmethode dar (**Abb. 1.12**).

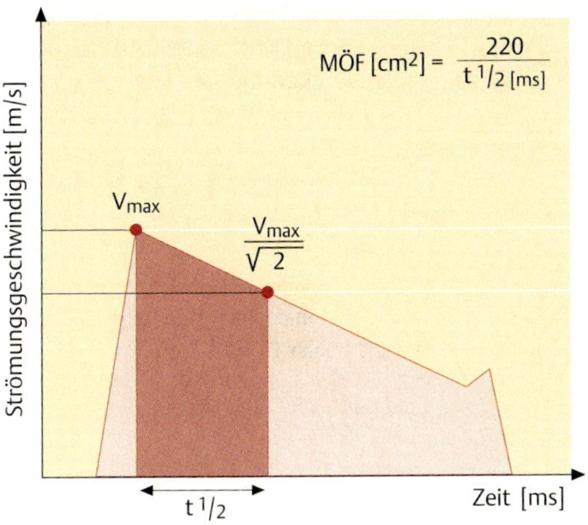

Abb. 1.13 Quantifizierung der Mitralklappenöffnungsfläche (MÖF) nach der Druckhalbwertszeitmethode (CW-Doppler): Je höhergradiger die Mitralklappenstenose, desto träger der Abfall des Druckgradienten (Flussgeschwindigkeit) während des diastolischen Einstroms in den linken Ventrikel und damit der Flussgeschwindigkeit in der Stenose. Die Druckhalbwertszeit (t½; „pressure half time" = PHT) beträgt dabei immer 29 % der Dezelerationszeit und ist die Zeit, in der die Flussgeschwindigkeit auf den Wert $V_{max}/\sqrt{2}$ abfällt. Für eine PHT von 200 ms ergäbe sich eine MÖF von 1,2 cm^2. Die Berechnung beruht auf einer empirisch gewonnenen Gleichung (220 = Konstante).

! Mitralklappenöffnungsfläche [cm^2] = 220 / Druckhalbwertszeit („pressure half-time" = PHT) mit Druckhalbwertszeit („pressure half-time" = PHT) = $V_{max}/\sqrt{2}$ oder 29 % der Dezelerationszeit.

Weitere Möglichkeiten zur Bestimmung der Mitralklappenöffnungsfläche bestehen in der Anwendung der Kontinuitätsgleichung oder der Messung der proximalen Flusskonvergenz (PISA) (siehe spezielle Lehrbücher der Echokardiografie).

Quantifizierung von Klappeninsuffizienzen (Aorten-/ Mitralklappeninsuffizienz)

Aortenklappeninsuffizienz (s. S. 177). Der Schweregrad einer Aortenklappeninsuffizienz wird semiquantitativ mittels Farb-Doppler durch Analyse der Jet-Breite am Jet-Ursprung (= „Vena contracta") in Relation zum Durchmesser des linksventrikulären Ausflusstraktes bestimmt. Die Vena contracta (Begriff aus der Flüssigkeitsdynamik) entspricht dabei der Stelle hinter einer Engstelle, an der der Durchmesser des Blutstromes am geringsten ist.
Quantitativ ist die Bestimmung durch Messung der Dezelerationszeit und der Druckhalbwertszeit (t ½, PHT) mittels CW-Doppler möglich. Dabei gilt: je rascher der Geschwindigkeitsabfall des Doppler-Signals, desto hochgradiger die Aortenklappeninsuffizienz, da es schneller zu einem Druckangleich zwischen linkem Ventrikel und Aorta kommt. Zusätzlich können quantitativ Regurgitationsvolumen, -fraktion und -fläche berechnet werden (unsichere Verfahren).

Mitralklappeninsuffizienz (s. S. 185). Die Mitralklappeninsuffizienz wird semiquantitativ mittels Farbdoppler durch Messung der Jetbreite am Ursprung („Vena contracta") sowie der Ausdehnung, Exzentrizität und Turbulenz des Insuffizienzjets analysiert. Bei hochgradiger Mitralklappeninsuffizienz kann mittels PW-Doppler der Nachweis einer systolischen Flussumkehr in den Pulmonalvenen erfolgen. Quantitativ ist die Bestimmung über die proximale Flusskonvergenzmethode (PISA) möglich. Zudem können Regurgitationsvolumen und -fraktion sowie die effektive Regurgitationsfläche berechnet werden (unsichere Verfahren).

Trikuspidalklappeninsuffizienz (s. S. 190). Die Quantifizierung einer Trikuspidalklappeninsuffizienz erfolgt weitgehend analog zur Mitralklappeninsuffizienz (s. S. 185).

1.4.10 Röntgen des Herzens und der Thoraxorgane

Röntgenuntersuchungen des Herzens und der Thoraxorgane haben unverändert einen wichtigen Stellenwert, auch wenn die Echokardiografie viele, in der Regel zusätzliche, Informationen liefert. Wichtig ist eine systematische Analyse des Röntgenbildes (Lage, Form, Größe des Herzens; Mediastinum, Lungengefäße, Lungengrundstruktur, Pleura, Wirbelsäule, knöcherner Thorax etc.). Die Indikation zu und die Häufigkeit von Röntgenuntersuchungen des Herzens und der Thoraxorgane hängt vom klinischen Bild ab.

Aufnahmetechnik bei konventioneller Aufnahme.

- **Herzfernaufnahme in 2 Ebenen** (p. a. und seitlich) in stehender Position in Hartstrahltechnik (2 m Fokus-Film-Abstand mit parallelem [posterior-anteriorem = p. a.] Strahlengang, 1:1-Abbildung)
- **Weichstrahltechnik** unter Durchleuchtung mit Bildverstärker zur Beurteilung
  - des Bewegungsablaufs: Zuordnung von Befunden zu Herzstrukturen
  - von Klappenkalk
  - von perikardialen Verkalkungen (seitliche Aufnahme!) bei Pericarditis calcarea
  - der Beweglichkeit von künstlichen Klappen
  - von Veränderungen implantierter Schrittmacher- und Defibrillatorelektroden
  - von Pulsationen der Lungengefäße (bei Links-Rechts-Shunt) und
  - Abgrenzung von Fremdkörpern
- **Aufnahmen in liegender Position** (z. B. auf Intensivstation) mit anterior-posteriorem (a.-p.) Strahlengang. Hierbei liegt der Rücken des Patienten auf der Röntgenplatte und die Strahlenquelle ist körpernah. Damit kommt es zu einer Verzerrung der Größenverhältnisse. Wegen der gleichmäßigeren Blutverteilung in den einzelnen Lungenabschnitten im Liegen sind die Oberlappenvenen der Lungen erweitert und somit nicht als stauungsbedingt fehlzudeuten (s. u.).

Herzgröße und -form. Die konventionelle Röntgenaufnahme stellt nur die Konturen des Herzens dar (**Abb. 1.14**); eine Beurteilung der Größenverhältnisse der einzelnen Herzabschnitte ist nur bedingt möglich. Indirekte Aussagen sind möglich bei:

- **Einengung des Retrosternalraumes**: Vergrößerung des rechten Herzens
- **Einengung des Retrokardialraumes** (Ösophagus-Kontrastmittel-Breischluck zur besseren Abgrenzung): Vergrößerung des linken Vorhofes und/oder des linken Ventrikels (s. **Abb. 8.11**, S. 181)
- **Vergrößerung des linken Vorhofes:** verstärkte Vorwölbung in Höhe des linken Herzohres, Aufspreizung des Bifurkationswinkels der Trachea, sog. „Kernschatten" mit Doppelkontur im Bereich des rechten Herzrandes (wobei der linke Vorhof über die Kontur des rechten Vorhofes hinausragen kann), Einengung des Retrokardialraumes in Höhe des linken Vorhofs (s. **Abb. 8.11**, S. 181)
- **Vergrößerung des linken Ventrikels:** Linksverlagerung des linken Herzrandes, vermehrte Vorwölbung der linken Herzkontur, Einengung retrokardial in Höhe des linken Ventrikels (Beurteilbarkeit unzuverlässig) (s. **Abb. 8.11**, S. 181)

> ! **Hinter einem normal großen Herzschatten kann sich ein deutlich vergrößerter und kontraktionsgestörter linker Ventrikel verbergen. Die Beurteilung ist Domäne der Echokardiografie.**
> **Bei geringem Thorax-Tiefendurchmesser (Trichterbrust; asthenischer Patient; steil gestellte Wirbelsäule) erscheint das Herz in p.-a.-Projektion vergrößert, daher ist immer auch eine seitliche Aufnahme anzufertigen.**

- **Erweiterung der Aorta ascendens:** z. B. bei Aortenklappenstenose, Hypertonie, idiopathische Ektasie, Aortenaneurysma, Marfan-Syndrom. Eine Erweiterung der Aorta ascendens ist oft durch eine kleine Vorwölbung nach rechts über die Herzkontur hinaus erkennbar (**Abb. 1.14**, vgl. **Abb. 1.1**), jedoch versteckt sich die Aorta ascendens in weiten Teilen im Herzschatten. Daher sollte eine exaktere Beurteilung mittels CT- oder MRT-Bildgebung erfolgen.

> ! **Für die klinische Verlaufsbeurteilung sollten möglichst immer Vor*aufnahmen* herangezogen werden. Vor*befunde* sind oft nicht ausreichend.**

Die Kenntnis der Position der einzelnen Herzklappen und der Koronararterien (**Abb. 1.15**) ist wichtig zur Beurteilung von Verkalkungen oder für die Zuordnung prothetischer Klappen.

Zeichen der Lungenstauung. Pulmonalvenöse Druckerhöhung und Blutfülle führen mit steigendem Ausmaß zu charakteristischen Veränderungen der Lungengefäßstrukturen.
Typisch ist die **basoapikale Umverteilung** als Frühzeichen für einen erhöhten pulmonalvenösen Druck. Im Stehen herrschen in den Lungenvenen aufgrund des hydrostatischen Druckes normalerweise deutliche Druckunterschiede (**Abb. 1.16**)

- *kraniale Zone:* Unterdruck (daher kollabiert)
- *mittlere Zone:* Druck um 0 mmHg
- *kaudale Zone:* positiver Druck (Venen erweitert)

Bei **Erhöhung des Drucks im linken Vorhof** (Mitralklappenfehler; linksventrikuläre Insuffizienz) steigt der Druck in allen Zonen proportional an, sodass

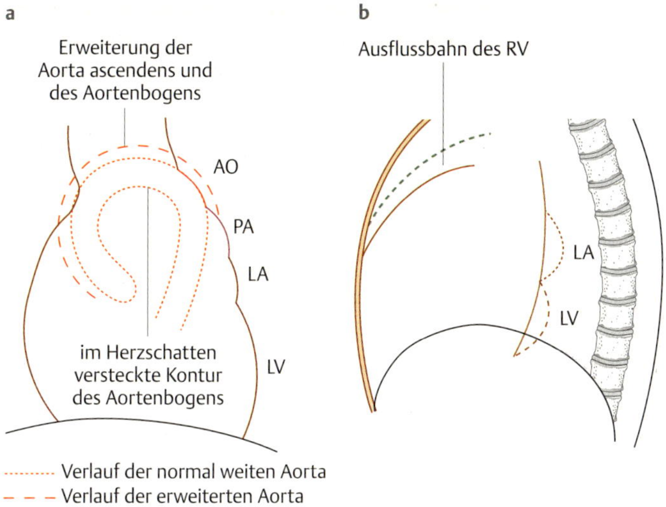

Abb. 1.14 Normale Herzsilhouette. **a** Normale Herzkontur in der konventionellen Röntgenaufnahme. AO = Aorta, PA = Pulmonalarterie, LA = Linker Vorhof, LV = Linker Ventrikel. **b** Die Vergrößerung des linken Vorhofs (LA), des linken Ventrikels (LV) und der Ausflussbahn des rechten Ventrikels (RV) sind gestrichelt eingezeichnet. (→ vgl. **Abb. 1.1**)

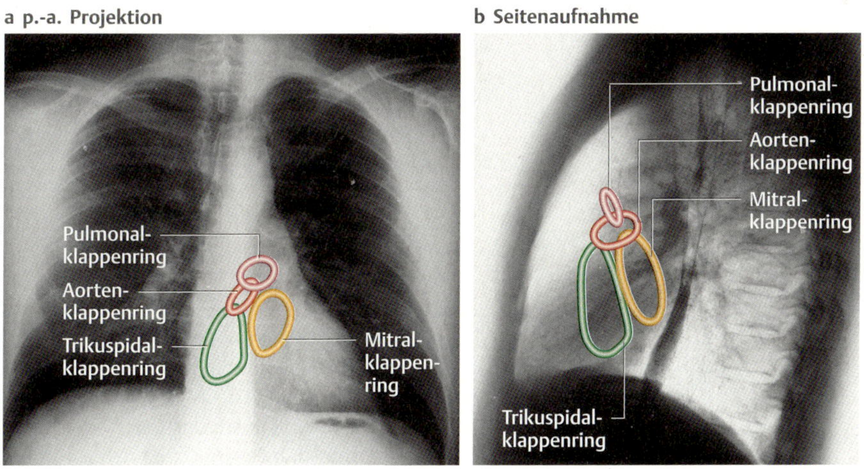

Abb. 1.15 Position der einzelnen Herzklappen. Die Darstellungen zeigen die Lage der Herzklappen in Beziehung zum Herzschatten auf einer Herzfernaufnahme.

sich die Pulmonalvenen in der kranialen Zone (Oberlappenvenen) zunehmend erweitern. Dies gilt nicht für Aufnahmen im Liegen: durch die Gleichverteilung des Druckes in allen 3 Zonen sind die Oberlappenvenen in diesem Fall bereits bei normalem Druck erweitert und somit kein Zeichen der Herzinsuffizienz.

Mit weiter steigendem Druck im kleinen Kreislauf kommt es zu

- Erweiterung der Lungenhili, zunächst noch scharf begrenzt
- **unscharfer Begrenzung der Hili**; bei weiterer Zunahme → Übergang in interstitielles Ödem (z. B. Kerley-Linien, die als Ausdruck des Ödems der subpleuralen Lymphgefäße verdickten Interlobärsepten entsprechen), → alveoläres Ödem (milchglasartige Zeichnung des Lungenparenchyms)
- **Lungenödem**: im Allgemeinen beidseits gleichmäßig; bei längerer Lagerung auf einer Seite evtl. einseitig stärker ausgeprägt. Gelegentlich herdförmig betontes Ödem („Pseudotumor"): im

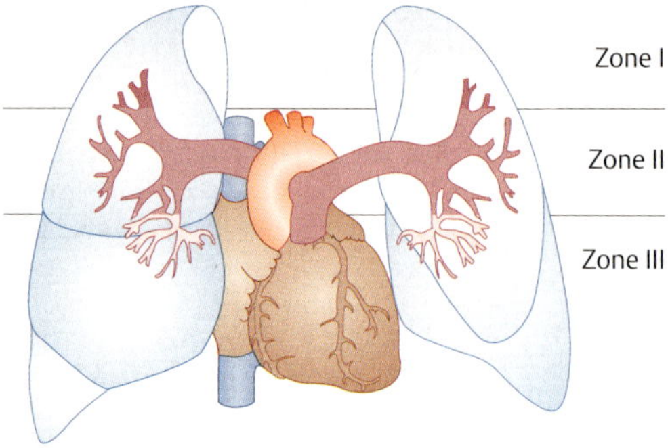

Abb. 1.16 Perfusion der Lungengefäße. Bei einer Lungenstauung kommt es zu einer basoapikalen Umverteilung mit Erweiterung der Oberlappenvenen (kraniale Zone) (Einzelheiten → Text).

Gegensatz zu echten Tumoren Befundänderung bei kurzfristiger Kontrolle.
- **Pleuraerguss**

Zeichen der Hyperzirkulation bei Links-Rechts-Shunt.
- Erweiterung der zentralen und peripheren Lungenarterien (Durchmesser der rechtsabsteigenden Pulmonalarterie > 12 – 15 mm)
- vermehrte Pulsationen der Hili bei der Röntgendurchleuchtung
- Erweiterung des rechten Ventrikels, insbesondere der Ausflussbahn, mit Einengung des Retrosternalraumes, Steilstellung der linken Herzkontur und deutlicher Prominenz des Pulmonalissegmentes
- Vergrößerung des rechten Vorhofes (rechtsseitig randbildende Herzkontur)

Bei anderen Formen eines Links-Rechts-Shunts (Ventrikelseptumdefekt; persistierender Ductus arteriosus Botalli; periphere arteriovenöse Fistel) sind in Abhängigkeit von der Lokalisation des Shunts nicht alle Zeichen vorhanden.

Zeichen der Rechtsherzinsuffizienz.
- Verbreiterung der Kontur von rechtem Vorhof und Vena cava superior (rechtsseitig randbildende Herzkontur)
- Erweiterung der Vena azygos

Herzschrittmacher und implantierbare Defibrillatoren.
- Das Röntgenbild des Thorax ist unerlässlich zur
- Dokumentation der korrekten Lage oder
- Erkennung von Fehlplatzierungen von Schrittmacher-/Defibrillator-Elektroden (rechter Ventrikel, rechter Vorhof, Coronarsinus) bei der Implantation und
- Erkennung von Verlagerungen (Dislokationen) im Verlauf.
- Wichtig ist in vielen Fällen ein Vergleich mit Vorbefunden.

1.4.11 Magnetresonanztomografie (MRT)

Die Magnetresonanztomografie (MRT) erlaubt nicht invasiv ohne ionisierende Strahlen die morphologische und funktionelle Untersuchung des Herzens und der großen Gefäße mit rascher technischer Fortentwicklung. Durch Anwendung differenzierter Untersuchungsprotokolle (MR-Sequenzen) lassen sich unterschiedliche Fragestellungen beantworten. Diese umfassen aktuell:
- **morphologische Darstellung** der Herzhöhlen, des Myokards und des Perikards; dabei auch Darstellung von komplexen angeborenen Herzfehlern, Thromben und Tumoren möglich
- **myokardiale Funktion** mit Darstellung der regionalen Wandbewegung des linken und rechten Ventrikels
- **myokardiale Fibrose** mit Darstellung fleckförmiger Anreicherungen von MR-Kontrastmittel (Gadolinium) in Spätaufnahmen ca. 20 Minuten nach Injektion (**„late enhancement“**) bei verschiedenen Kardiomyopathien (HCM, DCM, ARVC) (s. S. 132)
- **myokardiale Vitalität** durch Darstellung der regionalen und transmuralen Ausdehnung von Myokardnarben (Infarktgröße) kontrastmittelgestütztes („late enhancement“)
- **myokardiale Ischämie** durch Nachweis von unter Stress (i. v. Dobutamin oder Adenosin) auftretenden regionalen Wandbewegungsstörungen des linken Ventrikels (**„Stress-MR“**; Prinzip und Protokolle analog zur Stress-Echokardiografie, Abb. 1.17).
- **myokardiale Perfusion** durch Änderung der regionalen Signalintensität des linksventrikulären Myokards früh nach Gabe von MR-Kontrastmitteln (z. B. Gadolinium)
- **myokardiales Ödem** durch Nachweis erhöhter Signalintensität in T 2-gewichteten MR-Sequenzen in Regionen akuter myokardialer Inflammation (z. B. Myokarditis)

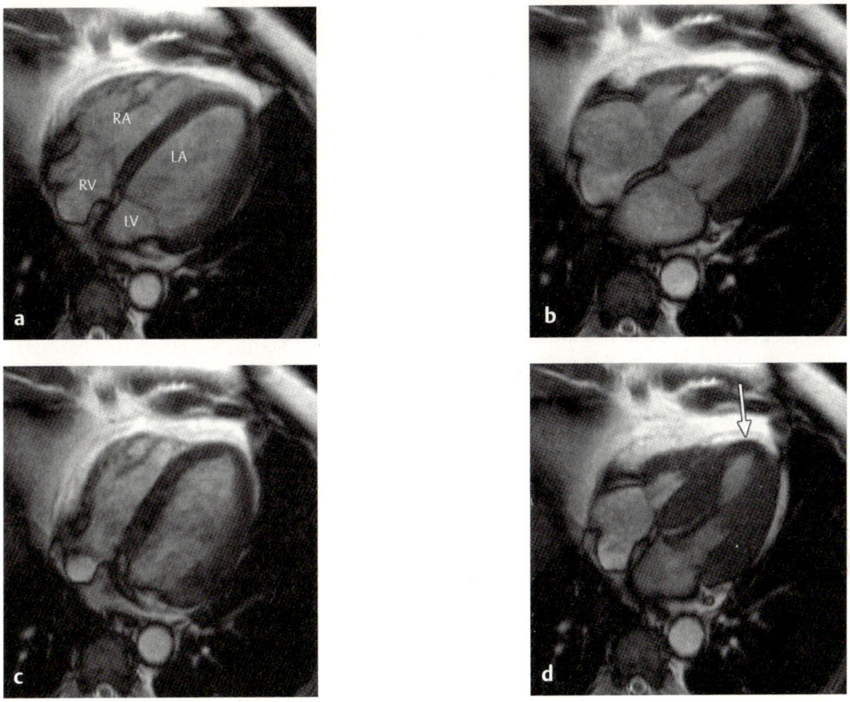

Abb. 1.17 Stress-MRT mit Nachweis einer chronischen Ischämie bei hochgradiger RIVA-Stenose. Ruheuntersuchung mit enddiastolischer (**a**) und endsystolischer (**b**) Phase bei normaler globaler und regionaler Wandbewegung. Unter pharmakologischem Stress mit Dobutamin entwickelt sich eine Akinesie im apikalen Septumdrittel und der Ventrikelspitze (**c, d**). Ursächlich ist in diesem Fall eine hochgradige RIVA-Stenose. (aus Thelen et al., Bildgebende Kardiodiagnostik, Thieme)

- **myokardiale Gewebedifferenzierung** mit Darstellung unterschiedlicher, teils spezifischer, Signalmuster mithilfe spezieller MR-Sequenzen (Fett, Eisen, Amyloid, Speicherkrankungen etc.)
- **Flussmessungen** zur Bestimmung von Schlag- und Herzzeitvolumina und zur Berechnung von Stenosegradienten, Regurgitationsvolumen und Shuntvolumen
- **herznahe Gefäße** (Aorta, Pulmonalarterie, große Körpervenen, Pulmonalvenen etc.) sowie **große Körperarterien** (Aorta abdominalis, Viszeralarterien, Nierenarterien, Becken- und Beinarterien) können in Anatomie, Größe, Verlauf und Pathologie (Stenose, Verschluss, Dissektion etc.) mittels spezieller Sequenzen der **MR-Angiografie** dargestellt werden.
- **Darstellung der Koronararterien** (derzeit in Entwicklung, noch nicht klinische Routine).

Etablierte Indikationen sind derzeit u. a. die myokardiale Funktion, Vitalität und Ischämie bei koronarer Herzkrankheit (**Abb. 1.17**), die myokardiale Funktion- und Struktur bei Kardiomyopathien (DCM, HCM, RCM, ARVC, LVNC) und Speicherkrankheiten, die Anatomie, Funktion und Hämodynamik bei angeborenen Herzfehlern, thorakale Aortendissektion und -aneurysmen (inkl. Marfan-Syndrom), kardiale Tumoren, und konstriktive Perikarditis. **Indikationen in Entwicklung** sind die Myokardperfusion und die Darstellung der Koronaranatomie.

1.4.12 Kardiale Computertomografie (CT)

Die kardiale Computertomografie („Kardio-CT") erlaubt nicht invasiv die morphologische Untersuchung des Herzens und der herznahen großen Gefäße mit Anwendung von Röntgenstrahlen. Zur Verbesserung der Bildqualität wird diese **Mehrschicht-Spiral-CT** (MS-CT) durchgeführt.

Koronarkalk-Quantifizierung. Möglich ist die Darstellung und Quantifizierung von Koronarkalk als Surrogat-Parameter der koronaren Arteriosklerose. Sie kommt zum Einsatz in der Risikostratifizierung bei Patienten mit intermediärem Risikoprofil, ist jedoch nicht geeignet als Screening-Verfahren in der allgemeinen kardiovaskulären Vorsorge.

CT-Koronarangiografie. Sie ermöglicht die Darstellung des Koronararterien-Lumens durch Gabe von **Röntgen-Kontrastmitteln** mit bei modernen 64- oder 128-Zeilen MS-CT-Scannern guter räumlicher Auflösung zumindest der zentralen Gefäßabschnitte. Auch die Darstellung der Offenheit von Bypass-Gefäßen ist möglich, der Ausschluss einer Bypass-Insertionsstenose ist jedoch häufig erschwert. Zusätzlich ist eine semiquantitative Beurteilung der Gefäßwand mit verkalkenden und nicht-verkalkenden, arteriosklerotischen Plaques und Stenosen möglich. Bei starker Gefäßverkalkung und implantierten Koronarstents ist die Beurteilbarkeit der Stenoseausprägung jedoch noch deutlich eingeschränkt. Zudem ist bei Gefäßverschlüssen eine Darstellung der Kollateralversorgung nicht möglich. Hinsichtlich der Exposition von Röntgen-Strahlung und -Kontrastmittel bietet die CT-Angiografie bislang noch keine Vorteile gegenüber der invasiven (Katheter-)Koronarangiografie der Koronararterien. Die Strahlenexposition beim Kardio-CT ist derzeit noch höher als bei der invasiven Koronarangiografie, die Kontrastmittelmenge ist etwa vergleichbar.

Indikationen für die nicht invasive CT-Angiografie der Koronararterien umfassen derzeit den Ausschluss von relevanten Koronarstenosen bei Patienten mit atypischer Angina pectoris bzw. erhöhtem Risikoprofil sowie die erweiterte Abklärung unklarer Koronarbefunde (z. B. fragliche Stamm- oder Ostiumstenosen oder Abgangsanomalien der Koronargefäße, Offenheit von Bypassgefäßen).

Nicht sinnvoll ist die Untersuchung bei komplexer koronarer Herzkrankheit (starke Verkalkungen, kollateralisierte Verschlüsse, Z. n. komplexen Interventionen oder Operationen). Bei Patienten mit typischer Angina pectoris oder myokardialem Ischämienachweis in Belastungstests ist eine invasive Koronarangiografie in Interventionsbereitschaft indiziert.

1.4.13 Nuklearkardiologische Diagnostik

Die nuklearkardiologische Diagnostik liefert Informationen über verschiedene Funktionen des Herzens.

Myokard-Szintigrafie zur Ischämie- und Vitalitätsdiagnostik (^{99m}Tc-MIBI/^{99m}Tc-Tetrofosmin/^{201}Tl)

Ischämie-Diagnostik: Nachweis einer myokardialen Minderdurchblutung unter Belastung (Ergometrie, Dobutamin, Adenosin) mit Normalisierung unter Ruhebedingungen („Mismatch“).

Vitalitäts-Diagnostik: Nachweis einer myokardialen Narbe durch regionale Minderbelegung des Tracers bereits unter Ruhebedingungen.

Funktions-Diagnostik: Nachweis einer globalen (Ejektionsfraktion = EF) oder regionalen Störung der Kontraktion oder systolischen Wandverdickung (dreidimensional) in direkter Korrelation zur Perfusion des linken Ventrikels durch Einsatz einer weiterentwickelten EKG-Triggerung ähnlich der Stress-Echokardiografie in Ruhe und unter adrenerger Stimulation.

Indikationen.

- Beurteilung der funktionellen Auswirkungen angiografisch dokumentierter Stenosen der Koronararterien
- Beurteilung der Prognose nach Myokardinfarkt
- in Einzelfällen zur Diagnostik der koronaren Herzkrankheit bei eingeschränkten Bedingungen für Belastungs-EKG, Stress-Echokardiografie und Stress-MRT (z. B. bei Linksschenkelblock, Herzschrittmacher, WPW-Syndrom und eingeschränkten Untesuchungsbedingungen)

Bei **niedriger Erkrankungswahrscheinlichkeit** und bei Vorhofflimmern kommt es häufiger zu falsch positiven Befunden als im Vergleich zum Goldstandard der Koronarangiografie (Bayes-Theorem). Für diese Prävalenzgruppe ist ein pathologischer Befund im Perfusions-Myokardszintigramm nur im Rahmen der übrigen Befunde (Beschwerden, Belastungs-EKG, Risikofaktoren) zu werten.

Myokard-Szintigrafie zur Innervationsdiagnostik (^{123}I-MIBG)

Mit der ^{123}Iod-MIBG-Szintigrafie ist eine Beurteilung der präsynaptischen sympathischen Myokardinnervation mittels eines radioaktiv markiertem Katecholaminanalogons möglich (MIBG = Metaiodobenzylguanidin).

Indikationen:

- Beurteilung einer sympathischen Innervationsstörung bei Herzrhythmusstörungen, Herzinsuffizienz und KHK
- Kontrolle der Reinnervierung nach Herztransplantation

Positronenemissionstomografie (PET)

Mithilfe der Positronenemissionstomografie (PET) ist eine quantifizierende Beurteilung von Myokardstoffwechsel, Myokardperfusion und Myokardinnervation möglich. Die **^{18}F-FDG-PET** („Glukose-PET") gilt als Goldstandard der myokardialen Vitalitätsdiagnostik mit besonderer Bedeutung in der Abschätzung des Nutzen-Risiko-Verhältnisses vor aortokoronarer Bypass-Operation bei Patienten mit komplexem Koronarstatus und eingeschränkter Funktion des linken Ventrikels.
Unter besonderen Fragestellungen kann die Funktionsdiagnostik der kardialen PET auch mit der morphologischen Schnittbilddiagnostik der kardialen CT kombiniert werden (**„PET-CT"**) und damit integrativ die myokardiale Bildgebung optimieren.

1.4.14 Invasive Herzkatheteruntersuchung

Allgemeine Grundlagen

Prinzip. Untersuchung mithilfe von vorgeformten, röntgenkontrastgebenden, dreh- und formstabilen Kathetern, die nach Punktion eines arteriellen oder venösen Gefäßes durch Schleusen eingeführt werden. Ziel ist zunächst die diagnostische Klärung; in gleicher Sitzung kann u. U. eine Intervention angeschlossen werden.

Durchführung. Zugänge zum Herzen sind über die Punktion einer Arterie und/oder Vene möglich. Bei der Koronarangiografie wird in der Regel die rechte, seltener die linke A. femoralis punktiert, jedoch wird zunehmend auch die Arteria radialis benutzt. Die Untersuchung des rechten Herzens und des Lungenkreislaufs erfolgt in der Regel von der rechten oder linken Vena femoralis. Die Sondierung des linken Vorhofes (z. B. bei Mitralklappen-Alloprothesen) oder des linken Ventrikels via linkem Vorhof (z. B. bei Aortenklappen-Alloprothesen) erfolgt nach Punktion des interatrialen Septums (transseptale Punktion). Letzteres Vorgehen ist heute zur hämodynamischen Beurteilung selten notwendig, da in der Regel die Echokardiografie die notwendigen Informationen liefert. Dagegen wird die transseptale Punktion heute zunehmend bei der Ablation von Vorhofflimmern benutzt (s. S. 75).
Es werden die **Drücke** im Herzen und den herznahen Gefäßen gemessen; zur Bestimmung von Druckgradienten an Herzklappen entweder durch konsekutive Messungen (Rückzugskurve) oder simultan (über 2 Katheter).
Weiterhin erfolgt eine **angiografische Darstellung** des Herzens, der herznahen Gefäße und der Koronararterien durch Injektion von Röntgenkontrastmittel mittels motorgesteuerter Injektionsspritze (Angiografie) oder von Hand (Koronararterien).
Das **Röntgen-Kontrastmittel (KM)** ist iodhaltig. Iod absorbiert Röntgenstrahlen und ist somit wichtigster Bestandteil eines angiografischen Kontrastmittels (*Cave:* jodinduzierte Hyperthyreose, Allergie). Die Ausscheidung erfolgt über glomeruläre Filtration (*Cave:* eingeschränkte Nierenfunktion).

> !
> - Vor jeder Applikation jodhaltiger Kontrastmittel sollte eine Schilddrüsenautonomie ausgeschlossen werden, abgesehen von Notfällen (Bestimmung TSH basal).
> - Eine möglicherweise geplante Schilddrüsendiagnostik ist immer vor einer Angiografie durchzuführen, da die Jodexposition z. B. eine Schilddrüsenszintigrafie für mehrere Monate unmöglich macht.

Zur **Beurteilung der Ventrikelfunktion** werden nach Kontrastmittelinjektion die enddiastolischen und endsystolischen Volumina sowie die Ejektionsfraktion (EF) bestimmt. Außerdem erfolgt eine Analyse der regionalen Wandbewegung.
Die **Bestimmung des Herzzeitvolumens** (HZV) im Rahmen eines Rechtsherzkatheters ist mittels Indikator-Verdünnungsmethode (z. B. Thermodilution) oder aufgrund der Sauerstoffsättigungswerte im kleinen und großen Kreislauf unter Berücksichti-

gung der Sauerstoffaufnahme nach dem Fick-Prinzip möglich. Normalwerte des HZV = 6 – 8 l/min; Cardiac Index (CI) = 2,7 – 4,5 l/min/m² Körperoberfläche (Sauerstoffaufnahme und Körperoberfläche werden in der Regel aus Nomogrammen ermittelt).

Auch die **Bestimmung des Shuntvolumens** ist möglich. Die Berechnung erfolgt anhand der Sauerstoffsättigungswerte in den verschiedenen Herzabschnitten. Bei Vorhandensein eines Shunts kann ein Sättigungssprung nachgewiesen werden.

Weiterhin können folgende **hämodynamische Größen** berechnet werden: Kreislaufwiderstände, Klappenöffnungsflächen, Parameter der linksventrikulären Kontraktilität, Schlagarbeit, Herzarbeit, Schlagleistung, Regurgitationsvolumina.

Als **Interventionsmöglichkeiten** im Rahmen der Herzkatheterisierung und/oder einer Koronarangiografie sind die Koronardilatation (PCI; s. S. 59), ein interventioneller Verschluss des Vorhofseptums und eine Ballonvalvotomie (s. S. 174) bei entsprechenden echokardiografischen Vorbefunden möglich.

Rechtsherzkatheteruntersuchung

Syn. transvenöse Rechtsherzkatheteruntersuchung (mit Belastung).

Die Methode hat wegen des zunehmenden Einsatzes der Echokardiografie an Bedeutung verloren, spielt jedoch noch eine Rolle im Rahmen des hämodynamischen Monitorings auf der Intensivstation sowie zur Klärung grenzwertiger oder diskrepanter Befunde im Rahmen der invasiven Herzkatheterdiagnostik. In Verbindung mit ergometrischer Belastung ist diese Methode zudem geeignet zur Beurteilung der kardialen Leistungsfähigkeit.

Ziele sind die Funktionsbeurteilung des Herzens, die Bestimmung des Herzminutenvolumens (oxymetrisch oder durch Thermodilution), der pulmonalarteriellen und -kapillaren Drücke und des rechtsatrialen Druckes (Messung mittels Multilumenkatheter oder durch Katheterrückzug) in Ruhe und unter Belastung. Zudem können pulmonale und/oder systemische Gefäßwiderstände berechnet werden. Durch Messung der Sauerstoffsättigung an verschiedenen Stellen des Kleinkreislaufsystems („Stufen-Oxymetrie") und im großen Kreislauf können weitere Kreislaufparameter errechnet und Shuntvitien nachgewiesen und quantifiziert werden.

Als **Komplikationen** können an der Einführungsstelle des Katheters Hämatome und lokale Phlebitis (ca. 5 %) auftreten, weitere Komplikationen sind Venenspasmen (5 – 10 %), Schleifen-, Schlingen- und Kontenbildung des Katheters (1 – 2 %) und Kammerflimmern (ca. 1 %). Zu Todesfällen kommt es jedoch fast nie (nahezu 0 %).

Einschwemm-(Swan-Ganz-)Katheter (mit Belastung)

Benutzt wird in der Regel ein Lumenkatheter mit aufblasbarem Ballon an der Spitze. Der Katheter wird über eine venöse Schleuse von der Vena brachialis, der Vena subclavia oder jugularis, seltener von der Vena femoralis unter Kontrolle der Druckkurven (ohne Röntgendurchleuchtung) vorgeführt und „schwimmt" bei aufgeblasenem Ballon mit dem Blutstrom in die Lungenstrombahn (cave: kontraindiziert bei Rechts-Links-Shunt wegen der Gefahr der Luftembolie beim Platzen des Ballons). Bei ausgeprägter Trikuspidalklappeninsuffizienz und/oder großem rechten Ventrikel kann die Sondierung der Pulmonalarterie sehr schwierig sein.

Bei Untersuchungen **mit Belastung** erfolgt üblicherweise erfolgt eine stufenweise Belastung am Fahrradergometer im Liegen. Bei submaximaler Belastung steigt der Pulmonalarterien-Mitteldruck normalerweise nicht über 30 mmHg an, der pulmonalkapillare Mitteldruck steigt nicht über 20 – 22 mmHg.

Pulmonaler Vasoreagibilitätstest bei pulmonaler Hypertonie

Bei pulmonaler Hypertonie unterschiedlicher Ursache (s. S. 463) ist es zur Planung der weiteren Therapie oft wesentlich, die pulmonale Vasoreagibilität unter pulmonalvaskulär dilatierenden Maßnahmen zu prüfen bzw. nachzuweisen oder auszuschließen. Hierzu werden im Rahmen einer Rechtsherzkatheteruntersuchung pulmonal-arterielle, und -kapilläre Drücke sowie Lungengefäßwiderstände und Herzminutenvolumina in Ruhe und unter pulmonal vasodilatierenden Maßnahmen (Sauerstoffgabe, NO-Inhalation, Prostaglandin oder Adenosin) gemessen.

Eine pulmonale Hypertonie ist dabei definiert als pulmonalarterieller Mitteldruck > 25 mmHg in Ruhe. Eine positive pulmonale Vasoreagibiltät liegt vor, wenn bei normalem oder verbessertem Herzminutenvolumen unter pulmonal vasodilatierenden Maßnahmen der pulmonalvaskuläre Widerstand um ≥ 20 % bzw. der pulmonal-arterielle Mitteldruck um ≥ 10 mmHg auf Werte unter 40 mmHg abfällt.

Intensivmedizinisches hämodynamisches Monitoring (PiCCO-System)

Zur Messung hämodynamischer Parameter auf der Intensivstation wird der Pulmonalarterienkatheter heute nur noch selten eingesetzt, da die meisten Fragen durch die Echokardiografie beantwortet werden können. Bei kritischer Hämodynamik und komplexen Fragestellungen hinsichtlich Katecholamin- und Volumentherapie kann jedoch die Messung differenzierter hämodynamischer Parameter und deren Verlaufskontrolle unter therapeutischen Maßnahmen wertvolle klinische Hinweise liefern.
Anstelle des klassischen Pulmonalarterienkatheters werden hierzu in letzter Zeit zunehmend sogenannte **PiCCO-Systeme** verwendet (s. S. 102). Über zwei Katheter, die in eine herznahe Vene (zentraler Venenkatheter) sowie in eine Arm- oder Beinarterie des Patienten platziert werden, können Herzzeitvolumen und weitere volumetrische Parameter für Vorlast und Lungenödem gemessen werden. Die Methode bedient sich zunächst der Thermodilution zur Kalibrierung der späteren kontinuierlichen Messung des Herzzeitvolumens mittels Pulskonturanalyse. Große Schwankungen der arteriellen Druckkurve unter der Beatmung sind neben den Vorlastparametern des intrathorakalen Blutvolumens (ITBV) und des globalen enddiastolischen Volumens (GEDV) ein weiteres Maß für einen positiven Effekt von infundierter Flüssigkeit auf den Kreislauf (Volumenreagibilität).

Linksherzkatheter mit Koronarangiografie und Angiokardiografie

Mehr als 800 000 diagnostische Untersuchungen und 300 000 Koronarinterventionen (PCI = perkutane Koronarintervention; percutaneous coronary intervention), 388 Mitralvalvotomien, 655 Septumablationen bei HOCM und 2914 interventionelle Verschlüsse im Vorhofseptum wurden 2007 in Deutschland im Register der Fachgesellschaft erfasst. Hinzu kommen fast 40 000 elektrophysiologische Untersuchungen und fast 32 000 Interventionen (Ablationen).

Koronargefäßsystem. Die Anatomie des Koronargefäßsystems ist in **Abb. 1.18** dargestellt. Man unterscheidet folgende **Versorgungstypen:**
- Normversorgungstyp = Versorgung der inferioren Wand durch die rechte Koronararterie (RCA)
- Linksversorgungstyp = Versorgung der inferioren Wand durch den Ramus circumflexus (RCX)
- Rechtsversorgungstyp = Versorgung der lateralen Wand durch die rechte Koronararterie (RCA)

Bei der Koronarangiografie werden RCA sowie RIVA und RCX der LCA als 3 Gefäße (z. B. sog. **Dreigefäßerkrankung**) gezählt. Der größte Teil des linken Ventrikels wird von der LCA versorgt, so dass Stenosen des LCA-Stammes besonders gefährlich sind.

Indikationen zur diagnostischen Herzkatheteruntersuchung und zur Koronarangiografie.
- Feststellung signifikanter Koronararterienstenosen und deren Zugänglichkeit für katheterinterventionelle oder chirurgische Verfahren
- Verlaufsuntersuchung bei Wiederauftreten von Beschwerden (z. B. Angina pectoris) nach diesen Maßnahmen
- Ausschlussdiagnostik bei Patienten mit atypischen Beschwerden bei nicht eindeutig negativen nicht invasiven Befunden
- Diagnostik der dilatativen Kardiomyopathie (Ausschluss einer koronaren Herzkrankheit)
- hämodynamische und morphologische Charakterisierung bei hypertrophen Kardiomyopathien (primär Domäne der nicht invasiven Diagnostik)
- hämodynamische Charakterisierung angeborener Herzfehler und erworbener Herzklappenfehler vor oder nach operativen Eingriffen (primär Domäne der Echokardiografie vor allem zur Verlaufsbeobachtung)
- Ausschluss einer koronaren Herzkrankheit bei erworbenen Herzfehlern vor geplanter Herzoperation (ab 35.–45. Lebensjahr)
- bei anhaltenden Kammertachykardien oder nach Herz-Kreislauf-Stillstand, z. B. zum Ausschluss einer koronaren Herzkrankheit.

Kontraindikationen Absolute Kontraindikationen gibt es praktisch nicht. Es muss immer zwischen potenziellem Nutzen der invasiven Diagnostik und Risiko des Eingriffes abgewogen werden. Relative Kontraindikationen sind
- akutes oder chronisches Nierenversagen
- akute gastrointestinale Blutung
- aktive, nicht behandelte Infektion
- frischer Schlaganfall
- schwere, nicht behandelte arterielle Hypertonie
- schwere Begleiterkrankung mit nur kurzer Lebenserwartung (< 6 Monate)

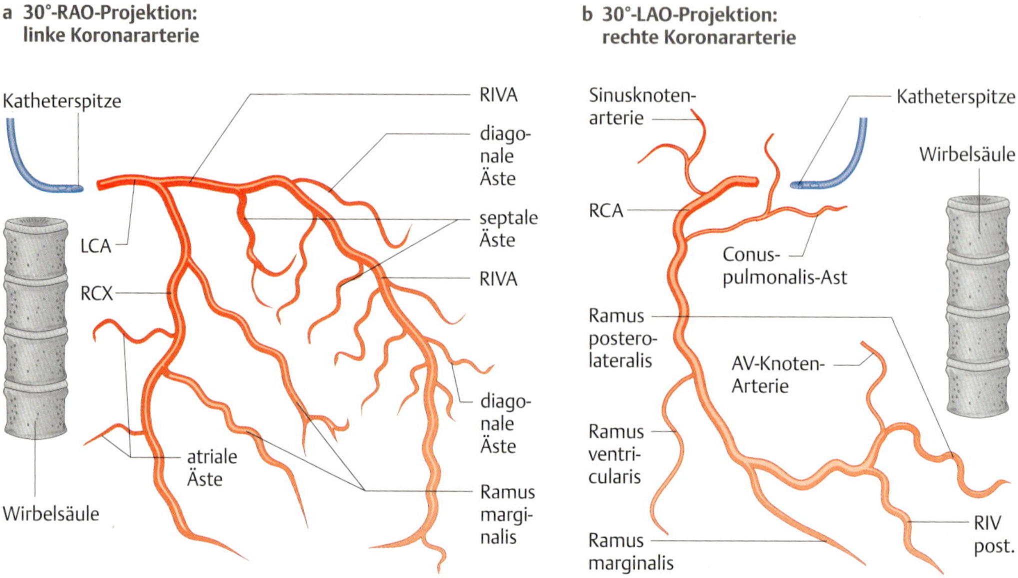

Abb. 1.18 Koronargefäßsystem. *Abkürzungen:* **LCA** = Stamm der linken Koronararterie, **RIVA** = Ramus interventricularis anterior, **RCX** = Ramus circumflexus, **RCA** = proximales Drittel der rechten Koronararterie, **RIV post** = Ramus interventricularis posterior, **RAO** = rechtsanteriore Schräg(oblique)projektion; **LAO** = linksanteriore Schräg(oblique)projektion. Strahlrichtung von dorsal (Röhre) nach ventral (Bildwandler).

Tab. 1.4 Komplikationen der Koronarangiografie

Komplikation	Häufigkeit
Todesfälle	< 0,1 %
Infarkt	0,05 %
Gefäßkomplikationen	0,5 %
Apoplex/TIA	bis 0,07 %
Kontrastmittelreaktion	0,4 %
hämodynamische Verschlechterung	0,3 %

- grundsätzliche Ablehnung von katheterinterventionellen oder chirurgischen Maßnahmen durch den Patienten
- bekannte anaphylaktische Reaktion auf frühere Kontrastmittelgabe (im Notfall Vorbehandlung mit Kortison, Antihistaminikum, H_2-Rezeptor-Blocker)
- schwere arterielle Verschlusskrankheit mit erschwertem Zugang zum Herzen
- schwere Blutgerinnungsstörung
- schwere Schilddrüsenfunktionsstörung (erfordert thyreostatische Vorbehandlung)

Komplikationen

der Herzkatheterisierung und der elektiven Koronarangiografie entstehen als Folge von (Tab. 1.4)

- arterieller und/oder venöser Punktion und Einführung der Katheter
- katheterinduzierten Dissektionen
- Embolisation wandständiger Thromben der Aortenwand oder des linken Ventrikels
- Arrhythmien
- allergischen und toxischen Reaktionen auf das jodhaltige Kontrastmittel (u. a. selten Übelkeit, Verschlechterung vorbestehender Niereninsuffizienz; extrem selten: anaphylaktische Reaktionen)
- Spätreaktionen auf Kontrastmittel (jodinduzierte Hyperthyreose)

Insgesamt handelt es sich bei der Koronarangiografie um eine sichere Methode. Bei elektiven diagnostischen Katheterisierungen ist von einer Rate ernsthafter Komplikationen von < 0,05 % auszugehen. Das individuelle Untersuchungsrisiko ist u. a. abhängig von Schweregrad der koronaren Herzkrankheit und linksventrikulären Funktionsstörung, dem Alter des Patienten und begleitenden Gefäß- bzw. Herzklappenerkrankungen. Die Untersuchung ist auch bei akutem Koronarsyndrom mit instabiler Angina pectoris, frischem Infarkt oder kardiogenem Schock mit nur gering erhöhtem Risiko durchführbar. Im Zweifelsfall muss das Risiko der Erkrankung und der Interventionsmöglichkeiten gegenüber dem Untersuchungsrisiko abgewogen werden. Daher ist eine sorgfältige und individuelle **Aufklärung des Patienten** erforderlich.

1.5 Das Herz in besonderen Situationen

1.5.1 Das Herz im Alter

engl.: geriatric heart disease

Mit zunehmendem Alter der Bevölkerung spielen Erkrankungen des Herzens eine größere Rolle. Die kardiovaskuläre Funktion unterscheidet sich erheblich zwischen den einzelnen älteren Patienten, teils als Folge einer Zunahme einer manifesten oder okkulten koronaren Herzkrankheit, teils wegen altersabhängiger Änderungen des Lebensstils (z. B. Fitness). Daher müssen immer Interaktionen zwischen Alter, Erkrankung und Lebensstil berücksichtigt werden. Einige wichtige altersabhängige Veränderungen sind in Tab. 1.5 dargestellt.

1.5.2 Das Herz als Emboliequelle

Die Bildung von Thromben und ihre Embolisation in den arteriellen Kreislauf spielen eine größere Rolle als früher angenommen. Hier soll lediglich eine Synopsis gegeben werden (vgl. S. 381).
Häufige Ausgangspunkte von Thromboembolien sind:

Klappenerkrankungen: bei Mitralklappenfehlern, vor allem Mitralklappenstenosen, wird durch Dilatation des linken Vorhofes und Vorhofflimmern die Thrombenbildung gefördert (s. S. 180). Bei Aortenklappenfehlern kommt dies seltener vor.

Endokarditis: eine Embolie ist gelegentlich die erste zur Diagnose führende Komplikation (s. S. 146).

Persistierendes Foramen ovale (PFO): bei jugendlichen Patienten mit Apoplex muss an die Möglichkeit gekreuzter (paradoxer) Embolien gedacht werden (Durchtritt eines venösen Embolus). Der Nachweis des offenen Foramen ovale erfolgt echokardiografisch, insbesondere in transösophagealer Technik.

Myokardinfarkt: endokardiale Thrombenbildung auf dem frischen Infarktgebiet oder in einem Postinfarkt-Aneurysma

Vorhofflimmern: Bei Vorhofflimmern nimmt durch die Stase des Blutes die Neigung zur Entstehung eines Thrombus, vor allem im linken Herzohr, zu. Echokardiografisch kann man vor allem bei stark vergrößertem linkem Vorhof eine spontane Kontrastierung als Ausdruck einer Verlangsamung der

Tab. 1.5 Altersabhängige Veränderungen

Zunahme	Abnahme
• Wandsteifheit des Herzens • Wanddicke des LV • Breite der Herzmuskelzellen • interstitielles Bindegewebe • Impedanz der Aorta • Pulswellengeschwindigkeit • Häufigkeit, Komplexität und hämodynamische Wirkung von Arrhythmien • PQ-Dauer • Linkstyp (QRS-Hauptvektor weicht nach links ab) • Vorhofflimmern • ventrikuläre Extrasystolen • isovolumetrische Relaxationszeit • Vorhofkontraktion, LV-Füllung • Plasmakatecholamine • Herzinsuffizienz	• Skelettmuskelmasse • Herzfrequenz und LV-Schlagvolumen bei Belastung • maximale aerobe Belastbarkeit • Herzfrequenzvariabilität • Barorezeptoraktivität • Amplitude von QRS und T • frühdiastolische Füllungsrate • postsynaptische β-Rezeptor-Aktivität

Flussgeschwindigkeit mit „Geldrollenbildung" der Erythrozyten finden. Nach (elektrischer) Kardioversion ist dies oft erstmals im linken Vorhof nachweisbar und stellt einen Hinweis auf die nach Konversion bestehende erhöhte Emboliegefahr.

Das Risiko von arteriellen Thromboembolien, vor allem von Schlaganfällen und transitorisch-ischämischen Attacken (TIA), hängt von der dem Vorhofflimmern zugrunde liegenden Erkrankung ab.

Bei idiopathischem Vorhofflimmern bis zum 75. Lebensjahr besteht nur ein gering erhöhtes Risiko gegenüber altersgleichen Personen, danach bedeutsam ansteigend. Bestehen jedoch zusätzliche Risikofaktoren wie arterielle Hypertonie, Diabetes mellitus, Herzinsuffizienz, ein früherer Schlaganfall, eine TIA oder sogar eine Herzklappenerkrankung, insbesondere ein Mitralklappenfehler, ist das Embolierisiko deutlich erhöht (s. S. 86).

Patienten mit Vorhofflattern werden heute im Hinblick auf die Gefährdungen durch arterielle Thromboembolien denjenigen mit Vorhofflimmern gleichgestellt. Auch wird das Risiko von Embolien bei Vorliegen der genannten Risikofaktoren bei paroxysmalem Vorhofflimmern ähnlich gesehen wie bei persistierendem oder permanentem Vorhofflimmern.

> **!** **Vorhofflimmern ist die häufigste Rhythmusstörung bei älteren Patienten. Oft wird paroxysmales Vorhofflimmern als Ursache für eine flüchtige zerebrale Symptomatik nicht erkannt (zerebrale Minderversorgung aufgrund einer Tachyarrhythmie oder Embolie). Auch wird vermutet, dass Vorhofflimmern zur Entwicklung einer kognitiven Dysfunktion beiträgt.**

Die Embolien können in den Zerebral-, Viszeral- oder Extremitätenarterien lokalisiert sein, selten sind die Koronararterien betroffen. Die **Therapie** besteht in der Behandlung der Grunderkrankung (sofern möglich), der Antikoagulation und evtl. akuten invasiven Gefäßinterventionen.

1.5.3 Kardiale Erkrankungen in der Schwangerschaft

Die Schwangerschaft verursacht deutliche Veränderungen des kardiovaskulären Systems. Das Blutvolumen nimmt erheblich zu, das **Herzminutenvolumen steigt** um bis zu 50%, wobei allein die Uterusdurchblutung etwa 20% des Herzminutenvolumens beansprucht. Herzklappenfehler werden am besten vor der Schwangerschaft behandelt. Operative Korrekturen mittels Herz-Lungen-Maschine sind während der Schwangerschaft möglich, jedoch mit erhöhtem Risiko behaftet. Alternativ kann z. B. bei hochgradiger Mitralklappenstenose eine perkutane Valvotomie der Mitralklappe in der 22.–30. Schwangerschaftswoche erfolgen, wobei Röntgenexposition so weit wie möglich zu vermeiden ist.

Zur Frage der Antikoagulation während der Schwangerschaft sei auf aktuelle Leitlinien verwiesen (http://leitlinien.dgk.org/images/pdf/leitlinien_volltext/2008-05_herzerkrankung-schwangerschaft).

Schwerwiegende kardiopulmonale Erkrankungen während der Schwangerschaft sind:

- pulmonale Hypertonie (s. S. 114)
- Schwangerschafts-Kardiomyopathie (s. S. 142)
- Aorten- oder Koronararterien-Dissektion (sehr selten, s. S. 221).

1.5.4 Das Herz bei Schilddrüsenerkrankungen

Eine **Hyperthyreose** (vgl. S. 512) kann neben der bekannten Sinustachykardie auch Vorhofflimmern auslösen. Dieses ist bei älteren Patienten oft das einzige Symptom der Schilddrüsen-Überfunktion. Schwere Formen der Hyperthyreose können eine sekundäre Kardiomyopathie mit schwerer, oft nicht oder nach Therapie der Hyperthyreose nur gering reversibler linksventrikulärer Dilatation und Dysfunktion zur Folge haben.

Die **Hypothyreose** (vgl. S. 510) kann neben Bradykardie zu einem chronischen Perikarderguss oder einer koronaren Herzkrankheit (als Folge einer begleitenden Fettstoffwechselstörung) führen.

1.5.5 Beurteilung der Herzfunktion vor nicht kardialen Operationen

Morbidität und Mortalität operativer Eingriffe hängen von kardiovaskulären Begleiterkrankungen ab. Die Feststellung der sog. „Operationsfähigkeit" sollte Vorhandensein und Schweregrad einer Ischämie (Angina pectoris? Belastungs-EKG?), Ausmaß einer linksventrikulären Funktionsstörung (Dyspnoe? Echokardiografie? Belastbarkeit auf dem Ergometer?) und Herzrhythmusstörungen berücksichti-

Tab. 1.6 Klinisch relevante Prädiktoren des Risikos nicht kardialer Operationen

1. Prädiktoren eines gering erhöhten Risikos
• höheres Lebensalter
• abnormes Ruhe-EKG
• kein Sinusrhythmus im Ruhe-EKG
• Anamnese von Schlaganfall
• schlecht eingestellter Hypertonus
2. Prädiktoren eines moderat erhöhten Risikos
• stabile Angina pectoris
• stabile Herzinsuffizienz
• frühere Herzinfarkte > 30 Tage
• Serum-Kreatinin > 2,0 mg/dl
• Diabetes mellitus
3. Prädiktoren eines stark erhöhten Risikos
• instabile Angina pectoris oder Myokardinfarkt < 30 Tage
• PTCA/Stent innerhalb 4 Wochen
• dekompensierte Herzinsuffizienz
• Rhythmusstörungen (höhergradige AV-Blockierungen, Tachykardien mit unkontrollierter Kammerfrequenz, ventrikuläre Salven oder Tachykardien)
• Klappenfehler (z. B. Aorten-/Mitralklappenstenose)
• pulmonale Hypertonie
• nicht korrigierte Shuntvitien (bevorzugt Rechts-Links-Shunt = zentrale Zyanose)
A. Operationen (OP) mit geringem Risiko (< 1 % Tod oder Myokardinfarkt)
• endoskopische OP
• oberflächliche OP
• Katarakt-OP
• Mamma-OP
B. Operationen (OP) mit moderatem Risiko (1 – 5 % Tod oder Myokardinfarkt)
• Carotis-OP (Endarteriektomie)
• kopf- und halschirurgische OP
• thorakale und intraperitoneale OP
• orthopädische OP
• Prostata-OP
C. Operationen (OP) mit hohem Risiko (> 5 % Tod oder Myokardinfarkt)
• Aorten-OP (z. B. Aortenaneurysma)
• große periphere Gefäß-OP

gen. Keine starre Festlegung auf Zeitgrenzen z. B. nach Infarkt!

Ein **erhöhtes Risiko** perioperativer kardialer Komplikationen besteht bei:

- akutem Myokardinfarkt
- instabiler Angina pectoris
- in den ersten 4 Wochen nach interventionellen koronartherapeutischen Maßnahmen (PCI, Stent); wahrscheinlich länger bei Einsatz von Medikamente freisetzenden („drug-eluting") Stents wegen langsamerer Endothelialisierung
- anhaltender Kammertachykardie
- manifester Herzinsuffizienz

Begleitende Risikofaktoren umfassen Anämie, Nierenerkrankungen, Elektrolytstörungen, Thromboseneigung und schlecht eingestellten Diabetes mellitus sowie unbehandelte Hyper- und Hypothyreose. Patienten mit Atemwegserkrankungen benötigen präoperativ eine aktive Physiotherapie.

Medikation: Eine bestehende Betablocker-Medikation sollte perioperativ unbedingt fortgeführt werden, sofern keine schwerwiegenden Nebenwirkungen auftreten. Asymptomatische Bradykardien sind in der Regel nicht als Grund für eine Beendigung der Therapie anzusehen. Eine antihypertensive Therapie sollte fortgeführt, Diuretika jedoch einen Tag vor dem Eingriff abgesetzt werden. Digitalis sollte bei Vorhofflimmern oder Herzinsuffizienz fortgeführt werden, ansonsten kurze Pause. Eine orale Antikoagulation sollte in der Regel einige Tage vor der Operation abgesetzt werden, stattdessen erfolgt die Gabe von Heparin i. v. oder s. c. Im Notfall ist gefrorenes Frischplasma zur raschen Normalisierung der Prothrombinzeit zu infundieren. Vitamin K sollte eher vermieden werden. Acetylsalicylsäure und/oder ADP-Rezeptorblocker (z. B. Clopidogrel oder Prasugrel) sollten 4 – 6 Tage präoperativ abgesetzt werden, sofern die klinische Situation des Patienten dies erlaubt.

Das **Operationsrisiko** ist gewöhnlich **proportional zur Einschränkung der Herzleistung** (NYHA-Klassifikation, s. S. 101). Klinisch relevante patientenseitige Risikoprädiktoren und eine Auflistung von Operationen mit geringem, moderatem und stark erhöhtem kardiovaskulären Risiko sind in **Tab. 1.6** dargestellt. Patienten mit bekannter koronarer Herzkrankheit verlangen besondere Beachtung. In Einzelfällen kann eine koronare Revaskularisation (Bypass-Operation oder Katheterintervention) vor der Operation z. B. eines Bauchaortenaneurysmas oder einer peripheren arteriellen Verschlusskrankheit notwendig sein.

Bei **nicht kardialen operativen Eingriffen** haben vor allem Patienten mit schweren Aortenklappen- oder Mitralklappenfehlern ein hohes Risiko. Ein vorheriger Klappenersatz ist zu diskutieren (evtl. Ballonvalvotomie als Notfallmaßnahme). Bei hypertropher obstruktiver Kardiomyopathie ist vor allem die Ver-

Tab. 1.7 Empfehlungsklassen und Evidenzgrade

Empfehlungsklasse	
Klasse I	Evidenz und/oder allgemeine Übereinstimmung, dass eine Therapieform oder diagnostische Maßnahme effektiv, nützlich oder heilsam ist. Der Einsatz wird empfohlen.
Klasse II	Widersprüchliche Evidenz und/oder unterschiedliche Meinungen über Nutzen oder Effektivität einer Therapieform oder einer diagnostischen Maßnahme.
Klasse IIa	Evidenzen bzw. Meinungen favorisieren den Nutzen. Der Einsatz ist sinnvoll.
Klasse IIb	Nutzen und Effektivität einer Maßnahme sind weniger gut durch Evidenzen oder Meinungen belegt. Der Einsatz ist zu erwägen.
Klasse III	Evidenz und/oder allgemeine Übereinstimmung, dass eine Therapieform oder eine diagnostische Maßnahme nicht effektiv, nicht möglich oder nicht heilsam und im Einzelfall schädlich ist. Der Einsatz wird nicht empfohlen.
Evidenzgrade	
Grad A	Daten aus mehreren ausreichend großen, randomisierten Studien oder Meta-Analysen
Grad B	Daten aus einer randomisierten Studie oder mehreren großen nicht randomisierten Studien oder Registern
Grad C	Konsensus-Meinung von Experten basierend auf Studien und klinischer Erfahrung

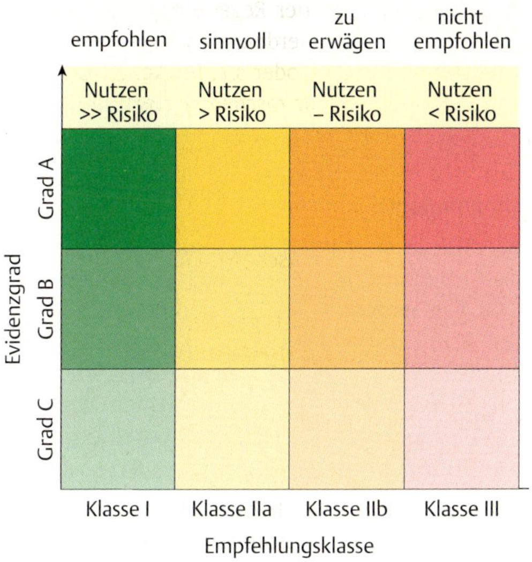

Abb. 1.19 Empfehlungsklassen.

meidung von positiv inotropen Substanzen und/ oder einer Hypovolämie wichtig, da hierdurch der Druckgradient zunimmt.

1.6 Empfehlungsklassen und Evidenzgrade

Nationale und internationale Leitlinien der Fachgesellschaften geben auf der Basis publizierter Daten häufig Empfehlungsklassen (I–III) zur Indikation der Durchführung einer bestimmten diagnostischen oder therapeutischen Maßnahme ab. Diese orientieren sich an der Evidenz zum Nutzen einer solchen Maßnahme. Zudem werden meist Evidenzgrade (A–C) angegeben, die die Qualität der Datenlage zu einer Empfehlung beschreiben (**Tab. 1.7, Abb. 1.19**).

Weiterführende Informationen

http://leitlinien.dgk.org/images/pdf/leitlinien_volltext/2008-07_hku.pdf

http://leitlinien.dgk.org/images/pdf/leitlinien_volltext/2009-12_24_bericht_hkl.pdf

http://leitlinien.dgk.org/images/pdf/leitlinien_volltext/2008-05_herzerkrankung-schwangerschaft.pdf

http://leitlinien.dgk.org/images/pdf/leitlinien_volltext/2009-07_nuklearkardiologie.pdf

2 Koronare Herzkrankheit

Holger Reinecke, Thomas Budde, Günter Breithardt

2.1 Grundlagen

Synonym: ischämische Herzkrankheit, Koronarinsuffizienz
engl.: ischemic heart disease (IHD), coronary artery disease (CAD)

Definition

Unter einer **koronaren Herzkrankheit (KHK)** versteht man durch Arteriosklerose ausgelöste, stenosierende Veränderungen des Herzkranzgefäßsystems, die zu einem Missverhältnis zwischen Sauerstoffbedarf und Sauerstoffangebot im abhängigen Herzmuskelareal führen können. In der Regel bekommen die Patienten ab einer Lumenreduktion von >50% (meist eher >75%) klinische Symptome. Diese Symptome und der zeitliche Verlauf der KHK können sehr variabel sein und reichen von asymptomatischen Verlaufsformen bis zum Auftreten akuter koronarer Syndrome mit instabiler Angina pectoris, Myokardinfarkt oder einem plötzlichen Herztod
Zur Anatomie der Koronargefäße s. S. 34.

Allgemeine Aspekte der Atherosklerose

Nach der Definition der WHO ist die Atherosklerose eine variable Kombination von Veränderungen der Arterienintima, die mit einer herdförmigen Anhäufung von Lipiden, komplexen Kohlenhydraten, Blut und Blutbestandteilen, mit der Bildung eines fibrösen Gewebes und mit Kalkablagerungen einhergeht sowie mit Veränderungen der Media verbunden sein kann. Die Atherosklerose kann als spezielle Form einer Arteriosklerose mit pathogenetisch relevanter Lipideinlagerung in der Arterienwand verstanden werden. Da, von Ausnahmen abgesehen, die meisten Verlaufsformen der Arteriosklerose mit einer pathologischen Gefäßwandverfettung einhergehen, können die Begriffe „Arteriosklerose" und „Atherosklerose" weitgehend synonym verwendet werden.
Nach jahrzehntelanger asymptomatischer Entwicklung der atherosklerotischen Gefäßverengung manifestieren sich schließlich klinische Folgeerscheinungen, wie koronare Herzkrankheit (KHK, Angina pectoris, Herzinfarkt, akuter Herztod), zerebrovaskuläre Insuffizienz (Schlaganfall) und periphere arterielle Verschlusskrankheit (Claudicatio intermittens, Gangrän).

Epidemiologie

Die KHK ist die häufigste Todesursache in den Industrienationen. In Deutschland waren im Jahre 2008 von insgesamt 844 439 Todesfällen 43% auf Herz-Kreislauf-Erkrankungen zurückzuführen (151 904 Männer, 211 881 Frauen); davon gingen allein 57 788 Todesfälle auf einen akuten Myokardinfarkt zurück. Im Vergleich dazu waren etwa 25% der Todesfälle auf Neoplasien zurückzuführen (114 855 Männer und 99 452 Frauen; Zahlen des Statistischen Bundesamtes).
Die größte Häufigkeit des Auftretens einer KHK ist ab dem 5. Lebensjahrzehnt zu erwarten. Männer sind dreimal häufiger betroffen als Frauen, wobei bei Frauen eine überproportionale Zunahme nach der Menopause festzustellen ist.

Ätiologie und Pathogenese der Manifestation der KHK

Entstehung und Verlauf einer KHK werden durch das **Ausmaß und Verhalten der Koronarstenosen** bestimmt, die zu einer Reduktion des arteriellen Blutflusses und damit auch der O_2-Zufuhr im abhängigen Myokardareal führen. Eine Koronarstenose entsteht initial durch eine Schädigung des Koronarendothels auf dem Boden bestimmter, nachfolgend aufgeführter Risikofaktoren und Noxen. Es kommt unter Mitwirkung von Adhäsions-Glykoproteinen zum Anhaften von Monozyten bzw. Makrophagen und T-Lymphozyten, die in die Intima einwandern (**Abb. 2.1 a**). Durch Akkumulation von Lipiden werden die Makrophagen zu Schaumzellen umgewandelt und bilden zusammen mit T-Lymphozyten und glatten Muskelzellen die arteriosklerotischen **Frühläsionen** (Abb. 2.1 **b**), die sog. **„Fatty Streaks"** innerhalb der Intima. Nachfolgend wandern weitere Entzündungszellen ein, es kommt zur Proliferation von glatten Muskelzellen unter Bildung einer fibrösen Matrix mit Kollagen und Proteoglykanen. Es entsteht eine **fibrös-fettige Plaque („Intermediärläsion")**.
Diese Schädigung des Endothels führt zu einer **Regulationsstörung der koronaren Vasodilatation bzw. -konstriktion:** Während normale Koronararterien sich bei körperlicher Belastung erweitern, zeigen er-

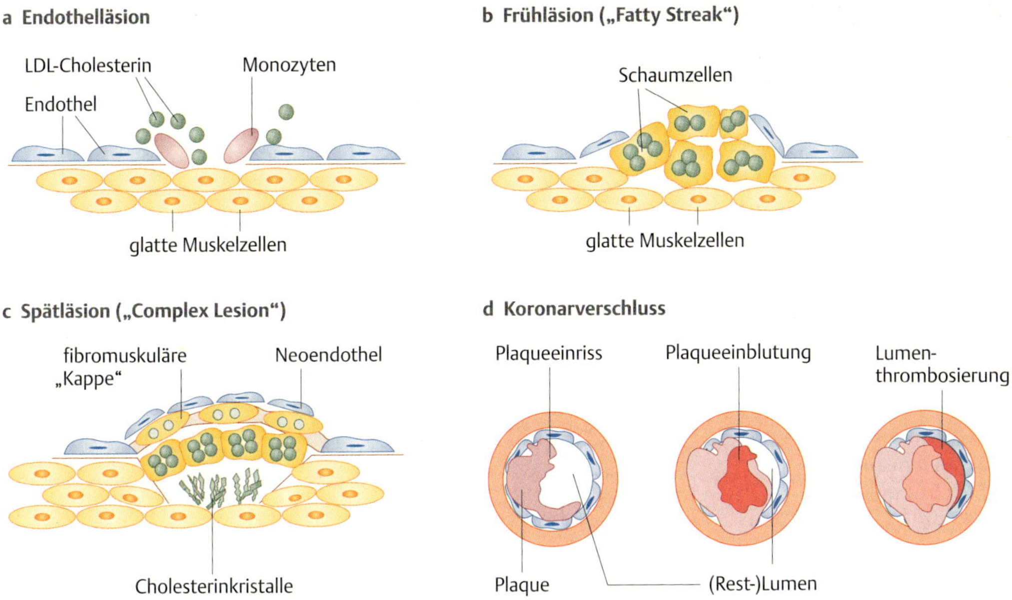

Abb. 2.1 Gefäßläsionen bei koronarer Herzkrankheit (KHK). a–c Im Gegensatz zur Endothelläsion ist die Spätläsion nicht mehr reversibel. Im Verlauf der Erkrankung kann die fibromuskuläre Kappe aufbrechen und das Gefäß plötzlich verschließen. Nähere Erläuterungen finden sich im Text gegenüber. **d** Koronarverschluss durch Plaqueeinblutung und Lumenthrombosierung. Auch eine oberflächliche Erosion der Intima kann Anlass zur Bildung eines Thrombus sein.

krankte Koronararterien eine Konstriktion und somit eine Zunahme der Einengung. Als Ursache werden erhöhte Plasma-Katecholaminspiegel und eine unzureichende Produktion von Stickstoffmonoxid (= NO, alter Begriff: EDRF „Endothelium-derived Relaxing Factor“) diskutiert.

Die unregelmäßige Oberfläche der Gefäßinnenwand führt darüberhinaus zu einer **Thrombozytenanlagerung und -aktivierung** mit Freisetzung von Thromboxan (TXA_2) und Serotonin. Unter Mitwirkung einer Vielzahl weiterer aus Thrombozyten, Endothel, Makrophagen und glatten Muskelzellen freigesetzter Wachstumsfaktoren entsteht als **komplexe Spätläsion** eine **„fibromuskuläre Plaque“**, die das Lumen stenosiert (**Abb. 2.1 c**). Durch Intimaeinriss und „Aufbrechen“ von insbesondere lipidreichen Plaques (sog. **Plaqueruptur** oder -erosion) und konsekutiver Einblutung mit Thrombosierung kann ein partieller oder kompletter Koronarverschluss entstehen (**Abb. 2.1 d**). Häufig treten Mikroembolisationen von Plaquematerial und Thrombusbestandteilen auf und führen zu Mikroinfarkten, welche durch sehr sensitive Laborparameter (z. B. Troponin I/T) nachgewiesen werden können.

> **!** **Diese Mikroinfarkte gehen oftmals einem kompletten Gefäßverschluss voraus und zeigen so ein erhöhtes Risiko an (Risikofaktor für Prognose).**

Bei Plaques, die eine Neigung zur Instabilität aufweisen, spricht man von **„vulnerablen Plaques“.** Diese sind gekennzeichnet durch:

- hohe Lipidakkulumation
- dünne Deckplatte
- ausgeprägte Zellproliferation mit Bildung von „verdauenden“ Enzymen wie Metalloproteinasen
- gesteigerte zelluläre inflammatorische Aktivität (Makrophagen, T-Lymphozyten)
- hohe Konzentration von gewebständigen Gerinnungsfaktoren.

Klinisch imponiert eine solche Plaqueruptur mit mehr oder weniger ausgeprägter Thrombosierung durch eine typische Symptomatik, die als **„akutes Koronarsyndrom“** bezeichnet wird.

Kardiovaskuläre Risikofaktoren

Das Konzept der kardiovaskulären Risikofaktoren wurde erstmals während der Framingham-Studie in den USA entwickelt, um Bevölkerungsgruppen mit einer erhöhten KHK-Inzidenz zu erkennen. In Deutschland wurden Risikofaktoren für KHK und Schlaganfall bei etwa 35 000 Männern und 15 000 Frauen in der „Prospective Cardiovascular Münster Study" (PROCAM-Studie) erfasst. **Klassische kardiovaskuläre Risikofaktoren** sind:

- Alter
- systolisch erhöhter arterieller Blutdruck
- hohes LDL-Cholesterin und niedriges HDL-Cholesterin
- erhöhte Triglyceride
- Zigarettenkonsum
- Diabetes mellitus
- familiäre Belastung

Das Risiko einer koronaren Herzkrankheit steigt bei gleichzeitigem Vorliegen mehrerer Risikofaktoren und mit dem Ausmaß ihrer Ausprägung an. Durch Verhaltensmodifikation und medikamentöse Therapie beeinflussbare Risikofaktoren können von unbeeinflussbaren unterschieden werden. Bei bereits manifester KHK kann das Risiko eines zukünftigen koronaren Ereignisses durch eine Modifikation der Risikofaktoren maßgeblich gesenkt werden.

In zahlreichen Interventionsstudien mit Cholesterin-senkenden Medikamenten (Statinen) konnte der Nachweis erbracht werden, dass eine Erniedrigung des LDL-Cholesterins die Rate von Myokardinfarkten senkt und darüber hinaus die Gesamtmortalität reduziert.

Neben den „klassischen" kardiovaskulären Risikofaktoren wurden in den letzten Jahren neue **biochemische Faktoren** beschrieben mit dem Ziel, die Risikoeinschätzung bei präsymptomatischen Patienten zu verbessern. Hierzu gehören unter anderem:

- erhöhtes Lipoprotein (a) (Lp[a])
- erhöhtes Homocystein
- C-reaktives Protein (CRP)
- Fibrinogen
- Mikroalbuminurie

Die Ermittlung des **individuellen Risikoprofils** setzt sich folgendermaßen zusammen:

- Anamnese: Familienanamnese und Eigenanamnese (frühere kardiovaskuläre Erkrankung), Ernährungsgewohnheiten, Nikotinkonsum, Sport, Bluthochdruck, Diabetes mellitus, Dyslipoproteinämie
- Untersuchung: Größe, Gewicht, arterieller Blutdruck (an beiden Armen gemessen)
- Labor: Lipidanalytik (Gesamt-, LDL- und HDL-Cholesterin, Triglyceride, Lp[a]), Gerinnungsstatus, Nüchtern-Blutzucker, ggf. auch HbA1c-Konzentration.

Die Berechnung des individuellen Risikos ist durch spezielle Algorithmen möglich, z. B. International Task Force for Prevention of Coronary Heart Disease (http://www.chd-taskforce.com) oder dem Q-Risk-Kalkulator (http://www.qrisk.org).

Spezielle Präventionsmaßnahmen sind zusammenfassend in **Tab. 2.1** aufgeführt.

Therapie

Basistherapie ist stets eine **Veränderung des Lebensstils:** Rauchen einstellen! Körperliche Aktivität bzw. Sport (Laufen, Schwimmen, Radfahren, Gymnastik - auch Spazierengehen zählt dazu).

Tab. 2.1 Prävention von kardiovaskulären Ereignissen und Zielwerte von Risikofaktoren

Risikofaktor	Zielwert bei erhöhtem Risiko*	Zielwerte bei Diabetes
Hypertonus	< 140/90 mmHg (optimal 120/80 mmHg)	< 130/80 mmHg
Hyperlipidämie	LDL-Cholesterin < 100 mg/dl (HDL-Cholesterin > 40 mg/dl) (Triglyceride < 150 mg/dl)	LDL-Cholesterin < 100 mg/dl,
Übergewicht	Body Mass Index < 25 kg/m²	BMI < 25 kg/m²
Nikotin	Abstinenz	Abstinenz
körperliche Bewegung	4 – 5 × pro Woche, 30 – 45 min, Belastung mit 60 – 75 % der maximalen Herzfrequenz	entsprechend erhöhtem Risiko

** **Primärprävention:** individuelles Infarktrisiko > 5 % über 10 Jahre (ermittelt mit Risikokalkulator), oder **Sekundärprävention:** bei bereits manifester kardiovaskulärer Erkrankung (Herzinfarkt, Bypass-Operation)*

Auch die **Ernährungsumstellung** ist sehr wichtig: Aufnahme energiereduzierter, lipidsenkender Kost (d. h. verminderte Aufnahme gesättigter Fettsäuren und Ersatz durch ungesättigte Fettsäuren, partieller Ersatz durch Lebensmittel mit hohem Gehalt an komplexen Kohlenhydraten und löslichen Ballaststoffen, Reduktion des Nahrungscholesterins), z. B. in Form der sog. „mediterranen Ernährung". Dies gilt in Abhängigkeit vom Lipidstatus auch bei normgewichtigen Patienten.
Die **medikamentöse Behandlung** setzt ein bei ineffektiver Ernährungs- und Lebensstilumstellung oder manifester Erkrankung (z. B. durchgemachter Herzinfarkt) mit Blutdruckoptimierung, Diabeteseinstellung, Lipidsenkung (**Tab. 2.1**). Aktuelle Studien belegen analog zur lipidsenkenden Therapie die Prognoseverbesserung durch ACE-Hemmer und AT-Rezeptorblocker bei Risikopatienten (z. B. Diabetiker). Darüberhinaus benötigen grundsätzlich **alle Patienten mit bekannter KHK** einen **Cholesterinsynthesehemmer** (Statin).
Beim Diabetiker ist die Blutdruckeinstellung und lipidsenkende Therapie mindestens genauso wichtig wie die optimale Einstellung des Glukosestoffwechsels (s. S. 614)!

Verlaufsformen einer KHK

Die Dynamik des Verlaufs einer koronaren Herzerkrankung hängt davon ab, in welchem Ausmaß bestehende Koronarstenosen zu einer Reduktion des arteriellen Blutflusses und damit der Sauerstoffversorgung im nachgeschalteten Myokardareal führen. Über Jahre hinweg **asymptomatische Verlaufsformen** oder lange Phasen einer gleichbleibenden Symptomatik sind ebenso möglich wie eine langsame oder rasche Progression der Krankheit. Auch können Phasen schneller Beschwerdeprogression, die durch das Aufbrechen instabiler atheromatöser Plaques oder durch Thrombusablagerungen bedingt sind, mit „Stillständen" abwechseln. Eine „stotternde" Symptomatik kann auf den **Übergang in einen instabilen Zustand** hinweisen. Auch ohne vorausgehende „Warnsymptome" (Angina pectoris, Dyspnoe, „Leistungsknick" etc.) kann ein **akutes Koronarsyndrom** (instabile Angina pectoris, akuter Myokardinfarkt, plötzlicher Herztod) auftreten: Bei fast der Hälfte der Patienten, die einen **Myokardinfarkt** erleiden, ist dies die erste Manifestation ihrer KHK!

> **!** Frühes Erkennen von Warnsymptomen ist das wichtigste Ziel der KHK-Diagnostik.

Langzeittherapie

→ s. S. 56.

2.2 Akutes Koronarsyndrom

2.2.1 Definitionen

Akutes Koronarsyndrom

Unter dem Begriff Akutes Koronarsyndrom (ACS) werden die Phasen der koronaren Herzkrankheit zusammengefasst, die **unmittelbar lebensbedrohlich** sind: **instabile Angina, akuter Myokardinfarkt, plötzlicher Herztod**. Übergänge dieser klinischen Formen sind fließend (siehe Pathophysiologie). Die Einteilung bzw. klinische Risikostratifizierung erfolgt anhand der klinischen Beschwerden, des EKGs und evtl. nachweisbarer Laborparameter eines Myokardschadens (s.u). Die diesbezügliche Diagnostik und Therapie haben sich in den letzten 10 Jahren wesentlich geändert und beruhen jetzt auf einer breiten Daten- und Studienbasis („evidence based medicine"). Als wesentliches Prinzip hat sich dabei herausgestellt:

> **!** Zeit ist Muskel („Time is tissue")

sodass die Notwendigkeit zur schnellstmöglichen richtigen Diagnose und Therapie (**Reperfusion**) eines akuten Koronarsyndroms das vorrangige Ziel allen Handelns sein muss.

Instabile Angina pectoris

Als instabile Angina pectoris wird jede schwere, häufige, an Intensität zunehmende oder neu auftretende Angina pectoris („New-Onset-Angina") bezeichnet – wenn kein laborchemischer Nachweis eines Myokardschadens vorliegt (troponinnegativ, s. u.). In Abhängigkeit vom Verlauf und den Begleitumständen unterscheidet man:

- **„Crescendo"-Angina** ehemals stabile Angina-pectoris, die sich durch eine Zunahme der Anfallshäufigkeit, -intensität oder -dauer und das ver-

minderte Ansprechen auf sublinguale Nitratgabe auszeichnet.
- **Ruheangina** tritt spontan ohne vorherige Belastung auf und zeichnet sich durch z. T. protrahierte Anfälle in kurzen Abständen aus. Auch hier besteht eine verminderte Wirkung sublingualer Nitrate.

Stress-Kardiomyopathie (Takotsubo)

→ s. S. 55.

Akuter Myokardinfarkt

Ein über längere Zeit bestehender Koronargefäßverschluss führt zu unzureichender Durchblutung und Sauerstoffversorgung von Herzmuskelanteilen und damit zum Zelltod in den betroffenen Arealen (Myokardnekrose) Dies beinhaltet auch den Untergang von Kardiomyozyten und kleineren Myokardarealen infolge von Mikroembolisationen (s. o.).
Im Labor können auch kleine Nekrosen durch einen **Troponinanstieg** nachgewiesen werden.
Mit der nachfolgend beschriebenen Neudefinition des akuten Koronarsyndroms wurde die klassische Definition der Weltgesundheitsorganisation (WHO) verlassen. Dennoch ist es hilfreich, die Systematik zu verstehen: danach ist von einem Infarkt auszugehen, wenn 2 von 3 nachfolgenden, sicheren Infarktkriterien erfüllt sind:
- länger (> 15 – 20 min) anhaltende typische Angina pectoris
- infarkttypische EKG-Veränderungen (s. S. 45ff)
- infarkttypische Serum-Enzym-Veränderungen (s. S. 47)

2.2.2 Symptomatik des akuten Koronarsyndroms

Haupt-(warn-)symptom bei KHK ist die Angina pectoris. Je nach Ausprägung ist sie z. B. hinweisend auf ein akutes Koronarsyndrom oder eine stabile KHK.

> **!** Gerade bei Frauen und alten Patienten (> 75 Jahre) treten häufiger atypische Beschwerden auf – letztlich gilt diese Aussage in Einzelfällen aber für jeden Betroffenen.

Die **Symptome bei typischer Angina** sind:
- „drückend“, „reißend“, „brennend“, „krampfartig“ (meist nicht atemabhängig)
- Lokalisation meist retrosternal
- Ausstrahlung häufig in linke Thoraxseite, linken Arm, Epigastrium, Jugulum, Hals oder Zahn-/Mund-/Kieferbereich
- Lokalisation in der rechten Körperhälfte seltener (aber häufig genug!)

Tab. 2.2 fasst die auf Angina-pectoris-verdächtigen Symptome zusammen.
Eine Angina pectoris kann sich auch mit **atypischen Symptomen** äußern (atypische Angina), z. B.:
- thorakale „Stiche“
- Belastungsdyspnoe
- Übelkeit
- „Leistungsknick“
- „Unwohlsein“

Die atypischen Symptome werden häufig nicht erkannt!
Die **Akutsymptome der koronaren Herzkrankheit** stellen sich folgendermaßen dar: vor allem bei Infarkten ohne vorherige „Warnsymptome sind die

Tab. 2.2 Thoraxschmerz: Angina pectoris?

Verdacht auf Angina pectoris	anamnestische Hinweise
Thoraxschmerz	1. ...durch Belastung auslösbar? 2. ...von kurzer Dauer? 3. ...sistiert in Ruhe oder nach Nitratgabe? 4. ...retrosternal lokalisiert? 5. ...strahlt in linken Arm, Hals, Unterkiefer aus? 6. ...hat keine andere erkennbare Ursache?
1. – 3. oder 4 Kriterien positiv	→ *typische* Angina pectoris
2 Kriterien oder nur 4. – 6. Kriterium positiv	→ *unsichere* Angina pectoris
nur 1 Kriterium positiv	→ *keine* Angina pectoris

Patienten unruhig, ängstlich, blass und in Schweiß gebadet („kalter" Schweiß aufgrund vermehrter [Nor-]Adrenalinausschüttung). Das Angstgefühl kann sich bis zur akuten Todesangst („Vernichtungsgefühl") steigern. Beim typischen Verlauf besteht ein starker, häufig unerträglicher Thoraxschmerz mit Ausstrahlung in die linke oder rechte Körperhälfte, den Rücken oder das Epigastrium. Die Patienten versuchen eine schmerzlindernde Körperhaltung einzunehmen. Anders als z. B. bei vertebragenen Schmerzen gelingt dies jedoch nicht.

> **!** **Bei ca. 15 % der Patienten verläuft der Myokardinfarkt asymptomatisch (sog. „stummer" Myokardinfarkt, z. B. bei langjährigen Diabetikern).**

Weitere mögliche Symptome sind Übelkeit oder Erbrechen (vor allem bei Hinterwandinfarkt), Verwirrtheit und Schwindelgefühl.
Auch **hypertensive Reaktionen** sind möglich, insbesondere bei vorbestehender Hypertonie. Meist ist der Blutdruck aber normal oder sogar erniedrigt.
Besonders gefährlich sind häufig auftretende **Herzrhythmusstörungen:** vor allem bradykarde oder tachykarde Herzrhythmusstörungen (Sinusbradykardie, AV-Überleitungsstörungen, [supra-]ventrikuläre Tachykardien, Kammerflimmern/-flattern) sind in der Akutphase häufig (→ „Herzrhythmusstörungen", s. S. 62).

> **!** **Gerade die Häufigkeit der ventrikulären Rhythmusstörungen in der frühen Phase stellt die Hauptursache für die hohe Sterblichkeit der Patienten dar (plötzlicher Herztod); daher ist für eine umgehende und schnelle Versorgung sowie stationäre Einweisung (mit kontinuierlicher EKG-Überwachung und verfügbarem Defibrillator) zu sorgen.**

Diagnostik

Anamnese

Eine schnelle und prägnante Anamneseerhebung ist von entscheidender Bedeutung. Unnötige Zeitverluste vor Therapiebeginn müssen vermieden werden! Wichtige Informationen zur Prognose- und Risikobeurteilung sind aber einzuholen, um sich Klarheit über Dynamik des Infarktgeschehens und therapeutische Optionen im einzelnen Fall (z. B. PCI oder Lyse) zu verschaffen:

- Herzerkrankung (KHK) bekannt? Kardiovaskuläre Risikofaktoren? Frühere Infarkte?
- vorausgegangene Angina pectoris/Dyspnoe (Häufigkeit? Tendenzielle Verbesserung/Verschlechterung/kein Effekt durch Medikamente?
- kardiologische Voruntersuchungen/-behandlungen (wann, wo)?
- Herzinsuffizienz? Rhythmusstörungen? Schwindelanfälle? Synkopen?
- Medikamentenanamnese: bereits frühere Einnahme von Medikamenten wegen Angina pectoris (z. B. Nitrate, Kalziumantagonisten, Betablocker, Salicylate)?
- Symptome bezüglich wichtiger Differenzialdiagnosen vorhanden (z. B. Pleuritis, Lungenembolie, Aortendissektion, Interkostalneuralgie, **Tab. 2.3**)?
- Beginn des aktuellen Schmerzereignisses? Ununterbrochener Schmerz?
- Kontraindikationen für evtl. Thrombolysetherapie (z. B. Magen-/Darmulzera, Schlaganfall, erfolgte Operationen etc., s. **Tab. 2.7**)?

Körperliche Untersuchung

Die **Herzfrequenz** kann normal, erhöht oder erniedrigt sein und hat somit keinen sicheren diagnostischen Aussagewert.
Spezifischere Symptome oder Befunde treten auf, wenn sich in der Akutphase weitere **Komplikationen** einstellen:
Tachypnoe, Dyspnoe oder Orthopnoe, feuchte Rasselgeräusche (die in den basalen Lungenabschnitten beginnen) oder ein 3. Herzton („ventrikulärer Galopp weisen auf eine **(beginnende) Linksherzinsuffizienz** oder ein Lungenödem hin und können einen kardiogenen Schock ankündigen (s. S. 101).
Eine vermehrte Halsvenenfüllung kann Zeichen einer **Rechtsherzinsuffizienz** sein (rechtsventrikulärer Infarkt? sekundär bei schwerer Linksherzinsuffizienz?).
Herzgeräusche müssen protokolliert werden (neu aufgetreten? Ventrikelseptumdefekt oder ischämische Mitralinsuffizienz?). Eine **orientierende Einschätzung der Prognose** kann nach der klinischen Klassifizierung nach Killip erfolgen (**Tab. 2.4**).

EKG

> **!** **Bis zu 15 % der Patienten haben ein „normales" EKG!**

Tab. 2.3 Differenzialdiagnose des Thoraxschmerzes

Erkrankung	Kommentar
akutes Koronarsyndrom, Prinzmetal-Angina	s. S. 43, 58
Tako-Tsubo-Kardiomyopathie	s. S. 55
Perikarditis, Myokarditis	s. S. 153, 159
Pleuritis	atem- oder bewegungsabhängig
Lungenembolie	Anamnese, Blutgasanalyse, Echokardiografie, Computertomografie
Aortendissektion	Anamnese, (transösophageale) Echokardiografie, Röntgen, CT
Hiatushernie	Zunahme der Beschwerden im Liegen, Röntgen
Magen-/Duodenalulkus, akutes Abdomen	Anamnese, Druckschmerz
vertebragene Schmerzen	bewegungsabhängig, „auslösbar" durch Thoraxkompression

Tab. 2.4 Infarktprognose nach klinischen Kriterien*

Klasse	Kriterien	Häufigkeit	Letalität
I	keine pulmonalen Rasselgeräusche (RG), kein 3. Herzton	30 – 40 %	8 %
II	RG über ≤ 50 % der Lunge oder 3. Herzton	30 – 50 %	30 %
III	RG über > 50 % der Lunge (oft Lungenödem)	5 – 10 %	44 %
IV	Schockzeichen	10 %	80 – 100 %

Die Daten zu Häufigkeiten und Letalität stammen aus der Zeit vor Einführung aggressiver Reperfusionsstrategien, sind aber dennoch hilfreich für eine Prognoseabschätzung.

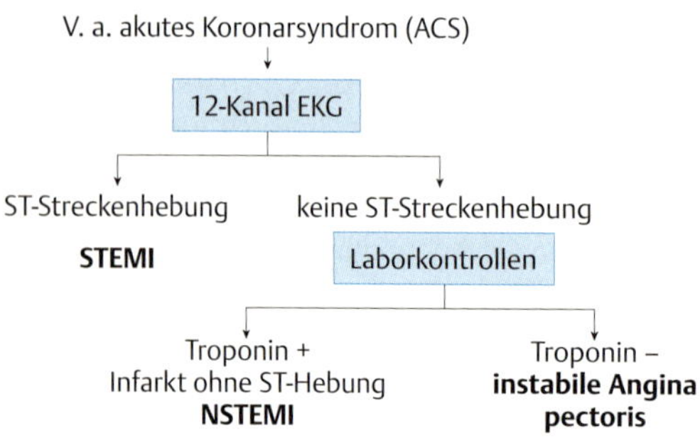

Abb. 2.2 Diagnostik bei V. a. akutes Koronarsyndrom.

Unterschieden werden (Abb. 2.2):

„ST-Strecken-Hebungs-Infarkt" = STEMI (früher: „transmuraler" oder „Q-Zacken"-Infarkt; pathologische Q-Zacken = Anzeichen einer myokardialen Nekrose, registrierbar durch die dem nekrotischen Areal nächstliegenden Elektroden).

- EKG-Veränderungen: ST-Hebungen/-Senkungen, R-Reduktion/-Verlust
- Troponin und CK positiv

„Nicht-ST-Strecken-Hebungs-Infarkt" = NSTEMI (früher: „nichttransmuraler" oder „Nicht-Q-Zacken"-Infarkt): bessere Akutprognose als STEMI, jedoch Langzeitprognose durch Möglichkeit eines späteren „transmuralen" Infarktes belastet.

- EKG-Veränderungen: keine Veränderungen des QRS-Komplexes, ST-Senkungen mit präterminaler T-Negativierung.
- Troponin positiv, CK kann erhöht sein

Bei typischem klinischen Bild eines Infarktes ohne ST-Hebungen im EKG handelt es sich oft um einen Lateralwandinfarkt.

„Instabile Angina pectoris" (= IAP):

- EKG: keine ST-Hebungen
- Troponin und CK negativ

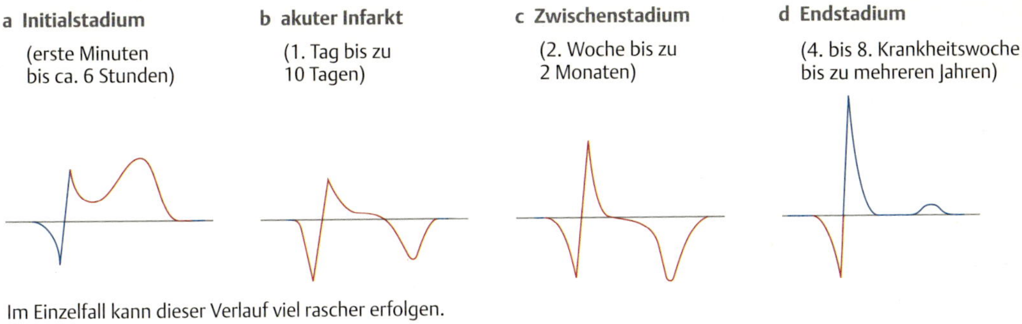

Abb. 2.3 EKG-Veränderungen bei Myokardinfarkt. Das in **a** dargestellte Erstickungs-T und die monophasische Deformierung (ST-Strecken-Hebung mit unmittelbarem Übergang in die T-Welle) ist nicht immer vorhanden; **b** Reduktion oder Verlust der R-Zacke, vergrößerte Q-Zacken; **c** Rückbildung der ST-Strecken-Hebung; **d** persistierende QRS-Veränderungen und weitere Rückbildung der ST-Strecken-Veränderung.

Stadieneinteilung nach EKG-Kriterien

Stadium I – Akuter Infarkt („frischer Infarkt", Abb. 2.3 a). Die QRS-Veränderungen bleiben meist dauerhaft bestehen, während die ST-Strecken-Veränderungen überwiegend nur kurzzeitig vorhanden sind.

- **„Erstickungs-T":** initial T-Wellen-Überhöhung, die wegen kurzer Dauer dem EKG-Nachweis häufig entgeht,
- **„monophasische Deformierung":** ST-Strecken-Hebung mit unmittelbarem Übergang in T-Welle (**Abb. 2.3 a**),
- **„R-Verlust/-Reduktion":** R-Zacken-Amplitude nimmt ab oder geht verloren
- **vergrößerte Q-Zacken** (tief und breit): Eintretende Myokardnekrose (**Abb. 2.3 b**).

Stadium II – Zwischenstadium („subakuter Infarkt", Abb. 2.3 c). Tage bis Wochen andauernd. Rückbildung der ST-Strecken-Elevation. Ausnahme: Ventrikelaneurysma mit persistierender ST-Strecken-Hebung (in der Regel verbunden mit R-Verlust und breiten Q-Zacken oder QS-Komplexen).

Stadium III: Endstadium („chronischer Infarkt", Abb. 2.3 d). Wochen bis Monate andauernd. Meist vollständige Rückbildung der ST Strecken-Veränderungen, Persistenz der QRS-Veränderungen. Das Ausmaß („Tiefe") der Q-Zacken kann im Verlauf erheblich abnehmen.

Infarktlokalisation (Tab. 2.5)

Anhand des EKG ist eine grobe Zuordnung der Infarktlokalisation zum Versorgungsgebiet der einzelnen Koronargefäße möglich, wird jedoch durch verschiedene Einflussfaktoren (Versorgungstyp, Kollateralen etc.) eingeschränkt (**Abb. 2.4**). Rückschlüsse auf die vom Infarkt betroffenen Myokardareale sind aber für die klinische Beurteilung mit ausreichender Zuverlässigkeit möglich. **Tab. 2.5** fasst die Infarktlokalisationen nach EKG-Veränderungen beim ST-Streckenhebungsinfarkt zusammen.

Labordiagnostik

Orientierende Laboruntersuchung. Blutbild, BSG, Na^+, K^+, Kreatinin, Blutzucker, Gerinnungsstatus (mit Fibrinogen und Antithrombin); Lipidwerte (wichtig: nach akuten Myokardinfarkt sind die Lipidwerte für mehrere Monate erniedrigt; daher kann man den Lipidstatus nur verwerten, wenn er in der Frühphase mit abgenommen wird).

Spezifische Enzymdiagnostik. siehe **Tab. 2.6**.

Troponin-T/I Die Sensitivität beträgt ca. 70% nach 3 h bzw. 90% nach 6 h. Die Spezifität liegt bei ca. 95%. Falsch positive Werte kommen bei chronischen Nierenerkrankungen vor; aber auch bei Lungenembolie, kardialer Dekompensation sowie ischämischem und hämorrhagischem Schlaganfall können die Werte erhöht sein. Der Test steht als **Bedside-Test** zur Verfügung (kann vor Ort durch den behandelnden Arzt ausgeführt werden).

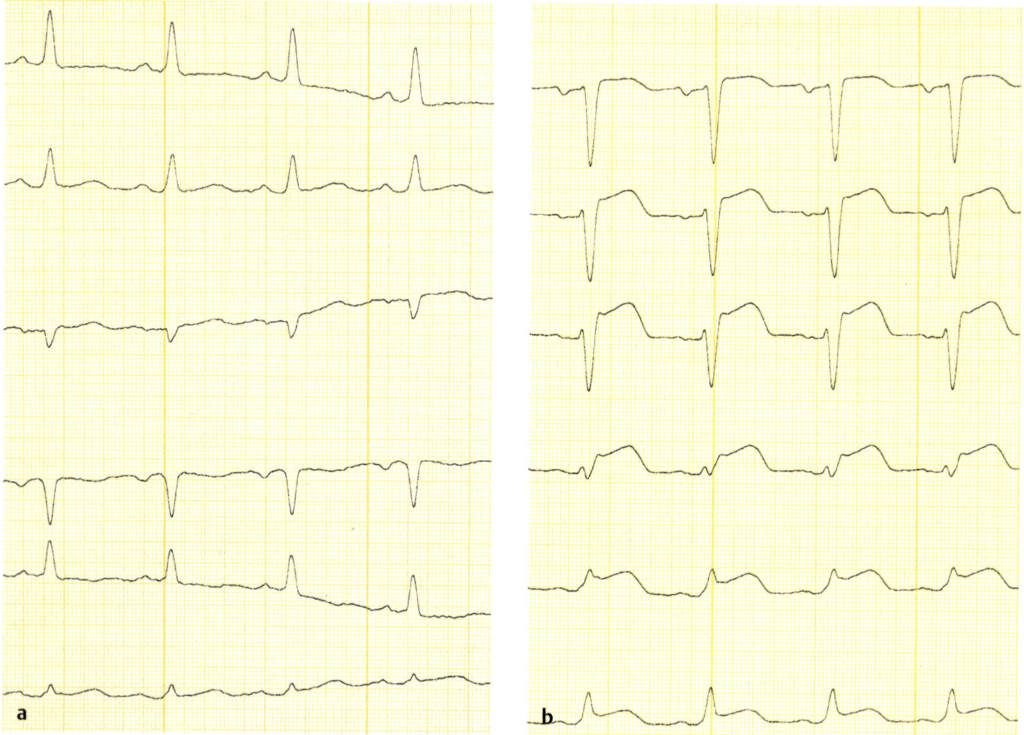

Abb. 2.4 Akuter Vorderwandinfarkt. Sinustachykardie mit einer Frequenz von 111/min, Linkstyp, von V_2 bis V_4 mangelhafter bis fehlender R-Aufbau mit Verschiebung der Übergangszone nach V_4/V_5. In allen Brustwandableitungen ist die ST-Strecke angehoben und geht in eine positive T-Welle über. In I und aVL abgeflachtes, nahezu isoelektrisches T (aus Schuster, Trappe, EKG-Kurs für Isabel, Thieme).

> **!** Die Troponinbestimmung hat eine hohe prognostische Aussagekraft für das Risiko im 30-Tage-Verlauf (Abb. 2.5) und ist heute als Standard in der Notfalldiagnostik zu fordern. Erhöhte Troponinwerte ergeben sich durchschnittlich 3 – 4 Stunden nach dem Ischämiebeginn. Ein einzelner negativer Messwert bei Aufnahme des Patienten ist zur Beurteilung nicht ausreichend. Eine zweite Messung muss 3 – 4 h nach der Aufnahme erfolgen. Auch bei persistierenden/wiedereinsetzenden Beschwerden muss die Messung wiederholt werden. Nach einem Infarkt können die Troponinwerte bis zu 3 Wochen erhöht bleiben, daher ist der Nutzen bei einer Postinfarkt-Angina eingeschränkt.

CK und CK-MB. Sensitivität etwa 50 % nach 8 h, etwa 90 % nach 12 h; Spezifität 90 %. Falsch positive CK-/CK-MB-Anstiege kommen z. B. bei Rhabdomyolyse, Stromunfällen, Muskelquetschungen, hohen Muskelbelastungen (z. B. durch Leistungssport, neuromuskulären Erkrankungen), ZNS-Tumoren, Prostatakarzinom, Darmkarzinom, Lebererkrankungen vor. Bei CK-MB > 5 % der Gesamt-CK besteht Myokardinfarktverdacht

CK-MB-Isoformen. Sensitivität 50 % nach 2 h, bis 95 % nach 6 h. Spezifität nach 4 h ca. 98 %. Bei einem Quotient CK-MB-2:CK-MB-1 = > 1,5: Infarktverdacht!

Myoglobin. Sensitivität ca. 50 % nach 2 h bzw. 90 % nach 4 h. Spezifität nach 0,5 h 92 % bzw. 96 % nach 6 h. Niedrige Spezifität bei Polytrauma. Vorteil: „früher" Marker. Bester „Reperfusions"-Marker bei Lyseerfolg.

GOT, LDH. Nicht für Akutdiagnose geeignet, aber nützlich zur Verlaufsbeurteilung. Nachteil: niedrige

Tab. 2.5 EKG-Infarktlokalisationen nach EKG-Veränderungen beim ST-Streckenhebungs-Infarkt

Lokalisation	I	II	III	aVR	aVL	aVF	V_1	V_2	V_3	V_4	V_5	V_6
Vorderwand	+	+			+			+	+	+	(+)	(+)
anterolateral	+		(+)*						+	+	+	
anteroseptal								+	+			
anteroapikal	+	(+)					(+)	+	+	+	(+)	
apikal	+			+					+	+		
anterobasal	+		(+)*									+
Hinterwand		+	+			+						
posteroseptal			+						(+)	(+)		
posterolateral		+	+		+							+

** = Diskordanz zu Abl. I (ST-Hebung in I, ST-Senkung in III)*
Rechtsherzinfarkt: QRS-Veränderung in rechtsthorakalen Ableitungen Vr3, Vr4, Vr5

Tab. 2.6 Serum-Enzym-Verlauf bei/nach Infarkt

Enzym	Anstieg nach	Maximum nach	Normalisierung nach
Troponin T	2 – 6 h	8 – 16 h	10 – 15 Tagen
CK	2 – 6 h	16 – 36 h	4 – 6 Tagen
CK-MB	2 – 6 h	12 – 36 h	4 – 6 Tagen
GOT	4 – 6 h	24 – 36 h	3 – 6 Tagen
LDH	6 – 12 h	24 – 60 h	10 – 14 Tagen
HBDH	6 – 12 h	36 – 96 h	10 – 20 Tagen
Myoglobin	1 – 2 h	4 – 6 h	12 – 24 h

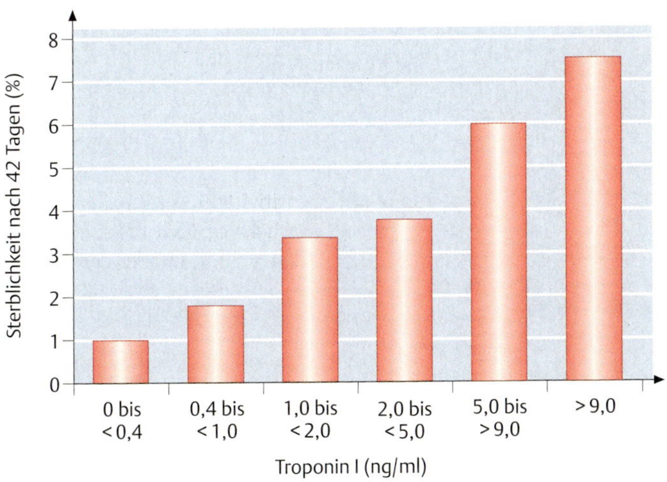

Abb. 2.5 Troponin I und Sterblichkeit bei akutem Koronarsyndrom. Bei akutem Koronarsyndrom erlauben steigende Troponin-I-Werte eine Prognoseabschätzung (gezeigt: Sterblichkeit nach 42 Tagen).

Sensitivität und Spezifität (bei Leber-, Muskel- oder Zellzerfall ebenfalls erhöht).

Echokardiografie

Die Echokardiografie kann regionale und globale Kontraktionsstörungen des linken Ventrikels (LV) identifizieren und somit bei der Einschätzung der hämodynamischen Situation hilfreich sein. Darüberhinaus kann sie das Auftreten typischer Infarktkomplikationen (intrakavitäre Thrombusbildung, Mitralinsuffizienz, Perforation, Ventrikelseptumdefekt) nachweisen. Nachteil ist die fehlende Möglichkeit, das „Alter" der Kontraktionsstörung zu beurteilen. Auch die prognostische Aussagekraft einer beobachteten LV-Funktionsstörung ist gering.

Röntgenthoraxaufnahme

Der Röntgenbefund bei Patienten mit unkompliziertem akutem Koronarsyndrom ohne Begleiterkrankung ist normal. Bei komplizierender Linksherzinsuffizienz tritt eine (zunächst interstitielle) Zeichnungszunahme und bei Perikarderguss eine Vergrößerung der Herzsilhouette auf (Röntgenbefund bei Herzinsuffizienz s. S. 156, Normalbefund s. S. 2 und 27).

2.2.3 Strategisches Vorgehen und Therapie

Ergibt sich aufgrund der klinischen Beschwerden, der Anamnese und/oder der hämodynamischen bzw. respiratorischen Situation nach Abwägen der Differenzialdiagnosen (s. **Tab. 2.3**) der Verdacht auf ein akutes Koronarsyndrom, müssen folgende Maßnahmen durchgeführt werden:

- **sofortige Krankenhauseinweisung** (ständige ärztliche Begleitung/Notarztwagen! Monitor! Defibrillator verfügbar!)
- **Initialtherapie und Risikostratifizierung** (Abb. 2.6)
- **Bei bestätigtem Myokardinfarkt umgehende Reperfusionstherapie** zur Infarktverkleinerung
- Vermeidung/Behandlung von Akut- und Spätkomplikationen
- Abschätzung des Langzeitrisikos gegenüber einer Langzeittherapie
- Rehabilitation

Initialtherapie

Acetylsalicylsäure (ASS). Initial 500 mg oral (zerkauen) oder i. v. führt zu ca. 30 % relativer Risikoreduktion bei der Sterblichkeit; dann 100 mg/d p. o. (evtl. magensaftresistente Präparation). Die zusätzliche Gabe von Clopidogrel (initial 600 mg, nachfolgend 75 mg pro Tag) führt zu einer innerhalb von 2 h eintretenden, stärkeren Thrombozytenaggregationshemmung als ASS alleine. Bei Patienten mit akutem Koronarsyndrom konnte mit Clopidogrel bei einer Nachbeobachtung über einen Zeitraum von 12 Monaten ein signifikanter Überlebensvorteil gezeigt werden; dies galt insbesondere auch für Patienten, die nachfolgend eine PCI (s. S. 59) bekamen. Alternative: Prasugrel, Ticlopidin (bei letzterem erhöhtes Risiko einer Agranulozytose).

Unfraktioniertes Heparin. 100 IE/kgKG i. v. (Bolus; meist 5 – 10 000 IE), dann 1 000 IE/h, Einstellung auf die 2- bis 3-fache PTT.

> **!** **Zu beachten ist die Interferenz mit Nitraten: die Erhöhung der Nitratdosis senkt die Heparinwirkung!**

Niedermolekulare Heparine (NMH). Für NMH (Substanzen u. a. Enoxaparin, Fraxiparin, Dalteparin) konnte in Kombination mit ASS in mehreren Studien eine signifikante Reduktion von Tod und kardiovaskulären Ereignissen gegenüber der Gabe von ASS und unfraktioniertem Heparin gezeigt werden. Dies gilt auch für die Kombination von einer Lyse-Therapie mit NMH (Tenecteplase und Enoxaparin in der ASSENT 3-Studie). Aufgrund der besonderen, praktischen Vorteile (bei normaler Nierenfunktion keine Laborkontrolle erforderlich) und der effektiveren Gerinnungshemmung spricht daher einiges dafür, NMH einzusetzen. Gegen den Einsatz von NMH spricht eine weitgehend fehlende Antagonisierbarkeit, bei einer geplanten Koronarangiografie/PCI die schlechtere Steuerbarkeit und ein deutlich höherer Preis im Gegensatz zu unfraktioniertem Heparin. Der Einsatz von NMH bei niereninsuffizienten Patienten (berechnete glomeruläre Filtrationsrate < 60 ml/min) ist kritisch zu bewerten und kann ohne Laborkontrolle der Einstellung (aufwändig: über Faktor anti-Xa) zu schweren Blutungskomplikationen führen.

O_2-Gabe. Die früher gebräuchliche Praxis, jedem Patienten mit akutem Koronarsyndrom Sauerstoff (4 – 6 l/min) zu verabreichen, muss nach neueren Publikationen angezweifelt werden. Die Anwendung sollte auf Patienten mit klinischen Hypoxiezeichen

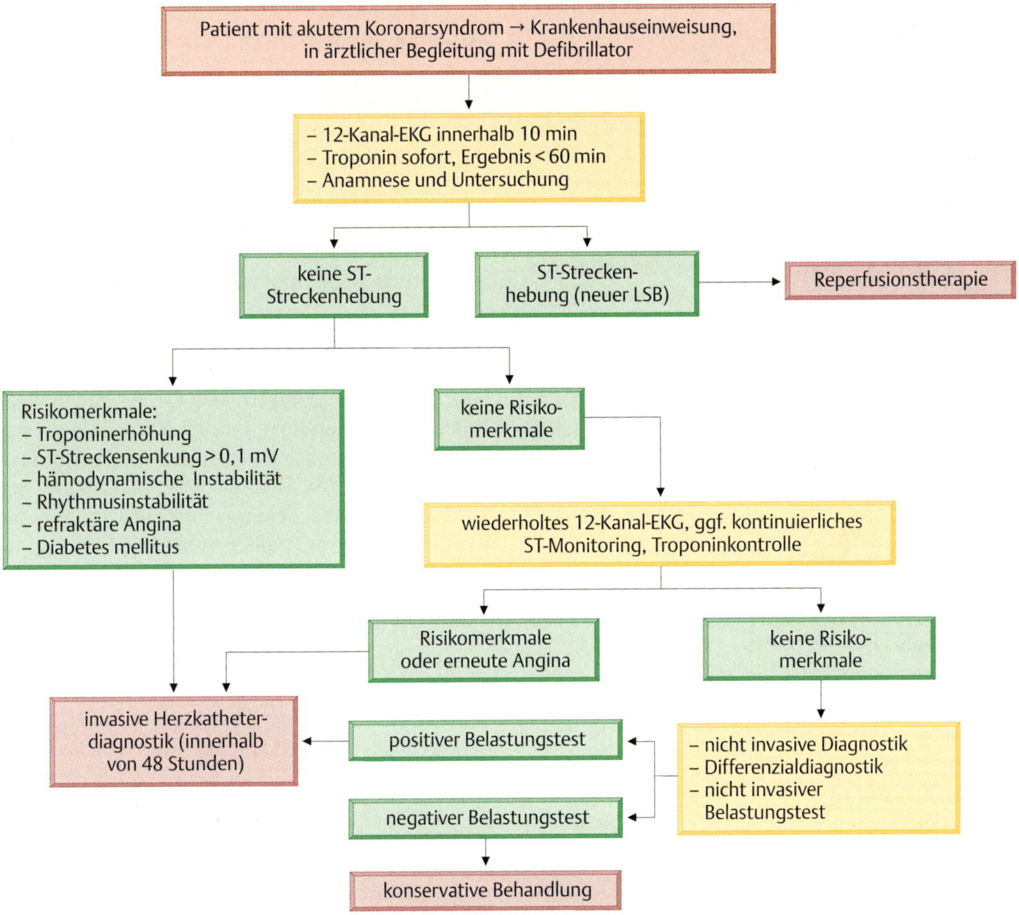

Abb. 2.6 **Algorithmus zur Diagnosefindung und Risikostratifizierung.**

(Blutgasanalyse) beschränkt werden. (Wijesinghe M., Heart 2009;95:198 – 202).

Analgesie und Sedierung. Analgesie und Sedierung senken Sympathikusaktivierung und O_2-Verbrauch. Sie sollten dennoch maßvoll eingesetzt werden, um die Kontrolle der kausalen Therapie (kommt es zum Rückgang der pektanginösen Beschwerden, z. B. nach Thrombolyse?) und die Beurteilung des Bewusstseinszustands nicht zu behindern. Neben i. v. Nitraten zur Therapie der Angina pectoris kann Morphin verwendet werden (2 – 4 mg langsam i. v., evtl. zunächst alle 30 min. **Keine i. m.-Injektionen**, da Kontraindikation für Lyse und wegen CK-Erhöhung!). Bei erheblicher Unruhe des Patienten kann eine an der klinischen Wirkung orientierte, fraktionierte i. v. Gabe von Diazepam (oder dessen Derivaten) erfolgen.

Nitrate. Nitrate sind nur von symptomatischem, nicht prognostischem Nutzen. Zunächst erfolgt die Gabe von Spray oder Kapseln, bei unzureichender Wirkung evtl. die i. v.-Gabe mittels Perfusor. Die Anpassung der Nitratdosierung erfolgt nach folgenden Kriterien: maximale Blutdrucksenkung bis 10 %, bei Hypertonikern bis 30 %, kein Absinken des systolischen Blutdrucks unter 100 mmHg.

Betablocker. Kardioselektive **Betablocker** (Substanzen: u. a. Metoprolol, Bisoprolol, Carvedilol) senken den myokardialen Sauerstoffverbrauch. Nach aktuellen Studiendaten (COMMIT-CCS-Studie) sollten sie in der Akutphase des ACS nur dann eingesetzt werden, wenn der Patient hämodynamisch stabil ist (dann Prognoseverbesserung); bei Hypotonie verschlechtern sie die Prognose. Durch die gewählte Dosierung sollte eine Herzfrequenz von ca. 70 Schlägen/min angestrebt werden. Betablocker haben zudem einen günstigen Effekt im Sinne einer Vermeidung von Arrhythmien. Bei Patienten unter ständiger Betablocker-Behandlung: Fortführung, falls keine Kontraindikation besteht (Hypotonie, s. o.)!

Antiarrhythmika. Es gibt keine Indikation für eine prophylaktische Gabe von Antiarrhythmika (wie z. B. früher für Lidocain propagiert). Wenn häufige ventrikuläre Extrasystolen oder nicht anhaltende ventrikuläre Tachykardien auftreten, sollte eine Betablocker-Gabe erwogen werden. Bei rezidivierenden Arrhythmien ist Amiodaron zu erwägen (s. S. 70).

Kalziumantagonisten. In großen Studien wurde nachgewiesen, dass Kalziumantagonisten bei akutem Koronarsyndrom keinen positiven Effekt im Hinblick auf die Infarktgröße oder die Prognose haben! Jedoch sind sie zusätzlich zu Nitraten und Betablockern antianginös wirksam. Bei der Differenzialtherapie mit Kalziumantagonisten ist die unterschiedlich ausgeprägte Wirkung auf den AV-Knoten und auf das Kontraktionsverhalten zu beachten (s. S. 57)!

Magnesium. Keine signifikante Besserung der Sterblichkeit.

Glukose-Insulin-Infusionen. Keine signifikante Besserung der Sterblichkeit.

Reperfusionstherapie zur Infarktverkleinerung

Die **Wiederherstellung der koronaren Perfusion** ist das vordringlichste Ziel, weil die Größe des Infarktes die wichtigste Determinante der weiteren Prognose darstellt.

> **!** Wiederum: Zeit ist Muskel – je mehr Zeit verstreicht, desto mehr Muskelgewebe ist irreparabel geschädigt.

PCI (percutaneous coronary intervention) bei akutem Koronarsyndrom (→ S. 43 f)

Zahlreiche Untersuchungen (Akut-PCI vs. Thrombolyse) belegen bei Patienten mit akutem Koronarsyndrom nach einer PCI eine häufigere, schnellere und vollständigere Rekanalisation, eine geringere Sterblichkeit, weniger Reinfarkte und Blutungen sowie kürzere Krankenhausaufenthalte. Dies hat dazu geführt, dass die **Akut-PCI** beim akuten Koronarsyndrom als **Therapie der Wahl** empfohlen wird. Die Einführung von Koronarstents (= kleine Gefäßprothesen), die bei der Intervention eingesetzt werden, und die Gabe hochpotenter Thrombozytenaggregationshemmer (Glykoprotein-IIb/IIIa-Inhibitoren) haben hier den größten Zugewinn für die Akut-PCI gebracht. Insbesondere auch bei persistierender Ischämie bzw. Re-Ischämie direkt nach bzw. bei Thrombolyse sowie bei Patienten mit kardiogenem Schock senkt die PCI die Sterblichkeit und die Komplikationen.
Offen ist weiterhin die Frage, in welchem **Zeitintervall** eine Akut-PCI im akuten Infarkt der Lyse vorzuziehen ist: dabei belegen zahlreiche Studiendaten (DANAMI 2, PRAGUE), dass auch ein Zeitintervall von bis zu 90 min bis zur ersten Ballondilatation bei einer PCI („Door-to-Balloon time", z. B. bei einer Verlegung in eine Abteilung mit 24-h-Katheterbereitschaft) zu einem signifikanten Überlebensvorteil gegenüber der Lyse führt.

> **!** Wird eine PCI durchgeführt, profitiert der Patient von einer **möglichst frühzeitigen** Gabe von 600 mg Clopidogrel (z. B. vor dem Transport zur Verlegung).

Adjuvante medikamentöse Therapie

Durch den Einsatz von Substanzen, die das Hauptbindungsprotein der Thrombozyten, das sog. Glykoprotein IIb/IIIa, inhibieren und so Thrombenbildung verhindern bzw. zum Teil über kompetitive Verdrängung am Rezeptor auch bestehende Thromben „auflösen", konnte die Wirksamkeit der PCI weiter verbessert werden. Diese **Glykoprotein-IIb/IIIa-Inhibitoren** (Substanzen: Abciximab, Eptifibatid, Tirofiban) haben dabei sowohl bei Patienten mit ST-Hebungs-Infarkt, bei denen eine PCI nachfolgend durchgeführt wird, wie auch Patienten mit Nicht-ST-Hebungs-Infarkt, bei denen eine Überbrückung bis zur Koronarangiografie erfolgen soll („cooling down"), zu einer signifikanten Reduktion der Sterb-

A

Tab. 2.7 Kontraindikationen für die Thrombolyse

absolute Kontraindikationen	relative Kontraindikationen
• kürzlicher Schlaganfall • größeres Trauma, Operation, Schädelverletzung (< 3 Wochen) • gastrointestinale Blutung < 1 Monat • bekannte Gerinnungsstörung • disseziierendes Aneurysma	• transitorische ischämische Attacke (TIA) < 6 Monate • orale Antikoagulationstherapie • Schwangerschaft • nicht komprimierbare Gefäßpunktion • mit Trauma einhergegangene Reanimation • refraktäre Hypertonie (systolischer Druck > 180 mmHg) • kürzliche Lasertherapie der Retina

lichkeit und anderer Komplikationen (Reinfarkt, erneute Revaskularisierung) geführt.

Systemische (intravenöse) Thrombolyse

Die systemische Thrombolyse erzielt im Vergleich zur PCI schlechtere Ergebnisse, dafür ist sie nach Sicherung der Diagnose (s. S. 44ff) und Beachtung der Kontraindikationen quasi überall verfügbar und unmittelbar einsetzbar (**Tab. 2.7**). Bei dauerhafter Medikation mit Acetylsalicylsäure – was bei den Betroffenen häufig vorkommt – ist die Blutungsneigung allerdings erhöht!

Die organisatorischen Voraussetzungen in der Klinik (Aufnahmestation, Intensivstation, qualifiziertes Personal zur Indikationsstellung und Durchführung) müssen eine Minimierung der Zeitverluste zwischen Aufnahme und Lysebeginn („Door-to-Needle-Time") sicherstellen. Je nach erwarteter Transportzeit zum Krankenhaus und Erfahrung der Notärzte kann eine „Prähospitallyse" (im Rettungswagen) sinnvoll sein.

Die Erfolgsaussichten einer Thrombolyse sind **in den ersten 60 Minuten** nach Infarkteintritt vergleichbar zur PCI (Thrombus noch frisch). In begründeten Ausnahmefällen kann auch eine spätere Thrombolyse sinnvoll sein: z. B. während der Phasen vorübergehender Beschwerdefreiheit als Zeichen passagerer spontaner Rekanalisation, bei erhaltenen R-Zacken im EKG, bei erhaltenen Kontraktionen des Infarktareals (Echo, Angiografie). Die Gabe einer zusätzlichen Lyse vor einer Verlegung zur Akut-PCI wurde in Studien untersucht; sie führte zu schlechteren Ergebnissen als die Akut-PCI alleine.

(!) Besser also die Patienten schnell zur PCI verlegen (s. S. 52)!

Die **meistverwendeten Thrombolytika** sind „rt-PA" („recombinant tissue Plasminogen Activator"), Streptokinase, Urokinase, APSAC („Anisolated Plasminogen Streptokinase Activator Complex"); neuer: Tenecteplase, Alteplase.

Begleitende Antikoagulation/ Thrombozytenaggregationshemmung

Grundsätzlich muss eine **begleitende Antikoagulation** stattfinden:

- **Heparin:** 100 IE/kgKG i. v. (Bolus, meist 5 000 – 10 000 IE) bei Lysebeginn, dann 1 000 IE/h, Einstellung auf 2-fach verlängerte PTT (zu beachten: Erhöhung/Senkung der Nitratdosis senkt/steigert die Heparinwirkung)
- **Acetylsalicylsäure** (ASS): initial 500 mg oral oder i. v., dann 50 – 100 mg/d p. o. (evtl. magensaftresistente Präparationen wählen).

(!) Ein Patient, der bereits einmal mit Streptokinase behandelt wurde, könnte bei einer wiederholten Gabe aufgrund einer Antikörperbildung schlechter oder nicht mehr auf die Therapie ansprechen. Daher – auch im Zweifelsfall – anderes Thrombolytikum wählen.

Akut- und Spätkomplikationen

Ein Patient mit akutem Koronarsyndrom ist als potenziell lebensgefährdet anzusehen.

Zur Vermeidung/Erkennung von Komplikationen ist eine lückenlose klinische, elektrokardiografische (Monitor) und hämodynamische Überwachung auf einer **Intensiv- bzw. Überwachungsstation** obligat. Die Verlegung auf die Normalstation kann bei Beschwerdefreiheit und klinischer Stabilität meist nach Normalisierung der Infarktenzyme erfolgen.

Vorwiegend in der Frühphase, aber auch zu jedem späteren Zeitpunkt (z. B. Rezidivischämien) können bradykarde oder tachykarde **Herzrhythmusstörungen** (Sinusbradykardie, AV-Überleitungsstörungen, [supra-]ventrikuläre Tachykardien, Kammerflimmern/-flattern, s. S. 94), **Herzinsuffizienz** (s. S. 99) bzw. ein **Lungenödem oder Schock** auftreten.

Infarktbedingte **Ventrikelseptumdefekte** (Verifizierung durch Auskultatation, Echokardiografie während der Koronarangiografie u. a. durch O_2-„Sättigungssprung" zwischen rechtem Vorhof und Ventrikel;) oder eine durch Papillarmuskelabriss/-schädigung bedingte **Mitralinsuffizienz** treten meist gegen Ende der 1. Woche auf (häufig 5. – 7. Tag).

Tab. 2.8 zeigt typische Komplikationen und entsprechende Diagnostik

Abschätzung des Langzeitrisikos und Langzeittherapie

Die **Langzeitprognose** nach einem Myokardinfarkt hängt vom Auftreten von Infarktrezidiven, von möglicherweise letalen Arrhythmien sowie von der (verbliebenen) Funktion des linken Ventrikels (LV) bzw. der Entwicklung einer Herzinsuffizienz ab. Insbesondere eine Herzinsuffizienz wird durch den Prozess des „Remodelling" (s. S. 112) determiniert. Als **prädiktive Faktoren** wurden u. a. Infarktgröße, LV-Ejektionsfraktion, Ventrikelvolumen und Anzahl der erkrankten Koronargefäße (1-, 2- oder 3-Gefäß-Erkrankung) identifiziert.

Neben der konsequenten Ausschaltung koronarer Risikofaktoren beeinflusst die medikamentöse **Langzeittherapie** die Symptomatik und Prognose. Dabei gilt, dass grundsätzlich **jeder** Postinfarkt-Patient mit einer Kombination aus ASS (ggf. alternativ/zusätzlich Clopidgrel, Prasugrel oder Ticlopidin), Statin, ACE-Hemmer und Betablocker zu behandeln ist; nur bei bedeutsamen Kontraindikationen darf ein Präparat dem Patienten vorenthalten werden (s. S. 56).

Rehabilitation

Die **Rehabilitation** in der Akutphase soll u. a. unter krankengymnastischer Betreuung die Remobilisation des Patienten ermöglichen. Eine **Anschlussheilbehandlung** unterstützt bei großen Infarkten die weitere Rekonvaleszenz und zielt bei allen Infarktpatienten insbesondere auf die Ausschaltung von Risikofaktoren (Sekundärprävention, Veränderungen des Lebensstils) ab. Außerdem bereitet sie auf die Wiedereingliederung in das Alltags- und Berufsleben vor.

Tab. 2.8 Akute Infarktkomplikationen

Komplikation	Diagnosestellung
• Herzrhythmusstörungen	EKG/Monitor/Langzeit-EKG
• Herzinsuffizienz, Lungenödem	klinisch/Röntgen/Echokardiogramm
• Schock	klinisch/hämodynamisches Monitoring
• Rezidivinfarkt/-ischämie	Beschwerden/EKG/Enzyme
• Ventrikelseptumdefekt	Auskultation/Echokardiogramm/Lävokardiografie/Nachweis eines O_2-Sättigungssprunges im Rechtsherzkatheter
• akute Mitralinsuffizienz	Auskultation/Echokardiogramm
• Ventrikelaneurysma	EKG/Echokardiogramm/Angiografie
• Ventrikelruptur, Perikardtamponade	klinisch: akute Pulslosigkeit, unveränderter Rhythmus, keine Reaktion auf Herzmassage/Echokardiogramm/hämodynamisches Monitoring
• kardiogene Embolien, Ventrikelthrombus	klinisch/Echokardiogramm
• Perikarditis	klinisch/EKG/Echokardiogramm

Die Abhandlung individueller Rehabilitationsprogramme muss umfassenderer Spezialliteratur vorbehalten bleiben.

Klinischer Fall

Der 36-jährige Herr F. – Raucher seit seinem 17. Lebensjahr – erklärt seinem Pulmonologen, dass er in letzter Zeit nachts mehrmals schon starke Schmerzen im Brustkorb verspürt habe und dabei auch schlecht Luft bekommt. Besonders schlimm sei es in einer heißen Sommernacht vor vier Monaten gewesen. Danach hätten sich die Schmerzen gebessert, aber vor vier Tagen habe er wieder diesen heftigen Schmerz verspürt. Auch bei starker körperlicher Belastung bekomme er schlechter Luft als früher. Herr F. führt dies auf seine Pollenallergie zurück. Der Pulmonologe befürchtet ein Herzproblem und schickt den Patienten zu seinem kardiologischen Kollegen. Dieser stellt nach Anamnese und Auswertung des EKG mit Q in II, III, aVF, kleinem Q in V3 und Q in V4–V6 die Verdachtsdiagnose eines subakuten Myokardinfarktes. Er überweist Herrn F. gleich in eine kardiologische Klinik zur Herzkatheteruntersuchung. Dort ist die körperliche Untersuchung bis auf ein zu hohes Gewicht von 99,7 kg bei 175 cm Körpergröße unauffällig. Auch die Laborwerte zeigen wie das EKG eine Herzmuskelschädigung an. Schon bei Aufnahme sind Troponin und CK erhöht und erreichen am Folgetag ihr Maximum (Troponin 0,66 ng/ml [normal < 0,03], CK 233 U/l (normal < 190 U/l).

Bei der sofort durchgeführten Herzkatheteruntersuchung diagnostizieren die Kardiologen eine koronare Zweigefäßerkrankung. Der R. interventrikularis posterior ist komplett verschlossen; dieser Befund liegt vermutlich subakut bereits über einen längeren Zeitraum vor. Das passt auch zum klinischen Bild und zur Anamnese. Eine Rekanalisation ist nicht erfolgreich. Eine zusätzlich bestehende hochgradige proximale RIVA-Stenose können die Untersucher mittels PTCA und Stentimplantation erfolgreich aufweiten. Weiterhin stellen die Kardiologen eine reduzierte linksventrikuläre Pumpfunktion mit einer Ejektionsfraktion (EF) von 43 % fest.

Nach dem Herzkatheter steht die Diagnose einer koronaren Zweigefäßerkrankung mit subakutem Myokardinfarkt und einer beginnenden leichtgradigen Herzinsuffizienz fest. Nun wird das kardiovaskuläre Risikoprofil von Herrn F. erhoben und der Patient medikamentös eingestellt. Eine Langzeitblutdruckuntersuchung und ein Blutzuckertagesprofil sind dabei ohne pathologischen Befund. Allerdings hat Herr F. erhöhte Blutfettwerte. Der Patient bekommt als Langzeitmedikamente ASS 100 sowie Clopidogrel zunächst für ein Jahr, zudem den Betablocker Metoprolol und den ACE-Hemmer Ramipril angesetzt. Wegen der Hypercholesterinämie erhält er ein Statin. Im Anschluss an den stationären Aufenthalt wird Herr F. in eine Rehabilitationsklinik verlegt. Dort soll er seine kardiopulmonologische Leistungsfähigkeit steigern. Seine Ärzte empfehlen dem jungen Patienten dringend seinen Lebenswandel zu ändern, insbesondere sein Gewicht zu reduzieren, ausgewogener zu essen und das Rauchen aufzugeben.

2.2.4 Tako-Tsubo-Kardiomyopathie

Synonym: Stress-Kardiomyopathie, „gebrochenes Herz"-Syndrom

Bei der Tako-Tsubo-Kardiomypathie entwickeln die bis dahin meist gesunden, oftmals jungen Patienten (in der Mehrzahl Frauen) häufig nach einem Ereignis von großem psychischen oder emotionalen Stress (z. B. Tod eines Angehörigen) starke und stärkste thorakale Beschwerden.

Das klinische Beschwerdebild kann bis zum Bild eines kardiogenen Schocks inklusive Lungenödem mit respiratorischer Insuffizienz reichen. Im EKG zeigen sich fast immer signifikante ST-Hebungen über der Vorderwand. Während die Laborwerte (vor allem CK, Troponin) nur wenig oder keine Erhöhungen auch nach Stunden und Tagen durchlaufen, fallen bei bildgebenden Verfahren ausgeprägte und ausgedehnte Kontraktionsstörungen der linksventrikulären Spitze, der Vorderwand wie auch der apikalen Anteile der Hinterwand auf. Dieses Bild des sog. „Apical Ballooning" des linken Ventrikels hat der Erkrankung auch ihren Namen gegeben: der ampullenförmige aufgeweitete, massiv kontraktionsgestörte linke Ventrikel erinnert an die traditionellen Oktopus-/Tintenfischfallen der japanischen Fischer (**Abb. 2.7**).

Zur differenzialdiagnostischen **Abgrenzung gegenüber dem akuten Koronarsyndrom** s. S. 140, Tab. 6. 2.
Eine ausführliche Beschreibung des Krankheitsbildes einschließlich Therapie und Prognose findet sich im Kapitel 6 „Kardiomyopathien" auf S. 43 ff.

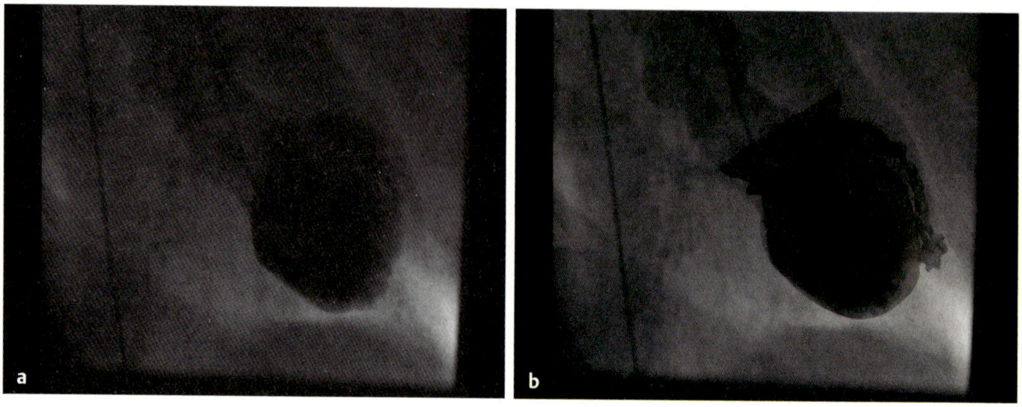

Abb. 2.7 Lävokardiogramm eines Patienten mit Tako-Tsubo-Kardiomyopathie. Bei der Kontrastmittelinjektion in den linken Ventrikel zeigt sich die typische ballonierte und abgerundete Spitze mit ausgeprägter Hypo- bzw. Akinesie der spitzennahen Wandabschnitte (analog dem japanischen Tongefäß zum Tintenfischfang).

2.3 Stabile Angina pectoris und Langzeittherapie der KHK

Klinik

Die stabile Angina pectoris tritt im Gegensatz zur instabilen Angina vorwiegend oder nur bei **körperlicher bzw. psychischer Belastung** auf (Belastungs-Angina) und zeigt sich in pektanginösen Beschwerden (s. S. 44f) oder deren Äquivalenten (Belastungs-EKG, s. S. 15). Die Symptomatik sistiert rasch nach Belastungsende.

Pathophysiologie

Bei der stabilen Angina pectoris kommt es bei Belastung durch mittel- bis höhergradige Koronarstenose(n) zu einem unzureichenden koronar-arteriellen Blutfluss. Dies führt zu einem relativen myokardialen Sauerstoffmangel (Ischämie), welcher durch belastungsabhängige Tonuserhöhung evtl. noch verstärkt werden kann. Bei hochgradigen Stenosen (> 80 – 90 %) kann sich dieser Zustand auch in Ruhe ausbilden.

> ! Der Patient leidet an der (Koronar-)Stenose, aber stirbt an der (Koronar-)Thrombose!

Diagnostik (elektiv)

→ vgl. S. 44ff

- Anamnese, Untersuchung, Identifikation der kardiovaskulären Risikofaktoren
- Belastungstests: z. B. Belastungs-EKG, s. S. 14
- Kardiale Bildgebung (Echo, Kardio-CT/-MR)
- Angiografische Diagnostik (s. S. 33 f)

Therapieprinzipien

- Elimination/Modifikation der Risikofaktoren, Lebensstiländerung
- **Stabilisierung der Plaques**, Verhinderung einer Progression (vor allem mit Statinen, ACE-Hemmern, Betablockern, Thrombozytenaggregationshemmern)
- **Reduktion der Beschwerden:** mit Medikamenten (**Tab. 2.9**) und ggf. Revaskularisation (PCI, Bypass-OP)

> ! Patientenaufklärung: Falls ca. 15 min nach Nitro-Einnahme keine Beschwerdefreiheit eintritt oder bei sehr starker Symptomatik: Notarztwagen rufen.

Anfallstherapie

Glyceryltrinitrat sublingual (z. B. 1 – 3 Kapseln Nitrolingual, Wirkungseintritt nach 3 – 5 Minuten, oder 1 – 3 Hübe Nitratspray im Abstand von 30 Sekunden).

Tab. 2.9 Wirkungsprofil antianginöser Substanzen

Medikament	Kontraktilität	Herzfrequenz	Vor-/Nachlast	Hauptwirkung
Betablocker	↓	↓	–/(↓)	Herzfrequenz ↓ Kontraktilität ↓
Ivabradin	–	↓	-	Herzfrequenz ↓
Nitrate	(↓)	↓	↓/↓	venöses Pooling
Ca^{2+}-Antagonisten				
Verapamil-Typ	↓↓	↓	–/↓	Nachlast ↓
Nifedipin-Typ	↓	↓	–/↓↓	Vasodilatation

Zusätzlich: direkte Erweiterung der epikardialen Gefäße (Nitrate, Betablocker, Nifedipin)

Langzeittherapie

Nitrate

Rein symptomatische Therapie; kein Nachweis eines Überlebensvorteils. Kurz wirksame Nitrate (Kapseln, Sprays) kommen als bedarfsorientierte Monotherapie bei Patienten mit geringer Anfallhäufigkeit zur Anwendung. Bei höherer Anfallhäufigkeit lang wirksame Nitrate wie Isosorbidmononitrat (ISMN; 20 – 80 mg/d) oder Isosorbiddinitrat (ISDN; 10 – 120 mg/d). Wegen des möglichen Toleranzeffektes: Nitratpause von 10 – 12 h (z. B. nachts) empfehlen! Mögliche Nebenwirkungen: Hypotonie, Kopfschmerzen, Flush.

Molsidomin

Alternative z. B. bei Nitratkopfschmerz. Corvaton; 2 – 16 mg/d. Mögliche Nebenwirkung: Hypotonie, Hautreaktionen.

Kalziumantagonisten

Antianginös wirksam, besonders bei Koronarspasmen (Prinzmetal-Angina, s. S. 58).

Präparate. z. B. Verapamil (z. B. Isoptin u. a.; durchschnittliche Tagesdosis 240 – 480 mg), Diltiazem (Dilzem u. a.; 180 bis max. 360 mg/d). Nifedipin (z. B. Adalat, u. a.; 15 – 60 mg/d bei 1 – 4 × tägl. Gabe immer nur in retardierter Form); Nifedipin ist wegen Prognoseverschlechterung in der Langzeittherapie nach Myokardinfarkt nicht mehr einzusetzen.

Nebenwirkungen. Exanthem (selten), Schwindel, Müdigkeit, AV-Blockierung oder Obstipation (Diltiazem und Verapamil); Palpitationen, Tachykardie, Hypotonie, Unterschenkelödeme, Flush (Nifedipin).

Gegenanzeigen. Schock, Hypotonie, bedeutsame Aortenstenose (alle); Erregungsleitungsstörungen, schwere Herzinsuffizienz (bes. Diltiazem und Verapamil).
Nifedipin hat eine besonders ausgeprägte antihypertensive Wirkung; als Langzeittherapie bei Postinfarktpatienten wird von der Gabe kurzwirksamer Nifedipinpräparate aufgrund erhöhter Sterblichkeit abgeraten; hingegen gute Wirksamkeit bei Patienten mit Koronarspasmen (Prinzmetal-Angina).

Betablocker

Anwendung zur Senkung des O_2-Bedarfs.

Präparate. Metoprolol (z. B. Beloc, Lopresor, Prelis, 50 – 200 mg/d), Bisoprolol (z. B. Concor; 2,5 – 10 mg/d); selten: Atenolol (z. B. Tenormin; 50 – 100 mg/d), Propranolol (z. B. Dociton, 120 – 240 mg/d), u. a.
Kardioselektive Betablocker (Bisoprolol, Metoprolol) bevorzugen! Niedrig dosieren, langsam steigern! Vorsicht bei Hypotonie/Bradykardie! Bei abruptem Therapieabbruch: Rebound-Phänomen.

Ivabradin

Ivabradin hemmt den I_f-Kanal in den Schrittmacherzellen des Sinusknotens; dadurch kommt es zu einer signifikanten Reduktion der Herzfrequenz. Aktuelle Studien konnten keinen signifikanten Nutzen im Hinblick auf das Überleben zeigen, aber eine deutliche Reduktion von erneuten ischämischen Ereignissen. Präparat: Procoralan, Beginn 2 × 2,5 mg pro Tag, Steigerung bis 2 × 7,5 mg/Tag in Einzelfällen möglich.

Statine

Statine haben eine lipidmodulierende Wirkung: schädliches LDL-Cholesterin und evtl. Triglyzeride werden gesenkt; das protektive HDL-Cholesterin wird erhöht; Zielwerte s. **Tab. 2.1**. Daneben spielen sog. **pleiotrope** („vielfältige") **Effekte** eine Rolle: so wirken Statine antithrombogen (Inhibition des Gewebe-Gerinnungsfaktors), antiproliferativ (Wachstumshemmung glatter Muskelzellen in Plaques), antiinflammatorisch, antianginös über eine Verbesserung der Endothelfunktion und antioxidativ gegenüber endothelschädigenden Radikalen. Schlussendlich kommt es durch diese Effekte zu einer **Plaquestabilisierung.**

Die Verringerung der Sterblichkeit ist proportional zum Ausmaß der LDL-Senkung: je höher die Dosis und je niedriger das LDL, desto geringer die kardiovaskuläre Sterblichkeit. Eine signifikante Sterblichkeitsreduktion durch Statine konnte auch bei Patienten mit normalen und niedrig normalen Lipidwerten nachgewiesen werden (→ pleiotrope Effekte).

Präparate. z. B. Atorvastatin (Sortis 10 – 80 mg), Simvastatin (Zocor u. a. 5 – 40 mg), Pravastatin (Pravasin 10 – 40 mg; Anmerkung: wird als einziges Statin nicht über das Cytochrom P_{450} verstoffwechselt).

> **!** **Bei Anwendung von Statinen u. a. in Kombination mit der Substanzklasse der Fibrate besteht die Gefahr einer unter Umständen tödlichen Rhabdomyolyse. Muskelschmerzen sollten Anlass für eine CK-Bestimmung sein.**

Thrombozytenaggregationshemmung

Acetylsalicylsäure (z. B. ASS, Aspirin, Colfarit). Dosierung (evtl. 50–)100 mg/d. Bei Ulkus/Gastritis: magensaftresistente Präparate (Freisetzung/Resorption erst im Dünndarm). Alternativen bei ASS-Unverträglichkeit: Clopidogrel (teuer!); seltener Ticlopidin wegen Nebenwirkungen (Leukopenien).

Nach STEMI oder NSTEMI ist eine doppelte Thrombozyteninhibierung mit ASS und Clopidopgrel (alternativ Ticlopidin) für 12 Monate zu empfehlen. Auch nach Implantation von koronaren Stents ist eine doppelte Thrombozyteninhibierung durchzuführen (s. S. 60).

Prognose

Wenn eine stabile Angina pectoris besteht, ist das individuelle Risiko (z. B. drohender Myokardinfarkt, Mehrgefäßerkrankung) schwer abschätzbar! Nach nicht invasiver Ischämiediagnostik (Stressechokardiografie, Myokardszintigrafie) kann eine Koronarangiografie bei einem Ischämienachweis risikoarm definitiven Aufschluss bringen; mit der PCI steht eine in derselben Sitzung mögliche, effektive interventionelle Therapie zur Verfügung. Unter Berücksichtigung von Alter, Aktivitätsgrad, Begleiterkrankungen etc. sollten derartige Maßnahmen bei (wiederholter) Angina pectoris frühzeitig erwogen werden, gleichwohl profitieren nicht alle Patienten gleichermaßen von einem solchen Vorgehen (COURAGE-Studie). Bei langem stabilem Verlauf und hoher Komorbidität ist ein abwartendes Vorgehen zu erwägen.

2.4 Prinzmetal-Angina

Synonym: vasospastische Angina, Variant-Angina
engl.: Prinzmetal's angina, variant angina

Definition. Bei der Prinzmetal-Angina handelt es sich um eine sehr heftige Angina pectoris, die durch **koronare Gefäßspasmen** bedingt wird. Die Spasmen können sowohl mit als auch ohne das Vorliegen signifikanter morphologischer Koronarstenosen entstehen.

Epidemiologie. Männer sind häufiger betroffen als Frauen. Die Krankheit manifestiert sich vor allem im 3. bis 4. Lebensjahrzehnt.

Pathogenese. Die genaue Ursache ist unklar; diskutiert werden Störungen in der Produktion von NO (→ gestörte Gefäßwandrelaxation) und hyperreagible glatte Muskelzellen in der Gefäßwand (→ Spasmusneigung).

Klinik. Zur Prinzmetal-Angina kommt es vor allem in den frühen Morgenstunden. Die Angina tritt fast nie während, manchmal nach, meist jedoch ohne vorausgegangene Belastung auf.

Diagnostik. Die z. T. sehr ausgeprägten EKG-Veränderungen im Anfall gleichen oft denen beim akuten Myokardinfarkt (z. B. ST-Strecken-Hebungen), verschwinden aber wieder nach sehr kurzer Zeit komplett oder nach Gabe von Vasodilatoren (Kalziumantagonisten, Nitro), was eher untypisch ist für einen Infarkt). Letztlich ist nur mit Koronarangiographe – ggf. mit Provokationstests – die Diagnose zu stellen.

Therapie. Die akute Prinzmetal-Angina wird mit Nitraten und Kalziumantagonisten behandelt, welche ebenfalls bei der Langzeittherapie als Anfalls- und Rezidivprophylaxe indiziert sind. Betablocker sind hingegen kontraindiziert, da duch eine Blockade der Betarezeptoren der Katecholamin-vermittelte Effekt einer Koronardilatation reduziert wird. Dies kann die Beschwerden verschlechtern.

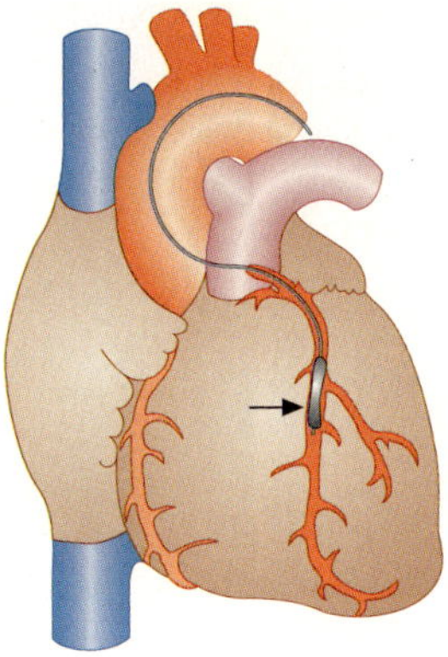

Abb. 2.8 PTCA-Ballonkatheter. Der Katheter wird über eine in die A. femoralis eingebrachte Schleuse eingeführt und durch die Aorta in der Koronararterie platziert.

2.5 Interventionelle Techniken zur Behandlung signifikanter Koronarstenosen

Hinweis: „signifikant" entspricht im Allgemeinen einer Lumenreduktion ≥ 50 %.

2.5.1 Katheterverfahren

PCI (percutaneous coronary intervention)

Andreas Grüntzig setzte 1977 erstmals in Zürich Ballonkatheter ein, um Stenosen in den Koronar- und Nierenarterien aufzudehnen. Damit wurde die Grundlage für viele heute gängige medizinische Interventionstechniken geschaffen, mit der ein quasi operativer Eingriff ohne größere Verletzung der Haut durch die körpereigenen Gefäße möglich wurde. Hierfür wurde zunächst der Begriff **percutaneous transluminal coronary angioplasty (PTCA)** geprägt (Abb. 2.8). Nachfolgend wurden eine Reihe von Modifikationen und Verbesserungen der Technik eingeführt, insbesondere die Verwendung kleiner Gefäßprothesen (Stents), die dazu führten, dass die Bezeichnung Angioplastie nicht mehr zutraf. Daher wird heute für alle Interventionen an den Koronarien der allgemeinere Begriff **percutaneous coronary intervention (PCI)** verwendet.

Technisches Prinzip. Nach Einführung eines Ballonkatheters durch einen Führungskatheter über einen Führungsdraht erfolgt die Aufdehnung der Stenose durch Ballonentfaltung (in der Regel 10 – 16 atm) mit Verdrängung bzw. Kompression des Plaquematerials in die Koronargefäßwand. Bei mehr als 90 % aller PCIs erfolgt heutzutage mittels Ballonkatheter die Implantation von Stents, die im ehemals stenosierten Gefäßabschnitt verbleiben (Abb. 2.9, Abb. 2.10). **Stents** sind aus Metallgeflechten bestehende Gefäßstützen. Zusätzlich zu Stents, die nur aus Metall bestehen (Bare-Metal-Stents, BMS), sind auch seit einigen Jahren mit Polymeren und Medikamenten beschichtete Stents (Drug eluting Stents, DES) verfügbar, die ein geringeres Risiko für eine Wiederverengung (In-Stent-Restenose) haben (s. u.).

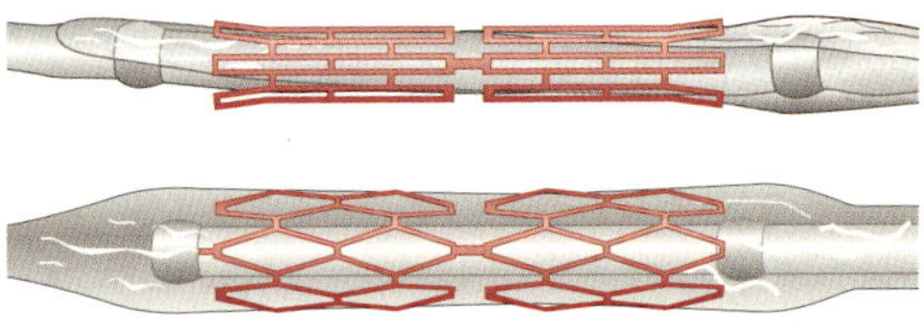

Abb. 2.9 Stentimplantation. Nach der Platzierung im Gefäß kann der Stent aufgedehnt werden. Das Metallgeflecht hält das Lumen dann offen.

Indikationen.

- Therapie der Wahl bei Patienten mit STEMI sowie mit NSTEMI bei Vorhandensein von Risikofaktoren
- Belastungsischämie trotz medikamentöser Therapie *oder*
- apparativ nachgewiesene Ischämie im „stenoseabhängigen" Myokardareal *oder*
- durch Ischämie „getriggerte" Herzrhythmusstörungen *oder*
- verbleibende (Rest-)Ischämie nach abgelaufenem Myokardinfarkt

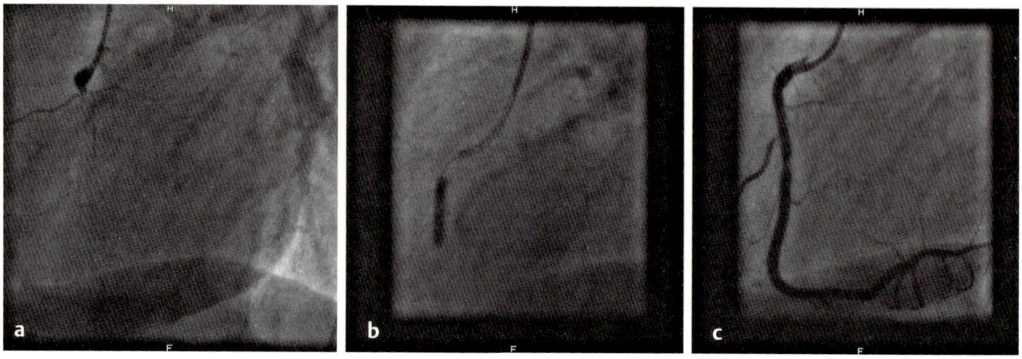

Abb. 2.10 Primäre PTCA bei akutem Hinterwandinfarkt. Akuter ST-Hebungsinfarkt der Hinterwand mit proximalem Verschluss der RCA. **a** Sondierung und Darstellung mit einem 6F-Führungskatheter. **b** Passage des Verschlusses mit einem Führungsdraht und Einbringen eines Stentballons, der im Verschlusssegment expandiert wird. **c** Abschließend komplette Wiedereröffnung der RCA mit sehr gutem Fluss ohne verbleibende Thromben und quasi sofortiger Rückbildung der ST-Hebungen.

- Misserfolg/Unverträglichkeit einer medikamentösen Therapie
- bei hohem Risiko einer Bypass-Operation (s. S. 60f).

Primäre Erfolgsquote. Sie beträgt ca. 98 %; bei der Rekanalisation von akuten Koronarverschlüssen 80 – 90 %. Die akute Erfolgsquote ist abhängig von
- Morphologie der Stenose,
- Lokalisation der Stenose,
- bestehenden KHK-Risikofaktoren,
- PCI-Indikation (stabile/instabile Angina, akuter Infarkt),
- Ventrikelfunktion,
- Alter, Geschlecht, Begleiterkrankungen und andere Faktoren.

Komplikationen. Mögliche Komplikationen sind:
- peripherer bzw. koronarer Gefäßverschluss durch Dissektion, Spasmus, Thrombus, Embolisation (zusammen < 3 %)
- Myokardinfarkt (ca. 1 %)
- ischämischer Schlaganfall (ca. 0,1 %)
- Notfall-(Bypass-)Operation (0,5 % bei stabiler Angina pectoris, ca. 1 % bei instabiler Angina pectoris oder frischem Infarkt)
- Tod (von 0,1 % bei elektiver Eingefäß-PCI bis 5 % bei Hochrisiko-PCI oder Mehrgefäß-PCI)

Re-Stenoserate. Nach einer PCI, die nur mittels Ballonkatheter durchgeführt wurde, kommt es in ca. 30 – 40 % der Fälle in den ersten 4 bis 6 Monaten zu höhergradigen Re-Stenosen. Danach sind sie extrem selten.
Bei Verwendung normaler **(Bare Metal)** Stents, liegt diese Rate innerhalb von 6 Monaten bei ca. 15 – 20 %. Die seit einigen Jahren verfügbaren, mit Polymeren und Medikamenten (z. B. mit Paclitaxel, Sirolimus, u. a.) beschichteten **(Drug Eluting)** Stents weisen eine Restenoserate von 5 – 15 % auf.

Begleitende medikamentöse Therapie. Während des Eingriffs: Heparin: 50 – 100 IE/kgKG i. v. (Bolus: 5 000 – 10 000 IE); Acetylsalicylsäure: 500 – 1 000 mg i. v.
Langzeittherapie nach PCI: Acetylsalicylsäure: 100 mg/d (Dauertherapie, falls keine Kontraindikationen vorliegen); diätetische/medikamentöse Therapie behandelbarer Risikofaktoren, insbesondere Statintherapie. Bei Stentimplantationen ist zusätzlich zu 100 mg ASS/d immer eine doppelte Plättchenhemmung mit 75 mg Clopidogrel/d oder 10 mg Prasugrel/d (oder alternativ 250 – 500 mg Ticlopidin *Cave:* Neutropenie; Thrombozytopenie) erforderlich, im Regelfall für 4 Wochen (Bare Metal Stents); bei Drug Eluting Stents über 12 Monate.

2.5.2 Operative Revaskularisation

Aortokoronarer Bypass (ACB)

Methode. Es werden ein oder mehrere Gefäßinterponate zwischen Aorta ascendens und poststenotischem Koronargefäß angelegt, diese werden meist

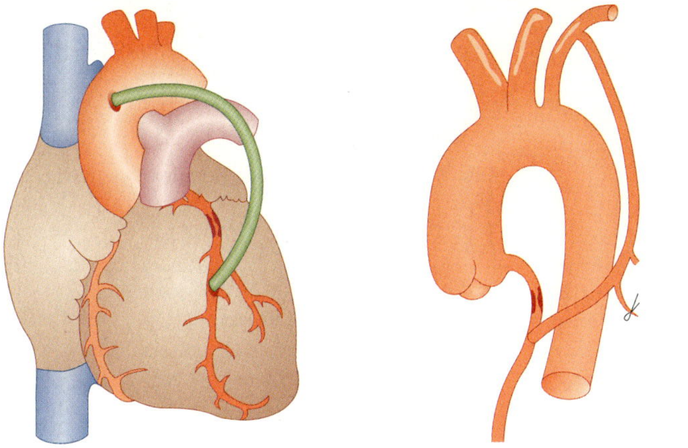

Abb. 2.11 Bypass-Formen.
a Über ein Veneninterponat wird das Koronargefäß distal der Stenose mit der Aorta verbunden. **b** Das distale Ende der A. mammaria wird in die Koronararterie eingepflanzt.

mit bzw. aus der A. mammaria interna links, aber auch rechts, sowie zusätzlich falls nötig aus der V. saphena des Patienten gewonnen (**Abb. 2.11**). Weitere Alternativen sind die Verwendung der A. radialis oder A. gastroepiploica.

Standard ist aber die **Verwendung der distalen A. mammaria interna** („IMA"): dabei erfolgt nach der Mobilisation die Ligatur oder ein Klipp-Verschluss ihrer Seitenäste. Anschließend wird sie mit dem poststenotischen Koronargefäßanteil anastomosiert. Häufigstes Vorgehen ist die Anastomosierung der **linken IMA mit R. interventricularis anterior (RIVA)** der linken Herzkranzarterie (aber auch Anastomosierungen mit anderen Koronargefäßen unter Verwendung freier Interponate oder der rechtsseitigen IMA, z. B. für rechte Koronararterie sind möglich. Eine weitere Möglichkeit ist der sequenzielle („Jump-")Bypass: An ein Bypass-Gefäß werden mehrere Koronargefäße hintereinander angeschlossen und so versorgt.

Vorteil der arteriellen Bypassgefäße ist die geringere Verschlussrate (ca. 10 % nach 10 Jahren) im Vergleich zu Venenbypässen (mittlere Funktionsdauer 10 Jahre).

Indikationen.

- koronare Mehrgefäßerkrankung unter Einbeziehung des proximalen Ramus interventricularis anterior
- Hauptstammstenose
- interventionell (mit PCI) nur risikoreich bzw. nicht versorgbare Stenosen bei relevanter Myokardischämie
- begleitende operationsbedürftige Herzklappenerkrankungen

Komplikationen.

- bei elektiver Operation (stabile Angina): Letalität: 1 – 2 %, perioperative Myokardinfarkte (meist klein): 2 – 5 %
- bei instabiler Angina pectoris: Letalität 2 – 4 %
- bei Notfall-Operation nach erfolgloser PCI: Letalität ca. 15 %, perioperative Infarkte: 20 – 50 %

Weiterführende Informationen

Einen für die Risikoabschätzung und Beratung der Patienten sehr hilfreichen Rechner für das Infarkt- und Letalitätsrisiko finden Sie hier: http://www.qrisk.org/index.php

Die Leitlinien der Deutschen Gesellschaft für Kardiologie – Herz- und Kreislaufforschung e. V. zur Versorgung von Patienten mit KHK und akutem Koronarsyndrom finden Sie hier: www.dgk.org

Die (teilweise damit abgestimmten) Leitlinien der Europäischen Gesellschaft für Kardiologie finden Sie hier: www.escardio.org. Auch sind hier teilweise Vorträge/Powerpointfolien zu den verschiedensten Themen abrufbar.

3 Herzrhythmusstörungen

Lars Eckardt, Martin Borggrefe, Günter Breithardt

3.1 Grundlagen

engl.: cardiac arrhythmias

Definition. Der Begriff Herzrhythmusstörungen fasst alle Rhythmen, die vom normalen Sinusrhythmus abweichen, zusammen. Arrhythmien werden in Bradykardien und Tachykardien unterteilt (**Tab. 3.1**):

- **Bradykardie:** weniger als 60 Schläge pro Minute
- **Tachykardie:** mehr als 100 Schläge pro Minute (≥ 3 aufeinanderfolgende QRS-Komplexe)

Darüber hinaus führen **Extrasystolen** zu einer Arrhythmie. Als Extrasystolen werden Herzschläge bezeichnet, die außerhalb des regulären Grundrhythmus auftreten. Es handelt sich um eine vorzeitige Erregung, die mit einem verkürzten Zeitintervall an die vorausgegangene Erregung des Grundrhythmus angekoppelt ist.

Tab. 3.1 Klassifikation von Herzrhythmusstörungen

Typ	Störung
bradykard	Sinusknotenfunktionsstörungen Sinusbradykardie sinuatriale Blockierungen Sinusknotenstillstand
	AV-Überleitungsstörungen: • AV-Block I° • AV-Block II° • AV-Block III°
	intraventrikuläre Blockierungen
tachykard	Vorhofflimmern/-flattern, ektope atriale Tachykardien
	AV-Knoten-Reentry-Tachykardien WPW-Syndrom • AV-Reentry-Tachykardien • Vorhofflimmern mit schneller Leitung
	ventrikuläre Tachykardien, Kammerflimmern

Einteilung

Je nach Lokalisation des Ursprungs einer Arrhythmie unterscheidet man:

- **supraventrikuläre Arrhythmien:** Der Ursprung der Arrhythmie liegt oberhalb des His-Bündels.
- **ventrikuläre Arrhythmien:** Der Ursprung der Arrhythmie liegt distal des His-Bündels

> ! Die häufigsten Arrhythmien sind Extrasystolen. Sie können bei Herzgesunden vorkommen oder Folge einer kardialen oder extrakardialen Erkrankung sein.

Supraventrikuläre Extrasystolie (SVES)

Unter supraventrikulären Extrasystolen werden vorzeitig einfallende Erregungen verstanden, die **oberhalb der Kammerebene** entstehen. Sie treten sowohl bei Herzgesunden als auch bei Patienten mit struktureller Herzerkrankung auf (koronare Herzerkrankung, Vitien, arterielle Hypertonie, Cor pulmonale u. a.). Ihre Prävalenz steigt mit dem Alter, sie kommen gehäuft und oft salvenartig bei Patienten mit paroxysmalem Vorhofflimmern vor. Grund ist eine gesteigerte atriale Aktivität, die häufig aus dem Bereich der Pulmonalvenen stammt. Ursächlich für SVES können auch Infektionen sowie der Genuss von Nikotin, Alkohol oder Koffein sein.

SVES sind häufig **asymptomatisch**, können aber auch ein Gefühl des aussetzenden Herzschlages und/oder von Extraschlägen verursachen.

Kontraktionen des Vorhofes gegen die noch geschlossene Mitral- und Trikuspidalklappe können zu Vorhof-Pfropfungswellen führen und dem Patienten das Gefühl eines „Paukenschlags" vermitteln.

Meist bedürfen SVES keiner Therapie. Bei ausgeprägter klinischer Symptomatik kann eine medikamentöse Therapie mit Betablockern oder Kalziumantagonisten versucht werden. Darüber hinaus gilt es, die auslösenden Faktoren auszuschalten (z. B. Alkohol-/Nikotinkarenz, Einstellung einer arteriellen Hypertonie).

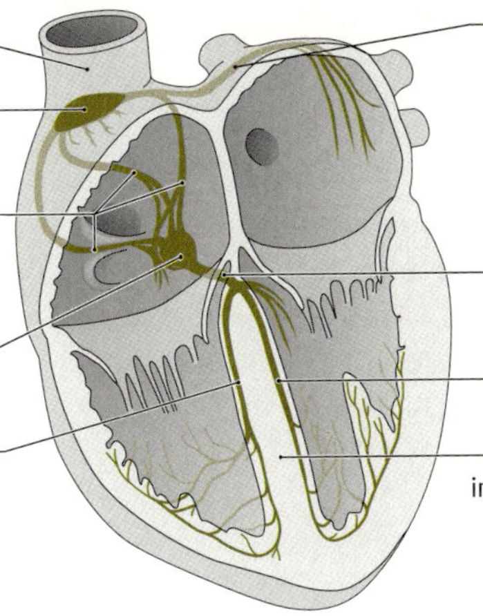

Abb. 3.1 Erregungsleitungssystem. (nach Prometheus, LernAtlas der Anatomie, Thieme)

Ventrikuläre Extrasystolie (VES)

Ventrikuläre Extrasystolen sind **vorzeitige Erregungen aus dem Arbeitsmyokard**, in seltenen Fällen nehmen sie ihren Ursprung auch im spezifischen Erregungsleitungssystem. Sie zeigen im EKG einen **verbreiterten QRS-Komplex** (> 0,12 s). Sie können einzeln auftreten, aber auch als Bigeminus (jedem Sinusschlag folgt eine VES) oder als Couplet (zwei in Folge auftretende VES). Drei VES als Dreiersalve werden als Triplet bezeichnet. Folgt jedem Sinusschlag ein Paar, so spricht man von Trigeminus, folgt eine Dreiersalve, liegt ein Quadrigeminus vor. Ansonsten spricht man von 2:1-, 3:1- bzw. n:1-Extrasystolie.

> **!** **VES gehören zu den häufigsten Arrhythmien und treten sowohl bei Herzgesunden als auch bei Patienten mit struktureller Herzerkrankung auf.**

Herzgesunde mit symptomatischen VES sollten über die Harmlosigkeit der Arrhythmie aufgeklärt werden. Nur bei hämodynamischer Wirksamkeit der VES oder bei Patienten, die die VES als sehr störend empfinden, kann eine Therapie indiziert sein. Primär kommen **β-Blocker** zur Anwendung.
Bei Patienten mit struktureller Herzerkrankung und ventrikulärer Extrasystolie ist primär das Ausmaß der zugrunde liegenden Herzerkrankung zu erfassen. Bei Postinfarktpatienten mit ventrikulärer Extrasystolie hat sich nur die Behandlung mit β-Blockern als effektiv erwiesen (s. S. 52)

Ätiologie

Die Ätiologie von Herzrhythmusstörungen ist vielfältig (**Tab. 3.2**) und lässt sich nicht immer klären. Prinzipiell können Rhythmusstörungen auch physiologischer Natur sein (z. B. Sinusbradykardie bei Sportlern, Sinustachykardie bei physischer Belastung).

Pathophysiologie

Verschiedene Mechanismen können zu einer Herzrhythmusstörung führen. Man unterscheidet Störungen der Erregungsbildung und Störungen der Erregungsleitung.

Störungen der Erregungsbildung

Als **Automatie** bezeichnet man die Eigenschaft von Fasern, spontan Impulse zu bilden (Spontandepolarisation ohne vorausgehenden Impuls). Zwei Formen sind zu unterscheiden:

- **Beschleunigte normale Automatie:** Hierbei führt eine Veränderung im autonomen Nervensystem, z. B. eine Erhöhung des Sympathikotonus, zum Frequenzanstieg eines Automatiezentrums. Klinische Beispiele: Sinustachykardie, ektope atriale Tachykardie, idioventrikuläre Rhythmen.
- **Abnorme Automatie:** Diese kommt vor, wenn pathologische Bedingungen die partielle Depolarisation einer Zelle verursachen (z. B. Ischämie). Klinische Beispiele: ventrikuläre Tachyarrhythmien bei akutem Myokardinfarkt, ektope atriale Tachykardien.

Tab. 3.2 Mögliche Ursachen von Herzrhythmusstörungen

Ursache	Beispiele
akute Ischämie	• akutes Korornarsyndrom (s. S. 43) • Koronarspasmus (s. S. 58)
Narbenstadium nach Ischämie	• disseminierte Vernarbung • Infarktnarben
primäre Herzmuskelerkrankungen (s. S. 125)	• hypertrophe oder dilatative Kardiomyopathien • arrhythmogene rechtsventrikuläre Kardiomyopathie
degenerative und entzündliche Herzmuskelerkrankungen	• koronare Herzkrankheit (s. S. 40) • Myokarditis (s. S. 159) • Sarkoidose (s. S. 163)
akute/chronische Druck- und/oder Volumenbelastung bei Hypertonie oder angeborenen/erworbenen Herzfehlern	• Vorhofflimmern bei Mitralklappenfehlern • ventrikuläre Arrhythmien bei Aortenklappenfehlern
endokrine und metabolische Störungen	• Hyperthyreose (s. S. 512)
Toxine	• Diphtherie (s. S. 982)
Medikamente	• Antiarrhythmika (können einen proarrhythmischen Effekt haben, **Tab. 3.4**) • Intoxikation mit trizyklischen Neuroleptika • Digitalisintoxikation (Herzglykoside, s. S. 106)
elektrische Anomalien	• akzessorische Bahnen bei WPW-Syndrom (s. S. 90) • funktionelle Längsdissoziation des AV-Knotens
Ionenkanalerkrankung, genetisch bedingt	• langes QT-Syndrom (s. S. 96) • kurzes QT-Syndrom (s. S. 95) • Brugada-Syndrom (s. S. 97) • polymorphe katecholaminerge Kammertachykardie • idiopathisches Kammerflimmern (s. S. 94)
Elektrolytstörungen	• isoliert oder kombiniert z. B. mit Hypoxie/Azidose • QT-verlängernde Medikamente (erworbenes QT-Syndrom, s. S. 95)

Getriggerte Aktivität ist ein durch einen vorausgehenden Reiz ausgelöster Impuls. Es handelt sich dabei um Nachdepolarisationen vor oder nach der vollen Repolarisation der Fasern. Auch hier werden zwei Formen unterschieden:

- **Frühe Nachdepolarisationen** entstehen während der Repolarisationsphase (Phase 2 und 3 des Aktionspotenzials) von einem niedrigen Membranpotenzial aus.
  Klinisches Beispiel: Torsades-de-pointes-Tachykardie beim QT-Syndrom (s. S. 95).
- **Späte Nachdepolarisationen** treten nach vollständiger Repolarisation während Phase 4 (Diastole) auf (im Allgemeinen bei negativem Membranpotenzial).
  Klinisches Beispiel: Digitalisintoxikation, Ischämie, Reperfusionsarrhythmien.

Störungen der Erregungsleitung

Ein Leitungsblock liegt vor, wenn eine Erregung das vor ihr liegende Gewebe nicht depolarisieren kann oder – im Vergleich zu anderen Arealen – sehr verzögert weitergeleitet wird:

- **Austritts-(Exit-)Block:** Ein Impuls eines Automatiezentrums kann das umliegende Gewebe nicht depolarisieren (z. B. SA-Block).
- **Eintritts-(Entrance-)Block:** Eine Erregung kann ein Automatiezentrum nicht depolarisieren.

Prinzipiell können Blockierungen funktionell (z. B. Tachykardie-induzierter Schenkelblock, physiologischer AV-Block I. Grades bei atrialer Tachykardie) oder strukturell bedingt sein.

Tachykardien entstehen häufig aufgrund einer Kreiserregung (Reentry). Voraussetzung für die Entstehung eines **Reentry** sind:

- eine Zone unidirektionaler Blockierung als Folge einer regionalen Inhomogenität der Leitungsgeschwindigkeit oder der Refraktärzeiten
- eine Zone langsamer Erregungsleitung
- eine Wiedererholung der ursprünglich blockierten Zone mit der Möglichkeit des retrograden Wiedereintritts der Erregung

Der experimentelle und klinische Beweis für das Vorliegen einer kreisenden Erregung ist die Beseitigung der Arrhythmie nach Durchtrennung der Erregungsbahn.

> ! Klassisches Beispiel für eine Kreiserregung ist die regelmäßige atrioventrikuläre Tachykardie bei WPW-Syndrom (s. S. 90).

Klinik

Folgende Symptome können bei Rhythmusstörungen auftreten:

- Herzstolpern
- Herzrasen
- Schwindel
- Schweißausbruch
- Panikattacken
- Dyspnoe
- Angina pectoris
- Adams-Stokes-Anfall (plötzliche Bewusstlosigkeit im engeren Sinne bei AV-Block III. Grades) bzw. Synkope
- plötzlicher Herz-Kreislauf-Stillstand (akuter Herztod)

> ! Es ist wichtig, den Zusammenhang zwischen den Beschwerden und der Art und Schwere der Herzrhythmusstörungen zu belegen (Langzeit-EKG mit Protokollierung der Beschwerden; z. B. dokumentierter AV-Block bei Synkope/Schwindel oder dokumentierte SVT bei Herzrasen). Ein dokumentierter anhaltender SR zum Zeitpunkt von Beschwerden wie Schwindel oder Synkope schließt umgekehrt eine rhythmogene Genese aus. Darüber hinaus werden mittels Langzeit-EKG häufig Rhythmusstörungen dokumentiert, die vom Patienten nicht bemerkt werden.

Diagnostik

Anamnese

Grundsätzliche anamnestische Fragen zur Klärung einer **tachykarden Rhythmusstörung** sind:

- Wie häufig treten die Arrhythmien auf?
- Wie lange dauern sie an?
- Wann sind sie zuletzt aufgetreten?
- Gibt es bestimmte Auslösefaktoren?
- Trat bei der Rhythmusstörung Schwindel und/oder eine Bewusstlosigkeit auf?
- Wie schnell war die Schlagfolge?
- Regelmäßig oder unregelmäßig?
- Welche Medikamente nimmt der Patient ein?
- Welche Symptome hat der Patient?
- Welche Grunderkrankung liegt evtl. vor?

Es gibt einige einfache **Grundregeln** zur Differenzierung zwischen supraventrikulärer (SVT) versus ventrikulärer Tachykardie (VT). Für eine **SVT** sprechen:

- spontaner, schlagartiger Beginn und abruptes Ende einer Tachykardie bei sonst Herzgesunden (AV-Knoten-Reentry-Tachykardie, AV-Reentry-Tachykardie)
- Alter des Patienten unter 35 Jahren

Für eine **VT** sprechen:

- ein vorausgegangener Infarkt
- Synkopen nach Infarkt bzw. bei kardialer Grunderkrankung

EKG und Langzeit-EKG

Die 12-Kanal-EKG-Dokumentation ist der wichtigste Schritt bei der Diagnostik und prognostischen Beurteilung einer Rhythmusstörung, da hierdurch fast immer die definitive Diagnose (VT versus SVT) gestellt werden kann. Liegt keine EKG-Dokumentation vor, sollte versucht werden, mittels eines LZ-EKG die Rhythmusstörung zu dokumentieren.

Praktischer Tipp: EKG-Ableitungen I, II, III und V_2 (V_1), V_4 und V_6 simultan auf einem 6-Kanal-Schreiber dokumentieren, Papiergeschwindigkeit 25 – 50 mm/s.

Invasive elektrophysiologische Untersuchung (EPU)

Mit einer EPU ist es möglich, den Mechanismus einer Arrhythmie festzustellen. Dazu misst man an mehreren Stellen des Herzens mit Elektrodenkathetern die Aktivierungszeiten während Sinusrhythmus oder während spontan auftretender bzw. durch Stimulation ausgelöster Arrhythmien. So erfolgt eine **exakte Lokalisation (Mapping)**

- des AV-Knotens,
- akzessorischer Leitungsbahnen und
- der Abschnitte eines Reentry-Kreises bei Kammertachykardien.

Bei Bradykardien ist eine EPU nicht erforderlich. Von entscheidender Bedeutung sind hier neben der Klinik das Langzeit-EKG und/oder die Monitorüberwachung zur Dokumentation einer Arrhythmie. Bei **Tachykardien** dient die EPU zur Beantwortung folgender Fragen:

- Welche Form der Tachykardie liegt vor?
- Wie ist sie auszulösen?
- Wo ist sie lokalisiert (Mapping)?
- Ist eine Katheterablation möglich?

Weitere Informationen zum Thema EPU → s. S. 74.

3.2 Prinzipielle antiarrhythmische Therapiemöglichkeiten

3.2.1 Grundlagen

Es gibt akute Interventionsmöglichkeiten sowie Maßnahmen der Prophylaxe und der kurativen bzw. kausalen Therapie. Ein einfaches Flussdiagramm für die Therapie von Tachykardien ist in **Abb. 3.2** dargestellt.

Akute Intervention

Die akute Intervention besteht in der Behebung der Rhythmusstörung (z. B. medikamentöse oder elektrische Kardioversion bei Tachykardie) oder der Verbesserung der Hämodynamik bei Fortbestehen der Arrhythmie (z. B. Verlangsamung der AV-Überleitung bei tachykardem Vorhofflimmern).

Prophylaktische Behandlung

Die prophylaktische Therapie dient der Prävention einer erneuten Arrhythmie, z. B. durch medikamentöse Prophylaxe oder Langzeitinterventionen wie Schrittmacher oder ICD.

Kurative Behandlung

Wenn möglich, sollte eine kurative Behandlung erfolgen und die Ursache einer Rhythmusstörung beseitigt werden (z. B. Katheterablation, antitachykarde Operation).

Kausale Behandlung

Die kausale Behandlung ist das oberste Ziel der therapeutischen Bemühungen. Verschiedene kausale Therapiemöglichkeiten sind in **Tab. 3.3** zusammengefasst.

Vagus-Manöver

Vagus-Manöver (syn. Valsalva-Manöver) sind Maßnahmen, mit denen der Betroffene den Herzrhythmus ggf. selbst regulieren kann. Hierzu zählen z. B. starkes Pressen, Trinken von kaltem Wasser, Druck auf die Augen oder auf die A. carotis, Luftanhalten. Valsalva-Manöver sind bei der Diagnostik und Therapie von Tachykardien von Bedeutung. Angriffspunkte des N. vagus sind Sinusknoten, Vorhof und AV-Knoten. Ensprechend können durch Vagus-Manöver AV-Knoten-Tachykardien und AV-Reentry-Tachykardien beeinflusst werden.
Die Durchführung einer Karotissinusmassage als Vagus-Manöver ist mit dem Risiko neurologischer Komplikationen bei vorbestehender Karotisstenose

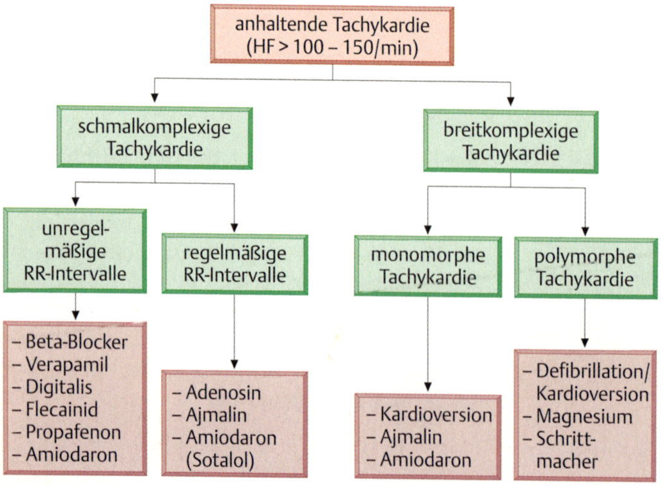

Abb. 3.2 Therapie von Tachykardien.

verbunden und hat deshalb an klinischer Bedeutung verloren. Eine routinemäßige Durchführung eines Karotisdrucks, z. B. bei Synkopenabklärung, ist ebenfalls nicht sinnvoll.

3.2.2 Medikamentöse antiarrhythmische Therapie

Die von Vaughan und Williams vorgeschlagene und später erweiterte **Klassifikation der Antiarrhythmika** wird trotz mancher Kritikpunkte weiter benutzt. Sie bezieht sich einerseits auf direkte elektrophysiologische Membranwirkungen und andererseits auf rezeptorvermittelte Wirkungen.

Vor einer antiarrhythmischen Therapie sind folgende **wichtige Grundfragen** zu klären:

- Wird die Symptomatik von Arrhythmien verursacht (Dokumentation)?
- Welche Rhythmusstörungen liegen vor (klinische Bedeutung, Prognose)?
- Liegt eine (kardiale) Grunderkrankung vor?
- Ist eine Therapie erforderlich?

Welche ist die sicherste Therapie (Nutzen/Risikoabschätzung)?

!

- **Eine antiarrhythmische Therapie muss bei lebensbedrohlichen Herzrhythmusstörungen unter stationärer Beobachtung und Monitorkontrolle erfolgen.**
- **Bei häufigen spontanen Arrhythmien wird die Wirksamkeit der Therapie anhand wiederholter Langzeit-EKG oder bei Schrittmacher- bzw. ICD-Patienten anhand intrakardialer Elektrogramm-Aufzeichnungen kontrolliert.**

Eine antiarrhythmische Therapie setzt die Kenntnis der **Angriffsschwerpunkte** sowie der kardialen und extrakardialen Nebenwirkungen voraus. Die Einteilung der Antiarrhythmika nach Wirkungsschwerpunkten ist in Tab. 3.4, die Charakteristika von Antiarrhythmika sind in Tab. 3.5 zusammengefasst. Die **proarrhythmischen Komplikationen,** mit denen im Rahmen einer Therapie mit Antiarrhythmika gerechnet werden muss, sind in Tab. 3.6 dargestellt.

3.2.3 Elektrische antiarrhythmische Therapie

Passagere transvenöse Maßnahmen

Antibradykarde Stimulation. Eine atriale und/oder ventrikuläre transvenöse Stimulation erfolgt über einen perkutan eingeführten Elektrodenkatheter (Zugänge: V. jugularis, V. femoralis bzw. brachialis oder V. subclavia), der unter Röntgenkontrolle platziert werden sollte. Nach korrekter Platzierung (bei Vorhofstimulation im Bereich des Herzohres, bei Kammerstimulation im Bereich der rechtsventrikulären Spitze) wird der Elektrodenkatheter an einen externen, batteriebetriebenen Impulsgenerator angeschlossen.

Indikationen:

- symptomatische, vorübergehende Bradykardie
- Überbrückungsmaßnahme bis zur Implantation eines endgültigen Schrittmachersystems
- Stimulation bei Bradykardie-assoziierten Rhythmusstörungen (z. B. Torsade de Pointes) zur Unterdrückung der Arrhythmie

Tab. 3.3 Kausale Therapiemöglichkeiten

Ursache	Therapie
Elektrolytstörungen	Ausgleich der Elektrolytstörung (s. S. 325) Hinweis: nach Kammerflimmern oder Reanimation werden häufig Kaliumkonzentrationen um 2,5 – 3,5 mmol/l beobachtet; diese Hypokaliämie ist meist nicht Ursache, sondern Folge von hypoxisch bedingten Elektrolytverschiebungen.
proarrhythmisch wirkende Substanzen (z. B. Antiarrhythmika, Digitalis)	Absetzen
bradykardieinduzierte Arrhythmien	passagere oder permanente Stimulation
Angstzustände bzw. Agitiertheit	Sedation, evtl. Narkose
ischämieinduzierte Arrhythmien	sofortige Koronarangiografie, ggf. Akut-PCI oder Bypass-Versorgung, Gabe eines Betablockers oder bei Koronarspasmen Gabe eines Kalziumantagonisten

Tab. 3.4 Einteilung der Antiarrhythmika nach Wirkungsschwerpunkten

Klasse	Prototyp	Vorhof	AV-Knoten	Ventrikel	akzessorische Bahn
Natriumkanalantagonisten:					
IA:	leitungsverzögernd, ERP*- und APD*-Zunahme, QRS-Verbreiterung				
IB:	Leitungsgeschwindigkeit unverändert (im normalen Myokard!): QRS konstant, ERP-Zunahme				
IC:	QRS- Zunahme, ERP unbeeinflusst				
IA§	Chinidin	+++	+/–I	+++	++
IC§	Propafenon	++	++	+++	+++
IB	Lidocain	–	–	+++	(?)
Betablocker: antiadrenerg					
II	PropranololII	+	++	+	+
Kaliumkanalantagonisten: refraktärzeitverlängernd					
III	Amiodaron	+++	+++	+++	+++
	SotalolIII	++	++	++	++
Kalziumkanalantagonisten: leitungsverzögernd und refraktärzeitverlängernd in kalziumkanalabhängigen Strukturen (Sinus- und AV-Knoten)					
IV	Verapamil	+	++++	–	–IV
Digitalisglykoside: vagomimetisch, evtl. auch direkte Wirkungen; bei toxischen Spiegeln: adrenerge Stimulation					
	Digitalis*	(+)	++++	–	–

§ Die Zuordnung der einzelnen Substanzen zur Klasse IA (Leitungsverzögerung und Refraktärzeitverlängerung) und IC (Leitungsverzögerung, keine Verlängerung der Refraktärzeit) ist umstritten.
I Chinidin und Disopyramid besitzen eine vagolytische Wirkung, die der direkten natriumantagonistischen Wirkung am Sinus- und AV-Knoten entgegenwirkt. In Abhängigkeit von der Vorschädigung des AV-Knotens kann eine der Komponenten überwiegen (Folge: z. B. vermehrte Überleitung auf die Kammern bei Vorhofflimmern).
II β-Blocker wirken nur bei Sympathikusaktivierung antiarrhythmisch. Die natriumantagonistische Wirkung von z. B. Propranolol hat bei üblicher Dosierung keinen Anteil an der antiarrhythmischen Wirkung.
III Sotalol wirkt in niedrigen Dosierungen (80 – 160 mg/d) betablockierend, während erst bei höheren Dosierungen (240 – 480 mg/d) die Klasse-III-Aktivität ohne weitere Zunahme der Betablockade deutlich zunimmt.
IV Verapamil kann bei intravenöser Gabe unerwünschterweise die Refraktärzeit einer akzessorischen Bahn verkürzen (daher cave bei WPW-Syndrom).
** Digitalis kann bei oraler und intravenöser Gabe ebenfalls die Refraktärzeit einer akzessorischen Bahn verkürzen (daher cave bei WPW-Syndrom).*
** Abkürzungen: ERP = effektive Refraktärperiode; APD = Aktionspotenzialdauer; HV = H-V-Intervall von Beginn der Aktivierung des His-Bündels bis zum Beginn der Ventrikelerregung*

Antitachykarde Stimulation. Sie sollte bei Vorhofflattern oder hämodynamisch tolerierten monomorphen Kammertachykardien durchgeführt werden.

> **Vorhofflimmern, Kammerflimmern oder polymorphe Kammertachykardien sind einer antitachykarden Stimulation nicht zugänglich. Externe Defibrillation bzw. Kardioversion sind erforderlich!**

Mögliche **Komplikationen** der transvenösen Stimulation und die erforderlichen Sofortmaßnahmen sind in **Tab. 3.7** aufgeführt.

Permanente antibradykarde Schrittmacher

Die Implantation von Herzschrittmachern wird in Deutschland pro Jahr bei ca. 40 000 Patienten durchgeführt und zählt zu den häufigsten operativen Eingriffen. In der Regel wird in Lokalanästhesie ein rechts- oder linksseitiger venöser Zugang über die V. cephalica oder die V. subclavia gewählt. Nach entsprechender steriler Vorbereitung und Punktion des Gefäßes wird über eine Führungsschleuse eine Schrittmachersonde im rechten Vorhof und/oder dem rechten Ventrikel platziert und dort meist über einen Schraubmechanismus fixiert. Anschlie-

A

Tab. 3.5 Charakteristika von Antiarrhythmika*

Klasse, Generic Handelsname(n)	Nebenwirkungen	Besonderheiten, Kontraindikationen
Klasse IA/C **Ajmalin**, z. B.: Gilurytmal	Extrakardiale Nebenwirkungen sind bei kurzzeitiger i. v.-Anwendung sehr selten. Bei schneller Injektion gelegentlich Blutdruckabfall, daneben negativ-inotrope Wirkung vor allem bei manifester Herzinsuffizienz zu erwarten.	Wird wegen der schlechten Bioverfügbarkeit nur intravenös angewandt. Cave: wegen besonderer Wirkung auf die intraventrikuläre Erregungsleitung sind vorbestehende intraventrikuläre Leitungsstörungen eine relative Kontraindikation.[2]
Klasse IC **Propafenon**, z. B.: Rytmonorm, Generika	Gelegentlich gastrointestinale Störungen, bitterer Geschmack und Taubheitsgefühl im Mund, unscharfes Sehen, Schwindel, Kopfschmerzen, Unruhe, Schlafstörungen, psychische Störungen, allergische Hautveränderungen, sehr selten Cholestase. Proarrhythmogene Effekte.	Geringe β-adrenerge Wirkung, die normalerweise therapeutisch keine Rolle spielt; sehr selten, aber hierdurch ausgelöster (verstärkter) Bronchospasmus. Verstärkung einer Herzinsuffizienz.[2]
Klasse IC **Flecainid**, z. B.: Tambocor Generika	zentralnervöse NW: Schwindel, Kopfschmerzen (sehr selten, zu Beginn der Therapie, aber typisch), Sehstörungen, Nervosität Übelkeit, Müdigkeit, Hautrötung, vermehrtes Schwitzen. sehr selten: Erhöhung der Leberenzyme mit/ohne Ikterus, Leukozytopenien, Polyneuropathie	wegen der langen Halbwertszeit Gefahr der Kumulation; daher Dosiserhöhung im Allgemeinen in Abständen von 4 – 6 Tagen regelmäßige EKG-Kontrollen, auch mittels Belastungs-EKG (PQ, QRS), vor allem während der ersten 2 – 3 Wochen; QRS sollte nicht mehr als 20 – 25 % zunehmen. Cave: proarrhythmische Wirkungen. Einsatz nach Ergebnissen der CAST-Studien bei Patienten nach Myokardinfarkt kontraindiziert. Plasmaspiegelbestimmungen (am Ende des Dosierungsintervalls) indiziert bei eingeschränkter Elimination, bei zu erwartenden Interaktionen und bei eingeschränkter Herzleistung.
Klasse IB **Lidocain** z. B.: Xylocain Generika	überwiegend zentral-venöse Nebenwirkungen: Benommenheit, Lethargie, Schwindel, Sprachstörungen, Parästhesien, Muskelkontraktionen, Doppeltsehen, Euphorie, Psychose, Koma, Krämpfe, Atemstillstand nur geringe negativ-inotrope Wirkung Na-Kanal blockierende Wirkung besonders stark ausgeprägt bei niedrigem Ruhemembranpotenzial (z. B. unter ischämischen Bedingungen)	Die zentralnervösen NW treten meist erst im oberen therapeutischen Bereich oder darüber auf (ab 5 µg/ml). Cave: erschwerte Beurteilbarkeit der NW beim bewusstlosen, beatmeten Patienten (regelmäßige Plasmaspiegelbestimmungen!!). Cave:[1] nur für die Behandlung ventrikulärer Arrhythmien.

Fortsetzung ►

Tab. 3.5 Fortsetzung

Klasse, Generic Handelsname(n)	Nebenwirkungen	Besonderheiten, Kontraindikationen
Klasse III **Amiodaron**, z. B.: Cordarex weitere Generika	Schilddrüsenfunktionsstörungen (Hypo- und Hyperthyreose Hyperpigmentierung der Haut (blaugraues Hautkolorit, Sonnenbrandgefahr) Anstieg der Transaminasen Kopfschmerzen, Appetitlosigkeit nur geringe negativ-inotrope Wirkung Sinusbradykardie, AV-Block I. Grades, QT-Verlängerung	hoch wirksames Antiarrhythmikum mit extrem langer Halbwertzeit (bis 100 Tage), regelmäßige Laborkontrollen (Schilddrüse (isolierter Anstieg des T 4-Wertes ohne pathologischen Wert, zusätzlicher Anstieg von T 3 mit TSH-Abfall, Hinweis für Hyperthyreose). Cave: Lungenfibrose (sehr selten), Proarrhythmie (selten Torsade de Pointes) Hypokaliämien vermeiden (Cave: Diuretika, Laxanzien, Lakritz) reversible Korneaablagerungen (kein Grund zum Absetzen, solange keine begleitenden Sehstörungen; ist als Zeichen der Compliance zu werten; bei Sehstörungen vorübergehend Pause)
Klasse III **Sotalol**, z. B.: Sotalex Generika	selten außer den üblichen NW der Blockade der β-Rezeptoren (s. S. 105) Psoriasis Aggravation von Asthma bronchiale Torsade de Pointes	Sotalol ist ein Betablocker mit gleichzeitiger ausgeprägter Klasse-III-Wirkung. Die β-blockierende Wirkung wird oft bereits bei 2 – 3 × 80 mg/d erreicht; Dosissteigerung führt dann im Allgemeinen nicht zu weiterer Hypotonie und Bradykardie (nicht immer zu beobachten) aber zur Zunahme der Klasse-III-Wirkung (= Refraktärzeitverlängerung). Gabe unter engmaschiger Kontrolle der QT-Zeit Hypokaliämien vermeiden (Gefahr der Torsade de Pointes) Cave: Diuretika, Laxanzien, Lakritz
Klasse III **Dronedaron**, z. B.: Mutac	gastrointestinale Störungen (Diarrhö, Übelkeit, Erbrechen), Bradykardie, Müdigkeit	kontraindiziert bei schwerer Herzinsuffizienz (NYHA III-IV) Cave: reversibler Anstieg des Serum-Kreatinins um 10 – 15 %; kontraindiziert bei ausgeprägter Einschränkung der Nierenfunktion (Kreatinin Clearance < 30 ml/min)
Klasse IV **Verapamil**, z. B.: Isoptin Generika	bei i. v.-Gabe aufgrund der Vasodilatation: Hypotonie. Selten Lungenödem. Über das therapeutisch erwünschte Maß hinausgehende Bradykardie (Sinusknoten, AV-Blockierung). orale Gabe: Obstipation, selten Übelkeit, Schwindel, Müdigkleit, Knöchelödeme, Parästhesien, Kopfschmerz, Flush	Cave: bei i. v.-Gabe Verkürzung der Refraktärzeit einer akzessorischen Leitungsbahn bei WPW. Nicht bei ventrikulärer Tachykardie injizieren (cave Hypotonie). Verstärkung kardiodepressorischer Wirkungen anderer Substanzen.

[*] *Alle Angaben sind ohne Gewähr; es empfiehlt sich, die jeweils aktuellen wissenschaftlichen Dokumentationen der Hersteller zurate zu ziehen.*
[1] *Lidocain und Mexiletin haben ausgeprägte lokalanästhetische Wirkungen. Kombination der Substanzen kann zu schweren zentralnervösen Nebenwirkungen führen (Krämpfe, Psychosen, Atemstillstand; diagnostisch problematisch bei beatmeten Patienten).*
[2] *Arrhythmogene (proarrhythmische) Wirkungen können in unterschiedlicher Art unter Klasse-IA- und IC-Substanzen, selten bei IB-Substanzen auftreten.*

Tab. 3.6 Proarrhythmische Effekte von Antiarrhythmika

mögliche Probleme	Ursachen und Auswirkungen
Entstehung neuer, bisher nicht dokumentierter Arrhythmien	u. a. bei QT-verlängernden Medikamenten, Gefahr von Torsade de Pointes
Aggravation einer bestehenden Arrhythmie	Zunahme der Häufigkeit von Tachykardieepisoden Verlängerung der Arrhythmieepisoden stärkere hämodynamische Beeinträchtigung durch die Rhythmusstörung Begünstigung von Bradykardien
Intoxikation mit einem Antiarrhythmikum	insbesondere bei Störung des Metabolismus, Änderungen der individuellen Reaktionslage, begleitende Elektrolytstörungen
hämodynamische Nebenwirkungen	negative Inotropie, verzögerter Kontraktionsablauf während einer Tachykardie, periphere Vasodilatation

Tab. 3.7 Sofortmaßnahmen bei Komplikationen der transvenösen Stimulation

Komplikation	Maßnahme
Beschleunigung der Rhythmusstörung	Defibrillation
Sondendislokation mit möglicher Induktion von häufigen Extrasystolen oder anhaltenden Rhythmusstörungen	Sonde replatzieren bzw. entfernen
Schrittmachersondenperforation (Anstieg der Stimulationsschwelle, Zwerchfellzucken, Hämoperikard)	Sonde replatzieren, Stimulationselektroden sollten nicht zu steif sein bei Hämoperikard: allgemeine Maßnahmen wie bei Behandlung einer Tamponade (s. S. 157)
Infektion	Sonde entfernen, evtl. Implantation epikardialer Sonden
Thrombose	Heparin, Antikoagulation

ßend wird eine Schrittmachertasche subfaszial oder subkutan präpariert, in der der Schrittmacher nach Anschluss der Schrittmachersonden platziert wird. Es folgt ein chirurgischer Wundverschluss. Interventions- oder revisionsbedürftige Komplikationen liegen in erfahrenen Zentren bei ca. 2 – 3 %.

Hauptindikationen.

- Adams-Stokes-Anfall (bradykarde Form)
- pathologische Bradykardie
- sinuatriale Blockierungen
- Bradyarrhythmia absoluta
- atrioventrikuläre Blockierungen II. und III. Grades
- faszikuläre Leitungsstörung
- bradykarde Rhythmusstörung bei Myokardinfarkt
- Karotissinussyndrom
- Sinusknotensyndrom

Prinzip. Moderne Schrittmacher sind programmierbar: Transkutan können Frequenz, Amplitude, Impulsdauer, Empfindlichkeit, Refraktärität und das Intervall von Vorhoferregung bis zum Beginn der Kammererregung verändert werden. Die Programmiermöglichkeiten wechseln von Modell zu Modell. Für die verschiedenen Stimulationsorte, Steuerungssignale und Betriebsarten wird ein internationaler *Schrittmachercode* benutzt.

1. Buchstabe = **Stimulationsort** (V = Ventrikel, A = Atrium, D = dual = A + V)
2. Buchstabe = **Wahrnehmungsort (Sensing)** (wie 1.)
3. Buchstabe = **Antwort auf Wahrnehmung** (I = inhibiert, T = getriggert, D = dual = inhibiert + getriggert)

4. Buchstabe = **Programmierbarkeit, Frequenzadaptation** (0 = keine Steuerung, R = Rate Responsive [frequenzadaptiert]).
5. Buchstabe = multifokale Stimulation z. B.: V bei biventrikulärer Stimulation im Rahmen Rsynchronisationstherapie bei fortgeschrittener Herzinsuffizienz

Beispiele:

- **VVI-Stimulation:** ventrikulär stimulierendes, über die Kammer gesteuertes, inhibiert arbeitendes Schrittmachersystem auf Kammerebene;
- **DDD-R-Stimulation:** stimuliert sowohl Vorhof als auch Herzkammer, Steuerung sowohl vom Vorhof als auch vom Ventrikel aus, Betriebsart auf Vorhof- und Ventrikelebene mit der Möglichkeit der Frequenzanpassung (R).

Betriebsarten: Ein Bedarfsschrittmacher (Demand-Schrittmacher) aktiviert, wenn eine eingestellte Minimalfrequenz unterschritten wird. Bei inhibierter Betriebsart wird die Impulsabgabe des Schrittmachers bei Spontanerregung verhindert (inhibiert; häufigste Betriebsart). Bei getriggerter Arbeitsweise fällt die Impulsabgabe bei Spontanerregung des Herzens in die Refraktärphase der R-Zacke bzw. P-Welle.

Einkammerschrittmacher

Ventrikel-Demand-Schrittmacher (VVI). Der häufigste Schrittmacher ist ein Einkammerschrittmacher mit oder ohne Frequenzadaptation (VVI- bzw. VVI-R-Stimulation). Hauptindikation ist eine symptomatische Bradykardie bei persistierendem Vorhofflimmern oder ein Sinusknotensyndrom mit seltenen paroxysmalen Pausen und damit einem zu erwartendem niedrigen Stimultionsanteil (< 5 %). Grundsätzlich ist eine vorhofbeteiligte Stimulation (DDD) im Vergleich zur VVI- und VVIR-Stimulation die hämodynamisch günstigere Stimulationsform. Insbesondere Patienten mit einer überwiegenden Schrittmacherbedürftigkeit profitieren von der Zweikammerstimulation.

Vorteile: einfach zu implantierendes System, einfache Nachkontrolle, Langlebigkeit, geringe Störanfälligkeit im Vergleich zu Zweikammersystemen.

Nachteile: keine AV-Synchronizität, häufiger Vorhofflimmern, hämodynamische Verschlechterung durch asynchrone Erregung der Kammern.

Schrittmachersyndrom (10 – 20 % der VVI-Patienten mit Sinusrhythmus): bei Kammerstimulation mit retrograder Vorhoferregung kann es bei Vorhofkontraktionen gegen die geschlossene AV-Klappe („Vorhofpfropfung") zu einem plötzlichen Druckanstieg im Vorhof verbunden mit einem reflektorischen Blutdruckabfall und Schwindelerscheinungen kommen. Die Umkehr der AV-Sequenz erhöht durch Dehnung des Vorhofmyokards das Vorhofflimmerrisiko.

Vorhof-Demand-Schrittmacher (AAI). Bei permanenten oder intermittierenden Sinusknotenfunktionsstörungen und intakter AV-Überleitung kann ein Einkammersystem auf Vorhofebene implantiert werden. Der Vorhof wird bei Unterschreiten der Interventionsfrequenz stimuliert, Vorhofeigenaktionen inhibieren den Schrittmacher.

Vorteile: Erhaltung des physiologischen Erregungsablaufes, Verbesserung des Herzzeitvolumens im Vergleich zur reinen VVI-Stimulation (ca. 20 %).

Nachteile: Stabilität der Vorhofsonde im Vergleich zur Ventrikelsonde geringer; bei sich entwickelnder zusätzlicher AV-Leitungsstörung kann eine Erweiterung des Schrittmachersystems (DDD-Stimulation) notwendig werden.

Zweikammerschrittmacher

AV-sequenzieller Schrittmacher (DDD) Die AV-sequenzielle Stimulation kommt bei Patienten mit AV-Leitungsblockierung zum Einsatz. Bei Unterschreiten der Interventionsfrequenz werden Vorhof oder Herzkammer in physiologischer Sequenz stimuliert. Die klassische Indikation zur AV-sequenziellen Stimulation stellt der AV-Block II.–III. Grades dar sowie die gleichzeitige Störung von Sinus- und AV-Knoten („Zwei-Knoten-Erkrankung").

Frequenzadaptierende Schrittmacher

Man unterscheidet frequenzadaptierende Einkammersysteme (z. B. VVI-R) und frequenzadaptierende Zweikammersysteme (z. B. DDD-R). Sie ermöglichen die Anpassung der Stimulationsfrequenz an physiologische Belastungen. Zur Adaptation der Herzfrequenz werden verschiedene biologische Parameter alleine oder in Kombination verwendet: Muskelaktivität, Atemfrequenz, QT-Zeit, Temperatur, Sauerstoffgehalt bzw. pH-Wert des Blutes etc.

Vorteil: Anpassung der Stimulation an Belastung.

Nachteile: fehlendes ideales Frequenzadaptationssystem, mangelnde Synchronität zwischen Belastung und Frequenz, aufwändige Programmierung.

Komplikationen

Die **Letalität** einer Implantation ist niedrig (0,1 – 0,25 %). Als **Akutkomplikationen** können auftreten: Auslösung von Herzrhythmusstörungen, Sondenperforation, größere Blutungen, Infektionen,

Pneumothorax. **Postoperative und Spätkomplikationen** umfassen Wundheilungsstörungen, Taschenhämatom, Drucknekrosen (Schrittmachertasche, Sondenverlauf), Sekundärinfektionen, Sepsis und allergische Reaktionen. Eine Sondenendokarditis (siehe Kapitel Endokarditis) stellt eine besonders gefürchtete Komplikation dar, die in der Regel eine vollständige Revision des Schrittmachersytems erforderlich macht.

Darüber hinaus sind **elektrodenbedingte Komplikationen** möglich: Dislokation, Reizschwellenerhöhung, Sondenfraktur, Isolationsdefekt, Adapterdiskonnektion, Skelettmuskel- und Nervenstimulation, Venenthrombose und Thrombembolie.

Schrittmachersystembedingte Komplikationen können sich als vorzeitige Batterieerschöpfung und elektromagnetische Interferenzen (Diathermie, Elektrokautern, defekte Haushaltsgeräte etc.) äußern.

Antitachykarde Schrittmacher

Bei ventrikulären Tachykardien erfolgt der Einsatz implantierbarer antitachykarder Schrittmacher in Verbindung mit einem integrierten Kardioversions-Defibrillations-System (ICD, s. u.).

Externe Elektrokonversion und Defibrillation

Definition. Die Defibrillation kommt bei Kammerflimmern bzw. einer pulslosen ventrikulären Tachykardie zum Einsatz. Defibrillatoren erzeugen ein elektrisches Feld, das erregbares Ventrikelmyokard einheitlich depolarisiert und die Refraktärzeit bereits erregter Zellen so weit verlängert, dass die Fortleitung von Flimmerwellen blockiert ist, Kammerflimmern terminiert und ein Sinusrhythmus wieder einsetzt. Im Unterschied zur Defibrillation erfolgt die Schockabgabe bei einer Kardioversion EKG-getriggert (d. h. zum Zeitpunkt der R- oder S-Zacke).

Indikationen.

- **Dringend (notfallmäßig) indiziert (Defibrillation):** Kammerflimmern, hämodynamisch instabile Kammertachykardie, Vorhofflimmern mit schneller Überleitung und hämodynamischer Instabilität (z. B. bei bedeutsamer Mitralklappenstenose),
- **elektive Kardioversion:** Vorhofflattern, Vorhofflimmern, medikamentös-therapierefraktäre, hämodynamisch tolerierte Kammertachykardie,

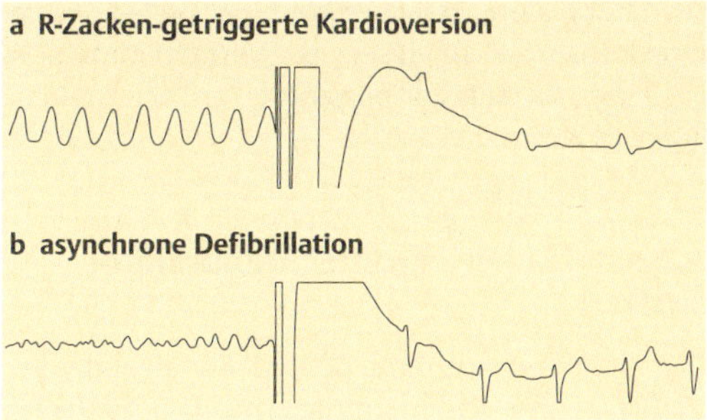

Abb. 3.3 Externe Defibrillation. (nach Leuwer, Checkliste Intensivmedizin, Thieme)

- **unwirksam:** permanente („incessant") supraventrikuläre bzw. ventrikuläre Tachykardie, Torsade de Pointes, außer bei Übergang in anhaltende Kammertachykardie bzw. Kammerflimmern.

Technik. Bei der Elektrokardioversion oder -defibrillation wird ein kurzer, hochgespannter Gleichstromimpuls (1 000 – 2 000 V) entweder **QRS-synchron** (Kardioversion, **Abb. 3.3 a**) in den QRS-Komplex einer Tachykardie oder nicht QRS-synchron (Defibrillation, **Abb. 3.3 b**) über großflächige externe Elektroden unter Verwendung von Elektrodenpaste (Verbesserung der Leitfähigkeit, Vermeidung von Hautschäden) appliziert. Die Synchronisation mit dem QRS-Komplex erfolgt, um eine Akzeleration der Frequenz durch Einfall des Schocks in die T-Welle mit der Gefahr von Kammerflimmern zu vermeiden.

> **!**
> - **Polymorphe Kammertachykardien oder Kammerflimmern werden nicht-QRS-synchron defibrilliert, während regelmäßige Tachykardien QRS-synchron kardiovertiert werden sollten.**
> - **Bei Kardioversion bzw. Defibrillation müssen die Möglichkeiten einer temporären Schrittmachertherapie sowie die Voraussetzungen für eine kardiopulmonale Reanimation gegeben sein.**

Erforderliche **Energie:** Bei Kindern sollte mit 1 – 5 J/kgKG kardiovertiert bzw. defibrilliert werden, bei Erwachsenen betragen die Dosen bei Vorhofflimmern 100 – 400 J, bei Kammertachykardien 50 – 200 J und bei Kammerflimmern 200 – 400 J.

Die **Erfolgsquote** ist höher bei biphasischen als bei monophasischen Impulsen; bei Vorhofflimmern ist sie höher bei anterior-posteriorer als bei anterior-lateraler Elektrodenlage.

Automatischer externer Defibrillator (AED)

Der automatische externe Defibrillator dient der Defibrillation von Kammerflimmern durch **Ersthelfer**. Sehr gute Erfahrungen wurden vor allem auf Flughäfen, Stadien und öffentlichen Plätzen gesammelt. Die Überlebenschancen bei Herzstillstand durch Kammerflimmern steigen bei Verwendung eines AED von 5 – 15 % auf 50 – 60 % oder höher.

Kammerflimmern wird vom Gerät automatisch mit hoher Sensitivität und Spezifität erkannt. In der Regel werden sog. **semiautomatische Defibrillatoren** verwendet, bei denen nach Analyse des Rhythmus durch das Gerät die Empfehlung zur Schockabgabe erfolgt, die dann durch Knopfdruck vom Ersthelfer durchgeführt wird.

Implantierbarer Kardioverter-Defibrillator (ICD)

engl. Implantable Cardioverter Defibrillator

Der implantierbare Kardioverter-Defibrillator erkennt und terminiert eine Kammertachykardie bzw. Kammerflimmern automatisch. Heutzutage wird der ICD mit einer sehr geringen Morbidität und Mortalität transvenös subkutan implantiert (operative Letalität < 1 % bei alleiniger ICD-Implantation).

Indikationen.

- Reanimation aufgrund von Kammerflimmern oder einer ventrikulären Tachykardie, die nicht auf reversiblen oder transienten Ursachen beruhen
- spontane, anhaltende ventrikuläre Tachykardien bei struktureller Herzerkrankung
- Synkope unbekannter Ursache bei klinisch relevanter, hämodynamisch bedeutsamer, anhaltender ventrikulärer Tachykardie oder Kammerflimmern im Rahmen einer elektrophysiologischen Diagnostik
- nicht anhaltende ventrikuläre Tachykardien bei Patienten mit
  - vorhergehendem Myokardinfarkt und höhergradig eingeschränkter linksventrikulärer Funktion
  - linksventrikulärer Dysfunktion (EF < 40 %) und induzierbarem Kammerflimmern, und/oder anhaltender ventrikulärer Tachykardie im Rahmen einer elektrophysiologischen Untersuchung
- anhaltende ventrikuläre Tachykardien bei Patienten ohne strukturelle Herzerkrankungen, die keiner anderen Therapie zugänglich sind,
- Patienten mit hochgradig eingeschränkter linksventrikulärer Ejektionsfraktion (< 35 %) mit länger zurückliegendem Myokardinfarkt und Herzinsuffizienz im Stadium NYHA II oder III
- angeborene Erkrankungen mit hohem Risiko lebensbedrohlicher ventrikulärer Tachyarrhythmien (u. a. langes oder kurzes QT-Syndrom, Brugada-Syndrom)
- Für weitere Indikationen (u. a. Synkope bei Herzinsuffizienz) oder den Schutz vor dem plötzlichen Herztod bei Kardiomyopathien (u. a. hypertrophe Kardiomyopathie oder arrhythmogene rechtsventrikuläre Kardiomyopathie) wird auf entsprechende Speziallliteratur verwiesen.

> **!** **Vor der Implantation sollte immer die zugrunde liegende Herzerkrankung evaluiert werden, in der Regel einschließlich invasiver Diagnostik.**

Die ICD-Therapie hat die Prognose ventrikulärer Tachyarrhythmien in den letzten Jahren entscheidend verbessert.

Katheterablation

Ziel dieses Verfahrens ist das Ausschalten der Strukturen, die für die Arrhythmie verantwortlich sind. Voraussetzung für den Einsatz der Katheterablation sind also genaue Kenntnisse darüber, wo die zu inaktivierenden Strukturen lokalisiert sind, z. B. der Ursprung einer ventrikulären Tachykardie, die genaue Lage einer akzessorischen Leitungsbahn bei WPW-Syndrom oder des AV-Knotens (intrakardiales Mapping). Über einen Elektrodenkatheter werden die Strukturen durch Hochfrequenzstrom zerstört.

Die Katheterablation ist inzwischen weit verbreitet und ersetzt vor allem bei supraventrikulären Tachykardien eine medikamentöse Rezidivprophylaxe.

Indikationen.

- **Ablation akzessorischer Leitungsbahnen** bei symptomatischen Patienten mit rezidivierenden AV-Reentry-Tachykardien (Dauer-Erfolgsquote: > 95 % akut, Rezidivrate: < 3 %)
  Komplikationen (< 1 %): Gefäßverletzungen (u. a. Hämatom, atriovenöse Fistel), Thrombembolien (Vorsicht bei vorbestehender Thrombophilie), Herztamponade infolge einer Myokardperforation, AV-Block.
- **Modulation der AV-Knotenüberleitung** bei AV-Knoten-Tachykardien bei medikamentös-therapierefraktären oder symptomatischen Patienten mit dem Wunsch nach nicht medikamentöser Therapie (Dauer-Erfolgsquote: > 95 %, Rezidivrate: 2 – 5 %)
  Gefahr: Induktion eines totalen AV-Blocks (ca. 1 %, vor allem bei Ablationen im Bereich des AV-Knotens: AV-Knoten-Reentrytachykardien oder parahissäre akzessorische Leitungsbahnen).
- **Ablation bei Vorhofflimmern**: mittels Katheterablation wird versucht, im linken Vorhof die Trigger für die Entstehung von Vorhofflimmern (vielfach fokale Aktivität aus den Pulmonalvenen) zu isolieren und/oder durch lange Ablationsstraßen eine elektrische Verkleinerung (i. e. Kompartimentierung) einzelner Vorhofabschnitte (sog. „Substratmodifikation") vorzunehmen.
- **Ablation des AV-Knotens** bei medikamentös-refraktärem Vorhofflimmern/-flattern, wenn dessen eigentlicher Ursprungsort nicht direkt durch eine Ablation zu beseitigen ist (seltene Indikation).
  Da das Vorhofflimmern durch die AV-Knoten-Ablation nicht beseitigt wird, bleibt das Risiko thrombembolischer Komplikationen (Notwendigkeit einer oralen Antikoagulationstherapie, s. S. 394). Nach der Ablation ist die Implantation eines frequenzadaptiven Ein- oder Zweikammer-Schrittmacher-Systems erforderlich (s. S. 68).
- **Ablation bei atrialen Tachykardien** inkl. Vorhofflattern
  - bei symptomatischen Patienten mit rezidivierenden Tachykardien und Wunsch nach nicht medikamentöser Therapie
  - bei medikamentös-therapierefraktären Rhythmusstörungen
  - Erfolgsquote bei Vorhofflattern > 95 %, bei atrialen Tachykardien etwas geringer
- **Ablation bei ventrikulären Tachykardien**:
  - Ablation bei idiopathischer Kammertachykardie (d. h. es liegt keine strukturelle Herzerkrankung vor, Abb. 3.4): bei symptomatischen Patienten mit rezidivierenden Tachykardien und Wunsch nach nichtmedikamentöser Therapie oder bei medikamentös-therapiere-fraktären Rhythmusstörungen.

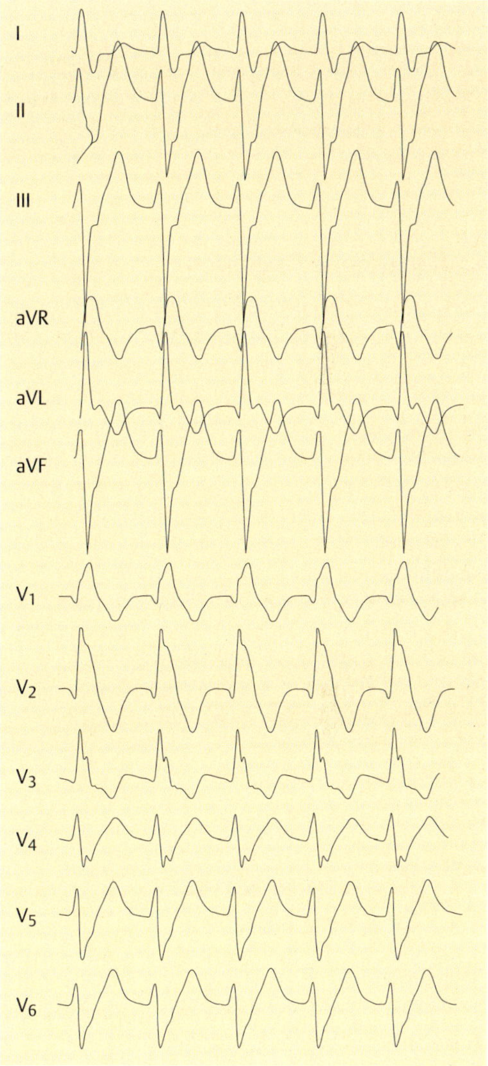

Abb. 3.4 Idiopathische linksventrikuläre Kammertachykardie. EKG zeigt das typische Bild einer idiopathischen linksventrikulären Kammertachykardie mit RSB-Morphologie und überdrehtem Linkslagetyp, das auf einen Ursprung im linksposterioren Faszikel des Erregungsleitungssystems hinweist.

- Ablation von Kammertachykardien bei Patienten mit struktureller Herzerkrankung (vor allem Postmyokardinfarkt-Patienten): bei symptomatischen Patienten mit rezidivierenden Tachykardien, in der Regel in Ergänzung zur ICD-Therapie (s. S. 74) zur Reduktion wiederholt notwendiger ICD-Schocks.

> **!** **Die Katheterablation ist heute Mittel der ersten Wahl bei AV-Knoten-Reentrytachykardien, AV-Reentry-Tachykardien (akzessorische Bahnen) und Vorhofflattern.**

Antitachykarde Operation

Dank der Hochfrequenzstrom-Katheterablation und/oder ICD-Therapie ist die antitachykarde Operation heutzutage ein **sehr selten angewandtes Verfahren.** Im Einzelfall versucht man bei Patienten mit zusätzlich bestehender Operationsindikation, z. B. Versorgung mit einem aortokoronaren Bypass, die ventrikuläre Tachykardie exakt zu lokalisieren und gezielt chirurgisch den Reentrykreis zu unterbinden (z. B. im Rahmen einer Aneurysmektomie bei großem Postinfarktaneurysma). Darüber hinaus findet das Verfahren bei geplanten Mitralklappenoperationen zur Therapie von Vorhofflimmern Anwendung. Hierbei wird versucht, unter Verwendung unterschiedlicher Energieformen (u. a. Radiofrequenzstrom, Kryo, Laser) lineare Läsionen („Substratmodifikation“) im linken Vorhof zu erzeugen, um das postoperative Auftreten von Vorhofflimmern zu unterdrücken.

3.3 Kardiopulmonale Reanimation

Ätiopathogenese. Verschiedenste Ursachen können für einen Herz-Kreislauf-Stillstand verantwortlich sein. Im wesentlichen werden respiratorische und kardiozirkulatorische Ursachen unterschieden. Zu den respiratorischen Ursachen zählen eine Verlegung der Atemwege, ein niedriger O_2-Partialdruck in der Umgebungsluft, Störungen der zentralen Atemwegsregulation, Störungen der Atemmechanik und Störungen des alveolären Gasaustausches (s. S. 408). Zu den kardiozirkulatorischen Störungen zählen hauptsächlich:

- Herzrhythmusstörungen (Kammerflimmern, Kammertachykardien, Asystolie, Bradykardie)
- myokardiales Pumpversagen (u. a. bei KHK, Herzklappenerkrankungen, Kardiomyopathien, Myokarditis, Perikardtamponade)
- Pulmonalarterienembolie (s. S. 458)
- Schock
- Spannungspneumothorax (s. S. 490)

Klinik. Zeichen des akuten Herzkreislaufstillstandes als **Indikation zur kardiopulmonalen Reanimation** sind:

- Bewusstlosigkeit
- Atemstillstand oder Schnappatmung
- kein tastbarer Puls
- weite, reaktionslose, entrundete Pupillen

Therapie. Die kardiopulmonale Reanimation richtet sich nach Regeln, die international regelmäßig auf den neusten Stand gebracht werden (International Liaison Committee on Resuscitation ILCOR; http://www.ilcor.org).

Basisreanimationsmaßnahmen können eine zwar geringe, aber zunächst meist ausreichende Aufrechterhaltung lebenswichtiger Organfunktionen sicherstellen (BLS = Basic Life Support: Atemwege freimachen, Herzdruckmassage und Beatmung).

Möglichst schnell sollten weitere **erweiterte Reanimationsmaßnahmen** (ACLS = Advanced Cardiac Life Support) begonnen werden.

Das Vorgehen ist in der Abb. 55.2 auf S. 1148 im Kapitel Intensivmedizin zusammengefasst.

Kammerflimmern ist die häufigste Arrhythmie beim plötzlichen Herztod und die am einfachsten therapeutisch zu beeinflussende Form durch Defibrillation. Jede Zeitverzögerung senkt entscheidend die Überlebenswahrscheinlichkeit. Wird ein Patient mit einer hochfrequenten Kammertachykardie oder mit grob- oder mittelschlägigem Kammerflimmern aufgefunden, so ist dies als eine vergleichsweise günstige Ausgangssituation anzusehen. Die große Amplitude des EKG-Signals spricht dafür, dass der Stillstand wahrscheinlich erst seit kurzer Zeit andauert und ermöglicht noch während der Tachyarrhythmie eine myokardiale Oxygenierung und Perfusion. Bei Vorliegen von Kammerflimmern ist also unabhängig davon, ob es sich dabei um grobschlägiges oder feinschlägiges Flimmern handelt, die sofortige Defibrillation die Maßnahme höchster Priorität. Die Überlebenschancen sinken um 7 – 10 % pro Minute, wenn nicht interveniert wird. Bei Asystolie sollte keine

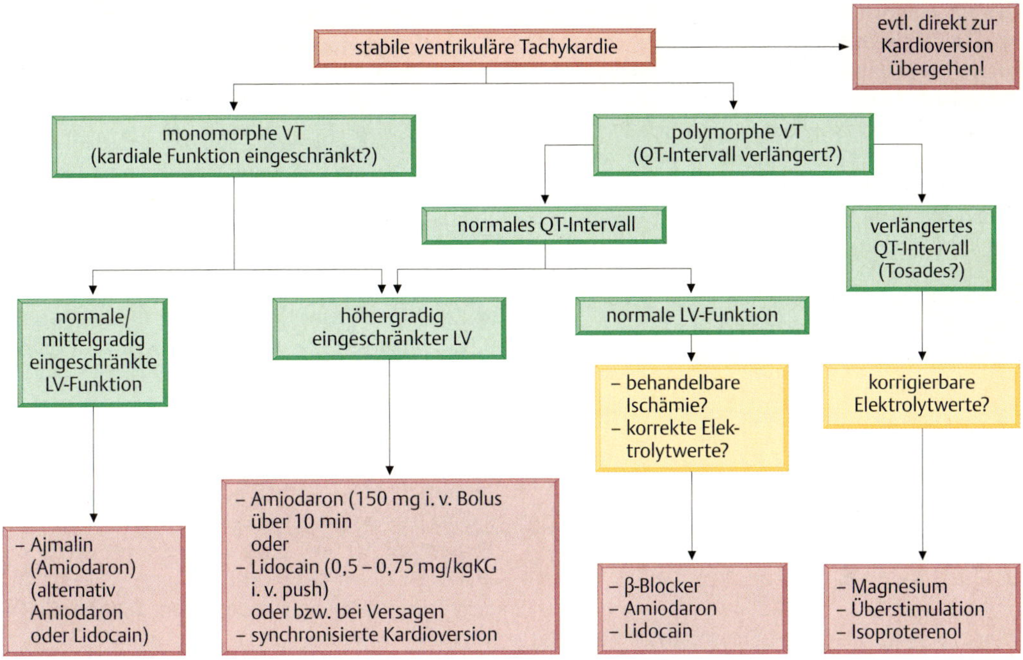

Abb. 3.5 Therapie stabiler, ventrikulärer Tachykardien.

Defibrillation, sondern direkt eine Kardiokompression erfolgen.
Die Behandlung einer stabilen ventrikulären Tachykardie ist in **Abb. 3.5** dargestellt.

!

1. Im Falle eines Herzstillstandes außerhalb der Klinik ist sofort der Notarzt (Tel. 112) zu aktivieren!
2. Jeder Herzstillstand in der Klinik sollte vorrangig mittels Defibrillation behandelt werden! Falls ein Defibrillator sofort verfügbar ist, hat die **Defibrillation die uneingeschränkte höchste Priorität:** Daher keine Herzlungenwiederbelebung vor der ersten Defibrillation! Erste EKG-Ableitung über Defibrillationselektroden! Bei technischen Schwierigkeiten oder Nichtverfügbarkeit des Defibrillators Zeit bis zur Defibrillation mit Basisreanimation überbrücken! Gegenüber einer medikamentösen Intervention hat die Defibrillation zu diesem Zeitpunkt eindeutig die höhere Priorität.
3. Außerhalb der Klinik: externer automatischer Defibrillator, sofern verfügbar (s. S. 74).
4. Entscheidender Faktor für die Prognose nach Reanimation sind häufig die im Rahmen des Ereignisses erlittenen Hirnschäden. Labortests wie die Bestimmung der neuronspezifischen Enolase (NSE) helfen bei der Prognoseeinschätzung. Grundsätzlich gilt, dass etwa die Hälfte aller Patienten, die nach einer Reanimation in der Klinik versterben, innerhalb von 72 h nach Klinikaufnahme verstirbt.

3.4 Bradykarde Herzrhythmusstörungen

3.4.1 Sinusbradykardie

engl.: sinus bradycardia

Definition. Von Sinusbradykardie spricht man, wenn die Herzfrequenz auf weniger als 60 Schläge pro Minute sinkt.

Ätiopathogenese. Physiologisch kommt die Sinusbradykardie, insbesondere bei Herzgesunden und Sportlern, bei erhöhtem Vagotonus vor (z. B. Frequenzabfall im Schlaf auf 40 Schläge/min).

Der **pathologischen** Sinusbradykardie liegt eine Störung der Sinusknotenfunktion zugrunde. Diese Störung kann unterschiedliche Ursachen haben:

- **kardiale Ursachen:** oft keine Ursache eruierbar; koronare Herzkrankheit, entzündliche Herzkrankheiten (Virusmyokarditis; nach Scharlach oder Diphtherie), nach Herzoperation
- **extrakardiale Ursachen:** Hypothyreose, Hypothermie, Hypophyseninsuffizienz, erhöhter Hirndruck, Urämie, Ikterus, gramnegative Sepsis, Typhus abdominalis, Morbus Bang, verschiedene Medikamente wie negativ chronotrop wirkende Antiarrhythmika (insbesondere β-Blocker), Kalziumantagonisten, Antihypertensiva (z. B. Clonidin) und Digitalis. Selten genetisch bedingt (Na^+-Kanal-Mutationen).

> ! **Medikamente (z. B. β-Blocker bzw. Digitalis) sind die häufigste Ursache einer Sinusbradykardie.**

Klinik. Bei physiologischer Sinusbradykardie erfolgt unter Belastung ein adäquater Frequenzanstieg.
Bei pathologischer Sinusbradykardie ist die Erhöhung der Herzfrequenz unzureichend. Oft treten schon im Ruhezustand Symptome auf, die durch die bradykardieinduzierten hämodynamischen Veränderungen bedingt sind (Schwindel, Abgeschlagenheit, Schwächezustände). Andererseits sind viele Sinusbradykardien asymptomatisch und verlangen daher keine Maßnahmen.

Diagnostik. Die Diagnostik erfolgt mittels EKG, Langzeit-EKG und Belastungs-EKG, um einen evtl. fehlenden Frequenzanstieg nachzuweisen (sog. chronotrope Inkompetenz).

Therapie. Bei symptomatischer Sinusbradykardie sollte eine mögliche Grundkrankheit soweit möglich therapiert werden. Ggf. verantwortliche Medikamente sind abzusetzen. In der überwiegenden Zahl der Fälle ist eine spezifische Therapie nicht erforderlich. Bei schwerer akuter Symptomatik kann man die Sinusfrequenz mit 0,5 – 1,5 mg Atropin i. v. (rasch injizieren, da bei langsamer Injektion eine vorübergehende Verstärkung der Bradykardie auftreten kann) oder 0,25 – 0,5 mg Orciprenalin i. v. (z. B. Alupent) anheben. Die Implantation eines Schrittmachers ist bei Sinusbradykardie nur indiziert, wenn der Zusammenhang zwischen klinischen Symptomen und Sinusbradykardie eindeutig nachgewiesen ist.

3.4.2 Sick-Sinus-Syndrom/ Sinusknotensyndrom

engl.: sick sinus syndrome

Definition. Der Übergang von der einfachen Sinusbradykardie zum Sinusknotensyndrom ist fließend. Man fasst darunter folgende Rhythmusstörungen zusammen:

- intermittierende oder permanente (in der Situation inadäquate) Sinusbradykardien
- SA-Blockierungen (= sinuatriale Blockierungen): die Impulsleitung vom Sinusknoten zum umgebenden Gewebe ist gestört
- Sinusknotenstillstand

Häufig treten im Krankheitsverlauf zusätzlich oft paroxysmale atriale Tachyarrhythmien auf (z. B. intermittierendes Vorhofflattern/-flimmern). Nach spontaner Beendigung der tachyarrhythmischen Phasen springt der Sinusrhythmus verzögert, oft erst nach vielen Sekunden, an (lange präautomatische Pause). Man spricht dann vom **Bradykardie-Tachykardie-Syndrom**.

Ätiolopathogenese. Bei 40 – 70% der Betroffenen lässt sich keine begleitende Herzerkrankung nachweisen. Koronare Herzkrankheit, Kardiomyopathien und Myokarditis sowie idiopathische Degeneration des Leitungssystems (Morbus Lenègre und Morbus Lev), Fibrose des Leitungssystems bzw. AV-Knotenareals kommen als kardiogene Ursachen infrage. Daneben in seltenen Fällen monogenetisch bedingt.

Klinik. Wie bei Sinusbradykardie, häufig zusätzlich Synkopen oder Präsynkopen, oft im Wechsel mit Palpitationen (schnelle Herzfrequenz, Herzjagen). Bei intermittierendem Vorhofflimmern besteht die Gefahr von Embolien (s. S. 86).

Diagnostik. Die Diagnose erfolgt in der Regel durch **Langzeit-EKG-Aufzeichnungen**, die die Bradykardiephasen nachweisen. In der Anamnese finden sich zudem häufig Hinweise für tachykarde Phasen (Palpitationen, Herzjagen).

> ! **Bei älteren Patienten mit Synkope und zerebralem Insult muss an das Vorliegen eines Bradykardie-Tachykardie-Syndroms gedacht werden.**

Therapie. Bei bradykardiebedingten Symptomen liegt eine Schrittmacherindikation vor (AAI-R oder DDD-R, s. S. 72), oft ist zusätzlich eine medikamentöse antiarrhythmische Therapie erforderlich. Bei

Vorhofflimmern ggf. zusätzliche Antikoagulation (s. S. 394).

Prognose. Die Prognose der Sinusknotenerkrankungen quoad vitam ist gut. Sie wird weniger durch die Arrhythmie als durch die eventuell zugrunde liegende Herzerkrankung bestimmt.

3.4.3 Hypersensitiver Karotissinus und Karotissinussyndrom

engl.: carotid sinus syndrome

Definition. Beim **hypersensitiven Karotissinus** lösen bereits spontane Kopfdrehungen oder eine geringfügige äußere Kompression (z. B. durch einen zu engen Kragen) den Karotissinusreflex mit Bradykardie und Hypotonie aus. Die **Überempfindlichkeit der Barorezeptoren** im Karotissinus ist in der Regel durch eine Arteriosklerose bedingt, die die Pressorezeptoren der A. carotis schädigt. Dies ist bei älteren Menschen relativ häufig der Fall und bleibt meist asymptomatisch (abnormer Karotissinusreflex). Klinische Symptome, wie z. B. Synkopen, treten nur bei ca. 10% der Patienten mit einem hypersensitiven Karotissinus auf. Dann spricht man von einem **Karotissinussyndrom**.

> **!** Man unterscheidet das klinische Karotissinussyndrom vom hypersensitiven Karotissinusreflex.

Einteilung. Beim Karotissinussyndrom werden 2 Formen unterschieden:

- **Kardioinhibitorischer Typ:** Reizung des N. vagus mit nachfolgender Depression des Sinusknotens und der AV-Leitung mit einer Asystolie von mehr als 3 s bei Karotissinusdruck. Er dominiert gegenüber dem
- **Vasodepressorischen Typ**: Hier kommt es infolge einer Vasodilatation zu einem Blutdruckabfall (über 50 mmHg) ohne Beeinflussung der Herzfrequenz. Mischformen sind häufig.

Ein Schrittmacher ist demzufolge nur beim kardioinhibitorischen Typ indiziert.

Klinik. Schwindel und Synkopen bei Kopfdrehung bzw. typischen Manövern (z. B. Rasieren, Zuknöpfen eines einengenden Kragens) und Umständen, bei denen Druck auf die Karotisgaben ausgeübt wird.

Diagnostik. EKG: Bei leichtem Karotisdruck > 5 sec tritt ein AV-Block oder Sinusarrest > 3 sec auf.

LZ-EKG: Dokumentation einer Blockierung unter Alltagsbedingungen.

Karotisdruck-Versuch: Unter laufender EKG-Kontrolle mittelstarker Karotisdruck oder -massage (< 5 sec). Cave: Falsch positive Befunde gerade bei älteren Patienten. Kein Karotisdruckversuch bei V. a. Karotisstenose.

Therapie. Keine Therapie bei asymptomatischen Patienten. Somit sollte der Karotisdruckversuch nur bei einer entsprechenden Symptomatik durchgeführt werden. Anfallsauslösende Situationen sind zu vermeiden. Bei symptomatischen Patienten erfolgt die Schrittmacherimplantation, wenn die Bradykardie-Komponente überwiegt.

3.4.4 Atrioventrikuläre Überleitungsstörungen

Definition. Die Erregungsleitung zwischen den Vorhöfen und den Herzkammern am AV-Knoten ist verzögert bzw. intermittierend oder permanent unterbrochen.

Einteilung. Bei AV-Block I. und II. Grades besteht eine **Verlängerung der PQ-Dauer:**

- **AV-Block I. Grades** (**Abb. 3.6**, **Abb. 3.7 a**): PQ-Dauer > 0,20 s, Blockierung meist im AV-Knoten
- **AV-Block II. Grades Typ I** (Wenckebach; **Abb. 3.7 b**): progressive Zunahme der PQ Dauer bis zum Ausfall einer Überleitung. Bei typischer Wenckebach-Periodik Zunahme der PQ-Dauer beim 2. übergeleiteten Schlag stärker als bei den nachfolgenden. Ursache: Block im AV-Knoten.
- **AV-Block II. Grades Typ II** (Mobitz; **Abb. 3.7 c**) intermittierend Ausfall eines oder mehrerer QRS-Komplexe, PQ-Dauer sonst normal oder konstant verlängert. Blockierung meist im His-Bündel oder weiter distal. Oft bereits bestehende intraventrikuläre Leitungsstörung (s. u.).

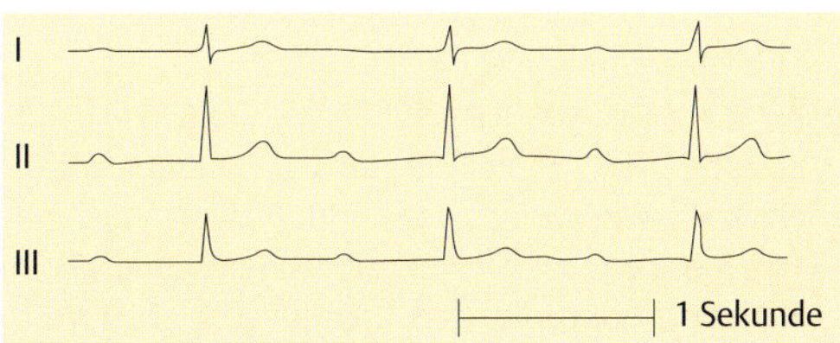

Abb. 3.6 AV-Block I. Grades. PQ-Dauer > 0,20 s. Normales EKG zum Vergleich s. S. 7.

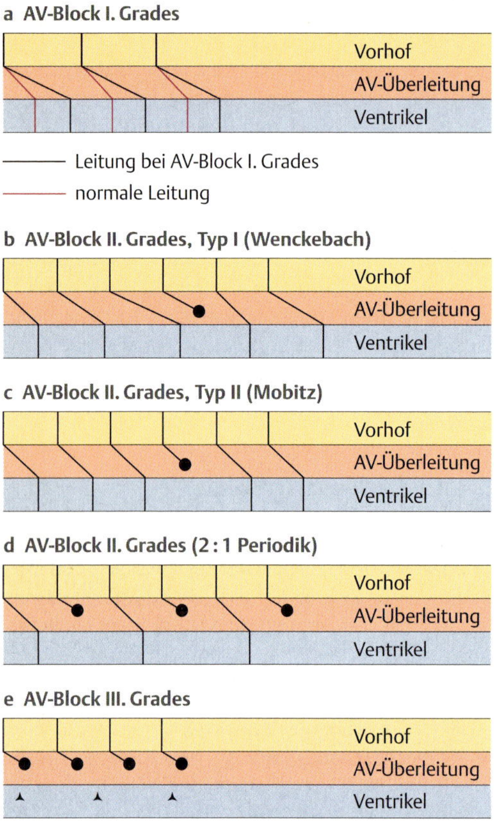

Abb. 3.7 Formen der AV-Blockierungen. Die Leiterdiagramme veranschaulichen das Ausmaß der Blockierungen: beim AV-Block I. Grades wird die Überleitung nur zeitlich verzögert, während die Erregung die Kammer beim AV-Block II. Grades nur teilweise und beim AV-Block III. Grades gar nicht erreicht. Ein ventrikuläres Schrittmacherzentrum sorgt für einen (langsamen) Ersatzrhythmus.

- **2:1-Block.** Sonderform der AV-Blockierung, entweder kürzeste Form einer Wenckebach-Periodik (Block im AV-Knoten) oder Typ-II-Block (distaler Block). Eine lange EKG-Registrierung ist für die Unterscheidung hilfreich!
- **AV-Block III. Grades** (Abb. 3.7 e, Abb. 3.8): vollständige Unterbrechung der antegraden AV-Leitung, Dissoziation zwischen den normal schnellen Vorhöfen (P-Wellen) und einem langsamen Kammerersatzrhythmus. Ventrikulärer Ersatzrhythmus entweder hoch gelegen (normal breite QRS-Komplexe, Kammerfrequenz 40 – 60/min) oder distal (QRS verbreitert, Kammerfrequenz

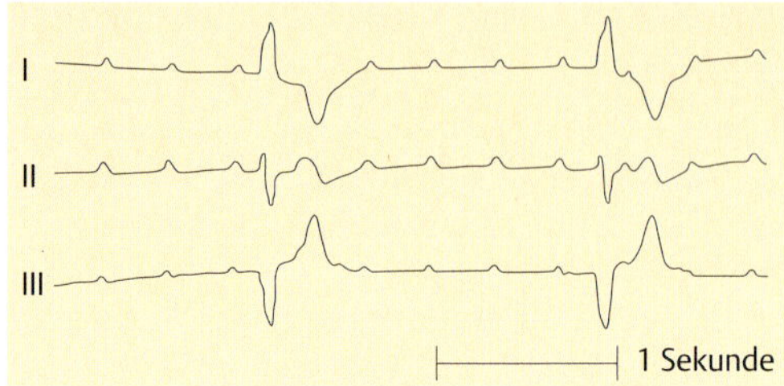

Abb. 3.8 AV-Block III. Grades. Vollständige AV-Blockierung mit ventrikulärem Ersatzrhythmus.

< 40/min). Als Vorbote tritt oft ein bifaszikulärer Block auf (s. S. 83).

Ätiologie. Eine **physiologisch verlängerte PQ-Dauer** kann bei atrialen Tachykardien (nicht bei Sinustachykardie, z. B. bei Belastung) oder einer Erhöhung des Parasympathikotonus auftreten. Letzteres kommt vor allem bei Jugendlichen und Sportlern vor, oft gleichzeitig mit einer vorübergehenden Sinusbradykardie als Ausdruck des erhöhten Parasympathikostonus.

Ein AV-Block kann **angeboren** oder **erworben** sein. **Mögliche** Ursachen sind:

- medikamentös (Digitalis, β-Blocker, Kalziumantagonisten)
- entzündlich (Myokarditis, Erkrankungen des rheumatischen Formenkreises)
- degenerative Erkrankungen des Leitungssystems (Morbus Lev, Morbus Lenègre), selten genetische Ursachen
- Störung der Durchblutung (z. B. Verschluss der in der Regel den AV-Knoten versorgenden rechten Herzkranzarterie beim Hinterwandinfarkt)
- bei familiärem Vorkommen monogenetisch (sehr selten)

! Bei den erworbenen Ursachen einer AV-Leitungsstörung spielt heute in manchen Regionen die Borreliose eine Rolle (Lyme-Disease, s. S. 1007). Prognostisch und therapeutisch wichtig sind AV-Blockierungen im Rahmen von Endokarditiden (insbesondere Staphylokokken-Endokarditis als Ausdruck eines septalen Abszesses). Bei Auftreten von transienten oder permanenten AV-Blockierungen im Rahmen einer akuten Aortenklappen-Endokarditis sollte ein frühzeitiger Aortenklappenersatz diskutiert werden.

Klinik. Ein AV Block I. Grades ist asymptomatisch. Höhergradige AV-Blockierungen können ebenfalls asymptomatisch sein oder zu typischen Symptomen wie Schwindel, Synkope oder Dyspnoe in Ruhe oder bei Belastung führen.

Diagnostik. EKG und LZ-EKG-Registrierung. Evtl. Belastungs-EKG, um eine Erholung der AV-Überleitung bei körperlicher Belastung (dromotrope Kompetenz des AV-Knotens) nachzuweisen.

Therapie. Ein isolierter AV-Block **I. Grades** wird nicht behandelt. Findet sich eine Ursache, z. B. Einnahme von Digitalispräparaten, so sind diese ggf. abzusetzen. Auch der AV-Block **II. Grades Typ Wenckebach** erfordert keine therapeutischen Maßnahmen. Hingegen ist beim AV-Block **II. Grades Typ Mobitz** die Schrittmacherimplantation indiziert (s. S. 68).
Beim angeborenen **AV-Block III. Grades** mit guter Frequenzanpassung ist in der Regel keine Therapie nötig. Ein erworbener AV-Block III. Grades ist – nach Ausschluss transienter Ursachen (z. B. Digitalis-Überdosierung) – grundsätzlich eine Indikation zur Implantation zunächst einer passageren Schrittmachersonde und dann eines permanenten Schrittmachersystems. Bei Sinusrhythmus und AV-Block III. Grades erfolgt die DDD-(R-)Schrittmacherversorgung, bei permanentem Vorhofflimmern und AV-Block III. Grades die VVI-(R-)Schrittmacherimplantation.
Darüber hinaus existieren therapeutische Empfehlungen bei AV-Blockierungen, die **bei einem Myokardinfarkt** auftreten. Tritt der AV-Block bei einem akuten Hinterwandinfarkt auf, ist die Prognose günstig und die Blockierung meist nur passager. Eine permanente Schrittmacherimplantation in der frühen Infarktphase sollte erst ab dem 10. Tag diskutiert werden. Bei Vorderwandinfarkt ist das Neuauftreten eines Blockbildes, z. B. Linksschenkelblock, bifaszikulärer Block oder AV-Block III. Grades prognostisch ungünstig. Die Indikation zur prophylaktischen temporären Stimulation durch permanente Schrittmacherimplantation ist bei AV Block II. oder III Grades in der Regel bereits innerhalb der ersten 10 Tage gegeben.
Zu den Schrittmacherindikationen s. **Tab. 3.8**

3.4.5 Intraventrikuläre Blockierungen

Synonym: Schenkelblockierung, Schenkelblock

Definition. Die Blockierung ist unterhalb des His-Bündels lokalisiert. Je nach Beteiligung der Faszikel spricht man von einem unifaszikulären, bifaszikulären oder trifaszikulären Block. Intraventrikuläre Leitungsstörungen lassen sich weiterhin einteilen in:
- verzögerte Erregungsausbreitung im intraventrikulären Leitungssystem,
- vorübergehende Leitungsunterbrechungen oder
- vollständige Blockierungen.

Rechtsschenkelblock (RSB; Abb. 3.9)

Beim Rechtsschenkelblock besteht eine Leitungsverzögerung oder Blockierung im rechten Tawara-Schenkel. Die linke Kammer wird normal, die rechte verspätet erregt. Dadurch ändert sich der terminale QRS-Anteil mit einer zweiten R-Zacke in V_1 (M-förmige Aufsplitterung von QRS: rs R', Rs R', r R') und S-Zacken in I und II.
Unterschieden werden ein kompletter und ein inkompletter Rechtsschenkelblock:
- **kompletter Rechtsschenkelblock:** QRS > 0,12 sec, rechts präkordiale Repolarisationsstörungen
  Vorkommen: nach Infarkt, bei Rechtsherzbelastung, chronischem Cor pulmonale, Kardiomyopathien, auch idiopathisch. Günstigere Prognose als bei Linksschenkelblock. Cave: Rechtsschenkelblock-artiges Bild bei Brugada-Syndrom (s. S. 97).
- **inkompletter Rechtsschenkelblock:** QRS ≤ 0,12 sec
  Vorkommen: bei Kindern und Jugendlichen, häufig auch bei Erwachsenen, Sportlern, Vagotonus, Trichterbrust, Vorhofseptumdefekt, sehr häufig idiopathisch ohne klinische Relevanz, seltener nach Infarkt.

Ist der Schenkelblock Ausdruck einer zugrunde liegenden Erkrankung, bestimmt diese ggfs. die Beschwerden des Patienten. Ein idiopathischer RSB ist fast immer asymptomatisch und häufig ein Zufallsbefund im EKG, der keiner besonderen Therapie bedarf. Bei Schwindel und/oder Synkopen muss an höhergradige Blockierungen mit einer notwendigen Schrittmacherimplantation gedacht werden.

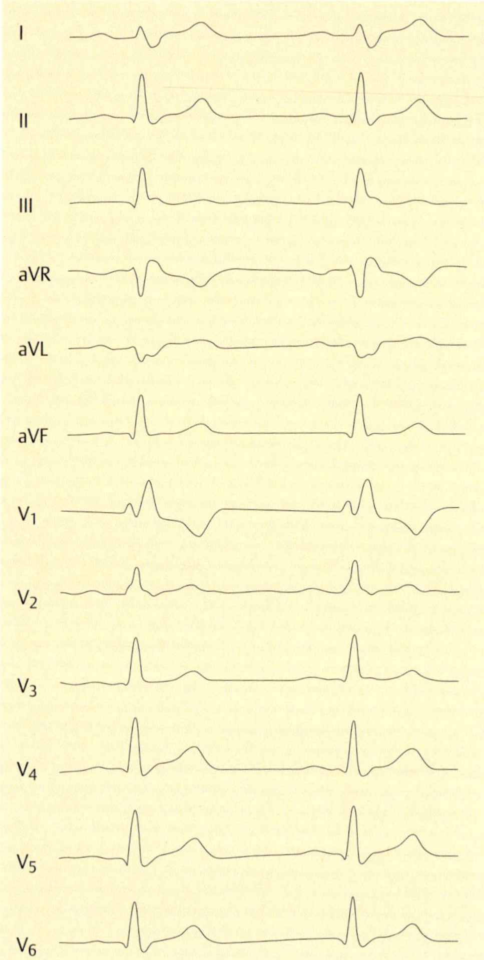

Abb. 3.9 **Rechtsschenkelblock.** M-förmige Aufsplitterung von QRS in V1.

Linksschenkelblock (LSB; Abb. 3.10)

Beim Linksschenkelblock kommt es zu einer Verzögerung oder Blockierung der Erregungsausbreitung im linken Tawara-Schenkel oder gleichzeitig im anterioren und posterioren Faszikel. Die rechte Kammer wird normal, die linke verspätet aktiviert.

> **Aus diesem Grund ist beim LSB im Belastungs-EKG keine Aussage über Ischämiereaktion möglich.**

Im EKG besteht ein Linkstyp oder überdrehter Linkstyp, die QRS-Dauer ist mit > 0,12 sec verlängert. Darüber hinaus sind deutliche Repolarisationsstörungen linkspräkordial nachweisbar.

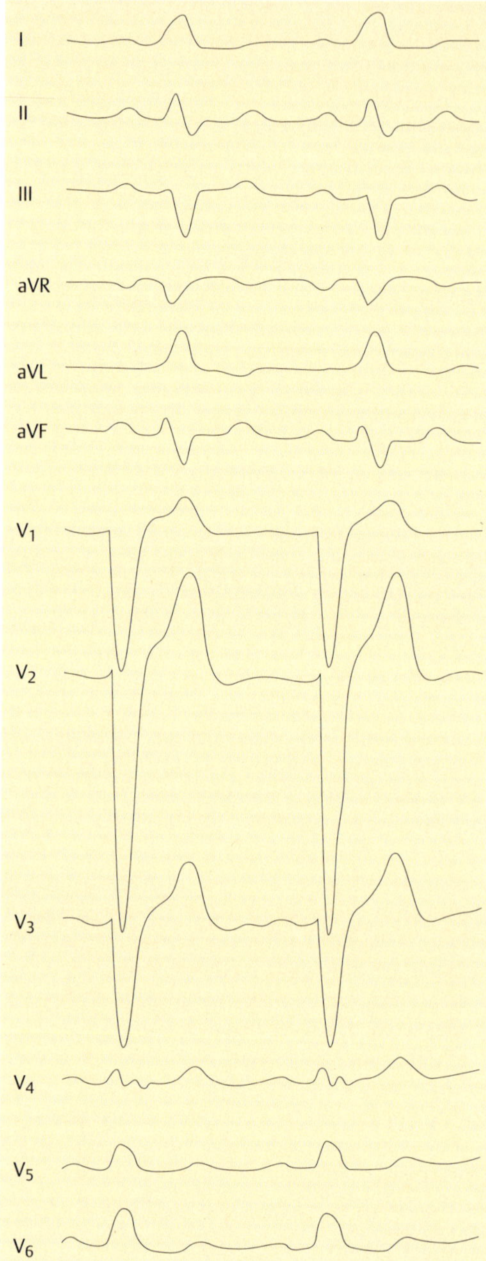

Abb. 3.10 **Linksschenkelblock.** M-förmige Aufsplitterung von QRS in V6.

Vorkommen: nach Infarkt, bei dilatativer Kardiomyopathie (oft frühzeitig), gelegentlich idiopathisch. Bei

regelrechter Schrittmacherstimulation in der Spitze des rechten Ventrikels sind die QRS-Komplexe ebenfalls Linksschenkelblock-artig konfiguriert (dies erlaubt die Erkennung von Fehllagen der Elektrodenspitze).
Die Prognose des LSB ist schlechter als beim Rechtsschenkelblock.
Das interventrikuläre Septum wird beim LSB rechtzeitig erregt, die laterale Wand des linken Ventrikels jedoch verzögert erregt. Die **hämodynamischen Folgen** sind:

- asynchroner, unökonomischer Kontraktionsablauf, oft auch bei diffusen intraventrikulären Leitungsstörungen
- Verstärkung einer bestehenden linksventrikulären Insuffizienz
- verbreiteter QRS-Komplex bei Herzinsuffizienz (insbesondere bei asynchroner Kammererregung, prognostisch ungünstig)

Formen des Linksschenkelblocks:

- Kompletter LSB (QRS-Dauer in der Regel um 0,15 bis 0,16 s oder länger)
- **Linksanteriorer faszikulärer Block:** Verzögerung oder Unterbrechung des anterioren Faszikels, Summationsvektor nach links oben gerichtet (überdrehter Linkstyp).
  Vorkommen: KHK, Kardiomyopathien, typisch für Vorhofseptumdefekt vom Ostium-primum-Typ.
- **Linksposteriorer faszikulärer Block:** Verzögerung oder Blockierung im linksposterioren Faszikel, Drehung des frontalen Hauptvektors nach rechts. Eine eindeutige Diagnose ist oft nur bei intermittierendem Auftreten möglich.
- QRS-Dauer bei faszikulären Blöcken < 0,12 s, da nur geringe Auswirkungen auf die Gesamterregung der linken Kammer.

Häufiger als ein RSB ist ein LSB Ausdruck einer zugrunde liegenden Erkrankung. Diese bestimmt die Beschwerden des Patienten. Ein idiopathischer LSB ist fast immer asymptomatisch und häufig ein Zufallsbefund im EKG, der keiner besonderen Therapie bedarf. Bei Schwindel und/oder Synkopen muss an höhergradige Blockierungen mit einer notwendigen Schrittmacherimplantation gedacht werden. Bei einem LSB im Zusammenhang mit einer höhergradigen Herzinsuffizienz kann eine biventrikuläre Stimulation (Resynchronisationstherapie s. S. 110) die Wirksamkeit der Pumpfunktion des linken Ventrikels und damit die Herzinsuffizienz bessern.

Bifaszikulärer Block

Kombination von Rechtsschenkelblock mit linksanteriorem faszikulärem Block (häufig) oder linksposteriorem faszikulärem Block (selten). Zu den Schrittmacherindikationen s. **Tab. 3.8**

Trifaszikulärer Block

Kombination einer Leitungsverzögerung sowohl im rechten als auch im linken Schenkel oder Leitungsverzögerung im rechten Schenkel kombiniert mit einem gleichzeitigen Block im linksanterioren oder linksposterioren Faszikel; dabei verlängerte AV-Überleitung durch verzögerte His-Ventrikelleitung (= inkomplette trifaszikuläre Blöcke). Ein kompletter trifaszikulärer Block entspricht dem AV-Block III. Grades (s. S. 79).

3.4.6 Akuttherapie bradykarder Herzrhythmusstörungen

Akut auftretende bradykarde Rhythmusstörungen können sowohl medikamentös als auch elektrisch behandelt werden. Die **medikamentöse Therapie** kann durchgeführt werden mit:

Tab. 3.8 Schrittmacher-Indikation

Notwendigkeit	Beispiele
absolut	symptomfreier Patient: in der Regel kompletter erworbener AV-Block, bifaszikulärer Block mit AV-Block II. Grades Typ Mobitz, unabhängig von der Beschwerdesymptomatik symptomatischer Patient: bifaszikulärer Block mit AV-Block II. Grades Typ Mobitz oder Wenckebach oder mit AV-Block I. Grades, insbesondere bei verlängerter HV-Zeit und bradykardiebedingten Beschwerden (Synkopen etc.).
keine oder nur in Ausnahmefällen	asymptomatische, mono- oder bifaszikuläre Blockierungen mit oder ohne Nachweis eines AV-Blocks I. Grades oder AV-Blocks II. Grades, Typ Wenckebach.

- Vagolytika:
  - Atropin 0,5 – 1,5 mg schnell i. v. (maximal 0,02 mg/kgKG); zu langsame intravenöse Applikation kann zu einem vorübergehenden paradoxen (bradykardisierenden) Effekt führen
  - Ipratropium 0,5 – 2,0 mg i. v.
- Sympathomimetika:
  - Orciprenalin (z. B. Alupent) 0,25 – 0,5 mg langsam i. v.

Als **elektrische Therapie** kann die temporäre antibradykarde Stimulation (transvenös, s. S. 67) zur Anwendung kommen. In Notfallsituationen ist auch die passagere transthorakale Stimulation möglich.

3.5 Tachykarde Herzrhythmusstörungen

3.5.1 Vorhofflattern

engl.: atrial flutter

Definition. Üblicherweise im rechten Vorhof entstehende, sehr schnelle, regelmäßige (200 – 350 Schläge/min) Rhythmusstörung, die durch sich schnell wiederholende, verbreiterte P-Wellen deutlich wird. Man unterscheidet verschiedene Formen des Vorhofflatterns:

- **typisches Vorhofflattern** (Abb. 3.11): Es stellt mit etwa 90 % der klinischen Fälle die häufigste Form von Vorhofflattern dar. Typisch sind **sägezahnförmige Flatterwellen.** Die negativen Flatterwellen sind am besten in Abl. II, III und/oder aVF zu erkennen. Die Ableitung V_1 sollte zur Diagnostik nicht herangezogen werden, da sich hier auch bei grobem Vorhofflimmern häufig relativ regelmäßige Vorhofaktionen finden. Mechanismus: Makro-Reentry im rechten Vorhof **gegen den Uhrzeigersinn**, daher negative Flatterwellen in Abl. II, III und aVF. Der sog. rechts-atriale Isthmus zwischen Trikuspidalklappe und Vena cava inferior ist Teil des Reentrykreises, deshalb wird vielfach auch von „isthmusabhängigem" Vorhofflattern gesprochen.
- **reverses typisches Vorhofflattern:** Auftreten in etwa 10 % der Fälle. Das Vorhofflattern nimmt im Reentry den umgekehrten Erregungsweg (**im Uhrzeigersinn**), deshalb sind die P-Wellen in den Ableitungen II, III und aVF positiv.
- **atypisches Vorhofflattern:** Hierunter fallen seltene Formen eines rechts- oder linksatrialen Makro-Reentrys, bei dem die Erregung nicht durch den rechtsatrialen Isthmus (siehe unten) läuft und z. B. um eine Atriotomienarbe oder einen Vorhofseptum-Patch kreist. Das linksatriale Vorhofflattern tritt vorzugsweise als Folge einer Ablationstherapie von Vorhofflimmern auf.

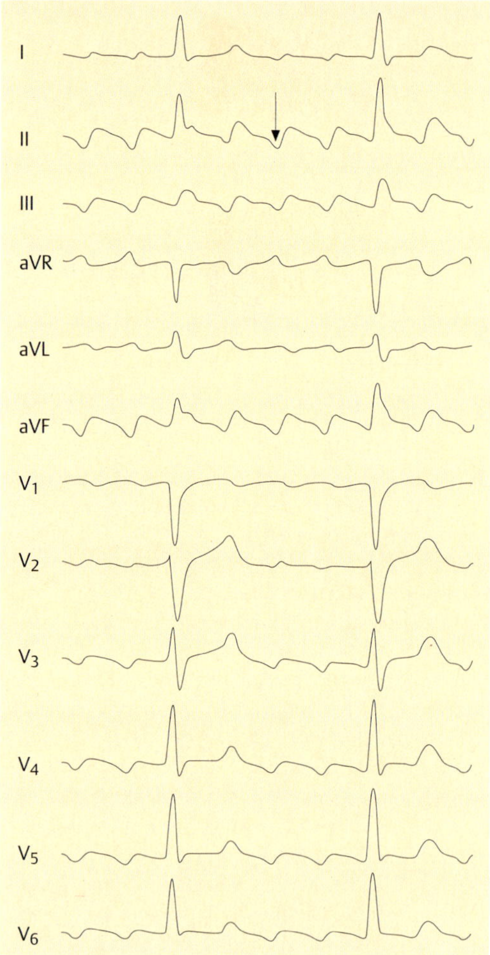

Abb. 3.11 Vorhofflattern. Der Pfeil markiert die negative Flatterwelle als Folge der Erregung des Vorhofseptums von inferior (kaudal) nach superior (kranial).

> ! **Vorhofflattern kann – ebenso wie Vorhofflimmern – anfallsweise oder chronisch auftreten und ist im Gegensatz zum Vorhofflimmern eher selten.**

A

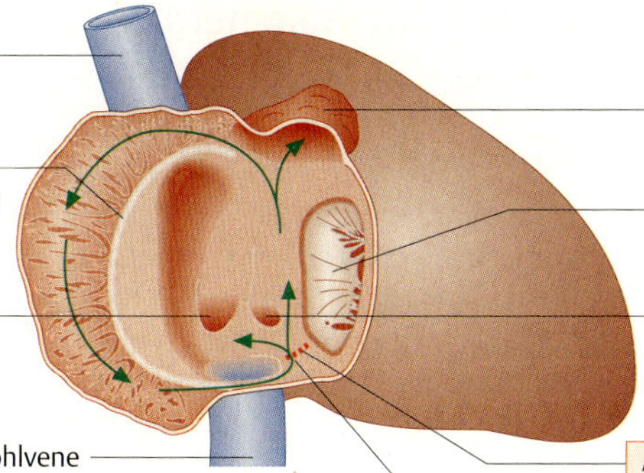

Abb. 3.12 Erregungsausbreitung bei typischem Vorhofflattern (gegen den Uhrzeigersinn). Der Reentrykreis kann durch Ablation im Isthmus (gepunktete Linie) dauerhaft unterbrochen werden. Beim sog. reversen typischen Vorhofflattern läuft die Erregung umgekehrt, d. h. im Uhrzeigersinn.

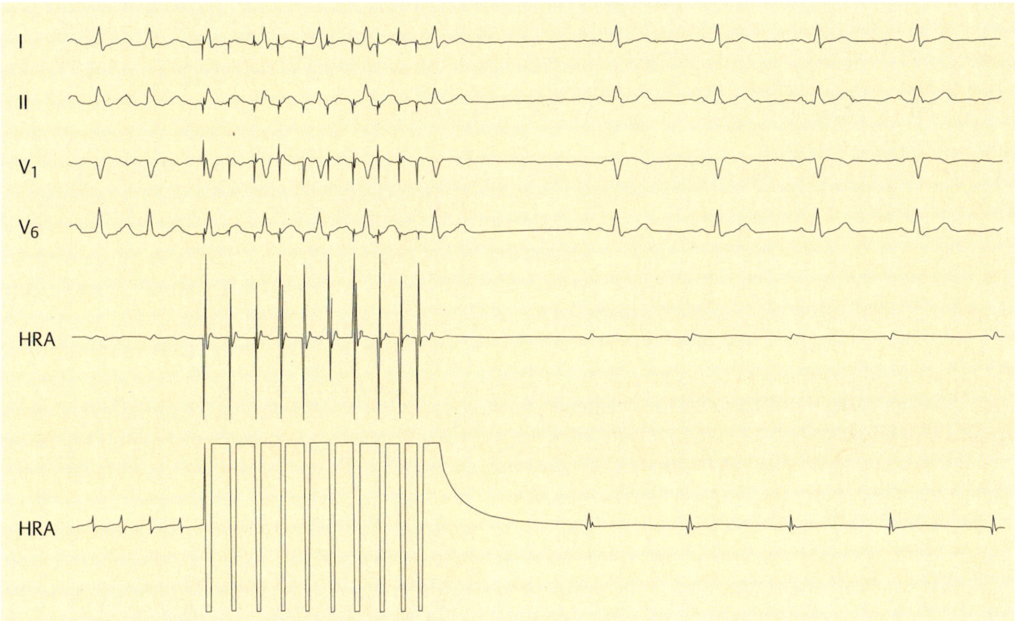

Abb. 3.13 Überstimulation von Vorhofflattern über einen transvenös, passager im rechten Vorhof platzierten Vorhofkatheter (HRA = hoher rechter Vorhof).

Ätiologie. Häufig idiopathisch. Als Ursachen kommen weiter infrage: koronare Herzerkrankung, Mitral- oder Trikuspidalklappenfehler, Kardiomyopathie, Vorhofseptumdefekt (insbesondere langfristig nach Vorhofseptumoperation), Lungenerkrankung, Hyperthyreose oder Myo-/Perikarditis.

Pathophysiologie. Bei Vorhofflattern liegt eine Makro-Reentry, d. h. eine kreisende Erregung im Bereich des rechten Vorhofes vor, wobei die Erregung den engen Bereich zwischen unterer Hohlvene und Koronarsinus einerseits und Trikuspidalring andererseits passieren muss (sog. „Trikuspidalisthmus"). Der linke Vorhof folgt dem rechten Vorhof (**Abb. 3.12**). Durch elektrische Impulse kann man in den Reentry-Kreis „eindringen“ und die Arrhythmie durch elektrische Überstimulation (transvenöse antitachykarde Stimulation) beenden (siehe Therapie).

Therapie. Bei Vorhofflattern gelingt durch eine medikamentöse Therapie oft nur eine Senkung der Vorhoffrequenz (z. B. durch ein Klasse I Antiarrhythmikum). Dies kann zu einer 1:1-Überleitung auf die Kammern führen. Deshalb sollte die antiarrhythmische Therapie bei Vorhofflattern und -flimmern immer durch eine frequenzregulierende Therapie mit Hemmung der Leitung im AV-Knoten ergänzt werden (Betablocker, Digitalispräparat oder Kalziumantagonist). Alternative ist die **elektrische Therapie** (Kardioversion bzw. antitachykarde Stimulation, **Abb. 3.13**) oder eine Katheterablation, die einer rein medikamentösen Therapie vorzuziehen sind.
Sofern eine Konversion in den Sinusrhythmus nicht gelingt, sollte lediglich versucht werden, die Kammerfrequenz durch Digitalis, ggf. in Kombination mit Verapamil oder einen β-Blocker, in normfrequente Bereiche zu bringen.
Bei therapierefraktärem Flattern, Nebenwirkungen unter einer medikamentösen Therapie oder Wunsch nach nichtmedikamentöser Therapie kann mittels Katheterablation im Bereich von V. cava inferior und Trikuspidalklappenanulus mit hoher Erfolgschance (ca. 95%) eine vollständige Rezidivfreiheit erzielt werden **(„Isthmus-Ablation“).**
Bei „Narbenflattern“ sind die Erfolgsaussichten einer Ablation nicht ganz so groß, da das Flattern bedingt durch die postoperativen Narben einen anderen Makro-Reentry durchläuft, der nicht immer leicht zu identifizieren ist.

3.5.2 Vorhofflimmern

engl.: atrial fibrillation

Definition

Vorhofflimmern entsteht üblicherweise im **linken Vorhof** und breitet sich erst sekundär im rechten Vorhof aus. Ursache sind kreisende Erregungen, die jedoch nicht wie bei Vorhofflattern aus einer einzelnen, sondern aus einer Vielzahl unterschiedlicher Erregungsfronten bestehen. Im EKG kommt es zum Verlust der geordneten Vorhofaktivität, was sich im **Fehlen von P-Wellen** äußert, und durch die unregelmäßige Überleitung zu einer irregulären absolut arrhythmischen Kammeraktion (**Abb. 3.14**). Man unterscheidet 3 Formen von Vorhofflimmern (die „3 P“):

- paroxysmal
- persistierend (anhaltend, aber terminierbar)
- lang anhaltend (permanent, kaum terminierbar)

Epidemiologie

1% der erwachsenen Bevölkerung hat Vorhofflimmern. In Deutschland sind etwa 1 Mio. Menschen betroffen. Die Häufigkeit verdoppelt sich mit jeder Altersdekade. Ab dem 40. Lebensjahr bekommt einer von vier Menschen in westlichen Ländern zumindest einmal, in der Regel häufig Vorhofflimmern. Aufgrund der Altersentwicklung wird eine Verdopplung der Vorhofflimmer-Häufigkeit in den kommenden 30 Jahren erwartet. Bei älteren Menschen beträgt die Prävalenz bis zu 10%. Vorhofflimmern ist einer der häufigsten Aufnahmegründe in einer internistischen Notaufnahme.

> **!** **Vorhofflimmern ist die häufigste und klinisch wichtigste tachykarde Herzrhythmusstörung, die mit thrombembolischen Komplikationen, Beeinträchtigungen der Lebensqualität und einer Einschränkung der körperlichen Leistungsfähigkeit (u. a. durch eine Verminderung des Herz-Minuten-Volumens) einhergeht.**

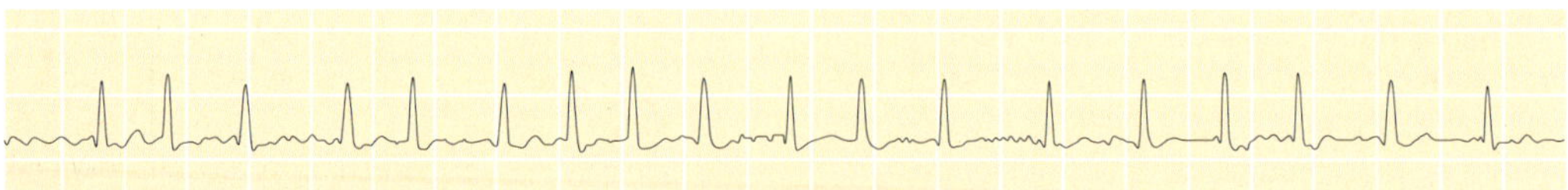

Abb. 3.14 Vorhofflimmern. Absolute Arrhythmie bei Vorhofflimmern mit unregelmäßigen RR-Intervallen.

Ätiologie

In ca. 50% ist das Vorhofflimmern idiopathisch, d. h. es liegt keine Grunderkrankung vor. Weiterhin kommen kardiale Ursachen (z. B. Klappenfehler, koronare Herzerkrankung, Kardiomyopathien) und extrakardiale Ursachen (z. B. Hyperthyreose, Alkohol) infrage. Vorhofflimmern tritt auch häufig in der perioperativen Periode nach Herzoperationen sowie im Zusammenhang mit Sinusknotenerkrankungen auf (s. S. 78). Selten familiär, genetisch.

Pathophysiologie

Vorhofflimmern entsteht bevorzugt im **linken Vorhof.** Es resultiert aus einem komplexen Zusammenspiel von auslösenden (Trigger) und unterhaltenden Mechanismen (Substrat).

Lokal (fokal) entstehende hochfrequente Arrhythmien entstehen z. B., wenn im Bereich der Einmündung der Pulmonalvenen das Vorhofmyokard depolarisiert und passiv erregt wird. Die hohen Frequenzen dieser Trigger (über 250 – 300/min) führen zu elektrischen Umbauvorgängen („electric remodeling"), aber auch zu strukturellen Veränderungen („structural remodeling") einschließlich einer Erweiterung der Vorhöfe. Die zunehmende Verkürzung der Refraktärperiode erhöht die Wahrscheinlichkeit, dass mehrere, dauernd wechselnde Erregungskreise entstehen und sich gegenseitig erhalten, was wiederum die Zeitspanne erhöht, während der ein einmal „entzündetes" Vorhofflimmern bestehen bleibt. So entsteht aus kurzen Episoden lang anhaltendes bis andauerndes Vorhofflimmern: „Das Vorhofflimmern unterhält sich selbst".

Auch die **Modulation durch das vegetative Nervensystem** spielt eine wesentliche Rolle. **Vagal** ausgelöstes Vorhofflimmern tritt bevorzugt in Ruhe oder nachts auf. Durch vermehrte **Sympathikusaktivität** ausgelöstes Vorhofflimmern entsteht bei psychischen oder physischen Belastungen.

Strukturelle Veränderungen sind ebenfalls an der Genese beteiligt und können bereits zu Beginn der Erkrankung relevant sein, z. B. bei Druck- und/oder Volumenbelastung des linken Vorhofes im Rahmen einer arteriellen Hypertonie oder von Mitralvitien oder Linksherzinsuffizienz.

Größte Gefahr des Vorhofflimmerns sind die **thrombembolischen Komplikationen.** Die fehlenden Kontraktionen der Vorhöfe und die zunehmende Erweiterung führen zur Stase des Blutes mit der Gefahr von Thrombenbildung, bevorzugt im linken Herzohr mit Embolisierung, klinisch am auffallendsten als Hirninfarkt.

Die Therapie (s. u.) basiert auf diesen pathophysiologischen Erkenntnissen:

- Unterdrückung oder Beseitigung von Triggern durch β-Blocker, Antiarrhythmika oder gezielte Katheterablation von Herden (Foci).
- Beeinflussung des Substrats durch Antiarrhythmika oder Katheterablation mit linearen Läsionen; Vermeidung von toxischen Metaboliten, die Trigger oder Substrat beeinflussen können (z. B. Alkohol oder Schilddrüsenhormone).
- Hemmung der Blutgerinnung durch Heparin oder orale Antikoagulation.

Klinik

Viele Patienten mit Vorhofflimmern sind völlig asymptomatisch. Andere sind durch Beschwerden wie Herzstolpern, Herzrasen oder bradyarrhythmische Phasen mit Schwindel oder Synkopen, häufig in Kombination mit tachykarden Phasen (sog. „Brady-Tachy-Syndrom") beeinträchtigt. Hinzu können Beschwerden einer Herzinsuffizienz mit unterschiedlichster Ausprägung kommen. Die European Heart Rhythm Association (EHRA) hat in Anlehnung an die NYHA-Klassifikation der Herzinsuffizienz eine klinische Einteilung des Vorhofflimmerns vorgeschlagen:

- EHRA I: keine Beschwerden
- EHRA II: gering ausgeprägte Symptome, die das tägliche Leben kaum beeinträchtigen
- EHRA III: ausgeprägte Beschwerden, die das tägliche Leben beeinträchtigen
- EHRA IV: besonders starke Beschwerden, die das tägliche Leben sehr beeinträchtigen

Diagnostik

Die Diagnose von Vorhofflimmern erfolgt mittels EKG-Dokumentation. Bei paroxysmalem Vorhofflimmern sind LZ-EKG oder Ereignis-Rekorder hilfreich.

Therapie

Tritt Vorhofflimmern bei Vorliegen einer organischen Herzerkrankung (insbesondere Mitralvitium) neu auf, sollte eine sofortige Heparinisierung erfolgen. Bei Fortbestehen hängt die Indikation zu einer langfristigen Antikoagulation vom individuellen Schlaganfallrisiko ab. Für die Praxis hat sich für die Risikoabschätzung der sog. **„CHADS 2-Score"** bewährt:

- Alter über 75 Jahre: 1 Punkt
- arterielle Hypertonie (s. S. 252): 1 Punkt
- Diabetes mellitus (s. S. 602): 1 Punkt
- Herzinsuffizienz (s. S. 99): 1 Punkt
- TIA oder Schlaganfall im Vorfeld: 2 Punkte

Bei mehr als einem Risikopunkt (Score > 1) sollte immer eine langfristige orale Antikoagulation erfolgen. Diese besteht derzeit in der Regel aus einer Therapie mit Vitamin-K-Antagonisten (z. B. Phenprocoumon, z. B. Marcumar), wobei neue Substanzen wie direkte Thrombininhibitoren (z.B Dabigatran – 2010 noch nicht zugelassen) wahrscheinlich in Kürze eine Alternative darstellen oder sogar die Vitamin-K-Antagonisten zurückdrängen könnten (in Abhängigkeit von der Dosis höhere Wirksamkeit, geringere Blutungsneigung und wesentlich verringerte Neigung zu intrazerebralen Blutungen). Zudem werden Faktor-Xa-Inhibitoren derzeit in großen Studien getestet.

Bei einem CHADS 2-Score = 1 liegt das jährliche Schlaganfallrisiko bei etwa 3 %. In diesem Bereich gibt es angesichts eines etwa vergleichbaren Risikos einer schweren Blutung (Nutzen-Risiko-Abwägung) keinen eindeutigen Nutzen der oralen Antikoagulation. Diesen Patienten wird zumindest eine Plättchenaggregationshemmung mit Acetylsalicylsäure 100 mg/tgl. empfohlen, auch wenn die Wirksamkeit dieser Maßnahme nicht unumstritten ist. Es bleibt aber ein individuelles Abwägen. Entsprechend den aktuellen Leitlinien kann beim einem CHADS 2-Score = 1 auch eine orale Antikoagulation erfolgen. Bei Patienten mit einem CHADS 2-Score < 1 ist ASS ausreichend.

Erfahrungen aus dem Praxisalltag haben ergeben, dass Patienten mit niedrigem Risiko häufiger überbehandelt werden (häufiger orale Antikoagulation), dass aber gerade Patienten in den höheren Risikogruppen (Score > 1) oft nicht antikoaguliert werden (Unterbehandlung). Gerade alte Patienten haben zwar ein größeres Blutungsrisiko (spontan oder unter oraler Antikoagulation), aber ihr Schlaganfallrisiko ist wesentlich höher, sodass in der Regel auch der alte Patient bei entsprechender Risikokonstellation antikoaguliert werden muss.

Unabhängig von der Frage der Antikoagulation, sollte bei Vorhofflimmern sofern möglichst eine **kausale Therapie** (z. B. Behandlung einer Hyperthyreose, s. S. 512) erfolgen. Bei der symptomatischen Therapie sind sowohl Frequenz- als auch Rhythmuskontrolle relevant.

Im Allgemeinen gelingt es, die **Kammerfrequenz** durch Gabe von Digoxin (0,4 – 0,5 mg i. v.), Verapamil (5 – 10 mg i. v.) oder eines β-Blockers (z. B. Bisoprolol 2,5 – 5 mg i. v.) zu **senken**. Bei Herzinsuffizienz und Vorhofflimmern sollten Digitalis und Betablocker gegenüber Verapamil (cave: negative Inotropie) bevorzugt werden. Im Anschluss wird die Therapie oral weitergeführt.

In sehr seltenen Fällen, in denen es nicht gelingt, die Kammerfrequenzen durch eine Kombinationsbehandlung im normfrequenten Bereich zu halten, kann eine Katheterablation der AV-Leitung erwogen werden.

Die **Konversion in den Sinusrhythmus** kann medikamentös oder elektrisch versucht werden. Sie sollte immer dann erfolgen, wenn die berechtigte Hoffnung auf Erfolg besteht, z. B. bei erst seit kurzem bestehendem Vorhofflimmern (< 6 Monate), bei verhältnismäßig gering vergrößertem linken Vorhof (echokardiografisch ermittelter Durchmesser < 50 mm) oder bei Beseitigung der zugrunde liegenden Ursache (z. B. Hyperthyreose). Für eine medikamentöse Konversion stehen die Antiarrhythmika der Klassen I und III zur Verfügung (**Tab. 3.4**, vgl. auch S. 90 ff.).

> **!** **Vor jeder Kardioversion (Konversion) sollte bei fehlender Antikoagulation in den vorangehenden Wochen und länger als 48 Stunden bestehendem Vorhofflimmern eine multiplanare transösophageale Echokardiografie zum Ausschluss linksatrialer Thromben erfolgen.**

Alternativ zur transösophagealen Echokardiografie kann eine Konversion nach mindestens drei Wochen effektiver oraler Antikoagulation (Ziel-INR 2,0 – 3,0) durchgeführt werden. Bis zum Erreichen einer effektiven Antikoagulation sollte dann zunächst lediglich die Kammerfrequenz auf normfrequente Bereiche reduziert werden. Die Konversion in den Sinusrhythmus kann medikamentös oder bevorzugt elektrisch erfolgen.

Vor einer **elektrischen Kardioversion** von Vorhofflimmern kann ein medikamentöser Kardioversionsversuch erfolgen. Bei Symptomen oder schneller Kammerfrequenz sollte umgehend kardiovertiert werden.

Der Versuch einer **medikamentösen Konversion** der Vorhoftachyarrhythmie sollte allerdings grundsätzlich erst erfolgen, nachdem die AV-Überleitung durch Betablocker, Digitalis oder Verapamil gehemmt wurde, um eine unerwünschte, rasche Überleitung auf die Kammern zu verhindern.

Bei älteren Patienten oder lange bestehendem Vorhofflimmern kann man sich häufig auf eine **frequenzregulierende Therapie** beschränken. Auch bei jüngeren Patienten mit chronischem Vorhofflimmern und geringfügigen bis keinen Beschwerden stellt eine rein frequenzregulierende Therapie eine Alternative dar, insbesondere, wenn Versuche der medikamentösen Prophylaxe sich bereits als erfolglos erwiesen haben.

Bei **therapierefraktärem, symptomatischen Vorhofflimmern** kann ein Versuch mit folgenden ablativen Therapien erfolgen:

- Linksatriale Ablation von Vorhofflimmern: Verfahren, bei dem versucht wird, den Ursprungsort hochfrequenter atrialer Tachykardien im Bereich der Pulmonalvenen durch Katheterablation im Bereich der Pulmonalvenenostien und/oder durch lineare Ablationen im linken Vorhof elektrisch zu isolieren (siehe Pathophysiologie).
- (selten) Ablation des AV-Knotens mit anschließender Schrittmacherimplantation als Ultima Ratio bei tachykardem, medikamentös nicht einzustellendem Vorhofflimmern.

Die **Prognose** hängt von der zugrunde liegenden Erkrankung ab, ist aber in der Regel quoad vitam gut. Lediglich in sehr seltenen Fällen kann Vorhofflimmern z. B. über eine hochfrequente Überleitung über die akzessorische Bahn bei einem WPW-Syndrom zu einer lebensbesrohlichen Situation führen. Ebenso ist die Induktion einer Ischämie bei schwerer koronarer Herzkrankheit oder eine rasche kardiale Dekompensation bei einer Mitralklappenstenose (s. S. 180) und neu aufgetretenem Vorhofflimmern möglich. Die Prognose wird wesentlich durch die Gefahr der Entstehung arterieller Thromboembolien beeinflusst (insbesondere bei bestehenden Mitralvitien oder Alloprothesen).

> ! **Jeder 4. ischämische Hirninfarkt ist kardioembolischer Genese!**

Klinischer Fall

Der 50-jährige adipöse Patient Herr B. erklärt dem aufnehmenden Arzt, dass er seit etwas über einer Woche vor allem nachts immer schlechter Luft bekommt und sein Herz manchmal rast und stolpert. Herr B. nimmt seit Jahren Tabletten wegen Bluthochdrucks (Ramipril) und Diabetes mellitus (Metformin) ein. Bei der körperlichen Untersuchung ist vor allem der schnelle und unregelmäßige Herzschlag mit einer Frequenz von 170/min, pulmonal beidseits auskultierbare basal feinblasige Rasselgeräusche und leichte periphere Ödeme an den Beinen auffällig. Im EKG bestätigt sich eine Tachyarrythmia absoluta bei Vorhofflimmern. Der Röntgenthoraxbefund zeigt ein stark vergrößertes Herz und eine leichte Zeichnungsvermehrung in den basalen Lungenabschnitten, die am ehesten einer pulmonalen Stauung entsprechen.

Der Stationsarzt spritzt Herrn B. unter Monitorüberwachung zunächst den Betablocker Metoprolol zur Frequenzkontrolle und Furosemid zur forcierten Diurese. Darunter bessert sich der Zustand zunächst. Im Herzultraschall erkennt der Untersucher einen dilatierten, hypokinetischen linken Ventrikel mit hochgradig reduzierter linksventrikulärer Funktion. Um eine stenosierende koronare Herzkrankheit bei erhöhtem kardiovaskulären Risikoprofil auszuschließen, wird bei Herrn B. eine Herzkatheteruntersuchung durchgeführt. Eine stenosierende koronare Makroangiopathie können die Ärzte als Ursache für die Rhythmusstörungen zwar ausschließen, doch diagnostizieren sie eine dilatative Kardiomyopathie mit hochgradig eingeschränkter Pumpfunktion und einer Ejektionsfraktion von nur 25 %. In der transösophagealen Echokardiographie können Thromben im linken Vorhof nicht ausgeschlossen werden, deshalb entscheiden sich Herrn B.'s Ärzte zunächst gegen eine elektrische Kardioversion. Zur Frequenzkontrolle wird nun bei der nachgewiesenen Herzinsuffizienz das Antiarrhythmikum Amiodaron unter regelmäßigen EKG Kontrollen aufgesättigt. Der Betablocker erbrachte nicht den erwünschten therapeutischen Effekt, die Frequenz wurde nicht ausreichend gesenkt. Während seines Aufenthaltes wird er außerdem auf Phenprocoumon mit einem Ziel-INR von 2 – 3 eingestellt.

Am Entlassungstag wird Herrn B. erklärt, dass er die Antikoagulation zunächst für einen Monat weiterführen soll. Danach soll die linksventrikuläre Pumpfunktion erneut eingeschätzt und entschieden werden, ob Herr B. elektrisch kardiovertiert wird und eventuell ein System zur kardialen Resynchronisation mit zusätzlicher Defibrillatorfunktion bekommt (CRT/ICD-System). Wegen der Einnahme des Amiodaron soll der Hausarzt regelmäßig die QT-Zeit kontrollieren.

3.5.3 AV-Knoten-Reentry-Tachykardien (AVNRT)

engl.: AV nodal reentrant tachycardia

Ätiologie. AV-Knoten-Reentry-Tachykardien beruhen auf elektrophysiologischen **Abnormitäten des AV-Knotens** (funktionelle „Längsdissoziation" des AV-Knotens). Es kommt dabei zu einer **kreisenden Erregung** mit in der Regel langsamer antegrader (Richtung Kammer) und rascher retrograder (Richtung Vorhof) Erregungsleitung. Die Patienten sind ansonsten herzgesund.

Klinik. Häufig bestehen **abrupt beginnendes Herzrasen** (in der Regel in Ruhe auftretend), Schwindel oder (seltener) Präsynkopen. Manchmal kommt es zu panikartigen Beschwerden oder Polyurie (durch die Freisetzung des atrialen natriuretischen Peptids). Schwerwiegende hämodynamische Folgen wie Synkopen sind selten. Die Episoden können wenige Sekunden, aber gelegentlich auch mehrere Stunden anhalten und treten in unterschiedlicher Häufigkeit auf. Manchmal sind es seltene Episoden, die nur alle paar Monate/Jahre auftreten, während andererseits auch tägliche Episoden möglich sind.

Diagnostik. Bei der **typischen Form** mit antegrad langsamer und retrograd schneller Bahn ist die P-Welle des retrograd erregten Vorhofes innerhalb des normal konfigurierten QRS-Komplexes versteckt (**Abb. 3.15**).
Bei der **selteneren Form** erfolgt die antegrade Leitung rasch, während die retrograde Leitung langsam erfolgt: die retrograde P-Welle (negativ in Ableitung II, III, aVF) findet sich typischerweise kurz vor dem nachfolgenden QRS-Komplex (Differenzialdiagnose: atrioventrikuläre Reentrytachykardie über ausschließlich retrograd leitende akzessorische Leitungsbahn, ektope atriale Tachykardie).
Die Frequenzen der Tachykardie liegen zwischen 120 und 200/min, meistens um 140 bis 160/min, selten höher.

Therapie. Akutbehandlung: Terminierung durch Maßnahmen, die die Erregungsleitung und Refraktärität im AV-Knoten beeinflussen:

- vagale Manöver (s. S. 66)
- Adenosin (6 – 12 mg [18 mg] i. v. als Bolus-Injektion)
- Digitalis (z. B. 0,4 – 0,5 mg Digoxin i. v.)
- Verapamil (5 – 10 mg i. v.)
- bei Nichtansprechen (selten): elektrische transvenöse Überstimulation (Kardioversion).

Nach Terminierung einer Tachykardie ist die Wahrscheinlichkeit eines kurzfristigen Rezidivs gering (eine stationäre Aufnahme in der Regel überflüssig!).

Rezidivprophylaxe: Bei gering symptomatischen Patienten, die durch Valsalva-Manöver die Tachykardien beherrschen können, ist keine Therapie indiziert.
Bei symptomatischen, therapierefraktären Rezidiven oder dem Wunsch nach nichtmedikamentöser Therapie sollte eine Modulation des AV-Knotens mittels **Katheterablation** erfolgen. Dieses Verfahren ist heutzutage aufgrund der sehr guten Ergebnisse bei symptomatischen Patienten die Therapie der ersten Wahl. Dauer-Erfolgsrate: 95 – 97 %. Risiko eines AV-Blocks III. Grades: < 1 %.
Wird eine Katheterablation abgelehnt oder ist sie nicht erfolgreich (< 2 %), besteht die Möglichkeit einer **medikamentösen Dauertherapie** mit Digitalis, β-Blocker, Kalziumantagonisten, Klasse-IC-Antiarrhythmika (evtl. Kombinationstherapie, z. B. Digitalis + β-Blocker, Digitalis + IC-Antiarrhythmikum; s. **Tab. 3.4**).

3.5.4 Präexzitationssyndrome („Atrioventrikuläre Reentry-Tachykardie", AVRT)

WPW-Syndrom

Synonym: Präexzitationssyndrom
engl.: WPW-syndrome

Definition. Unter dem 1930 von Wolff, Parkinson und White bei jungen, sonst gesunden Personen beschriebenen Syndrom versteht man eine Anomalie des Erregungsleitungssystems: **zwischen Vorhöfen und Kammern** besteht eine **Kurzschlussverbindung** unter Umgehung des AV-Knotens.
Das WPW-Syndrom ist charakterisiert durch typische EKG-Veränderungen (kurze PQ-Zeit, Präexzitation, Deltawelle) und anfallsweise Tachykardien.

Ätiologie. Das WPW-Syndrom ist eine kongenitale Anomalie, die bei Männern häufiger als bei Frauen auftritt. Gelegentlich wird es familiär beobachtet. Pathologisch-anatomisch besteht eine zusätzliche **akzessorische Bahn zwischen Vorhof und Ventrikel.** Ca. 90 % aller Patienten haben einen normalen kardialen Befund. Ein gehäuftes Vorkommen akzessorischer Bahnen ist bei Morbus Ebstein und hypertrophischer Kardiomyopathie beschrieben.

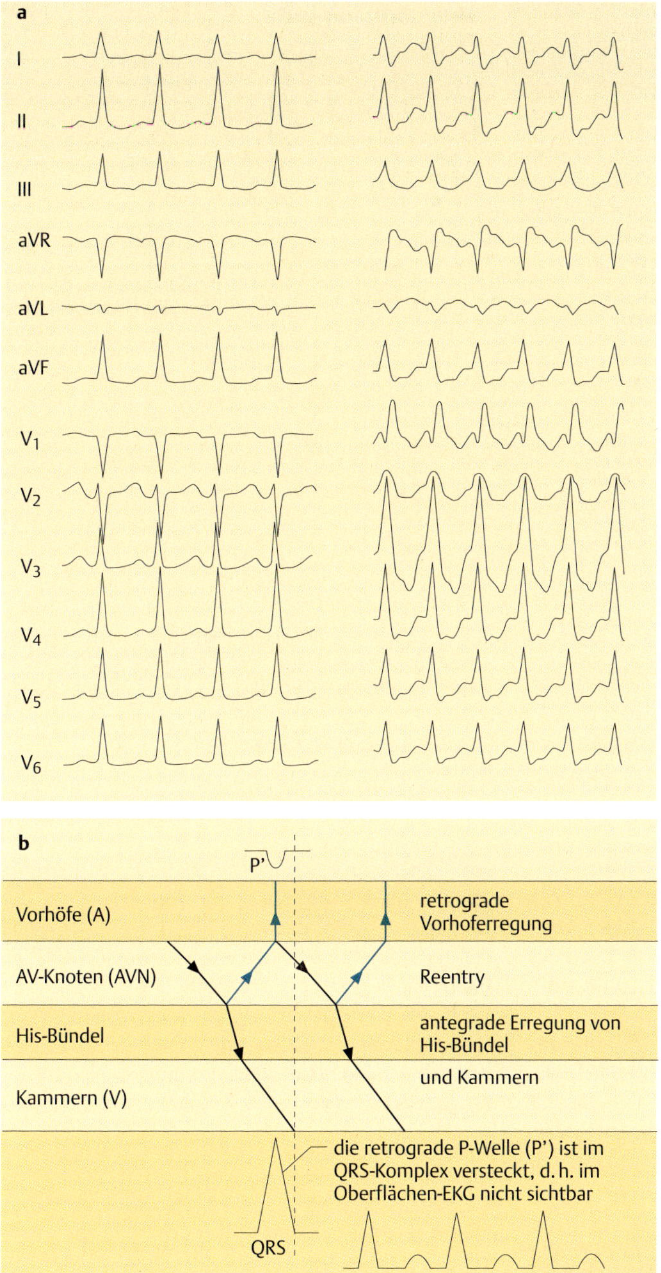

Abb. 3.15 AV-Knoten-Reentry-Tachykardie. a Schmalkomplexige und rechtsschenkelblockartig konfigurierte AVNRT **b** Erregungsablauf bei typischer AV-Knoten-Reentry-Tachykardie. Der Rechtsschenkelblock ist frequenzbedingt und hat keinen eigenen Krankheitswert bei einer solchen Tachykardie.

Pathophysiologie und EKG. Bei Sinusrhythmus wird die normale Erregung gleichzeitig über die akzessorische Bahn und das normale AV-Überleitungssystem geleitet. Die kürzere Leitungszeit über die akzessorische Bahn bewirkt eine frühe Erregung der Kammermuskulatur (erkennbar an der Delta-Welle im EKG), während die Erregungsleitung durch den AV-Knoten physiologischerweise etwas länger dauert. Der Kammerkomplex besteht daher aus zwei Komponenten: der Erregung über die akzessorische

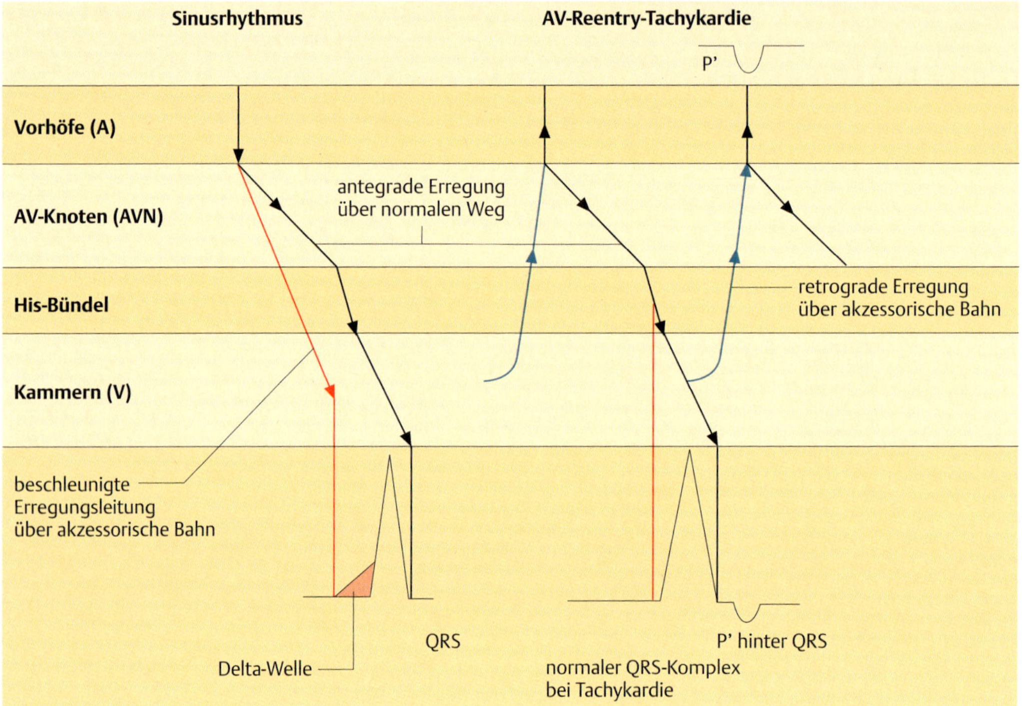

Abb. 3.16 Akzessorische Leitungsbahn. EKG bei Sinusrhythmus und AV-Reentry-Tachykardie.

Bahn und der Erregung über den normalen Leitungsweg (Fusionsschlag, Kombinationssystole). Der initiale Anteil des QRS-Komplexes entspricht dabei der vorzeitigen Erregung des Ventrikelanteils im Bereich der Insertion der akzessorischen Bahn (**Deltawelle, Abb. 3.16**).

Es kommt zu einer **Verkürzung des PQ-Intervalls** (≤ 0,12 s), zu einer **Verbreiterung des QRS-Komplexes** sowie zu **ST-Veränderungen**, wobei die Polarität der T-Welle gegensinnig zur Deltawelle gerichtet ist (eine abnorme Ventrikeldepolarisation führt zu einer abnormen Repolarisation).

> **!** **ST-Veränderungen bei manifester Präexzitation (WPW-Syndrom) sind physiologisch. Die Repolarisationsstörungen in Ruhe und bei Belastung sind daher für eine Ischämiediagnostik nicht verlässlich.**

Bei einer **Reentry-Tachykardie** bei WPW-Syndrom erfolgt die Leitung am häufigsten antegrad über den AV-Knoten und geht deshalb mit einem normalen QRS-Komplex einher (**Abb. 3.16**; **orthodrome Form: Abb. 3.17 a**). Nach der Depolarisation der Herzkammer wird retrograd über die akzessorische Leitungsbahn der Vorhof erregt (retrograde P-Welle, häufig im Beginn der ST-Strecke).

In 3 – 4 % der Fälle erfolgt die Kreiserregung über eine antegrade Aktivierung der akzessorischen Bahn und rückleitend über den normalen AV-Knoten (**antidrome Form, Abb. 3.17 b**).

Klinik. Die Symptome werden durch das paroxysmal auftretende Herzrasen verursacht: Anfälle von Herzjagen, Synkopen, selten Herzstillstand oder akuter Herztod (Vorhofflimmern mit schneller, irregulärer Überleitung über die akzessorische Leitungsbahn und Degeneration in Kammerflimmern). Die Gefahr eines plötzlichen Herztods durch Kammerflimmern besteht vor allem bei Patienten mit sehr kurzer Refraktärzeit der akzessorischen Leitungsbahn.

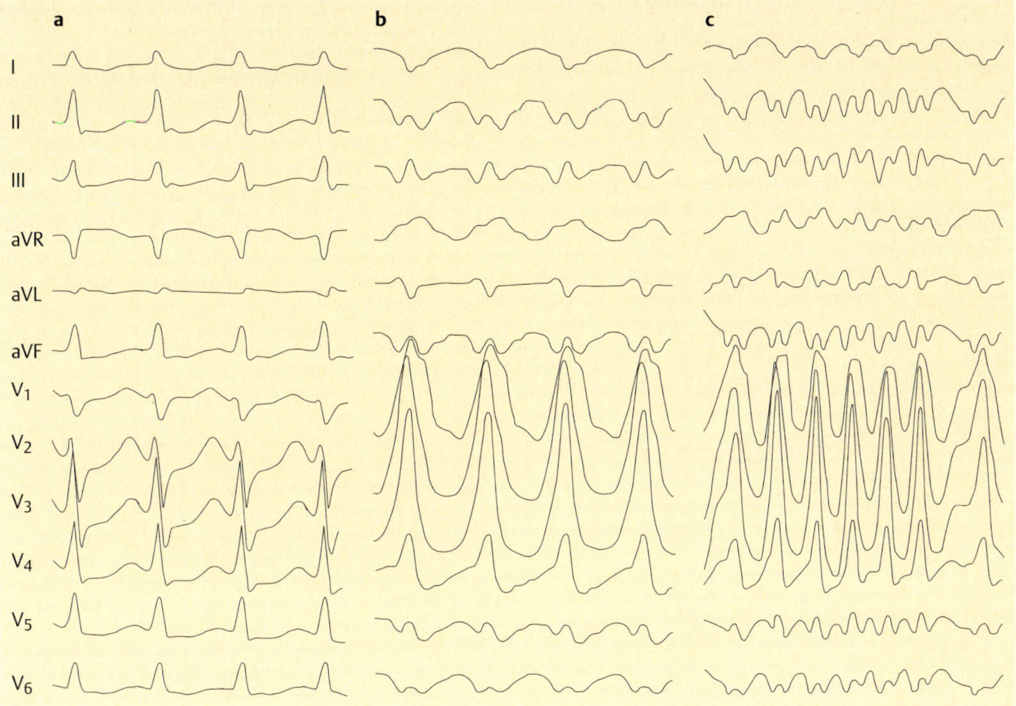

Abb. 3.17 WPW-Syndrom. a orthodrome Reentry-Tachykardie (die Erregung läuft antegrad über den AV-Knoten und retrograd über die akzessorische Leitungsbahn) **b** antidrome Reentry-Tachykardie bei links gelegener akzessorischer Leitungsbahn (die Erregung läuft antegrad über die akzessorische Leitungsbahn und retrograd über den AV Knoten). **c** Tachykard über die akzessorische Bahn übergeleitetes Vorhofflimmern (maximale Präexzitation).

Therapie. Akute Anfälle von Reentry-Tachykardien können vom Patienten eventuell selbst beendet werden:

- vagusstimulierende Maßnahmen (s. S. 66)
- intravenöse Gabe von
  - Adenosin (Blockierung der AV-Knoten-Leitung)
  - Ajmalin, Flecainid oder Propafenon (Blockierung der akzessorischen Leitungsbahn)

Bei Fortbestehen der Tachykardie oder hämodynamischer Instabilität sollte umgehend eine elektrische Kardioversion durchgeführt werden.

! Bei einer nicht eindeutig geklärten Tachykardie sollte kein Verapamil intravenös verabreicht werden. Verapamil kann zu einer Vasodilatation mit konsekutivem Blutdruckabfall führen, der reflektorisch über Sympathikusaktivierung wiederum die Refraktärzeit der akzessorischen Bahn verkürzen kann.

Vor allem bei WPW-Syndrom und Vorhofflimmern ist Verapamil kontraindiziert, da die Gefahr besteht, dass durch eine Beschleunigung der Leitung über die akzessorische Bahn die Kammerfrequenz zunimmt.

Die akute Behandlung von Vorhofflimmern/-flattern mit Leitung über die akzessorische Leitungsbahn erfolgt durch intravenöse Behandlung mit einem Klasse-IC-Antiarrhythmikum (Ajmalin, Propafenon, Flecainid) oder die Kardioversion.

Als **weiterführende Therapie** stellt die **Katheterablation bei symptomatischen Patienten** die Therapie der ersten Wahl dar (Dauer-Erfolg etwa 97 %).

Alternativ eignen sich **zur oralen Rezidivprophylaxe von AV-Reentry-Tachykardien oder Vorhofflimmern** Substanzen der Klasse IC oder IA (Flecainid, Propafenon, Chinidin) sowie der Klasse III (Sotalol, Amiodaron). Bei fehlender struktureller Herzerkrankung werden Klasse-I-Antiarrhythmika aufgrund ihres geringeren Nebenwirkungsspektrums gegenüber den Klasse-III-Antiarrhythmika bevorzugt. Bei struktureller Herzerkrankung (nach Myokardinfarkt und/oder Herzinsuffizienz) ist Amiodaron das wirksamste Antiarrhythmikum.

Das Vorgehen bei **asymptomatischen Patienten** mit einer Präexzitation ist umstritten. Während manche Zentren eine Ablation jeder akzessorischen Leitungsbahn empfehlen, machen es andere von den Leitungseigenschaften der akzessorischen Bahn während einer elektrophysiologischen Untersuchung abhängig und wieder andere empfehlen eine abwartende Haltung ohne spezielle Therapie. Allgemein gilt jedoch, dass bei intermittierender Präexzitation (gleichbedeutend mit langer Refraktärzeit) im Ruhe-EKG oder Belastungs-EKG **kein erhöhtes Herztod-Risiko** besteht, unabhängig davon, ob Vorhofflimmern zukünftig auftritt oder nicht.

3.5.5 Kammertachykardien und Kammerflimmern

engl.: ventricular tachycardia/ventricular fibrillation

Ätiopathogenese. Ventrikuläre Tachykardien haben ihren Ursprung distal der Bifurkation des His-Bündels im spezifischen Leitungssystem oder im Myokard. Meist liegt eine **kreisende Erregung (Reentry)** oder seltener eine **gesteigerte Automatie** vor.

Kammerflimmern ist eine lebensbedrohliche Herzrhythmusstörung, bei der in den Ventrikeln sehr schnelle, ungeordnete Erregungen ablaufen und keine geordnete Myokardkontraktion mehr zustande kommt (funktioneller Herz-Kreislauf-Stillstand).

Häufige Ursache ist eine koronare Herzerkrankung, insbesondere bei Zustand nach Infarkt. Weitere Ursachen sind:

- dilatative oder hypertrophe Kardiomyopathie (HCM) (s. S. 127 bzw. 130)
- arrhythmogene rechtsventrikuläre Kardiomyopathie (ARVCM) (s. S. 137)
- angeborenes oder erworbenes QT-Syndrom (s. S. 95)
- angeborene oder erworbene Herzvitien (insbesondere nach Korrektur einer Fallot-Tetralogie, s. S. 205)
- Induktion durch Antiarrhythmika (s. S. 67).

Bei ca. 5 – 10% der Patienten treten ventrikuläre Tachykardien ohne zugrunde liegende Herzerkrankung auf, wobei man idiopathische rechtsventrikuläre von idiopathischen linksventrikulären Tachykardien unterscheidet (s. **Abb. 3.4**).

Klinik. Bei monomorphen Kammertachykardien liegt die Frequenz häufig zwischen 160 und 240/min. Bei Vorliegen einer zugrunde liegenden Herzerkrankung führt diese schnelle Schlagfolge häufig zu Herzinsuffizienz, Synkope oder Schock. Wenn die Kammerfrequenz zwischen 100 und 150/min liegt, sind die Patienten häufig nur gering beeinträchtigt. Bei lang anhaltenden ventrikulären Tachykardien kommt es jedoch zu einer hämodynamischen Beeinträchtigung (Dyspnoe, Lungenödem, zunehmende Herzinsuffizienz).

> **!**
> - monomorph = gleichartig deformierte Kammerkomplexe
> - polymorph = unterschiedlich deformierte Kammerkomplexe

Kammerflimmern führt innerhalb von wenigen Sekunden zur Bewusstlosigkeit und ist ein besonders dringender Notfall.

EKG. Bei der ventrikulären Tachykardie besteht zwischen Kammern und Vorhöfen elektrokardiografisch häufig eine Dissoziation (VA-Dissoziation) und/oder sog. **„Capture Beats"** (**Abb. 3.18**). Darunter ist ein „Einfangen" der Kammern durch vorzeitige, zur Kammer gelangende Vorhofaktionen während einer monomorphen Kammertachykardie zu verstehen. **Differenzialdiagnostisch** kann die Abgrenzung zu einer supraventrikulären Tachykardie mit aberrierender Leitung schwierig sein.

Beim Kammerflimmern sind im EKG hochfrequente arrhythmische Flimmerwellen (350 – 500/min) zu sehen.

> **!** Jede ventrikuläre Tachykardie außerhalb von 48 Stunden nach einem Myokardinfarkt ohne Hinweis für Reinfarkt und ohne erkennbare reversible Ursachen ist prognostisch ungünstig. Es konnte jedoch bisher nicht gezeigt werden, dass die Implantation eines Defibrillators (ICD, s. S. 74) in den ersten 5 bis 6 Wochen nach Infarkt die Überlebenschancen verbessert (zwar Reduktion des akuten Herztodes, aber Zunahme von Todesfällen als Folge von Herzinsuffizienz, d. h. Konversion der Todesarten).

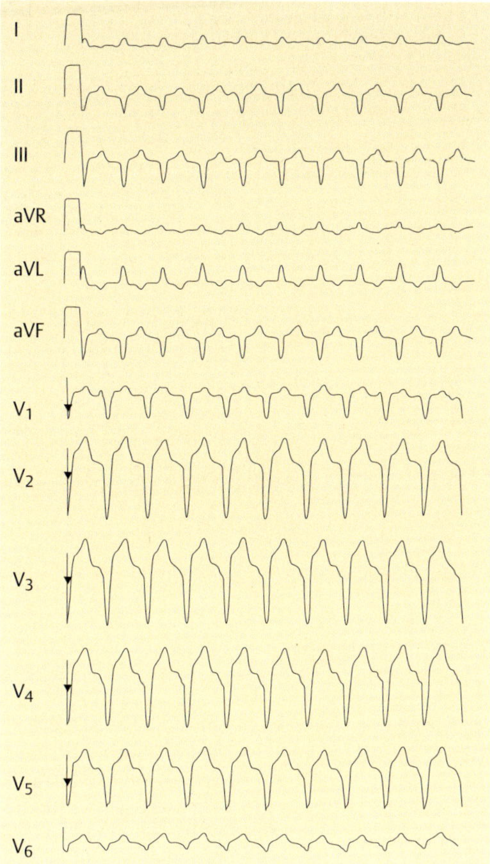

Abb. 3.18 **Kammertachykardie.**

Therapie. Bei **hämodynamisch stabiler Kammertachykardie** ist eine ventrikuläre (Über-)Stimulation einer medikamentösen Therapie zur Terminierung vorzuziehen (s. **Abb. 3.5**). Mittel der ersten Wahl bei monomorphen Kammertachykardien ist Ajmalin (1 mg/kg KG langsam i. v.), alternativ kann Amiodaron (150 mg langsam i. v. als Kurzinfusion, evtl. gefolgt von weiteren Gaben) eingesetzt werden, wobei Ajmalin eine höhere Konversionrate als Amiodaron hat. Mehr als zwei Antiarrhythmika sollten in der Regel nicht verabreicht werden, da es bei Ineffektivität zu einer zunehmenden hämodynamischen Verschlechterung aufgrund der negativ-inotropen Wirkung kommen kann. Die i. v.-Gabe von Verapamil ist **kontraindiziert** (Blutdruckabfall, Induktion einer Ischämie und Übergang in Kammerflimmern) (vgl. **Tab. 3.4**).

Bei **initialer hämodynamischer Instabilität** (systolischer Druck < 90 mmHg, Linksherzinsuffizienz und massiver Lungenstauung/Lungenödem, akutem Infarkt, schwerer Angina pectoris) sollte umgehend eine elektrische **Kardioversion** (R-Zacken gesteuert) durchgeführt werden. Dagegen sollte bei Bewusstlosigkeit oder bei schneller Kammertachykardie mit oft nicht eindeutig abgrenzbaren QRS-Komplexen und ST-T-Wellen ohne Synchronisation **defibrilliert** werden.

Bei therapierefraktären Kammertachyarrhythmien ist die intravenöse Applikation von 150 mg Amiodaron (über 10 min, ggf. wiederholen) zur Terminierung bzw. Erleichterung der **Defibrillation** bzw. Kardioversion indiziert (s. S. 76).

Langfristig gibt es folgende Therapiemöglichkeiten:

- ICD-Implantation (s. S. 74)
- antiarrhythmische Dauerbehandlung (in der Regel in Kombination mit einem ICD)
- antitachykarde Operation (s. S. 76)
- Katheterablation (in einem erfahrenen Zentrum) von langsamen Leitungsbahnen im Reentrykreis bei Patienten vor allem nach früherem Herzinfarkt, die einen elektrischen Sturm (sehr häufige Episoden von Kammertachykardien pro Tag) oder gehäufte adäquate Schockabgaben bei bereits implantiertem ICD erleiden und die mittels antiarrhythmischer Therapie nicht stabilisiert werden können.

3.5.6 Long-QT-Syndrom

Das Long-QT-Syndrom (LQTS) ist charakterisiert durch eine im Oberflächen-EKG nachweisbare **abnorme Verlängerung der (frequenzkorrigierten) QT-Zeit (QTc; bei Männern über 440 ms½ und bei Frauen über 450 ms½)** und das spontane Auftreten von ventrikulären Tachyarrhythmien vom Typ der Torsade de Pointes (TdP; **Abb. 3.19**). Hierbei handelt es sich in der Regel um nichtanhaltende, polymorphe Kammertachykardien, die aus einer abnorm verlängerten Repolarisation entstehen und in Kammerflimmern degenerieren können. Charakteristisch ist das undulierende EKG Bild mit periodischem Wechsel der Ausrichtung der QRS Komplexe („Spitzenumkehrtachykardie").

Zu unterscheiden ist zwischen einer **kongenitalen** und **erworbenen** Form der Erkrankung.

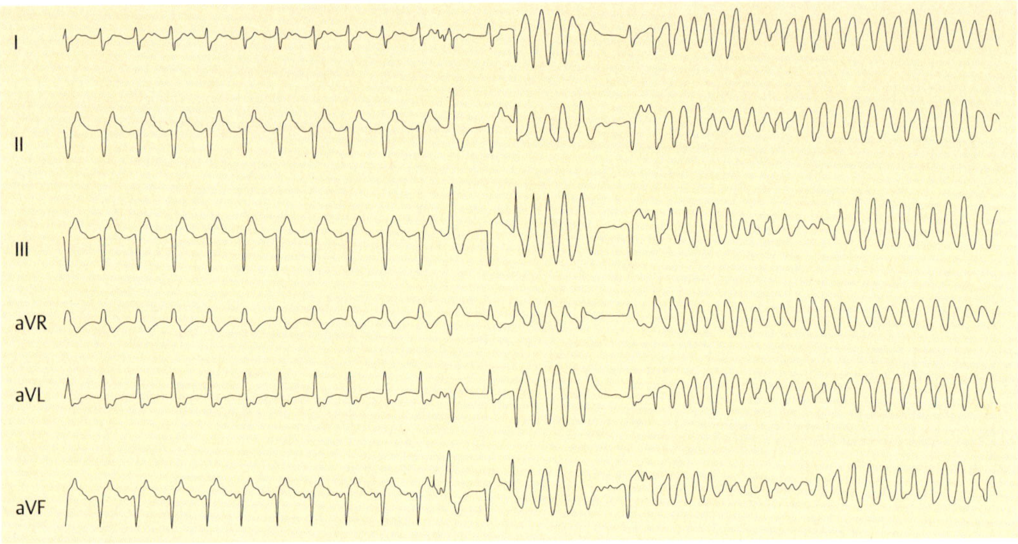

Abb. 3.19 EKG bei LQTS. Polymorphe Kammertachykardie vom Typ „Torsade de Pointes" (Spitzenumkehr-Tachykardie) bei QT-Syndrom.

Kongenitales Long-QT-Syndrom

Definitionen. Die autosomal-dominant vererbte Form des kongenitalen LQTS wird als **Romano-Ward-Syndrom**, die seltenere autosomal-rezessive Variante, bei der zusätzlich eine Taubheit (Innenohr; die gleichen Kaliumkanäle sind betroffen wie im Herzen) vorliegt, als **Jervell-** und **Lange-Nielsen-Syndrom** bezeichnet.

Ätiopathogenese. Dem kongenitalen LQTS liegen Mutationen von Genen zugrunde, die Ionenkanäle oder deren Untereinheiten (Folge: Unterfunktion – loss of function – von Kaliumkanälen oder Überfunktion – gain of function – des Natriumkanals) bzw. Zellmembranproteine (Ankyrin) kodieren. Mutationen des Natriumkanal-Gens sind ausgesprochen vielfältig und können zu einem LQTS, Brugada-Syndrom und primären Störungen der Erregungsleitung führen. Überlappungen des Phänotyps sind nicht selten. Die funktionelle Konsequenz aller bisher beschriebenen Mutationen von LQTS-Genen ist eine Verlängerung der Aktionspotenzialdauer, die im Oberflächen-EKG zu einer Verlängerung der QT-Dauer führt. Die Patienten sind durch Synkopen und/oder einen plötzlichen Herztod bedroht, da die **Torsade de Pointes** zu Kammerflimmern degenerieren können.

Epidemiologie. Die Erkrankung manifestiert sich in der späten Kindheit bzw. in der frühen Adoleszenz, das weibliche Geschlecht ist bevorzugt betroffen.

Klinik. Bei ca. 20 % der Betroffenen kommt es zu Synkopen. Hauptgefahr ist das Auftreten eines plötzlichen Herztods durch Torsade-de-Pointes-Tachykardien, die in Kammerflimmern degenerieren.

Therapie. In der Akuttherapie der Torsade-de-Pointes-Tachykardien ist Magnesiumsulfat (potenter Kalziumantagonist) oder Orciprenalin (wirkt über eine Erhöhung der Herzfrequenz) sehr wirksam. Ergänzend kann eine passagere tachykarde Schrittmacherstimulation durchgeführt werden.
Bei angeborenem QT-Syndrom hat sich als Rezidivprophylaxe eine Therapie mit **β-Blockern** als sehr nützlich erwiesen, wobei in Einzelfällen, bei bradykardisierender Wirkung der β-Blocker, eine zusätzliche permanente Schrittmacherimplantation erforderlich ist. Kommt es unter β-Blocker-Therapie weiterhin zu Synkopen, wird eine **ICD-Implantation** empfohlen. Darüber hinaus sollten alle Patienten mit überlebtem Herztod mit einem ICD versorgt werden.

QT-verlängernde Medikamente sind bei allen Patienten mit QT-Syndrom kontraindiziert. Auch eine Hypokaliämie ist unbedingt zu vermeiden, da diese sich repolarisationsverlängernd auswirkt. Begünstigend für das Auftreten von TdP sind außerdem Bradykardie und Hypomagnesiämie.

Erworbenes Long-QT-Syndrom

Ätiopathogenese. Das erworbene QT-Syndrom ist auf eine verminderte Repolarisationsreserve zurückzuführen, die zu einer abnormen Reaktion auf repolarisationsverlängernde Stimuli führt. Das QT-Intervall ist vor Exposition mit einem **repolarisationsverlängernden Medikament** (wie Sotalol, Erythromycin, Terfenadin, usw.) normal. Nach Einnahme dieser repolarisationsverlängernden Pharmaka kann es zum Auftreten eines erworbenen LQTS kommen, auch wenn normale Plasmaspiegel nicht überschritten werden. Fördernd und oft der eigentliche Auslöser einer Episode mit bedrohlichen Trosade-de-pointes-Tachykardien ist die Hypokaliämie (durch Diuretika, Laxanzien, Durchfälle; Lakritz); Hypokaliämie verstärkt die Funktionsstörung des repolarisierenden Kaliumstromes Ikr – die Repolarisation wird verzögert).
Andere Ursachen sind bedeutsame Metabolisierungs- oder Ausscheidungsstörungen, die zu einer Überdosierung oder akzidentellen Intoxikation führen können. So können Substanzen, die über das Cytochrom-P_{450}-System der Leber verstoffwechselt werden, durch eine Blockierung der Aktivität dieses Systems (z. B. durch Ketoconazol oder Erythromycin) zu hohen Plasmakonzentrationen des ansonsten verstoffwechselten Pharmakons führen. Dadurch kommt es zu einer entsprechenden QT-Verlängerung und ggf. Induktion von Torsade de Pointes (TdP).

Therapie. Bei Verdacht auf eine medikamentös induzierte QT-Verlängerung muss das auslösende Medikament abgesetzt werden. Bei gleichzeitiger Bradykardie muss eine Frequenzanhebung erfolgen (Orciprenalin i. v., temporäre Schrittmacherstimulation). Die Korrektur einer zusätzlichen Hypokaliämie bzw. Hypomagnesiämie ist erforderlich. Im Falle des Übergangs von TdP in Kammerflimmern ist eine sofortige Defibrillation indiziert.

Bei TdP im Rahmen des erworbenen QT-Syndroms handelt es sich nicht um eine substanzspezifische Nebenwirkung, sondern um eine individuell determinierte abnorme Reaktion auf einen repolarisationsverlängernden Stimulus. Daher sind bei einem Patienten mit bereits bekannten TdP alle repolarisationsverlängernden Pharmaka kontraindiziert.

3.5.7 Kurzes QT-Syndrom

engl. Short-QT-Syndrome

Neben dem langen wurde das kurze QT-Syndrom als weitere angeborene Ionenkanalerkrankung bei bislang wenigen Familien beschrieben. Bisher bekannt ist die **Überfunktion eines Kaliumkanals** mit **beschleunigter Repolarisation.** Ähnlich dem QT- oder Brugada-Syndrom sind die Betroffenen durch einen plötzlichen Herztod aufgrund schneller Kammertachykardien bzw. Kammerflimmern gefährdet. Die **QT-Zeit** der Betroffenen ist **kürzer als 300 ms,** gelegentlich sogar geringer als 250 ms. Der ICD ist die einzige erwiesen wirksame Therapie. Die Notwendigkeit der Behandlung betroffener asymptomatischer Familienmitglieder ist derzeit offen.

3.5.8 Brugada-Syndrom

Das **Brugada-Syndrom** ist definiert als Kammerflimmern bzw. hochfrequente polymorphe Kammertachykardie und ST-Elevation in den rechtspräkordialen Ableitungen (V_1 bis V_3, **Abb. 3.20**). Das QT-Intervall ist normal, es liegt keine strukturelle Herzerkrankung vor. Häufig treten die EKG-Veränderungen lediglich transient auf.
Ursächlich liegt eine genetisch heterogene Erkrankung vor, wobei bei etwa 20 % der Betroffenen ein **Natriumkanaldefekt** identifiziert wurde. Somit handelt es sich auch hier um eine **Ionenkanalerkrankung.**
Eine intravenöse Applikation von Ajmalin (1 mg/kgKG) oder Procainamid (10 mg/KgKG) bzw. Flecainid (2 mg/kgKG) kann die wegweisenden EKG-Veränderungen demaskieren.
Differenzialdiagnostisch muss eine arrhythmogene rechtsventrikuläre Kardiomyopathie ausgeschlossen werden (s. S. 137).
Bei Patienten mit rezidivierenden Synkopen und/oder Zustand nach Reanimation wird die **Implantation eines ICD** empfohlen. Bei asymptomatischen Pa-

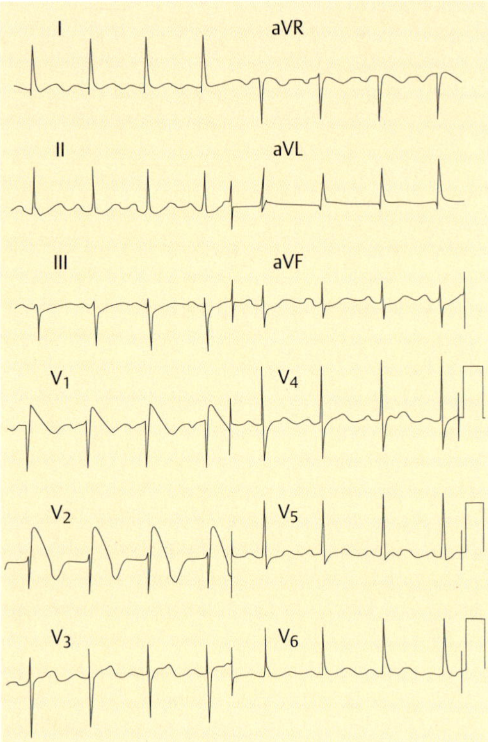

Abb. 3.20 Brugada-Syndrom.

tienten mit charakteristischen EKG-Veränderungen wird die Notwendigkeit einer ICD-Implantation kontrovers diskutiert.

3.6 Synkopen

Bei der Synkope handelt es sich um einen plötzlichen transienten Bewusstseinsverlust mit Verlust des Muskeltonus. Je nach Ursache werden Synkopen unterteilt in vasovagale, orthostatische, kardiale oder zerebrovaskuläre Formen.

Synkopen sind der Grund für ca. 5% aller Krankenhauseinweisungen. Entscheidend für die Therapie und prognostische Einschätzung sind die Anamnese und der klinische Untersuchungsbefund. Es gilt vor allem, eine harmlose vasovagale Kreislaufreaktion beim sonst Gesunden von einer durch Brady- oder Tachykardien hervorgerufenen Synkope zu differenzieren.

> **!** **Bei Vorliegen einer kardialen Grunderkrankung ist das Auftreten einer Synkope prognostisch ungünstig.**

In diesem Abschnitt werden nur die kardialen Ursachen einer Synkope besprochen. Folgende Situationen sind wichtig, da prognostisch bedeutsame Arrhythmien vorliegen können:

- Synkope **nach Infarkt:** eine erstmalig nach Infarkt aufgetretene Synkope sollte immer an eine selbstterminierende Kammertachykardie denken lassen
- Synkope bei **AV-Block II. Grades** oder **intraventrikulärer Leitungsstörung** (kompletter Schenkelblock und bifaszikulärer Block): als Folge einer vorübergehenden höhergradigen AV-Blockierung, nicht selten sind auch tachykarde Arrhythmien im Rahmen der kardialen Grunderkrankung assoziiert
- Synkope als Folge einer **Sinusknotenfunktionsstörung**: Sinusknotenstillstand oder verzögertes Einsetzen des Sinusknotens nach atrialer Tachyarrhythmie (Bradykardie-Tachykardie-Syndrom); im Intervall oft unauffälliges EKG oder nur gering ausgeprägte Sinusbradykardie
- Synkope als Folge einer **supraventrikulären Tachykardie:** selten, aber gelegentlich kann auch beim sonst Gesunden eine supraventrikuläre Tachykardie zur Synkope führen
- Synkope bei **WPW-Syndrom:** hochfrequente Überleitung auf die Kammern bei Vorhofflimmern/-flattern bei sehr kurzer Refraktärzeit der akzessorischen Bahn
- Synkope unter **antiarrhythmischer Therapie:** Bradykardie als Folge einer höhergradigen Automatie- oder Leitungsstörung (Sinusknotenstillstand oder höhergradiger AV-Block); Tachykardie als Folge proarrhythmischer Wirkung (Proarrhythmie; erworbenes QT-Syndrom)
- Synkope bei **implantiertem Schrittmacher:** intermittierender Exit-Block bei fehlendem Kammereigenrhythmus; zusätzliche, u. U. schon vor Schrittmacherimplantation vorhandene Tachykardie

Weiterführende Informationen

http://leitlinien.dgk.org/
http://www.escardio.org
http://www.acc.org/
http://www.americanheart.org

4 Herzinsuffizienz

Thomas Budde, Thomas Wichter, Günter Breithardt

engl.: heart failure (HF)

Definition. Der Begriff Herzinsuffizienz bezeichnet eine Situation, in der das Herz aufgrund einer Störung der eigenen Funktion oder einer Störung seiner „Arbeitsbedingungen" innerhalb des Herz-Kreislauf-Systems nicht in der Lage ist, Blut in der Menge oder Geschwindigkeit durch den Körper zirkulieren zu lassen, wie es die Stoffwechsel- und Energiebedürfnisse der Organe und Körpergewebe erfordern. Die Herzinsuffizienz stellt somit **keine eigenständige Erkrankung** dar, sondern umfasst einen durch pathologische hämodynamische Veränderungen hervorgerufenen **Symptomenkomplex,** der seine Ursache in allen Anteilen des Herz-Kreislauf-Systems oder anderen körpereigenen Regelsystemen (z. B. neurohumorales System, Renin-Angiotensin-Aldosteron-System, vegetatives Nervensystem) haben kann. Die Diagnose „Herzinsuffizienz" ist daher erst der **Ausgangspunkt zur differenzialdiagnostischen Klärung** zugrunde liegender Ursachen.
Klinisch umfasst die Definition den Befund der kardialen Dysfunktion und die Symptome Dyspnoe, Müdigkeit und Flüssigkeitsretention (s. S. 101).

4.1 Epidemiologie

Insgesamt sind Männer häufiger als Frauen betroffen, im Alter findet man keine Unterschiede mehr. Die Prävalenz in Europa beträgt 2 – 3 %, bei den 70- bis 80-Jährigen bis 10 – 20 %.
Die Herzinsuffizienz ist das **häufigste kardiale Erkrankungsbild**; weltweit sind mehrere Millionen Patienten betroffen. Sie ist außerdem häufigster Grund für eine Krankenhausaufnahme im Alter > 65 Jahre und ist in Europa für 5 % aller Krankenhausaufnahmen verantwortlich.
Die Letalität beträgt 20 – 40 %/Jahr (NYHA-Klasse III und IV), die Gesamtsterblichkeit 50 % in 4 Jahren (Europa).

4.2 Ätiopathogenese

4.2.1 Ätiologie

Der Herzinsuffizienz können primär myokardial bedingte Funktionsstörungen, Druck- oder Volumenbelastung des Herzens oder andere intra- oder extrakardiale organische oder funktionelle Veränderungen zugrunde liegen. **Tab. 4.1** beschreibt verschiedene Herzinsuffizienzformen anhand einer **akuten oder chronischen Symptomatik** und danach, ob eine primär myokardiale Funktionsstörung besteht oder ob andere Ursachen vorliegen.

4.2.2 Pathogenese

Im Hinblick auf die **Pathogenese** existieren bislang u. a. folgende gesicherte molekular- bzw. zellbiologische Befunde:

- gesteigerte Expression von „Myosin-Heavy-Chains", myozytäre Hypertrophie und gesteigerte Apoptose (programmierter Zelltod) von Kardiomyozyten, Fibrose, vaskuläre Hypertrophie
- DNS-Einzelmutationen (z. B. familiäre hypertrophische Kardiomyopathien, Mitochondriopathien)
- Abnahme der myokardialen Ca^{2+}-ATPase bei Herzinsuffizienz
- Mutation mitochondrialer Gene im Alter oder bei chronischer Ischämie

Im Rahmen verschiedener Kompensationsmechanismen bei Herzinsuffizienz kommt es auch zu verschiedenen **neurohumoralen Veränderungen:**

- Steigerung vasokonstriktorischer Hormone (Angiotensin II, Vasopressin = ADH, Endothelin u. a.),
- erhöhte Aldosteron-Freisetzung (→ Natrium- und Wasserretention), glomeruläre Sklerose, GFR ↓
- Steigerung der Plasma-Katecholamine (Adrenalin, Noradrenalin) und inflammatorischer Zytokine
- Abnahme der β_1-Rezeptor-Empfindlichkeit (diese Downregulation ist zunächst ein physiologischer Adaptationsmechanismus bei gesteigertem Sympathikotonus), endotheliale Dysfunktion
- Abnahme des intrazellulären cAMP durch Hemmung der Adenylatzyklase

Tab. 4.1 Ursachen von akuter versus chronischer Herzinsuffizienz

Ursachen	akute Herzinsuffizienz	chronische Herzinsuffizienz
primär myokardiale Schädigung	• akute Ischämie • Myokardinfarkt • Myokarditis • Intoxikationen • negativ inotrope Medikamente	• koronare Herzkrankheit • Hypertonie (chronisches Stadium) • Herzklappenfehler (Spätstadium) • Kardiomyopathie (restriktiv/dilatativ/hypertroph) • Zustand nach Peri-/Myokarditis • negativ inotrope Medikamente
andere kardiale Ursachen	• akute Klappeninsuffizienz • postinfarzieller Septumdefekt oder Papillarmuskelabriss • Perikardtamponade • Herzrhythmusstörungen	• Herzklappenfehler (Frühstadium) • konstriktive Perikarditis • Perikardtamponade • Herzrhythmusstörungen
extrakardiale Ursachen	• Hochdruckkrise • Lungenembolie • vasokonstriktive Medikamente • hoch positive Flüssigkeitsbilanz	• pulmonale Hypertonie • Hypovolämie (relativ/absolut) • schwere Anämie • große arteriovenöse Fisteln • thyreotoxische Krise

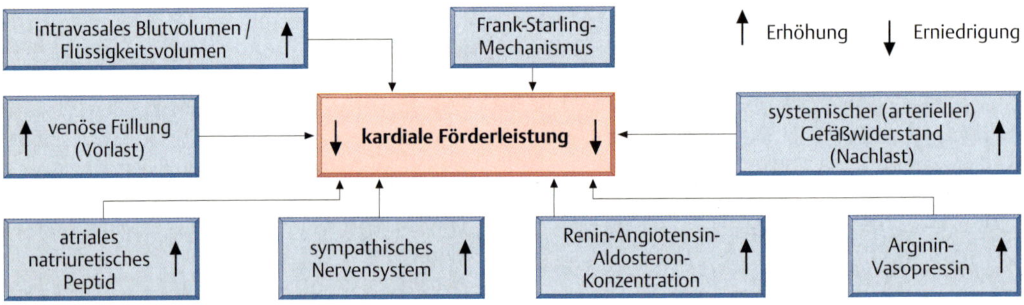

Abb. 4.1 Herz-Kreislauf-System bei chronischer Herzinsuffizienz.

Für die klinischen Symptome einer Herzinsuffizienz können sowohl ein verringertes Schlagvolumen mit vermindertem Blutauswurf in die arterielle Strombahn (**Vorwärtsversagen,** z. B. massive Lungenembolie) als auch ein „Blutrückstau" mit mangelhafter Entleerung einer oder beider Herzkammern (**Rückwärtsversagen** = erhöhte ventrikuläre Füllungsdrücke und Venendrücke mit Stauungszeichen) verantwortlich sein. Beide Formen können auch gemeinsam auftreten (**Abb. 4.1**).

Neben einer Links- oder Rechtsherz- oder einer globalen Herzinsuffizienz kann eine systolische Herzinsuffizienz (verminderte Auswurfleistung, z. B. dilatative Kardiomyopathie) von einer diastolischen Herzinsuffizienz (gestörte Ventrikelfüllung, z. B. bei Pericarditis constrictiva) unterschieden werden. Auch wird manchmal zwischen „low-output heart failure" mit erniedrigtem Herz-Zeit-Volumen (häufigste Form) und „high-output heart failure" (erhöhtes Herz-Zeit-Volumen; z. B. bei Hyperthyreose, Anämie, arteriovenösen Fisteln etc.) unterschieden.

4.3 Klinik

Schweregradeinteilung

Die Schwere einer Herzinsuffizienz kann sowohl anhand des Ausmaßes der **subjektiven Beschwerden** (z. B. Dyspnoe nach NYHA-Klassifikation, **Tab. 4.2**) als auch durch **objektivierbare Parameter** wie maximale Sauerstoffaufnahme, zentraler Venendruck, Pulmonalkapillardruck oder Herzzeitvolumen in Ruhe oder bei körperlicher Belastung beurteilt werden.

Neben den spezifischen Symptomen ursächlicher Erkrankungen können je nach Schwere der Herzinsuffizienz in unterschiedlichem Maße Symptome auftreten, die (vorwiegend) einer Rechts-, Links- oder einer globalen (= Rechts- und Links-)Herzinsuffizienz entsprechen (**Tab. 4.3**).

- **Linksherzinsuffizienz:** Leistungsminderung, Schwäche, Dyspnoe (anfangs Belastungs-, später Ruhedyspnoe), Orthopnoe, nächtlicher Husten, Lungenödem
- **Rechtsherzinsuffizienz:** Venenstauung, Gewichtszunahme, Ödeme, Stauungsleber, Stauungsgastritis

Kardiogener Schock

Definition. Ein kardiogener Schock ist durch das Vorliegen einer (schweren) Minderperfusion der Körpergewebe aufgrund einer Herzinsuffizienz trotz Optimierung der Vorlastbedingungen und der Beseitigung von Arrhythmien definiert. Ätiologisch liegen z. B. ein akutes Koronarsyndrom (ACS), akute Herzklappeninsuffizienzen oder Herzrhythmusstörungen zugrunde.

Tab. 4.2 Schweregrade der Herzinsuffizienz nach der New York Heart Association (NYHA)

Grad	Symptome
I	keine subjektiven Beschwerden
II	Beschwerden bei stärkerer Belastung (z. B. Treppensteigen > 2 Etagen)
III	Beschwerden bei leichter Belastung (z. B. Treppensteigen ≤ 2 Etagen)
IV	Beschwerden in Ruhe

Tab. 4.3 Symptome und Befunde bei Herzinsuffizienz

Symptome	Linksherzinsuffizienz	Rechtsherzinsuffizienz	globale Herzinsuffizienz
Dyspnoe, Orthopnoe	+	–	+
Lungenstauung, Lungenödem	+	–	+
„Leistungsknick“	+	+	+
Konzentrationsschwäche	+	(+)	+
Organfunktionsstörungen	+	+	+
Zyanose	(+)	+	+
Pleuraergüsse	(+)	+	+
Schwindel, Synkopen	+	(+)	+
Tachykardie, Bradykardie	+	+	+
periphere Ödeme	–	+	+
(Jugular-)Venenstauung	–	+	+
Hepato-/Splenomegalie	–	+	+
Aszites	–	+	+
Stauungsgastritis/-enteritis	–	+	+

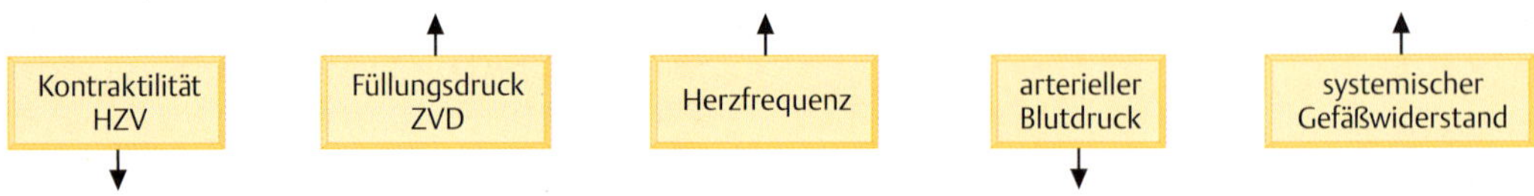

Abb. 4.2 Hämodynamik bei kardiogenem Schock. Die hämodynamischen Veränderungen sind z. T. Ausdruck des kardialen Pumpversagens und z. T. körpereigener Kompensationsbemühungen.

Pathophysiologie, Hämodynamik. Beim kardiogenen Schock (Abb. 4.2) kommt es aufgrund einer hochgradig reduzierten kardialen Pumpleistung zum akuten Kreislaufversagen. Unter maximaler endogener Katecholamin-Stimulation werden Kompensationsmechanismen aktiviert (Herzfrequenzanstieg; vorwiegend Noradrenalin-vermittelte Vasokonstriktion), die jedoch im manifesten Schock nicht ausreichen. Es gibt keine beweisenden hämodynamischen Parameter. Üblicherweise ist der kardiogene Schock aber durch ein Absinken des systolischen Blutdrucks (< 90 mmHg oder Abfall des mittleren Blutdrucks um > 30 mmHg) und eine fehlende oder reduzierte (< 0,5 ml/kg/h) Urinausscheidung gekennzeichnet.

Klinik. Symptome des kardiogenen Schocks sind (starke) Unruhe, Schwäche und eine kühle Peripherie bzw. Extremitäten. Oft tritt auch kalter Schweiß auf. Weitere klinische Zeichen sind eine arterielle Hypotonie und eine Oligurie oder Anurie. Sehr schnell entwickeln sich Zeichen der Organ-Minderperfusion und der Lungenstauung. Eine Zyanose kann sichtbar werden. Häufig treten Herzrhythmusstörungen auf.

Diagnostik. In der Akutsituation ist eine kontinuierliche klinische Überwachung einschließlich EKG-Monitoring und Blutdruckmessung zwingend erforderlich. Neben der klinischen Untersuchung (Auskultation!) sind ein EKG mit 12 Ableitungen und eine bettseitige Echokardiografie sehr hilfreich.
Bei akuter, schwerer Herzinsuffizienz oder bei Schockzuständen kann es erforderlich werden, sich durch ein nicht invasives oder ein invasives hämodynamisches Monitoring (Pulmonalarterienkatheter [Swan-Ganz] oder PiCCO-System auf der Intensivstation) Klarheit über die aktuelle hämodynamische Situation zu verschaffen.
Beim invasiven Monitoring werden neben arteriellem Blutdruck über einen Pulmonalarterienkatheter der rechtsatriale Druck (RA/ZVD), Pulmonalarteriendruck (PA) und Pulmonalkapillardruck (PC) „direkt" gemessen. Die HZV-Bestimmung erfolgt durch Thermodilution, der Lungengefäßwiderstand und der systemische Gefäßwiderstand werden berechnet.
Mit dem PiCCO-Verfahren können über zwei Katheter, die in eine herznahe Vene (zentraler Venenkatheter) sowie in eine Arm- oder Beinarterie des Patienten platziert werden, Herzzeitvolumen und weitere volumetrische Parameter für Vorlast und Lungenödem kontinuierlich gemessen werden (z. B. intrathorakales Blutvolumen [ITBV] und globales enddiastolisches Volumen [GEDV]) (s. S. 33).
Durch die Kenntnis dieser Größen können Rückschlüsse auf die Genese der Kreislaufinsuffizienz gezogen werden und es kann eine differenzierte Therapie geplant und gesteuert werden.

Therapie und Prognose. Positiv inotrop oder vasopressorisch wirksame Medikamente können bei Patienten mit kardiogenem Schock vorübergehend zur Verhinderung eines kompletten hämodynamischen Zusammenbruchs verwendet werden. Da aber ohnehin ein erhöhter myokardialer Sauerstoffbedarf und Gefäßwiderstand bestehen, müssen sie bald abgesetzt und durch eine definitive Therapie ersetzt werden. Eine leitliniengerechte medikamentöse Herzinsuffizienztherapie hat sich anzuschließen. Nicht-medikamentöse Behandlungsverfahren können aus der interventionellen Beseitigung von Ischämien (z. B. PCI), dem Einsatz mechanischer Herzunterstützungssysteme, Revaskularisations- oder Herzklappenoperationen oder sogar einer Herztransplantation bestehen.
Die Prognose bei kardiogenem Schock ist schlecht, die Letalität ist sehr hoch (in-Hospital: 40 – 60 %!).

4.4 Diagnostik

Anamnese

Die Anamnese sollte bei Verdacht auf eine Herzinsuffizienz folgende Punkte abklären:

- Körperliche Belastbarkeit? „Leistungsknick"? Belastungs-/Ruhedyspnoe?
- Beschwerdebeginn/-zunahme sukzessive (z. B. Zunahme einer myokardialen Funktionsstörung) oder plötzlich (akute Ischämie oder paroxysmale Arrhythmien, z. B. Vorhofflimmern, Kammertachykardie)?
- Gewichtszunahme (Flüssigkeitsretention)? Ödeme? Nykturie? Nächtliche akute Dyspnoeanfälle (Lungenstauung, Arrhythmien, Ischämien)?
- Husten bei Belastung, häufige „Bronchitis/Lungenentzündung" (Lungenstauung)?
- Zunahme des Bauchumfangs (Aszites)?
- Übelkeit, Inappetenz, Magenschmerzen (Stauungsgastritis? Portale Hypertension)?
- Bisherige Behandlung? Medikamente verändert/abgesetzt? Ergebnis?
- „Herzstolpern"? „Herzrasen"? Schwindel? Präsynkopen? Synkopen?
- Zeichen spezieller kardialer/pulmonaler Erkrankungen (z. B. Angina)?
- Gibt es die Beschwerden beeinflussende Faktoren (z. B. psychische/physische Belastung, Alkohol)?

Körperliche Untersuchung

Bei der körperlichen Untersuchung ist vor allem zu achten auf Blässe oder Zyanose, die Atemfrequenz, Dyspnoe (im Liegen), pulmonale Rasselgeräusche, einen 3. Herzton („Galopprhythmus"), eine Halsvenenstauung oder einen hepatojugulären Reflux, eine Hepato-(Spleno-)megalie, Ödeme, Aszites, außerdem auf den Ernährungszustand und mögliche Anzeichen der Zentralisation, („kalter" Schweiß, Blutdruck, Puls?).

EKG

> **!** **Bei allen Patienten wird ein EKG durchgeführt!**

EKG-Veränderungen sind bei Verdacht auf Herzinsuffizienz häufig. Sie sind meist unspezifisch und haben einen niedrigen positiv prädiktiven Wert. Sie können aber Hinweise auf die Ätiologie einer Herzinsuffizienz geben:

- Tachy-/Bradykardien als eigenständige Ursachen der Herzinsuffizienz bzw. als KHK-Begleitsymptom
- Linksschenkelblockbild als (frühes) Zeihen einer dilatativen Kardiomyopathie oder bei Hypertonie
- Schädigungs-/Infarktzeichen bei akutem Koronarsyndrom oder chronischem Herzversagen nach Infarkt

Ein normales EKG schließt eine Herzinsuffizienz mit > 90 % Sicherheit aus (hohe negative Prädiktion!).

Echokardiografie

Eine Echokardiografie ist bei Verdacht auf Vorliegen einer Herzinsuffizienz indiziert. Mit ihr wird aber nicht die Diagnose gestellt, sondern ein Beitrag zur Klärung der Ätiologie (regionale vs. globale Funktionsstörung des linken Ventrikels bei KHK vs. dilatativer Kardiomyopathie, intra- oder interventrikuläre Asynchronie, Herzklappenfehler, Perikarderguss, Shunt? Wandhypertrophie? Thromben?) und Einschätzung der Pumpfunktionsstörung (Ventrikelgröße/funktion?; LV-Ejektionsfraktion [EF; Norm ≥60 %]) geleistet.

Labordiagnostik

Zu bestimmen sind Blutgase, Blutbild, Blutzucker, Na^+, K^+, Kreatinin (GFR), CK, CK-MB, GOT, LDH. Auch der (NT-pro-)**BNP**-Wert (= B-Typ natriuretisches Peptid) kann hilfreich sein:

- BNP > 400 pg/ml bzw. NT-pro-BNP > 2 000 pg/ml: Herzinsuffizienz wahrscheinlich
- BNP < 100 pg/ml bzw. NT-pro-BNP < 2 000 pg/ml: Herzinsuffizienz unwahrscheinlich

Es besteht eine Korrelation zwischen der Höhe des BNP und dem Ausmaß der systolischen/diastolischen Dysfunktion, der EF-Reduktion und der NYHA-Klasse. BNP ist auch bei anderen kardialen Erkrankungen erhöht (z. B. auch bei entzündlichen Herzerkrankungen, Herzrhythmusstörungen, Cor pulmonale). Extrakardial bedingt erhöht: Niereninsuffizienz, Morbus Cushing, Lungenkrankheiten. Höher im Alter, bei Frauen, bei Niereninsuffizienz. Abnahme mit zunehmendem Übergewicht. Indiziert bei trotz klinischer Untersuchung unklarer Dyspnoe in der Notaufnahme, in Einzelfällen bei unklaren Herzinsuffizienzzeichen (negativ prädiktiver Wert). Hohes BNP korreliert negativ mit der Akut- und Langzeitprognose.

> **!** **Ein normales (NT-pro-)BNP schließt eine Herzinsuffizienz fast aus.**

Troponin wird bei Verdacht auf koronare Herzkrankheit bestimmt (starker Prognosefaktor, besonders bei positivem BNP, s. S. 1168)

Röntgen des Thorax

Bei der Röntgenthoraxaufnahme in zwei Ebenen ist auf eine Kardiomegalie, akute bzw. chronische Stauungszeichen, Infiltrate, einen Pleuraerguss oder Zwerchfellhochstand (als möglichen Hinweis auf eine Hepatomegalie) zu achten. Bestehende (begleitende) Lungenerkrankung als Ursache der Dyspnoe?

(Spiro-)Ergometrie

Mithilfe der Ergometrie werden die Belastbarkeit des Patienten und die maximale O_2-Aufnahme unter Belastung bestimmt (vgl. S. 17):

- 15 – 20 ml/min/kgKG = leichte Herzinsuffizienz
- 10 – 15 ml/min/kgKG = mäßige bis schwere Herzinsuffizienz
- < 10 ml/min/kgKG = schwere bis sehr schwere Herzinsuffizienz (Transplantationsindikation?)

Herzkatheteruntersuchung (Rechts-/Linksherzkatheter)

Bestimmung von Druckwerten und O_2-Sättigung im großen und kleinen Kreislauf, Herzzeitvolumen (HZV), „Cardiac Index" (CI = HZV/Körperoberfläche; Norm: ≥ 2,5 l/min/m^2 Körperoberfläche), LV-EF (Norm: ≥ 60 %, Tab. 4.4).

Rechtsherzkatheter (Indikationen): Klärung der Hämodynamik bei therapierefraktärer Herzinsuffizienz. Hämodynamisches Monitoring im Schock/Low-Output-Syndrom. Vor Herztransplantation.

Koronarangiografie (Indikationen): besonders indiziert bei Herzinsuffizienz mit reduzierter LV-Funktion mit Angina pectoris oder Ischämienachweis. Normale LV-Funktion, aber rezidivierende Herzinsuffizienz (Ischämie? KHK?) Verschlechterung der LV-Funktion oder zunehmende LV-Größe bei bekannter KHK (Koronarstatus?).

Die Indikation zur Koronarangiografie sollte aus klinischer Sicht auch ohne aktuell nachgewiesene, direkte Ischämiezeichen bei einer ungeklärten Herzinsuffizienz nicht zu zurückhaltend gestellt werden, da eine (oft unbekannte und sich nicht typisch äußernde) koronare Herzerkrankung die anteilig häufigste (Patienten unter 75 Jahre: > 50 % der Fälle) Einzelursache einer Herzinsuffizienz darstellt.

Tab. 4.4 Linksventrikuläre Auswurffraktion (LV-EF)

Wert	Interpretation
> 60 %	normale LV-Funktion
60 – 46 %	leichte LV-Dysfunktion
45 – 35 %	moderate LV-Dysfunktion
< 35 %	schwere LV-Dysfunktion

4.5 Therapie

4.5.1 Allgemeine Therapiemaßnahmen

Zu den Allgemeinmaßnahmen bei Herzinsuffizienz gehört das Vermeiden physischer Spitzenbelastungen. Ein **vorsichtiges Ausdauertraining** (jedoch kein isometrisches Belastungstraining!) wirkt sich bei chronischer Herzinsuffizienz NYHA I-III positiv aus. Zur Dyspnoe führende Anstrengungen sind zu vermeiden. Bei akuter Dekompensation ist Bettruhe angezeigt (sog. „Herzbett": Beine tief, Oberkörper hoch).

Bei Immobilität bzw. Ödemen (insbesondere während Rekompensationsphase) muss eine **Thromboseprophylaxe** durchgeführt werden.

Die **Begleitmedikation** ist auf Nebenwirkungen zu **prüfen** (z. B. Bildung/Verstärkung von Beinödemen durch Kalziumantagonisten, negativ inotrope Wirkungen bei Antiarrhythmika, Blutdruckabfälle bei ACE-Hemmern u. Ä.). Die Nebenwirkungen sind zu dokumentieren und der Patient über das Auftreten dieser Nebenwirkungen und deren Vermeidung für die Zukunft zu informieren.

Gewichtsreduktion bzw. -normalisierung, Limitierung der Flüssigkeitszufuhr und das tägliche Wiegen am Morgen tragen ebenfalls zur Stabilisierung bei. Der Patient sollte eine **salzarme Ernährung** zu sich nehmen, d. h. vor allem kein Nachsalzen (eine salzfreie Ernährung ist nicht praktikabel).

Regelmäßig sind Serum-Elektrolyte und Kreatininspiegel zu prüfen. Bei einer Hypoxie kann evtl. die (intermittierende) O_2-Gabe über Nasensonde oder Maske hilfreich sein.

4.5.2 Medikamentöse Therapie

Eine Übersicht über die medikamentöse Therapie der chronischen Herzinsuffizienz zeigt **Abb. 4.4** auf S. 109.

Angiotensin-Converting-Enzym-Hemmer (ACE-Hemmer)

→ vgl. S. 109, 265

Wirkung. Hemmung des Angiotensin-Conversions-Enzyms (ACE, s. S. 255), verminderte Angiotensin-II-Bildung, Aktivierung des Kallikrein-Kinin-Systems, Senkung des systemischen Gefäßwiderstands, Dämpfung der Sympathikusaktivität, Hypertrophieregression, Reduktion interstitieller Fibrose, Vor-/Nachlastsenkung.

Wirkstoffe. Captopril (z. B. Lopirin; 3 × 6,25 mg bis max. 3 × 50 mg/d), Enalapril (z. B. Xanef; 5 – 10, max. 40 mg/d), Ramipril (z. B. Delix; 2,5 – 5, max. 10 mg/d), Lisinopril (z. B. Acerbon; 2,5 – 10 mg/d) und andere (Dosierung wenn möglich bis zu den Dosierungen, die sich in großen Studien effektiv zeigten!)

Spezielle Indikation. Symptomatische Herzinsuffizienz (alle klinischen Schweregrade; NYHA I-IV), asymptomatische LV-Dysfunktion (EF < 35 – 40 %), Herzinsuffizienz im Rahmen eines Herzinfarkts.

> **!** **ACE-Hemmer sind bei jeder Form der manifesten Herzinsuffizienz indiziert.**

Nebenwirkungen. Hypotonie (evtl. mit Schwindel, Kopfschmerz, Müdigkeit, Palpitationen), Verschlechterung der Nierenfunktion, Hyperkaliämie, Reizhusten, Hautreaktionen, Parästhesien, Mundtrockenheit, selten: Heiserkeit, Halsschmerzen, Asthma bronchiale, Angioödeme.

Kontraindikationen. bedeutsame Aortenstenose, beidseitige Nierenarterienstenose, primärer Hyperaldosteronismus, manifeste Niereninsuffizienz, Schwangerschaft.

Angiotensin 1-Rezeptorblocker (AT_1-Blocker, ARB)

→ vgl. S. 109, 265

Wirkung. Direkte Wirkung: Blockade des Angiotensin 1-Rezeptors, Senkung des Gefäßwiderstands (Nachlastsenkung). Weitere, indirekte Wirkung: Das durch die AT 1-Rezeptorblockade erhöhte Angiotensin II stimuliert die AT 2-Rezeptoren und kann so zusätzlich organprotektiv wirken. AT 2-Rezeptoren sind Gegenspieler des (viel häufigeren) AT 1-Rezeptors mit positiven Eigenschaften für die Gefäßfunktion.

Wirkstoffe. Losartan, (z. B. Lorzaar; 1 × 12,5 – 100 mg/d), Candesartan (z. B. Atacand, Blopress; 1 × 4 – 32 mg/d), Valsartan (z. B. Diovan; 2 × 40 – 2 × 160 mg/d) und andere.

Spezielle Indikation. siehe ACE-Hemmer.
Bei Nebenwirkungen unter ACE-Hemmern (Reizhusten, Nierenfunktionsstörung) sind AT_1-Blocker die therapeutische Alternative mit besserer Verträglichkeit.

Nebenwirkungen. Kopfschmerz, Schwindel, Benommenheit, Müdigkeit, Rückenschmerzen, Myalgie, Arthralgie, Leberfunktionsstörungen, erhöhte Leberenzyme, Nierenfunktionsstörungen, Hyperkaliämie, Hyponatriämie, Hautausschlag, Urtikaria, Pruritus. Selten: Angioödem (Quincke-Ödem).

Kontraindikationen. Schweres chronisches Nierenversagen (Niereninsuffizienz), Schwangerschaft und Stillzeit, beidseitige Nierenarterienstenosen, Hyperkaliämie, schwere Leberfunktionsstörungen, Cholestase, vorausgegangenes Angioödem (Quincke-Ödem) nach ACE-Hemmern.

Betablocker

→ vgl. S. 109, 265

Wirkung. Dämpfung der Sympathikusaktivität, Verringerung des myokardialen O_2-Verbrauchs, Herzfrequenzsenkung (längere Diastolendauer → Steigerung der Koronarperfusion), negativ inotrope Wirkung (Verringerung der intramyokardialen Spannung und des intramyokardialen Drucks → Erhöhung des Perfusionsgradienten zwischen Koronararterien und Myokard).

Wirkstoffe. *Vorbemerkung:* in aktuellen Leitlinien sind nur Empfehlungen für Bisoprolol, Carvedilol, Metoprolol-Succinat und (bei älteren Patienten; > 70 Jahre) Nebivolol belegt.
Metoprolol (z. B. Beloc; 20 – 200 mg/d), Bisoprolol (z. B. Concor; 1,25 – 10 mg/d), Nebivolol z. B. Nebilet; 1,25 – 10 mg/d), Carvedilol (z. B. Dilatrend, Querto; 6,25 – 50 mg/d), Atenolol (z. B. Tenormin; 50 – 100 mg/d), und andere.
Betablocker sollten bei Herzinsuffizienz aufgrund ihrer (initial) kardiodepressorischen Wirkung vorsichtig und zunächst in niedriger Dosierung gegeben werden. Besondere Vorsicht gilt bei Patienten, die kurz zuvor dekompensiert waren. Bei guter Toleranz sollte aber die Zieldosis angestrebt werden.

Spezielle Indikation: Symptomatische stabile ischämisch/nicht ischämisch bedingte Herzinsuffizienz. Linksventrikuläre Dysfunktion mit/ohne Symptomatik nach Herzinfarkt zusätzlich zur Einnahme eines ACE-Hemmers.

Nebenwirkungen: Hypotonie, Müdigkeit, (orthostatischer) Schwindel, symptomatische Bradykardie, AV-Überleitungsstörungen, zentralnervöse Störungen, Depressionen, Verstärkung einer arteriellen Verschlusskrankheit, einer obstruktiven Ventilationsstörung, oder einer (prä-)diabetischen Stoffwechsellage, „Verschleierung" von Hypoglykämiezeichen, Potenzstörungen.

Kontraindikationen: höhergradige SA- oder AV-Blockierungen/Sinusknoten-Funktionsstörungen ohne Schrittmacher-Schutz, Asthma bronchiale, schwere AVK, schwere Hypotonie/kardiogener Schock.

Aldosteron-Antagonisten

→ vgl. S. 109

Wirkung. Hemmung der Aldosteronwirkung (Na^+-Ausscheidung, K^+-Retention, antiproliferative Effekte).

Spezielle Indikation. Bei schwerer chronischer Herzinsuffizienz (Spironolacton) oder bei Herzinsuffizienz kurz nach Myokardinfarkt (Eplerenon) mit klinischem Schweregrad NYHA III-IV und LV-EF < 35 % zusätzlich zu einer Therapie mit ACE-Hemmer, Betablocker und Diuretikum (niedrig dosiert).

Wirkstoffe. Spironolacton (z. B. Aldactone; 12,5 – 50 mg/d), Eplerenon (Inspra; 12,5 – 50 mg/d).

Nebenwirkungen. Hyperkaliämie, Mastodynie, Gynäkomastie (weniger oft bei Eplerenon).

Diuretika

→ vgl. S. 109

Wirkung. Vorlast- (und Nachlast-)Senkung, Verringerung der Natriumchlorid- und Wasserretention.

Wirkstoffe. Schleifendiuretika: Furosemid (z. B. Lasix; 40 bis ca. 160 mg/d), Torasemid (z. B. Torem; 5 – 20 mg/d), Etacrynsäure (z. B. Hydromedin; 50 – 200 mg/d), Thiazide/-Derivate (z. B. Hydrochlorothiazid; 25 – 50 mg/d), Xipamid (z. B. Aquaphor; 10 – 80 mg/d) Kombinationspräparate (z. B. Triamteren + Thiazid).

Spezielle Indikation. Bei symptomatischer Herzinsuffizienz aller Schweregrade zur Besserung von Symptomen und Belastbarkeit, insbesondere bei (auch ehemals aufgetretener) Flüssigkeitsretention mit Stauungszeichen und Ödemen.

> **!** **Eine Verbesserung der Prognose ist nicht bewiesen!**

Nebenwirkungen. Elektrolytentgleisungen (z. B. Hypo-/Hyperkaliämie/-natriämie je nach Wirkstoff), Hypotonie, Muskelkrämpfe (Waden), Dehydratation/Exsikkose, Gehörschädigungen (bei hohen Dosen von Schleifendiuretika), vermehrte Thromboseneigung bei starker Entwässerung!

Kontraindikationen. akutes Nierenversagen, Anurie, Hypovolämie, schwere Leberfunktionsstörungen (Thiazide, Schleifendiuretika).

Herzglykoside

Wirkung. Positiv inotrop (Zunahme der Kontraktilität und des Schlagvolumens), positiv bathmotrop (Erhöhung der Erregbarkeit des Herzens), negativ chronotrop (indirekt reflektorische vagal vermittelte Herzfrequenzsenkung), negativ dromotrop (Verlangsamung der atrioventrikulären Überleitung).
Durch die Anwendung von Herzglykosiden kommt es zwar nicht zur Verbesserung der Prognose (Überleben), aber zu einer Reduktion von Symptomen und der Hospitalisierungsrate.

Wirkstoffe. Die bekanntesten und therapeutisch bedeutsamsten Herzglykoside sind **Digoxin und Digitoxin.** Beide werden im roten Fingerhut (Digitalis purpurea) gefunden. Zu den Unterschieden in der Pharmakokinetik siehe **Tab. 4.5**.
Wirkstoffe: Acetyl-Digoxin (z. B. Novodigal; mittlere Erhaltungsdosis: 0,2 – 0,3 mg/d), Methyl-Digoxin (z. B. Lanitop; mittl. Erh.-Dosis: 0,1 – 0,2 mg/d), Digitoxin (z. B. Digimerck; mittl. Erh.-Dosis: 0,07 – 0,1 mg/d) u. a.

> **!** **Herzglykoside haben nur eine geringe therapeutische Breite. Die Höhe der toxischen Grenze hängt auch vom Elektrolythaushalt ab. Ca^{2+} steigert, K^+ und Mg^{2+} vermindern die Digitaliswirkung.**

Tab. 4.5 Vergleich der Pharmakokinetik von Digoxin und Digitoxin

Parameter	Digoxin	Digitoxin
Elimination (überwiegend)	Renal	hepatisch
Plasmaproteinbindung (%)	20–30	>95
tägliche Abklingquote (%)	20	7
HWZ (Tage)	1–2	6 – 8

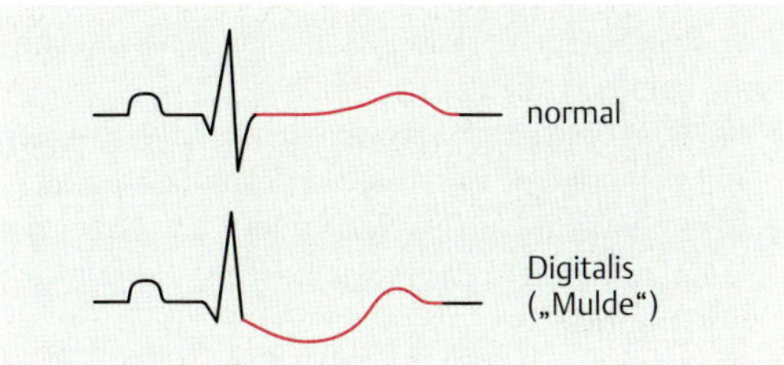

Abb. 4.3 Typische muldenförmige ST-Senkung unter Digitalistherapie. (aus Schuster, Trappe, EKG-Kurs für Isabel, Thieme)

Spezielle Indikation. Digitalisglykoside sind zur (Ruhe-)Frequenzkontrolle bei tachykardem Vorhofflimmern/-flattern bzw. bei supraventrikulärer Tachykardie indiziert. Die Kombination aus Digitalis und Betablocker scheint bei der Frequenzkontrolle den Einzelsubstanzen überlegen. Eine Kardioversion von Vorhofflimmern/-flattern ist hingegen durch Digitalis nicht ereichbar.
Bei Sinusrhythmus haben sie möglicherweise bei persistierenden Symptomen unter ACE-Hemmer bzw. AT_1-Antagonist, Betablocker und Diuretikum, evtl. auch Aldosteronantagonisten, eine Indikation. Hier ist eine Behandlung mit niedrigen Serumspiegeln zu erwägen. Die Digitalisbehandlung kommt in der Regel erst (nach Ausschöpfung der o. g. Substanzgruppen) in den NYHA-Klassen III und IV) zur Symptomkontrolle zum Einsatz.

Nebenwirkungen. Die Nebenwirkungen betreffen vor allem das Herz (ventrikuläre Extrasystolen und Tachykardien, AV-Blockierungen, Bradykardien, **Abb. 4.3**), den Gastrointestinaltrakt (Übelkeit, Erbrechen, Durchfall) und das ZNS (Farbensehen, Müdigkeit, Verwirrtheit). Es bestehen zahlreiche Wechselwirkungen mit anderen Substanzen.

Kontraindikationen. Hyper-/Hypokaliämien, AV-Blockierungen II. und III. Grades, symptomatische Bradykardien, hypertrophische obstruktive Kardiomyopathien, WPW-Syndrom, Hyperkalzämie.

Vasodilatatoren, Vor-/Nachlastsenker (z. B. Nitrate, Kalziumantagonisten u. a.)

→ vgl. S. 57

Wirkung. Je nach Präparat Vor- und/oder Nachlastsenkung durch Weitstellung arterieller Gefäße und/oder venöser Kapazitätsgefäße → Senkung von Herzarbeit und myokardialem O_2-Verbrauch.
Es handelt sich um eine rein symptomatische Therapie ohne nachgewiesene Verbesserung der Prognose.

Wirkstoffe. z. B. Isosorbidmononitrat (ISMN; 20 – 80 mg/d) oder Isosorbiddinitrat (ISDN; 10 – 120 mg/d). Wegen eines möglichen Toleranzeffektes ist eine **Nitratpause** von 10 – 12 h (z. B. nachts) erforderlich.
Bei akuter, schwerer Herzinsuffizienz: 1 – 10 mg/h i. v. (unter hämodynamischer Kontrolle). Die Anpassung der Nitratdosierung erfolgt dann nach folgenden Kriterien: maximale Blutdrucksenkung bis 10%, bei Hypertonikern bis 30%, kein Absenken des systolischen Blutdrucks unter 90 mmHg! Die Umstellung auf orale Gabe erfolgt nach ca. 24 h.

Spezielle Indikation. akute, schwere Linksherzinsuffizienz (i. v. Nitratgabe; bei akuter Lungenstauung/Lungenödem kommt es dadurch zu einem „unblutigen Aderlass" durch venöses Pooling). Bei chronischer Herzinsuffizienz (ohne Angina pectoris) besteht keine Indikation für die Gabe reiner Vasodilatanzien. Lediglich bei therapierefraktärer Hypertonie oder Angina pectoris werden Amlodipin (10 mg/d) oder Felodipin (2 × 5 mg/d) eingesetzt.

Nebenwirkungen. (orthostatische) Hypotonie, Flush, Kollaps, Kopfschmerzen, Tachykardien; je nach Substanz weitere spezifische Reaktionen.

Kontraindikationen. Schock, Hypotonie, hypertrophe Kardiomyopathien.

Positiv inotrope Substanzen außer Herzglykosiden (natürliche/synthetische Katecholamine)

Wirkung. Gezielte Stimulation myokardialer oder vaskulärer α- oder β-Rezeptoren (Adrenalin: α, β_1, β_2; Noradrenalin: α [β_1]; Dobutamin: β_1).

Wirkstoffe. →s. Abb. 4.5
Adrenalin (Suprarenin), Dopamin (Dopamin), Dobutamin (z. B. Dobutrex), Noradrenalin (z. B. Arterenol). **Dopamin** hat ein spezielles Wirkungsprofil:

- im Niedrigdosisbereich stimuliert es die dopaminergen Rezeptoren in der Niere → Steigerung der glomerulären Filtrationsrate
- im mittleren Dosisbereich kommt es vorwiegend zur Stimulation der β-Rezeptoren
- im Hochdosisbereich kommt es zu einer nahezu reinen α-Stimulation

Spezielle Indikation. akute, schwere Herzinsuffizienz bzw. Schock (kontinuierliche intravenöse Gabe, evtl. invasives hämodynamisches Monitoring, s. S. 109).

Nebenwirkungen und Kontraindikationen. jeweils gekennzeichnet durch die spezifische Aktivierung zentraler und peripherer α-und/oder β-Rezeptoren.

Selektive Phosphodiesterasehemmer

Wirkung. Selektive Hemmung der Phosphodiesterase III → Steigerung der intrazellulären cAMP-Konzentration → positive inotrope und peripher vasodilatierende Wirkung, Herzfrequenzsteigerung.

Wirkstoffe. z. B. Enoximon (Perfan; intravenöse Aufsättigung nach Herstellerangabe, dann Erhaltungsdosis von 2,5 – 10 µg/kgKG/min i. v.) oder Amrinon (Wincoram; Erhaltungsdosis: 5 – 10 µg/kgKG/min i. v.; Tagesdosis: 10 mg/kgKG).

Spezielle Indikation. Nur zur kurzfristigen i. v.-Behandlung der akuten, schweren Herzinsuffizienz, falls andere Behandlungen nicht ansprechen. Bei pulmonaler Hypertonie oder nach Herz-/Lungentransplantation.

Nebenwirkungen. Anstieg der Leberenzyme , evtl. Cholestase, supraventrikuläre und ventrikuläre Herzrhythmusstörungen, Kopfschmerz, Übelkeit, Erbrechen, Bauchschmerzen, Tachykardien, Hypotonie, Thrombozytopenie, Fieber, Myalgien.

Kontraindikationen. schwere obstruktive Kardiomyopathien, schwere Hypovolämie, Hypotonie, Niereninsuffizienz, Ventrikelaneurysma, Schwangerschaft.

Neuere Substanzen und Therapiekonzepte

Eine Reihe neuerer Substanzen und Therapiekonzepte kommen ebenfalls zum Einsatz:

- Kalzium-Sensitizer (Levosimendan): i. v.-Gabe mit mehrtägiger Wirkung bei Dekompensationen.
- rekombinantes BNP (Nesiritide): i. v.-Gabe bei Lungenstauung/-ödem+systemischer Blutdruck > 90 mmHg.
- Vasopressin (ADH-)Antagonisten (Tolvaptan): Diurese-Einleitung bei bestehender Hyponatriämie
- selektive Renin-Antagonisten (Aliskiren): potenzielle Rolle als Alternative oder „Add-on"-Therapie zu ACE-Hemmern oder Angiotensin-Rezeptorblockern.

Medikamentöse Therapie der chronischen Herzinsuffizienz

Abb. 4.4 zeigt die Angriffspunkte verschiedener Medikamentengruppen in Beziehung zum (vorwiegend) beeinflussten Pathomechanismus. Die Anzahl der verwendeten Medikamente richtet sich nach der klinischen Symptomatik.
Für **ACE-Hemmer** wurde für alle NYHA-Klassen eine Symptom- und Prognoseverbesserung und eine Häufigkeitsabnahme notwendiger Krankenhausaufenthalte gezeigt. Sie stellen daher heute beim Fehlen von Kontraindikationen einen Grundpfeiler der Therapie dar. **AT_1-Antagonisten** sind in ihrer Wirkung gleichwertig wie ACE-Hemmer und stellen damit eine Alternative dar (z. B. bei Nebenwirkungen unter ACE-Hemmern).
Auch für **Betablocker** wurde in den Stadien NYHA II–IV eine deutliche Symptom- und Prognoseverbesserung mit Senkung der Gesamtmortalität und plötzlicher Herztodesfälle nachgewiesen.
Aldosteron-Antagonisten sollten aufgrund ihres prognostischen Vorteils ab NYHA III eingesetzt werden. **Diuretika** werden im NYHA-Stadium II–IV zur

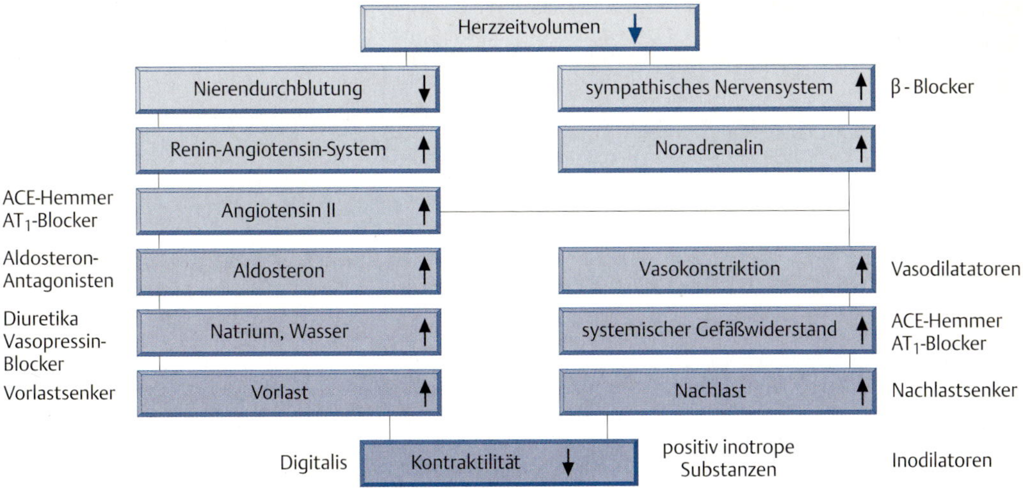

Abb. 4.4 Medikamentöse Therapie der chronischen Herzinsuffizienz. Angriffspunkte verschiedener Medikamentengruppen in Beziehung zum vorwiegend beeinflussten Pathomechanismus.

symptomatischen Behandlung von Flüssigkeitsretention und Ödemneigung eingesetzt.

Diuretika sind bei Herzinsuffizienzpatienten mit den klinischen Zeichen oder Symptomen einer Überwässerung indiziert. Sie führen hier zur symptomatischen Besserung. Bei Patienten mit milden Herzinsuffizienzsymptomen sollten sie in Kombination mit ACE-Hemmern oder Angiotensin-Rezeptorblockern verwendet werden. Bei mäßiger oder schwerer Herzinsuffizienz ist ein Schleifendiuretikum sinnvoll. Bei persistierenden Ödemen sollte das Schleifendiuretikum durch ein Thiazid ergänzt werden (beide in niedriger Dosierung; „sequenzielle Nephronblockade"). Hierbei müssen Dehydratationen, Hypovolämien, Hyponatriämien und Hypokaliämien vermieden werden (Natrium- und Kalium-Kontrollen, Kreatininspiegel unter Diuretika!).

Digitalis hat einen Stellenwert im Stadium NYHA III der Herzinsuffizienz zur symptomatischen Therapie und Reduktion der Hospitalisierungsrate sowie insbesondere zur Frequenzregulierung bei Vorhofflimmern.

Eine Therapie mit spezifischen Antiarrhythmika ist bei Herzinsuffizienz problematisch (s. S. 69), da sie die Prognose nicht verbessern und proarrhythmische („paradoxe") Nebenwirkungen haben können.

Medikamentöse Therapie bei akuter schwerer Herzinsuffizienz und Schock

Treten bei einer akuten Herzinsuffizienz oder der Dekompensation einer chronischen Herzinsuffizienz Zeichen einer hämodynamischen Instabilität auf, so kann eine durch hämodynamisches Monitoring gesteuerte intravenöse Therapie erforderlich werden. Abb. 4.5 zeigt die Stufentherapie bei der hämodynamischen Verschlechterung einer zunächst stabilen Herzinsuffizienz in Richtung auf einen kardiogenen Schock bzw. die Stufen der „Deeskalation" im Umkehrfall.

4.5.3 Kardiale Resynchronisationstherapie (CRT)

Die kardiale Resynchronisationstherapie ist eine biventrikuläre Herzschrittmachertherapie zur Verbesserung des kardialen Kontraktionsablaufs. Bei Patienten mit verbreitertem QRS-Komplex, in der Regel mit Linksschenkelblock und echokardiografisch nachgewiesener Asynchronie der Kontraktion des linken Ventrikels, kann durch eine über den Koronarsinus implantierte Elektrode der linke Ventrikel stimuliert und damit die ventrikuläre Kontraktion synchronisiert werden. Bei Patienten mit erhöhtem Risiko eines plötzlichen Herztodes kann die CRT

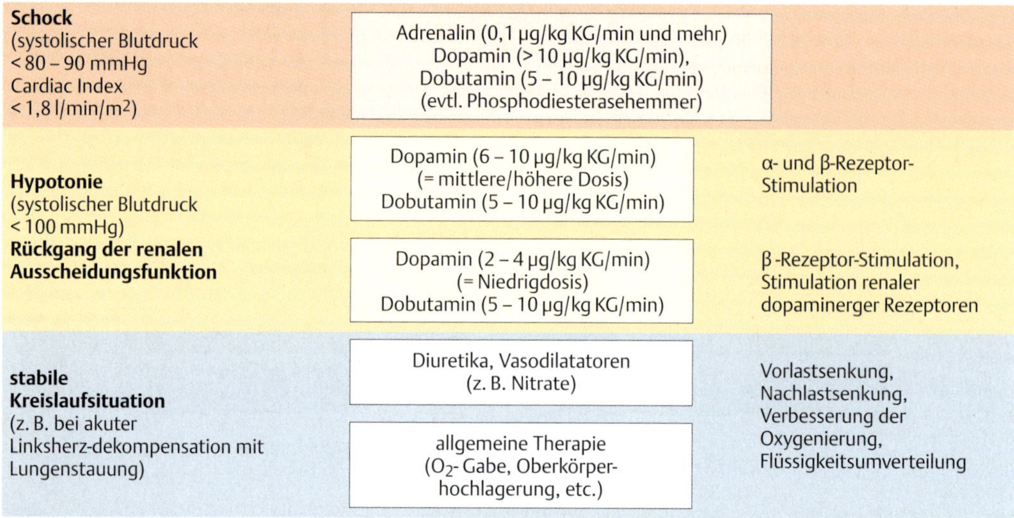

Abb. 4.5 Medikamentöse Stufentherapie bei akuter Herzinsuffizienz. Die Dosierung der intravenös verabreichten Medikamente muss durch ein (kontinuierliches) hämodynamisches Monitoring überwacht werden.

auch über einen speziellen ICD mit zusätzlichem Schutz vor plötzlichem Herztod erfolgen.

4.5.4 Weitere therapeutische Maßnahmen

Herzunterstützungssysteme

Ein funktionsfähiger dauerhafter mechanischer Ersatz für das menschliche Herz ist für den klinischen Einsatz bisher noch nicht verfügbar. Bei medikamentös therapierefraktärer Herzinsuffizienz können jedoch Herzunterstützungssysteme entweder bis zur „Erholung" des insuffizienten Herzens oder als „Überbrückung" (oft über Monate) bis zur Herztransplantation eingesetzt werden.

Die **intraaortale Ballon-Gegenpulsation** (IABP) führt über die pulssynchrone Expansion eines Ballons in der deszendierenden Aorta während der Diastole zu einer Verbesserung der Koronarperfusion und zu einer Entlastung des linken Ventrikels.

Die **extrakorporale Membranoxygenierung** (ECMO) kann passager für wenige Tage nach Herzoperation zur linksventrikulären Unterstützung eingesetzt werden.

Implantierbare **linksventrikuläre Unterstützungssysteme** (LVAD) sind als pulsatile oder nichtpulsatile Systeme verfügbar und bieten eine Kreislaufunterstützung bis zur Erholung (selten) oder Transplantation des Herzens. Wesentliche Komplikationen beinhalten Thromboembolien, systemische Infektionen u. a.

Herztransplantation

→ vgl. S. 130

Die Herztransplantation steht als mittlerweile etablierte Langzeitoption für Patienten mit medikamentös therapierefraktärer Herzinsuffizienz zur Verfügung. Eine breite Verfügbarkeit der Herztransplantation ist jedoch durch die erheblich zu geringe Anzahl zur Verfügung stehender Spenderorgane limitiert.

Wesentliche Komplikationen nach Herztransplantation sind:

- **Abstoßungsreaktion:** wesentliche Frühkomplikation! Eine lebenslange Immunsuppression mit Kortikoiden, Ciclosporin A oder anderen immunsuppressiven Medikamenten ist zur Prophylaxe bzw. Behandlung einer Rejektion erforderlich.
- **Transplantat-Arteriosklerose** („Graft-Arteriopathie", „chronische Abstoßung") Sie bestimmt wesentlich die Langzeitprognose nach der Transplantation. Hierbei werden die Herzkranzarterien des transplantierten Herzens zunehmend durch einen Sklerosierungsprozess geschädigt bzw. ob-

literiert. Der Mechanismus ist bis heute nicht komplett geklärt. Jede Schädigung der Herzkranzgefäße (z. B. durch Abstoßungsreaktionen, Infektionen, erhöhte Blutfettwerte) verstärkt diesen Prozess, der vor allem durch immunologische Prozesse ausgelöst bzw. unterhalten wird.

4.6 Verlauf und Prognose

Die **Prognose der chronischen Herzinsuffizienz** korreliert mit

- anamnestischen Parametern (hohes Alter, ischämische Genese, Zustand nach Reanimation)
- klinischen Parametern (Hypotension, NYHA-Klasse III–IV, frühere Hospitalisationen, **Abb. 4.6**)
- hämodynamischen Parametern (Ejektionsfraktion, Cardiac Index, ZVD, max. Sauerstoffaufnahme, s. S. 103 ff.)
- Labormarkern (BNP/NT pro-BNP, Troponin, Hyponatriämie, Plasma-Katecholamine)
- elektrophysiologischen Markern (verbreiterter QRS-Komplex, komplexe ventrikuläre Arrhythmien)

Im Vergleich zur konservativ behandelten schweren Herzinsuffizienz ist die **Prognose nach erfolgreicher Herztransplantation** mit Überlebensraten von bis zu 90% nach 1 Jahr bzw. bis zu 80% nach 5 Jahren sehr gut.

Bei der **akuten Herzinsuffizienz** sind Verlauf und Prognose ganz entscheidend von der kausal zugrunde liegenden Erkrankung abhängig. So ist z. B. die Langzeitprognose durchaus gut nach erfolgreicher Operation einer hochgradigen Aortenklappenstenose, jedoch wesentlich schlechter bei dilatativer Kardiomyopathie oder koronarer Herzkrankheit mit ausgeprägter Herzinsuffizienz (ohne Option einer Herztransplantation 5-Jahres-Letalität 25 – 62%).

4.7 Herzinsuffizienz bei koronarer Herzkrankheit (KHK)

Pathophysiologie

Neben der durch akute Ischämien bedingten Links- oder Rechtsherzinsuffizienz kann durch den Eintritt eines oder mehrerer Infarkte eine chronische Herzinsuffizienz entstehen. **Abb. 4.7** zeigt die pathophysiologische Kette der Entwicklung der Herzinsuffizienz bei KHK.

Durch ein **Infarktereignis** kommt es gegenüber der normalen Ventrikelfunktion (**Abb. 4.8**) in den ersten Stunden zum **Kontraktionsausfall des Infarktareals** (**Abb. 4.9 a**). Die Pumpfunktion wird je nach Infarktgröße mehr oder weniger vollständig vom nicht betroffenen Myokardareal aufrechterhalten. Nach dem akuten Infarktereignis läuft ein Umbauprozess **(Remodeling)** ab: als Anpassung an die vermehrte Belastung reagieren die „gesunden" Myokardanteile mit Hypertrophie, während sich das Infarktgebiet noch ausdehnt (**Abb. 4.9 b**). In der Frühphase des Remodelings sind subakute Komplikationen (z. B. freie/gedeckte Ventrikelperforation oder Ventrikelseptumdefekt) möglich.

Ohne Behandlung kann es danach im Verlauf von Monaten bis Jahren durch **Dilatation des Ventrikels** (**Abb. 4.9 c**) im infarzierten und nicht infarzierten Anteil zu einer manifesten Herzinsuffizienz kommen (5 Jahre: ca. 15%; 10 Jahre: ca. 20% der Patienten).

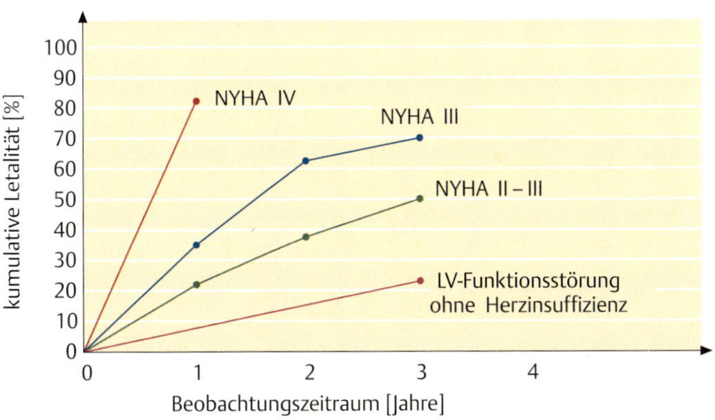

Abb. 4.6 Letalität in Abhängigkeit vom Stadium der Herzinsuffizienz. Die NYHA-Klasse als prädiktiver Faktor der kumulativen Letalität bei Herzinsuffizienz. Die Ergebnisse stammen aus den Plazebogruppen der Studien „CONSENSUS", „Minnesota Heart" und „SOLVD-Treatment/-Prevention".

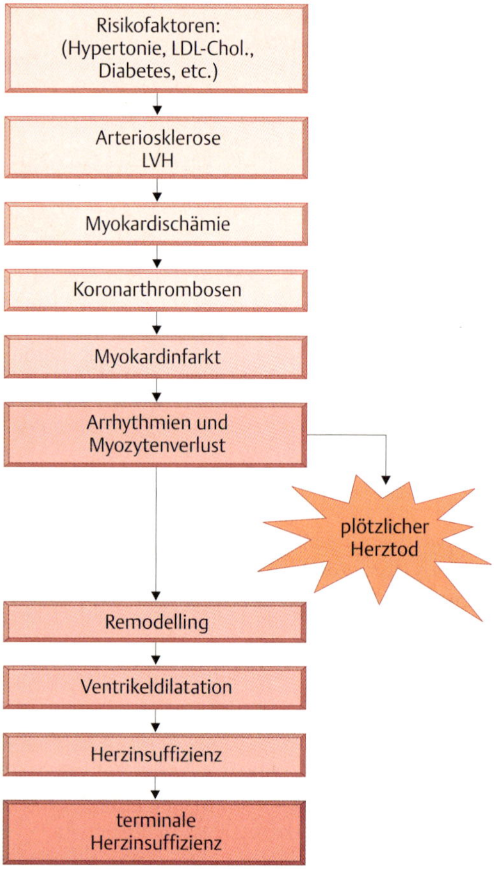

Abb. 4.7 Entwicklung einer chronischen Herzinsuffizienz bei KHK.

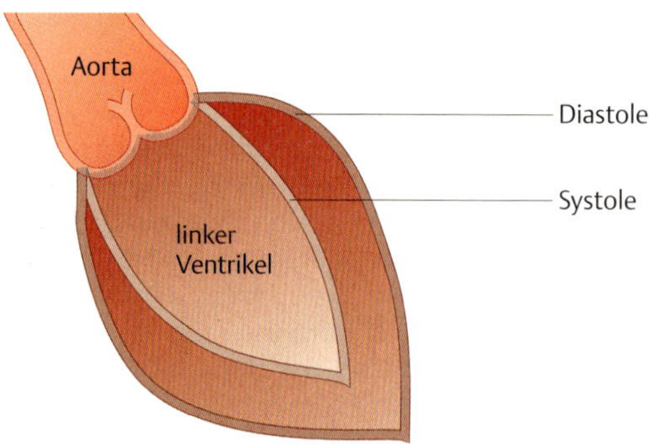

Abb. 4.8 Normale Ventrikelfunktion. Bei normaler Ventrikelfunktion kontrahieren alle Kammeranteile gleichmäßig.

Die Prognose wird durch Reinfarkte, letale Arrhythmien oder Progression der Herzinsuffizienz bestimmt.

Therapiekonzept

Das **Therapiekonzept** beinhaltet folgende Punkte:
- Therapie der akuten, schweren Herzinsuffizienz
- antiischämische Therapie (Nitrate, Betablocker, Kalziumantagonisten)
- Behandlung relevanter Koronarstenosen (perkutane Koronarintervention, Bypassoperation)
- Vermeidung einer KHK-Progression (Thrombozytenaggregationshemmer, Statine, Behandlung koronarer Risikofaktoren, s. S. 42)
- medikamentöse Herzinsuffizienztherapie (vgl. S. 108):
  - ACE-Hemmer: positive Beeinflussung des Remodeling, Besserung von Symptomatik und Prognose für alle NYHA-Schweregrade
  - zusätzlich evtl. Diuretika, Digitalis, Vor- und Nachlastsenker
  - Betablocker: positive Wirkung auf Symptomatik und Prognose sowohl bei Therapiebeginn in der akuten Infarktphase als auch im weiteren Verlauf einer chronischen Herzinsuffizienz.
- Vermeidung bzw. Behandlung von Arrhythmien: s. S. 66

4.8 Herzinsuffizienz bei arterieller Hypertonie

Pathophysiologie

Durch **periphere Vasokonstriktion** (Angiotensin II, Noradrenalin) und **Flüssigkeits-/Natriumretention** (Aldosteron, ADH) tritt eine Vor- und Nachlaststeigerung ein, die zur Druck- und Volumenbelastung des Herzens führt. Trotz neurohumoraler Gegenregulation (ANP, BNP etc.) kommt es zur Hypertrophie der Herzmuskel- und glatten Gefäßmuskelzellen. Gesteigerte Kollagenbildung und interstitielle Fibrose folgen. Die Entstehung und Progression von Koronarstenosen (Hypertonie = KHK-Risikofaktor 1. Ordnung) werden begünstigt. Konsekutiv tritt eine **systolische und diastolische Pumpfunktionsstörung** auf.

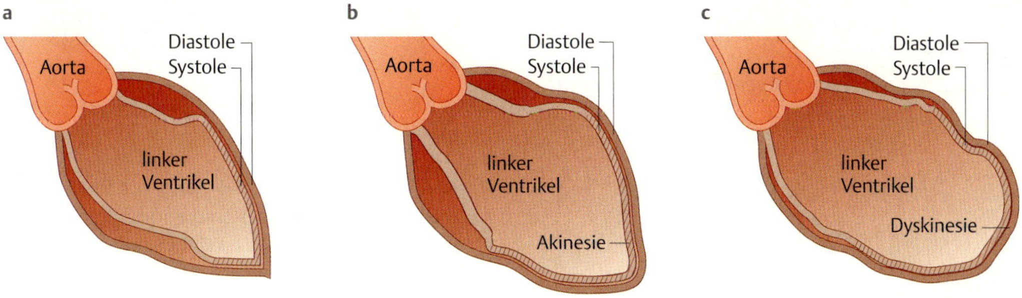

Abb. 4.9 Myokardinfarkt. a In den ersten Stunden nach einem Myokardinfarkt kommt es zu einem Kontraktionsausfall des Infarktareals (rot schraffiert). **b** Während der Remodeling-Phase kommt es zur Ausdehnung des Infarktgebietes (rot schraffiert) und einer Hypertrophie der nicht infarzierten Myokardanteile. **c** Durch Dilatation des Ventrikels im infarzierten (rot schraffiert) und nicht infarzierten Anteil sowie einer Akinesie, evtl. später einer Dyskinesie (= systolische Auswärtsbewegung) der Myokardnarbe bildet sich eine schwerwiegende Funktionsstörung des linken Ventrikels mit manifester Herzinsuffizienz aus.

Therapiekonzept

Das **Therapiekonzept** sieht wie folgt aus:

- Blutdruckeinstellung mit Zielwerten von max. 140/90 mmHg für alle Patienten und < 130/80 mmHg für Diabetiker und Hochrisikopatienten, salzarme Ernährung, Gewichtsnormalisierung, Ausschalten von Risikofaktoren, sportliche Betätigung (Ausdauersport, keine „Spitzenleistungen")
- medikamentöse Herzinsuffizienztherapie: Vor-/Nachlastsenkung mit ACE-Hemmern (Hypertrophieregression!); bei ACE Hemmer-Nebenwirkungen Angiotensin-1-Rezeptorblocker, andere Vasodilatatoren, Diuretika, niedrig dosierte Betablocker (evtl. Kalziumantagonisten).

Weiterführende Informationen

http://leitlinien.dgk.org/images/pdf/leitlinien_volltext/2004-05_chronische_ herzinsuffizienz.pdf
http://www.escardio.org/guidelines-surveys/esc-guidelines/Pages/acute-chronic-heart-failure.aspx
http://circ.ahajournals.org/cgi/content/full/112/12/e154

5 Pulmonale Hypertonie und Cor pulmonale

Thomas Wichter, Thomas Budde, Günter Breithardt

5.1 Akutes Cor pulmonale

engl.: acute cor pulmonale

Definition. Rechtsherzbelastung durch akute Widerstandserhöhung im kleinen Kreislauf, meist durch akute Lungenembolie.

Ätiopathogenese

Ursache ist meist eine akute Lungenembolie, seltener schwere Asthmaanfälle (s. S. 458, 432).

Klinik

Typische Symptome sind Dyspnoe, Thoraxschmerz (oft atemabhängig), Hämoptysen, Tachykardie und Schock.

Diagnostik

→ vgl. S. 458

Blutgasanalyse und Labor. Typisch ist eine respiratorische Partialinsuffizienz mit kompensatorischer alveolärer Hyperventilation (Pa_{O2}↓, Pa_{CO2}↓), bei schwerem Verlauf auch respiratorische Globalinsuffizienz (Pa_{O2}↓, Pa_{CO2}↑). Bei Lungenembolie sind die D-Dimere erhöht.

EKG. Zeichen der Rechtsherzbelastung mit Wechsel des Lagetyps nach rechts (S_I-Q_{III}-, Steil-/Rechtstyp), Rechtsschenkelblock, P-pulmonale und T-Negativierungen rechts präkordial.

Röntgen des Thorax. Die Röntgenaufnahme des Thorax zeigt akut meist unauffällige Befunde an Herz und Lunge. Später entwickeln sich evtl. Kardiomegalie, Pleuraergüsse, pulmonale Infiltrate, Streifenatelektasen oder einseitiger Zwerchfellhochstand.

Echokardiografie. Diagnostisch wegweisend sind Zeichen der **Druckbelastung des rechten Ventrikels** mit Dilatation und paradoxer Septumbewegung. Über die Flussgeschwindigkeit im Jet einer begleitenden Trikuspidalklappeninsuffizienz lassen sich rechtsventrikuläre bzw. pulmonalarterielle Drücke berechnen (s. S. 24). Zusätzlich können evtl. Thrombusmassen mit Okklusion proximaler Pulmonalarterien direkt nachgewiesen werden. Hierfür ist die transösophageale Echokardiografie (TEE) besser geeignet.

Angio-CT des Thorax und der Lungen. Die kontrastmittel-gestützte Computer-Tomografie der Lungenarterien (Angio-CT) stellt den Goldstandard der Bildgebung zum Nachweis akuter, subakuter und chronischer Thromboembolie und Okklusion von Pulmonalarterienästen dar.

Perfusions-Ventilations-Szintigrafie der Lungen. Bei Lungenembolie finden sich segment- oder lappenbezogene Perfusionsdefekte der Lunge bei unauffälliger Ventilation (**„Mismatch“**). Nur die kombinierte Perfusions-Ventilations-Szintigrafie ergibt diagnostisch verwertbare und spezifische Befunde durch Nachweis des „Mismatch“. Der alleinige Nachweis einer Perfusionsminderung oder der kombinierte Nachweis einer Minderung der Perfusion *und* Ventilation ist diagnostisch unsicher, da minderbelüftete Lungenabschnitte (pneumonische Infiltrate oder Dystelektasen) reflektorisch auch geringer perfundiert werden (Euler-Liljestrand-Reflex).

Pulmonalisangiografie und Rechtsherzkatheter. Als invasives Verfahren kann die Kontrastmittel-Angiografie der Pulmonalisstrombahn Verschlüsse und Abbrüche von Pulmonalarterienästen direkt darstellen und nachweisen. Zudem können im Rahmen der Rechtsherzkatheter-Untersuchung hämodynamische Parameter (Pulmonalarteriendrücke und -widerstände, HZV) im kleinen Kreislauf gemessen werden (s. S. 32).

Therapie

→ Therapie der Lungenembolie vgl. S. 461

5.2 Pulmonale Hypertonie und chronisches Cor pulmonale

engl.: pulmonary hypertension, chronic cor pulmonale

5.2.1 Definitionen

Pulmonale Hypertonie (PH): Es besteht eine hämodynamische und pathophysiologische Situation mit Anstieg des mittleren Pulmonalarteriendrucks ≥ 25 mmHg in Ruhe, gemessen mittels Rechtsherzkatheter (genaues Verfahren) oder Doppler-Echokar-

Tab. 5.1 Klassifikation der pulmonalen Hypertonie (Dana Point, 2008)

Hauptgruppe	Untergruppen
1. pulmonalarterielle Hypertonie (PAH)	1.1 idiopatische pulmonalarterielle Hypertonie (iPAH) 1.2 hereditär (HPAH): familiär, genetisch determiniert 1.2.1 BMPR2 (bone morphogenetic protein receptor 2) 1.2.2 ALK-1 (activin receptor-like kinase 1) 1.2.3 Endoglin 1.2.4 unbekannt 1.3 Medikamente, Toxine u. a. 1.3.1 Appetitzügler (Aminorex, Fenfluramin, Dexfenfluramin) 1.3.2 Antidiabetika (Benfluorex) 1.3.3 L-Tryptophan, Amphetamine, Kokain (?) 1.4 Erkrankungen assoziiert mit PAH (APAH) 1.4.1 Bindegewebserkrankungen (z. B. Sklerodermie) 1.4.2 HIV-Infektion 1.4.3 portale Hypertension 1.4.4 angeborene Herzfehler (z. B. systemisch-pulmonale Shunts) 1.4.5 Schistosomiasis 1.4.6 chronisch-hämolytische Anämie 1.5 persistierende PAH des Neugeborenen
1'	pulmonale venookklusive Erkrankung und/oder pulmonalkapilläre Hämangiomatose
2. Pulmonale Hypertonie bei Linksherzerkrankungen	Lungengefäßsklerose bei chronischer Lungenstauung (z. B. Linksherzinsuffizienz, Mitralstenose) 2.1 systolische Dysfunktion 2.2 diastolische Dysfunktion 2.3 Herzklappenerkrankungen
3. Pulmonale Hypertonie bei Lungenerkrankungen und/ oder Hypoxämie	Vasokonstriktion durch Euler-Liljestrand-Reflex bei alveolärer Hypoventilation und/ oder Hypoxämie. Reduktion des Gefäßquerschnitts durch Kapillarverlust bei Parenchymverlust (z. B. Emphysem) 3.1 chronisch-obstruktive Lungenerkrankung 3.2 interstitielle Lungenerkrankungen 3.3 andere Lungenerkrankungen mit gemischt obstruktiv-restriktiver Ventilationstörung 3.4 schlafbezogene Atmungsstörungen 3.5 Erkrankungen mit alveolärer Hypoventilation 3.6 chronischer Aufenthalt in großen Höhen 3.7 Entwicklungsanomalien
4. Chronisch thromboembolische pulmonale Hypertonie (CTEPH)	chronische Okklusion der Lungenstrombahn durch rezidivierende Lungenembolien
5. Pulmonale Hypertonie mit unklaren oder multifaktoriellen Mechanismen	5.1 hämatologische Erkrankungen: myeloproliferative Erkrankungen, Splenektomie 5.2 systemische Erkrankungen: Sarkoidose, Vaskulitis, Lymphangioleiomyomatose, Neurofibromatose, pulmonale Histiocytose (Langerhans-Zellen), 5.3 metabolische Erkrankungen: Glykogen-Speicherkrankheiten, Morbus Gaucher, Schilddrüsen-Erkrankungen 5.4 andere: Obstruktion durch Tumoren, fibrosierende Mediastinitis, chronische Niereninsuffizienz oder Dialyse.

diografie (cave: falsch-positive und falsch-negative Diagnosen möglich).

Chronisches Cor pulmonale: Hypertrophie und/oder Dilatation des rechten Ventrikels als Folge einer primären Lungen- oder Thoraxerkrankung (Struktur, Funktion, Zirkulation) mit pulmonaler Hypertonie.

5.2.2 Epidemiologie

Die pulmonale Hypertonie ist häufiger als bislang angenommen. Die Erkrankung wird jedoch zu selten erkannt oder die Diagnose erst verzögert gestellt, da die differenzialdiagnostische Abklärung der Symptomatik (uncharakteristischer Beginn mit Belastungsdyspnoe) häufig nicht systematisch und strukturiert genug erfolgt (s. S. 121, **Abb. 5.4**, Diagnostik). Im Jahre 2002 wurden in den USA bei mehr als 260 000 der stationär behandelten Patienten die Entlassungsdiagnose einer pulmonalen Hypertonie gestellt.

5.2.3 Ätiopathogenese

Es gibt zahlreiche Ursachen und Mechanismen für das Entstehen einer pulmonalen Hypertonie und des chronischen Cor pulmonale. Pathophysiologisches Grundprinzip ist die Entwicklung einer Widerstands- und Druckerhöhung im kleinen Kreislauf durch Vasokonstriktion und Gefäßwandveränderungen mit Endothelzelldysfunktion bzw. proliferativen Prozessen und lokaler Thrombose der Lungenstrombahn.

5.2.4 Klinische Klassifikation

Nach der aktuellen Klassifikation (Dana Point 2008) wird die pulmonale Hypertonie in 5 Klassen eingeteilt (Tab. 5.1). Hiernach wird die pulmonalarterielle Hypertonie (PAH) von anderen Formen der pulmonalen Hypertonie abgegrenzt, die als Folge von Linksherzerkrankungen, Lungenerkrankungen, thromboembolischen Erkrankungen oder unklaren bzw. multifaktoriellen Mechanismen auftreten.

5.2.5 Klinik

Bei unklarer Belastungsdyspnoe und regelrechter linksventrikulärer Funktion ist die pulmonale Hypertonie eine wichtige Differenzialdiagnose und sollte zu weiterführender gezielter Diagnostik veranlassen (s. S. 121, **Abb. 5.4**).

> ! **Klinisches Leitsymptom der pulmonalen Hypertonie ist die Belastungsdyspnoe.**

Im **Anfangsstadium** der pulmonalen Hypertonie bestehen nur sehr diskrete Beschwerden mit Belastungsdyspnoe, Müdigkeit, Schwäche, Leistungsknick sowie uncharakteristischen thorakalen Schmerzen (atypische Angina pectoris). Seltener kommt es bereits frühzeitig zu Schwindel, Synkopen und Palpitationen durch Arrhythmien sowie zu Beinödemen und leichter Zyanose (s. Tab. 5.2).

Im **fortgeschrittenen Stadium** werden diese Symptome häufiger und intensiver und es treten typische Zeichen der Rechtsherzinsuffizienz mit Ödemen, Einflussstauung, Pleuraerguss, Zyanose etc. hinzu. (s. S. 101 und Tab. 5.2)

5.2.6 Diagnostik

Auskultation. Bei ausgeprägter pulmonaler Hypertonie mit rechtsventrikulärer Insuffizienz und Dilatation ist ein hochfrequentes Diastolikum durch die relative Pulmonalklappeninsuffizienz (Graham-Steel-Geräusch) und ein mittelfrequentes Systoli-

Tab. 5.2 Symptome bei pulmonaler Hypertonie

Klinisches Symptom	als Erstsymptom	bei Diagnosestellung
Belastungsdyspnoe	60 %	98 %
Müdigkeit	19 %	73 %
thorakale Schmerzen	7 %	47 %
Schwächeanfälle	5 %	41 %
Synkope	8 %	33 %
Beinödeme	3 %	37 %
Palpitationen	3 %	33 %

kum durch die relative Trikuspidalklappeninsuffizienz zu hören. In fortgeschrittenen Stadien ist die fixierte Spaltung des betonten 2. Herztons typisch.

Labordiagnostik. Im Rahmen der differenzialdiagnostischen Abklärung der pulmonalen Hypertonie sollten zirkulierende Autoantikörper (ANA, Antikörper gegen SSA, SCL-70, Doppelstrang-DNA und Zentromer) zum Nachweis oder Ausschluss einer Systemerkrankung (Kollagenose; z. B. Sklerodermie) untersucht werden. Bei Hinweisen für chronisch thromboembolische pulmonale Hypertonie (CTEPH) können Cardiolipin-Antikörper und andere Parameter der Thrombophilie-Diagnostik (Protein C, Protein S, APC-Resistenz [Faktor-V-Leiden] etc.), Hinweise geben (s. S. 386).

EKG. Im Anfangsstadium bestehen noch keine typischen Veränderungen. Mit fortschreitender pulmonaler Hypertonie kommt es zu Zeichen der Rechtsherzbelastung und -hypertrophie. Typisch sind ein p-pulmonale, ein (überdrehter) Rechtslagetyp mit tiefem S in V_5/V_6, ein hohes R-Potenzial in V_1, ein inkompletter oder kompletter Rechtsschenkelblock mit Repolarisationsstörungen in rechts präkordialen (V_{2-4}) und inferioren (II, III, aVF) EKG-Ableitungen (s. S. 12 und **Abb. 5.1**).

Röntgen des Thorax. Bei der Röntgenuntersuchung des Thorax (**Abb. 5.2**) imponieren ein prominentes bzw. dilatiertes Pulmonalissegment sowie erweiterte zentrale bei engen peripheren Lungenarterien **(Kalibersprung)**. Dadurch kommt es zu einer abgeschwächten peripheren Lungengefäßzeichnung. Durch Dilatation des rechten Ventrikels kommt es zur Einengung des Retrosternalraums und zu einer Verlängerung der sternalen Kontaktfläche (seitliche Aufnahme).

Echokardiografie. Die transthorakale Echokardiografie stellt das wichtigste nicht invasive Verfahren in der Diagnostik, Prognose- und Verlaufsbeurteilung sowie der ätiologischen Abklärung der pulmonalen Hypertonie dar. Zudem eignet sich die Methode als Screeningverfahren in der differenzialdiagnostischen Abklärung des klinischen Leitsymptoms der Belastungsdyspnoe.

> **(!) Die Echokardiografie ist die wichtigste Screening-Untersuchung bei pulmonaler Hypertonie.**

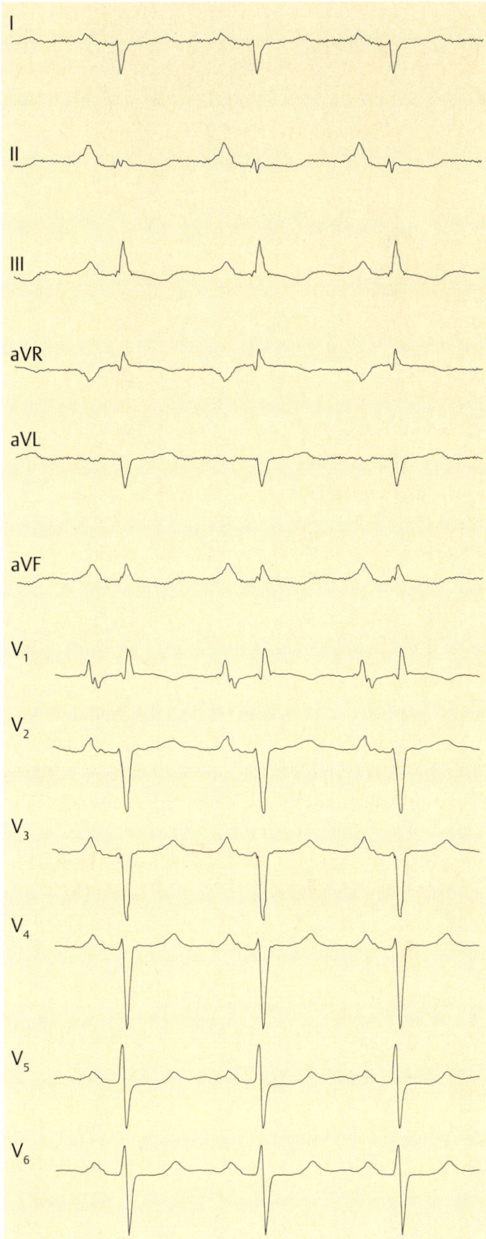

Abb. 5.1 EKG bei ausgeprägter pulmonaler Hypertonie. Bei diesem Patienten ist bereits eine Eisenmenger-Reaktion eingetreten (vgl. S. 203). Die ausgeprägte pulmonale Hypertonie geht mit deutlichen Zeichen der Rechtsherzbelastung einher, wie deutlichem P pulmonale, Rechtslagetyp, hohem R-Potenzial in V_1 und tiefem S in V_5/V_6.

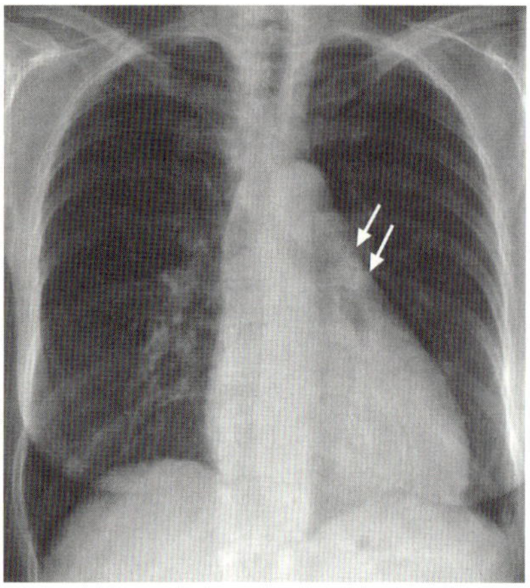

Abb. 5.2 Röntgen des Thorax bei pulmonal-arterieller Hypertonie (PAH). Auf der p. a.-Aufnahme sind die typischen Zeichen einer pulmonalen Hypertonie zu erkennen: prominentes Pulmonalissegment (Pfeile), erweiterte zentrale Lungenarterien bei abgeschwächter peripherer Lungengefäßzeichnung.

Echokardiografische Befunde der pulmonalen Hypertonie bestehen in einer Hypertrophie und/oder Dilatation und Dysfunktion des rechten Ventrikels mit paradoxer Bewegung des Ventrikelseptums (systolisch in Richtung zum rechten Ventrikel) und einer Dilatation von rechtem Vorhof und zentraler Pulmonalarterie (**Abb. 5.3**). Bei manifester Rechtsherzinsuffizienz ist auch die untere Hohlvene erweitert und zeigt verminderte inspiratorische Kollapsbewegungen.

Die systolische Funktion des rechten Ventrikels ist im fortgeschrittenen Stadium der pulmonalen Hypertonie reduziert und kann mittels Bestimmung der basoapikalen Bewegung des Trikuspidalklappenrings (TAPSE = „tricuspid annulus plane systolic excursion") quantifizierend beurteilt werden.

Meist besteht eine Pulmonal- und Trikuspidalklappeninsuffizienz, über die mittels der Doppler-Echokardiografie der systolische Pulmonalarterien (PA)-Druck abgeschätzt werden kann (**Tab. 5.3** und s. S. 24).

Magnetresonanztomografie (MRT). Die MRT kann bei Patienten mit pulmonaler Hypertonie hilfreich eingesetzt werden, um rechtsventrikuläre Morphologie, Funktion und Hämodynamik zu beurteilen, insbesondere wenn die echokardiografische Diagnostik erschwert ist. Zudem liefert sie wichtige Informationen bei Verdacht auf Vorliegen eines Shunt-Vitiums oder zur anatomischen Darstellung der Pulmonalarterien (Stenosen, Kalibersprünge, Verschlüsse, Thrombosen) mittels kontrastmittelverstärkter dreidimensionaler MR-Angiografie.

Computertomografie (CT und CT-Angio). Bei Patienten mit pulmonaler Hypertonie ist eine CT-Angiografie der Pulmonalisstrombahn bei Hinweisen für akute Lungenembolie (s. S. 114 und S. 458) oder bei chronisch thromboembolischer pulmonaler Hypertonie (CTEPH) indiziert. Weitere Domäne der CT-Diagnostik sind die einer pulmonalen Hypertonie zugrunde liegenden Lungenerkrankungen (COPD, Emphysem, Lungenfibrose, interstitielle Erkrankungen etc.).

Perfusions-Ventilations-Szintigrafie. Die Perfusions-Ventilations-Szintigrafie kann bei chronisch thromboembolischer pulmonaler Hypertonie (CTEPH) keilförmige Perfusionsdefekte mit inhomogener Belegung des Radionuklids nachweisen. Bei normalen Befunden der Perfusionsszintigrafie ist dagegen eine CTEPH weitgehend auszuschließen, während andere Ursachen der pulmonalen Hypertonie möglich sind.

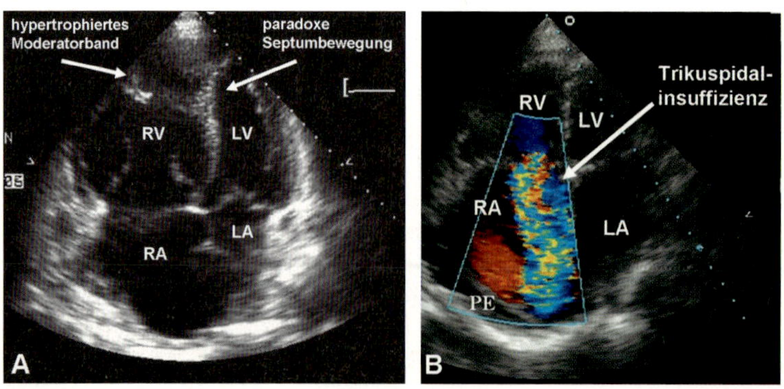

Abb. 5.3 Echokardiografie bei pulmonaler Hypertonie. Deutlich dilatierter und hypertrophierter rechter Ventrikel (RV) mit paradoxer Septumbewegung. Rechter Vorhof (RA) bei relativer Trikuspidalinsuffizienz deutlich vergrößert.
LV = linker Ventrikel,
RV = rechter Ventrikel,
LA = linker Vorhof,
RA = rechter Vorhof,
PE = Perikarderguss

Tab. 5.3 Echokardiografische Diagnosekriterien der pulmonalen Hypertonie (PH)

	V_{max} der TI *	syst. PA-Druck **	additive Echo-Kriterien ***
PH wahrscheinlich	> 3,4 m/sec	> 50 mmHg	mit/ohne
PH möglich	2,9 – 3,4 m/sec ≤ 2,8 m/sec	37 – 50 mmHg ≤ 36 mmHg	mit/ohne mit
PH unwahrscheinlich	≤ 2,8 m/sec	≤ 36 mmHg	ohne

** maximale Flussgeschwindigkeit im Reflux-Jet der Trikuspidalklappeninsuffizienz*
*** systolischer Pulmonalarteriendruck*
**** z. B. morphologische Kriterien der Rechtsherzbelastung*

Lungenfunktionsuntersuchung. Bei Patienten mit pulmonaler Hypertonie infolge chronischer Lungenerkrankungen (COPD, Emphysem, Lungenfibrose, u. a.) bestehen typische Befunde der Obstruktion, Restriktion und Gasaustauschstörung (s. S. 408).
Bei anderen Formen der pulmonalen Hypertonie bestehen im frühen Stadium meist normale Ergebnisse der Lungenfunktionsprüfung. Gelegentlich zeigt sich eine leichtgradige restriktive Ventilationsstörung oder eine geringe periphere Atemwegsobstruktion.

Spiroergometrie. Die Spiroergometrie kann dagegen wesentlich zur frühen Diagnose einer pulmonalen Hypertonie beitragen, da eine Einschränkung spiroergometrischer Parameter mit charakteristischem Muster vorliegt. Zudem wird sie eingesetzt zur Beurteilung des Schweregrades, des Verlaufs und der Prognose der pulmonalen Hypertonie.
Neben der Reduktion der maximalen Sauerstoffaufnahme ($VO_{2\,max}$) als globalem Parameter kommt es durch fehlende Steigerung des HZV unter Belastung zu einem verminderten Anstieg des Sauerstoffpulses und durch die Ventilations-Perfusions-Verteilungsstörung zu hohen Atemäquivalenten ($EqCO_2$) und niedrigen endexspiratorischen (syn. endtidalen) Partialdruckwerten ($p_{ET}CO_2$) für CO_2. Bei normalem $EqCO_2$ und $p_{ET}CO_2$ ist eine pulmonale Hypertonie unwahrscheinlich.

6-Minuten-Gehtest. Hierbei legt der Patient auf ebener Strecke innerhalb von 6 Minuten eine möglichst weite Distanz zurück. Der einfach durchzuführende Belastungstest eignet sich bei Patienten mit pulmonaler Hypertonie zur Beurteilung des Schweregrades, des Verlaufs, der Prognose und des Ansprechens auf therapeutische Maßnahmen. Normal sind Strecken von > 500 m, während Distanzen von < 300 m mit einer eingeschränkten Prognose verbunden sind.

Rechtsherzkatheteruntersuchung. Die invasive Rechtsherzkatheteruntersuchung mittels Pulmonalarterienkatheter (Swan-Ganz, s. S. 32) wird in den Leitlinien als diagnostischer Goldstandard zur definitiven Diagnosestellung der pulmonalen Hypertonie gefordert.

> **Die Rechtsherzkatheteruntersuchung führt zur definitiven Diagnosestellung.**

Sie wird empfohlen zur Bestätigung der Diagnose und Festlegung des Schweregrades und der Verlaufs einer pulmonalen Hypertonie, sowie zur Messung der Vasoreagibilität. Sie ist auch wichtig zur Prognoseabschätzung als Verlaufsuntersuchung. Die invasive Pulmonalisangiografie ist dagegen nur selten, allenfalls bei chronisch thromboembolischer pulmonaler Hypertonie (CTEPH), indiziert und ist weitgehend durch CT ersetzt.
Bei der Rechtsherzkatheter-Untersuchung erfolgt die Messung von Drücken, Widerständen und Fördervolumina (HZV) im kleinen Kreislauf in Ruhe, unter Belastung oder unter pharmakologischer Intervention. Dabei ist auch eine Unterteilung verschiedener hämodynamischer Formen der pulmonalen Hypertonie möglich (**Tab. 5.4**).
Die Rechtsherzkatheter-Untersuchung ist auch indiziert zur Differenzierung zwischen prä- und postkapillärer pulmonaler Hypertonie sowie zwischen pulmonalarterieller und pulmonalvenöser Hypertonie.

Pulmonaler Vasoreagibilitätstest. Ein **Vasoreagibilitätstest** (s. S. 32) erfolgt durch pharmakologische Intervention (z. B. mit O_2, NO, Adenosin, Prostazyklin) zur Senkung des pulmonalen Gefäßwiderstandes vor spezifischer pharmakologischer Therapie. Ziel

Tab. 5.4 Hämodynamische Einteilung der pulmonalen Hypertonie (PH)

Definition	Charakteristika	PH-Klasse*
pulmonale Hypertonie (PH)	mittlerer PA-Druck ≥ 25 mmHg	alle
präkapilläre PH	mittlerer PA-Druck ≥ 25 mmHg PC-Druck ≤ 15 mmHg HZV normal oder vermindert	1, 3, 4, 5
postkapilläre PH	mittlerer PA-Druck ≥ 25 mmHg PC-Druck > 15 mmHg HZV normal oder vermindert	2
• passiv	• transpulmonaler Gradient ≤ 12 mmHg	
• reaktiv	• transpulmonaler Gradient > 12 mmHg	

PA-Druck: Pulmonalarteriendruck; PC-Druck: Pulmonalkapillardruck; HZV: Herzzeitvolumen; transpulmonaler Gradient = mittlerer PA-Druck – mittlerer PC-Druck

* *s. S. 115,* **Tab. 5.1**

der Untersuchung ist es, Patienten zu identifizieren, die von einer hochdosierten Therapie mit Kalziumantagonisten profitieren können. Ein positives Ansprechen im Vasoreagibilitätstest (Responder) wird definiert als ein Abfall des pulmonalvaskulären Widerstands um ≥ 20 % bzw. des mittleren Pulmonalarterien (PA-) Drucks um mindestens 10 mmHg unter einen Absolutwert von 40 mmHg bei normalem oder deutlich verbessertem Ruhe-HZV.

! Belastungsuntersuchungen mittels Doppler-Echokardiografie oder Rechtsherzkatheter sind nicht hilfreich in Screening und Diagnostik der pulmonalen Hypertonie und werden daher nicht empfohlen.

Diagnostischer Algorithmus

In den aktuellen Leitlinien (European Society of Cardiology = ESC 2009) zur chronischen pulmonalen Hypertonie wird zum systematischen und strukturierten Vorgehen ein diagnostischer Algorithmus vorgeschlagen (**Abb. 5.4**).

5.2.7 Therapie

Die Behandlung der pulmonalen Hypertonie orientiert sich an einem Therapie-Algorithmus (**Abb. 5.5**), basierend auf Empfehlungen einer Konsensus-Konferenz (Dana Point 2008) und der Leitlinien der Europäischen Gesellschaft für Kardiologie (ESC 2009).

Kausale Therapie

Therapie der zugrunde liegenden Ursache (z. B. COPD, Kollagenosen, HIV-Infektion, portopulmonale Hypertonie). Bei rezidivierenden Lungenembolien: Antikoagulation (s. S. 394) und, wenn möglich, OP (pulmonale Endarteriektomie) als Therapie der Wahl.

Symptomatische Therapie

- **Körperliche Aktivität** mit symptomlimitiertem, kontrolliertem Training.
- **Therapie der Herzinsuffizienz** (s. S. 104): bei führender Rechtsherzinsuffizienz sind Betablocker kontraindiziert, da sie wichtige Anpassungsmechanismen des rechten Ventrikels behindern und potenziell die pulmonale Vasokonstriktion unterstützen.

Abb. 5.4 Diagnostischer Algorithmus bei pulmonaler Hypertonie (PH) nach ESC-Leitlinie 2009. ▸

CTEPH: chronisch thromboembolische pulmonale Hypertonie
PVOD: pulmonal veno-okklusive Erkrankung
PCH: pulmonal capillare Hämangiometose
PH: pulmonale Hypertonie
HRCT: high-resolution Computer-Tomographie
HHT: hereditäre hämorrhagische Teleangiektasien

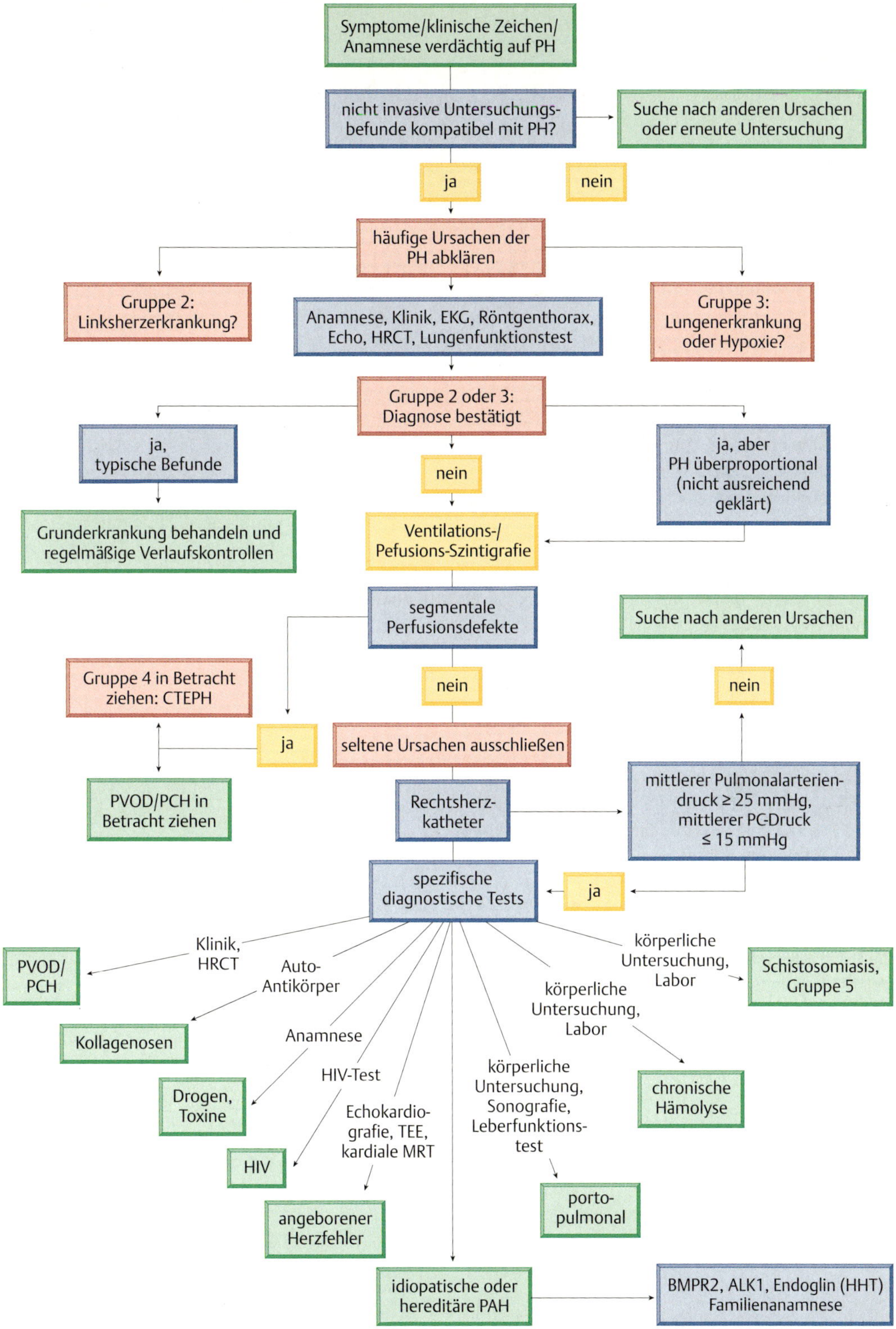
Symptome/klinische Zeichen/ Anamnese verdächtig auf PH
nicht invasive Untersuchungsbefunde kompatibel mit PH?
Suche nach anderen Ursachen oder erneute Untersuchung
ja
nein
häufige Ursachen der PH abklären
Gruppe 2: Linksherzerkrankung?
Anamnese, Klinik, EKG, Röntgenthorax, Echo, HRCT, Lungenfunktionstest
Gruppe 3: Lungenerkrankung oder Hypoxie?
Gruppe 2 oder 3: Diagnose bestätigt
ja, typische Befunde
nein
ja, aber PH überproportional (nicht ausreichend geklärt)
Grunderkrankung behandeln und regelmäßige Verlaufskontrollen
Ventilations-/ Pefusions-Szintigrafie
segmentale Perfusionsdefekte
Suche nach anderen Ursachen
Gruppe 4 in Betracht ziehen: CTEPH
nein
nein
ja
seltene Ursachen ausschließen
PVOD/PCH in Betracht ziehen
Rechtsherzkatheter
mittlerer Pulmonalarteriendruck ≥ 25 mmHg, mittlerer PC-Druck ≤ 15 mmHg
spezifische diagnostische Tests
ja
Klinik, HRCT
PVOD/ PCH
Auto-Antikörper
Kollagenosen
Anamnese
Drogen, Toxine
HIV-Test
HIV
Echokardiografie, TEE, kardiale MRT
angeborener Herzfehler
körperliche Untersuchung, Sonografie, Leberfunktionstest
portopulmonal
körperliche Untersuchung, Labor
chronische Hämolyse
körperliche Untersuchung, Labor
Schistosomiasis, Gruppe 5
idiopatische oder hereditäre PAH
BMPR2, ALK1, Endoglin (HHT) Familienanamnese

- **Diuretika:** zur Behandlung der Rechtsherzinsuffizienz mit Stauungszeichen (Ödeme, Pleuraergüsse, Aszites etc.)
- **Digitalis:** nur zur Herzfrequenzregulierung bei Vorhofflimmern
- **Antikoagulation:** Niedrig dosierte (INR 2,0 bis 2,5) Therapie mit Vitamin-K-Antagonisten zur Prophylaxe von thromboembolischen Komplikationen und In-Situ-Thrombosierungen der Lungenstrombahn.
- **Kontrazeption:** bei Frauen im gebärfähigem Alter zur Vermeidung einer Aggravierung der pulmonalen Hypertonie während einer Schwangerschaft. Bei schwerer pulmonaler Hypertonie ist eine Schwangerschaft aufgrund hoher Letalität (30 – 50 %) kontraindiziert.
- **Impfungen:** gegen Pneumokokken und Influenza zur Prävention von Infekten. Bei eingetretenen Infekten frühzeitige antibiotische Therapie.
- **isovolämische Hämodilution:** bei Polyglobulie mit Hämatokrit > 60 % (Aderlass von 500 ml und Ersatz durch isotonische NaCl-Lösung).
- Bei fortgeschrittener PH Aufenthalt in **Höhen > 1500 Meter und Flugreisen** ohne Sauerstoff-Supplementation vermeiden
- **Sauerstoff-Heimtherapie:** 1 – 2 l O_2/min über 12 – 18 Std. pro Tag bei chronisch hypoxämischen Patienten (arterieller pO_2 < 65 mmHg). Strenge Indikationsstellung, stationäre Therapieeinleitung in einer Fachabteilung, engmaschige Überwachung. Ziel: arterielle Sauerstoffsättigung > 90 – 92 %
- **Nitrate und Theophylline:** zur effektiven Senkung von Druck und Widerstand im Lungenkreislauf nur selten ausreichend wirksam.

Pulmonal vasodilatierende Therapie

Ziel ist die Senkung des pulmonalarteriellen Drucks und Widerstands.

Kalziumantagonisten. Zieldosis ist die maximal verträgliche Dosis (bis zu 720 mg Diltiazem oder 20 mg Amlodipin pro Tag). Bei „Respondern" im akuten Vasoreagibilitätstest (ca. 10 %) einsetzbar, unter diesen jedoch nur in ca. 50 % der Fälle im Langzeitverlauf wirksam. Bei der somit sehr geringen Zahl klinisch wirksamer Einsätze ist der therapeutische Nutzen umstritten.

Spezifische Medikamente. Sie werden eingesetzt zur möglichst selektiven pulmonalarteriellen Vasodilatation. Sie sind klinisch wirksamer als Kalziumantagonisten, jedoch auch mit erheblichen Kosten und potenziellen Medikamenten-Interaktionen verbunden. Daher wurde kürzlich zur Verordnung dieser Substanzen ein Zweitmeinungsverfahren (gutachterliche Stellungnahme eines Experten in der Therapie der PH) eingeführt.

- **Prostanoide** intravenös als Dauerinfusion/Pumpe (Epoprostenol, Iloprost, Treprostinil), oral (Beraprost) oder inhalativ (Iloprost, Treprostinil). *Nebenwirkungen:* Flush, Kopfschmerz, Diarrhö, Knochenschmerzen und systemische Hypotonie.
- **Phosphodiesterase-5- (PDE_5-)Inhibitoren** oral: Sildenafil 3 × 20 mg/d oder Tadalafil 1 × 40 mg/d. *Nebenwirkungen:* Flush, Kopfschmerz, Epistaxis (Nasenbluten), Nasenschleimhautschwellung. *Cave:* Interaktionen mit CYP3A4 Metabolismus. *Kontraindikation:* Kombination mit Nitraten.
- **Endothelin-Rezeptor-Antagonisten (ERA)** oral: Bosentan, Sitaxentan, Ambrisentan (Macitentan in klinischer Erprobung). *Nebenwirkungen:* Lebertoxizität (v. a. Bosentan), Ödeme, Anämie und Zytopenien. *Cave:* multiple Medikamenten-Interaktionen (z. B. orale Antikoagulanzien und Kontrazeptiva).
- **Kombinationstherapien** mit o. g. Substanzgruppen sind bei unzureichendem Ansprechen mit fortbestehender Symptomatik unter einer Monotherapie (Evaluation nach 6 – 12 Wochen) möglich. Bei NYHA II–III kommen Kombinationen von oralen (und inhalativen) Medikamenten zum Einsatz, bei NYHA IV werden dagegen frühzeitig parenterale Prostazyklin-Analoga eingesetzt.

Neuartige medikamentöse Therapieansätze. Mehrere antiproliferativ wirkende Medikamente befinden sich derzeit in klinischer Erprobung (keine Zulassung):

- Stimulatoren der löslichen Guanylatzyklase (sGC) oral (z. B. Riociguat)
- Thyrosin-Kinase-Inhibitoren oral (z. B. Imatinib)
- vasoaktives intestinales Peptid (VIP) inhalativ
- Serotonin-Rezeptor-Antagonisten (z. B. Tergurid)

Operative Maßnahmen

Ballon-Atrioseptostomie. Künstliche Anlage einer Shuntverbindung auf Vorhofebene (palliativ) zur verbesserten Füllung des linken Ventrikels und Steigerung des HZV (Behandlung des Vorwärtsversagens). Hierunter jedoch unter Inkaufnahme einer Beimischung venösen Blutes zum Systemkreislauf (Rechts-Links-Shunt).

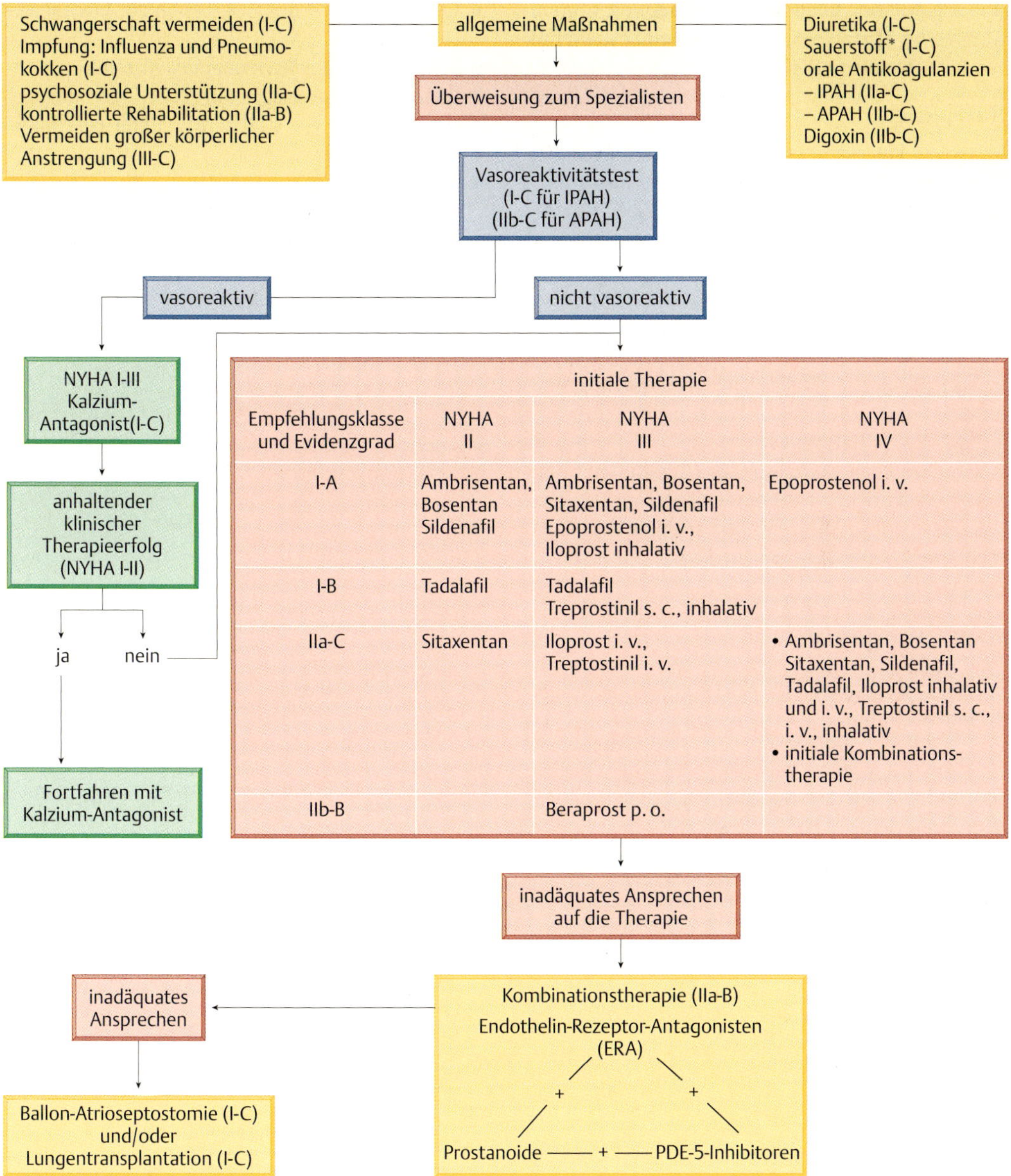

initiale Therapie			
Empfehlungsklasse und Evidenzgrad	NYHA II	NYHA III	NYHA IV
I-A	Ambrisentan, Bosentan Sildenafil	Ambrisentan, Bosentan, Sitaxentan, Sildenafil Epoprostenol i. v., Iloprost inhalativ	Epoprostenol i. v.
I-B	Tadalafil	Tadalafil Treprostinil s. c., inhalativ	
IIa-C	Sitaxentan	Iloprost i. v., Treptostinil i. v.	• Ambrisentan, Bosentan Sitaxentan, Sildenafil, Tadalafil, Iloprost inhalativ und i. v., Treptostinil s. c., i. v., inhalativ • initiale Kombinationstherapie
IIb-B		Beraprost p. o.	

Abb. 5.5 Therapie-Algorithmus bei pulmonalarterieller Hypertonie (PAH) nach ESC-Leitlinie 2009.

Pulmonalarterielle Thrombendarteriektomie. Operative „Ausschälung" okkludierter Pulmonalarterienäste bei chronisch thromboembolischer pulmonaler Hypertonie (CTEPH) in spezialisierten thoraxchirurgischen Zentren. Therapieziel: Normalisierung der Ruhehämodynamik mit Verbesserung von Belastbarkeit und Lebensqualität.

(Herz-)Lungentransplantation. Ultima-Ratio-Therapie mit einer 1-Jahres-Überlebensrate bei pulmonalarterieller Hypertonie von etwa 65 – 70 %. Hauptkomplikation im Langzeitverlauf ist neben der Abstoßungsreaktion und Problemen durch die immunsuppressive Therapie das Entstehen einer obliterativen Bronchiolitis (s. S. 476).

Therapieziele

Neben der subjektiven Symptomatik und Belastbarkeit gelten als Parameter des Therapieerfolgs:

- Verbesserung der NYHA-Klasse (Ziel: NYHA I oder II)
- 6-Minuten Gehtest > 380 m
- Spiroergometrie mit $VO_{2_{max}}$ > 10,5 ml/kg/min
- systemischer Blutdruck unter Belastung systolisch > 120 mmHg
- Normalisierung der kardialen Funktionsparameter
- BNP-Wert < 180 pg/ml

Eine engmaschige Betreuung der Patienten mit Kontrolle vielfältiger kardiopulmonaler Funktionsparameter durch erfahrene und spezialisierte Institutionen ist lebenslang erforderlich.

5.2.8 Prognose

Prognostisch wesentliche Faktoren sind:

- Hämodynamische Parameter:
  - mittlerer Pulmonalarterien-(PA-)Druck und -Widerstand: 5-Jahres-Überleben: ca. 30 % bei PA-Druck 30 – 50 mmHg, ca. 10 % bei PA-Druck > 50 mmHg
  - rechtsatrialer Druck > 15 mmHg, Vergrößerung des rechten Vorhofs
  - Cardiac-Index ≤ 2,0 l/min/m²
  - systolischer Blutdruck unter Belastung
- Geschwindigkeit der Progression der pulmonalen Hypertonie
- Schweregrad der Rechtsherzinsuffizienz
- Blutdruck (systolisch) mit Abfall oder unzureichendem Anstieg (≤ 20 mmHg) unter Belastung
- Perikarderguss
- funktioneller Status (NYHA III – IV; 6-Minuten-Gehtest < 300 m, $VO_{2_{max}}$ < 10,5 ml/min/kg)
- Ausmaß der Hypoxämie (arteriell, gemischtvenös)
- Erhöhung von Biomarkern: BNP und NT-proBNP
- Synkopen

Weiterführende Literatur

http://www.escardio.org/guidelines-surveys/esc-guidelines/GuidelinesDocuments/guidelines-PH-FT.pdf

6 Kardiomyopathien und Herztumoren

Thomas Wichter, Günter Breithardt

6.1 Kardiomyopathien

engl.: cardiomyopathies

6.1.1 Definition

Die frühere Definition einer „Herzmuskelerkrankung unklarer Ursache“ wird dem heutigen Kenntnisstand nicht mehr gerecht. Nach aktueller Definition der American Heart Association (AHA; 2006) handelt es sich bei den Kardiomyopathien um eine heterogene Gruppe von Erkrankungen des Herzmuskels, verbunden mit mechanischer und/oder elektrischer Dysfunktion des Myokards, in der Regel manifestierend mit inadäquater Hypertrophie oder Dilatation. Sie basieren auf verschiedenen, häufig genetischen Ursachen und führen zu kardiovaskulär bedingtem Tod oder zu fortschreitender Herzinsuffizienz.

Die European Society of Cardiology (ESC; 2008) definiert eine Kardiomyopathie als Erkrankung mit strukturell oder funktionell gestörtem Myokard ohne Nachweis einer koronaren Herzkrankheit, einer arteriellen Hypertonie, eines Herzklappenfehlers oder eines angeborenen Herzfehlers.

Die Einbeziehung genetisch bedingter Arrhythmien durch Ionenkanal-Erkrankungen (z. B. langes QT-Syndrom, s. S. 96) in die Gruppe der Kardiomyopathien wird kontrovers beurteilt und wurde in der Klassifikation der AHA realisiert, in der der ESC jedoch verworfen.

6.1.2 Klassifikation der Kardiomyopathien

Die **Klassifikation der AHA** unterscheidet primäre von sekundären Kardiomyopathien und fokussiert auf eine genetische und molekulare Einteilung der Kardiomyopathien. **Primäre Kardiomyopathien** sind auf den Herzmuskel begrenzt und werden unterteilt in erworbene, genetisch bedingte, und ätiologisch gemischte Herzmuskelerkrankungen. **Sekundäre Kardiomyopathien** sind Herzmuskelerkrankungen als Teil einer generalisierten Systemerkrankung wie Autoimmunerkrankungen (Lupus erythematodes, Sklerodermie u. a.), infiltrative Erkrankungen (z. B. Amyloidose), Speicherkrankheiten, endokrine oder neuromuskuläre Erkrankungen, Medikamente, Toxine, Bestrahlung u.v. a.m.

Die **Klassifikation der ESC** (Abb. 6.1) unterteilt die Herzmuskelerkrankungen nach ihrem Phänotyp und klinischer Präsentation in **hypertrophe, dilatative, restriktive, arrhythmogen rechtsventrikulär** betonte, sowie unklassifizierbare Kardiomyopathien und ordnet die verschiedenen genetischen (familiären) und erworbenen Subtypen (Unterformen) diesen klinisch orientierten Kategorien zu. Das Konzept der sekundären oder (früher) spezifischen Herzmuskelerkrankungen wird damit bewusst verlassen zugunsten einer im klinischen Alltag leicht anwendbaren Klassifikation.

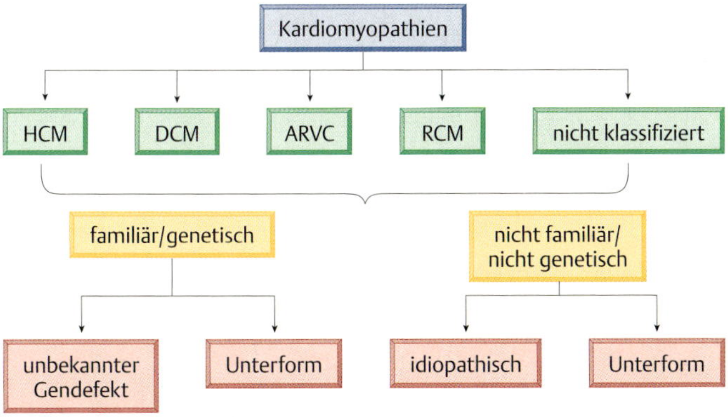

Abb. 6.1 Klassifikation der Kardiomyopathien. Details siehe Text. HCM = hypertrophe Kardiomyopathie, DCM = dilatative Kardiomyopathie, AVRC = arrhythmogene rechtsventrikuläre Kardiomyopathie, RCM = restriktive Kardiomyopathie (nach ESC, 2008).

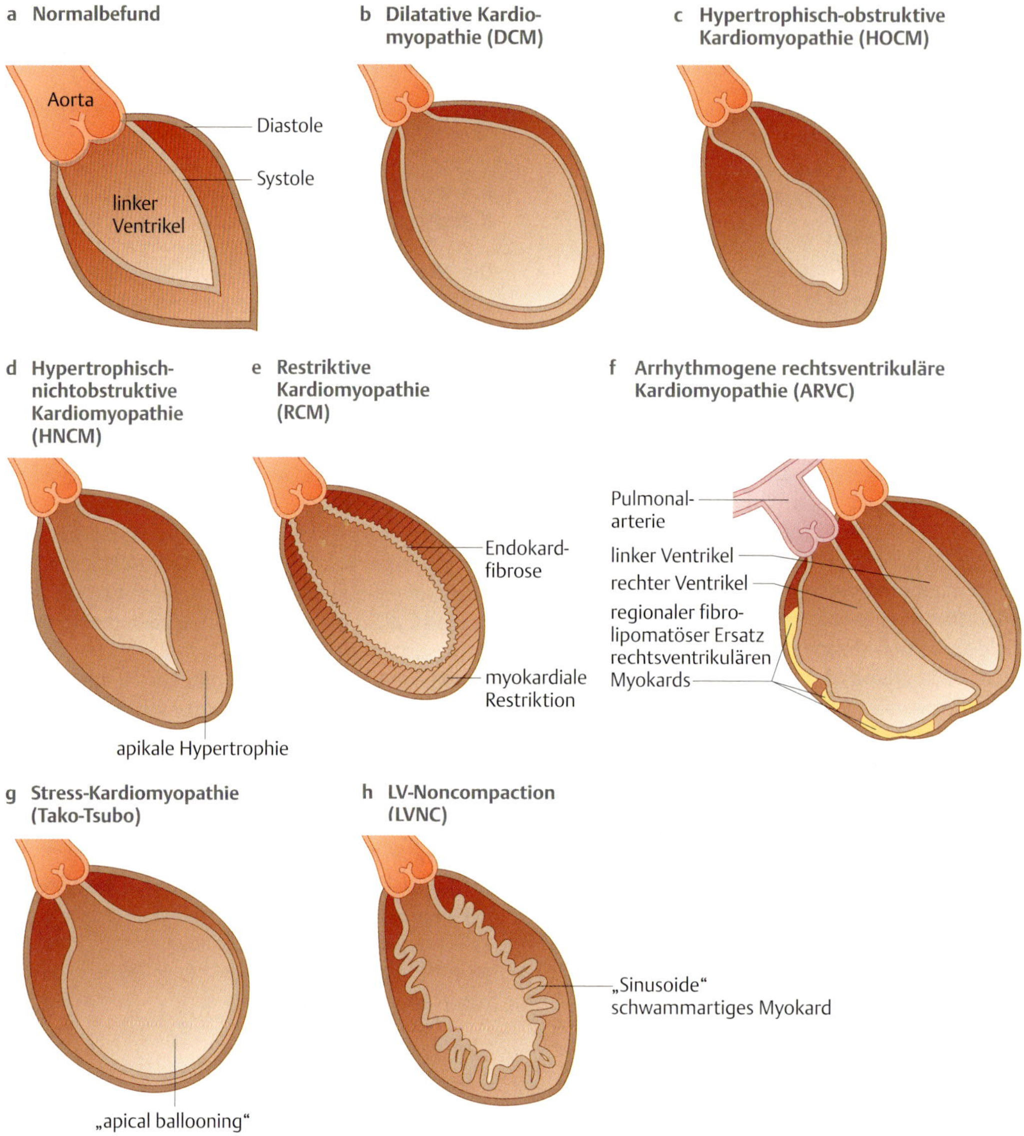

Abb. 6.2 Kardiomyopathien. a Normale Ventrikelfunktion zum Vergleich. **b** Bei der DCM kommt es zur diffusen Dilatation und Kontraktionsstörung des linken und/oder rechten Ventrikels. (s. S. 127). **c** Die HOCM kann mit einer subaortalen oder mittventrikulären Obstruktion einhergehen (s. S. 130). Das Ventrikelkavum ist in der Regel klein. **d** Bei der HNCM kann die Hypertrophie apikal oder asymmetrisch ausgeprägt sein und durch zunehmende Steifigkeit des verdickten Myokards eine diastolische Füllungsbehinderung bewirken. **e** Bei der RCM kommt es durch eine Steifigkeit des Endokards oder des Ventrikelmyokards zu einer diastolischen Füllungsbehinderung der Ventrikel (s. S. 135). **f** Die ARVC ist charakterisiert durch fokalen Ersatz rechtsventrikulären Myokards durch Fett- und/oder Bindegewebe mit regionalen Störungen von Struktur und Funktion vorwiegend des rechten Ventrikels, verbunden mit einer Neigung zu ventrikulären Arrhythmien (s. S. 137). **g** Bei der Stress-Kardiomyopathie (Tako-Tsubo) kommt es zu einer Kontraktionsstörung (Akinesie) der apikalen und mittventrikulären Ventrikelanteile („apical ballooning") (s. S. 140). **h** Das linksventrikuläre Non-Compaction (LVNC) ist charakterisiert durch ein schwammartig aufgelockertes Ventrikelmyokard mit tiefen Rezessus und Sinosoiden (s. S. 139).

6.1.3 Dilatative Kardiomyopathie (DCM)

engl.: dilated (dilative) cardiomyopathy

Definition. Die dilatative Kardiomyopathie führt zu Dilatation und myokardialer Dysfunktion des linken oder beider Ventrikel und ist nicht durch koronare Herzkrankheit (KHK), Hypertonie oder andere Herzfehler bedingt. Es bestehen normale Wanddicken, normale Koronararterien und erhöhtes Herzgewicht. Zusätzlich können endokavitäre Thromben, interstitielle Fibrose und/oder Lymphozyteninfiltration nachweisbar sein.

Ätiopathogenese

Man unterscheidet idiopathische und familiär/genetische von viral/autoimmunen, alkoholisch/toxischen und anderen spezifischen Formen der dilatativen Kardiomyopathie (**Tab. 6.1**).

Idiopathische DCM

Unbekannte Pathogenese.

„Familiäre" DCM

Genetische Disposition:
- 20% der Patienten haben mindestens einen Verwandten mit DCM
- genetische Heterogenität: verschiedene Vererbungsmuster wurden beschrieben
- genetische Mutationen treten in Proteinen des Zytoskeletts, des Sarkomers und der Kernmembran auf (z. B. Dystrophin, Desmin, Lamin A/C, u.v. a.m.)

„Sekundäre" DCM

Folge viraler, autoimmuner oder toxischer Genese
- **Chronisch virale Kardiomyopathie** (s. S. 159)**:** Persistenz kardiotroper Viren (z. B. Adeno-, Entero-, Herpes-, Parvo-Viren etc.) im Myokard, nachgewiesen durch PCR aus Endomyokardbiopsien nach (inapparenter) Myokarditis mit langsam progredienter Verschlechterung der LV-Funktion durch chronische Entzündung mit Zellschädigung.
- **Inflammatorische Kardiomyopathie** (s. S. 159): Autoimmunologische Genese mit immunhistologischem Nachweis von Entzündungsaktivität ohne Viruspersistenz in Myokardbiopsien. Teilweise können Autoantikörper gegen myokardiale β-Rezeptoren oder andere kardiale Strukturen nachgewiesen werden.
- **Toxische Kardiomyopathie:** Schädigung des Myokards durch Alkohol, Toxine, Zytostatika (z. B. Anthrazykline) etc.

Epidemiologie, Verlauf, Prognose

Die Häufigkeit der dilatativen Kardiomyopathie in der Bevölkerung (Prävalenz) wird mit bei ca. 0,4%, entsprechend etwa 1 pro 2500 Einwohner geschätzt. Es bestehen regionale Unterschiede und ausgeprägte Variationen der Krankheitsausprägung. In den USA führt die Erkrankung zu etwa 10 000 Todesfällen pro Jahr. Bei klinischer Diagnosestellung befindet sich ein großer Anteil der Patienten bereits in den NYHA-Klassen III oder IV (s. S. 101). Ein Teil dieser Patienten lässt sich durch optimierte Herzinsuffizienztherapie (s. S. 104) in das NYHA-Stadium II oder I zurückführen.

Klinik und Diagnostik

Im Anfangsstadium der dilatativen Kardiomyopathie können die Patienten noch weitgehend beschwerdefrei sein und nur durch Leistungsminderung bei körperlicher Anstrengung oder sportlicher Aktivität auffallen. Bereits frühzeitig können Erregungslei-

Tab. 6.1 **Differenzielle Ätiologie bei Phänotyp einer dilatativen Kardiomyopathie**

	Genetik: Mutation	Immunhistologie: Inflammation	Myokardbiopsie (PCR): Viruspersistenz	Anamnese: exogene Toxine
idiopathisch	0	0	0	0
familiär/genetisch	+	0	0	0
inflammatorisch	0	+	0	0
chronisch viral	0	+	+	0
toxisch	0	0	0	+

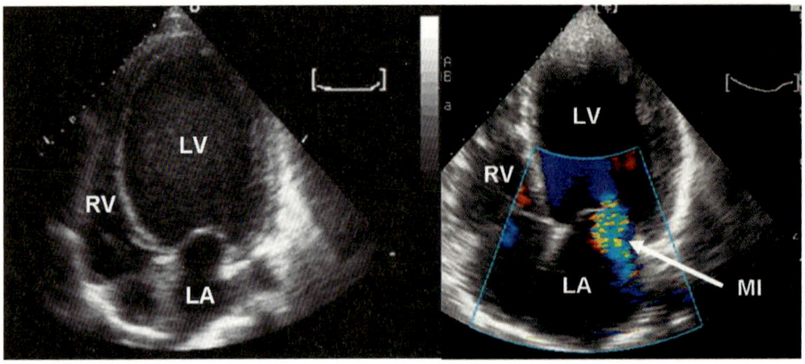

Abb. 6.3 Echokardiografie bei DCM. Dilatierter und diffus kontraktionsgestörter LV mit relativer Mitralklappeninsuffizienz.
LV = linker Ventrikel,
RV = rechter Ventrikel,
LA = linker Vorhof,
MI = Mitralinsuffizienz

tungsstörungen (v. a. Linksschenkelblock) und Arrhythmien (v. a. Vorhofflimmern) auftreten. Bei hochgradig reduzierter Funktion des linken Ventrikels (Auswurffraktion < 30 – 35 %) besteht eine erhöhte Gefahr des plötzlichen Herztodes.
Die klinische Symptomatik ist dominiert durch Zeichen der Herzinsuffizienz (s. S. 101). Dabei kommt es zunächst zu Leistungsminderung und Belastungsdyspnoe, später auch zu Rechtsherzinsuffizienz mit peripheren Ödemen, Pleuraerguss und Einflussstauung. Die Vergrößerung des linken Ventrikels führt durch Dilatation des AV-Klappenrings (Anulus-Dilatation) zu einer relativen Mitralklappeninsuffizienz. Bei Beteiligung des rechten Ventrikels oder sekundärer Rechtsherzinsuffizienz kann durch Anulus-Dilatation auch eine relative Trikuspidalklappeninsuffizienz entstehen.

Klinische Untersuchung

Im Vordergrund stehen klinische Zeichen der Herzinsuffizienz mit Lungenstauung, Einflussstauung (Jugularvenenstau, Hepatomegalie), Flüssigkeitsretention (Ödeme, Pleuraerguss, seltener auch Aszites) und peripherer Zyanose. Ein bandförmiges Systolikum kann durch relative Mitralklappeninsuffizienz (p.m. Herzspitze, hochfrequent, Fortleitung in die Axilla) und/oder Trikuspidalklappeninsuffizienz (p.m. Erb, mittelfrequent) bestehen.

EKG

Häufig bestehen ein linksanteriorer Hemiblock (LAH) und eine QRS-Verbreiterung durch Linksschenkelblock. Daneben können uncharakteristische Störungen der Erregungsrückbildung (ST-Strecken-Senkungen und T-Negativierung) sowie Verzögerungen der AV-Leitung (z. B. verlängerte pQ-Zeit bei AV-Block 1. Grades) vorliegen.

Echokardiografie

Echokardiografisch kann die Dilatation und die systolische Dysfunktion mit **diffuser Hypokinesie** des linken Ventrikels nachgewiesen und quantifiziert werden. Zudem können begleitende relative Mitral- und Trikuspidalklappeninsuffizienzen dargestellt und in ihrem Schweregrad beurteilt werden (**Abb. 6.3**). Die Abschätzung des systolischen Pulmonalarteriendrucks (s. S. 24) erlaubt eine Beurteilung der pulmonalen Hypertonie und der daraus resultierenden Rechtsherzbelastung. Zudem können Zeichen der Einflussstauung (Lebervenenstau, Dilatation der Vena cava inferior) sowie Pleuraergüsse dargestellt werden.
Visuell sowie quantifizierend mittels Techniken des pw-Dopplers und Gewebe-Dopplers kann eine intra- und interventrikuläre **Dyssynchronie** nachgewiesen werden, die vor allem bei QRS-Verbreiterung und Linksschenkelblock auftritt und die systolische Dysfunktion des linken Ventrikels verstärkt. Der Nachweis einer relevanten Dyssynchronie ist wesentlich für die Indikationsstellung zur Implantation spezieller Herzschrittmacher- bzw. Defibrillatorsysteme zur kardialen Resynchronisationstherapie (CRT) (s. S. 110).

Magnetresonanztomografie (MRT)

In der Diagnostik der dilatativen Kardiomyopathie hat die kardiale MRT Bedeutung in der Abgrenzung zur akuten und chronischen Myokarditis sowie der kardialen Sarkoidose. Neben der Dilatation und Dysfunktion des Ventrikels kann die MRT vor allem durch ihre Möglichkeiten zur Gewebecharakterisierung in der differenzialdiagnostischen Abklärung hilfreich sein. Akute Entzündung (Inflammation) kann in T2-gewichteten MR-Sequenzen als Ödem dargestellt werden, während fokale Fibroseherde

(Narben) durch Kontrastmittelanreicherung in späten Aufnahmen nach Gabe von MR-Kontrastmitteln („late enhancement") nachgewiesen werden können.

Herzkatheter (Hämodynamik, Angiokardiografie)

Die Dilatation und Dysfunktion des linken (und rechten) Ventrikels sowie die relevanten hämodynamischen Parameter (Füllungsdruck, Pulmonalarteriendruck, Klappeninsuffizienzen) können in aller Regel durch die Echokardiografie dargestellt und quantifiziert werden. Die invasive Herzkatheterdiagnostik dient bei dilatativer Kardiomyopathie daher im Wesentlichen zum sicheren Ausschluss einer koronaren Herzkrankheit, da bei diffuser Kontraktionsstörung des linken Ventrikels differenzialdiagnostisch auch eine koronare 3-Gefäß-Erkrankung in Betracht kommt, die ein grundlegend anderes therapeutisches Vorgehen (koronare Revaskularisation) erfordern würde. Der Ausschluss einer relevanten koronaren Herzkrankheit kann bei dieser Fragestellung alternativ heute auch durch die koronare Spiral-CT-Angiografie erfolgen (s. S. 30).

Endomyokardbiopsie

Die Endomyokardbiopsie ist zur Diagnose der dilatativen Kardiomyopathie von nur untergeordnetem Wert, da die Befunde meist unspezifisch sind. Bei Hinweisen für inflammatorische Genese (Myokarditis, Sarkoidose, chronisch virale oder inflammatorische Kardiomyopathie, s. S. 159 „Myokarditis") oder kardiale Beteiligung einer Systemerkrankung (z. B. Sklerodermie) als Ursache der linksventrikulären Dysfunktion, einer infiltrativen Erkrankung (z. B. Amyloidose) oder einer Speicherkrankheit (z. B. Morbus Fabry) kann die Endomyokardbiopsie jedoch differenzialdiagnostisch wichtige Beiträge mit therapeutischer Konsequenz liefern.

Verlauf und Prognose

Bei dilatativer Kardiomyopathie (DCM) ist eine Besserung der klinischen Symptome und der linksventrikulären Funktion unabhängig von der initialen Ejektionsfraktion (LV-EF) auch nach Jahren möglich. Die 5-Jahres-Letalität der DCM beträgt dennoch etwa 10 – 20 %. Todesursachen sind fortschreitende Herzinsuffizienz und plötzlicher Herztod. Eine deutliche Besserung der Prognose der DCM ist durch optimierte medikamentöse Kombinationstherapie der Herzinsuffizienz, kardiale Resynchronisation, Herztransplantation und Prävention des plötzlichen Herztodes durch Implantation eines Cardioverter-Defibrillators (ICD) möglich (s. S. 104).

Prognostisch ungünstige Faktoren.

- NYHA-Klasse IV
- Alter > 70 Jahre
- anhaltend niedrige Ejektionsfraktion des LV (< 30 %) unter Therapie
- globale (vs. regionale) Kontraktionsstörung
- rechtsventrikuläre Beteiligung
- maximale Sauerstoff-Aufnahme (VO_{2max}) bei Spiroergometrie < 10 – 14 ml/kg/min
- erhöhte Noradrenalin-/BNP-/Renin-Plasmaspiegel
- pulmonalkapillärer Mitteldruck (PCm) > 20 mmHg
- Erregungsleitungsstörung (AV-Block, Linksschenkelblock)
- Synkopen
- (nicht) anhaltende Kammertachykardien (kurze Salven häufig, prädiktiver Wert unklar)

Therapie

Basistherapie.

- Flüssigkeits- und Kochsalzrestriktion (< 3 g pro Tag)
- Alkoholkarenz, ausgewogene Ernährung
- Vermeiden bzw. Ersetzen myokardtoxischer Stoffe oder Medikamente
- Behandlung prädisponierender Krankheiten
- frühe Identifikation (noch) asymptomatischer Patienten (z. B. Familienangehörige)

Herzinsuffizienztherapie. Es erfolgt eine allgemeine Herzinsuffizienztherapie (s. S. 104) mit Vasodilatoren (ACE-Hemmer, AT_1-Rezeptorblocker), Betablockern, Aldosteronantagonisten, Diuretika und Digitalis. Zur **intensivierten Herzinsuffizienztherapie** s. S. 109.

Weitere Therapiemöglichkeiten. Je nach Befund und Symptomatik kommen zum Einsatz:

- **Kardiale Resynchronisationstherapie (CRT = „Cardiac Resynchronization Therapy")** (s. S. 110)**:** Bei Patienten mit verbreitertem QRS-Komplex (Linksschenkelblock oder permanente rechtsventrikuläre Schrittmacher-Stimulation) und/oder Nachweis einer intra- oder interventrikulären Dyssynchronie (Echo) kann durch implantierbare Schrittmacher- oder Defibrillatorsysteme eine biventrikuläre Stimulation eine Verbesserung des Kontraktionsablaufs und der Hämodynamik erreicht werden.

- **Kardiale Kontraktilitätsmodulation (CCM = „Cardiac Contractility Modulation"):** Hochenergetische nicht-exzitatorische Stimulation des Myokards während der absoluten Refraktärzeit über spezielle implantierbare Systeme zur Steigerung der Kontraktilität über eine Beeinflussung von myokardialen Stoffwechselvorgängen.
- **Linksventrikuläre Unterstützungssysteme (LVAD = „LV Assist-Device")** (s. S. 110)**:** Implantation pulsatiler oder nicht-pulsatiler Pumpensysteme zur Überbrückung bis zur Herztansplantation, in Einzelfällen auch als dauerhafte Therapie.
- **Herztransplantation** (s. S. 110)**:** Diese ist bei schwersten Formen der DCM im Stadium NYHA (III–)IV trotz Ausschöpfung anderer Therapiemaßnahmen als Ultima Ratio möglich. Bei mäßiger Symptomatik (NYHA II–III) sollte trotz schwerer linksventrikulärer Funktionsstörung eine Transplantation „hinausgezögert" werden, da eine spontane oder therapiebedingte Besserung möglich ist.

Spezifische Therapiemaßnahmen. Je nach Ursache der DCM sind spezielle therapeutische Maßnahmen möglich:

- chronisch virale Kardiomyopathie: Therapieoption mit β-Interferon zur Viruselimination. Die Ergebnisse aus Pilotstudien und Phase-2-Studien sind vielversprechend. Randomisierte und kontrollierte Phase-3-Studien stehen aus.
- inflammatorische Kardiomyopathie: Die Gabe von Immunsuppressiva oder γ-Globulinen und die Anwendung von Plasmapherese oder spezifischer Immunadsorption (z. B. bei Nachweis von Antikörpern gegen Beta-Rezeptoren) waren in kleinen Studien erfolgreich. Die Ergebnisse müssen jedoch in größeren randomisierten Therapiestudien bestätigt werden.

Antikoagulation. Eine Thromboembolieprophylaxe ist wesentlich bei Patienten mit DCM und schwerer linksventrikulärer Funktionsstörung, stattgehabter Embolie und/oder zusätzlichem Vorhofflimmern. Dabei sollte ein INR-Zielwert von 2,5 – 3,5 angestrebt werden.

Arrhythmieprophylaxe und -behandlung. Betablocker sind günstig zur Herzinsuffizienztherapie und Arrhythmieprophylaxe. Bei Vorhofflimmern, das häufig vorkommt, ist eine **Kardioversion** (bevorzugt elektrisch) indiziert. Die Frequenzkontrolle erfolgt durch **Betablocker** und **Digitalis**, die Rezidivprophylaxe v. a. mit **Amiodaron** oder Dronedaron (s. u.).
Antiarrhythmika zur empirischen Prophylaxe des plötzlichen Herztodes bringen eher eine Verschlechterung der Prognose durch die proarrhythmische und negativ inotrope Wirkungen. Eine Ausnahme bildet **Amiodaron** (200 – 300 mg/d Erhaltungsdosis nach Aufsättigung, s. S. 70), unter dem weder eine Verbesserung noch eine Verschlechterung der Prognose beobachtet wurde, stattdessen ein neutraler Effekt. Die Substanz ist daher lediglich geeignet für die symptomatische Behandlung arrhythmiebedingter Beschwerden. Günstige Ergebnisse wurden auch von der nebenwirkungsärmeren Nachfolgesubstanz **Dronedaron** (2 × 400 mg/d) zur antiarrhythmischen Behandlung von Vorhofflimmern bei Patienten mit kompensierter Herzinsuffizienz berichtet.
Kardioverter-Defibrillatoren (ICD) werden nach Reanimation oder bei symptomatischen und medikamentös therapierefraktären ventrikulären Tachykardien implantiert (s. S. 74). Zudem ist ein Nutzen in der Primärprävention des plötzlichen Herztodes in verschiedenen Studien auch bei Patienten mit DCM und LV-Auswurffraktion < 30 – 35 % belegt (SCD-HeFT, DEFINITE, COMPANION). 3-Kammer-Systeme mit biventrikulärer Stimulation zur kardialen Resynchronisation (CRT) spielen dabei eine zunehmende Rolle. Der prädiktive Wert der programmierten Kammerstimulation bei elektrophysiologischer Diagnostik ist bei DCM dagegen gering, da monomorphe Kammertachykardien nur selten induzierbar sind.

6.1.4 Hypertrophe Kardiomyopathie (HCM)

engl.: hypertrophic (obstructive) cardiomyopathy

Definition. Links- und/oder rechtsventrikuläre Wandhypertrophie, meist asymmetrisch im Ventrikelseptum betont. Sie kann mit oder ohne Obstruktion des linksventrikulären Kavums (typisch: Ausflusstrakt) einhergehen. Initial besteht ein normales oder hyperkinetisches Kontraktionsverhalten ohne Dilatation der Ventrikel.

Einteilung

Hypertrophe obstruktive Kardiomyopathie (HOCM, s. **Abb. 6.2 c**):

- „typische" HOCM: subaortale (Ausflusstrakt-)Obstruktion
- „atypische" HOCM: mittventrikuläre Obstruktion

Hypertrophe nicht obstruktive Kardiomyopathie (HNCM, s. **Abb. 6.2 d**):

- mit asymmetrischer Septumhypertrophie oder
- apikal betonter Hypertrophie

Epidemiologie

Die Häufigkeit der hypertrophen Kardiomyopathie in der Gesamtpopulation (Prävalenz) beträgt etwa 0,05 – 0,2 %, entsprechend 1 pro 500 – 2 000 Einwohner. Dabei bestehen große regionale Unterschiede sowie ausgeprägte Variationen der klinischen Expressivität (Krankheitsmanifestation).

> **Die HCM ist die häufigste Ursache des plötzlichen Herztodes bei jungen Sportlern.**

Durch sportmedizinische Screeninguntersuchungen und Ausschluss betroffener Patienten vom Leistungssport kann dieses Risiko reduziert werden.

Pathogenese und Genetik

Die hypertrophe Kardiomyopathie ist eine **genetisch determinierte Erkrankung** mit meist autosomal-dominanten Vererbungsmodus, jedoch großer genetischer Heterogenität und variabler klinischer Expression. Weit überwiegend betroffen sind **Proteine des Sarkomers** mit Mutationen der Gene für β-Myosin (schwere Kette und Leichtketten-regulatorisches Protein), myosinbindendes Protein C, α-Tropomyosin, Troponin T/I/C, Lamin A/C u. a.

Bei mindestens 50 % aller Index-Patienten sind weitere Familienmitglieder betroffen. Variable Phänotyp-Expressionen (z. B. Hypertrophiemuster) und Prognose werden beeinflusst von der Art der Mutation, Gen-Gen-Interaktionen („Modifier"-Gene) und (weitgehend unbekannten) genetischen und externen Faktoren. Eine **genetische Diagnostik** mit Mutationsanalyse/-nachweis ist nützlich zur Identifikation genotypisch betroffener Familienangehörigen, hat jedoch aufgrund der variablen Expressivität der hypertrophen Kardiomyopathie nur geringe Relevanz zur Risikostratifikation.

Pathophysiologie

Bei hypertropher Kardiomyopathie entsteht durch Wandhypertrophie, gestörte myokardiale Textur und zunehmende Fibrosierung eine erhöhte „Steifigkeit" des Myokards, die eine **diastolische Füllungsbehinderung** des/der Ventrikel(s) bedingt. Das Lumen der intramuralen Koronararterien ist durch Intimaverdickung reduziert, sodass bei der gleichzeitig bestehenden Hypertrophie des Myokards (verlängerte O_2-Diffusionsstrecke) Mikrozirkulationsstörungen und (Belastungs-)Ischämien des Herzmuskels entstehen, die zu myokardialer Fibrose (fokale Narben) und Angina pectoris führen können.

Bei HOCM entsteht zudem systolisch eine dynamische intraventrikuläre Obstruktion mit Druckgradienten (meist im Ausflusstrakt des linken Ventrikels), der bei Hypovolämie, Vorlastsenkung, Valsalva-Manöver oder postextrasystolisch zunimmt.

Klinik und Diagnostik

Anamnese. Häufig sind die betroffenen Patienten klinisch beschwerdefrei und gut belastbar. Symptome treten oft erst spät im Krankheitsverlauf auf und können in Belastungsdyspnoe, Thoraxschmerz (Angina pectoris), (Prä-)Synkopen oder Schwindel (bei Belastung) sowie Palpitationen und Herzrhythmusstörungen bestehen. Dabei kann auch ein plötzlicher

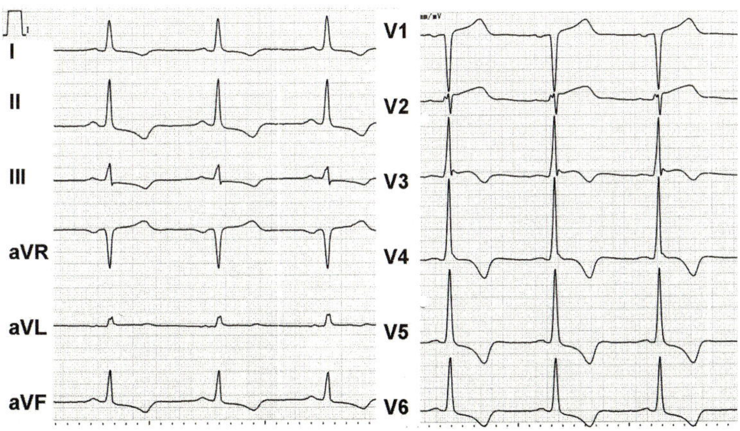

Abb. 6.4 EKG bei HOCM. Zeichen der Linksherz-Hypertrophie mit ST-Strecken-Senkungen und terminaler T-Negativierung in den inferioren und links präkardialen EKG-Ableitungen.

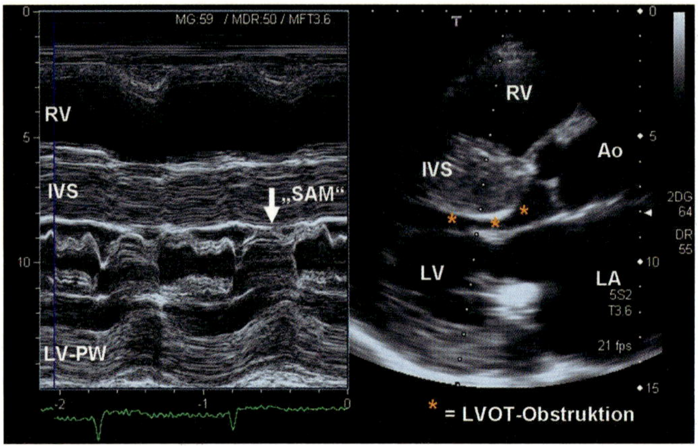

Abb. 6.5 Echokardiografie bei HOCM. Deutliche septal betonte Hypertrophie des LV mit kleinem Ventrikelkavum. Ausgeprägte Obstruktion im linksventrikulären Ausflusstrakt mit systolischer Vorwärtsbewegung des anterioren Mitralsegels (SAM-Phänomen) zum Ventrikelseptum. RV = rechter Ventrikel, IVS = interventrikuläres Septum, LV = linker Ventrikel, PW = pulsed wave, SAM = systolic anterior motion, Ao = Aorta, LA, linker Vorhof, LVOT = linksventrikulärer Ausflusstrakt

Herztod oder ein Kreislaufstillstand durch Kammerflimmern (v. a. bei Belastung) primäre Manifestation der Erkrankung sein.

Klinische Untersuchung. Bei HOCM besteht ein systolisches Herzgeräusch durch Obstruktion (p.m. Erb, mittelfrequent, Zunahme bei Valsalva-Manöver oder Belastung) und/oder durch Mitralklappeninsuffizienz (p.m. Herzspitze, hochfrequent). Zudem kann ein verfrühter aortaler Anteil des 2. Herztons (A_2) auskultiert werden. Bei Obstruktion besteht eine typisch doppelgipflige arterielle Pulswelle.

EKG. Zeichen der Linksherz-Hypertrophie mit ST-Strecken-Senkungen und terminaler T-Negativierung sowie „Q-Zacken" in inferioren Ableitungen (**Abb. 6.4**). Häufig bestehen ein linksanteriorer Hemiblock (LAH) und eine QRS-Verbreiterung im Sinne einer intraventrikulären Leitungsstörung oder eines Linksschenkelblocks.

Langzeit-EKG. Die Aufzeichnung (supra-)ventrikulärer Salven bzw. Tachykardien oder von paroxysmalem Vorhofflimmern korreliert mit Symptomen (Palpitationen, Synkopen) und hat Bedeutung für die Risikostratifikation. Seltener kommen passagere AV-Blockierungen zur Darstellung.

Echokardiografie. Echokardiografisch kann die linksventrikuläre Hypertrophie (septal betont) mit kleinen Volumina und normo- bis hyperkinetischen Kontraktionen des linken Ventrikels nachgewiesen werden. Durch die Hypertrophie kommt es durch Relaxationsstörung zur diastolischen Funktionsstörung des linken Ventrikels, die mittels Doppler-Echokardiografie und Gewebe-Doppler nachgewiesen und quantifiziert werden kann.

Bei HOCM kommt es durch die systolische Dickenzunahme des hypertrophierten Myokards (vor allem im septalen Ausflusstrakt) sowie zusätzlich durch eine systolische Bewegung des anterioren Mitralsegels in Richtung auf das Ventrikelseptum **(Systolic Anterior Movement = „SAM")** zu einer intraventrikulären Obstriktion (meist im Ausflusstrakt) des linken Ventrikels (**Abb. 6.5** und **Abb. 6.7**). Die mangelnde Koadaptation der Mitralklappensegel kann zusätzlich zu einer begleitenden Mitralklappeninsuffizienz führen.
Die linksventrikuläre Obstruktion ist dynamisch und nimmt bei Belastung, Vorlastsenkung (z. B. Hypovolämie, Nitrate), Valsalva-Manöver, positiver Inotropie (z. B. Katecholamine) oder nach Extrasystolen zu. Dies hat Implikationen für die Diagnostik (Provokationsmanöver) und Therapie (Vermeidung und Behandlung). Eine Quantifizierung der Obstruktion erfolgt durch dopplerechokardiografische Messung der Flussgeschwindigkeiten und daraus der Berechnung der Druckgradienten (s. S. 24).

Magnetresonanztomografie (MRT). Die MRT stellt den Goldstandard in der Diagnostik, Quantifizierung und Charakterisierung der linksventrikulären Hypertrophie dar. Dabei wird auch die apikale Hypertrophie sicher erkannt, die echokardiografisch nur erschwert nachzuweisen ist. Zudem kann die Größe und Funktion des linken Ventrikels quantitativ dargestellt und gemessen werden.
Wesentlicher Vorteil der MRT ist die Möglichkeit zur Darstellung fokaler Narben (Fibroseherde) durch Nachweis und Quantifizierung einer Kontrastmittel-Anreicherung in späten Aufnahmen nach Gabe von MR-Kontrastmitteln (**„late enhancement"**) (**Abb. 6.6**). Nach neueren Daten korrelieren diese Be-

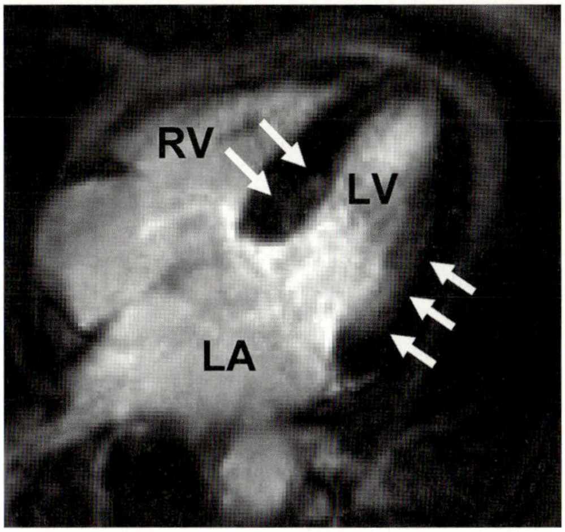

Abb. 6.6 **MRT bei HOCM.** Septal betonte Hypertrophie des linksventrikulären Myokards. Nach Gabe von MR-Kontrastmittel Nachweis einer späten Kontrastmittelanreicherung („late enhancement") septal und posterolateral (Pfeile) als Hinweis auf Fibroseherde im Myokard (Details siehe Text). LA = linker Vorhof, LV = linker Ventrikel, RV = rechter Ventrikel

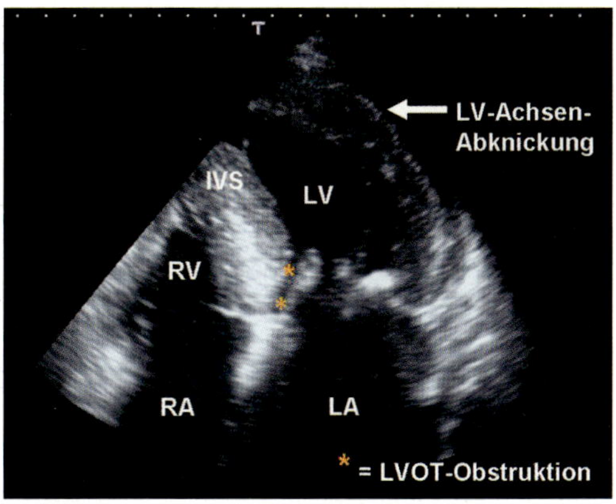

Abb. 6.7 **Echokardiografie bei HOCM** mit typischer Achsenabknickung des linken Ventrikels und ausgeprägter Obstruktion im LV-Ausflusstrakt (*). RV = rechter Ventrikel, LV = linker Ventrikel, LA, linker Vorhof, IVS = interventrikuläres Septum, LVOT = linksventrikulärer Ausflusstrakt

funde mit dem Auftreten ventrikulärer Tachyarrhythmien. Die MRT wird daher neuerdings bei hypertropher Kardiomyopathie auch in der Risikostratifizierung und damit zur Indikationsstellung zur Defibrillator-Implantation (ICD) in der primären Prävention des plötzlichen Herztodes eingesetzt.

Herzkatheter (Hämodynamik, Angiokardiografie). Durch Registrierung von Druckkurven im linken Ventrikel (Spitze und Ausflusstrakt) kann unter verschiedenen Konditionen (Ruhe, Valsalva, postextrasystolisch etc.) die Hämodynamik der HOCM evaluiert werden. Durch Angiokardiografie kann die linksventrikuläre Funktion beurteilt werden, eine typische Achsenabknickung des linken Ventrikels und die Obstruktion im Ausflusstrakt dargestellt werden, wenngleich dies in der Regel bereits durch die Echokardiografie ausreichend und meist besser gelingt (Abb. 6.7).

Endomyokardbiopsie. Die Endomyokardbiopsie ist zur Diagnose der hypertrophen Kardiomyopathie von nur untergeordnetem Wert, da die Befunde meist unspezifisch sind und die typische Verwirbelung der Myokardfaser-Anordnung („myocardial disarray") in pathologischen Präparaten, in der Regel jedoch nicht aus Biopsiematerial nachgewiesen werden kann.

Bei unklarer linksventrikulärer Hypertrophie mit fraglicher Diagnose einer hypertrophen Kardiomyopathie kann die Endomyokardbiopsie jedoch sehr hilfreich zum Nachweis differenzialdiagnostisch wichtiger Erkrankungen (Amyloidose, Morbus Fabry und andere Speicherkrankheiten etc.) eingesetzt werden.

Differenzialdiagnosen. Wichtige Differenzialdiagnosen einer hypertrophen Kardiomyopathie sind:

- hypertensive Herzerkrankung
- Sportlerherz
- restriktive Kardiomyopathie
- kardiale Amyloidose
- Speicherkrankheiten (z. B. Morbus Fabry).

! Bei kleinem, hypertrophiertem linken Ventrikel kann auch bei anderen Erkrankungen (Hypertonie, hochgradige Aortenstenose usw.) durch Hypovolämie oder Katecholamine eine der HOCM vergleichbare Situation entstehen. Therapie: Volumengabe und Vermeidung positiv inotroper Substanzen.

Prognose und Risikostratifikation.

Die Haupttodesursache ist ein **plötzlicher Herztod** durch ventrikuläre (selten auch supraventrikuläre) Tachyarrhythmien oder Kammerflimmern, seltener durch bradykarde Herzrhythmusstörungen oder Asystolie. Das Risiko des plötzlichen Herztodes ist im Kindes- bzw. Jugendalter am höchsten: 4 – 6%/Jahr (< 25 Jahre) bzw. 1 – 2% pro Jahr (> 25 Jahre) in spezialisierten Zentren (selektierte Hochrisikopatienten) und 0,3 – 0,6% pro Jahr in unselektierten Patientenkollektiven. Die Parameter zur Risikostratifikation sind:

- Z. n. Reanimation oder dokumentierter Kammertachykardie
- Familienanamnese mit plötzlichem Herztod bei Verwandten < 40 Jahre
- Synkopen
- ventrikuläre Salven im Langzeit-EKG
- unzureichender Blutdruckanstieg bei Belastung (< 20 mmHg)
- ausgeprägte Hypertrophie (> 30 mm) des linken Ventrikels
- mikrovaskuläre Obstruktion oder fokale Narbenbildung (MRT-Diagnostik)
- Weitere Risikofaktoren sind Vorhofflimmern, linksatriale Vergrößerung, maligne Mutationen u. a.

Therapie

Basistherapie. Die Basistherapie besteht vor allem in der Vermeidung von Zuständen mit Hypovolämie oder körperlichen Spitzenbelastungen (kein Leistungssport!).

Klinische Beschwerden wie Dyspnoe oder Angina pectoris werden symptomatisch mit negativ inotropen Substanzen wie Verapamil und/oder Betablockern (hoch dosiert) behandelt. Diese Therapie hat jedoch keinen Einfluss auf die Prognose.

Positiv inotrope Substanzen und medikamentöse Vorlastsenker (Nitrate, Diuretika) sind kontraindiziert, da sie die Hämodynamik der hypertrophen Kardiomyopathie verschlechtern.

> !
> - **Keine positiv inotropen Medikamente (z. B. Digitalis, Katecholamine)!**
> - **Vermeidung von Hypovolämie und medikamentöser Vorlastsenkung (z. B. Nitrate, Diuretika)!**

Herzinsuffizienztherapie. Eine therapiebedürftige systolische Herzinsuffizienz entwickelt sich erst im „Spätstadium" der hypertrophen Kardiomyopathie, wenn eine dilatative Verlaufsform mit Vergrößerung und Kontraktionsstörung des linken Ventrikels eingetreten ist. In diesen Fällen erfolgt die Therapie mit Vasodilatoren gemäß üblicher Algorithmen der Herzinsuffizienz-Therapie (s. S. 104).

Operative und interventionelle Therapie. Sie ist indiziert bei ausgeprägter Symptomatik (NYHA III) oder hohem individuellen Risiko (s. S. 111, Prognose). Zur Anwendung kommen:

- **transaortale Myektomie:** Chirurgische Exzision der Septumhypertrophie bei medikamentös refraktärer schwerer Symptomatik und hohem intraventrikulären Druckgradienten. Es gibt Hinweise für eine Prognoseverbesserung durch die Reduktion des Risikos des plötzlichen Herztodes. Die Operation wird nur in wenigen spezialisierten herzchirurgischen Zentren durchgeführt.
- **transkoronare Ablation der Septumhypertrophie:** Durch einen gezielten und selektiven Verschluss septaler Koronararterienäste (durch Injektion von hochprozentigem Alkohol oder Schaumpartikeln) wird ein umschriebener Septuminfarkt mit Abnahme der Obstruktion im Ausflusstrakt des linken Ventrikels induziert. Dieses katheterinterventionelle Verfahren erzielt vergleichbare klinische und hämodynamische Ergebnisse wie die operative Myektomie (s. u.). Ein prognostischer Nutzen ist jedoch bislang nicht belegt. Häufigste Komplikation (auch bei operativer Myektomie): AV-Block mit Notwendigkeit der Schrittmacher-Implantation (ca. 5%).
- **Mitralklappenersatz:** Bei begleitender höhergradiger Mitralklappeninsuffizienz kann durch Ersatz der Mitralklappe neben der Mitralklappeninsuffizienz auch die Obstruktion durch das anteriore Mitralsegel (SAM = „systolic anterior movement") beseitigt werden. Heute wird ein Mitralklappenersatz nicht mehr als alleinige Therapie der HOCM durchgeführt, da andere Optionen zur Verfügung stehen.
- **DDD-Schrittmacher aus hämodynamischer Indikation:** Durch möglichst permanente AV-sequenzielle rechtsventrikulär-apikale Schrittmacher-Stimulation (kurze AV-Zeit programmieren!) nimmt die subaortale Obstruktion durch Änderung des Kontraktionsablaufs ab (Beginn der Kammererregung apikal = „kardiale **De**synchronisation"). Als alleinige Therapie ist dieses Verfahren bei ausgeprägten Symptomen meist nicht ausreichend (Senkung des Druckgradienten um ca. 50%). Ein prognostischer Nutzen ist nicht belegt.

Antiarrhythmische Therapie. Bei **Vorhofflimmern** (hämodynamisch ungünstig durch diastolische Dysfunktion bei linksventrikulärer Hypertrophie) wird eine Frequenzregulierung durch Verapamil und/oder Betablocker erreicht (Digitalis vermeiden!). Zur Wiederherstellung des Sinusrhythmus kann eine elektrische Kardioversion durchgeführt werden. Eine Antikoagulation ist zur Thromboembolie-Prophylaxe dringend indiziert. Zur Rezidivprophylaxe des Vorhofflimmerns kann ggf. Amiodaron oder Dronedaron gegeben werden (s. S. 70).

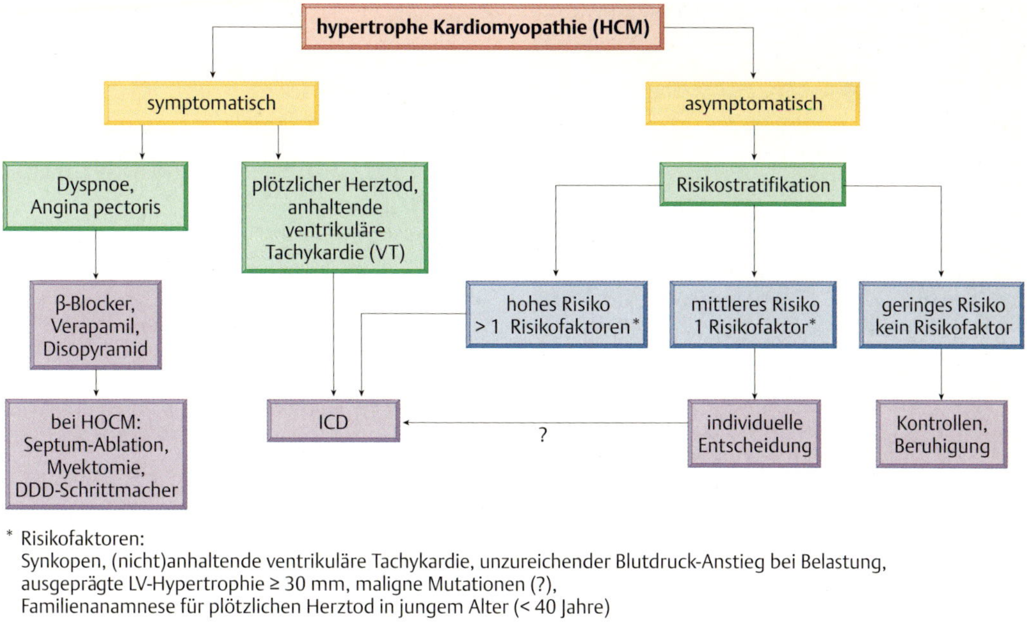

Abb. 6.8 Algorithmus zur Therapie der Symptomatik und Prävention des plötzlichen Herztodes bei HCM.

Nach **Reanimation** und bei anhaltenden **ventrikulären Tachyarrhythmien** erfolgt die Implantation eines Cardioverter-Defibrillators (ICD, s. S. 74). Potenziell lebensrettende (adäquate) ICD-Therapien (meist Elektroschocks) aufgrund von Arrhythmie-Rezidiven treten in dieser Patientengruppe (Sekundärprävention des plötzlichen Herztodes) in ca. 12,5 % pro Jahr auf.
Zur **primären Prävention des plötzlichen Herztodes** (prophylaktische Indikation) wird die ICD-Implantation bei Vorliegen von einem oder mehr Risikofaktoren (s. S. 134) empfohlen (**Abb. 6.8**). Potenziell lebensrettende (adäquate) ICD-Therapien treten in dieser Patientengruppe in ca. 4,5 % pro Jahr auf.

6.1.5 Restriktive Kardiomyopathie (RCM)

engl.: restrictive cardiomyopathy

Definition. Primäre oder sekundäre Myokarderkrankung mit diastolischer Füllungsbehinderung des Herzens durch „Versteifung" des (Endo-)Myokards (**Abb 6.2 e**).

Epidemiologie. Es handelt sich um eine seltene Erkrankung mit geringer Prävalenz.

Pathogenese

Folgende Formen und Ursachen der restriktiven Kardiomyopathie (RCM) werden unterschieden:

- primär myokardiale RCM: idiopathisch, Sklerodermie, Amyloidose, Sarkoidose, Morbus Fabry, Morbus Gaucher, Morbus Hurler, Glykogen-Speicherkrankheiten, Hämochromatose/-siderose, Pseudoxanthoma elasticum.
- endomyokardiale RCM: Endomyokardfibrose, hypereosinophile Syndrome (Löffler-Endokarditis), Karzinoid, Tumormetastasen, Bestrahlungsfolgen, Chemotherapeutika (z. B. Anthrazykline).

Wesentliche Differenzialdiagnosen der restriktiven Kardiomyopathie sind die hypertrophe Kardiomyopathie (s. S. 130) und die konstriktive Perikarditis (s. S. 158).

Pathophysiologie

Durch eine „Versteifung" des Myokards und/oder Endokards kommt es zu einer „restriktiven" Hämodynamik mit Füllungsbehinderung der Ventrikel und diastolischer Herzinsuffizienz. Dadurch sind die Volumina der Ventrikel verkleinert (geringer

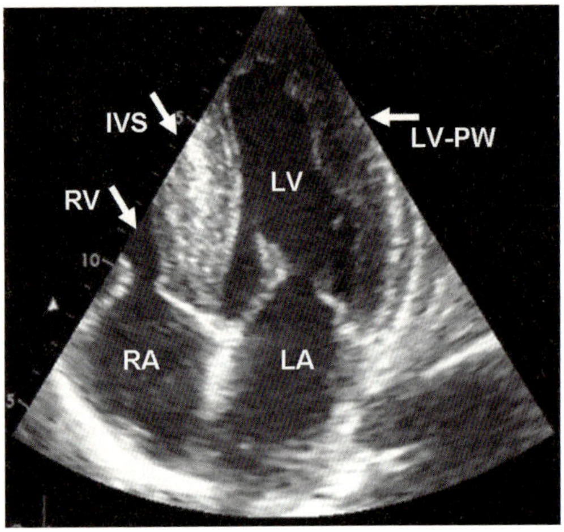

Abb. 6.9 Echokardiografie bei restriktiver Kardiomyopathie durch kardiale Amyloidose. Verdickte Wände des rechten und linken Ventrikels mit vergrößerten Vorhöfen und kleinem Ventrikelkavum durch diastolische Einflussbehinderung. RV = rechter Ventrikel, LV = linker Ventrikel, LA, linker Vorhof, IVS = interventrikuläres Septum, LV-PW = posteriore Wand des LV.

Einfluss), die der Vorhöfe vergrößert (Stauung). Zudem resultiert ein schneller und verkürzter frühdiastolischer Einstrom, der mittels Doppler-Echokardiografie („restriktives Muster") oder invasiv anhand der Analyse von Druckkurven („Dip-Plateau") nachweisbar ist. Die hämodynamische Bedeutung der aktiven Vorhofkontraktion in der späten Diastole nimmt zu. Deren Wegfall mit gleichzeitiger Verkürzung der Diastolendauer (Tachyarrhythmie) wird bei Vorhofflimmern klinisch meist schlecht toleriert.

> **!** **Klinisches Leitsymptom ist die Herzinsuffizienz bei echokardiografischem Nachweis großer Vorhöfe und kleiner Ventrikel bei erhaltener systolischer Ventrikelfunktion.**

Klinik

Die diastolische Funktionsstörung äußert sich zunächst ähnlich einer konstriktiven Perikarditis (s. S. 158) mit klinischen Zeichen der Rechtsherzinsuffizienz. Im Vordergrund stehen periphere Ödeme, Pleuraergüsse und Einflussstauung. Im weiteren Verlauf der Erkrankung entsteht eine globale Herzinsuffizienz mit zusätzlicher Lungenstauung und Minderung des HZV, die sich in Dyspnoe und Leistungsminderung manifestieren.

Diagnostik

- Echokardiografie mit Darstellung der Größe von Vorhöfen und Ventrikeln sowie der Struktur und Dicke des Myokards (**Abb. 6.9**).
- Doppler-Echokardiografie und Gewebedoppler zur Charakterisierung der restriktiven Hämodynamik.
- Endomyokardbiopsie zum Nachweis von myokardialen Speicherkrankheiten (z. B. Amyloidose, Morbus Fabry u. a.) und Sarkoidose.
- Magnetresonanz-Tomografie (MRT) zur Gewebecharakterisierung des Myokards und differenzialdiagnostischen Darstellung des Perikards.
- Computertomografie (CT) zum differenzialdiagnostischen Ausschluss einer Verdickung oder Verkalkung des Perikards.

Therapie und Prognose

Basistherapie. Die Behandlung der restriktiven Kardiomyopathie ist meist unbefriedigend, da nur selten spezifische therapeutische Angriffspunkte vorliegen. In der Regel ist die Therapie symptomatisch orientiert. Zum **Schutz vor Komplikationen** dienen:
- Frequenzregulierung, Kardioversion und antiarrhythmische Rezidivprophylaxe bei Vorhofflimmern
- Antikoagulation bei Vorhofflimmern oder Ventrikelthromben
- Schrittmacher- oder Defibrillator-Implantation bei spezieller Indikation

Medikamentöse Therapie (symptomatisch). Die pharmakologische Therapie der restriktiven Kardiomyopathie ist nicht überzeugend.
- Diuretika können symptomatisch bei Überwässerung vorsichtig verabreicht werden, es besteht jedoch die Gefahr einer Verminderung des HZV.
- ACE-Hemmer und AT 1-Blocker können wegen der blutdrucksenkenden Effekte mit Verminderung des HZV nur eingeschränkt eingesetzt werden.
- Digitalisglykoside sind meist nicht hilfreich und können im Einzelfall sogar nachteilig sein. Sie sollten daher nur in gezielten Ausnahmefällen verabreicht werden.

Spezifische Therapieansätze. Sie kommen nur selten und bei gezielter Indikation in Betracht:
- Enzym-Ersatztherapie (z. B. bei Morbus Fabry oder Morbus Gaucher)
- Glukokortikoide (z. B. bei Sarkoidose) (s. S. 163)

- Immunsuppressiva (z. B. Sklerodermie oder Sarkoidose)
- Zytostatika (z. B. bei Amyloidose)
- Endomyokardresektion (z. B. bei Endomyokardfibrose oder Löffler-Endokarditis)
- Herztransplantation (z. B. bei Amyloidose oder als letzte Option bei terminaler Herzinsuffizienz)

Prognose. Die Prognose der restriktiven Kardiomyopathie ist ernst. Etwa 70 % der Patienten sterben innerhalb von 5 Jahren nach Beginn der Symptome.

6.1.6 Arrhythmogene rechtsventrikuläre Kardiomyopathie (ARVC)

Synonym: rechtsventrikuläre Dysplasie (alte Bezeichnung)
engl.: arrhythmogenic right ventricular cardiomyopathy (dysplasia)

Definition. Initial fokaler, später fortschreitender und diffuser Ersatz vorwiegend des rechtsventrikulären Myokards durch Fett- und Bindegewebe. Das linksventrikuläre Myokard und das Ventrikelseptum sind klinisch manifest erst später im Krankheitsverlauf betroffen oder bleiben ausgespart Abb. 6.2 **f**).

Epidemiologie

Die ARVC ist eine seltene Kardiomyopathie, sie ist jedoch häufiger als klinisch diagnostiziert. Die Häufigkeit in der Bevölkerung (Prävalenz) wird mit 0,01 – 0,1 %, entsprechend 1 pro 1 000 – 10 000 Einwohner mit deutlichen regionalen Unterschieden und ausgeprägten Variationen in klinischer Manifestation und Expressivität.

> **!** **Die ARVC ist eine typische Ursache von Kammertachykardien und plötzlichem Herztod bei jungen, anscheinend gesunden Personen und Sportlern.**

Pathogenese und Genetik

Die arrhythmogene rechtsventrikuläre Kardiomyopathie (ARVC) ist eine **genetisch determinierte Erkrankung** mit meist autosomal-dominantem Erbgang, genetischer Heterogenität und variabler klinischer Expression. Weit überwiegend betroffen sind **Proteine des Desmosoms** (Zellkontakt-Proteine) mit Mutationen der Gene für Plakophilin-2, Desmoplakin, Desmocollin-2, Desmoglein-2, Plakoglobin u. a.

Klinik

Die arrhythmogene rechtsventrikuläre Kardiomyopathie (ARVC) manifestiert sich häufig durch **ventrikuläre Arrhythmien** mit Palpitationen, Tachykardien oder Synkopen oft während oder unmittelbar nach **Belastung.** Ein plötzlicher Kreislaufstillstand (Herztod) als primäre Manifestation ist seltener, jedoch auch in frühen Stadien der Erkrankung oder als Erstmanifestation möglich. Meist sind die Patienten körperlich normal belastbar (teilweise Leistungssportler!). Eine manifeste Herzinsuffizienz ist selten und tritt erst im Spätstadium der Erkrankung auf.

Diagnostik

Neben der Familienanamnese (genetische Disposition?) ist vor allem die **Arrhythmie-Dokumentation** indiziert (Linksschenkelblock-Konfiguration ventrikulärer Extrasystolien und Tachyarrhythmien, v. a. bei Belastung, **Abb. 6.10**). Weiterhin werden folgende Untersuchungen durchgeführt:
EKG: typische rechtspräkordiale T-Negativierung und QRS-Verbreiterung, in ausgeprägten Fällen niederfrequentes **Epsilon-Potenzial** am Ende des verbreiterten QRS-Komplexes, Spätpotenzial im Signalmittelungs-EKG (**Abb. 6.11**).

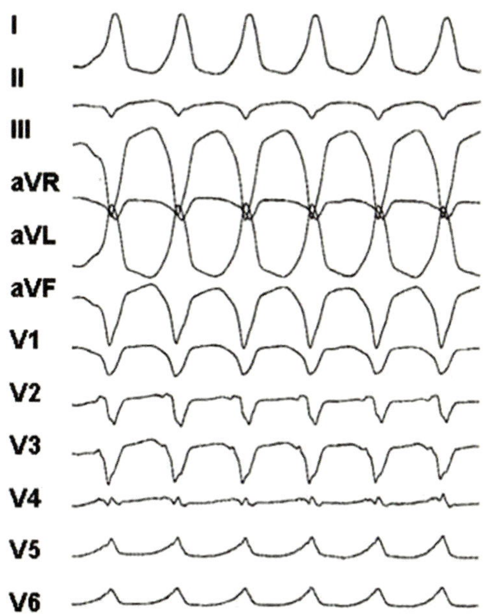

Abb. 6.10 Arrhythmie-Dokumentation bei ARVC. Monomorphe ventrikuläre Tachykardie mit Linksschenkelblockkonfiguration und überdrehtem Linkslagetyp.

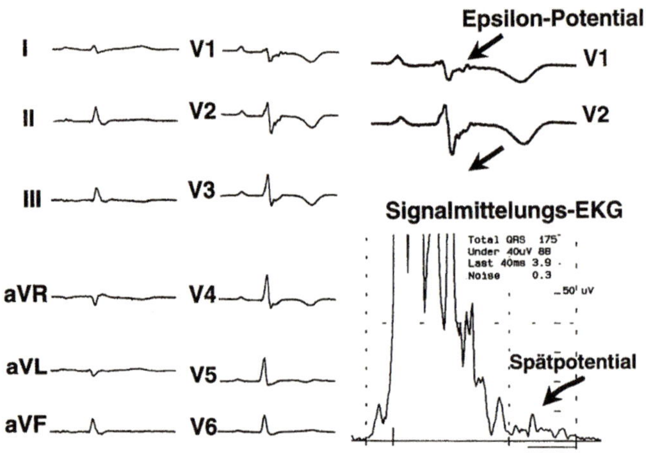

Abb. 6.11 **EKG bei ARVC.** Typische EKG-Befunde der ARVC sind die rechtspräkordiale QRS-Verbreiterung und T-Negativierung mit niederamplitudigem „Epsilon-Potenzial" am Ende des QRS-Komplexes sowie verbreiterter S-Zacke. Im Signalmittellungs-EKG Nachweis eines Spätpotenzials (Wichter et al., 1991)

Belastungs-EKG: Das Belastungs-EKG hat besondere Bedeutung zum Nachweis und zur Provokation (Demaskierung) belastungsinduzierter ventrikulärer Arrhythmien bei ARVC. Dies hat Bedeutung für die Diagnostik, Risikostratifikation und Therapiekontrolle.

Bildgebende Verfahren (Echokardiografie, MRT, CT, Angiografie): Strukturelle Veränderungen (Aneurysmen, Wandverdünnung etc.) sowie regionale (später diffuse) Kontraktionsstörungen des rechten Ventrikels können mit unterschiedlichen Verfahren der Bildgebung nachgewiesen werden. Durch die MRT gelingt evtl. der Nachweis einer fokalen intramyokardialen Signalanhebung als Hinweis für eine fettgewebige Infiltration des Myokards (unspezifisch). In Spätaufnahmen nach Gabe eines MR-Kontrastmittels („late enhancement") Nachweis fokaler Narbenbildung im rechten und/oder linken Ventrikel durch bindegewebigen Ersatz atrophierten Myokards (spezifisch).

Elektrophysiologische Untersuchung: zur Charakterisierung der Arrhythmien und Festlegung des therapeutischen Vorgehens kann eine programmierte Kammerstimulation hilfreich sein (s. S. 65).

Therapie

Basistherapie. Vermeidung von körperlichen Maximalbelastungen und Verbot zur Teilnahme am Leistungssport. Im Bereich des Freizeitsports sind kompetitive Sportarten zu vermeiden, dynamischer Ausdauersport ist dagegen in Grenzen erlaubt.

Therapie der Arrhythmien.

- Betablocker werden eingesetzt zur antiadrenergen Abschirmung und Rhythmusstabilisierung.
- Antiarrhythmika (präferenziell Sotalol oder Amiodaron) werden zur Therapie ventrikulärer Arrhythmien mit niedrigem Risiko für plötzlichen Herztod eingesetzt.
- Cardioverter-Defibrillatoren (ICD) (s. S. 74) werden implantiert bei Risikopatienten mit Nachweis potenziell lebensbedrohlicher ventrikulärer Tachyarrhythmien. Zur prophylaktischen ICD-Implantation im Rahmen der Primärprävention des plötzlichen Herztodes sind bislang kaum Daten verfügbar.
- Katheter-Ablationen können zur Behandlung permanenter („incessant"), häufiger oder therapierefraktärer ventrikulärer Tachykadien eingesetzt werden. Sie erfolgt in der Regel adjuvant unter palliativen Gesichtspunkten und meist nicht zur kurativen Therapie der Arrhythmien.
- Therapie-Algorithmus: Auf der Basis von Studiendaten und Registern wird aktuell ein in **Abb. 6.12** dargestellter Algorithmus zur Behandlung ventrikulärer Arrhythmien bei ARVC empfohlen.

Therapie einer Herzinsuffizienz. Eine Therapie der Herzinsuffizienz ist nur selten erforderlich, da diese nur in Ausnahmefällen klinisch manifest wird. Bei dominanter Rechtsherzinsuffizienz ist die medikamentöse Vorlastsenkung (Diuretika, Nitrate) indiziert. Bei globaler Herzinsuffizienz erfolgt die übliche medikamentöse Herzinsuffizienztherapie (s. S. 104) sowie in Einzelfällen der Einsatz von mechanischen Unterstützungssystemen und Herztransplantation (s. S. 110). Eine Antikoagulation ist nur bei Nachweis intrakavitärer Thromben indiziert.

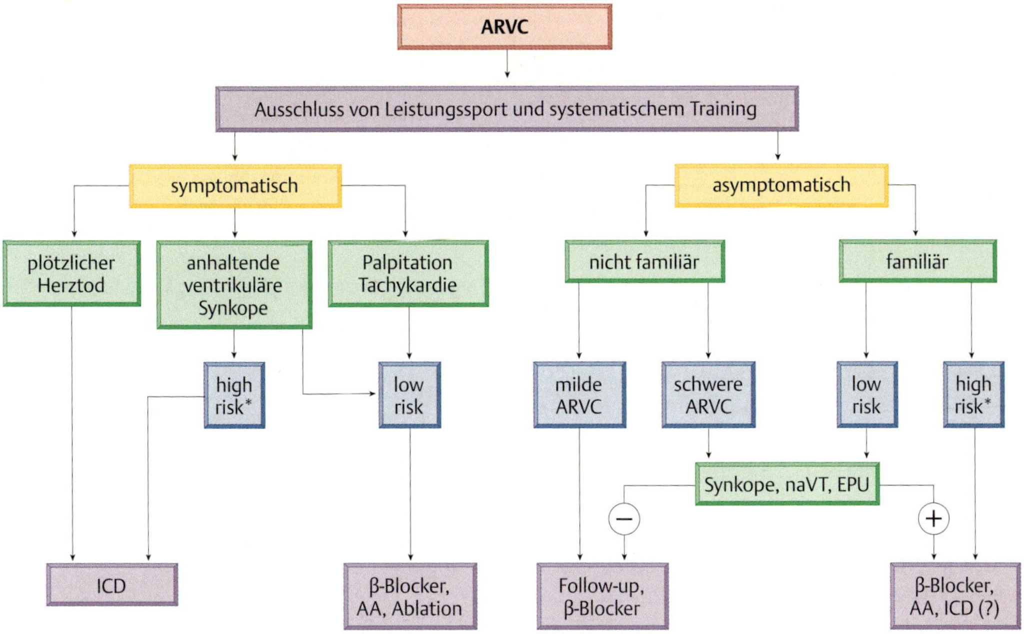

* schwere RV-Dysfunktion, LV-Beteiligung, hämodynamisch instabile VT/VF, pleomorphe VT, Epsilon-Potenzial, Spätpotenzial, Familienanamnese (SD/ARVC)

AA = Antiarrhythmika
VT = ventrikuläre Tachykardie
naVT = nicht anhaltende ventrikuläre Tachykardie
EPU = ventrikuläre Tachykardie induzierbar bei elektrophysiologischer Untersuchung

Abb. 6.12 Therapie-Algorithmus bei ARVC.

Prognose. Die Prognose der ARVC ist günstig, wenn die Arrhythmien gezielt und effektiv behandelt werden. Im Rahmen der Risikostratifikation zur Prävention des plötzlichen Herztodes und damit zur Indikationsstellung zur ICD-Implantation sind folgende Parameter von Bedeutung:

- Synkopen
- (nicht) anhaltende Kammertachykardie
- fortgeschrittene rechtsventrikuläre Dysfunktion
- linksventrikuläre Beteiligung
- EKG-Parameter: Epsilon-Potenzial, QRS-Dispersion und -Fragmentation u. a.

6.1.7 Linksventrikuläres Non-Compaction (LVNC)

Synonym: schwammartiges Myokard
engl.: left ventricular noncompaction (LVNC)

Definition und Pathogenese. Das linksventrikuläre Non-Compaction (LVNC) ist eine seltene, unklassifizierte Kardiomyopathie mit genetischem Hintergrund. Durch Mutationen in verschiedenen Proteinen und Transkriptionsfaktoren kommt es zu einem Stop der embryonalen Myokardentwicklung mit fehlender Kompaktierung. Als Folge entsteht ein **„schwammartig" verdicktes Myokard** mit nur schmaler kompakter epikardialer Myokardschicht und charakteristischen prominenten Trabekeln mit tiefen intertrabekulären Rezessus (Sinusoide) der verdickten „non-kompakten" endokardialen Wandschicht.

Klinik. Bei manchen Patienten besteht eine Ventrikeldilatation und systolische Dysfunktion. Neben einer Herzinsuffizienz können arterielle Embolien und Herzrhythmusstörungen (Kammertachykardien, Vorhofflimmern) auftreten.
Ausgeprägte Formen werden bereits im Kindesalter symptomatisch. Mildere Formen bleiben bis ins höhere Lebensalter asymptomatisch und werden oft nur zufällig durch kardiale Bildgebung entdeckt.

Diagnostik. Es besteht ein breites Spektrum der klinischen Manifestationen und Schweregrade durch variable Expressivität des Phänotyps. Die Diagnose wird durch bildgebende Verfahren (Echokardiografie, MRT, kardiales CT) mit Nachweis der typischen Myokardstruktur gestellt (schwammartiges Myokard mit tiefen Rezessus und Sinosoiden).

Therapie. Die Therapie der LVNC ist symptomatisch ausgerichtet und kann in medikamentöser Herzinsuffizienztherapie, Antikoagulation, Antiarrhythmika und/oder Implantation eines Cardioverter-Defibrillators (ICD) zur Sekundärprävention des plötzlichen Herztodes bestehen.

6.1.8 Stress-Kardiomyopathie (Tako-Tsubo)

Synonym: Stress-Kardiomyopathie, Tako-Tsubo-Kardiomyopathie
engl.: Tako-Tsubo cardiomyopathy, stress cardiomyopathy, apical ballooning syndrome, broken heart syndrome
Tako-Tsubo = asiatische Tintenfischfalle: bauchiger Topf mit engem Hals (s. S. 141, **Abb. 6.14**)

→ vgl. auch Kapitel „Koronare Herzkrankheit", S. 40 ff.

Definition. Die Tako-Tsubo-Stress-Kardiomyopathie ist charakterisiert durch eine **transiente regionale systolische Dysfunktion** unter Beteiligung der Spitze und der mittventrikulären Anteile des linken Ventrikels bei Ausschluss einer stenosierenden Koronarerkrankung. Es resultiert das Bild eines **„apical ballooning"** mit erhaltenen, teils hyperkinetischen Kontraktionen nur der basisnahen Anteile des linken Ventrikels.

Epidemiologie und Pathogenese

Es handelt sich um ein erst kürzlich beschriebenes Syndrom, welches nach seiner Identifikation in den letzten Jahren zunehmend häufiger diagnostiziert wird. Die meisten Fälle wurden bei post-menopau-

Tab. 6.2 Differenzialdiagnostische Abgrenzung der Tako-Tsubo-tress-Kardiomyopathie

Befund	Tako-Tsubo-Kardiomyopathie	akutes Koronarsyndrom (ACS)
Anamnese	außergewöhnliche Stresssituation	kardiovaskuläres Risikoprofil
Symptome	Angina pectoris, Dyspnoe, Zeichen der akuten Herzinsuffizienz	Angina pectoris, Dyspnoe, Zeichen der akuten Herzinsuffizienz, Arrhythmien
Labor	normal oder milde Erhöhung von Herzenzymen (Troponin, CK, CK-MB), massive Erhöhung der Plasma-Katecholamine	bei NSTEMI und STEMI typische Erhöhung von Herzenzymen mit Korrelation zur Ischämie- und Infarktgröße
EKG	initial ST-Strecken-Hebungen, subakut tiefe und breite T-Negativierungen	je nach Entität unauffällig, ST-Stecken-Senkungen bzw. T-Negativierungen (NSTEMI), oder ST-Strecken-Hebungen (STEMI)
Bildgebung (Echokardiografie und Lävokardiografie)	„Apical Ballooning" mit apikaler Akinesie des LV unter Erhalt hyperkinetischer Kontraktionen der basalen Abschnitte. Kein regionaler Bezug zu koronaren Versorgungsgebieten	Kontraktionsstörung des LV mit regionalem Bezug zum Versorgungsgebiet der betroffenen Koronararterie
MRT	in der Vitalitätsdiagnostik kein „Late Enhancement" nach Gabe von MR-Kontrastmittel als Hinweis für Vitalität	Nachweis und transmurale Ausdehnung von „late enhancement" als Hinweis für (irreversible) myokardiale Vernarbung
Prognose	unter Therapie meist vollständige Normalisierung der LV-Funktion innerhalb weniger Wochen	in Abhängigkeit von koronarem Versorgungsgebiet und Ischämiezeit entsteht eine myokardiale Narbe mit möglichen Spätfolgen (Herzinsuffizienz, Arrhythmien)

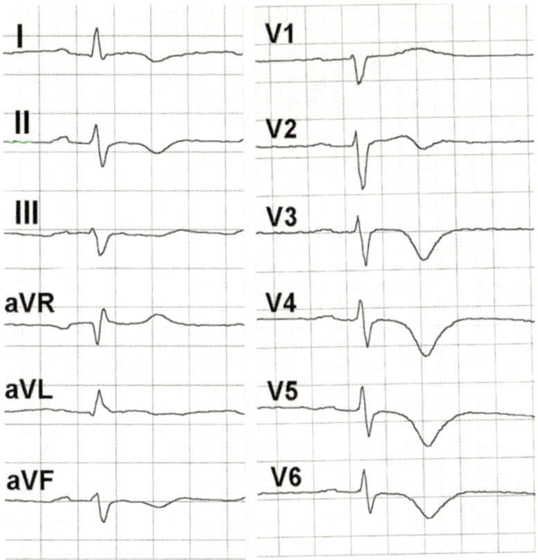

Abb. 6.13 EKG bei Tako-Tsubo-Stress-Kardiomyopathie. Reversible tiefe und breite T-Negativierungen ohne regionale Zuordnung zu koronaren Versorgungsgebieten.

salen Frauen beschrieben, häufig mit vorausgehendem psychischen oder emotionalen Stress („broken heart syndrome"), z. B. durch Tod eines Angehörigen, Trennung oder Verlust des Arbeitsplatzes.

Die genauen pathophysiologischen Mechanismen sind bislang nicht bekannt. Durch den Nachweis deutlich gesteigerter Plasma-Noradrenalin-Spiegel wird pathogenetisch ein toxischer Katecholamin-Effekt vermutet, der zu einem dem myokardialen „Stunning" ähnlichen Effekt führt.

Klinik und Diagnostik

Diagnostisch wegweisend sind neben der Anamnese und der typischen Kontraktionsstörung des linken Ventrikels vor allem EKG-Veränderungen (s. u.) sowie eine milde Erhöhung der Herzenzyme (CK, CK-MB, und Troponine). In der Akutphase kann eine differenzialdiagnostische Abgrenzung zum akuten Koronarsyndrom erschwert sein (Tab. 6.2) (s. S. 43).

Klinik. Das klinische Bild ähnelt in der Akutphase einem **akuten Koronarsyndrom** (s. S. 43). Die Patienten präsentieren sich mit meist plötzlich auftretendem Angina pectoris-ähnlichem Thoraxschmerz und akuter Herzinsuffizienz mit Dyspnoe (bis hin zum Lungenödem und kardiogenem Schock).

EKG. Das EKG zeigt Veränderungen akut mit ST-Strecken-Hebungen und subakut mit diffusen, meist breiten und tiefen T-Negativierungen und QT-Verlängerungen (Abb. 6.13). Im langfristigen Verlauf mit Erholung der Ventrikelfunktion auch Normalisierung des EKG.

Kardiale Bildgebung. In der Bildgebung durch Echokardiografie (oder MRT) zeigt sich das typische „apical ballooning" des linken Ventrikels mit systolischer Akinesie bis Dyskinesie der mittventrikulären und apikalen Anteile unter Erhalt von kompensatorisch hyperkinetischen Kontraktionen der basalen Abschnitte (Abb. 6.14). Die regionale Verteilung der Kontraktionsstörung folgt dabei nicht den Versorgungsgebieten der Koronararterien (wichtig für die Abgrenzung zum akuten Koronarsyndrom).

Im Gegensatz zum Myokardinfarkt zeigt die Vitalitätsdiagnostik mittels MRT in späten Aufnahmen nach Gabe eines MR-Kontrastmittels kein „late enhancement" Phänomen, somit vitales Myokard ohne Narbenbildung. Dieser Befund ist hilfreich für die differenzialdiagnostische Abgrenzung sowie zur Einschätzung der Prognose, da der Nachweis vitalen Myokards mit einer Erholung der linksventrikulären Funktion einhergeht. Entsprechende Verlaufskontrollen erfolgen mittels der Echokardiografie.

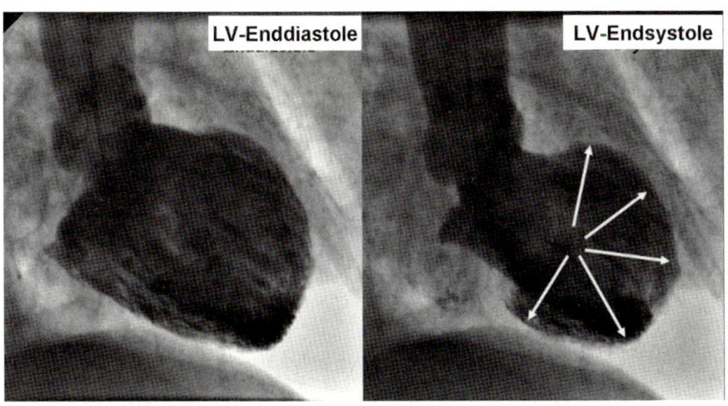

Abb. 6.14 Linksventrikuläre Angiografie bei Tako-Tsubo-Stress-Kardiomyopathie. „Apical ballooning" des linken Ventrikels mit Akinesie der mittventrikulären und apikalen Anteile ohne regionalen Bezug zu koronaren Versorgungsgebieten (Abgrenzung zum akuten Koronarsyndrom).

Herzkatheterdiagnostik. Sie dient dem sicheren Ausschluss einer koronaren Herzkrankheit in der differenzialdiagnostischen Abgrenzung zum akuten Koronarsyndrom.

Therapie und Prognose

Ein kausaler Therapieansatz ist bislang nicht bekannt. Nach Ausschluss eines akuten Koronarsyndroms durch Koronarangiografie erfolgt eine symptomatische Therapie mit körperlicher Schonung und medikamentöser Herzinsuffizienztherapie unter Einsatz von Betablockern und ACE-Hemmern bzw. AT-1-Rezeptorblockern. Bei klinisch ausgeprägter Herzinsuffizienz mit Flüssigkeitsretention werden zusätzlich Diuretika eingesetzt (selten erforderlich). Unter dieser Behandlung kommt es meist innerhalb von Tagen bis Wochen zu einer Normalisierung der linksventrikulären Funktion, die echokardiografisch im Verlauf kontrolliert wird. Über Rezidive wurde nur vereinzelt berichtet.

6.1.9 Tachykardiomyopathie

Synonym: tachykardieinduzierte Kardiomyopathie
engl.: tachycardiomyopathy, tachycardia-induced cardiomyopathy

Die Tachykardiomyopathie ist eine Form der dilatativen Herzmuskelerkrankung, bei der es durch **lang anhaltende oder permanente Tachykardie** (z. B. Tachyarrhythmie bei Vorhofflimmern, paroxysmale Tachykardie, Kammertachykardie) zu einer Dilatation und systolischen Dysfunktion des linken Ventrikels kommt.
Nach Beendigung der Tachykardie und Normalisierung der Herzfrequenz kommt es meist innerhalb von Tagen oder Wochen zu einer Erholung der Myokardfunktion. Unterstützend werden bis zur Erholung zur myokardialen Entlastung Betablocker, ACE-Hemmer bzw. AT 1-Rezeptorblocker und ggf. Aldosteronblocker zur medikamentösen Herzinsuffizienztherapie eingesetzt.

6.1.10 Peripartale Kardiomyopathie (PPCM)

Synonym: postpartale Kardiomyopathie
engl.: peripartum cardiomyopathy

Definition und Epidemiologie

Die peripartale Kardiomyopathie ist eine dilatative Herzmuskelerkrankung, die mit einer Inzidenz von 1 pro 1 500 – 3 500 Geburten im letzten Monat der Schwangerschaft oder im Zeitraum von bis zu 6 Monaten nach der Entbindung auftritt. Deutlich häufiger ist die Erkrankung z. B. in Südafrika und Haiti.

Pathogenese und Pathophysiologie

Es besteht eine Korrelation mit Zwillingsschwangerschaften, Präeklampsie (EPH-Gestose) und tokolytischer Therapie. Ein erhöhtes Risiko besteht auch bei Hypertonie, Raucherinnen sowie bei Schwangerschaften besonders junger (Teenager) oder älterer Frauen.
Die Pathogenese und Pathophysiologie der Erkrankung sind bislang nur unzureichend bekannt. Neuere Untersuchungen legen einen Zusammenhang mit gestörtem Metabolismus des Stillhormons Prolaktin nahe (genetisch determiniert). Im Mausmodell führen Spaltprodukte des Prolaktin (16-kDa-Prolaktin) zur Schädigung des Endothels und Störung der Mikrozirkulation sowie zu erniedrigter metabolischer Aktivität der Herzmuskelzellen mit der Folge einer eingeschränkten Ventrikelfunktion unter dem klinischen Bild einer peripartalen Kardiomyopathie.

Klinik

Die klinische Symptomatik ist dominiert durch eine sich **schnell entwickelnde Herzinsuffizienz** und ähnelt der dilatativen Kardiomyopathie. Die Symptomatik ist häufig uncharakteristisch, verschleiert oder fehlinterpretiert, die Diagnose der Erkrankung ist daher oft verzögert.
Klinisch hinweisend sind Abgeschlagenheit und Antriebslosigkeit sowie Dyspnoe durch pulmonale Stauung sowie Zeichen der Rechtsherzinsuffizienz mit Ödemen, Nykturie und Pleuraergüssen. Diagnostisch wegweisend sind EKG-Veränderungen und der echokardiografische Nachweis einer linksventrikulären Vergrößerung und Dysfunktion. Komplizierend können Arrhythmien und arterielle Embolien auftreten.

Therapie

Die medikamentöse Therapie der peripartalen Kardiomyopathie entspricht der bei schwerer Herzinsuffizienz anderer Ätiologie und erfolgt mit ACE-Hemmern bzw. AT_1-Rezeptorblockern, Betablockern, Aldosteron-Antagonisten und Diuretika (s. S. 104).
Die neuen pathophysiologischen Erkenntnisse mit Hinweisen für **Störungen im Prolaktin-Metabolismus** (Stillhormon) als Ursache der peripartalen Kardiomyopathie eröffnen einen neuartigen und spezifischen Therapieansatz mit **Bromocriptin** zur Hemmung der Prolaktinsekretion. Trotz erster positiver klinischer Erfahrungen handelt es sich noch nicht

um ein etabliertes Therapieverfahren, da randomisierte Studien bislang ausstehen.

Prognose

Die Prognose der peripartalen Kardiomyopathie ist ernst: 10 – 15 % Letalität und 10 – 20 % terminale Herzinsuffizienz, bis hin zur Notwendigkeit von mechanischen Unterstützungssystemen und Herztransplantation. Bei etwa 70 – 80 % der symptomatischen Patientinnen kommt es zu einer klinischen Besserung, jedoch nur bei etwa einem Drittel zu einer vollständigen Normalisierung der Ventrikelfunktion. Eine frühzeitige Diagnosestellung und Therapieeinleitung sind hierbei prognostisch entscheidend. Bei erneuten Schwangerschaften besteht eine hohe Rezidivneigung mit Gefährdung der Patientin.

6.1.11 Chagas-Kardiomyopathie

engl.: Chagas cardiomyopathy

Die Chagas-Kardiomyopathie ist eine dilatative Herzmuskelerkrankung, die durch eine parasitäre Infektion mit Trypanosoma cruzi ausgelöst wird (→ vgl. S. 1041).

Die Erkrankung tritt hauptsächlich in **Mittel- und Südamerika** auf. Dort ist die Chagas-Kardiomyopathie als chronische parasitäre Myokarditis eine häufige Ursache von Herzinsuffizienz und Todesfällen durch Herzversagen, plötzlichen Herztod oder Lungenembolie.

In diesen Endemiegebieten wird die Erkrankung übertragen durch den Stich von Insekten, die als Vektor für die parasitäre Infektion mit Trypanosoma cruzi fungieren. In anderen Regionen kann die Erkrankung durch Bluttransfusionen, Organtransplantationen und über den Geburtskanal übertragen werden.

In Europa ist die Chagas-Kardiomyopathie selten und wird meist bei Immigranten diagnostiziert. Das Krankheitsbild wird jedoch in seiner Bedeutung vermutlich unterschätzt.

Etwa 20 – 30 % der infizierten Patienten entwickeln im Langzeitverlauf (lange Latenzzeit!) eine kardiale Beteiligung mit chronischer parasitärer Myokarditis unter dem klinischen Bild einer **dilatativen Kardiomyopathie**. Häufig sind eine **Beteiligung des rechten Ventrikels**, ein begleitender Rechtsschenkelblock, AV-Leitungsverzögerungen und Veränderungen der Repolarisation im EKG.

Die Diagnosesicherung erfolgt durch serologische Tests und Myokardbiopsie mit Nachweis der Infektion mit Trypanosoma cruzi.

Die Behandlung der Chagas-Kardiomyopathie besteht in medikamentöser Herzinsuffizienztherapie und Prävention des plötzlichen Herztodes (s. S. 104). Die potenzielle Wirksamkeit einer trypanoziden Therapie im chronischen Stadium wird derzeit getestet.

6.1.12 Muskuläre Dystrophien und neuromuskuläre Erkrankungen

engl.: muscular dystrophy and neuromuscular disorders

Familiäre, auf genetischen Mutationen beruhende Muskelerkrankungen oder neuromuskuläre Erkrankungen können mit kardialer Beteiligung verlaufen. Einige typische Beispiele sind:

- muskuläre Dystrophien (Typ Emery-Dreifuss, Typ Duchenne-Becker)
- myotone Dystrophie
- Friedreich-Ataxie

Zu den Details sei auf Lehrbücher der Pädiatrie und Neurologie verwiesen.

6.2 Herztumoren

engl.: cardiac tumors

Definition. Gutartige und bösartige primäre oder sekundäre (Metastasen) Geschwülste des Herzens.

Einteilung. Primäre Herztumoren sind sehr selten. Meistens entstehen Herztumoren sekundär durch Metastasen anderer Primärtumoren, die dann das Perikard oder (seltener) das Myokard mit einbeziehen. In wenigen Fällen entstehen primäre, oft gutartige Herztumoren, die sich teilweise bereits im Kindesalter manifestieren.

Gutartige Herztumore. Zu den gutartigen Herztumoren zählen Rhabdomyome, Fibrome, zystische Tumoren und Myxome. **Myxome** sind die häufigsten benignen Herztumoren und bestehen aus bindegewebiger, gallertartiger und schleimiger Grundsubstanz. Sie kommen häufiger bei Frauen als bei Männern vor. Meist (> 90 %) treten sie sporadisch auf, eine familiäre Häufung ist selten. In 75 % der Fälle ist das Myxom im linken Vorhof, meist gestielt am Vorhofseptum, lokalisiert.

Typische Symptome des kardialen Myxoms sind Gewichtsverlust, Müdigkeit, Anämie, Fieber, erhöhte BSG und arterielle Embolien. Beim linksatrialen Myxom ist eine Verlegung der Mitralklappe mit

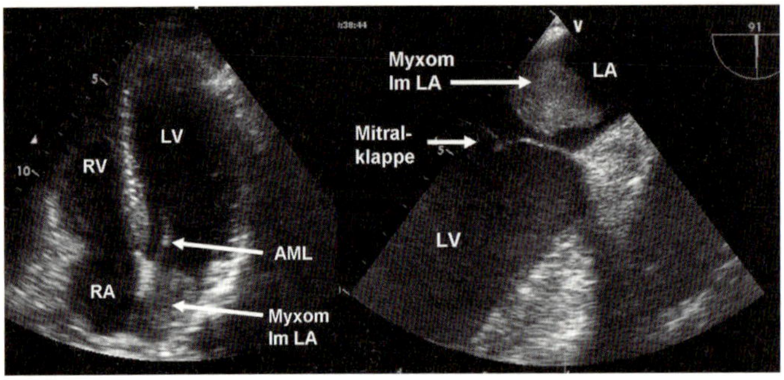

Abb. 6.15 Linksatriales Myxom in der Echokardiografie (links transthorakal, rechts transösophageal). Großes Myxom im linken Vorhof, am atrialen Septum anhaftend und partiell die Mitralklappe verlegend.
RV = rechter Ventrikel, LV = linker Ventrikel, LA, linker Vorhof, AML = vorderes Mitralsegel

Symptomen der Mitralklappenstenose möglich. Dabei kommt es zur wechselnden, oft lagerungsabhängigen Dyspnoe, Schwindel, Synkope, selten zum plötzlichen Herztod. Der Auskultationsbefund kann hinweisend sein (Mitralstenose-Effekt). Transthorakale und transösophageale Echokardiografie zeigen die Raumforderung, ebenso die MRT.

Maligne Herztumore.

- Primär maligne Tumore des Herzens sind selten. Meist handelt es sich Sarkome, die infiltrativ und verdrängend wachsen können.
- Metastasen anderer Primärtumoren (v. a. Lungen- und Mamma-Karzinome) betreffen vor allem das Perikard (maligner Perikarderguss), seltener auch das Myokard.

Die **Auswirkungen** hängen von der **Lokalisation** und Ausdehnung des Tumors ab. Es kann zur Obstruktion des Ventrikelkavums, zur Dysfunktion von Herzklappen, zur Kompression des spezifischen Erregungsleitungssystems, zur Auslösung ventrikulärer Arrhythmien, oder zu Perikarderguss/-tamponade kommen.

Diagnostik.

- Echokardiografie (ggf. transösophageal).
- Computertomografie (CT) zur Lokalisation, Lagebeziehung und Ausdehnung.
- Magnetresonaztomografie (MRT) zur Lokalisation und Lagebeziehung, Ausdehnung, Perfusion und Gewebecharakterisierung (ggf. mit MR-Kontrastmittel).
- Positronen-Emissions-Tomografie (PET) zur Darstellung von stoffwechselaktiven und stark durchbluteten Tumoren sowie zum Nachweis von Primärtumoren und Metastasen.
- PET-CT zur integrierten anatomischen und funktionellen Diagnostik.
- Koronarangiografie mit langer Filmszene zur Darstellung pathologischer Tumorgefäße
- Perikardpunktion bei Ergüssen: Zytologie zur Artdiagnostik, Drainage bei Tamponade.
- Elektrophysiologische Lokalisationsdiagnostik (Mapping, s. S. 65) bei ventrikulären Arrhythmien.

Therapie und Prognose. Die Therapie und Prognose der Herztumoren ist abhängig von der Dignität, Lokalisation und Ausdehnung des Tumors.
Bei benignen Tumoren mit Raumforderung oder Komplikationen (z. B. Embolie) erfolgt die operative Exstirpation (ggf. vorher histologische Untersuchung, z. B. von embolisiertem Material oder Perikarderguss). Bei Myxomen, Fibromen und Rhabdomyomen besteht eine günstige Prognose mit kurativem Ansatz durch operative Entfernung ohne Rezidivneigung.
Bei primär malignen Tumoren (z. B. Sarkomen) ist eine kurative Operation oft nicht möglich. In Abhängigkeit von Anatomie und Klinik kann eine palliative Operation erwogen werden.
Bei perikardialen Metastasen anderer **Primärtumoren** steht eine palliativ-supportive Therapie im Vordergrund (s. S. 157).

Weiterführende Informationen

http://eurheartj.oxfordjournals.org/cgi/reprint/29/2/270
http://circ.ahajournals.org/cgi/reprint/113/14/1807
http://eurheartj.oxfordjournals.org/cgi/reprint/24/21/1965

7 Entzündliche Erkrankungen des Herzens

Thomas Wichter, Günter Breithardt

7.1 Rheumatische Karditis

engl.: rheumatic (endo-)carditis

Definition. Bei der rheumatischen Karditis handelt es sich um eine infektallergische Mitbeteiligung des Herzens nach einer Infektion mit **β-hämolysierenden Streptokokken der Gruppe A** (z. B. rheumatisches Fieber, Scharlach, Angina tonsillaris, Erysipel etc.) als Folge einer Kreuzreaktion mit nachfolgender Polyserositis. Bei einer rheumatischen Endokarditis sind vor allem Endokard und Herzklappen betroffen.

Epidemiologie und Pathogenese

Seit Einführung der antibiotischen Therapie zur Behandlung bakterieller Streptokokkeninfekte tritt das rheumatische Fieber in der westlichen Welt nur noch selten in der typischen Form auf. In der „Dritten Welt" ist das rheumatische Fieber auch heute noch eine häufige Ursache für Herzerkrankungen.
Die rheumatische Karditis kann sich manifestieren als:

- Endocarditis verrucosa rheumatica (Folge: rheumatischer Klappenfehler)
- Myokarditis
- Perikarditis

Sind Endo-, Myo- und Perikard betroffen, spricht man von einer **Pankarditis.**
Die extrakardialen Manifestationen des rheumatischen Fiebers sind auf S. 1119 beschrieben: Arthritis, Erythema anulare, marginatum oder nodosum sowie ZNS-Beteiligung im Sinne der Chorea minor.

Diagnostik

Klinische Untersuchung. Bei einer Endocarditis verrucosa können die Klappendefekte durch Stenose- oder Insuffizienzgeräusche auffallen. Bei einer Perikarditis kann ein Reiben auskultierbar sein. Selten treten im Rahmen einer rheumatischen Karditis Symptome und Befunde einer Herzinsuffizienz auf. Extrakardiale Symptome können zusätzliche Hinweise liefern.

Labor. Erhöhung von BSG, Leukozyten, CRP, Antistreptolysin-Titer, leichte bis mittelgradige Anämie.

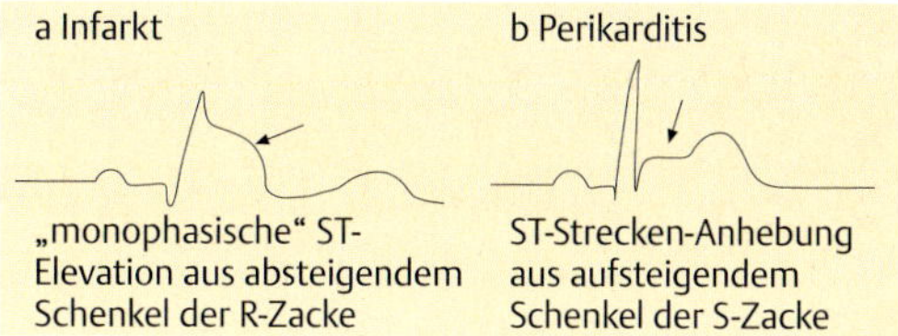

Abb. 7.1 ST-Hebung bei Perikarditis und akutem Myokardinfarkt (STEMI). Im Gegensatz zur monophasischen ST-Hebung bei einem Infarkt (**a**) entspringt die ST-Hebung bei der Perikarditis (**b**) aus dem aszendierenden Anteil der ST-Strecke.

EKG. Rhythmusstörungen, uncharakteristische Repolarisationsstörungen und ein AV-Block 1. Grades können auf eine Myokarditis hinweisen. Bei einer Perikarditis finden sich spitz negative T-Wellen oder ST-Strecken-Hebungen. Diese treten im Gegensatz zum akuten Myokardinfarkt (STEMI) nicht monophasisch, sondern aus dem aszendierendem Anteil der ST-Strecke auf (Abb. 7.1). Zudem korrelieren die EKG-Veränderungen meist nicht mit den Versorgungsgebieten der Koronararterien.

Diagnosestellung. Das rheumatische Fieber wird anhand der revidierten Jones-Kriterien diagnostiziert, die aber nicht beweisend sind (Tab. 7.1). Die Diagnose ist wahrscheinlich, wenn zwei Haupt- oder ein Haupt- und zwei Nebenkriterien zutreffen. Grundbedingung ist ein vorausgegangener Infekt mit Streptokokken der Gruppe A. Isolierte Chorea minor oder Karditis können einige Monate nach dem Streptokokkeninfekt auftreten, wenn die Antikörpertiter bereits wieder normal sind.

Therapie und Verlauf

Typisch ist ein **langer Krankheitsverlauf,** der bei Kindern und Jugendlichen bis zu 3 Monaten dauert, bei Erwachsenen kürzer. Es besteht die Gefahr des Rezidivs bei erneutem Streptokokkeninfekt. Eine rheumatische Myokarditis kann im Vordergrund stehen. Folgen der rheumatischen Endokardits treten oft erst später in Form von **Herzklappenfehlern** in Erscheinung (S. 166 „Erworbene Herzklappenfehler").

Tab. 7.1 Kriterien zur Diagnosestellung des rheumatischen Fiebers

Hauptkriterien	Nebenkriterien	Zusatzkriterien
• Karditis • Arthritis • Chorea minor • subkutane Knötchen • Erythema anulare/marginatum	• früheres rheumatisches Fieber • Fieber • Entzündungsparameter (BSG, CRP) • EKG: verlängerte PQ-Zeit • Gelenkschmerzen	• Nachweis einer Gruppe-A-Streptokokkeninfektion, • früherer Scharlach • positive Rachenkultur • erhöhte/steigende Streptokokken-Antikörper

Es ist keine spezifische Therapie verfügbar. Eine Behandlung sollte erst nach Sicherung der Diagnose eingeleitet werden und richtet sich nach der Schwere der Symptomatik.

- **Bettruhe** während der Akutphase.
- **Therapie des Streptokokkeninfektes:** Ziel ist die Verhinderung eines erneuten Kontaktes mit Streptokokken-Antigenen. **Antibiotika:** In der Akutphase 4 Mio. IE Penicillin G i.v./Tag (Mittel der Wahl) bis zum Abklingen der Entzündungszeichen. Bei Penicillinallergie: Cephalosporine oder Erythromycin.
- **Symptomatische Therapie** zur Linderung der akuten Entzündung: nicht steroidale Antirheumatika oder Salicylate (6 – 8 g/Tag). Nach Sanierung der akuten bakteriellen Infektion kann in der chronischen Behandlung der Inflammation eine Therapie mit Kortikosteroiden (z. B. Prednisolon 50 – 100 mg/Tag mit langsamer Dosisreduktion) sinnvoll sein.

> ! **Die symptomatische Therapie lindert krankheitsbedingte Beschwerden und vermeidet Komplikationen und Rezidive. Sie führt jedoch weder zu einer Verkürzung der Krankheitsdauer noch zu einer sicheren Verhinderung eines späteren Herzklappenfehlers.**

Prophylaxe

Das Rezidivrisiko ist abhängig von Alter und zeitlichem Abstand zum rheumatischen Fieber. Bei Kindern und Jugendlichen ist eine Penicillin-Prophylaxe bis zum 25. Lebensjahr oder für mindestens 5 – 10 Jahre indiziert, z. B. alle 3 – 4 Wochen 1,2 Mio. IE Benzathin-Penicillin i. m. Eine orale Antibiotika-Prophylaxe ist weniger zuverlässig.

7.2 Infektiöse Endokarditis

Synonym: bakterielle Endokarditis, mikrobielle Endokarditis
engl.: infective endocarditis

Definition. Septisches Krankheitsbild, verursacht durch einen infektiösen mikrobiellen Streuherd im Bereich des Endokards oder der Herzklappen. Trotz des missverständlichen Begriffs ist die Erkrankung nicht ansteckend (infektiös).

Epidemiologie

Inzidenz. In Westeuropa etwa 3 – 10 pro 100 000 Patienten-Jahre, entsprechend etwa 2 500 Fällen pro Jahr in Deutschland. Die Tendenz ist zunehmend (Risikogruppen, steigendes Lebensalter).

Risikogruppen. Patienten mit angeborenen oder erworbenen Herzfehlern (prä- und postoperativ), insbesondere solche mit zyanotischen Herzfehlern, hämodynamisch relevanten Residuen oder viel Prothesenmaterial (Klappenprothesen, Conduits etc.).

Prädisposition. I.v.-Drogenabhängige, intravaskuläre Katheter und Devices, Diabetes mellitus, Leberzirrhose, Alkoholkrankheit, Niereninsuffizienz und Hämodialyse, Malignome, Immunsuppression u. a. prädisponieren zur Entwicklung einer infektiösen Endokarditis. Männer sind aus ungeklärter Ursache häufiger betroffen als Frauen.

Lokalisation. Meist im **linken Herz** (85 %) an nativen (Aortenklappe > Mitralklappe) oder prothetischen Herzklappen. Das rechte Herz ist seltener betroffen (15 %), meist bei i. v. Drogenabhängigen oder transvenösen Kathetern (v. a. chronische zentralvenöse Katheter) oder Devices (Schrittmacher- oder Defibrillator-Elektroden).

Pathogenese und Pathophysiologie

Angeborene und erworbene Herzerkrankungen mit abnormen Blutströmungsbedingungen oder Fremdkörper wie Prothesenmaterial oder endovaskuläre Katheter oder Elektroden führen zu Endokardläsionen mit nachfolgender Ablagerung von Fibrin und Thrombozyten **(abakterielle thrombotische Vegetation)** (Abb. 7.2). Bei ausreichender Virulenz, Anzahl, Adhäsionsfähigkeit am Endokard und Resistenz gegenüber der Serumbakterizidie der Erreger führen transiente Bakteriämien zur Infektion dieser Thromben **(bakteriell infizierte Vegetation)**. Die Thromben bilden für die Erreger einen zusätzlichen Schutz vor der Serumbakterizidie und damit die Voraussetzung zur Vermehrung und zur Unterhaltung einer **konstanten Bakteriämie**. Diese äußert sich in Symptomen der Entzündung (Allgemeinsymptome, Fieber, Anämie, Splenomegalie usw.) bis hin zur Sepsis sowie der **Bildung von Immunkomplexen** mit typischen Organmanifestationen (Arthritis, Glomerulonephritis, Vaskulitis, Endothelschäden).

Eine **lokale Invasion** der Erreger führt zu Klappendestruktionen und Sehnenfadenabrissen mit nachfolgender Klappeninsuffizienz sowie zu Klappenringabszessen. **Septische Embolien** von Anteilen infizierter Vegetationen können praktisch alle Organe betreffen (zerebral, koronar, renal, mesenterial, peripher usw.) und zu schwerwiegenden Komplikationen führen.

Als **Erreger** kommen vor allem infrage:

- Bakterien: 95%
  - Staphylokokken: ca. 40% (zunehmend)
  - Streptokokken oral (Typ viridans; α-hämolysierend): ca. 35%
  - Enterokokken und Streptokokken der Gruppe D: ca. 15%
  - Gramnegative Stäbchen und seltene Erreger: ca. 10%

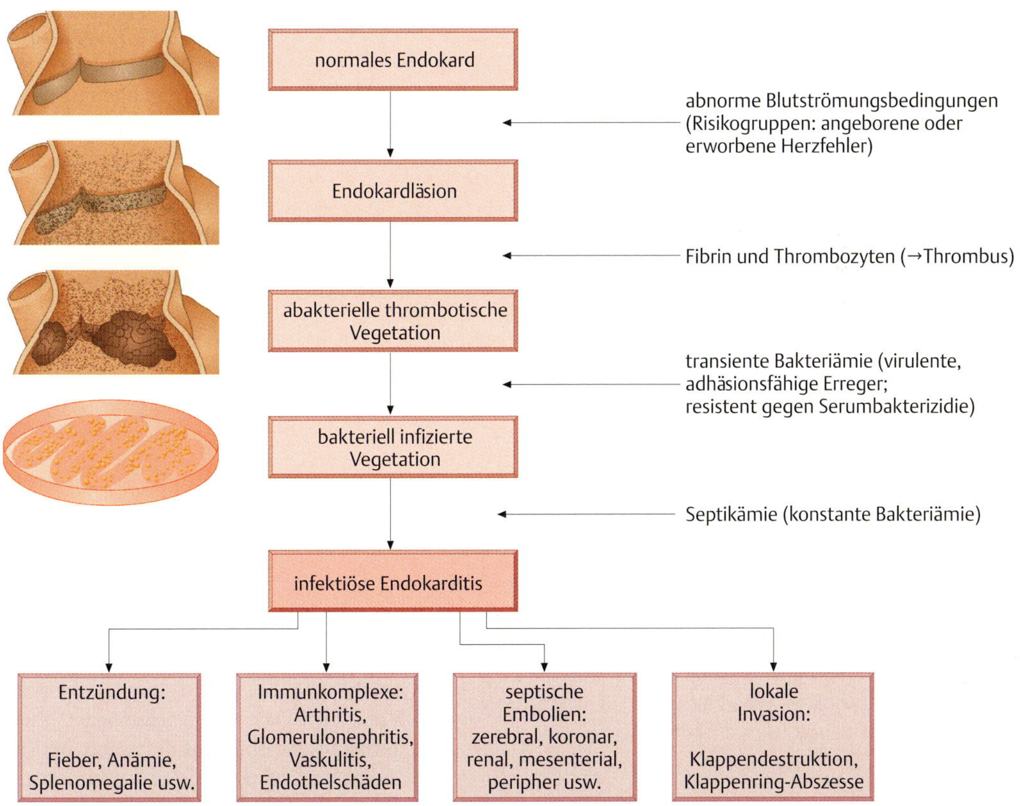

Abb. 7.2 Pathogenese der infektiösen Endokarditis. Die aufgelagerten Thromben bilden für die Erreger einen zusätzlichen Schutz vor der Serumbakterizidie und ermöglichen somit eine konstante Bakteriämie.

- Pilze: 5%; v. a. bei Immunschwäche
- Viren: selten; im Gegensatz zur Myokarditis nur Ausnahmefälle.

> **!** **In den letzten Jahren wird in westlichen Ländern eine Zunahme von Endokarditisfällen durch Staphylokokken, Enterokokken und seltenen Erregern beobachtet.**

Klinik

Zahlreiche Symptome begleiten die infektiöse Endokarditis:

- **Fieber** (evtl. Schüttelfrost), Arthralgien, allgemeines **Krankheitsgefühl**
- **Herzgeräusch,** neu auftretend oder verändert durch endokarditischen Klappenbefall
- **Herzinsuffizienz** durch Klappeninsuffizienz, begleitende Myokarditis, Myokardabzesse (lokale Invasion) oder Myokardinfarkt (Koronarembolie)
- **systemische Embolien** (erhöhtes Risiko bei mobilen Vegetationen ≥ 10 mm)
- **Nierenbeteiligung** (Hämaturie, Proteinurie, Niereninsuffizienz) durch Glomerulonephritis oder septische Embolien
- **Splenomegalie und Anämie** v. a. bei subakutem Verlauf
- **kutane Symptome:**
  - Petechien (vaskulitisch) an Konjunktiven, Mundschleimhaut, Körperstamm
  - Splinter-Hämorrhagien (embolisch): subungual
  - Osler-Knötchen (embolisch/vaskulitisch): stecknadelkopf- bis erbsengroße, schmerzhafte, rötlich-blaurote Knötchen an Fingerkuppen und Zehen
  - Janeway-Läsionen (embolisch): 1 – 4 mm große, nicht schmerzhafte hämorrhagische Läsionen an Handflächen und Fußsohlen
- **neurologische Manifestationen** (ca. 30%) durch septische Embolien (Apoplex, Amaurosis fugax, Hirnabszess), septische Meningitis, mykotische Aneurysmen (Kopfschmerz, Blutung) oder bakterielle Mikroembolien (Herdenzephalitis)

Verlaufsformen

Folgende Verlaufsformen der infektiösen Endokarditis sind möglich:

- **akut:** typische Erreger sind Staphylococcus aureus und gramnegative Bakterien. Kurzer, manchmal dramatischer septischer Verlauf mit ausgeprägter Symptomatik, schwerwiegenden Komplikationen und Multiorganversagen mit ernster Prognose
- **subakut (Endocarditis lenta):** Der typische Erreger ist Streptococcus viridans. Schleichender Beginn, langsamer Verlauf mit subfebrilen Temperaturen (unklares Fieber), Entzündungsanämie, und Splenomegalie. Die Diagnosestellung ist oft verzögert.
- Endokarditiden durch Enterokokken und Pilze nehmen im Hinblick auf den Verlauf eine Mittelstellung ein.

Diagnostik

Anamnese. Vorausgegangene diagnostische oder therapeutische Eingriffe oder bakterielle Erkrankungen bei Patienten mit angeborenen oder erworbenen Herzfehlern (Risikogruppen).

Labordiagnostik. Unspezifische Entzündungszeichen (BSG und CRP deutlich erhöht), Anämie, evtl. Leukozytose, immunologische Begleitbefunde (zirkulierende Immunkomplexe, antisarkolemmale und antiendokardiale Antikörper).

> **!** **Bei normalen Entzündungsparametern (BSG, CRP) ist eine infektiöse Endokarditis sehr unwahrscheinlich, praktisch ausgeschlossen.**

Erregernachweis durch Blutkulturen. Der Erregernachweis liefert den diagnosesichernden und therapieentscheidenden Befund. Die Kenntnis des Erregers und seiner Empfindlichkeit gegenüber Antibiotika (Resistogramm) ermöglicht eine gezielte antibiotische Therapie und ist damit entscheidend für den Therapieerfolg und die Prognose. Daher sollten folgende Regeln beachtet werden:

- Wiederholte (5 – 10) Blutentnahmen (mindestens 10 ml) für aerobe und anaerobe Blutkulturen (handelsfertige Kulturmedien) **vor** Beginn einer antibiotischen Therapie. Auf diese Weise gelingt ein Erregernachweis bei > 95% der Patienten innerhalb von 48 h. Bei vorher begonnener ungezielter antibiotischer Therapie, die zudem nur selten wirksam ist, gelingt der Nachweis dagegen nur bei < 30% der Fälle.

- Frische venöse Punktion für jede Blutentnahme (keine Abnahme aus liegenden Verweilkanülen oder Venenkathetern!).
- Sterile Punktionsbedingungen.

> **Cave: Verunreinigung durch Hautkeime!**

- Sofortige Bebrütung und rasche Weitergabe der Blutkulturen an ein mikrobiologisches Institut, Kontaktaufnahme mit klinischen Mikrobiologen.

> **Belüftung der aeroben Kultur nicht vergessen!**

- Bei Erregernachweis: Erregertyp und Antibiotika-Resistogramm mit Bestimmung der minimalen bakteriziden Konzentration (MBK) bzw. minimalen Hemmkonzentration (MHK).

EKG. Erregungsleitungsstörungen, ventrikuläre Arrhythmien, Zeichen einer begleitenden Myokarditis (T-Negativierung) oder Perikarditis (ST-Streckenhebung).

Echokardiografie.
- Vegetationen > 5 mm werden sicher erkannt, < 2 mm dagegen meist nicht erfasst. Es ist keine sichere Unterscheidung von frischen und alten Vegetationen möglich.
- Bei Vegetationen ≥ 10 mm besteht eine erhöhte Gefahr septischer Embolien und damit eine Indikation zur frühzeitigen herzchirurgischen Sanierung (Klappenersatz).
- Nachweis und Quantifizierung der Klappendestruktion/-insuffizienz sowie deren hämodynamische Konsequenzen (Verlaufskontrollen).
- Nachweis von Myokard- oder Klappenringabszessen (**Abb. 7.3**).

> **Cave: Bei Aortenklappenendokarditis kann durch einen Septumabszess ein AV-Block mit Gefahr der Asystolie auftreten.**

Transösophageale Echokardiografie. Sensitiver, daher insbesondere bei kleineren Vegetationen und Prothesen-Endokarditis vorteilhaft (**Abb. 7.4**).

Diagnosestellung. Hierzu werden die **modifizierten Duke-Kriterien** herangezogen:

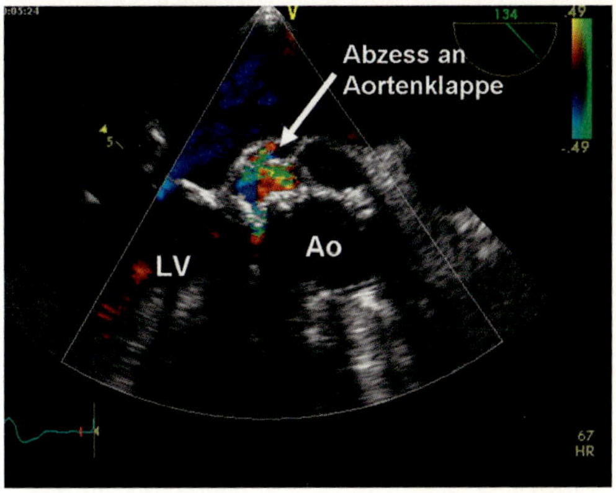

Abb. 7.3 Septumabszess bei infektiöser Endokarditis der Aortenklappe. Nachweis mittels transösophagealer Echokardiografie (TEE) mittels Farbdoppler-Darstellung der blutdurchströmten Abszesshöhle. Ao = Aorta, LV = linker Ventrikel

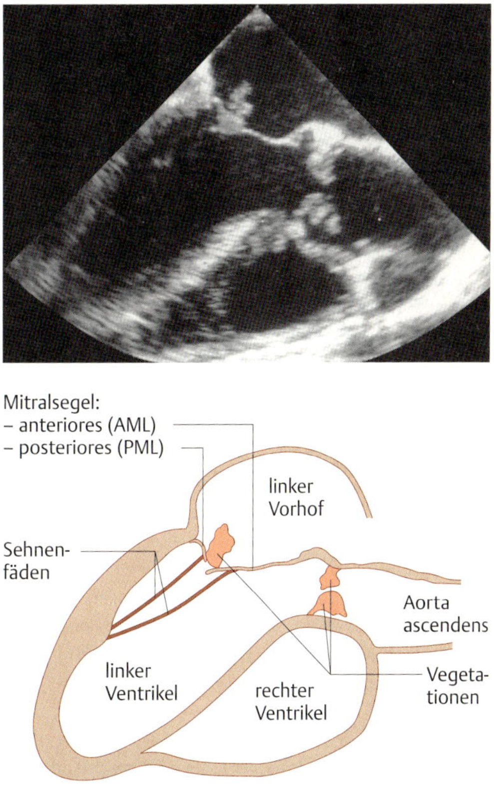

Abb. 7.4 Transösophageale Echokardiografie (TEE) bei infektiöser Endokarditis. Nachweis frischer Vegetationen an der Mitralklappe (vorhofseitig) sowie an der Aortenklappe.

- **Hauptkriterien:** positive Blutkultur mit Endokarditis-typischen Erregern, Nachweis der Endokard-Beteiligung (Echokardiografie-Befund, neue Klappeninsuffizienz)
- **Nebenkriterien:** Prädisposition, Fieber, vaskuläre Symptome (Embolien, Lungeninfarkt, mykotische Aneurysmen, intrakranielle Blutungen, Janeway-Läsionen), immunologische Symptome (Glomerulonephritis, Osler-Knötchen, Rheumafaktor), mikrobiologische Befunde (atypische Befunde der Blutkultur)

Die **Diagnose** ist **definitiv,** wenn 2 Hauptkriterien *oder* 1 Haupt- und 3 Nebenkriterien *oder* 5 Nebenkriterien positiv sind. Die Diagnose ist **möglich**, wenn 1 Haupt- und 1 Nebenkriterium *oder* 3 Nebenkriterien positiv sind.

Therapie

Allgemeine Maßnahmen

- Bettruhe, Fiebersenkung, Herzinsuffizienztherapie, Sanierung des Infektionsherdes
- engmaschige echokardiografische und klinische Verlaufskontrollen mit täglicher Auskultation (neues oder verändertes Herzgeräusch?) und körperlicher Untersuchung (kutane Läsionen?, systemische Embolien?)
- Vermeidung venöser Verweilkanülen, insbesondere zentraler Venenkatheter. Notwendige Verweilkanülen (z. B. zur antibiotischen i. v. Therapie) so peripher wie möglich platzieren und häufig (möglichst täglich) wechseln
- Vermeidung von Blasenverweilkathetern
- frühzeitige Kontaktaufnahme mit klinischem Mikrobiologen und Herzchirurgen

Antibiotische Therapie

Wegen Prognoseverschlechterung bei verzögerter mikrobiologischer Diagnostik sollte mit der Gabe von Antibiotika bis zum Erregernachweis gewartet werden. Die Therapie sollte erst nach dem Erregernachweis (ggf. jedoch vor Erregerspezifizierung und Resistogramm) mit einem geeigneten Antibiotika-Regime (intravenös) begonnen werden.

> **!** **Therapiedauer: 4 – 6 Wochen intravenös, mindestens 2 Wochen über die Entfieberung hinaus.**

Bekannter Erreger. Bei nachgewiesenem Erreger richten sich Präparate, Dosierungen und Dauer der Antibiotika-Therapie nach Erregertyp, Resistogramm, und Allergie-Status. Die individuelle Therapie orientiert sich an differenzierten Empfehlungen aktueller Leitlinien (z. B. ESC 2009).

Allgemeine Empfehlungen:

- Streptokokken: Penicillin G plus Gentamycin. Penicillin-Allergie: Cephalosporin oder Vancomycin
- Enterokokken: Ampicillin plus Gentamycin. Penicillin-Allergie: Imipenem
- Staphylokokken: Oxacillin plus Gentamycin. Penicillin-Resistenz oder -Allergie: Vancomycin
- Candida albicans: Amphotericin B plus Flucytosin
- Die Anpassung der Substanzen und Dosierungen der Antibiotika erfolgt nach dem Resistogramm in Abstimmung mit dem klinischen Mikrobiologen.

Unbekannter Erreger. Bei unklarem Erreger mit akuter vitaler Gefährdung durch Komplikationen (Sepsis, fortschreitende Klappendestruktion etc.) besteht eine Ausnahmesituation, die den Beginn einer Antibiotikatherapie auch ohne Keimnachweis rechtfertigt. Hierzu wird ein empirisches Antibiotikaregime empfohlen:

- Vancomycin 30 mg/kg/Tag i. v. in 2 Dosen (z. B. 2 × 1 g i. v.) für 6 Wochen unter Serumspiegel-Kontrollen und Dosisanpassung; Nephrotoxizität steigt in Kombination mit Gentamycin, *plus*
- Gentamycin 3 mg/kg/Tag i. v. in 1 – 3 Dosen (max. 240 mg) für 2 Wochen; Serumspiegelkontrollen und Dosisanpassung bei Niereninsuffizienz, *plus*
- Ciprofloxacin 1 000 mg/Tag p. o. oder 800 mg/Tag i. v. in 2 Dosen für 4 – 6 Wochen (native Klappen) oder Rifampicin 1 200 mg/Tag p. o. in 2 Dosen für 4 – 6 Wochen (Kunstklappen).

Operative Therapie

Die alleinige konservative Therapie ist insbesondere bei Infektion mit Staphylococcus aureus, Pilzen und gramnegativen Bakterien sowie bei einer Prothesen-Endokarditis mit geringeren Chancen und schlechterer Prognose behaftet, sodass häufig eine operative Therapie erforderlich wird. Indikationen für eine **frühzeitige operative Intervention** bei akuter Endokarditis sind:

- therapierefraktäre Herzinsuffizienz (Klappen-/Prothesen-Dysfunktion)
- zerebrale Embolie < 24 Stunden (vor Eintritt einer gestörten Blut-Hirn-Schranke)

- myokardiale oder perivalvuläre Abszesse, instabile Klappenprothese
- persistierende Sepsis (≥ 72 h) oder Rückfälle trotz angemessener Antibiose
- große Vegetationen (≥ 10 mm) oder rezidivierende septische Embolien
- multiresistente Keime oder Pilze

Auch nach primär erfolgreicher antibiotischer Therapie wird häufig ein späterer operativer Klappenersatz wegen einer im Rahmen der Endokarditis entstandenen Klappeninsuffizienz oder Prothesendysfunktion erforderlich.

Prognose

Die Letalität beträgt unbehandelt nahezu 100%, mit antibiotischer Therapie aktuell ca. 10 – 30% in Abhängigkeit von:

- Virulenz und Resistenz der Erreger (ungünstig: Staph. aureus, gramnegative Keime, Pilze)
- Zeitpunkt des Therapiebeginns mit möglichst gezielter Antibiose nach mikrobiologischer Diagnostik (Erregernachweis, MBK, MHK)
- Beteiligung von prothetischen Materialien (Kunstklappen, Konduits)
- kardialen oder extrakardialen Komplikationen (Embolien, septisches Organversagen)
- vorbestehender Schädigung des Herzens (Myokardischämie, Herzinsuffizienz, Klappenfehler)
- Alter und Immunkompetenz des Patienten

Sonderfall: Prothesen-Endokarditis

Die Prothesen-Endokarditis ist eine besonders schwere Form der infektiösen Endokarditis mit speziellen Problemen in Diagnostik und Therapie sowie mit schlechter Prognose. Die echokardiografische Diagnostik ist bei Verdacht auf Prothesen-Endokarditis Im Vergleich zur Endokarditis nativer Klappen erschwert und sollte immer **transösophageal** erfolgen.

Der Anteil der Prothesen-Endokarditis an der Gesamtzahl infektiöser Endokarditiden beträgt etwa 20% und betrifft gleichermaßen mechanische und biologische Klappenprothesen. Die Häufigkeit der Prothesen-Endokarditis wird mit 1 – 6% der Patienten mit Klappenprothesen bei einer Inzidenz von 0,3 – 1,2% pro Patienten-Jahr angegeben.

- **Frühendokarditis** (perioperativ erworben): Symptombeginn innerhalb des ersten Jahres, meist früher als 60 Tage nach der Klappenoperation. Inzidenz ca. 0,5% pro Jahr. Häufiger Staphylokokken (50%), gramnegative Erreger (20%) und Pilze (10%).
- **Spätendokarditis.** kumulative Häufigkeit 2,5% nach 10 Jahren, 4% nach 15 Jahren. Das Erregerspektrum ist vergleichbar mit dem der Endokarditis nativer Herzklappen.

Folgen der Prothesen-Endokarditis sind Prothesen-Dysfunktionen mit Randlecks, Öffnungs- und Schlussbehinderung des Prothesenokkluders (Interferenz mit Vegetationen), Taschenperforationen von Bioprothesen sowie myokardiale und paravalvuläre Abszesse.

Die **Prognose** einer Prothesen-Endokarditis ist durch die Beteiligung von Prothesenmaterial schlechter und die Letalität noch höher als bei Endokarditis nativer Herzklappen. Eine antibiotische Sanierung ist trotz aggressiver Therapieregime nur selten erfolgreich, daher sollte **frühzeitig** eine **operative Therapie** erwogen werden. Dies gilt inbesondere bei Frühendokarditis mit aggressiven Keimen (Staphylokokken, Pilze u. a.) und unkontrollierbarer Infektion sowie bei Herzinsuffizienz, fortgeschrittener Prothesen-Dysfunktion oder großen Vegetationen.

Sonderfall: „Device-Related" Endokarditis

Infektionen implantierter kardialer Katheter und Geräte wie permanente Herzschrittmacher und implantierbare Defibrillatoren sind schwerwiegende Erkrankungen mit eingeschränkter Prognose durch Komplikationen und erhöhte Mortalität. Durch die zunehmende Zahl implantierter Defibrillatoren nimmt auch die Häufigkeit „Device"-bezogener Endokarditis-Fälle in den letzten Jahren zu und erreicht derzeit eine Inzidenz von etwa 2 pro 1 000 Geräte-Jahre, wobei implantierbare Defibrillatoren häufiger als Herzschrittmacher betroffen sind. Oft sind alte Patienten mit ausgeprägter Komorbidität betroffen.

Durch das Fremdmaterial der Geräte und Elektroden ist die Diagnostik und Therapie der „Device"-bezogenen Endokarditis deutlich erschwert. Unterschieden wird eine **lokale Infektion** (z. B. Tascheninfektion) von einer **kardialen Infektion** mit Beteiligung intrakardial gelegener Elektroden oder des Endokards des rechten Vorhofs und Ventrikels sowie der Trikuspidalklappe. Septische Lungenembolien mit der Folge von Lungenabzessen sind eine typische und häufige Komplikation.

Therapeutisch ist bei der Mehrzahl der Patienten neben der langdauernden antibiotischen Kombinationstherapie auch eine **Explantation des Fremdmaterials** (Aggregat und Elektroden) erforderlich. Diese wird in allen Fällen gesicherter oder vermuteter kardialer Beteiligung der Infektion empfohlen. Dabei erfolgt die Extraktion der Elektroden auch bei großen Vegetationen perkutan und nur in Ausnahmefällen chirurgisch. Resultierende Lungenembolien der mobilisierten Vegetationen verlaufen unter fortgeführter Antibiose häufig asymptomatisch. Eine chirurgische Explantation wird nur bei sehr großen Vegetationen (> 25 mm) oder bei destruierender Beteiligung der Trikuspidalklappe empfohlen.

Eine **Reimplantation** des Schrittmacher- oder Defibrillator-Systems erfolgt meist transvenös auf der kontralateralen Seite, möglichst nach einem Intervall von Tagen bis Wochen zur antibiotischen Sanierung und zur Reduktion des Risikos einer Reinfektion.

Endokarditis-Prophylaxe

Die antibiotische Endokarditis-Prophylaxe zielt auf eine Reduktion von Endokarditis-Erkrankungen durch diagnostische oder therapeutische Eingriffe mit transienten Bakteriämien bei Risikopatienten. Nach jüngsten Leitlinien internationaler Fachgesellschaften wird eine erheblich restriktivere Indikationsstellung zur Endokarditis-Prophylaxe mit Antibiotika empfohlen. Diese Änderung beruht nicht auf neuen Studien- oder Registerdaten, sondern vielmehr auf einer Reevaluation der bisherigen (unzureichenden) Datenlage und einer neuen Risikoabwägung.

Indikationen

Gemäß aktueller Leitlinien (ESC 2009) sollte eine orale antibiotische Endokarditis-Prophylaxe nur noch erfolgen vor **Eingriffen mit besonders hohem Risiko** für Endokarditis bei **Patienten mit besonders erhöhtem Risiko** für Endokarditis.

Besonders gefährdete Patientengruppen.

- Prothetische Herzklappen oder Verwendung von Prothesenmaterial bei Klappenrekonstruktion
- Frühere Endokarditis
- Angeborene Herzfehler mit komplexen zyanotischen Vitien oder palliativen Shunts, Conduits oder anderen Prothesen
- Verwendung von Prothesenmaterial zur operativen Korrektur ohne residuale Defekte: Prophylaxe für 6 Monate bis zur Endothelialisierung

Eingriffe mit besonders hohem Risiko. Hierzu gehören zahnärztliche Eingriffe mit Manipulation an Gingiva oder Zahnhals oder bei Perforation der oralen Mukosa.

(!)

- **Eine antibiotische Endokarditis-Prophylaxe ist nur noch indiziert bei Hochrisikopatienten vor zahnärztlichen Eingriffen.**
- **Patientenausweis ausstellen!**

Empfehlung zur Antibiotika-Prophylaxe. Die Prophylaxe-Empfehlung ist in Tab. 7.2 aufgeführt. Bei allen anderen Patientengruppen und Eingriffen ist eine antibiotische Endokarditis-Prophylaxe nicht mehr indiziert. Die grundsätzliche Indikation zur antibiotischen Therapie bakterieller Infekte bleibt unberührt.

Klinischer Fall

Der 20-jährige Herr Z. berichtet seinem Hausarzt, dass er nun schon seit zwei Wochen krank ist. Er hat Fieber, schwitzt nachts und leidet an Kopf- und Gliederschmerzen. Der Hausarzt kann nach der körperlichen Untersuchung keinen Infektfokus ausmachen und verordnet dem jungen Patienten Bettruhe und Paracetamol. Das Medikament verschafft Herrn Z. keine Linderung. Er fiebert weiterhin bis 39 °C und leidet unter Schüttelfrost und Schmerzen. Nachts

Tab. 7.2 Empfehlung zur Endokarditis-Prophylaxe*

	Wirkstoff	Erwachsene	Kinder
Standard	Amoxicillin	2 g p. o. oder i. v.	50 mg/kg p. o. oder i. v.
Penicillin-Allergie	Clindamycin	600 mg p. o. oder i. v.	20 mg/kg p. o. oder i. v.

** einmalige orale Gabe des Antibiotikums 1 Stunde vor dem zahnärztlichen Eingriff ; ggf. Wiederholung nach 8 Stunden bei hohem Risiko für persistierende Bakteriämie.*

schwitzt er nun so stark, dass er seine Bettwäsche wechseln muss. Nach weiteren zwei Wochen sucht er erneut seinen Hausarzt auf. Dieser untersucht das Blut auf virale und bakterielle Erreger einschließlich HIV- und Influenza-Serologie und verschreibt das Antibiotikum Cefuroxim 500 mg 1-1-1 für fünf Tage. Sollte dies keine Besserung bringen, empfiehlt der Arzt eine stationäre Abklärung. Herr Z. ist erleichtert als das Medikament anschlägt. Doch schon wenige Tage nachdem das Antibiotikum aufgebraucht ist, kehren die Beschwerden mit Fieber und Gliederschmerzen zurück.

Da der junge Mann Angst hat seinen Arbeitsplatz zu verlieren, zögert er den nächsten Arztbesuch hinaus, bis ihn nach zwei weiteren Wochen die Kräfte endgültig verlassen. Morgens hat er krampfartige Schmerzen im linken Unterbauch, später in der Herzgegend. Abends wird Herr Z. schließlich in die Notaufnahme eingeliefert. Die aufnehmende Ärztin sieht, dass Herr Z. schlapp und blass wirkt. Besonders auffällig ist ein 2 – 3/6-Systolikum mit p.m. über Erb und Fortleitung in die Axilla. Der Patient berichtet, dass eine Herzklappenveränderung bei ihm bekannt sei und dies vor einigen Jahren bereits abgeklärt wurde. Zudem fällt der Ärztin ein Druckschmerz über dem linken unteren Rippenbogen auf.

Bei der Laboruntersuchung sind CRP und Leukozyten deutlich erhöht, ferner ist einer geringgradige Anämie nachweisbar. Das EKG ist unauffällig. Wegen des Verdachts auf eine Endokarditis ordnet die Ärztin die dreimalige Abnahme von Blutkulturen (aerob und anaerob) an. Am Folgetag zeigt sich in der Abdomensonographie eine Splenomegalie und der Verdacht auf einen Milzinfarkt. Bei der transthorakalen Echokardiografie findet sich bei guter linksthorakaler Pumpfunktion eine Mitralinsuffizienz II-III. Grades. Eine Klappenvegetation kann nicht sicher ausgeschlossen werden. In der tranösophagealen Echokardiographie wird sie dann bestätigt.

Es wird nun eine Antibiose mit Ampicillin und Sulbactam sowie Gentamicin intravenös begonnen. Am nächsten Tag wird der Verdacht des Milzinfarkts in der Abdomen-CT bestätigt. Außerdem trifft das Ergebnis der Blutkulturen ein. In zwei von drei Kulturen konnte *Streptococcus mutans* gesichert werden. Die Antibiose bedarf laut Resistogramm keiner Korrektur. Damit ist die Diagnose einer Endocarditis lenta eindeutig. Herr Z. wird nun engmaschig überwacht (tägliche Auskultation, EKG und engmaschige Labor-, TTE- und TEE-Kontrollen). Herr Z. fühlt sich zunehmend besser und kräftiger, die Entzündungsparameter im Labor sind rückläufig und im TEE zeigt sich ein stabiler Befund an der Mitralklappe. Insbesondere kann ausgeschlossen werden, dass die Entzündung auf weitere Klappen übergreift. Nach vierwöchiger intravenös-antibiotischer Therapie darf Herr Z. endlich nach Hause. Die Antibiose mit Ampicillin und Sulbactam soll der Patient weitere zwei Wochen oral fortführen. In einer Woche soll er sich im nahegelegenen Herzzentrum zu einer weiteren TEE einfinden. Dort soll der Befund neu beurteilt werden und über eine mögliche operative Therapie an der Mitralklappe diskutiert werden. Neben dem Arztbrief erhält Herr Z. einen Endokarditisausweis. Bei der durchgemachten Endokarditis und der vorgeschädigten Herzklappe ist zukünftig eine antibiotische Endokarditis-Prophylaxe bei Eingriffen mit besonders erhöhtem Risiko für Endokarditis erforderlich.

A

7.3 Perikarditis und Perikarderguss/-tamponade

7.3.1 Perikarditis

engl.: pericarditis

Definition. Entzündliche Erkrankung des Perikards, die teilweise mit Ergussbildung einhergeht. Eine spätere Fibrosierung und Verkalkung mit nachfolgender diastolischer Einflussbehinderung (konstriktive Form) ist möglich.

Formen der Perikarditis:

- Pericarditis sicca bzw. Pericarditis fibrinosa
- **Pericarditis exsudativa (häufig):** serofibrinös, hämorrhagisch oder eitrig
- Pericarditis constrictiva/calcarea (Panzerherz): Verdickung/Verkalkung des Herzbeutels.

Epidemiologie

Eine Perikarditis ist nur selten die Aufnahmediagnose (1:1 000), aber relativ häufig eine klinisch inapparente Begleiterkrankung. Ein hämodynamisch bedeutsamer Perikarderguss findet sich bei bis zu 1 % der Patienten. Ein Panzerherz ist dagegen sehr selten (< 0,1 %).

Ätiologie und Pathogenese

Pathogenetisch handelt es sich um eine Entzündung des Herzbeutels mit Beteiligung des Perikards (im engeren Sinne) und des Epikards. In der Regel ist das subepikardiale Myokard mit betroffen (EKG Veränderungen), man spricht dann von einer **Perimyokarditis.**

Die Ätiologie ist oft unklar **(idiopathisch).** Infrage kommen außerdem folgende Ursachen:

- infektiös (meist viral; selten bakteriell; früher häufig tuberkulös)
- immunologisch (Systemerkrankung, Vaskulitis)
- Postinfarkt- und Postkardiotomie-Syndrom („Dressler-Syndrom") (s. S. 155)
- toxisch (urämisch)
- Medikamente (Hydralazin, Procainamid, Diphenylhydantoin, Isoniazid, Phenylbutazon u. a.)
- andere Ursachen: Trauma, Bestrahlung, Hypothyreose mit Myxödem, Chyloperikard

Klinik und Diagnostik

Klinische Symptomatik. Häufig besteht ein präkordialer oder/und retrosternaler Schmerz, der auch in Atemruhe vorhanden ist, aber durch Einatmung oder im Liegen verstärkt wird. Unter Umständen besteht Fieber und Tachypnoe. In der frühen Phase ist ein **Perikardreiben** als systolisch-diastolisches „Dampflokomotiv-Geräusch" durch wiederholte Auskultation (p.m. Erb) hörbar. Mit Entwicklung eines Perikardergusses verschwindet das Geräusch und die Schmerzen klingen ab (Abnahme der Reibung). Wichtig ist die körperliche Untersuchung auch hinsichtlich der Ätiologie bzw. Grunderkrankung.

Labor. Häufig besteht eine moderate Erhöhung der Entzündungsparameter (BSG, CRP) sowie eine leichte Leukozytose mit Lymphozytose. Eine Erhöhung kardialer Biomarker (Troponin, CK-MB) zeigt eine myokardiale Mitbeteiligung im Sinne einer Perimyokarditis an. Ähnlich wie bei der viralen Myokarditis (s. S. 159) ist die Bestimmung von Antikörpern gegen kardiotrope Viren unspezifisch und teuer, somit nicht sinnvoll.

EKG. In der Frühphase der Perikarditis können zudem Senkungen der PR-Strecke auftreten (**Abb. 7.5 a**). Der klassische EKG-Befund einer akuten Perikarditis ist eine **diffuse ST-Strecken-Hebung**. In Abgrenzung zum akuten ST-Hebungs-Myokardinfarkt (STEMI) entspricht diese nicht dem Versorgungsgebiet einer Koronararterie und ist nicht monophasisch, sondern meist aus dem aszendierenden Anteil der ST-Strecke entspringend (**Abb. 7.5 b**). Zudem sind „spiegelbildliche" (reziproke) ST-Senkungen bei akuter Perikarditis weniger ausgeprägt als beim akuten Myokardinfarkt. Im späteren Verlauf können die ST-Hebungen in ST-Senkungen und T-Negativierungen (**Abb. 7.5 c** und **d**) übergehen.

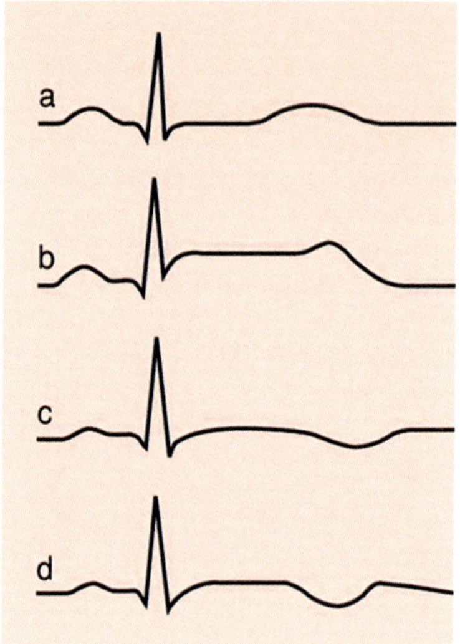

Abb. 7.5 EKG bei Perikarditis. Erläuterungen siehe Text.

Röntgen des Thorax. Bei unkomplizierter Perikarditis ist das Röntgenbild des Thorax meist unauffällig. Gelegentlich finden sich eine verbreiterte Herzsilhouette (durch begleitenden Perikarderguss), kleinere Pleuraergüsse und pulmonale Infiltrate sind eher selten. Bei bakterieller Perikarditis besteht häufiger auch eine schwere Pneumonie. Pulmonale Raumforderungen und vergrößerte Lymphknoten sind hinweisend für ein Tumorleiden oder eine Sarkoidose als Ursache der Perikarditis.

Echokardiografie. Die Echokardiografie zeigt bei Perikarditis meist unauffällige Befunde an Myokard und Herzklappen, weist jedoch sehr sensitiv einen begleitenden Perikarderguss nach. Größere Ergussmengen und eine Perikardtamponade sind bei idiopathischer und viraler Perikarditis eher selten und weisen auf eine andere Genese der Perikarditis hin. Eine gestörte Funktion des linken Ventrikels kann auf eine begleitende Myokarditis hinweisen.

Perikardpunktion und -biopsie. Bei Perikarditis ist eine diagnostische Perikardpunktion und/oder -biopsie mit Analyse des asservierten Ergussmaterials bzw. der Perikardprobe nur in Ausnahmefällen einer unklaren Ätiologie oder eines chronischen Verlaufs erforderlich. Nur in seltenen Fällen ist aufgrund einer hämodynamisch wirksamen großen Ergussmenge mit Perikardtamponade (s. S. 153) eine therapeutische Punktion und Drainage erforderlich.

Therapie

Die **idiopathische oder virale Perikarditis** wird symptomatisch mit Analgetika oder Antiphlogistika (z. B. Ibuprofen) behandelt. Hierunter ist ggf. eine begleitende Therapie mit Protonenpumpenhemmern (PPI) zum Magenschutz sinnvoll. Unter diesen Maßnahmen kommt es mit abwartendem Verhalten meist zur Ausheilung der Perikarditis.
Bei **rezidivierender oder chronischer Perikarditis** kommen nicht steroidale Antirheumatika (NSAR) und/oder Colchizin zum Einsatz, wobei die optimale Therapiedauer unklar ist. In Einzelfällen kann eine Therapie mit Kortikosteroiden oder Immunsuppressiva (Azathioprin, Cyclophosphamid) erforderlich sein.
Eine **bakterielle Perikarditis** muss mit Antibiotika behandelt werden. Ist eine Tuberkulose die Ursache, sind Tuberkulostatika indiziert. Bei eitriger Perikarditis (Pericarditis purulenta) ist eine Punktion bzw. operative Drainage mit Spülung sowie eine lokale und systemische Antibiose erforderlich.
Bei Systemerkrankungen oder toxischen Einflüssen mit **begleitender Perikarditis** steht die Behandlung der Grunderkrankung im Vordergrund.

7.3.2 Perikarderguss und Perikardtamponade

Synonym: Herzbeutelerguss, Herzbeuteltamponade
engl.: pericardial effusion, pericardial tamponade

Definitionen. Perikarderguss: Ansammlung von Flüssigkeit (serös, exsudativ oder blutig) im Perikardspalt ohne oder mit hämodynamischer Wirksamkeit durch Impression von Herzhöhlen.
Perikardtamponade: Plötzliche Drucksteigerung im Herzbeutel mit Füllungsbehinderung der Herzhöhlen durch Blutung oder Erguss. In der Regel zirkumferenzieller Erguss, selten umschrieben (bei Verwachsungen). Es handelt sich um ein akutes und bedrohliches Krankheitsbild.

Ätiologie und Pathogenese

Es gibt viele Ursachen für eine Flüssigkeitsansammlung im Herzbeutel. Am häufigsten entsteht ein Perikarderguss als entzündliches Exsudat im Rahmen einer **infektiösen (meist viralen) Perikarditis** oder Perimyokarditis. Weitere mögliche Ursachen:

- idiopathisch
- bei akutem Myokardinfarkt: hämorrhagische Perikarditis, sehr selten offene (meist sofort tödliche) oder gedeckte Ruptur der Ventrikelwand
- bei Neoplasma (Perikardmetastasierung, selten primär maligne Tumoren)
- toxisch (Urämie)
- bei Hypothyreose (kann einziges klinisches Symptom sein)
- Aortendissektion (Aorta ascendens mit Sinus-Valsalvae-Beteiligung)
- Perforation von Schrittmacher- oder Defibrillator-Elektroden (selten massive Blutung)
- Perforation bei Herzkatheteruntersuchung (selten), insbesondere bei EPU oder Katheterablation, transseptaler Punktion oder Myokardbiopsie
- nach Operationen am offenen Herzen: postoperative Nachblutung oder Postkardiotomie-(„Dressler"-) Syndrom
- bei Thoraxtrauma, insbesondere Messerstichverletzungen

Klinik und Diagnostik

Bei einer Flüssigkeitsansammlung im Herzbeutel (Erguss, Blut) kommt es zur mechanischen Behinderung des Bluteinstroms in die Herzhöhlen. Diese **Einflussstauung** führt zu Herzinsuffizienz durch Abnahme des Schlagvolumens (low cardiac output) und Lungenstauung.

Verlaufsformen. Der Perikarderguss kann akut oder chronisch(-rezidivierend) auftreten:

- **akut:** bei rascher Ergussbildung können auch geringe Flüssigkeitsmengen im Perikardraum (< 200 ml) durch fehlende Anpassungsmöglichkeiten des relativ steifen Perikards zu schnell fortschreitender Füllungsbehinderung des Herzens mit **Perikardtamponade** führen.
- **chronisch:** bei langsamer Zunahme des Herzbeutelvolumens können auch große Ergussmengen (> 1 000 ml) mit nur geringen (oder keinen) Zeichen der Einflussbehinderung verlaufen.

Vor allem **nach Herzoperationen** muss jeder rasche oder allmähliche Blutdruckabfall an eine Perikardtamponade denken lassen. Diese tritt bei Nachblutungen in der Regel früh, gelegentlich auch spät postoperativ auf und kann als „Postkardiotomie-Syndrom" fehlinterpretiert werden. Das Risiko des Auftretens wird durch die (oft indizierte) Therapie mit Antikoagulanzien oder Thrombozytenaggregationshemmern verstärkt. Bei Nachweis oder klinischem Verdacht einer postoperativen Perikardtamponade ist eine rasche Re-Thorakotomie indiziert.

Klinische Symptomatik. Bei der klinischen Untersuchung ist neben Tachypnoe und Tachykardie (70 - 80%) vor allem auf Zeichen der Einflussstauung zu achten. Hierzu gehören gestaute Jugularvenen (fast obligat), Pulsus paradoxus (inspiratorisch Schwächung des arteriellen Pulses), Kussmaul-Zeichen (Venendruckanstieg bei tiefer Inspiration), Hepatomegalie (ca. 50%). Zusätzlich können Blutdruckabfall, Zyanose und leise Herztöne (ca. 30%) bestehen. Durch Lungenstauung kommt es zu Dyspnoe und pulmonalen Rasselgeräuschen.

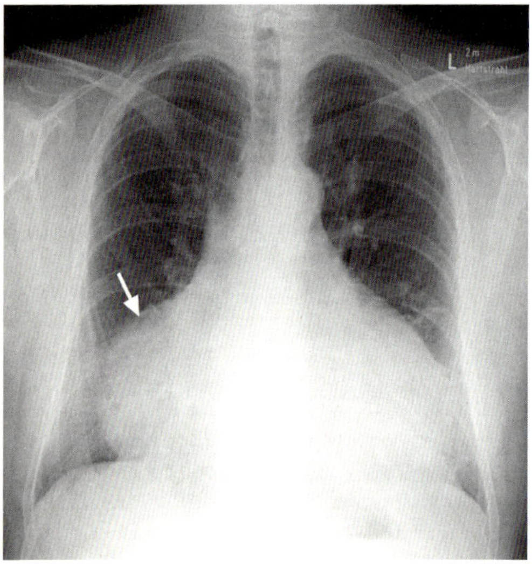

Abb. 7.6 Röntgen des Thorax bei großem Perikarderguss. Typische „Bocksbeutel"-Form der Herzsilhouette mit ausgeprägter Verbreiterung des Herzschattens nach links und rechts (Pfeil).

Eine akute Perikardtamponade kann zu kardiogenem Schock mit lebensbedrohlicher Kreislaufinsuffizienz führen.

EKG. Mit zunehmendem Erguss kommt es durch eine „elektrische Abschirmung" im EKG zu einer Niedervoltage.

Röntgen des Thorax. Durch den Erguss kommt es zu einer Verbreiterung des Herzschattens. Bei chronischem Verlauf mit großer Ergussmenge entsteht die typische (pathognomonische) „Bocksbeutelform" des Herzschattens im Röntgenbild (Abb. 7.6). Zudem führt die Einflussstauung mit dilatierter Vena cava superior zu einer Verbreiterung des oberen Mediastinums. Des Weiteren können Pleuraergüsse und Zeichen der Lungenstauung vorliegen.

Echokardiografie. Bei Perikarderguss und -tamponade zeigt die Echokardiografie die Ergussausdehnung sowie eine eventuell bestehende Kompression von Vorhof und/oder Ventrikel mit Füllungsbehinderung der Herzhöhlen (Abb. 7.7). Ein hämodynamisch wirksamer Perikarderguss ist in der Regel zirkumferenziell und zeigt eine frühdiastolische Kompression des rechten Ventrikels und Vorhofs.
Nach herzchirurgischer Operation kann eine Perikardtamponade unter Umständen nur lokal und in der transthorakalen Echokardiografie nicht sichtbar sein. Hier ist die transösophageale Echokardiografie (TEE) wegen ihrer größeren Sensitivität von Vorteil. Die Doppler-Echokardiografie zeigt bei hämodynamisch wirksamer Perikardtamponade eine gesteigerte respiratorische Variabilität des venösen und valvulären Blutflusses. Im rechten Herzen ist der Fluss inspiratorisch deutlich gesteigert, im linken Herzen dagegen deutlich reduziert.

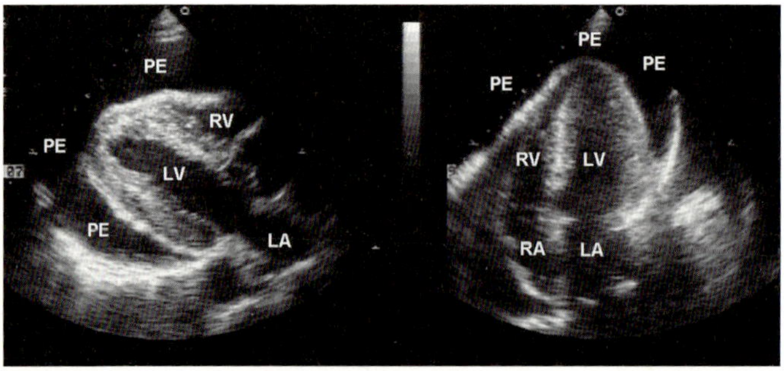

Abb. 7.7 Echokardiografie bei ausgedehntem Perikarderguss mit Tamponade. „Schwimmendes Herz" in großem Perikarderguss (PE) bei Tamponade mit Impression des rechten Vorhofs (RA) und Ventrikels (RV).
LV = linker Ventrikel, RV = rechter ventrikel, LA = linker Vorhof, RA = rechter Vorhof, PE = Perikarderguss

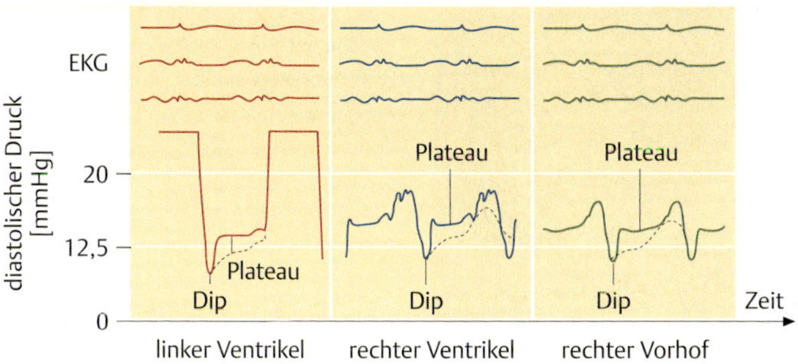

Abb. 7.8 Dip-Plateau-Phänomen. Druckverlauf bei Perikardtamponade oder bei Konstriktion: schnelle frühdiastolische Füllung des rechten und linken Ventrikels („Dip"), nachfolgend Dehnungsbehinderung mit eingeschränkter Füllung („Plateau"). „Ventrikularisierte" Vorhofdruckkurve durch frühdiastolischen Druckausgleich zwischen rechtem Vorhof und Ventrikel. Der normale diastolische Druckverlauf ist gestrichelt eingetragen. Das EKG weist eine Niedervoltage auf.

Herzkatheterdiagnostik. Hämodynamisch bestehen erhöhte Füllungsdrucke (ZVD, PC-Druck, enddiastolische Ventrikeldrucke) sowie das typische „Dip-Plateau-Phänomen" („Quadratwurzelzeichen") (Abb. 7.8).

Therapie des Perikardergusses

Je nach hämodynamischer Auswirkung sollte eine diagnostische und/oder therapeutische **Perikardpunktion** durchgeführt werden. Bei hämodynamisch nicht bedeutsamem Erguss ist eine diagnostische Punktion, falls klinisch indiziert, ausreichend.

Das Erguss-Material sollte immer zur weiteren Diagnostik verwendet werden:

- zytologische Diagnostik (sofort verarbeiten lassen!)
- mikrobiologische Diagnostik (ggf. auch Tuberkulosediagnostik)
- Bestimmung von Hämoglobin- und Eiweißgehalt

Therapie bei chronischer Perikarditis mit rezidivierendem Erguss:

- nicht steroidale Antirheumatika (NSAR)
- Colchizin (oral)
- Glukokortikoide (systemisch oder perikardial) nach Ausschluss einer infektiösen Genese
- Perikardiotomie oder Perikardfensterung in medikamentös refraktären Fällen

Bei anderen Ursachen bestehen weitere spezifische Therapieoptionen:

- immunologisch: bei Systemerkrankungen Glukokortikoide und Immunsuppressiva
- neoplastisch: intraperikardiale Instillation von Cisplatin oder anderen Zytostatika
- bakteriell: gezielt Antibiotika oder Tuberkulostatika, ggf. Spülung und Drainage
- metabolisch: Behandlung der Grunderkrankung

Therapie der Perikardtamponade

> **Eine Herzbeuteltamponade kann innerhalb kurzer Zeit tödlich sein und erfordert daher sofortiges Handeln.**

Wichtig ist die sofortige **Flüssigkeitsgabe**, um den Füllungsdruck des Herzens gegen den hohen Druck im Herzbeutel zu erhöhen. Positiv inotrope Substanzen sind ohne Wirkung. **Vasokonstriktoren** können hingegen passager zur Gewährleistung einer ausreichenden koronaren oder zerebralen Perfusion in der akuten Situation verabreicht werden.

Entscheidend ist die **sofortige Entlastung durch Perikardpunktion**: halbsitzende Position des Patienten (Herz „schwimmt" im Erguss), Punktion unter seitlicher Röntgen-Durchleuchtung oder Ultraschallkontrolle mit langer Nadel von subxiphoidal links unter dem Rippenbogen. Einführen eines Katheters (z. B. Pigtail) zur Aspiration und Drainage des Ergusses. Hierunter kommt es meist zur raschen Stabilisierung der Kreislaufverhältnisse mit Anstieg des arteriellen Blutdrucks und Normalisierung des ZVD.

Bei therapierefraktärer Blutung oder Ergussbildung trotz liegender und fördernder Drainage kann die **chirurgische Therapie** erforderlich sein zur

- lokalen Blutstillung (z. B. postoperativ nach herzchirurgischem Eingriff)
- Übernähung einer Myokard-Perforation (z. B. durch Katheter oder Elektroden)
- Anlage einer chirurgischen Drainage
- Fensterung des Perikards, um eine Abflussmöglichkeit zu schaffen

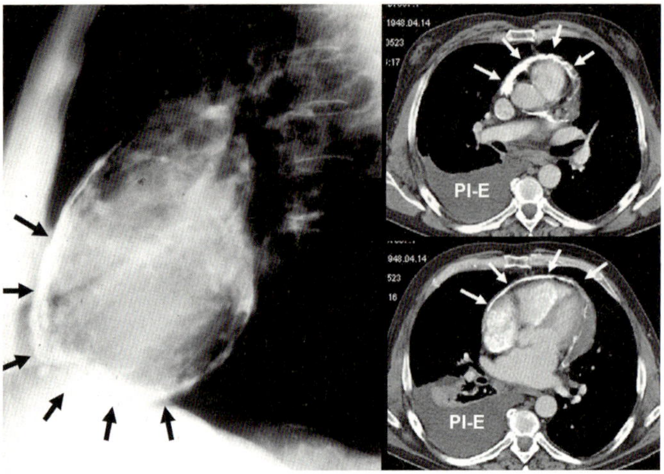

Abb. 7.9 Röntgen des Thorax und kardiales CT bei verkalkender konstriktiver Perikarditis. In der seitlichen Röntgenaufnahme des Thorax (links) deutlich erkennbare perikardiale Kalkschalen (schwarze Pfeile). Ausmaß, Lokalisation und Verteilung der Perikardverkalkung (weiße Pfeile) sind differenzierter auch in der thorakalen CT-Diagnostik (rechts) darstellbar. Nebenbefundlich im CT rechtsseitiger Pleuraerguss (PI-E).

7.3.3 Konstriktive Perikarditis

Synonyme: Pericarditis constrictiva (calcarea), Panzerherz
engl.: constrictive pericarditis

Definition. Chronisch-bindegewebige Verdickung des Herzbeutels ohne (Pericarditis non-calcarea) oder mit (Pericarditis calcarea) Verkalkung des Herzbeutels. Durch mechanische Behinderung der diastolischen Füllung oder der systolischen Kontraktion kann es zur manifesten Herzinsuffizienz kommen.

Pathogenese und Pathophysiologie

Der konstriktiven Perikarditis liegt meist ein chronischer Entzündungsprozess des Perikards zugrunde. Sie kann daher nach jeder Erkrankung auftreten, die zu einer (sub)akuten Perikarditis führt (viral, bakteriell, tuberkulös, immunologisch, mediastinale Bestrahlung > 50 Gy u. a.). Nach Herzoperationen wird sie in 0,2 – 0,3 % der Fälle beobachtet.

Die **Frühphase** ist durch Entzündung, Erguss und Adhäsion des Perikards an Nachbarorgane gekennzeichnet. In der **Konkretionsphase** erfolgt die Resorption bzw. fibröse Organisation des Perikardergusses. Es kommt zur Vernarbung und Obliteration des Perikardspalts. In der nachfolgenden **Konstriktionsphase** stehen narbige Schrumpfung und ggf. Verkalkung des Perikards im Vordergrund.

Klinik und Diagnostik

Die Diagnose wird oft erst im fortgeschrittenen Stadium mit hämodynamischer Beeinträchtigung gestellt.

Klinische Symptomatik. Typisch sind allgemeine Leistungsschwäche, (Belastungs-)Dyspnoe und Zeichen der zunehmenden Rechtsherzinsuffizienz mit Einflussstauung (gestaute Halsvenen, Hepatomegalie) und Flüssigkeitsretention (Ödeme, Pleuraerguss, Aszites). Hämodynamische Symptome sind Kussmaul-Zeichen (inspiratorischer Venendruckanstieg) und Pulsus paradoxus (inspiratorischer Druckabfall mit Pulsabschwächung).

EKG. (Sinus-)Tachykardie oder Vorhofflimmern, Niedervoltage, unspezifische T-Wellen- oder ST-Strecken-Veränderungen, P-mitrale.

Röntgen des Thorax. Herzschatten oft normal, keine Zeichen der Lungenstauung. Häufig besteht ein Pleuraerguss. Bei verkalkender Perikarditis (Pericarditis calcarea) sind in seitlicher Projektion oder bei Durchleuchtung Kalkschalen um das Herz erkennbar (**Abb. 7.9**).

Bildgebende Verfahren (Echokardiografie, MRT, CT). Typische Verdickung/Verkalkung des viszeralen/parietalen Perikards (**Abb. 7.9** und **Abb. 7.10**), vor allem mittels CT gut darstellbar. Im Kontrastmittel-gestützten MRT kann mittels „late enhancement" die perikardiale Verdickung und Fibrose dokumentiert werden (**Abb. 7.10**; MRT). In der Echografie typisch sind ein plötzlicher Stopp der diastolischen Bewegung der linksventrikulären Hinterwand nach posterior sowie abnorme Septumbewegung. Im pw-Doppler hämodynamisches Muster der Konstriktion mit respiratorischer Variation der Füllung von Vorhöfen und Ventrikeln.

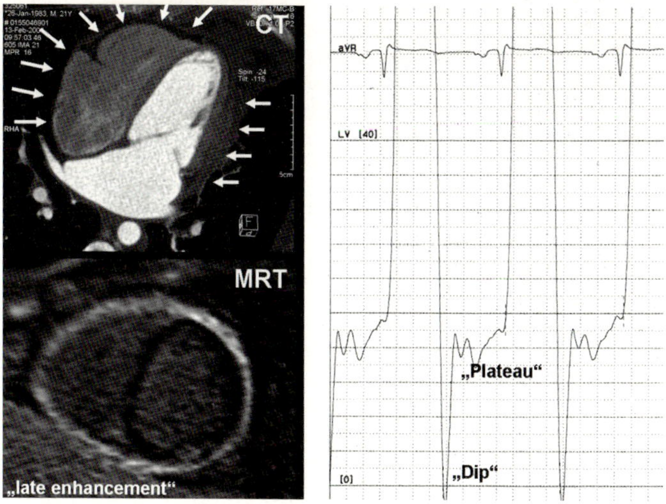

Abb. 7.10 Bildgebung und Hämodynamik bei konstriktiver Perikarditis. Nachweis des verdickten, nicht verkalkten Perikards (Pfeile) im CT (oben links) sowie mittels „late enhancement" (helle Kontrastmittelanreicherung) in der kardialen MRT (links unten). Die invasive Druckmessung im linken Ventrikel zeigt das typische „Dip-Plateau"-Phänomen (siehe Text).

> ! **Leitbefund der konstriktiven Perikarditis sind große Vorhöfe und kleine Ventrikel. Wesentliche Differenzialdiagnose ist die restriktive Kardiomyopathie (s. S. 135).**

Hämodynamik. Durch die diastolische Füllungsbehinderung (Einflussstauung) sind ZVD, Vorhofdrücke und diastolische Ventrikeldrücke erhöht. Der rasche frühdiastolische Druckanstieg führt zu einem frühdiastolischen „Dip-Plateau-Phänomen" (Abb. 7.8, Abb. 7.10). In der Folge sind Schlagvolumina und HZV ist reduziert.

Therapie

Konservative Therapie. Zur Verbesserung des HZV erfolgt eine Steigerung des Füllungsdrucks (Vorlast) durch Flüssigkeitszufuhr unter Inkaufnahme einer gesteigerten Ödemneigung. Zur Therapie und Vermeidung stauungsbedingter Symptome und Überwässerung werden dagegen vorsichtig Vorlastsenker und Diuretika eingesetzt, die jedoch das HZV reduzieren können. Klinisch entscheidend ist hier die richtige Balance.

> ! **Cave: Flüssigkeitsgabe steigert die Ödemneigung.**
> **Cave: Diuretikagabe geht oft mit Abnahme des HZV einher.**

Chirurgische Therapie. Bei Zeichen der fortgeschrittenen Herzinsuffizienz (Stadium NYHA III oder IV) ist die teilweise oder komplette **Dekortikation** (= Entfernung von Kalk- und/oder Narbengewebe) bzw. die **Perikardektomie** (= Entfernung des Perikards) die Therapie der Wahl. Mögliche Komplikationen sind vor allem Läsionen an den epikardialen Koronararterien (wegen oft tief reichender epikardialer Narben- und Kalkplatten) und Beeinträchtigung des AV-Klappenapparates. Um eine Dilatation des Klappenrings zu vermeiden, werden daher Verkalkungen in diesem Bereich meist belassen.

7.4 Myokarditis

engl.: myocarditis

Definition. Entzündung des Herzmuskels, unter Umständen unter Mitbeteiligung von Endokard und/oder Epi- bzw. Perikard. Pathologisch-anatomisch oft fokale Entzündungsherde, Nekrosen einzelner Zellen oder größerer Zellverbände. Beim seltenen fulminanten Verlauf kann der Ausgang tödlich sein als Folge einer ausgedehnten Nekrose des Myokards.

Epidemiologie

Klinisch ist die Diagnose oft schwer fassbar, daher ist die Dunkelziffer sehr hoch. Bei Virusinfektionen kommt es in etwa 1 – 5 % der Fälle zu einer entzündlichen myokardialen Mitbeteiligung.

Tab. 7.3 Ursachen der Myokarditis

Infektiöse Ursachen	
Kardiotrope Viren (häufig): im Rahmen systemischer Infektionen können sie zu oft asymptomatischer Begleitmyokarditis führen	Enteroviren (Coxsackie-B), Adenoviren, Parvovirus B19, Herpesviren (HSV-1, HHV-6), Cytomegalie-Viren, Influenza-Viren, HIV-Viren (s. S. 1017) u. a.
Bakterien (selten)	Chlamydien, Borrelien (s. S. 1007), Myokoplasmen, Bartonellen, Rickettsien (selten) u. a.
Pilze (bei Abwehrschwäche)	Candida, Aspergillen, Aktinomyzeten u. a.
Parasiten	Echinokokken, Trichinella
Protozoen	Trypanosoma cruzi (Chagas-Kardiomyopathie, s. S. 143; Chagas Krankheit, s. S. 1141), Toxoplasmen
Nicht infektiöse Ursachen	
Systemerkrankungen und Kollagenosen	Sarkoidose, Sklerodermie, systemischer Lupus erythematodes, Polymyositis u. a.
Vaskulitiden	Wegener Granulomatose, Kawasaki-Syndrom, Takayasu-Syndrom u. a.
Eosinophile Endomyokarditis	Churg-Strauss-Syndrom, Löffler-Endomyokarditis, Hypersensitivitätsmyokarditis (medikamentös induziert)
Riesenzell-Myokarditis	selten; unklare Ätiologie (idiopathisch)
Abstoßung nach Herztransplantation	Alloantigene
toxisch oder durch Medikamente induziert	Kokain, Äthanol, Diphtherie-Toxin (s. S. 982), Katecholamine, Trastuzumab, Anthrazykline (Chemotherapeutika) u. a.

Ätiologie und Pathogenese

Ursachen der Myokarditis sind infektiös (meist viral) oder nicht infektiös (meist immunologisch oder toxisch) bedingt (**Tab. 7.3**).

Die Aufklärung molekularer Mechanismen hat das Verständnis der zellulären Signalwege der viralen und immunologischen Myokarditis in den letzten Jahren verbessert.

Bei der akuten Myokarditis kommt es zu einer myokardialen Zellschädigung durch kardiotrope Viren oder immunologisch-toxische Ursachen. Genetische Prädisposition und sekundäre immunologische Prozesse können zu einer Chronifizierung unter dem Bild einer dilatativen Kardiomyopathie führen.

Die pathophysiologische Entwicklung von akuter Myokarditis zu chronischer dilatativer Kardiomyopathie kann vereinfacht durch drei Phasen charakterisiert werden:

In einer **ersten Phase** kommt es zu einer Zellschädigung durch Virus oder Toxin (Pathogen) mit Zelluntergang durch direkte virale Zerstörung, zytolytische T-Zellen oder Apoptose. Das körpereigene Immunsystem wird mit Pathogenen und freigesetzten intrazellulären Antigenen konfrontiert und aktiviert.

In einer **zweiten Phase** entwickelt sich über Wochen eine spezifische Immunantwort mit robuster Entzündungsreaktion, vermittelt durch T-Lymphozyten und Antikörper gegen Pathogene und endogene kardiale Epitope (z. B. kardiales Myosin und β-adrenerge Rezeptoren). Bei den meisten Patienten kommt es zu einer Elimination des Pathogens und zu einer Herunterregulierung der immunologischen Reaktion mit nur geringen klinischen Residuen.

In einer **dritten Phase** kommt es bei fehlender Elimination des Pathogens zu einer persistierenden myozytären Schädigung und zu einer chronischen myokardialen Entzündungsreaktion mit Fehlerkennung endogener kardialer Antigene als pathogenes Agens.

Verlaufsformen der Virus-Myokarditis

- **Fulminanter Verlauf** (selten): Als Folge einer fulminanten Inflammation mit ausgedehnter Nekrose des Myokards kommt es zu einer rasch fortschreitenden und schweren (oft therapieresistenten) Herzinsuffizienz, die innerhalb weniger Tage letal verlaufen kann. Rettend als Überbrückung bis zur Ausheilung kann die Implantation eines

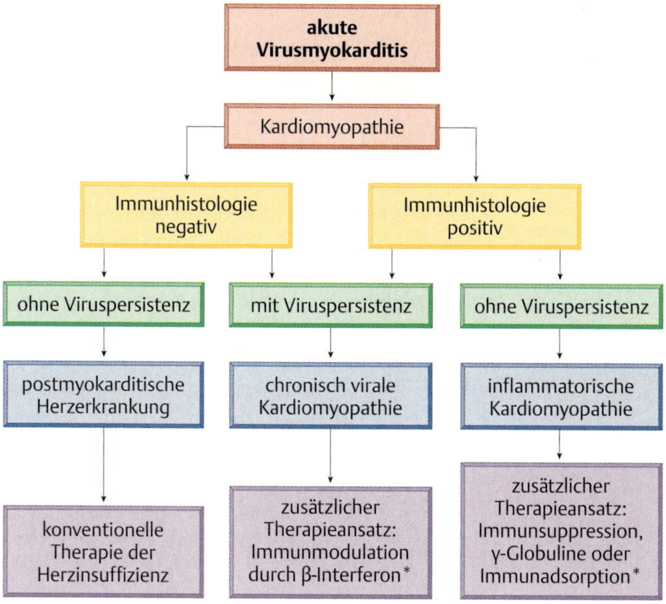

Abb. 7.11 Pathogenese der Kardiomyopathie nach Virusmyokarditis anhand von Ergebnissen der Endomyokardbiopsie. *Details siehe Text.

linksventrikulären Assist-Device (LVAD, s. S. 110) sein. Nach Ausheilung sind chronische Verläufe selten.

- **Akuter Verlauf:** Die Virusmyokarditis tritt im Rahmen einer allgemeinen Viruserkrankung auf. Sie ist meist gutartig und heilt in der Regel voll aus. Eine Defektheilung führt zu residueller Funktionsstörung des linken Ventrikels, ggf. unter dem Bild einer dilatativen Kardiomyopathie.
- **Chronisch-rezidivierender Verlauf:** Bei fehlender Ausheilung der Virusmyokarditis mit Viruspersistenz (chronisch virale Kardiomyopathie, s. S. 127) oder autoreaktiver Entzündung (inflammatorische Kardiomyopathie, s. S. 127) ist der Übergang in eine chronische Verlaufsform unter dem klinischen Bild einer dilatativen Kardiomyopathie möglich (Häufigkeit umstritten, **Abb. 7.11**).

Klinik und Diagnostik

Klinisch ist die Diagnose oft schwer fassbar und daher unsicher. Einen beweisenden Befund gibt es selten. Wichtig ist die synoptische Bewertung aller Befunde.

Die Mehrzahl der viralen Myokarditiden verläuft klinisch asymptomatisch. Daher ist die Dunkelziffer klinisch nicht diagnostizierter Erkrankungen hoch. Dies hat Bedeutung für das Konzept einer chronisch viralen Kardiomyopathie als Ursache eines Teils der Patienten unter dem klinischen Bild einer dilatativen Kardiomyopathie (s. S. 127).

Klinische Symptomatik. Bei Vorliegen von Symptomen ist das Spektrum der Beschwerden breit und unspezifisch, die Ausprägung sehr variabel. Folgende Symptome sind häufig vorhanden:

- Leistungsminderung, Ermüdbarkeit, Schwäche
- Palpitationen und Arrhythmien
- Belastungsdyspnoe und klinische Zeichen der Herzinsuffizienz
- Angina pectoris (durch Perimyokarditis): gelegentlich dem akuten Koronarsyndrom ähnelndes Krankheitsbild (typische Beschwerden, ST-Hebungen, T-Negativierungen, Freisetzung von Troponin und CK-MB),
- allgemeine Zeichen eines Virusinfekts (grippeähnliche Beschwerden, Fieber, Myalgien, Pharyngitis, Diarrhö, Lymphadenopathie)
- anderweitige spezifische Organmanifestationen des generalisierten Virusinfekts (z. B. Hepatitis, Orchitis, Meningoenzephalitis, u. a.)

Klinische Untersuchung. Die klinischen Symptome und Befunde sind sehr variabel. Diagnostisch hinweisend (jedoch unspezifisch) sind Ruhetachykardie (im Ausmaß über das evtl. vorhandene Fieber hinausgehend), Leistungsknick, Palpitationen und Zeichen der Herzinsuffizienz. Weitere Symptome sind Blässe, Zyanose und Perikardreiben (bei Perimyokarditis). Auskultatorisch kann ein Systolikum imponieren (relative Mitralklappeninsuffizienz oder Strömungsgeräusch durch gesteigertes HZV). Diastolische Geräusche sind dagegen ungewöhnlich.

Labor. Laborchemisch lässt sich als Ausdruck der viralen oder immunologischen Entzündungsreaktion durch erhöhte BSG (ca. 60%) oder CRP sowie durch Veränderungen des weißen Blutbilds (ca. 25%; meist Lymphozytose) nachweisen. Bei Nekrose von Myokardzellen kommt es zur Freisetzung von kardialen Markern wie Troponin und CK-MB sowie bei akuter Herzinsuffizienz von pro-NT-BNP.

> **!** **Die Bestimmung von Serum-Antikörpern (Titer) gegen kardiotrope Viren ist teuer und klinisch wenig hilfreich (da unspezifisch), somit also verzichtbar.**

EKG. Verschiedenste unspezifische Befunde sind möglich. Häufig sind Sinustachykardie, AV-Block I. oder II. Grades (seltener III. Grades), intraventrikuläre Leitungsstörungen, mäßige ST-Strecken-Hebung (ohne Bezug zu koronaren Versorgungsgebieten) sowie uncharakteristische Repolarisationsstörungen (ST-Senkung, T-Negativierung und verlängertes QT-Intervall). Zudem besteht eine erhöhte Neigung zu supraventrikulären (atriale Extrasystolen, Vorhofflimmern) und ventrikulären Arrhythmien (Extrasystolen, Salven, Kammertachykardien, Kammerflimmern).

Echokardiografie. Bereits frühzeitig ist eine diastolische Dysfunktion (Relaxationsstörung) nachweisbar. Im Verlauf kommt es zu einer globalen (meist diffuse) Kontraktionsstörung und evtl. Dilatation des linken Ventrikels. Seltener ist auch eine Beteiligung der anderen Herzhöhlen nachweisbar. Durch Dilatation des Klappenrings können relative Klappeninsuffizienzen nachweisbar sein. Wandständige Thromben finden sich bei bis zu 15%, ein Perikarderguss bei 10% der Patienten.

Spiroergometrie. Bei Patienten mit subakuter und chronischer Myokarditis objektiviert und quantifiziert die Spiroergometrie die verminderte kardiopulmonale Belastbarkeit. Die Einschränkung wird sensitiv bereits frühzeitig erkennbar, oft auch bei echokardiografisch normal erscheinender systolischer Funktion des linken Ventrikels. Besondere Bedeutung hat die Spiroergometrie auch in der Verlaufskontrolle der chronischen Myokarditis und dilatativen Kardiomyopathie.

Endomyokardbiopsie. Histologie (**Dallas-Kriterien, Tab. 7.4**): Typische histologische Veränderungen mit zellulären Infiltraten sind oft nur über kurze Zeit nachweisbar. Aufgrund der regionalen bzw. fokalen Verteilung der typischen Zellinfiltrate sind nur positive Biopsiebefunde diagnostisch verwertbar (geringe Sensitivität).

Immunhistologie und Molekularbiologie (PCR) sind entscheidend für den Nachweis der Inflammation und der Viruspersistenz im Myokard. Diese Verfahren sichern die Diagnose der Myokarditis und können bei Nachweis von Viruspartikeln und Virusgenom den Erregertyp bestimmen.

Indikationen zur Endomyokardbiopsie bestehen bei akuter Myokarditis mit rascher klinischer Progredienz oder bei Hinweisen für kardiale Sarkoidose oder Riesenzellmyokarditis. Bei chronischer Myokarditis dient die Endomyokardbiopsie zur Differenzierung zwischen chronisch viraler Kardiomyopathie, inflammatorischer Kardiomyopathie und idiopathischer dilatativer Kardiomyopathie (**Tab. 6.1**, s. S. 127) sowie einer kardialen Beteiligung bei Systemerkrankungen.

Komplikationen der perkutanen Endomyokardbiopsie sind in erfahrenen Händen gering (tödliche Komplikationen 0,03 – 0,4%). Hauptkomplikationen sind Perforation mit Herzbeuteltamponade (< 1%) sowie AV-Blockierungen beim Einführen des Bioptoms in den Ventrikel.

> **!** **Die meisten Befunde sind nur bei ausgeprägter Myokarditis vorhanden. EKG-Veränderungen (oft flüchtig) und Rhythmusstörungen per se berechtigen nicht zur Diagnose „Myokarditis". Bei älteren Patienten ist eine koronare Herzkrankheit (KHK) durch Koronarangiografie auszuschließen.**

Therapie und Prognose

Fulminante Myokarditis. Unbehandelt kann der Tod durch Herzversagen innerhalb von 3 – 4 Tagen nach Beginn der Symptomatik eintreten, bedingt durch die massive Herzmuskelnekrose. Eine medikamentöse Therapie ist unwirksam. Bei rascher Verschlechterung sollte frühzeitig die Implantation eines linksventrikulären Unterstützungssystems (s. S. 110) als Überbrückung zur Erholung oder zur Herztransplantation erwogen werden. Nach Überleben der akuten Phase folgt in der Regel eine vollständige Ausheilung der Myokarditis, ggf. unter Verbleib einer ventrikulären Dysfunktion.

Tab. 7.4 Dallas-Kriterien zur Diagnose mittels endomyokardialer Biopsie

Diagnose	histopathologischer Befund
aktive Myokarditis	inflammatorisches Infiltrat, meist mononukleär mit Nekrosen und/oder Degeneration der umgebenden Myozyten, untypisch für ischämische Schädigung
Borderline-Myokarditis	geringe Inflammation oder keine Schädigung der Myozyten

Akute Myokarditis. In der akuten Phase wird eine Monitorüberwachung empfohlen (eher observieren als therapieren). Bei Nachweis bradykarder oder tachykarder Rhythmusstörungen (AV-Blockierungen, Vorhofflimmern, ventrikuläre Tachyarrhythmien) erfolgt eine antiarrhythmische Therapie und ggf. der Einsatz von Herzschrittmachern oder implantierbaren Defibrillatoren (s. S. 74).

Im Vordergrund steht die frühzeitige Therapie der Herzinsuffizienz gemäß aktueller Leitlinien (s. S. 104) mit ACE-Hemmern oder AT 1-Rezeptorblockern, Betablockern, Aldosteronantagonisten, Diuretika etc. Eine immunsuppressive Therapie ist bei akuter Myokarditis eher schädlich als nützlich (Ausnahmen: Sarkoidose, Systemerkrankungen, Riesenzellmyokarditis).

Empfohlen werden körperliche Schonung bis zur Rekonvaleszenz (4 – 6 Wochen) und Sportverbot für 3 – 6 Monate. Zur Beurteilung des langfristigen Verlaufs sollten regelmäßige Nachuntersuchungen erfolgen. In der Regel kommt es zur spontanen Ausheilung ohne oder mit nur geringen Residuen. Der Übergang in eine chronische Myokarditis unter dem Bild einer dilatativen Kardiomyopathie ist möglich.

Chronische Myokarditis. Bei chronischen Formen der Myokarditis wurden in den letzten Jahren verschiedene antivirale, immunsuppressive und immunmodulatorische Therapiekonzepte untersucht (**Abb. 7.11**), sind jedoch aufgrund kontroverser oder unzureichender Datenlage bislang nicht fest etabliert:

- Bei **chronisch viraler Kardiomyopathie** (s. S. 127) mit Nachweis von Viruspersistenz ist eine immunmodulierende Therapie mit β-Interferon zur Viruselimination evtl. von Vorteil.
- Bei **chronisch inflammatorischer Kardiomyopathie** (s. S. 127) mit Nachweis chronischer Entzündung des Myokards ohne Viruspersistenz bestehen therapeutische Optionen in immunsuppressiver (Kortikosteroide, Immunsuppressiva) oder immunmodulierender Behandlung (Immunglobuline, Immunadsorption).

Spezifische Formen der Myokarditis. Für spezifische Formen der Myokarditis werden spezielle therapeutische Maßnahmen erwogen:

- Herpesvirus-Myokarditis (HHV-6): antivirale Therapie mit Ganciclovir.
- Autoimmunmyokarditis: immunmodulatorische Therapie mit Rapamycin (Sirolimus), Mycophenolat-Mofetil (Cell Cept®) und PPAR-gamma Agonisten (Glitazone).
- Systemerkrankungen und Vaskulitiden: Behandlung der Grunderkrankung mit Kortikosteroiden, Azathioprin und Zytostatika.
- kardiale Sarkoidose: immunsuppressive Therapie mit Kortikosteroiden. Ggf. zusätzlich Cyclosporin, Azathioprin und Zytostatika.
- Riesenzellmyokarditis: immunsuppressive Therapie mit Kortikosteroiden, Ciclosporin und/oder Azathioprin.

7.5 Karditis bei primär extrakardialen Erkrankungen

Entzündliche Herzerkrankungen können auch **sekundär als kardiale Mitbeteiligung** bei primär extrakardialen allgemein-internistischen Grunderkrankungen auftreten. Meist handelt es sich hierbei um infektiologische oder autoimmunologische Krankheitsbilder, die zu einer meist passageren und gutartigen begleitenden Myokarditis und/oder Perikarditis führen. Schwere oder fulminante Verlaufsformen sind dagegen selten.

7.5.1 Sarkoidose

→ vgl. S. 471

Die Sarkoidose ist eine systemische granulomatöse entzündliche Erkrankung unklarer Ätiolologie, die primär das Lungenparenchym betrifft, aber neben

anderen extrakardialen Manifestationen auch das Herz beteiligen kann.
Die **kardiale Beteiligung** manifestiert sich vor allem in einer Perimyokarditis mit der möglichen Folge von Arrhythmien, Erregungsleitungsstörungen oder Herzinsuffizienz durch ventrikuläre Dysfunktion. Daneben können selten auch vaskulitische Komplikationen der kardialen Sarkoidose auftreten.
Die myokardiale Beteiligung kann durch regionale Betonung des Entzündungsprozesses in linken und/oder rechten Ventrikel fokal betont auftreten und ist durch bildgebende Verfahren nachweisbar (Kinetikstörung, fokale Vernarbung). Die definitive Diagnosestellung erfolgt durch Endomyokardbiopsie mit histologischem Nachweis typischer granulomatöser Veränderungen des Myokards.
Therapeutisch steht bei kardialer Sarkoidose eine immunsuppressive Therapie mit Glukokortikoiden und Immunsuppressiva (Methotrexat oder Azathioprin) im Vordergrund.

7.5.2 Systemerkrankungen

→ vgl. S. 1124
Verschiedene rheumatologische Systemerkrankungen können mit kardialer Beteiligung verlaufen:
- systemischer Lupus erythematodes (s. S. 1124)
- Sklerodermie (systemische Sklerose) (s. S. 1126)
- Sjögren-Syndrom (s. S. 1128)
- rheumatoide Arthritis (s. S. 1108)
- adultes Still-Syndrom (s. S. 1109)

Kardiale Manifestationen treten bei bis zu 50% der Patienten auf und tragen wesentlich zur erhöhten Mortalität dieser Erkrankungen bei. Dabei kommt es zu Perikarditis (häufig), Myokarditis und Kardiomyopathie mit chronischer Herzinsuffizienz. Seltener sind kardiale Amyloidose und koronare Vaskulitis mit ischämischer Herzerkrankung. Zudem können Herzklappenerkrankungen (Valvulitis), Herzrhythmusstörungen und pulmonale Hypertonie auftreten.
Therapeutische Optionen bestehen neben einer symptomatischen Behandlung von Herzinsuffizienz und Arrhythmien vor allem in der antiphlogistischen Therapie mit nicht steroidalen Antirheumatika (NSAR), Glukokortikoiden und/oder Immunsuppressiva (s. S. 1099).

7.5.3 Vaskulitiden

→ vgl. S. 1130
Verschiedene systemische immunologische und/oder nekrotisierende Vaskulitiden können mit kardialer Beteiligung der Koronararterien oder der herznahen Gefäße verlaufen:
- Kawasaki-Syndrom
- Takayasu-Syndrom (s. S. 230)
- Churg-Strauss-Syndrom (s. S. 1132)
- Wegener-Granulomatose (s. S. 1132)

Kardiale Manifestationen bestehen in einer vaskulitischen Beteiligung der Koronararterien mit vielgestaltigen Veränderungen, die als Stenosen oder Aneurysmen angiografisch nachweisbar sind. Typischerweise manifestiert sich die Erkrankung bei mittelalten, männlichen Patienten in Form von Herzinfarkt(en), Herzinsuffizienz oder Perikarditis.
Extrakardiale Manifestationen sind dominiert durch die extrakardialen vaskulären Manifestationen. Zudem können Myalgien, Arthralgien, Gewichtsverlust, periphere Neuropathie, Hypertonie und Niereninsuffizienz auftreten. Laborchemische Hinweise bestehen in Anämie, Leukozytose, Thrombozytose, erhöhter BSG / CRP, Funktionsstörungen der Leber sowie Nachweis von HBsAg.
Therapeutische Optionen bestehen neben einer symptomatischen (antianginösen) Medikation und koronaren Revaskularisation von Koronarstenosen in einer immunsuppressiven Therapie mit Glukokortikoiden und Immunsuppressiva (s. S. 1099).

7.5.4 Borreliose (Lyme-Erkrankung)

→ vgl. S. 1007
Die Borreliose ist eine **Multisysteminfektion**, die durch den Spirochäten Borrelia burgdorferi verursacht und durch Zecken übertragen wird. Am häufigsten sind Haut, Bewegungsapparat, zentrales Nervensystem und Herz-Kreislauf-System betroffen. Akut kommt es zu Fieber, Myalgien, Lymphadenopathie und flüchtigem Exanthem. Im chronischen Verlauf dominieren Arthritis und neurologische Symptome.
Bei ca. 10% der Patienten kommt es zu einer **kardialen Beteiligung**, die oft erst Wochen nach Beginn der Erkrankung manifest wird und sich häufig in spontan reversiblen **Erregungsleitungsstörungen** (z. B. AV-Blockierungen) oder **Perimyokarditis** äußert. In seltenen Fällen kommt es im chronischen Verlauf zum Bild einer dilatativen Kardiomyopathie mit ma-

nifester Herzinsuffizienz. Als Ursache werden kardiotoxische und immunologische Mechanismen diskutiert. Die Therapie wird auf S. 1008 beschrieben.

7.5.5 HIV-Infektion und AIDS

→ vgl. S. 1017

Bei Patienten mit HIV-Erkrankung findet man in 5 – 20% der Fälle auch kardiovaskuläre Veränderungen. Seit Einführung der hochaktiven antiviralen Therapie kommt es jedoch deutlich seltener zur klinisch manifesten Myokarditis mit begleitender Perikarditis. Diese ist bedingt durch virale (z. B. HIV-1, CMV), nicht virale Infektionen (z. B. Toxoplasmose, Pneumocystis oder Pilze) oder Ko-Infektionen. Zudem kann es zu einer nicht bakteriellen thrombotischen Endokarditis mit systemischer Embolisation sowie zu einer HIV-assoziierten pulmonalen Hypertonie kommen. Eine Herzbeteiligung durch das Kaposi-Sarkom verläuft meistens klinisch inapparent. Todesfälle sind nur selten kardiovaskulär bedingt.

7.5.6 Diphtherie

→ vgl. S. 982

Die diphtheriebedingte Myokarditis ist heute sehr selten. Das Exotoxin des Corynebacterium diphtheriae führt in diesem Fall zur Myozytolyse. In der akuten Phase erfolgt die Therapie mit spezifischem Antitoxin. Glukokortikoide sind nicht wirksam. Mögliche Spätfolgen sind Herzinsuffizienz und Störungen der Sinusknotenfunktion und/oder der kardialen Erregungsleitung.

7.5.7 Chronisch-entzündliche Darmerkrankungen

→ vgl. S. 757

Kardiale Beteiligungen bei Colitis ulcerosa und Morbus Crohn sind selten und umfassen neben der Perikarditis auch vaskulitische Veränderungen und thromboembolische Komplikationen. Neben der entzündlichen Aktivität kommt als Ursache einer Perikarditis differenzialdiagnostisch auch eine Nebenwirkung von 5-Aminosalicylsäure-Präparaten in Betracht. Myokarditiden sind dagegen deutlich seltener und pathophysiologisch weitgehend ungeklärt.

Weiterführende Informationen

http://www.escardio.org/guidelines-surveys/esc-guidelines/GuidelinesDocuments/guidelines-IE-FT.pdf (Guidelines on the prevention, diagnosis and treatment of infective endocarditis (new version 2009). European Society of Cardiology ESC)

http://leitlinien.dgk.org/images/pdf/leitlinien_volltext/2007-13-endokarditis-prophylaxe.pdf (Prophylaxe der infektiösen Endokarditis. Positionspapier der Deutschen Gesellschaft für Kardiologie).

http://www.escardio.org/guidelines-surveys/esc-guidelines/GuidelinesDocuments/guidelines-pericardial-FT.pdf (Guidelines on the diagnosis and management of pericardial diseases. European Society of Cardiology).

A

8 Erworbene Herzklappenfehler

Thomas Wichter, Günter Breithardt, Lars Eckardt, Helmut Baumgartner

8.1 Allgemeiner Teil

Synonym: erworbene Vitien
engl.: valvular heart disease

Definition.

- Bei Herzklappenfehlern kommt es zu Fehlfunktionen im Sinne einer Stenose oder einer Insuffizienz durch Veränderungen des Klappengewebes, des subvalvulären Apparates oder umgebender Strukturen der Herzklappen (Aorta für die Aortenklappe, die Ventrikel für die Atrioventrikular-[AV-] Klappen).

8.1.1 Epidemiologie

Erworbene Herzklappenfehler betreffen überwiegend die mechanisch stärker beanspruchten Klappen des linken Herzens.
Der mit Abstand häufigste Klappenfehler ist heute die **Aortenklappenstenose**. Sie macht ca. 45% aller behandlungsbedürftigen Herzklappenfehler aus. In über 80% der Fälle ist die Genese degenerativ, es handelt sich also um eine typische Erkrankung des fortgeschrittenen Alters (ca. 2 – 7% der über 65-Jährigen). Nicht selten sind die Patienten bei Diagnosestellung bereits über 80 Jahre alt. Die Mitralklappeninsuffizienz folgt mit etwa 35%, davon sind etwa 60% degenerativer Genese. Der Rest verteilt sich etwa gleich mit jeweils 10% auf Aortenklappeninsuffizienz und Mitralklappenstenose.
Organische Klappenfehler des rechten Herzens sind dagegen selten und dann oft Folge einer infektiösen Endokarditis (z. B. bei i. v. Drogenabhängigen) oder einer Mitbeteiligung im Rahmen rheumatischer Klappenfehler s. u.

8.1.2 Ätiologie und Pathogenese

Meist handelt es sich um im Lauf des Lebens erworbene Veränderungen an ursprünglich normalen oder an bereits angeboren veränderten Klappen (z. B. bikuspide Aortenklappe). Seltener ist eine signifikante Dysfunktion bereits angeboren (vgl. S. 195). Folgende ursächlichen Mechanismen kommen infrage (**Tab. 8.1**):

- **degenerativ:** bei den Stenosen (meist Aortenklappenstenose, selten Mitralklappenstenose) versteht man darunter die verkalkenden Veränderungen der Herzklappe, einen Prozess mit starker Ähnlichkeit zur Atherosklerose. Bei den Insuffizienzen versteht man darunter dagegen einen Prozess der myxomatösen Degeneration, fibroelastischen Defizienz usw., die zu Prolaps und Einrissen von Klappen oder Abrissen von Sehnenfäden führen.
- **rheumatisch:** als immunologische Spätfolge (Antigen-Antikörper-Reaktion) nach Infekten mit Streptokokken wie rheumatischem Fieber, Scharlach, Erysipel, Tonsillitis oder rheumatischer Äquivalente (s. S. 145). Die mittlere Latenz bis zum Auftreten von Mitralklappenfehlern beträgt 16, bis zum Auftreten von Aortenklappenfehlern 23 Jahre. Das rheumatische Fieber ist durch die antibiotische Behandlung der vorhergehenden Infekte bei uns selten geworden und damit auch die dadurch bedingten Klappenerkrankungen.
- **kongenital:** angeborene Klappenveränderungen (Anomalien) wie die bikuspide Aortenklappe oder der Mitralklappenprolaps können durch angeborene oder sekundäre (vorzeitig degenerative) Veränderungen im Lauf des Lebens zur Dysfunktion der betroffenen Herzklappe führen. Dabei kann eine bikuspide Aortenklappe durch vorzeitige Degeneration eine Stenose oder Insuffizienz verursachen. In ähnlicher Weise kann ein angeborener Mitralklappenprolaps durch degenerative Veränderungen oder Abriss von Sehnenfäden zu einer Insuffizienz der Mitralklappe führen.
- **infektiös:** Klappendestruktion (meist Insuffizienz) als Folge einer infektiösen Endokarditis (s. S. 146)
- **ischämisch:** durch Störung der Funktion und/oder Geometrie des linken Ventrikels infolge Ischämie oder Infarkt (v. a. der Hinterwand) mit Dysfunktion oder Abriss des Papillarmuskels (ischämische Mitralklappeninsuffizienz) (s. S. 185)
- **traumatisch:** selten nach Thoraxtrauma durch Abriss von Strukturen des Klappenapparates (Papillarmuskel, Sehnenfäden) mit der Folge von In-

A

Tab. 8.1 Ätiologie erworbener Herzklappenfehler

	Aortenklappe		Mitralklappe		Trikuspidalklappe	
Genese	**Stenose**	**Insuffizienz**	**Stenose**	**Insuffizienz**	**Stenose**	**Insuffizienz**
degenerativ	+++	++	+	+++	–	–
rheumatisch	+	+	+++	+	+++	+
kongenital	+	++	(+)	(+)	–	(+)
infektiös	–	+	–	+	–	+
ischämisch	–	–	–	++	–	–
traumatisch	–	(+)	–	(+)	–	(+)
funktionell	–	+	–	++	–	++

suffizienzen der AV-Klappen (Mitralklappeninsuffizienz) oder nach Aortendissektion (s. S. 222) mit Beteiligung der Aortenklappe (Aortenklappeninsuffizienz)

- **funktionell:** relative Insuffizienzen der Mitralklappe treten bei Erkrankungen des linken Ventrikels (koronare Herzkrankheit, Kardiomyopathien) durch Überdehnung des Klappenrings bzw. Halteapparates auf. Aortenklappeninsuffizienzen können sekundär Folge von Aortenaneurysmen oder -ektasien durch Dilatation des Klappenrings sein. Beim rechten Herzen treten Trikuspidalklappeninsuffizienzen sekundär durch Überdehnung des Klappenrings und/oder Veränderungen der Geometrie des Ventrikels (z. B. als Folge einer Druckbelastung durch erhöhten Pulmonalarteriendruck) auf.

! **Erworbene Herzklappenfehler sind heute meist „degenerativ“ bedingt. Während die früher häufige immunologische (rheumatische) Genese in westlichen Ländern in den Hintergrund gerückt ist, steht sie allerdings in weniger entwickelten Ländern nach wie vor an erster Stelle.**

Hämodynamik

Druckbelastung. Bei **Stenosen der Herzklappen** entsteht eine Druckbelastung der vorgeschalteten Kavität (Vorhof oder Kammer). Diese wird in der Regel hämodynamisch schlecht toleriert, frühzeitiger symptomatisch und hat eine ungünstige Prognose.

Volumenbelastung. Bei **Insuffizienzen der Herzklappen** entsteht eine Volumenbelastung der betroffenen Kavitäten (Vorhof und Kammer) und wird oft über lange Zeit gut toleriert. Eine schwere Insuffizienz führt ohne Korrektur jedoch letztlich zur Verschlechterung der Ventrikelfunktion mit fortschreitender Herzinsuffizienz und dann eingeschränkter Prognose.

8.1.3 Diagnostik

Symptomatik und klinische Befunde

Die **Symptome** sind meist **unspezifisch** (v. a. Dyspnoe, Leistungseinschränkung) und selten zur Diagnose führend (Ausnahme z. B. belastungsinduzierter Schwindel oder Synkopen bei Aortenklappenstenose). Richtungsweisend ist aber meistens die sorgfältige klinische Untersuchung, vor allem die **Auskultation** (Abb. 8.1).

Echokardiografie

Die Echokardiografie nimmt heute die Schlüsselstellung in der Diagnostik erworbener Herzklappenfehler ein. Sie erlaubt in der Regel das Problem der Herzklappen und seine Ursachen zu erkennen, den Schweregrad festzulegen (Klappenöffnungsfläche und transvalvulärer Gradient bei Stenose, Ausmaß des Rückflusses bei Insuffizienz) sowie die Sekundärfolgen zu beurteilen (Dysfunktion, Druck- bzw. Volumenbelastung des Ventrikels, Dilatation des Vorhofs, pulmonale Druckerhöhung).

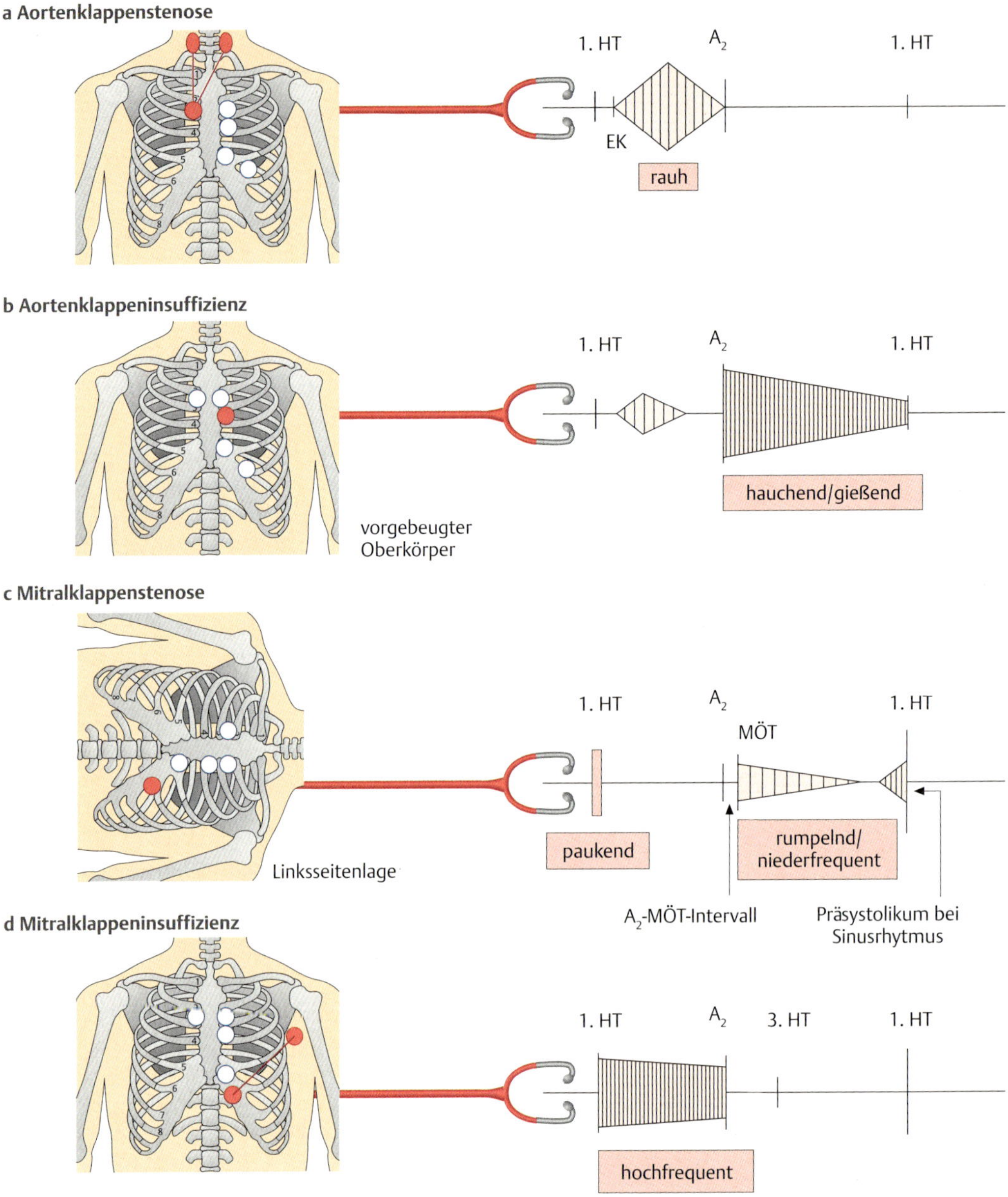

Abb. 8.1 Auskultationsbefunde bei Herzklappenfehlern. Dargestellt sind jeweils die typischen Geräuschphänomene und die Regionen, in denen das Geräusch am besten auskultiert werden kann. HT = Herzton, EK = Ejektionsklick, A_2 = Aortensegment des 2. HT, MÖT = Mitralklappenöffnungston.

Magnetresonanztomografie (MRT)

Bei unzureichender Ultraschallqualität oder unklarem Befund kann die MRT eingesetzt werden, um Ventrikelfunktion, Klappenöffnungsfläche und Schweregrad einer Klappeninsuffizienz zu beurteilen. Einen besonderen Stellenwert haben MRT und CT auch in der Diagnostik von Veränderungen der thorakalen Aorta (Ektasie, Aneurysma, Dissektion) (s. S. 221).

Belastungstests

Vor allem bei grenzwertigen Befunden sind zur Festlegung des Therapiekonzepts und definitiven Klärung der Operationsindikation Belastungstests erforderlich. Hierzu können neben der klinischen Einschätzung der körperlichen Belastbarkeit (Alltagsbelastungen, Treppensteigen, sportliche Aktivität) das Belastungs-EKG, Spiroergometrie, Stress-Echokardiografie und (heute selten) Rechtsherzkatheter mit Belastung wertvolle Informationen liefern.

Invasive Herzkatheterdiagnostik

Die invasive Untersuchung mit Angiografie und quantifizierender Messung der Hämodynamik ist zur Diagnose und Schweregradbeurteilung von Herzklappenfehlern nur noch selten erforderlich. Sie bleibt Situationen vorbehalten, wo nicht invasive Ergebnisse diskrepant oder von mangelnder Qualität sind. Bei gestellter Operationsindikation ist präoperativ eine **Koronarangiografie** bei Männern > 40 Jahren, bei Frauen in der Menopause bzw. bei Hinweisen für koronare Herzkrankheit oder Bestehen kardiovaskulärer Risikofaktoren indiziert.

8.1.4 Verlaufsformen

Akuter Verlauf. Meist liegt eine akute Insuffizienz der Aorten- oder Mitralklappe zugrunde, die hämodynamisch schlecht toleriert wird und zu pulmonaler Stauung, Lungenödem und kardiogenem Schock führen kann. Häufige Ursachen sind die Klappendestruktion bei Endokarditis, ein Sehnenfadenabriss bei degenerativen Mitralklappenfehlern oder ein Papillarmuskelabriss (ischämisch oder traumatisch).

Chronischer Verlauf. Hier sind reine Stenosen oder Insuffizienzen sowie kombinierte Herzklappenfehler möglich. Durch Anpassungsvorgänge werden chronische Herzklappenfehler hämodynamisch oft gut toleriert, bis es in fortgeschrittenen Stadien zu einer Verschlechterung der Ventrikelfunktion kommt, die sowohl die Symptomatik als auch die Prognose des Klappenfehlers maßgeblich mitbestimmt.

8.1.5 Therapie

Primäres Ziel einer modernen Therapie von Herzklappenfehlern ist ein optimaler Langzeitverlauf hinsichtlich Symptomatik, Lebensqualität, Morbidität und Letalität. Die Behandlung besteht dabei in erster Linie in der zielgerichteten Verbesserung der abnormen Hämodynamik und Pathophysiologie.

In frühen Stadien der Erkrankung sowie adjuvant bei fortgeschrittenem Verlauf kommt hierfür eine differenzierte medikamentöse Therapie in Betracht. Bei schwerwiegenden Klappenfehlern steht dagegen die Behebung des mechanischen Problems im Vordergrund.

Bei **symptomatischen** Klappenfehlern des linken Herzens (Aorten- und Mitralklappe) besteht daher in der Regel eine Indikation zur operativen oder interventionellen Therapie, soweit das Risiko des Eingriffs akzeptabel ist. Bei höhergradigen Insuffizienzen der Herzklappen kann auch bei **asymptomatischen** Patienten unter bestimmten Bedingungen (Dilatation oder abnehmende Pumpfunktion der Herzkammer) eine Indikation zur Operation gestellt werden, um irreversible Myokardschäden zu vermeiden.

Im Einzelfall bleibt die Festlegung des **optimalen Zeitpunkts zur Operation** eine klinische Herausforderung. Eine zu frühe Intervention rechtfertigt nicht die Risiken der Operation und die potenziellen Komplikationen im Langzeitverlauf. Eine zu späte Intervention wiederum kann durch irreversible Funktionsstörungen des linken Ventrikels oder pulmonale Hypertonie zu persistierenden Symptomen und ungünstiger Prognose führen.

> **!** **Der Zeitpunkt der Operation beeinflusst die Prognose: Bei Funktionsstörung des linken Ventrikels oder pulmonaler Hypertonie ist das Operationsrisiko erhöht und die Langzeitprognose eingeschränkt. Daher ist es überaus wichtig, den optimalen Operationszeitpunkt nicht zu verpassen!**

Konservative Therapie

- medikamentöse Therapie der Herzinsuffizienz (s. S. 104) bei Patienten, die wegen Begleitumständen nicht operiert werden können sowie als Ersttherapie bei Mitralklappenstenose.
- Frequenzregulierung oder Kardioversion bei Vorhofflimmern (s. S. 88): das Auftreten von Vorhofflimmern kann bei Mitralklappenfehlern und

Aortenklappenstenose zu akuter hämodynamischer Verschlechterung und Dekompensation führen und damit eine Indikation zur Operation darstellen.

- Thromboembolie-Prophylaxe durch dauerhafte orale Antikoagulation bei Vorhofflimmern oder mechanischen Herzklappen.
- Endokarditis-Prophylaxe mit Antibiotika nur noch bei Patienten mit besonders hohem Endokarditisrisiko und Zahnbehandlungen. Nach neuen Leitlinien keine antibiotische Prophylaxe mehr für native Klappen und anderweitige Eingriffe (s. S. 152).

Interventionelle Therapie (perkutane Verfahren)

- Ballonkatheter-Valvotomie (Valvuloplastie) von Stenosen der Aorten- oder Mitralklappe (s. S. 174)
- Kathetertherapie bei Mitralklappeninsuffizienz in Entwicklung (Annuloplastie, Mitral-Clip)
- perkutane Aortenklappen-Implantation bei Stenose (transfemoral oder transapikal) (s. S. 175)

Operative Rekonstruktion (klappenerhaltend)

Klappenerhaltende rekonstruktive Verfahren werden bevorzugt eingesetzt, wenn sie technisch durchführbar und bezüglich des Langzeitergebnisses erfolgversprechend sind. Wesentliche Einflussgrößen sind die Art des Klappenfehlers und die Morphologie der erkrankten Herzklappe. Es gibt folgende Möglichkeiten:

- operative Kommissurotomie (offen oder geschlossen) von Klappenstenosen
- Klappenrekonstruktion bei Klappeninsuffizienzen
- Einsatz von Anulus-stabilisierenden Ringprothesen (z. B. Carpentier-Ring) bei Insuffizienzen der Mitral- oder Trikuspidalklappe

Operativer Herzklappenersatz

Ein Klappenersatz durch eine biologische oder mechanische Prothesen (Abb. 8.2) wird erforderlich, wenn eine klappenerhaltende Rekonstruktion der Herzklappe aus anatomischen Gründen (degenerative oder entzündliche Veränderungen) nicht möglich ist oder kein langfristig gutes Ergebnis erwarten lässt. Insbesondere bei Mitralklappenfehlern hat der Klappenersatz im Vergleich zur Rekonstruktion ein höheres perioperatives Risiko und eine höhere Rate an Komplikationen im Langzeitverlauf.

Biologische Herzklappen („Bioprothesen").

- Rinderperikard-Prothesen, Schweine-Aortenklappen und Homografts (humane Leichenklappen) stehen zur Verfügung.
- *Vorteil:* keine Langzeit-Antikoagulation (bei Kontraindikationen, z. B. älteren Patienten, Frauen mit Kinderwunsch)
- *Nachteile:* begrenzte Haltbarkeit (Reoperationsrisiko), geringere Öffnungsfläche bei gleichem Außendurchmesser.

Mechanische Herzklappen („Alloprothesen").

- *Vorteil:* lange Haltbarkeit (geringe Reoperationsrate)

Prothesentyp	Beispiele	Flussturbulenz
a Kugelkäfig 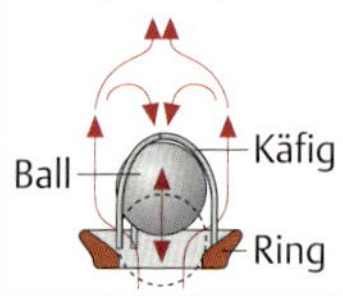	Starr-Edwards Smeloff-Cutter	+++
b Hubscheibe 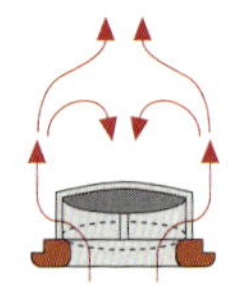	Starr-Edwards-Disc Kay-Shiley	+++
c Kippscheibe 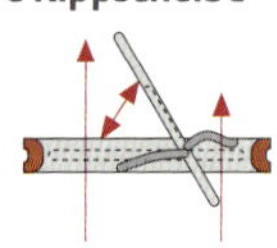	Lillehei-Kaster Omniscience Björk-Shiley Medtronic-Hall Omnicarbon	++
d Doppelflügel 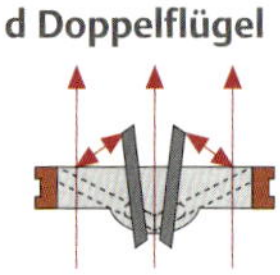	St. Jude Medical Duromedics Tekna	(+)
e Bioprothese 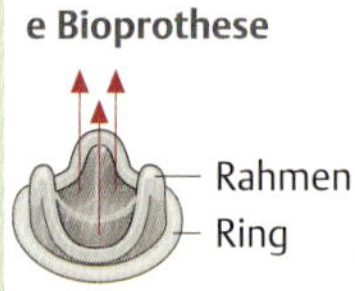	Carpentier-Edwards Hancock Ionecsu-Shiley	(+)

Abb. 8.2 Herzklappenprothesen. Funktionsprinzip verschiedener Herzklappenprothesen und Auswirkung auf die Hämodynamik.

A

- *Nachteil:* höhere Thrombogenität mit Notwendigkeit einer lebenslangen oralen Antikoagulation mit potenziellen Blutungskomplikationen

Komplikationen nach Herzklappenersatz

Alle Herzklappenprothesen sind mit potenziellen Komplikationen belastet, deren Art und Häufigkeit je nach Prothesentyp verschieden sind.

Prothesentypen der älteren Generation (Schweine-Aortenklappen, Kugel-Käfig-, Hubscheiben- und ältere Kippscheiben-Prothesen) zeigen eine schlechtere Hämodynamik (obstruierender Effekt) sowie höhere Komplikationsraten als Prothesen der neueren Generation (Rinderperikard-, neuere Kippscheiben- und Doppelflügel-Prothesen).

Dysfunktionen mechanischer Prothesen treten im ersten postoperativen Jahr in ca. 4%, nachfolgend mit einer annähernd linearen Rate von 7 – 8% nach 5 Jahren und 10 – 12% nach 10 Jahren auf. Bei biologischen Prothesen kann diese Rate aufgrund degenerativer Veränderungen höher sein.

Ursachen einer Reoperation wegen Prothesendysfunktion sind:

- paraprothetische Dehiszenz (Randleck)
- Degeneration von Bioprothesen: Reoperation im Mittel nach 10 – 15 Jahren
- mechanische Dysfunktion bei Alloprothesen
- Prothesenthrombose oder Thromboembolie: Inzidenz 1 – 2% pro Jahr (0,2% letal)
  - Doppelklappen > Trikuspidalklappe > Mitralklappe > Aortenklappe
  - Risikofaktoren: Vorhofflimmern, Vorhofgröße > 5,5 cm, Prothesentyp
- Blutungen unter Antikoagulanzien: Inzidenz etwa 2% pro Jahr (0,2% letal)
- Hämolyse (intravasal, mechanisch): abhängig von Prothesentyp und -funktion
- Prothesen-Endokarditis (s. S. 151)

Thromboembolie-Prophylaxe

Die **Thromboembolie-Prophylaxe** wird nach Herzklappenersatz mit oralen Antikoagulanzien (Kumarinderivate, z. B. Marcumar®) durchgeführt. Die Dosierung muss individuell angepasst werden. Bei operativen Rekonstruktionen und biologischen Prothesen wird die Antikoagulation postoperativ über 3 Monate durchgeführt. Bei mechanischen Prothesen ist nach Klappenersatz eine lebenslange Antikoagulation erforderlich (**Tab. 8.2**). Die Intensität der Antikoagulation hängt vom Prothesentyp und seiner Thrombogenität sowie von patientenbezogenen Risikofaktoren ab (Prothesenposition, Rhythmus, Ventrikelfunktion etc.).

Die Überwachung der oralen Antikoagulation mit Kumarinen erfolgte früher durch die Thromboplastinzeit (Quick-Wert). Inzwischen wird die laborunabhängig vergleichbare **„International Normalized Ratio" (INR)** verwendet. Quick-Werte sollten wegen fehlender Vergleichbarkeit bei Verwendung unterschiedlicher Reagenzien (Thromboplastinen) nicht mehr verwendet werden.

8.2 Spezieller Teil

Auf eine Darstellung von Detailbefunden wird unter Verweis auf Lehrbücher der Kardiologie verzichtet. Die Pulmonalklappenstenose wird auf S. 195 besprochen.

Tab. 8.2 **INR Zielwerte für die Thromboembolie-Prophylaxe mit Kumarinen nach Herzklappenersatz.** INR-Zielbereiche entsprechen Zielwerten ± 0,5

Prothesen-Thrombogenität *	patientenbezogene Risikofaktoren **	
	kein Risikofaktor	≥ 1 Risikofaktor
niedrig	2,5	3,0
mittel	3,0	3,5
hoch	3,5	4,0

* *niedrig = Carbomedics und St. Jude Medical Doppelflügel-Prothesen, Medtronic-Hall Kippscheibenprothese*
* *mittel = andere Doppelflügelprothesen und moderne Kippscheiben-Prothesen (z. B. Björk-Shiley, Omnicarbon)*
* *hoch = Kugel-/Hubscheiben-Käfig-Prothesen (z. B. Starr-Edwards), ältere Kippscheiben-Prothesen (z. B. Lillihei-Kaster, Omniscience)*
** *Mitral-, Pulmonal- und Trikuspidalklappen-Prothese; Vorgeschichte eines thromboembolischen Ereignisses Vorhofflimmern; linker Vorhof > 50 mm oder starker spontaner Echokontrast im Vorhof: Mitralklappenstenose jeden Schweregrades; linksventrikuläre Funktionsstörung mit Auswurffraktion < 35%; Thrombophilie*

8.2.1 Aortenklappenstenose

engl.: aortic stenosis

Epidemiologie und Pathogenese

Die Aortenklappenstenose ist heute der häufigste erworbene Klappenfehler mit meist **degenerativer** Ursache (ca. 80 %) bei trikuspid (normal) oder bikuspid (Anomalie) angelegter Klappe. Sie kann jedoch in seltenen Fällen auch kongenitaler Genese sein (s. S. 195). Männer sind häufiger betroffen als Frauen. Durch die Obstruktion der stenosierten Klappe kommt es zu einer **Druckbelastung** mit konzentrischer Hypertrophie des linken Ventrikels. Dies bewirkt eine

- relative Koronarinsuffizienz (erhöhter O_2-Bedarf durch Druckbelastung)
- verlängerte O_2-Diffusionsstrecke (Myokardmasse nimmt zu, Gefäßquerschnitt bleibt gleich)
- reduzierte Koronarperfusion (diastolisch erhöhter Ventrikeldruck und erniedrigter Aortendruck)
- diastolische Einflussbehinderung des linken Ventrikels (Relaxationsstörung und Restriktion)

Klinik

Folgende Symptome können im Verlauf einer Aortenklappenstenose auftreten:

- Leistungseinschränkung (vermindertes Herzminutenvolumen)
- Schwindel und Synkopen, v. a. bei Belastung (hämodynamisch, vasovagal, rhythmogen)
- Angina pectoris (Koronarinsuffizienz)
- Belastungsdyspnoe (diastolische Funktionsstörung)
- akute Linksherzinsuffizienz (Dekompensation)
- ventrikuläre Arrhythmien, plötzlicher Herztod

> **!** **Bei leichter und mittelschwerer Aortenklappenstenose bestehen meist keine Symptome. Auch hochgradige Stenosen können asymptomatisch sein. Bei Auftreten von Symptomen besteht in der Regel eine höhergradige Stenose mit Operationsindikation.**

Diagnostik

Erste Hinweise ergeben sich durch die Auskultation mit Nachweis des typischen Herzgeräusches. Die Sicherung der Diagnose und Schweregradeinschätzung erfolgt durch die Echokardiografie.

Auskultation und Palpation. Typisch ist ein systolisches Herzgeräusch, rau, abgesetzt vom 1. Herzton, spindelförmig, p.m. 2. ICR rechts mit Fortleitung in die Karotiden (**Abb. 8.1 a**). Mit zunehmender Stenose Verlagerung des Geräuschmaximums von der Früh- in die Spätsystole. Häufig besteht ein abgeschwächter 1. Herzton und ein frühsystolischer Klick. Zusätzlich kann bei hochgradiger Aortenklappenstenose ein präkordial palpables Schwirren vorliegen, besser tastbar bei tiefer Exspiration und vorgebeugtem Oberkörper.

Puls, Blutdruck. Eine niedrige Blutdruckamplitude (Pulsus tardus et parvus) kann vorkommen, ist aber selten. Der systolische Blutdruck ist diagnostisch nicht verwertbar, da bei guter Ventrikelfunktion auch normale oder sogar erhöhte Blutdruckwerte möglich sind. Etwa 50 % der älteren Patienten mit verkalkender Aortenklappenstenose haben zusätzlich eine arterielle Hypertonie.

EKG. Bei Nachweis von Zeichen der Linksherzhypertrophie (hohe QRS-Amplituden mit positivem Sokolow-Lyon-Index) und „Linksherz-Schädigung“ (ST-Senkungen und T-Negativierungen in I, aVL und linkspräkordial) liegt meist eine höhergradige Aortenklappenstenose vor (**Abb. 8.3**). Das Fehlen dieser Zeichen schließt eine relevante Aortenklappenstenose jedoch (vor allem bei alten Patienten) nicht aus.

Röntgen des Thorax. Häufig besteht eine poststenotische Dilatation der Aorta ascendens (**Abb. 8.4**). Eine Kardiomegalie findet sich erst im Spätstadium bei Dekompensation. Im lateralen Stahlengang oder bei der Röntgen-Durchleuchtung kann eine Verkalkung der Herzklappe nachgewiesen werden.

Echokardiografie. Die Echokardiografie nimmt im Hinblick auf die Diagnosesicherung und die Quantifizierung der Stenose eine Schlüsselstellung ein. Zu achten ist vor allem auf:

- verdickte/verkalkte Klappentaschen mit verminderter Beweglichkeit und Öffnungsamplitude
- transvalvuläre Flussgeschwindigkeiten zur Messung von maximalem und mittlerem Druckgradienten
- Klappenöffnungsfläche (Planimetrie und Doppler)
- konzentrische Hypertrophie des linken Ventrikels

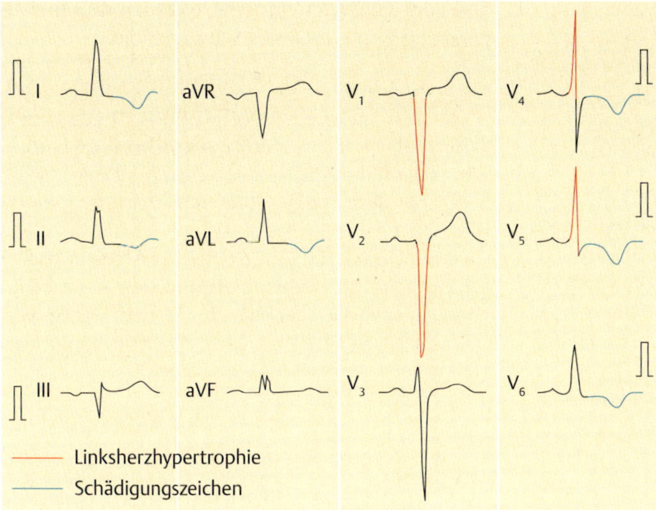

Abb. 8.3 EKG bei hochgradiger Aortenklappenstenose. Zeichen der Linksherzhypertrophie und Myokardschädigung mit T-Negativierung linkspräkordial sowie in I, II, aVL.

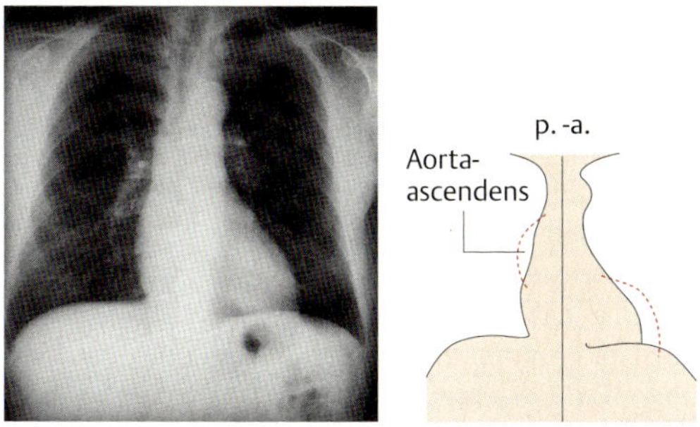

Abb. 8.4 Röntgen des Thorax bei Aortenklappenstenose. Poststenotische Dilatation der Aorta ascendens (rechtsseitig randbildend) und prominente linke Herzkontur.

- begleitende Aorten- und Mitralklappeninsuffizienz
- erhöhter Pulmonalarteriendruck
- poststenotische Dilatation der Aorta ascendens (besonders häufig bei bikuspider Klappe)

Invasive Diagnostik (Linksherzkatheter). Eine Koronarangiografie zum Ausschluss einer koronaren Herzkrankheit ist als präoperative Diagnostik vor Aortenklappenersatz bei Männern > 40 Jahre und bei Frauen in der Menopause sowie bei Hinweisen für koronare Herzkrankheit oder Bestehen kardiovaskulärer Risikofaktoren indiziert. Eine Quantifizierung der Klappenstenose durch retrograde Passage der stenosierten Klappe und Messung des transvalvulären Druckgradienten ist nur erforderlich, wenn die nicht invasive Diagnostik (Echokardiografie) diskrepant oder von unzureichender Qualität ist.

Messung des Druckgradienten.

- **Maximaler Gradient** (Doppler-Echokardiografie): größte (instantane) Druckdifferenz im Laufe der Auswurfzeit der Systole.
- **Mittlerer Gradient** (Doppler-Echokardiografie, Herzkatheter): mittlere (integrale) Druckdifferenz über die Auswurfzeit der Systole; klinisch aussagekräftigste Messung.
- **Peak-to-Peak-Gradient** (nur Herzkatheter): Differenz des jeweils maximalen systolischen Drucks (nicht zum selben Zeitpunkt) im linken Ventrikel und in der Aorta.

Da die verschiedenen Gradienten zu unterschiedlichen Messwerten führen, ist es zur Einschätzung und Kommunikation des Schweregrades des Klappenfehlers wichtig anzugeben, welcher Gradient bestimmt wurde (Abb. 8.5).

Messung der Klappenöffnungsfläche. Durch Anwendung der Kontinuitätsgleichung (s. S. 24) kann mittels Doppler-Echokardiografie die Öffnungsfläche der Aortenklappe berechnet werden. Zudem kann eine planimetrische Bestimmung der Öffnungsfläche erfolgen, die jedoch aufgrund von Ungenauigkeiten der Messung nicht immer verlässliche Werte ergibt.

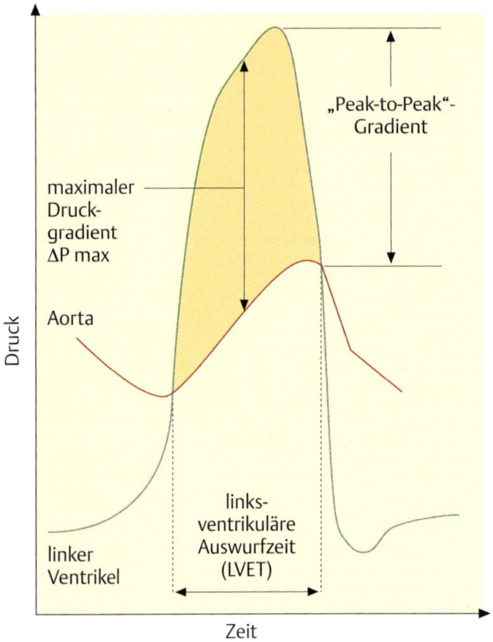

Abb. 8.5 **Bestimmung des Druckgradienten bei Aortenklappenstenose.** Der **maximale** (instantane, d. h. zu einem bestimmten Zeitpunkt gemessene) Druckgradient bezeichnet den Moment der größten systolischen Druckdifferenz zwischen linkem Ventrikel und Aorta. Der **mittlere** Druckgradient (gelb markierte Fläche) wird berechnet als Integral der transvalvulären Druckdifferenz (Katheter) bzw. aus der gemittelten systolischen Flussgeschwindigkeit (V_{mean} im Doppler) während der systolischen Auswurfzeit (LVET = LV ejection time). Maximaler und mittlerer Gradient können sowohl aus Druckkurven bei Herzkatheterdiagnostik als auch mittels Doppler-Echokardiografie nach der Bernoulli-Formel ermittelt werden (s. S. 24). Bei der Herzkatheterdiagnostik wird häufig der **Peak-to-Peak**-Gradient angegeben. Dieser bezeichnet die Druckdifferenz zwischen linksventrikulärem und aortalem Spitzendruck während der Systole und liegt meist zwischen maximalem und mittlerem Gradienten.

Schweregradbeurteilung. Eine hämodynamisch relevante Aortenklappenstenose besteht bei einer Klappenöffnungsfläche unter 1,0 cm^2 (normal > ca. 3 cm^2) (**Tab. 8.3**). Der transvalvuläre Druckgradient zwischen linkem Ventrikel und Aorta ist abhängig vom Schlagvolumen und dem Herzzeitvolumen und damit von der Funktion des linken Ventrikels und vom Vorliegen einer begleitenden Aortenklappeninsuffizienz (erhöhtes Schlagvolumen).

> **!** **Bei niedrigem Schlagvolumen (reduzierte Funktion des linken Ventrikels) kann auch bei hochgradiger Aortenklappenstenose ein relativ niedriger Druckgradient bestehen (Unterschätzung der Stenose).**
> **Bei hohem Schlagvolumen (begleitende Aortenklappeninsuffizienz, Fieber, Hyperthyreose, Katecholamine) kann auch bei leicht- bis mittelgradiger Aortenklappenstenose ein relativ hoher Druckgradient bestehen (Überschätzung der Stenose).**

Therapie

Konservative Therapie

Vermeidung von Leistungssport. Eine symptomatisch orientierte medikamentöse Therapie (Herzinsuffizienz) wird nur bei Patienten eingesetzt, die einer Operation oder Intervention nicht zugeführt werden können.

Die histologische Ähnlichkeit der verkalkenden Aortenklappenstenose mit der Atherosklerose und Arteriosklerose bei Gefäßerkrankungen legte die Vermutung nahe, dass eine medikamentöse Therapie zur Lipidsenkung (z. B. durch Statine und Ezetimib) auch das Fortschreiten der Klappenstenose günstig beeinflussen könnte. Zwei randomisierte Studien konnten jedoch keinen positiven Therapieeffekt belegen.

Operative oder interventionelle Therapie

Die Indikationen zur operativen oder interventionellen Therapie sind in **Tab. 8.4** und **Abb. 8.6** zusammengefasst. Folgende Verfahren kommen zur Anwendung:

- **Operative Kommissurotomie:** bei Kindern und Jugendlichen mit valvulärer Stenose ohne Verkalkung. Eine Reoperation (meist Klappenersatz) wird bei 20% der Patienten nach 15 Jahren und bei 40% nach 20 Jahren erforderlich.
- **Perkutane Ballonkatheter-Valvotomie (Valvuloplastie):** bei Kindern und Jugendlichen alternativ zur operativen Kommissurotomie durchgeführt. Bei Erwachsenen werden nur schlechte Langzeitergebnisse erzielt (häufige, frühe Restenose), daher erfolgte der Einsatz bei Älteren selten und nur palliativ bei Kontraindikationen zur Operation und zur Überbrückung vor einem späteren

A

Tab. 8.3 Schweregradeinteilung der Aortenklappenstenose (s. S. 24)

	Grad I leicht	Grad II mittel	Grad III schwer
Klappenöffnungsfläche [cm^2]	> 1,5	1,0 – 1,5	< 1,0
Klappenöffnungsflächen-Index [cm^2/m^2]	> 1,0	0,6 – 1,0	< 0,6
mittlerer Druckgradient [mmHg]*	< 20	20–50	> 50
maximaler Druckgradient [mmHg]*	40	40–80	> 80

* *Voraussetzung: normales Schlagvolumen (ansonsten Über- oder Unterschätzung möglich)*

Tab. 8.4 Operationsindikationen bei Aortenklappenstenose

Indikation	Empfehlung (s. S. 38)
schwere symptomatische Aortenklappenstenose (auch leichte Beschwerden!)	I B
schwere asymptomatische Aortenklappenstenose	
• im Rahmen einer anderen Operation des Herzens oder der Aorta ascendens	I C
• reduzierte linksventrikuläre Funktion (EF < 50 %)	I C
• typische Symptome beim Belastungstest	I C
• Blutdruckabfall unter den Ausgangswert beim Belastungstest	IIa C
• mäßig bis starker Klappenverkalkung	IIa C
• rasche hämodynamische Progression (Flussgeschwindigkeit ≥ 0,3 m/s/Jahr)	IIa C
• komplexe ventrikuläre Arrhythmien beim Belastungstest	IIb C
mittelgradige Aortenklappenstenose	
• im Rahmen einer anderen Operation des Herzens oder der Aorta ascendens	IIa C

Klappenersatz (Notintervention, Dekompensation, dringliche nichtkardiale Operation).

- **Operativer Klappenersatz:** bei Erwachsenen die Therapie der Wahl (perioperative Letalität ca. 2 – 3 %). Auch bei hohem Lebensalter > 80 Jahre werden bei geeigneten Patienten noch gute Operationsergebnisse erreicht (perioperative Letalität ca. 4 – 7 %).
- **Kathetergestützte Aortenklappen-Implantation:** neu entwickelte Methode. Eine in einen Stent eingenähte biologische Klappe wird mithilfe eines Ballonkatheters entweder über die Femoralarterie (transfemoral) oder bei ungeeigneten Gefäßen (relativ durchmesserstarke Katheter) mittels einer Minithorakotomie über die Herzspitze (transapikal) eingesetzt. Die Methode wird derzeit bei älteren Patienten mit Komorbiditäten und erhöhtem Risiko für eine konventionelle Operation eingesetzt und evaluiert und hat die reine Ballonkatheter-Valvotomie bei diesen Indikationen ersetzt. Es werden ballonexpandierbare (z. B. Edwards Sapien®) oder selbstexpandierbare (z. B. Core-Valve®) stentbasierte Aortenklappenprothesen eingesetzt (**Abb. 8.7**).

Prognose

Die Prognose ist selbst bei schwerer Stenose der Klappe gut, solange völlige Beschwerdefreiheit besteht. Die Prognose verschlechtert sich jedoch rapide beim Auftreten von Symptomen. Die mittlere Lebenserwartung ohne Operation beträgt dann 2 Jahre (nach erstmaliger Angina pectoris ca. 4 Jahre, nach Synkope 2 – 3 Jahre, nach Linksherzdekompensation ca. 1 Jahr). Eine zeitgerechte Operation kann die Prognose fast normalisieren.

Todesursachen sind Linksherzinsuffizienz und plötzlicher Herztod (in der Regel bei symptomatischen Patienten). Bei zuvor asymptomatischen Patienten

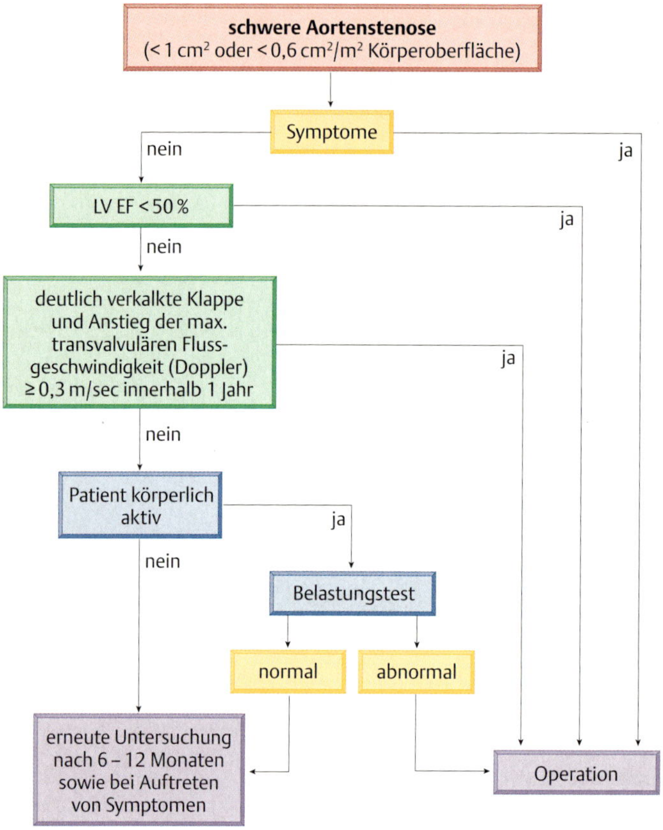

Abb. 8.6 Operationsindikation bei Aortenklappenstenose. Nach Empfehlungen aus der Leitlinie der Europäischen Gesellschaft für Kardiologie (ESC) 2007.

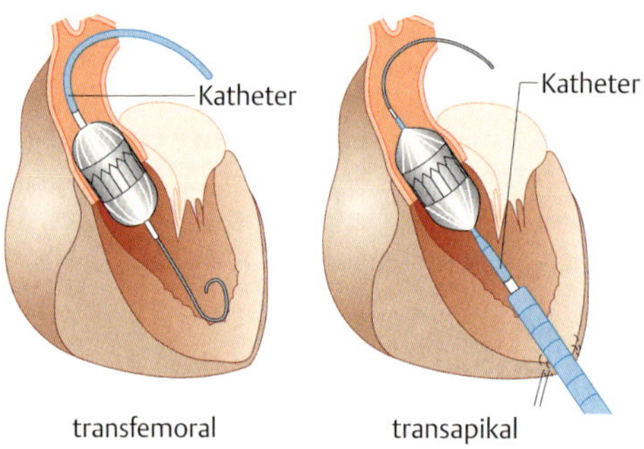

Abb. 8.7 Perkutane katheterbasierte Aortenklappen-Implantation (TAVI = Transcatheter Aortic Valve Implantation). Retrograd transfemorale und antegrad transapikale Methode der perkutanen katheterbasierten Aortenklappen-Implantation bei hochgradiger verkalkender Aortenklappenstenose. Dargestellt ist hier die Verwendung einer ballonexpandierbaren stentbasierten Prothese des Typs Edwards Sapien®.

sind Todesfälle selbst bei hochgradiger Stenose sehr selten (deutlich unter 1 % pro Jahr).

Symptome der höhergradigen Aortenklappenstenose treten meist schleichend ein und werden nicht selten vom Patienten verdrängt. Daher kommt Belastungstests zur Objektivierung der Belastbarkeit und zur Evaluierung vermeintlich asymptomatischer Patienten mit hochgradiger Stenose eine besondere Bedeutung zu. Weitere Parameter zur Einschätzung der Prognose sind das Ausmaß der Klappenverkalkung, eine Verschlechterung der linksventrikulären Funktion und die hämodynamische Progression (Zunahme des Druckgradienten pro Jahr). Sie werden für die Indikationsstellung zur Operation mit in Betracht gezogen.

8.2.2 Aortenklappeninsuffizienz

engl.: aortic regurgitation

Epidemiologie und Pathogenese

Die Aortenklappeninsuffizienz stellt im Erwachsenenalter etwa 15% der behandlungsbedürftigen Klappenfehler dar. Männer sind häufiger betroffen als Frauen. Sie ist meist degenerativ bedingt (ca. 50%), seltener kongenital (ca. 20%), rheumatisch oder durch infektiöse Endokarditis.

Eine operationswürdige Aortenklappeninsuffizienz besteht ab einer Regurgitationsfraktion von 50% des Schlagvolumens. Ausmaß und hämodynamische Konsequenzen der Aortenklappeninsuffizienz nehmen zu bei:

- größerem Defekt der Klappe (Insuffizienzfläche)
- erhöhtem peripheren Widerstand (erhöhter frühdiastolischer Aortendruck)
- Bradykardie (längere Diastolendauer = Regurgitationsdauer)
- hoher linksventrikulärer Dehnbarkeit (Compliance)

Die chronische **Volumen- und Druckbelastung** durch die transaortale Regurgitation führt zur exzentrischer Hypertrophie und Gefügedilatation des linken Ventrikels. Der erhöhte O_2-Bedarf (erhöhtes Schlagvolumen) und der reduzierte Perfusionsdruck (erniedrigter diastolischer Aortendruck) bewirken sekundär eine **relative Koronarinsuffizienz**, die partiell durch Dilatation der Koronargefäße kompensiert wird.

Bei akutem Verlauf (z. B. Klappendestruktion durch Endokarditis) steht die Zunahme des linksventrikulären enddiastolischen Drucks mit Zeichen der Linksherzinsuffizienz im Vordergrund (fehlende Anpassung).

Klinik

Symptome treten oft erst im Spätstadium auf und sind daher für die Festlegung von Schweregrad und Operationsindikation wenig hilfreich. Es kommt zu

- Leistungseinschränkung
- Belastungsdyspnoe (Linksherzinsuffizienz)
- Palpitationen, Pulsationen großer Arterien
- Angina pectoris (selten)

Diagnostik

Die Auskultation gibt den ersten Hinweis, auch die Blutdruckmessung kann ggf. hilfreich sein (s. u.). Die Bestätigung der Diagnose und Schweregradeinschätzung erfolgen durch die Echokardiografie.

Auskultation. Decrescendo-Diastolikum sofort nach Aortensegment des 2. Herztons (A_2), hochfrequent („hauchend", „gießend"), p.m. über Erb (sitzend, Oberkörper vorgebeugt) (s. **Abb. 8.1 b**). Bei hochgradiger Insuffizienz ist das Geräusch durch den raschen Druckausgleich nur kurz. Als zusätzliche Geräusche können auftreten:

- systolisches Strömungsgeräusch (durch erhöhtes Schlagvolumen)
- Austin-Flint-Geräusch: niederfrequentes Diastolikum wie bei Mitralklappenstenose (ohne Mitralöffnungston) durch die mechanische Öffnungsbehinderung des vorderen Mitralsegels aufgrund des transaortalen Regurgitationsjets.

Blutdruck und Pulsationen. Große Blutdruck-Amplitude mit Pulsus celer et altus und „Wasserhammer-Phänomen" durch hohes Schlagvolumen. Pulsationen großer Arterien (Karotiden), sichtbarer Kapillarpuls („Quincke-Zeichen"), pulssynchrones Kopfnicken („de Musset-Zeichen") u. a.

> **!** **Ein reduzierter diastolischer Blutdruck ist ein wichtiger und einfach zu bestimmender klinischer Parameter zur Schweregradbeurteilung der Aortenklappeninsuffizienz. Eine hohe Blutdruck-Amplitude ist ein weiterer Hinweis für eine relevante Klappeninsuffizienz, ihr Fehlen schließt eine solche allerdings nicht aus.**

EKG. Zeichen der Linkshypertrophie (s. S. 12), später „Linksschädigung", betonte Q-Zacken.

Röntgen des Thorax.

- Herzschatten nach links verbreitert mit aortaler Konfiguration. Elongation und Ektasie der Aorta ascendens (p. a.-Aufnahme) (**Abb. 8.8**).

Echokardiografie. Die Echokardiografie dient zur Diagnosesicherung, Schweregradbestimmung und Verlaufskontrolle. Auffallend ist vor allem die Volumenbelastung mit Vergrößerung und Hyperkinesie des linken Ventrikels. Im Spätstadium kommt es durch die Myokardschädigung zu normo- oder hypokinetischen Kontraktionen. Eine normale Größe

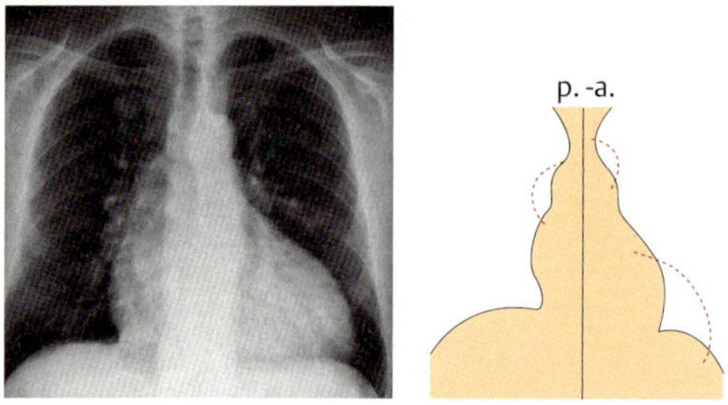

Abb. 8.8 Röntgen des Thorax bei Aortenklappeninsuffizienz. Die aortale Konfiguration des Herzschattens im p. a.-Röntgenbild äußert sich in einer Elongation und Ektasie der Aorta ascendens sowie in einer Linksverbreiterung des Herzschattens.

und Funktion des linken Ventrikels schließt eine schwere Insuffizienz der Aortenklappe jedoch nicht aus.

Auch die Pathologie der Aortenklappe und/oder Aortenwurzel ist wichtig (Verdickung, Prolaps, bikuspide Klappe, Aortenektasie oder -aneurysma).

Der Nachweis und die Lokalisation der Insuffizienz sind durch den Einsatz des Farbdopplers leicht möglich. Dies ist aus der Morphologie der Herzklappe nur selten erkennbar.

Die Quantifizierung der Insuffizienz erfolgt am sichersten mit einem integrativen Zugang durch Beachtung verschiedener Zeichen (Tab. 8.5). Quantitative Berechnungen sind möglich, aber fehleranfällig. Die endgültige Beurteilung des Schweregrades sollte daher in Zusammenschau aller Befunde erfolgen und eine Einteilung in leicht-, mittel- und schwergradig vorgenommen werden.

Magnetresonanztomografie (MRT). Evaluierung von Aorta ascendens und Aortenbogen (alternativ auch mit CT). Bei unzureichender Qualität der Echokardiografie oder dort zweideutigem Befund erlaubt die MRT sowohl die Quantifizierung der Größe und Funktion des linken Ventrikels sowie die Quantifizierung der Insuffizienz (Regurgitationsfraktion).

Invasive Diagnostik (Linksherzkatheter). Eine Koronarangiografie zum Ausschluss einer koronaren Herzkrankheit ist als präoperative Diagnostik vor Aortenklappenersatz bei Männern > 40 Jahre und bei Frauen in der Menopause sowie bei Hinweisen für koronare Herzkrankheit oder Bestehen kardiovaskulärer Risikofaktoren indiziert.

Eine invasive Quantifizierung der Aortenklappeninsuffizienz durch Kontrastmittel-Injektion in die supravalvuläre Aorta ascendens ist nur erforderlich, wenn die nicht invasive Diagnostik (Echokardiografie) diskrepant oder von unzureichender Qualität ist.

Therapie

Konservative Therapie

Vasodilatoren (z. B. ACE-Hemmer oder AT_1-Blocker) werden zur Senkung des peripheren Widerstands eingesetzt. Eine Verbesserung der Prognose ist jedoch bei asymptomatischen Patienten bislang nicht erwiesen. Da Bradykardien mit Verlängerung der Diastolendauer (Insuffizienzdauer) hämodynamisch ungünstig sind und vermieden werden sollten, sind β-Blocker nur sehr zurückhaltend einzusetzen.

Tab. 8.5 Parameter einer schwergradigen (operationswürdigen) Aortenklappeninsuffizienz (s. S. 25)

Parameter	Details
spezifische Zeichen	• Vena contracta > 0,6 cm^2 (proximale Jet-Breite am Ursprung des Insuffizienzjets) (*) • Vena contracta > 65 % der Fläche des Ausflusstrakts (*)
unterstützende Zeichen	• Dezelerationsrate > 3,5 m/s^2 • Druckhalbwertszeit (PHT) des Insuffizienzjets < 200 ms • linksventrikuläre Dilatation ohne anderweitige Erklärung • holodiastolische Flussumkehr in der Aorta descendens • niedriger diastolischer Blutdruck
quantitative Berechnungen	• Regurgitationsfraktion > 50 % • Regurgitationsvolumen ≥ 60 ml/Schlag • effektive Regurgitationsfläche ≥ 0,30 cm^2

(*) Nyquist-Limit 50 – 60 cm/s

A

Operative Therapie

Eine Klappenrekonstruktion ist aus anatomischen Gründen nur in seltenen Fällen möglich. Daher ist häufig ein Klappenersatz erforderlich. Die perioperative Letalität beim Klappenersatz beträgt etwa 3–6%. Die Operationsindikationen sind in **Tab. 8.6** und **Abb. 8.9** zusammengefasst.

Prognose

Eine hochgradige Aortenklappeninsuffizienz kann lange Zeit asymptomatisch verlaufen. Nach Auftreten von Symptomen verschlechtert sich die Prognose jedoch rapide. Die mittlere Lebenserwartung nicht operierter Patienten nach gestellter Operationsindikation beträgt ca. 4 Jahre. Nach erstmaliger Dekompensation versterben 90% der Patienten innerhalb von 2 Jahren.

Tab. 8.6 Operationsindikation bei Aortenklappeninsuffizienz

Indikation	Empfehlung (s. S. 38)
hochgradige Aortenklappeninsuffizienz	
• symptomatisch (NYHA II,III, IV und/oder Angina pectoris)	I B
• asymptomatisch bei LVEF ≤ 50%	I B
• asymptomatisch bei LVEF > 50%, aber	
– LVEDD > 70 mm*	IIa C
– LVESD > 50 mm* (LVESDI > 25 mm/m²)	IIa C
• asymptomatisch im Rahmen anderer Operationen an Herz oder Aorta	I C
unabhängig vom Schweregrad der Aortenklappeninsuffizienz	
• Marfan-Syndrom mit Diameter der Aorta ascendens > 45 mm	I C
• Bikuspide Aortenklappe mit Diameter der Aorta ascendens > 50 mm	IIa C
• andere Patienten mit Diameter der Aorta ascendens > 55 mm	IIa C

** bei durchschnittlicher Körperstatur*
LV = linksventrikulär, EF = Auswurffraktion, EDD = enddidastolischer Diameter; ESD = endsystolischer Diameter, ESDI = endsysolischer Diameter-Index (LVESD/m² Körperoberfläche)

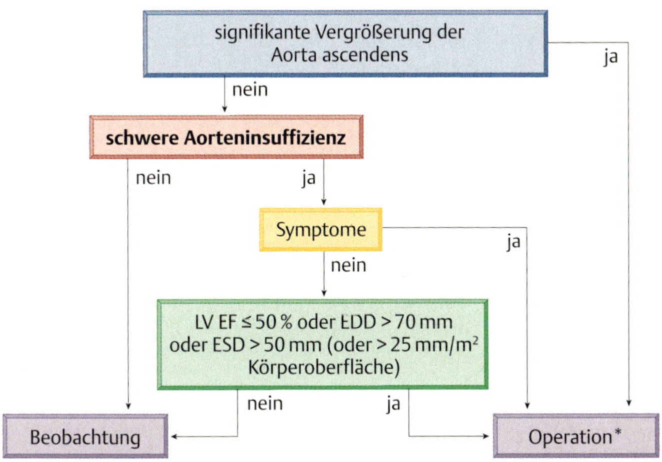

** Operation auch bei plötzlicher Verschlechterung im Rahmen der abwartenden Beobachtung*

Abb. 8.9 Operationsindikation bei Aortenklappeninsuffizienz. Nach Empfehlungen aus der Leitlinie der Europäischen Gesellschaft für Kardiologie (ESC) 2007. LV-EF: linksventrikuläre Ejektionsfraktion; EDD: enddiastolischer Diameter; ESD: endsystolischer Diameter.

Todesursachen sind Linksherzinsuffizienz und plötzlicher Herztod. Durch eine zeitgerechte Operation wird die Prognose deutlich verbessert und ist dann besonders günstig, wenn noch keine Myokardschäden eingetreten sind. Da irreversible Schäden auch schon bei asymptomatischen Patienten auftreten können, ist eine sorgfältige Verlaufskontrolle von Größe und Funktion des linken Ventrikels mittels Echokardiografie von großer Bedeutung.

8.2.3 Mitralklappenstenose

engl.: mitral stenosis

Epidemiologie und Pathogenese

Eine Mitralklappenstenose entsteht meist als Folge einer immunologischen Reaktion nach Streptokokkeninfekten (z. B. rheumatisches Fieber, Scharlach, Erysipel, Tonsillitis etc.), seltener nach anderen immunologischen Erkrankungen oder als Folge degenerativer Veränderungen (hochgradige Ringverkalkung). Frauen sind häufiger betroffen als Männer.
Eine hämodynamische Relevanz besteht bei einer Klappenöffnungsfläche unter 1,5 cm^2 (normal: > 4 cm^2). Daraus resultiert ein Druckgradient, der abhängig ist vom diastolischen Mitralfluss (Herzzeitvolumen, Regurgitationsvolumen bei begleitender Insuffizienz) und vor allem auch der Diastolendauer und damit der Herzfrequenz.

> **!** Bei langer Diastolendauer (Bradykardie) ist ein geringer Druckgradient trotz hochgradiger Mitralklappenstenose möglich.
> Bei kurzer Diastolendauer (Tachykardie) kann ein hoher Druckgradient auch bei mittelgradiger Mitralklappenstenose auftreten.
> Eine Tachykardie kann insbesondere bei Vorhofflimmern mit zusätzlichem Verlust der Vorhofkontraktion zu einer akuten Verschlechterung der Hämodynamik mit Dekompensation und Lungenödem führen.

Die **chronische Druckbelastung** des linken Vorhofs mit konsekutiver pulmonalvenöser Druckerhöhung führt über eine reflektorische Vasokonstriktion und sekundäre Umbauprozesse von Lungengefäßen und dem Lungengerüst zur pulmonalarteriellen Hypertonie (nur partiell reversibel). Folgen sind:

- Druckbelastung und Hypertrophie des rechten Ventrikels,
- Rechtsherzinsuffizienz und
- relative Trikuspidalinsuffizienz (Dilatation des Klappenrings).

Klinik

Die Patienten klagen über folgende Symptome, die in ihrer Ausprägung gut mit dem Schweregrad des Klappenfehlers korrelieren:

- Leistungsknick mit rascher Ermüdbarkeit
- Vorhofflimmern mit (Tachy-)Arrhythmia absoluta
- Belastungsdyspnoe, nächtlicher Husten („Asthma cardiale"), Hämoptysen
- Dekompensation mit Lungenödem (z. B. kommt es bei paroxysmalem Vorhofflimmern zum plötzlichen Wegfall der Vorhofkontraktion und zur Verkürzung der Diastolendauer)
- arterielle Embolien durch linksatriale Thrombenbildung
- periphere Zyanose, Facies mitralis (rötlich-zyanotische Wangen)
- Rechtsherzinsuffizienz bei pulmonaler Hypertonie

Diagnostik

Die Diagnose kann bei klassischem Geräuschbefund schon auskultatorisch gestellt werden. Die Bestätigung und Quantifizierung erfolgt durch die Echokardiografie.

Auskultation. Lauter, paukender 1. Herzton, Mitralöffnungston (MÖT), danach niederfrequentes Decrescendo-Diastolikum mit p.m. über Herzspitze (Linksseitenlage). Bei Sinusrhythmus zusätzlich präsystolisches Crescendogeräusch (s. **Abb. 8.1 c**). Das Intervall zwischen Aortensegment des 2. Herztons (A_2) und Mitralöffnungston (MÖT) wird als **Mitralklappenöffnungszeit** oder **MÖT-Intervall** bezeichnet und beträgt 0,04 – 0,12 Sekunden.

> **!** Das MÖT-Intervall wird mit Zunahme der Mitralklappenstenose kürzer (Maß des Schweregrades), da der erhöhte Vorhofdruck vom Ventrikeldruck frühzeitiger unterschritten wird (vgl. S. 6).

EKG. Bei Sinusrhythmus P-mitrale durch Druckbelastung des linken Vorhofs. Häufig besteht Vorhofflimmern. Bei pulmonaler Druckerhöhung bestehen

Zeichen der Rechtsherzbelastung und -hypertrophie (**Abb. 8.10**) (vgl. S. 12).

Röntgen des Thorax. Mitrale Konfiguration mit Vergrößerung des linken Vorhofs (verstrichene Herztaille, Kernschatten, gespreizte Karina, Einengung des Retrokardialraums auf Vorhofebene), prominentes Pulmonalissegment, akute und chronische Lungenstauung (s. S. 26 f) (**Abb. 8.11**). Zusätzlich ist bei Durchleuchtung evtl. Klappenkalk sichtbar. Bei Rechtsherzdekompensation kommt es zu Kardiomegalie und Pleuraerguss.

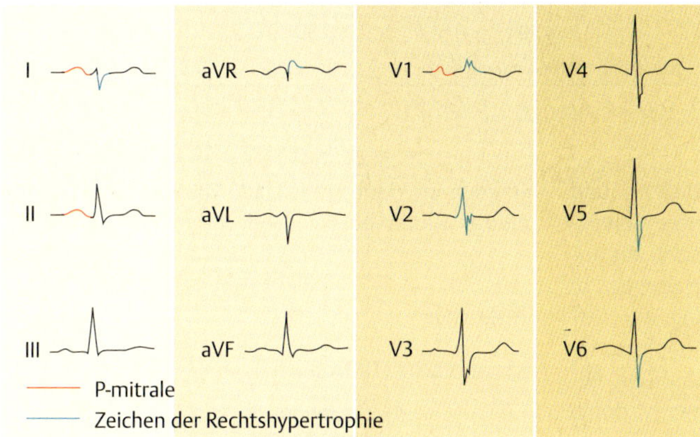

Abb. 8.10 EKG bei Mitralklappenstenose. Besonders in Ableitung II ist das P mitrale gut zu erkennen. Die Rechtshypertrophie ist erkennbar am Rechtslagetyp und dem Rechtsschenkelblock.

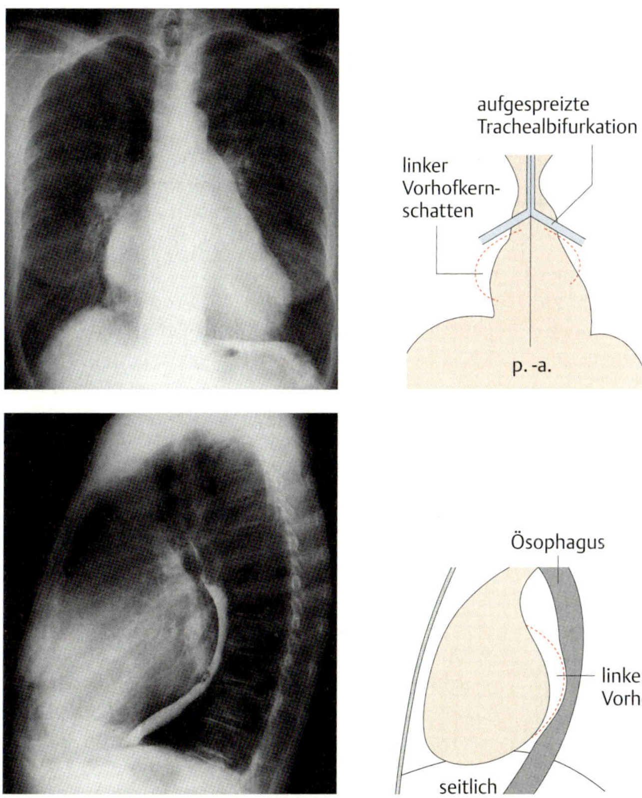

Abb. 8.11 Röntgen des Thorax bei Mitralklappenstenose. Die Vergrößerung des linken Vorhofs erkennt man auf der p. a.-Aufnahme an der verstrichenen Herztaille, dem Kernschatten und der gespreizten Karina. Das Pulmonalissegment ist prominent. Auf der seitlichen Aufnahme ist der Retrokardialraum auf Vorhofebene deutlich eingeengt und der Ösophagus nach hinten verdrängt.

Tab. 8.7 Schweregradeinteilung der Mitralklappenstenose (s. S. 24)

	Grad I leicht	Grad II mittel	Grad III schwer
Klappenöffnungsfläche [cm²]	> 1,5	1,0 – 1,5	< 1,0
Klappenöffnungsflächen-Index [cm²/m²]	> 1,0	0,6 – 1,0	< 0,6
Druckhalbwertszeit (PHT= Pressure Half Time) [ms]	< 150	150 – 219	≥ 220
mittlerer Druckgradient [mmHg]*	< 5	5 – 10	> 10
Pulmonalarteriendruck systolisch [mmHg]	< 30	30 – 50	> 50

* *Voraussetzung: normale Herzfrequenz (ansonsten Über- oder Unterschätzung möglich)*

Echokardiografie. Darstellung der verdickten und verkalkten Mitralklappe mit verminderter Beweglichkeit und Öffnungsamplitude. Typische diastolische Vorwölbung des vorderen Mitralsegels in den Ventrikel (**Doming**). Quantifizierung der Öffnungsfläche durch Planimetrie sowie dopplersonografisch durch die Druckhalbwertzeit-Methode. Bestimmung des mittleren Druckgradienten durch CW-Doppler. Nachweis linksatrialer Thromben (transösophageal) und eines vergrößerten linken Vorhofs sowie einer begleitenden Klappeninsuffizienz (Doppler, Farb-Doppler). Vergrößerung des rechten Ventrikels und Vorhofs sowie Quantifizierung einer Trikuspidalinsuffizienz mit Abschätzung des pulmonalarteriellen Drucks.

Schweregradbestimmung. Die Kriterien für die Einteilung des Schweregrades bei Mitralklappenstenose sind in Tab. 8.7 zusammengefasst.

Belastungsuntersuchungen. Bei Diskrepanz zwischen klinischen Symptomen und Befunden zur Quantifizierung der Stenose können Messungen der Hämodynamik unter Belastung mittels Echokardiografie (bevorzugt) oder Rechtsherzkatheter (alternativ, heute selten) hilfreich sein. Der Stellenwert dieser Untersuchungen ist aber nicht eindeutig gesichert.

Invasive Diagnostik (Links-/Rechtsherzkatheter). Nur indiziert, wenn nicht invasive Befunde diskrepant oder unsicher sind. Bestimmung des transmitralen Druckgradienten durch simultane Druckmessung im linken Ventrikel und in Pulmonalkapillarposition (PCWP), genauer im linken Ventrikel und linken Vorhof (nach transseptaler Punktion). Nachweis und Quantifizierung einer begleitenden Insuffizienz der Mitralklappe. Zusätzlich Messung von Herzzeitvolumina sowie Druckwerten und Widerständen im Lungenkreislauf möglich. Präoperativ oder prä-interventionell ggf. Koronarangiografie.

Therapie

Konservative Therapie

Wichtig ist die **Vermeidung von Tachykardien,** die zur Verkürzung der Diastolendauer und damit der transmitralen Einstromzeit führt und damit die Hämodynamik bei Mitralklappenstenose deutlich verschlechtert. Die Frequenzverlangsamung durch Gabe von **Betablockern** ist dagegen hämodynamisch günstig und stellt ein wichtiges konservatives Therapieprinzip dar.

Bei **Vorhofflimmern** sind Frequenzregulierung, Rhythmisierung und Antikoagulation indiziert. Bei Auftreten von Vorhofflimmern ist eine Intervention an der Klappe zu erwägen (z. B. Ballonkatheter-Valvulotomie, s. u.).

Bei Dekompensation und Auftreten eines **akuten Lungenödems** ist folgende Therapie angezeigt (vgl. S. 1153): Bettruhe, Flüssigkeitsrestriktion, Vorlastsenkung (Nitrate, Diuretika, Lagerung: Oberkörper ↑, Beine ↓), Frequenzsenkung bei Vorhofflimmern (Digitalis, Betablocker, Verapamil), ggf. Fiebersenkung und Ausgleich einer Anämie (erhöhtes HZV).

Interventionelle oder operative Therapie

Die Indikationen werden in Tab. 8.8 und Abb. 8.12 zusammengefasst. Folgende Verfahren kommen zur Anwendung:

- **Operative Kommissurotomie** (offen oder geschlossen): chirurgische Spaltung entzündlich verklebter oder verbackener Kommissuren der stenosierten Mitralklappe. Weitgehend ersetzt durch perkutane Ballonkatheter-Valvotomie.

Tab. 8.8 Indikation zur interventionellen oder operativen Therapie bei Mitralklappenstenose

Indikation	Empfehlung (s. S. 38)
Schweregrade NYHA III und IV und Öffnungsfläche < 1,5 cm^2	I B
Schweregrad NYHA II und klinischer Leidensdruck bei guter Eignung für die Ballonkatheter-Valvotomie (gute Beweglichkeit des vorderen Mitralsegels, keine stärkere Verdickung, Verkalkung oder Sehnenfädenveränderung)	I B
asymptomatische Patienten mit schwerer Mitralklappenstenose und guter Eignung für Ballonkatheter-Valvotomie und erhöhtem Risiko für Thromboembolien oder kardiale Dekompensation: • vorausgegangenes embolisches Ereignis • dichter Spontankontrast im linken Vorhof • kürzlich aufgetretenes oder paroxysmales Vorhofflimmern • systolischer Pulmonalarteriendruck in Ruhe > 50 mmHg • geplante schwere nicht kardiale Operation • geplante Schwangerschaft	IIa C

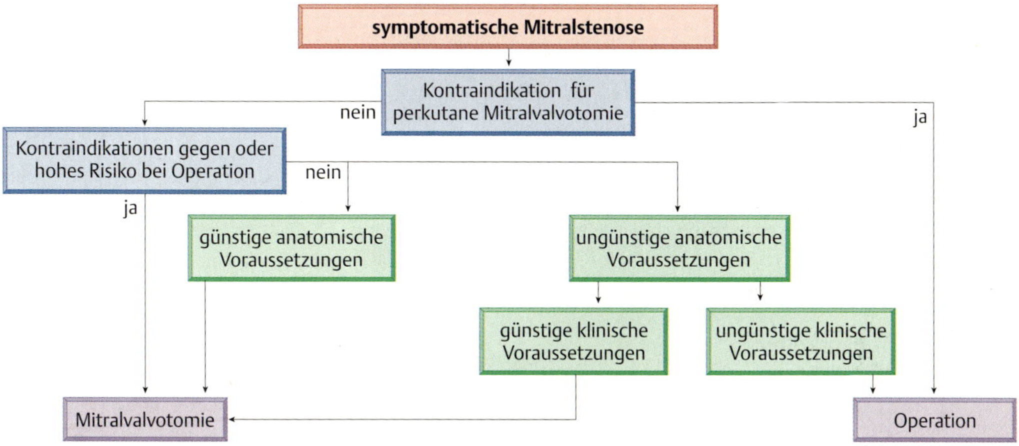

Abb. 8.12 Operationsindikation bei symptomatischer schwerer Mitralklappenstenose. Nach Empfehlungen aus der Leitlinie der Europäischen Gesellschaft für Kardiologie (ESC) 2007.

- periinterventionelle Letalität 1 – 2 %
- indiziert bei reiner Stenose ohne wesentliche Verkalkung
- Reoperationsrate: 1 – 2 % pro Jahr (5 – 10 % nach 5 Jahren, 10 – 20 % nach 10 Jahren)

- **Perkutane Ballonkatheter-Valvotomie** (Valvuloplastie, **Abb. 8.13**, **Abb. 8.14**): Katheter-interventionelles Verfahren zur Dilatation einer stenosierten Mitralklappe.
  - perioperative Letalität: < 1 %, Restenoserate: ca. 10 – 15 % nach 5 Jahren
  - indiziert bei reiner oder überwiegender Stenose alternativ zur operativen Kommissurotomie mit vergleichbar guten Akut- und Langzeitergebnissen
  - ungünstigere Ergebnisse bei Klappenverkalkung und subvalvulärer Fibrose
  - Komplikationen: akute Mitralklappeninsuffizienz, Thromboembolien, Perikardtamponade
  - auch als Notfallintervention und in der Schwangerschaft (strenge Indikation!) möglich
- **Klappenersatz:** Bei ungünstigen anatomischen Bedingungen für eine Ballonkatheter-Valvotomie

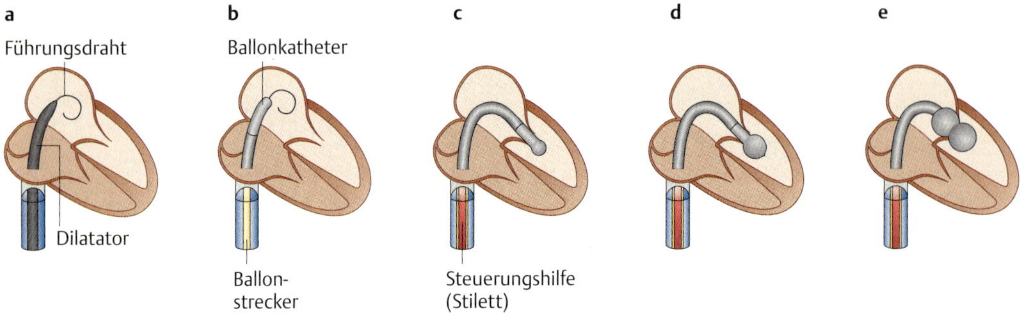

Abb. 8.13 Technik der perkutanen Ballonkatheter-Valvotomie bei Mitralklappenstenose. Inoue-Technik der perkutanen Valvotomie: **a** Nach transseptaler Punktion Einführen eines Führungsdrahtes in den linken Vorhof, Aufweitung der Punktionsstelle des Vorhofseptums mit Dilatator. **b** Einführen des Inoue-Ballonkatheters transseptal über den Führungsdraht in den linken Vorhof. **c** Vorführen des Ballonkatheters in den linken Ventrikel mit Steuerungshilfe (Stilett). **d** Inflation des distalen Ballonanteils durch beginnende Füllung des Ballons und Rückzug des Ballonkatheters in die Mitralklappenebene. **e** Dilatation der Mitralklappe durch komplette Inflation des Ballons.

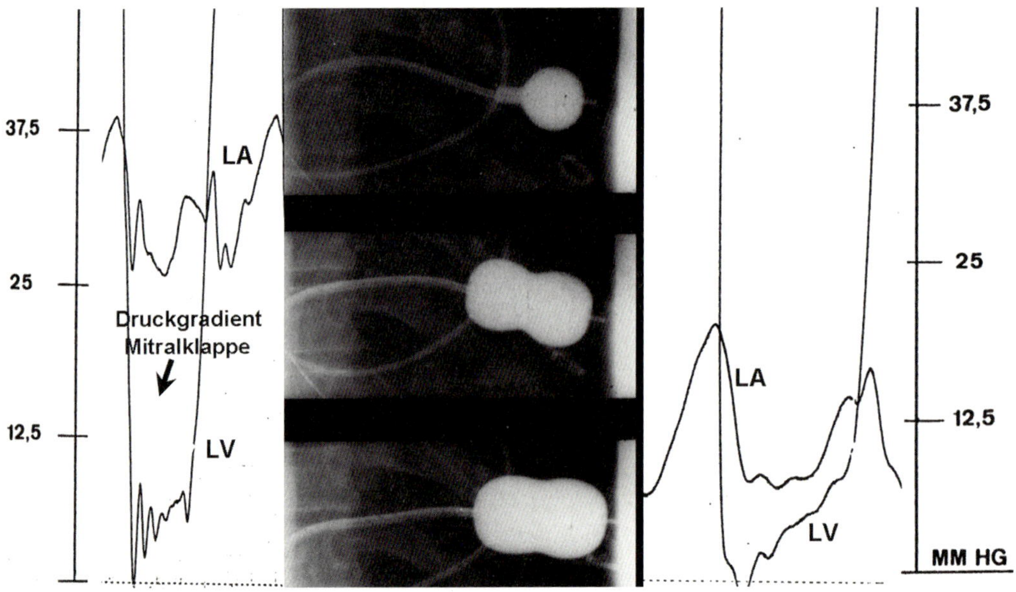

Abb. 8.14 Perkutane Mitralklappen-Valvotomie bei Mitralklappenstenose. Hämodynamik vor und nach perkutaner Ballon-Valvotomie einer hochgradigen Mitralklappenstenose. Deutliche Senkung des transmitralen Druckgradienten nach der Aufweitung der Mitralklappe mit dem Inoue-Ballonkatheter (Mitte).

(begleitende Insuffizienz der Mitralklappe (> Grad II), ausgeprägte Verkalkung oder subvalvuläre Beteiligung des Klappenapparates) erfolgt im klinischen Schweregrad NYHA III bis IV ein operativer Klappenersatz (perioperative Letalität ca. 2 – 4 %). Im Schweregrad NYHA II wird in dieser Situation zunächst konservativ behandelt, da ein Klappenersatz keine Verbesserung der klinischen Symptomatik bewirkt und die Prothese selbst gering stenosierend wirkt.

Prognose

Die mittlere Überlebensrate nicht operierter Patienten nach gestellter Operationsindikation beträgt etwa 40% nach 5 Jahren. Die Entwicklung irreversibler Schäden in der Phase der Beschwerdefreiheit oder nur leichter Symptome ist unwahrscheinlich (Ausnahme: schwere pulmonale Hypertonie, Vorhofflimmern). Prognostische Überlegungen spielen daher für die Entscheidung zur Intervention eine geringere Rolle als bei anderen Herzklappenfehlern.

8.2.4 Mitralklappeninsuffizienz

engl.: mitral regurgitation

Epidemiologie und Pathogenese

Als primäre Klappenerkrankung ist die Mitralklappeninsuffizienz nach der Aortenklappenstenose der zweithäufigste Herzklapperfehler, wobei überwiegend eine degenerative Genese (Prolaps, Sehnenfadenabriss etc.) besteht. In den letzten Jahren wird eine Zunahme funktionell und ischämisch bedingter Mitralklappeninsuffizienzen beobachtet.

Eine operationswürdige höhergradige Mitralklappeninsuffizienz besteht ab einer Regurgitationsfraktion von 50% des Schlagvolumens. Das Ausmaß und die hämodynamische Bedeutung der Mitralklappeninsuffizienz werden beeinflusst durch die Widerstände, gegen die das Blut in antegrader Richtung ausgeworfen wird bzw. in retrograder Richtung in den linken Vorhof zurückfließt. Somit kommt es zu einer **Zunahme der Mitralklappeninsuffizienz** bei:

- größerem Defekt der Klappe (Insuffizienzfläche)
- erhöhtem peripheren Widerstand (z. B. arterielle Hypertonie, Aortenklappenstenose)
- längerer Systolendauer = Regurgitationsdauer
- hoher linksatrialer Dehnbarkeit (Compliance)

Die chronische **Volumenbelastung** führt zur exzentrischen Hypertrophie und Gefügedilatation des linken Ventrikels sowie zur Dilatation des linken Vorhofs. Dies führt zu weiterer Verschlechterung der Mitralklappeninsuffizienz durch Dilatation des Klappenrings mit verschlechterter Koadaptation der Mitralklappensegel. Durch pulmonale Druckerhöhung kommt es zudem zu einer Druckbelastung des rechten Ventrikels mit Entwicklung einer Rechtsherzinsuffizienz und sekundärer Trikuspidalklappeninsuffizienz.

Bei akuter Mitralklappeninsuffizienz (z. B. durch infektiöse Endokarditis, Sehnenfadenabriss oder ischämisch bedingte Papillarmuskeldysfunktion) stehen durch fehlende Möglichkeit der Anpassung Zeichen der akuten Linksherzinsuffizienz mit pulmonaler Stauung und Dekompensation im Vordergrund.

Klinik

Die Patienten klagen über folgende Symptome, die in ihrer Ausprägung gut mit dem Schweregrad des Klappenfehlers korrelieren:

- Leistungseinschränkung, Palpitationen
- Belastungsdyspnoe, nächtlicher Husten (Asthma cardiale)
- Dekompensation mit Lungenödem
- Vorhofflimmern mit (Tachy-)Arrhythmia absoluta
- arterielle Embolien durch linksatriale Thrombenbildung
- pulmonale Hypertonie, Rechtsherzinsuffizienz und sekundäre Trikuspidalklappeninsuffizienz

Diagnostik

Den Hinweis erbringt die Auskultation; Diagnosesicherung, Quantifizierung und Klärung der Ursache die Echokardiografie.

Auskultation.

- Hochfrequentes bandförmiges Holosystolikum, p. m. Herzspitze, Fortleitung in Axilla (s. **Abb. 8.1 d**)
- 1. Herzton abgeschwächt, Aortensegment des 2. Herztons (A_2) vorgezogen (verstärkte Spaltung A_2–P_2)
- 3. Herzton durch rasche und vermehrte frühdiastolische Ventrikelfüllung (0,12 – 0,14 s nach A_2)

Der Herzspitzenstoß ist hebend, verbreitert, nach links unten und außen verlagert.

EKG. P-mitrale oder Vorhofflimmern; Zeichen der Linkshypertrophie und -schädigung.

Röntgen des Thorax. Wie bei Mitralklappenstenose, zusätzlich durch Vergrößerung des linken Ventrikels Einengung des Retrokardialraums auch auf Ventrikelebene (seitliche Aufnahme) (**Abb. 8.15**).

Echokardiografie. Der linke Ventrikel ist durch die Klappeninsuffizienz bedingte Volumenbelastung vergrößert und hyperkinetisch. Im Spätstadium kommt es durch Schädigung des Myokards zu einer Abnahme der Kontraktionskraft mit normo- oder hypokinetischer systolischer Bewegung. Normale

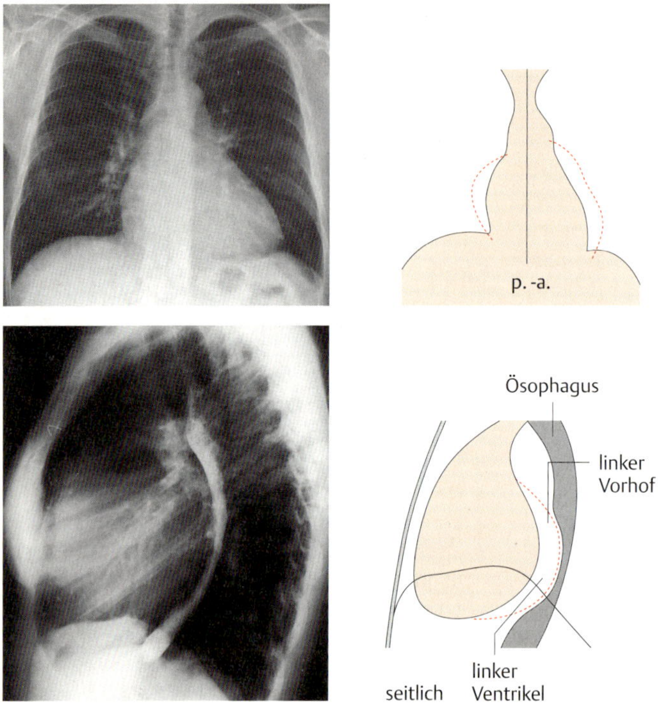

Abb. 8.15 Röntgen des Thorax bei Mitralklappeninsuffizienz. Zusätzlich zu den Veränderungen bei Mitralklappenstenose kommt es bei einer Mitralklappeninsuffizienz zu einer Vergrößerung des linken Ventrikels mit Einengung des Retrokardialraums auf Ventrikelebene (seitliche Aufnahme).

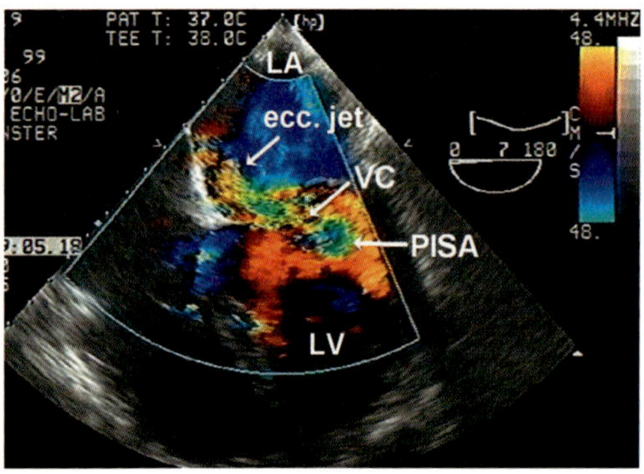

Abb. 8.16 Transösophageale Echokardiografie bei Mitralklappeninsuffizienz. Farbdoppler-Echokardiografie mit Nachweis des großen exzentrischen Insuffizienzjets (ecc. jet) in den vergrößerten linken Vorhof (oben). Quantifizierende Messungen von Jet-Größe, proximaler Jet-Breite (VC = Vena contracta) und Flusskonvergenzstromkegel (PISA = Proximal Isovelocity Surface Area) belegen eine hochgradige Mitralklappeninsuffizienz. LA = linker Vorhof, LV = linker Ventrikel

Volumina und Kontraktionen des linken Ventrikels schließen eine schwere Mitralklappeninsuffizienz allerdings nicht aus.

> **!** **Eine differenzierte Beurteilung des linken Ventrikels ist für die Operationsentscheidung von großer Bedeutung.**

Wichtig ist außerdem die Bestimmung des Pulmonalarteriendrucks und sekundärer Veränderungen des rechten Herzens. Nachweis und die Lokalisation der Insuffizienz sind mit dem Farbdoppler möglich (**Abb. 8.16**). Außerdem ist nach der Pathologie der Mitralklappe und dem zugrunde liegenden Mechanismus der Insuffizienz zu suchen. Infrage kommen unter anderem:

- Prolaps oder Teilabriss von Mitralsegeln
- Segelrestriktion (postrheumatisch durch Schrumpfung oder durch ischämisch mit veränderter Geometrie des linken Ventrikels)
- Dilatation des Klappenrings (primär bei dilatativer Kardiomyopathie oder sekundär bei anderen Mechanismen)

- fibrotische oder myxomatöse Segelverdickung und -verkalkung

Magnetresonanztomografie (MRT). Bei unzureichender Qualität der Echokardiografie oder unklaren Befunden erlaubt die Methode eine Quantifizierung von Größe und Funktion des linken Ventrikels sowie auch der Klappeninsuffizienz.

Invasive Diagnostik (Links-/Rechtsherzkatheter). Präoperativ ist eine Koronarangiografie bei Männern > 40 Jahre und bei Frauen in der Menopause bzw. bei Hinweisen für koronare Herzkrankheit oder Bestehen kardiovaskulärer Risikofaktoren indiziert. Daneben ist eine invasive Herzkatheterdiagnostik nur erforderlich, wenn nicht invasive Untersuchungen diskrepante oder unklare Befunde ergeben. Dabei kann durch Injektion von Kontrastmittel in den linken Ventrikel semiquantitativ der Schweregrad der Mitralklappeninsuffizienz bestimmt werden. Neben einer pulmonalen Druckerhöhung besteht bei schwerer Mitralklappeninsuffizienz eine hohe systolische v-Welle in den linksatrialen (LA) und pulmonalkapillaren (PC) Druckkurven.

Schweregradbeurteilung. Die Quantifizierung der Mitralklappeninsuffizienz erfolgt am sichersten mit einem integrativen Zugang durch Beachtung verschiedener Befunde (**Tab. 8.9**). Quantitative Berechnungen sind möglich, aber fehleranfällig. Die endgültige Quantifizierung sollte daher nur in Zusammenschau aller Befunde erfolgen und eine Einteilung in leicht-, mittel- und hochgradig vorgenommen werden.

A

Therapie

Konservative Therapie

Bei Patienten mit organischer Mitralklappeninsuffizienz ohne Indikation zur Operation kommt eine medikamentöse Herzinsuffizienztherapie in Betracht. Diese besteht vor allem in einer Nachlastsenkung durch Vasodilatoren (z. B. ACE-Hemmer, AT_1-Rezeptorblocker) zur Senkung des peripheren Widerstands und funktioneller Reduktion der Regurgitation. Bei asymptomatischen Patienten mit Mitralklappeninsuffizienz ist ein Nutzen dieser Therapie jedoch nicht gut belegt.

Operative Therapie

Bei symptomatischen Patienten ist dagegen in aller Regel eine operative Therapie indiziert (**Tab. 8.10**). Bei asymptomatischen Patienten ist nur bei Vorliegen von Risikoparametern (LV-Dilatation, reduzierte EF, Vorhofflimmern, pulmonale Hypertonie) eine Operation mit dem Ziel einer Rekonstruktion der Herzklappe angezeigt **Tab. 8.10**; **Abb. 8.17**).
Die **Mitralklappenrekonstruktion** liefert bei geeigneter Klappenmorphologie gute klinische und hämodynamische Langzeitergebnisse bei geringer perioperativer Letalität (ca. 1 %).

Tab. 8.9 **Parameter einer schwergradigen (operationswürdigen) Mitralklappeninsuffizienz (s. S. 25)**

Parameter	Details
spezifische Zeichen	• morphologischer Befund eines Teilabrisses (Sehnenfäden, Papillarmuskel) • Vena contracta ≥ 0,7 cm^2 (proximale Jet-Breite am Ursprung des Insuffizienzjets) (*) • proximaler Flusskonvergenzkegel (PISA) > 0,8 cm (**) • systolisch retrograder Fluss in den Lungenvenen (PW-Doppler)
unterstützende Zeichen	• dichtes, dreieckiges CW-Doppler-Spektrum • exzentrischer Mitralinsuffizienz-Jet • Mitralklappen-Einstrom E-Welle > 1,2 m/s • linksventrikuläre Dilatation ohne anderweitige Erklärung
quantitative Berechnungen	• Regurgitationsfraktion > 50 % • Regurgitationsvolumen ≥ 60 ml/Schlag • effektive Regurgitationsfläche ≥ 0,40 cm^2

(*) Nyquist-Limit 50 – 60 cm/s, (**) Nyquist-Limit 40 cm/s

Tab. 8.10 Operationsindikation bei hochgradiger, chronischer, organischer Mitralklappeninsuffizienz

Indikation	Empfehlung (s. S. 38)
symptomatische Patienten (NYHA II und mehr)	
• mit LVEF > 30 % und LVESD < 55 mm*	I B
• mit LVEF < 30 % und LVESD > 55 mm* und hoher Wahrscheinlichkeit einer Rekonstruktion bei geringer Komorbidität	IIa C
• mit LVEF < 30 % und LVESD > 55 mm*, schlecht rekonstruierbarer Klappe, medikamentös austherapiert, niedrige Komorbidität	IIb C
asymptomatische Patienten	
• mit LVESD > 45 mm* und / oder LVEF ≤ 60 %	I C
• mit erhaltener LV-Funktion, aber Vorhofflimmern	IIa C
• mit erhaltener LV-Funktion, aber systolischer Pulmonalisdruck in Ruhe > 50 mmHg	IIa C
• mit erhaltener LV-Funktion, aber wahrscheinlich rekonstruierbarer Klappe und sehr niedrigem Operationsrisiko	IIb B

*LVEF = linksventrikuläre Auswurffraktion, LVEDD = linksventrikulärer enddidastolischer Diameter; LVESD = linksventrikulärer endsystolischer Diameter; * bei durchschnittlicher Körperstatur*

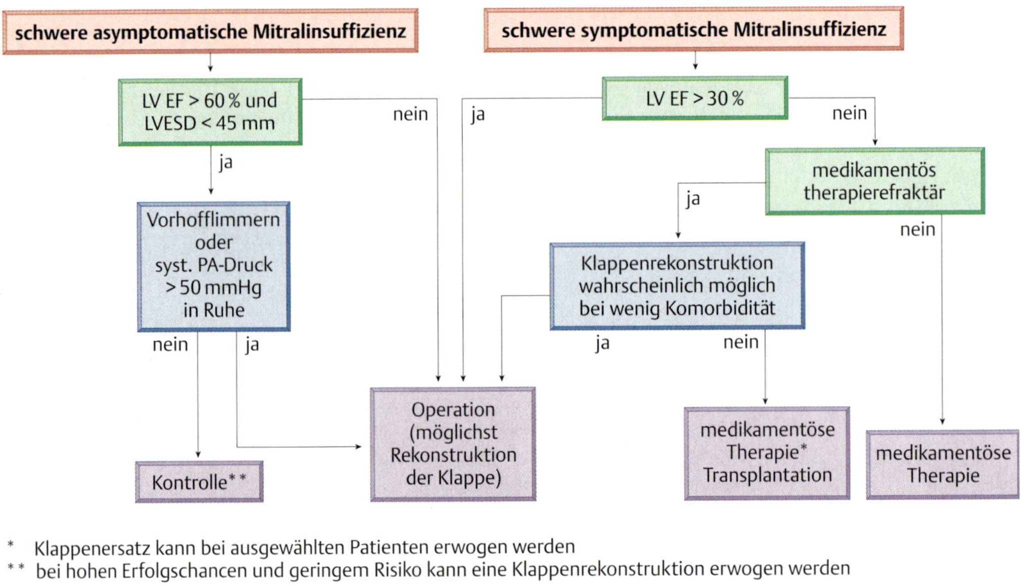

Abb. 8.17 Operationsindikation bei schwerer Mitralklappeninsuffizienz. Nach Empfehlungen aus der Leitlinie der Europäischen Gesellschaft für Kardiologie (ESC) 2007. Details siehe Text.

Ein **Mitralklappenersatz** wird heute nur dann durchgeführt, wenn eine Rekonstruktion der insuffizienten Mitralklappe technisch nicht möglich oder nicht erfolgversprechend ist. Zum Erhalt der Geometrie des linken Ventrikels sollte dabei der subvalvuläre Klappenapparat (Papillarmuskel, Teile der Sehnenfäden) möglichst erhalten bleiben. Die perioperative Letalität des Mitralklappenersatzes (3 – 5 %) ist höher als bei Rekonstruktion (1–2%) und steigt deutlich weiter an, wenn bereits eine höhergradig eingeschränkte Ventrikelfunktion vorliegt oder Kombinationseingriffe (z. B. mit Bypass-Operation) erforderlich werden (≥10%).

Prognose

Die mittlere Überlebensrate nicht operierter bereits deutlich symptomatischer Patienten beträgt etwa 2,5 Jahre. Selbst eine schwere Mitralklappeninsuffizienz kann lange Zeit völlig asymptomatisch bleiben. Die Gefahr, dass sich in dieser Phase bzw. bei nur leichten Beschwerden bereits eine irreversible Schädigung der linksventrikulären Funktion entwickelt, ist bei diesem Herzklappenfehler besonders groß. Daher kommt der sorgfältigen Beobachtung (regelmäßige Verlaufskontrollen der Größe und Funktion des linken Ventrikels mit Echokardiografie) und einer zeitgerechten (eher frühzeitigen) Operation besondere Bedeutung zu.

8.2.5 Mitralklappenprolaps ohne relevante Mitralklappeninsuffizienz

Synonym: Barlow-Syndrom, Klick-Syndrom
engl.: mitral valve prolaps

Definition, Pathogenese und Pathophysiologie

Beim Mitralklappenprolaps handelt es sich um eine myxomatöse Klappenveränderung durch Kollagenvermehrung mit Anhäufung saurer Mukopolysaccharide. Es finden sich überdimensionierte und/oder unzureichend verankerte Mitralsegel mit holo- oder spätsystolischer Vorwölbung (→ auskultatorischer Klick) in den linken Vorhof. Bei ausgeprägten Formen kommt es zur Mitralklappeninsuffizienz durch mangelnde Adaptation der Schließungsränder der prolabierten Klappensegel.

Epidemiologie

Die Prävalenz beträgt je nach Diagnosekriterien bis zu etwa 5% der Bevölkerung (w > m). Es besteht eine familiäre Häufung sowie eine Assoziation mit Thoraxdeformitäten und Bindegewebserkrankungen (Marfan-Syndrom, Ehlers-Danlos-Syndrom u. a.).

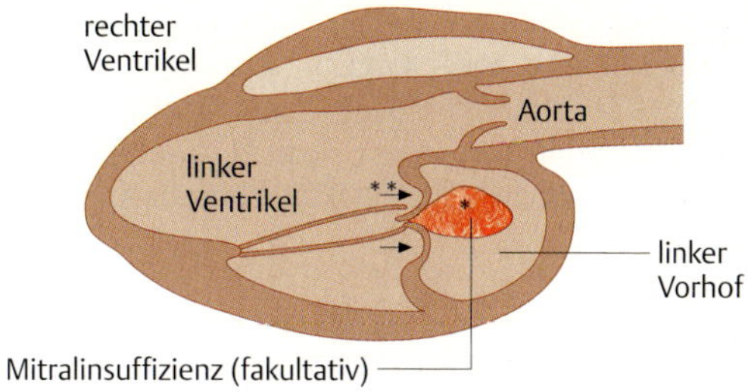

Abb. 8.18 Echokardiografie bei Mitralklappenprolaps. Echokardiografischer 2 D-Längsachsenschnitt des Herzens mit myxomatös verdickten Mitralklappensegeln (**), die sich in der späten Systole plötzlich in den Vorhof vorwölben (Pfeile), was als spätsystolischer Klick auskultierbar ist. Bei mangelnder Adaptation der Segel kommt es zu einer spätsystolischen Mitralklappeninsuffizienz (*), die als spätsystolisches Geräusch auskultierbar ist.

Klinik und Diagnostik

Symptomatik. Symptome fehlen oft oder sind uncharakteristisch (Unruhe- oder Angstgefühl). Atypische Angina pectoris (thorakaler Druck, Schmerz, Stechen) sowie Arrhythmien (Extrasystolie, paroxysmale Tachykardien, selten Synkopen) können auftreten.

Auskultation. Ein meso- bis spätsystolischer Klick ist typisch. Bei Mitralklappeninsuffizienz ist ein Holo- oder Spätsystolikum auskultierbar.

EKG. Das EKG ist meist normal, evtl. sind Repolarisationsstörungen oder Arrhythmien auffällig.

Echokardiografie. Sie zeigt die myxomatöse Verdickung mit systolischem Prolaps eines oder beider Mitralsegel in den linken Vorhof („Hängemattenform", **Abb. 8.18**). Auch der Nachweis und die Quantifizierung einer ggf. bestehenden Mitralklappeninsuffizienz sind so möglich.

Therapie

Bei Arrhythmien und atypischer Angina symptomatischer Therapieversuch mit Betablockern. Spezifische Antiarrhythmika sind selten erforderlich.

Prognose

Die Prognose ist in aller Regel günstig, die Entwicklung einer höhergradigen Mitralklappeninsuffizienz oder anderer Komplikationen (Endokarditis, Thromboembolie) ist aber möglich (ca. 1%/Jahr) und nimmt im fortgeschrittenen Alter zu. Sehr selten kommt es zum plötzlichen Herztod (Kausalzusammenhang unsicher, Risikofaktor: Mitralklappeninsuffizienz).

8.2.6 Trikuspidalklappenfehler

engl.: tricuspid valve disease

Epidemiologie und Pathogenese

Trikuspidalklappenfehler treten selten isoliert auf, sondern meist in Kombination mit anderen (z. B. rheumatischen) Klappenfehlern oder als Folge anderer Krankheiten mit Druckerhöhung im kleinen Kreislauf oder sonstigen Belastungen des rechten Ventrikels (v. a. Insuffizienz).

Trikuspidalklappenstenose. Sie ist fast immer rheumatischer Genese und dann mit Mitral- und/oder Aortenklappenerkrankungen kombiniert. Eine Reduktion der Öffnungsfläche mit einem mittleren diastolischen Druckgradienten von 5 mmHg (leises, niederfrequentes Diastolikum) bewirkt bereits eine symptomatische venöse Einflussstauung. Der Gradient nimmt bei tiefer Inspiration und höherem HZV zu (Belastung, Infusion, Beinhochlagerung). Der rechte Vorhof ist durch Druckbelastung vergrößert.

Trikuspidalklappeninsuffizienz. Sie ist meist funktionell durch sekundäre Dilatation des Klappenrings bedingt, seltener organisch durch rheumatische oder infektiöse Endokarditis, angeborene Herzfehler (z. B. Morbus Ebstein) oder Karzinoidsyndrom. Leicht- bis mittelgradige Insuffizienzen der Trikuspidalklappe (mittelfrequentes Systolikum) werden bei Fehlen einer pulmonalen Hypertonie häufig gut toleriert. Rechter Vorhof und Ventrikel sind durch Volumenbelastung vergrößert.

Klinik und Diagnostik

Als Symptome können Leistungsschwäche (erniedrigtes HZV) und Zeichen der Rechtsherzinsuffizienz auftreten. Die Diagnosestellung und Schweregradeinschätzung erfolgen in erster Linie durch die Echokardiografie. Auch die Röntgenaufnahme des Thorax kann typische Hinweise liefern (**Abb. 8.19**).

Schweregradeinteilung. Die Quantifizierung der Trikuspidalklappeninsuffizienz erfolgt am sichersten mit einem integrativen Zugang durch Beachtung verschiedener Befunde (**Tab. 8.11**). Quantitative Berechnungen sind möglich, aber fehleranfällig. Die endgültige Quantifizierung sollte daher nur in Zusammenschau aller Befunde erfolgen und eine Einteilung in leicht-, mittel- und hochgradig vorgenommen werden.

Therapie

Konservative Therapie. Herzinsuffizienztherapie mit Natrium- und Flüssigkeitsrestriktion, Diuretika, Vorlastsenker (Nitrate).

Operative Therapie.

- Die **perkutane Ballonkatheter-Valvotomie** (Valvuloplastie) führt bei isolierter rheumatischer Trikuspidalklappenstenose ohne relevanten Insuffizienzanteil (selten) zu guten Langzeitergebnissen.

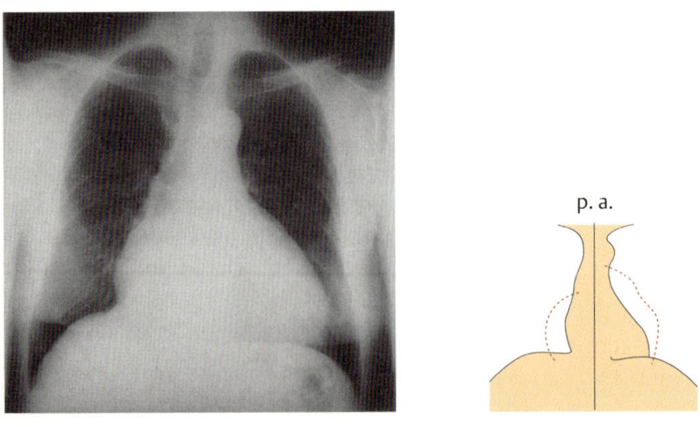

Abb. 8.19 Röntgen des Thorax bei Trikuspidalklappeninsuffizienz. In der p. a.-Aufnahme ist der Herzschatten durch Vergrößerung des rechten Vorhofs und des rechten Ventrikels zu beiden Seiten verbreitert. Der rechte Vorhof ist rechts randbildend, der rechte Ventrikel ist links randbildend. Ggf. findet sich ein verbreitertes Mediastinum bei oberer Einflussstauung mit erweiterter V. cava superior. Das vorliegende Röntgenbild zeigt den Befund bei einer Trikuspidalklappeninsuffizienz Grad III mit deutlich vergrößertem rechten Vorhof und Ventrikel.

Tab. 8.11 Parameter einer schwergradigen (operationswürdigen) Trikuspidalklappeninsuffizienz

Parameter	Details
spezifische Zeichen	• morphologischer Befund eines Teilabrisses (Sehnenfäden, Papillarmuskel) • Vena contracta ≥ 0,7 cm^2 (proximale Jet-Breite am Ursprung des Insuffizienzjets) (*) • proximaler Flusskonvergenzkegel (PISA) >≥ 0,9 cm (**) • systolisch retrograder Fluss in den Lebervenen (PW-Doppler)
unterstützende Zeichen	• dichtes, dreieckiges CW-Doppler Spektrum • exzentrischer Trikuspidalinsuffizienz-Jet • Trikuspidalklappen-Einstrom E-Welle > 1,0 m/s • rechtsventrikuläre Dilatation ohne anderweitige Erklärung • Dilatation der unteren Hohlvene mit respiratorischen Schwankungen < 50 %

(*) Nyquist-Limit 50 – 60 cm/s, (**) Nyquist-Limit 40 cm/s

- Die **klappenerhaltende Operation** wird bevorzugt mit Kommissurotomie, Klappen-Rekonstruktion oder Einsatz von Anulus-stabilisierenden Ringprothesen (z. B. Carpentier-Ring) durchgeführt.
- Der **Ersatz der Trikuspidalklappe** mit mechanischen Prothesen ist aufgrund der ungünstigen Hämodynamik (Niederdrucksystem) und des hohen Risikos der Prothesenthrombose (strenge Antikoagulation!) besonders problematisch. Bioprothesen sind evtl. günstiger, jedoch klappenerhaltenden, rekonstruktiven Maßnahmen ebenfalls unterlegen.

Bei erforderlicher Operation an linksseitigen Klappen sollte eine höher- oder mittelgradige Trikuspidalklappeninsuffizienz (Trikuspidalklappenring > 40 mm) durch operative Rekonstruktion (ggf. mit Anulus-stabilisierender Ringimplantation) mit korrigiert werden.

Eine isolierte Operation an der Trikuspidalklappe ist indiziert, wenn es sich um ein primäres Klappenproblem (Endokarditis, traumatisch, spontaner Teilabriss, dysplastische Klappe oder Insuffizienzen, induziert durch Schrittmacher- oder ICD-Elektroden) mit klinischer und hämodynamischer Relevanz handelt. Dabei werden ähnliche Kriterien wie bei der symptomatischen Mitralklappeninsuffizienz angewendet.

Bei Voroperationen an den linksseitigen Herzklappen bzw. bei schweren Trikuspidalklappeninsuffizienzen in Kombination mit anderen Erkrankungen wird dann von einer Operation wenig Erfolg erwartet, wenn der pulmonale Gefäßwiderstand hoch ist (schwierig zu erheben bei hochgradiger Trikuspidalklappeninsuffizienz) und wenn die Funktion des rechten Ventrikels bereits deutlich reduziert ist (Evaluierung mittels Echo oder MRT).

Weiterführende Informationen

http://www.escardio.org/guidelines-surveys/esc-guidelines/GuidelinesDocuments/guidelines-VHD-FT.pdf (Guidelines on the management of valvular heart disease. Guideline of the European Society of Cardiology)

http://leitlinien.dgk.org/images/pdf/leitlinien_volltext/2009-02_herzklappenerkrankung.pdf (Kommentar zur Europäischen Leitlinie „Herzklappenerkrankungen" der Deutschen Gesellschaft für Kardiologie)

http://content.onlinejacc.org/cgi/reprint/52/13/e1.pdf (2008 focused update into the ACC/AHA 2006 guidelines for the management of patients with valvular heart disease)

http://leitlinien.dgk.org/images/pdf/leitlinien_volltext/2009-05_manual.pdf (Manual zur Indikation und Durchführung der Echokardiografie)

9 Angeborene Herzfehler im Erwachsenenalter

Thomas Wichter, Günter Breithardt, Holger Reinecke, Helmut Baumgartner

9.1 Grundlagen

Synonym: kongenitale Vitien, Erwachsene mit angeborenen Herzfehlern (EMAH)
engl.: grown-up (adult) congenital heart disease (GUCH, ACHD)

Definition. Strukturelle und funktionelle Anomalien des Herz-Kreislauf-Systems, die bereits bei Geburt bestehen (auch wenn sie evtl. erst später entdeckt werden) und Folgen oder Residuen bis in das Erwachsenenalter zeigen.

9.1.1 Epidemiologie und Ätiologie

Die Prävalenz beträgt ca. 0,8% der Lebendgeburten in Deutschland (ca. 10 000 Fälle pro Jahr). Als Ursachen kommen Chromosomenaberrationen und genetische Syndrome (meist multifaktorielle, seltener monogene Vererbung, z. B. Trisomie 21) und teratogene Schäden infrage, z. B. durch Virusinfektionen (Röteln-Embryopathie), teratogene Substanzen (Alkohol, Medikamente, Zytostatika, etc.) und ionisierende Strahlen.
Das Spektrum Erwachsener mit angeborenen Herzfehlern (EMAH) hat sich in den letzten Jahrzehnten gravierend verändert und ist weiter in ständigem Wandel begriffen. Erst durch die großen Fortschritte von Kinderkardiologie und Kinderherzchirurgie kann heute die Mehrzahl von Patienten, vor allem auch jene mit schweren Herzfehlern, das Erwachsenenalter erreichen.
So haben um 1950 Geborene mit sehr komplexen Herzfehlern (Transposition der großen Gefäße, univentrikuläres Herz, Trikuspidalatresie u. a.) nur zu 10% das Erwachsenenalter erreicht. Bei den Jahrgängen 1980 – 89 sind es hingegen bereits ca. 80%. In der Gruppe mäßig komplexer Vitien (komplizierte Ventrikelseptumdefekte, atrioventrikuläre Septumdefekte, Ebstein-Anomalie u. a.) ist in diesem Zeitraum die Überlebensrate in das Erwachsenenalter von 55% auf 90% gestiegen. Bei den wenigsten Herzfehlern kann allerdings eine komplette Korrektur und Heilung erreicht werden.
Damit ist eine ganz neue Patientengruppe mit immer wieder neuen und unerwarteten Problemen in der Erwachsenenkardiologie entstanden. Man rechnet heute in Deutschland mit ca. 200 000 Erwachsenen mit angeborenen Herzfehlern, wovon mehr als die Hälfte aufgrund des Schweregrades ihrer Erkrankung einer Betreuung in besonders spezialisierten Einrichtungen bedürfen.
Über die Verteilung der unterschiedlichen Herzfehler im Erwachsenenalter gibt es keine verlässlichen Daten. In einem großen Register, das auf Selbstmeldung von Patienten basiert, finden sich folgende häufigste Diagnosen:

- 29,4% Vorhofseptumdefekt (ASD)
- 11,9% Ventrikelseptumdefekt (VSD)
- 9,1% persistierendes Foramen ovale (PFO) (eigentlich Normvariante und kein Herzfehler)
- 9,0% Fallot-Tetralogie (ToF)
- 6,9% Isthmusstenose der Aorta (ISTA)
- 6,0% Transposition der großen Gefäße (TGA)
- 4,4% atrioventrikulärer Septumdefekt (AVSD)
- 3,2% Pulmonalstenose (PS)
- 2,2% persistierender (offener) Ductus arteriosus (PDA)
- 2,2% Ebstein-Anomalie

9.1.2 Diagnostik

Anamnese. Genaues Studium von Vorbefunden und Operationsberichten sowie sorgfältige Erhebung von Krankheitsverlauf, Symptomatik und Komplikationen sind essenziell.

Körperliche Untersuchung. Besondere zusätzliche Aspekte: Hautkolorit, Finger- und Zehen-Veränderungen (Trommelschlägelfinger, Uhrglasnägel), Blutdruckseitendifferenzen zwischen oberer/unterer Extremität.

Pulsoxymetrie. Bestimmung der arteriellen Sauerstoffsättigung.

EKG. Besonders zu achten ist vor allem auf Verlaufsveränderungen und Rhythmusstörungen sowie auf Hinweise für den Herzfehler.

Echokardiografie. Dient der Darstellung der Lage des Herzens, von Größe und Anordnung der Herzhöhlen und der großen Gefäße zueinander, Ventrikelfunktion, möglicher Obstruktion im Herzen und den großen Gefäßen. Beurteilt wird außerdem die Anatomie und Funktion der Klappen und evtl. Klappenprothesen, Conduits und Shuntverbindungen. Wichtig ist auch die Abschätzung des Pulmonalarteriendrucks (s. S. 24).

Röntgen des Thorax. Die Röntgenaufnahme des Thorax in zwei Ebenen dient der Diagnostik und Verlaufskontrolle. Zu achten ist u. a. auf Zeichen der pulmonalen Hyperzirkulation:

- erhöhte Lungengefäßzeichnung (zentral und peripher)
- prominentes Pulmonalissegment
- Kardiomegalie bei großem Shuntvolumen
- pulsierende Hili bei Durchleuchtung

Auch nach möglichen Anzeichen für eine pulmonale Minderperfusion oder pulmonale Hypertonie (s. S. 116) und Rechtsherzinsuffizienz (s. S. 101) ist zu suchen.

Magnetresonanztomografie (MRT). Die MRT bietet einen Großteil der Information, die auch die Echokardiografie liefert. Sie wird herangezogen, wenn die Qualität der Echokardiografie unzureichend ist oder unklare Befunde vorliegen. Sie ist der Echokardiografie überlegen bzw. liefert wesentliche Zusatzinfomationen u. a. zur Quantifizierung des Volumens und der Funktion des rechten Ventrikels, zur Beurteilung der Systemvenen, Lungenvenen, Pulmonalarterien und der thorakalen Aorta sowie beim Nachweis von Myokardfibrose(-narben).

CT-Angiografie. Die CT-Angiografie ist vor allem zur Beurteilung der Systemvenen, Lungenvenen, Pulmonalarterien und thorakalen Aorta sowie der Koronaranatomie geeignet.

Herzkatheterdiagnostik und -intervention. Ein Großteil der diagnostischen Fragen kann heute durch nicht invasive Bildgebung geklärt werden. Die invasive Untersuchung ist aber nach wie vor unumgänglich für bestimmte hämodynamische Informationen, wie die Beurteilung von Pulmonalgefäßwiderstand, Druckgradienten bei komplexen Situationen, Druckmessung in aortopulmonalen Kollateralen usw., sowie bei diskrepanten oder unklaren nicht invasiven Befunden.

9.1.3 Therapie

Allgemeine konservative Therapie. Basismaßnahmen und konservative Therapie folgen der Klinik und Hämodynamik des jeweiligen Herzfehlers (siehe spezieller Teil). Allgemeine Probleme und Komplikationen angeborener Herzfehler im Erwachsenenalter sind im nächsten Abschnitt beschrieben (s. S. 194).

Interventionelle Therapie. Die interventionelle Therapie erfolgt heute zunehmend mittels Kathetermethoden, z. B.

- Valvotomie (Valvuloplastie) und kathetergestützte Klappenimplantation
- Verschluss von Septumdefekten und anderen Shuntverbindungen
- Verschluss von pathologischen Kollateralen und Fisteln
- Angioplastie bzw. Stenting von Gefäßstenosen

Operative Interventionen. Operative Interventionen können **palliativ** (z. B. systemisch pulmonalarterieller Shunt, Bändelung der Pulmonalarterie, Ballon-Atrioseptostomie nach Rashkind) oder **„korrigierend“** sein. Dabei resultiert nur selten eine tatsächliche anatomische Korrektur des Herzfehlers (z. B. Verschluss eines persistierenden Ductus arteriosus = PDA). Häufiger dagegen ist eine hämodynamische Korrektur unter Verbleib anatomischer Anomalien (z. B. Vorhof-Switch-Operation nach Mustard bei Transposition der großen Arterien = TGA). Bei komplexen Herzfehlern kann meist nur eine Verbesserung der Hämodynamik unter Verbleib anatomischer und hämodynamischer Anomalien und Residuen erreicht werden (z. B. Fontan-Operation bei Trikuspidalatresie).

Im Erwachsenenalter kann entweder eine Erstoperation (z. B. neu entdeckter Sinus-venosus-Defekt) oder eine weiterreichende Korrektur eines bisher nur palliativ operierten Herzfehlers (zunehmend seltener) anstehen. Zunehmend häufiger werden Reoperationen nach früherer operativer Korrektur (z. B. Pulmonalklappeninsuffizienz nach Operation einer Fallot'schen Tetralogie, Conduit-Austausch wegen verkalkender Stenose). Bei schweren Herzfehlern kann als letzte Option die Herztransplantation, bei zusätzlicher schwerer und irreversibler pulmonalarterieller Hypertonie die Herz-Lungen-Transplantation bleiben.

9.1.4 Allgemeine Probleme und Komplikationen

Infektiöse Endokarditis

Viele der Patienten haben ein erhöhtes Risiko für eine infektiöse Endokarditis (s. S. 146). Die Letalität ist je nach Erreger, Komplikationen und Herzfehler sowie Voroperationen mit ≥ 25 % hoch. Die Notwendigkeit einer Operation innerhalb von 6 Monaten beträgt ca. 25 %.

Blutbildveränderungen

Erythrozytose (Polyglobulie). Zyanotische Herzfehler bringen eigene hämatologische Besonderheiten und Konsequenzen mit sich. Hierzu zählt die **Erythrozytose** durch Erythropoetin-Stimulation infolge der Gewebehypoxie. Sie ist bis zu einem gewissen Grad kompensatorisch, da mit der höheren Erythrozytenzahl mehr Sauerstoff transportiert werden kann. Solange keine Dehydratation (unbedingt vermeiden!), kein Eisenmangel und keine Symptome der Hyperviskosität bestehen (Kopfschmerz, Schwindel, Sehstörungen, Tinnitus, Muskelschwäche, Myalgien, akrale Schmerzen), ist auch keine erhöhte Gefahr von Thromboembolien gegeben (selbst bei Hämatokrit-Werten > 65 %).

Aderlass. Routinemäßige Aderlässe dürfen nicht durchgeführt werden, da die rasch nachgebildeten Erythrozyten durch den resultierenden Eisenmangel hypochrom und mikrozytär und damit in der Mikrozirkulation weniger verformbar werden. Dadurch werden Risiken und Symptome der Hyperviskosität gesteigert. Die **Indikation zum Aderlass** besteht daher nur bei Symptomen der Hyperviskosität (unwahrscheinlich bei Hämatokrit < 65 %) sowie evtl. zur präoperativen Verbesserung der Rheologie nach Ausschluss von Dehydradation und Eisenmangel. Durchführung: 500 ml Aderlass über 30 – 45 min; Ersatz durch isotonische NaCl-Lösung. Eine **Indikation zur Eisensubstitution** besteht nur bei nachgewiesenem Eisenmangel und unter engmaschiger Blutbildkontrolle. Niedrig dosieren z. B. 325 mg Fe-Sulfat oder 65 mg Fe/Tag.

Hämorrhagische Diathese. Eine erhöhte Blutungsneigung entsteht durch eine reduzierte Zahl und Funktion der Thrombozyten (verlängerte Blutungszeit) und Störung der Koagulation (erhöhte PTT als Folge der Erythrozytose bzw. Hypoxämie). *Symptome:* Petechien, Hämatome, Zahnfleischbluten, Epistaxis, Hypermenorrhö, Hämoptysen etc.

> **!** Antikoagulanzien und Thrombozyten-Aggregationshemmer wegen erhöhter Blutungsgefahr nur bei strenger Indikation einsetzen (Abwägen von Nutzen und Risiken).

Kontrazeption, Kinderwunsch und Schwangerschaft

Bei **Kinderwunsch** und in der **Schwangerschaft** ist die Betreuung durch ein erfahrenes Zentrum erforderlich. Folgende Hinweise sind zu beachten:

- *Kontrazeption:* individuelle Entscheidung (Verhältnis Sicherheit/Risiko), meist ist eine orale Kontrazeption mit niedrig dosiertem Östrogenanteil adäquat.
- *Risiko des Kindes:* Abort, Perinataltod, Frühgeburt, kongenitales Vitium.
- *Risiko der Mutter:* muss individuell abgeschätzt werden; häufig relativ niedrig, v. a. bei gutem funktionellen Status (Letalität bei NYHA-Stadium I–II: 0,4 %, NYHA-Stadium III–IV: 6,8 %), hohes Risiko bei schlechtem funktionellen Status, hochgradigen Stenosen (v. a. im Systemkreislauf), reduzierter Ventrikelfunktion und ganz besonders bei pulmonaler Hypertonie (Letalität bei Patienten mit Eisenmenger-Reaktion 30 – 50 %!)
- *Kontraindikation zur Schwangerschaft:* schwere pulmonale Hypertonie, Eisenmenger-Syndrom (s. S. 203), Marfan-Syndrom (Durchmesser der Aorta > 4 cm), Herzinsuffizienz NYHA-Stadium III–IV (EF < 30 %), komplizierte Aortenisthmusstenose, symptomatische Aortenstenose.

9.2 Herzfehler ohne Shunt

(→ *Hinweis:* auf eine detaillierte Darstellung von im Erwachsenenalter seltenen Herzfehlern wird unter Verweis auf Lehrbücher der Kardiologie und Kinderheilkunde verzichtet)
Herzfehler ohne Shunt machen ca. 25 % der angeborenen Herzfehler im Erwachsenenalter aus. **Hämodynamische Folgen** sind eine Druck- und/oder Volumenbelastung des rechten oder linken Ventrikels mit Hypertrophie und/oder Dilatation. Als Spätfolge kann es zur Herzinsuffizienz kommen. Wichtig ist die Bestimmung von **Druckgradienten und Regurgitationsfraktionen** durch Messung von Öffnungs-/Regurgitationsfläche, Flussvolumen (HZV) und Kreislaufwiderständen (s. S. 24).

A

9.2.1 Aortenstenose

Die Aortenstenose macht ca. 10% der angeborenen Herzfehler aus, das Verhältnis m:w = 4:1. Am häufigsten ist die valvuläre Form. Folgende Formen werden unterschieden:

- **valvuläre Stenosen** durch bikuspide Klappenanlage (häufig) oder unikuspide Klappenanlage (selten; kritische Aortenstenose im Säuglingsalter)
- **subvalvuläre Stenose** durch bindegewebige Membran, aber auch durch tunnelförmige Verengung der Ausflussbahn der linken Herzkammer
- **supravalvuläre Stenose** durch sanduhrförmige Einengungen im Anfangsteil der Aorta (selten)

Valvuläre Aortenstenose. Zur Pathophysiologie, Diagnostik und Therapie der valvulären Aortenstenose im Erwachsenenalter (s. S. 172 ff).

Subvaluläre Aortenstenose. Die subvalvuläre Aortenstenose besteht im Erwachsenenalter meist in Form der diskreten bzw. membranösen subvalvulären Stenose. Sie kann sekundär eine Aortenklappeninsuffizienz nach sich ziehen, wobei neuere Daten v. a. im Erwachsenenalter eine geringere Progression der Aortenklappenveränderungen zeigen als früher angenommen. Daher ist die prophylaktische Operation zum Schutz der Aortenklappe heute fragwürdig.
Bei Beschwerden erfolgt die Operation (siehe Aortenklappenstenose, S. 174). Bei asymptomatischen Patienten wird operiert bei einem Spitzengradient > 70 mmHg (Doppler) bzw. Peak-to-Peak-Gradient > 50 mmHg (Herzkatheter). Postoperativ besteht eine Neigung zu Rezidiven. Eine Progression der Aortenklappeninsuffizienz ist auch postoperativ möglich.

Supravalvuläre Aortenstenose. Bei der supravalvulären Aortenstenose besteht meist eine sanduhrförmige Verengung der Aorta ascendens unmittelbar oberhalb der Koronarostien, seltener findet sich ein fibröses Diaphragma, gelegentlich auch eine diffuse Hypoplasie der Aorta ascendens. Selten sind gleichzeitig auch andere Gefäße betroffen (z. B. Pulmonalarterie, Koronararterien, Karotiden). Die supravalvuläre Aortenstenose ist oft Bestandteil des **Williams-Beuren-Syndroms**, bei dem eine Deletion auf Chromosom 7 vorliegt, die das Elastin-Gen einschließt (siehe Lehrbücher der Pädiatrie). Je nach hämodynamischer Beeinträchtigung und Symptomatik ist die Operation indiziert.

9.2.2 Pulmonalstenose

Epidemiologie. Die angeborene Pulmonalstenose ist für ca. 7% der angeborenen Herzfehler verantwortlich.

Pathophysiologie. Meist handelt es sich um eine valvuläre Fehlbildung durch eine bikuspide Klappe, seltener kommen auch sub- oder supravalvuläre Stenosen vor. Die Öffnungsfläche ist verkleinert und es resultiert ein systolischer Druckgradient zwischen rechtem Ventrikel und Pulmonalarterie. Folge ist eine vermehrte Druckbelastung und Hypertrophie des rechten Ventrikels.

Anamnese. Symptome treten nur bei höherem Schweregrad auf und äußern sich als Belastungsdyspnoe, Leistungseinschränkung, selten als belastungsabhängiger Thoraxschmerz oder durch Präsynkopen.

Auskultation. Raues, mittelfrequentes Systolikum mit p.m. im 2. Interkostalraum links parasternal (**Abb. 9.1 a**). Zweiter Herzton gespalten (Pulmonalsegment verzögert).

EKG. Bei hämodynamischer Signifikanz der Pulmonalstenose sind Zeichen der Rechtsherzbelastung/-hypertrophie nachweisbar (s. S. 12).

Röntgen des Thorax. Prominentes Pulmonalissegment („poststenotische" Dilatation).

Interventionelle oder operative Therapie. Bei Beschwerden sowie bei asymptomatischen Patienten mit einem Peak-to-peak-Gradienten (Herzkatheter) > 50 mmHg oder einem maximalen Gradienten (Doppler) > 70 mmHg:

- Ballonkatheter-Valvotomie (Valvuloplastie) bei valvulärer Stenose als Therapie der Wahl
- operative Kommissurotomie (weitestgehend durch Ballonkatheter-Valvotomie ersetzt)
- Infundibulum-Resektion bei subvalvulärer Stenose
- Erweiterungsplastik bei supravalvulärer Stenose

9.2.3 Aortenisthmusstenose

Synonym: Koarktation, Coarctatio aortae
engl.: aortic coarctation

Definition

Stenose der Aorta descendens im Isthmusbereich der Aorta (zwischen Abgang der A. subclavia sinistra

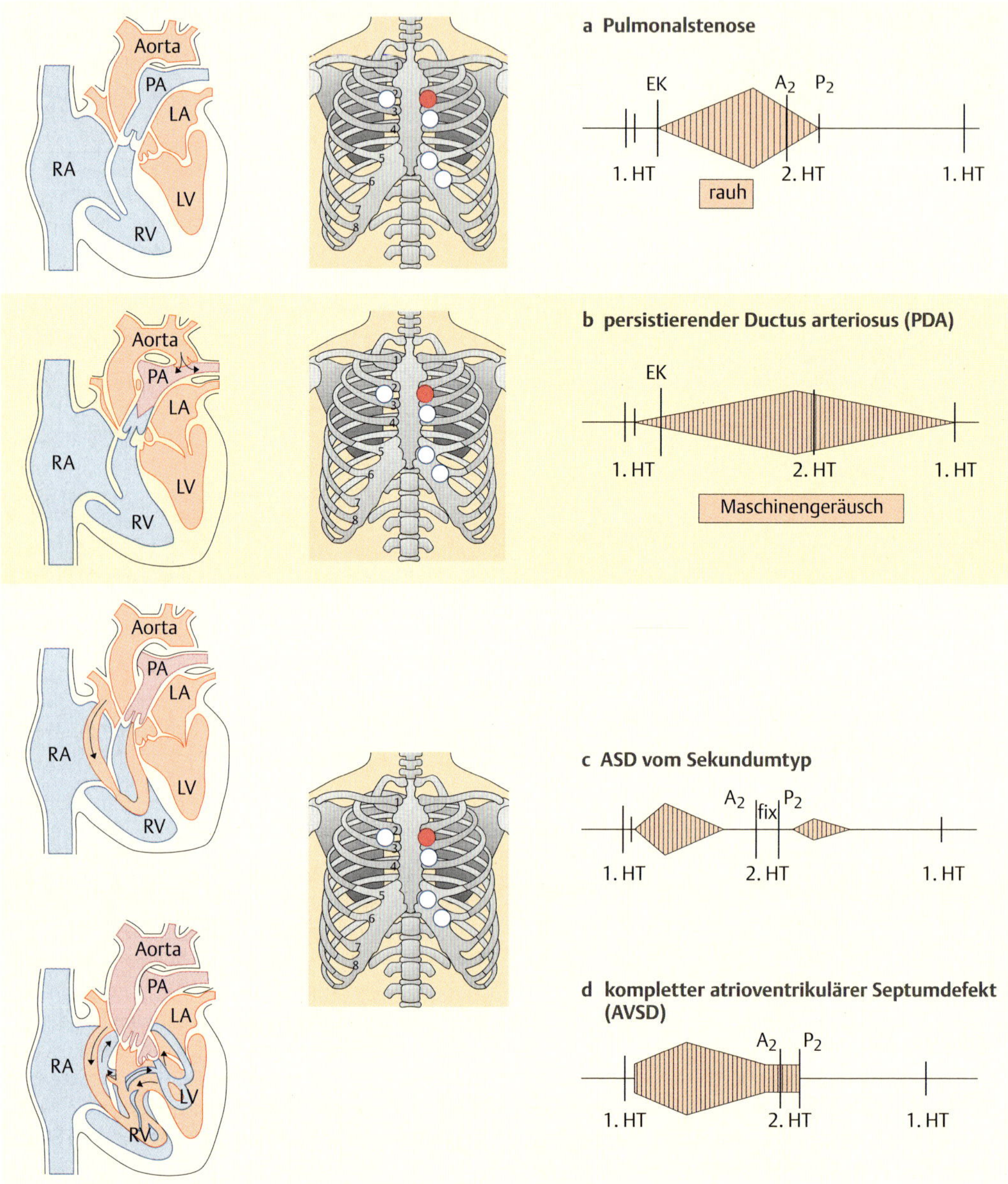

Abb. 9.1 Auskultationsbefunde bei angeborenen Herzfehlern. Dargestellt sind jeweils die typischen Geräuschphänomene und die Regionen, in denen das Geräusch am besten auskultiert werden kann. HT = Herzton, EK = Ejektionsklick, ASD = Vorhofseptumdefekt, PA = Pulmonalarterie, RA = rechter Vorhof, RV = rechter Ventrikel, LA = linker Vorhof, LV = linker Ventrikel, VSD = Ventrikelseptumdefekt.

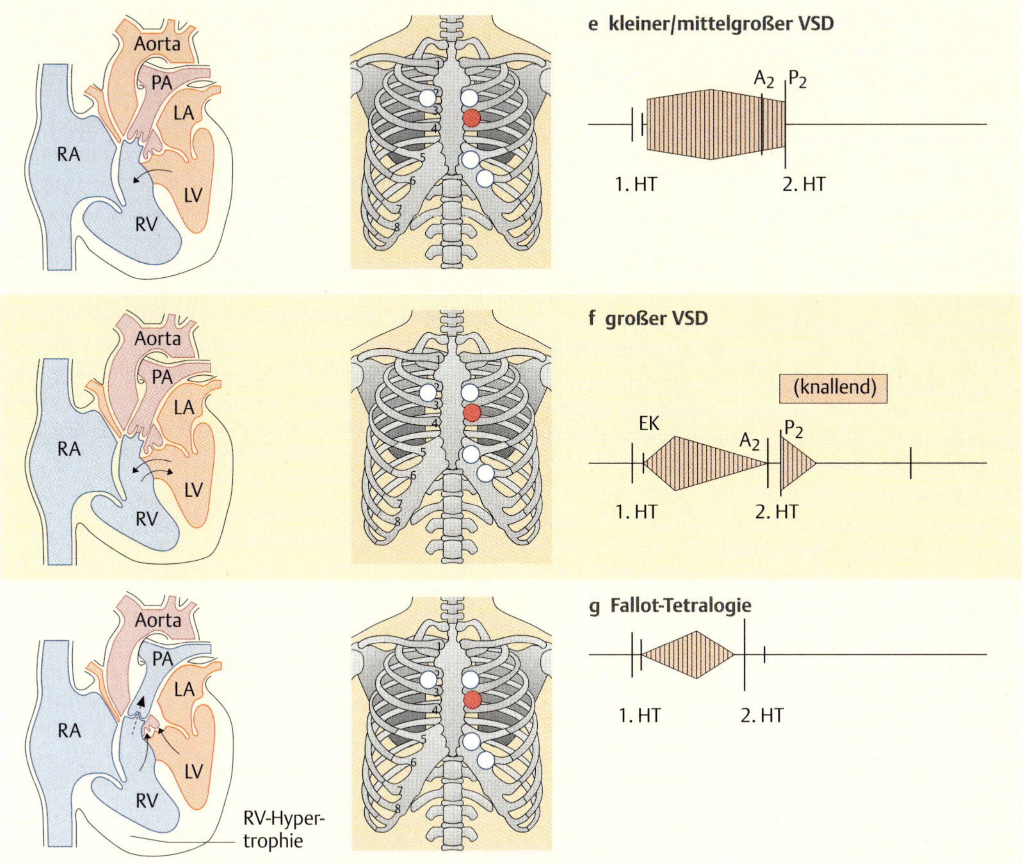

Abb. 9.1 Fortsetzung

und aortalem Ansatz des Ductus arteriosus). Es werden zwei Formen unterschieden (**Abb. 9.2**):

- **präduktale (infantile) Form:** Die Stenose der Aorta ist vor der Einmündung des Ductus arteriosus Botalli lokalisiert, dieser bleibt häufig geöffnet. Diese Form wird normalerweise bereits bald nach der Geburt symptomatisch. Im Erwachsenenalter wird einem die unoperierte Form nicht begegnen.
- **postduktale (adulte) Form:** Die Stenose befindet sich nach dem Abgang des Ductus arteriosus Botalli. Es kommt typischerweise zur Ausbildung von Kollateralen (Aa. thoracicae internae und intercostales).

Epidemiologie

Die Aortenisthmusstenose ist für ca. 7 % der angeborenen Herzfehler verantwortlich. In 50 % der Fälle besteht eine Assoziation mit einer bikuspiden Aortenklappe, in 50 % der Fälle eine Assoziation mit anderen kongenitalen Herzfehlern (persistierender Ductus arteriosus, Ventrikelseptumdefekt, Subaortenstenose, Mitralklappenanomalien) und zerebralen Gefäßaneurysmen (Circulus arteriosus Willisii).

Klinik und Diagnostik

Symptomatik. Zeichen und Folgen der Hypertonie der oberen Körperhälfte wie Kopfschmerz, Epistaxis, später Linksherzinsuffizienz und vaskuläre Komplikationen (Schlaganfall, Herzinfarkt).

Blutdruck und Puls. Leitsymptom ist die Differenz zwischen oberer und unterer Extremität (schwache oder fehlende Femoralis- bzw. Fußpulse). Pulsationen oder Schwirren im Jugulum sind typisch, palpable Kollateralgefäße (Interkostalarterien) möglich.

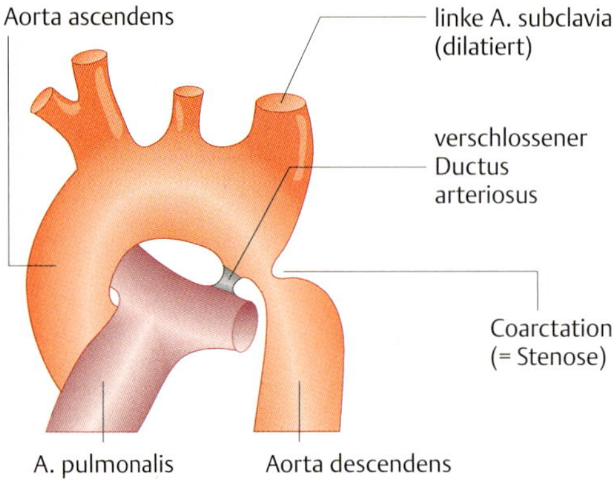

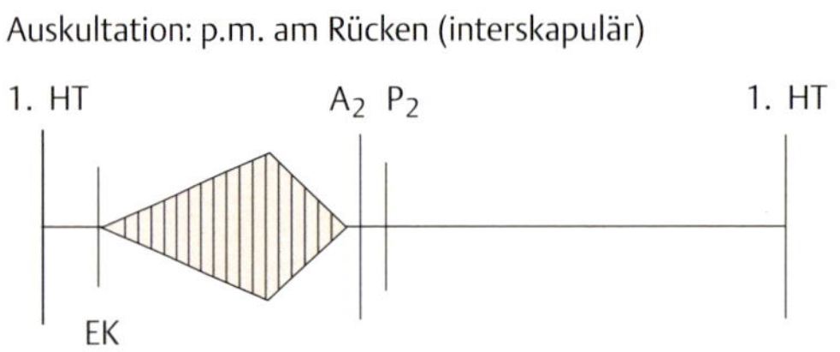

Abb. 9.2 **Aortenisthmusstenose.** Die abgebildete postduktale Form wird teilweise erst im Erwachsenenalter symptomatisch, während sich die präduktale Form durch den in Zyanose resultierenden Rechts-Links-Shunt (durch offenen Ductus arteriosus) schon im Säuglingsalter manifestiert.

> **!** **Leitsymptom der Aortenisthmusstenose ist die Blutdruckdifferenz zwischen oberer und unterer Extremität bei hohem Blutdruck an der oberen Körperhälfte und niedrigem Blutdruck an der unteren Körperhälfte. Zudem können Symptome des Bluthochdrucks bestehen.**

Auskultation. Am Rücken ist interskapulär/paravertebral ein spindelförmiges Mesosystolikum auskultierbar, das mit einem Ejektionsklick (EK) beginnt und spätsystolisch sein Maximum erreicht (**Abb. 9.2**).

Röntgen des Thorax. Rippenusuren 5. – 8. Rippe durch dilatierte Interkostalarterien, die als Kollateralkreislauf fungieren.

EKG. Zeichen der Linkshypertrophie (s. S. 12).

Echokardiografie. Nachweis einer erhöhten Flussgeschwindigkeit im Isthmusbereich. Der Gradient korreliert dabei schlecht mit der invasiven Messung bzw. Blutdruckdifferenz zwischen oberer und unterer Extremität. Weitere Befunde sind Ektasie oder Aneurysma der Aorta ascendens sowie linksventrikuläre Hypertrophie. Zu achten ist auf die Funktion und Morphologie der Aortenklappe (bikuspide Anlage?).

Magnetresonanztomografie (MR-Angio) und CT-Angio. Darstellung von Lokalisation, Morphologie und Schweregrad der Stenose und Beurteilung der supraaortalen Gefäßabgänge. Bei postoperativen Kontrollen ist insbesondere auf Rest- oder Restenose, lokales Aneurysma im Isthmusbereich und Aneurysma der Aorta ascendens zu achten.

Therapie und Prognose

Natürlicher Verlauf. Ohne Operation oder Intervention versterben nach Überleben bis zum Jugendalter 25 % der Patienten bis zum 20. Lebensjahr und 50 % bis zum 30. Lebensjahr, meist als Folge von arterieller Hypertonie und Herzinsuffizienz.

Operative Korrektur. Eine Korrektur sollte im Vorschulalter erfolgen (Letalität ≤ 1 %)

- Resektion und End-zu-End-Anastomose (kurze Stenose): Langzeitprognose günstig
- Resektion und Prothesen-Interponat
- Patch-Plastik oder Verschiebeplastik der A. subclavia: Spätkomplikationen häufiger

Katheter-interventionelle Therapie. Ballondilatation und Stenting der Isthmusstenose wird als primäre Therapie im Kindesalter noch kontrovers beurteilt. Im Erwachsenenalter gilt sie hingegen bei geeigneter Anatomie ebenso wie bei Re-Stenosen als bevorzugtes Therapieverfahren.

Langzeitverlauf und Komplikationen.

- Restenose nach Operation: Ballondilatation/Stent als Therapie der Wahl
- arterielle Hypertonie: 10 % nach 5 J., 50 % nach 20 J.; abhängig vom Alter bei Operation
- Koronare Herzkrankheit: vorzeitig durch langjährige arterielle Hypertonie der oberen Körperhälfte
- Aneurysma der Aorta descendens im Isthmusbereich mit Rupturgefahr (vor allem nach Patch-Plastik): Diagnostik durch Röntgen des Thorax und MRT
- Aneurysma der Aorta ascendens: Assoziation mit bikuspider Aortenklappe

- valvuläre Aortenstenose/-insuffizienz: vor allem bei bikuspider Aortenklappe
- infektiöse Endokarditis
- zerebrale Blutung: durch Ruptur eines begleitenden Hirnbasisarterien-Aneurysmas
- Probleme durch begleitende Herzfehler (PDA, VSD, Subaortenstenose, Mitralklappenfehler u. a.)

> **!** **Auch nach operativer Korrektur ist eine lebenslange Weiterbetreuung erforderlich.**

9.2.4 Marfan-Syndrom

engl.: Marfan's syndrome

Definition. Autosomal-dominant vererbte, generalisierte **Bindegewebserkrankung** variabler Expressivität mit Beteiligung von Herz, Gefäßen, Augen und Skelettsystem.

Epidemiologie und Genetik

Die Prävalenz des Marfan-Syndroms beträgt etwa 1:10 000.
In etwa 75 % der Fälle sind weitere Familienangehörige betroffen (familiäres Auftreten). Der Vererbungsmodus ist autosomal-dominant. Verantwortlich sind **Mutationen im Fibrillin-1 Gen** auf dem langen Arm von Chromosom 15. Es gibt verschiedene Mutationen, daraus resultiert die große Vielgestaltigkeit der Erkrankung.
Systematische klinische und ggf. genetische Untersuchungen der Angehörigen sowie eine genetische Beratung des Index-Patienten und der Familienmitglieder werden dringend empfohlen.

Ätiopathogenese und Klinik

Es kommt zu einer typischen Konfiguration der **Aorta ascendens mit Aneurysmabildung** und Aortenklappeninsuffizienz. Zusätzlich treten ein **Mitralklappenprolaps** bei 70 – 90 %, eine leichte Mitralklappeninsuffizienz bei 50 % und eine schwere Mitralklappeninsuffizienz bei 5 % der Patienten auf. Häufig ist auch die Pulmonalarterie dilatiert.
Wichtige extrakardiale Manifestationen sind durale Ektasie lumbosakral sowie am Auge: Ektopie der kugelförmig gewölbten Linse, Myopie, Netzhautablösung. Außerdem zeigen sich Skelettmanifestationen mit Hochwuchs bei asthenischem Habitus, Grazilität der Extremitäten mit Arachnodaktylie, Überstreckbarkeit der Gelenke, Trichterbrust, Kyphose und Skoliose.

Diagnostik

Die Veränderungen am Herzen und der Aorta werden mittels Echokardiografie (bei V. a. Dissektion transösophageal), MRT und CT dargestellt. Aufgrund der extrakardialen Manifestationen der generalisierten Bindegewebserkrankung ist ein interdisziplinärer Ansatz zur Diagnostik und Verlaufskontrolle erforderlich.

> **!** **Regelmäßige Verlaufsbeobachtungen des Aortendurchmessers sind bei Patienten mit Marfan-Syndrom obligat! Eine Operationsindikation besteht bei einem Durchmesser der Aorta ascendens von > 45 mm.**

Therapie

Trotz dürftiger Datenlage wird eine prophylaktische Therapie mit Betablockern empfohlen. Diese erfolgt zur Verringerung der aortalen Wandspannung mit dem Ziel der Vermeidung von Aortenkomplikationen. ACE-Hemmer und Angiotensin-Rezeptorblocker haben ebenfalls zunehmende Bedeutung erlangt.
Wichtig ist auch die Vermeidung starker körperlicher Belastungen mit intravaskulärer Drucksteigerung (z. B. Gewichtheben), isometrischer Übungen und Kontaktsportarten (z. B. Fußball, Handball, Karate, Judo u. a.).
Die Indikation zum elektiven Ersatz der Aorta ascendens besteht bei einem Aortendurchmesser > 45 mm.

Prognose

Ohne operative Therapie beträgt die mittlere Lebenserwartung 30 – 35 Jahre. Haupttodesursache ist die Aortendissektion bzw. -ruptur. Nach dem operativen Ersatz der Aorta ascendens beträgt die 5-Jahres-Überlebensrate etwa 70 – 90 %. Spätere Zweiteingriffe sind bei etwa 30 % der Patienten erforderlich.

9.2.5 Ebstein-Anomalie

Synonym: Morbus Ebstein
engl.: Ebstein anomaly

Definition und Epidemiologie

Seltene Erkrankung (< 1 % der angeborenen Herzfehler bei starker Ausprägung), bei der die Trikuspidalklappe missgestaltet und in den rechten Ventrikel

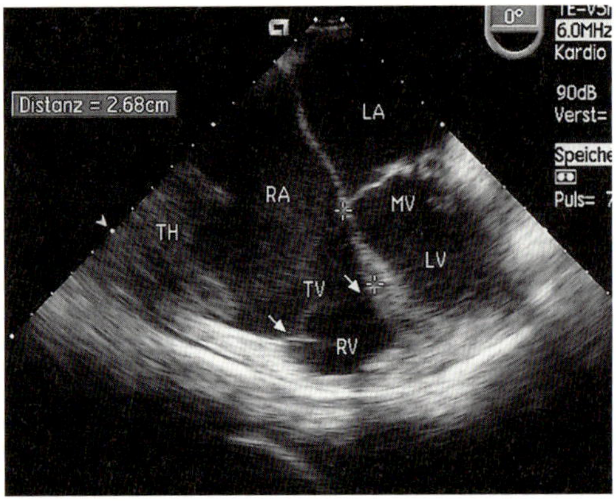

Abb. 9.3 Ebstein-Anomalie in der Echokardiografie. Das septale Trikuspidalsegel ist deutlich (um 2,68 cm) nach apikal verlagert (Pfeile). Der rechte Vorhof ist deutlich vergrößert und zeigt neben einem erheblichen Echospontankontrast einen wandständigen Thrombus (TH). RV = rechter Ventrikel, LV = linker Ventrikel, RA = rechter Vorhof, LA = linker Vorhof, TV = Trikuspidalklappe, MV = Mitralklappe (aus Flachskampf, Praxis der Echokardiografie, Thieme)

(RV) verlagert ist. Dadurch entsteht ein „atrialisierter" Anteil des rechten Ventrikels mit Vergrößerung des funktionellen rechten Vorhofs und Verkleinerung des funktionellen rechten Ventrikels. Die Ausprägung und klinische Manifestation ist sehr variabel, Minimalvarianten sind möglich.

Klinik

Arrhythmien sind die häufigste klinische Manifestation im Erwachsenenalter:

- akzessorische Leitungsbahnen (WPW-Syndrom, Mahaim-Fasern) sind typisch
- Vorhofflattern, Vorhofflimmern
- ventrikuläre Arrhythmien (seltener)

Eine **Trikuspidalklappeninsuffizienz** ist häufig. Bei begleitendem Vorhofseptumdefekt oder offenem Foramen ovale kann ein **Rechts-Links-Shunt** mit zentraler Zyanose auftreten. Weitere Symptome sind Leistungseinschränkung, Dyspnoe und Rechtsherzinsuffizienz.

Diagnostik

EKG. Häufig ist ein Rechtsschenkelblock. Bei WPW-Syndrom besteht eine Präexzitation mit kurzer pQ-Zeit und Delta-Welle.

Echokardiografie. Echokardiografisch kann die Anomalie nachgewiesen und quantifiziert werden und die Trikuspidalklappe hinsichtlich ihrer Morphologie und Funktion beurteilt werden. Zudem können begleitende Anomalien (Vorhofseptumdefekt, offenes Foramen ovale) erkannt und hämodynamische Parameter gemessen werden (**Abb. 9.3**).

Röntgen des Thorax. Typisch ist eine kugelförmige Konfiguration des Herzschattens.

Therapie

Operative Therapie. Sie besteht in der Rekonstruktion oder dem Ersatz der Trikuspidalklappe bei schwerer Insuffizienz und entsprechender Symptomatik sowie dem Verschluss eines evtl. begleitenden Vorhofseptumdefektes.

Antiarrhythmische Therapie. Sie erfolgt durch antiarrhythmische Pharmakotherapie oder interventionelle Katheterablation der Arrhythmien.

9.3 Einfache Shuntvitien

Einfache Shuntvitien sind primär mit einem Links-Rechts-Shunt vergesellschaftet und machen mit ca. 55 % den größten Anteil der angeborenen Herzfehler aus.

Die **hämodynamischen Folgen** sind der Kurzschlussverbindung mit Blutfluss vom arteriellen zum venösen Kreislaufsystem zuzuschreiben. Bei **Links-Rechts-Shunt** auf Ebene der Ventrikel oder der großen Gefäße kommt es zu Volumen- und Druckbelastung der Lungenstrombahn sowie Volumenbelastung des linken Herzens. Bei größeren Defekten und ungeschütztem Lungenkreislauf (keine Pulmonalstenose oder andere Obstruktion) entwickelt sich dadurch bis zum Erwachsenenalter sekundär eine schwere Lungengefäßerkrankung, die letztlich durch zunehmende Widerstandserhöhung im Lungenkreislauf (pulmonalarterielle Hypertonie) zu Druckangleich und Shuntumkehr (Rechts-Links) mit zentraler Zyanose führt (**Eisenmenger-Reaktion**, s. S. 203).

> **!** **Hat eine Eisenmenger-Reaktion stattgefunden, ist eine operative Korrektur des Shuntvitiums nicht mehr möglich.**

Bei **Links-Rechts-Shunt auf Vorhofebene** kommt es zur Volumenbelastung des rechten Ventrikels und der Lungenstrombahn. Die Entwicklung einer schweren Pulmonalgefäßerkrankung ist jedoch selten und erfordert zusätzliche Faktoren. Die **Shuntgröße** wird durch die Defektgröße, den Druckgradienten und die Widerstände im Lungen- und Systemkreislauf bzw. beim Vorhofseptumdefekt von der Compliance der Ventrikel bestimmt.

Leitsymptome der angeborenen Herzfehler mit Links-Rechts-Shunt sind der typische Geräuschbefund bei der Auskultation und die gesteigerte Lungenperfusion.

9.3.1 Persistierender Ductus arteriosus (PDA)

Synonym: offener Ductus Botalli
engl.: patent ductus arteriosus

Definition. Persistierende Shuntverbindung zwischen Aorta und Pulmonalarterie mit Volumen- und Druckbelastung des Lungenkreislaufs und Volumenbelastung des linken Herzens.

Epidemiologie

Ein PDA ist für ca. 10% der angeborenen Herzfehler verantwortlich, m < w; häufig bei Frühgeborenen. Bei 75% erfolgt ein Spontanverschluss innerhalb der ersten Woche nach Geburt. Nach dem 3. Monat kommt dies nur noch selten vor.

Klinik und Diagnostik

Symptomatik. Im Erwachsenenalter richten sich die Symptome nach der Größe des PDA:

- kleiner PDA ohne relevanten Shunt: keine Beschwerden
- mittelgroßer PDA ohne schwere Lungengefäßerkrankung: Volumenüberlastung des linken Ventrikels und Linksherzinsuffizienz
- mittelgroßer PDA mit Lungenhochdruck (aber noch keine Eisenmenger-Reaktion): Rechtsherzinsuffizienz und andere Symptome der pulmonalen Hypertonie (s. S. 114).
- großer PDA mit Eisenmenger-Reaktion (Shuntumkehr): Zyanose der unteren Körperhälfte

Blutdruck. Eine große Blutdruckamplitude mit niedrigem diastolischem Wert entsteht durch Druckverlust in der Aorta über einen relevanten Links-Rechts-Shunt (vor Entwicklung einer schweren pulmonalarteriellen Hypertonie).

Auskultation. Systolisch-diastolisches „Maschinengeräusch" und palpables Schwirren mit p.m. im 2. ICR links parasternal (**Abb. 9.1 b**). Diese Zeichen fehlen bei einer schweren pulmonalarteriellen Hypertonie durch Druckangleich mit Abnahme des Links-Rechts-Shunts.

EKG. Zeichen der Linksherzhypertrophie, bei pulmonal-arterieller Hypertonie auch Zeichen der Rechtsherzbelastung (Steil- oder Rechtslagetyp, Rechtsschenkelblock).

Echokardiografie. Darstellung des Shuntflusses mit Farbdoppler, Erweiterung des Hauptstamms der Pulmonalarterie, Auswirkungen auf Ventrikel (Volumenbelastung des linken Ventrikels bei relevantem Links-Rechts-Shunt, Druckbelastung des rechten Ventrikels bei pulmonalarterieller Hypertonie)

Therapie und Prognose

Unabhängig von der Größe des PDA erfolgt praktisch immer eine Korrektur (operativ oder interventionell). Ausnahmen sind ein stummer Ductus (minimale Variante eines sehr kleinen Ductus ohne Geräuschbefund) und Ductus mit hochgradiger Pulmonalgefäßerkrankung bzw. Eisenmenger-Reaktion:

- Katheter-interventioneller Verschluss: 95% Erfolg, < 3% Komplikationen, < 0,5% Letalität
- Operative Ligatur (nur wenn eine interventionelle Therapie nicht möglich ist): Letalität < 1%

Bei Verschluss vor Eintritt von Komplikationen (pulmonal-arterielle Hypertonie, Linksherzinsuffizienz) ist die Lebenserwartung normal.

9.3.2 Vorhofseptumdefekt (ASD)

engl.: atrial septal defect

Definition. Defekt im Bereich der Vorhofscheidewand mit Links-Rechts-Shunt auf Vorhofebene und Volumenbelastung des rechten Ventrikels und des Lungenkreislaufs. Er ist verantwortlich für ca. 30% der angeborenen Herzfehler bei Erwachsenen.

Einteilung

Ostium-secundum-Defekt (ASD II).
Häufigste Form (ca. 85% der im Erwachsenenalter entdeckten ASD), im Bereich der Fossa ovalis und Umgebung.

Ostium-primum-Defekt (ASD I).
In neuer Nomenklatur **partieller atrioventrikulärer Septumdefekt (AVSD).** Als Synonym wurde früher auch von einem partiellen AV-Kanal gesprochen.

Seltener Endokardkissendefekt (ca. 5%) mit tiefsitzendem ASD, der bis in die AV-Klappenebene reicht. Die AV-Klappen stehen auf gleicher Ebene, das vordere Mitralsegel besteht aus zwei Anteilen (Spalt bzw. „mitral cleft") mit begleitender Mitralklappeninsuffizienz.

Beim **kompletten AVSD** (früher: kompletter AV-Kanal) besteht zusätzlich auch ein Defekt im Einstromteil (Inlet) des Ventrikelseptums. Bei voller Ausprägung führt der komplette AVSD bis zum Erwachsenenalter zu einer Eisenmenger-Reaktion. Selten gibt es aber auch Varianten mit kompletter oder überwiegender aneurysmatischer Transformation des Ventrikelseptumdefekts, die im Verlauf dann dem eines Vorhofseptumdefekts entsprechen.

Oberer Sinus-venosus-Defekt.
Seltener (ca. 10% der ASD im Erwachsenenalter), hochsitzender ASD an der Einmündung der oberen Hohlvene (anatomisch eigentlich schon außerhalb des eigentlichen Vorhofseptums). Zusätzlich partielle Lungenvenenfehlmündung zumindest der rechten oberen Lungenvene.

Weitere Formen.
Sehr selten gibt es auch untere Sinus-venosus-Defekte an der Einmündung der unteren Hohlvene, Koronarsinus-Defekte („unroofed coronary sinus") und isolierte Lungenvenenfehlmündungen als Ursache eines Links-Rechts-Shunts auf Vorhofebene.

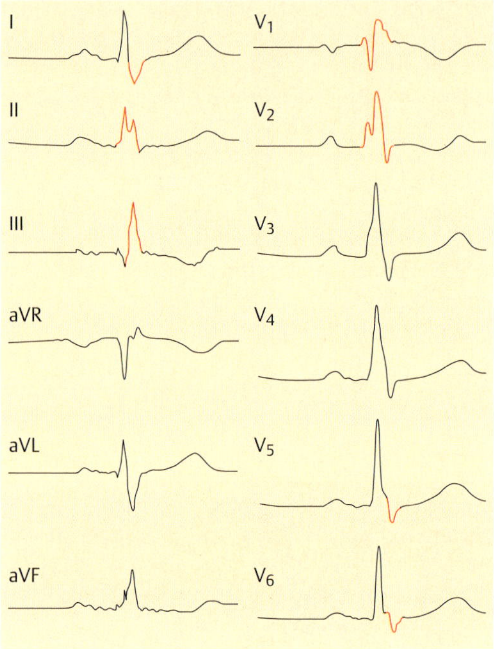

Abb. 9.4 EKG bei Vorhofseptumdefekt vom Sekundumtyp (ASD II). Die Zeichen der Rechtsherzbelastung bzw. -hypertrophie sind farbig markiert. Rechtsverspätung bzw. inkompletter Rechtsschenkelblock: M-förmiger QRS-Komplex in V_1 und V_2 sowie S-Zacke in I, V_5 und V_6. Rechtslagetyp: R-Potenzial in III > II > I (cave: beim ASD I findet sich ein überdrehter Linkstyp).

Klinik und Diagnostik

> **Diagnostisch wegweisend für einen ASD sind der Geräuschbefund bei der Auskultation, ein inkompletter Rechtsschenkelblock im EKG, Zeichen der Rechtsherzvergrößerung (-belastung) in der Echokardiografie sowie eine gesteigerte Lungenperfusion im Röntgenbild.**

Da diese Zeichen aber diskret sein können, wird die Diagnose im Erwachsenenalter nicht selten als Zufallsbefund gestellt.

Klinische Symptomatik. Im jungen Erwachsenenalter bestehen oft kaum Symptome, ab dem 40. Lebensjahr werden die Patienten meist symptomatisch mit zunehmenden Beschwerden: Palpitationen durch Rhythmusstörungen, Leistungseinschränkung, Belastungsdyspnoe, gehäuft pulmonale Infekte, Rechtsherzinsuffizienz (Spätstadium).

Auskultation. Systolikum durch relative Pulmonalstenose mit p.m. im 2. ICR links parasternal. Atemunabhängige (fixierte) Spaltung des 2. Herztons (**Abb. 9.1 c, d**).

EKG. (Inkompletter) Rechtsschenkelblock, Rechtsherzbelastung bzw. -hypertrophie. Steil- oder Rechtslagetyp bei ASD II (**Abb. 9.4**), (überdrehter) Linkstyp bei ASD I.

Röntgen des Thorax. Zeichen der gesteigerten Lungenperfusion, prominentes Pulmonalissegment und Erweiterung der zentralen Pulmonalarterien (**Abb. 9.5**).

Echokardiografie. Zeichen der Rechtsherzbelastung mit Vergrößerung des rechten Vorhofs und Ventrikels sowie Flussbeschleunigung über der Pulmonalklappe. Der Defekt selbst kann in Größe und Lokalisation meist besser in transösophagealer Technik dargestellt werden (**Abb. 9.6**). Zusätzlich können begleitende Fehler (Mitralklappe, Lungenvenenfehlmündung u. a.) dargestellt und hämodynamische Parameter gemessen werden.

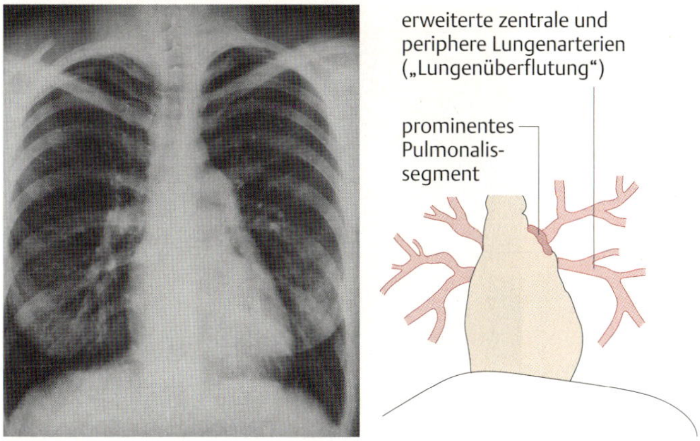

Abb. 9.5 Röntgen-Thorax bei Vorhofseptumdefekt (ASD II). In der p. a.-Aufnahme ist das Pulmonalissegment prominent, die zentralen Pulmonalarterien sind deutlich erweitert. Die Lungenperfusion ist durch den großen Links-Rechts-Shunt deutlich erhöht („Lungenüberflutung“).

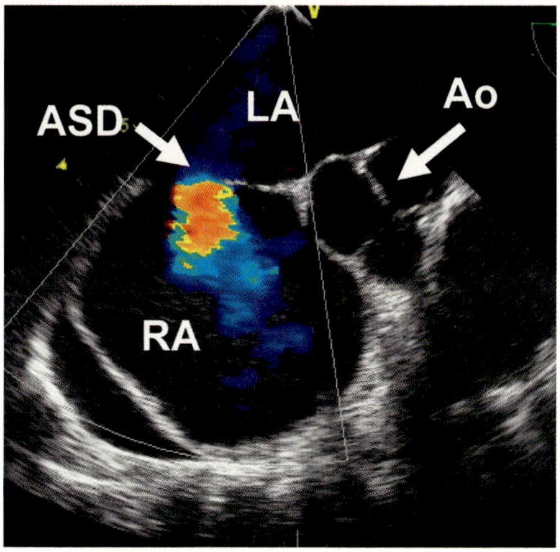

Abb. 9.6 Transösophageale Echokardiografie bei ASD. Nachweis eines großen Vorhofseptumdefektes vom Sekundumtyp (ASD-II) im Bereich der Fossa ovalis mit Links-Rechts-Shunt (Farbdoppler-Jet von LA nach RA) in einen deutlich vergrößerten rechten Vorhof. Ao = Aortenklappe, LA = linker Vorhof, RA = rechter Vorhof.

Therapie

Der operative oder interventionelle Verschluss sollte möglichst im Vorschulalter erfolgen, bei späterem Entdecken auch noch bis ins fortgeschrittene Erwachsenenalter, wenn eine erkennbare Volumenbelastung des rechten Ventrikels besteht:

- **operativer Verschluss durch Naht oder Patch**: Letalität < 1 %
- **Katheter-interventioneller Okkluderverschluss** ist bei rund 80 % der Defekte von Sekundumtyp (ASD II) möglich und dort heute Therapie der Wahl. Bei anderen Formen (ASD I, AVSD und Sinus-venosus-Defekte) ist ein interventioneller Okkluderverschluss nicht möglich, sondern ein operativer Verschluss erforderlich.

Bei frühzeitigem Verschluss ist die Lebenserwartung normal.

Komplikationen

Arrhythmien. Arrhythmien äußern sich vor allem in Form von Vorhofflattern bzw. -flimmern und atrialen Tachykardien. Sie treten vor allem bei fehlender Korrektur oder bei spätem Verschluss jenseits des 30.–40. Lebensjahres im Langzeitverlauf auf.

Pulmonalarterielle Hypertonie. Das Auftreten einer pulmonalarteriellen Hypertonie ist ebenfalls möglich. Risiko und Häufigkeit sind zunehmend mit steigendem Alter. Eine schwere Pulmonalgefäßerkrankung mit Shuntumkehr (**Eisenmenger-Reaktion**) ist aber sehr selten und erfordert Zusatzfaktoren.

9.3.3 Ventrikelseptumdefekt (VSD)

engl.: ventricular septal defect

Definition. Shuntverbindung durch Defekt in der Scheidewand zwischen linkem und rechtem Ventrikel mit Druck- und Volumenbelastung des rechten Ventrikels und der Lungenstrombahn.

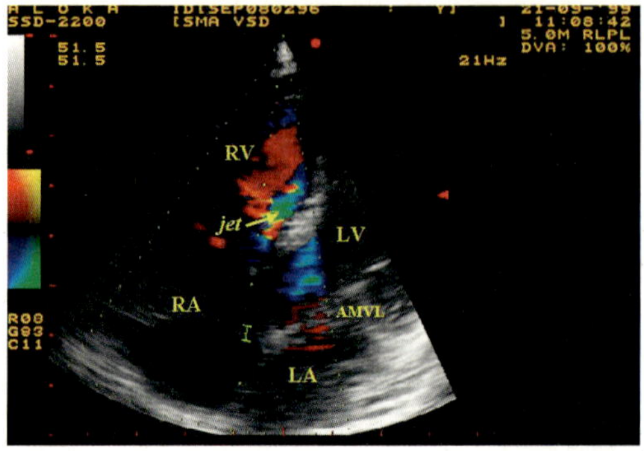

Abb. 9.7 Echokardiografie bei VSD. Turbulenter Links-rechts-Shuntfluss (Jet) über einen Defekt des membranösen Ventrikelseptums. Deutlich erkennt man den relativ kleinen Shuntjet, der auf einen relativ kleinen Defekt rückschließen lässt. AVML = vorderes Mitralsegel, RA = rechter Vorhof, LA = linker Vorhof, RV = rechter Ventrikel, LV = linker Ventrikel (aus Flachskampf, Praxis der Echokardiografie, Thieme)

Epidemiologie

Häufigster angeborener Herzfehler, etwa zur Hälfte kombiniert mit anderen Herzfehlern. Spontanverschluss sehr häufig (in 30 – 50 % der Fälle innerhalb der ersten Lebensjahre). Im Erwachsenenalter werden hämodynamisch relevante VSD nur noch selten angetroffen.

Ätiologie und Pathogenese

Je nach **Lokalisation** unterscheidet man perimembranöse, muskuläre (trabekuläre), AV-Kanal-Typ (Inlet) und infundibuläre (supra-und infracristaler Outlet) Defekte des Ventrikelseptums.

Je nach **Größe des Shunts** wird unterteilt in:

- Drucktrennender VSD (Shunt < 30 – 50 % des HZV): asymptomatisch, Verlauf meist bis weit ins Erwachsenenalter hinein gutartig, jedoch Endokarditis-Risiko
- Druckreduzierender VSD (Shunt um 50 %): nur geringer pulmonaler Druckanstieg, Belastungsdyspnoe
- Druckangleichender VSD (Shunt > 50 %): pulmonale Hypertonie, sekundäre Komplikationen (Shuntumkehr mit Eisenmenger-Reaktion, Herzinsuffizienz)

Klinik und Diagnostik

Auskultation und Palpation. Lautes Systolikum („Pressstrahl-Geräusch") mit p.m. über Erb (**Abb. 9.1 e, f**). Bei zunehmender Defektgröße wird das Geräusch leiser (Druckangleich). Palpables systolisches Schwirren am unteren Sternalrand.

EKG. Linksherzhypertrophie, später Zeichen der Rechtsherzbelastung.

Echokardiografie. Darstellung des Shuntflusses und der VSD-Lokalisation mit Farbdoppler (**Abb. 9.7**). Zeichen der Volumenbelastung des linken und rechten Ventrikels sowie der Druckbelastung des rechten Ventrikels bei pulmonaler Hypertonie. Quantifizierung des Shuntvolumens und der pulmonalen Hypertonie.

Therapie

Im Kleinkindalter oder Vorschulalter. Operative Korrektur des VSD (je nach Shuntgröße) durch direkte Naht oder Patch-Verschluss (Letalität 1 – 2 %). Der interventionelle Verschluss ist in Diskussion.

Im Erwachsenenalter. Meist handelt es sich um Patienten mit kleinen VSD (die keiner Therapie bedürfen) oder mit früherem Verschluss und meist problemlosem Verlauf im Erwachsenenalter. Gelegentlich bestehen jedoch auch postoperativ Probleme durch Rest-Shunt, erhöhten Pulmonalgefäßwiderstand oder linksventrikuläre Funktionsstörung mit Herzinsuffizienz.

Selten präsentieren sich Patienten mit relevantem Links-Rechts-Shunt und einem Pulmonalgefäßwiderstand < 2/3 des Systemgefäßwiderstands, die noch einer operativen Korrektur zugeführt werden sollten. Bei Patienten mit Eisenmenger-Reaktion ist eine operative Korrektur dagegen nicht mehr möglich. Hier steht die Therapie der pulmonalarteriellen Hypertonie im Vordergrund (s. S. 114). Als „Ultima Ratio" ist lediglich eine Herz-Lungen-Transplantation möglich.

9.4 Komplexe Herzfehler

Aufgrund der hohen Variabiltät der Herzfehler und der Komplexität des Themas kann in diesem Rahmen nur kurz auf die wichtigsten Herzfehler eingegangen werden.

Komplexe Herzfehler sind für ca. 20 % der angeborenen Herzfehler verantwortlich und häufig mit **Rechts-Links-Shunt** vergesellschaftet.

Bei Kurzschlussverbindung zwischen pulmonalem und systemischem Kreislauf mit Rechts-Links-Shunt kommt es zur Beimischung von desoxygeniertem Blut zum großen Kreislauf mit Untersättigung des arteriellen Bluts und **zentraler Zyanose** (s. S. 9 und 413). Die Lungenperfusion ist je nach Herzfehler unterschiedlich. Die **Shuntgröße** wird bestimmt durch die Defektgröße und die Widerstände im Lungen- und Systemkreislauf bzw. zusätzliche Flussobstruktionen.

> **!** **Leitsymptome des Rechts-Links-Shunts sind die zentrale Zyanose mit sekundärer Erythrozytose, Uhrglasnägeln sowie Trommelschlägelfingern und -zehen. Zudem bestehen häufig Synkopen und körperliche Minderentwicklung.**

Als **Spätkomplikationen** kommt es zu Rechts- und/ oder Linksherzinsuffizienz sowie Thromboembolien. Auch Herzrhythmusstörungen sind häufig.

9.4.1 Fallot'sche Tetralogie

engl.: Tetralogy of Fallot (ToF)

Definition. Häufigster zyanotischer Herzfehler mit

- rechtsventrikulärer Ausflusstrakt-Obstruktion,
- subaortalem Ventrikelseptumdefekt (VSD; großer hochsitzender Defekt),
- „reitender" Aorta über dem VSD,
- sekundärer rechtsventrikulärer Hypertrophie durch Druckbelastung (Obstruktion des Ausflusstrakts),
- Bei Fallot'scher Pentalogie: zusätzlich Vorhofseptumdefekt.

Klinik und Diagnostik

Symptomatik. Zentrale Zyanose und hypoxämische Anfälle (häufigste Todesursache). Als Komplikationen können Rechtsherzinsuffizienz, arterielle Embolien und eine infektiöse Endokarditis auftreten.

Auskultation und Palpation. Systolikum mit p.m. im 2. ICR links (**Abb. 9.1 g**) und meist mit palpablem Schwirren durch Obstruktion des rechtsventrikulären Ausflusstrakts. Postoperativ häufig Diastolikum mit p.m. bei Erb und 2. ICR links durch Pulmonalklappeninsuffizienz.

EKG. Zeichen der Rechtsherzhypertrophie. Postoperativ durch Infundibulum-Resektion praktisch immer kompletter Rechtsschenkelblock (typischer Befund).

Röntgen des Thorax. Typische „Holzschuhform" mit angehobener Herzspitze, eingesunkener Herztaille (hypoplastisches Pulmonalissegment) und verminderter Lungenperfusion.

Echokardiografie. Diagnostische Methode der Wahl. Sie erlaubt die Darstellung und Quantifizierung der gesamten Pathologie der Fallot'schen Tetralogie und deren postoperativen Restdefekte.

Therapie und Prognose

Operative Therapie. Ohne Operation erreichen die Patienten nur selten das Erwachsenenalter.
Bei frühzeitiger Korrektur-Operation besteht eine gute Langzeitprognose. Dabei erfolgt ein Patch-Verschluss des VSD, Resektion der infundibulären Pulmonalstenose und ggf. Kommissurotomie einer valvulären Pulmonalstenose. Häufig ist eine Patch-Erweiterung des rechtsventrikulären Ausflusstrakts erforderlich. Seltener (z. B. bei Atresie der Pulmonalarterie) ist die Anlage eines Conduits zwischen rechtem Ventrikel und Pulmonalarterie erforderlich.

Restdefekte und Spätkomplikationen. Postoperativ sind folgende Restdefekte und Spätkomplikationen möglich und für den Langzeitverlauf relevant:

- Rest-Gradient oder Rest-Shunt
- Pulmonalklappeninsuffizienz
- Rechtsherzinsuffizienz
- Aortenklappeninsuffizienz (selten)
- Aortenaneurysma (selten)
- Conduit-Stenose (nach Operation einer Pulmonalatresie)
- Die **Pulmonalklappeninsuffizienz** kommt durch die operative Erweiterung des rechtsventrikulären Ausflusstraktes zustande. Sie stellt ein häufiges und relevantes postoperatives Spätproblem dar und ist die häufigste Ursache einer Reoperation im Erwachsenenalter. In jüngster Zeit ist auch ein katheterinterventioneller Ersatz der insuffizienten Pulmonalklappe durch transvenöse Implantation einer stentmontierten Bioprothese („Melody"-Klappe) möglich.
- **Stenosierungen eines Conduits** zwischen rechtem Ventrikel und Pulmonalarterie (z. B. nach Operation einer Pulmonalklappen-Atresie) kommen im Langzeitverlauf durch degenerativ bedingte Verkalkungen zustande, die im Erwachsenenalter eine Reoperation erforderlich machen können.

Arrhythmien (Kammertachykardien, plötzlicher Herztod) und Erregungsleitungsstörungen (Rechtsschenkelblock) können durch Infundibulum-Resektion, Ventrikulotomie und Patch-Implantation zustande kommen. Dann kann eine Katheterablation zur Behandlung ventrikulärer Tachyarrhythmien oder die Implantation eines ICD (s. S. 74) zur Prävention des plötzlichen Herztodes (Risikofaktoren: QRS-Breite, rechtsventrikuläre Dilatation und Hämodynamik) erforderlich sein.

9.4.2 Transposition der großen Arterien (TGA)

engl.: transposition of great arteries

Definition. Die Aorta entspringt aus dem rechten Ventrikel, die Pulmonalarterie aus dem linken Ventrikel (Trennung des großen und kleinen Kreislaufs). Lebensfähig sind nur Patienten mit einer **zusätzlich bestehenden Shuntverbindung** (meist ASD oder PDA). Bei unzureichendem Shunt muss ein Shunt auf Vorhofebene durch katheterinterventionelle Ballon-Atrioseptostomie (Rashkind-Manöver) (seltener operativ) unverzüglich hergestellt werden.

Klinik. Zentrale Zyanose und Herzinsuffizienz bereits in den ersten Lebenstagen. Ohne Operation können die Patienten das Erwachsenenalter nicht erreichen.

Therapie.

- Die **arterielle Switch-Operation** mit anatomischer Korrektur ist heute die Therapie der Wahl beim Säugling. Es erfolgt dabei eine Umstellung der großen Arterien auf die zugehörigen Ventrikel und eine Re-Implantation der Koronararterien. Zusätzlich wird, falls erforderlich, ein Shuntverschluss durchgeführt.
  Spätkomplikationen sind supravalvuläre Pulmonalstenosen, ostiale Koronarstenosen, Aortenwurzeldilatation, Aortenklappeninsuffizienz und Arrhythmien.
- **Vorhof-Switch-Operation nach Mustard oder Senning:** Diese Operation wird heute nicht mehr durchgeführt, war aber seinerzeit die erste operative Therapieoption und ist daher im Erwachsenenalter noch häufig vorzufinden. Die Operation bestand in der Entfernung des Vorhofseptums und Umleitung des systemvenösen Blutes über einen mit Patch gebildeten Kanal („Baffle") zur Mitralklappe und zum subpulmonalen (anatomisch linken) Ventrikel und weiter zur Lungenstrombahn. Analog erfolgte die Umleitung des pulmonalvenösen Blutes über den „Baffle" zur Trikuspidalklappe und zum (anatomisch rechten) Systemventrikel und weiter zur Aorta in den Systemkreislauf.

Spätkomplikationen sind u. a. Arrhythmien (Sinusknotendysfunktion, AV-Blockierungen, atriale Arrhythmien), Trikuspidalinsuffizienz, Herzinsuffizienz durch Versagen des (anatomisch rechten) Systemventrikels, Obstruktion im Bereich des venösen Rückstroms (Baffle) oder Leckagen des Baffle, sowie Stenosen des subpulmonalen Ausflusstrakts.

9.4.3 Univentrikuläres Herz (Single Ventricle)

engl.: univentricular heart (single ventricle)

Definition. Es handelt sich um eine Gruppe komplexer Herzfehler mit sehr variabler Ausprägung, bei denen nur eine Herzkammer ausreichend entwickelt ist, um einen Kreislauf pumpen zu können (Double Inlet Ventricle, Trikuspidalatresie u. a.). Je nach Ausprägungsvariante ist zum Überleben eine zusätzliche Shuntverbindung auf Vorhof- oder Ventrikelebene (ASD oder VSD) erforderlich.

Ätiologie und Pathophysiologie

Aus dem Systemventrikel wird arteriovenöses Mischblut in die Aorta und die Pulmonalarterie ausgeworfen. Somit besteht ein großer gekreuzter Shunt mit **zentraler Zyanose**.
Bei einer begleitenden Pulmonalstenose kommt es zur Minderperfusion der Lungen, bei ungeschütztem Lungenkreislauf zur Lungenüberflutung mit rascher Entwicklung einer pulmonalarteriellen Hypertonie. Sehr selten ist eine Pulmonalstenose so ausgeprägt, dass eine gute Balance mit ausreichender Lungendurchblutung (gute Oxygenierung) ohne Entwicklung einer pulmonalarteriellen Hypertonie resultiert. Solche Patienten können ohne Operation das Erwachsenenalter erreichen.

Operative Therapie

Therapeutisch stehen folgende (teilweise historische) **Palliativoperationen** zur Verfügung:

Minderperfusion der Lungen.

- Anlage eines systemarteriell-pulmonalarteriellen Shunts zur Verbesserung der Lungenperfusion mit dem Ziel der Ausbildung einer adäquaten Lungenstrombahn (z. B. Blalock-Taussig-Shunt: von A. subclavia zur Pulmonalarterie).

- Anlage eines venös-pulmonalarteriellen Shunts zur Umgehung einer Trikuspidal- oder Pulmonalatresie mit dem Ziel, das venöse Blut zur Oxygenierung in die Lungen zu leiten (z. B. Glenn-Shunt: von oberer Hohlvene zur rechten Pulmonalarterie).

Hyperperfusion der Lungen („Überflutung"). Anlage einer künstlichen Pulmonalstenose durch Bändelung („Banding") der Pulmonalarterie als passagere Maßnahme zur Begrenzung der Lungenperfusion mit dem Ziel der Verhinderung einer pulmonalarteriellen Hypertonie.

Fontan-Operation. Als „maximale" Operationsvariante werden bei Operationen nach Fontan die System- und Lungenkreisläufe völlig voneinander getrennt und in Serie geschaltet. Hierzu gibt es unterschiedliche chirurgische Varianten (Anastomose zwischen rechtem Vorhof und Pulmonalarterie, totale cavopulmonale Anastomose u. a.). Dabei wird der systemvenöse Rückfluss unter Umgehung eines rechten Ventrikels passiv direkt in die Lungenarterien geleitet. Essenzielle Voraussetzungen sind eine gute Funktion des Systemventrikels und ein niedriger pulmonalarterieller Druck und Widerstand.

Nach Fontan-Operation beträgt die 10-Jahres-Überlebensrate ca. 50 – 80 %. Als postoperative **Komplikationen** können Arrhythmien (Vorhofflattern/-flimmern, atriale Tachykardien), Lungenembolien und Insuffizienz des Systemventrikels auftreten, die sich sehr ungünstig für die passive Fontan-Zirkulation auswirken. Zusätzlich können Thromboembolien, Leber- und Nierenfunktionsstörung und Protein-Verlust-Enteropathie auftreten.

Weiterführende Informationen

http://leitlinien.dgk.org/images/pdf/leitlinien_volltext/2008-03_emah.pdf (medizinische Leitlinie zur Behandlung von Erwachsenen mit angeborenen Herzfehlern (EMAH) der deutsch-österreichisch-schweizerischen kardiologischen Fachgesellschaften)

http://content.onlinejacc.org/cgi/reprintframed/52/23/e143 (ACC/AHA 2008 guidelines for the management of adults with congenital heart disease.)

http://www.escardio.org/guidelines-surveys/esc-guidelines/GuidelinesDocuments/guidelines-GUCH-FT.pdf (Management of grown-up congenital heart disease. Guideline of the European Society of Cardiology 2003. Update 2010 in press)

Angiologie

B

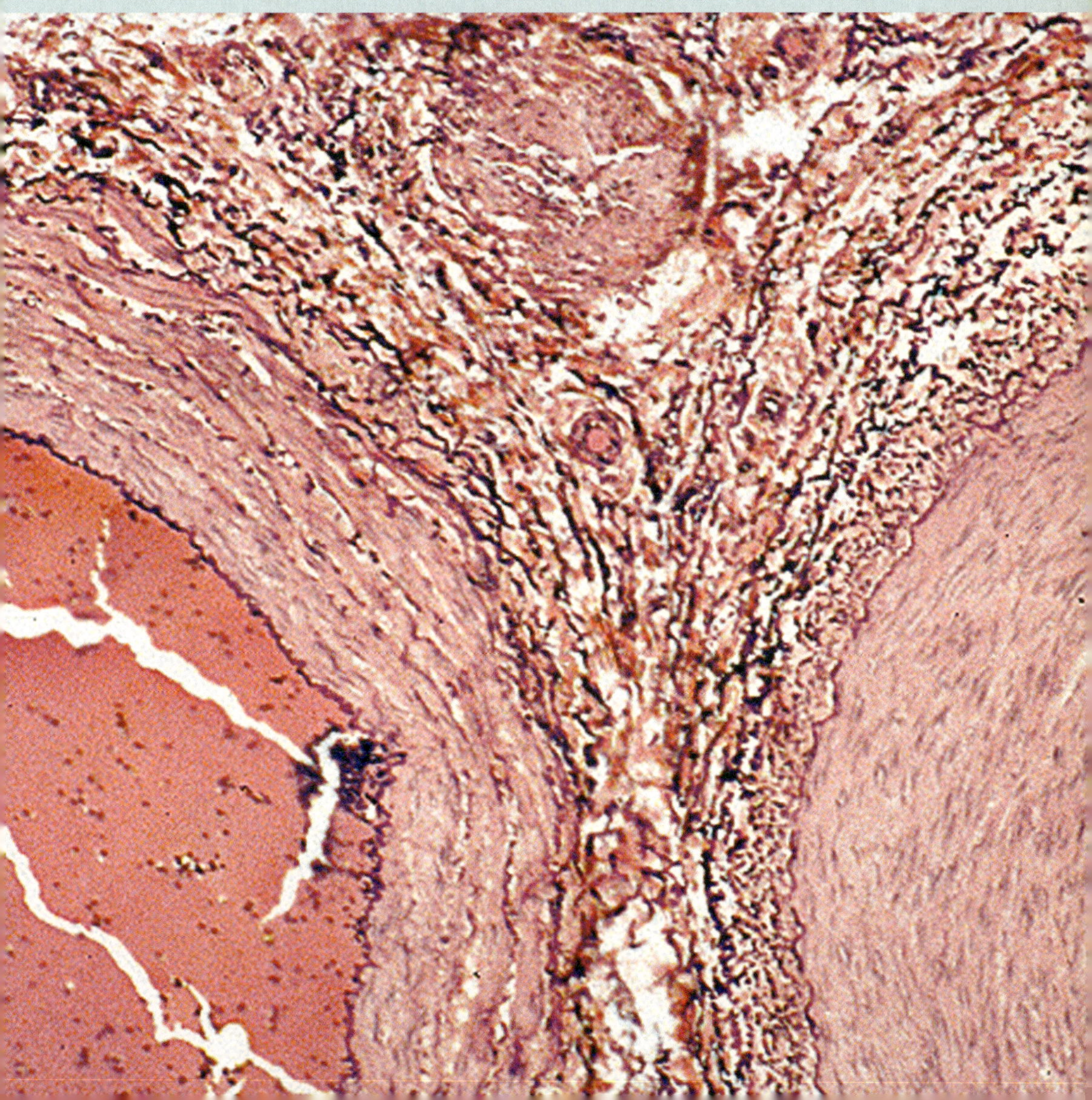

10 Arterien

Curt Diehm, Nicolas Diehm

10.1 Anatomie und Physiologie

Die Wand von Arterien besteht aus **drei Schichten** (Abb. 10.1):

- Tunica externa (Externa, Adventitia)
- Tunica media (Media)
- Tunica intima (Intima)
    - Endothel
    - Stratum subentdotheliale
    - Membrana elastica interna

Je nach Aufbau der Media werden außerdem Arterien vom elastischen Typ und vom muskulären Typ unterschieden. Zu den Arterien vom **elastischen Typ** zählen die Aorta, deren große Abgänge und die Aa. pulmonales (herznahe Arterien). Arterien vom **muskulären Typ** sind hingegen herzferne Arterien. Die Arterien des muskulären Typs verjüngen sich kontinuierlich zu **Arteriolen,** in denen die Dreischichtung der Wand erhalten bleibt. Die Arteriolen tragen entscheidend zum peripheren Gefäßwiderstand bei und haben somit direkt Einfluss auf den Blutdruck.

10.2 Diagnostik

Anamnese und körperliche Untersuchung

Bei Verdacht auf arterielle Gefäßerkrankungen werden **Risikofaktoren** (Rauchen, Diabetes mellitus, Bluthochdruck, Fettstoffwechselstörungen), **Gehstrecke** („nach wie viel Metern müssen sie stehen bleiben?") und ggf. Schmerzlokalisation erfragt.

Im Rahmen von Inspektion und Palpation ist vor allem auf **Hautfarbe und -temperatur** und Nekrosen zu achten. Anhand des Pulsstatus (s. **Abb. 10.3**) ist bereits eine ungefähre Lokalisation möglicher Strombahnhindernisse möglich.

Auch die Auskultation kann hilfreich sein. An Engstellen entstehen Wirbel, die als **systolisch-diastolische Strömungsgeräusche** hörbar sind. Ein in Ruhe hörbares Geräusch entspricht fast immer einer arteriellen Stenose. Abgehört wird in der Regel in der Leiste und entlang des Verlaufes der A. femoralis am Oberschenkel. Am Arm kann z. B. in

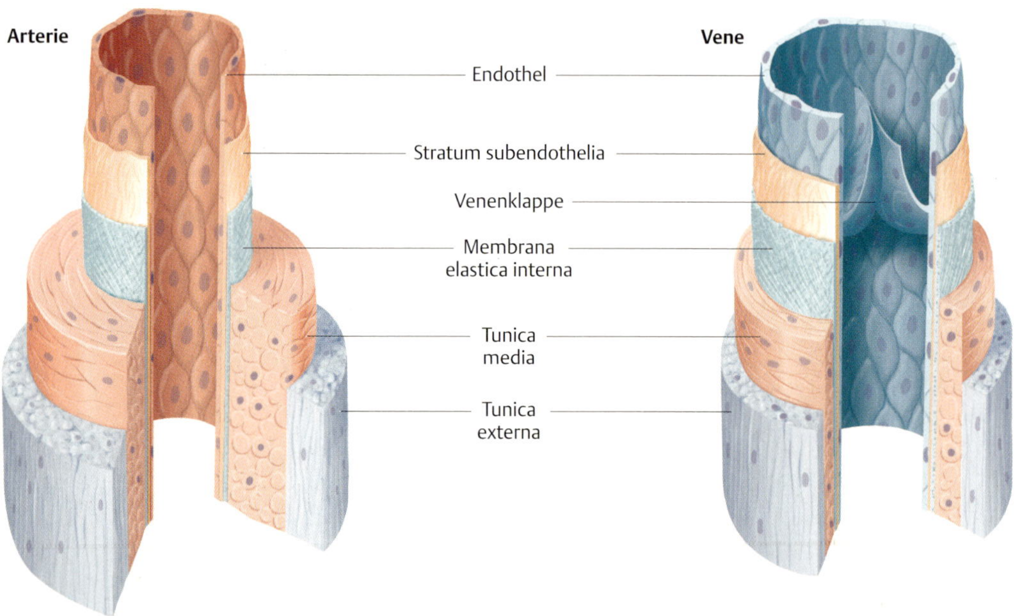

Abb. 10.1 Wandaufbau einer mittelgroßen Arterie und Vene. (aus Prometheus, LernAtlas der Anatomie, Thieme)

der Ellenbeuge oder am Handgelenk auskultiert werden. Am Hals wird die A. carotis beidseits auskultiert.
Der **Allentest** wird durchgeführt zum Nachweis eines Verschlusses der A. radialis oder A. ulnaris. Der Untersucher komprimiert die A. radialis und der Patient wird aufgefordert, die Faust wiederholt zu schließen. Kommt es zu einem Abblassen der Finger, besteht der Verdacht auf einen Verschluss des nicht komprimierten Gefäßes (das wäre in diesem Fall die A. ulnaris).
Die Ratschow-Lagerungsprobe wird bei Patienten mit Claudicatio durchgeführt (s. S. 213), ebenso der standardisierte Gehtest zur Messung der schmerzfreien Gehstrecke.

Doppler-Verschlussdruckmessung

Beim Gesunden ist der Blutdruck an den Knöcheln üblicherweise mindestens 10 mmHg höher als am Arm. Bildet man den Quotienten aus dem Blutdruck der Arme (bei unterschiedlichem Blutdruck in beiden Armen wird mit dem höheren Wert gerechnet) zu dem der Beine liegt dieser über 1 (**Ankle-Brachial-Index [ABI] oder Knöchel-Arm-Index**). Wird die Durchblutung in den Beinen schlechter, sinkt der Blutdruck in den Beinen ab und damit auch der ABI. Richtwerte sind:

- normal: 0,9 – 1,2
- leichte Durchblutungsstörungen: 0,75 – 0,9
- mittelschwere Durchblutungsstörungen: 0,5 – 0,75
- kritische Extremitätenischämie: < 0,5

Bei Diabetikern kann es aufgrund der Starrheit der Gefäße zu falsch hohen Werten kommen. Speziell bei Diabetikern ist die Messung der Großzehen-Drücke hilfreich, da die digitalen Arterien nur selten von der Mediasklerose befallen sind. Liegt der Knöchelarteriendruck unter 50 mmHg und der Großzehendruck unter 30 mmHg und bestehen ischämische Ruheschmerzen oder trophische Hautläsionen, so ist vom Vorliegen einer kritischen Extremitätenischämie auszugehen.

Doppler-Duplexsonografie

Sonografisch werden die Gefäße dargestellt und die Flussgeschwindigkeiten über den Gefäßabschnitten gemessen. Liegt eine Engstelle vor, kommt es zur Flussbeschleunigung in der Engstelle und zum Druckabfall nach der Engstelle.

Digitale Subtraktionsangiografie

Röntgenologische Darstellung der Gefäße über einen Katheter, der über die A. femoralis in der Leiste eingeführt wird. In derselben Sitzung besteht die Möglichkeit der Dilatation des verengten Gefäßes mittels eines Ballons und Einsetzen einer Gefäßprothese (Stent). Nachteil ist die Kontrastmittelexposition.

MR- und CT-Angiografie

Die MR-Angiografie ist Methode der ersten Wahl bei elektiver Diagnostik. Allerdings ist in diesem Rahmen keine Intervention möglich (**Abb. 10.2**). Einschränkungen bestehen z. B. bei Implantaten, Klaustrophobie. Hier ist die CT-Angiografie eine Alternative. Auch in Notfallsituationen wird die CT aufgrund der kürzeren Untersuchungszeit bevorzugt.

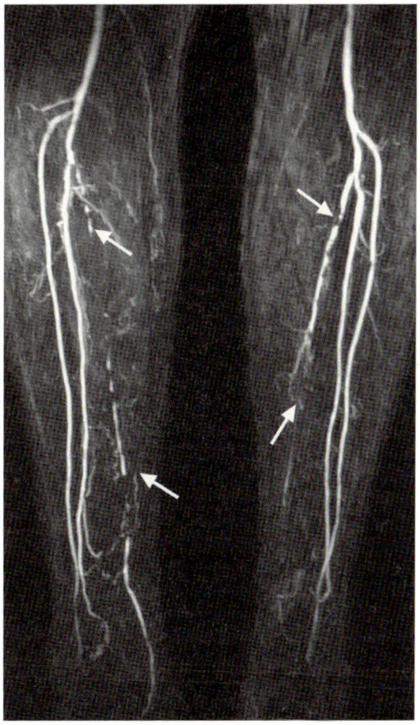

Abb. 10.2 MR-tomografische Darstellung von Unterschenkelarterien bei einem Diabetiker. Diffuse Stenosierungen und Verschlüsse.

10.3 Periphere arterielle Verschlusskrankheit (PAVK)

engl.: **P**eripheral **A**rterial **D**isease (PAD)

10.3.1 Grundlagen

Definition. Chronische, meist arteriosklerotische (> 95%), selten entzündliche Gefäßverschlüsse im Bereich der Becken- und Beinarterien.

Epidemiologie

Die periphere arterielle Verschlusskrankheit gehört zu den häufigsten Gefäßerkrankungen im klinischen Alltag. Die Bedeutung der PAVK wird von Ärzten und Patienten unterschätzt:

- Die Prävalenz der PAVK ist altersabhängig und steigt mit höherem Lebensalter an.
- Ca. 2,2% aller Männer und 1,8% aller Frauen sind betroffen.
- Pro Jahr werden in Deutschland ca. 35 000 Amputationen aufgrund einer PAVK vorgenommen, wobei Diabetiker ein mindestens 15-mal höheres Amputationsrisiko haben.
- Patienten mit PAVK haben häufig gleichzeitig eine koronare Herzkrankheit (> 50%) und zerebrale Durchblutungsstörungen. Aus diesem Grund ist ihre Lebenserwartung (unbehandelt) um 10 Jahre geringer als die der Normalbevölkerung. 70% der Patienten sterben an einer koronaren Herzkrankheit.
- Die Sterblichkeit der PAVK-Patienten ist im Vergleich zu den Patienten ohne PAVK verdreifacht, die kardiovaskuläre Mortalität sogar vervierfacht.

> **!** **Die PAVK ist eine wichtige „Markererkrankung“ für eine hohe Gefährdung des Patienten!**

Ätiopathogenese

Besonders häufig findet sich eine PAVK bei Patienten mit den Risikofaktoren Nikotinabusus, Hypertonie, Diabetes mellitus, Hyperlipoproteinämie, Hyperhomozysteinämie und Hyperfibrinogenämie. Durch diese Risikofaktoren kommt es zum arteriosklerotischen Umbau an den Gefäßen, der über Jahre zur Einengung oder zum Verschluss des Gefäßes führt.

Klinik

Erst bei Stenosen, die das Lumen zu über 50% verschließen, führt der Sauerstoffmangel zu den typischen Symptomen der Ischämie. Dazu gehören Schmerzen in den Muskelgruppen distal des Gefäßverschlusses, vorwiegend unter Belastung. Bei schwerer PAVK bestehen meist (nächtliche) Ruheschmerzen im Fuß oder ischämische Ulzera an den unteren Extremitäten.

Die **Klassifikation** der PAVK erfolgt u. a. nach **Fontaine** (Tab. 10.1).

Tab. 10.1 Klassifikation der PAVK nach den Fontaine-Stadien und Rutherford-Kategorien

Fontaine		Rutherford	
Stadium	**Klinik**	**Kategorie**	**Klinik**
I	asymptomatisch	0	asymptomatisch
II a	Gehstrecke > 200 m	1	leichte Claudicatio intermittens
II b	Gehstrecke < 200 m	2	mäßige Claudicatio intermittens
		3	schwere Claudicatio intermittens
III	ischämischer Ruheschmerz	4	ischämischer Ruheschmerz
IV	Ulkus, Gangrän	5	kleinflächige Nekrose
		6	großflächige Nekrose

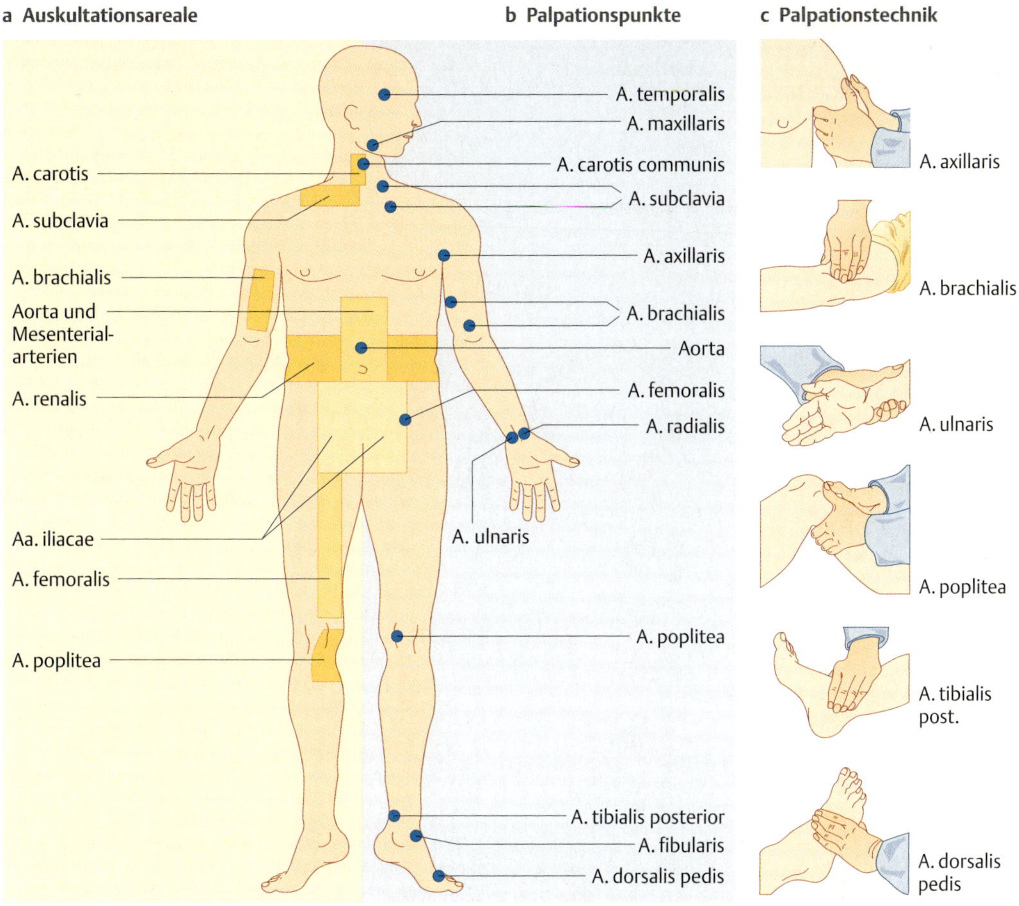

Abb. 10.3 Palpation und Auskultation der peripheren Arterienpulse. Die Arterienpulse werden an den typischen Punkten von der A. temporalis bis hinunter zur A. dorsalis pedis seitenvergleichend getastet. Distal einer Stenose oder eines Verschlusses ist der Puls abgeschwächt oder fehlt ganz.

10.3.2 Diagnostik

Die Diagnostik des Patienten mit PAVK soll stadien- und patientenorientiert sein. Zu Beginn der Untersuchung stehen Inspektion, seitenvergleichende Palpation, Auskultation der Extremitätenarterien sowie der Ratschow-Test (s. S. 210).

> **!** **Patienten mit PAVK leiden oft an weiteren Gefäßverengungen. Daher muss man unbedingt auch nach Symptomen wie Angina pectoris fragen.**

Klinische Untersuchung.

- **Inspektion:** z. B. kalte Füße, Nagelverdickungen, „Beinglatze" auf der Vorderseite des Schienbeins, Turgor (vermehrt bei kritischer Extremitätenischämie).
- **Gefäßauskultation:** Strömungsgeräusche im Verlauf der Becken- und Beinarterien (**Abb. 10.3 a**)
- **Pulstastbefund:** Die Pulse werden seitvergleichend palpiert (**Abb. 10.3 b, c**), um z. B. eine Pulsminderung oder fehlende Pulse (bei Stenose) zu diagnostizieren und so die Lokalisation und den Grad des Verschlusses und damit den jeweiligen **Verschlusstyp** (**Tab. 10.2**) festzustellen. Prädilektionsstellen beim Nichtdiabetiker sind z. B. die Be-

Tab. 10.2 **Verschlusstypen bei PAVK**

Typhäufigkeit	Lokalisation	fehlende Pulse	Ischämieschmerz
Beckentyp (35 %)	aortoiliakal	ab Leiste	Oberschenkel, Hüfte
Oberschenkeltyp (50 %)	femoropopliteal	ab A. poplitea	Wade
peripherer Typ (15 %)	Unterschenkel-/Fußarterien	Fußpulse	Fußsohle
Mehretagentyp (ca. 20 %)			

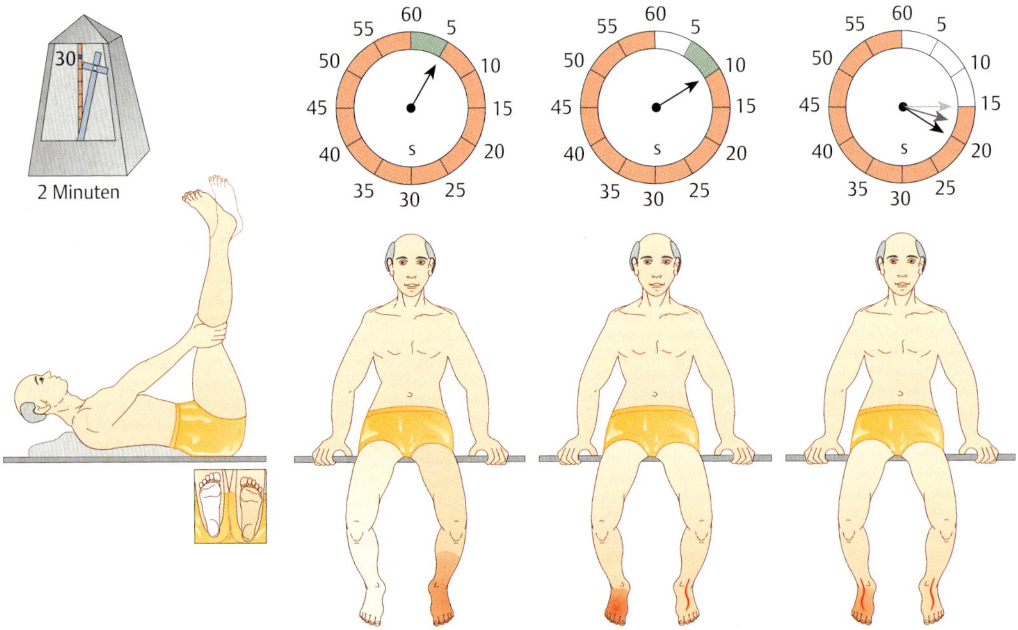

physiologisch	normale Hautfarbe	diffuse Rötung	Venenfüllung	
pathologisch	Blässe	persistierende Blässe	verspätete Rötung	verspätete Venenfüllung

Abb. 10.4 **Ratschow-Lagerungsprobe mit Abblassen des rechten Fußes.**

cken- und Oberschenkelarterien im Bereich des Adduktorenkanals. Beim Diabetiker sind auch der Abgang der A. profunda femoris und vor allem die Unterschenkelarterien befallen. Junge Raucher haben vorwiegend Läsionen im Bereich der distalen Bauchaorta und der Beckenarterien.

- **Ratschow-Lagerungsprobe** (Abb. 10.4): Zunächst werden die Beine hochgelagert, der Patient führt kreisende Bewegungen durch. Bei Ischämie hat dies das Abblassen des betroffenen Fußes (auch der Fußsohle) und Schmerzen zur Folge. Anschließend lässt der Patient die Beine herabhängen: Am ischämischen Bein kommt es zu einer verspäteten reaktiven Hyperämie (Rötung des gesunden Beins erfolgt nach 5 sec) und Venenfüllung (die Venen des gesunden Beines sind nach 10 sec wieder gefüllt).

Apparative Untersuchungen. Anhand der **Dopplersonografie** wird der Knöchel-Arm-Index berechnet (ABI, s. S. 211). Der ABI ist der geeignete Parameter zur Erfassung des kardiovaskulären Risikos hinsichtlich Morbidität und Mortalität bei Patienten mit PAVK und die wichtigste Methode zum Nachweis einer PAVK (**Abb. 10.5**). Der Quotient aus Fußdruck/Oberarmdruck erlaubt die genaue Bestimmung des Schweregrades der PAVK (insbesondere bei Messung nach Belastung, z. B. durch den Gehtest, s. u.). Normalerweise liegt der Quotient von Fußdruck/Oberarmdruck bei 1, bei PAVK < 0,9. Im Fontaine-Stadium III liegt der Fußarteriendruck bei 50 mmHg, bei Werten ab 40 mmHg liegt eine vitale Gefährdung des Unterschenkels und Fußes vor.

Die konventionelle und insbesondere die farbkodierte **Duplexsonografie (FKDS)** sind als nicht invasive und beliebig wiederholbare Methoden aus der angiologischen Diagnostik nicht mehr wegzudenken. Besonders bewährt hat sich die Methode zur Diagnostik von Aneurysmata (z. B. Poplitealaneurysma), zur Erfassung der hämodynamischen Wirksamkeit von Iliakalstenosen, von Beckenarterienstenosen und z. B. zur Kontrolle der Durchgängigkeit von Bypässen.

Durch die **Oszillografie**, d. h. die mechanische oder elektronische Pulsschreibung, kann das arterielle Strombahnhindernis im Seitenvergleich erheblich exakter als durch den Pulstastbefund lokalisiert werden (bei jedem Verdacht auf eine PAVK indiziert alternativ und komplementär zur Doppler-Druckmessung).

Gehtest, Laufbandtest. Der Geh- oder Laufbandtest ist bei jedem Patienten indiziert, der über PAVK-verdächtige Belastungsschmerzen klagt (Stadium II nach Fontaine). Durchführung:

- **Gehtest:** Kontrollierte Gehprobe; bei vorgegebener Geschwindigkeit (80 Schritte/min) wird die Strecke ermittelt, die der Patient auf der Ebene bis zum Auftreten von Belastungsschmerzen zurücklegen kann (s. S. 212).
- **Laufbandtest:** Der Gehtest kann auch auf dem Laufband erfolgen. Dort wird standardisiert (z. B. Geschwindigkeit 3 km/h und 12 % Steigung) die schmerzfreie (S_1) und maximale Gehstrecke (S_2) bestimmt.

Angiografie. Die konventionelle Becken-Bein-Angiografie (in intraarterieller digitaler Subtraktionsangiografie (DSA)-Technik) mit einem transfemoral eingeführten und in der distalen Bauchaorta platzierten Katheter ermöglicht eine Übersicht über die wichtigsten Gefäßabschnitte (**Abb. 10.6**) Die Angiografie wird präoperativ durchgeführt, um den betroffenen Gefäßabschnitt exakt zu lokalisieren und

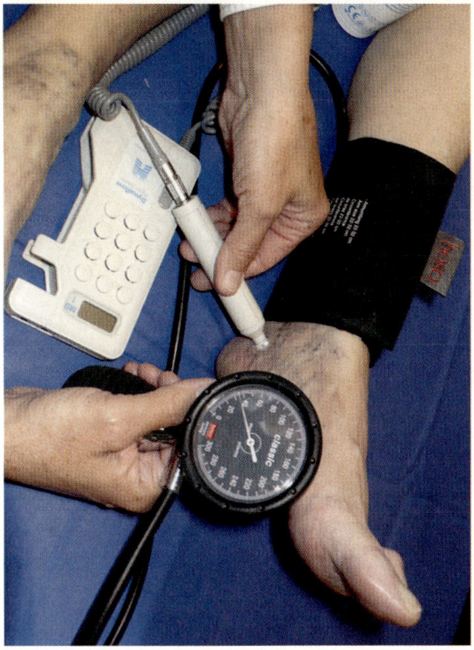

Abb. 10.5 Messung des Knöchel-Arm-Indexes. Anlage der pneumatischen Manschette so weit distal wie möglich. Lokalisation des arteriellen Strömungsgeräusches über der A. tibialis posterior.

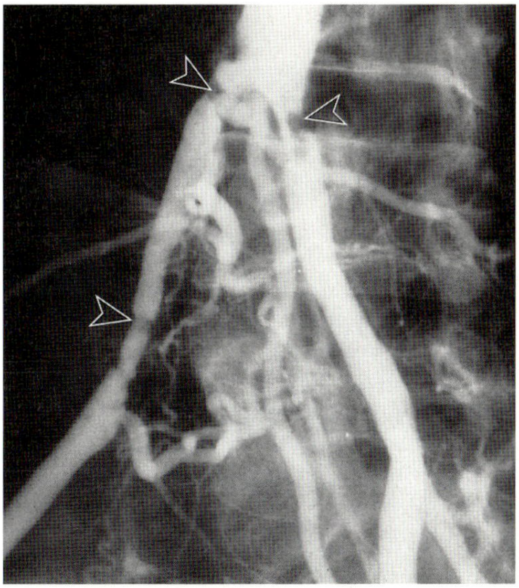

Abb. 10.6 Angiografie bei PAVK. Angiografie der Aorta und der Beckenarterien (seitlich herausgedreht) mit multiplen Stenosen. Schmerzfreie Gehstrecke des 46-jährigen Patienten nur ca. 40 m.

Tab. 10.3 **Differenzialdiagnose der PAVK**

Erkrankung	Bedeutung	Kommentar
LWS-Syndrom	+++	Schmerzen treten typischerweise schon beim ersten Schritt auf (die PAVK ist durch einen Latenzschmerz gekennzeichnet)
Polyneuropathie	+++	
Arthritis	++	
Arthrosen	++	
Fußdeformitäten	++	
Wurzelreizsyndrom	++	
Meralgia paraesthetica	+	
Mediasklerose (*syn.* Mönckeberg-Sklerose)	++	Arteriosklerose, bei der die Muskelzellen mittelkalibriger Arterien degenerieren und spangenförmig verkalken („Gänsegurgelarterien"); tritt häufig bei Diabetikern auf
popliteales Entrapment-Syndrom (PAES)	+	Kompression der anatomisch korrekt oder atypisch verlaufenden A. poplitea durch aberrante muskuläre oder bindegewebige Strukturen; meist belastungsinduzierte Durchblutungsstörungen. Oft jüngere Sportler.
Zystische Adventitiadegeneration der A. poplitea	+	ektope solitäre oder multiple Einlagerung von muzinproduzierenden Synovialzellen in die Adventitia der A. poplitea

die Therapie zu planen. Weiterhin ist sie die Grundlage für die Durchführung endovaskulärer Interventionen.

MR-Angiografie. Zunehmend setzt sich die **MR-Angiografie** durch (s. S. 211).

→ Zur **Differenzialdiagnose** s. Tab. 10.3.

10.3.3 Therapie

Die Therapieentscheidung hängt vom Beschwerdebild, der individuellen Situation des Patienten (Beruf, Hobbys) sowie von der Lokalisation und der Morphologie der Stenosen bzw. Verschlüsse ab. Konservative, endovaskuläre und gefäßchirurgische Therapiemaßnahmen stehen zur Verfügung. Die Behandlungsziele sind:

- Hemmung der Progression der PAVK
- Risikoreduktion vaskulärer Ereignisse
- Reduktion kardiovaskulärer und zerebrovaskulärer Ereignisse
- Verbesserung von Belastbarkeit, Gehleistung und Lebensqualität

Konservative Therapiemaßnahmen

Ein suffizientes **Risikofaktorenmanagement** (→ Ätiologie) sowie **Geh- und Bewegungstraining** sind wichtige konservative Maßnahmen. Außerdem erfolgt eine Sekundärprävention mit **Thrombozytenfunktionshemmern** (Acetylsalicylsäure 100 mg/d, Clopidogrel). Auch **Phosphodiesterasehemmer** wie Cilostazol mit vasodilatierenden und thrombozytenfunktionshemmenden Eigenschaften können verabreicht werden.

Die parenterale oder orale Verabreichung von **vasoaktiven Medikamenten** wie Naftidrofuryl und Einsatz von intravenösen Prostaglandin-E_1-Infusionen (Prostavasin) erfolgt vor allem bei Claudicatio intermittens mit kurzen schmerzfreien Gehstrecken sowie im Fontaine-Stadium III und IV (kritische Extremitätenischämie).

Praktische Empfehlungen für den Patienten:

- ständige Inspektion der Füße
- keine lokale Wärmeanwendung (Heizkissen, Wärmflasche etc.)
- Vorsicht bei der Pediküre
- Fußmykosen behandeln
- gut passendes, nicht einengendes Schuhwerk
- nicht barfuß gehen

Lumeneröffnende Maßnahmen

Verschiedene Methoden, um das verschlossene Lumen wiederzueröffnen, stehen ebenfalls zur Verfügung:

- perkutane transluminale Angioplastie (PTA) zur Gefäßerweiterung (Indikation: v. a. kurze, isolierte Stenosen); mögliche Verfahren: Ballondilatation, Atherektomie nach Simpson, Rotationsangioplastie, Laserangioplastie, Implantation von Gefäßstützen (Stent).
- Aspirations-Embolektomie zum Absaugen des thromboembolischen Materials aus dem verengten Gefäß.
- systemische Fibrinolysetherapie oder lokale Katheterlyse

Auch diverse **chirurgische Maßnahmen** kommen zur Anwendung, z. B. die Thrombendarteriektomie (TEA) oder Bypassverfahren mit autologem Venenmaterial bzw. Kunststoffprothesen.

Das Risiko der Therapie muss gegen die Schwere und die Prognose der Erkrankung kritisch abgewogen werden. Sowohl gefäßchirurgische als auch endovaskuläre arterielle Rekonstruktionen bei PAVK sollten das Ergebnis einer interdisziplinären, stadiengerechten Abwägung zwischen Aufwand, Risiko und Ergebnis sein.

Bei Claudicatio intermittens kann in der Regel konservativ (Gehtraining, vasoaktive Medikamente) behandelt werden. In fortgeschrittenen Claudicatio-Stadien können eine Bypassoperation oder Katheterintervention in Erwägung gezogen werden, auch unter Berücksichtigung von Beruf, Hobby, Alter und Vorhandensein einer Vene für die Operation.

Im Stadium III und IV sollte zunächst immer und unverzüglich eine lumeneröffnende Therapie angestrebt werden. Sowohl bei Patienten mit Claudicatio intermittens als auch bei Patienten mit kritischer Extremitätenischämie nimmt die endovaskuläre Behandlung aufgrund ihrer Minimal-Invasivität einen immer größer werdenden Stellenwert ein.

! Zur Koinzidenz arterieller Durchblutungsstörungen: Patienten im Stadium der Claudicatio intermittens haben in > 50 % der Fälle ebenfalls eine koronare Herzkrankheit. Im Stadium der kritischen Extremitätenischämie (Stadium III und IV nach Fontaine) liegt in 90 % der Fälle eine koronare Herzkrankheit vor. Auch die hirnzuführenden Arterien müssen untersucht werden (Doppler-/Duplexsonografie). Sonografisch muss ein Bauchaortenaneurysma ausgeschlossen werden.

Klinischer Fall

Der 37 Jahre alte Herr O. wird von seinem Hausarzt bei bekannter arterieller Verschlusskrankheit und nun kritischer Ischämie am rechten Fuß in die angiologische Abteilung überwiesen. Herr O. raucht seit vielen Jahren exzessiv. Nun hat er Schmerzen im rechten Fuß und kann kaum noch gehen. Der aufnehmende Arzt untersucht einen leicht adipösen Patienten in reduziertem Allgemeinzustand. Die Finger sind diskret livide bei erhaltener Trophik. Der rechte Fuß präsentiert sich livide mit kritischer Ischämie (Fußpulse nicht tastbar) mit multiplen Verrucae plantares. An der Fußsohle ist eine etwa 0,5 cm große Ulzeration mit beginnender Infektion nachweisbar. Am linken Fuß sind die Pulse schwach palpabel. Die restliche körperliche Untersuchung ist unauffällig. Insbesondere sind die Haut- und Schleimhautverhältnisse unauffällig, es ergibt sich kein Anhalt für eine Sicca-Symptomatik.

Angesichts der Symptomatik diagnostiziert der Arzt bei Herrn O. eine periphere arterielle Verschlusskrankheit im Stadium IV. Die Dopplerdruckmessung untermauert die kritische Ischämie der rechten Extremität (A. brachialis: 150 mmHg, A. tibialis posterior 50 mmHg, A. tibialis posterior 40 mmHg). Im Farbduplex sind die A. femoralis communis und A. profunda femoris ohne durchgängig, d. h. es ist keine Stenose nachweisbar. Ab der A. femoralis superficialis 2 und der A. poplitea ist der Blutfluss unterbrochen. Die A. tibialis anterior ist proximal wieder aufgefüllt. A. tibialis posterior und A. fibularis sind verschlossen. Linksseitig sind die A. tibialis anterior und posterior verschlossen.

Nun beginnt die Suche nach den Ursachen des frühen Krankheitsbeginns. Herr O. wird sorgfältig auf mögliche weitere Risikofaktoren untersucht. Dabei sind Langzeit-EKG, Blutzuckertagesprofil und die Blutfette unauffällig. Auch die restlichen Laborwerte liegen im Normbereich. Im spezifischen Labor sind Faktor V sowie Prothrombin-Gen-Mutationen nicht nachweisbar, ein Antiphospholipidsyndrom kann ausgeschlossen werden. Allerdings ergibt sich ein grenzwertig positives ANA-Screening, das auf autoimmune Krankheiten und hier im besonderen auf einen SLE hindeuten könnte.

Angesichts des jungen Alters und dem Nikotinabusus des Patienten stellen die behandelnden Ärzte zunächst den Verdacht auf eine Thrombangiitis obliterans, einen Morbus Winiwarter-Bürger. Herrn O. wird dringend geraten das Rauchen einzustellen. Er bekommt nun eine hochdosierte Infusionstherapie zur Durchblutungsbesserung mit Prostaglandin und Urokinase. Wegen der beginnenden Infektion am rechten Fußgewölbe wird bei Herrn O. eine Antibiose mit Mo-

xifloxacin angesetzt. Darunter bessern sich die Schmerzen des Patienten allmählich und er wird wieder mobiler. Zudem heilt die Ulzeration langsam ab. Kurz vor der Entlassung wird der junge Mann mit adäquatem Schuhwerk versorgt.
Ein Jahr später stellt sich Herr O. erneut in der angiologischen Abteilung vor. Er hat inzwischen das Rauchen aufgegeben. Wegen seines Zustandes ist er zunehmend depressiv und drängt auf eine Bypassoperation, um endlich wieder mobiler zu sein. An der Basis von DI/Fußrücken ist ein trockenes, schuppiges Ulkus in der Größe einer 2-Euro-Münze nachweisbar. Die Dopplerdrücke des rechten Beines haben sich leicht verschlechtert (A. tibialis anterior: 30 mmHg, A. tibialis posterior 40 mmHg bei 150 mmHg in der rechten A. brachialis). Die Befunde im Farbduplex sind im Wesentlichen gleich geblieben. Angesichts der fehlenden typischen TAO-Kollaterisierung am Unterschenkel und des in der Voruntersuchung gefundenen grenzwertigen ANA-Wertes wird nun die weitere Stufendiagnostik zum Ausschluss von Kollagenosen angeschoben. Dabei sind erneut niedrigtitrige Autoantikörper nachweisbar. (ANA 1:320, und Ro/SS- Ab 52, Cardiolipin IgM 62) bei unauffälligem cANCA und pANCA. Die vorherige Arbeitsdiagnose einer Thrombangiitis obliterans ist durch die immunologische Untersuchung nun in Frage gestellt. Mögliche Ursache für die frühe pAVK von Herrn O. könnte also auch eine Kollagenose sein. Die Angiographie ergibt, dass eine Bypass-OP der A. femoralis superficialis das Bein gut revaskularisieren würde. Deshalb raten die Ärzte Herrn O. zu einer Revaskularisierungsoperation. Bis dahin erwägen sie, ob Herr O. präoperativ mit einer Kortisontherapie beginnen soll.

10.4 Akuter Arterienverschluss

engl.: acute arterial occlusion, acute leg ischaemia

Definition. Der akute arterielle Gefäßverschluss entsteht in mehr als 80 % der Fälle durch eine arterielle **Thromboembolie**. Emboliequellen sind in 90 % der Fälle das Herz (Infarkt, schwere Herzinsuffizienz, Vorhofflimmern, Mitralklappenfehler, Endokarditis, Herzklappenersatz mit Kunststoffprothese, Aneurysmen, nach Infarkt) sowie die großen Gefäße.
In ca. 20 % der Fälle führt eine lokale, auf eine vorbestehende Läsion aufgepfropfte **Thrombose** zum Gefäßverschluss. Je nach Lokalisation entsteht bei der arteriellen Embolie ein komplettes oder inkomplettes Ischämiesyndrom.

Epidemiologie. Am häufigsten kommt der akute Arterienverschluss bei Patienten beider Geschlechter im Alter zwischen 60 und 70 Jahren vor.

Ätiopathogenese. Meistens ist die **untere Extremität** betroffen. Besonders oft bilden sich die Verschlüsse an bereits arteriosklerotisch veränderten Gefäßabschnitten und an Verzweigungsstellen (Femoralisgabel und Trifurkation im Unterschenkel).

Klinik. Bei einem akuten Arterienverschluss der Extremitäten durch Embolie treten typische klinische **Symptome** auf, die **6 P** (nach Pratt):

- **p**ain – sehr starker Schmerz
- **p**aleness – Hautblässe
- **p**aresthesia – Missempfindungen
- **p**ulselessness – Pulsverlust
- **p**aralysis – Lähmung
- **p**rostration – Schock

> **!** **Die akute arterielle Embolie ist ein Notfall und bedarf sofortigen Handelns mit unverzüglicher Einweisung in ein Gefäßzentrum.**

Die Embolie darf nicht mit einer Thrombose verwechselt werden. Anhand ihrer Symptomatik lassen diese sich gut voneinander abgrenzen:

- Embolie: plötzliche Symptomatik, meist kardiale Vorerkrankung
- Thrombose: langsamer einsetzende Symptomatik, meist arterielle Verschlusskrankheit vorbestehend

Diagnostik und Therapie.

> **!** **Beim akuten Gefäßverschluss kein Zeitverlust durch aufwändige Diagnostik!**

Behandlungsziele beim akuten Gefäßverschluss sind die schnelle Wiedereröffnung der arteriellen Gefäßstrombahn, der Erhalt der Extremität und die Vermeidung therapiebedingter Komplikationen.
Bereits ambulant sollten **Anamnese und körperliche Untersuchung** erfolgen, um so eine erste Lokalisation der Stenose durch den Pulstastbefund zu ermöglichen (s. **Abb. 10.3**). Auch eine adäquate Schmerzbehandlung (z. B. mit Morphin) ist erforderlich. Als weitere allgemeine Maßnahmen sind angezeigt:

- sofortige Heparinisierung (Prophylaxe im Hinblick auf weitere Embolie bzw. Thrombusbildung),

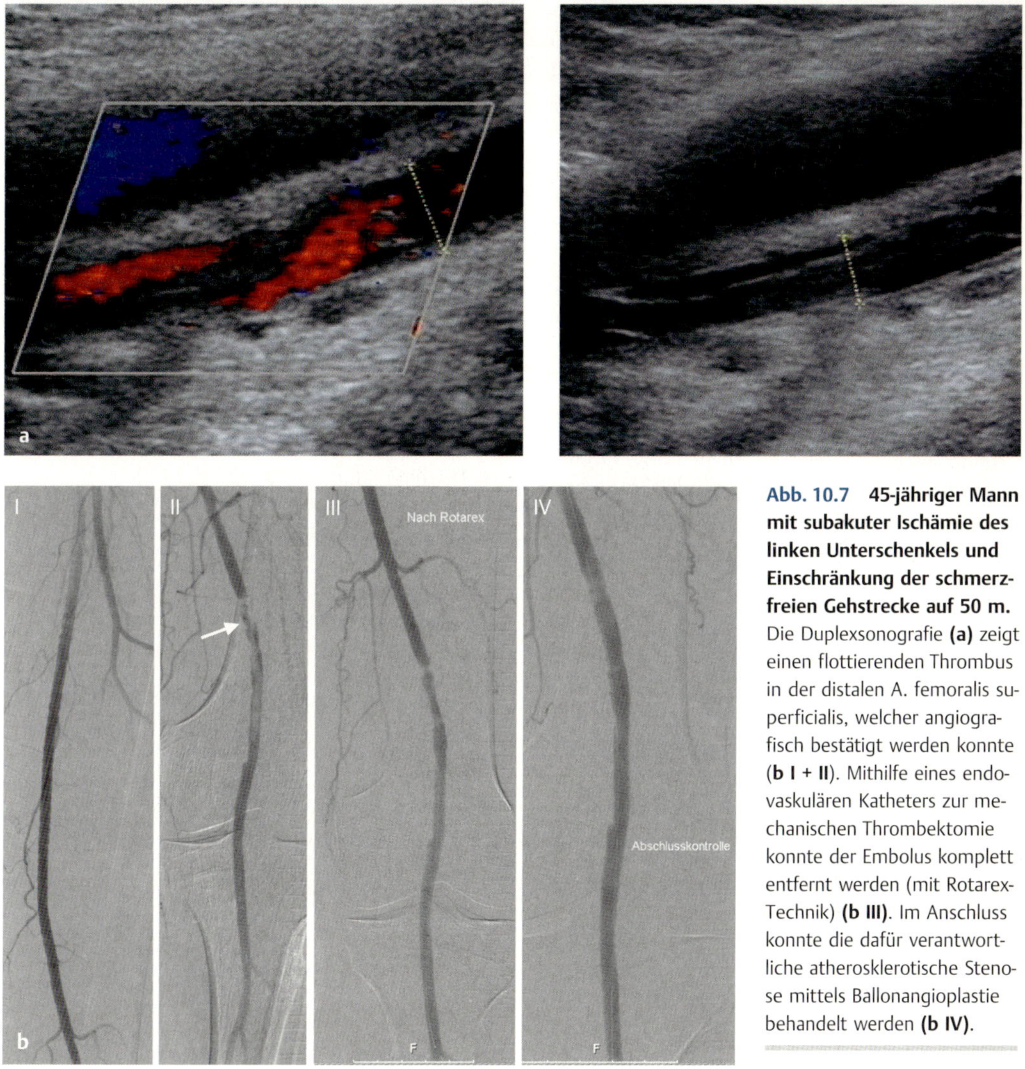

Abb. 10.7 45-jähriger Mann mit subakuter Ischämie des linken Unterschenkels und Einschränkung der schmerzfreien Gehstrecke auf 50 m. Die Duplexsonografie **(a)** zeigt einen flottierenden Thrombus in der distalen A. femoralis superficialis, welcher angiografisch bestätigt werden konnte (**b I + II**). Mithilfe eines endovaskulären Katheters zur mechanischen Thrombektomie konnte der Embolus komplett entfernt werden (mit Rotarex-Technik) **(b III)**. Im Anschluss konnte die dafür verantwortliche atherosklerotische Stenose mittels Ballonangioplastie behandelt werden **(b IV)**.

- Tieflagerung und Polsterung (Watteverband) der betroffenen Extremität,
- adäquate Schmerzlinderung (cave: keine i. m. Injektion, um evtl. Lysetherapie nicht zu gefährden).

Nach Aufnahme des Patienten in die **Klinik** sollte möglichst schnell eine **Angiografie** erfolgen, evtl. nach vorausgegangener **Duplexuntersuchung**.

Therapie der Wahl ist je nach Lokalisation der Obstruktion die **chirurgische oder endovaskuläre Embolektomie** (Abb. 10.7). Die intraarterielle Lysetherapie hat einen Stellenwert in der Zusatztherapie nach unvollständiger Revaskularisation oder als eigenständige Revaskularisationsmethode. Zu den obsoleten Maßnahmen bei akuter Ischämie gehören die Gabe von Vasoaktiva, die Sympathektomie, die exogene Wärme- oder Kälteapplikation sowie die Fixation des Beines.

Komplikationen. Als Folge einer akuten arteriellen Ischämie können Muskelnekrosen, ein Postischämiesyndrom (Tourniquet-Syndrom) oder ein Schock auftreten. Auch eine Amputation kann notwendig werden.

Prognose. Ziel der Therapie ist die Beseitigung der Ischämie und die Förderung körpereigener Kompensationsmechanismen. In schweren Fällen lässt sich eine **Amputation** nicht verhindern, wobei aufgrund der hohen Rate an vaskulären Komorbiditäten intra- und postoperativ mit einem gehäuften Auftreten von Myokard- und Hirninfarkten gerechnet werden muss.

10.5 Thrombangiitis obliterans (TAO)

Synonym: Endangiitis obliterans, Buerger-Syndrom, Morbus von Winiwarter-Buerger
engl.: Buergers disease

Definition. Multilokuläre, segmentäre, schubweise verlaufende Entzündung der kleinen und mittelgroßen Arterien und Venen, die zu einer Thrombosierung des Gefäßlumens führt.

Epidemiologie. In Westeuropa gehen ca. 2% der arteriellen Verschlusskrankheiten auf eine TAO zurück, in Osteuropa und Israel sind es 6%, in Südostasien sogar 16%. Männer, vor allem junge Raucher sind viermal häufiger betroffen als Frauen.

Ätiologie. Die Ursachen der TAO sind unbekannt, auffällig ist jedoch die **starke Häufung bei Rauchern**, die evtl. Autoantikörper gegen natives Kollagen bilden. In 75% der Fälle sind die **unteren Extremitäten** betroffen.

Klinik. Erstes Symptom ist meist der Ruheschmerz, daneben Kältegefühl, Nekrosen, Ulzerationen oder Gangrän der Extremitäten.

Diagnostik. Die Diagnose der Thrombangiitis obliterans ist rein klinisch zu stellen. **Klinisch-diagnostische Kriterien** sind:

- Kältegefühl im Sinne eines Raynaud-Syndroms (s. S. 228), Parästhesien, schmerzhafte periphere Durchblutungsstörungen der Hände und der Füße
- Waden- und Fußsohlen-Claudicatio (*engl.:* instep-claudication)
- meist infrapopliteal lokalisierte (segmentale), aber auch Unterarm-Arterienverschlüsse
- Beginn der Erkrankung meist vor dem 40. Lebensjahr
- schubweiser Verlauf
- außer Rauchen meist keine Risikofaktoren für Verschlusskrankheit
- Phlebitis saltans in ca. 30% der Fälle
- typische angiografische Zeichen (intraluminale **Korkenzieher-Kollateralen**, Abb. 10.8).

Differenzialdiagnose. Unterscheidungsmerkmale zwischen TAO, PAVK und arterieller Embolie sind in **Tab. 10.4** aufgeführt.

Therapie. Therapieziele sind die Reduktion der Ruheschmerzen, die Abheilung der Nekrosen und die Vermeidung und Begrenzung von Amputationen sowie die Verhinderung der Progression der Erkrankung. Die wichtigste Maßnahme ist das sofortige **Einstellen des Rauchens**. Dadurch kommt es oft zum Stillstand der Krankheit. Die Compliance der Patienten für die Raucherentwöhnung liegt jedoch unter 5%.
Medikamentös sind die Mittel der Wahl Prostanoide (Iloprost und Prostaglandin E1). Da eine Aktivierung

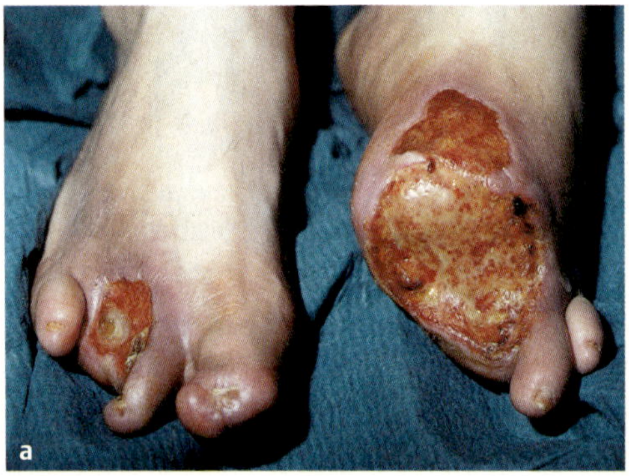

Abb. 10.8 Thrombangiitis obliterans. a Typischer klinischer Befund bei einem jungen 26-jährigen Patienten mit Thrombangiitis obliterans. **b** In der Angiografie sieht man die typischen Zeichen: 1. sämtliche Unterschenkelarterien sind verschlossen, 2. die Kollateralgefäße haben eine charakteristische korkenzieherartige Form (Martorell-Zeichen).

Tab. 10.4 Differenzialdiagnose von TAO, PAVK und arterieller Embolie

Unterscheidungskriterium	TAO	PAVK	arterielle Embolie
Häufigkeit	+	+++	++
Geschlecht	90 % männlich	80 % männlich	gleich
Alter bei Beginn	< 40	> 45	unabhängig
Ursache	?	Atherosklerose	z. B. Herzkrankheit
Claudicatio intermittens	(+)	+++	–
Klinik	Nekrosen	schleichender Beginn	perakuter Beginn

der Thrombozyten vorliegt, empfiehlt sich eine Langzeitbehandlung mit ASS. Für eine Sympathektomie gibt es keine evidenzbasierte Empfehlung.

Prognose. Bypassverfahren, Sympathektomien und Katheterverfahren haben eine extrem schlechte Prognose. Die Lebenserwartung ist nicht beeinträchtigt, allerdings muss bei bis zu 30% der Patienten innerhalb von 5 Jahren eine Amputation vorgenommen werden.

10.6 Aortenaneurysma

10.6.1 Allgemeines

engl.: aortic/arterial aneurysm,
AAA = abdominal aortic aneurysm

Definition. Meist arteriosklerotisch bedingte Erweiterung der Aorta im **abdominellen** (80%) oder **thorakalen** (15%) Abschnitt mit der Gefahr der Ruptur mit lebensgefährlicher Blutung oder der Thrombenbildung. Man unterscheidet Aneurysmen der Aorta ascendens, des Aortenbogens, der Aorta descendens, der thorakoabdominalen und der abdominalen Aorta.

Epidemiologie. Etwa 2% aller Menschen über 60 Jahre sind betroffen. Bauchaortenaneurysmen sind am häufigsten.

Ätiopathogenese. Besonders **arteriosklerotisch veränderte Gefäßabschnitte** neigen zur aneurysmatischen Ausweitung. Dabei unterscheidet man:

- **Aneurysma verum** (wahres Aneurysma): die gesamte Gefäßwand mit allen Schichten ist erweitert. Trotz der starken Erweiterung bleibt die Kontinuität der Gefäßwand erhalten,
- **Aneurysma dissecans:** nach Blutung und Hämatombildung kommt es zum Einriss der Intima und zur Bildung eines zweiten Lumens, das ebenfalls durchblutet wird (**Abb. 10.9**).

Klinik. Ein Aortenaneurysma wird erst symptomatisch, wenn die Raumzunahme andere Organe komprimiert. Es macht sich bemerkbar durch:

- Thoraxschmerzen
- Bauchschmerzen
- gürtelförmig ausstrahlende Rückenschmerzen
- Obstipation und Appetitlosigkeit

Häufig treten aber vor der Ruptur keine Symptome auf. Eine Ruptur äußert sich in Form von starkem Dauerschmerz und Schocksymptomatik.

(!)

- **Die Ruptur eines Aortenaneurysmas ist ein schwerster, akut lebensbedrohlicher Notfall. Nur ein sofortiger Eingriff kann das Leben des Patienten retten.**
- **Bei jedem über 40-jährigen Patienten mit unklarem, nicht kardialem Kreislaufschock muss an die Ruptur eines Aneurysmas gedacht werden.**

Bei akutem thorakalen Schmerz muss an folgende **wichtige Diagnosen** gedacht werden:

- 1. akuter Herzinfarkt (s. S. 44)
- 2. Lungenembolie (s. S. 458)
- 3. Spontanpneumothorax (s. S. 489)
- 4. Ruptur eines Aortenaneurysmas

Diagnostik. Große Aneurysmen sind palpatorisch nachweisbar (prall-elastischer, pulsierender abdomineller Tumor).
Methode der Wahl ist die **Abdomensonografie:** Mit dieser Methode ist eine sichere Beurteilung nach

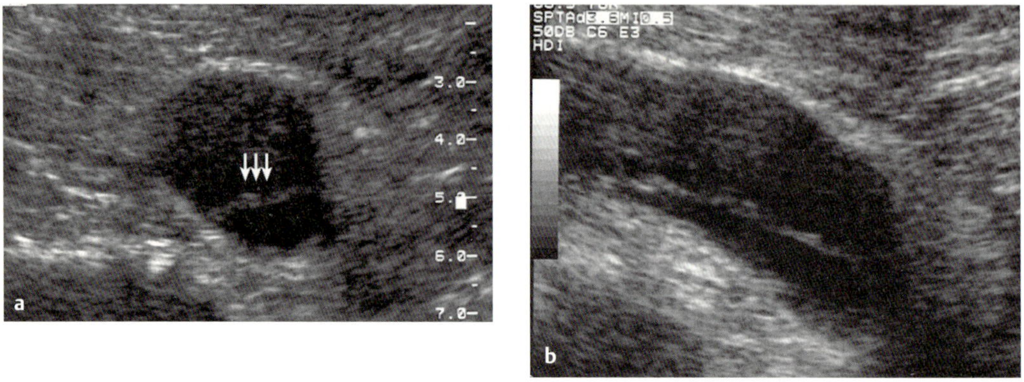

Abb. 10.9 Aortendissektion. Zu sehen ist die Dissektionsmembran in der Aorta abdominalis (Pfeile). **a** Querschnitt, **b** Längsschnitt. (aus Kopp, Ludwig: Checkliste Doppler- und Duplexsonografie, 3. Auflage, Thieme)

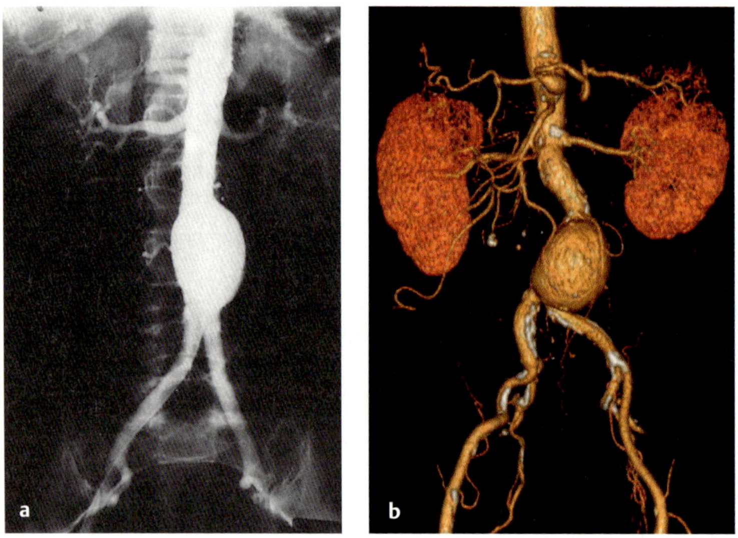

Abb. 10.10 Bauchaortenaneurysma. a Die Angiografie gibt Auskunft über die Abgänge der Nierenarterien, die auf der Abbildung oberhalb des Aneurysmas deutlich sichtbar sind. Lägen die Arterien im Bereich des Aneurysmas, müssten sie bei einer Operation neu eingepflanzt werden. **b** Dreidimensionale Darstellung eines abdominellen Aneurysmas mit Spiral-CT.

Lokalisation und Ausdehnung praktisch immer möglich. Die **CT** (mit Kontrastmittelgabe und Spiral-CT-Technik) gibt weitere Auskunft über die suprarenalen Aortenabschnitte und über die Mitbeteiligung der Beckenarterien. Die **Angiografie** der abdominellen Aorta – meist in i. a. DSA-Technik – gibt Auskunft über die Gefäßabgänge, insbesondere die Nierenarterien (**Abb. 10.10**).

Therapie. Starke Symptomatik, eine ausgeprägte Asymmetrie sowie ein Querdurchmesser von > 5,5 cm und ein rasches Wachstum > 0,5 – 1 cm pro Jahr stellen eine **Operationsindikation** dar. Das Operationsrisiko bei Ruptur ist hoch (Letalität > 50 %), bei elektivem Vorgehen auch bei über 75-jährigen Patienten günstig (Letalität < 5 %).

Bei geeigneter Aortenmorphologie ist ein minimalinvasives Vorgehen durch Einbringen einer stentfixierten Endoprothese über einen Femoralarterienzugang möglich (**Abb. 10.11**). Das größte Problem der Endoprothesen sind Endoleckagen, welche in den meisten Fällen durch einen weiteren endovaskulären Eingriff behoben werden können. Andernfalls muss bei bestehender Indikation eine offenchirurgische Sanierung der Aneurysmas durch Einlage einer Kunststoffprothese durchgeführt werden.

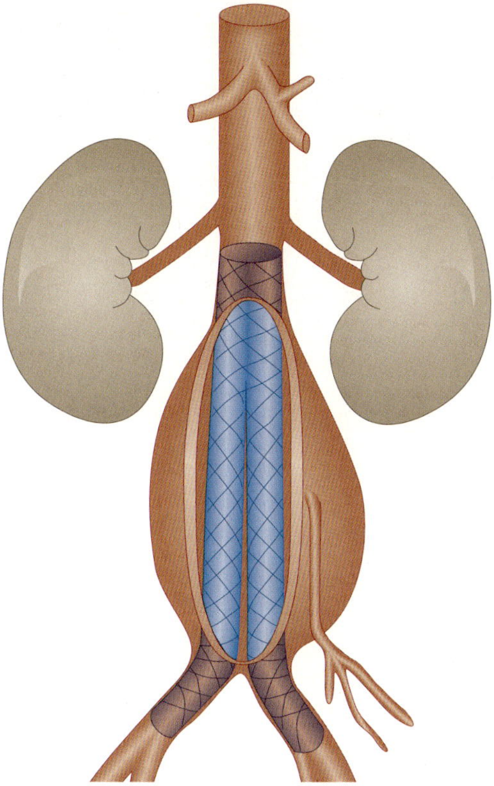

Abb. 10.11 Endovaskuläre Gefäßprothese der Aorta.

10.6.2 Aneurysma der thorakalen Aorta

Lokalisation. Arteriosklerotische, traumatische und angeborene Aneurysmen der thorakalen Aorta treten insbesondere an der Verbindung des Aortenbogens mit dem aszendierenden Teil der Aorta, aber auch im Bereich des Ursprungs der linken A. subclavia auf.

Klinik. Aneurysmen der thorakalen Aorta sind meist ein Zufallsbefund bei der Röntgenaufnahme des Thorax. Mögliche Symptome sind Thoraxschmerzen (oft zwischen den Schulterblättern), Heiserkeit, Zwerchfellhochstand, Stridor und Dysphagie.

Diagnostik. Röntgenaufnahme des Thorax, CT und Angiografie. Da durch einen zu weiten Aortenbogen oft gleichzeitig ein Aortenklappenfehler (meist Aorteninsuffizienz) vorliegt, muss immer eine Echokardiografie gemacht werden.

Therapie. Wenn thorakale Aneurysmen symptomatisch werden, ist dies eine Operationsindikation. Eine relative Operationsindikation besteht bei asymptomatischen Aneurysmen, z. B. wenn:

- eine rasche Progredienz vorliegt
- der Aortendurchmesser mehr als 60 mm beträgt

Therapie der Wahl ist die Gefäßprothese. Das Frührisiko bei offenchirurgischem Ersatz der thorakalen Aorta beträgt < 5 %. Bei technischer Machbarkeit wird die offenchirurgische Methode zunehmend durch die weniger invasive endovaskuläre Methode verdrängt.

Komplikationen und Prognose. Eine mögliche Komplikation ist die Ruptur des Aneurysmas. Dann liegt die Letalität über 50 %. Eine weitere gefürchtete Komplikation ist die Paraplegie (5 – 15 %), welche durch Ischämie des Rückenmarks bedingt ist.

10.7 Obstruktionen der Viszeralarterien

→ s. S. 755 f

10.8 Verschlüsse der supraaortalen Arterien

10.8.1 Thoracic Outlet Syndrom

Synonym: Schultergürtelkompressionssyndrom
engl.: thoracic outlet syndrome (TOS)

Definition. Aufgrund der anatomischen Besonderheiten im Schultergürtelbereich kann es zu Engpasssyndromen kommen, die unter dem Begriff Thoracic Outlet Syndrom oder neurovaskuläres Schultergürtelsyndrom zusammengefasst werden.

Ätiopathogenese. Die Kompressionssyndrome entstehen z. B. an **physiologischen Engstellen** für den Plexus brachialis sowie die A. und V. subclavia wie der Skalenuslücke oder dem Kostoklavikularspalt. Symptomatisch werden sie erst durch dauerhaft eingenommene, ungünstige Armhaltungen wie z. B. ständige Rückwärts-Abwärts-Bewegungen der Schultern, wie es beim Tragen einer schweren Last auf dem Rücken vorkommen kann. Kompressionssyndrome können auch durch **Skelettanomalien** verursacht werden. Hierzu gehört z. B. das Halsrippensyndrom, bei dem eine zusätzliche Rippe die Armplexusnerven komprimiert und so die Blutzirkulation in der A. subclavia beeinträchtigt.

Klinik. Typisch ist eine **Claudicatio des Armes**, d. h. rasche Ermüdbarkeit und Belastungsschmerz bei Überkopfarbeiten. Als unspezifische Symptome treten Kopf- und Nackenschmerzen, Muskelatrophien, Kälte- und Taubheitsgefühl der Hand und Finger sowie embolische Fingerarterienverschlüsse auf. Wenn eine Venenkompression vorliegt, bemerkt der Patient eine morgendliche Anschwellung von Unterarm und Hand, eine bläuliche Verfärbung sowie persistierende Venenfüllung.

Diagnostik.
- Anamnese, Inspektion und Palpation
- Provokationstests: Kostoklavikular- und Hyperadduktionstest oder EAS (elevanted arm stress)-Test.
- Apparativ: Röntgenbilder der oberen Thoraxapertur, Elektromyografie und Messung der sensiblen Nervenleitgeschwindigkeit.
- Oszillografie bei Provokationstest, Doppler-/Duplexsonografie.
- Angiografie mit Funktionsaufnahmen in Normal- und Provokationsstellungen, MR-Angiografie.

Therapie. Wenn das neurovaskuläre Schultergürtelsyndrom Symptome hervorruft, besteht die Therapie je nach Lokalisation, z. B. in der Erweiterung der Skalenuslücke mit transaxillärem Zugang oder in der Resektion der Halsrippe bzw. der 1. Rippe.

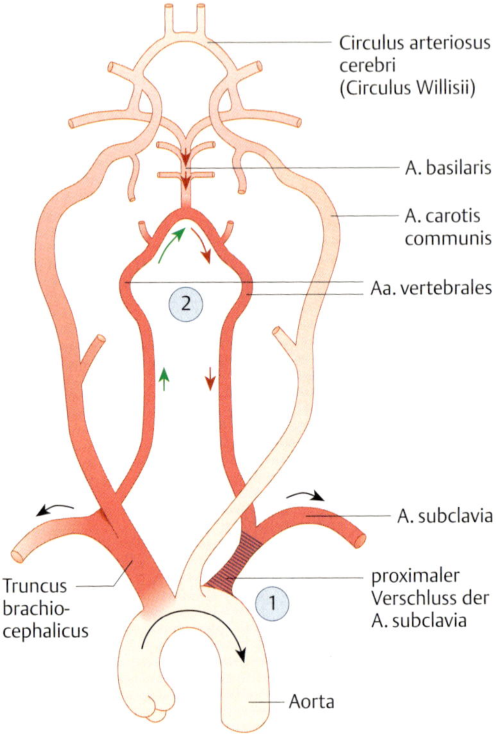

Abb. 10.12 Subclavian-steal-Syndrom. *Links:* normale Strömungsverhältnisse in der A. vertebralis (grüne Pfeile), *rechts:* Strömungsumkehr in der A. vertebralis durch Stenose der linken A. subclavia proximal der Abgangsstelle der A. vertebralis (rote Pfeile). Die eingekreisten Zahlen beziehen sich auf den Text.

10.8.2 Subclavian-Steal-Syndrom

Synonym: Vertebralisanzapfsyndrom

Ätiopathogenese. Beim Subclavian-Steal-Syndrom (Vertebralisanzapfsyndrom) besteht eine Obstruktion der A. subclavia distal ihres Ursprungs aus der Aorta und proximal der Abgangsstelle der A. vertebralis (**Abb. 10.12**, ①). Die Stenose führt zu einem Druckabfall in der gleichseitigen A. vertebralis und – vor allem bei Überkopfarbeit mit dem Arm (in schweren Fällen auch in Ruhe) – zu einer Strömungsumkehr in der A. vertebralis (②, rote Pfeile). Dem basilären Gefäßsystem wird auf diese Weise zugunsten des Armes auf der betroffenen Seite intermittierend Blut entzogen.

Klinik. Die Mangeldurchblutung kann zur zentralen Ischämie und folglich zu Schwindel, flüchtigen Paresen, Parästhesien, Sehstörungen, Ataxien oder Synkopen führen.

Diagnostik. Duplexsonografie der supraaortalen Arterien mit Darstellung der A. carotis, der A. vertebralis und der A. subclavia.

Therapie. Eine Therapie ist nur bei ausgeprägter zerebraler oder brachialer Symptomatik erforderlich. Sie besteht dann in der Angioplastie der A. subclavia oder einem gefäßchirurgischen Eingriff.

10.8.3 Durchblutungsstörungen der hirnzuführenden Gefäße

Definition. Zerebrale Durchblutungsstörungen, die zu neurologischen Erscheinungen führen. Diese neurologischen Erscheinungen bilden sich entweder vollständig zurück, bleiben bestehen oder führen zum Tod.

Epidemiologie. Durchblutungsstörungen der Hirngefäße sind häufig. Der Hirninfarkt stellt in westlichen Ländern mittlerweile die häufigste Gefäßkrankheit dar und rangiert damit noch vor dem Herzinfarkt und der peripheren arteriellen Verschlusskrankheit. Das Risiko zerebraler Komplikationen steigt linear mit dem Alter (in Deutschland ca. 200 000/Jahr).

Ätiopathogenese. Zerebrale Durchblutungsstörungen sind besonders häufig durch Atherothrombose, Hypertonie und Embolien bedingt (**Tab. 10.5**). Ursache für eine Embolie sind in 60% der Fälle arterio-arterielle **Embolien durch exulzerierte Plaques** aus der A. carotis communis, der A. carotis interna oder der Aorta ascendens. In 40% der Fälle ist die **Embolie kardialen Ursprungs** (s. S. 35). Über 50% der Stenosen sind an den extrakraniellen Gefäßen lokalisiert. Das Ausmaß des neurologischen Defizits ist abhängig vom Grad des Verschlusses und von den gebildeten Kollateralkreisläufen. Dabei werden vier Stadien unterschieden (**Tab. 10.6**).

Tab. 10.5 Hauptrisikofaktoren des Schlaganfalls

Einflussmöglichkeit	Risikofaktoren
beeinflussbar	• Hypertonie • kardiale Krankheiten • Rauchen • Diabetes mellitus • Alkoholabusus • Hyperfibrinogenämie • Hyperhomozysteinämie
nicht zu beeinflussen	• Alter • Geschlecht • Familienanamnese

Klinik. Es bestehen meist **reversible Prodromalerscheinungen** (transitorische ischämische Attacke = TIA), die ein neurologisches Defizit ankündigen. Je nach Lokalisation unterscheidet man die Prodromalerscheinungen bei einem Prozess an der

- **A. carotis:**
  - ipsilaterale Sehstörungen (bis zur Hemianopsie)
  - Hemiparese/Parästhesie
  - Aphasie

Tab. 10.6 Stadieneinteilung bei zerebralen Durchblutungsstörungen

Stadium	Befund
Stadium I	**asymptomatische Stenose**
Stadium IA	ohne hochgradige kontralaterale Stenose/Verschluss
Stadium IB	mit hochgradiger kontralateraler Stenose/Verschluss
Stadium II	**reversible zerebrale Ischämie < 6 Monate**
Stadium IIA	Amaurosis fugax
Stadium IIB	TIA (Symptome < 24 h)
Stadium III	**Indikation zur Notfall-Karotis-TEA**
Stadium IIIA	Crescendo-TIA
Stadium IIIB	akuter/progredienter Schlaganfall
Stadium IV	**ipsilateraler Schlaganfall < 6 Monate**
Rankin* 0	kein Defizit nachweisbar
Rankin 1	minimales, funktionell nicht beeinträchtigendes Defizit
Rankin 2	leichter Schlaganfall, tägliche Verrichtungen möglich
Rankin 3	mittelschwerer Schlaganfall, Gehen allein möglich
Rankin 4	schwerer Schlaganfall, Gehen nur mit Hilfe möglich
Rankin 5	sehr schwerer Schlaganfall, bettlägerig oder im Rollstuhl

** Score für den Grad der Behinderung (Rankin J, 1957)*

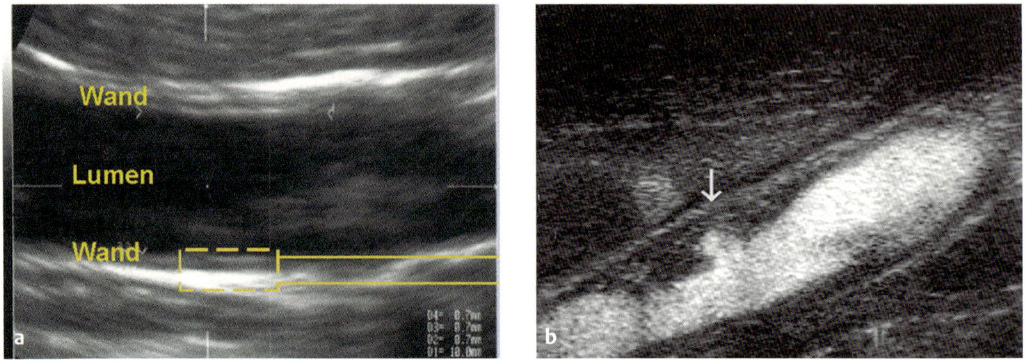

Abb. 10.13 Gesunde A. carotis communis und Wandveränderungen. a Zweidimensionales Ultraschallbild einer gesunden A. carotis communis mit Lumen und Gefäßwand. Die Gefäßwand (im markierten Rechteck) weist eine typische Doppelkontur auf: zwei hyperreflektierende Linien umsäumen einen echoarmen Raum. **b** Darstellung von Wandveränderungen durch B-Flow-Technik. Geringgradige Stenose mit scharf abgrenzbarer Ulzeration (Pfeil). (aus Kopp, Ludwig: Checkliste Doppler- und Duplexsonografie, 3. Auflage, Thieme)

- **A. vertebralis:**
  - Schwindelattacken
  - Ohrensausen
  - Sturzattacken ohne Bewusstseinsverlust („Drop Attacks")
  - Doppelbilder
  - Dysarthrie

> ❗ **TIA, die in immer kürzeren Zeitabständen auftreten („Crescendo-TIAs"), weisen auf einen unmittelbar drohenden Hirninfarkt hin.**

Diagnostik.

- **Internistische und neurologische Untersuchung:** z. B. Blutdruck, Pulspalpation, Blutzucker, Blutgase; Palpation der Karotiden und der Temporalarterien.
- **Dopplersonografie und Duplexsonografie:** wichtigstes nicht invasives Untersuchungsverfahren, um die Lokalisation, vor allem aber auch den Grad der Stenose festzustellen (**Abb. 10.13**)
- **CT** mit Kontrastmittel

> ❗ **Jeder Hirninfarktpatient muss in eine spezialisierte Klinik mit Stroke Unit eingewiesen werden, wo sofort eine CT des Kopfes (CCT) angefertigt wird.**

- **Zerebrale Angiografie:** arterielle Katheterangiografie in digitaler Technik immer dann, wenn eine Fibrinolysetherapie durchgeführt werden soll (gilt auch für kardiale Embolie).

Therapie. Neueste Entwicklungen in der Akuttherapie vermögen mittlerweile effektiv den Anteil an behinderten Patienten nach dem Hirninfarkt zu reduzieren. Jeder Patient – egal welchen Alters – sollte unbedingt auf einer Stroke Unit behandelt werden. Neue invasive Therapieverfahren wie die lokale Thrombolyse, die ultraschallverstärkte Thrombolyse bis hin zur Hemikraniektomie gewinnen mehr und mehr an Bedeutung.

- **Stadium I:** asymptomatische Karotisveränderungen:
  - **konservativ:** Thrombozytenfunktionshemmer (Standard: ASS 100 – 300 mg/d; alternativ: Ticlopidin, z. B. Tiklyd-Tabletten 2 × 1 Tbl., Clopidogrel 1 × 1 Tbl.; Aggrenox 2 × 1 Tabl.)
  - **operativ** bei filiformen Stenosen (70- bis 99 %ige Stenosen), rasch progredienten Karotisstenosen, ulzerierenden Stenosen und „Soft Plaques" (das jährliche Schlaganfallrisiko ohne Operation liegt bei 4 %, die perioperative Komplikationsrate in Gefäßzentren liegt zwischen 2 und 3 %). Nur symptomatische Karotisstenosen sollten mit Stent-geschützter Karotis-PTA behandelt werden.
- **Stadium II: t**ransitorisch **i**schämische **A**ttacken (TIA): Domäne der rekonstruierenden Gefäßchi-

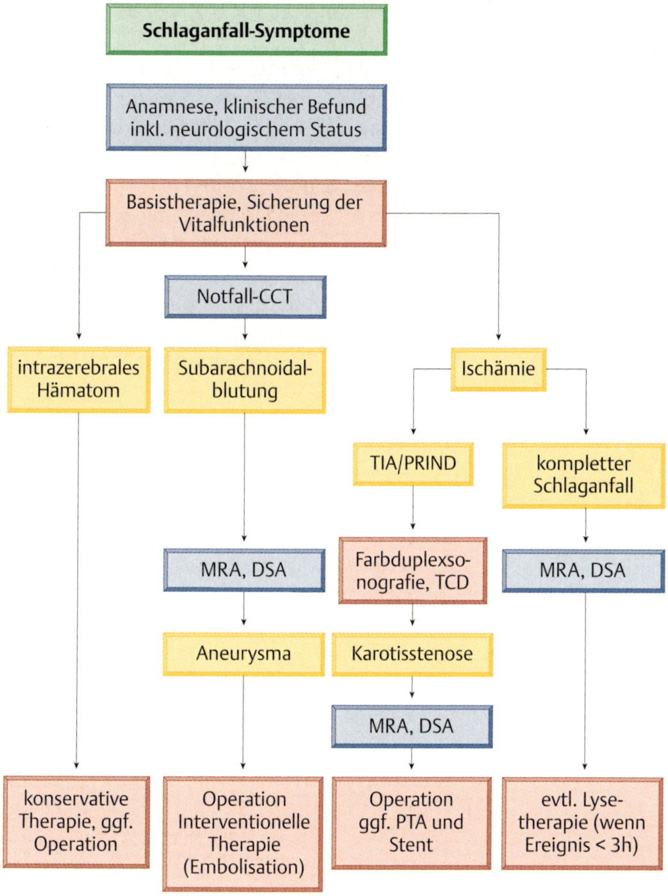

Abb. 10.14 Flussschema extrakranieller Arterienverschluss.
(nach Kopp, Ludwig: Checkliste Doppler- und Duplexsonografie, 3. Auflage, Thieme)

rurgie (kardiale Ursachen und arterioarterielle Embolien müssen als Ursache der TIA ausgeschlossen sein).

- **Stadium III:** progredienter Insult: Operation allenfalls bei bewusstseinsklaren Patienten, bei denen eine Vollheparinisierung die Progredienz nicht aufzuhalten vermag.
- **Stadium IV:** kompletter Schlaganfall: Keine Operationsmöglichkeit. Durch konservative Therapie wird versucht, weitere Stenosen zu verhindern.

Auch eine **internistische Basistherapie** sollte erfolgen. Diese besteht z. B. in der Behandlung einer Herzinsuffizienz oder von Herzrhythmusstörungen (s. S. 104 bzw. 66). In der Sekundärprävention haben Thrombozytenfunktionshemmer (ASS, Clopidogrel und ASS plus Dipyridamol) die oralen Antikoagulanzien verdrängt. Bei Vorhofflimmern sollten die Patienten einer oralen Antikoagulation zugeführt werden.

Beim progredientem ischämischen Schlaganfall ist eine sofortige Heparinisierung indiziert (3 × 5 000 – 7 500 IE nicht fraktioniertes Heparin). In dafür ausgestatteten Zentren (Stroke Unit vorhanden) kann eine intravenöse **systemische** Fibrinolyse erfolgen.

> ! **Wenn keine hypertensive Krise oder schwere internistische Begleiterkrankungen vorliegen, die eine Blutdrucksenkung bei einem Patienten mit Schlaganfall erzwingen, sollte man im Akutstadium die Blutdruckwerte nie unter systolisch 180 mmHg senken. Werte bis zu 200/100 mmHg können in der Akutphase durchaus toleriert werden.**

Sekundärprävention. Als Thrombozytenfunktionshemmer werden ASS, Clopidogrel und die Kombination ASS und Dipyridamol eingesetzt. Clopidogrel empfiehlt sich vor allem, wenn zusätzliche Gefäßerkrankungen vorliegen (z. B. PAVK). Wichtig sind außerdem eine optimale Blutdruckeinstellung, eine Statintherapie sowie gesunde Ernährung und viel Bewegung.

Prognose. Nach einem Hirninfarkt oder einer TIA liegt das 5-Jahres-Risiko für ein schweres Gefäßereignis bei 24,4% und das 10-Jahres-Risiko bei 44,1%. Nach 5 Jahren erleidet also jeder vierte und nach zehn Jahren jeder zweite Schlaganfallpatient ein weiteres vaskuläres Ereignis.
Etwa 200 000 Bundesbürger erleiden jährlich einen Schlaganfall; in den ersten 4 Wochen nach dem Schlaganfall stirbt jeder Fünfte. Ein Drittel der Überlebenden bleibt schwer behindert und pflegebedürftig. In Deutschland leben derzeit 800 000 Menschen, die an den Folgen eines Schlaganfalls leiden.

10.9 Funktionelle Durchblutungsstörungen

10.9.1 Raynaud-Syndrom

Synonym: Morbus Raynaud, vasomotorische Akroasphyxie
engl.: Raynaud's syndrome, Raynaud's disease, secondary Raynaud's disease

Definition. Anfallsweise auftretender Vasospasmus im Bereich der akralen Gefäße, der durch Kälte oder Stress induziert und unter Wärmeeinfluss oder durch pharmakologische Effekte wieder gelöst werden kann. Von der **primären Raynaud-Symptomatik** als idiopathischem, vasospastischem Symptomkomplex unbekannter Ätiologie wird das **sekundäre Raynaud-Syndrom** bei organischer Gefäßschädigung im Rahmen von Systemkrankheiten (oft Initialsymptom einer Systemerkrankung, z. B. Kollagenose) unterschieden.

Epidemiologie. Die primäre Raynaud-Symptomatik tritt bei Frauen etwa doppelt so häufig auf wie bei Männern. Sie manifestiert sich nach der Pubertät und bessert sich meist in der Menopause. Das sekundäre Raynaud-Phänomen tritt altersunabhängig auf, je nach der zugrundeliegenden Erkrankung.

Ätiopathogenese. Während die Ätiologie des **primären Raynaud-Syndroms** unbekannt ist, können der **sekundären Form** zahlreiche Ursachen zugrundeliegen, von denen hier einige beispielhaft aufgeführt werden:

- Verschluss digitaler Arterien: z. B. arterioarterielle Mikroembolien, proximale Stenose und Verschluss der A. subclavia; kostoklavikuläres Kompressionssyndrom (s. S. 223), Vibrationssyndrom, Erfrierungsschäden (s. S. 230)
- entzündliche Veränderungen der Gefäßwand: z. B. Kollagenose (speziell Sklerodermie, → S. 1126 f), Wegener-Granulomatose (s. S. 1132), systemischer Lupus erythematodes (s. S. 1124), rheumatoide Arthritis (s. S. 1108), Thrombangiitis obliterans (s. S. 220), Hypersensitivitätsvaskulitiden (s. S. 294)
- hämatologische Erkrankungen: Kälteagglutinine, Kryoglobuline, Polyzythämie, essenzielle Thrombozytose, Paraproteinämie (Plasmozytom) (s. S. 940)
- toxische Substanzen und Medikamente: ergotaminhaltige Präparate (s. S. 229), Betablocker, hormonale Antikonzeptiva, Zytostatika (Bleomycin, Vinblastin) u. a.
- degenerative HWS-Veränderungen

Klinik. Symmetrische intermittierende Ischämie der Akren, gelegentlich sind Zehen, Nase und Ohren mit betroffen. Der Schmerzanfall geht mit typischen akralen Verfärbungen einher, die hintereinander in folgender Reihenfolge auftreten (Trikolore):

1. Weißverfärbung (Vasokonstriktion der Aa. digitales)
2. Blauverfärbung (Zyanose)
3. Rotverfärbung (reaktive Hyperämie)

Diagnostik. Die Diagnose wird klinisch gestellt. Ein symmetrischer Befall des 2. – 5. Fingers, der nach Wärmezufuhr oder Einnahme von Nitrolingual reversibel ist, deutet auf eine primäre Raynaud-Symptomatik hin. Ein asymmetrischer Befall auch einzelner Finger, der weder auf Wärme noch auf Nitrolingual reagiert, deutet eher auf ein sekundäres Raynaud-Syndrom hin (**Abb. 10.15**).

> **!** **In jedem Fall muss nach einer möglicherweise zugrundeliegenden Erkrankung gesucht werden.**

Apparative Diagnostik: Oszillografie zur akralen Durchblutungsmessung, Doppler-/Duplexverfahren, um segmentale Gefäßverschlüsse und -stenosen zu lokalisieren; Plethysmografie mit und ohne Kälte-

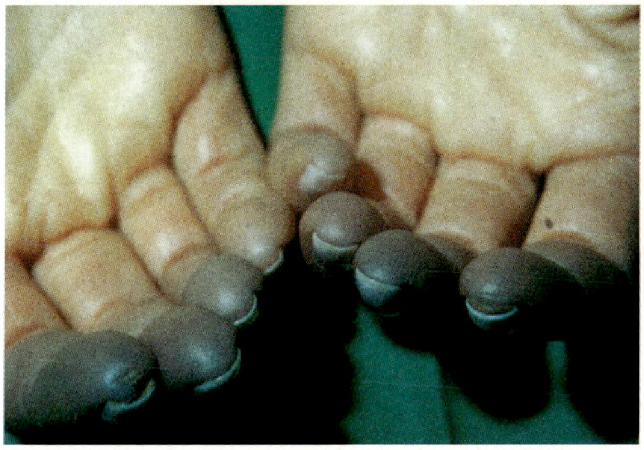

Abb. 10.15 Sekundäres Raynaud-Syndrom. Schweres sekundäres Raynaud-Syndrom bei einer Kollagenose als Grunderkrankung.

provokation (in Zweifelsfällen wird der Patient gebeten, die Hände wenige Minuten in eiskaltes Wasser zu halten, um gegebenenfalls den Vasospasmus der akralen Gefäße auszulösen). Die Plethysmografie sollte immer Bestandteil der Basisuntersuchung des Gefäßspezialisten sein. Weiterhin kann eine **Kapillarmikroskopie** zur Diagnostik organisch-vaskulärer Pathologien durchgeführt werden.

Differenzialdiagnose. Akrozyanose (s. S. 229), paroxysmales Fingerhämatom (s. S. 230), Kälteschaden, (z. B. Perniones, s. S. 230).

Therapie. Eine kausale Therapie ist bei der **primären Raynaud-Symptomatik** nicht möglich. Beim **sekundären Raynaud-Syndrom** ist die Therapie der Grunderkrankung ausschlaggebend.
Dem Vasospasmus vorbeugen können:

- **Schutz vor Kälte** (Handschuhe), evtl. Taschenöfchen („Hot Pack"), Arbeiten in warmer Umgebung
- psychosomatische Therapie mit autogenem Training, Yoga, Biofeedback

Arbeiten mit vibrierenden Werkzeugen (Pressluftbohrer, Motorsägen) sind schädlich und sollten unterbleiben.
Medikamentös helfen Nitrosalben, Nitrospray und Nitrogel. Kalziumantagonisten vom Nifedipin-Typ, α-Rezeptoren-Blocker oder ACE-Hemmer bringen ebenfalls häufig eine deutliche Besserung. Bei Patienten mit Hypotonie ist allerdings wegen der Nebenwirkungen Vorsicht geboten. Bei Fingernekrosen sind intravenöse Infusionen mit Vasodilatanzien (Iloprost) indiziert.

Prognose. Die Prognose der primären Raynaud-Symptomatik ist günstig, da keine trophischen Störungen auftreten. Beim sekundären Raynaud-Phänomen entscheidet der Verlauf der Grundkrankheit über die Prognose.

B

10.9.2 Akrozyanose

Die Akrozyanose ist eine **funktionelle Durchblutungsstörung** und beruht auf einem Dauerspasmus der Arteriolen und präkapillären Sphinkteren. Betroffen sind in erster Linie junge Frauen mit Hypotonie. Häufig besteht eine familiäre Disposition. Bei Akrozyanose verfärben sich die Hände (meist auch Zehen, Nase und Ohren) **ausschließlich in der Kälte** permanent bläulich. Weitere nennenswerte Beschwerden treten nicht auf, es kommt fast nie zu trophischen Störungen. Die Therapie besteht vor allem im Wärmeschutz, eine medikamentöse Therapie ist meist nicht erforderlich. Die Patientin ist über den meist gutartigen Verlauf aufzuklären.

10.9.3 Ergotismus

Synonym: „Antoniusfeuer", Ignis sacer
engl.: ergotism, ergot poisoning, epidemic gangrene, St. Anthony's fire

Definition. Als Ergotismus bezeichnet man eine Vergiftung durch Mutterkornalkaloide.

Epidemiologie. Der Ergotismus trat bereits im Mittelalter aufgrund von Pilzverunreinigungen in Nahrungsmitteln auf. Symptome treten häufig frühzeitig auf. Genaue Zahlen zur Häufigkeit der Erkrankung fehlen. Frauen sind häufiger betroffen als Männer.

Ätiopathogenese. Der Ergotismus entsteht in der heutigen Zeit meist durch die Einnahme von Medikamenten, die Mutterkornalkaloide und deren Derivate enthalten, z. B. Therapie und Prophylaxe der Migräne (Ergotamin, Dihydroergotamin), Therapie des Morbus Parkinson (z. B. Bromocriptin, Pergolid, Cabergolin). Eine unkontrollierte Dosissteigerung kann dabei zu Ergotismus führen. Es kommt zu akuten oder chronischen arteriellen Durchblutungsstörungen durch eine massive Gefäßverengung.

Klinik. Typisch sind verschiedene Allgemeinsymptome wie Erbrechen, Diarrhö, Verwirrtheit, Kopfschmerzen, Augenflimmern, Kältegefühl und Parästhesien.

Diagnostik. Die Anamnese und hier vor allem die **Medikamentenanamnese** sind entscheidend für das Erkennen der Ergotamineinnahme.
Bei der klinischen Untersuchung finden sich blasskalte Extremitäten, keine oder abgeschwächte Arm- und Fußpulse. Bei der Oszillografie und bei der Doppler-Druckmessung massive Zeichen der Durchblutungsstörung.
Eine evtl. durchgeführte Angiografie zeigt symmetrische, in Richtung Peripherie zunehmende Lumeneinengungen und spastisch verschlossene Gefäßabschnitte.

Therapie.
- Absetzen des Ergotaminpräparates
- im fortgeschrittenen Stadium medikamentöse Vasodilatation mit Nitraten (auch Nitroprussidnatrium), Kalziumantagonisten und i. v. Prostaglandin-E_1- und -I_2-(Iloprost-)Infusionen

10.9.4 Erfrierungen und Frostbeulen (Perniones)

Erfrierungen entstehen durch starke Kälteexposition. Es kommt zu extremen Engstellungen und Verschlüssen peripherer Arterien und Arteriolen mit konsekutiver ischämischer Schädigung aller Gewebe. Sekundärsymptome sind Akrozyanose, Kältegefühl, Hyp- und Parästhesien und Schweißneigung der Haut. Typische Läsionen finden sich an Zehen, Fingern, Nasenspitze. Folgende Schweregrade werden unterschieden:
- Erfrierung 1. Grades: blasse Hautfarbe, Schwellung der Hautpartie, Schmerzen
- Erfrierung 2. Grades: blaurote Hautfarbe, Blasenbildung
- Erfrierung 3. Grades: Nekrose

Die Therapie besteht im **vorsichtigen Erwärmen** der betroffenen Extremität. Eine frühzeitige lokale oder systemische Fibrinolysetherapie kann frische Thromben in kleinen Gefäßen auflösen. Bei Erfrierungen 2. und 3. Grades sind Prostaglandin-Infusionen (insbesondere Iloprost) Mittel der Wahl. Wenn Prostanoide nicht ansprechen, kann eine frühzeitige lokale oder systemische Fibrinolysetherapie Thromben in kleinen Gefäßen auflösen.
Eventuell ist eine längerfristige Behandlung mit Kalziumantagonisten vom Dihydropyridintyp sinnvoll. Prostaglandin I_2-(Iloprost-)i. v.-Infusionen sind Mittel der Wahl. Drittgradige Erfrierungen an den Extremitäten erfordern häufig die Amputation.

Perniones oder Frostbeulen entstehen nach wiederholter längerer Einwirkung von Kälte und Feuchtigkeit. Sie sind juckend bis schmerzhaft, bläulichviolett und von teigig-derber Konsistenz mit Neigung zu Blasenbildung und Ulzeration. Betroffen sind häufig wenig durchblutete Körperpartien wie Zehen, Ohren und Finger. Frostbeulen verheilen in der Regel ohne Behandlung innerhalb weniger Wochen. In dieser Zeit sollten die betroffenen Patienten warm gehalten werden. In schweren Fällen können Kalziumantagonisten von Nifedipin-Typ eingesetzt werden.

10.9.5 Paroxysmales Fingerhämatom

Plötzliche schmerzlose Blauverfärbung eines Fingers (seltener einer Zehe), meist an der volaren Seite mit nachfolgender Schwellung. Meist sind Frauen mittleren Alters betroffen. Ursächlich liegt eine spontane Ruptur einer digitalen Vene durch Traumen bei manueller Betätigung (z. B. Tragen von einschnürenden Tüten) vor. Die Therapie besteht in der Aufklärung über die Harmlosigkeit des Hämatoms, das innerhalb einiger Tage spontan zurückgeht. Rezidive sind allerdings häufig.

10.10 Vaskulitis großer Gefäße

10.10.1 Takayasu-Arteriitis

Synonym: Aortenbogensyndrom, Martorell-Fabré-Syndrom
engl.: aortic arch syndrome, pulseless disease of young women

Definition. Die Takayasu-Arteriitis ist eine systemische Vaskulitis mit chronisch-thrombosierender, granulomatöser Arteriitis des Aortenbogens, die zu Stenosierungen und Verschlüssen der Arterien des Aortenbogens führt. Koronar-, Pulmonal- und Nierenarterien können mit befallen sein.

Epidemiologie. Meist sind junge Frauen betroffen (Alter < 40 Jahre). In Europa ist die Erkrankung sehr selten, sie kommt häufiger im östlichen Mittelmeerraum und im Orient vor.

Pathogenese. Die Takayasu-Arteriitis befällt bevorzugt **große Arterien vom elastischen Typ.** Die Granulome bilden sich vor allem in der mittleren Schicht der Gefäßwand und zerstören diese. Durch Fibrosierung kommt es zu einer Einengung des Gefäßdurchmessers. Bedingt durch den hohen Druck kann es langfristig jedoch auch zur Bildung von Aneurysmen kommen.

Klinik. Die Takayasu-Arteriitis beginnt meistens mit allgemeinen Symptomen wie Fieber, Nachtschweiß, Myalgien, Arthralgien und Gewichtsverlust. Erst später folgen Gefäßverschlüsse mit (doppelseitiger) Pulslosigkeit der oberen Körperhälfte, neurologischen Symptomen wie Aphasie, Hemiparesen, Krämpfe, Apoplexie und einer Hypertonie infolge von Nierenarterienverschlüssen.

Diagnostik. Die Diagnose wird anhand der ACR-Kriterien bestimmt, von denen mindestens 3 positiv sein müssen:

- Alter bei Beginn der Erkrankung < 40 Jahre
- Claudicatio intermittens der Extremitäten (vor allem der Arme)
- abgeschwächter Puls bzw. Pulslosigkeit der A. brachialis (pulsless disease)
- Blutdruckdifferenz zwischen beiden Armen > 10 mmHg (systolisch)
- Strömungsgeräusche z. B. über Aorta, A. subclavia
- pathologische Befunde in der Angiografie

Mithilfe der **Duplexsonografie** lässt sich die Verdickung der kompletten Gefäßwand nachweisen, ebenso mit der **MR-Angiografie.** Spezifische Laborbefunde gibt es nicht, die Entzündungsparameter sind im akuten Stadium stark erhöht (BSG, CRP).

Differenzialdiagnose. Das arteriosklerotisch bedingte Aortenbogensyndrom kann durch Angiografie und Duplexsonografie abgegrenzt werden.

Therapie. Systemische Therapie in der aktiven Phase mit hohen **Kortikoid-Dosen** (60 mg Prednison/Tag, z. B. Decortin, Urbason, Prednison) in absteigender Dosierung, eine Erhaltungsdosis sollte über mindestens 2 Jahre beibehalten werden. Methotrexat (MTX) und Azathiopin werden häufig eingesetzt. Auch ASS gehört zur Basistherapie. Häufig sind zusätzliche invasive Eingiffe erforderlich, um die Stenosen zu beseitigen (PTCA, Stent, Gefäßchirurgie).

Prognose. Unter immunsuppressiver Therapie können weitere Schübe vermindert werden. Vorhandene Gefäßverschlüsse werden aber nicht wiedereröffnet.

10.10.2 Riesenzellarteriitis

→ s. S. 1130

10.11 Infektiöse Arteriitis

Eine relevante Bakteriämie kann z. B. im Rahmen einer Sepsis (s. S. 1156) oder als Embolie z. B. bei Endokarditis (s. S. 146) vorkommen. Die Keime siedeln sich in den Vasa vasorum an und lösen nachfolgend einen Abszess bei vorbestehender Arteriosklerose aus. Oft bilden sich multiple Aneurysmen. Die Therapie besteht in einer antibakteriellen Behandlung und chirurgischen Beseitigung eines entstehenden Aneurysmas.

Weiterführende Informationen

http://www.awmf-online.de/
http://leitlinien.net
S 3-Leitlinie zur Diagnostik und Therapie der peripheren arteriellen Verschlusskrankheit (PAV) AWMF-Leitlinien-Register, Nr. 065/003
AWMF-Leitlinien der Deutschen Gesellschaft Rheumatologie

11 Venen

Curt Diehm, Nicolas Diehm

70% der Bevölkerung in Deutschland weisen pathologische Veränderungen des peripheren Venensystems auf. In Deutschland leiden 32 Millionen Menschen unter leichten Venenbeschwerden, ca. 12 Mio. leiden an einer Stammvarikose und jeder 8. Deutsche (mehr als 5,5 Millionen) leidet an einer chronisch venösen Insuffizienz. Über 1 Millionen Menschen haben ein Ulcus cruris venosum und pro Jahr sterben in Deutschland über 30 000 Menschen an Lungenembolien.

11.1 Anatomie und Physiologie

Anhand ihres Durchmessers werden kleine (Durchmesser bis 1 mm), mittelgroße (1 – 100 mm Durchmesser) und große Venen unterschieden. Sie haben zwar im Prinzip den gleichen Aufbau wie die Arterien (s. S. 210), generell ist ihre **Wand** jedoch **deutlich dünner** und das Lumen dementsprechend größer.

Durch das relativ große Lumen bedingt befinden sich ca. 80% der gesamten Blutmenge im venösen System, weshalb Venen auch als **Kapazitätsgefäße** bezeichnet werden.

In kleinen und mittelgroßen Venen wird die Flussrichtung des Blutes durch **Venenklappen** sichergestellt, die das Gefäß segmentartig unterteilen. Die Venenklappen selbst bestehen aus zwei sich gegenüberliegenden taschenartigen Ausziehungen der Intima. Die Klappen öffnen sich für das Blut, das Richtung Herz fließt; Blut, das vom Herzen wegfließt, füllt die Taschen und verschließt so die Klappen (**Abb. 11.1**). Venenklappen kommen vor allem in der unteren Extremität vor.

Am Bein gibt es ein oberflächliches und ein tiefes Venensystem. Verbunden werden diese beiden Systeme durch die **Perforansvenen**. Besonders wichtig sind die

- Dodd-Gruppe (Innenseite des mittleren Oberschenkels),
- Boyd-Gruppe (Innenseite des Unterschenkels) und
- Cockett-Gruppe an der Innenseite des Unterschenkels im unteren Drittel (**Abb. 11.2**)

11.2 Diagnostik

Anamnese

Grundlage der Diagnose ist die Erhebung einer ausführlichen **Familienanamnese** und einer **Eigenanamnese.** Kommen in der Familie bereits Venenleiden vor, ist dies ein wichtiger Hinweis. Häufig

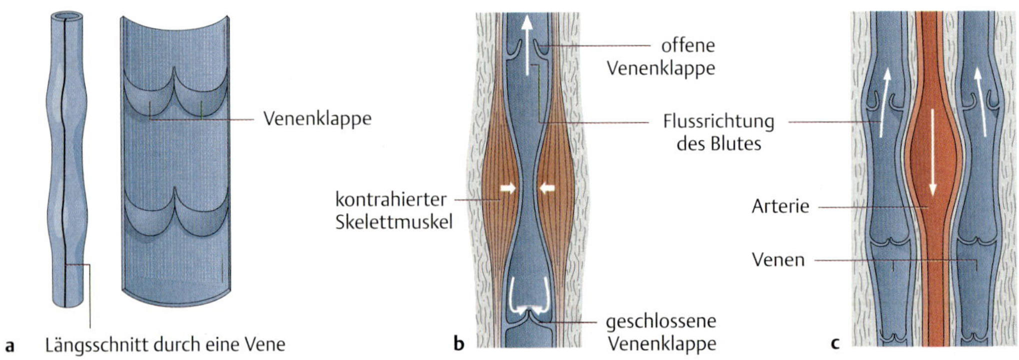

Abb. 11.1 Venöser Rückstrom. Bau von Venenklappen und ihr Zusammenspiel mit Muskelpumpe und arteriovenöser Kopplung. (aus Prometheus, LernAtlas der Anatomie, Thieme)

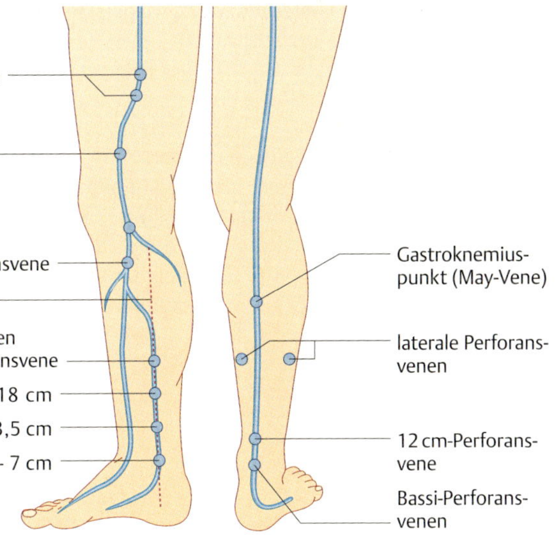

Abb. 11.2 Die wichtigsten Perforansvenen der unteren Extremität. An den bezeichneten Stellen entstehen häufig Varizen, da über die insuffizienten Perforansvenen das Blut aus dem tiefen in das oberflächliche Venensystem gelangt.

geben die Patienten eher unspezifische Beschwerden an:

- Müdigkeit in den Beinen
- Schweregefühl („Blei in den Beinen“)
- Spannungsgefühl in den Beinen
- Unruhe in den Beinen (restless legs)
- nächtliche Wadenkrämpfe
- ziehende Schmerzen in den Beinen
- Schwellungen der Beine

Venöse Beinbeschwerden treten besonders nach längerem Sitzen und Stehen auf – typisch sind Anschwellen der Knöchelregion/des distalen Unterschenkels, Müdigkeit und Schweregefühl – und bessern sich durch Hochlagerung und Gehen (chronische venöse Insuffizienz). Sie treten verstärkt in der heißen Jahreszeit auf und werden durch Kälteanwendung gelindert.

Inspektion

Bei der Inspektion kann schon ein bestimmter Typ von Varizen deutlich sichtbar sein (s. **Abb. 11.5**). Neben Typ, Ausprägung und Verteilungsmuster von Varizen ist auch auf Hautveränderungen zu achten. Die Hauttemperatur kann Hinweise auf eine Entzündung geben. Zu den **Druckschmerzpunkten** s. **Abb. 11.7**.

Nicht invasive apparative Diagnostik

Die **Duplexsonografie** ist heute **Standard** in der Varizendiagnostik. Bei der apparativen Diagnostik sind an erster Stelle die Ultraschalldiagnostik zu nennen. Die Farbduplexsonografie ermöglicht die simultane Abbildung des Blutflusses, des durchströmten Gefäßes und des umgebenden Gewebes. Indikationen für die Duplexsonografie sind u. a.:

- Nachweis und morphologische Beurteilung der (tiefen) Beinvenenthrombose (**Abb. 11.3**)
- Beurteilung der Funktion der Venenklappen im Bereich der Vv. saphena magna- und -parva-Mündung
- Nachweis und exakte Lokalisierung insuffizienter Perforansvenen
- Überprüfung therapeutischer Maßnahmen, vor allem der Thrombolyse- und der Sklerosierungstherapie
- differenzialdiagnostische Abklärung, z. B. von zystoiden Strukturen in der Leiste und Kniekehle

Phlebografie

Die **Phlebografie** ist ein Verfahren zur Kontrastmitteldarstellung des Venensystems bei Verdacht auf Phlebothrombose und in der Varizendiagnostik. Sie ist heute weitgehend von der Duplexsonografie abgelöst worden. Übliches Verfahren ist die aszendierende Phlebografie mit Injektion eines Kontrastmit-

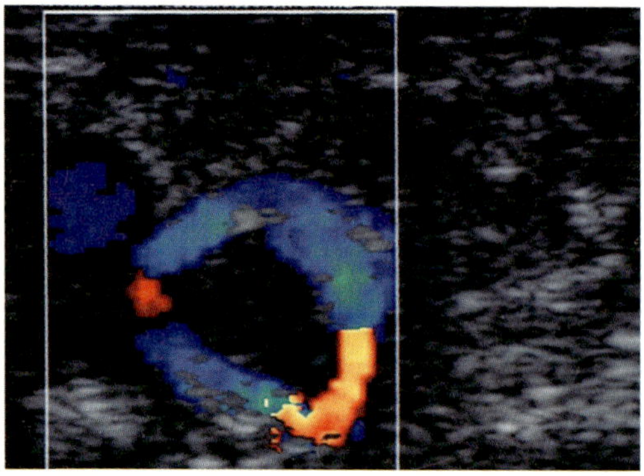

Abb. 11.3 Flottierender Thrombus bei Thrombose der V. femoralis superficialis. Der Thrombus ist komplett von farbkodierter Strömungsformation umgeben. (aus Kopp, Ludwig: Checkliste Doppler- und Duplexsonografie, 3. Auflage, Thieme)

tels in eine Fußrückenvene. Kriterien für die Diagnose einer Phlebothrombose sind

- Füllungsdefekte in dargestellten Venen (Konturphänomen)
- Verdämmern des Kontrastmittels im Verlauf des Gefäßes (Radiergummiphänomen)
- das Kuppelzeichen markiert das Ende des Verschlusses

Die Phlebografie ist aber nach wie vor indiziert, wenn eine exakte, untersucherunabhängige Dokumentation erforderlich ist (besonders vor Fibrinolyse, Thrombektomie, Kavaschirmeinlage) und bei gutachterlichen Fragestellungen. Auch zur Darstellung angeborener venöser Angiodysplasien (z. B. Klippel-Trénaunay-Syndrom) und Anomalien (z. B. Klärung von Verlaufs- und Mündungsvarianten der epifaszialen Venen) ist die Phlebografie indiziert.

Photoplethysmografie, Venenverschlussplethysmografie und Phlebodynamometrie

Diese Untersuchungen werden im klinischen Alltag eher selten eingesetzt. Bei der **Photoplethysmografie (syn. Lichtreflexionsrheografie)** wird Infrarotlicht von unterschiedlich stark gefüllten Venen verschieden stark reflektiert, sodass Rückschlüsse über den Füllungszustand der Venen möglich sind.

Bei der **Venenverschlussplethysmografie** wird die Volumenänderung im Bein mittels Dehnungsmessstreifen gemessen. Mithilfe von proximal angelegten Staumanschetten können Ruhedurchblutung, reaktive Hyperämie, venöse Kapazität, venöser Ausstrom und Kapillarfiltration gemessen werden. Ohne Staumanschette kann unter Belastung die venöse Pumpleistung sowie die venöse Auffüllzeit bestimmt werden.

Die **Phlebodynamometrie** (syn. Venendruckmessung) ist eine invasive Methode, bei der der zu untersuchende Venenabschnitt punktiert und der Blutdruck direkt innerhalb des Gefäßes gemessen wird. Der Venendruck wird dann in einem Bein in Ruhe und unter Aktivierung der Gelenk- und Muskelpumpe gemessen.

Labor

Gerinnungsphysiologische Untersuchungen sind zur Aufdeckung angeborener oder erworbener Gerinnungsdefekte indiziert, so bei Patienten mit tiefer Venenthrombose oder Lungenembolie ungeklärter Genese oder bei auffälliger familiärer Disposition (**Thrombophiliediagnostik,** s. S. 383).

Außerdem können die **D-Dimere** bestimmt werden. Diese Fibrin- und Fibrinogenspaltprodukte können bei Thrombenbildung im Plasma nachgewiesen werden (s. S. 384).

11.3 Varikosis

engl.: varicosis, varicose veins

Definition. Varizen oder Krampfadern sind krankhafte, irreversible sackförmige oder zylindrische **erweiterte oberflächliche Venen**, die vor allem an der unteren Extremität auftreten. Nach der Entstehung werden **primäre** ohne fassbare Ursachen (ca. 95%) und **sekundäre Formen** der Varikose unterschieden.

Ätiopathogenese

Für die Entstehung der **primären Varikose** sind folgende Faktoren verantwortlich:

- familiäre Belastung (besonders mütterlicherseits)
- anlagebedingte Bindegewebsschwäche
- angeborenes Fehlen der Venenklappen (Avalvulie)
- durch mechanische und/oder hormonale Faktoren bedingte Venenwandschwäche
- chronische Obstipation
- Adipositas

- Schwangerschaft
- vorwiegend sitzende/stehende Tätigkeit

In der Folge können die Venen dem Innendruck des Blutes nicht mehr standhalten und weiten sich aus, was wiederum zu einem **Funktionsverlust der Venenklappen** führt. Die eingeschränkte Klappenfunktion ist letztlich die maßgebliche Ursache für die Störung des venösen Abstroms im Bein mit den entsprechenden Folgeerscheinungen.

Die **sekundäre Varikose** entsteht als Folge einer venösen Abflussstauung und ist meist eine Begleiterscheinung des postthrombotischen Syndroms (s. S.244 ff).

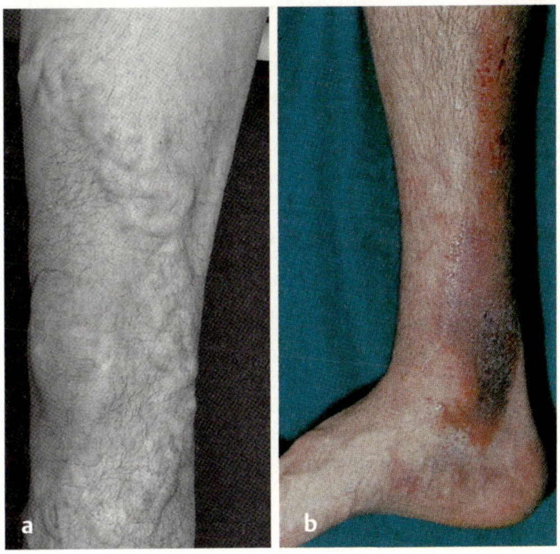

Abb. 11.4 Varikosis. a Typische primäre Stamm- und Seitenastvarikosis bei Mündungsklappeninsuffizienz. **b** Stammvarikosis der V. saphena magna: schwere venöse Insuffizienz bei Stammvarikosis mit Hyperpigmentierung der Haut und Stauungsekzem.

Varikoseformen

Nach topografischen bzw. morphologischen Kriterien werden hauptsächlich folgende Typen von Krampfadern unterschieden:

- **Stammvarizen** der V. saphena magna (**Abb. 11.4**) und V. saphena parva (**Abb. 11.5**, Rückseite des Unterschenkels): die komplette Stammvarikose der V. saphena entsteht durch Schlussunfähigkeit der Mündungsklappe und schreitet von proximal nach distal fort. Zu den Stadien s. **Abb. 11.6**
- **Seitenastvarizen**
- **Perforansvarizen:** die Verbindungsvenen zwischen epi- und subfaszialem System sind häufig insuffizient
- **retikuläre Varizen**
- **Besenreiservarizen**

> **!** **Primäre Formen der Varikose sind meist im Bereich der V. saphena magna lokalisiert (Stammvarikosis, Abb. 11.4), seltener im Bereich der V. saphena parva (Abb. 11.5).**

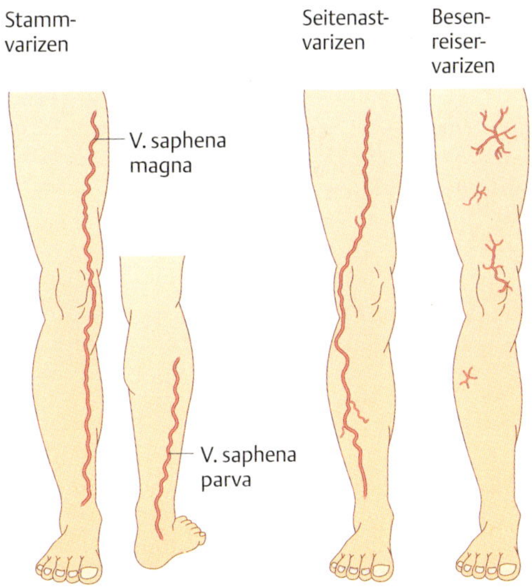

Abb. 11.5 Die wichtigsten Varizenformen. Von der Varikosis können sowohl die großen Venenstämme (medial: V. saphena magna, lateral: V. saphena parva) als auch die kleinen und kleinsten Äste des Venensystems betroffen sein.

Klinik

Die Patienten klagen über typische Beschwerden:

- Schweregefühl im Bein (Besserung durch Gehen und Laufen)
- Schmerzen im Bereich der Varizen (besonders beim Stehen)
- prämenstruelle Schmerzen im Bereich der Varizen (auch über retikuläre und Besenreiservarizen)
- Knöchelödeme
- Beschwerdezunahme bei Wärme
- Besserung durch Hochlagerung der Beine

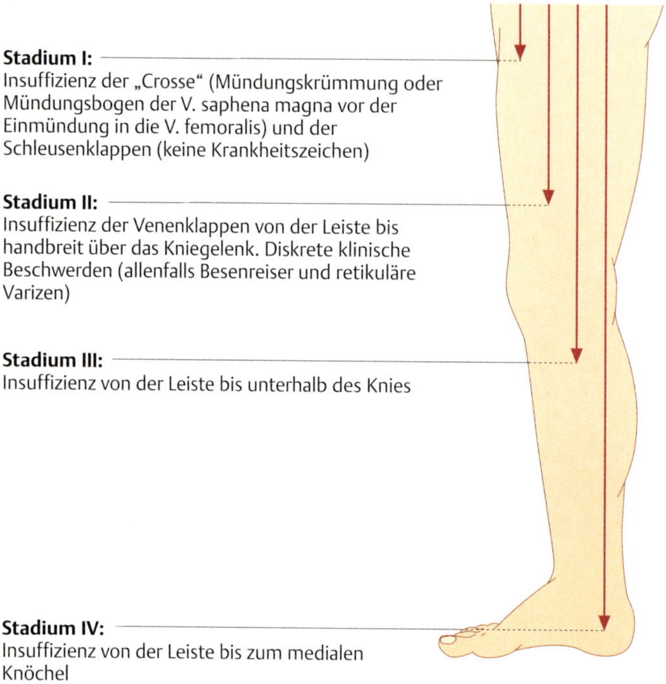

Abb. 11.6 Stadien der Stammvarikose der V. saphena magna.

> **!** Venöse Ödeme, d. h. subfasziale, epifasziale subkutane Ödeme, liegen vor, wenn nach 5 Sekunden dauerndem Fingerdruck in der Retromalleolargrube oder an der Tibiavorderkante typische Hautdellen länger als 30 Sekunden stehen bleiben.
> Lymphatisch bedingte Ödeme sind hingegen nicht druckschmerzhaft, nicht eindrückbar und haben eine teigige Konsistenz (s. S. 247).
> Das sog. Lipödem, das meist auch als zonale Fettsucht auftritt (im Volksmund „Fett- oder Sulzfuß“), ist nicht eindrückbar, meist besteht Druckschmerzhaftigkeit.

Diagnostik

An erster Stelle stehen Anamnese, Inspektion und Palpation.

Folgende **primäre Befunde einer Stammvarikose** der V. saphena magna sind typisch:

- tastbare Erweiterung des Gefäßes in der Leistenregion
- positiver Hustentest: Hustenstöße verursachen entlang des klappeninsuffizienten Venenstranges eine palpable Expansionsbewegung
- positiver Perkussionstest: am stehenden Patienten ist eine durch Perkussion peripherer Varizen ausgelöste Druckwelle an der V. saphena magna unterhalb des Leistenbandes oder in ihrem Verlauf fühlbar.

Die früher verwendeten Funktionstests (Trendelenburg, Perthes, Schwarz, Pratt und Linton) spielen angesichts der zuverlässigen nicht invasiven Untersuchungsverfahren nur noch eine untergeordnete Rolle.

Weiterhin gibt es verschiedene **sekundäre Befunde:**

- Besenreiser (meist supramalleolär)
- chronisch venöses Stauungssyndrom (s. S. 244),
- Stauungsdermatitis, Hyperpigmentation und im Spätstadium Ulcus cruris

Apparative Verfahren.

- **Dopplersonografie bzw. farbkodierte Duplexsonografie** der V. saphena magna und parva (+++) zur Darstellung der Venenmorphologie und zur Quantifizierung des Refluxes
- **Phlebografie:** Die aszendierende Pressphlebografie ist neben der Duplexsonografie die wichtigste Untersuchung zum Ausschluss von Venenthrombosen. Weitere Indikationen: Kollateralenbeurteilung vor Varizenverödung, operativer Varizenent-

fernung bzw. Ligatur insuffizienter Vv. perforans, um sicherzustellen, dass tiefe Beinvenen durchgängig sind (+++).

- **Photoplethysmografie/Lichtreflexionsrheografie (LRR):** Es handelt sich um eine Screeninguntersuchung auf chronisch venöse Insuffizienz, sie kann in jeder Praxis durchgeführt werden (+). Als globale Methode eignet sich diese in Teilen der blutigen Venendruckmessung annähernd korrespondierenden Methode nicht zur differenzialdiagnostischen Abklärung von Venenerkrankungen, sie kann aber als einfache Dokumentation von Ausgangsbefund und Behandlungsergebnis bei Sanierung einer hämodynamisch relevanten Varikosis dienen.
- **Phlebodynamometrie** (blutige Venendruckmessung) zur Quantifizierung der chronisch-venösen Insuffizienz (+).

Therapie

Die Therapie kann konservativ und/oder operativ erfolgen. Zunächst ist eine Änderung der Lebensführung mit **vermehrter körperlicher Aktivität** und Aktivierung der Wadenmuskelpumpe angezeigt. Langes Sitzen und Stehen sollte vermieden werden. Auch eine regelmäßige und exakte **Kompressionsbehandlung** mit elastischen Binden bzw. Strümpfen, um den Gefäßquerschnitt zu verkleinern und den venösen Rückstrom zu beschleunigen, kann hilfreich sein.

Die physikalische Therapie erfolgt mit Kaltwassergüssen. Medikamentös sind ödemprotektive Venenmittel, wie z.B. Flavonoide und Rosskastaniensamenextrakte, hilfreich.

An aktiven Therapiemaßnahmen stehen nach sorgfältiger Indikationsstellung die operative Varizenausschaltung und/oder Sklerosierung und Laser- oder Radiofrequenzablation der varikösen Vene zur Verfügung. Sie erfolgt z.B. bei Patienten mit deutlichen Beschwerden oder bei jüngeren Patienten, bei denen die Varikosis sich voraussichtlich drastisch verschlechtern wird mit der Gefahr entsprechender Komplikationen.

Die **operative Therapie** erfolgt mittels verschiedener Methoden, z.B. Crossektomie, Venenstripping. Neben der operativen Entfernung der Varizen kann oftmals auch eine **Verödung (Sklerosierung)** in Erwägung gezogen werden, insbesondere bei eher kleinen Krampfadern und bei Besenreisern. Ein wesentlicher Fortschritt stellt die duplexkontrollierte Schaumsklerosierung dar. Dabei wird das Verödungsmittel nicht pur in die Venen gespritzt, sondern vor der Injektion mit steriler Luft aufgeschäumt/emulgiert. Mit dieser Schauminjeektionstechnik können auch größere Krampfadern erfolgreich behandelt werden.

Weitere neue **endovenöse Verfahren** sind die:

- bipolare Radiofrequenz-induzierte Thermografie (Hitzesonde, die unter Ultraschallkontrolle in die Varize vorgeschoben wird)
- Radiofrequenztherapie (VNUS-Closure)
- endovenöse Lasertherapie (ELT)

11.4 Thrombophlebitis

engl.: thrombophlebitis

Definition. **Oberflächliche Venenentzündung** mit Verlegung des Lumens durch einen Thrombus.

Ätiologie. **An den Beinen** entsteht eine Thrombophlebitis oft bei vorbestehender Varikosis („Varikophlebitis"), ausgelöst durch Immobilisation oder Traumen. **An den Armen** ist die Ursache meist iatrogen (Injektionen, Infusionen).

Besondere Formen der Thrombophlebitis sind:

- **Thrombophlebitis migrans:** bezeichnet eine Form der Thrombophlebitis, die sich schnell ausbreitet („migriert").
- **Thrombophlebitis saltans:** „springende, oberflächliche Venenentzündung", die charakterisiert ist durch eine münzgroße lokale Rötung entlang von Venen, die meist nicht varikös verändert sind. Springt ohne Kontinuität von einer Extremität auf die andere oder vom Unterschenkel auf den Oberschenkel. Vorkommen z.B. bei Buerger-Syndrom (s.S. 220), Polyzythämie (s.S. 928), Paraneoplasien.

Klinik. Typisch ist der lokalisierte Berührungs- und Spontanschmerz mit Rötung und örtlicher Hyperthermie.

Diagnostik. Sonografische Darstellung der betroffenen Vene, welche einen intraluminalen Thrombus und eine Verdickung der Venenwand aufweist.

Differenzialdiagnose. s. **Tab. 11.1**. Zur Unterscheidung zwischen Thrombophlebitis und Phlebothrombose s. **Tab. 11.2**.

Therapie.

- Mobilisation (Bettruhe ist nachteilig! Gefahr des appositionellen Thrombuswachstums bis ins tiefe Venensystem)

Tab. 11.1 Differenzialdiagnose der Thrombophlebitis

Erkrankung	Bedeutung	Kommentar
Behçet-Syndrom (s. S. 1133)	+++	neben der Thrombophlebitis typische Trias: Hypopyon-Iritis, Aphthen der Mund- und Genitalschleimhaut, Hautknoten an den Unterschenkeln
Thrombangiitis obliterans (s. S. 220)	++	Abgrenzung durch Angiografie (s. S. 211)

> **!** Keine Bettruhe bei Thrombophlebitis!

- kalte Umschläge und Salbenverbände mit ASS, Diclofenac, Ibuprofen
- Anlage eines Kompressionsverbandes
- Schmerzlinderung: bei starken Schmerzen NSAR

Bei ausgeprägter Thrombophlebitis am Oberschenkel (Mündungsbereich der V. saphena magna) und im Bereich des dorsalen Unterschenkels (Mündung V. saphena parva) ist dringend eine Heparinisierung für 8 bis 14 Tage angezeigt (niedermolekulares Heparin geeignet).

Eine von oberflächlichen Venen ins tiefe Leitvenensystem hineinragende Thrombose („Korbhenkelthrombose") ist eine Indikation für einen akuten gefäßchirurgischen Eingriff (Thrombus- und Varizenentfernung).

> **!** Nicht nur tiefe Beinvenenthrombosen, sondern auch Thrombophlebitiden können Lungenembolien verursachen. Insbesondere Phlebitiden im Bereich des Oberschenkels müssen mit Heparin behandelt werden. Eine Langzeitbehandlung mit oralen Antikoagulanzien ist nicht indiziert.

11.5 Phlebothrombose

Synonym: akute tiefe Venenthrombose, TVT
engl.: deep vein thrombosis (DVT)

Definition. Akute komplette oder inkomplette **thrombotische Verschlüsse der tiefen Leitvenen,** überwiegend der unteren Extremitäten (60%), des Beckens (30%), der großen Hohlvenen sowie der Venen des Halses. Es besteht immer die Gefahr einer Lungenembolie oder der Entwicklung eines postthrombotischen Syndroms (50% der Fälle bei proximalen Thrombosen, s. S. 244).

Epidemiologie

Die Inzidenz der tiefen Bein-Beckenvenen-Thrombose liegt bei der erwachsenen mitteleuropäischen Bevölkerung zwischen 1 und 3 ‰. Unbehandelt treten in über 50% der Fälle Lungenembolien mit einer Mortalität zwischen 8 und 20% auf (s. S. 458). In Deutschland werden jährlich ca. 600 000 Patienten mit tiefer Venenthrombose behandelt, davon 300 000 stationär.

Ätiopathogenese

Die 1856 von Virchow beschriebene **Trias der Thromboseentstehung** ist auch heute noch gültig. Zu ihr gehört eine Beeinträchtigung

- der Gefäßwand bzw. des Endothels,
- der Blutströmung und der
- Blutzusammensetzung mit Ungleichgewicht zwischen Gerinnung und Fibrinolyse (s. S. 342).

Am häufigsten kommen Thrombosen an den unteren Extremitäten vor, das linke Bein ist häufiger betroffen als das rechte.

Weiterhin sind anatomische Gegebenheiten maßgeblich an der Entstehung von Becken- und Beinvenenthrombosen beteiligt: Abflussbehinderung der linken V. iliaca communis an der Kreuzungsstelle mit der rechten Beckenarterie (Überkreuzungsphänomen). Zusätzlich findet sich bei 20% der Menschen eine bindegewebige Endothelveränderung kurz vor der Einmündung der V. iliaca in die V. cava inferior (Beckenvenensporn).

> **!** Die Ursache einer tiefen Beinvenenthrombose bleibt in 30 – 40% aller Fälle unbekannt.

Verschiedene **Risikofaktoren** begünstigen die Entstehung einer Phlebothrombose:

- Phlebothrombose in der Vorgeschichte
- Herzkrankheiten (Herzinsuffizienz, kongestive Kardiomyopathie)
- Tumoren (Lunge, Abdominalorgane)
- Operationen (Verletzungen des Beckens und der Beine)
- Schwangerschaft und postpartale Phase
- Immobilisation/Bettlägerigkeit (z. B. bei längeren Reisen mit dem Auto, Flugzeug „Economy-Class-Syndrom"), Gipsruhigstellung einer Extremität
- Lähmungen
- angeborene Thrombophilie (s. S. 383) wie z. B. Protein-C-, Protein-S- und Antithrombin-III-Mangel, aktivierte Protein-C-Resistenz (APC-Resistenz, Faktor-V-Leiden-Mutation, Faktor-II-(Prothrombin-Mutation (→ thromboembolische Ereignisse bereits im jugendlichen Alter)
- Störungen der Fibrinolyse (selten, s. S. 345 f):
  - verminderte Freisetzung von t-PA (= tissue-Plasminogen-Activator),
  - erhöhte Aktivität des PAI (Plasminogen-Aktivator-Inhibitor)
- Einnahme von Ovulationshemmern (insbesondere in Verbindung mit Rauchen)
- erhöhte Blutviskosität (z. B. Polyglobulie, forcierte Diurese mit Exsikkose)
- Hyperhomozysteinämie (s. S. 389)

> **!** **Bei Thrombophlebitiden und Phlebothrombosen, die scheinbar ohne „äußere Ursachen" auftreten (sog. idiopathische Thrombosen), sind auch Paraneoplasien in die Differenzialdiagnose einzubeziehen. Es besteht so lange der Verdacht auf ein Tumorleiden, bis das Gegenteil bewiesen ist.**

Klinik

Zahlreiche Symptome können vorkommen:

- dumpfe, ziehende Schmerzen im ganzen Bein (meist abnehmend in Horizontallage)
- oft ziehender, muskelkaterartiger Schmerz in der Wade
- Schweregefühl im Bein
- akute Ödembildung, zunächst im Knöchelbereich, später Stauungsödem des ganzen Beins
- Zyanose des Beins
- subfebrile Temperaturen („Kletterpuls")
- oft ektatische oberflächliche Venen prätibial und über dem Fußrücken (sog. Pratt-Warnvenen).

Komplikationen

Zu den **Frühkomplikationen** einer TVT zählen Lungenembolie (s. S. 458), vor allem bei proximaler Thrombose der V. femoralis und der V. iliaca und die sehr seltene Phlegmasia coerulea dolens (s. S. 243). Eine mögliche **Spätkomplikation** ist das postthrombotische Syndrom vor allem bei langstreckigen Thrombosen der V. femoralis und V. iliaca (s. S. 244). Auch ein Ulcus cruris ist eine mögliche Komplikation, die jedoch bei adäquater Kompressionsbehandlung verhindert werden kann (s. **Abb. 11.11**).

Zur Unterscheidung zwischen Thrombophlebitis (s. S. 237) und Phlebothrombose s. **Tab. 11.2**.

Diagnostik

> **!** **Insgesamt hat sich die Diagnostik der tiefen Beinvenenthrombose in den letzten 15 Jahren erheblich verändert: Durch den Einsatz von Scoresystemen, D-Dimer-Bestimmung und Duplexsonografie kann vielfach auf die Phlebografie, die früher Goldstandard war, verzichtet werden.**

Tab. 11.2 Differenzialdiagnostische Unterscheidung der Klinik von Thrombophlebitis und Phlebothrombose

Thrombophlebitis	Phlebothrombose
• Entzündungszeichen: Calor, Rubor, Dolor (lokalisiert) • nur lokalisiertes Begleitödem • schmerzhaft entzündete oberflächliche Venenstränge	• Zyanose des Beins (besonders beim Stehen) • globale Schwellneigung der Extremität (Umfangsdifferenz, veränderte Konsistenz) • keine sichtbare Thrombose in einer Varize • dumpfer Schmerz im ganzen Bein • „Signalvenen" über Tibiakante und am Fußrücken • Druckschmerz der Wade bzw. des Oberschenkels (Meyer-Druckpunkte, Homans-Zeichen, Payr-Zeichen, Lowenberg-Test)

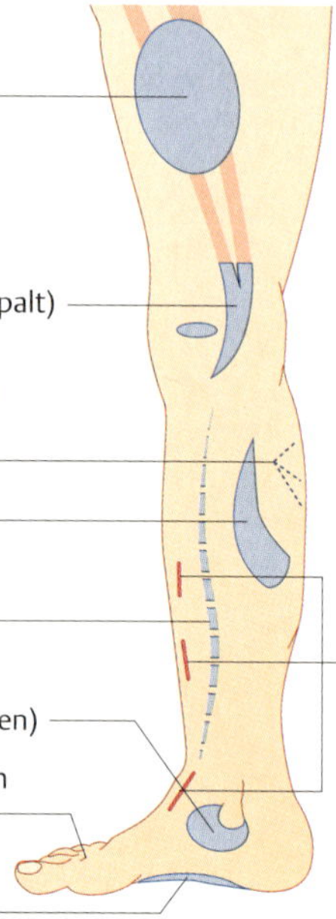

Abb. 11.7 Druckpunkte und Hinweiszeichen bei TVT. Selbst wenn ein Patient keines dieser klinischen Zeichen aufweist, ist eine Phlebothrombose nicht ausgeschlossn.

Zunächst werden Anamnese (bestehen Risikofaktoren?) und Klinik beurteilt. Es gibt einige **klinische Thrombosezeichen**, die allerdings **unsicher** sind (Abb. 11.7):

- Payr-Zeichen: Fußsohlenschmerz, z. B. bei Klopfen, aber auch beim Auftreten
- Bisgaard-Zeichen: Kulissendruckschmerz im retromalleolären Bereich
- Homans-Zeichen: Wadenschmerz bei Dorsalflexion
- Lowenberg-Test: Wadenschmerz, ausgelöst durch Blutdruckmanschette, Seitendifferenz
- Meyer-Druckpunkte: Druckschmerzpunkte im Verlauf der tiefen Venen
- Pratt-Zeichen: Druckschmerz in der Kniekehle

Zur Beurteilung eines Phlebothromboseverdachts der unteren Extremität hat sich in Wells-Score etabliert (Tab. 11.3).

Das Vorhandensein normwertiger D-Dimer schließt eine Phlebothrombose in der Regel aus. Umgekehrt kann aus einem erhöhten D-Dimer jedoch nicht automatisch auf das Vorliegen einer Phlebothrombose geschlossen werden.

Eine bildgebende Diagnostik (Duplexsonografie oder Phlebografie) ist immer erforderlich: Die **Duplexsonografie** in der Hand des erfahrenen Untersuchers hat dem bisherigen „Goldstandard", der Phlebografie, den Rang abgelaufen. Der Thrombus ist hier – je

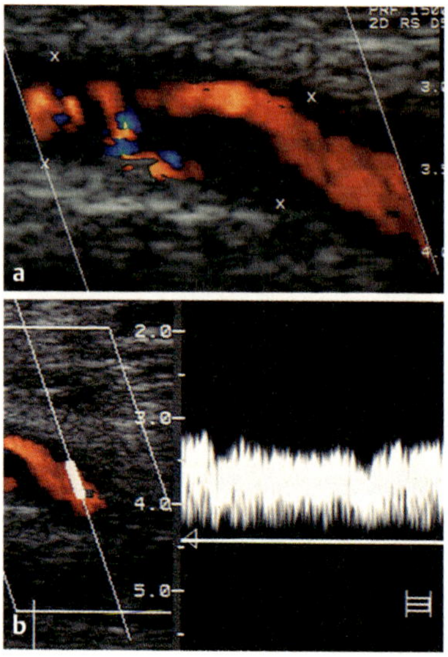

Abb. 11.8 Thrombose der V. poplitea mit partieller Rekanalisation. a Im Venenlumen farbkodiert mehrere Rekanalisationsstraßen mit irregulärem Verlauf. **b** Strömung nicht beschleunigt, jedoch bandförmig verändert. (aus Kopp, Ludwig: Checkliste Doppler- und Duplexsonografie, 3. Auflage, Thieme)

Tab. 11.3 Kriterien zur Bestimmung des Wells-Scores bei Lungenembolie

Kriterium	Punktzahl
klinische Zeichen für eine tiefe Beinvenenthrombose	3
andere Diagnosen sind unwahrscheinlich	3
Herzfrequenz > 100/min	1,5
Immobilisation > 3 Tage oder OP vor weniger als 4 Wochen	1,5
frühere Lungenembolie oder tiefe Beinvenenthrombose	1,5
Hämoptyse	1
Neoplasie	1

Beurteilung
< 2 Punkte: geringe Wahrscheinlichkeit
2 – 6 Punkte: mittlere Wahrscheinlichkeit
> 6 Punkte: hohe Wahrscheinlichkeit

nach Alter – echoreicher als das echofreie schwarze Venenlumen. Zudem fehlt im Thrombusbereich der Blutfluss. Die Vene lässt sich mit dem Schallkopf nicht oder nur eingeschränkt komprimieren (**Kompressionssonografie**).
Ist eine Duplexuntersuchung nicht möglich, bleibt die aszendierende Phlebografie diagnostisch das Mittel der Wahl (Abb. 11.9).
Die **MRT** führt zu einer guten Visualisierung von Venen, die bei der Phlebografie schlecht zugänglich sind (z. B. V. iliaca interna).

! Ca. 50 % der Phlebothrombosen bleiben symptomlos oder werden durch die klinische Untersuchung nicht erfasst. Das Fehlen klinischer Zeichen einer Phlebothrombose schließt diese also bei weitem nicht aus! Es sind daher bei Verdacht dringend apparative bildgebende Zusatzuntersuchungen (Duplexsonografie/Phlebografie) erforderlich.

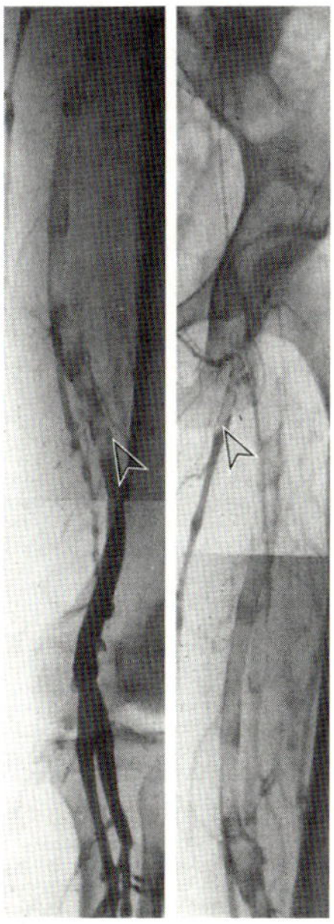

Abb. 11.9 Phlebografie einer deszendierenden Iliofemoralthrombose (Pfeil). Oberschenkelvenenthrombose links. Es ist nur noch ein Randfluss dargestellt.

Therapie

Wenn Duplexsonografie oder Phlebografie die Diagnose Phlebothrombose bestätigt haben, gibt es **akut** prinzipiell 3 Möglichkeiten der Therapie (Tab. 11.4):

- **Konservative Behandlung mit Heparin:** PTT-Verlängerung auf das 1,5- bis 2,5fache des Normalwertes durch Heparin-Dauerinfusion. Alternativ ist die subkutane Applikation möglich. Niedermolekulare Heparine sind heute die Mittel der Wahl.
- **Fibrinolysebehandlung** (s. S. 400): Sie erfolgt mit Streptokinase (konventionell und ultrahochdosiert), Urokinase oder t-PA systemisch oder lokoregional. Die Fibrinolysebehandlung ist bei jungen Patienten mit einer Mehretagenthrombose indiziert und sollte möglichst frühzeitig einsetzen, weil bei nicht vollständiger Auflösung aller

Tab. 11.4 Indikationen für die einzelnen akuten Therapiemöglichkeiten bei Phlebothrombose

konservative Therapie mit Heparin	Thrombolyse	Thrombektomie
Standardtherapie jeder Thrombose	**strenge Indikationsstellung**, Ausschluss sämtlicher Kontraindikationen (s. S. 401)	Indikation äußerst zurückhaltend
• reine Unterschenkelvenenthrombose • ältere (> 7 Tage alte) Mehretagenthrombose • Thrombose bei Patienten, die infolge schwerer Erkrankungen oder des Alters eine begrenzte Lebenserwartung (< 10 Jahre) aufweisen • Axillar-Subklavia-Venenthrombose (Paget-von-Schroetter-Syndrom, s. S. 243) • Schwangerschaftsthrombose	• Mehretagenthrombose, die aufgrund ihrer Lokalisation und Ausdehnung ein postthrombotisches Syndrom erwarten lässt • Thrombosealter < 7 Tage • Phlegmasia coerulea dolens, fakultativ vor Thrombektomie	• frische (< 5 Tage alte), isolierte Beckenvenenthrombose • deszendierende Beckenvenenthrombose in der Schwangerschaft • aszendierende Thrombophlebitis, die auf das tiefe Venensystem übergreift • Phlegmasia coerulea dolens

Thromben eine valvuläre Dysfunktion sowie Rezidivthrombosen nicht in genügendem Maß verhindert werden können.

- **Hybrid-Revaskularisation:** chirurgische Embolektomie und Stent-Insertion im Bereich des Beckenvenensporns
- **Chirurgische Thrombektomie:** Sie wird in Vollnarkose von der V. femoralis aus durchgeführt. Voraussetzung: die Thrombose darf maximal 5 Tage alt sein, da sonst der Thrombus mit der Venenwand verbacken ist, was eine Embolektomie deutlich erschwert.

Die chirurgische Thrombektomie sollte nur in gefäßchirurgischen Zentren erfolgen.

Die Indikationen für die einzelnen akuten Therapiemöglichkeiten bei Phlebothrombose sind in Tab. 11.4 zusammengefasst.

Es erfolgt direkt die **stationäre Einweisung.** Bereits vor Einweisung in die Klinik sind verschiedene Punkte zu beachten. Das betroffene Bein ist hochzulagern, ebenso der Oberkörper des Patienten (halbsitzende Stellung als Lungenembolie-Prophylaxe). Dann erfolgt eine Bolusinjektion von 5 000 – 10 000 IE Heparin i. v. gefolgt von 1 000 – 1 500 IE/Stunde (alternativ niedermolekulares Heparin, s. S. 393).

Einige **generelle Therapierichtlinien** sollten ebenfalls beachtet werden:

- Gehfähige Patienten mit frischen isolierten Unterschenkel- bzw. Wadenvenenthrombosen müssen nicht immobilisiert werden.
- Auch bei einer frischen Oberschenkel- und Beckenvenenthrombose setzt sich mehr und mehr eine schnelle Mobilisation auf Stationsebene durch.
- Eine optimale Kompressionstherapie mit Anwendung von Kompressionsverbänden in der Akutphase (tägliches Wickeln mit Kurzzugbinden, Klebebinden) und Anpassung von Kompressionsstrümpfen nach Abschwellen des betroffenen Beins hat nach wie vor einen hohen Stellenwert.
- Die ambulante Behandlung der Venenthrombose setzt eine optimale funktionierende Logistik und Erfahrung mit diesem Krankheitsbild voraus.

Nachbehandlung

Die Behandlung mit Vitamin-K-Antagonisten wird in der Regel am 1. oder 2. Tag begonnen mit dem International Normalized Ratio (INR)-Zielwert 2,0 bis 3,0. Eingesetzt werden orale Antikoagulanzien (Marcumar, Sintrom) für 3 bis 6 Monate, bei gleichzeitig abgelaufener Lungenembolie für mindestens 1 Jahr. Bei angeborenen Mangelzuständen von Protein C, Protein S, Antithrombin III und APC-Resistenz ist nach durchgemachter Thrombose meist eine lebenslange Antikoagulation notwendig (vgl. S. 394). Neue orale Gerinnungshemmer wie Rivaroxaban und Dabigatran stehen unmittelbar vor der Zulassung (Hauptvorteil nach Zulassung: Gerinnungskontrollen entfallen).

Klinischer Fall

Wegen einer sehr schmerzhaften Schwellung des linken Beins stellt sich die 25-jährige Studentin Frau F. beim Hausarzt vor. Seit knapp zwei Wochen sei sie stark erkältet und habe im Bett gelegen. Zudem sitze sie viel, weil sie für Prüfungen lerne. Nun seien plötzlich die Schmerzen im Bein aufgetreten. Orale Antikonzeptiva nimmt die Patientin seit einem halben Jahr nicht mehr ein. Sie raucht nicht. Der Hausarzt führt bei klinischem Verdacht auf eine Thrombose eine Kompressionssonografie durch. Er sieht eine komplette Thrombosierung der V. iliaca, V. femoralis communis sowie der V. saphena magna rechts. Die V. femoralis superficialis und profunda sowie die V. poplitea sind frei.

Der Arzt lässt einen Kompressionsverband anlegen und antikoaguliert Frau F. mit einem niedermolekularen Heparin subkutan, dann weist er die Patientin in die Klinik ein. Dort wird die Patientin stationär überwacht, erhält weiterhin das niedermolekulare Heparin und wird überlappend mit Phenprocoumon eingestellt. Zwecks Ursachenforschung werden verschiedene Untersuchungen durchgeführt: im Herzultraschall sind die Herzhöhlen normal groß. Es gibt keine Zeichen der Rechtsherzbelastung und keine Wandbewegungsstörungen. Zum Ausschluss einer malignen Grunderkrankung veranlassen die Ärzte außerdem einen Röntgenthorax, ein Ultraschall Abdomen, eine Gastroskopie und eine konsiliarische gynäkologische Untersuchung. Alle Ergebnisse sind ohne pathologischen Befund.

Frau F. kann fünf Tage nach Diagnosestellung und Erreichen des Ziel INR von 2 – 3 sowie einem deutlich gebesserten lokalen Befund entlassen werden. Das Marcumar soll sie zunächst sechs Monate einnehmen und sich dann in einer Gerinnungssprechstunde zur Thrombophiliediagnostik vorstellen. Dies empfiehlt ihr der Stationsarzt dringend, nicht nur weil sie noch so jung ist, sondern auch weil die Ursache der Thrombose nicht hinreichend geklärt ist. Ein Kompressionsstrumpf der Klasse 2 wurde rezeptiert.

11.6 Phlegmasia coerulea dolens

engl.: blue phlebitis

Definition. Schlagartig einsetzende und rasch fortschreitende komplette Thrombose aller venösen Ausflussbahnen eines Beines. Durch die Volumenzunahme kommt es reflektorisch zu einer arteriellen Minderdurchblutung (sog. pseudoarterielles Emboliesyndrom).

Klinik. In kürzester Zeit tritt eine extreme elephantiasisartige Anschwellung der betroffenen Extremität mit tief livider Verfärbung auf. Meist besteht ein **schmerzhaftes Ödem,** das sich rasch ausbreitet. Weitere **Symptome** sind motorische Schwäche der Extremität, Hypästhesien und Parästhesien und eine zyanotische Verfärbung des ganzen Beines. Häufig kommt es zum hypovolämischen Schock.

Diagnostik. Bei der **klinischen Untersuchung** fällt die Überempfindlichkeit der Venendruckpunkte auf. Sekundär kommt es zur schweren arteriellen Durchblutungsstörung durch die Behinderung der kapillären und arteriellen Zirkulation (daher abgeschwächte oder fehlende periphere Arterienpulse). Darstellung der venösen Thrombose durch **farbkodierte Duplexsonografie**.

Therapie und Verlauf. Die **Therapie** besteht in der Antikoagulation mit Heparin, Volumenersatz und Versuch einer Fibrinolysebehandlung. Wenn diese nicht erfolgreich ist, ist die Phlegmasia coerulea dolens eine Indikation für die Thrombektomie. Gefürchtete **Komplikationen** sind Gangrän und Lungenembolie.

11.7 Paget-von-Schroetter-Syndrom

Synonym: Axillar-Subklavia-Venenthrombose
engl.: effort thrombosis

Definition. Thrombose der V. axillaris oder V. subclavia (**Abb. 11.10**). Prädilektionsstelle ist eine Enge im Bereich der thorakobrachialen Verbindungen beim Durchtritt zwischen Schlüsselbein und erster Rippe. Neuerdings wird das Paget-von-Schroetter-Syndrom dem Thoracic-Outlet-Kompressionssyndrom (TOS) zugeordnet (s. S. 223). **Risikofaktoren** sind Sportarten wie Handball, Basketball, Tennis oder auch Holzhacken („effort thrombosis“).

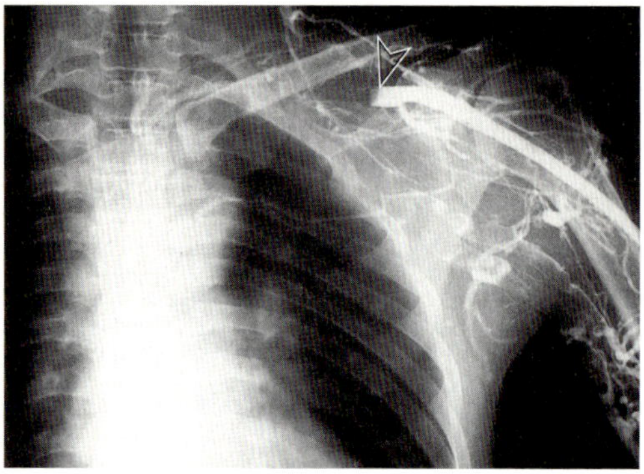

Abb. 11.10 Paget-von-Schroetter-Syndrom. Verschluss der V. subclavia links (Pfeil).

Klinik. Symptome sind Anschwellen des Arms, livide Hautmarmorierung sowie dumpfe Schmerzen und Schweregefühl im Arm. Die Kollateralvenen sind meist an der vorderen Thoraxseite sichtbar. Eventuell sind bei Beteiligung von Arterien und Nerven weitere Symptome als Hinweis auf eine Kompression erfragbar (z. B. Parästhesien, Kraftverlust).

Diagnostik. Anamnese und Klinik erlauben häufig schon die Verdachtsdiagnose. Auch klinische Tests können weiterhelfen, z. B. die forcierte Abduktion (Hyperabduktionstest) oder die Armhebung und Kopfwendung nach kontralateral (Adson-Manöver). Dabei verschwindet der arterielle Puls z. B. an der A. radialis (Thoracic-outlet-Syndrom, s. S. 223). Auch ein anamnestischer Bezug zu intensiver Arbeit mit dem Arm ist hinweisend.
Die diagnostische Sicherung erfolgt durch die Duplexsonografie, in seltenen Fällen muss eine Phlebografie zur Klärung herangezogen werden. Um die Kompression darzustellen, sind weitere bildgebende Verfahren notwendig (CT, MRT).

Differenzialdiagnose. Bei der Diagnose sind Tumoren des Mediastinums, seltener der Axilla- bzw. Klavikulargrube, eine Kallusbildung nach Schlüsselbeinfraktur sowie eine iatrogene Schädigung durch Katheter oder Herzschrittmacher auszuschließen.

Therapie. Die Therapie besteht in der akuten Antikoagulation mit Heparin (stationär für 5 – 7 Tage) und weiterer Gabe von oralen Antikoagulanzien für 3 bis 4 Monate. Eine Fibrinolysetherapie sollte nur in absoluten Ausnahmefällen (Profisportler, Pianist/in) in Erwägung gezogen werden, da ausgeprägte postthrombotische Syndrome am Arm praktisch nicht auftreten.

11.8 Postthrombotisches Syndrom und chronisch venöse Insuffizienz (CVI)

engl.: chronic venous insufficiency, postthrombotic syndrome

Definition. Folgezustand nach einem Zeitraum von einem bis zehn Jahren im Anschluss an akute, subakute oder rezidivierende Phlebothrombosen mit typischen Veränderungen im Phlebogramm und bei der Duplexsonografie.
Das Syndrom beinhaltet alle Komplikationen, die durch eine chronisch venöse Stauung entstehen: Folgezustände der primären Varikose, der primären Klappeninsuffizienz sowie des postthrombotischen Syndroms.

Epidemiologie

Die CVI ist in der Praxis eine der häufigsten Gefäßerkrankungen mit einer Prävalenz in der Bevölkerung von bis zu 15 %. Frauen sind dreimal häufiger betroffen als Männer. Ein Folgezustand ist das Ulcus cruris, von dem über 1 Million Menschen in Deutschland betroffen sind.

Ätiopathogenese

Aufgrund der gestörten Hämodynamik infolge einer Phlebothrombose kommt es zum retrograden Blutfluss und zur chronisch-venösen Stauung. Dies wiederum schädigt die Venenklappen erneut und führt zum typischen klinischen Bild.

Klinik und Diagnostik

Methode der ersten Wahl ist die Duplexsonografie. Bei fehlender Gerätetechnik und Expertise kann alternativ eine Phlebografie durchgeführt werden. Im Phlebogramm und bei der Duplexsonografie sind folgende Zeichen sichtbar:

- Klappeninsuffizienz
- Reflux im tiefen Venensystem
- postthrombotische Veränderungen
- kutane Lymphabflussstörungen

Typisch sind zudem die chronisch progrediente Störung der Mikrozirkulation, eine erhöhte Sensibilisierung der Haut sowie die regelmäßig eingeschränkte Beweglichkeit des Sprunggelenks. Häufig kommt es zum rezidivierenden Ulcus cruris (Abb. 11.11).
Die **Kombination von Venen- und Hautveränderungen** bei konstanter venöser Hypertension wird auch unter dem Begriff **chronisch venöse Insuffizienz** (CVI) subsumiert. Die CVI wird in 3 klinische Stadien eingeteilt:

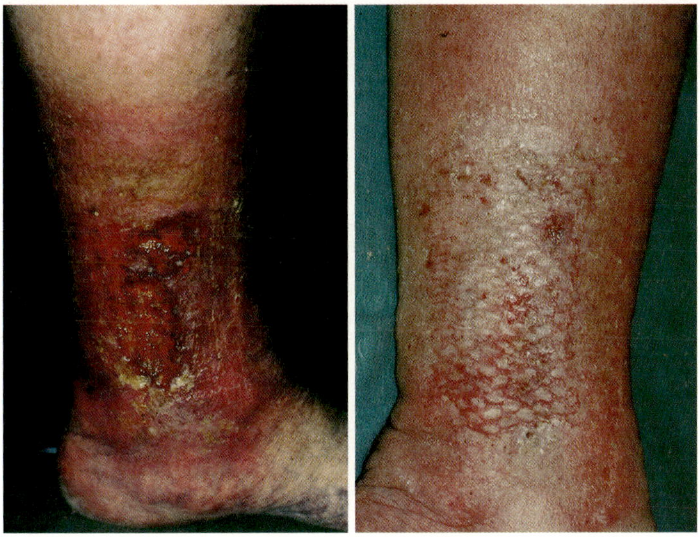

Abb. 11.11 Komplikationen der chronisch-venösen Insuffizienz (CVI). Ulcus cruris bei CVI Grad III vor und 4 Monate nach Shave-Therapie und Meshgraft-Transplantation. (aus Moll: Duale Reihe Dermatologie, 5. Auflage, Thieme)

B

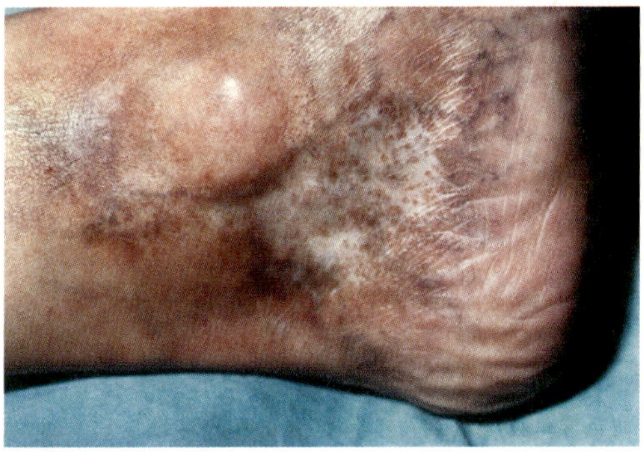

Abb. 11.12 Atrophie blanche.

- **Stadium I:** Corona phlebectatica paraplantaris (Stauung und Ektasie kleiner Venen), diskretes Stauungsödem
- **Stadium II:** Stauungsdermatose, weiße Atrophie der Haut (Atrophie blanche, **Abb. 11.12**), Depigmentierung, Stauungsinduration, Hyperpigmentierung, Ekzem)
- **Stadium III:** abgeheiltes oder florides Ulcus cruris.

Eine differenzierte Einteilung, um den Schweregrad einzuschätzen, bietet die CEAP-Klassifikation (**Tab. 11.5**).

Tab. 11.5 Einteilung der CVI nach der CEAP-Klassifikation*

C = klinisches Zeichen	
C_0	keine Erscheinung
C_1	Besenreiser und retikuläre Varizen
C_2	Varizen
C_3	Ödem (Ödem+Corona phlebectatica)
C_4	Hautveränderungen
C_5	abgeheiltes Ulkus
C_6	offenes Ulkus
E = Ätiologie	
E_C	Kongenital
E_P	Primär
E_S	Sekundär
A = Anatomie	
A_S	Oberflächlich
A_D	Tief
A_P	Perforansvene
P = Pathophysiologie	
P_O	Obstruktion
P_R	Reflux

** C = clinical condition, E = etiology, A = anatomic location, P = pathophysiology*

Therapie

Kompressionsbehandlung. konsequente Kompressionsbehandlung mit elastischen Binden oder Kompressionsstrümpfen, in fortgeschrittenen Fällen maschinelle intermittierende Kompression. Risiken der Kompressionstherapie bei CVI:

- gleichzeitig bestehende PAVK mit Perfusionsdruck zwischen 50 und 70 mmHg Knöcheldrucken
- dekompensierte Herzinsuffizienz
- koronare Herzkrankheit (neutralisiert Nitroeffekt durch Aufhebung der Vorlastsenkung)
- schwere arterielle Hypertonie
- fortgeschrittene periphere Neuropathie

Balneophysikalische Maßnahmen: kalte Güsse, Bewegungstherapie (v. a. wegen der Gefahr der Sprunggelenkversteifung)

Varizensklerosierung, chirurgische Maßnahmen.

- Unterbindung oder Durchtrennung von insuffizienten Perforansvenen (wichtige Teilursache für Ulkus!)
- Varizenchirurgie
- spezielle Ulkuschirurgie

Die Entwicklung der duplexkontrollierten **Schaumsklerosierung** (syn. endoluminale Sklerosierung) ist ein großer Fortschritt in der Varizenbehandlung, da diese Therapie schnell durchführbar und weniger schmerzhaft ist sowie kaum Nebenwirkungen hat. Zur Behandlung der Besenreiservarikosis werden zunehmend Argonlaser und gepulste Farbstofflaser eingesetzt.

Gefäßchirurgisch wurde die „Mini-Phlebektomie“ (sog. Varady-Technik) mit kleinsten Schnitten entwickelt. Bei der CHIVA-Technik wird die Hauptvarize nicht entfernt, sondern ihre Einmündungen an den defekten Abschnitten werden unterbunden. Weitere neue endovenöse Verfahren s. S. 237.

Medikamentöse Therapie. Hauptindikation für den Einsatz von Venenpharmaka sind die Symptome der CVI. Der Wirksamkeitsnachweis für Venenmedikamente ist heute erbracht. Zum Einsatz kommen venentonisierende Medikamente sowie antiödematös wirkende Medikamente (Flavonoide, Rosskastaniensamenextrakte). Diuretika allenfalls initial und nur kurzfristig, denn sie führen zu einer Hämokonzentration und erhöhen somit die Thrombosegefahr; außerdem kommt es zu einer Erhöhung des Cholesterin-, Triglyzerid- und Harnsäurewerts sowie zu Elektrolytstörungen).

Weiterführende Informationen

http://www.awmf-online.de
http://www.phlebology.de

12 Lymphgefäße

Curt Diehm, Nicolas Diehm

B

12.1 Anatomie und Physiologie

Das Lymphgefäßsystem ist ein **Drainage- und Transportsystem**, das enge Wechselbeziehungen zum venösen System hat. Die Hauptaufgabe des Lymphsystems besteht im Abtransport von lymphpflichtigen Substanzen (Eiweiß, Fett, Zellbestandteile und Wasser) aus dem interstitiellen Gewebe. Es spielt aber auch eine wichtige Rolle bei der **Abwehr von Krankheitserregern**.

Das Lymphsystem beginnt mit blind endenden Kapillaren, die die Lymphe aus dem Gewebe aufnehmen. Die folgenden Gefäße nehmen dann im Durchmesser zu. Eingebaut in die Lymphabflusswege sind die **Lymphknoten**, die als Filter fungieren. Den Verlauf der Lymphstämme zeigt Abb. 12.1.

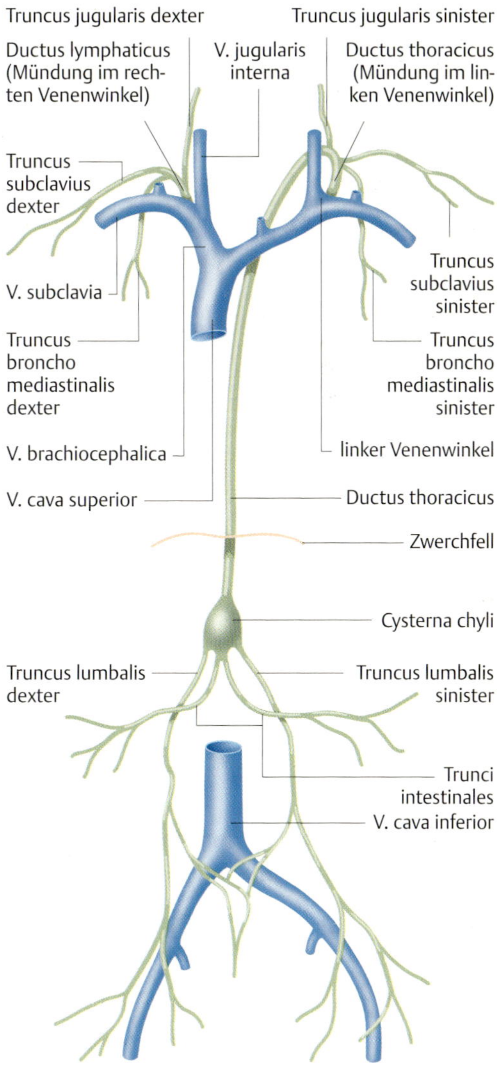

Abb. 12.1 Schematische Darstellung des Lymphsystems. (aus Prometheus, LernAtlas der Anatomie, Thieme)

12.2 Lymphödem

engl.: lymphedema, lymphatic edema

Definition. Störung des Lymphtransports mit abnormer Akkumulation von Lymphe im Interstitium der Extremitäten. Die ICD 10 unterscheidet drei Formen:

- Lymphödem, anderenorts nicht klassifiziert
- Lymphödem nach Mastektomie
- hereditäres Lymphödem

Epidemiologie. Lymphödeme sind insgesamt selten (ca. 12 500 Lymphödeme/Jahr), wobei Frauen wesentlich häufiger betroffen sind als Männer.

Ätiopathogenese. Lymphödeme können vererbt oder erworben sein. Unterschieden werden **primäres Lymphödem** und **sekundäres Lymphödem.** Ursachen der beiden Formen sind in Tab. 12.1 aufgeführt.

Klinik. Im Gegensatz zum venösen Ödem sind beim Lymphödem die **Zehen mit betroffen**. Typisch sind auch tief einschneidende Querfalten an den Zehen. Das **Stemmer-Zeichen** ist positiv, d. h. über den Zehen lässt sich keine Hautfalte anheben.

Blasse, schmerzlose Schwellung ohne Überwärmung, die beim **primären Lymphödem** an Zehen und Fußrücken beginnt und sich dann in Richtung Unter- und Oberschenkel fortsetzt (Abb. 12.2), beim **sekundären Lymphödem** von der Achsel oder Leiste ausgeht und abwärts wandert. Es werden 3 Stadien unterschieden:

Tab. 12.1 Einteilung und Ursachen von Lymphödemen

primäre Lymphödeme	sekundäre Lymphödeme
• angeborene Lymphödeme (Nonne-Milroy-Form) • nicht angeborene, erstmals in der Pubertät auftretende Lymphödeme (meist bei Frauen, Meige-Form) Ursachen: Agenesie, Aplasie und Hypoplasie von Lymphgefäßen, z. B. essenzielles Lymphödem	• parasitäre Mikroorganismen (Wucheria bancrofti) • Infektionen (bakteriell und mykotisch, z. B. Erysipel) • postthrombotisches Syndrom und Zustand nach Thrombophlebitis • akute und chronische Lymphangiitis • malignes Lymphödem bei Tumorleiden (z. B. Prostatakarzinom, Mammakarzinom, Ovarialkarzinom) • iatrogen (chirurgische Entfernung von Lymphknoten, z. B. nach Mammaoperation, Strahlentherapie)

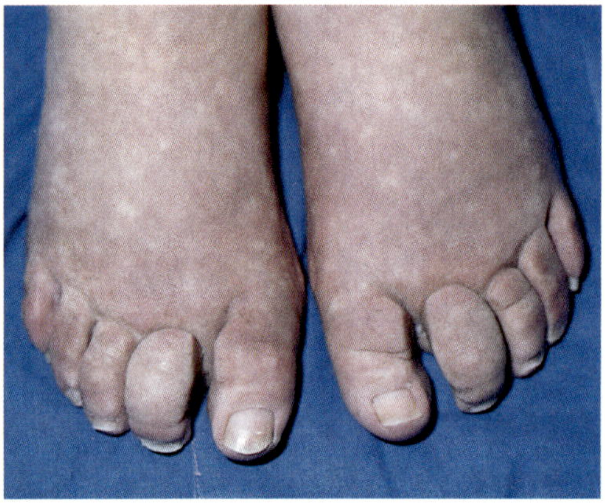

Abb. 12.2 Lymphödem. Ausgeprägtes primäres Lymphödem mit massiver Schwellung des Vorfußes und der Zehen.

- **Stadium I:** reversibles Ödem, weiche Schwellung
- **Stadium II:** irreversibles Ödem mit beginnender Fibrose der Haut
- **Stadium III:** lymphostatische Elephantiasis mit stark fibrotisch verdickter, derber Haut

Diagnostik. Die primäre Diagnose ist klinisch. Eine Lymphografie (mit wässrigem Kontrastmittel und Isotopenlymphografie) sollte durchgeführt werden, wenn eine venöse oder andere Genese für ein Beinödem ausgeschlossen worden ist oder bei Sonderfällen (Missbildungen des lymphatischen Systems). Eine Zusammenfassung des diagnostischen Vorgehens bei der Abklärung von lymphostatischen Ödemen zeigt **Abb. 12.3**.

Therapie. Die Therapie besteht in der **komplexen physikalischen Entstauungstherapie (KPE).** Hierzu zählen physikalische Entstauung, manuelle Lymphdrainage und intermittierende Kompressionsbehandlung. Nach Entstauung muss immer eine **konsequente Kompressionstherapie** mit Binden und Strümpfen erfolgen. Die Langzeitbehandlung mit Diuretika ist kontraindiziert, denn das eiweißreiche Lymphödem wird durch den diuretikabedingten Wasserentzug noch eiweißreicher, wodurch das Wasser wieder in das Gewebe „gezogen“ wird. Das Ödem bleibt somit unbeeinflusst: es entsteht ein Jo-Jo-Effekt. Eine sorgfältige Fußpflege ist notwendig, Vorsicht vor Verletzungen, keine einschneidenden Strümpfe, keine Akupunkturbehandlung, Übergewicht normalisieren, keine Sauna, kein Sonnenba-

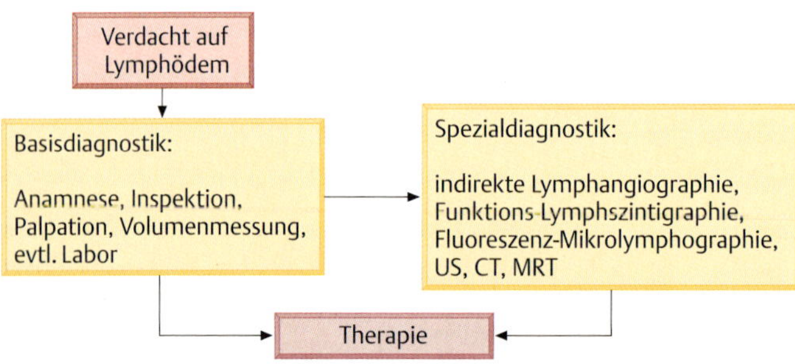

Abb. 12.3 Diagnostisches Vorgehen bei der Abklärung von lymphostatischen Ödemen.

den. Eine eventuell begleitende Mykose muss aggressiv behandelt werden. Antibiotikaprophylaxe bei rezidivierender Lymphangiitis.

Komplikationen.

- rezidivierendes Erysipel (s. S. 987)
- Lymphangiosarkom (Steward-Treves-Syndrom in 0,75 ‰ aller sekundären Lymphödeme)
- Lymphfistel
- Hyperkeratose (Verrucosis lymphostatica)

Prognose. Das Leiden bleibt meist lebenslang bestehen und ist konsequent und permanent behandlungsbedürftig. Das klinische Bild eines Lymphödems kann durch eine Lymphangiosis carcinomatosa (kontinuierliche Ausbreitung eines Karzinoms in den Lymphgefäßen) verschlechtert werden.

Sekundäres Lymphödem bei Mammakarzinom

Lymphödeme bei Mammakarzinom können den ganzen zur ipsilateralen Axilla gehörigen Quadranten betreffen (Arm, Hand, Thoraxwand und Mamma). Sie manifestieren sich meist rasch nach der Operation, manchmal infolge von Narbenschrumpfungen und radiogenen Fibrosen aber auch erst nach Monaten oder Jahren.

In Deutschland kommt es zu ca. 50 000 Mammakarzinomen im Jahr. 25 % dieser Patientinnen entwickeln ein behandlungsbedürftiges sekundäres Lymphödem. In 60 % aller Fälle bleibt das Armlymphödem unkompliziert, ca. 30 % der Patienten entwickeln ein einmaliges bzw. rezidivierendes Armlymphödem, ca. 13 % ein malignes Armlymphödem. Zur Basisbehandlung gehören eine optimale Hauthygiene, manuelle Lymphdrainagen, regelmäßige Kompressionsbandagen sowie eine konsequente Entstauungsgymnastik. Die chirurgische Autotransplantation von Lymphgefäßen erfolgt nur in Ausnahmefällen.

12.3 Lymphangitis

Definition. Die Lymphangitis stellt eine seltene Entzündung der Lymphbahnen der Cutis und Subcutis dar. Selten abszedierend. Sichtbare rote Streifen entlang der Lymphbahnen im Abflussgebiet eines lokalen Infektionsherdes. Meist vergrößerte regionäre Lymphknoten (Lymphadenitis). Oft Mischinfektionen, die sich über die korialen Lymphgefäße der Haut ausbreiten.

Pathogenese. Meistens hervorgerufen durch Streptokokken oder Staphylokokken, aber auch durch paravasal infundierte Antibiotika.

Klinik. Auffälligstes Leitsymptom sind die als dolenter und roter Streifen unter der Haut sichtbar gewordenen Lymphbahnen. Bei ausgedehnten Entzündungen können sich auch Allgemeinsymptome wie Fieber und Unwohlsein zeigen.

Diagnostik. Klinisch (s. o.).

Therapie. Ruhigstellung der Extremität, desinfizierende Umschläge, Kühlung, Antibiotika, Herdsanierung. Bei Abszedierung Inzision und Drainage.

Weiterführende Informationen

Leitlinien der Deutsche Gesellschaft für Phlebologie: http://www.awmf-online.de

Leitlinien Lymphologie: http://www.awmf-online.de

Arterielle Hypertonie

C

13 Arterielle Hypertonie

Karl F. Hilgers, Roland Veelken, Eberhard Ritz, Johannes Mann

13.1 Allgemeines

engl.: arterial hypertension

Definition

Die Definition des Bluthochdrucks gemäß den Leitlinien der ESH (European Society of Hypertension) und der ESC (European Society of Cardiology) 2007 sind in **Tab. 13.1** aufgeführt.

Die Definition der arteriellen Hypertonie, die auf **wiederholten** Messungen beruht, muss willkürlich bleiben, da **keine qualitative** Abweichung (wie z. B. bei einem Stoffwechseldefekt), sondern lediglich eine **quantitative** Abweichung vorliegt. Die Blutdruckhöhe in der Bevölkerung ist nach Art einer Gauß-Kurve eingipflig (unimodal) verteilt. Die willkürliche Festlegung eines oberen Normwertes erfolgt in der Überlegung, dass bei Blutdruckwerten oberhalb der oben angegebenen Grenze von **140/90 mmHg** das **kardiovaskuläre Risiko** mit Sicherheit so hoch ist, dass eine antihypertensive Behandlung zu einem deutlichen Zuwachs der Lebenserwartung für den Patienten führt.

Mittlerweile wird davon ausgegangen, dass schon niedrigere Blutdruckwerte als 140/90 mmHg bereits mit einem gesteigerten Risiko gegenüber einem „optimalen" Blutdruck (**Tab. 13.1**) verbunden sind. Kontrollierte klinische Studien, die die Effektivität einer Drucksenkung bei hochnormalem Blutdruck belegen, liegen bislang nur für Patientenkollektive mit besonders hohem kardiovaskulären Risiko vor (z. B. Typ-2-Diabetiker, s. S. 266). Im Übrigen steigt das Risiko kardiovaskulärer Folgeerkrankungen über den gesamten normo- und hypertensiven Blutdruckbereich kontinuierlich an. Es gibt also keinen eigentlichen Schwellenwert. Ein Beispiel dazu zeigt **Abb. 13.1**.

Die Diagnose einer arteriellen Hypertonie wird nach **mindestens 3-maliger Messung** an 2 Tagen festgestellt (s. S. 259). Wünschenswert ist allerdings eine höhere Anzahl repräsentativer Messwerte, denn es gibt emotionale und individuelle Gründe für plötzliche Schwankungen des Blutdrucks. Während bei Normotonen die häuslich gemessenen Blutdruckwerte kaum Unterschiede zu denen beim Arzt gemessenen Werten aufweisen, finden sich bei Hypertonen im Mittel niedrigere selbstgemessene Blut-

Tab. 13.1 Definition und Klassifikation von Blutdruckbereichen in mmHg

Klassifikation bei Messung in der Praxis	systolisch	diastolisch
Optimal	< 120	< 80
Normal	< 130	< 85
„hoch"-normal	130 – 139	85 – 89
leichte Hypertonie *(Schweregrad 1)*	140 – 159	90 – 99
mittelschwere Hypertonie *(Schweregrad 2)*	160 – 179	100 – 109
schwere Hypertonie *(Schweregrad 3)*	> 180	> 110
isolierte systolische Hypertonie	> 140	< 90
Grenzwerte bei anderen Messmethoden:		
häusliche Selbstmessung durch Patienten	< 135	< 85
24-h-Mittelwert einer ABDM Messung	< 130	< 80
Tages-Mittelwert einer ABDM Messung	< 135	< 85
Nacht-Mittelwert einer ABDM Messung	< 120	< 70

(wenn systolischer und diastolischer Blutdruck in unterschiedliche Klassen fallen, sollte die höhere Klasse Anwendung finden) ABDM: Automatisierte Ambulante 24-h-Blutdruckmessung (s. S. 260)

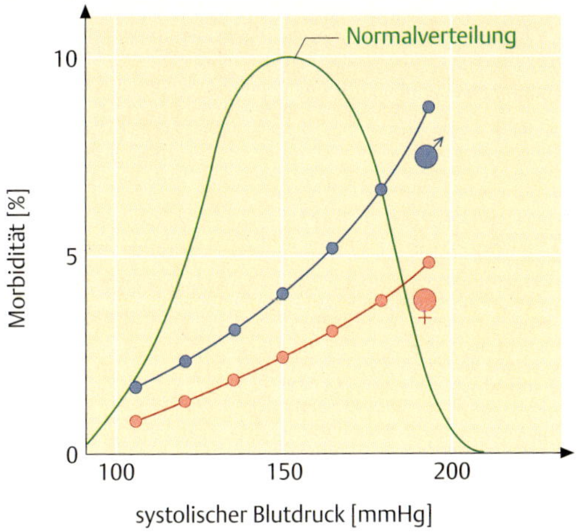

Abb. 13.1 Abhängigkeit der kardiovaskulären Morbidität vom systolischen Blutdruck. Die kardiovaskuläre Morbidität wird vor allem durch Linksherzinsuffizienz, Apoplex und Herzinfarkt beeinflusst. Dargestellt ist als Beispiel eine Gruppe 45-jährige Männer und Frauen ohne zusätzliche Risikofaktoren (Beobachtungszeitraum: 8 Jahre).

druckwerte. Die Ursache dafür liegt im sog. „Weißkittel"-Phänomen (oder auch „Weißkittel"-Hypertonie): Die Betroffenen haben infolge einer vegetativen Reaktion auf die Messung durch den Arzt in dieser Situation einen Anstieg des Blutdruckes, der individuell unterschiedlich ausgeprägt ist, und im Einzelfall sehr deutlich sein kann.

Daher wird in den neuesten Leitlinien der europäischen Fachgesellschaft ein niedrigerer Grenzwert von 135/85 mmHg als Normgrenze für den selbstgemessenen Blutdruck definiert (**Tab. 13.1**). Für 24 h-Messungen wurden ebenfalls Normgrenzen definiert, die deutlich unter den Grenzwerten der Praxismessung liegen. Bei dieser automatisierten ambulanten Messmethode kann zusätzlich die nächtliche Absenkung des Blutdruckes erfasst werden, die normalerweise mindestens 10% betragen sollte. Ein geringeres Absinken oder gar ein Blutdruckanstieg sind auffällig und können auf eine sekundäre Ursache der Hypertonie hinweisen. Man spricht in diesem Zusammenhang vom „Dipper", wenn das Absinken erhalten ist bzw. vom „Non-Dippper" bei fehlendem Absinken. Die so genannten „Non-Dipper" haben bei gleichem Gesamtmittelwert des Blutdruckes ein deutlich höheres kardiovaskuläres Risiko als die „Dipper".

> **!** **Vorübergehende Blutdrucksteigerungen definieren noch keine arterielle Hypertonie.**

Man unterscheidet eine **primäre** oder **essenzielle** von einer **sekundären Hypertonie,** bei der eine zugrundeliegende organische Ursache für den Hochdruck festgestellt werden kann (**Tab. 13.2**).

Eine primäre Hypertonie kann erst nach Ausschluss anderer Ursachen festgestellt werden. Wichtig ist, dass bei bestimmten Gruppen von Patienten sekundäre Ursachen um ein Mehrfaches häufiger sind, z. B. bei maligner Hypertonie (s. S. 255) oder bei Jugendlichen. Bei den Ursachen für eine sekundäre Hypertonie führen vor allem entzündliche Nierenerkrankungen die Ursachenliste an (z. B. Glomerulonephritis, s. S. 286), noch vor den Nierenarterienstenosen. In den letzten Jahren wurden zudem deutlich höhere Prävalenzen des primären Hyperaldosteronismus bei Patienten mit therapieresistenter arterieller Hypertonie beschrieben.

Epidemiologie

In Industrieländern haben etwa 20 – 30% der Erwachsenen eine arterielle Hypertonie. Die Prävalenz steigt mit dem Lebensalter an, insbesondere die isolierte systolische Hypertonie (fast nur bei > 60-Jährigen). Zu den Details siehe Lehrbücher der Epidemiologie.

Pathophysiologie

Eine vollständige Beschreibung der Mechanismen, die für die Entstehung und Aufrechterhaltung einer primären oder sekundären Hypertonie verantwortlich sind, ist gegenwärtig immer noch nicht möglich. Dennoch sollen hier einige Mechanismen der Blutdruckregulation dargestellt werden, da sie das Verständnis der Hochdruckbehandlung erleichtern. Es gilt:

$$BD = TPW \times HZV$$

(BD: Blutdruck; TPW: totaler peripherer Gefäßwiderstand; HZV: Herzzeitvolumen).

Eine arterielle Hypertonie lässt sich also **physikalisch** als Störung des Verhältnisses von Herzzeitvolumen zu Gefäßwiderstand beschreiben und **pathophysiologisch** als Störung des Regelkreises, der den Blutdruck konstant hält. Bei etablierter arterieller Hypertonie ist in der Regel der TPW erhöht und das HZV unter Ruhebedingungen normal oder vermindert. In der Frühphase der essenziellen und der

Tab. 13.2 Häufigkeit verschiedener Hypertonieformen

arterielle Hypertonie	Häufigkeit
primäre (essenzielle) Hypertonie (Ausschlussdiagnose)	> 90 %
sekundäre Hypertonie	< 10 %
renale und renovaskuläre Hypertonie: • entzündliche Nierenerkrankungen • Nierenarterienstenosen • diabetische Nephropathie • vesikoureterale Refluxerkrankung • andere Nierenerkrankungen	etwa 5 %
endokrine Hypertonie: • Hyperaldosteronismus • Phäochromozytom • Hyperthyreose (systolische Blutdruckerhöhung) • Morbus Cushing	etwa 5 %
medikamentöse Hypertonie: • orale Kontrazeptiva • Lakritze • Ciclosporin A • Erythropoietin und Analoga • Glukokortikoide • nicht steroidale Antirheumatika	selten
kardiovaskuläre Hypertonie: • Aortenisthmusstenose • Aorteninsuffizienz	selten

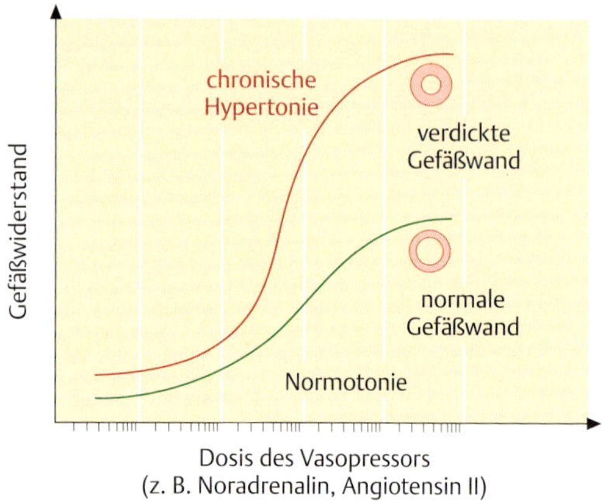

Abb. 13.2 Wand-Lumen-Relation und Wirkung eines Vasopressors. Bei gegebener Aktivität des sympathischen Nervensystems oder des Renin-Angiotensin-Systems ist das Ausmaß des Gefäßwiderstandes abhängig von der Dicke der Gefäßwand, genauer von der Wand-Lumen-Relation. Bei konstantem Herzzeitvolumen bedeutet dies, dass die blutdrucksteigernde Wirkung eines Vasopressors bei hypertrophierten Gefäßen wesentlich stärker ist als bei Gefäßen mit normaler Wandstärke.

Mineralocorticoid-Hypertonie (Conn-Syndrom, s. S. 566) kann das HZV unter Ruhebedingungen auch gesteigert sein. Bei Nierenentzündungen besteht häufig eine **Salz- und Wasserüberladung**, bei Nierenarterienstenose eine **vermehrte Reninsekretion** und bei isolierter Erhöhung des systolischen Blutdrucks eine **verminderte Elastizität** (Windkesselfunktion) der großen Arterien.

Langfristig passt sich der Körper an einen dauerhaft erhöhten Blutdruck an. Eine Reihe von Mechanismen hält dann den Blutdruck auf einem erhöhten Niveau fest. Diese Sekundärveränderungen sind unter konsequenter, andauernder Blutdrucksenkung reversibel.

- Das **Herz** hypertrophiert unter der chronischen Druckbelastung und kann damit über Jahrzehnte eine **normale Pumpfunktion** aufrechterhalten.
- Die **Widerstandsgefäße** hypertrophieren. Eine gegebene Kontraktion führt also zu größerem Widerstandszuwachs (**Abb. 13.2**).
- Die Schwelle des **Barorezeptorreflexes** ist bei Hypertonikern verstellt („Resetting"), d. h. der erhöhte Blutdruck wird als normal registriert.
- Die **Niere** hält bei steigendem Blutdruck den renalen Blutfluss und die glomeruläre Filtrationsrate über weite Bereiche konstant (renale Autoregulation → siehe Lehrbücher der Physiologie). Aus noch ungeklärten Gründen steigt, zumindest unter experimentellen Bedingungen, mit nur wenig erhöhtem Blutdruck die Natriurese steil an, was der Tendenz zur arteriellen Hypertonie entgegen wirkt. Eine Störung dieses als „Drucknatriurese" postulierten Mechanismus scheint also bei arterieller Hypertonie obligat vorzuliegen. Das Renin-Angiotensin- System (**Abb. 13.3**), dessen Aktivität entscheidend von der Renin-Freisetzung aus der Niere gesteuert wird, ist trotz erhöhten Blutdrucks nicht im erwarteten Maße supprimiert.

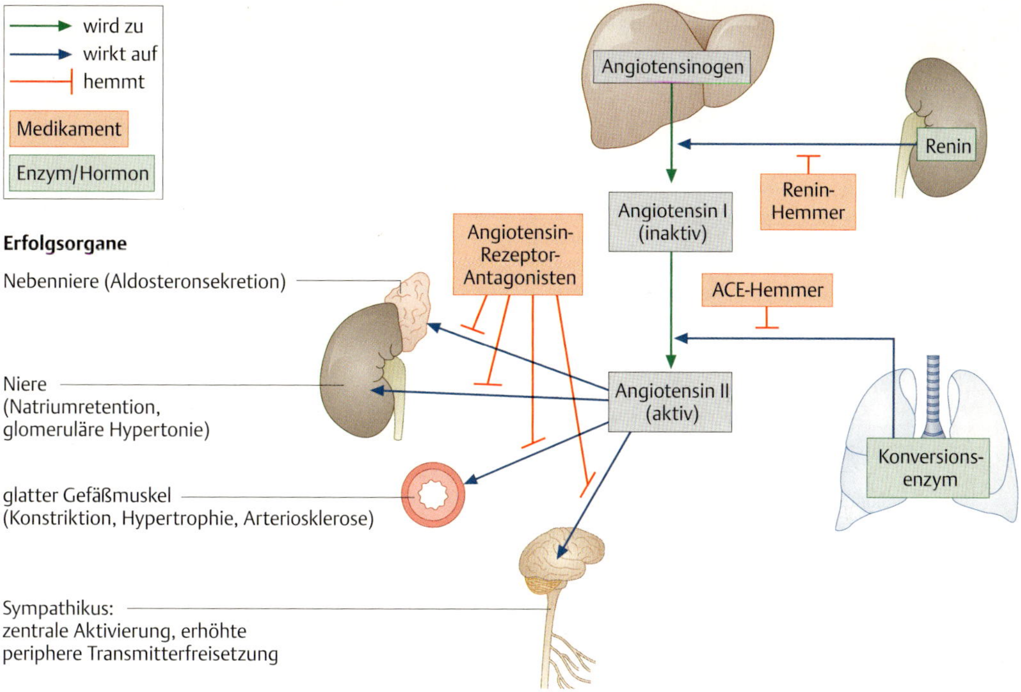

Abb. 13.3 Renin-Angiotensin-System. Synthese- und Ausscheidungsweg des Angiotensin II und seine wichtigsten Zielorgane. Die Angiotensin-II-Rezeptoren (AT_1-Rezeptoren) können medikamentös blockiert werden. Alle bekannten Wirkungen des Angiotensin II werden durch AT_1-Rezeptoren vermittelt. ACE-Hemmer hemmen die Bildung von Angiotensin II, Renin-Hemmer die Bildung von Angiotensin I.

Risikofaktoren

Für die Einschätzung des durch Hypertonie verursachten Risikos für kardiovaskuläre Folgeerkrankungen wie Herzinfarkt oder Schlaganfall spielt neben der Blutdruckhöhe das Vorliegen von zusätzlichen Risikofaktoren, subklinischen Endorganschäden und kardiovaskulären Begleit- bzw. Endorganschäden eine entscheidende Rolle (**Tab. 13.3**, **Abb. 13.4**).

Maligne Hypertonie

Als maligne Hypertonie bezeichnet man eine schwere Verlaufsform der Hypertonie mit rasch progredienten Organschäden und einer meist deutlichen klinischen Symptomatik.

> **!** **Die maligne Phase einer Hypertonie wird nie allein durch die Höhe des Blutdrucks bestimmt. In der Regel sichert die Spiegelung des Augenhintergrundes, seltener die Nierenbiopsie die Diagnose.**

> **In manchen Fällen bleibt auch dann noch die Unterscheidung von anderen Erkrankungen, die mit einer thrombotischen Mikroangiopathie einhergehen (HUS, TTP, s. S. 372), schwierig.**

Da fibrinoide Nekrosen in Arteriolen verschiedener Organe auftreten können, ist die Symptomatik variabel. Die Patienten klagen oft über Sehstörungen und ungewöhnlich schwere Kopfschmerzen. Weitere neurologische Symptome und Atemnot werden gelegentlich angegeben.

Bei der körperlichen Untersuchung ist der **Augenfundusbefund** mit Blutungen oder Papillenödem entscheidend und sichert die Diagnose. Die Laborwerte geben häufig Hinweise auf eine Niereninsuffizienz und eine mikroangiopathische hämolytische Anämie.

Die maligne Hypertonie führt unbehandelt rasch zum Tod; nach 2 Jahren sind >80% der Patienten gestorben (daher „maligne"). Jeweils etwa die Hälfte

Tab. 13.3 Faktoren, die die Prognose von Hochdruckkranken beeinflussen

1. Risikofaktoren	
beeinflussbar	nicht beeinflussbar
• abdominelle Adipositas (s. S. 662)	• positive Familienanamnese
• Rauchen	– Alter
• Dyslipoproteinämie (s. S. 647)	– Männer > 55 Jahre
• gestörte Glukosetoleranz (s. S. 608)	– Frauen > 65 Jahre
• hohe Blutdruckamplitude	–
2. Subklinische Endorganschäden	**3. Begleiterkrankungen**
• Linksherzhypertrophie (s. S. 14)	• metabolisches Syndrom (s. S. 664):
• gering eingeschränkte Nierenfunktion (GFR < 60 ml/min)	– Hypertonie, Adipositas, erhöhte Nüchternglukose, niedriges HDL-Cholesterin oder erhöhte Triglyzeride
• Mikroalbuminurie (s. S. 304)	– (2 von 5 Kriterien)
• arteriosklerotische Veränderungen der Karotiden, vermehrte Gefäßsteifigkeit oder erniedrigter Knöchel-Arm-Index (s. S. 211)	• Diabetes mellitus
4. Kardiovaskuläre Folgeerkrankungen	
• hypertensive Retinopathie Stadien III und IV	• Herzinsuffizienz (s. S. 99)
• chronische Nierenerkrankung (erhöhtes Serum-Kreatinin oder GFR < 60 ml/min oder Proteinurie > 300 mg/Tag) (s. S. 296)	• ischämischer oder hämorrhagischer Schlaganfall, PRIND oder TIA
• koronare Herzkrankheit (s. S. 40)	• periphere arterielle Verschlusskrankheit (s. S. 212)

nach: ESH/ESC Guidelines 2007

der Patienten leidet an einer primären bzw. sekundären Hypertonie. Die antihypertensive Behandlung – die unbedingt sofort stationär eingeleitet werden sollte – verbessert die Prognose erheblich. Diese besondere Verlaufsform der Hypertonie scheint bei Patienten afrikanischer Abstammung häufiger aufzutreten.

Hypertensive Krise

Als hypertensive Krise bezeichnet man einen kritischen Blutdruckanstieg > 230/130 mmHg, der zu einer vitalen Gefährdung durch Organschäden führen kann (hypertensiver Notfall). Die Patienten haben akute Symptome wie

- Angina pectoris (koronare Ischämie oder Aortenaneurysma)
- Dyspnoe (Lungenödem)
- heftige Kopfschmerzen, Schwindel, neurologische Ausfälle, Krampfanfälle, Bewusstseinstrübungen bis zum Koma (Enzephalopathie)

> **! Ein besonders hoher Blutdruck beim asymptomatischen Patienten ist keine hypertensive Krise.**

Die hypertensive Krise ist klinisch nicht immer leicht von der malignen Hypertonie zu unterscheiden. Sehr wichtig ist dazu die Untersuchung des Augenhintergrundes!

Blutdruck (mmHg)					
Anzahl zusätzlicher Risikofaktoren oder Begleitkrankheit*	normal systolisch 120 – 129 oder diastolisch 80 – 84	noch normal systolisch 130 – 139 oder diastolisch 85 – 89	leicht hyperton (Grad 1) systolisch 140 – 159 oder diastolisch 90 – 99	mäßig hyperton (Grad 2) systolisch 160 – 179 oder diastolisch 100 – 109	schwer hyperton (Grad 3a) systolisch ≥ 180 oder diastolisch ≥ 110
keine weiteren Risikofaktoren	durchschnittliches Risiko	durchschnittliches Risiko	niedriges Risiko	mittleres Risiko	hohes Risiko
1 – 2 Risikofaktoren	niedriges Risiko	niedriges Risiko	mittleres Risiko	mittleres Risiko	sehr hohes Risiko
3 oder mehr Risikofaktoren Diabetes mellitus, Endorganschäden	mittleres Risiko	hohes Risiko	hohes Risiko	hohes Risiko	sehr hohes Risiko
diagnostizierte kardiovaskuläre oder renale Erkrankung	sehr hohes Risiko	sehr hohes Risiko	sehr hohes Risiko	sehr hohes Risiko	sehr hohes Risiko

* Begleitkrankheiten sind zerebrovaskuläre Erkrankungen, Herz- und Nervenkrankheiten, pAVK, fortgeschrittene Retinopathie

Abb. 13.4 Risiko-Stratifizierung arterielle Hypertonie. (nach: ESH/ESC Guidelines 2007)

13.2 Diagnostisches Vorgehen

Das diagnostische Vorgehen ist in **Abb. 13.5** zusammengefasst.

Nach Sicherung der arteriellen Hypertonie durch wiederholte Messungen des Blutdrucks ist das **Ziel der diagnostischen Abklärung** die Erfassung von:

- sekundären Hypertonieformen,
- Organkomplikationen und
- weiteren Risikofaktoren

Man fahndet also nach den Ursachen der Hypertonie und schätzt das kardiovaskuläre Risiko des Patienten ab. Letzteres ist entscheidend für die antihypertensive Therapie (s. S. 263).

13.2.1 Anamnese

Prinzipiell gibt es **keine typischen Symptome** der arteriellen Hypertonie, auch wenn unter „Laien" Nasenbluten und Kopfschmerzen als Zeichen eines erhöhten Blutdrucks angesehen werden. Bestenfalls treten langsam und schleichend Allgemeinsymptome wie schnellere Erschöpfung oder raschere Ermüdbarkeit auf, die den Patienten aber meist nicht als Konsequenz einer Bluthochdruckerkrankung bewusst sind. Außerdem gilt:

- Eine arterielle Hypertonie in der Familienanamnese ist häufig.
- Hämaturie, Proteinurie oder fieberhafte Harnwegsinfekte weisen auf eine renoparenchymale Ursache (s. S. 269) hin.
- Anfallsartige Kopfschmerzen mit Herzklopfen, Gesichtsblässe, Schweißausbruch und Harndrang werden von mehr als der Hälfte der Hypertonie-Patienten mit Phäochromozytom (s. S. 581) angegeben.
- Medikamentenanamnese nicht vergessen! Hormonelle Kontrazeptiva, Kortikoide, nicht steroidale Antiphlogistika, Ciclosporin A, Erythropoietin und Analoga sowie Lakritze können eine arterielle Hypertonie verursachen, letztere auch eine Hypokaliämie (s. S. 331).
- Genussmittelanamnese: Nikotin (zusätzlicher Risikofaktor) und Alkohol (hoher Alkoholkonsum steigert den Blutdruck). Kaffee führt nicht zu Hypertonie.
- Sehstörungen in Verbindung mit hohen diastolischen Druckwerten können Zeichen einer malignen Verlaufsform sein und müssen zur unmittel-

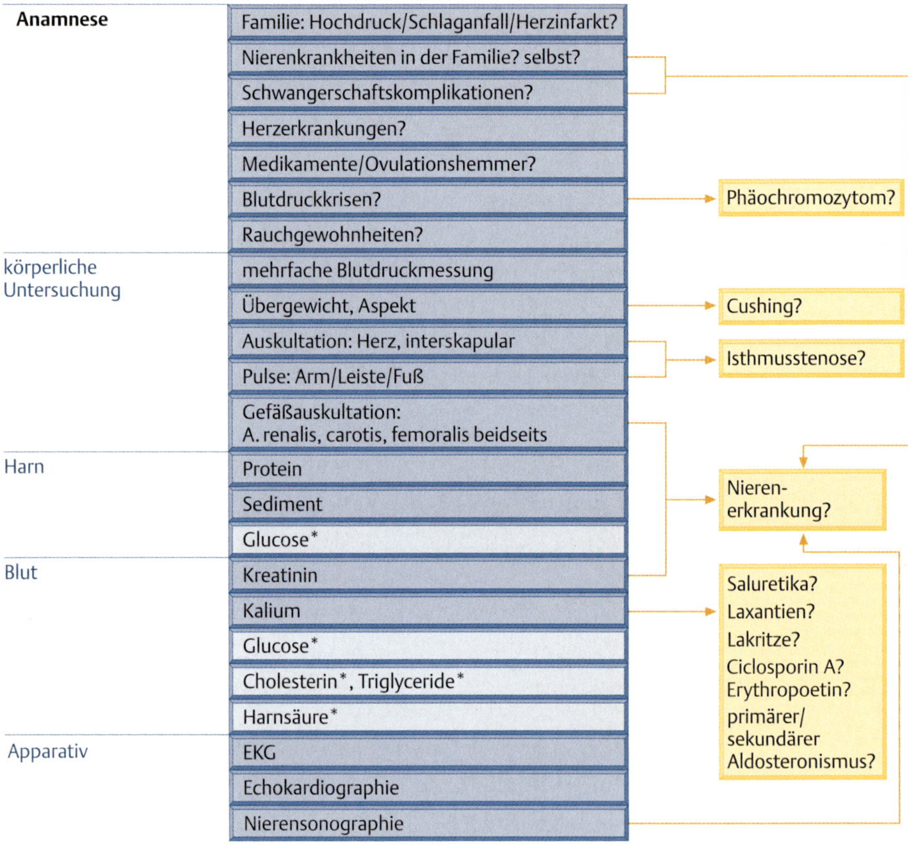

* zur Hochdruckdiagnostik nicht unbedingt erforderliche, aber zur Erfassung weiterer kardiovaskulärer Risikofaktoren empfehlenswerte Untersuchungen

Abb. 13.5 Basisdiagnostik bei arterieller Hypertonie. (modifiziert nach einem Schema der Deutschen Liga zur Bekämpfung des hohen Blutdrucks)

baren Untersuchung des Augenhintergrundes führen.

Bei Befragung nach den Hochdruckfolgen sollte gezielt auf Hinweise für kardiale Schäden (Dyspnoe, Orthopnoe, Nykturie, Angina pectoris), zerebrale Schäden (Synkopen, Sprachstörungen, sensible oder motorische Ausfälle) und Schäden am Gefäßsystem (Claudicatio intermittens) geachtet werden.

13.2.2 Blutdruckmessung

Neben der Gelegenheitsmessung durch den Arzt haben sich in den letzen Jahren die **Patientenselbstmessung** und die **ambulante 24-Stunden-Blutdruckmessung** als wichtige Instrumente der Hochdruckbehandlung etabliert, weil beide Methoden die Druckbelastung besser abschätzen und die Selbstmessung zur Verbesserung der Compliance beiträgt. Wichtig ist daher, dass Ärzte die Technik der Blutdruckmessung genau beherrschen, um Patienten entsprechend anleiten zu können. Patienten, die ihren Blutdruck selbst messen, sollten eine ausführ-

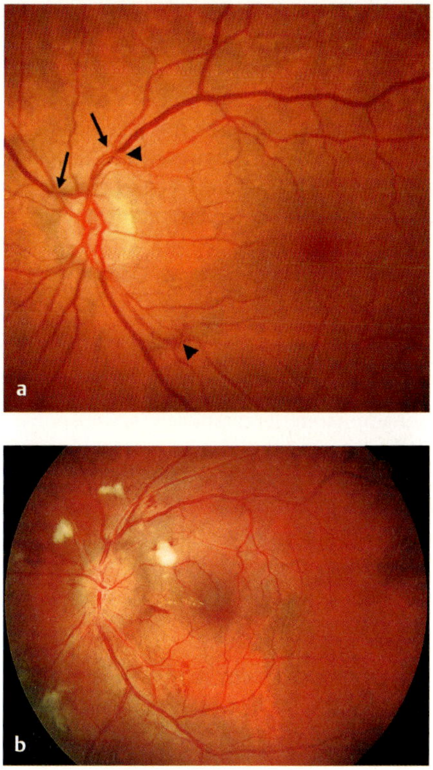

Abb. 13.6 **Fundus hypertonicus. a** Fundus hypertonicus II: Gunn-Kreuzungszeichen (Pfeile). Typisch ist die sog. Omega-Teilung der Arterien (Pfeilspitzen), d. h. die Arterie teilt sich nicht – wie normalerweise – im spitzen Winkel. **b** Fundus hypertonicus IV: Typisch für dieses Stadium sind u. a. die hier gut sichtbaren Blutungen und Cotton-Wool-Herde sowie das Papillenödem. (aus Lang, Augenheilkunde, Thieme)

liche Einweisung in die Messtechnik erhalten, am besten im Rahmen eines strukturierten Hypertonie-Schulungsprogramms.
In der Regel wird der Blutdruck unblutig, also indirekt nach der Methode von Riva-Rocci (RR) gemessen. Die Werte werden entweder auskultatorisch durch Abhören der Korotkow-Geräusche oder oszillometrisch durch Erfassen der Gefäßschwingungen ermittelt.

Methode nach Riva-Rocci

Eine aufblasbare Gummimanschette wird so um den Arm gelegt, dass sich der Unterrand der Manschette 2 cm oberhalb der Ellenbeuge befindet (das Luftreservoir der Manschette befindet sich dann über der A. brachialis). Nun erfolgt das Aufpumpen der Manschette auf ca. 30 mmHg oberhalb des zu erwartenden systolischen Drucks. Beim langsamen Vermindern des Drucks zeigt das erste Geräusch den **systolischen Druck** an (Phase I nach Korotkow). Der **diastolische Druck** wird beim völligen Verschwinden der Geräusche gemessen (Phase V nach Korotkow). Nur bei hyperzirkulatorischem Kreislauf (z. B. in der Schwangerschaft, bei Anämie und bei Fieber) werden die Geräusche in Phase IV (also wenn sie leiser geworden, aber noch nicht völlig verschwunden sind) gemessen, da Phase V in diesen Fällen falsch niedrige Werte ergibt.
Bei der Blutdruckmessung ist Folgendes zu beachten:

- Messung im Sitzen; dabei ist die 5-minütige Ruhephase vor der Messung unbedingt einzuhalten.
- Die Stelle des Armes, an der gemessen wird, ist in Herzhöhe zu lagern. Dies ist besonders wichtig bei Messung am Handgelenk.
- Die Breite der Manschette muss dem Armumfang angepasst werden. Bei einem Armumfang > 40 cm verwendet man eine breitere Manschette (18 cm), da sonst zu hohe Werte gemessen werden.
- Bei der ersten Messung zusätzlich den Radialispuls kontrollieren und den systolischen Wert nicht nur anhand der Korotkow-Geräusche ermitteln, um nicht einen sehr hohen systolischen Wert zu übersehen: Der Radialispuls muss bei aufgeblasener Manschette verschwunden sein und darf erst bei Ablassen auf das Niveau des systolischen Druckes wieder auftreten.
- Einmal an beiden Armen messen (der höhere Wert gilt; bei einem Unterschied > 20 mmHg besteht der Verdacht auf Gefäßstenose oder Aortenisthmusstenose, s. S. 195).

Bei ausgeprägter Verhärtung der Gefäßwand („Gänsegurgelarterien“) kann eine **Pseudohypertonie** auftreten, da sich die Arterie nicht mit der Manschette komprimieren lässt und so falsch hohe Werte gemessen werden.
Die **Diagnosestellung** einer arteriellen Hypertonie erfordert mindestens 3 Messungen an 2 verschiedenen Tagen in sitzender Körperhaltung nach mindestens 5 Minuten Ruhe. Erfahrungsgemäß liegt der

Blutdruck bei der ersten Untersuchung um 10 – 20 mmHg höher als bei den darauf folgenden Messungen.

Ambulantes Blutdruck-Monitoring (ABDM, 24-Stunden-Blutdruckmessung)

Mit einem automatischen, tragbaren Gerät wird der Blutdruck des Patienten alle 15 – 30 Minuten ambulant (möglichst unter Arbeitsbedingungen) registriert.

Normalwerte: tagsüber < 135/85 mmHg, nachts mindestens 10 % tiefer als tagsüber (**Abb. 13.7**), Gesamtmittelwert < 130/80 mmHg.

Vorteil des ABDM ist das Vermeiden des sog. „Weißkittel"-Hochdrucks (s. o.). Außerdem korrelieren die ABDM-Werte besser mit der Prognose als eine Gelegenheitsmessung durch medizinisches Personal. Auch ein fehlender nächtlicher Blutdruckabfall wird so erfasst und erfordert ggf. die Anpassung der antihypertensiven Therapie (s. S. 263).

13.2.3 Körperliche Untersuchung

Neben der Puls- und Blutdruckmessung an beiden Armen ist auf Befunde zu achten, die auf eine sekundäre Hochdruckform hinweisen:

- Morbus Cushing (s. S. 509) und Akromegalie (s. S. 504): typisches körperliches Erscheinungsbild.
- Aortenisthmusstenose: vom ersten Herzton abgesetztes systolisches Geräusch mit p.m. über dem 2. bis 6. ICR rechts und zwischen den Schulterblättern, Blutdruck am Unterschenkel erniedrigt.
- Nierenarterienstenose: Stenosegeräusch epigastrisch und in der Flanke.
- renoparenchymatöse Hypertonie: Ödeme

Die körperliche Untersuchung dient darüber hinaus auch dem Erkennen möglicher Hochdruckfolgen.

- Zur physikalischen Untersuchung des Herzens und zum Erkennen einer Herzinsuffizienz (s. S. 99) und der koronaren Herzkrankheit (s. S. 40)
- Arterielle Verschlusskrankheit: sorgfältige Auskultation (Strömungsgeräusche?) und Palpation der Arterien (s. S. 213);
- Untersuchung des Augenhintergrunds (siehe Lehrbücher der Augenheilkunde).

13.2.4 Laboruntersuchungen

Es sind nur wenige Laboruntersuchungen zu geringen Kosten notwendig, um die Ziele der Diagnostik bei der großen Mehrzahl der Patienten zu erreichen. Besonders wichtig ist die Erfassung zusätzlicher Ri-

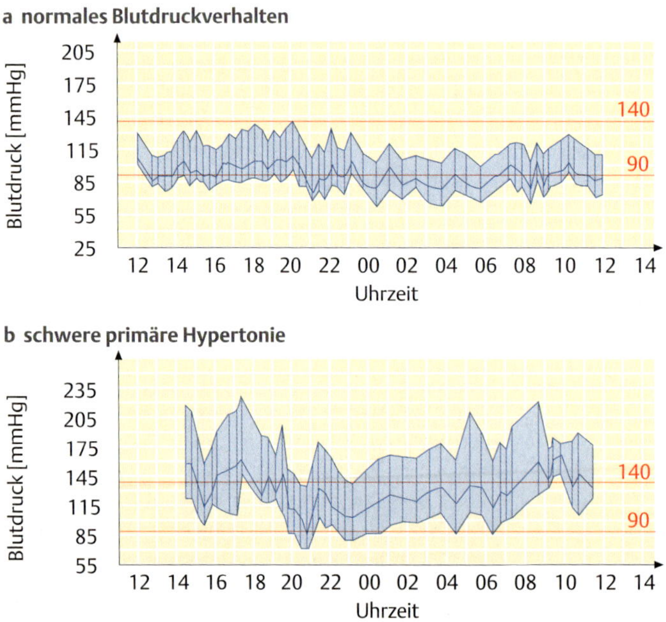

Abb. 13.7 24-Stunden-Blutdruckmessung. a Die Abbildung zeigt einen unauffälligen Befund bei einem behandelten Patienten mit primärer Hypertonie. **b** Zum Vergleich: das Blutdruckverhalten bei schwerer primärer Hypertonie. Die erhaltene physiologische Nachtabsenkung ist ein Indiz für eine bessere Prognose.

sikofaktoren durch Messung der Blutfettwerte und der Blutglukose (s. S. 647 bzw. 608). Serum-Kreatinin und Eiweiß im Urin liefern Hinweise auf evtl. zugrundeliegende Nierenerkrankungen. Ein niedriges Serum-Kalium kann ein Hinweis auf einen Mineralokortikoidhochdruck sein, der bei persistierend niedrigem Kalium ausgeschlossen werden sollte. Die Diagnose der endokrinen Hochdruckformen, speziell des Mineralokortikoidhochdrucks (Morbus Conn, s. S. 566), macht **Hormonanalysen** notwendig, auf die in den entsprechenden Kapiteln eingegangen wird. Bei klinischem Verdacht oder bei therapieresistenter Hypertonie sollte zum Ausschluss eines Phäochromozytoms (s. S. 581) eine Untersuchung der Katecholamine und/oder ihrer Metaboliten im Urin oder im Plasma erfolgen.

13.2.5 Apparative Untersuchungen

Apparative Untersuchungen bei allen Patienten

Bei jedem Patienten mit arterieller Hypertonie sollten ein EKG, eine Echokardiografie und eine Nierensonografie durchgeführt werden.

Das **EKG** gibt Hinweise auf Linksherzhypertrophie, Linksherzschädigungszeichen und koronare Herzkrankheit (s. S. 12). Die Prognose eines Patienten mit Hypertonie wird deutlich verschlechtert, wenn sich im EKG Hinweise finden auf:

- Linksherzhypertrophie
- Zeichen der Innenschichtschädigung, Senkung der ST-Strecke oder T-Negativierung
- Linksschenkelblockbilder

Mit der **Echokardiografie** können linksventrikulärer Durchmesser, Wanddicken und Pumpfunktion sehr genau erfasst werden (s. S. 19). Eine so erfasste Herzhypertrophie oder gestörte Pumpfunktion zeigt (a) eine schlechte Prognose und (b) eine Indikation zu intensiver antihypertensiver Therapie an.

Mithilfe der **Nierensonografie** können Abweichungen der Nierengröße, der Nierenform, Nierentumoren, Nierenzysten und Harnwegsobstruktion erkannt werden. Auch manche Nebennierentumoren und Aortenaneurysmen sind ggf. nachweisbar.

Fakultative apparative Untersuchungen bei bestimmten Patienten

Bei Verdacht auf das Vorliegen einer Nierenarterienstenose sind zusätzliche bildgebende Untersuchungen sinnvoll. Generell ist dabei aber sorgfältig abzuwägen, wie groß der Verdacht ist und ob er weitere Untersuchungen rechtfertigt. Einen Suchtest auf Nierenarterienstenosen bei unterschiedslos allen Patienten mit arterieller Hypertonie durchzuführen, ist nicht sinnvoll. Dies sollte vielmehr Patienten mit einem entsprechenden Verdacht vorbehalten bleiben: sehr junge Patienten, Patienten mit maligner Hypertonie oder sehr schwer einzustellender Hypertonie, Patienten mit wegweisenden Befunden aus der Basisdiagnostik (z. B. unterschiedlich große Nieren, schlechte Nierenwerte) oder Patienten mit hohem Atheroskleroserisiko (→ zur Abschätzung der Wahrscheinlichkeit einer atherosklerotischen Nierenarterienstenose mittels einfacher Kriterien siehe z. B. den „Drastic-score", http://www.hochdruckliga.info/ref52 004.htm).

Bei entsprechendem Verdacht soll entweder eine **Farbduplexsonografie** oder eine **MR-Angiografie der Nierenarterien** durchgeführt werden. Sehr geübte Untersucher können mit der Farbduplexsonografie höhergradige Nierenarterienstenosen mit einer Sensitivität und Spezifität > 90 % erkennen. Ähnlich gute Ergebnisse und eine geringere Abhängigkeit vom Untersucher zeigt die teurere MR-Angiografie. Bei dringendem Verdacht oder positiven Befunden einer dieser Untersuchungsmethoden ist eine **digitale Subtraktionsangiografie** angezeigt, die eine genauere Beurteilung und ggf. in der gleichen Sitzung einer Intervention (Angioplastie) erlaubt.

Bei Verdacht auf eine endokrine Hypertonie durch Hormone der Nebenniere können CT oder MRT der Nebenniere hilfreich sein. Diese Untersuchungen sollten allerdings nur dann durchgeführt werden, wenn bereits positive laborchemische Befunde vorliegen (s. S. 254).

Röntgenaufnahmen des Thorax sind in der Hypertoniediagnostik in der Regel nicht indiziert.

Zur **Detektion klinisch noch nicht apparenter Gefäßschäden** werden in den neuesten europäischen Leitlinien eine Reihe apparativer Untersuchungen in die Risikostratifizierung einbezogen, die in der Regel noch nicht allgemein verfügbar sind und deren Kosteneffizienz fraglich erscheint. Sofern die Methoden zur Verfügung stehen, können sie allerdings wertvolle Hinweise liefern. Dazu gehören die Messung des **Knöchel-Arm-Index** zur Diagnostik der peripheren Durchblutung (s. S. 211), die **Sonografie der Karotiden** zum Nachweis einer Intimaverdickung oder von Plaques und die Messung der **Pulswellengeschwindigkeit** zur Erfassung der Gefäßsteife.

Abschätzung des gesundheitlichen Risikos

→ vgl. Tab. 13.3.

Hoher Blutdruck ist meist nicht im Moment seiner Diagnose akut gefährlich, sondern führt in **Abhängigkeit von Risikofaktoren** sowie vorbestehenden kardiovaskulären Problemen und Erkrankungen zu mittelfristigen Risiken, die je nach Ausgangssituation unterschiedlich sind.

> **!** **Hypertonie ist ein wichtiger, behandelbarer Risikofaktor für Erkrankungen des zerebralen Gefäßsystems, für die koronare Herzkrankheit und die chronische Herzinsuffizienz sowie für die Entstehung eines chronischen Nierenversagens und peripherer Durchblutungsstörungen.**

Unglücklicherweise werden in Deutschland wahrscheinlich nur etwa 15 – 30 % aller geschätzten 16 Millionen Hypertoniker ausreichend behandelt, um so ihr kardiovaskuläres Risiko zu senken.

Als Hilfsmittel zur **Risikostratifizierung** wurde aufgrund von klinischen Studien 2007 von europäischen Fachgesellschaften ein Algorithmus zur Abschätzung des Risikos von Hochdruckpatienten vorgestellt, in den nächsten 10 Jahren einen kardiovaskulär bedingten Tod, nicht tödlichen Schlaganfall und Myokardinfarkt zu erleiden (s. **Abb. 13.4**). Danach wird selbst ein 56-jähriger Patient mit nur geringem Bluthochdruck über 140/90 mmHg, der übergewichtig ist und ein Gesamtcholesterin von 200 mg/dl hat, ein mittleres bis hohes Risiko haben, eines der genannten Ereignisse erleben zu müssen. Dabei erscheinen die vorgestellten anamnestischen Daten weder per se besonders dramatisch noch sehr untypisch, sondern dürften auf ein große Zahl älterer männlicher Patienten zutreffen. Eine **individuelle, konkrete Risikoabschätzung** ist mithilfe von Rechenalgorithmen möglich, die aufgrund epidemiologischer Studien erarbeitet wurden (z. B. PROCAM-score, http://www.chd-taskforce.com/index_d.htm)

13.3 Primäre (essenzielle) Hypertonie

13.3.1 Allgemeine Aspekte und Pathogenese

Die primäre (essenzielle) Hypertonie wird durch den Ausschluss einer sekundären Hypertonie definiert. Aufgrund dieser negativen Definition ist es wenig verwunderlich, dass der Suche nach „der" Ursache bislang wenig Erfolg beschieden war – es dürfte sich wahrscheinlicher um individuell oder ethnisch unterschiedliche Ursachen handeln, die zur gemeinsamen Endstrecke Blutdruckerhöhung führen. Einige heute als wesentlich erkannte Teilfaktoren sind:

- Vererbung,
- Ernährung,
- Übergewicht und
- psychischer Stress.

Bei einer Reihe von Patienten treten primäre Hypertonie, Adipositas, gestörter Glukose- und Fettstoffwechsel gemeinsam auf. Dieser Symptomenkomplex wird als **metabolisches Syndrom** bezeichnet und geht mit einem sehr hohen kardiovaskulären Risiko einher (s. S. 644).

Vererbung. Man nimmt an, dass die Blutdruckhöhe durch mehrere Gene determiniert wird (polygene Vererbung). Eine monogenetische Vererbung konnte bisher nur für seltene Hochdruckformen nachgewiesen werden, in deren Mittelpunkt die Niere steht. Bei gegebener genetischer Grundlage sind zur Manifestation der Hypertonie zusätzliche Umweltfaktoren notwendig, wobei insbesondere die Natriumchloridzufuhr und Übergewicht eine Rolle spielen. Für die Rolle der Vererbung sprechen:

- eine positive Korrelation zwischen Blutdruckhöhe der Eltern und Blutdruckhöhe ihrer leiblichen, nicht jedoch ihrer adoptierten Kinder,
- eine enge Korrelation des Blutdrucks eineiiger Zwillinge.

Ernährung.

Orale Natriumchloridzufuhr: In weniger entwickelten Gesellschaften mit niedrigem Natriumchloridverbrauch ist die arterielle Hypertonie praktisch unbekannt. In der westlichen Zivilisationsgesellschaft liegt die diätetische Natriumchloridzufuhr um 10 – 15 g NaCl pro Tag. Selbst die empfohlene Zufuhr von 6 g pro Tag liegt immer noch deutlich über dem auf etwa 1 g pro Tag geschätzten, minimalen Natriumchloridbedarf. Dass trotz hoher Natriumchloridzufuhr die Mehrzahl der Bevölkerung keine Hypertonie entwickelt, dürfte daran liegen, dass eine genetische Prädisposition Voraussetzung für die Entwicklung einer arteriellen Hypertonie ist. Für die Rolle des Natriumchlorids spricht jedenfalls die Beobachtung, dass eine Reduktion der diätetischen Natriumchloridzufuhr den Blutdruck bei mindestens ⅓ der Patienten senkt, bei Patienten, die zusätzlich noch medikamentös behandelt werden, gilt dies sogar für die Mehrzahl.

Weniger gut gesichert als der Einfluss des Natriumchlorids auf den Blutdruck ist gegenwärtig der **Einfluss weiterer diätetischer Faktoren** wie Kalium, Kalzium, Fett und Alkohol. Nach derzeitigen Vorstellungen

- senkt diätetisch zugeführtes Kalium und Kalzium den Blutdruck,
- steigert eine fettreiche Kost (Cholesterin, gesättigte Fettsäuren) den Blutdruck mäßig,
- steigert starker Alkoholgenuss (Alkoholiker) den Blutdruck erheblich.

Übergewicht. Es besteht eine enge Beziehung zwischen Körpergewicht, genauer der Fettkörpermasse, und arteriellem Blutdruck. Dies gilt besonders für die stammbetonte Fettverteilung. Die ursächliche Bedeutung des Übergewichts geht aus der Beobachtung hervor, dass Gewichtsreduktion regelmäßig zur Blutdrucksenkung führt (vgl. S. 263).

Psychosoziale Faktoren. Es besteht kein Zweifel, dass psychischer Stress zu einem akuten Blutdruckanstieg führt. Unklar ist hingegen, inwieweit psychosozialer Stress eine Dauerhypertonie auslösen und unterhalten kann. Umgekehrt ist bekannt, dass Entspannungsverfahren und Biofeedbackübungen beim Menschen den Blutdruck geringfügig senken können.

13.3.2 Klinik und Diagnostik

→ s. S. 257 ff.

13.3.3 Therapie

Ab welchem Blutdruck behandeln? Für alle Patienten wird grundsätzlich die Anwendung **nicht medikamentöser Maßnahmen** empfohlen. Bei niedrigem bis mittlerem Risiko kann der Erfolg der Maßnahmen zunächst abgewartet werden, bei höherem Risiko (s. S. 262) ist jedoch der rasche Beginn einer **Arzneimitteltherapie** indiziert. Bei fehlender ausreichender Blutdrucksenkung durch Allgemeinmaßnahmen sollte jeder Patient mit mittlerem Risiko medikamentös behandelt werden.

> **!** **Eine Basistherapie mit Allgemeinmaßnahmen sollte bei jeder primären Hypertonie erfolgen.**

Zielblutdruck. Unter Ruhebedingungen sollte der Blutdruck zuverlässig systolisch unter 140 mmHg und diastolisch unter 90 mmHg liegen. Bei Diabetikern wird oft die Senkung des Blutdrucks auf Werte unter 130/80 mmHg empfohlen, insbesondere bei Mikroalbuminurie oder manifester diabetischer Nephropathie. Die Einstellung des Blutdrucks auf den angestrebten Zielwert ist keine Angelegenheit von Tagen, sondern wird in Wochen und Monaten erreichbar sein. Nur bei ausgeprägten Symptomen, hypertensiver Krise und maligner Hypertonie muss eine raschere Blutdrucksenkung erreicht werden.

Allgemeinmaßnahmen zur Blutdrucksenkung

Es ist nötig, die Patienten über die Art ihres Leidens und darauf hinzuweisen, dass eine konsequente Behandlung nötig ist und erwiesenermaßen das Überleben verbessert. Viele Patienten sind schwer zu einer konsequenten Behandlung zu motivieren, zumal diese oft mit Unannehmlichkeiten und Nebenwirkungen der Drucksenkung und der Medikamente verbunden ist. Bei der Lebensgestaltung sollte daher ein Kompromiss zwischen dem medizinisch Wünschenswerten und dem praktisch Möglichen erreicht werden. Dies schließt auch ausreichende Nachtruhezeiten und Arbeitspausen ein sowie Änderungen des Lebensstiles wie körperliche Bewegung und den Verzicht auf das Rauchen, die nicht primär den Blutdruck beeinflussen, aber das kardiovaskuläre Risiko senken.

Bei der **Diät** ist Folgendes zu beachten:

- Bei übergewichtigen Patienten soll eine **Reduktion auf das Normalgewicht** erfolgen (pro kg Gewichtsverlust sinkt der Blutdruck um 1 – 2 mmHg).
- Eine streng NaCl-arme Kost ist nicht nötig. Dagegen ist eine **Beschränkung der Kochsalzzufuhr** auf 5 g/d (Diätberatung) eine wichtige und in ihrer Wirksamkeit erwiesenermaßen erfolgreiche

Maßnahme (allein oder in Kombination mit Saluretika).

- Eine **kaliumreiche Kost** (Obst, Gemüse) ist hilfreich.
- Die **Alkoholzufuhr** soll 20 – 30 g/d nicht überschreiten.

Mit regelmäßigen **Entspannungsübungen** lässt sich bei geeigneten Patienten der Blutdruck um etwa 5 – 10 mmHg senken. Dies kann dem Patienten als zusätzliche Therapiemaßnahme empfohlen werden. Der langfristige Erfolg einer regulären Psychotherapie ist nicht gesichert. Tranquilizer sind sicher nicht antihypertensiv wirksam und bergen darüber hinaus die Gefahr der Suchtentwicklung.

Regelmäßiges **körperliches Ausdauertraining** hilft bei der Gewichtskontrolle und ist jedem Patienten mit einer arteriellen Hypertonie anzuraten. Es gibt Hinweise, dass körperliches Training langfristig den Blutdruck reduziert.

Medikamentöse Blutdruckeinstellung

Für die Mehrzahl der Patienten erfolgt die medikamentöse Behandlung **lebenslang,** deshalb muss sie sorgfältig geplant und gut überwacht werden. Im Folgenden wird zunächst auf Aspekte der einzelnen Wirkstoffklassen eingegangen, danach auf das praktische Vorgehen.

Die große Anzahl von Antihypertensiva kann unter pathophysiologischen Gesichtspunkten in 5 Kategorien eingeteilt werden:

- Diuretika (Thiazide und Schleifendiuretika),
- Substanzen, die den Sympathikus beeinflussen (β-Blocker, α-Blocker, zentrale Sympatholytika),
- direkte Vasodilatanzien (Dihydralazin, Minoxidil),
- Kalziumantagonisten,
- Hemmstoffe des Renin-Angiotensin-Aldosteron-Systems (ACE-Hemmer, AT_1-Rezeptor-Blocker, Renin-Hemmer, Aldosteron-Antagonisten).

Dabei gibt es 5 Wirkstoffgruppen, die als **Antihypertensiva der 1. Wahl** anzusehen sind. Für diese Substanzen wurde in großen klinischen Studien nachgewiesen, dass sie in vergleichbarer Weise nicht nur den Blutdruck senken, sondern auch tatsächlich Endorganschäden wie z. B. einen Apoplex bei Patienten mit Hypertonie verhindern können:

- Thiazid-Diuretika
- β-Blocker
- Kalziumantagonisten
- ACE-Hemmer
- AT_1-Rezeptor-Blocker (Sartane)

Unter diesen Antihypertensiva der 1. Wahl gibt es keine generelle Präferenz für eine der fünf Wirkstoffgruppen, vielmehr sollte die **Auswahl der Medikamente nach individuellen Gesichtspunkten,** insbesondere den Begleiterkrankungen und zu erwartenden Nebenwirkungen, erfolgen. Die wichtigsten Aspekte zur Auswahl der Antihypertensiva der 1. Wahl sind in **Tab. 13.4** aufgeführt.

Daneben steht eine **erhebliche Zahl weiterer Wirkstoffgruppen** zur Verfügung, bei denen eine Blutdrucksenkung gut dokumentiert ist, aber keine großen randomisierten Langzeitstudien vorliegen, die das Verhindern kardiovaskulärer Folgeerkrankungen belegen. Diese Medikamente können in besonderen Situationen eingesetzt werden, wenn Kontraindikationen gegen die Antihypertensiva der 1. Wahl bestehen, oder wenn mit diesen eine ausreichende Blutdruckeinstellung nicht gelingt. Eine Sonderrolle kommt dabei zwei weiteren Hemmern des Renin-Angiotenin-Aldosteron zu.

- **Aldosteronantagonisten** verbessern nachgewiesenermaßen das Überleben von Patienten mit Herzinsuffizienz. Bei Hypertoniepatienten, bei denen es bereits zu dieser Folgeerkrankung gekommen ist, sind diese Substanzen daher äquivalent zu den Antihypertensiva der 1. Wahl.
- **Renin-Hemmer** wurden in den letzten Jahren als neues Therapieprinzip in die Klinik eingeführt. Der bislang einzige Vertreter dieser Substanzklasse (Aliskiren) senkt den Blutdruck ähnlich stark wie Antihypertensiva der 1. Wahl. Endpunktstudien mit Aliskiren werden zurzeit durchgeführt, erst nach Vorliegen der Ergebnisse wird die Rolle der Renin-Hemmer in der Hochdrucktherapie klar werden.

Praktisches Vorgehen bei der medikamentösen Blutdruckeinstellung

Der volle antihypertensive Effekt einiger Substanzen tritt erst nach Wochen ein. Dies gilt für β-Blocker, Diuretika, Hemmer des Renin-Angiotensin-Systems und zentralwirksame Pharmaka. Ausnahmen sind Dihydralazin und Prazosin. Eine **Monotherapie** senkt den Blutdruck üblicherweise um ca. 10 mmHg systolisch und ca 5 mmHg diastolisch.

Unabhängig von der Wirkstoffgruppe sprechen ca. ⅓ der Patienten auf die initiale Monotherapie nicht an. Hier können verschiedene Vorgehensweisen sinnvoll sein (**Abb. 13.8**), darunter Wechsel der Monotherapie, Dosiserhöhung bei Beibehaltung der bis-

Tab. 13.4 Wichtige Indikationen und Kontraindikationen für Antihypertensiva der 1. Wahl

Wirkstoffgruppe	Indikationen	Nebenwirkungen	Kontraindikationen
ACE-Hemmer	eindeutig: • Herzinsuffizienz, chronische Nierenerkrankung, nach Myokardinfarkt, Arteriosklerose, Mikroalbuminurie möglich: • metabolisches Syndrom	chronischer Reizhusten, Hyperkaliämie, Nierenfunktionsstörungen[1], angioneurotisches Ödem	angioneurotisches Ödem, Schwangerschaft (inkl. geplante Schwangerschaft), Hyperkaliämie, bilaterale Nierenarterienstenose
AT_1-Antagonisten	eindeutig: • diabetische Nephropathie, linksventrikuläre Hypertrophie möglich: • Atherosklerose, chronische Niereninsuffizienz, Herzinsuffizienz, metabolisches Syndrom	Schwindel, Hyperkaliämie, Nierenfunktionsstörungen[1]	Schwangerschaft (inkl. geplante Schwangerschaft), Hyperkaliämie, bilaterale Nierenarterienstenose
β-Rezeptoren-Blocker	eindeutig: • Angina pectoris, Herzinfarkt, Herzinsuffizienz möglich: • Tachykardie mit Hypertonie	Bradykardie, Überleitungsstörungen, Verstärkung einer Hypoglykämieneigung, Müdigkeit, Potenzstörungen, Kältegefühl und Parästhesien in den Extremitäten	Asthma bronchiale, AV-Block, arterielle Verschlusskrankheit, metabolisches Syndrom, COPD
Kalziumantagonisten	isolierte systolische Hypertonie, Angina pectoris	Schwindel, Kopfschmerzen, Flush	AV-Block*, Herzinsuffizienz*
Thiazid-Diuretika	Herzinsuffizienz, isolierte systolische Hypertonie	Hypokaliämie, Hyperkalzämie, orthostatische Hypotonie, Exsikkose, Hyperglykämie	Gicht, Hyperkalzämie, gestörte Glukosetoleranz, Diabetes mellitus, metabolisches Syndrom, Hypokaliämie

Varia:
- Nifedipin, auch in der Mehrzahl der retardierten Galeniken, ist kein Mittel der ersten Wahl.
- α-Methyl-DOPA (z. B. Presinol) ist Standard bei Schwangerschaftshypertonie.
- Hydralazin (z. B. Nepresol) wird bei schwerer Hypertonie, Minoxidil (Lonolox) bei Therapieresistenz eingesetzt

[1] *bei Hypovolämie oder Störungen der Nierenperfusion kann es unter diesen Substanzen zum Anstieg des Serum-Kreatinins kommen*
* *gilt für Kalziumantagonisten vom Isoptin- und Diltiazemtyp*

herigen Monotherapie oder Kombinationstherapien. Eine generelle vorzuziehende Strategie lässt sich nicht empfehlen. Allgemein gilt, dass ein erheblich (> 20 mmHg) über dem Zielbereich liegender Blutdruck in der Regel für eine Kombinationstherapie spricht, insbesondere dann, wenn das Risiko für kardiovaskuläre Folgeschäden insgesamt hoch ist. In diesen Fällen sollte bereits initial mit einer **Kombinationstherapie** begonnen werden.

Abb. 13.9 fasst die nach aktueller Studienlage sinnvollen **Kombinationsmöglichkeiten** zusammen. Kalzium-Antagonisten und Diuretika können mit allen anderen Antihypertensiva der 1. Wahl kombiniert werden. ACE-Hemmer und AT_1-Rezeptor-Blocker sollten im Allgemeinen nicht miteinander kombiniert werden (außer in speziellen Fällen, z. B. bei massiver Proteinurie), da dies keinen Nutzen, wohl aber vermehrt unerwünschte Wirkungen zur Folge hat. Dagegen ist die Kombination von Hemmern des

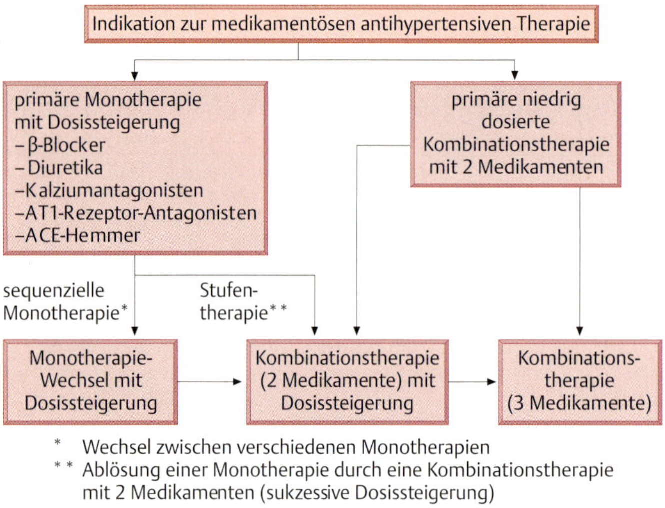

Abb. 13.8 Strategien der medikamentösen Hochdruckbehandlung.

Renin-Angiotensin-Systems (ACE-Hemmer und AT_1-Rezeptor-Blocker) mit Thiazid-Diuretika ausgesprochen günstig, da sich die Substanzgruppen in ihrer Wirkung verstärken: Diuretika stimulieren das Renin-Angiotensin-System, was zu einem vermehrten Ansprechen auf Hemmung desselben führt. Die günstigsten Daten liegen aktuell für die **Kombination aus ACE-Hemmern und Kalziumantagonisten** vor, die sich in zwei großen Studien anderen Wirkstoffkombinationen gegenüber als überlegen erwies. Eine abschließende Bewertung dieser Ergebnisse ist aber aktuell noch nicht möglich.

Der **Erfolg einer antihypertensiven Behandlung** für die Verhinderung kardiovaskulärer Folgeschäden ist für die Medikamente der 1. Wahl gesichert, wenn die Zielblutdruckwerte erreicht werden (< 140/90 mmHg für Nichtdiabetiker, < 130/80 mmHg für Diabetiker). Sollte eine befriedigende Blutdrucktherapie aber auch mit unterschiedlichen Arzneimittelkombinationen nicht zu erreichen sein, ist nach Ursachen zu fahnden, z. B.:

- mangelnde Einnahmetreue (Compliance)
- Unterdosierung
- Salz- und Wasserretention
- falsche Kombination
- sekundäre Hypertonie

Besonderheiten der Hochdrucktherapie

Diabetes mellitus und arterielle Hypertonie

Bei Diabetikern ist die Prävalenz der arteriellen Hypertonie hoch. Dies ist insofern von großer Bedeutung, als kardiovaskuläre Komplikationen heute die häufigste Todesursache des Diabetikers darstellen und in eindeutiger Beziehung zur Blutdruckhöhe stehen. Außerdem ist gesichert, dass die Hypertonie die Entstehung einer diabetischen Nephropathie (s. S. 303) erheblich fördert und ihre Progression hin zur Dialysepflicht enorm beschleunigt.

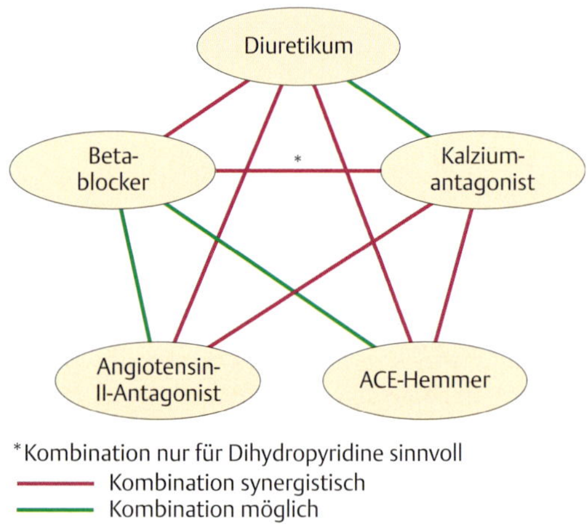

Abb. 13.9 Kombinationsmöglichkeiten nach aktueller Studienlage.

Die Ursache der arteriellen Hypertonie beim Diabetiker ist unterschiedlich. Beim übergewichtigen Typ-2-Diabetiker mit normaler Nierenfunktion dürfte es sich häufig um ein Zusammentreffen mit essenzieller Hypertonie handeln. Diese Verknüpfung

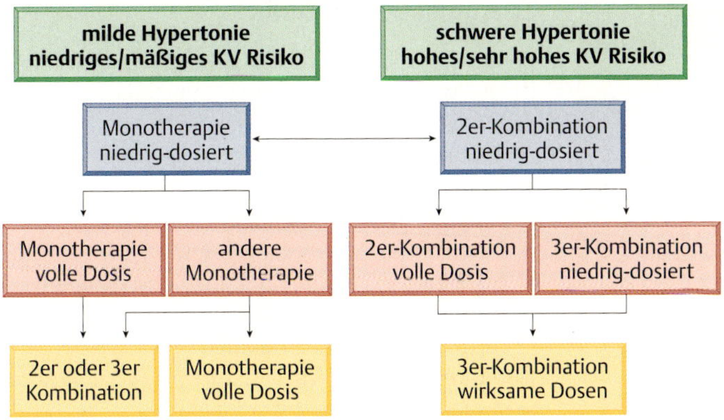

Abb. 13.10 Therapiemöglichkeiten bei milder und schwerer Hypertonie (KV = kardiovaskuläres).

ist wahrscheinlich mehr als nur zufällig, da bei essenzieller Hypertonie häufig Störungen der Glukosetoleranz gefunden werden (s. S. 608). Beim insulinpflichtigen Typ-1-Diabetiker tritt eine Hypertonie in der Regel erst dann auf, wenn eine Nierenschädigung eingetreten ist (s. S. 303).

Die Therapie setzt sich folgendermaßen zusammen:

- Gewichtsreduktion bei Übergewicht
- ACE-Hemmer und AT_1-Antagonisten als Medikamente der 1. Wahl
- Kalziumantagonisten als nächster Schritt in Kombination mit Antihypertensiva der 1. Wahl,
- Wenn damit die Blutdruck-Zielwerte noch nicht erreicht werden, sollen zusätzlich auch weitere Antihypertensiva eingesetzt werden, die als primäre Monotherapie für Diabetiker weniger geeignet sind, wie z. B. Thiazid-Diuretika
- Gleiches gilt für β-Rezeptoren-Blocker. Selektive β-Rezeptoren-Blocker sollten auch bei Diabetikern eingesetzt werden, wenn zusätzlich zum hohen Blutdruck weitere Indikationen bestehen (wie z. B. Herzinsuffizienz oder koronare Herzkrankheit) oder wenn sonst eine ausreichende Blutdrucksenkung nicht zu erzielen ist
- kochsalzarme Diät und Diuretika bei beeinträchtigter Nierenfunktion
- Gabe von Statinen bei ausgeprägteren Stoffwechselstörungen mit Atherosklerosezeichen

! **Die arterielle Hypertonie sollte beim Diabetiker früher und eher auf ein niedrigeres Blutdruckniveau eingestellt werden als beim Nichtdiabetiker (Zielblutdruck z. B. < 130/< 80 mmHg).**

Arterielle Hypertonie im Alter und isolierte systolische Hypertonie

Im Alter über 65 Jahren haben mehr als 50% der Bevölkerung eine arterielle Hypertonie. Eine antihypertensive Therapie senkt die Mortalität und die kardiovaskuläre Morbidität auch im hohen Alter. Der absolute Nutzen der Therapie kann im hohen Alter sogar größer sein, da auch das absolute Risiko, Schlaganfall oder Herzinsuffizenz zu erleiden, im hohen Alter größer ist.

Dies gilt ebenfalls für die im Alter häufige **isolierte systolische Hypertonie**. Aufgrund der verminderten Elastizität der Gefäße haben alte Patienten sehr häufig eine deutliche Erhöhung des systolischen Blutdrucks bei normalen oder sogar erniedrigten diastolischen Werten. Diese Konstellation ist prognostisch ungünstig und geht mit einem hohen Risiko für Schlaganfälle und Herzinsuffizienz einher. Durch eine Senkung des systolischen Drucks kann dieses Risiko vermindert werden, es ist jedoch auch eine exzessive Senkung des diastolischen Blutdrucks zu vermeiden. Dieser sollte, wenn möglich, unter Therapie nicht niedriger als 70 mm Hg liegen, vor allem nicht bei Patienten, die bereits kardiale Schäden aufweisen. Daneben ist auf orthostatische Beschwerden zu achten.

Das Risiko der antihypertensiven Therapie im Alter ist gering, wenn ein paar Hinweise beachtet werden:

- vorsichtige, langsame Blutdrucksenkung
- Messung des Blutdrucks im Sitzen und Stehen (orthostatischer Blutdruckabfall?)
- etwas höhere Blutdruckzielwerte (150/80 mmHg bei Alter > 80 Jahre)
- Beachtung von Nebenwirkungen, die im Alter gehäuft auftreten können

> **!** Vor allem bei älteren Patienten sollte der Blutdruck langsam gesenkt werden, um eine zerebrale Minderdurchblutung zu vermeiden. Durch zusätzliche Messung des Blutdrucks im Stehen lässt sich eine orthostatische Dysregulation erkennen (Schellong-Test, s. S. 18).

Therapie der hypertensiven Krise

Bei der hypertensiven Krise handelt es sich um einen Notfall, der umgehend stationär behandelt werden muss. Sie ist durch eine oder mehrere der folgenden Komplikationen charakterisiert:

- Lungenödem,
- Myokardischämie,
- Enzephalopathie,
- Dissektion oder Ruptur eines Aortenaneurysmas,
- intrakranielle Blutung.

Prognostisch ist nicht die absolute Blutdruckhöhe entscheidend, sondern das Auftreten der genannten Komplikationen. Der Blutdruck muss innerhalb weniger Stunden gesenkt werden. Allerdings sollte der Blutdruckabfall in den ersten 1 – 2 Stunden 20 – 25 % nicht überschreiten. Andernfalls können als Komplikationen Störungen der zerebralen oder koronaren Perfusion auftreten, besonders bei vaskulär vorgeschädigten Patienten.

Mittel der 1. Wahl für die **ambulante Therapie bis zur stationären Aufnahme** sind:

- Urapidil (z. B. Ebrantil) 25 – 50 mg langsam i. v.
- Clonidin (z. B. Catapresan) 0,075 – 0,15 mg subkutan oder über mehrere Minuten i. v.
- Nitrendipin (z. B. Bayotensin)

> **!** Bei intravenöser antihypertensiver Therapie sollte der Patient grundsätzlich kontinuierlich überwacht werden.

Unter **stationären Bedingungen** kann man die o. g. Medikamente und zusätzlich Dihydralazin (Nepresol 6,25 – 12,5 mg langsam i. v. oder als Perfusor [1 – 4 mg/h]) oder Metoprolol (z. B. Beloc) bei einer Herzfrequenz > 80/min geben. Lässt sich der Blutdruck so nicht senken, empfiehlt sich eine Nitroprussid-Infusion. Eine begleitende diuretische Behandlung muss in diesem Fall eingeleitet werden, um einer Kochsalzretention entgegenzuwirken.

Therapieüberwachung

Ein häufiges Problem in der Bluthochdrucktherapie ist die schlechte **Compliance** (Einnahmetreue) der Patienten. Hier haben sich eine Reihe von Maßnahmen bewährt:

- Blutdruckmessung durch den Patienten selbst
- einfache Therapieschemata
- feste Terminvereinbarungen und schriftliche Einbestellung bei Nichteinhaltung von Terminen
- gute Instruktion des Patienten und ggf. seines Partners über seine Krankheit

Wirkungsvoll sind auch strukturierte **Schulungsprogramme,** die speziell für Hypertoniker entwickelt wurden.

Bei einer Wiedervorstellung müssen der Patient und seine Angehörigen sorgfältig nach Nebenwirkungen der Arzneimittel gefragt werden. Insbesondere bei Medikamenten, die zu einer Sedation führen können, ist die Möglichkeit einer Beeinträchtigung der **Verkehrstüchtigkeit** oder einer Gefährdung am Arbeitsplatz gegeben. Hierauf ist der Patient vor Therapiebeginn hinzuweisen. Nach Störungen der **Sexualfunktion** muss speziell gefragt werden, da diese erfahrungsgemäß spontan selten angegeben werden, aber häufig Ursache mangelnder Einnahmetreue sind. In der ersten Phase der Blutdruckeinstellung klagen die Patienten häufig über **Müdigkeit und Leistungseinbuße** als Folge der Blutdrucksenkung. Hier soll man den Patienten zur Therapiefortführung ermutigen, denn diese Symptome klingen meist spontan innerhalb von wenigen Wochen oder Monaten ab.

> **!** Der Patient sollte zu Beginn der Therapie über eventuelle Nebenwirkungen und deren meist vorübergehenden Charakter aufgeklärt werden, nicht jedoch erst, wenn diese Nebenwirkungen bereits eingetreten sind. Außerdem ist darauf hinzuweisen, dass sich nachhaltige Erfolge der antihypertensiven Therapie erst nach einiger Zeit einstellen können.

Kontrolluntersuchungen

Bei einer Behandlung mit Diuretika oder Hemmern des Renin-Angiotensin-Systems sollten **Serum-Kalium** und **Serum-Kreatinin** 1–2 Wochen nach Therapiebeginn kontrolliert werden, danach in jährlichen Abständen. Bei Hemmern des Renin-Angiotensin-Systems sollte bei der initialen Kontrolle auch das Blutbild kontrolliert werden, das es selten zu Störungen der Blutbildung kommen kann.

EKG oder **Echokardiografie** bei fehlenden Zeichen der Linksherzhypertrophie alle 2 – 3 Jahre; wenn Zeichen der Linksherzhypertrophie anfangs vorliegen, in jährlichen Abständen, da die Linksherzhypertrophie einen unabhängigen Risikofaktor für Herzinsuffizienz darstellt.

13.4 Sekundäre Hypertonieformen

13.4.1 Renale Hypertonie

Renoparenchymatöse Hypertonie

engl.: renoparenchymatous hypertension

Epidemiologie. Eine renoparenchymatöse Ursache der arteriellen Hypertonie findet sich bei etwa 2 – 5 % der Patienten. Vor allem bei sehr jungen Patienten und bei maligner Hypertonie ist hier sehr viel häufiger die Ursache eines hohen Blutdrucks zu finden.

Ätiologie und Pathogenese. Jede ein- oder beidseitige Nierenerkrankung (z. B. Glomerulonephritis, Zystennieren) kann zum Hochdruck führen. Im präterminalen Stadium der Niereninsuffizienz mit Serum-Kreatinin über 5 mg/dl haben mehr als 80 % der Patienten eine Hypertonie. Der Blutdruckanstieg bei Nierenkrankheiten ist im Wesentlichen auf zwei Faktoren zurückzuführen.

- Die Fähigkeit der Niere, Natrium auszuscheiden, ist beeinträchtigt, sodass Natriumchlorid und Flüssigkeit retiniert werden.
- Weiterhin spielt vermutlich auch bei diffusen parenchymatösen Nierenerkrankungen das Renin-Angiotensin-System und der Sympathikus eine vasopressorische Rolle (s. S. 255).

Klinik. Anamnestisch sollte nach den typischen Zeichen einer Nierenerkrankung gefragt werden (s. S. 276). Eine renoparenchymale Hypertonie ist außerdem zu vermuten, wenn das Serum-Kreatinin erhöht ist, wenn im Urinstatus Proteinurie oder Erythrozyten auffallen, oder wenn die Nierensonografie pathologische Ergebnisse (z. B. verkleinerte Nieren, multiple Nierenzysten etc.) ergibt.

Therapie. Hemmer des Renin-Angiotensin-Systems sind die Mittel der 1. Wahl, da diese Substanzen das zu erwartende Fortschreiten der Niereninsuffizienz, insbesondere bei Proteinurie, verlangsamen können. Aufgrund der häufig vorliegenden Volumenüberladung wird oft zusätzlich ein **Diuretikum** eingesetzt: bei stark eingeschränkter Nierenfunktion mit Serum-Kreatininwerten über 2 mg/dl sollten Schleifendiuretika eingesetzt werden (z. B. Furosemid).

Nach Einleitung der antihypertensiven Therapie bei Niereninsuffizienz muss das Serum-Kreatinin regelmäßig kontrolliert werden. Ein geringer (< 25 %) Anstieg des Serum-Kreatinins zu Beginn der Behandlung mit Hemmern des Renin-Angiotensin-Systems kann hingenommen werden und ist auf eine Senkung des intraglomerulären Drucks zurückzuführen, die sich langfristig positiv auswirkt. Die Kontrolle des Serum-Kaliums ist in diesen Fällen besonders wichtig, um bedrohliche Hyperkaliämien zu erkennen (s. S. 332).

Ein zusätzliches Therapieziel ist die **Verbesserung der Proteinurie:** liegt eine Proteinurie vor, sollte die antihypertensive Therapie so dosiert werden, dass die tägliche Proteinausscheidung unter 0,5 – 1 g/Tag gesenkt wird. Dies gilt auch, wenn dazu niedrigere Blutdruckwerte erforderlich sind.

> ! **Die Senkung der Proteinurie führt zum verlangsamten Fortschreiten der Niereninsuffizienz.**

Renovaskuläre Hypertonie

engl.: renovascular hypertension

Epidemiologie. Die renovaskuläre Hypertonie ist Ursache für 0,1 – 1 % aller Hypertonien und eine häufige Ursache bei schwer einstellbarer oder maligner Hypertonie.

Ätiologie und Pathogenese.

- **Arteriosklerotische Nierenarterienstenosen** machen ca. 85 % der Fälle aus. Die Stenosierung liegt oft ostiumnah, kann bilateral auftreten und über Jahre bis zum Verschluss progredient zunehmen. Die Erkrankung tritt meist bei älteren Patienten auf.
- **Fibromuskuläre Dysplasien** sind für ca. 15 % der Fälle verantwortlich. Hierbei ist die Media verdickt und von fibrotischem Gewebe durchsetzt; gelegentlich sind auch Intima oder Adventitia befallen. Angiografisch findet sich typischerweise ein **perlschnurartiges Bild,** bedingt durch abwechselnde Stenosen und Aneurysmata, wobei

oft der distale Abschnitt der Nierenarterie oder die Segmentarterien befallen sind. Hier sind vor allem jüngere Patienten, meist Frauen, betroffen.

In der **Frühphase** setzt die Niere aufgrund der gedrosselten Durchblutung vermehrt Renin frei. Das daraufhin in der systemischen Zirkulation auftretende Angiotensin II steigert den Blutdruck über mehrere Mechanismen (vgl. **Abb. 13.3**):

- Vasokonstriktion der Arteriolen
- Aldosteronfreisetzung und gesteigerte tubuläre Natriumrückresorption
- Stimulation zentraler Kreislaufzentren
- Stimulation des sympathischen Nervensystems

Durch einen Anstieg des systemischen Blutdrucks kann die Perfusion der stenosierten Niere dann zunächst wieder normalisiert werden.

In der **Spätphase** spielen weitere Mechanismen eine Rolle. Obwohl die Reninsekretion der gedrosselten Niere weiterhin gesteigert ist, sind die Plasma-Renin-Spiegel nur bei etwa der Hälfte der Patienten mit renovaskulärer Hypertonie erhöht. Gleichzeitig ist die Reninsekretion in der nicht gedrosselten Niere vermindert. Allerdings ist die blutdrucksteigernde Wirkung von Angiotensin II in der chronischen Phase sehr viel ausgeprägter als in der Frühphase, sodass auch eine normale Angiotensin-II-Konzentrationen die Hypertonie aufrechterhält.

Klinik. Von begrenzter klinischer Bedeutung sind folgende Hinweise auf eine renovaskuläre Hypertonie:

- Zeichen der allgemeinen Atherosklerose (z. B. KHK, pAVK)
- Niereninsuffizienz unklarer Ursache
- Alter unter 30 oder über 50 Jahren bei Erstmanifestation der Hypertonie
- Erhöhung vor allem des diastolischen Blutdrucks
- fehlende Nachtabsenkung des Blutdrucks in der ambulanten 24-h-Blutdruckmessung
- kurze Anamnese des Hochdrucks
- maligne Hypertonie
- abdominelle Strömungsgeräusche
- Hypokaliämie
- einseitig kleine Niere (Schrumpfniere)

Diagnostik. Der diagnostische Goldstandard ist die **intraarterielle digitale Subtraktionsangiografie** (i. a.-DSA, s. S. 211, **Abb. 13.11**). Weitere diagnostische Tests sind auf S. 261 beschrieben. Es ist wichtig, auch die kontralaterale nicht stenosierte Niere zu beurteilen, die dem erhöhten Blutdruck ebenfalls ausgesetzt ist. Therapeutische Interventionen zur Behandlung einer Nierenarterienstenose haben weniger Aussicht auf Erfolg, wenn die kontralaterale, druckbelastete Niere bereits deutliche vaskuläre oder parenchymatöse Schäden aufweist.

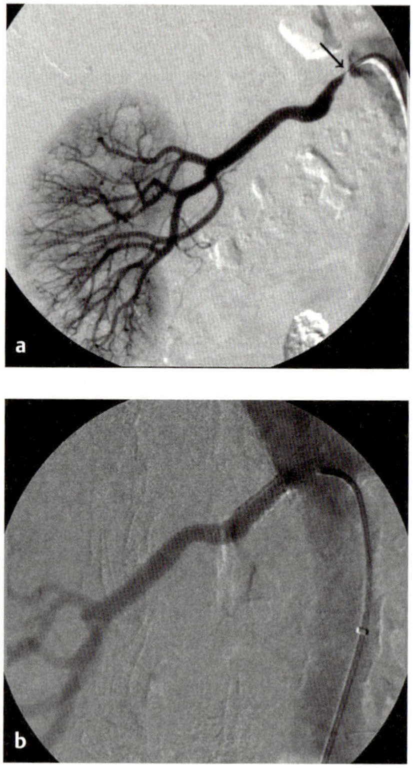

Abb. 13.11 Dilatation und Stentimplantation bei rechtsseitiger Nierenarterienstenose. a Die selektive Darstellung der rechten Nierenarterie über einen vorgebogenen Katheter zeigt eine hochgradige Abgangsstenose der A. renalis (Pfeil). **b** Nach Ballondilatation und Einlage einer Gefäßstütze (Stent) mit einem Durchmesser von 7 mm zeigt die Abgangsregion der rechten Nierenarterie einen normalen Gefäßdurchmesser. (aus Reiser et al., Duale Reihe Radiologie, Thieme)

Therapie. Bei jüngeren Patienten mit fibromuskulärer Dysplasie sollte prinzipiell die interventionelle Korrektur der Stenose mittels **perkutaner transluminaler Angioplastie** (PTA) durchgeführt werden. Infolge der daber unvermeidlichen Verletzung der Intima des Gefäßes kann es zum Wideraufteten der Stenose kommen, daher sind dopplersonografische Verlaufskontrollen und ggf eine erneute PTA nötig.

Eine interventionelle Korrektur ist dagegen bei atherosklerotischer Stenose nicht immer angezeigt. Ein Patient mit Nierenarterienstenose und Bluthochdruck, der mit bis zu drei Medikamenten normotensiv ist und eine stabile Nierenfunktion zeigt, kann sowohl konservativ als auch mit PTA behandelt werden. Nur beim Patienten mit nicht einstellbarer Hypertonie, oder bei funktioneller Einzelniere, hat die PTA möglicherweise Vorteile gegenüber der rein medikamentösen Behandlung. Bei alten multimorbiden Patienten mit ausgeprägter systemischer Atherosklerose sollte vor einer Intervention immer das Risiko eines Eingriffes und seines Nutzens vor dem Hintergrund der stark eingeschränkten Lebenserwartung kritisch bewertet werden.

> **! Bei atherosklerotisch bedingter Nierenarterienstenose ist der wichtigste Aspekt bei der Therapie nicht die Angioplastie, sondern wie die maximale Therapie aller Atherosklerose-Risikofaktoren zu erreichen ist!**

Bei der **medikamentösen Therapie** können im Prinzip alle Antihypertensiva eingesetzt werden. Die Blockade des Renin-Systems mit ACE-Hemmern oder AT_1-Blockern ist meist gut wirksam, was aufgrund der Pathogenese nicht weiter verwunderlich ist. Diese Substanzen können zwar die Funktion einer stenosierten Niere verschlechtern, dies erzwingt aber nur selten den Verzicht auf diese Therapie: insbesondere bei bilateralen Stenosen oder bei Stenose einer Einzelniere. Ein großer Vorteil der Hemmer des Renin-Angiotensins-Systems liegt zudem in ihrer nachgewiesen **günstigen Wirkung auf die Atherosklerose.** Dies ist ein enorm wichtiger Punkt für die Patienten mit atherosklerotisch bedingten Stenosen. Bei diesen Patienten müssen auch andere Risikofaktoren medikamentös aggressiv behandelt werden (z. B. mit Statinen).

13.4.2 Endokrine Ursachen der arteriellen Hypertonie

Der primäre Hyperaldosteronismus, das Phäochromozytom, das Cushing-Syndrom, die Akromegalie und die Hyperthyreose werden im Kapitel Endokrinologie im Detail abgehandelt (s. S. 493 ff.). Es soll jedoch auch an dieser Stelle darauf hingewiesen werden, dass Bluthochdruck aufgrund von Hyperaldosteronismus vor allem bei Patienten mit therapieresistenter Hypertonie deutlich häufiger vorkommt, als bisher angenommen (bis zu 15% der Patienten mit therapieresistenter Hypertonie).

13.4.3 Weitere Formen der sekundären Hypertonie

Bluthochdruck in der Schwangerschaft

engl.: hypertension in pregnancy

→ s. auch Kapitel Niere, S. 309.

Epidemiologie. Die Häufigkeit beträgt in Deutschland ca. 10%.

Ätiologie und Pathogenese. Einer arteriellen Hypertonie in der Schwangerschaft können folgende Ursachen zugrundeliegen:

- Präeklampsie (syn. Spätgestose, EPH-Gestose), gekennzeichnet durch Hypertonie, Proteinurie und Ödeme
- Schwangerschaft bei vorbestehender oder sich während der Schwangerschaft erstmals manifestierender essenzieller Hypertonie
- Hypertonie bei Nierenerkrankung
- transitorische Hypertonie in der Schwangerschaft

Die Unterscheidung zwischen diesen Gruppen, speziell zwischen Präeklampsie und Schwangerschaftshypertonie bei Nierenkrankheit, ist allein aufgrund klinischer Untersuchungen ohne Kenntnis der glomerulären Histologie nicht möglich. Die arterielle Hypertonie bei Präeklampsie tritt allerdings in der Regel erst nach der 20. Schwangerschaftswoche auf, betrifft vor allem Erstgebärende und verschwindet in den ersten Wochen nach der Geburt.

Die Patientinnen zeigen von kardiovaskulärer Seite eine vermehrte Vasokonstriktion und ein vermindertes zirkulierendes Blutvolumen. Warum der Blutdruck ansteigt, ist unbekannt. Einiges spricht dafür, dass im Kreislauf der A. uterina vasopressorische Substanzen freigesetzt werden, wenn die Plazenta minderdurchblutet ist. Zur Entstehung einer solchen Minderdurchblutung können endogene Hemmstoffe der Gefäßneubildung beitragen.

Von einer transitorischen arteriellen Hypertonie spricht man bei einem Blutdruckanstieg im 3. Trimenon, der wenige Tage nach der Geburt nicht mehr nachweisbar ist (sofern keine Ödeme oder Proteinurie vorliegen). Patientinnen mit einer transitorischen Hypertonie in der Schwangerschaft erkranken Jahre später oft an einer primären Hypertonie.

Klinik und Diagnostik. Bei raschem Anstieg des Blutdrucks in der Schwangerschaft können Schwindel, Kopfschmerzen, Benommenheit, Sehstörungen, Übelkeit und Erbrechen auftreten. Schwangerschaftshypertonie bei Präeklampsie kann durch Auftreten ausgeprägter Ödeme auffallen. Die Hypertonie in der Schwangerschaft kann jedoch auch symptomlos verlaufen,

Blutdruckmessungen in der Schwangerschaftsvorsorge sind deshalb unerlässlich, wobei man berücksichtigen muss, dass der Blutdruck im ersten Trimenon im Allgemeinen um 15 – 20 mmHg abfällt. Die üblichen WHO-Kriterien der arteriellen Hypertonie sind in dieser Situation nicht anwendbar.

Eine schwere Komplikation der Präeklampsie ist das HELLP-Syndrom (vgl. S. 373):

- **H**aemolysis (hämolytische Anämie)
- **E**levated **L**iver Enzymes (erhöhte Transaminasen)
- **L**ow **P**latelet Count (Thrombozytopenie)

Therapie. Es besteht keine Einigkeit, ab welchen Werten medikamentös behandelt werden soll. Ab systolischen Werten von 170 und diastolisch 110 mmHg ist dies in der Regel indiziert. Derart hohe Werte werden toleriert, um die ohnehin eingeschränkte Perfusion der Plazenta und damit die Versorgung des Fetus nicht weiter zu verschlechtern. Im Einzelfall kann das Auftreten von Organschäden insbesondere der Niere (Proteinurie, Nierenfunktionseinschränkung), aber auch schon bei niedrigeren Blutdruckwerten eine antihypertensive Therapie erfordern.

Therapeutisch wird meist **Bettruhe** empfohlen, obwohl die Wirkung bzw. Notwendigkeit umstritten ist. Gesichert ist, dass das zentral wirksame Sympatholytikum **α-Methyldopa** (Presinol) als das Antihypertensivum der 1. Wahl in dieser Situation anzusehen ist. Langzeituntersuchungen zeigen, dass nach α-Methyldopa-Behandlung der Mutter geistige und körperliche Entwicklung des Kindes ungestört sind. Auch der kardioselektive β-Blocker Metoprolol (Beloc) kann als 2. Wahl eingesetzt werden, die langfristigen Effekte für das Kind sind allerdings weniger klar. Der Einsatz nicht-kardioselektiver β-Blocker scheint kontraindiziert, da eine β_2-Blockade wehenstimulierend wirken kann. Diuretika und Kochsalzrestriktion sollten nicht eingesetzt werden, da die Patientinnen häufig volumenverarmt sind und bei weiterer Volumenverminderung die Plazentadurchblutung abnimmt. Alle Hemmstoffe des Renin-Angiotensin-Systems, also Renin-Hemmer, ACE-Hemmer und AT_1-Antagonisten sind streng kontraindiziert, da sie zum neonatalen Nierenversagen führen können. Zu anderen Antihypertensiva liegen keine kontrollierten Untersuchungen bezüglich ihrer Sicherheit vor.

Bei **Präeklampsie** ist eine stationäre Behandlung angezeigt. In Abhängigkeit von der kindlichen Reife ist hier stets die Einleitung der Geburt bzw. die Sectio zu erwägen, die letztlich auch die kausale Therapie der Präeklampsie darstellt.

Bluthochdruck bei Einnahme hormoneller Kontrazeptiva

Etwa 5 % der Frauen unter hormonaler Antikonzeption entwickeln eine arterielle Hypertonie. Die Wahrscheinlichkeit steigt mit zunehmendem Lebensalter. Bei einem Teil dieser Patientinnen wird durch die oralen Antikonzeptiva eine essenzielle Hypertonie „demaskiert".

Ursächlich scheint die Aktivierung des Renin-Angiotensin-Systems bei gleichzeitiger Natriumretention eine Rolle zu spielen. Östrogene stimulieren die Produktion von Angiotensinogen in der Leber (s. **Abb. 13.3**), d. h. vor allem der Östrogenanteil spielt eine besondere Rolle.

Die Therapie besteht im Absetzen der Kontrazeptiva, was zur Normalisierung des Blutdrucks in 50 % der Fälle innerhalb von 3 – 9 Monaten führt. Ansonsten erfolgt die übliche Hochdrucktherapie (s. **Tab. 13.4**).

Hypertonus bei Aortenisthmusstenose

→ vgl. S. 195

Leitsymptom ist ein erhöhter Blutdruck an der oberen Extremität und ein normaler bzw. erniedrigter Blutdruck an der unteren Extremität. Weiterhin fällt ein Systolikum über dem Herzen und zwischen den Schulterblättern auf. Das Röntgenbild des Thorax zeigt typische bilaterale Rippenusuren als Folge der Kollateralzirkulation über die Interkostalarterien. Die Diagnose muss bei jedem **jugendlichen Patienten mit Hypertonie** sorgfältig ausgeschlossen werden, da eine operative Beseitigung der Stenose den Blutdruck in der Regel normalisiert und die Lebenserwartung verlängert.

Hypertonus bei Aorteninsuffizienz und totalem AV-Block

→ vgl. S. 177 bzw. 80

Bei Aorteninsuffizienz ist das Schlagvolumen erhöht. Es kommt zur Überhöhung des systolischen Drucks mit Erniedrigung des diastolischen Blutdrucks, wobei der mittlere arterielle Druck in der Regel normal bleibt. Folge ist eine **große Blutdruckamplitude.** In gleicher Weise ist bei totalem AV-Block als Folge des stark erhöhten Schlagvolumens bei verlängerter diastolischer Füllungszeit der systolische Druck erhöht. Der mittlere arterielle Blutdruck ist nicht verändert.

13.4.4 Folgeerkrankungen der arteriellen Hypertonie

Auswirkungen auf das Herz

> **!** Etwa 50 % der Patienten mit arterieller Hypertonie sterben an einer Herzerkrankung.

Folgende kardiale Störungen können auftreten:

- Hypertrophie des linksventrikulären Herzmuskels (Hinweise im EKG bei 10 – 15 % der Patienten, in der Echokardiografie bei etwa 50 % der hypertensiven Patienten sichtbar)
- koronare Herzkrankheit (bei Hypertonie 2- bis 3-mal häufiger als bei Normotonie)
- Herzinsuffizienz

Die **linksventrikuläre Hypertrophie** ist, selbst wenn keine koronaren Läsionen vorliegen, als unabhängiger Risikofaktor für die Entwicklung einer Herzinsuffizienz sowie für das Auftreten kardialer Arrhythmien und den Sekundenherztod belegt.

Der Hochdruck ist einer der wichtigsten Risikofaktoren für die Entwicklung einer **koronaren Herzkrankheit** (s. S. 40).

Weiterhin findet sich bei Hypertonikern eine eingeschränkte Koronarreserve, d. h. die Koronardurchblutung kann bei Bedarf nicht so stark wie bei Normotonikern gesteigert werden.

Eine **Herzinsuffizienz** ist in 30 – 60 % der Fälle durch eine arterielle Hypertonie bedingt (s. S. 99). Zu Beginn findet sich eine diastolische Compliance-(Dehnbarkeits-)Störung, in späteren Stadien zusätzlich eine verminderte systolische Pumpfunktion des linken Ventrikels.

Auswirkungen auf die Nieren

Generell lässt sich feststellen:

- Bei benigner Hypertonie werden nur wenige Patienten terminal niereninsuffizient.
- Nach längerem Verlauf tritt bei einigen Patienten (etwa 5 %) eine Proteinurie > 1 g/d auf. Die Mortalität und das Risiko der späteren Dialysepflichtigkeit dieser Patienten ist mehrfach erhöht gegenüber Patienten ohne Proteinurie.
- Bei Hypertonikern ist wie bei Diabetikern gelegentlich eine Mikroalbuminurie zu beobachten. Die kardiale Mortalität dieser Patienten ist mehrfach gesteigert.
- Bei vorbestehender, auch nur beginnender Niereninsuffizienz beschleunigt eine Hypertonie den Verlauf in Richtung terminales Nierenversagen (s. S. 310 ff).

Auswirkungen auf das zentrale Nervensystem

Schlaganfälle gehören zu den wichtigsten Folgeerkrankungen der Hypertonie. Die Prävalenz der Hypertonie bei **Apoplex** beträgt bis zu 90 %, wobei hier Massenblutung, Hirninfarkt und Embolie auftreten können. Eine antihypertensive Therapie senkt vor allem das Risiko für Ischämien und Massenblutungen.

Transitorische ischämische Attacken (TIA) treten ebenfalls bevorzugt bei Patienten mit arterieller Hypertonie auf. Es handelt sich um reversible Herdsymptome, die sich hinsichtlich ihrer Symptomatik, je nach dem bevorzugt befallenen Gefäßgebiet, unterscheiden (sensible oder motorische Ausfälle, Sprachstörungen usw.). Es ist wichtig, solche Symptome richtig zu deuten, da sie Prodromi eines Hirninfarktes sind und umgehend diagnostische Maßnahmen veranlasst werden müssen.

Selten kann eine **akute Hochdruckenzephalopathie** auftreten. Die Klinik ist zu Beginn häufig durch schwere Kopfschmerzen, Übelkeit, Erbrechen und leichte Bewusstseinsstörungen gekennzeichnet. Im Vollbild finden sich Bewusstlosigkeit und generalisierte Krämpfe. Diesem Syndrom liegt vermutlich ein Zusammenbruch der zerebrovaskulären Autoregulation zugrunde. Bei Senkung des Blutdrucks ist es reversibel.

13.4.5 Prognose der behandelten Hypertonie

Generell gilt: Je höher der Blutdruck ohne Therapie ist, desto deutlicher verbessert sich die Prognose durch eine antihypertensive Behandlung. Bei Patienten mit einem diastolischen Blutdruck > 105 mmHg reduziert eine Therapie über einen Zeitraum von nur 5 Jahren die kardiovaskuläre Mortalität um mehr als die Hälfte. Besonders deutlich reduziert sich das Auftreten von Herzinsuffizienz und zerebrovaskulären Zwischenfällen. Im Vergleich mit diesen Komplikationen ist der Einfluss der antihypertensiven Therapie auf die koronare Herzkrankheit mit einer Risikoreduktion von 10 – 20% für den Myokardinfarkt etwas geringer.

Weiterführende Informationen

Leitlinien der Deutschen Hochdruckliga: http://www.hochdruckliga.de

Leitlinien der kanadischen Hochdruckgesellschaft: http://www.hypertension.ca

Hypertonie-Leitlinien des britischen „National Institute for Health and Clinical Excellence“ (NICE): http://guidance.nice.org.uk/CG34

Rechner für Herzinfarkt-Risiko nach dem PROCAM-score, http://www.chd-taskforce.com/index_d.htm

Score zur Wahrscheinlichkeitsabschätzung einer Nierenarterienstenose: http://www.hochdruckliga.info/ref52004.htm

Nephrologie

D

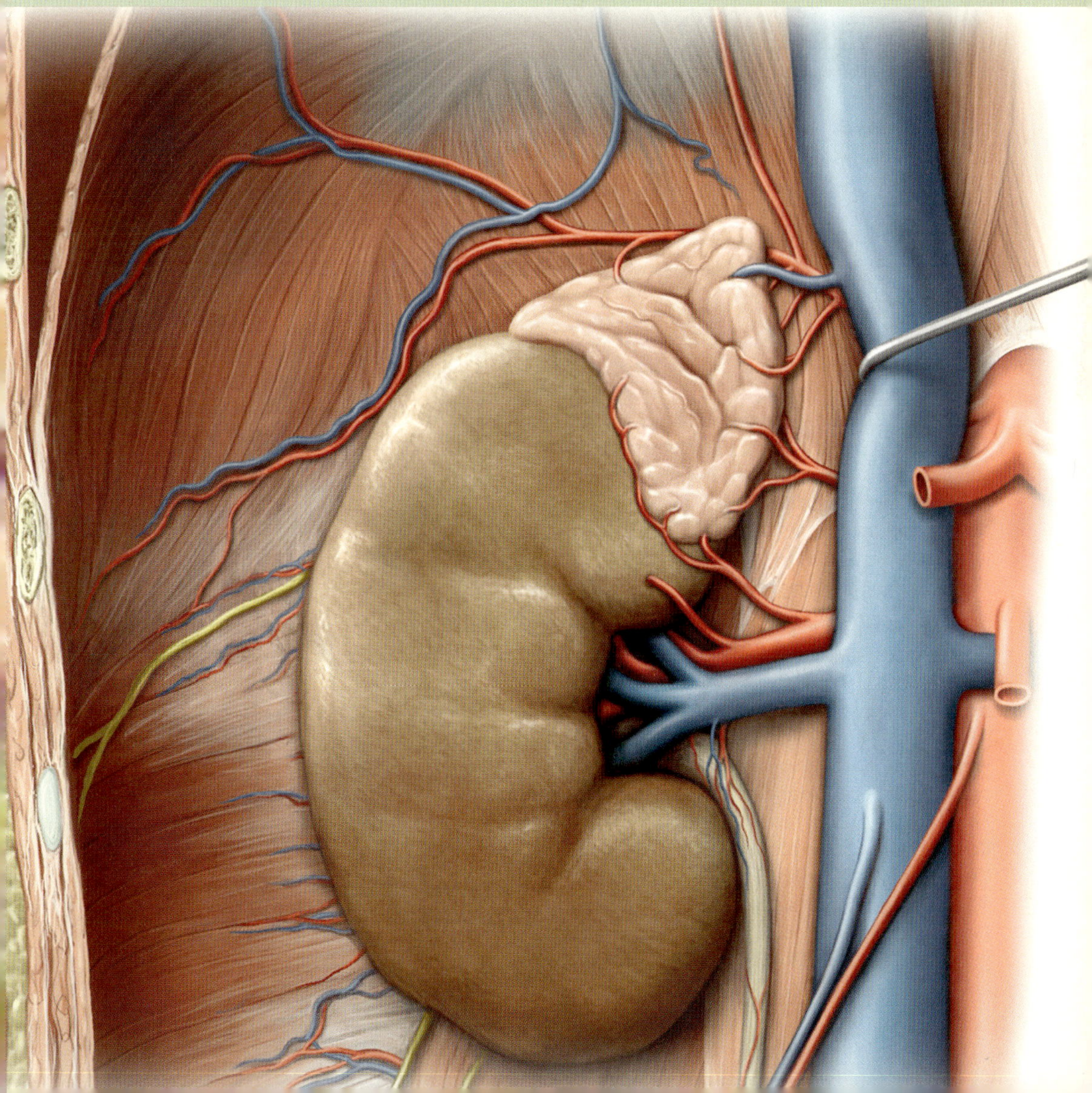

14 Niere

Christian Morath, Eberhard Ritz, Konrad Andrassy

14.1 Leitsymptome und Untersuchungsmethoden

Bei Nierenkrankheiten können zahlreiche Teilfunktionen der Niere gestört sein. Für die klinische Beurteilung der Nierenfunktion werden im Wesentlichen nur Glomerulumfiltrat und Permeabilitätseigenschaften des glomerulären Filters (Proteinurie) herangezogen.

14.1.1 Glomeruläre Filtrationsrate (GFR)

Definition. Unter glomerulärer Filtrationsrate [ml/min] wird die pro Zeiteinheit in den Glomerula beider Nieren filtrierte Menge an Plasmawasser verstanden. Sie kann entweder als Clearance direkt gemessen oder anhand der Plasmakonzentration harnpflichtiger Substanzen annäherungsweise abgeschätzt werden.

Klinische Bedeutung. Ein gesunder Erwachsener hat etwa 2 Mio. Nephrone. Bei chronischen mit Parenchymverlust einhergehenden Nierenkrankheiten nimmt die Zahl der funktionstüchtigen Nephrone ab. Obwohl das Filtrat der verbleibenden Nephrone kompensatorisch ansteigt, stellt das Glomerulumfiltrat ein klinisch nützliches Maß der verbleibenden Nierenfunktion dar. Als Schätzgröße des Glomerulumfiltrats wird in der Klinik die Serum-Kreatinin-Konzentration herangezogen.

Indirekte Abschätzung. Sie erfolgt anhand der Serum-Kreatinin-Konzentration. Kreatinin fällt endogen im Muskelstoffwechsel als Anhydrid des Kreatins an. Die täglich gebildete und im Urin ausgeschiedene Kreatininmenge (etwa 1 g/24 h) ist weitgehend konstant und abhängig von der Muskelmasse (daher bei Männern größer als bei Frauen). **Abb. 14.1** zeigt, dass die Höhe des Serum-Kreatinins das Ausmaß der verbliebenen GFR widerspiegelt. Die Serumkreatinin-Konzentration ist allerdings stark von der Muskelmasse abhängig.
Eine präzisere Abschätzung ist unter Berücksichtigung von Alter, Geschlecht (und ggf. der Rasse) möglich. Die glomeruläre Filtrationsrate kann nach folgender Formel abgeschätzt werden **(estimated GFR = eGFR)**, die allerdings nur bei standardisierter Serum-Kreatinin-Bestimmung und nur für Werte unter 60 ml/min/1,73 m² zuverlässig ist:

$$eGFR\ (ml/Min/1{,}72\,m^2) = 175 \times (S\text{-}Kreatinin\ mg/dl)^{-1154} \times (Alter)^{-0203} \times 0{,}742\ (\text{für Frauen})$$

Die GFR wird besonders im Bereich normnaher Werte noch präziser durch die Cystatin-C-Konzentration abgeschätzt; diese Messung ist derzeit aber noch nicht in die Routine eingeführt.
In Abhängigkeit von der eGFR werden Nierenkrankheiten bezüglich der damit verbundenen GFR Einschränkung in 5 Stufen eingeteilt (**Tab. 14.1**).

Tab. 14.1 **Stadieneinteilung chronischer Nierenkrankheiten**

CKD*-Stadium	eGFR (ml/Min/1,73 m²)
1	> 90 (normale Nierenfunktion) bei gleichzeitig vorliegender Proteinurie oder abnormer Form von Niere und ableitenden Harnwegen
2	60 – 89
3	30 – 59
4	15 – 25
5	< 15

** CKD = chronic kidney disease*

Clearance-Messung

Zur Bestimmung der Clearance werden endogene **Indikatorsubstanzen** (Kreatinin) oder exogene Indikatorsubstanzen (Inulin, radioaktiv markierte Chelate, Iohexol) verwendet (**Abb. 14.2**). Die Clearance gibt die hypothetische Menge des Plasmas an, aus welcher die Testsubstanz pro Zeiteinheit entfernt wird. Da die Clearance von der Körpergröße abhängig ist, werden die Werte auf die Standardkörperoberfläche (1,73 m²) bezogen.

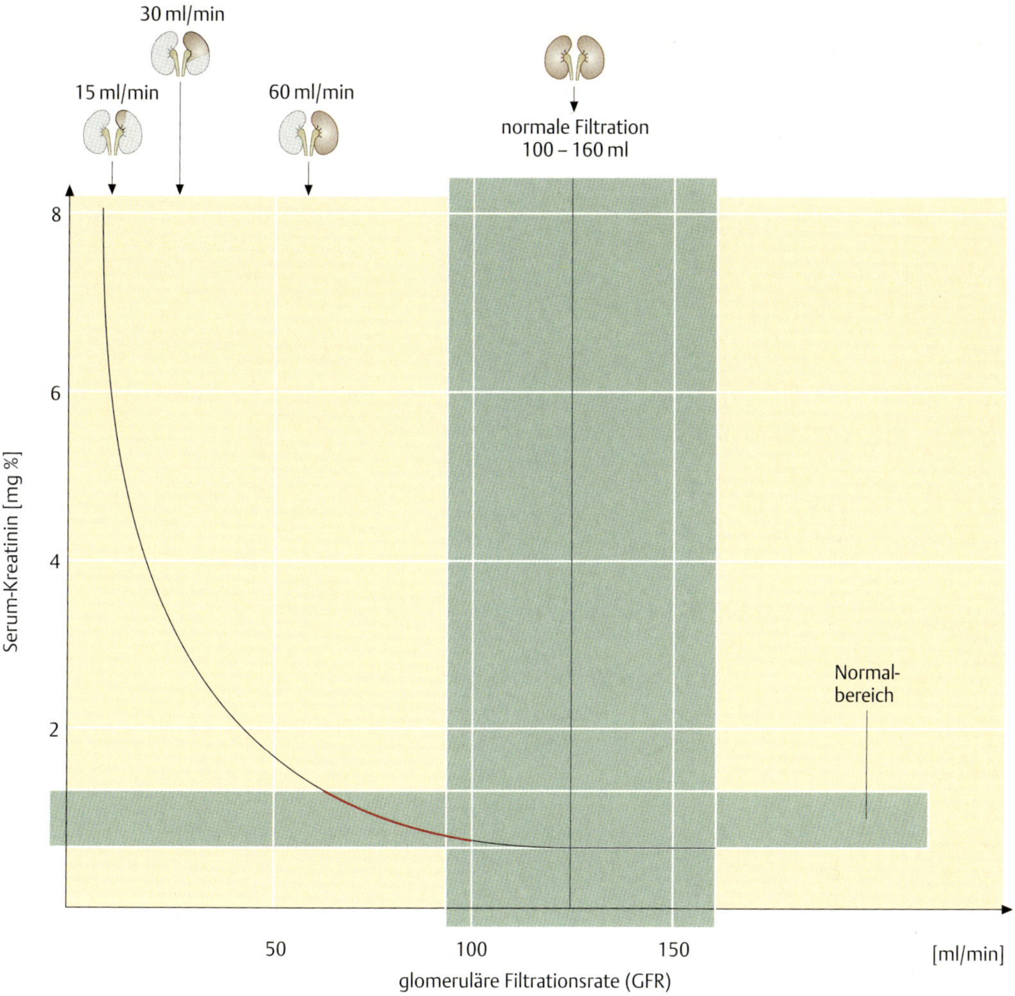

Abb. 14.1 Beziehung zwischen Serum-Kreatinin und GFR. Das Serum-Kreatinin kann auch bei deutlich eingeschränkter Nierenfunktion noch im Normalbereich liegen (der sog. „kreatininblinde Bereich“).

Normwerte:

- Serum-Kreatinin: 0,66 – 1,09 mg/dl bei Frauen; 0,84 – 1,25 mg/dl bei Männern (kinetische Jaffé-Methode)
- endogene Kreatinin-Clearance (berechnet aus der gemessenen Serum- und Urin-Kreatinin-Konzentration): etwa 80 – 160 ml/min/1,73 m^2 (beim Nierengesunden nicht absolut konstant, Bereich um ± 15 % schwankend in Abhängigkeit von Eiweiß- und Kochsalzzufuhr in der Ernährung, ergibt nur ungenaue Schätzung des Glomerulumfiltrates).

14.1.2 Permeabilitätseigenschaften des glomerulären Filters

Albuminurie/Proteinurie

engl.: albuminuria, proteinuria

Definition. Eine pathologische **Albuminurie** liegt nach herkömmlicher Definition vor, wenn die Albuminausscheidung > 30 mg/24 h bzw. > 20 mg/l beträgt.

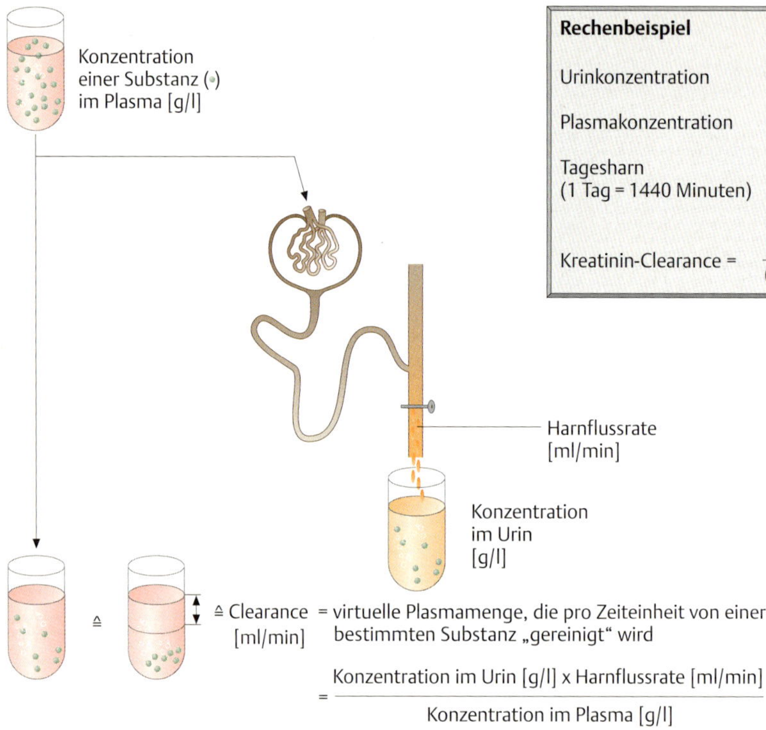

Rechenbeispiel

Urinkonzentration	0,3 g/l
Plasmakonzentration	0,08 g/l
Tagesharn (1 Tag = 1440 Minuten)	200 ml/1440 min

$$\text{Kreatinin-Clearance} = \frac{0{,}3}{0{,}08} \times \frac{2\,000}{1\,440} = 5{,}2\ \text{ml/min}$$

Abb. 14.2 Clearance. Die Substanz, für welche die Clearance bestimmt wird, kann endogen produziert (z. B. Kreatinin, Harnstoff) oder als Testsubstanz (z. B. Inulin) appliziert werden.

Von **Proteinurie** spricht man bei einer Proteinausscheidung über 150 mg/24 h. Eine Proteinurie über 3,5 g/24 h/1,73 m^2 wird aus inzwischen überholten, historischen Gründen als **nephrotisches Syndrom** bezeichnet (s. S. 284).

Pathophysiologie. Unter physiologischen Umständen werden geringe Mengen von Albumin glomerulär filtriert, der größte Teil davon wird tubulär rückresorbiert. Außerdem enthält der Urin normalerweise bis zu 150 mg Protein/24 h, vorwiegend durch postglomerulären Übertritt von Proteinen in den Harn.

> **Eine Proteinurie über 1 g/24 h ist meist glomerulären Ursprungs.**

Eine diagnostische Bereicherung wird in Zukunft wahrscheinlich „Proteomics" bringen, d. h. die Untersuchung von Proteinen und Proteinfragmenten im Urin mithilfe von speziellen Trennverfahren, z. B. Gaschromatografie und Massenspektrometrie (GC-MS).

Einteilung nach dem Pathomechanismus (Abb. 14.3). Glomeruläre Proteinurie: Ursache der gestörten glomerulären Permeabilität ist ein Defekt des glomerulären Filters. Die glomeruläre Permeabilitätsschranke wurde herkömmlicherweise durch zwei Mechanismen erklärt:

- eine elektrostatische Schranke: negative Fixladungen polyanionischer Glykosaminoglykane, die polyanionisches Albumin abstoßen sollen
- eine sterische Schranke: hypothetische Poren in der Basalmembran, welche größere Moleküle zurückhalten.

Heute ist sicher, dass die Verhältnisse weit komplexer sind. Sowohl Endothelzellen (Glykokalyx), Basalmembran als auch Pododzyten beschränken den Übertritt von Serumeiweiß in das Glomerulumfiltrat. In den letzten Jahren wurden zahlreiche neue Befunde erarbeitet über die Podozyten, welche der Basalmembran zum Bowman-Kapselraum hin nach

außen gerichtet aufsitzen. Sie sind über Fuß-Fortsätze reißverschlussartig miteinander verbunden. Mutationen der verschiedenen an der Permeabilitätsschranke beteiligten Proteine gehen häufig mit z. T. massiver Proteinurie einher.
Man unterscheidet eine **selektive** (nur Albumin) und eine **nichtselektive** glomeruläre (Albumin und höhermolekulare Plasmaprotein) Proteinurie.
Tubuläre Proteinurie: Eine verminderte tubuläre Rückresorption glomerulär filtrierter, niedermolekularer Proteine führt zur Ausscheidung niedermolekularer Plasmaproteine mit einem Molekulargewicht unter 60 000 Dalton (z. B. β_2-Mikroglobulin, α_1-Mikroglobulin, Leichtketten, Lysozym). Diese Form der Proteinurie weist auf eine Tubuluszellschädigung oder eine interstitielle Nierenerkrankung hin.
Überlaufproteinurie: Ausscheidung niedermolekularer Proteine, die in erhöhter Konzentration im Plasma vorliegen und glomerulär filtriert werden. Selbst bei ungestörter glomerulärer Permeabilität wird beim Auftreten pathologischer Proteine im Plasma und Urin (z. B. Hämoglobin, Myoglobin, Bence-Jones-Protein) die tubuläre Rückresorptionskapazität

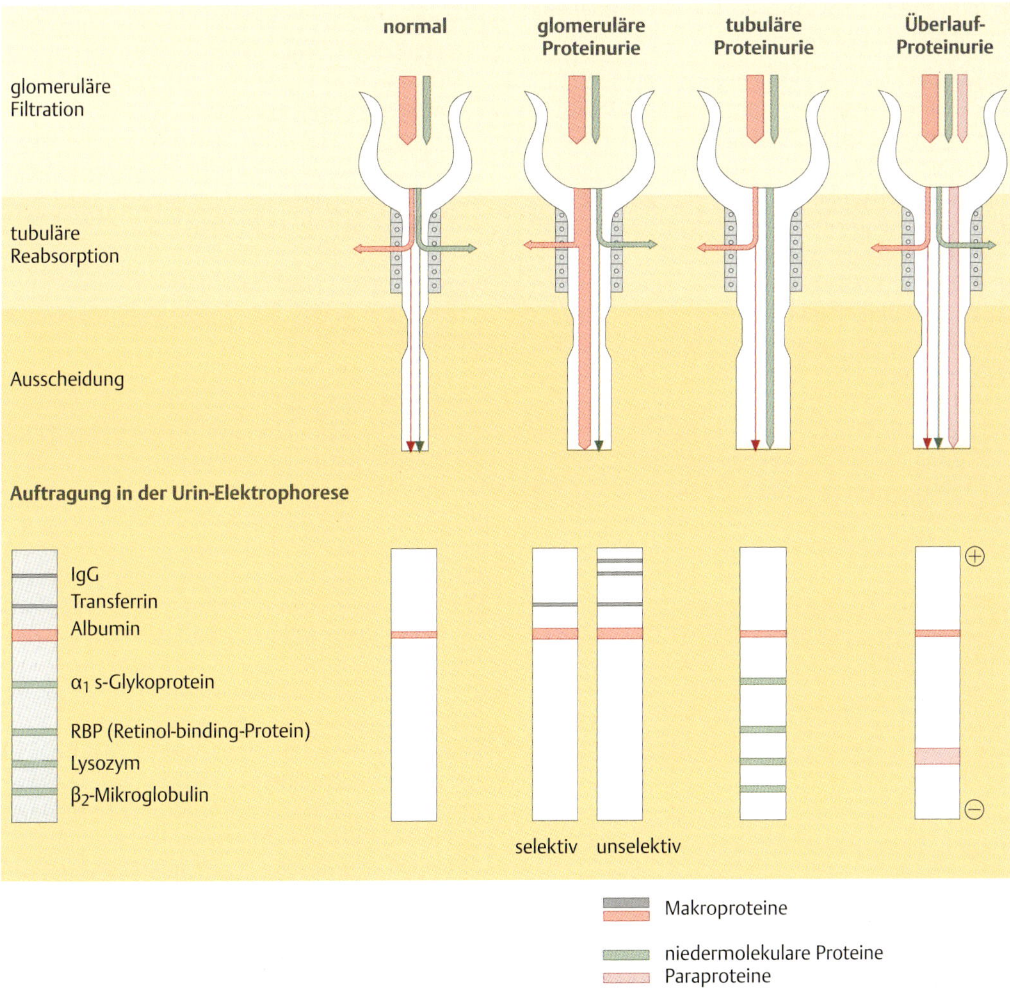

Abb. 14.3 Pathomechanismus der Proteinurie. Dargestellt sind die verschiedenen Muster, die sich bei Proteinurie in der Urin-Elektrophorese ergeben können. Die Standardproteine sind grau unterlegt (links im Bild). Bei der glomerulären Proteinurie kann anhand der Elektrophorese eine selektive und eine unselektive Form unterschieden werden.

überschritten, weshalb diese Proteine im Endharn nachweisbar sind.

Einteilung nach der Art der Auslösung. Die **orthostatische Proteinurie** ist bei etwa 70% aller Adoleszenten im Stehen im Urin nachweisbar. Dies ist prognostisch bedeutungslos, wenn im Liegen (Nachturin) der Urin eiweißfrei ist. Transient kann auch bei Fieber oder körperlicher Anstrengung eine Proteinurie vorliegen, selbst wenn keine strukturelle Nierenerkankung vorliegt.

Einteilung nach der Konstanz der Ausscheidung. Es wird unterschieden zwischen **kontinuierlicher und intermittierender** Proteinurie. Diese Unterscheidung ist prognostisch relevant, da die intermittierende Proteinurie eine günstigere Prognose hat.

Diagnostik. Häufig ist eine Proteinurie der erste Hinweis auf das Vorliegen einer Nierenerkrankung. Nach Ausschluss einer (prognostisch harmlosen) orthostatischen Proteinurie (Proteinurie im Liegen, z. B. Morgenurin und nach aufrechtem Stehen getrennt bestimmt) muss eine Proteinurie nephrologisch weiter untersucht werden (s. u.).
Sensitiver als die Erfassung der Proteinurie mittels Streifentest oder Biuret-Methode ist die Messung der Albuminurie mit spezifischen Methoden (RIA, ELISA). Hiermit wird bewiesen, dass eine Störung der Glomerulumfunktion vorliegt. Dies ist speziell für die Früherkennung der diabetischen Nephropathie von Bedeutung (Mikroalbuminurie, s. S. 304). Als Fehlerquellen kommen z. B. eine gesteigerte Urin-Eiweiß-Ausscheidung bei Fieber (febrile Proteinurie) und körperlicher Anstrengung infrage.

> **!** **Die Höhe der Proteinurie ist bei glomerulären Nierenerkrankungen ein exzellenter Marker der renalen Funktionsprognose. Je höher die Proteinurie, desto größer das Risiko des Fortschreitens der Niereninsuffizienz.**

Bei der Kontrolle des Therapieverlaufs, sei es unter spezifischer (Immunsuppression) oder unspezifischer Therapie (Antihypertensiva, Blockade des Renin-Angiotensin-Systems, diätetische Eiweißbeschränkung), gibt der Abfall der Proteinurie Hinweise auf das Ansprechen der Therapie und die renale Funktionsprognose. Zielwert unter Therapie ist eine Proteinurie < 1 g/24 h.

Hämaturie

engl.: hematuria

Definition. Der Normalharn enthält nur geringe Mengen an Erythrozyten. Unter Hämaturie wird eine vermehrte Beimengung von Erythrozyten im Harn verstanden, die mit dem bloßen Auge erkennbar **(Makrohämaturie)** oder nur mikroskopisch nachweisbar ist **(Mikrohämaturie).** Normgrenze: etwa 5 Erythrozyten/µl im Spontanharn.

Pathophysiologie.

- **glomeruläre Hämaturie:** Durchtritt von Erythrozyten durch (hypothetische) Lücken der Glomeruluskapillaren. Dies führt zu mechanischer Schädigung der Erythrozyten, wodurch dysmorphe Erythrozyten oder Akanthozyten entstehen (**Abb. 14.4 b, c**).
- **postglomeruläre Hämaturie:** Erythrozytenbeimengung in postglomerulären Abschnitten, speziell in den ableitenden Harnwegen; keine Änderung der Erythrozytenmorphologie (eumorphe Erythrozyten).

Diagnostik. Nach Ausschluss einer hämorrhagischen Diathese (s. S. 349) sind die wichtigsten Differenzialdiagnosen:

- nephrologische Blutungsursache (meist glomeruläre Erkrankungen) oder
- urologische Blutungsursache (meist Nierentumor, Nephrolithiasis oder Pathologie der ableitenden Harnwege).

Besteht eine Makrohämaturie, kann mithilfe der **Dreigläserprobe** die Differenzierung von innerhalb oder oberhalb der Blase gelegenen gegenüber unterhalb der Blase gelegene Blutungsquellen erfolgen:

- alle 3 Gläser gleichmäßig blutig → Blutungsquelle: Harnblase oder oberhalb der Harnblase,
- 1. und 3. Glas ausgeprägt blutig → Blutungsquelle: in Harnröhre und/oder Prostata.

Bei der **mikroskopischen Untersuchung** des Urins ist auf **Formveränderungen der Erythrozyten** zu achten. Glomeruläre Blutungen sind gekennzeichnet durch Zerreißformen der Erythrozyten (dysmorphe Erythrozyten), von denen speziell **Akanthozyten** diagnostisch wegweisend sind (**Abb. 14.4 c**). Die Hämaturie aus urologischer Ursache ist gekennzeichnet durch **eumorphe Erythrozyten.**
Der mikroskopische Nachweis von Erythrozyten schließt differenzialdiagnostisch eine Pigmenturie als Ursache der Rot- oder Braunverfärbung des Urins aus (speziell Hämoglobinurie versus Hämat-

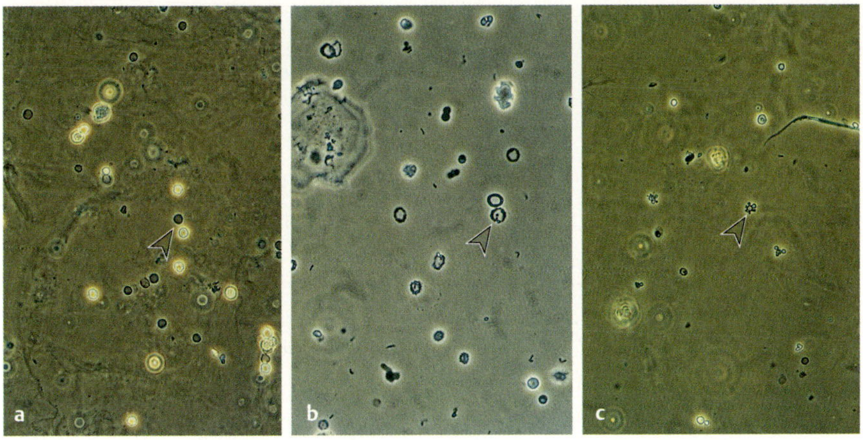

Abb. 14.4 Erythrozyten im Urinsediment. **a** Die eumorphen Erythrozyten (dunkle Zellen) sind umringt von Leukozyten (helle Zellen) und Schleimfäden. 400fache Vergrößerung. **b** Außer den dysmorphen Erythrozyten (Akanthozyten oder sogenannte „Mickymaus-Zellen“) ist oben rechts im Bild eine Plasmazelle zu erkennen. 500fache Vergrößerung. **c** Bei einzelnen Erythrozyten sind bläschenförmige Ausstülpungen zu erkennen. 400fache Vergrößerung. Alle Aufnahmen wurden mit einem Phasenkontrastmikroskop erstellt.

urie, weitere Ursachen der Rotverfärbung des Urins: Myoglobinurie, Rote Bete etc.). Bei Frauen muss als Ursache der Erythrozytenbeimengung im Harn immer eine Kontamination durch Menstruationsblut ausgeschlossen werden.
Weitere Differenzialdiagnosen der Hämaturie sind in **Tab. 14.2** aufgeführt.

Leukozyturie

engl.: leukocyturia

Der Normalharn enthält normalerweise nur geringe Mengen an Leukozyten. Unter Leukozyturie versteht man das vermehrte Auftreten von Leukozyten im Urin (Normgrenze etwa 5/µl im Spontanurin).
Die vermehrte Anwesenheit von Leukozyten im Harn weist prinzipiell auf **entzündliche Vorgänge** in den Nieren und ableitenden Harnwegen hin. Eine alleinige Leukozyturie darf jedoch nicht als Beweis für einen bakteriellen Infekt gewertet werden, auch bei sterilen Entzündungen (z. B. Lupus-Nephritis) tritt meist eine mäßiggradige Leukozyturie auf. Massive Leukozyturie ist allerdings fast immer auf bakterielle Infekte zurückzuführen. **Leukozytenzylinder** sind ein Hinweis auf einen renoparenchymalen Ursprung der Leukozyturie. Bei Frauen kann auch eine gynäkologische Ursache für die Leukozyturie verantwortlich sein, bei Männern eine Entzündung der Prostata oder des Nebenhodens.

Zylindrurie

engl.: urinary casts

Definition. Unter Zylindern werden Ausgüsse von Tubuli und speziell der Sammelrohre verstanden, die aus einer gelierten Matrix bestehen. In diese können als weitere Bestandteile Serum-Eiweiß-Koazervate (granulierte Zylinder), mononukleäre Zellen (Zell- oder Leukozytenzylinder) oder Erythrozyten (Erythrozytenzylinder) eingelagert sein. Diese weiteren Bestandteile liefern Informationen über die Art der im Nierenparenchym ablaufenden Vorgänge.
Der **Zylindernachweis** ist ein wesentliches Element in der nephrologischen Diagnostik („downstream analysis of upstream events“).

Formen der Zylinder.
Hyaline Zylinder: Sie bestehen aus einer Gelmatrix von **Tamm-Horsfall-Glykoprotein**, welches in den Epithelzellen der Henle-Schleife synthetisiert wird und im hochgestellten, d. h. konzentrierten, und sauren Harn ausfällt. Im hochgestellten Harn sind diese durchsichtigen Ausgüsse der Sammelrohre ein Normalbefund.

Tab. 14.2 Differenzialdiagnose der Hämaturie*

Erkrankung	Bedeutung für Diagnose	Befunde und weitergehende Diagnostik
renal		
• glomeruläre Erkrankungen: Glomerulonephritis, Systemerkrankungen mit glomerulärer Beteiligung, maligne Hypertonie, hämolytisch-urämisches Syndrom (HUS)	+++	**dysmorphe Erythrozyten** im Urin, Vorliegen einer **Proteinurie** → eingehende nephrologische Diagnostik bei HUS: akute hämolytische Anämie, Thrombozytopenie, akutes Nierenversagen
• Analgetikanephropathie (evtl. mit Papillennekrose, häufig begleitend Uroepithelkarzinom)	+++	**eumorphe Erythrozyten** im Urin Medikamentenanamnese, Sonografie,
• Nierenzellkarzinom	+++	Sonografie, evtl. Flankenschmerzen, unklares Fieber, Polyglobulie, pathologische Leberwerte, Varikozele des linken Hodens, Metastasen
• Zystennieren	++	Sonografie der Nieren und Leber; (begleitende Leberzysten), tastbare Nieren
• vaskuläre Erkrankungen: Embolie in die A. renalis, Niereninfarkt Nierenvenenthrombose	+	Dopplersonografie, Angiografie der Nierengefäße, MRT
postrenal		
• bakterieller Infekt	+++	Schmerzen beim Wasserlassen, Urinsediment (Leukozyten-, Bakterien-Nachweis) Urinkultur,
• Nephrolithiasis	+++	Sonografie, Urografie, ggf. in die Leiste ausstrahlende Flankenschmerzen
• Tuberkulose	+++	Nachweis säurefester Stäbchen im Urin
• Papillom-Urothelkarzinom	++	Sonografie, Urografie, Endoskopie der Harnwege und der Blase, pathologische Zellen im Urin
• Erkrankungen und Fehlbildungen der Blase, der Urethra und der Prostata	+	→ Lehrbücher der Urologie
extrarenal		
• Gerinnungsstörungen: kongenital, erworben (insbesondere bei Antikoagulation mit Marcumar und Plättchenaggregationshemmern)	+++	Anamnese, Thrombozytenzahl, Thromboplastinzeit, aktivierte partielle Thromboplastinzeit (aPTT), Thrombinzeit (s. S. 1167)

* *abzugrenzen von Hämoglobinurie mit Hb ohne mikroskopischen Erythrozytennachweis*

Granulierte Zylinder: Es handelt sich um Ausgüsse, in deren Innerem sich stark lichtbrechende, hoch refraktile Körnchen nachweisen lassen. Sie entsprechen immunhistologisch Serum-Eiweißkörpern. Ultrastrukturell handelt es sich um eiweißspeichernde Lysosomen der proximalen Tubuluszellen, die in das Tubuluslumen regurgitiert werden (**Abb. 14.5 a**).

Leukozytenzylinder/Epithelzylinder: In scharf gezeichneten Zylindern mit klar erkennbaren Außenkonturen sind Einschlüsse gelapptkerniger Zellen (Leukozytenzylinder) oder rundkerniger Zellen (u. a. Epithelzylinder) erkennbar (**Abb. 14.5 b**).

Erythrozytenzylinder/Hämoglobinzylinder: Im Inneren dieser Zylinder sind klar konturierte Erythrozyten, häufiger jedoch verblassende Erythrozytenschatten oder nur noch diffuse Hämoglobineinlagerungen nachweisbar (**Abb. 14.5 c**).

Wachszylinder: Im Unterschied zu den obengenannten Zylindern handelt es sich um breite, durchsichtige Zylinder, deren Form scharf konturiert erscheint; sie zeigen in der Regel Einrisse an der Au-

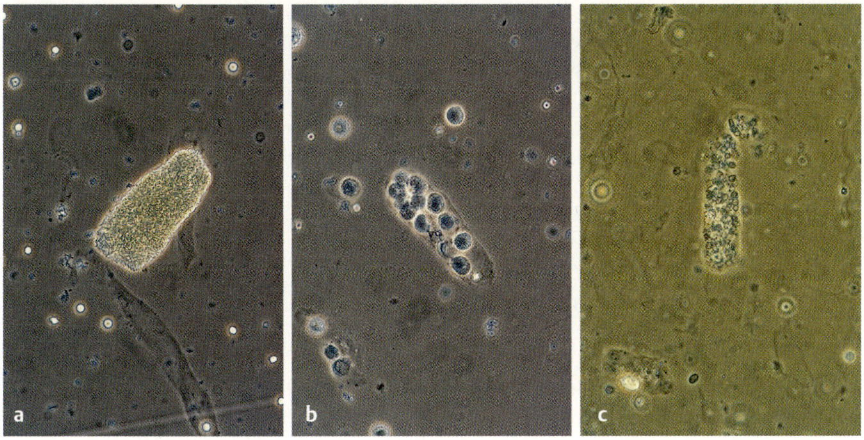

Abb. 14.5 Zylinder im Urinsediment. a feingranulierter Zylinder, **b** Zellzylinder bei Pyelonephritis, **c** Erythrozytenzylinder.

ßenkontur. Wachszylinder weisen auf chronische renale Umbauprozesse hin.

Interpretation. Wichtig ist die **Beurteilung der Zylinderbreite:** Zylinder gleicher Breite weisen auf relativ akute Nierenpathologie hin. Hingegen weisen Zylinder variablen Kalibers mit Beimengung stark verbreiterter Zylinder auf Umbau des Nierenparenchyms mit kompensatorischer Erweiterung einzelner Rest-Nephrone hin. Bei Fieber (febrile Proteinurie) und körperlicher Anstrengung kann auch ohne Vorliegen einer Nierenkrankheit eine unselektive glomeruläre Proteinurie und/oder pathologische Zylindrurie auftreten. Bei afebrilen Patienten ohne vorangegangene körperliche Anstrengung sind jedoch, abgesehen von hyalinen Zylindern, alle Zylinderformen pathologisch.

Bakteriurie

engl.: bacteriuria

Die ableitenden Harnwege von der Niere bis zur Blase sind unter physiologischen Bedingungen steril. Harnröhre und äußere Genitalien sind normalerweise keimbesiedelt. Die Besiedelung erfolgt meist durch grampositive Keime der Hautflora oder gramnegative Keime der Darmflora. Speziell bei Patienten, die – genetisch bedingt – zu immer wiederkehrenden aszendierenden Harnwegsinfekten neigen, können **gramnegative Keime der Kolonflora** (vor allem Escherichia coli) durch spezifische Adhärenzmechanismen Harnröhre und Genitalien dauerhaft besiedeln. Vor allem bei Frauen wird bei verminderter Abwehr (Allgemeininfekte) oder mechanischer Einwirkung (Koitus, z. B. „honeymoon cystitis") die Aszension von Bakterien in die Blase begünstigt (s. S. 315).

Der Nachweis von Bakterien im Urin erfolgt durch die **Mittelstrahlurin-Technik:**

- Reinigung des äußeren Genitale
- Verwerfen der ersten Urinportion
- Bakterienkultur aus der Mittelstrahlportion

Ein mit Nährboden beschichteter Objektträger wird in den frisch gewonnenen Urin eingetaucht und 24 Stunden inkubiert.

Die Interpretation der semiquantitativen Keimzählung sieht folgendermaßen aus:

- 1 000 Keime/ml: unverdächtig (gilt nicht bei Antibiotikabehandlung)
- bis 10 000 Keime/ml: kontrollbedürftig,
- > 100 000 Keime/ml: signifikante Bakteriurie

Falsch niedrige Werte werden bei akut symptomatischen Patienten (Bakterizidie des Harns durch Entzündungsprodukte) und bei Vorliegen von Problemkeimen (z. B. Pseudomonas aeruginosa) gesehen.

Nur bei Problemfällen erfolgt die Uringewinnung durch Blasenkatheter oder suprasymphysäre (suprapubische) Blasenpunktion.

Diagnostik in der Nephrologie

- **Inspektion:** Ödeme, Anämie, Hautkolorit, Inspektion und Palpation von Nierenlager (Klopfschmerz? Vergrößerung?) und äußerem Genitale

D

- **arterielle Blutdruckmessung** (nach 5 Minuten Ruhe, rechts und links im Sitzen und Stehen, Manschttenbreite adaptiert an Oberarmumfang)
- **Urinuntersuchung:** Proteinurie, Hämaturie, Leukozyturie, Bakteriurie, phasenkontrast-mikroskopische Sedimentuntersuchung zum Nachweis geformter Elemente
- **Nierenuntersuchung mit bildgebenden Verfahren:** Sonografie, Dopplersonografie der Nierengefäße, Ausscheidungsurografie, Szintigrafie, CT, MRT
- **Abschätzung der Nierenfunktion:** Bestimmung von Serum-Kreatinin, -Harnstoff, eGFR (errechnete glomeruläre Filtrationsrate)
- **bei spezieller Indikation:** Serologische Untersuchungen (z. B. bei Systemerkrankungen)
- **ggf. Nierenbiopsie**

14.1.3 Akutes nephritisches Syndrom

engl.: acute nephritic syndrome

Beim akuten nephritischen Syndrom handelt es sich um die klinischen Zeichen der entzündlich **gestörten glomerulären Schrankenfunktion** mit Proteinurie, Hämaturie und nephritischem Urinsediment sowie der **tubulären Natriumretention** mit arteriellem Hochdruck und Ödemen. Mögliche Ursachen sind in **Tab. 14.3** aufgeführt. Ihre Unterscheidung ist nur mithilfe von Serologie (ANF, Antibasalmembran-Antikörper, ANCA, Komplementfaktoren, Lupusdiagnostik, s. S. 1125) und Nierenbiopsie möglich.
Die **Nierenbiopsie** ist klinisch insbesondere bei rasch steigendem Kreatinin zum Ausschluss der rasch progredienten Glomerulonephritis (RPGN, s. S. 290) absolut indiziert und stellt eine nephrologische Notfallsituation dar.
Bei Mikro- oder Makrohämaturie findet man ein **nephritisches Sediment:** Erythrozyten- oder Hämoglobinzylinder, Zellzylinder, dysmorphe Erythrozyten (s. **Abb. 14.4**). Außerdem besteht fast immer eine Proteinurie (s. S. 280).

14.1.4 Nephrotisches Syndrom

engl.: nephrotic syndrome

Eine **große Proteinurie** (über 3,5 g/24 h/1,73 m^2) als Folge vermehrter Durchlässigkeit des glomerulären Filters wird aus historischen Gründen als „nephrotisches Syndrom" bezeichnet. Es findet sich dann die typische Trias aus:
- Albuminurie mit Hypalbuminämie
- Hyperlipidämie
- Ödemen

> ! **Schäumen des Urins kann die Folge verminderter Oberflächenspannung des proteinreichen Harns und somit Hinweis auf eine große Proteinurie sein.**

Im Urinsediment werden grobgranulierte Zylinder (Neutralfettkugeln in Zylindermatrix) und Fettspeichermakrophagen beobachtet. Bei polarisationsoptischer Urinuntersuchung sind **Malteserkreuze** typisch, die auf Doppelbrechung von Cholesterinkristallen zurückzuführen sind. Die verschiedenen Ursa-

Tab. 14.3 Ursachen des akuten nephritischen Syndroms

Einteilung	Erkrankung
primäre Glomerulonephritiden	• rasch progrediente Glomerulonephritis (s. S. 290) • mesangiale IgA-Glomerulonephritis (Morbus Berger; s. S. 289) • akute postinfektiöse Glomerulonephritis (s. S. 287) • membranoproliferative Glomerulonephritis, Typ I und II (s. S. 292) • sog. familiäre Glomerulonephritis (Alport-Syndrom; s. S. 293)
Glomerulonephritis im Rahmen von Systemkrankheiten	• systemischer Lupus erythematodes (s. S. 1124 und S. 293) • Schoenlein-Henoch-Purpura (s. S. 1133) • Goodpasture-Syndrom (s. S. 476 und 294) • Wegener-Granulomatose (s. S. 295) • mikroskopische Polyarteriitis (s. S. 295) • Polychondritis mit Glomerulonephritis • verschiedene Angiitisformen

Tab. 14.4 Ursachen des nephrotischen Syndroms

Einteilung	Erkrankung
primäre Glomerulonephritis	• Minimalveränderungen („Minimal Change" GN, s. S. 291) • fokal-segmentale Glomerulosklerose (s. S. 291) • membranöse Glomerulonephritis (s. S. 292) • membranoproliferative Glomerulonephritis (s. S. 292) • mesangiale IgA-Nephritis (s. S. 289)
sekundäre Glomerulonephritis	• Lupus erythematodes (s. S. 1124 und 293) • paraneoplastische Glomerulonephritis (z. B. Morbus Hodgkin, maligne Lymphome, Bronchialkarzinom) • medikamentös ausgelöste Glomerulonephritis (z. B. Penicillamin, Gold)
Amyloidose	• primär: Typ AA, Typ AL (s. S. 323) • sekundär: Morbus Crohn rheumatoide Arthritis, Bronchiektasen Mittelmeer-Fieber und andere chronisch entzündliche Zustände
Diabetes mellitus	• Kimmelstiel-Wilson-Glomerulosklerose (s. S. 303)
Leichtkettenerkrankung	• bei Plasmozytom

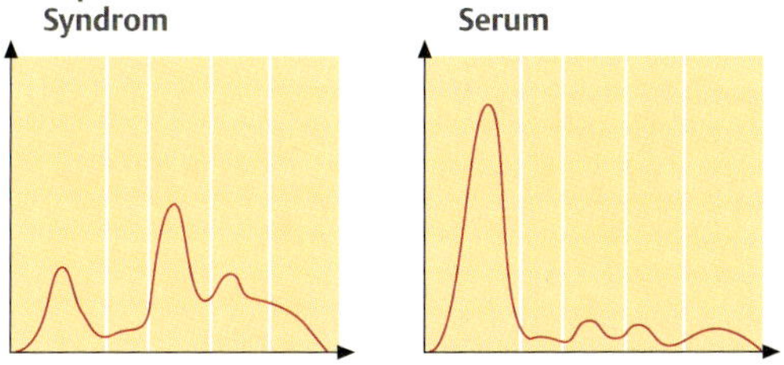

Abb. 14.6 Elektrophoresediagramm. Niedermolekulare Serumproteine gehen beim nephrotischen Syndrom verloren, während hochmolekulare Serumproteine kumulieren.

chen eines nephrotischen Syndroms sind in Tab. 14.4 zusammengefasst.

Typisch für das nephrotische Syndrom sind außerdem die Dysproteinämie und das Auftreten renaler Ödeme.

Dysproteinämie: Eiweißverluste stimulieren die hepatische Synthese von Exportproteinen. Relativ niedermolekulare Serumproteine gehen durch glomeruläre Filtration verloren (Katabolismus nach tubulärer Rückresorption oder Ausscheidung im Endharn). Relativ hochmolekulare Proteine kumulieren und im Plasma verschiebt sich als Folge die Relation zwischen den Plasma-Eiweiß-Fraktionen: es kommt zum Abfall von relativ niedermolekularem Albumin und γ-Globulin und zum Anstieg von relativ hochmolekularem α_2-Makroglobulin und β-Lipoprotein. Neben der Dysproteinämie (Elektrophorese, Abb. 14.6) kommt es bei stärkerem renalen Eiweißverlust zur Hypoproteinämie (Plasma-Eiweiß-Konzentration dann < 6 g/dl) und Hypalbuminämie (Plasmakonzentration dann < 3 g/dl).

Renale Ödeme: Durch vermehrte tubuläre Rückresorption von Natrium wird die Natriumbilanz positiv. Wegen des bei Hypalbuminämie verminderten kolloidosmotischen Drucks in den Kapillaren wird die Netto-Auswärtsfiltration weitgehend eiweißfreier Flüssigkeit begünstigt. Dies begünstigt Ödeme vor allem in den Geweben, die der Auswärtsfiltration wenig Widerstand entgegensetzen, d. h. den leicht verschieblichen Gleitbindegeweben.

> **!** **Vorzugslokalisation renaler Ödeme: Augenlid, Gesicht, Skrotum, perimalleolär.**

In fortgeschrittenen Fällen kommt es zu einer generalisierten Ödemeinlagerung mit Auftreten von Höhlenergüssen, d. h. Aszites und Hydrothorax. Trotz des oft schweren Eiweißverlustes mit Hypoproteinämie und Hypovolämie ist der **Blutdruck meist erhöht.**

Es gibt noch **weitere Folgen des renalen Proteinverlusts:**

- Aus noch nicht ganz geklärten Gründen tritt auch regelmäßig eine **Dyslipoproteinämie** auf. Ihr liegt sowohl eine hepatische Überproduktion von Lipoproteinpartikeln (im Rahmen der generalisierten Steigerung der hepatischen Eiweißsynthese) als auch ein verminderter Abbau von Chylomikronen (Lipidzufuhr) und endogener Lipoproteinpartikel (VLDL) zugrunde (vgl. S. 647).

- Infolge gesteigerter Plättchenfunktion, oft begleitet von Störungen des plasmatischen Gerinnungssystems (verminderte Konzentration von Antithrombin III), kommt es häufig zu **thromboembolischen Komplikationen** (Lungenembolie, Nierenvenenthrombose, arterielle Thrombose).
- Wegen des erworbenen Antikörpermangels (Verlust von IgG im Urin) besteht eine **Abwehrschwäche** mit häufigen Hautinfekten, Pneumonien, bei Mädchen Pneumokokkenperitonitiden.

14.2 Glomerulonephritis (GN)

engl.: glomerulonephritis

14.2.1 Grundlagen

Definition. Abakterielle, beide Nieren symmetrisch befallende Entzündung der Nierenrinde mit primärem Befall der Glomeruli. Bei fortschreitendem Nierenfunktionsverlust wird die GN von einer tubulointerstitiellen Fibrose begleitet. Der Mehrzahl der verschiedenen Formen der Glomerulonephritis liegt eine Immunpathogenese zugrunde.

Epidemiologie

Klinisch unterschwellige, nicht zur Niereninsuffizienz führende Formen der Glomerulonephritis sind häufig. Bei Autopsien werden in etwa 2 % der Fälle glomeruläre Immundepots gefunden. Bei etwa 30 Patienten je 1 Mio. Einwohner pro Jahr ist mit einer Niereninsuffizienz infolge Glomerulonephritis zu rechnen. Früher war die Glomerulonephritis als Folge infektiöser Erkrankungen (Streptokokkenangina, Scharlach) vorwiegend eine Erkrankung des Jugendlichen. Heute werden Glomerulonephritiden in allen Lebensaltern gesehen. Auffällig ist die Häufigkeit der rasch progredienten Glomerulonephritis im hohen Lebensalter (s. S. 290).

Ätiopathogenese

Nach experimentellen Befunden führen im Wesentlichen drei Mechanismen zur Glomerulonephritis. Diese Mechanismen erklären allerdings nicht alle beim Menschen auftretenden Varianten.

Immunkomplex-Glomerulonephritis. Die Immunkomplex-Glomerulonephritis entsteht möglicherweise auch durch zirkulierende Immunkomplexe, die in den Glomeruli ausgefällt werden: Wahrscheinlich ensteht sie aber in der Mehrzahl durch **lokale Immunkomplexbildung** auf glomerulären Strukturen durch Wechselwirkung zwischen lokalen Antigenen und zirkulierenden Antikörpern. Immunkomplexe aktivieren ihrerseits **sekundäre Schädigungsmechanismen** (Komplementsystem, neutrophile Granulozyten, Gerinnungssystem). Immunfluoreszenzmikroskopisch können Immunkomplexe als granuläre Depots nachgewiesen werden. Bei Patienten mit Glomerulonephritis finden sich außerdem nicht selten genetisch determinierte **Defekte der Immunregulation**, welche eine Immunkomplexbildung begünstigen bzw. die Immunkomplexelimination beeinträchtigen.
Klinische Beispiele: parainfektiöse und postinfektiöse Glomerulonephritis (Streptokokkeninfektion, Malaria, Syphilis), Serumkrankheit (Injektion von Fremdeiweiß), Glomerulonephritis bei systemischem Lupus erythematodes (s. S. 1124).

Antibasalmembran-Antikörper-Glomerulonephritis. Plasmazellen bilden Antikörper, die gegen Kollagen-Epitope in der kapillären Basalmembran gerichtet sind. Die Antikörper sind im Blut mit ELISA nachweisbar und stellen sich immunfluoreszenzmikroskopisch als **lineare Immunglobulinablagerungen** entlang der Glomeruluskapillaren dar. Auch in diesem Fall aktivieren die abgelagerten Immunglobuline sekundäre Schädigungsmechanismen (s. o.).
Klinisches Beispiel: Goodpasture-Syndrom (s. S. 476, 294).

Glomerulonephritis bei Vaskulitis. Die beteiligten Mechanismen sind komplex und im Detail noch nicht aufgeklärt. Diagnostisch spielen Antikörper eine Schlüsselrolle, welche gegen Zielantigene in zytoplasmatischen Granula polymorphkerniger Leukozyten gerichtet sind (**ANCA** = **Anti**n**eutrophil** **C**yto-plasmic **A**ntibodies) Die wichtigsten Epitope sind Protein 3 (PR3) und Myeloperoxydase (MPO).
Klinische Beispiele: Wegener-Granulomatose, mikroskopische Polyarteriitis (s. S. 295).

Einteilung

Bei immunologischen Schädigungen sind die Reaktionsmöglichkeiten des Glomerulus limitiert und recht stereotyp. So können dem gleichen histologischen Bild (z. B. extrakapillär proliferierende Glomerulonephritis) unterschiedliche Ursachen zugrunde liegen (Poststreptokokken-Glomerulonephritis, mesangiale IgA-Glomerulonephritis, mikroskopische Polyarteriitis/Wegener-Granulomatose). Andererseits kann dieselbe Ursache (z. B. Immunkomplexe bei systemischem Lupus erythematodes) unterschiedliche histologische Bilder hervorrufen (fokal nekrotisierende, membranöse und membranoproliferative Glomerulonephritis).

Eine befriedigende Klassifizierung ist gegenwärtig kaum möglich, weil die Ursache der meisten Nephritiden unbekannt ist. In jedem Fall sind **folgende Fragen** zu beantworten:

- Ursache (Ätiologie?)
- histologisches Erscheinungsbild (akut/chronisch?, extrakapilläre Proliferation?)
- klinischer Verlauf?

Die **histologische Klassifizierung** orientiert sich an folgenden Gesichtspunkten:

- Ausdehnung des Prozesses (Abb. 14.7)
- Art des Befalls des Schlingenkonvoluts (Abb. 14.8)
- Kapselbeteiligung

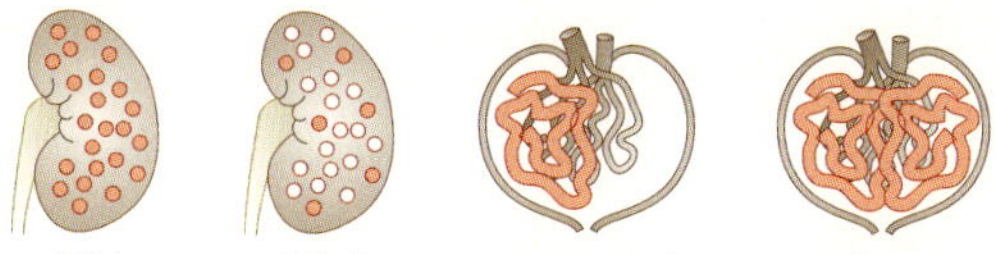

Abb. 14.7 Befallsmuster bei Glomerulonephritis. Die histologische Beurteilung des Pathologen muss neben der Art des Befalls auch immer die Ausdehnung im Glomerulus und außerhalb des Glomerulus, besonders die Beteiligung des Interstitiums, umfassen. Elektronenoptisch und immunfluoreszenzmikroskopisch ist oft der ganze Glomerulus befallen, auch wenn lichtoptisch der Prozess fokal und segmental zu sein scheint.

D

Klinik und Verlauf

Das Vollbild akuter Glomerulonephritiden umfasst die Volhard-Trias: **Makrohämaturie, Ödeme, Hypertonie** (Abb. 14.9) mit oder ohne Erhöhung der Serum-Kreatinin-Konzentration.

Die Glomerulonephritis ist eine häufige Ursache der Niereninsuffizienz. Bei der primär chronischen Form der Glomerulonephritis, seltener nach Ausheilung eines akuten Schubs der Glomerulonephritis, sind die Patienten **häufig asymptomatisch** und weisen – abgesehen von einer arteriellen Hypertonie – lediglich einen **abnormen Urinstatus** auf, d. h. Proteinurie, Mikrohämaturie, Zylindrurie oder eine Kombination dieser Befunde. Dieses Stadium kann langfristig in eine **Niereninsuffizienz** übergehen (s. S. 296).

Diagnostik

Das diagnostische Vorgehen bei Verdacht auf Glomerulonephritis umfasst folgende Untersuchungen:

- **Urinuntersuchung:** Sediment (dysmorphe Erythrozyten, Erythrozytenzylinder und Zellzylinder), Proteinurie
- **Sonografie**
- **Nierenfunktion** (eGFR)
- **Nierenbiopsie:** Sie ist meist unerlässlich zur Einschätzung von Genese und Prognose sowie zur Therapieplanung. Vor allem bei rasch steigendem Kreatinin ist die Nierenbiopsie zum Ausschluss der rasch progredienten Glomerulonephritis (s. S. 290) unerlässlich (nephrologischer Notfall!).
- **Serologie:** ANF (antinukleäre Faktoren), Antibasalmembran-Antikörper, ANCA (ELISA für PR3 und MPO), ggf. Komplementfaktoren

> ! Eine zuverlässige Differenzialdiagnose ist nur durch **Nierenbiopsie** möglich.

Die wichtigsten Formen der Glomerulonephritis sind in Tab. 14.5 aufgeführt.

Periinfektiöse/postinfektiöse Glomerulonephritis

Pathogenese. Nephritogene, hämolysierende **Streptokokken der Gruppe A** (Lancefield) und andere bakterielle oder protozoische Erreger (Malaria, Leishmania, Schistosoma) sind gefürchtete Auslösefaktoren, hierbei ist insbesondere die chronische Sepsis (z. B. Endocarditis lenta, sog. Löhlein-Herdnephritis, s. S. 148) sowie die *Staphylococcus-albus*-Sepsis bei ventrikuloatrialem Shunt zu nennen. Die Streptokokken-Glomerulonephritis tritt epidemisch

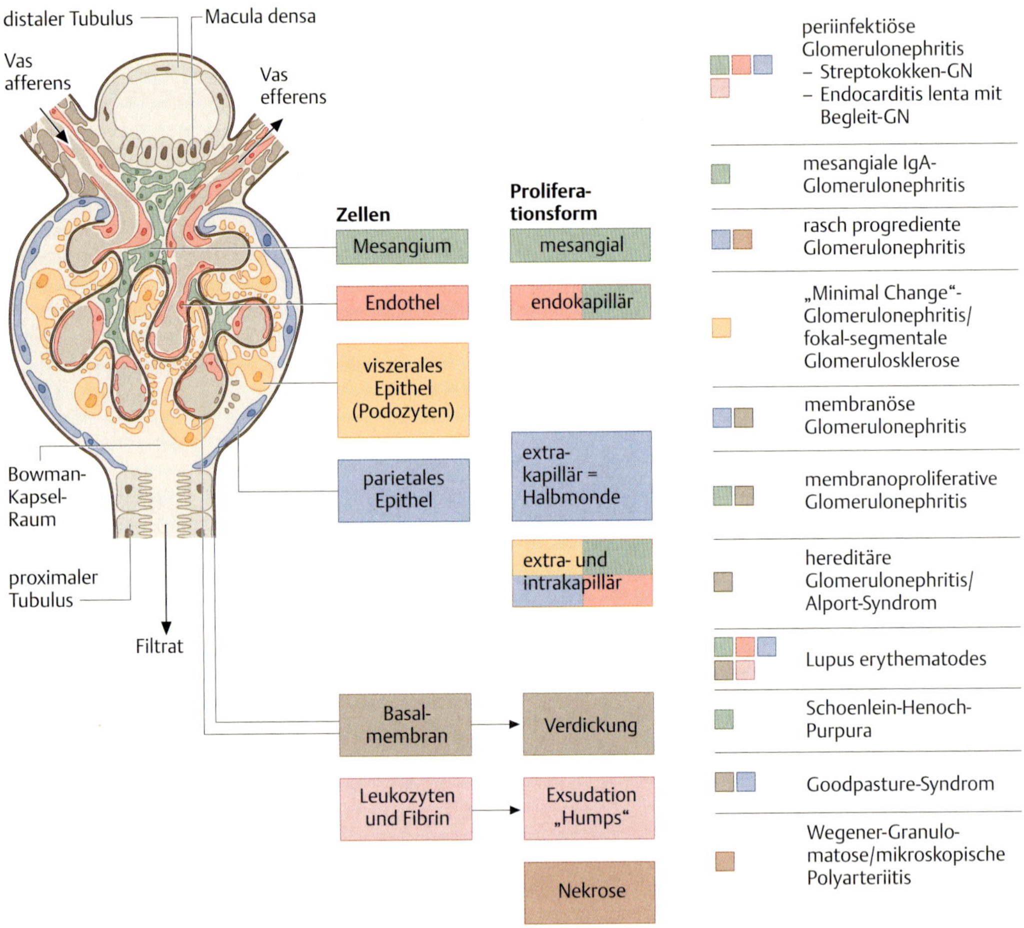

Abb. 14.8 **Welche Zellen sind bei den verschiedenen GN-Formen verändert?** Die Abbildung gibt eine Übersicht über die pathologisch veränderten Zellpopulationen bei den verschiedenen Formen der Glomerulonephritis. Links im Bild werden den verschiedenen Zelltypen des Glomerulus Farben zugeordnet. Rechts sind die Glomerulonephritiden aufgezählt. Die Farbkästen deuten den jeweils veränderten Zelltyp an. In der Bildmitte sind die verschiedenen Proliferationsformen verdeutlicht. Extrakapilläre Proliferation des parietalen Epithels führt zur Halbmondbildung im Bowman-Kapselraum. Weitere mögliche Veränderungen sind Verdickung der Basalmembran, Leukozyteneinwanderung, Fibrinablagerung und Nekrose. Die Nekrose kann den gesamten Glomerulus mit allen Zelltypen betreffen.

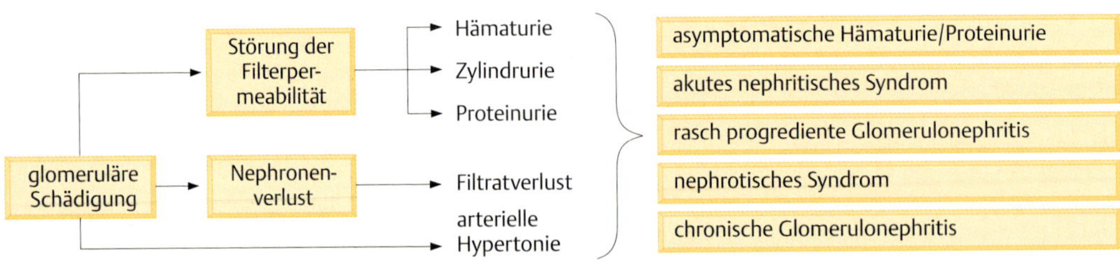

Abb. 14.9 **Klinische Verlaufsformen der Glomerulonephritiden.** Es gibt nur eine geringe Zahl klinisch erkennbarer Funktionsstörungen. Diese liegen bei verschiedenen Verlaufsformen in unterschiedlichen Kombinationen vor. Sie können beim einzelnen Patienten isoliert, kombiniert oder nacheinander auftreten.

Tab. 14.5 Formen der Glomerulonephritis

Klassifikation	Formen
primäre GN	• periinfektiöse/postinfektiöse Glomerulonephritis: – Streptokokken-GN – Endocarditis lenta mit Begleit-GN • mesangiale IgA-Glomerulonephritis • rasch progrediente Glomerulonephritis (nekrotisierend, Halbmondbildung) • „Minimal change“-Glomerulonephritis/fokal-segmentale Glomerulosklerose, meist mit nephrotischem Syndrom • membranöse Glomerulonephritis • membranoproliferative Glomerulonephritis • hereditäre „Glomerulonephritis“/Alport-Syndrom
GN im Rahmen von Systemerkrankungen	• systemischer Lupus erythematodes • Schoenlein-Henoch-Purpura • Goodpasture-Syndrom • Wegener-Granulomatose und mikroskopische Polyarteriitis

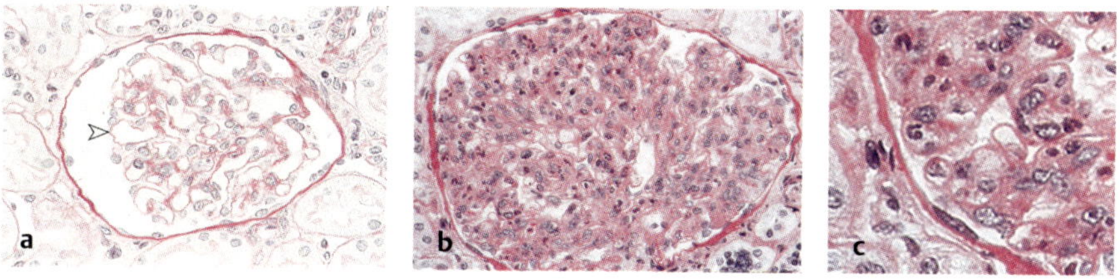

Abb. 14.10 Normaler Glomerulus und akute endokapilläre Glomerulonephritis. a Lichtmikroskopisch normaler Glomerulus mit zarten Basalmembranen (Pfeil). PAS-Färbung, Vergrößerung × 100. **b** Exsudatives Stadium einer Poststreptokokken-Glomerulonephritis. PAS-Färbung, Vergrößerung × 100. **c** Ausschnitt aus **b**, in dem die Proliferation von Mesangium- und Endothelzellen zu erkennen ist. Nachweis neutrophiler Granulozyten in den glomerulären Kapillarlumina (mit freundlicher Genehmigung von Prof. Dr. R. Waldherr, Universität Heidelberg)

oder endemisch auf. Ausgangspunkt der letzteren können sein: Angina tonsillaris (gelegentlich auch nach Scharlachangina), Infekt der oberen Luftwege (Pharyngitis, Sinusitis), des Mittelohrs (Otitis media) oder der Haut (Erysipel, Impetigo).

Histologie. Diffus exsudative Glomerulonephritis mit endokapillärer Proliferation; immunhistologisch sind **Immundepots an der Basalmembranaußenseite** wegweisend („Humps“).

Verlauf. Typischerweise tritt die Glomerulonephritis 7 bis 14 Tage nach einem Streptokokkeninfekt als akutes nephritisches Syndrom auf. In der Serologie sind der **Antistreptolysintiter** und (bei Hautinfekten) der Antihyaluronidasetiter erhöht. Oft besteht ein Komplementverbrauch.

Therapie. Im akuten Stadium Penicillin für 10 Tage. Falls vorhanden, Behandlung der Ödeme (Salzbeschränkung, Diuretika), der Hypertonie (Antihypertensiva) und der Niereninsuffizienz (ggf. Dialyse). Bei Übergang in die chronische Niereninsuffizienz sind die entsprechenden Maßnahmen zur Verzögerung der Progression einzuleiten (s. S. 299).

Prognose. Der Übergang in eine chronische Form ist im Kindesalter selten, im Erwachsenenalter häufiger, besonders bei Alkoholikern. Hinweise auf eine schlechte renale Funktionsprognose sind Proteinurie und Hypertonie.

Mesangiale IgA-Glomerulonephritis

Synonym: IgA-Nephropathie

engl.: IgA nephropathy, Berger's disease

Die mesangiale IgA-Glomerulonephritis ist die **häufigste Form der Glomerulonephritis**. Klinisch am häufigsten ist ein Verlauf mit arterieller Hypertonie und pathologischem Urinstatus (Mikrohämaturie, Proteinurie), seltener sind rezidivierende Episoden schmerzloser Makrohämaturie bei respiratorischen Infekten.

Immunpathogenese. In Mesangium und (inkonstant) Kapillarwand kommt es zur Ablagerung oligoklonaler Depots von polymerem IgA-1 (Immunkomplexe? Aggregate?). Die IgA-Moleküle weisen eine **abnorme Glykierung der Hinge-Region** auf; es kommt zur Komplementaktivierung. Die Hinge-Region bildet eine Art „Gelenk" in der Mitte der H-Kette des Ig, an der beide H-Ketten des Fc-Fragmentes gebunden sind. Sie ermöglicht die Beweglichkeit der antigenbindenden Fab-Fragmente.

Histologie Mesangiale Proliferation und Matrixablagerung, immunhistologisch mesangiale Depots von IgA, IgG und Komplementfaktoren (**Abb. 14.11**).

Therapie. In seltenen Fällen wurde bei Gliadinüberempfindlichkeit ein Rückgang der Proteinurie unter Gliadinkarenz beobachtet. Wichtig ist die unspezische Therapie mit Blutdrucksenkung und Blockade des Renin-Angiotensin-Systems, z. B. mit ACE-Hemmern (s. S. 265). Bei großer Proteinurie (> 1 g/Tag) werden von einigen Autoren Steroide, bei einem Anstieg des Serum-Kreatinins die Gabe von Endoxan (Cyclophosphamid) empfohlen, was weiterhin umstritten ist. Bei etwa 25 – 30% der Patienten erfolgt nach 10 Jahren der Übergang in eine dialysepflichtige Niereninsuffizienz.

Rasch progrediente Glomerulonephritis (RPGN)

engl.: rapidly progressive glomerulonephritis

Definition. Rasch zunehmende Erhöhung des Serum-Kreatinins mit Vorliegen eines nephritischen Urinbefundes mit oder ohne extrarenale Zeichen einer Vaskulitis.

Pathogenese. Die RPGN tritt typischerweise **im Rahmen von Systemkrankheiten** auf. Die auf die Niere begrenzte Form der isoliert-renalen RPGN ist wahrscheinlich Variante einer generalisierten Vaskulitis mit initial isoliertem renalen Befall.
Immunhistologisch lassen sich drei Formen mit unterschiedlicher Immunpathogenese unterscheiden:

- Ablagerung von **Antibasalmembran-Antikörpern** (z. B. bei Goodpasture-Syndrom, s. S. 294, 476)
- **Immunkomplexablagerung** (z. B. bei systemischem Lupus erythematodes, s. S. 1124 ff)
- **Fehlen von Immunablagerungen** („pauciimmune" RPGN bei Wegener-Granulomatose bzw. mikroskopischer Polyarteriitis, s. S. 295)

Histologie. Extrakapilläre Proliferation und Schlingennekrose der Glomeruli (nekrotisierend-proliferierende Glomerulonephritis, **Abb. 14.12**).

Diagnostik. Zur Differenzierung sind serologische Untersuchungen notwendig, vor allem:

- Antibasalmembran-Antikörper (bei Goodpasture-Syndrom, s. S. 294, 476)
- antinukleäre Faktoren (ANF), dsDNS-Antikörper (bei SLE, s. S. 1124 ff)

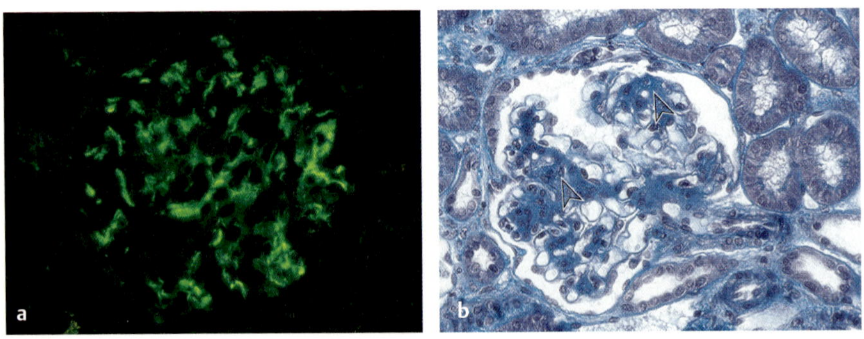

Abb. 14.11 Mesangiale Formen der Glomerulonephritis (GN). a Mesangiale IgA-GN. Immunfluoreszenzmikroskopischer Nachweis von IgA im glomerulären Mesangium. Vergrößerung × 100. **b** Mesangial-proliferative GN. Diffuse Verbreiterung der mesangialen Achsen mit Zell- und Matrixvermehrung (Pfeile). Masson-Trichromfärbung, Originalvergrößerung × 100. (mit freundlicher Genehmigung von Prof. Dr. R. Waldherr, Universität Heidelberg)

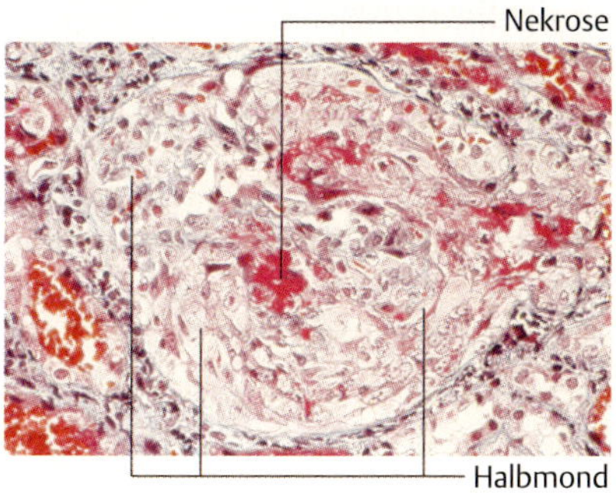

Abb. 14.12 Extrakapillär-nekrotisierende Glomerulonephritis. Zirkumferentielle Deckzellproliferation („extrakapilläres Proliferat", „Halbmond") im Kapselraum mit Kompression der Glomeruluskapillaren und fibrinoiden („rötlichen") Schlingennekrosen. Masson-Trichromfärbung, Vergrößerung × 100. (mit freundlicher Genehmigung von Prof. Dr. R. Waldherr, Universität Heidelberg)

- ANCA mit ELISA für PR3 und MPO (bei Wegner-Granulomatose, mikroskopischer Polyangiitis, s. S. 1132)

Zur Diagnosesicherung ist eine **Nierenbiopsie** wünschenswert. Bei diagnostischer Unklarheit ist sie unerlässlich.

> **!** **Ein Kreatininanstieg bei nephritischem Urinstatus ist ein nephrologischer Notfall, der eine rasche Nierenbiopsie notwendig macht. Ohne Diagnosesicherung kann unbehandelt ein rascher renaler Funktionsverlust erfolgen.**

Therapie und Prognose. Zur Behandlung siehe bei den jeweiligen Krankheitsbildern. Die renale Funktionsprognose ist unbehandelt bei Goodpasture-Syndrom und ANCA-positiver Vaskulitis infaust, bei prompter Therapie jedoch durchaus nicht schlecht.

„Minimal-Change"-Glomerulonephritis und fokal-segmentale Glomerulosklerose (FSGS)

engl.: minimal change glomerulonephritis, focal and segmental glomerulosclerosis

Definition. Mit ausgeprägtem renalen Eiweißverlust einhergehende Formen der Glomerulopathie (meist große Proteinurie mit „nephrotischem Syndrom").

Pathogenese. Zirkulierende, offensichtlich von Lymphozyten synthetisierte Faktoren verursachen Störungen der glomerulären Permeabilität und erklären das häufige Rezidiv der Proteinurie nach Nierentransplantation bei einigen Patienten mit FSGS.
Die idiopathische FSGS stellt wahrscheinlich ein Spätstadium der „Minimal-Change"-GN dar. Der histologische Befund ist unspezifisch. FSGS wird unter anderem auch bei Patienten gesehen mit Mutationen von Proteinen, welche die Podozytenfunktion steuern. Speziell bei Auftreten im Kindesalter und bei positiver Familienanamnese sind entsprechende genetische Untersuchungen indiziert.

Histologie. Bei der „Minimal-Change"-GN findet man lichtmikroskopisch unauffällige Glomeruli (daher „minimal change"), elektronenmikroskopisch hingegen eine **Verschmelzung der Podozyten** der Glomerulusepithelien ohne immunhistologischen Befund. Es gibt Hinweise auf die Rolle zirkulierender Faktoren, welche von Lymphozyten abgegeben werden.
Der FSGS (fokal-segmentale Glomerulosklerose) liegt – in juxtamedullären Glomeruli beginnend – die (segmentale) **Verödung einzelner Glomerulusschlingen** zugrunde. Es kommt zur Adhäsion der Glomeruluschlingen an die parietale Wand der Bowman-Kapsel und zur **Sklerosierung des Mesangiums**.
Morphologisch ist die idiopathische FSGS nicht von der FSGS als unspezifischer Form bei glomerulärer Schädigung durch glomeruläre Überlastung (glomeruläre Hypertonie) unterscheidbar. Sie tritt bei unterschiedlichen Nierenerkranungen mit progredientem Nierenfunktionsverlust auf (z. B. Nierenteilresektion).

Therapie und Verlauf. Steroide (Prednison 1 mg/kgKG/d) beim Erwachsenen über mindestens 8 Wochen oder auch länger (Dosisreduktion bei Rückgang der Proteinurie). Bei „Minimal-Change"-GN kommt es hierunter in 90 % der Fälle zur Remission, bei FSGS in 25 % der Fälle. Bei Nichtansprechen, bei häufigem Rezidiv (frequent relapser) oder bei Rezidiv nach Reduzierung der Steroiddosis (Steroid-dependence) sind **Cyclophosphamid** oder **Ciclosporin A** eine therapeutische Alternative.

Membranöse Glomerulonephritis

engl.: membranous glomerulonephritis

Definition. Meist mit großer Proteinurie (d. h. mit nephrotischem Syndrom) einhergehende, durch Immunkomplexe ausgelöste Form der Glomerulonephritis.

Ätiopathogenese. Idiopathisch oder renale Komplikation von SLE, Malignomen (paraneoplastisches Syndrom), nach Verabreichung bestimmter Medikamente (Penicillamin, Gold, Captopril) sowie bei chronisch-persistierenden Infektionen (Malaria, Lepra, Filiariasis, Schistosomiasis, Syphilis, HBV-Infektion). Die **lokale Immunkomplexbildung** entsteht durch die Interaktion hypothetischer zirkulierender Antikörper mit lokalen Antigenen.

Histologie. Verdickung der Kapillarwand durch **Auflagerung von Immunkomplexen an der Außenseite der Basalmembran**, gefolgt von reaktiv überschießender Ablagerung von Basalmembranmaterial (**Abb. 14.13**).

Klinik. Meist große Proteinurie mit allen Zeichen des nephrotischen Syndroms (s. S. 284).

Therapie und Verlauf. Steroide sind als Monotherapie unwirksam, jedoch spricht die Erkrankung auf eine **Kombinationsbehandlung** mit Steroiden und alkylierenden Substanzen, z. B. Cyclophosphamid, oder – neuerdings bevorzugt – Mycophenolat an, ggf. kann auch Rituximab gegeben werden. Wichtig ist auch hier die unspezische Therapie mit Blutdrucksenkung und Blockade des Renin-Angiotensin-Systems, z. B. mit ACE-Hemmern (s. S. 265). In 20 % der Fälle kommt es zur Spontanremission, 30 – 40 % der Patienten haben nach 10 Jahren eine Niereninsuffizienz.

Membranoproliferative Glomerulonephritis

engl.: membranoproliferative glomerulonephritis

Definition. Charakteristisch für die membranoproliferative Glomerulonephritis ist die **Verdickung und Aufsplitterung der Basalmembran** begleitet von einer Proliferation mesangialer Zellen.

Pathogenese. In neuerer Zeit wird diese Erkrankung häufig auch als Folge einer Hepatitis-C-Virus-Infektion mit oder ohne Kryoglobulinämie (s. S. 1133) gesehen. Andere Ursachen können sein: systemischer Lupus erythematodes, Hepatitis B, subakute bakterielle Endokarditis, infizierter ventrikuloatrialer Shunt oder Lymphome.

Histologie. Mikroskopisch können ein **Typ I** und ein **Typ II** unterschieden werden. Typische Befunde sind:

- Doppelkonturierung der Basalmembran („Splitting" bei Silberfärbung) und Zellvermehrung im Mesangium (**Abb. 14.14**)
- Komplementdepots im Mesangium (Typ I) und in der Basalmembran (Dense Deposits) bei Typ II

Häufig besteht eine persistierende Komplementerniedrigung. Bei Typ II ist Autoimmun-Antikörper (C 3-Nephritis-Faktor) nachweisbar, welcher die Spaltung des Komplementfaktors C 3 begünstigt.

Therapie. Inkonsistentes Ansprechen auf **Steroide**. Bei sekundären Formen der membranoproliferativen Glomerulonephritis steht die Behandlung der Grunderkrankung im Vordergrund, z. B. ist bei HCV-Infektion ggf. eine Interferonbehandlung zu erwägen (s. S. 805).

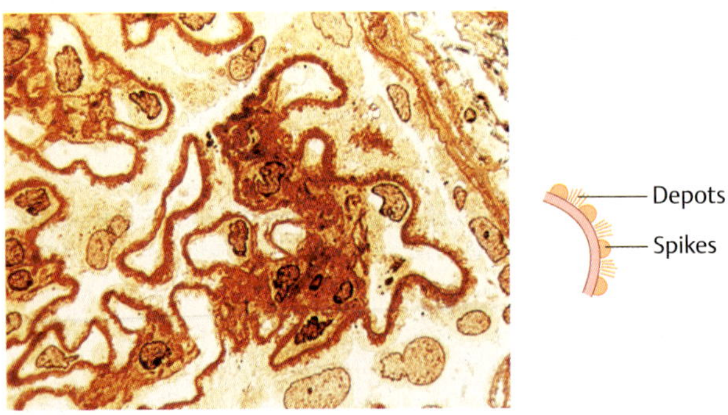

Abb. 14.13 Membranöse Glomerulonephritis. Diffuse Verdickung der glomerulären Basalmembranen durch („blasse") Immunkomplexdepots (IgG, C 3) an der Außenseite der Membranen, zwischen den Ablagerungen versilberbare („dunklere") Basalmembranvorsprünge („Spikes") Silbermethenamin-Färbung, Vergrößerung × 250. (mit freundlicher Genehmigung von Prof. Dr. R. Waldherr, Universität Heidelberg)

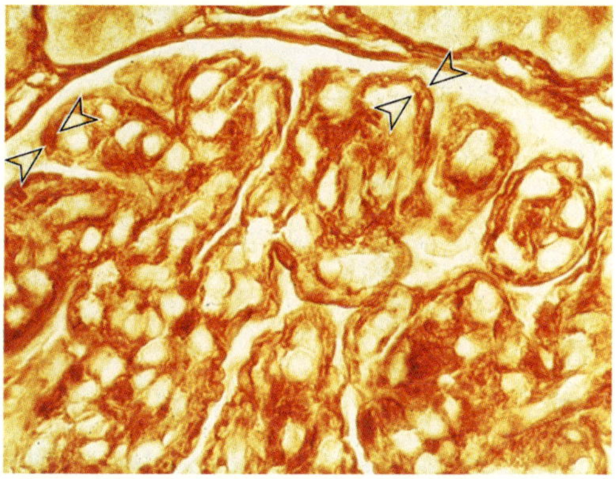

Abb. 14.14 Mesangiokapilläre (membranoproliferative) Glomerulonephritis. Doppelkonturierung der glomerulären Basalmembranen durch subendotheliale Ablagerungen und Interposition von mesangialem Gewebe (Pfeile). Silbermethenamin-Färbung, Vergrößerung × 250. (mit freundlicher Genehmigung von Prof. Dr. R. Waldherr, Universität Heidelberg)

Hereditäre Glomerulonephritis und Alport-Syndrom

engl.: Alport syndrome

Definition. Nicht immunologisch ausgelöste Nephropathie, die histologisch gewisse Ähnlichkeiten mit einer Glomerulonephritis aufweist. Die häufigste Form einer hereditären „Glomerulonephritis" ist das meist X-chromosomal-rezessiv vererbte **Alport-Syndrom**.

Pathogenese. Allen Formen liegen **Mutationen im Kollagen der Basalmembran** zugrunde.

Histologie. Elektronenmikroskopisch sind deutliche Veränderungen der glomerulären Basalmembran (Rarefizierung und Aufsplitterung) nachweisbar. Die immunfluoreszenzmikroskopische Untersuchung ist stets negativ.

Klinik. Typisch sind eine persistierende Mikrohämaturie oder intermittierende Makrohämaturieepisoden. Das Vollbild des Alport-Syndroms ist durch **Hämaturie mit Innenohrschwerhörigkeit** und Niereninsuffizienz charakterisiert.

Therapie und Verlauf. Bei progredientem Verlauf kommt es zur Proteinurie, Hypertonie, Serum-Kreatinin-Erhöhung sowie Nierenversagen. Die Therapie beschränkt sich auf Maßnahmen der Progressionshemmung (s. S. 299).

14.2.2 Glomerulonephritis im Rahmen von Systemerkrankungen

Systemischer Lupus erythematodes

→ vgl. S. 1124 ff.

Definition. Durch Immunkomplexablagerung bedingte Glomerulonephritis bei systemischem Lupus erythematodes.

Histologie. Es können **mehrere Formen der Glomerulusbeteiligung** im Rahmen eines SLE unterschieden werden: mesangiale, segmental-proliferative, diffus-proliferative und membranöse Glomerulonephritis. Immunhistologisch findet man im Mesangium sowie an der Kapillarwand Ablagerungen von Komplement und Immunglobulinen unterschiedlichen Isotyps (**Abb. 14.15**).
Entscheidend für die renale Funktionsprognose ist das Verhältnis zwischen akut entzündlichen, potenziell rückbildungsfähigen Veränderungen, d. h. mononukleäre Infiltration, zelluläre Proliferation, Nekrose (Aktivitätsindex) und irreversibler glomerulärer, interstitieller und vaskulärer Fibrose (Chronizitätsindex).

Diagnostik. Bei aktiver Lupus-Nephritis können im Blut **Antikörper gegen doppelsträngige DNS** (dsDNS) nachgewiesen werden (Farr-Test). Dies ist begleitet von einem positiven immunfluoreszenzmikroskopischen Nachweis von **ANF** (antinukleäre Faktoren) sowie einer **Komplementerniedrigung**. Abgesehen

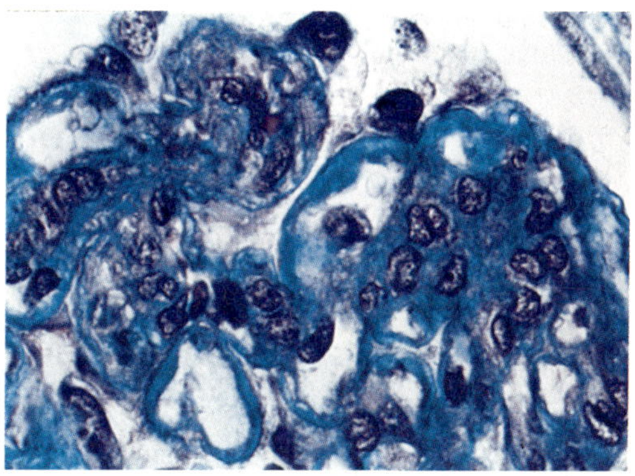

Abb. 14.15 Diffus proliferative GN bei Lupus erythematodes. Mesangiale Zellproliferation mit Verdickung der glomerulären Membranen durch abgelagerte Depots („Drahtschlingen", „wire loops"). Masson-Trichromfärbung, Vergrößerung × 250. (mit freundlicher Genehmigung von Prof. Dr. R. Waldherr, Universität Heidelberg)

von klinischen Zeichen der extrarenalen Aktivität des Lupus und positiver Serologie ist für die Lupus-Nephritis ein **ausgeprägt nephritischer Sedimentbefund** typisch. Da alle pathologischen Elemente (Erythrozytenzylinder, Zellzylinder, granulierte Zylinder, dysmorphe Erythrozyten, Leukozyten, Fettspeichermakrophagen) nebeneinander im Urin gefunden werden, spricht man auch von einem „Teleskopsediment".

Therapie und Verlauf.

> **!** Der Nierenbefall ist gewöhnlich die für die Überlebensprognose des Lupuspatienten wichtigste Komplikation.

Der akute Schub der proliferativen Lupus-Nephritis spricht auf eine hoch dosierte Steroidbehandlung an. Zur Verbesserung der langfristigen renalen Funktionsprognose ist jedoch die gleichzeitige Gabe alkylierender Substanzen notwendig (mehrere Infusionen von Cyclophosphamid in mehrwöchigem Abstand) oder – derzeit zunehmend bevorzugt – die mehrwöchige Gabe von **Mycophenolat mit anschließender Erhaltungstherapie** (Azathioprin oder Mycophenolat p. o. in Kombination mit niedrig dosierten Steroiden).
Die korrekte Wahl der Dauertherapie, die einerseits die Krankheitsaktivität unterdrücken muss, andererseits jedoch keine Langzeitschäden verursachen (Risiko der Immunabwehrschwäche, Diabetes mellitus, Osteoporose, Sterilität, Auftreten von Malignomen) erfordert viel Fingerspitzengefühl. Hilfreich sind Monitoring von Serologie (Farr-Test, Komplement) und Urinbefund.

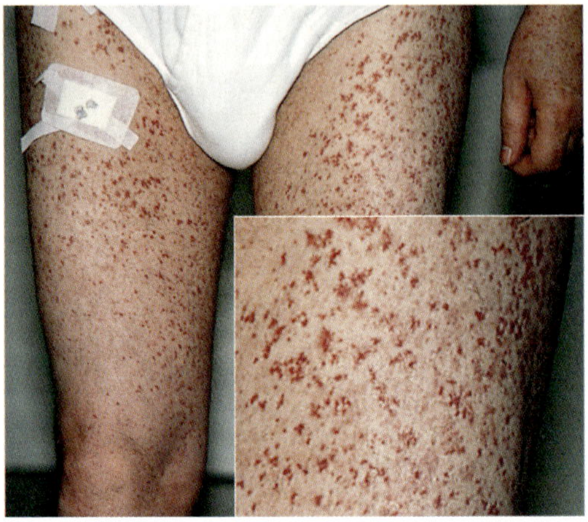

Abb. 14.16 Schoenlein-Henoch-Purpura.

Schoenlein-Henoch-Purpura

engl.: Henoch-Schoenlein-purpura, anaphylactoid purpura

→ vgl. S. 1133

Definition. Systemische allergische Vaskulitis, die mit Symptomen an Haut, Gelenken, Gastrointestinaltrakt und Nieren einhergehen kann.
Die Erkrankung tritt vorzugsweise im **Vorschulalter** auf. Knaben sind häufiger betroffen als Mädchen. Das Auftreten im fortgeschrittenen Lebensalter wird zunehmend häufiger beobachtet, besonders bei Alkoholikern. Es wird vermutet, dass IgA-haltige Immunkomplexe von pathogenetischer Bedeutung sind und die Erkrankung eine Intensitätsvariante der IgA-Nephritis darstellt (s. S. 289). An der Niere gleichen die Befunde denen bei mesangialer IgA-Glomerulonephritis.
Klinik:

- Haut: Purpura vorzugsweise am Gesäß und an den unteren Extremitäten (**Abb. 14.16**) (Purpura = kleinfleckige Kapillarblutungen in Haut, Unterhaut, Schleimhäuten)
- Gelenke: schmerzhafte Schwellung der Gelenke (insbesondere der Sprunggelenke)
- Gastrointestinaltrakt: kolikartige Schmerzen, Erbrechen, gastrointestinale Blutungen
- Niere: häufig akuter Beginn als schmerzloser makrohämaturischer Schub mit nephritischem Syndrom und Erythrozytenzylindern im Urinsediment

Steroide beherrschen die häufig bestehenden Arthralgien. Ihre Wirksamkeit bei Glomerulonephritis ist nicht gesichert, kann jedoch bei schwerem Verlauf mit extrakapillärer Halbmondbildung versucht werden. Im Kindesalter ist die Langzeitprognose meist gut, im Erwachsenenalter kommt es hingegen oft zum Fortschreiten ins Stadium der Niereninsuffizienz.

Goodpasture-Syndrom

engl.: Goodpasture's syndrome

→ vgl. S. 476 ff.

Definition. Kombination von Lungenbluten und rasch progredienter Glomerulonephritis.

Pathogenese. Glomerulonephritis und hämorrhagische Alveolitis werden durch **Antibasalmembran-Antikörper** hervorgerufen. Die Antikörper richten sich gegen Epitope auf den carboxyterminalen Extensionspeptiden des Typ-IV-Kollagens der **Basalmembran in Alveolen und Glomeruli**. Histologisch liegt eine nekrotisierende Glomerulonephritis vor (RPGN, s. S. 290), häufig mit extrakapillärer Proliferation (Halbmonde, s. S. 295). Immunhistologisch werden IgG- und Komplementablagerungen entlang der Basalmembran gefunden.

Therapie und Verlauf. Unbehandelt ist die Prognose meist infaust. Die RPGN spricht auf hoch dosierte Steroide und alkylierende Substanzen (Cyclophosphamid) an. Bei schweren Verläufen ist eine Plasmapherese indiziert. Zur Beherrschung der Hämoptysen ist neben Nikotinkarenz die sorgfältige Vermeidung einer Überwässerung notwendig.

Wegener-Granulomatose und mikroskopische Polyarteriitis

engl.: Wegener's granulomatosis

Definition. Die klassische **Wegener-Granulomatose** geht einher mit einer generalisierten nekrotisierenden Vaskulitis und Granulombildung der **oberen und unteren Atemwege** in Verbindung mit einer nekrotisierenden, später durch **extrakapilläre Halbmonde** gekennzeichneten **Glomerulonephritis**. In unterschiedlichem Ausmaß können auch außerhalb von Niere und Atemwegen disseminiert Vaskulitisherde und Granulome auftreten.
Die **mikroskopische Polyarteriitis** weist ähnliche histologische Veränderungen auf, befällt aber definitionsgemäß nicht den HNO-Bereich.

Immunologie und Histologie. Die Immunpathogenese ist noch nicht vollständig aufgeklärt.
Immunhistologisch werden in den Glomerula **keine Ablagerungen** von Immunglobulinen oder Komplement beobachtet. Im Blut lassen sich jedoch Antikörper gegen zytoplasmatische Epitope (Proteinase 3, Myeloperoxydase) in neutrophilen Granulozyten nachweisen (**ANCA**, anti**n**eutrophilic **c**ytoplasmic **a**ntibodies).
Fluoreszenzmuster und Zielepitope sind bei der Wegener-Granulomatose und der mikroskopischen Polyarteriitis verschieden:

- Wegener-Granulomatose: c-ANCA; Proteinase-3-Antikörper
- mikroskopische Polyarteriitis: p-ANCA; Myeloperoxydase-Antikörper

In beiden Fällen handelt es sich jedoch um **Antikörper gegen neutrophile Granulozyten.**

Klinik. Die Wegener-Granulomatose ist gekennzeichnet durch eine rasch fortschreitende, nekrotisierende extrakapilläre Glomerulonephritis mit schnellem Übergang in eine Niereninsuffizienz. Bereits Jahre vor der Nierenbeteiligung oder zeitgleich mit ihr werden Granulome der oberen und unteren Luftwege beobachtet (destruierende Sinusitis, Sattelnase, Ulzera (Tonsillen, Mund, Subglottis), Otitis media und Lungeninfiltrate mit Einschmelzungstendenz; vgl. S. 475). Außerdem bestehen die Allgemeinzeichen einer Systemerkrankung mit Fieber, Anämie, Gewichtsabnahme usw. sowie Gelenkbeschwerden.

Diagnostik. Da die Chancen der Therapie vom rechtzeitigen Behandlungsbeginn abhängen, ist eine frühe Diagnosestellung durch Serologie (→ „Immunologie und Histologie") und Nierenbiopsie unerlässlich.

Therapie und Verlauf. Standardtherapie ist die kombinierte Gabe von **Steroiden und Cyclophosphamid** als intermittierende Stoßbehandlung (1 g i. v. in 3- bis 4-wöchigem Abstand) oder – seltener angewandt – per os (1 – 2 mg/kgKG/Tag). Nach 4 Monaten Umsetzen auf **Azathioprin**. Bei schweren renalen Verläufen (Serumkreatinin > 6 mg/dl) ist die Wirksamkeit der **Plasmapherese** gesichert.
Bei rechtzeitigem Therapiebeginn ist die renale Funktionsprognose relativ gut, langfristige Dauerheilungen sind möglich. Die Patienten bedürfen jedoch langfristiger Überwachung, da auch noch nach Jahren Spätrezidive auftreten können.

14.3 Tubuläre Partialfunktionsstörungen

Renale tubuläre Partialfunktionsstörungen sind entweder angeboren oder werden im Rahmen anderer Grunderkrankungen erworben (z. B. Myelom, Morbus Wilson, Intoxikationen). Je nach Auslöser der Schädigung sind Sekretion oder Resorption einzelner Substanzen selektiv beeinträchtigt. **Tab. 14.6** gibt einen Überblick.

Tab. 14.6 Tubuläre Partialfunktionsstörungen

ausgeschiedene Substanz	Vererbungsmodus	Ursache/Folgen
diffuse Aminoazidurie (z. B. bei Zystinose)	unterschiedliche Vererbungsmuster	meist im Rahmen globaler proximaler tubulärer Funktionsstörungen (Fanconi-Syndrom) vergesellschaftet mit Glukosurie, Phosphaturie, proximal-tubulärer Azidose
Zystin, Lysin, Arginin	autosomal-rezessiv vererbt	Zystinnierensteine, typische hexagonale Kristalle im Urin
Glukose	angeboren (sehr selten)	harmlose Störungen der proximaltubulären Glukoserückresorption mit Glukosurie trotz Normoglykämie
Phosphat	verschiedene Vererbungsmuster	Hypophosphatämie, sog. „Vitamin-D-resistente Rachitis" bei Kindern
Wasser	angeboren	renaler Diabetes insipidus (s. S. 495)

14.3.1 Renal-tubuläre Azidose

Synonym: nephrogene Azidose, Butler-Albright-Lightwood-Syndrom

engl.: renal tubular acidosis, Typ I: renal hyperchloremic acidosis

Definition. Angeborene oder erworbene metabolische Azidose, bei der man grob zwei Formen unterscheidet:

- **Typ I:** Defekt der H^+-Ionensekretion im distalen Tubulus (klassische Form)
- **Typ II:** proximal-tubuläre Resorptionsstörung von Bikarbonat

Ätiopathogenese. Beide Formen können entweder angeboren sein (Typ I autosomal-rezessiv, Typ II evtl. geschlechtsgebunden rezessiv) oder im Rahmen anderer Grunderkrankungen durch eine Tubuluszellschädigung hervorgerufen werden. Das im Plasma retinierte Protonenmolekül titriert („verbraucht") Bikarbonat. Die resultierende **hyperchlorämische hypokaliämische Azidose** kann mit Hyperkalziurie und Hypozitraturie einhergehen. Die Kalziumbilanz ist negativ. Inkomplette Formen können auch ohne systemische Azidose verlaufen.

Klinik. Der klinische Verlauf der proximalen renaltubulären Azidose (Typ II) ist meist weniger schwerwiegend als der Verlauf der distalen Form (Typ I) und geht auch nicht mit Störungen des Kalziumstoffwechsels und Nephrokalzinose einher.
Bei der klassischen distalen Form (Typ I) werden **Hypokaliämie** (periodische Muskelschwäche, Lähmungen) sowie **Hyperkalziurie** (rezidivierende Nierensteine, Nephrokalzinose in 50% der Fälle, Osteomalazie bzw. Rachitis, Minderwuchs) beobachtet.

Diagnostik. Der Urin-pH sinkt auch unter Säurebelastung (Wrong-Davis-Test: 0,1 g Ammoniumchlorid/kgKG) nicht unter 5,3 ab.

Therapie. Bei Typ II Dauersubstitution mit Natrium-Kalium-Citrat und Behandlung der Komplikationen.

Prognose. Bei frühzeitig einsetzender Therapie kann eine Nierenschädigung verhindert oder zumindest hinausgezögert werden.

14.4 Chronische Niereninsuffizienz und Urämie

engl.: chronic kidney disease, chronic renal failure, uremia

Definition. Irreversible Abnahme des Glomerulumfiltrats bei progredientem Untergang funktionsfähigen Nierengewebes. Die verschiedenen Stadien der chronischen Niereninsuffizienz sind in **Tab. 14.7** aufgeführt.
Urämie: Symptome der Intoxikation durch hypothetische urämische Toxine im Terminalstadium der chronischen Niereninsuffizienz.
Azotämie: Durch Nierenfunktionsstörung hervorgerufener Anstieg harnpflichtiger Substanzen im Blut (syn. chronische Niereninsuffizienz).

Epidemiologie. In Deutschland beträgt die Inzidenz der dialysepflichtigen chronischen Niereninsuffizienz derzeit etwa 200 Fälle/1 Mio. Einwohner/Jahr. Gegenwärtig werden etwa 65 000 Patienten mit Hämodialyse oder Peritonealdialyse behandelt und 25 000 Patienten leben mit einem Nierentransplantat.

Tab. 14.7 Stadien der chronischen Nierenerkrankung

Stadium	eGFR (ml/min)	% der Bevölkerung
1	>90	3,3
2	60–89	3,0
3	30–59	4,3
4	15–29	0,2
5	<15	0,2

14.4.1 Ätiopathogenese

Die häufigsten Ursachen der chronischen Niereninsuffizienz sind in **Tab. 14.8** aufgeführt. Die früher häufige Analgetika-Nephropathie ist heute infolge gesetzlicher Maßnahmen praktisch völlig verschwunden (s. S. 308). Seltenere Ursachen sind Plasmozytom, maligne Hypertonie, Amyloidose, Zustand nach Nierenrindennekrose, hämolytisch urämisches Syndrom, Nierentuberkulose, Gicht, Endstadien tubulärer Syndrome (z. B. Zystinose), Hyperkalzämie und Strahlennephritis.

Tab. 14.8 Diagnoseverteilung der Patienten bei Dialysebeginn im Jahr 2006 (nach QuaSi-Niere)

Ursache	Häufigkeit
Diabetes mellitus	34 %
vaskuläre Nephropathie	24 %
Glomerulonephritis	13 %
interstitielle Nephritis	8 %
Zystennieren	5 %
Systemerkrankungen (z. B. Wegener-Granulomatose, mikroskopische Angiitis, Lupus erythematodes)	4 %
hereditär/kongenital	1 %
verschiedene	4 %
unbekannte Genese	8 %

Progression der Niereninsuffizienz

Bei Niereninsuffizienz kommt es im **Stadium der kompensierten Retention** durch progrediente Destruktion funktionstüchtiger Nephrone zur Hypertrophie und Mehrbelastung der verbliebenen Nephrone. Diese „kompensatorische" Hypertrophie geht mit einer Hyperfiltration der verbliebenen Restnephrone einher, die durch Zunahme des glomerulären Drucks und Flusses vermittelt wird. Spontan oder bei Hinzutreten zusätzlicher Belastungen wie Hypertonie oder eiweißreicher Ernährung (erhöhte Nierendurchblutung und erhöhter Perfusionsdruck im Glomerulus durch Dilatation der präglomerulären Gefäßstrecke) kommt es zu fortschreitendem Nierenfunktionsverlust (Progression) mit **Glomerulosklerose, interstitieller Fibrose und Vasosklerose.** Die Folgen sind

- glomeruläre Druckerhöhung (glomeruläre Hypertonie)
- Verlust der Selektivität der Glomeruluskapillaren (Proteinurie)
- Abfall der glomerulären Filtrationsrate

Diese Vorgänge sind durch eine antihypertensive Therapie (unter Einschluss von ACE-Hemmern oder Angiotensin-Rezeptor-Blockern, s. S. 265) und in geringem Maße durch eine eiweißbeschränkte Ernährung (s. S. 300) günstig zu beeinflussen. Ein wichtiger, den Funktionsverlust beschleunigender Faktor, ist die Proteinurie, da die exzessive Proteinrückresorption durch Tubulusepithelien Entzündungsvorgänge auslöst (Proteinurie als „Nephrotoxin").

> **!** **Die Reduktion der Proteinurie ist neben der Einstellung normaler Blutdruckwerte ein wichtiges Therapieziel.**

Folgen der chronischen Niereninsuffizienz

Der Ausfall der exkretorischen Nierenfunktion führt zur **Retention harnpflichtiger Substanzen**: (Harnstoff, Kreatinin, Harnsäure und hypothetische Urämietoxine).

Ein Verlust der homöostatischen Nierenfunktion zur Wahrung des „Milieu intérieur" führt zu **Abweichungen der Ionenkonzentration** (Hyperphosphatämie, Hypokalzämie, Azidose etc.). Abgesehen von Sonderfällen kommt es erst im Terminalstadium zur Hyponatriämie (gestörte Wasserausscheidung), hyperchlorämischen metabolischen Azidose und Hyperkaliämie (s. S. 332).

Eine Expansion der Flüssigkeitsräume durch die gestörte Natriumausscheidung mit **Ödemen** (periphere Ödeme, Lungenödem) kann in allen Stadien der Nierenerkrankung auftreten. Ein **Blutdruckanstieg** wird meist schon beobachtet, noch bevor das Glomerulusfiltrat erniedrigt ist.

Ein Abfall der endokrinen Nierenfunktion führt wegen **verminderter Erythropoetinsynthese** und verminderter Ansprechbarkeit auf Erythropoietin zur **Anämie**. Außerdem kommt es zur **Störung des Mineralstoffwechsels** mit Hyperphosphatämie, verminderter Bildung von 1,25-$(OH)_2$-D_3, Hyperparathyreoidismus, renaler Osteopathie und Gefäßverkalkung (s. S. 542).

14.4.2 Klinik

Die Symptome der chronischen Niereninsuffizienz treten stadienabhängig auf und gehen in die Symptome der Urämie über (**Tab. 14.9**).

14.4.3 Diagnostik

Zur **Diagnosesicherung** und **Abschätzung von Schweregrad und Progredienz** sind folgende Untersuchungen indiziert:

- Serum-Kreatinin, Serum-Harnstoff, Serum-Harnsäure, geschätzte GFR (eGFR)
- bei Schwierigkeiten in der Beurteilung: Messung der endogenen Kreatinin-Clearance (s. S. 278)
- Verlauf: Darstellung des Funktionsverlustes in einem Diagramm (1/S-Kreatinin [Ordinate] vs. Zeit [Abszisse], **Abb. 14.17**)
- Elektrolytstörungen:
  - Hyperphosphatämie, Hypokalzämie, (Niereninsuffizienz)

Tab. 14.9 Symptomatik der chronischen Niereninsuffizienz und der Urämie

Einteilung	Symptomatik der chronischen Niereninsuffizienz	Symptomatik der Urämie
Allgemeinbefinden	Leistungsknick, Müdigkeit	
Niere	Oligo- oder Anurie Polyurie (mit Nykturie)	
zentrales Nervensystem		Erbrechen, Persönlichkeitsveränderung, Schlaflosigkeit, Erregungszustände, Verlangsamung, Koma
peripheres Nervensystem		Polyneuropathie
Herz-Kreislauf-System und Lunge	*Hypertoniefolgen:* linksventrikuläre Hypertrophie, Herzinsuffizienz, zerebrovaskuläre Zwischenfälle *Arteriosklerose:* betroffen sind vor allem die Koronararterien, die A. carotis, die Aorta abdominalis und die Extremitätenarterien *Natrium- und Flüssigkeitsretention:* periphere Ödeme, Lungenödem	
Haut	*Melanosis cutis:* Café-au-Lait-Farbe durch Urochrome und Anämie, *Xerosis:* trockene Haut	Pruritus
Gastrointestinaltrakt	Appetitlosigkeit, Gewichtsverlust	urämischer Fötor, Übelkeit, Brechreiz, Erbrechen, Blutung durch hämorrhagische Gastritis und Kolitis
Skelett	urämische Osteopathie (vermehrter Knochen-Turnover durch Ostitis fibrosa oder verminderter Knochen-Turnover unklarer Ursache (adynamic bone disease), mit Ablagerung von Kalzium vorwiegend in Gefäßen und Bindegewebe, seltener Osteomalazie (meist bei Vitamin D-Mangel)	
Blut	normochrome hyporegeneratorische Anämie (EPO-Mangel, meist verbunden mit partieller EPO-Resistenz durch Mikroinflammation und relativem Eisenmangel; Plättchenfunktionsstörung mit hämorrhagischer Diathese	

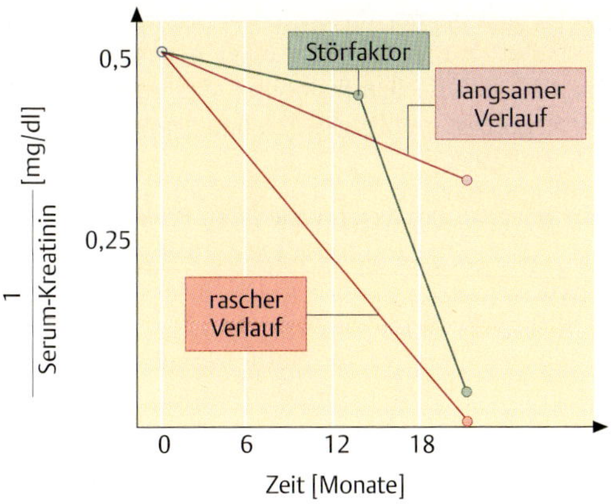

Abb. 14.17 Abschätzung der Progredienz bei chronischer Niereninsuffizienz. Der Abfall des Quotienten 1/Serum-Kreatinin dient als indirektes Maß des glomerulären Filtratverlustes. Da die Nierenfunktion in der Regel linear mit der Zeit abfällt, ist eine Änderung der Abfallssteilheit Hinweis auf (potenziell) therapierbare Störfaktoren (z. B. Blutdruckentgleisung, Harnwegsinfekt, Harnabfluss-Störung).

  - Hyponatriämie (Terminalstadium)
  - Hyperkaliämie (im Stadium der Oligurie, seltener bei Gabe von Mineralokortikoid-Rezeptor-Antagonisten oder hoher diätetischer Kaliumzufuhr)
- Säure-Basen-Status (metabolische Azidose)
- Anämie
- Vitamin-D-Status (Messung von $25(OH)D_3$ und Messung von PTH)

Bei der Suche nach der **Ursache der Nierenerkrankung** helfen die nachfolgenden diagnostischen Mittel weiter:

- Familienanamnese
- Eigenanamnese (u. a. Erkrankungsdauer, Medikamente, Begleiterkrankungen)
- Urinstatus: nephritischer Sedimentbefund (s. S. 284), Proteinurie, Erythrozyturie, Zylinder, Leukozyturie, Bakteriurie
- Nierensonografie; ggf. weitere bildgebende Verfahren
- Serologie (ANA, ANCA, Antibasalmembran-Antikörper und andere)
- Diabetesausschluss (OGTT, $HbA1_c$, Augenfundus zum Ausschluss bzw. Nachweis einer Retinopathie)

Wichtig ist auch das **Erkennen von Komplikationen**. Hierzu zählen vor allem:

- **arterielle Hypertonie** (s. S. 252)
- periphere **Ödeme**, Lungenödem, Anasarka
- **Störungen des Kalziumstoffwechsel** i. S.e. sekundären Hyperparathyreoidismus (s. S. 535): Serum-Kalzium ↓, Serum-Phosphat und Parathormon ↑, $25(OH)D_3$ und $1{,}25\text{-}(OH)_2\text{-}D_3$ ↓. Am Skelett finden sich ggf. die röntgenologischen Zeichen der Ostitis fibrosa, selten einer Osteomalazie, außerdem Gefäßverkalkungen und extraossäre Verkalkungen; bei Knochenbiopsie Ostitis fibrosa, Osteomalazie oder adynamische Osteopathie
- normochrome hyporegeneratorische **Anämie**: Hb und Retikulozyten ↓, MCV normal (s. S. 902)
- **Thrombozytenfunktionsstörung** mit hämorrhagischer Diathese (s. S. 349)
- **kardiologische Komplikationen**: linksventrikuläre Hypertrophie, KHK wegen akzelerierter Arteriosklerose (Hypertonie, Dyslipidämie, Insulinresistenz und Plaqueverkalkung), Herzklappenverkalkung durch Hyperphosphatämie mit oder ohne Hyperparathyreoidismus, im Endstadium Perikarditis (s. S. 153)
- atherosklerotische Veränderungen **peripherer Gefäße** (s. S. 212)
- **Retinopathie** bei Diabetes mellitus (s. S. 641)

14.4.4 Therapie

Konservative Therapie

Therapie der Grundkrankheit. Die konservative Therapie besteht zunächst in der Therapie der Grundkrankheit, wie z. B.:

- immunsuppressive Therapie bei Glomerulonephritis oder Systemerkrankung
- normnahe Blutzuckereinstellung bei Diabetes mellitus
- Behebung einer Harnwegsobstruktion bzw. eines Refluxes
- Behandlung von Harnwegsinfekten und Urotuberkulose

Verzögerung der Progression. Ein weiteres wichtiges Ziel ist die Verzögerung der Progression. Dies wird vor allem erreicht durch eine **antihypertensive Therapie** (s. S. 263), besonders bei proteinurischen Nierenerkrankungen unter Einsatz von **ACE-Hemmern oder Angiotensin-Rezeptor-Blockern**. Der **Ziel-**

D

blutdruck-Wert beträgt etwa 125/75 mmHg, die Erfolgskontrolle erfolgt durch 24 h-Blutdruckmessung (da die häufige nächtliche Blutdruckerhöhung durch Gelegenheitsblutdruckmessung nicht erfasst wird).
Als weiteres zum Blutdruck unabhängiges Therapieziel ist eine regelmäßige **Bestimmung der Proteinurie** erforderlich (Zielwert < 1 g/24 h). Bei Erreichen des Zielblutdruckwertes, aber Persistenz der Proteinurie, ist eine Dosissteigerung der ACE-Hemmer oder Angiotensin-Rezeptor-Blocker indiziert.
Bei **stark erhöhter Proteinzufuhr**, erkennbar anhand der Harnstoff-Ausscheidung im Urin, ist eine Beschränkung der Aufnahme von tierischem Eiweiß auf minimal etwa 0,8 g/kg KG/d sinnvoll. Die **Trinkmenge** sollte 2,5 – 3 l/Tag (ggf. Infusion) betragen. Um eine Überwässerung und Malnutrition zu vermeiden, sind **regelmäßige Kontrollen des Körpergewichts** nötig.
Da bei Rauchern das Risiko der Progredienz massiv erhöht ist, sollte unbedingt **Nikotinkarenz** eingehalten werden.

Vermeidung zusätzlicher Nierenfunktionsbeeinträchtigungen. Um eine zusätzliche Beeinträchtigung der Nierenfunktion (engl. acute on chronic renal failure) zu verhindern, ist die Gabe von Röntgen-Kontrastmitteln, nichtsteroidalen Antiphlogistika und Medikamenten, die zu interstitieller Nephritis führen, zu vermeiden (z. B. NSAR).
Ebenso ist einer Dehydratation durch überschießende Diuretikabehandlung, bei Durchfall oder Erbrechen sowie ein unkontrollierter Blutdruckanstieg vorzubeugen. Eine möglicherweise bestehende Harnwegsobstruktion oder ein Harnwegsinfekt sind entsprechend zu behandeln. Eine Schwangerschaft sollte vermieden werden.
Urämische Folgeschäden können vermieden werden durch:

- Behandlung des sekundären Hyperparathyreoidismus: Phosphatbinder (z. B. Kalziumkarbonat, Kalziumazetat, Sevelamer, Lanthancarbonat), Vitamin-D-Gabe (bei erniedrigtem $25(OH)D_3$) und bei erhöhtem PTH zusätzlich aktives Vitamin D (z. B. $1,25(OH)_2D_3$) (s. S. 542)
- Vermeidung der Anämie: rekombinantes Erythropoetin (rhEPO oder Darbopoeitin), bei Eisenmangel zusätzlich Eisen i. v. (s. S. 906)
- Vermeidung von Katabolismus und Kachexie: ausreichende Energiezufuhr und Überwachung durch u. a. Serum-Albumin-Bestimmung
- Behandlung der metabolischen Azidose (Natriumbikarbonat p. o.)

Die Reduktion der Kaliumzufuhr (kein Obst, keine Obstsäfte) zur Vermeidung einer hyperkaliämiebedingten, elektrischen Instabilität des Herzens ist in der Regel erst im oligurischen Endstadium erforderlich (s. S. 299).

Verringerung des kardiovaskulären Risikos.
Das kardiovaskuläre Risiko kann verringert werden durch

- **kochsalzbeschränkte Kost** (etwa 5 – 7 g/d)
- Schleifendiuretika zur **Blutdrucksenkung**
- Zur weiteren antihypertensiven Therapie (s. S. 263) werden vorzugsweise **ACE-Hemmer oder Angiotensin-Rezeptor-Blocker** eingesetzt. Sie haben eine nephroprotektive Wirkung. Häufig wird initial eine meist reversible Erhöhung des Serum-Kreatinins beobachtet (Rückbildung der glomerulären Hyperfiltration, außerdem bei Patienten, die zu viel Diuretuka erhalten haben, und bei unerkannter beidseitiger Nierenarterienstenose).
- Lipidsenker, speziell HMG-CoA-Reduktasehemmer, sog. Statine (s. S. 58, 652)
- Low-dose-Aspirin (s. S. 53)

Vermeidung von Medikamententoxizität. Eine **Dosisanpassung** nierengängiger Pharmaka, ggf. mit Serumspiegelmessung, ist unbedingt erforderlich. Nephrotoxische Medikamente sind zu vermeiden, z. B. nichtsteroidale Entzündungshemmer, Aminoglykoside, Röntgenkontrastmittel.

> **Cave: Kumulation nierengängiger Medikamente bzw. deren aktiver Metaboliten.**

Nierenersatztherapie

Bei **chronischer Niereninsuffizienz** ist in der Regel bei einem Serum-Kreatinin von etwa 6 – 8 mg/dl oder einer Kreatininclearance von etwa 10 – 15 ml/min die Indikation zur chronischen Dialyse (Hämodialyse bzw. CAPD) und Nierentransplantation gegeben, da durch konservative Maßnahmen keine volle medizinische Rehabilitation mehr erreicht werden kann. Eine psychologisch-somatische **Vorbereitung auf die Nierenersatztherapie** ist erforderlich. Sie setzt sich zusammen aus:

- Aufklärung von Patient und Familie, ggf. Gruppenunterricht
- Hepatitis-B-Vakzinierung (s. S. 806 f)

- prophylaktische Anlage einer arteriovenösen Fistel am Unterarm (Cimino) etwa bei einer Kreatinin-Clearance von 20 ml/min, bei Diabetikern schon etwas früher
- Vorbereitung des Patienten auf das geeignete Dialyseverfahren (Hämo- oder Peritonealdialyse) und Prüfung der Indikation einer Nierentransplantation (ggf. Lebendspende)

Chronische Hämodialyse

Bei der chronischen Hämodialyse treten über eine semipermeable Membran (Cuprophan/synthetische Membranen) harnpflichtige Stoffe extrakorporal durch Diffusion entlang eines Konzentrationsgefälles aus dem Blut in die isotonische Dialysatflüssigkeit über (diffusiver Transport, **Abb. 14.18**). Gleichzeitig erfolgt durch Ultrafiltration (Druckgradient über Membran) ein Entzug von Flüssigkeit und niedermolekularen Substanzen (konvektiver Transport). Neuere hochpermeable Membranen gestatten auch den Übertritt von Molkülen mit höherem Molekulargewicht. Als Gefäßzugang wird meist eine arteriovenöse Fistel am Unterarm (Cimino-Fistel) angelegt, die wiederholt punktiert werden kann. Dialysefrequenz im Regelfall dreimal wöchentlich mindestens 4 – 5 Stunden.

Hämofiltration

Analog der Filtration im Glomerulus wird Ultrafiltrat durch einen Druckgradienten über eine synthetische Membran mit hoher Ausschlussgrenze (etwa 35 kD) und hoher hydraulischer Leitfähigkeit abgepresst. Der Ausgleich der Flüssigkeitsbilanz erfolgt durch Infusion isotonischer Flüssigkeit (abzüglich des Volumens, das dem Patienten zur Vermeidung einer Überwässerung entzogen werden muss).

CAPD (kontinuierliche ambulante Peritonealdialyse)

Die peritoneale Membran des Patienten (Austauschfläche etwa 1 m^2) wird als Dialysemembran genutzt. Über einen dauerhaft implantierten Peritonealkatheter erfolgt mehrfach täglich Instillation und Entleerung einer dem Elektrolytgehalt des Serums angepassten kaliumfreien glukosehaltigen Lösung. Die Diffusion der harnpflichtigen Substanzen in diese Dialyseflüssigkeit bewirkt einen ausreichenden Entzug harnpflichtiger Substanzen. Ein osmotischer Entzug von Flüssigkeit ist mithilfe glukosehaltiger hypertonischer Lösungen möglich. Zu beachten ist, dass bei CAPD Peritonitisgefahr besteht. Häufig nimmt die Peritonealpermeabilität mit der Zeit ab. Prinzipiell kommt jeder Patient für die Peritonealdialyse infrage, wobei das Verfahren nicht optimal ist für z. B. Diabetiker (Verschlechterung der Blutzuckersituation durch Glukose im Dialysat), für übergewichtige Patienten oder Patienten mit zahlreichen abdominellen Voroperationen.

Dialysekomplikationen

Die Dialysebehandlung bringt verschiedene Komplikationen mit sich. Hier sind vor allen zu nennen:

- hohes kardiovaskuläres Risiko (durch Niereninsuffizienz per se, aber auch durch die Dialysebehandlung mit unphysiologisch schnellem Wasserentzug und Gefahr der Hypotension bei der Hämodialyse)
- Hepatitisgefährdung (Impfprophylaxe)
- bei Unterdialyse (zu geringer Dialyseintensität): Gefahr von Polyneuropathie, Perikarditis
- Kumulation von β_2-Mikroglobulin mit Amyloidose (Symptome u. a. Karpaltunnel-Syndrom, Amyloidarthropathie); heute selten

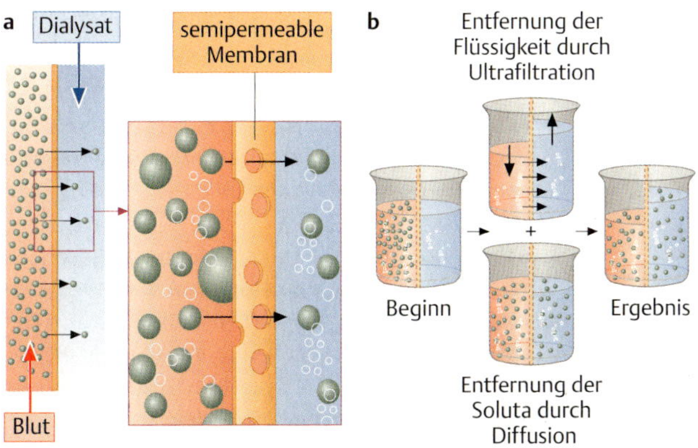

Abb. 14.18 Prinzip der Hämodialyse.
a Die Porengröße der semipermeablen Membran ist so gewählt, dass nur niedermolekulare Substanzen (rsp. bei hochpermeablen Membranen „Middle Molecules“) hindurchtreten können. Die treibende Kraft ist ein Konzentrationsgefälle, welches die Diffusion ermöglicht. **b** Über die Dialysemembran können dem Körper sowohl harnpflichtige Stoffe als auch (durch Druckgradient zwischen Blut- und Dialysekompartment) Flüssigkeit entzogen werden.

- psychische Probleme (Anpassung an das „Schicksal Dialyse")

Nierentransplantation

→ vgl. „Grundzüge der Transplantationsimmunologie", S. 1104 ff.

Nieren von verwandten oder emotional nahestehenden, nicht verwandten Lebendspendern oder hirntoten Spendern werden **extraperitoneal in die Fossa iliaca** transplantiert (**Abb. 14.19**). Die Transplantation erfolgt nach Maßgabe der **Histokompatibilitätsantigene** (HLA, s. S. 1104) bei Kompatibilität im AB0-Blutgruppensystem und negativem Cross-Match. Sollten vor der Transplantation zirkulierende HLA-Antikörper vorliegen, kann mit entsprechender Vorbereitung neuerdings selbst bei vorbestehenden HLA-Antikörpern eine Nierentransplantation erfolgreich durchgeführt werden.

Der Transplantationserfolg ist langfristig limitiert durch immunologische und nichtimmunologische Faktoren, die das Nierentransplantat schädigen können. Eine **akute Abstoßung** ist heute durch eine Therapie mit Corticosteroiden oder T-Zell-depletierenden Antikörpern (Anti-T-Lymphozyten-Antikörper) gut behandelbar. Sie wird entweder durch eine zellulär vermittelte Immunreaktion und/oder durch donorspezifische Antikörper gegen das Transplantat verursacht. Histologisch findet man bei der zellulären Abstoßung eine interstitielle Nephritis und Tubulitis und in schwereren Fällen auch eine Endarteriitis im Transplantat. Bei antikörpervermittelter Abstoßung ist lichtmikroskopisch oft nur ein akutes Nierenversagen zu erkennen, immunhistologisch findet man ein Komplementspaltprodukt entlang tubulärer Kapillaren und/oder in den Glomeruli (C 4 d).

Zelluläre und antikörpervermittelte Abstoßung können kombiniert sein und sowohl in der Frühphase als auch noch nach Jahren auftreten. Ein wichtiger Grund für die späte Abstoßung ist fehlende Medikamenteneinnahme (non-adherence), vor allem bei jungen Nierentransplantierten.

Nichtimmunologische behandelbare Faktoren, die das Transplantat nachhaltig schädigen, sind arterielle Hypertonie (die bei fast 90 % der Transplantatempfänger nachweisbar ist), Diabetes mellitus und Dyslipidämie.

Eine Transplantatschädigung kann auch durch die **Nephrotoxizität der Calcineurin-Inhibitoren (CNI)**, insbesondere des Cyclosporin, bedingt sein, die in der Frühphase nach Nierentransplantation als Abstoßungsprophylaxe verwendet werden. Etwa 20 % aller Nierentransplantierten zeigen die histologischen Zeichen eines CNI Schadens.

Ein weiterer wichtiger Grund für den Transplantatverlust ist das **BK-Virus** (humanes Polyomavirus 1), das in bis zu 8 % der Fälle unter Immunsuppression reaktiviert wird und von Transplantatdysfunktion bis zum Transplantatverlust führt.

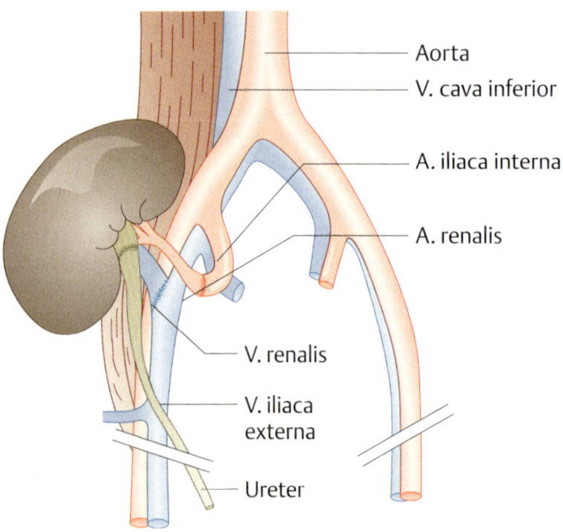

Abb. 14.19 Transplantationssitus. Die Transplantatniere wird in die Fossa iliaca implantiert und vaskulär an A. iliaca externa und V. iliaca externa angeschlossen. Der Ureter wird in die Harnblase implantiert.

Prophylaxe der Abstoßungsreaktion. Immunsuppression mit **Calcineurininhibitoren** (Ciclosporin A, Tacrolimus), **Kortikosteroiden** und **Proliferationshemmern** (Azathioprin, Mycophenolsäure, Sirolimus, Everolimus). Üblicherweise wird die immunologisch unkomplizierte Nierentransplantation mit Corticosteroiden, Ciclosporin A (neuerdings zunehmend mit Tacrolimus) und Mycophenolsäure behandelt. Zunehmend wird zusätzlich ein Interleukin-2-Rezeptor-Antikörper unmittelbar präoperativ verabreicht. Bei immunologisch komplexeren Patienten wird der Interleukin-2-Rezeptor-Antikörper gegen einen T-Zell-depletierenden Antikörper ausgetauscht.

Um die Schädigung der Transplantatniere längerfristig zu vermeiden, kann nach etwa einem halben Jahr von Calcineurininhibitoren (CNI) auf einen m-TOR-Inhibitor (Sirolimus oder Everolimus) unter Beibehaltung von niedrigdosierten Kortikosteroiden und Myophenolsäure umgestellt werden.

Derzeit werden weitere neue Immunsuppressiva in Studien geprüft. Sie inhibieren spezifische Signalenzyme in Lymphozyten, z. B. Proteinkinase C θ oder die Januskinase JAK-3. Neben der medikamentösen Hemmung der klassischen durch den T-Zell-Rezeptor vermittelten Abstoßungsreaktion werden neuerdings auch Medikamente entwickelt, die zu einer Hemmung des sog. costimulatorischen Signalwegs beitragen, beispielsweise der CD 28-Antikörper Belatacept.

Langzeitkomplikationen Die Folgen der Langzeitimmunsuppression sind vielfältig. Sie kann zu Leuko- und Thrombozytopenie sowie Anämie führen. Besonders die Kombination von Mycophenolsäure und m-Tor-Inhibitor hat häufig eine Anämie zur Folge.

Eine **vermehrte Infektanfälligkeit** ist vor allem in den ersten sechs Monaten nach Nierentransplantation zu beobachten. Während es sich in den ersten Wochen oft um bakterielle Infekte handelt, können in den ersten Monaten nach der Transplantation Virusinfekte durch Neuinfektion oder Reaktivierung in Erscheinung treten. Durch eine dreimonatige Prophylaxe mit einem Virostatikum (Valganciclovir) ist die gefürchtete Zytomegalievirusinfektion heute seltenerer geworden und verläuft weniger schwer. Diese Prophlyaxe erhalten in der Regel solche Patienten, die ein Organ von einem CMV-positiven Spender erhalten.

In dieser Phase können auch Pilzinfektionen der Lunge (Aspergillus-, Candidaarten, *Pneumocystis jirovecii*) lebensgefährliche Komplikationen hervorrufen.

Langfristig ist neben der erhöhten Infektgefahr die Gefahr der **Entstehung von Tumoren** von Bedeutung. Vor allem Spinaliome und Basaliome kommen gehäuft vor; durch regelmäßige Kontrollen können sie frühzeitig entdeckt und behandelt werden. Die Patienten müssen auf einen ausreichenden Sonnenschutz achten. Lymphome werden vor allem bei Patienten gesehen, die mit T-Zell-depletierenden Antikörpern behandelt wurden und vor der Transplantation einen negativen Epstein-Barr-Virus-Status hatten. Leberkarzinome (s. S. 844) können bei Nierentransplantierten mit chronischer Hepatitis-B- und Hepatitis-C-Infektion auftreten. Nach Transplantation können wegen der Gefahr der akuten Abstoßung zur Behandlung von Hepatitis B oder C nicht mehr Interferone eingesetzt werden.

Nierentransplantierte Patienten sollten immer ausreichend geimpft sein, allerdings sind Lebendimpfstoffe kontraindiziert.

14.5 Diabetische Nephropathie

engl.: diabetic nephropathy

→ Diabetes mellitus s. S. 602 ff

D

Definition. Nach jahrelangem Diabetesverlauf kommt es als Ausdruck der Mikroangiopathie zur Nephropathie mit Albuminurie, Hypertonie und progredientem renalen Funktionsverlust. Feingeweblich liegt bei Typ-1-Diabetes und vielen Patienten mit Typ-2-Diabetes eine **Kimmelstiel-Wilson-Glomerulosklerose** vor (diffus oder nodös), begleitet von interstitieller Fibrose und Hyalinose der intrarenalen Arteriolen.

Epidemiologie.
- Typ-1-Diabetes: Nach 15- bis 20-jähriger Diabetesdauer bei 20 – 40 % der Patienten (Tendenz in den letzten Jahren mit besserer Blutzuckereinstellung abnehmend)
- Typ-2-Diabetes: gleiche Häufigkeit, aber wegen des unsicheren Zeitpunktes des Diabetesbeginns ist die Korrelation zur Diabetesdauer weniger eindeutig. Häufig finden sich auch atypische Veränderungen (Gefäßveränderungen, Glomerulusverödung) an der Niere mit wenig ausgeprägter Proteinurie (Vaskulopathie).

> **!** **Die diabetische Nephropathie des Typ-2-Diabetikers ist derzeit in Deutschland die häufigste Ursache einer Urämie (35 – 50 %).**

Ätiopathogenese. Ursache der diabetischen Nephropathie ist die Hyperglykämie. Derzeit werden folgende Mechanismen der **Glukotoxizität am Glomerulus** diskutiert:
- AGE (advanced glycation end products) und Aktivierung von NF-kappa-B
- Aktivierung von Proteinkinase C und TGF-β
- Schädigung der Podozyten mit verminderter Expression von Nephrin
- Aktivierung des Renin-Angiotensin-Systems (s. S. 255)

Die **vermehrte Albuminausscheidung im Urin** ist das früheste Symptom der diabetischen Nephropathie.

Tab. 14.10 Stadien der diabetischen Nephropathie (v.a. bei Typ-1-Diabetes)

Stadium	Glomerulusfiltrat	Albuminurie	Blutdruck	Zeitverlauf (Jahre nach Diabetesdiagnose)
Hyperfunktion	gesteigert	fehlend	normal	Diabetesbeginn
klinische Latenz	hoch normal	fehlend	normal	
Mikroalbuminurie	im Normbereich	30–300 mg/24 h	im Normbereich ansteigend	5–15
persistierende Albuminurie (Proteinurie)	im Normbereich abfallend	> 300 mg/24 h	erhöht	10–15
Niereninsuffizienz	erniedrigt	massiv	erhöht	15–30

Bei klassischer diabetischer Nephropathie können vor allem bei Typ-1-Diabetes fünf aufeinanderfolgende Stadien unterschieden werden (**Tab. 14.10**). Bei Typ-2-Diabetes ist bereits bei Diabetesbeginn meist ein Hypertonus nachweisbar und häufig liegt bereits vor Diabetesbeginn eine Albuminurie vor.

Im Frühstadium beeinflusst die Qualität der Blutzuckereinstellung das Risiko des Auftretens einer Nephropathie, während in späteren Stadien (Mikroalbuminurie/Albuminurie) hauptsächlich die Blutdruckerhöhung und Aktivierung des Renin-Angiotensin-Systems für die fortschreitende Verschlechterung der Nierenfunktion verantwortlich ist.

Klinik. Therapeutisch noch gut beeinflussbare **Frühstadien sind asymptomatisch**. Im Stadium der Niereninsuffizienz kompliziert häufig eine schwere kochsalzabhängige Hypertonie den Krankheitsverlauf und trägt zu raschem Nierenfunktionsverlust bei. Von der Serum-Kreatinin-Erhöhung bis zum Terminalstadium der Niereninsuffizienz vergehen im Mittel 7 Jahre.

Die häufig vorhandenen anderen Komplikationen der Mikroangiopathie (Retinopathie, Polyneuropathie) und Makroangiopathie (KHK, AVK) sind im Kapitel „Chronische Komplikationen bei Diabetes mellitus" (s. S. 640 ff) näher beschrieben.

Diagnostik. Wichtig ist der Nachweis der Nierenbeteiligung durch Messung der Urinalbuminausscheidung im noch gut therapierbaren Stadium der Mikroalbuminurie.

- **Nachweis der Mikroalbuminurie:** Die initial nur gering vermehrte Urinalbuminausscheidung (30 – 300 mg Albumin/24 h oder 2 – 200 µg/ml im Morgenharn) wird nicht von konventionellen Proteinnachweisverfahren erfasst; nach ihr muss daher gezielt und in regelmäßigen Abständen durch Immundetektion (RIA- oder ELISA) gefahndet werden.
- **Ambulante 24-Stunden-Blutdruckmessung:** Bei Mikroalbuminurie kommt es vor allem nachts zu einem unzureichenden Blutdruckabfall, wobei der Blutdruck allerdings noch innerhalb des Normbereichs liegen kann (s. S. 258 f). Empfehlenswert ist auch die Blutdruckselbstmessung durch den Patienten.
- **Sonografie:** Typisch ist der Nachweis großer Nieren, besonders in Frühstadien.
- **Klinische Untersuchung und Fundoskopie:** Typisch (aber nicht obligatorisch) sind vor allem bei Typ-1-Diabetes eine begleitende diabetische Retinopathie und andere Zeichen der Mikroangiopathie (z. B. Polyneuropathie).

Therapie. → Diabetes mellitus, S. 614 ff.

Durch eine von Anfang an **normnahe Blutzuckereinstellung**, z. B. mit einer intensivierten Insulintherapie, kann die Manifestation bzw. Progression einer diabetischen Nephropathie deutlich verzögert werden. Ist eine Mikroalbuminurie bzw. Albuminurie bereits eingetreten, sollten die auf S. 299 f beschriebenen konservativen Maßnahmen zur Progressionsverzögerung konsequent durchgeführt werden. Der **nephroprotektive Effekt von Blutdrucksenkung** und Gabe von ACE-Hemmern oder Angiotensin-Rezeptor-Blockern ist durch kontrollierte prospektive Studien gesichert. Im Endstadium der Niereninsuffizienz sind Hämodialyse (s. S. 300), CAPD oder – vor allem bei Typ-1-Diabetes – Nierentransplantation (isolierte Nieren- oder besser kombinierte Nieren-/ Pankreastransplantation, S. 302) angezeigt.

Prognose. Die Überlebensprognose ist bei diabetischer Nephropathie durch exzessiv erhöhte kardiovaskuläre Letalität bereits im Stadium der Mikroalbuminurie deutlich schlechter als bei allen anderen primären Nierenerkrankungen (s. S. 276).

14.5.1 Sog. „chronische Pyelonephritis"

engl.: pyelonephritis

Früher wurde angenommen, dass ein chronischer Harnwegsinfekt zur chronischen entzündlichen Destruktion der Niere („Pyelonephritis") mit Niereninsuffizienz führen kann. Heute ist gesichert, dass bei Fehlen einer Harntransportstörung (Harnwegsobstruktion, Harnwegsmissbildung, neurogene Transportstörung, vesikoureteraler Reflux) ein chronischer Harnwegsinfekt nicht zur Niereninsuffizienz führt. Die meisten Fälle von sog. „Pyelonephritis" sind auf vesikoureteralen Reflux (Refluxnephropathie) oder Harnabflussstörungen zurückzuführen.

Klinischer Fall

Die 22-jährige Frau R. ist am Vortag aus Ibiza heimgekehrt. Nun ist ihr übel, sie erbricht und fühlt sich schlapp. In der Notaufnahme klagt sie über Dysurie und Pollakisurie sowie Schmerzen in der linken Flanke. Bei der körperlichen Untersuchung findet der Arzt ein druckschmerzhaftes linkes Nierenlager. Die Körpertemperatur ist auf 39,6 °C erhöht. Die Patientin ist tachykard (110/min). Im Katheterurin finden sich massenhaft Leukozyten und vereinzelt Erythrozyten, die Nitritreaktion ist positiv. Eine bakterielle Kultur mit Resistogramm wird angelegt. Im Blut zeigt sich eine Leukozytose in Höhe von 15,2/nl und das CRP ist mit 7,8 mg/l deutlich über der Norm. Die Sonografie der Nieren stellt sich unauffällig dar, insbesondere kein Harnstau, keine Konkremente oder Nierenveränderungen. Der Stationsarzt stellt die Diagnose einer akuten Pyelonephritis. Zum Ausschluss einer Urosepsis nimmt er wiederholt Blutkulturen ab. Frau R. bekommt zunächst intravenös Volumen substituiert und aufgrund des Erbrechens eine „blinde" intravenöse Antibiose mit dem Gyrasehemmer Cibrobay. Bereits am Folgetag geht es der Patientin deutlich besser, sodass die Antbiose oral weitergegeben werden kann. Auch die Urinkontrolle und die Entzündungszeichen zeigen sich deutlich rückläufig. In der Urinkultur wächst Proteus mirabilis ohne Resistenzen. In den anfänglich gewonnenen Blutkulturen zeigt sich kein Wachstum. Fünf Tage nach Aufnahme ist auch das CRP und der Urinstatus der Patientin wieder normal. Eine nun gewonnene zweite Urinkultur zeigt kein Wachstum mehr. Die Patientin kann entlassen werden. Die antibiotische Behandlung soll die Patientin noch zwei Wochen lang zuhause weiterführen.

14.5.2 Vesikoureteraler Reflux (VUR)

engl.: vesicoureteral reflux

Definition. Rückfluss von Urin aus der Blase über die Harnleiter in das Nierenbecken bis zum Nierenparenchym. Die bei diesem Krankheitsbild gefundenen umschriebenen „Narben" der Nieren sind wahrscheinlich meist auf intrauterine Störungen der Nierenanlage (fokal dysplastische Bezirke) zurückzuführen, die ggf. postnatal durch vesikoureteralen Reflux aggraviert werden.

Epidemiologie. Ein VUR wird bei etwa 2 % aller Kinder und bei 20–50 % der Kinder mit rezidivierenden Harnwegsinfekten gefunden. Mit der Ausreifung des Blasenbodens in der Pubertät ist ein spontanes Verschwinden des VUR möglich, vor allem bei geringem Schweregrad.

Ätiopathogenese. Normalerweise werden die vesikalen Uretermündungen bei der Miktion durch den Blaseninnendruck verschlossen. Wird dieser Ventilmechanismus insuffizient, kommt es zu einem retrograden Harnfluss. Man unterscheidet:

- primärer kongenitaler VUR: z. B. durch primäre Fehlanlage der Uretermündung in die Blase
- sekundär erworbene Formen: nach urologischen Eingriffen, durch Obstruktion, neurogene Transportstörung

Diagnostik. Im Kindesalter sollte bei jedem ersten fieberhaften Harnwegsinfekt eine **Sonografie von Nieren und ableitenden Harnwegen** erfolgen. Bei pathologischem Sonobefund (z. B. erweiterten ableitenden Harnwegen) oder bei normalem Sonobefund, aber rezidivierenden Harnwegsinfekten, sollte bei Jungen ein **Miktions-Cysturethrogramm** (MCU), bei Mädchen eine **Miktions-Urosonografie** (MUS) zum Nachweis des VUR angefertigt werden. Hierzu wird die Blase mit Kontrastmittel bzw. echogebender Flüssigkeit gefüllt. Während des Miktionsvorgangs werden Röntgenaufnahmen angefertigt rsp. sonografiert. Bei höhergradigem VUR stellen sich Ureter und evtl. Nierenbecken durch die retrograd fließende Flüssigkeit dar. Bei Jungen ist der gleichzeitige Ausschluss eines subvesikalen Abflusshindernisses erforderlich (z. B. Urethralklappen), welches den VUR durch erhöhten Miktionsdruck aggraviert.

Therapie. Bei VUR geringen Schweregrades kann zunächst der spontane Verlauf abgewartet werden. Bei höherem Refluxgrad bzw. häufig rezidivierenden fieberhaften Harnwegsinfektionen erfolgt bei Säuglingen und Kleinkindern aufgrund der hohen spontanen Ausheilungsrate zumeist eine **Langzeitantibiotikaprophylaxe** (niedrig dosierte abendliche Gabe von Nitrofurantoin, Cefaclor oder Trimethoprim, ggf. mehrmonatlich wechselnd). Bei niedergradigem VUR sowie bei älteren Kindern und Erwachsenen ist die frühzeitige Diagnostik und antibiotische Behandlung von Harnwegsinfektionen eine adäquate Alternative zur Langzeitprophylaxe. Alternativ kann der VUR **chirurgisch** oder durch **endoskopische Injektion** von Kollagen am Ureterostium korrigiert werden. Der Nutzen interventioneller Maßnahmen für den langfristigen Nierenfunktionsverlauf ist jedoch nicht gesichert.

14.6 Zystennieren und Nierenzysten

14.6.1 Zystennieren (autosomal-dominant)

Synonym: polyzystische Nierendegeneration
engl.: autosomal dominant polycystic kidney disease (ADPKD)

Definition. Die adulte Form der Zystennieren ist eine **autosomal-dominant vererbte Erkrankung**, bei der eine in den ersten Fetalwochen bereits nachweisbare Fehlanlage von Nephronen mit progredienter zystischer Umwandlung umschriebener Nephronabschnitte in beiden Nieren vorliegt (Abb. 14.20).

Epidemiologie.

- Häufigste hereditäre Nierenerkrankung mit 1:1 000 in der Allgemeinbevölkerung,
- Häufigkeit bei terminal niereninsuffizienten Patienten: etwa 8 % aller dialysepflichtig werdenden Patienten
- Manifestationsalter: meist ca. 3.–5. Dekade.

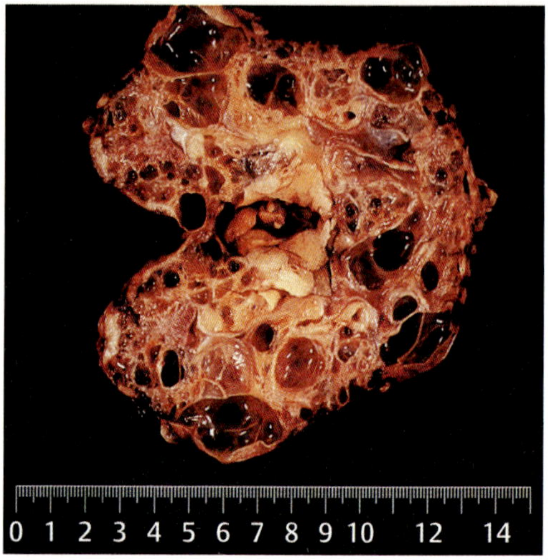

Abb. 14.20 Zystenniere.

Ätiopathogenese. Bei der **häufigsten Form (PKD 1)** liegt das verantwortliche Gen auf Chromosom 16 (16p13.3), bei der selteneren benigneren Form (PKD 2) auf Chromsom 4q21.
Eine wichtige Rolle in der Zystenentstehung spielt die **Fehlfunktion von Zilien**, d. h. Mechanosensoren, welche normalerweise fortlaufend den Harnfluss messen und für die Einhaltung der Tubulusgeometrie wichtig sind.
Zysten können auch außerhalb der Niere auftreten, z. B. in Leber, Milz, Pankreas, Lungen, Ovarien, Hoden, Nebenhoden, Schilddrüse und Uterus. Subarachnoidalblutungen als Folge von intrakraniellen Aneurysmata kommen bei Zystennierenträgern familiär gehäuft vor. Mitralklappenprolaps, Mitral-, Aorten- und Trikuspidalklappeninsuffizienz werden ebenfalls gehäuft beobachtet. Weitere Komplikationen sind arterielle Hypertonie, Hiatushernien, Sigmadivertikel und Leistenhernien.

Klinik. Makrohämaturieepisoden (Zystenruptur), Nephrolithiasis (durch stagnierenden Harn in erweitertem Pyelon begünstigt), Harnwegsinfekte, evtl. Flankenschmerzen. Gefährlich ist die Infektion eingebluteter Zysten. Die dialysepflichtige Niereninsuffizienz tritt bei PKD 1 meist in der 4. bis 6. Dekade auf (im Mittel später bei PKD 2).

Diagnostik. Sehr früh ist eine **arterielle Hypertonie** nachweisbar. Bei der klinischen Untersuchung können die Nieren als große palpable Tumoren imponieren. Die Urinuntersuchung ergibt häufig eine mä-

Tab. 14.11 Differenzialdiagnose von Zysten in der Niere

Erkrankung	Kommentar
erworbene Nierenzysten	unspezifische Zystenbildung in Schrumpfnieren, bei der Mehrzahl der Dialysepatienten nachweisbar
Solitärzysten oder vereinzelte Nierenzysten	ohne Krankheitswert, vor allem im hohen Lebensalter häufig
autosomal-rezessiv vererbte Zystennieren	meist bereits im Jugendalter symptomatisch; Verlauf sehr variabel; gehen mit einer Leberfibrose einher
autosomal-dominant vererbte Zystennieren	meist erst im Erwachsenenalter auftretend, zwei Formen (PKD 1 und – prognostisch günstiger – PKD 2)

ßiggradige **Protein- und Erythrozyturie.** Die Diagnosestellung erfolgt durch bildgebende Verfahren – die **Sonografie** ist meist ausreichend – mit Nachweis von Nieren- und häufig auch Leberzysten (**Abb. 14.21**). Eine Genomanalyse ist nur selten notwendig (z. B. intrauteriner Nachweis von Merkmalsträgern). Zur Differenzialdiagnostik von Zysten in der Niere s. **Tab. 14.11**.

Therapie. Die Therapie ist derzeit noch rein **symptomatisch**: Therapie z. B. von Harnwegsinfekten, Vermeidung von nephrotoxischen Medikamenten, ausreichende Hydrierung. Wichtigster Gesichtspunkt ist eine sorgfältige frühzeitige **antihypertensive Behandlung** und eine **genetische Beratung** der Familien. Zwecks Aufklärung der beim Zystenwachstum beteiligten Signalwege laufen derzeit mehrere kontrollierte Studien, sodass in Zukunft wahrscheinlich Therapieformen zur Hemmung des Zystenwachstums zur Verfügung stehen werden.

Prognose. Bis zum 50. Lebensjahr werden etwa 50 % der Merkmalsträger niereninsuffizient. Verläufe mit normaler Nierenfunktion bis ins hohe Alter sind möglich. Nach eingetretener Erhöhung des Serum-Kreatinins erfolgt meist eine rasche Progredienz ins Terminalstadium der Niereninsuffizienz.

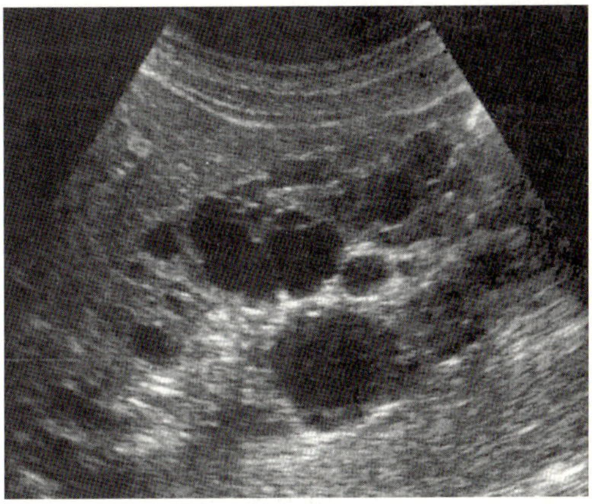

Abb. 14.21 Sonografie bei Zystennieren. Der 40-jährige Patient leidet unter der dominanten Form der polyzystischen Nierendegeneration. (aus Koeppen-Hagemann, I., Ritz, E. Nierensonografie, Thieme)

14.6.2 Nierenzysten

Nierenzysten treten praktisch nie vor dem 30. Lebensjahr auf, werden mit zunehmendem Alter häufiger und sind bei mehr als 20 % der über 60-Jährigen nachweisbar. Da sie (außer bei den seltenen Komplikationen, wie z. B. Infektionen) asymptomatisch sind, werden sie meist als **Zufallsbefund bei einer Ultraschalluntersuchung** entdeckt. Differenzialdiagnostisch muss die benigne Zyste gegen einen Tumor abgegrenzt werden: der Inhalt benigner Nierenzysten ist echoleer, durch gute Schallleitung kommt es zur dorsalen Echoverstärkung. Bei Tumoren ist der Inhalt der Raumforderung in der Echotextur inhomogen (Binnenechos) und zeigt eine schlechte Schallleitfähigkeit. Es ist gelegentlich schwierig, eingeblutete und infizierte Zysten von Tumoren mit zentraler Nekrose zu unterscheiden. Bei einfachen Zysten ist eine Therapie meist nicht notwendig.

14.7 Analgetika-nephropathie

Synonym: analgetikaassoziierte Nephropathie
engl.: analgesic nephropathy

Definition. Nierenfunktionsstörung, gekennzeichnet durch initiale Nekrose der Markpapillen und spätere Fibrose des kortikalen Interstitiums bei lang dauernder Einnahme von Analgetika (früher Phenacetin, derzeit nicht mehr auf dem Markt) oder nichtsteroidalen Antiphlogistika.

Epidemiologie. Mitte der 80er Jahre war die Analgetikanephropathie für 8% aller neu auftretenden Fälle terminaler Niereninsuffizienz verantwortlich; derzeit ist die Häufigkeit stark rückläufig.

Ätiopathogenese. Eine wichtige (aber wahrscheinlich nicht die alleinige) Rolle spielt die Hemmung vasodilatierender Arachidonsäureprodukte im Nierenmark durch Phenacetinmetaboliten und nichtsteroidale Antiphlogistika. Die verminderte Markdurchblutung führt zu einer **ischämischen Papillennekrose**. Außerdem werden als Langzeitkomplikation Uroepithelzellkarzinome beobachtet.

Klinik. Oft völlig asymptomatisch bis ins Präterminalstadium der Niereninsuffizienz; gelegentlich wiederholter Abgang von vermeintlichen Nierensteinen (Papillennekrose); häufig komplizierende chronische Harnwegsinfekte und klinische Zeichen des Ausfalls der Papillenfunktion (Beeinträchtigung des Konzentrationsvermögens, renaler Salzverlust, hyperchlorämische metabolische Azidose). Typisch ist das schmutziggraue Hautkolorit der Patienten.

Diagnostik. Im Regelfall ist die **Sonografie** mit typischer Morphologie ausreichend: Verdichtung und Kalknachweis im Papillenbereich, über der Papille gelegene kortikale Einziehungen, in Spätstadien bilaterale Nierenschrumpfung.

Therapie. Einzig sinnvolle Maßnahme ist die **Unterbrechung des Analgetikakonsums** oder des Konsums nichtsteroidaler Entzündungshemmer. Falls das Serum-Kreatinin noch unter 3 mg/dl liegt, ist ein weiteres Fortschreiten der Niereninsuffizienz evtl. aufzuhalten. Ein höheres Risiko der Progression wird angezeigt durch große Proteinurie. Maßnahmen der Progressionshemmung sind indiziert (s. S. 299).

Prognose. Auch nach Einstellung des Analgetikakonsums persistiert ein erhöhtes Risiko für die Entwicklung eines Uroepithelkarzinoms.

14.8 Niereninsuffizienz bei Myelom

engl.: myeloma kidney

Definition. Nierenerkrankung bedingt durch die Nephrotoxizität monoklonaler L-Ketten bei multiplem Myelom (Plasmozytom, s. S. 940).

Epidemiologie. Eine Niereninsuffizienz tritt bei 20–25% aller Myelompatienten auf.

Ätiopathogenese. Bei Patienten mit multiplem Myelom werden glomerulär filtrierte monoklonale Dimere der L-Ketten (**Überlaufproteinurie**) im Endharn gefunden.
Die **Histologie** zeigt eine Tubuluszellatrophie und Tubulusdestruktion durch Zylinderbildung (klassische Myelomniere).
Weitere klinische Verlaufsformen der Nierenbeteiligung bei Plasmozytom: chronisch progrediente Niereninsuffizienz, Hyperkalzämiesyndrom, akute Niereninsuffizienz (v. a. nach Gabe von Röntgenkontrastmitteln), Amyloidose vom AL-Typ (s. S. 324), Leichtketten-Speicherkrankheit („light chain deposit disease") mit nephrotischem Syndrom und fortschreitender Niereninsuffizienz. Gelegentlich wird ein erworbenes Fanconi-Syndrom beobachtet mit Hemmung der proximal-tubulären Rückresorption. Folgen sind u. a. Glukosurie, Phosphaturie, Aminoazidurie.

Klinik. Uncharakteristische Niereninsuffizienz meist mit auffallend ausgeprägter **Anämie**, sonst Symptome des multiplen Myeloms (s. S. 940). Gelegentlich führen erst die Symptome der Niereninsuffizienz zur Diagnose des Myeloms.

Diagnostik. Die Diagnosestellung erfolgt durch **Nachweis von monoklonalen L-Ketten** in Serum und Urin durch Immunelektrophorese (neuerdings durch hochsensitiven Assay zur Messung von L-Ketten im Serum) sowie durch **Nierenbiopsie**. Das Plasmozytom ist damit gegenüber anderen Nierenerkrankungen leicht abzugrenzen.

Therapie. Das multiple Myelom stellt eine maligne Proliferation von Plasmazellen dar. Trotz Therapie (s. S. 941) ist die Prognose dieser Erkrankung meist ungünstig. Die Myelomniere stellt nicht notwendigerweise eine Kontraindikation gegen die Hämodialyse dar, aber die Lebenserwartung ist deutlich verkürzt und die Lebensqualität vermindert. Der Stellenwert der Plasmapheresebehandlung zur Entfernung von L-Ketten ist unklar. Derzeit laufende Untersuchungen sprechen für die Effektivität der Entfernung der Leichtketten mithilfe einer Dialyse mit hochpermeablen Membranen.

Prognose. Im Vergleich zu anderen Nierenerkrankungen deutlich reduzierte Lebenserwartung.

14.9 Schwangerschaftsspezifische Nierenerkrankungen

Weitere wichtige internistische Erkrankungen in der Gravidität werden in den Kapiteln „Herz", S. 36, 144, 194, „Arterielle Hypertonie", S. 271 f, „Diabetes mellitus", S. 608, 625, „Thrombophilie", S. 383, 390, sowie „Leber", S. 834, 851 ff besprochen.

14.9.1 Präeklampsie/Eklampsie

Synonym: EPH-Gestose
engl.: preeclampsia, toxaemia; EPH = edema, proteinuria, hypertension

Definition. Meist im letzten Trimenon der Schwangerschaft auftretende Komplikation mit Hypertonie, Proteinurie mit oder ohne Nierenfunktionsverschlechterung sowie mit (Eklampsie) oder ohne (Präeklampsie) zerebralen Krampfanfällen. Das Krankheitsbild gleicht in vielen Einzelheiten der malignen Hypertonie (s. S. 255).

Epidemiologie. Bei etwa 2,5 % aller Schwangerschaften auftretend, bei Erstgebärenden häufiger als bei Mehrgebärenden. Prädisponierend sind: vorbestehende Nierenerkrankungen, latenter Diabetes mellitus, latenter systemischer Lupus erythematodes, Mehrlingsschwangerschaft, Blasenmole.

Ätiopathogenese. In der Frühschwangerschaft kommt es zur Störung der Plazentaperfusion durch **abnorme Anlage der Spiralarterien**. Durch die Plazentaischämie wird eine systemische Vasokonstriktion ausgelöst, Folge ist eine arterielle Hypertonie. In schweren Fällen kommen eine Verbrauchskoagulopathie und Fibrineinlagerungen in die glomerulären Endothelien (Endotheliose) hinzu. Das Renin-Angiotensin-System ist aktiviert (Vasokonstriktion), die endotheliale Nitroxydsynthase ist vermindert (Ausfall der Vasodilatation).
Ursächlich ist eine **verminderte Wirkung von VEGF** (vascular endothelial growth factor), weil ein zirkulierendes Spaltprodukt des VEGF-Rezeptors (s-Flt1 = soluble Fms like tyrosine kinase 1) sowie PLGF (placental growth factor) die Wirkung von VEGF antagonisieren.

Klinik. Typisch ist der Blutdruckanstieg, bei starker Nierenbeteiligung treten zudem diffuse Ödeme auf. Ödeme ohne Proteinurie und Hypertonie sind kein Hinweis auf eine Spätgestose. Die möglichen **Komplikationen** sind vielfältig: Retinopathie mit Amaurose, fokale oder generalisierte Krampfanfälle (Eklampsie), zerebrale Herdsymptome (Hemiplegie, Hemianästhesie, Amaurose), Verbrauchskoagulopathie mit Zeichen der Leberzellschädigung (HELLP-Syndrom, s. S. 373).

Diagnostik. Regelmäßige Schwangerschaftsvorsorge mit Bestimmung von Eiweiß im Urin und Blutdruckmessung, besonders bei Risikoschwangerschaften. Neuerdings ist auch die Früherfassung durch Messung von s-Flt-1 und PLGF möglich.
Der systemische Gefäßwiderstand ist in der Gravidität normalerweise vermindert. Trotz Zunahme des Herzminutenvolumens fällt der arterielle Blutdruck sogar ab, insbesondere zu Beginn der Gravidität. Erhöhte Blutdruckwerte in der ersten Schwangeschaftshälfte deuten in der Regel auf eine vorbestehende Nierenerkrankung hin. Diese Patientinnen müssen engmaschig kontrolliert werden.
Zur Differenzialdiagnose der schwangerschaftsinduzierten Hypertonie siehe **Tab. 14.12**.

Therapie. Bei Blutdruckanstieg antihypertensive Therapie mit **α-Methyldopa** und **kardioselektiven β-Blockern**. Nur für diese Medikamente ist die Unbedenklichkeit für die Fetalentwicklung durch Studien gesichert. Medikamente und Dosierungen siehe Therapie der arteriellen Hypertonie auf S. 263.
Niedrig dosiertes Aspirin (100 mg/Tag) ist zur Eklampsieprophylaxe ineffektiv. ACE-Hemmer und Angiotensin-Rezeptor-Blocker sind kontraindiziert, sie beeinträchtigen die (reninabhängige) fetale Nierenentwicklung, führen zum Oligohydramnion durch die verminderte fetale Urinbildung und ggf. zur postnatalen Anurie. Auch die diätetische Natriumrestriktion und die Gabe von Diuretika sind wegen der Tendenz zur Verminderung des Plasmavolumens und wegen der Aktivierung des Renin-Angiotensin-Systems kontraindiziert.
Bei Zeichen der plazentaren Insuffizienz sind Bettruhe und Sedierung angezeigt. Bei nicht beherrschbarem Blutdruck, Eklampsie und HELPP-Syndrom muss eine Schnittentbindung eingeleitet werden.

D

Tab. 14.12 Differenzialdiagnose der schwangerschaftsinduzierten Hypertonie

Erkrankung	Kommentar
Präeklampsie/Eklampsie	meist nach der 20. Schwangerschaftswoche auftretende schwangerschaftsspezifische Komplikation mit maligner Hypertonie und Proteinurie
schwangerschaftsinduzierte Hypertonie (*engl.:* gestational hypertension)	keine Proteinurie, häufig entwickeln diese Frauen nach der Schwangerschaft eine essenzielle Hypertonie
Pfropfgestose bei vorbestehender primärer Nierenerkrankung und arterieller Hypertonie	Anamnese, Spätgestose tritt abnorm früh auf

14.9.2 Akute Pyelonephritis der Schwangeren

Durch die Dilatation der ableitenden Harnwege wird die Entstehung einer aufsteigenden Harnwegsinfektion begünstigt. Ca. 3 % aller Schwangeren mit einer asymptomatischen Bakteriurie entwickeln im Verlauf der Schwangerschaft eine akute Pyelonephritis (s. S. 317).

14.10 Akutes Nierenversagen (ANV)

→ neue Nomenklatur: Acute Kidney Injury (AKI)
engl.: acute renal failure

Definition. Potenziell reversible Verminderung des Einzelnephronfiltrats aus unterschiedlichen Ursachen, am häufigsten in der Intensivmedizin auftretend. Als Ausdruck der **Filtratverminderung** kommt es zu einem **Anstieg harnpflichtiger Substanzen** (Kreatinin, Harnstoff) und oft zu einem **Rückgang der Urinmenge** (Oligurie oder Anurie). Etwa 50 % der dialysepflichtigen AKI-Fälle in der Intensivmedizin versterben. Bei Überlebenden tritt meist nach Tagen bis mehreren Wochen eine Restitutio ad integrum ein, vor allem beim älteren Patienten sind jedoch auch bleibende Nierenschäden mit progredientem Nierenfunktionsverlust möglich.

- **Oligurie:** < 500 ml Urin/Tag
- **Anurie:** < 200 ml Urin/Tag

Neuerdings wird auch der Begriff „Acute Kidney Injury" (AKI) verwendet, da gezeigt wurde, dass bei Patienten in der Intensivmedizin selbst geringe akute Nierenfunktionsstörungen, erkennbar an Schädigungsmarkern im Urin, die Überlebenswahrscheinlichkeit des Patienten aus noch unbekannten gründen deutlich vermindern.

Epidemiologie. Ein dialysepflichtiges ANV tritt bei etwa 30 Fällen/1 Mio. Einwohner/Jahr auf. Die Häufigkeit des nicht-dialysepflichtigen ANV liegt noch wesentlich höher. In letzter Zeit wurde eine Zunahme des ANV im Rahmen eines multiplen Organversagens (MODS; **M**ultiple **O**rgan **D**ysfunction **S**yndrome) bei multimorbiden, speziell septischen Patienten mit SIRS (**S**ystemic **I**nflammatory **R**esponse **S**yndrome) beobachtet.

Einteilung und Ätiopathogenese

Bei Patienten mit akuter Oligurie oder mit akutem Anstieg der harnpflichtigen Substanzen muss zunächst das akute Nierenversagen im engeren Sinne (ANV) gegen akute Störungen der Nierenfunktion aus anderer Ursache abgegrenzt werden:

- sog. **„prärenales" Nierenversagen** als Folge einer Minderperfusion der Niere bei erhaltener Nierenfunktion: durch Volumenmangel (z. B. Dehydratation) oder Schock
- sog. **„postrenales" Nierenversagen:** akute Abflussbehinderung supravesikal oder subvesikal (→ Abb. 14.22)
- andere akute **intrarenale Erkrankungen:** akute Tubulusnekrose (ATN), akute Glomerulonephritis oder Systemerkrankung, hämolytisch-urämisches Syndrom (HUS), vaskuläre Katastrophe (arterielle oder venöse Thrombose oder Embolie), Cholesterinembolie, akute Bence-Jones-Niere bei Plasmozytom.

Prärenales Nierenversagen. Darunter versteht man die Reduktion der Nierenperfusion und den Anstieg harnpflichtiger Substanzen bei Hypovolämie oder

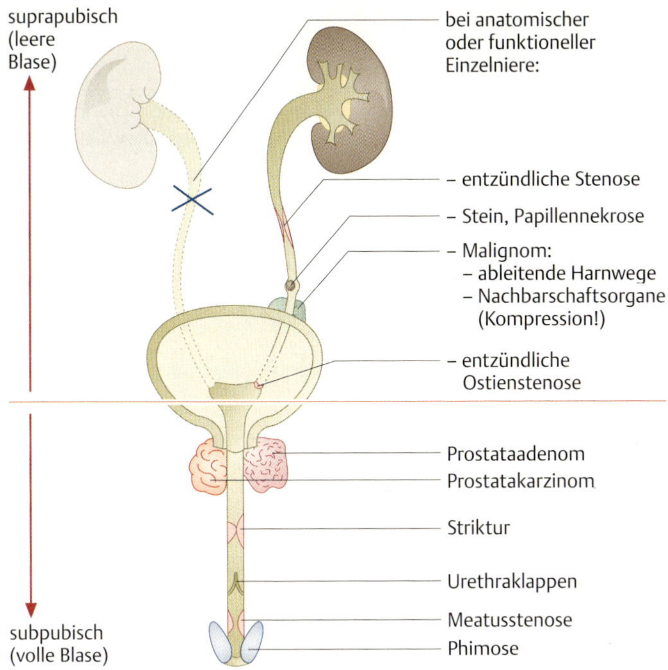

Abb. 14.22 Einige Ursachen des postrenalen Nierenversagens. Suprapubisch gelegene Stenosen führen nur bei anatomischer oder funktioneller Einzelniere oder beidseitigen Veränderungen (sehr selten) zur Niereninsuffizienz.

Hypotension. Die Perfusionsstörung der Niere und der Anstieg der harnpflichtigen Substanzen sind durch die Beseitigung der Ursache des ANV (Blutdruckanhebung, Volumenersatz) zumindest initial rückbildungsfähig. Die Zusammensetzung des Urins belegt eine intakte Transportfunktion der Tubulusepithelien. Die Urin-Natrium-Konzentration ist wegen intakter Fähigkeit zur Natriumrückresorption niedrig, die Urin-Kreatinin-Konzentration durch intakte tubuläre Rückresorption von Wasser aus dem Primärharn hoch.

Bei ATN beseitigen Anhebung des Blutdrucks und Volumensubstitution nicht die Filtrationsverminderung und Oligurie. Hohe Urin-Natrium-Konzentration und niedrige Urin-Kreatinin-Konzentration sind Ausdruck gestörter Transportfunktion der Tubulusepithelien.

Neuerdings können im Urin bestimmte **Nierenschädigungsmarker** (**Galectin, KIM-1** [kidney injury molecule]) nachgewiesen werden, welche bereits 1 bis 2 Tage vor dem Anstieg des Serumkreatinin-Anstiegs oder dem Abfall der Clearance bereits nachweisbar sind. Sie haben eine erhebliche prognostische Bedeutung.

Postrenales Nierenversagen. Es kommt durch akute Abflussbehinderungen supravesikal oder subvesikal zustande. Wegen der therapeutischen Konsequenzen müssen solche besonders sorgfältig ausgeschlossen werden.

(*Anmerkung:* Die Begriffe „prärenales" und „postrenales" Nierenversagen sind eigentlich unlogisch, da bei diesen Zuständen die Transportfunktion der Tubulusepithelien zumindest initial nicht gestört ist, also zunächst kein eigentliches Nierenversagen vorliegt. Die Begriffe haben sich allerdings im klinischen Alltag eingebürgert.)

Die wichtigsten Ursachen des akuten Nierenversagens sind in **Tab. 14.13** zusammengefasst. Am häufigsten tritt ein ANV heutzutage auf bei:

- Schock, speziell septischem Schock (MODY und SIRS; s. S. 971) auf der Intensivstation
- Verabreichung nephrotoxischer Substanzen und
- interstitieller Nephritis (meist durch eine Medikamentenallergie oder Virusinfekt, u. a. Hantavirus, bedingt)

Den Ablauf des ANV kann man unterteilen in eine

- Initialphase (Phase des eigentlichen Nierenschadens),
- das manifeste Nierenversagen (Oligurie/Anurie, aber auch Polyurie möglich bei gleichzeitigem Anstieg der Retentionswerte) und
- eine polyurische Phase (Erholung der Nierenfunktion bei noch gestörter Tubulusfunktion).

Tab. 14.13 Ursachen des akuten Nierenversagens

Einteilung	Ursache
zirkulatorisch	Blutung; operationsbedingter, traumatischer und insbesondere septischer Schock Cave: nicht immer wird das Schockgeschehen klinisch erfasst (transitorischer Blutdruckabfall) Verbrennung, Starkstromunfall Durchfälle, Ileus, Pankreatitis
tubuläre Blockade	Hämolyse (Fehltransfusion, hämolytisch-urämisches Syndrom, Malaria) Myolyse (Weichteilquetschung = Crush-Syndrom), z. B. bei Erdbeben Bence-Jones-Protein, Harnsäure („Uratniere“, z. B. bei Tumorzerfall), Präzipitate von Medikamenten
toxisch	nephrotoxische Antibiotika, z. B. Aminoglykoside, Amphotericin B Röntgen-Kontrastmittel, organische Verbindungen, z. B. Tetrachlorkohlenwasserstoff, Oxalat, Glykol, Anillin, Phenol, Schwermetalle, z. B. Quecksilber (Sublimat), Chrom (Bichromat), Pilztoxine, z. B. Knollenblätterpilze (Amanita phalloides), Ortolanus
interstitielle Nephritis	Infektion, z. B. Hantavirusinfektion Systemkrankheiten Allergie, z. B. gegen nichtsteroidale Antiphlogistika, Sulfonamide
Differenzialdiagnose	akute Glomerulonephritis (bes. RPGN) nephrotisches Syndrom (bei perakutem Auftreten des nephrotischen Syndroms oder im Krankheitsverlauf) akute Nierenfunktionsverschlechterung bei chronischer Niereninsuffizienz (*engl.*: acute on chronic renal failure) maligne Hypertonie hepatorenales Syndrom akute Papillennekrose bei Analgetikanephropathie oder Diabetes mellitus akute bakterielle Nephritis

In der Phase der **Auslösung** des ANV kommt es zu Zellschädigung (Verminderung energiereicher Nukleotide, intrazelluläre Kalziumüberladung, Kumulation peroxidierter Produkte). Histologisch finden sich beim ANV nur diskrete Veränderungen (Einzelzellnekrosen der Tubulusepithelien).

Für die **Aufrechterhaltung** des ANV, z. B. bei Persistenz der Filtraterniedrigung trotz Kreislaufnormalisierung bei Schockpatienten, sind folgende Faktoren verantwortlich zu machen:

- persistierend vermindertes glomeruläres Filtrat
- Tubulusblockade durch Zelldetritus, Ausfällung glomerulär filtrierter Proteine (Hb, Myoglobin) oder Urat (z. B. bei raschem Tumorzerfall)
- Rückdiffusion des Primärfiltrats durch vermehrt durchlässige Tubuli

Die Mechanismen der Aufrechterhaltung der Filtraterniedrigung sind funktioneller Natur, dies erklärt die meist gute renale Funktionsprognose, falls die Urämiephase überlebt wird. Nur nach totaler Nierenrindennekrose, vor allem bei HUS (s. S. 372), kommt gelegentlich ein persistierendes Nierenversagen vor.

Häufige **Komplikationen** des ANV sind:

- Überwässerung mit dem Risiko des Lungenödems (ARDS, s. S. 464)
- Hyperkaliämie mit der Gefahr von bedrohlichen Herzrhythmusstörungen bzw. Herzstillstand (deshalb Serum-Kalium-Bestimmung und EKG-Kontrolle)
- Hyperkatabolismus, erkennbar am raschen Anstieg des Harnstoffs
- gastrointestinale Blutungen durch urämische Gastritis und Ulzera, durch Stress begünstigt
- akute Lungendysfunktion (DD: Überwässerung [„fluid lung“], Schocklunge [„ARDS“], Pneumonie [z. B. bei Beatmung])

- Infektionen, und hier speziell der septische Schock, können zum ANV führen. Infektionen können aber auch sekundär als Komplikation auftreten, z. B. Sepsis durch infizierte zentrale Venenkatheter oder durch Blasenkatheter.

> **!** Infektionen sind die häufigste Todesursache beim ANV.

Klinik

Bei etwa 50 % der Fälle von ANV tritt eine **Oligurie oder Anurie** auf. Charakteristischerweise steigt die Konzentration der harnpflichtigen Substanzen im Blut an.

Klinische Komplikationen des ANV sind Folgen der

- verminderten Wasserausscheidung: Überwässerung mit Lungenödem (s. S. 464)
- gestörten Kaliumausscheidung: Hyperkaliämie mit Gefahr von Herzrhythmusstörungen oder eines Herzstillstandes (s. S. 62)
- Urämie: gastrointestinale Blutung, urämisches Koma

Klinischer Fall

Eine 69-jährige Patientin wird in schlechtem Allgemeinzustand, mit vertiefter Atmung und kaum ansprechbar mit der Diagnose einer Sepsis mit akutem Nierenversagen auf die Intensivstation verlegt. An Vorerkrankungen ist ein metabolisches Syndrom mit Adipositas, eine arterielle Hypertonie, eine Hyperlipidämie sowie ein mit Metformin oral eingestellter Diabetes mellitus Typ 2 bekannt. Bei Aufnahme ist die Patientin zunehmend somnolent. Ein Hinweis auf einen Infektfokus ergibt sich nicht. Jedoch ist das Serum-Kreatinin auf 10 mg/dl und der Harnstoff auf 182 mg/dl (Norm: 10-20 mg/dl) erhöht. Die Blutgasanalyse ergibt eine metabolische Azidose mit einem pH-Wert von 7,03, BE 24, Standardbicarbonat von 5,3 mmol/l und ein pCO_2 von 21 mmHg. Das Lactat ist mit 19,1 mg/dl erhöht, das Serum-Chlorid ist auf 93 mmol/l erniedrigt und das Natrium auf 151 mmol/l erhöht. Die Berechnung ergibt, dass die Anionenlücke stark vergrößert ist (151- (5,3 + 93) = 52,7 mmol/l) (Na^+ - ($HCO^{3+}Cl^-$) = 12 (±4) mmol/l) (s. S. 338). Aufgrund der unklaren Bewusstseinsstörung bei einer Typ-2-Diabetikerin, der metabolischen Azidose mit großer Anionenlücke und dem erhöhtem Laktatspiegel stellen die Ärzte die Diagnose einer Metformininduzierten Laktatazidose im Rahmen eines akuten Nierenversagens.

Diagnostik

Bei jedem Patienten mit akut aufgetretener Oligurie oder mit akuter Erhöhung der harnpflichtigen Substanzen muss zunächst ein akutes Nierenversagen im engeren Sinne (ANV) von akuten Störungen der Nierenfunktion aus anderer Ursache abgegrenzt werden. Wichtig ist die Differenzierung gegenüber

- „prärenalem Nierenversagen“,
- „postrenalem Nierenversagen“ und
- alternativen akuten intrarenalen Erkrankungen.

Essenzielle Untersuchungen bei ANV

Anamnese: Schock, Sepsis, Fehltransfusion, Myolyse, Polytrauma, besonders aber auch Medikamentenanamnese, z. B. nephrotoxische Medikamente wie Aminoglykoside, nichtsteroidale Antiphlogistika, Röntgenkontrastmittel, selten akut nach Gabe von ACE-Hemmern (bei Einzelniere mit Arterienstenose, bei präglomerularen Gefäßstenosen), Medikamentenallergie.

Klinische Untersuchung: Alternative Ursachen des Nierenfunktionsverlustes sind differenzialdiagnostisch zu berücksichtigen. Weiterhin sollte nach Komplikationen gefahndet werden, die für das weitere Vorgehen Konsequenzen haben:

- volle Harnblase?
- Tumoren, z. B. in den Harnwegen oder Prostata?
- niedriger Blutdruck? (der auslösende Schock kann transitorisch gewesen sein)
- Volumenstatus, speziell akut verminderte Hydrierung des Patienten? Zentralvenöser Füllungsdruck?
- Infektion(en)?

Urin: Sediment, Zytologie zum Ausschluss einer Glomerulonephritis oder einer Systemerkrankung (Hämaturie, Zylinder?). Analyse der Elektrolyte, Hinweise auf Plasmozytom (Bence-Jones-Protein?). Proteinurie (**Tab. 14.14**)?

Blut: Elektrolyte, harnpflichtige Substanzen wie Kreatinin und Harnstoff, Säure-Basen-Status, Gesamteiweiß, Albumin, Eiweißelektrophorese (Plasmozytomhinweis?). Kalzium zum Ausschluss einer Hyperkalzämie. LDH und Haptoglobin zum Ausschluss einer Hämolyse. Thrombozyten, Schistozyten und LDH zum Nachweis oder Ausschluss eines HUS (s. S. 372). Blutbild zum Ausschluss von Malaria (s. S. 1032).

Serologie: Ausschluss einer Leptospirose oder einer Hantavirusinfektion sowie einer Systemerkrankung (ANA, ANCA, GBM-Antikörper) (s. S. 1124).

Sonografie: Beurteilung von Nieren, ableitenden Harnwegen und Blase. Nierenmorphologie? Harnabfluss-Störung? Gefüllte Blase?

> **!** Sonografie eventuell wiederholt durchführen, da bei hypotensiven Patienten trotz Harnwegsobstruktion initial Stauungszeichen fehlen können.

Suche nach Komplikationen

Im Rahmen der Diagnostik sollte auch nach Hinweise für Komplikationen gesucht werden:

- harnpflichtige Substanzen: S-Kreatinin, S-Harnstoff; ein ausgeprägter Harnstoffanstieg (erhöhter Harnstoff-/Kreatinin-Quotient) spricht für Hyperkatabolismus
- Elektrolyte: Hyperkaliämie?
- metabolische Azidose (pH, HCO_3^-, pCO_2)
- Harnvolumenbestimmung (in der Akutphase wichtig, stündliche Harnflussmessung erforderlich, ggf. ist akut ein Blasenkatheter sinnvoll; langfristig müssen Blasenkatheter wegen des hohen Infektionsrisikos entfernt werden),
- Hydratationszustand: Röntgenaufnahme des Thorax (Überwässerung?), Lungenauskultation (Stauung?), zentralvenöser Druck (erhöhter ZVD?).
- Infektionen? Sorgfältige klinische Untersuchung. Leukozytose? CRP-Erhöhung? Blut- und Urinkultur? Infizierte Zugangswege (Blasenkatheter, zentralvenöser Zugang)
- Blutgerinnung: Thrombozyten, plasmatische Gerinnungsanalytik zum Ausschluss einer Verbrauchskoagulopathie

> **!** **Wichtig ist die rechtzeitige Einleitung einer Hämodialyse oder Hämofiltration. Entscheidungskriterien hierfür sind: Überwässerung, Hyperkaliämie, Harnstofferhöhung z. B. über 200 mg/dl.**

Therapie und Prophylaxe

Die Therapie beim AKI setzt sich zusammen aus:

- Nierenersatztherapie: intermittierende Hämodialyse, tägliche langdauernde Dialyse bei niedrigem Blufluss, kontinuierliche Behandlungsverfahren wie venovenöse Hämofiltration, in Ausnahmefällen Peritonealdialyse (s. S. 300)
- Flüssigkeitsbilanzierung
- Infektkontrolle:
  - lokale Wundtoilette
  - Vermeidung der Infektion von Zugängen (zentrale Venenkatheter, Blasenkatheter)
  - antibiotische Therapie: keine nephrotoxischen Antibiotika; Dosisanpassung von Medikamenten
- Hyperkaliämieprophylaxe (s. S. 300)
- ggf. parenterale Ernährung
- antikatabole Maßnahmen; Kalorienzufuhr 35–40 kcal/kgKG/Tag

Um ein AKI zu verhindern, sind verschiedene **prophylaktische Maßnahmen** möglich. So ist bei gefährdeten Patienten (z. B. Schock, speziell Schock bei Infektionen; Röntgen-Kontrastmittel-Applikation usw.) auf eine adäquate Hydratation zu achten (Volumensubstitution mit 0,9% NaCl und Schockbehandlung). Furosemid und Dopamin sind prophylaktisch **nicht** wirksam.

Bei akuter Myoglobinurie, Hämoglobinurie, Hyperurikämie ist die **Harnalkalisierung** (Bikarbonat i. v.)

Tab. 14.14 Urinbefunde bei akuter Niereninsuffizienz*

Befunde	prärenales Nierenversagen „Niere im Schock“	renales Nierenversagen „Schockniere, ATN“
Urinosmolalität (mosmol/kg)	> 500	< 350
Urin-Natrium (mmol/l)	< 20	> 40
U/P Kreatinin (= Verhältnis Urinkonzentration zur Plasmakonzentration)	> 40	< 20
Proteinurie	fehlend	vorhanden
Sedimentuntersuchung	unauffällig (höchstens hyaline Zylinder)	Zylindrurie

* *die ersten 3 Punkte sind nur zuverlässig falls keine Diuretika gegeben wurden*

indiziert, da diese Substanzen im sauren Harn ausfallen.
Bei Röntgenkontrastmittelgabe bei proteinurischen Patienten mit Niereninsuffizienz sind Hydratation und Absetzen der Diuretika notwendig. Außerdem sollte die Kontrastmitteldosis reduziert werden bzw. alternative bildgebende Verfahren zur Anwendung kommen (z. B. Sonografie).

Prognose

Die Letalität ist abhängig von Begleitkomplikationen. Mit Dialyse ausreichend behandelte Patienten versterben nicht an Urämie. Beim unkomplizierten ANV des jüngeren Menschen (z. B. durch nephrotoxische Medikamente) liegt die Mortalität unter 10%; die Gesamtletalität unter Einbeziehung von Risikopatienten beträgt etwa 50%, in Hochrisikogruppen (Polytrauma mit Multiorganversagen und Sepsis; Zustand nach kardiochirurgischem Eingriff) über 80%. Im Prinzip ist bezüglich der Nierenfunktion eine Restitutio ad integrum möglich; allerdings werden beim älteren Patienten nicht selten residuale Erniedrigung der GFR und Tendenz zu progredientem Nierenfunktionsverlust beobachtet.

Sonderfälle des ANV

Hämolytisch-urämisches Syndrom (HUS). → „Erworbene Thrombozytopenien", S. 352 f.
Hantavirus-Infektion. → auch S. 1011 f. Durch Nager im Freien übertragene Virusinfektion mit Fieber, extremer Myalgie, Leberfunktionsstörung (Transaminasen-Anstieg), Thrombopenie und ANV infolge interstitieller Nephritis. Die Diagnose wird anhand der typischen Serologie gestellt.

14.11 Harnwegsinfekt

Definition. Unter einem Harnwegsinfekt wird die Anwesenheit von Bakterien oberhalb der Urethra verstanden, die ohne (asymptomatische Bakteriurie) oder mit klinischen Symptomen einhergehen kann. Zu unterscheiden sind symptomatische untere Harnwegsinfekte (Zystitis) von symptomatischen oberen Harnwegsinfekten (Pyelitis bzw. Pyelonephritis).

Epidemiologie

Eine asymptomatische Bakteriurie, deren Auslöser meist E. coli ist, kommt bei Frauen häufig vor (1,5% aller Mädchen im Schulalter, 4 – 8% der Frauen im geschlechtsreifen Alter). Beim Mann ist eine Bakteriurie selten, außer im fortgeschrittenen Lebensalter wegen Prostatahypertrophie.

Ätiopathogenese

Normalerweise sind die ableitenden Harnwege steril. Die Dickdarmflora stellt das Erregerreservoir für die bakterielle Harnwegsbesiedelung dar (meist E. coli). Der Infektionsweg ist aszendierend. Der **Keimaszension** wirken der hydrodynamische Auswascheffekt des Harnstroms und die lokale Immunantwort entgegen. Voraussetzung für die Aszension ist das Haften der Bakterien an Epithelien. Folgende Faktoren, die auch in Kombination vorliegen können, prädisponieren zu symptomatischen Harnwegsinfekten:

1. Harntransportstörung:
- subvesikale Obstruktion, speziell Urethrastriktur
- neurogene Blasenentleerungsstörung (u. a. Spina bifida, autonome diabetische Neuropathie)
- vesikoureteraler Reflux (s. S. 305) als Voraussetzung für den Übertritt der Bakterien in die oberen Harnwege
- Schwangerschaft (Ureterweitstellung, hormonell bedingt oder durch Kompression)

2. Strukturelle Anomalien der ableitenden Harnwege:
- Fehlbildungen
- Zystennieren
- Refluxnephropathie
- Analgetikanephropathie

3. Verminderter Harnfluss mit vermindertem Auswascheffekt: z. B. bei habituellem Dursten

4. Verminderte lokale Infektabwehr:
- akut: reflektorische Durchblutungsminderung der Blasenmukosa bei Kälteexposition, akute Virusinfekte
- chronisch: bei älteren Frauen durch Östrogenmangel, Diabetes mellitus, Immunsuppression

Bei der Frau ist die häufigste Ursache der Keimaszension in die Blase der **Geschlechtsverkehr** (sog. Honeymoon-Zystitis). Im Gegensatz zu den spontan auftretenden Harnwegsinfekten kann es auch nach Katheterisierung oder Instrumentation zur Einschleppung von Schmutzkeimen (*Proteus vulgaris* oder *mirabilis, Pseudomonas aeruginosa*) kommen.

Bei einem symptomatischen unteren Harnwegsinfekt liegen in der Regel eine lokale Entzündung ohne systemische Reaktion vor, während beim symptomatischen oberen Harnwegsinfekt in der Regel Fieber und Erhöhung von Akutphaseproteinen (z. B. CRP = **C**-**R**eaktives **P**rotein) auf die systemische Mitreaktion hinweisen.

Klinik

Die Anwesenheit von Bakterien muss nicht notwendigerweise mit Symptomen einhergehen, wenn sich zwischen Erreger und Wirt ein Gleichgewicht eingestellt hat (asymptomatische Bakteriurie). Die typischen **Symptome des unteren Harnwegsinfektes** (Zystitis) sind:

- Dysurie, Pollakisurie
- Blasentenesmen
- gelegentlich schmerzhafte Makrohämaturie

> ! Bei der unkomplizierten Zystitis sind weder Fieber noch Flankenschmerz vorhanden.

Infektionen der oberen Harnwege (Pyelitis) äußern sich mit anderen Symptomen:

- Fieber
- Flankenschmerzen
- Dysurie (nicht obligatorisch)

Bei hohem Fieber und reduziertem Allgemeinzustand immer Urosepsis ausschließen.

Diagnostik

Urinuntersuchung. Zur Diagnostik sollte **Mittelstrahlurin** gewonnen werden. Wichtig ist die korrekte Technik: Das Genitale sollte gereinigt (Cave: Bakterizidie von Seife!) und die Labien gespreizt werden. Die erste Urinportion wird verworfen. Sollte dies nicht möglich sein, kann der Urin auch durch eine suprapubische Blasenpunktion oder durch Einmalkatheterisierung gewonnen werden. Bei Verdacht auf einen Harnwegsinfekt ist der Nachweis rsp. Ausschluss von Bakteriurie und Leukozyturie wegweisend.

Der gewonnene Urin muss entweder sofort weiterverarbeitet oder gekühlt werden. Für die Interpretation werden im Mittelstrahlurin die **CFU (Colony Forming Units/ml)** bestimmt:

- 100 000 CFU/ml: signifikante Bakteriurie
- 10 000 CFU/ml: nicht eindeutig pathologisch (kontrollbedürftig)
- 1 000 CFU/ml: keine signifikante Bakteriurie

> ! Im Blasenpunktionsharn ist jeder Keimnachweis signifikant bzw. pathologisch.

Außerdem hilft die **Leukozytenbestimmung**, das Ergebnis richtig zu interpretieren: Eine **Bakteriurie ohne Leukozyturie** resultiert meist aus einer Kontamination, einer verspäteten Aufarbeitung des Urins oder ist Zeichen einer nicht behandlungsbedürftigen asymptomatischen Bakteriurie. Eine **Leukozyturie ohne Bakteriurie** kommt meist als Kontamination durch Vaginalsekret zustande.

Falsch positive Befunde können folgende Ursachen haben:

- Kontamination (immer verdächtig: Mischflora; verdächtig: Beimengungen von Vaginalepithelien im Urinsediment)
- fehlerhafte Handhabung des Urins (sofortige Anlegung der Kultur oder Kühlkette!)

Falsch negative Befunde können folgende Ursachen haben:

- akut symptomatischer HWI (bakterizide Entzündungsprodukte im Harn),
- Antibiotika im Urin,
- Fehldiagnose bei Urethritis: gonorrhoische, nichtgonorrhoische oder postgonorrhoische Urethritis, Reiter-Syndrom (Urethritis, Konjunktivitis, Arthritis, selten Kolitis) oder bakterielle Vaginose.

Sonografie. Die Sonografie dient vor allem zum Ausschluss einer Harnwegsobstruktion und wird ggf. wiederholt durchgeführt. Eine Antibiotikatherapie ohne Beseitigung eines möglicherweise zugrundeliegenden Harnstaus ist ein Kunstfehler.

Blutkulturen. Indiziert bei schwerem Verlauf und bei Verdacht auf Urosepsis.

Labor.

- **Akutphaseproteine** bei V. a. oberen Harnwegsinfekt
- **Kreatinin-Clearance, Retentionswerte** ggf. bei rezidivierenden HWI zum Ausschluss einer Nierenfunktionseinschränkung
- **Gerinnungskontrolle** ggf. bei Verdacht auf eine Verbrauchskoagulopathie im Verlauf einer Urosepsis

> **Bei einem symptomatischen unteren Harnwegsinfekt liegt in der Regel eine lokale Entzündung ohne systemische Reaktion vor, während beim symptomatischen oberen Harnwegsinfekt in der Regel Fieber und Erhöhung von Akutphaseproteinen (z. B. CRP) auf die systemische Mitreaktion hinweisen.**

Therapie

Unterer Harnwegsinfekt (Zystitis)

Akutmaßnahmen: Bei unterem Harnwegsinfekt nicht instrumentierter Patienten ohne Harntransportstörung (d. h. anamnestisch kein Blasenkatheter, keine Zystoskopie usw.) sind folgende Akutmaßnahmen indiziert:

- reichliche Flüssigkeitszufuhr (außer bei Blasentenesmen)
- regelmäßige Blasenentleerung
- lokale Wärme
- Spasmolytika
- **Antibiotika:** bei Auftreten außerhalb des Krankenhauses ohne vorangegangene Instrumentation Trimethoprim oder Gyrasehemmer (Norfloxacin, Ofloxacin, Ciprofloxacin, Enoxacin). Eine initiale Harnkultur ist nicht obligatorisch, im antibiotikafreien Intervall sollte jedoch die Bakterienkultur zur Erfolgs- und Verlaufskontrolle angelegt werden.

Bei Auftreten des HWI im Krankenhaus, bei instrumentierten Patienten oder HWI bei bekannter Harntransportstörung:

- obligatorisches Anlegen einer Harnkultur und Resistenztestung
- „blinde" Anbehandlung mit Gyrasehemmer oder Antibiotikum nach Maßgabe eines früher bekannten Antibiogramms
- bei Bedarf Umsetzen auf wirksames Antibiotikum nach Eintreffen des aktuellen Befundes

> **Iatrogen erworbene Keime sind häufig gegen mehrere Antibiotika resistent.**

Besteht **Verdacht auf eine Urosepsis** ist die sofortige intravenöse Therapie mit einem Breitbandantibiotikum erforderlich.

In der **Gravidität** sind Aminoglykoside und Tetrazyklin wegen ihrer Wirkung auf den Fetus absolut kontraindiziert, Gyrasehemmer sind problematisch. Am sichersten sind Antibiotika der Penicillinreihe und Cefalotin, da sie nicht mit dem Eukaryontenstoffwechsel interferieren.

Kausalbehandlung Die Kausalbehandlung erfolgt im beschwerdefreien Intervall:

- Urethraschlitzung bei Urethrastenose
- Beseitigung der Inkontinenz bei Zystozele
- lokale Östrogenbehandlung bei älteren Frauen mit Östrogenmangel zur Behandlung der Schleimhautatrophie

D

Langzeitprophylaxe Die Langzeitprophylaxe bei unterem HWI besteht in:

- ausreichender Flüssigkeitszufuhr (> 1,5 l täglich)
- Miktionshygiene: regelmäßige Miktion ggf. zweizeitige Miktion. Hierunter versteht man das zweimalige Miktionieren kurz hintereinander, um eine restharnfreie Blasenentleerung sicher zu stellen.

Bei häufigen Rezidiven kann ggf. niedrig dosiert Trimethoprim oder ein Gyrasehemmer 1- bis 3-mal pro Woche abends oder ggf. nach Geschlechtsverkehr verabreicht werden.

Rezidivierende Harnwegsinfekte: Bezüglich der Antibiotikagabe bei rezidivierenden Harnwegsinfekten sind drei Optionen möglich:

- Selbstbehandlung bei akuter Dysurie mit Trimethoprim oder Gyrasehemmer für 1 – 3 Tage
- prophylaktisch Trimethoprim oder Gyrasehemmer nach Geschlechtsverkehr (falls symptomatische Episoden durch Verkehr ausgelöst werden)
- bei häufigen Rezidiven und hohem Leidensdruck Langzeitprophylaxe mit Trimethoprim oder Gyrasehemmer (z. B. Barazan, 3 × pro Woche abends).

Oberer Harnwegsinfekt (Pyelonephritis)

Beim oberen Harnwegsinfekt sind folgende diagnostische Maßnahmen **obligatorisch**:

- bakterielle Kultur und Resistenzprüfung
- wiederholte Sonografie zum Ausschluss einer Harnwegsobstruktion
- bei schwerem Verlauf Blutkulturen (Ausschluss Urosepsis) und Gerinnungskontrolle (Ausschluss Verbrauchskoagulopathie)

Akutmaßnahmen → wie beim unteren Harnwegsinfekt.

Antibiotika

- resistenzgerecht bei Vorliegen eines früheren Antibiogramms

- „blinde" Therapie mit Gyrasehemmer oder Cephalosporin

Komplikationen und Prognose

Bei Harntransportstörung, speziell Obstruktion, können als Komplikationen eine infizierte Hydronephrose bzw. eine Pyonephrose, pyogene Papillennekrose, Nierenabszess und Urosepsis auftreten. Bei Fehlen einer Harntransportstörung führt der Harnwegsinfekt im Gegensatz zu früheren Vorstellungen jedoch nicht zur Vernarbung der Niere (sog. „Pyelonephritis") mit chronischem Nierenfunktionsverlust.
Entscheidend für die Prognose ist die **Erkennung und Behandlung prädisponierender urodynamischer Ursachen** (Obstruktion, vesikoureteraler Reflux, neurogene Entleerungsstörung), die therapiert werden müssen und unbehandelt den Patienten akut oder chronisch gefährden (Urosepsis, chronische Niereninsuffizienz).

14.12 Nephrolithiasis

Synonym: Urolithiasis, Nierensteinleiden
engl.: nephrolithiasis

Definition. Als Nephrolithiasis werden Steinbildungen in den Hohlsystemen der Nieren und in den ableitenden Harnwegen bezeichnet.

Epidemiologie. Von Nierensteinen sind ca. 5% der Bevölkerung betroffen, das Geschlechtsverhältnis m : w = 2 – 3 : 1. Über einen Zeitraum von 10 Jahren besteht ein Rezidivrisiko von ca. 50%.

Ätiopathogenese. Meist handelt es sich um eine Kombination verschiedener Ursachen:

- erhöhte Ausscheidung lithogener Substanzen im Urin (Kalzium, Oxalat, Harnsäure)
- verminderte Ausscheidung antilithogener Substanzen im Urin (Zitrat, Magnesium, Pyrophosphat, Glykoproteine)
- prädisponierende Faktoren: geringes Harnvolumen (habituelle Durster, heißes Klima); abnormer Urin-pH (Harnsäure und Cystin sind weniger löslich in saurem, Struvit [Ammonium-Magnesium-Phosphat] und Kalziumphosphat in alkalischem Urin), rezidivierende Harnwegsinfektionen, Immobilisation, eiweißreiche Ernährung

Klinik. Bei Abgang eines Steins mit Irritation des Harnleiters kommt es zum Leitsymptom **Harnleiterkolik** mit wehenartigen, sehr starken Flankenschmerzen mit Ausstrahlung je nach Lokalisation des Steins in Leisten, Hoden oder Schamlippen, Nausea, Erbrechen und ggf Subileus. Außerdem besteht eine Hämaturie (Mikro- oder Makrohämaturie).

Diagnostik. Anamnese: Kolik- oder Steinanamnese, Trinkmenge, Diät, Familienanamnese
Urin-Teststreifen: Hämaturie, bei Harnwegsinfekt Pyurie, charakteristische Kristallurie bei Zystinurie und Hyperoxalurie
Sonografie: kleine Steine sind sonografisch oft nicht nachweisbar, aber auch dann können Zeichen der Stauung sichtbar werden
Urografie, Abdomen-Röntgenübersichtsaufnahme: erfasst röntgendichte Steine, d. h. Kalzium-, Struvit- oder Zysteinsteine; nicht röntgendichte Harnsäuresteine sind radiologisch nicht nachweisbar bzw. man erkennt sie ggf. an der Kontrastmittelaussparung in der Ausscheidungsurografie
Spiral-CT: kommt zunehmend zur Anwendung in der Diagnostik
Wichtig ist auch die **Suche nach einer möglichen Ursache**, da dies Maßnahmen zur Rezidivprophylaxe ermöglicht.

Steinanalyse. Die wichtigsten Steinarten sind:

- Kalzium-Oxalat-Steine
- Kalzium-Phosphat-Steine
- Harnsäuresteine
- Infektsteine (Struvit=Mg NH_4PO_4)
- Zystinsteine

Insbesondere bei Trägern kalziumhaltiger Nierensteine sollten folgende Parameter überprüft werden (die Zahlen in Klammern geben die Häufigkeit der metabolischen Anomalien an):

- Serum-Kalzium (↑) und Serum-Phosphat (↓): primärer Hyperparathyreoidismus (8%, s. S. 535)
- metabolische Azidose mit erniedrigtem Bikarbonat (Blutgase) und erhöhter Plasma-Chlorid-Konzentration: renal-tubuläre Azidose (evtl. mit Nephrokalzinose, s. S. 320)
- Urin-Sediment (Pyurie, Bakteriurie, Kristallurie): Begleitinfekt- bzw. struvithaltige Infektsteine (5%)
- Urin-Chemie: Hyperoxalurie (15%), Zystinurie
- Urin-Kalzium (erhöht in 55% der Fälle): z. B. idiopathische Hyperkalzurie
- verminderte Zitratausscheidung (50%)
- Hyperurikosurie (40%)

Mögliche Differenzialdiagnosen zeigt **Tab. 14.15**.

Therapie. Schmerztherapie: behandelt wird die akute Kolik durch Analgetika und Spasmolytika.

Litholyse:

- Oxalat-, Phosphat- und Struvit-Steine sind einer medikamentösen Auflösung nicht zugänglich.
- Harnsäuresteine könen durch Neutralisierng des Urins (Uralyt-U; Na^+-K^+-Hydrogenzitrat) unter Urin-pH-Kontrolle (6,5 – 7) und Gabe von Harnsäuresynthese-Hemmern (Allopurinol, s. S. 674) aufgelöst werden.
- Bei Zystinsteinen sind SH-Agenzien (Penicillaminderivate) zur Solubilisierung sowie eine Harnalkalisierung (pH > 7) zur Verhinderung der Zystinpräzipitation sinnvoll.

Zu den Themen **„Beseitigung des Harnstaus"** und **„Lithotripsie"** siehe Lehrbücher der Urologie.

Generelle Steinprophylaxe: Der Patient ist auf eine ausreichende Trinkmenge (2 – 3 l) hinzuweisen, vor allem abends sollte auf ausreichend Flüssigkeit geachtet werden (Vermeiden eines hochgestellten, d. h. hochkonzentrierten Harns nachts).

Außerdem ist der Konsum von tierischem Eiweiß einzuschränken, welches aus komplexen biochemischen Gründen das Kalzium-Stein-Risiko erhöht.

Je nach Ausfall der Steinanalyse werden nachsorgende Maßnahmen zur **Vermeidung eines Rezidivs** eingeleitet.

- **Kalzium-Oxalat-Steine:** Im Gegensatz zu früheren Empfehlungen ist eine diätetische Kalziumbeschränkung kontraproduktiv (bei niedriger intestinaler Kalziumkonzentration vermehrte Oxalatresorption im Darm mit vermehrter Oxalatausscheidung; da Oxalat im Urin schwer löslich ist, resultiert hierdurch eine Steigerung des Steinrisikos). Stattdessen ist eine medikamentöse Sen-

D

Tab. 14.15 Differenzialdiagnose der Nephrolithiasis

Erkrankung	Bedeutung	Kommentar
Appendizitis	+++	Leukozytose, Loslassschmerz im rechten Unterbauch, Temperaturdifferenz rektal/axillar
Extrauteringravidität	+++	β-HCG im Urin, Sonografie
Divertikulitis	+++	Sonografie, Blut im Stuhl, Kolonkontrasteinlauf, meist ältere Patienten
Gallenkolik	+++	Sonografie, häufig ältere und adipöse Frauen, Cholestaseparameter evtl. erhöht
stielgedrehte Ovarialzyste	++	Sonografie, gynäkologische Untersuchung
Adnexitis	++	gynäkologische Untersuchung
Pankreatitis	++	gürtelförmiger Schmerz, Lipase im Serum, Amylase im Serum und im Urin erhöht
Niereninfarkt	+	Sonografie
Nierenvenenthrombose	+	Duplex-Sonografie
Papillennekrose	+	Ausscheidungsurografie: abnorme Kontur im Papillenbereich, nicht schattengebendes oder Schatten gebendes Konkrement
Blutgerinnsel in ableitenden Harnwegen bei Makrohämaturie (z. B. Nierenzellkarzinom)	+	Sonografie: kein schattengebendes Konkrement, evtl. Tumor nachweisbar
nicht schattengebendes Konkrement		
Papillennekrose	+	s. o.
Uroepithelkarzinom	+	Medikamentenanamnese (NSAR), Sonografie
schattengebendes Konkrement		
Urotuberkulose	++	säurefeste Stäbchen im Urin, sonografisch Einschmelzungen im Nierenparenchym

kung der Urin-Kalzium-Ausscheidung durch Thiazide sowie eine verminderte Oxalatzufuhr durch Vermeidung oxalatreicher pflanzlicher Nahrungsmittel (Rhabarber, Spinat usw.) sinnvoll. Wirksam ist auch die Zitratzufuhr in Verbindung mit Allopurinol.
- **Uratsteine:** s. o. (Uralyt-U und Allopurinol)
- **Magnesium-Ammonium-Phosphat-Steine:** Sanierung des Harnwegsinfekts (bei bestehendem Harnwegsinfekt ist ein Steinwachstum nicht zu verhindern)

Prognose. Eine Nierenschädigung durch Obstruktion oder Nephrokalzinose ist möglich.

14.13 Nephrokalzinose

engl.: nephrocalcinosis

Definition. Als Nephrokalzinose bezeichnet man Verkalkungen im Nierenparenchym als Folge ätiologisch unterschiedlicher Erkrankungen.

Epidemiologie. Seltene Erkrankung, gelegentlich Begleiterscheinung bei systemischen Erkrankungen.

Ätiologie. → Tab. 14.16.

Klinik. Die Nephrokalzinose per se macht keine Beschwerden. Gelegentlich verursacht eine begleitende Nephrolithiasis Symptome.

Diagnostik. In der **Sonografie** echodichte Strukturen der Niere mit dorsaler Schallauslöschung (je nach Grunderkrankung sind Kortex oder Medulla befallen, **Abb. 14.23**). Mithilfe der **CT** ist der intrarenale Kalknachweis möglich.

Therapie. Die einzige Therapieoption besteht in der Beseitigung der auslösenden Ursache (z. B. Operation eines primären Hyperparathyreoidismus, Azidoseausgleich durch Alkalizufuhr bei renal-tubulärer Azidose sowie ausreichende Flüssigkeitszufuhr und ggf. Pyridoxalzufuhr bei Oxalose).

Prognose. Die Nephrokalzinose kann bis zur Niereninsuffizienz fortschreiten.

14.14 Häufige Fehlbildungen von Niere und ableitenden Harnwegen

Wegen der komplexen Entwicklungsgeschichte der Niere sind Verschmelzungs- und Lageanomalien der Nieren relativ häufig (etwa 1:10 000). Oft werden sie nur als Zufallsbefund durch bildgebende Verfahren entdeckt, da sie komplett asymptomatisch sein

Tab. 14.16 Ursachen der Nephrokalzinose

lokal vs. systemisch	Ursachen
lokale Ursache	papillomedulläre Verkalkungen: • verkalkte Papillennekrosen • Markschwammniere • Nierentuberkulose • Tumorverkalkung bei Hypernephrom • verkalkter Rand einer Nierenzyste • verkalktes Hämatom kortikale Verkalkungen: • Zustand nach Nierenrindennekrose („tramway sign")
systemische Ursache	• primärer Hyperparathyreoidismus • renal-tubuläre Azidose mit typisch maulbeerartiger Verkalkung des Nierenmarks • hereditäre Oxalose sowie enterale Hyperoxalurie • Bartter-Syndrom • seltene Ursachen: Hyperkalzämie bei Morbus Boeck, Vitamin-D-Intoxikation oder Malignom, Milch-Alkali-Syndrom, kongenitales Myxödem, Acetazolamidmissbrauch, Hypophosphatasie (fehlendes ossäres Isoenzym der alkalischen Phosphatase mit Osteomalazie)

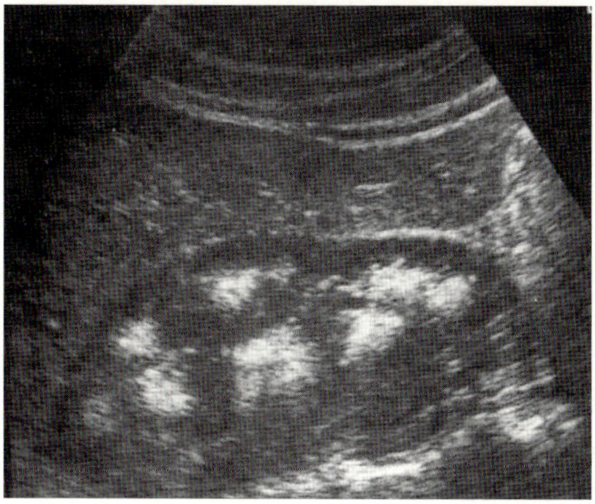

Abb. 14.23 Nephrokalzinose. (aus Koeppen-Hagemann, I., Ritz, E. Nierensonografie, Thieme)

können. Symptome können auftreten durch Obstruktion und Infektion.

Fatal ist die Verkennung einer orthotopen oder dystopen Einzelniere und deren chirurgische Entfernung nach einem Trauma.

Häufige Fehlbildungsformen. Hufeisenniere: ventrale Verschmelzung bei malrotierten Nierenanlagen. Die Ureteren gehen nach ventral ab, die unteren Nierenpole sind verschmolzen und überkreuzen die großen Gefäße. Eine Hufeisenniere kann sonografisch zur Fehldiagnose „präaortale Raumforderung" führen.

Kuchenniere: dystop im Becken gelegene, malrotierte Niere.

Ektopie: Bei der Ektopie befindet sich die Niere außerhalb der Nierenloge. Häufig ist auch die Rotation gestört und es liegt eine abnorme Gefäßversorgung vor.

Gekreuzte Ektopie: Hier liegt eine Niere auf der Gegenseite (mit oder ohne Verschmelzung mit der orthotopen Niere), der Ureter mündet oft orthotop.

Von der Ektopie abzugrenzen ist ein Tiefstand, d. h. eine **Senkniere**. Unter einer Senkniere versteht man ein Tiefertreten der Niere, meist der rechten Niere, im Stehen, wobei jedoch ein orthotoper Abgang der Nierengefäße aus der Aorta vorliegt. Betroffen sind meist überschlanke junge Frauen. In der Regel hat die Senkniere keinen Krankheitswert.

14.15 Gichtniere

Synonym: Uratnephropathie
engl.: urate nephropathy

→ auch „Hyperurikämie und Gicht", S. 649 ff

Tophi (Harnsäureablagerungen) in der Niere kommen zwar häufiger beim Gichtkranken, aber auch beim nicht an Gicht Erkrankten vor, sind also nicht spezifisch für die Gicht und haben keinen Krankheitswert. Bei Gichtpatienten wurde früher, d. h. vor Verfügbarkeit von Harnsäuresynthesehemmern (Allopurinol), häufig eine Niereninsuffizienz beobachtet. Man ist heute der Auffassung, dass diese **chronische Niereninsuffizienz** zurückzuführen war auf:

- Uratnephrolithiasis
- begleitende Hypertonie und Diabetes mellitus (Risikofaktorbündelung bei Gichtpatienten)
- gelegentlich Bleiintoxikation (die sowohl Gicht als auch eine chronische Nephropathie hervorruft)

Abzugrenzen von der chronischen Niereninsuffizienz bei Gichtkranken ist die **akute Uratniere** (*syn.* akute Uratnephropathie). Hier kommt es durch exzessiven Anfall und intratubuläre Ausfällung von Harnsäure nach Zytolyse (z. B. zytostatische Therapie von Leukämien oder Tumoren ohne begleitende Harnsäure-Synthesehemmung durch Allopurinol) zu akuter Niereninsuffizienz. Die Tubulusblockade lässt sich durch ausreichende Diurese, Harnalkalisierung (Harnsäure ist im alkalischen Urin besser löslich) sowie Harnsäuresynthesehemmer (Allopurinol) vermeiden, ggf. kann therapeutisch Rasburicase eingesetzt werden, welches die schwer lösliche Harnsäure in das besser lösliche Allantoin überführt.

14.16 Urogenitaltuberkulose

engl.: genitourinary tuberculosis

→ auch „Lunge", S. 451 ff u. „Infektionskrankheiten", S.1003 ff

Definition. Durch hämatogen-metastatische Streuung verursachte chronische Infektion des Urogenitaltraktes mit Mycobacterium tuberculosis.

Epidemiologie. Sehr stark abnehmende Häufigkeit, heute ausgesprochen selten, in Entwicklungsländern aber noch häufig (Migranten). Meist sind Männer im mittleren Lebensalter (20 – 40 Jahre) betroffen.

Ätiopathogenese. vgl. S. 451, 1003. Die Erkrankung entsteht auf **hämatogenem Weg**, meist im Rahmen einer Streuung aus einem pulmonalen Primärherd. Dabei siedeln sich Tuberkulosebakterien meist beidseits in der **Nierenrinde** an. Durch Ausscheidung von Tuberkulosebakterien mit dem Harn kommt es zur Infektion der ableitenden Harnwege und meist auch des Genitaltraktes.

Klinik. Ein Frühsymptom der Urogenitaltuberkulose ist allenfalls die Reizblase, beim Mann tritt oft ein schmerzloser Befall der männlichen Adnexe auf (diagnostisch wichtig!). Zuweilen werden auch Schmerzen in der Nierengegend, Koliken und Hämaturie angegeben. Zunehmende indolente Schwellung der Nebenhoden, Hämatospermie oder therapieresistente Urethritiden weisen auf eine Genitalbeteiligung hin. Eine für die Tuberkulose typische Symptomatik (z. B. Müdigkeit) findet sich erst im fortgeschrittenen Erkrankungsstadium (s. S. 452 f).

Diagnostik. → vgl. S. 1003
Diagnostisch sollte eine Tuberkulose des Urogenitaltrakts in Erwägung gezogen werden bei:
- chronisch therapierefraktärer Zystitis
- Pyurie ohne Bakteriennachweis auf üblichen Nährböden
- Nebenhodentuberkulose
- chronischer Skrotalfistel
- Nachweis von Verkalkung(en) durch bildgebende Verfahren

Therapie. vgl. S. 1004 ff. Ggf. ist eine chirurgische Therapie von Harnwegsobstruktion bzw. einer Schrumpfblase notwendig.

Prognose. Die Prognose ist bei adäquater Therapie heute gut. Eine Nephrektomie ist nur noch selten notwendig.

14.17 Strahlennephritis

Meist als Spätfolge einer Bestrahlung des Retroperitoneums, z. B. nach Hodentumoren, mit einer Äquivalentdosis > 20 Sievert kann es zu einer chronisch progredienten Niereninsuffizienz kommen. Es ist lediglich eine symptomatische Behandlung der Niereninsuffizienz möglich. Besonders wichtig bei der notorisch zu Hypertonie neigenden Strahlennephritis ist eine antihypertensive Therapie.

14.18 Nierenzellkarzinom

Synonyme: Grawitz-Tumor, Hypernephrom (veraltete Bezeichnungen)
engl.: renal cell carcinoma

Definition. Maligner Tumor, der von Nierenzellen ausgeht.

Epidemiologie. Das Nierenzellkarzinom macht ca. 2% aller jährlich neu auftretenden Krebsfälle aus. Männer sind 2- bis 4-mal häufiger betroffen als Frauen, das Altersmaximum liegt bei 60 – 70 Jahren. Die Häufigkeit nimmt tendenziell zu.

Ätiopathogenese. Ein Risikofaktor ist vor allem das **Rauchen**. Selten tritt der Tumor in Verbindung mit einer kongenitalen Erkrankung, speziell dem Hippel-Lindau-Syndrom (VHL) auf (Deletionen auf Chromosom 3). In erster Linie werden **nichtpapilläre und papilläre Nierenzellkarzinome** unterschieden. Bei nichtpapillären Nierenkarzinomen werden mit einem Funktionsverlust einhergehende Mutationen des VHL-Gens auf Chromosom 3 p gefunden; zusätzlich treten noch häufig Verluste auf Chromosom 6q, 8 p, 9 und 14 q auf. Bei nichtpapillären Adenomen wird außerdem häufig ein Verlust des Y-Chromosoms und eine Trisomie von Chromosom 7 und 17 gefunden; bei Übergang in ein papilläres Nierenzellkarzinom treten häufig zusätzliche Veränderungen wie bei einer Trisomie von Chromosom 3q, 8, 16 und 20 auf.
Das Nierenzellkarzinom nimmt seinen Ausgang vom Epithel der Tubuli oder Sammelrohre. In mehr als 80% der Fälle handelt es sich um ein **klarzelliges Nierenzellkarzinom**.

Klinik. Es existieren **keine Frühsymptome**. Symptome deuten daher in der Regel auf ein fortgeschrittenes Stadium hin.
Fokale Zeichen: tastbarer abdominaler Tumor, Flankenschmerz, Makrohämaturie mit und ohne Kolik, Varikozele bei linksseitig lokalisiertem Tumor.
Metastasierung: typisch ist ein frühzeitiger Einbruch in die V. renalis mit Fernmetastasierung (Lunge, Knochen, Leber, Gehirn).
Systemische und paraneoplastische Symptome: Fieber (Interleukinsekretion), Hyperkalzämie, Polyglobulie (Erythropoetinsekretion), Hypertonie (Reninsekretion), Cholestase (Stauffer-Syndrom: Hepatosplenomegalie, erhöhte alkalische Phosphatase, ggf. erhöhtes Bilirubin und α_2-Globulin), Müdigkeit, Gewichtsverlust.

Tab. 14.17 Differenzialdiagnose des Nierenzellkarzinoms

Erkrankung	Bedeutung	Kommentar
einfache Nierenzysten	+++	echofreie Raumforderung mit dorsaler Schallverstärkung
Pseudotumoren: z. B. Regeneratknoten	++	bei vernarbenden Nierenerkrankungen, z. B. Analgetikanephropathie
Formvarianten:		sonografischer Hinweis: normale Echotextur
• Milzbuckel	++	
• Doppelbildung der Niere	++	
andere Nierentumoren:		
• Wilms-Tumor	+	meist sind Kinder betroffen
• Nierenmetastasen	+	selten
• Onkozytom	+	selten, aber wichtig, da benigne

Im englischen Sprachraum wird das Nierenzellkarzinom aufgrund der vielen schwer einzuordnenden Anzeichen und Symptome auch als „The Internist's Tumor" bezeichnet.

> **!** **Jede Raumforderung der Niere und jede Makrohämaturie ist so lange verdächtig für ein Nierenzellkarzinom, bis das Gegenteil bewiesen ist.**

Diagnostik. Heute wird die Erkrankung meist als **Zufallsbefund bei der Nierensonografie** diagnostiziert (meist echoarme oder echoreiche Raumforderung, seltener Zyste mit Malignitätskriterien, s. **Tab. 14.17**). **CT** oder **MRT** werden als weiterführende bildgebende Verfahren eingesetzt und können einen Einbruch ins venöse System oder einen Lymphknotenbefall nachweisen.

Therapie. **Radikale Nephrektomie** mit oder ohne Lymphadenektomie, sofern noch keine Mestastasen vorliegen oder die Fascia gerota durchbrochen wurde. Durch eine Chemotherapie ist keine Prognoseverbesserung möglich. Bei lokal fortgeschrittenen oder mestatasierten Tumoren kann eine **zielgerichtete medikamentöse Therapie** versucht werden (monoklonaler Antikörper Bevacizumab, Tyrosinkinasehemmer Sunitinib, mTOR-Inhibitor Temsirolimus). Interessante neue Aspekte liefert die **Immuntherapie**, z. B. mit Interferon α. Selten ist die chirurgische Resektion von Einzelmetastasen erfolgreich.

Prognose. Ist der Tumor auf die Niere beschränkt, beträgt die 10-Jahres-Überlebensrate 73 %, bei Fernmetastasen liegt die 5-Jahres-Überlebensrate nur noch bei 8 %.

14.19 Amyloidose

engl.: amyloidosis

Definition. Amyloidosen liegen Störungen der Proteinfaltung zugrunde. Dies führt dazu, dass sich Proteinfibrillen extrazellulär ablagern in Organen, Gefäßen und Nerven. Einer der Hauptmanifestationsorte ist die Niere.

Ätiopathogenese. **Amyloid A** (AA) entsteht durch Proteolyse aus Serum-Amyloid A (SAA), einem Akutphaseprotein. Vorläufer von **Amyloid L** (AL) ist der variable Teil der L-Ketten der Immunglobuline. Daneben gibt es noch eine große Zahl weiterer seltener Vorläuferproteine, vor allem bei familiärer Amyloidose.
Die betroffenen Organe sind vergrößert und verhärtet.

Einteilung:

- **AA-Typ:**
  - reaktiv bei chronischen Infektionskrankheiten (z. B. Osteomyelitis) oder Entzündungen (z. B. chronische rheumatische Arthritis, chronisch-entzündliche Darmerkrankungen, Bronchiektasen, Lues, Mukoviszidose, Lepra)
  - heredofamiliäre Amyloidose (häufig AA-Typ, speziell bei **familiärem Mittelmeerfieber FMS** = autosomal-rezessiv vererbte chronische Erkrankung mit sporadisch auftretenden Fie-

berschüben und begleitender Entzündung von Peritoneum, Pleura und Gelenkkapseln)
- **AL-Typ:**
  - bei monoklonaler Gammopathie, Plasmozytom, Morbus Waldenström (s. S. 939)
  - keine Begleiterkrankung nachweisbar (primäre Amyloidose)
- **Aβ_2M-Typ:** leitet sich vom β_2-Mikroglobulin ab, betroffen sind langjährige Dialysepatienten, betroffen sind v. a. Sehnen, Knochen, Gelenkknorpel (Karpaltunnelsyndrom)
- **ATTR-Typ:** Transthyretin-assoziierte Amyloidose (heterogene Gruppe, autosomal-dominanter Erbgang)

Klinik. Typisch für die Amyloidniere ist ein **nephrotisches Syndrom.** Häufig verschlechtert sich die Nierenfunktion progredient bis zur dialysepflichtigen Niereninsuffizienz. Vereinzelt finden sich eine diskrete Erythrozyturie, eine renal-tubuläre Azidose oder eine Nierenvenenthrombose. Eine arterielle Hypertonie kommt selten vor. Hinweise für eine Amyloidose anderer Organe können sein: Verdickung der Zunge, restriktive Kardiomyopathie, Hepatomegalie, Splenomegalie, Polyneuropathie.

Diagnostik. Sonografisch können die Nieren vergrößert sein. Die Verdachtsdiagnose Amyloidniere kann jedoch nur durch eine **Nierenbiopsie** gesichert werden (Achtung: wegen der Amyloideinlagerung in die Nierengefäße ist das Blutungsrisiko bei der Biopsie erhöht). In der Histologie ist polarisationsoptisch eine **grüne Doppelbrechung** nach Kongo-Rot-Färbung typisch. Immunhistologisch kann AA-Amyloid von AL-Amyloid differenziert werden. Auch bei Amyloidoseverdacht anderer Organe wird die Diagnose durch eine Biopsie gesichert. Einen hohen Stellenwert hat die **Rektum-Schleimhautbiopsie**.

Therapie. Die Therapie der Grunderkrankung steht im Vordergrund. Bei Niereninsuffizienz sind Hämodialyse oder ggf. Nierentransplantation die Therapieverfahren der Wahl. Bei AA-Amyloidose sollte die Grunderkrankung (z. B. Bronchiektasen, Morbus Crohn, chronische Polyarthritis) diagnostiziert und behandelt werden; bei familiärem Mittelmeerfieber erfolgt die spezifische Behandlung mit Colchicin. Bei AL-Amyloidosen kann ein zugrundeliegendes Myelom entsprechend behandelt werden (s. S. 940). Bei primärer AL-Amyloidose kann die Behandlung mit Melphalan und Prednison versucht werden.

Prognose: Bei manifester Nierenfunktionseinschränkung ist die Prognose sehr ungünstig. Todesursache ist meist eine Herzbeteiligung.

Weiterführende Informationen

http://www.dgfn.eu
http://www.era-edta.org
http://www.asn-online.org

15 Elektrolyt- und Wasserhaushalt

Christian Morath, Eberhard Ritz

15.1 Natrium- und Wasserhaushalt

15.1.1 Osmo- und Volumenregulation

Der Wasser- und Natriumhaushalt des Körpers wird unter zwei Aspekten in engen Grenzen reguliert (**Abb. 15.1**):

- Die Plasmaosmolalität muss konstant 285 mosm/kg H_2O betragen.
- Das Extrazellulärvolumen muss so bemessen sein, dass einerseits eine stabile Kreislaufsituation mit einer ausreichenden Gewebeperfusion gewährleistet ist, aber andererseits keine Hypervolämie mit Hypertonie und Ödemen resultiert.

Obwohl beide Regulationsgrößen eng miteinander zusammenhängen, sind die Kompensationsmechanismen durchaus unterschiedlich. Grundsätzlich hat der Körper die Möglichkeit,

- die Aufnahme und Abgabe von Wasser (**Tab. 15.1**) zu steuern und
- die Zu- und Ausfuhr von Natrium als wichtigstem extrazellulären Osmolyt zu regulieren.

Regulationsgröße Plasmaosmolalität

Die Plasmaosmolalität wird von hypothalamischen Osmorezeptoren gemessen und über das **Durst-ADH-System** gesteuert (s. S. 326). Dadurch wird zwar die Natrium*konzentration* im Plasma überwacht, der Natrium*bestand* des Körpers wird durch dieses Kontrollsystem aber nicht direkt verändert.
Kommt es zu Wasserverlust mit Anstieg des Serum-Natrium-Spiegels, steigt die Plasma-Osmolalität. Dies löst Durst aus. Außerdem wird vermehrt ADH ausgeschüttet, was zur Retention von H_2O durch die Niere führt. Durch das Zusammenspiel der Wirkungen von ADH in der Niere (→ Wasserretention) und im ZNS (→ Durst) wird die normale Plasmaosmolalität von 285 mmol/kg H_2O aufrechterhalten.
Die Osmoregulation kann durch eine primäre Fehlfunktion des hypothalamischen Osmosensors, durch Fehlfunktion der ADH-Sekretion (Diabetes insipidus, Schmerz, Angst, Pharmaka mit zentraldepressiver Wirkung) sowie durch eine reduzierte renale ADH-Ansprechbarkeit gestört werden.

Regulationsgröße Volumenstatus

Die ADH-Sekretion wird allerdings nicht nur durch osmotische Signale kontrolliert, sondern auch durch das Intravasalvolumen. Bei ausgeprägtem **Volumenmangel** wird trotz Hyponatriämie ADH ausgeschüttet, was zur Wasserretention führt und eine Hypoosmolalität auslöst oder verstärkt. Dies erklärt, weshalb eine Hyponatriämie auch bei Erkrankungen auftreten kann, bei denen das effektive Kreislaufvolumen vermindert ist (z. B. Herzinsuffizienz, Leberzirrhose, nephrotisches Syndrom) oder durch Natriumverluste (Diarrhö, Erbrechen) oder Flüssigkeitsverlusten in innere Räume („third space") bei Verbrennungen, Trauma oder Peritonitis vermindert ist.
Für den Körper ist es außerordentlich wichtig, die **Osmolalität konstant** zu **halten**. Daher muss die Einfuhr oder Ausfuhr von Natrium normalerweise immer von einer Wasserzufuhr oder Wasserausscheidung begleitet sein, die wiederum so bemessen ist, dass die **Natriumkonzentration konstant** bleibt. Natrium ist also die wesentliche Regelgröße im Volumenkontrollsystem. Dabei wird die Natriumausscheidung über die Niere durch den Natriumbestand des Extrazellulärraums und nicht durch die Höhe der Serum-Natrium-Konzentration gesteuert.

> **!** **Abweichungen der Natriumkonzentration im Serum geben Hinweise auf Störungen der Wasserbilanz, aber nicht auf Störungen des Natriumbestandes des Körpers.**

Die Natrium- (und damit Volumen-)konservierung durch die Niere ist extrem effizient und wird präzise hormonal gesteuert. Normalerweise wird der **Füllungszustand des Gefäßsystems** laufend durch Rezeptoren im vaskulären Niederdrucksystem kontrolliert.
Bei **Hypervolämie** wird u. a. ANP (**a**triales **n**atriuretisches **P**eptid) ausgeschüttet (s. S. 326). Es kommt zum Phänomen des **Escape** mit Natriurese, Vasodi-

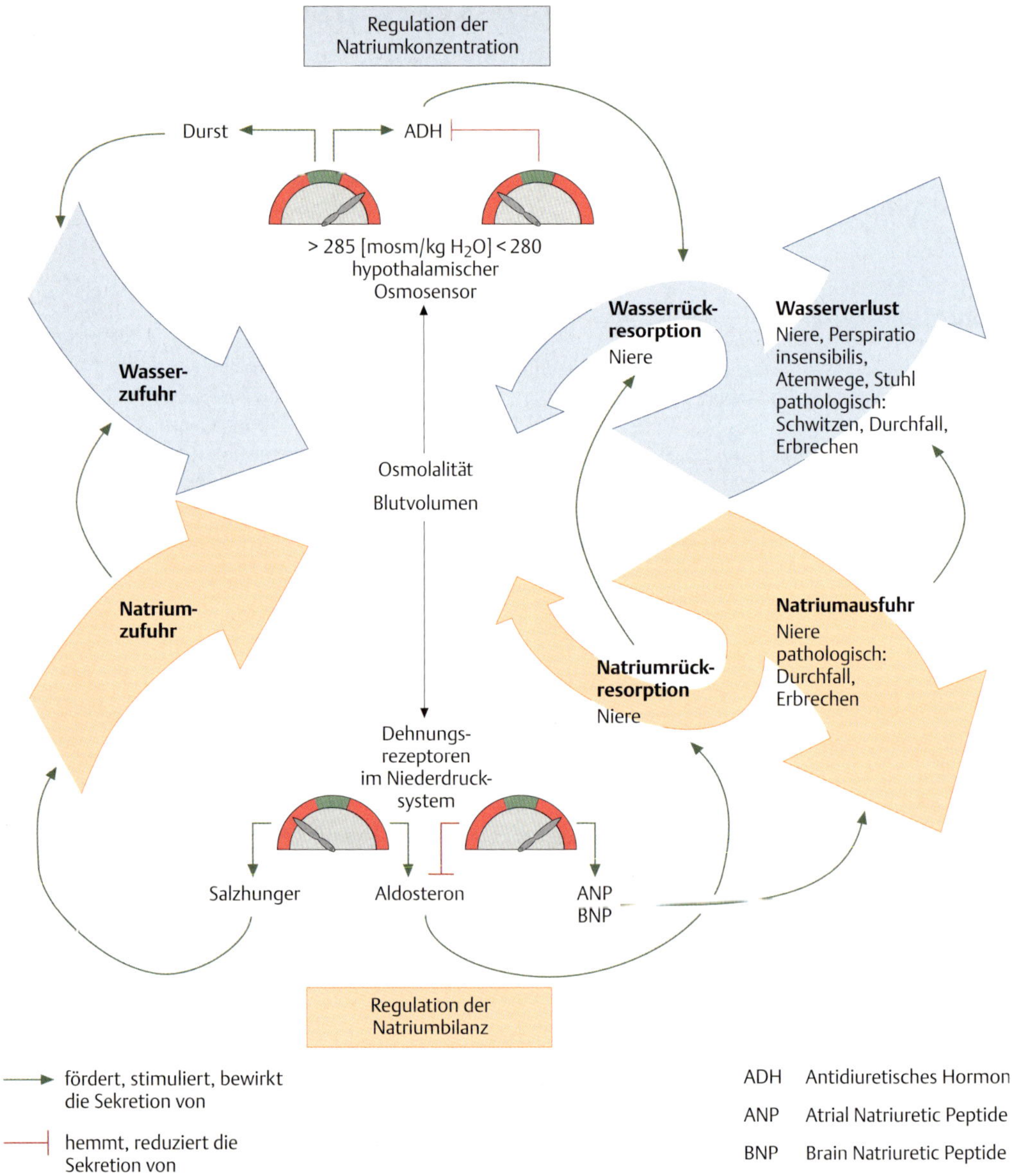

Abb. 15.1 Osmo- und Volumenregulation. Im oberen Bildteil ist die Osmoregulation über das Durst-ADH-System dargestellt. Das Volumenkontrollsystem über die Natriumbilanz (unterer Bildteil) regelt indirekt die Wasserbilanz, da Natrium aus osmotischen Gründen gleichsinnige Wasserbewegungen nach sich zieht.

latation und Verschiebung von Flüssigkeit aus dem Intravasal- in den Interstitialraum. Umgekehrt wird bei Herzinsuffizienz, Leberzirrhose, nephritischem bzw. nephrotischem Syndrom oder Niereninsuffizienz durch eine erhöhte renale Natriumkonservierung so viel Wasser retiniert, dass es zu einer **Hyperhydratation** kommt.

Bei einer **Hypovolämie** kann die verminderte Füllung des Intravasalraumes nicht nur durch eine Störung der äußeren Bilanz, sondern auch durch eine

Tab. 15.1 Flüssigkeitsbilanz der Erwachsenen

Einfuhr	ml/24 h	Ausfuhr	ml/24 h
Trinkmenge	1 000 – 1 500	Urin	1 000 – 1 500
Wasseranteil in fester Nahrung (~70 %)	700	Perspiratio insensibilis (Haut, Atemwege)	900
Oxidationswasser	300	Fäzes	100
Gesamt	2 000 – 2 500	Gesamt	2 000 – 2 500

Tab. 15.2 Veränderung des Extrazellulärvolumens (Hydratationszustand) und der Osmolalität

Volumenbestand	Indikator (Hb, S-Eiweiß)	Osmolalität	Indikator MCV
Dehydratation (Volumenmangel)	erhöht	isoton hypoton hyperton	normal erhöht erniedrigt
Hyperhydratation (Volumenexzess)	erniedrigt	isoton hypoton hyperton	normal erhöht erniedrigt

Umverteilung zwischen intravasaler und interstitieller Flüssigkeit (= **third space**) zustandekommen. Dies kann diagnostisch zu Problemen führen: bei Sequestrierung von Flüssigkeit in Darm (Ileus), Retroperitonealraum (Pankreatitis), Subkutangewebe (Verbrennung) etc., kann der Volumenmangel nicht durch äußere Bilanzierung erkannt werden.
Renale oder extrarenale Natriumverluste führen zu einer **Dehydratation** mit Abnahme des Gesamtkörperwassers.

15.1.2 Volumenmangel

Folgende **Symptome und Befunde** sind bei Volumenmangel zu erwarten:

- Defizit bis 2 l: Durst
- Defizit ab 2 – 4 l: trockene Schleimhäute, verminderter Hautturgor (unzuverlässig bei kachektischen Patienten)
- Defizit ab etwa 4 l: überschießender Blutdruckabfall und Herzfrequenzanstieg in Orthostase, evtl. Fieber und Oligurie

Diagnostisch ist die zuverlässigste Erkennung des Volumenmangels durch Messung von **zentralem Venendruck** (ZVD, normal 4 – 10 cmH_2O) und **pulmonalkapillärem Verschlussdruck** (Swan-Ganz-Katheter) möglich. Hierbei ist zu beachten, dass der ZVD bei Rechtsherzinsuffizienz und vermehrter Katecholaminausschüttung (z. B. im Schock) unzuverlässig ist, da hier durch eine Venenkontraktion der ZVD trotz Volumenmangel ansteigt.
Bei der **Laboruntersuchung** ist der Anstieg von Serum-Eiweiß und Hämoglobin auffallend (**Tab. 15.2**); bei normaler Nierenfunktion sind eine hohe Urin-Kreatinin- und eine niedrige Urin-Natrium-Konzentration nachweisbar (in der Literatur auch als „prärenales Nierenversagen“ bezeichnet, obwohl die Nierenfunktion völlig intakt ist, s. S. 310).
Die Therapie zielt darauf, Natriumverluste zu ersetzen und das Extrazellulärvolumen aufzufüllen. Art und Zusammensetzung der Substitutionslösung hängen v. a. von den vorausgegangenen Elektrolytverlusten ab.

15.1.3 Volumenexzess

Bei gleichzeitiger Expansion des Plasmavolumens, d. h. wenn keine Störung der Verteilung zwischen intravasaler und interstitieller Flüssigkeit vorliegt, sind folgende **Symptome** typisch:

- Gewichtszunahme
- Anstieg des arteriellen Blutdrucks
- vermehrte venöse Füllung (erhöhter ZVD, gestaute Halsvenen)

Tab. 15.3 Differenzialdiagnose der Ödeme

Erkrankung		Kommentar
generalisiert		
• Myxödem bei Hypothyreose	++	teigige Konsistenz, nicht eindrückbar
• Lipödem	+	Füße bleiben ausgespart
lokalisiert		
• entzündlich	++	Calor, Rubor, Dolor, Tumor, Functio laesa
• Quincke-Ödem (= Angioödem; allergisch oder nichtallergisch)	+	meist im Gesicht lokalisiert, tritt plötzlich und passager auf
• Lymphödem	+	Zehen sind immer betroffen, typisch sind tief einschneidende Querfalten und nicht faltbare Haut an der Dorsalseite der Zehen; Lymphsequenzszintigrafie

- Husten, Dyspnoe, interstitielles Lungenödem („fluid lung"), alveoläres Lungenödem (feuchte Rasselgeräusche, s. S. 415)

Bei der Laboruntersuchung fällt vor allem der **Hämoglobinabfall** auf bedingt durch die Hämodilution. Die Therapie richtet sich maßgeblich nach der Genese des Volumenexzesses. Ziel ist die rasche Entfernung überflüssigen Wassers aus dem Organismus (Einfuhrbeschränkung, Schleifen-Diuretika, ggf. Dialyse). Hinzu kommen supportive Maßnahmen, beim Lungenödem sind das Oberkörperhochlagerung, O_2-Gabe, ggf. Gabe von Morphin und Nitroglycerin, ggf. CPAP-Beatmung (s. S. 485).

Generalisierte Ödeme

→ vgl. S. 10

Ödeme sind **Flüssigkeitsansammlungen im interstitiellen Gewebe**. Bei starker Ausprägung können auch Anasarka und Höhlenergüsse (Aszites, Pleuraerguss) auftreten.

Als **Ursachen** kommen Herzinsuffizienz, Leberzirrhose, Nierenkrankheiten (nephrotisches Syndrom, Niereninsuffizienz), Hungerödeme oder idiopathische Ödeme (Ödeme ohne fassbare Ursache, vor allem bei Frauen) infrage.

Pathophysiologisch liegt den Ödemen primär eine positive Natriumbilanz infolge gestörter renaler Natriumausscheidung zugrunde (Fehlen des Escape-Phänomens, s. S. 325). Die Ödemverteilung, d. h. deren Lokalisation, wird durch das Starling-Filtrationsgleichgewicht über Kapillaren beeinflusst (hydrostatischer und kolloidosmotischer Kapillardruck einerseits, Gewebsgegendruck andererseits).

Differenzialdiagnostische Hinweise sind in **Tab. 15.3** zusammengestellt.

15.1.4 Hyponatriämie

engl.: hyponatremia

Definition. Hyponatriämie liegt dann vor, wenn die Natriumkonzentration unter dem Normbereich liegt (135 – 144 mmol/l). Natrium ist physiologischerweise der wichtigste Osmolyt in der Extrazellulärflüssigkeit. Daher ist dieser Zustand in der Regel gleichbedeutend mit **Hypoosmolalität**.

Ursachen. Hyponatriämie mit Hypoosmolalität:
- exzessive Wasserzufuhr durch psychogene Polydipsie oder inadäquate Infusionstherapie.
- gestörte renale Wasserausscheidungsfähigkeit
  - ADH-Spiegel inadäquat zur Serumosmolalität
    - exogene ADH-Zufuhr
    - verminderte effektive Füllung des arteriellen Gefäßbetts (Hämorrhagie, terminale Herzinsuffizienz, terminale Leberzirrhose)
    - Syndrom der inadäquaten ADH-Sekretion (Bronchialkarzinom, Porphyrie, Lungenerkrankungen wie Tuberkulose oder Pneumonie, ZNS-Erkrankungen wie Enzephalitis, Meningitis oder Tumoren)
  - primär renale Störungen der Ausscheidung osmotisch freien Wassers z. B. bei chronischer Niereninsuffizienz, Morbus Addison, Hypothyreose

Hyponatriämie mit Hyperosmolalität: osmotisch bedingter Austritt von Wasser aus dem Intrazellulärraum durch Hyperglykämie oder Gabe von Osmodiuretika.

Pseudohyponatriämie mit normaler Serumosmolalität: Artifiziell erniedrigte Natriumspiegel durch Hyperlipidämie oder Hyperproteinämie. Bei stark erhöhter Konzentration von Plasmalipiden oder Plasmaproteinen ist die Natriumkonzentration im Gesamtplasma vermindert, im Plasmawasser jedoch normal. Bei der flammenphotometrischen Natriumbestimmung sind die Werte (Konzentration) erniedrigt, bei Messung mit ionenspezifischen Elektroden (Aktivität) jedoch normal.

Klinik. Die Ausprägung der Symptome ist abhängig von der Geschwindigkeit des Auftretens der Hyponatriämie, da Zellen in der Lage sind, sich langsam an eine erniedrigte Osmolalität zu adaptieren. Symptome infolge der osmotisch bedingten Verschiebung von Wasser aus dem Extrazellulärraum in den Intrazellulärraum treten in der Regel erst auf, wenn die Serum-Natrium-Konzentration unter 120 mmol/l abgesunken ist. Im Vordergrund stehen **Hirndruckzeichen**, da das anschwellende Gehirn von der festen Schädelkalotte umgeben ist: Kopfschmerz, Erbrechen, Papillenödem, Bewusstseinstrübung, fokale oder generalisierte Krampfanfälle. Außerdem können **Wadenkrämpfe** durch den erhöhten Wassergehalt der Muskulatur auftreten („fireman's cramps").

Therapie.

- **symptomatische Patienten:** langsame Zufuhr von **hypertoner NaCl-Lösung**, ggf. unter Bilanzierung und Messung der zentralen Drücke. Erzeugung eines hypotonen Harns durch die Gabe von Furosemid und gleichzeitige Infusion hypertoner NaCl-Lösung. Bei zu raschem Anheben der Serum-Natrium-Konzentration besteht die Gefahr einer Hirnschädigung.
- **asymptomatische Patienten:** Wasserrestriktion (Einschränkung von Trinken und elektrolytfreien Infusionen)

> (!)
> - **Hyponatriämie ist nicht gleichbedeutend mit Natriummangel.**
> - **Natriumzufuhr ist bei ödematösen hyponatriämischen Patienten mit Herzinsuffizienz, Leberzirrhosen und Aszites, nephrotischem Syndrom oder Niereninsuffizienz kontraindiziert.**

15.1.5 Hypernatriämie

engl.: hypernatremia

Definition. Hypernatriämie liegt dann vor, wenn die Natriumkonzentration über dem Normbereich liegt (135 – 144 mmol/l). Da Natrium physiologischerweise der wichtigste Osmolyt in der Extrazellulärflüssigkeit ist, ist dieser Zustand in der Regel gleichbedeutend mit **Hyperosmolalität**.

Ursachen. Eine Hypernatriämie, d. h. Hyperosmolalität der Extrazellulärflüssigkeit, kann sich nur bei **ungenügender Wasseraufnahme** entwickeln.

> (!) **Beim bewusstseinsklaren Patienten löst eine Hypernatriämie Durst und Wasserzufuhr aus.**

Exzessive Natriumzufuhr:

- mit der Nahrung (nur bei Kleinkindern beobachtet)
- Infusion konzentrierter Natriumbicarbonatlösungen bei der Azidosebehandlung

Inadäquate Wasseraufnahme:

- Beeinträchtigung (selektiver Verlust oder Fehleinstellung) des Durstmechanismus
- „Resetting" der Osmorezeptoren (z. B. bei Hypothalamustumoren)
- bewusstseinsgetrübte Patienten
- Beeinträchtigung der enteralen Wasserzufuhr (z. B. Ösophaguskarzinom)

Gesteigerte Wasserverluste im Urin durch Störung der Harnkonzentrierung:

- Erniedrigung des Serum-ADH-Spiegels (Diabetes insipidus centralis, s. S. 495)
- hereditäre ADH-Resistenz (rezessiv geschlechtsgebunden vererbter Diabetes insipidus renalis, s. S. 495)
- erworbene ADH-Resistenz:
  - Hypokaliämie (s. S. 331)
  - Hyperkalzämie (s. S. 529)
  - interstitielle Nephritis (z. B. Morbus Sjögren, s. S. 1128),
  - Reparationsphase des akuten Nierenversagens
  - osmotische Diurese (Diabetes mellitus, Sondenernährung mit Sondenkost bei inadäquater Wasserzufuhr, Niereninsuffizienz)

Gesteigerte extrarenale Wasserverluste:

- erhöhte Perspiratio (in-)sensibilis bei Hyperthermie

- vermehrte Wasserabgabe durch verbrennungsgeschädigte Haut

Klinik. Das Auftreten klinischer Symptome ist abhängig von der Geschwindigkeit der Hypernatriämieentwicklung (langsame Adaptation der Osmolalität des Gehirns). Bei rascher Entwicklung bewirkt ein osmotischer Wasserentzug aus dem Gehirn **zentralnervöse Ausfälle** (Bewusstseinstrübung bis Koma); die Schrumpfung des Hirns kann zu subduralen und intrazerebralen Blutungen durch Venenruptur führen; gelegentlich tritt Durstfieber auf.

Therapie. Wasserzufuhr. Bei bewusstseinsgetrübten Patienten vorsichtige, langsame Infusion mit osmotisch freiem Wasser (z. B. Glukoselösung).

15.2 Kaliumhaushalt

15.2.1 Grundlagen

Die wichtigsten Einflussparameter auf den Kaliumhaushalt sind in **Abb. 15.2** dargestellt. Vereinfachend kann gesagt werden, dass eine **Hyperkaliämie** in der Regel mit einer **Störung der Kaliumverteilung** und eine **Hypokaliämie** in der Regel mit einer **Störung der Kaliumbilanz** vergesellschaftet ist. Verschiebungen des Verhältnisses zwischen extra- und intrazellulärer Kaliumkonzentration beeinflussen das Membranpotenzial und somit die Erregbarkeit von Zellen (Nernst-Gleichung). Da das Gehirn als elektrisch sensibelstes Organ vor einer Abweichung der Kaliumkonzentration durch bidirektionalen Kaliumtransport an der Blut-Liquor-Schranke relativ gut ge-

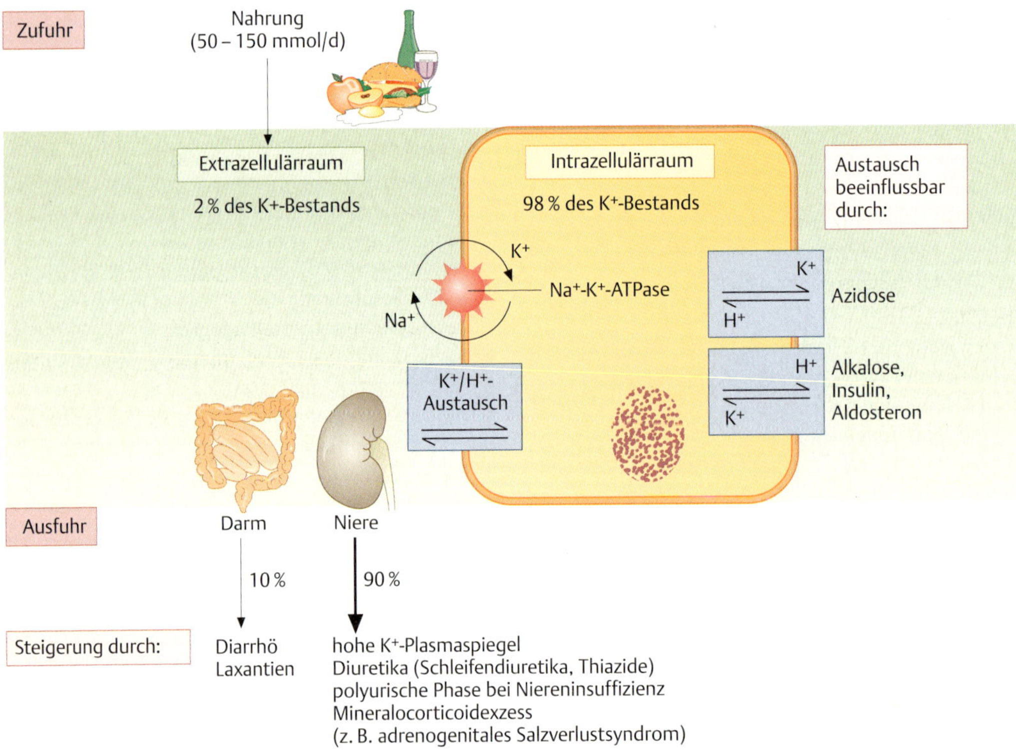

Abb. 15.2 Regulation des Kaliumhaushalts. Die Kaliumbilanz spiegelt das Verhältnis von Kaliumzufuhr (Nahrung) zu Kaliumausfuhr (Niere 90 %, Darm 10 %) wider. Die Kaliumverteilung zwischen extra- und intrazellulärer Flüssigkeit ist Ausdruck der Aktivität der Na^+-K^+-ATPase und des K^+/H^+-Austausches. Da der Serum-Kalium-Spiegel in engen Grenzen konstant gehalten werden muss, hat der Körper die Möglichkeit, kurzfristige Korrekturen durch K^+-Verschiebung zwischen Extra- und Intrazellulärraum und längerfristige Änderungen durch Beeinflussung der renalen Kaliumausscheidung vorzunehmen.

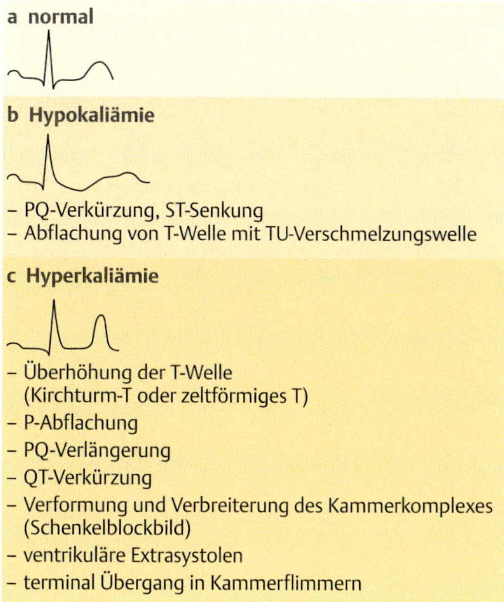

Abb. 15.3 EKG-Veränderungen bei Hyper- und Hypokaliämie.

schützt ist, werden klinische Störungen vorwiegend an **Herzmuskel** (Abb. 15.3), **Skelettmuskel** und **glatter Darmmuskulatur** beobachtet.

- Ein Abfall der Kaliumkonzentration in der Extrazellulärflüssigkeit **(Hypokaliämie)** erhöht den Quotienten „intrazelluläres/extrazelluläres Kalium" und führt zur Abnahme der neuromuskulären Erregbarkeit mit Hyperpolarisationsblock.
- Ein Anstieg der Kaliumkonzentration in der Extrazellulärflüssigkeit **(Hyperkaliämie)** mit Erniedrigung des Quotienten führt zunächst zur Zunahme, dann zum Abfall der neuromuskulären Erregbarkeit (Depolarisationsblock). Außerdem kommt es am Herzen zu negativ inotroper (Kontraktilität) und negativ dromotroper Wirkung (herabgesetzte Erregungsleitung).

Das Ausmaß der Störungen ist von der Geschwindigkeit des Auftretens der Kaliumkonzentrationsänderung abhängig, da kompensatorisch gleichsinnige Veränderungen des intrazellulären Kaliums erfolgen, die den Quotienten K^+-intrazellulär/K^+-extrazellulär wieder normalisieren (z. B. normales EKG bei Patienten mit chronischer Hypokaliämie).

15.2.2 Hypokaliämie

engl.: hypokalemia

Definition. Unterschreiten des Kaliumnormbereichs von 3,5 – 5,5 mmol/l im Plasma.

Ursachen. Störungen der Kaliumverteilung:

- parenterale Ernährung ohne Kaliumzufuhr
- Reparationsphase des Coma diabeticum (s. S. 633)
- Alkalose (s. S. 337, 339)

Störungen der Kaliumbilanz:

- renale Kaliumverluste mit Hochdruck:
  - Morbus Conn (s. S. 566)
  - Morbus Cushing (s. S. 569)
  - Lakritzenabusus

> **!** **Lakritze hat aldosteronähnliche Wirkungen.**

- renale Kaliumverluste ohne Hochdruck:
  - sekundärer Hyperaldosteronismus (Leberzirrhose, nephrotisches Syndrom)
  - Bartter-Syndrom (autosomal-rezessiv erblicher renaler Natrium- und Chloridverlust; nicht mit „Schwartz-Bartter-Syndrom" [s. S. 498] verwechseln!),
  - Gitelman-Syndrom
  - heimliche Diuretikaeinnahme und/oder heimliches Erbrechen (sog. Pseudo-Bartter-Syndrom), häufig bei psychisch auffälligen Personen (Frauen > Männer) mit dem Wunsch der Gewichtsabnahme
  - wegen Natriummangels persistierende Alkalose nach Erbrechen
  - hoch dosierte Penicillintherapie
- extrarenale Kaliumverluste, kombiniert mit metabolischer Alkalose (oberer Gastrointestinaltrakt, Verlust von Säureäquivalenten):
  - Enterostomie, Darmfistel
  - Verner-Morrison-Syndrom (Vipom, s. S. 894)
  - Kolonpapillom
  - chronische Diarrhö (s. S. 736)
  - akute Diarrhö (z. B. Cholera, s. S. 1045)
  - Laxanzienabusus

Klinik.

- **Skelettmuskulatur:** Schwäche, besonders der unteren Extremitäten, bis hin zu Lähmungen
- **Darm:** Obstipation, paralytischer Ileus
- **Herz:** Hypokaliämie-EKG (s. **Abb. 15.3**), Herzrhythmusstörungen

- **Niere:** Polyurie, Polydipsie, eingeschränkte Konzentrationsfähigkeit; *chronisch:* interstitielle Fibrose und Nierenfunktionsverlust

> **Bei Hypokaliämie begünstigt Digitalis supraventrikuläre und ventrikuläre Herzrhythmusstörungen (s. S. 107).**

Diagnostik. Anamnese: Nahrungszufuhr, Durchfall, Erbrechen, Laxanzien- und Diuretikagebrauch.

Labor:

- Kalium im Plasma oder Serum (die unten beschriebenen Fehlerquellen können auch eine Hypokaliämie verschleiern)
- Kalium im Urin: > 20 mmol/l Verdacht auf renalen Kaliumverlust; < 20 mmol/l Verdacht auf enteralen Kaliumverlust
- Säure-Basen-Status: meist metabolische Alkalose (s. S. 339); selten Azidose (z. B. renal-tubuläre Azidose, s. S. 296)
- Plasma-Renin-Aktivität: erniedrigt bei Mineralokortikoidexzess (s. S. 339), erhöht bei Hypovolämie infolge Laxanzien- und Diuretikagebrauch
- direkte Bestimmung von Laxanzien im Stuhl und Diuretika im Urin

Blutdruckmessung: Ein hoher Blutdruck spricht für, ein niedriger Blutdruck gegen einen primären Mineralokortikoidexzess.

Therapie. Akuter Notfall: Kalium intravenös (maximale Geschwindigkeit 20 mmol/h, maximale Tagesdosis 2 mmol/kgKG). Abschätzung des Kaliumbedarfs: 1 mmol/l Erniedrigung der Kaliumkonzentration entspricht einem Defizit von etwa 100 mmol K^+. Üblicherweise wird **Kaliumchlorid** verabreicht.

Chronische Hypokaliämie: Die Beseitigung der auslösenden Ursache steht an erster Stelle, wie z. B. Absetzen von Laxanzien, Diuretika, Lakritze, Gabe von Spironolacton bei Hyperaldosteronismus, Alkalosekorrektur. Außerdem sollte der Patient für eine kaliumreiche Ernährung sorgen (Obst, Gemüse).

Zum Ausgleich des Defizits ist die Kaliumgabe (Kaliumchlorid) per os indiziert. Wegen der Gefahr von Dünndarmulzerationen sollten keine dragierten Darreichungsformen gewählt werden. Kaliumsalze organischer Säuren sind nicht in der Lage, ein Kaliumdefizit zu korrigieren. Sowohl Kaliumzitrat als auch Kaliumhydrogencarbonat führen zur Verstärkung einer evtl. vorbestehenden Alkalose und unterhalten den renalen Kaliumverlust.

15.2.3 Hyperkaliämie

engl.: hyperkalemia

Definition. Überschreiten des normalen Kaliumkonzentrationsbereichs von 3,5 – 5,5 mmol/l.

Ursachen. Störungen der Kaliumverteilung:

- Azidose:
  - ketoazidotisches diabetisches Koma (s. S. 633)
  - urämische Azidose (s. S. 296)
- gestörte Natriumpumpe (Na^+-K^+-ATPase):
  - Digitalisintoxikation (s. S. 106 f)
- Kaliumfreisetzung aus geschädigten Zellen:
  - Myolyse
  - Hämolyse
  - Zytolyse bei Malignombehandlung

Störungen der Kaliumbilanz:

- Oligo- oder Anurie

Kombination aus Verteilungs- und Bilanzstörung: Fehlen der Mineralokortikoidwirkung bei

- Morbus Addison (s. S. 575)
- hyporeninämischer Hypoaldosteronismus (Schambelan-Syndrom)
- Therapie mit Aldosteronantagonisten (Spironolacton) oder mit kaliumsparenden Diuretika wie Triamteren, Amilorid bei niereninsuffizienten Patienten

Klinik. Häufig macht sich die Hyperkaliämie erst durch vital bedrohliche **Herzrhythmusstörungen** (AV-Block, Kammerflattern, Kammerflimmern oder Asystolie) bemerkbar. Es gibt kaum Frühsymptome, am ehesten noch treten Parästhesien (aus unbekannten Gründen vor allem im Mundbereich), Muskelzuckungen und Paresen auf.

Diagnostik.

- **Kaliumbestimmung**

> **Fehlerquellen:** Hämolyse bei forcierter Aspiration (Kaliumaustritt aus den Zellen), Luftbeimengung bei Blutabnahme, verspätete Zentrifugation. Die Kaliumfreisetzung durch Gerinnung (aus Thrombozyten bei Thrombozythämie) und Leukozyten (bei Leukämie) verursacht eine sog. „Pseudohyperkaliämie" mit erhöhtem Serum-Kalium, aber normalem Plasma-Kalium.

- **Säure-Basen-Status:** Ausschluss einer Azidose
- **harnpflichtige Substanzen:** Ausschluss einer Niereninsuffizienz

Tab. 15.4 Sofortmaßnahmen bei Hyperkaliämie

Medikament bzw. Maßnahme	Dosierung	Wirkmechanismus
Calcium i. v. bei digitalisierten Patienten kontraindiziert!	10 ml 10 % Ca-Gluconat über 60 s unter EKG-Kontrolle i. v.	„Stabilisierung" der Kardiomyozytenmembran, Rückbildung der hyperkaliämiebedingten EKG-Veränderungen; keine Änderung des Serum-Kaliums
Insulin plus Glucose i. v.	10 IE Normalinsulin +50 ml Glucose 50 % in 10 min über einen zentralen Venenkatheter oder 125 ml Glucose 20 % peripher venös	Insulin stimuliert die Na^+-K^+-ATPase und somit die zelluläre Kaliumaufnahme; mäßiger Abfall des Serum-Kaliums (1 – 2 mmol/l in 30 – 60 min)
Natriumbicarbonat i. v. (nicht zuverlässig wirksam)	50 – 100 ml Lösung (4,2 %) über 10 min i. v.	bei Azidose Austausch von K^+ gegen H^+ über die Zellmembran (K^+-Austritt, H^+-Eintritt; **Abb. 15.2**); bei Alkalisierung Umkehr der Prozesse
β_1-Agonisten (z. B. Salbutamol)	10 – 20 mg als Aerosol oder 0,5 mg i. v.	Translokation von Kalium in die Zelle
Hämodialyse		Kaliumverlust durch Diffusion ins Dialysat
Kationen-Austauschharz (z. B. Natrium- oder Calcium-polystyrolsulfonat)	6-stdl. 15 g p. o. oder 15 – 30 g als Einlauf	Sequestrierung von Kalium im Darmlumen

- Bestimmung von **LDH, CK:** Ausschluss eines Zellzerfalls (Hämolyse, Myolyse, Zytolyse)
- **EKG** (überhöhte T-Zacke: „Kirchturm-T"; QRS-Verbreiterung, s. **Abb. 15.3**).

Therapie. Akuter Notfall: Ein akuter Notfall besteht bei einer Kaliumkonzentration > 6,5 mmol/l oder kardiotoxischen Erscheinungen im EKG (s. **Abb. 15.3**). Die Sofortmaßnahmen sind in **Tab. 15.4** aufgeführt.

Chronische Hyperkaliämie: Kaliumsparende Diuretika oder ACE-Hemmer sind abzusetzen, ebenso ist jede sonstige Kaliumzufuhr zu beenden. Bei Morbus Addison ist die Kortikoidtherapie indiziert (s. S. 577). Durch Kationenaustauscher p. o. (zusammen mit Sorbit zur Vermeidung eines Ileus durch Konkremente aus Austauscherharz) oder als Klysma kann die intestinale Kaliumabsorption verhindert werden.

15.3 Kalziumhaushalt

→ s. Kapitel Nebenschilddrüse, S. 529.

16 Säure-Basen-Haushalt

Christian Morath, Eberhard Ritz

16.1 Allgemeines

16.1.1 Physiologische Grundlagen

Da der pH-Wert der Körperflüssigkeiten innerhalb sehr enger Grenzen (pH 7,38 – 7,42) konstant gehalten werden muss, aber unterschiedliche (d. h. respiratorische und metabolische) Einflüsse diesem Ziel entgegenwirken, stehen dem Körper Puffersysteme zur Verfügung, die in der Lage sind, je nach auslösendem Mechanismus die Abweichung des Säure-Basen-Haushaltes zu kompensieren (**Abb. 16.1**).

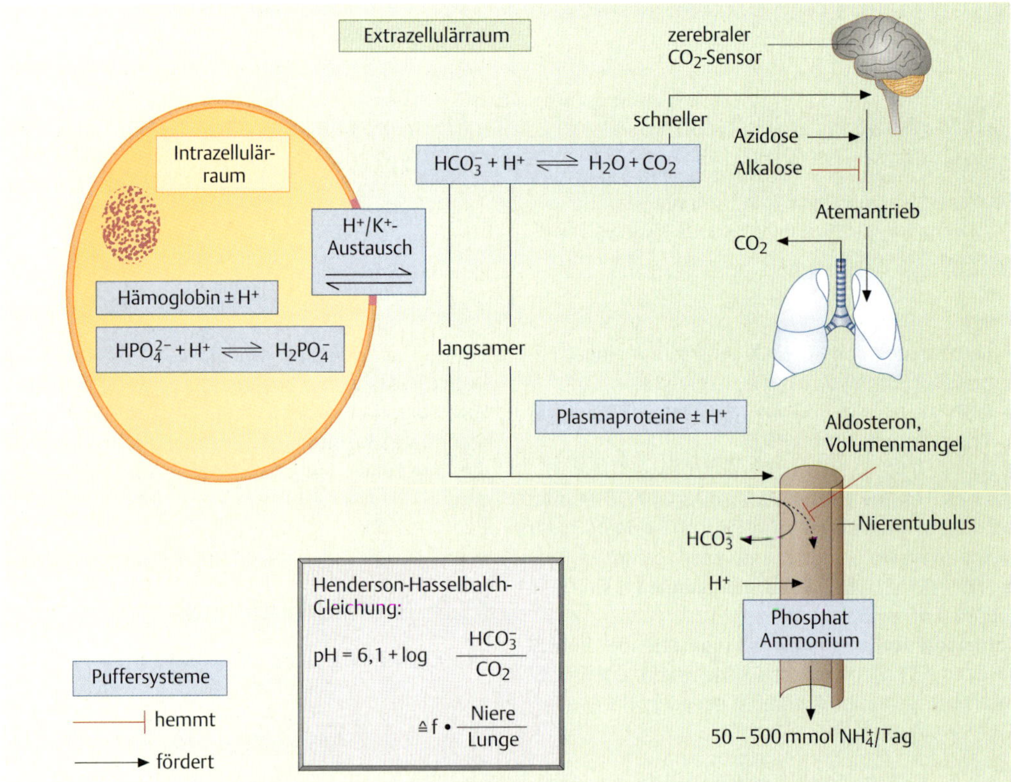

Abb. 16.1 Kompensationsmechanismen im Säure-Basen-Haushalt. Durch die **Lungen** wird die flüchtige Säure CO_2 entfernt. Dieser Vorgang muss so reguliert sein, dass die pro Zeiteinheit entfernte CO_2-Menge der im Stoffwechsel gebildeten Menge an CO_2 entspricht. Der zentrale Atemantrieb wird durch pH und pCO_2 gesteuert und regelt die alveoläre Ventilation so genau, dass der arterielle pCO_2 nur innerhalb enger Grenzen schwankt. Die **Nieren** entfernen Säureäquivalente durch Sekretion von Protonen (H^+) in die Tubulusflüssigkeit. Da der Urin-pH einen Wert von etwa 4,5 nicht unterschreiten kann, wird nur ein verschwindend kleiner Teil der Protonen in freier Form im Urin ausgeschieden. In der Tubulusflüssigkeit werden durch sezernierte Protonen die Puffer Phosphat und NH_3 rücktitriert. Das dabei entstehende Bicarbonat wird sofort rückresorbiert. Bei starkem Anfall an Säureäquivalenten kann die Ammoniumbildung (und parallel die H^+-Ausscheidung) von etwa 50 auf 500 mmol/d ansteigen. Die renale Bicarbonatschwelle, d. h. der Wert der Plasmakonzentration, oberhalb dessen die Niere Bicarbonat ausscheidet und unterhalb dessen die Niere Bicarbonat rückresorbiert, wird vor allem von Aldosteron und der Füllung des Extrazellulärraums beeinflusst.

Hierdurch wird der arterielle pH-Wert konstant gehalten.
Ein geschlossenes System aus Proteinen (z. B. Hämoglobin in Erythrozyten oder Plasmaproteine) kann innerhalb kürzester Zeit H^+-Ionen aufnehmen oder abgeben. Auch durch die Verschiebung von H^+-Ionen zwischen Intra- und Extrazellulärraum können geringfügige und kurzfristige Änderungen des pH-Wertes kompensiert werden. Da durch diese Puffersysteme die Bilanz der H^+-Ionen unverändert bleibt, steht zur längerfristigen Kompensation dem Körper zusätzlich ein offenes Puffersystem aus Phosphat und Bicarbonat zur Verfügung. Bicarbonat ist mit Abstand der wirkungsvollste Puffer des Körpers. Alle anderen Systeme werden auch als Nichtbicarbonatpuffer (NBP) zusammengefasst.

16.1.2 Pathophysiologie

Säure-Basen-Störungen können im Prinzip entweder durch gestörte **alveoläre Ventilation** (respiratorische Azidose und Alkalose) oder durch veränderten **Anfall** bzw. **renale Ausscheidung von Säureäquivalenten** (metabolische Azidose und Alkalose) entstehen. Die 4 im Prinzip möglichen primären Säure-Basen-Störungen sind in **Tab. 16.1** zusammengefasst (vgl. S. 337 ff). **Abb. 16.2** zeigt die Änderungen der Parameter pH-Wert, $PaCO_2$ und HCO_3^- bei Störungen des Säure-Basen-Haushalts.
Die Beurteilung von Säure-Basen-Störungen wird durch die kompensatorisch erfolgenden Änderungen der alveolären Ventilation (respiratorische Kompensation) und der renalen Bicarbonatschwelle (renale Kompensation) erschwert.
Es wird verständlich, weshalb Säure-Basen-Störungen dann besonders gefährlich sind, wenn die ventilatorische Kompensationsmöglichkeit beeinträchtigt ist, z. B. bei metabolischer Azidose (diabetisches Koma) mit begrenzter Steigerungsfähigkeit der Ventilation (Lungenemphysem).

16.1.3 Diagnostik

Wegen der leichten Bestimmbarkeit wird in der Klinik zur Erfassung des Säure-Basen-Status das CO_2/HCO_3^--System herangezogen. Die Wahl dieses Puffersystems ist biologisch sinnvoll, da die Konzentration von CO_2 durch Anpassung der alveolären Ventilation direkt reguliert werden kann. Zwischen der Konzentration der Protonen (H^+-Ionen), der Konzentration der Bicarbonationen und der Konzentration der gelösten Kohlensäure besteht nach dem Massenwirkungsgesetz eine Beziehung, die durch die Formel von Henderson und Hasselbalch ausgedrückt wird (→ **Abb. 16.1**). Der pH-Wert des Blutes ist somit durch das Verhältnis von Bicarbonat zu Kohlensäure bestimmt, pH und PCO_2 werden heute mithilfe von Gaselektroden gemessen, die Bicarbonatkonzentration lässt sich aus pH und PCO_2 errechnen und wird in praxi nomographisch ermittelt.
Der arterielle **Kohlendioxidpartialdruck $PaCO_2$** ist nahezu ausschließlich abhängig von der alveolären Ventilation. Die Regulation der Bicarbonatkonzentration HCO_3^- geschieht durch die Niere, die Bicarbonat bedarfsgerecht abgibt oder retiniert. Die Bicarbonatkonzentration ist daneben aber auch abhängig von der Konzentration der Kohlensäure, von der ein Teil immer dissoziiert ist und in Form von Bicarbonat- und H^+-Ionen vorliegt. Die Bicarbonatkonzentration wird damit indirekt auch durch die respiratorische Regulation beeinflusst.

! Nur bei normaler Ventilation spiegelt Bicarbonat ausschließlich die renale Säure-Basen-Regulation wider.

Für respiratorisch bedingte Änderungen des Bicarbonats können jedoch rechnerisch oder durch Benutzung von Nomogrammen Korrekturen durchgeführt werden. Konventionell wird diejenige Bicarbonatkonzentration angegeben, die bei normaler

D

Tab. 16.1 Die vier primären Säure-Basen-Störungen

Störung	primäre Abweichung	sekundäre Kompensation	Mechanismus der sekundären Kompensation
respiratorische Azidose	$PaCO_2$ ↑	HCO_3^- ↑	erhöhte renale Bicarbonatschwelle
respiratorische Alkalose	$PaCO_2$ ↓	HCO_3^- ↓	erniedrigte renale Bicarbonatschwelle
metabolische Azidose	HCO_3^- ↓	$PaCO_2$ ↓	alveoläre Hyperventilation
metabolische Alkalose	HCO_3^- ↑	$PaCO_2$ ↑	alveoläre Hypoventilation

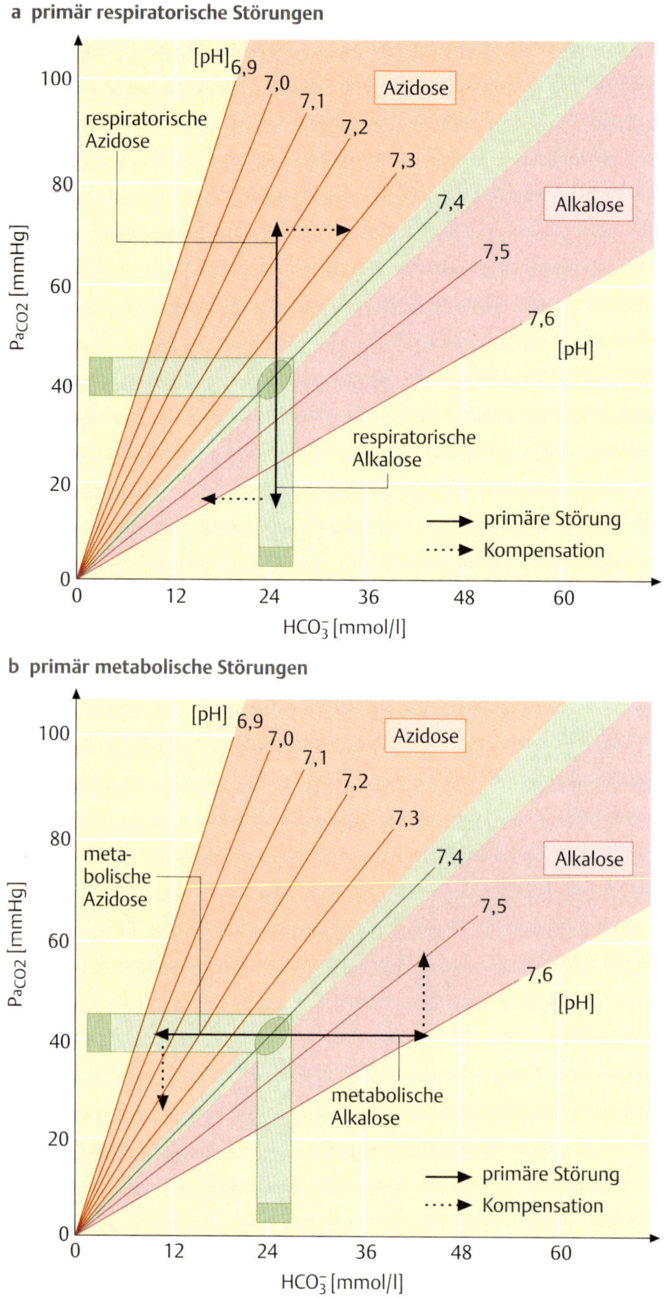

Abb. 16.2 Veränderungen der Blutgasanalyse-Parameter bei Störungen des Säure-Basen-Haushalts. Die Abbildungen zeigen die Normbereiche für pH (dunkelgrüne Ellipse), HCO_3 und $PaCO_2$. Sie zeigen ferner für jeden vorgegebenen Wert des pH die hiermit kompatiblen Wertepaare von HCO_3 und $PaCO_2$ (dunkelgrüne Rechtecke). Für jeden pH-Wert kann der passende Standardbicarbonatwert ermittelt werden, indem man den senkrecht unter dem Schnittpunkt von 40 mmHg $PaCO_2$ und dem jew. pH-Wert liegenden Bicarbonatwert abliest.

a Bei primär *respiratorischen* Störungen liegt ein primärer Anstieg (alveoläre Hypoventilation) oder Abfall (alveoläre Hyperventilation) von $PaCO_2$ vor. Durch Änderung der renalen Bicarbonatschwelle kommt es kompensatorisch zum sekundären Anstieg (bei respiratorischer Azidose) oder Abfall (bei respiratorischer Alkalose) von HCO_3^-. Die kompensatorische Änderung von HCO_3^- vermindert die Abweichung des pH.

b Bei primär *metabolischen* Störungen liegt ein primärer Abfall (metabolische Azidose) oder Anstieg (metabolische Alkalose) von HCO_3^- vor. Durch Änderung der alveolären Ventilation kommt es kompensatorisch zum sekundären Abfall oder Anstieg von $PaCO_2$, wodurch die Abweichung des pH wieder vermindert wird.

Ventilation ($PaCO_2$ = 40 mmHg), also unter Standardbedingungen, im Blut zu finden wäre (sog. Standardbicarbonat).

Normalwerte im arteriellen Blut (oder arterialisierten Kapillarblut):

- pH: 7,40 (7,38 – 7,42)
- $PaCO_2$: 40 mmHg (37 – 43)
- Standardbicarbonat: 25 mmol (23 – 27)

(Konzentration bei $PaCO_2$ von 40 mmHg)

16.2 Respiratorische Störungen des Säure-Basen-Haushalts

16.2.1 Respiratorische Azidose

engl.: respiratory acidosis

Definition. Abfall des arteriellen pH durch primären Anstieg des arteriellen CO_2 ($PaCO_2$) infolge alveolärer Hypoventilation.

Ursachen.
Atemwegsobstruktion:
- akut: Aspiration, Fremdkörper, Laryngospasmus
- chronisch: Asthma bronchiale, Emphysem

Restriktive Lungenerkrankungen:
- akut: Pneumothorax, Pneumonie, ARDS (**A**cute **R**espiratory **D**istress **S**yndrome),
- chronisch: Pneumonie, interstitielle Lungenfibrose, Lungenparenchymverlust (z. B. Resektion oder Kavernen), Pleuraverschwartung, Kyphoskoliose

Neuromuskuläre Ausfälle:
- akut: Guillain-Barré-Syndrom, Botulismus, schwere Hypokaliämie
- chronisch: Poliomyelitis, Myopathie

Depression des Atemzentrums:
- akut: Anästhesie, atemdepressorische Pharmaka (z. B. Opiate, Sedativa), Atemzentrumsschädigung durch Trauma, Infarkt, Blutung.
- chronisch: z. B. Pickwick-Syndrom bei Obesitas

Klinik.
- Atemnot (unzuverlässig)
- Tachykardie, Blutdruckanstieg, pulmonale Hypertonie (Hyperkapniefolge)
- konjunktivale Injektion, Rötung der Gesichtshaut (CO_2-bedingte Vasodilatation)
- Hirndruckzeichen (Stauungspapille), Verwirrung, Koma (CO_2-bedingte zerebrale Vasodilatation und „CO_2-Narkose")

Diagnostik. s. Tab. 16.1

Therapie. Steigerung der pulmonalen Ventilation durch
- ggf. Behebung einer bronchialen Obstruktion: antiasthmatische (s. S. 434) bzw. antibiotische Therapie (s. S. 427), Entfernung mechanischer Atemhindernisse
- mechanische Ventilation.

> **!** Durch Opiate, Tranquilizer und die alleinige Gabe von Sauerstoff kann eine Atemdepression induziert werden.

16.2.2 Respiratorische Alkalose

engl.: respiratory alkalosis

Definition. Anstieg des arteriellen pH durch primären Abfall des arteriellen CO_2 ($PaCO_2$) infolge alveolärer Hyperventilation.

Ursachen.
Kompensatorische Hyperventilation bei Hypoxie:
- akut: Pneumonie, Asthma bronchiale, Lungenödem, Hypotonie, rascher Höhenaufstieg
- chronisch: Lungenfibrose, zyanotische Herzfehler, Anämie

Zentrale Stimulation des Atemzentrums: Infarkt, Trauma, Tumor, Enzephalitis, Meningitis, Medikamente (Salicylate, Nikotin, Progesteron), nervöses Atmungssyndrom (*engl.:* anxiety hyperventilation syndrome), Leberausfall, gramnegative Sepsis.

Klinik. Erhöhte neuromuskuläre Erregbarkeit mit Parästhesien in Lippen und Fingern, Schwindelgefühl, tetanische Beschwerden mit einer Pfötchenstellung der Hände und einer Plantarflexion der Füße.

Diagnostik. s. Tab. 16.1

Therapie. Im Vordergrund steht immer die **Therapie der Grundkrankheit** bzw. die Elimination der zugrundeliegenden Ursache, insbesondere auch bei chronischer respiratorischer Alkalose.
Bei **Hyperventilation auf psychosomatischer Grundlage** sind Beruhigung des Patienten, ggf. leichte Sedierung und die Rückatmung in einen Plastikbeutel indiziert.
Kommt es zur Hyperventilation durch Hypoxämie bei einem **Aufenthalt in großer Höhe**, ist eine Prophylaxe mit Acetazolamid angezeigt. Dieses bewirkt eine vermehrte renale Bicarbonatexkretion.

16.3 Metabolische Störungen des Säure-Basen-Haushalts

16.3.1 Metabolische Azidose

engl: metabolic acidosis

Definition. Primärer Abfall des arteriellen pH-Werts mit Verminderung der Bicarbonatkonzentration im arteriellen Blut (HCO_3^-), bedingt durch vermehrten Anfall endogener oder exogener Säureäquivalente (Additionsazidose), verminderte renale Ausscheidung von Säureäquivalenten (Retentionsazidose), enteralen oder renalen Verlust von Bicarbonat (Subtraktionsazidose).

Ursachen.
Additionsazidose:

- endogene Säure-Äquivalente:
  - Ketoazidose (s. S. 633): diabetisches (Prä-) Koma, Hunger, Alkoholismus
  - Laktazidose (s. S. 629): Schock, Hypoxie, Biguanidtherapie, Tumoren
- exogene Säure-Äquivalente: Salicylat, Methylalkohol, Glykol

Retentionsazidose: verminderte renale Ausscheidung von Säureäquivalenten bei

- Niereninsuffizienz (s. S. 296),
- distal tubulärer Azidose (verminderte Protonensekretion; s. S. 296),

Subtraktionsazidose (Bicarbonatverlust):

- enteral: Diarrhö.
- renal: proximal tubuläre Azidose (s. S. 296), Carboanhydrasehemmer

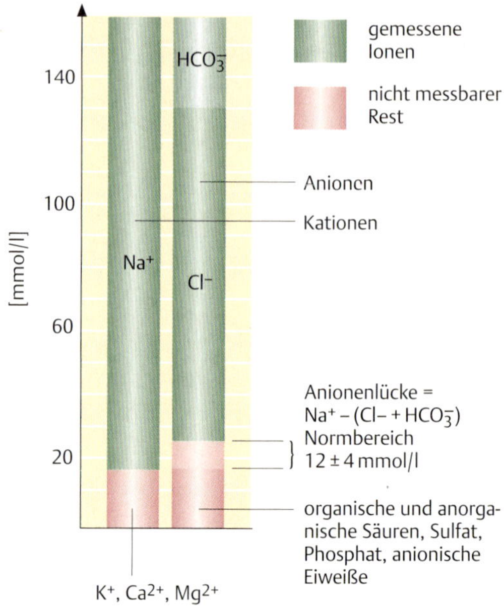

Abb. 16.3 Ionenzusammensetzung des Plasmas. Bei der Suche nach der Ursache einer metabolischen Azidose ist die Berechnung der Anionenlücke hilfreich: Geht bei einer Subtraktionsazidose Bicarbonat renal oder intestinal verloren, wird kompensatorisch NaCl retiniert, so dass die Summe von Cl^- und HCO_3^- konstant bleibt (= normale Anionenlücke). Bei einer Additionsazidose reagiert HCO_3^- mit H^+ zu H_2O + CO_2, ohne dass Cl^- kompensatorisch ansteigt: Die Anionenlücke vergrößert sich.

Diagnostik. Das Verhalten der Chloridkonzentration gibt Aufschlüsse über Ursachen der Azidose. Geht mit dem Abfall der Bicarbonatkonzentration invers ein gleich großer Anstieg der Chloridkonzentration einher, kommt es zu keiner Änderung der Anionenlücke. Die **Anionenlücke** ist die Summe nicht gemessener Ionen: gemessene Anionen, d. h. Cl^- und HCO_3^-, machen etwa 95 % der gesamten Anionen aus; zu den nicht gemessenen Anionen gehören Sulfat, Phosphat, organische Anionen, Protein (**Abb. 16.3**).
Anionenlücke = Na^+ – (Cl^- + HCO_3^-) (Normbereich 12 ± 4 mmol/l)
Eine **normale Anionenlücke** (= hyperchlorämische metabolische Azidose) findet sich bei der Subtraktionsazidose durch Bicarbonatverlust. Als Ursachen kommen infrage:

- renal: tubuläre Azidose, Einnahme von Carboanhydrasehemmern
- intestinal: Diarrhö

Eine **vergrößerte Anionenlücke** (= Additionsazidose) kann durch Ketoazidose, Laktazidose, Vergiftung (Methanol, Äthylenglycol, Salicylat) oder Niereninsuffizienz verursacht sein.

Klinik. Es gibt keine typischen Symptome der metabolischen Azidose. Ein Hinweis kann eine tiefe und beschleunigte Atmung sein (**Kußmaul-Atmung**, s. S. 414). Bei schwerer Azidose können Schock und Herzrhythmusstörungen (→ katecholaminrefraktärer Blutdruckabfall), Verwirrtheit, Stupor und Koma auftreten. Die Verschiebung von H^+-Ionen in den Intrazellulärraum verbunden mit dem Austritt von K^+ aus der Zelle kann zu einer **Hyperkaliämie** führen (s. S. 332).

Therapie. In der Regel ist es ausreichend, die zugrundeliegende Störung zu therapieren:

- diabetische Ketoazidose: Insulin (s. S. 634)
- Laktazidose: Schockbehandlung (s. S. 1159)
- Methanol-, Äthylen-, Glykolintoxikation: Hämodialyse

Die Zufuhr von Natriumbicarbonat ist umstritten und sollte (wenn überhaupt) nur bei schwerster metabolischer Azidose erfolgen.

> **!** **Bei Korrektur der metabolischen Azidose besteht die Gefahr der Hypokaliämie durch Wiederaufnahme von K^+ in die Zelle. Daher ist in der Regel eine Kaliumsubstitution notwendig.**

Klinischer Fall

Eine 34-jährige Patientin wird agitiert, dyspnoeisch und tachypnoeisch mit der Verdachtsdiagnose einer Urosepsis und konsekutivem Nierenversagen in die Nephrologie gebracht. Seit Entfernung ihrer Harnblase vor zwei Jahren hat sie ein Ileumconduit. Beim Ileumconduit werden die Harnleiter in ein isoliertes Dünndarmstück eingepflanzt, das zur Haut ausgeleitet wird und in einem Stoma mündet. Mithilfe eines Klebebeutels fangen die Patienten den Urin auf. Die Patienten berichtet, dass sie an Asthma bronchiale leidet und seit 18 Monaten mit einem Dosier-Aerosol behandelt wird. Unter vier Litern Sauerstoff liegt die Sauerstoffsättigung aktuell bei 98 %. Auskultatorisch kann kein Stridor oder eine Spastik festgestellt werden. Das D-Dimer ist unauffällig, also kein Hinweis auf eine Lungenembolie als Ursache der Dyspnoe. Die Blutgasanalyse ergibt eine metabolische Azidose mit einem pH-Wert von 7,01, einem niedrigen CO_2 von 16 mmHg, einem stark erniedrigten Standardbikarbonat von 5mmol/l (normal 22 – 26 mmol/l), einem BE von –23 mmol/l (normal –2 bis + 2). Die Elektrolytwerte sind wie folgt: Natrium 136 mmol/l, Kalium 5,9 mmol/l, Chlorid 116 mmol/l (normal 98 – 106), Lactat 0,4 mg/dl. Die Blutgasanalyse zeigt, dass die Azidose primär einem Bikarbonatverlust zuzuschreiben ist, denn bei einem Bikarbonatverlust ist die Anionenlücke aufgrund eines kompensatorischen Anstiegs von Chlorid normal (Na^+ - (HCO^{3+} Cl^-) = 12 (± 4) mmol/l; 136-(5 + 116) = 15). Die Ärzte können über die Bestimmung der Anionenlücke im Urin einen renalen Bikarbonatvrlust ausschließen. Dies legt nahe, dass die Patienten über ihr Ileumconduit bereits über einen längeren Zeitraum Bikarbonat verliert. Kompensatorisch hat die Frau in einer vertieften Kussmaulschen Atmung CO_2 abgeatmet. Diese subjektiv empfundene Luftnot wurde als Asthma bronchiale gewertet. Durch einen akuten Infekt hat sich die Stoffwechsellage nun dramatisch verschlechtert. Die Analyse des Säure-Basen-Haushaltes zeigt nun, die Ursache der Atembeschwerden. Schon nachdem die Patieten erstmalig 8,4 %iges Natrium- Bikarbonat erhält, bessert sich die Dyspnoe schlagartig, sie hyperventiliert nicht mehr. Das schlägt sich auch gleich in der BGA nieder. Der ph-Wert ist nun 7,32, pCO_2 14 mmHg, Bikarbonat 7 mmol/l und der BE -17. Ein Asthma bronchiale bestand bei der Patientin also nicht. Bei entsprechenden Krankheitssymptomen sollte zukünftig eine BGA durchgeführt und die Stoffwechsellage korrigiert werden.

D

16.3.2 Metabolische Alkalose

engl.: metabolic alkalosis

Definition. Anstieg des arteriellen pH durch primäre Erhöhung der arteriellen Bicarbonatkonzentration, die meist durch eine renale Retention von Bicarbonat hervorgerufen wird.

Pathophysiologie Ausgangspunkt einer metabolischen Alkalose ist üblicherweise ein vermehrter **Verlust von Säureäquivalenten** über den Magen oder die Nieren. Unterhalten wird hierbei die metabolische Alkalose durch die Stimulation der Bicarbonat-Reabsorption bei Volumen- bzw. Chloridmangel. Eine metabolische Alkalose findet sich auch bei **Mineralokortikoidexzess**. Letzterer stimuliert die renale Sekretion von H^+-Ionen, gleichzeitig wird die renale Bicarbonat-Reabsorption erhöht. Diese Patienten haben kein Volumen- oder Chloriddefizit. Mögliche Ursachen sind in **Tab. 16.2** aufgeführt.

Klinik.

- Zeichen der begleitenden Hypokaliämie (Muskelschwäche, Herzrhythmusstörungen)
- Tetanie durch Alkalose

Diagnostik. s. Tab. 16.1

Therapie. Milde Formen der metabolischen Alkalose erfordern meist keine Therapie.
Bei Verlust von Säureäquivalenten über den Magen wird isotonische NaCl-Lösung infundiert, die auch die renale Bicarbonatexkretion erhöht. Bei persistierender Hypokaliämie ist ein bestehendes Kalium-Chlorid-Defizit auszugleichen.

Tab. 16.2 Ursachen der metabolischen Alkalose (modifiziert nach Harrison)

Einteilung	Ursachen
Volumen- bzw. Chloriddepletion, keine arterielle Hypertonie	Erbrechen, Verlust von Magensaft Diuretikatherapie posthyperkapnische Alkalose
Volumenexzess, arterielle Hypertonie mit Erhöhung von Nebennierenrindenhormonen	Cushing-Syndrom (s. S. 569) primärer Hyperaldosteronismus (s. S. 566) Bartter-Syndrom (s. S. 498)
ausgeprägter Kaliumverlust	
exzessive Alkalizufuhr	akut chronisch: Milch-Alkali-Syndrom

Bei Nebennierenrinden-Überfunktion wird die Grunderkrankung behandelt (z. B. Operation, s. S. 573). Spironolacton-Medikation ist bei nicht operablem primärem oder sekundärem Hyperaldosteronismus zu erwägen (s. S. 569). Bei Bartter-Syndrom erfolgt eine Therapie mit Prostaglandin-Synthese-Hemmstoffen, z. B. Indometacin.

Hämostaseologie

E

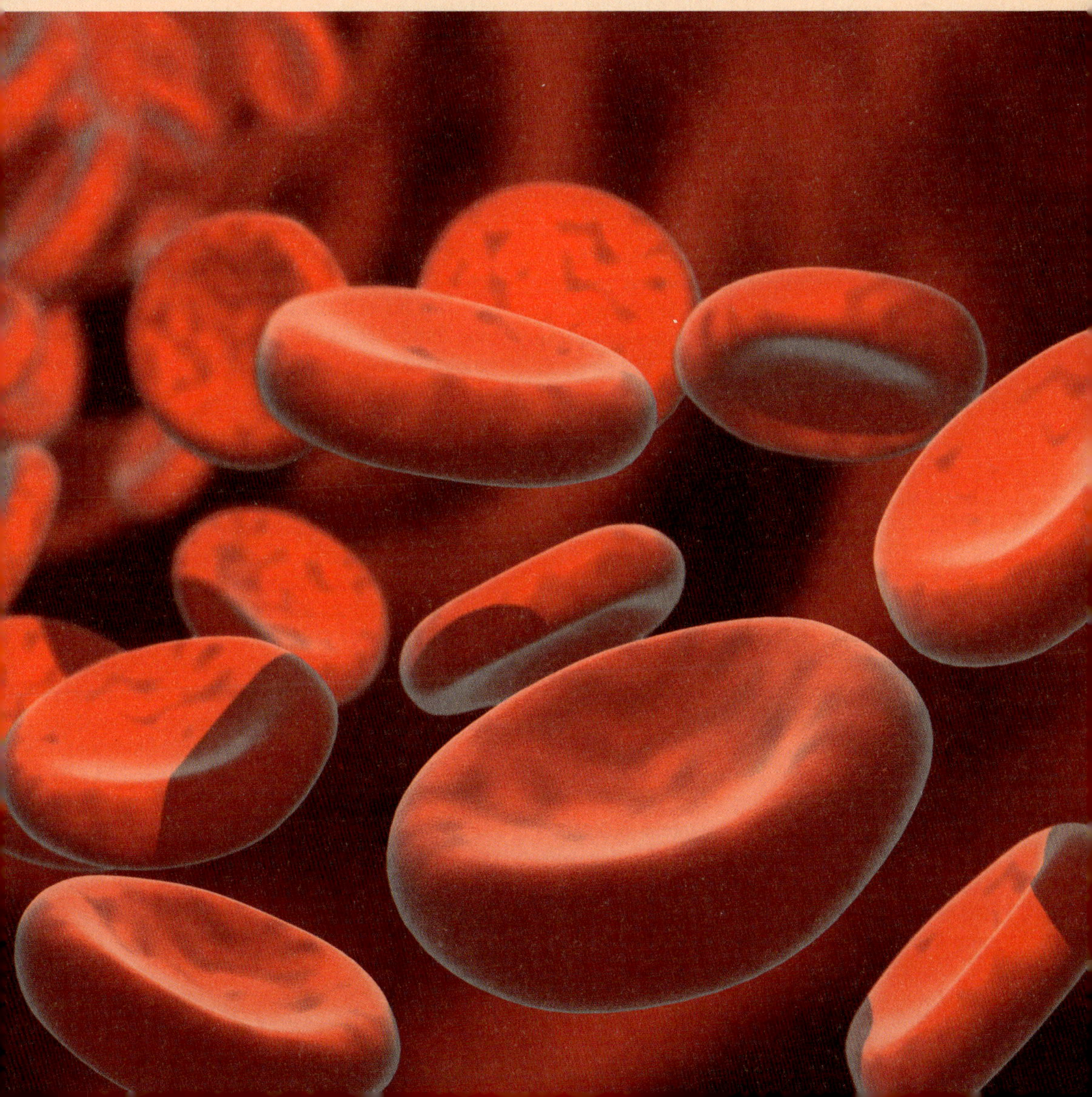

17 Grundlagen der Hämostaseologie

Gert Müller-Berghaus, Bernd Pötzsch

17.1 Physiologie des Hämostasesystems

17.1.1 Einleitung

Der Begriff **Hämostase** subsumiert alle Reaktionen, die zu einer effektiven Blutstillung beitragen. Dies umfasst sowohl das Hämostasesystem im engeren Sinne (thrombozytäres und plasmatisches Gerinnungs- sowie Fibrinolysesystem) als auch die Gefäßwand, die – wenn sie verletzt oder defekt ist – zur Blutstillung beiträgt.
Das Hämostasesystem versetzt den Organismus in die Lage, nach einer Gefäßwandverletzung den Blutverlust durch Ausbildung eines Gerinnsels zu begrenzen. Die Gerinnselbildung ist ein komplexer Prozess, der ein koordiniertes Zusammenspiel von verschiedenen biochemischen und zellulären Reaktionen erfordert. Darüber hinaus ist das Hämostasesystem so reguliert, dass in nicht verletzten Gefäßregionen eine Gerinnselbildung verhindert wird. Entsprechend dieser Funktionen manifestieren sich Erkrankungen des Hämostasesystems entweder als **hämorrhagische Diathese** (Blutungsneigung, s. S. 349 ff.) oder als **thromboembolische Erkrankung** (s. S. 381 ff.).

> **!** **Das Hämostasesystem ist ein dynamisch reguliertes Multikomponentensystem.**

17.1.2 Thrombozytenadhäsion, Thrombozytenaggregation und Thrombozytenaktivierung

Nach einer Gefäßwandverletzung kommt es in einem ersten Schritt zu einer Adhäsion der im Blut zirkulierenden Thrombozyten an freigelegten subendothelialen Strukturen. Die **Thrombozytenadhäsion** (Abb. 17.1) ist eine Rezeptor-Liganden-Interaktion, wobei der Bindung des Glykoprotein-Ib/IX/V-Rezeptorkomplexes der Thrombozyten an den von-Willebrand-Faktor (vWF) eine besondere Bedeutung zukommt. Der vWF ist ein hochmolekulares, aus einer Vielzahl von identischen Untereinheiten aufgebautes Glykoprotein, das im Blut in einer globulären Struktur zirkuliert. Nach einer Gefäßwandverletzung bindet der vWF an Kollagenfibrillen der Gefäßwand und entfaltet sich unter dem Einfluss der Scherkräfte. Dadurch werden im vWF-Molekül Bindungsstellen für den thrombozytären Glykoprotein-Ib/IX/V-Komplex zugänglich, wodurch Thrombozyten an Kollagenfibrillen adhärieren.

> **!** **Nach einer Gefäßwandverletzung adhärieren Thrombozyten an freigelegte subendotheliale Strukturen.**

Die Thrombozytenadhäsion ist gefolgt von einer **Thrombozytenaktivierung.** Hierbei handelt es sich um einen aktiven zellbiologischen Prozess, der durch eine Kontraktion des thrombozytären Zytoskeletts mit Ausbildung von Pseudopodien gekennzeichnet ist. Diese morphologischen Veränderungen der Thrombozyten werden als „Shape Change" bezeichnet. Ausgelöst wird die Thrombozytenaktivierung durch Agonisten, die nach einer Gefäßwandverletzung von verletzten Endothelzellen freigesetzt oder kurzfristig synthetisiert werden. Typische Agonisten sind ADP, Thromboxan und Thrombin. Letzteres ist das Schlüsselenzym der plasmatischen Gerinnugskaskade. Ähnlich der Thrombozytenadhäsion wird auch die Thrombozyteninteraktion, allgemein als **Thrombozytenaggregation** bezeichnet, durch eine Rezeptor-Liganden-Interaktion vermittelt. Ein wichtiger thrombozytärer Rezeptor ist dabei der Glykoprotein-IIb/IIIa-Komplex, dessen Ligand Fibrinogen ist (Abb. 17.1).
Während der Thrombozytenaktivierung werden Inhaltsstoffe wie ADP, Serotonin und Gerinnungsfaktoren, die in spezifischen Speicherorganellen (Speichergranula) der Thrombozyten enthalten sind, in das umgebende Milieu freigesetzt. Dieser Vorgang wird als **Thrombozytensekretion** bezeichnet. Manche dieser Inhaltsstoffe, wie ADP oder Thromboxan, können weitere Thrombozyten aktivieren, andere Inhaltsstoffe wie Faktor V unterstützen die Aktivierung der plasmatischen Gerinnung.

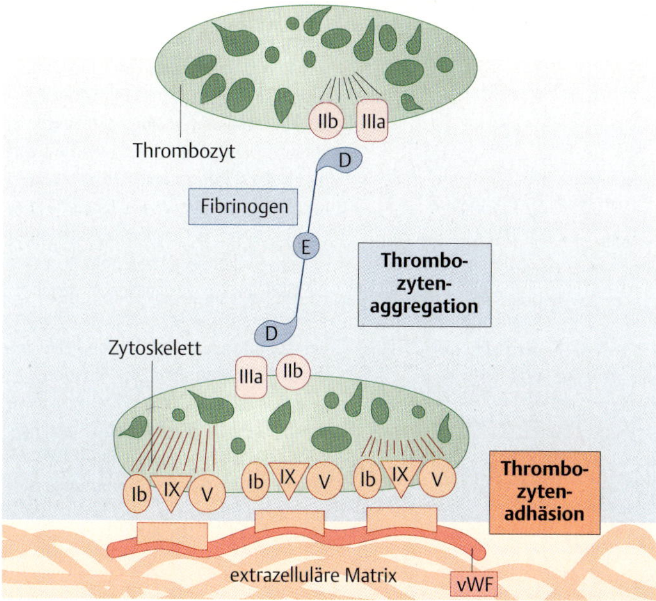

Abb. 17.1 Thrombozytenadhäsion und Thrombozytenaggregation. Bei der Thrombozytenadhäsion ligiert der von-Willebrand-Faktor (vWF) unter Beteiligung des Membranrezeptor-GPIb/IX/V-Komplexes Thrombozyten an die extrazelluläre Matrix, während bei der Thrombozytenaggregation Fibrinogen an die GPIIb/IIIa-Komplexe von zwei Thrombozyten bindet und so die beiden Thrombozyten aneinander fixiert. D und E sind die Domänen des Fibrinogenmoleküls.

E

17.1.3 Aktivierung der plasmatischen Gerinnung

Die plasmatischen Gerinnungsfaktoren zirkulieren im Blut in Form von inaktiven Vorstufen, die durch Proteolyse nacheinander aktiviert werden, bis schließlich quervernetztes Fibrin aus der im Plasma löslichen Vorstufe Fibrinogen entsteht. Im Unterschied zu allen anderen Gerinnungsfaktoren liegt etwa 1 % des Faktors VII (FVII) bereits in der aktiven Form (FVIIa) vor. Nach einer Zerstörung der Endothelzellauskleidung der Gefäßwand kann dieser FVIIa mit seinem Kofaktor, der wiederum in aktiver Form nicht im Blut vorkommt, einen Komplex bilden (Abb. 17.2 **a**). Dieser **extrinsische Aktivierungskomplex** kann mit hoher katalytischer Effizienz Faktor X (FX) aktivieren, der zusammen mit dem aktivierten Kofaktor V (FVa) den **Prothrombinasekomplex** bildet. Dieser aktiviert Prothrombin zu Thrombin. Der Prothrombinasekomplex ist ein typisches Beispiel für einen Multienzymkomplex, dessen Ausbildung das Vorhandensein einer reaktiven Oberfläche erfordert. **Aktivierte Thrombozyten** mit einem hohen Anteil an negativ geladenen Phospholipiden stellen eine besonders gut geeignete molekulare Matrix dar. Auf diese Weise verstärken die aktivierten Thrombozyten die Aktivierung des plasmatischen Gerinnungssystems und lokalisieren gleichzeitig den Gerinnungsprozess an den Ort der Gefäßwandverletzung.

Eine wichtige Rolle bei der Bindung der Gerinnungsfaktoren II, VII, IX und X an negativ geladene Phospholipide spielen die GLA-Domänen, deren Strukturmerkmal gamma-karboxylierte Glutaminsäurereste sind. Die Gamma-Karboxylierung erfolgt in der Leberzelle und ist Vitamin-K-abhängig. Die antikoagulatorische Wirkung der Vitamin-K-Antagonisten beruht auf einer Störung dieser Gamma-Karboxylierung (s. S. 368).

Das initial gebildete **Thrombin** aktiviert weitere Gerinnungsfaktoren, die in Form von Verstärkerschleifen (Abb. 17.2 **b**) die Thrombinbildung verstärken. Thrombin katalysiert die Abspaltung der Fibrinopeptide A und B vom Fibrinogenmolekül; es resultieren Fibrinmonomere. Mehrere Fibrinmonomere können zu Fibrin polymerisieren. Der gleichzeitig durch Thrombin aktivierte Faktor XIII (FXIIIa) stabilisiert das Fibringerinnsel, indem er das Fibrin durch Ausbildung kovalenter Bindungen quervernetzt. Gleichzeitig bewerkstelligt die Fibrinbildung eine Vernetzung und Stabilisierung eines primären Thrombozytenpfropfes.

!

- **Das plasmatische Gerinnungssystem wird durch die Freisetzung von Tissue Factor (TF) aktiviert.**
- **Die TF-getriggerte initiale Thrombinbildung wird durch verschiedene Verstärkerschleifen potenziert.**

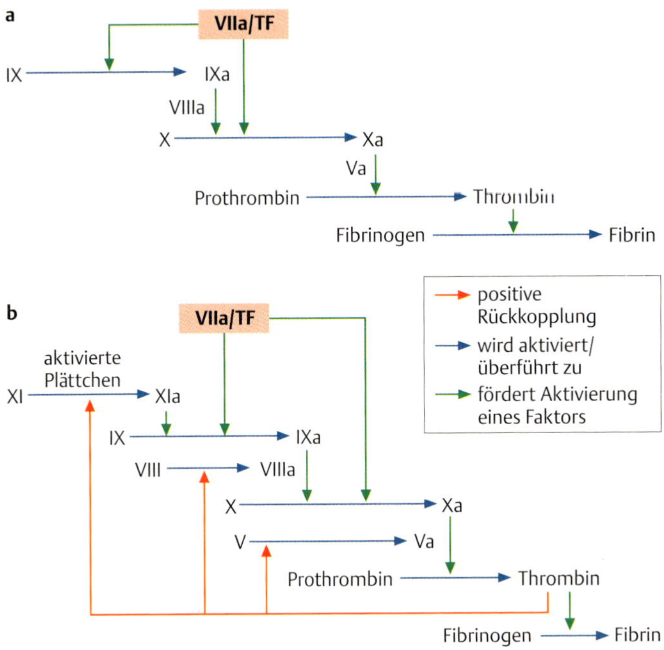

Abb. 17.2 Kaskade der plasmatischen Gerinnungsaktivierung.
a Basale Gerinnungsaktivierung ohne Beteiligung des Faktors IX, wenn die Reaktion bevorzugt über den Faktor VII abläuft. Die Gerinnungsaktivierung wird durch die Bindung von Faktor VII bzw. Faktor VIIa an den Tissue factor (TF) in Gang gesetzt. **b** Gerinnungsaktivierung unter Beteiligung des Faktors IX, wenn die Aktivierung des Faktors X durch TFPI gebremst wird. Durch Aktivierung der Kofaktoren Faktor VIII und Faktor V durch Thrombin wird die Reaktionsgeschwindigkeit der Gerinnungsaktivierung erheblich beschleunigt. Verschiedene Verstärkerschleifen rufen eine Akzeleration der basalen Gerinnungsaktivierung hervor.

- **Das gebildete Thrombin katalysiert die Bildung von Fibrin aus der im Plasma gelösten Vorstufe Fibrinogen.**
- **Faktor XIII katalysiert die kovalente Quervernetzung der Fibrinmoleküle.**

17.1.4 Regulation der plasmatischen Gerinnung

Die zur Thrombinbildung führende Aktivierung der plasmatischen Gerinnungskaskade ist vielfach reguliert. Die klinisch relevantesten Regulationssysteme sind das Antithrombin-Heparin- und das Protein-C-System.

Antithrombin-Heparin-System

Antithrombin ist ein Serinprotease-Inhibitor (SERPIN), der von den Serinproteasen Faktor Xa und Thrombin als Pseudosubstrat erkannt wird. Beide Proteasen spalten zwar auch im Antithrombin (AT)-Molekül eine Peptidbindung, im Gegensatz zur Reaktion mit anderen Substraten kommt es aber dadurch nachfolgend zur Ausbildung einer kovalenten Bindung zwischen dem Enzym und dem AT-Molekül. Dadurch wird die enzymatische Aktivität der Serinprotease komplett blockiert. In Anwesenheit von Heparin wird die Komplexbildung zwischen AT und FXa bzw. Thrombin beschleunigt. Diese Reaktion ist abhängig von der molekularen Größe des Heparins. Während die Beschleunigung der Inaktivierung von Thrombin durch AT hochmolekulares Heparin erfordert, ist für die Inaktivierung von FXa durch AT eine Pentasaccharidsequenz erforderlich. Dies erklärt, warum niedermolekulare Heparine die Thrombininaktivierung nicht beschleunigen können.

Protein-C-System

Das Protein-C-System reguliert die Thrombinbildung in Form einer negativen Rückkopplungsschleife. Endothelzellen exprimieren Thrombomodulin, ein Protein, das Thrombin binden kann und das die Substratspezifität von Thrombin ändert. An Thrombomodulin gebundenes Thrombin aktiviert Protein C. Das gebildete aktivierte Protein C (APC) inaktiviert die Kofaktoren Va und VIIIa und begrenzt dadurch die Fibrinbildung (**Abb. 17.3**).

!

- **Das Antithrombin-Heparin- und das Protein-C-System wirken antikoagulatorisch, indem sie die Thrombinbildung kontrollieren.**

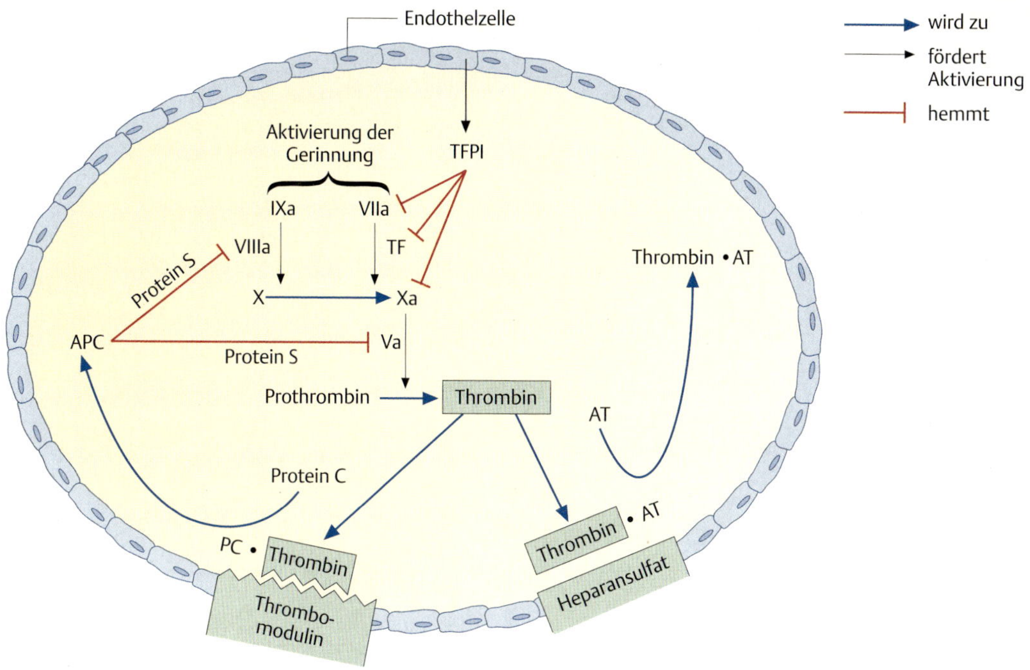

Abb. 17.3 Antikoagulatorische Aktivitäten der Endothelzelle. Thrombin wird an Thrombomodulin gebunden und hierdurch inhibiert; dieser Komplex aktiviert Protein C. „Tissue Factor Pathway Inhibitor" (TFPI) wird von den Endothelzellen sezerniert und hemmt die Faktoren des extrinsischen Gerinnungsweges.

- **Das Protein-C-System wird auf der Oberfläche von Endothelzellen thrombinabhängig aktiviert und begrenzt die Thrombinbildung durch Inaktivierung der aktivierten Kofaktoren V und VIII.**

17.1.5 Fibrinolysesystem

Die Fibrinolyse hat im Hämostasesystem zwei wichtige Funktionen

- sie limitiert eine Gerinnselbildung und
- baut ein Fibringerinnsel ab.

Plasmin ist das zentrale Enzym des Fibrinolysesystems (Abb. 17.4). Es entsteht nach enzymatischer **Spaltung von Plasminogen.** Plasminogenaktivatoren (Gewebeplasminogenaktivator [tissue-type Plasminogen Activator, **t-PA**], Urokinase [urine-type Plasminogen Activator, **u-PA**]) vermitteln diese enzymatische Spaltung. In der t-PA-vermittelten Plasminogenaktivierung ist Fibrin ein geschwindigkeitsbestimmender Kofaktor. Dies ist ein wichtiger Mechanismus, um den Fibrinolyseprozess zu regulieren und zu lokalisieren. Darüber hinaus wird der Fibrinolyseprozess durch die Fibrinolyseinhibitoren α_2-Antiplasmin und Plasminogenaktivatorinhibitoren (PAI) reguliert.

α_2-Antiplasmin und PAI-1 gehören wie Antithrombin zur Gruppe der SERPINE und inaktivieren die korrespondierenden aktiven Enzyme durch kovalente Komplexbildung.

Plasmin ist ein fibrinabbauendes, also fibrinolytisches Enzym, das aus der Vorstufe Plasminogen durch Plasminogenaktivatoren gebildet wird.

17.1.6 Endothel

Unter physiologischen Bedingungen haften Thrombozyten nicht an der Gefäßwand; Fibrin entsteht also nicht auf der Oberfläche von Endothelzellen. Diese als **Thromboresistenz** bezeichnete Eigenschaft des Endothels wird unter anderem durch die regulierte Synthese verschiedener Komponenten des

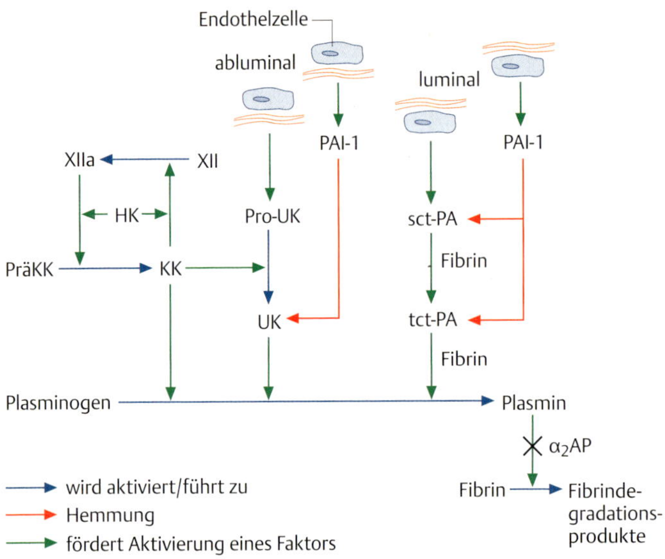

Abb. 17.4 Kaskade der Fibrinolyseaktivierung. Das Fibrinolysesystem wird durch Kontaktaktivierung (XII, HK, PräKK) oder durch Plasminogenaktivatoren (Pro-UK, sct-PA), die aus Endothelzellen freigesetzt werden, aktiviert. KK = Kallikrein; HK = hochmolekulares Kininogen; Pro-UK = Pro-Urokinase; UK = Urokinase; sct-PA = single-chain tissue-type plasminogen activator; tct-PA = two-chain tissue-type plasminogen activator; PAI-1 = Plasminogenaktivatorinhibitor Typ 1; α_2AP = α_2-Antiplasmin.

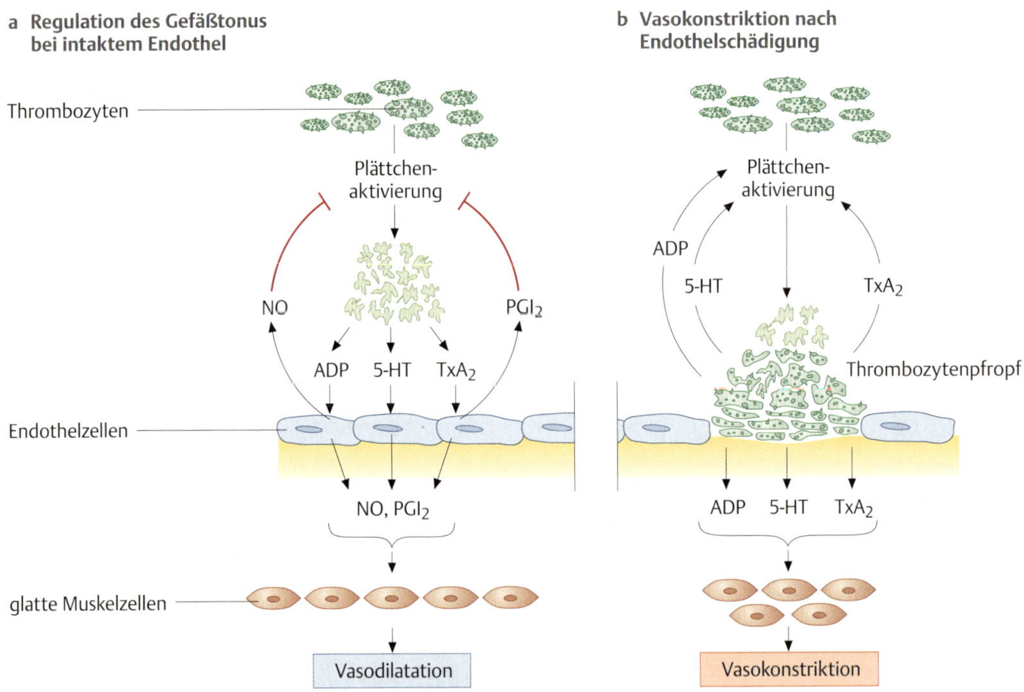

Abb. 17.5 Gefäßtonus in Abhängigkeit vom Endothel. Aktivierte Thrombozyten sezernieren Adenosindiphosphat (ADP), Serotonin (5-HT) und Thromboxan (TxA_2). **a** Treffen diese Substanzen auf ein intaktes Endothel, sezerniert es daraufhin vasodilatatorisch wirkendes Prostacyclin (PGI_2) und Stickoxid (NO). **b** Bei einer Endothelzellschädigung werden ADP, 5-HT und TxA_2 aus dem Thrombozytenpfropf freigesetzt, wirken direkt auf die glatte Muskulatur ein und induzieren eine Vasokonstriktion.

plasmatischen Gerinnungssystems (Thrombomodulin, Heparansulfat) und des Fibrinolysesystems (t-PA, PAI-1) erreicht. Diese Faktoren tragen zur Regulation des plasmatischen Gerinnungs- und Fibrinolysesystems bei (**Abb. 17.4**, **Abb. 17.5**). Fernerhin synthetisieren Endothelzellen Substanzen wie **Prostacyclin (PGI_2)** und **Stickoxid (NO)**, die eine Thrombozytenaggregation hemmen. Außerdem sind sowohl PGI_2 als auch NO potente Vasodilatatoren, die auf diese Art und Weise die Vasomotorik beeinflussen.

17.2 Diagnostik von Hämostasestörungen

Die hämostaseologische Diagnostik wird eingesetzt, um bei einem Patienten mit dem klinischen Verdacht auf das Vorliegen einer hämorrhagischen Diathese bzw. thromboembolischen Erkrankung die zugrundeliegende Störung zu identifizieren. Die hämostaseologische Diagnostik umfasst die Anamneseerhebung (z. B. Art, Dauer, Häufigkeit der Blutung bzw. Thrombose; angeboren/erworben; familiäre Belastung; Medikamenteneinnahme), die körperliche Untersuchung und die Laboranalytik. Zur Laboranalytik steht eine breite Palette von Testverfahren zur Verfügung, die von funktionellen Tests über zellbiologische Untersuchungen bis zu molekulargenetischen Techniken reicht. Im Folgenden werden einige ausgewählte Testverfahren beschrieben.

Bestimmung der Thrombozytenzahl

Die Bestimmung der Thrombozytenzahl erfolgt routinemäßig aus EDTA-Blut mit elektronischen Zellzählgeräten. Der Referenzbereich für Erwachsene liegt zwischen 150 000 – 450 000/µl. Das Antikoagulans EDTA kann in Vitro eine Thrombozytenagglutination auslösen, die zur Messung von falsch niedrigen Thrombozytenwerten führt. Dieses als EDTA-induzierte Pseudothrombozytopenie bezeichnete Phänomen ist klinisch nicht relevant, muss in der differenzialdiagnostischen Abklärung erniedrigt gemessener Thrombozytenwerte durch vergleichende Bestimmung aus einer Citratblutprobe aber ausgeschlossen werden.

Blutungszeit

Die Bestimmung der Blutungszeit erfolgt nach Anlage eines Staus von 40 mmHg mit standardisierten Stechhilfen am Unterarm. Eine pathologische Blutungszeit kann den Verdacht auf das Vorliegen einer hämorrhagischen Diathese untermauern. Rückschlüsse auf die Art der Gerinnungsstörung sind nicht möglich. Als Screeningtest zur Erfassung eines erhöhten Blutungsrisikos, wie zum Beispiel in der präoperativen Diagnostik, ist sie ungeeignet.
Als in-Vitro-Blutungszeit wird ein Verfahren bezeichnet, das die Zeit bis zur Ausbildung eines Gerinnsels in einer mit Kollagen beschichteten Kapillare misst. Diese in-Vitro-Blutungszeit ist gut geeignet, um Störungen des von-Willebrand-Faktors und Thrombozytenfunktionsstörungen zu erkennen. Außerdem kann damit die thrombozytenfunktionshemmende Wirkung von Acetylsalicylsäure nachgewiesen werden.

Thromboplastinzeit (TPZ, Prothrombinzeit)

Mit diesem Test wird die plasmatische Gerinnungskaskade durch Zugabe von Tissue factor zu einer Plasmaprobe gestartet. Dabei ist die Menge an zugegebenem Tissue factor so hoch, dass die Menge an initial gebildetem Thrombin bereits für die Ausbildung eines Fibringerinnsels ausreicht. Deshalb werden von der Thromboplastinzeit die Faktoren VII, X, V, Prothrombin (Faktor II) und Fibrinogen, nicht aber die Faktoren der Amplifikationssysteme (FXI, FIX, FVIII) erfasst (**Abb. 17.6**). Durch Zugabe eines Heparinneutralisators zu dem Tissue-factor-Reagens wird die Thromboplastinzeit unempfindlich gegenüber einer Wirkung von unfraktioniertem Heparin bis zu einer Konzentration von 1 U/ml.
Die verwendeten Thromboplastine weisen oft unterschiedliche Aktivitätsstärken auf, sodass die in Sekunden gemessenen Zeiten verschiedener Thromboplastine nicht vergleichbar sind. Eine Möglichkeit der Normierung bietet die Berechnung der Prothrombin-Ratio, bei der die Gerinnungszeit des Patientenplasmas durch den Mittelwert eines gesunden Referenzkollektivs dividiert wird. Mithilfe eines Korrekturfaktors, des International Sensitivity Index (ISI), der thromboplastin- und gerätespezifische Unterschiede ausgleicht, wird aus der Prothrombin-Ratio die **International Normalized Ratio (INR)** errechnet: INR = (TPZPatient/TPZReferenzkollektiv) ISI. Die Therapie mit Vitamin-K-Antagonisten wird über den INR-Wert gesteuert (s. S. 395).

Aktivierte partielle Thromboplastinzeit (APTT)

Zur Bestimmung der APTT wird dem Plasma ein Aktivator des Kontaktphasesystems zugefügt. Bei der Bestimmung der APTT wird das Kontaktphasensystem genutzt, um **Faktor XI zu aktivieren**, der die zur Thrombinbildung führende Gerinnungskaskade

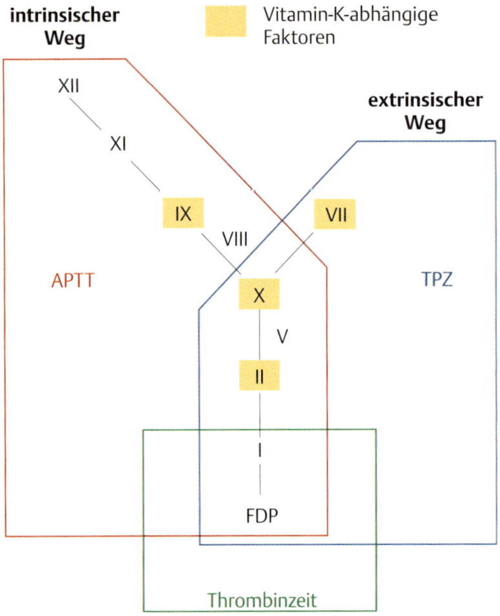

Abb. 17.6 Welche Globaltests erfassen welche Gerinnungsfaktoren? Faktoren des plasmatischen Gerinnungs- und des Fibrinolysesystems, die die APTT, Thromboplastinzeit (TPZ) und Thrombinzeit unterschiedlich beeinflussen. FDP = Fibrindegradationsprodukte

startet. Durch diesen Aktivierungsweg erfasst die APTT Aktivitätsminderungen der klinisch relevanten Faktoren XI, IX, VIII, X, V, II (Prothrombin) und I (Fibrinogen). Wie in **Abb. 17.6** schematisch dargestellt, sind die analytisch erfassten Gerinnungsfaktoren der APTT und der Thromboplastinzeit unterschiedlich und zum Teil deckungsgleich. Dies ermöglicht erste differenzialdiagnostische Abgrenzungen. Sind Thromboplastinzeit und APTT normal, so kann mit Ausnahme des FXIII-Mangels ein klinisch relevanter Faktorenmangel ausgeschlossen werden. Die FXIII-Aktivitätsbestimmung erfordert eine gesonderte Analytik.

> **!** **Die Thromboplastinzeit (TPZ) und die aktivierte partielle Thromboplastinzeit (APTT) sind Globaltests zur Überprüfung der Funktion des plasmatischen Hämostasesystems, mit denen Faktorenmangelerkrankungen diagnostiziert werden können (Ausnahme: Faktor-XIII-Mangel).**

D-Dimere

D-Dimere sind definierte fibrinolytische Spaltprodukte, die sich leicht quantitativ nachweisen lassen (s. **Abb. 17.4**). Da jeder thrombotische Prozess in einem größeren Gefäß mit einer Fibrinbildung und sekundärer Fibrinolyse einhergeht, ist das Vorliegen einer **akuten Thrombose** mit einer **D-Dimer-Erhöhung** verbunden. Diagnostisch wird dies zum Ausschluss einer akuten Thrombose genutzt (s. S. 459). Liegt der D-Dimer-Wert im Referenzbereich, kann mit 99 %iger Sicherheit eine akute Thrombose ausgeschlossen werden, und eine weiterführende bildgebende Diagnostik ist in der Regel nicht erforderlich. Umgekehrt ist ein erhöhter D-Dimer-Wert nicht beweisend für das Vorliegen einer akuten Thrombose, da der D-Dimer-Wert bei verschiedenen anderen Erkrankungen ebenfalls erhöht sein kann. Eine Diagnosestellung ist in diesen Fällen nur durch eine bildgebende Diagnostik möglich.

> **!** **Der D-Dimer ist ein Fibrinfragment, das als Biomarker in der Ausschlussdiagnostik von venösen Thrombosen genutzt wird.**

Anti-Faktor-Xa-Test

Bei diesem Test wird der zu untersuchenden Plasmaprobe gereinigter aktivierter FX (FXa) zugegeben und anschließend die Inaktivierungskinetik des FXa indirekt über die Hydrolyserate eines Peptidsubstrates gemessen. Die Ergebnisse werden in anti-FXa-Einheiten angegeben. Die Bestimmung der anti-FXa-Einheiten ist zum Monitoring einer **Therapie mit niedermolekularem Heparin** und anderen direkten FXa-Inhibitoren geeignet. Zur Thrombosetherapie werden anti-FXa-Einheiten von 0,5 – 1,0 und zur Thromboseprophylaxe Werte von 0,1 – 0,3 anti-FXa-Einheiten angestrebt.

18 Hämorrhagische Diathesen

Bernd Pötzsch, Gert Müller-Berghaus

18.1 Grundlagen

engl.: hemorrhagic diathesis, bleeding disorders

Definition. Hämorrhagische Diathesen sind Störungen des Hämostasesystems, die durch eine erhöhte Blutungsneigung charakterisiert sind. Die Blutungsneigung kann sich in **spontanen** oder **verlängerten Blutungen** nach Verletzungen oder Operationen manifestieren

Einteilung. Man unterscheidet zwischen angeborenen und erworbenen bzw. zwischen primären und sekundären hämorrhagischen Diathesen.

- Die **angeborenen** Krankheitsformen sind durch eine lebenslang bestehende Blutungsneigung und/oder eine positive Familienanamnese gekennzeichnet.
- Die **erworbenen** hämorrhagischen Diathesen treten bei bis dahin „gerinnungsgesunden" Patienten auf und sind häufig Begleitsymptom einer Grunderkrankung.
- **Primäre** hämorrhagische Diathesen sind eigenständige Erkrankungen (**Abb. 18.1**).
- **Sekundäre** hämorrhagische Diathesen treten als Folge bzw. Begleitsymptom einer Grunderkrankung auf (**Abb. 18.2**).

Klinik. Das Spektrum der klinischen Symptomatik reicht von einer leicht verstärkten Hämatomneigung bis zu spontan auftretenden, lebensbedrohlichen Blutungen. Endogene und exogene Faktoren bestimmen die Schwere und den Zeitpunkt einer Blutung. Endogen ist die zugrundeliegende Störung des Hämostasesystems, die laboranalytisch zu erfassen ist (s. S. 344). Exogen sind besondere Risikokonstellationen wie z. B. Operationen, Medikamenteneinnahme oder Traumata.

Diagnostische Strategien. Sie wird durch die aktuelle klinische Symptomatik bestimmt. Bei einer akuten **lebensbedrohlichen Blutung** steht die Therapie im Vordergrund; die laboranalytische Diagnostik sollte in Minuten Ergebnisse liefern, die therapeutische Entscheidungen beeinflussen können. Bei **dringlichen Situationen** handelt es sich um therapiepflichtige Blutungen. Oft ist die Blutung medikamentös durch die Gabe von Antikoagulanzien, Thrombozytenaggregationshemmern oder Thrombolytika induziert. In der Regel erfolgt die Therapie bei dringlichen Situationen erst, nachdem eine Verdachtsdiagnose nach Durchführung einer Minimaldiagnostik (Thrombozytenzahl, TPZ, APPT, PTZ, s. S. 347) gestellt worden ist. Bei fehlender oder mild ausgeprägter klinischer Symptomatik liegt eine **Elektivsituation** vor, die Zeit zur umfassenden Laboranalytik lässt; diese erlaubt in der Regel eine definitive Diagnosestellung mit Vorschlägen zur Therapie bzw. Prophylaxe.

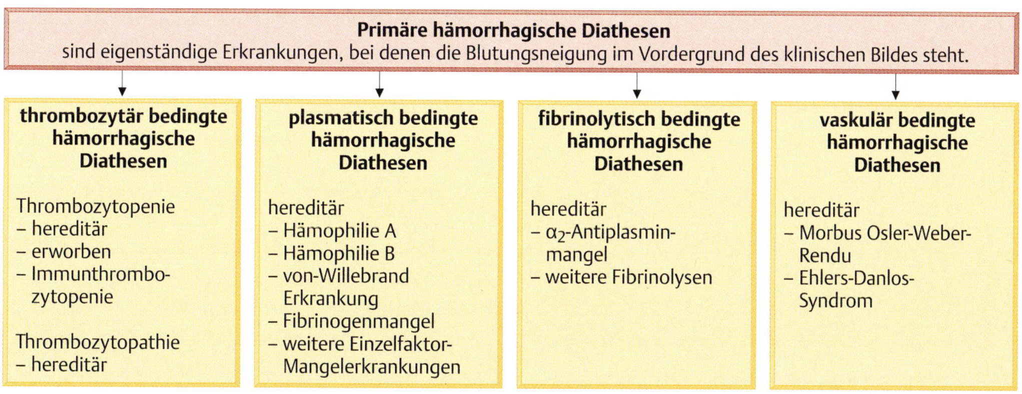

Abb. 18.1 Systematik der primären hämorrhagischen Diathesen.

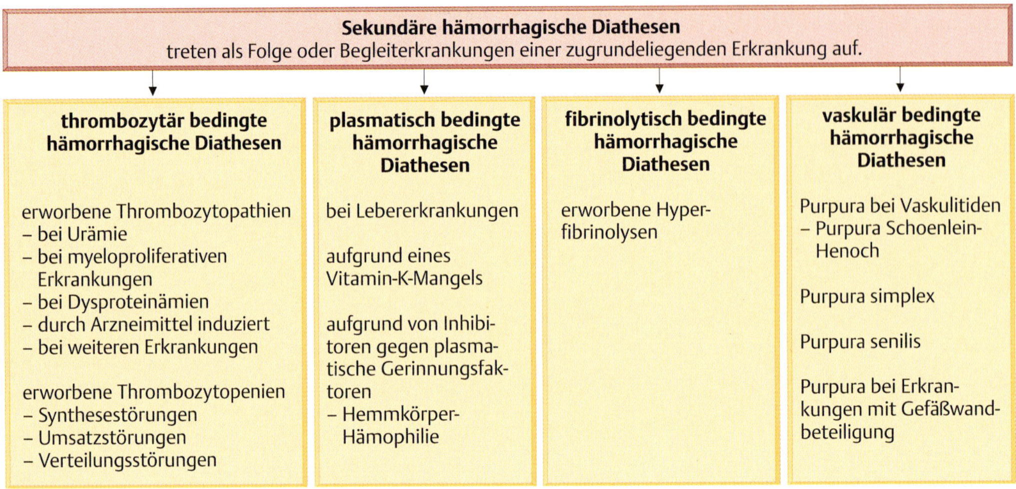

Abb. 18.2 **Systematik der sekundären hämorrhagischen Diathesen.**

Therapeutische Strategien. Bei **lebensbedrohlichen Blutungen** besteht der Verdacht auf eine Verlustkoagulopathie. Die Gabe von Erythrozytenkonzentraten, FFP und Thrombozytenkonzentraten wird von der klinischen Situation (Trauma, Operation) und der Laboranalytik (Hb-wirksame Blutung) bestimmt. Bei **dringlichen Situationen**, wenn die Blutung durch Medikamente (Antikoagulanzien, Thrombozytenaggregationshemmer, Thrombolytika) induziert ist, werden das entsprechende Antidot bzw. Substitutionspräparate bei Fehlen eines Antidots verabreicht. Wenn die Laboranalyse zu einer definitiven Diagnose führt, wird eine spezifische Therapie eingeleitet, wie sie in den folgenden Kapiteln beschrieben ist.

> **!** **Bei blutenden und blutungsgefährdeten Patienten sollten generell folgende Empfehlungen beachtet werden:**
> - **keine intramuskulären Injektionen**
> - **keine intraartikulären Injektionen**
> - **keine Massagen oder ähnliche Maßnahmen**
> - **keine ASS-haltigen oder andere, die Thrombozytenfunktion beeinträchtigende Medikamente**
> - **keine Zahnextraktionen**
> - **keine Sportarten mit hohem Verletzungsrisiko**

18.2 Primäre hämorrhagische Diathesen

18.2.1 Thrombozytär bedingte primäre hämorrhagische Diathesen

Synonym: thrombozytäre Blutungsneigung
engl.: platelet disorders

Definition. Hämorrhagische Diathesen können durch eine Verminderung der Thrombozytenzahl (Thrombozytopenie) und/oder eine Funktionsstörung der Thrombozyten (Thrombozytopathie) hervorgerufen werden. Thrombozytopenie und -pathie treten sowohl hereditär als auch erworben auf.

- **Thrombozytopenien** sind Ausdruck einer verminderten Bildung (Synthesestörung), eines vermehrten Abbaus (Umsatzstörung) oder eines veränderten Verteilungsvolumens (Verteilungsstörung).
- **Thrombozytopathien** treten aufgrund einer Synthesestörung auf oder stellen eine Schädigung der Thrombozyten als Folge einer intravasalen Aktivierung dar.

Klinik. Typisch, fast pathognomonisch, sind **petechiale Blutungen** von Stecknadelkopf- bis Linsengröße (**Abb. 18.3**). Sie treten an der Haut, den Schleimhäuten und an den inneren Oberflächen (z. B. von Darm oder Gehirn) auf. Spontane Blutungen werden erst bei einer Thrombozytenzahl < 10 000/µl beob-

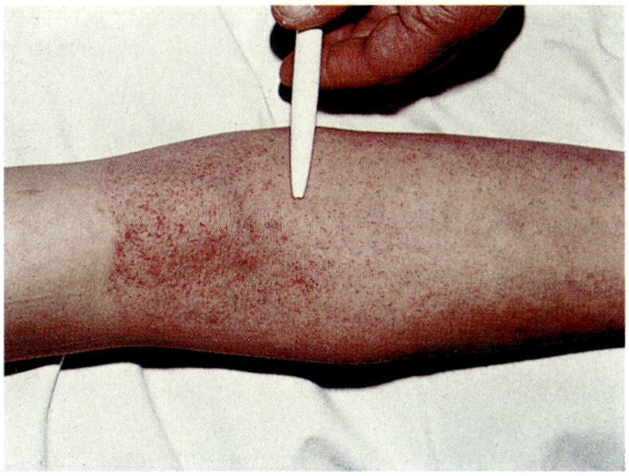

Abb. 18.3 Petechien beim Rumpel-Leede-Test. Am Arm des Patienten wird für 5 min mit einer Blutdruckmanschette ein venöser Stau angelegt und anschließend die Anzahl kleiner Einblutungen distal der Manschette bestimmt. (aus Sitzmann, Duale Reihe Pädiatrie, Thieme)

achtet, solange die Thrombozytenfunktion intakt ist. Bei stark erniedrigter Thrombozytenzahl und in Kombination mit einer Thrombozytopathie können petechiale Blutungen zu großflächigen Blutungen zusammenlaufen (konfluierende Blutungen = Sugillation). Besonders bei der Kombination von Thrombozytopenie/-pathie und plasmatisch oder fibrinolytisch bedingten hämorrhagischen Diathesen treten flächenhafte und profuse Blutungen auf.

Diagnostik. Bei Verdacht auf das Vorliegen einer thrombozytär bedingten hämorrhagischen Diathese sollte neben den auf S. 347 ff. aufgeführten Globaltests immer die **Thrombozytenzahl** bestimmt werden. Man sollte folgende Fragen beantworten können:

- *Liegt eine Thrombozytopenie oder eine Pseudothrombozytopenie vor?* Wenn bei einer Routineuntersuchung (im EDTA-Blut) die Thrombozytenzahl erniedrigt ist, sollte die Zählung immer im frischen Citratblut wiederholt werden, um eine **Pseudothrombozytopenie** (falsche Zählung wegen Thrombozytenaggregatbildung im EDTA-Blut) auszuschließen. Ist die Thrombozytenzahl normal, sollte an eine Thrombozytopathie gedacht werden.
- *Ist die Thrombozytopenie von klinischer Relevanz?* Die klinische Relevanz ist im Zusammenhang mit einer möglichen Grunderkrankung, nach der zu suchen ist, und der Frage nach Blutungen bzw. Hämoglobinabfall (= nicht sichtbare Blutungen) zu sehen.
- *Welches ist die Ursache der Thrombozytopenie?* Die Ursachen der erworbenen Thrombozytopenie sind auf S.352 beschrieben. Zur laboranalytischen Diagnostik gehört der Blutausstrich und bei Verdacht auf eine Synthesestörung eine Knochenmarkbiopsie. In Abhängigkeit von der vermuteten Grunderkrankung sind weitere Spezialuntersuchungen, wie Identifizierung von medikamentös induzierten Antikörpern, HIT-Diagnostik (s. S. 353), HLA-Typisierung und Diagnostik einer Von-Willebrand-Erkrankung angezeigt.

Thrombozytär bedingte hämorrhagische Diathesen werden im Folgenden getrennt nach Thrombozytopenie und Thrombozytopathie besprochen.

Hereditäre Thrombozytopenien

engl.: hereditary thrombocytopenia

Definition. Erniedrigung der Thrombozytenzahl aufgrund eines genetischen Defekts. Hierzu zählen das TAR-Syndrom (*engl.:* **t**hrombocytopenia with **a**bsent **r**adius), die May-Hegglin-Anomalie, das Alport-Syndrom (*Synonym:* Epstein-Syndrom) und das Wiskott-Aldrich-Syndrom.

Epidemiologie. Hereditäre Thrombozytopenien sind selten.

Pathophysiologie. Eine **Bildungsstörung der Megakaryozyten** ist die Ursache der vielfältigen hereditären Thrombozytopenien. Entweder ist die Zahl der Megakaryozyten im Knochenmark vermindert oder die Funktion der Megakaryozyten ist gestört, sodass die Überlebenszeit der anormalen Thrombozyten verkürzt ist (**Abb. 18.4**).

Klinik. Die klinische Symptomatik ist abhängig vom Schweregrad der Thrombozytopenie und der Thrombozytenfunktionsstörung und kann alle oben beschriebenen Symptome des thrombozytären Blutungstyps umfassen.

Therapie. Bei Spontanblutungen bzw. nach Trauma und im Zusammenhang mit operativen Eingriffen ist die Transfusion von Thrombozytenkonzentraten erforderlich. Die allgemeinen Richtlinien zur Indikation von Thrombozytentransfusionen sind zu beachten (s. S. 353, 1104).

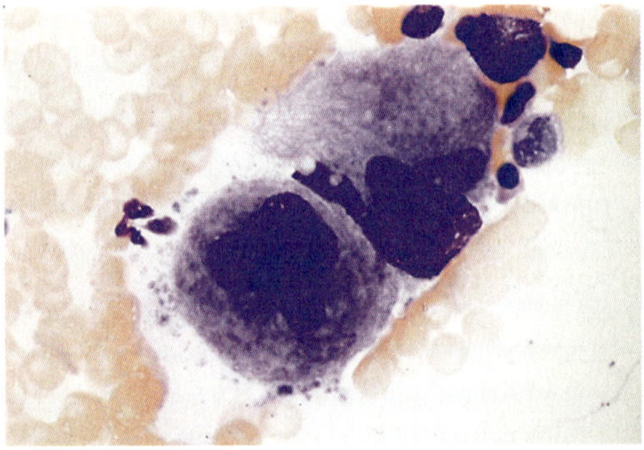

Abb. 18.4 **Zwei reife Megakaryozyten.** Feingranuläres, wolkiges, violettes Zytoplasma mit polymorphen Kernen. (aus Dörner, Taschenlehrbuch Klinische Chemie, Thieme)

Erworbene Thrombozytopenien/ Immunthrombozytopenien

engl.: acquired thrombocytopenia

Erworbene Thrombozytopenien: Eine nicht erblich bedingte Erniedrigung der Thrombozytenzahl wird als erworbene Thrombozytopenie bezeichnet und kann Ursache einer thrombozytär bedingten hämorrhagischen Diathese sein.

Immunthrombozytopenien: Sie gehören zu den erworbenen Thrombozytopenien, treten aber als eigenständige Erkrankung auf. Deshalb werden sie hier unter den *primären* hämorrhagischen Diathesen aufgeführt.

Idiopathische thrombozytopenische Purpura (ITP)

Synonyme: autoimmunthrombozytopenische Purpura, Morbus Werlhof

engl.: idiopathic thrombocytopenic purpura

Definition. Als idiopathische thrombozytopenische Purpura (ITP) wird eine hämorrhagische Diathese bezeichnet, die durch einen beschleunigten, durch Autoantikörper induzierten Abbau von Thrombozyten charakterisiert ist. Die akute ITP tritt bei Kindern, die chronische ITP in der Regel bei Erwachsenen auf. Eine ITP, die länger als 6 Monate bestehen bleibt, wird als chronisch bezeichnet.

Epidemiologie.

- Die ITP ist die häufigste immunologisch bedingte symptomatische Thrombozytopenie.
- Die chronische ITP im Erwachsenenalter tritt häufiger bei Frauen auf: ♀ : ♂ = 2,5 : 1.
- Die akute ITP hat die höchste Inzidenz im Alter von 2 – 5 Jahren und ist in 60 % der Fälle durch eine virale Infektion bedingt.
- Die Letalität der akuten ITP beträgt 1 – 2 %, diejenige der chronischen ITP ca. 6 %.

Pathophysiologie. Es kommt aus ungeklärter Ursache zur Bildung von **Autoantikörpern**, die in einem hohen Prozentsatz gegen die Glykoproteinkomplexe GPIIb/IIIa (Fibrinogenrezeptor), GPIb/IX/V (Von-Willebrand-Faktor-Rezeptor) bzw. GPIa/IIa (Kollagenrezeptor) gerichtet sind. Die Besetzung der Thrombozytenrezeptoren mit Immunglobulinen führt dann zu einer vermehrten Fc-Rezeptor-vermittelten **Phagozytose der Thrombozyten** im Monozyten-Makrophagen-System.

Bei der **akuten** Autoimmunthrombozytopenie im Kindesalter treten diese Antikörper infolge von viralen Infekten auf und verschwinden in der Regel wieder spontan.

Eine Sonderform der chronischen ITP ist das Evans-Syndrom, das durch das gleichzeitige Auftreten von antierythrozytären Antikörpern charakterisiert ist.

Klinik. Klinisch führt die Immunthrombozytopenie zu einer **Blutungsneigung**, deren Ausmaß von der Thrombozytenzahl und individuellen Faktoren bestimmt wird. Meist sind Patienten mit chronischer ITP an niedrige Thrombozytenzahlen adaptiert, sodass das Blutungsrisiko in Alltagssituationen nur moderat erhöht ist und schwerwiegende Blutungen eher selten auftreten.

Diagnostik. Blutbild: Die Thrombozytenzahl kann zwischen 5 000 und 100 000/µl schwanken.

Bei einer isolierten Thrombozytopenie sollte immer an eine ITP gedacht werden.

Serologie: Ein Nachweis von Autoantikörpern gegen die Thrombozyten-Glykoprotein-Komplexe GPIIb/IIIa, GPIb/IX/V bzw. GPIa/IIa ist beweisend. Ein negativer Befund (ca. 50 % der Fälle) schließt jedoch eine ITP nicht aus. Therapeutische Relevanz hat die Unterscheidung zwischen Antikörpern, die gegen HLA-Antigene gerichtet sind, und Antikörpern gegen andere Glykoproteine, da HLA-Antikörper durch Transfusionen oder Schwangerschaft induziert werden und zu keiner Autoimmunthrombozytopenie führen.

Knochenmarkausstrich: In der differenzialdiagnostischen Abgrenzung einer ITP von anderen Thrombozytopenien kann die Knochenmarkzytologie hilfreich sein. Typischerweise findet sich bei ITP-Patienten eine gesteigerte Megakaryozytopoese.

Differenzialdiagnose. Bei Vorliegen einer isolierten Thrombozytopenie ist neben einer Autoimmunthrombozytopenie an eine Alloimmunthrombozytopenie (z. B. neonatal oder nach Transfusion von alloantikörperhaltigem FFP), an eine arzneimittelinduzierte Immunthrombozytopenie und an Myelodysplasien zu denken.

Therapie. Eine akute ITP limitiert sich in der Regel spontan, bedarf aber einer Therapie, wenn der Patient deutliche Blutungssymptome aufweist bzw. das Risiko einer intrakraniellen Blutung besteht. Bei einer **akuten ITP** wird in der Regel eine Glukokortikoid- oder intravenöse IgG-Therapie eingeleitet, wenn die Thrombozytenzahl < 20 000/µl abgefallen ist bzw. wenn bei den Kindern blaue Flecken bzw. Blutungen aufgetreten sind. Falls eine Steroidtherapie durchgeführt wird, so sollte zuvor ein Knochenmarkausstrich für eine Leukämiediagnostik aserviert werden.

Bei der **chronischen ITP** erfolgt standardmäßig die Behandlung mit Glukokortikoiden oder Immunglobulinen in folgender Dosierung:

- **Glukokortikoide:** 1,5 mg/kgKG/Tag Prednisolon bis zum Ansteigen der Thrombozytenzahl (max. 4 Tage lang); danach langsames Ausschleichen.
- **IgG-Therapie:** 0,4 g/kgKG/Tag i. v. über 4 Tage. Wegen der nur vorübergehenden Wirksamkeit und der hohen Kosten sollte die IgG-Therapie bei der chronischen ITP auf akute Notfälle (schwerste Blutungserscheinungen, intrazerebrale Blutung, Operationen, Unfälle u. a.) beschränkt bleiben. Das Maximum des Thrombozytenanstiegs nach i. v. IgG-Gabe liegt zwischen dem 5. und 10. Tag nach Behandlungsbeginn. Etwa 70 % aller Kinder und Erwachsenen sprechen auf die Immunglobulintherapie an.

Bei Nichtansprechen der Therapie ist eine Splenektomie und die Behandlung mit Vinca-Alkaloiden in Erwägung zu ziehen.

Bei Autoimmunthrombozytopenien sollten Thrombozytentransfusionen auf lebensbedrohliche, v. a. intrazerebrale Blutungen beschränkt bleiben.

Bei **Schwangeren** ist ein besonderes therapeutisches Vorgehen angezeigt. Schwangere mit einer Thrombozytenzahl > 50 000/µl bedürfen keiner besonderen Behandlung. Frauen mit einer Thrombozytenzahl zwischen 30 000 und 50 000/µl im 1. oder 2. Trimenon sollten noch nicht initial behandelt werden. Eine Behandlung ist notwendig, wenn die Thrombozytenzahl auf < 10 000/µl abgefallen ist, die Thrombozytenzahl im 2. oder 3. Trimenon zwischen 10 000 und 30 000/µl liegt oder eine Blutung besteht. Die Behandlung besteht in der intravenösen Immunglobulintherapie. Eine vaginale Entbindung bei einer Plättchenzahl > 50 000/µl bereitet in der Regel keine Blutungskomplikationen.

Posttransfusionspurpura

engl.: posttransfusion purpura

Definition. Die Posttransfusionspurpura ist eine hämorrhagische Diathese, die ungefähr eine Woche nach Transfusion von Blut oder Blutprodukten auftritt.

Pathophysiologie. Bei HPA-1a-negativen Patienten führt die Transfusion homologer HPA-1a-postiver Thrombozyten (HPA = human platelet antigen) nach einer etwa einwöchigen Latenzperiode zur Bildung von HPA-1a-Anti-HPA-1a-Immunkomplexen, die an die autologen Thrombozyten binden und ihren extrem schnellen Abbau bewirken. Warum die Antikörper an die eigenen, HPA-1a-negativen Thrombozyten binden, ist bisher nicht geklärt. Da 98 % der weißen Bevölkerung HPA-1a-positiv sind, können sich diese thrombozytenspezifischen Antikörper nur bei den restlichen 2 % der Bevölkerung bilden. Die Posttransfusionspurpura kann auch bei Frauen nach Präimmunisierung während der Schwangerschaft auftreten.

Diagnostik. Gesichert wird die Diagnose durch den Nachweis von thrombozytenspezifischen Alloantikörpern.

Therapie. Intravenöse Applikation von Immunglobulinen.

Arzneimittelinduzierte Immunthrombozytopenie

Definition. Durch Antikörper bedingte Thrombozytopenien, die als Reaktion auf Arzneimittel oder ihre Metaboliten entstehen.

Pathophysiologie. Eine große Anzahl von Medikamenten ruft eine Thrombozytopenie hervor. In der Regel binden die durch Arzneimittel induzierten Antikörper über das **Fab-Fragment** an die Glykoproteinrezeptoren auf der **Thrombozytenmembran**. Die so mit Antikörpern beladenen Thrombozyten werden vermehrt aus der Zirkulation geklärt, sodass eine Thrombozytopenie resultiert.

E

Im Gegensatz zu diesem typischen Mechanismus bindet der Antikörper, der bei der heparininduzierten Thrombozytopenie (HIT s. S. 392) nachgewiesen wird, über den Fc-Rezeptor an die Thrombozytenmembran.

Klinik. Die Symptomatik entspricht der allgemeinen Symptomatik der thrombozytär bedingten hämorrhagischen Diathese (s. S. 350 ff.).

Therapie. **Sofortiges Absetzen des Medikaments.** Bei Blutungen ist die Transfusion von Thrombozyten indiziert. Auch die Gabe von intravenösem IgG hat sich bewährt.
Diese Therapiehinweise gelten nicht für die HIT, die auf S. 392 besprochen wird.

Hereditäre Thrombozytopathien

engl.: hereditary disorder of platelet function

Definition. Hereditäre Thrombozytopathien werden durch eine Mutation eines für die Thrombozytenmorphologie oder -funktion relevanten Proteins verursacht.

! Eine hämorrhagische Diathese aufgrund einer Thrombozytopathie kann bei normaler, erniedrigter oder erhöhter Thrombozytenzahl auftreten.

Tab. 18.1 fasst verschiedene Charakteristika der hereditären Thrombozytopathien zusammen. Die Therapie dieser Störungen ist diffizil und sollte in der Spezialliteratur nachgelesen werden.

Störungen aufgrund defekter Thrombozytenmembran

Membrandefekte lösen eine Störung der Thrombozytenadhäsion bzw. -aggregation aus oder stören die Aktivierung der plasmatischen Gerinnung (s. **Tab. 18.1**). Sie treten beim Bernard-Soulier-Syndrom, der Thrombasthenie Glanzmann, dem Plättchentyp der Von-Willebrand-Erkrankung (s. S. 358) und dem Scott-Syndrom auf.

Störungen der Thrombozytensekretion

Die Thrombozytensekretion kann beeinträchtigt sein, wenn die Thrombozyteninhaltsstoffe nicht normal gespeichert werden (Speicherdefekte) bzw. die Sekretionsreaktion gestört ist.

Tab. 18.1 Hereditäre Thrombozytopathien

Erkrankung	Funktionsstörung	Strukturdefekt	diagnostische Besonderheiten
Bernard-Soulier-Syndrom (autosomal-rezessiv)	Adhäsionsstörung	GPIb/IX-Mangel	verlängerte Blutungszeit, Thrombozytopenie, große Thrombozyten
Thrombasthenie Glanzmann (autosomal-rezessiv)	Aggregationsstörung	GPIIb/IIIa-Mangel	verlängerte Blutungszeit, gestörte Gerinnselretraktion
Scott-Syndrom	gestörte Aktivierung der plasmatischen Gerinnung	gestörter Transport von Phosphatidylserin zur äußeren Phospholipidschicht	alle Parameter normal bis auf Plättchenfaktor-3-Aktivität
Plättchentyp der Von-Willebrand-Erkrankung (autosomal-dominant)	verstärkte Bindung von vWF an GPIb	GPIb-Defekt	verlängerte Blutungszeit, milde Thrombozytopenie, Hyperaggregabilität
Gray-Platelet-Syndrom (α-Storage Pool Disease) (autosomal)	Sekretionsstörung der Proteine der α-Granula	α-Granuladefekt	verlängerte Blutungszeit, milde Thrombozytopenie, im gefärbten Ausstrich Thrombozyten grau, nicht leuchtend
δ-Speicherkrankheit (δ-Storage Pool Disease)	Sekretionsstörung der Substanzen der δ-Granula	Fehlen der δ-Granula	verlängerte Blutungszeit, Thrombozytenzahl normal
Signaltransduktionsstörung	gestörter Arachidonsäure-Stoffwechsel	Zyklooxygenase- bzw. Thromboxan-Synthetase-Mangel	übermäßig starke Blutungsneigung nach Einnahme von Aspirin

Tab. 18.2 Laborbefunde der häufigsten hereditären plasmatischen Gerinnungsstörungen

Erkrankung	Blutungszeit (normal ≤ 8 min)	Thromboplastinzeit (normal ≥ 70 %)	APTT	Thrombinzeit
Hämophilie A	normal	normal	pathologisch	normal
Hämophilie B	normal	normal	pathologisch	normal
von-Willebrand-Erkrankung	pathologisch*	normal	pathologisch*	normal
Afibrinogenämie	pathologisch	pathologisch	pathologisch	pathologisch
Hypofibrinogenämie	normal	normal*	normal*	pathologisch
Dysfibrinogenämie	normal	pathologisch	pathologisch*	pathologisch
Faktor-VII-Mangel	normal	pathologisch	normal	normal
Faktor-XII-Mangel	normal	normal	pathologisch	normal
Faktor-XIII-Mangel	normal	normal	normal	normal

* *Ergebnisse sind nicht immer eindeutig*

- **Speicherdefekte:** Hierzu zählen das Gray-Platelet-Syndrom (α-Storage Pool Disease) sowie die δ-Speicherkrankheit (δ-Storage Pool Disease).
- **Störungen der Thrombozytensekretionsreaktion:** Der angeborene Zyklooxygenase- bzw. Thromboxan-Synthetase-Mangel führt zu einer Störung der Sekretion und Signaltransduktion der Thrombozyten.

18.2.2 Plasmatisch bedingte primäre hämorrhagische Diathesen

Synonym: hereditäre plasmatische Gerinnungsstörung
engl.: hereditary plasma clotting deficiency

Grundlagen

Definition. Hereditäre hämorrhagische Diathesen werden durch eine genetisch bedingte Synthesestörung eines Gerinnungsfaktors ausgelöst.

Epidemiologie. Hereditäre plasmatische Gerinnungsstörungen treten mit folgender Häufigkeit auf:
- ca. 45 % Hämophilie A (Inzidenz: ca. 1/10 000 Jungen)
- ca. 45 % Von-Willebrand-Erkrankung (Inzidenz: ca. 1/10 000 Geburten)
- ca. 9 % Hämophilie B (Inzidenz: ca. 10-mal seltener als Hämophilie A)
- ca. 1 % Rest (Fibrinogen-, Faktor-II-, -V-, -VII-, -IX-, -XI- und -XIII-Mangelerkrankungen)

Diagnostik. Verschiedene globale Gerinnungstests werden zum Ausschluss einer plasmatisch bedingten hämorrhagischen Gerinnungsstörung durchgeführt (**Tab. 18.2**). Zur Diagnostik sollten neben den Globaltests, die von-Willebrand-Faktor-Parameter, die Faktor-XIII-Aktivität und die α2-Antiplasminaktivität bestimmt werden.

Hämophilie A

Synonym: klassische Bluter-Erkrankung
engl.: hemophilia A

Definition. Die Hämophilie A (klassische Hämophilie) ist eine angeborene plasmatische Gerinnungsstörung, die durch eine **Erniedrigung der Faktor-VIII-Aktivität** bedingt ist (s. S. 370).

Epidemiologie. Der Erbgang ist **X-chromosomal rezessiv.** Deswegen sind fast ausschließlich Männer von der Erkrankung betroffen (**Abb. 18.5**). In etwa 30 % der Fälle tritt die Hämophilie A als Spontanmutation auf.

Pathophysiologie. In Abhängigkeit vom genetischen Defekt wird **Faktor VIII** entweder nicht ausreichend oder als funktionell defektes Molekül synthetisiert.

Klinik. Die Blutungen sind **großflächig** und können ohne vorhergehendes Trauma und ohne ersichtlichen Grund auftreten. Blutungen im Mund-/Pharynx-Bereich und in das ZNS sind besonders gefürchtet. Es können aber auch zahlreiche weitere Symptome auftreten:

Abb. 18.5 Zarin Alexandra von Russland und ihr Sohn Alexei. Alexandra vererbte die Erkrankung weiter an ihren Sohn Alexei Nikolaevich (1904–1918). Die Hämophilie B war damals nicht behandelbar, die Erkrankung wurde streng geheim gehalten. Alexandra und Alexei wurden zusammen mit den anderen Mitgliedern der Familie nach der Russischen Revolution 1917 von den Bolschewiken hingerichtet. (© Library of Congress/Science Photo Library)

- Gelenkblutungen (Hämarthrosen), akute Schmerzen und Bewegungseinschränkung
- Muskelblutungen:
  - am häufigsten ist die Einblutung in den M. psoas (Differenzialdiagnose: Appendizitis)
  - Blutungen in die Armmuskulatur können eine Parese oder eine Kontraktur der Hand zur Folge haben
  - eine nicht adäquate Behandlung führt zu fibrösen Organisationen der Hämatome mit Kontrakturen
- Hämaturie
- Schleimhautblutungen
- verlängerte und lebensbedrohlich starke, postoperative Blutungen
- vielfältige soziale, psychologische und ökonomische Probleme

Da die Thrombozytenfunktion bei Hämophilie A normal ist, treten bei kleinen Schnitt- und Hautverletzungen keine starken oder lang andauernden Blutungen auf.

Diagnostik.
- APTT verlängert (s. S. 347, 1167), während alle übrigen Globaltests ein unauffälliges Ergebnis liefern
- Bestimmung der Faktor-VIII-Aktivität mit spezifischen Tests (Normbereich 70 – 150 %)
- Einteilung nach Schweregraden: Faktor-VIII-Aktivität < 1 %: schwere Form; 1 – 5 %: mittelschwere Form; > 5 – 20 %: leichte Form,
- weiterführende Diagnostik zur molekularen Charakterisierung durch Speziallaboratorien

Die moderne Diagnostik bedient sich zudem des **pränatalen molekulargenetischen Nachweises** des Defekts.

Da die Hämophilie A (Faktor-VIII-Mangel) und die Hämophilie B (Faktor-IX-Mangel) eine identische klinische Symptomatik aufweisen, sollte bei jedem männlichen Patienten mit entsprechender Blutungsanamnese und einer verlängerten APTT eine spezifische Faktor-VIII- und Faktor-IX-Bestimmung durchgeführt werden. Da bei der Von-Willebrand-Erkrankung (s. S. 358) die Faktor-VIII-Aktivität meistens ebenfalls erniedrigt ist, sollte eine exakte Anamnese erhoben sowie eine umfassende Laboratoriumsanalytik durchgeführt werden.

Ein männlicher Bluter ist aufgrund des X-chromosomalen Erbgangs immer genetisch krank, ein Mann, der kein Bluter ist, genetisch gesund. Eine Frau kann – auch wenn sie keine Bluterin ist – die Erkrankung heterozygot übertragen **(Konduktorin).** Wegen der Schwere der Erkrankung und der X-chromosomalen Vererbung ist die genetische Beratung der betroffenen Personen und der Nachweis des Konduktorinnenstatus von Müttern, Töchtern und Enkelinnen von Hämophiliepatienten von großer Bedeutung.

Therapie. Ziele der Therapie von Hämophiliepatienten sind:
- die Behandlung von Blutungen, deren Komplikationen und Folgeschäden
- die Erhaltung und/oder Wiederherstellung der Gelenkfunktionen
- die Integration des Hämophilen in ein normales soziales Leben

Tab. 18.3 Differenzialdiagnose der Hämophilie A

Erkrankung	Bedeutung	Kommentar
Hämophilie B	+++	Laboratoriumsanalysen, u. U. genetische Untersuchungen
Von-Willebrand-Erkrankung	++	Bestimmung der von-Willebrand-Faktor-Parameter
weitere Gerinnungsfaktor-Mangelerkrankungen	+	spezifische Einzelfaktor-Analysen
Hemmkörper-Hämophilie	+	Hemmkörpernachweis

Besteht die Notwendigkeit einer kontinuierlichen Blutungsprophylaxe, wird eine Heimselbstbehandlung angestrebt. In der Heimselbstbehandlung führt der Patient die intravenöse Gabe des Gerinnungsfaktorenkonzentrats selbst durch. Bei kleinen Kindern können die Eltern diese Funktion übernehmen.

Neben den auf S. 350 genannten allgemeinen Hinweisen sind folgende Therapien möglich:

Substitutionstherapie mit Faktor-VIII-Konzentrat: In Abhängigkeit von der Schwere der Erkrankung wird zur Blutungsprophylaxe und -therapie eine Substitution mit Faktor-VIII-Konzentraten durchgeführt. Es stehen aus Plasma gereinigte und rekombinante Faktor-VIII-Präparate zur Verfügung, die heute eine sehr hohe Infektionssicherheit aufweisen. Im Kindesalter wird bei Patienten mit schwerer Hämophilie eine kontinuierliche Substitutionstherapie durchgeführt. Dadurch können Gelenkschädigungen vermieden werden.

DDAVP: Leichte Blutungen bei der milden Form der Hämophilie A lassen sich gut mit dem Vasopressin-Analogon DDAVP (Minirin) in einer Dosis von 0,3 µg/kgKG behandeln. Es bewirkt die Freisetzung des im Endothel gespeicherten vWF. Dadurch kommt es auch zu einem Anstieg der FVIII-Aktivität. DDAVP wird in 100 ml Kochsalzlösung langsam über 30–60 Minuten infundiert. Bei unzureichendem Faktor-VIII-Anstieg nach 30 Minuten und weiter bestehender Blutung erfolgt eine Substitutionstherapie mit Faktor-VIII-Konzentrat.

Als Nebenwirkungen können während der Infusion Flush-Symptome und vorübergehende Schwankungen des Blutdrucks und der Herzfrequenz auftreten. Häufig ist auch eine Einschränkung der Diurese. DDAVP sollte nicht häufiger als 3 × pro 48 Stunden verabreicht werden, da es sonst durch Erschöpfung der intrazellulären Speicher zu einem Wirkungsverlust kommt. Eine längerfristige Anwendung sollte wegen der Gefahr von Elektrolytentgleisungen vermieden werden.

Schmerztherapie: Eine frühzeitige Gabe von Faktor-VIII-Konzentrat bei ersten Gelenksymptomen oder Bewegungseinschränkung vermindert nachfolgende Schmerzen. Zur Schmerztherapie wird vorzugsweise Paracetamol verwendet.

> ! **Bei Hämophiliepatienten sollte die Gabe von thrombozytenfunktionshemmenden Medikamenten, wie z. B. Acetylsalicylsäure, so restriktiv wie möglich eingesetzt werden. Auch intramuskuläre Injektionen sind bei nicht substituierten Patienten zu vermeiden.**

Beratung für nicht rein medizinische Probleme kann über die Deutsche Hämophilie-Gesellschaft eingeholt werden. Im deutschsprachigen Raum hat sich die Behandlung von Patienten in sog. Hämophilie-Zentren durchgesetzt, die auch bei lebensbedrohlichen Blutungen telefonische Beratungen aussprechen.

→ zur **Hemmkörperhämophilie** s. S. 370.

Hämophilie B

Synonym: angeborener Faktor-IX-Mangel
engl.: hemophilia B

Definition. Angeborene plasmatische Gerinnungsstörung, die durch eine Erniedrigung der Faktor-IX Aktivität bedingt ist.

Epidemiologie. Nur das männliche Geschlecht ist betroffen: einer von 100 000 Jungen wird mit einem Faktor-IX-Mangel geboren.

Klinik und Diagnostik. Wie bei der Hämophilie A. Bei Verdacht auf eine Hämophilie B sollten die entsprechenden spezifischen Faktor-IX-Tests angewendet werden. Der Konduktorinnennachweis wird wie bei der Hämophilie A geführt.

Therapie. Die Ziele der Therapie von Hämophilie-B-Patienten sind die gleichen wie bei der Hämophilie A. Es erfolgt eine **Substitutionstherapie mit Faktor-IX-Konzentrat.**

Von-Willebrand-Erkrankung (vWD)

Synonym: Von-Willebrand-Jürgens-Syndrom
engl.: von Willebrand disease (vWD)

Definition. Angeborene plasmatische Gerinnungsstörung, die durch einen Mangel an oder durch einen fehlsynthetisierten Von-Willebrand-Faktor (vWF) bedingt ist.

Epidemiologie. Beide Geschlechter sind betroffen, die Prävalenz beträgt ca. 0,8 – 1,6 %. Die Erkrankung ist ungefähr ebenso häufig wie die Hämophilie; genaue Zahlen über die Inzidenz liegen allerdings nicht vor, da das Krankheitsbild nicht gleichförmig ist, viele genetisch bedingte Varianten vorliegen und viele Patienten wegen geringer klinischer Symptomatik nicht diagnostiziert werden.
Das von Willebrand-Syndrom tritt in drei Formen auf.

- **Typ 1:** häufigste Form, die Konzentration des vWF ist erniedrigt, der im Plasma und den Thrombozyten vorliegende vWF entspricht dem Wild-Typ. Der genetische Hintergrund ist heterogen und der Erbgang ist im weitesten Sinn autosomal-dominant. Klinisch zeigen die meisten Patienten eine eher milde Symptomatik.
- **Typ 2:** charakteristisch ist die Synthese eines mutierten vWF-Moleküls. In Abhängigkeit vom betroffenen Molekülabschnitt sind unterschiedliche Funktionen des vWF betroffen. Der genetische Hintergrund ist heterogen und der Erbgang ist im weitesten Sinn autosomal-dominant.
- **Typ 3:** im Plasma und in den Thrombozyten ist kein oder nur in Spuren vWF nachweisbar, die Patienten weisen eine starke Blutungsneigung auf, der genetische Hintergrund ist komplex, da aber fast immer beide vWF-Gene betroffen sind, wird immer ein mutiertes Gen weitervererbt, sodass die Nachkommen meist auch von einer Blutungsneigung betroffen sind, die aber klinisch meist weniger schwer verläuft.

Pathophysiologie. Der vWF wird in Endothelzellen und Megakaryozyten synthetisiert, bildet im Plasma mit dem Faktor VIII einen Komplex und hat eine biologische Halbwertszeit von 8 – 12 Stunden. Deshalb ist bei Verminderung des vWF im Plasma auch die Faktor-VIII-Aktivität reduziert. Eine Verminderung des vWF führt durch eine gestörte Thrombozytenadhäsion zu einer beeinträchtigten **Thrombozytenfunktion.**

Klinik. Es besteht eine Kombination aus hämophilem und petechialem Blutungstyp. Bei **milden Verlaufsformen** stehen die Hämatomneigung, verlängerte Blutungen nach Verletzungen und verstärkte Blutungen nach operativen Eingriffen im Vordergrund. Bei Frauen können verstärkte Menstruationsblutungen auftreten. Spontane Blutungen treten meist nicht auf. Demgegenüber können bei den **mittelschweren und schweren Verlaufsformen** spontane Blutungen auftreten. Häufig sind gastrointestinale Blutungen und intramuskuläre Blutungen. Im Unterschied zur Hämophilie A und B kommt es nur in seltensten Fällen zu intraartikulären Blutungen.

Diagnostik.

- Globaltests (s. S. 347): typischerweise ist die **Blutungszeit** bei normaler Thrombozytenzahl **verlängert**; die **APTT** ist in Abhängigkeit von der Faktor-VIII-Aktivität mehr oder weniger stark **verlängert.** Alle übrigen Suchtests liefern ein normales Ergebnis.
- Zusätzlich sollte die vWF-Konzentration bestimmt werden.
- Die Ermittlung des Typs bzw. Subtyps der vWD sollte hämostaseologischen Zentren überlassen bleiben.

Die Diagnostik der Von-Willebrand-Erkrankung bereitet oft Schwierigkeiten, da Faktor VIII und vWF Akutphase-Proteine sind und demnach bei Stress, Entzündungen etc. in ihrer Konzentration ansteigen. Auch in der Schwangerschaft ist die vWF-Aktivität erhöht. Da vWF bei Gefäßkrankheiten und Tumoren aus Endothelzellen freigesetzt wird, kann eine erhöhte vWF-Aktivität auch bei diesen Erkrankungen gemessen werden. Um bei entsprechender klinischer Symptomatik eine von-Willebrand-Erkrankung nicht zu übersehen, wird deswegen eine Diagnostik zu zwei unterschiedlichen Zeitpunkten empfohlen.

Tab. 18.4 Differenzialdiagnose der Von-Willebrand-Erkrankung

Erkrankung	Bedeutung	Kommentar
wenn Faktor VIII erniedrigt ist: Hämophilie A	+++	Laboranalysen mehrmals wiederholen, Multimeranalyse bei Hämophilie immer normal, u. U. DNA-Analyse
wenn Blutungszeit verlängert ist: Thrombozytopathie oder vaskulär bedingte hämorrhagische Diathesen	++	Familienanamnese, da Thrombozytopathien und vaskulär bedingte hämorrhagische Diathesen sehr selten familiär auftreten
wenn Thrombozytenzahl erniedrigt ist: Thrombozytopenie	+	Subtyp 2B und Plättchentyp der vWD ausschließen und Ursache der Thrombozytopenie suchen

! Bei einer minimalen Verlängerung der APTT und einer klinisch festgestellten Blutung sollte immer an eine Von-Willebrand-Erkrankung gedacht werden. Die APTT ist erst deutlich verlängert, wenn die Faktor-VIII-Aktivität < 30 % absinkt.

Therapie. Die Therapie ist abhängig vom (Sub-)Typ der vWD. Die Einstellung der vWD-Patienten sollte in hämostaseologischen Zentren erfolgen. Ziel der Therapie ist das Sistieren einer Blutung; der Erfolg einer Therapie ist indirekt daran erkennbar, dass die verlängerte Blutungszeit und die Gerinnungsstörung korrigiert werden.

DDAVP: Beim **Typ 1** der vWD ist eine Therapie mit DDAVP (z. B. Minirin 0,3 µg/kgKG in 100 ml 0,9 % NaCl über 30 – 60 min i. v.) indiziert. Zur ambulanten Behandlung oder Heimselbstbehandlung (z. B. bei verstärkten Menstruationsblutungen bei Frauen oder bei Nasenbluten) kann DDAVP als Spray (2 Hübe, in jede Nasenöffnung) verabreicht werden. Zu den Nebenwirkungen s. S. 355.

Bei den anderen Typen und Subtypen der vWD ist DDAVP ohne therapeutischen Effekt; beim Subtyp 2B, bei dem die Thrombozytenadhäsion wegen einer verstärkten Bindung des vWF an Thrombozyten gesteigert ist, und beim Plättchentyp ist DDAVP kontraindiziert, da es Thrombosen hervorrufen kann.

vWF-Substitution: Falls beim Typ1 kein therapeutischer Erfolg durch DDAVP erzielt wird, sollte vWF substituiert werden. vWF ist in der Regel in Faktor-VIII-Konzentraten mit einem mittleren Reinheitsgrad enthalten, jedoch weder in hoch gereinigten noch in rekombinant hergestellten Faktor-VIII-Konzentraten.

Die Blutungsneigung von Patienten mit einer von-Willebrand-Erkrankung kann durch die Gabe von thrombozytenfunktionshemmenden Medikamenten verstärkt werden. Deswegen sollte auf die Gabe von acetylsalicylsäurehaltigen Medikamente oder andere Thrombozytenfunktionshemmer verzichtet werden. Eine Ausnahme bilden vWE-Patienten, die mit einem Gefäß-Stent versorgt werden mussten.

E

Klinischer Fall

Ein 68-jähriger Patient mit einer koronarer Herzerkrankung wird vor geplanter Stent-Implantation von den behandelnden Kardiologen zur Gerinnungsdiagnostik vorgestellt, da bei dem Patienten eine Blutungsneigung bekannt ist. Nach kleineren Schnittverletzungen und mehreren Zahnextraktionen sowie der operativen Versorgung einer Inguinalhernie sei es zu verstärkten Nachblutungen gekommen. Der Patient berichtet, dass er nach dem Zähneputzen gelegentlich Zahnfleischbluten beobachte und auch hin und wieder spontanes Nasenbluten auftrete, das beide Nasenlöcher gleichermaßen betrifft. Eine ähnliche Blutungssymptomatik besteht bei einer 4 Jahre jüngeren Schwester und beim Vater des Patienten. In der körperlichen Untersuchung zeigen sich kleinere Hämatome unterschiedlichen Alters an den Streckseiten des rechten Unterarms und des linken Beins, im Stammbereich befindet sich ein etwa 2 € großes Hämatom, das ohne erinnerliches Trauma aufgetreten sei.

Aufgrund der anamnestischen Angaben und den körperlichen Untersuchungsbefunden besteht der Verdacht auf das Vorliegen einer hämorrhagischen Diathese und es wird eine Laboranalytik eingeleitet, die die Bestimmung der in-vitro-Blutungszeit, der Thrombozytenzahlen, der Globalteste aktivierte partielle Thromboplastinzeit (APTT) und Quick-Wert, der von Willebrand Faktor Parameter und der Faktor-XIII-Aktivität umfasst. Es findet sich eine Verlängerung der in-vitro-Blutungszeit, eine Verlängerung der APTT und

eine Verminderung aller von-Willebrand-Faktor-Parameter. Die Verlängerung der APTT kann in der Einzelfaktoranalytik auf eine Verminderung der Faktor-VIII-Aktivität zurückgeführt werden. Diese Befundkonstellation in Zusammenhang mit der klinischen Symptomatik ist beweisend für das Vorliegen einer von-Willebrand-Erkrankung.
Trotz dieser hämorrhagischen Diathese ist der Patient nach Stent-Implantation nicht vor einer In-Stent-Thrombose geschützt, sodass auch bei diesem Patienten eine kombinierte thrombozytenfunktionshemmende Therapie mit 100 mg Acetylsalicylsäure und 75 mg Clopidogrel erforderlich wäre. Gleichzeitig würde durch diese kombinierte thrombozytenfunktionshemmende Therapie das Blutungsrisiko des Patienten mit der Gefahr für das Auftreten bedrohlicher Blutungen erheblich gesteigert werden. Es wird empfohlen auf eine Stent-Implantation zu verzichten, und stattdessen eine kardiochirurgische Revaskularisation mit einem autologen Gefäß-Bypass durchzuführen, da bei diesem Verfahren auf eine thrombozytenfunktionshemmende Therapie verzichtet werden kann. Der Patient enthält einen Notfallausweis mit der Empfehlung bei operativen Eingriffen oder Blutungen eine Vorbehandlung mit dem Vasopressin-Analogon DDAVP vorzunehmen. Im Fall von bedrohlichen Blutungen wird die Gabe eines von-Willebrand-Faktor-Konzentrats empfohlen.

Angeborener Fibrinogenmangel (Hypofibrinogenämie, Afibrinogenämie, Dysfibrinogenämie)

engl.: inherited afibrinogenemia, hypofibrinogenemia, bleeding-type dysfibrinogenemia

Definition. Ein Fibrinogenmangel kann durch eine genetisch bedingte fehlende (Afibrinogenämie) oder reduzierte Synthese (Hypofibrinogenämie) von Fibrinogen bzw. durch Synthese eines abnorm strukturierten Fibrinogenmoleküls (Dysfibrinogenämie) bedingt sein.

Epidemiologie. Relativ seltene Erkrankung. Die Hälfte der Fälle ist asymptomatisch. 25 % der Fälle mit angeborener Dysfibrinogenämie sind mit einer hämorrhagischen Diathese und ca. 20 % mit einer Thrombophilie (s. S. 383) vergesellschaftet.

Klinik. Typische Symptome sind Blutungsneigung, gestörte Wundheilung und spontane Aborte.

Diagnostik.

- Die Globaltests (s. S. 347) liefern in Abhängigkeit von Ausmaß und Art der Störung pathologische Werte.
- Der Fibrinogenspiegel kann bis auf 60 mg/dl abfallen, ohne dass dies in globalen Tests erkennbar ist.
- Bei der Dysfibrinogenämie ist die Fibrinogenkonzentration normal, während die Globaltests und die Reptilasezeit (Batroxobinzeit) pathologische Werte aufweisen.
- Die Blutungszeit ist bei einer Afibrinogenämie verlängert.

Differenzialdiagnostisch abzugrenzen sind erworbene Fibrinogenmangelerkrankungen, die bei Lebererkrankungen, der disseminierten intravasalen Gerinnung und Hyperfibrinolyse auftreten; auch ist differenzialdiagnostisch die Therapie mit Fibrinolytika bzw. Ancrod zu berücksichtigen.

Therapie. Eine Substitutionstherapie mit Fibrinogen ist bei einer Hypo- und Dysfibrinogenämie nur bei entsprechender klinischer Symptomatik notwendig. Eine Afibrinogenämie erfordert eine lebenslange Substitution. Vor operativen Eingriffen sollte die Fibrinogenkonzentration auf 100 mg/dl erhöht werden.

Weitere hereditäre Gerinnungsfaktor-Mangelerkrankungen

Ein hereditärer Prothrombinmangel sowie die Faktor V-, Faktor-VII-, Faktor-X-, Faktor-XI- und Faktor-XIII-Mangelerkrankungen sind relativ selten, können jedoch sehr starke Blutungen, erhebliche klinische Symptome und lebensbedrohliche Zustände hervorrufen. Bei den hereditären Mangelerkrankungen plasmatischer Gerinnungsfaktoren kann eine Aktivitätsminderung auch durch einen fehlsynthetisierten Faktor bedingt sein (Varianten eines Faktorenmangels). Besonderheiten in klinischer Symptomatik, Diagnostik und Differenzialdiagnostik sind der Spezialliteratur zu entnehmen.
Die Therapie von Blutungen und die Blutungsprophylaxe erfolgt durch die Gabe von Faktorenkonzentraten. Stehen keine geeigneten Faktorenkonzentrate zur Verfügung, wie zum Beispiel beim Faktor-V-Mangel, erfolgt eine Substitution mit Plasma.

18.2.3 Fibrinolytisch bedingte primäre hämorrhagische Diathesen

Fibrinolytisch bedingte hämorrhagische Diathesen werden auch als **primäre Hyperfibrinolysen** bezeichnet. Sie treten bei Patienten mit einem erhöhten Fibrinolyse-Aktivatorspiegel oder einem verminderten Fibrinolyse-Inhibitorspiegel auf.

Hereditärer α_2-Antiplasmin-Mangel

Sehr selten tritt der hereditäre α_2-Antiplasmin-Mangel auf, der Ursache für eine hämorrhagische Diathese sein kann. Nach einer initial normalen Blutstillung kommt es durch die Hyperfibrinolyse zu einer verstärkten Nachblutung. Diagnostiziert wird der α_2-Antiplasminmangel durch Bestimmung der α_2-Antiplasminaktivität im Plasma. Leichte und mittelschwere Blutungen können durch die Gabe des Antifibrinolytikums Tranexamsäure behandelt werden, schwere Blutungen erfordern die Substitution von gefrorenem Frischplasma.

Weitere hereditäre Hyperfibrinolysen

Hereditärer PAI-1-Mangel und hereditärer Mangel an histidinreichem Glykoprotein sind extrem selten. Sie fallen durch eine verstärkte Blutungsneigung nach Verletzungen und operativen Eingriffen auf und sind durch die Gabe von Antifibrinolytika leicht zu behandeln. Vor allem verlängerte Nachblutungen auch nach kleinen Verletzungen sind typisch. Die Therapie besteht in der oralen Einnahme von **Tranexamsäure** (Antifibrinolytikum, s. S. 379).

18.2.4 Vaskulär bedingte primäre hämorrhagische Diathesen

engl.: primary vascular disorders

Hereditäre hämorrhagische Teleangiektasie

Synonym: Morbus Osler-Weber-Rendu
engl.: hereditary hemorrhagic teleangiectasia

Definition. Vaskulär bedingte hämorrhagische Diathese aufgrund eines genetischen Defektes mit autosomal-dominantem Erbgang.

Pathogenese. Durch Verlust der spannungstragenden und kontraktilen Strukturen der Gefäßwand kommt es zur Erweiterung von Kapillaren und postkapillären Gefäßabschnitten. Die ausgezogenen dünnwandigen **Gefäße reißen oft spontan ein** oder werden mechanisch verletzt, sodass Blutungen auftreten.

Klinik. 1 – 4 mm große, rötliche oder livide **Teleangiektasien** lassen sich an Lippen, der Mundschleimhaut und der Zunge, der Nasenschleimhaut, im Gesicht, am Oberkörper, an der Hohlhand und der Fußsohle finden. Teleangiektasien sind fernerhin in der Lunge, im Gastrointestinaltrakt und in den ableitenden Harnwegen zu finden. In der Lunge bilden sich **arteriovenöse Fisteln**, die über eine Hypoxie zu Polyglobulie, Zyanose und Trommelschlegelfingern führen (s. S. 441). Die häufigsten Blutungsmanifestationen sind Nasenbluten, Hämoptoen und Hämaturie.

Diagnostik. Die Erkrankung wird durch Inspektion erkannt. Hämostaseologische Untersuchungen zeigen keinen pathologischen Befund, solange der Patient nicht exzessiv blutet.

Therapie. Es ist keine spezifische Therapie möglich.

Hereditäre Bindegewebserkrankungen

Verschiedene hereditäre Bindegewebserkrankungen, wie das Ehlers-Danlos-Syndrom, das Marfan-Syndrom (s. S. 199) und die Osteogenesis imperfecta, weisen eine angeborene **mechanische Schwäche der Gefäßwand** auf, die nach minimaler Verletzung oder durch Einreißen zu einer vermehrten Blutungsneigung führt. Die Bindegewebserkrankungen können sekundär Störungen des plasmatischen und thrombozytären Hämostasesystems hervorrufen. Bei Patienten mit einem Ehlers-Danlos-Syndrom können Thrombozyten an dem abnormalen Kollagen nicht ausreichend anhaften, sodass eine Thrombozytenadhäsionsstörung resultiert.

18.3 Sekundäre hämorrhagische Diathesen

18.3.1 Thrombozytär bedingte sekundäre hämorrhagische Diathesen

Erworbene Thrombozytopenien

Definition. Bei der erworbenen Thrombozytopenie kommt es zu einer nicht erblich bedingten Erniedrigung der Thrombozytenzahl. Sie stellt als Begleiterkrankung oder Folge einer Grunderkrankung eine sekundäre hämorrhagische Diathese dar.

Epidemiologie. Erworbene Thrombozytopenien treten sehr häufig auf und sind eine häufige Ursache von Blutungen.

Pathophysiologie. Eine erworbene Thrombozytopenie weist auf eine Grunderkrankung hin und sollte nicht als eine selbständige Diagnose betrachtet werden. Folgende Ursachen kommen infrage:
Synthesestörungen:
- Megakaryozyten-Hypoplasie ausgelöst durch
  - chemische oder physikalische Noxen (z. B. Zytostatika, Isotopenstrahlung)
  - infektiös-toxische Noxen
- Knochenmarkinfiltration
- aplastische Anämie (= Panmyelopathie) und ähnliche Erkrankungen (s. S. 924 f)
- ineffektive Thrombozytopoese (s. S. 354)
- Vitamin-B_{12}- oder Folsäuremangel (s. S. 909 f)
- myeloproliferative Erkrankungen (s. S. 926 ff)

Umsatzstörungen:
- bei Infektionserkrankungen (z. B. Masern, Röteln, CMV-, HIV-Infektionen, Malaria, bakterielle Septikämie)
- nicht immunologisch bedingte Umsatzstörungen
  - DIC (s. S. 374)
  - thrombotisch-mikroangiopathische Erkrankungen (s. S. 372)

Verteilungsstörungen:
- Splenomegalie/Hypersplenismus (s. S. 952)
- Verdünnungskoagulopathie (s. S. 380)

Pseudothrombozytopenie: s. S. 350

Klinik. Allgemeine Symptomatik s. S. 350 ff. Zu Symptomatik und Pathophysiologie von Thrombozytopenien aufgrund von Umsatzstörungen s. S. 373 ff.

Therapie. Die Indikation zur Thrombozytentransfusion ist von der Grunderkrankung, der Thrombozytenzahl bzw. -funktion und dem Vorliegen einer Blutung abhängig.

Thrombozytopenien aufgrund einer Verteilungsstörung

Hypersplenismus: In der Milz befinden sich normalerweise ungefähr 20 – 30 % der gesamten Thrombozytenmasse. Bei massiver Vergrößerung der Milz können bis zu 90 % der normalen Thrombozytenmasse in der Milz zurückgehalten werden. Die Thrombozytopenie bei Hypersplenismus ist gewöhnlich eine Diagnose per exclusionem. In der Regel ist die durch Hypersplenismus hervorgerufene Thrombozytopenie jedoch nicht so schwerwiegend, dass sich hieraus eine hämorrhagische Diathese ableiten lässt.
Schwangerschaft: Ursache für die Reduktion der Thrombozytenzahl während der Schwangerschaft ist eine Vergrößerung des Verteilungsvolumens. Jedoch hat dies keine diagnostischen und therapeutischen Konsequenzen.
Verdünnungskoagulopathie: Bei Verdünnung des zirkulierenden Blutes (z. B. Anschluss an eine Herz-Lungen-Maschine) wird auch die Thrombozytenzahl pro Volumen reduziert, ohne dass dies therapeutische Konsequenzen nach sich zieht.

Erworbene Thrombozytopathien

engl.: acquired disorder of platelet function

Epidemiologie. Erworbene Thrombozytopathien sind die häufigste Ursache für eine hämorrhagische Diathese, vor allem, da eine große Anzahl von Arzneimitteln die Thrombozytenfunktion beeinträchtigen (z. B. Thrombozytenaggregationshemmer wie Acetylsalicylsäure).

Ätiopathogenese. Am häufigsten ist die **arzneimittelinduzierte Thrombozytopathie.** Eine große Anzahl von Medikamenten verursacht Thrombozytenfunktionsstörungen. Die therapeutisch zur Thromboseprophylaxe, Antikoagulation bzw. thrombolytischen Therapie eingesetzten Medikamente verursachen in Abhängigkeit von ihrem Wirkungsmechanismus unterschiedliche Symptome. Auch die GPIIb/IIIa-Rezeptor-Antagonisten können erhebliche Blutungskomplikationen hervorrufen. Bei Betalaktamantibiotika, Dextranen und Röntgenkontrastmitteln ist es wichtig, an den Nebeneffekt einer medikamentös induzierten Thrombozytopathie zu denken.

Tab. 18.5 Erworbene Thrombozytopathien

Grunderkrankungen bzw. auslösender Faktor	Ursache/Pathogenese der hämorrhagischen Diathese	diagnostische Besonderheiten	Therapie
urämiebedingte Thrombozytopathie	Pathogenese unklar, multipler Funktionsdefekt, Synthese- und Umsatzstörung, + Thrombozytopenie + Anämie	Kombinationen von Adhäsions-, Aggregations- und Sekretionsstörungen der Thrombozyten	DDAVP, Erythrozytenkonzentrate, Hämodialyse
myeloproliferative Erkrankungen (MPD) • essenzielle Thrombozythämie • Polycythaemia vera • chronische myeloische Leukämie • Osteomyelofibrose	Synthesestörung	große und kleine Thrombozyten, multiple unspezifische Funktionsdefekte	Behandlung der Grunderkrankung; die spezifische Behandlung ist abhängig davon, ob eine Blutung oder eine Thrombose im Vordergrund stehen
Dysproteinämie	sekundäre Beeinträchtigung der normal gebildeten Thrombozyten; Myelomproteine hemmen u. U. die Funktionen der Thrombozyten	multiple, unspezifische Funktionsdefekte	Plasmapherese, Behandlung der Grunderkrankung
Operationen mit der Herz-Lungen-Maschine (HLM)	Umsatzstörung, Aktivierung durch Fragmentierung der Thrombozyten durch Fremdoberflächen; Schädigung der Thrombozyten durch Heparin und Protamin		Thrombozytenkonzentrate, nicht aber bei HIT Typ II
erworbene Von-Willebrand-Erkrankung	bei malignen Erkrankungen	vWF-Aktivität erniedrigt, Faktor-VIII-Aktivität erniedrigt	DDAVP, Behandlung der Grunderkrankung

Erworbene Thrombozytopathien treten darüberhinaus auch bei verschiedenen Grunderkrankungen auf (Tab. 18.5):

- **Urämiebedingte Thrombozytopathie:** Bei einer Urämie kommt es in der Regel zu keinen spontanen Blutungen. Die hämorrhagische Diathese wird bei Hinzutreten anderer Erkrankungen (gastrointestinale Blutungen, Traumata, operative Eingriffe) manifest.
- **Hämorrhagische Diathese bei myeloproliferativen Erkrankungen:** bei ca. ⅓ der Patienten treten Blutungen und bei einem weiteren Drittel Thrombosen auf. Typisch sind Schleimhautblutungen trotz einer erhöhten Thrombozytenzahl, wie z. B. bei der essenziellen Thrombozythämie.
- **Hämorrhagische Diathese bei Dysproteinämie:** Myelomproteine beeinträchtigen die Funktion der Thrombozyten und rufen deshalb Störungen der Hämostase hervor, charakterisiert durch spontane petechiale Blutungen oder petechiale und kleinflächige Blutungen nach Trauma und bei operativen Eingriffen.
- **Thrombozytopathien bei weiteren Erkrankungen:** Thrombozytenfunktionsstörungen werden auch durch die Herz-Lungen-Maschine hervorgerufen. Eine erworbene Von-Willebrand-Erkrankung und

eine erworbene δ-Speicherkrankheit werden bei unterschiedlichen malignen Erkrankungen beobachtet und tragen zur Blutungsneigung bei diesen Erkrankungen bei. Bei schweren Lebererkrankungen (s. S. 364) sowie disseminierter intravasaler Gerinnung (s. S.) treten regelmäßig Thrombozytenfunktionsstörungen auf. Auch sind bei manchen Formen der Leukämien und Myelodysplasien sowie bei der ITP (s. S. 352) Thrombozytenfunktionsstörungen beschrieben worden, ohne dass dies weitere diagnostische oder therapeutische Konsequenzen hat.

- **Durch Lebensmittel ausgelöste Thrombozytopathien:** Auch Lebensmittel, wie z. B. die Ω-3-Fettsäuren und Alkohol, können eine Thrombozytenfunktionsstörung induzieren. Die Kombination von Alkohol und Acetylsalicylsäure verursacht eine deutliche Funktionsstörung, die zu einer manifesten Blutungsneigung bei Trauma und operativen Eingriffen führen kann.

Klinik. Eine isolierte Thrombozytenfunktionsstörung ist durch petechiale Blutungen charakterisiert, die auch bei einer Stauung (z. B. bei der Blutabnahme) auftreten können. Da jedoch eine Thrombozytenfunktionsstörung in der Regel eine gestörte Interaktion von Thrombozyt und Gefäßwand darstellt, wird häufig eine **Kombination aus petechialen und kleinflächigen Blutungen** beobachtet. Typisch ist das gehäufte Auftreten von Epistaxis (Nasenbluten) und vermehrtem Zahnfleischbluten. Patienten mit Thrombozytenfunktionsstörungen bluten auch verstarkt nach Trauma und im Zusammenhang mit operativen Eingriffen.

Das Ausmaß der Blutungsneigung bei den erworbenen Thrombozytopathien ist in Abhängigkeit von der Grunderkrankung sehr unterschiedlich; es können lebensbedrohliche Blutungen auftreten. Die Einnahme von Medikamenten, die die Thrombozytenfunktion beeinträchtigen (z. B. Acetylsalicylsäure), kann eine zuvor nicht erkannte Blutungsneigung erst manifest werden lassen.

Diagnostik. Die Funktionsstörungen sind in Abhängigkeit von der Grunderkrankung recht vielfältig. Die Blutungszeit ist oft, aber nicht regelmäßig verlängert. Eine Korrelation zwischen Verlängerung der Blutungszeit und klinischem Bild lässt sich in der Regel nicht herstellen, da die Verlängerung der Blutungszeit nicht so stark ist, wie dies bei hereditären Thrombozytopathien beobachtet wird. Einige diagnostische Besonderheiten in Bezug auf die verschiedenen Grunderkrankungen sind in **Tab. 18.5** aufgelistet.

Therapie. Die Therapiemöglichkeiten, die von der jeweils zugrundeliegenden Erkrankung abhängen, sind in **Tab. 18.5** dargestellt. Bei medikamentös induzierter hämorrhagischer Diathese ist das Absetzen des Medikamentes, das Umsetzen auf ein anderes Medikament oder ein Antidot indiziert. Kommt es trotz dieses Vorgehens zu keinem Sistieren der Blutung, so ist die Transfusion von Thrombozyten erforderlich.

18.3.2 Plasmatisch bedingte sekundäre hämorrhagische Diathesen

engl.: acquired plasma clotting factor deficiencies

Bei den plasmatisch bedingten sekundären hämorrhagischen Diathesen entsteht die Blutungsneigung durch einen **erworbenen Mangel an plasmatischen Gerinnungsfaktoren** oder durch **Antikörper**, die gegen Gerinnungsfaktoren gerichtet sind.

Die in **Tab. 18.6** aufgeführten globalen Gerinnungstests werden zum Ausschluss einer plasmatisch bedingten Gerinnungsstörung bzw. zur orientierenden Voruntersuchung durchgeführt. Zur Diagnostik der nachfolgend besprochenen Erkrankungen müssen neben den Globaltests noch weitere Untersuchungen herangezogen werden.

Hämostasestörungen bei Lebererkrankungen

Definition. Erworbene und primär quantitative bzw. qualitative Synthesestörung von Hämostasefaktoren, die in der Leber synthetisiert werden. Darüber hinaus kann der akute Untergang von Leberparenchym auch zur Aktivierung des plasmatischen Gerinnungs- und Fibrinolysesystems führen. Hinzu kommt häufig eine toxische Knochenmarkschädigung, die zu einer Thrombozytenbildungs- und Thrombozytenfunktionsstörung führt.

Ätiopathogenese. Ursachen für das Auftreten von Blutungen bei Lebererkrankungen sind in **Tab. 18.7** zusammengefasst. Folgende Mechanismen liegen zugrunde:

Hepatozelluläre Erkrankungen: Bei einer Leberzellschädigung können alle in der Leber synthetisierten Faktoren des plasmatischen Hämostasesystems und des Fibrinolysesystems in ihrer Aktivität im Plasma

Tab. 18.6 Laborbefunde bei den häufigsten Konstellationen erworbener plasmatischer Gerinnungsstörungen

Erkrankung	Blutungszeit (normal ≤ 8 min)	Thrombozytenzahl (normal 150 000 – 450 000/µl)	Thromboplastinzeit (normal ≥ 70 %)	APTT	Thrombinzeit	Fibrinogen (normal 180 – 450 mg/dl)	weiterführende Diagnostik	Bemerkungen
schwere Lebererkrankungen	pathologisch*	pathologisch*	pathologisch	pathologisch	pathologisch	pathologisch*	Reptilase-Zeit, Faktor V	buntes Bild DD: DIC, Hyperfibrinolyse
Vitamin-K-Mangel (Cumarinintoxikation)	normal	normal	pathologisch	pathologisch	normal	normal	Prothrombin, Faktoren IX, X, V	DD: Ausschluss von Lebererkrankungen
Inhibitoren gegen plasmatische Gerinnungsfaktoren (s. S. 370)	normal*	normal	normal	pathologisch	normal	normal	Plasmatauschversuch, Einzelfaktoranalyse	bei Einzelfaktordefekt immer an Inhibitor denken

* *Ergebnisse sind nicht immer eindeutig*

vermindert sein. Wegen der kurzen Halbwertszeit einiger Faktoren wird bei einem akuten Leberzellschaden **zuerst eine Erniedrigung der Faktor-VII-Aktivität** nachweisbar. Die Fibrinogenkonzentration fällt am langsamsten ab.

> **!** **Ein deutlicher Abfall der Fibrinogenkonzentration weist entweder auf eine sehr starke Einschränkung der Syntheseleistung der Leber hin oder ist durch eine zusätzliche Hyperfibrinolyse oder DIC bedingt (s. S. 374).**

Schließlich kann eine geschädigte Leberzelle auch ein abnormales Fibrinogen synthetisieren, das Ursache der Dysfibrinogenämie ist.

Leberzirrhose: Bei Patienten mit fortgeschrittener Leberzirrhose treten sehr ähnliche Störungen wie bei Patienten mit schwerem Leberzellschaden auf. Ist die Leber besonders schwer geschädigt, so sinken zusätzlich Faktor-V- und Antithrombin-Aktivitäten ab. Wenn eine Hyperfibrinolyse bzw. eine DIC zu der Lebererkrankung hinzutritt, kommt es zu starker Erniedrigung der Fibrinogenkonzentration. Eine Thrombozytopenie bei Leberzirrhose erklärt sich in der Regel über die Splenomegalie, während die Thrombozytopathie durch Alkoholabusus oder Azotämie hervorgerufen wird.

Faktor-VIII- und vWF-Aktivitäten bei Lebererkrankungen: Sowohl bei parenchymatösen als auch bei cholestatischen Lebererkrankungen werden **erhöhte Faktor-VIII- und vWF-Aktivitätsspiegel** gemessen. Da Faktor VIII und vWF nicht von Hepatozyten synthetisiert werden, können diese Faktoren im Rahmen einer Akutphasereaktion ansteigen.

Hyperfibrinolyse bei Lebererkrankungen: Häufig wird eine Hyperfibrinolyse bei Lebererkrankungen beobachtet (s. S. 379), deren Entstehung nicht eindeutig geklärt ist. Das Fibrinolysesystem ist jedoch bei akuten Hepatitiden stärker betroffen als bei einer Leberzirrhose, die Gründe sind unklar. Eine primäre Hyperfibrinolyse ist wahrscheinlich durch eine Dysbalance der Aktivatoren und Inhibitoren des Fibrinolysesystems bedingt. Eine Hyperfibrino-

und Citrattoleranz des Patienten begrenzt. Ansonsten ist es gut zur Therapie der hepatischen Gerinnungsstörung geeignet, da es alle Gerinnungsfaktoren und -inhibitoren in physiologischer Konzentration enthält.

Zusätzlich wird die Gabe des Antifibrinolytikums **Tranexamsäure** empfohlen, da fast alle Patienten mit einer hepatischen Gerinnungsstörung eine Hyperfibrinolyse aufweisen. Eine weitere supportive Maßnahme ist die **intravenöse Gabe von Vitamin K**, um einen häufig bestehenden Vitamin-K-Mangel auszugleichen und dadurch die Restsyntheseleistung der Leber zu optimieren.

Nicht bedrohliche Blutungen werden zunächst durch die Gabe von Tranexamsäure behandelt. Führt dieser Ansatz nicht zum Erfolg, sollte die Indikation zur Substitutionstherapie überprüft werden.

Bei Fehlen einer klinischen Indikation rechtfertigen pathologische Gerinnungsparameter alleine nicht die Durchführung einer hämostaseologischen Therapie, da auch Patienten mit schwerer Leberfunktionsstörung und stark eingeschränkten Gerinnungsparametern häufig keine spontane Blutungsneigung aufweisen.

Hämostasestörungen aufgrund eines Vitamin-K-Mangels

Definition. Eine durch Vitamin-K-Mangel hervorgerufene Gerinnungsstörung ist durch einen qualitativen Mangel an Gerinnungsfaktoren und -inhibitoren charakterisiert, die Vitamin-K-abhängig in der Leber synthetisiert werden.

Pathophysiologie

Vitamin K wird in der Quinone-Form resorbiert und muss vor seiner Wirkung in der Zelle zu Vitamin-K-Epoxid reduziert werden. In der Leber wird es für die γ-Carboxylierung der Gerinnungsfaktoren II (Prothrombin), VII, IX und X sowie von Protein C und Protein S benötigt. Ein Vitamin-K-Mangel kann durch ein nicht ausreichendes Angebot von Vitamin K für die Leberzelle oder durch Störung des Vitamin-K-Stoffwechsels in der Leberzelle bedingt sein.

Nutritiver Vitamin-K-Mangel. Der tägliche Bedarf an Vitamin K ist im Vergleich zum Vitamin-K-Gehalt in der normalen Nahrung gering. Deshalb resultiert ein primärer Vitamin-K-Mangel nur bei extremer Fehlernährung. Allerdings können **intestinale Resorptionsstörungen** der fettlöslichen Vitamine auch zum Vitamin K-Mangel führen, wie z. B. bei einem Gallengangsverschluss oder einer Malabsorption. Neben der Aufnahme von Vitamin K über die Nahrung wird ein geringerer Anteil des Vitamins von Darmbakterien produziert; hierdurch kann ein vermindertes Angebot durch die Nahrung kompensiert werden. Ein vermindertes Angebot von Vitamin K über die Nahrung bei gleichzeitiger Ausschaltung der intestinalen Flora durch Antibiotikatherapie führt zum Aufbrauchen der Vitamin-K-Reserven innerhalb von 1 – 6 Wochen, sodass die Gefahr einer hämorrhagischen Diathese resultiert.

Iatrogene Vitamin-K-Antagonisierung. Cumarinderivate, wie z. B. Phenprocoumon (Marcumar), die zur oralen Antikoagulation verwendet werden (s. S. 394 f), verhindern in der Leber die γ-Carboxylierung der Vitamin-K-abhängigen Gerinnungsfaktoren. Pathophysiologisch betrachtet ruft dies den gleichen Effekt wie das Fehlen von Vitamin K hervor, indem kein Vitamin K zur Synthese der erwähnten Faktoren zur Verfügung steht. Auch exzessiv hohe Dosen von Acetylsalicylsäure oder Ciclosporinen können eine Vitamin-K-Antagonisierung verursachen. Ebenso können Cephalosporine, Cholestyramin und Vitamin E Vitamin K antagonisieren.

> **!** **Bei schwerstkranken Patienten, die parenteral ernährt werden, ist auf eine ausreichende Vitamin-K-Substitution zu achten, da es sonst innerhalb weniger Tage zu einem klinisch relevanten Vitamin-K-Mangel kommen kann.**

Klinik

Vitamin-K-Mangel. verstärktes Auftreten von blauen Flecken, Blutungen bei kleinen Schnittverletzungen, Zahnfleisch- und Nasenbluten.

Überdosierung mit oralen Antikoagulanzien. Bei INR-Werten oberhalb des therapeutischen Bereichs besteht ein erhöhtes Blutungsrisiko (s. S. 399). Das Risiko ist abhängig von der INR-Wert-Erhöhung und der Dauer der INR-Wert-Erhöhung.

Cumarinintoxikation. Langwirkende Vitamin-K-Antagonisten, wie die Gifte zum Töten von Nagetieren (z. B. Rodenticide mit einer Halbwertszeit von > 120 Tagen), werden manchmal aus Versehen oder in suizidaler Absicht eingenommen und können zu großflächigen Hautblutungen und inneren Blutungen führen, die ein lebensbedrohliches Ausmaß annehmen können.

Diagnostik

Bei Vitamin-K-Mangel liefern alle Tests, die von der Anwesenheit der Vitamin-K-abhängigen Faktoren und Inhibitoren beeinflusst werden, pathologische Werte (s. S. 344). Insbesondere die Thromboplastinzeit eignet sich in diesem Fall zur Diagnostik.
Da der Faktor VII eine kurze Halbwertszeit hat, wird bei einem milden Vitamin-K-Mangel zunächst nur die **Thromboplastinzeit verlängert** sein, während die APTT noch normal ist.
Bei länger bestehendem Vitamin-K-Mangel ist auch die **APTT** deutlich **verlängert**. Bei schwerem Vitamin-K-Mangel sind alle Faktoren des Prothrombinkomplexes in ihrer Aktivität vermindert.
Nach Diagnosesicherung muss nach der Ursache des Vitamin-K-Mangels gesucht werden. Der Verdacht auf eine Cumarinintoxikation ist oft nur durch Bestimmung der Cumarinderivarte im Serum des Patienten möglich.

Therapie

Vitamin-K-Resorptionsstörungen. 10 mg Vitamin K_1 (Konakion) parenteral. Bei hepatozellulärem Schaden hat die Gabe von Vitamin K_1 keinen Effekt.

Cumarintherapie bzw. -intoxikation. Wenn eine Cumarintherapie beendet oder für einen bestimmten Zeitraum unterbrochen werden muss, sollte kein Vitamin K verabreicht werden, sondern nur abgewartet werden, bis eine Normalisierung der INR eingetreten ist. Erst bei einer deutlichen Überdosierung mit Cumarinderivaten (INR >8) sind 1–5 mg (entspricht 1 – 5 Tropfen) Vitamin K_1 (Konakion) p. o. indiziert. Um in einer akuten Situation die INR möglichst schnell zu normalisieren, sollten 10 – 25 mg (entspricht 10 – 25 Tropfen) Vitamin K_1 als einmalige Dosis verabreicht werden; die INR wird sich in etwa 24 Stunden normalisieren.
Bei Intoxikation mit Rodenticiden werden 50 (bis 150 mg) Vitamin K_1 täglich p. o. bis zur Normalisierung der Thromboplastinzeit verabreicht. Ist es zwingend notwendig, die INR möglichst schnell zu normalisieren (z. B. bei einer **Notfall**-Operation), kann PPSB verabreicht werden (s. S. 367). In dieser Situation wird die notwendige Antikoagulation durch eine begleitende Heparintherapie gewährleistet (s. S. 393 f). Bei akuter Cumarinintoxikation ist die Gabe von Cholestyramin indiziert.

> **!**
> - **Bei bedrohlichen Blutungen unter einer Therapie mit Vitamin-K-Antagonisten ist die Gabe von PPSB in einer Dosierung von 25 E/kg KG indiziert.**
> - **Wenn die Ursache des Vitamin-K-Mangels nicht beseitigt werden kann, benötigen die Patienten regelmäßige intravenöse Injektionen von Vitamin K_1.**

Komplikationen der intravenösen Vitamin-K_1-Cabe. Die intravenöse Gabe von Vitamin K_1 kann wegen der pharmazeutischen Hilfsstoffe Überempfindlichkeitsreaktionen bis hin zum Schock hervorrufen. Empfehlung: Vitamin K_1 mit der Fettemulsion Intralipid verdünnen und als Kurzinfusion über 30 min i. v. verabreichen.
Die **Differenzialdiagnosen** sind in **Tab. 18.11** noch einmal zusammengefasst.

E

Tab. 18.11 Differenzialdiagnose der erworbenen Gerinnungsstörungen aufgrund eines Vitamin-K-Mangels

Erkrankung	Bedeutung	Kommentar
schwere Lebererkrankungen	+++	Einzelfaktorenbestimmung des Prothrombinkomplexes, Faktor V, Fibrinogen
Cumarinintoxikation	++	Bestimmung der Cumarinderivate im Serum
angeborene plasmatische Gerinnungsstörung	++	spezifische Tests, s. S. 355
Antiphospholipid-Antikörper-Syndrom	++	spezifische Tests, s. S. 391
DIC	+	Plättchenzahl, spezifische Tests, s. S. 378
Verlust- bzw. Verdünnungskoagulopathie	+	spezifische Tests, s. **Tab. 18.12** und S. 380

Inhibitoren gegen plasmatische Gerinnungsfaktoren

Definition. Es handelt sich um **erworbene Antikörper**, die in der Regel spezifisch mit einem Gerinnungsfaktor interagieren und diesen inaktivieren können. Unterschieden werden Alloantikörper (z. B. bei der Hämophilie A) oder Autoantikörper im Zusammenhang mit Autoimmunerkrankungen oder Medikamenteneinnahme.

Pathogenese. Neben den häufig auftretenden Anti-Faktor-VIII-Antikörpern bei Hämophilie A treten Anti-Faktor-VIII-Antikörper auch spontan bei verschiedenen chronischen und entzündlichen Erkrankungen (rheumatoide Arthritis, systemischer Lupus erythematodes, Colitis ulcerosa), im Wochenbett oder im Zusammenhang mit der Einnahme verschiedener Medikamente auf. Weniger häufig sind Antikörper gegen Faktor IX, Von-Willebrand-Faktor, Faktor XIII, Fibrinogen, Faktor XI und Faktor V beschrieben worden.

Klinik. Ähnlich wie bei den entsprechenden angeborenen plasmatisch bedingten Hämostasestörungen (s. S. 355 ff.).

Diagnostik. Bei nicht typischer Konstellation von Globaltestergebnissen und Einzelfaktorbestimmung sollte an einen Inhibitor gedacht werden. Durch sog. Plasma-Mischversuche wird ein Inhibitor nachgewiesen bzw. ausgeschlossen.

Therapie. Bei akuten Blutungen wird ein **Faktorkonzentrat**, gegen den der Inhibitor gerichtet ist, in hohen Konzentrationen infundiert, um den Inhibitor zu neutralisieren. Gelingt dies nicht, so kann in Abhängigkeit von der klinischen Situation eine **immunsuppressive Therapie** oder eine Elimination des Antikörpers durch Plasmapherese oder Immunadsorption versucht werden.

> **!** Häufig verschwindet ein Autoantikörper spontan wieder.

Hemmkörper-Hämophilie A und B

Die **Hemmkörper-Hämophilie** ist eine erworbene Gerinnungsstörung, bei der Antikörper auftreten, die gegen einen prokoagulatorischen Faktor gerichtet sind. Die Erkrankung tritt meistens bei Patienten mit angeborenem Faktormangel auf, wird aber auch gelegentlich bei „Gerinnungsgesunden" beobachtet.

Die Hemmkörper-Hämophilie bei Patienten mit angeborenem Faktormangel stellt eine oft schwerwiegende, durch die Substitutionstherapie induzierte Komplikation dar (vgl. S. 355). 10 – 20 % der Hämophilie-A-Patienten und 2 – 5 % der Hämophilie-B-Patienten entwickeln Antikörper. Bei der Hemmkörper-Hämophilie A liegen **Anti-Faktor-VIII-Antikörper**, bei der Hemmkörper-Hämophilie B **Anti-Faktor-IX-Antikörper** vor.
Die Hämostasestörungen sind viel stärker ausgeprägt als bei Hämophiliepatienten ohne Antikörper.

Diagnostik. Basisuntersuchung wie bei der Hämophilie A bzw. B. Bei Verdacht auf Vorliegen von Hemmkörpern werden Plasmamischversuche durchgeführt, um das Vorliegen eines Hemmkörpers zu verifizieren.

Therapie. Die Behandlung von Hämophilien mit Hemmkörpern ist schwierig und sollte vorzugsweise in Hämophilie-Zentren erfolgen. In der Regel erfolgt die Substitution des betroffenen Gerinnungsfaktors bis zum Erreichen eines wirksamen Plasmaspiegels. „High Responder", d. h. Patienten, deren Antikörpertiter nach Substitutionstherapie ansteigt, sollten nicht mit Blut oder Blutprodukten behandelt werden, wenn es darum geht, nur kleine Blutungen zu stillen.
Bei Hämophilie-A-Patienten lässt sich eine **Immuntoleranz erzeugen,** indem man „High Respondern" Faktor-VIII-Konzentrat in hoher Dosierung über mehrere Monate infundiert, bis eine Normalisierung der „Recovery" und der Halbwertszeit von Faktor VIII erreicht ist. Die „Recovery" beschreibt den dosis- und zeitabhängigen Anstieg der FVIII-Aktivität nach Substitution.
Danach erfolgt eine angepasste Dauerbehandlung. Die Erzeugung einer Immuntoleranz soll in den Hämophilie-Zentren durchgeführt werden.

18.3.3 Vaskulär bedingte sekundäre hämorrhagische Diathesen

engl.: secondary vascular disorder

Definition. Die Blutungsneigung tritt hier sekundär aufgrund eines Gefäßwandschadens auf. Vaskulär bedingte sekundäre hämorrhagische Diathesen sind einerseits Ausdruck eines erworbenen Gefäßwandschadens und müssen andererseits in die differenzialdiagnostische Bewertung von Hämostasestörungen einbezogen werden.

Einteilung und Ätiologie.

- Purpura bei Vaskulitiden: Purpura Schoenlein-Henoch (s. S. 1133)
- Purpura bei infektiösen Erkrankungen
- Purpura bei Stoffwechselerkrankungen:
  - Diabetes mellitus (s. S. 602)
  - Vitamin-C-Mangel
  - Cushing-Syndrom (s. S. 569)
  - perniziöse Anämie (s. S. 910)
  - Urämie (s. S. 296)
  - Lebererkrankungen (s. S. 796)
- Dysproteinämie (s. S. 285)
- Amyloidose (s. S. 323)
- Purpura nach direkter Endothelzellschädigung:
  - mechanisch-physikalisch induzierte Purpura
  - chemisch induzierte Purpura
- durch Mikroorganismen induzierte Purpura

Diagnostik. Identisch mit der Diagnostik der vaskulär bedingten hämorrhagischen Diathesen (s. S. 361).

Purpura Schoenlein-Henoch

Synonym: Purpura
engl.: allergic purpura

→ vgl. Kapitel „Niere", S. 1133.
Es handelt sich um eine **allergisch-hyperergische Vaskulitis** mit urtikariell bis hämorrhagisch-nekrotischen Hauteffloreszenzen unter Beteiligung der Gelenke, der Nieren und des Darms (**Abb. 18.6**). Die hämostaseologische Untersuchung zeigt keine pathologischen Befunde bis auf Veränderungen der Akutphaseproteine. Es erfolgt eine symptomatische Behandlung mit Glukokortikoiden.

Purpura simplex

Die vorwiegend bei jungen Frauen auftretende Neigung zu blauen Flecken und flächenhaften Blutungen nach minimalen Traumen wird als Purpura simplex bezeichnet. Per exclusionem ist keine plasmatische oder thrombozytäre Störung nachweisbar. Diese harmlose Blutungsneigung lässt sich nicht behandeln.

Purpura senilis

Sie tritt bei älteren Personen auf und ist wahrscheinlich durch eine Atrophie des subkutanen Gewebes bedingt. Es kann keine Störung im plasmatischen und thrombozytären System nachgewiesen werden. Die Störung ist harmlos und lässt sich nicht behandeln.

Purpura bei Gefäßwandbeteiligungen

Infektionen, Stoffwechselerkrankungen, Dysproteinämien und Medikamente können zu Vaskulitiden führen, in deren Verlauf Blutungen auftreten. In der Regel handelt es sich um kleinflächige Blutungen, die therapeutisch keine Probleme aufwerfen.

Vitamin-C-Mangel

Beim Vitamin-C-Mangel (Skorbut) treten Zahnfleischbluten, subperiostale Blutungen und perifollikuläre Blutungen in der Haut auf, da die Hydroxylierung von Prolin und Lysin im Kollagen und Keratin gestört ist.

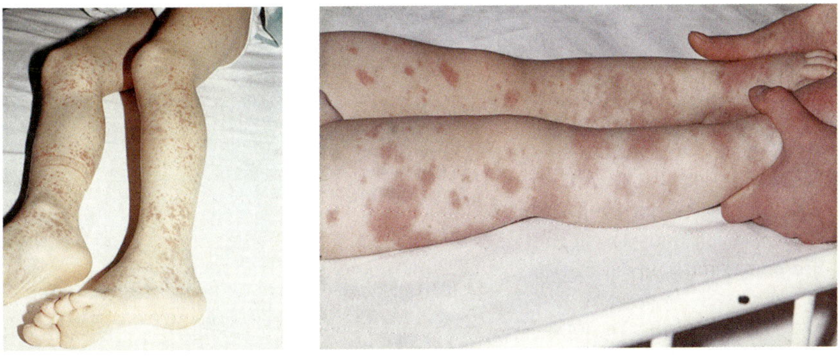

Abb. 18.6 Purpura Schoenlein-Henoch. Kleinflächige, fleckförmige Blutungen an den Streckseiten der Beine (aus Sitzmann, Duale Reihe Pädiatrie, Thieme).

18.4 Komplexe Hämostasestörungen

18.4.1 Thrombotisch-mikroangiopathische Erkrankungen

engl.: thrombotic microangiopathy

Zur Gruppe der thrombotisch-mikroangiopathischen Erkrankungen werden Krankheitsbilder gerechnet, bei denen kapilläre Endothelschädigungen in Kombination mit den klinischen Symptomen hämolytischer Anämie, Thrombozytopenie und Fieber auftreten. Aus unterschiedlichen Gründen kommt es zur **Thrombosierung von kleinen und kleinsten arteriellen Gefäßen**.

Thrombotisch-thrombozytopenische Purpura (TTP)

Synonym: Moschcowitz-Syndrom
engl.: thrombotic thrombocytopenic purpura

Definition. Mikroangiopathie, die durch Verlegung von Arteriolen verschiedener Organe durch thrombozytenreiche Mikrogerinnsel verursacht ist. Das Krankheitsbild ist durch das Auftreten einer hämorrhagischen Diathese, einer wechselnden neurologischen Symptomatik, Fieber und Niereninsuffizienz charakterisiert.

Ätiopathogenese. Bei der TTP treten **ungewöhnlich große vWF-Multimere** im Blut auf, die Ausdruck eines systemischen Endothelzellschadens bzw. einer Endothelzellstimulierung sind. Normalerweise entstehen unter physiologischen Bedingungen große vWF-Multimere unter Einwirkung einer vWF-spaltenden Protease (ADAMTS-13). Bei der TTP ist die Aktivität dieser Protease durch eine angeborene Synthesestörung oder durch die Bildung von inhibierenden Antikörpern vermindert, sodass die großen regulär synthetisierten vWF-Multimere nicht zu ihrer regulären Größe abgebaut werden. Diese im Blut verbleibenden vWF-Multimere induzieren eine Thrombozytenadhäsion und -aggregation mit **Bildung von Thrombozytenthromben** in der Kreislaufperipherie. Aufgrund des Verbrauchs von Thrombozyten resultiert außerdem eine **Thrombozytopenie**. Die mechanische Verletzung der Erythrozytenmembran durch gleichzeitig entstehende Fibrinfäden führt zu **Fragmentozyten** (Schistozyten) und zur hämolytischen Anämie (s. S. 912).

Klinik. Die TTP kann einmalig, intermittierend oder chronisch auftreten. Es stehen folgende Krankheitszeichen im Vordergrund:

- sensorische Störungen oder Aphasie bis hin zum Koma
- Niereninsuffizienz
- gelegentlich Beteiligung von Herz, Lunge, Pankreas, Nebennieren und Augen
- Fieber
- petechiale Blutungen
- DAT-(direkter Antiglobulintest)-negative intravasale Hämolyse

Diagnostik. Nachweis der Thrombozytopenie, der hämolytischen Anämie bei negativem Coombs-Test, Auftreten von Schistozyten (Fragmentozyten). Nachweis der ADAMTS-13-Aktivität und von ADAMTS-13-Antikörpern. Der sichere Nachweis einer TTP erfolgt über die **vWF-Multimeranalyse.**
Differenzialdiagnostisch wird die Kombination von Thrombozytopenie, Hämolyse und Schistozyten ebenfalls beim hämolytisch-urämischen Syndrom (HUS, s. u.), der DIC (s. S. 374), der Präeklampsie und dem HELLP-Syndrom (s. S. 373) beobachtet.

Therapie. **Plasmapherese** mit dem Austausch von 3–4 l Plasma/d gegen Fresh Frozen Plasma (FFP) zur Elimination der ungewöhnlich großen vWF-Multimere. Häufig wird nach Diagnosestellung Methylprednisolon in einer Dosierung von 0,75 mg/kg KG 2 × täglich verabreicht, obwohl die Wirksamkeit der Glukokortikoide nicht belegt ist. Die Gabe von Acetylsalicylsäure oder Heparin hat keinen therapeutischen Effekt.

Prognose. Unbehandelt sterben 90 % der Patienten. Durch die Plasmapherese kann die Letalität unter 10 % gesenkt werden.

Hämolytisch-urämisches Syndrom (HUS)

Synonym (veraltet): Gasser-Syndrom
engl.: hemolytic uremic syndrome

!

- **Arztmeldung an das Gesundheitsamt bei Verdacht, Erkrankung oder Tod.**
- **Labormeldung an das Gesundheitsamt bei Nachweis einer akuten Infektion.**

Definition. Mikroangiopathie, die durch die Trias Thrombozytopenie, akutes Nierenversagen und intravasale hämolytische Anämie charakterisiert ist.

Pathophysiologie. Das HUS ist meist mit Infektionen mit **Escherichia coli** O157:H7 vergesellschaftet. Dieser Bakterienstamm wird häufig durch fäkal kontaminiertes Rindfleisch oder Milch übertragen und produziert Verozytotoxin-1, das an Monozyten und Endothelzellen bindet und zur Synthese von Zytokinen führt. Der Entzündungsprozess scheint sich vorzugsweise in der **Niere** abzuspielen, wo es zur Ausbildung von thrombozytenreichen Mikrogerinnseln kommt. Der Verbrauch von Thrombozyten bei der Mikrogerinnselbildung erklärt die **Thrombozytopenie.** Die Verlegung der Glomeruluskapillaren mit Mikrogerinnseln macht das akute Nierenversagen verständlich. Die Genese der intravasalen Hämolyse ist nicht eindeutig geklärt. Wahrscheinlich kommt es durch die Kapillarschädigung zu einer mechanischen Schädigung der Erythrozyten.

Klinik. Im Unterschied zur TTP erkranken meist **Kinder vor dem 5. Lebensjahr**, seltener ältere Kinder und Erwachsene. Leitsymptom ist das akute Nierenversagen bei Kindern, die an einem gastrointestinalen Infekt erkrankt sind.

Diagnostik. Im Labor erfolgt der Nachweis einer **Thrombozytopenie** und einer intravasalen hämolytischen Coombs-negativen Anämie mit Auftreten von **Schistozyten** (s. S. 901). Häufig geht die Erkrankung durch die Nierenbeteiligung mit einer **ausgeprägten arteriellen Hypertonie** einher. Die Niereninsuffizienz macht sich durch den Kreatininanstieg bemerkbar (s. S. 296 ff).
Eine vWF-Multimeranalyse bei Patienten mit HUS zeigt im Gegensatz zur TTP eine deutliche Erniedrigung der hochmolekularen vWF-Multimere.
Differenzialdiagnostisch werden Thrombozytopenie, Hämolyse und Schistozyten auch bei der TTP (s. S. 372), DIC (s. S. 374), Präeklampsie und dem HELLP-Syndrom (s. S. 373) beobachtet. Beim HUS steht im Gegensatz zur TTP das akute Nierenversagen im Vordergrund des Krankheitsgeschehens.

Therapie. Eine spezifische Therapie ist nicht bekannt. Das akute Nierenversagen wird standardmäßig behandelt (s. S. 299). Die Gabe von Thrombozytenaggregationshemmern oder Heparin hat keinen therapeutischen Effekt. Möglicherweise ist die Gabe von Fresh Frozen Plasma (FFP, 15 – 20 ml/kgKG/Tag) erfolgversprechend bei gleichzeitiger Kontrolle des Volumens mittels Hämodialyse.

HELLP-Syndrom

engl.: **h**emolytic anemia, **e**levated **l**iver enzymes, **l**ow **p**latelets

Definition. Eine der Präeklampsie (= Spätgestose) nahestehende Erkrankung bei Schwangeren, die durch eine mikroangiopathische hämolytische Anämie, erhöhten Transaminasen (GOT, GPT) und eine Thrombozytopenie charakterisiert ist.

Ätiopathogenese. Die Pathogenese ist unklar.

Diagnostik. Die Diagnose ist bei Vorliegen der drei Leitsymptome intravasale Hämolyse, Leberfunktionsstörung und Thrombozytopenie gestellt. In Abhängigkeit vom Ausmaß der Leberfunktionsstörung und der Thrombozytopenie ist die Verlaufsform sehr unterschiedlich. Eine Abgrenzung von einer DIC ist schwierig (s. S. 374).

Therapie. Bei schwerer Verlaufsform wird Schwangeren wegen des oft lebensbedrohlichen Verlaufs eine sofortige Entbindung empfohlen. Bei leichten Verlaufsformen kann die sofortige Entbindung verzögert werden; eine engmaschige Laborkontrolle ist unbedingt notwendig. Tritt innerhalb von drei Tagen nach Entbindung keine Besserung der klinischen Symptomatik ein, sollte wie bei der TTP eine Plasmapherese durchgeführt werden.

18.4.2 Umsatzstörungen des Hämostasesystems

Grundlagen

Durch akute, systemische Aktivierung des plasmatischen und thrombozytären Gerinnungs- sowie des Fibrinolysesystems kommt es zu einem vermehrten Umsatz von Komponenten derselben und daraus resultierend zu Mangelzuständen. Im Folgenden sind die wichtigsten Umsatzstörungen dargestellt:

- disseminierte intravasale Gerinnung (DIC)
- Hyperfibrinolyse
- Verdünnungs- bzw. Verlustkoagulopathie und Massivtransfusion
- heparininduzierte Thrombozytopenie (HIT) Typ II → s. S. 392

In Tab. 18.12 sind wichtige **diagnostische Befunde**, die typischerweise mit dem Minimalprogramm einer hämostaseologischen Analytik erhoben werden, zusammengestellt (s. S. 374).

Tab. 18.12 Laborbefunde bei den häufigsten Umsatzstörungen

Erkrankung	Blutungszeit	Thrombozytenzahl	Thromboplastinzeit	APTT	Thrombinzeit	Fibrinogen	weiterführende Diagnostik**	Bemerkungen
DIC	pathol.	pathol.	pathol.	pathol.	pathol.	pathol.*	Faktor V, AT, FM, FDP, TAT, F1 + 2, Schistozyten	häufige Bestimmungen notwendig, um die Stadien der DIC unterscheiden zu können
Hyperfibrinolyse	pathol.*	normal	pathol.	pathol.	pathol.	pathol.	Reptilasezeit, FDP	DD: DIC, Dysfibrinogenämie
Verlust- bzw. Verdünnungskoagulopathie	normal	pathol.	pathol.	pathol.	pathol.*	pathol.*	Hk, Hb, Gesamtprotein	oft kombiniert mit Massivtransfusionen

* *Ergebnisse sind nicht immer eindeutig*
** *AT: Antithrombin; FM: Fibrinmonomer; FDP: fibrinolytische Spaltprodukte; TAT: Thrombin-Antithrombin-Komplexe; F1 + F2: Prothrombinfragment F1 + F2; Hk: Hämatokrit; Hb: Hämoglobin*

Disseminierte intravasale Gerinnung (DIC)

Synonym: Verbrauchskoagulopathie
engl.: disseminated intravascular coagulation(DIC)

Definition. Erworbene Hämostasestörung, die durch einen systemischen intravasalen Gerinnungsprozess charakterisiert ist, der zur **mikrovaskulären Thrombenbildung** und gleichzeitig zum **Verbrauch von Gerinnungsfaktoren und Thrombozyten** führt. Sekundär oder gleichzeitig mit der Aktivierung des Gerinnungssystems kann auch das Fibrinolysesystem aktiviert werden, wodurch die Blutungsneigung verstärkt wird.

Epidemiologie. Von 1 000 Patientenaufnahmen in einem allgemeinen Krankenhaus entwickelt im Durchschnitt ein Patient eine DIC. Die Häufigkeit einer DIC muss immer in Relation zur Grunderkrankung betrachtet werden. Am häufigsten tritt eine DIC bei Infektionen und geburtshilflichen Komplikationen auf.

Man unterscheidet eine chronische und eine akute Form der DIC. Die akute DIC ist selten, gefährdet aber das Leben der Patienten. Chronische Formen der DIC treten relativ häufig auf und können zu Blutungen führen, die jedoch gut beherrschbar sind.

Ätiopathogenese. Die DIC wird durch eine Dysbalance zwischen prothrombotischen und antithrombotischen Aktivitäten des Hämostasesystems ausgelöst. Prädisponierende Grunderkrankungen sind in **Tab. 18.13** aufgeführt. Bei einer **akuten** Form der DIC können prothrombotische Aktivitäten (aktivierte Gerinnungsfaktoren, aktivierte Thrombozyten, aktivierte Endothelzellen) nicht mehr ausreichend neutralisiert und kompensiert werden, sodass fibrinreiche Mikrogerinnsel und/oder eine hämorrhagische Diathese resultieren (**Abb. 18.7**).

Eine **chronische** oder eine minimale Aktivierung des Hämostasesystems kann durch die entsprechenden negativen Rückkopplungsmechanismen (s. S. 344 f) und antithrombotisch wirkenden Inhibitoren (Abb 17.3, S. 344) so weit kompensiert werden, dass es zu keiner Mikrogerinnselbildung bzw. hämorrhagischen Diathese kommt. Jedoch kann eine zusätzliche Erkrankung bzw. ein therapeutischer Eingriff die zunächst kompensierte Aktivierung der Hämostase in eine extreme Dysbalance führen. In Abhängigkeit von der Grunderkrankung wird das Hämostasesystem unterschiedlich aktiviert (**Abb. 18.8**).

Die DIC weist 3 Stadien auf (**Abb. 18.9**):

- I. Aktivierung des Hämostasesystems
- II. Präzipitation von löslichem Fibrin
- III. Fibrinolysetherapie

Klinik. Eine **akute DIC** erreicht innerhalb von wenigen Stunden das Maximum einer Aktivierung des Hämostasesystems mit Mikrogerinnselbildung und hämorrhagischer Diathese, während eine **chronische**

Tab. 18.13 Grunderkrankungen, bei denen eine akute oder chronische DIC auftreten kann

Einteilung	akute DIC	chronische DIC
Innere Medizin	Sepsis/Infektionen* akute Hepatitis akutes toxisches Leberversagen allergische Reaktionen Transplantation Hitzschlag Hypothermie Leukämien	Sepsis* Schockzustände Leberzirrhose allergische Reaktionen Neoplasien Kasabach-Merritt-Syndrom
Chirurgie	Polytrauma große Operationen extrakorporale Zirkulation künstliche Oberflächen Verbrennungen Organtransplantationen Aortenaneurysma Sepsis*	Organtransplantationen Schockzustände Sepsis* große Hämatome
Geburtshilfe/Gynäkologie	Fruchtwasserembolie vorzeitige Plazentalösung infizierter Abort Sepsis*	Sepsis* Spätgestose HELLP-Syndrom Schockzustände Dead-Fetus-Syndrom
Transfusionsmedizin	Fehltransfusionen extrakorporale Zirkulation	künstliche Oberflächen (Apherese)

* *Sepsis/Infektionen:* *bakteriell: Staphylokokken, Streptokokken, Pneumokokken, gramnegative Bakterien*
viral: Arboviren, Varizellen, Variola, Rubella, Paramyxoviren, HIV, Marburg-Virus
parasitär: Malaria, Kala-Azar
rickettsial: Rocky Mountain spotted Fever
mykotisch: akute Histoplasmose

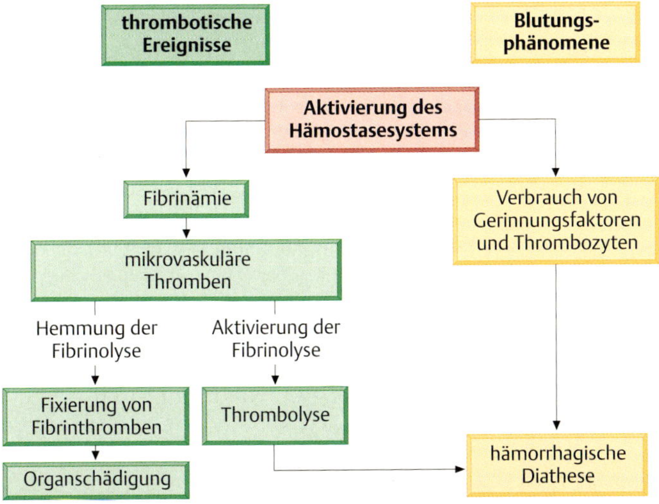

Abb. 18.7 Reaktionsfolgen im Verlauf der disseminierten intravasalen Gerinnung. Der thrombotische Prozess ist durch die Entstehung von mikrovaskulären Thromben und Organschädigungen charakterisiert; der Verbrauch von Hämostasekomponenten sowie eine Thrombolyse führen zu einer hämorrhagischen Diathese.

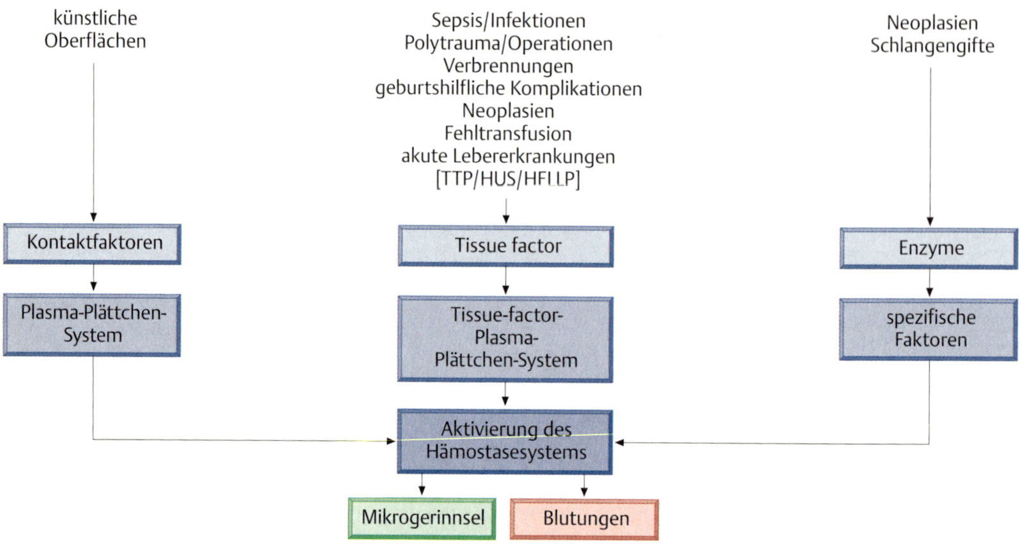

Abb. 18.8 Auslösemechanismen der disseminierten intravasalen Gerinnung. Die DIC kann auf drei unterschiedliche Arten und Weisen ausgelöst werden, nämlich durch Aktivierung der Kontaktfaktoren auf künstlichen Oberflächen, durch Expression des „Tissue factor" (TF) auf Zelloberflächen und durch Freisetzung von gerinnungsaktiven Enzymen. Die Expression von TF auf Monozyten und/oder Endothelzellen stellt den wichtigsten Aktivierungsmechanismus dar.

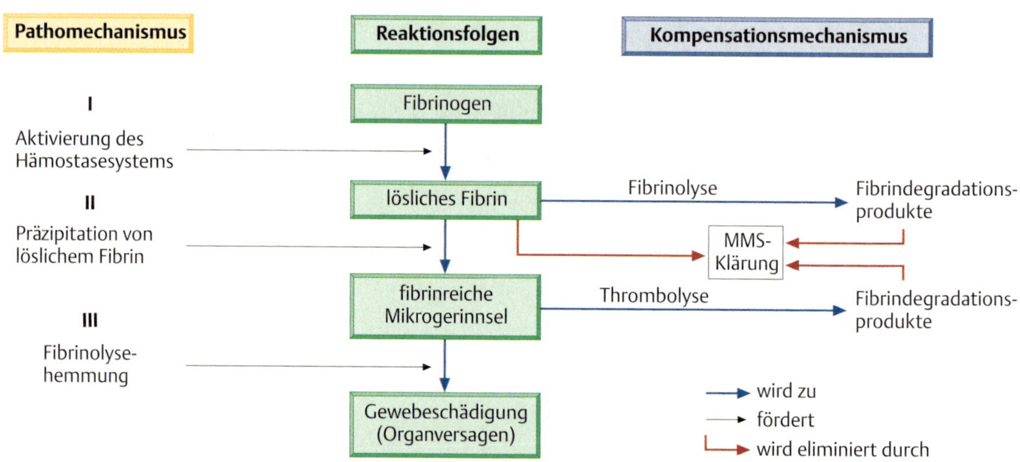

Abb. 18.9 Stadien und Pathomechanismen der intravasalen Gerinnung. Entstehung und Abbau von löslichem Fibrin und fibrinreichen Mikrogerinnseln. Lösliches Fibrin kann nur bis zu einer gewissen Konzentration in Lösung gehalten werden. Wird dieser Grenzwert überschritten, kommt es zu einer Ausfällung in der Mikrozirkulation mit Bildung von Gerinnseln, die durch Thrombolyse wieder abgebaut werden müssen.

Tab. 18.14 Stadien und Laborbefunde der akuten DIC

Stadium	klinische Symptome	Pathogenese	Laborbefunde*	Interpretation
I kompensierte Aktivierung des Hämostasesystems	keine Symptome	in Abhängigkeit von der Grunderkrankung wird das Hämostasesystem unterschiedlich aktiviert (**Abb. 18.8**)	TPZ, APTT, TZ: noch im Normbereich Plättchenzahl: noch im Normbereich F1 + 2, TAT: erhöht FDP: erhöht AT: leicht erniedrigt FM:+/–	kein messbarer Verbrauch von Hämostasekomponenten, erhöhte Spiegel der Aktivierungsmarker, erhöhte Spiegel der Enzym-Inhibitor-Komplexe
II dekompensierte Aktivierung des Hämostasesystems	vermehrte Blutungen aus Verletzungen und Einstichkanälen sowie beeinträchtigte Organfunktion (z. B. Niere, Lunge, Leber)	wenn die Konzentration des löslichen Fibrins einen Grenzwert überschreitet, wird es in der Mikrozirkulation ausgefällt (**Abb. 18.7**)	TPZ, APTT: verlängert bzw. kontinuierliche Verlängerung TZ: oft noch im Normbereich oder verlängert Plättchenzahl, Fibrinogen, Faktor V, AT: erniedrigt oder kontinuierllicher Abfall F1 + 2, TAT, FDP: deutlich erhöht FM: erhöht	kontinuierlicher Abfall der Plättchenzahl und der Gerinnungsfaktoraktivitäten, kontinuierlicher Anstieg der Aktivierungsmarker, kontinuierlicher Anstieg der Enzym-Inhibitor-Komplexe
III Vollbild einer DIC	groß- und kleinflächige Blutungen und Ausfall verschiedener Organfunktionen (z. B. doppelseitige Nierenrindennekrosen, pulmonale Mikrogerinnsel und alveoläre Fibrinpräzipitate bei Schocklunge)	während oder nach der Aktivierung der intravasalen Gerinnung wird das Fibrinolysesystem aktiviert, so dass entstehendes lösliches Fibrin bzw. fibrinreiche Gerinnsel lysiert werden (**Abb. 18.7**). Ausnahme: erschöpftes Fibrinolysepotenzial oder iatrogen verabreichte Fibrinolysehemmer	TPZ, APTT: ungerinnbar TZ: stark verlängert oder ungerinnbar Plättchenzahl: stark erniedrigt (auf < 20 % des Ausgangswertes) Fibrinogen und Faktor V: sehr stark erniedrigt (auf < 40 % des Ausgangswertes) F1 + 2, TAT, FDP: deutlich erhöht FM: erhöht	deutlicher Verbrauch aller Hämostasekomponenten

* *Abkürzungen* → **Tab. 18.13**

DIC kontinuierlich über Tage anhalten kann und mit einer Blutungsneigung vergesellschaftet ist. Es kommt nicht zur Bildung von Mikrothromben.

Die klinische Symptomatik ist immer im Zusammenhang mit der Grunderkrankung zu sehen, sodass das klinische Bild unterschiedlich ist (s. **Tab. 18.14**). Ein charakteristisches Symptom stellt die vermehrte Blutungsneigung aus Punktionsstellen und Verletzungen dar, wenn die Gerinnungsanalyse einen Multikomponentendefekt nachweist. Erst das Vollbild einer DIC zeigt typische Symptome, wie das gleichzeitige Auftreten von groß- und kleinflächigen Blutungen in Haut und Schleimhäuten. In diesem Stadium der Erkrankung steht oft ein **Multiorganversagen** im Vordergrund der klinischen Problematik mit akutem Nierenversagen, Schocklunge, Leberversagen und zentralnervösen Störungen.

Diagnostik. Basis der Diagnostik ist die Kenntnis der Grunderkrankungen, bei denen eine DIC auftreten kann (s. **Tab. 18.13**). Die notwendigen Untersuchungen und die zu erwartenden Befunde sind in **Tab. 18.14** aufgeführt.

- **Stadium I:** Bei Verdacht auf Vorliegen einer DIC sollten neben den Globaltests weitere Bestimmungen durchgeführt werden, die eine Aktivierung des Hämostasesystems erfassen (s. **Tab. 18.14**).
- **Stadium II:** Im Gegensatz zu Stadium I ist im Stadium II die TPZ und die APTT verlängert, während die Thrombinzeit noch normal sein kann.

> **!** Im Stadium II ist eine Analyse im Abstand von wenigen Stunden notwendig, um die Dynamik des intravasalen Gerinnungsprozesses zu erfassen.

- **Stadium III:** Das Vollbild der DIC ist durch eine Ungerinnbarkeit bei Untersuchung der Thromboplastinzeit und APTT charakterisiert. Oft ist auch die Thrombinzeit unendlich. In dieser Phase sind die Thrombozytenzahlen sehr niedrig und fast alle plasmatischen Gerinnungsfaktoren sind in ihrer Aktivität mehr oder weniger deutlich unter 50 % der Norm abgefallen. Dementsprechend sind Aktivierungsmarker deutlich erhöht.

Typisch für eine DIC ist der **kontinuierliche Übergang** von Stadium I über II zu III. Das Auftreten einer **Hämolyse** und von **Schistozyten** wird ebenfalls häufig bei einer akuten DIC beobachtet.

Zu beachtende Differenzialdiagnosen sind in **Tab. 18.15** aufgeführt.

Therapie. Die hämostaseologische Therapie der DIC orientiert sich an der klinischen Symptomatik. Evidenz-basierte Therapiestrategien existieren nicht.

Besteht keine akute therapiepflichtige Blutung, wird durch die **Gabe eines Antithrombin-Konzentrats** ein Antithrombinzielwert von 50–70 % angestrebt. Eine zusätzliche Heparingabe wird nicht empfohlen, da dadurch das Blutungsrisiko erhöht wird. Inwieweit die Substitution von aktiviertem Protein C den DIC-Verlauf positiv beeinflusst, ist bisher noch unklar. Mit der **niedrigdosierten Gabe von Frischplasma** (2 – 4 E/12 h) wird versucht, das Gerinnungspotenzial auf niedrigem Niveau zu stabilisieren. Darüber hinausgehende Maßnahmen sind nicht indiziert.

Besteht eine therapiepflichtige Blutung, wird durch die **Transfusion von Thrombozyten** und die **Substitution von PPSB und Fibrinogen** versucht, ein ausreichendes Hämostasepotenzial aufzubauen. Bei lebensbedrohlichen Blutungen wurde in Einzelfällen auch rekombinanter aktivierter Faktor VIIa erfolgreich eingesetzt. Die Gabe des Antifibrinolytikums Tranexamsäure ist indiziert bei DIC-Formen mit einer ausgeprägten hyperfibrinolytischen Komponente, wie sie zum Beispiel bei Promyelozytenleukämien auftreten kann.

Purpura fulminans

Die Purpura fulminans ist ein seltenes Syndrom, das durch mikrovaskuläre Thromben der Hautgefäße und fortschreitende hämorrhagische Hautnekrosen charakterisiert ist. Sie tritt bei hereditärem homozygoten Protein-C- und Protein-S-Mangel, bei Patienten mit akuten, meist durch gramnegative Bakterien ausgelöste Infektionen und ohne erklärbare Ursache auf. Die Blutungen sind meist auf Extremitäten, Abdomen, Hüfte und Gesäß konzentriert.

Tab. 18.15 Differenzialdiagnose der disseminierten intravasalen Gerinnung

Erkrankung	Bedeutung	Kommentar
schwere Lebererkrankungen ohne DIC	+++	FM (Fibrinmonomere) negativ, keine Schistozyten
TTP/HUS	++	primär Plättchenthromben
Verlust- bzw. Verdünnungskoagulopathie	+	spezifische Tests, s. S. 380
extrakorporale Zirkulation	+	eine chronische DIC und Hämostasestörungen, die durch künstliche Oberflächen verursacht werden, sind schwierig zu unterscheiden
primäre Hyperfibrinolyse	(+)	FM negativ, keine Schistozyten

Neben der Behandlung der Grunderkrankung, z. B. durch Antibiotika oder Substitution des fehlenden Proteins C, hat sich bei diesen Patienten die kontinuierliche Infusion von Heparin zur Unterbrechung der intravasalen Gerinnungsaktivierung bewährt.

Erworbene Hyperfibrinolysen

Synonym: Fibrinogenolyse
engl.: fibrinogenolysis, hyperfibrinolysis

Definition. Hyperfibrinolysen sind durch eine erhöhte fibrinolytische Aktivität im Plasma charakterisiert und können zu fibrinolytischen Blutungen führen.

Ätiopathogenese. Eine erworbene Hyperfibrinolyse ist eine sekundäre hämorrhagische Diathese, die immer **mit einer Grunderkrankung vergesellschaftet** ist.

Endogene Ursachen:

- Lebererkrankungen (s. S. 364)
- Operationen an Uterus, Prostata, Lunge, Leber,
- tumorassoziierte Hyperfibrinolysen: Ovarialkarzinom, Prostatakarzinom, kolorektale Tumoren, Pankreaskarzinom, Leukämien
- Amyloidose (s. S. 323)
- DIC (s. S. 374)

Exogene Ursachen:

- körperliche Anstrengung
- emotionaler Stress
- venöse Okklusion
- medikamentös:
  - Thrombolytika (z. B. Urokinase, rt-PA)
  - Katecholamine
  - Vasopressinderivate (z. B. DDAVP)
  - Nicotinsäure
  - anabole Steroide

> **!** **Eine erworbene Hyperfibrinolyse tritt am häufigsten bei schweren Lebererkrankungen auf und wird weiterhin häufig bei disseminierten Neoplasien und bei großen operativen Eingriffen, besonders an Lunge und Leber, beobachtet.**

Aufgrund einer Dysbalance zwischen Aktivatoren und Inhibitoren des Fibrinolysesystems (s. S. 345) kommt es bei der Hyperfibrinolyse zu einem **gesteigerten Abbau von Fibrinogen und Fibrin**, wenn die Aktivierung des Fibrinolysesystems systemisch erfolgt. Die vermehrte Bildung von freiem Plasmin verursacht nicht nur eine Degradation von Fibrin und Fibrinogen und damit die Entstehung von fibrinolytischen Spaltprodukten (FDP), sondern auch den Abbau der Faktoren V, VIII und XIII, von Komplementkomponenten sowie Matrixproteinen. Die nach Hyperfibrinolyse entstehenden FDP sind Fibrinpolymerisationshemmer und beeinträchtigen die Thrombozytenaggregation.

So kommt es beispielsweise bei der orthotopischen **Lebertransplantation** während der anhepatischen Phase zu einer massiven Hyperfibrinolyse. Diese Befunde lassen sich am ehesten mit dem Fehlen der Fibrinolyseinhibitoren nach Entfernen der Leber erklären.

Bei einer **therapeutischen Fibrinolyse** tritt erst dann eine Blutung auf, wenn das entstehende Plasmin das gesamte α_2-Antiplasmin neutralisiert hat und folglich Fibrinogen degradiert wird (s. S. 241).

Klinik. Nur bei exzessiver Hyperfibrinolyse kommt es zu spontanen Blutungen, wie dies bei der thrombolytischen Therapie bekannt ist (s. S. 400). In der Regel tritt jedoch eine Blutung erst auf, wenn gleichzeitig eine Thrombozytopenie bzw. ein Verbrauch von Gerinnungskomponenten vorliegt, wie z. B. bei Lebererkrankungen, großen Traumen und operativen Eingriffen.

Die hyperfibrinolytischen Blutungen reichen von **petechialen Blutungen** (durch die Thrombozytenaggregationshemmung) an Haut und Schleimhaut bis zu **klein- und großflächigen Blutungen** wegen Störungen der Fibrinpolymerisation und Substratmangels an Fibrinogen.

Gewebe, die besonders **reich an fibrinolytischem Potenzial** sind, wie das Endometrium, das Nierenbecken und die Prostata, setzen profibrinolytische Aktivität frei, wenn Operationen an diesen Organen erfolgen. Obwohl es sich primär um eine **lokale Hyperfibrinolyse** handelt, die möglicherweise zu lokalen Blutungen führt, kann die fibrinolytische Aktivität in die systemische Zirkulation weitergetragen werden. So kann es typischerweise bei einer Prostataoperation zu massiven Hyperfibrinolysen kommen.

Diagnostik. Basis der Diagnostik ist die **Kenntnis der Grunderkrankungen**, bei denen eine Hyperfibrinolyse auftreten kann, und das Minimalprogramm einer hämostaseologischen Untersuchung (s. **Tab. 18.12**).

Bei einer Hyperfibrinolyse sind die Gerinnungszeiten bei den Koagulationstests (Thromboplastinzeit, APTT und Thrombinzeit) verlängert oder ungerinnbar (s. **Tab. 18.12**). Die **Fibrinogenkonzentration** ist deutlich **erniedrigt** (bei einer Urokinase- oder Streptokinasetherapie kann die Fibrinogenkonzentration auf 20 mg/dl abfallen). Die Konzentrationen an FDP bzw. D-Dimer können bei einer Hyperfibrinolyse auf das 10-fache der Norm erhöht sein.

! Zur Beurteilung des Verlaufs einer Hyperfibrinolyse, auch einer therapeutisch induzierten Thrombolyse, wird die Thrombinzeit und/oder die Fibrinogen- und FDP-Konzentration bestimmt.

Therapie. Die Therapie einer Hyperfibrinolyse erfolgt mit Antifibrinolytika. Zur Verfügung stehende Antifibrinolytika sind die **synthetischen Antifibrinolytika** Tranexamsäure und ε-Aminocapronsäure. Diese Medikamente blockieren die Lysinbindungsstellen und verhindern damit die Bildung von Plasmin aus Plasminogen. Tranexamsäure kann oral, intravenös und topisch appliziert werden. Eine gängige Dosierung ist die Gabe von 3 × 1 g/24 h. Bei schweren Hyperfibrinolysen mit einem Abfall der Fibrinogenkonzentration unter 20 mg/dl und einer entsprechenden Blutungssymptomatik ist zusätzlich zur antifibrinolytischen Therapie eine **Fibrinogensubstitution** erforderlich.

Verdünnungs- bzw. Verlustkoagulopathie und Massivtransfusion

Definition. Bei therapeutisch induzierter Hämodilution oder bei großen Blutverlusten, die in der Regel mit Massivtransfusionen vergesellschaftet sind, treten Störungen im Hämostasesystem auf, die auf den Entzug von Plasma und zellulären Komponenten zurückzuführen sind.

Ätiopathogenese. Bei einem massiven Blutverlust kann der Organismus den Verlust an Gerinnungsfaktoren und Thrombozyten nicht durch Mobilisation von Reservekapazitäten und Neusynthese korrigieren. Die dadurch entstehende Störung der Gerinnungsfähigkeit wird durch die notwendige Gabe von Volumenersatzmitteln weiter verstärkt, da diese zu einer Verdünnung des Restblutvolumens führen.

Klinik. Die Gerinnungsstörung verstärkt traumatische Blutungen und führt typischerweise zu diffusen Blutungen auch aus kleinsten Gefäßen (mikrovaskuläre Blutungen). Weiterhin manifestiert sich die Störung durch Schleimhautblutungen.

Diagnostik. Der klinische Verdacht auf das Vorliegen einer Verlust-/Dilutionskoagulopathie besteht bei jeder Massivtransfusion, bei der Plasma und Thrombozytenkonzentrate nicht frühzeitig eingesetzt werden können.
Diagnostisch beweisend ist ein **Fibrinogenwert < 100 mg/dl.** In Abhängigkeit vom Schweregrad der Blutung kommt es zusätzlich zu einem Mangel der plasmatischen Gerinnungsfaktoren V und VIII sowie zu einer Thrombozytopenie.

Therapie. Therapie der Wahl ist die **Substitutionstherapie mit Einzelfaktorkonzentraten.** Im Fall einer Verlust-/Dilutionskoagulopathie kann durch die Substitution von Plasma alleine keine ausreichend schnelle Normalisierung der Plasmaspiegel der einzelnen Gerinnungsfaktoren, insbesondere von Fibrinogen, erreicht werden. Deswegen wird bei Unterschreiten einer Fibrinogenkonzentration von 100 mg die Gabe von 3 g Fibrinogen und bei Unterschreiten eines Quick-Werts von 40 % die Gabe von 25 IE PPSB empfohlen. Bei zusätzlich bestehender Thrombozytopenie wird die Gabe von Thrombozytenkonzentraten empfohlen.

Prophylaxe. Zur Prophylaxe einer Verlustkoagulopathie wird bei einem erkennbar großen Blutverlust frühzeitig die Gabe von Frischplasma und Thrombozytenkonzentraten empfohlen. In der Praxis hat sich ein Verhältnis von Erythrozytenkonzentrat zu Frischplasma von 2:1 etwa ab dem sechsten Erythrozytenkonzentrat bewährt.

Weiterführende Informationen

Querschnitts-Leitlinien der Bundesärztekammer zur Therapie mit Blutkomponenten und Plasmaderivaten, http://www.bundesaerztekammer.de
Leitlinien diffuse Blutungen, http://www.coliquio.de
Hereditäre hämorrhagische Diathesen, http://www.dgho.de

19 Thromboembolische Erkrankungen

Bernd Pötzsch, Gert Müller-Berghaus

19.1 Arterielle und venöse Thrombosen und Embolien

Ätiopathogenese

Bei der Thrombose kommt es zu einem vollständigen oder teilweisen Verschluss von Arterien, Venen oder Herzhöhlen durch ein Blutgerinnsel. Aus einer Verschleppung des Thrombus kann eine arterielle oder venöse Thromboembolie resultieren.
Die gleichen Komponenten, die an der Entstehung eines Thrombozyten-Fibrin-Gerinnsels nach Gefäßdurchtrennung beteiligt sind, spielen auch in der Pathogenese der arteriellen und venösen Thrombosen eine entscheidende Rolle, jedoch sind die verschiedenen Komponenten des Hämostasesystems in unterschiedlicher Reihenfolge und in unterschiedlichem Ausmaß an der Entstehung der arteriellen bzw. venösen Thrombose beteiligt (Abb. 19.1). Im Vordergrund der arteriellen Thrombose steht das **Anhaften von intakten Thrombozyten** an der geschädigten Gefäßwand, während bei der venösen Thrombose eine **Hyperkoagulabilität** präexistent ist, eine Aktivierung des plasmatischen Gerinnungssystems durch Gewebe- oder Gefäßschädigung oder durch einen Entzündungsprozess zeitlich vor der Ausbildung einer Thrombose existiert. Aus diesem Grunde sind bei der Behandlung bzw. Prophylaxe der arteriellen Thrombose Thrombozytenfunktionshemmer (z. B. Acetylsalicylsäure, Clopidogrel) und bei derjenigen der venösen Thrombose Antikoagulanzien (z. B. Heparin, Cumarinderivate) indiziert.

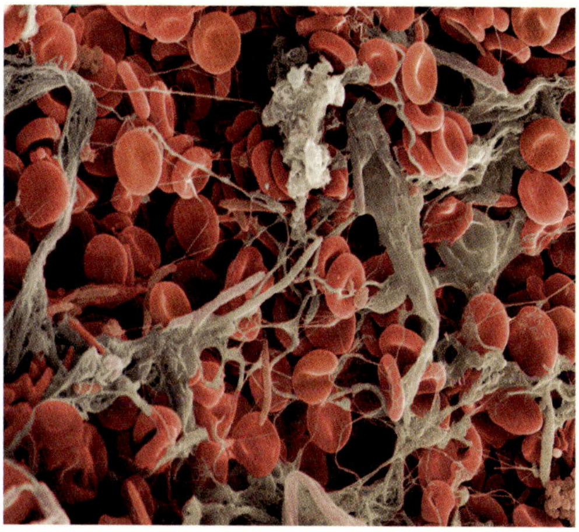

Abb. 19.1 Thrombus. Elektronenmikroskopische Darstellung eines Blutgerinnsels. Die Erythrozyten sind in einem Geflecht von Fibrinfilamenten „gefangen".
(© Steve Gschmeissner/Science Photo Library)

Arterielle Thrombose

Eine arterielle Thrombose tritt gewöhnlich als Komplikation der Arteriosklerose auf. Die Thrombose wird durch Ruptur eines arteriosklerotischen Plaques ausgelöst, der thrombogenes Material mit dem Blut in Berührung bringt (s. S. 41). An der geschädigten Arterienoberfläche adhärieren Thrombozyten, werden aktiviert und setzen ihre Inhaltsstoffe frei, die ihrerseits eine kontinuierliche Anlagerung weiterer Thrombozyten initiieren. Es entwickelt sich ein **Abscheidungsthrombus**. Die arteriellen Thromben entstehen unter Bedingungen von hoher Blutflussgeschwindigkeit. Die aggregierten Thrombozyten werden durch Fibrinfäden zusammengehalten.

Venöse Thrombose

Die Entstehung einer venösen Thrombose ist ein multifaktorielles Ereignis, an dem drei pathologische Funktionsgrößen, nämlich **gestörte Hämostasebalance** (Hyperkoagulabilität), **Gefäßwandveränderung** (Gefäßwandschädigung) und **geänderte Blutströmung** (Stase, Turbulenzen) beteiligt sind. Dieses Drei-Komponenten-Modell wird als Virchow-Trias bezeichnet (Abb. 19.2). Das primäre Ereignis bei einer venösen Thrombose ist die Entstehung einer Dysbalance des Hämostasesystems (Hyperkoagulabilität). Eine venöse Thrombose entsteht, wenn das aktivierte Hämostasesystem durch die physiologischen Inhibitionsmechanismen nicht ausreichend herunterreguliert und sich bildendes Fibrin nicht ausreichend schnell abgebaut werden kann. Zu dieser reduzierten Hemmung der Gerinnungsaktivierung bzw. der verminderten Lyse von Fibrin kommt es im Rahmen einer Gefäßwandschädigung oder bei Stase (s. u.).

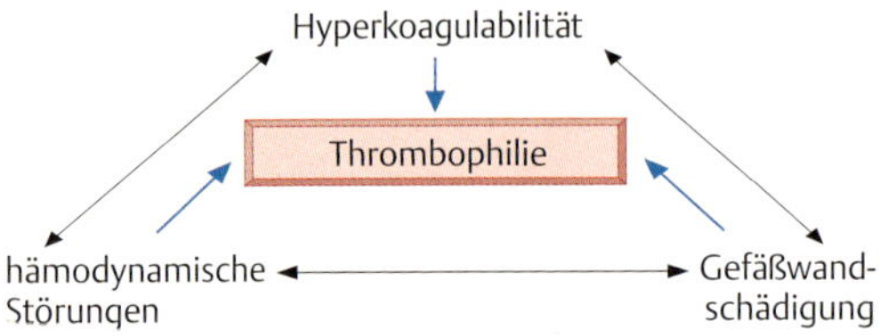

Abb. 19.2 Zur Thrombophilie führende pathophysiologische Mechanismen (modifizierte Virchow-Trias).

Hyperkoagulabilität. Als Hyperkoagulabilität bezeichnet man eine Dysbalance im Hämostasesystem, die durch eine Aktivitätssteigerung der prothrombotischen Faktoren und/oder eine Aktivitätserniedrigung der antithrombotischen Faktoren des Hämostasesystems bedingt ist. Eine verstärkte Aktivierung der plasmatischen Gerinnung führt zur Entstehung von Prothrombinfragment F1 + 2 und löslichem Fibrin. Im thrombozytären System lassen sich aktivierte Thrombozyten nachweisen. Nach Aktivierung des Fibrinolysesystems treten D-Dimere auf. Eine Hyperkoagulabilität kann durch hereditäre und erworbene thrombophile Faktoren hervorgerufen werden.

Gefäßwandschädigung. Die Endothelzellen der Gefäßwand synthetisieren sowohl pro- als auch antithrombotische Komponenten des Hämostasesystems, die entscheidend zur regulierten Balance des Systems beitragen (s. S. 342 ff). Demnach kann ein mechanischer oder traumatischer Gefäßwandschaden eine Hyperkoagulabilität verstärken. Ferner tragen Endothelzellen zur Hyperkoagulabilität bei, wenn sie durch Entzündungsmediatoren (z. B. Zytokine) aktiviert werden. Gemeinsame Folge der verschiedenen Formen der Gefäßwandschädigung ist die **vermehrte Expression von Tissue factor**, dem entscheidenden Initiator einer Hyperkoagulabilität. Schließlich tragen Endothelzellen sowie subendotheliale Strukturen zur Regulation der Blutströmung bei. Demnach kann eine Gefäßwandschädigung eine venöse Stase und Strömungsturbulenzen an Venenklappen auslösen oder verstärken.

Venöse Stase. Eine venöse Stase reduziert den Rückfluss von Blut und fördert so die Akkumulation von aktivierten Gerinnungsfaktoren. Sie verzögert andererseits die Klärung dieser aktivierten Faktoren aus dem Blut durch Leber und Lunge. Die venöse Stase wird durch Immobilität, venösen Stau, erhöhten venösen Druck, venöse Dilatation und erhöhte Blutviskosität hervorgerufen.

19.1.1 Arterielle Thromboembolie

Definition. Die arterielle Thrombose stellt einen vollständigen oder teilweisen Verschluss einer oder mehrerer Arterien durch in loco entstandene Blut-

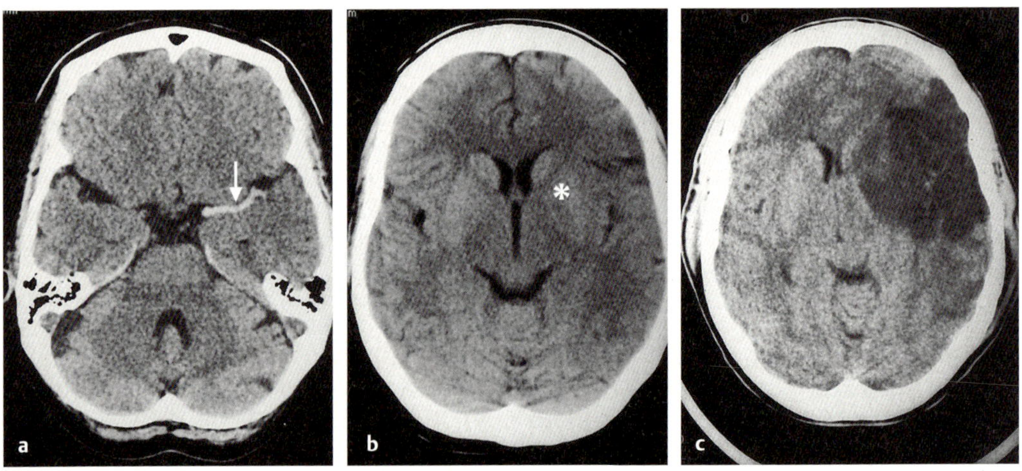

Abb. 19.3 Frühe Infarktzeichen in der CT bei akutem Verschluss der linken A. cerebri media (axiale Nativ-CT).
a Zeichen der hyperdensen Media (Thrombus am Stamm der A. cerebri media, Pfeil). **b** Hypodensität im Striatum und in der Inselrinde links mit Verengung der Inselzisterne ca. 6 h nach dem Infarkt (*). **c** Großer, jetzt scharf demarkierter Mediainfarkt (Territorialinfarkt) nach 7 Tagen. (aus Jansen et al., Neuroradiologie, Thieme)

gerinnsel dar. Eine arterielle Embolie wird durch ein verschlepptes Gerinnsel ausgelöst, das seinen Ursprung im arteriellen oder venösen Flusssystem haben kann.

Ätiopathogenese. s. S. 381

Klinik. Die klinische Symptomatik einer arteriellen Thrombose wird durch den Funktionsausfall des betroffenen Organs bestimmt (s. S. 218, **Abb. 19.3**).

Diagnostik. Klinische Diagnose: s. S. 218 f
Laboranalyse: Verschiedene Hämostaseparameter sind in ihrer Konzentration bzw. Aktivität im Verlauf eines arteriellen Thrombosegeschehens zwar verändert; pathologische Hämostasewerte sind jedoch nicht beweisend für das Auftreten einer arteriellen Thrombose, sondern nur Ausdruck einer arteriosklerotischen Gefäßwandveränderung. Beispielsweise korreliert ein erhöhter D-Dimer-Spiegel positiv mit der klinischen Manifestation einer Arteriosklerose. Eine positive Korrelation zum Auftreten einer arteriellen Thrombose besteht jedoch nicht.

Therapie. Primäres therapeutisches Ziel ist es, den okkludierenden Thrombus möglichst schnell zu eliminieren (s. S. 218 f). Das therapeutische Vorgehen ist, abhängig vom betroffenen Organ, unterschiedlich und in den zugehörigen Kapiteln beschrieben. Die Anwendung von Thrombolytika und die begleitende antithrombotische Therapie mit Heparin bzw. Thrombozytenaggregationshemmern sind auf S. 393 ff. dargestellt.

Rezidivprophylaxe. Die Hemmung der Thrombozytenaggregation ist die wichtigste Maßnahme einer Langzeitprophylaxe nach arteriellen Thrombosen (z. B. Acetylsalicylsäure, Clopidogrel, s. S. 399). Eine Ausnahme bildet der Hirninfarkt kardioembolischer Genese. Hier ist die orale Antikoagulation (s. S. 394) die Prophylaxe der Wahl.

19.1.2 Venöse Thrombose und Lungenembolie

engl.: venous thrombosis, pulmonary embolism

Definition. Die venöse Thrombose stellt einen partiellen oder vollständigen Verschluss einer Vene durch ein fibrinreiches Gerinnsel dar. Der häufigste Manifestationsort ist das tiefe Beinvenensystem. Als Komplikation einer venösen Thrombose kann durch Verschleppung von Thrombusteilen in den Lungenkreislauf eine Lungenembolie auftreten.

Ätiopathogenese. → s. S. 381

Klinik. → venöse Thrombose s. S. 238; Lungenembolie s. S. 458.

Diagnostik. Beweisend für das Vorliegen einer venösen Thrombose ist der Thrombusnachweis durch bildgebende Diagnostik (Kompressionssonografie und/oder Phlebografie, s. S. 233 f).
Labordiagnostik: Ein normaler D-Dimer-Wert macht eine venöse Thrombose relativ unwahrscheinlich und schließt eine Lungenembolie mit sehr hoher Wahrscheinlichkeit aus. Die Bewertung der D-Dimer-Werte ist in Form eines diagnostischen Algorithmus in **Abb. 19.4** dargestellt. Ein entsprechender Algorithmus für das Vorgehen bei Verdacht auf Lungenembolie ist in **Abb. 19.5** aufgezeigt.

> **!** **Bei kleinen Thrombosen, wie z. B. Augenvenenthrombosen, ist die Thrombusmasse nicht ausreichend groß, um zu einer systemischen D-Dimer-Erhöhung zu führen. Deswegen ist die D-Dimer-Bestimmung bei kleinen Thromben nicht hilfreich.**

Therapie. Primäres therapeutisches Ziel ist eine vollständige Thrombusrückbildung. Außerdem gilt es, die Entstehung einer Lungenembolie und eines postthrombotischen Syndroms zu verhindern. Zur Therapie der venösen Thrombose und Lungenembolie gehören neben chirurgischen (Thrombektomie, Implantation eines Cava-Schirms, s. S. 242 f) und lokalen physikalischen Maßnahmen die systemische Antikoagulation und die fibrinolytische Therapie (s. S. 393).

19.2 Thrombophilie

19.2.1 Allgemeine Aspekte

engl.: thrombophilia

Definition. Als Thrombophilie wird eine im Vergleich zur Normalbevölkerung **erhöhte Thromboseneigung** bezeichnet.

Epidemiologie. Mit einer Prävalenz zwischen 3 und 5 % ist die Thrombophilie relativ häufig. Durch die Folgeerkrankungen Lungenembolie und postthrombotisches Syndrom hat sie entscheidenden Einfluss auf die Morbiditätsrate.

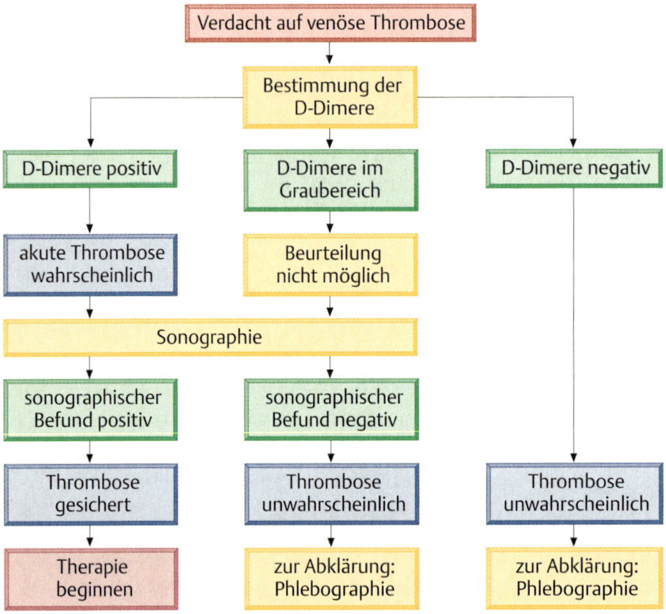

Abb. 19.4 Diagnostischer Algorithmus zur Bewertung der D-Dimer-Bestimmung bei Verdacht auf venöse Thrombose.

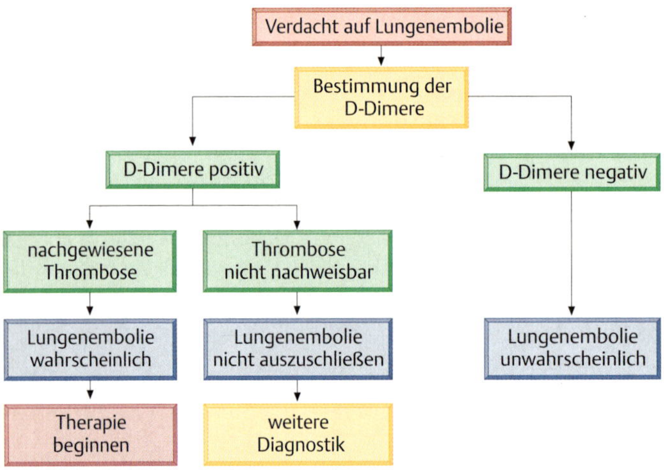

Abb. 19.5 Diagnostischer Algorithmus zur Bewertung der D-Dimer-Bestimmung bei Verdacht auf Lungenembolie.

Pathophysiologie

Unterschiedliche Risikofaktoren können eine Thrombophilie auslösen; sie sind in **Tab. 19.1** zusammengefasst. Am besten sind die Hämostasestörungen, die einen thrombophilen Zustand auslösen, definiert.

Störungen des Hämostasesystems

Störungen im plasmatischen Gerinnungssystem: Die Hemmung von aktivierten Gerinnungsfaktoren kann ausbleiben, wenn plasmatische Inhibitoren fehlen.

- **Erhöhte Prothrombinkonzentration:** Die basale Thrombinbildung ist erhöht und das Gleichgewicht zwischen pro- und antikoagulatorischen

Tab. 19.1 Ursachen einer Thrombophilie

Störungen des Hämostasesystems			Gefäßwandveränderungen	rheologische Störungen	weitere Erkrankungen/Komponenten/Zustände*
plasmatisches Gerinnungssystem („Hyperkoagulabilität“)	**Fibrinolysesystem („Fibrinolysehemmung“)**	**thrombozytäres System („Plättchenaktivierung“)**			
• APC-Resistenz • Prothrombin-Gen-Mutation • Antithrombinmangel • Protein-C-Mangel • Protein-S-Mangel • Dysfibrinogenämie • erhöhter Spiegel des Faktors VIII	• Dysfibrinogenämie • Plasminogenmangel	• Thrombozythämie	• Atherosklerose • Diabetes mellitus • Herzklappenveränderungen • Stenose • Aneurysma • Vaskulitis	• venöse Hypozirkulation • Stase (Immobilisation, Herzinsuffizienz, Varikosis) • Hyperviskosität (Polycythaemia vera, Leukämie, Sichelzellanämie) • Stenose	• fortgeschrittenes Alter • Operation/postoperative Phase • Immobilisation • maligne Erkrankungen • kardiale Erkrankungen • Schwangerschaft/postpartale Periode • orale Kontrazeptiva • Östrogentherapie • künstliche Oberflächen (Stent, Herzklappen, Katheter) • Hyperhomozysteinämie • HIT Typ II • Lupus-Antikoagulans-Syndrom • paroxysmale nächtliche Hämoglobinurie • nephrotisches Syndrom • Fettstoffwechselstörungen

**Die aufgelisteten Erkrankungen und Zustände sind Ursachen für sekundäre Störungen des Hämostasesystems, der Gefäßwand und/oder der Blutströmung*

E

Komponenten verschiebt sich in Richtung Hyperkoagulabilität.

- **Antithrombinmangel:** Die Inhibierung von prothrombotischen Serinproteasen, wie Thrombin und Faktor Xa, ist verzögert.
- **Störungen des Protein-C-Systems** (Protein-C-Mangel, Protein-S-Mangel, APC Resistenz, Thrombomodulinreduktion, s. S. 344): Bei Protein-C- oder Protein-S-Mangel wird die Inaktivierung der Faktoren Va und VIIIa gehemmt. Bei verschiedenen Erkrankungen wird die Expression von Thrombomodulin herunterreguliert mit der Folge, dass Protein C nicht regelrecht aktiviert wird. Schließlich gibt es Antikörper, die zu einer Hemmung der Wirkung von aktiviertem Protein C (APC) an seinen Substraten, den aktivierten Faktoren Va und VIIIa, führen. Diese Störung bezeichnet man als erworbene APC-Resistenz.

Störungen im Fibrinolysesystem: Eine gestörte Balance zwischen fördernden und hemmenden Faktoren des Fibrinolysesystems kann zur Entstehung eines Thrombus beitragen, löst jedoch selbst keine Aktivierung der plasmatischen Gerinnung aus. Bei verstärkter Inhibierung der Fibrinolyse kann anfallendes Fibrinmonomer bzw. Fibrin nicht ausreichend schnell lysiert werden, sodass sich ein Thrombus aufbaut.

Störungen des thrombozytären Systems: Es ist nicht zweifelsfrei bewiesen, dass eine primäre Aktivierung der Thrombozyten zu einer Thrombophilie führt. Bei der heparininduzierten Thrombozytopenie Typ II kommt es unter Beteiligung von Immunkomplexen und Thrombozyten zu einer Aktivierung des Hämostasesystems (s. S. 392). Bei vielen Erkrankungen kommt es jedoch sekundär zu einer Aktivierung von Blutplättchen, sodass diese ihre prothrombotischen Komponenten zur Akzeleration der Gerinnungsaktivierung zur Verfügung stellen. Die Bedeutung der Plättchen für die Thrombogenese wird dadurch deutlich, dass Inhibitoren, die eine Thrombozytenadhäsion oder eine Thrombozytenaggregation hemmen, vor allem die Entstehung von arteriellen Thromben verhindern.

Gefäßwandveränderungen

Kommt es im Rahmen einer Gefäßerkrankung zum Verlust der Endothelzellschicht, so geht die Thromboseresistenz der Gefäßwand verloren: es liegen subendotheliale Strukturen frei, die zur Aktivierung von Blutplättchen führen. Auch kann an einer solchen geschädigten Gefäßwand das plasmatische Gerinnungssystem aktiviert werden (s. S. 344).

Rheologische Störungen

Eine arterielle oder venöse Hyperzirkulation führt zu einer Thrombophilie im arteriellen bzw. venösen Gefäßsystem, da die rheologische Störung die Interaktion zwischen zirkulierendem Blut und Gefäßwand verändert. Sekundär wird das Gleichgewicht im Hämostasesystem zu einem thrombophilen Zustand hin verschoben.

Klinik

Mögliche Symptome einer Thrombophilie sind:

- Spontanthrombosen (Thrombosen außerhalb von typischen Risikosituationen)
- untypisches Erstmanifestationsalter (ca. < 45 Jahre)
- Thrombosen an ungewöhnlichen Lokalisationen (Thrombosen außerhalb des Bein-Becken-Systems)
- häufige Rezidive
- familiäre Thromboseneigung
- rezidivierende, gynäkologisch nicht erklärbare Spontanaborte

Diagnostik

→ vgl. auch S. 347

Indikationen zur laboranalytischen Untersuchung. Besteht eines der oben genannten Symptome wird eine Thrombophiliediagnostik empfohlen (**Tab. 19.2**).

In der akuten Phase einer Thrombose ist eine Thrombophiliediagnostik nicht sinnvoll (Ausnahmen sind die Bestimmung von HIT-Antikörpern, Antithrombin, Plasminogen und Lupus-Antikoagulans-Antikörpern), da das Hämostasesystem durch die Grunderkrankung fehlreguliert ist und die Untersuchungsergebnisse möglicherweise zu falschen Schlussfolgerungen führen können.

Hämostaseologische Analytik. Zurzeit gibt es keinen sicheren Globaltest zur Erfassung einer Thrombophilie bzw. zur Abschätzung eines thrombotischen Risikos. So erfasst auch das auf S. 347 ff aufgeführte Minimalprogramm der hämostaseologischen Analytik keine Thrombophilie.

Die laboranalytischen Untersuchungen gliedern sich daher sinnvollerweise in einen 1. diagnostischen Schritt (= funktionelle Tests) und einen 2. diagnos-

Tab. 19.2 Diagnostisches bzw. differenzialdiagnostisches Vorgehen bei den häufigsten Erkrankungen mit hereditärer Thrombophilie

Erkrankungen	erster diagnostischer Schritt: funktionelle Tests	zweiter diagnostischer Schritt: Differenzierung/Bestätigung
Faktor-V-Leiden	APTT-Modifikation	DNA-Analyse
Antithrombinmangel	chromogener Test	Antigentest + DNA-Analyse
Protein-C-Mangel	chromogener Test	Antigentest + DNA-Analyse
Protein-S-Mangel	Bestimmung des freien Proteins S	DNA-Analyse
Prothrombin-G20 210A-Polymorphismus	DNA-Analyse	

** Der Protein-S-Mangel kann bei APC-Resistenz nicht zuverlässig bestimmt werden. In chromogenen Testverfahren wird das natürliche Substrat durch ein Peptidsubstrat ersetzt, das nach Spaltung zu einer Farbreaktion durch Freisetzung von Farbstoff führt.*

E

tischen Schritt (= Bestätigungstest bzw. Antigenbestimmung) (**Tab. 19.2**).

Die **Bestimmung folgender Aktivierungsmarker** eignet sich zur Beurteilung des Vorliegens einer Thrombophilie:

- Thrombin-Antithrombin-Komplexe
- Prothrombinfragment F1 + 2
- lösliches Fibrin (FM-Test)

Ein positives Testergebnis weist auf eine Thrombophilie hin, ein negatives Testergebnis schließt eine Thrombophilie nicht aus.

Zusätzlich zur Bestimmung der Aktivierungsmarker oder oft auch ausschließlich wird ein **breites Thrombophilie-Screening** durchgeführt (**Tab. 19.3**).

! Anstelle eines Screenings für das Vorliegen eines thrombotischen Risikos sollte bei hospitalisierten Patienten, die Risikofaktoren für eine thromboembolische Erkrankung aufweisen, sehr konsequent eine Antikoagulation durchgeführt werden.

Therapie und Prophylaxe

Unfraktioniertes wie auch niedermolekulares **Heparin** (s. S. 393) und **orale Antikoagulanzien** (s. S. 394) sind bei allen Erkrankungen mit Thrombophilie bzw. bei venösen thromboembolischen Erkrankungen die Grundpfeiler einer erfolgreichen Therapie und Prophylaxe (Ausnahme: homozygote Form der Hyperhomozysteinämie). Heparinoide, rekombinantes Hirudin und Thrombozytenfunktionshemmer haben spezifische Indikationsfelder. Synthetische Thrombininhibitoren werden zurzeit erprobt. Eine Substitutionstherapie wird momentan nur beim Antithrombinmangel als sinnvoll erachtet.

Die Substitution mit Antithrombinkonzentraten kommt bei deutlich eingeschränkter Syntheseleistung der Leber, bei orthotopen Lebertransplantationen und bei Leberversagen, bei Patienten mit nephrotischem Syndrom und bei Asparaginasetherapie infrage. **Dosierung der Antithrombinkonzentrate:** Initialdosis: 40 E/kgKG. Erhaltungsdosis: ca.10–20 E/kgKG im Abstand von 12 Stunden mit dem Ziel, die Antithrombinaktivität nicht unter 70 % der Norm abfallen zu lassen.

Klinischer Fall

Eine 28-jährige Patientin wird zur Thrombophilie-Diagnostik vorgestellt, nachdem vor 14 Tagen ein Paget-von-Schroetter-Syndrom ausgelöst durch eine Thrombose der Vena subclavia, links, diagnostiziert worden war. Die Patientin berichtet, dass spontan eine zunehmende schmerzhafte Schwellung des Armes aufgetreten war. Zum Zeitpunkt der Thromboseentstehung hat die Patientin zur Antikonzeption eine Pille der 3ten Generation eingenommen. In der Familienanamnese ist eine Thromboseneigung der Mutter und des Großvaters väterlicherseits bekannt. Aufgrund der ungewöhnlichen Thromboselokalisation, des Alters der Patientin und der erkennbaren familiären Belastung wird eine familiäre Thromboseneigung vermutet.

In der durchgeführten Laboranalytik wird eine APC-Resistenz ausgelöst durch eine homozygote Faktor-V-Leiden-Mutation diagnostiziert. Ein anderer thrombophiler Risikofaktor, wie ein Antithrombin-Mangel, ein

Tab. 19.3 Thrombophilie-Screening

	plasmatisches Gerinnungssystem	Fibrinolysesystem	thrombozytäres System
Minimalprogramm	• Thromboplastinzeit • APTT • Thrombinzeit • Antithrombin • Protein C • Protein S • Fibrinogen • funktioneller APC-Resistenztest • Homocystein-Plasmakonzentration • Lupus-Antikoagulans-Diagnostik (s. S. 391) • Prothrombin: DNA-Analyse • Einzelfaktorbestimmung	Plasminogenaktivität	• Thrombozytenzahl • HIT-Diagnostik bei Thrombozytopenie unter Heparintherapie (s. S. 392)
Weiterführende Diagnostik		• Reptilasezeit • D-Dimer	aktivierte Thrombozyten (Durchflusszytometrie)

Protein-C/S-Mangel, eine Prothrombin-G20 210A-Mutation oder Antiphospholipid-Antikörper liegen nicht vor. Die homozygote Faktor-V-Leiden-Mutation wird in Kombination mit der „Pilleneinnahme" als ursächlich für die Thromboseentstehung bewertet.

Um ein komplettes Ausheilen der Thrombose zu ermöglichen und eine Rezidivthrombose zu verhindern, wird eine kontinuierliche Antikoagulation mit einem Vitamin-K-Antagonisten, wie Phenprocoumon, mit einem INR-Zielbereich von 2 – 3 für einen Zeitraum von 1 Jahr empfohlen. Danach wird der Patientin empfohlen in allen Situationen, die mit einem erhöhten Thromboserisiko einhergehen, eine passagere Thromboseprophylaxe mit einem niedermolekularen Heparin durchzuführen. Auch im Fall einer Schwangerschaft wird eine schwangerschaftsbegleitende Thromboseprophylaxe mit einem niedermolekularen Heparin empfohlen.

19.2.2 Hereditäre Thrombophilie

engl.: inherited thrombophilia, familial thrombophilia

Ätiopathogenese

Die allgemeinen pathophysiologischen Zusammenhänge sind auf S. 381 dargestellt.

Antithrombinmangel (AT-Mangel)

Eine Erniedrigung der Antithrombin-Aktivität hat eine Thrombophilie zur Folge. Man unterscheidet zwei Formen: Typ I (quantitativer AT-Mangel) und Typ II (qualitativer AT-Mangel).

Störungen im Protein-C-System (Protein-C-Mangel, Protein-S-Mangel, APC-Resistenz)

Das Protein-C-System ist der wichtigste negative Rückkopplungsmechanismus der plasmatischen Gerinnung. Bei den unterschiedlichen Mangelerkrankungen werden Protein C und Protein S nicht ausreichend (Typ I) oder defekt synthetisiert (Typ II). Während beim AT-, PC- und PS-Mangel ganz unterschiedliche Mutationen beschrieben wurden, ist bei der „Aktiviertes-Protein-C-(APC-)Resistenz" zu ca. 99 % nur eine Punktmutation bekannt. Diese Punktmutation **(Faktor-V-Leiden)** ist durch eine Substitution von Arg506 durch Gln charakterisiert. Folge ist, dass APC an dieser Stelle das Faktor-V-Molekül nicht mehr spalten und damit inaktivieren kann (Faktor V R506Q).

Prothrombin-G20210A-Polymorphismus

Eine Mutation in der 3'-nichttranslatierten Region des Prothrombingens (G → A, Prothrombin-G20210A) ist mit einem erhöhten Prothrombinspiegel und erhöhtem Thromboserisiko vergesellschaftet.

Störungen des Fibrinolysesystems

Zu den angeborenen Störungen des Fibrinolysesystems, bei denen gehäuft venöse Thrombosen auftreten, gehören Plasminogenmangel und Dysfibrinogenämie. Bei diesen genetischen Defekten ist wegen ihrer Seltenheit die Assoziation zur Thrombophilie statistisch nicht abgesichert.

Hereditäre Hyperhomozysteinämie

Eine **homozygote Hyperhomozysteinämie** (Plasmahomozystein > 100 µmol/l) führt zu koronarer Herzerkrankung, Apoplex und peripherer arterieller Verschlusskrankheit. Auch die milde Form, die **heterozygote Hyperhomozysteinämie** (Plasmahomozystein 16–25 µmol/l), die in etwa 5 % in der Normalbevölkerung vorkommt, ist mit einer venösen und arteriellen Thrombophilie vergesellschaftet. Die Thrombophilie bei der Hyperhomozysteinämie ist Folge einer Aktivierung der Endothelzellen im Rahmen eines Entzündungsgeschehens. Eine Aktivitätsverminderung der Methylentetrahydrofolat-Reduktase (MTHFR) aufgrund einer Genmutation stellt eine häufige Ursache der hereditären Hyperhomozysteinämie dar.

Multigendefekt

Die hohe Prävalenz des Faktor-V-Leidens und der Prothrombin-Genmutation bedeuten eine erhöhte Wahrscheinlichkeit der Interaktion mit anderen hereditären Risikofaktoren. Das Thromboserisiko steigt erheblich beim gleichzeitigen Vorliegen beider Risikofaktoren (compound heterozygosity).

Epidemiologie und Klinik

Die Prävalenz der hereditären Thrombophilie in der allgemeinen Bevölkerung beträgt ca. 5 %. Die Prävalenzen der verschiedenen Ursachen sind in **Tab. 19.4** aufgeführt.

Ungefähr die Hälfte aller thromboembolischen Ereignisse wird im **Zusammenhang mit auslösenden Faktoren** beobachtet, wie Operationen, Immobilisation oder Schwangerschaft. So liegt beim AT-Mangel das Risiko, eine Thrombose während der Schwangerschaft oder im Wochenbett zu erleiden, bei 40–70 %, beim PC- oder beim PS-Mangel zwischen 10 und 20 % und bei der homozygoten APC-Resistenz bei ca. 30 %. Postoperative Thrombosen werden bei abdominellen Eingriffen in ca. 20 % und bei orthopädischen oder Karzinomoperationen bei ca. 40 % der Patienten mit AT-, PC- oder PS-Mangel beobachtet (**Abb. 19.6**). Thrombosen treten in der Regel erst ab dem 14. Lebensjahr auf.

! **Die Einnahme von oralen Kontrazeptiva erhöht bei allen Frauen das Thromboserisiko. Zu einer besonders starken Erhöhung kommt es bei Frauen mit einem thrombophilen Risikofaktor wie einem AT-Mangel oder einer APC-Resistenz kombiniert mit einer heterozygoten Prothrombin-G20 210A-Mutation.**

Folgende Besonderheiten sind noch erwähnenswert:

- **Homozygoter Antithrombinmangel:** Typ I des homozygoten AT-Mangels ist offensichtlich mit dem Leben nicht vereinbar. Homozygoter Typ II des

Tab. 19.4 Genetische Defekte, bei denen eine Thrombophilie auftritt

Ursache	Prävalenz in der Normalbevölkerung	Prävalenz bei Patienten mit venösen Thromboembolien
Faktor-V-Leiden	2 – 10 %	12 – 40 %
Prothrombin-G20 210A	2 – 6 %	6 – 18 %
Antithrombinmangel	0,2 %	2 – 5 %
Protein-C-Mangel	0,2 %	2 – 5 %
Protein-S-Mangel	0,2 %	2 – 5 %
Hyperhomozysteinämie	?	10 – 20 %
Dysfibrinogenämie, Plasminogen-Mangel, Faktor-XII-Mangel, Heparin-Kofaktor-II-Mangel	seltene Ursachen bzw. Ursachen, deren Verknüpfung von genetischem Defekt und gehäuftem Auftreten thromboembolischer Erkrankungen statistisch nicht gesichert ist	

AT-Mangels führt zu thromboembolischen Komplikationen beim Neugeborenen. Auch treten arterielle Thrombosen sowie Spontanaborte bei Homozygotie auf.

- **Homozygoter Protein-C- und Protein-S-Mangel:** Bei homozygotem PC- bzw. PS-Mangel kommt es typischerweise bei Neugeborenen zu einer Purpura fulminans, charakterisiert durch Mikrogerinnsel in den Hautgefäßen und subkutanen Gefäßen.
- **Homozygote APC-Resistenz:** Eine homozygote APC-Resistenz liegt bei etwa 0,02 % der Bevölkerung vor. Das Thromboserisiko ist etwa 11-mal höher als bei Heterozygotie.

Diagnostik

Einschlusskriterien für ein Screening. siehe allgemeine Angaben bei Thrombophilien (s. S. 386 f).

Ausschlusskriterien für ein Screening. Patienten mit erworbenen Ursachen einer Thrombose wie z. B. Neoplasien, myeloproliferativen Erkrankungen und keinem Hinweis für eine genetische Disposition für eine Thrombophilie.

Laboranalytische Untersuchungen.

1. funktionelle Tests mit dem Ziel, angeborene Erkrankungen auszuschließen (s. **Tab. 19.2**).
2. bei positivem Ergebnis: Differenzierung der Typen des AT-, PC- oder PS-Mangels, DNA-Analyse zur Lokalisierung des Defekts.

So kann bei ca. 60 % der hereditären Thrombophilien die Ursache geklärt werden, bei den verbleibenden 40 % der Fälle bleibt die Ursache zurzeit unklar.

Therapie und Prophylaxe

Beim **hereditären Antithrombinmangel** kommt es bei ca. ⅓ der Patienten zu keiner adäquaten Verlängerung der APTT bei einer üblichen Heparingabe von bis zu 35 000 E/d. Diese sog. **Heparinresistenz** kann durch Gabe eines Antithrombinkonzentrates aufgehoben werden. Die Dosierung von Antithrombinkonzentraten erfolgt wie beim erworbenen AT-Mangel (s. S. 387).

Eine **Thromboseprophylaxe** mit Heparin oder oralen Antikoagulanzien sollte beim AT-Mangel durchgeführt werden, wenn erstmals ein thrombotisches Ereignis aufgetreten ist. Falls unfraktioniertes Heparin oder LMW-Heparin angewendet wird, sollten diese Patienten zusätzlich mit Antithrombinkonzentraten behandelt werden, sodass die Antithrombinaktivität nicht unter 70 % der Norm abfällt.

Beim homozygoten Protein-C-Mangel des Neugeborenen handelt es sich um eine lebensbedrohliche Erkrankung, als deren Folge eine DIC auftritt (s. S. 374). Die Therapie besteht in der Gabe von PC-Konzentraten (→ Lehrbücher der Pädiatrie).

Das **Thromboserisiko in der Schwangerschaft** ist erhöht, in besonderem Maße bei Patientinnen mit hereditärer Thrombophilie. Zur Thromboseprophylaxe wird **LMW-Heparin** verwendet. Aufgrund des teratogenen Risikos der Cumarinderivate muss bei Patientinnen, die Cumarine einnehmen, die orale Antikoagulation sofort bei Beginn der Schwangerschaft abgesetzt und die Thromboseprophylaxe auf LMW-Heparin umgestellt werden. Die Dosierung liegt in der höchsten Risikogruppe mit einem Zielbereich von 0,3 – 0,5 anti-FXa-E (**Tab. 19.5**, S. 396 f). Die Behandlung mit LMW-Heparin wird bis vier Wochen nach der Entbindung fortgesetzt.

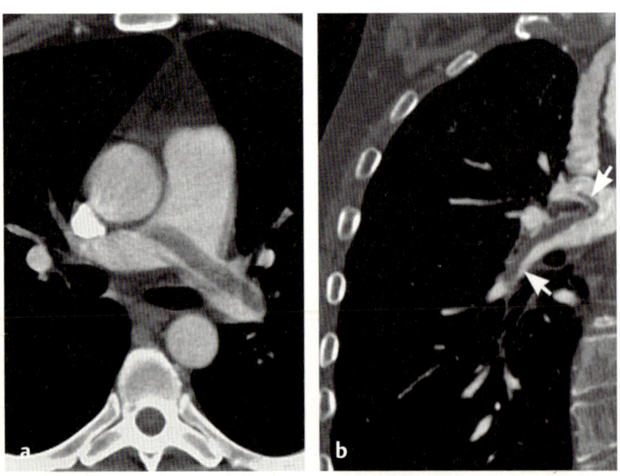

Abb. 19.6 Akute Lungenembolie in der CT. a Großer reitender Thrombus im Bereich der Pulmonalisbifurkation. **b** Embolus in der rechten Lungenarterie (Pfeil). (aus Prokop et al., Ganzkörper-CT, Thieme)

> **!** Eine antikoagulatorische Therapie mit LMW-Heparin stellt keine Kontraindikation zum Stillen dar.

Der AT-Mangel sollte während der Entbindung zusätzlich mit Antithrombinkonzentrat behandelt werden. Auch in der Postpartalperiode sollte beim AT-Mangel wegen des besonders hohen thromboembolischen Risikos Antithrombinkonzentrat infundiert werden.
Die homozygote **Hyperhomozysteinämie** wird mit einer methioninfreien Diät und zusätzlicher Gabe von Vitamin B_6 (100 mg/d), B_{12} (1 mg/d) und Folsäure (1 mg/d) behandelt. Nach 4-wöchiger Behandlung sollte der Homocystein-Plasma-Spiegel überprüft werden.

19.2.3 Antiphospholipid-Syndrom

engl.: antiphospholipid antibody syndrome

Definition. Das Antiphospholipid-Syndrom (APS) ist durch das Auftreten von rezidivierenden venösen und/oder arteriellen Thrombosen, Fehlgeburten und/oder Thrombozytopenie charakterisiert. Antiphospholipid-Antikörper (APA) sind Autoantikörper, die gegen Phospholipid-Protein-Komplexe gerichtet sind. Sie werden mittels ELISA nachgewiesen. Bei Patienten mit spontan aufgetretenen Thrombosen können in 10 – 20 % derartige Antikörper nachgewiesen werden.
Als **Lupus-Antikoagulanzien** (LA) wird eine Untergruppe der APA bezeichnet, die gegen gerinnungsaktive Phospholipide gerichtet sind und in vitro eine Hemmung des Gerinnungsvorgangs in phospholipidabhängigen Gerinnungstests hervorrufen.

Ätiopathogenese. Die zur Bildung von Antiphospholipid-Antikörpern führenden Mechanismen sind bisher nicht geklärt. Der intravasale Untergang von Zellen, besonders von Thrombozyten, führt wahrscheinlich zur Bildung von Autoantikörpern gegen Phospholipid-Protein-Komplexe und zur **Hyperkoagulabilität**.
LA-Antikörper beeinflussen definitionsgemäß alle phospholipidabhängigen Gerinnungstests, sowohl die prokoagulatorischen als auch die antikoagulatorischen. Beim Patienten, also in vivo, wirken LA-Antikörper vorzugsweise als **Thrombophilie-Risikofaktoren**. So kann es zu einer verstärkten Aktivierung oder zu einer verminderten Hemmung der plasmatischen Gerinnung kommen.
Bei etwa 20 – 30 % der Patienten mit einem Lupus erythematodes sind APA nachweisbar. Deswegen stellt der Nachweis von APA ein Diagnosekriterium des systemischen Lupus erythematodes dar.

Klinik. Das Auftreten von APA ist mit einem erhöhten **Risiko von venösen und arteriellen Thrombosen** sowie einer **erhöhten Abortinzidenz** verbunden. Venöse Thrombosen treten häufiger auf als arterielle Thrombosen. In sehr seltenen Fällen kann die Thrombozytopenie zu einer Blutungsneigung führen. Bei Frauen mit APAS kommt es sehr häufig wegen der Bildung von Mikrogerinnseln in der Plazenta zu Aborten: bei etwa 30 – 40 % der Frauen mit APAS treten rezidivierende Aborte auf.

Diagnostik. Bei Vorliegen einer Thrombose, unklaren Aborten, arteriellen Thrombosen ohne Nachweis arteriosklerotischer Veränderungen, einer unklaren Thrombozytopenie und bei Autoimmunerkrankungen mit Gefäßbeteiligung sollte immer eine **Untersuchung auf APA-Antikörper** durchgeführt werden. Durch einen APA-ELISA lässt sich der Nachweis führen, dass die Antikörper Immunglobuline (IgG, IgM) sind, die gegen Phospholipide gerichtet sind.
LA-Antikörper fallen bei Routineuntersuchungen oft durch eine **Verlängerung der APTT** auf, wenn Reagenzien verwendet werden, die eine hohe LA-Sensitivität aufweisen. Der Inhibitorcharakter der LA-Antikörper wird mit Plasmamischversuchen nachgewiesen.
Differenzialdiagnostisch sollte bei Patienten mit Thrombose und nachgewiesenen APA nach weiteren Ursachen einer Thrombophilie gesucht werden.

Therapie.

> **!** Das therapeutische Vorgehen ist von der klinischen Symptomatik und nicht von den Laborparametern abhängig.

Wenn APA oder LA-Antikörper bei Patienten mit einer **Autoimmunerkrankung** gefunden werden, verschwinden in der Regel die Autoantikörper bei erfolgreicher **immunsuppressiver Therapie**. Wenn jedoch APA oder LA-Antikörper isoliert und ohne weitere Symptome einer Autoimmunerkrankung auftreten, ist eine immunsuppressive Therapie nicht indiziert.

Patienten mit LA-Antikörpern und Thrombose: In der akuten Phase der thromboembolischen Erkrankung wird der Patient einer üblichen organspezifischen Thrombosebehandlung unterzogen. Im Anschluss hieran erfolgt eine orale Antikoagulation mit einer INR zwischen 2 und 3. Dieser INR-Bereich gilt unter der Voraussetzung, dass die APA nicht mit der INR-Bestimmung interferieren (→ orale Antikoagulation, S. 394). Falls die TPZ durch die APA bereits vor Beginn der oralen Antikoagulation verlängert sein sollte, ist eine Überwachung der Therapie mit Vitamin-K-Antagonisten meist über eine Einzelfaktorbestimmung der Faktoren X oder II möglich.
Die **Behandlung mit oralen Antikoagulanzien** wird zeitlebens bzw. so lange durchgeführt, bis Antikörper im funktionellen Test, 2-mal im Abstand von 3 Monaten bestimmt, nicht mehr nachweisbar sind. Acetylsalicylsäure oder andere Thrombozytenfunktionshemmer ohne gleichzeitige orale Antikoagulation haben keinen nachweisbaren therapeutischen Effekt. Die orale Antikoagulation wird sowohl zur venösen als auch zur arteriellen Thromboseprophylaxe angewendet.
Patientinnen mit LA-Antikörpern und rezidivierenden Aborten: Zur Abortprophylaxe werden Patientinnen mit APA mit einem niedermolekularen Heparin in prophylaktischer Dosierung kombiniert mit einer thrombozytenfunktionshemmenden Therapie mit Acetylsalicylsäure in einer Dosierung von 100 mg/Tag behandelt.

19.2.4 Heparininduzierte Thrombozytopenie (HIT)

engl.: heparin-induced thrombocytopenia, white clot syndrome

Definition. Die **heparininduzierte Thrombozytopenie Typ II** wird durch das Auftreten von Antikörpern gegen einen Heparin/Protein-Komplex, meistens gegen den Heparin/Plättchenfaktor-4-Komplex, hervorgerufen. Diese Antikörper verursachen eine Thrombozytenaktivierung, die zu venösen und arteriellen Thrombosen sowie sehr selten zu Blutungen führen kann.
Die **heparininduzierte Thrombozytopenie Typ I** ist durch eine direkte Wechselwirkung von Heparin mit Thrombozyten bedingt und ohne klinische Relevanz.

Epidemiologie

In Abhängigkeit vom Krankheitsbild, das mit Heparin behandelt wird, werden bei 0,1 – 10 % der Patienten heparininduzierte Antikörper beobachtet. Die Antikörper entwickeln sich häufiger gegen unfraktioniertes Heparin. Bei Gabe von LMW-Herparin werden Antikörper nur etwa bei 0,1 % der Patienten beobachtet.
Bei ca. 10 – 30 % der Patienten mit nachgewiesenen Antikörpern kommt es zum Auftreten von Thrombosen. Die Letalität bei Auftreten einer durch HIT verursachten Thrombose beträgt ca. 30 %.
Blutungskomplikationen bei HIT sind sehr selten.

Ätiopathogenese

Ca. 6 – 20 Tage nach Beginn einer erstmaligen Heparintherapie können Antikörper gegen einen Heparin/Protein-Komplex gebildet werden. Meistens handelt es sich um Antikörper gegen den Heparin/Plättchenfaktor-4-Komplex. Sie induzieren eine **Thrombozytenagglutination und -aktivierung**, die zur Ablagerung von Thrombozyten an Stellen führen, die für eine Thrombose prädestiniert sind. Thrombosen treten sowohl in venösen als auch in arteriellen Gefäßbezirken auf. Ihre Entstehung hängt auch mit der Aktivierung von Endothelzellen und Monozyten zusammen, die „Tissue Factor“ exprimieren können.

Klinik

Die HIT Typ II tritt 6 bis 20 Tage nach Beginn der erstmaligen Behandlung mit Heparin auf. Es kann sowohl zu venösen als auch arteriellen Verschlüssen in Extremitäten, Herz und intrakraniellen Gefäßen kommen. Wird Heparin subkutan verabreicht, so wird bei einer HIT Typ II oft eine hämorrhagische Hautnekrose an der Einstichstelle beobachtet.

Diagnostik

Zu Beginn einer Heparinbehandlung **fällt die Thrombozytenzahl** in der Regel geringgradig ab und kann gelegentlich erniedrigte Werte zwischen 100 000 und 150 000/µl aufweisen. Diese Form der Thrombozytopenie **(HIT Typ I)** wird als unbedenklich betrachtet.
Die **HIT Typ II** ist durch eine **extreme Thrombozytopenie** charakterisiert. Die Thrombozytenzahl sinkt innerhalb von 24 – 48 Stunden auf Werte von weniger als 50 % des Ausgangswertes ab; Thrombozytenzahlen zwischen 30 000 und 50 000/µl werden beobachtet. Bei Abfall der Thrombozytenzahl um

> 50 % des Ausgangswertes oder bei einer Thrombozytenzahl < 100 000/µl sollte immer an eine HIT Typ II gedacht werden.
Die **Diagnosesicherung** erfolgt durch den heparininduzierten Plättchenaktivierungs-Assay (HIPA), den Serotoninfreisetzungstest oder einen ELISA zur Bestimmung der HIT-Antikörper.

> **!**
> - **Patienten mit einer heparininduzierten Thrombozytopenie sind trotz niedriger Thrombozytenzahlen nicht blutungsgefährdet.**
> - **Neben der zunehmenden Thrombozytopenie sind Hautrötungen an der Einstichstelle der Heparininjektion und ein unverhältnismäßig hoher Heparinbedarf zum Erreichen einer therapeutischen Wirkung Warnsymptome einer beginnenden HIT.**

Differenzialdiagnostisch ist eine EDTA-induzierte Pseudothrombozytopenie auszuschließen. Ebenso ist die Infekt-assoziierte Thrombozytopenie eine wichtige Differenzialdiagnose, die häufig nur durch den klinischen Verlauf abgegrenzt werden kann. Ein wichtiges differenzialdiagnostisches Merkmal ist die **Blutungsneigung**, die bei der HIT Typ II auch bei niedrigen Thrombozytenwerten nicht auftritt.

Therapie

Besteht der dringende klinische Verdacht auf das Vorliegen einer HIT-Typ II, sollte Heparin sofort abgesetzt werden. Dadurch wird der immunologische Prozess unterbrochen. Gleichzeitig sollten die Patienten weiter antikoaguliert werden, da durch die Grunderkrankung und durch die Hyperkoagulabilität der HIT-Typ II eine Indikation zur Antikoagulation besteht. Geeignete alternative Antikoagulanzien sind:

Argatroban. Argatroban ist ein direkter Thrombininhibitor, der aufgrund seiner guten Steuerbarkeit, seiner kurzen Halbwertszeit von etwa 30 – 60 min und seiner hepatischen Elimination eine geeignete Heparinalternative darstellt. Argatroban wird körpergewichtsbezogen dosiert und die Therapie durch Bestimmung der APTT gesteuert. Zur therapeutischen Antikoagulation wird eine APTT-Verlängerung um das 2- bis 2,5-fache angestrebt.

Hirudin. Rekombinantes Hirudin ist ein direkter Thrombininhibitor, der zur Therapie der HIT zugelassen ist. Gegenüber Argatroban hat Hirudin den Nachteil einer geringen therapeutischen Breite und einer ausschließlich renalen Elimination. Bei eingeschränkter Nierenfunktion und nicht angepasster Dosierung besteht deswegen ein hohes Blutungsrisiko. Eine Überdosierung bei Niereninsuffizienz sollte unbedingt vermieden werden. Initial sollte die Therapie mit einer niedrigen Hirudindosis, angeglichen an die Serum-Kreatinin-Konzentration, begonnen und die Dosis ansteigend bis zum Erreichen des therapeutischen Bereichs erhöht werden.

Danaparoid. Danaparoid ist eine heparinähnliche Substanz, die erfolgreich zur Behandlung der HIT eingesetzt wird. Im Vergleich zu Argatroban hat Danaparoid den Vorteil, dass es zur Thromboseprophylaxe subkutan verabreicht werden kann. Das synthetische Heparin **Fondaparinux** kann ebenfalls bei Patienten mit HIT zur Thromboseprophylaxe eingesetzt werden.
Anmerkung: Die Gabe von Thrombozytenaggregationshemmern, z. B. Dextranlösungen, Prostazyklin oder Acetylsalicylsäure, hat in der akuten Situation der Thromboseentstehung bei einer HIT keine klinische Wirksamkeit gezeigt. Orale Antikoagulanzien sind zur Behandlung einer HIT kontraindiziert, da Patienten mit einer HIT Typ II zur Ausbildung einer Cumarinnekrose neigen.

19.3 Therapie und Prophylaxe thromboembolischer Ereignisse

19.3.1 Therapie und Prophylaxe mit Heparin bzw. LMW-Heparin

Unfraktioniertes Heparin (UFH), meist nur als Heparin bezeichnet, wird von fraktioniertem Heparin (= niedermolekulares Heparin, Low-molecular-weight [LMW]-Heparin) unterschieden.

Therapie mit unfraktioniertem Heparin

Indikationen

Allgemeine Aspekte. Alle klinischen Situationen, die eine Antikoagulation erfordern, können eine Indikation für den Einsatz von unfraktioniertem Heparin bzw. LMW-Heparin sein. Unter hochdosierter Heparintherapie versteht man die sog. **Vollheparinisierung** mit einer APTT-Verlängerung auf das 1,5- bis

2,5-fache der Norm. Unfraktioniertes Heparin kann sowohl zur Therapie als auch zur Prophylaxe angewendet werden.

Indikationen zur Therapie mit hochdosiertem Heparin.

- akute Thromboembolien bei Kontraindikation für Thrombolysetherapie oder chirurgische Interventionen
- Anschlussbehandlung nach Thrombolysetherapie
- akuter peripherer arterieller Verschluss bei Kontraindikation für chirurgische Intervention oder Thrombolysetherapie
- akuter Vorderwandinfarkt, instabile Angina pectoris, akuter Myokardinfarkt
- künstliche Herzklappen
- Vorhofflimmern
- Überlappung bei Einleitung der oralen Antikoagulation
- extrakorporale Zirkulation: Herz-Lungen-Maschine, Dialyse

Low-Dose-Heparinisierung. s. Tab. 19.5. Dosierung:

- i. v.: initial: Bolus von 5 000 – 10 000 IE Heparin in Abhängigkeit von der Indikation, kontinuierliche Infusion: 1 000 – 2 000 IE/h in Abhängigkeit von der APTT
- s. c.: 2 – 3 × tägl. Injektion, Dosierung wie bei i. v. Gabe.

Zur Antikoagulation während der extrakorporalen Zirkulation gelten spezifische Dosierungen (siehe Fachliteratur).

Therapiesteuerung und therapeutische Bereiche.

- APTT: Verlängerung der APTT auf das 1,5- bis 2,5-fache der Norm
- Bestimmung der Thrombozytenzahl: bei i. v. Infusion täglich, bei s. c. Injektion beginnend am 5. Tag 2 – 3 × pro Woche (s. S. 392).
- Thromboembolieprophylaxe mit unfraktioniertem Heparin: Im Gegensatz zur therapeutischen Antikoagulation (= Vollheparinisierung) wird die Thromboseprophylaxe als Low-dose-Heparin-Behandlung bezeichnet. Die Dosierung des Heparins bei Thromboseprophylaxe hängt von der Risikoeinschätzung thromboembolischer Ereignisse ab (**Tab. 19.5**).

Nebenwirkungen und Kontraindikationen

Nebenwirkungen.

- HIT Typ II: Abfall der Thrombozytenzahl 6 – 20 Tage nach Beginn der Heparintherapie (s. S. 392)
- Blutung unter Heparintherapie: Suche nach Blutungsursache (hämorrhagische Diathese?, chirurgische Blutung?, Heparinüberdosierung?). Bei massiver Heparinüberdosierung: Protaminchlorid (1 IE Protaminchlorid neutralisiert 1 IE Heparin) langsam i. v. injizieren. Bei langfristiger Anwendung > 4 Wochen besteht ein erhöhtes Osteoporoserisiko.

Kontraindikationen.

- HIT Typ II (s. S. 392)
- Heparinallergie
- hämorrhagische Diathese/manifeste Blutung
- florides Ulcus ventriculi oder duodeni
- Erkrankungen mit intrakranieller Blutungsneigung (Hirnverletzungen, Hirnoperation)
- arterielle Hypertonie (systolisch RR > 200 mmHg, diastolisch RR > 105 mmHg)
- Ösophagusvarizen

Therapie mit LMW-Heparin und dem synthetischen Heparin Fondaparinux

Indikationen. LMW-Heparine und das synthetische Heparin Fondaparinux wurden zunächst primär zur Thromboseprophylaxe eingesetzt. Mittlerweile werden sie aufgrund der pharmakokinetischen Vorteile auch zunehmend in der Thrombosetherapie und den anderen für die unfraktionierten Heparine genannten Indikationen eingesetzt. Lediglich die Antikoagulation von extrakorporalen Systemen bleibt den unfraktionierten Heparinen vorbehalten.

Dosierung. Ein einheitliches Dosierungsschema existiert zur Zeit nicht, da die Präparate auf dem Markt nicht standardisiert sind. Entsprechend der Risikostufen (s. **Tab. 19.5**) erfolgt die Dosierung unterschiedlich. Die Wirksamkeit wird in der Regel nicht überprüft. Falls eine Überwachung und Steuerung der Prophylaxe angezeigt ist, erfolgt diese mit dem Anti-Faktor-Xa-Test (s. S. 348).

Kontraindikationen. Sie sind die gleichen wie für unfraktioniertes Heparin. Im Unterschied zur unfraktioniertem Heparin treten bei LMW-Heparin seltener eine HIT Typ II und Osteoporose auf.

19.3.2 Orale Antikoagulation

Orale Antikoagulanzien wie Vitamin-K-Antagonisten und die FXa- und Thrombin-Inhibitoren, werden bei Patienten eingesetzt, die eine langfristige Gerinnungshemmung benötigen. Vitamin-K-Antagonisten blockieren über eine Hemmung der Vitamin-K-Epoxidreduktase die γ-Carboxylierung der Gerinnungsfaktoren II, VII, IX und X und wirken dadurch gerinnungshemmend.

Indikationen

Vitamin-K-Antagonisten werden als Langzeitprophylaxe von thromboembolischen Komplikationen (z. B. nach Lungenembolie, tiefer Beinvenenthrombose und bei Patienten mit Vorhofflimmern und mechanischen Herzklappen) eingesetzt. Die individuell erforderliche Dosis muss anhand der INR (International Normalized Ratio) ermittelt werden, da große interindividuelle Unterschiede in der Pharmakokinetik bestehen. Normal ist ein INR von 1,0. Bei Antikoagulation sind je nach Indikation INR-Werte zwischen 2,0 und 4,0 gefordert. Indikation, therapeutischer Bereich und Behandlungsdauer sind in **Tab. 19.6** zusammengefasst.

Kontraindikationen

Es gibt eine ganze Reihe von Kontraindikation für die Therapie mit oralen Antikoagulanzien.

Absolute Kontraindikationen sind:

- zerebrale Blutungsneigung bei Zustand nach chirurgischen Eingriffen an ZNS, Hirnarterienaneurysmen, Hirntumoren etc.
- floride Magen-Darm-Ulzera
- Hypertonie > 200/105 mmHg
- Retinopathie mit Blutungsneigung
- Schwangerschaft (s. S. 390)
- Nephrolithiasis
- mangelnde Compliance

Relative Kontraindikationen sind:

- Anfallsleiden
- chronischer Alkoholismus
- Ösophagusvarizen

Therapieeinleitung und Therapiesteuerung

Prinzip.

- Langsam einschleichender Therapiebeginn wegen der Gefahr einer Cumarinnekrose (besondere Vorsicht bei Patienten mit Protein-C- und Protein-S-Mangel und Patienten mit HIT Typ II, s. S. 399).
- Überlappende Heparingabe bis zum Erreichen einer INR von > 2.

> **!** Da auch Protein C und S Vitamin-K-abhängig in der Leber synthetisiert werden, kommt es initial bei einer oralen Antikoagulation zu einem erhöhten Thromboserisiko.

Ein mögliches Schema der **Einstellung auf orale Antikoagulanzien** sieht wie folgt aus:

- 1. Tag: 3 Tbl. Marcumar und 1 – 2 × tägl. LMW-Heparin s. c.
- 2. Tag: 2 Tbl. Marcumar und 1 – 2 × tägl. LMW-Heparin s. c.
- 3. Tag: 2 Tbl. Marcumar und 1 – 2 × tägl. LMW-Heparin s. c.
- 4. Tag: Bestimmung der INR und dementsprechend Wahl der Marcumardosierung.

Nach Erreichen des therapeutischen Bereichs werden INR-Kontrollen in wöchentlichen oder zweiwöchentlichen Intervallen durchgeführt. Bei Patienten mit einem stabilen INR-Verlauf können die Intervalle auf 3-4 Wochen ausgedehnt werden. Die konstantesten INR-Werte und damit der beste therapeutische Effekt ist durch **Selbstbestimmung der INR durch den geschulten Patienten** zu erreichen. Schulungszentren sind bei der ASA (Arbeitsgemeinschaft Selbstkontrolle der Antikoagulation; Geschäftsstelle in Bad Berleburg) zu erfragen.

Zur Durchführung von operativen Eingriffen ist in Abhängigkeit vom Blutungsrisiko des Eingriffs und dem Thromboserisiko des Patienten eventuell ein periinterventioneller Wechsel auf ein Antikoagulans mit kürzerer Halbwertszeit erforderlich.

Bei der Behandlung ist auf die Wechselwirkung der Cumarinderivate mit anderen, gleichzeitig verabreichten Medikamenten zu achten (siehe „Rote Liste" und Spezialliteratur).

Nebenwirkungen

Wie bei allen Antikoagulanzien ist die häufigste Nebenwirkung einer Therapie mit Vitamin-K-Antagonisten die Blutung. Die Häufigkeit einer schweren, therapiepflichtigen Blutung unter einer Therapie mit Vitamin-K-Antagonisten wird mit 0,1 % pro Behandlungsjahr angegeben. Weitere seltene Nebenwirkungen sind die Marcumarhepatitis und die Cumarinnekrose. Diese tritt in den ersten Tagen nach Beginn einer Therapie mit Cumarinderivaten (z. B. Phenprocoumon) auf und ist durch eine hämorrhagische Hautnekrose, rotblau verfärbte Zehen bzw. makulöse, papulöse oder blasenartige Hautveränderungen charakterisiert. Die Hautveränderungen treten meist an Stellen mit fettreichem subkutanen

Tab. 19.5 Risikoeinschätzung thromboembolischer Ereignisse und Thromboseprophylaxe

Risikostufe	**Häufigkeit einer**				**Patientenkollektiv**	**Prophylaxe**
	Unterschenkel-Thrombose	proximalen Thrombose	Lungenembolie	tödlichen Lungenembolie		
niedrig	2 %	0,4 %	0,2 %	0,002 %	• unkomplizierte kleine Chirurgie bei Patienten < 40 Jahre ohne klinische Risikofaktoren	fakultativ: Kompressionsstrümpfe
mittel	10 – 20 %	2 – 4 %	1 – 2 %	0,1 – 0,4 %	• große und kleine chirurgische Eingriffe bei Patienten zwischen 40 und 60 Jahren ohne zusätzliche Risikofaktoren • große Chirurgie bei Patienten < 40 Jahre ohne zusätzliche Risikofaktoren • kleine Chirurgie bei Patienten mit Risikofaktoren • internistische Patienten ohne Risikofaktoren	obligat: Kompressionsstrümpfe + 1 × tgl. s. c. LMW-Heparin niedrige Dosierungsstufe **oder** 2 – 3 × tgl. s. c. 5000 IE unfrakt. Heparin
hoch	20 – 40 %	4 – 8 %	2 – 4 %	0,4 – 1,0 %	• große Chirurgie bei Patienten > 60 Jahre ohne zusätzliche Risikofaktoren • große Chirurgie bei Patienten zwischen 40 und 60 Jahren mit einem zusätzlichen Risikofaktor • Patienten mit Myokardinfarkt • internistische Patienten mit Risikofaktoren	obligat: Kompressionsstrümpfe + 1 × tgl. s. c. LMW-Heparin hohe Dosierungsstufe **oder** 3 × tgl. s. c. 5 000 IE unfrakt. Heparin **oder** 2 – 3 tgl. s. c. 7 500 IE unfrakt. Heparin **oder** orale Antikoagulation INR 1,5 – 2,5

Fortsetzung ►

Tab. 19.5 Fortsetzung

Risikostufe	Häufigkeit einer				Patientenkollektiv	Prophylaxe
höchst	40 – 80 %	10 – 20 %	4 – 10 %	1 – 5 %	• große Chirurgie bei Patienten > 40 Jahre und nach früherer Thromboembolie oder maligner Erkrankung oder Hyperkoagulabilität • elektive größere orthopädische Chirurgie an unteren Extremitäten • Hüftfraktur oder Polytrauma • Rückenmarksverletzung oder Hemiplegie oder Tetraparese oder Koma	obligat: Kompressionsstrümpfe + 1 × tgl. s. c. LMW-Heparin mit Dosis-Adjustierung auf 0,3 – 0,5 Anti-FXa-E/ml **oder** 3 × tgl. s. c. unfrakt. Heparin mit Dosis-Adjustierung auf 1,5 – 2,5fache APTT-Verlängerung **oder** 2 × 15 mg tgl. s. c. Desirudin

modifiziert nach: B. Pötzsch und K. Madlener, Gerinnungskonsil, Stuttgart: Thieme 2002

E

Tab. 19.6 Indikation, therapeutischer Bereich und Behandlungsdauer der oralen Antikoagulation

Indikation	therapeutischer Bereich (INR)	Dauer	Bemerkungen
venöse Thromboembolie			
tiefe Beinvenenthrombose am Unterschenkel: bei erstmaliger Thrombose	2,0 – 3,0	3 – 6 Monate	bei neuerlichen Risikosituationen: Prophylaxe mit Heparin
tiefe Beinvenenthrombose am Oberschenkel/Becken, Lungenembolie, Thrombosen an ungewöhnlicher Lokalisation (Arm, Mesenterialvene, Hirnvenen): bei erstmaliger Thrombose	2,0 – 3,0	6 Monate, wenn keine hämostaseologische Ursache nachweisbar ist; 12 – 24 Monate, wenn eine hämostaseologische Ursache nachweisbar ist bzw. bei positiver Familienanamnese	bei neuerlichen Risikosituationen: Prophylaxe mit Heparin
Rezidivthrombosen gleichgültig welcher Lokalisation bzw. Rezidivembolien	2,0 – 3,0	2 – 5 Jahre, wenn keine hämostaseologische Ursache nachweisbar ist; zeitlebens, wenn eine hämostaseologische Ursache nachweisbar oder die Familienanamnese positiv ist	bei neuerlichen Risikosituationen: Prophylaxe mit Heparin
kardiologische Erkrankungen mit hohem Embolierisiko			
hochgradig eingeschränkte linksventrikuläre Funktionsstörung	2,0 – 3,0	auf Dauer	
Vorhofflimmern	ohne zusätzliches Risiko (stark vergrößerter linker Vorhof, frühere Embolien, TIA usw.): 2,0 – 3,0	auf Dauer	Bei „idiopathischem Vorhofflimmern" (Ausschluss von kardialen Erkrankungen, linksatrialer Vergrößerung, linksventrikulärer Hypertrophie und früheren Embolien) werden keine oralen Antikoagulanzien, sondern vorzugsweise Thrombozyten-Aggregationshemmer verabreicht.
Ventrikelthrombus nach Myokardinfarkt	2,0 – 3,0	solange Thrombus nachweisbar	
Mitralklappenfehler	bei Mitralklappenprolaps mit Vorhofflimmern, Mitralklappenstenose und -insuffizienz ohne zusätzliches Risiko: 2,0 – 3,0; bei Mitralklappenstenose und -insuffizienz mit zusätzlichem Risiko (Vorhofflimmern, stark vergrößerter linker Vorhof, frühere Embolien, TIA usw.): 3,0 – 4,0	auf Dauer	

Fortsetzung ►

Tab. 19.6 Fortsetzung

Indikation	therapeutischer Bereich (INR)	Dauer	Bemerkungen
kardiologische Erkrankungen mit hohem Embolierisiko (Fortsetzung)			
Herzklappenersatz	Bioprothese bei Sinusrhythmus: 2,0 – 3,0	3 Monate	
	Aortenprothese: keine orale Antikoagulation		
	Kunst- oder Metallprothese in Aortenposition: 2,0 – 3,0; in Mitralposition: 3,0 – 4,0; weitere Spezifizierung (**Tab. 8.2**, S. 171)	auf Dauer	

Gewebe, wie Hüften und weiblicher Brust, auf. Eine Cumarinnekrose wird gehäuft bei Patienten mit Protein-C- oder Protein-S-Mangel beobachtet, oder wenn unter nicht ausreichendem Heparinschutz durch hohe Dosen an Cumarinderivaten versucht wurde, sehr schnell die Vitamin-K-abhängigen Faktoren abzusenken.

Die **Therapie** dieser Nebenwirkung besteht in der Gabe von Protein-C-Konzentrat (bei nachgewiesenem Protein-C-Mangel), von Heparin und in einem sofortigen Absetzen der Cumarinderivate. Möglicherweise wird bei langsamem Einschleichen mit den Cumarinderivaten das Risiko einer Cumarinnekrose vermindert.

Eine Überdosierung von Marcumar führt zu typischen **Symptomen**: Epistaxis, Hämaturie, Blutungen aus dem Gastrointestinaltrakt, spontane Haut- und Schleimhautblutungen, petechiale Blutungen an Stellen mit starker mechanischer Belastung, Muskelblutungen, zerebrale Blutungen.

Therapie bei Blutungen

Bei **geringgradigen Blutungen** ist folgendes Vorgehen angezeigt:

- INR-Wert kontrollieren (ab einem INR-Wert von > 10 wird die orale Gabe von 10 mg Vitamin-K [Konakiontropfen] empfohlen)
- bei fehlender Compliance Phenprocoumonspiegel (z. B. psychiatrischen Patienten, Selbstmordgefahr) bestimmen

Leichte Blutungskomplikationen sind durch eine Therapiepause zu beheben.

Bei **starken Blutungen** ist eine sofortige Einweisung in eine Klinik erforderlich. Neben einer sofortigen Therapiepause erhält der Patient zusätzlich 10 mg Vitamin K_1, das sehr langsam i. v. injiziert wird (nie i. m. injizieren!).

Bedrohliche Blutungen werden durch die Substitution mit dem Prothrombinkomplexkonzentrat PPSB behandelt. Initial werden 25 – 50 IE/kg KG verabreicht. Zusätzlich sollten 10 mg Vitamin K intravenös gegeben werden, um die Wirkung langfristig zu unterbrechen.

Entsprechend der Indikation zur oralen Antikoagulation ist nach Überwinden der Akutsituation eine Wiederaufnahme einer parenteralen Antikoagulation erforderlich.

19.3.3 Thrombozytenfunktionshemmer

Synonym: Thrombozytenaggregationshemmer
engl.: platelet function inhibitors, antiplatelet agents

Indikationen. Thrombozytenfunktionshemmer werden in der Primärprophylaxe von arteriellen kardioembolischen Ereignissen, zur Behandlung des akuten Koronarsyndroms, zur Rezidivprophylaxe arterieller thromboembolischer Ereignisse sowie zur Reokklusionsprophylaxe nach interventionellen kardiologischen Eingriffen verwendet.

Acetylsalicylsäure (ASS)

Wirkungsmechanismus. ASS führt zu einer Acetylierung und damit **irreversiblen Hemmung der Cyclooxygenase-1** (COX-1) in Thrombozyten und Endothelzellen. Die Hemmung der Cyclooxygenase führt in den Thrombozyten zu einer **verminderten**

Synthese von Thromboxan A_2, in den Endothelzellen zu einer verminderten Prostazyklinsynthese. Da Thrombozyten kernlos sind, wird durch ASS die Thromboxansynthese komplett blockiert, während in Endothelzellen, die Kerne enthalten, Prostazyklin nachsynthetisiert werden kann. Demnach steht im Vergleich zu Thromboxan vermehrt Prostazyklin zur Hemmung der Thrombozytenaggregation zur Verfügung.

Dosierung. Zur oralen Sekundärprophylaxe 100 oder 300 mg/d.

Nebenwirkungen. Erhöhtes Blutungsrisiko, besonders in Kombination mit anderen Medikamenten. Bei leichten Blutungen reicht das Absetzen aus, bei schweren Blutungen müssen Thrombozyten substituiert werden.

Kontraindikationen. Akute Blutungen, insbesondere gastrointestinale Blutungen; Überempfindlichkeit gegenüber Salicylaten, insbesondere Asthmaanfälle; hämorrhagische Diathesen und schwere Leber- und Nierenfunktionsstörungen.

Thienopyridine

Wirkungsmechanismus. Ein Metabolit, der „Prodrug", hemmt irreversibel einen von drei thrombozytären ADP-Rezeptoren und blockiert so die ADP-induzierte Thrombozytenaggregation.

Indikationen. Die Thienopyridine werden in Kombination mit Acetylsalicylsäure zur dualen Thrombozytenfunktionshemmung nach intrakoronarer Stent-Implantation und nach Implantation anderer intraarterieller Stents eingesetzt. Eine weitere Indikation ist die thrombozytenfunktionshemmende Therapie bei Patienten mit Acetylsalicylsäure-Resistenz oder -Unverträglichkeit.

Dosierung. Zur oralen Sekundärprophylaxe: 2 × tgl. 250 mg **Ticlopidin** per os oder 1 × tgl. 75 mg **Clopidogrel** per os.

Nebenwirkungen. Unter Thienopyridin können starke Blutungen, besonders bei operativen Eingriffen oder Traumata, auftreten. Die Blutungsneigung ist irreversibel. Bei leichten Blutungen: Absetzen des Medikamentes; bei schweren Blutungen: DDAVP oder Thrombozytenkonzentrat. Bei Ticlopidin wird bei 2,4 %, bei Clopidogrel bei 0,1 % der Patienten eine Neutrozytopenie beobachtet.

Glykoprotein (GP) IIb/IIIa-Inhibitoren

Wirkungsmechanismus. GPIIb/IIIa-Inhibitoren blockieren den GPIIb/IIIa-Rezeptor auf der Oberfläche der Thrombozyten, an den Fibrinogen normalerweise bei der Verknüpfung von Thrombozyten durch Fibrinogen bindet.

Substanzen:
- Abciximab (ReoPro): monoklonaler Antikörper, irreversibler Inhibitor
- Eptifibatid: niedermolekulares Peptid, reversibler Inhibitor
- Tirofiban (Agrastat): Peptidomimetikum, reversibler Inhibitor

Indikationen:
- Die GPIIb/IIIa-Inhibitoren werden zur Behandlung des akuten Koronarsyndroms eingesetzt.

Nebenwirkungen. Erhöhte Blutungsneigung. Bei Abciximab ist der Rezeptor irreversibel blockiert, eine Normalisierung der erhöhten Blutungsneigung wird daher erst durch eine Neusynthese von Thrombozyten erreicht. Bei schweren Blutungen sind Thrombozytenkonzentrate indiziert. Bei Eptifibatid und Tirofiban ist der Rezeptor nur reversibel blockiert; eine Normalisierung der Thrombozytenfunktion tritt nach Absetzen in wenigen Stunden ein.

19.3.4 Thrombolysetherapie

Definition. Als Thrombolyse bezeichnet man die medikamentöse Therapie mit dem Ziel, einen Thrombus bzw. einen fibrinreichen Embolus aufzulösen.

Wirkungsmechanismus

Als Thrombolytika werden zurzeit Streptokinase, Urokinase, APSAC (Eminase), Alteplase (rt-PA) sowie Reteplase (r-PA) verwendet. Diese Substanzen aktivieren Plasminogen und leiten so eine Fibrinolyse ein (vgl. S. 345 f).

rt-PA und Reteplase haben im Gegensatz zu Streptokinase und Urokinase eine hohe Affinität zu Fibrin; hierdurch wird die Aktivierung des Fibrinolysesystems und damit die Entstehung von Plasmin in hohem Maße auf ein Fibringerinnsel lokalisiert. APSAC ist ein durch Acylierung modifizierter Streptokinase-Plasminogen-Aktivatorkomplex mit erhöhter Fibrinspezifität und hat im Vergleich zur Streptokinase eine verlängerte Halbwertszeit.

Indikationen und Kontraindikationen

Indikationen. Eine Thrombolyse ist indiziert bei
- akuten, arteriellen peripheren Thromboembolien (Thrombusalter < 3 Tage)
- Lungenembolie
- Myokardinfarkt
- A.-basilaris-, A.-cerebri-media-Verschluss

Der Therapieerfolg ist am besten, wenn die Lyse möglichst schnell nach Auftreten des Verschlusses eingeleitet wird. **Arterielle Verschlüsse** lassen sich am besten innerhalb von 6 Stunden, jedoch manchmal bis 3 Tage lang wieder eröffnen. Bei **venösen Verschlüssen** beträgt die Erfolgsrate in den ersten 3 Tagen ca. 70 % und sinkt in den folgenden 10 Tagen kontinuierlich ab.

Relative Kontraindikationen. Für die Fibrinolysetherapie gibt es zahlreiche relative Kontraindikationen:
- manifeste oder kurz zurückliegende Blutungen
- hämorrhagische Diathese
- i. m.-Injektion vor < 24 Stunden
- Hypertonie (systolisch > 200, diastolisch > 110 mmHg) zum Zeitpunkt der Lysetherapie
- zerebrale Blutung, apoplektischer Insult (vor < 6 Wochen)
- Schädel-Hirn-Trauma, intrakranielle Neoplasmen, ZNS-Operation (vor < 3 Monaten)
- Operationen, Entbindung, nicht komprimierbare Punktionen (vor < 10 Tagen)
- Magen-Darm-Karzinom, Bronchialkarzinom, Colitis ulcerosa
- floride Magen/Darm-Ulzera
- gastrointestinale Blutung, Ösophagusvarizen
- akute Glomerulonephritis, akute Pankreatitis
- diabetische hämorrhagische Retinopathie
- Aneurysma
- Leberzirrhose (TPZ < 50 %)
- orale Antikoagulation (INR > 3,0)
- akute urogenitale Blutung
- vor der 16. Schwangerschaftswoche

Laboranalytik vor der Thrombolyse

Vor Einleitung einer Thrombolyse sollte das Minimalprogramm der hämostaseologischen Analytik (s. S. 347) und zusätzlich Antithrombin, Fibrinogen, Plasminogen und D-Dimere bestimmt werden, um mögliche Kontraindikationen oder eine mögliche Ineffektivität der Therapie zu erkennen und Ausgangswerte zur Steuerung der Therapie zu erhalten.

Dosierungsempfehlungen

Hier werden Empfehlungen zur Behandlung von thromboembolischen Erkrankungen mit Ausnahme des Myokardinfarkts gegeben (zur Thrombolysetherapie des Myokardinfarkts s. S. 50 f).

Konventionelle Streptokinasebehandlung. Bei der konventionellen Langzeitlyse mit Streptokinase werden initial 250 000 IE Streptokinase über 30 min und anschließend 100 000 IE/h infundiert. Ab dem 2. Tag sollte zusätzlich Heparin (800 – 1 500 IE/h) i. v. infundiert werden. Die Therapie wird so lange fortgesetzt, bis der Thrombus sich aufgelöst hat (aber nicht länger als 10 – 14 Tage). Oft limitiert sich die Streptokinasetherapie wegen Bildung von Anti-Streptokinaseantikörpern.
Laborkontrolle: Bestimmung der Thrombinzeit zur Beurteilung der Heparin- und FDP-Wirkung sowie der Fibrinogenkonzentration zur Beurteilung der Streptokinasewirkung. Diese Laboranalysen werden zunächst 2 × täglich und bei stabiler Dosierung der Streptokinase 1 × täglich durchgeführt. Ein Blutbild zur Erfassung von Blutungen sollte regelmäßig 1 × täglich oder bei Verdacht auf eine Blutung angefertigt werden.

Ultrahohe Kurzzeitlyse mit Streptokinase. Initialdosis von 250 000 IE über 30 min, dann Erhaltungsdosis von 1,5 Mio. IE Streptokinase/h über 6 Stunden infundiert. Diese Form der Kurzzeitlyse kann in den nächsten Tagen ohne eine Initialdosis bis maximal 5 Tage wiederholt werden. Ab der zweiten Kurzzeitlyse wird zwischen den Streptokinaseinfusionen Heparin (800 – 1 500 IE/h) infundiert.
Laborkontrolle: wie bei der konventionellen Streptokinasetherapie.

Urokinasebehandlung. Initialdosis von 600 000 IE Urokinase über 20 min als Infusion, anschließend Erhaltungsdosis zwischen 100 000 und 200 000 IE/h. Grundsätzlich wird Heparin begleitend infundiert.
Laborkontrolle: Die Fibrinogenkonzentration sollte nicht unter 50 mg/dl abfallen. Die Wirkung der FDP und des Heparins wird über die APTT kontrolliert; die APTT sollte ca. um das 2- bis 3-fache des Ausgangswerts verlängert sein.

APSAC (Eminase). 30 mg werden innerhalb von 5 Minuten intravenös infundiert. Eine *Laborkontrolle* zur Steuerung der Therapie ist nicht notwendig.

rt-PA (Alteplase). Zur Therapie der Lungenembolie: 100 mg/2 h. 10 mg Bolus über 1 bis 2 Minuten infundieren; anschließend 90 mg über 2 Stunden in-

E

fundieren. Nach der Alteplase-Infusion wird unfraktioniertes Heparin in einer Dosierung infundiert, durch die die APTT um das 1,5- bis 2,5-fache verlängert wird. Die rt-PA-Behandlung kann einmal täglich über 10 Tage wiederholt werden. Zwischen den Alteplase-Infusionen wird Heparin kontinuierlich infundiert. Die Fibrinogenkonzentration soll während der rt-PA-Behandlung nicht unter 100 mg/dl abfallen.

Lokale und lokoregionäre Thrombolyse. Als Alternative zu der systemischen Gabe eines Thrombolytikums können Streptokinase, Urokinase oder rt-PA lokal bzw. lokoregionär verabreicht werden. Näheres zur lokalen Thrombolyse siehe Fachliteratur.

Komplikationen und Nebenwirkungen

Eine Thrombolysetherapie kann in Abhängigkeit davon, wie aggressiv die Therapie ist, zu **schweren Blutungskomplikationen** führen (v. a. intrazerebrale Blutungen). Diese schwerwiegende Nebenwirkung tritt in ca. 1 % der Fälle auf. Leichte Blutungskomplikationen beobachtet man bei etwa 15 % der Patienten. Schwere Blutungskomplikationen zwingen zur Beendigung der Lysetherapie.

Bei leichten Blutungskomplikationen reicht die Unterbrechung der Lysetherapie aus. Gelegentlich ist auch die Transfusion von Erythrozytenkonzentraten notwendig. **Anaphylaktische Reaktionen** werden gehäuft bei Streptokinasetherapie beobachtet: Streptokokkeninfekte oder vorherige Streptokinasetherapie führen zur Bildung von Antikörpern (s. o.). Folge sind anaphylaktische Reaktionen und eine verminderte Effektivität der Therapie.

Nachbehandlung

Im Anschluss an eine Thrombolysetherapie erfolgt eine Behandlung mit kontinuierlicher intravenöser Heparingabe. Die Dosierung des Heparins sollte eine 1,5- bis 2,5-fache Verlängerung des Ausgangswertes der APTT bewirken. 1 bis 2 Wochen nach Beginn der Heparininfusion schließt sich eine Behandlung mit oralen Antikoagulanzien, zunächst überlappend mit Heparin, an.

Alternative Therapie

Eine Alternative zur Thrombolysebehandlung stellt die operative Entfernung der Thromben bzw. eine Thrombenextraktion dar.

Weiterführende Informationen

S 3-Leitlinie zur Thromboseprophylaxe, http://www.dgai.de

AWMF online – Leitlinien Angiologie: Diagnostik und Therapie der Bein- und Beckenvenenthrombose und Lungenembolie, http://www.uni-duesseldorf.de/AWMF/ll/065-002.htm

Pneumologie

F

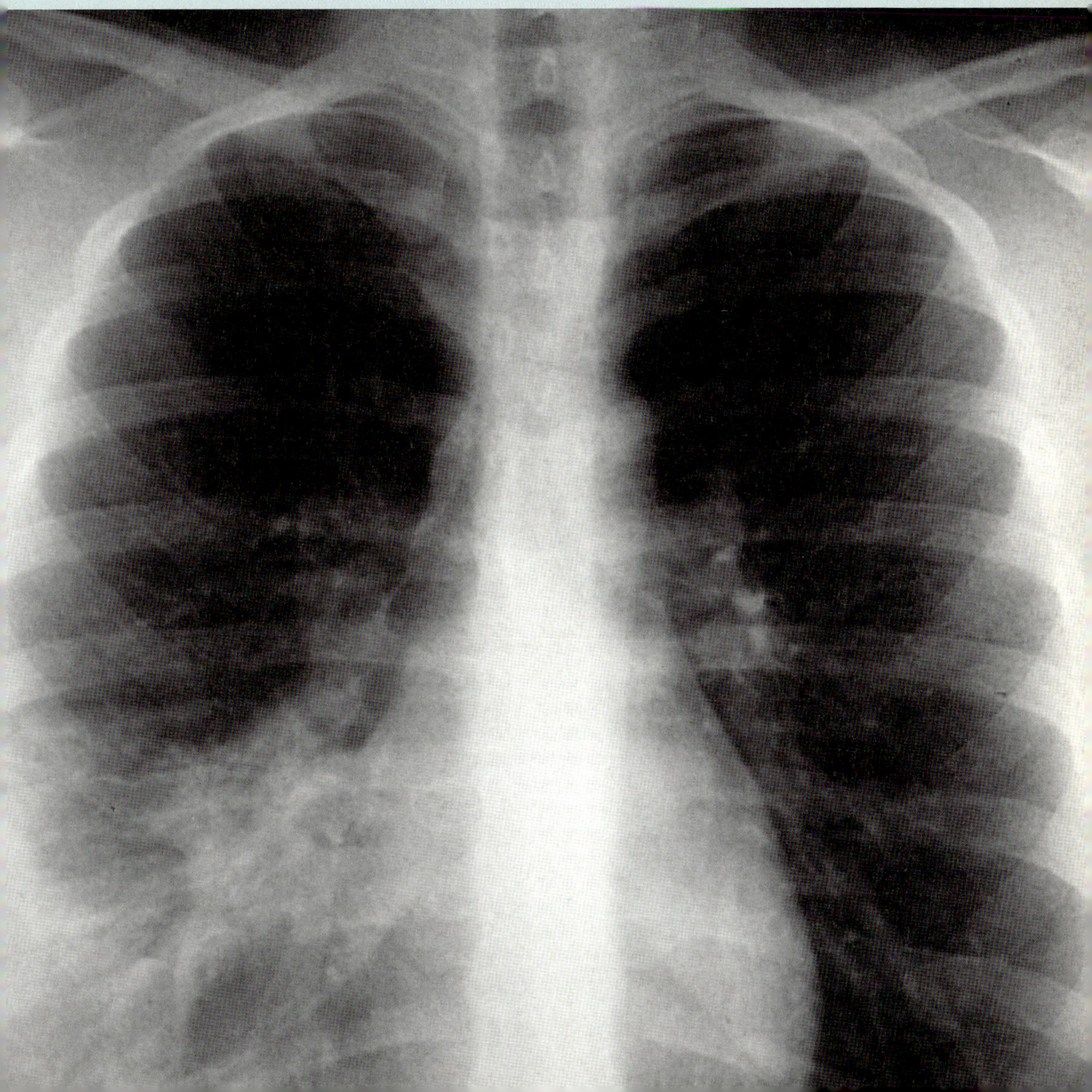

20 Grundlagen der Pneumologie

Helgo Magnussen, Georg Kanzow

20.1 Grundlagen

Die Atmungsorgane dienen dem Transport und dem Austausch von Atemgasen. Zu den luftleitenden Atmungsorganen zählen Nasenhöhlen und Pharynx (obere Luftwege) sowie Kehlkopf, Trachea, Bronchien und Bronchiolen (untere Luftwege). Diese münden in den Alveolen, in denen der Gasaustausch mit dem Lungengefäßsystem stattfindet (**Abb. 20.1**). In den Luftwegen wird die Atemluft gereinigt, befeuchtet und erwärmt. Im Mesopharynx kreuzen sich Nahrungsweg und Luftweg. Beim Schlucken muss der Atemweg kurzfristig unterbrochen werden. Eine Störung des Schluckaktes kann zum Eindringen von Nahrungsbestandteilen in die Lungen (Makroaspiration) mit der Folge von schweren, abszedierenden Lungenentzündungen führen. Mikroaspirationen von Magensaft im Rahmen eines gastroösophagealen Refluxes oder von Sekreten, die aus dem hinteren Nasenraum an der Rachenhinterwand herablaufen (post nasal drip) sind eine häufige Ursache von chronischem Husten.

20.1.1 Anatomie

Atemwege

Die **Trachea** ist eine 10 – 12 cm lange Röhre, deren Vorderwand von 16 – 20 hufeisenförmig gebogenen **Knorpelspangen** gestützt wird. Der Querdurchmesser beträgt 1,3 – 2,5 cm, das Tracheallumen kann jedoch bei einer Tracheomalazie (Verlust der Stabilität der Knorpelspangen oder durch Druck von außen, z. B. bei einer Struma) hochgradig eingeengt sein (s. S. 440). Luftnot tritt bei einer Trachealstenose un-

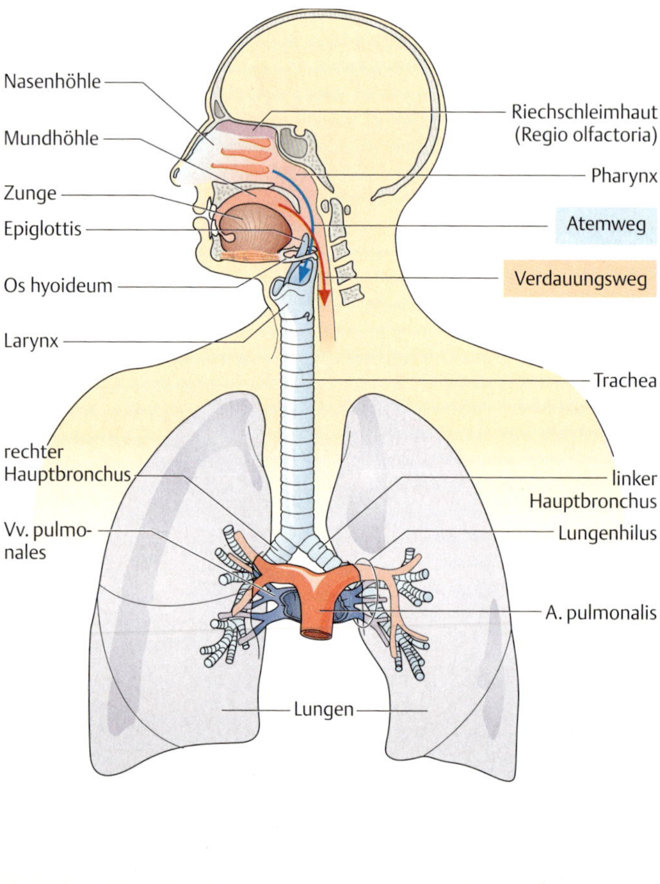

Abb. 20.1 **Aufbau des respiratorischen Systems.**

terhalb von 10 mm Durchmesser auf. Die Tracheahinterwand besteht aus Muskelfasern (M. trachealis) und Bindegewebe. Durch Kontraktion des M. trachealis kann die Tracheallichtung um etwa 25 % verengt werden. Beim **Hustenstoß** führt die Einengung des Brustteils der Trachea zu einer erhöhten Flussgeschwindigkeit und dadurch zu einer verbesserten Expektoration von Sekreten oder aspirierten Fremdkörpern. Eine Erschlaffung dieser Strukturen kann zu einer extremen atemabhängigen Vorwölbung der Hinterwand in das Trachealumen führen, als Folge tritt quälender Husten auf.

Im Bereich der **Hauptbifurkation** (Carina tracheae) teilt sich die Luftröhre in den **rechten und linken Hauptbronchus** auf. Der rechte Hauptbronchus verläuft steiler als der linke Hauptbronchus, deshalb kommen Aspirationen in das rechte Bronchialsystem häufiger vor (s. S. 404). Am Lungenhilus teilt sich der rechte Hauptbronchus in drei, der linke in zwei Lappenbronchien, aus denen insgesamt 19 Segmentbronchien hervorgehen.

Die rechte Lunge ist etwas größer als die linke, sodass etwa 55 % der Vitalkapazität von der rechten und 45 % von der linken Lunge erbracht werden. Nach 4 bis 20 weiteren dichotomen Aufteilungen münden die Atemwege in knorpelfreie Bronchiolen (Durchmesser ca. 1 – 2 mm), **Bronchioli terminales** (Durchmeser ca. 0,7 mm) und schließlich in **Bronchioli respiratorii** (Durchmesser ca. 0,4 mm, Abb. 20.2). Die Atemwege bis hin zu den Bronchioli respiratorii enthalten glatte Muskelfasern, die bei Kontraktion zu einer erheblichen Abnahme des Atemwegsquerschnitts beitragen können. Dies spielt bei der Auslösung eines Asthmaanfalls eine große Rolle (s. S. 417).

Lumenseitig sind die Atemwege durch eine **Schleimhaut** ausgekleidet, die zilientragende Flimmerepithelzellen, Becherzellen und multipotente Basalzellen enthält. Becherzellen und insbesondere die in der Schleimhaut liegenden seromukösen **Glandulae bronchiales**, die sich in Bronchien mit einem Durchmesser > 1 mm finden, produzieren beim Gesunden pro Tag ca. 10 – 100 ml Schleim, der durch den normalen Zilienschlag oralwärts transportiert wird.

> **!** Der **mukoziliäre Reinigungsmechanismus** wird insbesondere durch inhalierten Zigarettenrauch, aber auch durch trockene und kalte Luft sowie durch hohe Sauerstoffkonzentrationen (bei künstlicher Beatmung) empfindlich gestört: bronchiale Infekte und Pneumonien können die Folge sein.

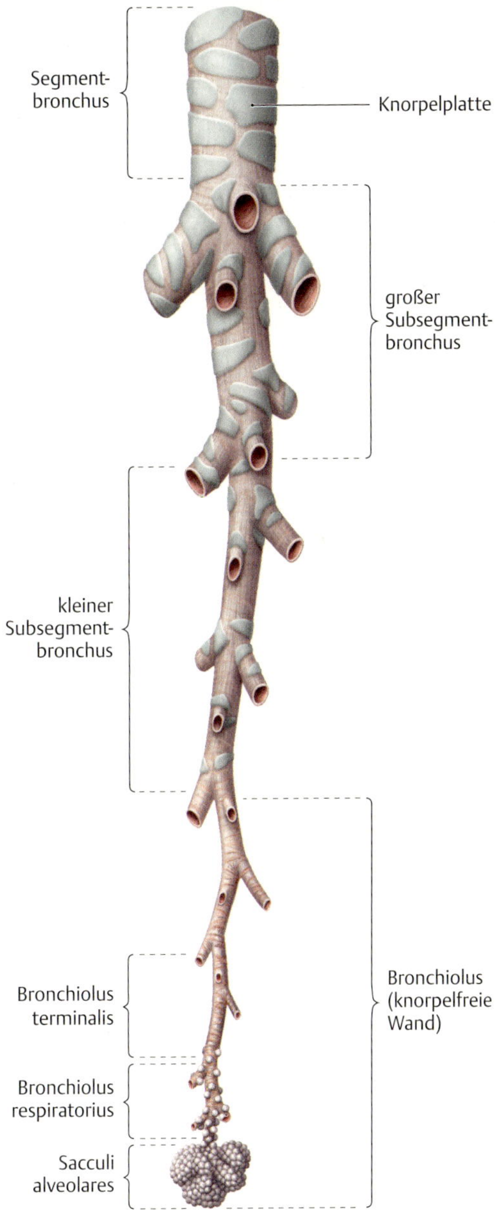

Abb. 20.2 Konduktive und respiratorische Anteile der Atemwege. (aus Schünke et al. Prometheus. LernAtlas der Anatomie. Thieme)

F

Alveolen

Aus den Bronchioli respiratorii entspringen **Ductuli alveolares,** deren Wand nur aus Alveolen besteht und die im Sacculus alveolaris enden. An jedem Bronchiolus terminalis hängen etwa 200 **Alveolen**, die zusammen mit den begleitenden Blutgefäßen den etwa 8 mm messenden, pulmonalen Azinus bilden. Die einzelne Alveole hat einen Durchmesser von etwa 60 – 200 µm. Die Gesamtzahl der Alveolen wird auf 200 – 600 Millionen, die gesamte Gasaustauschfläche auf 40 – 100 m² geschätzt. Die aus einem Bronchiolus hervorgehenden **Azini** werden als sekundärer Lobulus bezeichnet. Letzterer ist in der CT gut abgrenzbar. Beim panlobulären (panazinären) Lungenemphysem ist der gesamte Azinus zerstört, beim zentrilobulären (zentriazinären) Emphysem sind die Bronchioli respiratorii und Ductus alveolares betroffen (s. S. 429).

Die Alveolen, in denen der Gasaustausch stattfindet, sind von flachen Deckzellen ausgekleidet, den **Typ-I-Pneumozyten** (Abb. 20.3). Die umgebenden kapillären Blutgefäße sind durch eine Basalmembran abgetrennt. Die Diffusionsstrecke zwischen Alveole und Lungenkapillare (alveolokapilläre Membran) misst dabei weniger als 1 µm. Bei einer pulmonalvenösen Abflussbehinderung, z. B. im Rahmen einer Linksherzinsuffizienz, oder bei einer entzündlichen Veränderung dieser Membran, z. B. bei einer Pneumonie, kommt es zum Übertritt von Flüssigkeit aus dem Gefäßsystem in die Alveole. Folge ist ein erschwerter Gasaustausch.

In den Alveolen findet sich ein dünner Flüssigkeitsfilm, der von den **Typ-II-Pneumozyten** gebildet wird und die Oberflächenspannung herabsetzt **(Surfactant).** Ein Mangel an Surfactant wird mit der Entstehung von Atelektasen in Verbindung gebracht. **Atelektasen** sind kollabierte, nicht belüftete Lungenabschnitte, die z. B. im Rahmen einer Schocklunge auftretren (s. S. 464). Atelektasen können auch entstehen, wenn das Lungengewebe von außen komprimiert wird. Ursachen derartiger Kompressionsphänomene sind Pneumothorax, Pleuraerguss oder große Emphysemblasen. Auch narbige Lungenveränderungen, z. B. im Rahmen granulomatöser Lungenerkrankungen oder nach Bestrahlung, können zu umschriebenen Atelekatsen führen. Die Wände der Alveolen enthalten in unterschiedlicher Anzahl kleine, bis 13 µm messende Öffnungen (Kohn-Poren), die im Bereich der interkapillären Wandabschnitte eine direkte Verbindung zwischen den Alveolen schaffen. Weiterhin finden sich Verbindungen zwischen den Bronchioli terminales und den Alveolen. Über diese Bypassstrukturen kommt es insbesondere beim Lungenemphysem zu einer nennenswerten kollateralen Ventilation.

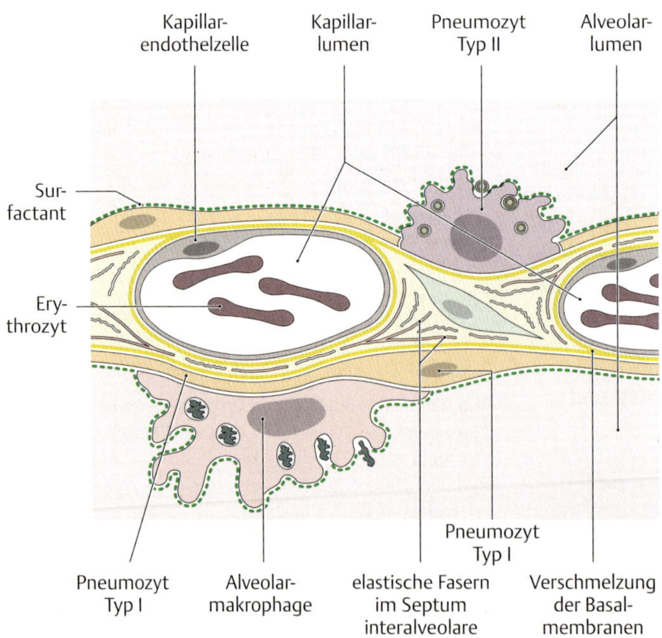

Abb. 20.3 Auskleidung der Alveolen. (aus Schünke et al. Prometheus. Lern-Atlas der Anatomie. Thieme)

Der Verschluss eines Atemwegs, z. B. durch einen Tumor, Sekrete oder aspirierte Fremdkörper, führt in der Regel zu einer vollständigen Resorption der Luft in dem nachgeschalteten Lungenareal (obstruktive Atelektase). Durch die genannten Mechanismen der kollateralen Ventilation kann jedoch die Luftzufuhr erhalten bleiben, sodass ein vollständiger Kollaps des betreffenden Lungenabschnitts ausbleibt.

Gefäßversorgung

Die **Vasa publica** sind Arbeitsgefäße und dienen der Sauerstoffversorgung des Körpers. Sie heißen Aa. und Vv. pulmonales. Die **Aa. pulmonales** stammen aus dem Truncus pulmonalis und führen **sauerstoffarmes Blut.** Sie begleiten die Atemwege und teilen sich in vergleichbarer Weise auf. Innerhalb des Azinus verlaufen die Arteriolen zusammen mit den Bronchiolen zentral bis zu den Sacculi alveolares, wo sie sich in Lungenkapillaren aufteilen. Jede Alveole ist von bis zu 2 000 Kapillarsegmenten eingehüllt, die totale Kapillaroberfläche beträgt etwa 70 m^2 und liegt damit in der gleichen Größenordnung wie die Alveolaroberfläche.
Das mit **Sauerstoff gesättigte Blut** wird über die **Vv. pulmonales** entlang der lobulären Septen abtransportiert. Die Venen treffen am Lungenhilus auf den Arterien-Bronchien-Stamm. Die **Vasa privata** sind die Versorgungsgefäße der Lunge und dienen dem nutritiven Kreislauf. Bronchien bis hin zu den Bronchioli terminales, peribronchiales Bindegewebe, Trachea, mediastinale und hiläre Lymphknoten sowie Teile der mediastinalen Pleura werden von Bronchialarterien versorgt, die linksseitig aus der Aorta und rechtsseitig aus der dritten Interkostalarterie entspringen. Varianten des Gefäßursprungs sind möglich, ihre Kenntnis ist bei der interventionellen Therapie von bronchialen Blutungen von Bedeutung. Der venöse Abfluss aus den zentralen Atemwegen erfolgt über die V. azygos in den rechten Herzvorhof, während das Blut aus dem peripheren Bronchialarteriensystem in den linken Herzvorhof drainiert wird.

Lymphabfluss

Die Pleura visceralis enthält ein dichtes Netzwerk von Lymphgefäßen, die zum Lungenhilus hin drainiert werden. Lymphgefäße entspringen im Bereich der Bronchioli respiratorii und sind in der Wand der Bronchiolen und Bronchien reichlich vorhanden. Lymphknoten finden sich im Bereich der Gabelung größerer Bronchien (intrapulmonale Lymphknoten), im Bereich des Lungenhilus, der Tracheobronchialwinkel, unterhalb der Hauptkarina, unterhalb des Aortenbogens (im sog. aortopulmonalen Fenster) und entlang der Vorder- und Seitenwände der Trachea.

Pleura

Die seröse Haut, die die Cavitas pleuralis bedeckt, wird als Pleura bezeichnet. Sie besteht aus zwei Blättern: der **Pleura visceralis (Lungenfell),** die nur locker auf der Lungenoberfläche haftet, und der **Pleura parietalis (Brustfell).** Im Bereich der pleuralen Umschlagsfalte am jeweiligen Lungenhilus geht die Pleura visceralis in die parietale Pleura über. Zwischen den Lungenlappen bildet die viszerale Pleura unterschiedlich tiefe Fissuren, die allerdings häufig nicht bis an die Lungenwurzel reichen. Dadurch bestehen mehr oder weniger breite Verbindungen zwischen den Lungenlappen, die einen lappenübergreifenden Durchtritt von Luft, aber auch von Krankheitserregern oder Tumorzellen ermöglichen.
Die glatte Oberfläche der Pleurablätter ermöglicht die **atemabhängige Verschiebung** der Lungen im Thoraxraum. Kommt es im Rahmen einer Entzündung zu einer Verklebung der Pleurablätter im Bereich der kostophrenischen Winkel, resultiert eine Einschränkung der Zwerchfellexkursion und eine Verminderung der Vitalkapazität.
Im Pleuraraum befinden sich etwa 2 ml Flüssigkeit, die von der Pleura parietalis produziert und von der Pleura visceralis absorbiert wird. Ein Ungleichgewicht zwischen Produktion und Absorption führt zur Entstehung eines Pleuraergusses (s. S. 487).

Atemmuskulatur

Durch Kontraktion der inspiratorischen Muskeln kommt es zur Vergrößerung des Thoraxinnenraumes und zur Luftfüllung der Lungen. Der wichtigste Atemmuskel ist das **Zwerchfell,** das bei Ruheatmung für mehr als ⅔ der Ventilation sorgt.
Das Zwerchfell wird vom **N. phrenicus** innerviert. Eine einseitige Zwerchfelllähmung kann symptomlos verlaufen, da die übrigen Inspirationsmuskeln für eine ausreichende Ventilation sorgen. Auch die Kontraktion der **Mm. intercostales externi** sorgt für eine Unterstützung der Inspiration. Zu den Atem-

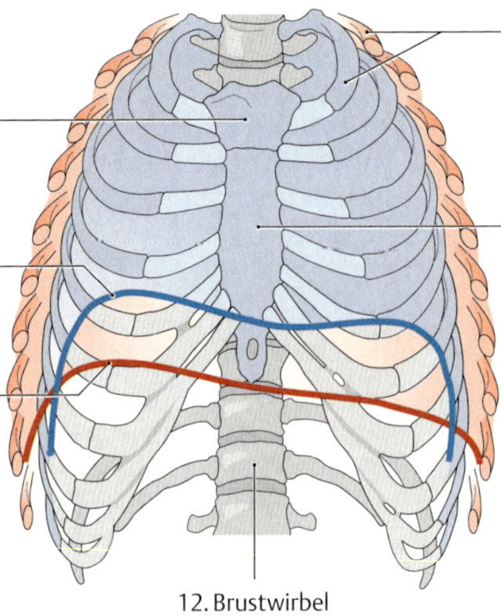

Abb. 20.4 Atemmechanik. (aus Schünke et al. Prometheus. LernAtlas der Anatomie. Thieme)

hilfsmuskeln (syn. akzessorische Atemmuskeln) zählen die Mm. scaleni und die Mm. sternocleidomastoidei, die bei verstärkter Ventilation eingesetzt werden (Abb. 20.4).

Die Exspiration erfolgt bei Ruheatmung passiv aufgrund der Retraktionskraft der Lunge. Als **exspiratorische Atemmuskeln** wirken die Mm. intercostales interni und die Bauchmuskeln. Sie werden beim Husten, Pressen und bei einer Obstruktion der Atemwege eingesetzt.

20.1.2 Physiologie

Die wesentliche Aufgabe der Lunge besteht im **Austausch der Atemgase Sauerstoff und Kohlendioxid.** Der Gasaustausch umfasst den Transport von Frischluft in den Alveolarraum (Ventilation), den Transport der Atemgase durch die anatomischen Strukturen, die den Alveolarraum vom Lungengefäßbett trennen (Diffusion) und den An- und Abtransport der Atemgase mit dem Blutstrom (Perfusion). Die Effizienz des pulmonalen Gasaustausches wird von den absoluten Größen der genannten Transportmechanismen, ihrer regionalen Verteilung und ihrer Verhältnisse zueinander bestimmt.

Ventilation

Unter Ventilation versteht man die **Belüftung der Lungen bei der Atmung.** Der Gasfluss von der Außenwelt in die Alveolen ist dabei abhängig vom Gefälle zwischen dem Atmosphärendruck und dem Druck in den Atemwegen. Bei der Einatmung sinkt durch die Kontraktion der Inspirationsmuskulatur der intrapleurale Druck, wodurch die Entfaltung der Lungen ermöglicht wird. Die Ausatmung erfolgt normalerweise passiv durch die elastische Rückstellkraft von Lunge und Thorax. Die eingesetzten Kräfte müssen die elastischen Widerstände von Lunge und Brustkorb und die Reibungswiderstände innerhalb der Atemwege überwinden.

Mit **Atemminutenvolumen** wird das Volumen an Atemluft bezeichnet, das pro Zeiteinheit, hier in einer Minute, ein- und wieder ausgeatmet wird. Die Lungenbelüftung eines gesunden Menschen beträgt in Ruhe etwa 6 l/min bei einer Atemfrequenz von 10 – 16/min und einem Atemzugvolumen von etwa 0,5 l. Der Anteil des Atemminutenvolumens, der die Alveolen erreicht und am Gasaustausch teilnimmt, wird als **alveoläre Ventilation** bezeichnet. Ca. ⅓ der eingeatmeten Luft dringt nicht bis zum Alveolarraum vor, sondern verbleibt in den nicht am Gasaustausch teilnehmenden Atemwegen (Mund, Nase, Pharynx, Larynx, Trachea, Bronchien und Bronchiolen). In diesem **anatomischen Totraum** wird die Luft gereinigt, erwärmt und mit Wasserdampf aufgesättigt. Zusätzlich existieren in der gesunden Lunge Alveolen, die belüftet, aber nicht durchblutet sind und bei erhöhtem Ventilationsbedarf rekrutiert werden können. Dieser **alveoläre Totraum**, der insbesondere bei der Lungenembolie mit teilweiser Verlegung der Pulmonalarterien und beim Lungenemphysem mit Rarefizierung der Lungengefäße erheblich anwachsen kann, bildet zusammen mit dem anatomischen Totraum den **physiologischen Totraum.**

Zwischen der **alveolären Ventilation (VA)** und dem arteriellen CO_2-Partialdruck ($PaCO_2$) besteht eine enge Beziehung, die in folgender Formel zum Ausdruck kommt:

$$VA = \frac{VCO_2 \times k}{PaCO_2}$$

wobei VCO_2 die Kohlendioxidproduktion des Körpers und k einen konstanten Umrechnungsfaktor bezeichnen. Aus der Formel geht hervor, dass die alveoläre Ventilation umgekehrt proportional zum arteriellen CO_2-Partialdruck ist und direkt von der metabolischen CO_2-Produktion abhängt.

Eine **alveoläre Hypoventilation,** erkennbar an einem Anstieg des arteriellen CO_2-Partialdrucks, kann ausgelöst werden durch Störungen im Atemzentrum (z. B. Narkotika, Schädel-Hirn-Trauma), Erkrankungen der Atempumpe (z. B. neuromuskuläre Krankheiten, Kyphoskoliose), durch Verengung der Atemwege bei obstruktiven Lungenerkrankungen (z. B. COPD, Bronchiektasen) und durch eine restriktive Ventilationsstörung mit Verkleinerung der Lungenvolumina (z. B. bei Pneumonie, Fibrosen).

Eine **alveoläre Hyperventilation** ist erkennbar an einem erniedrigten arteriellen CO_2-Druck und wird bei gesteigertem Atemantrieb (z. B. unter Hypoxiebedingungen, beim Lungenödem und bei metabolischer Azidose) beobachtet.

Bei anatomischem oder funktionellem Verlust an Gasaustauschfläche kommt es zu **einer restriktiven Ventilationsstörung.** Ursachen sind Verdrängung von Lungengewebe, z. B. beim Pleurerguss oder Pneumothorax, Verlust von Lungengewebe durch chirurgische Resektion oder bindegewebigen Umbau des Lungenparenchyms bei fibrosierenden Lungenerkrankungen. Zu einer funktionellen Einschränkung der Gasaustauschfläche kommt es bei Exsudation von Flüssigkeit in die Alveolen, z. B. beim Lungenödem und bei Pneumonien. Auch Thoraxdeformitäten (Kyphoskoliose) und Erkrankungen der Atemmuskulatur (z. B. Zwerchfellparese, Muskeldystrophie) können Ursache einer restriktiven Ventilationsstörung sein.

Obstruktive Ventilationsstörungen sind durch eine Behinderung des Luftstroms in den Atemwegen gekennzeichnet. Eine extrathorakale Einengung der Atemwege findet sich z. B. beim Glottisödem, einer beidseitigen Stimmbandlähmung und bei Einengungen der Trachea (Struma, narbige Stenose nach Tracheotomie, Tracheomalazie, Tumoren). Eine intrathorakale Zunahme des Atemwegswiderstandes entsteht durch Kontraktion der Bronchialmuskulatur (Asthma bronchiale), Hypersekretion (chronische Bronchitis, Asthma bronchiale, Mukoviszidose), exspiratorische Kompression der Atemwege (Lungenemphysem) und bei zentral wachsenden Tumoren.

Regulation der Atmung

Die Ventilation muss ständig den metabolischen Bedürfnissen angepasst werden (s. S. 334). Atemzugvolumen und Atemfrequenz werden dabei so reguliert, dass die Zielgrößen Sauerstoffpartialdruck (PaO_2), Kohlendioxidpartialdruck ($PaCO_2$) und pH nur wenig schwanken. Gleichzeitig wird der Energieaufwand für die jeweils erforderliche Ventilation so gering wie möglich gehalten. **Chemorezeptoren** im Aortenbogen (Glomera aortica), in der Gabelung der Arteria carotis (Glomus caroticum) und in der Medulla oblongata (am Boden des 4. Ventrikels) werden durch einen Abfall des PaO_2, einen Anstieg des $PaCO_2$ und durch ein Absinken des pH stimuliert.

F

> **!** **Der Anstieg des $PaCO_2$ im ZNS ist der stärkste chemische Atemreiz: eine Erhöhung des $PaCO_2$ um 1 mmHg führt zu einer Ventilationssteigerung von 2 – 5 l/min.**

Bei Patienten mit chronischer Hyperkapnie, z. B. bei schwerer COPD, kann die Sensitivität der zentralen Rezeptoren abnehmen. Die Steuerung der Atmung erfolgt dann hauptsächlich über den PaO_2. Eine hochdosierte Sauerstoffgabe kann hierbei durch Hemmung des hypoxischen Atemantriebes zu einem weiteren Anstieg des $PaCO_2$ führen.

Auch **neurogene Reize** beeinflussen die Atmung. Schmerzen, Stress und Angst führen zu einer Hyperventilation. Bei Lungenödem und Lungenfibrose werden juxtakapilläre Rezeptoren stimuliert, die wiederum eine Hyperventilation auslösen. Im Atemwegsepithel befinden sich ebenfalls Rezeptoren, die bei einer Entzündung (z. B. Asthma bronchiale) reagieren und nicht nur Husten, sondern auch eine Ventilationssteigerung vermitteln.

Diffusion

Der **Austausch der Atemgase** zwischen Alveolarluft und Kapillarblut erfolgt durch Diffusion. Aufgrund seiner besseren Löslichkeit in Flüssigkeiten diffundiert Kohlendioxid etwa 20-mal rascher als Sauer-

stoff. Deshalb führen Diffusionsstörungen praktisch nie zu einer Hyperkapnie. Die **Diffusionsstrecke** setzt sich aus dem Flüssigkeitsfilm in den Alveolen, dem Alveolarepithel, der Basalmembran, dem Kapillarendothel, dem Plasma im Kapillarblut und der Erythrozytenmembran zusammen. Treibende Kraft für den Gasaustausch ist die Partialdruckdifferenz zwischen der Alveolarluft und dem Kapillarblut.
Ist die alveoläre Belüftung gestört (Hypoventilation), vermindert sich dieser Druckgradient und es resultiert eine Gasaustauschstörung. Die Diffusion ist auch erschwert, wenn die alveolokapilläre Membran verdickt ist (z. B. Lungenödem), bei einer Bindegewebsvermehrung (Lungenfibrosen) oder wenn nach Lungenteilresektion oder beim Lungenemphysem die Gasaustauschfläche vermindert ist.

Perfusion

Unter Ruhebedingungen wird nur ein Teil des pulmonalen Kapillarnetzes durchblutet. Steigt unter körperlicher Belastung der Sauerstoffbedarf, werden weitere Kapillaren durch druckpassive Dilatation rekrutiert. In den Lungengefäßen herrschen im Vergleich zum Körperkreislauf sehr niedrige Drücke, für die Durchblutung der Lungen reicht ein Perfusionsdruck von 10 mmHg. Der pulmonale Gefäßwiderstand ist damit etwa 10-mal kleiner als im großen Kreislauf. Eine Erhöhung des Lungengefäßwiderstandes und damit des pulmonal-arteriellen Druckes kann durch verschiedene Faktoren ausgelöst werden:

- Bei **Sauerstoffmangel** im Blut (Hypoxämie), aber auch bei Azidose kommt es zu einer reversiblen pulmonalen Vasokonstriktion (sog. Widerstandshochdruck) (s. S. 115)
- Bei **pulmonalvenöser Abflussstörung**, z. B. im Rahmen eines Mitralklappenfehlers oder einer schwergradigen Linksherzinsuffizienz, kommt es durch Rückstau des Blutes zu einer volumenbedingten Druckerhöhung (s. S. 114).
- Eine **Thrombembolie** (s. S. 458) führt durch Verlegung der Lungenarterien zu einer Verkleinerung des pulmonalen Gefäßquerschnitts mit nachfolgender Druckerhöhung.
- Bei **Lungenfibrose** (s. S. 474) kommt es zu einer bindegewebigen Kompression, beim Lungenemphysem zu einer Rarefizierung der Blutgefäße. Diese Veränderungen sind irreversibel.
- Wenn bei künstlicher Beatmung der Alveolardruck den pulmonalen Kapillardruck überschreitet, werden die Kapillaren komprimiert. Dies führt zu einer Abnahme der Lungenperfusion.

Ein **erhöhter pulmonalarterieller Druck** führt zu einer vermehrten **Rechtsherzbelastung** und zum Cor pulmonale (s. S. 114). Darüber hinaus behindern Perfusionsstörungen den pulmonalen Gasaustausch, der von einer möglichst guten Abstimmung zwischen Ventilation (V) und Perfusion (Q) abhängig ist. Ein Missverhältnis von Ventilation und Perfusion wird als Verteilungsstörung bezeichnet.
Werden nicht ventilierte Lungenabschnitte gut perfundiert, kann das durchfließende Blut nicht oxygeniert werden und führt als arteriovenöser Shunt zu einer arteriellen Hypoxämie. Entsprechende **Verteilungsstörungen** mit erniedrigtem V/Q-Quotient treten z. B. bei Pneumonien, Atelektasen und beim akuten Lungenversagen auf (**Abb. 20.5**). Werden andererseits die Alveolen gut ventiliert, aber nicht hinreichend durchblutet, kommt es zu einer gesteigerten Totraumventilation. Kann diese durch Steigerung des Atemminutenvolumens nicht ausgeglichen werden, resultiert eine Hyperkapnie (z. B. bei Lungenembolie und Lungenemphysem).

Pulmonale Abwehrmechanismen

Mechanische, zelluläre und humorale Mechanismen schützen die Lunge wirksam vor Partikeln und Infektionserregern. **Partikel mit einem Durchmesser > 10 µm** werden überwiegend bereits in den oberen Luftwegen abgefangen. Der Hustenstoß entfernt tiefer eingedrungene Partikel und Sekrete aus den größeren Atemwegen. Husten ohne nennenswerten Sekrettransport wird als Reizhusten oder unproduktiver Husten bezeichnet, z. B. bei Bronchialkarzinom, Lungenstauung oder Lungenfibrose.
Distal etwa der 7. Bronchusgeneration wirken **mukoziliäre Reinigungsmechanismen**. Diese sind abhängig von der Intaktheit des Flimmerepithels und Zusammensetzung und Menge des produzierten Schleims. Beim Syndrom der immotilen Zilien ist die koordinierte Beweglichkeit der Flimmerhärchen gestört, rezidivierende bronchopulmonale Infekte sind die Folge.
Für die zelluläre Abwehr sorgen **Alveolarmakrophagen,** neutrophile und eosinophile Granulozyten sowie lymphatische Zellen. Eine überschießende Aktivität der Abwehrzellen kann zu einer Schädigung des Bronchialepithels mit irreversiblen Umbauvorgängen führen und wird darüber hinaus mit der

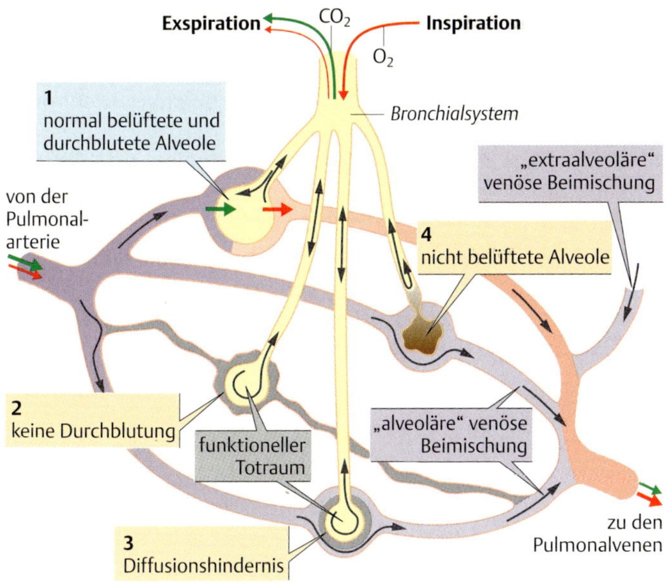

Abb. 20.5 Verteilungsstörungen in der Lunge. (nach Silbernagl et al., Taschenatlas Physiologie, Thieme)

Pathogenese des akuten Lungenversagens in Verbindung gebracht (s. S. 464).
Bei einer chronischen Stauungslunge und anderen Lungenerkrankungen findet man häufig Alveolarmakrophagen im Sputum, die Erythrozyten phagozytiert haben („Herzfehlerzellen").

20.2 Leitsymptome

20.2.1 Atemnot (Dyspnoe)

Definition. Atemnot ist das subjektive Empfinden, das durch das Missverhältnis von Atemarbeit zum Erfolg der Atmung entsteht. Das Gefühl von Atemnot wird durch eine übermäßige Aktivierung des an der Atmung beteiligten sensorischen Systems ausgelöst. Bei der Anamneseerhebung sollte versucht werden, andere Missempfindungen, wie das Gefühl vertiefter Atmung, allgemeine Erschöpfung und Irritation der oberen Atemwege abzugrenzen.
Trifft Luftnot bereits in Ruhe auf, spricht man von **Ruhedyspnoe.** Von **Orthopnoe** spricht man, wenn Luftnot nur durch aufrechtes Sitzen ertragen werden kann. Hierbei kann die Atemhilfsmuskulatur besser eingesetzt werden. Demgegenüber bezeichnet man einen Zustand mit Zunahme von Luftnot im Sitzen als Platypnoe. Für die Quantifizierung von Dyspnoe hat sich die (subjektive) 12-stufige Borg-Skala bewährt, mit welcher der Patient seine Atemnot von „kaum wahrnehmbar" bis „maximal" selbst zuordnen kann.

Einteilung. Die **ATS-Skala** (American Thoracic Society) unterteilt die Dyspnoe je nach Symptomatik und Ausprägungsgrad verschiedener Merkmale wie folgt:

- **Grad 0:** keine Dyspnoe. Keine Atemnot – außer bei deutlicher körperlicher Anstrengung.
- **Grad 1:** milde Dyspnoe. Kurzatmigkeit bei raschem Gehen oder leichtem Anstieg.
- **Grad 2:** mäßige Dyspnoe. Kurzatmigkeit bei normalem Gehen in der Ebene, Pausen zum Atemholen auch bei eigenem Tempo.
- **Grad 3:** schwere Dyspnoe. Pausen beim Gehen nach einigen Minuten oder nach etwa 100 m im Schritttempo.
- **Grad 4:** sehr schwere Dyspnoe. Zu kurzatmig, um das Haus zu verlassen. Luftnot beim Reden und/oder beim Anziehen.

Formen der Dyspnoe.

- intermittierende Dyspnoe: z. B. bei Asthma bronchiale, Linksherzinsuffizienz oder rezidivierender Lungenembolie
- persistierende Dyspnoe: z. B. bei chronischer obstruktiver Bronchitis, Lungenemphysem, neuromuskulären Erkrankungen, Anämie

Tab. 20.1 Ursachen von Dyspnoe

Lokalisation	mögliche Ursachen
intrathorakal	
Atemwege	Asthma bronchiale, Bronchitis, Tumor
Lungenparenchym	Fibrose, Pneumonie, Lungenresektion
Pleura	Erguss, Schwarte, Pneumothorax
Lungengefäße	Lungenembolie, Lungeninfarkt
Brustkorb	Trauma, Deformierung
Herz	Linksherzinsuffizienz
extrathorakal	
ZNS	Enzephalitis, Hirntumor
Säure-Basen-Haushalt	metabolische Azidose (Koma, Schock)
neuromuskuläre Ursachen	Myasthenia gravis, Poliomyelitis, amyotrophe Lateralsklerose
hämatologische Ursachen	Anämie
psychische Faktoren	Angst, Depression

Tab. 20.2 Begleitsymptome bei Dyspnoe

Begleitsymptome	häufige/mögliche Ursachen
Husten und Auswurf	COPD Asthma bronchiale Bronchialkarzinom Pneumonie Lungenödem
Fieber	Pneumonie Infekt bei exazerbiertem Asthma bronchiale infektexazerbierte COPD
Schmerzen	akute Bronchitis Pleuritis Angina pectoris Myokardinfarkt Pneumothorax Lungenembolie Bronchialkarzinom
Gewichtsverlust	Bronchialkarzinom COPD jede Form schwerer respiratorischer Insuffizienz

- nächtliche Dyspnoe: z. B. bei Asthma bronchiale, Herzinsuffizienz, gastroösophagealem Reflux, Schlafapnoesyndrom
- lageabhängige Dyspnoe: z. B. bei Herzinsuffizienz, Zwerchfellparese
- Dyspnoe nach Belastungsende: z. B. Anstrengungsasthma

Zu den verschiedenen Atemtypen s. **Tab. 20.3**.

Ursachen. Häufige Ursachen sind in **Tab. 20.1** aufgeführt. Eventuell vorhandene zusätzliche Symptome können bei der Eingrenzung der Ursache weiterhelfen (**Tab. 20.2**).

20.2.2 Husten

Definition. Husten ist ein wichtiger Abwehrmechanismus, der die Reinigung der Atemwege gewährleistet. Anhaltender oder zunehmender Husten ist ein Symptom zahlreicher Erkrankungen.

> **!** **Husten ist das häufigste pneumologische Symptom (Prävalenz ca. 20 %).**

Husten kann mit **(produktiver Husten)** oder ohne Auswurf **(unproduktiver Husten)** auftreten.

Ursachen.

- akut (≤ 8 Wochen): z. B. bei akuter Bronchitis, Pneumonie, Lungenembolie, Fremdkörperaspiration
- anfallsweise (wechselnde Intensität): z. B. bei Asthma bronchiale, Instabilität der Atemwege
- chronisch (> 8 Wochen): z. B. bei chronischer Bronchitis, Tumoren, Bronchiektasen, chronischen Entzündungen der Lunge, Medikamenten (ACE-Hemmer, Betablocker), Lungenfibrose

Bei produktivem Husten können auch Farbe und Konsistenz des **Auswurfes (Sputum)** auf die ursächliche Störung hinweisen:

- weißlich-zäh (z. B. bei Asthma bronchiale)
- gelbgrün (z. B. bei Bronchitis, Pneumonie)
- blutig (z. B. bei Tumor, Pneumonie, Tuberkulose, Lungenembolie)

> **!** **Jeder Patient, bei dem Husten länger als 8 Wochen anhält oder bei Chronizität den Charakter ändert, muss gründlich untersucht werden (Verdacht auf Bronchialkarzinom, vgl. S. 476).**

20.2.3 Thoraxschmerz

Schmerzrezeptoren befinden sich an der Pleura parietalis, in den zentralen Atemwegen, an den großen Pulmonalarterien, im Bereich der Brustwand, im Myokard und in der Speiseröhre. Bleiben pathologische Prozesse auf das Lungenparenchym und die Pleura visceralis begrenzt, verursachen sie keine Schmerzen. In Abhängigkeit von der Schmerzentstehung lassen sich verschiedene charakteristische Schmerztypen unterscheiden.

Pleurale Schmerzen sind stechend und nehmen bei vertiefter Atmung und beim Husten zu. Plötzlicher Beginn findet sich bei Thoraxtrauma, Pneumothorax, Lungenembolie und Pleuritis. Bei Tuberkulose und malignen Tumoren wird eher ein allmählicher Beginn beobachtet. Der Rückgang von pleuritischen Schmerzen ist zweideutig. Er kann auf eine Besserung des Krankheitsgeschehens oder auf das Entstehen eines Pleuraergusses (fehlendes Pleurareiben durch Flüssigkeitslamelle) hindeuten.

Brustwandschmerzen, die z. B. durch Erkrankungen der HWS/BWS, Tietze-Syndrom (schmerzhafte Schwellung im Bereich des Brustbeinansatzes der 2. oder 3. Rippe), Herpes zoster, Knochenmetastasen oder Weichteiltumore verursacht werden, können durch Druck von außen provoziert werden.

Pulmonal-vaskuläre Schmerzen finden sich bei Lungenarterienembolie (akute Überdehnung der großen Pulmonalarterien) und bei fortgeschrittener pulmonaler Hypertonie (chronische Überdehnung der rechten Herzkammer).

Tracheobronchiale Schmerzen werden retrosternal und unterhalb des Kehlkopfes empfunden und entstehen durch Entzündungen im Bereich der zentralen Atemwege. Typisch ist eine Verstärkung durch Husten.

Bezüglich myokardialem Ischämieschmerz, Perikardschmerz, ösophagealer Schmerzen wird auf die entsprechenden Buchkapitel verwiesen.

> **!** **Der Rückgang von pleuritischen Schmerzen ist zweideutig. Er kann auf eine Besserung des Krankheitsgeschehens oder auf das Entstehen eines Pleuraergusses (fehlendes Pleurareiben durch Flüssigkeitslamelle) hindeuten.**

20.2.4 Zyanose

Eine Zyanose entsteht durch eine mangelnde Sauerstoffsättigung des Hämoglobins. Oxygeniertes Hämoglobin ist hellrot gefärbt. Desoxygeniertes Hämoglobin hat eine dunkelrote Farbe. Eine Zyanose wird in der Regel erst sichtbar, wenn die Konzentration von desoxygeniertem Hämoglobin im arteriellen Blut mindestens 5 g/dl beträgt. Zwei Formen werden unterschieden:

- **periphere Zyanose:** Blaufärbung insbesondere der Akren (Nase, Lippen, Ohren, Finger, Zehen); verursacht durch vermehrte O_2-Auschöpfung des Kapillarblutes in der Peripherie bei erniedrigtem Herzzeitvolumen
- **zentrale Zyanose:** zusätzliche Blaufärbung der Schleimhäute (Zunge); verursacht durch arterielle Untersättigung (inadäquate Oxygenierung in den Lungen oder Rechts-links-Shunt, vgl. S. 200).

F

20.3 Diagnostik

20.3.1 Klinische Untersuchung

Inspektion

Überprüfen des Hautkolorits.

- Ist der Patient blass, liegt evtl. eine Anämie vor (s. S. 899)?
- Gibt es Hinweise auf eine Zyanose?

Überprüfen der Thoraxkonfiguration.

- Liegt eine Thoraxdeformation vor? z. B. Fassthorax, Kyphoskoliose, Trichterbrust (**Abb. 20.6**)
- Hinweis auf zurückliegende Thoraxoperation (Operationsnarben, Verschmälerung einer Thoraxhälfte)?
- Ödeme an den unteren Extremitäten? (Thrombembolie, Rechtsherzinsuffizienz)
- Halsvenenstauung? (Rechtsherzinsuffizienz, Thrombose oder Tumorkompression der oberen Hohlvene)
- Uhrglasnägel, Trommelschlegelfinger? (Lungenfibrose, Lungenemphysem, Rechts-links-Shunt)
- Gelbfärbung der Finger? (Zigarettenraucher; auch auf Nikotingeruch der Ausatemluft achten)

Überprüfen der Atembewegungen.

- Frequenz (normal 10 – 16/min)
- Periodizität

Tab. 20.3 Atembewegungen und ihre diagnostische Bedeutung

Atmungstyp		Hinweis auf	Vorkommen (Beispiele)
normale Ruheatmung		keine Atemstörung	
normfrequente und flache Atmung		erniedrigte Lungendehnbarkeit	Lungenfibrose
normfrequente und tiefe Atmung (Kußmaul-Atmung)	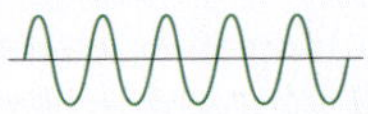	metabolische Störungen	diabetische Azidose, Urämie
langsame und tiefe Atmung	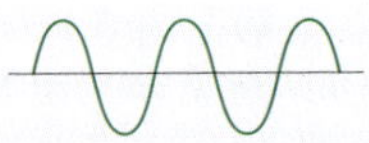	erhöhter Atemwegswiderstand	obstruktive Atemwegserkrankung
gleich tiefe Atemzüge, aber mit Pausen (Biot-Atmung)		Störung im Atemzentrum bei Hirndruck	Meningitis, Hirnverletzung
periodischer Wechsel von flacher und tiefer Atmung (Cheyne-Stokes-Atmung)		zerebrale Regulationsstörung	schwerste Herzinsuffizienz, Urämie
Schnappatmung	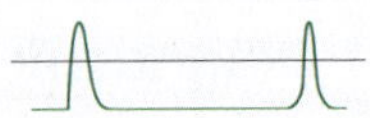	hypoxische Schädigung des Atemzentrums	Kreislaufstillstand
Seitendifferenz der Atmung	–	Schmerz; Fesselung eines Lungenflügels	Erguss, Schwarten

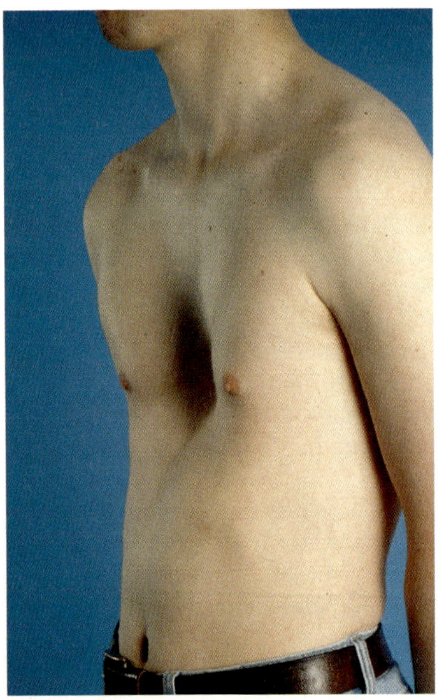

Abb. 20.6 Trichterbrust. (aus Wülker, TLB Orthopädie und Unfallchirurgie, Thieme)

- Tiefe
- Seitengleichheit der Atmung (**Tab. 20.3**).

> **!** **Die Zuordnung der pathologischen Atmungstypen zu einer Diagnose ist nur unter Berücksichtigung des klinischen Gesamtbildes sinnvoll.**

Palpation

Der Untersucher legt die Hände beidseits flach auf den Thorax des Patienten. Beurteilt werden:

- **Atemexkursion** (herabgesetzt bei Pneumonie, Emphysem, Pleuraerguss, Pneumothorax)
- **Nachschleppen** einer Thoraxseite (kranke Seite ist an Atemexkursionen nicht beteiligt, z. B. Pleuraschwarte, Pleuritis, Z. n. Pneumektomie)
- **Klopf-, Druck oder Stauchungsschmerz** der BWS und der Rippen (Frakturen, Metastasen, Tietze-Syndrom)
- Prüfung des **Stimmfremitus:** Hierzu lässt man den Patienten mit tiefer Stimme mehrfach „99"

sagen. Ein verstärkter Stimmfremitus (= vermehrte tastbare Vibration) deutet auf verdichtetes Lungengewebe hin (z. B. bei Pneumonie). Bei Erguss- und Schwartenbildung sowie beim Pneumothorax ist dann jeweils eine verminderte Thoraxvibration zu fühlen.

Wichtig ist auch das Abtasten der **regionalen Lymphknotenstationen** der Thoraxorgane in der Axilla, der Supraklavikulargrube und der Zervikalregion.

Perkussion

Die Perkussion (Finger-Finger-Perkussion) dient der **Beurteilung der unteren Lungengrenzen** und deren **Verschiebbarkeit.** Bei gesunden, jungen Menschen beträgt die Verschiebbarkeit zwischen In- und Exspiration ca. 10 cm. Die unteren Lungengrenzen und ihre Verschiebbarkeit können z. B. durch einen Zwerchfellhochstand oder einen Erguss verändert sein. Bei einem Pleuraerguss ist zusätzlich eine nach lateral ansteigende Dämpfung festzustellen (Ellis-Damoiseau-Linie).

Gleichzeitig werden mit der Perkussion luftgefüllte von luftleeren oder luftarmen Bezirken der Lunge unterschieden. Dazu muss der Durchmesser dieses Bezirks allerdings größer als 4 cm sein und weniger als 5 cm unterhalb der Pleura liegen.

Der **Perkussionsschall** über dem normalen Thorax ist **sonor.** Ein beidseitiger hypersonorer Klopfschall weist auf einen vermehrten Luftgehalt hin und ist typisch für das Lungenemphysem. Eine Klopfschalldämpfung kann durch Pneumonien, Pleuraschwarte oder Pleuraerguss bedingt sein.

Auskultation

Mit dem Stethoskop werden Geräuschphänomene erfasst, die beim Atmen in der Lunge und den angrenzenden Geweben entstehen. Die Auskultation der Lunge sollte bei aufrechtem Oberkörper erfolgen, um möglichst große Lungenabschnitte erfassen zu können. Der Patient sollte mit geöffnetem Mund möglichst kräftig atmen. Wenn die forcierte Exspiration, auskultiert über der Trachea, länger als 4 bis 5 Sekungen dauert, weist dies auf eine bedeutsame Atemwegsobstruktion hin (z. B. Asthma bronchiale, Emphysem).

Physiologische Atemgeräusche

Vesikuläratmen. Über den Alveolarbezirken mit einer Frequenz von 100 – 600 Hz wahrnehmbar, bei Inspiration lauter als bei Exspiration.

Bronchialatmen. Ausgelöst von der Luftströmung in den großen Atemwegen, am besten am Hals über der Trachea und in der Gegend des Dornfortsatzes des 7. Halswirbels wahrnehmbar. Das Bronchialatmen ist schärfer und heller (500 – 4 000 Hz) als das Vesikuläratmen.

Pathologische Atemgeräusche

Bronchialatmen im Bereich der Lungen deutet auf einen verminderten Luftgehalt des Lungengewebes in diesen Bezirken hin (z. B. bei Infiltration oder Atelektase), da mit steigendem Flüssigkeitsgehalt hohe Frequenzen besser weitergeleitet werden. Beim Verdacht auf Bronchialatmen kann man das über der Lunge auskultierte Atemgeräusch mit dem Geräusch über der Trachea vergleichen.

Bronchophonie. Bei erhöhter Leitfähigkeit des Thoraxinhaltes (z. B. Pneumonie) und gleichzeitig offenen Atemwegen werden hochfrequente Schwingungen gesprochener Worte („66“ flüstern lassen) über dem betroffenen Bezirk besonders deutlich auskultierbar.

Reibegeräusche. Diese treten durch Verschieben der Pleurablätter gegeneinander bei Entzündungen auf. Sie werden mit „Lederknarren“ oder „Schneeballknirschen“ verglichen. Sobald ein begleitender Pleuraerguss auftritt, verschwinden sie wieder.

Rasselgeräusche. Sie entstehen durch Entfaltung bzw. Belüftung vorher flüssigkeitsgefüllter Lungenbezirke (kleine Atemwege, „Seifenblasenphänomen“). Sie sind ohrfern (= nicht klingend), wenn der Luftgehalt des auskultierten Lungenareals normal ist, oder ohrnah (= klingend), wenn eine zusätzliche Infiltration vorliegt (Reibegeräusche und Rasselgeräusche werden auch als **Atemnebengeräusche** bezeichnet).

- **Feuchte Rasselgeräusche** entstehen durch Ansammlung von Flüssigkeit in den Atemwegen (Ödemflüssigkeit, Blut, Eiter). Die Frequenz hängt von der Weite der betroffenen Bronchien ab (große Atemwege: grobblasige Rasselgeräusche; kleine Atemwege: feinblasige Rasselgeräusche).
- **Trockene Rasselgeräusche** treten auf, wenn Schleimfäden durch den Luftstrom in Schwin-

gung versetzt werden. Man unterscheidet je nach Schwingungsfrequenz

- **Giemen** (höherfrequente Schwingungen, Hinweis auf Schleimfäden in kleineren Atemwegen) und
- **Brummen** (niedrigerfrequente Schwingungen, Hinweis auf Schleimfäden in größeren Atemwegen).

- **Knisterrasseln** (Sklerophonie), das am Ende einer tiefen Inspiration insbesondere über den basalen Lungenabschnitten auftritt, weist auf eine fibrosierende Lungenerkrankung hin. Davon zu unterscheiden ist das **Entfaltungsknistern** gesunder Lungen, das beim kräftigen Ein- und Ausatmen durch Entfaltung von in Ruhe nicht belüfteten Lungenabschnitten entsteht. Entfaltungsknistern ist nach mehreren Atemzügen nicht mehr reproduzierbar.

Stark vermindertes Atemgeräusch. Bei schwerer Atemwegsobstruktion und Lungenüberblähung kann das Phänomen der „stillen Lunge" (Silent Chest) auftreten. In diesem Fall ist das Atemgeräusch nahezu aufgehoben.

Stridor. Pathologisches Atemnebengeräusch, das durch eine Verengung bzw. teilweise Verlegung der großen Atemwege entsteht. Ein inspiratorischer Stridor spricht für eine Verlegung der extrathorakalen Atemwege (z. B. Tracheomalazie, beidseitige Stimmbandparese), ein exspiratorischer Stridor für eine intrathorakale Atemwegstenose (Tumor in der distalen Trachea oder in den Hauptbronchien, COPD, Asthma bronchiale).

20.3.2 Lungenfunktionsuntersuchung

Spirometrie

Die Spirometrie dient der Messung und grafischen Darstellung von atemabhängigen Volumenschwankungen im zeitlichen Verlauf. Sie hilft vor allem bei

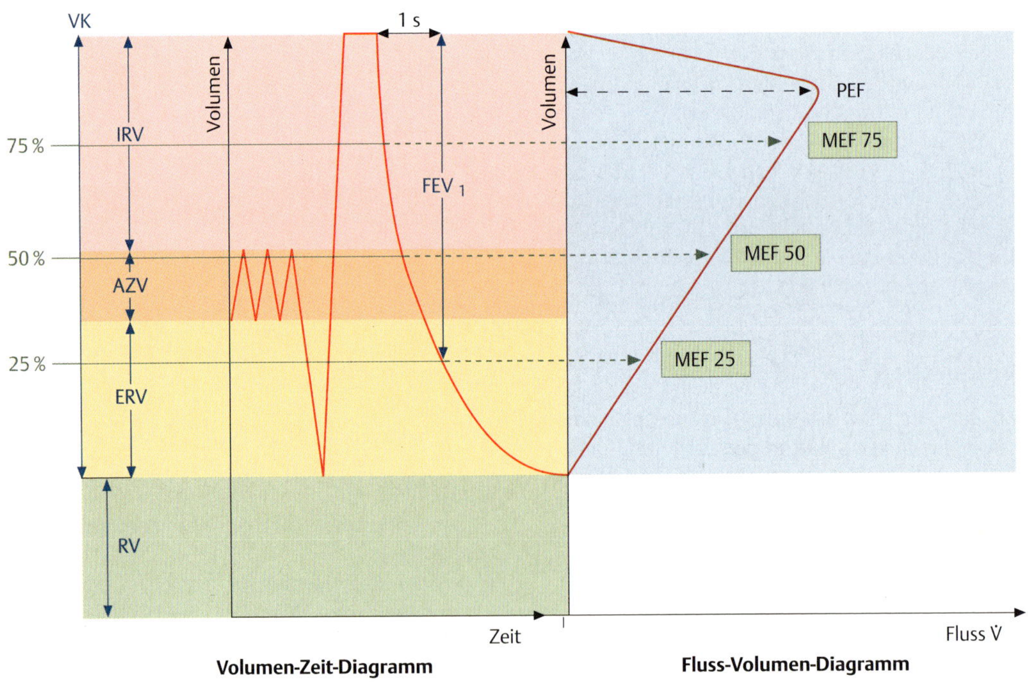

Abb. 20.7 Spirometrie. Das Fluss-Volumen-Diagramm wird normalerweise um 90° gedreht betrachtet (→ **Abb. 20.8**). Abkürzungen: **AZV** = Atemzugvolumen, **ERV** = exspiratorisches Reservevolumen, **FEV_1** = forciertes exspiratorisches Volumen, das in der ersten Sekunde ausgeatmet wird, **IRV** = inspiratorisches Reservevolumen, **MEF 25 – 75** = maximaler exspiratorischer Fluss, bei dem sich noch 25, 50, 75 % der Vitalkapazität im Brustkorb befinden, **PEF** = Peak exsp. Flow (= exspiratorischer Spitzenfluss), **RV** = Residualvolumen, **TK** = Totalkapazität = VK+RV, **VK** = Vitalkapazität.

der Unterscheidung von **obstruktiven und restriktiven Ventilationsstörungen.**

- obstruktiv: die Atemwege sind verengt oder verlegt
- restriktiv: das Lungenvolumen ist verkleinert

Die wichtigsten Parameter bei der Unterscheidung sind:

- **Vitalkapazität (VK)** = Volumen, das nach maximaler Exspiration ohne zeitliche Begrenzung der Inspiration eingeatmet werden kann.
- **Forciertes exspiratorisches Volumen (FEV_1)** = Volumen, das in der ersten Sekunde (absolute **Einsekundenkapazität**) nach maximaler Einatmung ausgeatmet wird.
- Das Verhältnis von FEV_1 zu VK, ausgedrückt in Prozent (relative Einsekundenkapazität, **Tiffeneau-Index**).

Moderne Spirometer verwenden Pneumotachographen, die sowohl die Stärke des Atemstroms als auch das Volumen der Atmung erfassen. Die Daten werden als Volumen-Zeit-Diagramm und als Fluss-Volumen-Diagramm dargestellt (Abb. 20.7) und auf die alters-, geschlechts- und gewichtsabhängigen Normwerte bezogen.

Das **Volumen-Zeit-Diagramm** gibt Auskunft über folgende Ventilationsstörungen:

- **normaler Befund** (Abb. 20.7 **a**): alle Parameter entsprechen den Referenzwerten
- **obstruktive Ventilationsstörung** (Abb. 20.7 **b**): FEV_1 ist absolut und prozentual zur VK erniedrigt. Häufig ist gleichzeitig auch die VK erniedrigt, dann muss die Ganzkörperplethysmografie (s. S. 418) zur weiteren Differenzierung herangezogen werden
- Prüfung der Reversibilität obstruktiver Ventilationsstörungen: Bei einer obstruktiven Ventilationsstörung soll die Untersuchung 10 Minuten nach Inhalation eines β_2-Sympathikomimetikums wiederholt werden (**Broncholyse-Test**). Vollständige Reversibilität der Obstruktion spricht für das Vorliegen eines Asthma bronchiale, geringe oder fehlende Reversibilität z. B. für eine chronische obstruktive Bronchitis oder ein Lungenemphysem,
- **restriktive Ventilationsstörung** (Abb. 20.7 **c**): VK und FEV_1 sind absolut erniedrigt, das Verhältnis FeV_1/VK ist normal oder überhöht.

Das **Fluss-Volumen-Diagramm** erleichtert durch typische Konfigurationen die ätiologische Differenzierung von obstruktiven Ventilationsstörungen (Asth-

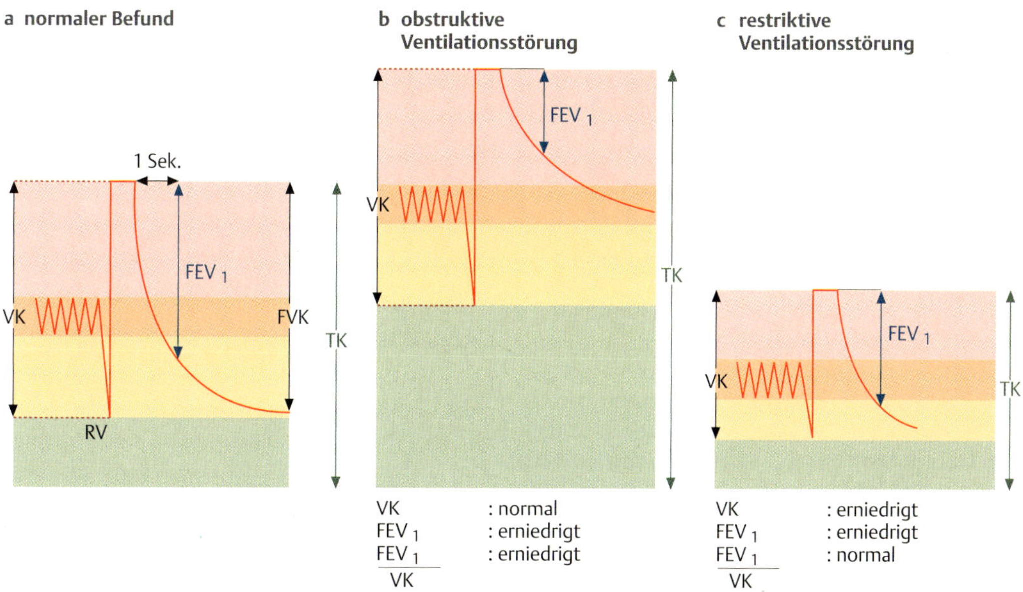

Abb. 20.8 Normales und pathologisches Spirogramm (Volumen-Zeit-Diagramm). Abkürzungen: TK = Totalkapazität, RV = Residualvolumen, VK = Vitalkapazität, FEV_1 = forciertes exspiratorisches Volumen in der ersten Sekunde, FVK = forcierte (exspiratorische) Vitalkapazität.

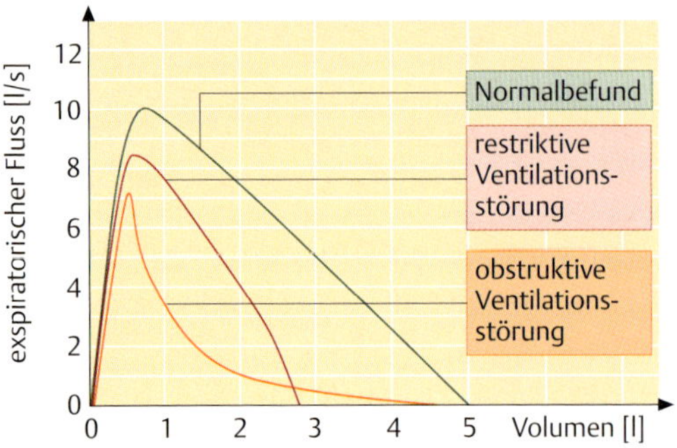

Abb. 20.9 Fluss-Volumen-Kurven.

ma, Emphysem, fixierte oder variable bzw. intra- oder extrathorakale Atemwegsstenosen). Typische Kurvenverläufe sind in **Abb. 20.9** dargestellt.

Ganzkörperplethysmografie

Die Ganzkörperplethysmografie ist ein Untersuchungsverfahren zur Beurteilung der Lungenfunktion. Der Patient sitzt hierzu in einer **luftdicht geschlossenen Kammer** von etwa 1 m^3 Rauminhalt, in der sich der Druck beim Ein- und Ausatmen ändert. Die durch die Atmung des Patienten verursachten Druck- oder Volumenschwankungen in der Messkammer werden erfasst und in Beziehung zu den pneumotachografisch registrierten Atemflüssen gesetzt. Der Vorteil gegenüber der Spirometrie besteht darin, dass weitgehend unabhängig von der Kooperationsbereitschaft des Patienten objektive Messergebnisse ermittelt werden.

Mit der Ganzkörperplethysmografie lässt sich neben dem spirometrisch nicht erfassbaren **Residualvolumen** (Restvolumen, das nicht ausgeatmet werden kann) auch der **Atemwegswiderstand** (Resistance) erfassen. Die Resistance gibt den intrabronchialen Druck an, der nötig ist, um in den Atemwegen 1 l Luft pro Sekunde strömen zu lassen (Einheit: kPa/l/s). Bei obstruktiven Atemwegserkrankungen ist die Resistance erhöht. Sie ist wesentlich sensibler für das Erfassen obstruktiver Ventilationsstörungen als die forcierte Einsekundenkapazität, die mit der Spirometrie ermittelt wird.

Bronchospasmolysetest und Test auf bronchiale Hyperreaktivität

Durch Lungenfunktionsmessungen vor und nach Inhalation **bronchodilatatorisch wirksamer Medikamente** kann die Reversibilität einer Atemwegsobstruktion beurteilt werden (z. B. Fenoterol oder Salbutamol). Typischerweise ist die Obstruktion im Rahmen eines Asthma bronchiale meist reversibel, die Obstruktion bei einer chronisch obstruktiven Bronchitis ist dagegen meist nicht vollkommen reversibel.

Umgekehrt kann auch ein **Provokationstest** erfolgen: nach inhalativer Gabe bronchokonstriktorisch wirksamer Substanzen (z. B. Methacholin) wird erfasst, ob eine bronchiale Hyperreaktivität vorliegt. Hierbei wird die Konzentration der bronchokonstriktiv wirksamen Substanz stufenweise gesteigert und die resultierende Atemwegsverengung (FEV_1, Atemwegwiderstand) gemessen. Eine bronchiale Hyperreaktivität liegt vor, wenn es bei einer Metacholinkonzentration von < 8 mg/ml zu einem Abfall des FEV_1 > 20 % oder einer Zunahme des Atemwegswiderstandes um > 100 % kommt.

Bestimmung der Compliance

Die Compliance ist die Volumenänderung der Lunge, die durch einen bestimmten transpulmonalen Druck (Druckdifferenz zwischen Alveole und Pleuraspalt) bewirkt wird. Sie ist ein **Maß für die Dehnbarkeit der Lunge** (Normalwert: 0,03 – 0,05 l/kPa). Bei Erkrankungen, die zu einer Versteifung der Lunge führen (z. B. Lungenfibrose), ist sie erniedrigt, bei Erkrankungen, die mit einer Verringerung der Rückstellkraft der Lunge einhergehen (z. B. Emphysem), erhöht.

Diffusionskapazität (Transferfaktor)

Der Austausch von Gasen zwischen dem Alveolarraum und dem Lungenkapillarblut folgt den Gesetzen der Diffusion. Die **Diffusionsfähigkeit** der Lunge wird als Diffusionskapazität bezeichnet und lässt sich mithilfe von Kohlenmonoxid bestimmen **(Kohlenmonoxid-Transferfaktor T_{LCO}).** Hierfür atmet der Patient ein Testgasgemisch (ca. 0,2 % CO, ca. 8 – 10 % Helium, Rest Luft) ein und hält dann 10 Sekunden die Luft an. Kohlenmonoxid und Helium verteilen sich, ein Teil des Kohlenmonoxids diffundiert. Anschließend atmet der Patient tief aus und es wird die Menge Kohlenmonoxid gemessen, die pro Zeiteinheit aus der Lunge in den Blutstrom gelangt. Die Diffusionskapazität ist erniedrigt bei Erkrankungen, die zu einer Verdickung der Membran oder zu einem Verlust der alveolokapillären Membranoberfläche führen.

20.3.3 Blutgasanalyse

Die Blutgasanalyse ist bei jeder Störung der Lungenfunktion, aber auch bei kardialen Funktionsstörungen, Stoffwechselerkrankungen, Niereninsuffizienz und in der Intensivmedizin indiziert und sowohl für Diagnose als auch Therapie von grundlegender Bedeutung.

Das Blut für die Blutgasanalyse kann durch arterielle Punktion oder als Kapillarblut aus einem hyperämisierten Ohrläppchen gewonnen werden. Die Messung muss innerhalb weniger Minuten nach Blutgewinnung erfolgen; bei verzögerter Messung Probentransport auf Eis.

Bei der Blutgasanalyse (BGA) werden üblicherweise folgende Werte gemessen:

- **Sauerstoffpartialdruck (PaO_2):** normal 70 – 100 mmHg, abhängig von Alter und Gewicht
- **Kohlendioxidpartialdruck ($PaCO_2$):** normal 40 ± 4 mmHg
- **pH-Wert:** normal 7,40 ± 0,04

Aus diesen Werten können weitere Größen errechnet werden (vgl. S. 336 ff.):

- **Bicarbonat:** normal 24 ± 2 mmol/l
- **Base Excess (BE):** normal 0 ± 3 mmol/l (negativ bei Azidose, positiv bei Alkalose)
- **Sauerstoffsättigung (SaO_2):** normal 97 ± 2 % (Anmerkung: für das nicht invasive Monitoring auf der Intensivstation, bei der Bronchoskopie oder bei der Diagnostik der Schlaf-Apnoe eignet sich die Pulsoximetrie im klinisch wichtigen Bereich einer O_2-Sättigung von 70 – 90 % sehr zuverlässig)

Folgende Begriffe spielen in diesem Zusammenhang eine wichtige Rolle:

- Alkalose/Azidose: Erhöhung/Erniedrigung des pH-Wertes (s. S. 336)
- Hyperkapnie/Hypokapnie: Erhöhung/Erniedrigung des $PaCO_2$
- Hyperoxie/Hypoxie: Erhöhung/Erniedrigung des PaO_2

!

- **respiratorische Partialinsuffizienz (z.B. bei Lungenstauung): $PaO_2\downarrow$**
- **respiratorische Globalinsuffizienz (z. B. bei Emphysem mit Erschöpfung der Atemmuskulatur): $PaO_2\downarrow$, $PaCO_2\uparrow$**

Ob Veränderungen der Parameter durch metabolische Störungen mitverursacht werden oder bereits **Kompensationsvorgänge** chronischer respiratorischer Störungen ausgelöst wurden, kann am Base Excess abgelesen werden. Bei chronischer respiratorischer Alkalose kommt es durch Gegenregulation zu einem Abfall des BE, bei chronischer respiratorischer Azidose zu einem Anstieg des BE. Da Kohlendioxid die alveolokapilläre Membran 20-mal schneller passiert als Sauerstoff, kommt es bei einer Diffusionsstörung durch Einschränkung der Gasaustauschfläche (z. B. Lungenemphysem) oder durch Zunahme des Diffusionswiderstandes (z. B. Lungenfibrose, Lungenödem) zu einer Hypoxie, nicht jedoch zu einer Hyperkapnie. Die CO_2-Spannung kann durch kompensatorische Steigerung der Ventilation absinken.

Veränderungen bei der Blutgasanalyse, die primär die Atmung betreffen, sind in **Tab. 20.4** aufgeführt (vgl. S. 334 ff).

Tab. 20.4 Veränderungen in der Blutgasanalyse bei respiratorischen Störungen

Störungen	PaO_2	$PaCO_2$	pH
alveoläre Hypoventilation (z. B. Narkotikaintoxikation)	↓	↑	↓
alveoläre Hyperventilation (z. B. Erregungszustände)	↑	↓	↑
Ventilations-Perfusions-Verteilungsstörung:			
• leichte Störung (z. B. Lungenembolie)	↓	–	–
• schwere Störung (z. B. Schocklunge)	↓	↑	↓
Diffusionsstörung (z. B. Lungenfibrose, Lungenödem, Lungenemphysem)	↓	(↓)	(↑)

F

20.3.4 Belastungsuntersuchungen

Belastungsuntersuchungen dienen in der Pneumologie

- der differenzialdiagnostischen Abklärung der Belastungsdyspnoe (kardial/pulmonal/muskulär),
- der Schweregradbeurteilung und Verlaufskontrolle von Gasaustauschstörungen und
- der präoperativen Risikoabschätzung bei lungenchirurgischen Eingriffen.

Am häufigsten wird **fahrradergometrisch** belastet (vgl. S. 14). Wichtige Messgrößen im Rahmen der **Oxyergometrie** sind der Sauerstoffpartialdruck (Abfall als Hinweis auf Diffusionsstörung; Anstieg bei Ruheverteilungsstörung von Ventilation und Perfusion) und der Kohlendioxidpartialdruck (Anstieg bei Erschöpfung der Atemmuskulatur) im arterialisierten Kapillarblut. Bei der **Spiroergometrie** werden zusätzlich die Sauerstoffaufnahme (aussagekräftiger Prognoseparameter vor lungenchirurgischen Eingriffen) und die Ventilation (Differenzierung ventilatorische/nicht ventilatorische Leistungsbegrenzung) gemessen.

Ein in der Praxis leicht durchführbarer und überdies gut reproduzierbarer Belastungstest ist der **6-Minuten-Gehtest**, bei dem neben der erreichten Gehstrecke die Sauerstoffsättigung (Pulsoximetrie) und die Pulsfrequenz gemessen wird. Er gibt Auskunft über den Schweregrad von Lungen- und Herzerkrankungen, dient der Ermittlung des Sauerstoffbedarfs im Rahmen der Sauerstofftherapie und eignet sich für Verlaufsbeobachtungen bei chronischen Lungen- und Atemwegserkrankungen.

20.3.5 Funktionsdiagnostik der Atemmuskulatur

Die Atemmuskulatur kann sich bei einer Vielzahl von Lungenerkrankungen erschöpfen. Mittels der **Mundverschlussdruckmessung** lassen sich Einschränkungen der maximalen Inspirationskraft, sowie eine erhöhte Beanspruchung der Inspirationsmuskeln erkennen. Bei forcierter Inspiration gegen ein verschlossenes Ventil wird der maximale statische Inspirationsdruck (PI_{max}) gemessen (normal: bei Männern > 5,5 kPa, bei Frauen > 4,0 kPa; Verminderung bei Ermüdung der Atemmuskulatur). Zur Bestimmung der Last der Atemmuskulatur hat sich die Messung des Mundverschlussdrucks 100 msek nach Beginn einer Ruhe-Inspiration ($P_{0,1}$) bewährt. Der Quotient $P_{0,1}/PI_{max}$ ist ein Maß für die Beanspruchung der Atemmuskulatur (normal < 4,5 %; Werte > 25 % sprechen für eine ventilatorische Insuffizienz, bei Werten > 35 % ist mit einer baldigen Atemmuskelerschöpfung zu rechnen). Indikationen für die Mundverschlussdruckmessung sind Dyspnoe unklarer Ursache, neuromuskuläre Erkrankungen, Hyperkapnie und Verlaufskontrollen bei der nicht invasiven Heimbeatmung.

20.3.6 Bildgebende Verfahren

Das **Röntgenbild der Thoraxorgane** in zwei Ebenen (Standard-Röntgenaufnahme in Hartstrahltechnik mit postero-anteriorem und seitlichem Strahlengang) bildet die **Grundlage der Diagnostik.** Die dargestellten Bildobjekte sind dabei etwa 10 % größer als in Wirklichkeit. Neben Lunge und Atemwegen werden knöcherne Strukturen, Pleura, Mediastinum, Herz und Zwerchfelle beurteilt (**Abb. 20.10**, **Abb. 20.11**). Die anatomische Zuordnung von Lungenlappen und -segmenten (**Abb. 20.12**) ist Voraussetzung für die weiterführende bronchologische Diagnostik.

Mit der **CT** lassen sich die intrathorakalen Strukturen in hoher räumlicher Auflösung darstellen. Konventionelle Tomogramme haben eine Schichtdicke von ca. 10 mm (Auflösung ca. 1 mm), die **High-resolution-CT (HR-CT)** eine Schichtdicke von 1–2 mm (Auflösung ca. 0,1 mm). Bei der **Spiral-CT** wird der Patient gleichmäßig durch die Röhre bewegt, während diese kontinuierlich um ihn rotiert. So ist eine lückenlose Untersuchung der gesamten Lunge während einer Atemphase möglich. Das Verfahren eignet sich insbesondere zur Erfassung von kleinen Lungenrundherden und Lungenembolien. Die Strahlenbelastung der CT ist im Vergleich zur konventionellen Röntgenuntersuchung um den Faktor 100 bis 1 000 höher (**Abb. 20.13**).

Die **MRT** bietet im Vergleich zur CT eine bessere Darstellung von Prozessen an der Knochen-Weichteil-Lungengrenze. Die MRT ist außerdem hilfreich für die Beurteilung der Ausbreitung thoraxwandnaher Tumoren oder einer Tumorinvasion großer Blutgefäße.

Mithilfe der **Positronen-Emissions-Tomografie (PET)** kann man Gewebe mit hohem Glukoseumsatz sichtbar machen, z. B. maligne Tumoren. Sie wird zur Beurteilung der Dignität pulmonaler Rundherde (hohe Sensitivität, eingeschränkte Spezifität) und zum Tumor-Staging bei Bronchialkarzinom (mediastinale

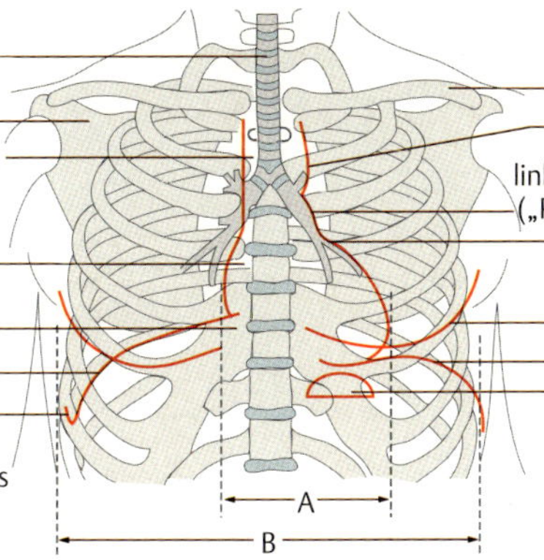

a (Herzdurchmesser normal: A/B ≤ 0,5)

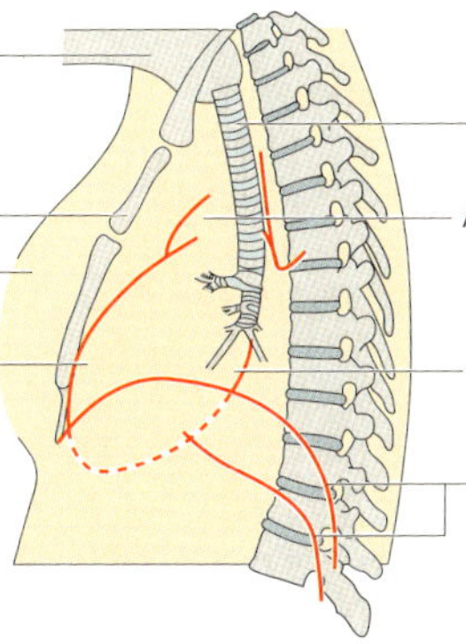

b

Abb. 20.10 Schema Röntgenthorax.
a p. a. **b** seitlich

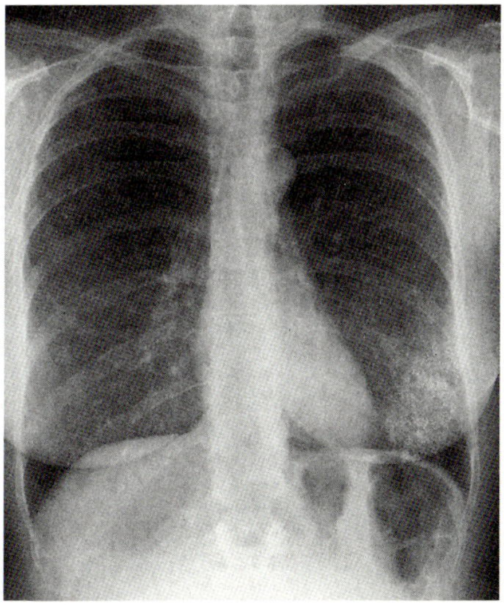
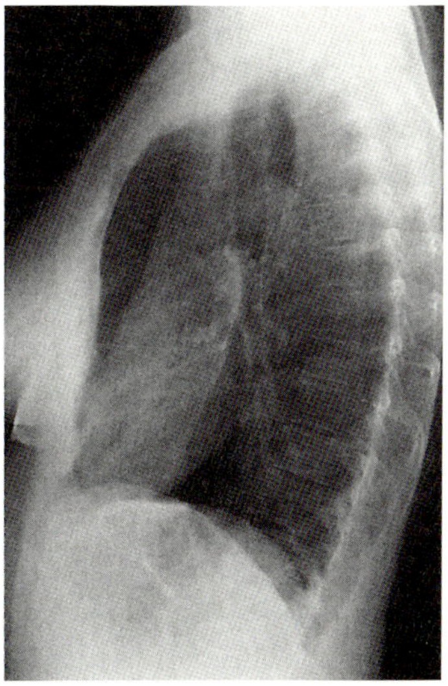

Abb. 20.11 Normale Thoraxübersichtsaufnahme in 2 Ebenen. (aus Reiser et al., Duale Reihe Radiologie, Thieme)

F

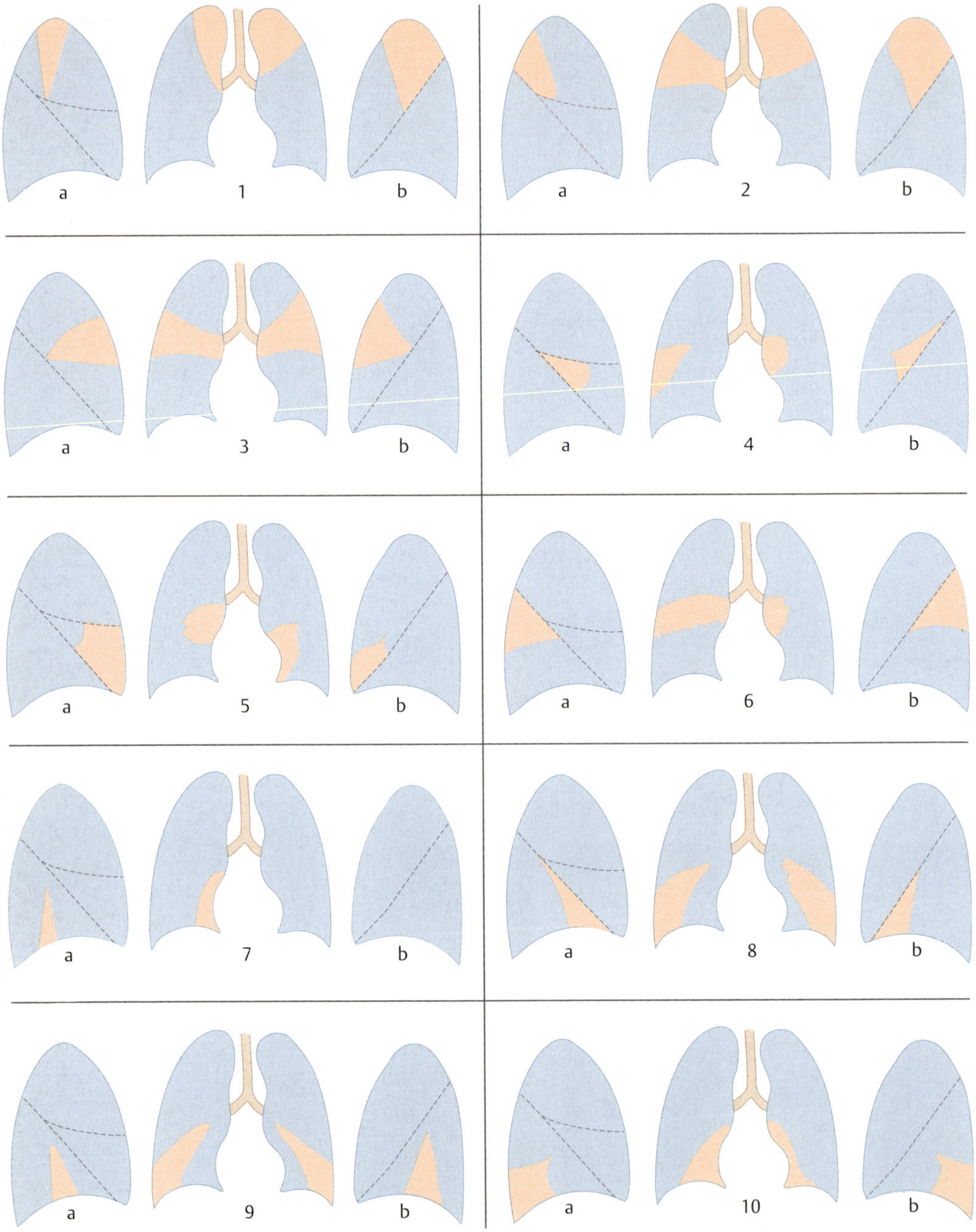

Abb. 20.12 Schema der Lappengrenzen und Lungensegmente in postero-anteriorer und lateraler Projektion.
a rechts anliegend, **b** links anliegend. (aus Lorenz, Checkliste Pneumologie, Thieme)

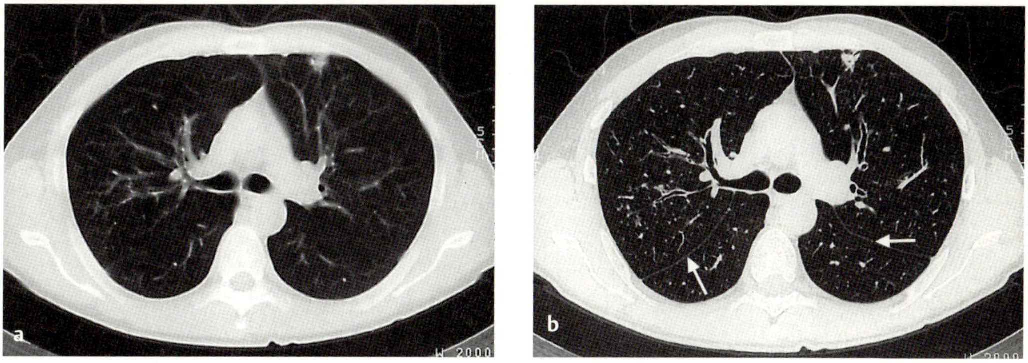

Abb. 20.13 Vergleich einer konventionellen CT mit einer HR-CT-Aufnahme. a Konventionelles CT (Lungenfenster), **b** HR-CT (entsprechende Schnitthöhe). Die Lungenstruktur (Pfeil = großer Lappenspalt) ist in der HRCT detaillierter abgebildet. (aus Reiser et al., Duale Reihe Radiologie, Thieme)

Lymphknotenmetastasen, Fernmetastasen) eingesetzt. Die hohen Kosten stehen einer breiteren Anwendung entgegen.

Die **Sonografie** wird vornehmlich für die Beurteilung von Pleuraergüssen (sonografisch gesteuerte Pleurapunktion), der Zwerchfellbeweglichkeit und von thoraxwandständigen Tumoren (Brustwandinfiltration, Punktionssteuerung) eingesetzt. Die **transösophageale Endosonografie** erlaubt in Verbindung mit einer Feinnadelpunktion die Einordnung mediastinaler Strukturen (Lymphknotenstaging, Mediastinaltumoren).

Bei der **Perfusionsszintigrafie** werden ^{99m}Technetium-markierte Albuminpartikel (Durchmesser 30 µm) intravenös injiziert, die sich in den durchbluteten Lungenabschnitten ablagern. Die Bildgebung erfolgt über einen großflächigen Gammadetektor. Eingesetzt wird dieses Verfahren bei der Diagnostik der Lungenembolie (hier auch in Kombination mit der **Inhalationsszintigrafie,** bei der ventilierte Lungenabschnitte nach Einatmung eines mit ^{99m}Technetium markierten Aerosols dargestellt werden). Die CT hat jedoch durch ihre breitere Verfügbarkeit und höhere Spezifität die szintigrafische Emboliediagnostik zunehmend verdrängt. Ein weiteres Einsatzgebiet der Perfusionsszintigrafie ist die Einschätzung der Funktionsreserven vor lungenchirurgischen Eingriffen.

20.3.7 Sputumuntersuchung

Die **makroskopische Untersuchung** erfasst Menge, Farbe, Konsistenz, Geruch und Blutbeimengungen. Eitriger Auswurf findet sich bei Atemwegsinfekten. Infizierte Bronchiektasen führen oft zu großen Sputummengen. Hochvisköser, glasiger Auswurf ist typisch für Asthmaerkrankungen. Ein fötider Geruch kann auf eine einschmelzende Pneumonie oder ein zerfallenes Bronchialkarzinom hinweisen. Für das Alveolarzellkarzinom typisch ist voluminöser, weißlichschaumiger Auswurf. Blutiger Auswurf (mit Schleimbeimengung = Hämoptyse; reines Blut = Hämoptoe) muss immer als Alarmsymptom gewertet und rasch ursächlich geklärt werden. Häufige Blutungsursachen sind Tumoren, Bronchiektasen, Lungenembolie, Mitralklappenstenose und Gefäßmissbildungen.

Mikroskopische und kulturelle Sputumuntersuchungen werden zur Identifizierung von Pneumonie- und Bronchitiserregern, Mykobakterien (Tuberkulose) sowie zur zytologischen Untersuchung (Tumoren) eingesetzt. Ebenfalls beobachtet werden können Merkmale bestimmter Krankheitsbilder (Curschmann-Spiralen und Eosinophilie bei Asthma bronchiale, elastische Fasern bei Lungenabszessen). Vor dem Ansetzen von Sputumkulturen zum Nachweis pathologischer Keime sollte die Qualität des Materials (Sputummenge möglichst > 2 ml) mikroskopisch beurteilt werden. Rachenspeichel (Beimengung von Epithelien der Mundhöhle) sollte verworfen werden, um falsch positive Befunde zu vermeiden. Die mikrobiologischen Kulturen sollten inner-

Tab. 20.5 Bioptische Methoden

Lokalisation der Erkrankung	Untersuchungsmethode
große Atemwege	Bronchoskopie: Zangenbiopsie, Bürstenzytologie
Lungenparenchym	Bronchoskopie: Zangenbiopsie, Bürstenzytologie, gezielte Sekretabsaugung, bronchoalveoläre Lavage transthorakale Feinnadelpunktion chirurgische Lungenbiopsie
Pleura	transthorakale Feinnadelpunktion oder Stanzbiopsie thorakoskopische Zangenbiopsie
Mediastinum	Bronchoskopie: perbronchiale Feinnadelpunktion Mediastinoskopie endosonografisch gesteuerte transösophageale Feinnadelpunktion

Tab. 20.6 Zelldifferenzierung in der bronchoalveolären Lavage als Hinweis auf verschiedene Erkrankungen

vorherrschende Zellpopulation	Lymphozyten	eosinophile Granulozyten	neutrophile Granulozyten	gemischtes Bild
Hinweise auf	Sarkoidose, Tuberkulose, exogen-allergische Alveolitis, Lymphangiosis carcinomatosa	eosinophile Infiltrate, Churg-Strauss-Syndrom	Pneumonie, ARDS, idiopathische Lungenfibrose, Morbus Wegener	exogen-allergische Alveolitis, Kollagenosen, Asbestose

Tab. 20.7 Bronchoalveoläre Lavage: diagnostisch wegweisende Befunde

Befund	Hinweis auf
Tumorzellen	Malignom (Karzinome, Lymphome)
PAS-positives azelluläres Material	Alveolarproteinose
Erregernachweis	Pneumocystis jiroveci, Zytomegalievirus Bakterien (quantitative Kultur)
Hämosiderinspeicherung in Alveolarmakrophagen	alveoläres Hämorrhagie-Syndrom
> 4 % CD 1-positive Zellen (Langerhanszellen)	Histiozytosis X
Asbestkörperchen	inhalative Asbestexposition

halb von 6 Stunden nach der Sputumgewinnung angelegt werden.

Durch Anwendung besonderer Methoden zur Materialgewinnung, z. B. Aspiration mit Kathetern oder Bronchoskopen, kann eine bessere Aussage erzielt werden. Die Häufigkeit richtig positiver Befunde liegt zwischen 60 und 80 %.

20.3.8 Invasive Verfahren

Bioptische Methoden

Bioptische Methoden ermöglichen eine histologische und zytologische Diagnostik intrathorakaler Prozesse und insbesondere die Beurteilung der Operabilität solcher Veränderungen. Je nach Lage der zu untersuchenden Herde werden verschiedene Methoden angewandt (**Tab. 20.5**).

Endoskopische Verfahren

Endoskopisch einsehbar sind

- Brustraum: **Thorakoskopie**
- vorderes Mediastinum: **Mediastinoskopie**
- große Atemwege bis zu den Segment- und Subsegmentbronchien: **Bronchoskopie**

Die Bronchoskopie kann in Lokalanästhesie, Allgemeinnarkose und auch über den Beatmungstubus am beatmeten Patienten auf Intensivstation durchgeführt werden. Proben können mit Spülkathetern, Bürsten, Zangen und Nadeln entnommen werden.

Flexible Bronchoskopie am spontan atmenden Patienten. Gewinnung von Untersuchungsmaterial zur Abklärung röntgenologisch unklarer Befunde (Zytologie, Histologie, Bakteriologie), Sekretabsaugung, Lokalisation von Blutungsquellen, optische Analyse verlegter Atemwege (Atelektase), Tumorsuche. Die Autofluoreszenzbronchoskopie erlaubt die Erkennung von kleinen neoplastischen endobronchialen Schleimhautveränderungen.

Bronchoalveoläre Lavage (BAL). Diese auch als „flüssige Biospie" bezeichnete Untersuchungsmethode erlaubt die Gewinnung von Zellen, Krankheitserregern und azellulären Bestandteilen aus dem Alveolarsystem. Dabei werden 5 x 20 ml auf 37 °C angewärmte physiologische Kochsalzlösung über das flexible Bronchoskop in ein Lungensegment (meist Mittellappen) gegeben und wieder aspiriert (Rückgewinnung meist > 50 %). Insbesondere bei disseminierten Lungenerkrankungen gibt die BAL wichtige differenzialdiagnostische Hinweise (**Tab. 20.6**) und ist in vielen Fällen diagnostisch wegweisend (**Tab. 20.7**).

Flexible Bronchoskopie auf der Intensivstation am beatmeten Patienten. Tubuslagekontrolle, Verbesserung der Bronchialtoilette, Abklärung einer plötzlichen Verschlechterung der Beatmungssituation.

Starre Bronchoskopie. Diese Untersuchung wird in Allgemeinnarkose durchgeführt. Sie ist indiziert bei der Entfernung von aspirierten Fremdkörpern, intrabronchialer Tumortherapie (Tumorabtragung, Lasertherapie), massiven Blutungen und beim Einsetzen von Platzhaltern (Stents) zur Behandlung von Atemwegsstenosen.

Die starre Bronchoskopietechnik eignet sich auch zur Durchführung der endobronchialen Ultraschalluntersuchung (Beurteilung von peribronchialen und peritrachealen Tumorstrukturen, gezielte Punktion von Lymphknoten).

Weiterführende Informationen:

http://www.lungenaerzte-im-netz.de
http://www.medknowledge.de
http://de.wikipedia.org/wiki/pneumologie

21 Atemwege

Helgo Magnussen, Georg Kanzow

21.1 Akute Bronchitis

Definition. Die akute Bronchitis ist eine entzündliche Atemwegserkrankung, die häufig als Ausdruck einer Erkältungskrankheit in Verbindung mit einer Rhinitis, Sinusitis, Laryngitis und Tracheitis auftritt (engl. common cold). Die Krankheitsdauer beträgt wenige Tage bis maximal 4 Wochen.

Epidemiologie

Akute entzündliche Atemwegserkrankungen sind die häufigsten Erkrankungen überhaupt. Die Inzidenz ist in den Wintermonaten deutlich erhöht.

Ätiopathogenese

Die akute Bronchitis wird in 90% der Fälle durch **Viren** verursacht, bei Kindern am häufigsten durch RS-Viren, Adeno-, Coxsackie- und ECHO-Viren; bei Erwachsenen am häufigsten durch Myxoviren (Parainfluenza- und Influenzavirus). Häufige **bakterielle Erreger** sind Haemophilus influenzae, Streptococcus pneumoniae, Mycoplasma pneumoniae und Chlamydienarten. Einer akuten Bronchitis können auch ein Keuchhusten, Masern, Pilzinfektionen oder physikalisch-chemische Schädigungen (Ammoniak, Salzsäure, Schwefeldioxid, Nitrosegase, Bestrahlung) zugrundeliegen.

Man unterscheidet katarrhalische, fibrinös eitrige, hämorrhagisch-nekrotisierende und ulzeröse Formen. Eine anfangs nicht eitrige Hypersekretion kann durch bakterielle Besiedlung purulent werden.

Klinik

Klinisch imponieren häufig klassische „Erkältungssymptome“:

- Kopf- und Gliederschmerzen
- Halsschmerzen
- Schnupfen
- Augenbrennen
- Heiserkeit, Husten
- Brennen hinter dem Brustbein
- ggf. Fieber.

Anfangs besteht **trockener Reizhusten,** später weißlicher, bei bakterieller Superinfektion dann auch zunehmend gelbgrünlicher Auswurf. Hämoptysen sind bei schweren nekrotisierenden und ulzerösen Schleimhautentzündungen möglich. Der Husten kann, als Ausdruck einer sich entwickelnden bronchialen Hyperreagibilität, mehrere Wochen und Monate persistieren.

Diagnostik

Auskultationsbefund. In der Regel unauffällig; bei hypersekretorischer Bronchitis finden sich gelegentlich Giemen und Brummen sowie grobblasige, abhustbare Rasselgeräusche.

Thoraxübersichtsaufnahme in zwei Ebenen. Meist unauffällig und deshalb nur in ausgewählten Fällen bei Verdacht auf pneumonisches Infiltrat (bakterielle Superinfektion?) oder bei Hämoptysen zum Ausschluss eines Tumors erforderlich.

Labor. Blutuntersuchungen sind nur bei kompliziertem Verlauf (hohes Fieber, purulentes Sputum, immunkompromittierte Patienten) erforderlich. Dabei sprechen mäßige BSG-Erhöhung, normales oder leicht erhöhtes CRP, Leukopenie und Lymphozytose für einen viralen, stärkere BSG- und CRP-Erhöhung, Leukozytose und Linksverschiebung für einen bakteriellen Infekt. Eine bakteriologische Sputumdiagnostik ist bei unkompliziertem Verlauf nicht erforderlich. Bei Verdacht auf eine Virusgrippe sind bezüglich der Virusdiagnostik die jeweiligen und stets aktualisierten Hinweise des Robert Koch-Instituts bzw. der Gesundheitsbehörden zu beachten.

Therapie

Die Behandlung erfolgt überwiegend **symptomatisch.**

- Bei Fieber Bettruhe und evtl. nicht steroidale Antiphlogistika (z. B. Acetylsalicylsäure oder Paracetamol).
- Bei trockenem Reizhusten kurzzeitig Antitussiva (z. B. Paracodin), ggf. inhalierbare Glukokortikoide (Budesonid, Beclomethasondipropionat).
- Bei hypersekretorischer, nicht eitriger bzw. eitriger Bronchitis Sekretolytika und Sekretomotorika (ausreichende Trinkmenge, N-Acetylcystein [Wirksamkeit nicht sicher nachgewiesen]). Möglichst keine Antitussiva, um Schleimretention zu vermeiden.

- Antibiotische Therapie (Aminopenicilline, Makrolide, Tetrazykline) nur bei eitriger Infektion bei Risikopatienten (z. B. Alter > 60 Jahre, chronische Lungenerkrankung),
- Bei Influenza-Grippe, insbesondere bei Hochrisiko-Patienten (z. B. chronisch Kranke, Alter > 60 Jahre, Immundefekt), wird eine antivirale Therapie empfohlen (s. S. 983).

Komplikationen.

- Bronchopneumonie → hohes Fieber, respiratorische Insuffizienz (s. S. 444)
- Bronchiolitis (fast nur bei Kleinkindern, s. u.).

Prognose

Ohne Komplikationen folgenlose Ausheilung innerhalb von 1 – 4 Wochen.

21.2 Infektiöse Bronchiolitis

Definition. Entzündung der Bronchiolen

Ätiopathogenese. Virusinfektionen der Lunge (v. a. **RS-Viren**, aber auch Masern-, Adeno-, Influenzaviren, Mykoplasmen) können insbesondere bei **Säuglingen und Kleinkindern**, selten bei Erwachsenen zu einer Entzündung der kleinen Atemwege (Bronchiolen) führen. In seltenen Fällen kommt es zu narbigen Veränderungen und bleibenden Verschlüssen von Bronchiolen. Hieraus können sich, insbesondere bei Erkrankung im Kleinkindesalter, im späteren Leben Bronchiektasen, eine bleibende obstruktive Ventilationsstörung und in seltenen Fällen ein einseitiges oder lobäres Lungenemphysem (Swyer-James-Syndrom) entwickeln. Auch tritt bei diesen Patienten gehäuft ein Asthma bronchiale auf.

Klinik. Fieber, Husten, Tachypnoe.

Diagnostik. Die Diagnose wird, insbesondere im Säuglingsalter, klinisch gestellt. Typisch sind ein leises Atemgeräusch, giemende Atemnebengeräusche und ggf. ein hypersonorer Klopfschall. Laboruntersuchungen sind in der Regel wenig hilfreich. Bei schwerem Verlauf (erniedrigte Sauerstoffsättigung, Tachypnoe, schwierige Ernährung) ist eine stationäre Aufnahme erforderlich. In diesem Falle werden auch eine Röntgenaufnahme der Lungen und ein Nasopharyngealabstrich zur Virusdiagnostik empfohlen.

Therapie. Bei Nachweis von RS-Viren im Sputum, Nasen- oder Rachenabstrich wird das Virostatikum Ribavirin (Virazole) empfohlen. Bei Hypoxie ist Sauerstoffgabe erforderlich. Wichtig ist eine ausreichende Hydratation.

21.3 Chronisch-obstruktive Atemwegserkrankungen

engl.: chronic obstructive lung disease (COLD), chronic obstructive pulmonary disease (COPD)

Definition. Unter diesem Begriff werden chronische (obstruktive) Bronchitis und Lungenemphysem zusammengefasst:
Die nicht obstruktive **chronische Bronchitis** ist durch Husten und Auswurf an den meisten Tagen der Woche über mindestens 3 Monate pro Jahr in 2 aufeinanderfolgenden Jahren charakterisiert.
Die **chronisch obstruktive Bronchitis** geht darüber hinaus mit einer messbaren Verengung der Atemwege einher.
Beim **Lungenemphysem** findet sich eine Erweiterung der terminalen Atemwege, d. h. distal der Bronchioli terminales, mit Zerstörung der Alveolarsepten.

F

Epidemiologie.

- Prävalenz bei Erwachsenen ca. 10 – 15 %.
- zunehmende Verschiebung in jüngere Altersstufen
- vierthäufigste Todesursache weltweit
- 90 % aller Patienten mit chronischer Bronchitis sind Raucher/Exraucher,

Ätiopathogenese

Ätiologisch spielen die individuelle Atemwegsbelastung durch **Rauchen** (auch Passivrauchen) und – in weit geringerem Ausmaß – umwelt- und arbeitsplatzbedingte Schadstoffexposition eine Rolle. Prädisponierend sind auch Berufserkrankungen (z. B. Pneumokoniosen, s. S. 466 ff). Seltenere Ursachen sind genetische Faktoren (α_1-Proteinase-Mangel, Ziliendysfunktion) und häufige Atemwegsinfektionen in der Kindheit.

Pathophysiologie

Im Mittelpunkt steht eine **Störung des mukoziliären Reinigungsmechanismus.** Bei chronischer Reizung der Atemwege kommt es zu Umbauvorgängen mit Vermehrung seröser und muköser Drüsen und Zerstörung der normalen Schleimhautarchitektur

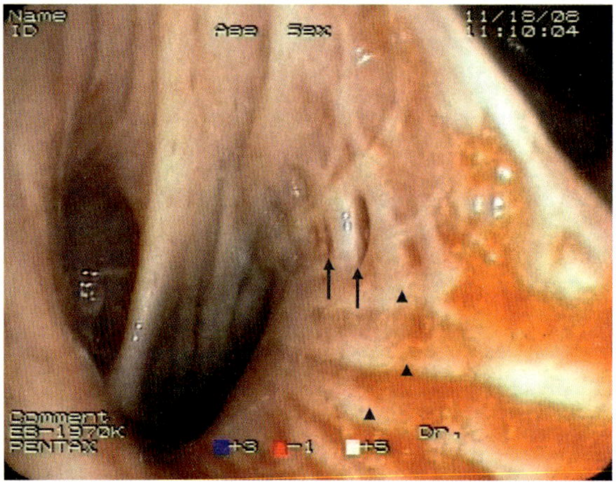

Abb. 21.1 Chronische Bronchitis. Das bronchoskopische Bild zeigt die deformierte Bronchialwand mit Schleimhautatrophie, parallelen Längsfalten (▲) und erweiterten Drüsenausführungsgängen (↑).

(Abb. 21.1). Die oralwärts schlagenden Zilien werden zunehmend zerstört und sind dann nicht mehr in der Lage, den Schleim aktiv zu transportieren. Dem Patienten mit schwerer chronischer Bronchitis dient dann nur noch der Hustenstoß als effektiver Clearancemechanismus. Kontraktion der Bronchialmuskulatur, entzündliche Infiltration der Bronchialschleimhaut und Hyper- und Dyskrinie führen zur chronischen Bronchialverengung, Bronchiektasenbildung und Instabilität der Atemwege.

Durch die **chronische Entzündung** kommt es weiterhin zu einem Ungleichgewicht zwischen Proteasen (z. B. Elastase aus neutrophilen Granulozyten) und Antiproteasen (z. B. α_1-Antitrypsin) mit konsekutiver Zerstörung der terminalen Atemwege und Alveolarsepten. Folge ist ein **Lungenemphysem:**

- zentriazinäres Emphysem: Zerstörung der Bronchioli respiratorii und der Ductus alveolares
- panazinäres Emphysem: Zerstörung des gesamten Azinus

Hypoxie und Lungenzerstörung verursachen einen erhöhten Strömungswiderstand im pulmonalen Gefäßbett mit entsprechenden Folgen (s. S. 115).

Klinik

Die Beschwerden entwickeln sich langsam über Monate bis Jahre. Bei Vorherrschen der **bronchitischen Komponente** kommt es (besonders morgens) zu chronischem Husten mit Auswurf, zunächst überwiegend in der feuchten, kalten Jahreszeit, später ganzjährig. Eine zunehmende Verengung der Atemwege führt zu Belastungsdyspnoe.

Bei Vorherrschen des **Emphysems** steht die Belastungsdyspnoe im Vordergrund. Die zunehmende Atemarbeit kann zu Gewichtsabnahme (pulmonale Kachexie), die Rechtsherzüberlastung zu peripheren Ödemen führen.

Diagnostik

Anamnese. Die Patienten klagen über Husten, Auswurf, rezidivierende Infektionen, Atemnot, ggf. Gewichtsverlust (bei fortgeschrittener Erkrankung) und Ödeme (Hinweis auf Rechtsherzinsuffizienz. Wichtig ist die **Nikotinanamnese.** Bei Diagnosestellung liegt der Nikotinkonsum im Durchschnitt bei 20 Päckchenjahren (Anzahl der gerauchten Päckchen/Tag × Anzahl der Raucherjahre).

Körperlicher Untersuchungsbefund.

- bei bronchitischer Komponente: Rasselgeräusche, Giemen (zum Teil „abhustbar", verlängertes Exspirium)
- bei Lungenemphysem: abgeschwächtes Atemgeräusch, Fassthorax, Zwerchfelltiefstand, inspiratorische Einziehungen im Bereich der Flanken, hypersonorer Klopfschall
- bei dekompensiertem Cor pulmonale (s. S. 114): zentrale Zyanose, Halsvenenstauung, positiver hepatojugulärer Reflux, Leberstauung, Unterschenkelödeme.

Beim Überwiegen der bronchitischen Komponente findet sich häufig der Patiententyp des **„Blue Bloaters":** pyknischer Habitus, produktiver Husten, geringe Dyspnoe, ausgeprägte respiratorische Insuffizienz mit konsekutiver Polyglobulie und Zyanose, frühzeitige Rechtsherzinsuffizienz.

Beim Überwiegen der emphysematösen Komponente findet sich hingegen der Patiententyp des **„Pink Puffers":** Fassthorax, Untergewicht, wenig Auswurf, starke Dyspnoe, nur gering ausgeprägte respiratorische Insuffizienz, spät auftretendes Cor pulmonale.

Mischformen der genannten Patiententypen sind häufig.

Lungenfunktion. Die Lungenfunktionsprüfung dient der Schweregradeinteilung (**Tab. 21.1**), der Objektivierung der klinischen Befunde und der Therapiesteuerung. Typischer Befund: obstruktive Ventilationsstörung (kaum reversibel), Lungenüberblähung (Residualvolumen und thorakales Gasvolumen erhöht). Eine erniedrigte Diffusionskapazität weist auf die Emphysenkomponente hin.

Blutgasanalyse. In fortgeschrittenen Fällen besteht eine respiratorische Partial-/Globalinsuffizienz (Indikation für Sauerstofflangzeittherapie/Heimbeatmung?).

Röntgenthorax. Bei chronischer Bronchitis streifige Zeichnungsvermehrung in den Unterfeldern entlang der bronchovaskulären Bündel (sog. Schienenstrangphänomen). Bei ausgeprägtem Lungenemphysem abgeflachte, tief stehende Zwerchfelle, vergrößerter Retrosternalraum in der Seitaufnahme, weite Interkostalräume, erhöhte Strahlentransparenz durch Gefäßrarefizierung, bullöse Veränderungen (**Abb. 21.2**, **Abb. 21.3**).
Das Röntgenbild dient u. a. auch der Erkennung von Bronchiektasen, großen Emphysembullae (evtl. chirurgische Behandlung?) und pneumonischen Infiltraten bei einer Infektexazerbation.

Thorax-CT. Ggf. nötig bei groß-bullösem bzw. lokalisiertem Lungenemphysem zur Klärung einer möglichen Operationsindikation.

Sputumuntersuchung. Bei unkomplizierter chronischer Bronchitis muköser, wenig voluminöser Auswurf (20 – 30 ml/d). Bei Infektexazerbation purulenter Auswurf (oft > 30 ml/d). In der Sputumkultur finden sich auch bei purulentem Auswurf nur in etwa 50 % pathogene Keime (am häufigsten Streptococcus pneumoniae, Haemophilus influenzae, Moraxella catarrhalis, nach wiederholten Antibiotikabehandlungen auch Escherichia coli, Klebsiella pneumoniae und Pseudomonas aeruginosa). Eine mikrobiologische Sputumuntersuchung ist indiziert bei häufigen (> 3/Jahr) Infektexazerbationen und bei fehlendem Ansprechen auf die eingeleitete antibiotische Therapie.

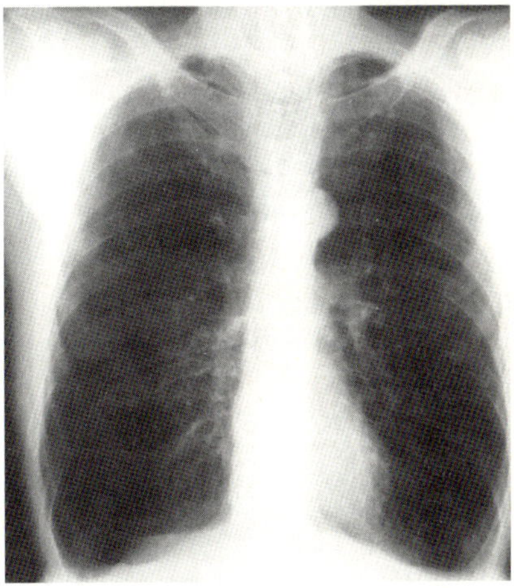

Abb. 21.2 Lungenemphysem. Röntgenbild mit den typischen Zeichen eines Lungenemphysems: tiefstehende Zwerchfelle, Gefäßrarefizierung in der Lungenperipherie, bullöse Veränderungen insbesondere im rechten Oberfeld.

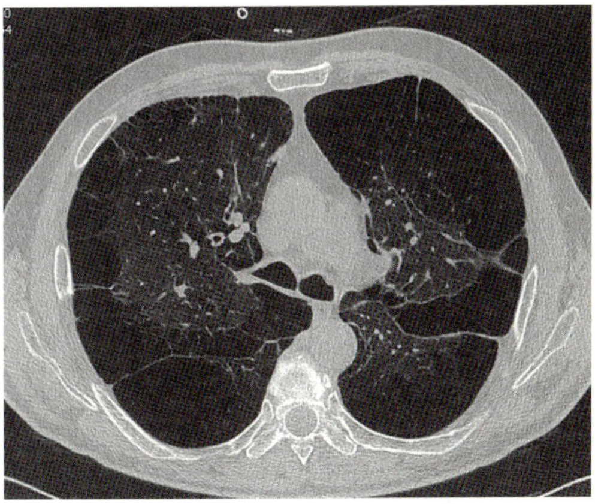

Abb. 21.3 Bullöses Lungenemphysem. Thorakale CT.

Differenzialdiagnosen.

- Asthma bronchiale → Anamnese, Therapieansprechen, inhalative Histaminprovokation, Peak-Flow-Protokoll (s. **Abb. 21.4**)
- Lungenstauung durch kardiale Ursachen → typische Symptomatik (s. S. 8 ff)
- Bronchiektasen → CT (s. **Abb. 21.6**)
- sekundäre Bronchitis bei Bronchialkarzinom, Tuberkulose, aspirierten Fremdkörpern → Bronchoskopie
- α_1-Antitrypsin-Mangel (s. S. 833)

Therapie

Generell ist die Ausschaltung exogener Ursachen (Rauchen, berufliche Schadstoffe) wichtig. Die Behandlung richtet sich nach dem Schweregrad der Erkrankung (**Tab. 21.1**).

> **Nikotinkarenz führt als einzige Therapiemaßnahme zu einer verlangsamten Progression der Lungenfunktionseinschränkung!**

Medikamentöse Therapie. Die Pharmakotherapie ermöglicht eine Linderung der Beschwerden, eine Besserung der körperlichen Leistungsfähigkeit und eine Verminderung der Exazerbationsfrequenz. Zum Einsatz kommen:

- **Bronchodilatatoren:** inhalative β_2-Sympathomimetika (*kurz wirksam:* Salbutamol, z. B. Sultanol-Dosieraerosol; *lang wirksam:* Salmeterol, z. B. Severent; Formoterol, z. B. Oxis TH), Tiotropiumbromid (Spiriva), Theophyllin (z. B. Euphyllin, Bronchoretard 2 × 200 – 500 mg/d).

Prinzip: Erweiterung der Atemwege sowie Verbesserung der mukoziliären Clearance.
Nebenwirkungen: Tachykardie, Erhöhung des Herzzeitvolumens und zu Beginn der Therapie feinschlägiger Tremor.
Kontraindikation: Bei Hyperthyreose, Tachykardien und Herzinfarkt in der Anamnese sollten β_2-Sympathomimetika mit Vorsicht gegeben werden.

> **Alle inhalierbaren Medikamente können nur bei korrekter Inhalationstechnik wirken. Diese muss mit dem Patienten eingeübt und im Therapieverlauf überprüft werden.**

- **Glukokortikoide: Systemisch** nur kurzfristig bei Exazerbationen mit hochgradig obstruktiver Ventilationsstörung und/oder respiratorischer Insuffizienz, langfristige Gabe nur bei nachgewiesener Wirksamkeit und nach Ausschöpfung aller anderen medikamentösen Verfahren! Schon bei geringen Tagesdosen (< 10 mg Prednisolonäquivalent)

Tab. 21.1 Schweregradabhängige Behandlung der COPD*

I leicht	II mittel	III schwer	IV sehr schwer
• mit oder ohne Symptome • FEV_1/FVC < 70 % • FEV_1 ≥ 80 %Soll	• mit oder ohne Symptome • FEV_1/FVC < 70 % • FEV_1 50 – 80 %Soll	• mit oder ohne Symptome • FEV_1/FVC < 70 % • FEV_1 30 – 50 %Soll	• FEV_1/FVC < 70 % • FEV_1 < 30 %Soll *oder* FEV_1 < 50 % und • chronisch-respiratorische Insuffizienz *oder* • Rechtsherzinsuffizienz
► Vermeidung von Risikofaktoren (Rauchen, andere Noxen); ► Influenza- und Pneumokokkenvakzination ► zusätzlich kurz wirksame Bronchodilatatoren bei Bedarf			
	► zusätzlich ein oder mehrere lang wirksame Bronchodilatatoren (Formoterol, Salmeterol, Tiotropium) auf regelmäßiger Basis ► zusätzlich Einleitung von Rehabilitationsmaßnahmen		
		► zusätzlich bei häufigen Exazerbationen inhalative Kortikosteroide auf regelmäßiger Basis	
			► zusätzlich bei respirat. Insuffizienz: O_2-Langzeittherapie ► chirurgische Maßnahmen prüfen

aktualisierte „GOLD"-Empfehlungen, modifiziert nach C. Kroegel: Die „globale Initiative für chronisch-obstruktive Lungenerkrankungen (GOLD). Aktualisierung der GOLD-Empfehlungen. Pneumologie 2004; 58: 65 – 68.
** Die Einteilung beruht auf Lungenfunktionsdaten, die unmittelbar nach Inhalation eines Bronchodilatators gemessen wurden.*

kann es zu einer Steroidmyopathie kommen, die eine respiratorische Insuffizienz begünstigt (s. S. 585). **Inhalativ** bei Patienten mit häufigen Exazerbationen oder wenn Bronchodilatatoren oder eine vorherige systemische Glukokortikoidtherapie zu einer Abnahme der Obstruktion und einer Verbesserung der respiratorischen Insuffizienz geführt haben (in der Regel bei Patienten mit einer asthmatischen Komponente der Erkrankung). Die Wirksamkeit sollte nach 3 – 6 Monaten kritisch überprüft werden. Die Dosierung erfolgt wie bei der Asthmatherapie (s. Tab. 21.3).

- **Antibiotika:** Indiziert bei Infektexazerbation und purulentem Auswurf: Aminopenicilline, Tetrazykline, Oralcephalosporine; bei fortgeschrittener Erkrankung Aminopenicilline mit Betalactamase-Inhibitoren oder Fluorchinolone.
- **Mukolytika:** N-Acetylcystein (z. B. Fluimucil). Die generelle Wirksamkeit ist nicht belegt, viele Patienten empfinden aber eine subjektive Besserung.
- **Morphin:** Kann bei fortgeschrittener COPD zur Linderung der Dyspnoe eingesetzt werden (Beeinflussung der zerebralen Atemregulation). Einleitung der Therapie nur unter stationären Bedingungen (Cave: Atemdepression, Obstipation).

Nicht medikamentöse Therapie. Neben den bereits auf S. 430 beschriebenen Allgemeinmaßnahmen stehen weitere, nicht medikamentöse Therapiemöglichkeiten zur Verfügung.

- **Erzeugen eines positiven exspiratorischen Drucks** durch Lippenbremse (Patient atmet normal ein und durch den fast geschlossenen Mund wieder aus) oder PEP-Maske (Gesichtsmaske, die der Ausatmung einen definierten Widerstand entgegensetzt und dadurch einen exspiratorischen Atemwegskollaps verhindert).
- **Flutter-Ventil** (VRP-1-Desitin, RC-Cornet): pfeifenförmiges, kleines Gerät, das als Atemhilfe eingesetzt werden kann. Der Patient atmet hinein und bringt dadurch das darin befindliche Ventil (Metallkugel oder Gummischlauch) in Bewegung. Es kommt zur Sekretmobilisierung durch Ausatemstenose und endobronchiale Schwingungen.
- **Körperliches Training** steigert die Belastbarkeit und Lebensqualität und senkt die Exazerbationsrate (ambulanter Lungensport).
- **Sauerstofflangzeittherapie:** Anreicherung der Luft mit reinem Sauerstoff; indiziert bei arteriellen Sauerstoffpartialdrucken unter 55 mmHg. Bei Nachweis eines Cor pulmonale ggf. auch Sauerstofftherapie bei PaO_2-Werten von 55 – 59 mmHg. Sauerstoffquellen: O_2-Konzentrator, Flüssigsauerstoff, Sauerstoffflaschen. Behandlungsdauer mindestens 16 – 18 Stunden pro Tag.
- **Nicht invasive Beatmung:** Unterstützung der Atmung über Gesichts-, Mund- oder Nasenmaske; Standardtherapie bei akuter ventilatorischer Dekompensation im Rahmen einer Exazerbation. Bei chronischer ventilatorischer Insuffizienz führt die Heimbeatmung (8 – 14 Stunden/Tag, vorzugsweise nachts, indiziert bei PCO_2-Werten > 50 mmHg) zu einer verbesserten Lebensqualität und möglicherweise zu einer Senkung der Mortalität.
- **Bullektomie:** Nur in ausgewählten Fällen sinnvoll (große Emphysem-Bullae mit Kompression gesunden Lungengewebes).
- **Lungenvolumenreduktionsoperation:** Kann bei apikal betontem Lungenemphysem und stark eingeschränkter Belastbarkeit erwogen werden.
- **Lungentransplantation:** Indikation bei hochgradig eingeschränkter Lungenfunktion und geschätzter Lebenserwartung < 12 Monate und nach Ausschöpfung aller anderen (konservativen) Therapieverfahren. Altersgrenze 60 Jahre. Hohe Komplikationsrate!

Prognose und Komplikationen

Die Lebenserwartung hängt u. a. vom Obstruktionsgrad ab. Bei einem FEV_1 > 1,25 l beträgt sie 10 Jahre, bei einem FEV_1 < 0,75 l nur 3 Jahre! Als Komplikationen können Atemwegsinfekte, Pneumonien, Pneumothorax und ein Cor pulmonale auftreten.

Klinischer Fall

Der 78-jährige Herr Z. wird hustend und trotz Sauerstoffgabe und Kutschersitz schwer atmend in die Notaufnahme gebracht. Seit zehn Jahren ist eine COPD bei ihm bekannt. Bis dahin war er starker Raucher mit 20 Pack Years. Aktuell stellt sich der Patient mit zunehmender Dyspnoe, Husten und gelblichem Auswurf vor, fiebert aber nicht.
Bei der klinischen Untersuchung stehen die Lungengrenzen gleich tief, der Klopfschall ist hypersonor und zu hören ist ein abgeschwächtes vesikuläres Atemgeräusch mit verlängertem Exspirium. Unter 4 l O_2 ist die BGA bei Aufnahme normoxämisch (pO_2 75 mmHg, pCO_2 36 mmHg, pH 7,42, BE +3,1 mmol/l). Im Labor fallen eine erhöhte BSG von 52 mm/h (normal 0 – 17 mm/h), ein Hb von 15,2 (normal 13,5 – 17,5 g/dl), Leukozyten von 15,8/nl (normal 4,5 – 11), und ein CRP von 14,5 mg/l (normal 0,08 – 3,10) auf. Röntgenologisch und computerto-

F

mographisch sind neben einer Überblähung mit Bronchiektasien der Lunge beidseits basale Infiltrate zu sehen. Aus dem Sputum von Herrn Z. ist E. Coli anzuzüchten. Die Diagnose einer Bronchopneumonie wird gestellt und Herr Z. testgerecht mit dem Gyrasehemmer Levofloxacin behandelt.
Allerdings bessert sich unter dieser Therapie der Zustand von Herrn Z. nicht. Das CRP steigt auf 57 mg/l, die BGA ohne Sauerstoff zeigt nun eine schwere respiratorische Partialinsuffizienz (pO_2 53 mmHg, pCO_2 35 mmHg, ph 7,48, BE+2,0 mmol/l) und auch röntgenologisch verdichtet sich die Infiltration rechts basal. Deshalb führen seine behandelnden Ärzte zwei Wochen nach Aufnahme eine Bronchoskopie durch. Ergebnis ist eine schwere eitrige Bronchitis mit teilweiser Bronchusverlegung. Die mikrobiologische Untersuchung erbringt eine Besiedlung mit Nocardia species. Mit der neuen Antibiose mit Ceftriaxon geht es Herrn Z. allmählich besser und auch das CRP (9,4 mg/l) und der Thoraxbefund sind regredient. Trotz erneutem starken CRP Anstieg (63 mg/l) ohne erkennbare Ursache kurz vor der geplanten Entlassung kann Herr Z. nach einem Monat die stationäre Behandlung verlassen.
Zuhause soll Herr Z. nun für weitere zehn Tage Cefuroxim einnehmen. Zudem rät ihm der Stationsarzt unbedingt täglich eine Lagerungsdrainage mit dem verordneten Cornet-Flutter durchzuführen. Dieses Überdrucksystem assistiert bei der Spontanatmung und verhindert einen Kollaps der Atemwege gerade bei Bronchiektasien: so kann Sekret mobilisiert werden.

21.4 Asthma bronchiale

engl.: bronchial asthma

Definition. Asthma bronchiale ist eine chronische, entzündliche Atemwegserkrankung, die mit einer gesteigerten Empfindlichkeit der Atemwege auf zahlreiche Reize und einer spontan oder medikamentös reversiblen Bronchokonstriktion einhergeht.

Epidemiologie

Prävalenz ca. 5%, mit weltweit zunehmender Tendenz:

- bis zu 10% aller Kinder leiden an Asthma bronchiale
- ca. 15% der Bevölkerung haben eine unspezifische bronchiale Überempfindlichkeit

Bei Krankheitsbeginn vor dem 10. Lebensjahr handelt es sich meist um ein allergisches Asthma, bei Krankheitsbeginn nach dem 30. Lebensjahr meist um ein nicht allergisches Asthma.

Ätiopathogenese

Aus prognostischen und therapeutischen Gesichtspunkten ist folgende Unterscheidung sinnvoll:

Allergisches (exogenes, extrinsisches) Asthma bronchiale: durch allergisierende Substanzen in der Umwelt (v. a. ubiquitäre Allergene wie Blütenstaub, Hausstaubmilben, Tierepithelien, Schimmelpilze) oder in der Arbeitswelt (z. B. Mehlstaub, Tierhaare, Holzstaub, Latex). Charakteristisch ist der anamnestische Bezug zwischen Allergenexposition und Symptomen sowie die Mehrfachmanifestation der allergischen Reaktion, z. B. Konjunktivitis, Rhinitis und Asthmaanfälle.

Nicht allergisches (endogenes, intrinsisches) Asthma bronchiale. Es manifestiert sich meist zwischen dem 40. und 50. Lebensjahr in der Regel im Rahmen eines **Atemwegsinfekts.** Weitere Ursachen:

- als **pseudoallergische Reaktion auf ASS und NSAR** („Analgetikaasthma"): Bronchokonstriktion, häufig verbunden mit Rhinorrhö und Konjunktivitis. Die meisten dieser Patienten haben zusätzlich eine Polyposis nasi und rezidivierende Sinusitiden. Der Pathomechanismus ist unklar, eine Allergie im klassischen Sinne liegt nicht vor.
- durch **chemisch-irritative und toxisch wirkende Substanzen** (z. B. Proteasen, Arzneistäube, Isocyanate)
- nach körperlicher Anstrengung **(Anstrengungsasthma):** Eine bronchiale Konstriktion nach körperlicher Belastung wird bei ca. 30% der erwachsenen und 80% der kindlichen Asthmapatienten beobachtet. Vermutete Ursache ist die Unterkühlung und der Wasserverlust im Bereich der periziliären Flüssigkeitsschicht aufgrund der belastungsabhängigen Hyperventilation.
- **Sulfitasthma:** Asthmaattacken durch orale Zufuhr von schwefelhaltigen Nahrungs- und Genussmitteln (Störung des Sulfitmetabolismus, ca. 5% aller Asthmapatienten).
- **Asthma bei gastroösophagealem Reflux:** Mikroaspirationen von Magensaft können zu einer (oft nächtlichen) Reflexbronchokonstriktion führen.

(→ zur allergischen bronchopulmonalen Aspergillose s. S. 456).

Genetische Einflussfaktoren sind für das allergische Asthma nachgewiesen. Allen Patienten ist eine unspezifische Überempfindlichkeit der Atemwege gemeinsam, deren Ursache bisher unklar ist. Verschiedenartige Stimuli (Allergene, Infektionen, körperliche Belastung, Umweltschadstoffe, Medikamente und emotionaler Stress) führen zu einer **Freisetzung von inflammatorischen Mediatoren** (Histamin, Leukotriene, Interleukine) aus Mastzellen, Eosinophilen und Makrophagen und konsekutiv zu Epithelschäden, Kontraktion der Bronchialmuskulatur, lokaler Blutstauung, Schleimhautödem und Sekretion von zähem Schleim (**Abb. 21.5**).

Folgen sind ein **Anstieg des Atemwegswiderstandes,** die Abnahme der Einsekundenkapazität (FEV_1), Lungenüberblähung, erhöhte Atemarbeit und eine gestörte Verteilung von Ventilation und Perfusion. Langfristig kann es zu degenerativen Epithelveränderungen, Hypertrophie der Bronchialmuskulatur, Vermehrung der Bronchialdrüsen, Verdickung der Basalmembran und Fibrosierung der Bronchialschleimhaut kommen (bronchial remodelling), wodurch das Asthma in ein therapierefraktäres und schließlich irreversibles Stadium eintritt.

Klinik

Leitsymptome sind anfallsweise auftretende Dyspnoe, Husten und Expektoration von zähem, glasigem Schleim. Typisch sind nächtliche Atembeschwerden und die Anfallsauslösung durch verschiedenartige Triggermechanismen.

Ein schwerer Asthmaanfall ist durch Sprechdyspnoe, Agitiertheit, eine erhöhte Atemfrequenz (> 30/min), stark abgeschwächtes Atemgeräusch („silent chest"), Tachykardie, stark erniedrigte Peak-Flow-Werte (s. S. 434), eine arterielle Hypoxie und einen Anstieg des $PaCO_2$ (drohende Beatmungspflichtigkeit!) gekennzeichnet. Dauern die Beschwerden länger als 12 Stunden an, spricht man von einem **Status asthmaticus** (s. S. 438).

Diagnostik

Anamnese. Die Patienten berichten über Husten, zähen Auswurf und anfallsweise auftretende Atemnot. Typisch sind nächtlich auftretende Beschwerden (häufig in den frühen Morgenstunden).

> **!** **Wichtig ist die Frage nach Auslösern (Allergene, unspezifische Reize, berufliche Noxen, Jahreszeiten).**

Auskultation und Perkussion. Exspiratorisch betontes, beidseitiges Giemen, gelegentlich auch exspiratorischer Stridor, verlängertes Exspirium, hypersonorer Klopfschall, Zwerchfelltiefstand. Cave: Bei schwerem Asthma kann das Atemgeräusch fast vollständig fehlen („**Silent Chest**").

Lungenfunktion.

- Nachweis der bronchialen Obstruktion (FEV_1 und FEV_1/VC ↓, Atemwegswiderstand ↑). Reversibilität nach Inhalation eines β-Sympathomimetikums (Fenoterol, Salbutamol).
- Nachweis der bronchialen Überempfindlichkeit, z. B. durch den **unspezifischen Provokationstest** mit Histamin oder Metacholin. Hierbei wird nach Inhalation von Testlösungen mit ansteigender Konzentration diejenige Schwellendosis ermittelt, die zu einem 20 %igen Abfall des Atemstoßes (= PC_{20}-FEV_1) bzw. zu einer Verdoppelung des spezifischen Atemwegswiderstandes (PC_{100s} [sRaw] [Raw = airway resistance]) führt. Der Grad der Überempfindlichkeit korreliert mit dem Schweregrad der Erkrankung.
- Messung des ausgeatmeten Stickstoffmonoxids (NO): hohe Konzentrationen deuten auf eine starke asthmatische Entzündung hin.

> **!** **Ein Normalbefund in der aktuellen Lungenfunktionsprüfung schließt die Verdachtsdiagnose nicht aus!**

Peak-Flow-Protokoll. Unter dem Peak-Flow (Spitzenfluss) versteht man die maximale Luftströmung bei forcierter Ausatmung (Maßeinheit: l/min). Diese kann mit handlichen, mechanischen Geräten vom Patienten selbst gemessen und protokolliert werden. Typisch für ein Asthma bronchiale sind Tagesschwankungen der Messwerte > 20 % mit morgendlichen Tiefstwerten (**Abb. 21.4**). Die Peak-Flow-Messung dient nicht nur der Diagnostik, sondern auch der Therapiekontrolle. Wegen der großen Streuung der Normalwerte hat sich für die Therapiesteuerung der persönliche Bestwert als brauchbar erwiesen, der definiert ist als der höchste Peak-Flow-Wert, der während drei Wochen unter guter Therapiekontrolle ermittelt wird.

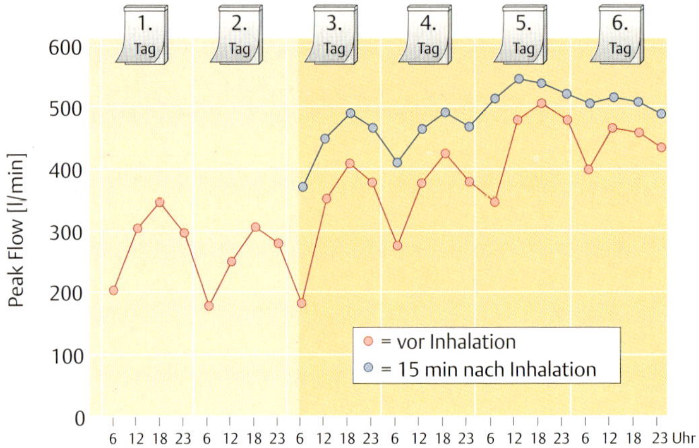

Abb. 21.4 Peak-Flow-Protokoll. Beispiel eines Peak-Flow-Protokolls eines Patienten mit Asthma bronchiale während einer 6-tägigen Beobachtungsphase. Am 3. Tag wurde mit der Behandlung begonnen.

Labor. arterielle (kapilläre) Blutgasanalyse, ggf. Allergiediagnostik (s. S. 434).

Röntgenthoraxaufnahme. Zeichen der Lungenüberblähung. Die Röntgenuntersuchung dient dem Ausschluss einer Stenose in den großen Atemwegen oder der Erkennung von Komplikationen (pneumonische Infiltration, Sekretatelektasen, Pneumothorax).

Sputumuntersuchung. zähes, glasiges Sputum. Mikroskopischer Nachweis von eosinophilen Granulozyten und sog. Curschmann-Spiralen (Schleimspiralen mit typischer starker Drillung).

Allergiediagnostik.

- Berufs- und Freizeitanamnese
- Prick-Test bzw. Intrakutantest mit ubiquitären und beruflichen Allergenen. Zuvor müssen Antihistaminika je nach deren Wirkdauer für 1 – 4 Wochen abgesetzt werden. Bei Diskrepanzen zwischen Anamnese und Allergietest sowie bei Kindern kann durch den Nachweis spezifischer IgE-Antikörper (RAST-Test) die Diagnose weiter abgesichert werden
- inhalativer Provokationstest (nasal, bronchial; bei Nahrungsmittelallergie: oral) mit dem verdächtigen Allergen. IgE-vermittelte Sofortreaktionen werden innerhalb von 30 Minuten, Spätreaktionen (IgG-vermittelt) innerhalb von 6 – 12 Stunden erfasst.

Beweisend für die pathogenetische Bedeutung des Allergens ist ausschließlich der **Provokationstest**, d. h. der Patient wird dem vermeintlichen Allergen direkt ausgesetzt. Vor allem beim Provokationstest, aber auch bei allen anderen Allergietests müssen immer **Notfallmedikamente** bereitgehalten werden, da anaphylaktische Reaktionen ausgelöst werden können: β_2-Sympathomimetika (z. B. Sultanol Dosieraerosol), Adrenalin (Suprarenin-Ampullen), wasserlösliches Steroid (Solu-Decortin-H 250 mg), Infusionslösungen (5 % Glukose, Plasmaexpander).
Differenzialdiagnosen sind in **Tab. 21.2** zusammengefasst.

Therapie

Bei allergischem Asthma sollte so weit wie möglich **Allergenkarenz** angestrebt werden. Medikamente, die das Potenzial einer Asthmaverstärkung haben (ASS, NSAR, Betablocker, Parasympathomimetika) sowie andere, individuell ermittelte Auslöser von Asthmaanfällen (z. B. Sulfit) sollten strikt gemieden werden. Die medikamentöse Behandlung richtet sich nach dem Schweregrad der Erkrankung (**Tab. 21.3**) und beginnt jeweils auf der Stufe, die dem augenblicklichen Schweregrad entspricht. Falls keine Kontrolle erreicht wird, erfolgt der Übergang auf die nächsthöhere Stufe. Ist die Erkrankung längere Zeit stabil, kann die Therapie stufenweise reduziert werden.
Man unterscheidet zwischen einer **Dauermedikation (Controller)** zur Langzeitkontrolle sowie einer **Bedarfsmedikation (Reliever).** Zu den Controllern zählen Glukokortikoide, DNCG/Nedocromil, Antileukotriene, lang wirksame Beta-Sympathomimetika, Theophyllinpräparate mit verzögerter Wirkstofffreisetzung und Omalizumab. Zu den Relievern zählen kurz wirksame Beta-Sympathomimetika und inhalative Anticholinergika. Ab dem Schweregrad 2 ist stets die Gabe von einem oder mehreren Controllern indiziert.

Tab. 21.2 Differenzialdiagnose des Asthma bronchiale

Erkrankung	Bedeutung	Kommentar
chronisch obstruktive Atemwegserkrankungen (s. S. 427)	+++	hier besteht eine weitgehend fixierte Obstruktion; die Patienten sind fast immer Raucher
Stimmband-Dysfunktion (vocal-cord-dysfunction)	++	intermittierend Dyspnoe/Stridor, in der Regel normale Blutgase Besserung durch Atemtechnik/Sedierung
Pneumothorax (s. S. 489)	++	bei der Auskultation auf der betreffenden Seite abgeschwächtes Atemgeräusch und hypersonorer Klopfschall. Röntgenbild!
Lungenembolie (s. S. 458)	+	sehr plötzlicher Beginn mit Dyspnoe, Tachykardie und häufig Thoraxschmerzen. Auskultationsbefund der Lungen meist normal, Thrombosen in der Vorgeschichte
Linksherzversagen (s. S. 99)	+	Zeichen der Lungenstauung, im Röntgenbild Herzvergrößerung
Trachealstenose (s. S. 440)	+	stridoröses Atemgeräusch, bei Inspiration meist ausgeprägter als bei Exspiration; CT, Bronchoskopie
Anaphylaxie	+	Pruritus, Urtikaria, ggf. Schockzeichen

Für die medikamentöse Behandlung stehen verschiedene Substanzen zur Verfügung (**Tab. 21.3**).

Inhalative Therapie

Die **Inhalationstechnik** des Patienten sollte regelmäßig überprüft werden. Für die bronchiale Wirkstoffdeposition sind optimale Atemmanöver erforderlich. Die zahlreichen verfügbaren Inhalatoren erlauben auch Patienten mit Schwierigkeiten im Umgang mit einem bestimmten Inhalationssystem eine wirksame Therapie.

Kurz wirksame β_2-Sympathomimetika (Wirkdauer 3 – 6 h). Fenoterol (z. B. Berotec), Salbutamol (z. B. Sultanol), Terbutalin (z. B. Bricanyl)
Prinzip: Die β-Sympathomimetika führen zur Bronchodilatation durch Erschlaffung der Bronchialmuskulatur (→ blau in **Abb. 21.5**)
Unerwünschte Wirkungen: inhalierbare β_2-Sympathomimetika haben nur eine geringe systemische Wirkung. Es kann zu Tachykardie, Steigerung des Herzzeitvolumens und Unruhegefühl kommen. Ein feinschlägiger Tremor tritt meist nur zu Beginn der Therapie auf.
Kontraindikationen: schwere Hyperthyreose, hypertrophe obstruktive Kardiomyopathie, Phäochromozytom. Vorsicht bei frischem Herzinfarkt und Tachyarrhythmie!

Lang wirksame β_2-Sympathomimetika (Wirkdauer 8 – 12 h). Salmeterol (z. B. Serevent), Formoterol (z. B. Foradil).

Inhalierbare Anticholinergika. Ipratropiumbromid (z. B. Atrovent).

Inhalierbare Glukokortikoide. Budesonid (z. B. Pulmicort Turbohaler), Beclometasondipropionat (z. B. Ventolair), Fluticason (z. B. Flutide), Ciclesonid (Alvesco) (**Tab. 21.4**)
Prinzip: Glukokortikoide hemmen die Entzündungsreaktion (→ braun in **Abb. 21.5**), sind also für den akuten Asthmaanfall ungeeignet
Unerwünschte Wirkungen: sind selten und beschränken sich meist auf Soor im Rachenbereich und Heiserkeit. Die zur Unterdrückung der Atemwegsentzündung erforderliche inhalative Steroiddosis kann durch wiederholte Messung des ausgeatmeten Stickstoffmonoxids titriert werden.

DNCG (Dinatriumcromoglicinsäure) oder Nedocromil (z. B. Tilade).
Prinzip: durch eine Stabilisierung der Mastzellmembran wird die Histaminausschüttung prophylaktisch vermindert (→ Gelb in **Abb. 21.5**);
Unerwünschte Wirkungen: in seltenen Fällen kann es zu Hauterscheinungen, Myositis oder Bronchospasmen kommen. Einsatz vorwiegend bei Kindern und Jugendlichen mit leichtgradig persistierendem Asthma.

Systemische Therapie

Folgende Substanzen stehen zur Verfügung:

- **Methylxanthine:** Theophyllin (z. B. Euphyllin, Bronchoretard)

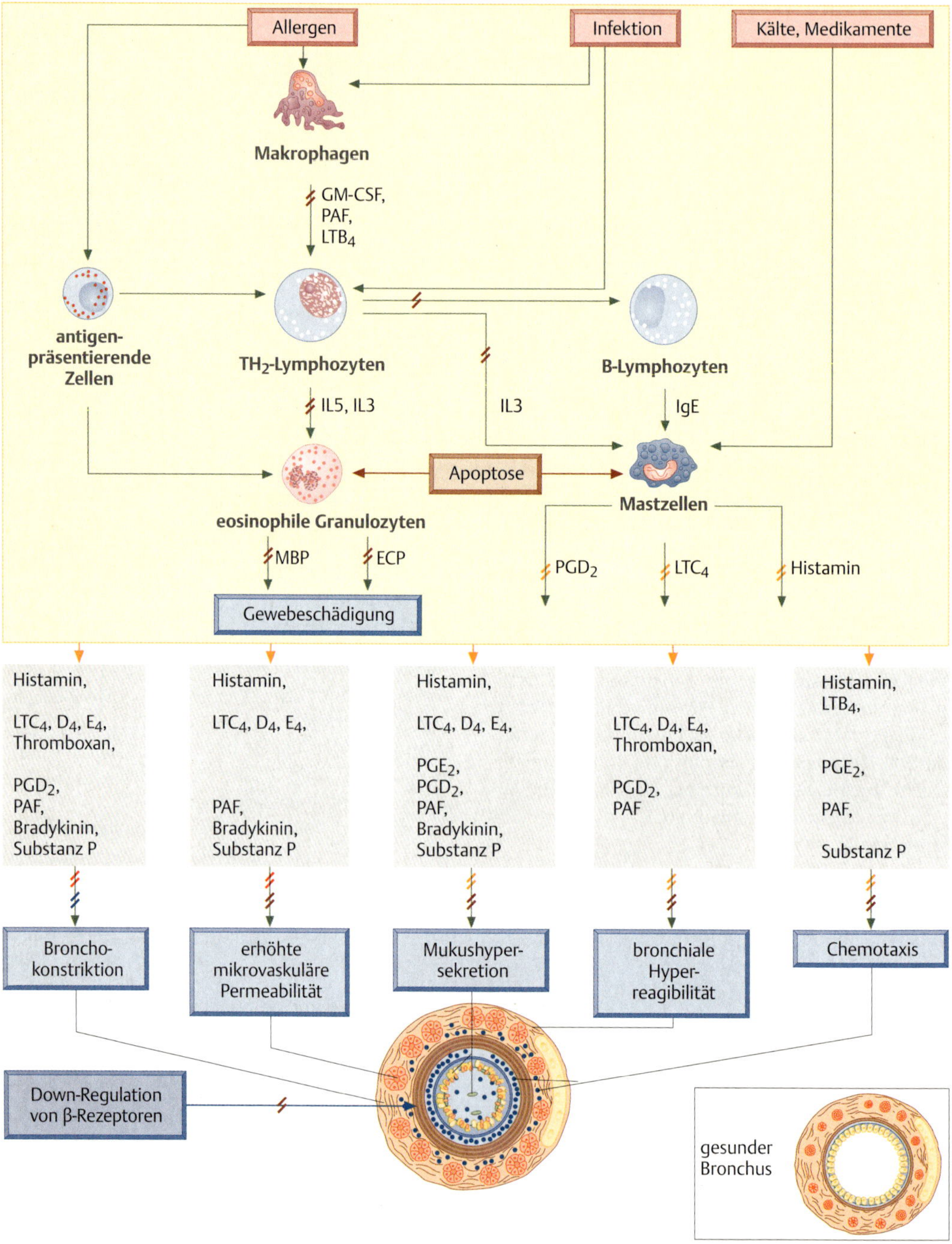

Allergen
Infektion
Kälte, Medikamente
Makrophagen
GM-CSF,
PAF,
LTB_4
antigen-
präsentierende
Zellen
TH_2-Lymphozyten
B-Lymphozyten
IL5, IL3
IL3
IgE
Apoptose
eosinophile Granulozyten
Mastzellen
MBP
ECP
Gewebeschädigung
PGD_2
LTC_4
Histamin
Histamin,
LTC_4, D_4, E_4,
Thromboxan,
PGD_2,
PAF,
Bradykinin,
Substanz P
Histamin,
LTC_4, D_4, E_4,
PAF,
Bradykinin,
Substanz P
Histamin,
LTC_4, D_4, E_4,
PGE_2,
PGD_2,
PAF,
Bradykinin,
Substanz P
LTC_4, D_4, E_4,
Thromboxan,
PGD_2,
PAF
Histamin,
LTB_4,
PGE_2,
PAF,
Substanz P
Broncho-
konstriktion
erhöhte
mikrovaskuläre
Permeabilität
Mukushyper-
sekretion
bronchiale
Hyper-
reagibilität
Chemotaxis
Down-Regulation
von β-Rezeptoren
gesunder
Bronchus

◀ **Abb. 21.5 Ansatzpunkte der Medikation bei Asthma bronchiale.**
→ aktiviert, setzt frei
ECP eosinophiles kationisches Protein
IgE Immunglobulin E
GM-CSF Granulozyten-Makrophagen-Kolonie-stimulierender Faktor
IL Interleukin
LT Leukotrien
MBP Major basic Protein
PAF plättchenaktivierender Faktor
PG Prostaglandin
TNF Tumornekrosefaktor

Medikamente
DNCG
Glukokortikoide
β_2-Sympathomimetika
Leukotrien-Rezeptor-Antagonisten

Diese Abbildung ist eine stark vereinfachte Übersicht der wichtigsten Pathomechanismen bei der Entstehung des Asthma bronchiale. Das Wissen über die Wirkung der einzelnen Zytokine und Mediatoren befindet sich derzeit noch in starkem Fluss. Die Darstellung soll daher in erster Linie die Komplexität der Zusammenhänge und den entzündlichen Charakter der Erkrankung verdeutlichen. Auf dieser Grundlage sind die wichtigsten Ansatzpunkte der einzelnen bei Asthma bronchiale eingesetzten Wirkstoffgruppen besser zu verstehen. Glukokortikoide greifen in fast allen Schritten der Entzündungsreaktion an, was ihr günstiges Wirkstoffprofil erklärt. Die Wirkung der Leukotrien-Rezeptor- Antagonisten konzentriert sich auf die Leukotriene, die an allen wichtigen pathogenetischen Schritten beteiligt sind. Ihre Wirkung ist weniger zuverlässig als die der Glukokortikoide.

Prinzip: die Bronchialmuskulatur erschlafft und die mukoziliäre Reinigungsfunktion wird verbessert
Dosierung: durch die geringe therapeutische Breite muss die Dosierung individuell angepasst und regelmäßig durch Serumspiegelbestimmungen (therapeutischer Bereich 8 – 20 mg/l) kontrolliert werden
Unerwünschte Wirkungen: u. a. Schlaflosigkeit, Übelkeit, Erbrechen, Tremor.

- **Glukokortikoide:** Prednison (z. B. Decortin, Rectodelt Suppositorien), Prednisolon (Decaprednil Tabletten, Solu-Decortin-H Injektionslösung)
  Prinzip: siehe inhalierbare Steroide
  Unerwünschte Wirkungen: u. a. Verminderung der Immunabwehr, Osteoporose, Störungen des Elektrolythaushalts, Magenulzera (s. S. 710).
- **Antileukotriene:** Montelukast (z. B. Singulair)
  Prinzip: Hemmung proinflammatorischer Mediatoren (→ rot in **Abb. 21.5**)
  Unerwünschte Wirkungen: nicht bekannt. Einsatz bei mittelgradig persistierenden Asthma bei Erwachsenen bzw. ab Schweregrad 2 bei Kindern und Jugendlichen.
- **Omalizumab (Xolair):** Rekombinanter Anti-IgE-Antikörper, der nach s. c.-Injektion das frei zirkulierende IgE neutralisiert. Hierdurch wird die allergische Früh- und Spätreaktion gehemmt. Der Einsatz ist bei schwerem allergischem Asthma zu überlegen, wenn die Erkrankung durch konventionelle Behandlung nicht kontrolliert werden kann.

Unerlässlich ist darüber hinaus in allen Fällen eine **Schulung des Patienten** über das Wesen der Erkrankung, die Vermeidung von Auslösern, Ziele der Behandlung, Wirkmechanismus und Handhabung der Medikamente, Peak-Flow-Protokoll sowie das Verhalten bei akuter Verschlimmerung.

Infektbedingte Exazerbationen werden nach den gleichen Prinzipien wie Exazerbationen anderer Genese gemäß dem Stufenschema behandelt (s. **Tab. 21.3**).

Nur bei Fieber, Lungeninfiltraten im Röntgenbild und purulentem Sputum müssen zusätzlich **Antibiotika** verabreicht werden. Häufigste bakterielle Erreger sind Streptococcus pneumoniae und Haemophilus influenzae; sie sind empfindlich auf Amoxicillin, orale Cephalosporine, Trimethoprim/Sulfamethoxazol und Makrolide. Eine begleitende chronische Sinusitis sollte konsequent saniert werden (topische nasale Steroide, ggf. Operation). Bei Kindern und jungen Erwachsenen mit Sensibilisierung gegenüber nicht mehr als zwei Allergenen und kurzer Krankheitsdauer kann eine **Immuntherapie** (Hyposensibilisierung) hilfreich sein.

Tab. 21.3 Therapie des Asthma bronchiale

Schweregrad	Symptome	FEV_1, % Sollwert bzw. Peak-Flow, % persönlicher Bestwert	Therapie
① intermittierend	Tag: ≤ 2 ×/Woche Nacht: ≤ 2 ×/Monat	≥ 80 % (im beschwerdefreien Intervall)	• Bedarfsweise kurz wirksames β_2-Sympathomimetikum (Anticholinergikum)
② persistierend leichtgradig	Tag: < 1 × täglich Nacht: > 2 – 4 ×/Monat	≥ 80 % (im beschwerdefreien Intervall)	• wie ① • zusätzlich inhalatives Glukokortikoid (niedrig dosiert) • alternativ: DNCG/Nedocromil
③ persistierend mittelgradig	Tag: täglich Nacht: > 1 × / Woche	> 60 bzw. < 80 % (auch außerhalb von Exazerbationen)	• wie ① • zusätzlich inhalatives Glukokortikoid (mittlere Dosis) • lang wirksames β_2-Sympathomimetikum • Theophyllin
④ persistierend schwergradig	Tag: ständig Nacht: häufig	≤ 60 (auch außerhalb von Exazerbationen)	• wie ③, jedoch • inhalatives Glukokortikoid (hohe Dosis) • orales Glukokortikoid

bei Schweregrad 2 und 3 ggf. Antileukotrien

Nach Empfehlungen zur Asthmatherapie, s. S. 434

Tab. 21.4 Tagesdosen inhalativer Glukokortikoide

Substanz	Stufe 2 (niedrig)	Stufe 3 (mittel)	Stufe 4 (hoch)
Beclometason-dipropionat (BDP) (Ventolair)	≤ 500 µg	≤ 1 000 µg	≤ 2 000 µg
Budesonid (Budecort)	≤ 400 µg	≤ 800 µg	≤ 1 600 µg
Ciclesonid (Alvesco)	≤ 80 µg	≤ 160 µg	≤ 320 µg
Fluticason (Flutide)	≤ 250 µg	≤ 500 µg	≤ 1 000 µg

Therapie des Status asthmaticus

> ! Der Status asthmaticus ist immer als schwerer Notfall anzusehen, der einer stationären Krankenhausbehandlung bedarf.

Für die Therapie kommen hoch dosierte inhalative kurz wirksame **β-Sympathomimetika** in Kombination mit **Anticholinergika** zur Anwendung. Bei Bedarf Wiederholung alle 10 Minuten.
Zusätzlich werden intravenös **Glukokortikoide** (z. B. 50 mg Prednisonäquivalent i. v. alle 6 – 8 Stunden), **β-Sympathomimetika** parenteral (z. B. Terbutalin 0,25 – 0,5 mg/6 h s. c. oder Salbutamol 25 mg auf 50 ml Nacl 0,9 %, 2 – 10 ml/h per infusionem) und **Theophyllin** verabreicht.
Die **O_2-Gabe** über Nasensonde oder Maske ist bei respiratorischer Partialinsuffizienz erforderlich. **Sedierung** (z. B. mit Morphinderivaten) ist nur unter intensivmedizinischen Bedingungen (Intubationsbereitschaft; Möglichkeit der bronchoskopischen Sekretabsaugung) vertretbar. **Beatmung** kommt bei respiratorischer Erschöpfung zum Einsatz. Der Patient wird sitzend transportiert.

Prognose und Komplikationen

Die Asthmamortalität (ca. 0,5 – 3 je 100 000 Einwohner/Jahr) hat sich trotz therapeutischer Fortschritte nicht verändert. Bei allergischem Asthma stellt sich gelegentlich eine spontane Besserung zwischen dem 14. und 20. Lebensjahr ein. Die Asthmasymptome treten jedoch zwischen dem 40. und 50. Lebensjahr häufig wieder auf. Bei nicht allergischem Asthma sind spontane Verbesserungen seltener. Optimale medikamentöse Therapie und Patientenschulung führen zu verbesserter Lebensqualität und Vermeidung von Komplikationen (z. B. Pneumothorax, Sekretatelektasen, ernsthafte Nebenwirkungen der Therapie).

21.5 Bronchiektasen

engl.: bronchiectasis

Definition. Hierbei handelt es sich um irreversible sackartige oder zylindrische Erweiterungen von subsegmentalen Bronchien oder Bronchiolen.

Ätiopathogenese

Angeborenen Bronchiektasen liegen Entwicklungsstörungen bei der Ausknospung des Bronchialbaumes zugrunde. Bei **erworbenen Bronchiektasen** gelten als Ursachen:

- frühkindliche Schädigungen (Fruchtwasser- und Fremdkörperaspiration)
- Infektionskrankheiten (virale und bakterielle Bronchopneumonien, Tbc)
- allergische bronchopulmonale Aspergillose
- Immunglobulinmangel
- α1-Antitrypsin-Mangel
- Ziliendysfunktion
- Mukoviszidose
- tracheoösophageale Fisteln
- Fremdkörperaspiration

Die gestörte mukoziliäre Clearance führt zu chronischer Entzündung mit Zerstörung von Schleimhaut und Bronchialwand. Folgen sind Aussackung der Bronchien (= Ektasie), Ansammlung von Bronchialsekret und Eiter in den erweiterten Atemwegen sowie fibrotische Umbauprozesse.

Klinik

Die Patienten berichten vor allem über chronischen Husten, Auswurf, evtl. Hämoptysen, Dyspnoe (bei ausgedehnten Bronchiektasen) und häufige Infektexazerbationen. Der Husten tritt vor allem morgens und nach Lagewechsel auf.

Diagnostik

Klinische Untersuchung. Grobblasige, inspiratorische Rasselgeräusche, Giemen; bei ausgedehnter Erkrankung Trommelschlegelfinger und Uhrglasnägel (s. S. 441). Bei Infektexazerbation häufig subfebrile Temperaturen.

Dreischicht-Sputum. Schaumig-serös-eitriger Bodensatz; in der Sputumkultur finden sich häufig Haemophilus influenzae, Streptococcus pneumoniae und Staphylococcus aureus, später zunehmend Enterobakterien und Pseudomonas ssp.

Lungenfunktion. Meist gemischte restriktiv-obstruktive Ventilationsstörung, unspezifische bronchiale Hyperreagibilität, respiratorische Insuffizienz.

Röntgenthoraxaufnahme. Vermehrte peribronchiale Streifenzeichnung („dirty chest"), zystische Hohlräume mit oder ohne Spiegelbildung.

HR-CT. Sicherste und zuverlässigste Methode zum Nachweis von Bronchiektasen. Typisch sind zystische Aufhellungen, Erweiterung der Bronchiallumina (Abb. 21.6).

Bronchoskopie. Erregerdiagnostik, Nachweis evtl. vorhandener Bronchusstenosen.

Differenzialdiagnosen. Chronische Bronchitis, Lungensequester und isolierte Lungenzysten. Beim seltenen Kartagener-Syndrom liegt eine generalisierte Ziliendyskinesie vor, die mit Bronchiektasen, rezidivierenden Sinusitiden, Infertilität und Situs inversus (Störung der Embryogenese) einhergeht. Bei Bronchiektasen im Kindes- und Jugendalter sollte an eine Mukoviszidose gedacht werden (s. S. 441).

Therapie

Die Therapie erfolgt **konservativ.** Die Physiotherapie dient der Sekretmobilisierung durch Drainagetechniken und Flutter-Ventil. Sie wird dauerhaft, also auch im beschwerdefreien Intervall, durchgeführt. Als medikamentöse Therapie kommen infrage:

- **Mukolytika**: Acetylcystein (Fluimucil); dauerhafter Einsatz nur bei subjektiver Wirksamkeit
- **Bronchodilatatoren:** inhalative β_2-Mimetika, Anticholinergika, Theophyllin (s. S. 430)
- **Antibiotika:** bei Exazerbationen und in schweren Fällen auch als Dauertherapie stets gemäß Antibiogramm; gegebenenfalls topische inhalative Therapie mit Gentamicin oder Tobramycin

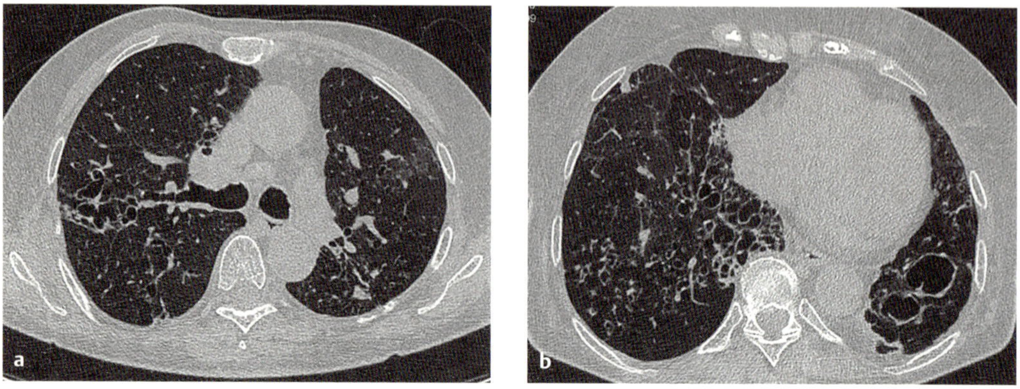

Abb. 21.6 **CT mit beidseitigen Bronchiektasen. a** Im rechten Oberlappen, **b** in beiden Unterlappen.

- regelmäßige **Influenza- und Pneumokokken-schutzimpfung**

Eine Segmentresektion bzw. Lobektomie ist nur bei einseitigen Befunden, die auf die konservative Therapie ungenügend ansprechen, oder bei bedrohlichen Hämoptysen indiziert.

Prognose und Komplikationen

Bei konsequenter physikalischer Therapie und nach Operation lokalisierter Prozesse ist eine gute Lebensqualität erreichbar. Mögliche Komplikationen sind Hämoptysen, respiratorische Insuffizienz, Cor pulmonale, Pilzpneumonie; selten tritt eine Amyloidose auf (s. S. 323).

21.6 Atemwegsstenosen

Definition. Lokalisierte Verengung der Trachea oder der großen Bronchien. Die Atemwegsstenose kann fixiert, d. h. unveränderlich bei Inspiration und Exspiration, oder variabel sein (überwiegend bei Inspiration = extrathorakale Stenose; überwiegend bei Exspiration = intrathorakale Stenose).

Ätiologie

Mögliche Ursachen sind Trachealstenosen (z. B. nach Langzeitbeatmung), Trachealtumoren, aspirierte Fremdkörper (v. a. bei Kindern), angioneurotisches Ödem, Säbelscheidentrachea (Kompression durch eine retrosternale Struma). Bei der Tracheobronchopathia osteochondroplastica handelt es sich um gutartige, submuköse Knoten im Bereich der Vorder- und Seitenwand von Trachea und Hauptbronchien, die Knorpel- und Knochengewebe enthalten und oft als Zufallsbefund bei einer Bronchoskopie entdeckt werden. Angeborene oder erworbene Wandschwächen können zur Instabilität von Trachea und Hauptbronchien und so zur Verengung führen.

Klinik

Die Patienten leiden unter inspiratorischem bzw. exspiratorischem Stridor und ggf. Belastungsdyspnoe. Außerdem treten rezidivierende Pneumonien („retrostenotische Pneumonie") auf. Bei Instabilität der großen Atemwege kommt es zu bellendem Husten, der besonders nach dem Hinlegen auftritt.

> **!** **Bei inspiratorischem oder exspiratorischem Stridor ist eine rasche bronchoskopische Abklärung erforderlich.**

Diagnostik

Bei der **Auskultation** ist ein stridoröses Atemgeräusch hörbar (oft schon auf Distanz).

Lungenfunktion. Typische Konfiguration der Flussvolumenkurve mit Plateaubildung bei der Inspiration (extrathorakale Stenose) oder bei der Exspiration (intrathorakale Stenose). Eine eingeschränkte Lungenfunktion in Ruhe tritt erst bei Trachealstenosen unterhalb 8 mm Durchmesser auf.

Röntgenthoraxaufnahme, CT. Lokalisation der Stenose sowie Ausschluss oder Nachweis von Tumoren.

Bronchoskopie. Obligat bei Verdacht auf Atemwegsstenose.

Differenzialdiagnose. Wichtigste Differenzialdiagnose ist das Asthma bronchiale, das zu einem exspiratorischen Stridor führt (s. S. 416). Außerdem kommen verschiedene, vor allem im Kindesalter auftretende Erkrankungen infrage (Krupp, Pseudokrupp). Auch eine bakterielle Laryngotracheitis ist mögliche Ursache ähnlicher Symptome.

Therapie

Die Therapie besteht bei Tumoren in Operation, endoskopischer Abtragung oder Laserbehandlung. Gutartige Trachealstenosen können endoskopisch (Laserspaltung, Bougierung, Stenteinlage) oder offen-chirurgisch (Trachealplastik, Resektion) behandelt werden. Bei Instabilität der Atemwege Versuch der „inneren Schienung“: PEP-Maske (**P**ositive **e**xpiratory **P**ressure), nCPAP (**n**asal **C**ontinuous **P**ositive **A**irway **P**ressure, s. S. 485), selten Stenteinlage.

Prognose und Komplikationen

Narbige Stenosen, benigne Tumoren und Instabilität der Atemwege haben eine gute Prognose. Retentionspneumonien oder starke Entzündungsreaktionen können jedoch zu lebensbedrohlichen Situationen führen.

21.7 Mukoviszidose

engl.: cystic fibrosis

Definition. Die Mukoviszidose (syn. zystische Fibrose) ist durch eine **Dysfunktion der exokrinen Drüsen** (Bronchus-, Pankreas-, Schweiß-, Speichel-, Ductus-deferens-Drüsen) gekennzeichnet.

Epidemiologie

Die zystische Fibrose ist die häufigste genetische Erkrankung der weißen Rasse. In Mitteleuropa kommt ein Erkrankungsfall auf 2 500 Geburten.

Pathophysiologie

Aufgrund eines autosomal-rezessiv vererbten **Defektes im CFTR-Gen** (**C**ystic **F**ibrosis **T**ransmembrane **C**onductance **R**egulator) kommt es zu einer **Fehlfunktion der Chloridionenkanäle.** In der Lunge führt der gestörte transepitheliale Transport von Natrium- und Chloridionen zur Verlegung der Atemwege mit zähem Sekret und konsekutiver Infektion (Staphylokokken, Pseudomonas). Die Folge sind Bronchitis, Bronchopneumonie, Bronchiektasen und zunehmende respiratorische Insuffizienz. Die Verlegung der Pankreasausführungsgänge hat eine Pankreasinsuffizienz zur Folge.

Klinik

Die Symptome sind im Säuglingsalter Mekoniumileus (später intestinales Obstruktionssyndrom), Gedeihstörungen (**Abb. 21.7**), Durchfälle, chronischer

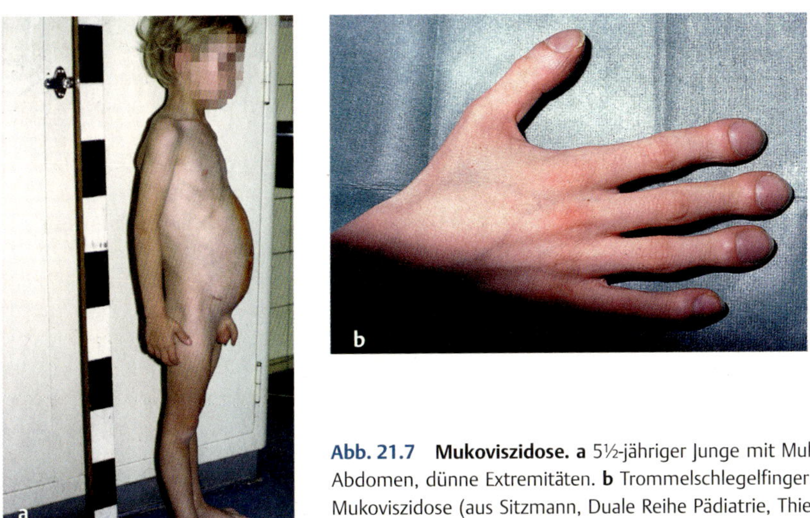

Abb. 21.7 Mukoviszidose. a 5½-jähriger Junge mit Mukoviszidose; großes Abdomen, dünne Extremitäten. **b** Trommelschlegelfinger und Uhrglasnägel bei Mukoviszidose (aus Sitzmann, Duale Reihe Pädiatrie, Thieme).

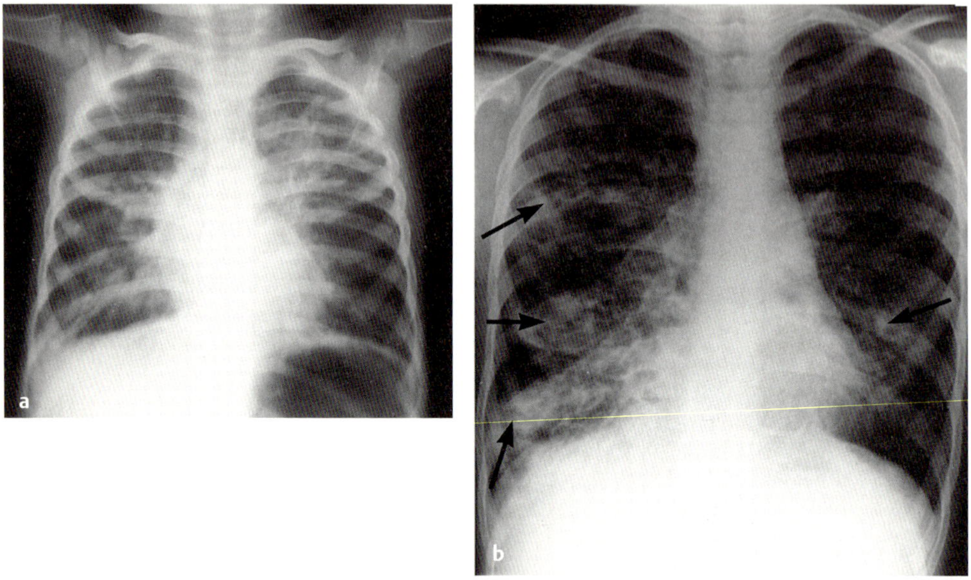

Abb. 21.8 **Röntgenthoraxbefunde bei Mukoviszidose.** **a** 2-jähriges Mädchen, beidseitige Bronchopneumonie durch RS-Viren. **b** 14-jähriges Mädchen, schwerste Pseudomonas-Pneumonie mit Abszessen (→) (aus Sitzmann, Duale Reihe Pädiatrie, Thieme).

Husten sowie rezidivierende bronchopulmonale Infekte mit purulentem Auswurf (Abb. 21.8), Dyspnoe und Gewichtsverlust (pulmonale Kachexie). Eine begleitende Polyposis nasi und Sinusitis sind häufig. Mehr als 90 % der männlichen Patienten sind aufgrund einer Azoospermie unfruchtbar.

Diagnostik

Die Diagnostik umfasst folgende Maßnahmen:

- typische Anamnese (→ Symptomatik)
- Schweißtest (Pilocarpin-Iontophorese): Chloridkonzentration > 60 mval/l
- bei unauffälligem Schweißtest und klinischem Verdacht: Genanalyse
- Messung der Pankreas-Elastase im Stuhl
- transepitheliale Potenzialdifferenz am respiratorischen Epithel der Nase (pathologisch: 60 – 100 mV).

Therapie

Ziele der Therapie sind die Elimination des zähen Sekrets, die Behandlung von Infektionen, Substitution der Pankreasinsuffizienz und der Ausgleich der Mangelernährung. Bezüglich der pulmonalen Manifestation sind folgende Maßnahmen wichtig:

- **Physiotherapie:** Drainagetechniken, PEP-Maske, Flutter-Ventil, Muskeltraining
- **Antibiotika:** Bei Nachweis von Haemophilus influenzae und Staphylococcus aureus gezielte orale Therapie gemäß Antibiogramm über 3 – 4 Wochen. Bei Nachweis von Pseudomonas aeruginosa und Infektexazerbation ist eine intravenöse Kombinationstherapie aus zwei wirksamen Antibiotika gemäß Antibiogramm für 2 bis 3 Wochen indiziert, anschließend erfolgt eine inhalative Therapie mit Aminoglykosiden (Tobramycin, Gentamicin, Colistin).
- **Mukolytika:** N-Acetylcystein bis zu 3 × 600 mg p. o. (bei subjektiv empfundener Wirksamkeit)
- **rhDNAse** inhalativ (aus Kostengründen nur bei schwerer, chronischer Infektion)
- **β_2-Sympathomimetika** (z. B. Salbutamol, Fenoterol): Bronchodilatation, Verbesserung der mukoziliären Clearance
- **inhalatives Kortikoid** bei Überempfindlichkeit der Atemwege oder persistierender Atemwegsobstruktion
- **Impfungen:** Influenza, Pneumokokken, Kinderkrankheiten.

Die **Ernährung** sollte hochkalorisch und fettreich sein (Pankreasenzymsubstitution), eventuell zusätzlich Sondenkost. Außerdem zusätzliche Gabe der fettlöslichen Vitamine A, D, E, K.
Die **bilaterale Lungentransplantation** ist bei einer voraussichtlichen Lebenserwartung von < 2 Jahren indiziert.

Prognose und Komplikationen

Durch die verbesserte Therapie hat sich die Prognose entscheidend verbessert. Die mittlere Überlebenszeit beträgt gegenwärtig 30–35 Jahre; bei jetzt geborenen Kindern wird mit einer Lebenserwartung von > 40 Jahren gerechnet. Nach bilateraler Lungentransplantation beträgt die 5-Jahres-Überlebensrate 60%. Zu den **pulmonalen Komplikationen** zählen:

- respiratorische Insuffizienz (Sauerstofflangzeittherapie, intermittierende Selbstbeatmung)
- Hämoptysen (ggf. Segmentresektion, Bronchialarterienembolisation)
- Pneumothorax (Drainagebehandlung, s. S. 490)
- allergische bronchopulmonale Aspergillose (Steroide, s. S. 456)
- Aspergillome und invasive Aspergillose (antimykotische Therapie, s. S. 456)

Weiterführende Informationen

http://www.uni-duesseldorf.de/AWMF
http://www.asthma.versorgungsleitlinien.de/
http://www.cfww.org

22 Lunge

Helgo Magnussen, Georg Kanzow

22.1 Infektionskrankheiten der Lunge

22.1.1 Pneumonie

engl.: pneumonia

Definition. Akut verlaufende Entzündung des Lungenparenchyms, die durch Infektionserreger ausgelöst wird. Abzugrenzen sind aus historischen Gründen die Tuberkulose sowie Lungenschädigungen durch physikalische Einwirkungen (z. B. Bestrahlung) oder Einatmung von Reizgasen (vgl. S. 469).

Epidemiologie

Die Pneumonie ist die häufigste zum Tode führende Infektionserkrankung und die fünfthäufigste Todesursache insgesamt. Für Deutschland rechnet man mit 800 000 Erkrankungen pro Jahr. Die Letalität beträgt im ambulanten Bereich 1 %, bei hospitalisierten Patienten bis zu 20 %.

Klinische Einteilung

Für die Einschätzung des Erregerspektrums, diagnostische Erwägungen, die weitergehende Therapie und den Verlauf werden die Pneumonien eingeteilt nach der Situation, in der sie erworben wurden:

- ambulant erworbene Pneumonie (CAP = Community Acquired Pneumonia)
- nosokomiale Pneumonie (Beginn frühestens 72 h nach Krankenhausaufnahme)
- Pneumonie bei schwerer Grundkrankheit (Nieren-, Leber-, Herzinsuffizienz, Diabetes mellitus)
- Pneumonie bei Aspiration (Alkoholismus, ZNS- oder Ösophaguserkrankungen)
- Pneumonie bei definierten Immunstörungen (Z. n. Transplantation, HIV-Infektion).

Pathologisch-anatomische Einteilung

Traditionell wird zwischen der **typischen,** meist durch Bakterien wie Pneumokokken oder Staphylokokken ausgelösten und der **atypischen,** meist durch Viren, Pilze oder obligat intrazelluläre Bakterien ausgelösten **Pneumonie** unterschieden.

Je nach Ausdehnung werden die lobäre (Lappen-) Pneumonie, die lobuläre (Herd-)Pneumonie, die sich aus einer absteigenden Bronchitis entwickelt (Bronchopneumonie), und die interstitielle Pneumonie unterschieden.

Die klassische **Lobärpneumonie** verläuft typischerweise in 4 Stadien:

- Anschoppung (1. Tag)
- rote Hepatisation (2./3. Tag)
- graugelbe Hepatisation (4. – 8. Tag)
- Lyse (ab dem 8. Tag)

Häufigste Form der **lobulären Pneumonie** ist die Bronchopneumonie. Anfangs treten einzelne pneumonische Infiltrate auf, diese können im weiteren Verlauf konfluieren.

Die akute atypische, **interstitielle Pneumonie** betrifft diffus das Bindegewebe der Lunge.

Ätiologie

Eine Pneumonie kann durch zahlreiche Erreger ausgelöst werden:

- **Bakterien:** *Streptococcus pneumoniae*, Staphylokokken, *Haemophilus influenzae*, Klebsiella-Spezies, Proteus-Spezies, *Branhamella catarrhalis*, Mykoplasmen, Chlamydophila, *Legionella pneumophila*, *Pseudomonas aeruginosa*
- **Viren:** RS-Virus, Paramyxo-, Picorna-, Adeno- und Herpesviren, Zytomegalievirus
- **Pilze:** Candida-, Aspergillusarten, Pneumocystis jiroveci, v. a. bei immunsupprimierten Patienten
- **Protozoen:** z. B. Cryptosporidium, Toxoplasma gondii
- **Parasiten:** z. B. Ascaris lumbricoides, Ancylostoma-Arten, Trichinen.

Klinik

Die einzelnen Pneumoniearten unterscheiden sich in der Ausprägung verschiedener Symptome. Zur differenzialdiagnostischen Abgrenzung zwischen den typischen Lobärpneumonien und den atypischen Pneumonien hat sich das in Tab. 22.1 dargestellte Schema bewährt.

Tab. 22.1 Klinische Differenzialdiagnose zwischen typischen und atypischen Pneumonien

Symptome und Befunde	typische Pneumonie	atypische Pneumonie
Beginn	perakut	langsam
Kopfschmerzen	+	++
Schüttelfrost	+++	+
Husten	+++	+
Sputum	+++	+
Fieber	> 39 °C	< 39 °C
Tachypnoe	+++	+
Tachykardie	+++	+
pathologischer Auskultationsbefund	+++	–
Leukozytose, CRP-Erhöhung	+++	+
Röntgenthorax	segmental oder lobär	diffus, interstitiell
Pleurabeteiligung	+++	+

F

Diagnostik

Anamnese. s. Tab. 22.1.

Klinische Untersuchung. Dyspnoe, Tachypnoe, Tachykardie. Nachweis einer pulmonalen Infiltration: Klopfschalldämpfung, inspiratorische Rasselgeräusche, Bronchialatmen.

Labordiagnostik. Blutbild, CRP oder Procalcitonin. Bei schwerem Verlauf umfangreichere Laboruntersuchungen einschließlich Blutgasanalyse.

Röntgenthoraxaufnahme in zwei Ebenen. Befund hängt von der Art der Pneumonie ab (**Abb. 22.1**, **Abb. 22.2**).

Erregernachweis. Da ein Erregernachweis nur in maximal 70 % gelingt (unzureichendes Sputummaterial, zu späte Verarbeitung im Labor), kann im ambulanten Bereich angesichts der guten Wirksamkeit der empirischen Therapie in der Regel auf eine mikrobiologische Diagnostik verzichtet werden. Ausnahme: schwere Grunderkrankung, Nichtansprechen der initialen Therapie binnen 72 Stunden, wiederholte antibiotische Vorbehandlungen. Im Krankenhaus sollte stets eine mikrobiologische Diagnostik angestrebt werden (Materialgewinnung möglichst vor Einleitung einer antibiotischen Therapie). Der Nachweis einer infektiösen Genese durch mikroskopischen oder kulturellen Erregernachweis erfolgt aus Sputum oder aus bronchoskopisch entnommenem Material (geschützte Bürste, bronchoalveoläre Lavage), seltener durch Erregernachweis im Lungengewebe (transbronchiale oder chirurgische Lungenbiopsie), aus der Pleuraflüssigkeit oder aus venösen Blutkulturen.

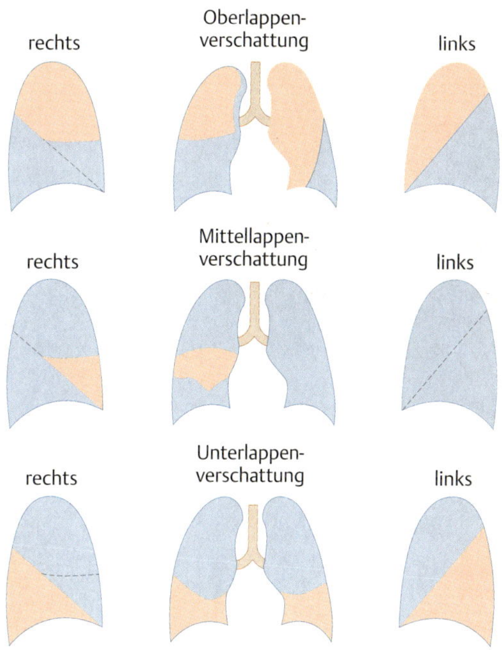

Abb. 22.1 Verschattungen bei Lobärpneumonie.

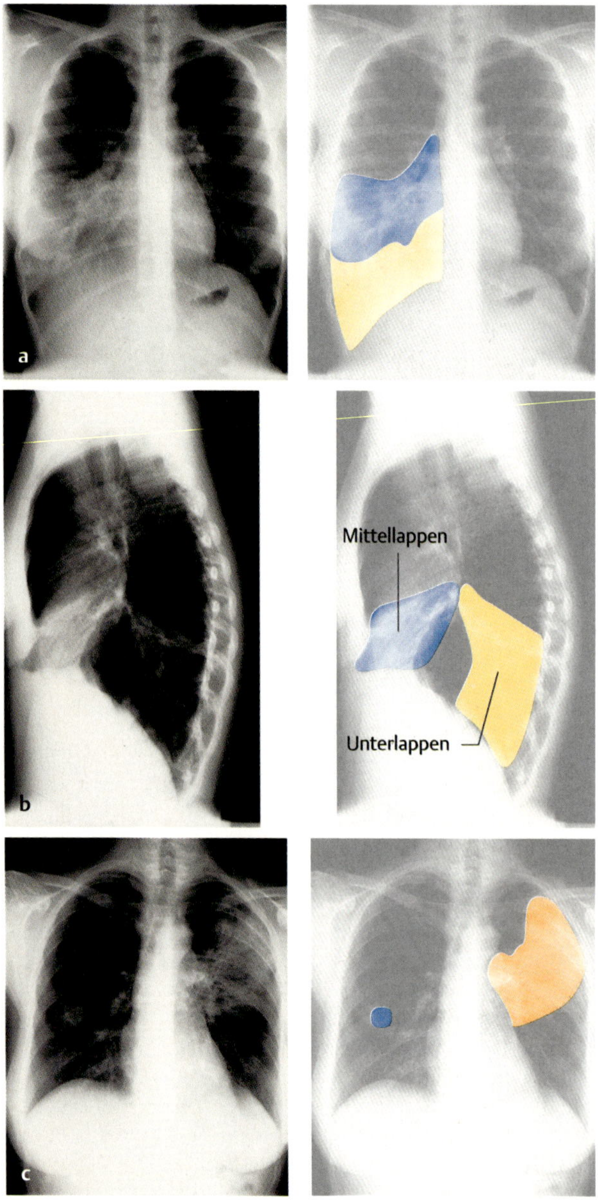

Abb. 22.2 Röntgenaufnahmen bei Pneumonie. a Die a. p.-Aufnahme zeigt eine Verschattung rechts. **b** In der dazugehörigen seitlichen Aufnahme ist zu erkennen, dass Unter- und Mittellappen betroffen sind. **c** In diesem Röntgenbild finden sich pneumonische Infiltrate im linken Oberlappen und im rechten Mittelfeld.

Spezielle Labordiagnostik. Bei verschiedenen bakteriellen Pneumonieformen (Legionellen, Mykoplasmen, Chlamydophila) sind etwa 2 – 3 Wochen nach Infektion erregerspezifische IgG-, IgM- und IgA-Antikörper im Serum nachweisbar. Ihre Bestimmung ist in der Routinediagnostik wegen zu spätem Eingang der Ergebnisse und mangelnder Spezifität nicht erforderlich. Bei Verdacht auf Legionelleninfektion wird der Antigennachweis aus Urin empfohlen. Bei Verdacht auf eine Infektion mit Mykoplasmen oder Chlamydophila ist die erregerspezifische PCR aus Rachenabstrichen die Methode der Wahl. Eine routinemäßige Labordiagnostik respiratorischer Viren (Antigennachweis aus Nasen-Rachenabstrichen) wird, abgesehen von Epidemiesituationen, nicht empfohlen.

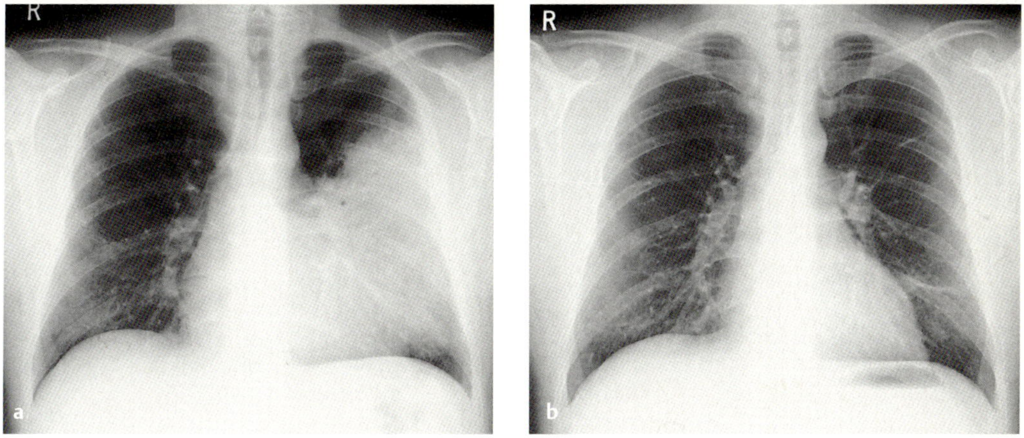

Abb. 22.3 **Klebsiellenpneumonie. a** Infiltrat des rechten Mittel- und Unterfeldes. Da der Herzrand nicht erkennbar ist, liegt die Verschattung ventral und ist der Lingula zuzuordnen, **b** nach 4 Wochen Rückbildung des Infiltrats, als Residuen bestehen noch kleinere pleurale Adhärenzen.

Differenzialdiagnose. Differenzialdiagnostisch sollte bei verzögert abheilender Pneumonie an ein zentrales Bronchialkarzinom oder einen aspirierten Fremdkörper (poststenotische Pneumonie), bei fehlendem Ansprechen auf die antibiotische Therapie an eine exogen-allergische Alveolitis, eine Bronchiolitis obliterans mit organisierender Pneumonie, eine Lungenbeteiligung bei Kollagenose, eine Tuberkulose, eine chronische eosinophile Pneumonie oder ein bronchioloalveoläres Karzinom gedacht werden.

Therapie

Die antibiotische Therapie der Pneumonie muss **so früh wie möglich** begonnen werden, das Ergebnis einer Erregerdiagnostik darf nicht abgewartet werden. Die Entscheidung, ob eine ambulante Therapie vertretbar oder eine stationäre Einweisung erforderlich ist, hängt von dem Schweregrad der Pneumonie ab. Dieser kann anhand des CRB-65-Index (C = confusion, R = respiratory rate, B = blood pressure, 65 = Alter > 65 Jahre) abgeschätzt werden. Ist mindestens eins der genannten Kriterien, d. h. Bewusstseinstrübung, Atemfrequenz > 30/min, diastolischer Blutdruck < 60 mmHg, systolischer Blutdruck < 90 mmHg, Alter > 65 Jahre, erfüllt, sollte eine stationäre Therapie erwogen werden.

Die **Auswahl des Antibiotikums** richtet sich nach dem zu erwartenden Erregerspektrum und dem Ort der Therapie (ambulant/stationär). Bei **ambulant zu behandelnden Patienten ohne Risikofaktoren** sind die häufigsten Erreger Streptococcus pneumoniae, Mycoplasma pneumoniae, Chlamydophila pneumoniae und respiratorische Viren (Therapieempfehlungen s. Tab. 22.2).

Liegen bestimmte **Risikofaktoren** vor (vorausgegangene Krankenhausbehandlung, Vorbehandlung mit Antibiotika, chronische internistische oder neurologische Begleiterkrankungen, Alter > 60 – 70 Jahre), umfasst das Erregerspektrum zusätzlich Enterobacteriaceae, Haemophilus influenzae, Staphylococcus aureus, Legionellen und Anaerobier. Die Therapieempfehlung für diese Patientengruppe findet sich in Tab. 22.3.

Ist aufgrund der Schwere der Erkrankung eine **stationäre Behandlung** erforderlich, richtet sich die Auswahl der Antibiotika nach der Schwere der Erkrankung und danach, ob ein Risiko für eine Infektion mit **Pseudomonas aeruginosa** besteht. Risikofaktoren hierfür sind chronische Atemwegserkrankungen, Krankenhausbehandlung in den letzten 30 Tagen, Dauertherapie mit Glukokortikoiden, Aspiration, Therapie mit einem Breitspektrum-Antibiotikum im letzten Monat und Malnutrition (Tab. 22.4, Tab. 22.5, Tab. 22.6).

Bei **neutropenischen Patienten** finden sich grampositive und gramnegative Bakterien oder Pilze (Aspergillus-Arten, s. S. 456). Bei Patienten mit T-Zell-Defekten (z. B. AIDS) finden sich primär Mykobakterien und Pilze (Candida, Cryptococcus, Pneumocystis), Viren (Herpes, CMV), Protozoen (Cryptosporidium, Toxoplasma) und Helmintheninfektionen.

Tab. 22.2 Therapieempfehlung für ambulante Patienten mit CAP ohne Risikofaktoren

Substanzen	Dosierung pro Tag	Therapiedauer
Mittel der Wahl:		
Aminopenicillin		
• Amoxicillin	≥ 70 kg: 3 × 1 g oral < 70 kg: 2 × 0,75 g oral	5 – 7 Tage
Alternativen:		
Makrolid		
• Azithromycin	1 × 500 mg oral	3 Tage
• Clarithromycin	2 × 500 mg oral	5 – 7 Tage
• Roxithromycin	1 × 300 mg oral	5 – 7 Tage
oder Tetracyclin		
• Doxycyclin	1 × 200 mg oral initial ≥ 70 kg: 1 x 200 mg < 70 kg: 1 x 100 mg	5 – 7 Tage

Tab. 22.3 Therapieempfehlung für ambulante Patienten mit CAP mit Risikofaktoren

Substanzen	Dosierung pro Tag	Therapiedauer
Betalaktam-Antibiotikum		
• Amoxicillin/Clavulansäure	2 × 875/125 mg oral	5 – 7 Tage
• Sultamicillin	2 × 0,75 g oral	5 – 7 Tage
Alternative		
Fluorchinolon		
• Levofloxacin	1 × 500 mg oral	5 – 7 Tage
• Moxifloxacin	1 × 400 mg oral	5 – 7 Tage

! Bei den genannten Konstellationen sollte stets eine Erregerdiagnostik angestrebt werden.

Die **supportive Therapie** erfolgt durch Sauerstoffgabe bei PaO_2 < 60 mmHg, eine ausreichende Hydratation, Analgetikagabe bei Pleuraschmerzen, Bronchodilatatoren bei obstruktiver Ventilationsstörung und ggf. eine Thromboseprophylaxe.

Komplikationen und Residualzustände

Eine schwere Pneumonie kann zu einem **septischen Schock** und zu einer hochgradigen **respiratorischen Insuffizienz** führen, die eine intensivmedizinische Betreuung und ggf. eine maschinelle Beatmung erforderlich machen. Vor allem bei Staphylokokken- und Anaerobierinfektion kann es zu einer **Abszedierung im Bereich der Lunge** kommen. Im Röntgenbild finden sich dann Einschmelzungsherde und Flüssigkeitsspiegel. Obwohl in der Regel durch konservative Therapie eine Abheilung erreichbar ist, muss unter Umständen eine Drainagebehandlung oder eine Resektion der Herde erwogen werden.

Gelegentlich bildet sich begleitend ein metapneumonisches **Pleuraempyem** aus, das durch septische Temperaturen und Leukozytose gekennzeichnet ist (s. S. 487). Drainagebehandlung oder chirurgische Intervention sind dann erforderlich.

Bei Auftreten eines metapneumonischen **Pleuraergusses** ist eine Drainagebehandlung dann indiziert, wenn das Pleurapunktat eines der folgenden Charakteristika aufweist: Nachweis von Bakterien in der Gramfärbung, Glukose < 40 mg/dl, pH < 7,2 (s. S. 488). Kommt es unter der Drainagetherapie

Tab. 22.4 Therapieempfehlung für die kalkulierte Therapie bei hospitalisierten CAP-Patienten auf Normalstation

Substanzen	Dosierung pro Tag	Gesamttherapiedauer
Betalaktam-Antibiotikum		
• Amoxicillin/Clavulansäure	3 × 2,2 g i. v.	5 – 7 Tage
• Ampicillin/Sulbactam	3 × 3,0 g i. v.	5 – 7 Tage
• Cefuroxim	3 × 1,5 g i. v.	5 – 7 Tage
• Ceftriaxon	1 × 2,0 g i. v.	5 – 7 Tage
• Cefotaxim	3 × 2,0 g i. v.	5 – 7 Tage
(mit oder ohne Makrolid)		5 – 7 Tage
oder Fluorchinolon		
• Levofloxacin	1 × 500 mg i. v.	5 – 7 Tage
• Moxifloxacin	1 × 400 mg i. v.	5 – 7 Tage
oder Carbapenem (bei ausgewählten Patienten)		
• Ertapenem	1 × 1,0 g i. v.	5 – 7 Tage
(mit oder ohne Makrolid)		5 – 7 Tage

Tab. 22.5 Therapieempfehlung für die kalkulierte Therapie bei hospitalisierten CAP-Patienten mit schwerer ambulant erworbener Pneumonie (sCAP) ohne Indikation für eine gegen Pseudomonas aeruginosa wirksame empirische Therapie

Substanzen	Dosierung pro Tag	Gesamttherapiedauer
Mittel der Wahl: Betalaktam-Antibiotikum		
• Piperacillin/Tazobactam	3 × 4,5 g i. v.	8 – 10 Tage
• Ceftriaxon	1 × 2,0 g i. v.	8 – 10 Tage
• Cefotaxim	3 × 2,0 g i. v.	8 – 10 Tage
• Ertapenem	1 × 1,0 g i. v.	8 – 10 Tage
plus Makrolid		8 – 10 Tage
Alternativ: Fluorchinolon		
• Levofloxacin	2 × 500 mg i. v.	8 – 10 Tage
• Moxifloxacin	1 × 400 mg i. v.	8 – 10 Tage

nicht zu einer ausreichenden Mobilisation von Ergussflüssigkeit, sollte frühzeitig eine intrapleurale Fibrinolyse mit Streptomycin oder Urokinase über maximal zehn Tage erfolgen. Bei fehlendem Therapieerfolg muss eine chirurgische Intervention (Thorakoskopie, Pleurektomie und Dekortikation) erwogen werden.

Bei chronischem Verlauf einer Pneumonie kann es zur **Schrumpfung und Fibrose** des Lungengewebes kommen.

Pneumokokkenpneumonie

Streptococcus pneumoniae ist der häufigste Erreger von Pneumonien. Der Keim findet sich bei 50 % der Gesunden in der Mundhöhle. Bei Stress oder starker

Tab. 22.6 Therapieempfehlung für die kalkulierte Therapie bei hospitalisierten CAP-Patienten mit schwerer ambulant erworbener Pneumonie (sCAP) mit Indikation für eine gegen Pseudomonas aeruginosa wirksame empirische Therapie

Substanzen	Dosierung pro Tag	Gesamttherapiedauer
pseudomonasaktive Betalaktam-Antibiotika		
• Piperacillin/Tazobactam	3 × 4,5 g i. v.	8 – 15 Tage
• Cefepim	3 × 2,0 g i. v.	8 – 15 Tage
• Imipenem	3 × 1,0 g i. v.	8 – 15 Tage
• Meropenem	3 × 1,0 g i. v.	8 – 15 Tage
plus Fluorchinolon		
• Levofloxacin	2 × 500 mg i. v.	
• Ciprofloxacin	3 × 400 mg i. v.	
Oder **plus Aminoglykosid oder Makrolid**		
Amikacin	15 mg/kg KG i. v.	3 Tage
Gentamicin	5 – 7 mg/kg KG i. v.	3 Tage
Tobramycin	5 – 7 mg/kg KG i. v.	3 Tage

Unterkühlung kann es durch Verschlechterung der natürlichen Abwehrlage zu einer (meist endogenen) Infektion kommen. Prädisponiert für eine Pneumokokkenpneumonie sind vor allem Patienten mit chronischen Herz- und Lungenerkrankungen, nephrotischem Syndrom, Malignom oder nach Splenektomie. Klinisch findet sich das Bild der typischen Pneumonie (s. **Tab. 22.1**). In 30% der Fälle ist die Blutkultur positiv. Pneumokokken-Antigen kann im Urin mit einem Schnelltest nachgewiesen werden; wegen unzureichender Sensitivität (50–80%) und Spezifität (90%) wird diese Untersuchung jedoch nicht als Routinediagnostik empfohlen. Die klinische Symptomatik bessert sich bei wirksamer Therapie, z. B. mit einem Aminopenicillin und einem Beta-Lactamase-Inhibitor, meist bereits innerhalb von 2 Tagen. Bei Personen mit erhöhtem Risiko für eine Pneumokokkeninfektion wird die aktive Immunisierung empfohlen.

Legionellenpneumonie

Etwa 5% aller ambulant erworbenen Pneumonien in Deutschland sind durch Legionellen bedingt. Vor allem **Legionella pneumophila** Serogruppe 1 ist für Pneumonien verantwortlich.

Legionellen können durch **infizierte Aerosole** aus Klimaanlagen, Duschen und Bädern übertragen werden. Gefährdet sind vor allem ältere Menschen, Diabetiker und Patienten mit Abwehrschwäche. Nach 2- bis 10-tägiger Inkubationszeit kommt es bei weniger als 10% der Infizierten zur Pneumonie. Typisch sind Prodromi (Kopfschmerzen, Myalgien), hohes Fieber, Schüttelfrost, pleuritische Schmerzen, Lethargie und Blutbeimengungen im Sputum.

Das Röntgenbild kann sowohl eine lobäre Verschattung als auch eine disseminierte alveoläre Infiltration und kleine Pleuraergüsse zeigen. Die Diagnose kann am schnellsten durch Antigennachweis im Urin mithilfe eines immunchromatografischen Schnelltests gestellt werden.

Die Therapie erfolgt mit Makrolidantibiotika oder Fluorchinolonen. Die Therapiedauer beträgt je nach Schweregrad 2 bis 3 Wochen. Bei korrekter, frühzeitig eingeleiteter Therapie beträgt die Mortalität ca. 10%. Bei zu später oder inkorrekter Therapie und begleitender Immuninkompetenz versterben bis zu 80% der Patienten.

Eine milde Verlaufsform der Legionellose ist das **Pontiac-Fieber**, das mit grippeähnlichen Symptomen einhergeht und eine gute Prognose hat.

> **!** **Labormeldung an das Gesundheitsamt bei Nachweis einer akuten Infektion!**

Mykoplasmenpneumonie

Bis zu 10% der stationär behandelten, ambulant erworbenen Pneumonien sind durch Mykoplasmen verursacht. Bei Kindern unter 15 Jahren ist **Mycoplasma pneumoniae** für 50% der Pneumonien verantwortlich. Die Infektion erfolgt durch Inhalation, die Inkubationszeit beträgt 14 - 21 Tage. Leitsymptome sind Fieber, Kopfschmerzen und unproduktiver Husten (s. **Tab. 22.1**). In seltenen Fällen entwickelt sich ein akutes Atemnotsyndrom (ARDS, s. S. 1152). Als extrapulmonale Manifestationenen können autoimmunhämolytische Anämie, Thrombopenie, Verbrauchskoagulopathie sowie kardiale und neurologische Beteiligung auftreten. Die PCR aus Rachenabstrichen erlaubt eine schnelle Diagnose. Zu berücksichtigen ist, dass Mycoplasma pneumoniae den Respirationstrakt besiedeln kann, ohne eine Erkrankung hervorzurufen. Die Therapie erfolgt mit Makroliden oder Doxycyclin und verkürzt die Symptomatik, nicht jedoch die Geschwindigkeit der Eradikation des Erregers aus dem Respirationstrakt.

Chlamydienpneumonie

Chlamydophila pneumoniae (Übertragung von Mensch zu Mensch, 5 - 15% der stationär behandelten, ambulant erworbenen Pneumonien) und **Chlamydophila psittaci** (Übertragung durch Papageienvögel und andere Vogelarten, syn. Psittakose, **Ornithose**) führen durch Tröpfcheninfektion nach einer Inkubationszeit von 1 bis 4 Wochen zu einer klinischen Symptomatik (s. **Tab. 22.1**). Im Vordergrund stehen der hartnäckige, meist trockene Husten, Fieber und Myalgien. Das Röntgenbild kann lobäre, noduläre, miliare oder diffuse Verschattungen zeigen. Unbehandelt ist die Erkrankung oft langwierig (Dauer bis zu 3 Monaten). Derzeit gibt es keine ausreichend validierte Labormethode für die Frühdiagnostik. Antikörpernachweise aus dem Serum sind in erster Linie für die retrospektive Bestätigung der Diagnose geeignet. Die Therapie wird mit neueren Makroliden oder Tetracyclinen über 14 - 21 Tage durchgeführt.

22.1.2 Tuberkulose

engl.: tuberculosis

→ vgl. S. 1003 ff.

Definition. Die Tuberkulose entsteht nach Infektion eines Organs oder mehrerer Organsysteme mit *Mycobacterium tuberculosis, bovis* oder *africanum*. Die Erkrankung nach Infektion mit anderen Mykobakterien (z. B. *Mycobacterium avium* oder *kansasii*) wird als nicht tuberkulöse (früher: atypische) Mykobakteriose bezeichnet (s. S. 454).

- **pulmonale Tuberkulose** = Tuberkulose der Lunge
- **extrapulmonale Tuberkulose** = Tuberkuloseerkrankung eines anderen Organsystems
- **offene Tuberkulose** = Tuberkulose mit Erregernachweis im Sputum oder Bronchialsekret
- **geschlossene Tuberkulose** = Tuberkulose ohne Erregernachweis (z. B. klinisch oder histologisch bewiesen)
- **latente Tuberkulose** = klinisch stumme Persistenz von jederzeit reaktivierbaren Erregern.

Epidemiologie

Ungleiche Meldesysteme für Infektionskrankheiten in verschiedenen Teilen der Welt erschweren den statistischen Vergleich über die Inzidenz der Tuberkulose. Weltweit werden jährlich 9 Mio. Neuerkrankungen und 2 Mio. Todesfälle gemeldet.

Jährliche Inzidenz (pro 100 000 Einwohner) in Deutschland: 6 (2007); an Tuberkulose gestorben sind im Jahr 2007 2% der Erkrankten; die Zahl der Neuerkrankungen bei der einheimischen Bevölkerung nimmt ab, während die Neuerkrankungsrate bei Ausländern zunimmt.

In Deutschland regelt das Infektionsschutzgesetz die Meldepflicht. Danach müssen behandlungsbedürftige Erkrankung und Tod an Tuberkulose gemeldet werden, auch wenn ein bakteriologischer Nachweis nicht vorliegt. Der Verdacht der Tuberkuloseerkrankung ist nicht meldepflichtig.

Ätiopathogenese

Die Übertragung erfolgt **aerogen** (Husten, Sprechen, Niesen). Für den Infektionsvorgang hat der „Tröpfchenkern" (sog. **„droplet nucleus"**) eine zentrale Bedeutung: er enthält zentral in einer H_2O-Hülle 1 - 10 Bakterien, sein Durchmesser beträgt 1 - 5 µm. Deshalb verfügt er über ausgeprägte Schwebefähigkeit in der Luft für bis zu 24 Stunden.

> **Ansteckend ist fast ausschließlich die Lungentuberkulose, andere Organtuberkulosen haben aufgrund des fehlenden Tröpfchenkerns wenig Infektionsrisiko.**

Weiterhin sind folgende Punkte zu beachten:

- Ansteckungsfähigkeit besteht im Allgemeinen bei mehr als 5 000 Bakterien/ml Sputum.
- Im Durchschnitt steckt ein unbehandelter Patient mit offener Tuberkulose innerhalb eines Jahres 10 Menschen an.
- 10% aller Infizierten erkranken manifest, davon die Hälfte im ersten postinfektiösen Jahr. 90% der Infizierten entwickeln lediglich eine positive Tuberkulin-Reaktion. Das Erkrankungsrisiko ist abhängig von der individuellen Resistenzlage, die sowohl genetisch determiniert als auch erworben ist.
- Säuglinge, Kleinkinder, ältere Menschen und Patienten mit Diabetes mellitus, Untergewicht, dialysepflichtiger Niereninsuffizienz, immunsuppressiver Therapie, Erkrankung mit malignen Tumoren, gesteigertem Alkoholabusus und AIDS haben ein erhöhtes Erkrankungsrisiko.

Der **aerogene Erstkontakt (primary implant)** mit *Mycobacterium tuberculosis* bevorzugt keine Lungenregion. Die Bakterien erreichen die vulnerablen Regionen in den Spitzen von Ober- und Unterlappen durch hämatogene Streuung während ihres ersten Vermehrungszyklus, insbesondere bei hoch virulenten Mykobakterienstämmen.

Der **Lungenspitzenherd** ist der **Primärherd**. Er ist 10 – 14 Tage nach Infektion röntgenologisch nachweisbar und hat zunächst Stecknadelkopfgröße. Die Phagozytose durch Makrophagen und Leukozyten führt zum histologischen Bild einer verkäsenden Pneumonie. Durch regionale Bakteriämie wird der zugehörige Drainagelymphknoten infiziert.

Die Entwicklung der Tuberkulinüberempfindlichkeit (Hauttest, s. u.) als Ausdruck zellulär vermittelter Immunantwort tritt nach durchschnittlich 37 Tagen auf.

> **Primärkomplex = Primärherd plus befallener regionaler Lymphknoten.**

Die weitere Bakterienvermehrung im Primärkomplex führt zu multilokulärer Absiedlung entweder über den Blutstrom oder die Lymphbahnen (z. B. auch Ductus thoracicus) und zur Ausbildung einer Primärtuberkulose.

Lokalisation bei hämatogener Streuung:

- Lappentuberkulose (= käsige Pneumonie)
- generalisierte Lungentuberkulose (z. B. Miliartuberkulose oder tuberkulöse Sepsis Landouzy)
- Pleuritis tuberculosa
- extrapulmonale Tuberkulose

Die lymphogene Streuung führt zur **Lymphknotentuberkulose**, auch extrathorakale Lymphknoten sind dann befallen.

Ist die körpereigene, T-zellabhängige Immunabwehr in der Lage, die Bakterienvermehrung und -ansiedlung zu begrenzen, kommt es zur Ausbildung von ruhenden, d. h. nicht durch Bakterienvermehrung und Zellantwort aktiven Herden (**Granulom, Tuberkulom**). Die Reaktivierung dieser Herde führt zu **postprimärer Tuberkulose.** Die endogene Reinfektion erfolgt erneut hämatogen, lymphogen oder kanalikulär. Das klinische Bild der postprimären Tuberkulose wird geprägt von Ausmaß und Lokalisation der Bakterienabsiedlung.

Klinik

In der ersten Phase der Erkrankung, d. h. vom Zeitpunkt des Primary Implant bis zur Ausbildung eines Primärkomplexes, besteht meist kein Krankheitsgefühl. Auch die weitere Entwicklung zur Primärtuberkulose kann ebenso wie die postprimäre Tuberkulose **weitgehend unbemerkt** verlaufen. Absiedlungsausmaß und Abwehrlage des Wirtsorganismus können jedoch auch zu einem foudroyanten Krankheitsbild führen.

Allgemeine Symptome.

- subfebrile Temperaturen, bei ausgeprägter Lungeninfiltration und/oder Pleurabefall auch hohes Fieber
- Inappetenz, Nachtschweiß, Gewichtsverlust, Müdigkeit

Organbezogene Symptome.

- Husten (meist trocken, bei ausgedehntem Lungenbefall und/oder kavernösem Zerfall produktiv)
- Hämoptoe
- Heiserkeit bei Kehlkopftuberkulose
- Halsschmerzen bei Tonsillentuberkulose
- Thoraxschmerz bei Pleuratuberkulose
- Gelenkschwellung mit eingeschränkter Funktion bei tuberkulöser Arthritis

- abdominelle Schmerzen bei Darmtuberkulose (bei Appendizitisverdacht auch an Tuberkulose denken!)
- Eintrübung mit ausgeprägtem Tagesschlaf und Schlafbedürfnis bei Meningitis tuberculosa
- Belastungsdyspnoe bei ausgedehnter Lungentuberkulose

Diagnostik

Anamnese und klinische Untersuchung. Familien- und soziale Anamnese helfen bei der Einschätzung des Expositionsrisikos weiter.

Bildgebende Verfahren. Röntgenuntersuchung des Thorax in 2 Ebenen (**Abb. 22.4**), evtl. CT (Lokalisation, Ausdehnung und Charakter der tuberkulösen Lungenveränderung). Sonografisch lassen sich pleurale und pleuranahe Veränderungen abbilden (Erguss, subpleurale tuberkulöse Herde).

Tuberkulintest. Dieser spiegelt die immunologische Auseinandersetzung des Organismus mit dem Erreger wider. Die Durchführung erfolgt als **Intrakutantest nach Mendel-Mantoux.** 0,1 ml der entsprechenden Testlösung werden streng intrakutan (nicht subkutan) in Form einer Quaddel gespritzt und die Reaktion nach frühestens 72 Stunden abgelesen. Als positiv gilt eine Induration (nicht Rötung) von mindestens 5 mm.
Falsch positive Teste finden sich bei nicht tuberkulösen Mykobakteriosen und nach BCG-Impfung. Falsch negative Testergebnisse finden sich bei 10–25% aller Patienten mit neu diagnostizierter Lungentuberkulose.
Die Tuberkulinreaktion kann fehlen bei Immunmangelsyndrom (angeboren oder erworben), immunsuppressiver Therapie oder lymphatischen Systemerkrankungen mit Verlust der zellulären Immunität.

T-Zell-Interferon-γ-Release-Assays (TIGRA). Nachweis einer Interferon-gamma-Sekretion durch Mycobacterium tuberculosis-spezifische T-Zellen im Blut. Keine falsch positiven Testreaktionen nach BCG-Impfung oder Infektion mit klinisch relevanten nicht tuberkulösen Mykobakterien. Höhere Spezifität als beim Tuberkulintest.
Derzeit wird in Deutschland auch unter Kostengesichtspunkten ein zweistufiges diagnostisches Vorgehen empfohlen: initiale Tuberkulin-Hauttestung, bei positivem Ausfall TIGRA. Bei BCG-Geimpften, Beschäftigten im Gesundheitswesen und Immunsupprimierten initial TIGRA.

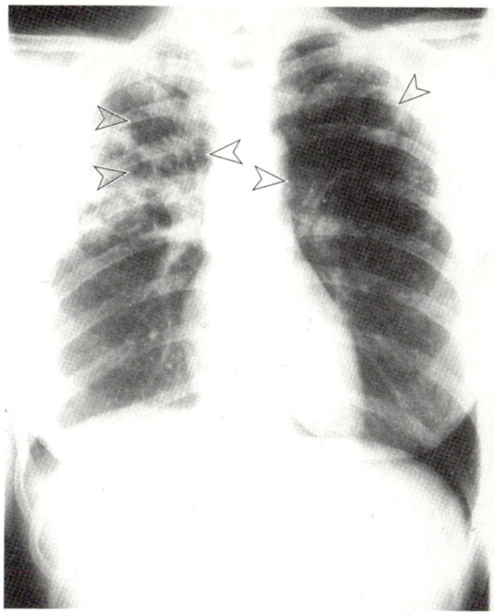

Abb. 22.4 Beidseitige kavernöse Oberlappentuberkulose. Das Röntgenbild zeigt den Thorax einer jungen Patientin mit beidseitiger kavernöser Oberlappentuberkulose. Die Kavernen sind mit Pfeilen gekennzeichnet. Die zusätzliche Verbreiterung des rechten Thoraxwandbegleitschattens ist ein Hinweis auf Pleurabeteiligung.

Substratgewinnung zum bakteriologischen Nachweis.
- **Sputumuntersuchung** mit mikroskopischer Suche nach säurefesten Stäbchen (z. B. nach Ziehl-Neelsen-Färbung) im Expektorat dreier aufeinanderfolgender Tage, Magensaft, Punktat oder Abstrichmaterial; Ergebnis nach wenigen Stunden (**Abb. 22.5**). Dann aus derselben Probe kulturelle Züchtung von Mykobakterien in Flüssigmedium und radiometrischer Nachweis; Ergebnis nach 15 Tagen. Weiterverarbeitung auf festen Nährböden, Erregerdifferenzierung, Anfertigung eines Resistogramms; erste Ergebnisse frühestens nach 25 Tagen.
- **Bronchoskopie:** gezielt entnommenes Bronchialsekret durchläuft dieselben diagnostische Stufen wie Sputum, zusätzlich empfiehlt sich der Nachweis von Mycobacterium-tuberculosis-DNA mittels PCR (Untersuchung durch Gensonde); vorteilhaft durch hohe Sensitivität, Ergebnis nach 2 Tagen.
- **Transbronchiale Biopsie, Thorakoskopie, Thorakotomie:** histologischer Nachweis einer epitheloidzelligen Granulomatose aus Bioptaten (Lungengewebe, Bronchialschleimhaut, Lymphknoten, Feinnadelbiopsien).

F

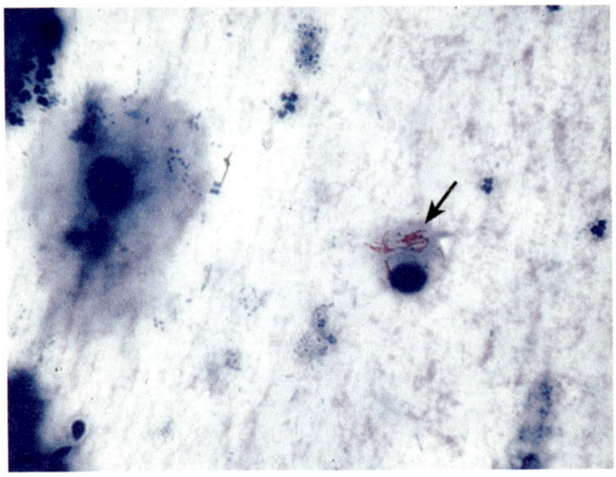

Abb. 22.5 Sputum mit Mycobacterium tuberculosis. (aus Groß, KLB Mikrobiologie und Infektiologie, Thieme)

- **Magensaftuntersuchung:** insbesondere bei Kindern und bei unzureichender Sputumproduktion

Differenzialdiagnose. Differenzialdiagnosen sind in Tab. 22.7 zusammengefasst.

Therapie

Die medikamentöse Therapie der Tuberkulose wird auf S. 1004 ff besprochen.

Bei gesicherter Tuberkulose ist immer eine **Kombinationstherapie mit mehreren Wirkstoffen** erforderlich. Bei latenter Tuberkulose wird für Patienten mit erhöhtem individuellen Erkrankungsrisiko (z. B. enger Kontakt mit offen-tuberkulösen Personen, radiologischer Nachweis narbiger Lungenveränderungen, Z. n. Organtransplantation, immunsuppressive Therapie mit ≥ 15 mg Prednisolon/d, HIV-Infektion, Therapie mit anti-TNF-α-Antikörpern) eine 9-monatige Gabe von Isoniazid empfohlen.

Eine **chirurgische Therapie** der Lungentuberkulose bleibt heute nur noch wenigen Krankheitsverläufen und nur nach ausreichender Chemotherapie vorbehalten.

Die **Überwachungsdauer** nach Abschluss der Therapie sollte bei unkompliziertem Verlauf 2 Jahre, bei Restbefunden und Problempatienten (multiresistente Tuberkulose, schwere Begleiterkrankungen) bis zu 15 Jahre betragen.

Prognose

Nach suffizienter medikamentöser Therapie beträgt die Heilungsrate fast 100% und die Rezidivrate ca. 1%.

22.1.3 Nichttuberkulöse pulmonale Mykobakteriosen

engl.: non tuberculous mycobacterial pulmonary disease; mycobacteriosis other than tuberculosis (MOTT)

Definition. Atypische Mykobakteriosen werden durch eine Vielzahl von nichttuberkulösen Mykobakterien hervorgerufen.

Epidemiologie.

- aerogene Übertragung, Erreger kommen vor allem in Boden und Wasser vor
- vorwiegend ältere Patienten mit Bronchitis, Bronchiektasen oder Pneumokoniosen
- bei **HIV-Patienten** Prävalenz bis 50%

Tab. 22.7 Differenzialdiagnose der Tuberkulose anhand von Leitbefunden

Morphologie	Tuberkulose	andere Genese
Lungenrundherd	Tuberkulom	Malignom, benigner Tumor (z. B. Hamartochondrom, AV-Fistel)
Lungeninfiltrat	tuberkulöse Pneumonie	Bronchopneumonie, Bronchialkarzinom, Lungeninfarkt
Hohlraum im Lungengewebe	Kaverne	Lungenabszess bei Pneumonie oder Neoplasma, bullöse Lungendestruktion, Zyste
Pleuraerguss	Pleuritis tuberculosa, Empyem	Herzinsuffizienz (Transsudat), Pneumonie (Exsudat), Pleurakarzinose, Pleuramesotheliom, Empyem nichttuberkulöser Genese
disseminierte Lungenbeherdung	ausgedehnte Lungen-Tbc	metastasierendes Malignom, andere Granulomatose (Sarkoidose, Morbus Wegener), Pneumokoniose, Bronchiektasen
Lymphknotenvergrößerung	Lymphknoten-Tbc	Sarkoidose, Lymphom bei neoplastischer Grunderkrankung, Toxoplasmose, Aktinomykose, AIDS

Ätiopathogenese. Von etwa 60 bekannten nichttuberkulösen Mykobakterien sind etwa 25 humanpathogen. Die Einteilung erfolgt nach dem Grad der Therapierbarkeit:

- relativ leicht therapierbar: *Mycobacterium kansasii, M. marinum, M. szulgai, M. xenopi, M. malmoense.*
- mäßig schwer therapierbar: *M. fortuitum, M. chelonae.*
- schwer therapierbar: *M. avium und intracellulare (MAI), M. scrofulaceum, M. simiae.*

> **Nicht jede Infektion bedeutet auch eine behandlungsbedürftige Erkrankung.**

Klinik. Je nach auslösendem Erreger und Immunstatus des Betroffenen sind völlig unterschiedliche Krankheitsbilder möglich. Tuberkuloseähnliche Erkrankungen werden vor allem durch *M. kansasii* und *M. avium/intracellulare* (MAI) verursacht. Symptome sind u. a. produktiver Husten, Dyspnoe, Hämoptysen, Abgeschlagenheit. Gewichtsverlust und Fieber sind seltener als bei Tuberkulose.

Diagnostik.

- Röntgenaufnahme des Thorax in zwei Ebenen: Kavernen, Parenchyminfiltrate (vorwiegend in den Oberlappen), lokale Pleuraverdickung
- HR-CT: Nachweis von feinnodulären Veränderungen und multifokalen Bronchiektasen
- kultureller Nachweis: Sputum, Bronchialsekret, bronchoalveoläre Lavage. Für die Diagnose sind mindestens zwei positive Kulturen erforderlich (Differenzialdiagnose Kontamination/transiente Infektion)
- Lungenbiopsie: nur selten erforderlich

Der Tuberkulintest ist bei diesen Erkrankungen ohne Bedeutung.

Therapie. Eine antimykobakterielle Behandlung ist nur bei wiederholtem mikroskopischen/kulturellen Erregernachweis (und fehlender Sputumkonversion nach Behandlung der zugrunde liegenden Atemwegserkrankung) erforderlich. Die Medikamentenauswahl ist abhängig von Erreger und **Resistogramm**. Stets sollte eine Mehrfachtherapie mit 2 bis 5 Wirkstoffen durchgeführt werden: Rifampicin, Isoniazid, Ethambutol, Streptomycin, Tetrazykline, Cotrimoxazol, Gyrasehemmer, Makrolide. Die Behandlung solle nach Sputumkonversion noch für weitere 12 Monate fortgeführt werden, manchmal auch lebenslang (HIV-Patienten). Bei lokalisierter Erkrankung kann alternativ die chirurgische Therapie in Betracht gezogen werden.

Prognose. Sie ist sehr variabel und hängt von Keimart, Ausdehnung der Erkrankung und Grundkrankheit ab. Gelegentlich kommt es zur Spontanheilung.

22.1.4 Pilzinfektionen der Lunge

Saprophytäre Hefen, vor allem *Candida albicans* und *Torulopsis glabrata*, finden sich häufig in Sputumkulturen, insbesondere nach antibiotischer Behandlung. Eine Candida-Pneumonie ist dennoch sehr selten. Bei geschwächter zellulärer Immunität und disseminierter Kandidosis kann es sekundär zu einem Lungenbefall kommen. Die Diagnose erfordert den bioptischen Nachweis invasiven Pilzwachstums. In Europa kommen außerdem Infektionen mit Aspergillus- und Cryptococcus-Arten vor. *Histoplasma capsulatum, Coccidioides imitis* und *Blastomyces dermatitidis* sind in Teilen des amerikanischen Kontinents heimisch und vor allem bei Immunschwäche pathogen.

F

Candidose

Vor allem *Candida albicans* ist als fakultativ pathogener Pilz Auslöser systemischer Infektionen. Betroffen sind vorwiegend Patienten mit einer Immunschwäche. Der Nachweis von Hefepilzen im Sputum ist jedoch nicht gleichbedeutend mit einer behandlungsbedürftigen Pilzpneumonie. Erst der Nachweis von Candida in verschiedenen Organsystemen oder invasives Pilzwachstum (z. B. in der Bronchialschleimhaut) rechtfertigt eine systemische antimykotische Therapie, z. B. mit Amphotericin B.

Kryptokokkose

> **Labormeldepflicht bei Nachweis einer akuten Infektion an das Gesundheitsamt!**

Der Hefepilz *Cryptococcus neoformans* kommt weltweit auf mit Vogelmist kontaminierten Böden vor. Die Infektion erfolgt durch Inhalation, betroffen sind vor allem HIV-Patienten. Die pulmonale Kryptokokkose hat meist einen milden Verlauf. Radiologisch sind häufig solitäre Raumforderungen mit

Prädilektion der Unterlappen festzustellen, seltener diffuse oder miliare Verschattungen. Klinisch steht insbesondere bei Patienten mit HIV-Infektion die **ZNS-Beteiligung** nach Dissemination im Vordergrund. Die Diagnose erfolgt mikroskopisch (Tuschepräparat), über den Nachweis von Kryptokokken-Antigen in Körperflüssigkeiten (falsch positiv bei positivem Rheumafaktor) oder kulturell. Eine **diagnostische Liquorpunktion** ist bei nachgewiesener Kryptokokkose obligat (Ausnahme: immunkompetente Patienten ohne klinische Hinweise auf ZNS-Beteiligung)!

Die Therapie erfolgt mit Amphotericin B über ≥ 14 Tage i. v.. Liposomales Amphotericin B (Ambisome) ist ZNS-gängig. Begleitend können Flucytosin und Fluconazol verabreicht werden. Bei AIDS-Patienten dient Fluconazol auch zur Sekundärprophylaxe.

Aspergillus-assoziierte Erkrankungen

Schimmelpilze der Gattung Aspergillus sind ubiquitär und gedeihen vornehmlich bei Feuchtigkeit und in organischem Material (z. B. Erde). Mit Erkrankungen wurden die Spezies *Aspergillus fumigatus* (am häufigsten), *A. niger*, *A. nidulans* und *A. flavus* assoziiert. Die Infektion erfolgt durch Inhalation der Sporen. Generell ist der kulturelle Nachweis der Pilze diagnostisch von untergeordneter Bedeutung, da er 1. nur eine Kolonisation belegt und 2. Kontaminationen im Labor häufig sind. Pathogenetisch stehen bei den Erkrankungen sehr verschiedene Mechanismen im Vordergrund.

- **saprophytäre Aspergillose (Aspergillom):** Fungusball in einer präformierten Höhle (meist posttuberkulöse Kaverne). Diagnose durch Röntgenbild/CT (intrakavitärer, in der Regel mobiler Rundherd) und Nachweis von IgG-AK (in > 90 % der Fälle möglich). Gelegentlich Befundrückbildung unter medikamentöser Behandlung durch Itraconazol. Resektion bei häufigen oder massiven Hämoptysen.
- **allergische bronchopulmonale Aspergillose (ABPA):** Ausguss von Segmentbronchien durch zähes, bräunliches Sekret reich an Eosinophilen und Pilzhyphen. Diagnostische Kriterien: Asthma bronchiale oder Mukoviszidose, Bluteosinophilie, IgE-Erhöhung, Reaktivität gegen Aspergillus-Antigen im Hauttest, präzipitierende Antikörper gegen Aspergillus-Antigen, Nachweis pulmonaler Infiltrate (flüchtig oder dauerhaft) und zentraler Bronchiektasen. Die Behandlung erfolgt mit Kortison (inhalativ und gegebenenfalls systemisch). Das Serum-IgE dient als Verlaufsparameter. Ein rezidivierender Verlauf mit Übergang in eine Fibrose ist möglich.
- **exogen-allergische Alveolitis:** selten, s. S. 469ff.
- **invasive Aspergillose:** fast ausschließlich bei schwerer Immunschwäche, v. a. Leukämien und Lymphomen mit (therapiebedingter) Granulozytopenie. Die Erkrankung verläuft als nekrotisierende Pneumonie. Die Diagnostik umfasst die thorakale CT, Bronchoskopie mit bronchoalveolärer Lavage, ggf. Biopsie und die Bestimmung von Aspergillus-Antigen im Blut. Frühe Behandlung mit Amphotericin B (evtl. begleitend Flucytosin oder Itraconazol), alternativ Voriconazol oder Caspofungin. Die antimykotische Therapie sollte bis zur vollständigen Rückbildung der Lungeninfiltrate durchgeführt werden. Die Letalität ist mit 50–60 % hoch.

22.1.5 Pneumocystis-Pneumonie (PCP)

Ätiopathogenese

Pneumocystis jiroveci (alte Bezeichnung: P. carinii) wird heute den Pilzen zugerechnet. Antikörper finden sich bei fast allen Menschen ab dem 10. Lebensjahr. Voraussetzung für die Entwicklung einer Pneumonie ist eine Schwäche der zellulären Immunität (HIV-Infektion mit CD 4-Zellen < 200 /µl, Chemotherapie, Immunsuppression).

> **!** **Ohne Prophylaxe erkranken ca. 80 % aller HIV-Infizierten im Verlauf ihrer Erkrankung an einer PCP, mit Prophylaxe ca. 10 %.**

Klinik

Die Erkrankung beginnt allmählich, die Symptome (trockener Husten, Belastungsdyspnoe, Fieber) nehmen über Wochen zu. Erst später findet sich ein verschärftes Atemgeräusch und Knisterrasseln über den Lungen.

Diagnostik

Erregernachweis. Mikroskopisch (u. a. Giemsa-Färbung) in Sputum oder bronchoalveolärer Lavage (ca. 90 % Sensitivität). Ein kultureller Nachweis ist nicht möglich.

Röntgenaufnahme des Thorax in zwei Ebenen. Anfangs unauffällig, es zeigt sich jedoch im Verlauf beidseitig ein interstitielles, später alveoläres Verschattungsmuster, oft perihilär und basal betont. Noduläre und zystische Veränderungen sind seltener. Die CT ist sensitiver.

Blutgasanalyse. Frühe Erniedrigung des PaO_2. Die Hypoxämie korreliert mit der Prognose.

Lungenfunktion. Verminderte Vital- und Diffusionskapazität. Gut geeignet zur Verlaufskontrolle.

Labor. Typisch ist eine deutliche LDH-Erhöhung > 500 U/l. Dieses Enzym wird aus dem Lungengewebe freigesetzt. Eine weniger deutliche LDH-Erhöhung findet man auch bei anderen Lungenerkrankungen (Tuberkulose, Pneumonie, Bronchialkarzinom, Lungenfibrose u. a.).

Differenzialdiagnose. → s. S. 457.

Therapie

Mittel der Wahl ist **Cotrimoxazol** 120 mg/kgKG/d, aufgeteilt in 3 – 4 Dosen i. v. (bei schwerer Erkrankung) oder bei leichter Erkrankung oral über 21 Tage. Nebenwirkungen sind bei HIV-Infektion häufig und beinhalten u. a. Hautausschlag (oft nach 7 – 10 Tagen), Fieber, Leukopenie, Transaminasenanstieg.
Bei Cotrimoxazol-Unverträglichkeit oder Therapieversagen wird Primaquin/Clindamycin oder Pentamidin verabreicht.
Bei einem PaO_2 < 70 mmHg wird außerdem Prednison (i. v. oder p. o.) gegeben: 1. – 5. Tag 2 × 40 mg/d, 6. – 10. Tag 2 × 20 mg/d, 11. – 21. Tag 1 × 20 mg/d. Eine klinische Besserung tritt erst nach 3- bis 7-tägiger Therapie ein.

Prophylaxe. Bei CD 4-Zellen < 200/µl: Cotrimoxazol 480 mg/d, bei Unverträglichkeit Pentamidin 300 mg 1 × /Monat per inhalationem.

Prognose und Komplikationen

Ohne Sekundärprophylaxe beträgt das jährliche Rezidivrisiko > 60 %. Mögliche Komplikationen sind Pneumothorax und ARDS (s. S. 1152).

22.1.6 Lungenerkrankungen bei HIV-Infektion

→ vgl. S. 1017 ff.

Die häufigsten Erreger von **infektiösen Lungenerkrankungen bei HIV-Infektion** sind: Pneumocystis jiroveci, Bakterien (Streptococcus pneumoniae, Haemophilus influenzae, typische und atypische Mykobakterien, Cryptococcus neoformans (meist Meningoenzephalitis), Aspergillus-Spezies (spät) sowie Zytomegalievirus (oft gemeinsam mit anderen Erregern, eigenständige Bedeutung unklar). **Nichtinfektiöse Lungenerkrankungen** bei HIV-Infektion: Kaposisarkom, Non-Hodgkin-Lymphom, lymphozytäre interstitielle Pneumonitis (bei Kindern) sowie unspezifische Pneumonitis (Ausschlussdiagnose).
Diagnostisches Vorgehen bei Husten, Kurzatmigkeit, Fieber und bestehender HIV-Infektion:

- Sputum für Färbungen (Gram, Ziehl-Neelsen, Giemsa) und Kulturen (Varia, Mykobakterien, Pilze)
- Blutkulturen, Blutbild, CD 4-Status, Kryptokokken-Antigen im Serum (bei V. a. Kryptokokkose), Blutgasanalyse
- Lungenfunktion mit Vitalkapazität und Diffusionskapazität
- Röntgenthoraxaufnahme in zwei Ebenen

Falls kein verwertbares Sputum zu gewinnen ist oder Sputumfärbungen keinen wegweisenden Befund ergeben, sollte eine Bronchoskopie mit bronchoalveolärer Lavage (Aufarbeitung wie Sputum) und Biopsien (bei Verdacht auf Kaposisarkom oder Viruspneumonie) erfolgen.
Die **Therapie** erfolgt möglichst gezielt (→ einzelne Krankheitsbilder). Bei entsprechender Zeichnungsvermehrung im Röntgenbild und CD 4-Zellen < 200/µl Beginn der Behandlung unter Annahme einer Pneumocystis-Pneumonie.
Als **Prävention** ist eine einmalige Impfung gegen Pneumokokken bei CD 4-Zellen < 300/µl möglich, die Effektivität bei dieser Indikation ist jedoch nicht belegt. Zur PCP-Prophylaxe s. S. 457. Unbedingt Kontakt zu Tuberkulosekranken meiden, ggf. INH-Prophylaxe.

F

22.2 Erkrankungen und Störungen des Lungenkreislaufes

22.2.1 Lungenembolie

engl.: pulmonary embolism

Definition. Bei einer Lungenembolie kommt es zur Verlegung der A. pulmonalis oder ihrer Äste durch Fremdmaterial, das mit dem Blutstrom verschleppt wurde (meist Thromben, selten Fett, Luft, Fruchtwasser oder Fremdkörper).

Epidemiologie

Die Thrombembolie ist die vermutlich häufigste schwerwiegende Komplikation bei hospitalisierten Patienten. Wird eine Lungenembolie nicht erkannt und behandelt, kommt es bei etwa 25% der Patienten zu einem Rezidiv mit tödlichem Ausgang. Nach Schätzungen versterben jährlich in Deutschland 50 000 – 100 000 Patienten an einer Lungenembolie.

Ätiopathogenese

Thromben, die zu einer Lungenembolie führen, stammen zu 80% aus den **Bein-Becken-Venen**, seltener aus dem rechten Herzen oder dem Gebiet der oberen Hohlvene (z. B. Thrombenbildung um zentrale Venenkatheter). Die Ätiologie von Lungenembolien ist also eng mit dem Auftreten von Phlebothrombosen verknüpft (s. S. 238).

> **!** **Unbehandelt führt eine tiefe Beinvenenthrombose bei etwa 2/3 aller Patienten zu einer Lungenembolie.**

Als **Risikofaktoren** gelten: Bettlägerigkeit oder andere Gründe der Immobilisation, langes Sitzen mit abgeknickten Beinen, postoperativer Zustand, Tumorerkrankungen, Hyperkoagulabilität, Östrogentherapie (Kontrazeptiva), Nikotinabusus bei Frauen, Herzinsuffizienz, forcierte diuretische Therapie, Exsikkose, Polyglobulie, Adipositas, Phlebitiden (vgl. S. 237 ff).

Die meisten Lungenembolien betreffen die **Lungenunterlappen** (rechts > links). 30 – 50% der Lungenembolien führen innerhalb von 12 – 36 Stunden zum Lungeninfarkt mit Untergang von Lungengewebe, vor allem bei einer vorbestehenden Herzerkrankung (Störung der bronchialen Blutzirkulation, venöse Abflussbehinderung) und bei Verschlüssen kleiner Pulmonalarterienäste (hierbei fehlende Ausgleichsversorgung durch bronchopulmonale Anastomosen).

Der Embolus wird mit dem venösen Blutstrom in die Pulmonalarterien befördert. Die Verlegung der Strombahn führt zu einer **akuten Widerstandsbelastung des rechten Ventrikels** (akutes Cor pulmonale, s. S. 114). Aufgrund der großen Gefäßkapazitätsreserve wird der Verschluss von 30% des Gefäßbettes bei zuvor gesunder Lunge noch ohne Drucksteigerung toleriert. Bei vorgeschädigter Lunge können jedoch schon kleinere Embolien zu massiven Druckanstiegen führen mit deutlich erhöhter Mortalität.

Die hämodynamischen Auswirkungen einer Lungenembolie sind dabei nicht auf das rechte Herz begrenzt. Die verminderte Füllung des linken Ventrikels (→ Absenkung des Preloads) und die Verschiebung des Ventrikelseptums nach links führen zu einem **Rückgang des Herzzeitvolumens.** Diese Effekte erklären auch, warum Maßnahmen, die auf eine Erhöhung des linksventrikulären Preloads zielen (flache Lagerung; intravenöse Volumengabe) zu einer Abnahme der Dyspnoe führen (s. S. 461).

Klinik

Die Thromben lösen sich häufig beim morgendlichen Aufstehen, bei der Defäkation und bei plötzlicher körperlicher Anstrengung. Die häufigsten Frühsymptome sind

- Dyspnoe (ca. 80%)
- Tachypnoe (ca. 90%)
- Angst- und Beklemmungsgefühl (ca. 60%)
- Synkope(n) (ca. 10%)
- Schock (ca. 10%)

Die „klassischen" Symptome wie Thoraxschmerzen (ca. 60%), Husten (ca. 40%), Hämoptysen (ca. 10%) und Fieber (ca. 40%) sind Spätsymptome und Zeichen des Lungeninfarktes. Zur Schweregradeinteilung siehe **Tab. 22.8.**

Diagnostik

> **!** **Die Diagnose einer Lungenembolie ist häufig schwer zu stellen. Am wichtigsten ist es, sie immer in die differenzialdiagnostischen Überlegungen einzubeziehen. Kleine Embolien werden zu selten erkannt, sie sind jedoch häufig Vorboten für große, schwere Embolien. Über die Hälfte der Lungenembolien wird erst nach dem Tod diagnostiziert.**

Tab. 22.8 Schweregradeinteilung der Lungenembolie

	Grad I	Grad II	Grad III	Grad IV
Klinik	diskret (Dyspnoe, thorakaler Schmerz)	akut auftretende Dyspnoe, Tachypnoe, thorakaler Schmerz, Tachykardie, Angst, evtl. Folgezustände: Hämoptyse, Fieber, Pleuraerguss		zusätzl. Schock (Herz-Kreislauf-Stillstand)
systemischer Blutdruck	normal	normal oder leicht erniedrigt	erniedrigt	stark erniedrigt mit kleiner Amplitude
pulmonal-arterieller Druck (PA)	normal	normal oder leicht erhöht	PA*-Mitteldruck 25 – 30 mmHg	PA-Mitteldruck > 30 mmHg
PaO_2	normal	< 80 mmHg	< 70 mmHg	< 60 mmHg
Gefäßobliteration	periphere Äste	Segmentarterien	ein PA-Ast oder mehrere Lappenarterien	ein PA-Ast und mehrere Lappenarterien (PA-Stamm)

** PA = A. pulmonalis*

Anamnese. Bei entsprechender Klinik und Risikofaktoren daran denken.

Körperliche Untersuchung. Dyspnoe, Tachypnoe, Tachykardie, betonter 2. Pulmonaliston, Halsvenenstauung. Auf Zeichen einer tiefen Beinvenenthrombose achten!

Blutgasanalyse. Respiratorische Partialinsuffizienz mit alveolärer Hyperventilation ($PaO_2\downarrow$; $PaCO_2\downarrow$). PaO_2 kann auch bei fulminanter Lungenembolie noch normal sein, dann ist jedoch in der Regel der $PaCO_2$ erniedrigt! Die Blutgasanalyse ist ein wichtiger Parameter zur Therapiesteuerung.

Labor. Typischerweise sind bei frischer Lungenembolie und Phlebothrombose Fibrinogenspaltprodukte **(D-Dimere)** im Blut erhöht. Normale Werte schließen bei Patienten ohne Risikofaktoren eine Thrombose und ohne typische Symptome eine Lungenembolie weitgehend aus.

EKG. Oft nur passagere Veränderungen, nur in 50% typische, aber nicht spezifische Zeichen der Rechtsherzbelastung: S_I-Q_{III}-Typ, Rechtsschenkelblock. ST-Anhebung in III mit negativem T, T-Negativierung rechtspräkordial (V1 –V4), Sinustachykardie, Tachyarrhythmie, P pulmonale (s. S. 114).

Röntgenthoraxaufnahme in zwei Ebenen. Initial gelegentlich Aufhellungszonen im Sinne einer regionalen Minderdurchblutung (Westermark-Zeichen), später Herzverbreiterung, Pleuraergüsse, periphere keilförmige oder rundliche Infiltrate, einseitiger Zwerchfellhochstand, Streifenatelektasen.

Transthorakale Echokardiografie. Bei Verlegung von mehr als 30% des Gefäßbetts finden sich Zeichen der akuten Druckbelastung des rechten Ventrikels (Dilatation des rechten Ventrikels, paradoxe Septumbewegungen, Trikuspidalinsuffizienz). Mit der transösophagealen Echokardiografie können Thromben im Pulmonalishauptstamm dargestellt werden.

Thoraxsonografie. Bei systematischer Suche finden sich häufig pleuraständige, scharf begrenzte, echoarme, oft keilförmige Bezirke, die Lungeninfarkten entsprechen.

Lungenperfusionsszintigrafie. Typisch, aber nicht beweisend sind segment- oder lappenbezogene Perfusionsdefekte. Im Zweifel zusätzlich Ventilationsszintigrafie, die bei Lungenembolie unauffällig ist.

> **!** **Ein unauffälliges Perfusionsszintigramm schließt eine klinisch bedeutsame Lungenembolie aus.**

Spiral-CT. Darstellung von Thromben der zentralen Pulmonalgefäße bis zur Ebene der Segmentarterien. Bei Untersuchung mit modernen Mehrzeilen-Detektoren hohe Sensitivität und Spezifität.

Pulmonalisangiografie (Abb. 22.6). Goldstandard der Diagnostik, jedoch als invasives Verfahren nur in seltenen Fällen bei unklarer Diagnose und therapeutischen Konsequenzen indiziert.

Beinvenensonografie. Sie ist in der Diagnostik hilfreich und auch bei asymptomatischem Beinbefund

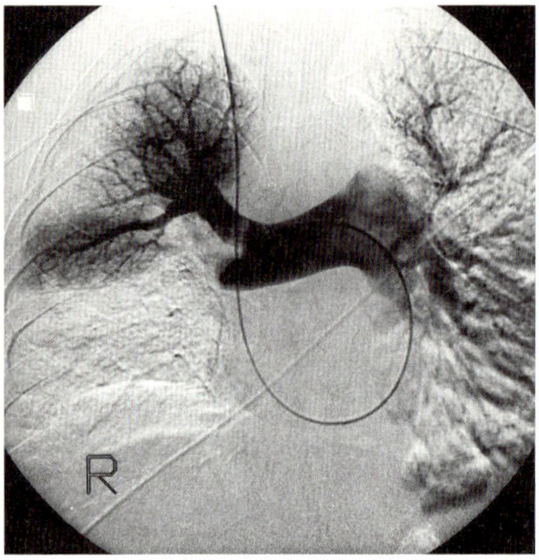

Abb. 22.6 Lungenembolie. Die Pulmonalisangiografie in DSA-Technik zeigt einen Gefäßabbruch der rechten Unterlappenarterie und einen Thrombus in der rechten Oberlappenarterie (mit freundlicher Genehmigung von Prof. Weiß, Radiologische Universitätsklinik Lübeck)

indiziert. Der Nachweis einer Thrombose stützt die Diagnose einer Lungenembolie.

Differenzialdiagnose. s. Tab. 22.9

Zusammenfassung des diagnostischen Vorgehens

Die Diagnostik bei Verdacht auf Lungenembolie orientiert sich an der klinischen Wahrscheinlichkeit (Tab. 22.10), am klinischen Schweregrad und an den vorhandenen Untersuchungsmöglichkeiten. Initial muss die Sauerstoffsättigung bestimmt werden und wenn möglich auch eine Blutgasanalyse durchgeführt werden. Das EKG ist, insbesondere zur Klärung von Differenzialdiagnosen, unverzichtbar. Immer sollte eine Röntgenaufnahme des Thorax angestrebt werden: bei einem schwer hypoxischen Patienten ist ein unauffälliges Röntgenbild immer verdächtig auf eine Lungenembolie.

Bei geringer klinischer Wahrscheinlichkeit (stabiler Patient) schließt ein negativer D-Dimer-Test eine Lungenembolie weitgehend aus, weiterführende Untersuchungen sind dann nicht erforderlich. Fällt bei geringer klinischer Wahrscheinlichkeit der D-Dimer-Test positiv aus, müssen bildgebende Verfahren angeschlossen werden. Diese werden bei hoher klinischer Wahrscheinlichkeit unter Umgehung des D-Dimer-Tests sofort eingesetzt.

Wünschenswert ist stets die Durchführung einer Thoraxsonografie und einer (orientierenden) Bein-

Tab. 22.9 Differenzialdiagnose der Lungenembolie anhand der Leitsymptome

Symptom	Erkrankung	Kommentar
Dyspnoe	Asthmaanfall (s. S. 432)	auskultatorisch Giemen und Brummen
	Pneumothorax (s. S. 489)	fehlendes Atemgeräusch auf der betroffenen Seite
	Lungenödem (s. S. 1152)	grobblasige Rasselgeräusche, hinweisendes Röntgenbild (häufig nur Bettaufnahme möglich, deshalb nur in 1 Ebene)
	Pneumonie (s. S. 444)	Fieber, Husten, starkes Krankheitsgefühl
Thoraxschmerzen	Herzinfarkt (s. S. 44)	atemunabhängiger Schmerz, typische EKG- und Enzymveränderungen, bekannte KHK
	Angina pectoris (s. S. 6)	Besserung durch Nitrate
	Pleuritis (s. S. 487)	bei fehlendem Erguss Pleurareiben auskultierbar
	Aortendissektion (s. S. 221 f)	evtl. wandernde Thoraxschmerzen, Aorteninsuffizienz, Blutdruckunterschied zwischen beiden Armen, doppelte Aortenkontur im Röntgenbild
Hämoptysen	Bronchialkarzinom (s. S. 476)	Husten, Nikotinabusus
	Tuberkulose (s. S. 451)	hinweisendes Röntgenbild
	Bronchiektasen (s. S. 439)	„maulvolle Expektoration"; lange Anamnese
	Goodpasture-Syndrom (s. S. 476)	Proteinurie, Niereninsuffizienz
	Blutung aus dem Nasen-Rachen-Raum bzw. Magen	HNO-ärztliche Untersuchung, Gastroskopie

Tab. 22.10 Bestimmung der klinischen Wahrscheinlichkeit einer Lungenembolie (LAE)

Klinische Charakteristika	Score
klinische Zeichen der Venethrombose (s. S. 239)	3,0
LAE wahrscheinlicher als andere Diagnose	3,0
Herzfrequenz > 100/min	1,5
Immobilisation oder OP in den vergangenen 4 Wochen	1,5
frühere Thrombose oder LAE	1,5
Krebserkrankung (innerhalb der letzten 6 Monate)	1,0

Score ≤ 4: geringe Wahrscheinlichkeit
Score > 4: hohe Wahrscheinlichkeit

venensonografie. Ist die sonografische Untersuchung nicht wegweisend, wird bei hämodynamisch stabilen Patienten eine CT-Untersuchung des Thorax, alternativ eine Lungenperfusionsszintigrafie angestrebt.

Bei Patienten mit Schock/Reanimationspflichtigkeit sollte umgehend eine transthorakale Echokardiografie erfolgen, die durch indirekte Zeichen (Rechtsherzbelastung) den Verdacht auf eine Lungenembolie erhärtet.

Therapie und Notfalltherapie

Das Vorgehen bei akuter Lungenembolie ist in **Abb. 22.7** dargestellt. Weiterhin sind folgende allgemeine Maßnahmen angezeigt:

- halbsitzende Lagerung, absolute Bettruhe (bei Bewegung Gefahr weiterer Embolien!)
- Schmerzbekämpfung und ggf. Sedierung
- Sauerstoffgabe über Nasensonde
- bei Atemversagen Intubation und Beatmung
- zentralvenöser Zugang (Messung des ZVD)
- bei Kreislaufschock i. v. Katecholamine (Dopamin, Dobutamin)
- bei Kreislaufstillstand kardiopulmonale Reanimation (s. S. 1147)

Weitere Therapieziele sind die sofortige Verhinderung weiteren Wachstums des Embolus, die Beschleunigung der Auflösung des Embolus und die Rezidivprophylaxe (s. S. 383).

Medikamentöse Behandlung. Die medikamentöse Behandlung richtet sich nach dem Schweregrad (**Tab. 22.8**).

Bei Schweregrad I und II wird eine Heparintherapie durchgeführt:

- **Heparin:** 5 000 – 10 000 IE als Bolus, dann 400 IE/kgKG/d. Die weitere Dosis richtet sich nach der PTT, die das 1,5- bis 2,5fache der Norm betragen sollte. Dauer etwa 1 Woche, dann Beginn der oralen Antikoagulation. Eine mögliche Alternative stellen niedermolekulare Heparine und Fondaparinux dar: einfachere Anwendung, geringere Nebenwirkungsrate.

Bei Schweregrad III und IV Fibrinolyse und nachfolgende Heparintherapie:

- **Fibrinolyse** mit rtPA, Streptokinase oder Urokinase:
  - **rtPA-Kurzlyse:** 100 mg in 2 h, davon 10 mg als initialer Bolus i. v.
  - **Streptokinase:** 250 000 U in 30 min, dann 100 000 U/h für 24 Stunden
  - **Urokinase:** initial 250 000 – 500 000 U als Bolus i. v., anschließend 4 400 U/kg/h über 24 – 48 Stunden
- alternativ katheterbasierte Thrombusfragmentation mit lokaler Thrombolyse

Im Anschluss an die Lysetherapie erfolgt eine **Vollheparinisierung** (s. o.), überlagernd ab dem 3. Tag orale Antikoagulation mit Cumarinen gemäß den Empfehlungen bei tiefer Beinvenenthrombose (s. S. 398).

Langzeittherapie. Bei rezidivierenden Lungenembolien erfolgt eine **Langzeit-Antikoagulation** mit Cumarinderivaten (s. S. 394). Sind Cumarine kontraindiziert, kann auch ein **Vena-cava-Filter** (Greenfield-Filter) implantiert werden.

Operative Therapie. Die chirurgische Embolektomie wird bei fulminanter Embolie und medikamentös nicht beherrschbarer Schocksymptomatik durchgeführt. Die Letalität beträgt hierbei 30 – 90 %.

F

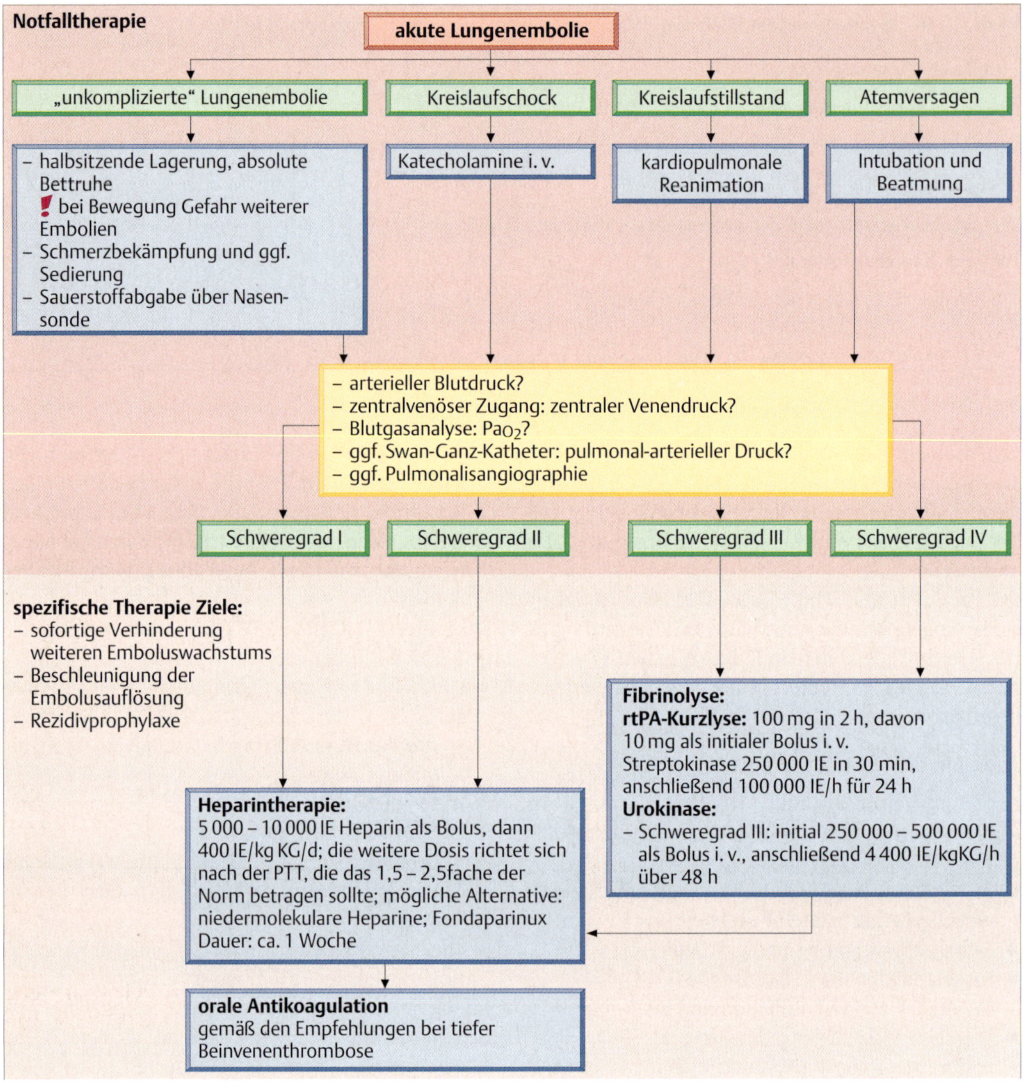

Abb. 22.7 Vorgehen bei akuter Lungenembolie.

Tab. 22.11 Dauer der Antikoagulation bei Lungenembolie

Klinik	Dauer
erste Lungenembolie	
bei transientem Risikofaktor	3 Monate
bei idiopathischer Genese oder Thrombophilie	6 – 12 Monate
kombinierte Thrombophilie, Antiphospholipid-AK-Syndrom	12 Monate
rezidivierende Lungenembolie, aktive Krebserkrankung	zeitlich unbegrenzt

Prognose und Komplikationen

Die meisten Embolien in der Lungenstrombahn lösen sich innerhalb von zwei Wochen spontan auf. Die schnell einsetzende Therapie hat die Sterblichkeit insgesamt auf unter 10 % gesenkt. Bei Patienten mit Schweregrad III und IV liegt die Letalität jedoch bei 25 – 50 %. Wenige Patienten entwickeln ein chronisches Cor pulmonale (s. S. 114 ff), insbesondere bei Verlegung großer Gefäße oder nach rezidivierenden Lungenembolien. Hierbei kann die unbehandelt schlechte Prognose (5-Jahres-Überlebensrate bei einem pulmonal-arteriellen Mitteldruck über 50 mmHg nur 10 %) durch eine pulmonale Thrombendarterektomie und ggf. eine kombinierte Herz-Lungentransplantation verbessert werden.

Klinischer Fall

Herr O. wird in die Notaufnahme gebracht. Vor drei Tagen habe er plötzlich beim Treppensteigen stärkste Luftnot verspürt. Heute habe er wieder extrem schlecht Luft bekommen. Seit einem Autounfall vor zwei Jahren mit Protrusio disci der HWK 5/6 habe er stärkste Schmerzen der Halswirbelsäule bei leichtester körperlicher Betätigung. Deshalb nimmt er regelmäßig NSAR ein. Die aufnehmende Ärztin untersucht einen agitierten 50-jährigen Patienten. Sein Blutdruck liegt bei 95/55 mmHg. Er ist präkollaptisch mit schweißig-kalter Haut und deutlicher Orthopnoe. Die Herztöne sind tachykard aber rein, die Lunge ist frei. Die restliche Untersuchung ist unauffällig. Klinisch deutet nichts auf eine Beinvenenthrombose hin. Jedoch mehren sich die Hinweise auf eine Lungenembolie: Im Labor ist das D-Dimer deutlich erhöht, das EKG zeigt einen Sinusrhythmus von 115/min bei SI/QIII Typ und T-Negativierungen in V1-V3. Die O_2-Sättigung in der BGA beträgt nur 86 %. Es besteht eine respiratorische Partialinsuffizienz mit Hypoxie (pO_2 49 mmHg), Hypokapnie aufgrund einer Hyperventilation (pCO_2 33 mmHg) und eine Alkalose (pH 7,43).

Herr O. wird zum CT transportiert. Auf den Bildern des Thorax sieht der Radiologe einen schweren pathologischen Befund: eine ausgeprägte beidseitige Lungenembolie mit reitendem Thrombus beider Pulmonalisstämme. Wegen der massiven Embolie (Stadium III) kommt der Patient auf die Intensivstation. Dort wird neben einer Heparinisierung über den Perfusor sofort eine Fibrinolyse mittels rt-PA durchgeführt und der Patient engmaschig überwacht. Bei der Kompressionssonografie der Beinvenen kann kein Thrombus gefunden werden. In der Echokardiografie zeigt sich die starke rechtsseitige Belastung: der rechte Ventrikel ist dilatiert und das Kammerseptum bewegt sich paradox.

Unter der Therapie geht es Herrn O. bald deutlich besser, sodass er zwei Tage später auf die Normalstation verlegt werden kann. Dort bekommt er überlappend zur Blutverdünnung mit einem subkutan gegebenen niedermolekularen Heparin den Vitamin-K-Antagonisten Phenprocoumon. Nun beginnt die Ursachenforschung. Dabei deutet nichts auf eine maligne Grunderkrankung hin. Sonografie und CT des Abdomens sind unauffällig, ebenso eine urologische Untersuchung und eine Gastroskopie. Eine Koloskopie soll später poststationär durchgeführt werden, wenn der Patient wieder bei Kräften ist. Bei der erweiterten Gerinnungsdiagnostik findet sich eine APC-Resistenz, Antiphospholipid Antikörper konnten nicht nachgewiesen werden. Die Stationsärztin erklärt dem Patienten, dass die schwere Embolie am ehesten auf die geringe körperliche Belastung und die genetische Anlage zurückzuführen ist. Herr O. soll nun erstmal für ein Jahr Phenprocoumon einnehmen. In einem Jahr soll er sich unbedingt in einer Gerinnungsambulanz zu einer vollständigen Thrombophiliediagnostik inklusive Protein C und S vorstellen. Dann wird auch über die weitere Antikoagulation entschieden.

F

22.2.2 Pulmonale arterielle Hypertonie (PAH)

Die Pulmonale arterielle Hypertonie ist eine Sammelbezeichnung für Krankheiten, die mit einem **erhöhten Blutdruck im Lungenkreislauf** einhergehen. Eine manifeste pulmonale Hypertonie liegt vor, wenn der mittlere Blutdruck in der Pulmonalarterie **in Ruhe > 25 mmHg** beträgt. Ab Druckwerten von 30 – 40 mmHg kann es zur **Belastungsdyspnoe** und rascher Ermüdbarkeit kommen. Bei höheren Drücken werden zusätzlich Synkopen, Angina pectoris und Ödeme beobachtet. Bei Rechtsherzinsuffizienz treten Halsvenenstauung, Stauungsleber und hepatojugulärer Reflux auf.

Ausführliche Informationen zur PAH einschließlich Diagnostik, Therapie und Prognose sind im Kapitel „Pulmonale Hypertonie“ auf S. 114 ff. zu finden.

22.2.3 Arteriovenöse Fisteln

engl.: av malformations

Arteriovenöse Fisteln sind vaskuläre Kurzschlussverbindungen, meist zwischen Pulmonalarterie und -vene. Sie sind selten und treten in ca. 50 % der

Fälle im Rahmen eines Morbus Rendu-Osler auf (s. S. 361).

AV-Fisteln sind ganz **überwiegend angeboren**, singulär oder multipel, selten posttraumatisch. Der Kurzschluss führt zu einer Shuntdurchblutung unter Umgehung der Alveolen, woraus in Abhängigkeit vom Durchflussvolumen eine Sauerstoffuntersättigung des Blutes und eventuell eine Polyglobulie resultiert. Bei großen Fisteln finden sich Belastungsdyspnoe, zentrale Zyanose, Hämoptoe und Trommelschlägelfinger. Häufig handelt es sich um einen röntgenologischen Zufallsbefund (Differenzialdiagnose: Lungenrundherde anderer Genese). In 30% der Fälle findet sich bei der Auskultation ein lokales Strömungsgeräusch. Die Diagnose wird durch die **Pulmonalisangiografie** gesichert. Symptomatische Fisteln können reseziert oder transvasal embolisiert werden. Sauerstoffgabe kann einen erniedrigten PaO_2 nicht wesentlich anheben.

22.2.4 Schocklunge (ARDS)

engl.: acute respiratory distress syndrome; mildere Form: ALI (= acute lung injury)

Definition. Bei der Schocklunge handelt es sich um ein **akutes Lungenversagen,** das nach Einwirkung unterschiedlicher Noxen, am häufigsten nach einer Sepsis, auftritt und mit einem nichtkardiogenen Lungenödem einhergeht.

Epidemiologie

Risikofaktoren sind Schock, Sepsis, Verbrauchskoagulopathie, Pneumonie, Polytrauma, Aspiration, Inhalation von toxischen Gasen, Überdosis von Narkotika, Operationen mit langen kardiopulmonalen Bypasszeiten und Massentransfusionen. Die Inzidenz liegt bei 5 – 8/100 000 Einwohner/Jahr. Die Letalität ist mit 50 – 70% hoch.

Ätiopathogenese

Initial findet sich eine Schädigung des pulmonalen Kapillarendothels mit gesteigerter Permeabilität und einem **interstitiellen Lungenödem** (exsudative Phase). Ein großer Teil der Alveolen und Bronchiolen ist mit Fibrin ausgefüllt. Die Surfactant-bildenden Pneumozyten Typ II gehen zugrunde, es bilden sich **hyaline Membranen** und **Mikroatelektasen** aus. Durch das Missverhältnis von Ventilation und Perfusion entsteht ein funktioneller arteriovenöser Shunt mit resultierender Hypoxämie. Im Intermediärstadium findet sich eine Proliferation des Alveolarepithels und eine zunehmende Verlegung venöser und lymphatischer Gefäße durch **einsprossendes Bindegewebe.** Im Spätstadium kommt es zu einer generalisierten Lungenfibrose. Diese kann sich langsam (über viele Monate) wieder zurückbilden.

Klinik

Frühzeichen sind ein Anstieg der Atemfrequenz und nachfolgend innerhalb von Stunden Auftreten von Dyspnoe, Zyanose, Unruhe und Verwirrtheit. Der Patient wird zunehmend respiratorisch insuffizient.

Diagnostik

Blutgasanalyse. Rasch zunehmende respiratorische Partial-, später Globalinsuffizienz. Eine Korrektur durch Sauerstoffatmung ist nicht möglich (typischerweise $PaO_2 < 50$ mmHg).

Röntgenthorax in zwei Ebenen. Etwa 12 bis 24 Stunden nach Beginn der Symptomatik finden sich beidseitige, flächige Lungenverschattungen, die in der Folge zunehmen. Oft besteht eine komplette Verschattung beider Lungenfelder. Positives Bronchopneumogramm (belüftete Bronchien im verdichteten Lungengewebe erkennbar).

CT. Flächige Verschattungen in den abhängigen Lungenabschnitten mit Luftbronchogrammen, häufig Pleuraergüsse.

Rechtsherzkatheter. Nur erforderlich, wenn ein kardiogenes Lungenödem klinisch nicht ausgeschlossen werden kann. Der pulmonal-kapilläre Verschlussdruck ist normal.

Differenzialdiagnose. Kardiogenes Lungenödem (Mitralstenose, Myokardinfarkt, Vorhofmyxom: kardiologische Diagnostik, s. S. 9 ff); Pneumonie (s. S. 444). Selten: Reexpansionsödem nach Pleuradrainage (bei Erguss oder Pneumothorax, s. S. 489).

Therapie

Entscheidend für den Ausgang ist, ob die ursächliche Störung beseitigt werden kann (z. B. Schockzustand, Infektion, Verbrauchskoagulopathie). In den meisten Fällen ist eine **maschinelle Beatmung** erforderlich. Dabei sollte Folgendes beachtet werden:

- hohe Beatmungsdrücke vermeiden
- niedrige Atemzugvolumina
- Spontanatemzüge ermöglichen
- hohe inspiratorische O_2-Konzentrationen gewährleisten
- positiven endexspiratorischen Atemwegsdruck (PEEP) anstreben

Die weniger geschädigten Lungenpartien sollten tiefer gelagert werden, um eine Shunt-Durchblutung so gering wie möglich zu halten. Weiterhin ist auf eine adäquate, möglichst enterale Ernährung zu achten, und es sollte eine Low-dose-Heparinisierung erfolgen.
Ein neuer therapeutischer Ansatz besteht im Einsatz von **Membranventilatoren** („künstliche Lunge"): das Gerät wird arteriovenös an die Femoralgefäße angeschlossen und entfernt CO_2 aus dem Blut. Dadurch kann die mechanische Beatmung ergänzt oder ganz ersetzt werden.

Prognose und Komplikationen

Die Letalität beträgt je nach Ursache 50 – 70% und ist besonders hoch bei ARDS nach Lungeninfektionen. Wird das ARDS überlebt, erholt sich die Lungenfunktion in den meisten Fällen innerhalb des ersten Jahres erstaunlich gut. Komplikationen der Therapie sind Überwässerung (Kontrolle des zentralen Venendrucks) und Barotrauma (Pneumothorax) aufgrund zu hoher Beatmungsdrücke.

22.3 Interstitielle Lungenerkrankungen

22.3.1 Allgemeines

Definition. Interstitielle Lungenerkrankungen stellen eine heterogene Gruppe von chronischen, nichtmalignen Erkrankungen dar, die initial häufig durch eine entzündliche Infiltration der Alveolenwände (Alveolitis) und in fortgeschrittenen Stadien durch eine vermehrte Ablagerung von Kollagen im Bindegewebe der Lungen gekennzeichnet sind. Derzeit werden etwa 180 verschiedene interstitielle Lungenerkrankungen bekannter und ungeklärter Ursache unterschieden. Zahlenmäßig überwiegen die fibrosierenden Lungenerkrankungen unbekannter Ursache.

Ätiopathogenese. Einteilung und Ursachen sind in Tab. 22.12 aufgeführt.
Das Wissen um die Entstehung von interstitiellen Lungenerkrankungen ist weitgehend hypothetisch. Ein **initialer Reiz** (exogene Noxe oder endogener Stimulus) führt zu einem Schaden der Alveolarepithelien und/oder Kapillarendothelien. In der Folge infiltrieren Entzündungszellen (Neutrophile, Eosinophile, Lymphozyten, Alveolarmakrophagen, Mastzellen) das Interstitium und den Alveolarraum. Die so ent-

Tab. 22.12 Einteilung und Ursachen interstitieller Lungenerkrankungen

Erkrankungen mit bekannter Ätiologie	Erkrankungen mit unbekannter Ätiologie
• anorganische Stäube (Pneumokoniosen): Silikose, Anthrakosilikose, Asbestose, Talkose, Siderofibrose, Hartmetallfibrose, Aluminose, Berylliose • organische Stäube (exogen-allergische Alveolitis): Vogelhalter-, Farmer-, Pilzzüchter-, Befeuchterlunge u. a. • Gase: Sauerstoff, Schwefeldioxid, Chlorgas • Rauch: Zink, Kupfer, Mangan, Antimon • Dämpfe: Quecksilber, Isocyanate • Aerosole: Fette (Mineralöl, ölhaltige Nasentropfen) • Medikamente: Busulfan, Bleomycin, Mitomycin, Nitrofurantoin, Goldsalze, Carbamazepin, Salazosulfapyridin u. a. • Gifte: Paraquat • ionisierende Strahlen: therapeutische Strahlenanwendung, Strahlenunfälle • Mikroorganismen: Bakterien, Mykoplasmen, Viren, Pilze, Protozoen • chronische Lungenstauung	• idiopathische interstitielle Pneumonien, z. B. idiopathische Lungenfibrose • Kollagenosen (rheumatoide Arthritis, Sklerodermie, Lupus erythematodes disseminatus, Polymyositis, Dermatomyositis, Sjögren-Syndrom, Sharp-Syndrom) • Sarkoidose • Histiocytosis X • Vaskulitiden: Wegener-Granulomatose, Churg-Strauss-Syndrom, Morbus Behçet, Immunvaskulitis, chronische eosinophile Pneumonie, Amyloidose, Lymphangioleiomyomatose • idiopathische Lungenhämosiderose • Alveolarproteinase • Pulmonale Histiocytosis X • Lymphangioleiomyomatose

F

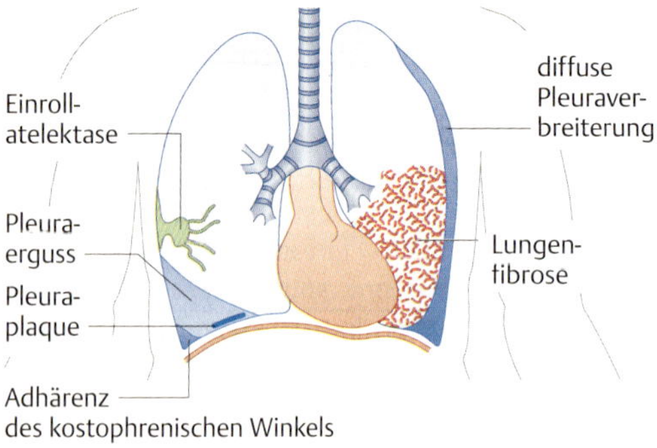

Abb. 22.8 **Röntgenveränderungen bei Asbestose.**

induzierte Bronchialkarzinom manifestiert sich nach einer medianen Latenzzeit von 30 Jahren vorwiegend in den Unterfeldern. Die Inzidenz ist bei asbestexponierten Rauchern extrem hoch (multiplikativer Effekt beider Noxen). Das maligne Pleuramesotheliom tritt nach 20- bis 40-jähriger Latenzzeit unabhängig vom Vorliegen einer Asbestose auf (s. S. 467).

Klinik

Die Lungenasbestose führt zu trockenem Husten und progredienter Dyspnoe. Pleuraasbestosen sind meist asymptomatische Zufallsbefunde.

Diagnostik

Unspezifische klinische Zeichen sind Knisterrasseln über der Lungenbasis und Zeichen der chronischen Gewebshypoxie wie z. B. Uhrglasnägel.

Wegweisend ist der **radiologische Befund** (**Abb. 22.8**). Bei der Lungenasbestose finden sich unregelmäßige Fleckschatten, die gemäß der ILO-Klassifikation beschrieben werden. Diffuse Pleuraverdickung und Pleuraplaques werden ebenfalls entsprechend Dicke und Ausdehnung gemäß der ILO kodiert. Der empfindlichste Nachweis einer Lungen- oder Pleuraasbestose gelingt mit der **CT** (**Abb. 22.9**) und der **HR-CT** (High-Resolution-CT). Bei entsprechender Berufsanamnese ist eine feingewebliche Sicherung meist nicht erforderlich. Der Gehalt an Asbestkörperchen (Ferruginous Bodies, Asbestos Bodies = AB) in der bronchoalveolären Lavage korreliert mit der Faserdichte im Lungengewebe (ein AB pro ml BAL entspricht 1 000 AB/g Lungengewebe) (**Abb. 22.10**).

Differenzialdiagnose. Andere fibrosierende Lungenerkrankungen sowie Pleuraergüsse und Pleuraschwarten anderer Genese (Tbc, unspezifische Pleuritis, Thoraxtraumen u. a.) sind auszuschließen.

Therapie

Auch hier sind Expositionsprophylaxe und Nikotinkarenz die wichtigsten Maßnahmen.
Eine wirksame Therapie ist nicht bekannt. Das asbestbedingte Bronchialkarzinom wird wie jedes Bronchialkarzinom behandelt (s. S. 481ff). Zur Behandlung des Pleuramesothelioms s. S. 489.

Prognose

Die Lungenasbestose kann auch nach Beendigung der Exposition fortschreiten. Komplikationen sind

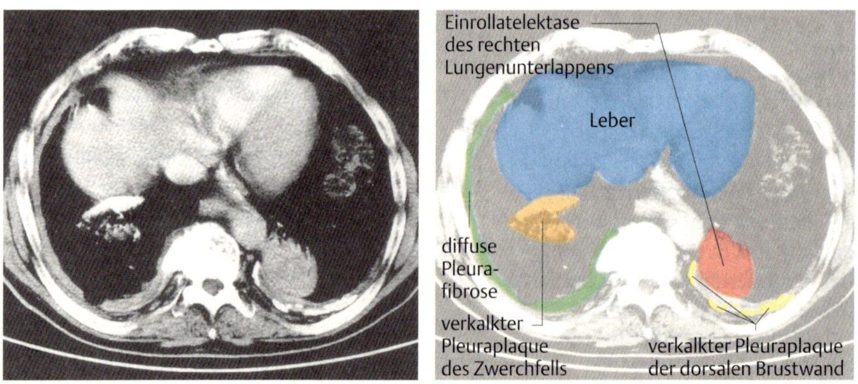

Abb. 22.9 **CT (Weichteilfenster) bei ausgedehnter Pleuraasbestose.**

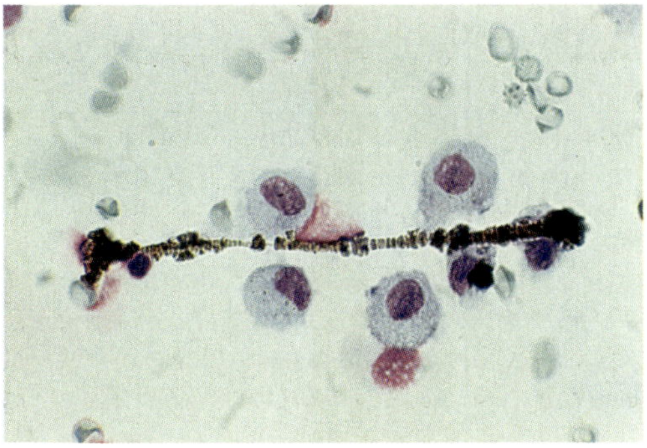

Abb. 22.10 Asbestkörperchen. In der bronchoalveolären Lavage eines Patienten mit Asbestose finden sich außer dem Asbestkörperchen Alveolarmakrophagen (Giemsa-Färbung.)

respiratorische Insuffizienz, Cor pulmonale, Bronchialkarzinom und Pleuramesotheliom.

22.3.4 Lungenschädigung durch Medikamente

Zahlreiche Medikamente können zu einer Lungenschädigung führen. Pathomechanismen und klinisches Bild lassen eine Unterteilung in verschiedene Gruppen zu:

- Eine **Lungenfibrose** kann z. B. durch Amiodaron, Bleomycin, Cyclophosphamid, Methotrexat und Nitrofurantoin ausgelöst werden.
- Eine **akute Überempfindlichkeitsreaktion** mit Dyspnoe, Husten, Fieber, Lungeninfiltraten und Pleuraergüssen wird nach Carbamazepin, Diphenylhydantoin, Imipramin und Penicillin beobachtet
- Eine **Bronchiolitis obliterans** kann nach Gabe von Goldsalzen, D-Penicillamin und Amiodaron auftreten.
- Ein **Bronchospasmus** kann Hinweis auf eine Unverträglichkeit von Acetylsalicylsäure, NSAR, Betablocker und Pentamidin sein.

> **!** **Weglassen des verdächtigen Medikaments (daran denken!) ist der wichtigste Schritt in Diagnostik und Behandlung.**

22.3.5 Lungenschädigung durch toxische Gase

Akute und chronische Schäden durch Inhalation giftiger Reizgase sind häufig. Intoxikationen kommen u. a. bei Unfällen, in der chemischen Industrie und bei jeder Art von Schadenfeuer vor.

Stark irritierende Gase (Ammoniak, Salzsäure, Chlorgas) führen innerhalb kurzer Zeit zur Ausbildung einer obstruktiven Ventilationsstörung (Schleimhautschwellung in den Atemwegen) und einem Lungenödem, in seltenen Fällen auch zu einer Bronchiolitis obliterans. Nach Überstehen der Akutsituation ist die Langzeitprognose in der Regel gut.

Nicht irritierende Gase (Nitrose Gase, Phosgen) führen zunächst oft nur zu geringfügigen Akutsymptomen (Husten, Dyspnoe, Schwäche). Nach anfänglicher Besserung kann es ab dem 2. bis 3. Tag, selten jedoch erst nach einem Intervall von 2 bis 5 Wochen, zu Fieber, Myalgien, Dyspnoe und Lungenödem mit progressiver respiratorischer Insuffizienz kommen, die eine maschinelle Beatmung und eine hochdosierte systemische Steroidbehandlung erforderlich machen.

22.3.6 Exogen-allergische Alveolitis

engl.: hypersensitivity pneumonitis

Definition. Die exogen-allergische Alveolitis ist eine Lungenerkrankung, die durch eine allergische Reaktion auf inhalierte organische Stäube entsteht. Sie geht einher mit einer entzündlichen Infiltration der Alveolen, terminalen Bronchiolen und des Lungeninterstitiums und kann im Spätstadium zu einer Lungenfibrose führen.

Epidemiologie

Gefährdet sind v. a. bestimmte Berufsgruppen mit hoher inhalativer Belastung durch organische Stäube. Die Prävalenz in der Gesamtbevölkerung beträgt 4/100 000, bei Landwirten 85/100 000 und bei Vogelzüchtern 150/100 000.

> **!** **Bei Verursachung durch berufliche Allergene liegt eine Berufskrankheit vor.**

Ätiopathogenese

Bisher sind mehr als 300 inhalierbare Allergene identifiziert (Tab. 22.14), die abhängig von Stärke und Dauer der Exposition sowie entsprechender

F

Tab. 22.14 Mögliche Auslöser einer exogen-allergischen Alveolitis (Auswahl)

Erkrankung	Antigene
Farmerlunge (syn. Drescher-Krankheit)	Sporen von thermophilen Aktinomyzeten (Micropolyspora faeni, Thermoactinomyces vulgaris, Thermomonospora viridis, Aspergillen) in feucht eingebrachten Futtermitteln
Vogelzüchterlunge	Proteinbestandteile in Haut und Exkrementen (Tauben, Hühner, Wellensittiche u. a.)
Befeuchterlunge	Verunreinigungen in Luftbefeuchter- und Klimaanlagen, aber auch in Zimmerspringbrunnen! (Aspergillen, thermophile Aktinomyzeten, Aureobasidium pullulans, Fusarium, Bakterien, Amöben)
Pilzzüchterlunge	Pilzmyzele, Pilzsporen, Micropolyspora faeni, Thermomonospora vulgaris, Aspergillen
Holzarbeiterlunge	Schimmelpilze, Alternaria alternata, A. pullulans
Käsearbeiterlunge	Penicillium casei, Penicillium roqueforti
Isozyanatlunge	Isozyanate

Disposition zu einer **Alveolitis** führen können. Initial kommt es zu einer **Immunkomplexreaktion** (Typ-III-Reaktion, s. S. 1088), die zur Einwanderung von neutrophilen Granulozyten führt. Während der anschließenden **zellulären Immunreaktion** (Typ-IV-Allergie, s. S. 1089) findet sich eine Einwanderung von Lymphozyten (besonders CD 8-Zellen und Natural-Killer-Zellen), Mastzellen, Plasmazellen und Makrophagen. Es kommt zur Bildung von Granulomen. Wiederholter Allergenkontakt kann zu einer progredienten **Lungenfibrose** führen.

Klinik

Bei der **akuten Form** kommt es 4 – 8 (bis 12) Stunden nach Allergenkontakt zu Husten, Fieber, Schüttelfrost, Myalgien und Dyspnoe. Die Beschwerden klingen spontan innerhalb weniger Tage ab. Wenn wiederholter Antigenkontakt jeweils zu dem typischen Beschwerdebild führt, spricht man von einem **chronisch-rezidivierenden Verlauf.** Bei der **chronisch-progredienten Verlaufsform** finden sich häufig nur Husten und Dyspnoe, die über Monate bis Jahre progredient sind.

Diagnostik

Anamnese. Wichtigster Baustein in der Diagnostik!

Körperliche Untersuchung. Zyanose, Uhrglasnägel, inspiratorisches Knisterrasseln und quietschende Nebengeräusche über beiden Lungenflügeln.

Labor. Entzündungszeichen (Leukozytose, BSG ↑, CRP ↑, Immunglobuline ↑). **Nachweis spezifischer (präzipitierender) IgG-Antikörper** gegen das vermutete Allergen

> ! **Präzipitine beweisen nur die Exposition, nicht die Erkrankung!**

Röntgenthoraxaufnahme in zwei Ebenen. feinnoduläre oder flächige Verschattungen, besonders in den Oberfeldern, später retikulonoduläre Verschattungen, **Honigwabenlunge** (Endstadium von Lungenfibrosen, kleinzystische Degeneration des Lungengewebes, vorwiegend in den Unterlappen lokalisiert)

HR-CT. Besonders in Frühstadien **milchglasartige Verschattungen,** die im konventionellen Röntgenbild oft nicht erkennbar sind (**Abb. 22.11**)!

Lungenfunktion. Restriktive Ventilationsstörung, verminderte Diffusionskapazität.

Blutgasanalyse. Respiratorische Partialinsuffizienz in Ruhe und insbesondere unter körperlicher Belastung.

Bronchoskopie. In der bronchoalveolären Lavage stark erhöhte Gesamtzellzahl; in der akuten Phase Vermehrung von Neutrophilen, Mastzellen, Plasmazellen. In der subakuten und chronischen Phase CD 8-Lymphozytose. Bei der chronisch-schleichenden Form ist die Lymphozytose geringer ausgeprägt, es findet sich ein erhöhter CD 4/CD 8-Quotient der T-Lymphozyten.

Feingewebliche Sicherung. Durch transbronchiale oder offene **Lungenbiopsie** (nur selten bei chronischen Formen erforderlich).

Inhalativer Provokationstest. In Zweifelsfällen (Gutachten) kann die Diagnose hierdurch untermauert werden.

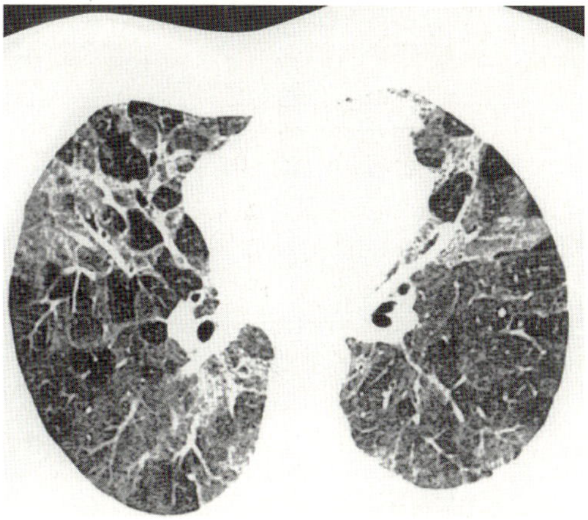

Abb. 22.11 **HR-CT bei exogen-allergischer Alveolitis.** Typisch sind die landkartenähnlichen Zonen mit Milchglasverschattungen.

> **!** Kein einzelner diagnostischer Test ist beweisend für eine exogen-allergische Alveolitis.

Differenzialdiagnose. Andere interstitielle Lungenerkrankungen.

Therapie

Die Therapie besteht in der **Allergenkarenz** (Schutzmaske, ggf. Aufgabe von bestimmten Hobbys und Berufen) und bei chronischer Verlaufsform in der Gabe von systemischen **Glukokortikoiden** (Prednisonäquivalent 1 mg/kgKG/d) über 2 bis 4 Wochen, dann Dosisreduktion. Längerfristige Steroidtherapie nur bei nachgewiesener Wirksamkeit!

Prognose und Komplikationen

Die akute Form heilt in der Regel folgenlos ab. Bei der chronisch-progredienten Form kommt es häufig trotz Allergenkarenz und systemischer Steroidbehandlung zu einem Fortschreiten der Lungenfibrose. Komplikationen sind respiratorische Insuffizienz und Cor pulmonale.

22.3.7 Sarkoidose

Synonym: Morbus Boeck
engl.: sarcoidosis

Definition. Die **Sarkoidose** ist eine systemische granulomatöse Erkrankung unbekannter Ätiologie, die nahezu jedes Organ befallen kann. In mehr als 90% der Fälle findet sich eine intrathorakale Manifestation.

Epidemiologie

Die Prävalenz beträgt 10 – 40/100 000 Einwohner. Hauptmanifestationsalter ist das 3. und 4. Lebensjahrzehnt.

Ätiopathogenese

Die Ursache ist unbekannt. Genetische Faktoren scheinen die Suszeptibilität und die individuelle Krankheitsausprägung mitzubestimmen. Eine infektiöse Ätiologie konnte bis jetzt nicht bewiesen werden. Immunologisch findet sich eine **überschießende Aktivität von T-Helferzellen**. Die Granulomentstehung wird mit der vermehrten Produktion von Tumornekrosefaktor α, Interferon γ und Interleukin 2 in Verbindung gebracht.

Charakteristisch sind nicht verkäsende **epitheloidzellige Granulome**, die Riesenzellen, epitheloidzellig umgewandelte Makrophagen und Lymphozyten enthalten. Sie können vernarben und dann zu irreversiblen Organschäden führen.

Der Befall des Lungenparenchyms kann eine Gasaustauschstörung, Befall der Atemwege eine obstruktive Ventilationsstörung zur Folge haben.

Klinik

Die **akute Sarkoidose** dauert wenige Wochen und geht mit Abgeschlagenheit, Fieber, Gelenkbeschwerden (v. a. Sprunggelenke), Erythema nodosum und häufig mit Husten und Dyspnoe einher. Die Trias Arthritis, Erythema nodosum und bihiläre Lymphknotenschwellung wird als **Löfgren-Syndrom** bezeichnet und kommt besonders häufig bei jungen Frauen vor. Seltener ist das **Heerfordt-Syndrom** mit Fieber, Parotisschwellung, Uveitis anterior und Fazialislähmung.

Die **chronische Sarkoidose** entwickelt sich über Monate und führt zu Dyspnoe und trockenem Husten. Hämoptysen, Pleuraerguss und Pneumothorax sind selten. Durch Befall der Atemwege kann es zu einer obstruktiven Ventilationsstörung, Bronchiektasen und zu einer unspezifischen bronchialen Hyperreagibilität kommen.

> **!** Häufig ist die Sarkoidose ein (asymptomatischer) Zufallsbefund.

a Art und Häufigkeit der Veränderungen

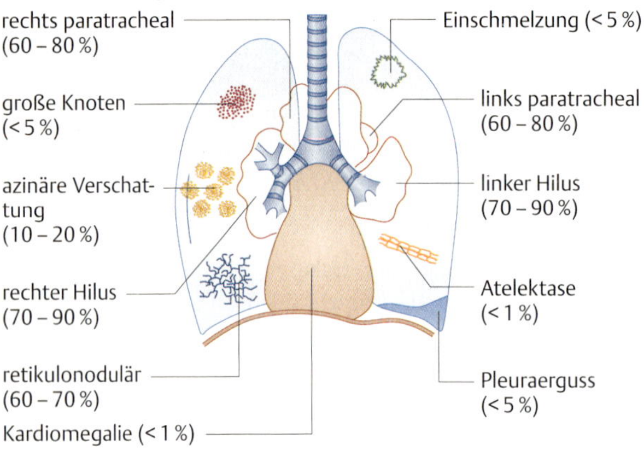

b Beispiel: Röntgenstadium II

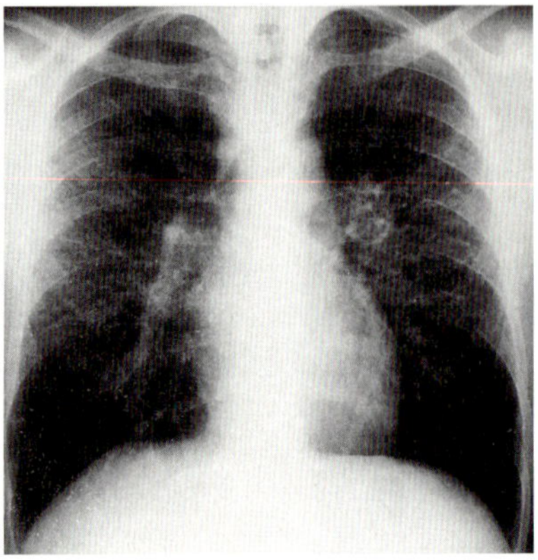

Abb. 22.12 Röntgenveränderungen bei Sarkoidose. a Art und Häufigkeit der Veränderungen, **b** Röntgenstadium II: Im vorliegenden Röntgenbild sind bihiläre Lymphome und eine retikulonoduläre Zeichnungsvermehrung des Lungenparenchyms zu erkennen.

Auch diverse **extrapulmonale Manifestationen** sind möglich:

- periphere Lymphknotenschwellungen (30 %), Milzbefall
- Hautveränderungen (25 %): Erythema nodosum, blaurote Knoten, kleine Papeln
- Knochenveränderungen (5 %): zystische Veränderungen der Fingerphalangen (Ostitis multiplex cystoides Jüngling)
- Augenbeteiligung (25 %): Iridozyklitis, Uveitis, Kalkablagerungen in Binde- und Hornhaut, Tränendrüsenbefall
- Hyperkalzämie (5 – 10 %)
- Herzmuskelbefall (5 %): Herzrhythmusstörungen, AV-Block, Kardiomegalie
- Befall des Nervensystems (5 %): Fazialislähmung, Diabetes insipidus, granulomatöse Meningitis

Diagnostik

Röntgenthoraxaufnahme in zwei Ebenen. Der radiologische Befund der Thoraxorgane ist wegweisend (Hiluslymphome, paratracheale Lymphome, retikulonoduläre oder azinäre, selten milchglasartige Verschattungen, Abb. 22.12). Radiologische Stadieneinteilung:

- Typ I: bihiläre und gegebenenfalls mediastinale Lymphome
- Typ II: zusätzliche Lungeninfiltrate
- Typ III: alleiniger Lungenbefall
- Typ IV: Lungenfibrose

Die Einteilung korreliert nur begrenzt mit dem natürlichen Krankheitsverlauf oder mit der Lungenfunktionseinschränkung.

HR-CT. Die HR-CT erfasst mit höherer Sensitivität als das Röntgenbild den Befall des Lungenparenchyms, fibrotische Veränderungen und Komplikationen (Bullae, Bronchiektasen, Aspergillome).

Histologie. In allen Fällen, in denen das klassische Löfgren-Syndrom nicht vorliegt, sollte die Diagnose histologisch bestätigt werden. Bei intrathorakalem Befall Bronchoskopie, Biopsien aus Bronchialschleimhaut oder Lungenparenchym, perbronchiale oder perösophageale endosonografisch gesteuerte Lymphknotenpunktion. Eine Mediastinoskopie oder offene Lungenbiopsie ist nur selten erforderlich.

Bronchoalveoläre Lavage. Meistens ist eine Vermehrung von Lymphozyten nachweisbar. Der Quotient aus T-Helferzellen und T-Suppressorzellen (CD4/CD8-Quotient) ist typischerweise erhöht.

Labor. Die Konzentration des **Angiotensin Converting Enzyme** (ACE) im Serum ist häufig erhöht, ebenso der von aktivierten Lymphozyten sezernierte lösliche **Interleukin-2-Rezeptor** im Serum.
Bestimmung des Kalziums im Serum, EKG und augenärztliche Untersuchung sind obligat.

Lungenfunktionsprüfung. Restriktive, obstruktive oder gemischtförmige Ventilationsstörung; in fort-

Tab. 22.15 Differenzialdiagnose der Sarkoidose

Erkrankung	Bedeutung	Kommentar
malignes Lymphom	+++	mediastinale Lymphome meist asymmetrisch angeordnet. Lungenbefall selten
Tuberkulose	++	mediastinale Lymphome und Lungenbefall (oft Kavernen) asymmetrisch, Tuberkulintest nahezu immer positv (bei Sarkoidose in 30% d.F.). Mikrobiologische Sicherung!
andere interstitielle Lungenerkrankungen	++	Abgrenzung durch Computertomografie der Lungen und bronchologische Untersuchung (bronchoalveoläre Lavage, bronchoskopische Lungenbiopsie), ggf. offene chirurgische Lungenbiopsie
Silikose	+	Arbeitsplatzanamnese, meist ältere Patienten, keine extrapulmonale Beteiligung
Berylliose*	++	Arbeitsplatzanamnese

** Die Berylliose entsteht durch inhalativen Kontakt mit Berylliumdämpfen (Vorkommen in zahlreichen Industriezweigen wie Elektronikindustrie, Keramikindustrie, Halbedelsteinverarbeitung u. a.). Klinik, Röntgenbefund und Histologie sind identisch wie bei der Lungensarkoidose. Abgrenzung durch den Beryllium-Lymphozytenproflerationstest im Blut oder in der BAL.*

geschrittenen Fällen Gasaustauschstörung in Ruhe und/oder nach Belastung.

Differenzialdiagnose. → Tab. 22.15

Therapie

Die **akute Sarkoidose** wird bedarfsweise mit nichtsteroidalen Antiphlogistika (Acetylsalicylsäure, Indometacin) und nur im Sonderfall mit Glukokortikoiden (Tage bis wenige Wochen) behandelt.

Die **chronische Sarkoidose** wird mit **systemischen Glukokortikoiden** (Prednison) behandelt, sofern ein messbarer Funktionsschaden oder eine radiologische/funktionelle Progredienz vorliegen. Dabei dürfen jedoch die kurzfristigen Erfolge der Therapie nicht darüber hinwegtäuschen, dass ein Beleg für den Nutzen dieser Therapie bezüglich Lungenfibrose und Krankheitsprogress bisher fehlt. Weitere Indikationen für eine systemische Steroidtherapie sind: Befall der Augen, des Herzmuskels oder des ZNS, Hyperkalzämie. Dosierung: Initial 50 mg Prednisonäquivalent/Tag. Die anschließende Dosisreduktion muss langsam erfolgen (10 mg/Monat). Die Erhaltungstherapie (meist über 6 Monate bis 1 Jahr) wird in Abhängigkeit von der klinischen Symptomatik und dem radiologisch-funktionellen Befund festgelegt.

Therapeutische Alternativen bei Steroidresistenz oder Kontraindikationen für Glukokortikoide sind Azathioprin, Methotrexat und Ciclosporin.

Bei jedem Patienten mit chronischer Sarkoidose sind **langfristige Kontrollen** (z. B. Röntgenthoraxaufnahme des Thorax, Lungenfunktion) zur Erfassung von Rezidiven ratsam.

Prognose und Komplikationen

Die **akute Sarkoidose** heilt in 95% der Fälle folgenlos innerhalb weniger Wochen bis Monate aus. Die **chronische Sarkoidose** führt in etwa 50% zu bleibenden, meist geringfügigen Dauerschäden. In 10 bis 20% der Fälle bleibt die Erkrankung über viele Jahre aktiv, in etwa 5 – 10% kommt es zu Komplikationen (Cor pulmonale, schwere respiratorische Insuffizienz, bedrohliche Herzinsuffizienz, bedrohliche Herzrhythmusstörungen, Aspergillome).

Klinischer Fall

Die 31-jährige Frau L. kommt zum Arzt. Vor zwei Monaten habe sie dicke, schmerzhafte, rote Flecken an beiden Schienbeinen bemerkt. Dabei hätten ihr auch die Sprunggelenke wehgetan. Seitdem bekomme sie zunehmend schlechter Luft, ohne erkältet zu sein. Der aufnehmende Arzt sieht im Bereich der Unterschenkel beidseits bis zu sieben Zentimeter durchmessende, druckdolente, unscharf begrenzte Rötungen und stellt eine Tachykardie von 120/min fest. Ansonsten erkennt er keine Auffälligkeiten bei der Untersuchung. Er wertet dies als Erythema nodosum und stellt die Verdachtsdiagnose einer Sarkoidose. Es folgen eine Reihe weiterer Untersuchungen.

Die Routinelaborparameter inklusive Calcium sind bis auf ein erhöhtes CRP (30,7 mg/l) im Normbereich. Die Aktivitätsparameter ACE (131 U/l [normal 18 – 55]) und Interleukin 2-Rezeptor (5 321 U/ml [normal 223 – 710]) sind deutlich erhöht. Die Borrelienserolo-

gie ist negativ. Nach dem CT-Thorax steht fest, dass Frau L. eine deutliche mediastinale und bihiläre Lymphadenopathie hat und fein- bis mittelfleckige pulmonale Infiltrate (radiologisches Stadium 2). Die Oberbauchsonografie und die Herzuntersuchungen (EKG, Echokardiografie, Langzeit EKG) erbringen keinen pathologischen Befund. Der Lungenfunktionstest ergibt eine leichtgradige Restriktion. Die BGA ist unauffällig. Bei der Einatemzugmethode mit Kohlenmonoxid besteht bereits eine mittelgradige Einschränkung des Gastransfers. In der Bronchoskopie punktieren die Untersucher einen subcarinal gelegenen Lymphknoten und führen eine bronchoalveoläre Lavage durch. Histologisches Ergebnis der Punktion ist eine nicht-verkäsende epitheloidzellige Granulomatose. Die Lavage erbringt eine mäßiggradige Lymphozytose mit erhöhtem CD 4/CD 8 Quotienten. Damit ist die Diagnose einer Sarkoidose gesichert.
Aufgrund des pulmonalen Befundes leiten die behandelnden Ärzte von Frau L. eine Cortisonstoßtherapie mit Prednisolon 50 mg ein, das sukzessive auf 20 mg/Tag reduziert werden soll. Frau L. wird zu einer Kontrolluntersuchung in einem halben Jahr eingeladen. Dann wird über die weitere Therapie entschieden. Bis dahin soll sich die Patientin auch von einem Augenarzt untersuchen lassen.

22.3.8 Idiopathische Lungenfibrose

engl.: idiopathic pulmonary fibrosis, usual interstitial pneumonitis (UIP)

Definition. Die idiopathische Lungenfibrose ist eine chronische, progrediente fibrosierende Lungenerkrankung unbekannter Ätiologie, die durch ein typisches klinisches, radiologisches, funktionelles und morphologisches Bild gekennzeichnet ist und meist zwischen dem 50. und 70. Lebensjahr auftritt.

Klinik

Leitsymptome sind Belastungsdyspnoe und trockener Husten. In etwa 50 % der Fälle finden sich Uhrglasnägel und Trommelschlegelfinger als Zeichen der chronischen Gewebehypoxie. Bei fortgeschrittener Erkrankung kommt es zu Abgeschlagenheit und Gewichtsverlust.

Diagnostik

Körperliche Untersuchung. Feinblasige inspiratorische Rasselgeräusche (Knisterrasseln, Sklerophonie) insbesondere über den basalen Lungenabschnitten; gelegentlich quietschende Nebengeräusche. In fortgeschrittenen Fällen Tachypnoe. Bei aufrechter Körperhaltung kommt es häufig zu einem Abfall der Sauerstoffsättigung durch vermehrte Shunt-Durchblutung in den basalen Lungenpartien (**Orthodeoxie**).

Röntgenthoraxaufnahme in zwei Ebenen. Retikulonoduläre Zeichnungsvermehrung mit Betonung der Unterfelder, zunehmender Zwerchfellhochstand (Schrumpfung des Lungengewebes), in Spätstadien Wabenlunge (Abb. 22.13).

HR-CT. Sensitiver als das Röntgenbild für die Erfassung von milchglasartigen Verschattungen (Alveolitis), Fibrosearealen und Traktionsbronchiektasen.

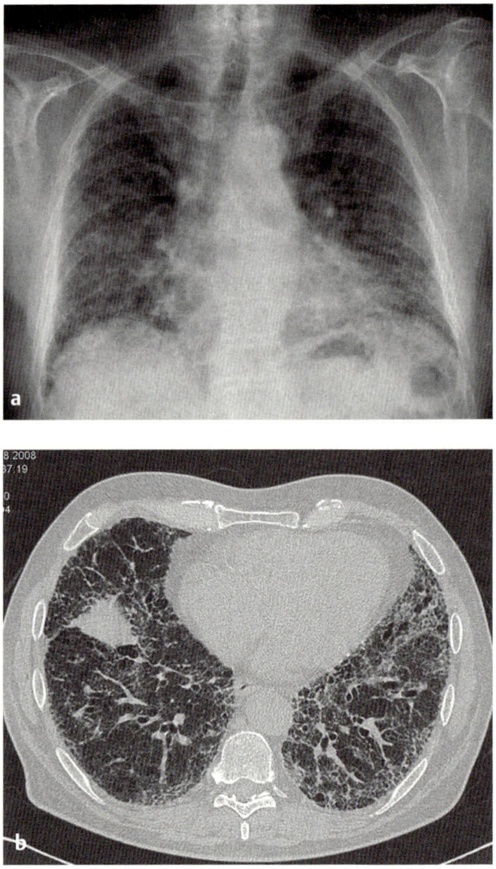

Abb. 22.13 **Idiopathische Lungenfibrose. a** Das Röntgenbild zeigt eine diffuse retikuläre Zeichnungsvermehrung und einen beidseitigen Zwerchfellhochstand. **b** Die HR-CT zeigt die Wabenbildung und Zerstörung der normalen Lungenstruktur.

Mitbeteiligung der Pleura spricht eher für Asbestose oder Kollagenose.

Lungenfunktionsprüfung. Restriktive Ventilationsstörung, respiratorische Partialinsuffizienz in Ruhe und insbesondere unter körperlicher Belastung, eingeschränkte Lungendehnbarkeit.

Bronchoskopie. Die bronchoalveoläre Lavage zeigt typischerweise eine Neutrophilie. Sie dient v. a. dem Ausschluss anderer Lungenerkrankungen. Histologische Sicherung durch transbronchiale oder videoassistierte thorakoskopische **Lungenbiopsie**.

Differenzialdiagnose. Interstitielle Lungenerkrankungen mit bekannter Ätiologie, Kollagenosen, Vaskulitiden und andere idiopathische interstitielle Pneumonien. Zu letzteren gehören die

- desquamative interstitielle Pneumonie (DIP; mittlere Überlebenszeit 12 Jahre; gutes Ansprechen auf Glukokortikoide)
- akute interstitielle Pneumonie (AIP, mittlere Überlebenszeit 1,5 Monate, früher als Hamman-Rich-Syndrom bezeichnet)
- unspezifische interstitielle Pneumonie (NSIP, mittlere Überlebenszeit > 10 Jahre)
- idiopathische Bronchiolitis obliterans mit organisierender Pneumonie (BOOP, s. u.)
- respiratorische Bronchiolitis mit interstitieller Pneumonie (RB-ILD, ausschließlich bei Rauchern, Besserung nach Nikotinkarenz, gute Prognose)

Therapie

Die Therapie erfolgt mit **Glukokortikoiden.** Die Ansprechrate liegt bei etwa 20 %. Außerdem wird N-Actylcystein verabreicht (hochdosiert: 3 × 600 mg/d p. o.). Zusätzlich werden **Immunsuppressiva** (Cyclophosphamid, Azathioprin) empfohlen. Die medikamentöse Therapie wird fortgesetzt, solange der Patient davon profitiert. Ultima Ratio ist die (einseitige) Lungentransplantation.

Prognose

Die mittlere Überlebenszeit beträgt etwa 3 Jahre. Häufige Komplikationen sind ein dekompensiertes Cor pulmonale, Pneumonien, Lungenembolien, Pneumothorax und Bronchialkarzinome.

22.3.9 Lungenbeteiligung bei Kollagenosen

Eine Beteiligung der Lunge bei Bindegewebserkrankungen ist relativ häufig. Eine **diffuse interstitielle Fibrose**, die klinisch, radiologisch und histologisch häufig nicht von einer idiopathischen Lungenfibrose zu unterscheiden ist, stellt hierbei nur eine von mehreren Manifestationsformen dar. Manchmal ist trotz einer in der BAL nachgewiesenen manifesten Alveolitis und Funktionseinbuße das Röntgenbild unauffällig. Zu den Bindegewebskrankheiten, die mit einer diffusen Lungenfibrose einhergehen können, zählen Sklerodermie, Polymyositis, rheumatoide Arthritis, Sjögren-Syndrom und systemischer Lupus erythematodes. Bezüglich der Prognose, Therapie und Überwachung (s. Kapitel 52 und 53).

Die **Wegener-Granulomatose** (s. S. 1132) geht im Bereich der Lungen mit bilateralen Knoten (oft mit zentraler Einschmelzung; Differenzialdiagnose Tumor), lokalen oder diffusen Infiltrationen oder einer alveolären Hämorrhagie einher. In der Initialphase, d. h. vor Auftreten einer Nierenbeteiligung, kann die Diagnose oft nur mithilfe einer chirurgischen Lungenbiopsie gestellt werden.

22.3.10 Eosinophile Lungenerkrankungen

Hierunter wird eine Vielzahl unterschiedlicher Krankheitsbilder zusammengefasst, denen das Leitsymptom einer eosinophilen Alveolitis und eine Bluteosinophilie gemeinsam sind. Hierzu zählen unter anderem folgende Erkrankungen:

- eosinophiles Infiltrat
- chronische eosinophile Pneumonie
- Churg-Strauss-Syndrom

Das **eosinophile Infiltrat** (Löffler-Syndrom) ist meist auf eine Infektion mit Ascaris lumbricoides zurückzuführen, der die Lunge passiert (s. S. 1051). In Sputum und BAL sind Ascarislarven nachweisbar.

Die Ursache der **chronischen eosinophilen Pneumonie** ist ungeklärt. Sie macht sich bemerkbar durch Husten, Fieber, Dyspnoe, beidseitige pleuranahe Lungeninfiltrate und eine oft hochgradige respiratorische Insuffizienz. Der Anteil an eosinophilen Granulozyten in der bronchoalveolären Lavage beträgt meist mehr als 25 %. Rasche klinische, radiologische und funktionelle Besserung durch systemische Glukokortikoide. Eine Erhaltungstherapie über 1 bis 2 Jahre ist meist erforderlich.

Beim **Churg-Strauss-Syndrom** findet sich ein allergisches Asthma bronchiale in Kombination mit einer systemischen Vaskulitis. Zu Klinik, Diagnostik und Therapie s. S. 1132.

22.3.11 Bronchiolitis obliterans mit organisierender Pneumonie (BOOP)

engl.: cryptogenic organizing pneumonia, bronchiolitis obliterans organizing pneumonia

Die BOOP ist eine klinisch-pathologisch definierte Lungenerkrankung oft ungeklärter Ätiologie, histologisch gekennzeichnet durch **proliferierendes Granulationsgewebe** in den respiratorischen Bronchiolen sowie interstitielle mononukleäre Zellinfiltrate und Schaumzellen in den Alveolen. Meist nimmt sie einen blanden Verlauf und hat eine günstige Prognose. Doch auch fulminante Verläufe mit letalem Ausgang sind beschrieben.
Klinisch sind Dyspnoe, Husten, Gewichtsverlust und Rasselgeräusche typisch. Im Röntgenbild sind beidseitige, flächige, in der CT **keilförmig imponierende Lungeninfiltrate** zu sehen. Es besteht eine restriktive Ventilationsstörung und eine Gasaustauschstörung. Die Diagnosesicherung erfolgt durch transbronchiale oder offene Lungenbiopsie; in der bronchoalveolären Lavage finden sich typischerweise eine **CD 8-dominante T-Lymphozytose**, Eosinophilie und Neutrophilie. Erst nach Ausschluss einer Begleit- oder Grunderkrankung (Reizgasinhalation, exogen-allergische Alveolitis, rezidivierende Aspirationen, medikamenteninduzierte Lungenerkrankung, rheumatoide Arthritis) darf von einer idiopathischen BOOP gesprochen werden. Die Behandlung erfolgt mit **systemischen Glukokortikoiden** über 6 bis 12 Monate.

22.3.12 Goodpasture-Syndrom

Hierunter versteht man die (seltene) Kombination aus **alveolärer Lungenblutung** und rasch **progredienter Glomerulonephritis.** Infolge Antigenverwandtschaft zwischen alveolärer und glomerulärer Basalmembran werden beide Organsysteme durch die im Serum nachweisbaren **Antibasalmembran-Antikörper** geschädigt. Die Lungenblutungen können ein bedrohliches Ausmaß annehmen. Differenzialdiagnostisch ist an andere pulmorenale Syndrome zu denken (z. B. Wegener-Granulomatose, SLE). Zu Diagnostik und Therapie s. S. 1132.

22.4 Tumorerkrankungen der Lunge

22.4.1 Benigne Tumoren

Zu den gutartigen Lungentumoren zählen
- Papillome
- Adenome
- Hamartome
- Fibrome
- Leiomyome
- Hämangioperizytome
- Sympathikusneurinome
- Plasmazellgranulome
- Amyloidtumoren

Sie machen etwa 2% aller Tumoren der Atemwege und Lungen aus. Am häufigsten ist das **chondromatöse Hamartom.** Benigne Tumoren werden überwiegend als **Zufallsbefund** bei Röntgenuntersuchungen der Thoraxorgane entdeckt. Bei Lokalisation in den zentralen Atemwegen kann es zu Husten und Hämoptysen kommen. Wenn durch Bronchoskopie oder transthorakale Punktion die Dignität nicht zweifelsfrei geklärt werden kann, sollte die chirurgische Entfernung des Tumors angestrebt werden.

> **!** **Jeder Rundherd oder pulmonale Verschattungsbezirk ist so lange als malignitätsverdächtig anzusehen, bis das Gegenteil bewiesen ist.**

22.4.2 Bronchialkarzinom

engl.: lung cancer; NSCLC: non small cell lung cancer (nichtkleinzelliges Bronchialkarzinom); SCLC: small cell lung cancer (kleinzelliges Bronchialkarzinom).

→ vgl. Kapitel Allgemeine internistische Onkologie S. 953.

Definition. Beim Bronchialkarzinom handelt es sich um einen epithelialen Tumor, der von der Bronchialschleimhaut oder (selten) vom Alveolarepithel ausgeht (**Abb. 22.14**). Man unterscheidet die kleinzelligen von den nicht-kleinzelligen Bronchialkarzinomen.

Epidemiologie

Das Bronchialkarzinom ist weltweit die häufigste Krebsart beim Mann. Ca. 10% aller Malignome in Deutschland sind Bronchialkarzinome, die Inzidenz ist weiter ansteigend (zurzeit ca. 50 000 Neuerkrankungen/Jahr in Deutschland). Der Altersgipfel findet sich um das 65. Lebensjahr. 16% aller Männer und 9% aller Frauen, die rauchen, erkranken an Lungenkrebs.

Ätiologie

Die Hauptnoxe stellt das **Zigarettenrauchen** dar. Mehr als 85% aller Patienten mit Bronchialkarzinom sind Raucher. Selbst das Passivrauchen hat ein erhöhtes Erkrankungsrisiko zur Folge. 30 bis 40 Jahre nach Beginn des Rauchens kann mit der klinischen Manifestation eines Bronchialkarzinoms gerechnet werden.

Weitere Kanzerogene sind Asbest (Asbestlungenkrebs), Uran (Schneeberger Lungenkrebs), Arsen (Arsenlungenkrebs), Senfgas (Lost-Lungenkrebs), Chromverbindungen (Chromatlungenkrebs), polyzyklische aromatische Kohlenwasserstoffe (BCME-Lungenkrebs), Zinn, Nickel, Berylliumverbindungen und Dieselabgase.

Es besteht ein Synergismus zwischen diesen Noxen und dem Rauchen: das Risiko steigt um ein Mehrfaches. Jeder Verwandte 1. Grades eines Patienten mit Bronchialkarzinom hat ein vierfach höheres Risiko, selber am Bronchialkarzinom zu erkranken (genetische Disposition). Selten entstehen Bronchialkarzinome im Bereich alter Lungennarben (Tuberkulose, Lungeninfarkt, Silikose).

> **!** **Asbestexposition erhöht bei Nichtrauchern das Risiko um das Fünffache, bei Rauchern um das Sechzigfache.**

Stadieneinteilung und Metastasierung

Die **histologische Einteilung** ist in **Tab. 22.16** aufgeführt.

Kleinzellige Bronchialkarzinome sind meist zentral gelegen und metastasieren frühzeitig lymphogen und hämatogen (v. a. Leber, ZNS, Skelett). Die Einteilung erfolgt in

- **limited disease:** Begrenzung auf eine Thoraxhälfte, ipsilaterale hiläre, mediastinale oder supraklavikuläre Lymphknoten, kleiner Winkelerguss ohne maligne Zellen,
- **extensive disease:** alle anderen Stadien.

Nicht-kleinzellige Bronchialkarzinome befinden sich eher peripher und kommen auch häufiger bei Nichtrauchern vor. Sie metastasieren ebenfalls frühzeitig lymphogen. Sie werden nach dem TNM-System klassifiziert und in Stadien eingeteilt, die für Thera-

Tab. 22.16 Histologische Klassifikation der malignen Neubildungen der Lunge

Histologische Klassifizierung	relative Häufigkeit
Plattenepithelkarzinom	30–40%
kleinzelliges Karzinom • Oat-Cell-Typ (Haferzelltyp) • Intermediär-Typ • Kombinationstumor (zusätzlich Plattenepithel- und Adenokarzinomanteile)	15–20%
Adenokarzinom • Sonderform: bronchioloalveoläres Karzinom	25–30%
Weitere Formen: • großzelliges Karzinom • kombiniertes adenosquamöses Karzinom • Karzinoide (**Abb. 22.15**) • Tumoren der Bronchusdrüsen: adenoidzystisches Karzinom, mukoepidermoides Karzinom • Karzinosarkome • Sarkome • Blastome (undifferenzierte Tumoren) • Melanome	<10%

F

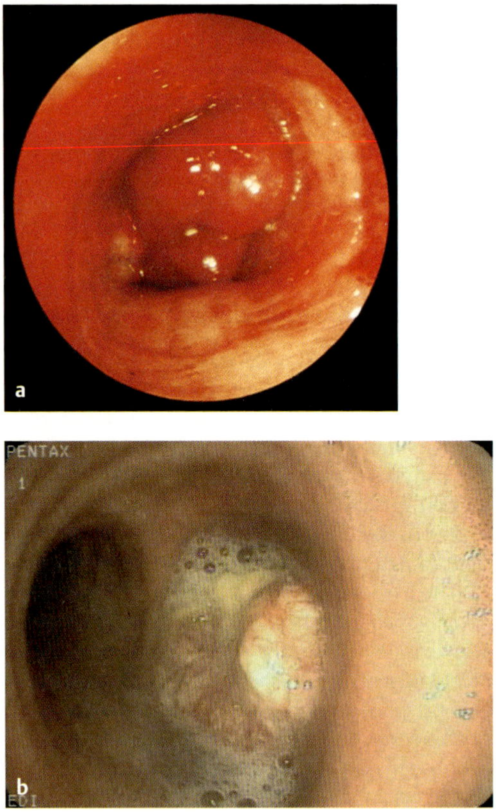

Abb. 22.14 Bronchialkarzinom. a Bronchoskopisches Bild eines polypös wachsenden Adenokarzinoms im rechten Oberlappenbronchus. **b** Zentrales Bronchialkarzinom (Plattenepithelkarzinom) mit Verschluss des rechten Hauptbronchus.

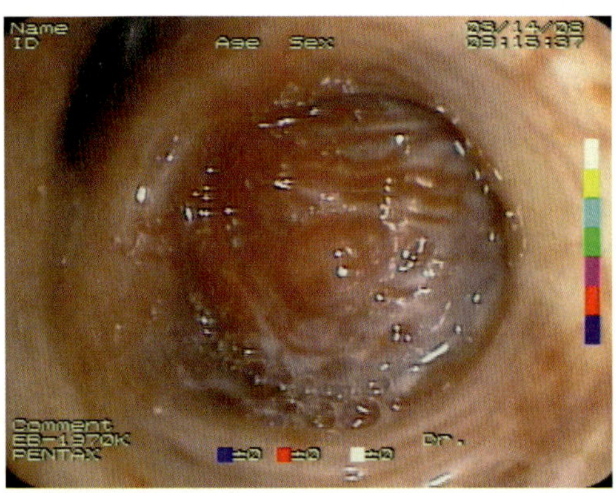

Abb. 22.15 Karzinoid. Bronchoskopisches Bild eines Karzinoidtumors im rechten Oberlappenbronchus.

pie und Prognose relevant sind (Tab. 22.17, Tab. 22.18).

Klinik

In Abhängigkeit von Lokalisation und Tumorstadium finden sich Husten, Hämoptysen, Dyspnoe, Fieber, Thoraxschmerzen, Appetitlosigkeit, Gewichtsverlust und reduzierter Allgemeinzustand (Abb. 22.16). Bei Infiltration in Nachbarorgane kann es zu Heiserkeit (Rekurrensparese), Horner-Syndrom und Schulter-Arm-Schmerzen **(Pancoast-Tumor),** Dysphagie (Ösophagusbeteiligung) und oberer Einflussstauung (Ummauerung der oberen Hohlvene, Abb. 22.17) kommen.

> ! Frühsymptome fehlen im Allgemeinen!

Vor allem kleinzellige Bronchialkarzinome können Hormone sezernieren und so zu **paraneoplastischen Syndromen** führen. In einigen Fällen kann ein paraneoplastisches Syndrom das erste Anzeichen einer Tumorerkrankung sein.

Diagnostik

Klinische Untersuchung. Zu achten ist auf supraklavikuläre Lymphome, Stridor, lokale Schwellung der Brustwand. Beim paraneoplastischen Syndrom durch hormonelle Aktivität des Tumors finden sich z. B. Trommelschlegelfinger, venöse Thrombembolien, Polyneuropathie, SIADH (s. S. 498), Hyperkalzämie oder eine hypertrophische Osteoarthropathie. Wichtig für die Therapieplanung ist eine Beurteilung der Leistungsfähigkeit des Patienten anhand eines gebräuchlichen Klassifikationsschemas (z. B. Karnofsky-Index, s. S. 958).

Labordiagnostik. Routineuntersuchungen. Beim kleinzelligen Bronchialkarzinom dient der **Tumormarker NSE** (neuronenspezifische Enolase) als Prognose- und Verlaufsparameter. Andere Serummarker haben sich wegen unzureichender Sensitivität bzw. Spezifität bisher nicht in der klinischen Routine etabliert. Bei Verdacht auf paraneoplastisches Syndrom muss eine gezielte Hormondiagnostik erfolgen.

Röntgenthoraxaufnahme in zwei Ebenen. In 2 Ebenen, ggf. Durchleuchtung. Atemverschieblichkeit des

Tab. 22.17 TNM-Klassifikation des nicht-kleinzelligen Bronchialkarzinoms

Einteilung	Kennzeichen
Tx	positive Zytologie (Sputum, Bronchialsekret), aber Tumor weder radiologisch noch bronchoskopisch darstellbar
T 0	kein Primärtumornachweis
Tis	Carcinoma in situ
T 1	Tumor ≤ 3 cm ohne Kontakt zur Pleura visceralis, bronchoskopisch nicht proximal eines Lappenbronchus (Hauptbronchus tumorfrei)
T 2	Tumor 3 – 7 cm, Ausbreitung in Hilus, Invasion viszerale Pleura, partielle Atelektase. Abstand von Hauptkarina mindestens 2 cm
T 3	Tumor > 7 cm; Befall Brustwand/Zwerchfell/Perikard/mediastinale Pleura; totale Atelektase; Hauptbronchusbefall innerhalb 2 cm zur Hauptkarina (Hauptkarina tumorfrei), Satellitenherd im gleichen Lappen
T 4	Tumor mit Befall von Mediastinum/Herz/großen Gefäßen/Trachea/Speiseröhre/Hauptkarina/Wirbelkörpern/maligner Pleuraerguss/Perikarderguss sowie Satellitentumor(en) im anderen, ipsilateralen Lungenlappen
N_x	regionale Lymphknoten nicht hinreichend untersucht
N0	keine Lymphknotenmetastasen
N1	peribronchiale/ipsilaterale hiläre Lymphknoten
N2	ipsilaterale mediastinale und subkarinale Lymphknoten
N3	kontralaterale mediastinale und hiläre Lymphknoten, supraklavikuläre Lymphknoten
Mx	Untersuchungen zum Ausschluss von Fernmetastasen nicht komplett
M0	keine Fernmetastasen
M1	Fernmetastasen

Tab. 22.18 Stadieneinteilung des nicht-kleinzelligen Bronchialkarzinoms

Stadium	TNM-Klassifikation
okkultes Karzinom	Tx N0 M0
Stadium 0	Tis N0 M0
Stadium Ia	T 1 N0 M0
Stadium Ib	T 2 N0 M0
Stadium IIa	T 1 N1 M0
Stadium IIb	T 2 N1 M0; T 3 N0 M0
Stadium IIIa	T 3 N1 M0; T 1 – 3 N2 M0
Stadium IIIb	T 4 N0 – 3 M0; T 1 – 4 N3 M0
Stadium IV	T 1 – 4 N0 – 3 M1

Tumors; Feststellung der Zwerchfellbeweglichkeit (Abb. 22.18).

CT-Thorax (Spiral-CT mit Kontrastmittel). Die Thorax-CT als Spiral-CT mit Kontrastmittel ermöglicht die Darstellung anatomischer Details und somit Aussagen über die Lage des Tumors und seine Beziehung zu Umgebungsstrukturen. Beim Lymphknotenstaging beträgt die Sensitivität 60 %, die Spezifität 80 %.

Sonografie. Beurteilung einer Thoraxwandinfiltration, eines Pleuraergusses oder der Zwerchfellfunktion. Auch zur Punktionssteuerung erforderlich. Mithilfe der endobronchialen oder ösophagealen Ultraschalluntersuchung können mediastinale Lymphknoten dargestellt und punktiert werden.

Sputumzytologie und Bronchoskopie. Zyto-histologische Einordnung des Befundes, Klärung der anatomischen Operabilität (Stimmbandfunktion, Resek-

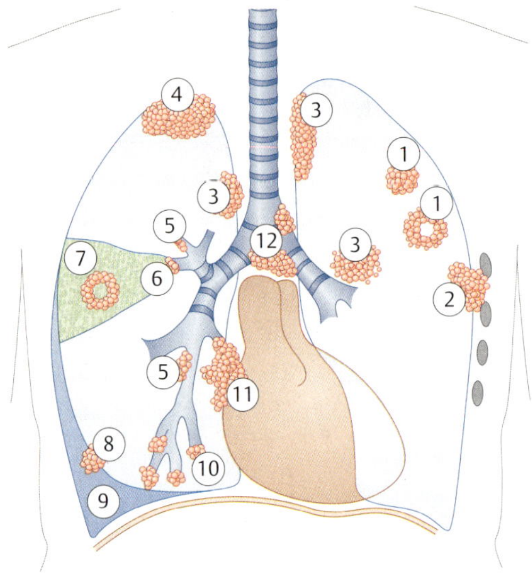

Abb. 22.16 Häufige Tumorlokalisationen in der Lunge. **1** Rundherd, **2** von der Lunge ausgehender Tumor, der die äußere Brustwand (Pleura) befallen hat, **3** Tumor, der das mittlere Brustfell (Mediastinum) befallen hat, **4** Tumor, der das obere Lungenfell durchbrochen hat (Pancoast-Tumor), **5** zentraler Tumor, der einen Bronchus schon zur Hälfte verschlossen hat, **6** Tumor, der einen Bronchus schon komplett verschlossen hat und zur Lungenentzündung im darunter liegenden Lungenlappen (**7**) geführt hat, **8** Tumor, der das Brustfell befallen und zum Erguss (**9**) in der Brusthöhle geführt hat, **10** Erweiterungen von Bronchialästen (Bronchiektasen), **11** Tumor, der von der Lunge ausgeht und den Herzbeutel befallen hat, **12** Tumor, der sich in der Aufzweigung der großen Bronchien (Karina) gebildet hat (nach Delbrück 1993)

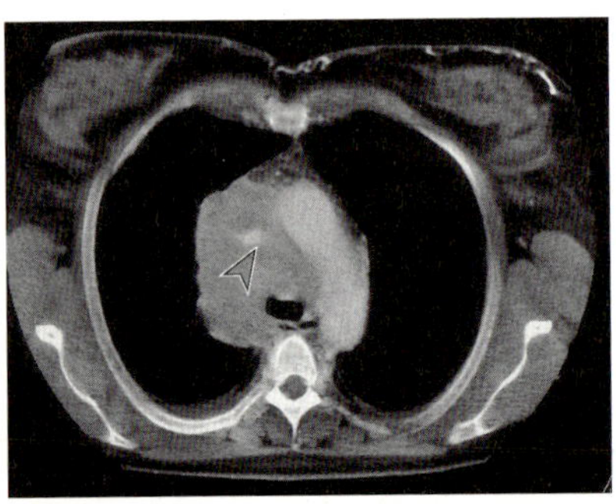

Abb. 22.17 Bronchialkarzinom. Ummauerung der V. cava superior (siehe Pfeil) und kleiner Pleuraerguss rechts. Klinisch bestand eine obere Einflussstauung.

tionsränder), perbronchiale Punktion mediastinaler Lymphknoten.

Transthorakale Feinnadelpunktion. Bei Tumoren, die bronchoskopisch nicht erreichbar sind.

MRT. Nachweis bzw. Ausschluss einer Thoraxwandinfiltration, Tumorinvasion großer Gefäße bzw. des Mediastinums.

Weitere Verfahren zur Gewebegewinnung.

- Mediastinoskopie/Endosonografie: zyto-/histologische Abklärung mediastinaler Lymphknotenmetastasen und Nachweis der Inoperabilität durch Befall kontralateraler Lymphknoten.
- Thorakoskopie: Ausschluss einer Pleurakarzinose beim Pleuraerguss.
- diagnostische Thorakotomie: endgültige histologische Klärung des Befundes.

Differenzialdiagnose. Rundherde und Lungeninfiltrate anderer Genese, z. B. benigne Neubildungen, Metastasen, Pneumonien, Lungennarben u. a.; Husten, Thoraxschmerzen, Hämoptysen anderer Genese.

> **!** Bei Husten und Hämoptysen im Alter > 40 Jahren immer an Bronchialkarzinom denken.
> Jeder pulmonale Rundherd sollte zytologisch/histologisch abgeklärt werden.

Metastasensuche

Zum **Nachweis oder Ausschluss von Fernmetastasen** wird eine CT des Schädels, Oberbauch-CT, abdominelle Sonografie, Skelettszintigrafie; bei kleinzelligem Bronchialkarzinom zudem eine Beckenkammbiopsie durchgeführt. Auch die **Positronenemissionstomografie (PET)** dient dem Nachweis bzw. Ausschluss mediastinaler Lymphknotenmetastasen oder Fernmetastasen (derzeit breite Anwendung durch hohe Kosten limitiert).

Funktionsdiagnostik bei geplanter chirurgischer Therapie

Die Funktionsdiagnostik im Vorfeld einer chirurgischen Therapie dient der Minimierung der operativen Morbidität und Mortalität:

- **Spirometrie (FEV_1)** und Messung der **Diffusionskapazität** (T_{LCO}): Bei FEV1 > 80% Soll **und** T_{LCO} > 80% Soll besteht Operabilität bis hin zu einer Pneumonektomie.

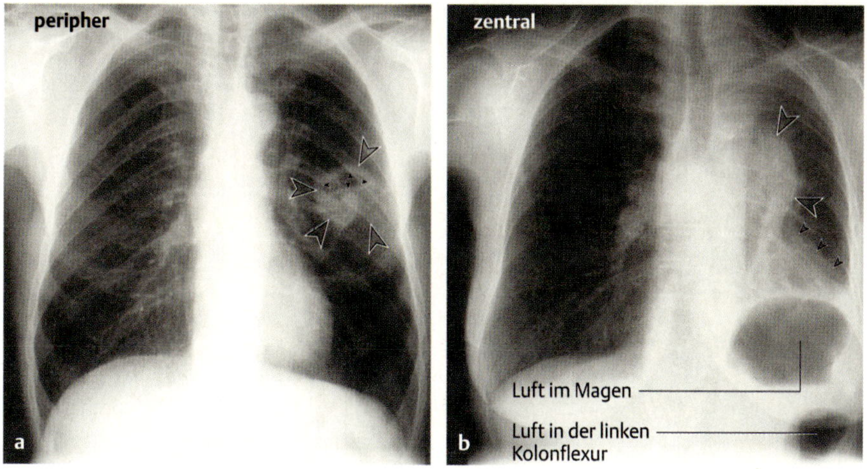

Abb. 22.18 Bronchialkarzinom. a Linksseitiges, peripheres Bronchialkarzinom (Plattenepithelkarzinom, große Pfeile) mit zentraler Einschmelzung (kleine Pfeile); **b** linksseitiges, zentrales Bronchialkarzinom (große Pfeile) mit Unterlappenatelektase (kleine Pfeile). Links besteht ein Zwerchfellhochstand aufgrund einer Phrenikusparese.

F

- **Quantitative Perfusionsszintigrafie der Lungen:** erlaubt eine approximative Berechnung der postoperativen Lungenfunktion: postoperativer FEV_1 (T_{LCO}) = präoperativer FEV_1 (T_{LCO}) × Perfusion der Restlunge : 100. Wenn postoperativer FEV_1 und T_{LCO} > 40 % Soll sind, ist Operabilität bis hin zum errechnetem Ausmaß gegeben. Liegt lediglich einer der beiden errechneten postoperativen Funktionsparameter FEV_1/T_{LCO} > 40 % Soll, entscheidet die
- **Spiroergometrie:** Eine errechnete postoperative maximale Sauerstoffaufnahme < 35 % Soll signalisiert Inoperabilität. Ein Wert > 35 % Soll erlaubt eine Lungenresektion entsprechend dem kalkulierten Ausmaß.

Therapie

Durch Unterschiede im Wachstums- und Metastasierungsverhalten und im Ansprechen gegenüber Chemo- und Strahlentherapie hat sich für die Klinik eine Differenzierung in kleinzellige und nichtkleinzellige Bronchialkarzinome bewährt.

Nicht-kleinzellige Bronchialkarzinome

Bei **lokalisierten nicht metastasierten Tumoren** bis zur Tumorklassifikation T 1 – 3, N0 – 2, M0 (Stadium I – IIIa) besteht durch die Operation eine kurative Chance. Eine Resektionsbehandlung unter kurativer Indikation ist jedoch nur bei 30 % aller Patienten möglich. Standardverfahren sind:

- Lobektomie
- Manschetten-(Sleeve-)Resektion
- Pneumektomie
- Segmentresektion (bei Metastasen bzw. eingeschränkter Lungenfunktion)

Bei ausgedehnten Tumoren (N2, T 3/4) verbessert eine **neoadjuvante Polychemotherapie** (Chemotherapie vor Operation) die Prognose.

Patienten mit Tumorstadien T 3 – 4 und/oder N2 profitieren von einer adjuvanten Chemotherapie und ggf. von einer **postoperativen Bestrahlung**. Bei inoperablen NSCLC und Tumordurchmesser < 5 cm kann eine alleinige Strahlentherapie (70 Gy) in seltenen Fällen kurativ sein.

Lokal fortgeschrittene Karzinome (Stadium IIIB) werden einer **kombinierten Chemo-/Radiotherapie** zugeführt. Nicht-kleinzellige Bronchialkarzinome sind nur mäßig chemosensibel. Die ausschließlich palliative Chemotherapie (Ifosfamid, Mitomycin-C, Vindesin, Etoposid, Carboplatin, Taxane, Gemcitabine, Irinotecan) führt zu einer Remissionsdauer von 7 bis 9 Monaten. Durch die Chemotherapie kommt es zu einem Rückgang tumorbedingter Symptome und konsekutiv zu einer verbesserten Lebensqualität.

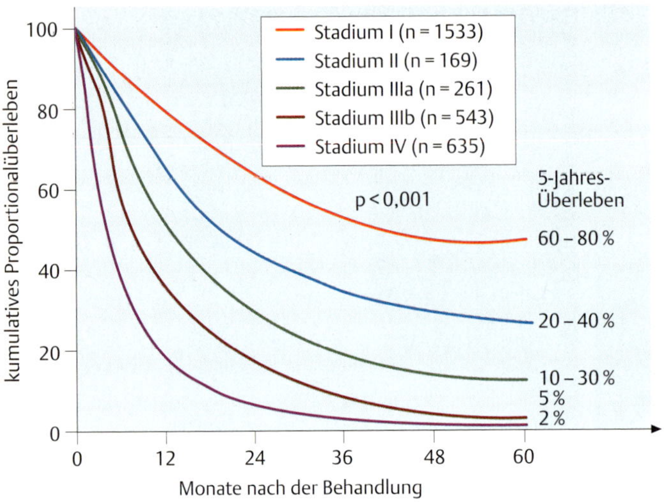

Abb. 22.19 Prognose des nicht-kleinzelligen Bronchialkarzinoms. (nach Mountain 1997)

Bei Patienten im Stadium IV (Fernmetastasen) führt eine Chemotherapie zu einer Verdoppelung der Überlebenszeit im Vergleich zum Verlauf unter rein supportiver Behandlung.

Eine **palliative Strahlentherapie** ist angezeigt bei

- Knochenmetastasen
- oberer Einflussstauung
- Bronchusobstruktion mit Atelektase und/oder retrostenotischer Pneumonie
- Hämoptysen
- Thoraxwandinfiltration

Bei **endobronchialen Tumorstenosen** werden palliative endoskopische Maßnahmen angewandt (Neodymium-YAG-Lasertherapie, endoluminale Hochdosis-Brachytherapie im Afterloading-Verfahren, Stenteinlage).

Eine **palliative chirurgische Therapie** erfolgt bei Tumorblutung, poststenotischen Komplikationen, Thoraxwandinfiltration oder solitärer Hirnmetastase.

Die **supportive Behandlung** umfasst optimale Schmerztherapie (!), bilanzierte, ausgewogene Ernährung, optimierte psychoonkologische Betreuung sowie sozialmedizinische Beratung und Hilfe.

Kleinzellige Bronchialkarzinome

Therapeutischer Standard ist die Durchführung einer **Polychemotherapie** über 4 Zyklen. Polychemotherapieprotokolle sind der Monotherapie wegen höherer Ansprechraten und längerer Überlebenszeiten vorzuziehen. Ausnahme: hohes Alter, reduzierter Allgemeinzustand, intensive Vorbehandlung. Standardchemotherapiekombinationen sind:

- ACO (Adriamycin, Cyclofosfamid, Vincristin),
- CEF (Cisplatin oder Carboplatin, Etoposid und Vincristin).

Bei Rezidiven kommen neue Substanzen (Taxane, Topotecan, Irinotecan) zum Einsatz.

Eine **konsolidierende Primärtumorbestrahlung** erfolgt bei Limited Disease und kompletter Remission nach Chemotherapie (Gesamtherddosis 45 – 55 Gy, Zeitraum 4 – 5 Wochen). Hierdurch wird die Lokalrezidivrate gesenkt und die Überlebenszeit um ca. 5 Monate verlängert.

Die **adjuvante Schädelbestrahlung** wird bei Limited Disease und kompletter Remission nach Chemotherapie (30 Gy über 2 – 3 Wochen) eingesetzt. Hierdurch lässt sich die intrazerebrale Metastasenrate senken, aber keine Verlängerung der Überlebenszeit erzielen.

Eine **palliative Strahlentherapie** ist u. a. bei Osteolysen mit Frakturgefährdung und/oder starken Schmerzen, oberer Einflussstauung und spinalem Kompressionssyndrom indiziert.

Eine **chirurgische Therapie** kann bei lokalisiertem Tumorstadium (peripherer Rundherd) im Rahmen eines multimodalen Therapiekonzeptes mit anschließender adjuvanter Chemo- und Strahlentherapie erwogen werden.

Prognose

Die Prognose des nicht-kleinzelligen Bronchialkarzinoms hat sich trotz moderner Therapieansätze in den letzten Jahren kaum verändert (**Abb. 22.19**).

Beim kleinzelligen Bronchialkarzinom beträgt die mediane Überlebenszeit unbehandelt 3 Monate; behandelt bei Limited Disease 13 Monate, bei Extensive Disease 9 Monate.

Aufgrund der begrenzten therapeutischen Erfolge sind Vermeidung von Noxen (Zigarettenrauch) und die Früherkennung die erfolgversprechendsten Maßnahmen.

Weiterführende Informationen

http://www.thoracic.org/sections/publications/statements/pages/mtpi/nontuberculous-mycobacterial-diseases.html

http://www.uni-duesseldorf.de/AWMF/

http://www.krebsinformationsdienst.de/tumorarten/lungenkrebs/index.php

23 Schlafbezogene Atmungsstörungen (SBAS)

Helgo Magnussen, Georg Kanzow

Allgemeines

Definition. Unter **Schlafapnoe** versteht man eine Atempause im Schlaf, die mindestens 10 Sekunden anhält. Beim Schlafapnoesyndrom führen die Atempausen darüber hinaus zu Unterbrechungen des Schlafes (Weckreaktion, **Arousal**), woraus Schlafdefizit und chronische Müdigkeit resultieren. Bei einer **Hypopnoe** fließt noch Luft in den Atemwegen, es kommt jedoch nachfolgend zu einem Abfall der Sauerstoffsättigung um mindestens 4% oder einer Weckreaktion.

Einteilung.

- Atmungsstörungen *mit* Obstruktion der oberen Atemwege:
  - obstruktives Schnarchen
  - obstruktives Schlafapnoesyndrom (OSAS)
- Atmungsstörungen *ohne* Obstruktion der oberen Atemwege:
  - zentrale Schlafapnoe
  - primäre und sekundäre alveoläre Hypoventilation

Epidemiologie.

- Schnarchen: 14% der Frauen, 24% der Männer
- Schlafapnoesyndrom: 2% der Frauen und 4% der Männer zwischen 30 und 60 Jahren. Die Inzidenz nimmt mit erhöhtem Körpergewicht zu.
- zentrale Schlafapnoe, alveoläre Hypoventilation: selten (Prävalenz < 0,01%).

Ätiopathogenese

Bei **obstruktiven Schlafapnoen** kollabieren die Muskeln des Oro- und Nasopharynx durch einen nachlassenden Tonus der Pharynxmuskulatur im Schlaf. Der Atemantrieb ist erhalten. Ursache ist eine (genetisch bedingt?) instabile und enge Rachenanatomie mit zum Teil neurogenen Muskelläsionen und möglicherweise kompensatorisch erhöhtem Ruhetonus der pharynxdilatierenden Muskeln. Auch Erkrankungen des Nasopharynx begünstigen das Auftreten, z. B. Tonsillenhyperplasie, Polypen.

Schlafbezogenen Atmungsstörungen **ohne Obstruktion** liegen neurologische, neuromuskuläre und orthopädische Erkrankungen zugrunde (z. B. Phrenikusparese, Poliomyelitis, Muskeldystrophien, Myasthenie, Hirnstamminfarkt, Kyphoskoliose). Auch manche endokrinologischen Störungen (Hypothyreose, Akromegalie), die Atmung in großer Höhe und bestimmte Atmungsmuster bei Herzinsuffizienz (Cheyne-Stokes-Atmung, s. S. 414) führen zu einer verminderten zentralen Chemosensitivität oder münden in einer Insuffizienz der Atemmuskulatur.

Sehr häufig sind **gemischtförmige Schlafapnoen**, bei denen sowohl zentrale als auch obstruktive Apnoephasen auftreten (**Abb. 23.1**).

Beim **Pickwick-Syndrom** (syn. Obesitas-Hypoventilationssyndrom) kommt es durch die extreme Adipositas zur alveolären Hypoventilation. Das Übergewicht führt zu einer fortwährenden Enge der oberen Atemwege und zu einer Einengung der Lunge, insbesondere in der Nacht, aber auch am Tag. Die Patienten weisen zusätzlich folgende Merkmale auf: Hyperkapnie, anfallsweise imperative Schlafzustände, nächtliche Apnoen, Polyglobulie, pulmonale Hypertonie. Bei einigen dieser Patienten führt die erfolgreiche Behandlung der nächtlichen Apnoen zu einer normalen alveolären Ventilation während des Tages.

Klinik

Leitsymptom der obstruktiven Schlafapnoe ist das laute und unregelmäßige **Schnarchen** mit fremdanamnestisch beobachteten Atempausen. Typisch ist darüber hinaus **Tagesschläfrigkeit** oder (selten) Ein- und Durchschlafstörungen, Konzentrationsstörungen und morgendliche Kopfschmerzen. Die Patienten haben häufig eine arterielle Hypertonie und sind übergewichtig. Eine bereits bestehende arterielle Hypertonie wird durch ein OSAS verschlechtert (fehlende nächtliche Blutdrucksenkung bei der 24-h-Blutdruckmessung, s. S. 260)

Bei längerem Bestehen der Erkrankung können respiratorische Insuffizienz, pulmonale Hypertonie, Cor pulmonale und Polyglobulie als Komplikationen auftreten.

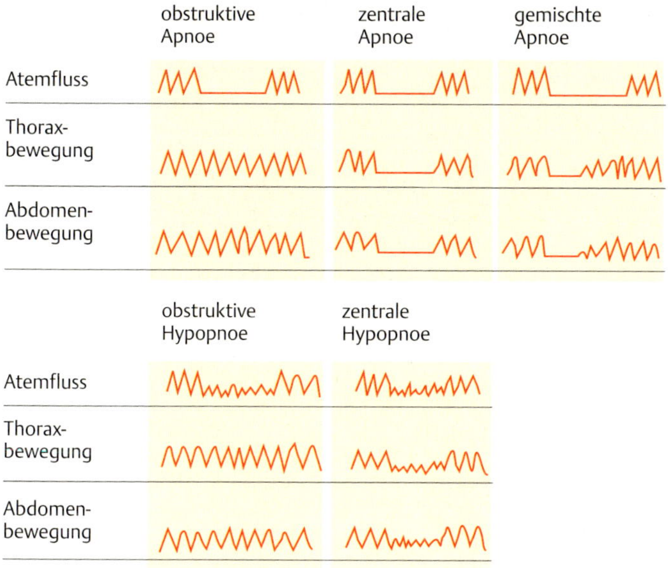

Abb. 23.1 Grundmuster schlafbezogener Störungen.

> **!** **Bei schwierig einstellbarer arterieller Hypertonie, Herzinsuffizienz oder unklarer Polyglobulie immer an ursächliches Schlafapnoesyndrom denken.**

Diagnostik

Die Diagnostik basiert vor allem auf:

- **Anamnese und Fremdanamnese**
- **Polysomnografie** (ambulant oder im Schlaflabor): Messung der Atembewegungen, des Atemflusses, der Sauerstoffsättigung (Anzahl, Art und Schweregrad von Apnoen/Hypopnoen) sowie der Schlafstadien (werden Tief- und Traumschlaf erreicht? Weckreaktionen? **Abb. 23.2**).

Differenzialdiagnostisch sind habituelles, nicht obstruktives Schnarchen (harmlos) sowie Tagesmüdigkeit bei internistischen Erkrankungen (z. B. Hypothyreose, Herzinsuffizienz) und bei neurologischen Erkrankungen (z. B. Alkohol- und Drogenmissbrauch, Narkolepsie) auszuschließen.

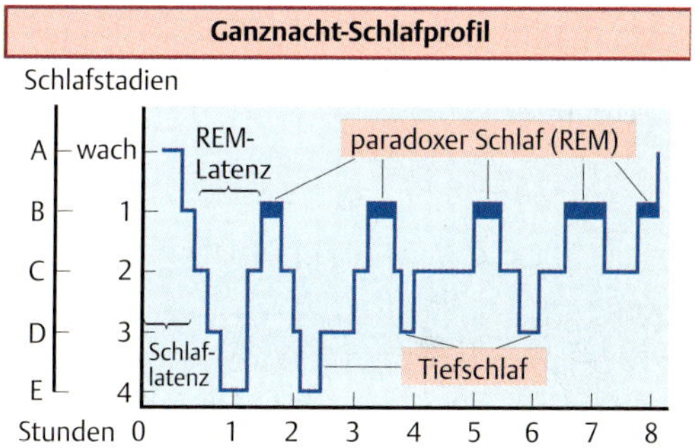

Abb. 23.2 Schlafstadien. (nach Iovanovic 1971)

Therapie und Prognose

Schlafbezogene Atmungsstörungen mit Obstruktion. Gewichtsreduktion, Meiden von Alkohol und Sedativa, regelmäßige Schlaf-wach-Zeiten, ruhige nächtliche Umgebung, „Schienung" der Atemwege mittels eines über die Nasenmaske zugeführten geringen (5 – 15 cmH_2O) positiven Luftdruckes (**nCPAP** = **n**asal **C**ontinuous **P**ositive **A**irway **P**ressure). Sehr wirksam, aber in der Handhabung umständlich; kann zu störenden Reizungen der Nasenschleimhaut und durch Zugluft aus der Maske zu Konjunktivitis führen. Die Effektivität einer medikamentösen Therapie (versucht wurden u. a. Theophyllin, Azetazolamid, Progesteron) ist nicht bewiesen. In seltenen Fällen sind Unterkieferprotrusionsschienen hilfreich. Identifikation und Beseitigung evtl. bestehender Atemhindernisse.

Schlafbezogene Atmungsstörungen ohne Obstruktion. nächtliche volumen- oder druckkontrollierte Beatmung über Nasenmaske.

Habituelles Schnarchen. ggf. Entfernung überschüssigen Rachenweichteilgewebes (Uvulopalatopharyngoplastik, Erfolgsrate etwa 90%). Bei Patienten mit obstruktivem Schlafapnoesyndrom ist die Erfolgsrate deutlich geringer, deshalb besteht die Indikation nur in Einzelfällen bei Versagen der nCPAP Therapie.

Komplikationen. Gesichert nur für schlafbezogene Atmungsstörungen mit Obstruktion: arterielle Hypertonie (2- bis 3-faches Risiko) und Arteriosklerose (v.a. koronar und zerebral, 2- bis 3-faches Risiko); aufgrund der Tagesschläfrigkeit erhöhtes Unfallrisiko.

Prognose. Die Mortalität ist unbehandelt fast doppelt so hoch wie bei effektiver Behandlung.

24 Pleura

Helgo Magnussen, Georg Kanzow

24.1 Pleuraerguss und Pleuritis

engl.: pleural effusion, pleurisy

Definition. Eine Flüssigkeitsansammlung im Pleuraraum wird als **Pleuraerguss** bezeichnet. Bei der **Pleuritis** (syn. Rippenfellentzündung) handelt es sich um entzündliche Veränderungen der Pleurablätter, die ohne (Pleuritis sicca) oder mit (Pleuritis exsudativa) Ergussbildung einhergehen. Meistens geht die Pleuritis sicca der Pleuritis exsudativa voraus.

Ätiopathogenese

Je nach Ergusszusammensetzung unterscheidet man Exsudat, Transsudat, Chylothorax und Pleuraempyem. Mögliche Ursachen zeigt Tab. 24.2.

> !
> - **Jeder Pleuraerguss bei jungen Patienten ist bis zum Beweis des Gegenteils als tuberkulös anzusehen.**
> - **Eine seröse Pleuritis mit mäßiger Temperaturerhöhung ist hoch verdächtig auf eine Tuberkulose.**

Tab. 24.1 Ätiologie der Pleuraergüsse

Art des Ergusses	mögliche Ursachen
Exsudat	**serös:** parapneumonisch, tuberkulös, Lungenembolie, Postkommissurotomiesyndrom, Postmyokardinfarktsyndrom (Dressler-Syndrom), Kollagenosen, Churg-Strauss-Syndrom, Echinokokkose, sympathisch bei subphrenischen Prozessen **hämorrhagisch:** Bronchialkarzinom, Metastasen anderer Tumoren, Pleuramesotheliom, Asbestpleuritis, hämorrhagische Diathesen, traumatisch
Transsudat	Herzinsuffizienz, Hypoproteinämie, Leberzirrhose, nephrotisches Syndrom
Chylothorax	traumatisch (auch iatrogen bei Operationen oder Schrittmacherimplantationen), Tumoren (meist Lymphome), Lymphangioleiomyomatose (Frauen)
Pleuraempyem	parapneumonisch, iatrogen (Diagnostik, Operation)

Klinik

Atemabhängige thorakale Schmerzen bei Pleuritis sicca. In Abhängigkeit von der Ergussmenge kommt es zur Dyspnoe. Bei Empyem häufig auch Fieber.
Die **Pleuritis sicca tuberculosa** tritt meist bei Jugendlichen auf und beginnt mit pleuritischen Schmerzen, mäßiger Temperaturerhöhung, Müdigkeit, Abgeschlagenheit und Gewichtsverlust. Die zunächst trockene Pleuritis geht später in eine exsudative, seröse Form über.

Diagnostik

Klinischer Befund. bei Pleuritis sicca Pleurareiben („Lederknarren"). Bei Pleuraerguss abgeschwächtes oder aufgehobenes Atemgeräusch, Klopfschalldämpfung.

Labor. Tab. 24.2

Röntgenthorax. Bei Vorliegen eines Pleuraergusses zeigt sich im konventionellen Röntgenthoraxbild eine homogene, lateral nach oben spitzwinklig zulaufende Verschattung. Der „freie" (nicht gekammerte) Pleuraerguss läuft in Seitenlage nach kranial aus. Um im Röntgenbild sichtbar zu werden, ist eine Ergussmenge von ca. 300 ml erforderlich, das Seitenbild liefert weitere Informationen über die Ergusslokalisation und erhöht die Sensitivität der Untersuchung (Abb. 24.1).

Sonografie. Dient der Abschätzung der Ergussmenge, der Nachweis ist ab 10 – 20 ml möglich. Auch Schwartenbildung, Kammerung eines Ergusses und die Lokalisation von pleuralen oder pulmonalen Raumforderungen im Bereich der Ergussansammlung sind ggf. nachweisbar.

CT. Ermöglicht die Abgrenzung von Einblutungen, Pleuraempyemen und Lungenabszessen sowie die Steuerung bei Biopsien und der Anlage von Thoraxdrainagen. Nachweis von Pleuraplaques, umschriebenen Pleuratumoren und von intrapulmonalen Primärtumoren bei Pleurakarzinose.

Tab. 24.2 Laborchemische Eigenschaften des Pleuraergusses

Parameter	Exsudat	Transsudat	chylöser Erguss	Empyem
Proteingehalt (g/l)	> 30	< 30		
Erguss/Serum-Protein-Quotient	> 0,5	< 0,5		
Erguss/Serum-LDH-Quotient	> 0,6	< 0,6		
Farbe	bernsteinfarben	serös	weißlich	weißlich/grünlich
Besonderheiten			Triglyzeride > 110 mg/dl	häufig fötider Geruch

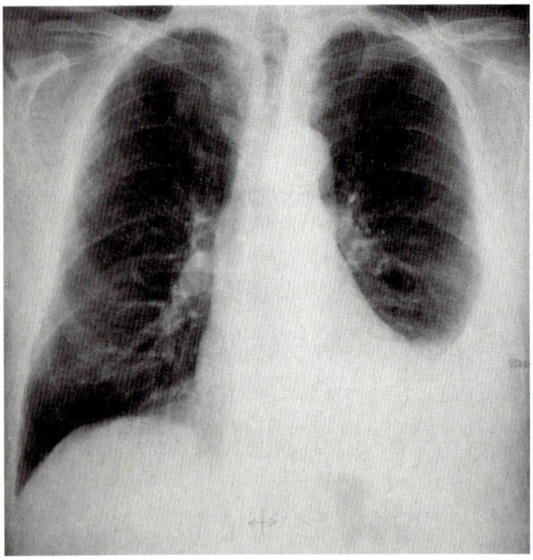

Abb. 24.1 Linksseitiger Pleuraerguss.

Pleurapunktion. Jeder Pleuraerguss sollte zu diagnostischen Zwecken punktiert werden (Laborchemie, Zytologie, mikrobiologische Untersuchungen, s. Tab. 24.2).

Perkutane Pleurabiopsie. Wenn die Ergussanalyse kein eindeutiges Ergebnis liefert und eine Thorakoskopie nicht möglich ist, kann durch eine (sonografisch oder CT-gesteuerte) Pleurastanzbiopsie die diagnostische Ausbeute verbessert werden. Die Trefferquote beträgt bei Vorliegen einer Pleuratuberkulose und von Tumoren etwa 50 %. Die Komplikationsrate (Blutung, Pneumothorax) ist gering.

Thorakoskopie. Unter endoskopischer Kontrolle werden Biopsien aus veränderten Pleura- oder Lungenarealen gewonnen. Die Thorakoskopie steigert die Diagnoserate auf über 90 %.

Therapie

Bei Schmerzen im Rahmen einer trockenen Pleuritis erfolgt eine analgetische Behandlung. Die weitere Therapie erfolgt möglichst kausal, z. B. Behandlung einer Herzinsuffizienz, Tuberkulose oder rheumatoiden Arthritis. Bei Angabe von Luftnot erfolgt eine symptomatische **Entlastungspunktion** (cave Punktionsmenge > 200 ml: Gefahr des Reexpansionsödems). Bei rezidivierendem Erguss oder bei Vorliegen eines Empyems sind Drainageanlage und langfristige Spül-Saug-Behandlung angezeigt (metapneumonischer Pleuraerguss, s. S. 488). Beim malignen Erguss Drainageanlage; bei schnell nachlaufenden Ergüssen Instillation von Tetrazyklinen, Bleomycin oder Talkum (medikamentöse Pleurodese). Bei bakterieller Infektion erfolgt die Antibiotikatherapie gemäß Antibiogramm. Ein maligner Erguss aufgrund eines chemosensiblen Tumors wird mit einer Chemotherapie behandelt. Als Ultima Ratio kommt auch die Pleurektomie (partielle oder vollständige operative Entfernung des Brustfells) infrage.

Bei Chylothorax ist eine fettmodifizierte Ernährung oder totale parenterale Ernährung indiziert. Ist dies erfolglos, ist die thorakoskopische Ligatur des Ductus thoracicus möglich.

Prognose und Komplikationen

Die Prognose ist abhängig vom Grundleiden. Als Komplikation kann ein iatrogenes Pleuraempyem (nach Punktion bzw. Drainage) auftreten. Bei chronischer Pleuritis ist die Bildung von Pleuraschwarten möglich.

24.2 Diffuses malignes Pleuramesotheliom

Definition. Das Pleuramesotheliom ist eine seltene, von der Pleura ausgehende Neubildung (derzeit etwa 700 Neuerkrankungen/Jahr in Deutschland; steigende Tendenz!).

Ätiopathogenese

Etwa 70% aller Mesotheliome sind asbestassoziiert (mittlere Latenzzeit zwischen Exposition und Erkrankung 35 Jahre, s. S. 467). Weitere Ursachen sind vorausgegangene Strahlentherapie sowie Narben.

Klinik

Thorax- oder Schulterschmerzen, Atemnot, trockener Husten und Thoraxdeformierungen bestimmen das klinische Bild. Der Tumor wächst in umgebende Gewebestrukturen ein und durchbricht diese (Perikard, Diaphragma, Brustwand). Auch ein Wachstum entlang von Stichkanälen (Punktion, Biopsie) wird häufig beobachtet.

Diagnostik

Im Röntgenbild und besser noch in der CT erkennt man pleuraständige, knotige Verschattungen mit oder ohne begleitenden Pleuraerguss (**Abb. 24.2**). Es kommt häufig zu einer erheblichen Volumenverminderung der betroffenen Thoraxhälfte. Die Diagnosesicherung erfolgt durch perkutane Pleurabiopsie, Ergusszytologie, ggf. Thorakoskopie oder offene chirurgische Pleurabiopsie. Die histologische Abgrenzung zu einer Pleuritis carcinomatosa eines Adenokarzinoms ist manchmal schwierig.

Therapie

Die Therapie ist palliativ und besteht in Entlastungspunktion, gegebenenfalls Drainage und medikamentöser Pleurodese, Analgesie und Sauerstoffsubstitution. Eine palliative Pleurektomie kann bei rasch nachlaufendem Erguss sinnvoll sein. Eine En-bloc-Resektion von Lunge, Pleura, Perikard und Diaphragma der betroffenen Seite sollte nur bei jüngeren Patienten (< 50 Jahre) mit geringer Tumorausdehnung erwogen werden. Eine Chemotherapie mit Pemetrexed bzw. Cisplatin kann die Überlebenszeit verlängern.

Prognose

Es handelt sich um einen sehr aggressiven Tumor, der meist recht spät diagnostiziert wird. Die mediane Überlebenszeit beträgt ab Diagnosestellung ca. 1 Jahr. Die Prognose ist bei epithelial differenzierten Tumoren etwas besser als bei sarkomatös differenzierten Mesotheliomen.

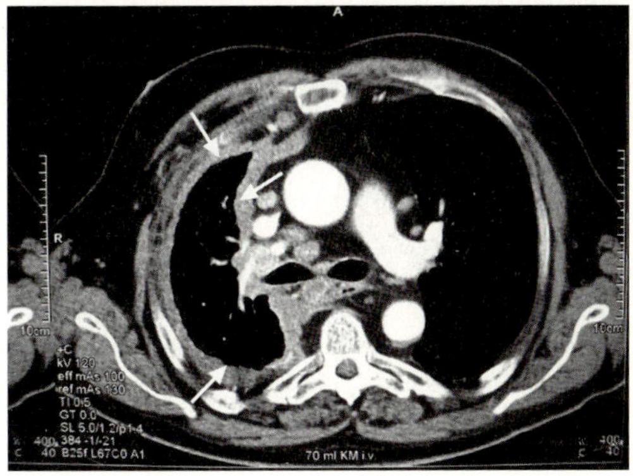

Abb. 24.2 **Pleuramesotheliom.** CT-Schicht in Höhe der Hauptkarina: Rechtsseitiges malignes Pleuramesotheliom mit Ummauerung der Lunge und Schrumpfung des rechten Hemithorax (Pfeile).

24.3 Pneumothorax

Definition. Als Pneumothorax bezeichnet man eine Luftansammlung im Pleuraraum. Ein geschlossener Pneumothorax hat keine Verbindung nach außen, ein offener Pneumothorax hat hingegen eine solche Verbindung.
Ein Pneumothorax kann traumatisch, iatrogen oder spontan bedingt sein. Der Spontanpneumothorax kann idiopathisch (primärer Spontanpneumothorax) oder bei Lungenvorerkrankungen (sekundärer Spontanpneumothorax) auftreten.

Epidemiologie

Der primäre Spontanpneumothorax tritt am häufigsten zwischen dem 20. und 40. Lebensjahr bei Männern auf. Familiäre Häufungen sind beschrieben in 1–2% der Fälle kommt es zu einem bilateralen Pneumothorax.

Ätiopathogenese

Einem primären Spontanpneumothorax liegt meist die **Ruptur einer subpleuralen Bulla** im Bereich der Lungenspitze zugrunde.
Zum Auftreten eines **sekundären Spontanpneumothorax** können Lungenemphysem, idiopathische Lungenfibrose, Bronchialkarzinom, Histiozytosis X,

Lymphangioleiomyomatose, Endometriose u. a. Ursachen führen.
Ein **iatrogener Pneumothorax** kann durch Pleurapunktion, Akupunkturbehandlung, transbronchiale Lungenbiopsie, Fehllage eines zentralen Venenkatheters oder Beatmung mit hohen Drücken verursacht werden.
Durch das Eindringen von Luft in den Pleuraraum kommt es zur Aufhebung des physiologischen Unterdrucks im Pleuraraum. Folge ist der Lungenkollaps durch die Zugwirkung der elastischen Lungenkräfte.
Eine Sonderform ist der **Spannungspneumothorax.** Hier gelangt durch einen Ventilmechanismus bei jeder Inspiration Luft in den Pleuraraum, die exspiratorisch nicht mehr entweichen kann. Es kommt zum Druckanstieg im Pleuraraum und einer Verdrängung des Mediastinums zur gesunden Seite mit Kompression der gesunden Lunge.

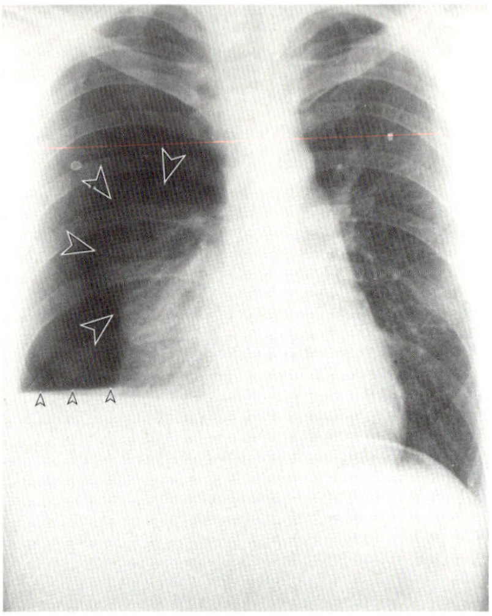

Abb. 24.3 Pneumothorax. Das Röntgenbild zeigt einen rechtsseitigen Spontanpneumothorax mit vollständigem Kollaps der rechten Lunge (große Pfeile), Pleuraerguss (kleine Pfeile) sowie einer Verdrängung des Mediastinums nach links.

Klinik

Luftnot, Thoraxschmerzen. Beim Vorliegen eines Spannungspneumothorax obere Einflussstauung, Schock.

Diagnostik

Körperliche Untersuchung. Hypersonorer Klopfschall und abgeschwächtes bis fehlendes Atemgeräusch auf der erkrankten Seite.

Röntgenthorax. In der Exspirationsaufnahme des Thorax wird die Kontur der Pleura visceralis sichtbar (**Abb. 24.3**). Bei Vorliegen eines Spannungspneumothorax kommt es zur Verschiebung des Mediastinums und des Herzens zur gesunden Seite hin bei einer gleichzeitigen Volumenzunahme des betroffenen Hemithorax. In 25 % der Fälle besteht ein Hydropneumothorax (Nachweis eines Flüssigkeitsspiegels).
Differenzialdiagnostisch müssen ein großbullöses Lungenemphysem und große Lungenzysten abgegrenzt werden (Abgrenzung durch CT möglich).

Therapie

Ein kleiner, asymptomatischer Pneumothorax (Pneumothoraxspalt im Röntgenbild < 2 cm) kann zunächst nur beobachtet werden. Die spontane Rückbildung wird durch nasale Sauerstoffgabe beschleunigt.
Bei einem größeren oder symptomatischen Pneumothorax kann initial die Absaugung über eine Punktionsnadel versucht werden. Alternativ oder bei Versagen dieser Methode wird eine **Thoraxdrainage** mit Wasserschloss oder Sog (10–40 cm H_2O) eingelegt (Monaldi-Drainage: 2.–3. ICR medioklavikulär; Bülau-Drainage: 4.–5. ICR in der vorderen bis mittleren Axillarlinie). In der Regel muss über mehrere Tage kontinuierlich abgesaugt werden. Vor Entfernen der Drainage empfiehlt sich ein 12- bis 24-stündiger Abklemmversuch.
Bei sekundärem Spontanpneumothorax oder beim ersten Pneumothoraxrezidiv sollte eine medikamentöse Pleurodese (z. B. mit Tetrazyklin und Talkum) durchgeführt werden.
Sollte es zu keiner vollständigen Rückbildung oder einem rezidivierenden Pneumothorax kommen, ist eine chirurgische Therapie (videoassistierte Thorakoskopie/Thorakotomie mit Verschluss des Pleuralecks und Pleurektomie) erforderlich.

Prognose

Beim Spontanpneumothorax beträgt die Rezidivrate nach alleiniger Thoraxdrainage 20–50 %, nach medikamentöser Pleurodese oder chirurgischer Therapie 0–10 %.

Weiterführende Informationen
http://thorax.bmj.com/cgi/content/58/suppl_2/ii39.full

25 Mediastinum

Helgo Magnussen, Georg Kanzow

25.1 Mediastinitis

Definition. Entzündung des Mediastinums.

Ätiopathogenese. Eine Mediastinitis kann folgende Ursachen haben:

- Ösophagusfistel nach Perforation (durch Fremdkörper, Karzinom, Divertikel oder iatrogen),
- fortgeleitete Entzündung aus dem Retropharyngealraum,
- Übergreifen einer Pleuritis auf den mediastinalen Pleuraanteil,
- postoperative Komplikationen nach Eingriffen an Herz, Lunge oder Ösophagus,
- hämatogene oder lymphogene Streuung extrathorakal-abszedierender Prozesse.

Klinik. Die Patienten klagen über heftige retrosternale Schmerzen, Dyspnoe, Heiserkeit und über Dysphagie (bei Ösophagusfistel).

Diagnostik. Typisch ist hohes Fieber. Röntgenbild und CT zeigen häufig eine Mediastinalverbreiterung, ein Pneumomediastinum und lokalisierte mediastinale Flüssigkeitsansammlungen.

Therapie. Therapeutisch stehen die chirurgische Intervention (Mediastinotomie) und die gezielte Antibiotikagabe im Vordergrund.

Prognose. Die Prognose ist ernst, die Letalität beträgt je nach Grundkrankheit bis zu 50%.

25.2 Mediastinaltumoren

Definition. Gutartige und bösartige raumfordernde Prozesse, die im Mediastinum lokalisiert sind, z. B. Struma, Aortenaneurysma, Lymphome. Die raumfordernden Prozesse lassen sich nach dem vorwiegend betroffenen Kompartiment ordnen (**Tab. 25.1**, **Abb. 25.1**).

Klinik. Sie erklärt sich durch lokale Verdrängung oder Infiltration von Nachbarstrukturen:

- obere Einflussstauung durch Kompression der Vena cava superior,
- Stridor, zunehmende Luftnot oder Reizhusten durch Kompression der Trachea oder der Bifurkation,
- Heiserkeit (N. recurrens), Singultus oder Zwerchfellhochstand (N. phrenicus)
- Horner-Syndrom (Kopfteil des Sympathikus).

Diagnostik.

- Röntgenthorax in zwei Ebenen, Durchleuchtung: retrosternale Struma mit Verschieblichkeit beim Schluckakt, Pulsation bei Aortenaneurysma,
- CT/MRT
- Szintigrafie: isotopenspeichernde Strumaanteile,
- endoskopisch bioptische Diagnostik (Mediastinoskopie/Bronchoskopie/Ösophagoskopie).

Therapie. Die Therapie richtet sich nach dem Grundleiden.

Tab. 25.1 Einteilung der Mediastinaltumoren

vorderes Mediastinum	mittleres Mediastinum	hinteres Mediastinum
Schilddrüsentumoren	Ösophaguserkrankungen (Tumor, Divertikel)	neurogene Tumoren (Neurofibrom, Ganglioneurom)
Thymom	Aneurysma (Aorta)	Aneurysma (Aorta)
Lymphome	Lymphome	
Lymphknotenmetastasen	Lymphknotenmetastasen	
Teratom	Zysten (bronchogen, perikardial)	

F

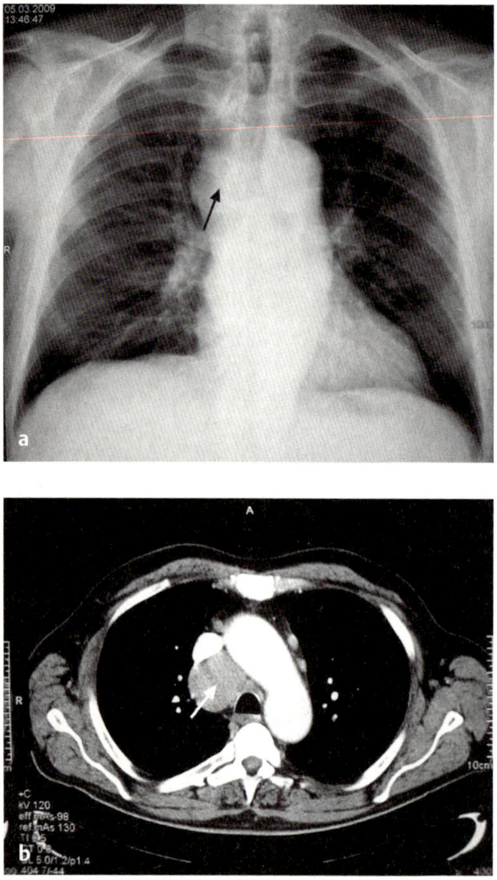

Abb. 25.1 Mediastinaltumor. Mediastinaltumor rechtsseitig in Höhe des Aortenbogens (↗) Zytologisch: epitheloidzellige Granulomatose, vereinbar mit Sarkoidose. **a** Konventionelles Röntgenbild, **b** CT Thorax.

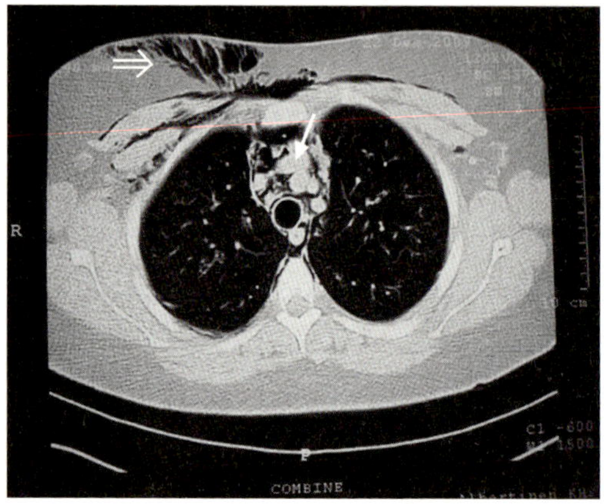

Abb. 25.2 Mediastinalemphysem. Mediastinal- (↑) und Weichteilemphysem (⇑) entstanden im Rahmen einer maschinellen Beatmung.

25.3 Mediastinalemphysem

Definition. Unter einem Mediastinalemphysem (syn. Pneumomediastinum) versteht man die **Ansammlung von Luft im Mediastinum**.

Ätiopathogenese. Ursachen sind:

- Ruptur der Trachea oder der Hauptbronchien (traumatisch oder iatrogen, z. B. bei der Intubation)
- Ösophagusruptur (traumatisch oder spontan)
- schwerer Asthmaanfall
- Beatmung mit hohen Drücken

Klinik. Häufig besteht gleichzeitig ein Weichteilemphysem der Thoraxwand und des Halses sowie eventuell eine obere Einflussstauung mit Atembeschwerden.

Diagnostik. Röntgenologisch zeigen sich vertikal angeordnete streifige Lufteinschlüsse in Projektion auf Herzschatten und paratracheale Weichteile (Abb. 25.2).

Therapie. Bei Symptomfreiheit sind spezifische Maßnahmen nicht erforderlich. Bei schweren Verläufen (Schmerzen, Einflussstauung) Kanülierung oder Anlage einer Mediastinaldrainage.

Endokrinologie

G

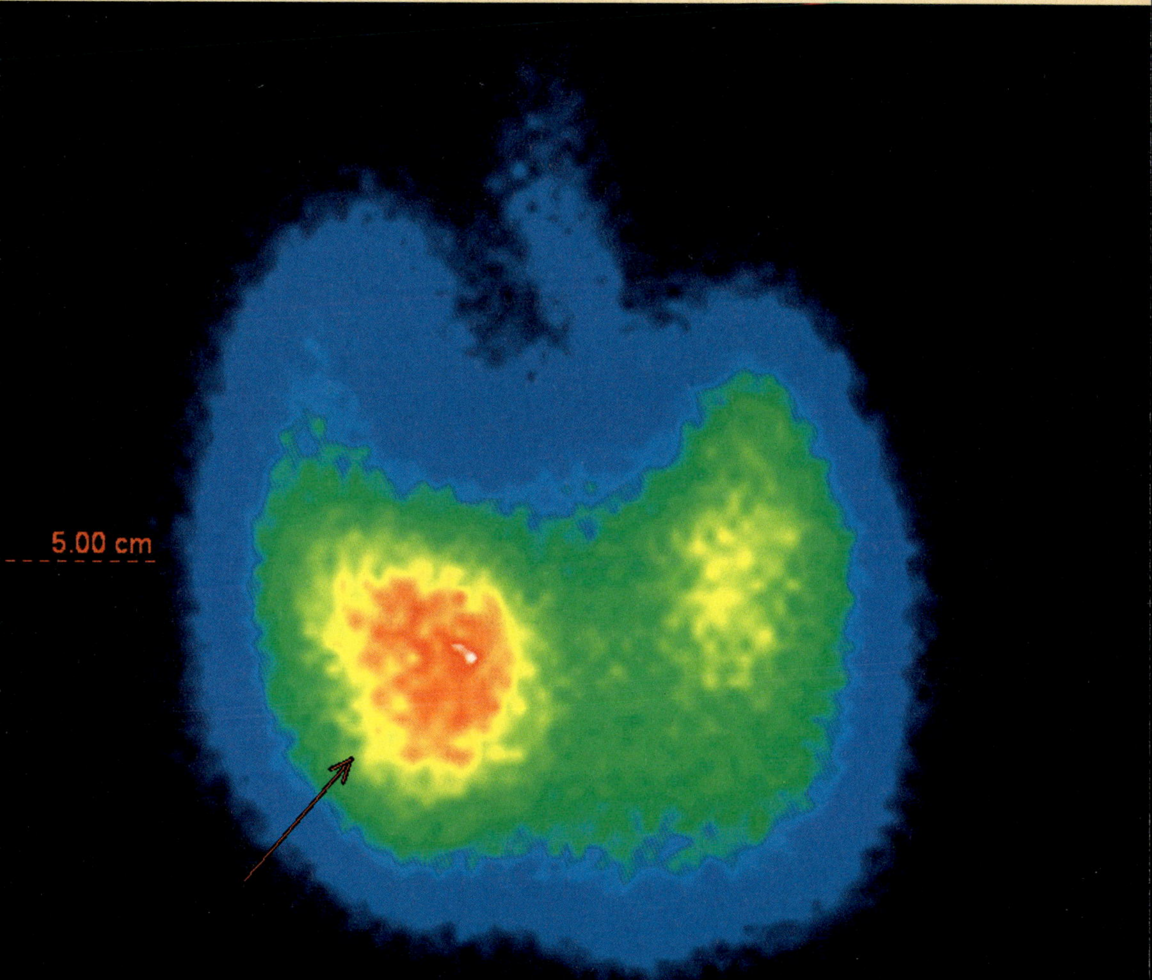

26 Hypothalamus und Hypophyse

Werner A. Scherbaum, Holger S. Willenberg, Reimar Fritzen

Hypothalamus und Hypophyse sind die zentralen Organe der Synthese der Releasing- (= Freisetzungs-) und Inhibiting- (= Hemm-) faktoren zur Regulierung der Hormonsynthese in Schilddrüse, Nebennierenrinde, Gonaden und Leber. Prolaktin, partiell auch Wachstumshormone, antidiuretisches Hormon und Oxytozin wirken direkt auf Erfolgsorgane. Die verschiedenen Hormone mit ihren Abkürzungen und Erfolgsorganen sind in **Abb. 26.1** aufgeführt.

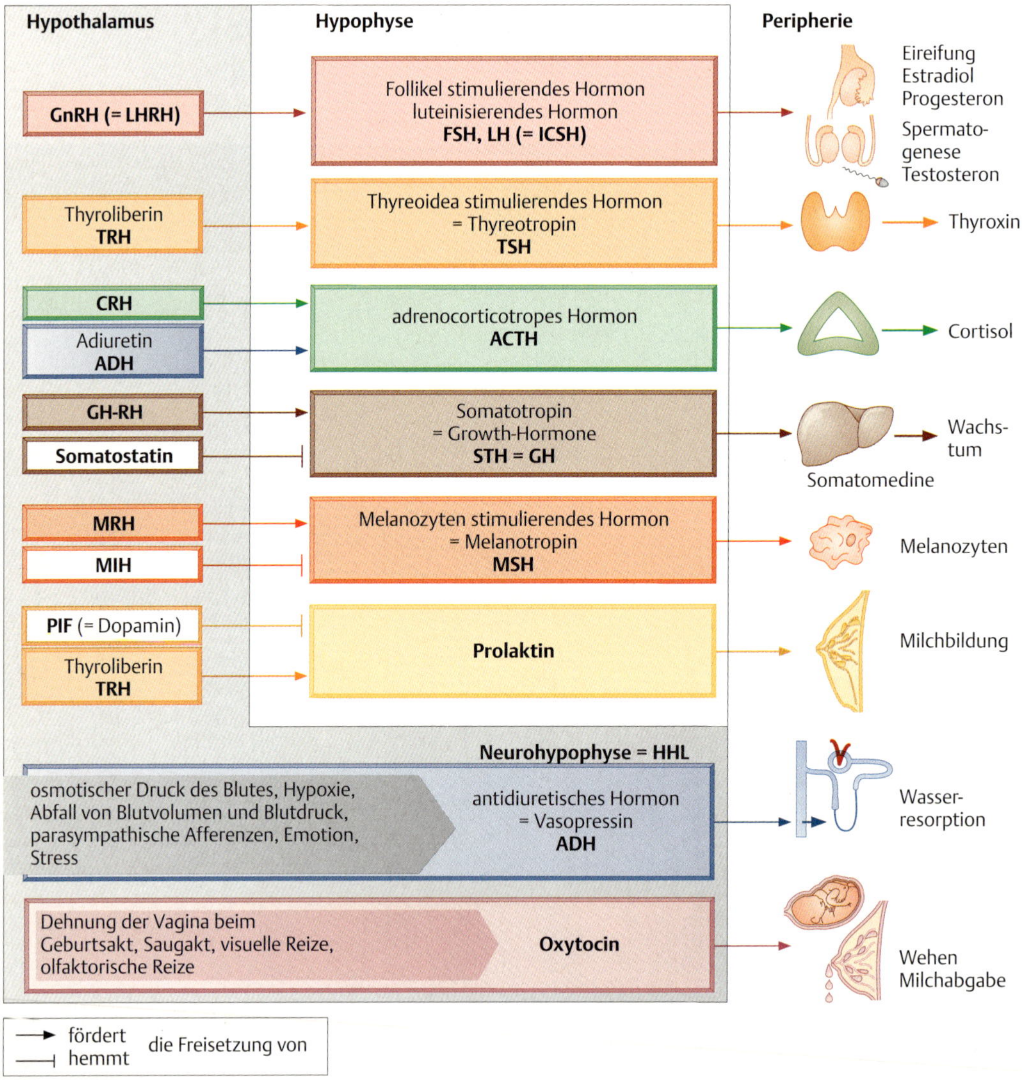

Abb. 26.1 Hypothalamische und hypophysäre Hormone. Im Hypothalamus werden Hormone gebildet, die die Sekretion von hypophysären Hormonen fördern (Releasing-Hormone) oder hemmen. Vasopressin und Oxytozin werden im Hypothalamus gebildet und aus der Neurohypophyse freigesetzt.

26.1 Diabetes insipidus

Diabetes insipidus centralis:

- *Synonyme:* neurogener/kranieller/vasopressinempfindlicher Diabetes insipidus
- *engl.:* neurogenic DI, cranial DI (CDI), vasopressin sensitive DI

Diabetes insipidus renalis:

- *Synonyme:* nephrogener DI (NDI), vasopressinresistenter Diabetes insipidus
- *engl.:* nephrogenic DI

Definition. Beim Diabetes insipidus können die Nieren den Urin nicht mehr ausreichend konzentrieren **(Asthenurie).** Dies führt zu **Polyurie** mit Ausscheidung großer Mengen eines hypotonen, verdünnten und geruchslosen (insipid) Urins und in dessen Folge zur Polydipsie. Man unterscheidet einen **zentralen Diabetes insipidus** (DI centralis) und einen **renalen Diabetes insipidus** (DI renalis) sowie angeborene und erworbene Formen des Diabetes insipidus.

Epidemiologie

Der Diabetes insipidus ist insgesamt sehr selten. Noch seltener (< 1 % der Fälle) ist der Diabetes insipidus erblich bedingt.

Ätiologie und Pathogenese

ADH (ADH = Adiuretin, antidiuretisches Hormon; beim Menschen handelt es sich um Arginin-Vasopressin = AVP) übt den mit Abstand größten und wichtigsten Einfluss auf die Flüssigkeitsbilanz aus. Die distalen Tubuli und Sammelrohre sind ohne ADH nahezu wasserundurchlässig, sodass der volumenreiche Primärharn ausgeschieden wird. Das **Fehlen von ADH** führt zu einer Abnahme der Synthese von Aquaporinen (membranständige H_2O-Transporter) und somit zur vermehrten Ausscheidung (Polyurie) eines verdünnten Urins (Asthenurie) (vgl. S. 495).

Der **Diabetes insipidus centralis** (DIC) beruht auf einer **ungenügenden** (partieller/inkompletter zentraler DI) **oder fehlenden** (totaler/kompletter zentraler DI) **Produktion bzw. Sekretion von ADH.** Durch eine höherdosierte Kortikosteroidtherapie kann ein partieller DI durch Suppression der ADH-Restsekretion in einen kompletten DI überführt werden.

Der **angeborene zentrale DI** ist meist familiär bedingt und kommt sehr selten vor. Ursache ist eine Mutation des Vasopressingens, als Folge entsteht ein biologisch nicht aktives Genprodukt. Teils ist auch noch eine Restaktivität vorhanden, allerdings können bei der posttranslationalen Prozessierung des Genproduktes toxische Peptide entstehen, die eine zunehmende Schädigung der ADH-bildenden Zellen bewirken. Deshalb zeigen nicht alle Patienten mit hereditärem DIC bereits bei Geburt Symptome.

Mögliche Ursachen des **erworbenen zentralen DI** sind in **Tab. 26.1** zusammengefasst.

Beim **Diabetes insipidus renalis** wird ADH zwar in ausreichender Menge produziert, die Nierentubuli sprechen jedoch nicht genügend auf das Hormon an. Ursachen hierfür sind:

- **angeborener renaler DI:** ein (seltener) angeborener Defekt der ADH-Rezeptoren
  - X-chromosomal-rezessiv vererbte Mutation des V_2-Vasopressin-Rezeptor-Gens auf Chromosom Xq28, die zu einem Funktionsverlust des Rezeptors führt, sodass dieser nicht mehr auf Vasopressin anspricht.
  - autosomal-rezessiv vererbte Mutation des vasopressinempfindlichen Wasserkanalgens Aquaporin-2 (sehr selten)
- **erworbener renaler DI:** ein ungenügendes Ansprechen der Niere auf ADH infolge einer Schädigung der Nierentubuli (z. B. polyurische Phase einer akuten Niereninsuffizienz, Amyloidose, po-

Tab. 26.1 Ursachen für einen erworbenen zentralen Diabetes insipidus

Ursachen
• Hypophysentumor, Operationen an der Hypophyse
• nicht hypophysäre Hirntumoren (Kraniopharyngeom, Dysgerminom, Pinealom, supraselläre Zysten, Meningeom)
• Infundibulo-Neurohypophysitis
• granulomatöse Erkrankungen (Sarkoidose, Tuberkulose, Lues)
• Trauma, ossäre Defekte, Schädelbasisfrakturen
• Metastasen (Mammakarzinom, Bronchialkarzinom, Prostatakarzinom, Lymphome, leukämische Infiltrate, Schilddrüsenkarzinom)
• zerebrale Thrombose, Hämorrhagie, Post-partum-Nekrose (Sheehan-Syndrom, s. S. 499)
• Histiocytosis X (**Abb. 26.2**)
• autoimmune Hypothalamitis
• basale Meningitis oder Enzephalitis

G

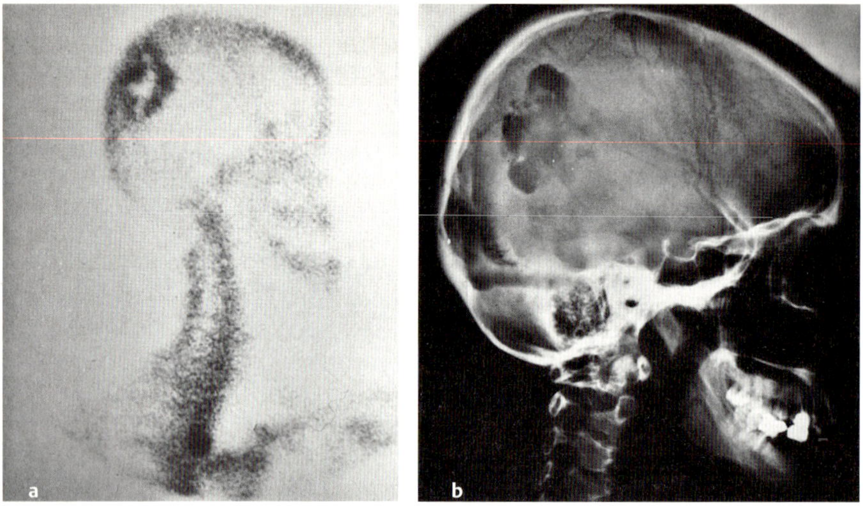

Abb. 26.2 **Differenzialdiagnose des DI.** Bei einer 43-jährigen Patientin fielen Polyurie und Polydipsie auf. Im Durstversuch konnte ein zentraler Diabetes insipidus gesichert werden. Es fand sich ein umschriebener Klopfschmerz der Kalotte am Hinterhaupt. Außerdem waren Fieber, ein nässendes Exanthem und Lymphknotenschwellungen vorhanden. **a** Das Knochenszintigramm zeigt eine Anreicherung im Bereich des Schädels. **b** Die Röntgenaufnahme zeigt typische osteolytische Herde. Die Diagnose „Histiocytosis X“ wurde durch eine Hautbiopsie gesichert.

lyzystische Nieren), metabolische Störungen (z. B. Hyperkalzämie, Hypokaliämie), die Einnahme bestimmter Medikamente (z. B. Lithium, Barbiturate) oder einer osmotischen Diurese, z. B. im Rahmen einer Glukosurie.

Klinik

Der Diabetes insipidus ist durch **großen Durst** und **vermehrtes Wasserlassen** gekennzeichnet, was ab einer Urinmenge von 3 l/d als lästig empfunden wird und ab 4 l/d behandlungsbedürftig ist. Beim zentralen DI sind bis zu 20 l/d, beim renalen DI noch höhere Flüssigkeitsverluste im Urin möglich. Charakteristisch ist das kompulsive Trinken, auch in den Nachtstunden. Die Polyurie kann zu **urologischen Beschwerden** führen, die durch Blasendehnung, -dystonie, Hydroureter oder Hydronephrose verursacht werden. Bei Raumforderungen der Hypophyse, Traumen oder anderen Läsionen kann ein DI zudem mit den Symptomen einer Hypophysenvorderlappeninsuffizienz verbunden sein (s. S. 499).

Eine Polyurie liegt vor, wenn die Urinausscheidung bei einer nicht vorgegebenen Trinkmenge mehr als 30 ml/kgKG/d beträgt.

! Vor allem bei hypothalamischen Läsionen kann zusätzlich das Durstempfinden gestört sein. Dann besteht die Gefahr der Exsikkose.

Diagnostik

Zunächst muss mittels Anamnese und ggf. Durstversuch geklärt werden, ob ein DI vorliegt. Ist die Diagnose gesichert, muss nach der Ursache gesucht werden (**Tab. 26.1**).

Die Diagnose des zentralen DI wird ex juvantibus wie folgt durchgeführt: Gabe von 10 µg DDAVP (1-Desamino-D-Arginin-Vasopressin, auch „Desmopressin“) 1 × pro Tag über 2 Wochen.

- zentraler DI: Besserung von Durst und Polyurie.
- nephrogener DI: keine Änderung.
- psychogene Polydipsie: Verdünnungshyponatriämie (→ „Hyponatriämie“, S. 328 f)

Liegt bereits basal eine Hyponatriämie vor, sollte keine DDAVP-Gabe ex juvantibus erfolgen.

> **Der Test beweist nicht den Diabetes insipidus, sondern nur die Besserung der Patientensymptomatik nach 2 Wochen.**

Durstversuch

Der Durstversuch gilt als Goldstandard für den Nachweis eines Diabetes insipidus. Zunächst ist ein verkürzter Durstversuch ausreichend, da dieser auch ambulant durchgeführt werden kann.

Verkürzter Durstversuch: *Indikation:* Ausschluss eines DI bei Urinmengen unter 6 – 8 l/d.
Durchführung: Ab 20 Uhr (bzw. bei Urinmenge von 8 l/d ab 24 Uhr) darf der Patient keine Flüssigkeit mehr aufnehmen.
Auswertung am nächsten Morgen:

- Anstieg der Urinosmolalität auf über 500 mOsmol/kg und/oder Absinken der Plasmaosmolalität auf Werte unterhalb der Normgrenze von 295 mOsmol/kg (bzw. Hyponatriämie) schließt einen DI aus.
- Urinosmolalität unter 400 mOsmol/kg und Plasmaosmolalität über 295 mOsmol/kg (bzw. Hypernatriämie) macht den Nachweis bzw. Ausschluss eines DI durch einen kompletten Durstversuch nötig.

Kompletter Durstversuch. *Indikation:* wenn der verkürzte Durstversuch eine Urinosmolalität unter 400 mOsmol/kg und eine Plasmaosmolalität über 295 mOsmol/kg (bzw. Hypernatriämie) ergibt, bei unklaren Befunden oder bei ausgeprägter Polyurie.
Durchführung: Nach freier Flüssigkeitszufuhr über Nacht erfolgt eine kontrollierte Flüssigkeitskarenz. Wenn der Patient Zeichen der Hypovolämie mit Exsikkose zeigt, Fieber bekommt oder die Serum-Osmolalität über 305 mOsmol/kg (bzw. das Serum-Natrium über 150 mmol/l) ansteigt, kann der Versuch abgebrochen werden. Für den Test muss abhängig vom Ausmaß der Polyurie mit einer Zeitdauer von 4 – 24 Stunden gerechnet werden. Zur Unterscheidung eines zentralen von einem renalen DI wird am Ende des Durstversuchs Vasopressin oder ein Analogon gegeben, um das Ansprechen der Nieren auf das Hormon zu prüfen.
Auswertung: Beim kompletten DI nimmt der Urinfluss im Durstversuch nicht ab und die Urinosmolalität steigt nicht an. Beim zentralen DI steigt die Urinosmolalität nach Vasopressingabe an, während sie beim renalen DI unverändert bleibt.

> **Der komplette Durstversuch muss in einem erfahrenen endokrinologischen Zentrum und unter stationären Bedingungen erfolgen.**

Achtung: Bei gleichzeitigem Vorliegen einer Hypophysenvorderlappeninsuffizienz kann die Hypernatriämie verschleiert werden. Während der DI einen renalen Wasserverlust bewirkt, kann ein Cortisolmangel zu einem renalen Salzverlust führen, weil die mineralokortikoide Wirkung wegfällt. Insgesamt verstärkt sich durch diese Mechanismen die Exsikkose und Hypotonie. Komplizierend kommt hinzu, dass bei ausgeprägter Exsikkose auch die Urinausscheidung nachlassen und eine Pseudokonzentration des Urins eintreten kann.

> **Bei einer Ausscheidung < 30 ml Urin/h muss der Durstversuch abgebrochen werden.**

Abklärung der zugrundeliegenden Ursache

Die umfangreiche Anamnese, körperliche Untersuchung, Dünnschicht-MRT der Hypophysen-/Hypothalamusregion und des Schädels mit Kontrastmittelgabe sind obligat. Es sollte mittels hormoneller Analysen und Tests die Funktion des Hypophysenvorderlappens abgefragt und nach Hinweisen auf eine der in Tabelle **Tab. 26.1** aufgelisteten Ursachen gefahndet werden.
In Abhängigkeit von der Verdachtsdiagnose sind evl. auch Sonografie von Hals, Mamma, Abdomen oder Prostata, Röntgen-Thoraxuntersuchung, Bronchoskopie mit Lavage bzw. bioptische Untersuchungen angezeigt.
Wichtig ist auch eine gezielte Medikamentenanamnese. Die Vasopressinsekretion wird gehemmt durch Kortikosteroide, Phenytoin, Ethanol, α-adrenerge Substanzen, Noradrenalin, Butyrophenone, Clonidin, Promethazin.
Das klinische Bild eines renalen DI kann durch Lithium, Barbiturate und Demeclocyclin ausgelöst werden. Andere Ursachen liegen zum Beispiel in der polyurischen Phase des akuten Nierenversagens. Hereditäre Formen fallen bereits im Kindesalter auf und sind als X-chromosomaler Funktionsverlust des V_2-Rezeptors bekannt.
Krankhaft gesteigerter Durst kann auch bei der **psychogenen Polydipsie** (= primäre Polydipsie) auftreten. Hierbei handelt es sich um eine neurotische Fehlhaltung mit suchtähnlichem Trinken. Im Gegensatz zum DI werden die Patienten nachts kaum

wegen des Durstes wach. Beim Durstversuch bleibt die Plasmaosmolalität im Normbereich und die Urinosmolalität steigt adäquat an.

Therapie

Zentraler Diabetes insipidus

Eine **kausale Therapie** der zugrundeliegenden Ursachen ist immer anzustreben. Die **medikamentöse Therapie** wird mit DDAVP (1-Desamino-D-Arginin-Vasopressin, „Desmopressin"; V_2-Rezeptor-Agonist) als Nasenspray oder als Nasentropfen/Rhinyle (über einen kalibrierten Schlauch 5 – 20 µg DDAVP = 0,05 – 0,2 ml Minirin) oder mit Minirin-Tabletten (alle 8 – 24 Stunden 1 Tablette) durchgeführt. Die tägliche Urinmenge sollte auf 1,5 – 2 l eingestellt werden, ohne dass eine Hypo- oder Hypernatriämie eintritt. Bei richtiger Diagnose gibt es dazu keine Kontraindikationen. Eine Überdosierung ist aufgrund der drohenden Hypervolämie gefährlicher als eine Unterdosierung, wenn das Durstempfinden intakt und ausreichend Flüssigkeitszufuhr gewährleistet ist. Andere (indirekt wirkende) Medikamente sind heute nicht mehr gerechtfertigt.

Renaler Diabetes insipidus

Auch hier steht die Behandlung zugrundeliegender Ursachen im Vordergrund. Durch eine adäquate Flüssigkeitszufuhr wird die Wasserbilanz ausgeglichen. Sollte eine hereditäre Ursache vorliegen, kann eine salzarme und proteinreiche Diät weiterhelfen. Paradoxerweise hilft bei einigen Patienten die Gabe von Hydrochlorothiazid und Amilorid.

26.2 Syndrom der inadäquaten ADH-Sekretion (SIADH)

Synonym: Schwartz-Bartter-Syndrom
engl.: syndrome of inappropriate antidiuresis (SIAD)

Definition. Beim Schwartz-Bartter-Syndrom handelt es sich um eine unphysiologisch erhöhte ADH-Sekretion aufgrund unterschiedlichster Ursachen.

> **!** Nicht zu verwechseln mit dem Bartter-Syndrom (s. S. 498).

Ätiologie

- **paraneoplastisch** (ADH-sezernierende Tumoren): Bronchialkarzinom (häufigste Ursache), Pankreaskarzinom, Duodenumkarzinom, Ureterkarzinom, Prostatakarzinom, Blasenkarzinom, Thymom, Lymphom u. a.
- **Schädel-Hirn-Trauma**
- **Lungenerkrankungen:** Pneumonie, Tuberkulose, künstliche Beatmung, Lungenabszess, Asthma bronchiale, Pneumothorax, zystische Fibrose
- **zentralnervöse Störungen:** Meningitis, Enzephalitis, Hirnabszess, Schädel-Hirn-Trauma, Subarachnoidalblutung, Guillain-Barré-Syndrom, multiple Sklerose, akute intermittierende Porphyrie, Psychosen, Delirium tremens, Hirnatrophie, Sinus-cavernosus-Thrombose
- **Myxödem**
- **Medikamente:** Vasopressin und seine Analoga, Oxytocin, Benzodiazepine, Vincristin, Cyclophosphamid, Chlorpropamid, Thiazid-Diuretika, Clofibrat, Phenothiazine, Haloperidol, trizyklische Antidepressiva, MAO-Hemmer
- **idiopathisch**

Klinik

Durch die pathologisch erhöhte ADH-Sekretion kommt es zur Flüssigkeitsretention und **Verdünnungshyponatriämie.** Je nach Ausprägung der Hyponatriämie leiden die Patienten unter Appetitlosigkeit, Brechreiz, Kopfschmerzen, Muskelkrämpfen, Verwirrtheitszuständen, Ataxie sowie Krämpfen bis hin zu Koma und Exitus.

Diagnostik

Die Diagnose kann nur bei unbehandelten normovolämischen oder hypervolämischen Patienten in der Hyponatriämie ohne Natriumsubstitution gestellt werden und sollte der Behandlung deshalb unbedingt vorausgehen.
Laborchemisch wird die **inadäquate Urinkonzentration** (Urin-Osmolalität > 100 mosmol/kg, Natrium > 30 mmol/l), also ein im Verhältnis zur **erniedrigten Serum-Osmolalität** und **Hyponatriämie** (< 130 mmol/l) zu stark konzentrierter Harn ausgeschieden.
Im Vergleich dazu findet sich ein inadäquat hoher Vasopressin- oder Copeptin-Spiegel (C-terminales Pro-Vasopressin-Fragment). Je nach Ausgangslage hilft die Bestimmung von Harnstoff und Harnsäure im Serum und im Urin mit Bestimmung der fraktionierten Harnsäure-Ausscheidung weiter, oder es

Tab. 26.2 Differenzialdiagnose des Syndroms der inadäquaten ADH-Sekretion

Erkrankung	Bedeutung	Kommentar
Diabetes mellitus	++	Glukosebestimmung in Urin und Blut
Polyurie aufgrund der Einnahme bestimmter Medikamente (s. o.)	++	Ausschluss durch Anamnese
chronische Niereninsuffizienz mit Tubulusschädigung	+	Ausschluss durch Bestimmen des spezifischen Gewichts des Urins: Bei chronischer Niereninsuffizienz liegt eine Isosthenurie vor (= Ausscheiden eines Harns, dessen spezifisches Gewicht unabhängig von der zugeführten Flüssigkeitsmenge bei ca. 1 015 g/l liegt)

muss ein Kochsalzbelastungstest durchgeführt werden.
Es ist wichtig, anamnestisch und ggf. auch durch Laboruntersuchungen andere Ursachen für eine Hyponatriämie wie zum Beispiel einen Diabetes mellitus oder eine Nebennierenrindeninsuffzienz abzuklären und nach Funktionsstörungen der Schilddrüse, Leber, Herz und Niere zu fahnden (**Tab. 26.2**).
Die Diagnostik beinhaltet bei negativer Medikamentenanmnese und Ausschluss anderer Erkrankungen immer ein Tumorsuchprogramm (abhängig vom Alter und den Begleitbefunden z. B. Röntgenthorax in 2 Ebenen und Abdomen-Sonografie. Bei Männern PSA- und Prostatasonografie, bei Frauen gynäkologische Untersuchung. Eventuell CT-Thorax oder Koloskopie).

Therapie

Eine kausale Therapie ist immer anzustreben. Symptomatisch können folgende Therapien zum Einsatz kommen:

- Flüssigkeitsrestriktion auf 500 ml/d bis Serum-Natrium bei 130 mmol/l
- Furosemid 20 – 80 mg/d, ggf. zusammen mit Kochsalz- und Kalium-/Kalziumzusatz
- Supplementation von Harnstoff als Pulver
- Tolvaptan 15 – 60 mg/d p. o.
- Blockierung der Antidiurese durch z. B. Demeclocyclin 600 – 1 200 mg/d
- Lithium, z. B. 2 × 1 Tbl. Quilonum, einzustellen nach Wirkspiegel

26.3 Hypophysenvorderlappeninsuffizienz

Synonym: Hypopituitarismus
engl.: hypopituitarism

Definition. Unterfunktion bzw. Ausfall einer, mehrerer oder aller Partialfunktionen (Panhypopituitarismus = komplette HVL-Insuffizienz) des Hypophysenvorderlappens mit der Folge einer isolierten, partiellen oder kompletten Einschränkung der Hypophysenvorderlappen-Hormonsekretion.
Man unterscheidet eine **primäre HVL-Insuffizienz** (direkte Beeinträchtigung der HVL-Zellen durch einen Krankheitsprozess) und eine **sekundäre HVL-Insuffizienz** (Beeinträchtigung der HVL-Funktion durch Läsionen des Hypophysenstiels, Erkrankungen des Hypothalamus oder des zentralen Nervensystems).

Epidemiologie

Die Häufigkeit der HVL-Insuffizienz beläuft sich insgesamt auf 2 – 10/100 000 Einwohner. Die Partialinsuffizienz ist die häufigste Form.

Ätiopathogenese

Die wichtigsten Ursachen der HVL-Insuffizienz sind in **Tab. 26.3** aufgeführt (siehe auch **Tab. 26.1**). Intra-, para- und supraselläre Tumoren sind die häufigste Ursache, danach dominieren Nekrosen, darunter vor allem die postpartale Nekrose des HVL im Zusammenhang mit größeren Blutverlusten während der Geburt **(Sheehan-Syndrom)**. Nekrosen können sich auch in der Peripherie von HVL-Tumoren ausbilden. Auch kann es innerhalb von HVL-Tumoren zur Apoplexie mit akutem Schmerz und Einschränkung der Hypophysenfunktion kommen.

Tab. 26.3 Ursachen der Hypophysenvorderlappeninsuffizienz

Einteilung	Ursachen
Tumoren	sellanahe Tumoren, HVL-Adenome, Metastasen
regressive Veränderungen	Hypophysenapoplexie (bei HVL-Adenom), postpartale Nekrose (Sheehan-Syndrom), Amyloidose
vaskulär	Aneurysma der A. carotis interna, Sinus-cavernosus-Thrombose
entzündlich	Meningoenzephalitis, Sarkoidose, Tuberkulose, autoimmune Hypophysitis
infiltrative Erkrankungen	Histiocytosis X, Hämochromatose
iatrogen	neurochirurgische Operation, Bestrahlung
traumatisch	Schädel-Hirn-Trauma
angeborene Störung	primäres Empty-Sella-Syndrom, Ausfall einzelner Achsen bei bestimmten Gendefekten (z. B. Prop-1, Pit-1, Kal-Gen u.v. a.m.)
metabolisch	chronische Niereninsuffizienz (toxisch, Urämie)

Klinik

Die Symptome sind identisch mit denen beim jeweiligen Ausfall der abhängigen Hormone in der Peripherie (vgl. **Abb. 26.1**). Weiterhin können die Symptome einer Raumforderung wie Gesichtsfeldeinschränkung, Kopfschmerzen u. a. vorliegen.

Die **chronische HVL-Insuffizienz** aufgrund einer Raumforderung führt in der Regel zuerst zu einer Einschränkung der Somatotropin- (STH) und der Gonadotropinsekretion. Da der Wachstumshormonmangel nach Abschluss des Längenwachstums oft nicht klinisch diagnostiziert wird, findet sich als wegweisendes Symptom der hypogonadotrope Hypogonadismus (s. S. 596).

Die weiteren Symptome sind abhängig vom Grad der Beeinträchtigung der ACTH- (→ NNR-Insuffizienz, s. S. 575), TSH- (→ Hypothyreose, s. S. 510) und STH-Sekretion. Ein Mangel an STH im Wachstumsalter führt zu einem hypophysären Minderwuchs.

Die typische Reihenfolge beim Ausfall der Partialfunktionen stellt sich wie folgt dar:

1. **STH:** bei Kindern Wachstumsstörungen, bei Erwachsenen meist asymptomatisch, metabolische Veränderungen im Labor mit Dyslipoproteinämie
2. **Gonadotropine:** hypogonadotroper Hypogonadismus mit Erektions- und Libidostörungen bei Männern (vgl. S. 596), durch sekundäre Amenorrhö bzw. vorzeitige Menopause bei der Frau rasch apparent, „Wechseljahresbeschwerden" bei beiden Geschlechtern mit Hitzewallungen und Schweißneigung, Ausfall der Sekundärbehaarung, Atrophie der Haut (typisch ist eine feine Fältelung der Gesichtshaut, sog. Genoderm), Anämie bei Männern.
3. **TSH:** Hypothyreose mit trockener Haut, Haarausfall, rauer Stimme, Obstipation, Verlangsamung, Kälteunverträglichkeit (vgl. S. 510)
4. **ACTH:** Nebennierenrinden-Insuffizienz mit Frieren, Adynamie, Schwäche, Unwohlsein, Übelkeit, Konzentrationsstörungen, Anämie und relativer Lymphozytose mit Eosinophilie (vgl. S. 575)
5. **MSH:** Hautblässe (fahle, alabasterfarbene Haut),
6. **Prolaktin:** Agalaktie, frühes Abstillen

Die **akute HVL-Insuffizienz** führt zum hypophysären Koma und ist sehr selten. Sie entsteht auf dem Boden einer Einblutung oder unerkannten bzw. ungenügend substituierten chronischen HVL-Insuffizienz. Durch den Einfluss zusätzlicher Faktoren (Infekte, Erbrechen, Diarrhö, Traumen und Operationen) kommt es dann zu einer krisenhaften Entgleisung des Stoffwechsels infolge einer Nebennierenrinden- und Schilddrüsenunterfunktion.

Auch eine **isolierte HVL-Insuffizienz** ist möglich: isolierter Gonadotropinmangel (hypogonadotroper Hypogonadismus, s. S. 596); isolierter Wachstumshormonmangel, isolierter ACTH-Mangel (äußerst selten), isolierter TSH-Mangel (äußerst selten).

Diagnostik

Neben klinischen und anamnestischen Hinweisen für eine Insuffizienz des endokrinen Endorgans ist der Nachweis des peripheren Hormondefizits ausschlaggebend.

> **Diagnostisch entscheidend ist die Bestimmung der Hormonwerte.**

Je nach Ausprägung der HVL-Insuffizienz sind alle oder einige Werte der hypophysären Hormone erniedrigt, der normale Anstieg durch **Stimulationstests** bleibt aus. Es gibt eine Fülle von Stimulationstests, die jedoch nicht notwendigerweise immer alle durchgeführt werden müssen. Eine Auswahl findet sich in **Tab. 26.4**. Auch die peripheren Hormonspiegel müssen bestimmt und in die Analyse mit einbezogen werden. Bei Tumorverdacht ist eine Lokalisationsdiagnostik durch MRT der Sella-/Hypothalamusregion angezeigt (s. S. 502). Mögliche Differenzialdiagnosen sind in **Tab. 26.5** zusammengefasst.

Therapie

Eine **kausale Therapie** ist immer anzustreben, z. B. die operative Behandlung eines Hypophysenadenoms. Um den Hormonmangel auszugleichen, werden die **Hormone** der peripheren endokrinen Drüsen **substituiert**, deren hypophysäre Releasing-Hormone nicht mehr ausreichend produziert werden. Die sekundäre Nebennierenrinden-Insuffizienz wird folgendermaßen behandelt:

- z. B. Hydrocortison 10 – 20 mg/d (z. B. 10 mg morgens, 5 mg mittags) p. o. oder
- z. B. Prednisolon 2,5 – 5 mg/d (z. B. 2,5 mg morgens) p. o..

Tab. 26.4 Stimulationstests zur Diagnostik der HVL-Insuffizienz

Test	Dosis	Erfolgsmessung (normale Zielwerte)
gonadotrope Achse:		
GnRH-Test	0,1 mg i. v.	LH-Anstieg nach 30 min mindestens auf das 2-fache, FSH auf das 1,5-fache des Basalwertes nach der Pubertät und vor der Menopause
laktotrope Achse:		
TRH-Test	0,2 mg i. v.	Prolaktinanstieg nach 30 min mindestens auf das 2-fache des Basalwertes
thyreotrope Achse:		
TRH-Test	0,2 mg i. v.	TSH-Anstieg nach 20 – 30 min auf > 5,5 µU/ml, ca. 10-fach, mindestens jedoch 5-fach des Ausgangswertes
kortikotrope Achse:		
CRH-Test	1 µg/kgKG i. v.	ACTH-Anstieg nach 10 – 60 min mindestens auf das 2-fache, Cortisolanstieg > 18 µg/dl
Insulinhypoglykämietest	0,15 IE Insulin/kgKG i. v.	ACTH-Anstieg auf 70 – 100 pg/ml Cortisolanstieg auf > 20 µg/dl
Metopirontest	3 g um ca. 24 Uhr	ACTH am nächsten Morgen 8 Uhr über das Doppelte des Wertes vom Vortag bzw. > 120 pg/ml, Anstieg von 11-Desoxycortisol > 7,0 µg/dl bei Cortisol < 7,2 µg/dl
somatotrope Achse:		
Belastungstest	5 min körperl. Belastung	STH-Anstieg auf > 10 ng/ml
GHRH-Test	1 µg GHRH/kgKG i. v.	GH-Anstieg nach 30 – 60 min auf > 3 ng/ml
Clonidin-Test	75 µg Clonidin/m^2 KO p. o.	STH-Anstieg auf > 15 ng/ml
L-Arginin-Test	30 g L-Arginin in 100 ml H_2O über 30 min i. v.	STH-Anstieg nach 30 – 120 min auf > 10 ng/ml
Insulinhypoglykämietest	0,15 IE Insulin/kgKG i. v. (bei BZ < 40 mg/dl oder symptomatischer Hypoglykämie)	STH-Anstieg auf > 10 ng/ml

Tab. 26.5 Differenzialdiagnose der Hypophysenvorderlappen-Insuffizienz

Erkrankung	Bedeutung	Kommentar
primäre Insuffizienz der Erfolgsorgane	+++	HVL-Hormone erhöht
hypothalamische Insuffizienz	+	Unterscheidung nicht immer sicher möglich; das Prolaktin ist durch den Ausfall von Dopamin eher erhöht
schwere Allgemeinerkrankungen	+	Plasma-Cortisol erhöht
polyglanduläres Autoimmunsyndrom	(+)	Autoantikörper gegen Nebennierenrinden- und Schilddrüsenantigene oder β-Zell-Antigene

- Bei Stresssituationen (fieberhafte Infektion, Narkose, Unfälle, Operationen etc.) Steigerung der Substitutionsdosis um das 2- bis 6-fache p. o.; bei Bedarf parenterale Applikation.

Die sekundäre Hypothyreose wird mit L-Thyroxin 75 – 150 µg/d oral therapiert.

Der sekundäre Hypogonadismus wird bei Frauen in der reproduktiven Phase mit einem Östrogen-/Gestagenpräparat behandelt, z. B. zyklische Verabreichung von Estradiol und Norethistosteronacetat in Form eine Hormonersatztherapie. Beim Mann ist die Testosteronsubstitution mittels einer speziell angerührten Creme, einem kommerziell gefertigten Gel, einem Implantat oder einem Injektionspräparat möglich. Die typische Dosierung beträgt z. B. 250 mg Testosteronenantat alle 3 Wochen, Testosteronundecanoat alle 10 bis 12 Wochen i. m. bzw. Testosterongel 25 – 75 mg/Tag perkutan. Bei Männern in Kinderwunschbehandlung ist die Induktion der Spermiogenese durch Gabe von Gonadotropinen möglich (s. S. 598).

Therapie des hypophysären Komas: ambulant sollten sofort 50 mg Methylprednisolon i. v. verabreicht werden. Auf der Intensivstation ist die rasche Glukokortikoidgabe (z. B. 100 – 200 mg Hydrocortison in 5 %iger Glukoselösung i. v.) vorrangig. Erst danach darf die Substitution mit Schilddrüsenhormonen erfolgen.

Prognose

Die Prognose ist abhängig von der zugrundeliegenden Krankheit, einer guten Aufklärung durch den behandelnden Arzt und der Compliance des Patienten. Bei rechtzeitiger Diagnose und adäquater Therapie der HVL-Insuffizienz mit selbständiger Anpassung der Medikation durch den Patienten, z. B. bei Fieber, ist eine gute Kompensation der ausgefallenen Funktion möglich. Die komplette HVL-Insuffizienz führt ohne Substitutionstherapie zum Tod.

> **!** **Jeder Patient mit einer HVL-Insuffizienz sollte einen Notfallpass bei sich tragen mit Angabe von Diagnose, Medikation, Adresse und Telefonnummer des Hausarztes sowie des betreuenden endokrinologischen Zentrums.**

26.4 Hypophysentumoren

engl.: (non-) functioning pituitary adenomas

Definition. Meist gutartige Neubildungen bestehend aus einem Zelltyp des Hypophysenvorderlappens (Hypophysenadenom). Entsprechend ihrer hormonellen Funktion erfolgt die Einteilung in endokrin inaktive Hypophysentumoren, d. h. im Blut ist keine Erhöhung von HVL-Hormonen messbar, und endokrin aktive Hypophysentumoren.

Mikroadenome haben definitionsgemäß einen Durchmesser ≤ 10 mm und Makroadenome > 10 mm (**Abb. 26.3**). Inzidentalome der Hypophyse sind zufällig entdeckte Tumoren, wobei die Bildgebung aus Gründen durchgeführt wurde, die **nicht** mit dem Hypophysentumor in Zusammenhang stehen.

Epidemiologie. Hypophysentumoren machen ca 15 % aller Hirntumoren aus. 90 % der Hypophysentumoren sind Adenome. Die Mehrzahl der Hypophysentumoren ist hormonell aktiv.

Klinik. Neben ihren eigenen endokrinen Symptomen können prinzipiell alle Hypophysentumoren und Tumoren mit sellanahem Sitz durch Druckatrophie oder Unterbrechung der Hypothalamus-Hypo-

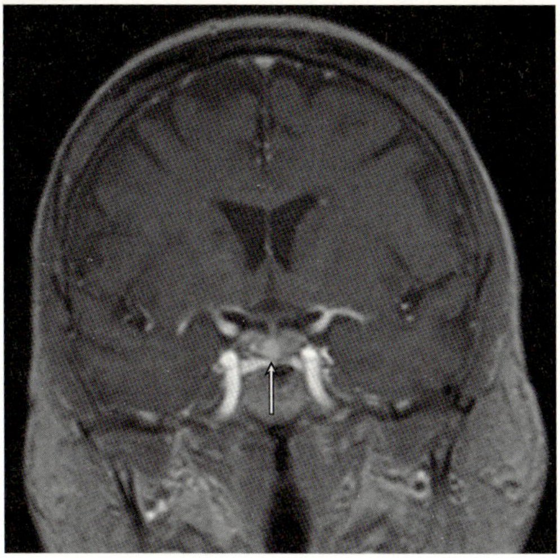

Abb. 26.3 Mikroadenom. MRT in T 1-Wichtung nach Kontrastmittelgabe („frühe Phase") einer 55-jährigen Patientin, die sich zur Kontrolle einer langbekannten Osteoporose vorstellte. Bei der körperlichen Untersuchung fiel auf, dass die Patientin aus der Hocke nicht mehr von alleine aufstehen konnte und die weiche, vulnerable Haut. Die weitere Abklärung erbrachte die Diagnose eines Morbus Cushing mit Mikroadenom der Hypophyse, welches Kontrastmittel aufnimmt (Pfeil).

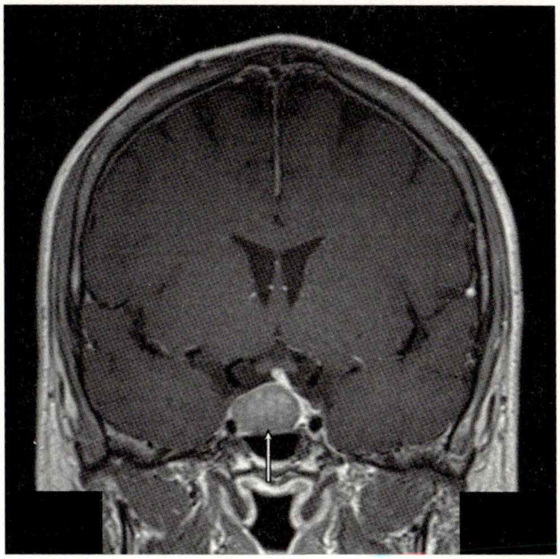

Abb. 26.4 Makroadenom. Die Abbildung zeigt ein MRT in T 1-Wichtung nach Kontrastmittelgabe eines 41-jährigen jungen Mannes, der sich zur Abklärung eines deutlich reduzierten Allgemeinzustandes vorstellte. Im Vordergrund standen Müdigkeit, Abgeschlagenheit und Frieren mit orthostatischer Schwindelsymptomatik sowie eine reduzierte Potenz und Belastbarkeit. Eine vorübergehende Glukokortikoidtherapie wegen eines Hörsturzes führte zur Besserung des Befindens. Die weitere Diagnostik ergab die Diagnose einer kompletten Hypophysenvorderlappeninsuffizienz aufgrund eines mäßig FSH-produzierenden Makroadenoms der Hypophyse. Der Tumor (Pfeil) erreicht nicht das Chiasma opticum, jedoch erscheint der Hypophysenstil (hell) verkürzt und wird nach links verlagert. Auf der rechten Seite umwächst das Adenom von kranial her die Arteria carotis interna.

physen-Kommunikation zu einer HVL-Insuffizienz führen. Bei suprasellärer Ausdehnung und Druck auf das Chiasma opticum kann es zu Sehstörungen kommen (typisch: bitemporale Hemianopsie, Optikusatrophie).

26.4.1 Klinisch endokrin inaktive Hypophysentumoren

Die Mehrzahl der nach klinischem Eindruck als endokrin inaktiv eingeschätzen Hypophysenadenome besteht aus

- Zellen, die doch Gonadotropine (LH bzw. FSH) bzw. deren α- und/oder β-Untereinheiten produzieren (**Abb. 26.4**) oder
- Zellen, die immunhistochemisch keine Hormone exprimieren, sog. Null-Zell-Adenome.

40 – 50 % der klinisch apparenten Hypophysentumoren sind **chromophobe Adenome** (Inzidenz 0,2 – 8/100 000), die kein Prolaktin produzieren und bei denen die Symptome der Raumforderung im Vordergrund stehen.

Auch bei den sogenannten **Inzidentalomen** der Hypophyse, die durch die zunehmende Anwendung der CT- und MRT-Untersuchung des Neurokraniums als Nebenbefund entdeckt werden, handelt es sich überwiegend um hormoninaktive Mikroadenome. In Autopsiestudien finden sich Mikroadenome bei bis zu 27 % aller Sektionen, in MRT-Studien bis 12 %.

Diagnostik. Wird ein Inzidentalom der Hypophyse festgestellt, ist zunächst eine endokrine Aktivität auszuschließen (s. S. 504). Die primären Symptome hormoninaktiver Makroadenome sind oft durch die **Raumforderung** bedingt: Sehstörungen, Kopfschmerzen, Symptome der HVL-Insuffizienz oder zufällig durch Röntgenuntersuchung und andere bildgebende Verfahren nachgewiesene Auffälligkeiten.

Von einer begleitenden Hypophysenvorderlappeninsuffizienz ist bei Mikroadenomen nur dann auszugehen, wenn sie recht weit dorsal oder dorsokranial lokalisiert sind.
Zur Beurteilung des Tumors und der parasellären und suprasellären Ausdehnung sowie seiner Beziehung zu Gefäßen und Nerven ist immer eine **Dünnschicht-MRT der Sella-/Hypothalamusregion mit Kontrastmittel** durchzuführen. Außerdem ist eine **ophthalmologische Untersuchung** angezeigt.
Differenzialdiagnostisch sind andere Tumoren mit sellanahem Sitz, z. B. Kraniopharyngeome, Epidermoid- und Dermoidzysten, intrakranielle Metastasen (meist eines Mamma- oder Bronchialkarzinoms), auszuschließen.
Patienten mit hormoninaktiven Mikroadenomen, die auch nicht zu einer Partialinsuffizienz führen, kann man beruhigen. Sie haben eine exzellente Prognose. Wenn der Tumor nach anfänglich halbjährlichen Kontrollen nicht gewachsen ist (Kontroll-MRT) und die Sekretionsleistung unverändert erhalten bleibt, ist eine weitere Therapie und Kontrolle nicht notwendig.

26.4.2 Klinisch endokrin aktive Hypophysentumoren

Einteilung.

- STH-produzierende (somatotrope) Mikro- oder Makroadenome des Hypophysenvorderlappens (ca. 20% aller endokrin aktiven Hypophysentumoren). Diese Tumoren führen unbehandelt zum Krankheitsbild der **Akromegalie** oder des **hypophysären Gigantismus**.
- Prolaktinproduzierende Mikro- oder Makroadenome der Hypophyse (**Prolaktinom**, häufigster endokrin aktiver Tumor der Hypophyse)
- **ACTH**-produzierende Hypophysenadenome führen zum Hyperkortisolismus (Morbus Cushing, s. S. 509): seltenster endokrin aktiver Hypophysentumor mit einer Inzidenz von 0,7 – 2,4/1 Mio. Einwohner)

Akromegalie und hypophysärer Gigantismus

Synonym: hypophysärer Riesenwuchs
engl.: acromegaly; pituitary gigantism

Definition. Die Akromegalie ist gekennzeichnet durch eine Vergrößerung der Akren und der inneren Organe aufgrund einer **vermehrten STH-Sekretion** nach Abschluss des Längenwachstums.
Wenn die STH-Überproduktion vor der Pubertät bei noch nicht abgeschlossenem Skelettwachstum auftritt, entwickelt sich ein hypophysärer Hochwuchs bzw. Gigantismus.

Epidemiologie

Prävalenz: 3 – 4/1 Mio. Einwohner; Inzidenz: 3 – 4 Fälle/1 Mio. Einwohner jährlich.

Ätiopathogenese

In der Regel liegt ein Somatotropin produzierendes **Mikro- oder Makroadenom** des HVL zugrunde. Raritäten sind das Karzinom des HVL, die ektope STH-Überproduktion sowie die ektope GHRH-Sekretion durch ein Karzinom oder Karzinoid.

Klinik

Klinisch wegweisend sind die schleichende Vergrößerung und Vergröberung des Gesichtsschädels, der Hände und der Füße; Arthropathie, prominente Supraorbitalwülste, Jochbogen und Unterkiefer (Progenie) sowie Vergrößerung von Nase, Zunge und Lippen (kloßige Sprache). Diese und weitere typische klinischen Symptome bei Akromegalie sind in **Tab. 26.6** zusammengefasst. Hiervon abzugrenzen ist das Akromegaloid, bei dem ein Aussehen ähnlich wie bei Akromegalie ohne biochemisches Korrelat vorliegt.

Diagnostik

Anamnese. Die Geschichte der Patienten reicht häufig weit in die Vergangenheit zurück. Die mittlere Zeit von Beginn der Symptomatik bis zur Diagnosestellung beträgt weit über 5 Jahre. Leider erfolgt oft keine Behandlung, obwohl die Diagnose vermutet wird. Wegen des Aussehens, der verzögerten Diagnosestellung und möglicherweise auch wegen der entstehenden Hypophyseninsuffizienz sind die Patienten häufig depressiv.
Passen ältere Hüte, Handschuhe und Fingerringe noch? Ist eine Veränderung der Schuhgröße festzustellen? Vergleich mit alten Fotos. Schnarcht der Patient, hat er Zahnprobleme, schwitzt er viel, hat er

Tab. 26.6 Befunde, ihre Ursachen und ihre Häufigkeit bei Akromegalie

Symptom/Befund	Häufigkeit in %	Ursache
		IGF-Wirkung
Vergrößerung der Akren	100	auch Wassereinlagerung
Verdickung der Haut	100	
Splanchnomegalie	100	
Hyperhidrosis, gesteigerte Talgsekretion	61	
Parästhesien, Karpaltunnelsyndrom	35	Hyperostosen, Weichteil- und Synoviaschwellung
Struma diffusa, Kardiomegalie	60	Viszeromegalie
kloßige, verwaschene Sprache, obstruktives Schlafapnoesyndrom	40	Makroglossie, Schwellung der Lippen und Nasenweichteile
arterielle Hypertonie	20 – 30	unklar, Hypervolämie
Kolontumoren, -karzinome		wachstumsfördernde Wirkung
		Makroadenom
Sellavergrößerung	91	Raumforderung
Kopfschmerzen	50	Zug an der Dura mater
Sehstörungen	25	supraselläres Wachstum
Zyklusstörungen (Frau)	100	prolaktinähnliche Effekte des STH, Hyperandrogenämie, gonadotrope Insuffizienz
Libido- und Potenzverlust (Mann)	30 – 50	Druckatrophie von LH- und FSH-Zellen
		Insulinresistenz, Insulinantagonismus
gestörte Glukosetoleranz	68	insulinantagonistische Wirkung von Wachstumshormon
manifester Diabetes mellitus	13	
Dyslipoproteinämie	50	

Gelenkschmerzen? Liegen Symptome einer Hypophyseninsuffizienz vor?

Endokrinologische Diagnostik.

- Basaler STH-Spiegel (STH = GH): Da die Sekretion von STH pulsatil und in einem zirkadianen Rhythmus (stärkste Sekretion nachts) erfolgt und STH eine sehr kurze Plasmahalbwertszeit hat, müssen mehrere Werte im Tagesprofil bestimmt werden.
- Messung von IGF-1 im Plasma: IGF-1 wird durch STH stimuliert und vermittelt viele Wirkungen des Wachstumshormons. Da es eine lange Plasmahalbwertszeit hat, schwankt es weniger im Tagesverlauf und ist als Parameter für Verlaufskontrollen sehr gut geeignet.
- Orale Glukosebelastung mit 100 g Glukose: bei Akromegalie ist die STH-Konzentration durch die Glukosebelastung nicht supprimierbar. Umgekehrt schließt eine Suppression des STH < 0,5 ng/ml beim nüchternen Patienten eine aktive Akromegalie weitgehend aus.
- Messung der STH-Werte im TRH-Test und im LHRH-Test: bei somatotropen Adenomen evtl. pathologische Stimulierbarkeit von Wachstumshormon mit diesen Tests.

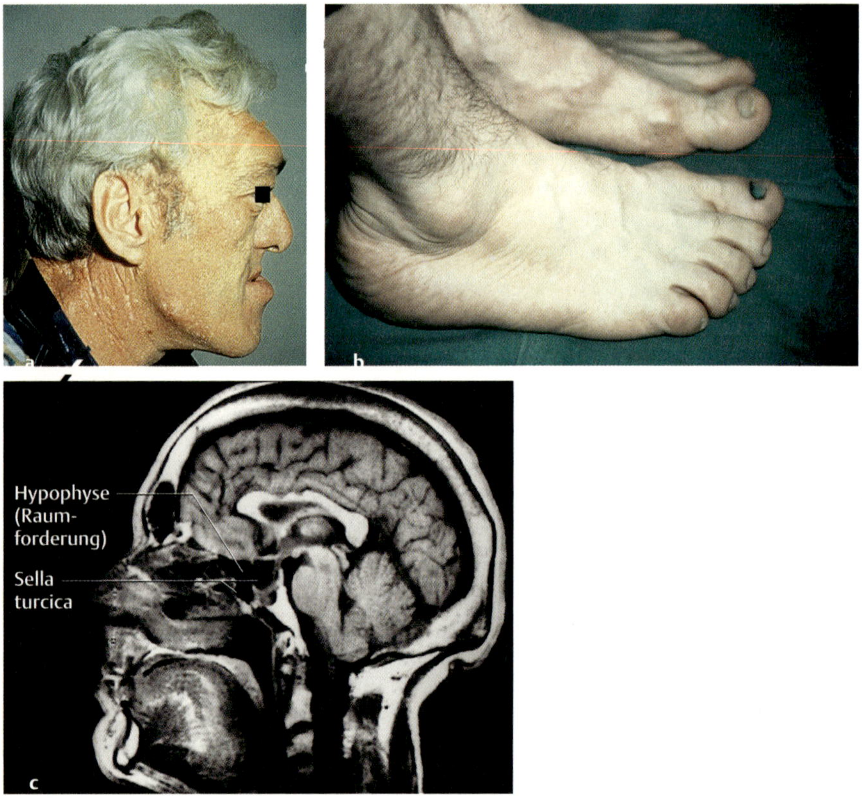

Abb. 26.5 **Akromegalie.** **a** Typische Fazies eines Patienten mit Akromegalie. **b** Große, plumpe Füße bei Akromegalie. Die Schuhgröße hatte bei dem erwachsenen Mann im letzten Jahr um 2 Nummern zugenommen. **c** Das MRT des Schädels einer Patientin zeigt einen Hypophysentumor mit geringer suprasellärer Ausdehnung.

- HVL-Funktionsdiagnostik (s. Tab. 26.3): evtl. zusätzlich Sekretion von Prolaktin, Vorliegen einer HVL-Partialinsuffizienz?

Lokalisationsdiagnostik. Dünnschicht-MRT der Sella-/Hypothalamusregion mit Kontrastmittelgabe zur Beurteilung des Tumors, der parasellären und suprasellären Ausdehnung, insbesondere seiner Beziehung zum Chiasma opticum und den Gefäßästen der A. carotis interna.

Ophthalmologische Untersuchung. Perimetrie, Visus- und Augenmuskelprüfung, Fundoskopie.

Differenzialdiagnostisch müssen auch andere mögliche Ursachen für erhöhte Wachstumshormonwerte bedacht werden:

- **physiologisch:** körperliche Belastung, Angst, Hunger, Hypoglykämie
- **pathologisch:** Unterernährung, Anorexia nervosa, Leberzirrhose, chronische Niereninsuffizienz

Therapie (Abb. 26.6)

Chirurgisch. Da eine Akromegalie zu einer erheblichen Steigerung der Morbidität und Mortalität führt, ist immer eine Therapie indiziert. Bei Mikroadenomen ist die **mikrochirurgische,** transnasale-transsphenoidale, selektive **Adenomexstirpation** die Therapie der Wahl. Danach sind 90% der Patienten klinisch geheilt. Bei Makroadenomen wird nur in 60% der Fälle eine Teil- oder Vollremission erreicht. Das therapeutische Ergebnis ist postoperativ sofort ablesbar am Abfall der IGF-1-Spiegel und einer Supprimierbarkeit von STH nach oraler Glukosebelastung. Die klinische Symptomatik geht nur langsam über viele Wochen und Monate zurück.

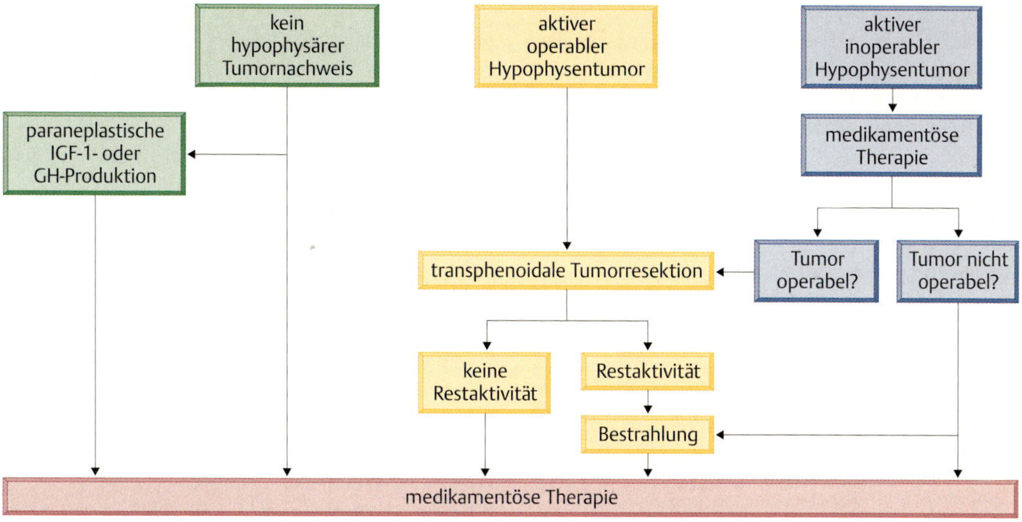

Abb. 26.6 Therapeutisches Vorgehen bei Akromegalie.

Strahlentherapie. Bei Patienten mit Kontraindikationen für die Operation oder wenn durch die Operation nicht der gewünschte Erfolg erzielt wurde, kann eine Strahlentherapie sinnvoll sein, z. B. als stereotaktische Einzeitbestrahlung mittels Gammaknife, Cyberknife oder Linearbeschleuniger. Während hier der Effekt oft schon nach 6 – 12 Monaten einschätzbar ist, dauert dies bei der gezielten, fraktionierten, konventionellen Hypophysenbestrahlung mit ca. 50 Gy in der Regel länger. Der volle Therapieeffekt und die Nebenwirkungen, wie z. B. Verschlechterung der Sekretionsleistung der Hirnanhangsdrüse, treten bei konventioneller Bestrahlung erst nach Jahren ein.

Medikamentöse Therapie. Indikationen für eine medikamentöse Behandlung sind die Überbrückung der Zeit bis zur Operation oder bis zum Wirkungseintritt der Bestrahlung, außerdem postoperativ persistierende erhöhte STH-Spiegel. Weiterhin kann eine medikamentöse Therapie sinnvoll sein, wenn ein Schwangerschaftswunsch besteht und die gonadotrope Achse noch „geschont" werden soll. Auch bei alten Patienten oder bei Kontraindikationen für die Operation können Medikamente zum Einsatz kommen:

- **Somatostatinanaloga:** Octreotid, Lanreotide 3 50 – 200 µg/d s. c. oder als retardierte Form (Sandostatin LAR 10 – 40 mg i. m. alle 3 – 4 Wochen bzw. Somatuline-Autogel 60 – 120 mg 2- bis 4-wöchentlich oder länger) führt bei 90 % der Patienten mit Akromegalie zu einer Normalisierung oder deutlichen Reduzierung der basalen STH- und IGF-1-Spiegel und bei 50 % der Patienten zu einer Schrumpfung des Adenoms. Nachteile sind die Notwendigkeit der parenteralen Applikation und die hohen Kosten.
- **Dopaminagonisten** (s. S. 508) in langsam steigender Dosis sind indiziert, wenn postoperativ erhöhte STH-Spiegel persistieren oder als primärer medikamentöser Therapieversuch. Besonders Adenome, die neben STH auch Prolaktin kosezernieren, sprechen gut auf diese Therapie an, insgesamt ca. 15 % der Patienten. Der Effekt ist innerhalb von 4 – 8 Wochen zu beurteilen.
- Eine Behandlung mit dem **GH-Rezeptor-Antagonisten** Pegvisomant s. c. (Somavert) führt bei über 90 % der Patienten zu einer Normalisierung der IGF-1-Werte und damit zu einer klinischen Remission des Wachstumshormonexzesses. Die STH-Werte bleiben dennoch hoch oder steigen sogar, eine Tumorschrumpfung tritt bei dieser Therapie nicht ein.

Manchmal ist es sinnvoll, wenn diese Therapien untereinander kombiniert werden.

Prognose

Patienten mit Akromegalie haben eine deutlich eingeschränkte Lebenserwartung, die durch eine Behandlung sehr stark verbessert werden kann. Die

Beseitigung des STH-Exzesses kann auch in einem anschließendem STH-Mangel münden, dessen Behandlung prognostisch ebenfalls sinnvoll ist.
Die Akromegalie ist auch mit einem Risiko für arterielle Hypertonie, Schlaf-Apnoe-Syndrom und Herzrhythmusstörungen assoziiert sowie mit dem gehäuften Auftreten von Kolonpolypen.

Prolaktin produzierender Hypophysentumor (Prolaktinom)

Synonym: Prolaktinom
engl.: prolactinoma

Definition. Prolaktin produzierendes Mikro- oder Makroadenom der Hypophyse mit daraus resultierender Hyperprolaktinämie.

Epidemiologie

Mit einem Anteil von 40 – 50% sind Prolaktinome die häufigsten endokrin aktiven Hypophysentumoren. 15 – 20% aller Amenorrhöen sind durch eine Hyperprolaktinämie bedingt; in 20% dieser Fälle liegt ein Hypophysentumor zugrunde.

Klinik

Die Hyperprolaktinämie führt bei der Frau zur **Oligo- oder Amenorrhö** und in 30 – 50% der Fälle zur **Galaktorrhö.** Außerdem tritt bei beiden Geschlechtern ein Libidoverlust auf. Beim Mann kommt es zudem zum Potenzverlust; eine Galaktorrhö ist eher selten. Die Spermiogenese bleibt unbeeinträchtigt, sofern nicht zusätzlich eine gonadotrope Hypophysenvorderlappeninsuffizienz vorliegt. Bei Makroprolaktinomen können auch Sehstörungen auftreten (bitemporale Hemianopsie).

Diagnostik

Basales Prolaktin. Das basale Prolaktin muss mehrfach bestimmt werden: Werte > 200 ng/ml sind fast beweisend, 25 – 200 ng/ml erfordern eine weitere Abklärung. Die Höhe der Plasma-Prolaktinspiegel korreliert dabei gut mit der Größe des Adenoms. Bei Mikroprolaktinomen liegen die Werte unter 500 ng/ml, bei Makroprolaktinomen finden sich oft extrem hohe Prolaktinspiegel.

TRH-Test. Kein Anstieg des Prolaktins beim Prolaktinom (hilfreich bei der Abgrenzung gegenüber einer funktionellen oder Begleithyperprolaktinämie). Eine Begleithyperprolaktinämie liegt vor, wenn der Prolaktinanstieg nicht durch die vermehrte Sekretion von Adenomzellen entsteht, sondern durch die Unterbrechung der Kommunikation zwischen Hypothalamus und Hypophyse und damit der dopaminergen Nervenendigungen.

Medikamentenanamnese. Ausschluss einer medikamentös bedingten Hyperprolaktinämie (**Tab. 26.7**).

Lokalisationsdiagnostik. Dünnschicht-MRT der Sella-/Hypothalamusregion mit Kontrastmittelgabe.
Differenzialdiagnostisch zu berücksichtigende Ursachen für einen erhöhten Prolaktinspiegel sind in **Tab. 26.7** zusammengefasst.

Therapie

Medikamentöse Therapie. Bei Mikro- und unkomplizierten Makroprolaktinomen kommt ausschließlich eine medikamentöse Therapie in Betracht. Sie erfolgt mit **Dopaminagonisten** (z. B. Bromocriptin, Lisurid, Cabergolin, Quinagolid). Bei Mikroprolaktinomen führen meist schon niedrige Dosen (z. B. 2,5 – 10 mg Bromocriptin/d) zur Normalisierung der Prolaktinspiegel und Rückbildung des Hypogonadismus (Normalisierung des Zyklus der Frau) binnen weniger Wochen. Dopaminagonisten führen in 50 – 80% der Fälle auch zur Schrumpfung des Adenoms. Meist steigen die Prolaktinwerte nach Absetzen der Therapie wieder an. Bei Makroprolaktinomen führen Dosen von bis zu 30 mg Bromocriptin/Tag zur Reduktion der Tumorgröße.

Chirurgische Therapie. In der Regel wird eine mikrochirurgische transnasale-transsphenoidale Operation durchgeführt. Bei größerer supraselärer oder bei parasellärer Ausdehnung des Tumors kann ein transkranieller Zugang notwendig werden. Indikationen sind:

- Versagen bzw. Unverträglichkeit der medikamentösen Therapie
- rasch zunehmender Gesichtsfeldausfall ohne Besserung durch dopamin-agonistische Therapie
- Einblutung und akute Zunahme der Raumforderung
- Schwangerschaftswunsch bei großem Makroprolaktinom (bei kleinen Adenomen eher Therapie mit Dopaminagonisten)
- Akute psychische Erkrankung.

> **!** **Die Einnahme von Dopaminagonisten soll wegen der besseren Verträglichkeit immer nur postprandial und in langsam steigender Dosierung erfolgen. Die neueren Dopaminagonisten müssen nur einmal täglich (z. B. Lisurid, Quinagolid) oder sogar nur alle 3 bis 4 Tage (Cabergolin) eingenommen werden und zeichnen sich durch eine bessere Verträglichkeit aus.**

Tab. 26.7 Differenzialdiagnose der Hyperprolaktinämie

Erkrankung	Bedeutung	Kommentar
Begleit-Hyperprolaktinämie bei Ausfall des Prolaktin-inhibiting-Faktor (PIF, Dopamin) z. B. aufgrund eines Tumors mit Kompression des Hypophysenstiels	++	bei Kompression des Hypophysenstiels kann der hypothalamische PIF die laktotropen Zellen des HVL nicht erreichen. Sie werden daher enthemmt und sezernieren vermehrt Prolaktin. Die Prolaktinwerte liegen in diesem Fall meist unter 200 ng/ml
medikamentös induzierte Hyperprolaktinämie durch Dopaminantagonisten, Psychopharmaka, H2-Rezeptoren-Blocker, β-Rezeptoren-Blocker, Östrogene, Antihypertensiva (Reserpin, α-Methyldopa, Phentolamin)	++	Medikamentenanamnese
funktionelle idiopathische Hyperprolaktinämie	++	kein Nachweis eines Adenoms, Prolaktinspiegel meist unter 200 ng/ml
Makroprolaktinämie	+	durch Prolaktin-reaktive Autoantikörper kommt es zur Bildung von Prolaktin/Antikörper-Komplexen und damit falsch hohen Messwerten.
primäre Hypothyreose	+	die verstärkte endogene TRH-Sekretion führt zur Hyperprolaktinämie
chronische Niereninsuffizienz	(+)	bei leicht erhöhtem Prolaktinwert ist keine weitere Diagnostik notwendig
erhöhter Östrogenspiegel, z. B. in der Schwangerschaft	(+)	der erhöhte Östrogenspiegel führt möglicherweise zur Hyperplasie der laktotropen Zellen im normalen HVL

Prognose

Das **Mikroprolaktinom** zeigt im Allgemeinen auch spontan keine Wachstumstendenz. Die Indikation zur Therapie mit Dopaminagonisten ergibt sich aus dem Amenorrhö-Galaktorrhö-Syndrom und aufgrund der Gefahr der Entwicklung einer Osteoporose durch den Hypogonadismus. Prinzipiell ist eine Substitution der Geschlechtshormone auch ohne dopaminagonistische Therapie möglich.

Beim **Makroprolaktinom** besteht die Gefahr einer Progredienz des Tumors. Auch nach einer Hypophysenoperation kommt es hier praktisch nie zu einer Normalisierung der Prolaktinspiegel.

Ca. 80 % der Tumoren sprechen gut auf Dopaminagonisten an (Senkung des Prolaktinspiegels, Größenabnahme des Tumors).

Bei den meisten Patienten mit Prolaktinom kommt es nach Absetzen der Therapie mit Dopaminagonisten zu einem erneuten Anstieg des Serumprolaktins. In etwa 15 % der Fälle bleiben die Prolaktinwerte auch nach Absetzen einer mehrjährigen Therapie normal (persistierende Normoprolaktinämie). Daher wird insbesondere beim Mikroprolaktinom ca. alle 2 – 5 Jahre ein Auslassversuch empfohlen.

Morbus Cushing

Der Morbus Cushing ist von allen Hypophysenvorderlappenerkrankungen mit den prominentesten klinischen Erscheinungen, dem ausgeprägtesten Leidensdruck und der schlechtesten Prognose assoziiert. Die Behandlung von Patienten mit Morbus Cushing und die Kontrolluntersuchungen nach erfolgreicher Therapie erfordern deshalb eine umfangreiche klinische Expertise. Zur ausführlichen Beschreibung s. S. 569.

G

27 Schilddrüse

Ralf Paschke, Werner A. Scherbaum

27.1 Grundlagen

Die Schilddrüse (Glandula thyroidea) ist eine endokrine Drüse und produziert die Hormone Thyroxin (T_4), Trijodthyronin (T_3) und Kalzitonin. Sie liegt vor der Trachea und besteht aus dem Lobus dexter sowie dem Lobus sinister, die ventral des Kehlkopfes durch den Isthmus glandulae thyroideae miteinander verbunden sind (**Abb. 27.1 a**). Vom Isthmus zieht gelegentlich noch ein dreieckiger Fortsatz nach kranial, der Lobus pyramidalis. Umhüllt wird die Schilddrüse von einer Capsula interna und einer Capsula externa.

Im histologischen Präparat fallen vor allem die zahlreichen Follikel auf, die aus einem einschichtigen Epithel bestehen, das einen kolloidgefüllten Raum umgibt (**Abb. 27.1 b**). Das Kolloid besteht aus einem Glykoprotein, dem Thyreoglobulin, an das die Schilddrüsenhormone T_3 und T_4 gebunden sind. Des Weiteren befinden sich im Bereich der Follikel die Kalzitonin produzierenden C-Zellen (s. S. 588).

Zum **Schilddrüsenhormon-Regelkeis** s. **Abb. 27.2**.

27.2 Leitsymptome

27.2.1 Hypothyreose

Synonym: Schilddrüsenunterfunktion
engl.: hypothyroidism, myxoedema

Definition. Die Hypothyreose ist als Unterfunktion der Schilddrüse und daraus resultierender mangelnder Versorgung des Körpers mit Schilddrüsenhormonen definiert. Folgende Formen werden unterschieden:

- **primär (thyreogene) Hypothyreose** (angeborener oder erworbener Mangel an funktionsfähigem Schilddrüsengewebe)
- **sekundäre (hypophysäre) Hypothyreose** (mangelhafte TSH-Produktion)
- **tertiäre Hypothyreose** (TRH-Mangel, selten)

Eine seit der Geburt bestehende schwere Hypothyreose mit Zeichen der körperlichen und mentalen Fehlentwicklung wird als **Kretinismus** bezeichnet. Die schwere Hypothyreose mit Mukopolysaccharideinlagerungen wird als **Myxödem** bezeichnet.

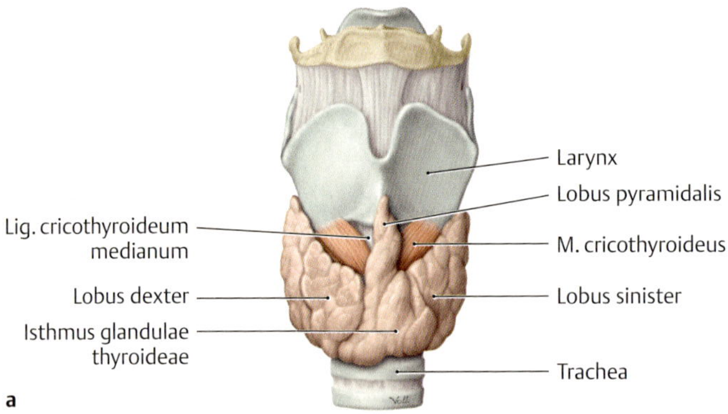

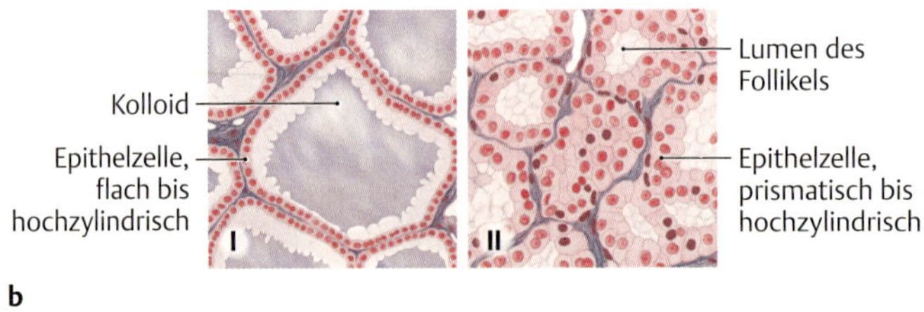

Abb. 27.1 Lage und Aufbau der Schilddrüse. a Lage der Schilddrüse vor dem Kehlkopf und der Trachea in der Ventralansicht. Von dem die beiden Seitenlappen verbindenden Isthmus geht ein Lobus pyramidalis aus. **b** Feinbau der Schilddrüse: während der Speicherung (I) und nach Freisetzung (II) des Kolloids (aus Schünke et al. Prometheus. LernAtlas der Anatomie. Thieme)

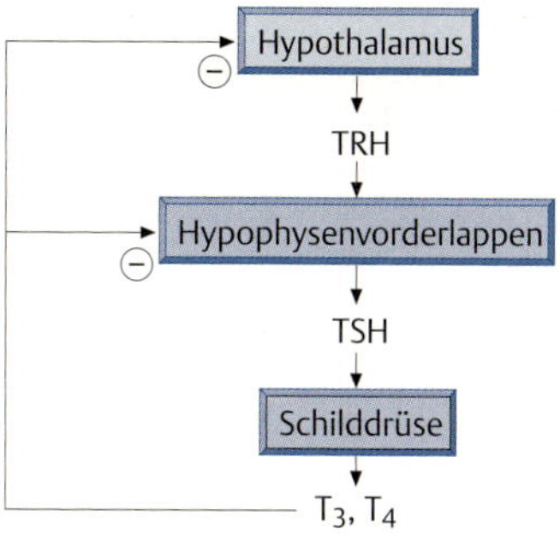

Abb. 27.2 Schilddrüsenhormon-Regelkreis. Die Schilddrüsenhormonproduktion und -sekretion wird gesteuert durch die hypophysäre TSH-Sekretion, welche einer negativen Rückkopplung durch die Konzentration der freien Schilddrüsenhormonspiegel im Blut unterliegt. Die hypophysäre TSH-Sekretion wird durch hypothalamisches TRH angeregt. (TSH = thyreoideastimulierendes Hormon, Synonym: Thyreotropin, TRH = Thyreotropin releasing Hormone, Synonym: Thyreoliberin.)

Epidemiologie

Die primäre Hypothyreose ist mit Abstand die häufigste Form, sekundäre und insbesondere tertiäre Hypothyreosen kommen dagegen selten vor. Die Prävalenz der angeborenen Hypothyreose liegt bei 1:3 000 Geburten. Die Häufigkeit der erworbenen Hypothyreosen ist stark alters- und geschlechtsabhängig: bei der über 18-jährigen Bevölkerung liegt die Prävalenz bei 14 – 19/1 000 Frauen und < 1/1 000 Männer.

Ätiopathogenese

Primäre Hypothyreose:

- **angeborene Form:** Athyreose, Schilddrüsendysplasie, Defekte der Hormonbiosynthese. Auch eine zu hoch dosierte thyreostatische Therapie während der Schwangerschaft führt zur intrauterin erworbenen Hypothyreose.
- **erworbene Form:**
  - Autoimmunthyreoiditis, Zustände nach anderen Formen der Thyreoiditis
  - postoperativ nach Schilddrüsenresektion
  - nach Radiojodtherapie
  - extremer Jodmangel (insbesondere während der Schwangerschaft)
  - Medikamente (Thyreostatika, Lithium, hoch dosierte Jodgabe)

Sekundäre Hypothyreose:

- Verdrängung der TSH-produzierenden Zellen durch einen Hypophysentumor
- iatrogen nach Hypophysektomie oder Hypophysenbestrahlung
- Schädel-Hirn-Trauma

Tertiäre Hypothyreose: hypothalamisch bedingter TRH-Mangel.

Klinik

Die anamnestischen Merkmale und klinischen Befunde bei Hypothyreose im Vergleich zur Hyperthyreose sind in **Tab. 27.3** auf S. 515 aufgeführt.

Die **angeborene Hypothyreose** kann klinisch auffallen durch einen Icterus neonatorum prolongatus, Trinkfaulheit, Obstipation, Bewegungsarmut sowie später durch Wachstumsrückstand und ZNS-Schäden, sollte aber bereits in den ersten Lebenstagen durch den in Deutschland **gesetzlich vorgeschriebenen TSH-Screeningtest** diagnostiziert werden.

> ! Im höheren Lebensalter kommt es häufig zu sehr diskreten Symptomen der Hypothyreose. Diese Symptome können mit altersbedingten allgemeinen Abbauerscheinungen verwechselt werden. Dies gilt insbesondere dann, wenn sich die Erkrankung, wie bei der Autoimmunthyreoiditis, schleichend entwickelt.

Diagnostik

Das diagnostische Vorgehen bei Verdacht auf Hypothyreose ist in **Abb. 27.3** und im Kapitel „Schilddrüsendiagnostik" (s. S. 514) dargestellt.

> ! Primäre Hypothyreose: TSH ↑, fT_3 ↓, fT_4 ↓

Die Genese der Hypothyreose wird durch folgende weiterführende Untersuchungen geklärt:

- mikrosomale Schilddrüsenantikörper (Hashimoto-Thyreoiditis, s. S. 525)
- Sonografie (Schilddrüsenaplasie, kleine Schilddrüse oder hypoechogenes Muster bei Autoimmunthyreoiditis, s. S. 525)

Zu beachtende Differenzialdiagnosen sind in **Tab. 27.1** aufgeführt.

Tab. 27.1 Differenzialdiagnose der Hypothyreose

Erkrankung	Bedeutung	Kommentar
depressives Syndrom	+++	Anhaltspunkte durch Anamnese, normale SD-Werte
Demenz	+++	Alter des Patienten, Anamnese, meist normale SD-Werte
Herzinsuffizienz anderer Genese	++	Anamnese, Ätiologie der Herzinsuffizienz (s. S. 99), normale SD-Werte
„Sick Euthyroid Syndrome“	+	unterschiedliche Veränderungen der Schilddrüsenhormone T_3 (auch Low-T_3-Syndrom) und T_4 sowie der TSH-Regulation bei Patienten mit schweren Erkrankungen und nach einem Trauma. Derartige Veränderungen der Schilddrüsenhormone werden als Anpassungsprozesse verstanden und bedürfen nur bei prolongierter Intensivtherapie und ausreichender Ernährung einer Schilddrüsenhormontherapie.

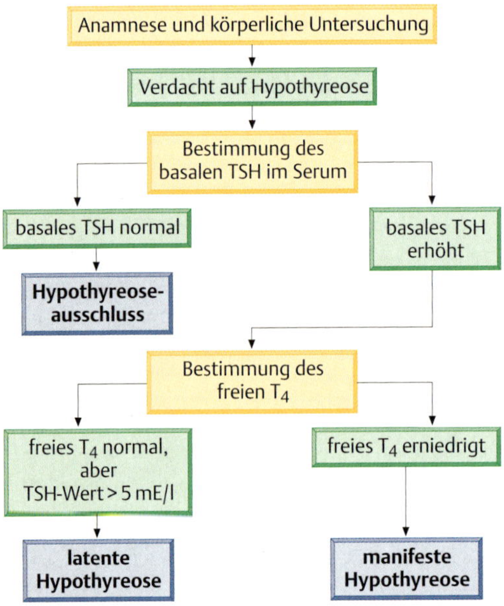

Abb. 27.3 Diagnostisches Vorgehen bei Verdacht auf Hypothyreose.

Therapie

Das Schilddrüsenhormondefizit wird durch Gabe von **L-Thyroxin** ausgeglichen (s.S 521).

27.2.2 Hyperthyreose

Synonym: Schilddrüsenüberfunktion
engl.: thyrotoxicosis, hyperthyroidism

Definition. Bei der Hyperthyreose ist der Körper einer zu hohen Menge an Schilddrüsenhormonen durch vermehrte Synthese und Freisetzung oder durch eine zu hohe Dosis medikamentös verabreichter Schilddrüsenhormone ausgesetzt. Im Extremfall kommt es zur lebensbedrohlichen thyreotoxischen Krise mit Desorientiertheit oder Koma.

Epidemiologie

Die Hyperthyreose ist eine häufige Erkrankung und tritt vorwiegend bei Frauen auf (Verhältnis ♀ : ♂ = 5:1). Die Inzidenz bei Frauen beträgt ca. 2%.

Ätiopathogenese

Häufige Ursache für eine Hyperthyreose sind (Abb. 27.4):

- **funktionelle Autonomie der Schilddrüse:** in Deutschland, einem Gebiet mit derzeit grenzwertiger Jodversorgung und früherem Jodmangel, ist dies mit bis zu 60% der Fälle die häufigste Ursache
- **Morbus Basedow** (s. S. 523): in Ländern mit ausreichender Jodversorgung, wie z. B. den USA, ist der Morbus Basedow wesentlich häufiger die Ursache der Hyperthyreose als die funktionelle Autonomie;
- Thyreoiditis (passager bei Thyreoiditis de Quervain und Strahlenthyreoiditis), selten sind hyperthyreote Schübe bei chronisch lymphhozytärer Hashimoto-Thyreoiditis

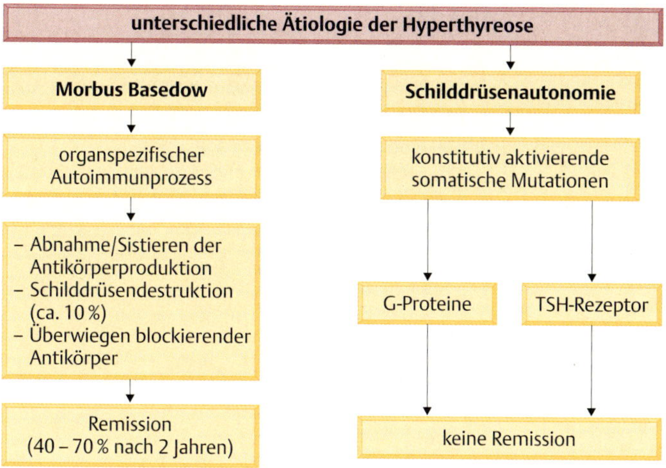

Abb. 27.4 Unterschiedliche Ätiologie der Hyperthyreose.

Als seltene Ursachen kommen infrage:

- Hyperthyreosis facticia aufgrund exogener Hormonzufuhr
- hormonbildende Neoplasien (selten): hormonproduzierende Schilddrüsenkarzinome, TSH-produzierende Hypophysenadenome, hCG-produzierende Tumoren
- Schwangerschaft (latente Hyperthyreose durch hCG)

Klinik

Symptome und klinische Befunde der Hyperthyreose sind in **Tab. 27.3** zusammengefasst, sie sind allerdings nicht immer vollzählig vorhanden. Bei jungen Patienten dominieren häufig die vegetativen Symptome (z. B. Schwitzen, Diarrhö). Im höheren Lebensalter dominieren die kardialen Symptome, die Hyperthyreose verläuft hier auch häufig mono- bis oligosymptomatisch oder atypisch. Eine Herzinsuffizienz kann dann auch das einzige Hyperthyreosesymptom sein.

> **!** **Es ist wichtig, an die Möglichkeit einer Hyperthyreose zu denken. Gerade bei älteren Patienten verläuft die Erkrankung oft symptomarm.**

Bei der **thyreotoxischen Krise** (*engl.:* thyroid storm) handelt es sich um ein akut lebensbedrohliches, notfallmedizinisches Krankheitsbild mit hoher Letalität. Symptome sind u. a.:

- psychomotorische Unruhe, Angst, delirante Zustände, Koma
- Tachykardie > 150/min, Arrhythmie
- Fieber bis 41 °C, Schwitzen, Exsikkose
- Adynamie, Myopathie mit myasthenieähnlichen Symptomen

Unbehandelt führt die thyreotoxische Krise zur Somnolenz, Koma und Tod.

Diagnostik

Zum **Nachweis einer Hyperthyreose** bei entsprechender klinischer Symptomatik werden folgende Parameter benötigt:

- basales TSH (erniedrigt)
- Bestimmung des freien Thyroxin (fT_4) im Serum (in 90 % der Fälle erhöht) und/oder
- Bestimmung des freien Trijodthyronins (fT_3) im Serum:
- fast immer erhöht (in 5 % der Fälle von Hyperthyreose ist T_3 isoliert erhöht, daher sollte zum Nachweis einer Hyperthyreose neben TSH die Bestimmung von fT_4 und fT_3 erfolgen).

> **!** **Hyperthyreose: TSH ↓, fT_3 ↑, fT_4 ↑**
> **Ein normaler basaler TSH Spiegel schließt eine Hyperthyreose aus (seltene Ausnahme sind Schilddrüsenhormonresistenz oder ein TSH-produzierendes Hypophysenadenom).**

Ist die Hyperthyreose laborchemisch gesichert, folgen weitere Untersuchungen zur Ursachenabklärung.

- Ausschluss/Nachweis einer endokrinen Orbitopathie (s. S. 524)

G

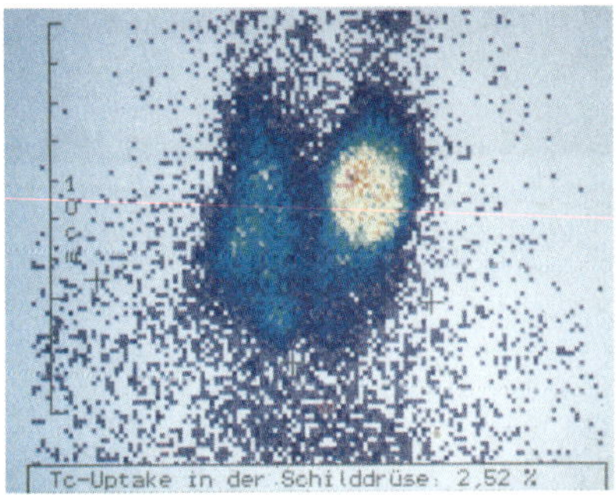

Abb. 27.5 Unifokale Autonomie. Technetium-Schilddrüsenszintigrafie eines teildekompensierten autonomen Adenoms: Das normale Schilddrüsengewebe ist szintigrafisch nicht vollständig supprimiert. Laborchemisch erniedrigter TSH-Wert bei normaler fT_3 und fT_4 (latente Hyperthyreose).

- **Autoantikörper:** Bestimmung von Autoantikörpern gegen TSH-Rezeptoren (TRAK) und gegen Schilddrüsenperoxidase als Hinweise auf eine immunogene Hyperthyreose
- **Sonografie:** bei Morbus Basedow meist diffuses, echoarmes Bild (s. S. 523), bei uni- oder multifokaler Autonomie meist echoarme, aber auch echoreiche Knoten (s. S. 521)
- **Schilddrüsenszintigrafie:** bei Morbus Basedow diffuse, vermehrte Nuklidaufnahme; bei uni- oder multifokaler Autonomie umschriebene, vermehrte Radionuklidaufnahme mit Suppression des umgebenden, normalen Schilddrüsengewebes (Abb. 27.5)

Differenzialdiagnostisch relevante Erkrankungen sind in Tab. 27.2 zusammengefasst.

Therapie

Die Auswahl der Therapie richtet sich u. a. nach der Form der Hyperthyreose. Zum Einsatz kommen thyreostatische Medikamente (s. S. 514), operative Verfahren und die Radiojodtherapie (s. S. 523).

Die **thyreotoxische Krise** muss auf der Intensivstation behandelt werden:

- thyreostatische Therapie mit Thiamazol i. v. 80 mg als Bolus, gefolgt von bis zu 240 mg/24 h
- Glukokortikoide (z. B. Prednisolon 1 mg/kgKG als Bolus, dann gleiche Dosis über 24 h)
- Thromboseprophylaxe
- β-Rezeptorenblocker
- Elektrolyt- und Flüssigkeitsersatz (4 – 6 l/24 h)
- parenterale Ernährung
- bei jodinduzierter thyreotoxischer Krise oder neurologischen Symptomen: frühzeitige Schilddrüsenresektion
- ggf. Sedierung

Insbesondere wenn eine Jodkontamination anamnestisch auszuschließen ist, kann die Schilddrüsenhormonausschüttung durch Gabe von 1 g Jod/Tag vorübergehend blockiert werden. Im Anschluss sollte wenige Tage später die Schilddrüsenresektion durchgeführt werden, andernfalls droht eine erneute thyreotoxische Entgleisung.

27.3 Diagnostik

27.3.1 Anamnese

Schilddrüsenerkrankungen führen zu zahlreichen Symptomen, die bei der Anamneseerhebung abgefragt werden müssen. Die verschiedenen Wirkungen

Tab. 27.2 Differenzialdiagnose der Hyperthyreose

Erkrankung	Bedeutung	Kommentar
Herzinsuffizienz (s. S. 99)	+	keine Besserung nach Erreichen eines euthyreoten Zustandes
Herzrhythmusstörungen (s. S. 62)	+	keine Besserung nach Erreichen eines euthyreoten Zustandes
Myokarditis (s. S. 159)	+	keine Besserung der Rhythmusstörung nach Erreichen der Euthyreose
Phäochromozytom (s. S. 581)	+	diastolische Hypertonie, häufig krisenhafter Blutdruckanstieg

der Schilddrüsenhormone und die daraus resultierenden Symptome sind in Tab. 27.3 zusammengefasst. Darüber hinaus sind folgende Fragen relevant:

- Familienanamnese im Hinblick auf das Vorkommen von Struma und anderen Schilddrüsenerkrankungen
- Ernährungsgewohnheiten bezüglich jodiertem Speisesalz, Fisch etc. (ausreichende Jodzufuhr?)
- Röntgenuntersuchungen mit Kontrastmittelapplikation in den letzten Monaten
- ggf. Verlauf des Schilddrüsenwachstums
- Schilddrüsen-Medikamentenanamnese

Tab. 27.3 Wirkung der Schilddrüsenhormone Thyroxin und Trijodthyronin

Wirkungsbereich	Hyperthyreose	Hypothyreose
Grundumsatz und Gesamtstoffwechsel	gesteigerter Appetit/Durst Gewichtsverlust Schwitzen, Wärmeintoleranz verminderte Glykogen- und Proteinsynthese Hyperglykämie Fieber, Verwirrtheit, Koma (bei thyreotoxischer Krise)	Gewichtszunahme Kälteempfindlichkeit, Frieren allg. Schwäche Icterus neonatorum prolongatus* Hypothermie (bei hypothyreotem Koma)
Gastroinstestinaltrakt	Diarrhö	Obstipation
Wachstum und Entwicklung		Verzögerung von Knochenwachstum und Epiphysenschluss* dysproportionierter Zwergwuchs*
ZNS	feinschlägiger Tremor Schlaflosigkeit Übererregbarkeit	geistige und psychische Retardierung* Störung der Gehirnreifung zerebellare Ataxie Apathie Schwerhörigkeit Parästhesien, Taubheit in den Fingerspitzen verlangsamte Sehnenreflexe
Bewegungsapparat	Myopathie Adynamie Osteopenie	Muskelschwäche rheumatische Beschwerden Karpaltunnelsyndrom
Herz	Tachykardie (gesteigerte Katecholaminempfindlichkeit)	Perikarderguss EKG: Niedervoltage Myxödemherz Bradykardie
Hautanhangsgebilde	Haarausfall brüchige Fingernägel warme, weiche Haut	dünne, struppige Haare
Gynäkologie	Menorrhagien Anovulation gesteigerte Östrogensynthese (Zyklusstörungen) erhöhte Abort- und Totgeburtenrate erhöhte Prävalenz fetaler kongenitaler Auffälligkeiten	gelegentlich Pubertas praecox* bei schweren Formen: Hyperprolaktinämie, Galaktorrhö, Zyklusstörungen

* *altersabhängig auftretende Störungen bei Hypothyreose*

G

27.3.2 Inspektion und Palpation

Zunächst sollte die Schilddrüsenregion bei zurückgeneigtem Kopf des Patienten inspiziert werden. Anschließend erfolgt die **bimanuelle Palpation** von dorsal, der Patient wird zum Schlucken aufgefordert. Anhand der Schilddrüsenpalpation können Größe, Schluckverschieblichkeit, Schmerzhaftigkeit sowie Oberflächenbeschaffenheit (Knoten?) abgeschätzt werden. Auch auf die Vergrößerung von regionären Lymphknoten ist zu achten. Die WHO teilt die Größe der Schilddrüse wie folgt ein.

- **Grad 0:** die Schilddrüse ist zwar bereits vergrößert, eine Struma jedoch nicht tastbar
- **Grad 1:** bei normaler Kopfhaltung nur tastbare Struma
  - auch bei zurückgebeugtem Hals nur tastbar
  - bei zurückgebeugtem Hals sichtbar
- **Grad 2:** sichtbare Struma bei normaler Kopfhaltung
- **Grad 3:** große sichtbare Struma

27.3.3 Labordiagnostik

Basaler TSH-Spiegel

Der basale TSH-Spiegel ist der **empfindlichste und sicherste Parameter zur Suche nach Schilddrüsenfunktionsstörungen.** Mit den heute gebräuchlichen hoch empfindlichen Immunoassays, die eine untere Nachweisgrenze von TSH 0,01 – 0,02 mU/l mit einer Präzisionsgrenze von 20% aufweisen, gelingt es, bei normaler HVL-Funktion eine Schilddrüsenüber- oder Schilddrüsenunterfunktion auszuschließen bzw. einzugrenzen:

- **TSH ↑:** primäre Hypothyreose (sehr selten hypophysäre Hyperthyreose)
- **TSH ↓:** Hyperthyreose, Thyroxintherapie (selten: sekundäre hypothalamische oder hypophysäre Insuffizienz)

Liegt der TSH-Wert bei normalen fT_3- und fT_4-Werten unter der Nachweisgrenze und sind medikamentöse oder andere Ursachen ausgeschlossen, so liegt eine latente Hyperthyreose vor.

Der normale Referenzbereich für TSH bei Schilddrüsengesunden bzw. normaler Schilddrüsenfunktion liegt bei morgendlicher Blutentnahme zwischen 0,4 und 4 mU/l. Die TSH-Ausschüttung unterliegt einem zirkardianen Rhythmus (mittags und nachmittags niedrigere TSH-Werte).

Schilddrüsenhormone

fT_3 wird durch Dejodierung aus fT_4 hergestellt und ist ca. 100-fach stärker wirksam als fT_4. Im Blut sind die Schilddrüsenhormone überwiegend an Transportproteine gebunden. Lediglich ca. 0,04% des Thyroxins (T_4) und 0,4% des Trijodthyronins (T_3) zirkulieren im freien oder ungebundenen Zustand (fT_3, fT_4). Nur dieser Hormonanteil ist biologisch aktiv und am Rückkopplungsmechanismus (**Abb. 27.2**) beteiligt.

Da Veränderungen der Bindungsproteine durch Östrogenpräparate, Schwangerschaft und andere Einflussfaktoren bei Bestimmung des Gesamt-T_3 oder -T_4 zu Fehlbeurteilungen der Schilddrüsenhormonstoffwechsellage führen können, wurde die Bestimmung des Gesamt-T_3 oder -T_4 durch die Bestimmung des freien T_3 und T_4 abgelöst.

Der Referenzbereich für fT_3 liegt abhängig vom verwendeten Assay zwischen 2,2 – 5,5 pg/ml Serum, fT_4 zwischen 0,6 – 1,8 pg/ml Serum.

> **!** **Bei schwer kranken Papienten ist die Aussagekraft der Werte von TSH und der peripheren Schilddrüsenhormone eingeschränkt.**

Schilddrüsenautoantikörper

Bei Verdacht auf eine Autoimmunthyreopathie können folgende Antikörper (AK) bestimmt werden.

- mikrosomale Schilddrüsenantikörper (MAK) = AK gegen thyreoidale Peroxidase (anti-TPO-AK): V. a. Hashimoto-Thyreoiditis (s. S. 525)
- TSH-Rezeptor-AK (TRAK): pathognomonisch für Morbus Basedow (s. S. 523). TRAK können stimulierend oder inhibierend wirken

Negative Antikörpertiter schließen eine Autoimmunthyreopathie nicht aus.

Kalzitonin ist Tumormarker beim C-Zell-Karzinom der Schilddrüse. Thyreoglobulin dient in der Nachsorge des Schilddrüsenkarzinoms als Tumormarker (s. S. 527).

27.3.4 Bildgebende Verfahren

Schilddrüsensonografie

Die Schilddrüsensonografie steht an erster Stelle der bildgebenden Diagnostik. Eine genaue **Bestimmung der Schilddrüsengröße** und insbesondere die Beurteilung von Größenveränderungen, z. B. im Verlauf

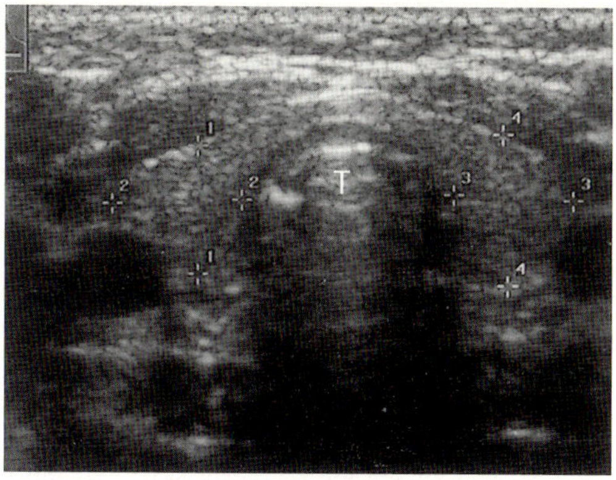

Abb. 27.6 Schilddrüsensonografie. Normalbefund. Ventral der Trachea verbindet ein schmaler Parenchymstreifen (Isthmus) beide Seitenlappen. T = Trachea (aus Hofer, Sono-Grundkurs, Thieme).

einer Therapie, ist nur durch die sonografische Volumenbestimmung möglich. Die Formel Länge × Breite × Dicke (in cm) × 0,5 ermöglicht die **Volumenbestimmung** eines Schilddrüsenlappens. Als obere Normgrenzen für das Schilddrüsenvolumen im Erwachsenenalter gelten bei Frauen 18 ml und bei Männern 25 ml.

Das normale Schilddrüsengewebe ist homogen und echoreicher als die umgebende Muskulatur. Hinter echofreien Arealen verbergen sich meist Zysten. Echoarme Areale können sich z. B. bei lokalen Entzündungen, aber auch bei Morbus Basedow oder Hashimoto-Thyreoiditis zeigen.

Bei der sonografischen Schilddrüsen- und Schilddrüsenknotenvolumenbestimmung muss eine deutliche Interobservervariabilität berücksichtigt werden.

Szintigrafie

Die Szintigrafie wird in der Regel mit ^{99m}Technetium durchgeführt, das von den Thyreozyten aufgenommen und gespeichert wird. Die Untersuchung dient insbesondere der Darstellung und Differenzierung von palpierten oder sonografisch entdeckten Schilddrüsenarealen. Vermindert speichernde Bereiche werden als „kalt", vermehrt speichernde Areale als „heiß" bezeichnet.

Suppressionstest

Durch Gabe von Schilddrüsenhormonen und anschließende Szintigrafie wird versucht, normales von autonomen, d. h. vermehrt Schilddrüsenhormone bildenden Schilddrüsengewebe zu unterscheiden. Normales Schilddrüsengewebe lässt sich durch Schilddrüsenhormongabe supprimieren, während autonomes Gewebe weiterhin szintigrafisch dargestellt wird.

Tracheazielaufnahme

Die Tracheazielaufnahme dient gemeinsam mit der Lungenfunktion der Identifizierung von Einengungen der Trachea durch eine Schilddrüsenvergrößerung.

CT und MRT

CT und MRT können bei retrosternaler Struma zur Beurteilung der Ausdehnung eingesetzt werden. Eine weitere Indikation sind Trachealeinengungen (plus Lungenfunktion).

27.3.5 Feinnadelaspirationszytologie

Die Feinnadelaspirationszytologie wird unter sonografischer Kontrolle durchgeführt und dient zur Klärung der Dignität von klinisch oder sonografisch

Tab. 27.4 Differenzialdiagnose von Schilddrüsenstörungen

Erkrankung	Bedeutung	Diagnostik
Hyperthyreose*	+++	TSH basal (erniedrigt)
Hypothyreose*	+++	TSH basal (wenn erhöht: zusätzlich fT_4)
Schilddrüsenmalignom bei klinisch oder sonografisch malignitätsverdächtigem Knoten	+++	Feinnadelaspirationszytologie; das Karzinomrisiko ist erhöht bei Größenzunahme des Knotens, Alter < 20 Jahre und > 70 Jahre, männlichem Geschlecht, Heiserkeit
Thyreoiditis	+	BSG, TPO-Antikörper
retrosternale Struma	(+)	Röntgenaufnahme des Thorax, CT

* *Verdacht meist bereits durch Anamnese und klinische Untersuchung, im Alter Verlauf jedoch häufig oligosymptomatisch.*

G

verdächtigen Arealen. Es handelt sich um die sensitivste und spezifischste Methode zur Differenzierung benigner und maligner Schilddrüsenknoten sowie zur Verifizierung entzündlicher Schilddrüsenerkrankungen. Komplikationen, z. B. Blutungen, sind selten.

> **!** **Die Aussagekraft der Feinnadelaspirationszytologie ist entscheidend von der Erfahrung des Punktierenden und des beurteilenden Zytologen abhängig.**

Einen Überblick über die verschiedenen Befundkonstellationen bei Schilddrüsenerkrankungen gibt Tab. 27.4.

27.4 Therapie von Schilddrüsenerkrankungen

27.4.1 Substitution mit Schilddrüsenhormonen und Jod

Die Substitution mit Thyroxin ist die Therapie der Wahl bei Hypothyreose.

Thyroxin (T_4)

Müssen Schilddrüsenhormone substituiert werden, so werden bei Erwachsenen bei vollständigem Verlust der Schilddrüse in der Regel 100 – 150 µg Levothyroxin/Tag (1,5 µg/kg/Körpergewicht) einmal morgendlich 30 min vor dem Frühstück verabreicht. Die Dosierung von Thyroxin sollte – sofern nicht erforderlich wie beim Schilddrüsenkarzinom – das TSH nicht supprimieren. Eine optimale Substitutionsdosis ist bei einem TSH-Wert im unteren Normbereich bei 1 – 2 mU/l erreicht.

Jod

Eine tägliche Aufnahme von mindestens 200 µg Kaliumjodid ist wichtig für eine normale Schilddrüsenfunktion. Hauptindikationen für die Verabreichung von Kaliumjodid ist die euthyreote Struma (s. S. 519). In hoher Dosierung (mg-Bereich) wirkt Jodid tyhreostatisch und verhindert die Freisetzung von T_3/T_4.

27.4.2 Thyreostatika

Thyreostatika werden bei hyperthyreoten Zuständen eingesetzt. Heute werden vor allem **Thyreostatika der Thioharnstoffgruppe** eingesetzt **(Thioamide).** Sie hemmen die Synthese der Schilddrüsenhormone, nicht aber deren Freisetzung. Die Wirkung tritt daher erst nach frühestens einer Woche ein. Zur Monotherapie werden eingesetzt:

- Carbimazol (z. B. Neo-Thyreostat)
- dessen aktiver Metabolit Thiamazol (z. B. Favistan)
- Propylthiouracil (z. B. Propycil)

Die Nebenwirkungen der thyreostatischen Therapie (häufig: allergische Hautreaktionen, Haarausfall, seltener: Arthralgien, Myalgien und Geschmacksstörungen, Leberschäden, Cholestase, Thrombozytopenie und Granulozytopenie bis hin zur Agranulozytose < 1 %) sind dosisabhängig und reversibel.
Außerdem gibt es **Hemmstoffe der Jodidaufnahme.** Hierzu zählt das Perchlorat (z. B. Irenat), das zur Prophylaxe der jodinduzierten Hyperthyreose zum Einsatz kommen kann.
Alle Thyreostatika werden nur initial etwas höher und dann in Abhängigkeit von den Schilddrüsenhormonwerten möglicht niedrig dosiert (Erhaltungsdosis). Wenn einmal eine Euthyreose mit messbaren TSH-Spiegeln erreicht ist, so kann der TSH-Spiegel als Verlaufsparameter für die Dosierung herangezogen werden.

27.4.3 Radiojodtherapie

Die Radiojodtherapie kommt vorwiegend bei Hyperthyreose zum Einsatz, wenn keine weiteren malignitätsverdächtigen Knoten vorhanden sind. Auch wenn aufgrund von Begleiterkrankungen keine chirurgische Intervention möglich ist, kann die Radiojodtherapie eingesetzt werden. Eine weitere Indikation ist die Eliminierung von Restschilddrüsengewebe oder Metastasen nach obligater primärer totaler Thyreoidektomie (vgl. Abb. 27.8).
^{131}Jod reichert sich nach oraler Aufnahme wie normales Jod in der Schilddrüse an, die volle Wirkung entfaltet sich allerdings erst nach Wochen bis Monaten. Die Behandlung darf in Deutschland nur unter stationären Bedingungen in speziell dafür eingerichteten Stationen erfolgen.
Die Radiojodtherapie kann prinzipiell in jedem Alter durchgeführt werden. Einzige Kontraindikation ist

eine geplante oder bestehende Schwangerschaft und die Stillzeit.
Der Vorteil liegt in der geringen Nebenwirkungsrate. Das Risiko für Thyreoiditis und Hypothyreose erfordert entsprechende Nachsorgeuntersuchungen. Das **therapeutische Ziel** der Radiojodtherapie und der chirurgischen Therapie der Hyperthyreose ist in erster Linie die definitive Beseitigung der Hyperthyreose. In Abhängigkeit von der Art der chirurgischen Therapie und der Radiojodtherapie tritt bei einem erheblichen Anteil der Patienten schließlich eine substitutionsbedürftige Hypothyreose ein.

27.4.4 Operation

Die **Schilddrüsenresekion** kommt bei folgenden Erkrankungen bevorzugt zum Einsatz:

- große Strumen mit knotigen Veränderungen
- niedriger Radiojod-Uptake
- schnelle Beseitigung der Hyperthyreose
- malignomverdächtige Bezirke

Mögliche Komplikationen sind vor allem Nachblutungen (ca. 1,5 %), permanente Rekurrensparese (1 %) und permanenter Hypoparathyreoidismus (1,2 %).

27.5 Euthyreote Struma und Jodmangel

Synonym: blande Struma
engl.: simple goiter, nontoxic goiter

Definition. Als **Struma** wird eine tastbare, sichtbare oder messbare Vergrößerung der Schilddrüse bezeichnet.
Euthyreot bedeutet, dass die Schilddrüse eine normale Funktion aufweist.
Der Begriff **endemische Struma** impliziert einen gemeinsamen ätiologischen Faktor (wie z. B. Jodmangel) in einer bestimmten geografischen Region und ist definiert als nicht entzündliche und nicht maligne Schilddrüsenvergrößerung bei mehr als 10 % der Bevölkerung einer Region.
Die **sporadische Struma** ist eine Schilddrüsenvergrößerung durch Faktoren, welche nicht die Gesamtbevölkerung einer Region betreffen (z. B. Jodfehlverwertung, Thyreoglobulinmutationen).
Der **Jodmangel** ist nach WHO definiert als eine Jodausscheidung im Urin von weniger als 100 µg Iod/l.

Epidemiologie

Bis 2007 hat sich die mittlere Jodversorgung in Deutschland mit 117 µg/l bei Jugendlichen deutlich gebessert. Jedoch bedeutet dieser Durchschnittswert, dass weiterhin die Hälfte der Jugendlichen eine Jodausscheidung unter 100 µg/l (WHO Grenzwert für Jodmangel) und 30 % eine vergrößerte Schilddrüse aufweisen.

Ätiopathogenese

In Deutschland ist der bedeutendste ätiologische Faktor für die Entstehung der endemischen Struma der **Jodmangel**, der regional unterschiedlich ausgeprägt ist. Das Ausmaß des Jodmangels wird nach der Höhe der Jodausscheidung im Urin in 3 Stufen eingeteilt:

- **mild:** 50 – 100 µg/l
- **moderat:** 25 – 50 µg/l
- **schwer:** < 25 µg/l

Die Schilddrüse reagiert auf den Jodmangel mit Anpassungsprozessen (**Abb. 27.7**) wie

- vermehrte Jodaufnahme
- vermehrte Jod-Reabsorption
- vermehrte Synthese von T_3

oder Fehlanpassungsprozessen (**Abb. 27.7**) wie:

- auto- und parakrine Sekretion von Wachstumsfaktoren wie EGF (Epidermal Growth Factor), IGF (Insulin-like Growth Factor) und TGF (Transforming Growth Factor)
- Hyperplasie und Proliferation sowie der Entstehung somatischer Mutationen und Knoten

Klinik

Die endemische oder sporadische Struma verursacht meist nur geringe subjektive Beschwerden, z. B.:

- lokales Druck- und Engegefühl
- Schluckbeschwerden
- Missempfindungen beim Tragen hochgeschlossener Kleidung
- Gefühl der Luftnot

Bei ausgeprägter Schilddrüsenvergrößerung kann es durch Kompression der Halsweichteile zu weiteren Beschwerden kommen. In der Folge kann es zu Luftnot, Stridor, Heiserkeit und oberer Einflussstauung kommen.

Diagnostik

Bei sichtbarer Schilddrüsenvergrößerung oder Verdacht auf eine Schilddrüsenvergrößerung sollte wie folgt vorgegangen werden:

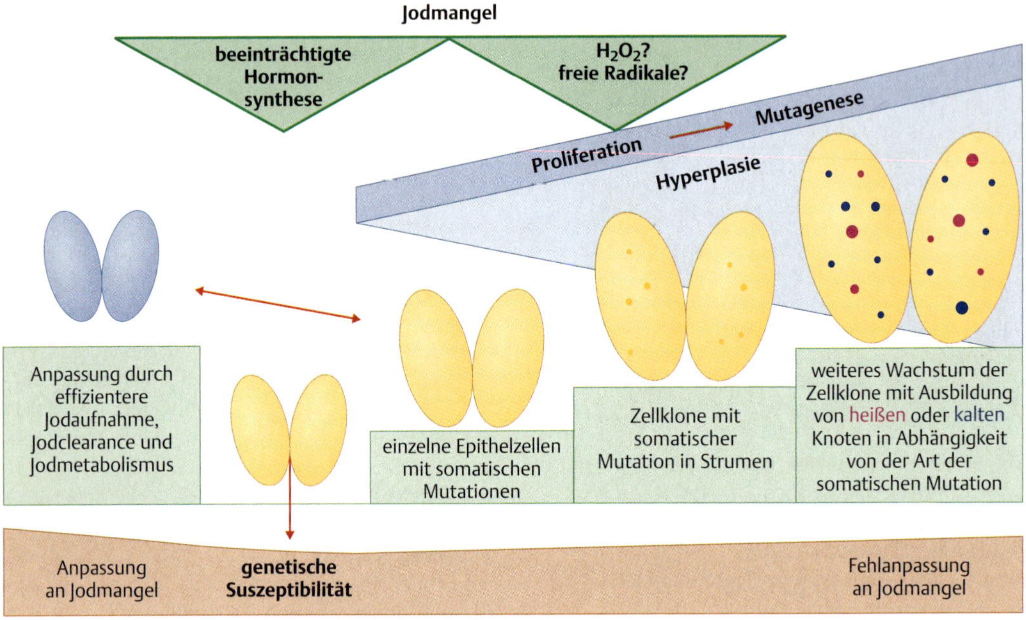

Abb. 27.7 Übersicht zur Entstehung knotiger Veränderungen der Schilddrüse. (nach Krohn et al., 2005)

- Anamnese und körperliche Untersuchung
- TSH-Bestimmung: normale Werte bei Euthyreose (bei pathologischen Werten oder in Sonderfällen zusätzlich Bestimmung der freien Schilddrüsenhormone im Blut)
- Schilddrüsensonografie einschließlich Volumetrie (s. S. 516)
- Bei Detektion von Knoten: sonografische Malignitätsrisikostratifizierung mit dem Ziel der Selektion von Knoten für die Feinnadelpunktion
- Szintigrafie bei supprimiertem TSH und bei multinodösen Strumen zum Ausschluss heißer Knoten von der Feinnadelpunktion (geringes Malignitätsrisiko)
- Feinnadelpunktion sonografisch malignitätsverdächtiger Knoten als sensitivste und spezifischste Methode zur Unterscheidung maligner und benigner Schilddrüsenknoten

Bei großen Strumen, die zu lokalen Kompressions- oder Verdrängungserscheinungen führen, kann auch eine Röntgenaufnahme oder CT des Thorax, Tracheaspezialaufnahmen oder eine Lungenfunktionsuntersuchung indiziert sein.

Mögliche Differenzialdiagnosen sind in **Tab. 27.5** zusammengefasst.

Therapie

Medikamentöse Therapie.

- Kinder und Jugendliche: 200 – 500 µg Jodid/Tag
- Erwachsene: 100 – 200 µg **Jodid**/Tag oder Kombinationstherapie von 100 – 200 µg Jodid und 75 µg **Levothyroxin**

Bei Patienten mit nodöser Struma kann ein Therapieversuch mit der Kombinationstherapie oder mit einer Jodid-Monotherapie durchgeführt werden (vgl. S. 521).

> **!** **Vor Beginn der Therapie sollte mittels Bestimmung des basalen TSH und Szintigramm eine Autonomie ausgeschlossen werden.**

Mit diesen Behandlungsformen ist nach 6 – 12 Monaten eine Reduktion des Schilddrüsenvolumens um ca. 30 % zu erreichen. Die Dauer der Therapie sollte zunächst ein Jahr betragen. Der erreichte Therapieerfolg (sonografische Kontrolle) muss anschließend durch eine lebenslange Jodidprophylaxe gesichert werden.

Bei älteren Patienten mit Struma und insbesondere bei nodöser Struma sind die Therapieeffekte gerin-

Tab. 27.5 Differenzialdiagnose der euthyreoten Struma

Erkrankung	Bedeutung	Kommentar
V. a. Schilddrüsenmalignom bei klinisch oder sonografisch verdächtigem Knoten	+++	Feinnadelaspirationszytologie; erhöhtes Karzinomrisiko bei palpatorisch harter Konsistenz oder schlechter Abgrenzbarkeit, bei Größenzunahme eines Knotens, vergrößerten Halslymphknoten, Alter < 20 oder > 70 Jahre, männlichem Geschlecht, Heiserkeit
Thyreoiditis	+	BSG, TPO-Antikörper (s. S. 525)
Hemmung der Jodaufnahme durch Thiozyanate und Isothiozyanate, C-Glycosyflavon	(+)	Anamnese der Ernährungsgewohnheiten, da diese Stoffe in verschiedenen Pflanzen (z. B. Kohl, Blumenkohl, Rettich, Hirse) enthalten sind
Akromegalie (von der Organomegalie ist auch die Schilddrüse betroffen)	(+)	keine Suppression von STH unter 1 ng/ml im oralen Glukosetoleranztest
Jodfehlverwertung	(+)	häufig inkomplette Formen
Mutationen im Schilddrüsenperoxidase- oder Thyreoglobulingen	(+)	selten
Schilddrüsenhormonresistenz	(+)	selten

ger. Hier sollte wegen der mit dem Alter steigenden Wahrscheinlichkeit einer Schilddrüsenautonomie und kardialen Erkrankungen keine Therapie mit Schilddrüsenhormonen erfolgen. Hier ist die Radiojodtherapie oder bei Malignitätsverdacht die Chirurgie indiziert.

Chirurgische Therapie. Indikationen für eine partielle oder subtotale Schilddrüsenresekton sind lokale mechanische Komplikationen (Dyspnoe, Schluckbeschwerden) und Malignomverdacht (s. S. 527).

Radiojodtherapie. Die Radiojodtherapie ist bei euthyreoter Struma nodosa insbesondere bei älteren Patienten der medikamentösen Therapie im Hinblick auf das Ausmaß der Strumaverkleinerung überlegen.

Strumaprophylaxe

In Deutschland werden über die Nahrung nur ca. 70 µg Jodid/Tag aufgenommen. Die WHO empfiehlt jedoch für Erwachsene eine Mindestzufuhr von 150 – 300 µg Jodid/Tag. Das tägliche Joddefizit in Deutschland liegt also durchschnittlich bei 100 – 200 µg/Tag. Es kann durch Verwendung von jodiertem Speisesalz und Genuss von Meeresfisch nur unzureichend ausgeglichen werden. Daher ist in Deutschland bei nicht ausreichenden Regelungen zur Erhöhung der allgemeinen Jodzufuhr generell und insbesondere bei positiver Familienanamnese eine individuelle Jodprophylaxe durch Konsum von Back- und Fleischwaren, die mit jodiertem Speisesalz zubereitet worden sind, oder durch Einnahme von Jodid in Tablettenform (Jodid 100 oder Jodid 200 µg Tabletten) zu empfehlen.

Darüberhinaus besteht in Deutschland eine eindeutige Indikation zu Jodprophylaxe bei Schwangeren und stillenden Müttern (200 µg Jodid/Tag) sowie im Anschluss an eine erfolgreiche Strumatherapie.

27.6 Funktionelle Autonomie

Synonym: autonomes Adenom

engl.: toxic (multi)nodular goiter, hot nodule

Definition. Bei der funktionellen Autonomie haben sich die Schilddrüsenzellen des heißen Knotens aufgrund einer somatischen Mutation dem hypophysären Regelkreis entzogen und sind in Bezug auf Funktion (Hyperthyreose) oder Wachstum (Struma und/oder Knoten) autonom.

Ätiopathogenese

Normalerweise unterliegen die Thyreozyten dem hypophysären Regelkreis, sodass Schilddrüsenhormon bedarfsgerecht produziert wird. Dies bedeutet, dass z. B. bei fallender TSH-Konzentration die Hor-

Tab. 27.6 Differenzialdiagnose der funktionellen Autonomie

Erkrankung	Bedeutung	Kommentar
Aplasie des kontralateralen Schilddrüsenlappens	++	Sonografie, TSH, fT_3, fT_4
lokale Hyperplasie der Schilddrüse bei destruierenden und/oder entzündlichen Veränderungen in der restlichen Schilddrüse	++	Sonografie, Schilddrüsenperoxidase-Antikörper, TSH, fT_3, fT_4
knotiges Strumarezidiv nach Strumaresektion	+	Anamnese, Sonografie, TSH, fT_3, fT_4

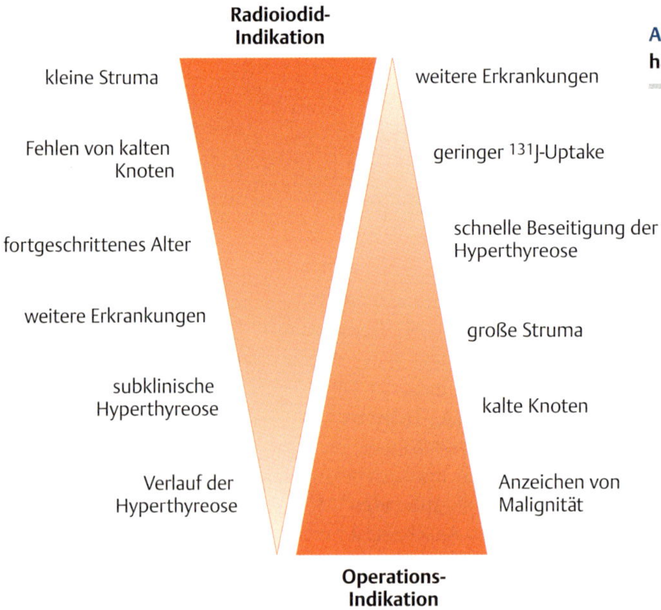

Abb. 27.8 Radiojod versus operative Behandlung bei Schilddrüsenautonomie.

monproduktion gesenkt wird. Bei der Schilddrüsenautonomie unterliegen die Thyreozyten diesem hypophysären Regelkreis nicht mehr. Aufgrund somatischer Mutationen (s. **Abb. 27.7**) produzieren diese Schilddrüsenzellen unabhängig vom Bedarf Schilddrüsenhormone und können so eine Hyperthyreose verursachen. Es werden folgende Formen unterschieden:

- **unifokale Autonomie**
- **multifokale Autonomie**

Bei beiden Formen ist das autonome Schilddrüsengewebe auf umschriebene Bezirke der Schilddrüse beschränkt und szintigrafisch als „heißer Knoten" sichtbar (s. **Abb. 27.5**).

Klinik

→ vgl. S. 512

Der klinische Verlauf der Schilddrüsenautonomie ist sehr unterschiedlich. Häufig besteht über viele Jahre eine euthyreote Stoffwechsellage mit normalem basalem TSH. Bei langsam zunehmender Schilddrüsenhormonproduktion durch das autonome Adenom kann als Übergangsstadium eine subklinische Hyperthyreose mit supprimiertem TSH und normalem fT_3 und fT_4 entstehen.

Floride Hyperthyreosen treten insbesondere nach akuter Exposition mit hohen Jodiddosen im Milligrammbereich (Röntgen-Kontrastmittel, Medikament mit hohem Jodgehalt u. a.) auf. Unbehandelt kommt es bei 4% der Patienten mit noch euthyreother Autonomie pro Jahr zur hyperthyreoten Dekompensation. Diese Dekompensation kann auch erst 10 Jahre und länger nach Diagnosestellung eintreten.

Diagnostik

Neben Anamnese und klinischer Untersuchung helfen vor allem die typischen Laborbefunde weiter. TSH basal ist erniedrigt, fT_3 fast immer erhöht und fT_4 meistens erhöht (vgl. S. 516). Auch Szintigrafie und andere bildgebende Verfahren kommen zum Einsatz. (s. S. 516).
Mögliche Differenzialdiagnosen zeigt **Tab. 27.6**.

Therapie

Eine Hyperthyreose muss zunächst thyreostatisch behandelt werden (s. S. 514). Nach Erreichen euthyreoter Schilddrüsenwerte ist bei der Schilddrüsenautonomie eine definitive Therapie anzustreben, da eine spontane Heilung bei der Autonomie – anders als bei Morbus Basedow (s. S. 523) – nicht erfolgt. Die definitive Therapie besteht in der Radiojodtherapie oder der Operation (**Abb. 27.8**). Eine Langzeittherapie mit Thyreostatika ist nur in Einzelfällen vertretbar.

27.7 Morbus Basedow

engl.: Graves' disease

Definition. Autoimmunerkrankung, bei der Antikörper gegen den TSH-Rezeptor zu einer Hyperthyreose führen. Die klassische Merseburger Trias mit Struma, Tachykardie und Exophthalmus ist dabei nur eine der vielen Manifestationsformen des Morbus Basedow. Der Morbus Basedow ist in > 60 % der Fälle mit einer endokrinen Orbitopathie vergesellschaftet (s. S. 524), die Schilddrüse ist nur in ca. 30 % vergrößert.

Epddemiologie

Etwa 40 % der Hyperthyreosen in Deutschland werden durch den Morbus Basedow verursacht.

Ätiopathogenese

Es handelt sich um eine organspezifische Autoimmunerkrankung mit bisher unbekannter Ätiologie. Die Hyperthyreose wird durch **Autoantikörper gegen den TSH-Rezeptor** vermittelt. Darüber hinaus können auch Antikörper gegen Schilddrüsenperoxidase **(anti-TPO)** nachgewiesen werden. Histologisch liegt eine mononukleäre Infiltration der Schilddrüse vor.

Klinik

Der Morbus Basedow macht sich in der Regel durch die klassischen Symptome einer Hyperthyreose bemerkbar (s. S. 512). Auch eine endokrine Orbitopathie tritt oft begleitend auf (s. S. 524). Selten, aber ebenfalls pathognomonisch ist das prätibiale Myxödem. Es ist im Gegensatz zu anderen Ödemen nicht eindrückbar.

Diagnostik

Es besteht eine hyperthyreote Schilddrüsenfunktionslage (s. S. 512). Der Nachweis von **TSH-Rezeptor-Antikörpern (TRAK)** ist pathognomonisch. Antikörper gegen Thyreoperoxidase (TPO) sind ebenfalls häufig erhöht. Szintigrafisch besteht zu Beginn in der Regel ein homogener erhöhter Uptake sowie sonografisch ein diffus echoarmes Bild.

Therapie

Nach einjähriger thyreostatischer Therapie wird in der Regel ein Auslassversuch durchgeführt (**Abb. 27.9**, vgl. S. 514). Bei etwa der Hälfte der Patienten kommt es dann zu einem Rezidiv der Erkrankung. In diesen Fällen soll eine definitive Therapie der Hyperthyreose durch Radiojodtherapie oder subtotale Schilddrüsenresektion angestrebt werden (s. S. 519).
In der Regel wird eine thyreostatische Monotherapie durchgeführt. Eine Kombinationstherapie (Thyreostatika und Schilddrüsenhormonsubstitution) ist nur in speziellen Fällen wie z. B. Compliance-Problemen indiziert.

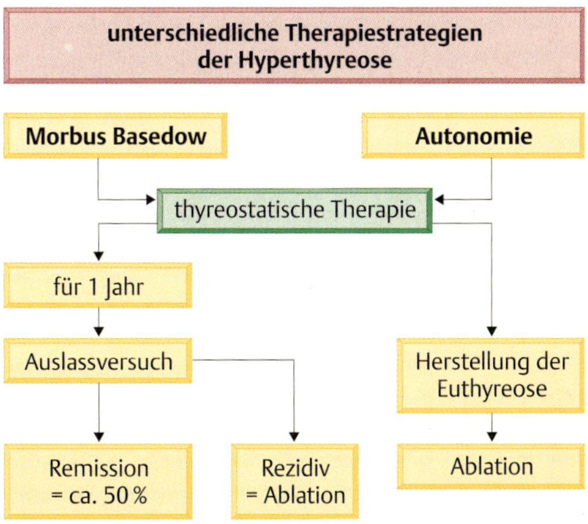

Abb. 27.9 Therapiestrategien bei Hyperthyreose.

Nach langjährigem Verlauf der Erkrankung kann in ca. 10% der Fälle auch eine Zerstörung des Schilddrüsengewebes durch den Autoimmunprozess zu einer Remission der Hyperthyreose führen. Zudem kommt es in ca. 40% der Fälle zu einer Spontanremission des Autoimmunprozesses.

Klinischer Fall

Die 39-jährige Frau Z. berichtet ihrem Hausarzt, dass sie in letzter Zeit schnell erschöpft sei. Sie verspüre mehr Hunger als sonst und habe trotzdem 10 kg abgenommen. Sie leidet unter Hitzewallungen, Schweißausbrüchen und Herzklopfen. Auch sei sie ungeduldiger und hektischer als früher. Weiter gibt sie ein retrobulbäres Druckgefühl vor allem links an. Der Hausarzt tastet eine leicht vergrößerte Schilddrüse und nimmt einen feinschlägigen Tremor der Hände wahr. Zudem misst er eine Herzfrequenz von 105/min und einen erhöhten Blutdruck von 165/100 mmHg. Er erkennt eine Schwellung der Augenlider und eine Rötung der Konjunktiven. Die Blutuntersuchung zeigt erhöhte Schilddrüsenhormone (fT 4 2,80 ng/dl [normal 0,9-2,0], fT 3 10,2 pg/ml [normal 2,0-4,4]) und ein erniedrigtes TSH 0,01 µIU/ml (normal 0,27-4,2). Auch lassen sich Schilddrüsenantikörper nachweisen (TSH-Rezeptor- AK 11,1 IU/l [normal < 1,5]). Damit ist ein Morbus Basedow bewiesen. Sonographisch ist das Schilddrüsenvolumen vergrößert, das Parenchym ist inhomogen und diffus echoarm ohne Herdbefunde. Frau Z. bekommt zunächst eine thyreostatische Therapie mit Carbimazol verschrieben. Zur Laborkontrolle soll sie sich in vier Wochen wieder vorstellen. Ihr Hausarzt klärt sie darüber auf, dass die thyreostatische Therapie zunächst für 12 – 18 Monate anvisiert ist und dass sie im Falle von Fieber und Rachenentzündung die Tabletten sofort absetzen und sich bei ihm vorstellen soll. Danach kann das Medikament pausiert werden. Eine Kontrolle der Schilddrüsenwerte und ein Schildrüsensono zeigen dann, ob eine spontane Remission erfolgt oder ob eine Weiterführung der Therapie nötig ist.

27.8 Endokrine Orbitopathie (EO)

Synonym: Ophthalmopathie
engl.: thyroid associated ophthalmopathy

Definition. Die endokrine Orbitopathie ist eine Autoimmunerkrankung der Augenmuskeln und des orbitalen Fett- und Bindegewebes und in > 60% der Fälle mit dem Morbus Basedow assoziiert.

Epidemiologie

Mit einer endokrinen Orbitopathie ist in der Regel ein Morbus Basedow assoziiert. Die EO kann zunächst aber auch ohne jede erkennbare Schilddrüsenüberfunktion auftreten. In ca. 80% der Fälle entwickeln sich die Augensymptome innerhalb von 18 Monaten vor oder nach Manifestation der Hyperthyreose.

Ätiopathogenese

Die Pathogenese der EO und insbesondere ihre pathogenetische Verbindung mit dem Morbus Basedow ist bisher nicht geklärt. Histologisch finden sich **lymphozytäre Infiltrationen,** Glucosaminoglykaneinlagerungen und ödematöse Schwellungen in den extraokulären Augenmuskeln sowie im Fett- und Bindegewebe der Orbita (**Abb. 27.10**). Mit zunehmender Krankheitsdauer kommt es zur Fibrosierung der betroffenen Gewebestrukturen. Ein ähnlicher pathogenetischer Prozess ist die Ursache des zirkumskripten Myxödems der Subkutis beim Morbus Basedow.

Klinik und Diagnostik

Bei der klinischen Untersuchung können am Auge folgende Phänomene beobachtet werden:

- **Moebius-Zeichen:** Konvergenzschwäche
- **Dalrymple-Phänomen:** Sichtbarwerden eines Sklerastreifens oberhalb der Augenhornhaut infolge Oberlidretraktion
- **Stellwag-Zeichen:** seltener Lidschlag
- **Endzündungszeichen:** Rötung oder Schwellung der Augenlider oder der Bindehaut (Chemosis), Schwellung der Karunkel

Außerdem können die typischen klinischen Symptome einer Hyperthyreose bestehen.

Eine **Stadieneinteilung** erfolgt nach Werner:

1. Lidretraktion
2. Lidschwellungen, Chemosis, Conjunctivitis sicca
3. Exophthalmus, Lagophthalmus
4. Augenmuskelverdickung, Motilitätsstörungen, Augeninnendruckanstieg
5. Hornhauterosionen bei fehlendem Lidschluss
6. Visus- und Gesichtsfeldbeeinträchtigung

Als bildgebende Verfahren kommen vor allem Sonografie und MRT zum Einsatz.

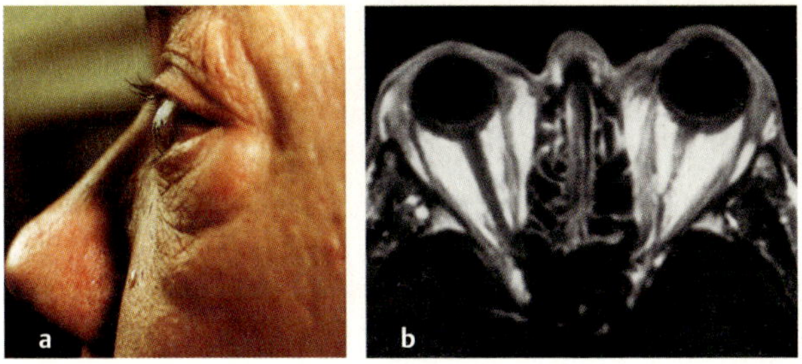

Abb. 27.10 Endokrine Orbitopathie. a Auf dem Foto erkennt man deutlich den Exophthalmus und die Lidschwellung. **b** MRT-Bild eines Patienten mit deutlicher Verdickung aller Augenmuskeln (links > rechts).

Therapie

Eine kausale Therapie ist nicht bekannt. Im aktiven Stadium können ca. 70% der Patienten von einer systemischen Glukokortikoidtherapie profitieren. Sie kann intravenös oder oral erfolgen, wobei die intravenöse Therapie deutliche Überlegenheit hinsichtlich der Besserung von Doppelbildern und entzündlichen Prozessen zeigt und zu einer geringeren Gewichtszunahme führt. Bei einer Therapiedauer >2 Monate muss zusätzlich eine Osteoporoseprophylaxe erfolgen (s. S. 554). Zudem ist: – insbesondere bei akuten Entzündungszeichen und im Anfangsstadium der endokrinen Orbitopathie – eine Orbitaspitzenbestrahlung wirksam, die mit einer Glukokortikoidtherapie kombiniert werden soll. Basistherapie der endokrinen Orbitopathie ist eine euthyreote Stoffwechsellage.

27.9 Thyreoiditis

engl.: thyroiditis

Definition. Den verschiedenen Formen der Thyreoiditis ist lediglich der histologische Befund einer Schilddrüsenentzündung gemeinsam. Die Ätiologie ist jedoch sehr unterschiedlich und reicht von infektiösen bis autoimmunen Ursachen.

Chronisch lymphozytäre Thyreoiditis (Hashimoto-Thyreoiditis)

Epidemiologie. Eine chronisch-lymphozytäre Thyreoiditis ist bei ca. 8% der Frauen >65 Jahre nachweisbar.

Ätiopathogenese. Die Hashimoto-Thyreoiditis ist eine Autoimmunerkrankung, bei der T-Lymphozyten und Autoantikörper gegen das Schilddrüsengewebe zur Zerstörung der Schilddrüse führen. Entsprechend finden sich histologisch lymphozytäre und plasmazelluläre Schilddrüseninfiltrate. Man unterscheidet die klassische Form, die mit einer Struma einhergeht von der in Deutschland häufigeren atrophischen Variante. Nicht selten besteht eine Kombination mit anderen Autoimmunerkrankungen.
Die eisenharte **Riedel-Struma** ist wahrscheinlich eine seltene Variante der Hashimoto-Thyeoiditis. Die Entzündung verläuft invasiv fibrosierend und wird in der Regel operativ diagnostiziert (Malignomverdacht).

Klinik. Schmerzlose Entzündung, das Allgemeinbefinden ist häufig kaum beeinträchtigt. In der Hälfte der Fälle geht die Erkrankung mit einer Hypothyreose einher, sehr selten ist inital auch eine passagere Hyperthyreose möglich. Zu den Symptomen der Hypothyreose s. **Tab. 27.3**. Die Symptome der Hypothyreose entwickeln sich sehr schleichend.

Diagnostik. Erhöhte Titer von **anti-TPO-Antikörpern** (syn. Schilddrüsenperoxidase-Antikörper). Selten initial Hyperthyreose, im weiteren Verlauf häufig Hypothyreose (TSH ↑). Eine Sonografie erfolgt zur Volumenbestimmung und Beurteilung des Echomusters. Bei der Autoimmunthyreopathie sieht man meist ein echoarmes oder „tigerfellartiges" Bild. Der Befund der Feinnadelpunktion zeigt reichlich Lymphozyten und Plasmazellen.

> **!** **Die Schilddrüsenperoxidaseantikörper sind bei chronischer lymphozytärer Thyreoiditis fast immer deutlich erhöht.**

Therapie.
- bei Hypothyreose Schilddrüsenhormonsubstitution
- bei passagerer Hyperthyreose Therapieversuch mit Propranolol (Überprüfung der Therapie nach wenigen Wochen)

Subakute granulomatöse Thyreoiditis (Thyreoiditis de Quervain)

Epidemiologie. Die subakute Thyreoiditis und insbesondere die akute Thyreoiditis sind hingegen eher seltene Thyreoiditisformen. Die subakute Thyreoiditis tritt überwiegend bei Frauen auf.

Ähiopathogenese. Die subakute Thyreoiditis ist eine granulomatöse Schilddrüsenentzündung mit Riesenzellen, die meist 10 bis 14 Tage nach einem Virusinfekt der oberen Luftwege auftritt. Eine parainfektiöse Genese wird daher angenommen.

Klinik. Häufig besteht ein protrahierter Verlauf mit Beginn der Beschwerden im Anschluss an einen Virusinfekt. Neben einer Schilddrüsenvergrößerung, die eine feste bis harte Konsistenz aufweist, leiden die Patienten auch unter **Schmerzen in der Schilddrüsengegend,** Halsschmerzen, Kieferschmerzen, Schluckstörungen. Zudem bestehen Allgemeinsymptome wie Krankheitsgefühl, Müdigkeit, Appetitlosigkeit, Gewichtsverlust, Nervosität. Auch Wärmeintoleranz und Tachykardie können als Zeichen der initial häufig bestehenden Hyperthyreose auftreten.

Diagnostik. Die BSG kann mäßig bis stark beschleunigt sein, initial ggf. Hyperthyreose. Der Befund der Feinnadelpunktion zeigt ein typisches zytologisches Bild mit **Riesenzellen.**

Therapie. Bei leichten Formen werden lediglich Antiphlogistika verabreicht. In schweren oder unklaren Fällen kann eine Diagnosestellung ex juvantibus mit Glukokortikoiden erreicht werden (z. B. 50 mg Prednisolon für 5 Tage, danach abfallende Dosierung). Mit dieser Therapie sind die Schmerzen binnen 3 bis 5 Tagen zu beseitigen. Bei Hyperthyreose sind Thyreostatika wirkungslos (Hyperthyreose durch Schilddrüsenzerstörung); daher erfolgt die Gabe von Propranolol, selten sind Sedativa erforderlich.

Akute Thyreoiditis

Ätiopathogenese. Die akute Thyreoiditis wird in der Regel durch eine bakterielle Entzündung per continuitatem (z. B. Mundbodenphlegmone) hervorgerufen.

Klinik.

- akuter Beginn mit Fieber
- Hautrötung
- Druckempfindlichkeit
- evtl. Abszedierung

Diagnostik. BSG und CRP sind erhöht, Leukozytose und Linksverschiebung. Die Sonografie kann eine evtl. bestehende Abszedierung nachweisen.

Therapie. Antibiotika, kühlende Lokalmaßnahmen, bei Abszess Punktion oder Spaltung, Antiphlogistika.

Weitere Formen der Thyreoiditis

Post-partum-Thyreoiditis. Wahrscheinlich eine aberrante Verlaufsform der Autoimmunthyreoiditis, bei der etwa 3 Wochen nach der Geburt eine leichte Hyperthyreose mit teilweise nachfolgender Hypothyreose auftritt. Meist kommt es zur spontanen Abheilung.

Zytokininduzierte Thyreoiditis. Eine Reihe von Zytokinen, wie Tumornekrosefaktor (TNFα), Interferon (IFNα), Interleukin 1 und 2 (IL-1 und -2), können bei therapeutischer Anwendung zur Auslösung einer leichten Thyreoiditis mit Schilddrüsenfunktionsstörungen führen. Der klinische Verlauf ist diskret und durch Beendigung der Zytokintherapie limitiert.
Abschließend zeigt **Tab. 27.7** zusammenfassend die differenzialdiagnostisch relevanten Unterschiede

Tab. 27.7 Differenzialdiagnose der Thyreoiditis

Erkrankung	Bedeutung	Kommentar
subakute Thyreoiditis de Quervain	+++	häufig mit Schmerzausstrahlung, z. B. in die Kiefer- und Halsregion, Druckempfindlichkeit
akute, eitrige Thyreoiditis	++	verbunden mit lokaler Rötung, meist Druckempfindlichkeit
Hashimoto-Thyreoiditis	+	meist eher Druck- und Spannungsgefühl und langsame Hypothyreoseentwicklung
Zysten	+	eher Druckgefühl, praller Knoten palpabel, Abnahme nach Punktion
Schilddrüsenkarzinom	(+)	Aspirationszytologie indiziert

der Thyreoiditiden und anderer Schilddrüsenerkrankungen.

27.10 Schilddrüsenkarzinom

engl.: thyroid cancer

Definition. Sammelbezeichnung für alle Karzinome der Schilddrüse.

Epidemiologie

- Inzidenz: 2 – 6 Fälle/100 000 Einwohner pro Jahr
- Mortalität: 5/1 Mio. Einwohner
- ♀ : ♂ = 2 – 3 : 1

Da die Freisetzung großer Mengen radioktiver Jodisotope die Schilddrüsenkarzinomentstehung begünstigt, kommt diese Erkrankung in stark belasteten Regionen sehr viel häufiger vor (z. B. Tschernobyl).

Einteilung

Die Prozentzahlen geben jeweils den ungefähren Anteil an der Gesamtheit aller malignen Schilddrüsentumoren in Deutschland an. Karzinome sind am häufigsten:
Von den **Thyreozyten** ausgehende Malignome:

- differenziert
  - papillär: 75 – 80 % überwiegend lymphogene Metastasierung
  - follikulär: 10 – 15 % überwiegend hämatogene Metastasierung
- gering differenziert (4 – 7 %)
- undifferenziert/anaplastisch (< 5 %): lymphogene und hämatogene Metastasierung

Von den **C-Zellen** ausgehende Malignome:

- medulläres Schilddrüsenkarzinom (C-Zell-Karzinom, 5 %)

Lymphome und Metastasen in der Schilddrüse können ebenfalls vorkommen, sind aber selten.

Klinik

Differenzierte Schilddrüsenkarzinome wachsen sehr langsam, sodass auch ein länger bestehender Knoten mit geringer Größenzunahme ein Schilddrüsenkarzinom nicht ausschließt. Hoch differenzierte follikuläre Karzinome lassen sich sogar nur histologisch durch typische Zeichen wie Gefäß- oder Kapseldurchbruch vom benignen follikulären Adenom abgrenzen. 30 – 50 % der follikulären Karzinome sind bereits bei Diagnosestellung hämatogen in Lungen und Knochen metastasiert.
Papilläre Karzinome wachsen relativ langsam infiltrativ in die unmittelbare Nachbarschaft und metastasieren lymphogen.

> ! **pa-pil-lär metastasiert lym-pho-gen, fol-li-ku-lär metastasiert hä-ma-to-gen.**

Undifferenzierte Schilddrüsenkarzinome wachsen dagegen sehr schnell und führen bereits nach Wochen zu Symptomen wie Heiserkeit, Schluckbeschwerden und Lymphknotenvergrößerungen. Palpatorisch ist die Schilddrüse derb und nicht schluckverschieblich.

Diagnostik

In einer Strumaendemieregion wie Deutschland (Strumaprävalenz > 15 %) ist das Ziel des differenzierten diagnostischen Vorgehens die frühzeitige Erfassung der insgesamt seltenen Schilddrüsenkarzinome unter den häufigen gutartigen Schilddrüsenknoten. Diesem Zweck dienen:

- **Anamnese:** Risikofaktoren, z. B. Strahlenexposition, Familienanamnese (insbesondere bei medullärem Schilddrüsenkarzinom), rasch wachsender Struma? Alter < 20 oder > 70 Jahre
- **Sonografie:** echoinhomogener, meist echoarmer und unscharf begrenzter Knoten, evtl. vergrößerte Halslymphknoten, Größenzunahme im Verlauf
- **Schilddrüsenszintigramm:** „kalter" oder szintigrafisch normaler Knoten
- **Feinnadelaspirationszytologie:** insbesondere bei jüngeren oder > 70-jährigen Patienten, szintigrafisch kalten oder normalen und sonografisch suspekten Knoten sowie bei Größenzunahme des Knotens indiziert.
- Bei Verdacht auf MEN (s. S. 537): Suche nach RET-Protoonkogen-Mutationen in der gesamten Familie (Möglichkeit der präsymptomatischen Diagnostik) sowie Ausschluss von Phäochromozytom und Hyperparathyreoidismus.

Ist die Diagnose gesichert, muss die regionale Ausdehnung sowie das Ausmaß der Fernmetastasierung durch bildgebende Verfahren verdächtiger Regionen geklärt werden. (Staging: MRT, CT, ggf. Ganzkörperszintigrafie).

G

Tab. 27.8 Differenzialdiagnose des Schilddrüsenkarzinoms

Erkrankung	Bedeutung	Kommentar
Knoten in einer Strumaendemieregion	+++	In einer multinodösen Struma sollten sonografisch malignomverdächtige Knoten punktiert werden. Heiße Knoten sollen von der Punktion ausgeschlossen werden.
Metastasen extrathyreoidaler Primärtumoren	+	durch Feinnadelaspirationszytologie kann die Diagnose geklärt werden
malignes Lymphom mit Manifestation in der Schilddrüse	+	s. o.

Therapie

Bis auf wenige Ausnahmen wird eine **totale Thyreoidektomie** mit Entfernung der Halslymphknoten durchgeführt. Zur Ablation des restlichen Schilddrüsengewebes und bei Jod speichernden, differenzierten Karzinommetastasen kommt die **Radiojodtherapie** hinzu, um Fernmetastasen zu zerstören (s. S. 518). Grundsätzlich werden nach der ablativen Therapie **Schilddrüsenhormone** substituiert, um zum einen die Hypothyreose zu verhindern und zum anderen eine vollständige Suppression des endogenen TSH zu erreichen, welches den stärksten Wachstumsstimulus für Thyreozyten darstellt.

Für nicht Radiojod speichernde, metastasierte differenzierte Schilddrüsenkarzinome kommen vermehrt neue Tyrosinkinaseinhibitoren zum Einsatz.

Eine palliative zytostatische Therapie verbleibt als wenig wirksame Ultima Ratio in weit fortgeschrittenen Fällen.

Nachsorge

Nach der Ersttherapie kommt es in Abhängigkeit vom initialen Tumorstadium bei ca. 20% der Patienten mit differenzierten Schilddrüsenkarzinomen zu Lokal- oder Fernmetastasen. Daher kommt der Nachsorge dieser Patienten große Bedeutung zu. Hierzu werden Halssonografie, Bestimmung des **Serum-Thyreoglobulinspiegels** (Tumormarker) sowie Röntgen-Thorax eingesetzt. In bestimmten Fällen, z. B. bei erhöhten Thyreoglobulinwerten, kommt die Radiojodganzkörperszintigrafie zur Anwendung. Für die Nachsorge des medullären Schilddrüsenkarzinoms kommt insbesondere die Calcitoninabstimmung zur Anwendung.

Prognose

Das papilläre Karzinom hat die günstigste Prognose von allen malignen Schilddrüsentumoren, während die Prognose beim follikulären Karzinom durch die frühe hämatogene Metastasierung schlechter ist.

Patienten mit einem anaplastischen Karzinom überleben durch das schlechte Ansprechen auf die unterschiedlichen Therapieoptionen und das extrem schnelle Wachstum des Tumors im Durchschnitt nur 6 Monate.

Die Prognose des medullären Karzinoms ist (abhängig vom initialen Tumorstadium) bei guter Nachsorge gut.

28 Nebenschilddrüsen und Kalziumstoffwechsel

Gerhard H. Scholz, Matthias Schott, Reimar Fritzen, Werner A. Scherbaum

28.1 Grundlagen

28.1.1 Anatomie

Die zumeist **vier Nebenschilddrüsen** (syn. Epithelkörperchen) sind reiskorn- bis linsengroß und befinden sich an der Dorsalseite der Schilddrüse innerhalb der Capsula fibrosa. Man unterscheidet die beiden oberen von den beiden unteren Epithelkörperchen, wobei Lagevariationen und ektope Lage häufig sind. Histologisch bestehen die Nebenschilddrüsen aus zwei Arten von Epithelzellen:

- **Hauptzellen**
  - wasserklare Hauptzellen: wenig aktiv, stark glykogenhaltig
  - dunkle Hauptzellen: hormonaktiv, bilden das Parathormon
- **oxyphile Zellen:** reich an Mitochondrien, die Funktion ist unbekannt

28.1.2 Physiologie

99% des Kalziums sind in Form von Hydroxylphosphatit im Knochen gespeichert. Nur 1% des Kalziums befindet sich im Extrazellulärraum. Im Serum liegen ca. 50% des Kalziums frei vor, ca. 45% sind an Albumin gebunden und ca. 5% sind komplexgebunden (z. B. Zitrat).

Kalziumhomöostase

Die extrazelluläre Kalziumhomöostase ist ein fein reguliertes Gleichgewicht zwischen Kalziumzufuhr in Extrazellulärraum und Blut sowie Kalziumabstrom aus Extrazellulärraum und Blut. Ziel ist eine möglichst konstante Kalziumbereitstellung für alle Gewebe. Die extrazelluläre Regelgröße ist dabei das **ionisierte Kalzium im Serum**. An seiner Feineinstellung sind die **kalziotropen Hormone** beteiligt (**Abb. 28.1**):

- Parathormon (PTH) oder Parathyroid hormone related Protein (PTHrP)
- 1,25-Dihydroxycholecalciferol (Calcitriol) und
- Calcitonin (wird in den C-Zellen der Schilddrüse gebildet)

Die kalziotropen Hormone beeinflussen sich direkt gegenseitig, so senkt beispielsweise 1,25-Dihydroxycholecalciferol die PTH-Synthese durch Inhibierung der PTH-Genexpression in den Nebenschilddrüsen. Außerdem beeinflussen sie sich auch indirekt über die Veränderung des Serum-Kalziumspiegels. Zusätzlich stimuliert ein erhöhter Phosphatspiegel (z. B. bei Niereninsuffizienz) die Produktion von Parathormon, das seinerseits in der Lage ist, die Phosphatkonzentration über eine verstärkte renale Ausscheidung zu reduzieren.

Vitamin D_3 (Cholecalciferol) ist ein Vorläufer des 1,25-Dihydroxycholecalciferols. Es wird mit der Nahrung zugeführt oder in der Haut durch Einwirkung von UV-Licht (Sonne) aus 7-Dehydrocholesterin gebildet (**Abb. 28.2**). Dieses Vitamin D_3 (Cholecalciferol) wird in 25-OH-Cholecalciferol (Calcidiol) umgewandelt. 25-OH-Cholecalciferol wird schließlich durch die 1α-Hydroxylase in der Niere zu 1,25-Dihydrocholecalciferol (Calcitriol) hydroxyliert. Dieses Enzym wird durch verschiedene Faktoren reguliert, die damit die Vitamin-D-Synthese beeinflussen.

28.2 Hyperkalzämie

Ätiopathogenese

Die häufigsten Ursachen für eine Hyperkalzämie sind der **primäre Hyperparathyreoidismus** (s. S. 535) und verschiedene **Malignome.** Diese beiden Ursachen sind für 80–90% der Fälle verantwortlich. Während bei ambulanten Patienten der primäre Hyperparathyreoidismus die mit Abstand häufigste Ursache ist, dominieren im stationären Bereich die Malignome. Andere Ursachen sind mit 10–20%:

- Medikamente (z. B. Vitamin A/D, Kalziumsupplemente, Thiaziddiuretika, Lithium)

G

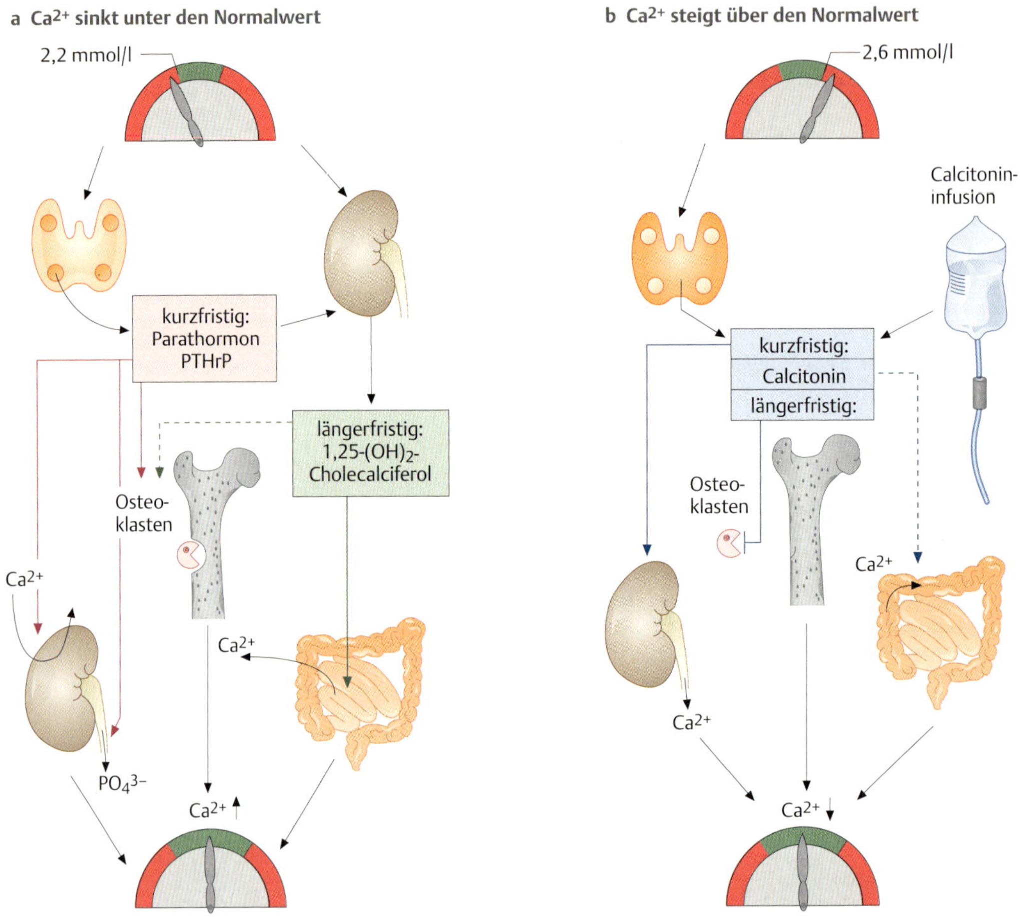

Abb. 28.1 Regulation der Kalzium- und Phosphathomöostase. a Parathormon und das Vitamin D-Hormon Calcitriol (1,25-[OH]2-Cholecalciferol) sind die entscheidenden Regulatoren der Kalzium- und Phosphathomöostase. Bei absinkendem Kalziumspiegel werden die PTH- und Calcitriolkaskaden stimuliert und bewirken unter Einbeziehung der Niere (Kalziumreabsorption, Phosphatexkretion), des Knochens (Kalzium- und Phosphatmobilisation) und des Darms (erhöhte Kalziumresorption) eine Normalisierung der Serum-Kalzium-Konzentration und eine verstärkte Phosphatexkretion. **b** Calcitonin hat bei der Erhaltung der Kalziumhomöostase unter physiologischen Bedingungen beim Menschen eine untergeordnete Bedeutung. Klinische Symptome bei Calcitoninmangel sind nicht bekannt. Als Pharmakon ist Calcitonin in der Lage, die Osteoklastenaktivität zu hemmen und damit die Kalziumfreisetzung aus dem Knochen zu reduzieren. Außerdem hat es einen auf ZNS-Wirkung beruhenden analgetischen Effekt.

- verschiedene Erkrankungen (z. B. Hyperthyreose, Sarkoidose)
- Immobilisation

Die **Tumorhyperkalzämie** (*engl.:* malignancy-associated hypercalcemia = **MAH**) kann bei Tumoren mit und ohne Skelettmetastasen auftreten. Viele maligne Tumoren sezernieren als Zytokin ein parathormonähnliches Protein **(PTHrP).** Dieses Protein kann den Parathormonrezeptor in Nieren, Knochen und anderen Organen stimulieren, die Parathormonwirkung imitieren und eine schwere Hyperkalzämie hervorrufen.

> **!** **80 % aller Patienten mit MAH haben erhöhte PTHrP-Spiegel.**

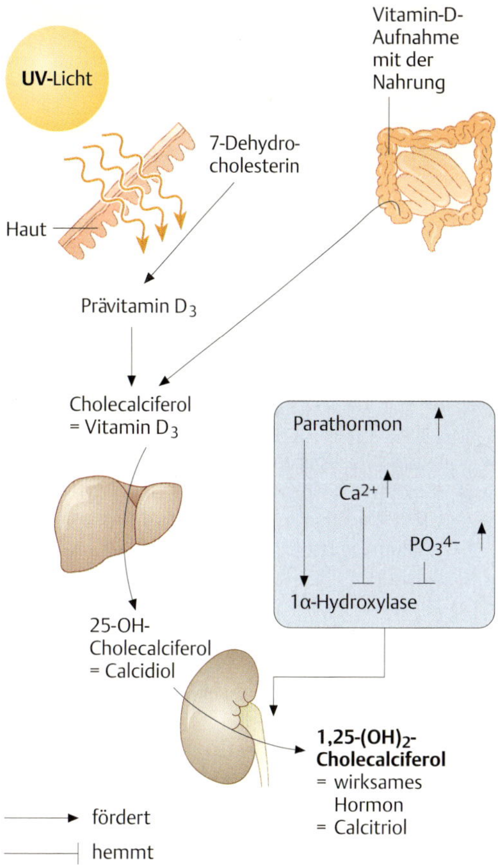

Abb. 28.2 Regulation der Vitamin-D-Synthese. Durch Einwirkung ultravioletter B-Strahlung des Sonnenlichts entsteht aus 7-Dehydrocholesterin in der Haut das Prävitamin D_3. Dieses isomerisiert in Abhängigkeit von der Hauttemperatur zu Vitamin D_3 (Cholecalciferol). Das auch mit der Nahrung zugeführte Vitamin D_3 wird in der Leber durch 25-Hydroxylierung in 25-Hydroxycholecalciferol und durch anschließende 1α-Hydroxylierung in der Niere zum aktiven D-Hormon, dem 1,25-Dihydroxycholecalciferol umgewandelt. Die 1α-Hydroxylase steht unter Kontrolle verschiedener Hormone und Elektrolyte.

Tumoren, die für eine MAH verantwortlich sein können, sind:

- solide Tumoren mit Knochenmetastasen (50 – 70 %, oft Bronchial- und Mammakarzinome)
- solide Tumoren ohne Knochenmetastasen (10 %)
- maligne hämatologische Krankheiten (20 – 40 %)

Die Therapie besteht in der Entfernung des Tumors oder der Metastasen bzw. in antihyperkalzämischen Maßnahmen (s. S. 533).

Klinik

Zu den typischen **klinischen Symptomen** der Hyperkalzämie s. S. 535.

Bei sehr hohen Kalziumkonzentrationen im Serum besteht die Gefahr der **hyperkalzämischen Krise,** die auch heute noch mit einer hohen Mortalität einhergeht und der sofortigen Behandlung bedarf.

Bei der **hyperkalzämischen Krise** bestehen initial meist unspezifische Beschwerden wie Übelkeit, Brechreiz und Polyurie, diffuse Oberbauchschmerzen, schwere generalisierte Dehydratation, Gewichtsverlust, Inappetenz und Schwäche. Gelegentlich handelt es sich um ein akut einsetzendes Krankheitsbild ohne Prodromi. Bei schwerem Verlauf entwickeln sich ein hypovolämischer Schock, Nierenversagen, Fieber, Verwirrtheit, Halluzinationen, Somnolenz bis zum schweren Koma.

Durch das Nierenversagen steigt der Serum-Phosphat-Spiegel. Das Kalzium-Phosphat-Produkt überschreitet – gefördert durch die Dehydratation – einen kritischen Grenzwert, und Kalzium-Phosphat-Komplexe fallen in fast allen Geweben aus. Betroffen sind vor allem Niere, Lunge, Magenmukosa, Kornea, Herz- und Skelettmuskel, Glandula parotis, Pankreas, Schilddrüse und Leber.

Diagnostik

Zur Abklärung der Ursachen einer Hyperkalzämie können je nach Indikation folgende **Laborparameter** bestimmt werden:

- orientierend Gesamtkalzium i. S. (lokales Referenzlabor, NB: 2,02 – 2,65 mmol/l),
- orientierend ionisiertes (freies) Kalzium im Plasma (lokales Referenzlabor, NB: 1,15 – 1,35 mmol/l) (NB = Normbereich)

Nur das ionisierte Kalzium ist für die unmittelbaren biologischen Wirkungen im extrazellulären Raum und für die akuten Symptome bei Hypo- oder Hyperkalzämie verantwortlich. Aus dem Gesamtkalzium auf eine normale Konzentration des freien Kalziums zu schließen, ist in der Regel nur dann zulässig, wenn Gesamtkalzium, alle genannten Kalzium-Bindungspartner und der pH-Wert des Blutes normal sind.

G

Zumindest orientierend kann folgende, aus einer aktuellen großen, retrospektiven Krankenhaus-Studie abgeleitete Formel zur Schätzung des ionisierten Kalziums verwendet werden:

Geschätztes ionisiertes Kalzium. $[Ca^{2+}]$ = 0,5 × [Gesamtkalzium (in mmol/l)]+0,115 mmol/l

Veränderungen der Serumproteinkonzentration beeinflussen das Gesamtkalzium unabhängig vom ionisierten Kalzium und können damit eine Hypokalzämie (z. B. bei Albuminmangel) oder seltener auch eine Hyperkalzämie (z. B. kalziumbindende Immunglobuline beim Multiplen Myelom) vortäuschen. Mit einer „Faustregel" lässt sich der Albumineffekt annähernd kalkulieren:

Korrigiertes Gesamtkalzium. Ein Rückgang der Serumalbuminkonzentration um 10 g/l (1 g/dl) reduziert das Gesamtkalzium um 0,2 mmol/l (0,8 mg/dl).

- Korrigiertes Gesamtkalzium (mmol/l) = gemessenes Gesamtkalzium (mmol/l) + 0,02 × (44 – Serumalbumin des Patienten [g/l]) bei einer durchschnittlichen Albuminkonzentration von 4,4 g/dl im humanen Serum.
- Korrigiertes Gesamtkalzium (mg/dl) = gemessenes Gesamtkalzium (mg/dl) + 0,8 × (4,4 – Serumalbumin des Patienten (g/dl) bei einer durchschnittlichen Albuminkonzentration von 4,4 g/dl im humanen Serum.

Achtung: die gemessene Albuminkonzentration im Serum ist methoden- und altersabhängig (Mittelwert im lokalen Labor erfragen, in obiger Formel: 44 g/l bzw. 4,4 g/dl), (Methodenabhängigkeit: Labriola 2009).

Bei kritisch kranken Menschen reicht das korrigierte Gesamtkalzium zur Bewertung der Kalziumhomöostase häufig nicht aus. Außerdem versagen nahezu alle Nomogramme und Formeln zur Berechnung des ionisierten Kalziums aus anderen Parametern (z. B. aus Gesamtkalzium, Protein, pH-Wert etc.). Da Gesamtkalziumkonzentrationen unter 2,0 mmol/l sehr häufig mit einer Hypokalzämie des freien Kalziums von < 1,0 mmol/l assoziiert sind und bei Hyperkalzämie im Rahmen maligner Erkrankungen der Grad der Hyperkalzämie häufig unterschätzt wird, empfiehlt sich zumindest bei diesen Patienten die Messung des ionisierten Kalziums.

Direkte Bestimmung des ionisierten Kalziums (Ca^{2+}). Mit spezifischen Sensitroden kann der Ca^{2+}-Wert direkt bestimmt werden. Allerdings wird Ca^{2+} stark vom pH-Wert beeinflusst, da bei höheren Konzentrationen von Wasserstoff das Kalzium aus seiner Albuminbindung verdrängt werden kann.

> **!** **Merke: Azidose – ionisiertes Kalzium hoch, Alkalose – ionisiertes Kalzium niedrig.**

Häufig wird deshalb zusätzlich zum aktuellen Wert des ionisierten Kalziums ein auf einen pH-Wert von 7,4 äquilibriertes **„korrigiertes" ionisiertes Kalzium** angegeben.

- alkalische Phosphatase i. S. (Normbereich altersabhängig, über 18 Jahre: 0,58 – 1,74 µkat/l)
- Phosphat i. S. (Normbereich altersabhängig, über 15 Jahre: > 0,84 – 1,45 mmol/l)
- Kalzium-Phosphat-Produkt
  - Kalzium-Phosphat-Produkt 1: Kalzium gesamt i. S. × Phosphat i. S. (Zielwert < 4,4 $mmol^2/l^2$)
  - Kalzium-Phosphat-Produkt 2: Kalzium ionisiert i.P. × Phosphat i. S. (Zielwert < 2,2 $mmol^2/l^2$)
- Kalziumausscheidung im 24-Stunden-Sammelurin (bei freier Kost: 2 – 8 mmol/d)

Zusätzlich können spezielle, kostenaufwendigere Parameter bestimmt werden:

- Bei Hyper- oder Hypokalzämie: Parathormon i. S. (NB 1,6 – 6,9 pmol/l bzw. 15,1 – 65,4 ng/l)
- Bei Verdacht auf eine malignomassoziierte Hyperkalzämie: Parathormon-related Peptid i.P. (PTH-rP, Normbereich: < 1,3 pmol/l bzw. < 12,35 ng/l) **PTHrP**, das eine parathormonähnliche Wirkung aufweist, wird von einer Reihe maligner Tumoren oder auch bei hämatologischen Systemerkrankungen verstärkt sezerniert. Seine Bestimmung ist i.d.R nur dann sinnvoll, wenn das Parathormon bei Hyperkalzämie niedrig ist (PTH < 2,7 pmol/l bzw. < 26 ng/l).
- Bei Hinweisen auf Störungen des Vitamin-D-Stoffwechsels:
  - 25-Hydroxycholecalciferol (Calcidiol) (5,9 – 59,8 ng/ml).
  - 1,25-Dihydroxycholecalciferol (Calcitriol) (20,2 – 46,2 pg/ml)

Bei möglicher Beteiligung der Knochen. Als **Marker der Knochenbildung** kann das Knochenisoenzym der alkalischen Phosphatase i. S. bestimmt werden, die sog. **Ostase** (ca. 50 % der gesamten alkalischen Phosphatase) (Normbereich alters- und geschlechtsabhängig, M: 6,0 – 20,1 µg/l, F prämenopausal: 4,5 – 14,3 µg/l, F postmenopausal: 6,5 – 22,4 µg/l).

Auch **Osteocalcin** kann als Parameter herangezogen werden (Normbereich alters- und geschlechtsabhängig, M: 18 – 29 Jahre: 24 – 70 ng/ml, 30 – 50 Jahre: 14 – 42 ng/ml, 50 – 70 Jahre: 14 – 46 ng/ml, F prämenopausal > 20 Jahre: 11 – 43 ng/ml, postmenopausal, keine HRT 15 – 46 ng/ml). Osteocalcin ist ein Protein, das spezifisch von Osteoblasten sezerniert wird und dessen Konzentration mit deren Aktivität korreliert. Hohe Konzentrationen werden z. B. beim Hyperparathyreoidismus und bei High-Turnover-Osteoporose gefunden. Niedrige Konzentrationen dagegen bei Low-Turnover-Osteoporose. Neuere Daten weisen auf eine mögliche Rolle von Osteocalcin bei der Regulation von Glukosetoleranz, Insulinsensitivität und auch bei systemischen Entzündungsreaktionen hin.

Weitere Marker für den Knochenanbau, die bei spezifischen Fragestellungen zum Knochenstoffwechsel eingesetzt werden können, sind die Prokollagen-Typ-I-Propeptide (N-terminales Propeptid: PINP, c-terminales Propeptid: PICP).

Als **Marker für den Knochenabbau** dienen die im Urin messbaren **Kollagenabbauprodukte** Deoxypyridinolin und Pyridinolin (Crosslinks) sowie die n-terminalen (NTX) und c-terminalen (CTX) Typ I-Kollagen-Telopeptide, die auch im Serum gemessen werden können (Cross Laps), sowie die tartratresistente saure Phosphatase Isoform 5 b (TRAP).

Die typischen Konstellationen bei den verschiedenen Formen des Hyperparathyreoidismus sind in **Tab. 28.2** auf S. 537 zusammengefasst.

Da die Diagnose eines Hyperparathyreoidismus auf der Basis von Laborparametern gestellt wird, ist die Lokalisationsdiagnostik bestimmten Situationen vorbehalten.

Eine **Lokalisation vergrößerter Nebenschilddrüsen** sollte erfolgen bei:

- geplanten minimalinvasiven Operationsverfahren
- Verdacht auf atypische Lokalisation nach erfolgloser Erstoperation
- wiederholten Operationen am Hals

Als **Lokalisationsverfahren** kommen zur Anwendung:

- ^{99m}Tc-MIBI (Metoxyisobutylisonitril)- oder ^{123}I-Jod-Subtraktionsszintigrafie: höchste Treffsicherheit (90 – 100 %)
- Ultraschall, MRT oder Thallium-/Technetium-Szintigrafie: geringere Treffsicherheit (40 – 80 %)

Therapie

Primäres Ziel sollte die Therapie der zugrundeliegenden Ursache der Hyperkalzämie sein (z. B. Operation eines Nebenschilddrüsenadenoms). Bei leichter, aber symptomatischer Hyperkalzämie genügen in der Regel Diuretika oder forcierte Diurese, um den Zeitraum bis zur Beseitigung der Ursache der Hyperkalzämie zu überbrücken. Dagegen verlangt die hyperkalzämische Krise neben der Beseitigung der Krisenursache eine sofortige Therapie (s. **Tab. 28.3**).

Eine Hämodialyse mit kalziumfreiem Dialysat sollte durchgeführt werden, wenn eine Niereninsuffizienz bekannt ist oder trotz effektiver Therapie eine akute Niereninsuffizienz auftritt.

Beim primären oder tertiären Hyperparathyreoidismus muss so schnell wie möglich eine Nebenschilddrüsenresektion erfolgen.

Bei Patienten, bei denen eine Parathyroidektomie nicht durchgeführt werden kann, bietet sich auch eine Therapie mit einem speziellen Kalziummimetikum an, dem kalziumsensitiven Rezeptor (engl. CSR: calcium sensing rezeptor)-Agonisten Cinacalcet.

Das Medikament ist in Europa für die Therapie von Dialysepatienten mit sekundärem HPT bei chronischer Niereninsuffizienz und für Patienten mit primärem HPT (bei Kontraindikationen zur Operation) zugelassen.

Eine Normokalzämie kann mit Cinacalcet innerhalb weniger Wochen auch bei unzureichend behandelbarem HPT oder mit Nebenschilddrüsenkarzinom erreicht und bei leichteren Formen des HPT über einen Zeitraum von 5 Jahren bei guter Verträglichkeit aufrechterhalten werden.

28.2.1 Hypokalzämie

Ätiopathogenese

Als Ursachen für eine Hypokalzämie kommen infrage:

- Hypoparathyreoidismus (s. S. 545)
- Vitamin-D-Mangel (verminderte enterale Aufnahme oder geringe UV-Bestrahlung der Haut)
- Kalziummangel (durch verminderte Zufuhr, erhöhten Bedarf oder Verlust)
- Hyperventilation (vermindertes ionisiertes Kalzium bei respiratorischer Alkalose)
- Komplexbildung mit Kalziumchelatbildnern (z. B. Zitrat)
- Pseudohypoparathyreoidismus (s. **Tab. 28.6**)

G

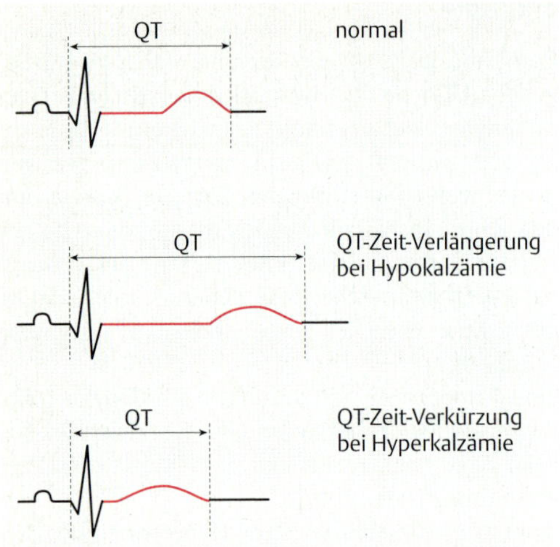

Abb. 28.3 Veränderungen im EKG bei Hypo- und Hyperkalzämie. (aus Schuster, Trappe, EKG-Kurs für Isabel, Thieme)

Das Gesamtkalzium ist auch niedrig bei einer Hypalbuminämie, da 50% des Kalziums an Albumin gebunden sind. Der Anteil des ionisierten Kalziums ist in diesem Fall normal (Pseudohypokalzämie).

Ionisiertes Kalzium ist hingegen erniedrigt bei einem Anstieg des pH-Werts (respiratorische Alkalose bei Hyperventilation, s. S. 337) und erhöht bei pH-Abnahme (metabolische Azidose bei Niereninsuffizienz oder diabetischer Stoffwechselentgleisung, s. S. 338).

> **Im Zweifelsfall Rat durch einen erfahrenen Endokrinologen einholen.**

Klinik

Bei einem Abfall der Kalziumkonzentration kommt es zu typischen Symptomen der **hypokalzämischen Tetanie.** Zunächst treten lokale Missempfindungen auf, z. B. „Kribbeln, Ameisenlaufen, Pelzigkeitsgefühl" im Gesicht, an Händen und Füßen. In der Folge treten bei erhaltenem Bewusstsein Krämpfe auf (s. Tab. 28.5).

Diagnostik

Die zu bestimmenden Laborparameter entsprechen denen, die auch bei Hyperkalzämie relevant sind (s. S. 529).

Außerdem sind häufig folgende **Provokationstests** bei Hypokalzämie positiv:

- **Chvostek-Zeichen:** Beklopfen des N. facialis im Bereich der Wange löst Zucken der Mundwinkel aus
- **Trousseau-Zeichen:** nach dem Aufpumpen einer Blutdruckmanschette über den systolischen Blutdruck tritt eine Pfötchenstellung der Hand auf (Kontraktion der Fingerbeuger und Handmuskulatur)
- **Lust-Zeichen:** Beklopfen des N. fibularis hinter dem Fibulaköpfchen führt zur kurzen Hebung und Pronation des Fußes

Im EKG ist typischerweise eine **QT-Zeit-Verlängerung** nachweisbar (Abb. 28.3).

Bei längerem Verlauf kann eine hypokalzämische Myopathie mit proximaler Muskelschwäche und verminderten Eigenreflexen auftreten.

Therapie

Bei einer akuten Hypokalzämie mit Tetanie durch eine Hyperventilation sind folgende Maßnahmen angezeigt.

- Beruhigung des Patienten
- ggf. „Beutelrückatmung" (Rückatmung z. B. in eine Plastik- oder Papiertüte; durch das mehrmalige Ein- und Ausatmen der eigenen CO_2-haltigen Atemluft steigt die CO_2-Konzentration im Blut wieder an)
- ggf. Diazepam i. v.

Bei anamnestischem und/oder klinischem Verdacht auf eine Hypokalzämie muss vor der Therapie eine Blutentnahme erfolgen zur Kalzium- (gesamtes und ionisiertes) und pH-Bestimmung zum Ausschluss bzw. Nachweis einer eventuellen Hyperventilation.

Die Therapie akuter hypokalzämischer Symptome erfolgt durch **Kalziumsubstitution (i. v.).** Hierbei ist Folgendes zu beachten:

- Dosierung: 10%ige Kalziumgluconatlösung, initial 20 ml, weiter nach Bedarf, streng i. v.
- Nebenwirkungen: leichtes Wärmegefühl, Flush
- Kontraindikationen: Hyperkalziurie, schwere Niereninsuffizienz, bei anaphylaktischen Reaktionen mit Anzeichen eines drohenden Schocks.

Die in den aktuellen Fachinformationen von Digitoxin und Digoxin (Abschnitt Wirkungsverstärkung, Gegenanzeigen, Vorsichtsmaßnahmen) und in den internistischen Lehrbüchern anzutreffende Warnung vor der i. v.-Gabe von Kalzium bei digitalisierten Patienten beruht auf theoretischen Überlegungen (synergistische Wirkungen von Kalzium und Herzglykosiden) und tierexperimentellen Daten mit sehr hohen Kalziumdosen. Neuere retrospektive Untersuchungen zeigen kein erhöhtes Risiko für schwere Herzrhythmusstörungen oder kardiovaskulär bedingten Tod zumindest bei Patienten mit Hyperkaliämie und Glycosidintoxikation (Digoxin) und therapeutischer i. v.-Gabe von Kalzium. Unter Berücksichtigung der Rechtssituation in Deutschland (Fachinformation Digitoxin) und den Unterschieden in der Pharmakodynamik und -kinetik von Digitoxin und Digoxin gilt derzeit: außer bei lebensbedrohlichen Zuständen durch Hypokalzämie (schwere klinische Symptomatik) oder Hyperkaliämie (EKG-Veränderungen) oder durch Intoxikation mit Kalziumantagonisten: **keine i. v.-Gabe von Kalzium bei digitalisierten Patienten!**

Die Behandlung ist spätestens dann abzubrechen, wenn der Serum-Kalziumspiegel über 2,6 mmol/l oder die Kalziumausscheidung im 24-Stunden-Sammelurin über 0,125 mmol/kgKG/d beträgt.

Ist eine **Langzeittherapie** erforderlich, so erfolgt diese mit:

- **Kalziumdauersubstitution** oral, bis 3 x 500 mg/d
- **Vitamin-D-Präparaten:** Prinzip: Vitamin-D-Substitution, Dosierung: Dihydrotachysterol (z. B. Tachystin oder A.T.10-Kapseln oder -Lösung initial 3,0 – 9,0 mg/d, weiter 0,5 – 1,5 mg oder Cholecalciferol (z. B. Dekristol, Vigantol) 10 000 – 200 000 IE/d = 0,25 – 5 mg/d; Calcitriol (z. B. Rocaltrol-Kapseln): initial 0,5 µg/d, weiter 0,25 – 0,5 µg/d; 1α-Hydroxycholecalciferol (z. B. EinsAlpha): initial 1 – 3 µg/d, weiter 1 µg/d. Kontraindikation: Hyperkalzämie.

Kontrollen im **Langzeitverlauf** müssen unbedingt den Serum-Kalziumspiegel und die Kalziumausscheidung im 24-Stunden-Sammelurin beinhalten, da vor allem bei eingeschränkter Nierenfunktion die Gefahr der Hyperkalzämie besteht. Folgen sind eine Verschlechterung der Nierenfunktion, Nephrokalzinose und Nephrolithiasis.

Nach den Empfehlungen der National Kidney Foundation (K/DOQI-Leitlinien) sollte besonders bei chronischer Niereninsuffizienz ein Kalzium(gesamt)-Phosphat-Produkt (Berechnung s. Laborparameter) von 4,4 $mmol^2/l^2$ bzw. 55 mg^2/dl^2 nicht überschritten werden.

> **!** Ein erhöhtes Kalzium-Phosphat-Produkt geht mit einer erhöhten kardiovaskulären Morbidität und Mortalität einher.

28.3 Hyperparathyreoidismus (HPT)

engl.: primary/secundary/tertiary hyperparathyroidism

Definition. Als Hyperparathyreoidismus (HPT) wird eine **vermehrte Produktion von Parathormon** (PTH) bezeichnet. Folgende Formen werden unterschieden:

- primärer HPT: Erkrankung der Nebenschilddrüsen mit vermehrter Bildung von PTH
- sekundärer HPT: kompensatorische Überproduktion von PTH bei niedrigem Kalziumspiegel (z. B. durch Nierenerkrankungen)
- tertiärer HPT: irreversibler Folgezustand des sekundären HPT, bei dem sich im Verlauf eine Hyperkalzämie entwickelt, die jedoch die PTH-Produktion nicht drosseln kann

28.3.1 Primärer Hyperparathyreoidismus (pHPT)

Epidemiologie

Die Prävalenz wird auf 1 – 4/1 000 geschätzt. Männer erkranken früher als Frauen (M: 40. – 50., F: 60. – 70. Lebensjahr), während Frauen jedoch insgesamt häufiger betroffen sind als Männer (2:1).

Ätiopathogenese

Beim pHPT kommt es bei initial normalen Kalziumkonzentrationen im Serum zu einer pathologisch erhöhten Sekretion von Parathormon durch ein Adenom oder eine Hyperplasie der Hauptzellen der Nebenschilddrüsen.

Beim **parathyreoidalen Adenom** handelt es sich um das Ergebnis einer monoklonalen Proliferation, ausgehend von einer einzigen mutierten Zelle (80 % aller pHPT-Formen) (Abb. 28.4). Der Hauptdefekt besteht wahrscheinlich in der Inaktivierung von Tumorsuppressorgenen auf dem Chromosom 11. Nur einige Adenome weisen eine Mutation des **kalziumsensitiven Rezeptors** auf, wodurch sie nicht mehr

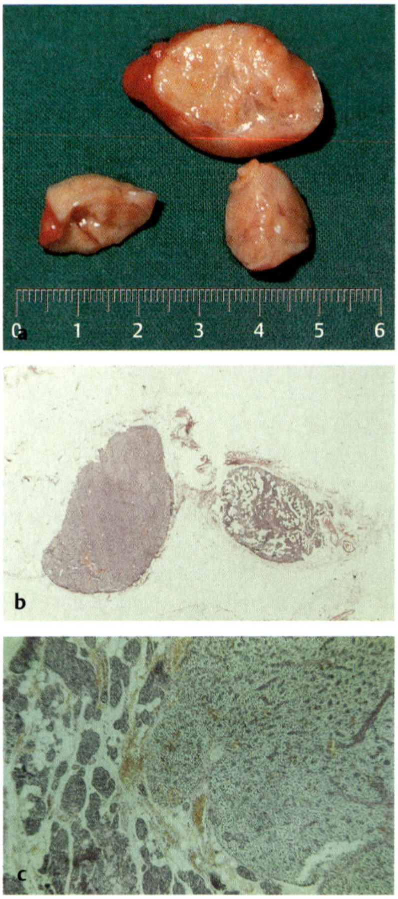

Abb. 28.4 Primärer Hyperparathyreoidismus. a Operationspräparat: Nebenschilddrüsenadenom, mehrfach aufgeschnitten. **b** Lupenbetrachtung: normale Nebenschilddrüse (links) und Nebenschilddrüsenadenom (rechts). **c** Lichtmikroskopie: Restnebenschilddrüsengewebe (rechts) und Nebenschilddrüsenadenom (links) (mit freundlicher Genehmigung von Prof. Dr. P. Emmrich, Institut für Pathologie, Universität Leipzig).

adäquat auf die Rückkopplungsmechanismen reagieren können. Der kalziumsensitive Rezeptor ist ein Rezeptorprotein der parathyreoidalen Epithelzellen und misst den extrazellulären Kalziumspiegel. Die Ursachen der durch polyklonale Proliferation parathyreoidaler Zellen hervorgerufenen **primären parathyreoidalen Hyperplasie** (15 % aller pHPT-Formen) sind noch unklar. Parathyreoidale Adenome bzw. eine parathyreoidale Hyperplasie kommen auch im Rahmen einer multiplen endokrinen Neoplasie (Typ 1 und 2A) vor (s. S. 587). Beim **parathyreoidalen Karzinom** (0,5 – 4 % aller pHPT-Patienten) liegt offenbar ein spezifischer Verlust des Retinoblastom-Suppressorgens vor.

Selten liegen angeborene Ursachen zugrunde, z. B. Mutationen des kalziumsensitiven Rezeptors in allen PTH-sezernierenden Nebenschilddrüsenzellen. Diese sind die Ursache des schweren neonatalen Hyperparathyreoidismus, der homozygoten Form der familiären hypokalziurischen Hyperkalzämie (FHH). Extrem selten ist die **echte ektope PTH-Produktion** in Abgrenzung zur PTHrP-Produktion, die vor allem bei Malignomen vorkommt.

Klinik

Viele Patienten haben keinerlei oder nur sehr **unspezifische Symptome**. Wenn Symptome auftreten, sind sie am besten mit den Begriffen „Stein-, Bein-, Magenpein" zu beschreiben. Diese typische Trias des „klassischen" pHPT mit Nierensteinen, Knochenveränderungen sowie Magen- und Duodenalulzera ist heute aufgrund der breiten Diagnostik selten geworden (zufällige Diagnose einer Hyperkalzämie im Rahmen einer allgemeinen Laboruntersuchung).

Da PTH den Kalziumspiegel im Serum erhöht, kommt es zu den typischen klinischen Zeichen der Hyperkalzämie. Eine massive PTH-Sekretion kann sogar zu einer hyperkalzämischen Krise führen.

An den Nieren äußert sich der HPT längerfristig meist durch eine Nephrolithiasis. Häufige Nierensteinkoliken, besonders im jüngeren Lebensalter, sind daher anamnestisch verdächtig. Zu den Wirkungen am Skelett und anderen Organen siehe **Tab. 28.1**.

Der Tastbefund am Hals ist üblicherweise unauffällig. Dagegen weisen ca. 70 % der Patienten mit parathyreoidalem Karzinom einen tastbaren, festen Tumor auf. Bei diesen Patienten entwickelt sich häufig auch eine Rekurrensparese (40 %).

Diagnostik

Zu den typischen Laborkonstellationen siehe **Tab. 28.2**. Die Lokalisationsdiagnostik ist auf S. 531 ff beschrieben.

Tab. 28.1 Symptome der Hyperkalzämie

Lokalisation*	Klinik	
	akut	**chronisch**
renal (ca. 40 – 50 %)	Unwohlsein, Schwächegefühl, Leistungsminderung, Polyurie, Polydipsie, Hyposthenurie; später Dehydratation, Oligo- bis Anurie	Nephrolithiasis (40 – 80 %), Nephrokalzinose
ossär (ca. 50 %)		Glieder- und Rückenschmerzen bei Demineralisation der Knochen (Osteopenie), subperiostale Resorptionen, Akroosteolysen (s. **Abb. 28.5**), Knochenzysten (Ostitis fibrosa cystica), Osteoklastome (braune Tumoren), Veränderungen der Schädelkalotte (s. **Abb. 28.6**)
gastrointestinal (ca. 50 %)	Appetitlosigkeit, Meteorismus, Erbrechen	Ulcus ventriculi und duodeni, Pankreatitis, (akut oft mit Hypokalzämie!), Cholelithiasis
kardiovaskulär	Bradykardie, EKG-Veränderungen	arterielle Hypertonie, Arrhythmie, verkürzte QT-Zeit
neurologisch	Adynamie, Hyporeflexie, Myopathie, Sensibilitätsstörungen	Muskelschwäche, Hyporeflexie
psychiatrisch	endokrines Psychosyndrom (Apathie, Depression, Euphorie) mnestische Störungen, Desorientiertheit, Koma	

** als Erstsymptom bei chronischer Hyperkalzämie vorhanden*

Tab. 28.2 Konstellation der Laborparameter bei primärem und sekundärem Hyperparathyreoidismus und malignom-assoziierter Hyperkalzämie (MAH)

Parameter	Kalzium im Serum	Phosphat im Serum	Kalzium im Urin	PTH im Serum	PTHrP im Serum	Knochen AP im Serum	Kreatinin im Serum
pHPT	erhöht	niedrig	erhöht*	erhöht	niedrig	erhöht	normal
MAH	erhöht	niedrig	erhöht*	niedrig	erhöht	erhöht	normal
renaler sHPT	niedrig/ normal	erhöht	niedrig/ normal	erhöht/ sehr hoch	niedrig	erhöht	erhöht
intestinaler sHPT	niedrig/ normal	niedrig/ normal	niedrig/ normal	erhöht	niedrig	erhöht	normal

pHPT: primärer Hyperparathyreoidismus, sHPT: sekundärer Hyperparathyreoidismus, MAH: malignomassoziierte Hyperkalzämie, PTH: Parathormon, PTHrP: Parathyroid Hormone related Protein, s. S. 530, AP = alkalische Phosphatase
** erhöht bei pHPT/MAH: bei mildem HPT kann Urinkalzium normal oder niedrig sein (Stimulation der tubulären Kalziumrückresorption durch PTH)*

Therapie und Prognose

Operation

Die Operation ist die Methode der Wahl zur **Entfernung eines parathyreoidalen Adenoms** beim sporadischen primären Hyperparathyreoidismus (d. h. ohne Hinweis für eine multiple endokrine Neoplasie) oder von hyperplastischen Nebenschilddrüsen. Bei vollständiger Entfernung der veränderten Nebenschilddrüsen kommt es zu einer allmählichen Rückbildung fast aller Symptome. Schwere ossäre Veränderungen, renale und kardiale Folgeschäden sind allerdings nicht reversibel.

Wesentliche Fortschritte bei den operativen Techniken (minimalinvasiv, endoskopisch) und den anästhesiologischen Verfahren sowie das intraoperative Monitoring der PTH-Konzentration, der intraoperative Ultraschall und die intraoperative Messung von präoperativ isotopenmarkiertem Nebenschilddrüsengewebe erlauben die isolierte Entfernung von Adenomen ohne die früher stets geforderte Inspektion aller Epithelkörperchen z. B. als minimalinvasive „radioguided“ (isotopentechnisch) unterstützte Parathyroidektomie (MIRP). Die Erfolgsraten mit diesen Techniken liegen bei Erstoperationen am Hals heute bei 95 – 98 % mit Komplikationsraten von 1 – 3 %.

Bei Hyperplasie aller Epithelkörperchen erfolgt die totale Parathyroidektomie mit **heterotoper Autotransplantation** einer halben Nebenschilddrüse (kryokonserviertes Gewebe) mit Clipmarkierung in den Unterarm (Muskellogen des M. brachioradialis) oder in den M. sternocleidomastoideus zur Vermeidung eines Hypoparathyreoidismus.

> **!** **Die Operation sollte stets von einem versierten Nebenschilddrüsenchirurgen mit langjähriger Erfahrung und mindestens 15 bis 20 Nebenschilddrüsenoperationen pro Jahr durchgeführt werden, um auch bei atypischer Lage des Adenoms erfolgreich zu sein.**

Medikamente

Die Hyperkalzämie kann durch verschiedene Maßnahmen beeinflusst werden, die in **Tab. 28.3** beschrieben werden. Folgendes Vorgehen etabliert sich zunehmend als Standardtherapie.

Bei schwerer symptomatischer und lebensbedrohlicher Hyperkalzämie gilt die **Dialyse mit kalziumfreier Lösung** als Mittel der ersten Wahl. Bei gleichzeitigem Volumenersatz ermöglicht sie die Normalisierung der Kalziumwerte in wenigen Stunden.

Bei weniger schweren Verläufen erhalten die Patienten als Standardtherapie zunächst 3 – 6 Liter einer 0,9 % NaCl-Lösung über 24 – 48 Stunden zur **Rehydratation**, um den durch Hyperkalzämie induzierten Volumenverlust auszugleichen. Außerdem wird durch Volumen- und Na^+-Zufuhr die über das Renin-Angiotensin-Aldosteron-System vermittelte erhöhte Na^+-Reabsorption und der damit verbundene Ca^{2+}-Kotransport, der die Hyperkalzämie noch verstärkt, normalisiert. Gleichzeitig wird die glomeruläre Filtrationsrate und damit auch die Kalziumausscheidung erhöht. Mit dieser einfachen Maßnahme kann in der Regel eine Senkung der Kalziumwerte um 0,25 – 0,75 mmol/l erreicht werden.

Die „klassische“ und in vielen internistischen Einrichtungen durchgeführte „forcierte Diurese“ mit zusätzlicher Gabe von Furosemid (initial: 40 mg, weiter mit bis zu 250 mg Furosemid in 24 Stunden) sollte sich nach neueren Studiendaten auf jene Patienten beschränken, bei denen eine Volumenüberladung zu befürchten ist.

Für die weitere Therapie der Hyperkalzämie ist die **schnelle Klärung der Ursache** hilfreich (s. S. 529). Anamnestisch kann die Einnahme von Vitamin-D- und -A-Präparaten sowie von Kalzium, Hydrochlorothiazid und anderen Medikamenten ausgeschlossen werden. Über die Bestimmung der genannten Parameter der Kalziumhomöostase bzw. weiterer Laborparameter (z. B. Blutbild, Blutsenkungsgeschwindigkeit, Eiweißelektrophorese) sowie klinische und radiologische Untersuchungen kann in der Regel die Ursache einer Hyperkalzämie innerhalb von 24 Stunden geklärt oder zumindest ein begründeter Verdacht ausgesprochen werden.

Bei der **malignomassoziierten Hyperkalzämie** hat sich die Gabe von **Bisphosphonaten** bewährt. In Deutschland sind dafür Clodronat (300 mg i. v.), Ibandronat (6 mg i.v), Pamidronat (je nach initialem Serumkalziumwert 15 – 90 mg i. v.) und Zoledronat (4 mg i. v.) in Form einer Kurzinfusion zugelassen (Fachinformationen beachten, weitere Dosisanpassung ist abhängig vom Kalziumspiegel u. a. Faktoren). Innerhalb von 24 bis 48 Stunden kann damit eine signifikante Senkung der Kalziumspiegel erreicht werden.

In den ersten 24 Stunden kann außerdem **Calcitonin** subkutan (4 IE/kg Körpergewicht alle 12 Stunden) oder als Dauerinfusion (5 – 10 IE /kg Körpergewicht) appliziert werden (später tritt im Rahmen einer Tachyphylaxie ein Wirkungsverlust ein).

Bei der eher seltenen **HPT-assozierten hyperkalzämischen Krise** wurde in einigen Zentren eine Bisphosphonattherapie zur Überbrückung der klinischen Situation bis zur Parathyroidektomie eingesetzt. Allerdings hat keines der in Deutschland verfügbaren Bisphosphonate dafür eine Zulassung.

Ein neues Therapieprinzip bei **PTH-abhängiger Hyperkalzämie** ist die Modulation des kalziumsensitiven Rezeptors der Nebenschilddrüsen und der Nieren durch die neue Medikamentengruppe der **Kalziummimetika.** Cinacalcet (Mimpara) ist ein Kalziummimetikum der zweiten Generation und reduziert dosisabhängig über mehrere Stunden die PTH-Kon-

Tab. 28.3 Therapeutische Maßnahmen bei Hyperkalzämie

Maßnahmen	Beispiel für Präparate	Dosierung	Wirkungseintritt	Wirkungsdauer	Vorteile	Nachteile
Volumensubstitution 0,9 % NaCl-Lösung		3 – 4 l/d	in Stunden	während der Behandlung	Rehydratation und Diurese, schneller Wirkungseintritt	Herzinsuffizienz (Volumenbelastung), Hypokali- und -phosphatämie (Kaliumsubstitution!)
im Ausnahmefall zusätzlich Furosemid	Lasix	40 mg/h initial, bis 250 mg/d i. v. nach Flüssigkeitsbilanz				
Calcitonin	Karil Calsynar Cibacalcin	5 – 10 IE/kgKG als Infusion über 24 h	in Stunden	2 – 3 Tage	schneller Wirkungseintritt	Tachyphylaxie
Bisphosphonate			in 1 – 2 Tagen	14 Tage bis 4 Wochen (präparatabhängig)	schneller Wirkungseintritt, lange Wirkdauer	leichtes Fieber, leichte gastrointestinale Symptome, Hypophosphatämie, Hypokaliämie und Hypomagnesiämie, anhaltende Hypokalzämie nach Operation
Chlodronat	Ostac	300 mg/d über 5 Tage				
Pamidronat	Aredia	60 – 90 mg als einmalige 2 – 3 h i. v. Infusion				
Ibandronat	Bondronat	6 mg über 15 min i. v.				
Zoledronat	Zometa	4 mg über 15 min i. v.				
Cinacalcet	Mimpara	2 × 30 mg/d oral Dosissteigerung alle 2 – 4 Wochen auf 2 × 60 mg/d bzw. 2 × 90 mg/d bzw. 4 × 90 mg/d	in Stunden	während der Therapie, Wiederanstieg der Kalziumwerte auf Ausgangsniveau ca. 7 Tage nach Absetzen	Relativ schneller Wirkungseinttritt	Übelkeit, Erbrechen, Appetitlosigkeit, Parästhesien, Rush, Myalgien
Prednisolon im Ausnahmefall	Solu-Decortin	30 – 100 mg/d p. o. oder i. v.	in 1 – 2 Tagen	während der Behandlung	Wirkung vor allem bei granulomatösen Erkrankungen mit erhöhter Calcitriolsynthese	→ „Therapie mit Glukokortikoiden", s. S. 584

G

zentrationen. Über diesen Effekt und die zusätzliche Beeinflussung des renalen Kalziumrezeptors wird auch die Serumkalziumkonzentration beim Menschen vermindert. Cinacalcet kann bei inoperablen Patienten mit Nebenschilddrüsenkarzinom und pHPT, aber auch bei dialysepflichtigen Patienten mit sekundärem renalem HPT eingesetzt werden (s. S. 540). Für beide Indikationen liegt mittlerweile eine Zulassung vor.

Therapeutisches Vorgehen bei asymptomatischen Patienten mit pHPT

70 – 80 % aller neu diagnostizierten HPT-Patienten in Ländern mit hoher Frequenz an „Routine-Kalzium-Untersuchungen" weisen zunächst eine „asymptomatische" Verlaufsform auf. Langzeitbeobachtungen solcher Patienten zeigen jedoch neben eher **diskreten Veränderungen kardiovaskulärer Funktionen** (Endothelfunktion, erhöhte vaskuläre Steifigkeit, mögliche diastolische Dysfunktion) auch eine Häufung **multipler neuropsychologischer Beschwerden** (Schwäche, leichte Ermüdbarkeit, Depressionen, kognitive Störungen, Verlust der Initiative, leichte Reizbarkeit, Schlafstörungen, Somatisierungsstörungen), die sich nach Parathyroidektomie verbessern, wie entsprechende Scores zur Bewertung der Befindlichkeit zeigen.

In einem umfassenden Konsensusprozess wurden im Jahr 2009 neue Kriterien festgelegt, aus denen sich eine Operationsindikation ergibt:

- Serumkalzium 0,25 mmol/l über der oberen Normgrenze
- Kreatininclearance < 60 ml/min
- reduzierte Knochendichte (T-Score – 2,5 an LWS, Hüfte, Schenkelhals oder Radius und/oder frühere Knochenbrüche) Z-Score-Werte werden empfohlen bei prämenopausalen Frauen und bei Männern unter 50 Jahren
- Patienten < 50 Jahre
- Die Hyperkalziurie als ein bisheriges weiteres Kriterium für eine Parathyroidektomie entfällt nach den neuen Konsensusempfehlungen, da sie nicht mehr als spezifischer Risikofaktor für die Nierensteinbildung beim pHPT gilt. Sie weist außerdem eine hohe Variabilität in Abhängigkeit von Alter, Geschlecht und ethnischer Zugehörigkeit auf. Die Messung der Kalziumausscheidung im 24-h-Sammelurin (GFR-adjustiert) sollte jedoch Bestandteil der initialen Untersuchungen eines Patienten zum Ausschluss bzw. Nachweis einer hypokalziurischen Hyperkalzämie bleiben.

Prognose

Unbehandelt führen schwere Verlaufsformen des pHPT zu erheblichen Sekundärkomplikationen oder zur möglicherweise tödlich verlaufenden hyperkalzämischen Krise. Dagegen ist die Prognose parathyreoidektomierter Patienten in Abhängigkeit von der Vorschädigung in der Regel sehr gut. Bei einigen, aber nicht allen Patienten mit „asymptomatischem" HPT entwickelt sich ohne adäquate Therapie eine hyperkalzämische Form des HPT, bei andereren Patienten bleiben die Kalziumwerte über viele Jahre stabil. In ähnlicher Weise verhalten sich auch die anderen biochemischen Marker und die Knochendichtewerte. Deshalb werden für diese Patienten folgende Verlaufskontrollen empfohlen: Serumkalzium und Serumkreatinin (jährlich) und Knochendichte (alle 1 – 3 Jahre Wirbelsäule, Schenkelhals und Radius).

28.3.2 Sekundärer und tertiärer Hyperparathyreoidismus

Ätiopathogenese

Renale Form des sekundären Hyperparathyreoidismus

→ vgl. S. 299

Die renale Form des sekundären Hyperparathyreoidismus ist häufig. Eine **Einschränkung der Nierenfunktion** führt hierbei zur Phosphatretention sowie zum Rückgang der Bildung des 1,25-Dihydroxycholekalziferols (Calcitriol) in der Niere als Folge des Ausfalls bzw. einer Aktivitätsabnahme der 1α-Hydroxylase. Beide Faktoren bewirken ein Absinken des ionisierten Kalziums. Hypokalzämie, Hyperphosphatämie und der Mangel an Calcitriol bewirken eine Hyperplasie aller Nebenschilddrüsen sowie eine Stimulation der PTH-Sekretion. Die mit der Hyperplasie einhergehende erhöhte Expression von TGFα führt zu einer Vorwärtskopplungsschleife (engl. feed-forward-loop) mit Aktivierung der TGFα- und EGF-Rezeptoren und zu einer Förderung der parathyreoidalen Hyperplasie mit weiterer Zunahme der Parathormonsekretion. Gleichzeitig entsteht durch Rückgang der Anzahl an Vitamin-D-Rezeptoren eine zunehmende Vitamin-D-Resistenz der Nebenschilddrüsen, sodass therapeutische Gaben z. B. von Calcitriol die PTH-Sekretion immer weniger beeinflussen können.

Die Tendenz zur Hypokalzämie wird noch verstärkt durch eine Resistenz des Skeletts gegenüber der kalziummobilisierenden Wirkung des Parathormons. Das fehlende 1,25-Dihydroxycholecalciferol führt zur Osteomalazie (s. S. 557), das erhöhte PTH zu einer Aktivierung der Osteoklasten (Folge: renale Osteodystrophie).

Intestinale Form des sekundären Hyperparathyreoidismus

Die intestinale Form des Hyperparathyreoidismus ist selten. Als Ursachen kommen eine verminderte enterale Kalziumresorption bei Malabsorption, die unzureichende Umwandlung von Cholecalciferol in 25-Hydroxycholecalciferol durch eine Leberfunktionsstörung und/oder eine gestörte enterale Resorption von Vitamin D bei Cholestase infrage. Bei all diesen Ursachen kommt es zu einer Hypokalzämie mit gegenregulatorisch erhöhter Parathormonsekretion.

Cholecalciferolbildung in der Haut als Ursache des sekundären Hyperparathyreoidismus

Sehr selten ist eine unzureichende Bildung von Cholecalciferol in der Haut die Ursache für einen sekundären Hyperparathyreoidismus.

Tertiärer Hyperparathyreoidismus

Nach langjährigem sekundärem Hyperparathyreoidismus bei Niereninsuffizienz und Nierentransplantation (1,6 – 3 %), aber auch bei Dialysetherapie kann es zur Ausbildung eines tertiären HPT kommen. Dabei sezernieren die betroffenen Nebenschilddrüsen trotz normaler Kalziumkonzentration im Serum inadäquat zu hohe Parathormonmengen (verschobener Kalzium/PTH-„Set-Point").

Klinik

Häufige Probleme beim sekundären Hyperparathyreoidismus sind Knochenschmerzen durch massive ossäre Umbauvorgänge bis hin zu Spontanfrakturen, Muskelschwäche und Symptome der Grundkrankheiten (z. B. chronische Niereninsuffizienz, Sprue).
Typisch für den tertiären Hyperparathyreoidismus sind pathologische Frakturen, Gelenkbeschwerden, Nierensteine, Änderungen des mentalen Status, Muskelschwäche, gastrointestinale Geschwüre und das häufigere Auftreten einer Pankreatitis.

Diagnostik

Labor. Der sekundäre Hyperparathyroidismus geht je nach Ursache mit einer Hypokalzämie, einem erhöhten Parathormon und einem erhöhten (renale Form) oder einem normalen oder verminderten Phosphatspiegel im Serum (intestinale Form) einher (**Tab. 28.2**). Außerdem sind häufig die Knochenanbaumarker (Ostase) und zum Teil auch die Abbaumarker (TRAP) erhöht.
Beim tertiären Hyperparathyreoidismus kann durch die typische Anamnese (lange Zeit bestehende Niereninsuffizienz mit Zustand nach Nierentransplantation oder bei laufender Dialyse), den laborchemischen Verlauf (initial wie bei sekundärem HPT) mit allmählichem Anstieg des Serumkalziums bei gleichzeitig hohem oder weiter steigendem Parathormon die Diagnose gestellt werden.

Bildgebende Verfahren. Zur präoperativen Lokalisation vergrößerter Nebenschilddrüsen, auch unter Berücksichtigung der heute zunehmend favorisierten selektiven Parathyreoidektomie auch beim sekundären Hyperparathyreoidismus können die beim primären Hyperparathyreoidismus beschriebenen Verfahren in gleicher Weise eingesetzt werden.
Zusätzlich sollten zur Abschätzung von Ausmaß und Lokalisation einer HPT-bedingten Demineralisation gezielte Röntgenuntersuchungen im Bereich der Prädilektionsstellen durchgeführt werden (s. S. 537).
Die beim sekundären renalen HPT nachweisbare Osteodystrophie äußert sich vor allem in ausgeprägten **subperiostalen Resorptionen** an den Phalangen der Extremitäten (**Abb. 28.5**), den distalen Enden der Claviculae, am Becken und an den Sakroiliakalgelenken. Am Schädel lassen sich sog. Mattglasstrukturen, fokale Transparenzzunahme und fokale Sklerosierungen nachweisen (**Abb. 28.6**). Oft sind Frakturen der Rippen oder auch Looser-Umbauzonen und Frakturen am Becken und proximalen Femur sichtbar und sprechen dann für das Überwiegen der osteomalazischen Komponente des sekundären HPT (s. S. 557).
Extraossäre Verkalkungen treten wegen des oft erhöhten Kalzium-Phosphat-Produktes im Serum vor allem beim tertiären HPT häufiger auf (**Abb. 28.7**).
Die **Knochenszintigrafie** kann für die Bewertung des Schweregrades der Skeletterkrankung hinzugezogen werden und erlaubt auch den Nachweis ektoper Kalzifikationen und Pseudofrakturen.

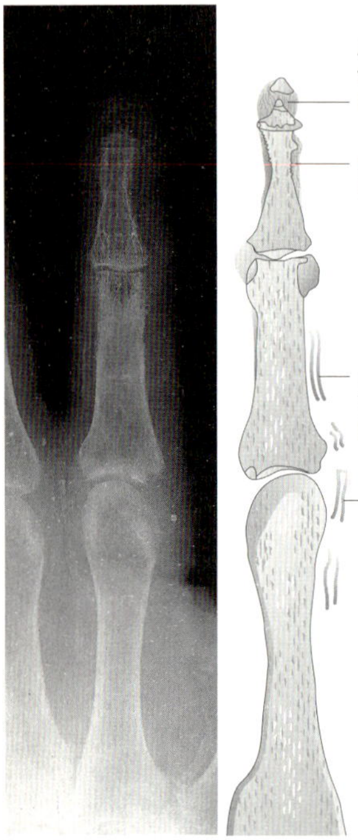

Abb. 28.5 Knochenveränderungen bei Hyperparathyreoidismus. Frühestes und spezifisches radiologisches Zeichen für einen Hyperparathyreoidismus ist die subperiostale Knochenresorption. Im fortgeschrittenen Stadium der Erkrankung kommt es zur Auflösung der Knochenstruktur (Akroosteolyse). Gefäßverkalkungen im Bereich kleiner Fingergefäße sind beim Hyperparathyreoidismus häufig nachweisbar (Atherosklerose vom Mönckeberg-Typ, Mediasklerose).

Differenzialdiagnose (vgl. Tab. 28.2). Bei einer Hyperkalzämie kann die Abgrenzung zwischen primärem HPT mit Niereninsuffizienz durch die Folgen der Hyperkalzämie und einem tertiären HPT mit Niereninsuffizienz als Ursache der parathyreoidalen Funktionsstörung schwierig sein (PTH in beiden Fällen hoch). Nephrolithiasis und Nephrokalzinose ohne Niereninsuffizienz in der Anamnese sprechen eher für einen pHPT als Grundkrankheit, während bei chronischer Niereninsuffizienz und vorbestehendem sekundärem Hyperparathyreoidismus sowie nach Nierentransplantation eher von einem tertiären HPT ausgegangen werden kann. Eine umfassende Anamnese ist hier richtungsweisend.

Therapie

Medikamentöse Therapie

Bei der parathyreoidalen Hyperplasie bei sekundärem renalem HPT lässt sich bereits in Frühstadien eine **verminderte Expression von kalziumsensitiven (CSR) und Vitamin-D-Rezeptoren** nachweisen. Diese Veränderungen sind wesentlich an der weiteren Gewebeproliferation der Nebenschilddrüsen und der erhöhten PTH-Sekretion beteiligt.

Wegen der PTH-Resistenz des Knochens unter urämischen Bedingungen darf die PTH-Konzentration einen kritischen Wert möglichst nicht unterschreiten. Die „Kidney Disease Outcomes Quality Initiative" (K/DOQI), eine führende Qualitätssicherungsinitiative in der Nephrologie, empfiehlt die Therapie so zu gestalten, dass ein **PTH-Wert** zwischen 15,9 pmol/l (150 pg/ml) und 31,8 pmol/l (300 pg/ml) aufrechterhalten wird, um eine komplette Suppression der Osteoklasten zu vermeiden und einer adynamen Knochenerkrankung vorzubeugen.

In der Regel entwickelt sich ein sekundärer renaler Hyperparathyreoidismus mit Beginn eines Stadiums III einer chronischen Niereninsuffizienz (GFR nach K/DOQI: < 60 ml/min/1,73 m^2). Dabei können die Serumkalzium- und Phosphatwerte durchaus noch normal sein. Steigen dagegen die Werte für Phosphat (> 1,97 mmol/l bzw. > 6,1 mg/dl), Kalzium (> 2,5 mmol/l bzw. > 10 mg/dl) und PTH (> 63,6 pmol/l bzw. > 600 pg/ml) und das Kalzium-Phosphat-Produkt (> 72 mg^2/dl^2) deutlich an, erhöht sich die kardiovaskuläre Mortalität und das Risiko für metastatische Kalzifizierungen.

Die therapeutischen Maßnahmen zur Kontrolle des sekundären renalen HPT in Abhängigkeit vom Stadium der Niereninsuffizienz zeigt Tab. 28.4.

In den K/DOQI-Leitlinien (2003) werden spezielle Algorithmen vorgeschlagen, nach denen eine Titration der verschiedenen Medikamente erfolgen sollte, da sich bei unzureichender Titration sowohl eine Hyperkalzämie als auch eine Hyperphosphatämie entwickeln kann. Die Folge können deletäre Weichteilverkalkungen in der Lunge (Gefahr der Lungenfibrose mit pulmonaler Hypertonie), des Myokards, der Koronararterien und der Herzklappen sein. In den aktuelleren KDIGO-Leitlinien („Kidney Disease: Improving Global Outcomes", 2009) wird der Schwerpunkt auf das gemeinsame, syndromale Vorkommen von Mineral-, Knochen und kalzifizierenden kardiovaskulären Veränderungen und ihrer Prävention und Therapie gelegt.

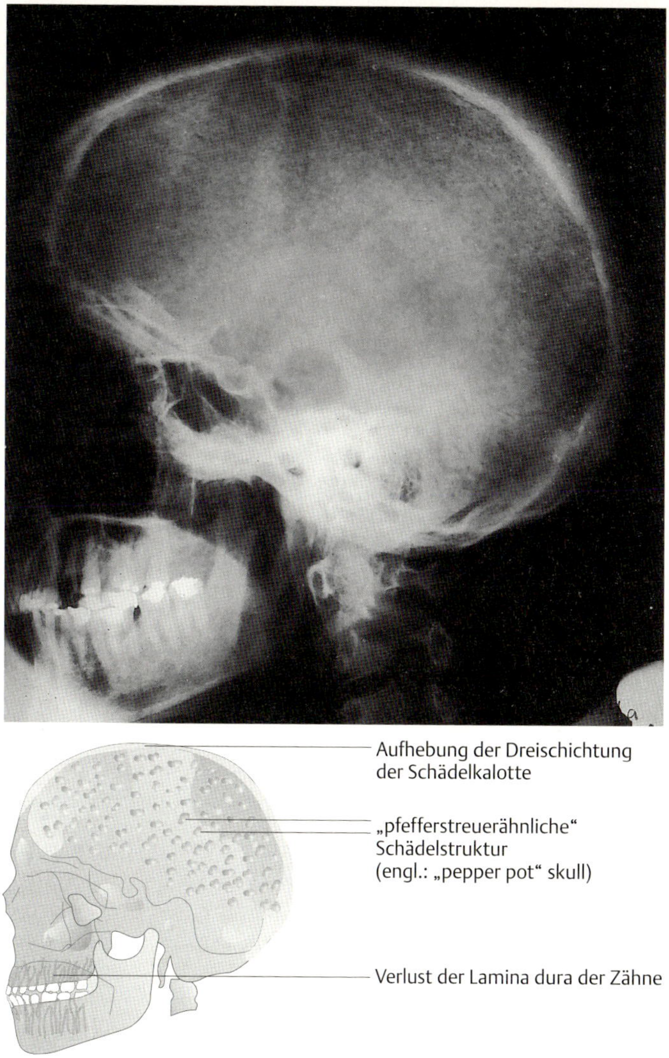

Abb. 28.6 Schädel bei Hyperparathyreoidismus. Typisch sind die aufgehobene Dreischichtung der Schädelkalotte sowie die diffus porige Knochenstruktur im Sinne des „Pepper Pot Skull“.

In Übereinstimmung mit den K/DOQI-Leitlinien wird ein Schwerpunkt auf Werte des intakten PTH zur Diagnoseverifizierung und Therapieführung gesetzt. Wegen der Unterschiede in den verwendeten PTH-Bestimmungsmethoden wird hier allerdings nicht mehr der absolute PTH-Wert, sondern die Relation zum assayspezifischen Normbereich bewertet. Bei Patienten mit einer Niereninsuffizienz in den Stadium 3 – 5 nach K/DOQI, die noch keiner Dialyse bedürfen, wird ein Therapiebeginn empfohlen, wenn der PTH-Wert im Serum steigt und für längere Zeit über der oberen Normgrenze bleibt. Außerdem sollten Serumkalzium- und Phosphatwerte im Normbereich gehalten werden. Die Behandlungsentscheidung sollte sich primär auf den vorherrschenden Trend der Werteentwicklung und nicht auf einzelne Laborwerte beziehen, da diese biologische und methodische Schwankungen aufweisen können.

Bezüglich des Monitorings von PTH, Phosphat und Kalzium schließen sich die KDIGO-Leitlinien den K/DOQI-Empfehlungen an: Phosphat und Kalziumspiegel sollten im Abstand von 1 bis 3 Monaten und das Parathormon alle 3 bis 6 Monate kontrolliert werden, mit häufigeren Kontrollen in Abhängigkeit von der eingesetzten Medikation.

Eine **Knochenbiopsie,** die als Goldstandard für die Diagnose der Entwicklung einer Knochenerkran-

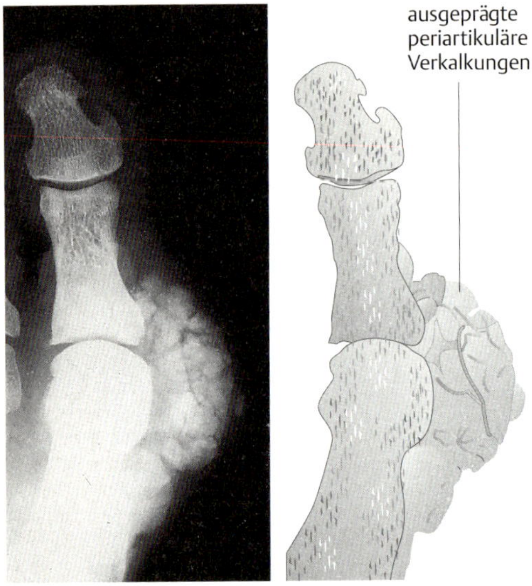

Abb. 28.7 Sekundärer Hyperparathyreoidismus. Weichteilverkalkungen bei sekundärem Hyperparathyreoidismus lassen sich oft in der Nähe kleinerer oder größerer Gelenke nachweisen. Sie sind ein Hinweis für die Überschreitung einer kritischen Grenze des Kalzium- Phosphat-Produktes im Interstitium mit Ausfällung von Kalzium-Phosphat-Komplexen.

kung bei diesen Patienten gilt, sollte in folgenden Situationen erfolgen:

- unerklärliche Frakturen, unerklärliche Hyperkalzämie oder Hypophosphatämie
- persistierende Knochenschmerzen
- mögliche Aluminiumintoxikation
- vor der Therapie mit Bisphosphonaten vor einer Parathyreoidektomie zum Ausschluss eines adynamen Knochens

Außerdem wird zum Ausschluss einer vaskulären Mitbeteiligung eine seitliche Röntgenaufnahme des Bauches, ein Echokardiogramm oder eine CT-Untersuchung empfohlen. Häufig liegen bei den chronisch Nierenkranken bereits entsprechende Untersuchungsbefunde vor, in denen die vaskuläre Kalzifizierung als Nebenbefund bereits dokumentiert ist. Beim **intestinalen sHPT** erfolgt, sofern möglich, die Behandlung der Grundkrankheit sowie eine Substitution von Kalzium und Vitamin D.

Operation

Bei ausprägten Formen eines sekundären Hyperparathyreoidismus werden derzeit verschiedene operative Vorgehensweisen eingesetzt. Neben der totalen Parathyreoidektomie mit Retransplantation von kryokonserviertem Nebenschilddrüsengewebe zeigen Untersuchungen erfahrener deutscher Operateure, dass auch eine totale Parathyreoidektomie

Tab. 28.4 Therapeutische Maßnahmen zur Kontrolle des sekundären renalen HPT.

Ziele	Vorgehen
Schritt 1 Ziele: normale Phosphat- und Kalziumwerte i. S., ausreichende 25-OH-Vitamin-D_3-Konzentration i. S.	• Reduktion der Phosphatzufuhr auf 900 mg/d durch phosphatarme Lebensmittel (z. B. Reduktion von Milchprodukten, Hülsenfrüchten). • Gabe kalziumhaltiger Phosphatbinder (Kalziumcarbonat) bei Kalziumwerten unter 2,37 mmol/l (9,5 mg/dl) Indikation: Hyperphosphatämie trotz Diät. Dosierung: bis 1 500 mg Kalzium/Tag, Einnahme jeweils mit den Mahlzeiten (nicht bei tertiärem HPT!). • Gabe kalziumfreier und aluminiumfreier Phosphatbinder bei Kalziumwerten ≥ 2,37 mmol/l (9,5 mg/dl), Renagel (Sevelamer®) oder Lanthankarbonat (Fosrenol®), Zulassung für beide bisher nur für Dialysepatienten • Im Ausnahmefall (bei unzureichender Kontrolle der Hyperphosphatämie): Gabe von aluminiumhaltigen Phosphatbindern, z. B. Aluminiumhydroxyd-Gel (Antiphosphat), nur einmalig für 4 Wochen wegen Gefahr der Aluminiumosteopathie

Fortsetzung ►

Tab. 28.4 Fortsetzung

Ziele	Vorgehen
Schritt 2 Ziele: PTH normal bzw. abhängig vom Stadium der Niereninsuffizienz	• orale Therapie mit dem Kalziummimetikum Cinacalcet (Mimpara®), Dosierung 30 mg bis maximal 180 mg/Tag. Hierdurch gelingt häufig eine deutliche Senkung des PTH-Spiegels (um ca. 50 %) und eine deutliche Senkung des Kalzium-Phosphat-Produktes • D-Vitamine: 1,25-(OH)2-Vitamin D 3 (Calcitriol, Rocaltrol®), 1-(OH)-Vitamin D 3 (Alphacalcidol, z. B. 1-Alpha®), Calcifediol (Dedrogyl®), Paricalcitol (Zemplar®) • in Einzelfällen hat sich auch die Gabe eines Bisphosphonates bewährt

oder eine partielle Parathyroidektomie ohne Autotransplantation zu guten Therapieergebnissen führen kann.

Beim **tertiären HPT** war die totale Parathyreoidektomie mit Autotransplantation von Nebenschilddrüsengewebe die Methode der Wahl (s. S. 537). Diese klassische chirurgische Strategie ging von der Überlegung aus, dass alle vier Nebenschilddrüsen an der Entwicklung des tHPT beteiligt sind. Tatsächlich beschränkt sich bei bis zu 29 % der Patienten die Krankheit jedoch auf eine oder zwei Drüsen. Seit einiger Zeit wird deshalb nach Exploration aller Nebenschilddrüsen die Resektion auf jene Epithelkörperchen beschränkt, die eine auffällige Struktur oder Größe aufweisen. Der Eingriff wird bei asymptomatischem tertiärem Hyperparathyreoidismus frühestens ein Jahr nach Nierentransplantation durchgeführt.

Bei Patienten mit einer Hyperplasie wird die 3,5-Drüsenresektion empfohlen mit Markierung des verbliebenen Nebenschilddrüsengewebes. Dabei ist die Rezidivrate für einen tHPT sehr gering (6 %). Nur noch in Ausnahmefällen erfolgt die totale Parathyreoidektomie mit Autotransplantation von kryokonserviertem Nebenschilddrüsengewebe. Grund ist die hohe Rate an postoperativen Hypokalzämien (> 60 %). Die Anwendung präoperativer Lokalisationstechniken und der intraoperativen Parathormonbestimmung kann zur Entscheidung über den Umfang der Resektion beitragen.

28.4 Hypoparathyreoidismus

engl.: hypoparathyroidism

Definition. Angeborene oder erworbene **Unterfunktion der Nebenschilddrüsen**, die zu einem absoluten oder relativen Mangel an Parathormon (PTH) im Serum führt. Leitsymptom ist die hypokalzämische Tetanie.

Pathophysiologie

Verlust oder Funktionsstörungen der Nebenschilddrüsen führen durch einen **Mangel an Parathormon** (PTH) zu verminderter Bildung von 1,25-Dihydroxycholecalciferol (s. **Abb. 28.1**) und damit zu einer Reduktion der intestinalen Kalziumresorption. Ohne PTH wird außerdem die Kalziumausscheidung durch die Nieren nicht mehr gehemmt. Gleichzeitig kommt es zum Rückgang der Phosphatausscheidung sowie zu einer verminderten Freisetzung von Kalzium aus dem Knochen. Daraus resultieren **Hypokalzämie** und **Hyperphosphatämie**.

Ätiologie

Zu einem Verlust der Nebenschilddrüsen kommt es am häufigsten **nach Operationen im Halsbereich:** nach einer Operation aufgrund eines primären Hyperparathyreoidismus tritt diese Komplikation bei bis zu ca. 2 %, nach totaler Thyreoidektomie temporär bei bis zu 33 % und permanent bei bis zu 1 – 4 % der Patienten auf. Seltenere Ursachen:

- nach Entfernung eines Nebenschilddrüsenadenoms (präoperative Hyperkalzämie führt zur Suppression der anderen Nebenschilddrüsen)

G

- idiopathischer Hypoparathyreoidismus (familiärer isolierter Hypoparathyreoidismus und andere seltene Formen)
- im Rahmen genetischer Syndrome
  - DiGeorge-Syndrom: Agenesie der Nebenschilddrüsen, Aplasie des Thymus, Fehlbildung des Herzens und anderer Organe bei Anlagestörung der 3. und 4. Schlundtasche
  - Kenny-Caffey-Syndrom: fehlende Nebenschilddrüsen oder biologisch inaktives PTH, Zwergwuchs und andere Fehlbildungen innerer Organe
- bei neonataler Hypokalzämie (durch Langzeithyperkalzämie der Schwangeren)
- bei Sepsis, metastatischer Infiltration, Eisen- und Kupferspeicherkrankheiten
- im Rahmen des autoimmunen polyglandulären endokrinen Syndroms (APS) Typ I (s. S. 592)
- nach zervikaler Radiatio
- bei ausgeprägter Hypomagnesiämie (angeboren, bei Alkoholismus, Hyperaldosteronismus, Erbrechen, Malabsorption, parenteraler magnesiumfreier Ernährung) oder schwerer Hypermagnesiämie

Tab. 28.5 Symptome der hypokalzämischen Tetanie

Lokalisation	Symptomatik
Gesicht	z. T. schmerzhafte Verspannung der Gesichtsmuskulatur
Hände, Füße	Pfötchenstellung der Hände und Spitzfußstellung der Füße (= Karpopedalspasmen)
Kehlkopf	Stimmritzenkrampf (Laryngospasmus)
Bronchien	Atemnot durch Bronchospasmus
Darm und Harnblase	Abdominalkrämpfe (viszerale Spasmen)

Klinik

Leitsymptom ist die **hypokalzämische Tetanie**. Außer den Symptomen und Befunden der Hypokalzämie (**Tab. 28.5**) kommt es zu einem endokrinen Psychosyndrom mit erhöhter Reizbarkeit, Ängstlichkeit und depressiven Verstimmungen. Kinder fallen häu-

Tab. 28.6 Differenzialdiagnose des Hypoparathyreoidismus

Erkrankung	Bedeutung	Kommentar
normokalzämische Tetanie	+++	Alkalose durch Hyperventilation ($PaCO_2$, HCO_3^- erniedrigt, pH an oberer Normgrenze oder erhöht)
Pankreatitis	++	Klinik; Lipase im Serum erhöht, i. d. R. typische Anamnese und Symptomatik
Niereninsuffizienz	++	Kreatinin erhöht bzw. GFR erniedrigt
Mangelernährung, Malassimilation (Malabsorption und Maldigestion)	++	Anamnese, typische Symptomatik, Labor: Stuhl: Fett erhöht, β-Carotin vermindert, im Serum: Gesamteiweiß oder Albumin vermindert, alkalische Phosphatase erhöht, Prothrombinzeit vermindert, Folsäure- und Vitamin-B_{12}-Mangel, Eisen vermindert, gestörte Lactose- und Xyloseresorption
Vitamin-D-Mangel (verminderte Verfügbarkeit, gestörter Metabolismus), verminderte Wirkung	++	fehlende Sonnenlichtexposition, Hinweise für Malassimilation, Niereninsuffizienz, Pseudo-Vitamin-D-Mangelrachitis Typ I (1α-Hydroxylasedefekt) und Typ II (Vitamin-D-Rezeptorresistenz), Antikonvulsiva, Bestimmung von 25-Hydroxycholecalciferol im Serum (1,25-Dihydroxycholecalciferol oft normal trotz sicherer Osteomalazie)
Magnesiummangel	+	bei Malassimilationssyndrom, akuter Pankreatitis, magnesiumfreier parenteraler Ernährung, Alkoholismus, Bestimmung von Magnesium im Serum und 24-Stunden-Sammelurin, Magnesiumbelastungstest

Fortsetzung ►

Tab. 28.6 Fortsetzung

Erkrankung	Bedeutung	Kommentar
massive Infusion von Kalziumkomplexbildnern (z. B. Citrat)	+	Anamnese
Pseudohypoparathyreoidismus (*syn.* Albright-Syndrom; *engl.:* Albright's hereditary osteodystrophy = AHO)	+	**Typ Ia:** vermindertes Gs-Protein im PTH-Rezeptor-G-Protein-Adenylatcyclase-Komplex **Typ Ib:** PTH-Rezeptordefekt **Typ Ic:** Adenylatcyclasedefekt **Typ II:** Störung der phosphaturischen Wirkung des PTH bei normalem intrazellulären cAMP-Anstieg, exakter molekularer Mechanismus noch unklar, *bei beiden Formen:* PTH erhöht!
Pseudo-Pseudo-Hypoparathyreoidismus	(+)	Sonderform des Albright-Syndroms mit typischem klinischen Erscheinungsbild, Gs-Mutation wie bei Pseudohypoparathyreoidismus Typ Ia, aber Normokalzämie bei fehlender PTH-Resistenz

fig durch Wachstums- und Zahnbildungsstörungen, psychomotorische Retardierung und Schulschwierigkeiten auf.

Diagnostik

Labor. (vgl. s. S. 533) Kalzium und PTH im Serum sind erniedrigt, Phosphat im Serum ist erhöht. Der Nachweis einer Hypokalzämie ist zur Stellung der Diagnose Hypoparathyreoidismus allein nicht ausreichend, in Kombination mit einer Hyperphosphatämie bei Ausschluss von Niereninsuffizienz und Hypalbuminämie ist dieser jedoch wahrscheinlich. Die Bestimmung des PTH ermöglicht bei Hypokalzämie und verminderten oder niedrig normalen PTH-Werten den Nachweis einer PTH-Sekretionsstörung.

Klinische Untersuchung. Neben den in **Tab. 28.5** genannten Symptomen kann es zu einer Dystrophie von Haut und Hautanhangsgebilden kommen (Hand-/Fingernagelwachstum!). Dabei werden die Haut trocken und rau, die Haare brüchig und schütter mit einer fleckigen Alopezie und die Fingernägeln spröde mit transversalen Rillen. Die Veränderungen korrelieren mit der Schwere und Dauer der Hypokalzämie und sind in der Regel reversibel nach Wiederherstellung einer Normokalzämie.

CT/MRT. Bei lange bestehendem Hypoparathyreoidismus mit unbehandelter Hypokalzämie kommt es zu **intrakraniellen Verkalkungen** innerhalb und außerhalb kleiner Blutgefäße sowie zur Basalganglienverkalkung, die zum Parkinson-Syndrom, zur Choreoathetose (Veitstanz: langsame bizarre schraubende Bewegungen), Hyperkinese (unwillkürlich ablaufende Bewegungen der Skelettmuskulatur), okulogyrischen Krisen (unwillkürliches Augenkreisen und -verdrehen), Hemibalismus (einseitige oder paarweise Hyperkinese mit Schleuderbewegungen von Armen und Beinen) und Dystonie (fehlerhafter Spannungszustand der Muskulatur) und letztlich auch zur Demenz führen können.
Patienten mit Hypoparathyreoidismus oder Pseudohypoparathyreoidismus werden deshalb gelegentlich als Epileptiker verkannt. Kalzium-, Phosphat- und PTH-Kontrolle klären die Diagnose.
Differenzialdiagnostisch müssen Hypokalzämien anderer Ursache berücksichtigt werden (**Tab. 28.6**).

Therapie

→ s. S. 533 ff.

Weiterführende Informationen

http://www.kidney.org/PROFESSIONALS/kdoqi/guidelines.cfm
http://www.kdigo.org/clinical_practice_guidelines/kdigo_guideline_for_ckd-mbd.php

G

29 Metabolische Osteopathien

Michael Amling

29.1 Grundlagen

Durch seinen spezifischen Aufbau hat Knochengewebe eine große **Druck-, Zug-, Biege- und Verdrehungsfestigkeit**. Gleichzeitig mit seinen mechanischen Aufgaben dient das Knochengewebe als **Hauptkalziumspeicher**: 99% des Kalziums sind im Knochengewebe gebunden.

Makroskopisch ist an jedem Knochen die dicht strukturierte periphere Kortikalis bzw. Kompakta (im Bereich der Diaphyse) und die Spongiosa als Netzwerk aus Platten und Trabekeln (Bälkchen) zu unterscheiden. Die Spongiosa liegt im Inneren und enthält das Knochenmark in den Maschen des Trabekelnetzes.

Drei Zelltypen werden im Knochen gefunden:

- **Osteoblasten** entstehen aus mesenchymalen Vorläuferzellen und sind die einzigen Zellen des Körpers mit der Fähigkeit zur Knochenbildung. Wenn sie sich durch das Ausscheiden unreifer, nicht mineralisierter Knochengrundsubstanz einmauern, differenzieren Osteoblasten zu Osteozyten.
- **Osteozyten** sind vollständig von Knochensubstanz umschlossen und liegen in Knochenhöhlen (Lacunae osseae). Osteozyten sind durch Zellausläufer – vergleichbar einem neuronalen Netzwerk – untereinander verbunden. Osteozyten sind vermutlich für die Mechanosensibilität des Knochens verantwortlich.

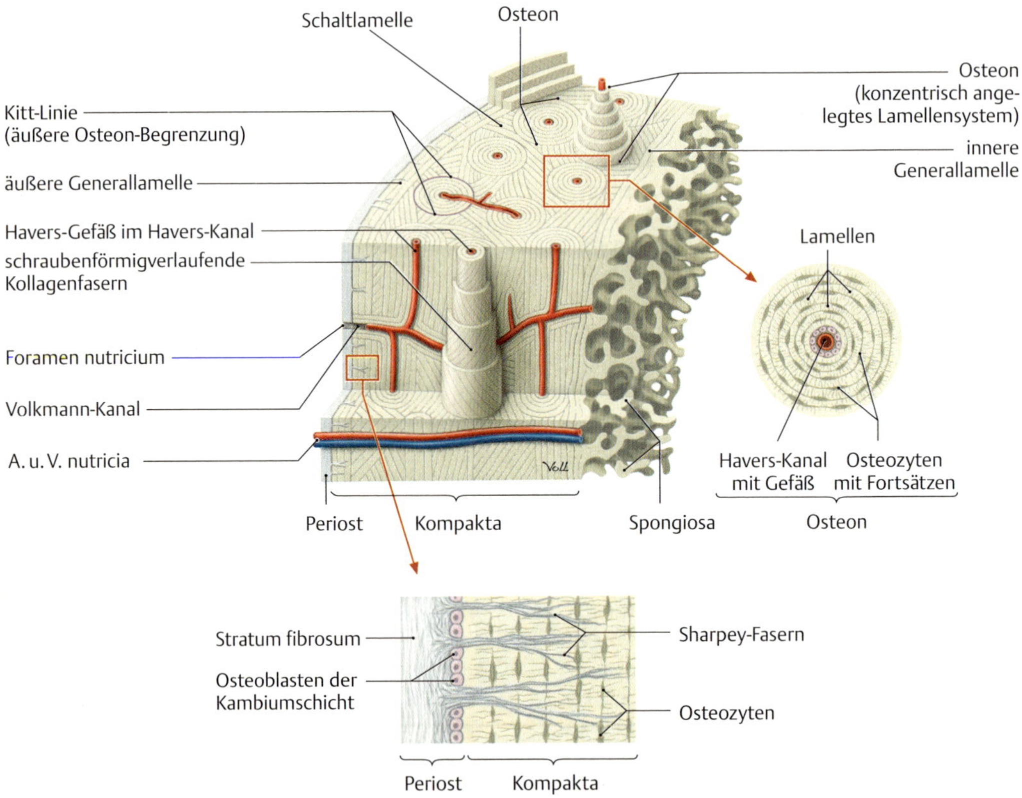

Abb. 29.1 Organisation des Lamellenknochens. Schematische Darstellung am Beispiel der Kompakta eines Röhrenknochens (aus Prometheus, LernAtlas der Anatomie, Thieme).

- **Osteoklasten** entstammen der hämatopoetischen Reihe und entstehen durch Fusion aus monozytären Vorläuferzellen. Sie sind multinukleäre Riesenzellen, die als isolierte Zellen in randständigen Lakunen (Howship-Lakunen) zu finden sind. Osteoklasten sind die einzigen Zellen des Körpers mit der Fähigkeit zur Knochenresorption.

Die **Knochenmatrix** setzt sich zu 10% aus Wasser, zu 20% aus organischen Materialien (besonders Kollagen Typ 1, Osteocalcin, Osteopontin) und zu 70% aus anorganischen Stoffen (vor allem Hydroxylapatit) zusammen.

Man unterscheidet zwei Arten von Knochengewebe:

- **Geflechtknochen:** die Kollagenfasern der Knochenmatrix verlaufen „kreuz und quer" und sind dadurch miteinander verflochten
- **Lamellenknochen:** bildet sich sekundär durch schrittweise Strukturierung aus Geflechtknochen, die Kollagenfasern sind parallel ausgerichtet (Abb. 29.1)

Zur **Regulation der Kalzium- und Phosphathomöostase** s. S. 530.

29.2 Osteoporose

Definition: Die Osteoporose ist eine generalisierte, erworbene Erkrankung, die durch einen **Knochenmasseverlust,** eine gestörte trabekuläre Mikroarchitektur und eine verminderte Knochenqualität charakterisiert ist. Als Folge ist das Frakturrisiko deutlich erhöht. Zu unterscheiden sind folgende Begriffe:

- Osteopenie oder präklinische Osteoporose: Knochenmasseverlust ohne Fraktur
- manifeste Osteoporose: Knochenmasseverlust mit Fraktur(en)

Epidemiologie

Frauen sind häufiger betroffen als Männer. Insgesamt gibt es ca. 7,8 Millionen Osteoporosepatienten (1,3 Mio. Männer, 6,5 Mio. Frauen) in Deutschland, 25,8% der Bevölkerung über 50 Jahre sind betroffen (9,7% der Männer, 39,0% der Frauen). Jedes Jahr kommt es zu über 300 000 osteoporoseassoziierten Frakturen mit jährlichen Kosten für das deutsche Gesundheitswesen von 5,4 Mrd. Euro.

> ! Osteoporose ist keine „Frauen-Krankheit". Ein Drittel der betroffenen Patienten sind Männer. Insbesondere bei jungen Männern wird z. B. eine mastozytoseassoziierte Osteoporose häufig verkannt.

Ätiopathogenese

Der Knochen unterliegt zeitlebens einem kontinuierlichen Umbau durch **osteoklastäre Knochenresorption** und **osteoblastäre Knochenneubildung.** Dieser balancierte, physiologische Prozess, der die Knochenmasse zwischen Pubertät und Ausfall der Gonadenfunktion konstant hält, wird auch **Knochen-Remodeling** genannt. Das Knochen-Remodeling ist die Vorraussetzung dafür, dass der Knochen als Organ seine drei wesentlichen Funktionen erfüllen kann:

- Mobilitätsfunktion als Ansatzorgan für Muskel und Sehnen
- Schutzfunktion für innere Organe
- Speicherfunktion zur Aufrechterhaltung der körpereigenen Ionenhomöostase

Eine **Störung des Remodeling** ist die Grundlage einer jeden erworbenen Erkrankung des Knochens. Ein relatives Überwiegen der Knochenresorption über die Knochenneubildung führt zu einem Knochenmasseverlust, welcher unter anderem die Osteoporose charakterisiert.

Ätiologisch unterschieden werden in Abhängigkeit davon, ob sich ein ursächliches Grundleiden nachweisen lässt oder nicht (Tab. 29.1):

- **primäre Osteoporosen**
- **sekundäre Osteoporosen**

Neben den Grunderkrankungen, die ursächlich für eine sekundäre Osteoporose sein können, gibt es zahlreiche **klinische Risikofaktoren,** die das Risiko einer osteoporoseassoziierten Fraktur deutlich erhöhen. Diese Faktoren müssen daher für die Prophylaxe, Diagnostik und Therapie der Osteoporose berücksichtigt werden (Tab. 29.2).

Grundsätzlich kann sich der Knochenmasseverlust sowohl am trabekulären als auch am kortikalen Knochen manifestieren. Dabei gibt es sowohl Osteoporosen mit insgesamt gesteigertem Knochenumbau **(High-Turnover-Osteoporose)** als auch Osteoporosen mit reduziertem Knochenumbau **(Low-Turnover-Osteoporose).**

Knochenmasseverluste manifestieren sich nicht homogen. Gerade in der Spongiosa kann es zu Perforationen von trabekulären Strukturen und damit zu einer Diskontinuität tragender Elemente in der knö-

G

Tab. 29.1 Ätiologische Einteilung der Osteoporose

Art der Osteoporose	Einteilung und mögliche Ursachen
primäre Osteporose	• juvenil • prämenopausal • postmenopausal • senil • idiopathisch
sekundäre Osteoporose	• endokrin, z. B. Mangel an Sexualhormonen, Hyperthyreose, Glukokortikoidtherapie • intestinal: Malassimilation, z. B. Morbus Crohn • renal • genetisch, z. B. Osteogenesis imperfecta • entzündlich • neoplastisch, z. B. Plasmozytom, Mastozytose • Immobilisation, Schwerelosigkeit • verschiedene seltene Ursachen, z. B. Neurofibromatose Typ I

Tab. 29.2 Klinische Risikofaktoren für Osteoporose-assoziierte Frakturen gemäß DVO-Leitlinie 2009.***

Frauen	< 50 Jahre	50 – 60 Jahre	60 – 70 Jahre
Männer	**< 60 Jahre**	**60 – 70 Jahre**	**70 – 80 Jahre**
singuläre Wirbelkörperfraktur 2. – 3. Grades	+	+	+
multiple Wirbelkörperfrakturen 1. – 3. Grades	+	+	+
singuläre Wirbelkörperfraktur 1. Grades	**	**	+
nichtvertebrale Fraktur(en) nach dem 50. Lebensjahr		**	+
orale Glukokortikoidtherapie > 7,5 mg Prednisolonäquivalent > 3 Monate*	+	+	+
orale Glukokortikoidtherapie < 7,5 mg Prednisolonäquivalent > 3 Monate *		+	+
Cushing-Syndrom*	+	+	+
subklinischer Hyperkortisolismus*	+	+	+
primärer Hyperparathyreoidismus (pHPT)*	+	+	+
Therapie mit Aromatasehemmerrn*		**	+
antiandrogene Therapie*		**	+
rheumatoide Arthritis		**	+
Therapie mit Glitazonen bei Frauen*		+	+
proximale Femurfraktur eines Elternteils			+
Untergewicht (BMI < 20)*			+
Nikotinkonsum*			+
multiple Stürze*			+

Fortsetzung ►

Tab. 29.2 Fortsetzung

Frauen	< 50 Jahre	50 – 60 Jahre	60 – 70 Jahre
Männer	**< 60 Jahre**	**60 – 70 Jahre**	**70 – 80 Jahre**
Immobilität*			+
Epilepsie/Antiepileptika*			+
Zustand nach Billroth-II-Operation oder Gastrektomie			+
Diabetes mellitus Typ 1			+
TSH-Werte < 0,3 mU/l*			+
sturzbegünstigende Medikamente (Sedativa, Orthostase-verursachend, Antidepressiva)*			+

** wenn Risiko aktuell bestehend oder vor weniger als 12 – 24 Monaten beendet*
*** Einzelfallentscheidung*
**** mit „+" gekennzeichnet sind die klinischen Risikofaktoren, bei denen in Abhängigkeit vom Alter und dem Geschlecht ein 10-Jahres-Frakturrisiko > 20 % für Wirbelkörperfrakturen und proximale Femurfrakturen vorliegt. Ab einem Alter von 70 Jahren bei Frauen und von 80 Jahren bei Männern ist das Risiko generell > 20 %.*

chernen Mikroarchitektur kommen. Das Resultat ist eine **verminderte biomechanische Belastbarkeit** des Knochens. Dies erklärt auch, warum das Frakturrisiko mit abnehmender Knochenmasse überproportional ansteigt.

Die klinische Relevanz der Osteoporose wird durch die **osteoporoseassoziierte Fraktur** bestimmt. Die Fraktur ist das Resultat aus Knochenfestigkeit, welche durch verminderte Knochenmasse und veränderte Materialeigenschaft definiert wird, und Krafteinwirkung, welche durch die neuromuskuläre Kapazität und die Art des Sturzes bestimmt wird.

> **!** **Die Osteoporose muss als Erkrankung des muskuloskelettalen Systems mit ossären und extraossären Faktoren verstanden werden.**

Die Pathophysiologie der häufigen **postmenopausalen Osteoporose** ist durch den **Östrogenmangel** bestimmt. Darüberhinaus ist insbesondere der **Vitamin D-Mangel**, in dessen Folge ein relativer Kalziummangel entsteht, von großer Bedeutung für die Osteoporoseentwicklung. Ein durch Vitamin-D-Mangel zur Aufrechterhaltung der Kalziumhomöostase bedingter sekundärer Hyperparathyreoidismus führt zu einer permanent negativen Knochenbilanz, bei der beispielsweise ein Defizit von nur 100 mg Ca^{2+} pro Tag zu einem Knochenmasseverlust von 3 % pro Jahr führt.

Bei den **sekundären Osteoporosen** liegen unterschiedliche pathophysiologische Mechanismen ursächlich vor. Der katabole skelettale Effekt von Glukokortikoiden beruht beispielsweise auf direkten und indirekten Wirkungen auf den Kalziumstoffwechsel und den Knochenumbau. Sie hemmen die Osteoblasten, stimulieren die Osteoklasten und reduzieren die intestinale Kalziumabsorption. Die verschiedenen sekundären Osteoporosen weisen oft **typische Konstellationen des Knochenumbaus** auf, die bei der differenzialdiagnostischen Einordnung helfen können. Aufgrund der relativ größeren Knochenoberfläche des spongiösen Knochens manifestieren sich beispielsweise sekundäre Osteoporosen mit High-Turnover-Knochenumbau oftmals zunächst als spinal betontes Knochenmasseverlustsyndrom.

Klinik

Die **Osteopenie oder präklinische Osteoporose** ohne Fraktur ist schmerzlos und verursacht keine Symptome. Beschwerden im Bereich der Extremitäten und Gelenke gehören nicht zum Krankheitsbild.

Die **klinisch manifeste Osteoporose** äußert sich vor allem in akuten oder chronischen **Rückenschmerzen** durch Wirbelkörperfrakturen. Das akute Schmerzereignis kann Folge einer frischen Impressions-, Sinterungs- oder Kompressionsfraktur eines oder mehrerer Wirbelkörper sein. Chronische Rückenschmerzen sind darüberhinaus auch Folge einer Fehlstatik der Wirbelsäule bei bestehenden Wirbelkörperdeformierungen mit konsekutiver funktioneller Dekompensation bzw. Überlastung von Muskulatur, Sehnen, Bändern und Gelenken.

Eine Folge der Wirbelkörperfrakturen ist die **Abnahme der Körpergröße** durch eine Verkürzung des Rumpfes. Dies kann zur kardiopulmonalen Insuffizienz durch Einengung des Thoraxraumes, zur Vorwölbung des Abdomens und zum Rundrücken führen. Außerdem kommt es zu peripheren Frakturen, insbesondere koxalen Femurfrakturen, distalen Radiusfrakturen und proximalen Humerusfrakturen, auch ohne adäquates Trauma.

! Trotz einer sachgerechten Behandlung von koxalen Femurfrakturen besteht alleine bei diesen osteoporoseassoziierten Frakturen eine Mortalität von > 20 % im ersten Jahr nach der Fraktur.

Diagnostik

Anamnese und körperliche Untersuchung

Zu erfragen sind aktuelle Beschwerden (Rückenschmerzen, Funktionsbeeinträchtigungen), außerdem ggf. die Fraktur- und Sturzanamnese sowie die Osteoporoserisikofaktoren (s. **Tab. 29.2**). Auch die Erhebung der Familienanamnese ist wichtig.

Die klinische Untersuchung umfasst u. a. das Messen von Körpergröße und Gewicht. Auch auf Hinweise für sekundäre Osteoporosen ist zu achten (z. B. Zeichen eines Cushing-Syndroms, Klopfempfindlichkeit über den Dornfortsätzen).

Ferner sind der sog. „Time-up-and-go-" oder „Chair-rising-Test" als einfache und verlässliche Instrumente des neuromuskulären Assessment hilfreich. Ggf. sollte auch ein geriatrisches Assessment erfolgen.

„Time-up-and-go-Test". Der Proband sitzt auf einem Stuhl mit Armlehne (Sitzhöhe ca. 46 cm). Die Arme liegen auf den Armstützen und der Rucken liegt der Rücklehne des Stuhles an. Nach Aufforderung soll der Proband mit einem sicheren Gang bis zu einer 3 m entfernten Linie laufen, sich dort umdrehen, wieder zurück zum Stuhl gehen und sich in die Ausgangsposition begeben. Probanden, die weniger als 20 Sekunden benötigen, sind in ihrer alltäglichen Mobilität vollständig unabhängig. Zeiten über 20 Sekunden sind ein Hinweis auf Mobilitätseinschränkungen, die funktionelle Auswirkungen haben können.

„Chair-rising-Test". Der Proband wird aufgefordert, sich aus einer sitzenden Position 5-mal schnell hintereinander ohne Hilfe der Arme aufzustehen und sich wieder hinzusetzen. Erreichte Zeiten unter 10 Sekunden zeigen keine kraftbedingte Gangunsicherheit, bei Zeiten über 10 Sekunden ist eine Gangunsicherheit anzunehmen.

Erfassung von Wirbelkörperfrakturen

Röntgenuntersuchungen der BWS und LWS in zwei Ebenen dienen dem Nachweis oder Ausschluss osteoporotischer Frakturen. **Radiologische Zeichen einer Osteoporose** sind (**Abb. 29.2**):

- erhöhte Strahlentransparenz
- Rahmenstruktur der Wirbelkörper
- prominente vertikale Spongiosazeichnung
- Deck- und Grundplatteneinbrüche
- Keil- und Plattwirbel.

Dabei ist zu berücksichtigen, dass frische Wirbelkörpereinbrüche in der Frühphase nativ-radiologisch oft nicht eindeutig nachweisbar sind.

Osteodensitometrie. Die Osteodensometrie dient der **Messung der Knochendichte**. Gebräuchliches Verfahren ist die Dual-Röntgen-Absorptiometrie (**DXA = Dual X-ray Absorptiometry**).

DXA-Messungen werden bei der Osteoporose an der Wirbelsäule (Mittelwert der prognostisch beurteilbaren Wirbel L 1 – L 4) und am Gesamtfemur (= koxales Femur) vorgenommen. Für die Abschätzung des 10-Jahres-Frakturrisikos ist der niedrigste Wert von LWS und Gesamtfemur ausschlaggebend.

Die **DXA ist das Verfahren der ersten Wahl**, da für andere CT- oder ultraschallbasierte Verfahren entsprechende Referenzwerte zur Bildung eines für die Therapieentscheidung nutzbaren T-Scores fehlen. Der **T-Score** bezeichnet die Abweichung des Knochenmineralsalzgehaltes in Standardabweichungen von der mittleren Knochenmasse bei einem 30-jährigen skelettgesunden Menschen (**Peak-Bone-Mass**). Laut WHO wird der Knochenmineralsalzgehalt folgendermaßen befundet:

- Normalbefund bei T-Score > – 1,0
- Osteopenie bei T-Score – 1,0 bis – 2,5
- Osteoporose bei T-Score ≤ – 2,5

Der **Z-Score** ist die Abweichung des Knochenmineralsalzgehaltes in Standardabweichungen im Vergleich zu einem altersgleichen Referenzkollektiv.

Bei multiplen typischen osteoporotischen Wirbelkörperfrakturen im Röntgenbild oder frischen koxalen Femurfrakturen ist bei multimorbiden Patienten

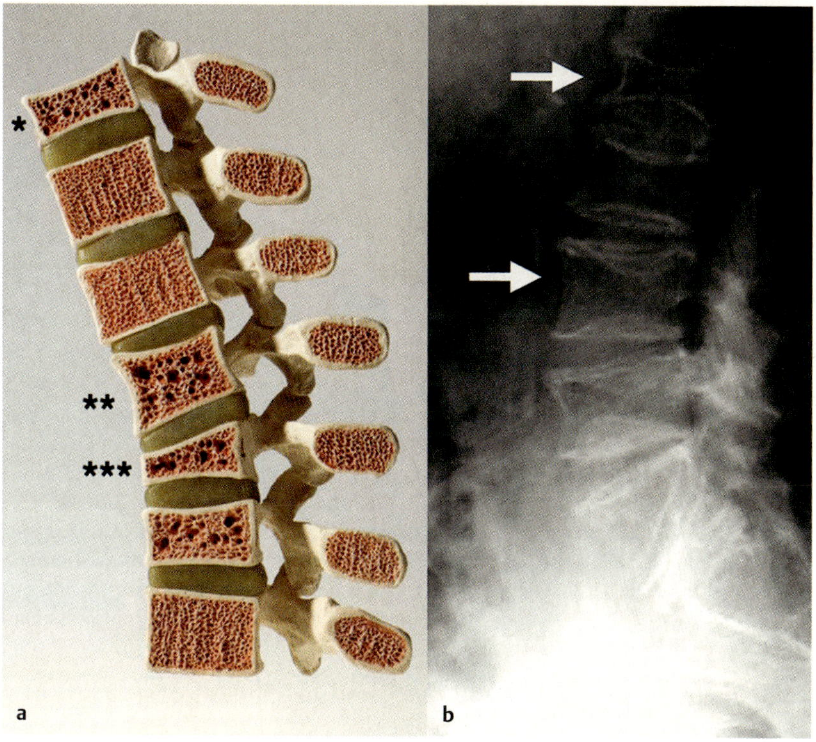

Abb. 29.2 Osteoporotische Wirbelkörperfrakturen. a Darstellung von osteoporoseassoziierten Wirbelköperfrakturen im Modell: * = Plattwirbel; ** = Fischwirbel; *** = Keilwirbel. **b** Darstellung von zwei Fischwirbeln (LWK 1 und 3) im seitlichen Röntgenbild der Lendenwirbelsäule.

ein Verzicht auf eine DXA-Messung vor Therapieeinleitung möglich.

Zur Beurteilung, ob eine spezifische medikamentöse Therapie indiziert ist, wird die Knochendichte (DXA-T-Score) in Kombination mit dem Geschlecht, dem Lebensalter und weiteren Risikofaktoren betrachtet (Tab. 29.3). Die **Tabelle der T-Werte gemäß der DVO-Leitlinien 2009** gibt in Abhängigkeit vom Geschlecht und vom Alter an, ab welchem T-Wert in der DXA-Knochendichtemessung das 10-Jahres-Frakturrisiko über 30 % liegt und somit eine spezifische Osteoporosetherapie begonnen werden sollte (in der Tabelle mit „ja" gekennzeichnet).

> **!** **Ein niedriger Messwert in der Osteodensitometrie bedarf der differenzialdiagnostischen Abklärung und ist nicht per se gleichbedeutend mit der Diagnose einer Osteoporose.**

Laborchemische Diagnostik bei verminderter Knochendichte oder Frakturen. Die Labordiagnostik dient dem Ausschluss anderer Erkrankungen, die einen Knochenmasseverlust bedingen können:

- Kalzium, Phosphat
- Blutbild, BSG oder CRP
- alkalische Phosphatase (kann auch nach Frakturen erhöht sein)
- GGT
- TSH
- Kreatinin-Clearance
- Eiweiß-Elektrophorese
- Testosteron bei Männern (fakultativ)

Als Einzelfallentscheidung sind zusätzlich hilfreich:

- 25-Hydroxy-Vitamin D 3
- Knochenumbaumarker (s. u.)
- Parathormon
- Mastzelltryptase

Die Werte der aufgeführten Parameter liegen bei der primären Osteoporose typischerweise im Norm-

Tab. 29.3 T-Werte gemäß der DVO Leitlinien 2009 und Indikation für eine spezifische Osteoporosetherapie.

Lebensalter		T-Wert (nur anwendbar auf DXA-Werte)				
Frau	**Mann**	**−2,0 bis −2,5**	**−2,5 bis −3,0**	**−3,0 bis −3,5**	**−3,5 bis −4,0**	**< −4,0**
50 – 60	60–70	nein	nein	nein	nein	ja
60 – 65	70–75	nein	nein	nein	ja	ja
65 – 70	75–80	nein	nein	ja	ja	ja
70 – 75	80–85	nein	ja	ja	ja	ja
> 75	> 85	ja	ja	ja	ja	ja

bereich. Das heißt, die Labordiagnostik dient dem Ausschluss einer sekundären Osteoporose. Als **Parameter für den Knochenumbau** können herangezogen werden:

- Parameter der Knochenneubildung, z. B. Osteocalcin, knochenspezifische alkalische Phosphatase
- Parameter der Knochenresorption, z. B. Desoxypyridinolin-Crosslinks im Urin

> ! Hohe Knochenumbauparameter gehen mit einem erhöhten Frakturrisiko einher. Sie können ferner auch zur Therapiekontrolle eingesetzt werden.

Knochenbiopsie aus dem Beckenkamm. Bei ungewöhnlichen und unklaren Osteoporoseformen, z. B. bei jungen Patienten mit primärer Osteoporose, bei unklarem Therapieeffekt oder Verlauf, zur Differenzialdiagnostik sowie bei komplexen Osteopathien renaler oder intestinaler Genese kann eine Beckenkammbiopsie indiziert sein (**Abb. 29.3**). Diese Biopsie (transiliakal aus dem vorderen Beckenkamm nach Bordier oder alternativ aus dem dorsalen Becken nach Yamshidi) sollte zwingend **unentkalkt aufgearbeitet** werden, da sich nur so mögliche Mineralisationsstörungen des Knochens histopathologisch nachweisen lassen.

Differenzialdiagnose: Die klinische Differenzialdiagnose der manifesten Osteoporose ist die Differenzialdiagnose des akuten und chronischen Rückenschmerzes beziehungsweise der erhöhten Knochenbrüchigkeit. Als mögliche andere Ursachen chronischer Rückenschmerzen oder von Knochenbrüchen kommen vor allem die in **Tab. 29.4** genannten Erkrankungen in Betracht.

Die **radiologische Differenzialdiagnostik** der Osteoporose beinhaltet andere generalisierte Osteopathien mit niedriger Knochenmasse bzw. mit niedrigem Knochenmineralsalzgehalt, z. B. die Osteomalazie (s. S. 557), der Hyperparathyreoidismus (s. S. 535), die renalen Osteopathien (s. S. 564).

Ferner dürfen anlagebedingte Veränderungen der Grund- und Deckplatten, z. B. eine persistierende Chorda dorsalis oder Schmorl-Knoten beim Morbus Scheuermann, nicht mit Deckplattenimpressionsfrakturen der Wirbelkörper verwechselt werden und umgekehrt.

Prophylaxe und Therapie

Die Hauptziele von Osteoporoseprophylaxe und -therapie sind:

- Senkung des Frakturrisikos
- Verhinderung der ersten Fraktur bzw. von Folgefrakturen
- Besserung klinischer Symptome

Prävention

Primärprävention. Optimierung der Peak-Bone-Masse und Verhinderung des Knochenmasseverlustes (Osteopenie) bei noch bestehender Knochenmasse im Referenzbereich (T-Score > 1,0).

Dies wird erreicht durch eine ausreichende **Zufuhr von Kalzium** (1 000 mg tgl.) mit der Nahrung und Supplementierung von 800 – 2 000 IE **Vitamin D**, da die dermale Synthese von Cholecalciferol in nördlichen Ländern wie Deutschland unzureichend ist. Regelmäßige **körperliche Aktivität** mit der Zielsetzung, Muskelkraft und Koordination zu fördern, ist indiziert. Überprüfung von Notwendigkeit und Dosis eventuell bestehender sturz- und osteoporosebegünstigenden Medikationen.

Sekundärprävention. Verhinderung der ersten osteoporotischen Fraktur bei bereits bestehender Os-

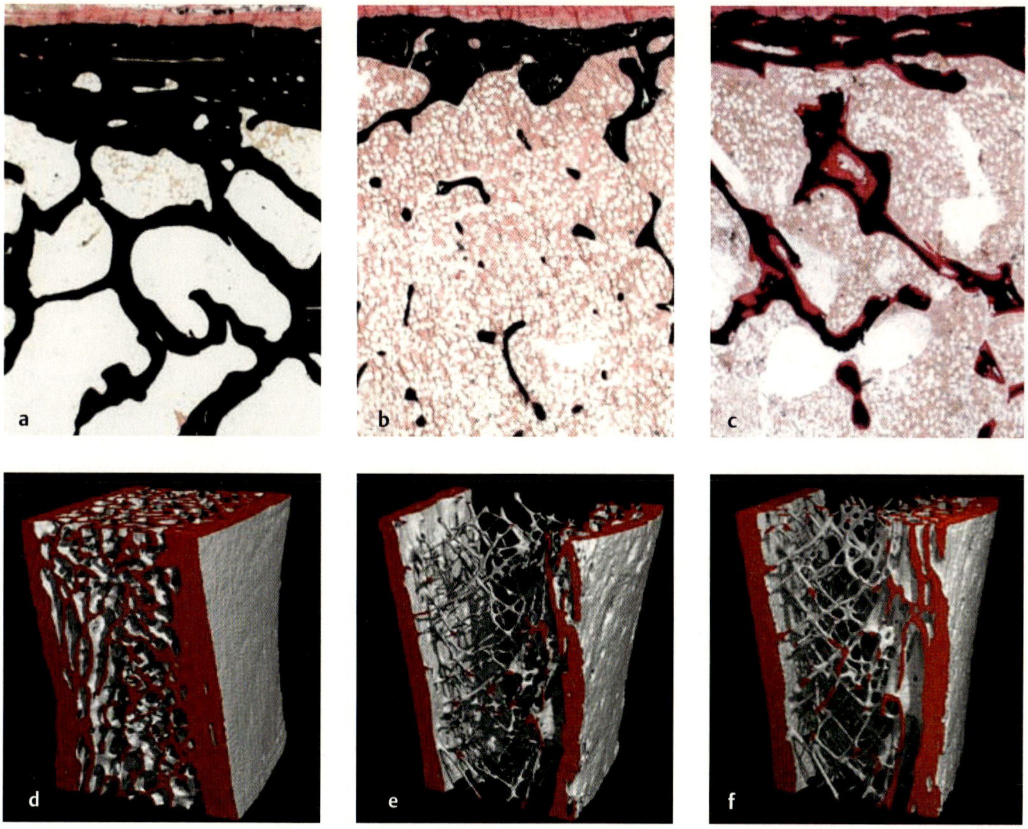

Abb. 29.3 Knochenbiopsiebefunde und 3 D-Mikro-CT-Aufnahmen bei verschiedenen Knochenerkrankungen. Mikroskopische Aufnahmen von histologisch aufgearbeiteten Beckenkammbiopsien (von Kossa-Färbung, schwarz stellt sich mineralisierter Knochen dar, rot nicht mineralisiertes Osteoid): **a** gesunde Patientin, **b** an Osteoporose erkrankte Patientin, **c** an Osteomalazie erkrankte Patientin. 3 D-Mikro-CT-Aufnahmen einer gesunden Patientin (**d**), einer an Osteoporose erkrankten Patientin (**e**) und einer an Osteomalazie erkrankten Patientin (**f**).

Tab. 29.4 Differenzialdiagnose der osteoporoseassoziierten Wirbelkörperfraktur

Erkrankung	Bedeutung	Kommentar
Tumoren, z. B. Metastasen, Plasmozytom, Lymphom	+++	Diagnosesicherung durch CT, MRT, Biopsie
andere generalisierte Osteopathien, z. B. Osteomalazie, HPT, Morbus Cushing	++	Grundleiden, typische Laborkonstellation
lokalisierte Osteopathien, z. B. Morbus Paget	+	bei Morbus Paget erhöhte AP
Spondylitis / Spondylodiszitis	+	Labor: CRP ↑, Leukozyten ↑; ggf. Biopsie

teopenie (T-Score – 1,0 bis – 2,5) oder präklinischer Osteoporose.
Hierzu sind neben ausreichender körperlicher Aktivität zunächst alle Osteoporoserisikofaktoren zu vermeiden (s. **Tab. 29.2**). Sicherstellung einer ausreichenden Kalziumaufnahme (1 000 mg/d) und Supplementation von 800 – 2 000 IE Vitamin D.

Tertiärprävention. Bei bereits bestehender manifester Osteoporose mit Fraktur gilt es, das Risiko für Folgefrakturen zu senken. Insbesondere bei älteren Patienten ist die **Sturzprävention** durch Muskel- und Balancetraining sowie entsprechende Medikamentenrevision von großer Bedeutung. Wie bei der Primär- und Sekundärprophylaxe ist auf eine ausreichend Kalziumzufuhr und eine Vitamin-D-Supplementation zu achten. Darüber hinaus ist eine spezifische medikamentöse Therapie indiziert.

> **!** **Eine leitliniengerechte Therapie ist in der Lage, das Risiko für Folgefrakturen um weit mehr als 50 % zu senken.**

Medikamentöse Therapie

Für folgende Präparate ist die fraktursenkende Wirkung am besten belegt und diese werden daher leitliniengemäß für die Therapie der Osteoporose empfohlen.

Bisphosphonate (oral oder i. v.). Bisphosphonate **binden an die Knochenmatrix,** indem sie sich auf der Oberfläche des Knochens einschließlich der Resorptionslakunen (Ort des aktiven Knochenabbaus durch Osteoklasten) festsetzen. Sie verhindern so die Resorption und den Umbau des Knochens. Stickstoffhaltige Bisphosphonate hemmen die Farnesylpyrophosphat-(FPP-)Synthase in Osteoklasten. Sie sind Medikamente der ersten Wahl und ihre fraktursenkende Wirkung ist seit mehr als 20 Jahren umfassend dokumentiert.
Bisphosphonate müssen bei oraler Einnahme streng auf nüchternen Magen eingenommen werden, da ansonsten eine Komplexbildung des Bisphosphonats mit dem in der Nahrung befindlichen Kalzium stattfindet und die ohnehin geringe enterale Resorption von Bisphosphonaten (0,6 – 1,5 %) dann gegen Null geht.
Eine Kontraindikation besteht bei hochgradig eingeschränkter Nierenfunktion. Die orale Gabe stellt aufgrund der besseren Steuerbarkeit der Therapie den Standard dar. Bei gastrointestinaler Unverträglichkeit der oralen Bisphosphonatapplikation, bei Refluxerkrankung, Ösophagusvarizen und bei gastrointestinalen Systemerkrankungen ist eine parenterale Applikation vorzuziehen. Die häufigste Nebenwirkung der i. v.-Bisphosphonate sind grippeähnliche Symptome post injectionem sowie Arthralgien und Myalgien.
Dosierung: Alendronat (Fosamax®) 1 Tabl. 70 mg/Woche; Risedronat (Actonel®) 1 Tabl. 35 mg/Woche; Ibandronat (Bonviva®) 1 Tabl. 150 mg/Monat oder i. v. 3 mg/vierteljährlich; Zoledronat (Aclasta®) i. v. 5 mg/jährlich

Raloxifen (Evista®). Der **selektive Östrogenrezeptor-Modulator** Raloxifen wird hauptsächlich in der Prophylaxe und Therapie der postmenopausalen Osteoporose verwendet und in Tablettenform in einer Dosierung von 60 mg/Tag gegeben. Kontraindikationen sind vor allem thrombembolische Ereignisse in der Anamnese. Klimakterische Beschwerden können durch Raloxifen verstärkt werden. Neben seiner osteoprotektiven Wirkung reduziert Raloxifen auch die Inzidenz des östrogenrezeptorpositiven Mammakarzinoms.

Teriparatid (= PTH1-34, Forsteo®), Parathormon (= PTH1-84, Preotact®). Bei der täglichen Parathormonapplikation (20 µg/Tag s. c.) wird die fraktursenkende Wirkung über eine deutliche Steigerung der Knochenneubildung hervorgerufen. Aufgrund der relativ hohen Jahrestherapiekosten wird der Einsatz von Parathormon in erster Linie auf Patienten mit schwerer Osteoporose und auf Patienten mit neu auftretenden Frakturen unter anderen spezifischen Osteoporosemedikationen begrenzt. Die Therapiedauer für Forsteo und Preotact ist auf 24 Monate begrenzt.

Strontium-Ranelat (Protelos®). Strontium-Ranelat besitzt eine hohe Affinität zum Knochen und wird über die gleichen Transportwege wie Kalzium aufgenommen (Dosierung: 2 g/d). Es kombiniert eine antiresorptive Wirkung mit einer moderaten Stimulation der Knochenformation. Neben dem Einsatz als primäre spezifische Osteoporosemedikation stellt Strontium-Ranelat auch eine geeignete Option für Risikopatienten nach stattgehabter langjähriger Bisphosphonat-Therapie dar, die einer weiteren Therapie bedürfen.

! **Jede spezifische medikamentöse Therapie der Osteoporose muss mit einer ausreichenden Vitamin-D-Supplementation und Kalziumversorgung kombiniert werden.**

Osteoporose beim Mann. Für die Osteoporosebehandlung beim Mann sind von den genannten Medikamenten Alendronat, Risedronat, Zoledronat und PTH1-34 zugelassen.

Behandlung der glukokortikoidinduzierten Osteoporose. Für die Behandlung der glukokortikoidinduzierten Osteoporose sind Alendronat, Risedronat, Zoledronat und PTH1-34 zugelassen. Bei Glukokortikoidmedikationen ist aufgrund des dramatisch gesteigerten Frakturrisikos die Interventionsschwelle für eine spezifische medikamentöse Therapie deutlich niedriger als für die Behandlung anderer Osteoporoseformen. So ist bei einer oralen Glukokortikoid-Medikation von drei oder mehr Monaten unabhängig vom Lebensalter neben Kalzium und Vitamin-D-Supplementation eine zusätzliche Bisphosphonat- oder Teriparatid-Therapie indiziert, wenn gleichzeitig ein T-Score von ≤ – 1,5 vorliegt.

29.3 Osteomalazie und Rachitis

29.3.1 Grundlagen

Definition. Die Osteomalazie („Knochenerweichung") ist eine generalisierte Knochenerkrankung infolge einer **unzureichenden Mineralisierung der extrazellulären Matrix** des Knochens. Ursächlich ist zumeist ein alimentärer Mangel an Vitamin D oder aber eine gestörte Aufnahme, Aktivierung und Rezeptorwirkung dieses Hormons. Außerdem kann ein Mangel der für die Knochenmineralisation wichtigen Substrate Kalzium und Phosphat ursächlich sein.
Bei Kindern wird eine Mineralisationsstörung aufgrund eines Vitamin-D-Mangels **Rachitis** genannt, ist aber prinzipiell vergleichbar mit der Osteomalazie. Die klinischen, histopathologischen und anatomischen Unterschiede entstehen allein aufgrund der Auswirkungen der Mineralisationsstörung auf das noch wachsende Skelett mit offenen Wachstumsfugen bei der Rachitis bzw. auf das ausgewachsene Skelett bei der Osteomalazie.

Epidemiologie Die früher als „englische Krankheit" bezeichnete Erkrankung entstand durch den smogbedingten Mangel an Sonnenlicht bei der arbeitenden Stadtbevölkerung in der frühindustriellen Phase in England. Heute haben vor allem in ihrer Mobilität eingeschränkte ältere Menschen, Bewohner von Altersheimen oder chronisch kranke Patienten ein hohes Risiko für die Entstehung einer Osteomalazie. Ursächlich sind hier vor allem die zu geringe Aufnahme des Vitamin D mit der Nahrung, aber auch die verringerte Sonnenexposition der Haut und die damit reduzierte Vitamin-D-Synthese.
Als „Migrantenosteomalazie" werden zumeist bei Frauen auftretende Mineralisierungsstörungen bezeichnet, die aus kulturellen oder religiösen Gründen eine Verschleierung (Tschador, Burka) tragen, welche die Sonnenexposition der Haut und damit die Vitamin-D-Synthese verhindert. Ein osteomalazieähnliches Krankheitsbild kann auch bei Patienten entstehen, die Antiepileptika einnehmen, welche mit dem Vitamin-D-Stoffwechsel interferieren (z. B. Hydantoin).

29.3.2 Ätiopathogenese und Pathophysiologie

G

Die Vitamin-D-Synthese beginnt in der Haut. Hier wird zunächst aus 7-Dehydrocholesterol Cholecalciferol (Vitamin D_3) gebildet, welches dann in der Leber zu 25-Hydroxycholecalciferol und abschließend in der Niere zum biologisch aktiven 1,25-Dihydroxycholecalciferol (Vitamin-D-Hormon) umgewandelt wird (→ vgl. S. 529). Parathormon und Hypokalzämie stimulieren die Bildung des aktiven Vitamin-D-Hormons, welches die Kalziumresorption im Darm und die Osteogenese fördert.
Liegt eine Störung des Vitamin-D-Stoffwechsels vor, kommt es zur verzögerten oder gar fehlenden Mineralisation neu gebildeter Knochenmatrix und somit zu einer Verbreiterung (> 12 µm) und vermehrten Ausdehnung der Osteoidsäume (> 2 % des Knochengewebevolumens).
Die pathophysiologischen Mechanismen sind den unterschiedlichen Ursachen entsprechend variabel.

Vitamin-D-Stoffwechselstörungen

Exogener Vitamin-D-Mangel

Eine der häufigsten Ursachen für eine Osteomalazie ist der exogene Vitamin-D-Mangel. Nach Angaben des Robert Koch-Institutes werden Vitamin-D-Werte unter 50 nmol/l als unzureichend definiert.

In einer vom RKI veröffentlichten Studie wiesen 62% der Jungen, 64% der Mädchen sowie 57% der Männer und 58% der Frauen Vitamin-D-Spiegel unter diesem Grenzwert auf. Zudem unterliegt der Vitamin D-Status mit niedrigem Spiegel im Winter und hohem Spiegel im Sommer einer saisonalen Abhängigkeit. Im Winter reichten die Anteile eines unzureichenden Vitamin-D-Spiegels von über 60% bei 18- bis 79-Jährigen bis zu über 80% bei 11- bis 17-Jährigen.

> **! 20 – 30% der Vitamin-D-Vorstufen werden mit der Nahrung aufgenommen und ca. 70 – 80% in der Haut gebildet. Die Empfehlung für den täglichen Bedarf an Vitamin D 3 lautet mindestens 1000 I.E. pro Tag. Anzustreben ist ein 25-Hydroxyvitamin-D-Serumspiegel von ≥ 30 ng/ml (entsprechend ≥ 75 nmol/l).**

Gastrointestinale Störungen

Gastrointestinale Erkrankungen (z. B. Morbus Whipple, Zöliakie) sowie Zustände nach Operationen (z. B. Gastrektomie, Ileozökalresektion bei Morbus Crohn) können eine Malabsorbtion von Vitamin D bedingen und gehen oft auch mit einer Hypokalzämie einher. Ebenso können fortgeschrittene Leberparenchymerkrankungen einen Mangel an aktivem Vitamin-D-Hormon durch Störung der 25-Hydroxylierung zur Folge haben.

Chronische Niereninsuffizienz

→ vgl. S. 296

Die Niere ist ein zentrales Organ in der Steuerung des Vitamin-D-, Kalzium- und Phosphat-Stoffwechsels. Eine gestörte 1,25-$(OH)_2$-D_3-Produktion in den Nieren führt zur reduzierten intestinalen Kalziumabsorption und zur Hypokalzämie, die einen sekundären (renalen) Hyperparathyreoidismus bedingt (s. S. 540). Der somit entstehende Mangel an Kalzium und an aktivem Vitamin D führt zum Defekt bei der Knochenmineralisation. In späteren Stadien der Niereninsuffizienz wird die durch Kalzium vermittelte negative Rückkopplung unwirksam, und es kommt zum tertiären Hyperparathyreoidismus (s. S. 540). Die Folgen für den Knochen sind dann – neben der verminderten Mineralisation – eine Fibroosteoklasie bedingt durch den Parathormonexzess.

Vitamin D-abhängige Rachitis (Typ 1)

Hier liegt ein seltener, autosomal-rezessiv vererbter **Enzymdefekt** der 1-alpha-Hydroxylase vor. Dieser hat zur Folge, dass die Patienten bei sonst normaler Nierenfunktion nicht ausreichend aktives Vitamin-D-Hormon bilden können.

Vitamin D-abhängige Rachitis (Typ 2)

Im Gegensatz zum Typ 1 liegt hier eine **Endorganresistenz** gegenüber 1,25-$(OH)_2$-Vitamin D_3 vor. Das regelhaft gebildete, aktive Vitamin-D-Hormon kann somit seine Wirkung nicht entfalten. Diese ebenso autosomal-rezessiv vererbte Erkrankung geht bei Homozygotie zusätzlich mit Alopezie und Hautanomalien einher.

Medikamente

Durch die Induktion mikrosomaler Enzyme können **Antikonvulsiva** wie Phenobarbital oder Phenytoin zu einem Mangel an aktivem Vitamin D-Hormon führen, da andere Vitamin-D-Metabolite vermehrt produziert werden. Auch das Antibiotikum Rifampicin und der Lipasehemmer Orlistat können sich negativ auswirken.

Phosphat-Stoffwechselstörungen

Exogener Phosphatmangel

Alimentärer Phosphatmangel ist in Europa eine Seltenheit, da Phosphor in Milchprodukten, Fleisch, Fisch und Brot reichhaltig vorhanden ist. Der Körper eines 70 kg schweren Menschen enthält etwa 700 g Phosphor, wovon 600 g fest im Knochensystem gebunden sind. Der Tagesbedarf eines erwachsenen Menschen beträgt ca. 0,75 g Phosphor.

Renale tubuläre Funktionsstörungen

Phosphatdiabetes, Fanconi-Syndrom und renale tubuläre Azidose kommen angeboren oder erworben vor. Die **familiäre Hypophosphatämie** (Phosphatdiabetes) hat eine Prävalenz von 1:20 000 und wird X-chromosomal dominant vererbt. Infolge eines Defektes des **PHEX-Gens** (PHEX = Phosphate regulating endopeptidase on the X-chromosome) kommt es zu einer Akkumulation eines bisher unbekannten Substrates. Dieses wiederum reduziert über den Wachstumsfaktor FGF23 (FGF = Fibroblast growth factor) die Expression des Natrium-Phosphat-Transporters (NPT 2) im Tubulus der Niere und vermindert so die Phosphatrückresorption.

Die so entstehende Hypophosphatämie bedingt ein vermindertes Kalzium-Phosphat-Produkt und verursacht so eine Rachitis und später die Osteomalazie. Zusätzlich liegt eine vermutlich zellautonome Störung der Osteoblastenfunktion vor, welche den Mineralisationsdefekt verstärkt.

Onkogene Osteomalazie

Eine seltene Form der hypophosphatämischen Osteomalazie ist die onkogene Osteomalazie, die ein seltenes **paraneoplastisches Syndrom** darstellt. In der Mehrzahl der Fälle handelt es sich um benigne, Somatostatinrezeptor-positive Tumoren, die sog. Phosphatonine sezernieren. Diese vermindern am proximalen Tubulus der Niere die Phosphat-Rückresorption und inhibieren die 1-alpha-Hydroxylase. Der Phosphatverlust über die Niere und der Vitamin-D-Mangel führen zu einer Osteomalazie (**Abb. 29.4**). Die einzige kurative Therapie der onkogenen Osteomalazie besteht in der Entfernung des Tumors.

Hypophosphatasie

Die Hypophosphatasie ist eine seltene erbliche Erkrankung, die durch eine herabgesetzte Knochen- und Zahnmineralisation charakterisiert ist. Infolge einer Genmutation im ALPL-Gen kommt es zum **Defekt der alkalischen Phosphatase** im Serum und im Knochen. Anhand des Alters der Patienten bei Diagnosestellung werden sechs klinische Formen unterschieden. Die Prävalenz wird mit 1:100 000 angegeben, aufgrund der vielgestaltigen Symptome liegt die Dunkelziffer jedoch vermutlich höher.

Die **klinischen Symptome** der frühkindlichen Form zeigen sich vor allem als respiratorische Komplikationen, es kommt zum frühzeitigen Verschluss der Schädelnähte, ausgeprägter Demineralisation des Knochens und rachitischen Veränderungen der Wachstumsfugen. Später, bei der kindlichen Form, fallen vor allem Wachstumsretardierung, Deformierung der Röhrenknochen und ein „Watschelgang" auf. Im Erwachsenenalter sind die prägnantesten Symptome Stressfrakturen, Muskel- und Gelenkschmerzen und eine Chondrokalzinose.

Die Mineralisationsstörung steht in Zusammenhang mit dem reduzierten Angebot an Kalziumphosphat, da aufgrund der defekten alkalischen Phosphatase nicht ausreichend Phosphatvorstufen prozessiert werden. Infolgedessen sammeln sich z. B. Pyrophoshate im Organismus an und führen bei Ablagerung im Muskel zu Schmerzen. In Gelenken können Kalziumpyrophosphatkristalle ausfallen und rheumatische oder gichtähnliche Beschwerden verursachen. Dies führt oft zu Fehldiagnosen wie „Rheuma" oder „Fibromyalgie" und erklärt die **vermutlich hohe Dunkelziffer** dieser Erkrankung.

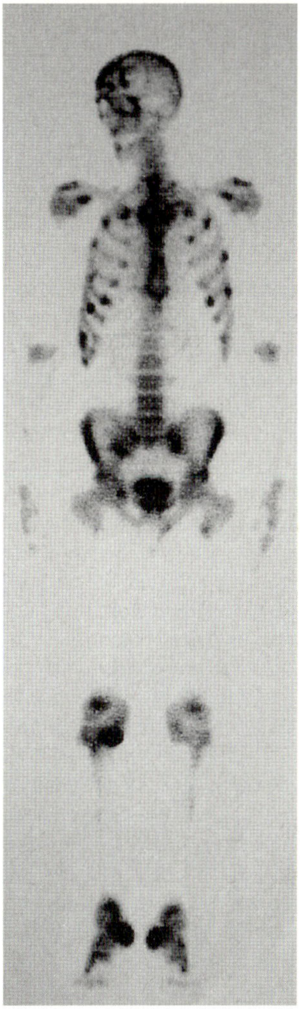

Abb. 29.4 Skelettszintigrafie bei einem Patienten mit onkogener Malazie. Nachweis multipler Looser-Umbauzonen.

29.3.3 Klinik

Diffuse, generalisierte Knochenschmerzen der unteren Extremitäten, der Hüfte und der unteren Wirbelsäule sowie proximale Myopathie mit möglicher Einschränkung der neuromuskulären Koordination sind typische Symptome bei Osteomalazie. Ältere Menschen neigen in der Folge zu Stürzen und Adynamie. Unspezifische Symptome wie leichte Erschöpfbarkeit, Konzentrations- und Schlafstörungen sowie depressive Symptome können ebenso auftreten. Auf eine zusätzliche Hypokalzämie können tetanische Symptome mit gesteigerter neurologischer Erregbarkeit (Chvostek- und Trousseau-Zeichen) hinweisen.

Klinische Zeichen der Rachitis. Im Säuglings- und Kleinkindalter zeigen sich die ersten Symptome in Form von Appetitlosigkeit und Blässe, Unruhe, Schreckhaftigkeit, vermehrtem Schwitzen. Weiterhin können bei Säuglingen eine Muskelschwäche mit Froschbauch, Obstipation und erste Knochenerweichungen am Schädel (Kraniotabes) auftreten. Beim Säugling spürt man die Weichheit der Schädelknochen im Bereich der Schädelnähte, insbesondere der großen Lambda-Naht. Das Längenwachstum verläuft verzögert. Durch die mangelhafte Verknöcherung bei ungehindertem oder verstärktem Knochenabbau sind die Knochen durch mechanische Belastung verformbar. Zunächst beschränken sich die Verformungen auf den Brustkorb; sobald das Kind zu sitzen und zu laufen beginnt, kommt es zur Verbiegung der Wirbelsäule (Kyphose), der langen Röhrenknochen und des Beckens. Die Zähne kommen bei rachitischen Kindern später als bei gesunden und zeigen typische Zahnschmelzdefekte als Folge der Verkalkungsstörung. Die perlschnurartig aufgereihten Auftreibungen der Knorpel-Knochen-Grenzen an den Wachstumfugen der Rippen am Brustkorb wird auch Rosenkranz genannt.

29.3.4 Diagnostik

Anamnese und körperliche Untersuchung. In der **Anamnese** sollte nach Leber- oder Nierenerkrankungen gefragt werden, ebenso nach den Ernährungsgewohnheiten (Milch und Milchprodukte), der Sonnenlichtexposition, ob eine Laktose-Intoleranz (Meteorismus, postprandiale Bauchschmerzen) oder Symptome eines Malabsorptionssyndroms vorliegen. In der **Familienanamnese** können sich Hinweise auf eine X-chromosomale Hypophosphatämie, eine Vitamin-D-abhängige Rachitis sowie renale Tubulopathien finden. Auch nach **Medikamenten** muss gefragt werden, so können z. B. Rifampicin, Orlistat oder Antiepileptika eine Osteomalazie bedingen.

Bei der **körperlichen Untersuchung** können am wachsenden Skelett Knochenverformungen wie die „Säbelscheidentibia" oder der „rachitische Rosenkranz" (Schwellung im Bereich der Knorpel-Knochen-Grenze der Rippen) bei schweren Formen des Vitamin-D-Mangels festgestellt werden. Druckschmerzhafte Knochenregionen und ein „Watschelgang" können ebenso vorkommen. Nach Schluss der Epiphysenfugen sind die **Looser-Umbauzonen** (Pseudofrakturen) des Beckenrings, aber auch der Rippen, der Klavikula oder anderer Skelettanteile hinweisend auf eine Osteomalazie (s. u.). Infolge der verminderten mechanischen Qualität des osteomalazischen Knochens kann es zu Mikrofrakturen kommen, die sich in mechanisch belasteten Regionen zu vollständigen Frakturen ausweiten können.

Röntgenuntersuchung des Skeletts. Typische radiologische Zeichen einer Osteomalazie sind **Looser-Zonen**. Es handelt sich dabei um Pseudofrakturen, die im Bereich des Beckenrings, des proximalen Femurs (**Abb. 29.5**) und an den Rippen zu finden sind. Ebenso treten **Milkman-Frakturen** auf, die quer zur Belastungsrichtung verlaufenden Aufhellungslinien und Verdichtungen gleichen. Als weiteres Korrelat der Mineralisationsstörung kann eine verwaschene Spongiosazeichnung der Wirbelsäule auffallen. **Wei-**

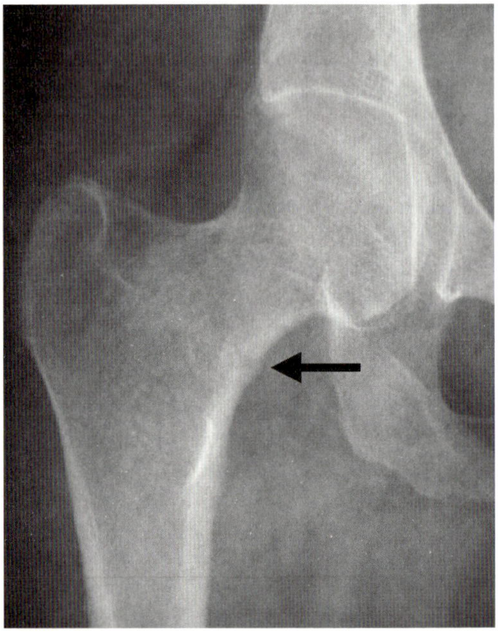

Abb. 29.5 Looser-Umbauzone im Bereich des Schenkelhalses. Röntgenbild des rechten Hüftgelenks mit einer Pseudofraktur bei einer Patientin mit Osteomalazie (Pfeil).

tere typische Befunde sind das Kartenherzbecken, varische Deformation der Femora, Ausfransungen und becherförmige Verbreiterung der Metaphysen, Fischwirbelbildung und der Glockenthorax.
Subperiostale Zysten der Fingerknochen können auf einen lange bestehenden sekundären Hyperparathyreoidismus hinweisen (s. S. 540).

Skelettszintigrafie. Bei Bedarf erfolgt zur Differenzialdiagnose und zum Nachweis von Looser-Zonen die Skelettszintigrafie, die einen **diffus gesteigerten Knochenstoffwechsel** zeigt. Looser-Umbauzonen stellen sich als herdförmige Aktivitätsmehrbelegung dar.

> **!** **Looser-Umbauzonen werden röntgenologisch nicht selten als Stressfrakturen und szintigrafisch bei multiplem Auftreten als Metastasen fehlgedeutet.**

Osteodensitometrie. Die DXA kann einen erniedrigten Knochenmineralgehalt zwar erfassen, ist jedoch nicht spezifisch (s. S. 552).

Labordiagnostik. Je nach Ätiopathogenese sind unterschiedlichste laborchemische Konstellationen möglich. Der häufigste Befund ist die **erhöhte Aktivität der alkalischen Phosphatase (AP)** infolge einer Aktivitätssteigerung des knochenspezifischen Isoenzyms. Dieser Parameter kann zusätzlich als **Aktivitätsmarker zur Therapiekontrolle** herangezogen werden.
Zur weiteren Basisdiagnostik der Osteomalazie gehört die Bestimmung der **Nierenfunktionswerte** und der **Leberenzyme.** Ein Vitamin-D-Mangel sollte durch Bestimmung des **25(OH)-Vitamin-D_3 im Serum** quantifiziert werden. Die Messung des **intakten PTH** im Serum erlaubt über den Nachweis eines sekundären Hyperparathyreoidismus indirekt Aussagen über die Dauer und Schwere der Osteomalazie. Bei sehr niedrigen Phosphatspiegeln im Serum sollte ein renaler Phosphatverlust ausgeschlossen werden. Der Serumspiegel des nicht ionisierten Kalziums liegt meistens im niedrig-normalen Bereich.

Knochenbiopsie vom Beckenkamm. Die Entnahme einer transiliakalen Knochenbiopsie erfolgt fakultativ bei unklarer Diagnose. Zur histopathologischen Definition der Osteomalazie ist die Knochenhistologie in jedem Fall beweisend (Abb. 29.6). Sie dient jedoch eher dem Ausschluss seltener Knochenerkrankungen bei unklarer Befundkonstellation.

Differenzialdiagnose. Differenzialdiagnostisch kommen in erster Linie Krankheiten des rheumatischen Formenkreises infrage (s. S. 1108), die Gangstörung

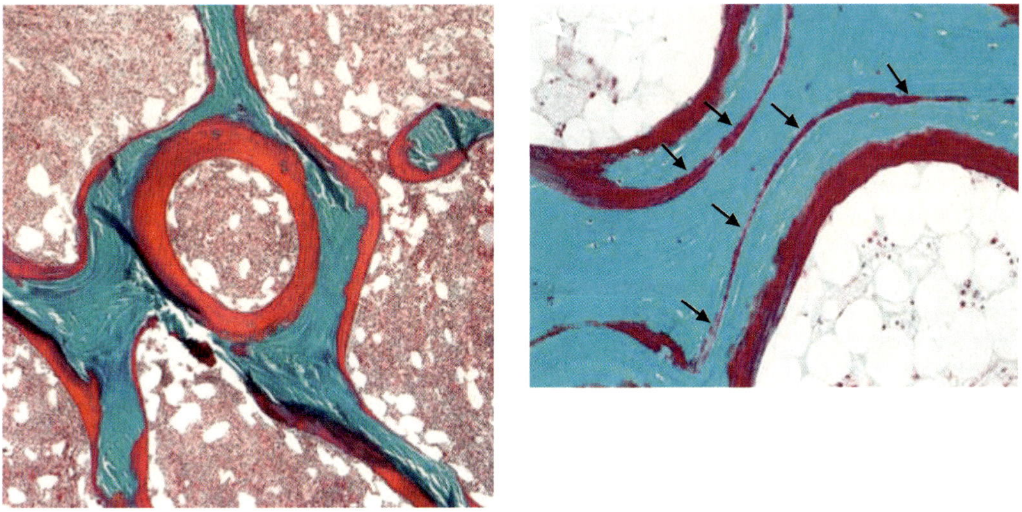

Abb. 29.6 Histologische Befunde bei der Osteomalazie. Mikroskopische Aufnahmen einer histologisch aufgearbeiteten Beckenkammbiopsie (Goldner-Färbung, türkis stellt sich mineralisierter Knochen dar, rot nicht mineralisiertes Osteoid) einer an Osteomalazie erkrankten Patientin. Die Pfeile deuten auf sog. „begrabenes“ Osteoid, welches hinweisend für einen lange bestehende, intermittierende Mineralisationsstörung ist.

lässt auch an eine neurologische Affektion oder eine Myopathie denken. Laborchemisch stellt sich am häufigsten die Differenzialdiagnose der erhöhten alkalischen Phosphatase:

- primäre und sekundäre Knochentumoren, Ostitis deformans Paget (s. S. 1138)
- Hyperparathyreoidismus (s. S. 535)
- ausgedehnte Frakturheilungsprozesse
- Fluortherapie (meist nur gering erhöhte alkalische Phosphatase)

29.3.5 Therapie

Therapie mit Vitamin D

Als Handelspräparate stehen zur Verfügung:

- Vitamin D_3 (Cholecalciferol, z. B. Vigantol®, Vigorsan®, Dekristol®) 40 000 I.E. = 1 mg (bzw. 0,025 µg = 1 I.E.)
- 25-Hydroxycholecalciferol (25-OH-D_3, Calcifediol, z. B. Dedrogyl®)
- 5,6-trans-25-Hydroxycholecalciferol (5,6-trans-25-OH-D_3, z. B. Delakmin®)
- 1-alpha-Hydroxycholecalciferol (1α-OH-D_3, Alfacalcidol, z. B. Bondiol®)
- 1,25-Dihydroxycholecalciferol (1,25-$(OH)_2$-D_3, Calcitriol, z. B. Rocaltrol®)

Bei Überdosierung der aktiven Vitamin-D-Metaboliten können als Nebenwirkungen Hyperkalzämie und Hyperkalzurie auftreten (= Kontraindikationen für eine Vitamin-D-Therapie). Meist tritt die Hyperkalzurie schon vor der Hyperkalzämie auf.

> **!** **Zu Beginn einer Vitamin-D-Therapie kann die alkalische Phosphatase vorübergehend ansteigen.**

Exogener Vitamin-D-Mangel und gastrointestinale Störungen. Gabe von 1 000 – 5 000 IE Vitamin D_3 pro Tag, bei 25-OH-D_3-Serum-Konzentrationen unter 5 ng/ml 50 000 IE als 1 – 3 malige Gabe von je 50 000 IE D_3 i. m. Bei symptomatischer Hypokalzämie vorübergehend 0,5 – 1,0 µg Calcitriol pro Tag kombiniert mit der Gabe von 1 – 2 g Kalzium p. o.

Renale tubuläre Funktionsstörungen. Es gibt bisher keine vollständig befriedigende Therapie des Phosphatdiabetes, jedoch kann eine klinische Ausheilung der Rachitis und eine Besserung der Knochenhistologie erzielt werden. Hierzu dient eine Kombination von Phosphat- und Vitamin-D-Substitution. Für Kinder liegt die empfohlene Phosphat-Tagesdosis bei 70 – 100 mg/kg KG in 4 – 5 Einzeldosen sowie die Vitamin-D-Tagesdosis 5 – 50 ng/kg KG unter ständiger Kontrolle der renalen Kalziumexkretion.

→ Chronische Niereninsuffizienz s. S. 296.

Therapie mit Kalzium

Bei Vitamin-D-Mangel und Malabsorptionssyndromen ist die ergänzende Therapie mit Kalzium obligat (1 200 – 1 500 mg pro Tag). Als alleinige Therapie einer Osteomalazie ist die Kalziumgabe unzureichend.

Die Prognose richtet sich grundsätzlich nach der Ursache der Osteomalazie / Rachitis. Die Vitamin-D-Mangel Osteomalazie des Erwachsenen ist durch Vitamin-D-Supplementation hervorragend therapierbar.

> **!** **Die Patienten sind in wenigen Wochen vollständig beschwerdefrei und geheilt!**

Knochenfehlstellungen bei Kindern mit der klassischen Vitamin-D-Mangel-Rachitis heilen ebenfalls nach Substitution von Vitamin D meist selbständig aus, bei schweren Verformungen der Beine werden allerdings oberschenkellange Schienen empfohlen (Orthesen). Bei den Phosphatmangel-Formen und bei Jugendlichen sind deutlich häufiger Umstellungsosteotomien zur Korrektur von Achsfehlstellung notwendig.

29.4 Ostiitis fibrosa cystica generalisata von Recklinghausen

Die Ostiitis fibrosa cystica generalisata ist als generalisierte Erkrankung des Kalzium-, Phosphat- und Knochenmetabolismus in Unkenntnis des ursächlichen primären Hyperparathyreoidismus erstmals von Daniel F. von Recklinghausen beschrieben worden. Die übermäßige Konzentration zirkulierenden Parathormons verursacht eine Hyperkalzämie und eine Hypophosphatämie. Die klinischen Symptome sind vielfältig, variabel und beinhalten rezidivierende Nierensteine, Magenulzera, mentale Veränderungen und auch überschießende Knochenresorp-

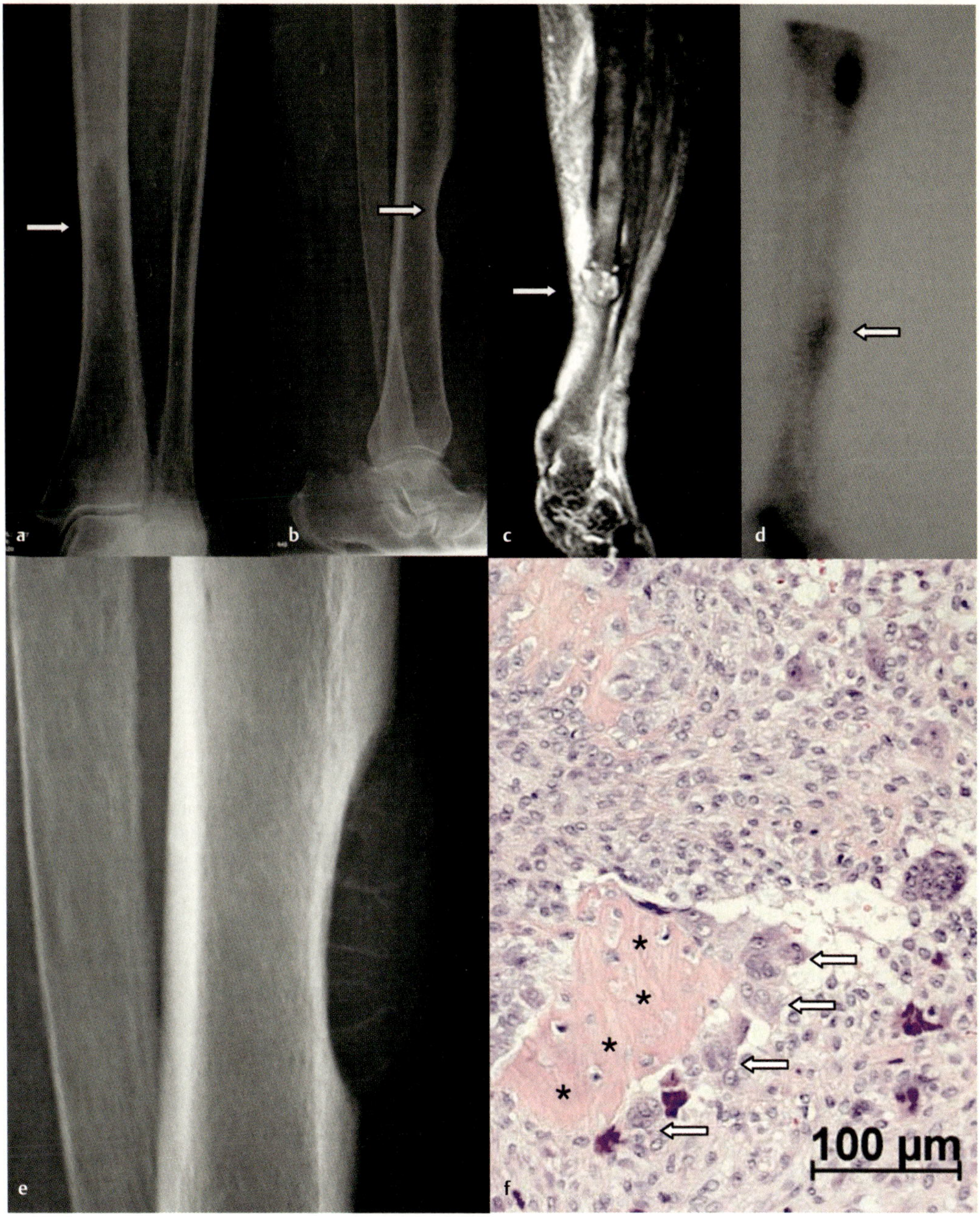

Abb. 29.7 **Radiologische und histologische Charakteristika des braunen Tumors.** Nativröntgenbild des Unterschenkels anterioposterior (**a**) und lateral (**b**) aufgenommen zeigen bereits die Osteolysen (weißer Pfeil). Die Kompakta ist verdünnt und es findet sich eine subperiostale Knochenresorption. Auch die MRT-Diagnostik (**c**) sowie die Knochenszintigraphie (**d**) zeigen den auffälligen Befund (weißer Pfeil). Die Vergrößerung des lateralen Nativröntgenbildes zeigt die Geflechtknochenbildung als strähnige Verkalkungen. Die mikroskopische Aufnahme (Toluidin-Färbung) der histopathologischen Probe aus dem Tumor zeigt deutlich die aktivierten Osteoklasten (weiße Pfeile), welche Knochengewebe (*) resorbieren.

tion. Letztere können zu einer generalisierten Osteopenie, lokalen Hyperostosen oder auch zu lokalisierten brauen Tumoren führen.
Durch die heute flächendeckend verfügbare Möglichkeit der Labordiagnostik einschließlich der Bestimmung von PTH-Serumwerten wird der primäre Hyperparathyreoidismus wesentlich früher diagnostiziert und entsprechend therapiert, sodass das klinische Vollbild einer Ostiitis fibrosa cystica generalisata mit braunen Tumoren mittlerweile selten beobachtet wird (Abb. 29.7).

29.5 Renale Osteopathie

Renale Osteopathien (ROP) umfassen verschiedene Kombinationen von Störungen des Vitamin-D-Stoffwechsels und Störungen der Parathormonsekretion. Im Wesentlichen lassen sich entsprechend der histologischen Klassifikation von Delling drei Formen unterscheiden:

- **ROP Typ I:** sekundärer Hyperparathyreoidismus mit gesteigertem Knochenumbau (s. S. 540)
- **ROP Typ II:** vor allem der Vitamin-D-Stoffwechsel ist gestört. Bei reduziertem Knochenumbau kommt es zu einer Mineralisationsstörung mit Akkumulation von Osteoid.
  Bei der adynamen ROP besteht zwar eine Osteopenie und ein verringerter Knochenumbau, jedoch Fehlen die Mineralisationsstörungen. Es handelt sich um eine Unterform der ROP Typ II. Bei dieser Form ist das Frakturrisiko für die Patienten am höchsten.
- **ROP Typ III:** urämische Form, gekennzeichnet durch die Kombination von gestörter Mineralisation und den Knochenveränderungen eines sekundären Hyperparathyreoidismus (s. S. 540). In seiner massiven Ausprägung imponiert die ROP Typ III als sog. **Rugger-Jersey-Spine** mit den charakteristischen grund- und deckplattennahen Hyperostosen bereits im Nativ-Röntgenbild (Abb. 29.8).

Als diagnostische Basis für weitere therapeutische Entscheidungen, einschließlich derer über die Indikation zur Parathyreoidektomie und die Art und Ausmaß der spezifischen Medikation (Bisphosphonate, aktive D-Metaboliten, Parathormonderivate), ist die **Beckenkammbiopsie** von zentraler Bedeutung. Letztere sollte in einem osteopathologischen Zentrum aufgearbeitet werden, da nur die unentkalkte Präparation eine umfassende Beurteilung des Knochenumbaus und Knochenmineralisationsstatus zulässt.

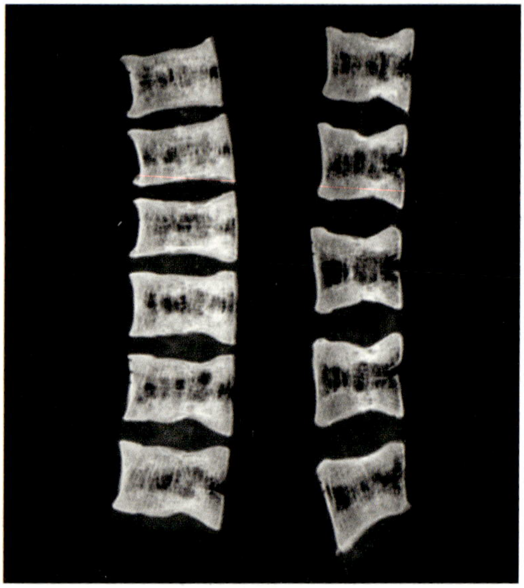

Abb. 29.8 Kontaktradiografie einer Wirbelsäule bei renaler Osteopathie Typ III (nach Delling). Die Verdichtung im Bereich der Grund- und Deckplatten führt zu der Bezeichnung „Rugger-Jersey-Spine".

Weiterführende Informationen

http://www.dv-osteologie.org/dvo_leitlinien
http://hypophosphatasie.net/
http://www.iobm.de

30 Nebenniere

Stefan R. Bornstein, Holger S. Willenberg, Matthias Gruber, Werner A. Scherbaum

30.1 Grundlagen

Die paarigen Nebennieren liegen retroperitoneal kappenartig auf dem oberen Nierenpol. Beide Nebennieren sind vom Fettlager der Niere mit eingefasst (**Abb. 30.1**). Makroskopisch wird die Nebenniere in Rinde und Mark eingeteilt. Beim Schnitt durch die **Nebennierenrinde** fallen zudem drei unscharf voneinander abgegrenzte Schichten auf, in denen verschiedene Hormone produziert werden (**Abb. 30.2**). Von außen nach innen sind dies die Zona glomerulosa (Mineralokortikoide), Zona fasciculata (Glukokortikoide) und Zona reticularis (Glukokortikoide, Androgene und Östrogene). Das **Nebennierenmark** enthält die chromaffinen Zellen zur Bildung der Katecholamine Adrenalin und Noradrenalin.

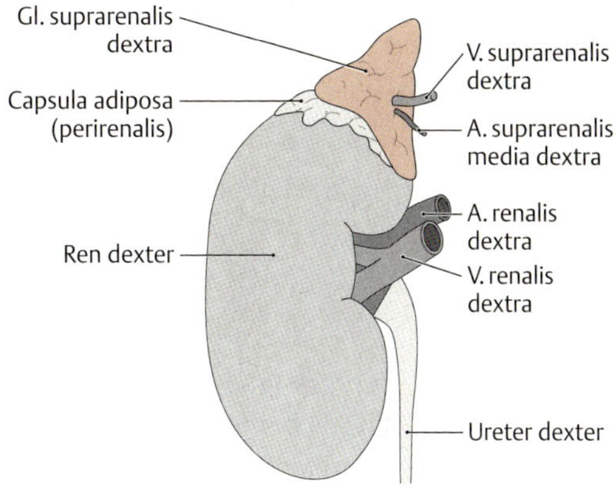

Abb. 30.1 Lage und Form der Nebenniere. Lage und Form der rechten Gl. suprarenalis auf der Niere (aus Schünke et al. Prometheus. LernAtlas der Anatomie. Thieme)

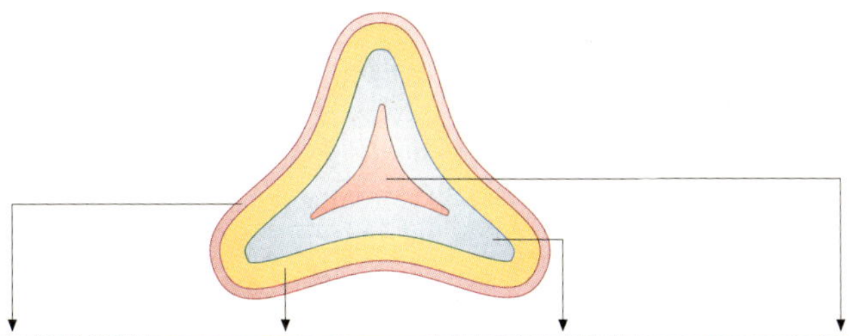

Zone	Zona glomerulosa	Zona fasciculata	Zona reticularis	Zona medullaris
Hauptprodukte	Aldosteron	Cortisol	Cortisol, DHEA, Androstendion	Adrenalin, Noradrenalin
Überfunktion	Conn-Syndrom	Cushing-Syndrom	Cushing-Syndrom, manche AGS	Phäochromozytom
Unterfunktion	Morbus Addison, manche AGS	Morbus Addison, manche AGS	Morbus Addison, manche AGS	autonome Dysfunktion, Cortisolmangel

Abb. 30.2 Überblick über Hormonproduktion und Erkrankungen der Nebenniere. AGS = Adrenogenitales Syndrom

30.2 Primärer Hyperaldosteronismus

Synonym: Conn-Syndrom
engl.: primary aldosteronism

Definition. Die autonome Überproduktion von Aldosteron in der Nebenniere führt zum **primären Hyperaldosteronismus** (Conn-Syndrom), welcher sich durch Bluthochdruck und Elektrolytstörungen bemerkbar macht.
Beim sekundären Hyperaldosteronismus ist Aldosteron indirekt durch eine vermehrte Reninproduktion erhöht (vgl. S. 567).

Epidemiologie

Ca. 10% der Patienten mit Bluthochdruck leiden unter einem primären Hyperaldosteronismus, das Verhältnis ♀:♂ = 1:1, das Manifestationsalter liegt meist zwischen 3. und 5. Lebensdekade.

Ätiopathogenese

Aldosteron ist das wichtigste, aber nicht das einzige Mineralocorticoid. Es wird in der Zona glomerulosa durch das Enzym Aldosteronsynthase (11β-Hydroxylase Typ 2) synthetisiert. Das Enzym und die Aldosteronfreisetzung in der Zona glomerulosa wird vor allem durch Angiotensin II, ACTH und die Kaliumkonzentration reguliert. Durch Kontrolle der basolateralen Na-K-ATPase, ROMK und den epithelialen Natriumkanal (ENaC) in der Niere führt Aldosteron im Austausch gegen Kalium, Protonen und Ammoniumionen zur Natriumretention und zur Wasserrückresorption. Somit beeinflusst Aldosteron den Elektrolyt-, den Säure-Basen-Haushalt und das extrazelluläre Flüssigkeitsvolumen. Der Übergang von milden normotensiven oder normokaliämischen Formen des Conn-Syndroms bis zu schweren hypokaliämischen Verläufen und hypertensiven Entgleisungen ist fließend. Die Natriumretention durch Aldosteron führt erst dann zur Hypokaliämie, wenn die Sekretion von Kalium in der Niere und die Verdünnung von Kalium im Serum ein gewisses Maß überschreitet. Dies ist von der Schwere des Hormonexzesses, aber auch vom Salzkonsum eines Individuums und seiner individuellen Kaliumbilanz (Ernährung) abhängig.
Die möglichen Ursachen für einen Hyperaldosteronismus sind in **Abb. 30.3** aufgeführt.

Klinik

Patienten mit einem primären Hyperaldosteronismus geben als Symptome gelegentlich Kopfschmerzen, Schwäche und Abgeschlagenheit an. Recht typisch, aber unspezifisch ist die Nykturie, oft auch ein trockener Mund. Häufig ist jedoch die **Blutdruckproblematik** das einzige klinische Zeichen. Eine unbehandelte **Hypokaliämie** kann zu Muskelschwäche und Obstipation führen oder auch zu Herzrhythmusstörungen (z. B. Vorhofflimmern). Durch eine hypokaliämisch bedingte Tubulopathie der Niere kann es zu einem Diabetes insipidus renalis mit Polyurie, Polydipsie und Hyposthenurie kommen.

> **!** **Die typische Trias Bluthochdruck, Hypokaliämie und metabolische Alkalose tritt nur bei einem Teil der Patienten auf. Nach neueren Untersuchungen haben mehr als 50% der Patienten mit primärem Hyperaldosteronismus keine Hypokaliämie.**

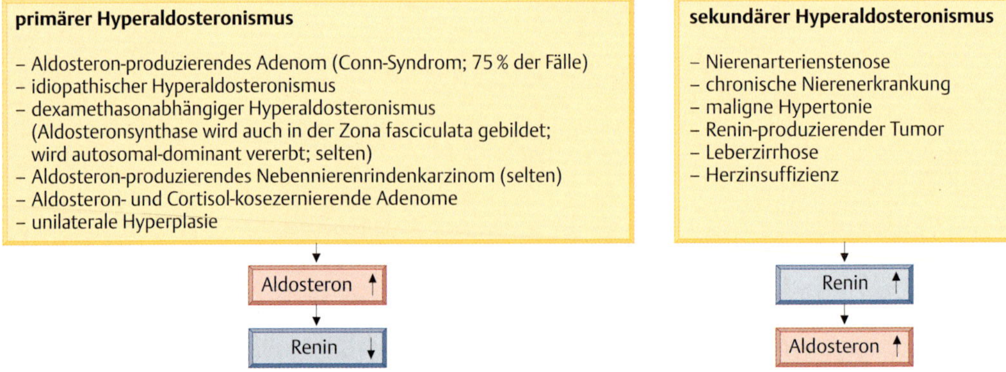

Abb. 30.3 **Ätiologie und Pathophysiologie des Hyperaldosteronismus.**

Diagnostik

Das diagnostische Vorgehen folgt einem Stufenschema: 1. Screening, 2. Sicherung der Diagnose, 3. Subtyp- und Lokalisationsdiagnostik.

Screening auf einen Hyperaldosteronismus

Indiziert ist ein Screening bei Patienten mit
- Hypertonie ab WHO Stadium II
- therapierefraktärer arterieller Hypertonie
- Hypokaliämie und Hypertonie
- Nebennierentumor mit Hypertonie
- Hypertonie und Alter < 40 Jahre
- familiäre Hypertonieformen

Als Screening-Test hat sich die Bestimmung des **Aldosteron-Renin-Quotienten (ARQ)** nach 15 min Sitzen etabliert.

Die weitere Abklärung ist ab einem ARQ von > 30 [ng/l:ng/l] indiziert. Eine Hypokaliämie liegt in max. 50% der Fälle vor, erhöht aber die Wahrscheinlichkeit, die Verdachtsdiagnose bestätigt zu finden. Wichtig ist die Unterscheidung zwischen einem primären und einem sekundären Hyperaldosteronismus:
- primärer Hyperaldosteronismus: Renin ↓, Aldosteron n – ↑, ARQ ↑
- sekundärer Hyperaldosteronismus: Renin ↑, Aldosteron ↑

Stellt man sowohl niedrige Renin- als auch niedrige Aldosteronwerte fest, handelt es sich meistens um eine Überproduktion anderer Steroide, die eine mineralokortikoide Wirkung haben oder um deren verstärkte Wirkung.

Eine Vielzahl von Medikamenten beeinflusst die Renin- und Aldosteronbestimmung (**Abb. 30.4**). Die Diagnostik sollte daher am besten vor Einleitung einer antihypertensiven Therapie erfolgen. Da dies oft nicht praktikabel ist, ist die Kenntnis der Medikamentenwirkung auf die Hormonwerte wichtig. Alle kaliumsparenden Diuretika und Drospirenon sollten 4 Wochen vor der Diagnostik abgesetzt werden. Andere blutdrucksenkende Medikamente sind mindestens eine Woche vorher auf z. B. Kalziumantagonisten und Prazosin umzustellen.

Sicherung der Diagnose eines primären Hyperaldosteronismus

Bei grenzwertigen Befunden oder positivem ARQ sollte ein Bestätigungstest erfolgen:
- 2 Liter 0,9%ige NaCl-Infusion über 4 h: Aldosteronwerte normal: < 50 ng/l (140 pmol/l).

G

Tab. 30.1 Differenzialdiagnose des Hyperaldosteronismus

Erkrankung	Bedeutung	Kommentar
Formen des sekundären Hyperaldosteronismus		
• chronische Nierenerkrankungen • Leberzirrhose • Herzinsuffizienz • gastrointestinale Störungen • Laxanzienabusus	+++	sekundärer Hyperaldosteronismus mit hypokaliämischer Alkalose und normalem Blutdruck
anderere mineralokortikoid wirkende Mechanismen mit Hypertonie		
• 11β-Hydroxylase-Defekt, 17α-Hydroxylase-Defekt • Glukokortikoidresistenz	++	Renin, Aldosteron, ACTH Desoxycorticosteron, Cortisol
• auch im Rahmen eines Cushing-Syndroms kann es zur vermehrten Freisetzung der Mineralokortikoide Corticosteron und Desoxycorticosteron kommen	++	Stigmata des Cushing-Syndroms, Hyperkortisolismus
• apparenter Mineralokortikoidexzess • Lakritz-Abusus	+	Hemmung der 11β-HSD Typ 2, Kortisol wird nicht abgebaut
• Pseudohyperaldosteronismus im Rahmen des familiären Liddle-Syndroms, bei dem ein Defekt im Natriumtransport (ENaC) vorliegt	+	Hypokaliämie, Hypertonie, Hypoaldosteronismus
• aktivierende Mutation im Mineralokortikoidrezeptor	+	Hypertonus in der Schwangerschaft, Spironolacton hilft nicht

Medikament	Reninkonzentration
Aliskiren	+++
Diuretika	+++
ACE-Hemmer	+++
AT1-Blocker	+++
Dihydralazin, Minoxidil	++
β-Mimetika	+
Prazosin	+
Kalziumantagonisten	+/–
Clonidin, α-Methyl-Dopa	–
β-Blocker	––

+++/++/+ starke/deutliche/leichte Erhöhung des Renins
–/–– leichte/starke Hemmung von Renin

Abb. 30.4 Wirkung von Medikamenten auf die Serum-Renin-Konzentration.

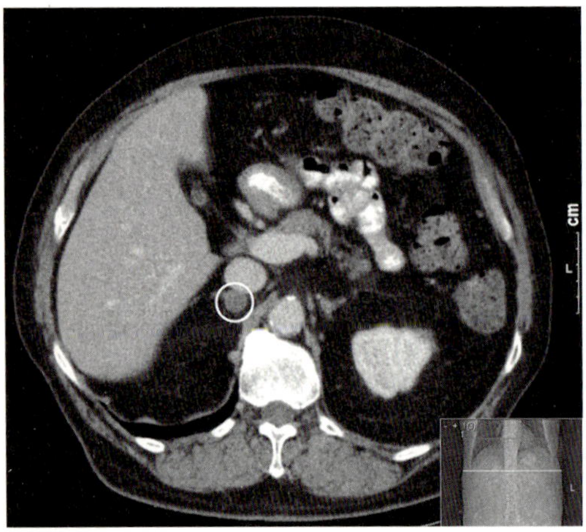

Abb. 30.5 Nebennierentumor. Venöse Phase eines Abdomen-CTs, bei dem ein ca. 1,5 cm großer Nebennierentumor rechts entdeckt wurde, der einem Aldosteron-produzierenden Nebennierenrindenadenom entsprach.

- Fludrocortison-Suppressiontest: 4 Tabletten 0,1 mg Fludrocortison sowie je 2 Kalium-Brausetabletten und salzreiche Ernährung über 4 Tage: Aldosteronwerte normal: < 50 ng/l (140 pmol/l), Nachweis: > 60 ng/l (170 pmol/l).
- Captopriltest: Bestimmung des Aldosteron/Renin-Verhältnisses vor und 90 Minuten nach der Applikation von 25 mg Captopril p. o. (Nachweis bei ARQ > 50 [ng/l:ng/l] bzw. Aldosteron-Abfall < 30 %).
- Die Testdiagnostik sollte bei Kaliumspiegeln um 4,0 mmol/l durchgeführt werden, weshalb vor und nach dem Test das Kalium jeweils kontrolliert, ggf. sogar zugeführt werden sollte.

> **!** **Eine Herzinsuffizienz ab NYHA III ist eine relative Kontraindikation für den Kochsalzbelastungstest sowie den Fludrocortison-Suppressionstest.**

Subtyp- und Lokalisationsdiagnostik

Mittels **CT (oder MRT) der Nebennierenregion** kann ein Adenom in etwa 50 % der Fälle nachgewiesen werden (**Abb. 30.5**). Hierbei ist zu beachten, dass hormoninaktive Nebennierenrindentumoren bei Patienten über 40 Jahre recht häufig sind (s. S. 574). Der Nachweis eines Tumors bedeutet also nicht automatisch, dass dieser auch die Quelle des Aldosteronexzesses ist.

In diesen Fällen und zur Unterscheidung zwischen einer unilateralen (z. B. Adenom) oder einer bilateralen Erkrankung (z. B. idiopathischer Hyperaldosteronismus) erfolgt die **beidseitige Katheterisierung der Nebennierenvenen**. Die nachfolgende Bestimmung des Aldosteron-/Kortisol-Verhältnisses in den Nebennierenvenen und der Vergleich mit den jeweils zeitgleich peripher bestimmten Werten eignet sich unter Anwendung spezieller Kriterien, um eine Lateralisierung nachzuweisen. Diese Untersuchung ist der Bildgebung überlegen, sollte jedoch nur in speziellen Zentren von erfahrenen Untersuchern durchgeführt werden.

Bilaterale Formen des Hyperaldosteronismus können durch einen idiopathischen Hyperaldosteronismus, beidseitige Mikroadenome oder eine der seltenen Formen des familiären Hyperaldosteronismus verursacht sein.

Beim Typ 1 liegt ein Hybridgen zwischen der 11β-Hydroxylase Typ 1 (Glukokortikoidsynthese) und der 11β-Hydroxylase Typ 2 (Mineralokortikoidsynthese) vor, sodass die Aldosteronsynthese stärker abhängig von ACTH wird. Hier lässt sich mit Dexamethason die Aldosteronsynthese unterdrücken, was diagnostisch und therapeutisch genutzt wird.

Therapie

Die Therapie der Wahl beim Aldosteron-produzierenden Tumor ist die **operative Entfernung** der betroffenen Nebenniere. In 50% der Fälle kommt es danach zu einer Normalisierung des Blutdrucks, fast immer aber zur Verbesserung der Blutdruckproblematik.

Für die medikamentöse Dauertherapie eignet sich am besten der Mineralokortikoidrezeptorantagonist **Spironolacton.** Wegen seiner antiandrogenen und gestagenen Wirkung (Gynäkomastie bei Männern, Zwischenblutungen und Brustspannung bei Frauen) sollte Spironolacton einschleichend und bei Männern nach Möglichkeit nicht über 50 mg pro Tag dosiert werden. Zusätzlich können die **kaliumsparenden Diuretika** (ENaC-Hemmer) Amilorid und Triamteren zum Einsatz kommen. Als neuer Mineralokortikoidrezeptorantagonist bietet sich auch **Eplerenon** an. Dosiert werden die Medikamente so lange, bis die Reninspiegel im mittleren bis oberen Normbereich liegen. Besteht dann noch ein Hypertonus, so kommen auch andere Antihypertensiva nach Stufenschema zum Einsatz (s. S. 263).

30.3 Hyperkortisolismus (Cushing-Syndrom)

engl.: Cushing's syndrome

Definition. Das Cushing-Syndrom ist die Folge eines chronischen Überangebots an Glukokortikoiden. Unterschieden werden ein **exogenes Cushing-Syndrom**, das durch die Langzeitbehandlung mit Glukokortikoiden entsteht, und ein **endogenes Cushing-Syndrom.** Beim endogenen Cushing-Syndrom unterscheidet man ACTH-abhängige Formen mit sekundärer NNR-Hyperplasie (zentrales Cushing-Syndrom [= Morbus Cushing] und ektope paraneoplastische ACTH-Sekretion) und eine ACTH-unabhängige Form (adrenales Cushing-Syndrom).

Epidemiologie

- Häufigkeit ca. 1:100 000 – 1:500 000
- ACTH-abhängige Formen: 80% der Fälle
- ACTH-unabhängigeFormen: 20% der Fälle
- ♀ : ♂ = 1:5 (bei Morbus Cushing)

Ätiopathogenese

Die Ursachen des Hyperkortisolismus sind in **Tab. 30.2**, die Auswirkungen auf den Stoffwechsel in **Tab. 30.7** aufgeführt.

Klinik

Das Cushing-Syndrom fällt durch typische Symptome auf, die in **Tab. 30.3** zusammengefasst sind.

- Bei gutem Appetit kommt es bei bestehendem Hyperkortisolismus zur stammbetonten Adipositas, die das Gesicht („Vollmondgesicht"), den Nacken („Büffelnacken"), Oberkörper und Abdomen einbezieht (**Abb. 30.6 a**). Die „Salzfäßchen" sind oft ausgefüllt.
- Die Lebensqualität ist oft stark beeinträchtigt durch innerliche Nervosität und Leistungsabfall sowie Muskelschwäche. Kniebeugen und Treppensteigen sind beschwerlich.
- Potenz- und Libidoverlust bzw. Zyklusunregelmäßigkeiten bis zur sekundären Amenorrhö und Hirsutismus führen den Patienten häufig zum Arzt.
- Die Mehrzahl der Patienten zeigt psychopathologische Erscheinungen wie depressive Verstimmungen, Schlafstörungen und Angstzustände.
- Hautveränderungen: babyweiche und vulnerable Haut mit Vellushaar, Einblutungen (**Abb. 30.6 b**), Hautatrophie, Striae distensae rubrae entwickeln sich bevorzugt am Bauch, an den Nates, Oberarmen, Oberschenkeln und in den Achselfalten. Typisch sind unterschiedlich lange und breite, meist zackig begrenzte, parallelstehende oder fächerförmig auseinanderlaufende atrophische Streifen, die rötlich oder livide aussehen (Striae rubrae distaensae).
- Die glukokortikoidbedingte Osteoporose führt zu Rückenschmerzen und Kyphose.
- Durch Hypertonie, Diabetes mellitus und Herzinsuffizienz kann es zu kardiovaskulären Komplikationen kommen.

Eine ausgeprägte Virilisierung mit kurzer Anamnese bei einer Frau kann ein Hinweis für ein Nebennierenkarzinom als Ursache des Cushing-Syndroms sein.

Bei einer **ektopen ACTH-Produktion** fehlen Adipositas, Vollmondgesicht und Büffelnacken. Auffällig sind oft Muskelschwäche, hyperkataboler Stoffwechsel und Hyperpigmentierung. Laborchemisch sind eine ausgeprägte metabolische Alkalose und Hypokaliämie typisch. Die Serum-ACTH-Werte sind häufig stark (> 100 pg/ml bzw. 20 pmol/l) erhöht. Daneben dominieren Symptome der Grundkrank-

Tab. 30.2 Ursachen des Cushing-Syndroms

Ursache		Kommentar
I.	**ACTH-abhängig (80 %)**	
	hypophysär (Morbus Cushing)	häufigste Form des endogenen Cushing-Syndroms, zumeist kleinere Adenome der Hypophyse, die nicht der normalen Rückkopplung durch Kortisol unterliegen
	ektope ACTH-Produktion	kommt am häufigsten im Rahmen eines Bronchialkarzinoms vor, daneben können auch andere Tumoren durch eine ektope ACTH-Produktion auffällig werden (Thymus-, Leber-, Nierenkarzinom etc.)
II.	**ACTH-unabhängig (20 %)**	
	Nebennierenadenom	meist < 5 cm, lange Anamnese, oft reine Kortisolüberproduktion
	Nebennierenkarzinom	extrem selten (Inzidenz 1:1,7 Mio.), meist > 6 cm bei Manifestation, kurze Anamnese, oft Kortisol- und Androgenüberproduktion
	noduläre Nebennierenhyperplasie	Die mikronoduläre Dysplasie und die makronoduläre Hyperplasie sind seltene Erkrankungen der Nebennierenrinde, die zu einem Cushing-Syndrom führen können. Die mikronoduläre Erkrankung kommt bei Kindern, Jugendlichen und jungen Erwachsenen vor.
III.	**exogene Glukokortikoidgabe**	häufigste Ursache

Tab. 30.3 Häufigkeit der Symptome des Cushing-Syndroms.

Symptom	Häufigkeit
Mondgesicht	92 %
arterielle Hypertonie	88 %
Adipositas	86 %
Virilismus	84 %
Diabetes mellitus	84 %
Plethora	78 %
Amenorrhö	72 %
Blutungsneigung	68 %
Knöchelödeme	66 %
Schwäche, Kraftlosigkeit	58 %
Osteoporose	56 %
Striae rubrae distensae	50 %
pathologische Frakturen	40 %
organisches Psychosyndrom	40 %
Teleangiektasien	36 %
Büffelnacken	36 %

heit mit allgemeinen und spezifischen Zeichen des zugrundeliegenden Tumors.

Diagnostik

Das diagnostische Vorgehen erfolgt in 3 Stufen (**Abb. 30.7**).

1. Stufe. Als Screeningmethode bieten sich der niedrig dosierte **Dexamethason-Hemmtest** (1 mg Dexamethason am Vorabend gegen 23 h) mit einer Kortisol-Messung am Folgetag (normal < 1,8 µg/dl bzw. < 50 nmol/l) und die Bestimmung des **Kortisolwerts im 24-Stunden-Urin** an (normal < 100 µg/die, bezogen auf eine Körperoberfläche von 1,73 kg/m²). Beurteilt wird die Suppression des morgendlichen Kortisolwerts. Ist Kortisol nicht supprimierbar (> 5 µg/dl bzw. > 140 nmol/l), so spricht das für ein Cushing-Syndrom.
Als gleichwertig hat sich auch die Bestimmung des Mitternachts-(Speichel-)Cortisols erwiesen. Mitternachts-Speichel-Cortisolwerte > 550 ng/dl (15,2 nmol/l) oder Mitternachtsserumcortisolwerte > 7,5 µg/dl bzw. > 200 nmol/l sprechen für ein Cushing-Syndrom.

2. Stufe. Zur Absicherung der Diagnose oder bei Werten im Graubereich sollte ein zweites Verfahren zur Anwendung kommen, z. B. die Urinunter-

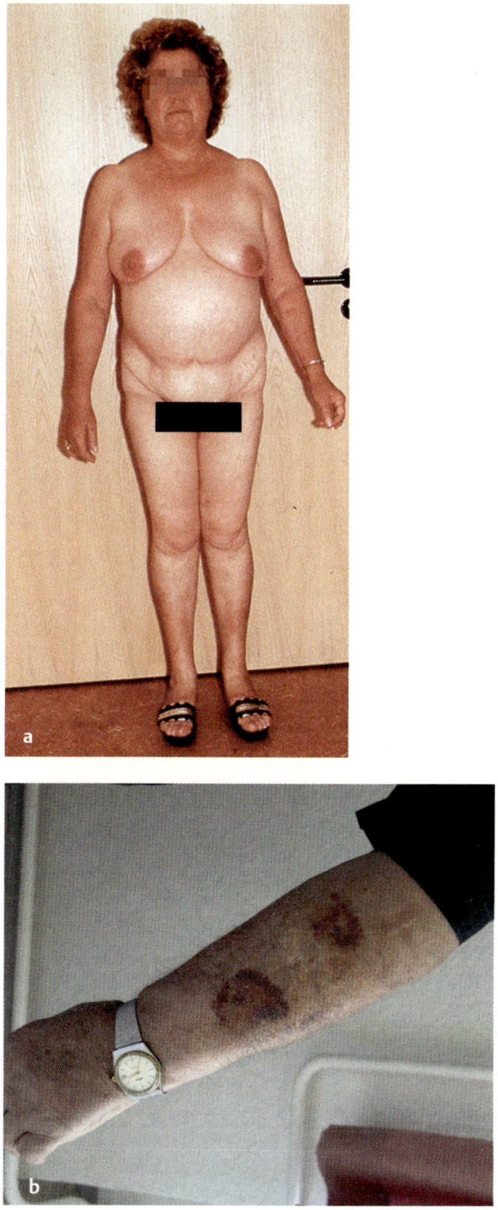

Abb. 30.6 **Cushing-Syndrom. a** Patientin mit Cushing-Syndrom, **b** Hautveränderungen mit flächenhaften Einblutungen bei einem Patienten mit Cushing-Syndrom

suchung nach einem positiven Dexmatheason-Hemmtest bzw. das Cortisol-Tagesprofil mit Mitternachtscortisol.

Pathologische Testergebnisse, eine typische Anamnese und klinische Hinweise sichern die Diagnose.

3. Stufe. Ist das Cushing-Syndrom gesichert, wird in einer 3. Stufe mithilfe der **Plasma-ACTH-Bestimmung** die Unterscheidung zwischen den ACTH-abhängigen Formen und den ACTH-unabhängigen Formen vorgenommen. Hier kann der **CRH-Test** weiterhelfen. CRH führt normalerweise zu einem Anstieg von ACTH und dadurch von Cortisol. Beim Morbus Cushing lässt sich ACTH im CRH-Test stimulieren, beim ektopen Cushing-Syndrom fällt der CRH-Test negativ aus, ACTH ist aber mindestens hochnormal. Beim adrenalen Cushing-Syndrom findet sich auch ein negativer CRH-Test, im Regelfall mit niedrigen bis supprimierten ACTH-Werten (**Abb. 30.8**).

Als weitere Methode zur Differenzierung der Cushing-Formen bietet sich der **hochdosierte Dexamethason-Hemmtest** (z. B. 4 × 2 mg Dexamethason über 2 Tage oder einmalig 8 mg am Vorabend) an. Bei primären Nebennierenrindentumoren und beim ektopen ACTH-Syndrom gelingt die Suppression nicht, beim Morbus Cushing wird sie in der Regel zumindest teilweise erreicht.

Der Goldstandard der Differenzierung des Morbus Cushing vom ektopen ACTH-Syndrom ist der Sinus cavernosus oder Sinus-petrosus-Katheter mit CRH-Stimulation, der in spezialisierten Zentren durchgeführt werden sollte. Hierbei werden zwei Katheter nahe in das Drainagegebiet der Hypophyse gebracht (Sinus cavernosus bzw. Sinus petrosus inferior). Es werden die ACTH-Spiegel bestimmt und mit peripheren Werten verglichen. Danach wird mit CRH stimuliert, wobei sich beim Morbus Cushing (nicht jedoch beim ektopen ACTH-Syndrom) ein prompter ACTH-Anstieg im zentralen Blut findet.

Lokalisationsdiagnostik Abhängig von diesen Befunden erfolgt die **bildgebende Diagnostik.** Das adrenale Cushing-Syndrom lässt sich am besten mithilfe von Sonografie, CT und/oder MRT lokalisieren. Bei Hinweisen für ein zentrales Cushing-Syndrom kommt die MRT mit dünnen Schichten und dynamischen Kontrastmittelsequenzen zum Einsatz. Besteht der Verdacht auf ein ektopes Cushing-Syndrom, muss nach einem zugrundeliegenden Tumor (v. a. Bronchialkarzinom) gefahndet werden.

> **!** **Da Tumoren der Nebenniere oder der Hypophyse relativ häufig vorkommen und nicht zwangsläufig Quelle des Hormonexzesses sind, ist die biochemische Diagnostik genauer als die Bildgebung und muss ihr deshalb immer vorausgehen.**

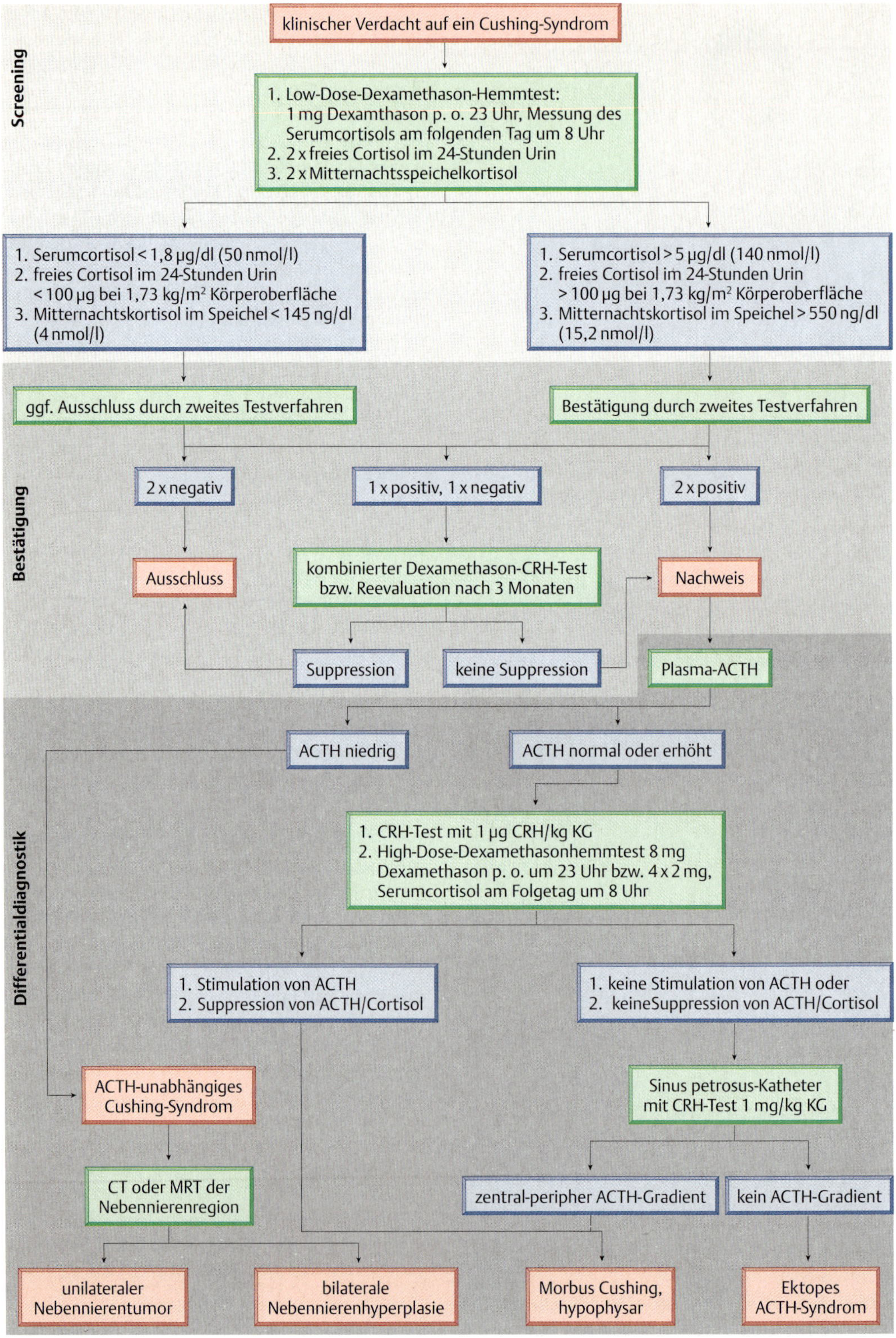
Screening
klinischer Verdacht auf ein Cushing-Syndrom
1. Low-Dose-Dexamethason-Hemmtest: 1 mg Dexamthason p. o. 23 Uhr, Messung des Serumcortisols am folgenden Tag um 8 Uhr
2. 2 x freies Cortisol im 24-Stunden Urin
3. 2 x Mitternachtsspeichelkortisol
1. Serumcortisol < 1,8 µg/dl (50 nmol/l)
2. freies Cortisol im 24-Stunden Urin < 100 µg bei 1,73 kg/m² Körperoberfläche
3. Mitternachtskortisol im Speichel < 145 ng/dl (4 nmol/l)
1. Serumcortisol > 5 µg/dl (140 nmol/l)
2. freies Cortisol im 24-Stunden Urin > 100 µg bei 1,73 kg/m² Körperoberfläche
3. Mitternachtskortisol im Speichel > 550 ng/dl (15,2 nmol/l)
Bestätigung
ggf. Ausschluss durch zweites Testverfahren
Bestätigung durch zweites Testverfahren
2 x negativ
1 x positiv, 1 x negativ
2 x positiv
Ausschluss
kombinierter Dexamethason-CRH-Test bzw. Reevaluation nach 3 Monaten
Nachweis
Suppression
keine Suppression
Plasma-ACTH
Differentialdiagnostik
ACTH niedrig
ACTH normal oder erhöht
1. CRH-Test mit 1 µg CRH/kg KG
2. High-Dose-Dexamethasonhemmtest 8 mg Dexamethason p. o. um 23 Uhr bzw. 4 x 2 mg, Serumcortisol am Folgetag um 8 Uhr
1. Stimulation von ACTH
2. Suppression von ACTH/Cortisol
1. keine Stimulation von ACTH oder
2. keineSuppression von ACTH/Cortisol
ACTH-unabhängiges Cushing-Syndrom
Sinus petrosus-Katheter mit CRH-Test 1 mg/kg KG
CT oder MRT der Nebennierenregion
zentral-peripher ACTH-Gradient
kein ACTH-Gradient
unilateraler Nebennierentumor
bilaterale Nebennierenhyperplasie
Morbus Cushing, hypophysar
Ektopes ACTH-Syndrom

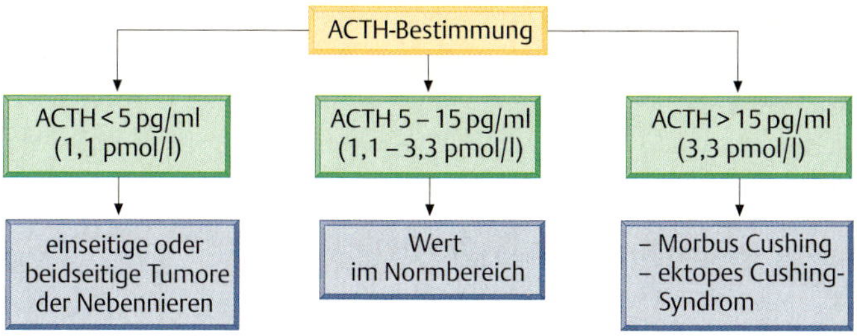

Abb. 30.8 Differenzialdiagnose des Cushing-Syndroms.

Therapie

Morbus Cushing

Die Therapie der Wahl beim Morbus Cushing ist die mikrochirurgische transsphenoidale Hypophysenoperation. Die Erfolgsrate liegt bei ca. 70 %. Bei inoperablen Rezidiven sollte eine Strahlentherapie erfolgen, z. B. Gamma-Knife.

Nebennierenrindentumor

Therapie der 1. Wahl für diese Erkrankungen ist eine chirurgische Entfernung:

- **Adenom und Hyperplasie:** Sprechen die Voruntersuchungen für einen benignen Prozess, ist die selektive mikrochirurgische retroperitoneoskopische Entfernung indiziert.
- **Karzinom:** Sprechen die Voruntersuchungen für Malignität, so sollte *nach* einer hormonellen Diagnostik ein transabdomineller Eingriff mit Lymphadenektomie und sorgfältiger Untersuchung der Nachbarorgane erfolgen.
- Nach der Operation eines Nebennierenrindenkarzinoms wird eine medikamentöse Therapie mit o'p'-DDD (Mitotane) p. o. durchgeführt.

Die Therapie ist mit dosisabhängigen Nebenwirkungen, vor allem Übelkeit, Erbrechen, Neuritiden, Hypogonadismus und primärer Hypothyreose assoziiert, kann aber eine Lebensverlängerung erreichen. Oft tritt außerdem eine behandlungsbedürftige Nebennierenrindeninsuffizienz auf, die auch relativ zum vorbestehenden Hormonexzess symptomatisch werden kann und vom unerfahrenen Untersucher häufig als toxische Medikamentennebenwirkung interpretiert wird. Die regelmäßige Nachsorge in einem spezialisierten Zentrum ist deshalb notwendig. Die Dosis für Mitotane richtet sich nach dem Mitotane-Spiegel im Blut. Auch die Bestrahlung des Tumorbetts und eine Chemotherapie bei Metastasen sind Therapieoptionen.

- **mikro- und makronoduläre Hyperplasie:** bilaterale Adrenalektomie

Ektope ACTH-Sekretion

Die chirurgische Entfernung des ACTH-produzierenden Tumors ist die Therapie der Wahl.
Wenn der Primärtumor nicht lokalisiert werden kann oder das Tumorleiden zu weit fortgeschritten ist, wird die medikamentöse Blockierung der Kortisolproduktion der Nebennieren mit Etomidate, dem Antimykotikum Itraconazol, mit Aminogluthetemid, Mitotane oder Glukokortikoidrezeptorantagonisten durchgeführt. Alternativ kann auch die bilaterale Adrenalektomie erfolgen.
Zusätzlich sollte eine Osteoporoseprophylaxe durchgeführt werden.

> **!** Das Cushing-Syndrom ist häufig mit einem organischen Psychosyndrom verbunden, das sich durch die Therapie der Grundkrankheit beseitigen lässt. Die erfolgreiche Therapie des Cushing-Syndroms und damit die Normalisierung der Kortisolspiegel im Blut kann aber zunächst auch zu einer Verschlechterung des subjektiven Befindens führen (Kortisolentzugssyndrom, postoperative Nebennierenrindeninsuffizienz). Eine Aufklärung des Patienten über diesen Zusammenhang und die fachärztliche Begleitung ist auch nach der Operation noch lange wichtig.

◄ **Abb. 30.7 Screening bei Verdacht auf Cushing-Syndrom.** Anhand des Serumkortisols im Dexamethason-Hemmtest und freien Kortisols im 24-Stunden-Urin kann in der Regel festgestellt werden, ob es sich um ein Cushing-Syndrom handelt oder nicht.

Prognose

Die Hauptursache für die Mortalität beim unbehandelten Cushing-Syndrom sind **kardiovaskuläre Komplikationen** im Rahmen der Hypertonie, Herzinsuffizienz und **Immunsuppression** mit Infekten/Sepsis. Bei vollständiger Entfernung eines Nebennierenrindentumors oder eines Hypophysentumors ist die Prognose günstig.

Die Symptome des Cushing-Syndroms bilden sich nach bzw. unter der Therapie langsam zurück.

Nach bilateraler Adrenalektomie kann ein reaktives, starkes Wachstum der Hypophyse, speziell der basophilen kortikotropen Zellen auftreten **(Nelson-Syndrom),** das unter Umständen eine radikale Hypophysenoperation mit Nachbestrahlung erforderlich macht.

Die Prognose des Nebennierenrindenkarzinoms ist abhängig von der Erfahrung des Operateurs mit dieser speziellen Tumorart und durch den Einsatz von o'p'-DDD, Nachbestrahlung des Tumorbetts und Chemotherapie besser geworden. Vollständige dauerhafte Remissionen kommen jedoch nur in Einzelfällen vor.

30.4 Inzidentalome der Nebennierenrinde

Mit der Einführung von bildgebenden Verfahren wie Sonografie und Computertomografie in die Routinediagnostik werden zunehmend Nebennierentumoren zufällig entdeckt. Hochgerechnet hat ca. eine von 70 Personen in Deutschland einen Nebennierentumor. 80% dieser Tumoren sind endokrin wenig aktive Adenome, 3% Phäochromozytome und der Rest Nebennierenkarzinome, Zysten, Metastasen und Myelolipome.

Da zufällig entdeckte Raumforderungen der Nebenniere ein häufiges Problem sind, wird von einer Konsensus-Konferenz des National Institute of Health (NIH) das in **Abb. 30.9** dargestellte diagnostische und therapeutische Vorgehen vorgeschlagen.

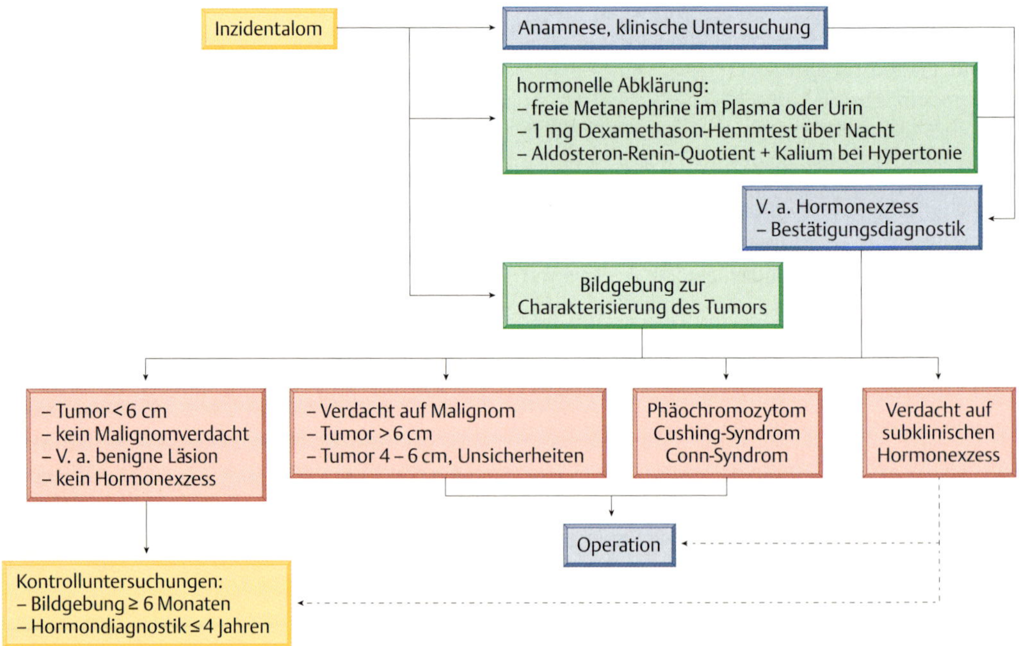

Abb. 30.9 Inzidentalom. Empfehlungen der NIH-Consensus-Konferenz zum diagnostischen und therapeutischen Vorgehen bei Nebennierenrinden-Inzidentalomen.

Während nach einem Cushing-Syndrom und Phäochromozytom immer auch mittels Labordiagnostik zu fahnden ist, muss nach einem Conn-Syndrom nur bei Hypertonie, nach Androgen- oder Östrogen-produzierenden Tumoren nur bei entsprechenden anamnestischen und klinischen Hinweisen gefahndet werden. Der ausführlichen Anamnese und der kundigen körperlichen Untersuchung kommt deshalb ein größerer Stellenwert zu als der bloßen Labordiagnostik. Auch müssen die Patienten in eine entsprechende Nachsorge eingeschleust werden.

30.5 Primäre Nebennierenrindeninsuffizienz

Synonym: Morbus Addison, Hypokortisolismus
engl.: adrenal insufficiency, Addison's disease

Definition. Bei der Nebennierenrindeninsuffizienz kommt es zur ungenügenden Produktion oder zum kompletten Ausfall von Steroidhormonen. Primär bezeichnet dieser Begriff den Glukokortikoidmangel, der entweder durch eine Erkrankung der Nebenniere (primär = Morbus Addison), durch eine verminderte hypophysäre ACTH-Sekretion (sekundär) oder hypothalamisch (tertiär) bedingt sein kann. Alle Formen der primären Nebennierenrindeninsuffizienz werden als Morbus Addison bezeichnet. Eine relative Nebennierenrindeninsuffizienz bezeichnet den Zustand einer ausreichenden Cortisolsekretion im normalen Alltag und den relativen Mangel bei Extremsituationen (z. B. bei Sepsis), in der der normale Anstieg nicht ausreicht, um den Bedarf an Glukokortikoiden zu decken. Der Begriff der relativen Nebennierenrindeninsuffizienz wird auch benutzt, um Kortisolentzugssyndrome zum Beispiel nach Entfernung Cortisol- oder ACTH-produzierender Tumoren zu beschreiben. In diesem Fall benötigen Patienten oft eine hohe Substitutionsdosis mit Glukokortikoiden und haben dennoch typische Symptome einer Nebennierenrindeninsuffizienz.

Epidemiologie

- Inzidenz: ca. 1:400 000/Jahr,
- Prävalenz der primären Nebennierenrindeninsuffizienz: 8,75:100 000
- Manifestationsalter: meist 20 – 50 Jahre

Ätiopathogenese

Das wichtigste Glukokortikoid des Menschen ist das **Kortisol** (Hydrocortison). Das Fehlen dieses Hormons ist mit dem Leben nicht vereinbar. Der Mangel an Gluko- und Mineralokortikoiden kann unterschiedliche Ursachen haben (**Tab. 30.4**) und führt zu weitreichenden Veränderungen im Organismus. Im Vordergrund steht die Wirkung auf das kardiovaskuläre System mit verminderter Herzleistung, erniedrigtem Gefäßtonus und Hypovolämie. In der Folge kommt es zum Katecholaminmangel und vermehrter ADH-Freisetzung mit Hyponatriämie. Liegt zeitgleich ein Mineralokortikoidmangel vor, entsteht zusätzlich eine Hyperkaliämie.

Klinik

Klinische Symptome treten meist erst auf, wenn ein Großteil der Nebennierenrinde bereits zerstört ist. Je nach Ausmaß und Dauer der Störung klagen die Patienten über:

- Frieren, Schwäche, Müdigkeit, Konzentrationsstörungen
- Appetitlosigkeit, Übelkeit, Erbrechen, Bauchschmerzen (Pseudoperitonitis), Durchfall, Gewichtsverlust
- Muskel und Gelenkschmerzen (vor allem bei Kortisolentzug)
- arterielle Hypotonie, orthostatische Beschwerden
- Hyperpigmentierung der Haut und Schleimhäute, insbesondere von Handlinien und Narben („Bronzehaut“, **Abb. 30.10**)

Durch plötzliche Belastungen kann es jederzeit zur akuten Dekompensation kommen **(Addisonkrise).** Außer den genannten Symptomen kommt es zu:

- Hypoglykämie
- Exsikkose, Fieber
- Bewusstseinsstörungen, Somnolenz, Koma

> **!** Entwickelt sich der Morbus Addison langsam und diskret, kann die Symptomatik als Alterserscheinung oder Anorexie fehlgedeutet werden.

Diagnostik

Labor.

- Blutbild: leichte Eosinophilie, relative Lymphozytose mit Neutropenie, Anämie
- Blutgasanalyse: metabolische Azidose

G

Tab. 30.4 Ursachen des Hypokortisolismus

Ursache	Kommentar
primäre Nebennierenrindeninsuffizienz	
autoimmun (ca. 75 %, westliche Welt)	alle Rindenzonen betroffen, Autoantikörper sind positiv in 50 % der Fälle, z. B. auch im Rahmen von Polyglandulären Autoimmunsyndromen (s. S. 592 ff)
Tuberkulose (ca. 20 %, weltweit am häufigsten, s. S. 451 und 1003)	Tuberkulin-Test, makroskopischer Tumor mit Verkalkungen, histologisch verkäsende Granulome nachweisbar
andere Ursachen (ca. 1 – 5 %)	
• Pilzinfektionen	
• Hämorrhagien, Infarzierung	häufig akute Symptomatik, z. B. Waterhouse-Friderichsen-Syndrom (Komplikation bei fulminanter Meningokokkensepsis)
• AIDS	
• Sarkoidose (s. S. 471)	nicht verkäsende Granulome, Lungenbefund
• Amyloidose (s. S. 323)	eine Rektumbiopsie sichert die Diagnose
• Adrenoleukodystrophie	zusätzlich neurologische Ausfälle, sehr langkettige Fettsäuren
• Metastasen	Suche nach Primärtumor
• adrenogenitales Syndrom (s. S. 578)	bei den häufigsten Formen Erhöhung von 17α-Hydroxyprogesteron und 11- bzw- 21-Desoxycortisol (S. 578)
• Steroidbiosynthesestörungen	Mutationen im SCC- oder StAR-Gen, Lipoiddystrophie
sekundäre und tertiäre Nebennierenrindeninsuffizienz	
verschiedene Erkrankungen von Hypothalamus und Hypophyse	s. S. 494
Glukokortikoidtherapie	nach Gaben hoher Dosen von Glukokortikoiden über mehrere Wochen kommt es zu einer zentralen Suppression der Hypothalamus-Hypophysen-Nebennierenachse

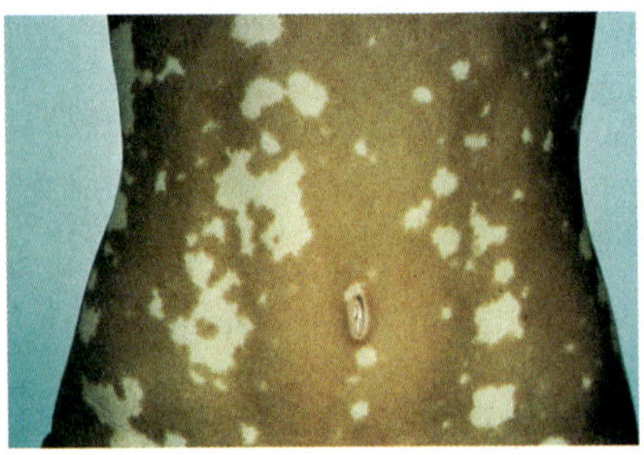

Abb. 30.10 Hyperpigmentierung und Vitiligo bei Morbus Addison.

- Elektrolyte: Hyponatriämie, seltener auch Hyperkaliämie
- Azotämie
- basale Cortisolwerte < 3,2 µg/dl (90 nmol/l)

ACTH-Kurztest. Der ACTH-Kurztest eignet sich zur Bestätigung der Verdachtsdiagnose. Dabei wird ACTH i. v. oder i. m. gespritzt und der Anstieg von Kortisol nach 30 – 60 min gemessen.

Da in akuten Stresssituationen oder nach ACTH-Gabe die Kortisolwerte bei Patienten mit normaler Nebennierenrindenfunktion weit über 20 µg/dl liegen sollten, spricht ein Wert unter 20 µg/dl (550 nmol/l) oder weniger als Faktor 2 nach ACTH-Stimulation für das Vorliegen einer Nebennierenrindeninsuffizienz.

Wurde ein Hypokortisolismus nachgewiesen, dann muss eine Unterscheidung in primäre und sekundäre Formen erfolgen.

Zur Unterscheidung zwischen primärer und sekundärer Nebennierenrinden-Insuffizienz siehe **Tab. 30.5**.

Tab. 30.5 Unterscheidung zwischen primärer und sekundärer NNR-Insuffizienz

NNR-Insuffizienz	primär	Sekundär
ACTH	↑	↓
andere Parameter der Hypophysenfunktionen	–	↓
Aldosteron	↓	–
Renin	↑	–

Bildgebende Verfahren. Sollten keine anderen Autoimmunerkrankungen vorliegen, die auf eine Manifestation der primären Nebennierenrindeninsuffizienz im Rahmen eines Polyglanduläres Autoimmunsyndroms hinweisen und finden sich keine Nebennierenrinden-spezifische Antikörper, sollte eine Bildgebung der Nebennierenregion mittels CT durchgeführt und bei entsprechendem Anhalt eine Tuberkulose ausgeschlossen werden. Gegebenenfalls wäre bei Männern außerdem eine Adrenoleukodystrophie durch Bestimmung der „sehr langkettigen Fettsäuren" auszuschließen.

Bei sekundärer Nebennierenrinsuffizienz ohne vorausgegangene Glukokortikoidtherapie muss die Hypophysenregion zum Ausschluss eines raumfordernden Prozesses mit Dünnschicht-MRT der Sellaregion und Kontrastmittelgabe untersucht werden.

> **!** **Bei der akuten Nebennierenrinden-Insuffizienz ist bei der klinischen Verdachtsdiagnose nach der Blutabnahme zur Kortisolbestimmung unmittelbar die Therapie einzuleiten, ohne den Befund abzuwarten.**

Therapie

Die Therapie des Morbus Addison erfordert eine **lebenslange Substitution von Glukokortikoiden.** Die Gabe von z. B. morgens 10 – 15 mg, mittags 5 mg und abends 0 – 5 mg Hydrocortison stellt in der Regel eine adäquate Substitution dar. Kortisol (Hydrocortison) hat auch mineralokortikoide Eigenschaften. Bei Stress kann der Nebennierengesunde seine Kortisolproduktion auf das Vielfache der Basisdosis steigern. Entsprechend sollte bei leichten Stresssituationen wie Fieber, Erbrechen oder Durchfällen die Dosis verdoppelt werden, bei schwerem Stress (Polytrauma, große Operationen) auf 100 – 200 mg Hydrocortison/Tag.

Die Substitution der Mineralokortikoide erfolgt mit 0,05 – 0,2 mg Fludrocortison/Tag (z. B. Astonin H). Der Androgendefizit bei Frauen kann durch Gabe von 25 bis 50 mg DHEA p. o./Tag, 300 µg Testosteron perkutan/Tag oder durch ein Gestagen mit androgener Partialwirkung behandelt werden.

Therapie der Addisonkrise

Rasche Substitution des Natrium- und Flüssigkeitsdefizits und Erhöhung des Glukokortikoidspiegels (5 % Glukose in 0,9 % NaCl-Lösung, 100 mg Hydrocortison oder 20 mg Methylprednisolon als Bolus i. v., anschließend 10 mg Hydrocortison/h).

Die **Therapieüberwachung** erfolgt nach klinischen Gesichtspunkten. Normale Elektrolytwerte, normales Blutbild, ein guter Appetit, Symptomfreiheit, gute körperliche Belastbarkeit, allgemeines Wohlbefinden, normales Blutdruckverhalten und keine Zeichen eines Cushing-Syndroms (→ „Hyperkortisolismus", S. 569) zeigen eine gute Einstellung an.

Kontrollen sollten in jährlichen Abständen durch den Endokrinologen erfolgen. Insbesondere muss beim idiopathischen Morbus Addison darauf geachtet werden, dass es im Rahmen des Autoimmunprozesses auch zur Insuffizienz anderer Organsysteme kommen kann.

> **!** **Voraussetzung für eine erfolgreiche Langzeittherapie ist die kontinuierliche Weiterbetreuung durch einen erfahrenen Endokrinologen. Jeder Patient sollte einen Notfallausweis ausgehändigt bekommen, in dem Erkrankung, übliche Substitutionsdosen der Medikamente und behandelnder Endokrinologe bzw. Zentrum vermerkt sind.**

Prognose

Ein Patient mit Morbus Addison, der ausreichend substituiert wird, hat eine gute Prognose ohne wesentliche Einschränkungen der Lebenserwartung.

Klinischer Fall

Der 48-jährige Patient Herr K. stellt sich in der kardiologischen Ambulanz zur Abklärung einer bestehenden Hypotonie vor. Seit etwa acht Monaten leide er an zunehmender Schwäche und Abgeschlagenheit, sodass er nun nicht mehr arbeiten könne. Zudem habe er in den letzten drei Monaten ungewollt 10 kg abgenommen. Neben dem niedrigen Blutdruck von 75/40 mmHg ist bei der körperlichen Untersuchung die

bronzene Hautfarbe mit verstärkter Zeichnung der Handlinien des Patienten auffällig. Da eine vorangehende pulmonologische und kardiologische Abklärung einschließlich einer koronaren Angiographie die Ursache der Hypotonie nicht aufdecken konnte, wird Herr K. unter dem Verdacht einer Nebennierenrindeninsuffizienz in die Endokrinolgie verlegt. Beim dort durchgeführten ACTH-Test lässt sich die Cortisolausschüttung (4,6 µg/dl [normal 6,0 – 19,0]) nicht stimulieren. Die ACTH- und Reninwerte sind deutlich erhöht (ACTH: > 1 250 pg/ml [normal 7,2 – 63], Renin 2 111,0 ng/l [normal 1,75-24,9 ng/l im Liegen]) und der Aldosteron-Spiegel supprimiert. Diese Werte zusammen mit einer ausgeprägten Hyponatriämie von 120 mmol/l und einer Hyperkaliämie von 6,9 mmol/l sowie der positive Nachweis von Nebennierenrindenantikörpern bestätigen die Verdachtsdiagnose des Morbus Addison.
Die Elektrolytentgleisungen machen eine forcierte Diurese, die Gabe von Bicarbonat und Hydrocortison erforderlich. In der Bildgebung von Sonographie und CT ergibt sich ein unauffälliger Befund der Nebennieren. Unter der Gabe von Hydrocortison in absteigender Dosierung und der Substitution von Aldosteron bessern sich die Beschwerden von Herrn K. rasch. Sein Blutdruck normalisiert sich binnen drei Wochen auf Werte um 120/70 mmHg, die Elektrolyte liegen im Normbereich, ACTH und Cortisolwerte nähern sich der Norm. Herr K. wird unterrichtet, dass er in Stresssituationen wie einer Krankheit oder auch vor seinen Nachtschichten die Cortisoldosis erhöhen muss und erhält einen Glukokortikoid-Notfallausweis.

30.6 Adrenogenitales Syndrom (AGS)

Synonym: kongenitale adrenale Hyperplasie
engl.: congenital adrenocortical hyperplasia (CAH)

Definition. Das adrenogenitale Syndrom ist der Überbegriff für eine Gruppe meist autosomal-rezessiv vererbter Erkrankungen, bei denen es aufgrund von **Enzymdefekten im Kortisolsyntheseweg** zu einer vermehrten Androgensynthese kommt.

Epidemiologie. Bei den klassischen AGS-Formen ist in über 90 % der Fälle die 21α-Hydroxylase betroffen.

Ätiopathogenese. Die adrenale Steroidsynthese ist in **Abb. 30.11** dargestellt.

Je nach Art und Ausprägung der Enzymstörung kommt es zur unterschiedlichen Ausprägung des Krankheitsbildes:

- **klassisches AGS**
  - **AGS ohne Salzverlust** (unkompliziert, einfach virilisierend, z. B. 21α-Hydroxylase-Mangel mit erhaltener Aldosteronsynthese; mit Hypertonie: 11β-Hydroxylase, 17α-Hydroxylase)
  - **AGS mit Salzverlust** (21α-Hydroxylase-Mangel ohne Aldosteronsynthese, 3β-Hydroxysteroiddehydrogenasemangel, Cholesterol-Desmolase-Defekt, weitere.
- **nicht klassisches AGS**
  - Late-Onset-AGS (wenig Symptome, Manifestation nach der Pubertät)
  - Cryptic AGS (keine Symptome, nur Allelträger)
- **Sonderformen:** Kortisonreduktase-Mangel, Cytochrom P450-Oxidoreduktase-Mangel)

! Der klassische 21α-Hydroxylasemangel führt zu einer Beeinträchtigung der Kortisolsynthese. Durch den Feedbackmechanismus steigt in der Folge das ACTH an.

Klinik. Bei Mädchen mit klassischem AGS kommt es bereits pränatal zu einer Virilisierung und der Ausbildung eines intersexuellen Genitales (**Abb. 30.12**). Bei Jungen ist das Genitale bei der Geburt in der Regel normal. Im Verlauf kommt es außerdem zu Wachstumsstörungen und prämaturer Pubarche.
Beim nicht klassischen oder late-onset AGS liegt eine weniger ausgeprägte Hyperandrogenämie vor, die sich vor allem bei erwachsenen Frauen u. a. mit Hirsutismus, androgenetischer Alopezie, Akne, Zyklusstörungen, unerfülltem Kinderwunsch und tiefer Stimmlage manifestieren kann.

Diagnostik. Neben der Anamnese und der körperlichen Untersuchung ist oft eine spezielle Labordiagnostik mit Provokationstests notwendig, um die Enzymdefekte genau zu charakterisieren. So können hierfür Urinproben auf die unterschiedlichsten Vorläufersteroide von Kortisol und ihre Metaboliten untersucht werden. Auch werden die in **Abb. 30.11** dargestellten Intermediärsteroide basal und nach Provokation mit ACTH bestimmt. In Abhängigkeit von der Klinik ist oft auch die Messung weiterer Hormonspiegel notwendig (z. B. ACTH, Renin, Testosteron, SHBG). Für die häufigsten Enzymdefekte sind genetische Untersuchungen zum Mutationsnachweis verfügbar.

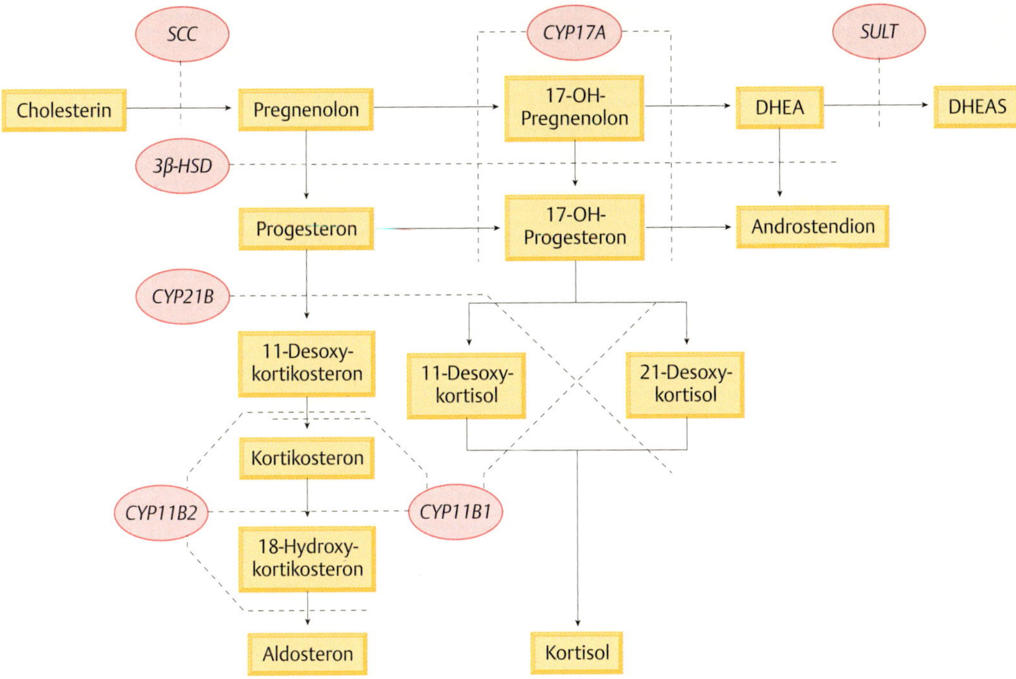

Abb. 30.11 Adrenale Steroidsynthese. 3β-HSD = 3β-Hydroxysteroiddehydrogenase, CYP11B1 = 11β-Hydroxylase, CYP11B2 = Aldosteronsynthase, CYP17A = 17α-Hydroxylase und 17,20-Desmolase, CYP21B = 21-Hydroxylase, DHEA = Dehydroepiandrosteron, DHEAS = Dehydroepiandrosteronsulfat, SCC = Side-chain cleavage-Enzym (20,22-Desmolase).

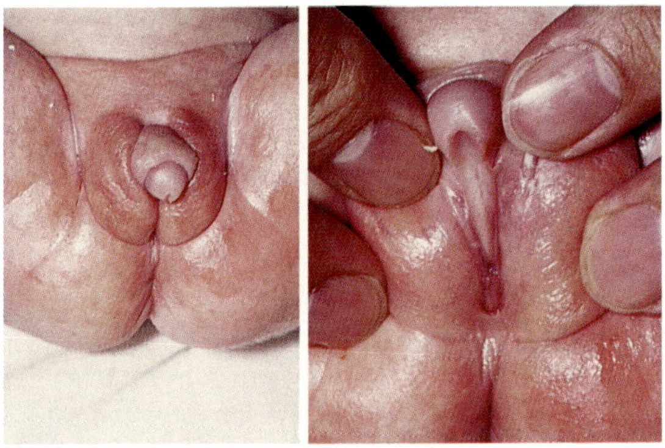

Abb. 30.12 Pseudohermaphroditismus femininus. 6 Wochen altes Mädchen mit AGS bei 21α-Hydroxylasemangel (aus Sitzmann, Duale Reihe Pädiatrie, Thieme).

Therapie. Die **Therapie der klassischen AGS-Formen** besteht in der Gabe von **Glukokortikoiden,** die je nach Enzymdefekt und Geschlecht zur Substitution oder zur Suppression der ACTH-Spiegel (z. B. bei Androgenexzess oder Mineralokortikoidhypertonie) dosiert sind. Außerdem kann der Ausgleich eines Mineralokortikoidmangels mit Fludrocortison zusätzlich notwendig sein.

Die **Therapie des Late-onset-AGS** (z. B. 21-Hydroxylasemangel) beim Erwachsenen richtet sich nach dem klinischen Problem. Bei Zyklusstörungen, Hirsutismus, androgenetischer Alopezie oder Akne besteht die Möglichkeit, ein antiandrogenes Gestagen einzusetzen (z. B. Cyproteronacetat), bei Schwangerschaftswunsch kann abendlich 0,25 mg Dexamethason/Tag gegeben werden.

Genetische Beratung. Bei nachgewiesenem 21α-Hydroxylasemangel soll eine DNA-Analyse von Patient, (Eltern) und Geschwistern für die genetische Beratung erfolgen. Bei einer erneuten Schwangerschaft in einer AGS-Familie sollte auch der Partner untersucht und die pränatale Diagnostik durchgeführt werden. Dies ist besonders wichtig, da heute eine pränatale Therapie möglich ist und die Virilisierung des äußeren Genitales weiblicher AGS-Feten verhindert werden kann.

30.7 Hirsutismus und Virilisierung

engl.: hirsutism

Der **Hirsutismus** ist definiert als pathologische Vermehrung der Haare und Verstärkung des Haarwuchses mit Ausprägung eines **männlichen Behaarungsmusters** bei Kindern oder Frauen. Hierbei findet sich die vermehrte Körperbehaarung an Oberlippe, Kinn,

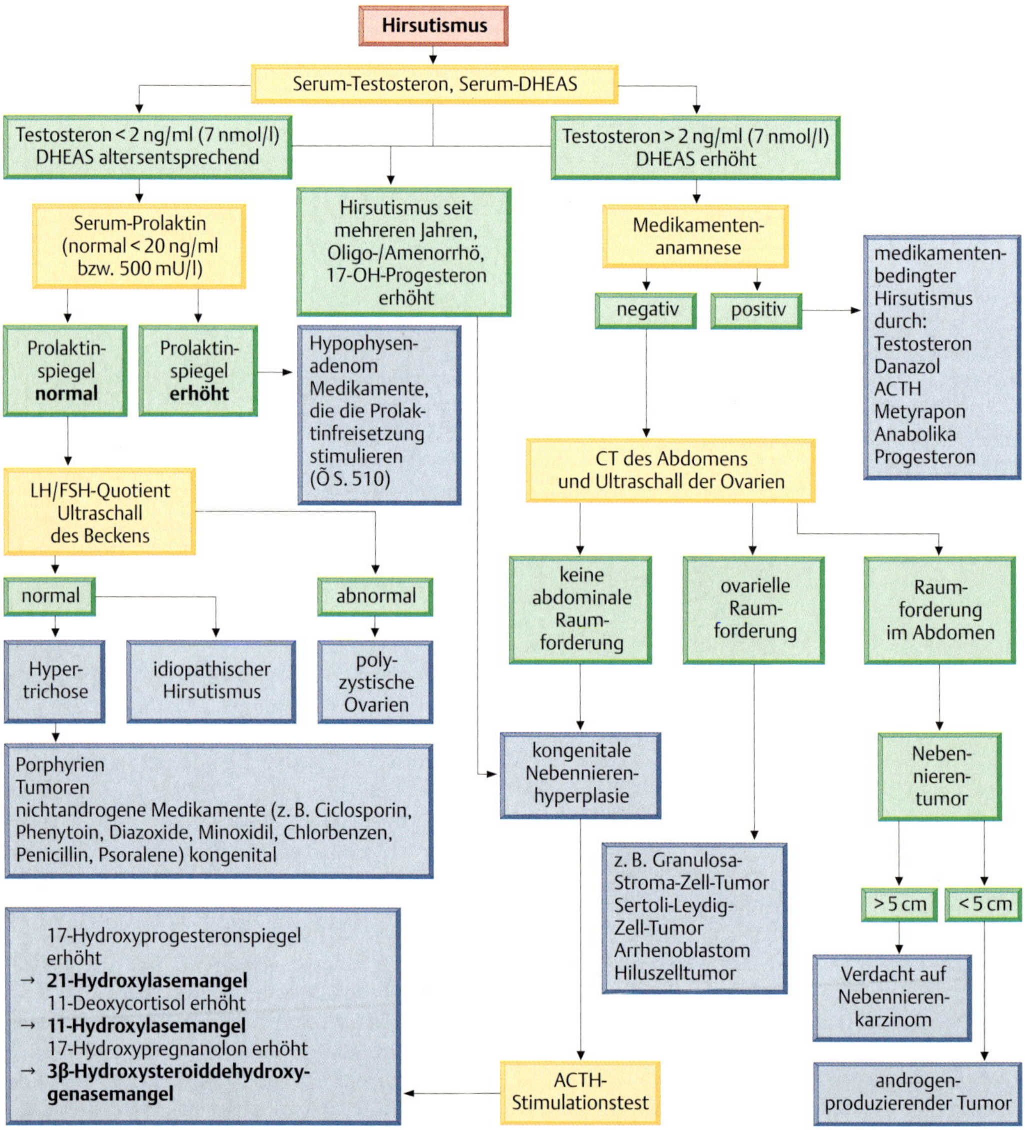

Abb. 30.13 Differenzialdiagnostik des Hirsutismus.

Wangen, Brust, Linea alba, Armen und Beinen. Der Hirsutismus ist **androgen induziert.**

Abzugrenzen vom Hirsutismus ist die **Hypertrichose.** Hierbei handelt es sich um einen verstärkten Haarwuchs mit Übergang von nichtgefärbten Vellushaaren in gefärbte längere Terminalhaare. Die Hypertrichose kann umschrieben oder am gesamten Integument auftreten. Androgene spielen bei der Hypertrichose keine wesentliche Rolle.

Die **Virilisierung** ist definiert durch das Auftreten einer weiteren Androgenisierung, die zusätzlich zum Hirsutismus auftritt. Dabei kann es zu einer Alopezie vom männlichen Typ, Seborrhö, Klitorishypertrophie, Libidosteigerung, Zunahme der Muskulatur, Amenorrhö und Brustatrophie kommen. Zu einer Virilisierung kommt es nur bei **vermehrter Androgenbildung.**

Die **Ursachen des Hirsutismus** sind vielfältig:

- Die meisten Fälle sind idiopathischen Ursprungs, z. B. genetische Disposition, Abstammung. In diesen Fällen ist der Testosteronspiegel normal.
- Ovarielle Ursachen: Polyzystisches Ovarsyndrom (PCOS). Androgenproduzierende Ovarialatumoren (sehr selten). Der Testosteronspiegel oder der freie Testosteronindex ist erhöht.
- Adrenale Ursachen: AGS, Androgen produzierende Nebennierentumoren (sehr selten). Der Testosteronspiegel oder der freie Testosteronindex ist erhöht.
- andere endokrine Ursachen (z. B. Akromegalie)
- medikamentöse Ursachen: z. B. Testosteron, Anabolika, Gestagene, Kortikosteroide, Minoxidil, Ciclosporin, Diazoxid.

Diagnostik und **Differenzialdiagnostik** sind in **Abb. 30.13** dargestellt.

Die **Therapie des symptomatischen Hirsutismus** richtet sich nach der Grunderkrankung. Die Therapie des idiopathischen Hirsutismus kann medikamentös mit Ovulationshemmern mit antiandrogener Wirkung durchgeführt werden (z. B. Cyproteronacetat). Eine Alternative zu den aufgeführten verschiedenen Östrogen-/Antiandrogenkombinationen stellt die Anwendung von Spironolacton oder auch Finasterid dar. Lokale Therapiemaßnahmen sind ebenfalls erfolgreich.

30.8 Phäochromozytom und Paragangliom

engl.: pheochromocytoma

Definition. Phäochromozytome sind neuroendokrine Tumoren der chromaffinen Zellen des Nebennierenmarks (80 – 85 %) oder der Paraganglien, die Katecholamin produzieren können. Ca. 25 % der Phäochromozytome sind hereditär bedingt. Die meisten Phäochromozytome sind benigne (ca. 85 %). Die Mehrzahl der Tumoren sezerniert Adrenalin und Noradrenalin, extraadrenal lokalisierte Tumoren oberhalb des Zwerchfells sezernieren meist nur Noradrenalin, maligne Phäochromozytome können auch Dopamin freisetzen.

Epidemiologie

- Häufigkeit ca. 5:1 000
- Alter: häufig 30 – 50 Jahre
- ♀ : ♂ = 1:1

Klinik

Leitsymptome des Phäochromozytoms sind **Bluthochdruck und Herzrasen.** Die Symptomatik kann **konstant** vorhanden sein oder **anfallsweise** in Form von hypertensiven Krisen auftreten.

> ! **Die Trias von Kopfschmerzen, Schwitzen und Herzrasen bei Bluthochdruckpatienten ist nahezu pathognomonisch.**

Gerade bei älteren Patienten oder Paragangliomen des Kopf- und Halsbereichs können die Symptome jedoch auch sehr diskret sein. Ein Anfall kann wenige Minuten oder mehrere Stunden andauern. Nach dem Anfall sind die Patienten erschöpft.

Weitere Symptome sind Schwindel, orthostatische Dysregulation, **Blässe (vorwiegend im Gesicht)** oder Gesichtsrötungen (bei Koexpression bioaktiver Substanzen), **Gewichtsverlust,** Tinnitus und gelegentlich auch psychische Veränderungen.

Diagnostik

Die Diagnose basiert auf dem biochemischen Nachweis der autonomen Katecholaminüberproduktion und sollte bei klinischem Verdacht immer der Lokalisationsdiagnostik vorausgehen: eine normale Größe und Form der Nebenniere schließt ein Phäochromozytom nicht aus, genauso wenig wie der

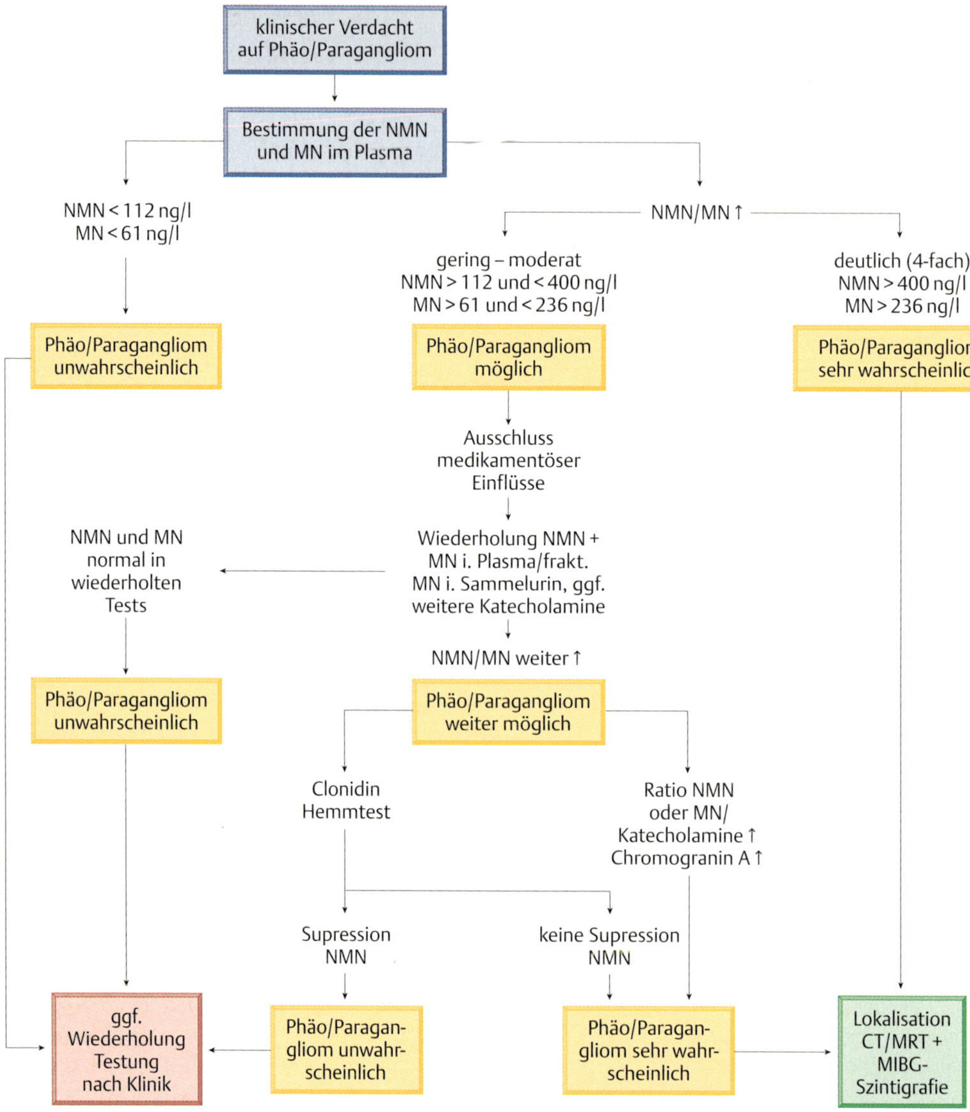

Abb. 30.14 Diagnostik des Phäochromozytoms bzw. Paraganglioms. Phäo = Phäochromozytom, NMN = Normetanephrine, MN = Metanephrine

Nachweis eines Nebennierentumors ein Phäochromozytom beweist (**Abb. 30.14**).

Da die biochemische und bildgebende Diagnostik durch bestimmte Medikamente (z. B. trizyklische Antidepressiva) und durch Begleiterkrankungen (z. B. Niereninsuffizienz) stark gestört wird, gehört die Beurteilung der Befunde in erfahrene Hände.

Klinik. Klinische Symptome wie Hypertonie, Herzklopfen, Schweißausbrüche und Kopfschmerzen sind verdächtig. Die Blutdruckspitzen können zum Teil nur durch eine 24-Stunden-Blutdruckmessung nachgewiesen werden.

Labor. Standardmethode zum Nachweis oder Ausschluss eines Phäochromozytoms ist heute die Bestimmung der freien Metanephrine (Abbauprodukt

Tab. 30.6 Katecholaminkonzentrationen im Plasma und 24-Stunden-Sammelurin

Messung der Basalwerte				
	Katecholaminart	**Normwert**	**Grenzwert**	**Phäochromozytom**
im Plasma:	Normetanephrin	< 112 ng/l (0,60 nmol/l)	112 – 400 ng/l (0,6 – 2,2 nmol/l)	> 400 ng/l (> 2,2 nmol/l)
	Metanephrin	< 61 ng/l (0,31 nmol/l)	61 – 236 ng/l (0,3 – 1,2 nmol/l)	> 236 ng/l (> 1,2 nmol/l)
im Urin:	Gesamtmetanephrine	< 0,8 mg/24 h	0,8 – 3 mg/24 h	> 3 mg/24 h
	Normetanephrin	< 1 950 nmol/24 h	1 950 – 7 800 nmol/ 24 h	> 7 800 nmol/24 h
	Metanephrin	< 1 520 nmol/24 h	1 520 – 6 000 nmol/ 24 h	> 6 000 nmol/24 h
Suppressionstest	Anwendung		Interpretation	
Clonidintest 3 h nach 0,3 mg Clonidin p. o.	bei grenzwertig erhöhten Katecholaminmetaboliten, z. B. Normetanephrin 100 – 400 ng/l		normale Regulation: Abfall der Normetanephrine um 50 % bzw. in den Normbereich	
Provokationstest	Anwendung		Interpretation	
Glukagontest 1 – 2 mg Glukagon i. v. bei kontinuierlicher Blutdruckmessung (10 mg Nifedipin 30 min vor dem Test geben, um Blutdruckkrisen zu vermeiden)	bei normalem oder leicht erhöhtem Blutdruck (RR > 160/ 100 mmHg) und auch noch normalen bzw. leicht erhöhten Plasma-Katecholaminwerten (Adrenalin + Noradrenalin: 500 – 1 000 ng/l)		ein positiver Glukagontest bedeutet: > 3facher Anstieg der Plasma-Katecholamine oder Werte > 2 000 ng/l 1 – 3 min nach der Glukagongabe	

von Adrenalin) und Normetanephrine (Abbauprodukt von Noradrenalin) im angesäuerten 24 h-Urin. Außerdem hat sich heute die Bestimmung der Metanephrine und Normetanephrine im Plasma mittels HPLC oder Massenspektrometrie durchgesetzt.

Für die Blutentnahme sollte man erst eine Braunüle/ Butterfly legen und vor der Entnahme 15 – 30 min abwarten. Der Patient muss in dieser Zeit ruhig liegen, da durch den Stress große Mengen an Katecholaminen ausgeschüttet werden können, die sonst zu falsch positiven Ergebnissen führen.

Eine Erhöhung der Messwerte auf das Vierfache des oberen Normbereichs ist mit einer nahezu 100 %igen Wahrscheinlichkeit für das Vorliegen eines katecholaminproduzierenden Tumors verbunden.

Bei unklaren Befunden mit grenzwertig erhöhten oder widersprüchlichen Katecholaminwerten ist der **Clonidin-Suppressionstest** indiziert: nach Gabe von Clonidin sinkt durch den zentral hemmenden Effekt auf das sympathische Nervensystem bei gesunden Personen die Plasmakonzentration der Katecholaminmetaboliten. Bei autonomer Katecholaminproduktion ist dies nicht der Fall.

Die Indikation für den **Glukagontest** ist vor allem bei starkem klinischem Verdacht trotz normalen Katecholaminwerten gegeben. Es handelt sich um einen Provokationstest: normalerweise stimuliert Glukagon die Sekretion von Adrenalin und Noradrenalin, während Clonidin die Sekretion hemmt. Bei einem Phäochromozytom führt die Glukagongabe zu einer überschießenden Stimulation. Der Glukagontest kann bedrohliche hypertensive Krisen provozieren und sollte daher nur als Ultima Ratio in geübten Händen eingesetzt werden.

In ca. ⅓ der Fälle liegt über die α-adrenerge Wirkung eine Hyperglykämie mit Glukosurie vor.

Chromogranin A ist in nahezu allen neuro-endokrinen Geweben nachweisbar und ein unspezifischer Tumormarker für neuroendokrine Tumoren. Er korreliert bei malignen Phäochromozytomen mit der Tumormasse und dient vor allem der Verlaufskontrolle. Falsch hohe Spiegel finden sich bei Protonenpumpenhemmertherapie und Niereninsuffizienz.

Bildgebende Diagnostik. Wenn klinisch und laborchemisch ein Phäochromozytom diagnostiziert wurde, erfolgt die Lokalisierung des Phäochromozytoms mittels der CT. Bei extraadrenalen Läsionen bietet die MRT Vorteile. Als nuklearmedizinische Methoden können die ^{123}J-MIBG-Szintigrafie (^{123}J-Metaiodobenzylguanidin) und die ^{18}F-DOPA- oder Dopamin-PET eingesetzt werden.

> **!** **Mit dem MIBG-Scan lassen sich 85 – 90 % aller Phäochromozytome nachweisen.**

Genetik. Eine Reihe hereditärer Erkrankungen sind mit Phäochromozytomen assoziiert: multiple Endokrine Neoplasie Typ 2A und B (RET-Protooncogen), von Hippel-Lindau-Erkrankung (VHL-Gen), Neurofibromatose Typ 1 (NF1-Gen), familiäre Paragangliomerkrankung (Mutationen in der Succinatdehydrogenase, Untereinheiten B – D), Carney-Trias (unklares Gen auf Chromosom 1).

Therapie

Therapie der Wahl ist die mikroinvasive Tumorentfernung. Mindestens 7 Tage vor der Operation sollte eine Therapie mit einem **α-Rezeptorenblocker** (z. B. Phenoxybenzamin oder Prazosin) und Flüssigkeitszufuhr eingeleitet werden. Die Anfangsdosis von 2 × 10 mg Phenoxybenzamin täglich sollte abhängig vom Blutdruck und der begleitenden Klinik auf eine durchschnittliche Dosis von 0,5 – 1 mg/kgKG/Tag verteilt auf drei Einnahmen gesteigert werden. Die Einstellung sollte unter engmaschigen Kontrollen erfolgen. Die hohen Dosen der α-Rezeptorenblocker sind zum einen notwendig, um den Blutdruck des Patienten zu senken und zum anderen, um das Plasmavolumen zu normalisieren.
Sobald sich ein normales Blutvolumen einstellt, stellt die orthostatische Hypotension kein Problem mehr dar.
Die Einnahme von β-Blockern wird bei Herzrasen oder Herzrhythmusstörungen erforderlich.

> **!** **Keinesfalls sollte eine β-Blockade vor der α-Blockade durchgeführt werden, da sonst durch die verstärkte Adrenalinwirkung auf die α-Rezeptoren eine schwere hypertensive Krise ausgelöst werden kann. Andererseits führt die steigende α-Blockade häufig zu supraventrikulären Tachykardien und Herzrhythmusstörungen.**

Verlaufskontrolle

Sollte nach der Entfernung des Phäochromozytoms weiterhin ein Bluthochdruck bestehen (fixierte Hypertonie), bieten sich die in **Tab. 30.6** genannten pharmakologischen Tests zur Diagnostik an. In 25 % der Fälle kann der Hochdruck auf eine vorher bestehende, in der Regel essenzielle Hypertonie zurückgeführt werden.
Jährliche Verlaufskontrollen in einem spezialisierten Zentrum sind erforderlich, ca. ¼ aller Phäochromozytome und Paragangliome sind vererbt, nicht alle Mutationen sind bekannt. Nach Begleiterkrankungen sollte in Abhängigkeit der Grunderkrankung, z. B. medulläres Schilddrüsenkarinom bei MEN2, gefahndet werden.
Die Histologie kann nicht in jedem Fall maligne von benignen Läsionen differenzieren, sodass erst der klinische Verlauf darüber Auskunft gibt.
Die **Behandlung maligner Phäochromozytome** erfolgt interdisziplinär und sollte endokrinologisch koordiniert werden. Möglich ist die therapeutische Gabe von ^{131}J-MIBG oder radioaktiv markierten Somotostatin-Analoga (z. B. DOTA TATE = DOTA-Threonin-Konjugat mit Octreotid), antiproliferative medikamentöse Therapien oder die Bestrahlung von Metastasen.

30.9 Therapie mit Glukokortikoiden

Wirkprofil

Glukokortikoide, etwas uneindeutig auch als „Kortikosteroide", „Kortikoide" oder „Steroide" bezeichnet, werden bei zahlreichen Erkrankungen in vielen Bereichen der Medizin eingesetzt. Sie haben bezüglich ihrer glukokortikoiden Wirkung das gleiche

Tab. 30.7 Wirkung von Glukokortikoiden

	Wirkungen	Symptome/Befunde
Kohlenhydratstoffwechsel	Hemmung der Glukoseutilisation an der Zielzelle, Erhöhung der Gluconeogenese	diabetogen, Verschlechterung einer diabetischen Stoffwechsellage
Proteinstoffwechsel	kataboler Effekt, Freisetzung von Aminosäuren	Muskelatrophie, Osteoporose, dünne Haut, Steroidmyopathie
Lipidstoffwechsel	gesteigerte Lipolyse, Fettmobilisation aus der Peripherie, Umverteilung des Fettes	Hyperlipidämie, Stammfettsucht, „Büffelnacken", „Vollmondgesicht"
Elektrolyt- und Wasserhaushalt (bei Steroiden mit mineralokortikoider Wirkung)	Natriumretention, Kaliumausscheidung	Hypernatriämie, Ödeme, Hypertonie, hypokaliämische Alkalose
hämatopoetische und lymphatische Gewebe, Immunsystem	Reduktion von neutrophilen Leukozyten, Hämoglobin, Thrombozyten, Lymphozyten, Verminderung des lymphatischen Gewebes, Proliferations- und Entzündungshemmung	erhöhte Thromboseneigung, erhöhtes Infektionsrisiko, Störung der Wundheilung, ulzerogene Wirkung (vor allem in Kombination mit nicht steroidalen Antiphlogistika)
Knochenstoffwechsel	Apoptose von Osteoklasten, Stimulation von Osteoklasten, Steigerung der Kalziumdiurese, Kollagenabbau	Knochendichteminderung bis Osteoporose mit Frakturen

Tab. 30.8 Vergleich der synthetischen Glukokortikoide bezüglich ihres Wirkprofils

Glukokortikoid	relative glukokortikoide Potenz	relative mineralokortikoide Potenz	Cushing-Schwellendosis in [mg/d]	Handelsname
Cortisol	1	1	30	Hydrocortison
Cortison	0,8	1	27,5	Cortison
Prednison	4	0,8	7,5	Prednison
Prednisolon	4	0,8	7,5	Prednisolon
Methylprednisolon	5	–	6	Urbason
Triamcinolon	5	–	6	Volon
Paramethason	10	–	3	Monocortin
Betamethason	30	–	1	Betnesol
Dexamethason	30	–	1,5	Fortecortin

Wirkprofil wie das endogen synthetisierte Kortisol (**Tab. 30.7**). Der große therapeutische Nutzen der Glukokortikoide lässt sich somit im Wesentlichen auf drei Effekte zurückführen. Sie wirken

- **antiinflammatorisch,**
- **antiproliferativ** und
- **immunsuppressiv.**

Daher haben sie u. a. einen festen Stellenwert in der Therapie der rheumatischen Erkrankungen, vieler Autoimmunerkrankungen (s. S. 1124 ff.), chronisch obstruktiver Lungenerkrankungen (s. S. 427), in der Tumortherapie und Transplantationsmedizin sowie in der Substitutionstherapie bei primärer und sekundärer Nebenniereninsuffizienz (s. S. 575).

Die synthetischen Glukokortikoide unterscheiden sich dabei zum Teil erheblich in ihrer gluko- und mineralokortikoiden Wirkungsstärke (**Tab. 30.8**).
Folgende allgemeine Regeln sind bei der Therapie mit Glukokortikoiden zu beachten:

- Vermeidung von lang wirksamen Kortikoiden; möglichst Präparate verwenden, die nur eine geringe Hemmwirkung auf den adrenalen Regelkreis ausüben (z. B. Prednisolon [Lodotra])
- möglichst niedrige Dosis
- zirkadiane Applikation: Verabreichung der gesamten Dosis morgens vor 8 Uhr. Noch besser: alternierende Therapie jeden 2. Tag
- langsam ausschleichen (s. S. 586)

Die Initialdosis richtet sich nach der Schwere der Erkrankung. Bei hochakuten Krankheitsbildern können sehr hohe Dosen erforderlich sein, ggf. als i. v.-Stoßtherapie. Bei chronischen Erkrankungen wird mit niedrigeren Dosierungen gestartet.

Unerwünschte Wirkungen

Die supraphysiologischen Dosen an Glukokortikoiden führen nach längerer Einnahme zur **Suppression der Hypothalamus-Hypophysen-Nebennierenachse**. Wie stark die Nebenniere supprimiert wird, hängt von der Dosis, dem Therapieschema und der Therapiedauer ab.
Eine relevante Suppression der Achse erfolgt selten bei Dosen unter 15 mg Hydrocortison/m^2KO/Tag (Cushing-Schwellendosis). Die zweimalige Gabe und die Verabreichung von Substanzen mit langer Halbwertszeit führt schneller zur Suppression als eine einmalige morgendliche Dosis pro Tag oder die Gabe von Steroidpräparaten alternierend jeden 2. Tag. Therapiezyklen, die weniger als 14 Tage dauern, sind ebenfalls selten mit einer länger dauernden Suppression der Hypothalamus-Nebennierenachse vergesellschaftet, obwohl Patienten oft bereits typische Symptome angeben. Kommt es jedoch im Rahmen der Therapie zu den typischen Zeichen eines Cushing-Syndroms, so muss man eine Suppression der Hypothalamus-Nebennierenachse annehmen.
Ein weiterer, oft limitierender Faktor ist die Entstehung einer durch die Glukokortikoide induzierten Osteroporose (**Abb. 30.15**). Eine entsprechende Prophylaxe ist deshalb bei längerer Anwendung zwingend (s. S. 554). Auch eine Magen- bzw. Duodenalulkusprophylaxe muss bei oraler Langzeittherapie durchgeführt werden (s. S. 706).

Absetzen von Glukokortikoiden

Wenn die Grundkrankheit ein Absetzen der Glukokortikoidtherapie erlaubt, kann folgendes Schema vorgeschlagen werden:
Therapiedauer 1 – 3 Wochen (auch hoch dosiert): sofortiges Absetzen möglich.
Therapiedauer über 3 Wochen: zunächst ist die Überprüfung des adrenalen Regelkreises durch den CRH-Kurztest empfohlen (s. S. 576):

- stimulierbares Cortisol > 20 µg/dl (550 nmol/l): Absetzen der Therapie
- stimulierbares Cortisol < 20 µg/dl (550 nmol/l):
  - kontinuierliche Dosisreduktion (z. B. Tagesdosen über 20 mg/d Prednison) wöchentlich um 10 bis 20 mg/d reduzieren bis 10 mg/d, danach wöchentlich bis zweiwöchentlich Reduktion um 1 bis 2,5 mg; *oder:*
  - rasches Absetzen synthetischer Glukokortikoide und Substitution mit Hydrocortison morgens ca. 15 – 20 mg, mittags 5 – 10 mg, abends 0 – 5 mg, bis sich die Nebenniere wieder normal stimulieren lässt.

Therapiedauer über mehrere Monate (langfristige Suppression des Regelkreises): Reduktion der Therapie mit synthetischen Glukokortikoiden bis zu einer Tagesäquivalenzdosis von ca. 30 bis 35 mg Hydrocortison, dann Umstellung auf Hydrocortison und Substitution mit morgens 15 – 20 mg, mittags 5 – 10 mg, abends 0 – 5 mg, bis die basalen ACTH oder DHEAS-Spiegel, als Marker für eine intakte Steroidbiosynthese, wieder messbar werden.
Dann ACTH-Stimulationstest und Reduktion der Hydrocortison-Dosis, wenn sich die Nebenniere wieder stimulieren lässt. Absetzen bei normalem Testergebnis. In dieser Phase benötigen die Patienten einen Notfallausweis und eine enge Begleitung durch den behandelnden Arzt.

Weiterführende Informationen
http://www.endokrinologie.net/
http://www.endo-society.org/

31 Multiple endokrine Neoplasien (MEN)

Gerhard H. Scholz, Matthias Schott, Reimar Fritzen, Werner A. Scherbaum

engl.: multiple endocrine neoplasia (MEN), familial endocrine adenomatosis, multiple endocrine adenopathies

Definition. Multiple endokrine Neoplasie (MEN, syn. multiple endokrine Adenomatose [MEA]) ist der Überbegriff für verschiedene durch Mutationen bedingte hereditäre Erkrankungen, die zu einer Neoplasie endokriner Drüsen prädisponieren und mit deren Überfunktion einhergehen.

Einteilung

Abb. 31.1 zeigt einleitend in einer Übersicht die befallenen Organe bei den verschiedenen MEN-Formen.

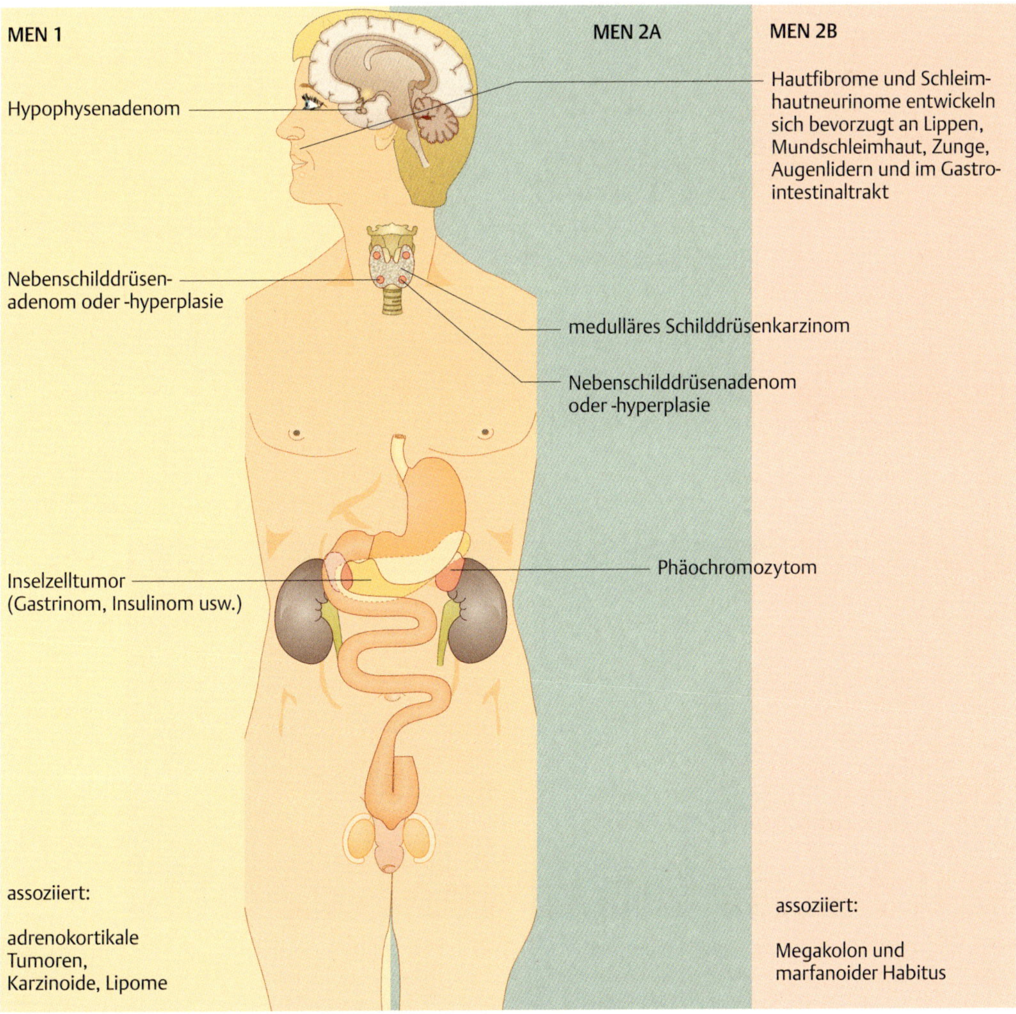

Abb. 31.1 Befallene Organe bei den verschiedenen MEN-Formen. Die verschiedenen MEN-Formen unterscheiden sich bezüglich des Befalls verschiedener endokriner und nicht endokriner Organe. Das frühzeitige Auftreten von Hautfibromen und Schleimhautneurinomen sowie der typische Habitus erlauben bei der MEN2B oft eine Blickdiagnose.

MEN1 (Wermer-Syndrom)

Das MEN1-Syndrom macht ca. 50 % der Fälle aus und ist charakterisiert durch:

- primären Hyperparathyreoidismus (80 – 95 %, multiple Adenome oder Hyperplasie in allen 4 Nebenschilddrüsen, s. S. 535)
- Inselzelltumoren des Pankreas (30 – 80 %). 50 % davon sind Gastrinome (= Zollinger-Ellison-Syndrom, s. S. 894), 30 % der Patienten mit Zollinger-Ellison-Syndrom haben eine MEN1, 35 % Insulinome (s. S. 645), selten: Glukagonome, Tumoren, die das vasoaktive intestinale Polypeptid (VIP, VIPom) oder das pankreatische Polypeptid (PP, PPom) oder Somatostatin (Somatostatinome) produzieren
- Hypophysenadenome (15 – 90 %), davon sind 60 % Prolaktinome, 25 % STH- und 12 % ACTH-sezernierende Tumoren, selten endokrin inaktive Adenome (s. S. 502 ff)
- assoziiert (25 – 40 %): adrenokortikale Tumoren, Karzinoide, Lipome
- überwiegend weibliche Patienten

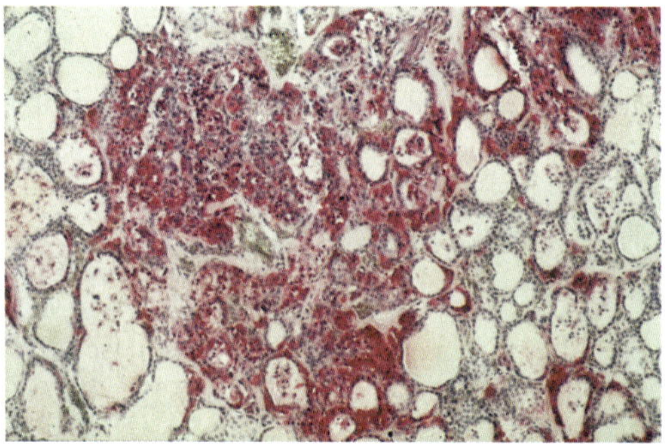

Abb. 31.2 C-Zellhyperplasie. Lichtmikroskopie, Chromogranin-A-Farbmarkierung (Anti-Chromogranin-A-Antikörper) der C-Zellen (rot). Vorläufer eines medullären Schilddrüsenkarzinoms, das sich aus den parafollikulären Zellen oder C-Zellen der Schilddrüse entwickelt, ist eine neoplastische C-Zellhyperplasie (mit freundlicher Genehmigung von Prof. Dr. P. Emmrich, Institut für Pathologie, Universität Leipzig)

MEN2A (Sipple-Syndrom)

Das MEN2A-Syndrom macht ca. 40 % der Fälle aus und ist charakterisiert durch:

- familiäres medulläres Schilddrüsenkarzinom (100 %, **Abb. 31.2**, vgl. S. 589)
- Phäochromozytom (25 – 70 %, häufig bilateral, **Abb. 31.3**, vgl. S. 581)
- primärer Hyperparathyreoidismus (10 – 85 %, **Abb. 31.4**, vgl. S. 535)
- Ganglioneuromatose und marfanoider Habitus
- überwiegend männliche Patienten

Die **Diagnose einer C-Zellhyperplasie** basiert auf mikroskopischen Kriterien: Anwesenheit einer erhöhten Zahl diffus verteilter C-Zellen (≥ 7 pro Schilddrüsenfollikel), Cluster von C-Zellen oder 20 oder mehr C-Zellen pro Gesichtsfeld bei einer 200fachen Ver-

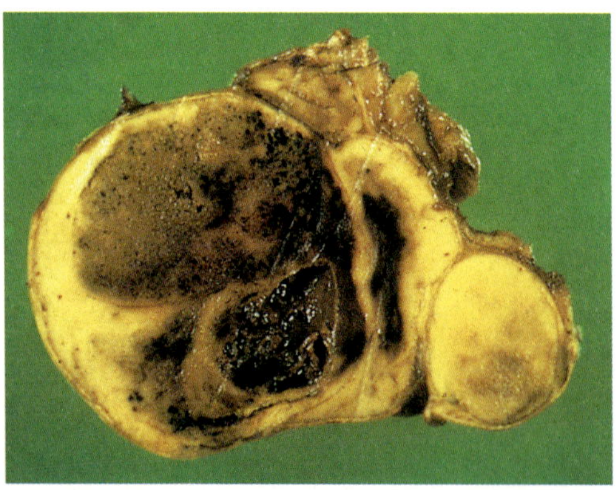

Abb. 31.3 Phäochromozytom. Phäochromozytom (in der Mitte, rotbraun) und kleines Nebennierenrindenadenom (rechts, gelb), Operationspräparat (mit freundlicher Genehmigung von Prof. Dr. P. Emmrich, Institut für Pathologie, Universität Leipzig).

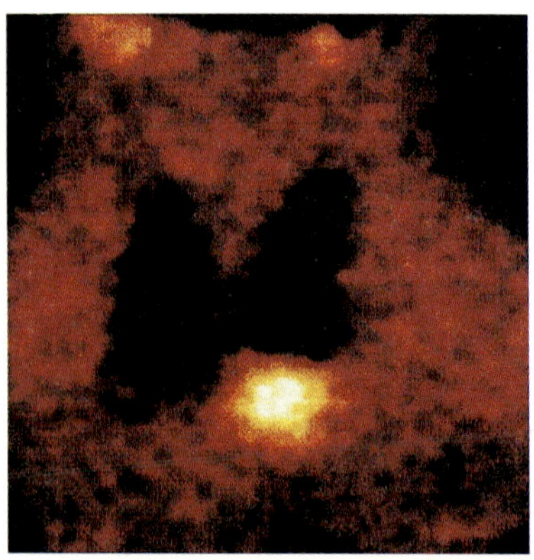

Abb. 31.4 Primärer Hyperparathyreoidismus. Nebenschilddrüsenadenom (gelb leuchtend) und Schilddrüse (dunkel), Subtraktionsszintigrafie (Tc-$^{99\,m\text{-}MIBI}$ minus Tc$^{99\,m}$) (mit freundlicher Genehmigung von Dr. L. Otto, Institut für Nuklearmedizin, Universität Leipzig).

größerung. Die C-Zellhyperplasie kann in reaktiver (physiologischer) und neoplastischer Form vorliegen, eine Unterscheidung beider Formen ist jedoch durch die mikroskopische Untersuchung nicht möglich.
Bei einer **reaktiven C-Zellhyperplasie** ist der Stimulus extrazellulär. Sie wird beobachtet bei Hyperkalzämie, Hyperparathyreoidismus, chronisch-lymphozytärer Thyreoiditis oder follikulären Tumoren. Sie führt nicht zum C-Zellkarzinom.
Die **neoplastische Form der C-Zellhyperplasie** wird durch eine Keimzellmutation im RET-Protoonkogen verursacht und ist die Präkanzerose des medullären Schilddrüsenkarzinoms bei Patienten mit MEN2. Ein medulläres Schilddrüsenkarzinom wird dann diagnostiziert, wenn Nester von C-Zellen über die Basalmembran hinausgehen und die Schilddrüsenfollikel infiltrieren und zerstören.
Medulläre Schildrüsenkarzinome bei MEN2-Patienten treten multizentrisch auf. Sie konzentrieren sich auf das obere Drittel der Schilddrüse, in einem Bereich, in dem auch normalerweise die parafollikulären Zellen nachweisbar sind.

MEN2B (Gorlin-Syndrom)

MEN 2B ist für ca. 10% der Fälle verantwortlich und ist gekennzeichnet durch:

- familiäres medulläres Schilddrüsenkarzinom (100%)
- Phäochromozytome (45 – 100%, häufig bilateral)
- Schleimhautneurinome, Hautfibrome (80 – 100%)
- Megakolon
- marfanoider Habitus

Familiäres medulläres Schilddrüsenkarzinom. Das isoliert vorkommende, familiäre medulläre Schilddrüsenkarzinom (4 oder mehr Angehörige unterschiedlichen Alters haben ein isoliertes MTC = medullary thyroid carcinoma) wird heute als eine eigenständige MEN-Form angesehen, da die zugrunde liegende RET-Mutation (Codon 80) nicht mit den RET-Mutationen von MEN2A oder MEN2B übereinstimmt.

Epidemiologie

Die Häufigkeit der MEN-Syndrome beläuft sich insgesamt auf ca. 3 Erkrankungen/100 000 Einwohner. Das Manifestationsalter ist breit gestreut zwischen 2. und 60. Lebensjahr, wobei ein Altersgipfel zwischen 3. und 4. Lebensjahrzehnt besteht.

Ätiopathogenese

Bei MEN1 sind Mutationen im **Menin-Gen** (Chromosom 11) und bei MEN2 im **RET-Protoonkogen** (Chromosom 10) für die Krankheitsentwicklung verantwortlich. Den drei MEN2-Formen liegen verschiedene RET-Mutationen zugrunde, die für die altersabhängige Manifestation der einzelnen endokrinen Dysfunktionen sowie für den unterschiedlichen klinischen Verlauf verantwortlich sind.

Diagnostik

Die Diagnostikstrategie hängt von vorhandenen Vorinformationen ab (z. B. Häufung endokriner Tumoren in der Familien- oder Eigenanamnese). Sie beginnt oft nach zufälliger Entdeckung eines auffälligen oder pathologischen klinischen Befundes.

MEN1:

- Milchfluss aus der Brustdrüse beim Mann (Prolaktinom)
- ungewöhnliches Größenwachstum vor der Pubertät bzw. langsame Entwicklung einer Vergrößerung von Kopf, Zunge, Kiefer, Händen und Füßen nach der Pubertät (Akromegalie)
- Entwicklung einer Stammfettsucht mit blauroten Streifen, rotem Gesicht, pergamentartiger Haut mit Unterblutungen, Diabetes mellitus und hohem Blutdruck in relativ kurzer Zeit (hypophysäres oder adrenales Cushing-Syndrom)
- unklare aber laborchemisch gesicherte, rezidivierende Hypoglykämie mit typischer Symptomatik, die auf Glukosezufuhr sofort anspricht = Whipple-Trias (Insulinom)
- persistierende bzw. rezidivierende, ausgeprägte Magengeschwüre (Gastrinom: Zollinger-Ellison-Syndrom)
- zeitgleiches Auftreten eines juckenden und schmerzhaften, papulösen und später plaqueartigen Erythems mit Neigung zur Konfluenz im Gesicht, perianal und/oder an den Extremitäten (nekrolytisches migratorisches Erythem) sowie von Gewichtsverlust, Anämie, Durchfall, Schwäche und Diabetes mellitus (Glukagonom)
- unklare, rezidivierende, nahezu rein wässrige Durchfälle, unabhängig von der Nahrungszufuhr, verbunden mit Teilnahmslosigkeit, Übelkeit, Erbrechen, Muskelschwäche und Muskelkrämpfen (VIPom – Verner-Morrison-Syndrom, pankreatisches Cholera-Syndrom oder wässriger Durchfall, Hypokaliämie und Achlorhydrie bzw. Hypochlorhydrie-Syndrom – WDHA-Syndrom)

- weitgehend symptomloser Tumor im Pankreas, häufig zufällig entdeckt (PPom)
- Gallenblasendysfunktion, Gallensteine, Durchfall mit oder ohne vermehrte Fettausscheidung, gestörte Glukosetoleranz (Somatostatinom)

MEN2:
- harter Knoten in der Schilddrüse (Calcitonin > 100 pg/ml evtl. auch CEA erhöht, OP-Präparat: medulläres Schilddrüsenkarzinom), selten unklarer Durchfall
- Symptomkombinationen, z. B. kontinuierlich oder paroxysmal erhöhter Blutdruck, Kopfschmerzen, Herzrasen, profuses Schwitzen (Phäochromozytom)
- zufällige Entdeckung pathologischer Laborwerte oder entsprechende Symptomatik (Hyperkalzämie, s. S. 535: primärer HPT)

Treten die oben genannten Symptome auf und lassen sich die entsprechenden Endokrinopathien nachweisen (laborchemisch, histologisch), sollte eine gezielte Suche nach weiteren endokrinen Auffälligkeiten (auch in der Familie, s. Familienscreening) erfolgen. Bei Verdacht auf das Vorliegen einer MEN sollte eine molekulargenetische Diagnostik eingeleitet werden.

In wenigen Fällen (MEN1 bis 10%, MEN2 ca. 1%) lässt sich keine der bekannten krankheitsauslösenden Mutationen nachweisen. Die Diagnose ist dann nur durch die typische Assoziation der Tumoren sowie ggf. die Familienanamnese bzw. eine endokrinologische Diagnostik zu sichern.

Labordiagnostik

MEN1:
- Hyperparathyreoidismus (Diagnostik s. S. 536)
- Funktionsuntersuchungen des Hypophysenvorderlappens (Diagnostik s. S. 501 f)
- Tumoren des endokrinen Pankreas (s. S. 893):
  Basalwerte: Gastrin, Insulin/Proinsulin/Glukose
  im 72-Stunden-Hungerversuch: regelmäßige Bestimmungen von Insulin/Proinsulin/c-Peptid/Betahydroxybutyrat parallel zur Plasmaglukose, Abschluss mit Glucagontest
  VIPom: vasoaktives intestinales Polypeptid (VIP)
  PPom: pankreatisches Polypeptid
  Karzinoid: Serotonin i. S., 5-Hydroxyindolessigsäure im Urin
- Molekulargenetischer Nachweis einer Menin-Genmutation

MEN2:
- MTC-Diagnostik (MTC = medullary thyroid carcinoma):
  Ein pathologisch erhöhter Calcitoninspiegel im Serum (basal und stimuliert) macht das Vorliegen eines MTC sehr wahrscheinlich, ist jedoch nicht beweisend (selten: falsch positiver Pentagastrin- oder Calciumstimulationstest). Ein normaler basaler Calcitoninwert und ein fehlender Anstieg im Pentagastrin- bzw. Calciumstimulationstest schließen ein MTC nicht aus!
  Die zusätzliche Bestimmung von CEA als ergänzender Tumormarker oder weiterer ektop gebildeter Hormone (ACTH, CRH, VIP) kann hilfreich sein.
  Im Zweifelsfall sollte die totale Thyreoidektomie mit Schnellschnitt und bei positivem Befund die Lymphadenektomie erfolgen.
- Phäochromozytomdiagnostik (s. S. 581)
- Hyperparathyreoidismus-Diagnostik (s. S. 536)
- molekulargenetischer Nachweis einer RET-Mutation

> **! MEN-Screening (Merke: 4P):**
> - **Parathormon (Nebenschilddrüsenadenom)**
> - **Prolaktin (Hypophysenadenom)**
> - **Pentagastrin- bzw. Kalziumstimulationstest (medulläres Schilddrüsenkarzinom)**
> - **Phäochromozytom**

Bildgebende Diagnostik

Bei auffälliger Hormonanalytik ist immer eine bildgebende Diagnostik anzustreben.
- MEN1: Schilddrüsen- und Abdomensonografie, Sella-MRT und Abdomen-CT, Somatostatin-Rezeptor-Szintigrafie mit ^{111}In-Octreotid
- MEN2: Sonografie und evtl. CT der Halsregion (bei HPT- und MTC-Verdacht), MRT der Nebennierenregion und ^{131}J-MIBG-Szintigrafie (bei Phäochromozytomverdacht)
- MEN1 und MEN2 : Positronenemissionstomografie (PET) mit 18F-Fluorodopamin in Kombination mit diagnostischem CT = F-18-FDG-PET-CT (bei Verdacht auf neuroendokrinen Tumor). Bei Verlaufskontrollen eines gut differenzierten endokrinen Tumors auch 68Gallium-Edotreotid (= 68Ga-DOTATOC-PET-CT).

Familienscreening

Bestätigt sich in einer Familie erstmalig das Vorliegen einer MEN beim untersuchten Patienten (Indexpatient), sollten alle Verwandten auch dann molekulargenetisch untersucht werden, wenn es bisher keinen Anhalt für das Vorliegen einer MEN gibt. In Kombination mit dem biochemischen Screening kann mit fast 100%iger Sicherheit bei den Angehörigen betroffener Patienten eine MEN nachgewiesen bzw. ausgeschlossen werden. In der Regel weisen die betroffenen Angehörigen einer Familie das gleiche Befallsmuster, allerdings mit unterschiedlicher zeitlicher Ausprägung und in Abhängigkeit von individuellen genetischen Besonderheiten (z. B. single nucleotide polymorphisms: SNP) auch unterschiedlichem Schweregrad auf.

Die Vererbbarkeit der MEN, die Möglichkeiten frühzeitiger molekulargenetischer und biochemischer Diagnostik und entsprechender Therapie sowie die notwendigen Verlaufskontrollen betroffener Patienten (bei Symptomfreiheit i. d. R. einmal jährlich) erfordern eine humangenetische Beratung sowie die lebenslange Betreuung in einer endokrinologischen Spezialeinrichtung.

Therapie

Eine kausale Therapie gibt es nicht. Betroffene endokrine Organe werden operiert mit Tumorentfernung bzw. spezifischer medikamentöser oder Strahlentherapie. Auch wenn ein Tumor nur durch einen laborchemischen Nachweis gesichert, aber mit bildgebenden Verfahren nicht nachzuweisen ist, muss eine Lokalisation und Entfernung des Tumors erfolgen, d. h.: Exploration aller Nebenschilddrüsen, Laparotomie und Austastung bzw. direkte (intraoperative) Sonografie bei Verdacht auf abdominellen Tumor.

Wegen des höchsten Operationsrisikos erst das Phäochromozytom (wenn vorhanden) resezieren, dann MTC und parathyreoidale Adenome bzw. Hyperplasie oder Metastasen operieren. Präoperative Vorbereitung beim Phäochromozytom beachten (s. S. 584).

Nach neueren Erkenntnissen kann aus der Art der RET-Mutation bei MEN2 auf das Krankheitsrisiko, die beteiligten Endokrinopathien und den besten Zeitpunkt einer prophylaktischen Thyreoidektomie geschlossen werden.

Prognose

Unbehandelt haben Patienten mit MEN eine reduzierte Lebenserwartung. Nach Therapie kann sich die Lebenserwartung in Abhängigkeit vom Lebensalter des Patienten bei Manifestation der Erkrankung und der Ausprägung der MEN deutlich verlängern.
Bei MEN2B scheint das MTC im Hinblick auf Invasivität, Metastasierung und postoperativen Verlauf aggressiver zu sein als bei der MEN2A. Nach rechtzeitiger totaler Thyreoidektomie und uni- bzw. bilateraler Adrenalektomie/Parathyreoidektomie ist bei optimaler Substitutionstherapie eine normale Lebenserwartung möglich.

Weiterführende Informationen

http://www.cancer.net
http://www.net-register.org
Raue F, Frank-Raue K. Genotype-phenotype relationship in multiple endocrine neoplasia type 2. Implications for clinical management. Hormones (Athens) 2009; 8: 23-8 (kostenfreier Zugang zur Publikation)

G

32 Autoimmune polyglanduläre Syndrome (APS)

Werner A. Scherbaum, Matthias Schott, Stefan R. Bornstein

Synonym: polyendokrine Autoimmunerkrankung
engl.: autoimmune polyglandular syndromes (APS)

Definition. Polyglanduläre Autoimmunsyndrome sind mit Autoimmunphänomenen verbundene Erkrankungen zweier oder mehrerer endokriner Organe.

Pathogenese Autoimmunerkrankungen entstehen durch eine persistierende zelluläre und humorale Reaktion des Immunsystems gegen körpereigene Antigene mit nachfolgender Schädigung des betroffenen Organs. Autoimmunerkrankungen betreffen häufig endokrine Organe. Bei manchen Menschen sind mehrere endokrine Organe betroffen. Die Ursache ist unklar. Eine favorisierte Hypothese ist das molekulare Mimikry: Ein exogenes Agens (z. B. Virus) hat eine Sequenzhomologie mit einer körpereigenen Struktur (Autoantigen), und eine gegen das exogene Agens gerichtete Immunreaktion wendet sich daher auch gegen das körpereigene Autoantigen bzw. Gewebe und wird perpetuiert.

32.1 Einteilung, Klinik und Pathogenese

APS Typ I (APS-1)

Obligatorisch sind zwei der drei folgenden Krankheiten:

- primärer Hypoparathyreoidismus (s. S. 535)
- therapierefraktäre mukokutane Kandidose
- primäre Nebennierenrindeninsuffizienz (s. S. 575)

Fakultativ können Hypogonadismus, Autoimmunthyreoiditis (s. S. 526), perniziöse Anämie (s. S. 910), Alopezie, Malabsorption (s. S. 737, 728), autoimmune Hepatitis (s. S. 824), athrophische lymphozytäre Gastritis (s. S. 708), Vitiligo, Sjögren-Syndrom (s. S. 1128), Zahnschmelzdefekte, unguale Dystrophie, Hypophysitis, Diabetes mellitus Typ 1 (s. S. 602) hinzukommen.

APS-1 ist eine Autoimmunerkrankung, die durch Mutationen im **AIRE-Gen (autoimmune regulator gene)** bedingt ist. AIRE kodiert ein Protein, das auf Stromazellen von primären und sekundären **lymphatischen Organen** einschließlich der medullären Thymusepithelzellen exprimiert wird. AIRE reguliert die Transkription von gewebespezifischen Antigenen und hat Beziehung zur zentralen und peripheren Toleranz.

Der **primäre Hypoparathyreoidismus** ist das Hauptkennzeichen des APS-1 und tritt in über 80 % der Fälle auf. Bei 50 % Patienten mit APS-1 und Hypoparathyreoidismus sind im Serum **Autoantikörper gegen NALP5** (NACHT leucine-rich-repeat protein 5) nachweisbar, die in Seren ohne Hypoparathyreoidismus nicht gefunden werden. NALP5 ist in der Hauptzellen der Nebenschilddrüsen und in den Ovarien lokalisiert. Die Antikörper können durch den indirekten Immunfluoreszenztest auf Kryostatschnitten humaner oder boviner Nebennieren mittels konfokaler Laserscanning-Mikroskopie nachgewiesen werden.

APS Typ II (APS-2)

Obligatorisch sind ein autoimmuner Morbus Addison (s. S. 575) mit autoimmuner Schilddrüsenerkrankung (Schmidt-Syndrom) und/oder Diabetes mellitus Typ 1 (Carpenter-Syndrom) (**Abb. 32.1**).

Fakultativ können zudem ein Hypogonadismus, Vitiligo, Alopezie, perniziöse Anämie (s. S. 910), atro-

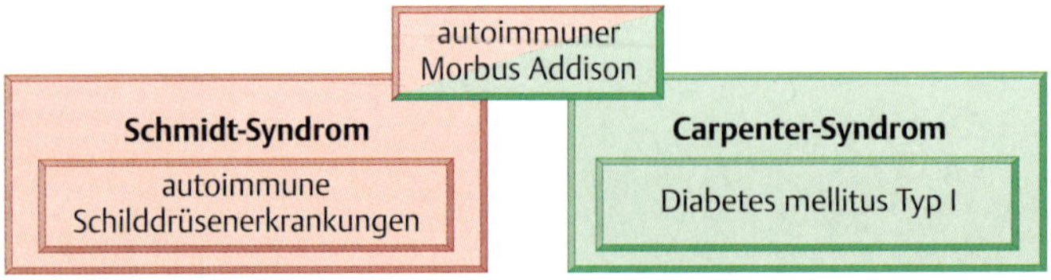

Abb. 32.1 APS II. Die Erkrankung ist mit Morbus Addison, Immunthyreoiditis oder Diabetes mellitus Typ 1 assoziiert. Weitere assoziierte Erkrankungen: Vitiligo, Alopezie, Myasthenia gravis, perniziöse Anämie, Hypogonadismus.

Tab. 32.1 **Diagnostischer Algorithmus**

	APS I	APS II
Inzidenz	< 1:1 000 000	1 – 2:100 000
Männer/Frauen	1:1,4	1:3
Lebensalter	Kindheit	Erwachsenenalter
Vererbung	monogen, autosomal-rezessiv	polygen
Haupterkrankungen	Hypoparathyreoidismus (76 – 93 %) mukokutane Candidiasis (100 %, **Abb. 32.2**) Morbus Addison (72 – 100 %)	Morbus Addison (80 – 100 %) Autoimmunthyreoiditis (70 – 75 %) Typ-1-Diabetes (50 – 60 %)
Begleiterkrankungen	Hypogonadismus (17 – 60 %) perniziöse Anämie (10 – 15 %) Autoimmunthyreoiditis (2 – 15 %) Typ-1-Diabetes (2 – 12 %) Hypophyseninsuffizienz (< 1 %)	Hypogonadismus (4 – 10 %) perniziöse Anämie (< 1 %) Hypophyseninsuffizienz (< 0,1 %)
nicht endokrine Erkrankungen	autoimmune Hepatitis (12 – 20 %) Vitiligo (8 – 15 %, s. S. 576) Alopezie (30 – 40 %) Sjögren-Syndrom (2 – 3 %) Malabsorption (15 – 25 %)	Zöliakie (1 – 5 %) Vitiligo (5 %) Alopezie (< 1 %) Myasthenia gravis (< 0,1 %)

phische lymphozytäre Gastritis (s. S. 708), Myasthenia gravis und Sjögren-Syndrom (s. S. 1128) bestehen.

APS Typ III (APS-3)

Zwei oder mehr endokrine Autoimmunerkrankungen ohne Vorhandensein von primärem Hypoparathyreoidismus oder Morbus Addison.

32.2 Diagnostik

Für jede der einzelnen endokrinen Autoimmunerkrankungen sind Autoantikörper verfügbar, die schon das Risiko für die Manifestation der entsprechenden Erkrankung anzeigen. Insbesondere dann, wenn ein autoimmuner Morbus Addison vorliegt, ist ein Antikörperscreening auf möglicherweise assoziierte Autoimmunerkrankungen angezeigt. Bei positivem Befund oder klinischem Verdacht erfolgt die Durchführung entsprechender Funktionstests. Im individuellen Fall können Antikörpertests auch dazu dienen, erstgradig Verwandte solcher Patienten zu testen. Dies erlaubt eine frühe Diagnosestellung und die rechtzeitige Einleitung einer Therapie (**Tab. 32.1**).

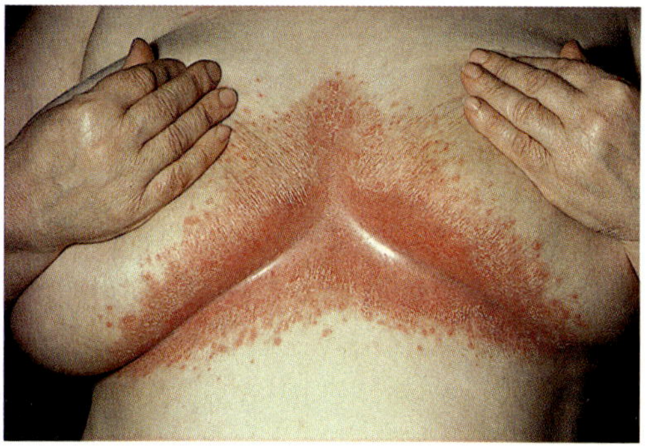

Abb. 32.2 **Submammäre Kandidose.** (aus Moll, Duale Reihe Dermatologie, Thieme)

Anamnese, klinische Befunde und Laboruntersuchungen bei den typischen Erkrankungen sind in den jeweiligen Kapiteln des Buches nachzulesen.

32.3 Therapie und Prognose

Therapie und Prognose richten sich jeweils nach den vorliegenden Endokrinopathien und werden in den jeweiligen Kapiteln dieses Buches erläutert. Die Therapie beschränkt sich bei Unterfunktion auf die symptomatische Substitution der peripheren Hormone. Patienten mit autoimmunen Schilddrüsenerkrankungen und mit einem Morbus Addison haben eine normale Lebenserwartung, wenn sie diagnostiziert und adäquat behandelt sind. Bei Patienten mit einem Typ-1-Diabetes mellitus ist die Lebenserwartung eingeschränkt abhängig vom Alter bei Diagnose der Erkrankung (bei früher Diagnose bis zu 10 Jahren) und von den Langzeitfolgen des Diabetes, die insbesondere mit der Qualität der Blutzuckereinstellung korreliert sind.

33 Störungen der Hodenfunktion und Gynäkomastie

Holger S. Willenberg, Stefan R. Bornstein, Werner A. Scherbaum

33.1 Hypogonadismus und Infertilität

engl.: hypogonadism and male infertility

33.1.1 Allgemeines

Testosteron wird in den Leydigzellen beim Mann produziert. Es ist peripher als freies (nicht proteingebundenes) Testosteron wirksam oder wird in verschiedenen Zielgeweben unter dem Einfluss der Aromatase in Östradiol oder unter dem Einfluss der 5α-Reduktase in hochpotentes Dihydrotestosteron umgewandelt. Es hemmt als Östradiol auch die Sekretion von LH. Inhibin B wird sowohl in den Sertolizellen des Mannes als auch in den Granulosazellen der Frau produziert. Es ist z. B. für die Spermatogenese notwendig und inhibiert die FSH-Sekretion in der Hypophyse (**Abb. 33.1**).

Zu den sexuellen Dysfunktionen des Mannes zählen Störungen der Erektion, die Unfähigkeit, einen Orgasmus zu erreichen, Störungen der Ejakulation oder der Zusammensetzung des Ejakulates.

Impotenz: Die Unfähigkeit, eine Erektion des Gliedes zu erreichen, die für das Eindringen in die Vagina Voraussetzung ist. Hormonelle, neurologische, psychologische oder vaskuläre Störungen können zur Impotenz führen.

Infertilität: Das Ausbleiben einer Schwangerschaft bei einem Paar nach mindestens 1 Jahr Geschlechtsverkehr ohne Empfängnisverhütung.

Männlicher Hypogonadismus: Die Unfähigkeit des Hodens hinreichend Testosteron oder/und Spermien zu produzieren.

Die Prävalenz der Impotenz nimmt mit dem Alter zu:

- 40-jährige Männer: 1,9 %
- 60-jährige Männer: 18,4 %.
- Die Prävalenz des Hypogonadismus beträgt bei Männern im Alter > 60 Jahren ca. 20 %.
- Ca. ¼ bis ⅓ aller Frauen in Deutschland aus dem Geburtenjahrgang 1965 sind kinderlos.
- Ca. 3 % aller Paare bleiben ungewollt kinderlos.

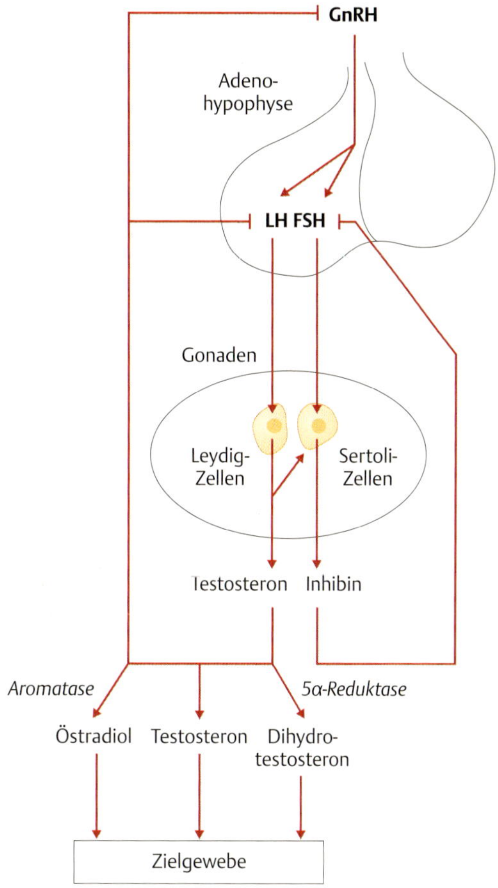

Abb. 33.1 **Hormoneller Regelkreis.**

33.1.2 Ätiopathogenese und Pathophysiologie

Die Einteilung des Hypogonadismus erfolgt nach der zugrundeliegenden Störung:

1. primärer (hypergonadotroper) Hypogonadismus: Störung der Hodenfunktion mit Östrogen- oder Testosteronmangel und kompensatorischer Erhöhung der zirkulierenden Gonadotropine

2. sekundärer und tertiärer (hypogonadotroper) Hypogonadismus: hypothalamisch-hypophysäre Fehlfunktion mit inadäquat niedrigen zirkulierenden Gonadotropinen
3. Störungen der Testosteronwirkung
   - 3 a Androgeninsensitivitätssyndrom (Wirkung des Hormons an der Zielzelle ungenügend bzw. bis fehlend)
   - 3 b 5α-Reduktasedefekt

Ursachen für einen **primären Hypogonadismus** können sein:

- Chromosomenaberrationen (Klinefelter-Syndrom, Ullrich-Turner-Syndrom)
- Steroidbiosynthesestörungen (z. B. 17α-Hydroxylase-Defekt, bei Männern auch 3β-HSD-Defekt, 5α-Reduktasedefekt)
- zystische Fibrose, Vas-deferens-Aplasie
- Zielorganresistenz gegenüber Androgenen (z. B. Mutationen im Androgenrezeptorgen)
- Autoimmunerkrankung (Autoantikörper gegen steroidogene Enzyme)
- Stoffwechselerkrankungen und Hämochromatose/Hämosiderose
- infektiöse, entzündliche oder tumoröse Erkrankung
- Varikozele beim Mann, Kryptorchismus
- Operation, Trauma
- Medikamente (Zytostatika u. a.)
- Strahlenschäden

Klassisches Beispiel für den primären Hypogonadismus ist das **Klinefelter-Syndrom** als Folge eines überzähligen X-Chromosoms (47 XXY). Beim Klinefelter-Syndrom fallen vor der Pubertät häufig nur die kleinen Hoden auf (Hodendysgenesie). Nach der Pubertät kommt es zum überproportionalen Wachstum der unteren Extremitäten und bei vielen Patienten zur Ausbildung einer Gynäkomastie (s. S. 599).

Ursachen für einen **sekundären Hypogonadimus** sind vor allem angeborene hypophysäre Entwicklungsstörungen (z. B. Kallmann-Syndrom), Tumoren, granulomatöse Erkrankungen, Bestrahlungen bzw. Operationen im Hypophysen-Hypothalamus-Bereich.

Das klassische Beispiel für den sekundären (hypogonadotropen) Hypogonadismus ist das **Kallmann-Syndrom.** Es ist charakterisiert durch einen isolierten Gonadotropinmangel und eine Geruchsstörung bei Fehlentwicklung des Bulbus olfactorius. Das Syndrom wird autosomal-dominant vererbt.

Ursachen für eine **Androgenresistenz** können strukturelle Veränderungen im Promotor des Androgenrezeptors (z. B. erhöhte Anzahl von CAG-Repeats) oder in der kodierenden Region sein. Auch eine verminderte 5α-Reduktase-Aktivität verhindert die Bildung des hochpotenten Dihydrotestosterons. Ein Anabolikaabusus kann zu einem gemischt primären und sekundären Hypogonadismus führen.

33.1.3 Klinik

Das klinische Bild des Hypogonadismus hängt vom Zeitpunkt des Auftretens der Störung ab.

Ist der Hypogonadismus **Folge eines genetischen Defekts**, der schon *in utero* vorliegt, kann es zu einer Störung der Geschlechtsdifferenzierung kommen. So kommt es beispielsweise im Rahmen der Androgenresistenz zu erhöhten Androgenwerten (Testosteron) und erhöhten Östrogenwerten (Östradiol) im Blut und teilweise oder vollständig weiblichen äußeren Geschlechtsmerkmalen **(testikuläre Feminisierung).**

Das klinische Bild des **präpubertalen Androgenmangels** ist durch die Zeichen des Eunuchismus charakterisiert. Durch den Androgenmangel bleiben die Pubertät und die Entwicklung der sekundären Geschlechtsmerkmale aus. Deshalb fallen kleine Geschlechtsorgane, eine geringe Körperbehaarung, eine hohe Stimme und verminderte Muskelmasse auf. Durch den bei Testosteronmangel ausbleibenden Epiphysenschluss an den langen Röhrenknochen liegt im **jungen Erwachsenenalter** ein Hochwuchs mit großer Armspannweite vor. Die Beine sind im Vergleich zum Oberkörper ungewöhnlich lang (typische Proportionen).

Patienten mit dem klinischen Bild des **postpubertalen Androgenmangels** zeigen einen normalen Habitus mit normal großem Penis, normaler Stimme und normalen Körperproportionen. Auffällig sind jedoch die verminderte Kraft und Muskelmasse sowie die reduzierte Körperbehaarung. Es kommt zum Libidoverlust.

Besteht der Hypogonadismus bereits längere Zeit, kann sich eine Anämie und eine sekundäre Osteoporose entwickeln. Dies kann klinisch mitunter durch Frakturen auffallen.

33.1.4 Diagnostik

Anamnese. Zu fragen ist nach Erektionshäufigkeit und Libido, wobei ein Libidoverlust von der Potenzstörung abzugrenzen ist, Vaterschaften, vermehrter Schweißneigung mit Hitzewallungen, Müdigkeit, Depression, Rasurfrequenz, Kraftlosigkeit (**Tab. 33.2**).

Da verschiedene internistische Erkrankungen zu einem Hypogonadismus führen können, muss nach

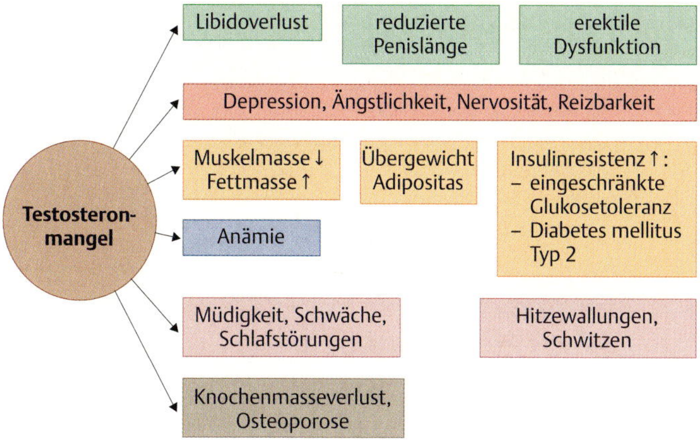

Abb. 33.2 Testosterondefizit. Die Abbildung führt Symptome auf, die auf ein Testosterondefizit hindeuten können. Sie können mittels AMS-Fragebogen (Aging Males' Symptoms) standardisiert abgefragt und quantifiziert werden. Die Symptome sind zwar typisch, aber nicht spezifisch. Andere Erkrankungen können auch zugrundeliegen.

Allgemeinerkrankungen wie Diabetes mellitus, Hyperthyreose, Leber- oder Niereninsuffizienz gefahndet werden. In der früheren Anamnese ist nach Infektionskrankheiten (Orchitis oder Epididymitis) und venerischen Erkrankungen zu fragen.

Von großer Bedeutung ist die genaue Medikamentenanamnese. Insbesondere muss nach Medikamenten gefragt werden, die mit der Steroidbiosynthese interferieren oder die androgene Wirkung blockieren. Hierzu zählen u. a. Östrogene, Schilddrüsenhormon, Anabolika, Glukokortikoide, GnRH- oder HCG-Therapie, Spironolacton, Ketokonazol, Cimetidin. Auch Antiproliferativa bzw. Chemotherapeutika können die Gonadenfunktion nachhaltig stören und erst mit zeitlicher Latenz wirksam werden (z. B. Methotrexat). Psychopharmaka und bestimmte Antihypertensiva hemmen vor allem die Potenz.

Wichtig ist auch die Frage nach Nikotin-, Alkohol- und Drogenkonsum, Stressfaktoren, sozialer Anamnese und der Beziehung zum Ehepartner (**Abb. 33.2**).

Klinische Untersuchung.

- Inspektion des Behaarungmusters, der Hände (Ringfinger-/Zeigefingergröße), der Haut und der Körperproportionen (Armspanne/Körpergröße)
- Messung der Hodengröße mit dem Prader-Orchidometer, ggf. Penislänge
- Ausschluss von Lageanomalien des Hodens (Pendelhoden, Gleithoden, Leistenhoden)
- Bei der Untersuchung des Penis ist die Urethramündung zu lokalisieren, Phimosen und erektile Dysfunktion sind auszuschließen.

Darüberhinaus ist eine Sonografie des Skrotalinhalts, eine endokrinologische Labordiagnostik und bei unerfülltem Kinderwunsch auch eine andrologische Beurteilung des Ejakulats mit Sediment notwendig, um die Art des Hypogonadismus und seine Folgen zu differenzieren (**Tab. 33.1**).

Labordiagnostik. Die Bestimmung des **Testosterons im Serum** stellt die wichtigste Labormessgröße dar, um einen Hypogonadismus zu bestätigen und eine Testosteronsubstitutionstherapie zu überwachen.

Die Beurteilung des LH- und FSH-Serumspiegels in Kombination mit Testosteron kann klären, ob es sich um einen primären oder sekundären Hypogonadismus handelt. Der FSH-Wert gibt zusätzlich Auskunft über die Spermatogenese.

Weitere Hormonbestimmungen wie Schilddrüsenhormone, Prolaktin, Östradiol, Dihydrotestosteron, Inhibin B und die Bestimmung der Bindungsproteine SHBG und Albumin sowie endokrine Stimulationstests zur Erfassung der Reservekapazität der Hoden (HCG-Test) oder der Hypophyse (GnRH-Test) ergänzen die Diagnostik mit Messung der stimulierbaren LH- und FSH- Sekretion.

Da die meisten Assays Gesamttestosteron bestimmen, also die an Eiweiß und Albumin gebundene (nicht wirksame) Fraktion zusammen mit dem freien (wirksamen) Testosteron, ist die Kenntnis des Assays wichtig, oft sogar die gleichzeitige Mitbestimmung des SHBGs und von Albumin. Es existieren verschiedene Formeln, um daraus die **freie wirksame Testosteronfraktion** zu errechnen. Die Bestimmung des freien Testosterons ist aufgrund der niedrigen Konzentration schwieriger zu bestimmen, gelegentlich aber doch sinnvoll. Ein Beispiel ist der freie Testosteronindex, bei dem die Gesamttestosteronkonzentration einfach durch SHBG geteilt wird. Entscheidend ist aber auch ein Maß für die Wirkung, d. h. die Anamnese und Klinik des betrof-

G

Tab. 33.1 Differenzierung der verschiedenen Ursachen des Hypogonadismus

Hypothalamus-Hypophyse (sekundärer Hypogonadismus)	
hypophysäre und hypothalamische Störungen	LH, FSH (inadäquat) niedrig Testosteron bzw. freier Testosteronindex erniedrigt Inhibin-B mäßig erniedrigt Hoden < 6 ml, echoarm Azoospermie
Hoden (primärer Hypogonadismus)	
gonadale Störung mit testikulärer Schädigung	FSH und/oder LH erhöht Inhibin-B und/oder Testosteron erniedrigt Hoden < 6 ml und echoarm Azoospermie
primäre Spermatogenesestörung (Keimzellstörung)	FSH erhöht, LH normal Inhibin-B erniedrigt Testosteron normal Hoden > 6 ml abnormer Ejakulationsbefund
Störung der Samendeposition (z. B. Verschluss, Infektion, Spermienantikörper)	LH und FSH normal Testosteron normal Hoden > 12 ml abnormer Ejakulationsbefund

fenen Patienten sowie Surrogatparameter wie z. B. das Blutbild.

33.1.5 Therapie

Bei der Therapie des Hypogonadismus muss die Doppelfunktion des Hodens berücksichtigt werden: er dient zum einen der **Androgenproduktion** und zum anderen der **Spermiogenese.** Entsprechend gilt es, Androgene zu substituieren und bei Kinderwunsch auch eine Therapie zur Wiederherstellung der Fertilität durchzuführen.

Androgensubstitution. Die **Substitution von Testosteron** ist sowohl beim primären als auch beim sekundären Hypogonadismus die Therapie der Wahl. Sie richtet sich nach den Bedürfnissen des Patienten und nach den Begleiterkrankungen, wobei die Prostatahyperplasie oder Lebertumoren Argumente gegen eine Substiution darstellen, die Osteoporose oder eine Anämie hingegen für eine Substitution sprechen. Die Standardtherapie besteht in der kutanen Applikation von Gel oder Creme (25 – 75 mg/Tag) bzw. in der intramuskulären Verabreichung von 1 000 mg Testosteronundecanoat i. m. alle 3 Monate oder 250 mg Testosteron-Enanthat ca. alle 3 Wochen. Weniger effektiv, aber mehr hepatotoxisch ist eine Substitution mit 2 – 3 Kapseln zu 40 mg Testosteron-Undecanoat p. o. pro Tag. Auch das subkutane Einbringen von Testosteronpellets bzw. -zylindern ist möglich. Auch transdermale Pflaster sind sehr effektiv und gut verträglich.

Therapieziel Fertilität. Die medikamentöse Therapie bei Kinderwunsch ist vor allem beim sekundären Hypogonadismus erfolgreich: beim idiopathischen hypogonadotropen Hypogonadismus (IHH) oder bei primärer Hypophysenvorderlappeninsuffizienz wird kombiniert mit **humanem menopausalen Gonadotropin** (hMG = FSH-Aktivität) und **humanem Chorion-Gonadotropin** (hCG = LH-Aktivität) therapiert. Mit hCG wird das Wachstum der Hoden induziert und eine Erhöhung der intratestikulären Testosteronkonzentration erreicht. Nach Normalisierung des Testosteronspiegels kann mit hMG die Spermatogenese initiiert werden. Alternativ kann beim IHH vom erfahrenen Endokrinologen eine Pumpentherapie mit pulsatiler Abgabe von Gonadorhelin durchgeführt werden.

Bei Varikozele oder Retention der Testes stehen operative Therapieformen im Vordergrund. Bei der großen Gruppe der idiopathischen Fertilitätsstörungen des Mannes kommen Verfahren der assistierten Fertilisation (ICSI, intrazytoplasmatische Spermieninjektion) ggf. nach Biopsie oder Operation zur Anwendung. Parallel muss die Partnerin immer mit untersucht und gegebenenfalls behandelt werden.

33.2 Gynäkomastie

engl.: gynecomastia

Definition. Gynäkomastie ist ein Symptom und ist definiert als eine ein- oder beidseitige Vergrößerung der männlichen Brust durch Zunahme des Drüsengewebes und Stromas.
Wichtig ist die Abgrenzung der **Pseudogynäkomastie,** bei der die Brustvergrößerung lediglich die Folge von vermehrtem Fettgewebe darstellt („Lipomastie“).

Ätiopathogenese

Die echte Gynäkomastie kann physiologisch bzw. temporär (z. B. während der Pubertät) auftreten oder auch die Folge einer anderen Erkrankung sein. Ursache ist eine **vermehrte Östrogenwirkung** an der Brust. Diese kann zustande kommen,

- weil für physiologische Blutspiegel an Androgenen zu viele Östrogene vorhanden sind (**Östrogenüberschuss,** absolut zu viele Östrogene) oder
- weil für physiologische Östrogenspiegel zu wenig Androgene vorhanden sind (**Androgenmangel,** relativ zu viele Östrogene) oder
- weil das **SHBG** (Sex hormone-binding protein) erhöht ist, z. B. bei Hyperthyreose. SHBG bindet Testosteron eher als Östradiol, was zu einem relativen Mangel an freiem Testosteron mit relativem Überschuss an freiem Östrogen führt.

Tab. 33.2 Ursachen für Gynäkomastie

Ursache	Mechanismus
absolut vermehrte Östrogenwirkung	
• Ernährungszusätze • Östrogentherapie • Hautsalben • Medikamente: Digitalis etc.	• Phytoöstrogene aus Pflanzen, seltener Östrogene über Fleischgenuss behandelter Tiere, Lavendel, Teebaumöl • vermehrte exogene Östrogenzufuhr • verminderter Östrogenabbau
• Leydig-Zell-Tumoren • Nebennierentumoren	vermehrte endogene Östrogenproduktion
• Hyperthyreose	Erhöhung des Bindungsglobulins SHBG und damit erhöhte Östrogenwirkung
• Leberzirrhose	verminderter Metabolismus von Androgenen, die durch die Aromataseaktivität zu Östrogenen werden
• ektope HCG-Produktion (Hodentumor)	vermehrte Östrogenstimulation
• Adipositas, vor allem im Alter	Steigerung der Aromataseaktivität, die Testosteron in Östradiol konvertiert
relativ vermehrte Östrogenwirkung (verminderte Androgenwirkung)	
• antiandrogene Medikamente	Spironolacton, Finasterid, Dutasterid, Cimetidin, Ketokonazol, Langzeit-GnRH-Analoga, Flutamid, Cyproteronacetat, weitere
• Klinefelter-Syndrom • Orchitis • Hodenbestrahlung	testikulärer Androgenmangel mit relativem adrenalen Östrogenüberschuss
• 17α-Hydroxylase-/17,24-Desmolase-Mangel	testikulärer und adrenaler Androgenmangel, aufgrund der fehlenden Androgenisierung meist Östrogentherapie
• 3β-HSD-Defekt bei Männern	Androgenmangel mit erhöhten 17-Hydroxy-Pregnenolon- und DHEA-Blutspiegeln
• Hypophysentumor	verminderte LH/FSH-Produktion oder Unterbrechung der GnRH-Stimulation durch Verdrängung bzw. Unterdrückung des GnRH-Pulses bei Hyperprolaktinämie
• testikuläre Feminisierung	Androgenrezeptordefekt

G

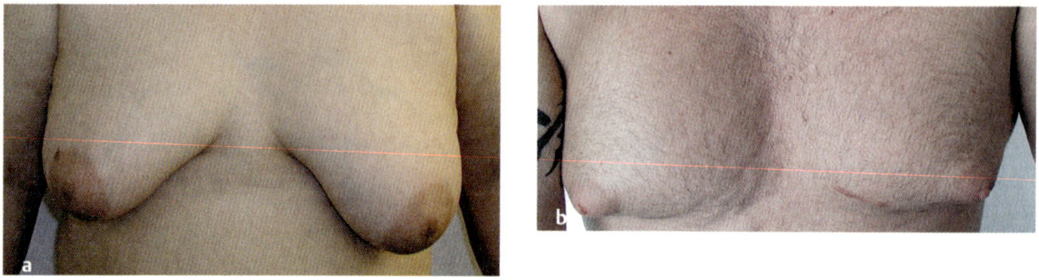

Abb. 33.3 Gynäkomastie. a 44-jähriger Patient, Gynäkomastie mit Prima-Vista-Verdachtsdiagnose auf Anabolika-Abusus. Diagnose: Östrogen produzierendes Nebennierenrindenkarzinom. **b** 47-jähriger Patient mit Anisomastie und Makromastie bei unbehandeltem Kallmann-Syndrom (mit freundlicher Genehmigung von Jens Jacobeit, Endokrinologikum Hamburg).

Auch eine medikamenteninduzierte Gynäkomastie kommt neben verschiedenen anderen Gründen als Ursache infrage (Tab. 33.2). Selten, besonders bei stetiger Progredienz, liegt auch ein maligner Mammatumor des Mannes vor.

Diagnostik

Das diagnostische Vorgehen folgt einem Stufenschema:

1. Medikamentenanamnese, Ernährungs- und Dusch-/Badegewohnheiten, fachkundige körperliche Untersuchung (auch z. B. Ophthalmopathiezeichen bei Morbus Basedow, Mammapalpation, Penis und Hoden)
2. Ausschluss einer Leber-, Nieren- oder Schilddrüsenerkrankung mittels Labordiagnostik
3. Mammasonografie bzw. Mammografie zur Darstellung des Drüsengewebes
4. ggf. Sonografie von Leber, Nieren, Schilddrüse, Hoden
5. endokrinologische Labordiagnostik: LH, FSH, Testosteron, SHBG, Östradiol, Prolaktin, β-HCG
6. ggf. erweiterte endokrinologische Labordiagnostik: Östron, Inhibin-B, freies Testosteron, Dihydrotestosteron, Androstendion, DHEA, 17-Hydroxy-Pregnenolon und andere Intermediärsteroide (ggf. auch vor und nach ACTH-Gabe)
7. ggf. weiterführende Bildgebung mittels CT oder MRT

Therapie

Die Therapie der Gynäkomastie richtet sich nach der Ursache. Entscheidend für die Stellung der Diagnose ist die Kenntnis möglicher Ursachen – von den anamnestischen Besonderheiten bis hin zur Pathophysiologie der jeweiligen Erkrankungen. Auch wenn keine Erkrankung gefunden wird, sollte schon aufgrund der psychischen Auswirkungen vor allem für junge Männer eine fachärztliche Betreuung erfolgen. Darüberhinaus gilt:

- Medikamente sollten, soweit möglich, umgestellt bzw. angepasst werden (auch z. B. Spironolacton).
- Östrogen- oder HCG-produzierende **Tumoren werden chirurgisch entfernt** und die Patienten in eine entsprechende Nachsorge eingeschleust.
- Bei einer Gynäkomastie aufgrund systemischer Erkrankungen müssen diese zunächst behandelt werden. Zusätzlich kann eine Therapie mit **Östrogenrezeptorantagonisten** (z. B. Tamoxifen) oder **Aromatasehemmern** (z. B. Anastrozol) erfolgen. Die Grundlage ist jedoch eine ausgiebige fachärztliche Differenzialdiagnostik im Vorfeld.
- Bei Androgenmangel ist zunächst eine **Substitution mit Testosteron** die Therapie der Wahl.

Bei schweren Fällen der Gynäkomastie oder wenn sich eine Grunderkrankung nicht hinreichend behandeln lässt, kann besonders bei jungen Männern aus kosmetischen Gründen eine Operation gerechtfertigt sein.

Bei Tumoren der Mamma sollte eine Histologie gewonnen und die Mitbetreuung in einem Brustzentrum angestrebt werden.

Weiterführende Informationen

http://www.endokrinologie.net
http://www.endo-society.org/guidelines
http://www.dgandrologie.de
http://www.glandula-online.de
http://www.klinefelter.de
http://www.impotenz-selbsthilfe.de,

Stoffwechsel

H

34 Glukosestoffwechsel

Franz Rinninger, Heiner Greten

34.1 Diabetes mellitus

34.1.1 Allgemeines

Synonym: Zuckerkrankheit (mellitus = lat. mit Honig versüßt)
engl.: diabetes mellitus

Definition. Diabetes mellitus ist ein Sammelbegriff für eine ätiologisch heterogene Gruppe von Krankheiten des **Kohlenhydratstoffwechsels**, deren gemeinsames Charakteristikum der chronisch erhöhte Blutzucker (Hyperglykämie) ist.

Epidemiologie. In Deutschland sind etwa 6 bis 8% der Bevölkerung an einem Diabetes mellitus erkrankt. Der Großteil dieser Patienten sind Typ-2-Diabetiker, nur etwa 5 – 10% aller Diabetiker leiden an einem Typ-1-Diabetes (→ „Klassifikation" und Tab. 34.1). Zahlen der International Diabetes Federation (IDF) von 2009 stellen fest, dass vermutlich 12% der Menschen in Deutschland an Typ-1- oder Typ-2-Diabetes mellitus erkrankt sind.

Klassifikation. Unterschieden werden zwei Haupttypen des Diabetes mellitus:

- Typ-1 oder insulinabhängiger Diabetes (IDDM = insulin-dependent diabetes mellitus)
- Typ-2 oder insulinunabhängiger Diabetes (NIDDM = non-insulin-dependent diabetes mellitus)

Diese Unterscheidung beruht auf dem hervorstechenden klinischen Merkmal, der **Insulinabhängigkeit** (Tab. 34.1). Während Typ-1-Diabetiker bei Insulinmangel ketoazidosegefährdet und somit vital bedroht sind, besteht die Gefahr einer Ketoazidose bei Typ-2-Diabetikern praktisch nicht.

Die Trennung in Typ-1-Diabetes mellitus bzw. „IDDM" und „NIDDM" ist jedoch nicht unproblematisch. Patienten, die zunächst als Typ-2-Diabetiker („NIDDM") klassifiziert werden, können bei längerer Krankheitsdauer und nahezu vollständigem Versagen der endogenen Insulinsekretion insulinabhängig werden und als Folge des Insulinmangels ketosegefährdet sein.

Bei den primären Diabetesformen liegt keine andere Krankheit vor, die die Hyperglykämie bzw. den Insulinmangel verursacht. Die sekundären Diabetesformen beruhen stets auf einer sonstigen Grunderkrankung.

34.1.2 Typ-1-Diabetes mellitus

engl.: insulin-dependent diabetes mellitus (IDDM)

Definition. Der Typ-1-Diabetes ist pathophysiologisch durch einen nahezu vollständigen Mangel an endogenem Insulin gekennzeichnet. Deshalb besteht eine absolute Indikation für eine Insulintherapie. Akut tritt bei Insulinmangel zunächst eine Hyperglykämie auf; im weiteren Verlauf besteht bei Insulinmangel das Risiko einer vital bedrohlichen diabetischen Ketoazidose. Als akute Therapiekomplikation kann eine insulininduzierte Hypoglykämie auftreten. Chronisch sind Typ-1-Diabetiker insbesondere durch Retinopathie, Nephropathie und Neuropathie gefährdet.

Epidemiologie

In Mitteleuropa liegt die Prävalenz des Typ-1-Diabetes mellitus bei etwa 0,3%, wobei die Inzidenz (Neuerkrankungsrate) im Alter von 15 – 19 Jahren am höchsten ist. Manifest werden kann der Typ-1-Diabetes bei Säuglingen und Kleinkindern einerseits, aber auch bei Patienten im mittleren Lebensalter, z. B. um 50 Jahre (s. S. 610).

Ätiopathogenese

Die insulinsezernierenden β-Zellen der Inseln des Pankreas werden durch einen Autoimmunprozess selektiv destruiert. Hieraus resultiert ein nahezu **absoluter Insulinmangel** mit konsekutiver Hyperglykämie:

- Eine genetische Prädisposition für Typ-1-Diabetes mellitus ist mit spezifischen HLADR/DQ-Risikoallelen assoziiert (z. B. DR3, DQB*0201; DR4, DQB*0302).
- Exogene Faktoren können bei genetischer Disposition den Krankheitsprozess in den pankreatischen Inselorganen möglicherweise begünstigen; diskutiert werden Viren und das in der Kuhmilch enthaltene Rinderalbumin.
- Im Pankreas entsteht eine „Insulitis"; die β-Zellen werden vom Immunsystem als fremd erkannt.

Tab. 34.1 Klassifikation des Diabetes mellitus

I. Typ-1-Diabetes mellitus (β-Zell-Zerstörung mit absoluter Insulinabhängigkeit; frühere Bezeichnungen: juveniler Diabetes mellitus oder Insulin-dependent Diabetes mellitus = IDDM)
A. immunologisch vermittelt
B. idiopathisch (selten in Europa)
II. Typ-2-Diabetes mellitus (Insulinresistenz und/oder Defekt der β-Zell-Sekretion von Insulin; frühere Bezeichnungen: Erwachsenendiabetes oder Non-Insulin-dependent Diabetes mellitus = NIDDM)
III. andere Formen des Diabetes mellitus
A. genetische Defekte der B-Zell-Funktion: • Chromosom 12, HNF-1α (früher MODY 3 = Maturity-onset Diabetes of the Young), • Chromosom 7, Glukokinase (früher MODY 2), • Chromosom 20, HNF 4α (früher MODY 1), • mitochondriale DNA
B. genetische Defekte der Insulinwirkung: • Typ-A-Insulinresistenz • Leprechaunismus • Rabson-Mendenhall-Syndrom • lipatrophischer Diabetes mellitus
C. Erkrankungen des exokrinen Pankreas: • Pankreatitis • Trauma/Pankreatektomie • Neoplasie • Mukoviszidose • Hämochromatose • fibrokalzinöse Pankreaserkrankungen
D. Endokrinopathien: • Akromegalie • Cushing-Syndrom • Glukagonom • Phäochromozytom • Hyperthyreose • Somatostatinom • Aldosteronom
E. medikamenten- oder chemikalieninduzierte Formen: • Neuroleptika (v. a. Clozapin, Olnazapin) • Pentamidin • Nicotinsäure • Glukokortikoide • Schilddrüsenhormone • Diazoxid • β-Sympathikomimetika • Thiaziddiuretika • Phenytoin • α-Interferon
F. Infektionen: • kongenitale Rubellainfektion • Zytomegalievirusinfektion
G. seltene Formen des immunvermittelten Diabetes mellitus: • „Stiff-Man"-Syndrom • Anti-Insulinrezeptor-Antikörper

Fortsetzung ►

Tab. 34.1 Fortsetzung

H. andere genetische Syndrome, die mit einem Diabetes mellitus assoziiert sein können:
- Down-Syndrom
- Klinefelter-Syndrom
- Wolfram-Syndrom
- Friedreich-Ataxie
- Huntington-Ataxie
- Laurence-Moon-Biedl-Syndrom
- myotone Dystrophie
- Porphyrie
- Prader-Willi-Syndrom

IV. Schwangerschaftsdiabetes mellitus (Gestationsdiabetes mellitus)

Quelle: Expertengruppe der „American Diabetes Association", [ADA], 1997

Als Ausdruck einer Aktivierung des Immunsystems infiltrieren Lymphozyten und Monozyten/Makrophagen die Inseln.
- Im Rahmen einer Immunreaktion destruieren zytotoxische Autoantikörper und zellvermittelte Immunreaktionen die β-Zellen.
- Die β-Zell-Destruktion verläuft meist langsam progredient über einen Zeitraum von Jahren. Klinisch manifestiert sich erst nach dem Verlust von mehr als 90% der pankreatischen β-Zellen die Hyperglykämie als Insulinmangelsymptom.
- Einige Jahre vor und zum Zeitpunkt der klinischen Diabetesmanifestation können im Serum spezifische Autoantikörper nachweisbar sein, z. B. zytoplasmatische Inselzellantikörper (ICA), Insulinautoantikörper (IAA), Antikörper gegen Glutamatdecarboxylase (Anti-GAD, GADA), Tyrosinphosphatase-Antikörper (IA-2A, IA-2βA) (vgl. S. 613).
- Schon vor der Manifestation des Typ-1-Diabetes mellitus kann im intravenösen Glukosetoleranztest (IVGTT) eine verminderte akute Insulin-Antwort nach Glukose gezeigt werden.

Tab. 34.2 Anamnese und klinische Befunde bei manifestem, unbehandeltem Diabetes mellitus

- Polydipsie
- Polyurie (durch osmotische Diurese), Nykturie
- vermehrter Durst, Exsikkose
- Müdigkeit, Abgeschlagenheit, Leistungsschwäche
- Abnahme des Körpergewichts (durch Katabolie)
- Sehstörungen, Muskelkrämpfe (durch Störungen des Elektrolyt- und Wasserhaushalts)
- Amenorrhö, verminderte Libido und Potenz
- Infektanfälligkeit, schlechte Wundheilung
- Pruritus, bakterielle oder mykotische Hautinfektionen
- neurologische Symptome (z. B. Sensibilitätsstörungen)
- Übelkeit, Erbrechen, abdominelle Schmerzen (bei Ketoazidose)
- Azetongeruch in der Atemluft (nur bei Ketoazidose)
- Kußmaul'sche Azidose-Atmung (nur bei Azidose)

Klinik

Der Typ-1-Diabetes mellitus manifestiert sich bevorzugt bei Jugendlichen und jüngeren Erwachsenen. In der Regel sind diese Patienten schlank und oft untergewichtig. Typische Leitsymptome wie Polydipsie, Polyurie, Müdigkeit, allgemeine Schwäche und Gewichtsabnahme treten häufig *akut* auf und sind ausgeprägt (**Tab. 34.2**). Das Intervall zwischen dem Beginn der Beschwerden und der Diagnose beträgt meist nur wenige Wochen, manchmal auch nur Tage.

Begünstigt wird die Manifestation durch interkurrente Erkrankungen, bei denen der Insulinbedarf erhöht ist, z. B. Infektionen. Vereinzelt wird die Diagnose Typ-1-Diabetes mellitus erst bei einer bedrohlichen Stoffwechselentgleisung gestellt. Als Folge eines absoluten Insulinmangels sind diese Patienten nicht nur durch die Hyperglykämie und ihre Folgen gefährdet, sondern auch durch das Risiko der vital bedrohlichen diabetischen Ketoazidose (s. S. 633). Im Extremfall tritt ein Coma diabeticum auf.
Bei einer nicht durch eine Ketoazidose bzw. durch ein Coma diabeticum komplizierten Diabetesmanifestation fällt bei der körperlichen Untersuchung le-

diglich die Exsikkose auf, der übrige Befund ist in der Regel ohne führende Pathologie.

34.1.3 Typ-2-Diabetes mellitus

engl.: non-insulin-dependent diabetes mellitus (NIDDM)

Definition. Kennzeichen des Typ-2-Diabetes mellitus ist die chronische Hyperglykämie. Diese meist bei älteren und häufig übergewichtigen Personen auftretende Diabetesform ist pathophysiologisch durch eine verminderte Insulinwirkung, d. h. Insulinresistenz, und durch eine gestörte Insulinsekretion charakterisiert.

Epidemiologie

In Deutschland sind etwa 6 bis 8 %, möglicherweise sogar bis etwa 11 % der Bevölkerung an einem Typ-2-Diabetes erkrankt. Die Inzidenz nimmt mit steigendem Lebensalter zu mit einem besonders auffälligen Anstieg etwa ab dem 50. Lebensjahr. Allerdings erkranken zunehmend auch jüngere Patienten an Typ-2-Diabetes. Adipositas (insbesondere Stammfettsucht), Bewegungsmangel und eine positive Familienanamnese erhöhen die Prävalenz.

Ätiopathogenese

Der Typ-2-Diabetes mellitus ist ein heterogenes klinisches Syndrom, in dessen Pathogenese genetische und nichtgenetische Faktoren relevant sind. Die **genetische Veranlagung** ist bei dieser Diabetesform wesentlich stärker ausgeprägt als beim Typ-1-Diabetes. Ein oder mehrere definierte genetische Marker wurden bisher jedoch bei der klassischen Form dieser Stoffwechselkrankheit nicht eindeutig identifiziert. **Exogene Faktoren** wie Adipositas (stammbetont) und Bewegungsmangel können bei genetischer Disposition die Typ-2-Diabetesmanifestation wesentlich begünstigen (**Tab. 34.3**).

Tab. 34.3 Faktoren, die die Manifestation eines Typ-2-Diabetes mellitus begünstigen können

- Adipositas (stammbetont), Überernährung
- körperliche Inaktivität
- Schwangerschaft
- Lebererkrankungen
- Endokrinopathien (Erhöhung kontrainsulinärer Hormone)
- Akromegalie
- Cushing-Syndrom
- Phäochromozytom
- Hyperthyreose
- Stressfaktoren (Infektionen, Traumen, Myokardinfarkt u. a.)
- Medikamente (Kortikosteroide, Diuretika, Ovulationshemmer u. a.)

Pathophysiologisch ist beim klinisch manifesten Typ-2-Diabetes mellitus

- die Insulinwirkung an den Zielgeweben dieses Hormons vermindert („Insulinresistenz") und
- die Insulinsekretion der pankreatischen β-Zellen gestört.

Unklar ist bisher, welches der primäre und welches der sekundäre Defekt in der Pathogenese der Hyperglykämie ist. Nach einer Hypothese ist die Insulinresistenz der primäre Defekt mit sekundär bedingter Störung der Insulinsekretion. Andere Untersuchungen schlagen vor, dass primär ein Defekt der pankreatischen Insulinsekretion vorliegt, der sekundär eine Insulinresistenz bedingen könnte. Bemerkenswert ist in diesem Zusammenhang, dass vor der eigentlichen Diagnosestellung bereits eine Insulinresistenz und eine Hyperinsulinämie nachweisbar sein können.

Insulinresistenz bedeutet eine verminderte biologische Antwort auf eine definierte Insulinkonzentration. Die Insulinresistenz wird auf die Wirkungen dieses Hormons auf die Glukosehomöostase bezogen. Beim insulinresistenten Typ-2-Diabetes ist die Insulinstimulation der Glukoseaufnahme insbesondere von Muskel-, aber auch von Fettgewebe, vermindert. Darüber hinaus wird die hepatische Glukoseproduktion durch Insulin nur ungenügend gehemmt. Adipositas begünstigt die Insulinresistenz. Der molekulare Mechanismus der Insulinresistenz auf zellulärer Ebene ist beim klassischen Typ-2-Diabetes trotz intensiver Forschung bisher nicht eindeutig geklärt. Möglicherweise haben Substanzen, die vom Fettgewebe sezerniert werden, eine pathogenetische Bedeutung, z. B. Leptin, Adiponectin, Resistin und Tumornekrosefaktor alpha.

Das **Plasma-Insulin** ist bei der klinischen Typ-2-Diabetes-Manifestation bzw. bei kurzer Diabetesdauer eindeutig messbar, oft im Normalbereich oder leichtgradig erhöht. Im Bezug auf die Hyperglykämie besteht jedoch ein relatives Insulindefizit. Die Kinetik der Insulinsekretion nach oraler oder intravenöser Glukoseapplikation ist weiterhin häufig gestört. Im weiteren, über Jahre dauernden Krankheitsverlauf nimmt die Insulinsekretion progredient ab, und es manifestiert sich ein zunehmender Insulinmangel. Der Mechanismus des pankreatischen Insulinsekretionsversagens ist bisher nicht geklärt. Der **Krankheitsverlauf** bei Typ-2-Diabetes mellitus kann nach derzeitigem Wissen vereinfachend in **3 Phasen** unterteilt werden:

- Die Insulinresistenz führt initial zu erhöhten Insulinspiegeln. Die Plasma-Glukose bleibt zunächst im Normbereich.
- Im Verlauf ist die Insulinresistenz progredient. Trotz Hyperinsulinämie manifestiert sich eine gestörte Glukosetoleranz.
- Bei fortbestehender Insulinresistenz verschlechtert sich die Insulinsekretion im Krankheitsverlauf. Letzteres führt zur Nüchternhyperglykämie und zum manifesten Typ-2-Diabetes mellitus.

Klinik

Typ-2-Diabetiker sind **meist übergewichtig**. Oft ist die Manifestation langsam und schleichend und die Patienten sind relativ lange Zeit symptomfrei (oft jahrelang). Häufig wird die Diagnose zufällig bei einer Routineuntersuchung, bei einer anderen Erkrankung oder bei Manifestation diabetischer Folgeerkrankungen gestellt. Nur ein Teil der Patienten wird durch diabetestypische Symptome wie Polydipsie, Polyurie und Gewichtsabnahme (**Tab. 34.2**, **Tab. 34.4**) auffällig. Eine ketoazidotische diabetische Stoffwechselentgleisung manifestiert sich bei diesen Patienten bei kurzer Diabetesdauer praktisch nie. Häufige Begleiterkrankungen sind arterielle Hypertonie, Fettstoffwechselstörungen und degenerative Erkrankungen großer Blutgefäße, z. B. koronare Herzkrankheit. Mikroangiopathische Folgeerkrankungen treten an Augen (Retinopathie) und Nieren (Nephropathie) auf, an den Nerven kann eine Neuropathie manifest werden.

Tab. 34.4 Differenzialdiagnostische Kriterien für Typ-1- und Typ-2-Diabetes bei Diagnosestellung

	Typ 1	Typ 2
Manifestationsalter	meist Kinder, Jugendliche und junge Erwachsene	meist mittleres bis höheres Lebensalter
Auftreten/Beginn	akut bis subakut	meist schleichend
Symptome	häufig Polyurie, Polydipsie, Gewichtsverlust, Müdigkeit	häufig keine oder nur geringgradige Beschwerden
Körpergewicht	meist normalgewichtig	meist übergewichtig
Ketoseneigung	ausgeprägt	fehlend oder gering
Insulinsekretion	vermindert bis fehlend	subnormal bis hoch, qualitativ immer gestört
Insulinresistenz	keine (oder nur gering)	oft ausgeprägt
familiäre Häufung	gering	typisch
Konkordanz bei eineiigen Zwillingen	30 – 50 %	über 50 %
Erbgang	multifaktoriell (polygen)	multifaktoriell (sehr wahrscheinlich polygen, genetische Heterogenie möglich)
HLA-Assoziation	vorhanden	nicht vorhanden
diabetesassoziierte Antikörper	ca. 90 – 95 % bei Manifestation	Fehlen
Stoffwechsel	labil	Stabil
Ansprechen auf β-zytotrope Antidiabetika	meist fehlend	zunächst meist gut
Insulintherapie	absolut erforderlich	meist erst nach jahrelangem Verlauf der Erkrankung mit Nachlassen der endogenen Insulinsekretion

34.1.4 Sonderformen des Diabetes mellitus

MODY-Diabetes mellitus und angeborene Defekte der β-Zell-Funktion

Der seltene MODY-Diabetes (Maturity-onset Diabetes of the Young) wird als Unterform des nicht ketotischen Diabetes mellitus betrachtet. Klinisch typisch ist eine frühe Manifestation (vor dem 25. Lebensjahr) und ein autosomal-dominanter Erbgang. Pathophysiologisch findet sich eine gestörte β-Zell-Funktion mit einem konsekutiven Defekt der Insulinsekretion. Mutationen von definierten Genen wurden bei MODY-Diabetes charakterisiert (monogener Diabetes). Bisher wurden sechs MODY-assoziierte Gene und sechs klinische MODY-Subtypen identifiziert (**Tab. 34.5**). Erwartet wird, dass in Zukunft weitere Subtypen definiert werden können. Am häufigsten kommen MODY2 und MODY3 vor.

Klinisch findet sich bei der MODY-2-Mutation (Chromosom 7, Glukokinasemutation) nur eine leichtgradige Hyperglykämie, diabetestypische Spätkomplikationen sind selten. Bei MODY-2 kann meist

Tab. 34.5 Molekulargenetik und Klinik bei sog. MODY Diabetes mellitus

MODY-Typ	Gen	Klinik	Therapie	Verteilung (% der MODY-Familien)	Alter bei Diagnosestellung
MODY1	HNF-4α	Diabetes mellitus, mikrovaskuläre Komplikationen, niedrigere Serumkonzentration der Triglyceride, Apolipoproteine AII und CIII und Lp(a)	orale Antidiabetika, Insulin	selten	nach der Pubertät
MODY2	Glukokinase	erhöhter Nüchternblutzucker (Diabetes mellitus) und pathologische Glukosetoleranz	Diät und Sport	8 – 63	Kindheit
MODY3	HNF-1α	Diabetes mellitus, mikrovaskuläre Komplikationen (in vielen Fällen); Nierenschwelle niedrig (Glukosurie), erhöhte Sensitivität auf Sulfonylharnstoffe, erhöhtes Proinsulin-zu-Insulin-Verhältnis im Serum	orale Antidiabetika, Sulfonylharnstoffe, Insulin	21 – 64	nach der Pubertät
MODY4	IPF-1 (Insulin Promoter Factor 1)	Diabetes mellitus	orale Antidiabetika, Insulin	selten	frühes Erwachsenenalter
MODY5	HNF-1β	Diabetes mellitus, Nierenzysten und andere Veränderungen, progressive nichtdiabetische Nierendysfunktion, bei Frauen: Abnormitäten innerer Geschlechtsorgane	Insulin	unbekannt	nach der Pubertät
MODY6	Neuro-D1 bzw. Neuro-β2	Diabetes mellitus	Insulin	selten	frühes Erwachsenenalter

modifiziert nach Fajans et al. 2001, N. Engl. J. Med. 345:971

H

Tab. 34.6 Laborchemische Diagnosekriterien bei Gestationsdiabetes mellitus im OGTT*

Zeitpunkt der Blutentnahme	Blutglukosegrenzwerte in kapillärem Vollblut	
	mg/dl	mmol/l
nüchtern (vor Glukose oral)	≥ 90	≥ 5,0
nach 60 min	≥ 180	≥ 10,0
nach 120 min	≥ 155	≥ 8,6

**Empfehlungen der Arbeitsgemeinschaft Diabetes und Schwangerschaft der DDG, der AG Materno-Fetale Medizin der DGGG und der Deutschen Gesellschaft für Perinatale Medizin 2001*

längerfristig mit Diät behandelt werden. MODY-1 und MODY-3 sind durch eine ausgeprägte Hyperglykämie charakterisiert, mikroangiopathische Komplikationen sind häufig. Bei MODY-1 und MODY-3 ist in der Regel frühzeitig eine Therapie mit Sulfonylharnstoffen oder Insulin indiziert.

Gestationsdiabetes

engl.: gestational diabetes mellitus (GDM)

Als Gestations- oder Schwangerschaftsdiabetes wird jede während der Schwangerschaft erstmalig erkannte Kohlenhydratstoffwechselstörung bezeichnet. Diese Form tritt bei etwa 2 – 5 % aller Schwangerschaften auf. Pathogenetisch ist dieser Diabetes-Typ durch eine Insulinresistenz und durch einen relativen Insulinmangel bei gleichzeitig bestehender Hyperinsulinämie gekennzeichnet, ähnlich wie bei Typ-2-Diabetes. Nach WHO und ADA wird der GDM als besondere Entität betrachtet. Häufig normalisiert sich die Glukosetoleranz nach der Entbindung. Das mütterliche Risiko einer Diabetesmanifestation nach der Entbindung beträgt jedoch etwa 3 – 4 % pro Jahr. In etwa 90 % der Fälle tritt ein Typ-2-Diabetes im späteren Leben auf.

Bei etwa 10 % der Patientinnen manifestiert sich jedoch während einer Schwangerschaft ein Typ-1-Diabetes mellitus. Bei dem hier bestehenden Insulinmangel ist eine Insulintherapie vor und nach der Entbindung absolut indiziert. Nicht selten wird auch die Diagnose Typ-2-Diabetes mellitus erst während der Schwangerschaft gestellt. Zur Differenzialdiagnostik Typ-1 Diabetes versus Typ-2 empfiehlt sich die Bestimmung von Autoantikörpern (ICA,GADA, IA-2A, s. S. 613).

Bei Gestationsdiabetes besteht ähnlich wie bei Gravidität einer Patientin mit vor der Schwangerschaft bekanntem Typ-1- oder Typ-2-Diabetes eine erhöhte Mortalität und Morbidität für Mutter und Fetus. Typische Risiken sind

- für die **Mutter:** Sectio, vorzeitige Entbindung, EPH-Gestose und Harnwegsinfekte
- für den **Fetus:** Hypoglykämie, Hyperbilirubinämie, Polyglobulie, transiente hypertrophe Kardiomyopathie, Atemstörungen, Makrosomie und Geburtstrauma (Schulterdystokie)

Die Verdachtsdiagnose Gestationsdiabetes wird mit dem oralen Glukosetoleranztest (OGTT, s. S. 613f) gesichert. Empfohlen wird die Durchführung dieses Tests in der 24. – 28. Schwangerschaftswoche, bei Symptomen einer Hyperglykämie auch früher oder später. Beim OGTT werden 75 g Glukose im Nüchternzustand eingenommen. Die Diagnosekriterien gehen aus **Tab. 34.6** hervor. Mindestens 2 Werte müssen pathologisch erhöht sein.

Therapieziel bei Gestationsdiabetes ist eine Normoglykämie nüchtern und postprandial. Sofern Diät therapeutisch nicht ausreicht, wird zusätzlich mit Insulin behandelt (s. S. 616). Ergänzend ist eine Stoffwechselselbstkontrolle und Schulung der Schwangeren indiziert.

> **!** **Bei Patientinnen mit Gestationsdiabetes sind nach der Schwangerschaft regelmäßige Stoffwechselkontrollen (z. B. OGTT) im Abstand von etwa 1 Jahr indiziert.**

Gestörte Glukosetoleranz

engl.: impaired glukose tolerance (IGT)

Die gestörte (eingeschränkte) Glukosetoleranz ist klassischerweise durch erhöhte Blutglukosespiegel beim oralen Glukosetoleranztest (OGTT) gekennzeichnet, ohne dass diabetische Glukosewerte erreicht werden (s. **Tab. 34.12**). Sie stellt ein Stadium zwischen normaler Glukosetoleranz und manifestem Diabetes dar. Typische klinische Zeichen eines manifesten Diabetes mellitus fehlen in der Regel. In epidemiologischen Studien war bei gestörter Glukosetoleranz im Verlauf von Jahren das Risiko der Diabetesmanifestation (v. a. Typ-2-Diabetes) und das Risiko für arteriosklerotische Gefäßkomplikationen deutlich erhöht. Allerdings kann sich die Glukosetoleranz auch wieder normalisieren.

Auch nach den Diagnosekriterien für den Diabetes durch die „American Diabetes Association" (ADA) bzw. der „Internationalen Diabetes Federation (Europäische Region)" wurde der Begriff der gestörten Glukosetoleranz beibehalten, sie ist jedoch keine eigenständige Diagnose, sondern beschreibt das Ausmaß der Hyperglykämie.

Normal ist eine Nüchtern-Plasma-Glukose unter 100 mg/dl (5,6 mmol/l) nach einer Fastenperiode von 8 Stunden. Typischerweise definiert im OGTT eine venöse 2-Stunden-Plasma-Glukose ≥ 140 und < 200 mg/dl (7,8 bzw. 11,0 mmol/l) die gestörte Glukosetoleranz (s. **Tab. 34.11**). Nach den aktuell gültigen Diagnosekriterien ist jedoch ein OGTT nicht mehr zwingend erforderlich zum Nachweis einer gestörten Glukosetoleranz. Nach diesen Empfehlungen kann die gestörte Glukosetoleranz auch anhand der Nüchternglukose definiert werden. Eine Nüchtern-Plasma-Glukose (venös) ≥ 100 und < 126 mg/dl (5,6 bzw. 6,9 mmol/l) entspricht einer abnormen Nüchternglukose (*engl.* impaired fasting glukose = IFG, vgl. **Tab. 34.9**).

Das Stadium mit „gestörter Glukosetoleranz" und/oder „abnormer Nüchtern-Glukose" wird auch als „**Praediabetes**" bezeichnet. Allgemein akzeptierte Therapieempfehlungen für diese Störung des Kohlenhydratstoffwechsels existieren nicht. Betroffene Personen bedürfen jedoch regelmäßiger Stoffwechselkontrollen. Risikofaktoren für die Manifestation eines Typ-2-Diabetes, wie z. B. Übergewicht, falsche Ernährung oder körperliche Inaktivität, sollen vermieden werden (s. S. 605).

Typ-2-Diabetes beim metabolischen Syndrom

Das „Metabolische Syndrom", welches auch als „Insulinresistenzsyndrom" oder als „Syndrom X" bezeichnet wird, umfasst mehrere Erkrankungen und Befunde, die gleichzeitig bei einem Patienten nachweisbar sind. Ursprünglich wurde dieses Syndrom von Reaven beschrieben, eine aktuelle Definition wurde von der „International Diabetes Federation" (IDF, 2004) publiziert (**Tab. 34.7**).

Tab. 34.7 Charakteristika des metabolischen Syndroms

- Resistenz für die Wirkung von Insulin auf den peripheren Glukose- und Fettsäurestoffwechsel
- Hyperinsulinämie
- Glukoseintoleranz (Nüchternglukose > 100 md/dl [5,6 mmol/l] oder bekannter Typ-2-Diabetes mellitus)
- arterielle Hypertonie (systolischer Blutdruck > 130 mmHg, diastolischer Blutdruck > 85 mmHg oder Behandlung wegen arterieller Hypertonie)
- Dyslipoproteinämie (Triglyzeride > 150 md/dl oder eine Behandlung wegen erhöhter Triglyzeride, HDL-Cholesterin < 40 md/dl bei Männern oder < 50 mg/dl bei Frauen oder Behandlung wegen niedrigem HDL-Cholesterin)
- Adipositas mit androider (stammbetonter) Fettverteilung (erhöhter Taillenumfang: europäische Männer ≥ 94 cm, europäische Frauen ≥ 80 cm)

Klinisch ist das metabolische Syndrom deshalb von Bedeutung, weil es ein **wichtiger Risikofaktor** für die spätere Manifestation einer arteriosklerotischen Herz- und Gefäßerkrankung oder eines Typ-2-Diabetes ist. Mit der Befundkonstellation „Metabolisches Syndrom" können Patienten identifiziert werden, die eine hohe Wahrscheinlichkeit für die Erkrankung an einer KHK, an einem Myokardinfarkt oder einem Diabetes mellitus haben.

Therapeutische Grundlage beim metabolischen Syndrom ist eine intensive **Änderung des Lebensstils** („lifestyle intervention"); hierbei stehen die **Verminderung des Körpergewichts,** eine **angepasste Ernährung** und **vermehrte körperliche Aktivität** im Vordergrund. Hierdurch kann das Risiko für Herz- und Gefäßerkrankungen vermindert werden. In Studien zur Diabetesprävention vermindern diese Maßnahmen das Risiko für die Manifestation dieser Erkrankung des Glukosestoffwechsels, letzteres auch in Kombination mit Metformin. Zusätzlich sollen alle manifesten kardiovaskulären Risikofaktoren individuell behandelt werden, wenn letztere nach der Lebensstiländerung persistieren. Zur Therapie des Typ-2-Diabetes wird auf die entsprechenden Empfehlungen verwiesen (s. S. 626). Ein Medikament der ersten Wahl ist Metformin. Bei Hypertriglyzeridämie oder Hypercholesterinämie wird neben einer angepassten Ernährung mit lipidsenkenden Medikamenten therapiert, z. B. mit einem Statin (s. S. 652). Bei arterieller Hypertonie sind ACE-Hemmer und

Angiotensin-II-Rezeptor-Hemmstoffe Therapeutika der ersten Wahl (s. S. 265 ff).

Klinischer Fall

Eine 55 Jahre alte Patientin, Frau H., stellt sich zur routinemäßigen Vorsorgeuntersuchung beim Hausarzt vor. Seit 5 Jahren ist eine arterielle Hypertonie bekannt. Weiterhin waren die Triglyzeride in der Vergangenheit leichtgradig erhöht. Andere ernsthafte Erkrankungen verneint die Patientin. Von Beruf ist sie Büroangestellte in vorwiegend sitzender Tätigkeit. Erwähnenswert ist eine positive Familienanamnese der Patientin für Diabetes mellitus. Bei der Anamnese berichtet die Patientin über einen gering vermehrten Durst, die Trinkmenge betrage etwa 3 Liter pro Tag. Nykturie (1 × pro Nacht) wird bejaht. Zuletzt waren das Befinden und die Leistungsfähigkeit geringgradig reduziert; die Patientin führt letzteres auf ihr Alter und auf den Mangel an körperlicher Aktivität zurück. Bei der körperlichen Untersuchung imponiert Übergewicht (Körpergröße 170 cm, Körpergewicht 90 kg) und eine abdomenbetonte Fettverteilung. Der Blutdruck beträgt 160/80 mm Hg unter Therapie. Ansonsten ergeben sich keine wegweisenden pathologischen Befunde.

Der Hausarzt veranlasst eine umfangreiche Labordiagnostik im Nüchternzustand: Nüchtern-Blutglukose 190 mg%. Triglyzeride 205 mg/dl (Norm < 160 mg/dl), HDL-Cholesterin 34 mg/dl (Norm > 40 mg/l). Die Elektrolyte, das Kreatinin, das LDL-Cholesterin und die Leber-Labor-Parameter sind im Normbereich. Im Urin Glukose ++ nachweisbar, Keton – (Teststreifen). Der Verdacht auf Manifestation eines Typ-2-Diabetes mellitus bei Übergewicht wird geäußert. Zur Diagnose-Sicherung wird die Nüchtern-Blutglukose zwei Tage später erneut bestimmt. Die Blutglukose beträgt 158 mg%. Gleichzeitig wird HbA1 c untersucht: 8,0 % (Norm bis 6,0 %). Ergänzend wird C-Peptid im Plasma bestimmt: 0,5 nmol/l (Norm 0,17 – 0,66 nmol/l). Die Anamnese, der klinische Befund und die zweimalig erhöhte Nüchtern-Blutglukose sichern die Diagnose Typ-2-Diabetes mellitus. Begünstigt wurde die Diabetesmanifestation durch das Übergewicht der Patientin. Weitere Diagnosen sind: arterielle Hypertonie, Hypertriglyzeridämie, Erniedrigung des HDL-Cholesterins. Die gegebene Befundkonstellation kann auch als „metabolisches Syndrom“ aufgefasst werden.

Die Erfahrungen des Hausarztes in der Diabetologie sind begrenzt. Deshalb überweist dieser Kollege die Patientin an eine Diabetes-Schwerpunkt-Praxis. Dort wird die Diabetes-Therapie eingeleitet. Grundlage der empfohlenen Therapie ist eine Diabetesernährung. Letztere ist kalorienbegrenzt und fettarm. Empfohlen werden auch vermehrte körperliche Aktivität. Körperliche Aktivität und Ernährung sollen auch zur Verminderung des Übergewichtes beitragen. Diese Maßnahme wird Frau S. besonders nahe gelegt. Medikamentös wird eine Behandlung mit dem Biguanid Metformin (500 mg morgens und abends) eingeleitet; Kontraindikationen für dieses Medikament sind nicht erkennbar. In der Diabetes-Schwerpunkt-Praxis nimmt die Patientin außerdem an einem Diabetesschulungskurs teil. Nachfolgend genannte Inhalte werden ihr vermittelt: Verstehen der Erkrankung, Ernährung, körperliche Aktivität, Bedeutung des Körpergewichts, Möglichkeiten der medikamentösen Therapie, Blutzuckerselbstkontrolle, Hypoglykämien und deren Vermeidung, Vorsorgeuntersuchungen, Spätkomplikationen. Eine ambulant durchgeführte ophthalmologische Untersuchung ergibt keinen Hinweis für eine diabetische Retinopathie. Die arterielle Hypertonie wird mit einem ACE-Hemmstoff (Ramipril 5 mg morgens) behandelt. Bei Verbesserung der Stoffwechseleinstellung normalisieren sich die zuvor erhöhten Triglyzeride und das zuvor erniedrigte HDL-Cholesterin steigt an.

Zwei Monate nach der Erstuntersuchung stellt sich die Patientin Frau H. erneut beim Hausarzt zur Verlaufskontrolle vor. Die Nüchtern-Blutglukose ist nun 118 mg%, der HbA1 c auf 6,8 % gesunken. Außerdem hat die Patientin 1,5 kg abgenommen. Die Diabetestherapie wird fortgeführt. Im Verlauf der Behandlung bessern sich sowohl das Befinden als auch die allgemeine Leistungsfähigkeit der Patientin deutlich.

LADA (Latent Autoimmune Diabetes in Adults)

Synonym: Adult onset type 1 diabetes

Beim LADA handelt es sich um einen autoimmunbedingten Insulinmangeldiabetes, der vorzugsweise im mittleren Lebensalter manifest wird. Diese Diabetes-Entität kann auch als verzögert auftretender Typ-1-Diabetes aufgefasst werden (s. S. 602). β-Zell-Autoantikörper (ICA, GAD) sind bei diesen Patienten im Plasma nachweisbar. Nicht selten werden Patienten mit LADA fälschlicherweise als Typ-2-Diabetiker typisiert. In der Klassifikation der American Diabetes Association (ADA) wird dieser Begriff nicht gesondert aufgeführt.

Die Patienten sprechen unzureichend auf eine Behandlung mit oralen Antidiabetika an, deshalb ist eine Therapie mit Insulin indiziert. Weiterhin ist das Risiko einer diabetischen Ketoazidose wesentlich größer als bei Typ-2-Diabetes mellitus. Patienten mit LADA sind in der Regel weniger übergewichtig als Typ-2-Diabetiker.

34.1.5 Diagnostik des Diabetes mellitus

Die Diagnose „Diabetes mellitus" basiert auf

- der typischen Anamnese,
- den typischen klinischen Befunden und
- der Labordiagnostik.

Beim Typ-1-Diabetes besteht bei Manifestation in der Regel eine ausgeprägte Symptomatik (z. B. Polydipsie, Polyurie, Gewichtsverlust, körperliche Schwäche), die akut begonnen hat. Beim Typ-2-Diabetes ist die klinische Symptomatik (z. B. Polydipsie, Polyurie) oft diskret und die Diagnose wird häufig zufällig gestellt. Nicht ungewöhnlich ist die Diagnosestellung (Typ-2) bei Manifestation von diabetestypischen Langzeitkomplikationen oder bei sonstigen Erkrankungen, z. B. Infektionen.

Eine vollständige körperliche Untersuchung ist bei Verdacht auf Diabetes mellitus immer indiziert. Prädisponierende Faktoren (z. B. stammbetonte Adipositas) sind ebenso wie diabetestypische Spätkomplikationen (z. B. Angiopathie oder Neuropathie) besonders zu beachten. Zu berücksichtigen sind auch Ursachen eines sekundären Diabetes (s. **Tab. 34.1**).

Labordiagnostik

Bestimmung des Blutzuckers

Die Diagnose Diabetes mellitus wird durch den Nachweis einer **Hyperglykämie** gesichert (**Tab. 34.8**). Die Glukosebestimmung muss hierbei mit einer qualitätskontrollierten Präzisionslabormethode erfolgen. Glukose-Teststreifen (sog. Stix) und Handmessgeräte sind zur Diagnosesicherung ungeeignet. Die Glukosebestimmung kann

- nüchtern (nach dem Fasten über Nacht, d. h. 8 h Nahrungskarenz),
- zu einer beliebigen Tageszeit (Gelegenheitsblutzucker) oder
- mit dem oralen Glukosetoleranztest (OGTT) erfolgen.

Für die klinische Praxis werden mehrfache Bestimmungen (mindestens 2) empfohlen. Die aktuell gültigen **Diagnosekriterien** sind in **Tab. 34.8** und **Tab. 34.9** zusammengefasst. Es gilt:

- Ein erhöhter Nüchternblutzucker (venöse Nüchtern-Plasma-Glukose ≥ 126 mg/dl, ≥ 7,0 mmol/l) sichert die Diagnose Diabetes mellitus.
- Weiterhin sichern eine venöse Plasma-Glukose ≥ 200 mg/dl (≥ 11,1 mmol/l) zu irgendeinem Zeitpunkt des Tages (Gelegenheitsblutzucker) und typische Symptome der Hyperglykämie (z. B. Polyurie, Polydipsie, Gewichtsverlust) die Diagnose Diabetes mellitus.
- Bei eindeutiger Hyperglykämie kann auf eine orale Glukosebelastung (OGTT) zur Diagnosesicherung verzichtet werden.
- Bei grenzwertiger Blutglukose und bei Risikopatienten (z. B. arterielle Hypertonie, Fettstoffwechselstörung, Adipositas, familiäre Belastung, Gestationsdiabetes) ist ein oraler Glukosetoleranztest (OGTT, s. S. 613) indiziert zum Ausschluss oder Nachweis eines Diabetes mellitus oder einer pathologischen Glukosetoleranz. Eine 2-Stunden-Plasma-Glukose ≥ 200 mg/dl (≥11,1 mmol/l) beim OGTT sichert die Diagnose Diabetes mellitus.

Anmerkung: Bisher war die Bestimmung der Glukose unverzichtbar bei der Diagnose des Diabetes mellitus. Entsprechend einer Publikation der American Diabetes Association (ADA) aus dem Jahr 2010 kann auch die HbA_{1c}-Bestimmung für die Diabetes-Diagnose verwendet werden. In Europa sind diese Empfehlungen bisher nicht umgesetzt.

Tab. 34.8 **Laborchemische Grenzwerte für die Diagnose Diabetes mellitus***

Glukosekonzentration	Vollblut: venös	Vollblut: kapillär	Plasma: venös	Plasma: kapillär
nüchtern	≥ 110 mg/dl	≥ 110 mg/dl	≥ 126 mg/dl	≥ 126 mg/dl
	≥ 6,0 mmol/l	≥ 6,0 mmol/l	≥ 7,0 mmol/l	≥ 7,0 mmol/l
2 h nach Glukosebelastung (OGTT)	≥ 180 mg/dl	≥ 200 mg/dl	≥ 200 mg/dl	≥ 220 mg/dl
	≥ 10,0 mmol/l	≥ 11,1 mmol/l	≥ 11,1 mmol/l	≥ 12,2 mmol/l

International Diabetes Federation, Europäische Region, 1999 und Leitlinie der Deutschen Diabetesgesellschaft (DDG) 2004

H

Tab. 34.9 Kriterien zur Diagnose eines Diabetes mellitus*

Stadium	Nüchtern-Plasma-Glukose: venös	Gelegenheitsblutzucker: venöses Plasma	OGTT (2 h-Wert): venöses Plasma
normal	< 100 mg/dl < 5,6 mmol/l		< 140 mg/dl < 7,8 mmol/l
gestörte Glukosetoleranz (IFG/IGT)	100 – 125 mg/dl 5,6 – 6,9 mmol/l (impaired fasting glukose, IFG)		140 – 199 mg/dl 7,8 – 11,0 mmol/l (impaired glukose tolerance, IGT)
Diabetes mellitus	≥ 126 mg/dl ≥ 7,0 mmol/l	≥ 200 mg/dl ≥ 11,1 mmol/l und Symptome eines Diabetes	≥ 200 mg/dl ≥ 11,1 mmol/l

International Diabetes Federation, Europäische Region, 1999 und Leitlinie der Deutschen Diabetes-Gesellschaft (DDG) 2004

Bestimmung der Urin-Glukose

Bei Diabetesverdacht ist die Bestimmung der Glukosekonzentration im Urin als Screening-Test zu erwägen. Physiologisch wird im Urin keine Glukose ausgeschieden, sie ist jedoch immer dann im Harn nachweisbar, wenn in der Niere die glomeruläre Filtration die tubuläre Rückresorption überschreitet. Die Nierenschwelle für Glukose liegt bei normaler Nierenfunktion bei 150 – 180 mg/dl. Erst wenn die Blutglukose diesen Wert überschreitet, ist Glukose im Urin nachweisbar. Dennoch darf von einer fehlenden Glukosurie nicht automatisch darauf geschlossen werden, dass bei dem Patienten keine Hyperglykämie vorliegt. So ist z. B. bei diabetischer Nephropathie oder im Alter die Nierenschwelle für Glukose erhöht, es wird selbst bei einem Blutglukosespiegel von mehr als 180 mg/dl noch keine Glukose im Harn ausgeschieden.
Umgekehrt kann z. B. bei der seltenen renalen Glukosurie der Urin bereits Glukose enthalten, obwohl sich der Blutzuckergehalt im Normbereich bewegt. Bei dieser Erkrankung besteht eine spezifische Störung der Glukoserückresorption im proximalen Nierentubulus, also kein Diabetes mellitus.

Methodik. Die Glukosurie wird im Spontan- oder Sammelurin (12 oder 24 h Sammelperiode) semiquantitativ oder quantitativ nachgewiesen (enzymatische Methoden). Zur Stoffwechsel-Selbstkontrolle bei Diabetes mellitus war die Bestimmung der Uringlukose mit Teststreifen durch die Patienten früher weit verbreitet. Seit Einführung der Blutzucker-Selbstkontrolle (mit Handmessgeräten) hat die Bestimmung der Uringlukose durch die Patienten deutlich an Bedeutung verloren.

> **!** **Eine fehlende Glukosurie schließt einen Diabetes mellitus nicht aus, eine nachgewiesene Glukosurie sichert ihn nicht. Bei Verdacht auf Diabetes mellitus sind deshalb Blutglukosebestimmungen zur Diagnosesicherung indiziert. Letztere können auch im Rahmen eines oralen Glukosetoleranztests (OGTT) erfolgen.**

Bestimmung der Ketonkörper im Urin

Die Ketonkörperbestimmung im Urin ist bei ausgeprägter Hyperglykämie und Verdacht auf ketoazidotische Stoffwechselentgleisung indiziert. Bei Insulinmangel werden die Lipolyse im Fettgewebe aktiviert und freie Fettsäuren freigesetzt. Die Leber metabolisiert die aus dem Fettgewebe stammenden Fettsäuren zu Ketonkörpern (Acetacetat und β-Hydroxybutyrat). Im Gefolge des Ketonkörperanstiegs im Serum werden letztere vermehrt im Urin ausgeschieden (Ketonurie).

Methodik. Die Ketonurie kann mit Urinteststreifen enzymatisch semiquantitativ nachgewiesen werden. Eine geringgradige Ketonurie ist beim Fasten normal; eine massive Ketonurie tritt bei Insulinmangel auf, z. B. bei Stoffwechseldekompensation oder bei der Manifestation eines Typ-1-Diabetes.

C-Peptid-Bestimmung

Die pankreatischen β-Zellen sezernieren C-Peptid und Insulin in äquimolaren Mengen. Somit reflektiert die C-Peptid-Plasmakonzentration die endogene Insulinsekretion; exogen zugeführtes Insulin wird nicht erfasst. Die C-Peptidbestimmung ist daher ein Parameter zur Beurteilung der endogenen Insulinsekretion. Sie kann vereinzelt bei der Differenzialdiagnose von Typ-1- oder Typ-2-Diabetes mellitus, zur Bestimmung der endogenen Insulinsekretion oder bei der Insulinomdiagnostik hilfreich sein (s. S. 645).

Immundiagnostik

Folgende Parameter können zur Immundiagnostik im Plasma bestimmt werden:
- zytoplasmatische Inselzellautoantikörper (ICA)
- Insulinautoantikörper (IAA)
- Autoantikörper gegen Glutamatdecarboxylase (Anti-GAD 65)
- Tyrosinphosphataseantikörper (IA-2A und IA-2βA)

Vor Manifestation eines Typ-1-Diabetes mellitus kann im prädiabetischen Stadium durch die oben genannten Autoantikörper, durch die Analyse von HLA-Haplotypen und durch die Bestimmung der Insulinsekretion im intravenösen Glukosetoleranztest (IVGTT) das individuelle Risiko eines später auftretenden Typ-1-Diabetes abgeschätzt werden. Dies erlaubt eine Frühdiagnostik.

Bei Manifestation unterstützen positive Autoantikörpertiter die Diagnose „Autoimmundiabetes" (also Typ-1-Diabetes); negative Befunde schließen Letzteren jedoch nicht aus.

Bei klinisch eindeutiger Diagnose eines Typ-1-Diabetes sind Autoantikörperuntersuchungen entbehrlich. Zur Differenzialdiagnose zwischen Typ-1- und Typ-2-Diabetes können sie jedoch hilfreich sein. Eine besondere Bedeutung hat die Antikörperbestimmung bei wissenschaftlichen Studien zur Frühdiagnostik und Frühintervention bei Risikopersonen für Typ-1-Diabetes. Solche Untersuchungen sollten an Diabeteszentren durchgeführt werden.

Funktionsdiagnostik mit dem oralen Glukosetoleranztest (OGTT)

Der orale Glukosetoleranztest ist ein etablierter Funktionstest zur Diabetesdiagnostik (**Tab. 34.10** bis **Tab. 34.12**). Er dient der Differenzierung zwischen normaler und gestörter Glukosetoleranz sowie manifestem Diabetes mellitus. Nach Magen- oder Dünndarmresektion und bei Maldigestion ist der OGTT nicht aussagekräftig.

Tab. 34.10 Voraussetzungen für die Durchführung des oralen Glukosetoleranztests (OGTT)

- zumindest 3 Tage vor dem Test kohlenhydratreiche Ernährung von 150 – 250 g Kohlenhydraten pro Tag
- keine vorherige Beschränkung der körperlichen Aktivität; in der Regel Untersuchung von ambulanten Patienten
- eine akute Erkrankung soll möglichst 2 Wochen zurückliegen
- zumindest 3 Tage vor dem Test sind möglichst folgende Medikamente abzusetzen: Hormone, orale Antidiabetika, Thiazid-Diuretika, Salizylate, hormonelle Kontrazeptiva
- keine Testung 3 Tage vor, während und 3 Tage nach der Menstruation
- zumindest 8 – 12 h vor dem Test Verbot von Rauchen, Kaffeekonsum und besonderer körperlicher Aktivität
- Nüchternperiode vor dem Test zumindest 10 bis maximal 14 h

Tab. 34.11 Durchführung des OGTT

- Bestimmung der Nüchternblutglukose (Kapillarblut)
- innerhalb von 5 min orale Einnahme von 75 g Glukose in 250 – 300 ml Flüssigkeit oder 300 ml eines Glukose-Oligosaccharid-Gemisches (Dextro O.G.T., im Handel verfügbar)
- weitere Blutglukosebestimmungen (Kapillarblut) nach 60 und 120 min
- Patient während des OGTT in sitzender oder liegender Position
- Rauchen während des Tests nicht erlaubt

Tab. 34.12 Beurteilung des OGTT

Das entscheidende Testkriterium ist der Glukosebefund 2 h nach oraler Dextroseapplikation
- unauffälliger OGTT: kapilläre Blutglukose
  - nach 1 h unter 200 mg/dl bzw. unter 11,1 mmol/l
  - nach 2 h unter 140 mg/dl bzw. unter 7,8 mmol/l
- gestörte Glukosetoleranz (pathologischer OGTT): kapilläre Blutglukose
  - nüchtern < 110 mg/dl bzw. < 6,1 mmol/l
  - nach 2 h zwischen 140 und 200 mg/dl bzw. zwischen 7,8 und 11,1 mmol/l
- manifester Diabetes mellitus: kapilläre Blutglukose
  - nüchtern > 110 mg/dl bzw. > 6,1 mmol/l
  - nach 2 h über 200 mg/dl bzw. über 11,1 mmol/l

Typische Indikationen für den OGTT:

- Blutglukose im Verdachtsbereich
- Glukosurie
- familiäre Diabetesveranlagung
- Adipositas
- metabolisches Syndrom
- Komplikationen in der Gravidität (z. B. fetale Makrosomie)
- Infektionsneigung
- Fettstoffwechselstörungen
- Neuropathie, Genese unklar

Kontraindikationen für den OGTT:

- manifester Diabetes mellitus aufgrund von Anamnese, Klinik und eindeutig nachgewiesener Hyperglykämie
- ausgeprägte Ketonurie
- akute Erkrankungen (z. B. Myokardinfarkt, Leberkrankheiten)

> ! **Nur bei konsequenter Einhaltung standardisierter Bedingungen ergibt der OGTT zuverlässige Ergebnisse. Bei nicht eindeutigem Befund ist der Test zu wiederholen.**

Therapiekontrolle bei manifestem Diabetes mellitus

Bestimmung des Hämoglobin A_{1c} (HbA_{1c})

Ein Langzeitparameter für die Qualität der Stoffwechseleinstellung bei Diabetes ist das HbA_{1c} (glykosyliertes Hämoglobin). Diese nicht enzymatisch glykierte Hämoglobin-Subfraktion ist auch bei Nichtdiabetikern in niedriger Konzentration nachweisbar. Proportional zur mittleren vorherrschenden Blutglukosekonzentration nimmt die HbA_{1c}-Fraktion bei Diabetes mellitus zu. Entsprechend dem durchschnittlichen Erythrozytenalter reflektiert HbA_{1c} die mittlere Blutglukosekonzentration über einen Zeitraum von etwa 2 Monaten. Bei stoffwechselgesunden Personen oder normoglykämisch eingestellten Diabetikern finden sich bis zu 6% HbA_{1c}, bei schlechter Stoffwechselführung bis zu 12% und mehr.

Als Verfahren in der Diabetesdiagnostik wurde HbA_{1c} bisher nicht akzeptiert, u. a. wegen einer unzureichenden Sensitivität für die Erfassung einer beginnenden Störung des Glukosestoffwechsels. Die American Diabetes Association (ADA) akzeptiert jedoch seit kurzem die HbA_{1c}-Bestimmung zur Diabetes-Diagnose (*Anm.:* zum Zeitpunkt der Drucklegung ist der HbA_{1c} in Europa als Parameter für die Diabetesdiagnose nach wie vor nicht akzeptiert). Bei Verwendung eines neuen, international akzeptierten Standards für HbA_{1c} wird dieser Verlaufsparameter nicht mehr in %, sondern in mmol/mol (mmol HbA_{1c} pro mol Hämoglobin) angegeben. Der entsprechende Normbereich beträgt 28 bis 38 mmol/mol HbA_{1c}/Hb.

Bestimmung der Fructosaminkonzentration

Ein wenig gebräuchlicher Parameter, mit dem die längerfristige Qualität der Stoffwechseleinstellung bei Diabetes mellitus beurteilt werden kann, ist die Fructosaminbestimmung. Hierbei wird die chemische Bindung von Glukose an Plasmaproteine (Glykierung) analysiert. Die Fructosaminkonzentration ist proportional zur mittleren Blutglukosekonzentration; sie reflektiert einen Zeitraum von etwa 2 Wochen, ist also im Vergleich zu HbA_{1c} zur kürzerfristigen Beurteilung der Stoffwechseleinstellung geeignet.

Kontinuierliche Glukoseüberwachung

engl. continous glukose monitoring (CGM)

Die kontinuierliche Glukoseüberwachung (CGM) ist eine neue Technik zur Therapiekontrolle bei Diabetes mellitus. Ein Sensor misst die Glukose im Interstitium in Intervallen von 1 bis 10 Minuten. Die Ergebnisse werden an ein Datenspeichergerät weitergeleitet. CGM liefert Informationen zur Glukose, es spiegelt die Muster und Tendenzen der Glukose wider, z. B. in Abhängigkeit von Mahlzeiten oder körperlicher Aktivität. Auch aufgrund hoher Kosten ist dieses Verfahren bisher auf spezielle Fragestellungen begrenzt.

34.1.6 Therapie des Diabetes mellitus

Therapieziele

Die Diabetesbehandlung sollte sich stets am individuellen Therapieziel eines Patienten orientieren (**Abb. 34.1**). Bei der Definition dieses Ziels müssen die Lebensqualität, die Beschwerden, das biologische Alter, die Lebenserwartung, Begleitkrankheiten und andere Gesichtspunkte (z. B. Hypoglykämien) berücksichtigt werden. Im Idealfall wird durch die Therapie eine Normoglykämie erreicht.

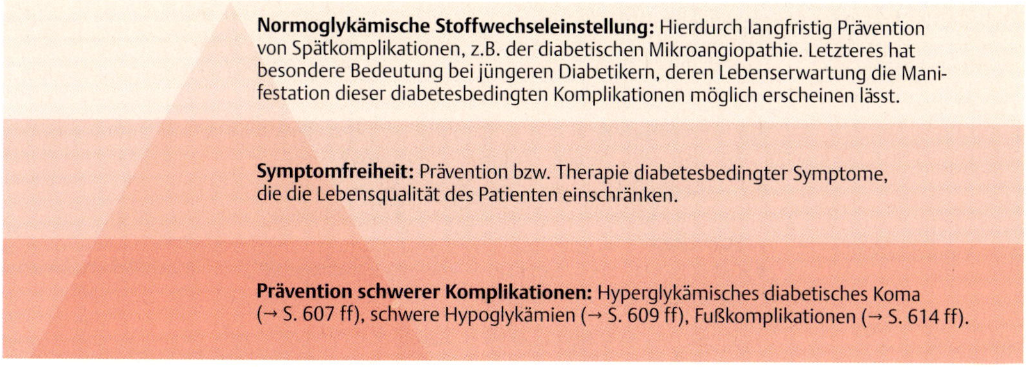

Abb. 34.1 Ziele der Diabetestherapie. Die Diabetesbehandlung sollte sich grundsätzlich am Therapieziel des einzelnen Patienten orientieren. Im Idealfall führt sie zur Normoglykämie (nach Standl).

Grundlagen der Diabetestherapie

Bei Typ-1-Diabetes mellitus ist die **Substitution** des defizienten **Insulins** Grundlage jeder Therapie, ergänzt durch eine Ernährungsbehandlung.

Bei Typ-2-Diabetes ist die **Ernährung** Basis jeder Behandlungsform, ergänzt durch ausreichende körperliche Aktivität. Des Weiteren ist ein normales Körpergewicht anzustreben. Zusätzlich wird schon bei Diagnosestellung eine Behandlung mit dem **oralen Antidiabetikum** Metformin empfohlen. In frühen Stadien werden Patienten mit Typ-2-Diabetes meist mit oralen Antidiabetika behandelt. Da bei Typ-2-Diabetes im Verlauf ein progredienter Mangel an endogenem Insulin auftritt, muss in späteren Krankheitsstadien mit Insulin therapiert werden. Orale Antidiabetika und Insulin können auch kombiniert werden. Die Vermeidung von Hypoglykämien, einer häufigen akuten Therapiekomplikation, ist besonders wichtig (s. S. 639).

Grundlegender Bestandteil jeder Diabetestherapie ist die **Stoffwechselselbstkontrolle** durch den Patienten, üblich sind Blutzuckerbestimmungen. Darüber hinaus sollten alle Diabetiker hinsichtlich ihrer Erkrankung geschult werden (s. S. 633).

Langzeitkomplikationen und Begleiterkrankungen (z. B. Fettstoffwechselstörung, arterielle Hypertonie, Nephropathie, Hyerkoagulopathie) müssen bei der therapeutischen Strategie im Sinne einer multifaktoriellen Intervention berücksichtigt werden (s. S. 640).

Ernährung bei Diabetes mellitus

Ziel jeder Diabetesdiät ist eine vollwertige Ernährung und eine bedarfsgerechte Energiezufuhr. Die qualitative Zusammensetzung einer solchen Ernährung zeigt **Tab. 34.13**. Entscheidend für die quantitative Nahrungs- bzw. Energiezufuhr bei Diabetes sind das Köpergewicht und die körperliche Aktivität (Beruf, Freizeit). Es gilt:

- bei Normalgewichtigen sollte das Körpergewicht durch eine bedarfsangepasste Ernährung stabil gehalten werden
- untergewichtige Patienten können in gewissen Grenzen Gewicht zunehmen
- übergewichtige Patienten sollen in jedem Fall abnehmen

Klassischerweise wird die Diabetesernährung auf 3 kleinere Haupt- und 3 – 4 Zwischenmahlzeiten, also 6 – 7 Mahlzeiten pro Tag, aufgeteilt. Die hiermit verbundene Verteilung der Kohlenhydrate über den Tag hinweg wirkt Schwankungen der Blutzuckerprofile (postprandiale Blutzuckerspitzen) entgegen und mindert gleichzeitig das Hypoglykämierisiko.

Verschiedene kohlenhydrathaltige Lebensmittel können untereinander ausgetauscht werden. Als Schätz- und Austauscheinheit für Kohlenhydrate ist die **Broteinheit (BE)** in Deutschland etabliert. 1 BE entspricht 10 – 12 g verwertbaren Kohlenhydraten. Diese Austauscheinheiten sind vor allem für insulinbehandelte Diabetiker hilfreich. Bei übergewichtigen Typ-2-Diabetikern ist die Verwendung dieser Schätz- oder Austauscheinheiten nicht zwingend erforderlich; hier steht die Beachtung des Kaloriengehaltes der Nahrung im Vordergrund.

Tab. 34.13 Ernährungsempfehlung bei Diabetes mellitus

Nahrungsbestandteile	Empfehlungen**
Kohlenhydrate (KH)*	KH-Anteil: 50 – 55 % der Gesamt-kcal; empfohlene bzw. „erlaubte" Lebensmittel: • Lebensmittel, die reich an löslichen Ballaststoffen sind oder einen niedrigen glykämischen Index (niedrige Blutglukosewirksamkeit) haben • Saccharose (= Haushaltszucker, Disaccharid aus Glukose und Fructose) ist in mäßigen Mengen akzeptabel (weniger als 10 % der Gesamtenergie) möglichst „verpackt" in Mahlzeiten • Getränke mit hohem Saccharose- und/oder Glukosegehalt sind nur bei Hypoglykämien ratsam (rascher Glukoseanstieg)
Fett	Fettanteil: 30 – 35 % der Gesamt-kcal, davon: • gesättigte Fettsäuren: maximal ⅓ • einfach ungesättigte Fettsäuren: etwa ⅓ • mehrfach ungesättigte Fettsäuren: etwa ⅓ • Cholesterin: maximal 300 mg/d
Eiweiß	Proteinanteil 10 – 20 % der Gesamt-kcal; bei Nephropathie Eiweißanteil reduzieren
Zuckerersatzstoffe	Zyklamat, Saccharin und Aspartam sind zum Süßen erlaubt (z. B. in Getränken), sie werden nicht berechnet
Zuckeraustauschstoffe	Fruktose und andere kalorienhaltige Austauschstoffe werden nicht empfohlen
Alkohol	Mengen, die 1 oder 2 Glas Wein/Tag entsprechen, sind akzeptabel. Alkohol sollte nur in Verbindung mit KH-haltigen Mahlzeiten genossen werden, wegen des Risikos schwerer Hypoglykämien
Kochsalz	maximal 6 g Kochsalz/d („Hypertonierisiko")

** Schätzeinheit für Kohlenhydrate ist die Broteinheit (BE). 1BE entspricht 10 – 12 g verwertbaren Kohlenhydraten. 25 g Schwarzbrot, 65 g Kartoffeln, etwa 15 g Teigwaren, etwa 100 g Obst entsprechen 1 BE (→ entsprechende Tabellen).*
*** nach „Diabetes and Nutrition Study Group (DNSG) of the European Association for the Study of Diabetes (EASD)", 2005*

Typ-1-Diabetiker und Typ-2-Diabetiker, die mit einer konventionellen Insulintherapie behandelt werden (s. S. 623), müssen die Nahrungskohlenhydrate ebenfalls auf 6 – 7 Mahlzeiten pro Tag verteilen. Die Dosis und der Zeitpunkt der Insulininjektionen werden auf die Ernährung abgestimmt. Ähnlich sollte wegen des Hypoglykämierisikos auch bei der Einnahme von Sulfonylharnstofftherapie verfahren werden. Typ-1-Diabetiker, die mit intensivierten Insulintherapieformen (ICT oder „Insulinpumpe", s. S. 621, S. 624) behandelt werden, können die Anzahl der Mahlzeiten und die Kohlenhydratmenge variieren, vorausgesetzt, die Insulintherapie wird adäquat angepasst. Ein Beispiel zeigt **Tab. 34.14**.

(!) Bei übergewichtigen Typ-2-Diabetikern steht die Normalisierung des Körpergewichts durch Reduktion der Energiezufuhr und vermehrte körperliche Aktivität therapeutisch zunächst im Vordergrund. Bei signifikanter Gewichtsabnahme wird eine medikamentöse Diabetestherapie häufig überflüssig. Die kontinuierliche diätetische Beratung und psychologische Führung sind dabei unerlässlich, um die Patienten zu motivieren und Fehlschläge zu vermeiden. Bessert sich die Hyperglykämie unter den genannten Therapiemaßnahmen mittelfristig nicht, so kann auf eine medikamentöse Therapie natürlich nicht verzichtet werden.

Insulintherapie

Insulinsekretion und Physiologie der Insulinwirkung. Physiologisch sezernieren die pankreatischen β-Zellen kontinuierlich Insulin zur Aufrechterhaltung des basalen Stoffwechsels (Basalsekretion). Zusätzlich erfolgt bei jeder Mahlzeit eine variable, an die resorbierte Kohlenhydratmenge angepasste Insulinsekretion (prandiale Insulinsekretion). An den Zielgeweben

- fördert Insulin den Transport von Glukose, Aminosäuren und Kalium in die Zellen

Tab. 34.14 Beispiel einer Ernährung bei Diabetes mellitus*

Patient	Größe: 175 cm, Gewicht: 75 kg, Alter: 50 Jahre, männlich
Energiebedarf	bei leichter körperlicher Tätigkeit 32 kcal pro kg Sollgewicht: 75 × 32 = 2 400 kcal
Eiweißmenge	60 g Eiweiß pro Tag (ca. 240 kcal)
Fettzufuhr	80 g Fett pro Tag (ca. 720 kcal)
Kohlenhydratzufuhr	360 g Kohlenhydrate pro Tag (1 440 kcal) Verteilung der Kohlenhydrate auf 30 BE pro Tag 6 Mahlzeiten pro Tag
Verteilung der BE (Kohlenhydrate)	Frühstück 5 BE Zwischenmahlzeit 5 BE Mittagessen 7 BE Zwischenmahlzeit 4 BE Abendessen 6 BE Spätmahlzeit 3 BE

* *berechnet nach Empfehlungen der Deutschen Gesellschaft für Ernährung (DGE)*

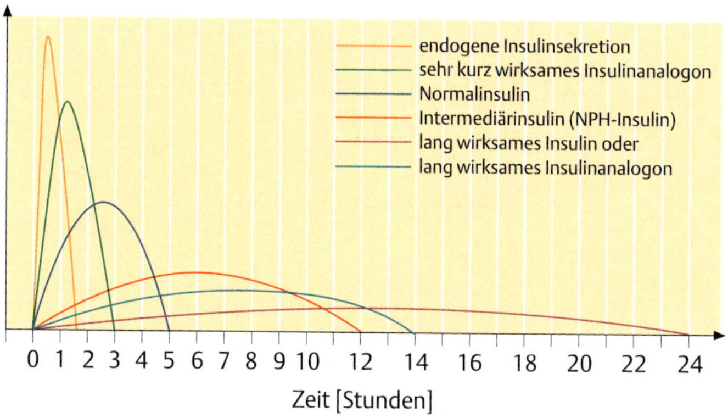

Abb. 34.2 Wirkprofile verschiedener Insulinpräparate. Dies ist eine vereinfachte, stark schematische Darstellung von Insulinwirkprofilen. Beispielsweise kann die Wirkdauer abhängig von der applizierten Insulindosis variieren.

- induziert Insulin eine Stimulation anaboler Stoffwechselwege (Glykogensynthese, Lipidsynthese, Proteinsynthese)
- hemmt Insulin katabole Stoffwechselprozesse (Glykogenolyse, Lipolyse, Proteolyse)

Insulinpräparate. Für die Insulintherapie wird heute Humaninsulin verwendet. Weiterhin kommen biosynthetisch hergestellte Analoga des Humaninsulins zur Anwendung (**Abb. 34.2**, **Tab. 34.15**).

> **!** Das Verzögerungsinsulin bzw. langwirksame Insulinanalogon Glargin (Lantus®) hat sich in den vergangenen Jahren bei der Diabetesbehandlung sehr vieler Patienten bewährt. Im Jahr 2009 wurden Studien veröffentlicht, die auf ein erhöhtes Krebsrisiko bei einer Diabetestherapie unter Verwendung von Glargin hinweisen können. Eine abschließende Bewertung eines Tumorrisikos bei Behandlung mit Glargin ist derzeit nicht möglich. Zur endgültigen Beurteilung von Glargin sind weitere wissenschaftliche Untersuchungen erforderlich. Zum Zeitpunkt der Drucklegung von diesem Buch ist Glargin zur Diabetes-Therapie beim Menschen zugelassen.

Tab. 34.15 Insulinpräparate (Auswahl)

Name	Präparate	Applikation	Wirkung*	Indikationen und Besonderheiten
kurz wirksame Insuline				
Normalinsulin (früher Altinsulin)	• Insuman Rapid (Aventis) • Insulin Actrapid (Novo Nordisk) • Huminsulin Normal (Lilly)	subkutan, bei Stoffwechselentgleisung i. v.	Beginn: 15 – 30 min nach Injektion Dauer: 2 – 8 h (kurz)	• Ersteinstellung • Stoffwechselentgleisung • bei intensivierter Insulintherapie (ICT) für den mahlzeitenbezogenen Bedarf • Insulinpumpe (CSII = Continuous Subcutaneous Insulin Infusion) • perioperativ • in der Gravidität
Humaninsulinanaloga (modifiziertes Humaninsulin)	• Humalog (Lilly) oder Liprolog (Berlin-Chemie), Insulin lispro Insulinanalogon [Lys(B28), Pro(B29)] • NovoRapid (Novo Nordisk) Insulinanalogon (Insulin Aspart, Prolin an Position B28 durch Asparaginsäure ersetzt) • Insulinglulisin (Aventis) Glulisin, Insulinanalogon (Asparagin in Position B3 durch Lysin ersetzt und Ersatz von Lysin in Position B29 durch Glutaminsäure)	nur subkutan	Beginn: sofort nach Injektion Dauer: 2 – 5 h (sehr kurz)	• bei ICT für den mahlzeitenbezogenen Insulinbedarf (s. S. 621) • bei Insulimpumpe CSII (Insulin lispro und Insulin Aspart sind bisher für CSII zugelassen (s. S. 624) Besonderheiten: • biosynthetisch hergestellt mit Änderung der Aminosäurensequenz in der B-Kette des Insulinmoleküls, deshalb verminderte Tendenz zur Aggregation in Lösung • schnellerer Wirkungseintritt und kürzere Wirkdauer als Normalinsulin • Humalog wurde 1996, Insulin Aspart 1999 und Glulisin 2004 zum Verkauf zugelassen, deshalb fehlen bei einzelnen Präparaten Langzeiterfahrungen • alle Präparate haben wohl sehr ähnliche Eigenschaften • in der Schwangerschaft liegen mit Humalog begrenzte Erfahrungen vor

Fortsetzung ►

Tab. 34.15 Fortsetzung

Name	Präparate	Applikation	Wirkung*	Indikationen und Besonderheiten
Verzögerungsinsuline				
Intermediärinsulin (Protamin zur Verzögerung, „Neutral-Protamin-Hagedorn-Insulin [NPH]“)	• Insuman Basal (Aventis) • Insulin Protaphane (Novo Nordisk) • Huminsulin Basal (Lilly)	nur subkutan, mit Normalinsulin mischbar	Dauer: 12 – 18 h Beginn: nach 30 – 60 min	• bei ICT für den basalen Bedarf (**Abb. 34.3**) • bei konventioneller Insulintherapie (s. S. 623) • Kombinationstherapie Insulin/orale Antidiabetica (s. S. 627) • in der Gravidität
lang wirksame Insulinanaloga	• Lantus (Insulin Glargin, Aventis) • Levemir (Insulin Detemir, Novo Nordisk)	nur subkutan, mit anderen Insulinen nicht mischbar	Dauer: bis 24 h, relativ gleichmäßige Blutzuckersenkung	bei ICT für den basalen Insulinbedarf. Bei Glargin ist eine tägliche Applikation am späten Abend („Bedtime“) ausreichend. Bei Detemir eine oder zwei Injektionen pro Tag. Beide Präparate sind geeignet für die Kombination mit oralen Antidiabetika. Besonderheiten: • bei Glargin wird die B-Kette des Insulinmoleküls um zwei Arginine verlängert, in Position 21 der A-Kette wird Asparagin durch Glycin ersetzt • bei Detemir ist die B-Kette des Insulinmoleküls modifiziert, weiterhin ist an eine Aminosäure eine Fettsäure (Myristic Acid) gebunden, hierdurch reversible Bindung an Albumin • Glargin wurde 2000 und Detemir 2004 zugelassen, deshalb sind die Erfahrungen insbesondere mit letzterem Präparat begrenzt • die Erfahrungen in Gravidität und Stillzeit sind mit beiden Präparaten limitiert, deshalb in der Gravidität nicht anwenden

Fortsetzung ►

H

Tab. 34.15 Fortsetzung

Name	Präparate	Applikation	Wirkung*	Indikationen und Besonderheiten
Mischinsuline (Kombinationsinsuline)				
Mischung aus humanem Normal- und NPH-Insulin mit variablem Anteil	• Insuman Comb 15 (Aventis) (15 % Normalinsulin) Insuman Comb 25 (Aventis) (25 % Normalinsulin) Insuman Comb 50 (Aventis) (50 % Normalinsulin) • Insulin-Actraphane 30 (Nordisk) 30 % Normalinsulin • Huminsulin-Profil III (Lilly), 30 % Normalinsulin	nur subkutan	Dauer: 12 – 18 h Beginn: nach 30 min	• konventionelle Insulintherapie bei Typ-1-, und Typ-2-Diabetes, mit 2 Injektionen pro Tag • Kombinationstherapie Insulin/orale Antidiabetika
Mischungen aus kurz wirksamen Insulin-Analoga und länger wirksamen Protamin-Analoga-Suspensionen	• Humalog Mix 25 (25 % Insulin lispro und 75 % Insulin lispro Protamin Suspension), Lilly • NovoMix 30 (30 % lösliches Insulin Aspart und 70 % Insulin-Aspart-Protamin-Kristalle), Novo Nordisk	nur subkutan, nicht mischbar	Beginn: sofort nach Injektion (meist kein Spritz-Ess-Abstand notwendig) Dauer: bis 15 h	ähnlich wie bei anderen Mischinsulinen

**Die Wirkungsdauer aller Insulinpräparationen ist in gewissen Grenzen variabel. Die Wirkungsdauer korreliert positiv mit der injizierten Insulindosis.*

Zwei Insulinkonzentrationen werden in Deutschland angeboten:

- **U40** (40 IE/ml) für die Verwendung mit konventionellen Insulinspritzen
- **U100** (100 IE/ml) in Ampullen für konventionelle Insulinspritzen, in Patronen für Injektionshilfen (sog. Pens), in Fertigspritzen (OptiSet: Aventis; KwikPen: Lilly; FlexPen: Novo Nordisk) und für Insulinpumpen

Fast alle Humaninsuline sind sowohl als U40- als auch als U100-Insuline im Handel. Insulinanaloga sind nur als U100-Präparate verfügbar.

Nach der Wirkungsdauer unterscheidet man:

- **kurz wirksame Insuline:**
  - Normalinsulin (Wirkdauer 2 – 8 h, frühere Bezeichnung: Altinsulin)
  - Humaninsulinanaloga (Wirkdauer 2 – 5 h, also sehr kurz, modifiziertes Humaninsulin)
- **Verzögerungsinsuline** (die Verlängerung der Wirkungsdauer wird durch Protaminzusatz oder durch Veränderung der Molekülstruktur erreicht):
  - Intermediärinsulin (NPH, Neutral Protamin Hagedorn)
  - lang wirksame Insulinanaloga
- **Mischinsuline** (Kombinationsinsuline):
  - Mischung aus kurz wirksamem Normal- und länger wirksamem Intermediärinsulin (NPH-Insulin)
  - Mischung aus sehr kurz wirksamem Humaninsulinanalogon (z. B. Insulin lispro) und Humaninsulinanaloga-Protamin-Suspension

Indikationen für eine Insulintherapie.

- Typ-1-Diabetes (absolute Indikation)
- Typ-2-Diabetes bei unbefriedigender Stoffwechseleinstellung unter Therapie mit oralen Antidiabetika
- diabetische Stoffwechselentgleisungen erheblichen Ausmaßes
- perioperativ bei Diabetes mellitus
- insulinpflichtiger Gestationsdiabetes
- Unverträglichkeit, Nebenwirkungen oder Kontraindikationen für orale Antidiabetika
- sekundärer Diabetes mellitus, z. B. nach Pankreasresektion

Therapeutisches Vorgehen. Häufig verwendete Insulintherapieformen für Diabetiker sind die

- intensivierte konventionelle Insulintherapie (ICT),
- konventionelle Insulintherapie und die
- kontinuierliche subkutane Insulininfusion (CSIII, sog. Insulinpumpe)

Typ-1-Diabetiker werden heute mit einer **intensivierten Insulintherapie (ICT)** oder mit einer Insulinpumpe behandelt. Ebenso werden jüngere, insulinpflichtige Typ-2-Diabetiker und schwangere Diabetikerinnen häufig mit einer ICT therapiert. Für ältere Typ-2-Diabetiker ist die konventionelle Insulintherapie meist die Behandlung der ersten Wahl. Gesichtspunkte, die bei der Therapiewahl berücksichtigt werden, sind:

- Diabetestyp
- individuelles Therapieziel (s. **Abb. 34.1**)
- Motivation und Kooperationsfähigkeit des Patienten
- Wunsch nach flexibler Lebensführung und Nahrungszufuhr
- Schwangerschaft

Intensivierte konventionelle Insulintherapie (ICT) mit Normalinsulin

Therapieprinzip. Bei der ICT, die auch als „Basis-Bolus-Therapie" oder „funktionelle Insulintherapie" bezeichnet wird, soll die physiologische Insulinsekretion, bestehend aus (a) basaler und (b) prandialer, variabler (mahlzeitenabhängiger) Insulin-Abgabe ansatzweise nachgeahmt werden. Schematisch ist dies in **Abb. 34.3** und **Abb. 34.4** dargestellt (vgl. auch **Tab. 34.16**).

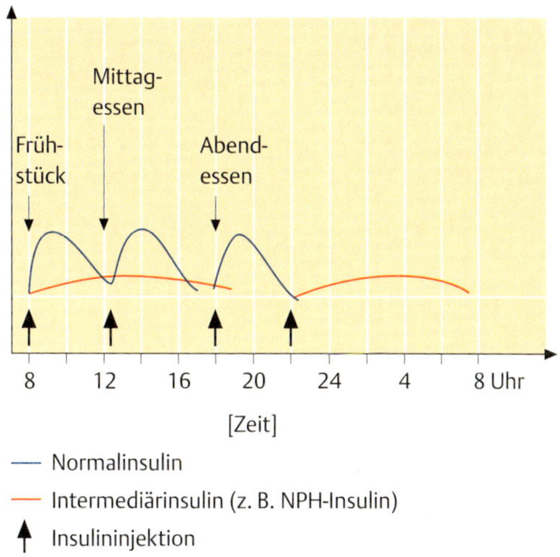

Abb. 34.3 Intensivierte Insulintherapie (ICT). Die ICT wird auch als „Basis-Bolus-Therapie" bezeichnet: *Basis:* je eine Injektion Intermediärinsulin morgens und spätabends *plus Bolus:* 3-mal täglich (vor jeder Hauptmahlzeit) eine Injektion Normalinsulin. Alternativ kann als Basis zweimal täglich das Insulinanalogon Detemir injiziert werden.

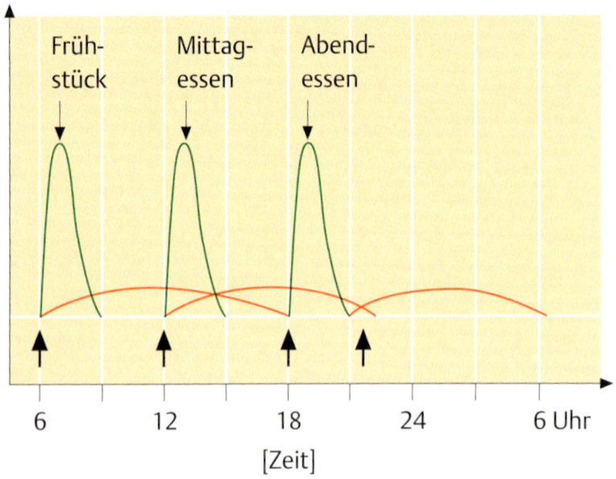

— sehr kurz wirksames Insulinanalogon (modifiziertes Humaninsulin)

— Intermediärinsulin (z. B. NPH-Insulin)

↑ Insulininjektion

Abb. 34.4 Intensivierte Insulintherapie (ICT) mit sehr kurz wirksamem Insulinanalogon.

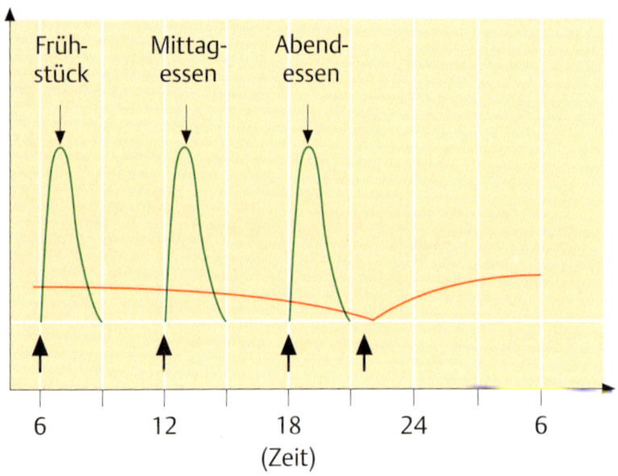

— sehr kurz wirksames Insulinanalogen

— lang wirksames Insulinanalogen

↑ Insulininjektion

Abb. 34.5 Intensivierte Insulintherapie (ICT) mit sehr kurz und lang wirksamen Insulinanaloga.

Basales Insulin: Zur basalen Insulinsubstitution („Basis") dienen häufig 2 tägliche Injektionen (morgens und spätabends) von Intermediärinsulin (z. B. NPH-Insulin); etwa 40 – 50 % der Insulintagesdosis entfallen hierauf. Alternativ können auch die lang wirksamen Insulin-Analoga Glargin (spätabends, einmal pro Tag) oder Detemir (morgens und spätabends) verwendet werden.

Normalinsulin vor den Hauptmahlzeiten: Zur Metabolisierung der Nahrungskohlenhydrate wird zusätzlich vor jeder Hauptmahlzeit Normalinsulin („Bolus") injiziert. Die Insulindosis (Tab. 34.16) ist hierbei variabel und abhängig von

- der Kohlenhydratmenge (BE-Anzahl),
- dem präpranidal bestimmten Blutzucker
- der Tageszeit und
- der geplanten körperlichen Aktivität.

Korrekturinsulin: Präprandial erhöhte Blutzucker werden gezielt mit zusätzlichem Normalinsulin korrigiert (Tab. 34.16).

Normalinsulinbedarf pro Broteinheit (BE): Dieser prandiale Insulinbedarf ist zu verschiedenen Tageszeiten variabel wegen einer von der Tageszeit abhängigen Insulinempfindlichkeit der Gewebe. Üblicher Bedarf s. Tab. 34.16.

Ernährung: Empfohlen werden 3 Hauptmahlzeiten und 3 – 4 kleine Zwischenmahlzeiten; die Zwischenmahlzeiten sind wegen der Wirkungsdauer von Normalinsulin (ca. 5 h) indiziert. Der Zeitpunkt, die Anzahl und die Zusammensetzung der Mahlzeiten kann in gewissen Grenzen variiert werden. Die Kohlenhydrate werden nach Broteinheiten (BE) berechnet, und untereinander ausgetauscht.

Indikationen für die ICT: Typ-1-Diabetes mellitus, Gravidität, diabetische Neuropathie, Typ-2-Diabetiker, bei denen ein Insulinmangel besteht.

Bei guter Compliance ist mit einer ICT eine nahezu normoglykämische Stoffwechseleinstellung möglich. Insbesondere bei jungen Diabetikern ist dies zur Prävention von Spätkomplikationen indiziert. Die Ernährung und die körperliche Aktivität kann variabel gestaltet werden. Hieraus resultiert für die Patienten ein Gewinn an Lebensqualität. Nachteile dieser Behandlung sind der hohe Aufwand (z. B. Injektionen und Blutglukose-Selbstkontrolle) sowie ein erhöhtes Hypoglykämierisiko.

! Wesentliche Voraussetzungen für die ICT:

- Bereitschaft zu mehreren täglichen Insulininjektionen
- regelmäßige Stoffwechselselbstkontrolle (minimal 4 Blutzuckerkontrollen pro Tag)
- Fähigkeit zu eigenständigen Therapieanpassungen
- kooperative, motivierte Patienten
- Diabetesschulung
- Behandlung durch qualifizierte Ärzte

Tab. 34.16 Insulindosierung und Zielwerte bei intensivierter Insulintherapie (ICT)

ICT	Dosierung und Zielwerte
prandialer Insulinbedarf	Zeit der Injektion von Normalinsulin oder Insulinanalogon • zum Frühstück ca. 1,0 – 3,0 IE/BE • zum Mittagessen ca. 0,5 – 1,5 IE/BE • zum Abendessen ca. 1,0 – 2,0 IE/BE
basaler Insulinbedarf	• 0,3 – 0,5 IE/kg KG • verteilt auf 2 oder 3 tägliche Injektionen (z. B. Intermediärinsulin, NPH-Insulin) • eine (Glargin) oder zwei (Detemir) Injektionen eines lang wirksamen Analogons
Verhältnis von Normal- zu Basalinsulin	• 55:45 % (50:50 %)
Zielwerte für die Blutglukose	• präprandial: 80 – 120 mg/dl (4,4 – 6,7 mmol/l) • 60 min postprandial: < 160 mg/dl (< 8,9 mmol/l) • 120 min postprandial: < 140 mg/dl (< 7,8 mmol/l) • vor dem Schlafen 110 – 130 mg/dl (6,1 – 7,2 mmol/l)
Korrekturfaktoren zur Beeinflussung der Blutzuckerhöhe bei Abweichungen vom präprandial gemessenen Zielwert (Korrekturinsulin)	• 1 IE Normalinsulin senkt den Blutzucker um ca. 30 – 50 (40) mg/dl bzw. 1,7 – 2,8 (2,2) mmol/l • 1 BE hebt den Blutzucker um ca. 20 – 80 (40) mg/dl bzw. 1,1 – 4,4 (2,2) mmol/l
Spritz-Ess-Abstand (in Abhängigkeit vom präprandialen Blutzucker)	• Normalinsulin (Human): 15 – 30 min • Humaninsulinanaloga (kurz wirksam): 0 – 15 min, bei sehr niedrigem präprandialen Blutzucker kann auch nach dem Essen injiziert werden

Intensivierte konventionelle Insulintherapie (ICT) mit sehr kurz wirksamen Insulinanaloga.

Therapieprinzip: ähnlich wie bei ICT mit Normalinsulin. Statt Normalinsulin wird ein sehr kurz wirksames Insulinanalogon (modifiziertes Humaninsulin) appliziert (vgl. **Abb. 34.3**, **Tab. 34.16**).

Basales Insulin: Zur basalen Insulinversorgung („Basis") dienen häufig 3 tägliche Injektionen von Intermediärinsulin (NPH-Insulin: morgens, mittags oder am frühen Nachmittag und spätabends). Eine Alternative hierzu sind eine (Glargin, spätabends) oder zwei (Detemir, frühmorgens und spätabends) tägliche Applikationen von lang wirksamen Insulinanaloga.

Insulin vor den Hauptmahlzeiten, Korrekturinsulin und Insulinbedarf pro BE: Hierfür wird ein sehr kurz wirksames Insulinanalogon („Bolus") injiziert, zur Dosis s. S. 621 und **Tab. 34.16**.

Ernährung: Meist 3 tägliche Mahlzeiten, auf Zwischenmahlzeiten kann in der Regel verzichtet werden. Ein Spritz-Ess-Abstand ist meist entbehrlich.

Indikationen: s. ICT. In der Gravidität liegen begrenzte Erfahrungen mit Insulinanaloga vor.

Kurz wirksame Insulinanaloga (modifizierte Humaninsuline) haben zeitlich eine sehr kurze Wirkdauer. Deshalb können die Ernährung und der Lebensstil noch flexibler gehandhabt werden im Vergleich zur ICT mit Normalinsulin. Offensichtlich sind die postprandialen Blutzuckeranstiege geringer als bei Normalinsulin und die Hypoglykämiefrequenz niedriger. Der Therapieaufwand ist nicht unerheblich.

Konventionelle Insulintherapie

Therapieprinzip: Bei der üblichsten Variante wird zweimal täglich, jeweils vor dem Frühstück und vor dem Abendessen, Mischinsulin injiziert (**Abb. 34.6**). Meist ist ein Insulinpräparat sinnvoll, das aus 25 – 30 % Normalinsulin und 70 – 75 % Intermediärinsulin (NPH) zusammengesetzt ist. Diese Insulinmischung gewährleistet eine relativ kontinuierliche blutzuckersenkende Wirkung. Alternativ zu Mischinsulin können auch Mischungen aus Insulinanaloga für die konventionelle Insulintherapie ver-

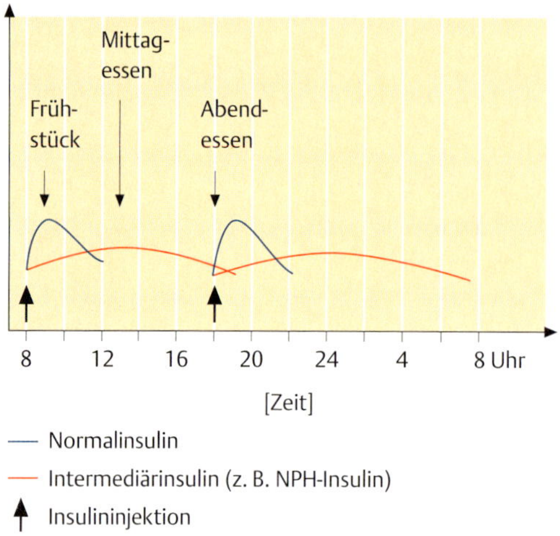

Abb. 34.6 Konventionelle Insulintherapie. Bei der konventionellen Insulintherapie wird zweimal täglich (vor dem Frühstück und dem Abendessen) Mischinsulin injiziert, das sich häufig aus 25 – 30 % Normalinsulin und 70 – 75 % Intermediärinsulin (NPH) zusammensetzt. Alternativ können Mischungen aus kurz wirksamen Insulinanaloga und länger wirksamen Protamin-Analoga-Suspensionen injiziert werden.

wendet werden. Ergänzt wird die Insulinbehandlung durch eine angepasste Ernährung. Vereinzelt können Typ-2-Diabetiker mit ausreichender Insulinrestsekretion mit nur einer morgendlichen Injektion von Mischinsulin behandelt werden.

Typische Indikationen für die konventionelle Insulintherapie:

- Typ-2-Diabetiker, bei denen unter oraler Diabetestherapie die Stoffwechseleinstellung unbefriedigend ist („Sekundärversagen")
- Typ-2-Diabetiker mit Kontraindikationen für orale Antidiabetika (s. S. 627)
- Diabetes mellitus nach Pankreaserkrankungen (meist besteht noch eine endogene Restsekretion von Insulin), besondere Diabetesformen (s. S. 607)
- ältere Patienten mit Typ-2-Diabetes mellitus
- Typ-1-Diabetiker, die für eine ICT nicht geeignet sind

Dosierung: Etwa 3/5 der Insulintagesdosis werden vor dem Frühstück, etwa 2/5 vor dem Abendessen verabreicht. Der tägliche Bedarf an Mischinsulin kann nicht genau vorausberechnet werden (variable Insulinempfindlichkeit). Bei Typ-1-Diabetikern beträgt der Insulinbedarf häufig 0,5 – 1,0 IE/kgKG/d. Bei Typ-2-Diabetikern mit Übergewicht ist der Insulinbedarf in der Regel höher, bis etwa 2,0 IE/kgKG/d. Bei der konventionellen Insulintherapie sind die Insulinspiegel zwischen den Hauptmahlzeiten unphysiologisch hoch, deshalb muss die Ernährung auf 6 – 7 Mahlzeiten pro Tag verteilt werden. Die Zeitpunkte und die Größe der Mahlzeiten müssen auf die Insulintherapie abgestimmt sein. Bei korrekter Indikation und adäquater Compliance kann mit einer konventionellen Insulintherapie eine gute Stoffwechseleinstellung erreicht werden. Eine annäherungsweise Normalisierung des Blutzuckertagesprofils ist jedoch mit dieser Therapie aufgrund der Kinetik der verwendeten Insulinpräparationen unter alltäglichen Bedingungen meist nicht möglich. Vorteilhaft ist die einfache Handhabung gebrauchsfertiger Insuline (z. B. Mischinsulin im Pen bei älteren Patienten). Nachteilig ist die Einschränkung der Flexibilität in der Lebensführung und der Ernährung, beispielsweise bei jüngeren Patienten.

> ! **Bei konventioneller Insulintherapie ist eine regelmäßige Lebensführung und ein starres Ernährungsschema notwendig. Bei zu geringer Kohlenhydratzufuhr, z. B. Auslassen einer Mahlzeit, ist die Insulindosis relativ zu hoch, hieraus resultiert ein Hypoglykämierisiko. Auch bei konventioneller Insulintherapie ist eine Schulung der Patienten wünschenswert, insbesondere bei Therapiebeginn.**

Kontinuierliche subkutane Insulininfusion

Synonym: CSII, „Insulinpumpe"
engl. continuous subcutaneous insulin infusion

Prinzip. Bei der „CSII" wird kurz wirksames Insulin (Normalinsulin oder ein Insulin-Analogon) ähnlich wie bei ICT sowohl zur Abdeckung des basalen als auch des mahlzeitbezogenen Bedarfs subkutan infundiert.

Eine extern tragbare, elektronisch gesteuerte Präzisionspumpe infundiert kurz wirksames Normalinsulin (oder ein Insulin-Analogon) über einen Katheter subkutan, sowohl kontinuierlich als auch mahlzeitenbezogen. Die Basalrate wid variabel programmiert. Zu den Mahlzeiten ruft der Patient zusätzlich variable prandiale Insulindosen ab. Er kontrolliert den Blutzucker engmaschig mit einem konventionellen Messgerät. Im Gegensatz zur extern getragenen „Pumpe" sind implantierbare Insulin-Infusionssysteme derzeit als experimentelle Therapie zu betrachten, z. B. im Rahmen von wissenschaftlichen Studien.

Indikation. Typische Indikation ist der Typ-1-Diabetes mellitus, auch bei labilen Blutzuckerwerten und bei Neigung zu Hypoglykämien. Im Vergleich zu einer konventionellen intensivierten Insulin-Therapie (ICT) kann sich die Stoffwechseleinstellung geringgradig verbessern. Bei Typ-1-Diabetes und Dawn-Phänomen (frühmorgendlicher Blutzucker-Anstieg als Folge der Glukoneogenese) kann eine „Insulinpumpe" diesen Anstieg verhindern durch eine frühmorgendliche Steigerung der basalen Insulin-Abgabe ins Subkutangewebe. Bei Schichtarbeit und unregelmäßigem Tagesablauf kann eine Pumpe die Diabetes-Therapie erleichtern. Jüngere Patienten schätzen oft den Komfort und die Flexibilität, den dieses Gerät bieten kann. Kontraindikationen sind mangelnde Compliance und schwere Suchterkrankungen.

Neueinstellungen oder Umstellungen auf eine intensivierte, konventionelle Insulintherapie (ICT) oder auf eine CSII sollten nur von speziell qualifizierten Ärzten vorgenommen werden, z. B. in einem Diabeteszentrum. Eine begleitende Schulung ist zwingend erforderlich.

> **!** **Vorsicht mit Insulinpumpen (CSII)! Bei einer Unterbrechung der Insulinzufuhr, z. B. bei einem technischen Defekt, besteht ein hohes Risiko für eine Stoffwechselentgleisung. Bei längerer Unterbrechung der Insulinzufuhr besteht ein Risiko für eine bedrohliche diabetische Ketoazidose (bei Patienten mit Typ-1-Diabetes).**

Nebenwirkungen und Komplikationen einer Insulintherapie

Häufigste Komplikation einer Insulintherapie sind Hypoglykämien (s. S. 639). Insbesondere bei Typ-2-Diabetes kann Insulin eine Zunahme des Körpergewichts begünstigen. Insulinlipodystrophien, Insulinallergien oder eine Insulinantikörperbildung werden heute nur noch sehr selten beobachtet. Insulinödeme treten vereinzelt nach Beginn einer Insulinbehandlung auf.

Diabetestherapie in der Schwangerschaft

Bei Patientinnen mit bekanntem Diabetes mellitus und unbefriedigender Stoffwechseleinstellung zum Zeitpunkt der Konzeption ist das Risiko von frühen Spontanaborten und von fetalen Fehlbildungen erhöht. Ist die Diabeteseinstellung im 2. und 3. Trimenon der Gravidität unbefriedigend bzw. manifestiert sich in diesem Zeitraum ein Gestationsdiabetes, so besteht ein erhöhtes Risiko für maternale und fetale Morbidität (vgl. S. 608).

Tab. 34.17 Blutzuckereinstellung in der Schwangerschaft: Zielwerte

Situation	kapillärer Blutzuckerwert
nüchtern oder präprandial	60 – 90 mg% 3,3 – 5,0 mmol/l
1 h postprandial	< 140 mg% < 7,7 mmol/l
2 h postprandial	< 120 mg% < 6,6 mmol/l
vor dem Schlafen	90 – 120 mg% 5,0 – 6,6 mmol/l

Patientinnen mit bekanntem Typ1-Diabetes mellitus müssen vor, während und nach der Schwangerschaft mit Insulin behandelt werden. Patientinnen mit bekanntem Typ-2-Diabetes mellitus und oraler Therapie sollen vor der Gravidität auf eine Insulin-Behandlung umgestellt werden. Präkonzeptionell soll mindestens für einen Zeitraum von 3 Monaten eine normnahe Stoffwechseleinstellung erreicht werden. Der HbA_{1c}-Wert soll präkonzeptionell nicht mehr als absolut 0,5 – 1,0 % oberhalb des oberen Referenz-Grenzwertes der verwendeten Labormethode liegen, z. B. 6,5 – 7,0 % (vgl. S. 614).

Während der gesamten Gravidität muss als Ziel eine normoglykämische Stoffwechseleinstellung angestrebt werden. Behandelt werden diese Patientinnen in der Regel mit einer intensivierten konventionellen Insulintherapie (ICT) (s. S. 621) und vereinzelt mit einer CSII (s. S. 624). Nicht selten ist vor Schwangerschaftsbeginn eine Schulung und eine Stoffwechseleinstellung oder -umstellung indiziert.

Patientinnen mit Gestationsdiabetes werden in der Regel zunächst mit einer Ernährungsbehandlung therapiert. Bei unbefriedigender Stoffwechseleinstellung wird zusätzlich mit Insulin bzw. mit einer ICT behandelt. Auch diese Patientinnen müssen geschult werden.

Spezielle Therapieformen bei Diabetes mellitus

Pankreas-Organtransplantation. Bei Typ-1-Diabetes und terminaler Niereninsuffizienz kann eine simultane Organtransplantation von Niere und Pankreas erfolgen. Bei regelrechter endokriner Transplantatpankreasfunktion normalisiert sich der Kohlenhydratstoffwechsel, und die Patienten sind unabhängig von exogenem Insulin. Die langfristige Prognose wird deutlich verbessert.

Inseltransplantation. Bei diesem bisher noch experimentellen Verfahren werden aus humanem Spenderpankreas insulinproduzierende Langerhans-Inseln isoliert. Letztere werden dem Empfänger über die Pfortader heterotop in die Leber implantiert.

Prävention des Diabetes mellitus

Prävention des Typ-1-Diabetes. Das Risiko, an einem Typ-1-Diabetes zu erkranken, kann durch eine Kombination von immunologischen, genetischen und metabolischen Markern heute schon vor der klinischen Diabetesmanifestation im Stadium des sog. „Prädiabetes" relativ genau abgeschätzt werden (s. S. 604 und 613).

Im Rahmen von wissenschaftlichen Studien wurde versucht, die Autoimmunerkrankung, die zum Typ-1-Diabetes mellitus führt, zu beeinflussen. Ziel war dabei die Verhinderung der Diabetesmanifestation. Verwendung fanden Insulin (niedrige Dosierung), der Radikalenfänger Nicotinamid, Immunsuppressiva (z. B. Azathioprin, Ciclosporin) und monoklonale Antikörper (anti-CD 3). Einige Studien zur Prävention des Typ-1-Diabetes mellitus zeigten ermutigende Ergebnisse. Dennoch rechtfertigen die derzeit vorliegenden Ergebnisse keine routinemäßige Intervention bei „Prädiabetes Typ 1".

Prävention des Typ-2-Diabetes mellitus. Personen mit gestörter Glukosetoleranz (IGT) und mit erhöhter Nüchternglukose (IFG) haben ein hohes Risiko, im Verlauf an einem Diabetes mellitus zu erkranken (s. S. 608). Gesteigert wird dieses Risiko durch **Übergewicht** und durch **körperliche Inaktivität**.

Zur Prävention des Typ-2-Diabetes mellitus wurde mit verschiedenen Maßnahmen in Studien interveniert: Ernährung, vermehrte körperliche Aktivität, Abnahme des Körpergewichts („lifestyle modification"), Medikamente und bariatrische Chirurgie (Adipositas-Chirurgie). Gezeigt werden konnte, dass Veränderungen im „lifestyle", einschließlich einer Änderung der Ernährung, von vermehrter körperlicher Aktivität und einer Abnahme des Körpergewichts die Progression von gestörter Glukosetoleranz zum manifesten Diabetes mellitus verzögern oder verhindern. Eine gewisse Prävention konnte auch durch eine Intervention mit dem Biguanid Metformin erreicht werden, insbesondere bei jüngeren und übergewichtigen Personen.

Therapie des Typ-2-Diabetes

Der Typ-2-Diabetes ist eine chronisch progrediente Erkrankung, die durch eine Insulinresistenz und eine Insulinsekretionsströrung charakterisiert ist. Diese Patienten haben langfristig eine deutlich erhöhte Morbidität und Mortalität an makro- und mikroangiopathischen Folgeerkrankungen. Ziel der antihyperglykämischen Diabetestherapie ist die Reduktion dieser Komplikationen. Der günstige Effekt einer optimierten antihyperglykämischen Therapie auf mikrovaskuläre Komplikationen konnte in Studien überzeugend gezeigt werden. Daneben wurde zumindest in einigen Untersuchungen nachgewiesen, dass eine intensive antihyperglykämische Therapie makrovaskuläre Endpunkte, z. B. Myokardinfarkt, reduzieren kann.

Wegen des chronischen und progredienten Verlaufs soll die antihyperglykämische Therapie in Abhängigkeit zum jeweiligen Krankheitsstadium gewählt werden. Grundlage der Therapie in jedem Stadium sind nicht pharmakologische Maßnahmen wie Ernährung, Steigerung der körperlichen Aktivität und Schulung. Bei übergewichtigen Patienten soll weiterhin eine Abnahme des Körpergewichts angestrebt werden. Für die medikamentöse antihyperglykämische Therapie des Diabetes mellitus stehen nachfolgend genannte Medikamente im Vordergrund: Metformin, Glibenclamid, Pioglitazon, Rosiglitazon und Insulin. Für diese Pharmaka sind Studienergebnisse zur Beeinflussung von kardiovaskulären Endpunkten verfügbar.

Für die übrigen Antidiabetika, beispielsweise DDP-4-Hemmstoffe, existieren keine kardiovaskulären Endpunktdaten, darüber hinaus sind die Langzeiterfahrungen begrenzt.

Die differenzierte Behandlung des Typ-2-Diabetes orientiert sich nicht nur an den Stoffwechseleffekten (d. h. Blutzuckersenkung) verschiedener Therapeutika, sondern bezieht auch die Pathophysiologie in die Therapieentscheidung ein.

Therapiestufen bei Typ-2-Diabetes mellitus

Nach Diagnosestellung besteht die erste Stufe der Diabetes-Therapie aus einer Optimierung der Ernährung (s. S. 615), vermehrter körperlicher Aktivität, Schulung (s. S. 633) und einer medikamentösen Behandlung mit Metformin (s. S. 628). Bei Übergewicht soll auch eine Gewichtsabnahme angestrebt werden.

Bei übergewichtigen Typ-2-Diabetikern muss die Bedeutung der „Basistherapie" (Ernährungsbehandlung, Gewichtsabnahme, vermehrte körperliche Aktivität, Schulung) bei Diabetesmanifestation und im Verlauf betont werden.

Bereits initial wird mit **Metformin** behandelt. Metformin begünstigt längerfristig eine gute Stoffwechseleinstellung und wirkt diabetestypischen Spätkomplikationen entgegen. Es führt nicht zur Gewichtszunahme und induziert keine Hypoglykämien. Bei Kontraindikationen oder Unverträglichkeit für Metformin kann auch mit einem Sulfonylharnstoff, einem alpha-Glukosidase-Hemmstoff, mit einem Glitazon (z. B. Pioglitazon) oder mit Repaglinid behandelt werden. Ziel für die Stoffwechseleinstellung ist ein HbA_{1c} unter 6,5% (vgl. S. 614).

Wird unter dieser Therapie das Behandlungsziel nicht erreicht, so ist die Indikation für eine zusätzliche medikamentöse Therapie im Sinne einer **Kombinationstherapie** gegeben: Bei einem HbA_{1c}-Befund < 7,5% wird Metformin mit Acarbose, mit einem DPP-IV Hemmstoff, mit Exenatide, mit einem Glitazon, mit einem Sulfonylharnstoff oder mit einem Glinid (Sulfonylharnstoff-Analog) kombiniert. Bei einem HbA_{1c}-Befund von > 7,5% können orale Antidiabetika, und hier insbesondere Metformin, mit Insulin kombiniert werden (**Abb. 34.7**).

Im Verlauf der Typ-2-Diabetes-Erkrankung bzw. nach langer Krankheitsdauer nimmt das relative endogene Insulindefizit meist progredient zu wegen einer nachlassenden pankreatischen Insulinsekretion. Dann sind orale Antidiabetika weniger wirksam. Folge des zunehmenden Insulindefizits ist eine progrediente Hyperglykämie. Dann ist in der Regel eine Behandlung mit **exogenem Insulin** indiziert. Orale Antidiabetika und Insulin können kombiniert werden. Häufig wird heute bei Typ-2-Diabetes mit einer intensivierten konventionellen Insulintherapie (ICT) behandelt, nur noch vereinzelt wird eine konventionelle Insulintherapie (CT) erwogen.

Medikamentös ist häufig eine Kombination von zwei oder drei verschiedenen oralen Antidiabetika indiziert, letztere werden nicht maximal hoch dosiert. Durch eine Antidiabetikakombination können unterschiedliche Wirkmechanismen kombiniert werden. Andererseits treten bei Verwendung von verschiedenen Pharmaka im mittleren Dosis-Bereich weniger Nebenwirkungen auf.

Generell sollen Hypoglykämien bei der Therapie des Typ-2-DIabetes nicht auftreten. Schwere Hypoglykämien, auch solche, bei denen Fremdhilfe benötigt wird, sind möglicherweise ein Risikofaktor für kardiovaskuläre Ereignisse bei Patienten mit Diabetes mellitus – auch aus diesem Grund gilt es, Hypoglykämien zu vermeiden.

Insulin ist ein anaboles Hormon. Bei Therapiebeginn mit Insulin bei Typ-2-Diabetes nimmt das Körpergewicht nicht selten zu, letzteres ist bei den häufig übergewichtigen Patienten unerwünscht. Deshalb muss der Verlauf des Körpergewichts auch nach Therapiebeginn mit Insulin beachtet werden.

Orale Antidiabetika (OAD)

Alpha-Glucosidasehemmer (AGI)

Wirkprinzip. Alpha-Glucosidasehemmer (AGI, Acarbose und Miglitol) hemmen alpha-Glucosidasen im Dünndarm. Hierdurch wird die Aufspaltung von Di- und Oligosacchariden in Monosaccharide im Darm verzögert und die Glukoseresorption verlangsamt. Beide Substanzen senken primär die postprandialen Glukose- und Insulinspiegel.

Dosierung und Präparate. Acarbose Tabl. mit 50 und 100 mg (z. B. Glucobay) oder Miglitol Tabl. mit 50 und 100 mg (z. B. Diastabol). Einschleichende Dosierung, langsame Dosissteigerung, z. B. Beginn mit 1 × 50 mg/Tag bis maximal 3 × 100 mg/Tag. Einnahme am Beginn einer Mahlzeit.

Indikation. Bei Typ-2-Diabetes als medikamentöse Monotherapie, wenn die „Basistherapie" (Ernährung, vermehrte körperliche Aktivität, Schulung) allein nicht ausreicht und eine Unverträglichkeit oder Kontraindikation für Metformin besteht. Eine Kombination von Acarbose mit anderen oralen Antidiabetika und Insulin ist möglich.

Nebenwirkungen. Flatulenz und Meteorismus sind häufig, jedoch passager und dosisabhängig. Diarrhö

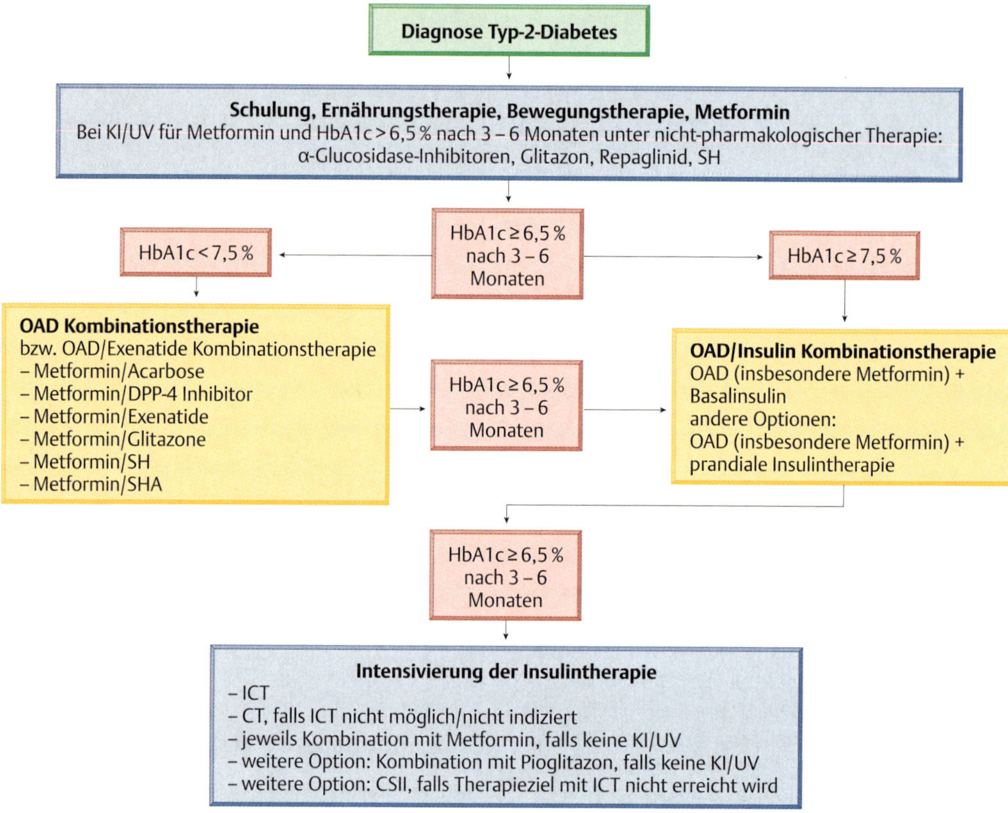

Abb. 34.7 Therapie des Typ-2-Diabetes. (nach Leitlinie Deutsche Diabetesgesellschaft DDG 2008); CSII = „continuous subcutaneous insulin infusion" (sog. Insulin-Pumpe); CT = konventionelle Insulin-Therapie; DPP4-Inhibitor = Hemmstoff der Dipeptidyl-Peptidase IV; ICT = intensivierte konventionelle Insulin-Therapie; KI = Kontraindikation; OAD = orale Antidiabetika; SH = Sulfonylharnstoff; SHA = Sulfonylharnstoff-Analog (z. B. Repaglinid); UV = Unverträglichkeit.

und Bauchschmerzen kommen vor, sehr selten Hepatitiden und Ileus.

Kontraindikationen. Stoffwechselentgleisungen und Gravidität.

Besonderheiten. Glucosidasehemmer erhöhen das Hypoglykämierisiko per se nicht. Die Wirkung auf das Körpergewicht ist neutral. Endpunktstudien liegen nicht vor.

> **!** Komplexe Kohlenhydrate werden unter Glucosidasehemmertherapie verzögert gespalten. Deshalb bei Hypoglykämie (z. B. durch Insulin) unter gleichzeitiger Acarbosetherapie Glukose (Traubenzucker) verabreichen.

Biguanid

Wirkprinzip. Das Biguanid Metformin verbessert die Diabeteseinstellung durch Verminderung der Insulinresistenz vorwiegend an der Leber und zusätzlich in der Muskulatur. Weiterhin reduziert es die hepatische Glukoseproduktion. Die pankreatische Insulinsekretion wird durch Metformin nicht gesteigert.

Präparat. Metformin 500-mg-, 850-mg- oder 1000-mg-Filmtabletten (z. B. Glucophage).

Dosierung. Häufig 1 – 2 × 850 mg/Tag; maximal 3 × 850 mg/Tag.

Indikationen. Bei Typ-2-Diabetes bzw. beim metabolischen Syndrom mit Insulinresistenz und noch vorhandener Insulinsekretion als initiale medika-

mentöse Monotherapie in Kombination mit einer Lebensstilmodifikation. Die Kombinationstherapie mit anderen oralen Antidiabetika (Sulfonylharnstoffe, Glinide, Glitazone, Gliptine, GLP-1-Agonisten) und Insulin ist möglich.
Metformin reduzierte in Endpunktstudien die mikro- und makrovaskulären Komplikationen bei Typ-2-Diabetes mellitus.

Nebenwirkungen. Laktazidoserisiko, Appetitlosigkeit, metallischer Mundgeschmack, Übelkeit, Brechreiz, Diarrhö.

Kontraindikationen. Niereninsuffizienz (Serum-Kreatinin > 1,2), Leberfunktionsstörungen, Herzinsuffizienz, respiratorische Insuffizienz, Gefahr der Gewebshypoxie (z. B. Schock), Reduktionsdiät, konsumierende Erkrankungen, Gravidität, vor und nach Operationen, Stoffwechselentgleisungen, Alkoholabusus, hohes Alter, akute und schwere Erkrankungen.

Besonderheiten. Im Gegensatz zu Sulfonylharnstoffen und Gliniden besteht keine Hypoglykämiegefahr. Weiterhin tritt keine Verstärkung einer Hyperinsulinämie auf, weil Metformin nicht betazytotrop ist. Metformin begünstigt eine Körpergewichtsabnahme, eine Triglyzeridsenkung und einen Anstieg des protektiven HDL-Cholesterins.
Bei Typ-2-Diabetes mellitus ist häufig eine Kombinationstherapie indiziert, bestehend aus Metformin und einem Sulfonylharnstoff. Metformin ist bei Typ-2-Diabetes mellitus ein extrem häufig verwendetes orales Antidiabetikum. Die Kontraindikationen müssen jedoch beachtet werden (s. o.).

> **!** **Wegen des Laktazidoserisikos strenge Indikation bei Metformin. Bei Niereninsuffizienz ist Metformin kontraindiziert. Metformin 72 h vor intravenöser Röntgen-Kontrastmittel-Applikation und vor Operationen absetzen.**

Sulfonylharnstoffe

Wirkprinzip. Stimulation der Insulinsekretion (betazytotroper Effekt). Experimentell sind extrapankreatische Effekte im Sinne einer Verbesserung der Insulinwirkung nachweisbar.

Präparate.
- Glimepirid 1-, 2-, 3-mg-Tabletten (Amaryl 1, 2, 3 mg)
- Glibenclamid 3,5-mg-Tabletten (z. B. Euglucon N, Duraglucon N, Glibenhexal 3,5)

Dosierung. Glimepirid: Anfangsdosis 1 mg morgens, langsam steigern unter Kontrolle der Blutglukose, maximal 3 mg morgens, in Einzelfällen bis 4 mg morgens; maximal Glimepirid 6 mg pro Tag.
Glibenclamid: mit niedriger Dosis beginnen, langsam steigern wegen Hypoglykämiegefahr. Z. B. Beginn mit Glibenclamid 3,5 mg (½ – 0 – 0), maximal Glibenclamid 3,5 mg (2 – 0 – 1).

Indikationen. Eine Sulfonylharnstoff-Monotherapie ist bei Typ-2-Diabetes zusammen mit den bereits genannten nichtpharmakologischen Maßnahmen indiziert, sofern eine Unverträglichkeit oder Kontraindikation für Metformin besteht. Die Kombinationstherapie mit alpha-Glukosidase-Hemmstoff oder mit einem Glitazon bei Unverträglichkeit oder Kontraindikationen für Metformin ist möglich. Das Nutzen-Risiko-Verhältnis einer Kombinationstherapie von Sulfonylharnstoff und Metformin ist unklar.

Nebenwirkungen. Hypoglykämien, Zunahme des Körpergewichts, gastrointestinale Beschwerden, allergische Reaktionen (selten), Blutbildveränderungen. Wirkungsverstärkung (Hypoglykämiegefahr!) und -abschwächung durch zahlreiche Medikamente sowie Alkohol.

Kontraindikationen. Typ-1-Diabetes, Gravidität, Nieren- und Leberinsuffizienz, Stoffwechselentgleisungen, perioperativ, schwere Infektionen, Sulfonylharnstoff- oder Sulfonamidallergie, Zustand nach Pankreasresektion.

Besonderheiten. Bei Sulfonylharnstoff-Therapie bei Typ-2-Diabetes sind die Hypoglykämiegefahr und die Zunahme des Körpergewichts von Nachteil. Vorteilhaft sind positive Endpunktdaten für mikrovaskuläre Komplikationen bei Therapie mit Glibenclamid. Diskutiert werden ungünstige Wirkungen von Sulfonylharnstoffen auf die kardio-vaskuläre Mortalität bei Typ-2-Diabetes mellitus.

> **!** **Bei Sulfonylharnstoff-Therapie können protrahiert verlaufende Hypoglykämien auftreten. Deshalb sollen Typ-2-Diabetiker nach sulfonylharnstoffinduzierter Hypoglykämie möglichst hospitalisiert und der Blutzucker ausreichend lange (z. B. 72 h) überwacht werden.**

Glitazone

Synonym: Thiazolidindione, „Insulinsensitizer", PPAR-γ-Rezeptor Agonisten

Wirkprinzip. Bei Typ-2-Diabetes verbessern Glitazone die Glukose-Stoffwechselkontrolle durch Verminderung der Insulinresistenz bzw. durch Erhöhung der Insulinsensitivität („Insulinsensitizer") am Fettgewebe, an der Skelettmuskulatur und an der Leber. Diese Medikamente senken den Nüchternblutzucker und den postprandialen Blutzucker. Glitazone erhöhen die insulinstimulierte Glukoseaufnahme in periphere Gewebe. An der Leber verstärken diese Pharmaka die insulininduzierte Hemmung der endogenen Glukoseproduktion. Molekularer Ansatzpunkt der Glitazone ist der sog. PPAR-γ-Rezeptor im Zellkern.

Präparate und Dosierung.

- Pioglitazon (z. B. Actos): Tabletten 15, 30 oder 45 mg pro Tag,
- Rosiglitazon (z. B. Avandia): Filmtabletten 4 oder 8 mg pro Tag.

Indikationen.

- Typ-2-Diabetes, bei noch vorhandener endogener Insulinsekretion
- eine Monotherapie zusammen mit Ernährungsbehandlung, Steigerung der körperlichen Aktivität und Schulung ist möglich bei Unverträglichkeit/Kontraindikation für Metformin
- eine Kombination von Metformin mit einem Glitazon verbessert die Stoffwechseleinstellung
- eine Kombination von Glitazonen und Sulfonylharnstoffen oder Gliniden ist möglich bei Unverträglichkeit oder Kontraindikationen für Metformin

Die Kombinationstherapie Pioglitazon und Insulin ist zugelassen für Patienten bei unzureichender glykämischer Kontrolle unter Insulin (und für die Metformin wegen Kontraindikationen oder Unverträglichkeit nicht geeignet ist).

Nebenwirkungen. Bei Glitazontherapie nimmt das Körpergewicht häufig um etwa 2 – 4 kg zu. Eine Wasserretention und eine Zunahme des Plasmavolumens sind nicht selten. Ödeme treten bei etwa 5 % aller Patienten auf. Auch ein geringgradiger Hämoglobinabfall kann vorkommen. Rosiglitazon und Pioglitazon haben eine sehr geringe Lebertoxizität, dennoch wird eine regelmäßige Kontrolle der Leberfunktion nach Therapiebeginn empfohlen. Bei Frauen wurde eine erhöhte Frakturrate distaler oberer und unterer Extremitäten beobachtet.

Kontraindikationen. Typ-1-Diabetes, Gravidität, Stillzeit, hyperglykämische Stoffwechselentgleisungen, Herzinsuffizienz, Leberfunktionsstörungen. Rosiglitazon ist kontraindiziert bei akutem Koronarsyndrom.

Besonderheiten. Mehrere Endpunktstudien zur Wirkung der Glitazone auf Herz- und Gefäßkrankheiten bei Typ-2-Diabetes liegen vor. Einige Studien, insbesondere mit Rosiglitazon, zeigen, dass diese Medikamente die kardiovaskuläre Morbidität ungünstig beeinflussen können. Vor diesem Hintergrund ist derzeit bei einer Behandlung mit Glitazonen eine sehr sorgfältige Indikationsstellung indiziert.
Patienten mit Typ-2-Diabetes werden deshalb nach Möglichkeit mit alternativen Antidiabetika behandelt. Ob dies so bleibt oder nicht, müssen weitere wissenschaftliche Studien zeigen. Darüber hinaus wird gegenwärtig noch die Frage diskutiert, ob die gesetzlichen Krankenkassen in Deutschland die Kosten erstatten, die durch die Verordnung von Glitazone entstehen.

Prandiale Glukoseregulatoren Repaglinide und Nateglinide

Synonym: Glinide, Sulfonylharnstoff-Analoga

Wirkungsprinzip. Repaglinide und Nateglinide sind sog. prandiale Glukoseregulatoren (PGR). Repaglinide, ein Carbamoylmethyl-Benzoesäure-Derivat (CBMS), blockiert ATP-sensitive Kaliumkanäle in der Zellmembran der β-Zellen. Nateglinide ist ein Derivat der Aminosäure D-Phenylalanin. Beide Substanzen stimulieren mahlzeitenbezogen die endogene Insulinsekretion: Letztere setzt rasch ein, hält nur kurz an und ahmt somit die physiologische Hormonsekretion nach. Bei Typ-2-Diabetes verbessert sich die mittlere Stoffwechseleinstellung, die postprandialen und die Nüchternblutzucker fallen ab.

Präparate und Dosierung. Repaglinide (z. B. NovoNorm): 0,5-, 1- oder 2-mg-Tabletten. Beginn mit 0,5 mg, maximale Einzeldosis 4 mg, maximale Tagesdosis 16 mg, Einnahme präprandial unmittelbar vor den Hauptmahlzeiten.
Nateglinide (z. B. Starlix): 60- und 120-mg-Filmtabletten. Startdosis dreimal täglich 60 mg vor den Hauptmahlzeiten. Dreimal täglich 120 mg sind möglich. Maximaldosis dreimal täglich 180 mg.

Indikation.

- Typ-2-Diabetes mellitus
- nur mit Repaglinide ist eine Monotherapie möglich, hier ist dieses Präparat eine Alternative zu einem Sulfonylharnstoff
- Repaglinide und Metformin können kombiniert werden
- Nateglinide ist nur für die Kombination mit Metformin zugelassen, wenn mit diesem Biguanid

keine befriedigende Stoffwechseleinstellung erreicht wird

Nebenwirkungen. Aufgrund des betazytotropen Effekts von Repaglinide und von Nateglinide können Hypoglykämien auftreten. Eine Zunahme des Körpergewichts ist möglich, ähnlich wie bei Sulfonylharnstoffen.

Kontraindikationen. Typ-1-Diabetes, Schwangerschaft und Stillzeit, Vorsicht bei ausgeprägter Leber- oder Niereninsuffizienz, hyperglykämische Stoffwechselentgleisungen.

Besonderheiten. Da es sich bei dieser Therapie um eine mahlzeitenbezogene Stimulation der Insulinsekretion handelt, kann die orale Diabetestherapie flexibel gehandhabt werden. Der postprandiale Glukoseanstieg ist offensichtlich niedriger als bei Sulfonylharnstoffpräparaten; Endpunktstudien mit Gliniden fehlen.

DPP-4-Hemmstoffe

Wirkprinzip. DPP-4-Inhibitoren hemmen die Dipeptidyl-Peptidase IV (DPP-IV), hierdurch wird die Wirkung von aktiven Inkretinen verlängert. **Inkretin-Hormone** (z.B. Glucagon-like Peptide-1 [GLP-1]) werden nach Mahlzeiten aus den L-Zellen des Gastrointestinaltrakts freigesetzt. Diese Hormone stimulieren die Insulinsekretion aus den pankreatischen β-Zellen und hemmen die Glukagonsekretion. Eine verminderte Glukagonsekretion führt zu einer reduzierten hepatischen Glukoseproduktion. Physiologischerweise werden Inkretine sehr rasch durch das Enzym DPP-IV inaktiviert; bei Hemmung der DPP-IV wird die Wirkdauer verlängert. Bei Typ-2-Diabetes erfolgt unter Hyperglykämiebedingungen durch DDP-4-Hemmstoffe eine Stimulation der Insulinsekretion und eine Hemmung der Glukagonsekretion.

Präparate und Dosierung. Sitagliptin (Januvia) 100 mg-Tabletten, eine Tablette täglich; Vildagliptin (Galvus) 50 mg-Tabletten, zweimal täglich eine Tablette; Saxagliptin (Onglyza) 5-mg-Tabletten, eine Tablette täglich.

Indikation.

- Bei Typ-2-Diabetes zur Verbesserung der Stoffwechseleinstellung.
- In Kombination mit Metformin, wenn mit dieser Behandlung, mit Ernährungsumstellung und mit körperlicher Aktivität keine ausreichende Stoffwechselkontrolle erreicht wird.
- Monotherapie mit Sitagliptin und Vildagliptin in Kombination mit Ernährung und Aktivität, wenn Metformin nicht indiziert ist.
- In Kombination mit einem Sulfonylharnstoff oder mit einem Thiazolidindion, wenn mit diesen Medikamenten allein keine befriedigende Stoffwechseleinstellung erreicht wird.
- Dreifachkombination von Metformin, Sulfonylharnstoff und Sitagliptin (oder Vildagliptin), wenn das Therapieziel mit dem Biguanid und dem Sulfonylharnstoff allein nicht erreicht wird.

Nebenwirkungen. Nasopharyngitis, Atemwegsinfekte, Harnwegsinfekte, gastrointestinale Beschwerden (Diarrhö, abdominelle Schmerzen, Übelkeit). Hypoglykämierisiko erhöht in Kombination mit einem Sulfonylharnstoff. Unter Vildagliptin Transaminasenerhöhung.

Kontraindikationen. Typ-1-Diabetes, hyperglykämische Stoffwechselentgleisungen, deutliche Einschränkungen der Nieren- oder der Leberfunktion, Schwangerschaft und Stillzeit.

Besonderheiten. Es handelt sich um wirksame, gut verträgliche Medikamente, die kein intrinsisches Hypoglykämierisiko besitzen. Es kommt zu keiner oder nur zu einer sehr geringgradigen Zunahme des Körpergewichts. Bisher liegen keine Langzeiterfahrungen oder Endpunktstudien mit diesen Substanzen vor.

Inkretin-Mimetika (injektabile Therapieformen)

Wirkprinzip. Inkretin-Mimetika, die auch als GLP-1-Mimetika bezeichnet werden, sind lang wirksame Analoga des natürlichen Inkretins GLP-1. Diese Substanzen binden an den Rezeptor für GLP-1 und aktivieren ihn (im Gegensatz zu den DPP-4-Hemmstoffen, die den Abbau von endogenem GLP-1 hemmen, s. o.). Bei Typ-2-Diabetes mellitus stimulieren Inkretin-Mimetika die endogene Insulin-Sekretion der β-Zellen, verlangsamen die Magenentleerung, hemmen die Glukagonsekretion der pankreatischen α-Zellen, fördern das Sättigungsgefühl und bewirken eine vermehrte Glukoseaufnahme in Fett-, Muskel- und Lebergewebe. Im Vergleich zu natürlichem GLP-1 haben diese Analoga eine längere Wirkdauer.

Präparate und Dosierung. Exenatide (Byetta), 5 µg oder 10 µg pro Dosis, subkutan appliziert. Beginn mit zweimal täglich 5 µg morgens und abends. Nach 4 Wochen zweimal je 10 µg pro Tag. Vor der

Mahlzeit oder innerhalb einer Stunde nach dem Essen.
Liraglutid (Victoza), Beginn mit 0,6 mg einmal täglich, subkutan verabreicht. Nach einer Woche Standarddosis 1,2 mg pro Tag.

Indikation.

- Wirksame Medikamente zur Verbesserung der Stoffwechseleinstellung bei Typ-2-Diabetes mellitus
- Option bei Typ-2-Diabetes, wenn mit Metformin und/oder einem Sulfonylharnstoff keine ausreichende Stoffwechselkontrolle erzielt wird
- in Kombination mit Metformin und Thiazolidindion, wenn mit diesen Pharmaka das Therapieziel nicht erreicht wird

In der Regel begünstigen diese Pharmaka eine Abnahme des Körpergewichts, dieser Effekt ist gerade bei übergewichtigen Patienten mit Typ-2-Diabetes mellitus ein Vorteil.

Nebenwirkungen. Exenatide und Liraglutid haben kein substanzeigenes Hypoglykämierisiko. Hypoglykämien können aber unter Therapie mit diesen Pharmaka insbesondere in Kombination mit Sulfonylharnstoffen auftreten. Häufig treten vorübergehende gastrointestinale Beschwerden auf (Übelkeit, Brechreiz, Erbrechen, Diarrhö), vereinzelt kommt es zu einer akuten Pankreatitis.

Kontraindikationen. Typ-1-Diabetes, hyperglykämische Stoffwechselentgleisungen, Typ-2-Diabetes mit Versagen der endogenen Insulin-Produktion (z. B. im Spätstadium), schwere Leber- oder Nierenfunktionsstörungen, bestimmte gastrointestinale Erkrankungen (z. B. diabetische Gastroparese).

Besonderheiten. Exenatide und Liraglutid begünstigen eine Abnahme des Körpergewichts, insbesondere in Kombination mit Metformin. Bei übergewichtigen Patienten mit Typ-2-Diabetes ist dies ein Vorteil. Das Medikament muss injiziert werden. Da diese Präparate erst seit kurzem verfügbar sind, liegen noch keine Langzeitstudien vor.

Kombinationstherapie Insulin und orale Antidiabetika (OAD)

Tritt bei Patienten mit Typ-2-Diabetes unter oraler medikamentöser Therapie eine Hyperglykämie bzw. eine unbefriedigende Stoffwechseleinstellung auf, so kann zusätzlich mit Insulin behandelt werden. Alternativ wird die orale Diabetes-Behandlung beendet und eine Insulin-Monotherapie eingeleitet (s. S. 616).

Kombinationstherapie Insulin und Metformin. Diese Kombination wird bei Patienten mit Typ-2-Diabetes häufig angewendet und ist besonders für **adipöse Patienten mit Insulinresistenz** geeignet. Neben der Verbesserung der Stoffwechseleinstellung kann durch Metformin exogenes Insulin eingespart werden. Der Verlauf des Körpergewichts ist oft günstiger als bei Insulin-Monotherapie.
Vorgehen: Die Behandlung mit Metformin wird fortgeführt, z. B. Metformin 850 mg (1-0-1). Ein Verzögerungsinsulin (NPH Basal-Insulin, Glargin oder Detemir) wird zur Nacht appliziert („bedtime insulin"). Alternativ kann auch Normalinsulin oder ein kurz wirksames Insulin-Analogon zu den Hauptmahlzeiten verabreicht werden.

Kombinationstherapie Insulin und Sulfonylharnstoff. Diese Kombinationstherapie ist lange etabliert. Typischerweise werden Sulfonylharnstoffe während des Tages und ein langwirksames Insulin zur Nacht verabreicht. Im Vergleich zur Monotherapie mit Insulin kann so Insulin eingespart werden. Ablauf: Üblicherweise werden Sulfonylharnstoffe (oder ein Glinid) tagsüber (Glibenclamid oder Glimepirid, ein- oder zweimal pro Tag; oder Repaglinid dreimal pro Tag) und ein lang wirksames Insulin am späten Abend („bedtime insulin") verabreicht.

Kombinationstherapie Insulin und Glitazon (Pioglitazon). Auch diese Kombination ist zugelassen und verbessert die Insulinsensitivität bei Typ-2-Diabetes. Neben der Kohlenhydrat- verbessert sich auch die Lipidstoffwechseleinstellung unter dieser Therapie. Häufige Nebenwirkungen sind eine Zunahme des Körpergewichts und eine Neigung zu Ödemen.

Insulin-Regime für die Kombinationstherapie Insulin/orale Antidiabetika. Für die Kombinationstherapie Insulin/orale Antidiabetika werden häufig lang wirksame Verzögerungsinsuline zur Nacht bevorzugt („bedtime insulin"). Verabreicht werden können aber auch kurz wirksame Insuline zu den Hauptmahlzeiten (prandiales Insulin).
Als sog. **Bedtime insulin** wird die Injektion am späten Abend bezeichnet. Verwendung finden hierbei Intermediärinsulin (NPH-Verzögerungsinsulin) und lang wirksame Insulinanaloga wie Glargine oder Detemir. Erreicht wird mit dieser Strategie eine Erniedrigung nächtlicher und frühmorgendlicher Blutzuckerwerte. Bei dieser Therapie besteht allerdings ein Risiko für Hypoglykämien in der Nacht; letzteres

ist wahrscheinlich höher bei NPH-Verzögerungsinsulin bzw. geringer bei den Insulinanaloga Glargine und Detemir. Detemir induziert möglicherweise eine geringere Zunahme des Körpergewichts im Vergleich zu Glargine. Die Behandlung mit oralen Antidiabetika und mit einem lang wirksamen Insulin wird auch als **basal unterstützte orale Therapie** (BOT) bezeichnet.

Für die Kombinationstherapie „Insulin/orale Antidiabetika" kann auch kurz wirksames Normalinsulin oder ein sehr kurz wirksames Insulinanalogon dreimal pro Tag zu den Hauptmahlzeiten appliziert werden. Hiermit wird vorzugsweise der Blutzuckeranstieg nach den Mahlzeiten abgesenkt. Bei Verwendung von diesen kurz wirksamen Insulinpräparaten ist möglicherweise das Hypoglykämierisiko erhöht im Vergleich zu lang wirksamem Insulin.

> **!** **Bei Neueinstellungen mit Insulin oder oralen Antidiabetika immer mit niedriger Dosis beginnen; Dosiserhöhung in kleinen Schritten unter Kontrolle des Blutglukosewerts (Ausnahme: Stoffwechselentgleisung). Bei Therapieanpassung möglichst nur einen Parameter ändern (z. B. Ernährung, orale Antidiabetika oder Insulin), sonst wird die Situation unübersichtlich. Therapieänderungen möglichst nur im Abstand von 2 oder 3 Tagen vornehmen, damit die Wirkung einer Maßnahme besser beurteilt werden kann.**

Diabetikerschulung

Bei allen Typ-1- oder Typ-2-Diabetikern ist die Schulung fester Bestandteil des Therapiekonzepts. Indiziert ist eine Schulung bei Manifestation der Erkrankung, häufig jedoch auch im Verlauf, z. B. bei einer Therapieänderung (Umstellung auf Insulin). Ziel jeder Diabetikerschulung ist eine gute Stoffwechseleinstellung unter aktiver Mitarbeit des Patienten. Durch diese Maßnahme können akute (z. B. Hypo- oder Hyperglykämie) und chronisch auftretende Komplikationen (z. B. Angiopathie) vermindert werden. Themen einer Diabetesschulung sind insbesondere:

- Verstehen der Erkrankung
- richtige Ernährung
- körperliche Aktivität (Sport)
- Grundlagen der Therapie mit Insulin und/oder oralen Antidiabetika, Insulintechnik und Insulindosisanpassung
- Blutzucker- und Ketonurie-Selbstkontrolle (Teststreifen), vereinzelt Urinzucker-Selbstkontrolle
- Vorgehen bei Hypo- und Hyperglykämie (Notfälle)
- richtige Körperpflege
- Prävention von Langzeitkomplikationen (z. B. diabetischer Fuß), regelmäßige Kontrolluntersuchungen (z. B. Auge)

34.1.7 Akute Komplikationen bei Diabetes mellitus

Hyperglykämische Stoffwechselentgleisungen

Akute, vital bedrohliche und auch heute noch mit einer beachtlichen Letalität einhergehende hyperglykämische Stoffwechselentgleisungen bei Diabetes mellitus sind die diabetische Ketoazidose („Coma diabeticum") und das hyperglykämische, hyperosmolare, nichtketoazidotische Dehydratationssyndrom („hyperosmolares Koma"). Nur eine umgehend eingeleitete Therapie mit Insulin, Flüssigkeit und Elektrolyten bessert die ansonsten fatale Prognose.

Diabetische Ketoazidose („Coma diabeticum")

Ätiopathogenese. Im Vordergrund stehen ein absoluter oder relativer Insulinmangel und ein Anstieg kontrainsulinärer Plasmahormone (z. B. Glukagon, aber auch Katecholamine und Kortisol). Ein Insulinmangel kann auftreten bei:

- Erstmanifestation eines bisher nicht bekannten Typ-1-Diabetes (häufig)
- Infektionen (z. B. Lunge, Atemwege, Harnwege, Gangrän)
- inadäquater Diabetestherapie (z. B. orale Antidiabetika bei absolutem Insulinmangel)
- unterlassenen oder fehlerhaften Insulininjektionen
- Operationen, Unfälle
- Gravidität
- endokrinologischen Erkrankungen (z. B. Thyreotoxikose)
- ausgeprägtem Diätfehler zusammen mit Insulinmangel

Folge des Insulinmangels und des Anstiegs kontrainsulinärer Hormone sind eine Stimulation der hepatischen Glukoneogenese und eine verminderte periphere Glukoseaufnahme; hieraus resultiert die Hy-

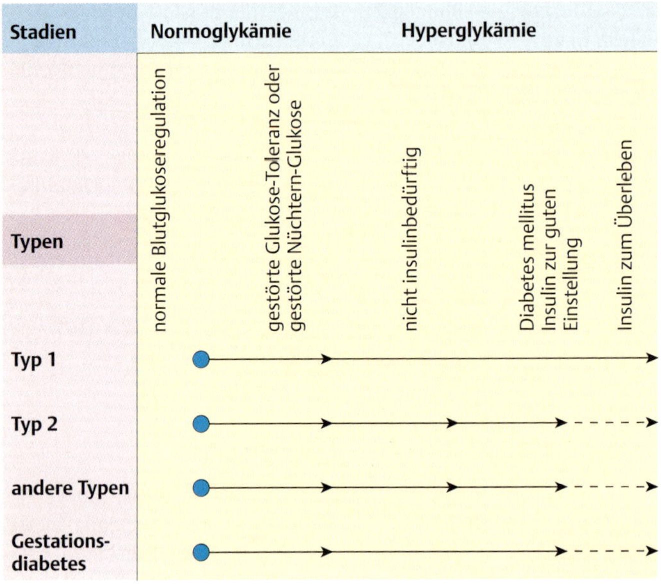

Abb. 34.8 Diabetestypen mit Spektrum und Verlauf der Hyperglykämiemanifestation. (nach Leitlinien Deutsche Diabetesgesellschaft DDG 2004)

perglykämie (**Abb. 34.8**). Als Konsequenz der Hyperglykämie manifestiert sich eine osmotische Diurese mit nachfolgendem intravasalen Volumenmangel und Dehydrierung, Kalium- und Phosphatdepletion. Am Fettgewebe wird bei Insulinmangel die Lipolyse bzw. die Freisetzung von Fettsäuren stimuliert; Letztere sind das Substrat für die stimulierte Ketonkörperbildung der Leber mit konsekutiver metabolischer Azidose (s. S. 338).

Klinik. Betroffen sind fast ausschließlich Typ-1-Diabetiker. Initiale Leitsymptome sind zunehmender Durst, Polyurie, Polydipsie, Inappetenz, Erbrechen, Muskelschwäche, Müdigkeit und Oberbauchbeschwerden. Auffällige klinische Befunde sind Exsikkose, allgemeine Schwäche, arterielle Hypotonie und Tachykardie bis hin zum Schock. Zentralnervöse Symptome sind Apathie oder Somnolenz.

Bei Progredienz manifestiert sich das **Vollbild der diabetischen Ketoazidose**. Charakteristisch sind der Bewusstseinsverlust (Koma), eine ausgeprägte Exsikkose, eine beschleunigte und vertiefte Azidoseatmung (Kussmaul-Atmung) und ein Azetongeruch der Atemluft (ähnlich Nagellack-Entferner). Meist besteht Oligoanurie und der Muskeltonus ist vermindert. Das Abdomen kann peritonitisch verändert sein („Pseudoperitonitis diabetica“).

Diagnostik. Neben der Anamnese und dem klinischen Befund ist die **Hyperglykämie** (Glukose bis 500 mg/dl, vereinzelt höher) der wegweisende Befund. Glukosurie (massiv), Ketonurie (stark positiv) und metabolische Azidose (venöse Blutgasanalyse, vereinzelt pH < 7,0) ergänzen die Labordiagnostik und bestätigen den Verdacht auf diabetische Ketoazidose. Das Serum-Kalium kann trotz ausgeprägten Kaliumverlustes vor Therapiebeginn normal oder erhöht sein. Eine Leukozytose ist ein weiterer häufiger Befund.

Die diabetische Ketoazidose muss vor allem von der Hypoglykämie abgegrenzt werden (**Tab. 34.18**). Zur Differenzialdiagnose zwischen Hypo- und Hyperglykämie sind **bei Notfällen Blutzucker-Teststreifen** unentbehrlich. Weiterhin empfiehlt sich bei Hyperglykämie ein Schnelltest (Teststreifen) auf Urinketonkörper (Ketonurie) und Uringlukose.

Therapie.

- möglichst intensivmedizinische Behandlung und Überwachung in einer Klinik
- intravenös Normalinsulin (initial Bolus von 5 – 10 IE, danach Dauerinfusion, 2 – 10 IE/h, Insulin-Dosis-Anpassung nach Blutglukose)
- bei mäßiggradiger Stoffwechselentgleisung und fehlendem Kreislaufschock kann Normalinsulin auch durch subkutane Injektion verabreicht werden, z. B. 4 bis 8 IE
- parenterale Flüssigkeitszufuhr zum Ausgleich des Defizits (Letzteres kann 5 l und mehr betragen);

Tab. 34.18 Differenzialdiagnose: diabetische Ketoazidose versus Hypoglykämie

Beurteilungskriterium	Diabetische Ketoazidose	Hypoglykämie
Entwicklung	langsam (Stunden/1 oder 2 Tage)	rasch (Minuten)
Hunger	nein	ja
Durst	stark	normal
Muskulatur	hypoton	hyperton
Haut	trocken	eher feucht
Atmung	beschleunigt, vertieft, Azetongeruch	normal
Augenbulbi	weich	normal
sonstiges	Bauchschmerzen	vorher Wesensänderung, neurologische Symptome

initial physiologische NaCl-Lösung (0,9%) etwa 500 ml/h; Flüssigkeitsbilanz
- Elektrolytausgleich (Natrium, Kalium)

> **Cave: Abfall von Kalium nach Beginn der Insulintherapie.**

- in der Regel erhebliches Ganzkörper-Kaliumdefizit
- bei Azidose (nur bei pH < 7,0) Ausgleich des Säure-Basen-Haushaltes mit Natriumbicarbonatlösung
- Thrombembolieprophylaxe
- Behandlung auslösender Ursachen, z. B. Infektionen

> **In der Therapie der diabetischen Ketoazidose haben neben Insulin der Ausgleich des Flüssigkeits- und Elektrolytdefizits sowie die Thromboseprophylaxe einen in etwa gleichrangigen Stellenwert.**

Klinischer Fall

Der 19 Jahre alte Patient Herr S. stellt sich in einer internistischen Praxis vor. Vor etwa vier Wochen habe er einen fieberhaften Infekt gehabt. Seitdem habe er etwa drei Kilogramm abgenommen, sehe unschärfer, fühle sich schlechter und sei weniger leistungsfähig. Der Student berichtet, dass er nun auch viel mehr Durst habe, viel trinke sowie vermehrt – sogar nachts – Wasserlassen müsse. Der Internist notiert nach der körperlichen Untersuchung: „Schlanker Patient in altersentsprechendem Allgemeinzustand. Exsikkose. Trockene Schleimhäute und trockene Haut. Stehende Hautfalten. RR 100/50 mm Hg. Keine Kussmaul'sche Azidose-Atmung. Übriger körperlicher Status unauffällig." Dann erhebt der Arzt Laborbefunde. Zur orientierenden Messung bestimmt er vorab die Glukose mit einem Teststreifen und einem Messgerät (sog. Stix). Der Blutzucker ist auf 290 mg% erhöht. Auch im Urin (Teststreifen) findet sich Zucker: Glukose +++, Ketonkörper positiv (+). Der Arzt stellt die Verdachtsdiagnose „Manifestation eines Typ-1-Diabetes mellitus". Zur weiteren Diagnostik und Therapie weist er den Patienten in die Notaufnahme des nächsten Krankenhauses ein.

In der Klinik wird nach Anamnese und körperlicher Untersuchung die Labordiagnostik erweitert. Dabei kommt es zu folgenden Ergebnissen: Plasma-Glukose 305 mg%; venöse BGA: pH 7,30, BE –4, Bicarbonat 20 mmol/l (Norm 21 bis 28 mmol/l). Im Urin (Teststreifen) Glukose +++, Ketonkörper positiv (+). Natrium und Kalium im Plasma sind ausgeglichen. Damit gilt die Diagnose „Manifestation eines Typ-1-Diabetes mellitus" als sicher, wobei weder klinisch noch laborchemisch eine Ketoazidose nachgewiesen werden kann.

Schon in der Notaufnahme beginnt der Assistenzarzt mit der Therapie. Herr S. bekommt subkutan Normal-Insulin in kleinen Dosen (2 IE bis 4 IE) alle vier Stunden verabreicht. Weiterhin soll die Blutglukose alle vier Stunden gemessen werden. Wegen der Exsikkose bekommt Herr S. parenteral 1,5 Liter physiologische NaCl-Lösung (0,9%) infundiert. Sechs Stunden nach

Therapie-Beginn mit Insulin kontrolliert der Arzt die Elektrolyte im Plasma. Dabei ist das Kalium auf 3,3 mmol/l abgefallen (Norm 3,5 bis 5,0 mmol/l). Sofort wird eine KCl-Lösung in die NaCl-Infusionen zugegeben. Schließlich kann Herr S. auf die Normal-Station des Krankenhauses verlegt werden. Diagnostisch werden dort die B-Zell-Auto-Antikörper GAD und IA-2 bestimmt; letztere sind positiv nachweisbar. C-Peptid im Plasma ist niedrig nachweisbar (Befund 0,15 nmol/l, Norm 0,17 – 0,66 nmol/l). HbA1 c ist mit 10,2 % erhöht (Norm bis 6,0 %). Hinweise für eine Schilddrüsenerkrankung ergeben sich nicht. Das umfangreiche Routine-Labor ist unauffällig.

Nun wird auch eine intensivierte Insulin-Therapie (ICT) eingeleitet. Zweimal pro Tag wird NPH-Basal-Insulin verabreicht (frühmorgens und spätabends) als „Insulin-Basis". Zu den drei Hauptmahlzeiten wird humanes Normal-Insulin appliziert. Die Dosis des Normal-Insulins richtet sich nach der Kohlenhydratmenge, die Herr S. zu sich nimmt (Broteinheiten), und nach dem präprandial gemessenen Blutzucker. Viermal pro Tag misst Herr S. den Blutzucker. Ergänzt wird die Insulintherapie durch eine angemessene Ernährung. Herr S. lernt mit seiner Erkrankung selbständig umzugehen und wird vom Personal intensiv geschult. Themen hierbei sind: Verstehen der Erkrankung, Insulinwirkung, Technik der Insulintherapie, Insulin-Dosis-Anpassung, Blutzuckerselbstkontrolle, Ernährung, Hypoglykämien und deren Vermeidung, Vorsorgeuntersuchungen, Fußpflege, Spätkomplikationen und Hypoglykämievermeidung im öffentlichen Straßenverkehr. Herr S. wird zunehmend selbständiger im Umgang mit dem Diabetes mellitus. Zum Ausschluss einer diabetischen Retinopathie wird der Patient konsiliarisch dem Augenarzt vorgestellt. Der kann keine Retinopathie feststellen. Insgesamt ist Herr S. acht Tage in der Klinik. Er fühlt sich nun deutlich besser und auch schon sicherer im Umgang mit seiner Krankheit. Eine Diabetes-Schwerpunkt-Praxis wird ihn nun weiterbetreuen. Zunächst soll sich der junge Mann wöchentlich zu Stoffwechselkontrollen dort einfinden.

Hyperglykämisches, hyperosmolares, nicht ketoazidotisches Dehydratationssyndrom („hyperosmolares Koma")

engl. hyperosmolar, hyperglycemic state (HHS), nonketotic hyperglycemia

Ätiopathogenese. Dieses Syndrom ist durch exzessive Hyperglykämie, ausgeprägte Exsikkose, Hyperosmolalität und sehr häufig Bewusstseinsstörungen gekennzeichnet. Im Gegensatz zur diabetischen Ketoazidose fehlen eine ausgeprägte Ketose (Ketonurie) und eine Azidose. Bevorzugt betroffen sind ältere Patienten, bei denen zuvor häufig kein Typ-2-Diabetes bekannt ist (**Tab. 34.19**). Ausgelöst wird das „hyperosmolare Koma" durch Infektionen (z. B. Pneumonie, Harnwegsinfekte), schwere Erkrankungen oder Medikamente. Diese Form der Stoffwechselentgleisung tritt bei Patienten mit Typ-1-Diabetes mellitus praktisch nicht auf.

Im Vordergrund steht ein **relativer Insulinmangel**. Als Folge manifestiert sich eine Hyperglykämie mit konsekutiver Dehydratation (osmotische Diurese). Die Ursache für die fehlende Ketoazidose ist möglicherweise darin begründet, dass noch ausreichend viel Insulin zur Hemmung von Lipolyse und Ketogenese im Blut zirkuliert.

Klinik. Anamnese und klinische Symptomatik sind ähnlich wie bei diabetischer Ketoazidose (s. S. 633). Eine **ausgeprägte Exsikkose** und häufig **Bewusstseinstrübungen**, vereinzelt auch ein Bewusstseinsverlust (Koma), sind typisch. Zentralnervöse Herdsymptomatik, Krampfanfälle und Nackensteifigkeit sind ebenfalls nicht ungewöhnlich. Eine Kussmaul-Azidoseatmung wird nicht beobachtet.

Diagnostik. Laborchemisch imponiert eine massive Hyperglykämie, häufig lässt sich eine Glukose zwischen 600 mg% und 1 000 mg% (vereinzelt auch darüber) nachweisen. Meist ist das Blutglukoseniveau höher, als dies bei einer diabetischen Ketoazidose beobachtet wird. Weiterhin findet sich eine Hyperosmolalität (häufig > 350 mosm/l und höher). Eine Azidose und eine signifikante Ketonurie können nicht nachgewiesen werden.

Therapie. Die Therapie bei dieser Entgleisung ist ähnlich jener bei diabetischer Ketoazidose (s. S. 633). Das Flüssigkeitsdefizit kann bis zu 10 l betragen und sollte initial parenteral mit isotoner, physiologischer Kochsalzlösung (NaCl 0,9 %) ausgeglichen werden. Vorsicht ist bei einer gleichzeitig bestehenden Herzinsuffizienz geboten wegen der Gefahr einer Überwässerung. Normalinsulin wird intravenös verabreicht (Bolus 5 – 10 IE, danach Dauerinfusion 2 – 3 IE/h, vereinzelt auch bis zu 10 IE/h) und ein Kaliumdefizit wird ausgeglichen.

Tab. 34.19 Differenzierung zwischen diabetischer Ketoazidose und hyperglykämischem, hyperosmolarem, nicht-ketoazidotischem Dehydratationssyndrom

	diabetische Ketoazidose	hyperglykämisches, hyperosmolares, nicht-ketoazidotisches Dehydratations-syndrom
Alter	häufig jung	älter und alt
Diabetestyp	meist Typ 1	meist Typ 2
Insulinmangel	Absolut	relativ
Blutglukose	500 bis 800 mg/dl, vereinzelt niedriger	oft > 1 000 mg/dl
pH im Plasma	bis < 7,0	> 7,3
Ketonurie	+++	(+)
Standardbikarbonat	< 15 mmol/l	> 20 mmol/l
Serum-Osmolalität	< 330 mosmol/kg	bis > 380 mosmol/kg
Gesamtkörper-Flüssigkeitsdefizit	6 l	9 l
Kussmaul-Azidose-atmung	+	–
Pseudoperitonitis diabetica	+	–
Entwicklung	eher kurz, z. B. innerhalb von 24 Stunden	eher lang, innerhalb einiger Tage

H

Hypoglykämien

Allgemeines

Die Glukosekonzentration des Plasmas wird physiologischerweise innerhalb enger Grenzen konstant gehalten. Glukose ist das primäre Energiesubstrat des Gehirns. Fällt die Plasma-Glukose-Konzentration unter eine kritische Grenze ab im Sinne einer Hypoglykämie, so treten zunächst reversible **zentralnervöse Funktionsstörungen**, bei prolongiertem Substratmangel jedoch auch irreversible zerebrale Schädigungen auf bis hin zum Tod.

Als Hypoglykämie wird ein kritischer Abfall des Blutzuckers bezeichnet, der von klinischen Symptomen begleitet wird. Die Hypoglykämie ist das Leitsymptom verschiedener Erkrankungen (**Tab. 34.20**).

Die **Whipple-Trias** ist die klassische Definition der Hypoglykämie:

1. Symptome der Hypoglykämie treten gleichzeitig mit einer
2. erniedrigten Blutglukose auf und sind durch
3. Zufuhr von Glukose, die den Blutzucker über den hypoglykämischen Bereich anhebt, zu beseitigen.

In Praxis und Klinik sind Hypoglykämien als Therapiekomplikation bei Patienten mit Diabetes mellitus häufig (s. S. 639). Bei Personen ohne Diabetes mellitus sind symptomatische Hypoglykämien selten.

Hypoglykämien („Unterzuckerungen") werden biochemisch häufig definiert als eine kapilläre Blutglukose < 50 mg%, die von einer klinischen Symptomatik begleitet wird. Führende Symptome sind oft Schwitzen und Blässe. Hypoglykämiesymptome sind Folge des zentralnervösen Glukosemangels und der sympathikoadrenergen Gegenregulation. Im Extremfall manifestiert sich bei ausgeprägtem Blutzuckerabfall ein Bewusstseinsverlust (Koma).

Ätiopathogenese. Ursache von Hypoglykämien ist immer ein absolut oder relativ zu hoher Insulinspiegel mit daraus resultierendem Abfall der Blutglukose (**Tab. 34.20**). Die Hyperinsulinämie kann endogenen oder exogenen Ursprungs sein. Aufgrund der Klinik kann man auch reaktive (postalimentäre) Hypoglykämien, Nüchternhypoglykämien und exogen induzierte Hypoglykämien unterscheiden.

Folge der Hypoglykämie sind zentralnervöse und vegetative Symptome, die durch den zerebralen Glukosemangel (Neuroglykopenie) und die sympathiko-

Tab. 34.20 **Ursachen von Hypoglykämien**

Kranke Patienten oder Personen mit Medikation	
1. Medikamente und Noxen	• Insulin, Sulfonylharnstoff oder Glinid • Alkohol • Pentamidin • andere
2. schwere, bedrohliche Erkrankungen	• fortgeschrittene Insuffizienz von Leber, Nieren oder Herz (gestörte Glukoneogenese) • Sepsis • Malaria • schwerste Katabolie
3. endokrine Defizienz	• Kortisol (Mangel an kontrainsulinärem Hormon) • Glukagon und Adrenalin (Defizienz bei Typ-1-Diabetes)
4. Tumoren, die nicht von den pankreatischen Inseln ausgehen	• mesenchymale Tumoren (Sekretion von pro-IGF-II, löst Hypoglykämien aus)
Gesund erscheinende Personen	
5. endogener Hyperinsulinismus	• Insulinom (Insulin-sezernierendes Adenom) • funktionelle Erkrankungen der Beta-Zellen (Nesidioblastose) • Hypoglykämie nach Magen-Bypass-Operation bei Adipositas (endogene Hyperinsulinämie und Neuroglykopenie als Folge einer diffusen Insel-Hypertrophie) • „Noninsulinoma pancreatogenous hypoglycemia syndrome (NIPHS)" (endogene Hyperinsulinämie und Neuroglykopenie als Folge einer diffusen Insel-Hypertrophie) • Hypoglykämie bei Autoimmunität gegen Insulin • Antikörper, gerichtet gegen natives Insulin (Insulin wird an zirkulierende Antikörper gebunden und verzögert wieder freigesetzt) • Antikörper gegen den Insulin-Rezeptor (agonistische Antikörper stimulieren den Insulin-Rezeptor) • Pharmaka, die die endogene Insulin-Sekretion stimulieren (z. B. Sulfonylharnstoff oder Glinid) • andere
6. akzidentelle, faktitielle oder vorsätzlich induzierte Hypoglykämie	• z. B. faktitielle Hypoglykämie bei Persönlichkeitsstörung (Injektion von Insulin bei nicht-diabetischen Personen oder Einnahme eines Sulfonylharnstoffs)

Einteilung nach der Endocrine Society (2009)

adrenerge Gegenregulation verursacht werden. Bei ausgeprägter Hypoglykämie kann ein Bewusstseinsverlust (Koma) auftreten; letztere Symptomatik wird auch als **hypoglykämischer Schock** bezeichnet. Charakteristischerweise ist die Hypoglykämiesymptomatik nach angemessener Kohlenhydratzufuhr rasch reversibel.

Klinik. Aufgrund **zentralnervöser Störungen**:
- Kopfschmerzen
- Konzentrations-/Koordinationsstörungen
- Vergesslichkeit, Aggressivität/Verstimmung/Reizbarkeit
- Sehstörungen
- Angst, Unruhe
- Verwirrtheit
- Krampfanfälle
- fokale Symptome/Hemiplegie
- Somnolenz/Präkoma/Koma

Aufgrund **sympathikoadrenerger Gegenregulation:**

- Blässe, Zittern
- Schwitzen/Schweißausbruch
- mäßiggradige Tachykardie, Palpitationen
- Heißhunger
- Unruhe

Hypoglykämie bei Diabetes mellitus

Ätiopathogenese. Hypoglykämien sind eine nicht seltene akute Komplikation bei Diabetes mellitus bei Therapie mit Insulin oder oralen Antidiabetika, z. B. Sulfonylharnstoff oder Glinid. Verursacht werden sie häufig durch eine Überdosierung dieser Medikamente, können aber auch bei unterlassener Kohlenhydratzufuhr (Auslassen einer Mahlzeit), bei einer interkurrenten Erkrankung (Brechdurchfall), nach ungewöhnlicher körperlicher Aktivität (Sport) oder nach Alkoholgenuss auftreten. Je niedriger das durchschnittliche Blutglukoseniveau ist, desto höher ist die Hypoglykämiefrequenz bei Diabetes. Bei Typ-1-Diabetes mellitus treten Hypoglykämien häufiger auf im Vergleich zu Typ-2-Diabetes.

Klinik. Klinisch werden nach dem Ausmaß der Symptomatik „leichte" und „schwere" Hypoglykämien unterschieden.

Bei **„leichten" Hypoglykämien** werden die Symptome durch den Patienten rechtzeitig bemerkt; eine umgehende Kohlenhydratzufuhr durch den Patienten selbst bessert die Symptomatik rasch. Bezüglich der Gesamthäufigkeit aller Hypoglykämien dominiert diese Form bei weitem.

„Schwere" Hypoglykämien sind dadurch gekennzeichnet, dass der Patient zu deren Behandlung auf Fremdhilfe angewiesen ist. Einerseits differenziert man hierbei Hypoglykämien, bei denen eine Behandlung mit oral zugeführten Kohlenhydraten noch möglich ist. Andererseits werden Hypoglykämien unterschieden, bei denen die Bewusstseinslage (Bewusstseinsstörung oder Bewusstseinsverlust) des Patienten so beeinträchtigt ist, dass zur Behandlung eine intravenöse Applikation von Glukoselösung oder von Glukagoninjektionen (subkutan oder intramuskulär) erforderlich ist (bei oraler Glukosezufuhr besteht Aspirationsgefahr). Bei „schweren" Hypoglykämien mit Bewusstlosigkeit können sich **erhebliche zentralnervöse Störungen** (hypoglykämischer Schock) manifestieren. Erwähnenswert sind motorische Unruhe, Krampfanfälle, fokale Symptome (Hemiplegien, Aphasien), Automatismen und Hyperreflexie. Bei prolongierter Hypoglykämiedauer können auch irreversible Schäden am ZNS entstehen. Besonders gefährdet sind alte Patienten, und die Prognose kann ungünstig sein. Umgehende Fremdhilfe (Arzt, geschulte Angehörige) ist lebensrettend.

Bei Patienten mit Diabetes mellitus und chronisch hohem mittlerem Glukoseniveau (schlecht eingestellt) können Hypoglykämiesymptome bereits bei Blutglukosewerten von etwa 100 mg% auftreten, dies bezeichnet man als **relative Hypoglykämie**. Patienten mit chronisch sehr niedriger Blutglukoseeinstellung nehmen oft Blutglukosewerte von etwa 30 mg% subjektiv nicht als Hypoglykämie wahr. Deshalb wird häufig empfohlen, dass die Blutglukosewerte bei Diabetes unter Therapie nicht tiefer als 60 mg% liegen sollen.

Patienten mit lange manifestem Typ-1- oder Typ-2-Diabetes mellitus können eine verminderte oder eine **fehlende subjektive Hypoglykämiewahrnehmung** haben („Hypoglycemia unawareness"). Schwere Hypoglykämien, auch mit Bewusstlosigkeit, können bei diesen Patienten ohne typische Prodromi auftreten. Abgeschwächt ist bei diesen Patienten die sympatikoadrenerge Gegenregulation. Durch schwere Hypoglykämien ohne Prodromi sind diese Patienten hochgradig gefährdet.

Diagnostik. Bei typischer Anamnese (Diabetiker-Notfallausweis, Angehörige) und passendem klinischen Befund wird die Verdachtsdiagnose Hypoglykämie durch die Blutglukosebestimmung (kapilläre Glukose < 50 mg%) bestätigt. Im Notdienst finden Blutzucker-Teststreifen Verwendung; wünschenswert ist jedoch eine Präzisionsmessung der Glukose in einem Labor.

Die Differenzialdiagnose zwischen Hypoglykämie und diabetischer Ketoazidose zeigt **Tab. 34.18.** Bei schweren Hypoglykämien mit Bewusstlosigkeit müssen zudem zahlreiche andere Ursachen (z. B. kardiovaskulär, zentralnervös, Intoxikation) eines Komas differenzialdiagnostisch erwogen werden.

Therapeutisches Vorgehen bei Hypoglykämie.

- Bei noch erhaltenem Bewusstsein:
  - Traubenzucker (p. o.) oder kohlenhydrathaltige Getränke (z. B. normales „Cola" oder Apfelsaft),
- Bei Bewusstlosigkeit:
  - durch Angehörige oder sonstige Personen: Injektion von Glukagon, 0,5 mg oder 1,0 mg, subkutan oder intramuskulär. Anstieg der Glukose innerhalb von 10 bis 15 Minuten
  - durch medizinisches Personal, z. B. Rettungsdienst oder Ärzte: Glukoselösung intravenös (40 – 100 ml, 20 – 50 %) als Bolusgabe

Tab. 34.21 Vermeidung einer Hypoglykämie bei Diabetes mellitus

Möglichkeiten
• Anpassung der antihyperglykämischen Therapie mit Insulin und/oder oralen Antidiabetika an die individuellen Lebensumstände und an die Ernährungsgewohnheiten der jeweiligen Patienten mit Diabetes
• Präferenz für Medikamente, die keine Hypoglykämie auslösen, z. B. Biguanid (Metformin) anstelle von Sulfonylharnstoff
• engmaschige Blutzucker-Selbstkontrollen, vereinzelt auch nachts
• Anpassung der Diabetes-Therapie an das Stadium der Erkrankung, z. B. besondere Vorsicht bei Hypoglykämie-Wahrnehmungsstörung („hypoglycemia unawareness")
• an den Patienten angepasste individualisierte Therapieziele, z. B. kein zu niedriges mittleres Blutzucker-Niveau bzw. kein zu niedriger HbA_{1c}-Befund bei betagten Patienten oder bei begrenzter Lebenserwartung
• Anpassung der Ernährung, z. B. häufige kleine Mahlzeiten
• Schulung der Patienten zur Vermeidung von Hypoglykämien, z. B. bei ungewohnten körperlichen Aktivitäten
• nach schwerer Hypoglykämie soll das Therapie-Ziel bzw. der angestrebte HbA_{1c}-Wert kritisch hinterfragt werden
• Medikamente können die Hypoglykämie-Wahrnehmung beeinträchtigen (so schwächen z. B. Beta-Blocker Hypoglykämie-Symptome ab)
• bei einem „Glukose Awareness Training" lernen die Patient gezielt die Erkennung von Hypoglykämiesymptomen
• andere

- Nach jeder schweren Hypoglykämie:
  - reichlich Kohlenhydrate p. o., sofern Patient schlucken kann
  - oder Glukoselösung mit niedriger Konzentration (5 % oder 10 %) intravenös oft erforderlich
  - Überwachung in einer Klinik erwägen, z. B. nach sulfonylharnstoffinduzierter, evtl. protrahierter Hypoglykämie, Beobachtung bis zu 72 Stunden indiziert
  - Suche nach der Ursache
  - kausale Therapie oder Therapieanpassung anstreben

(!) Diabetiker sollten immer einen Notfallausweis bei sich führen. Bei einer Bewusstseinsstörung wird dann eine Hypo- oder Hyperglykämie bevorzugt bei der Differenzialdiagnose berücksichtigt. Traubenzucker muss immer griffbereit sein. Bei „schweren" Hypoglykämien müssen lebensrettende Notfallmaßnahmen zur Vermeidung von Dauerschäden unverzüglich eingeleitet werden. Weiterhin sollte der Patient nach einer „schweren" Hypoglykämie reichlich Kohlenhydrate essen, um die hepatischen Glykogenspeicher wieder aufzufüllen.

Hypoglykämievermeidung. Bei Typ-1- und bei Typ-2-Diabetes mellitus ist die Frequenz von Hypoglykämien bei intensivierten Therapieformen, die zu einer normnahen Glukose-Stoffwechseleinstellung führen, erhöht im Vergleich zu einem höheren mittleren Blutzucker-Niveau. In einer wissenschaftlichen Studie (ACCORD) mit Typ-2-Diabetes-Patienten war in der Behandlungsgruppe mit intensiver Diabetes-Therapie bzw. mit niedrigem Glukose-Niveau die Mortalität erhöht. Deshalb wurde diskutiert, ob Hypoglykämien **fatale kardiale Arrhythmien** auslösen, die für die Todesfälle verantwortlich sind. Unklar ist auch, ob Hypoglykämien eine **Demenz** begünstigen. Aufgrund der genannten Zusammenhänge ist die Vermeidung von Hypoglykämien ein sehr wichtiges Therapieziel bei allen Diabetes-Formen (**Tab. 34.21**).

34.1.8 Chronische Komplikationen bei Diabetes mellitus

Die **Prognose** bei Diabetes mellitus wird heute bei der Mehrzahl der Patienten durch **Langzeitkomplikationen** bestimmt, die sich bevorzugt an Augen, Nieren, Nerven und den großen Blutgefäßen (Makroangiopathie, z. B. Koronargefäße, Beine und hirnversorgende Arterien) manifestieren. Abhängig von der Diabetesdauer, der Qualität der langfristigen Stoffwechseleinstellung, der Höhe des arteriellen Blutdrucks und möglicherweise weiteren Faktoren (genetische Disposition?) treten chronische Komplikationen nach sehr unterschiedlicher Krankheitsdauer auf, z. B. zwischen 10 und 40 Jahren.

In Interventions-Studien war bei Diabetes mellitus bei guter Stoffwechseleinstellung – repräsentiert durch einen niedrigen HbA_{1c}-Befund – die Rate von diabetes-typischen Spätkomplikationen signifikant vermindert. Anerkannt ist, dass eine intensive Diabetes-Therapie mikrovaskuläre Komplikationen, z. B. Retinopathie, Nephropathie und Neuropathie, verhindert oder verzögert. Leider nimmt jedoch bei niedrigem mittlerem Glukose-Niveau die Hypoglykämie-Frequenz zu. Derzeit weniger überzeugend ist die wissenschaftliche Datenlage zur Prävention einer Makroangiopathie bei Diabetes mellitus durch eine normnahe Glukose-Stoffwechsel-Einstellung, insbesondere bei Typ-2-Diabetes. Kritisch muss hierzu jedoch angemerkt werden, dass Studien zur Prävention der Makroangiopathie bei Diabetes mellitus oft nur von kurzer Dauer waren. Wahrscheinlich erscheint, dass eine längerfristige Nahe-Normoglykämie auch die Prävalenz der Makroangiopathie bei Diabetes mellitus vermindert.

Zusammenfassend besteht Konsens, dass eine gute Stoffwechseleinstellung bzw. eine Nahe-Normoglykämie diabetische Spätkomplikationen verhindern kann im Sinne einer Prävention. Eine intensive Diabetes-Therapie verbessert also die Prognose von Patienten mit Typ-1- oder Typ-2-Diabetes.

Makro- und Mikroangiopathie

Die Prävalenz von Gefäßerkrankungen ist bei Typ-1- und Typ-2-Diabetikern im Vergleich zu Nichtdiabetikern deutlich erhöht. Gefäßleiden sind die häufigsten Ursachen der erhöhten Mortalität und Morbidität dieser Patienten.

Makroangiopathie. Die vorzeitige, beschleunigte Manifestation einer Atherosklerose mittlerer und großer Blutgefäße äußert sich bei Diabetikern besonders als

- koronare Herzkrankheit (z. B. „stummer Myokardinfarkt", s. S. 45)
- arterielle Verschlusskrankheit (AVK, diabetischer Fuß, s. S. 644)
- zerebrovaskuläre Insuffizienz (z. B. zerebraler Insult)
- Nierenarterienstenose (z. B. arterielle Hypertonie, s. S. 269)

Mikroangiopathie. Charakteristisch ist eine nahezu diabetesspezifische Verdickung der Basalmembran von Kapillaren. Klinische Manifestation vor allem an:

- Nierenglomeruli (als Glomerulosklerose, s. S. 291)
- Augenhintergrund (als diabetische Retinopathie)

Diabetische Nephropathie. → siehe Kapitel „Niere", S. 303

Diabetische Retinopathie

Die Prävalenz der diabetischen Retinopathie bei Typ-1- und Typ-2-Diabetes nimmt progredient zu mit der Dauer der Stoffwechselerkrankung. Vereinzelt haben Patienten mit Typ-2-Diabetes bereits bei Diagnosestellung eine Retinopathie. Diabetische Retinopathien sind eine häufige Ursache für Erblindung.

Die Pathogenese der diabetischen Retinopathie ist komplex. Im Vordergrund stehen eine abnorme Permeabilität retinaler Gefäße und Verschlüsse retinaler Gefäße mit nachfolgender Ischämie und Neovaskularisation. Klinisch unterscheidet man

- **nicht proliferative Retinopathie** („Background Retinopathy"): kleine Infarkte („Cotton Wool Herde"), intraretinale Blutungen, harte Exsudate, Abnormitäten kleiner Gefäße (Mikroaneurysmen, verschlossene, geschlängelte und erweiterte Gefäße) (**Abb. 34.9 b**)
- **proliferative Retinopathie:** Gefäßneovaskularisation (ausgehend von den retinalen Gefäßen), Hämorrhagien (präretinal und in den Glaskörper hinein), Traktionsablation der Retina (**Abb. 34.9 a**)

Blutungen können bei Retinopathie zu einem akuten Visusverlust führen. Weiterhin kann bei jeder diabetischen Retinopathie ein **Makulaödem** auftreten. Hierzu sei auf Lehrbücher der Augenheilkunde verwiesen.

In der Gravidität einer Patientin mit bekanntem Diabetes mellitus und Retinopathie besteht ein Risiko der Befundverschlechterung am Auge. Deshalb sollen diese Patientinnen während der Gravidität und für ein Jahr nach der Entbindung engmaschig augenärztlich untersucht werden.

! Die diabetische Retinopathie verursacht oft über viele Jahre keine Symptome, erst in späteren Stadien tritt ein rascher Progress bis hin zur Erblindung auf. Deshalb soll bei allen Patienten mit Dia-

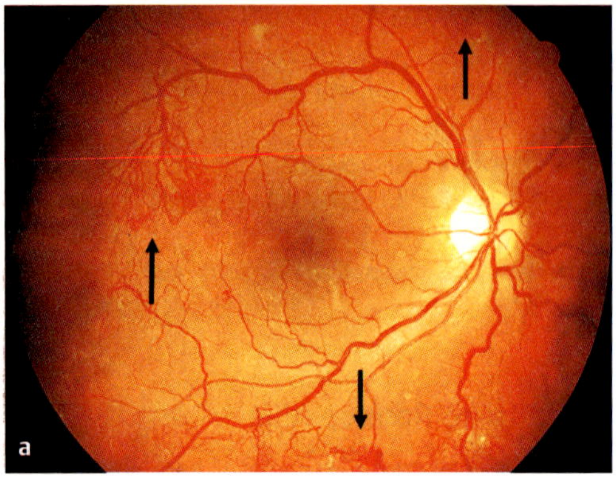

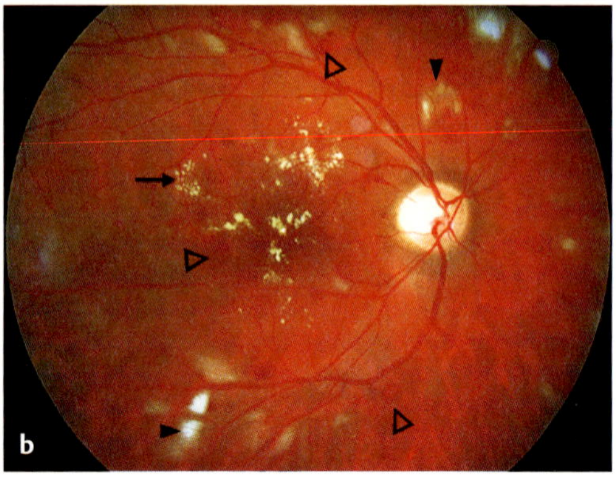

Abb. 34.9 Diabetische Retinopathie. a Proliferative diabetische Retinopathie mit typischen präretinalen Vaskularisationen (Pfeile), **b** Nicht proliferative diabetische Retinopathie mit Mikroaneurysmen, intraretinalen Blutungen (Pfeilspitzen), harten Exsudaten (= Ablagerungen von Lipiden in der Retina, Pfeil) und Cotton-Wool-Herde (= Nervenfaserinfarkte, weiche Exsudate, Pfeilspitzen schwarz) (aus Lang, Augenheilkunde, Thieme).

betes mellitus regelmäßig der Augenfundus zum Nachweis oder Ausschluss einer diabetischen Retinopathie untersucht werden. Untersuchungsintervalle von 6 – 12 Monaten werden häufig empfohlen.

Diabetische Neuropathien

engl.: diabetic neuropathy

Neuropathien haben als Langzeitkomplikation bei Typ-1- und Typ-2-Diabetes mellitus eine Prävalenz von 20 – 50 %. Ihre Häufigkeit nimmt mit zunehmender Diabetesdauer, mit langfristig unzureichender Stoffwechselführung und mit steigendem Alter signifikant zu. Vereinzelt ist schon bei der Erstdiagnostik eines Typ-2-Diabetes eine Polyneuropathie nachweisbar. Klinisch dominieren symmetrische, sensorische Polyneuropathien der unteren Extremitäten. In der multifaktoriellen Pathogenese dieser Polyneuropathien sind möglicherweise von Bedeutung:

- vermehrte Protein-Glykolisierung: Akkumulation von „advanced glycosylation end products" (AGEs) in Plasma- und Gewebeproteinen bei Hyperglykämie
- Akkumulation von Sorbitol: Glukose wird intrazellulär teilweise zu Sorbitol metabolisiert. Bei chronischer Hyperglykämie entsteht mehr Sorbitol, dies führt zu Störungen des Zellstoffwechsels
- vermehrter oxidativer Stress: bei Hyperglykämie nimmt der oxidative Stress zu, dies kann zu Nervenschädigungen führen
- Ischämie von Nerven: bei Polyneuropathie haben Blutgefäße von Nerven eine verdickte Gefäßwand und können okkludieren mit daraus resultierender neuraler Ischämie
- Nervenfaser-Reparatur-Mechanismen: bei Diabetes mellitus möglicherweise eingeschränkt

Neuropathien umfassen subklinische und klinisch manifeste Formen im Bereich der somatischen und autonomen Anteile des peripheren Nervensystems. Eine Klassifikation zeigt **Tab. 34.22**.

Tab. 34.22 Klassifikation der diabetischen Neuropathien

Polyneuropathie	Häufigkeit
I. symmetrische Polyneuropathien	
• sensible oder sensomotorische Polyneuropathie	+++++
• autonome Neuropathie	++
II. asymmetrische, fokale und multifokale Neuropathien	
• kraniale Neuropathie	+
• Mononeuropathie des Stammes und der Extremitäten	+
• proximale motorische Neuropathie	+

Sensible oder sensomotorische, distale, symmetrische diabetische Polyneuropathien

Klinik. Diese bezüglich der Prävalenz dominierende Polyneuropathie manifestiert sich insbesondere in den distalen Abschnitten der **unteren Extremitäten.** Im Vordergrund stehen **Sensibilitätsstörungen.** Die Symptomatik besteht vor allem in Sensibilitätsstörungen, Schmerzen, Parästhesien, Hyperästhesien und Taubheitsgefühl. Die Beschwerden beginnen in der Peripherie, z. B. an den Zehen, und steigen von dort nach proximal auf. Häufig werden die Schmerzen als brennend („Burning Feet"), bohrend, krampfartig oder stechend beschrieben. Eine weitere Folge sind Störungen der Temperatur- und Schmerzempfindung. Typisch ist auch die nächtliche Exazerbation der Beschwerden sowie ihre Besserung beim Gehen. Motorische Störungen, z. B. der Zehenheber, kommen in späteren Stadien hinzu.

Diagnostik.

- Inspektion der Füße: Hautbeschaffenheit (warm, gerötet), Schweißsekretion (trocken), Kallus-, Rhagaden- und Blasenbildung, Infektionen, Deformitäten
- Berührungsempfinden (Wattetupfer oder 10 g-Monofilament)
- Vibrationsempfinden (Stimmgabeltest am Großzehengrundgelenk)
- Tiefensensibilität (Achillessehnenreflex mit Hammer, abgeschwächt oder nicht auslösbar)
- Temperaturempfinden (Reagenzgläser mit warmem oder kaltem Wasser)
- Schmerzempfinden (z. B. Zahnstocher)
- Elektromyogramm (verminderte Nervenleitgeschwindigkeit)

Prävention und Therapie.

- Optimierung der Kohlenhydratstoffwechseleinstellung als kausale Therapie (möglichst Normoglykämie)
- Beseitigung von neurotoxischen Einflüssen und von Begleiterkrankungen (z. B. Alkohol, neurotoxische Medikamente)
- α-Liponsäure (z. B. Thioctacid) (nur parenteral befriedigend wirksam)
- B-Vitamine (parenteral) bei nachgewiesenem Mangel
- Fußpflege
- Schmerzbehandlung mit trizyklischen Antidepressiva (Amitryptyline, Desipramin), Antikonvulsiva (Carbamazepin), Mexiletin, Tramadol und Capsaicin-Creme (lokal)
- physio- und psychotherapeutische Behandlung
- Schulung der Patienten

> **!** **Defizite in der Temperatur-, Schmerz- oder Berührungssensibilität sind bei Polyneuropathie von größter Bedeutung, da sie den Weg zu den neuropathisch bedingten Fußkomplikationen ebnen können (s. S. 644). Der Frühdiagnose und Therapie kommt vor allem aus diesem Grund große Bedeutung zu.**

Autonome diabetische Neuropathie

Jedes autonom innervierte Organ kann von einer Neuropathie betroffen sein. Einige klinische Entitäten dieser Neuropathie des vegetativen Nervensystems sind nachfolgend kurz erwähnt. Das Symptomspektrum kann sehr vielfältig sein.

Kardiovaskuläres System: Ruhetachykardie, Abnahme der Herzfrequenzvariabilität, orthostatische Hypotonie, verminderte oder fehlende Wahrnehmung von Angina pectoris („stummer Myokardinfarkt"), intraoperative kardiovaskuläre Instabilität, eingeschränkte körperliche Belastbarkeit, plötzlicher Herztod.

Gastrointestinaltrakt: Störungen der Ösophagusmotilität (Schluckbeschwerden, Reflux), Gastroparese (Völlegefühl, Druck im Oberbauch, eventuell postprandial Hypoglykämien wegen Magenentleerungsstörung), diabetische Enteropathie (Diarrhö), anorektale Dysfunktion (Inkontinenz).

Urogenitaltrakt: diabetische Zystopathie (Blasenentleerungsstörung), erektile Impotenz, Disposition für Harnwegsinfekte.

Periphere autonome Dysfunktion: Anhidrose, Hyperkeratose, Ödem, gestörte Mikrozirkulation, betonte Venenzeichnung, arteriovenöse Shunts. Begünstigung von Ulzera, Gangrän, Osteopathie, Osteoarthropathie (Charcot-Fuß).

Neuroendokrines System: fehlende oder abgeschwächte Sekretion von Glukagon oder Adrenalin bei niedrigem Blutzucker, dadurch erhöhtes Risiko für Hypoglykämien. Auch eine verminderte Katecholaminantwort kann Hypoglykämien begünstigen.

H

Diabetisches Fußsyndrom

engl.: diabetic foot

Diabetiker haben ein etwa 15fach höheres Beinamputationsrisiko als Nichtdiabetiker. Ausgangspunkt für Beinamputationen sind oft geringgradige Verletzungen der Füße, die zu einem Ulkus und schließlich zum diabetischen Fußsyndrom führen.

Definition. Das diabetische Fußsyndrom umfasst verschiedenartige Fußläsionen bei Patienten mit Diabetes mellitus. Es beinhaltet Veränderungen am Fußskelett und an den Weichteilen einschließlich Ulzera und Gangrän (Tab. 34.23). In der Pathogenese sind die diabetische Neuropathie und die Makroangiopathie von zentraler Bedeutung. Bei kompliziertem Verlauf kann bei diabetischem Fußsyndrom die Amputation einer Extremität indiziert sein. Nur eine adäquate Prävention und eine angemessene Therapie verhindern Amputationen.

Ätiopathogenese. Ursachen für Fußläsionen bei Diabetes mellitus sind in der Regel mehrere Faktoren. Die **sensorische Neuropathie** führt zu einem Verlust der Wahrnehmung von Traumata und von Schmerzen. Die **motorische Neuropathie** führt zu einer plantaren Druckumverteilung und zu Fußdeformitäten (Krallenzehen), es entstehen Areale mit unphysiologisch erhöhtem Druck. Die **autonome Neuropathie** führt zu trockener Haut mit der Begünstigung von Rissen und Fissuren. Eine eingeschränkte Gelenkbeweglichkeit begünstigt ein verändertes Druckverteilungsmuster. Eine überschießende Hornhautbildung, induziert durch mechanische Belastung des Fußes, fördert die Entstehung von Hautläsionen und von Ulzerationen an exponierten Stellen. Ein weiterer wichtiger Risikofaktor für das diabetische Fußsyndrom ist die **periphere arterielle Verschlusskrankheit (pAVK)** mit konsekutiver Gewebshypoxie. Akuter Auslöser für ein diabetisches Fußsyndrom sind **Traumatisierungen**, z. B. durch ungeeignetes Schuhwerk oder bei der Nagelpflege. Traumata haben eine Keimbesiedelung, eine Entzündung und schließlich ein Ulkus zur Folge (Abb. 34.10). Zusammengefasst sind folgende **Risikofaktoren** relevant:

- periphere sensomotorische und autonome Polyneuropathie (dominierender Faktor)
- periphere arterielle Verschlusskrankheit (pAVK)
- Fußdeformitäten (z. B. Knochenvorsprünge)
- Trauma (unpassendes Schuhwerk, Nagelpflege, Barfußgehen)
- schlechte Stoffwechseleinstellung (hoher HbA_{1c}-Befund)
- vorausgeganges Fußulkus

Tab. 34.23 Klassifikation des diabetischen Fußsyndroms nach Wagner

Stadium	Läsion
0	Risikofuß, keine offene Läsion
I	oberflächliche Läsion
II	Läsion bis zur Gelenkkapsel, Sehnen oder Knochen
III	Läsion mit Abszedierung, Osteomyelitis, Infektion
IV	begrenzte Vorfuß- oder Fersennekrose
V	Nekrose des gesamten Fußes

Klinik. Etabliert ist die Einteilung nach Wagner (Tab. 34.23).

Prävention. Entscheidend wichtig ist die Prophylaxe. Alle Patienten mit Diabetes mellitus sollen einmal jährlich im Hinblick auf Risikofaktoren (s. o.) für das diabetische Fußsyndrom ärztlich untersucht werden. Ferner ist die Schulung der Patienten zur Fußpflege und zur Prävention wichtig, dies gilt insbesondere bei erhöhtem Risiko für ein diabetisches Fußsyndrom. Bei hohem Risiko sollten die Patienten zur Prophylaxe in einer spezialisierten „Fuß-Ambulanz" vorgestellt werden.

Therapie. Zur **differenzierten Therapie** werden Patienten mit diabetischem Fußsyndrom häufig in „Fuß-Ambulanzen" behandelt. Letztere sind oft interdisziplinär besetzt, z. B. Diabetologe, Chirurg, Gefäßmediziner, Diabetesberater und orthopädischer Schuhmacher.

Komponenten der **multifaktoriellen Behandlung** sind: optimale Stoffwechseleinstellung, Behandlung sonstiger internistischer Erkrankungen, operative oder endoluminale Revaskularisation großer Gefäße, effektive Druckentlastung (therapeutisches Schuhwerk, Gipstechnik), Behandlung von Infektionen, lokale Wundbehandlung, Débridement avitaler Gewebsanteile. Absolute Nikotinabstinenz wird empfohlen.

Bei Risikopatienten sind engmaschige ärztliche Beinuntersuchungen, auch durch den Hausarzt, und spezielle Patientenschulungen indiziert (Fuß-

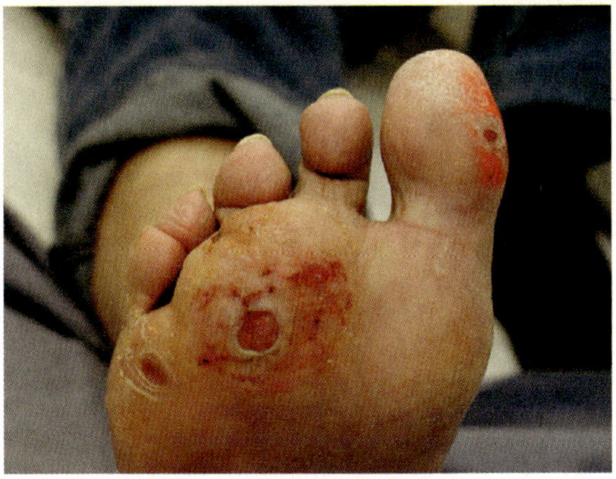

Abb. 34.10 Diabetisches Fußsyndrom. Neuropathische Ulzera (aus Herdegen, Kurzlehrbuch Pharmakologie und Toxikologie, Thieme).

und Hautpflege, Inspektion, Vermeidung von Verletzungen jeglicher Art, spezielle Schuhe zur Druckentlastung). Wichtig ist die tägliche Inspektion der Füße durch die Patienten selbst.

Hypertriglyzeridämie

Eine Hypertriglyzeridämie sekundärer Genese findet sich häufig bei Typ-2-Diabetes bei unbefriedigender Einstellung des Kohlenhydratstoffwechsels. Ausführliche Informationen zu diesem Thema sind im Kapitel „Fettstoffwechselstörungen" auf S. 657 ff. zu finden.

34.2 Insulinom

engl.: insulinoma, beta cell tumor

Definition. Insulinsezernierende Adenome, selten Karzinome, des Pankreas mit autonomer, nicht an die Blutglukose angepasster Insulinsekretion und konsekutiv auftretender charakteristischer Hypoglykämie.

Ätiopathogenese. Beim epidemiologisch seltenen Insulinom findet sich in etwa 80% der Fälle ein solitäres, insulinsezernierendes **Inselzell-Adenom** des Pankreas, vereinzelt handelt es sich um multiple Adenome oder auch sehr selten um Karzinome. Diese Tumoren verursachen einen endogenen Insulinüberschuss durch eine nicht an die Blutglukose angepasste Insulinsekretion. Insulinome manifestieren sich vor allem im mittleren Lebensalter.

Klinik. Hypoglykämien treten vor allem beim Fasten, also nach längerer Nahrungskarenz (z. B. nachts) und nach körperlichen Anstrengungen auf. Beschrieben wurden jedoch auch postprandial auftretende Hypoglykämien. Meist dominieren neuroglykopenische Symptome (vgl. S. 637). Mitunter treten als Hypoglykämiesymptome vorwiegend Episoden von Verwirrtheit und/oder andere psychische Abnormitäten (z. B. ungewöhnliches Verhalten) auf, deshalb kommen diese Patienten nicht selten in psychiatrische Behandlung. Zerebrale Anfälle kommen ebenfalls vor. Die Hypoglykämien nehmen im Verlauf oft an Schwere und an Häufigkeit zu. Eine gesteigerte Nahrungszufuhr führt oft zu einer Zunahme des Körpergewichts. Der klinische Befund ist ansonsten in der Regel unauffällig.

Diagnostik. Bei klinischem Verdacht auf Hypoglykämie muss letztere durch eine erniedrigte Blutglukose biochemisch gesichert werden. Dabei sind qualitätskontrollierte Präzisionsmessungen unverzichtbar; Handmessgeräte für Glukose sind nur für orientierende Messungen geeignet.

Bei Insulinomverdacht ist ein **Hungerversuch** über 72 h zur Provokation einer Hypoglykämie indiziert. Dieser Test muss im Krankenhaus durchgeführt werden! Bei Nahrungskarenz erfolgen in 6-stündlichen Abständen Blutabnahmen zur Bestimmung von Glukose, Insulin, C-Peptid, Proinsulin und Beta-Hydroxybutyrate (BHOB, ein Ketonkörper). Bei einer Plasma-Glukose unter 45 mg/dl (2,5 mmol/l) oder bei Symptomen einer Hypoglykämie wird der Test nach einer Blutabnahme vorzeitig beendet und anschließend Glukoselösung intravenös infundiert.

Charakteristisch für ein Insulinom ist die **fehlende Suppression des Plasma-Insulins** bei Abfall der Blutglukose. Nach der Fastenperiode folgt die Bestimmung von Betahydroxybutyrate und Glukose im Plasma vor und nach Injektion von Glukagon (1 mg, intravenös). Bei Insulinom ist die Konzentration von Betahydroxybutyrate niedrig und die Glukose steigt deutlich an.

Bei vorzugsweise postprandial auftretenden Hypoglykämien ist zur Diagnostik eine Kohlenhydratbelastung (sog. „mixed meal test") indiziert. Vor und nach Einnahme einer kohlenhydratreichen Mahlzeit werden im Abstand von 30 Minuten über einen Zeitraum von 5 Stunden Glukose, Insulin, C-Peptid. Proinsulin und Betahydroxybutyrate bestimmt.

H

Differenzialdiagnostisch sind faktitielle Hypoglykämien abzugrenzen. Hierbei injizieren sich Personen ohne Diabetes mellitus Insulin oder nehmen Sulfonylharnstoffe oder Glinide oral ein. Durch diese Pharmaka werden Hypoglykämien ausgelöst. Betroffen sind nicht selten Personen mit Persönlichkeitsstörungen, die Aufmerksamkeit erreichen wollen. Bei faktitiellen Hypoglykämien durch Insulin-Injektion ist C-Peptid im Plasma niedrig bzw. supprimiert. Bei faktitiellen Hypoglykämien durch orale Antidiabetika sind Insulin und C-Peptid im Plasma messbar, ebenso können im Plasma oder im Urin bei der toxikologischen Untersuchung Sulfonylharnstoffe oder Glinide nachgewiesen werden.

Lokalisationsdiagnostik. Nach der biochemischen Diagnosesicherung erfolgt die Lokalisationsdiagnostik mit Sonografie, Endosonografie, CT oder MRT des Pankreas. Die Tumornachweisgrenze liegt bei 0,5 – 1 cm. Zur Tumorlokalisation kann auch eine Fluor-18-L-Dihydroxyphenylalanine-PET (18F-DOPA PET) hilfreich sein. Liegt ein Insulinom vor, so kann nach arterieller Stimulation mit Kalzium eine erhöhte Insulinkonzentration in den Lebervenen nachweisbar sein. Kalzium wird zu diesem Zweck in gastroduodenale Arterien, in Milzarterien und in die A. mesenterica superior injiziert.
Eine negative Lokalisationsdiagnostik schließt ein Insulinom nicht aus.

Therapie. Die Akuttherapie bei Hypoglykämie ist die intravenöse Glukosezufuhr (s. S. 639). Die Langzeittherapie der Wahl bei Insulinom ist die operative Tumorresektion, z. B. Enukleation oder partielle Pankreatektomie. Bei fehlender Tumorlokalisation, Kontraindikationen, nichtradikaler Operation usw. können eine medikamentöse Therapie (Diazoxid, Octreotid) oder eine Embolisation durchgeführt werden. Bei metastasierendem Inselzellkarzinom kann neben einer operativen Behandlung eine Chemotherapie mit Streptozotocin und Doxorubicin oder mit Temozolomid indiziert sein.

Weiterführende Informationen

http://www.deutsche-diabetes-gesellschaft.de
http://www.easd.org (European Association for the Study of Diabetes)
http://www.diabetes.org (American Diabetes Association, ADA)
http://www.diabetesde.org (Patienten und Interessierte)
http://www.idf.org (International Diabetes Federation)

35 Fettstoffwechsel

Eberhard Windler, Heiner Greten

35.1 Grundlagen

Fettstoffwechselstörungen haben klinisch Bedeutung vor allem, weil sie die Entwicklung von Arteriosklerose (s. S. 40 f) begünstigen und ihre Korrektur zur Reduktion arteriosklerotischer Herz-Kreislauf-Erkrankungen genutzt werden kann, selbst wenn andere Risikofaktoren an der Manifestation beteiligt sind. Auch andere Organe können geschädigt werden wie z. B. das Pankreas durch Pankreatitis bei Hypertrigyzeridämie, s. S. 658. Wesentliche Grundlagen der pathophysiologischen Zusammenhänge sind im folgenden Abschnitt beschrieben (Abb. 35.1).

Cholesterin ist ein Strukturmolekül für Zellmembranen und darüber hinaus Ausgangsmolekül der Synthese von Steroidhormonen und Gallensäuren. **Triglyzeride** dienen als Energieträger. Wegen ihrer Wasserunlöslichkeit müssen sie in Form von **Lipoproteinen** im Blut transportiert werden. Triglyzeride und Cholesterinester befinden sich als apolare Moleküle im Kern der Lipoproteine. Dieser ist von unverestertem Cholesterin und Phospholipiden umgeben, die als bipolare Moleküle die Wasserlöslichkeit vermitteln. **Apolipoproteine** auf der Oberfläche der Lipoproteine regulieren den Stoffwechsel der Lipoproteine. Sie dienen als Strukturmoleküle, Enzyme, Aktivatoren von Enzymen, Lipidtransferfaktoren oder Liganden für Zelloberflächenrezeptoren.

- ① Die Nahrungsfette werden in **Chylomikronen** über die mesenteriale Lymphe dem Blutkreislauf zugeführt. Chylomikronen enthalten vorwiegend Triglyzeride und sind durch Apolipoprotein B-48 charakterisiert. Ein Großteil der Triglyzeride wird nach Hydrolyse durch Apolipoprotein-C-II-aktivierte Lipoproteinlipase (= LPL) der Muskulatur und dem Fettgewebe zugeführt.
- ② Die verbleibenden Restpartikel, sog. **Chylomikronen-Remnants**, binden durch Apolipoprotein E an Rezeptoren der Leber, z. B. den **Low-Density-Lipoprotein-(LDL-) Rezeptor**, und werden endozytiert.
- ③ Von der Leber werden Cholesterin und Triglyzeride in Form von **Very-Low-Density-Lipoproteinen (VLDL),** charakterisiert durch Apolipoprotein B-100, in den Kreislauf sezerniert. Wie bei Chylomikronen hydrolysiert Lipoproteinlipase einen Großteil ihrer Triglyzeride. Im Unterschied zu Chylomikronen führt Apolipoprotein B-100 vermutlich dazu, dass ca. 40 % der **VLDL-Remnants** ④ nicht von der Leber aufgenommen werden, sondern in triglyzeridarme, aber cholesterinreiche LDL umgewandelt werden.

  LDL kann von extrahepatischen Geweben über den LDL-Rezeptor aufgenommen werden, der Überschuss von ca. 70 % kehrt zur Leber zurück.
- LDL mit einem angelagerten Apolipoprotein(a) werden als **Lipoprotein(a)** bezeichnet. Die physiologische Funktion dieses Proteins ist nicht bekannt, aber es macht das Lipoprotein(a) offenbar besonders **atherogen.** Lipoprotein(a) wird nicht über den LDL-Rezeptor katabolisiert, sondern über andere Rezeptoren von der Leber oder der Niere aufgenommen.
- ⑤ Die Schutzfunktion von **High-Density-Lipoproteinen (HDL)** wird auf ihre Fähigkeit zurückgeführt, Cholesterin von extrahepatischen Geweben und Arterienwänden aufzunehmen und zur Leber zu bringen. Das Cholesterin wird durch den ABCA1-Transporter von Zellen ausgeschleust, auf HDL übertragen und durch die **Lecithin-Cholesterin-Acyltransferase (LCAT)** verestert. Die entstandenen Cholesterinester gelangen als apolare Moleküle in den Kern der HDL, sodass aus den zunächst scheibenförmigen Partikeln sphärische HDL werden.

  Die Cholesterinester gelangen auf drei Wegen in die Leber und können dann ausgeschieden werden:
  - Cholesterinester der HDL können durch das **Cholesterinester-Transferprotein (CETP)** auf VLDL und LDL transferiert und mit ihnen zur Leber gebracht werden.
  - Cholesterinester der HDL können selektiv durch den **Scavenger-Rezeptor-BI (SR-BI)** von der Leber aufgenommen werden.
  - HDL werden als ganze Partikel endozytiert.

Die Leber kann das Cholesterin als Ester speichern oder mit der Galle als Cholesterin oder katabolisiert zu Gallensäuren ausscheiden.

- ⑥ Die triglyzeridreichen Lipoproteine, wie Chylomikronen und VLDL, **tauschen** mittels des Choles-

H

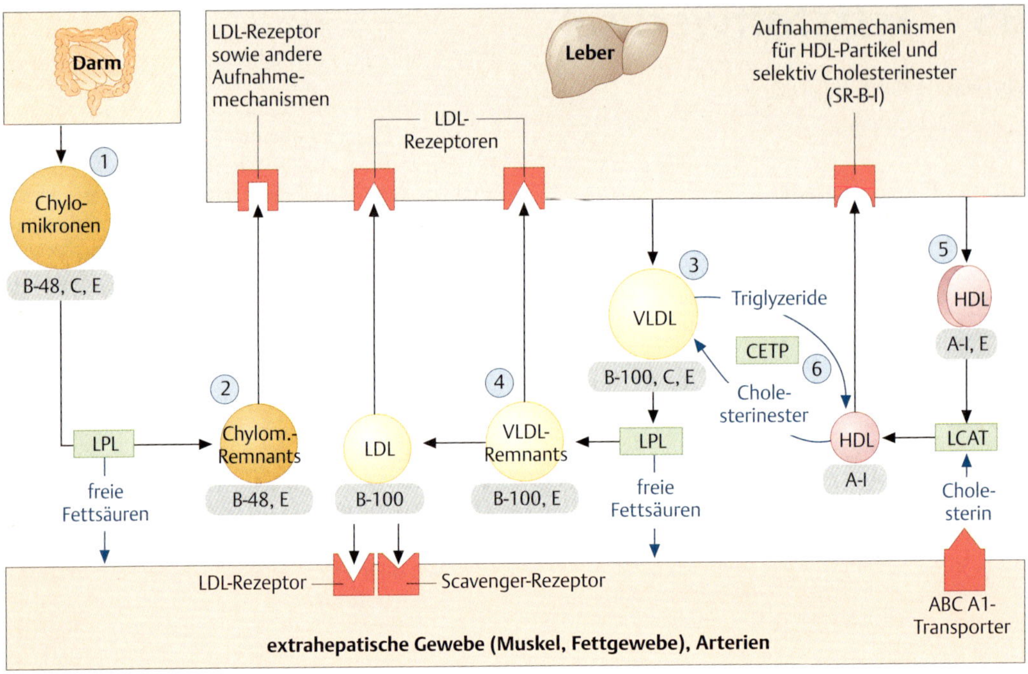

Abb. 35.1 Wesentliche Stoffwechselwege der Lipoproteine im Plasma. Erklärung siehe Text.

terinester-Transferproteins (CETP) **Triglyzeride gegen Cholesterinester** der HDL und LDL aus. Dadurch werden einerseits die Chylomikronen und VLDL reicher an Cholesterin und deshalb möglicherweise atherogener, andererseits werden die auf die HDL und LDL transferierten Triglyzeride durch hepatische Lipase hydrolysiert. Dadurch entstehen kleinere HDL und LDL.

Messbar beeinflusst dieser Mechanismus das Lipoproteinprofil nur bei Hypertriglyzeridämie, da unter diesen Umständen der Transfer von Triglyzeriden auf HDL und LDL erhöht ist (s. S. 657). Deshalb stehen die Plasma-Triglyzeride und das HDL-Cholesterin in einem inversen Verhältnis: Eine Senkung der Triglyzeride erhöht das HDL-Cholesterin. Beide, niedrige HDL und kleine, dichte LDL, gehen mit erhöhtem Herzinfarktrisiko einher, was wahrscheinlich mehr auf eingeschränktem Cholesterinrücktransport aufgrund des niedrigen HDL-Cholesterinspiegels beruht als auf der Hypertriglyzeridämie und den kleinen LDL.

!

- **Senkung des LDL-Cholesterins von jedem Niveau reduziert das kardiovaskuläre Risiko.**
- **HDL-Cholesterinwerte unter 40 mg/dl bei Männern und bei Frauen unter 50 mg/dl sind als Risikofaktor für Arteriosklerose anzusehen.**
- **Reduktion von erhöhten Triglyzeridspiegeln erhöhen das HDL-Cholesterin.**

35.2 Hypercholesterinämien

Hypercholesterinämien stehen in direktem Zusammenhang mit frühzeitiger und beschleunigter Entwicklung von Arteriosklerose. Es werden **primäre** Hypercholesterinämien (hereditäre bzw. familiäre) von **sekundären** Formen (aufgrund von Medikamenten oder Krankheiten) unterschieden.

! **Das Risiko, an Arteriosklerose zu erkranken, steigt ab einem Plasma-Cholesterinspiegel von etwa 200 mg/dl bzw. LDL-Cholesterin von 160 mg/dl**

deutlich an. Allerdings erhöhen auch niedrigere LDL-Cholesterinspiegel in Zusammenhang mit weiteren Risikofaktoren das kardiovaskuläre Risiko, so dass ein ideales LDL-Cholesterin unter 100 mg/dl liegt.

35.2.1 Primäre Hypercholesterinämien

Primäre Hypercholesterinämien sind hereditär bedingt bzw. familiär gehäuft. **Tab. 35.1** fasst die wichtigsten Formen und zugehörigen Befunde zusammen.

Tab. 35.1 Hereditäre Fettstoffwechselstörungen

Bezeichnung	Erhöhte Serumlipide	erhöhte Lipoproteinfraktion	Typisierung nach Fredrickson*	Erbmodus	Häufigkeit	Arteriosklerose
polygene Hypercholesterinämie	Cholesterin	LDL	II a	Polygen	sehr häufig	oft
Erhöhtes Lipoprotein(a)	Cholesterin	Lipoprotein(a)		Kodominant	30 %	oft
Kombinierte Hyperlipidämie	Cholesterin und/oder Triglyzeride	LDL und/oder VLDL	II a oder IV oder II b	Heterogen	0,3 %	oft
familiäre Hypercholesterinämie	Cholesterin	LDL	II a	Kodominant	heterozygot: 0,2 %, homozygot: 1:1 Mio.	sehr oft und früh in der Kindheit
familiärer Apolipoprotein-B-Defekt	Cholesterin	LDL	II a	Kodominant	heterozygot: 0,15 %	sehr oft und früher
familiäre Dysbetalipoproteinämie		Chylomikronen und VLDL-Remnants		Polygen	1 %	keine
familiäre Hyperlipoproteinämie Typ III	Triglyzeride und Cholesterin	Chylomikronen und VLDL-Remnants	III	Polygen	0,02 %	oft
sporadische Hypertriglyzeridämie	Triglyzeride	VLDL und Chylomikronen	IV oder V	Polygen	häufig	keine
familiäre Hypertriglyzeridämie	Triglyzeride	VLDL und Chylomikronen	IV oder V	Dominant	0,2 %	keine
familiärer Lipoproteinlipase- oder Apolipoprotein-C-II-Mangel	Triglyzeride	Chylomikronen und VLDL	I	Rezessiv	sehr selten	keine
familiäre Hypoalphalipoproteinämie		HDL vermindert		Heterogen	häufig	oft

* *Einteilung nach Fredrickson: richtet sich nach den Lipoproteinkonzentratrionen*

Polygene Hypercholesterinämie

engl.: polygenic hypercholesterolaemia

Definition. Der Begriff polygene Hypercholesterinämie umfasst alle Erhöhungen des LDL-Cholesterins auf der Grundlage nicht näher bekannter polygener Disposition.

Epidemiologie. Die polygene Hypercholesterinämie wird auf der Grundlage einer polygenetischen Vererbung **durch Über- und Fehlernährung manifest**. Sie ist deshalb in den Industrienationen zu einer Volkskrankheit geworden. Ihre Häufigkeit hängt von der Definition eines oberen Grenzwerts für das Plasma-Cholesterin ab. Der durchschnittliche Cholesterinwert liegt in westlichen Industrienationen, die eine hohe Prävalenz arteriosklerotischer Gefäßerkrankungen aufweisen, um 220 mg/dl; in Ländern mit niedriger Rate koronarer Herzkrankheiten, wie in manchen asiatischen und mediterranen Gegenden, dagegen um 160 mg/dl oder darunter. Deshalb ist es sinnvoll, als **Grenzwert für die Definition der Hypercholesterinämie etwa 200 mg/dl** anzunehmen, da jenseits dieses Grenzwertes der erhöhte Plasma-Cholesterin-Spiegel mit klinisch signifikantem Risiko für die Entwicklung von Arteriosklerose einhergeht.

> **!** **Bei erhöhten LDL-Cholesterinwerten in der deutschen Bevölkerung handelt es sich ganz überwiegend um eine polygene Hypercholesterinämie.**

Ätiopathogenese und Pathophysiologie. Die polygene Hypercholesterinämie beruht auf einer **Erhöhung der LDL** entsprechend einer Hypercholesterinämie Typ IIa nach Fredrickson (s. **Tab. 35.1**). **Geringe, genetisch bedingte Abweichungen** einer Vielzahl von Apolipoproteinen, Enzymen, Rezeptoren und Transferfaktoren, die den Cholesterinstoffwechsel beeinflussen, führen in ihrer Kombination zu einem erhöhten LDL-Spiegel. Polymorphe Formen des Apolipoprotein E erklären beispielsweise bis zu 10% der Variationen des Cholesterinspiegels in der Bevölkerung.

Im Allgemeinen manifestiert sich die polygene Hypercholesterinämie erst durch **Fehlernährung.** Besondere Bedeutung kommt dabei der zu hohen **Aufnahme gesättigter Fettsäuren** zu, in zweiter Linie auch der Aufnahme von Cholesterin und einer zu geringen Menge an mehrfach ungesättigten Fettsäuren und Ballaststoffen.

Klinik. Die Diagnose einer polygenen Hypercholesterinämie kann nur durch eine Cholesterinmessung, z. B. im Rahmen einer **Vorsorgeuntersuchung**, gestellt werden. Sonst weisen erst die **kardiovaskulären Komplikationen** auf die Stoffwechselstörung hin. Klinische Befunde wie Xanthelasmen und Arcus lipoides corneae sind zu unspezifisch und zu selten und kommen auch bei normolipämischen Personen vor.

Diagnostik. Eine Hypercholesterinämie muss als polygen eingestuft werden, wenn sich kein Anhaltspunkt für eine sekundäre LDL-Erhöhung (**Tab. 35.2**, vgl. S. 660) oder für eine der sehr viel selteneren anderen primären Hypercholesterinämien ergibt (s. **Tab. 35.1**).

Mit der **Friedewald-Formel** lässt sich das LDL-Cholesterin im Nüchternserum für klinische Belange ausreichend genau ermitteln: das LDL-Cholesterin in mg/dl ergibt sich aus dem Gesamtcholesterin minus HDL-Cholesterin minus 1/5 der Serum-Triglyzeride in mg/dl, was etwa dem VLDL-Cholesterin entspricht. (Voraussetzung: die Triglyzeride übersteigen nicht 400 mg/dl und das Blut ist nüchtern abgenommen, sodass nur VLDL, aber keine Chylomikronen vorhanden sind).

Direkt kann das LDL-Cholesterin mittels Lipoproteinelektrophorese, immunologischen Methoden oder Ultrazentrifugation bestimmt werden.

Therapie und Prognose. Tab. 35.3 gibt Therapieziele zur Prävention arteriosklerotischer Gefäßleiden, insbesondere der koronaren Herzkrankheit, in Anlehnung an Empfehlungen internationaler Gremien wieder. Das LDL-Cholesterin ist die wesentliche therapeutisch beeinflussbare Zielgröße. Die Höhe des kardiovaskulären Risikos und damit die Indikation zur Therapie hängt entscheidend von zusätzlichen Risikofaktoren bzw. einer bereits bestehenden Arteriosklerose ab. Dieses sog. **globale Risiko** für arteriosklerotische Herz-Kreislauf-Erkrankungen kann unter Berücksichtigung der wesentlichen Risikofaktoren mithilfe des PROCAM- oder Framingham-Algorithmus ermittelt werden.

Allgemeine Maßnahmen: Die **Ernährungsumstellung** ist die wichtigste Maßnahme. Die Höhe des Plasma-Cholesterins hängt in erster Linie von der Aufnahme **gesättigter Fette** ab, da sie die Cholesterinsynthese der Leber erhöhen und die Aktivität des LDL-Rezeptors erniedrigen. Daher sollte insbesondere der Genuss von Wurstwaren, fettem Fleisch, Käse und Vollmilchprodukten eingeschränkt werden. Der Verzehr

Tab. 35.2 Sekundäre Fettstoffwechselstörungen infolge von Erkrankungen oder Medikamenteneinnahme

sekundäre Fettstoffwechselstörungen	mögliche Ursachen
Hypercholesterinämie	Hypothyreose akute intermittierende Porphyrie Anorexia nervosa
Hypercholesterinämie und Hypertriglyzeridämie	systemischer Lupus erythematodes Morbus Cushing Alkoholismus Stress Medikamente: Thiazide, Glucocorticoide, Östrogene (prämenopausal)
erniedrigtes HDL	Hepatopathien Hyperthyreose maligne Lymphome Rauchen
Hypercholesterinämie, Hypertriglyzeridämie, erniedrigtes HDL	Diabetes mellitus Niereninsuffizienz nephrotisches Syndrom Hypothyreose Gammopathien Medikamente: β-Rezeptoren-Blocker

Tab. 35.3 Zielwerte für die Behandlung von Fettstoffwechselstörungen

Lipidfraktion	kein weiterer Risikofaktor*	weitere Risikofaktoren	Zeichen von Arteriosklerose, koronare Herzkrankheit, Schlaganfall, pAVK, Diabetes mellitus
globales Risiko#	< 10 %	10 – 20 %	≥ 20 %
Gesamtcholesterin	< 240 mg/dl < 6 mmol/l	< 200 mg/dl < 5 mmol/l	< 160 mg/dl < 4 mmol/l
LDL-Cholesterin	≤ 160 mg/dl ≤ 4 mmol/l	≤ 130 mg/dl ≤ 3,5 mmol/l optimal: ≤ 100 mg/dl ≤ 2,5 mmol/l	≤ 100 mg/dl ≤ 2,5 mmol/l optimal: ≤ 70 mg/dl ≤ 1,8 mmol/l
HDL-Cholesterin	> 40 mg/dl > 1,0 mmol/l	> 40 mg/dl > 1,0 mmol/l	> 40 mg/dl > 1,0 mmol/l
Triglyzeride	≤ 150 mg/dl ≤ 2,0 mmol/l	≤ 150 mg/dl ≤ 2,0 mmol/l	≤ 150 mg/dl ≤ 2,0 mmol/l

** Hypertonus, Rauchen, niedriges HDL-Cholesterin, familiäre Belastung, erhöhtes Lipoprotein(a)*
 # ermittelt z. B. mithilfe des PROCAM-Algorithmus oder des Framingham-Algorithmus

einfach und mehrfach ungesättigter Fette z. B. in pflanzlichen Produkten und im Fisch kann beibehalten werden. Pflanzliche, mehrfach ungesättigte Fettsäuren senken das LDL-Cholesterin. Getreideprodukte, Gemüse und Obst sollten die Basis der Ernährung bilden. Damit werden **cholesterinarme, ballaststoffreiche Nahrungsmittel** aufgenommen, was die Cholesterinsenkung verstärkt (**Tab. 35.4**). Ballaststoffe binden Gallensäuren, woraufhin in der Leber Cholesterin für ihre Neusynthese verbraucht wird.

Medikamentöse Therapie. Wenn die Ernährungsumstellung nicht ausreicht, können **Medikamente**

Tab. 35.4 Wesentliche Ernährungsempfehlungen bei Hypercholesterinämie

Nahrungsbestandteil	Maßnahme	Nahrungsmittel	
		meiden	bevorzugen
gesättigte Fette, Cholesterin	vermindern	Wurstwaren, fettes, insbesondere rotes Fleisch, Vollmilchprodukte, Käse, Palm- und Kokosöl	Fisch, mageres Geflügel, Magermilchprodukte (möglichst ≤0,3 % Fett)
ungesättigte Fette	beibehalten oder vermindern	gehärtete Fette, Fertigbackwaren, Frittiertes (trans-ungesättigte Fettsäuren)	pflanzliche Fette und Öle außer Palm- und Kokosöl, Nüsse, diätetische Brotaufstriche
Ballaststoffe	erhöhen		Getreideprodukte, Vollkornteigwaren, Vollkornreis, Gemüse, Kartoffeln, Obst

Tab. 35.5 Wesentliche lipidsenkende Medikamente

Substanzgruppe	Mechanismen	wesentliche Wirkungen	Nebenwirkungen
HMG-CoA-Reduktasehemmer (Statine)	Cholesterinsynthese ↓ konsekutiv VLDL-Synthese (↓) LDL-Rezeptor ↑	LDL-Cholesterin ↓↓ Triglyzeride ↓ HDL (↑)	Myositis, Rhabdomyolyse
Sterol-Resorptionshemmer (Ezetimib)	Resorption von Cholesterin ↓	LDL-Cholesterin ↓	selten Myositis, Rhabdomyolyse
Gallensäurenbindende Ionenaustauscher (z. B. Colestyramin, Colesevelam)	Resorption von Gallensäuren ↓ konsekutiv Cholesterinkatabolismus ↑ LDL-Rezeptor ↑	LDL-Cholesterin ↓ HDL ↑	Obstipation, Völlegefühl, Resorptionsstörungen anderer Medikamente
Fibrate	intraplasmatische Lipolyse ↑ VLDL-Synthese ↓	Triglyzeride ↓ konsekutiv HDL ↑ LDL-Cholesterin (↓)	Gallensteine, selten Myositis, Rhabdomyolyse
Nikotinsäure	VLDL-Synthese ↓ HDL-Katabolismus ↓	Triglyzeride ↓ HDL ↑↑ LDL-Cholesterin ↓	Flush, Magenbeschwerden, selten Myositis, Rhabdomyolyse

notwendig werden. HMG-CoA-Reduktasehemmer (Statine), Ezetimib und Gallensäuren-bindende Ionenaustauscher senken effektiv das Cholesterin. Fibrate sind bei Hypertriglyzeridämie wirksam (s. S. 657). Nikotinsäure erhöht besonders ausgeprägt das HDL-Cholesterin.

Die wichtigsten lipidsenkenden Medikamente sind in **Tab. 35.5** zusammengefasst. Statine haben sich, abgesichert durch zahllose große Interventionsstudien, für die Prävention von Herz-Kreislauf-Erkrankungen bei erhöhtem globalen Risiko durchgesetzt. Sie senken das LDL-Cholesterin durch Hemmung der Cholesterinsynthese der Leber, die mit Aktivierung des LDL-Rezeptors und erhöhter Aufnahme von LDL aus dem Blut reagiert. Statine sind sehr gut verträglich. Die einzige schwere Nebenwirkung einer Rhabdomyolyse ist sehr selten, wobei leichtere Myalgien häufiger vorkommen und zur Dosisreduktion zwingen können.

Klinischer Fall

Der 60 Jahre alte Patient Herr T. stellt sich drei Monate nach einer dreifach Bypassoperation am Herzen bei seinem Hausarzt vor. Er fühlt sich „großartig“ und

kommt auf Empfehlung seines Herzchirurgen um seine Blutfettwerte einstellen zu lassen. In der Vorgeschichte hat Herr T. eine arterielle Hypertonie und sein Vater hatte einen zerebrovaskulären Insult im Alter von 68 Jahren. Der Patient nimmt Metoprolol 50 mg zweimal pro Tag und Simvastatin 20 mg einmal pro Tag ein.
Bei der körperlichen Untersuchung zeigt sich ein schlanker Patient (1,78 m und 73 kg) mit unauffälligem Befund: die Herztöne sind rein und rhythmisch, verheilte Sternotomienarbe, keine Ödeme an den Extremitäten. Die Lipidwerte betragen: Gesamtcholesterin 180 mg/dl, HDL 42 mg/dl, LDL 118 mg/dl und die Triglyzeride 100 mg/dl. Wegen der manifesten koronaren Herzkrankheit möchte der Hausarzt das Gesamtcholesterin auf unter 160 mg/dl und das LDL auf unter 100 mg/dl senken. Er erhöht Simvastatin auf 40 mg pro Tag.
Als Herr T. sechs Wochen später zur Kontrolle kommt, ist der Fortschritt mäßig: Gesamtcholesterin 170 mg/dl, LDL 107 mg/dl, HDL 42 mg/dl, Triglyzeride 105 mg/dl. Trotz seines Normalgewichtes rät der Arzt seinem Patienten erneut zu einer strengen Diät. Er soll tierische durch pflanzliche Fette ersetzen, streng auf seine Cholesterinzufuhr in Eiern, Milchprodukten und Wurst achten und statt schnell verwertbarer Kohlenhydrate (z. B. Zucker, Weißbrot) Vollkornprodukte und komplexe Kohlenhydrate essen. Zudem verschreibt der Hausarzt seinem Patienten Ezetimib 10 mg, zweimal pro Tag und bestellt den Patienten zu einer erneuten Kontrolle in sechs Wochen ein.

Lipoprotein(a)-Hyperlipoproteinämie

Lipoprotein(a) besteht aus LDL, an das sich ein Apolipoprotein(a) angelagert hat. Die Größe dieses Proteins ist sehr unterschiedlich und genetisch determiniert. Je kleiner das Protein, desto größer ist die Wahrscheinlichkeit, dass die Konzentration des Lipoprotein(a) im Blut erhöht ist. Ca. 70 % der Bevölkerung haben Konzentrationen unterhalb von 25 mg/dl (großteils nicht messbar niedrig).
Spiegel > 25 mg/dl gehen mit einer **Verdopplung des kardiovaskulären Risikos** einher. Bis zu 40 % der Herzinfarktpatienten sind davon betroffen. Dafür scheint aber das Zusammenspiel mit anderen Risikofaktoren wie erhöhtem LDL eine Rolle zu spielen. In Einzelfällen kann die Konzentration sogar bei 100 mg/dl und höher liegen, was zu frühzeitiger koronarer und zerebraler Arteriosklerose führen kann.

Erhöhtes Lipoprotein(a) ist therapeutisch sowohl mittels Medikamenten als auch Lebensstil nur wenig zu beeinflussen und nicht zu normalisieren.
Bei **Frauen** steigt das Lipoprotein(a) in der Postmenopause vermutlich durch den Östrogenmangel an, sodass eine **Hormonersatztherapie** das Lipoprotein(a) um etwa 20 % senken kann. Ein ähnliches Potenzial hat **Nikotinsäure**, während andere Lipidsenker unwirksam sind. Daher steht die Korrektur anderer Risikofaktoren im Vordergrund. Bei schwerer progredienter Arteriosklerose muss ein der Dialyse ähnliches Aphereseverfahren zur extrakorporalen Elimination des Lipoprotein(a) angewandt werden (s. S. 655).

Familiäre Hypercholesterinämie (FH) und familiärer Apolipoprotein-B-Defekt

engl.: familial hypercholesterolaemia, familial apolipoprotein B defect

Definition. Die familiäre Hypercholesterinämie (FH) beruht auf einem autosomal-dominant vererbten genetischen Defekt des LDL-Rezeptors.
Ursache des familiären Apolipoprotein-B-Defekts ist eine autosomal-dominant vererbte Mutation des Apolipoprotein B-100.

Epidemiologie

Familiäre Hypercholesterinämie. Die homozygote Form ist mit einer Häufigkeit von 1:1 Mio. sehr selten. Von der heterozygoten Form ist etwa jeder 500. betroffen. Bei Patienten bis zum 60. Lebensjahr ist die familiäre Hypercholesterinämie für jeden 20. Herzinfarkt verantwortlich.

Apolipoprotein-B-Defekt. Die heterozygote Form betrifft etwa einen von 700 Menschen, homozygot betroffene sind eine Rarität.

Ätiopathogenese

Mehr als 100 verschiedene **Mutationen des LDL-Rezeptorgens** sind identifiziert worden. Sie bewirken unterschiedliche Störungen von Synthese und Funktion des LDL-Rezeptors:

- keine Synthese des LDL-Rezeptors aufgrund von Nullallelen
- verminderter Transport des LDL-Rezeptors zur Zelloberfläche
- herabgesetzte Bindungsfähigkeit für LDL
- gestörte Internalisierung der LDL in die Zelle

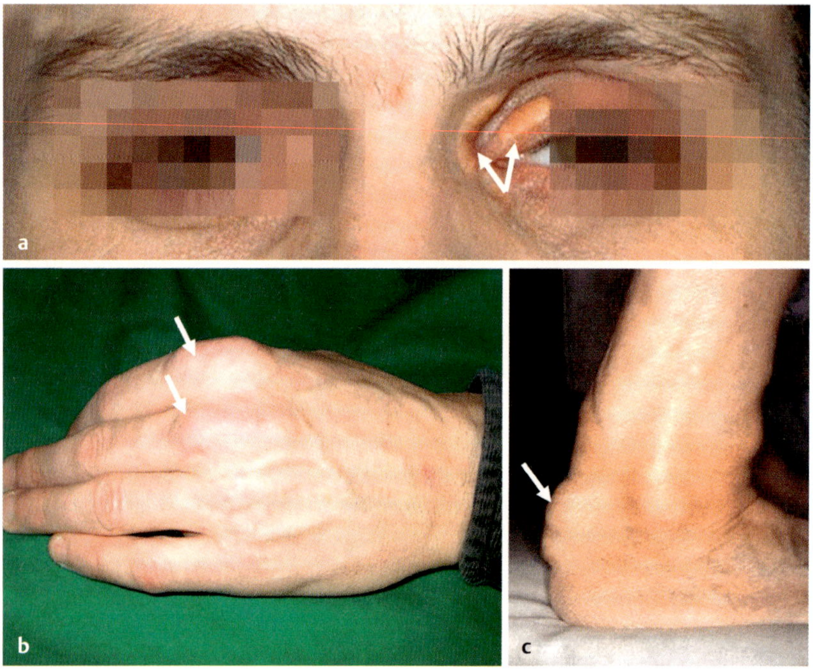

Abb. 35.2 **Cholesterinablagerungen bei Hypercholesterinämie. a** Xanthelasmen im nasennahen Winkel des Augenlids, **b** Xanthome auf dem Handrücken, **c** Xanthome an der Achillessehne (aus Dörner, Klinische Chemie, Thieme).

Bei **homozygoten Merkmalsträgern mit FH** fehlen die LDL-Rezeptoren oder sie können keine Aufnahme von LDL in die Zelle vermitteln. Bei **heterozygoten Merkmalsträgern** ist die Zahl funktionstüchtiger LDL-Rezeptoren um 50 % reduziert. Das LDL-Cholesterin steigt auf etwa 250 – 300 mg/dl. Beim Homozygoten bzw. Compound-Heterozygoten mit zwei unterschiedlichen Defekten steigt das LDL-Cholesterin durch den kodominanten Erbgang auf über 600 mg/dl.

Der **familiäre Apolipoprotein-B-Defekt** beruht auf einer Mutation des zum LDL-Rezeptor komplementären Apolipoprotein B-100 und wirkt sich ähnlich wie ein LDL-Rezeptor-Defekt aus.

Klinik

Die **Symptomatik** der familiären Hypercholesterinämie und des familiären Apolipoprotein-B-Defekts ist **vergleichbar**, wobei sie beim **Apolipoprotein-B-Defekt häufig milder** ausfällt. Für die heterozygote Form der FH pathognomonisch sind cholesterinhaltige **Xanthome** an den Strecksehnen der Hand und der Achillessehne, die sich bei 75 % der Patienten in der 3. Lebensdekade ausbilden (**Abb. 35.2**).

Neben tendinösen Xanthomen können außerdem tuberöse Xanthome der Haut an Ellbogen und subperiostale Xanthome unterhalb der Knie sowie über dem Olekranon entstehen. Im Zusammenhang mit Xanthomen können Polyarthritiden und Tendosynovitiden besonders der Sprunggelenke auftreten. Jenseits des 30. Lebensjahres bilden sich bei jedem zweiten heterozygoten Merkmalsträger **Xanthelasmen** oder ein **Arcus lipoides corneae** (**Abb. 35.3**).

Homozygote Merkmalsträger fallen bereits als Kinder auf. In den ersten 4 Lebensjahren, oft schon pränatal, bilden sich pathognomonische planare, erhabene, orangegelbe Xanthome an Extremitäten, Gesäß und Händen, insbesondere auch zwischen Daumen und Zeigefinger aus. Xanthelasmen sind selten, während ein Arcus lipoides corneae bereits in der ersten Lebensdekade auftreten kann.

Diagnostik

Da die **frühzeitige Entwicklung von Arteriosklerose**, insbesondere der Koronararterien, im Vordergrund steht, ist die Familienanamnese häufig entsprechend auffällig im Hinblick auf frühzeitige kardiovaskuläre Ereignisse. Die Erhebung der **Familienanamnese** ist deshalb besonders wichtig: bei Heterozygoten mit FH weist obligat ein Elternteil eine Hypercholesterinämie auf, bei Homozygoten mit FH sind es beide Elternteile.

Da die Hypercholesterinämie im Unterschied zu anderen primären Hypercholesterinämien unabhängig von äußeren Faktoren bereits im Kindesalter manifest wird, kann bei Heterozygotie beider Elternteile eine Homozygotie des Kindes durch Bestimmung des Cholesterins im Nabelschnurblut oder den molekularbiologischen Nachweis des homozygoten Gendefekts frühzeitig diagnostiziert werden.

Im Erwachsenenalter lässt sich die Diagnose mit hoher Sicherheit aufgrund der für andere primäre Hypercholesterinämien **ungewöhnlich hohen Cholesterinwerte von 300 – 350 mg/dl** zusammen mit den pathognomonischen **tendinösen Xanthomen** stellen. Das LDL-Cholesterin beträgt in der Regel > 200 mg/dl, mindestens aber 190 mg/dl.

Beweisend ist der **LDL-Rezeptor-Defekt auf kultivierten Fibroblasten** oder isolierten Lymphozyten bzw. der molekularbiologische Nachweis eines Gendefekts.

Sekundäre Formen einer Hypercholesterinämie müssen ausgeschlossen werden, unter ihnen z. B. die hohen Cholesterinwerte von bis zu 1 000 mg/dl bei Cholestase durch Lp-X (s. S. 660).

Therapie

Aufgrund ihrer Häufigkeit ist die **heterozygote Form** der familiären Hypercholesterinämie klinisch relevant. Das normale Gen des LDL-Rezeptors kann durch cholesterinsenkende Ernährung und Medikamente stimuliert werden.

Mit Stimulation des LDL-Rezeptors kann auch die Wirkung eines Apolipoprotein-B-Defekts kompensiert werden. Diät allein ist hier nicht ausreichend, sodass in der Regel ein **HMG-CoA-Reduktasehemmer (Statin)** mit einem gallensäurenbindenden Ionenaustauscher oder Ezetimib kombiniert werden muss (s. **Tab. 35.5**).

Bei der **homozygoten Form** kann naturgemäß der LDL-Rezeptor nicht aktiviert werden. Die deletäre Prognose kann nur mittels frühzeitiger und dauerhafter **extrakorporaler LDL-Elimination** verbessert werden. Die **LDL-Apherese** kann auch in Fällen mit progredienter Arteriosklerose trotz maximaler medikamentöser Therapie bei heterozygoten familiärer Hypercholesterinämie und bei extremer Lipoprotein (a)-Erhöhung angewandt werden.

Durch verschiedene **dialyseähnliche Aphereseverfahren** lassen sich LDL und Lipoprotein(a) extrakorporal selektiv durch Präzipitation oder chemischer bzw. Immunabsorption aus Blut oder Plasma entfernen; anschließend werden das behandelte Plasma ebenso wie die Blutzellen dem Patienten wieder zugeführt. Bei ein- bis zweiwöchentlicher Behandlung sinkt die mittlere LDL-Konzentration um ca. 50 %.

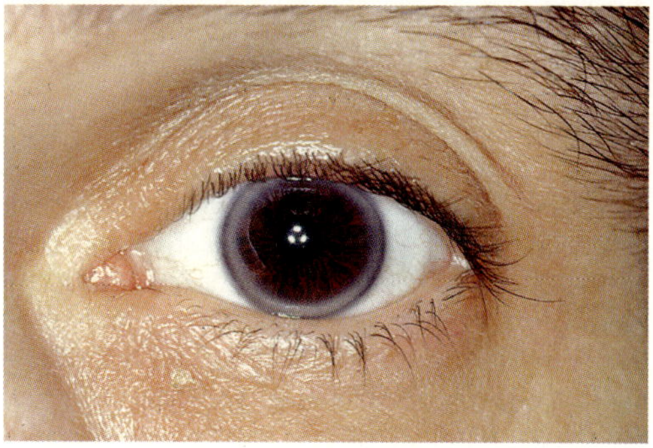

Abb. 35.3 Arcus lipoides corneae bei familiärer Hypercholesterinämie. Am Irisrand erkennt man den Arcus lipoides als ringförmige, weißlich-graue Einlagerungen als Folge der massiven Hypercholesterinämie (aus Füeßl, Middeke, Duale Reihe Anamnese und klinische Untersuchung, Thieme).

Prognose

Die familiäre Hypercholesterinämie illustriert eindrucksvoll den **Zusammenhang von LDL-Erhöhung und Arteriosklerose.** Bei homozygoten Kindern entwickelt sich bereits bis zum 10. Lebensjahr eine koronare Herzkrankheit, die zuweilen bereits im 2. Lebensjahr zu Herzinfarkt und Tod führt. Darüber hinaus sklerosieren Aorta, Aortenklappen sowie die Pulmonalarterien.

Bei 50 % der Patienten mit heterozygoter familiärer Hypercholesterinämie entwickelt sich unbehandelt bis zum 40. Lebensjahr eine koronare Herzkrankheit. Bis zum 60. Lebensjahr erleiden 85 % der Männer und 50 % der Frauen einen Herzinfarkt gegenüber 15 % bzw. 10 % bei Normalpersonen.

Bedingt durch die oft mildere Hypercholesterinämie bei Apolipoprotein-B-Defekt sollte die Manifestation der Arteriosklerose in diesem Fall etwas geringer ausfallen.

Familiäre Dysbetalipoproteinämie und Hyperlipoproteinämie Typ III

Synonym: Remnant-Hyperlipidämie
engl.: broad beta disease

Definition. Der familiären Dysbetalipoproteinämie liegt eine **gestörte Aufnahme von Remnants** (der Restpartikel von Chylomikronen und VLDL nach Hydrolyse eines Teils der Triglyzeride, s. **Abb. 35.1**) durch die Leber zugrunde. Sie prädisponiert zur **familiären Hyperlipoproteinämie Typ III**, die allerdings erst durch weitere genetische und exogene Faktoren manifest wird.

Epidemiologie. Für die familiäre Dysbetalipoproteinämie liegt die Genfrequenz bei 1:100. Davon entwickeln allerdings nur 2% der Betroffenen eine familiäre Hyperlipoproteinämie Typ III, entsprechend jedem 5 000. in der Bevölkerung.

Ätiopathogenese. Der familiären Dysbetalipoproteinämie liegt ein **autosomal-rezessiv vererbter Ligandendefekt** zugrunde. Punktmutationen des rezeptorkomplementären Apolipoprotein E vermindern die Bindung und Aufnahme von VLDL- und Chylomikronen-Remnants durch Zelloberflächenrezeptoren der Leber.
Da LDL aufgrund nicht besetzter Rezeptoren schneller von der Leber aufgenommen werden, bleibt die Konzentration niedrig, und es resultiert meist eine Hypocholesterinämie. Nur bei Homozygotie für Apolipoprotein E2 können ein weiteres Gen oder exogene Faktoren wie Übergewicht oder Östrogenmangel in der Menopause zur **familiären Hyperlipoproteinämie Typ III** mit erhöhtem Cholesterin- und Triglyzeridspiegel führen.

Klinik. Wegen des rezessiven Erbgangs und der geringen Manifestationsrate besteht meist keine Familienanamnese für eine Hyperlipidämie. Das Manifestationsalter für die familiäre Hyperlipoproteinämie Typ III liegt bei Männern zwischen dem 20. und 60. Lebensjahr, bei Frauen gewöhnlich erst jenseits der Menopause. Typisch sind **gelbliche Lipidablagerungen in den Hand- und Fingerlinien** (Xanthochromia bzw. Xanthoma striata). Über Druckstellen wie an Ellbogen und Knie bilden sich orangegelbe tuberöse und tuberoeruptive Xanthome.

Diagnostik. Bei familiärer Hyperlipoproteinämie Typ III kann die Konzentration von Cholesterin und Triglyzeriden auf bis zu 1 000 mg/dl ansteigen. Bis zu einer Konzentration von 500 mg/dl steigen beide Lipide ähnlich stark an. Erst jenseits von 500 mg/dl nimmt die Konzentration der Triglyzeride schneller zu als die des Cholesterins.
Die Remnants können **elektrophoretisch als breite Beta-Bande** („Broad Beta Disease") nachgewiesen werden. Molekularbiologisch oder mittels isoelektrischer Fokussierung lässt sich meist die pathogene Mutante Apolipoprotein E2 nachweisen und Hetero- von Homozygotie unterscheiden.
Stoffwechselstörungen, die zu sekundärer Dysbetalipoproteinämie führen, müssen ausgeschlossen werden (s. **Tab. 35.2**).

Therapie. Die wesentlichste Maßnahme bei der Behandlung ist die **Korrektur von Übergewicht.** Bei Frauen kann die Substitution von Östrogenen in der Menopause eine entscheidende Maßnahme sein. Eine Hypothyreose muss behandelt werden (s. S. 660). Medikamentös sind Fibrate und HMG-CoA-Reduktasehemmer (Statine) effektiv (s **Tab. 35.5**).

Prognose. Prognostisch besteht die Gefahr der frühen Manifestation eines Herzinfarkts bedingt durch die Atherosklerose. Im Unterschied zu anderen Hypercholesterinämien kommt auch die pAVK hier häufig vor (s. S. 212).

35.2.2 Familiäre kombinierte Hyperlipidämie

engl.: familial combined hyperlipidaemia

Definition. Charakteristisch für die kombinierte Hyperlipidämie ist eine Erhöhung von VLDL oder LDL oder beiden.

Epidemiologie. Die kombinierte Hyperlipidämie betrifft etwa jeden 300. in der Bevölkerung, jeden dritten Patienten mit Hypertriglyzeridämie und 10 – 20% aller Herzinfarktpatienten. Sie manifestiert sich nur bei 10 – 20% der genetisch Belasteten in Abhängigkeit von der Ernährung jenseits des 25. Lebensjahres. Dabei tritt die Hypertriglyzeridämie früher auf als die Hypercholesterinämie.

Ätiopathogenese. Bei der kombinierten Hyperlipidämie ist die Synthese des Apolipoprotein B-100 erhöht. Dies führt zu **Überproduktion von VLDL und LDL.** Der Erbgang ist heterogen, wahrscheinlich oft monogenetisch. Durch Konversion der vermehrten VLDL wird die LDL-Konzentration erhöht (s. **Abb. 35.1**). Ist zusätzlich der Katabolismus der VLDL gestört, resultiert eine Erhöhung von VLDL oder VLDL und LDL.

Klinik. Charakteristisch ist die hohe Herzinfarktrate, die sich auch in der Familienanamnese findet, bei gleichzeitig bestehender Hypertriglyzeridämie, Hypercholesterinämie oder beiden. Klinische Zeichen wie tendinöse Xanthome sind selten. Oft gehen Übergewicht und Glukoseintoleranz mit der Manifestation einher.

Diagnostik. Schwankungen der Konzentrationen von LDL und VLDL können zu wechselnder Zuordnung oder Hyperlipoproteinämie nach der Einteilung von Fredrickson als Typ IIa, IIb oder IV führen (s. **Abb. 35.1**). Diagnostisch wegweisend ist der Nachweis erhöhter LDL, VLDL oder beider Werte bei verschiedenen Familienmitgliedern. Wegen des uncharakteristischen Lipidprofils müssen primäre wie sekundäre Hyperlipidämien abgegrenzt werden. Da es keinen spezifischen Marker für die kombinierte Hyperlipidämie gibt, ist eine Familienuntersuchung für die sichere Diagnose notwendig, sodass sie im klinischen Alltag selten gestellt wird.

Therapie und Prognose. Diät ist die wesentliche therapeutische Maßnahme bei kombinierter Hyperlipidämie (s. **Tab. 35.4**). Nikotinsäurepräparate, Fibrate oder HMG-CoA-Reduktasehemmer (Statine) sind ebenfalls wirksam (s. **Tab. 35.5**). Gallensäurenbindende Ionenaustauscher senken zwar das LDL, können aber im Gegenzug VLDL erhöhen und daher in der Regel ungeeignet.

Prognose. Die kombinierte Hyperlipidämie führt sowohl bei LDL- wie auch VLDL-Erhöhung zu Arteriosklerose und ihren Folgekrankheiten.

35.3 Primäre Hypertriglyzeridämien

Die klinische Bedeutung von Hypertriglyzeridämien aufgrund vermehrter VLDL oder Chylomikronen (s. **Abb. 35.1**) beruht vor allem auf der Gefahr der Entwicklung schwerer **Pankreatitiden**. Auch bei Patienten mit **Herzinfarkt** wird häufig eine Hypertriglyzeridämie diagnostiziert.

Dennoch besteht nach heutiger Auffassung wahrscheinlich kein direkter Zusammenhang zwischen Hypertriglyzeridämie und Arteriosklerose. Eine Hypertriglyzeridämie kann aber Teil eines metabolischen Syndroms sein und das mit Hypertonus und Diabetes mellitus verbundene Risiko aufgrund ungünstiger Ernährung widerspiegeln (s. S. 664). Darüber hinaus kann eine Hypertriglyzeridämie eine Erniedrigung der HDL und dadurch eine Verminderung des Cholesterinrücktransports bewirken (→ „Hypoalphalipoproteinämie", S. 659). Auch LDL können sich unter dem Einfluss einer Hypertriglyzeridämie zu kleineren, dichteren Partikeln entwickeln, die möglicherweise atherogener sind. Daher kann eine Hypertriglyzeridämie ein Risikomarker sein.

35.3.1 Sporadische und familiäre Hypertriglyzeridämie

engl.: sporadic and familial hypertriglyzeridaemia

Definition. Eine Erhöhung der Triglyzeride über die 95. Perzentile der Verteilung der Triglyzeridkonzentration in der Bevölkerung hinaus wird als **sporadische Hypertriglyzeridämie**, bei positiver Familienanamnese als **familiäre Hypertriglyzeridämie** bezeichnet. Die Triglyzeride bewegen sich gewöhnlich im Bereich von 200 bis 500 mg/dl.

Epidemiologie. Die sporadische und die familiäre Hypertriglyzeridämie machen jeweils etwa 25 % der primären Hypertriglyzeridämien aus. Die Genfrequenz der familiären Form beträgt in Abhängigkeit des letztlich willkürlichen Grenzwertes etwa 1:500.

Ätiopathogenese. Der sporadischen und familiären Hypertriglyzeridämie liegt meist eine **Überproduktion der Triglyzeride in der Leber** bei normaler Synthese von Apolipoprotein B-100 zugrunde. Es kann jedoch auch der intraplasmatische Katabolismus der VLDL gestört sein (s. **Abb. 35.1**).

Bei einer Überproduktion kombiniert mit einer Abbaustörung durch exogene oder genetische Einflüsse sind nicht nur VLDL, sondern auch Chylomikronen im Sinne einer gemischten Hyperlipopoteinämie Typ V nach Fredrickson erhöht. Wegen des metabolischen Zusammenhangs zwischen Triglyzeriden und den HDL ist das HDL-Cholesterin oft erniedrigt (s. S. 647, **Abb. 35.1**).

Wahrscheinlich liegt der sporadischen und familiären Hypertriglyzeridämie eine Reihe verschiedener Gendefekte zugrunde, die bei der familiären Form autosomal-dominant mit einer Penetranz von 10–20 % vererbt werden. In manchen Familien liegt die Penetranz sogar bei 50 %. Dabei sind 25 % der Familienangehörigen von einer milden Hypertriglyzeridämie mit alleiniger Erhöhung der VLDL im Sinne einer Hyperlipoproteinämie Typ IV nach Fredrickson betroffen, während 25 % die schwerere, gemischte Hypertriglyzeridämie Typ V mit Erhöhung von

H

VLDL und Chylomikronen ausbilden, ohne dass weitere aggravierende Faktoren zur Manifestation notwendig sind.

Klinik. Das Manifestationsalter der sporadischen und familiären Hypertriglyzeridämie liegt jenseits des 20. Lebensjahres. Die Triglyzeridwerte aufgrund einer VLDL-Erhöhung liegen zwischen 200 und 500 mg/dl, während Werte über 1 000 mg/dl meist auf eine zusätzliche Akkumulation von Chylomikronen hinweisen. Sie werden bei familiären Formen erreicht oder – oftmals sekundär – durch vermehrte Kohlenhydratzufuhr mit Übergewicht, durch schlecht kontrollierten Diabetes mellitus, Alkoholkonsum, bei Hypothyreose oder Autoimmunerkrankungen.

Triglyzeridgefüllte eruptive Xanthome an druckabhängigen Stellen wie Ellenbogen oder Gesäß als klinische Zeichen sind selten und nach Triglyzeridsenkung reversibel.

Die schwere familiäre Hyperlipoproteinämie Typ V auf der Grundlage einer sporadischen oder familiären Hypertriglyzeridämie ähnelt in ihrem klinischen Bild der Hyperlipoproteinämie Typ I (s. **Tab. 35.1**). Oft bestehen gleichzeitig Übergewicht und Glukoseintoleranz. Sie manifestiert sich häufig bereits im jugendlichen Alter durch wiederkehrende abdominelle Schmerzattacken, die häufig Ausdruck einer Pankreatitis sind. Weitere klinische Zeichen sind Hepatosplenomegalie und insbesondere eruptive, teils konfluierende Xanthome. Eine schwere Arteriosklerose ist möglich, vermutlich aufgrund konsekutiv erniedrigter HDL-Werte.

Diagnostik. Typisch für die sporadische und familiäre Hypertriglyzeridämie sind Triglyzeridwerte zwischen 200 und 500 mg/dl ohne Cholesterin- bzw. LDL-Erhöhung. Das HDL-Cholesterin kann in Abhängigkeit von der Höhe der Triglyzeride vermindert sein. Von der sporadischen und familiären Hypertriglyzeridämie setzt sich die familiäre Hyperlipoproteinämie Typ V dadurch ab, dass nach Lagerung des Plasmas über Nacht bei 4 °C nicht nur vermehrte VLDL das Plasma trüben, sondern sich Chylomikronen an der Oberfläche absetzen (Kühlschranktest), was typisch für die Hyperlipoproteinämie Typ V ist. Auch die Lipidelektrophorese trennt VLDL und Chylomikronen.

Neben sekundären Formen sind Triglyzeriderhöhungen aufgrund einer kombinierten Hyperlipidämie (LDL und/oder VLDL, nicht aber Chylomikronen sind erhöht) oder familiärer Hyperlipoproteinämie Typ III (Chylomikronen- und VLDL-Remnants sind erhöht) abzugrenzen (s. **Tab. 35.1**).

Therapie und Prognose. Wesentliche Bedeutung kommt dem Ausschalten aggravierender Einflüsse zu. Wichtige Maßnahmen sind daher:

- Normalisierung des Körpergewichts
- Reduktion des Alkoholkonsums
- Einstellung eines Diabetes mellitus

Durch Nikotinsäure kann die VLDL-Synthese gehemmt, durch Fibrate der Abbau gefördert werden. Eine Chylomikronämie, insbesondere bei Ausbildung einer Hyperlipoproteinämie Typ V, bedarf der konsequenten Beschränkung der Fettaufnahme wie bei Hyperlipoproteinämie Typ I (s. S. 658).

Unter dieser Therapie ist die **Prognose** der Hypertriglyzeridämien im Allgemeinen gut. Xanthome bilden sich zurück.

Bei schwerer Verlaufsform mit Triglyzeridwerten über 2 000 mg/dl drohen abdominelle Schmerzen und Pankreatitiden mit allen Komplikationen. Um solche Werte auch bei diätetischen Belastungen z. B. durch Festlichkeiten zu vermeiden, werden Triglyzeridwerte unter 500 mg/dl angestrebt.

Bei Hypertriglyzeridämie kann die Normalisierung konsekutiv erniedrigter HDL-Werte entscheidend sein, um frühzeitige Arteriosklerose und deren Folgekrankheiten zu vermeiden.

35.3.2 Hyperlipoproteinämie Typ I

engl.: familial lipoproteinlipase deficiency, apolipoprotein C-II deficiency

Definition. Familiärer Lipoproteinlipase- oder Apolipoprotein-C-II-Mangel verursachen eine Hypertriglyzeridämie durch Akkumulation von Chylomikronen im Sinne einer Hyperlipoproteinämie Typ I.

Epidemiologie. Ein Lipoproteinlipase-Mangel tritt mit einer Frequenz von ca. 1:1 Mio. auf. Defekte im Apolipoprotein C-II sind noch seltener.

Ätiopathogenese. Der Hyperlipoproteinämie Typ I liegt ein **autosomal-rezessiv vererbter Defekt der Lipoproteinlipase** oder ihres Aktivators, des Apolipoprotein C-II, zugrunde. Die erheblich verminderte Lipolyse von Triglyzeriden im Plasma führt zu einer **Akkumulation von Chylomikronen.** Reaktiv sind die Konzentrationen von HDL und LDL erniedrigt (die Gesamtcholesterinwerte steigen nur bei Triglyzeridwerten über 2 000 mg/dl nennenswert mit an).

Klinik. Heterozygote Merkmalsträger mit familiärem Lipoproteinlipase- oder Apolipoprotein-C-II-Mangel haben allenfalls eine leichte Hypertriglyzeridämie. Erst bei **homozygot Betroffenen** steigen die Werte auf 1 000 – 5 000, zuweilen sogar bis auf 15 000 mg/dl.

Anamnestisch wird oft von Bauchschmerzattacken aufgrund **rezidivierender Pankreatitiden** berichtet. Als Auslöser vermutet man eine Ischämie durch die massive Hypertriglyzeridämie oder die toxische Wirkung der durch Pankreaslipase freigesetzten Fettsäuren.

Die Erkrankung manifestiert sich meist vor dem 4., spätestens bis zum 10. Lebensjahr, zuweilen auch erst während einer Schwangerschaft im Rahmen der östrogeninduzierten Hypertriglyzeridämie.

An Extensoren und Hautfalten können sich **eruptive Xanthome** ausbilden. Häufig entwickelt sich durch Lipidakkumulation im Monozyten-Makrophagen-System (MMS) eine **Hepatosplenomegalie**, seltener ein Hypersplenismus. Hepatomegalie und Milzinfarkte können zu den abdominellen Beschwerden beitragen.

Diagnostik. Beweisend ist die **niedrige oder fehlende Lipaseaktivität** im Plasma nach deren Freisetzung durch Injektion von Heparin. Auch biochemische und molekularbiologische Analysen stehen zur Verfügung. Von der familiären Hyperlipoproteinämie Typ V (s. S. 657 f) ist die Hyperlipoproteinämie Typ I dadurch abzugrenzen, dass im Kühlschranktest nach Absetzen der Chylomikronen an der Oberfläche bei 4 °C keine Trübung des Plasmas durch vermehrte VLDL auftritt, was typisch für die Hyperlipoproteinämie Typ V ist.

Therapie. Die Fettzufuhr muss auf 0,5 g/kg KG, häufig sogar auf 15 g/d unter Substitution essenzieller Fettsäuren und fettlöslicher Vitamine beschränkt werden. Wenn nötig können Kalorien durch **mittelkettige Fettsäuren** zugeführt werden. Die Triglyzeride sinken dann gewöhnlich auf 200 – 500 mg/dl. Nur zusätzlich können Fibrate oder Nikotinsäure nützlich sein.

Im Notfall kann Apolipoprotein C-II durch Frischplasma vorübergehend ausgeglichen und die Triglyzeride durch Plasmapherese eliminiert werden.

Prognose. Die Prognose der Hyperlipoproteinämie Typ I ist gut. Unter strenger Diät bilden sich auch die Xanthome zurück. Bei Triglyzeridwerten über 2 000 mg/dl, also wenn nicht oder nicht ausreichend therapiert wird, drohen jedoch Pankreatitiden. Das Arterioskleroserisiko ist trotz erniedrigter HDL durch die gleichzeitig erniedrigten LDL nicht erhöht.

35.4 Hypolipoproteinämien

Zu niedrige Lipidwerte sind in der Regel die unspezifische **Folge einer schweren Erkrankung**. Bei **Malignomen** kann das Cholesterin lange vor der klinischen Manifestation absinken. Auch Hepatopathien beeinträchtigen die Cholesterinsynthese.

Nur **selten** führen **Gendefekte** zu primären Hypolipoproteinämien. Hereditäre Störungen des Apolipoprotein B haben erst bei Cholesterinspiegeln unter etwa 100 mg/dl klinische Auswirkungen, wie beeinträchtigtes Sehvermögen und neurologische Störungen durch verminderten Transport von Vitamin A und E.

Akanthozyten aufgrund Depletion der Zellwände an Cholesterin treten erst bei Cholesterinwerten unter 50 mg/dl auf. Synthesestörungen von Chylomikronen können auch eine Fettmalabsorption mit Steatorrhö verursachen. An dieser Stelle soll wegen ihrer Häufigkeit und klinischen Bedeutung jedoch nur auf HDL-Erniedrigungen näher eingegangen werden.

H

35.4.1 Hypoalphalipoproteinämie

engl.: hypoalphalipoproteinaemia

Definition. Fettstoffwechselstörung, die zu einer Erniedrigung des HDL-Cholesterins führt. Am häufigsten ist die Hypoalphalipoproteinämie Folge einer Hypertriglyzeridämie. Ihr können aber auch, wie im Falle der Tangier-Krankheit (Analphalipoproteinämie), seltene genetische Störungen zugrunde liegen.

Epidemiologie. Die Häufigkeit einer Hypoalphalipoproteinämie wird in der Bevölkerung auf etwa 5 % geschätzt. Bei Patienten nach Myokardinfarkt ist sie jedoch in etwa der Hälfte der Fälle nachweisbar, meist aufgrund erhöhter Triglyzeride im Rahmen eines metabolischen Syndroms.

Ätiopathogenese. Die **familiären Hypoalphalipoproteinämien** scheinen überwiegend autosomal-dominant vererbt zu werden. Neben anderen, oft sehr seltenen Mutationen sind Defekte des Apolipoprotein A-I, des Enzyms LCAT und des Cholesterin-Transporters ABCA1 beschrieben worden.

Die **Hypoalphalipoproteinämie infolge einer Hypertriglyzeridämie** (s. S. 657 ff) beruht auf einem erhöhten Austausch von Cholesterinestern der HDL gegen Triglyzeride der VLDL und Chylomikronen. Da HDL den Transport überschüssigen Cholesterins aus extrahepatischen Geweben und den Arterien zur Leber vermittelt (s. **Abb. 35.1**), gehen erniedrigte HDL-Konzentrationen mit einem **erhöhten Risiko für Arteriosklerose** einher.

Klinik. Kein spezieller klinischer Befund ist wegweisend für die Hypoalphalipoproteinämie außer gegebenenfalls einer Familienanamnese häufiger Myokardinfarkte bei der familiären Form der Hypoalphalipoproteinämie.

Diagnostik. Die Messung des HDL-Cholesterins, ggf. auch bei Familienangehörigen, führt zur Diagnose. Außerdem werden die Triglyzeride bestimmt. Eine sekundäre Fettstoffwechselstörung ist auszuschließen (s. S. 660).

Therapie. Da es gerade für die familiären Formen keine spezifische Behandlung gibt, steht die Korrektur des Lebensstils im Vordergrund. Reduktion von Übergewicht kann die Triglyzerde vermindern. Leidet der Patient zusätzlich an einem Diabetes mellitus, hilft eine bessere Einstellung desselben ebenfalls oft weiter. Körperliche Aktivität erhöht das HDL-Cholesterin, wobei dies bei manchen familiären Hypoalphalipoproteinämien ohne Erfolg bleibt. Rauchen senkt das HDL-Cholesterin drastisch, so dass Aufgabe des Rauchens messbar das HDL-Cholesterin erhöhen kann.

Prognose. Die Prognose wird durch arteriosklerotische Komplikationen bestimmt, wozu sowohl koronare Herzkrankheit als auch zerebrovaskuläre Ereignisse zählen.

35.5 Sekundäre Hyper- und Hypolipoproteinämien

engl.: secondary hyper- and hypolipoproteinaemias

Definition. Sekundäre Hyper- und Hypolipoproteinämien sind die Folge von Medikamenteneinnahme oder einer Erkrankung (s. **Tab. 35.2**). Sie können eine Fettstoffwechselstörung eigenständig hervorrufen oder die Manifestation einer primären Hyperlipidämie fördern.

Epidemiologie. Sekundäre Fettstoffwechselstörungen sind häufig, wobei sekundäre Hypolipidämien meist die Folge schwerer Erkrankungen sind.

Ätiopathogenese. Eine Hypocholesterinämie ist meist Ausdruck einer schweren Erkrankung. Folgende Prinzipien erklären viele sekundäre Hyper- und Hypolipoproteinämien:

- die Mobilisierung von Fettsäuren aus dem Fettgewebe steigert die Sekretion von VLDL durch die Leber
- eine verminderte intravasale Triglyzeridhydrolyse führt zu Hypertriglyzeridämie
- eine hohe Triglyzeridhydrolyse führt durch Umwandlung der VLDL in LDL zu Hypercholesterinämie
- eine Abbaustörung der LDL hat eine Hypercholesterinämie zur Folge

Bei **Diabetikern** führt Insulinmangel durch fehlende Hemmung der Lipolyse zur Freisetzung von Fettsäuren aus dem Fettgewebe und dadurch zu Hypertriglyzeridämie. Sie wird durch verminderte Lipoproteinlipase und Adipositas verstärkt. Reaktiv sinkt das HDL-Cholesterin. Eine **Hypothyreose** verringert die Zahl der LDL-Rezeptoren, sodass es durch Akkumulation von LDL zur Hypercholesterinämie kommt. Die **Hyperthyreose** erniedrigt entsprechend das LDL-Cholesterin durch Steigerung der LDL-Rezeptoren. Autoantikörper bei **Gammopathien** können durch eine Reihe unterschiedlicher Angriffspunkte die Triglyzeridhydrolyse stören oder den LDL-Rezeptor hemmen und dadurch eine Hypertriglyzeridämie oder -cholesterinämie hervorrufen. Bei **Cholestase** bilden sich durch Regurgitation von Phospholipiden und Cholesterin der Galle ins Blut vesikuläre Lipoproteine, das sog. **Lp-X**, was durch massive Cholesterinerhöhung eine LDL-Erhöhung vortäuscht. Nach einem **Herzinfarkt** sinkt das Cholesterin ab. Das Wachstum von **Malignomen** kann aufgrund des Cholesterinbedarfs zu einer Stimulation des LDL-Rezeptors und einem erhöhten Abbau von LDL führen. **Alkohol** kann zu Hypertriglyzeridämie führen, was einerseits durch die Kalorienzufuhr erklärt ist, andererseits durch Inhibition der Lipoproteinlipase. Trotzdem steigt das HDL-Cholesterin durch Stimulation der Synthese. Erst bei Alkoholabusus und Schädigung der Leber sinken wie bei **Lebererkrankungen** im Allgemeinen neben den LDL vor allem auch die HDL. Autoimmunerkrankungen können in vielfältiger Weise durch Interaktion mit Rezeptoren und Enzymen den Fettstoffwechsel verändern. **Niereninsuffizienz** führt zu Hypercholesterinämie durch VLDL-Remnants.

Klinik. Die Klinik der Grunderkrankung steht in der Regel ganz im Vordergrund. Exzessive Triglyzerid- oder Cholesterinerhöhungen können gelegentlich zu Xanthomen und Xanthelasmen führen, wie sie von primären Hyperlipidämien bekannt sind.

Diagnostik. Bei erhöhten Lipidwerten stellt sich die Frage, ob es sich um eine sekundäre Störung des Lipoproteinstoffwechsels handelt. Dann müssen die häufigen auslösenden Faktoren wie Diabetes mellitus, Hypothyreose, Niereninsuffizienz oder Hepatopathien ausgeschlossen werden.
Erniedrigte Blutfettwerte infolge schwerer Erkrankungen haben in der Regel keine klinische Bedeutung.

Therapie und Prognose. Die Korrektur der Lipide sollte zunächst durch Behandlung der zugrunde liegenden Erkrankung oder durch Austausch eines auslösenden Medikamentes angestrebt werden. Führt dies nicht zum Erfolg, müssen die Lipide wie bei einer primären Hyperlipidämie behandelt werden. Die Prognose der Grundkrankheit muss allerdings bei der Therapieentscheidung angemessen berücksichtigt werden.

Weiterführende Informationen

http://eurheartj.oxfordjournals.org/content/28/19/2375.full (European guidelines on cardiovascular disease prevention in clinical practice: executive summary)

http://www.nhlbi.nih.gov/guidelines/cholesterol/atp3upd04.pdf (Implications of Recent Clinical Trials for the National Cholesterol Education Program Adult Treatment Panel III Guidelines)

http://www.assmann-stiftung.de/stiftungsinstitut/procam-tests/ (Procam-Algorithmus)

36 Adipositas

Andreas Hamann

36.1 Grundlagen

36.1.1 Anatomie und Physiologie

Fettgewebe besteht aus Fettzellen (reife Adipozyten) sowie Präadipozyten, mononukleären Zellen, Blutgefäßen, sympathischen Nervenendigungen sowie extrazellulären Bindegewebsfasern. Auf ihrer Oberfläche besitzen Adipozyen Rezeptoren, die auf Hormone ansprechen und so Aufnahme und Abgabe von Fett regulieren. Man unterscheidet weißes und braunes Fettgewebe. Die Aufgaben des **weißen Fettgewebes** bestehen vor allem in der Energiespeicherung (Speicherfett), als Gewebepolster (Baufett) und zur Wärmeisolation (Isolierfett). Außerdem bildet und sezerniert es eine Vielzahl von Hormonen und Zytokinen (z. B. Leptin, Adiponectin, Interleukin-6, Östrogene). **Braunes Fettgewebe** hat seine Farbe

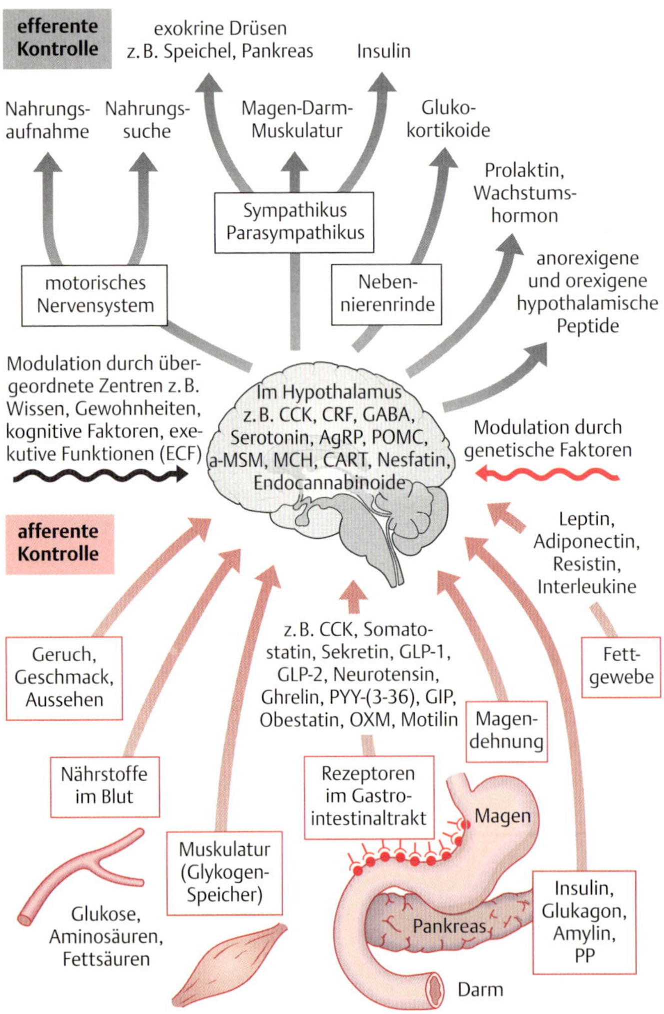

Abb. 36.1 Übersicht über die Regulation der Nahrungszufuhr. (nach Biesalski, Grimm) CCK = Cholezystokinin, CRF = Corticotropin Releasing Factor (Corticoliberin), GABA = Gammaamminobuttersäure, GLP-1 = Glucagon-Like-Peptide 1, AgRP = Agouti Related Protein, α-MSM = α-Melanocytes Stimulating Hormone, MCH = Melanin Concentrating Hormone, CART = Cocain and Amphetamine Regulated Transcript, PYY = Peptide YY, POMC = Proopiomelanocortin, PP = Pancreatic Polypeptide, OXM = Oxyntomodulin, GIP = Gastric Inhibitory Polypeptide

aufgrund des hohen Gehalts an Mitochrondrien. Es findet sich vor allem beim Säugling und dient der zitterfreien Wärmeerzeugung. Beim Erwachsenen kommt es nur an wenigen Stellen vor (z. B. Axilla, Mediastinum).

36.1.2 Definition und Klassifikation

Adipositas ist eine über das normale Maß hinausgehende Vermehrung des Körperfetts. Die Einteilung erfolgt nach dem Körpermassenindex **BMI (= Body Mass Index)** = Gewicht [kg] geteilt durch das Quadrat der Körpergröße [m^2] (**Tab. 36.1**).

36.1.3 Epidemiologie

In Deutschland haben ca. 30 – 50 % der erwachsenen Bevölkerung einen BMI von 25 – 29,9 kg/m^2, ca. 18 – 25 % einen BMI ≥ 30 kg/m^2 und ca. 1 – 2 % einen BMI ≥ 40 kg/m^2. Damit weist nur noch etwa ein Drittel der erwachsenen Deutschen ein gesundheitlich wünschenswertes Gewicht auf. Der relative Anteil von Übergewichtigen und Adipösen steigt mit zunehmendem Lebensalter. Etwa 5 – 8 % der Kosten im deutschen Gesundheitswesen sind auf Adipositas zurückzuführen.

36.1.4 Ätiopathogenese

In der Mehrzahl der Fälle resultieren Übergewicht und Adipositas aus einem Ungleichgewicht von Energieaufnahme und Energieverbrauch. Hyperkalorische, energiedichte Ernährung mit einem zu hohen Fettanteil und ein zu hoher Konsum stark zuckerhaltiger Getränke (Softdrinks) spielen dabei für die Fehlernährung eine maßgebliche Rolle. Entscheidende Determinanten für den verbreiteten Bewegungsmangel sind die immer mehr abnehmende Alltagsbewegung sowie ein hoher Medienkonsum. Multiple genetische Faktoren tragen wesentlich zu einer erhöhten Prädisposition für die Entstehung von Adipositas bei.

Eher selten sind **sekundäre Formen der Adipositas,** z. B. syndromale, monogenetische Formen wie beim Prader-Willi-Syndrom oder endokrinologische Ursachen (z. B. Hypothyreose, Cushing-Syndrom).

Auch zahlreiche **Medikamente** können als Nebenwirkung zu einer zum Teil erheblichen Gewichtszunahme führen. Hierzu zählen atypische Neuroleptika, trizyklische Antidepressiva, einige Antiepileptika, systemisch verabreichte Glukokortikoide, Betablocker sowie etliche Antidiabetika (Insulin, Sulfonylharnstoffe, Glitazone).

Tab. 36.1 **Klassifikation des Körpergewichts**

Gewichtsklassifikation	BMI (kg/m^2)
Normalgewicht	18,5 – 24,9
Übergewicht (Präadipositas)	25,0 – 29,9
Adipositas Grad I	30,0 – 34,9
Adipositas Grad II	35,0 – 39,9
Adipositas Grad III	≥ 40,0

Essstörungen im engeren Sinne (z. B. „Binge Eating Disorder“, Bulimia nervosa) spielen primär für die Entstehung von Adipositas nur bei ca. 5 – 10 % der Patienten eine Rolle. Ihre sekundäre Manifestation wird jedoch durch wiederholte (frustrane) Diätversuche begünstigt.

36.2 Klinik

Zu den Allgemeinbeschwerden vieler Adipöser zählen verstärktes Schwitzen, Gelenk- bzw. Rückenbeschwerden und Belastungsdyspnoe. Oftmals findet sich insbesondere bei höhergradiger Adipositas eine Einschränkung der Aktivitäten des täglichen Lebens durch verminderte Beweglichkeit und Belastbarkeit.

Auch **Begleiterkrankungen** sind häufig. Die Prävalenz von Typ-2-Diabetes, Dyslipidämie und Hypertonie steigt mit zunehmendem Körpergewicht deutlich an und ist für das **erhöhte kardiovaskuläre Risiko** bei Adipositas verantwortlich. Hierfür ist neben dem Körpergewicht bzw. dem BMI auch das Fettverteilungsmuster von großer Bedeutung:

- stammbetonte abdominale Adipositas mit Zunahme des viszeralen Fettgewebes
- hüftbetonte Adipositas mit Zunahme des subkutanen Fettgewebes im Hüft- und Oberschenkelbereich

> **!** **Dabei ist die abdominale Adipositas aufgrund zahlreicher epidemiologischer Daten prognostisch ungünstiger als die vermehrte Fettansammlung im Hüft- und Oberschenkelbereich.**

H

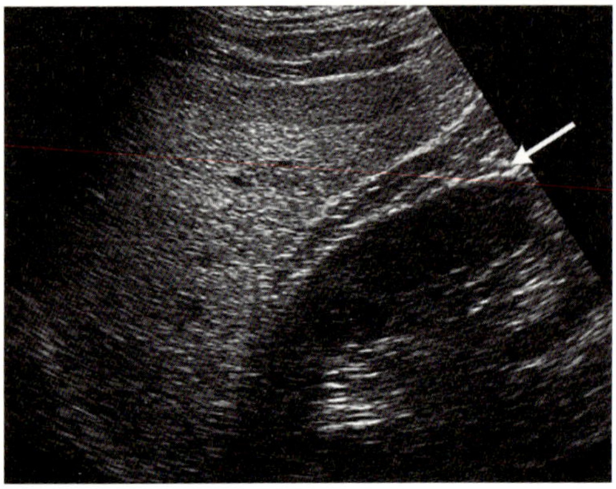

Abb. 36.2 **Fettleber.** Das Echomuster der Leber ist gegenüber dem der Niere deutlich verdichtet. Das perirenale Fett ist stark ausgeprägt (→). (aus Block, Der Sono-Trainer, Thieme)

Der Begriff **„metabolisches Syndrom"** kennzeichnet in diesem Zusammenhang das gleichzeitige Vorhandensein verschiedener kardiovaskulärer Risikofaktoren. Unter den verschiedenen Definitionen ist die amerikanische nach NCEP ATP III am weitesten verbreitet:

Ein metabolisches Syndrom liegt vor, wenn mindestens 3 der 5 folgenden Kriterien erfüllt sind:

- Taillenumfang ≥ 102 cm (Männer) bzw. ≥ 88 cm (Frauen)
- Triglyzeride ≥ 150 mg/dl oder spezifische Therapie
- HDL-Cholesterin < 40 mg/dl (Männer) bzw. < 50 mg/dl (Frauen) oder spezifische Therapie
- Blutdruck ≥ 130 mmHg systolisch oder ≥ 85 mmHg diastolisch oder antihypertensive Therapie
- Nüchternglukose ≥ 100 mg/dl oder bekannter Typ-2-Diabetes

Weiterhin geht Adipositas mit einem **erhöhten Risiko** für einige **maligne Erkrankungen** (Adenokarzinom des Ösophagus, Nierenzellkarzinom, kolorektale Karzinome, Endometriumkarzinom, Ovarialkarzinom, Leukämie), Cholelithiasis, Fettleber (**Abb. 36.2**), Refluxkrankheit, Schlafapnoesyndrom und degenerative Erkrankungen des Bewegungsapparates einher.

Bei Frauen im fertilen Alter ist Adipositas ein häufiger Manifestationsfaktor für das polyzystische Ovarsyndrom mit Zyklustörungen und Hyperandrogenämie. Bei adipösen Männern finden sich gehäuft erektile Dysfunktion und erniedrigte Testosteronspiegel.

36.3 Diagnostik

Wenngleich Adipositas zunächst eine **Blickdiagnose** ist und die klinischen Aspekte wesentlich durch die Komorbiditäten geprägt werden, sind dennoch bei der klinischen Untersuchung adipöser Patienten einige wichtige Punkte zu beachten. Da die Definition und Klassifizierung der Adipositas auch weiterhin nach dem BMI erfolgt, müssen Größe und Gewicht im unbekleideten Zustand gemessen und der BMI errechnet werden (s. **Tab. 36.1**).

Bei Übergewichtigen mit einem BMI ≥ 25 kg/m^2 sollte darüber hinaus stets der **Taillenumfang** (in der Mitte zwischen unterem Rippenbogen und Beckenkamm) gemessen werden. Der Taillenumfang zeigt eine gute Korrelation zum viszeralen Fettdepot und erlaubt die Diagnose einer abdominalen Adipositas bei Werten ≥ 88 cm (Frauen) bzw. ≥ 102 cm (Männer).

Die **Blutdruckmessung** muss bei Adipösen wegen des zumeist größeren Oberarmumfangs mit einer breiteren Manschette (15 cm bei > 32 cm Umfang, 18 cm bei > 42 cm Umfang) erfolgen, um keine falsch hohen Werte zu erhalten. Bei der körperlichen Untersuchung ist insbesondere auf Anzeichen einer kardialen oder respiratorischen Insuffizienz zu achten.

Daneben finden sich mit zunehmender Adipositas gehäuft intertriginöse Ekzeme und Mykosen sowie Krankheiten des Venensystems mit Varikosis, chronisch venöser Insuffizienz oder Ulcus cruris venosum. Bei adipösen Frauen im fertilen Alter sollte auf Hirsutismus (s. S. 580) und Acanthosis nigricans (flächige Hyperpigmentierung und Hyperkeratose vor allem der Leisten- und Achselregion) als klinische Zeichen von Insulinresistenz und polyzystischem Ovarsyndrom geachtet werden. Bei adipösen Männern gilt das Augenmerk einer möglichen Gynäkomastie als Ausdruck einer vermehrten Konversion von Androgenen zu Östrogenen im Fettgewebe (s. S. 599).

Bei adipösen Diabetikern sind speziell vor Einleitung einer Bewegungstherapie die mögliche Diagnose einer peripheren Polyneuropathie sowie die Beurteilung des Augenhintergrunds relevant.

Die **Labordiagnostik** bei adipösen Patienten beinhaltet die gezielte Suche nach begleitenden Störungen, insbesondere des Stoffwechsels. Zur Basisdiagnostik gehören die Bestimmung von

- Glukose und Lipidstatus (Triglyzeride, Gesamt-, HDL- und LDL-Cholesterin) im nüchternen Zustand
- Harnsäure (erhöhte Harnsäurewerte sind häufig mit Adipositas vergesellschaftet, umgekehrt kann eine deutliche Energierestriktion zu einem Harnsäureanstieg führen, vgl. S. 37)
- TSH (Ausschluss einer Hypothyreose, s. S. 510)

Die grundsätzlich obligate Bestimmung von Blutbild, Transaminasen, Elektrolyten, Kreatinin und Harnstoff kann insbesondere für therapeutische Entscheidungen hilfreich sein, die Messung der Albuminausscheidung im Urin ist zur Risikostratifizierung sinnvoll.

Darüber hinaus gibt es etliche Parameter, deren Messung vornehmlich bei entsprechendem klinischem Verdacht auf eine begleitende Erkrankung empfohlen wird:

- HbA_{1c} (bei bekanntem Diabetes mellitus)
- oraler Glukosetoleranztest (bei Verdacht auf Diabetes mellitus, insbesondere bei erhöhter Nüchternglukose oder Hypertriglyzeridämie)
- Kortisol im Dexamethason-Hemmtest (bei Verdacht auf Hyperkortisolismus)
- Testosteron (bei erektiler Dysfunktion bzw. Verdacht auf Hypogonadismus bei Männern sowie auf polyzystisches Ovarsyndrom bei Frauen)

Außerhalb von Studien ist es gegenwärtig nicht indiziert, Parameter wie Adiponectin, Leptin, Ghrelin etc. zu messen oder eine Genotypisierung von Polymorphismen in vermeintlichen Adipositas-Genen zu veranlassen.

Aufwendige bildgebende Diagnostik zur Bestimmung des viszeralen Fettanteils (CT, MRT) bleibt klinischen Studien vorbehalten, die korrekte **Messung des Taillenumfangs** ist hier ausreichend. Eine Messung der Körperzusammensetzung mittels DEXA (Dual Energy X-Ray Absorptiometry) oder BIA (Bioelectrical Impedance Analysis = Messung des bioelektrischen Widerstands) ist für therapeutische Konsequenzen verzichtbar.

Sinnvoll ist eine **Oberbauchsonografie** zur Erfassung einer Fettleber und Cholelithiasis sowie ein **Belastungs-EKG** vor Einleitung einer Bewegungstherapie. Eine 24 h-Blutdruckmessung ist zur Beurteilung der Güte einer antihypertensiven Therapie sehr hilfreich, die Duplexsonografie der Halsgefäße hilft bei der Stratifizierung hinsichtlich des Managements kardiovaskulärer Risikofaktoren. Bei klinischem Verdacht auf das bei Adipösen häufige Schlafapnoesyndrom sollte ein entsprechendes Screening erfolgen (s. S. 485).

36.4 Therapie

Für die Planung einer Adipositastherapie sind neben der Erhebung der Familien-, Psycho- und Sozialanamnese Angaben zu vorherigen Versuchen der Gewichtsreduktion hilfreich, ggf. komplettiert durch ein Ernährungs- und Aktivitätsprotokoll über 7 Tage.

Indikationen zur Therapie.

- BMI $\geq 30\,kg/m^2$,
- BMI $25-30\,kg/m^2$, wenn übergewichtsbedingte Gesundheitsstörungen, abdominales Fettverteilungsmuster oder starker psychosozialer Leidensdruck bestehen.

Therapieziele. Bei einem BMI von $25-35\,kg/m^2$ sollte mit 0,5 – 1 kg/Woche eine dauerhafte Reduzierung von zunächst 5 – 10 % des Ausgangsgewichts angestrebt werden, bei einem BMI $> 35\,kg/m^2$ mittelfristig 10 – 20 % Gewichtsreduktion.

Grundlage jeder Adipositastherapie ist ein **Basisprogramm mit den Komponenten Ernährungs-, Verhaltens- und Bewegungstherapie.** Eine Kombination ist effektiver als die jeweiligen Therapieformen alleine. Das Management der kardiovaskulären Risikofaktoren Diabetes mellitus, Dyslipidämie, Hypertonie und Rauchen sollte in die Planung der Therapie einbezogen werden. Bei verordneter Medikation sollten nach Möglichkeit Substanzen mit adipogener Nebenwirkung reduziert oder gegen andere Präparate ausgetauscht werden.

> ! **Meist ist nicht die eigentliche Gewichtsreduktion das Problem, sondern die Stabilisierung des Gewichts auf einem erniedrigten Niveau**

Ernährungstherapie

Erforderlich ist ein tägliches Energiedefizit von mindestens 500 kcal unter dem errechneten Bedarf. Bei Bevorzugung einer eher fettreduzierten Nahrung sollte diese 50 – 60 % der Energie in Form von Kohlenhydraten, 25 – 30 % als Fett und 15 – 20 % als Eiweiß enthalten und auf 4 – 5 Mahlzeiten pro Tag verteilt sein. Die tägliche Flüssigkeitszufuhr sollte

H

mindestens 2 l kalorienfreier Getränke betragen. Der Verzicht auf energiehaltige Getränke ist dabei für viele Adipöse leichter umzusetzen als fett- oder kalorienreduzierte Nahrung. In der evidenzbasierten Leitlinie der Deutschen Adipositas-Gesellschaft zur Prävention und Therapie der Adipositas wird ein Stufenmodell vorgeschlagen, in dem je nach Therapieziel und Erfolg bei Bedarf auf die nächste Strategie gewechselt werden kann (s. S. 668).

Grundsätzlich gilt, dass insbesondere zum Einstieg in die diätetische Therapie der Adipositas individuelle Präferenzen und Akzeptanz beim Patienten sowie der Therapieerfolg Vorrang gegenüber theoretischen Überlegungen haben sollten.

Strategien:

- Alleinige Fettreduktion (bei nicht begrenztem Verzehr von Kohlenhydraten):
  - Vorteile: gute Akzeptanz, leichte Umsetzbarkeit.
  - Nachteile: nur geringe Gewichtsabnahme, daher nur bei geringem Übergewicht bzw. zur Stabilisierung einer Gewichtsreduktion.
- Mischkost nach Diätplan mit vorgegebenem kalorischen Defizit (empfehlenswerte Beispiele: Brigitte- und Fit-for-Fun-Diät):
  - Vorteile: Schulung des Ess- und Ernährungsverhaltens, geringe Kosten, keine schädlichen Nebenwirkungen.
  - Nachteile: zumeist recht starres Schema, rigide Kontrolle durch „Kalorienzählen", schlechte Compliance wegen häufigen Hungergefühls bei geringen Nahrungsvolumina, schlechte Langzeiterfolge.
- Intermittierender Mahlzeitenersatz mit einer Formuladiät (z. B. eine 1 bis 2 Mahlzeiten täglich oder kompletter Ersatz an 1 bis 2 Tagen pro Woche). Formulaprodukte sind Nährstoffmischungen ergänzt durch Vitamine und Mineralstoffe, die zumeist in Wasser gelöst als Getränke eingenommen werden.
  - Vorteile: bessere Gewichtsabnahme, flexible Strategie.
  - Nachteile: keine dauerhafte Änderung der Ernährungsgewohnheiten.
- Sehr niedrig kalorische Diäten (< 1 000 kcal/Tag; eine ausgewogene Nährstoffzufuhr ist nur mit einer Formuladiät möglich):
  - Vorteil: starker und schneller Gewichtsverlust, sehr günstige Effekte auf Begleiterkrankungen (z. B. Typ-2-Diabetes)
  - Nachteile: eintönig, keine dauerhafte Änderung der Ernährungsgewohnheiten, schlechte Langzeiterfolge.

> **Totales Fasten („Nulldiät") ist keine probate Strategie zur Gewichtsabnahme, da eine negative Stickstoffbilanz zu Eiweißabbau, Verlust an Muskelmasse und damit Verminderung des Energieumsatzes führt. Zudem kommt es zu keiner dauerhaften Umstellung von Ernährung und Essverhalten.**

Neuere Studien ergaben eine günstigere Datenlage auch für kohlenhydratarme Kostformen zur Gewichtsreduktion. Hierunter werden Diäten (und alle Phasen der Atkins-Diät) zusammengefasst, deren Gesamtgehalt an verwertbaren Kohlenhydraten unter 100 g/d und somit deutlich unter der täglichen Kohlenhydrataufnahme von ca. 250 – 300 g in den meisten westlichen Industrienationen liegt.

Wegen der begrenzten Lebensmittelauswahl und anderer Nachteile erscheint dieses Konzept vornehmlich für den initialen Gewichtsverlust geeignet, ist jedoch als mögliche langfristige Strategie weiterhin umstritten.

Diäten mit niedrigem glykämischen Index (GI) fokussieren auf den vermehrten Verzehr langsam resorbierbarer Kohlenhydrate mit niedrigem postprandialen Blutzucker- und Insulinanstieg. Die derzeitige Datenlage lässt aber keine Überlegenheit einer Kost mit niedrigem GI gegenüber einer Kost mit hohem GI erkennen.

Bis heute existieren keine Langzeitstudien, die die langfristige Überlegenheit einer einzelnen diätetischen Strategie im Hinblick auf harte Endpunkte überzeugend nachweisen können.

Verhaltensmodifikation

Zu den sinnvollen Inhalten der Verhaltenstherapie bei Adipositas gehören Selbstbeobachtung mittels vorübergehender Führung eines Ernährungstagebuchs, Einübung eines flexibel kontrollierten Essverhaltens, Verstärkungstechniken für erreichte Verhaltensänderungen bzw. Therapieerfolge sowie die Rückfallprophylaxe. Eine tägliche Gewichtskontrolle hat sich als günstig für Erreichen und Stabilisierung einer Gewichtsreduktion erwiesen.

Bewegungstherapie

Eine zusätzliche Bewegungstherapie ist für den Erfolg der Gewichtsreduktion bzw. -stabilisierung von entscheidender Bedeutung. Um das Gewicht messbar zu reduzieren, wird daher ein zusätzlicher Energieverbrauch von mindestens 2 500 kcal/Woche (besser 3 500 kcal/Woche) empfohlen. Das entspricht einem Umfang von mindestens 5 Stunden zusätzlicher körperlicher Bewegung pro Woche. Sofern keine Kontraindikationen bestehen, sollte sich die Trainingsintensität an einem **Herz-Kreislauf-Training** orientieren und ca. 75 % der maximalen Sauerstoffaufnahme oder eine errechnete Herzfrequenz (z. B. 175 minus Lebensalter) erreichen.
Bei Bewegungen mit niedriger Intensität (z. B. Spazierengehen bzw. Walking oder Radfahren) werden zu einem höherem Anteil freie Fettsäuren aus dem überschüssigen Depotfett mobilisiert, während bei vermehrter Trainingsintensität (z. B. Jogging) der Anteil von Glykogen und Triglyzeriden aus der Muskulatur an der Energiegewinnung deutlich größer ist. Nachteil der niedrigeren Intensität ist der geringere Gewinn an kardiorespiratorischer Fitness sowie der geringere Energieumsatz pro Zeiteinheit, was wiederum ein Erreichen des empfohlenen zusätzlichen Kalorienverbrauchs erschwert. Besonders geeignet ist eine Bewegungstherapie zur Gewichtserhaltung nach einer Phase der Gewichtsreduktion. Um das Gewicht zu stabilisieren, sind 3 bis 5 Stunden vermehrte Bewegung pro Woche mit einem Energieverbrauch von mindestens 1 500 kcal erforderlich. Patienten mit Komorbiditäten, die eine adäquate Steigerung der körperlichen Aktivität erschweren (z. B. Herzinsuffizienz, KHK oder Gonarthrose), haben folglich sehr ungünstige Voraussetzungen für eine signifikante Gewichtsabnahme.

Adjuvante medikamentöse Therapie

Die Indikation für eine adjuvante medikamentöse Therapie besteht bei einem BMI ≥ 30 bzw. ≥ 27 kg/m^2 und Komorbiditäten, sofern die Gewichtsabnahme mit dem Basisprogramm < 5 kg in 3 Monaten betrug.

> **!** **Eine medikamentöse Therapie ist nur in Kombination mit einem Basisprogramm sinnvoll.**

Der Einsatz von Antidepressiva, Diuretika, Laxanzien, Wachstumshormon und L-Thyroxin ist wegen Nebenwirkungen bzw. unzureichend belegter therapeutischer Effekte nicht zu empfehlen. Unter den Antidiabetika haben Metformin und insbesondere Inkretin-Mimetika einen gewichtssenkenden Effekt, sind jedoch nicht primär für die Indikation Adipositas zugelassen. Die Präparate Rimonabant und Sibutramin sind wegen ihres Nebenwirkungspotenzials mittlerweile nicht mehr zugelassen. Gegenwärtig wird für die medikamentöse Therapie von Adipositas nur die folgende Substanz empfohlen:

Orlistat (Xenical):

- Wirkprinzip: Hemmung der Fettverdauung durch Bindung an die Pankreaslipase, wodurch ca. 30 % des Nahrungsfetts nicht resorbiert wird;
- Dosierung: 3 × 120 mg täglich bewirken einen zusätzlichen Gewichtsverlust von ca. 2 – 4 kg über ein Jahr; 3 × 60 mg ist als frei verkäufliche Variante ohne Rezept in Apotheken erhältlich
- Nebenwirkungen: Steatorrhö, Meteorismus und die verminderte Resorption fettlöslicher Vitamine.
- Kontraindikationen: chronische Malabsorptionssyndrome, Cholestase und Gravidität.

Die zusätzliche Gewichtsabnahme unter der Therapie mit Orlistat geht mit einer Verbesserung der kardiovaskulären Risikofaktoren, z. B. eines Typ-2-Diabetes oder einer Dyslipidämie, einher. Auch das Risiko für die Neumanifestation eines Typ-2-Diabetes wird signifikant reduziert. Ein Effekt auf kardiovaskuläre Endpunkte im Rahmen einer prospektiven Studie ist nicht belegt.
Die Entwicklung neuer, potenter Medikamente mit günstigem Nebenwirkungsprofil zur Behandlung der Adipositas gestaltet sich trotz großer Anstrengungen seitens der pharmazeutischen Industrie sehr schwierig. In Deutschland sind Medikamente mit der primären Indikation einer Gewichtsreduktion bei Adipositas zudem generell nicht durch die Krankenkassen erstattungsfähig.

Chirurgische Therapie

Die Indikation für eine chirurgische Therapie besteht bei einem BMI ≥ 40 kg/m^2 oder bei BMI ≥ 35 kg/m^2 und gleichzeitigen relevanten Komorbidiäten (z. B. Typ-2-Diabetes), wenn die Anwendung konservativer Therapieformen über Jahre erfolglos geblieben ist.

Folgende Prinzipien kommen zur Anwendung:

- 1. Restriktive Verfahren mit Verkleinerung der funktionellen Magenkapazität (möglichst über laparoskopischen Zugang) durch flexibles Banding oder Schlauchmagen
- 2. Kombinierte malabsorptive und restriktive Verfahren, z. B. durch Magenbypass (Roux-en-Y) oder biliopankreatische Diversion.
  Eine sorgfältige Patientenauswahl sowie ernährungsmedizinische Nachbetreuung sind erforderlich.

Im ersten Jahr nach Intervention ist so ein Verlust von >50% des Übergewichts möglich, wobei Gewichtsabnahme und Effekt auf Komorbiditäten bei den kombinierten Verfahren deutlich größer als bei den rein restriktiven Verfahren sind. Die perioperative Komplikationsrate beträgt ca. 5 – 15%, die perioperative Mortalität ca. 0,5 – 1%.

Fettabsaugung (Liposuktion) ist kein empfohlenes Verfahren der Adipositaschirurgie, sondern eine rein kosmetische Operation.

! Nur für die chirurgische Adipositastherapie konnte bisher in Langzeitstudien ein günstiger Effekt auf harte Endpunkte (Mortalität, kardiovaskuläre Ereignisse) nachgewiesen werden!

Weiterführende Informationen

Deutsche Adipositas-Gesellschaft http://www.adipositas-gesellschaft.de

37 Hyperurikämie und Gicht

Eberhard Windler, Heiner Greten

engl.: hyperuricaemia, gout

Definition. Unter Hyperurikämie versteht man eine Erhöhung des Harnsäurespiegels im Nüchternserum an zwei Tagen von > 6,8 mg/dl. Die Hyperurikämie hat meist eine genetische Grundlage **(primäre Hyperurikämie)**, seltener ist sie Folge anderer Störungen, z. B. im Rahmen einer Leukämie durch den erhöhten Nukleinsäureumsatz **(sekundäre Hyperurikämie)**.

Eine länger bestehende Hyperurikämie wird meist begünstigt durch Überernährung und kann aufgrund von Harnsäureablagerungen zu **Gicht mit Arthritis urica** (typische Gichtanfälle), Nierensteinen, Gichtnephropathie oder Ablagerung von Tophi (Uratablagerungen im Gewebe) führen.

37.1 Epidemiologie

Die Hyperurikämie ist eine Erkrankung der Wohlstandsgesellschaft und kommt gehäuft beim sog. **metabolischen Syndrom** vor (s. S. 664). **Männer** sind häufiger betroffen als Frauen: ca. 15 % der Männer haben einen Harnsäurespiegel über 7 mg/dl, die Prävalenz der Gicht liegt allerdings nur bei 0,25 %. Bei Frauen wird die Gicht vor der Menopause praktisch nicht beobachtet; ein Grund mag die urikosurische Wirkung von Östrogenen sein.

> ! Je früher die Gicht beginnt, desto schwerer ist ihr Verlauf.

Verwandte Gichtkranker haben häufig ebenfalls erhöhte Harnsäurewerte, was auf eine **genetische Prädisposition** deutet. Der Erbgang ist nur in Einzelfällen bekannt, überwiegend nicht aufgeklärt und vermutlich uneinheitlich. Bei Manifestation in jüngerem Alter ist eine hereditäre Genese wahrscheinlicher als bei Manifestation in höherem Alter. Bei einer Manifestation vor der Pubertät liegt häufig ein Hypoxanthin-Guanin-Phosphoribosyltransferase-Mangel vor (selten: absoluter Mangel beim Lesh-Nyhan-Syndrom).

37.2 Pathophysiologie

Harnsäure entsteht als **Endprodukt des Abbaus von Purinen** in Leber und Darm. Pro Tag werden etwa 700 mg Harnsäure gebildet. Purine werden

- mit der Nahrung aufgenommen,
- in den meisten Zellen synthetisiert und
- im Rahmen der natürlichen Zellerneuerung und der Wiederverwertung aus vorhandenen Purinskeletten freigesetzt.

Im Blut wird Harnsäure als Natriumurat transportiert. 80 % werden über die Niere und 20 % über den Darm ausgeschieden. In der Niere wird Harnsäure zunächst frei filtriert, dann aber nahezu vollständig im proximalen Tubulus rückresorbiert. Distal hiervon erfolgt eine aktive Sekretion. Insgesamt wird nur 10 % der glomerulär filtrierten Harnsäure mit dem Urin ausgeschieden.

Ein erhöhter Harnsäurespiegel im Blut kann folgende Ursachen haben (**Abb. 37.1**):

- **Erhöhter Anfall von Harnsäure** durch
  - ① gesteigerten Zellabbau und -umsatz; dies ist bei Malignomen der Fall, insbesondere hämatopoetischen Erkrankungen, bei einigen Krankheiten wie Psoriasis oder Morbus Paget, bei Fastenkuren und bei körperlicher Anstrengung
  - ② reichliche Aufnahme nukleinsäurehaltiger Nahrungsmittel wie Hirn, Innereien, Hülsenfrüchte und Bier, die den Harnsäurespiegel mäßig erhöhen können
  - ③ genetisch bedingte, vermehrte endogene Harnsäuresynthese infolge unterschiedlicher Enzymdefekte des Purinstoffwechsels (ca. 15 % der Fälle)
- **Verminderte renale Ausscheidung** (steht bei 98 % der Gichtkranken im Vordergrund) durch
  - ④ genetisch bedingte Leistungseinschränkung des aktiven Sekretionsprozesses im Nierentubulus (85 % der an primärer Gicht Erkrankten)
  - ⑤ Hemmung der Harnsäuresekretion durch Pharmaka wie Salizylate, Diuretika, Ciclosporin und viele andere
  - ⑥ exzessiven Alkoholkonsum
  - ⑦ eine Vielzahl von Erkrankungen, wie Niereninsuffizienz, Hypertonus, Azidose oder Hypothyreose, die sekundär zu einer verminderten renalen Ausscheidung führen

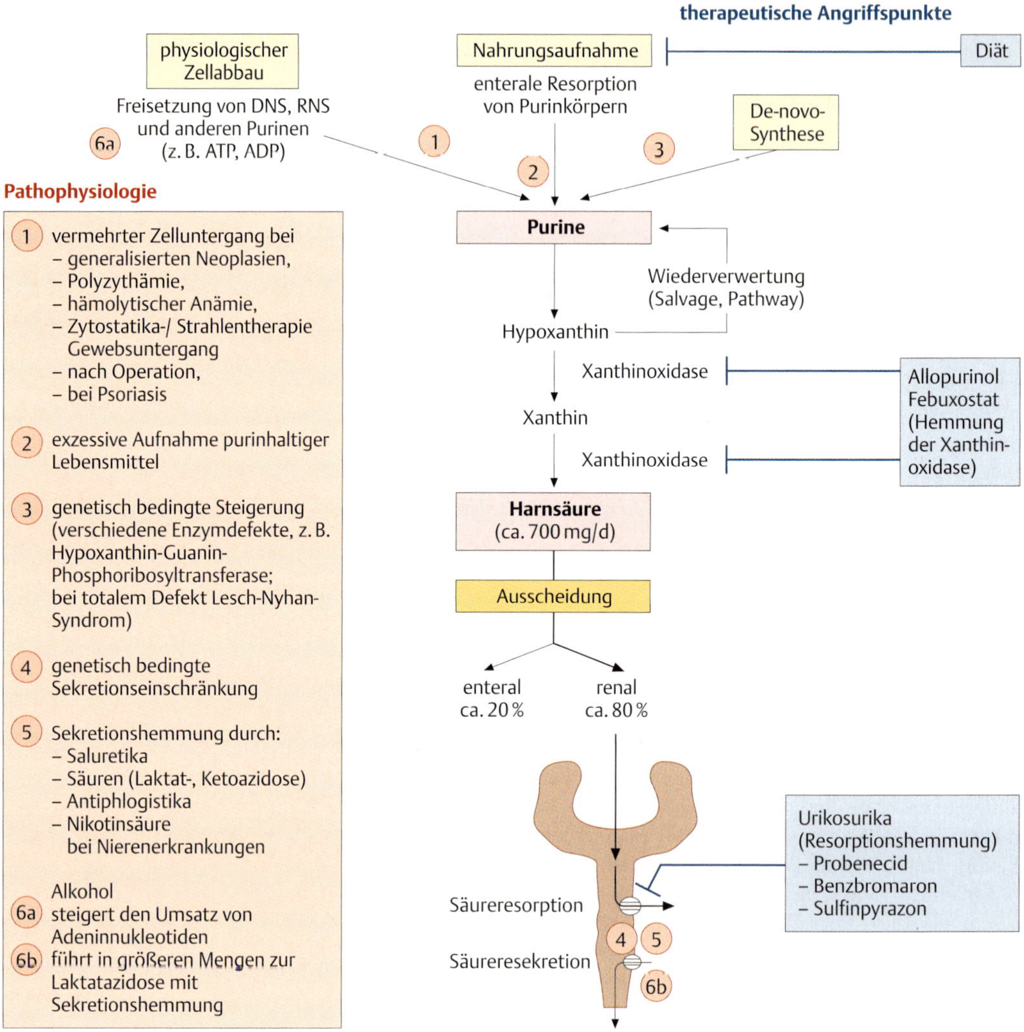

Abb. 37.1 Purinstoffwechsel. Pathophysiologie und therapeutische Angriffspunkte.

> ! **Alkohol erhöht die Harnsäuresynthese und vermindert die renale Sekretion und ist somit typischer Auslöser eines akuten Gichtanfalls**

Die physiologische Harnsäurekonzentration im Serum bzw. in der Gewebsflüssigkeit liegt nur knapp unterhalb des Löslichkeitsprodukts von Uratsalzen. Bei Überschreiten dieses Wertes kommt es zur **Auskristallisation** (in den ableitenden Harnwegen Bildung von Nierensteinen) und **Ablagerung von Uraten in Geweben** (Tophi, Nephropathie) und vor allem **in Gelenken** (Arthritis). Der gesamte Harnsäurepool des Gesunden beträgt etwa 1 g, bei Gichtpatienten kann er bis auf 30 g ansteigen.

Pathophysiologie des Gichtanfalls

Die Interaktion von Uratkristallen mit Leukozyten und Makrophagen löst komplexe entzündliche und immunologische Reaktionen aus, die einen Gichtanfall hervorrufen. Ein zentraler Vorgang scheint die **Schädigung von Leukozyten durch phagozytierte Uratkristalle** zu sein. Dies führt zur Ausschüttung lysosomaler Enzyme, deren Wirkung eine Umgebungsreaktion hervorruft, die die Gelenke schädigt. Die Autolyse der Leukozyten setzt möglicherweise Uratkristalle frei, die wiederum phagozytiert werden, sodass sich die Reaktionskette selbst unterhält. Beim **akuten Gichtanfall** laufen diese Vorgänge sehr schnell ab. Jede Änderung der Harnsäurekonzentration kann einen Anfall auslösen, d. h. nicht nur eine Erhöhung, sondern auch ein Absinken der Harnsäurekonzentration. Der zugrunde liegende Mechanismus wird pathophysiologisch bislang nicht verstanden.

! Während eines akuten Gichtanfalls kann der Harnsäurespiegel normal sein.

Pathophysiologie der chronischen Gicht

Bei der chronischen Gicht verlaufen die Vorgänge sehr viel langsamer, sodass sich die Klinik weniger dramatisch entwickelt. Über Jahre bilden sich durch Ausfällung von Uratkristallen Tophi an Prädilektionsorten, gelenknahe Knochendefekte, eine Gichtnephropathie oder eine Nephrolithiasis. Die chronische Gicht ist wegen ihres symptomarmen Verlaufs, aber dennoch entstehenden schweren Organschäden besonders gefährlich.

37.3 Klinik

Die typischen Symptome in den verschiedenen Stadien der Hyperurikämie und Gicht sind in **Tab. 37.1** aufgeführt.

Akuter Gichtanfall

Beim akuten Gichtanfall kommt es aus voller Gesundheit und häufig nachts zu einer stark schmerzhaften Monarthritis, meist des **Großzehengrundgelenks (Podagra)** oder seltener des **Daumengrundgelenks (Chiragra).** Die Haut über dem Gelenk ist geschwollen, gerötet und überwärmt (**Abb. 37.2**). Neben anderen Gelenken können auch Bursae (z. B. des Olekranons oder des Kniegelenks) oder Sehnenscheiden befallen sein. Selten sind die Ileosakral- oder Sternalgelenke oder die Wirbelsäule betroffen. Zu den typischen Auslösefaktoren s. **Abb. 37.1**. Als Allgemeinsymptom kann sich Fieber entwickeln. Innerhalb von 1 bis 2 Tagen erreicht die Symptomatik ihren Höhepunkt, klingt nach 7 bis 10 Tagen auch ohne Therapie spontan ab und hinterlässt oft Schuppung und Hautjucken über dem betroffenen Gelenk. Differenzialdiagnosen zeigt **Tab. 37.2**.

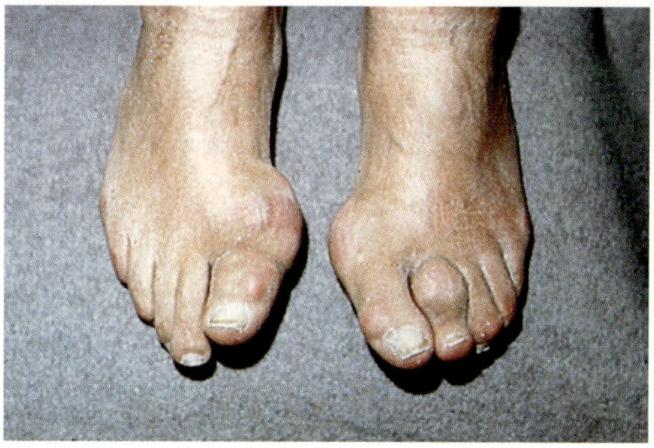

Abb. 37.2 Akute Gichtarthritis. Ausgeprägte Podagra beidseitig sowie Arthritis urica an der 2. Zehe links.

Chronische Gicht

Die typischen Symptome und am häufigsten betroffenen Gelenke sind in **Tab. 37.1** zusammengefasst. Die Differenzialdiagnosen der chronischen Gicht sind in **Tab. 37.2** aufgeführt.

Nierenbeteiligung bei chronischer Gicht

Die Gefahr der Nierenbeteiligung ist bei einer Harnsäureausscheidung > 1 100 mg pro Tag im Urin gegeben. Folgende Befunde sind möglich:

- **Nephrolithiasis** (s. S. 318):
  - tritt bei erhöhten Harnsäurewerten in Blut und Urin auf
  - tritt in 40 % der Fälle vor dem 1. Gichtanfall auf
  - Auftreten auch ohne begleitende Gicht der Gelenke möglich
  - Harnsäure als Nidus der Steinbildung, daher oft Kalziumoxalat- oder -phosphatsteine
- **Uratnephropathie** (s. S. 321):
  - Natriumuratablagerungen mit reaktiven Riesenzellen im renalen Interstitium
  - seltener Grund für Proteinurie, Hypertonus und Niereninsuffizienz
  - bei unbehandelter Gicht ist die Nephropathie bei 20 – 25 % der Patienten Todesursache
- **Harnsäurenephropathie:**
  - reversibles akutes Nierenversagen durch Ausfällung von Harnsäure in den Nierentubuli, Sammelrohren und ableitenden Harnwegen
  - durch plötzliches Anfluten von Harnsäure, z. B. bei leukämischer Blastenkrise, Therapie von myeloproliferativen Erkrankungen (Tumorlysesyndrom), körperlicher Anstrengung
  - gefördert durch Dehydratation und Azidose

Tab. 37.1 Übersicht Hyperurikämie und Gicht

Stadien	
I	**asymptomatische Hyperurikämie** (Harnsäurewerte über 7 mg/dl sind weitaus häufiger als eine manifeste Gicht)
II	**akuter Gichtanfall** • tritt gewöhnlich erstmals nach 20 – 40 Jahren erhöhter Harnsäurewerte auf • Inzidenz: – bei 7 – 9 mg/dl ca. 0,5 % – bei > 9 mg/dl ca. 5 % – bei > 10 mg/dl > 90 % – nur bei ca. 1 % der Patienten mit Niereninsuffizienz kommt es zu einem akuten Gichtanfall (evtl. ist der Harnsäurespiegel nicht lange genug erhöht und die Immunantwort mitigiert) – ca. 25 % der Patienten mit polyzystischen Nieren erleiden einen akuten Gichtanfall
III	**symptomloses Intervall** zwischen zwei Gichtanfällen
IV	**chronische Gicht** mit irreversiblen Gelenkveränderungen, Tophi und Nephropathie (zur Nephrolithiasis kann es auch vor dem Gichtanfall oder ganz ohne Gicht kommen)
akute Gicht	
Auslösefaktoren	• Trauma oder körperliche Anstrengung • Alkoholexzess • Fehlernährung (übermäßig purinreiche Nahrungsmittel, z. B. Innereien oder Fisch; starke Gewichtsabnahme, Fastenkuren) • Kälte an Extremitäten oder Ohren • niedriger pH-Wert extrazellulär oder im Urin • Mobilisation von Harnsäure, z. B. durch Allupurinol, Thiazide u. a. • akuter Wasserverlust, z. B. durch nächtliches Ausschwemmen von Ödemen • durch Kombinationen mehrerer Auslösefaktoren ist ein Gichtanfall während Krankenhausaufenthalten häufig
Gelenkbefall	• Großzehengrundgelenk (Podagra 80 %) • Finger- und Handgelenk (Chiragra 7 %) • Ellbogen- und Kniegelenk (selten) • Befall mehrerer Gelenke meist asymmetrisch
akute Harnsäurenephropathie	• akutes Nierenversagen durch Ausfall von Harnsäure in den Sammelrohren infolge von Zellzerfall bei Tumoren meist nach Therapie von myeloproliferativen Erkrankungen (Tumorlysesyndrom)
chronische Gicht **Lokalisation der Tophi**	
Weichteile	• Weichteiltophi v. a. an der Ohrmuschel, aber auch an Händen, Füßen, Olekranon
Knochen	• Gelenk- und Knochentophi: radiologisch zystische und aufgrund des sklerotischen Randes scharf begrenzte Aufhellungen gelenknaher Skelettanteile („Lochdefekt“) sowie Knochenapposition, häufig, wenn auch nicht gichtspezifisch, sind Demineralisation und Usuren
Niere	• Ablagerungen im Nierenparenchym, mit interstitieller Nephritis

Tab. 37.2 Differenzialdiagnosen der Gicht

Erkrankung	Bedeutung	Kommentar
Differenzialdiagnosen der akuten Monarthritis		
bakterielle Arthritiden	+++	meist große Gelenke, Erregernachweis im Gelenkpunktat, Borreliose (Lyme-Arthritis)
postinfektiöse reaktive Arthritiden	++	vorausgehender Infekt, z. B. nach Yersiniose, Salmonellose, Streptokokkeninfekt
traumatische Arthritiden	++	Röntgen und Anamnese
systemischer Lupus erythematodes (s. S. 1124)	++	oft Frauen unter 45, lupustypische antinukleäre Faktoren
Morbus Reiter (s. S. 1119)	+	meist junge Männer, begleitend Urethritis und Konjunktivitis
Arthritis psoriatica (s. S. 1117)	+	meist Fingerendgelenke oder Gelenke eines Strahls, Psoriasis der Haut
Differenzialdiagnosen der akuten polyartikulären Gicht		
akutes rheumatisches Fieber	++	Kinder und Jugendliche, Antistreptolysintiter erhöht
Differenzialdiagnosen der chronisch rezidivierenden Gicht		
rheumatoide Arthritis (s. S. 1108)	+++	Morgensteifigkeit, überwiegend Rheumafaktoren erhöht
Polyarthritis psoriatica (s. S. 1117)	++	Fingerendgelenke, Gelenke entlang eines Strahls, Hauterscheinungen
Morbus Bechterew (s. S. 1114)	+	meist Männer, Beginn vor dem 30. Lebensjahr, HLA-B 27 in 90 % der Fälle positiv

37.4 Diagnostik

Bei Verdacht erfolgt die **Harnsäurebestimmung im Serum.** Laborchemisch sind im Anfall außerdem meist allgemeine Entzündungszeichen nachweisbar. Während eines akuten Anfalls kann der Harnsäurespiegel normal sein, auch ohne dass eine harnsäuresenkende Therapie vorausging. Für die Monarthritis ist der Nachweis von **Harnsäurekristallen in der Synovialflüssigkeit** beweisend, in der Regel aber nicht notwendig. Charakteristisch, aber nicht vollkommen spezifisch, ist das prompte **Ansprechen** der Beschwerden **auf Colchizin**, wahrscheinlich durch Inhibierung der Funktion phagozytierender Leukozyten. Bei Verdacht auf eine chronische Gicht gibt die Harnsäurebestimmung im Urin einen Hinweis auf das Risiko der Entwicklung einer Nephropathie, die Kreatinin-Clearance einen Anhalt für einen Schaden. Eine Röntgenuntersuchung kann nur bei chronischer Gicht differenzialdiagnostisch hilfreich sein.

37.5 Therapie

Asymptomatische Hyperurikämie

Die asymptomatische Hyperurikämie bedarf keiner medikamentösen Behandlung, um dem bei mäßiger Hyperurikämie seltenen Ereignis eines Gichtanfalls vorzubeugen. Ebenso ist nicht belegt, dass sich renale Komplikationen durch präventive medikamentöse Senkung des Harnsäurespiegels verhindern lassen. Eine erhöhte Harnsäure selbst ist kein kausaler Risikofaktor für kardiovaskuläre Erkrankungen. Schäden durch chronische Hyperurikämie müssen allerdings ausgeschlossen werden und Diätfehler bedürfen der Korrektur auch im Hinblick auf kardiovaskuläre Risiken aufgrund eines metabolischen Syndroms.

Diätempfehlungen

Durch eine entsprechende Diät und Gewichtsreduktion lässt sich die Hyperurikämie bessern. Folgende Empfehlungen sind relevant:

- **purinarme Nahrung:**
  - **purinreich:** Innereien (Leber, Niere), Hirn, mancher Fisch, Schalentiere, Geflügel und Schwein, Hülsenfrüchte, Bier
  - **purinarm:** Obst, Gemüse
  - **purinfreie Eiweißquellen:** Milch, Käse und Ei
- **Reduzierung des Alkoholkonsums:** Synthesesteigerung und Ausscheidungshemmung von Purinen (Bier enthält zusätzlich zum Alkohol weitere Purine)
- **Normalisierung des Körpergewichts**

Medikamentöse Therapie

Urikostatika, z. B. Allopurinol, sind im akuten Anfall und zur Langzeittherapie indiziert. Wirkprinzip ist die Hemmung der Xanthinoxidase. Dosierung: Anfangs- und Erhaltungsdosis 100 – 300 mg/d; bei Niereninsuffizienz niedriger dosieren. Häufige Nebenwirkungen betreffen den Gastrointestinaltrakt und allergische Hautveränderungen. Febuxostat ist 30-fach stärker und unabhängig von der Nierenfunktion. Bei Therapiebeginn kommt es vermehrt zu Gichtanfällen. Daher ist anfänglich eine Anfallsprophylaxe mit Colchizin gerechtfertigt, aber meist nicht notwendig und wird daher nicht mehr durchgeführt.
Urikosurika, z. B. Probenecid, steigern die Harnsäureausscheidung, wodurch es häufig zur Harnsäuresteinbildung kommt. Sie sind nur noch bei Kontraindikationen gegen Allopurinol indiziert.
Rasburicase ist gentechnisch hergestellte Uricase, die intravenös appliziert Harnsäure abbaut. Rasburicase wird nur im Notfall bei sehr hohen Harnsäurespiegeln, z. B. bei Tumorlyse, kurzzeitig gegeben. Zwingend ist die Vorbehandlung mit Urikostatika oder Rasburicase bei zu erwartender Hyperurikämie infolge geplanter Chemotherapie insbesondere bei hämatologischen Erkrankungen, unter der durch den Zellzerfall eine Harnsäurenephropathie ausgelöst werden kann.

Therapie des akuten Gichtanfalls

Bevorzugt werden **nichtsteroidale Antiphlogistika (NSAR)** verabreicht, z. B. Diclofenac. Dosierung: 50 mg Diclofenac p. o. oder rektal; bis maximal 150 mg/d. Anschließend absteigende Dosierung.

Colchizin ist zwar ein wirksameres und spezifischeres Mittel, wird aber schlecht vertragen, sodass es nur noch ausnahmsweise bei schwerem Verlauf verabreicht wird. Ein- bis zweistündlich wird dann 1 mg Colchizin p. o. bis zum Nachlassen der Beschwerden oder bis zum Auftreten von Nebenwirkungen (Nausea, Erbrechen oder Durchfall) oder maximal 8 mg/d verabreicht. Bei über 90 % der Patienten tritt eine Besserung nach 4 – 6 mg ein. Dann erfolgt eine ausschleichende Dosierung über 2 bis 3 Tage. Der Wirkmechanismus von Colchicin besteht in der Hemmung der Funktion phagozytierender Leukozyten.
Weitere Maßnahmen: Ruhigstellung der betroffenen Extremität, kühle Umschläge.

Klinischer Fall

Der 44 Jahre alte Herr F. isst gerne Fleisch, dazu trinkt er gerne ein bis zwei „Bierchen“ und ebensoviele „Schnäpschen zur Verdauung“. An seinem Geburtstag gestern hat Herr F. wieder reichlich gegessen und getrunken. Nachts erwachte er dann mit extremen Schmerzen in der linken Großzehe – nicht mal die Bettdecke durfte darauf liegen. An Weihnachten hatte er schon einmal ähnliche Symptome, damals waren die Schmerzen aber wieder spontan abgeklungen. Herr F. stellt sich nun bei seinem Hausarzt vor.
Das linke Großzehengrundgelenk ist stark gerötet, überwärmt und geschwollen. Ansonsten ergeben sich außer einem adipösen Körperbau und einem erhöhten Blutdruck von 160/100 mmHg keine auffälligen Befunde bei der ärztlichen Untersuchung. Der Hausarzt stellt die Verdachtsdiagnose einer Arthritis urica. Da der Anfall anamnestisch wiederholt aufgetreten ist, bestimmt der Hausarzt den Harnsäurespiegel im Blut. Zum eindeutigen Beweis der Diagnose punktiert der Arzt das Gelenk und schickt die Synovialflüssigkeit zur Analyse unter dem Polarisationsmikroskop ein. Damit die Beschwerden nun bei Herrn F schnell abklingen, bekommt er das NSAR Diclofenac in hoher Dosierung verschrieben. Zusätzlich soll er das Gelenk kühlen.
Eine Woche später bespricht der Hausarzt die Befunde mit seinem Patienten. Der Harnsäurespiegel ist auf 10 mg/dl erhöht (normal: 3,6 – 8,2 mg/dl), in der Synovialflüssigkeit wurden nadelförmige Harnsäurekristalle nachgewiesen. Damit ist die Diagnose einer Gicht gesichert. Der Hausarzt erklärt Herrn F, dass sein Harnsäurespiegel nun dauerhaft gesenkt werden muss, damit die Anfälle nicht wiederholt auftreten und die Krankheit nicht chronisch wird. Als erstes soll Herr F. deshalb auf seine Ernährung achten, weniger Fleisch essen und Alkohol trinken. Im Austausch

soll er mehr Wasser trinken und mehr Obst und Gemüse verzehren. Erst wenn diese Maßnahmen nicht greifen, erwägt der Hausarzt dem Patienten das Urikostatikum Allopurinol zu verschreiben.

Langzeittherapie der Hyperurikämie

In der Langzeittherapie stellt die Diät die Basistherapie dar, bei Harnsäurewerten bis 9 mg/dl ist dies oft allein ausreichend. Andererseits ist die medikamentöse Therapie mit Allopurinol so wirksam, dass die Diät in der Praxis bei dieser Indikation in den Hintergrund gerückt ist. Sie hat einen deutlich höheren Stellenwert bei den häufigen Begleiterkrankungen der Gicht wie Übergewicht, Diabetes mellitus, Fettstoffwechselstörungen und Hypertonus.

Nach einem akuten Gichtanfall, spätestens nach dem ersten Rezidiv, besteht die Indikation zur Harnsäuresenkung zwecks Prophylaxe eines weiteren Gichtanfalls, aber auch der Komplikationen wie Entstehung von Tophi und Nephropathie.

Eine langzeitige Senkung eines asymptomatisch erhöhten Harnsäurespiegels wird erst empfohlen, wenn die Konzentration im Serum 13 mg/dl bei Männern und 10 mg/dl bei Frauen oder die Ausscheidung im 24-h-Urin 1 100 mg übersteigt, da dann das Risiko für Komplikationen sehr hoch ist.

! Im Idealfall sollte der Harnsäurespiegel auf < 5,5 mg/dl im Serum bzw. < 800 mg im 24 h-Urin gesenkt werden.

37.6 Prognose und Komplikationen

Die Lebenserwartung bei früh und ausreichend behandelter Gicht scheint nicht eingeschränkt zu sein. Die Komplikation Gichtnephropathie kann durch die Therapie verhindert werden. Nur bei fehlender oder unzureichender Behandlung sterben 20 – 25 % der Patienten mit chronischer Gicht an Nierenversagen. Die Hauptursache vorzeitiger Todesfälle beim Vorliegen der Diagnose Gicht sind Herzinfarkt und apoplektischer Insult wegen der häufigen Assoziation mit den Risikofaktoren für Herzkreislauferkrankungen (metabolisches Syndrom, s. S. 664).

Weiterführende Informationen

Leitlinie zu Gicht der Europäischen Rheumaliga: EULAR evidence based recommendations for gout. http://www.eular.org

H

38 Sonstige hereditäre Stoffwechselerkrankungen

Franz Rinninger

38.1 Porphyrien

38.1.1 Allgemeines

engl.: porphyria

Definition

Porphyrien sind überwiegend angeborene (Ausnahme: Porphyria cutanea tarda, s. S. 678) Störungen des Pigmentstoffwechsels, die auf spezifischen Enzymdefekten der Hämbiosynthese beruhen (Abb. 38.1). Zahlreiche angeborene Mutationen, die für die Änderung der Enzymaktivitäten verantwortlich sind, wurden definiert. Diese Enzymdefekte führen zu Überproduktion, Akkumulation oder vermehrter Exkretion von Porphyrinen oder deren Vorstufen. Entsprechend der bevorzugten Lokalisation der Überproduktion und der Akkumulation von Porphyrinen und Porphyrinvorläufern werden hepatische und erythropoetische Porphyrien unterschieden (Tab. 38.1). **Hepatische Porphyrien** rufen vor allem neurologische, abdominelle und psychische

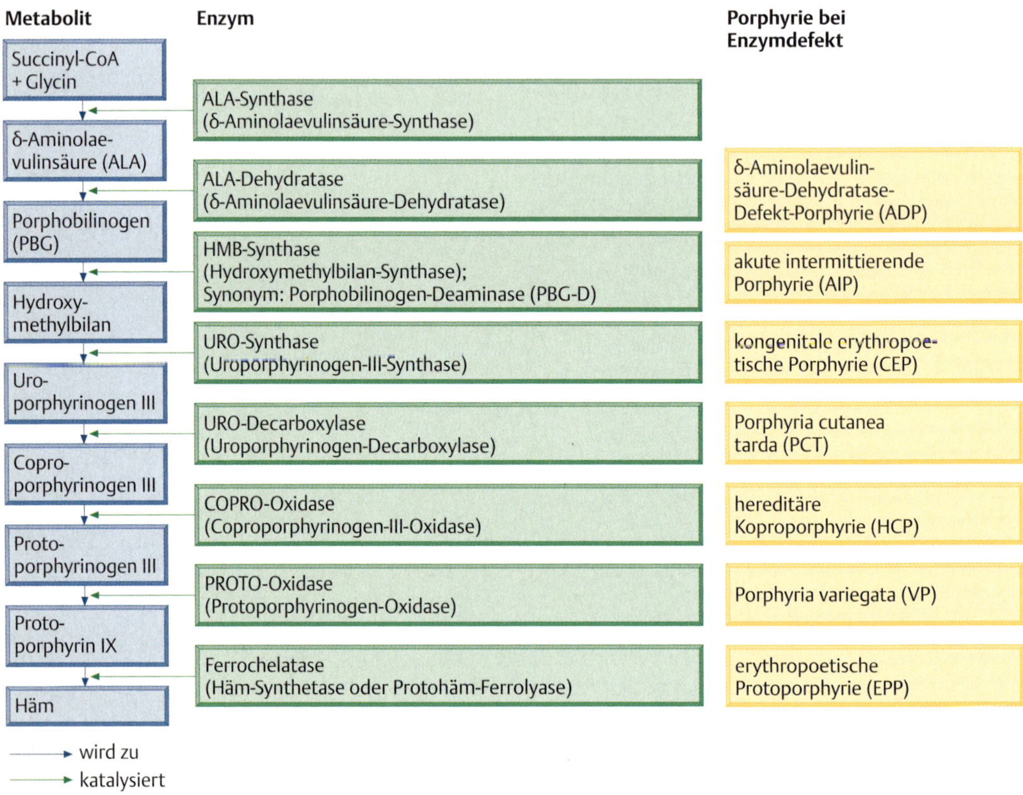

Abb. 38.1 Häm-Biosynthese beim Menschen. Diese stark vereinfachte und schematische Darstellung zeigt Metaboliten und Enzyme der Häm-Biosynthese. In der rechten Spalte sind die Porphyrien aufgeführt, die bei Defekten definierter Enzyme resultieren.

Tab. 38.1 Einteilung der Porphyrien

Porphyrie	Abkürzung	Häufigkeit
chronische hepatische Porphyrie *dominierende Klinik: Photosensibilität der Haut und Hepatopathie*		
• Porphyria cutanea tarda	PCT	+++++
akute hepatische Porphyrien *dominierende Klinik: neuroviszerale Symptomatik*		
• akute intermittierende Porphyrie	AIP	++++
• hereditäre Koproporphyrie	HCP	++
• Porphyria variegata	VP	++
• δ-Aminolaevulinsäure-Dehydratase-Defekt-Porphyrie (Doss-Porphyrie)	ADP	(+)
erythropoetische Porphyrien *dominierende Klinik: Lichtdermatose*		
• erythropoetische Protoporphyrie	EPP	+++
• kongenitale erythropoetische Porphyrie (Morbus Günther)	CEP	+

Symptome hervor, **erythropoetische Porphyrien** vor allem Photodermatosen mit Photosensibilität der Haut.

Ätiopathogenese

Zahlreiche Faktoren, wie Steroidhormone, Medikamente oder die Ernährung, beeinflussen die Häm-Biosynthese bzw. die Bildung von Porphyrinen und Porphyrinmetaboliten. Deshalb können diese Faktoren eine Porphyrie-Attacke hervorrufen. Die Pathogenese der neuroviszeralen Symptomatik bei **hepatischen Porphyrien** ist letztlich unklar. Bei **erythropoetischen Porphyrien** entsteht die Sonnenlichtüberempfindlichkeit der Haut dadurch, dass die Exzitation überschüssig in der Haut vorhandener Porphyrine durch langwelliges Ultraviolettlicht Zellschäden verursachen kann.

Die Gene bzw. die DNA von allen Enzymen der Häm-Biosynthese beim Menschen (s. **Abb. 38.1**) wurden inzwischen kloniert. DNA-Analysen von Porphyriepatienten zeigten, dass diese Erkrankungen **molekulargenetisch sehr heterogen** sind. Multiple Mutationen kommen in den meisten Genen vor. Charakterisiert wurden Punktmutationen (Missense-Mutationen, Spleißdefekte, Nonsense-Mutationen) sowie Basendeletionen oder -insertionen. Bisher konnten meist keine direkten Genotyp-Phänotyp-Beziehungen zwischen dem Typ der Mutation und dem Auftreten bzw. dem Schweregrad klinischer Symptome nachgewiesen werden. Dies spricht für die Existenz zusätzlicher, bisher noch nicht bekannter Gene, die für die Penetranz bzw. die Art der klinischen Symptomatik verantwortlich sein müssen.

Klinik und Diagnostik

Porphyrien kommen in **latenten (subklinischen)** und **manifesten (klinischen)** Stadien vor, die wechselseitig ineinander übergehen können. **Latenzphasen** überwiegen. Hormone, Medikamente und die Ernährung können die Manifestation auslösen. Da viele Porphyriesymptome unspezifisch sind und ein großes Spektrum von Symptomen beobachtet wird, werden Porphyrien oft erst mit Verzögerung diagnostiziert. Meist sichern pathobiochemische Untersuchungen, die in Speziallabors durchgeführt werden, die Verdachtsdiagnose.

Bei klinischer Manifestation können **Porphyrine und Porphyrinmetaboliten** im Urin, im Plasma, in Erythrozyten und im Stuhl in oft massiv erhöhter Konzentration nachweisbar sein. Bei den akuten hepatischen Porphyrien ist der rot nachdunkelnde Urin ein vereinzelt wegweisender diagnostischer Hinweis. Zur ergänzenden Diagnostik werden die spezifischen Enzymdefekte einzelner Porphyrien direkt charakterisiert. Mit der Isolierung und Charakterisierung der cDNA von Enzymen der Hämbiosynthese lassen sich molekulare Defekte identifizieren. Diese Methodik findet insbesondere bei Familienuntersuchungen und zur pränatalen Porphyriediagnostik Verwendung.

Therapie und Prophylaxe

Eine **kausaleTherapie** der Porphyrien ist bisher nicht möglich. Zur **Prophylaxe** der Porphyriesymptomatik stehen die Identifikation und das Ausschalten von manifestationsfördernden Faktoren im Vordergrund. Bei Photodermatosen sollte eine Sonnenlichtexposition möglichst vermieden werden. Ansonsten beschränkt sich die Behandlung im Wesentlichen auf symptomatische Maßnahmen.

38.1.2 Chronische hepatische Porphyrie

Porphyria cutanea tarda (PCT)

engl.: porphyria cutanea tarda

Epidemiologie. Die PCT ist die häufigste Porphyrie, Männer sind häufiger betroffen als Frauen. Die Prävalenz beträgt 20 – 50 Genträger pro 100 000 Personen. Die Manifestation ist typisch im mittleren Lebensalter.

Ätiopathogenese. Die Aktivität der Uroporphyrinogen-Decarboxylase (URO-Decarboxylase) ist vermindert, Folge hiervon ist eine Überproduktion von Uroporphyrin. Ca. 80% der Patienten leiden an der **sporadischen Form** (Typ 1) der PCT, bei welcher der Enzymdefekt auf die Leber beschränkt ist. Die Familienanamnese ist negativ. Bei der **familiären Form** Typ 2) wird der Gendefekt autosomal-dominant vererbt mit niedriger klinischer Penetranz, die URO-Decarboxylaseaktivität ist in allen Geweben vermindert. Die klinische Manifestation der PCT (Typ 1 und Typ 2) wird durch eine Leberzellschädigung (z. B. Alkohol, Hepatitis C, Östrogene, Eisenüberladung) wesentlich begünstigt. Reichlich Porphyrine akkumulieren in der Leber; Porphyrine, die sich in der Haut sammeln, sind die Ursache der Photosensibilität.

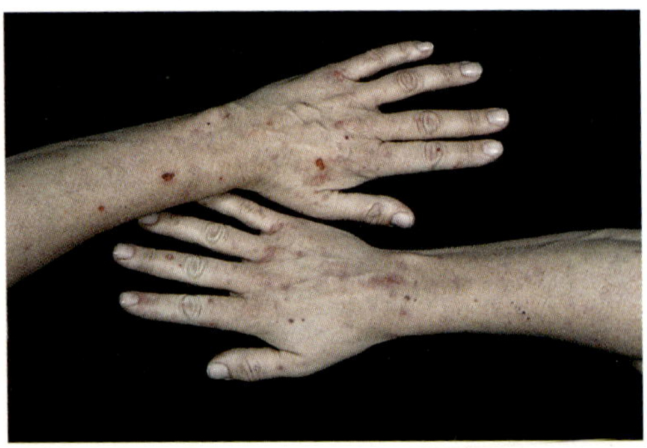

Abb. 38.2 Hautveränderungen bei Porphyria cutanea tarda. Aufgrund der bei der 45 Jahre alten Patientin aufgetretenen Hautveränderungen wurden Metabolitenuntersuchungen des Porphyrinstoffwechsels durchgeführt, die die Verdachtsdiagnose Porphyria cutanea tarda bestätigten.

Klinik. Leitsymptom ist die **Photosensibilität der Haut**. An sonnenlichtexponierten Hautarealen (Gesicht, Handrücken) treten sekretgefüllte Vesiculae und Bullae auf (Abb. 38.2). Typisch ist weiterhin die leichte Verletzbarkeit der Haut, Hyperpigmentierung und Hypertrichosis. Die PCT ist fast immer **mit** milden bis schweren **Lebererkrankungen assoziiert** (Erhöhung von Transaminasen und γ-GT); Porphyrinablagerungen sind in der Leber nachweisbar. Die Manifestation erfolgt meist nach Induktion durch exogene Faktoren, z. B. übermäßiger Alkoholkonsum, Einnahme von Eisenpräparaten, Östrogenen (hormonelle Kontrazeptiva), Hepatitis C und Hämodialyse bei Niereninsuffizienz.

Diagnostik. Bei typischem Hautbefund und mittel- bis schwergradiger Hepatopathie wird die Verdachtsdiagnose durch eine erhöhte Konzentration von Uroporphyrin I und III und Heptacarboxylporphyrin im Urin gesichert. Im Plasma ist insbesodere **Uroporphyrin erhöht**. Als Screening-Test können die Gesamt-Porphyrine im Plasma bestimmt werden.

Prophylaxe, Therapie und Prognose. Auslösende Noxen (s. o.) müssen gemieden werden, hierdurch kommt es meist zur klinischen Remission. Die Prognose ist dann günstig. Insgesamt ist die Behandlung wirkungsvoll. Der Verzicht auf Alkohol und ggf. auf östrogenhaltige Medikamente ist die wichtigste therapeutische und prophylaktische Maßnahme. Eine Sonnenlichtexposition der Haut sollte vermieden werden. Weiterhin wird eine dermatologische Lokaltherapie empfohlen.

> ! Auslösende Noxen meiden.

Eine Remission kann fast immer durch rezidivierende **Aderlässe** induziert werden, Ursache hierfür ist wahrscheinlich eine Reduktion von Eisendepots im Körper und in der Leber. Falls Aderlässe nicht ausreichend wirksam sind oder Kontraindikationen bestehen (z. B. Anämie, fortgeschrittene Hepatopathie, Herzerkrankung), ist eine Chloroquintherapie indiziert (niedrig dosiert, z. B. 125 mg zweimal pro Woche). **Chloroquin** fördert die Elimination von Porphyrinen aus der Leber. Da Chloroquin eine Retinopathie induzieren kann, sind regelmäßige ophthalmologische Untersuchungen indiziert. Auch eine kombinierte Behandlung mit Chloroquin und Aderlässen ist möglich. Bei Durchführung der genannten Therapien bessert sich der Hautbefund in der Regel.

38.1.3 Akute hepatische Porphyrien

Akute intermittierende Porphyrie (AIP)

engl.: acute intermittent porphyria

Epidemiologie

Die autosomal-dominant vererbte AIP ist die zweithäufigste Porphyrie. Die Prävalenz des Gendefektes beträgt etwa 5 – 50 pro 100 000 Personen, allerdings wird die Erkrankung nur bei etwa 10 – 20% aller Genträger klinisch manifest, die Penetranz ist also unvollständig. Akute Porphyrieattacken treten typischerweise nach der Pubertät bzw. im 2. – 4. Lebensjahrzehnt auf. Frauen sind häufiger betroffen.

Ätiopathogenese

Ursache der Erkrankung ist eine verminderte Aktivität des Enzyms Porphobilinogen-Deaminase (PBG-D; *syn.* Hydroxymethylbilan-[HMB-]Synthase, s. **Abb. 38.1**). Die Metaboliten **δ-Amino-Laevulinsäure** (δ-ALA) und **Porphobilinogen** (PBG) akkumulieren in der Leber und werden schließlich mit dem Urin in hoher Konzentration ausgeschieden. Im PBG-D Gen wurden bei AIP bisher über 200 spezifische Mutationen definiert. Eine direkte Neurotoxizität von δ-ALA und PBG wird als Ursache der klinischen Symptomatik diskutiert. Der Enzymdefekt allein hat keinen Krankheitswert. Der akute Krankheitsprozess entwickelt sich aus einer nur unvollständig verstandenen Interaktion von Enzymdefekt und manifestationsfördernden Faktoren. Zu den **manifestationsfördernden Faktoren** gehören:

- porphyrinogene Medikamente: Steroidhormone (z. B. Östrogene), Barbiturate, Phenytoin, Sulfonamide und zahlreiche andere
- endokrine Umstellungen: z. B. Menstruationszyklus, Einnahme von Sexualhormonen
- Kalorienmangel, Reduktionsdiät
- Alkoholkonsum, Nikotinabusus
- Stress, Operationen, Infektionen

Klinik

Eine **neuroviszerale Symptomatik** dominiert häufig bei akuten Porphyrieattacken:

- diffuse oder kolikartige Bauchschmerzen bis hin zum unklaren bzw. akuten Abdomen
- intestinale Motilitätsstörungen, Ileus
- Erbrechen, Obstipation, Diarrhö
- Tachykardien, arterielle Hypertonie

Eine **neuropathische Symptomatik** ist zudem nicht selten:

- periphere motorische Neuropathien bis hin zu Lähmungen, auch der Atemmuskulatur
- sensorische Störungen und Parästhesien

Weiterhin kommen **zentralnervöse** bzw. **psychiatrische Symptome** vor:

- Verwirrtheit, Halluzinationen
- Angst, Schlafstörungen
- epileptische Anfälle
- Kopfschmerzen, depressive Verstimmungen
- Bewusstseinstrübungen bis hin zum Koma

Bei schwerem Verlauf findet sich ein **rot nachdunkelnder Urin** (ähnlich wie Portwein).

> **!** **Eine akute Porphyrieattacke kann eine sehr schwere Erkrankung sein, die vereinzelt auch letal verläuft.**

Diagnostik

Der klinische Verdacht auf AIP wird durch Metabolitenuntersuchungen des Porphyrinstoffwechsels bestätigt. Bei akuter Symptomatik sind δ-Amino-Laevulinsäure (δ-ALA) und Porphobilinogen (PBG) im Urin massiv erhöht, im Stuhl ist die Porphyrinkonzentration im Normbereich. In der Nofalldiagnostik wird PBG im Urin qualitativ bestimmt. Hierfür eignet sich der Watson-Schwartz-Test, kommerzielle Kits sind ebenfalls verfügbar. Eine deutliche **Erhöhung von PBG im Urin** sichert die Diagnose Porphyrie.

Auch im latenten Stadium ist die Ausscheidung von δ-ALA und PBG oft erhöht, deshalb werden diese Metaboliten quantitativ im 24-Stunden-Sammelurin bestimmt. Enzym-Aktivitäts-Untersuchungen der Porphobilinogen-Deaminase (PBG-D) in Erythrozyten sind möglich, beispielsweise bei asymptomatischen Personen. Molekulargenetische Untersuchungen sind von Bedeutung bei Familienuntersuchungen bzw. bei der Suche nach (noch) asymptomatischen Genträgern.

Bei abdominellen Schmerzen, die intermittierend auftreten und nicht eindeutig ätiologisch zuzuordnen sind und oft von zentralnervösen Symptomen begleitet sind, muss bei der Differenzialdiagnose immer eine akute Porphyrie berücksichtigt werden. Eine Porphyrieattacke kann klinisch als akutes Abdomen imponieren; eine Laparatomie ist dann kontraindiziert.

Eine Vielzahl abdomineller und neurologisch-psychiatrischer Erkrankungen können ähnliche Symptome verursachen. Differenzialdiagnostisch müssen auch Blei-Intoxikationen erwogen werden.

Therapie

Allgemeine Maßnahmen und Prävention.

- Medikamente und Faktoren (→ Klinik), die Porphyrieattacken auslösen können, identifizieren und meiden, Information der Betroffenen
- alkoholhaltige Getränke und Nikotin meiden
- kohlenhydratreiche Ernährung, Fasten vermeiden
- umgehende Behandlung von Infektionen und anderen Erkrankungen

Frauen können bei zyklusabhängiger Symptomatik mit GnRH-Agonisten behandelt werden. Letztere hemmen die hypophysäre Sekretion von LH und FSH und führen in der Folge zur Erniedrigung der Sexualhormone im Plasma.

Therapie der akuten Porphyrieattacke. Meist ist eine **intensivmedizinische Behandlung** und Überwachung angezeigt mit **Bilanzierung und Ausgleich** des Flüssigkeits- und Elektrolythaushaltes. Die Diurese ist zu forcieren.

Eine parenterale **Glukoseinfusion** (z. B. 400 g/24 h) ist insbesondere bei milden Porphyrieattacken indiziert; Glukose und Insulin können auch kombiniert werden. Glukose hemmt die im Schub induzierte δ-Amino-Laevulinsäure-Synthase in der Leber (sog. „Glukoseeffekt"). Häm hemmt ebenfalls die δ-Amino-Laevulinsäure-Synthase. Eine Behandlung mit **Hämarginatinfusionen** ist vor allem bei schweren Porphyrieattacken oder beim Versagen der Glukoseinfusion indiziert.

Zur **Schmerztherapie** eignen sich Acetylsalicylsäure und Morphinderivate. Bei Tachykardie und arterieller Hypertonie ist **Propranolol** indiziert. Bei Atemlähmung erfolgt die **Intubation** und maschinelle Beatmung.

Hereditäre Koproporphyrie (HCP)

engl.: hereditary coproporphyria

Die Genfrequenz dieser autosomal-dominant vererbten Porphyrie beträgt etwa 1:100 000. Die Aktivität der Coproporphyrinogen-III-Oxidase (COPRO-Oxidase) ist vermindert (s. **Abb. 38.1**). Folge dieses Enzymdefektes ist eine exzessive **Ausscheidung von Coproporphyrin** im Stuhl und Urin. Die Symptome, die Manifestationsfaktoren und die Therapie sind ähnlich wie bei AIP (s. S. 679). Vereinzelt treten zusätzlich Photodermatosen im Gesicht und an den Extremitäten auf.

Porphyria variegata (VP)

engl.: variegate porphyria

Bei dieser autosomal-dominant vererbten Porphyrie ist die Enzymaktivität der Protoporphyrinogen-Oxidase (PROTO Oxidase) vermindert (s. **Abb. 38.1**). Die Genfrequenz beträgt etwa 1:100 000. Bei nachgewiesenem Gendefekt ist die Penetranz relativ niedrig. Klinisch dominieren ähnliche neuroviszerale Symptome wie bei AIP (s. S. 679). Weiterhin können Photodermatosen im Gesicht und an den Extremitäten auftreten, auch unabhängig von der Manifestation einer neuroviszeralen Symptomatik. Auslöser der Manifestation sind ähnliche Faktoren wie bei AIP, z. B. Medikamente, Hormone und Fasten.

δ-Aminolaevulinsäure-Dehydratase-Defekt-Porphyrie / ALA Dehydratase Prophyrie (ADP, Doss-Porphyrie)

engl.: ALA dehydratase porphyria

Bei dieser extrem seltenen akuten hepatischen Porphyrie ist die Enzymaktivität der δ-Aminolaevulinsäure-Dehydratase (ALA-Dehydratase) vermindert (s. **Abb. 38.1**). Klinische Symptomatik, Therapie und Prävention sind ähnlich wie bei AIP (s. S. 679).

38.1.4 Erythropoetische Porphyrien

Erythropoetische Protoporphyrien (EPP)

engl.: erythropoietic protoporphyria

Epidemiologie. Dritthäufigste Porphyrie und häufigste erythropoetische Porphyrie mit einer Prävalenz von 1:100 000. Die Vererbung ist autosomal-dominant.

Ätiologie. Die EPP beruht auf der verminderten Aktivität der Ferrochelatase (s. **Abb. 38.1**). Folge ist eine **Akkumulation von Protoporphyrin IX**.

Klinik. Diese Porphyrie tritt häufig erstmals in der Kindheit auf. Die klinische Expression ist variabel, wobei eine Lichtdermatose ohne Bildung von Bullae dominiert. An sonnenlichtexponierten Hautarealen manifestiert sich kurz nach Exposition Rötung, Schwellung, Brennen und Jucken. Die hepatische Akkumulation von Protoporphyrinen kann zu hepatobiliären Störungen führen. Lebererkrankungen bis hin zur Leberzirrhose kommen ebenso wie eine Cholelithiasis (Protoporphyrin-Gallensteine) vor. Auch ein fulminantes Leberversagen wurde bei EPP beschrieben.

Diagnostik. Die Protoporphyrinkonzentration ist in zirkulierenden Erythrozyten, Knochenmark, Plasma, Galle und Stuhl (*nicht* aber in Urin) erhöht. Spezifisch ist der Nachweis erhöhter Konzentrationen von freiem Protoporphyrin in Erythrozyten.

Prophylaxe und Therapie.

- Sonnenlicht meiden
- β-Carotin (oral) verbessert die kutane Sonnenlichtverträglichkeit
- Colestyramin unterbricht den enterohepatischen Kreislauf von Protoporphyrin und fördert die Ausscheidung dieser Substanz mit dem Stuhl; Protoporphyrine in der Leber werden reduziert und vereinzelt bessert sich der Hautbefund
- bei Leberzirrhose ist evtl. eine Lebertransplantation indiziert. Bei einer Leberzirrhose unklarer Genese immer die EPP in der Differenzialdiagnose berücksichtigen.

Congenitale erythropoetische Porphyrie (CEP)

Synonym: Morbus Günther
engl.: congential erythropoietic porphyria

Diese sehr seltene autosomal-rezessiv vererbte Porphyrie beruht auf einer verminderten Aktivität der Uroporphyrinogen-III-Synthase (URO-Synthase, s. **Abb. 38.1**). Zahlreiche Mutationen wurden charakterisiert. Die CEP manifestiert sich häufig im Kleinkindesalter, wobei eine ausgeprägte Photodermatose und eine hämolytische Anämie (letztere ist wahrscheinlich Folge der vermehrten Erythrozytenporphyrine) im Vordergrund stehen können. Die Photosensibilität der Haut ist extrem: Bullae, Vesiculae, verletzbare Haut, Hautverdickungen, Hyper- und Hypopigmentation, Hypertrichosis und Ulzerationen. Aufgrund der Ablagerungen von Porphyrinen in Knochen und Zähnen sind die Zähne rötlichbraun verfärbt (Erythrodontie). Porphyrine können den Urin rosa oder rotbraun verfärben.
Therapeutisch stehen der Schutz vor Sonnenlicht, die Hautpflege und die Transfusion von Erythrozyten im Vordergrund. Bei hämolytischer Anämie und Hypersplenismus kann eine Splenektomie Therapie der Wahl sein. Einige Patienten wurden mit einer allogenen Knochenmarktransplantation kurativ behandelt. Hydroxyurea vermindert die Porphyrin-Synthese im Knochenmark und ist deshalb ebenfalls eine Option.

38.2 Lysosomale Speicherkrankheiten

engl.: lysosomal storage disease

Definition. Die lysosomalen Speicherkrankheiten umfassen eine Gruppe von angeborenen Lipidspeicherkrankheiten, bei denen der intrazelluläre Lipidabbau infolge von **Defekten lysosomaler Enzyme** gehemmt ist. Zellulär akkumulieren die entsprechenden Lipide. Bei Manifestation in der Kindheit ist der Krankheitsverlauf häufig progredient. Neben anderen gehören hierzu Morbus Gaucher (*engl.:* Gaucher Disease), Niemann-Pick-Krankheit (*engl.:* Niemann-Pick Disease) sowie die Cholesterinester-Speicherkrankheit (*engl.:* cholesteryl ester storage disease). Speicherkrankheiten sind sehr selten.

H

Ätiopathogenese

Morbus Gaucher. Bei dieser Speicherkrankheit ist die Enzymaktivität der lysosomalen Glukozerebrosidase (saure β-Glucosidase) vermindert. Als Folge hiervon akkumulieren progredient Glykolipidsubstrate (Glucosylceramide, auch als Glukozerebroside bezeichnet) in Lysosomen des Monozyten-Makrophagen-Systems. Pathognomonisch bei dieser Speicherkrankheit sind sog. „Gaucher-Zellen" im Knochenmark.

Niemann-Pick-Krankheit. Bei Typ A und Typ B der Niemann-Pick-Krankheit (NPD-A, NPD-B) ist als Folge von Mutationen die Enzymaktivität der lysosomalen Sphingomyelinase reduziert. Folge dieses autosomal-rezessiv vererbten Defektes ist eine progrediente Sphingomyelinakkumulation im Mono-

zyten-Makrophagen-System von Leber, Milz, Lungen, Nervensystem und anderen Organen. Mehrere Subtypen sind definiert. Morphologisch sind lipidbeladene Schaumzellen („Niemann-Pick-Zellen") charakteristisch.
Bei Typ C der Niemann-Pick-Krankheit (NPD-C) ist ein Membranprotein von Endosomen mutiert. Dadurch ist intrazellulär der Abbau des LDL-Cholesterins gestört mit der Folge einer Lipid-Akkumulation und einer neuronalen Degeneration.

Cholesterinester-Speicherkrankheit. Diese Cholesterin-Speicherkrankheit (*engl.* Cholesteryl Ester Storage Disease, CESD) wird autosomal-rezessiv vererbt. Die lysosomale saure Lipase hydrolysiert physiologischerweise in den Lysosomen Cholesterinester und Triglyzeride. Ursache dieser Speicherkrankheit ist eine Defizienz der lysosomalen sauren Lipase. Als Folge der Lipase-Defizienz akkumulieren bei Cholesterinester-Speicherkrankheit Lipide intrazellulär. Typisch sind eine Hepatomegalie und eine Fettleber. Bei vollständiger Defizienz der sauren Lipase wird die Krankheit als Wolman-Krankheit bezeichnet; die betroffenen Kinder haben eine sehr ungünstige Prognose. Bei Cholesterinester-Speicherkrankheit ist eine geringe Lipase-Aktivität vorhanden, die betroffenen Patienten haben eine bessere Prognose und erreichen das Erwachsenenalter.

Klinik und Diagnostik

Bei einer seit der Kindheit bestehenden und im Verlauf progredienten **Hepatosplenomegalie** sowie **zunehmenden neurologischen Auffälligkeiten**, ggf. mit einer Entwicklungsverzögerung, muss eine Speicherkrankheit differenzialdiagnostisch erwogen werden. Die Diagnosesicherung erfolgt durch die Bestimmung der spezifischen Enzymaktivität z. B. in Fibroblasten oder Leukozyten. Bei entsprechendem Verdacht kann zusätzlich eine Knochenmark- oder Leberbiopsie mit Nachweis von typischen „Gaucher-Zellen" bzw. „Niemann-Pick-Schaumzellen" erfolgen. Eine molekulargenetische Diagnostik ist bei zahlreichen Entitäten inzwischen (in Speziallaboratorien) möglich. Die Befunde ergeben sich aus den vorwiegend betroffenen Organen.

Morbus Gaucher. Charakteristisch sind massive Hepatosplenomegalie, Knochenmarkinfiltration und Skelettbeteiligung (Osteopenie). Knochenschmerzen, pathologische Frakturen, Anämie und Thrombozytämie kommen vor. Neben der Lunge ist bei einzelnen Subtypen auch das ZNS betroffen.

Niemann-Pick-Krankheit. Bei Typ A und Typ B sind Hepatosplenomegalie und eine progrediente interstitielle Lungenerkrankung häufige Befunde, bei manchen Subtypen ist auch das zentrale Nervensystem im Sinne einer Neurodegeneration betroffen. Meist beginnt die im Verlauf progrediente Symptomatik in der Kindheit.
Typ C der Niemann-Pick-Krankheit wird am häufigsten in der späteren Kindheit manifest, oft stehen die Folgen einer zerebellären Degeneration im Vordergrund. Leitbefunde bei Neugeborenen können Hepatopathie, Lungeninfiltrate, Hypotonie und eine neurologische Symptomatik sein.

Cholesterinester-Speicherkrankheit. Wegweisende Befunde sind eine Hypercholesterinämie und eine vorzeitige Arteriosklerose. Bei der Wolman-Krankheit findet sich eine Hepatosplenomegalie und eine Beteiligung des ZNS mit geistiger Retardierung, weiterhin können Verkalkungen der Nebenniere und eine primäre Nebennieren-Rinden-Insuffizienz vorkommen.

Therapie und Prognose

Eine kausale Therapie ist bisher nicht möglich. Deshalb wird mit unterschiedlich effektiven symptomatischen Maßnahmen behandelt. Therapeutisch erfolgte in Einzelfällen eine Knochenmark- oder Lebertransplantation. Neue Therapien werden entwickelt, z. B. mit rekombinanter DNA-Technologie und mit Stammzellen aus Nabelschnurblut.
Zur Behandlung des Morbus Gaucher ist inzwischen eine Enzym-Ersatz-Therapie etabliert, die intravenös verabreicht werden kann. Die defiziente Glukozerebrosidase, hergestellt mit rekombinanter Technologie, wird über Mannose-Rezeptoren in Makrophagen aufgenommen und zu den Lysosomen transportiert. Wegen des progredienten Krankheitsverlaufs ist die Prognose häufig ungünstig. Letztere wird vom Alter bei Manifestation, vom Schweregrad der Krankheitsausprägung und von eventuellen Komplikationen bestimmt. Eine pränatale Diagnose ist möglich.

38.3 Glykogenspeicherkrankheiten

engl.: glycogen storage diseases

Definition. Kennzeichen dieser Erkrankungen ist eine abnormale Speicherung von Glykogen, ausgelöst durch angeborene Enzymdefekte im Stoffwechsel des Glykogens. Glykogenspeicherkrankheiten sind selten und zahlreiche verschiedene Subtypen wurden definiert (**Tab. 38.2**).

Ätiopathogenese. Glukose kann im Muskel und in der Leber als Glykogen gespeichert werden. Bei Kohlenhydratangebot mit der Ernährung wird Glykogen synthetisiert, bei Nahrungskarenz wird dieses Kohlenhydrat wieder abgebaut zur Substratversorgung von Geweben. Den verschiedenen Glykogenspeicherkrankheiten liegen definierte Enzymdefekte zugrunde, die zu einer **Akkumulation** von normal oder abnormal strukturiertem Glykogen in **Leber** oder **Skelettmuskulatur** führen. Die Vererbung ist häufig autosomal-rezessiv.
Bei den hepatisch-hypoglykämischen Formen sind Enzyme des Glykogenabbaus defizient, z. B. Glukose-6-phosphatase-Mangel, Typ I (Von-Gierke-Erkrankung). Bei den Muskelstoffwechsel-Erkrankungen ist im Muskel der von Glykogen ausgehende Energiestoffwechsel (ATP-Gewinnung) gestört, z. B. Myophosphorylase-Mangel Typ V (McArdle-Krankheit).

Klinik. Eine Glykogenspeicherkrankheit kann schon nach der Geburt, im Kindes- und im Erwachsenenalter manifest werden. Bei den hepatisch-hypoglykämischen Formen stehen schwere, manchmal lebensbedrohliche Nüchtern-Hypoglykämien, Ketosen und eine ausgeprägte Hepatomegalie im Vordergrund. Nach einer Mahlzeit oder nach Glukosezufuhr bessert sich die Symptomatik rasch. Bei den Muskelstoffwechsel-Erkrankungen treten Belastungsintoleranz, Muskelschwäche, Muskelschmerzen, Myoglobinurie (burgunderrot verfärbter Urin) und ein Anstieg von Muskelenzymen (Kreatinkinase) nach körperlicher Aktivität auf.

Diagnostik. Zur Diagnosesicherung werden die spezifischen Enzymdefekte in Leber- oder Muskelgewebe nachgewiesen (Biopsie). Bei verschiedenen Entitäten ist der Glykogengehalt im Gewebe erhöht. Fast alle Enzymdefekte können heute auf molekulargenetischer Ebene charakterisiert werden.

Therapie. Eine kausale Therapie steht nicht zur Verfügung. Symptomatisch ist bei Leberglykogenosen eine Ernährungsbehandlung zur Vermeidung von Hypoglykämien indiziert, z. B. zahlreiche kleine kohlenhydratreiche Mahlzeiten, Einnahme auch nachts, beispielsweise über eine Magensonde. Bei Muskelglykogenosen empfiehlt sich ein Verzicht auf stärkere Muskelbelastungen und die Zufuhr von Glukose vor Muskelarbeit.

Tab. 38.2 Häufige Glykogenspeicherkrankheiten

Type	Enzym	Erkrankungen
Leber-Glykogenosen		
I	Glukose-6-Phosphatase System	Glykogenspeicherkrankheit Typ I (von-Gierke-Erkrankung)
III	„Glycogen Debrancher"	„Glycogen Debrancher Deficiency"
VI + VIII	Leber-Phosphorylase	Leber-Phosphorylase-Defizienz (Hers Erkrankung)
	Phosphorylase-B-Kinase	Phosphorylase-B-Kinase-Defizienz
IV	„Glycogen Branching Enzyme"	„Glycogen Branching Enzyme Deficieny" (Andersen-Erkrankung)
Muskel-Glykogenosen		
II	saure Maltase	Defizienz der lysosomalen sauren Maltase (Pompe-Erkrankung)
V	Muskel-Phosphorylase	Muskel-Phosphorylase Defizienz (McArdle-Erkrankung)
VII	Phosphofruktokinase	Phosphofructokinase-Defizienz (Tarui-Erkrankung)

Am häufigsten kommen die Glykogenspeicherkrankheiten der Typen I, II, III, VI und VIII vor.

38.4 Hereditäre Fruktoseintoleranz

engl.: hereditary fructose intolerance, fructosemia

Definition. Die hereditäre Fruktoseintoleranz ist eine autosomal-rezessiv vererbte Erkrankung des Fruktosestoffwechsels, die nur nach Fruktosezufuhr Symptome verursacht. Leitsymptom sind Hypoglykämien nach Fruktosezufuhr.

Ätiopathogenese. Die Aktivität des Enzyms Fruktose-1-Phosphat-Aldolase ist vermindert. Fruktose-1-Phosphat kann nach Fruktosezufuhr bei dieser Enzymdefizienz nicht weiter metabolisiert werden und akkumuliert in der Leber und in den Nieren. Fruktose-1-Phosphat hemmt die hepatische Glukoneogenese und die Glykogenolyse, deshalb treten **Hypoglykämien nach Fruktosezufuhr** auf. Gastrointestinale Beschwerden wie Erbrechen und Lebererkrankungen sowie Nierenschädigungen kommen nach Fruktosezufuhr vor. Im ungünstigen Fall tritt nach Fruktosezufuhr ein akutes Leberversagen auf; diskutiert wird, dass ein ATP-Mangel die Ursache für diese vital bedrohliche Erkrankung ist. Manifest werden kann die hereditäre Fruktoseintoleranz im Kleinkindes-, im Kindes- und im Erwachsenenalter.

Klinik. Erwachsene haben eine ausgesprochene Abneigung gegen fruktosehaltige Nahrungsmittel. Gefährlich für die Patienten ist eine intravenöse Fruktosezufuhr, z. B. bei parenteraler Ernährung. Danach manifestieren sich schwere Hypoglykämien und gastrointestinale Beschwerden (Übelkeit, Erbrechen). Leberschäden bis zum akuten Leberversagen mit letalem Ausgang und tubuläre Nierenfunktionsstörungen können dann vorkommen.

Diagnostik. Der Verdacht auf Fruktoseintoleranz ergibt sich aus der Ernährungs- oder Familienanamnese. Eine akut auftretende Hepatopathie nach intravenöser Fruktosezufuhr ist pathognomonisch. Zur Diagnosesicherung erfolgt traditionell ein Fruktosetoleranztest und eine Enzymaktivitätsbestimmung in Lebergewebe (Biopsie). Neuere diagnostische Techniken sind die „Phosphorus-31 Nuclear Magnetic Resonance Spectroscopy" und Mutationsanalysen auf DNA-Ebene.

Therapie und Prognose. Fruktose- und saccharosefreie Ernährung. Bei rechtzeitiger Diagnose der Fruktoseintoleranz ist die Prognose günstig.

> **!** **Wegen des Risikos der hereditären Fruktoseintoleranz sollen die Zuckeraustauschstoffe Fruktose und Sorbit heute in der Regel nicht mehr zur parenteralen Ernährung verwendet werden.**

Gastroenterologie

I

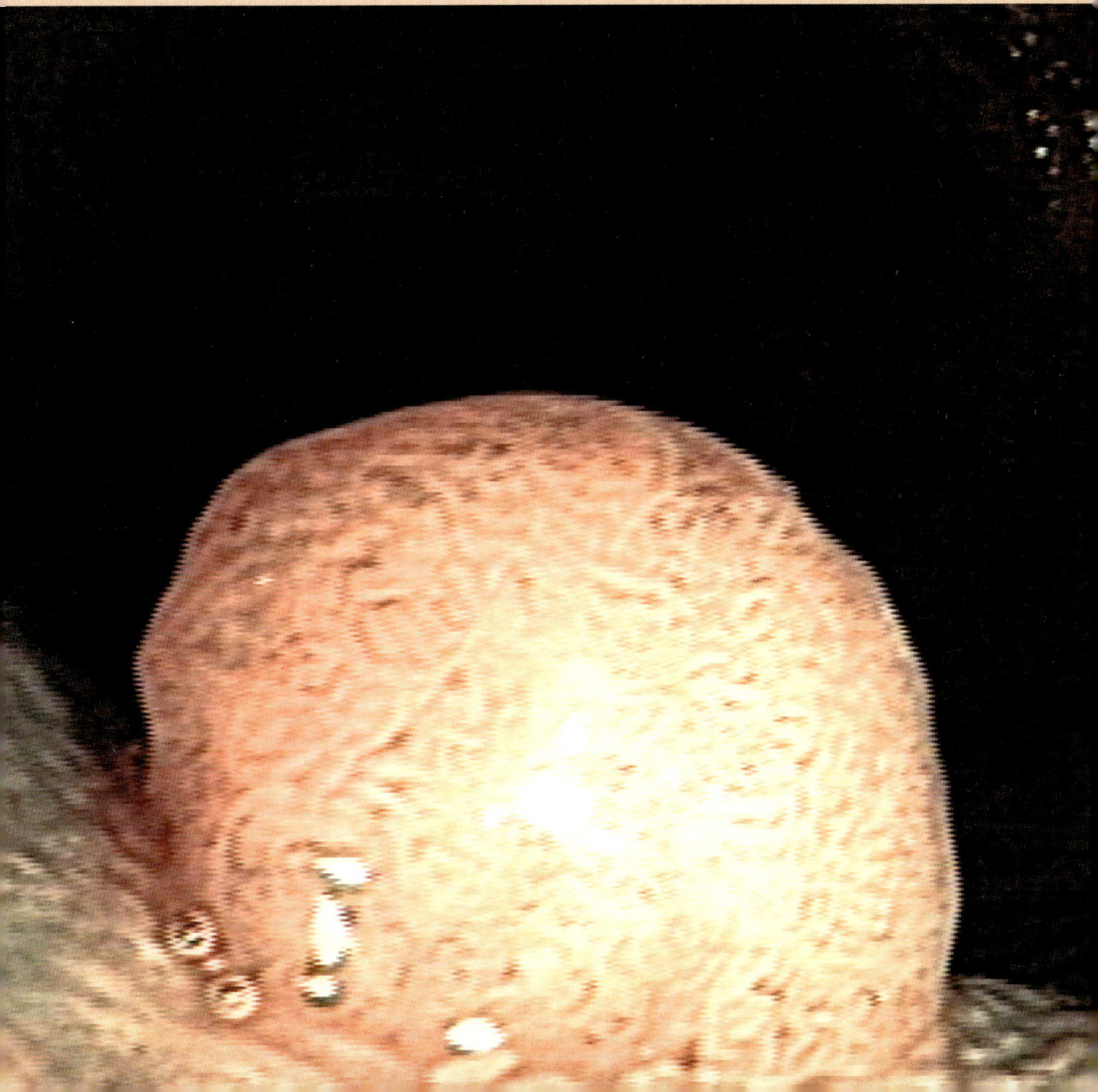

39 Speiseröhre

Wolfgang F. Caspary, Till Wehrmann

39.1 Grundlagen

39.1.1 Anatomie

Der Ösophagus ist ein 25 – 30 cm langer, muskulärer Schlauch, der am unteren Rand des Ringknorpels des Larynx beginnt, durch das Mediastinum zieht und schließlich nach Durchtritt durch das Zwerchfell in die Kardia des Magens mündet.

Die Speiseröhre liegt im hinteren Mediastinum, im oberen Anteil nach vorne der Trachea anliegend, im mittleren und distalen Teil nach vorne durch das Herz und nach hinten durch die Aorta descendens begrenzt. Drei Abschnitte werden unterschieden: Pars cervicalis, Pars thoracica und Pars abdominalis. Im Verlauf entstehen drei typische **Engstellen:**

- die obere und engste Stelle befindet sich auf Höhe des Ringknorpels (sog. Ösophagusmund) und wird durch einen zirkulären Sphinktermuskel verschlossen (oberer Ösophagussphinkter OÖS)
- die zweite Engstelle heißt auch Aortenenge. Hier „drücken" von links sowohl der Aortenbogen als auch der linke Hauptbronchus gegen den Ösophagus
- die untere Engstelle befindet sich im Bereich des Hiatus oesophageus des Zwerchfells. Hier legt sich das Diaphragma schlaufenartig um den Ösophagus (unterer Ösophagussphinkter UÖS)

> **!** **Verschluckte Gegenstände bleiben vorwiegend in einer der genannten Engstellen hängen.**

Histologisch zeigt der Ösophagus die für den Verdauungskanal typische Schichtung, wobei einige Besonderheiten zu beachten sind:

- Tunica mucosa mit mehrschichtigem unverhorntem Plattenepithel
- Tela submucosa mit den Gll. oesophageales, ausgedehnten Venenplexus und dem Plexus)
- Tunica muscularis: im Ösophagus findet sich neben der glatten auch quergestreifte Muskulatur
  - oberes Drittel: nur quergestreifte Muskulatur
  - mittleres Drittel: quergestreifte und glatte Muskulatur
  - unteres Drittel: nur glatte Muskulatur
- Tunica adventitia mit versorgenden Gefäßen, Trunci vagales, Lymphgefäßen

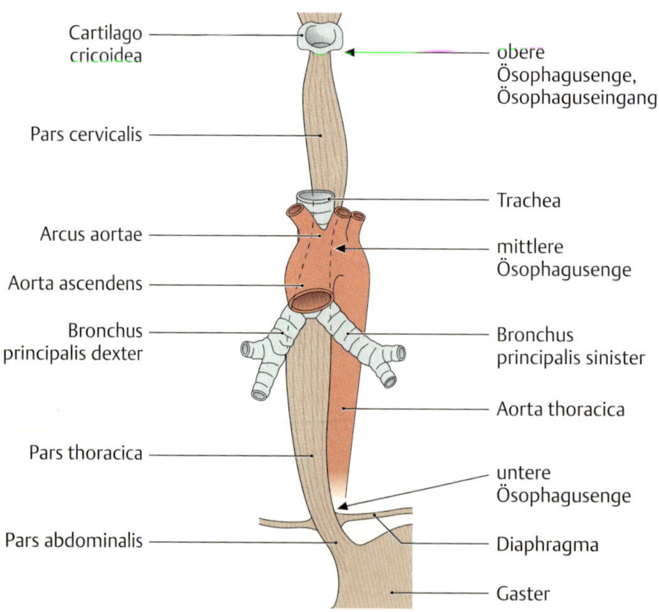

Abb. 39.1 Lage des Ösophagus und Ösophagusengen. (aus Schünke et al. Prometheus. LernAtlas der Anatomie. Thieme)

39.1.2 Funktion und Schluckvorgang

Wesentliche Aufgabe der Speiseröhre ist der **aktive Transport von Nahrung** aus der Mundhöhle in den Magen-Darm-Trakt. Zudem dient der ösophagogastrale Übergang auch als „Refluxbarriere", um ein Übertreten des überwiegend sauren Mageninhalts in die Speiseröhre und den Mund-Rachen-Raum zu verhindern.

Der **Schluckakt** erfolgt aktiv, d. h. die Speiseröhre agiert nicht als „passive Röhre". Die Nahrung wird hierbei durch einen komplex-gesteuerten reflektorischen Mechanismus, der sowohl die koordinierte Erschlaffung (Relaxation) der beiden Sphinkteren wie auch eine peristaltisch-motorische Aktivität des tubulären Ösophagus beinhaltet, propagativ nach aboral gerichtet in den Magenfundus transportiert. Der Schluckvorgang ist daher z. B. auch beim Kopfstand oder in der Schwerelosigkeit (Astronauten) möglich.

39.1.3 Refluxbarriere

Ein Rückfluss von Mageninhalt findet physiologischerweise nur für kurze Perioden überwiegend unmittelbar nach der Nahrungsaufnahme statt (vgl. S. 694). In diesen Fällen wird im Ösophagus eine peristaltische Welle initiiert, die das Refluat dann rasch wieder in den Magen befördert (sekundäre Peristaltik). Die Abdichtung des Ösophagus gegenüber dem Magen wird im Wesentlichen durch den ca. 2,5 cm langen UÖS aufrechterhalten, der einen Ruhedruck von etwa 10 – 25 mmHg aufweist. Als zusätzliche Antireflux-Mechanismen dienen das Zwerchfell, dessen Bänder unter anderem den spitzen Winkel zwischen Zwerchfellschenkel und Durchtritt des Ösophagus (His-Winkel, vgl. S. 686) bilden, die sekundäre Peristaltik und der (neutralisierende) Speichelfluss.

39.2 Leitsymptome

> **!** **Die typischen Leitsymptome von Ösophaguskrankheiten sind Dysphagie und retrosternale Schmerzen.**

Dysphagie

Eine ungestörte und koordinierte Funktion der ösophagealen Motilität ist Voraussetzung für eine ungestörte Passage der Nahrung. Dies wird sichergestellt durch die propagativ, d. h. nach distal gerichtete Motorik des tubulären Ösophagus sowie die mit dem Schluckakt koordinierte Funktion der beiden Ösophagussphinkteren.

Eine **Dysphagie** oder Schluckstörung tritt auf, wenn eine der am Schluckakt beteiligten Strukturen beeinträchtigt ist. Treten zusätzlich Schmerzen auf, spricht man von einer **Odynophagie** (z. B. bei Ösophagitis). Die Dysphagie tritt nur beim Schlucken auf und muss vom **Globusgefühl,** einem Enge- oder Fremdkörpergefühl in der Kehle unterschieden werden. Das Globusgefühl hat häufig eine psychosomatische Genese.

Schluckbeschwerden können u. a. durch funktionelle Störungen bei einer zentral verursachten Dyskoordination des Schluckaktes, durch Einengung des Lumens bei Tumoren, entzündlichen Strikturen oder sonstigen morphologischen Veränderungen auftreten. Mögliche Differenzialdiagnosen fasst **Tab. 39.1** zusammen.

Zur **Regurgitation,** also dem Zurückfließen (passive Regurgitation) oder Hochwürgen von Nahrung (aktive Regurgitation) kommt es bei Stenosen, Divertikeln oder neuromuskulären Störungen (z. B. Achalasie).

Retrosternale Schmerzen

Bei Störungen der ösophagealen Motilität kann es vor allem beim Bücken oder im Liegen zu Reflux von Mageninhalt in die Speiseröhre kommen (z. B. Refluxkrankheit). Dies führt zu retrosternalem (Sod-) Brennen, einer der häufigsten Schmerzsensationen bei Ösophaguskrankheiten (vgl. S. 694). Die Unterscheidung ösophagealer Thoraxschmerzen von kardialen Thoraxschmerzen kann mitunter schwierig sein.

Tab. 39.1 Differenzialdiagnose der Dysphagie

Verdachtsdiagnose	wegweisende Untersuchungen
oropharyngeale Dysphagie	
mechanisch und/oder schmerzbedingt: • entzündlich: z. B. Tonsillitis (s. S. 980), Tonsillarabszess, Mundbodenphlegmone • maligne: z. B. Hypopharynxkarzinom	Inspektion, HNO-Untersuchung (Endoskopie)
neuromuskuläre Störung: • zentralnervös: z. B. nach Hirninfarkt • peripher-nervös: z. B. postentzündlich, posttraumatisch • muskulär: z. B. Myasthenia gravis, Muskeldystrophie, Myositis	Anamnese, neurologische Untersuchung, HNO-Untersuchung (Endoskopie), Röntgen-Kinematografie
funktionelle Dysphagie („Globus hystericus") s. S. 687	neuropsychologische Untersuchung
ösophageale Dysphagie	
luminal: • benigne: Ösophagitis, Refluxkrankheit, Divertikel (z. B. Zenker-Divertikel, s. S. 692); Strikturen nach Operationen, Verbrennungen und Bestrahlung; Fremdkörper, Achalasie, diffuser Ösophagospasmus, neuromuskuläre Störungen • maligne: Ösophaguskarzinom (s. S. 698)	Endoskopie, Kontrastmittelbreischluck, Ösophagusmanometrie, pH-Metrie
extraluminal: • Struma (s. S. 519) • Mediastinaltumoren: z. B. Lymphome • Aortenaneurysma • stark vergrößerter linker Vorhof • Deformierung der HWS (Osteophyten)	Sonografie, CT bzw. MRT Hals und Thorax

39.3 Diagnostik

Ösophago-Gastro-Duodenoskopie (ÖGD)

engl.: Esophago-Gastro-Duodenoscopy (EGD)

Mit der ÖGD ist eine direkte Betrachtung der Schleimhäute von Ösophagus, Magen und Duodenum möglich. Die Untersuchung erfolgt mittels eines flexiblen Instruments (Durchmesser 9–11 mm), durch das Licht über ein Glasfaserbündel in das Intestinum eingespiegelt wird. Das Bild kann durch einen Elektronikchip in der Gerätespitze vom Untersucher betrachtet werden („Videoendoskopie"). Durch einen Instrumentierkanal können Biopsien mittels Zangen entnommen werden oder aber auch Instrumente zur Blutstillung (s. S. 721), endoskopischen Resektion (s. S. 715), Fremdkörperentfernung oder Tumordestruktion (S. 698 ff) eingeführt werden (therapeutische ÖGD).

Die diagnostische ÖGD ist indiziert bei Dysphagie, Sodbrennen, epigastrischen Schmerzen, Bluterbrechen oder Teerstuhl oder auch zur Tumorsuche bei Allgemeinsymptomen (z. B. Gewichtsverlust). Ferner wird die ÖGD zur Entnahme gezielter Biopsien (CLO-Test bei Verdacht auf Helicobacter-Infektion, s. S. 705 oder Duodenalbiopsien bei Verdacht auf Malassimilation, s. S. 737) eingesetzt.

Durch die **Applikation von Farbstoffen** (z. B. Indigokarmin) oder elektronische Veränderung des sichtbaren Bildspektrums (sog. „Narrow Band Imaging") können frühe Veränderungen der epithelialen Struktur der Speiseröhre besser sichtbar gemacht werden (sog. „**Chromoendoskopie**"). Dies dient insbesondere dem **Nachweis eines Barrett-Ösophagus** bzw. der Detektion von Dysplasien in einem Barrett-Segment.

Endosonografie

Die Endosonografie dient der Beurteilung von intramuralen und paraösophagealen Veränderungen, z. B. Infiltrationstiefe bei Ösophaguskarzinom (s. **Abb. 39.15**, S. 700).

Kontrastdarstellung des Ösophagus (Ösophagusbreischluck)

Die Kontrastmittel-Röntgenaufnahme des Ösophagus ist vor allem zwecks Beurteilung des Schluckaktes im Hinblick auf neurogene oder muskuläre funktionelle Schluckstörungen indiziert. Zusätzlich kann ein ösophagogastraler Reflux bewiesen oder ausgeschlossen werden.

Ösophagusmanometrie

Die Ösophagusmanometrie kommt z. B. bei Achalasie oder bei unklarer Dysphagie nach Ausschluss einer organischen Stenose zur Anwendung. Mit dieser Methode ist eine Messung der ösophagealen Druckabläufe möglich.

39.4 Funktionelle Erkrankungen der Speiseröhre

39.4.1 Achalasie

engl.: achalasia

Definition. Bei der Achalasie handelt es sich um eine neuromuskuläre Störung, die zu einer Verminderung der Peristaltik und eingeschränkter Erschlaffung des **u**nteren **Ö**sophagus**s**phinkters (UÖS) führt. Histologisch findet sich eine Degeneration argyrophiler Ganglienzellen im unteren Ösophagus und der Kardia, zusätzlich lassen sich auch degenerative Veränderungen im Schluckzentrum des Hirnstamms nachweisen.

Epidemiologie. Die Erkrankung ist selten (Inzidenz 1/100 000 Einwohner), der Häufigkeitsgipfel liegt zwischen dem 35. und 45. Lebensjahr.

Ätiopathogenese. Bei der **primären Achalasie** ist die Ursache unklar. Die Motilitätsstörung beruht auf einer Verminderung der cholinergen Innervation des Ösophagus. Dabei sind postganglionäre parasympathische Neurone des Plexus myentericus wie auch extrinsische Vagusfasern geschädigt (autonome Neuropathie). Die **sekundäre Achalasie** wird zumeist durch maligne Erkrankungen verursacht (Kardiakarzinom oder paraneoplastische Syndrome). Hierbei führt die Beeinträchtigung nervaler Strukturen zu einer der primären Achalasie gleichartigen Motilitätsstörung.

Klinik. Das Leitsymptom ist die **Dysphagie.** Die Symptomatik ist langsam progredient und betrifft das Schlucken fester und flüssiger Speisen. Typisch sind auch **retrosternale Schmerzen** sowie – insbesondere nachts – die **Regurgitation** von unverdauten, nicht sauren Speisen. Die progressive Dysphagie führt zum Gewichtsverlust. Bei langer Erkrankungsdauer kann die Achalasie zum Ösophaguskarzinom prädisponieren.

Diagnostik. Anhand der klinischen Symptomatik ist die Differenzialdiagnose zwischen primärer und sekundärer Achalasie (z. B. Malignom) nicht einwandfrei möglich. Deshalb müssen weitere Untersuchungsverfahren zum Einsatz kommen:

- Endoskopie zum Ausschluss eines Malignoms (**Abb. 39.2**)
- Röntgen mit Bariumbreischluck: Erfassung von Motilitätsstörungen; typischerweise findet sich eine funktionelle Engstellung der Kardia und eine prästenotische Dilatation des Ösophagus (Megaösophagus), der armdick werden kann (**Abb. 39.3**)
- Manometrie: Verifizierung und Quantifizierung der Motilitätsstörung (**Abb. 39.4**).

> **!** **Die Endoskopie des Ösophagus, die auch den Magen einschließen muss, ist erforderlich, um ein Kardiakarzinom auszuschließen!**

Therapie. Eine kausale Behandlung ist nicht möglich. Das Ziel ist daher die symptomatische Verbesserung der Passagefunktion. Bei Erwachsenen > 55 Jahre wird eine **pneumatische Dilatation** des UÖS mit einem Ballonkatheter durchgeführt. Diese ist erfolgreich in ca. 80 % der Fälle (Komplikation durch Ösophagusperforation in ca. 3 % der Fälle). Alternativ kann die **endoskopische Injektion von Botulinustoxin** in die Kardia versucht werden. Botulinustoxin ist ein bakterielles Nervengift, das reversibel den UÖS lähmt. Vorteil: nebenwirkungsarm, Nachteil: Behandlung muss etwa alle 6 Monate wiederholt werden.

Da auch nach pneumatischer Dilatation in ca. der Hälfte der Fälle nach 5 Jahren mit einem symptomatischen Rezidiv zu rechnen ist, ist bei Erwachsenen

in gutem Allgemeinzustand (< 55 – 65 Jahre), aber insbesondere bei Jugendlichen und Kindern die **operative Kardiomyotomie** (d. h. Durchtrennung der Muskelfasern des UÖS) die Therapie der ersten Wahl.
Die wichtigste Komplikation ist eine postoperative Refluxkrankheit, die aber medikamentös gut behandelbar ist (Häufigkeit 10 %).

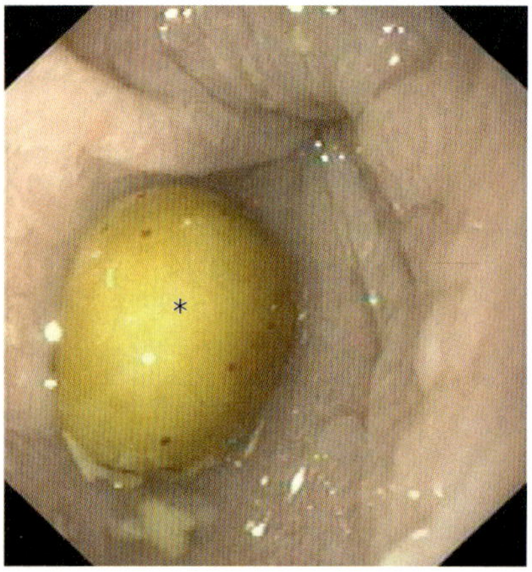

Abb. 39.2 Endoskopischer Befund bei Achalasie. Vor der eng gestellten Kardia ist retinierter Speisebrei (*) zu erkennen.

39.4.2 Diffuser Ösophagospasmus

engl.: diffuse esophageal spasm (DES)

Definition. Hierbei handelt es sich um eine seltene Erkrankung, die durch ein gehäuftes Auftreten nicht propagativ fortgeleiteter Kontraktionen der Speiseröhre, verbunden mit retrosternalen Schmerzen, charakterisiert ist.

Ätiologie. Sie ist unbekannt.

Klinik. Es treten anfallsartige retrosternale Schmerzen (Differenzialdiagnose Angina pectoris!), gelegentlich auch Dysphagie, Odynophagie und Bolusimpaktation (Steckenbleiben in der Speiseröhre) auf.

Diagnostik. Die Diagnosesicherung erfolgt mittels Ösophagusbreischluck (**Abb. 39.5**, rechts). Die Ösophagusmanometrie zeigt die pathophysiologischen Veränderungen am tubulären Ösophagus auf (**Abb. 39.5**, links). Die wichtigste Differenzialdiagnose ist die Angina pectoris (s. S. 6).

Therapie. Die Therapie besteht in der Aufklärung des Patienten über das Vorliegen einer gutartigen Funktionsstörung. Die medikamentöse Therapie erfolgt mit Glyceroltrinitrat (z. B. 2 Hübe Nitrolingual- oder Nitrangin-Spray) oder Diltiazem (z. B. Dilzem retard 2 – 3 × 90 mg per os). Diese Substanzen führen zu einer Relaxation der glatten Muskulatur. In

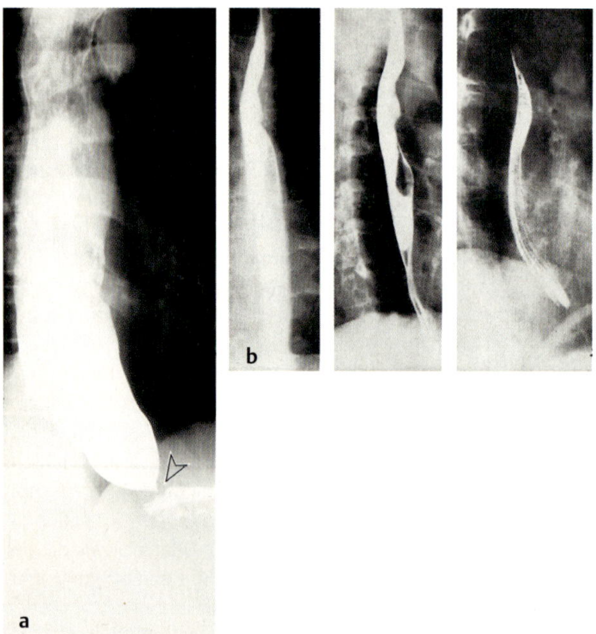

Abb. 39.3 Röntgen mit Bariumbreischluck.
a „Sanduhrförmige" Engstellung der Kardia (Pfeil) und Dilatation der distalen Speiseröhre.
b Zum Vergleich ein Normalbefund nach Bariumbrei- Schluck (p. a.-Röntgenaufnahme).

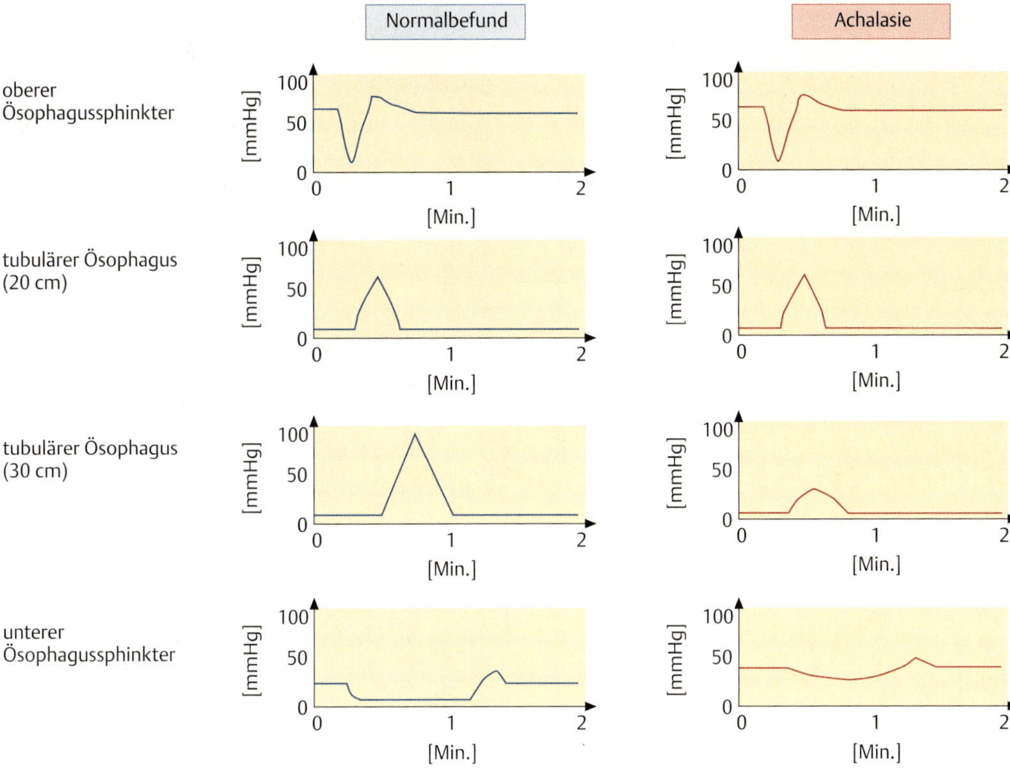

Abb. 39.4 Ösophagusmanometrie. Man erkennt die Verminderung der Kontraktionsamplitude im distalen Ösophagus, den erhöhten Tonus des unteren Ösophagussphinkters (UÖS) sowie die deutlich eingeschränkte schluckreflektorische Erschlaffung des UÖS bei Achalasie im Vergleich zum Normalbefund.

schweren Fällen ist die Botulinustoxin-Injektion in die Speiseröhre (s. S. 689) oder die operative Längsmyotomie des Ösophagus nötig (siehe Lehrbücher der Chirurgie).

39.5 Hiatushernie

engl.: hiatal hernia

Definition. Verlagerung von Magenanteilen durch präformierte Bruchlücken des Zwerchfells nach intrathrorakal. Man differenziert verschiedene Formen:

- **axiale Gleithernie:** Verlagerung von Kardia und Magenfundus durch den Hiatus oesophagei des Zwerchfells in das hintere Mediastinum
- **paraösophageale Hernie:** Verlagerung ausschließlich von Magenanteilen nach intrathorakal, im Extremfall Verlagerung des gesamten Magens („Upside-down-Stomach")
- **gemischte Hernie:** Kombination von paraösophagealer und axialer Hernie

Epidemiologie. Eine axiale Hiatushernie findet sich bei bis zu 50 % aller Menschen > 50 Jahren, die paraösophageale Hernie sowie die Mischformen sind wesentlich seltener (max. 5 % aller Hiatushernien).

Klinik. Die axiale Hiatushernie stellt an sich keine Veränderung mit Krankheitswert dar (70 – 80 % der Betroffenen sind beschwerdefrei), sie prädisponiert allerdings zum Reflux.

Diagnostik. Die Diagnostik aller Hernienformen erfolgt endoskopisch (**Abb. 39.6**) oder radiologisch durch Ösophagus-Breischluck.

Therapie. Eine Therapie der axialen Hernien ist nur bei gleichzeitig bestehender Refluxerkrankung er-

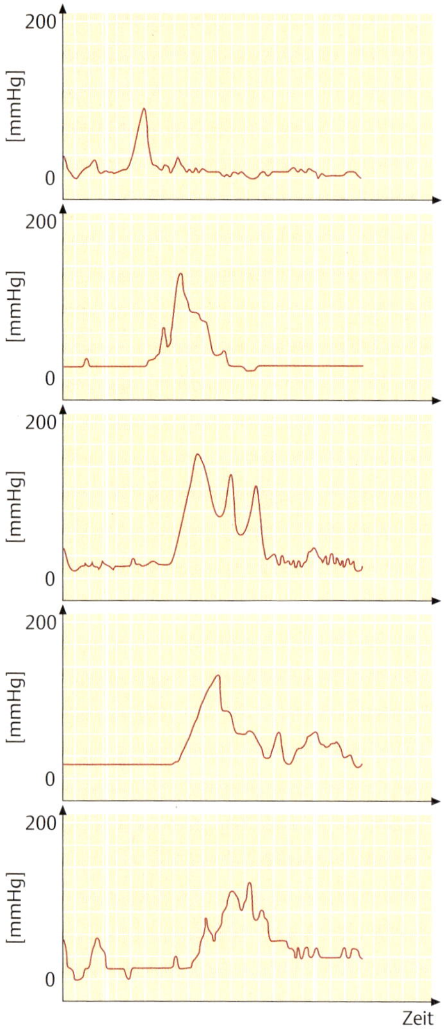

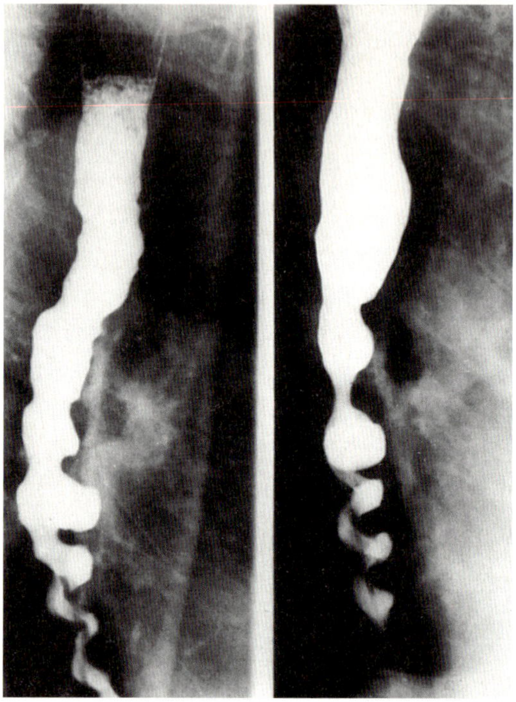

Abb. 39.5 Diffuser Ösophagospasmus. Die manometrisch beobachtbaren, simultan auftretenden Kontraktionen im distalen Ösophagus imponieren im Röntgen-Breischluck als „Korkenzieher-Ösophagus".

forderlich (s. S. 694 ff). Hingegen können die häufig asymptomatischen paraösophagealen Hernien inkarzerieren und stellen daher eine Indikation zur operativen Korrektur dar.

39.6 Divertikel des Ösophagus

engl.: esophageal diverticula

Definition.

- Speiseröhrendivertikel sind Ausbuchtungen der Ösophaguswand von unterschiedlicher Größe.

Epidemiologie. 1. Zenker-Divertikel > 2. epiphrenisches Divertikel > 3. parabronchiales Traktionsdivertikel.

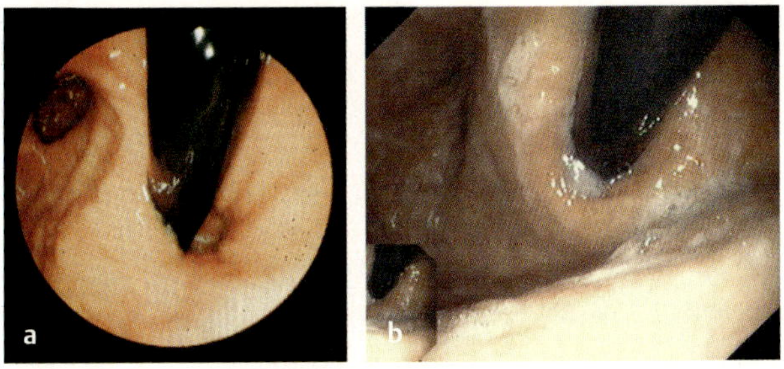

Abb. 39.6 Gemischte Ösophagushernie.
a Endoskopischer Befund einer (kleinen) axialen Hiatushernie (Kardia schließt nicht fest um das Endoskop) sowie einer paraösophagealen Hernie des Magenfundus (linker oberer Bildrand).
b Beim Gesunden hingegen schließt sich die Kardia fest um das Endoskop.

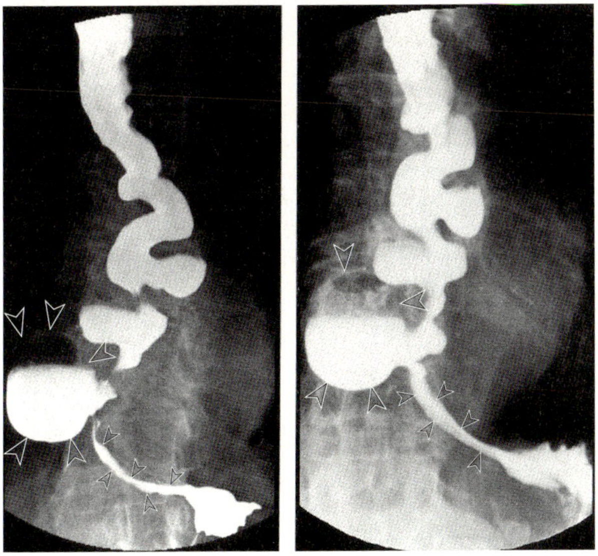

Abb. 39.7 Ösophagusdivertikel. Epiphrenisches Divertikel (große Pfeile) bei einem Patienten mit Achalasie (s. S. 689). Beachte auch die eng gestellte Kardia (kleine Pfeile).

Ätiopathogenese. Man unterscheidet zwei Formen:

- **Traktionsdivertikel** entstehen durch Zug von außen (z. B. bei entzündeten Lymphknoten) und betreffen alle Wandschichten. Bevorzugte Lokalisation ist die mittlere Ösophagusenge in Höhe der Bifurkation (z. B. parabronchiales Traktionsdivertikel)
- **Pulsionsdivertikel** sind die Folge eines Missverhältnisses zwischen intraluminalem Druck und Wandstabilität und betreffen nur die Schleimhaut. Lokalisation im Bereich der oberen (Zenker-Divertikel) und unteren Ösophagusenge (epiphrenisches Divertikel)

Klinik. Ösophagusdivertikel sind häufig asymptomatisch, evtl. kommen Dysphagie, Globusgefühl, Regurgitation unverdauter Nahrungsbestandteile und rezidivierendes Verschlucken mit Aspiration vor.

Diagnostik. Der Nachweis erfolgt mittels Röntgen mit Bariumbreischluck, der zusätzlich Lage und Größe des Divertikels erkennen lässt (**Abb. 39.7**). Die Endoskopie muss vorsichtig durchgeführt werden, um bei versehentlicher Intubation mit dem Gerät eine Perforation des Divertikels zu vermeiden.

Therapie. Die Therapie erfolgt bei klinisch relevanter Symptomatik zumeist operativ (siehe Lehrbücher der Chirurgie). Ein Zenker-Divertikel lässt sich heute auch mittels endoskopischer Schwellendurchtrennung behandeln.

39.7 Refluxkrankheit und Refluxösophagitis

engl.: **g**astro **e**sophageal **r**eflux **d**isease (*GERD*) bzw. reflux esophagitis

Definition. Die Refluxkrankheit ist gekennzeichnet durch vermehrten Rückfluss von saurem Mageninhalt in den Ösophagus, was zu retrosternalen Schmerzen und einer Refluxösophagitis mit endoskopisch sichtbaren Erosionen führen kann.

> **!** **Ein geringfügiger gastroösophagealer Reflux ist physiologisch (z. B. nach fetten Speisen).**

Epidemiologie

Etwa jeder 5. Mensch verspürt gelegentlich Refluxsymptome. Bei etwa 6 % der Bevölkerung sind die Beschwerden so ausgeprägt, dass ein Arzt aufgesucht wird.

Ätiopathogenese

Der untere Ösophagussphinkter dient als Refluxbarriere, die Eigenmotilität des Ösophagus dient der Selbstreinigungsfunktion. Diese beiden Mechanismen sorgen normalerweise für eine Entleerung des Speiseröhreninhaltes in den Magen. Die Pathogenese der **primären Refluxkrankheit** ist multifaktoriell (**Abb. 39.8**). Begünstigend wirken Übergewicht (Adipositas, ab einem BMI ≥ 30) sowie das Vorliegen einer axialen Hiatushernie. Man unterscheidet zwischen einer nichterosiven Refluxkrankheit (NERD) und einer erosiven Refluxkrankheit (ERD), die etwa im Verhältnis 2:1 vorkommen. Folgende Erkrankungen können Ursache einer **sekundären Refluxkrankheit** sein:

- Sklerodermie (s. S. 1126)
- Zustände nach operativen Eingriffen (Kardiaresektion, Kardiomyotomie)
- Schwangerschaft
- organische Magenausgangsstenose

Klinik

Im Vordergrund der Symptomatik stehen **ösophageale Symptome** wie Sodbrennen, retrosternaler Schmerz und saures Aufstoßen. Die Beschwerden nehmen typischerweise im Liegen zu, da die Schwerkraft als Refluxbremse wegfällt. Bei Ausbildung einer peptischen Stenose können zusätzlich Dysphagie und Gewichtsverlust auftreten. Als **extraösophageale Symptome** können auch chronischer Husten, Asthma bronchiale, Heiserkeit und Räuspern durch Reflux bedingt sein.

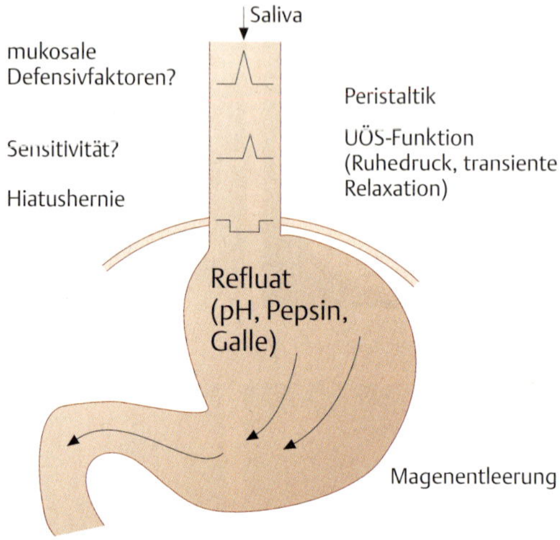

Abb. 39.8 Pathophysiologie der Refluxkrankheit. Durch Motilitätsstörungen, die die Selbstreinigung des Ösophagus behindern und einen Reflux von Magensaft ermöglichen, wird die Schleimhaut den aggressiven chemischen Reizen der Magensäure ausgesetzt und reagiert mit einer Entzündungsreaktion.

Die Refluxkrankheit verläuft **chronisch.** Aus noch nicht geklärter Ursache entwickeln nur ca. 50 % der Patienten mit Reflux eine Refluxösophagitis.

Als **Komplikationen** der Refluxösophagitis können – wiederum im Bereich des Übergangs von Plattenepithel (Ösophagus) zu Zylinderepithel (Magen) – narbige Verengungen entstehen **(peptische Stenose)**. Im weiteren Verlauf wird dann manchmal das distale Plattenepithel des Ösophagus durch Zylinderepithel **(Epithelmetaplasie)** ersetzt. Hierdurch verlagert sich die Grenze zwischen Ösophagusepithel und Zylinderepithel nach proximal. Diesen Zustand nennt man Endobrachyösophagus oder Barrett-Ösophagus (**Abb. 39.9**). Ulzera (Barrett-Ulkus) sind in diesem Bereich häufig.

Der **Barrett-Ösophagus** ist eine Präkanzerose, aus der sich aufgrund von Epitheldysplasien gehäuft Adenokarzinome entwickeln.

> **!** **„Zehner-Regel" für das Symptom Sodbrennen:**
> - **Jeder 10. Patient mit Refluxbeschwerden hat eine Refluxösophagitis.**
> - **Jeder 10. Patient mit Refluxösophagitis hat einen Barrett-Ösophagus.**

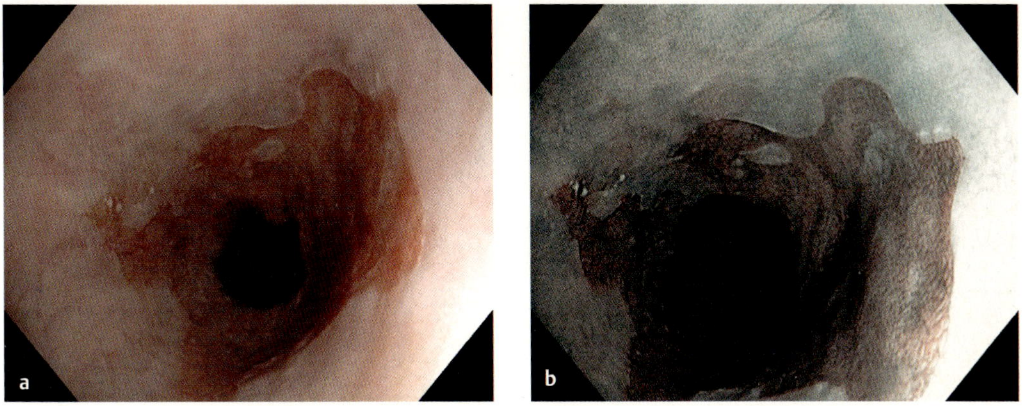

Abb. 39.9 **Barrett-Ösophagus. a** Das im endoskopischen Bild normalerweise weiß erscheinende Plattenepithel des Ösophagus ist durch bei der Endoskopie rötlich erscheinendes Zylinderepithel („Barrett-Epithel") ersetzt. Hierin befindet sich jedoch noch eine Plattenepithelinsel („weißlicher Fleck") bei 12 Uhr. **b** In der virtuellen Chromoendoskopie mit Narrow Band Imaging kommen die Schleimhautveränderungen noch kontrastreicher zur Darstellung.

- **Jeder 10. Patient mit Barrett-Ösophagus entwickelt ein Ösophaguskarzinom.**

Diagnostik

Bei Verdacht wird eine **ÖGD** durchgeführt. Hiermit kann das Vorliegen einer Ösophagitis oder anderer Komplikationen der Refluxkrankheit nachgewiesen werden. Ferner sollten beim Verdacht auf Barrett-Ösophagus Biopsien zum Nachweis möglicher **Epitheldysplasien** entnommen werden. Man unterscheidet:

- leichtgradige intraepitheliale Neoplasien (Low Grade IEN, LG-IEN)
- hochgradige intraepitheliale Neoplasien (High Grade IEN, HG-IEN)

Insbesondere bei Nachweis von HG-IEN ist eine endoskopische Resektion des Befundes indiziert.

Gemäß der **Los-Angeles-Klassifikation** wird der endoskopische Befund der Ösophagitis in die Stadien A – D unterteilt (Abb. 39.10):

- Grad A: eine oder mehrere Mukosaläsionen < 5 mm, die nicht über die Spitzen zweier Mukosalängsfalten hinausragen
- Grad B: eine oder mehrere Mukosaläsionen ≥ 5 mm, die nicht über die Spitzen zweier Mukosalängsfalten hinausragen
- Grad C: eine oder mehrere Mukosläsionen, die konfluierend über zwei oder mehrere Mukosalängsfalten übergreifen, aber nicht mehr als 75 % der Zirkumferenz einnehmen

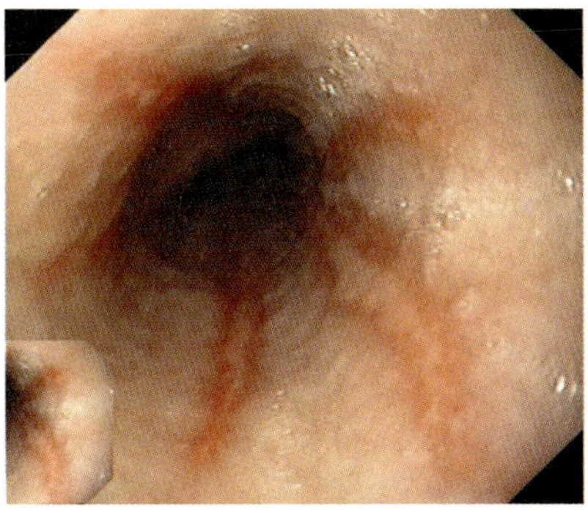

Abb. 39.10 **Refluxösophagitis.** Zahlreiche längs gestellte Erosionen mit Fibrinbelägen im unteren Speiseröhrenabschnitt (entsprechend einer Refluxösophagitis im Stadium B der L.A.-Klassifikation).

- Grad D: eine oder mehrere Mukosaläsionen, die mindestens 75 % der Zirkumferenz einnehmen

Bei Patienten mit Refluxbeschwerden, die keine erosiven Schleimhautveränderungen aufweisen (NERD), ist die endoskopische Diagnostik meist nicht hilfreich. Der Nachweis der Refluxerkrankung bei Fehlen einer Ösophagitis ist dann nur mittels **Langzeit-pH-Metrie** über 24 Stunden möglich (Abb. 39.11): bei Bestehen einer Refluxkrankheit liegt der pH-Wert im Ösophagus während mehr als 7 % des Beobachtungszeitraumes unter pH 4.

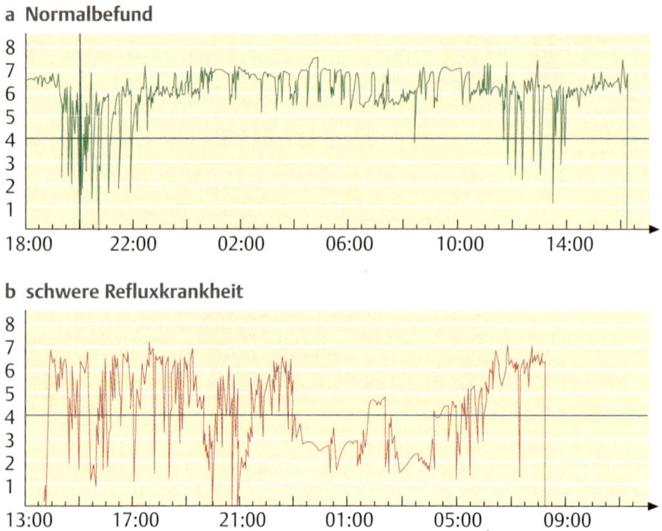

Abb. 39.11 Langzeit-pH-Metrie bei Refluxkrankheit. Bei dem Patienten mit schwerer Refluxkrankheit zeigt sich eine deutliche Vermehrung von Refluxepisoden (pH < 4; v. a. in der Nacht).

Therapie

Allgemeinmaßnahmen. Allgemeinmaßnahmen sind hilfreich, vor allem bei leichten Refluxbeschwerden: Hochstellen des Bettkopfendes und Schlafen in Rückenlage, Gewichtsreduktion bei Übergewicht sowie die Umstellung der Ernährungs- und Genussmittelgewohnheiten (keine fetten Speisen, kein Alkohol, kein Nikotin).

Medikamentöse Therapie. Die medikamentöse Therapie erfolgt bei häufigen Beschwerden und Refluxösophagitis. Therapie der Wahl ist die **Supprimierung der Magensäuresekretion** mittels:

- **Protonenpumpeninhibitoren (PPI):** Esomeprazol (z. B. Nexium 2 × 40 mg), Omeprazol (z. B. Antra oder Gastroloc 2 × 40 mg), Lansoprazol (z. B. Agopton 2 × 30 mg), Pantoprazol (z. B. Rifun oder Pantozol 2 × 40 mg), Rabeprazol (z. B. Pariet 2 × 10 – 20 mg) oder
- **H_2-Rezeptor-Antagonisten:** Ranitidin (z. B. Sostril oder Zantic 2 × 300 mg) bzw. Famotidin (z. B. Pepdul 2 × 20 mg), Nizatidin (z. B. Nizax 2 × 30 mg).

Standardtherapie ist die Gabe von PPI, der Einsatz von H_2-Rezeptor-Antagonisten kommt nur bei nichterosiver Refluxkrankheit (NERD) oder bei Unverträglichkeit von PPI in Betracht.

Eine Verbesserung der Selbstreinigung und Stärkung der Verschlussfunktion des UÖS ist durch **Prokinetika** möglich: Metoclopramid (z. B. Paspertin oder Gastrosil 4 × 10 mg), Domperidon (z. B. Motilium 4 × 10 mg). Diese Maßnahme kann bei Refluxkrankheit ohne Vorliegen einer Ösophagitis sinnvoll sein.

Mukosa- oder zytoprotektive Substanzen wie Antazida (z. B. Maaloxan oder Gelusil 4 × 2 Esslöffel) und Sucralfat (z. B. Ulcogant 4 × 1 g) haben zumeist nur einen geringfügigen symptomatischen Effekt und können als Bedarfsmedikation eingesetzt werden.

Bevorzugt wird bei der Therapie der Refluxkrankheit die **Step-down-Therapie,** d. h. Beginn mit hoher Dosis von PPI, dann erfolgt die Reduktion der Dosis. Unter dieser Therapie über 6 bis 8 Wochen lässt sich eine Abheilung der Ösophagitis bei 90 – 95 % (PPI) bzw. 75 – 85 % (H_2-Antagonisten) der Patienten erzielen. Bei jedem 2. oder 3. Patienten kommt es jedoch innerhalb von 6 Monaten zum Rezidiv. In diesem Fall ist eine Rezidivprophylaxe mit PPI in halber Dosierung lebenslang zu empfehlen.

Bougierung/Ballondilatation. Bei peptischer Stenose wird diese, unter Fortführung der medikamentösen Therapie, mittels eines Bougies oder eines Ballons unter Röntgen- und/oder endoskopischer Kontrolle aufgedehnt.

Operative Therapie. Die operative Therapie ist nur indiziert bei häufigen Rezidiven, jüngerem Lebensalter sowie erheblichem Volumenreflux (= nicht saurer Reflux) mit hierdurch bedingten extraösophagealen Symptomen. Die Indikation muss hier jedoch sehr streng gestellt werden, da die Ursache der extraösophagealen Symptome sehr vielfältig ist.

Die operative Rekonstruktion des gastroösophagealen Verschlussapparates erfolgt durch die **Fundoplicatio** nach Nissen-Rossetti, die heute praktisch immer **laparoskopisch** durchgeführt wird (siehe Lehrbücher der Chirurgie).
Auch das **Vorliegen eines Barrett-Epithels** mit hochgradigen Epitheldysplasien stellte früher eine Operationsindikation dar (Ösophagusresektion). Heute erfolgt meist eine Abtragung der Barrett-Mukosa auf endoskopischem Weg.

39.8 Weitere Formen der Ösophagitis

39.8.1 Akute infektiöse Ösophagitis

Die akute Ösophagitis ist eine seltene Begleiterscheinung bei schweren Allgemeinerkrankungen und Erkrankungen des Respirationstraktes. Am häufigsten ist die durch Candida albicans verursachte **Soor-Ösophagitis**. Die Diagnose erfolgt endoskopisch (Nachweis von nicht abspülbaren, weißlichen Belägen; Abb. 39.12). Therapiert wird mit Nystatin (z. B. Moronal Suspension, 6 × 2 ml p. o.). Bei schweren Verläufen sind systemisch wirkende Fungizide (Fluconazol, z. B. Diflucan 2 × 100 mg p. o. oder Itraconazol, z. B. Sempera oder Siros 2 × 100 mg p. o.) einzusetzen. Auch **virale Infektionen** (z. B. mit Herpes simplex- oder Zytomegalie-Viren) können – insbesondere bei abwehrgeschwächten Patienten – zu einer Ösophagitis führen.

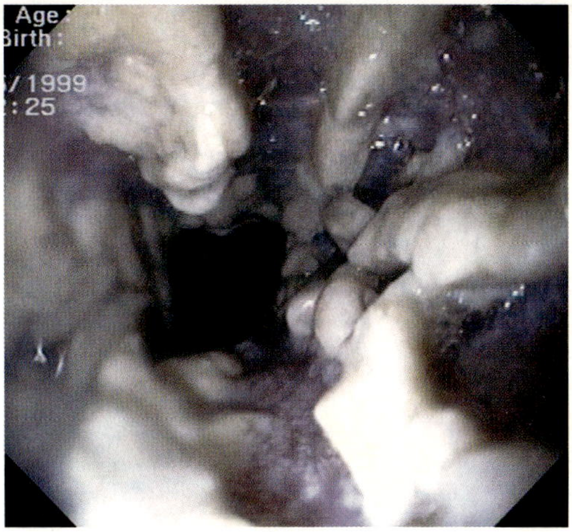

Abb. 39.12 **Soor-Ösophagitis.** Endoskopische Darstellung von fest anhaftenden Soormembranen im mittleren Ösophagusdrittel.

39.8.2 Eosinophile Ösophagitis

engl.: eosinophilic Ösophagitis

Die eosinophile Ösophagitis ist durch die intensive Infiltration des Ösophagus mit **eosinophilen Granulozyten** charakterisiert. Sie kommt bei Kindern (meist Jungen) gehäuft vor und ist dort oft mit Allergien und einer peripheren Eosinophilie vergesellschaftet. Bei Erwachsenen tritt sie meist im Alter zwischen 20 und 35 Jahren auf. Die Genese ist vermutlich allergischen Ursprungs.
Klinisch manifestiert sich die Erkrankung ähnlich wie die gastroösophageale Refluxkrankheit. Anamnestisch geben die Patienten in der Regel eine unklare Bolusobstruktion an.
Endoskopisch findet sich ein charakteristisches Bild mit proximalen Strikturen oder multiplen **Ringstrukturen des Ösophagus** (ähnlich wie eine Trachea von innen aussehend). Weißliche Papeln entsprechen den eosinophilen Infiltraten und können leicht mit Candidabelägen verwechselt werden.
Die Therapie erfolgt mit **topischen Kortikoiden** (Fluticason 220 µg/Hub, 2 ×/Tag ohne Spacer) oder mit systemischen Kortikoiden (z. B. Prednisolon 20 mg/Tag für einige Wochen). Alternativ kann eine Therapie mit einem Leukotrienantagonisten (z. B. Montelukast, Beginn mit 10 mg/Tag bis 100 mg/Tag, Erhaltungsdosis 20 – 40 mg/Tag) versucht werden. Während Kortikoide sowohl zur klinischen Besserung als auch zum Rückgang der eosinophilen Infiltrate führen, bewirkt Montelukast lediglich eine Besserung der klinischen Symptomatik. Zudem müssen oftmals endoskopische Bougierungen oder Ballondilatationen vorgenommen werden. Säureblocker sind therapeutisch ineffektiv.

39.9 Speiseröhrenerkrankungen bei AIDS

Ein Befall der Speiseröhre bei AIDS durch sekundäre Infektionen oder Tumoren kann zu starken retrosternalen Schmerzen und Odynophagie führen, die dann häufig die Nahrungsaufnahme erschweren. Am häufigsten ist die Soor-Ösophagitis (s. S. 1019), gefolgt von Herpes-simplex- und Zytomegalievirus-

Infektionen, die umschriebene Ulzera bilden. Das Kaposisarkom kann im Ösophagus zu Blutungen und Stenosen führen.

39.10 Tumoren

39.10.1 Gutartige Tumoren

engl.: benign tumors of the esophagus

Benigne Tumoren der Speiseröhre sind wesentlich seltener als Malignome. Man unterscheidet zwischen **intramuralen** und **intraluminalen** Tumoren. Zumeist sind sie mesenchymalen (Granularzelltumor, Leiomyome, gastrointestinale Stromatumoren (GIST), Leiomyome, Fibrome, Lipome, Hämangiome, Myxome), seltener epithelialen Ursprungs (Zysten, Papillome).
Gelegentliches Leitsymptom ist die Dysphagie, die meisten Patienten sind jedoch asymptomatisch. Die Diagnosestellung erfolgt in der Regel endoskopisch. Die Tiefenausdehnung wird durch die Endosonografie beurteilt. Intraluminale Tumoren und intramurale Veränderungen, welche die Submukosa nicht überschreiten können endoskopisch abgetragen werden. Bei größeren (> 40 mm) oder tiefer infiltrierenden Tumoren ist ein operatives Vorgehen notwendig.

39.10.2 Ösophaguskarzinom

engl.: esophageal carcinoma, carcinoma of the esophagus

Definition. Ösophaguskarzinome können als **Plattenepithel- oder Adenokarzinome** auftreten. Die Abgrenzung zwischen dem Adenokarzinom des distalen Ösophagus (Barrett-Syndrom) und dem primär vom Magen ausgehenden Kardiakarzinom ist mitunter schwierig (Abb. 39.13). Definitionsgemäß liegt dann ein distales Ösophaguskarzinom vor, wenn der Tumor histologisch von Plattenepithel umgeben ist.

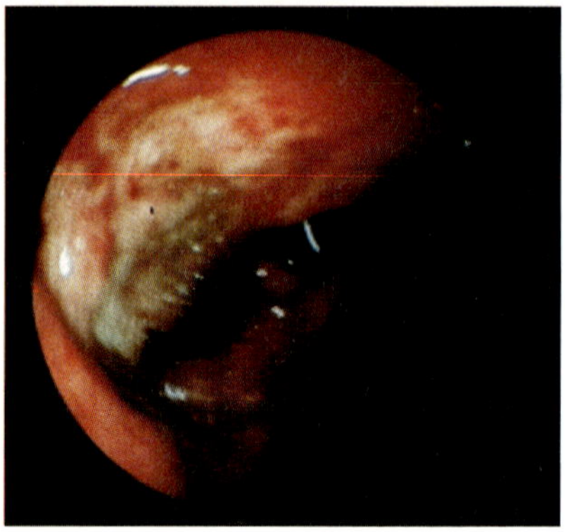

Abb. 39.13 **Kardiakarzinom.** Im endoskopischen Bild sieht man einen ulzerösen Tumor links neben dem aus der Kardia austretenden Endoskop.

Epidemiologie

Es gibt erhebliche geografische Unterschiede. In den westlichen Industrieländern ist das Ösophaguskarzinom relativ selten, der Anteil an allen Krebserkrankungen beträgt ca. 2 %. In Afrika, Asien und in der Karibik kommt es wesentlich häufiger vor. Die Häufigkeit in Deutschland beträgt 3 – 5/100 000 Einwohner. Allerdings hat die Inzidenz des Adenokarzinoms in den vergangenen Jahrzehnten in den westlichen Ländern deutlich zugenommen. In Deutschland liegt das Prädilektionsalter zwischen dem 6. und 7. Lebensjahrzehnt.

Ätiopathogenese

Ätiologisch werden **exogene Noxen,** z. B. hochprozentiger Alkohol, heiße Getränke, Rauchen, Nitrosamine, Natriumglutamat, als Ursachen angesehen. Die folgenden **Vorerkrankungen** begünstigen ebenfalls die Entstehung eines Ösophaguskarzinoms:

- Barrett-Syndrom (s. Abb. 39.9)
- Verätzungsnarben (s. S. 700)
- Achalasie (s. S. 689)
- Plummer-Vinson-Syndrom (s. S. 905)

Das **Plattenepithelkarzinom** ist mit 50 – 60 % der histologisch vorherrschende Typ. Adenokarzinome sind mit 40 – 50 % etwas seltener, aber ihre Inzidenz ist steigend. Bei beiden Formen stehen neben der intramuralen Ausbreitung eine **frühzeitige Infiltration in die Umgebung** (Aorta, Bronchialtrakt) sowie die **lymphogene Metastasierung** im Vordergrund. Meistens ist das Ösophaguskarzinom an den drei physiologischen Engstellen lokalisiert (s. Abb. 39.1).

Klassifikation

Die Stadieneinteilung (Staging, Tab. 39.2) erfolgt nach der TNM-Klassifikation. Wichtig ist die präoperative Stadieneinteilung, da Therapie und Prognose von Stadium und Lokalisation des Tumors abhängig sind. Die Diagnose wird heute bei ca. 30 % der Pa-

Tab. 39.2 Stadieneinteilung des Ösophaguskarzinoms – Stadieneinteilung nach UICC

Stadium	T-Stadium	N-Stadium	M-Stadium
0	Tis	N0	M0
I	T1	N0	M0
IIA	T2 – T3	N0	M0
IIB	T1 – T2	N1	M0
III	T3	N1	M0
	T4	jedes N	M0
IV	jedes T	jedes N	M1
IVA	jedes T	jedes N	M1a
IVB	jedes T	jedes N	M1b

Tis Tumor in situ – nichtinvasives Karzinom
T1 Tumor infiltriert Lamina propria mucosae und Tela submucosae
T2 Tumor infiltriert Tunica muscularis
T3 Tumor infiltriert Tunica adventitia
T4 Tumor infiltriert Nachbarstrukturen
M0 keine Fernmetastasen
M1 Fernmetastasen

- *oberhalb der Trachealbifurkation*
  - *M1a: Befall zervikaler Lymphknoten*
  - *M1b: andere Fernmetastasen*
- *unterer thorakaler Ösophagus*
  - *M1a: Befall zöliakaler Lymphknoten*
  - *M1b: andere Fernmetastasen*

N0 keine regionalen Lymphknotenmetastasen
N1 regionale Lymphknotenmetastasen

tienten im Stadium I, bei 20 % im Stadium II, bei 30 % im Stadium III und bei 20 % im Stadium IV gestellt.

Klinik

In der Regel macht sich das Ösophaguskarzinom erst durch **Spätsymptome** bemerkbar:

- Dysphagie (Leitsymptom; ⅔ der Zirkumferenz müssen befallen sein)
- retrosternale Schmerzen
- Gewichtsverlust
- Regurgitation
- Singultus (Infiltration des N. vagus)
- Heiserkeit (Rekurrensparese)
- Reizhusten
- pulmonale Beschwerden bei Auftreten von Fisteln zum Tracheobronchialtrakt
- Hämatemesis

Diagnostik

Die Diagnosestellung erfolgt mittels **Endoskopie** (**Abb. 39.14**). So kann der Tumor lokalisiert werden und eine histologische Klärung der Dignität erfolgen. Durch den Einsatz von speziellen Endoskopie-Techniken (z. B. Chromoendoskopie oder Narrow-Band-Imaging) lassen sich Plattenepithel- und Adenokarzinome häufig schon im Frühstadium, d. h. als intramukosaler Tumor (T1), erfassen. Für das Staging wichtige zusätzliche Untersuchungen sind:

- **Endosonografie:** Ausdehnung und Größe des Tumors sowie lokaler Lymphknotenbefall (**Abb. 39.15**)
- **Sonografie des Abdomens:** Suche nach Lebermetastasen
- **Röntgenthorax:** Suche nach Lungenmetastasen und Beurteilung des Lungenhilus
- **Bronchoskopie:** Ausschluss einer Infiltration des benachbarten Bronchialsystems

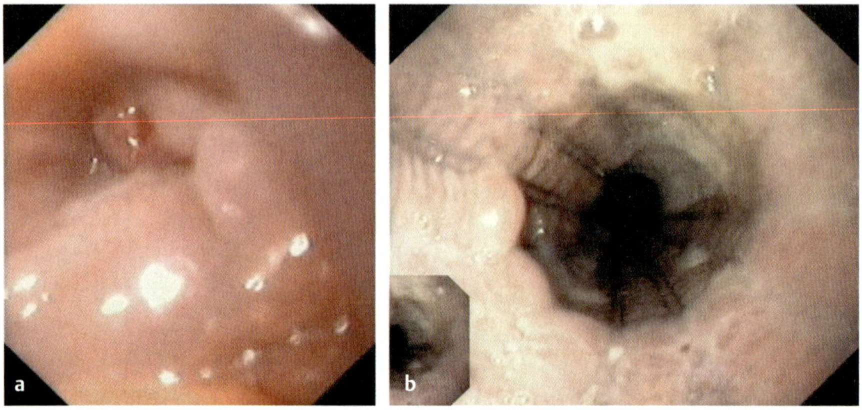

Abb. 39.14 Endoskopie eines Ösophaguskarzinoms. a Plattenepithelkarzinom der Speiseröhre, das subtotal stenosierend wächst. **b** Durch Einlage eines Metallstents wird das Ösophaguslumen wiedereröffnet.

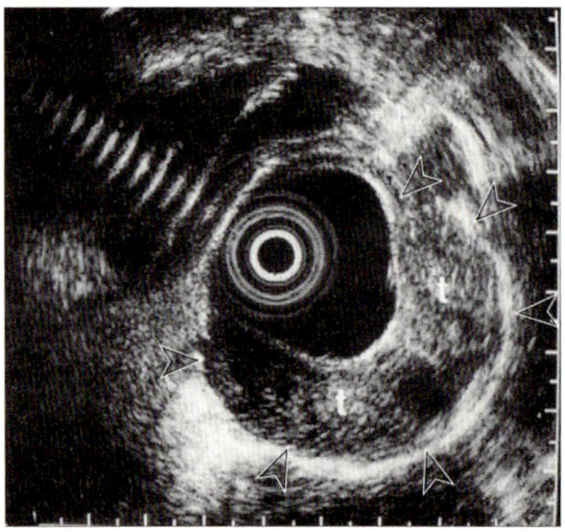

Abb. 39.15 Endosonografie zum Staging des Ösophaguskarzinoms. Die Ausdehnung des semizirkulär wachsenden Tumors im rechten unteren Bildausschnitt (Pfeile) ist zu beurteilen.

- **CT.** Die diagnostische Treffsicherheit der Endosonografie zum „Staging" des T- und N-Stadiums eines Ösophaguskarzinoms ist jedoch etwas höher als die des CT.

Therapie

Eine kurative Behandlung ist im **Stadium T1** durch eine **endoskopische Abtragung** regelhaft möglich. Bei **Beteiligung der Submukosa** erfolgt eine **operative Therapie** mit gleichfalls günstiger Prognose (5-Jahres-Überleben > 80 %). Im Stadium T2N0 bzw. Stadium T3N0 ist die operative Resektion des Ösophagus mit nachfolgendem Magenhochzug Verfahren der Wahl. Bei allen **weiter fortgeschrittenen Stadien** (ab T3, N1 und höher) bzw. beim Vorliegen von Fernmetastasen unabhängig vom T- oder N-Stadium ist eine **neoadjuvante, kombinierte Radio-Chemotherapie** (RCT) mit nachfolgender operativer Ösophagusresektion Therapie der Wahl.

Falls eine operative Therapie und/oder Radiochemotherapie aufgrund eines hohen Lebensalters oder fortgeschrittener Komorbidität zu risikoreich erscheint, kann eine **Palliation der Dysphagie** durch endoskopische Implantation einer Metallendoprothese angestrebt werden (**Abb. 39.14 b**).

Prognose

Das fortgeschrittene Ösophaguskarzinom hat nach wie vor eine ungünstige Prognose, die mittlere Überlebenszeit beträgt vom Beginn der Dysphagie an nur 8 bis 12 Monate. Auch die 5-Jahres-Überlebensrate potenziell kurativ behandelbarer Tumoren (Stadium II und III) ist mit ca. 30 – 40 % noch unbefriedigend. Die 30-Tage-Mortalität nach radikaler Operation liegt bei ca. 5 – 10 %.

39.11 Verätzungen

Trinken von Säuren und Laugen, akzidentell oder in suizidaler Absicht, verätzt die Mund-, Pharynx- und Ösophagusschleimhaut. Laugen führen zu einer **Kolliquationsnekrose** mit fortschreitender Gewebedestruktion und großer Tiefenausdehnung. Säuren verursachen eine **Koagulationsnekrose**, die Tiefenaus-

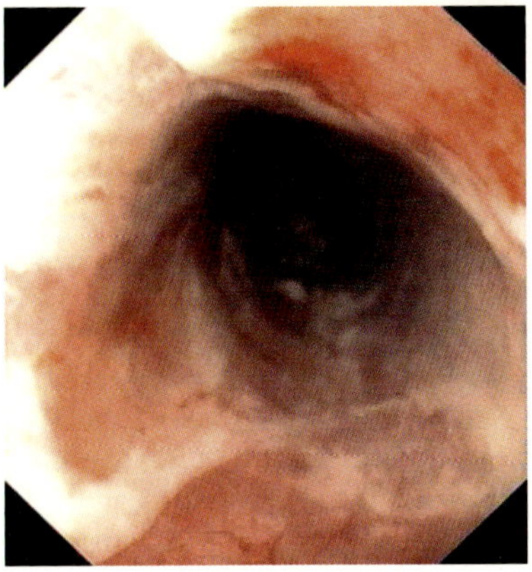

Abb. 39.16 Ösophagus nach Laugenverätzung. Einige Stunden nach Laugeningestion erkennt man endoskopisch eine Rötung der Speiseröhrenwand, wie auch eine beginnende Ablösung der oberflächlichen Schleimhaut (Laugenverätzung im Std. II).

dehnung ist geringer und der Gewebeschaden limitiert sich eher selbst als bei der Kolliquationsnekrose.

> **!** Laugen sind schädlicher als Säuren, sie führen zu einer tiefgreifenden Zerstörung des Gewebes mit Tendenz zur Perforation der Ösophaguswand.

Unmittelbar nach der Einnahme kommt es zu brennenden Schmerzen in Mund und Rachen, ggf. auch retrosternal, sowie zur Hypersalivation. Atemnot und Schock können auftreten. Je nach Menge, Art und Einwirkdauer ist auch eine allgemeine Intoxikation mit Organschäden möglich.

Diagnostisch ist das frühzeitige Erkennen schwerwiegender Komplikationen sowie die Erfassung des Ausmaßes der Gewebeschädigung wichtig. Informationen über die Art, Menge sowie den Zeitpunkt der eingenommenen Flüssigkeit sind ebenfalls hilfreich. Neben der Inspektion von Mund und Rachen ist die **Endoskopie** indiziert. So lassen sich die typischen Veränderungen der Schleimhaut und das Ausmaß der Verätzung direkt erfassen (Abb. 39.16).

Therapeutisch sollte der Ösophagus, wenn möglich, mit Wasser gespült und die eingenommene Flüssigkeit abgesaugt werden.

> **!** Die Provokation von Erbrechen ist kontraindiziert.

Steroide dienen der Verhinderung und Rückbildung von Ödemen, Antibiotika der Verhinderung von Infektionen. Bei Bedarf sind außerdem Schmerz- und Beruhigungsmittel indiziert. Bei starker Atemnot muss ggf. eine maschinelle Beatmung erfolgen. Künstliche Ernährung ist bei ausgedehnter Schädigung der Speiseröhre oder sehr starken Schmerzen ebenfalls angebracht.

Langfristig ist die **Ausbildung von Stenosen** durch starke Narbenbildung eine der häufigsten **Spätkomplikationen.** Im Vordergrund der Therapie steht die frühzeitige Endoskopie zur Beurteilung des Schädigungsausmaßes (Abb. 39.16) und bei Nachweis von Läsionen in der Speiseröhre die Durchführung einer **Bougierung.** Nur hiermit kann das spätere Auftreten von Ösophagusstenosen verhindert werden, die – wenn erstmal manifest – extrem schwer behandelbar sind. Eine Spätkomplikation ist die Entwicklung eines Ösophaguskarzinoms (s. S. 698).

39.12 Boerhaave-Syndrom

Das Boerhaave-Syndrom ist ein seltenes Krankheitsbild, bei dem es zur **Ösophagusruptur unter akuter Druckbelastung** kommt, z. B. bei heftigem Erbrechen oder Würgen. Zumeist besteht ein dramatisches Krankheitsbild, das zu einer potenziell tödlich verlaufenden Mediastinitis führen kann.

Typische **Symptome** sind:

- explosionsartiges Erbrechen
- starke retrosternale Schmerzen (Vernichtungsschmerz)
- Hautemphysem bzw. Mediastinalemphysem

Die Therapie muss auf einer intensivmedizinischen Station erfolgen. In der **Abdomenübersichtsaufnahme** zeigt sich eine Luftsichel unter beiden Zwerchfellkuppeln oder ein Luftaustritt ins Mediastinum.

Die Therapie erfolgt zunächst konservativ: Nahrungskarenz für 2 – 4 Tage, parenterale Ernährung, Antibiotika (z. B. Cefotaxim, Claforan 3 × 2 g i. v. und Metronidazol, Clont oder Flagyl 2 × 0,5 g i. v. über 5 Tage), endoskopischer Verschluss des Schleimhautdefektes (z. B. durch Klippapplikation) oder temporäre Überbrückung mit Endoprothese. Bei Zeichen einer generalisierten Sepsis muss eventuell operiert werden, dann beträgt die Letalität ca. 50 %.

Weiterführende Informationen

http://www.dgvs.de/1114.php
http://www.neurogastro.de/empfehlungen.php

40 Magen und Zwölffingerdarm

Wolfgang F. Caspary, Till Wehrmann

40.1 Grundlagen

40.1.1 Funktionell-anatomische Grundlagen

Die wesentliche Aufgabe des Magens besteht im Sammeln der geschluckten Nahrung, der nachfolgenden Verkleinerung der Nahrungspartikel sowie der geordneten Abgabe dieser Nahrungsbestandteile in den Dünndarm. Hier findet dann erst die eigentliche Aufnahme der Nahrung in den Blutkreislauf statt, die Resorption.

Topografisch kann der Magen in fünf Regionen unterteilt werden (**Abb. 40.1**): den Mageneingang (Kardia), den Fundus, das Korpus sowie Antrum und Pylorus. An den Pylorus grenzt der Bulbus duodeni mit der nachfolgenden Pars descendens des Duodenums, in den der Gallen- und Pankreasgang via Papilla Vateri einmünden.

Die Anordnung der verschiedenen **Wandschichten** des Rumpfdarms und so auch des Magens ist prinzipiell in allen Abschnitten gleich, Unterschiede entstehen aus der Variation innerhalb der einzelnen Schichten (z. B. unterschiedliche Arten exokriner Zellen).

Der **Magensaft**, von dem ca. 1,5 l pro Tag gebildet werden, besteht aus Substanzen, die die aufgenommenen Speisen verdauen können (Salzsäure, Endopeptidasen), und aus Substanzen, die das Epithel der Magenschleimhaut vor Zerstörung schützen, wie z. B. Bicarbonat und zähen Schleim. Um beiden Anforderungen gerecht zu werden, gibt es viele Faktoren, die an der Regulation der Magensaftproduktion beteiligt sind (**Abb. 40.2**).

Zudem wird im Magen-Fundus und -Korpus der **Intrinsic factor** sezerniert, der für die Resorption von Vitamin B_{12} im Ileum benötigt wird (s. S. 911 f).

40.1.2 Magenentleerung und Dünndarmtransport

Im Bereich der **großen Kurvatur** des Magenkorpus ist ein dem Sinusknoten des Herzens ähnelnder, elektrischer **Schrittmacher** lokalisiert, der die koordinierte motorische Aktivität von Magen und Dünndarm steuert. Im Nüchternzustand (= interdigestive Phase der Motilität) werden von diesem Schrittmacher alle 90 Minuten sog. „Motor-migrierende Komplexe" initiiert und durch seine propagativ, (fortgeleitete) nach aboral gerichtete Peristaltik der Magen und Dünndarm von Speiseresten befreit. Unmittelbar nach Übertritt von Speisen in den Magenfundus und Korpus wird dieser Teil des Magens zunächst relaxiert, um eine Speicherung der Nahrung zu ermöglichen.

Nach ca. 30 Minuten folgt dann eine **zunehmende Tonuserhöhung,** durch die die Nahrungsbestandteile in das Antrum befördert werden. Hier setzt nun eine segmentale, motorische Aktivität mit einer Frequenz von 3/min ein (= postprandiale Phase der Motilität), bei der gleichzeitig der Pylorus bis auf eine Partikelgröße von < 1 mm funktionell verschlossen wird. Hierdurch bewirkt die motorische Aktivität des Antrums faktisch eine Zerkleinerung der Nahrung (= „Antrummühle").

Die Motorik des Magenantrums ist mit der des Duodenums eng koordiniert, auch im Duodenum laufen in dieser Phase Kontraktionswellen mit einer Frequenz von 3/min ab, durch welche die kleinen Nahrungspartikel nach Durchmischung mit der simultan sezernierten Galle- und Pankreasflüssigkeit via Papille weiter aboral ins Jejunum und Ileum befördert werden. Auch hier findet eine gerichtete motorische Aktivität statt, wenn auch mit einer geringeren Transportgeschwindigkeit wie im Duodenum, um die resorptiven Vorgänge zu begünstigen. Reine Faserstoffe, die nicht resorbiert werden können, gelangen dann so über die Ileozäkalklappe in das Kolon.

Abb. 40.1 Wandschichten des Rumpfdarms. a Zeigt den prinzipiellen Aufbau der Darmwand. **b** Das neuronale System und seine Verknüpfung zu sensorischen, exzitatorischen und sekretomotorischen Neuronen zur Regulation der intestinalen Motilität und Resorption/Sekretion.

a anatomische Darstellung der Darmwand

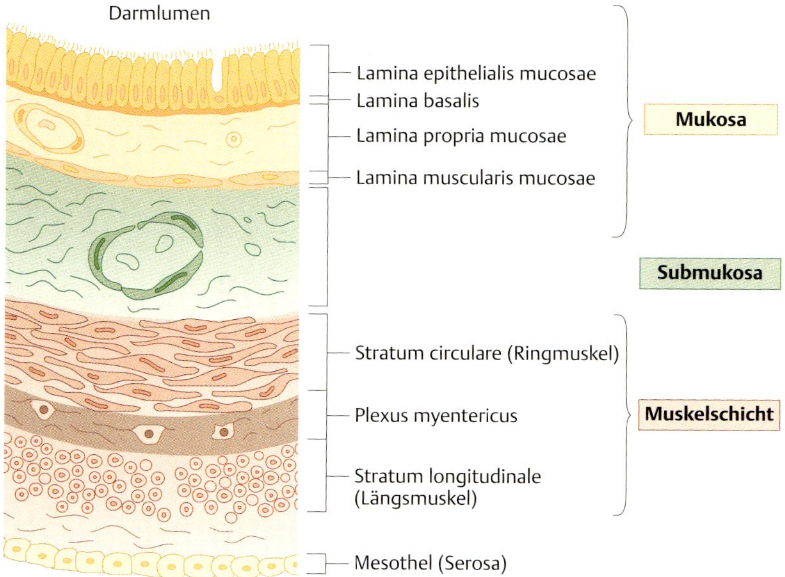

b enterales Nervensystem

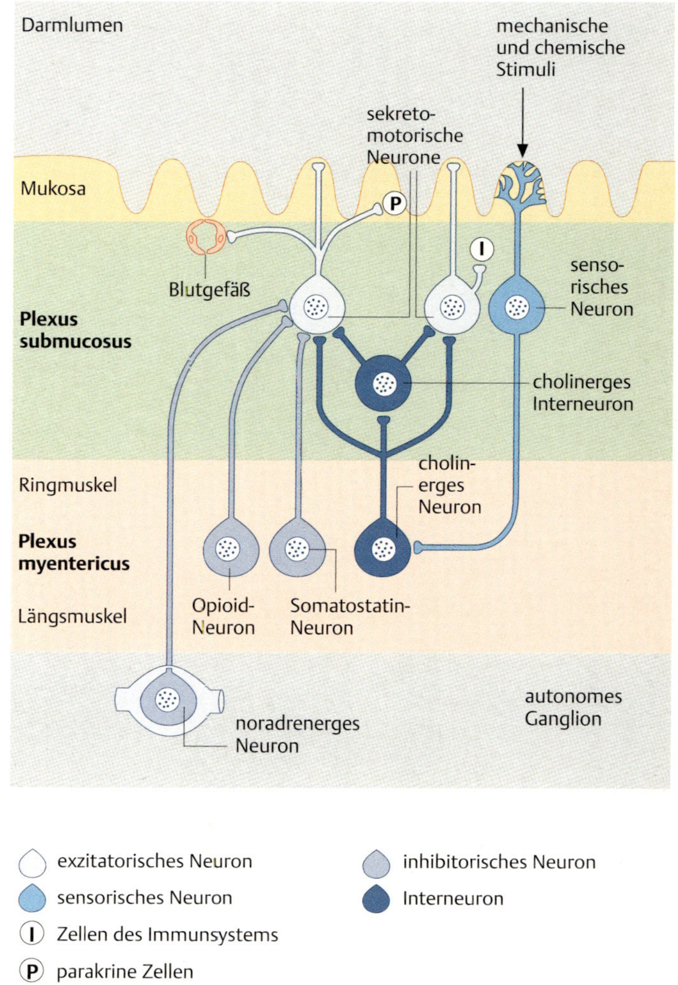

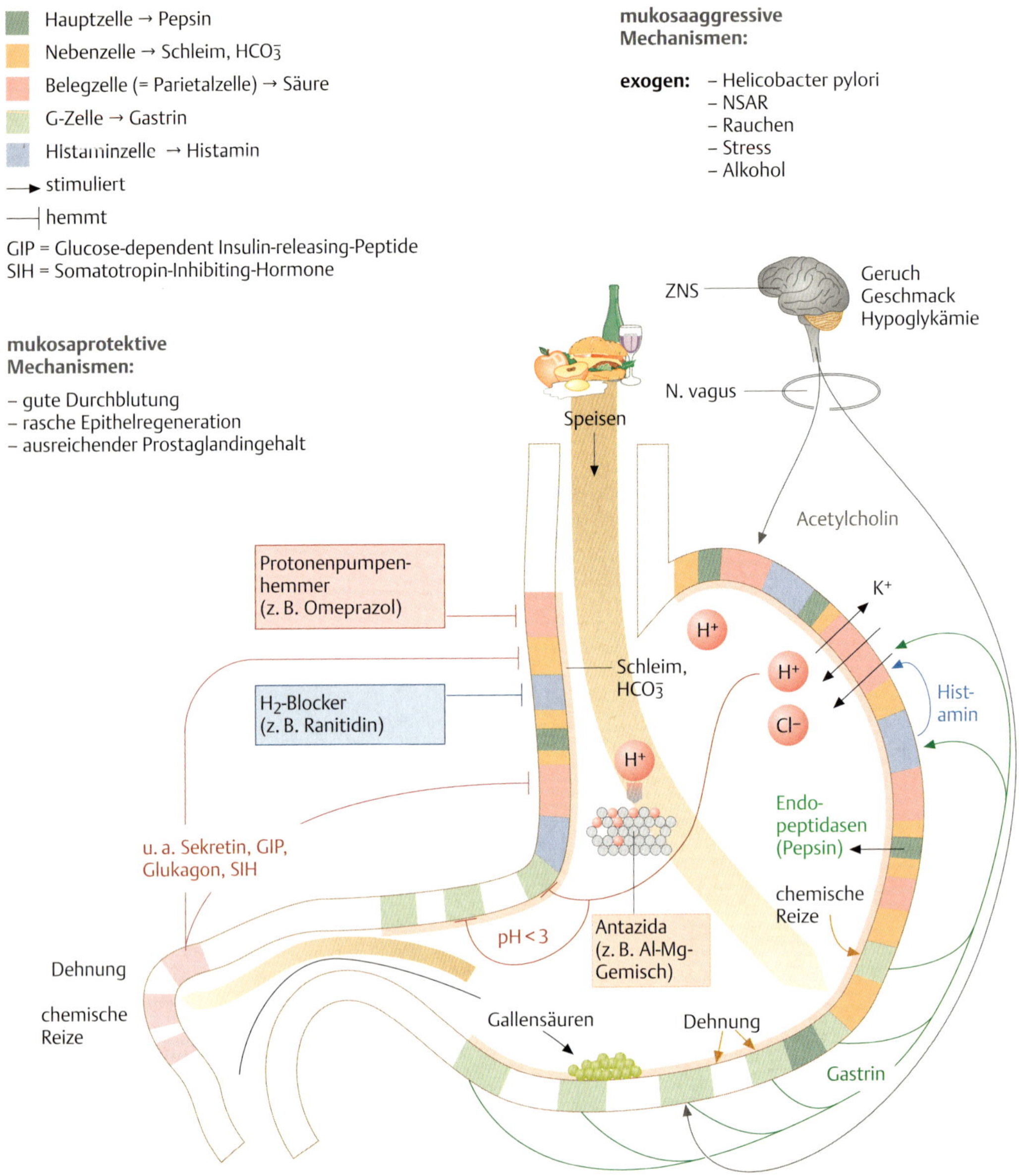

Abb. 40.2 Regulation der Magensaftproduktion. Dargestellt sind zum einen die endogenen Mechanismen der Regulation der Magensaftproduktion und zum anderen die endo- und exogenen Einflussfaktoren auf die Mukosaintegrität. An der kleinen Kurvatur (linke Bildhälfte) wurden die protektiven und an der großen Kurvatur die wichtigsten aggressiven und pH-Wert-senkenden Mechanismen zusammengefasst. Ein pH < 3 ist bei intaktem Regelkreis der stärkste Inhibitor der Gastrinproduktion.

Üblicherweise wird für den Transport der Nahrung vom Magen durch den Dünndarm bis ins Kolon ein Zeitintervall von ca. 4 bis 8 Stunden benötigt.

40.2 Leitsymptome

Die typischen Leitsymptome bei Magen- und Duodenalerkrankungen sind (sog. **dyspeptischer Symptomenkomplex**):

- epigastrischer Schmerz
- Völlegefühl
- Inappetenz
- Übelkeit, ggf. mit Erbrechen
- Blähungen

Die Symptome einer akuten Gastritis und des gastroduodenalen Ulkusleidens sind sehr ähnlich, eine chronische Gastritis verläuft zumeist asymptomatisch (s. S. 707, 708). Magenkarzinome und -lymphome verursachen gleichfalls die o. g. Beschwerden, die Symptomatik ist jedoch zumeist wesentlich geringer ausgeprägt, sodass die Diagnosestellung hierdurch häufig verzögert wird (s. S. 716). Aus diesem Grund ist insbesondere bei Patienten > 45 Jahren und „milden" Oberbauchbeschwerden eine diagnostische Abklärung unbedingt erforderlich.

40.3 Diagnostik

40.3.1 Apparative Diagnostik

Ösophagogastroduodenoskopie (ÖGD)

→ siehe Kapitel Ösophagus, S. 688

Röntgenuntersuchungen

Magen-Darm-Passage (MDP). Der obere Magen-Darm-Trakt kann durch perorale Applikation von Bariumsulfat radiologisch sichtbar gemacht werden. Ist insbesondere das Schleimhautrelief von Interesse, kann nach der Kontrastmittelgabe der entsprechende Abschnitt mit Luft (z. B. durch Gabe eines gasbildenden Granulats) gefüllt werden. Das Kontrastmittel schlägt sich dann als dünner Belag auf der Schleimhaut nieder (Doppelkontrastverfahren). Der Einsatz beschränkt sich auf Patienten, die eine Endoskopie ablehnen.

> (!) **Beim geringsten Verdacht auf eine Perforation ist die Anwendung von Bariumsulfat kontraindiziert. Es muss dann ggf. auf wasserlösliche Kontrastmittel ausgewichen werden.**

Abdomenleeraufnahme. Bei Verdacht auf eine Magen- oder Duodenalperforation wird eine Röntgen-Abdomenleeraufnahme zum Nachweis freier Luft angefertigt.

CT und MRT

Morphologische Veränderungen des Magens lassen sich mittels CT oder MRT bisher nur schlecht darstellen. Die Methoden dienen bei Magentumoren der Umfelddiagnostik (Nachweis von Lymphknoten- oder Organmetastasen).

40.3.2 Funktionsdiagnostik

Untersuchung auf Helicobacter-pylori-(H.-p.-)Besiedlung der Magenschleimhaut

> (!) **Bei ca. 50 % aller Personen > 50 Jahre lässt sich eine H.-p.-Infektion des Magens nachweisen.**

Histologie. Mikroskopischer Nachweis von H.p. im Biopsiematerial.

Urease-Schnelltest. Als CLO-(= Campylobacter-Like-Organism-)Test oder auch HUT-(=Helicobacter-Urease-)Test). Einbringen der Biopsie in ein Harnstoffmedium; der Harnstoffverbrauch von H.p. kann durch einen Farbindikator kenntlich gemacht werden; Sensitivität um 90 %, Vorliegen des Ergebnisses in 12 – 24 h.

^{13}C-Harnstoff-Atemtest. Dem Patienten werden oral 75 mg ^{13}C-markierte Harnstoff verabreicht. H.p. bildet daraus mithilfe seiner Urease $^{13}CO_2$, das in der Atemluft des H.-p.-infizierten Patienten mittels Massenspektrometrie nachweisbar ist. *Vorteil:* nicht invasives Verfahren. *Nachteil:* Die Proben der Atemluft müssen meist in Speziallaboratorien untersucht werden. Außerdem kann der Atemtest eine Gastroskopie nicht ersetzen.

Dieser Test kann zur nicht invasiven Erfolgskontrolle einer H.-p.-Sanierungstherapie beim Patienten mit Ulcus duodeni angewandt werden.

Serologie. Sie gibt nur im Rahmen epidemiologischer Untersuchungen Auskunft über die Durchseuchungsfrequenz mit Helicobacter pylori.

Stuhltest. Es steht auch ein Stuhltest auf das H. p.-Antigen mit einer guten Sensitivität und Spezifität zur Erfassung einer H.-p.-Infektion bzw. Beurteilung eines Eradikationserfolgs zur Verfügung.

Schilling-Test

Der Schilling-Test dient dem Nachweis einer verminderten Vitamin B_{12}-Resorption. Der Patient erhält oral radioaktiv markiertes Vitamin B_{12}, dessen Ausscheidung im 24-h-Urin verfolgt wird. Bei verminderter Ausscheidung wird der Test mit zusätzlicher Gabe von Intrinsic Factor wiederholt. So kann unterschieden werden, ob es sich bei einem B_{12}-Mangel um eine verminderte Aufnahme im Ileum handelt (z.b. Morbus Crohn) oder ein Mangel an Intrinsic Factor vorliegt (z. B. bei autoimmuner Gastritis im Magenfundus und -korpus).

Magenfunktionsszintigrafie

Bei Verdacht auf eine funktionelle Entleerungsstörung des Magens (z. B. bei diabetischer autonomer Neuropathie mit Gastroparese) kann diese in szintigrafischen Serienaufnahmen nach Ingestion einer ^{99m}Technetat markierten Speise dokumentiert werden.

40.4 Pharmakotherapeutische Prinzipien bei Magen- und Duodenalerkrankungen

In der Therapie von Magen- und Duodenalerkrankungen kommen vor allem H_2-Rezeptoren-Blocker und Protonenpumpeninhibitoren zum Einsatz. Diese beiden Gruppen werden nachfolgend beschrieben; den Wirkmechanismus fasst **Abb. 40.2** zusammen. Die medikamentöse Therapie der Refluxkrankheit wird auf S. 696 besprochen.

Protonenpumpeninhibitoren (PPI)

Substanzen. Omeprazol (z. B. Antra MUPS), Esomeprazol (z. B. Nexium MUPS), Lansaprazol (z. B. Agopton, Lanzor), Pantoprazol (z. B. Pantozol, Rifun), Rabeprazol (z. B. Pariet). Zur Standarddosierung s. **Tab. 40.3**.

Wirkprinzip. Hemmung der H^+/K^+-ATPase in den Belegzellen. Die Bindung der PPI an das Enzym ist irreversibel, die Sekretionshemmung wird erst wieder durch die natürliche Regeneration der Zellen aufgehoben. In üblicher Dosierung kommt es zur Reduktion der Säuresekretion um ca. 90 %. Durch Dosissteigerung ist nur noch eine minimale Wirkungsverstärkung möglich.

> **!** **PPI sind heute die Standardtherapie bei Magen- oder Duodenalulkus.**

Nebenwirkungen. PPI sind in aller Regel gut verträglich und haben eine große therapeutische Breite. Zu den häufigsten Nebenwirkungen zählen Kopfschmerzen, gastrointestinale Symptome, Müdigkeit und ein Anstieg der Leberenzyme. Außerdem kann es zur Induktion von Hörstörungen und Optikusatrophien v. a. bei hochdosierter Gabe kommen. Eine Erhöhung des Serumgastrinspiegels unter Dauermedikation ist möglich, eventuell auch eine Neigung zur Osteoporose.
Zu beachten sind die möglichen Wechselwirkungen durch Interaktionen mit dem Cytochrom-P_{450}-System.

H_2-Rezeptoren-Antagonisten

Substanzen. z. B. Ranitidin, Nizatidin (2 × 150 mg oder 300 mg abends), Famotidin (2 × 20 mg oder 40 mg abends).

Wirkprinzip. Antagonisten des Histamin-2-Rezeptors der Belegzellen konkurrieren kompetitiv mit endogenem Histamin um die Bindungsstelle und hemmen sowohl HCl-Sekretion als auch Pepsinfreisetzung. Bei üblicher Dosierung ist so eine Reduktion der Magensäuresekretion um ca. 60 % möglich. Die Wirkung setzt vorwiegend nachts ein und zwar unabhängig von Einnahmemodus. Schon nach wenigen Tagen kann eine Toleranzentwicklung einsetzen; Folge ist ein Wirkungsverlust. Dies schränkt den Einsatz in der Langzeittherapie ein. Oft wird auch ein Reboundeffekt mit Säurehypersekretion nach Beendigung der Therapie beobachtet.

Nebenwirkungen. H_2-Antagonisten sind sicher und gut verträglich, ggf. kommt es zu gastrointestinalen Störungen, Kopfschmerzen, Schwindel, selten Herzrhythmusstörungen. Bei Niereninsuffizienz muss die Dosis halbiert werden. Auf Interferenzen mit dem Cytochrom-P_{450}-System ist zu achten.

Antazida

Substanzen. Magnesium- und aluminiumhaltige Gemische, z. B. Maaloxan, Trigastril, Gelusil, Kompensan, Ge-lofalk (niedrige Dosierung mit 225 mmol/d Säureneutralisationskapazität ist ausreichend), Hydrotalcit (z. B. Talcid 3 × 1 g) oder Magaldrat (z. B. Riopan oder Marax 3 × 800 mg).

Wirkprinzip. Antazida sind Verbindungen aus mehrwertigen Metallionen wie Aluminium und/oder Magnesium. Der primäre Wirkmechanismus besteht in der Säureneutralisation durch Komplexbildung. Darüber hinaus hat der Al-Komplex mukosaprotektive Effekte.
Antazida sind in Bezug auf die Ulkusabheilung ebenso effektiv wie H_2-Blocker, beide Substanzgruppen werden jedoch heute zur Therapie der Ulkuskrankheit meist nicht mehr verwendet (nur noch PPI).

Nebenwirkungen. Am häufigsten treten gastrointestinale Nebenwirkungen auf (Aluminium: Obstipation, Magnesium: Diarrhö). Vorsicht ist bei eingeschränkter Nierenfunktion angezeigt, da es zur Magnesium- und Aluminiumakkumulation kommen kann mit Intoxikationsgefahr.

Sucralfat

Sucralfat ist das schwer lösliche Aluminiumsalz des Saccharosesulfats (z. B. Ulcogant 4 × 1 g). Es wirkt nur im sauren pH mukosaprotektiv durch Bildung einer Schutzschicht. Es hat keine säureneutralisierende Wirkung. Sucralfat kann bei Ulzera im operierten Magen, wenn ein vermehrter Gallereflux vermutet wird, eingesetzt werden.

Prokinetika

Substanzen und Wirkprinzip. Zu den Prokinetika zählen z. B. das Metoclopramid (MCP, z. B. Paspertin, Gastrosil 3 × 10 – 20 mg) oder das Domperidon (z. B. Motilium 3 × 10 mg). Metoclopramid blockiert D_2-Rezeptoren, die an der Impulsübertragung von der Area postrema auf das Brechzentrum beteiligt sind. Daneben hebt MCP noch die dopaminbedingte Hemmung der Magenmotorik auf. In hoher Dosierung blockiert es außerdem Serotoninrezeptoren, die ebenfalls Einfluss auf die Peristaltik des Gastrointestinaltrakts haben. Prokinetika können bei vermuteter oder dokumentierter Magenentleerungsstörung sowie auch zur Behandlung der funktionellen Dyspepsie sinnvoll sein.

Nebenwirkungen. Prokinetika weisen selbst bei langfristiger Behandlung ein günstiges Nebenwirkungsprofil auf. MCP kann aufgrund seines zentralen D_2-Antagonismus extrapyramidal-motorische Nebenwirkungen verursachen.

Sanierungstherapie bei Infektion mit Helicobacter pylori

Die Prinzipien der Sanierungstherapie bei Infektion mit Helicobacter pylori sind in **Tab. 40.3** auf S. 712 zusammengefasst.

40.5 Akute Gastritis

Synonym: Magenschleimhautentzündung
engl.: acute gastritis

Definition. Akute oberflächliche Entzündung der Magenschleimhaut. Bei der akuten erosiven Gastritis bestehen zusätzlich Schleimhautdefekte, die nicht tiefer als in die Muscularis mucosae reichen (= Erosionen).

Ätiopathogenese. Verschiedene exogene und endogene Ursachen kommen infrage, sie sind in **Tab. 40.1** zusammengefasst.
Es kommt zu einem Zusammenbruch der alkalischen Mukosabarriere durch die Anwesenheit von Säure oder die Schädigung der Magenschleimhaut (z. B. durch nicht selektive NSAR). Folge des Zusammenbruchs der Magenmukosabarriere ist eine verstärkte Rückdiffusion von H^+-Ionen. Die Schleim- und Bikarbonatproduktion nimmt ab, ebenso die ATP-Bildung der Mukosa sowie die Zellregeneration und die Durchblutung.

Sonderfall Stressulkus. Beim sog. **Stressulkus** handelt es sich eigentlich nicht um ein Ulkus, sondern um eine **akute erosive Gastritis**, die jedoch genauso intensiv bluten kann wie ein Ulkus. Stressulzera werden bei 5 – 20 % der Patienten unter intensivmedizinischen Bedingungen beobachtet. Ca. 60 % sind im Magen, 30 % sind im Duodenum lokalisiert, bei 10 % finden sich Läsionen sowohl im Magen als auch im Duodenum. Bei 5 – 15 % der Patienten treten Schleimhautblutungen mit bedrohlichen Blutverlusten auf. Als **Prävention** muss bei Patienten auf der

Tab. 40.1 Ursachen einer akuten Gastritis

Exogene Ursachen	Endogene Ursachen
• exzessiver Alkoholgenuss • Medikamente: – nichtsteroidale Antirheumatika (z. B. ASS, Indometacin) – Zytostatika • Infektion: – Zytomegalieviren – Herpesviren – Candida albicans – Helicobacter pylori • Strahlentherapie	• Stress: – psychische Belastungen – physische Belastungen (z. B. Langzeitbeatmung, Kreislaufschock, Schädel-Hirn-Trauma, Verbrennung) • hypertensive Gastropathie bei Leberzirrhose mit Pfortaderhochdruck

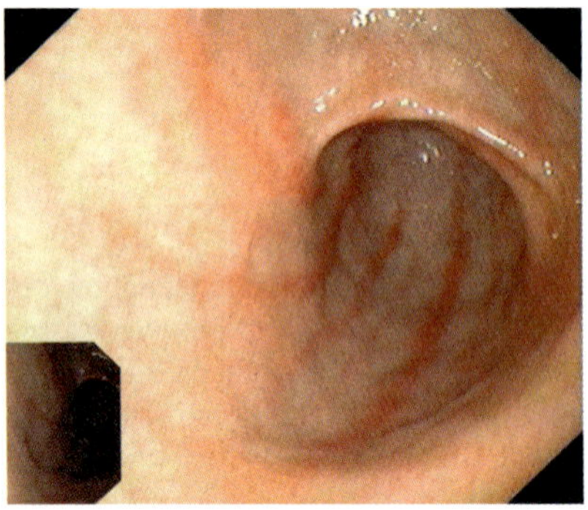

Abb. 40.3 Antrumgastritis. Endoskopischer Aspekt einer Antrumgastritis mit streifiger Rötung der präpylorischen Mukosa.

Intensivstation mit entsprechenden Risikofaktoren wie Urämie, Hypoxämie, maschineller Beatmung, Sepsis, ausgedehnten operativen Eingriffen (z. B. Schädel-Hirn-Traumata) eine Prävention mit PPI i. v. durchgeführt werden.

Klinik. Die Patienten leiden unter Übelkeit, Erbrechen, epigastrischem Schmerz, Völlegefühl, Blähungen und Aufstoßen.

Diagnostik.

- **Anamnese:** Evaluierung einer ggf. vorliegenden exogenen Ursache (s. o.)
- **Körperliche Untersuchung:** häufig druckschmerzhaftes Epigastrium
- **Gastroskopie** (Abb. 40.3): Schleimhauterythem, z. T. mit Petechien, evtl. erosive Schleimhautdefekte

Die differenzialdiagnostische Abgrenzung zum gastroduodenalen Ulkusleiden ist nur endoskopisch möglich.

Therapie. Das Ausschalten der Noxe ist wichtigste therapeutische Maßnahme (s. **Tab. 40.1**). Falls dies nicht ausreicht, kann zusätzlich bis zum Abklingen der Symptome medikamentös mit PPI oder bei leichteren Fällen mit Antazida, H_2-Antagonisten oder Prokinetika therapiert werden (s. S. 706). Bei Blutung ist eine Blutungsstillung mit Protonenpumpemhemmer (i. v.) indiziert, insbesondere bei Stressulkus auf der Intensivstation.

Verlauf und Komplikationen. Eine akute Gastritis heilt meist spontan ab. Als Komplikation kann es zu einer gastrointestinalen Blutung kommen, insbesondere bei Vorliegen einer akut erosiven Gastritis. Blutungen im Rahmen einer akuten Gastritis sistieren zumeist spontan innerhalb von 24 h. Da Erosionen die Lamina muscularis mucosae nicht überschreiten, heilen sie ohne Narbenbildung ab.

40.6 Chronische Gastritis

engl: chronic gastritis

Definition. Histologisch nachweisbare, chronische Entzündung der Magenschleimhaut in Korpus oder Antrum, die nicht unbedingt mit klinischen Symptomen einhergehen muss.

Ätiopathogenese. Nach ätiopathogenetischen Kriterien erfolgt die Einteilung nach dem ABC-Schema (**Tab. 40.2**).

Tab. 40.2 Einteilung der chronischen Gastritiden nach dem ABC-Schema

	Typ A	Typ B	Typ C
Ätiologie	**autoimmun** Antikörper gegen Parietalzellen (PCA) und Intrinsic Factor (essenziell für Vitamin-B_{12}-Resorption)	**bakteriell** Helicobacter pylori (H.p.; oral- oder fäkal-orale Übertragung) sehr selten: Zytomegalievirus, enteroinvasive Bakterien	**Chemisch** nichtsteroidale Antirheumatika (NSAR), Gallereflux nach subtotaler Gastrektomie (Billroth I oder II)
Häufigkeit	5 %	85 %	10 %
Lokalisation	Beginn im Korpus; Fundus	Beginn im Antrum, aszendierende Ausbreitung	Fundus, Korpus, Antrum
Verlauf und Komplikationen	komplette Schleimhautatrophie, Achlorhydrie, Hypergastrinämie, Vit.-B_{12}-Mangel: perniziöse Anämie (s. S. 910), funikuläre Myelose, Polyneuropathie, Depression	Hypochlorhydrie (keine Achlorhydrie oder Hypergastrinämie), Ulcus ventriculi, erhöhte Inzidenz von Magenkarzinomen (s. S. 716) und primären B-Zell-Magenlymphomen	akut einsetzend, selbst limitierender Verlauf nach Elimination der Noxe bzw. Medikamenten
Therapie	ggf. parenterale Substitution von Vitamin B_{12} evtl. H.-p.-Sanierungstherapie (s. **Tab. 40.3**)	evtl. H.-p.-Sanierungstherapie (s. **Tab. 40.3**); eine relevante Beeinflussung der Symptomatik ist nicht einwandfrei belegt	Vermeiden der Noxe (NSAR)
engl.	autoimmune gastritis	Helicobacter pylori-associated gastritis, bacterial gastritis	chemical gastritis

Selten kommt es zu einer Gastritis im Rahmen eines Morbus Crohn, einer eosinophilen Gastroenteritis oder granulomatöser Erkrankungen wie z. B. Tuberkulose und Sarkoidose. Eine Sonderform ist die Riesenfaltengastritis (s. S. 710).

Klinik. Die meisten Patienten haben keine Symptome. Gelegentlich kommt es zu unspezifischen Oberbauchbeschwerden wie z. B. Blähungen, Aufstoßen oder postprandialem Völlegefühl.

Diagnostik. Histologische Untersuchung der im Rahmen der Gastroskopie entnommenen **Biopsien,** die stets aus **Korpus und Antrum** stammen müssen. Makroskopisch findet sich häufig ein Schleimhauterythem, auch erosive Defekte lassen sich nachweisen. Die Feststellung der Ursache erfolgt durch:

- **Anamnese:** Einnahme von NSAR, vorangegangene Magenoperationen
- Suche nach einer **Helicobacter-pylori-(H.-p.-)Infektion** der Magenschleimhaut (s. S. 705)
- **Serologie:** Bestimmung der Antikörpertiter gegen Parietalzellen und Intrinsic Factor, bei **Typ-A-Gastritis:** Bestimmung des Vitamin-B_{12}-Spiegels im Serum

Weiterhin sollte das Blutbild untersucht werden, außerdem sind eine neurologische Untersuchung und der Ausschluss von weiteren Autoimmunerkrankungen sinnvoll.

Therapie. s. Tab. 40.2.

Verlauf. Die chronische Gastritis führt häufig zur Schleimhautatrophie des Magens mit konsekutiver sekretorischer Insuffizienz (Hypo- oder Achlorhydrie). Im langjährigen Verlauf kann es zu einer intestinalen Metaplasie der Korpusschleimhaut kommen, auf deren Boden – allerdings eher selten – Neoplasien wie z. B. Adenokarzinome entstehen können. Endoskopische Befundkontrollen mit Biopsie sind daher bei atrophischer Gastritis alle 3 Jahre sinnvoll.

40.7 Riesenfaltengastritis

Synonym: Morbus Ménétrier
engl.: giant fold gastritis, Ménétrier's disease

Die Riesenfaltengastritis ist selten und wird bei Erwachsenen meist durch eine Helicobacter pylori-Infektion verursacht. Sie wird meist als Zufallsbefund bei asymptomatischen Patienten im Rahmen einer ÖGD festgestellt. Die Riesenfalten (> 10 mm) verstreichen trotz maximaler Luftinsufflation nicht. Histologisch kann eine **foveoläre Hyperplasie** nachgewiesen werden. Selten ist die Riesenfaltengastritis Ursache von Diarrhö und intestinalem Eiweißverlust (exudative Enteropathie, s. S. 745). Die Therapie besteht in der H.-p.-Eradikation (s. **Tab. 40.3**) und ggf. nachfolgend in der endoskopischen Schlingenresektion der vergrößerten Falten, insbesondere falls ein Verdacht auf eine maligne Entartung (Lymphom) besteht.

40.8 Gastroduodenale Ulkuskrankheit

Synonym: peptisches Ulkus, Magengeschwür, Zwölffingerdarmgeschwür
engl.: peptic/gastric/duodenal ulcer

Definition. Beim Ulkus handelt es sich um einen Schleimhautdefekt, der die Lamina muscularis mucosae überschreitet. Je nach Lokalisation unterscheidet man zwischen Ulcus ventriculi (UV) und Ulcus duodeni (UD).

Epidemiologie

Ulcus ventriculi. Männer und Frauen sind gleich häufig betroffen bei einem Häufigkeitsgipfel im 6. Lebensjahrzehnt.

Ulcus duodeni. Es ist viermal häufiger als das Ulcus ventriculi. Insgesamt erkranken in Deutschland 5 – 15 % der Bevölkerung im Lauf des Lebens an einem Ulcus duodeni. Die Inzidenz beträgt 0,2 % bei Männern und 0,1 % bei Frauen. UD treten gehäuft im Frühjahr und im Herbst auf.

> (!) **Durch die Einführung der Helicobacter-Eradikation ist die Inzidenz der gastroduodenalen Ulkuskrankheit deutlich rückläufig.**

Ätiopathogenese

Es besteht ein Ungleichgewicht zwischen aggressiven und defensiven Faktoren der Mukosa (s. **Abb. 40.2**). Bei den **aggressiven Faktoren** handelt es sich um Säure, Pepsin, Gallensäuren und Lysolecithin. Die **defensiven Faktoren** sind eine intakte Durchblutung, ungestörte Schleim- und Alkalisekretion, rasche zelluläre Regenerationsrate und ausreichender Prostaglandingehalt der Mukosa. Prädisponierende Begleitfaktoren für die Entstehung eines gastroduodenalen Ulkus sind insbesondere Rauchen und eine **NSAR-Dauermedikation.** Unter Einnahme von NSAR kommt es bei 50 % der Patienten zu Magenbeschwerden und häufig zu Ulcera ventriculi oder duodeni. Durch die zunehmende Durchführung der H.-p.-Sanierung ist das Ulkusleiden heute meist Folge der NSAR-Medikation.

> (!) **Zehner-Regel:**
> - **10 % aller Patienten entwickeln unter NSAR ein Ulkus**
> - **10 % aller Patienten mit NSAR-Ulzera erleiden Komplikationen (Blutung, Perforation)**

Die **Magensäuresekretion** ist bei Patienten mit Ulcus duodeni häufig erhöht, bei Patienten mit Ulcus ventriculi jedoch oft vermindert. Die Säuresekretion spielt in der Pathogenese dennoch bei beiden Erkrankungen eine zentrale Rolle, da bei Fehlen von freier Salzsäure im Magensaft (Anazidität) praktisch nie ein Ulcus ventriculi oder duodeni auftritt. Somit gilt im Wesentlichen weiterhin: **„Ohne Säure kein Ulkus."**
Der wichtigste exogene Faktor in der Ulkuspathogenese ist die chronische Gastritis, verursacht durch eine **Infektion mit Helicobacter pylori.** Bei über 90 % der Patienten mit Ulcus duodeni sowie ca. 60 % der Patienten mit Ulcus ventriculi besteht eine Infektion des Magens mit Helicobacter pylori. Die Besiedlung des Magenantrums mit Helicobacter pylori ist verantwortlich für die hohe Rezidivrate des Ulcus duodeni.

Lokalisation.
- **Ulcus ventriculi:** vor allem im Bereich der kleinen Kurvatur proximal der Angulusfalte. Atypisch lokalisierte Magenulzera im Korpus bzw. Fundus sind selten und malignomverdächtig. Multiple Ulzera sind meist medikamentöser Genese.

- **Ulcus duodeni:** meist im Bulbus duodeni an der Vorderwand. Distal gelegene Ulzera sind verdächtig auf ein Zollinger-Ellison-Syndrom (s. S. 894).

Klinik

> **!** Ulcus ventriculi: nächtlicher, postprandialer oder nahrungsunabhängiger Schmerz
> Ulcus duodeni: Nüchternschmerz (verschwindet sofort nach Nahrungsaufnahme oder durch PPI)

Weitere vom Patienten genannte Symptome sind:

- epigastrischer Schmerz (in 70 % der Fälle; Charakter brennend oder bohrend)
- Völlegefühl
- Aufstoßen
- Übelkeit, Brechreiz
- Gewichtsverlust
- typisch für UD: Periodizität (saisonales Auftreten) und Chronizität

Etwa ⅓ aller Ulkuspatienten haben keine Beschwerden. Vor allem NSAR-/ASS-bedingte Ulcera duodeni sind häufig symptomfrei und werden deshalb erst bei der Blutung oder (selten) Perforation diagnostiziert.

Diagnostik

Klinische Untersuchung. ggf. Druckschmerzhaftigkeit im Epigastrium

Gastroduodenoskopie. Sie ist die diagnostische **Methode der Wahl** (Abb. 40.4). Um ein Malignom auszuschließen, sind beim Ulcus ventriculi immer mehrere **Biopsien an mehreren Stellen** des Ulkus zu entnehmen. Insbesondere atypisch lokalisierte und große (> 2 cm) Ulzera sind primär malignomsuspekt. Da das Ulcus duodeni fast nie maligne ist, sind hier Biopsien zwecks Malignomausschluss in der Regel nicht erforderlich.

> **!** Beim Ulcus ventriculi immer mehrere Biopsien aus Ulkusgrund und -rand entnehmen, um ein Malignom auszuschließen.

Weiterhin sollte bei der Endoskopie bei allen Ulzera die **Magenschleimhaut auf eine Infektion des Magens mit Helicobacter pylori** untersucht werden, d. h. Biopsieentnahme aus Korpus und Antrum des Magens (s. S. 705).

^{13}C-Harnstoff-Atemtest → vgl. s. S. 705.

Röntgen Magen-Darm-Passage. Die diagnostische Trefferquote ist niedriger als die der Endoskopie. Die MDP wird heute nur noch bei Ablehnung der Endoskopie durchgeführt.

Therapie

Medikamentöse Therapie

> **!** Das unkomplizierte Ulcus ventriculi bzw. Ulcus duodeni wird primär immer medikamentös behandelt.

Therapie bei H.-p.-Befall. Seit der Kenntnis um die Bedeutung des Helicobacter pylori in der Ulkuskrankheit konnte gezeigt werden, dass eine medikamentöse H.-p.-Sanierung mit sehr hoher Wahrscheinlichkeit Ulkusrezidive verhindert. Daher ist die **Helicobacter-pylori-Sanierung** Therapie der ersten Wahl bei allen Ulcera ventriculi et duodeni. Die Therapieprinzipien sind in **Tab. 40.3** zusammengefasst.

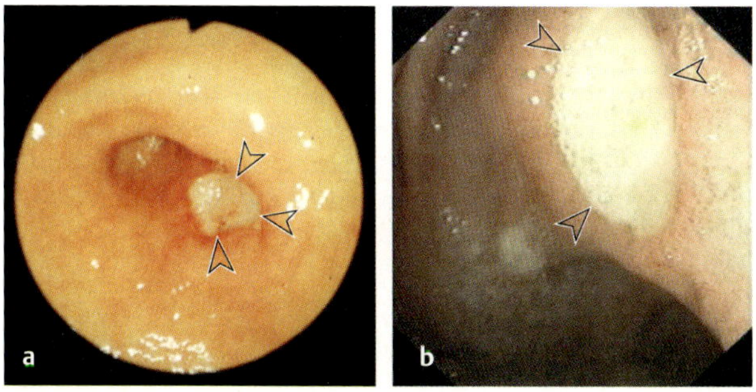

Abb. 40.4 Endoskopie bei gastroduodenaler Ulkuskrankheit. a Fibrinbelegtes, frisches Ulkus im präpylorischen Magenantrum (Pfeile). Beachte auch die fleckförmige Rötung der Antrumschleimhaut als Zeichen der begleitenden (Helicobacter-pylori-induzierten) chronischen Antrumgastritis. **b** Fibrinbelegtes Ulcus duodeni in der Bulbusspitze (Pfeile).

I

Tab. 40.3 Therapie der Helicobacter-pylori-Infektion – bewährte und neue Therapieschemata

Therapieschema	Säurehemmung	1. Antibiotikum	2. Antibiotikum	andere
First-line-Therapie				
PPI[1] – C – A[2]	2 × Standarddosis	Clarithromycin 2 × 500 mg	Amoxicillin 2 × 1000 mg	
PPI[1]–C – M[2]	2 × Standarddosis	Clarithromycin 2 × 250 – 500 mg	Metronidazol 2 × 400 – 500 mg	
Second-line-Therapie (Reserve-Schema)[4]				
Quadrupel-Therapie[3]	2 × Standarddosis	Metronidazol 4 × 400 – 500 mg	Tetracyclin 2 × 500 mg	Bismuthsubzitrat/subsalizylat 4 × 120 mg
Third-line-Therapie (Reserve-Schema)[4]				
Esomeprazol /Rifabutin[2]	Esomeprazol 2 × 20 mg	Rifabutin 2 × 150 mg	Amoxicillin 2 × 1000 mg	
Esomeprazol/ Levofloxacin[2]	Esomeprazol 2 × 40 mg	Levofloxacin 1 × 500 mg	Amoxicillin 2 × 1000 mg	

[1] *Standarddosen der Protonenpumpeninhibitoren: Omeprazol 20 mg; Esomeprazol 20 mg; Lansoprazol 30 mg; Pantoprazol 40 mg; Rabeprazol 20 mg*
[2] *Therapiedauer: 7 Tage*
[3] *Therapiedauer: 14 Tage*
[4] *Neuerdings werden auch* ***sequenzielle Therapie-Schemata****, insbesondere bei initialem Therapieversagen, empfohlen. Hierbei wird meist zunächst ein PPI mit Amoxicillin für 5 Tage und danach anschließend über 10 Tage eine Dreifach- (z. B. PPI-CM) oder Vierfach-Kombination (ohne Amoxicillin) verabreicht. Sie scheinen den gängigen Reserve-Schemata überlegen zu sein.*

Schädigende Noxen (Acetylsalicylsäure, NSAR) sind, wenn möglich, zu eliminieren. Das NSAR-Ulkus muss unabhängig vom H.-p.-Status mit Säuresekretionshemmern (Protonenpumpenhemmer) behandelt werden, ggf. durch Dauertherapie, wenn NSAR nicht abgesetzt werden können.

> **!** **Auch maligne Ulzera können vorübergehend durch effektive Behandlung eine Abheilungstendenz zeigen. Es ist unwahrscheinlich, dass ein benignes Magenulkus karzinomatös entartet. Ein malignes Ulkus war schon immer ein malignes Ulkus, wurde jedoch nicht als solches erkannt.**

Ulkustherapie bei fehlender Helicobacter-pylori-Infektion. In diesem Fall erfolgt die Ulkusabheilung entweder mit **Protonenpumpenhemmern** oder – bei Kontraindikationen – mit H_2-Antagonisten, Antazida oder Sucralfat (vgl. S. 706). Die Rezidivprophylaxe erfolgt in diesem Fall mit einer Dauermedikation mit niedrig dosierten PPI oder H_2-Antagonisten (vgl. S. 706).

Bei Patienten unter Therapie mit NSAR, die nicht abgesetzt werden können, ist zur Rezidivprophylaxe die Gabe von PPI (in einfacher Standarddosis) oder Misoprostol (Prostaglandinderivat mit mukosaprotektiven Eigenschaften, z. B. Cytotec 3 × 200 µg/d) effektiv. Ob der Einsatz von COX-2-selektiven NSAR, die wegen kardialer Nebenwirkungen überwiegend aus dem Handel genommen wurden, zu einer verminderten Rate an Ulzera führt, ist unklar.

> **!** **Beim Ulcus ventriculi ist die Therapiekontrolle mittels Endoskopie notwendig, da nicht nur die Ausheilung der H.-p.-Infektion, sondern auch die Ulkusabheilung bioptisch gesichert werden muss (definitiver Malignomausschluss).**

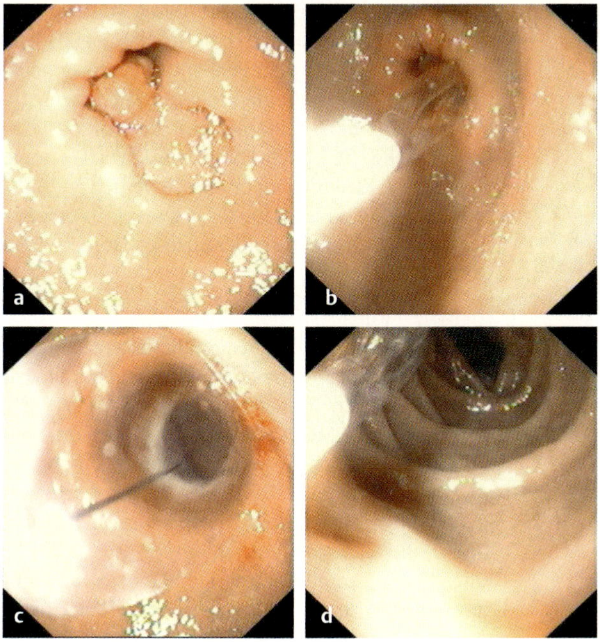

Abb. 40.5 Magenausgangsstenose. **a** Narbige Einengung des Magenausgangs bei chronischem Ulkusleiden (endoskopischer Blick auf den Pylorus). **b** Ein Ballon ist transendoskopisch im verengten Pylorusbereich platziert. **c** Der Ballon ist maximal aufgeblasen. Durch den transparenten Ballon hindurch erkennt man die ringförmige, narbig-weißliche Einengung am Pylorus. **d** Nach Ballondehnung wird die Passage ins Duodenum mit dem Endoskop möglich (endoskopisches Bild des normalen Duodenums).

Chirurgische Therapie

Eine operative Therapie ist nur indiziert bei

- **fehlender Ulkusheilung:** wenn nach 12 – 16 Wochen Therapie (unter Einschluss von hochdosierten Protonenpumpenblockern, z. B. Omeprazol 2 × 40 mg für 6 Wochen) keine Abheilung erfolgt oder wenn unter einer Rezidivprophylaxe (erfolgreiche H.-p.-Eradikation, Dauermedikation mit PPI) erneut Ulzera auftreten
- **Komplikationen:** absolute Operationsindikationen sind die endoskopisch nicht stillbare Blutung, die Ulkusperforation und -penetration sowie die Magenausgangsstenose (**Abb. 40.5**)

Für die Beschreibung der gängigen operativen Verfahren, z. B. Billroth-Operation, sei auf Lehrbücher der Chirurgie verwiesen.

Komplikationen

Es kann zu einer Perforation in die Bauchhöhle (Nachweis: freie Luft im Abdomen bei der Röntgen-Abdomenleeraufnahme im Stehen oder in Linksseitenlage), zu einer Penetration in Nachbarorgane (speziell ins Pankreas, kann Pankreatitis vortäuschen), einer Blutung (s. S. 721) oder auch einer narbigen Magenausgangsstenose (Symptom: rezidivierendes Erbrechen, Diagnostik: Endoskopie oder Röntgen-MDP) kommen.

Prognose

Durch die Gabe von PPI lassen sich nahezu 90 – 95 % aller Ulcera ventriculi et duodeni abheilen. Wenn allerdings die zugrundeliegende Kondition (z. B. Helicobacter-Infektion oder Dauereinnahme von NSAR) forbesteht, ist in 50–80 % der Fälle mit einem Rezidiv zu rechnen. Gelegentlich können diese Rezidive asymptomatisch sein und sich dann z. B. erstmals durch eine Ulkusblutung bemerkbar machen. Daher ist eine Ausheilung der Helicobacter-Infektion und/oder Beendigung einer NSAR-Medikation (alternativ: dauerhafte PPI-Komedikation) immer anzustreben.

40.9 Funktionelle Dyspepsie (FD)

Synonym: Reizmagen, nicht ulzeröse Dyspepsie
engl.: functional dyspepsia, non-ulcer dyspepsia (NUD)

Definition. Die funktionelle Dyspepsie ist gekennzeichnet durch Oberbauchbeschwerden, die über mehr als 3 Monate anhalten, ohne dass eine organische Erkrankung nachweisbar ist. Hinsichtlich der Symptomatik sind fließende Übergänge zum Reizdarmsyndrom möglich (s. S. 771).

> **!** Nicht zu diesem Symptomenkomplex gehören Beschwerden, die durch sog. „Alarmsymptome“ mit hoher Wahrscheinlichkeit auf eine organische Ursache hindeuten: Blut im Stuhl, Gewichtsverlust, Nachtschweiß.

Epidemiologie. Etwa jeder 3. Bundesbürger klagt über gelegentliche dyspeptische Beschwerden, jedoch konsultiert nur ca. ¼ der Betroffenen einen Arzt. Bei diesen Patienten lässt sich in 50 % der Fälle keine organische Ursache eruieren.

Ätiopathogenese. Sie ist im Wesentlichen unklar. Als mögliche Pathomechanismen werden eine antrale Hypomotilität sowie eine veränderte viszerale Schmerzperzeption diskutiert.

Klinik. Je nach den dominierenden Beschwerden lässt sich die funktionelle Dyspepsie (FD) wie folgt klassifizieren (**Tab. 40.4**):
- Dyspepsie von **Ulkustyp**
- Dyspepsie vom **Refluxtyp**
- Dyspepsie vom **Dysmotilitätstyp**

Die verschiedenen Typen implizieren jedoch keine differenten Pathomechanismen: so ließen sich beim Ulkustyp genauso häufig Motilitätsstörungen nachweisen wie bei Patienten mit FD vom Dysmotilitätstyp. Dyspepsien, die nicht in dieses Schema passen, werden als **unspezifische FD** klassifiziert.

Diagnostik. In Anbetracht der hohen Prävalenz erscheint aus sozioökonomischen Gründen bei Patienten < 45 Jahren und dem Fehlen von Alarmsymptomen der Verzicht auf eine umfangreiche Diagnostik möglich. Man kann mit einer probatorischen Therapie beginnen; ist jedoch nach 3 bis 4 Wochen keine vollständige Rückbildung der Beschwerden zu beobachten, muss eine erweiterte Diagnostik (Labor, Sonografie, ÖGD, Laktosetoleranztest) durchgeführt werden.

Therapie. Zunächst sollte eine **Aufklärung des Patienten** über den funktionellen Charakter seiner Beschwerden erfolgen. Dies mag ihm helfen, mit den Beschwerden umzugehen („kleine Psychotherapie“). Da sich bei der Mehrzahl der Patienten Störungen der gastrointestinalen Motilität aufzeigen lassen, sind **Prokinetika** (s. S. 706) oder prokinetisch wirkende **Phytotherapeutika** (z. B. Iberogast 3 × 20 Trpf./d) die Therapie der Wahl.
Eine Therapie kann auch mit PPI, H_2-Rezeptor-Antagonisten und Antazida versucht werden. Bei funktioneller Dyspepsie und gleichzeitigem Vorliegen einer Helicobacter-Infektion führt die Eradikation nur bei ca. 20 – 30 % der Patienten zu einer Besserung der Dyspepsie-Symptome.
Unter einer 6-wöchigen Medikation ist eine Beschwerdefreiheit bei 60 – 70 % der Patienten zu erreichen. Ein späteres Wiederauftreten der Symptomatik ist nach Absetzen der Medikamente jedoch häufig zu beobachten.

40.10 Tumoren des Magens

40.10.1 Benigne Tumoren

Definition. Autonom und expansiv wachsende, epitheliale oder mesenchymale Gewebsneubildungen, die nicht infiltrativ wachsen und nicht metastasieren.

Tab. 40.4 Klassifikation der funktionellen Dyspepsie (FD)

Refluxtyp	Ulkustyp	Dysmotilitätstyp
retrosternaler Schmerz	epigastrischer Schmerz	Völlegefühl
saures Aufstoßen	Besserung durch Nahrungsaufnahme/Antazida	Übelkeit/Erbrechen
epigastrischer Schmerz	nächtlicher Schmerz	geblähter Leib, frühe Sättigung

Epidemiologie. Gutartige Tumoren des Magens sind etwa 10- bis 20-mal seltener als maligne Neubildungen.

Klinik und Diagnostik. Meist werden die genannten Veränderungen als Zufallsbefund im Rahmen einer Gastroskopie entdeckt (**Abb. 40.6**). Pylorusnahe Prozesse können die Symptomatik einer Magenausgangsstenose hervorrufen, bei kardianahen Veränderungen kann eine Dysphagie resultieren. Die Endosonografie hilft bei der Beurteilung der Infiltrationstiefe des Tumors.

Therapie. Die Therapie richtet sich nach der Art und Größe des Tumors.

- hyperplasiogene Polypen, Drüsenkörperzysten, Hamartome erfordern nur bei Symptomen eine Therapie und werden dann endoskopisch abgetragen
- adenomatöse Polypen: endokospische Polypektomie, nachfolgend Kapselendoskopie und Koloskopie zum Ausschluss weiterer gastrointestinaler Polypen erforderlich
- mesenchymale Tumoren > 4 cm: Operation
- Karzinoid: s. S. 751

> **!** **Die endoskopische Polypektomie ist im Magen mit einem höheren Blutungs- und Perforationsrisiko behaftet als im Kolon.**

40.10.2 Gastrointestinale Stromatumoren (GIST)

engl.: gastrointestinal stromal tumors (GIST)

Definition. Gastrointestinale Stromatumoren (GIST) sind nicht epitheliale, mesenchymale Tumoren, die hauptsächlich im Gastrointestinaltrakt vorkommen. Sie finden sich am häufigsten im **Magen und proximalen Dünndarm**, können allerdings auch in allen anderen Teilen des Gastrointestinaltrakts vorkommen, die Muskulatur der Darmwand enthalten. Sehr selten treten sie auch im Omentum und Peritoneum auf. GIST-Tumoren können gutartig (wohl die Mehrzahl) oder bösartig sein. Als Kriterien der Differenzierung gelten der Sitz der Läsion (Malignität eher bei Lokalisation im Magen oder Dünndarm) und die Morphologie (Größe und Mitoserate, s. u.).

Epidemiologie. Nur ca. 1 % aller gastrointestinalen Malignome sind mesenchymale Tumoren (GIST, Leiomyome, Leiomyosarkome). Autopsiestudien haben gezeigt, dass kleine asymptomatische GIST und Leiomyome bei 50 % der Personen über 50 Jahre vorkommen.

Klinik. Meist sind die Patienten asymptomatisch. Oft werden die Stromatumoren durch Zufall bei der Endoskopie im Ösophagus oder Magen entdeckt. Schmerzen, Ulzerationen und Blutungen können auftreten.

Im Dünndarm sind die GIST meist größer als im Magen und führen durch Ulzerationen zu Blutungen, Schmerzen und bei zunehmender Größe zur Obstruktion des Darmlumens.

Diagnostik. Endoskopisch imponieren mesenchymale Tumoren meist als glatte, sich in das Lumen vorwölbende Raumforderung mit normaler Schleimhautoberfläche. Endoskopische Biopsien sowie Knopflochbiopsien sind meist unergiebig. Die Diagnosestellung erfolgt mittels Endosonografie (EUS) sowie EUS-gestützter Punktion der Läsion.

Wichtig ist die Unterscheidung der GIST von Leiomyomen und Leiomyosarkomen. GIST-Tumoren exprimieren das **CD 117-Antigen** (Teil des c-kit-Rezeptors, auch c-KIT genannt, ein Produkt des c-kit-Protoonkogens). GIST sind außerdem CD 34-positiv.

Die Malignität eines GIST wird durch seine Größe (> 4 cm) und eine Zunahme der Anzahl von Mitosen pro mikroskopischem Gesichtsfeld (> 5 Mitosen pro Gesichtsfeld) angezeigt.

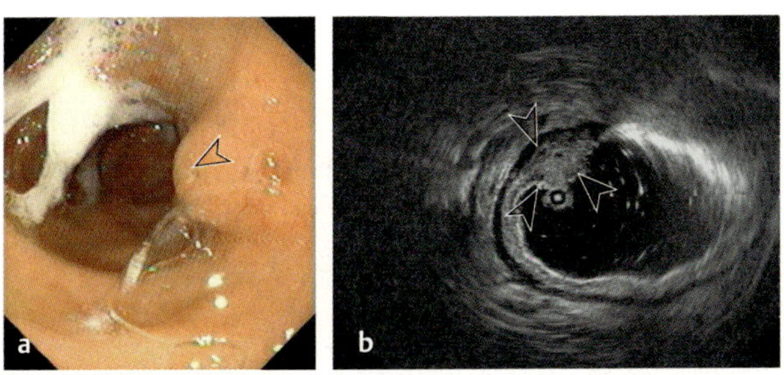

Abb. 40.6 Benigner Magentumor. a Im endoskopischen Bild Darstellung einer kleinkurvaturseits gelegenen submukösen Vorwölbung mit zentraler Erosion der Mukosa im Antrum (Pfeil), **b** endosonografisch findet sich eine echogene Auftreibung der Submukosa (Pfeile). Eine Infiltration in die Umgebung ist nicht zu beobachten (Abgrenzung vom malignen Befund).

Bei Verdacht auf Malignität wird ein umfangreiches Tumorstaging (Ganzkörper-CT oder -MRT, PET) durchgeführt. Metastasen finden sich überwiegend in der Leber und in der Peritonealhöhle.

Therapie. GIST des Ösophagus und Magens werden endoskopisch entfernt, wenn sie einen Durchmesser < 4 cm aufweisen und im Bereich der Submukosa lokalisiert sind. Größere GIST und solche, die von der Muskularis propria ausgehen, werden operativ entfernt (meist laparoskopische Wedge-Resektion). Im Dünndarm lokalisierte GIST sind meist größer als im Magen und müssen operativ entfernt werden. Seit 2000 steht für fortgeschrittene, nicht operable oder metastasierte GIST mit dem **Tyrosinkinase-Hemmer Imatinib** (Glivec) eine effektive und wirksame Therapie zur Verfügung (tägliche Einnahme von 400 – 600 mg p. o. als Einzeldosis bei einer Mahlzeit mit einem großen Glas Wasser).

Prognose. Nach vollständiger Resektion beträgt die 5-Jahres-Überlebensrate für maligne GIST 48 %, nach inkompletter Resektion nur 8 %.

40.10.3 Magenkarzinom

engl.: gastric cancer, gastric carcinoma

Definition. Es handelt es sich um eine maligne epitheliale Neubildung des Magens.

Epidemiologie

Das Magenkarzinom ist nach dem Kolonkarzinom der zweithäufigste Tumor des Gastrointestinaltrakts mit jedoch abnehmender Inzidenz in den Industrieländern. Die Inzidenz beträgt in Westeuropa bei Männern 18/100 000, bei Frauen 9,4/100 000, in Japan 74,8 bzw. 35,2/100 000 Einwohner. Während die Häufigkeit des tiefsitzenden Antrumkarzinoms abnimmt, nimmt die Häufigkeit des hochsitzenden Kardiakarzinoms zu.

Ätiopathogenese

Neben genetischen Faktoren, wie z. B. einer geringfügig erhöhten Inzidenz bei Blutgruppe A, scheinen vor allem auch **exogene Einflüsse** eine Rolle zu spielen, z. B. der Genuss von nitrithaltigen geräucherten Speisen (durch bakterielle Degradation von Nitrit entsteht karzinogenes Nitrosamin). Für den Zusammenhang von Ernährung und Magenkrebsrisiko spricht zudem, dass Japaner (die in ihrer Heimat viele nitrithaltige, geräucherte Speisen zu sich nehmen), die in die USA ausgewandert sind und die dortigen Ernährungsgewohnheiten übernommen haben, deutlich seltener an Magenkrebs erkranken als die Bevölkerung im Heimatland.

Einer ballaststoffreichen Ernährung mit hohem Gehalt an antioxidativen Vitaminen (A, C, E) wird eine protektive Wirkung zugeschrieben. Weiterhin wird eine erhöhte Inzidenz bei Patienten mit **Typ-A-Gastritis** wie auch bei H.-p.-induzierter **Typ-B-Gastritis** (5fach erhöht) beobachtet. Ob hierdurch regelmäßige endoskopische Kontrollen dieser Patienten gerechtfertigt sind, ist noch unklar. Weiterhin ist umstritten, ob ein Zustand nach Magenteilresektion, Magenschleimhautadenome und die Riesenfaltengastritis mit einem erhöhten Krebsrisiko verbunden sind.

Einteilung

Das **typische Verteilungsmuster** des Magenkarzinoms im Vergleich zum Ulcus ventriculi zeigt Abb. 40.7. Die **Metastasierung** erfolgt vorwiegend lymphogen in die umgebenden Kompartimente und hämatogen in Leber und Lunge. Außerdem erfolgt die Aubreitung per continuitatem in die umgebenden Nachbarorgane.

Die **Lauren-Klassifikation** teilt die Magenkarzinome nach dem Wachstumsmuster ein.

- **intestinaler Typ:** Tumor wächst expansiv ins Magenlumen (polypös, günstigere Prognose)

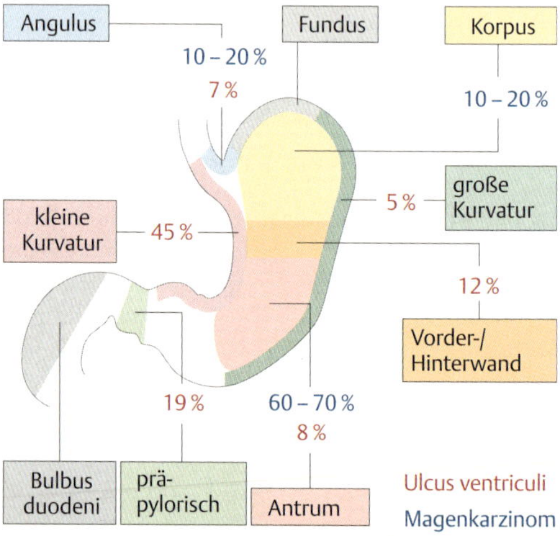

Abb. 40.7 Typisches Verteilungsmuster des Magenkarzinoms im Vergleich zum Ulcus ventriculi. Während die meisten Ulcera ventriculi (rote Zahlen) in der kleinen Kurvatur und präpylorisch lokalisiert sind, finden sich die meisten Magenkarzinome (blaue Zahlen) im Antrumbereich.

- **diffuser Typ:** der Tumor wächst infiltrativ in der Magenwand und penetriert in Nachbarorgane (schlechtere Prognose durch frühzeitigen Lymphknotenbefall). Ein diffus die Magenwand durchsetzendes Adenokarzinom wird auch als szirrhöses Magenkarzinom bezeichnet.
- **Mischtyp**

Nach der **Histologie** unterscheidet die WHO:

- Adenokarzinome (95%): papillärer, tubulärer, muzinöser Typ, Siegelringzellkarzinom
- adenosquamöses Karzinom
- Plattenepithelkarzinom
- kleinzelliges Karzinom
- undifferenziertes Karzinom

Anhand der Klassifikation der Japanese Gastrointestinal Endoscopy Society werden die **Magenfrühkarzinome**, die auf Mukosa und Submukosa beschränkt sind, wie folgt eingeteilt:

- Typ I: polypös-vorgewölbt
- Typ II: oberflächlicher
- Typ III: exkaviert

Fortgeschrittene Karzinome überschreiten die Submukosa und infiltrieren die Tunica muscularis. Nach Borrmann unterscheidet man

- Typ I: polypoide Form
- Typ II: polypoide Form mit Ulzerationen
- Typ III: infiltrierende Form mit Ulzerationen
- Typ IV: diffus infiltrierende Form

Bei Patienten mit auf die Mukosa oder nur punktförmig in die Submukosa-infiltrierenden Frühkarzinomen vom Typ I bzw. II ist eine endoskopische Therapie gerechtfertigt (endoskopische Resektion oder Submukosa-Dissektion).

Das **Staging** erfolgt nach der **TNM-Klassifikation**, die in **Tab. 40.5** aufgeführt ist.

> **!** **Das prä- und postoperative Staging hat die größte Bedeutung für die Therapie.**

Klinik

Eine spezifische Anamnese fehlt zumeist. Häufig führen **uncharakteristische Beschwerden** zum Arzt. Insbesondere sollte auf eine rasche Gewichtsabnahme oder einen möglichen Leistungsknick geachtet werden. Anekdotisch wird über einen Widerwillen gegen Fleisch als Leitsymptom beim Magenkrebs berichtet. Weitere Symptome sind Druck- und Völlegefühl, Bauchschmerzen, Dysphagie (Hinweis auf Kardiakarzinom) und Blutung. Bei klinischen Zeichen einer Magenausgangsstenose (entlastendes,

Tab. 40.5 Staging beim Magenkarzinom

Stadium	T-Stadium	N-Stadium	M-Stadium
0	Tis	N0	M0
IA	T1	N0	M0
IB	T1	N1	M0
	T2	N0	M0
II	T1	N2	M0
	T2	N1	M0
IIIA	T2	N2	M0
	T3	N1	M0
	T4	N0	M0
IIIB	T3	N2	M0
IV	T1 - T3	N3	M0
	T4	N1 - 3	M0
	jedes T	jedes N	M1

Tis Tumor in situ – nicht invasives Karzinom
T1 Tumor infiltriert Lamina propria mucosae und Tela submucosae
T2 Tumor infiltriert Tunica muscularis
T3 Tumor infiltriert Tunica adventitia
T4 Tumor infiltriert Nachbarstrukturen
M0 keine Fernmetastasen
M1 Fernmetastasen nachgewiesen
N0 keine regionalen Lymphknotenmetastasen
N1 1 - 6 regionale Lymphknotenmetastasen
N2 7 - 15 regionäre Lymphknoten befallen
N3 mehr als 15 Lymphknoten befallen

schwallartiges Erbrechen), einem tastbaren Oberbauchtumor oder Zeichen einer systemischen Aussaat (höckrige Leber, Aszites, Virchow-Lymphknoten links supraklavikulär) ist eine kurative Therapie nicht mehr möglich.

Diagnostik

Methode der Wahl ist die **Gastroskopie mit Biopsie** (Abb. 40.8). Dieses Verfahren hat die Röntgen-Magen-Darm-Passage in Doppelkontrasttechnik in den Hintergrund gedrängt, auch wenn sie ebenfalls eine hohe Sensitivität und Spezifität zur Erfassung des Magenkarzinoms aufweist.
Zur Definition des T- und N-Stadiums ist die **Endosonografie** erforderlich, da nur hier die Tiefenausdehnung und so das prognostisch günstige Frühkarzinom erfasst werden kann. Zum **Ausschluss von Fernmetastasen** (M) dienen

- Röntgenaufnahme des Thorax: Nachweis von Lungenmetastasen
- Sonografie und CT des Abdomens: Nachweis von Leber- und Lymphknotenmetastasen
- Skelettszintigrafie: bei Verdacht auf Skelettmetastasen

Als **Tumormarker** zur **Verlaufs- und Therapiekontrolle** ist die Bestimmung von CEA und CA 19-9 hilfreich.

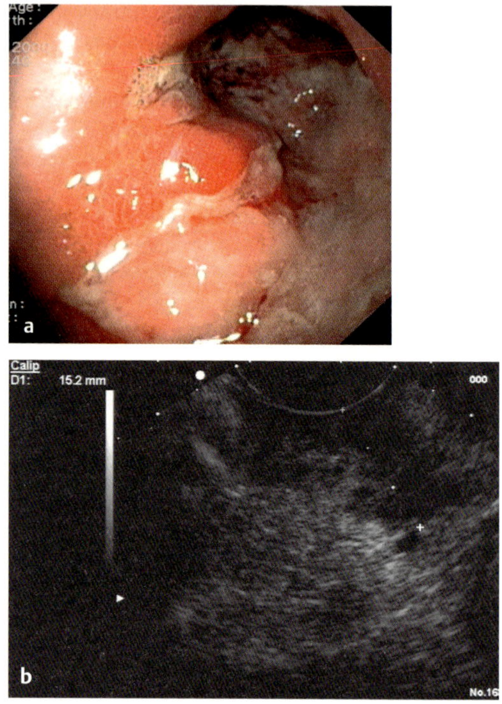

Abb. 40.8 Magenkarzinom. Endoskopischer Aspekt eines exulzerierenden Magenkarzinoms im Magenkorpus (**a**). Im endoskopischen Ultraschall (**b**) erkennt man eine echoarme Infiltration der gesamten Magenwand mit einer Dicke von maximal 15,2 mm (s. Messpunkt).

Therapie

Patienten mit Magenfrühkarzinom haben sowohl nach operativer wie endoskopischer Therapie (en-

Tab. 40.6 Chemotherapie des Magenkarzinoms

Wirkstoff	Dosierung	Applikation	Anwendung
Cisplatin/Fluorouracil/Kalziumfolinat (PLF)			
Kalziumfolinat	500 mg/m² KOF	i. v. (120 min)	Tage 1, 8, 15, 22, 29, 36
5-Fluorouracil	2 000 mg/m² KOF	i. v. (24 h)	Tage 1, 8, 15, 22, 29, 36
Cisplastin	50 mg/m² KOF	i. v. (60 min)	Tage 1, 15, 29
Wiederholung Tag 50			
Epirubicin/Cisplatin/Fluorouracil (ECF)			
Epirubicin	50 mg/m² KOF	i. v. Bolus	Tag 1
Cisplatin	60 mg/m² KOF	i. v. (30 min)	Tag 1
Fluorouracil	200 mg/m² KOF	i. v. (24 h)	Tag 1 – 21
Wiederholung Tag 22			

doskopische Resektion oder Submukosa-Dissektion) eine klinisch relevante Heilungschance (Tab. 40.7). Bei allen anderen Patienten mit Magenkarzinom erfolgt die Therapie primär chirurgisch. Standardmethode ist die **totale Gastrektomie mit Lymphadenektomie.** Der Magenersatz erfolgt durch Jejuninterposition. Bei distalem Tumorsitz und histologischer Einordnung als intestinaler Typ kann eine 4/5-Resektion mit Gastrojejunostomie und Roux-Y-Anastomose ausreichend sein.
Eine Gastrektomie mit Lymphadenektomie ist allerdings nur dann sinnvoll, wenn eine R0-Resektion erreicht werden kann, d. h. die Resektatränder sind makro- und mikroskopisch tumorfrei (R1 = mikroskopischer Resttumor, R2 = makroskopischer Resttumor).
Bei fortgeschritteneren Stadien (z. B. T4, N0/1, M0) kann eine präoperative Chemotherapie zur **Tumorverkleinerung** (sog. Downsizing) erwogen werden, um die Chance des Erreichens einer R0-Resektion zu erhöhen. Bei fortgeschrittenen Magenkarzinomen mit **Metastasierung oder nach R2-Resektion** bleibt die palliative Chemotherapie als Option. Am erfolgreichsten ist das ECF-Schema, das jedoch wegen der Dauerinfusion von 5-Fluorouracil sehr aufwendig ist. Deshalb wird die Chemotherapie meist nach dem ebenfalls sehr wirksamen PLF-Schema durchgeführt (Tab. 40.6).

Prognose

Die stadienabhängige Prognose des Magenkarzinoms fasst Tab. 40.7 zusammen.

Tab. 40.7 Stadienabhängige Prognose von Magenkarzinom

TNM-Stadium	5-Jahres-Überlebensrate	Kommentar
I A	90 %	Magenfrühkarzinome
I B	85 %	(5 – 10 % aller Patienten)
II	45 %	fortgeschrittenere
III A	35 %	Stadien
III B	20 %	(90 – 95 % der
IV	0 %	Patienten)

40.10.4 Lymphome des Magens

engl.: gastric lymphoma

Definition. Es handelt sich um primär vom lymphatischen Gewebe der Magenschleimhaut (**M**ucosa **A**ssociated **L**ymphatic **T**issue, MALT) ausgehende **Non-Hodgkin-Lymphome.**
Hiervon abzugrenzen ist die sekundäre Mitbeteiligung des Gastrointestinaltrakts bei systemischer Lymphomerkrankung, die bei ca. 5 – 10 % aller hochmalignen Non-Hodgkin-Lymphome nachweisbar ist.

Epidemiologie. Primäre Magenlymphome sind seltener als sekundäre (Verhältnis 1:3). Es sind vorwiegend Männer zwischen 50 und 70 Jahren betroffen.

Ätiopathogenese. Eine ätiologische Bedeutung der **H.-p.-Infektion** ist gesichert: im Rahmen der daraus resultierenden Typ-B-Gastritis kommt es häufig zu einer **Vermehrung des lymphatischen Gewebes** der Magenmukosa. Histologisch handelt sich meist um niedrigmaligne B-Zell-Lymphome (s. S. 944).

Klinik. Die Symptome sind meist uncharakteristisch, es können z. B. Adynamie, Inappetenz, Übelkeit, epigastrisches Druckgefühl, selten auch Blutungen auftreten. Eine B-Symptomatik (Fieber, Nachtschweiß, Gewichtsverlust) findet sich meist nur in fortgeschrittenen Stadien.

Diagnostik. Wegweisend ist die **Gastroskopie mit Biopsie** (Abb. 40.9). Hierbei ist das Lymphom vielgestaltig in seiner morphologischen Präsentation: Lymphome erscheinen als Ulzera, verdickte Falten oder auch als kaum erhabene erythematöse Läsionen. Auch die Röntgen-Magen-Darm-Passage vermag mit hoher Sensitivität ein Lymphom nachzuweisen, die Spezifität ist jedoch geringer.
Zum lokalen Staging dient die **Endosonografie**, die Hinweise zu Tiefenausdehnung und Befall regionärer Lymphknoten liefert. Das weitere Staging erfolgt in Analogie zum Vorgehen bei systemischen Lymphomerkrankungen (s. S. 949).
Differenzialdiagnostisch kommen Ulcus ventriculi und Magenkarzinom (Biopsie!) infrage.

Therapie. **Frühe Stadien** der MALT-Lymphome scheinen durch eine alleinige **Sanierung der Helicobacter-pylori-Infektion** heilbar zu sein (s. Tab. 40.3). Alle übrigen Stadien niedrigmaligner wie auch hochmaligner Magenlymphome werden mittels **Radiochemotherapie**, zumeist in Kombination mit **monoklonalen Antikörpern** (Rituximab, z. B. Mab-Thera) behandelt (vgl. S. 943). Nur bei sehr ausgedehn-

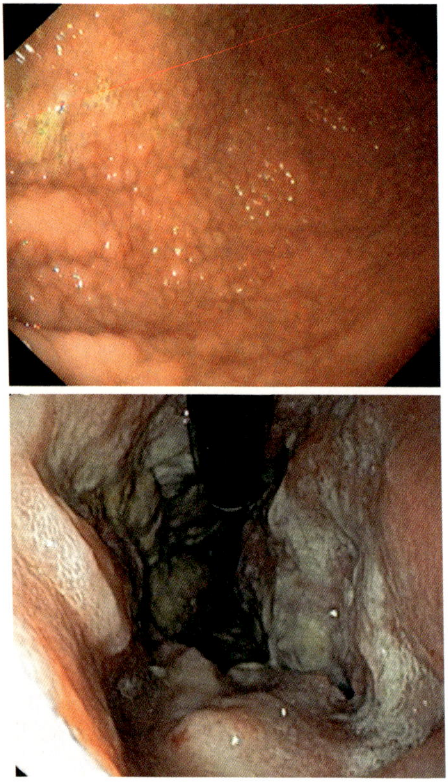

Abb. 40.9 **MALT-Lymphom des Magens.** Die Schleimhaut kann u. U. fast unauffällig sein oder sich wie bei einer Gastritis mit flächiger Rötung und noppiger Oberfläche präsentieren. Auch Ulzerationen und verdickte Falten können vorkommen. (aus Block, Gastroskopietrainer, Thieme)

tem perigastrischem Lymphknotenbefall wird alternativ die operative Gastrektomie mit nachfolgender Radiochemotherapie erwogen.

40.11 Obere gastrointestinale Blutung

engl.: upper gastrointestinal hemorrhage

Definition. Blutverlust aus einer Läsion oberhalb des Treitz-Bandes.

Ätiologie. Gastrointestinale (GI-)Blutungen haben zu ca. 90 % ihren Ursprung im oberen Verdauungstrakt. Häufige Ursachen sind in **Tab. 40.8** zusammengefasst.
Die Ösophagusvarizenblutung wird im Kapitel „Portale Hypertension" (S. 860 ff) besprochen.

Klinik. Bluterbrechen mit typischer kaffeesatzartiger Farbe durch den Kontakt mit der Magensäure **(Hämatemesis)**, **Teerstuhl** (Meläna), bei massiver Blutung auch blutiger Stuhl **(Hämatochezie)** und Zeichen eines hypovolämischen Schocks. Eine leichte, aber chronische Blutung kann sich evtl. nur durch eine Anämie bemerkbar machen.

Diagnostik und Therapie. Zur **Kreislaufstabilisierung** wird ein intravenöser Zugang gelegt mit Infusion eines Plasmaexpanders. Wichtig ist auch die rasche Blutgruppenbestimmung. Es erfolgt die Blutanalyse bezüglich Hb, Thrombozyten, Gerinnung und Blutgruppe. Zur permanenten Kontrolle der Blutungs-

Tab. 40.8 **Ursachen einer oberen gastrointestinalen Blutung**

Blutungsquelle	Häufigkeit in %
Ulcus duodeni	24
Ulcus ventriculi	23
Ösophagusvarizen	22
Mallory-Weiss-Läsion	13
erosive Gastritis	7
Refluxösophagitis	5
Angiodysplasie	4
Tumorblutung	2

Blutungsursachen bei n = 300 Notfallpatienten am Frankfurter Universitätsklinikum

Tab. 40.9 Klassifizierung der Blutungsquelle nach Forrest

Stadium	Forrest-Typ	Kriterien
Zeichen der aktiven Blutung	I a	arterielle (spritzende) Blutung
I b	Sickerblutung	
Zeichen stattgehabter Blutung (inaktive Blutung)	II a	Läsion mit sichtbarem Gefäßstumpf
II b	koagelbedeckte Läsion	
II c	hämatinbelegte Läsion	
potenzielle Blutungsquelle	III	Läsion ohne o. g. Kriterien

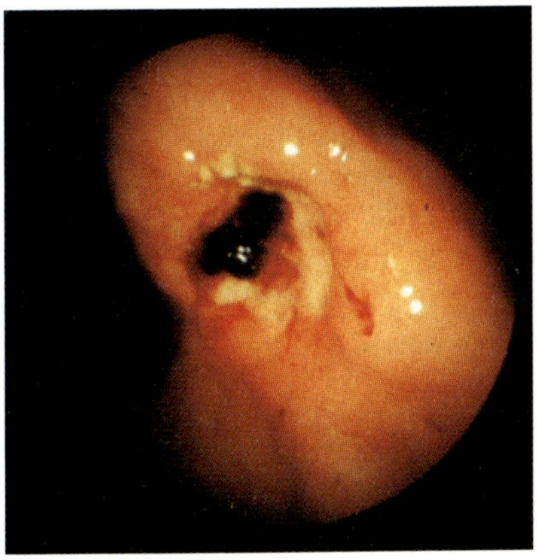

Abb. 40.10 Ulcus ventriculi nach einer Blutung. Entsprechend dem Forrest-Stadium IIb erkennt man ein großes Koagel auf dem Ulkusgrund sowie die frischen Blutspuren im Magen. Es besteht eine Indikation zur endoskopischen Therapie, da eine aktive, spritzende Blutung (z. B. nach säurebedingter Andauung des Koagels) jederzeit wieder auftreten kann.

intensität wird eine Magensonde gelegt. Sofort danach erfolgt die **Ösophagogastroduodenoskopie**:

- **Feststellung der Blutungsquelle** (Ulkus, Varize etc.) sowie der Blutungsintensität und -lokalisation (**Abb. 40.10**). Der Zustand der Blutungsquelle wird endoskopisch nach Forrest klassifiziert (**Tab. 40.9**), um das weitere therapeutische Vorgehen zu entscheiden.
- **Blutstillung:**
  - Im Stadium Forrest I oder II wird die Läsion mit Adrenalin 1:10 000 (z. B. 1 ml Suprarenin auf 10 ml NaCl 0,9 % verdünnt) umspritzt und/oder eine Klipp-Applikation durchgeführt (**Abb. 40.11**). Bei Angiodysplasien wird häufig eine Argon-Plasma-Koagulation vorgenommen.
  - Stadium Forrest III: keine spezifische Therapie zur Blutstillung erforderlich.
- Eine evtl. vorliegende **Infektion mit Helicobacter pylori** sollte im Anschluss an die Akutversorgung medikamentös saniert werden (s. **Tab. 40.3**), um spätere Ulkusrezidive zu verhindern.

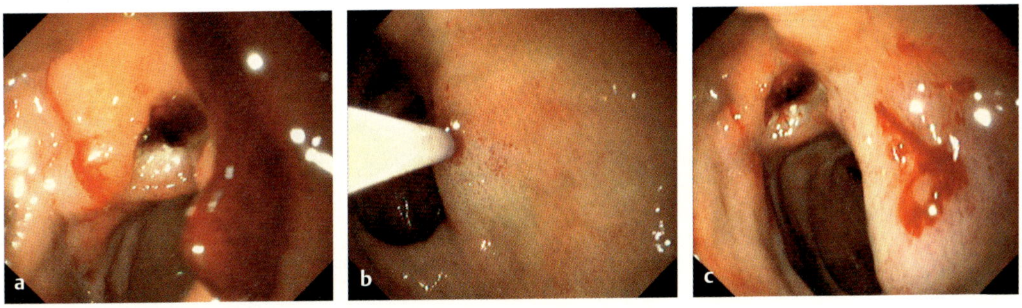

Abb. 40.11 Unterspritzung einer akuten Ulkusblutung mit Adrenalin. a Zwei blutende Ulzera. **b** Unterspritzung mit Adrenalin. **c** Aspekt nach Injektion. (aus Block, Gastroskopietrainer, Thieme)

I

Tab. 40.10 Differenzialdiagnose zwischen oberer, mittlerer und unterer Gastrointestinalblutung (GIB)

	obere GIB	mittlere GIB	untere GIB
Lokalisation	Oesophagus, Magen, Duodenum	Jejunum, Ileum	Kolon, Rektum, Anus
Symptomatik	Hämatemesis und/oder Meläna	Melanä und/oder Hämatochezie	Hämatochezie, peranale frische Blutung
Aspirat aus Magensonde	blutig	meist klar	klar
Darmgeräusche	lebhaft	lebhaft	normal
weiterführende diagnostische Maßnahmen	Gastroskopie	Kapselendoskopie; Ballon-Enteroskopie, Angiografie	Koloskopie, ggf. Angiografie, Szintigrafie

Die **sofortige Operation** ist im Stadium Forrest I bei erfolgloser initialer endoskopischer Blutstillung anzustreben. Es wird meist eine Ulkusumstechung, alternativ auch Resektion nach Billroth II, durchgeführt.
Hilfen zur **differenzialdiagnostischen Unterscheidung gastrointestinaler Blutungen** sind in Tab. 40.10 aufgeführt.

Prognose. Die Letalität der Ulkusblutung liegt zwischen 10 und 15 % und ist abhängig von Blutungsintensität, Ulkuslokalisation, Alter und Begleiterkrankungen.

Weiterführende Informationen
http://www.dgvs.de/508.php

41 Dünn- und Dickdarm

Wolfgang F. Caspary, Till Wehrmann

41.1 Grundlagen

Der **Dünndarm** hat vielfältige physiologische Funktionen:

- terminale Digestion für Nahrungsendbestandteile
- Resorption
- Sekretion von Wasser und Elektrolyten
- Hormonproduktion (Inkretion)
- Motorik
- Immunorgan
- Funktion im Lipidstoffwechsel

Der **Dickdarm** hat die Aufgabe, Wasser und Elektrolyte aus dem Darmlumen zurückzuresorbieren, außerdem dient er als Speicher für den Darminhalt. Aufgaben der Immunabwehr übernimmt die Appendix vermiformis, in der sich viele Lymphfollikel befinden.

41.1.1 Anatomie

Der Darm ist unterteilt in den **Dünndarm**, bestehend aus

- Duodenum
- Jejunum
- Ileum

Der zylindrische **Dünndarm** hat eine Länge von 4–5 m, erfährt jedoch u. a. durch die Kerckring-Falten eine enorme **Oberflächenvergrößerung** und hat dadurch eine größere Kontaktfläche für die Resorption von Nahrungsendprodukten. Die **Kerckring-Falten** vergrößern die Oberfläche gegenüber einem glatten Zylinderrohr dreifach, die auf den Kerckring-Falten gelegenen Zotten vergrößern die Oberfläche 30-fach, die **Mikrozotten** auf den Epithelzellen führen zu einer 600-fachen Oberflächenvergrößerung auf 200 m^2 (= Größe eines Tennisplatzes). Zum Vergleich: die Hautoberfläche des Menschen beträgt nur ca. 2 m^2. Der mikroskopische Aufbau ist in Abb. 41.1 dargestellt.

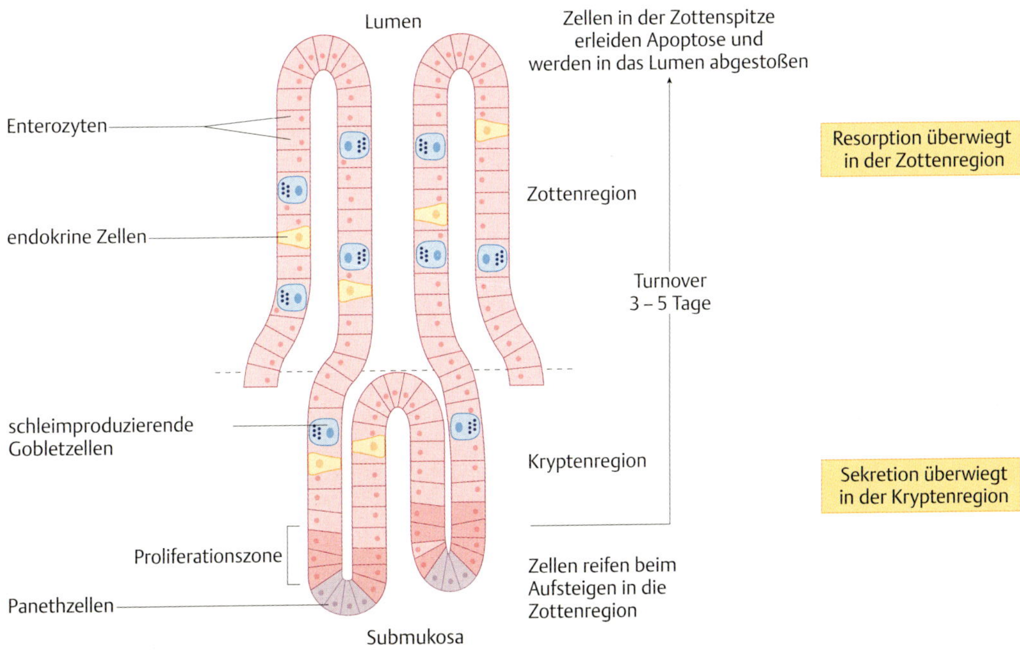

Abb. 41.1 Zotten- und Kryptenregion der Dünndarmmukosa.

Der **Dickdarm** hat eine Gesamtlänge von 1,5 – 1,8 m und besteht aus folgenden Teilen:

- Caecum mit Appendix vermiformis
- Colon mit Colon ascendens, Colon transversum, Colon descendens und Colon sigmoideum
- Rektum

Das Kolon besitzt keine Zotten und keine Kerckring-Falten. Makroskopisch sind v. a. folgende Merkmale charakteristisch: **Taenien** (drei längs verlaufende, ca 1 cm breite Muskelbündel), **Plicae semilunares** coli (halbmondförmige Kontraktionsaufwerfungen, die in das Darmlumen vorspringen) und **Haustren** (Aussackungen der Dickdarmwand zwischen den Plicae semilunares).

41.1.2 Funktionelle Anatomie des Dünndarms

Die Hormonproduktion im Dünndarm mit Einfluss auf Resorption, Sekretion und Motilität kann auf mehreren Wegen zur Wirkung am Zielorgan führen:

- **klassisch endokrin** über den Blutweg
- **parakrin**, z. B. Hormon wirkt direkt auf Rezeptoren der Nachbarzelle,
- **autokrin**, d. h. der Enterozyt produziert parakrine Substanzen wie TGF-α oder TGF-β, die direkt auf die Epithelzelle einwirken,
- **juxtakrin**, d. h. Hormone endokriner Zellen der Lamina propria (z. B. Mastzellen) wirken direkt auf den Enterozyten oder durch Änderung des Blutflusses bzw. Stimulation des enteralen Nervensystems
- **neurokrin**, d. h. neurokrine Peptide (z. B. Somatostatin, VIP) und bioaktive Nichtpeptide (z. B. Serotonin, NO) werden an enteralen Neuronen freigesetzt und wirken als typische Neurotransmitter auf die Enterozyten.

Die wichtigste Aufgabe des Dünndarms ist die **Resorption der Nahrung**. Nach pankreatischer Vorverdauung erlaubt die große Resorptionsoberfläche des Dünndarms eine effektive terminale Digestion durch die in der Bürstensaummembran der Epithelzellen lokalisierten Enzyme sowie die Resorption der Digestionsendprodukte über verschiedene spezifische Transportprozesse. Nahrungsbestandteile und Elektrolyte werden durch Pumpen, Kanäle oder Carrier in und aus der Darmepithelzelle transportiert. Die Resorptionsprozesse für die einzelnen Nahrungsbestandteile laufen im Dünndarm mit teils unterschiedlicher Effektivität und Lokalisation ab (**Abb. 41.2**).

Damit der Dünndarm postprandial nicht mit Nahrung überschwemmt wird, spielt die **Motorik (Motilität)** eine wichtige Rolle. Zum einen bremst die Magenentleerung den Weitertransport in den Dünndarm, zum anderen fördert die Eigenmotorik des Dünndarms den Transport des Nahrungsbreis durch den Dünndarm.

Digestion und Resorption der Kohlenhydrate

Stärke, Saccharose und Laktose sind die wichtigsten verdaulichen Kohlenhydrate der Nahrung. Die Resorption der Verdauungsendprodukte Glukose und Galaktose erfolgt durch den Enterozyten über Transportsysteme an der Bürstensaum- und der lateral-basalen Membran. Die Aufnahme von Glukose und Galaktose erfolgt über ein Na^+-abhängiges aktives Transportsystem (Transporter SGLT1). Zwei Natriumionen gelangen mit je einem Molekül Glukose über den SGLT1-Transporter in das Zellinnere. Glukose verlässt die Zelle über den GLUT-2 Transporter an der basolateralen Membran ohne Na^+. Der **Na^+-gekoppelte Glukosetransport** bildet die therapeutische Grundlage für die orale Rehydratation bei schweren Durchfällen (z. B. Reisediarrhö, Cholera). Die Flüssigkeitssubstitution erfolgt optimal, wenn die einfache Trinklösung sowohl NaCl als auch Glukose enthält.

Fruktose wird über die Bürstensaummembran durch den GLUT-5 Transporter (ohne Natrium-Kopplung) aufgenommen und verlässt die Zelle ebenfalls über den GLUT-2 Transporter. Fruktose wird erheblich langsamer resorbiert als Glukose. Daher verursacht erhöhter Verzehr von Fruktose häufig Symptome der Kohlenhydrat-Malabsorption (Meteorismus, Flatulenz, Diarrhö).

Im Dünndarm **nicht resorbierte Kohlenhydrate** werden im Dickdarm durch Bakterien weiter abgebaut. Terminaler Schritt des bakteriellen Abbaues von Kohlenhydraten ist die durch anaerobe Bakterien induzierte Fermentation. Dabei entstehen im Darmlumen kurzkettige Fettsäuren (Butyrat, Propionat, Azetat, Laktat → saurer Stuhl-pH) sowie als Gase CO_2, H_2, CH_4 (→ Meteorismus, Flatulenz).

> ! **Die Fermentation zu H_2 ist diagnostisch nutzbar zur Erfassung einer Kohlenhydrat-Malabsorption (H_2-Atemtest).**

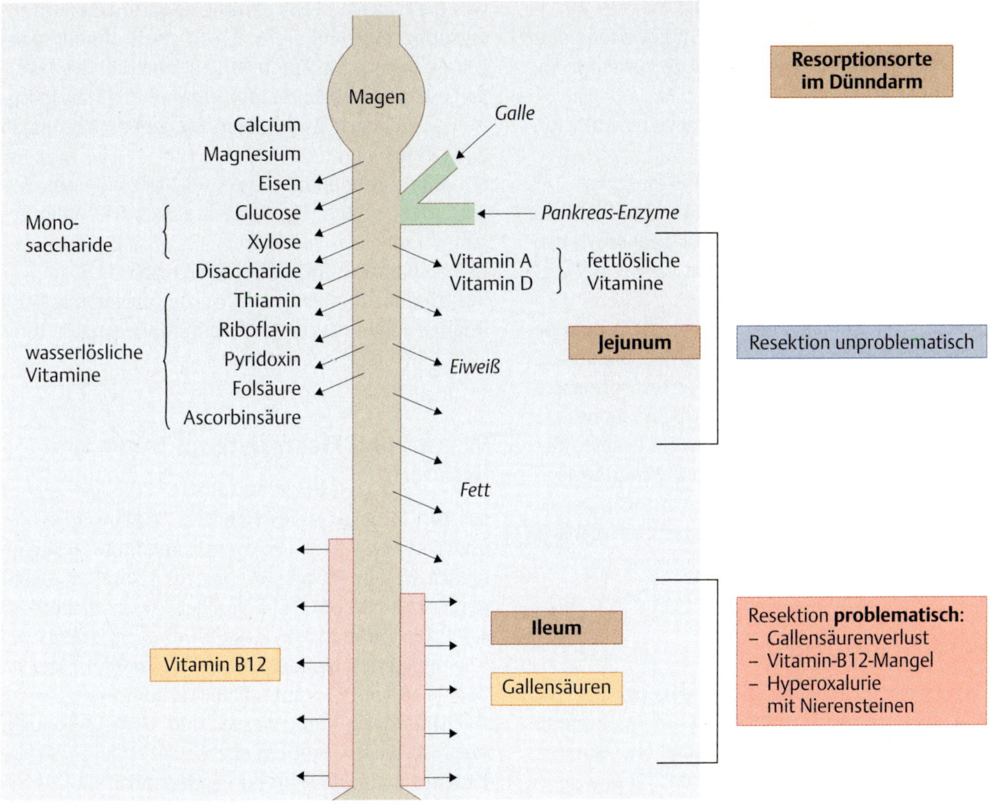

Abb. 41.2 Resorptionsorte im normalen Dünndarm.

Digestion und Resorption der Proteine

Pflanzliche Proteine sind in der Regel schwerer verdaulich als tierische Proteine. Die Proteinresorption aus dem Darm ist sehr effektiv, nur ca. 6 – 12 g/Tag werden mit den Faezes ausgeschieden. Die Digestion der Proteine beginnt mit der intraluminalen Hydrolyse durch Proteasen des Magens und Pankreas. Es folgt die Aufspaltung der Oligopeptide zu freien Aminosäuren durch Peptidasen an der Bürstensaummembran, gefolgt von der Resorption der freigesetzten Aminosäuren oder die Resorption intakter Di- und Tripeptide mit anschließender hydrolytischer Aufspaltung dieser kleinen Peptide durch intrazelluläre Peptidasen zu freien Aminosäuren.

Digestion und Resorption der Fette

Mit der Nahrung nehmen wir ca. 100 g Fett/Tag zu uns, wovon > 95 % resorbiert werden. Die Digestion der Triacylglycerole (Triglyzeride) erfolgt nahezu vollständig innerhalb der ersten 100 cm des Dünndarms. Die dafür notwendige Pankreaslipase wird im Überschuss produziert. Erst bei einer Sekretionseinschränkung auf < 10 % kommt es zur Maldigestion und nachfolgender Steatorrhö. Durch Mizellenbildung der Gallensäuren wird eine bessere Wasserlöslichkeit erreicht.

Mittelkettige Triacylglycerole (MCT) enthalten Fettsäuren der Kettenlänge C 6 – 12. Sie kommen in der normalen Nahrung nur in kleinen Mengen vor, sind jedoch wichtige Komponenten in der Ernährungstherapie, da ihre Digestion und Resorption sich erheblich unterscheidet von den langkettigen Triacylglycerolen des Nahrungsfetts. MCT werden durch verschiedene Lipasen (Magenlipase, gallensäurenabhängige Lipase, Pankreaslipase) effektiver hydrolisiert als Triacylglycerole aus langkettigen Fettsäuren (LCT). Weitere Resorptionsvorteile der MCT gegenüber LCT beruhen auf:

- besserer Wasserlöslichkeit
- effektiverer Aufnahme in den Enterozyten selbst ohne Gallensäuren und sogar ohne vorherige Hydrolyse
- keine Verwendung bei der Trigacylglycerolresynthese
- Chylomikronenbildung ist nicht erforderlich
- MCT verlassen die Zelle direkt über die Pfortader
- MCT können von der Leber und anderen Geweben schneller als Energiesubstrat verwendet werden

MCT können deshalb als gut resorbierbare Energiequellen bei Patienten eingesetzt werden, die aus unterschiedlichen Ursachen eine Fettresorptionsstörung haben: Pankreasinsuffizienz, intraluminaler Gallensäuremangel bedingt durch Cholestase, Gallengangsverschluss, Ileumresektion, Kurzdarmsyndrom, Dünndarmkrankheiten mit Störungen der Resorption oder des intrazellulären Lipidstoffwechsels/Chylomikronenbildung, Lymphabflussstörungen.

Gallensäurenkreislauf

Gallensäuren spielen eine äußerst wichtige Rolle bei der Fettverdauung und unterliegen einem enterohepatischen Kreislauf. Sie werden über die Bürstensaummembran der Enterozyten des Ileums über einen spezifischen Na^+- und energieabhängigen Transporter rückresorbiert und dann der Leber wieder zugeführt. Der gesamte Gallensalzpool von 2 – 4 g zirkuliert 6- bis 10-mal pro Tag, da für die Fettverdauung 20 – 30 g Gallensäuren pro Tag benötigt werden.

Ein Fehlen des Ileums führt zu einem erhöhten fäkalen Verlust von Gallensäuren mit konsekutiver wässriger Diarrhö (chologene Diarrhö). Ein erhöhter Gallensäurenverlust kann durch Sythesesteigerung in der Leber bis zum Faktor 3 – 4 kompensiert werden. Ist der fäkale Verlust von Gallensäuren größer als die maximale Synthesesteigerung, dann kommt es zu einer Störung der Mizellenbildung bei der Fettverdauung und zur Steatorrhö (pathologische Erhöhung des Fettgehalts im Stuhl).

Resorption von Vitamin B_{12}

Vitamin B_{12} wird nur von Mikroorganismen synthetisiert und kommt in der Nahrung nur in tierischen Produkten vor. Vegetarier haben deshalb das Risiko, einen Vitamin B_{12}-Mangel zu entwickeln. Es besteht eine enterohepatische Zirkulation von Vitamin B_{12}, was die klinische Beobachtung erklärt, dass zur Entwicklung eines Vitamin B_{12}-Mangels durch mangelnde diätetische Zufuhr 8 – 12 Jahre benötigt werden, während Patienten mit Vitamin B_{12}-Malabsorption schon nach 2 – 3 Jahren Mangelerscheinungen entwickeln.

Der Magensaft enthält zwei wichtige Vitamin B_{12}-Bindungsproteine: Haptocorrin (auch R-Protein genannt) und intrinsic Faktor (IF, s. S. 909). Die weiteren Abläufe im Dünndarm zeigt **Abb. 41.3**.

Ein Vitamin B_{12}-Mangel führt zur megaloblastären Anämie sowie neurologischen Veränderungen (funikuläre Myelose, s. S. 911).

Wasser und Elektrolyte im Dünn- und Dickdarm

Ca. 10 l Flüssigkeit aus Nahrung, Magensaft, Galle- und Pankreassekret und dem Duodenum gelangen täglich in den Darmtrakt, nur ca. 100 ml verlassen den Darm mit dem Stuhl. Von den 10 l erreichen nur 1,5 l den Dickdarm, d. h. im Dünndarm erfolgt bereits eine effektive Rückresorption von 8,5 l, die im Dickdarm von 1,5 l auf 100 ml vervollständigt wird. Der Dünndarm kann Wasser und Elektrolyte nicht nur resorbieren, sondern ebenso sezernieren. Große Bedeutung für die Sekretion haben intrazelluläre zyklische Nukleotide. Auch Neurotransmitter, Hormone, Bakterientoxine und auch verschiedene Laxanzien induzieren durch Veränderungen von intrazellulärem cAMP, cGMP oder ionisiertem Ca^{2+} die Sekretion von Wasser und Chlorid.

Dies ist relevant, da bei zahlreichen bakteriellen oder viralen Infektionen wie auch bei Vorliegen von hormonproduzierenden Tumoren (Karzinoid, VIPom) sekretorische Durchfälle auftreten. Diese und weitere Pathomechanismen der Diarrhö zeigt **Abb. 41.4**.

Motilität

Die motorische Funktion des Dünndarms bewirkt:

- eine koordinierte Durchmischung des Chymus mit den Pankreasenzymen und der Galle
- zeitgerechte Exposition des Darminhalts gegenüber der intestinalen Resorptionsfläche
- den aboralen Transport des Chymus und unverdaulicher Nahrungsbestandteile (z. B. „Ballaststoffe", Zell- und Bakteriendetritus) in das Caecum

Im **Nüchternzustand** verhindert die **Eigenmotilität des Dünndarms** eine Keimaszension aus dem Dick-

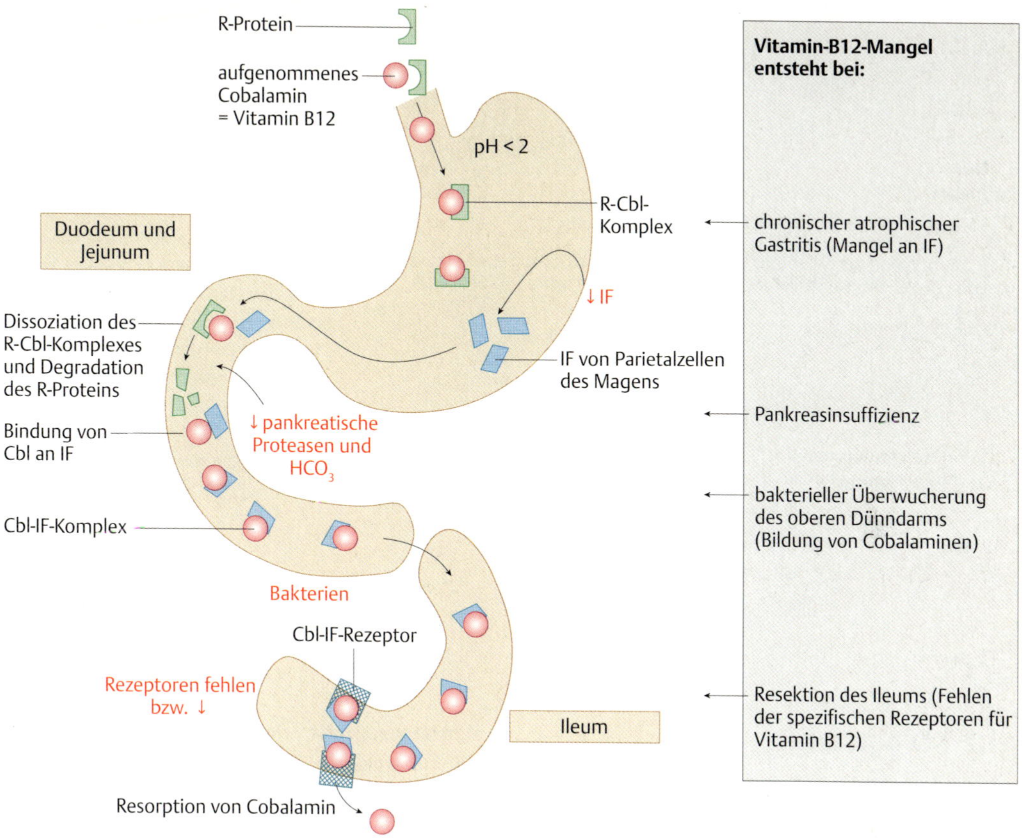

Abb. 41.3 Resorption von Vitamin B12. Vitamin B_{12} (Cobalamin, Cbl) wird nach Bindung an das im Magen gebildete Haptocorrin im Dünndarm an den ebenfalls im Magen gebildeten Intrinsic Factor transferiert und als Vitamin B_{12}-IF-Komplex im terminalen Ileum über den IF-Vitamin B_{12}-Transporter in Gegenwart von Kalzium resorbiert. In der Epithelzelle wird Vitamin B_{12} vom IF auf ein anderes Bindungsprotein (Transcobalamin II) transferiert und verlässt die Zelle durch die basolaterale Membran.

darm in den Dünndarm. Störungen der Motilität, z. B. bei diabetischer Neurogastroenteropathie, bewirken somit eine Störung der Resorption und begünstigen eine bakterielle Keimüberbesiedlung des fast keimfreien Dünndarms mit aus dem Dickdarm aufsteigenden Bakterien (während im Duodenum und Jejunum nur $10^0 - 10^4$ Keime/ml zu finden sind, beträgt die **Bakteriendichte im Kolon** $10^9 - 10^{12}$ Keime/ml).

Die Eigenmotilität des Dünndarms hat außerdem eine **Reinigungswirkung**: im Dünndarm existiert eine Eigenmotilität in der Nüchternperiode, der migrierende myoelektrische (= motor) Komplex (MMC). Es handelt sich dabei um ein zyklisches motorisches Muster, das im Nüchternzustand regelmäßig ca. alle 90 min abläuft, durch Nahrungszufuhr aber unterbrochen wird.

Unterschieden werden vier Phasen, der Phase III kommt die wichtige propagatorische Funktion zu. Nach Nahrungszufuhr ändert sich das motorische Verhalten abrupt: Es treten kräftige Kontraktionen (1 – 3/sec) auf, die durch Ruhephasen von 5 – 40 sec unterbrochen werden. 4 – 6 h nach der Mahlzeit setzt die Nüchternmotilität wieder ein.

> **!** **Die Eigenmotilität im Nüchternzustand hat offenbar eine wichtige Funktion für die Dekontamination des Dünndarms von Bakterien des Dickdarms und wird deshalb auch als intestinaler „housekeeper" oder „Putzfrau des Dünndarms" bezeichnet.**

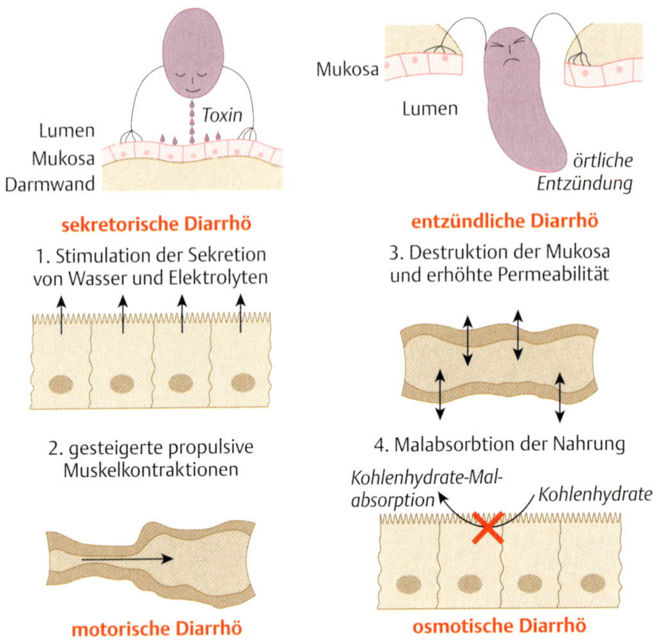

Abb. 41.4 Pathomechanismen der Diarrhö. 1. Gesteigerte Sekretion von Wasser und Elektrolyten, z. B. durch Toxine, Hormone (Serotonin, VIP) → sekretorische Diarrhö. 2. Gesteigerte Motilität lässt nicht genügend Zeit für die Rückresorption von Wasser und Elektrolyten → motorische Diarrhö. 3. Bei chronischen Entzündungen (Morbus Crohn, Colitis ulcerosa, Zöliakie) besteht eine Destruktion der Mukosa mit erhöhter Permeabilität → entzündliche Diarrhö. 4. Bei Malabsorption von Kohlenhydraten bewirkt die Fermentation der Kohlenhydrate im Dickdarm eine erhöhte osmotische Belastung → osmotische Diarrhö.

41.2 Diagnostik

41.2.1 Diagnostik bei Dünndarmerkrankungen

Funktionsdiagnostik

Kohlenhydratmalabsorption und Laktasemangel (oberer Dünndarm)

D-Xylose-Test. Der Patient erhält 25 g D-Xylose oral mit 500 ml Flüssigkeit. Dann wird der Anstieg der D-Xylose-Konzentration im Serum (normal > 20 mg/100 ml) und/oder die Urinausscheidung von D-Xylose (normal > 16 % der applizierten Menge an D-Xylose innerhalb 5 h) gemessen.

H_2-Atemtest. Im Dünndarm nicht resorbierte Kohlenhydrate werden im Dickdarm durch Bakterien fermentiert. Dabei entstehen im Darmlumen kurzkettige Fettsäuren sowie Gase. Das dadurch entstehende H_2 kann in der Atemluft gemessen werden und zeigt eine **Kohlenhydratmalabsorption** an. Ein frühzeitiger Anstieg der H_2-Konzentration nach oraler Gabe von Glukose ist diagnostisch beweisend für eine bakterielle Überbesiedlung des Dünndarms, da die aufsteigenden Bakterien schon im oberen Dünndarm Glukose fermentieren (s. S. 753).

Laktosetoleranztest. Der Patient trinkt 50 g Laktose (z. B. Edelweiß Milchzucker) gelöst in 500 ml Flüssigkeit. Blutglukose und/oder Wasserstoff (H_2) in der Atemluft werden zu den Zeitpunkten 0, 30, 60, 90 und 120 Minuten bestimmt. Ein Anstieg der Blutglukose von weniger als 20 mg/100 ml gegenüber dem Nüchternwert sowie ein Anstieg von H_2 in der Atemluft > 20 ppm sind beweisend für eine **Laktoseintoleranz.**

Schilling-Test (Vitamin-B_{12}-Resorptionstest)

Vor dem Test sind die Vitamin-B_{12}-Depots durch i. m.-Injektion von 1 000 µg Vitamin B_{12} aufzusättigen. Unmittelbar danach erhält der Patient oral 1 mg ^{57}Co-markiertes Vitamin B_{12}. Die Urinausscheidung von ^{57}Co dient als Parameter der Resorption. Eine Urinausscheidung von < 6 – 7 % der applizierten Menge innerhalb von 24 h zeigt eine Vitamin-B_{12}-Malabsorption an.
Fällt der Test pathologisch aus, muss weiter differenziert werden, ob eine Malabsorption von Vitamin B_{12} im Ileum oder ein Mangel an Intrinsic Factor die Ursache ist: normalisiert sich ein Schilling-Test nach Gabe von Schweine-Intrinsic-Factor, liegt ein Intrinsic-Factor-Mangel vor (s. S. 909).

Die Normalisierung eines Schilling-Tests nach Antibiotikatherapie ist beweisend für eine bakterielle Überwucherung des Dünndarms.

^{75}SeHCAT-Test

Mit dem ^{75}SeHCAT-Test kann ein **enteraler Gallensäureverlust** erfasst werden. Dem Patienten wird die mit ^{75}Selen markierte synthetische Gallensäure Homotaurocholsäure oral verabreicht. Normalerweise erfolgt durch den enterohepatischen Kreislauf eine Aufnahme der applizierten Radioaktivität. Diese Retention wird nuklearmedizinisch durch Ganzkörperzählung oder mithilfe einer Gammakamera bestimmt. Eine verminderte Retention der Radioaktivität zeigt einen erhöhten enteralen Verlust der Gallensäure an.

α_1-Antitrypsin-Clearance

Die α_1-Antitrypsin-Clearance hilft bei der Diagnostik eines **enteralen Eiweißverlusts** weiter. Man ermittelt entsprechend der Clearance-Formel aus der α_1-Antitrypsin-Konzentration im Serum und der Konzentration im Stuhl (3 Tage) den fäkalen Eiweißverlust.

Endoskopie mit Dünndarmbiopsie

Die Dünndarmbiopsie kann bei Verdacht auf diffusen Dünndarmbefall (Sprue, Morbus Whipple) endoskopisch unter Sicht aus dem distalen Duodenum erfolgen, bei diskontinuierlichem Befall und Befall der unteren Dünndarmabschnitte wird eine konventionelle Enteroskopie (ca. 250 cm langes Endoskop) oder eine sog. „Doppel-Ballonenteroskopie" (z. B. bei Verdacht auf intestinale Lymphangiektasie, Verdacht auf Dünndarmblutung, Morbus Crohn) durchgeführt (s. S. 729).
Für zahlreiche Krankheiten kann die Dünndarmbiopsie diagnostisch spezifisch sein (z. B. bei Morbus Whipple), bei anderen ergibt sich ein charakteristischer, aber nicht pathognomonischer Befund (**Tab. 41.1**).

Hochauflösende Ultraschalluntersuchung und Sonografie des Abdomens

Am Anfang der bildgebenden Diagnostik bei Verdacht auf eine Dünn- oder Dickdarmkrankheit steht die hochauflösende evtl. kontrastmittelverstärkte Sonografie. Die Basisuntersuchung wird mit einem 3-MHz-Schallkopf begonnen. Die Darmwandschichtungen – sonografisch sind 5 Darmwandschichten erkennbar – können allerdings nur mit höher auflösenden Schallköpfen erfasst werden (5 – 17 MHz). Der Vorteil der Sonografie gegenüber der Endoskopie liegt darin, dass transmurale Veränderungen, z. B. bei Morbus Crohn, Divertikulitis, intraabdominelle Abszesse und Appendizitis, erfasst werden können. Auch Fisteln beim Morbus Crohn können durch Sonografie erkannt werden. Wichtig ist dabei die Erfahrung des Untersuchers. Durch Verwendung von intravenös applizierten Kontrastmitteln (z. B. Sonovue) kann auch durch Erfassung der Durchblutung eine Information über die Entzündungsaktivität gewonnen werden.

Endosonografie

Die Endosonografie hat eine wichtige Bedeutung zur Beurteilung und Erkennung von anorektalen Fistelbildungen bei Morbus Crohn und beim Staging des Rektumkarzinoms. Mittels Endosonografie können auch extraluminale Veränderungen (z. B. verdächtige Lymphknoten) biopsiert werden.

Enteroklysma nach Sellink

Hierbei handelt es sich um eine sondengestützte **Kontrastmitteluntersuchung des Dünndarms**, die den Dünndarm von der Flexura duodenojejunalis bis zur Ileozäkalklappe abbildet. Über eine nasopharyngeal eingebrachte Duodenalsonde wird – pumpengesteuert – verdünntes bariumsulfathaltiges Kontrastmittel direkt in den Dünndarm appliziert (**Abb. 41.5**). Der Doppelkontrast wird durch die Gabe von Barium mit Methylzellulose erreicht. Unter Durchleuchtung wird die Darmpassage beobachtet und dokumentiert. Kontraindiziert ist die Untersuchung bei Verdacht auf einen Ileus, bei Paralyse sowie bei Verdacht auf Perforation.
Das Enteroklysma kann auch in Verbindung mit einer CT oder MRT (CT-Enteroklysma oder MR-Sellink) durchgeführt werden und hat insbesondere für Tumoren eine hohe diagnostische Treffsicherheit.

Doppelballon-Endoskopie (DBE)

Die Dünndarmendoskopie wird heute meist als Single- (SBE) oder **Doppelballon-Endoskopie (DBE)** durchgeführt, wobei durch das Ballonsystem der gesamte Dünndarm „ziehharmonikaartig" aufgefädelt werden kann. So ist prinzipiell die Betrachtung des

Tab. 41.1 Diagnostische Bedeutung der Dünndarmbiopsie

zugrundeliegende Erkrankung	pathologische Veränderungen
diagnostisch beweisend (diffuser Befall)	
Abetalipoproteinämie	normale Zotten, Fettvakuolen in Epithelzellen, keine zellulären Infiltrate
Agammaglobulinämie/ Hypogammaglobulinämie	flache oder fehlende Zotten, mit Lymphozyten infiltriert, wenige/fehlende Plasmazellen, oft Lamblienbefall
Morbus Whipple	Zotten oft deformiert, Lamina propria angefüllt mit schaumförmigen PAS-positiven Makrophagen, die Bakterien enthalten. Nachweis von Trophyrema whippelii (mittels PCR)
diagnostisch hilfreich (umschriebener Befall)	
AIDS-Enteropathie	wechselnde Zottenatrophie und Kryptenhyperplasie, leichte Lymphozyteninfiltrate, häufig werden Parasiten gesehen: Cryptosporidien, Mikrosporidien (elektronenoptisch), Lamblien, in der Lamina propria große PAS-positive Makrophagen mit säurefesten Mycobacterium avium intracellulare
Amyloidose	Mukosa normal, mit Kongorot anfärbbare Ablagerungen in Blutgefäßen und Muskeln
Morbus Crohn	Mukosa normal bis zu Ulzerationen, entzündliche Infiltrate, nichtverkäsende Granulome
eosinophile Enteritis	Zotten normal bis plump, eosinophile und neutrophile Infiltrate der Mukosa
Lambliasis	Zotten normal bis flach; unterschiedliche Entzündungsreaktion der Lamina propria; Trophozyten an der Epitheloberfläche
intestinale Lymphangiektasie	Zotten deformiert, dilatierte Lymphgefäße
intestinales Lymphom	Infiltration der Submukosa und der Lamina propria mit malignen Lymphozyten; häufig flache Zotten
Mastozytose	Zotten normal bis flach; Lamina propria mit Mastzellen, eosinophilen und neutrophilen Granulozyten infiltriert
pathologisch, aber nicht diagnostisch beweisend	
Sprue/Zöliakie	Zotten flach/fehlend; hyperplastische und elongierte Krypten: Oberflächenepithel pathologisch; Lymphozyten intraepithelial vermehrt; entzündliche Veränderungen in der Lamina propria
Kollagensprue	wie bei Sprue; zusätzlich subepitheliale Kollagenablagerungen
tropische Sprue	wie bei Sprue; meist weniger ausgeprägt flache Zotten; weniger ausgeprägte Oberflächenschädigung der Epithelzellen
Folsäure- und Vitamin-B_{12}-Mangel	Schädigung der Epithelzellen; verkürzte Zotten; verminderte Mitoserate in der Kryptenregion; megaloblastäre Kryptenzellen
bakterielle Überbesiedlung	Zotten können geschädigt sein; gelegentlich Kryptenhyperplasie; chronische Entzündungszellen in der Lamina propria
Strahlenenteritis	akute Läsionen mit verplumpten Zotten und megaloblastären Kryptenzellen mit reduzierter Mitoserate; später Fibroblasten und Gefäße mit Intima-Zellproliferationen
Medikamente (Colchicin, Zytostatika)	Zotten verkürzt, abnorme Epithelzellen, Sistieren der Kryptzellreifung

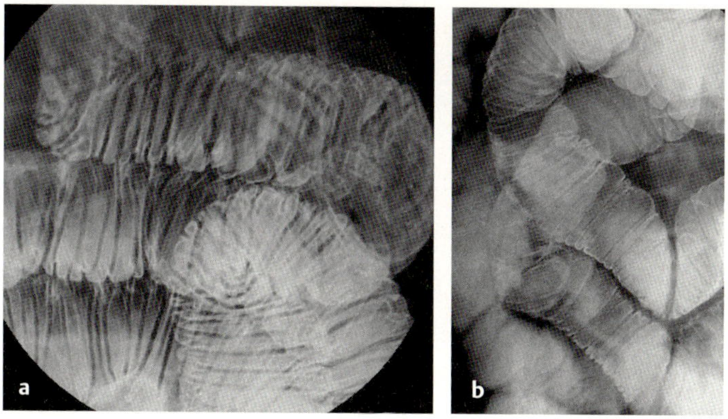

Abb. 41.5 Doppelkontrastuntersuchung des Dünndarms nach Sellink. Normales Dünndarmmuster nach einer Doppelkontrastuntersuchung. Im Jejunum **(a)** findet sich pro Zentimeter weniger als eine Schleimhautfalte, im Ileum **(b)** sind es mehr als zwei Schleimhautfalten pro Zentimeter. (aus Oestmann, Radiologie, Thieme)

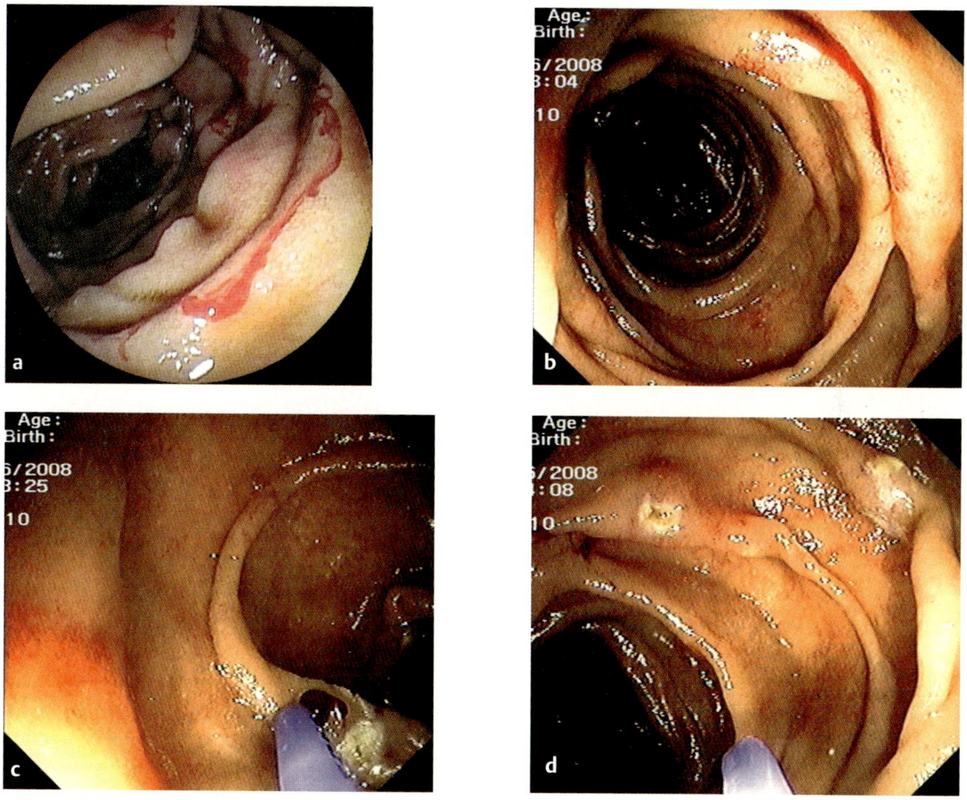

Abb. 41.6 Ballonenteroskopie. Punktförmige Blutung aus einer Angiodysplasie des Jejunum, **a** dargestellt mit dem Doppelballonenteroskop (Fa. Fuji), **b** dargestellt mit dem Single-Ballonenteroskop (Fa. Olympus). **c** Therapie mit Argon-Plasma-Koagulation (APC), **d** Ergebnis nach APC.

gesamten Dünndarms möglich. Um alle Teile zu erreichen, ist allerdings meist sowohl ein transorales als auch ein transanales Vorgehen erforderlich. Auch diagnostische und therapeutische Interventionen wie Biopsieentnahme, Polypektomie, Blutungsstillung, Ballondilatation bei Vorliegen einer Stenose, Stentapplikation und endoskopische Mukosaresektion sind so möglich (Abb. 41.6).

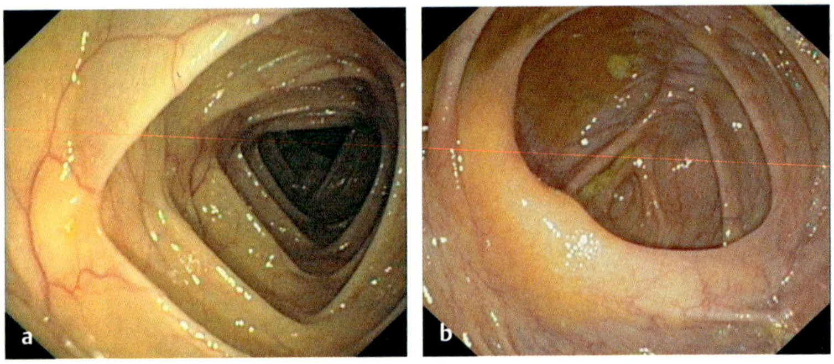

Abb. 41.7 Koloskopie Normalbefunde. a Colon transversum mit dreieckigem Lumen und kräftiger Haustrierung. **b** Endoskopische Darstellung der Ileozökalklappe (aus Messmann, Lehratlas der Koloskopie, Thieme)

Dünndarmkapselendoskopie

Der nüchterne Patient schluckt eine 11 mm große **Kapsel mit einer eingebauten Videokamera**, deren Bilder über ca. 8 Stunden zu einem am Körper angebrachten Empfänger gesendet und gespeichert werden. Die Kapsel wird später auf natürlichem Wege mit dem Stuhl ausgeschieden. Durch Analyse der gesendeten Bilder lassen sich vorwiegend Blutungsquellen im Dünndarmbereich (z. B. durch Angiodysplasien), Entzündungen und Tumoren nachweisen.

Eine genaue Analyse von Magen und Dickdarm ist auf diesem Weg (bisher) nicht möglich. Außerdem können mit der Kapsel **keine Biopsien** entnommen werden. Die Kapselbiopsie ist bei Verdacht auf eine Stenose im Dünn- oder Dickdarm kontraindiziert.

41.2.2 Diagnostik bei Dickdarmerkrankungen

Koloskopie

Die Koloskopie ist die wichtigste Untersuchung in der Dickdarmdiagnostik. Indikationen sind u. a. chronisch-entzündliche Darmerkrankungen, V. a. Polypen oder Karzinom, Diagnostik bei unteren gastrointestinalen Blutungen. Außerdem ist zur Krebsfrüherkennung seit 2002 die Vorsorgekoloskopie ab dem 55. Lebensjahr gesetzlich verankert.

Die Untersuchung erfolgt mit einem flexiblen Endoskop, bei Bedarf können Biopsien entnommen und therapeutische Eingriffe durchgeführt werden (z. B. Polypektomie, Mukosektomie, Blutstillung). Die Untersuchung erfolgt meist unter Sedierung. Eine gründliche Darmreinigung ist im Vorfeld nötig, diese muss der Patient bereits am Vortag einleiten (**Abb. 41.7**).

CT, MRT

CT und MRT haben einen wichtigen Stellenwert in der Diagnostik von Dickdarmkrankheiten. Sie werden eingesetzt, wenn die Sonografie keine sichere Beurteilung zulässt. Sowohl CT als auch MRT lassen insbesondere Abszesse erkennen wie z. B. bei der Divertikulitis oder beim Morbus Crohn. Zur Erkennung von Fistelbildungen ist die MRT besser geeignet als die CT. Als CT- oder MRT-Kolonografie („virtuelle Koloskopie) bezeichnet man die radiologische Darstellung des luftgefüllten Dickdarms, der ohne Sedierung mittels CT oder MRT dargestellt wird und dann einer Bildbetrachtung mittels einer aufwendigen Software unterzogen wird. Damit lassen sich nicht nur Tumoren, sondern auch Polypen bis zu einer Größe von > 5 mm gut darstellen. Nachteilig ist, dass beim Befund eines Tumors oder Polypen doch die Koloskopie durchgeführt werden muss, um eine Histologie zu erhalten oder eine Polypektomie vorzunehmen.

41.3 Diarrhö

Eine Vielzahl von Erregern – Bakterien, Viren und Protozoen – können Enteritiden verursachen. Die Übertragung der Erreger erfolgt fast ausschließlich durch kontaminierte Nahrungsmittel, in seltenen Fällen auch von Mensch zu Mensch.

Die **häufigsten Erreger der infektiösen Darmerkrankungen** und ihre Übertragungswege sind in **Tab. 41.2** dargestellt. In diesem Abschnitt soll auf die wichtigsten Durchfallerkrankungen eingegangen werden. Die wichtigsten infektiösen Durchfallerkrankungen werden auf S. 990 ff besprochen. Zur Differenzialdiagnose der Durchfallerkrankungen siehe **Tab. 41.3**.

Tab. 41.2 Ursachen infektiöser Durchfälle

Infektionsmedium/-ort	klassische Pathogene
Wasser (einschließlich mit Wasser gewaschene Nahrung)	Vibrio cholerae, Noroviren (früher: Norwalk Virus genannt), Lamblien, Kryptosporidien
Nahrung	
• Geflügel	Salmonellen, Campylobacter, Shigellen
• Rindfleisch, nicht pasteurisierter Fruchtsaft	enterohämorrhagische Escherichia coli (EHEC)
• Schweinefleisch	Bandwurm
• Fisch, Schellfisch (rohe Sushi)	Vibrio cholerae, V. parahaemolyticus, V. vulnificus, Salmonellen, Bandwurm, Anisakis-Arten
• Käse, Milch	Listerien
• Eier	Salmonellen
• Mayonnaise, Sahnetorten	Staphylokokken und Clostridium perfringens (Nahrungsmittelvergiftung)
• ungekochter Reis	Bacillus cereus
• frische Beeren	Cyclospora
• Dosengemüse, -früchte	Clostridien
Tier-zu-Mensch (Haustiere)	Salmonellen, Campylobacter, Cryptosporidien, Lamblien
Mensch-zu-Mensch (einschl. Sexualkontakt)	alle enteralen Bakterien, Viren und Parasiten
Heime, Kindergärten	Shigellen, Campylobacter, Kryptosporidien, Lamblien, Viren, Clostridium difficile
Krankenhaus, Antibiotika, Chemotherapie	Clostridium difficile
Schwimmbad	E. coli verschiedener Typen, Salmonellen, Shigellen, Lamblien, Cryptosporidien, Entamoeba histolytica

Tab. 41.3 Differenzialdiagnose häufiger akuter Gastroenteritiden des Erwachsenen

Ursache	Erreger	Leitsymptome bzw. diagnostische Hinweise
Infektion	**Bakterien:** Salmonellen, Shigellen, Escherichia coli, Yersinien, Campylobacter Clostridium difficile **Viren:** Noroviren (früher Norwalk-Virus genannt), Rotavirus **Protozoen:** Entamoeba histolytica, Lamblien	häufig, Durchfall in Verbindung mit Fieber, Übelkeit und Erbrechen Diarrhö tritt im Krankenhaus besonders unter Antibiotikatherapie auf (s. **Tab. 41.23**)
Intoxikationen	**Bakterien:** z. B. Staphylococcus aureus	Symptome treten nach weniger als 4 h, z. B. nach Genuss von Kartoffelsalat mit Mayonnaise auf; Durchfallbeginn mit Blähungen, Übelkeit, Erbrechen; zunächst großvolumiger, dünnflüssiger Stuhl bis hin zu Reiswasserstuhl (sog. cholereiformes Syndrom)
	Medikamente: z. B. Antibiotika, Diuretika, Digitalis, Chinidin, Colchicin, Zytostatika, Laxanzien, Laktulose	Durchfall tritt nur nach Einnahme dieser Medikamente auf und verschwindet nach Absetzen der Pharmaka
	Schwermetalle: Quecksilber	Hypersalivation, Stomatitis, Erbrechen, Koliken

I

41.3.1 Akute Diarrhö und Reisediarrhö

engl.: acute diarrhoea, traveller's diarrhoea
US-engl.: acute diarrhea, traveller's diarrhea

Definition. Die akute Diarrhö ist durch plötzlich einsetzende häufige (> 3 Stühle/Tag) Entleerung eines großvolumigen (> 200 – 250 g/d) und dünnflüssigen Stuhls gekennzeichnet.

Epidemiologie

Mehr als 4 Mio. Kinder im Alter < 5 Jahren sterben jährlich weltweit an infektiösen Durchfällen, d. h. 10 000 Kinder pro Tag oder 7 Kinder pro Minute! Bei Kindern in der sog. „Dritten Welt" treten im Durchschnitt an 50 – 60 Tagen im Jahr Durchfälle auf, dabei führen ca. 10 % der Durchfallepisoden zur Dehydratation. In Nichtentwicklungsländern treten Durchfälle bei 11,2 % der Familien pro Jahr auf. Die Norovirus-Diarrhö ist inzwischen in Deutschland am häufigsten und vermag ganze Kreuzschiffe, Altersheime, Kindergärten und Schulen zu befallen.
Die akute Reisediarrhö („Montezumas Rache") kommt besonders häufig (> 30 %) bei Reisenden in folgende Länder vor: Asien (außer Singapur), Afrika (außer Südafrika), Süd- und Zentralamerika, Mexiko, im Mittelmeerraum: Tunesien.

Ätiopathogenese

Akute Diarrhöen sind überwiegend **durch Bakterien, Viren** und – gelegentlich – Protozoen hervorgerufen. Die häufigsten Ursachen der Durchfälle sind:

- bei der akuten Reisediarrhö ein **hitzelabiles Toxin** von enterotoxigenen E. coli (ETEC) (s. S. 995, 1046) sowie
- andere häufige **pathogene Keime** wie z. B. Yersinien, Salmonellen, Shigellen, Clostridien (s. u.) oder Viren (Noroviren)

Die akuten Durchfälle können induziert werden durch:

- die **pathogenen Keime** selbst, z. B.
  - invasive Organismen: Rotavirus, Norovirus, Shigellen, Salmonellen, enteroinvasive E. coli (EIEC), Yersinia enterocolitica, Entamoeba histolytica,
  - Penetration in die Mukosa mit Vermehrung in der Lamina propria und Entzündung: Campylobacter, Salmonella, Mycobacterium avium intrazellulare (MAI),
- **Enteroadhärenz:** enteropathogene und enteroadhärente E. coli (EPEC, EAEC),
- **Enterotoxine:** Vibrio cholerae, enterotoxigene E. coli (ETEC),
- **lokale Zytotoxinfreisetzung:** Shigellen, Clostridium difficile, enterohämorrhagische E. coli (EHEC O157:H7), enteropathogene E. coli (EPEC), Lamblien, Kryptosporidien
- **Medikamente:** Antibiotika, Digitalis, Chinidin, Colchicin, Zytostatika

Alter, Veränderungen des immunologischen Status, mangelnde Hygiene und Proteinmangelernährung bestimmen die Infektionsrate und die ggf. auftretenden Komplikationen. Protektive Faktoren gegen eine enterale Infektion sind ein saures Magenmilieu, sekretorisches IgA und IgM im Dünndarm sowie die physiologische Mukosabarriere des Dünndarms.

Klinik

Bei immunkompetenten Personen verläuft die Infektion symptomarm, oft selbst limitiert und benötigt keine antibiotische Therapie. Im Vordergrund steht wässriger Stuhl, häufig kombiniert mit Bauchkrämpfen, Übelkeit und Erbrechen. Blutiger Stuhl kommt bei der akuten Shigellen- oder Amöbeninfektion vor. Der akute Verlust von Wasser und Elektrolyten führt bei Kindern und alten Menschen schnell zur **Dehydratation.** Bei rascher Gewichtsabnahme von < 3 % ist Durst alleiniges Zeichen der Dehydrierung, Verluste von 3 – 10 % führen zu trockenen Schleimhäuten, leichter Tachykardie und Oligurie. Bei noch stärkeren Flüssigkeitsverlusten kommt es zu weiteren Austrocknungserscheinungen mit Verlust der Hautelastizität und des Turgors, eingesunkenen Augäpfeln, Zentralisation des Kreislaufs, Apathie und Somnolenz.
Der Schweregrad der Diarrhö kann nach WHO in 4 Gruppen unterteilt werden (**Tab. 41.4**).

Diagnostik

Die **akute Diarrhö** dauert meist nur 2 – 4 Tage; deshalb ist eine besondere Diagnostik häufig nicht notwendig, zumal die Durchfälle oft schon vor dem Eintreffen der bakteriologischen Ergebnisse sistieren. Zusätzliche Symptome, die zum Arzt führen sollten, sind hohes Fieber, Benommenheit, blutige Durchfälle und schwerer Abdominalschmerz. Immunsupprimierte Patienten bedürfen ebenfalls einer diagnostischen Abklärung.
Bei **länger anhaltenden Durchfällen** ist die Stuhluntersuchung auf pathogene Keime erforderlich sowie die Rektoskopie mit Biopsieentnahme für His-

Tab. 41.4 WHO-Klassifikation akuter Diarrhöen

Grad	Anzahl wässriger Stühle/d	Symptomatik
0	normal	keine Symptome
1	2 – 3	keine Symptome
2	4 – 6	nächtliche Stühle, mäßige Krämpfe
3	7 – 9	Inkontinenz, schwere Krämpfe
4	> 9	großvolumige blutige Stühle, parenterale Flüssigkeitszufuhr erforderlich

tologie und Bakteriologie, insbesondere bei blutigen Stühlen.

Allgemeine Diagnostik. Bei den allgemeinen Blutuntersuchungen fallen bei den bakteriellen Enteritiden je nach Schwere der Erkrankung als Zeichen einer **Exsikkose** die Erhöhung des Hämatokrits und die Erniedrigung der Elektrolyte auf.
Bei einer bakteriellen Infektion liegt meist eine Leukozytose (außer bei Typhus und Paratyphus) mit Linksverschiebung vor; als weitere typische Hinweise für ein infektiöses Geschehen können BSG-Beschleunigung und CRP-Erhöhung nachweisbar sein.

Erregerdiagnostik. Die Mikroskopie von Stuhlproben kann erste Hinweise liefern (**Tab. 41.5**); bei Amöben- und Wurmbefall sichert sie in der Regel die Diagnose. Bei V. a. bakterielle Erreger sind Stuhlkulturen anzulegen. Auch der Toxinnachweis im Stuhl ist für die Diagnostik mancher Erreger relevant, z. B. Clostridium difficile; Toxinnachweis bei Verdacht auf pseudomembranöse Enterokolitis. Bei Amöben- oder Vireninfektion kann auch die Serologie weiterhelfen.

> ! **Die meisten infektiösen Durchfallkrankheiten hinterlassen nur eine passagere Immunität.**

Meldepflicht. Infektiöse Enteritiden spielen seuchenhygienisch eine große Rolle. Namentlich zu melden ist der Krankheitsverdacht, die Erkrankung sowie der Tod an Botulismus, Cholera sowie Typhus/Paratyphus. Meldepflichtig nach IfSG ist außerdem der Verdacht auf und die Erkrankung an einer mikrobiell bedingten Lebensmittelvergiftung oder an einer akuten infektiösen Gastroenteritis, wenn
- eine Person betroffen ist, die Lebensmittel verarbeitet oder in einer Küche, Gaststätte oder anderen Einrichtung zur Gemeinschaftsverpflegung beschäftigt ist
- zwei oder mehr gleichartige Erkrankungen auftreten, bei denen ein epidemischer Zusammenhang wahrscheinlich ist oder vermutet wird

Tab. 41.5 Mikroskopische Stuhluntersuchung bei akuter Enteritis

Erreger	Erythrozyten	Leukozyten	Nativ- oder Grampräparat
Shigellen	+++	++++	Unauffällig
Salmonellen	++	–	Unauffällig
Cholera	–	–	Vibrionen
Amöben	++	(+)	Trophozoiten

Therapie

Die Therapie hat sich nach der **Grunderkrankung** und der **Schwere des Krankheitsbildes** zu richten. In den meisten Fällen sind akute Durchfälle von kurzer Dauer und selbst limitierend. Ist die Dehydratation gravierend, handelt es sich um ein Kind oder einen alten Menschen, ist die Krankenhausaufnahme zu erwägen. Die Therapie besteht aus drei Grundsäulen:
- Flüssigkeitssubstitution
- Antibiotika
- Motilitätshemmer

Symptomatische Therapie. Sie erfolgt mit oraler Flüssigkeitsgabe und ist meist ausreichend, eine kulturelle Diagnostik sowie eine Antibiotikatherapie sind nicht erforderlich. Die symptomatische Therapie kann zusätzlich mit Loperamid oder Saccharomyces boulardii erfolgen.

Rehydratation. Bei schwereren Krankheitssymptomen (Fieber > 39 °C, Krankheitsgefühl, Tenesmen, blutige Durchfälle, längerer Verlauf, s. **Tab. 41.4**) und drohender Dehydratation sollte die Rehydratation durch orale Gabe einer **Glukose-Salz-Lösung** erfolgen. Am besten bewährt hat sich hierbei die sog. WHO-Lösung (z. B. Elotrans) bewährt. Mit dieser Lösung lassen sich die enteralen Flüssigkeitsverluste am besten ausgleichen. Zusammensetzung der WHO-Lösung (g/l):

- NaCl 3,5 g (ca. ½ Teelöffel),
- KCl 1,5 g (ca. ¼ Teelöffel),
- $NaHCO_3$ 2,5 g (ca. ¼ Teelöffel),
- Glukose 20 g oder Saccharose 40 g (ca. 2 bzw. 4 Esslöffel).

Der Therapieeffekt der WHO-Lösung beruht darauf, dass Glukose und Natrium am besten bei einem stöchiometrischen Verhältnis von 1 : 2 aus dem Dünndarm resorbiert werden. Bei anhaltendem Erbrechen muss die Flüssigkeits- und Elektrolytsubstitution **parenteral** erfolgen.

> ! Wenn die von der WHO empfohlene Lösung nicht zur Hand ist, können als vorläufige Maßnahme auch folgende „Rezepte" verwendet werden:
> - Kochsalz (1 Teelöffel) + Cola 200 ml oder 1 Glas (200 ml) Orangensaft auf 1 Liter abgekochtes Wasser oder
> - Salzstangen, gesalzene Nüsse und Cola-Getränk.

Antibiotische Therapie. Erst an zweiter Stelle kommen **antimikrobielle Substanzen** zum Einsatz. Risikopatienten (z. B. Immunsupprimierte) oder Patienten mit Fieber und blutigen Durchfällen sollten mit Antibiotika (Gyrasehemmern, z. B. Ciprofloxacin, 500 mg 2×/d, Norfloxacin 400 mg 2×/d), oder dem neuen, nicht resorbierbaren Rifaximin, 200 mg 3×/d, unverzüglich über 3 Tage behandelt werden. Gegenüber Ampicillin und Trimethoprim-Sulfamethoxazol bestehen häufig Resistenzen.

→ Zur Therapie der Clostridium difficile-bedingten Diarrhö s. S. 996

> ! Bei jeder akuten Diarrhö folgende Punkte beachten:
> - Auslandsaufenthalte?
> - Mahlzeiten in Restaurants, Kantinen usw. in den letzten Tagen vor der Erkrankung?
> - Medikamentenanamnese, vor allem: Antibiotikaeinnahme?
> - Meldepflicht beachten!

Therapie der chemotherapieinduzierten Diarrhö

Treten unter einer Chemotherapie Durchfälle auf, sollte bei leichteren Fällen mit Loperamid, bei schwerer Diarrhö mit Octreotid (Sandostatin 3 × 50 – 100 µg/d s. c.) behandelt werden. Bei Nichtansprechen dieser Therapie muss auch daran gedacht werden, dass eine Antibiotika-induzierte durch Clostridium difficile bedingte Enterokolitis vorliegt, die im Krankenhaus erworben wurde (s. S. 996).

41.3.2 Chronische Diarrhö

engl.: chronic diarrhoea
US-engl.: chronic diarrhea

Bei der chronischen Diarrhö handelt es sich um eine Durchfallerkrankung, die **mehr als 4 Wochen** anhält (Konsensus der Amerikanischen Gastroenterologengesellschaft, AGA). Unterschiedlichste Ursachen können der chronischen Diarrhö zugrundeliegen. Pathogenetisch kann eine Diarrhö

- osmotisch
- sekretorisch
- durch Fehlen spezifischer Transportmechanismen (Chloridorrhö)
- durch Motilitätsstörungen
- durch Entzündung

bedingt sein. Häufig hat jedoch die Störung eines der o. g. Mechanismen auch sekundär eine Fehlfunktion anderer Mechanismen zur Folge.

Zwischen osmotischer und sekretorischer Diarrhö kann durch Bestimmung der Stuhlosmolarität unterschieden werden. Der Stuhl ist normalerweise praktisch immer isoosmolar (290 mosm/l) zum Blutplasma. Die Osmolarität wird überwiegend durch die Elektrolyte Na^+, K^+ und Cl^- determiniert. Bei der osmotischen Diarrhö entsteht eine sog. **osmotische Lücke** („Osmotic Gap"), da im Stuhl dann andere osmotisch wirksame Substanzen vorhanden sind, z. B. nicht resorbierte Kohlenhydrate und kurzkettige Fettsäuren (vgl. „Pathomechanismen der Diarrhö", **Abb. 41.4**).

> ! Wichtigste klassische Unterscheidungsmerkmale zwischen osmotisch bedingter Störung und sekretorischer Diarrhö sind:
> - Eine osmotische Diarrhö sistiert, wenn die Nahrungszufuhr oder Einnahme einer osmotisch wirksamen Substanz eingestellt wird.
> - Die sekretorische Diarrhö persistiert auch unter Nahrungskarenz.

41.4 Malassimilationssyndrome

engl.: malabsorption syndromes

Definitionen. Malassimilation ist die gestörte Nahrungsaufnahme im Dünndarm durch Maldigestion oder Malabsorption. Man unterscheidet

- **globales Malassimilationssyndrom:** Verwertungsstörung aller Nahrungsbestandteile durch Dünndarmerkrankungen mit diffusen morphologischen Mukosaveränderungen (z. B. Sprue/Zöliakie) oder reduzierter Resorptionsfläche (z. B. Kurzdarmsyndrom)
- **partielles/isoliertes Malassimilationssyndrom:** es sind nur einzelne Nahrungsbestandteile betroffen, wie z. B. Gallensäurenverlust-Syndrom, isolierte Vitamin-B_{12}-Malabsorption, intestinales Eiweißverlustsyndrom, bakterielle Überbesiedlung des Dünndarms

Maldigestion bezeichnet eine Störung der Verdauung durch erniedrigte oder fehlende pankreatische Verdauungsenzyme, digestive Dünndarmenzyme oder Gallensäurenkonzentration. Eine Maldigestion hat in der Regel eine Malabsorption zur Folge (Ausnahme: monomere Substanzen wie freie Zucker, Aminosäuren).

Malabsorption ist die mangelhafte Resorption der Nahrungsendprodukte:

- **primäre Malabsorption:** Störung der Transportvorgänge in der Dünndarmschleimhaut ohne morphologische Veränderungen
- **sekundäre Malabsorption:** Verminderung des Resorptionsepithels bei gleichzeitigen morphologischen Veränderungen der Mukosa oder Abflussbehinderung aus den Epithelzellen. Es steht somit zu wenig Resorptionsoberfläche zur Verfügung.

Epidemiologie

Bei etwa 5 % der Patienten mit chronischen Durchfällen (Stuhlgewicht > 200 g/d) von mehr als 1 Monat Dauer besteht ein Malabsorptionssyndrom. Geben Patienten zusätzlich Gewichtsverlust, Auftreten flüssiger, voluminöser, nicht blutiger Stühle ohne Fieber und Schmerzen an, liegt in etwa 50 % der Fälle ein Malabsorptionssyndrom vor. Die häufigste Ursache für eine leichte Malabsorption ist weltweit die Laktoseintoleranz (s. S. 750 f).

Ätiologie und Pathogenese

Störungen der Digestion und Resorption kommen bei zahlreichen Krankheiten des Magen-Darm-Trakts, der Gallenwege, der Leber, des Pankreas und im Verlauf anderer Grunderkrankungen vor (**Tab. 41.6**). Gelegentlich findet sich ein Malabsorptionssyndrom auch bei Hyperthyreose, Hypothyreose, Hypoparathyreoidismus und Nebennierenrindeninsuffizienz sowie als unerwünschte Wirkung einiger Medikamente und Therapieformen.

Klinik

Leitsymptome des Malabsorptionssyndroms sind **chronischer Durchfall, voluminöse, übelriechende Fettstühle und Gewichtsverlust.** Der Gewichtsverlust ist bedingt durch enteralen Kalorienverlust sowie die verminderte Nahrungsaufnahme zur Vermeidung osmotischer Durchfälle und Übelkeit. Bei einem länger bestehenden Malabsorptionssyndrom können zusätzlich Mangelzustände auftreten, die teils klinisch, teils nur laborchemisch erfassbar sind (**Tab. 41.7**).

Diagnostik

Diagnosestellung. Häufig kommt die Verdachtsdiagnose auf, wenn entweder die typische Symptomatik vorliegt oder in der Routinediagnostik entsprechende Veränderungen der Laborwerte festgestellt werden (s. **Tab. 41.6**), ohne dass Hinweise auf eine mangelnde Zufuhr der Substanzen vorliegen. Der wichtigste Globaltest ist die **quantitative Stuhlfettbestimmung,** die bei Verdacht auf ein Malabsorptionssyndrom immer indiziert ist. Der Patient muss 3 Tage lang den gesamten Stuhl unter einer Fettzufuhr von mindestens 70 g/Tag sammeln. Eine Fettausscheidung von > 7 g/Tag ist pathologisch.

Suche nach der Ursache. Hinweise auf die Ätiologie lassen sich durch die **Anamnese** gewinnen:

- Bauchoperationen, Dünndarmresektion: Kurzdarmsyndrom (s. S. 754f)
- Fieberzustände, Auslandsaufenthalte: Lambliasis (s. S. 1050), tropische Sprue (s. S. 743)
- umschriebene Schmerzen im Abdomen: Morbus Crohn
- Gelenkbeschwerden: Morbus Whipple
- Lymphome: Sprue (s. S. 740ff), Morbus Whipple (s. S. 744f)
- Analfisteln: Morbus Crohn (s. S. 757ff)
- Milchintoleranz: Laktasemangel (s. S. 750)
- pankreatitische Schübe: exokrine Pankreasinsuffizienz (s. S. 643, 891)
- Magenresektion: bakterielle Fehlbesiedlung der zuführenden Schlinge oder Mangel an Endopeptidasen, zu schnelle Darmpassage, Asynchronie

Tab. 41.6 Mögliche Ursachen eines Malassimilationssyndroms

Mangel/Reduktion/Störung	zugrunde liegende Erkrankung	Nahrungsfette	Kohlenhydrate	Proteine
Lipase	exokrine Pankreasinsuffizienz durch chronische Pankreatitis, Mukoviszidose, Pankreasresektion	D*		
α-Amylase		D		
Proteasen				D
Lipase	Magenresektion nach Billroth (Billroth II > Billroth I)**	D + R*		
α-Amylase			D + R	
Proteasen				D + R
Gallensäuren	Verschlussikterus, Gallensäurenverlustsyndrom • ausgedehnte Ileumresektion bei Morbus Crohn • bakterielle Fehlbesiedlung des Dünndarms (Blind-loop-Syndrom)	D + R		
Lymphabfluss	Morbus Whipple, intestinale Lymphangiektasie	R		
Laktase, Saccharase, Disaccharidasen, Glukosecarrier der Dünndarmmukosa	primäre Malabsorption ohne morphologische Veränderungen		D + R	
Resorptionsfläche	Dünndarmresektion, Kurzdarmsyndrom, Zottenschwund (z. B. Sprue), Dünndarm-Dickdarm-Fisteln	D + R	D + R	D + R
sekretorische Diarrhö	Hyperthyreose, Zollinger-Ellison-Syndrom (Gastrinom), Verner-Morrison-Syndrom (VIPom)	D		

** D: gestörte Digestion, R: gestörte Resorption*
*** die Enzyme werden zwar in ausreichender Menge sezerniert, „laufen“ aber durch die Koordinationsstörung der Speise „hinterher“*

zwischen Pankreassekretion und Bedürfnis der Digestion der Nahrung
- Diabetes mellitus: diabetische Neurogastroenteropathie (s. S. 643)
- Medikamentenanamnese

Zunächst ist eine Pankreasinsuffizienz (s. S. 882) als Ursache auszuschließen. Ist eine exokrine Pankreasinsuffizienz ausgeschlossen, wird man eine topografische Dünndarmdiagnostik anschließen (**Tab. 41.8**, vgl. S. 728 ff).

Schwierig ist die Diagnostik der bakteriellen Überbesiedlung des Dünndarms. Als nicht invasiver Test hat sich der **Glukose-H_2-Atemtest** bewährt (frühzeitiger H_2-Anstieg nach Gabe von 70 g Glukose um > 20 ppm).

Die **Röntgendiagnostik** liefert Informationen über die Art der Krankheit durch Enteroklysma nach Sellink. Der Nachweis von Divertikeln, Fisteln und Tumoren ist so möglich. Das röntgenologische Erscheinungsbild einer Malabsorption ist jedoch weitgehend unspezifisch (reduzierte Faltenanzahl pro cm Darm).

Spezifischere Informationen liefert die **Gastro-Duodenoskopie mit Biopsieentnahme** (z. B. Zöliakie, M. Whipple, eosinophile Gastroenteritis und ggf. die **Doppel-Ballon-Enteroskopie** bei weiter distaler Loka-

Tab. 41.7 Symptome und Laborbefunde bei Maldigestion und Malabsorption

Maldigestion und Malabsorption von	klinische Manifestation	Laborbefunde erniedrigt	erhöht
Kalorien	Gewichtsverlust bei gutem Appetit		
Fett	Stuhl hell, vermehrt, übel riechend, Diarrhö ohne geblähtes Abdomen, ohne Flatulenz	Cholesterin, Kalzium i. S., β-Carotin	Steatorrhö: Stuhlfett > 7 g/d, Oxalsäure im Urin
Protein	Ödem, Muskelatrophie	Serum: Gesamteiweiß und Albumin	Stickstoffausscheidung im Stuhl
Kohlenhydrate	wässrige, schwimmende Stühle, starke Flatulenz, Meteorismus, Laktoseintoleranz	saurer Stuhl-pH, osmotische Lücke	H_2-Exhalation in der Atemluft nach oraler Gabe von Kohlenhydraten
Vitamin B_{12}	makrozytäre Anämie, neurologische Symptome	Panzytopenie, Vitamin B_{12} i. S., pathologischer Schilling-Test	MCV > 95 fl, MCH > 34 pg
Folsäure	makrozytäre Anämie	Panzytopenie, Folsäure i. S.	MCV > 95 fl, MCH > 34 pg
B-Vitamine	Cheilosis, schmerzlose Glossitis, Akrodermatitis	Vitamin B_1 und B_6	
Eisen	schmerzhafte Glossitis, hypochrome (normozytäre) Anämie	Eisen, Ferritin i. S., Hämoglobin, Hämatokrit, MCH < 28 pg, MCV < 80 fl	
Kalzium und Vitamin D	Knochenschmerzen oder Frakturen, positives Chvostek- oder Trousseau-Zeichen, Parästhesien, Tetanie	Kalzium i. S., Vitamin-D-Hormone, 25-Hydroxycholecalciferol, 1,25-Dihydroxycholecalciferol	alkalische Phosphatase
Vitamin A	Nachtblindheit, follikuläre Hyperkeratose	β-Carotin i. S.	
Vitamin K	Blutungsneigung, Hämatome	Vitamin-K-abhängige Gerinnungsfaktoren	Prothrombinzeit

Tab. 41.8 Malabsorption: topografische Diagnostik bei Verdacht auf Dünndarmerkrankungen

Lokalisation	Diagnostik (vgl. S. 728 ff.)
oberer Dünndarm	• D-Xylose-Test (Serum und Urin) • Laktosetoleranztest • H_2-Atemtest nach Laktosegabe
unterer Dünndarm	• Schilling-Test • SeHCAT-Test
Spezialfragen (Proteinverlust)	• α_1-Antitrypsin-Clearance • Gammakameruntersuchung nach Gabe Tc-markierten Albumins
Globaltest	• quantitative Stuhlfettbestimmung

I

lisation (z. B. M. Crohn, intestinale Lymphangiektasie)

Differenzialdiagnostisch muss ein gesteigerter enteraler Verlust von Protein aus dem Darm mit Entwicklung einer Hypoproteinämie und Ödemen von der Malabsorption abgegrenzt werden (s. S. 745).
Auch eine **Anorexia nervosa** muss ggf. in Erwägung gezogen werden. Vor allem bei jungen Frauen mit ausgeprägtem Gewichtsverlust ist daran zu denken, insbesondere dann, wenn Laborwerte – außer Na, K, Bikarbonat und pH – Funktionsuntersuchungen und bildgebende Verfahren einschließlich der Endoskopie weitgehend normale Ergebnisse liefern.

Therapie

Eine spezifische Therapie existiert nicht. Sie hat sich an der vorliegenden Grunderkrankung zu orientieren. Deshalb ist eine exakte Diagnostik notwendig, wobei die Biopsie aus dem Dünndarm wichtige Informationen über die Art der Grunderkrankung geben kann (s. S. 729).

41.5 Sprue und Zöliakie

Synonym: gluteninduzierte Enteropathie, einheimische Sprue

engl.: coeliac disease, glutensensitive enteropathy, USA: celiac disease

Definition. Die Sprue (im Kindesalter als Zöliakie bezeichnet) ist eine Dünndarmkrankheit mit mukosaler Entzündung, Zottenatrophie und Kryptenhyperplasie der Dünndarmschleimhaut, die durch eine **Überempfindlichkeit gegen die Gliadinfraktion des Glutens** (Protein in Weizenprodukten) charakterisiert ist und sich nach Elimination von Gluten aus der Nahrung in der Regel bessert. Bei der klassischen Form besteht eine Malabsorption für fast alle Nahrungsbestandteile sowie ein Gewichtsverlust.

Epidemiologie

Die Prävalenz betrug in den meisten europäischen Ländern 1/3 000–1/300 Einwohner. Nach Einführung der sensitiven Antikörperdiagnostik liegt das Vorkommen jetzt bei 1/100–1/300 Einwohner, d. h. es gibt jetzt erheblich mehr Zöliakiepatienten mit leichteren Verlaufsformen, als man dies früher allein vom klinischen Vollbild her vermutete.
70 % der Patienten sind Frauen. Eine familiäre Häufung bei Verwandten ersten Grades und insbesondere eineiigen Zwillingen legt einen erblichen Faktor bei der Entstehung nahe. Auch diabeteskranke Kinder sind häufiger betroffen. Bei > 95 % der Zöliakiepatienten besteht eine Assoziation zu HLA DQ 2 und/oder HLA DQ 8, d. h. fehlen diese Histokompatibilitätsgene, kann eine Zöliakie ausgeschlossen werden.

Ätiopathogenese

Die Dünndarmmukosa reagiert durch eine inadäquate **T-Zell-vermittelte Immunreaktion** auf das Gliadin im Gluten bei genetisch prädisponierten Patienten mit einer hyperregeneratorischen Schleimhautumformung, die als **Zottenschwund und Kryptenhyperplasie** imponiert. Die so geschädigte Dünndarmschleimhaut ist nicht mehr in der Lage, die zugeführte Nahrung in ausreichendem Umfang aufzunehmen.
Die Klassifikation der glutensensitiven Enteropathie ist in Tab. 41.9 aufgeführt.

Tab. 41.9 Klassifikation der glutensensitiven Enteropathie

Form	Klinik
klassische Sprue	klinisches Vollbild mit Durchfällen, Gewichtsverlust, Malabsorption
atypische Verläufe	gastrointestinale Symptome können fehlen; dafür Dermatitisherpetiformis Duhring, Eisenmangelanämie (häufigstes Symptom beim Erwachsenen), Osteoporose, Hepatopathie (Transaminasenerhöhung), Arthritis
asymptomatische (stumme) Sprue	Patienten mit positiven tTG-Antikörpertest und pathologischer Dünndarmschleimhaut in der Biopsie, jedoch keine Krankheitssymptome
potenzielle Sprue	Patienten mit positiven Antikörpertests, normaler Dünndarmschleimhaut in der Biopsie, ohne Krankheitssymptome
transiente Sprue/Zöliakie	ca. 5 % der Patienten mit Zöliakie im jugendlichen Alter vertragen später eine normale Kost, es kommt nicht zu Schleimhautveränderungen

Klinik

Typisches **Malabsorptionssyndrom** mit massivem Durchfall, Steatorrhö, aufgeblähtem Abdomen (Meteorismus) und Gewichtsverlust (s. S. 737). Immer häufiger werden allerdings auch **oligosymptomatische Formen** der Sprue entdeckt. Dabei besteht nicht das Vollbild der globalen Malabsorption, es stehen vielmehr nur Folgen einzelner Resorptionsdefekte im Vordergrund, z. B. erniedrigtes Serumeisen, Eisenmangelanämie, Osteomalazie mit Knochenschmerzen, Kompressionsfrakturen (s. S. 560). Häufig besteht begleitend eine **Dermatitis herpetiformis Duhring** mit brennenden und juckenden Erythemen, Plaques und herpetiformen Bläschen, die v. a. an den Streckseiten der Extremitäten auftreten. Das Risiko der **Entwicklung maligner Lymphome** ist bei Patienten mit Sprue ca. 20-fach erhöht.

Diagnostik

Dünndarmfunktionstest. Falls nicht schon Laborparameter der Routinediagnostik auf eine Malabsorption hinweisen (**Tab. 41.7**), kann diese anhand des D-Xylose-, Laktosetoleranz- oder H_2-Atemtests (s. S. 728) nachgewiesen werden. Die Resorptionstests können einen unterschiedlichen Grad der Funktionseinschränkung aufweisen. Sie beweisen jedoch nicht das Vorliegen einer Sprue/Zöliakie.

Serologie. Die **Antikörperdiagnostik auf Gewebs-Transglutaminase (IgA-t-TG) sowie Gliadin (IgA-Gliadin-Ak)** haben einen sehr hohen diagnostischen Stellenwert (Spezifität 95 % für IgA-t-TG). Bei gleichzeitig bestehendem IgA-Mangel versagen die serologischen Tests, evtl. ist noch eine Aussage möglich mit IgG-t-TG oder IgG-Gliadin-Ak. Ein Fehlen von HLA DQ 2 und DQ 8 lässt eine Sprue/Zöliakie ausschließen.

Histologie. Bei positivem Antikörpertest muss die Diagnose histologisch durch eine Biopsie aus dem unteren Duodenum oder oberen Jejunum (s. S. 729) gesichert werden.Die Dünndarmschleimhaut zeigt ein charakteristisches Aussehen:

- die Zotten sind kaum oder überhaupt nicht mehr nachweisbar
- die Krypten sind elongiert, die Schleimhaut des Jejunums ähnelt der des Kolons (= Kolonisation der Dünndarmmukosa)
- die Epithelzellen sind verplumpt

Bei bloßer Betrachtung mit der Lupe ist der **Zottenschwund** schon im Bioptat erkennbar (Stereomikroskopie). Die Schleimhautveränderungen sind im proximalen Dünndarm ausgeprägter als im Ileum. Immer ist bei einer Sprue die **Anzahl der intraepithelialen Lymphozyten (IEL) erhöht**.

Das Ausmaß der Schleimhautveränderungen wird nach den modifizierten Marshkriterien eingeteilt (**Tab. 41.10**).

> **!** **3 Kriterien sollten für die Diagnostik der Zöliakie/Sprue erfüllt sein:**
> - **Nachweis einer Malabsorption**
> - **abnorme Dünndarmmukosa mit Zottenschwund und Kryptenhyperplasie**
> - **klinische, biochemische und histologische Besserung nach Einhalten einer strikten glutenfreien Diät**

Therapie

Entsprechend dem Verursacherprinzip besteht die Therapie in der Einhaltung einer lebenslänglichen **strikt glutenfreien Diät**.

Tab. 41.10 Einteilung der Schleimhautveränderungen (modifizierte Marshkriterien)

Typ	IEL*	Krypten	Zotten
0	< 40	normal	Normal
1	> 40	normal	Normal
2	> 40	hypertroph	Normal
3a	> 40	hypertroph	leicht atroph
3b	> 40	hypertroph	deutlich atroph
3c	> 40	hypertroph	fehlen ganz

* *IEL-intraepitheliale Lymphozyten, Anzahl/Gesichtsfeld*

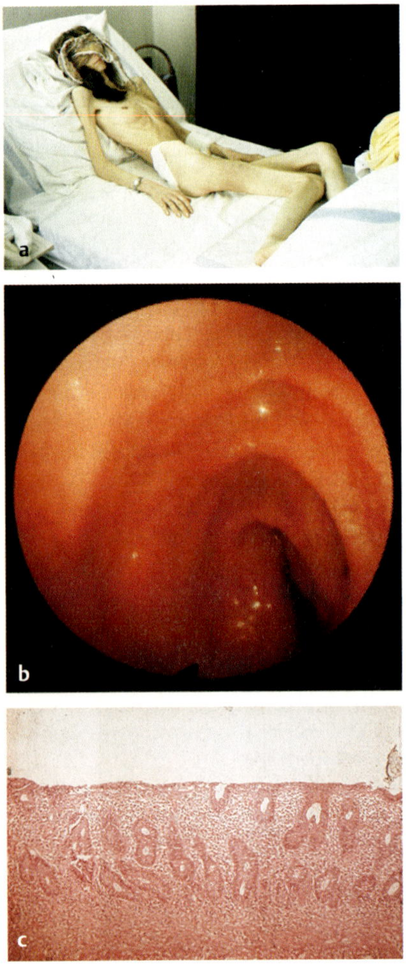

Abb. 41.8 Zöliakie/Sprue. a Als Folge der verminderten Resorptionsfähigkeit deutlich kachektische Patientin. Ursache ist ein vollständiger Zottenverlust der Jejunalschleimhaut: **b** endoskopischer Aspekt und **c** histologischer Befund mit totaler Zottenreduktion und Kryptenelongation.

> **!** **Keine Produkte aus Weizen, Gerste und Roggen. Erlaubt sind: Mais, Reis und Hirse. Hafer kann evtl. erlaubt werden, wenn sichergestellt ist, dass dieser während des Mahlvorgangs nicht mit anderen Mehlen kontaminiert wurde.**

Bei erheblichen Vitamin- und Mineralmangelzuständen kann im Initialstadium eine **Substitution von fettlöslichen Vitaminen (A, D, E, K),** wasserlöslichen Vitaminen, Kalzium und Eisen auf parenteralem Wege erfolgen.

Beim Vollbild der Sprue besteht fast immer ein **Laktasemangel,** sodass auch Milch und Milchprodukte zu eliminieren sind. Später werden nach Wiederaufbau der Zottenarchitektur Milchprodukte vertragen. Therapieerfolge stellen sich meist schon innerhalb einer Woche ein, können aber selten auch erst nach Wochen oder Monaten sichtbar werden. Veränderungen der Dünndarmmukosa persistieren oft länger als die Einschränkung der Resorptionsparameter.

Die strikte Einhaltung einer glutenfreien Diät reduziert auch das Risiko der Entwicklung maligner Lymphome. Auch eine evtl. begleitende Dermatitis herpetiformis Duhring bessert sich häufig unter der glutenfreien Diät.

Einige Patienten sprechen nicht auf eine glutenfreie Diät an. Sie haben eine **refraktäre Sprue,** die man in zwei immunologische Kategorien einteilt:

- Typ 1 mit normaler Population intraepithelialer Lymphozyten
- Typ 2 mit aberranten oder prämalignen intraepithelialen Lymphozyten, aus denen sich nicht selten ein enteropathie-assoziiertes T-Zell-Lymphom entwickeln kann

Die Behandlung erfolgt mit Prednison oder Budesonid, wobei die Prognose für Typ 1 erheblich günstiger ist als für Typ 2. Beim Typ 2 kann auch als Sonderform die Kollagensprue auftreten, bei der Verdickungen der Basalmembran und Kollagenablagerungen in der Lamina propria bestehen. Sie zeichnet sich durch Therapieresistenz gegenüber einer glutenfreien Diät aus und hat eine ungünstige Prognose.

Verlauf

Verlaufsformen der Sprue sind in Abb. 41.9 zusammengefasst. Die Patienten sollten sich einer **Selbsthilfeorganisation** anschließen (Deutsche Zöliakie-Gesellschaft e. V. [DZG], Kupferstr. 36, 70565 Stuttgart). Von dort erhalten sie aktuelle Informationen zur Diät und Bezugsquellen für glutenfreie Produkte.

Klinischer Fall

Die 35-jährige Patientin Frau K. berichtet, dass sie seit etwa vier Jahren unter allgemeiner Erschöpfung und Kraftlosigkeit (Adynamie) leidet. Sie hat keine wesentlichen Vorerkrankungen bis auf einen Appendektomie in der Kindheit und nimmt keine Medikamente ein.

Ansonsten hat die Patientin keine Beschwerden. Vor sechs Jahren hat sie eine gesunde Tochter geboren. Eine wegen der Adynamie durchgeführte Diagnostik beim Hausarzt vor zwei Jahren (Labor und Sono-Abdomen) war unauffällig. Es erfolgte eine psychosomatische Betreuung, die aber keine wesentliche Linderung erbrachte. Bei der neuerlichen Untersuchung durch den Hausarzt fiel nun eine mikrozytäre Anämie mit einen Hb von 9,8 g/dl auf und zusätzlich eine Lymphopenie im Differenzialblutbild mit rel. 2 %.
Zwecks Ausschluss einer gastrointestinalen Blutungsquelle wird Frau K. beim Gastroenterologen vorgestellt. Sie berichtet weder über Teerstuhl noch sichtbare Blutbeimengungen im Stuhl. Sie hat 3–4 x/d Stuhlgang von fester bis breiiger Konsistenz. Trotz guten Appetits hat sie in den letzten zwei Jahren vier Kilogramm abgenommen.
Der Gastroenterologe führt eine unauffällige Koloskopie durch, in der ÖGD fällt ihm eine leicht atrophisch-wirkende Mukosa im Duodenum auf. Die Duodenal-Biopsien erbringen histologisch eine subtotale Zottenatrophie mit lymphozytärer Infiltration der Duodenalmukosa (ca. 60 Lymphozyten pro Gesichtsfeld), Marsh-Klasse III C.
Die nachträglich durchgeführte Serologie bestätigt positive IgA-Gliadin- und Endomysium-Antikörper. Ein Sono-Abdomen, der Röntgen-Thorax, ein MRT-Abdomen sowie eine Ballon-Enteroskopie transoral bis zum proximalen Ileum sind im Hinblick auf eine Lyphomdiagnostik unauffällig. Damit kann der Gastroenterologe eine Sprue diagnostizieren und eine glutenfreie Diät mit Ernährungsberatung einleiten.

41.6 Tropische Sprue

engl.: tropical sprue

Definition. Die tropische Sprue ist eine chronische, den Dünndarm betreffende Durchfallkrankheit und am ehesten infektiös bedingt. Es besteht ein Malabsorptionssyndrom insbesondere für Folsäure und Vitamin B_{12}. Sie tritt bei Bewohnern tropischer Regionen auf sowie bei Personen, die diese Gegenden besuchen oder besucht haben.

Epidemiologie. Die tropische Sprue kommt gehäuft in folgenden Ländern vor: Haiti, Dominikanische Republik, Puerto Rico, Kuba und Indien.

Ätiologie. Die Ursache ist unbekannt. Man nimmt jedoch an, dass der Dünndarm mit enteropathogenen Keimen chronisch kontaminiert ist.

Klinik. Das klinische Bild wird wesentlich von der Dauer der Störung und von den körperlichen Reserven der Betroffenen bestimmt. Im Vordergrund stehen Durchfälle, Blähungen, Anorexie, abdominelle Distension („Blähbauch"), Übelkeit, Erbrechen und Fieber. Außerdem treten Symptome der megaloblastären Anämie auf (s. S. 909).

Diagnostik.

- **Anamnese** (Auslandsaufenthalt?)
- **Biopsie aus Duodenum oder Jejunum:** man findet meist nur diskrete Veränderungen des Zottenreliefs. Befunde können variieren zwischen total flacher Schleimhaut, verdickten und plumpen Zotten und breiten Blattformen mit gyriformem

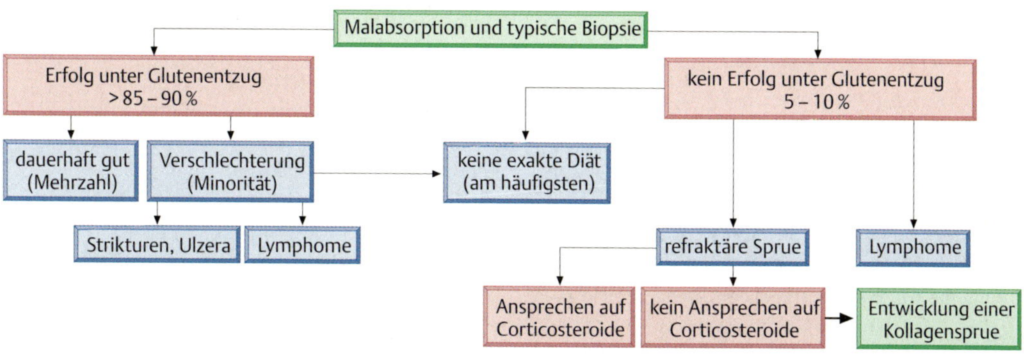

Abb. 41.9 Sprueverlaufsformen. Klinische Verlaufsmöglichkeiten bei Sprue/Zöliakie nach Einleitung der glutenfreien Diät.

Relief. Unter der Therapie bessert oder normalisiert sich der histologische Befund.

Therapie. Die Therapie beinhaltet die Gabe von Folsäure (z. B. Folsan 5 – 15 mg/d) und Vitamin B_{12} (z. B. Cytobion 1 000 µg/Woche i. m. über 6 – 8 Wochen), worunter sich sowohl die megaloblastäre Anämie als auch die gastrointestinalen Störungen prompt bessern. Zusätzlich empfiehlt sich die Einnahme von Tetracyclin (4 × 250 mg/d p. o. über 3 – 6 Monate).

Prognose. Unbehandelt verläuft die Erkrankung progredient.

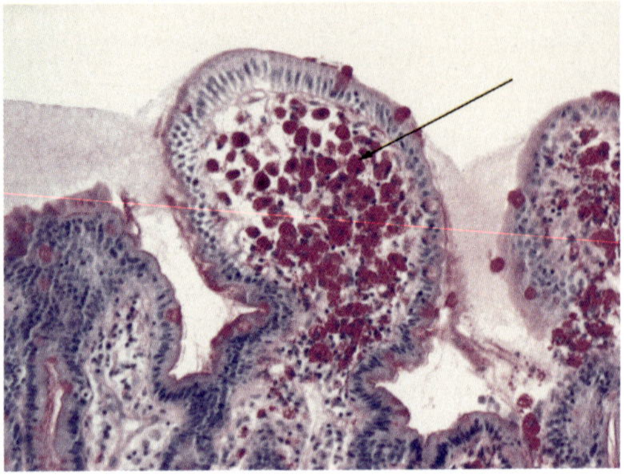

Abb. 41.10 Morbus Whipple. In der Dünndarmschleimhaut sind zahlreiche PAS-positive Makrophagen zu erkennen (SPC-Zellen; intensiv rot gefärbt). (aus Frahm et al., KLB Pathologie, Thieme)

41.7 Morbus Whipple

Synonym: intestinale Lipodystrophie
engl.: Whipple's disease

Definition. Infektionskrankheit, die sich klinisch mit Arthralgien, abdominellen Schmerzen, Durchfällen, progressivem Gewichtsverlust und Fieber manifestieren kann.

Epidemiologie. Der Morbus Whipple kommt fast nur bei Männern im mittleren Lebensalter vor und ist sehr selten.

Ätiolopathogenese. Die Erkrankung wird durch ein Bakterium *(Tropheryma whippelii)* hervorgerufen, das erst 1992 mittels PCR-Technik identifiziert werden konnte. Am häufigsten ist das Bakterium im Dünndarm und bei zerebralem Befall im Liquor nachweisbar; es kann aber auch in Lymphknoten oder Ergüssen gefunden werden.

Klinik. Reduzierter Allgemeinzustand, subfebrile Temperaturen, Gewichtsverlust, Diarrhö, verstärkte Hautpigmentation und Lymphadenopathie sind häufige klinische Befunde. Arthralgien, Aszites sowie ein zerebraler Befall mit neurologischen Symptomen kommen ebenfalls vor.

> **!** **Bei Patienten mit unklarem Fieber, Gewichtsverlust und Arthralgien sollte immer an einen Morbus Whipple gedacht werden.**

Diagnostik. Die Diagnose wird durch die **Entnahme einer Dünndarmbiopsie** gestellt. Es steht eine PCR-Technik zum Nachweis der bakteriellen DNA des Erregers zur Verfügung. Beweisend ist der Nachweis von **Makrophagen** mit großen zytoplasmatischen Granula, die sich **mit der PAS-Färbung rot anfärben** lassen (SPC-[= **S**ickle-**P**article-**C**ontaining-]Zellen, Abb. 41.10). Elektronenoptisch lassen sich im Biopsiematerial (und bei zerebralem Befall im Liquor) bakteriforme Erreger finden. Diese Untersuchung eignet sich insbesondere zur Kontrolle des Therapieerfolgs, da die scholligen PAS-positiven Ablagerungen in den Makrophagen noch lange persistieren können, auch wenn keine Bakterien mehr vorhanden sind.

Weitere diagnostische Maßnahmen:

- **Laboruntersuchungen:** Steatorrhö, verminderte D-Xylose-Resorption (s. S. 728), Hypalbuminämie und Anämie, Verminderung des Serum-Kalziums, -Eisens und -Cholesterins
- **Sonografie:** reaktiv vergrößerte abdominelle Lymphknoten können nachweisbar sein

Biopsie und Liquorpunktion.
Da bei ca. 20 % der Patienten mit Morbus Whipple ein zerebraler Befall vorliegt, sollte bei neurologischer oder psychischer Auffälligkeit (kognitive Dysfunktion, cerebellare Ataxie, Neuropathie) unbedingt eine Liquorpunktion erfolgen.

Differenzialdiagnostisch müssen Malassimilationssyndrome (s. S. 737) und Arthritiden anderer Genese (z. B. Yersiniose, s. S. 994) ausgeschlossen werden. Histologisch können eine Mykobakteriose (s. S. 780) oder auch ein malignes Lymphom (s. S. 752) ähnlich aussehen.

Therapie. Früher verlief die Krankheit tödlich. Unter einer Antibiotikatherapie über 12 Monate mit initial Ceftriaxon 2 g/Tag i. v. über 2 Wochen und einer Erhaltungstherapie mit **Trimethoprim-Sulfamethoxazol** (TMP-SMX) über 1 Jahr lässt sich bei fast allen Patienten eine Vollremission erreichen. Auch bei ZNS-Befall sollte initial Ceftriaxon 2 g/Tag i. v. über 4 Wochen eingesetzt werden gefolgt von einer Therapie mit TMP-SMX.

41.8 Eosinophile Gastroenteritis

engl.: eosinophilic gastroenteropathy

Die eosinophile Gastroenteritis ist eine seltene Krankheit. Typisch ist eine **Bluteosinophilie** in Kombination mit eosinophilen Infiltraten des Ösophagus (s. S. 697), des Magens und Dünndarms. Die Ursache ist unklar. Systemische allergische Symptome, erhöhtes Serum-IgE und Ansprechen auf Steroide sprechen für eine **Hypersensitivitätsreaktion.**
Klinisch kommt es zu Übelkeit, Erbrechen, Bauchschmerzen, Asthma bronchiale, allergischer Rhinitis, Diarrhö, Gewichtsverlust und Eisenmangelanämie. Das Labor zeigt eine periphere Eosinophilie und Hinweise auf ein Malabsorptionssyndrom (s. S. 737), in der Biopsie aus Magen und/oder distalem Duodenum finden sich **eosinophile Infiltrate der Mukosa**, teils mit erheblicher Zottenreduktion (s. **Tab. 41.1**). Die Therapie besteht in einer Eliminationsdiät (hypoallergene Diät), Gabe von Prednison (40 – 60 mg/d) oder Budesonid (9 mg/d). Diese Maßnahmen führen in der Regel zum Erfolg, häufig ist jedoch eine Erhaltungstherapie mit ca. 5 – 10 mg Prednison/Tag nötig.

41.9 Enterales Eiweißverlustsyndrom

Synonym: exsudative Enteropathie
engl.: protein-loosing gastroenteropathy

Definition. Pathologisch gesteigerter Verlust von Plasmaproteinen über den Darm unterschiedlicher Ätiologie. Die Krankheit ist charakterisiert durch eine Hypoproteinämie und Hypoalbuminämie, Ödeme und evtl. Aszites, Pleura- und Perikardergüsse.

An das Vorliegen eines enteralen Eiweißverlusts sollte gedacht werden, wenn eine schwere Proteinurie, Malnutrition und Proteinsythesestörung bei einer chronischen Leberkrankheit ausgeschlossen sind.

Ätiopathogenese. Ca. 10 – 20 % des normalen Albuminumsatzes erfolgen durch Verlust über den Darm. Bei verschiedenen gastrointestinalen Krankheiten kann es zu einem **gesteigerten enteralen Verlust von Proteinen** meist aller Fraktionen und insbesondere von **Albumin** kommen (**Tab. 41.11**), der durch Steigerung der Syntheseleistung nicht mehr kompensiert werden kann.

Klinik. Meist leiden die Patienten unter den gleichen Symptomen wie beim **Malassimilationssyndrom** (s. S. 737). Bei einer Hypalbuminämie < 2,5 g/dl bilden sich zudem **Ödeme.** Durch den Verlust von Immunglobulinen kann es zu einer verstärkten Infektanfälligkeit kommen. Hinzu kommen u. U. die Symptome der zugrundeliegenden Erkrankung (s. **Tab. 41.11**).

Diagnostik. Die **Laboruntersuchung** zeigt typische Veränderungen:

- Protein und Albumin im Serum ↓
- Serumelektrophorese: Erniedrigung meist aller Fraktionen, besonders des Albumins
- Serum-Immunglobuline (IgA, IgG, IgM) ↓
- Coeruloplasmin, Cholesterin und Serum-Kalzium ↓
- Differenzialblutbild: Lymphozytopenie
- erhöhter Stuhlfettgehalt
- Urinstatus: keine Proteinurie.

Die **Diagnosesicherung** erfolgt durch die Bestimmung der α_1-Antitrypsin-Clearance (s. S. 729). Darüber hinaus ist die Suche nach der Ursache und die **Lokalisationsdiagnostik** erforderlich. Zur Anwendung kommen:

- Sonografie: vergrößerte Lymphknoten, Darmwandödem, Aszites
- Computertomografie: vergrößerte Lymphknoten, Darmwandödem, Aszites
- Enteroklysma nach Sellink: Faltenschwellung
- Lymphangiografie bei Verdacht auf intestinale Lymphangiektasie (s. u.)
- Endoskopie: Doppelballon-Enteroskopie mit Etagenbiopsien aus dem Dünndarm, Koloskopie mit Biopsie bei Verdacht auf eine intestinale Lymphangiektasie
- Nuklearmedizin: i. v. Gabe Tc-markierten Albumins und Erfassung des erhöhten Austritts im Darm mit der Gammakamera

Tab. 41.11 Mögliche Grunderkrankungen bei intestinalem Proteinverlust

Histologie	Pathomechanismus	Erkrankung
Mukosaerkrankungen ohne Ulzerationen	erhöhte Permeabilität mit Schädigung und Verlust der Zellen	• Morbus Ménétrier • hypertrophische hypersekretorische Gastropathie • akute Virusinfektionen • parasitäre Infektionen • Morbus Whipple • allergische Enteropathie • eosinophile Gastroenteritis • Sprue/Zöliakie • tropische Sprue • systemischer Lupus erythematodes
mukosale Erosionen oder Ulzerationen	entzündliche Exsudation	• erosive Gastritis oder multiple Ulzera • Magenkarzinom oder Lymphom • Morbus Crohn • idiopathische Jejunoileitis • Colitis ulcerosa • pseudomembranöse Enterokolitis • villöses Adenom des Dickdarms
lymphatische Abflussstörung	direkter intestinaler Verlust von Lymphe	• intestinale Lymphangiektasie • enterale Lymphfisteln • mesenteriale Tuberkulose und Sarkoidose • intestinale Lymphome • chronische Pankreatitis mit Pseudozyste • Perikarditis constrictiva • Herzinsuffizienz • Morbus Whipple • Morbus Crohn

Therapie. Die Therapie besteht in der Behandlung der Grunderkrankung.

41.9.1 Intestinale Lymphangiektasie

Die intestinale Lymphangiektasie geht mit einem enteralen Proteinverlust, Hypoproteinämie, Ödemen, Lymphozytopenie, Malabsorption und abnorm erweiterten Lymphgefäßen des Dünndarms einher (**Abb. 41.11**). Sie betrifft meist Kinder und junge Erwachsene. Die wichtigsten Laborbefunde sind Hypoproteinämie, Hypoalbuminämie, Verminderung von IgG, IgA und IgM, des Transferrins und Coeruloplasmins und eine Lymphozytopenie.

Die **Therapie** besteht in der Reduktion der Fettzufuhr zur Entlastung der Lymphwege und Gabe von mittelkettigen Triglyzeriden (MCT) sowie in einer forcierten oralen Proteinzufuhr oder 20 %igem Humanalbumin intravenös. Bei nachgewiesenem

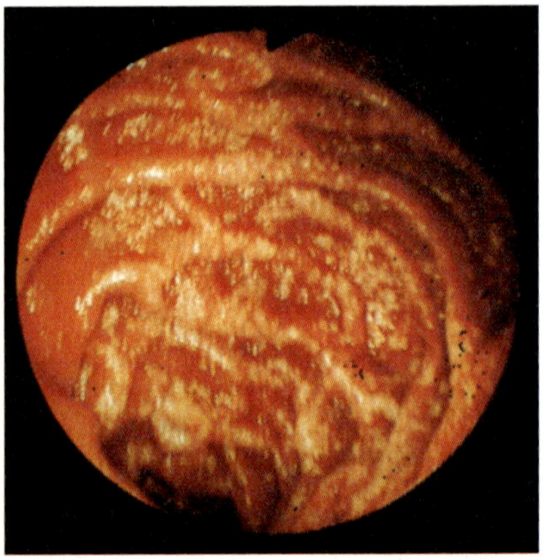

Abb. 41.11 Intestinale Lymphangiektasie. Duodenalschleimhaut bei einem Patienten mit einem intestinalen Eiweißverlustsyndrom. Man beachte die deutlich dilatierten „weißlichen" Lymphgefäße im Duodenum.

isolierten Befall von Dünndarmsegmenten ist die Resektion anzustreben.

41.10 Systemische Mastozytose

engl.: systemic mastocytosis

Hierbei handelt es sich um eine Erkrankung mit Mastzellproliferation in der Haut, in den Knochen, den Lymphknoten und parenchymalen Organen.
Klassisch ist eine Urticaria pigmentosa. Weitere typische Symptome sind Pruritus, Flush, Tachykardie, Durchfälle, Asthma bronchiale und Kopfschmerzen, die durch **vermehrte Histaminfreisetzung** aus den Mastzellen bedingt sind. Heparin, Prostaglandine, Leukotriene und Zytokine spielen möglicherweise ebenfalls eine Rolle für die klinische Symptomatik. Die Symptome können durch Alkohol ausgelöst werden. Steatorrhö, Hypokalzämie, verminderte D-Xylose- und Vitamin-B_{12}-Resorption bestehen häufig bei Patienten mit intestinaler Symptomatik.
Die Gabe von H_2-Rezeptor-Blockern (z. B. Cimetidin, Ranitidin), Ketotifen (2 – 4 mg alle 12 h) wie auch Cromoglicinsäure (4 × 200 mg/Tag) haben sich als wirksam erwiesen.

41.11 Immunmangelsyndrome

→ vgl. auch Kapitel „Immunologie“, S. 1062 ff.

41.11.1 Selektiver IgA-Mangel und Common variable Immunodeficiency (CVID)

Die zu den Immunmangelkrankheiten zählende CVID ist die häufigste Antikörpermangelkrankheit bei Kindern und Erwachsenen. Bei 10 % der CVID-Patienten hat mindestens ein Familienmitglied entweder auch eine CVID oder einen selektiven IgA-Mangel. Sie ist charakterisiert durch eine gestörte B-Zell-Differenzierung und eine defekte Immunglobulinbildung. Klinisch imponiert die CVID mit rezidivierenden sinopulmonalen Infekten, Lungenemphysem, Autoimmunkrankheiten, Krankheiten des Gastrointestinaltrakts und der Neigung, maligne Lymphome zu entwickeln. Etwa 15 % der betroffenen Patienten leiden an rezidivierenden oder chronischen Durchfällen. Es findet sich eine gehäufte Assoziation zwischen IgA-Mangel und Zöliakie/Sprue, der sog. nodulären lymphatischen Hyperplasie (NLH), chronisch entzündlichen Darmerkrankungen (Colitis ulcerosa, Morbus Crohn) sowie Disaccharidasen-Defekten.
Serum-IgG, -IgA und -IgM sind erniedrigt (IgG: 258 mg/dl, IgA: 28 mg/dl, IgM: 40 mg/dl). Beim selektiven IgA-Mangel liegen die Serum-IgA-Werte < 50 mg/dl.
Die Therapie der CVID richtet sich nach der Schwere und Häufigkeit der Infekte und besteht in der prophylaktischen oder therapeutischen Gabe von Antibiotika und der intravenösen oder subkutanen Gabe von Immunglobulinen (600 – 800 mg/kg KG alle 4 Wochen).
Der IgA-Mangel prädisponiert zu einer bakteriellen Überbesiedlung des Dünndarms sowie zu einer Lambliasis, die wohl am ehesten für die bei IgA-Mangel beobachtete Steatorrhö verantwortlich sind. Der **selektive IgA-Mangel** verläuft meist asymptomatisch, kann jedoch auch wie der CVID zu gehäuften sinopulmonalen Infekten führen. Gehäuft kommt der selektive IgA-Mangel bei der Zöliakie vor (von-Heereman-Syndrom) und erschwert deren Diagnostik (IgA-Transglutaminase-Antikörper). Der selektive-IgA-Mangel kann in eine CHID übergehen. Bei hoher Infektneigung ist frühzeitige Antibiotikatherapie indiziert oder prophylaktische Therapie mit Gammoglobulinen.

I

41.11.2 Hypo- und Agammaglobulinämie

Die **X-chromosomal vererbte Agammaglobulinämie** (Typ Bruton), die durch ein Fehlen von B-Lymphozyten und Plasmazellen im peripheren Blut und Knochenmark gekennzeichnet ist, tritt klinisch schon während des Säuglingsalters in Erscheinung. Gehäuft treten Infekte, Symptome der Malassimilation mit Laktoseintoleranz und Disaccharidasenmangel sowie Infektionen mit Lamblien auf.
Von der X-chromosomal vererbten Agammaglobulinämie ist die **erworbene Hypogammaglobulinämie** (*engl.:* common variable immunodeficiency, CVID) zu unterscheiden, die in jedem Alter auftreten kann (s. o.).
Eine Erniedrigung der Serum-IgG-Spiegel unter 0,5 g/l bei gleichzeitiger Reduktion der IgA-Spiegel ist immer zu finden. **Klinisch** finden sich – ausgeprägter als beim selektiven IgA-Mangel – Zeichen der Malassimilation mit Steatorrhö und Lamblien-

Tab. 41.12 Ursachen von Durchfällen und „Wasting" bei AIDS

Erregergruppen	Dünndarmbefall mit Malabsorption	Enterokolitis
Bakterien	Mycobacterium avium intracellulare (MAI) (s. S. 734)	
	• bakterielle Überbesiedlung • Infektionen mit Isospora belli	• Mycobacterium tuberculosis (s. S. 780) • Salmonellen (s. S. 992) • Shigellen (s. S. 993) • Campylobacter sp. (s. S. 993) • Clostridium-difficile-assoziierte Kolitis (s. S. 996)
Viren		• Zytomegalievirus (CMV; am häufigsten) • Adenoviren • HIV (?)
Protozoen	Kryptosporodien (Prävalenz: USA = 4 – 16 %, Afrika, Haiti = bis 50 %)	
	• Mikrosporidien (10 – 30 % bei Patienten mit AIDS und Diarrhö) • Lamblien	
Pilze		verschiedene Spezies

infektionen sowie sinopulmonale Infekte wie Pneumonie, Sinusitis, Otitis media und Bronchiektasen.

41.11.3 Gastrointestinale Störungen bei AIDS

Isolierte Defekte der T-Lymphozyten wie AIDS sowie kombinierte B- und T-Lymphozyten-Defekte können zu **schweren Schädigungen des Darms** mit bakterieller und parasitärer Fehlbesiedlung führen. Ob das Wasting-Syndrom im Rahmen der AIDS-Erkrankung durch eine vom HIV selbst hervorgerufene Enteropathie bedingt ist oder vielmehr durch die dadurch begünstigte bakterielle und parasitäre Fehlbesiedlung des Darms, ist momentan noch unklar.

Ätiopathogenese. 50 – 60 % der Patienten mit AIDS haben im Verlauf ihrer Erkrankung Durchfälle, die häufig auch mit Gewichtsverlust einhergehen (**Wasting-Syndrom**; *engl.:* slim disease). 50 – 85 % dieser Durchfälle sind infektiös bedingt, hiervon können etwa 50 % erfolgreich behandelt werden. Auch Medikamente (z. B. Antibiotika, Nelfinavir und Ritonavir in der HAART-Therapie) können diese Symptomatik auslösen. Aber auch die AIDS-Infektion selbst kann zu schweren Durchfällen führen.
Die Symptome Diarrhö und Gewichtsverlust können mit einer morphologisch erkennbaren Schädigung der Dünndarmmukosa und teilweise schwerer Malabsorption, oder auch mit einer Enterokolitis einhergehen. Mögliche Erreger sind in **Tab. 41.12** aufgeführt. Am häufigsten kommt die **Zytomegalie-Virus-(CMV-)Kolitis** vor. Es wird vermutet, dass das AIDS-Virus auch selbst eine Enteropathie bewirken kann.

Klinik. Bei Befall des **Dünndarms** stehen Durchfälle mit hohen Stuhlvolumina und ein Malabsorptionssyndrom mit Gewichtsverlust im Vordergrund, bei Befall des **Dickdarms** kommt es zwar zu häufigem Stuhlgang, dieser ist aber eher kleinvolumig und oft blutig.
Ein Teil der Patienten mit AIDS und Diarrhö haben eine schwere Malabsorption mit histologisch erfassbaren morphologischen Veränderungen der Dünndarmmukosa. Klinische Unterscheidungen zwischen Dünn- und Dickdarmdiarrhö sind in **Tab. 41.13** aufgeführt.

Diagnostik. Zur Diagnosestellung werden **Stuhlkulturen** auf Bakterien und Parasiten und Biopsien aus distalem Duodenum oder Kolon herangezogen. Die Diagnostik wird allerdings aus Kostengründen kontrovers diskutiert. Amerikanische Autoren sind nach Kosten-Nutzen-Analyse der Meinung, dass HIV-positive Patienten mit Diarrhö nur eine Minimaldiagnostik erhalten sollten (Stuhlkultur).
Erst nach Nichtansprechen auf eine unspezifische Durchfalltherapie (Loperamid, z. B. Imodium, Lopedium; Antibiotika, z.B Ciprofloxacin) sollte eine umfangreiche Diagnostik erfolgen: Gastroduodenosko-

Tab. 41.13 Klinische Unterscheidung zwischen Diarrhö durch Malabsorption und Kolondiarrhö

Klinik	Malabsorption	Kolondiarrhö
Stuhlfrequenz (pro Tag)	3 - 10	3–30
Stuhlvolumen (ml/Tag)	750 - 10 000	250–1 000
Stuhlvolumen (pro Stuhl)	meist groß	Klein
Stuhlregelmäßigkeit	variabel	Regelmäßig
geformte Stühle	selten	Nie
okkultes Blut im Stuhl	–	+
Leukozyten im Stuhl	–	+
Stuhldrang	+	+
Inkontinenz	nein	Häufig
Tenesmen	–	+
Fieber	–	+/–
Befinden	reduziert	reduziert/schlecht
Appetit	mäßig/gut	mäßig/schlecht
Gewichtsverlust	rapide	rapide

pie mit Biopsie, Koloskopie mit Biopsie, Blutkultur, Untersuchung auf Parasiten und Eier im Stuhl. Eine intensive Diagnostik ist auch durchzuführen, wenn Durchfälle, Gewichtsverlust, Malabsorption, Fieber, Abdominalschmerzen, Nausea, Erbrechen, Tenesmen und blutige Stühle auftreten.

Klinisch äußert sich eine **Cytomegalievirus-Kolitis**, die fast nur bei Immunsupprimierten (AIDS, nach Transplantation, hochdosierter Chemotherapie) auftritt, mit abdominellen Schmerzen, explosionsartigen Durchfällen, Tenesmen, Anorexie und Hämatochezie. Ihre Häufigkeit hat nach Einführung der HAART-Therapie beim AIDS abgenommen.

Die Diagnostik bei Verdacht auf **CMV-Kolitis** erfolgt endoskopisch mit Biopsie (Abb. 41.12).

Das endoskopische Bild der CMV-Kolitis kann sehr unterschiedlich sein. Die Mukosa kann normal erscheinen oder verteilte Gruppen von Bläschen, Erosionen oder gar tiefen Ulzera aufweisen. Meist besteht eine Pankolitis, die aber in den einzelnen Dickdarmabschnitten unterschiedlich ausgeprägt sein kann. Histologisch finden sich große intranukleäre und intrazytoplasmatische CMV-Einschlüsse in den Histiozyten der Lamina propria **(Eulenaugenzellen).** Bei zahlreichen Patienten mit Diarrhö lässt sich trotz eingehender Diagnostik kein pathogenes Agens finden.

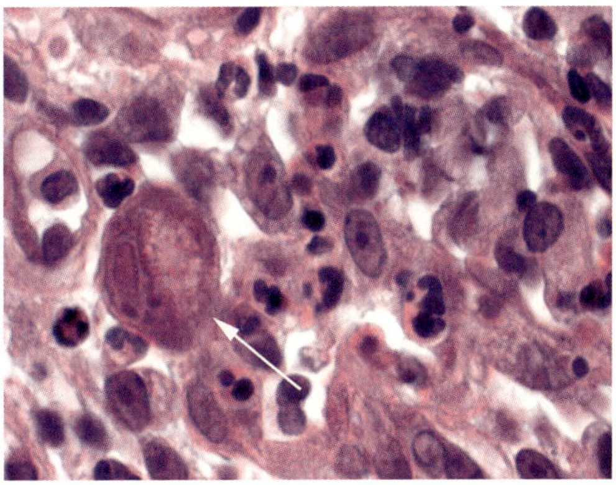

Abb. 41.12 CMV-Kolitis. CMV-Zellen (→) im Mukosainterstitium. Im Zellkern erkennt man einen eosinophilen Einschluss (Eulenaugenzellen). (aus Frahm et al., KLB Pathologie, Thieme)

Therapie. Die Behandlung richtet sich nach der Art der opportunistischen Infektion, ggf. ist eine antiretrovirale Therapie einzuleiten oder zu optimieren (s. S. 1021). Ist die Ursache unklar, sollte eine symptomatische Therapie durchgeführt werden. Bei sehr massiven, lang anhaltenden Durchfällen ist ein Therapieversuch mit dem synthetischen Somatostatinanalogon Octreotid (Sandostatin) 100 – 200 µg/alle 8 Stunden s. c. injiziert. Die CMV-Kolitis wird behandelt mit:

- Ganciclovir 5 mg/kg KG i. v. alle 12 Stunden über 14 Tage *oder*
- Foscarnet 90 mg/kg KG i. v. alle 12 Stunden 14 Tage lang

Als Erhaltungstherapie kommt Valganciclovir zum Einsatz (900 mg 2 ×/Tag oral). Im Anschluss daran Beginn einer antiviralen HIV-Therapie (HAART, s. S. 1021).

41.12 Laktasemangel und Laktoseintoleranz

engl.: lactase deficiency, lactose intolerance

Definition. Bei der Laktoseintoleranz wird der mit der Nahrung aufgenommene Milchzucker als Folge einer fehlenden oder verminderten Produktion der Laktase nicht verdaut.

Epidemiologie. Der Laktasemangel ist die weltweit häufigste Ursache einer Kohlenhydratmalabsorption. So gibt es auf der Welt mehr Menschen mit Laktoseintoleranz als mit Laktosetoleranz. Die Häufigkeit in den verschiedenen Volksgruppen ist in Tab. 41.14 aufgeführt. Bei ca. 10 – 20 % aller Patienten mit Symptomen einer funktionellen Dyspepsie oder eines irritablen Darmsyndroms (s. S. 771) lässt sich eine Laktoseintoleranz feststellen.

Ätiopathogenese. Laktase ist das vulnerabelste Enzym der Mukosa. Es spaltet das Disaccharid Laktose zu Glukose und Galaktose. Nicht gespaltene Laktose gelangt in den Dickdarm und wird dort bakteriell fermentiert zu kurzkettigen Fettsäuren, H_2 und CO_2. Folge sind Blähungen, Diarrhö, saurer Stuhl-pH.

Ursache des **primären Laktasemangels** ist ein **genetisch determinierter** isolierter **Verlust** des im Bürstensaum lokalisierten Enzyms Laktase im Adoleszentenalter. Die verursachende Mutation C/T (-13 910) befindet sich in der regulatorischen Region des Laktasegens. Selten kommt auch ein genetisch bedingter Mangel der Enzyme Saccharase (Saccharose-Isomaltose-Intoleranz) und Trehalase vor.

Ein **sekundärer Enzymmangel** kommt bei zahlreichen Dünndarmerkrankungen mit Veränderungen der Mukosaarchitektur (z. B. glutensensitive Enteropathie) und bei infektiösen Dünndarmerkrankungen vor.

Tab. 41.14 Ethnisches Vorkommen des Laktasemangels

Population	Häufigkeit (%)
Nordeuropäer	5 – 15
weiße Nordamerikaner	10 – 25
Mexikaner in Nordamerika	40 – 75
schwarze Nordamerikaner	45 – 80
Bewohner der Mittelmeerregion	60 – 85
Indianer in Nordamerika	50 – 95
schwarze Afrikaner	85 – 100
Asiaten	90 – 100

Klinik. Die Patienten leiden unter Meteorismus, Flatulenz, Durchfällen und Bauchkrämpfen nach dem Genuss von Milch oder milchhaltigen Produkten. Die gleichen Symptome treten nach Rohrzuckergenuss bei Saccharose-Isomaltose-Intoleranz auf.

Diagnostik. Laktosetoleranztest, evtl. kombiniert mit H_2-Atemtest (s. S. 728); bei Verdacht auf Verminderung mehrerer Disaccharidasen können zusätzlich Belastungstest oder H_2-Atemtest nach Gabe von Saccharose oder Trehalose erfolgen. Alternativ ist auch ein Gen-Test auf C/T(-13 910)-Mutation möglich.

Therapie. Beratung des Patienten, Milch oder milchhaltige Produkte sind zu meiden. Es stehen **Laktasepräparate** zur Substitution (z. B. Lactrase, Lactigest, Lactaid) oder auch kommerzielle, **laktosefreie Milchprodukte** zur Verfügung. Jogurt, Quark, Buttermilch und Kefir werden von vielen Patienten vertragen, da bei diesen Laktose vergoren ist oder sie – wie Jogurt – selbst Laktase enthalten. Da die Elimination von Milch und Milchprodukten zu einem Kalziummangel führen kann, sollte zur Vermeidung einer Osteoporose **Kalzium substituiert** werden.

41.13 Divertikel des Dünndarms

engl.: small intestinal diverticula

Divertikel des Dünndarms sind in der Regel Herniationen der Mukosa und Submukosa durch die Muskelschicht des Darms und liegen noch unterhalb der

Serosa. Es handelt sich also eigentlich um **Pseudodivertikel.** Vor allem **Duodenaldivertikel** kommen bei ca. 7% der Bevölkerung vor und sind in der Regel asymptomatisch. ⅔ der Divertikel befinden sich peripapillär im Duodenum, ⅓ in der Pars inferior des Duodenums. Das Vorkommen im Jejenum und Ileum ist mit nur 1 – 2% seltener als im Duodenum. Üblicherweise bestehen keine Symptome, bei älteren Patienten können die Divertikel jedoch gelegentlich perforieren. Sind mehrere Divertikel vorhanden, kann es zu einer bakteriellen Überbesiedlung des Dünndarms kommen. Folgen sind Durchfälle und Malabsorption (s. S. 737).

41.14 Tumoren des Dünndarms

Dünndarmtumoren sind selten und machen nur ca. 3 – 6% der gastrointestinalen Neoplasien aus. Wegen der Seltenheit bereitet ihre Diagnose oft Schwierigkeiten. Die abdominellen Symptome sind oft uncharakteristisch, die Diagnose häufig nur ein Zufallsbefund. An einen Dünndarmtumor sollte man denken, wenn folgende **Symptome** auftreten:

- rezidivierende krampfartige Abdominalschmerzen
- rezidivierendes Auftreten eines mechanischen Ileus bei fehlenden Voroperationen und chronisch-entzündlichen Darmerkrankungen
- Invagination beim Erwachsenen
- chronische intestinale Blutungen
- Flush-Syndrom (Hinweis auf Karzinoid, s. S. 751)

Klinisch und radiologisch ist die Dignität der Tumoren in der Regel nicht zu unterscheiden.

41.14.1 Benigne Tumoren

Benigne Dünndarmtumoren kommen meist im 5. und 6. Lebensjahrzehnt vor und sind häufiger im distalen als im proximalen Dünndarm lokalisiert. Jeder 4. benigne Dünndarmtumor ist ein **Adenom.** Adenome entsprechen in Histologie und maligner Entartungstendenz den Kolonadenomen (s. S. 782). Außerdem kommen Leiomyome, Lipome und Angiome vor. **Leiomyome** wachsen submukös und subserös, häufigstes Symptom ist die Blutung durch zentralen nekrotischen Zerfall.

> **!** Jeder Dünndarmtumor muss zur Klärung der Dignität operiert werden. Polypoide Veränderungen der Mukosa im Duodenum können alternativ auch endoskopisch abgetragen werden (Polypektomie).

41.14.2 Maligne Tumoren

Nur 1–2,5% aller malignen Gastrointestinaltumoren sind im Dünndarm lokalisiert. Sie kommen häufiger bei Patienten mit langdauerndem Morbus Crohn (zu 70% im Ileum, vgl. S. 757) und Sprue (s. S. 740) vor. Am häufigsten sind Adenokarzinome (25%), Leiomyosarkome, gastrointestinale Stromatumoren (GIST, s. S. 715) und Karzinoide. Auch alle histologisch bekannten Lymphome können primär oder sekundär im Dünndarm vorkommen. So manifestieren sich 5 – 15% der Non-Hodgkin-Lymphome primär im Bereich des Gastrointestinaltraktes, wobei der Dünndarm in 30% der Fälle betroffen ist. B-Zell-Lymphome vom MALT-Typ finden sich überwiegend im Magen, während Mantelzell-Lymphome am häufigsten in Dick- und Dünndarm auftreten.

Tab. 41.15 fasst die malignen Dünndarmtumoren, Klinik, Diagnostik und Therapie in einer Übersicht zusammen.

41.14.3 Karzinoid

Definition. Benigner oder maligner, meist neuroendokrin aktiver Tumor, der aus den APUD-Zellen hervorgeht und hauptsächlich Serotonin produziert.

Ätiopathogenese

Karzinoide können überall dort entstehen, wo **neuroendokrine Zellen** vorhanden sind. Die Symptome entstehen primär nicht durch Verdrängung von gesundem Gewebe, sondern vorrangig durch die Produktion von Gewebshormonen. Karzinoide produzieren neben **Serotonin** auch andere **bioaktive Amine und Polypeptide** wie 5-Hydroxytryptophan, Histamin, Dopamin, Kallikrein, Bradykinin, pankreatisches Polypeptid (PP), Motilin, VIP, Neuropeptide, Chromogranin A und Prostaglandine.

Lokalisationen und Häufigkeiten sind wie folgt:

- Gastrointestinaltrakt: 85% (Lokalisation: mittleres Duodenum bis Colon transversum, meist in der Appendix; häufigster epithelialer Tumor des Dünndarms!)
- Lunge und Bronchien: 10%

Tab. 41.16 Differenzialdiagnose des akuten Mesenterialarterienverschlusses

Erkrankung	Bedeutung	Kommentar
Perforation eines Hohlorgans	+++	kein beschwerdefreies Intervall, Bauchdecken von Anfang an gespannt, freie Luft im Abdomen
akute Pankreatitis	+++	gürtelförmige Schmerzen, Gummibauch; Lipase und Amylase i. S. erhöht, anamnestisch Alkoholabusus, Gallensteine
Strangulationsileus	++	dramatischer Verlauf, stärkere Schmerzen

Diagnostik.

> ! Die Frühdiagnose ist entscheidend für die Prognose. Sie ist jedoch schwierig, da kein Test diagnostisch beweisend ist.

Eine mesenteriale Ischämie sollte vermutet werden, wenn akute Abdominalschmerzen bei den oben genannten Risikofaktoren auftreten. Entscheidend ist die **frühzeitige Durchführung einer Mesenterikografie** oder – wenn nicht verfügbar – eines **Spiral-CT** oder einer diagnostischen Laparoskopie. Außerdem:

- Abdomenübersichtsaufnahme im Stehen oder in Seitenlage: evtl. Spiegelbildung als Zeichen des Ileus
- Sonografie: Verdickungen der Darmwand können einen diagnostischen Hinweis geben, die KM-Sonografie kann evtl. Hinweise auf eine reduzierte Durchblutung geben.

Therapie. Die Therapie besteht in der Durchführung einer Laparotomie und dem **Versuch der Embolektomie**, wenn die Aussicht auf Erhalt des Dünndarms besteht (Symptomatik meist < 6 h). Meist erfolgt die Laparotomie in einem fortgeschrittenen Stadium der Erkrankung, in dem der Darm bereits in Gangrän übergegangen ist. Die Entfernung des gangränösen Darms ist dann unumgänglich.

Prognose. Die Letalität ist mit 60 – 80 % hoch.

41.17.2 Chronische Insuffizienz der Mesenterialarterien

Definition. Chronische arterielle Minderdurchblutung (oft auch Mikrozirkulationsstörungen) im Bereich der Mesenterialgefäße.

Ätiopathogenese. Atherosklerose der Mesenterialgefäße, begünstigend wirkt Digitalis, das Vasospasmen auslösen kann. Exsikkose und reduziertes Herzminutenvolumen bei bestehender Arteriosklerose.

Klinik. Analog zur Angina pectoris treten als Zeichen der vaskulären Insuffizienz bei Situationen des erhöhten Blutflusses im Splanchnikusgebiet Schmerzen auf, die als **Angina abdominalis** bezeichnet werden. Als intermittierende dumpfe oder krampfartige Schmerzen können sie postprandial mehrere Stunden anhalten. Typisch ist die Trias:

- **postprandialer Bauchschmerz** (typischerweise 15 – 30 min nach einer größeren Mahlzeit)
- Malabsorption
- abdominelle Gefäßgeräusche

Ein **Gewichtsverlust** resultiert einerseits aus der verminderten Nahrungsaufnahme (Patient möchte Beschwerden vermeiden), andererseits aus der Malabsorption, die durch eine chronische vaskuläre Insuffizienz des Dünndarmes entstehen kann.

Diagnostik. Die Mesenterikografie zeigt Gefäßengstellungen mit oft perlschnurartigen Veränderungen.

Therapie. Volumensubstitution, Therapie einer evtl. bestehenden Herzinsuffizienz, evtl. Therapieversuch mit Nitraten und/oder Kalziumantagonisten. Bei ausgeprägten Beschwerden Versuch der Katheterdilatation oder operativen Revaskularisierung.

Prognose. Die Letalität ist hoch (> 80 %).

41.17.3 Thrombose der Mesenterialvenen

Definition. Thrombotischer Verschluss der Mesenterialvenen oder der Pfortader mit konsekutivem hämorrhagischem Darminfarkt.

Ätiopathogenese. Ein Verschluss der Mesenterialvenen bzw. der Pfortader kann u. a. bei entzündlichen

Darmerkrankungen, Hyperkoagulopathie, länger dauernder Einnahme von Kontrazeptiva oder in der Schwangerschaft auftreten.

Klinik. Die Patienten berichten über schleichend einsetzende, diffuse Bauchschmerzen, Übelkeit und Erbrechen.

Diagnostik. Die Diagnostik erfolgt wie beim arteriellen Verschluss der Mesenterialgefäße (s. S. 755).

Therapie. Laparotomie mit Resektion des nekrotischen Darmanteils; selten ist eine Fibrinolyse oder Thrombektomie mit Venenpatch möglich.

Prognose. Die Letalität liegt zwischen 60 und 90%.

41.17.4 Vaskulitis

Zahlreiche Systemkrankheiten gehen mit einer Vaskulitis der großen und kleinen Darmgefäße einher:

- Polyarteriitis nodosa (s. S. 1131)
- systemischer Lupus erythematodes (s. S. 1124)
- Dermatomyositis (s. S. 1129)
- Schoenlein-Henoch-Purpura (s. S. 1133)
- Amyloidose (s. S. 323)
- rheumatoide Vaskulitis

Bei Befall großer Gefäße kann das klinische Bild der akuten Ischämie auftreten, sind kleinere Gefäße betroffen, führen intramurale Blutungen und Ödem zu abdominellen Schmerzen, Obstruktion und Blutungen. Die Abdomenübersicht kann Zeichen des **Thumbprinting** (= Daumenabdruck, Eindellung der Wandkonturen des Dickdarms) als morphologisches Substrat eines lokalisierten Ödems, Blutung und Ulzerationen zeigen. Intramurale Dünndarmblutungen können auftreten. Die Operation ist in der Regel nur dann indiziert, wenn Zeichen des akuten Abdomens auftreten.

41.17.5 Vaskuläre Darmwandläsionen

Es handelt sich um Gefäßkonvolute aus Arteriolen und Venolen, die meist multipel auftreten. Hierzu zählt z. B. die **hereditäre hämorrhagische Teleangiektasie** (Morbus Osler, s. S. 361). Auch die **Angiodysplasien** werden dazu gerechnet; lokalisierte arteriovenöse Malformationen, die bei älteren Patienten hauptsächlich im Caecum und Colon ascendens, bei jüngeren Patienten aber auch im ganzen Gastrointestinaltrakt vorkommen. Es besteht keine Assoziation mit Gefäßveränderungen der Haut, des ZNS, der Lungen; keine familiäre Häufung. Die Veränderungen sind nicht von den Teleangiektasien beim Morbus Osler zu unterscheiden.

Angiodysplasien führen häufig zu intestinalen Blutungen. Die Diagnostik erfolgt mit Endoskopie (Gastroduodenoskopie, Enteroskopie oder Ileokoloskopie) oder Angiografie. Sind die Angiodysplasien endoskopisch einsehbar, erfolgt die endoskopische Therapie durch Unterspritzung des Gefäßkonvoluts. Liegen multiple Angiodysplasien vor, kann ein medikamentöser Versuch mit Östrogenen (Dauertherapie) erfolgen.

41.18 Chronisch-entzündliche Darmerkrankungen

Die beiden häufigsten Vertreter der chronisch-entzündlichen Darmerkrankungen (CED) sind die Colitis ulcerosa und der Morbus Crohn. Seltener sind die kollagene und lymphozytäre Colitis, die nur histologisch diagnostiziert werden können und daher zusammen als mikroskopische Colitis bezeichnet werden. Generell sind multiple Faktoren für den Ausbruch einer CED notwendig:

- genetische Disposition
- gestörte Immunregulation der Mukosa
- Störungen der Barrierenfunktion
- exogene Faktoren (z. B. eigene Bakterienflora)

Genetische Faktoren beeinflussen die Immunregulation und die Barrierenfunktion, die sich aber auch gegenseitig beeinflussen können. Antigene (normale intestinale Flora oder ein gemeinsames infektiöses Agens) lösen die Entzündungsreaktion aus. Der Verlust der Toleranz gegenüber normaler Darmflora ist für die Fortdauer der Entzündung verantwortlich.

41.18.1 Morbus Crohn

Synonym: Enteritis regionalis
engl.: Crohn's disease, regional enteritis

Grundlagen

Definition. Beim Morbus Crohn handelt es sich um eine chronisch-entzündliche Darmerkrankung, die **diskontinuierlich segmental** den gesamten Gastrointestinaltrakt betreffen kann. Es sind **alle Wandschichten betroffen**. Die Erkrankung wurde nach einem der Erstbeschreiber (Crohn, Ginzberg und

Tab. 41.17 Epidemiologie chronisch entzündlicher Darmkrankheiten

	Colitis ulcerosa (s. S. 766)	Morbus Crohn
Inzidenz (pro 100 000 Einw.)	3–15	1–10
	hohe Inzidenz bei Weißen, v. a. in der jüdischen Bevölkerung	
Prävalenz (pro 100 000 Einw.)	50–80	20–100
Geschlecht	etwas häufiger bei Frauen	
Alter bei Beginn (Jahre)	5–30	50–80
Rauchen	Selten	Häufig

Oppenheimer) benannt, die den Morbus Crohn im terminalen Ileum fanden (Ileitis regionalis).

Lokalisation. 80 % der Patienten haben einen alleinigen Befall des Dünndarms, 50 % haben eine Ileokolitis (d. h. Befall von Dünn- und Dickdarm), 20 % haben einen alleinigen Befall des Kolons, 33 % haben einen perianalen Befall. Selten sind Mundhöhle, Magen, Ösophagus oder Jejunum betroffen.

Epidemiologie. Die Epidemiologie der beiden chronisch-entzündlichen Darmerkrankungen Morbus Crohn und Colitis ulcerosa (s. S. 766) ist in **Tab. 41.17** zusammengefasst.

Ätiopathogenese

Die Ursache der Krankheit ist noch unklar. Als mögliche ätiologische Faktoren kommen eine familiäre Disposition, genetisch bedingte, infektiöse oder immunologische Ursachen in Betracht. Bei 75 % der Patienten mit Morbus Crohn ist **HLA-B27 positiv** im Vergleich zu nur 8 % bei der Normalbevölkerung. In ähnlich hohem Prozentsatz kommt HLA-B27 bei Patienten mit Morbus Bechterew ohne Morbus Crohn vor. 50 % der Patienten haben darüber hinaus **Mutationen des NOD 2**(CARD 15)-Gens auf **Chromosom 16**. Mutationen des NOD 2(CARD 15)-Gens scheinen vor allem mit der fibrostenosierenden Form des Morbus Crohn einherzugehen. In Studien war das Risiko für einen Morbus Crohn bei heterozygoten bzw. homozygoten Mutationen des NOD 2-Gens 2,6- bzw. 42,1fach erhöht. Sichere Beweise für eine bakterielle Genese fehlen.

Für eine **Immungenese** mag das gute therapeutische Ansprechen auf Kortikoide und auch Azathioprin sowie die häufig eindrucksvolle Remission unter Nahrungskarenz (Allergenkarenz?) sprechen.

Der **akute Schub** ist durch einen Einstrom von neutrophilen Granulozyten und Monozyten aus dem peripheren Blut gekennzeichnet. Es findet eine **hochgradige immunologische Aktivierung** von intestinalen Granulozyten, Makrophagen und T- sowie B-Lymphozyten statt. Eine **Permeabilitätssteigerung** des intestinalen Epithels geht der klinischen Schubsymptomatik voraus und könnte der Wegbereiter einer bakteriellen Invasion durch das Epithel sein. Der spezifische Eintritt („homing") von Entzündungszellen in entzündliche Läsionen wird durch die Interaktion von Adhäsionsmolekülen auf Endothelzellen und Immunozyten vermittelt.

Eine gesteigerte Produktion **entzündungsfördernder Zytokine** (TNFα, IL-1β, IL-6, IL-8, IL-12) lässt sich nicht nur in entzündeter, sondern auch in normaler Mukosa beobachten. Die chronische Entzündung wird durch eine **Imbalance** zwischen **pro- und kontra-entzündlichen Mediatoren**unterhalten („Zytokinschaukel", **Abb. 41.13**). Die Transkription der meisten Entzündungsgene kann durch den **Transkriptionsfaktor NFκB** reguliert werden. Eine erhöhte Aktivierung von NFκB ist in der Lamina propria bei Patienten mit Morbus Crohn zu beobachten. Auch IL-17 und IL-23 spielen eine Rolle.

Pathologie

Der Morbus Crohn kann den gesamten Verdauungstrakt befallen. Wie häufig die einzelnen Abschnitte betroffen sind, ist **Abb. 41.14** zu entnehmen.

Die Krankheit ist charakterisiert durch eine **chronische Entzündungsreaktion**, die alle Schichten der Darmwand, das Mesenterium und die benachbarten Lymphknoten der Organe betrifft. Vor allem die akute Form ist meist im **terminalen Ileum** lokalisiert und gekennzeichnet durch Hyperämie, Schwellung des Darms, Mesenteriums und der Lymphknoten. In späteren Stadien nimmt die Dicke der Darmwand

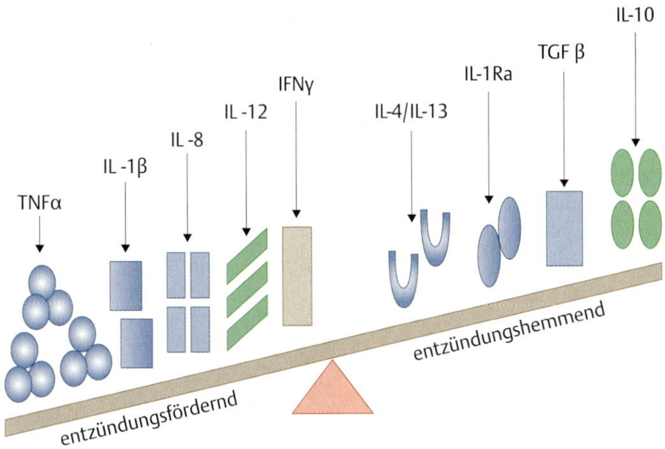

Abb. 41.13 Immunpathogenese des Morbus Crohn. Es besteht ein Ungleichgewicht zwischen pro- und antiinflammatorischen Mediatoren (sog. Zytokinschaukel).

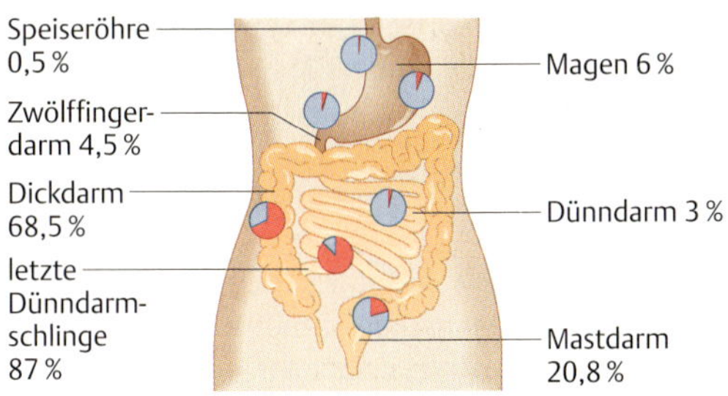

Abb. 41.14 Befallsmuster bei Morbus Crohn. Häufigkeit des Befalls durch einen Morbus Crohn bezogen auf den gesamten Magen-Darm-Trakt.

zu, erreicht eine starre, lederartige Konsistenz und kann zu **Einengungen des Lumens** führen. **Fissurale, tiefe Ulzerationen**, die in die Submukosa und transmural reichen, können zu Abszessen und Fisteln führen. Die Ausbreitung der Erkrankung im Dünn- und Dickdarm ist meist diskontinuierlich („Skip Lesions"). Häufig zeigt die Mukosa durch Pseudopolypenbildung ein sog. **Pflastersteinrelief.** Typisch ist auch die Granulombildung, die in Bioptaten allerdings nur in 25 – 30% der Fälle nachweisbar ist.

Klinik

Die klinischen Symptome des Morbus Crohn können vielfältig sein, häufig sind **Durchfall** für mehr als 6 Wochen, **abdominelle Schmerzen** und/oder Gewichtsverlust. **Systemische Symptome** wie allgemeines Krankheitsgefühl und Fieber sind ebenfalls häufig. Bei Kindern kann eine Wachstumsverzögerung im Vordergrund stehen. Die Lokalisation des Entzündungsprozesses, Ausdehnung, Aktivität und Beziehung zu den Nachbarorganen bedingen die Symptome.

> **!** **Die unterschiedlichen Stadien sowie die zahlreichen möglichen Manifestationen führen auch zu unterschiedlichen klinischen Erscheinungsbildern.**

Typischerweise beginnt der Morbus Crohn beim jungen Erwachsenen mit Müdigkeit, Gewichtsverlust, Schmerzen im rechten Unterbauch und Durchfällen (meist ohne Blut). Fieber, Anorexie, Übelkeit und Erbrechen können ebenfalls bestehen. Die Erkrankung kann sich allerdings auch ohne Durchfälle manifestieren. Häufig besteht ein Malabsorptionssyndrom (s. S. 737).

Außerdem können zahlreiche **extraintestinale Manifestationen** auftreten, so u. a.:

- Augen: Iridozyklitis, Uveitis
- Haut: Erythema nodosum, Pyoderma gangraenosum
- Gelenke: Monarthritis, Oligoarthritis, Spondylitis enteropathica, ankylosierende Spondylitis
- Leber: primär sklerosierende Cholangitis (PSC), Pericholangitis und andere Leberveränderungen
- Gallensteinbildung durch Gallensäureverlust
- Urogenitaltrakt: Harnwegsinfekte durch enterovesikale Fistelbildungen, Ureterabflussstörungen mit Hydronephrose durch die entzündliche Reaktion, Oxalatsteine durch enterale Hyperoxalurie

Komplikationen

Folgende **Komplikationen** sind möglich:

- **mechanischer Ileus:** Im Initialstadium ist die Einengung des Dünndarmsegments durch den entzündlichen Prozess bedingt, in späteren Stadien durch fibröse Strikturen. Diese Komplikation tritt bei ca. 20 – 30 % der Patienten im Verlauf der Krankheit mindestens einmal auf.
- **Fisteln** sind häufig, sie kommen kutan, enteroenterisch, enterovesikal, enterovaginal, perianal, rektal vor. Perforationen in die freie Bauchhöhle sind selten, da die Umgebung des Darms meist stark verwachsen ist.
- **Blutabgänge mit dem Stuhl:** treten bei alleinigem Dünndarmbefall selten auf und lassen an einen gleichzeitigen Befall des Kolons oder Rektums denken
- **toxisches Megakolon** (selten): siehe „Colitis ulcerosa“, S. 767ff.
- **Perforation:** Nachweis freier Luft in der Röntgen-Abdomenübersicht in Linksseitenlage, Sonografie
- **Abszess:** Nachweis durch Sonografie, Computertomografie, Kernspintomografie, Leukozytenszintigrafie
- **Malignom:** Das Malignomrisiko ist für Dünndarmkarzinome eindeutig erhöht, für Dickdarmkarzinome jedoch nur gering.

Diagnostik

Bei der **körperlichen Untersuchung** ist häufig eine Schmerzempfindlichkeit im rechten Unterbauch sowie eine tastbare walzenförmige Resistenz festzustellen. Finden sich bei der **Auskultation des Abdomens** Pressstrahlgeräusche und „klingende“ Darmgeräusche, so sind diese als Hinweis auf einen (beginnenden) mechanischen Ileus zu werten.

Bei Verdacht auf einen Morbus Crohn gehört der **transabdominelle Ultraschall,** die **Ileokoloskopie** mit Biopsien aus dem terminalen Ileum und jedem Dickdarmsegment sowie eine **erweiterte Dünndarmdiagnostik** zu den Basisuntersuchungen zur Etablierung der Diagnose. Es gibt verschiedene bildgebenden Techniken für die Dünndarmdiagnostik: transabdominelle Sonografie, fraktionierte Magen-Darm-Passage, Dünndarmenteroklysma, endoskopische Diagnostik, CT, MRT (**Abb. 41.15**, vgl. S. 728 ff). Die hochauflösende Ultraschalluntersuchung sollte durch eine weitere komplette Bildgebung ergänzt werden. Wegen der fehlenden Strahlenbelastung ist hier die MRT des Dünndarms zu bevorzugen.

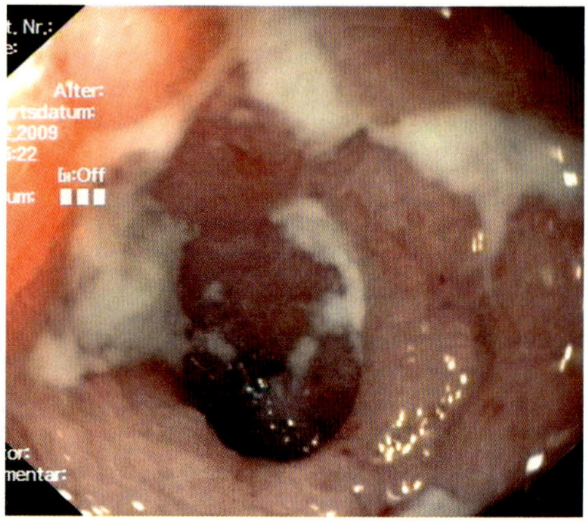

Abb. 41.15 Single-Ballonenteroskopie bei Morbus Crohn des Jejunums. Die Mukosa ist „verquollen“, das Faltenrelief aufgehoben, es finden sich zahlreiche – teils fissurale – weißliche, unregelmäßig verteilte, entzündliche Plaques.

Sonografie. Darmwandverdickungen (**Abb. 41.16 a**), Stenosen, prästenotische Darmdilatation, Abszesse und Fisteln sind häufig erkennbar.

Ileokoloskopie. Pflastersteinrelief, Fisteln, Ulzera, Strikturen, kleinste hämorrhagische Läsionen sind typische Befunde (**Abb. 41.16 b**). Zur histopathologischen Erstdiagnose sind **multiple Biopsieentnahmen** aus dem terminalen Ileum und jedem Kolonsegment unter Einschluss des Rektums erforderlich (zumindest 2 Proben pro Region aus befallenen und nicht befallenen Abschnitten). Bioptische Befunde, die die histopathologische Diagnose eines Morbus Crohn erlauben, sind: fokale/fleckförmige (diskontinuierliche) chronische Entzündung mit zahlreichen Lymphozyten und Plasmazellen, in Kombination mit einer fokalen (diskontinuierlichen) Störung der Krypten-/Villusarchitektur und/oder epitheloidzellige Granulome.

> **!** Makroskopischer Befund und klinische Symptomatik sind diagnoseweisend.

Enteroklysma nach Sellink. Diese Untersuchung ist indiziert, wenn die Ileokoloskopie keine Veränderungen im Kolon und terminalen Ileum zeigt. Eventuell kann auch eine Kapselendoskopie oder Doppel-

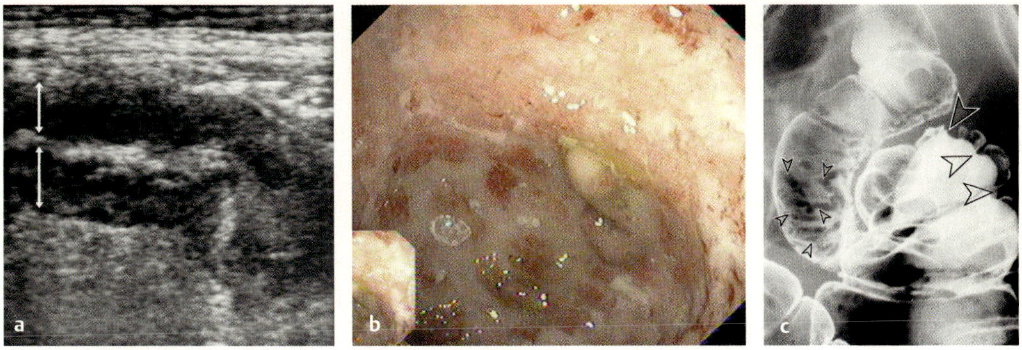

Abb. 41.16 Diagnostik bei Morbus Crohn. a Im sonografischen Bild ist die verdickte Darmwand echoarm (= dunkel; durch Pfeile gekennzeichnet) zu erkennen. **b** Die Endoskopie zeigt ein typisches Pflastersteinrelief mit Ulzera und hämorrhagischen Läsionen. **c** Durch die lederartige Verdickung der Darmwand wirkt das terminale Ileum (große Pfeile) wie ein glatter Schlauch. Die dunklen Kontrastmittelaussparungen entsprechen den Pseudopolypen (kleine Pfeile).

ballonendoskopie durchgeführt werden (wenn Stenosen ausgeschlossen sind).

CT und MRT. Besonders geeignet für den Nachweis von Abszessen und Fistelbildungen im kleinen Becken.

Labor. Folgende Untersuchungen sind hilfreich:

- **Ausmaß der Entzündung:** BSG (Beschleunigung), Blutbild (Leukozytose, Anämie, Thrombozytose), CRP (Erhöhung) sowie Erhöhung der α_2-Globulinfraktion in der Elektrophorese. Die quantitative Bestimmung von **Calprotectin** im Stuhl kann bei der Abgrenzung nicht entzündlicher Ursachen der gastrointestinalen Beschwerden hilfreich sein. Calprotectin ist ein Zink- und Kalzium-bindendes Protein, das von Neutrophilen zu Monozyten freigesetzt wird. Es dient zur Abgrenzung entzündlicher und nichtentzündlicher Durchfälle.
- Symptome durch **Mangel an Vitaminen und Spurenelementen** infolge der gestörten Darmfunktion: Anämie (erhöhter intestinaler Blutverlust und Vitamin-B_{12}- oder Folsäuremalabsorption), erniedrigte Serumkonzentrationen von Vitamin B_{12}, Folsäure, Kalzium, Magnesium, Kalium, Eisen, Ferritin, Zink, Vitamin A und Vitamin D.

Aktivitätsindizes. Sie sind hilfreich für die Bestimmung des klinischen Schweregrades. Etabliert hat sich vor allem der Crohn's Disease Activity Index (CDAI) nach Best (**Tab. 41.18**).

Differenzialdiagnosen

Relevante Differenzialdiagnosen fasst **Tab. 41.19** zusammen. Die differenzialdiagnostische Abgrenzung zur Colitis ulcerosa ist anhand der typischen klinischen Befunde und der bildgebenden Diagnostik bereits recht gut möglich (**Tab. 41.20**, **Tab. 41.21**).

Therapie

Konservative Therapie

Ziel der Therapie ist die Linderung der Symptome und eine Verringerung der Anzahl der akuten Schübe, da der **Morbus Crohn häufig rezidiviert**. Diätetische Maßnahmen sind nur bei Komplikationen indiziert: evtl. chemisch definierte Diät (sog. Astronautenkost), nach ausgedehnten Darmresektionen oder beim Kurzdarmsyndrom. Es gibt keine spezielle Diät zur Remissionserhaltung. Im akuten Schub sollte die Diät ballasstoffarm sein.
Die Behandlung in Abhängigkeit von Schweregrad und Befallsmuster zeigt einleitend **Tab. 41.22**.

Akuter Schub (CDAI > 150) mit Ileozökalbefall, leichte Entzündungsaktivität:

- **Budesonid** (Budenofalk, Entocort): Glukokortikoid mit hoher Affinität für den Glukokortikoidrezeptor, aber geringer systemischer Wirkung bedingt durch einen hohen First-Pass-Metabolismus in der Leber, dadurch geringere Glukokortikoidnebenwirkungen. Dosierung: 9 mg/Tag.

I

Tab. 41.18 Crohn's Disease Activity Index (CDAI) nach Best

Kriterium	Wert	Multiplikation	Punktzahl
• Anzahl der weichen Stühle in der letzten Woche	□	× 2 =	□
• Grad der Bauchschmerzen keine = 0, leicht = 1, mäßig = 2, stark = 3	□	× 5 =	□
• Allgemeinbefinden über 1 Woche im Allgemeinen gut = 0, nicht ganz gut = 1, schlecht = 2, sehr schlecht = 3, unerträglich = 4	□	× 7 =	□
• andere mit Morbus Crohn assoziierte Symptome (je 1 Punkt) Gelenkschmerzen, Arthritis Erythema nodosum Stomatitis aphthosa andere Fisteln Temperaturen > 37,5 °C in der letzten Woche Iritis, Uveitis Pyoderma gangraenosum Analfissur, -fisteln Abszesse Summe:	□	× 20 =	□
• symptomatische Durchfallbehandlung in der letzten Woche ja = 1, nein = 0	□	× 20 =	□
• tastbare Resistenz im Abdomen sicher = 2, fraglich = 1, nein = 0	□	× 10 =	□
• Hämatokrit (Hkt.) Frauen: 42 – Hkt., Männer: 47 – Hkt.	□	× 6 =	□
• Gewicht: Standardgewicht: (1 – [Gewicht/Standardgewicht])	□	× 100 =	□
Aktivitätsindex		**Summe:**	□
Bewertung: CDAI > 150 = akuter behandlungsbedürftiger Schub			

Akuter Schub (CDAI > 150) mit Ileozökalbefall, mäßige Entzündungsaktivität:

- Budesonid 9 mg/Tag oder systemische Glukokortikoide: Prednison oder Prednisolon beginnend mit 60 mg/d, absteigend in 10 mg-Schritten pro Woche über 6 Wochen auf 10 mg/d für 3 Monate, danach 10 mg jeden 2. Tag über weitere 3 Monate zur Vermeidung von Frührezidiven

Akuter Schub (CDAI > 150) mit Ileozökalbefall, hohe Entzündungsaktivität:

- systemische Steroide wie oben genannt
- bei inkomplettem Ansprechen zusätzlich Azathioprin bzw. 6-Mercaptopurin als Immunsuppressiva
- bei Nichtansprechen auf Glukokortikoide und Immunsuppressiva sollte eine Therapie mit Antikörpern gegen TNF-α (Infliximab, Adalumimab) erfolgen

Colitis Crohn (= Morbus Crohn mit alleinigem Befall des Kolons). Bei leichter oder mäßiger Aktivität Therapie mit Salazosulfapyridin/5-ASA oder systemischen Glukokortikoiden.

Tab. 41.19 Differenzialdiagnose des Morbus Crohn

Erkrankung	Bedeutung	Kommentar
Divertikulitis	+++	meist linksseitiger Unterbauchschmerz mit tastbarer Resistenz (Linksseitenappendizitis)
Appendizitis	+++	meist rechtsseitiger Unterbauchschmerz mit rascherer Entwicklung des Schmerzes
Colitis ulcerosa	+++	→ **Tab. 41.20**, **Tab. 41.21** und S. 766ff
Yersiniose	++	Histologie und Symptomatik ähnlich wie bei Morbus Crohn, Erregernachweis aus Stuhl oder Biopsiematerial, Titeranstieg der Antikörper, Lokalisation im terminalen Ileum (Sonografie)
Darmtuberkulose	+	verkäsende epitheloidzellige Granulome, häufig pulmonale Manifestation

Tab. 41.20 Frühsymptome bei chronisch entzündlichen Darmerkrankungen (CED)

Symptome	Colitis ulcerosa	Morbus Crohn
Stuhl	Schleim- und Blutbeimengung, Diarrhö	normal oder Diarrhö, evtl. Blutbeimengung
Abdominalschmerz	selten	häufig
Analläsionen, Fisteln	selten	häufig
Fieber	selten	häufig
Resistenz im Abdomen	selten	häufig
Gewichtsverlust	mäßig	verstärkt
Entzündungszeichen	weniger ausgeprägt	ausgeprägt

Tab. 41.21 Differenzialdiagnose chronisch entzündlicher Darmerkrankungen (CED)

Zeichen	Colitis ulcerosa	Morbus Crohn
klinisch:		
Rektalblutung	häufig	selten
Fistelbildungen	selten	häufig
Abszesse, perianal, perirektal	gelegentlich	häufig
toxisches Megakolon	gelegentlich	selten
Sigmoido-/Koloskopie:		
Rektum betroffen	95 %	50 %
Kontaktempfindlichkeit der Mukosa	häufig	selten
Röntgen:		
Art des Befalls	kontinuierlich	diskontinuierlich
rechtes Kolon befallen	gelegentlich	häufig
terminales Ileum	weit	eng, steif
Dünndarm	normal	oft befallen

Fortsetzung ►

I

Tab. 41.21 Fortsetzung

Zeichen	Colitis ulcerosa	Morbus Crohn
Pathologie:		
Tiefe des Befalls	Mukosa und Submukosa	transmural
Granulome	selten	häufig
Fissuren, Fisteln	selten	häufig
mesenteriale Lymphknoten	nicht befallen	ödematös, hyperplastisch
Malignome	gelegentlich (Dickdarm)	selten (Dünndarm)

Tab. 41.22 Therapie des Morbus Crohn in Abhängigkeit vom Schweregrad und Befallsmuster

	aktive Krankheit			**Remissionserhaltung**	
Medikament	**Fisteln**	**geringe Aktivität**	**hohe Aktivität**	**medikamentöse Remission**	**chirurgische Remission**
5-ASA					
• Klysmen	–	+	–	–	–
• oral	–	+	–	±	+
Antibiotika	+	+	+	?–	–
Glukokortikoide (systemisch/topisch)					
• Klysmen (Schaum)	–	+	–	–	–
• oral	–	+	+	–	–
• intravenös	–	–	+	–	–
Azathioprin/6-Mercaptopurin	+	–	+	+	+
Methotrexat	?	–	+	?	?
Cyclosporin	+	–	+	–	–
Infliximab	+	–	+	–	–

- **Sulfasalazin** (syn. Salazosulfapyridin) 5 – 6 g/d; *galenisches Wirkprinzip:* Im Kolon wird durch Bakterien aus Sulfasalazin die wirksame Komponente 5-Aminosalicylsäure freigesetzt, die Sulfonamidkomponente des Sulfasalazin-Moleküls ist für die Nebenwirkungen (u. a. Hautreaktionen, reversible Leukopenie) verantwortlich.
- **5-Aminosalicylsäure** (5-ASA) 4 – 6 g/Tag; *galenisches Wirkprinzip:* 5-ASA wird im Dünndarm resorbiert. Damit es überhaupt in den Dickdarm gelangt, wird die Wirksubstanz mit Eudralgit (Salofalk, Claversal, Asacolitin) oder Äthylzellulose (Pentasa) überzogen, die sich nach der Darmpassage im unteren Ileum und Kolon auflöst und 5-ASA freisetzt. *Nebenwirkungen:* erhöhte Methämoglobinbildung, akute Pankreatitis, interstitielle Nephritis.

Bei distalem Befall sollten begleitend Klysmen oder Schäume mit 5-ASA oder Steroiden eingesetzt werden. Bei hoher Aktivität wird die Behandlung wie bei einem Ileozökalbefall durchgeführt (s. o.).

Ausgedehnter Dünndarmbefall und/oder Befall des Ösophagus.

- systemisch wirkende Glukokortikoide, evtl zusätzliche enterale Ernährungstherapie.

Rezidivprophylaxe. Der therapeutische Wert einer Rezidivprophylaxe mit 5-ASA (3 – 4 × 500 mg/Tag) ist nicht gesichert. Zur Rezidivprophylaxe bei immer wiederkehrenden Schüben: Azathioprin 1,5 – 2,5 mg/kg KG/Tag

Bei schweren und therapierefraktären Verläufen. Azathioprin oder TNF-α-Antikörper Infliximab (Remicade) oder Adulimumab (Humira); *Indikation:* bei Nichtansprechen der Standardtherapie, zum Einsparen der Steroide.

- Dosierung von Azathioprin: 2 – 2,5 mg/kg KG/Tag
- Dosierung von Infliximab: 5 mg/kg KG i. v. in den Wochen 0, 2 und 6, danach 5 mg/kg KG alle 8 Wochen
- Dosierung von Adalimumab: initial 160 mg als 4 Injektionen über 2 Tage, dann 80 mg 2 Wochen später (Tag 15), 40 mg ab Tag 29 alle 2 Wochen.

Nebenwirkungen von Azathioprin sind Übelkeit, Erbrechen, Anorexie, Knochenmarkdepression, Pankreatitis, intrahepatische Cholestase, allergische Reaktionen (sehr selten) (Kontraindikation: Schwangerschaft).

Nebenwirkungen der TNFα-Antikörper Infliximab und Adulimumab sind allergische Reaktionen, Kopfschmerz, Übelkeit, Diarrhö, Bauchschmerzen, Exazerbation von Infektionen. Die Reaktivierung einer Tuberkulose ist möglich, deshalb sollte immer eine Thoraxröntgenaufnahme vor einer Therapie mit TNF α-Antikörpern angefertigt werden.

> **!** **Therapie in der Schwangerschaft nicht ändern! Ausnahme: Azathioprin und Metronidazol. Überwachung intensivieren (alle 4 Wochen): BSG, CRP, Hämoglobin, Leukozyten, Thombozyten, evtl. Calprotectin im Stuhl, Sonografie.**

Parenterale oder enterale Ernährungstherapie. Bei erheblich reduziertem Allgemeinzustand und Unterernährung kann eine enterale pumpengesteuerte Sondenernährung mit einer chemisch definierten laktosefreien Diät („Astronautenkost") die Remission beschleunigen. Bei drohender Ileussymptomatik oder bei sehr schwerem klinischen Verlauf ist eine parenterale hyperkalorische Ernährung erforderlich.

Symptomatische Durchfallbehandlung.

- Loperamid bis zu 4 × 2 mg/d; *Nebenwirkungen/ Komplikationen:* Vorsicht bei Ileussymptomatik, da Loperamid die Darmperistaltik unterdrückt.
- Colestyramin oder Colestipol bei Ileumbefall oder Zustand nach Ileumresektion. *Dosierung:* 3 – 4 × 4 – 5 g/Tag.

Substitution. Bei Befall des terminalen Ileums oder nach Ileumresektion erfolgt die Substitution von fettlöslichen Vitaminen (Vitamine A, D, E, K), Spurenelementen (Zink, Eisen, Magnesium, Kalzium je nach Laboranalyse) und von Vitamin B_{12} (1 000 µg alle 2 – 3 Monate, Serumspiegelkontrolle).

Prävention der Oxalatsteinnephrolithiasis (vgl. S. 319).

- oxalatarme Diät
- Colestyramin 4 × 4 g/d,
- mittelkettige Triglyzeride (Ceres-Speiseöl, Ceres-Margarine) anstatt üblicher Nahrungsfette
- orale Gabe von Kalzium oder aluminiumhydroxidhaltigen Antazida (z. B. Aludrox)

Therapie enterischer Fisteln

Nur syptomatische enterische Fisteln müssen behandelt werden. Die Vorgehensweise hängt von der Lokalisation, dem Grad der Einbeziehung von Nachbarorganen und der Symptomatik ab. Eine OP-Indikation besteht beim Nachweis einer enterovesikalen Fistel.

Die medikamentöse Therapie erfolgt mit **Metronidazol** 3 × 400 mg oral (Ansprechrate nach 6–8 Wochen 60 %). Metronidazol ist in der Morbus Crohn-Therapie indiziert bei Nichtansprechen auf die Standardtherapie, insbesondere wenn Fisteln und Abszesse vorliegen. *Nebenwirkungen:* Exanthem, Urtikaria, periphere Neuropathien, Leukopenie, gastrointestinale Störungen (bitterer Geschmack, Übelkeit, Erbrechen); *Kontraindikationen:* im 1. Trimenon der Schwangerschaft und Stillzeit.

Bei sehr schweren Fällen kann die Infusion von TNFα-Antikörpern (Infliximab) oder die Injektion von Adulimumab (Humira) versucht werden.

Operative Therapie

Der Morbus Crohn ist im Gegensatz zur Colitis ulcerosa operativ nicht heilbar. Die operative Therapie ist **dringlich** indiziert bei Ileus, Perforation, intraabdominellem Abszess und toxischem Megakolon, **elektiv** bei symptomatischen Stenosen, Fisteln und Therapieresistenz. Die Strategie besteht in der möglichst sparsamen Resektion, bei Stenosen erfolgt die Strikturoplastik (Erweiterung der Striktur).

> **!** **Rezidive der Erkrankung können durch eine Operation nicht verhindert werden.**

Von einer Operation profitiert der Patient am ehesten, wenn rezidivierende Schübe mit Ileus bei Befall des terminalen Ileums auftreten.

Psychotherapie

In einzelnen Fällen kann eine unterstützende psychotherapeutische Behandlung den Krankheitsverlauf positiv beeinflussen.

41.18.2 Colitis ulcerosa

engl.: ulcerative colitis

Definition. Chronische, mit Ulzerationen einhergehende Entzündung der Mukosa oder Submukosa des Kolons oder Rektums. Der Befall ist bei der Colitis ulcerosa im Unterschied zum Befall bei Morbus Crohn in aller Regel kontinuierlich und geht vom Rektum aus (**Abb. 41.17**).

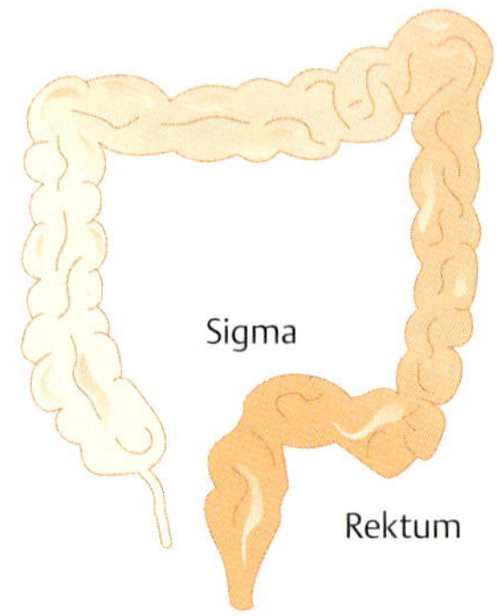

Abb. 41.17 Befallsmuster bei Colitis ulcerosa. Die Erkrankung breitet sich kontinuierlich von distal nach proximal aus. Der Dünndarm ist nicht betroffen.

Epidemiologie

Inzidenz beträgt 3–15/100 000 Einwohner, die Prävalenz: 50–80/100 000 Einwohner. Ein Altersgipfel findet sich zwischen dem 15. – 30. Lebensjahr. Frauen und Männer sind gleich häufig betroffen.

Ätiopathogenese

Die Ursache ist unbekannt. Es wird eine genetische Bereitschaft zur Erkrankung diskutiert (familiäre Häufung), wobei Faktoren wie Viren, Bakterien, Ernährung und eine abnorme Immunreaktion die Erkrankung möglicherweise auslösen (vgl. S. 758).
Die Entzündungsreaktion breitet sich meist **kontinuierlich** vom Rektum **nach proximal** in das Kolon aus, kann das gesamte Kolon (Pankolitis), das distale Kolon (Linksseitenkolitis) oder nur das Rektum (Proktitis) betreffen. Die entzündliche Infiltration betrifft hauptsächlich die Mukosa, seltener die Submukosa, und geht mit kleinen **Kryptenabszessen** oder **oberflächlichen Ulzerationen** einher. Makroskopisch stehen ein Ödem, eine gefäßreiche Infiltration, Ulzerationen sowie Narbenbildungen mit Verkürzung und Stenosierung chronisch erkrankter Darmabschnitte im Vordergrund. Typisch ist das Auftreten von **Pseudopolypen**, die ein charakteristisches Zeichen einer länger bestehenden Erkrankung sind.

Klinik

Der **Beginn** ist oft schleichend mit **Durchfall und blutig-schleimigen Stuhlbeimengungen**, kann jedoch auch subakut oder akut verlaufen. Die klinischen Symptome sind von der Schwere und der Ausdehnung der Erkrankung abhängig.
Leichtere Fälle liegen z. B. bei alleinigem Befall des Rektums vor (Proktitis). Insbesondere bei Proktitis stehen häufige kleinvolumige, schmerzhafte Stuhlentleerungen (Tenesmen) mit Schleim- und Blutbeimengungen im Vordergrund (s. **Tab. 41.20**).
Bei **ausgedehntem Kolonbefall** treten wässrig-schleimig-blutige Durchfälle mit Darmtenesmen auf. Die Stuhlfrequenz kann bis zu 30 Entleerungen/Tag betragen. Die abdominellen Beschwerden lassen häufig nach der Defäkation nach.
Unspezifische Symptome sind Fieber, Anorexie und Gewichtsverlust. Extraintestinale Manifestationen können wie beim Morbus Crohn bestehen (s. S. 759).
Es werden folgende **Verlaufsformen** unterschieden:

- chronisch-rezidivierender oder intermittierender Verlauf (85 %): Schübe wechseln mit Zeiten kompletter Remission. Allerdings bleiben nur ca. 5 – 10 % der Patienten nach einem ersten Schub beschwerdefrei.
- chronisch-kontinuierlicher Verlauf: es tritt keine komplette Remission auf
- akut fulminanter Verlauf

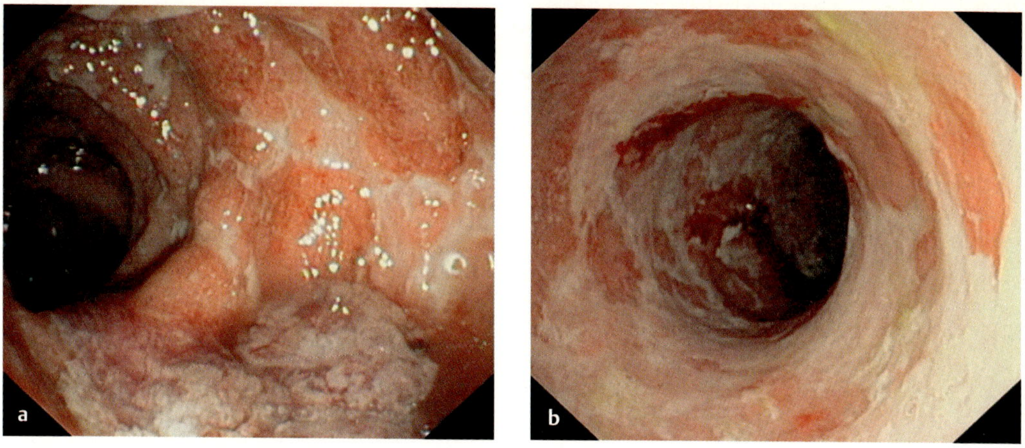

Abb. 41.18 **Endoskopie bei Colitis ulcerosa. a** Konfluierende Ulzera und Fibrinmassen im akuten Schub (unteres Sigma). **b** Erhebliche, fast zirkuläre Schleimhautnekrosen und flache Ulzera bei chronisch aktivem Verlauf mit anhaltenden Schüben. (aus Messmann, Lehratlas der Koloskopie, Thieme)

Beim **fulminant-toxischen Verlauf** besteht eine große Zahl an blutig-schleimigen Durchfällen, hohes Fieber mit septischem Krankheitsbild, Dehydratation, Distension und Druckschmerzhaftigkeit des Abdomens. Es kann sich eine Dilatation des Kolons mit hoher Perforationsgefahr entwickeln (**toxisches Megakolon**). Diese Patienten sind durch einen septischen Schock sehr gefährdet. Als weitere Komplikation kann es zu einer ausgeprägten analen Blutung kommen. Der Verlauf ist nicht vorhersehbar. Es kann zu kurz- oder langfristigen Remissionen, zum Übergang in eine chronische Form oder zu einem erneuten akuten Schub kommen.

Diagnostik

Die Anamnese beinhaltet die Frage nach der Stuhlfrequenz sowie nach Blut- und Schleimbeimengungen. Auch die Familienanamnese ist relevant, Zwillingsstudien zeigten eine Konkordanz für Morbus Crohn von 58 %, für die Colitis ulcerosa jedoch nur 6 %.

Labordiagnostik. Als Hinweise können in Abhängigkeit von der entzündlichen Aktivität eine erhöhte BSG, CRP, Leukozytose oder Thrombozytose vorliegen, auch eine hypochrome Anämie, Hypoproteinämie und Hypokaliämie sind möglich. Calprotectin im Stuhl ist ebenfalls ein guter Entzündungsmarker. Bei der toxischen Verlaufsform sind die Veränderungen besonders stark ausgeprägt.

Rekto-/Koloskopie. Es muss immer eine **komplette Ileokoloskopie** einschließlich Rektum mit Stufenbiopsien durchgeführt werden. Bei leichten Fällen findet sich endoskopisch eine geschwollene, hyperämische, bei Berührung **leicht blutende Schleimhaut** von samtartigem Aussehen. Bei schwerem Verlauf ist die Schleimhaut hämorrhagisch infiltriert mit unregelmäßig konfluierenden Ulzerationen (**Abb. 41.18**). Bei chronischem Verlauf sind Verengungen und Verkürzungen eines starren und röhrenförmigen Dickdarms mit Pseudopolypen zu finden.

Sonografie. Im frühen Stadium ist die (hypoechoische) Mukosaschicht verdickt. Dieser Befund ist aber nicht spezifisch und kann auch bei Infektionen des Dickdarms vorkommen. Bei schwererem Befall ist die transmurale Darmwand verdickt. Hat sich ein toxisches Megakolon entwickelt, kann man eine Erweiterung des Kolons > 6 cm, eine diffus verdickte Darmwand sowie evtl. Darmwandimpressionen erkennen.

Abdomenübersichtsaufnahme. Falls Koloskopie und Kolonkontrasteinlauf kontraindiziert sind, kann so z. B. ein luftgefülltes und dilatiertes Kolon bei toxischem Megakolon erkannt werden.
Relevante **Differenzialdiagnosen** der Colitis ulcerosa sind in **Tab. 41.23** zusammengefasst.

Tab. 41.23 Differenzialdiagnose der Colitis ulcerosa

Erkrankung	Bedeutung	Kommentar
Morbus Crohn des Dickdarms	+++	differenzialdiagnostische Unterscheidungsmerkmale sind in **Tab. 41.20** und **Tab. 41.21** zusammengefasst
virale, bakterielle und parasitäre Kolitiden (Salmonellen, Shigellen, Amöben)	++	Stuhldiagnostik auf Bakterien und Parasiten (z. B. Amöben)
antibiotikainduzierte pseudomembranöse Enterokolitis	++	Toxin von Clostridium difficile; Nachweis des Toxins oder des Keims im Stuhl, die Rekto- oder Koloskopie zeigt oft ein typisches Erscheinungsbild mit weißlichen membranösen Schleimauflagerungen (**Abb. 41.19**, vgl. S. 996)
ischämische Kolitis	++	arterielle Minderperfusion der A. mesenterica inferior, Patientenalter meist > 50 Jahre. Hauptlokalisation ist die „Wasserscheide" zwischen A. mesenterica superior und inferior (linke Kolonflexur) und zwischen A. mesenterica inferior und A. iliaca interna (Rektosigmoid). Klinisch bestehen Bauchschmerzen, rektale Blutungen, lokale oder diffuse Peritonitis mit Abwehrspannung, fehlende Darmgeräusche, Erbrechen
Strahlenkolitis	+	Anamnese

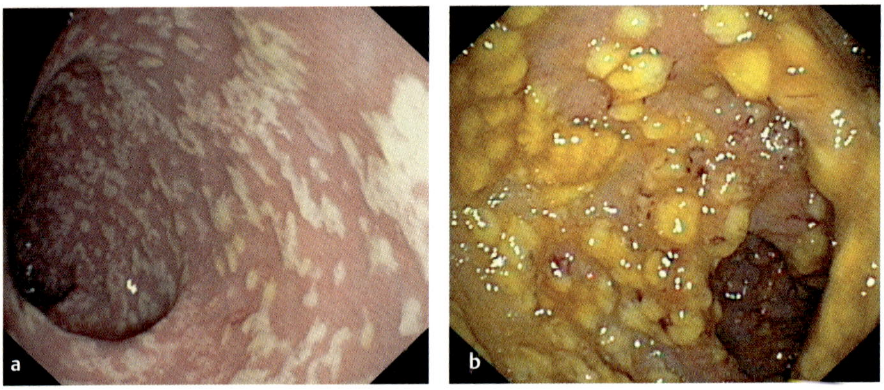

Abb. 41.19 Pseudomembranöse Enterokolitis. a Kleinere Plaques, **b** massive konfluierende Plaquebildung. (aus Messmann, Lehratlas der Koloskopie, Thieme)

Therapie

Die Therapie ist abhängig vom Schweregrad und der Ausdehnung der Erkrankung und wird in **Tab. 41.24** zusammengefasst.

Proktitis und distale Kolitis. Die Proktitis wird topisch mit **5-ASA**-Klysmen oder Suppositorien behandelt. Auch **topische Steroide** werden dabei primär rektal eingesetzt mit Hydrocortison (Colifoam Rektalschaum), Budenosid oder Betamethason (Betnesol). Suppositorien und Rektalschäume werden besser vertragen als Klysmen. Auch nach der Remission kann die topische Therapie Rezidive verhindern und somit zur Rezidivprophylaxe eingesetzt werden.
Die distale Kolitis mit Befall vom Rektum bis zur linken Flexur wird zusätzlich oral mit 5-ASA (2 – 4 g/Tag) und Steroiden (Prednison, Prednisolon) behandelt.

Pankolitis. Bei geringer Aktivität reicht oft eine **orale 5-ASA-Therapie** aus. Zusätzlich können 5-ASA-Klysmen und evtl. Hydrocortison-Rektalschaum verordnet werden. Bei hoher Aktivität ist eine **systemische Steroid-Therapie** erforderlich: 60 mg Prednisolon/Prednison bis zur Remission, dann stufenweise Ausschleichen über 4 Wochen. Auch eine Behandlung mit Ciclosporin kann bei hoher Aktivität sinnvoll sein.

Kommt es trotz konsequenter medikamentöser Therapie (Steroide, Ciclosporin) zu schweren rezidivierenden Schüben, ist eine elektive kontinenzerhaltende **Proktokolektomie** (Letalität ca. 3 %) mit einem ileoanalen Pouch zu erwägen, bevor der Patient in einen zu schlechten Allgemeinzustand gerät.

> **!** **Durch die Proktokolektomie ist die Colitis ulcerosa heilbar.**

Parenterale oder enterale **künstliche Ernährung** (s. S. 765) und besondere Diätformen sind nicht wirksam, gelegentlich aber zur Verbesserung des Ernährungszustands sinnvoll. Bei schweren Schüben ist die Hypalbuminämie durch Gabe von **Humanalbumin**, die Anämie durch **Transfusionen** zu behandeln.

Therapie der fulminanten Kolitis und des toxischen Megakolons.

- Maximale **konservative Therapie:** Nahrungskarenz, parenterale Ernährung, 100 mg Prednisolon/Tag i. v. für 5 Tage (auch bei toxischem Megakolon)
- evtl. Antibiotikabehandlung (Cefotaxim sowie Metronidazol) bei schwerem toxischen Verlauf. Zusätzlich wird als Immunsuppressivum Ciclosporin (Sandimmun) i. v. eingesetzt in der Dosierung von 2 – 4 mg/kg KG über 24 Sunden, 7 – 10 Tage lang.
- Täglich **internistisch-chirurgisches Konsil:** Bei Befundverschlechterung oder fehlender Rückbildung der Symptomatik nach 5 bzw. 3 Tagen ist die **Operation** indiziert: subtotale Kolektomie mit endständiger Ileostomie, Blindverschluss des Rektumstumpfes (Letalität ca. 30 %); sekundär kontinenzerhaltender ileoanaler Pouch oder ileorektale Anastomose.

Operationsindikationen. Akute Operationsindikationen sind fulminante Kolitis mit Sepsis, toxisches Megakolon, Perforation und schwere Blutung. **Elektive Operationsindikationen** sind schwere rezidivierende Schübe unter remissionserhaltender Therapie, Wachstumsretardierung beim Jugendlichen, Epitheldysplasien (durch zwei Pathologen bestätigt), lokale oder systemische Komplikationen, Kontraindikationen gegen die medikamentöse Langzeittherapie.

Tab. 41.24 Therapie der Colitis ulcerosa in Abhängigkeit vom Schweregrad und Befallsmuster

	aktive Krankheit			Remissionserhaltung
Medikament	**distale Kolitis**	**Pankolitis geringe Aktivität**	**Pankolitis hohe Aktivität**	
5-ASA				
• Suppositorien/Klysmen	+	+	–	+
• oral	+	+	–	+
Antibiotika	–	–	–	–
Glukokortikoide (systemisch/topisch)				
• Klysmen (Schaum)	+	+	+–	–
• oral	+	–	+	–
• intravenös	-+	–	+	–
Azathioprin/6-Mercaptopurin	-	–	+	+
Methotrexat	–	–	–	–
Ciclosporin	+	–	+	–

I

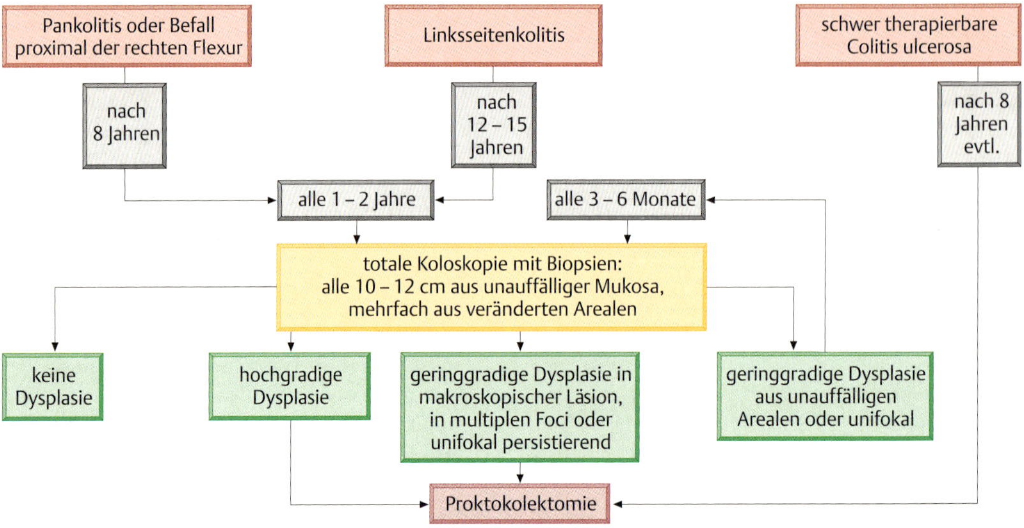

Abb. 41.20 Colitis ulcerosa. Algorithmus für Kontrolluntersuchungen zur Früherkennung kolorektaler Karzinome.

Verlauf und Rezidivprophylaxe

Die Colitis ulcerosa neigt zu Rezidiven, sodass nach Abklingen des akuten Schubes eine **Rezidivprophylaxe** (Tab. 41.24) notwendig ist. Eine effektive Rezidivprophylaxe mindert auch das Risiko für ein Kolonkarzinom, das bei den Patienten deutlich erhöht ist. Zur Rezidivprophylaxe ist in der Regel **Salazosulfapyridin** (2 g/Tag) oder **5-ASA** (2 – 3 g/Tag) wirksam. Bei Patienten, die trotz Therapie mit SASP oder 5-ASA rezidivierende Schübe erleiden, ist eine Therapie mit Azathioprin (1,5 – 2,5 mg/kg/Tag) indiziert. Bei alleiniger Proktitis erfolgt die Rezidivprophylaxe mit 5-ASA Suppositorien. Bei Linksseitenkolitis wird SASP oder 5-ASA oral plus 5-ASA Klysmen empfohlen.

Nach langem Verlauf (8 – 10 Jahre bei Pankolitis, 12 – 15 Jahre nach Linksseitenkolitis) besteht ein **erhöhtes Risiko für ein kolorektales Karzinom.** Eine effektive konservative Therapie scheint das Karzinomrisiko zu senken. Deshalb sollten Patienten mit längerem Verlauf einer Colitis ulcerosa nachuntersucht werden (Abb. 41.20). Treten bei **koloskopischen Kontrolluntersuchungen** mittel- bis hochgradige Dysplasien in Stufenbiopsien aus dem Kolon auf, ist die Kolektomie erforderlich, um ein Karzinom zu verhindern. Durch eine Kontrastfärbung mittels Methylenblau (sog. Chromoendoskopie) kann die Detektionsrate solcher dysplastischen Veränderungen bei der Koloskopie gesteigert werden.

41.18.3 Mikroskopische Kolitis

engl.: microscopic colitis

Definition. Die mikroskopische Kolitis ist eine chronische Durchfallkrankheit, die nur durch Stufenbiopsien aus dem Dickdarm, nicht aber durch Endoskopie diagnostiziert werden kann.

Epidemiologie. In Skandinavien ist die Erkrankung inzwischen häufiger als die Colitis ulcerosa. ♀ : ♂ = 15 : 1.

Pathogenese. Häufig findet sich eine mikroskopische Kolitis bei Patienten unter Therapie mit NSAR. Zudem ist eine mikroskopische Kolitis nicht selten mit einer Sprue assoziiert (s. S. 740).

Die Erkrankung wird eingeteilt in:

- **lymphozytäre Kolitis:** Anstieg der intraepithelialen Lymphozyten (IEL)
- **Kollagenkolitis:** Verdickung der subepithelialen Kollagenschicht auf > 7–100 µm (normal 1 – 7 µm)

Es existiert außerdem eine Mischform mit verdickter Kollagenschicht und lymphozytärer Infiltration.

Klinik. Chronische wässrige (sekretorische) Durchfälle (bis 2 l/Tag). Meist chronisch intermittierend (85 %), aber auch kontinuierlich (13 %); häufig assoziiert mit Gewichtsverlust, Bauchschmerzen und Müdigkeit.

Diagnostik. Laboruntersuchungen geben keine diagnostischen Hinweise, die Stuhluntersuchung (Bestimmung der Elektrolyte Na^+ und K^+) zeigt eine **sekretorische Diarrhö**, d. h. die osmotische Lücke liegt unter 50 mosmol/KG. Die Koloskopie zeigt einen normalen makroskopischen Befund der Schleimhaut, nur die Biopsien aus verschiedenen Abschnitten des Kolons (**Stufenbiopsien**) zeigen ein verbreitertes subepitheliales Kollagenband bei der Kollagenkolitis oder eine Vermehrung intraepithelialer Lymphozyten in der Lamina propria. Eine Zöliakie/Sprue sollte durch Antikörpertests (Gliadin-AK, Transglutaminase-AK) oder Duodenalbiopsie ausgeschlossen werden (vgl. S. 741).

> **!** Bei jeder chronischen Durchfallkrankheit sollten auch bei endoskopisch normal erscheinender Schleimhaut Stufenbiopsien aus verschiedenen Abschnitten des Dickdarms entnommen werden.

Therapie. Falls der Patient NSAR einnimmt, sind diese abzusetzen. Bei der lymphozytären Kolitis kommt es häufig zur Spontanremission, bei der Kollagenkolitis ist dies seltener der Fall. Am wirksamsten ist die Therapie mit **Budesonid** 9 mg/Tag. Wirksam sind auch Wismut-Präparate (Bismuth Subsalicylat), 3 × 750 mg/Tag als Kautabletten oder Colestyramin.

41.19 Funktionelle gastrointestinale Störungen

Synonym: Reizdarmsyndrom (RDS), Reizkolon, spastisches oder irritables Kolon, Colon irritabile
engl.: irritable bowel syndrome (IBS)

Definition. Hierunter versteht man eine variable Kombination chronischer oder rezidivierender gastrointestinaler Symptome, die nicht durch strukturelle oder biochemische Veränderungen erklärbar sind. Es kann sich dabei um Symptome handeln, die sich auf den Ösophagus, den Magen, das biliäre System, Dünn- oder Dickdarm oder den Anus beziehen. Unter dem Reizdarmsyndrom (RDS) verstehen wir eine Funktionsstörung, die den Darm betrifft.

Epidemiologie

Funktionelle gastrointestinale Symptome werden von ca. 30 % der Bevölkerung der westlichen Hemisphäre angegeben, ca. 8 – 19 % weisen Symptome eines RDS auf. Die meisten Patienten gehen nicht zum Arzt. Ca. 20–50 % der Patienten des Gastroenterologen haben Beschwerden bedingt durch das RDS. Soziale und kulturelle Faktoren können die Prävalenz des RDS beeinflussen. Frauen konsultieren den Arzt häufiger als Männer.

Ätiopathogenese

Psychische Faktoren spielen eine Rolle. **Stresssituationen** wirken sich auf die Darmfunktion aus und gehen einem RDS häufig voraus. Auf Stresssituationen reagiert der Darm des RDS-Patienten heftiger und symptomreicher als der einer nicht betroffenen Person. Depressive Erkrankungen, Persönlichkeitsstörungen und andere psychiatrische Erkrankungen sowie ein verstärktes Krankheitsempfinden kommen bei Patienten mit RDS häufiger vor. Bei Ablenkung, z. B. im Urlaub oder bei anstrengenden Tätigkeiten, verschwinden die Symptome häufig.
Unklar ist, in welchem Ausmaß RDS-Symptome durch eine normale Perzeption bei abnormer Darmfunktion oder durch eine abnorme Perzeption bei normaler Funktion zu erklären sind.

Klinik

Die Symptome sind zahlreich. Besonders häufig klagen die Betroffenen über:
- abdominelle Schmerzen, die durch Defäkation erleichtert werden
- Störungen der Defäkation, z. B. Veränderung der
  - Stuhlfrequenz
  - Stuhlkonsistenz: hart (evtl. schafskotartig) oder weich bis wässrig, auch wechselnd
  - Stuhlpassage (Pressen, Stuhldrang, Gefühl der inkompletten Entleerung)
  - Absetzen von Schleim mit dem Stuhl
- Völlegefühl und geblähtes Abdomen

Häufig bestehen zusätzlich auch noch andere Symptome des oberen Gastrointestinaltrakts sowie weitere somatische und psychische Symptome.
Je nach Symptomatik werden drei Varianten des Reizdarmsyndroms (RDS) unterschieden:
- RDS mit vorherrschender Obstipation
- RDS mit vorherrschender Diarrhö
- RDS mit vorherrschenden Schmerzen

I

Diagnostik

Es gelten die **ROM-IV-Kriterien** (Stand 2006). Diese besagen, dass die rezidivierenden abdominellen Schmerzen oder Beschwerden mindestens an 3 Tagen/Monat in den letzten 3 Monaten bestanden haben müssen, gemeinsam mit 2 oder mehr der folgenden Symptome:

- Besserung nach Defäkation
- Beginn der Beschwerden assoziiert mit einem Wechsel der Stuhlfrequenz
- Beginn assoziiert mit einem Wechsel der Form des Stuhls

Da das RDS eine häufige und gutartige Erkrankung ist, sollte die Diagnostik im Wesentlichen durch die Anamnese erfolgen. Unnötige Untersuchungen sollten unterbleiben. Durchgeführt werden sollten:

- Test auf okkultes Blut im Stuhl
- Blutbild, BSG
- Sigmoidoskopie, um eine Entzündung des Rektums auszuschließen oder eine Pseudomelanosis recti als Hinweis auf Laxanzienabusus nachzuweisen
- abdominelle Sonografie

Der Hinweis auf das Absetzen schafskotförmigen Stuhls (Skyballa) mit Schleimauflagerungen lässt die Diagnose fast sicher erscheinen.

> **!** **Fieber, Anämie, Leukozytose, Blutungen und Gewichtsverlust sind nicht typisch und müssen zu einer eingehenden Diagnostik führen.**

Therapie

Allgemeinmaßnahmen. Die wichtigste therapeutische Maßnahme besteht in der **Aufklärung des Patienten** über die harmlose Art seiner jedoch stets ernstzunehmenden Beschwerden. Ernährungsberatung ist ebenfalls hilfreich, ebenso die Identifizierung und der gezielte Abbau von allgemeinen beruflichen und privaten Stressfaktoren, außerdem das Erlernen einfacher Entspannungsübungen.

Symptomorientierte medikamentöse Therapie.

- bei Schmerzen: Anticholinergica wie Butylscopolamin oder Mebeverin, Pfefferminzölpräparate, Iberogast
- bei Blähungen: Dimeticon, Simethicon, pflanzliche Präparate aus Pfefferminze, Anis, Fenchel, Kümmel, Artischocke und Melisse
- bei Obstipation: Ballaststoffe wie Weizenkleie, Leinsamen, Indischer Flohsamen (Plantago semen ovatae), Laktose, Lactulose, Makrogol
- bei Diarrhö: Indischer Flohsamen, Loperamid
- bei Wechsel von Obstipation und Diarrhö: Indischer Flohsamen

Klinischer Fall

Die 26-jährige Patientin Frau H. stellt sich beim Gastroenterologen vor. Seit einem halben Jahr habe sie sehr wechselnde Stuhlkonsistenzen von fest bis breiig und bis zu sechsmal tägliche Entleerungen. Am schlimmsten sei der Durchfall, der sich meist mit schwersten abdominalen Krämpfen ankündige. Frau H. vermutet, dass die Beschwerden nahrungsabhängig sind. Wegen der Beschwerden habe sie schon mehrfach im Krankenhaus gelegen, aber die Ärzte hätten die Ursache nicht gefunden. Der Gastroenterologe entnimmt den Berichten unauffällige Befunde von Abdomensonographie, einer Schilddrüsensonographie, sämtlicher Laborwerte, eines MRT Abdomen, einer Ösophago-Gastro-Duodenoskopie mit Duodenalbiopsien, einer Kolo-Ileoskopie mit Dünn- und Dickdarmbiopsien, verschiedener Stuhlkulturen, eines gynäkologischen Konsils und eine molekulargenetische Untersuchung auf Laktoseintoleranz. Nach einer psychosomatischen Evaluation seien mehrere Psychopharmaka ausprobiert worden, die Frau H. nicht vertragen hat. Derzeit nimmt sie Johanniskraut ein. Bei der körperlichen Untersuchung ist das Abdomen weich, ohne Meteorismus, dezenter Druckschmerz im linken Mittel- und Oberbauch. Der Gastroenterologe führt nun erneut eine umfassende Labordiagnostik inklusive Tumormarkern durch und schallt das Abdomen ausführlich. Auch diese Untersuchungen bleiben ohne Befund. Abschließend empfiehlt der Arzt eine Ernährungsberatung und einen Laktose-H_2-Atemtest, da die molekulargenetische Diagnostik nur eine angeborene aber keine erworbene Laktoseintoleranz ausschließt. Beide Termine sagt Frau H. jedoch kurzfristig vorher wieder ab.

Psychosomatische Grundversorgung und Psychotherapie. Die Indikation zur psychotherapeutischen Behandlung basiert auf der Beobachtung, dass psychische Faktoren die Krankheit beeinflussen können und das RDS mit krankheitsbedingten Ängsten und Belastungen einhergehen kann.

Prognose. Die Lebenserwartung von Patienten mit RDS ist nicht verkürzt, viele Patienten haben jedoch lebenslang Beschwerden. Ein Wechsel der Symptome sollte jedoch immer Anlass zu intensiver Diagnostik sein, da andere Erkrankungen nicht übersehen werden dürfen (**Tab. 41.25**).

Tab. 41.25 Differenzialdiagnosen der funktionellen gastrointestinalen Störungen

Erkrankung	Bedeutung	Kommentar
habituelle Obstipation	++	kein Wechsel zwischen Obstipation und Diarrhö (s. S. 773)
Divertikulose	++	oft asymptomatisch, gelegentlich Anlass für gastrointestinale Blutung (s. S. 776)
Divertikulitis	+	Fieber, Schmerzen im linken Unterbauch („Linksseitenappendizitis") bis hin zum akuten Abdomen (s. S. 776)
kolorektales Karzinom	+	neu aufgetretene Stuhlunregelmäßigkeit und Blut im Stuhl, rechtsseitige Unterbauchschmerzen bei Lokalisation im Colon ascendens (s. S. 784)

41.20 Habituelle Obstipation

Synonym: Stuhlverstopfung, Obstipation
engl.: constipation

Definition. Die Obstipation ist lediglich ein Syndrom, keine Krankheit sui generis.
Obstipation: zu harter, zu seltener (< 3 Entleerungen/Woche) und/oder zu kleinvolumiger Stuhl (< 35 – 225 g/d).
Habituelle Obstipation: chronische Obstruktion, bei der sich kein morphologisches Korrelat (z. B. Stenose oder neurologische Störung) finden lässt. Die Kolontransitzeit ist in der Regel normal.

Epidemiologie

Die habituelle Obstipation ist eine typische Zivilisationskrankheit. In Ländern mit einem hohen Verzehr von Rohfasern (Ballaststoffen) sind Beschwerden der Obstipation und auch der damit assoziierten Begleiterkrankungen (Hämorrhoidalleiden, Divertikulose) fast unbekannt.

Ätiopathogenese

Ballaststoffarme Ernährung und **Bewegungsmangel** sind die häufigsten Ursachen. Außerdem verleitet die Meinung vieler Patienten, täglich Stuhlgang haben zu müssen (was nicht richtig ist) bei eigentlich normaler Darmfunktion zum **Missbrauch von Laxanzien**, die bei langfristiger Einnahme die Obstipationsneigung verstärken. Auch andere Medikamente, wie z. B. Sedativa, Psychopharmaka, Opiate, Anticholinergika oder aluminiumhydroxidhaltige Antazida, können eine Obstipation hervorrufen (normale oder verzögerte Kolontransitzeit).

Klinik

Die Obstipation ist oft mit dem Gefühl der inkompletten Entleerung nach Defäkation verbunden. Der Stuhl kann häufig nur mit Mühe und Anstrengung abgesetzt werden. Vom Patienten wird häufig die Notwendigkeit zum Pressen oder das Gefühl der unvollständigen Entleerung bei der Defäkation als „Obstipation" angesehen, weniger die Veränderung der Stuhlfrequenz.

Diagnostik

Minimalprogramm.

- Anamnese: Medikamente, Ernährungs- und Bewegungsgewohnheiten, Erkrankungen, Dauer der Obstipation (besonders wichtig für das Ausmaß der Diagnostik)

> **!** **Bei jeder plötzlich oder erst kurzfristig aufgetretenen Obstipation ist auch an ein Karzinom des Dickdarms oder Rektums zu denken.**

- Labor: BSG, Blutbild, Kalium, Blutglukose, periphere Schilddrüsenwerte (T_3/T_4-Test)
- digitale rektale Untersuchung
- Proktoskopie, Rektoskopie, evtl. totale Koloskopie

Bei **ausgeprägter Symptomatik** ist eine **Abdomenleeraufnahme** im Stehen oder in Seitenlage zum Ausschluss eines Ileus angezeigt.
Bei Verdacht auf verlangsamte Stuhlpassage (Slow Transit) sollte die **Kolontransitzeit** bestimmt werden: Über einen Zeitraum von 6 Tagen nimmt der Patient täglich 20 röntgendichte Marker ein. Am 7. Tag wird eine Abdomenübersichtsaufnahme angefertigt (**Abb. 41.21**). Die Anzahl der noch sichtbaren Marker lässt Rückschlüsse auf die Kolontransitzeit zu:

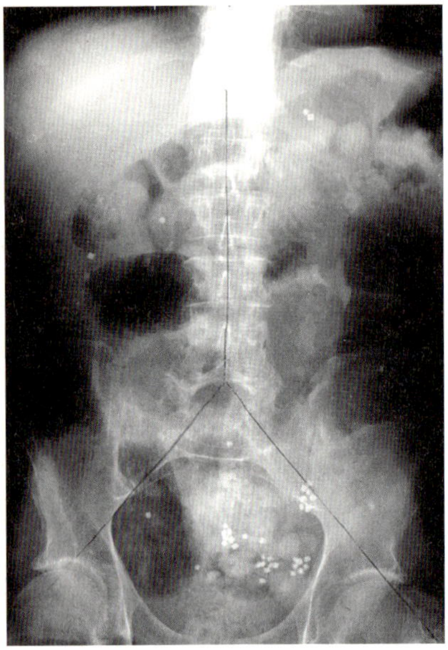

Abb. 41.21 Bestimmung der Kolontransitzeit. 6 Tage lang wurden jeden Tag zur gleichen Zeit 20 röntgendichte Marker eingenommen. Am 7. Tag wurde diese Abdomenübersichtsaufnahme angefertigt. Es sind 42 Marker sichtbar, was einer verlängerten Kolontransitzeit entspricht.

Kolontransitzeit = Zahl der Pellets × 2,4 (normal: < 60 Stunden)

Eine funktionelle Obstruktion des Analkanals (sog. Outlet Obstruction) kann mithilfe der Defäkografie oder anorektalen Manometrie diagnostiziert werden.

Therapie

Die Therapie besteht in erster Linie aus einer eingehenden Beratung und Aufklärung des Patienten mit dem Ziel, **Änderungen falscher Gewohnheiten** beim Essen und der täglichen Lebensführung zu erzielen. Die wichtigsten Maßnahmen sind

- erhöhte körperliche Aktivität
- ausreichende Flüssigkeitszufuhr
- ballaststoffhaltige Kost

Bei **normaler Kolontransitzeit** ist Weizenkleie (3 × 2 Esslöffel/Tag) mit ausreichender Flüssigkeitszufuhr Basismedikation. Führt diese Maßnahme nicht zum Erfolg, können Muzilaginosa (z. B. Agiocur, Mucofalk 3 – 6 × 1 Teelöffel/Tag) eingesetzt werden. Auch die Gabe von Lactulose (z. B. Bifiteral G 2 – 3 × 10 g/d) oder Lactitol 3 × 10 g/Tag ist als unschädlich anzusehen, führt aber häufig zu Blähungen und Meteorismus.

Bei **verlängerter Kolontransitzeit** ist häufig ist eine dauerhafte Gabe von Polyethylenglykol-Lösung (z. B. 2 × 1 Beutel Movicol pro Tag) erforderlich.

Bei **funktioneller Obstruktion** bietet sich eine Biofeedback-Behandlung an.

Anthrachinonhaltige oder synthetische Abführmittel werden heute nur noch zum drastischen Abführen im Rahmen der Vorbereitung zur Koloskopie bzw. zum Kontrasteinlauf eingesetzt. Anthrachinone wie Senna-Präparate, Cascara salix und Cortex Frangulae führen nach jahrelangem Gebrauch zum sog. Laxanzienkolon, das sich endoskopisch als getigerte bis schwarze Schleimhaut im Kolon darstellt und histologisch als sog. Pseudomelanosis coli auffällt.

41.21 Mechanischer Ileus und Darmverschluss

engl.: mechanic ileus, intestinal obstruction

Definition. Eine komplette Unterbrechung der normalen Darmpassage wird als Darmverschluss oder als mechanischer Ileus bezeichnet.

Ätiopathogenese. Verschiedene Ursachen können zu mechanischen Hindernissen der Darmpassage führen (Abb. 41.22):

- **Verschluss des Lumens von innen:** Tumor (z. B. Peutz-Jeghers-Polyp im Dünndarm, Kolonkarzinom, Divertikulitis im Dickdarm), Stenose (z. B. entzündliche Darmstriktur bei Morbus Crohn), Fremdkörper (z. B. Bezoar), Gallenstein (der Gallenstein ist vorher aus der Gallenblase direkt in den Dünndarm penetriert)
- **Verschluss durch Druck von außen:** z. B. Tumor
- **Strangulationsileus:** durch Abschnürung der Gefäße im Mesenterium kommt es zur Unterbrechung der arteriellen und venösen Blutversorgung des Darms, was innerhalb weniger Stunden zur Darmnekrose führen kann. Häufigste Ursachen sind **Verwachsungen,** die nach Operationen auftreten können.

  Lücken im Mesenterium wie auch andere Blutpforten, bedingt durch Lücken in der Muskulatur der Bauchdecken (z. B. eingeklemmte Leistenhernie), sind weitere mögliche Stellen, in die sich der Darm einklemmen kann.

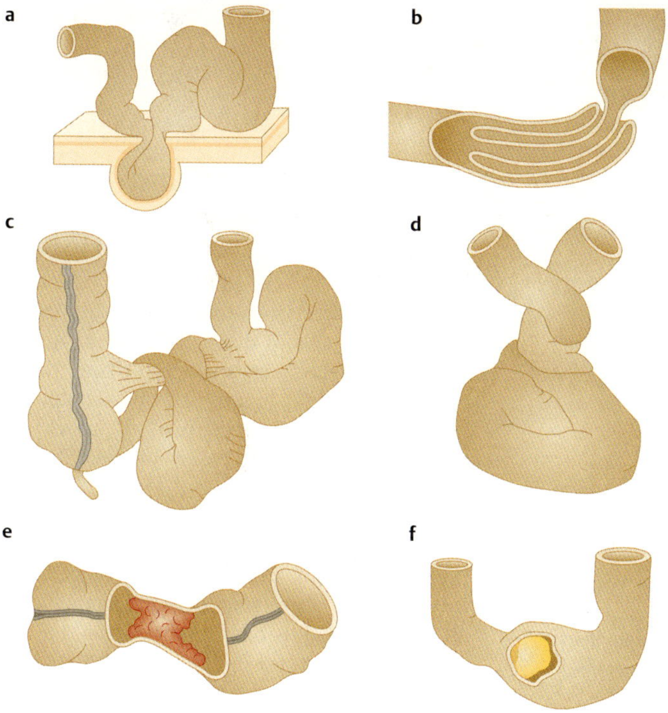

Abb. 41.22 Beispiele für Ursachen des mechanischen Ileus. **a** Hernieninkarzeration (Einklemmung), **b** Darminvagination (Einstülpung), **c** Strangulation durch Verwachsungen, **d** Volvulus (Verschlingung), **e** Tumorstenose, **f** Gallenstein.

Auch durch die Drehung des Darms um die eigene Achse können Gefäße abgeschnürt werden (Volvulus).

Für einen **Dünndarmileus** sind in 50 % der Fälle vorausgegangene Operationen, ein Morbus Crohn sowie Hernien verantwortlich. Ein **mechanischer Ileus des Dickdarms** kann durch ein Karzinom, eine Stenose bei Divertikulitis oder Morbus Crohn oder auch durch eingedickten Stuhl (Koprostase) bedingt sein.

Klinik. Symptome, die auf einen mechanischen Ileus hindeuten können, sind Übelkeit, Aufstoßen, kolikartige Schmerzen, Stuhl- und Windverhalt, Blähungen (Meteorismus) und evtl. Erbrechen.

Je höher der Dünndarmverschluss liegt, umso eher tritt Erbrechen auf. Beim tiefsitzenden Dünndarmverschluss setzt das Erbrechen erst später ein und ist dann meist braun und übelriechend.

Der Ileus des Dickdarms verursacht weniger starke Schmerzen, die aber langsam zunehmen. Da weder Stuhl noch Gas weiterbefördert werden, entwickelt sich bald ein starker Meteorismus. Erbrechen (Koterbrechen, Miserere) tritt in diesem Fall jedoch erst später auf.

Jeder mechanische Ileus geht bei fortdauerndem Bestehen in einen paralytischen Ileus über. Als Komplikationen sind Perforation, Schock, Sepsis und Peritonitis möglich.

Diagnostik. Bei der Inspektion fallen häufig ein Trommelbauch und Darmversteifungen auf. Bei der Palpation können Druckschmerz, eine tastbare Invaginationswalze und schmerzhafte Bruchpforten festgestellt werden. Die Darmgeräusche sind initial laut, klingend und spitzend (Hyperperistaltik). Bei Übergang in einen paralytischen Ileus verschwinden die Darmgeräusche, es herrscht „Totenstille" im Bauchraum.

Wichtig ist die **Abdomenübersichtsaufnahme** im Stehen oder Linksseitenlage mit dem Nachweis von Spiegelbildungen (**Abb. 41.23**).

Auch die Sonografie als orientierende Erstuntersuchung kann den Verdacht bestätigen. Bariumkontrastmittel sind bei dringendem Verdacht auf einen Darmverschluss kontraindiziert, da sie bei drohender Perforation oder nachfolgender Operation zur Bariumperitonitis führen können.

Therapie. Die Therapie richtet sich entscheidend nach Art und Ursache des Ileus. Ebenso spielt der

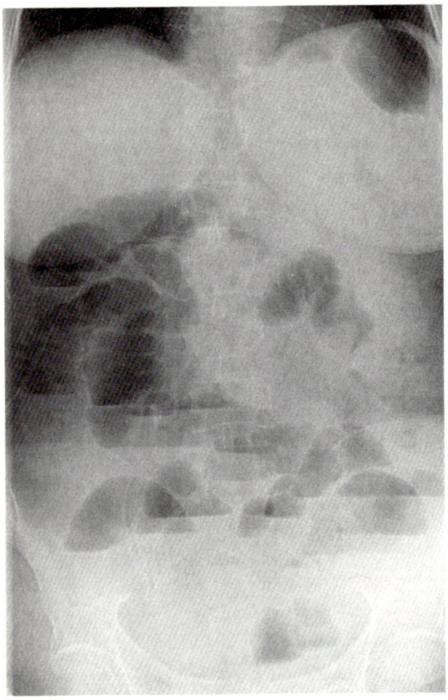

Abb. 41.23 **Spiegelbildung bei mechanischem Ileus.** Zahlreiche sog. „Wächterschlingen“ mit unterschiedlich hohen Luft-Flüssigkeitsspiegeln zeigen einen mechanischen (dynamischen) Ileus an. Der Kolonrahmen ist weitgehend luftleer. Hier lag ein Darmverschluss aufgrund eines Kolonkarzinoms vor. (aus Oestmann, Radiologie, Thieme)

Ort des Darmverschlusses eine wichtige Rolle für die Entscheidung zur Operation oder einer zunächst konservativen Therapie. Die Entscheidung trifft der Internist gemeinsam mit dem Chirurgen (bei mechanischem Ileus immer chirurgischer Konsil!). In der Regel ist die **Operation** erforderlich, um das Passagehindernis zu beseitigen.

Je nach Ursache wird eine Darmresektion, Lösung der Invagination oder Adhäsion, Bridendurchtrennung, Bruchpfortenverschluss oder die Enterotomie mit Fremdkörperentfernung durchgeführt. Ein Strangulationsileus sollte innerhalb einer Stunde operiert werden, um die Komplikationen der Ischämie zu verhindern (Nekrose, Perforation, Peritonitis, Sepsis).

Bei der konservativen Therapie (z. B. Stenose bei fortgeschrittenem Tumorleiden) wird der Darmtrakt vorübergehend durch eine Magensonde entlastet, der Patient erhält parenteral Flüssigkeit.

Prognose. Mit einer Gesamtsterblichkeit von 10–25 % ist die Prognose ernst, wobei jede Stunde ohne therapeutische Maßnahmen das Risiko um ca. 1 % ansteigen lässt. Die günstigste Prognose hat ein mechanischer Ileus mit einer gutartigen Ursache.

41.22 Divertikulose und Divertikulitis

engl.: diverticulosis, diverticulitis

Definition. Divertikel sind Ausstülpungen der Mukosa und der Submukosa durch die Ringmuskulatur des Dickdarms. Bei angeborenen (echten) Divertikeln stülpt sich die gesamte Darmwand aus, bei erworbenen (falschen) Divertikeln stülpt sich die Darmschleimhaut durch Lücken in der Muskelschicht.

- **Divertikulose:** Divertikel ohne klinische Symptome
- **Divertikulitis:** entzündliche Veränderungen der Divertikel mit Übergreifen der Entzündung lokal als Peridivertikulitis oder fortschreitend auf angrenzende Strukturen mit konsekutiven Komplikationen

Epidemiologie

Im jungen Lebensalter selten, die Prävalenz steigt jedoch konstant mit dem Alter an (> 80 Jahre sind 50 – 60 % betroffen).

Ätiopathogenese

Die Entstehung der Divertikel wird auf eine **Wandschwäche** des Dickdarms an der Durchtrittstelle der Gefäße und auf eine **Erhöhung des intraluminalen Druckes** (ballastarme Kost, spastische Obstipation) zurückgeführt. Die Hauptlokalisation ist im Sigma.

Klinik

Die **Divertikulose** des Dickdarms bereitet keine Beschwerden. Häufig besteht anamnestisch eine habituelle chronische Obstipation mit schafskotähnlichen Stühlen und Schleimabgängen.

Die **Divertikulitis** kann sich als hoch akutes Krankheitsbild mit umschriebener Peritonitis, heftigen Schmerzen im linken Unterbauch, Abwehrspannung, walzenförmiger Resistenz, Fieber und Leukozytose präsentieren. Da eine Divertikulitis meist am Übergang vom Colon descendens zum Colon sigmoideum auftritt, spricht man auch von der **„Linksseitenappendizitis“.**

Differenzialdiagnosen sind in Tab. 41.26 aufgeführt.

Tab. 41.26 Differenzialdiagnosen der akuten Divertikulitis

Erkrankung	Bedeutung	Kommentar
Morbus Crohn	+++	s. S. 757ff
Adnexitis	+++	gynäkologische Untersuchung
rupturierte Ovarialzyste,	++	gynäkologische Untersuchung, Anamnese, plötzliches Ereignis
Endometriose	++	Anamnese, gynäkologische Untersuchung
Colitis ulcerosa	++	Schmerzen seltener, weniger akute Symptome (s. S. 766 ff.)
Colon irritabile	++	Anamnese, kein Fieber, selten Resistenz im linken Unterbauch (s. S. 771)
Appendizitis	+	Schmerzen im rechten Unterbauch (s. S. 778)

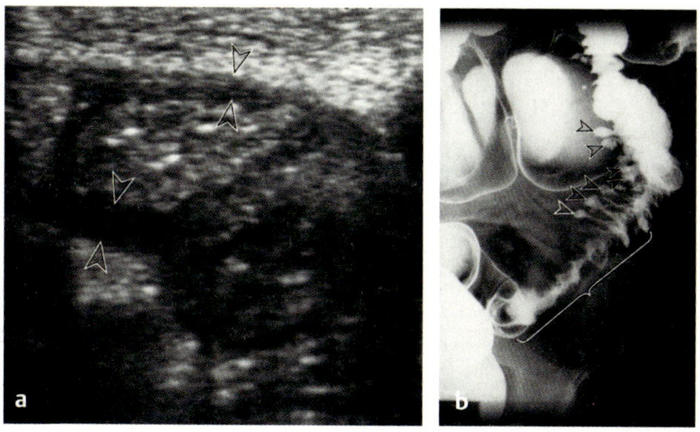

Abb. 41.24 Sigmadivertikulitis. a Der sonografische Befund zeigt eine echoarme Wandverdickung des Colon sigmoideum (Pfeile). **b** Im Kolonkontrasteinlauf erkennt man die kontrastmittelgefüllten Divertikel (Pfeile) sowie die langstreckige entzündungsbedingte Stenose des Sigmas (Klammer).

Diagnostik

Die **Divertikulose** ist häufig nur ein Zufallsbefund im Rahmen einer Koloskopie oder eines Kontrasteinlaufs. Eine **akute Divertikulitis** kann wie folgt diagnostiziert werden:

- Sonografie: Wandverdickungen, dilatierter prästenotischer Dickdarm, Abszedierung (**Abb. 41.24** a)
- Labor: deutliche Leukozytose mit Linksverschiebung, CRP-Erhöhung und BSG-Beschleunigung
- Kontrasteinlauf mit wasserlöslichem Kontrastmittel (Gastrografin) bei mildem klinischen Verlauf (**Abb. 41.24 b**)
- Koloskopie (**Abb. 41.25**)
- CT/MRT

!

- **Alle invasiven diagnostischen Maßnahmen dürfen wegen der Perforationsgefahr nur unter größter Vorsicht und nach gründlicher Risikoabwägung erfolgen.**
- **Eine Bariumapplikation ist kontraindiziert (Gefahr der Bariumperitonitis)**

Als **Komplikationen** der Divertikulitis kann es zur Perforation, Abszedierung, Sepsis, Stenosierung des befallenen Darmabschnittes und Blutung kommen.

Therapie

Konservative Therapie. Bei **asymptomatischer Divertikulose** ist zur Stuhlregulation und Verhinderung von Komplikationen ballaststoffreiche Kost unter Zusatz von Weizenkleie (3 × 2 Esslöffel/Tag) oder Quellmittel (Mucofalk, Agiocur) angezeigt. Schmerzen können durch lokale Wärmeanwendung und Spasmolytika gelindert werden.

Beim ersten Schub einer **akuten Divertikulitis** wird entsprechend dem klinischen Schweregrad unter Konsultation des Chirurgen zunächst meist konservativ behandelt: Bettruhe, Nahrungskarenz, parenterale Flüssigkeitszufuhr; Antibiotika bei leichten Fällen (Ciprofloxacin 500 mg 2×/Tag oral plus Metrondidazol 400 – 500 mg 3×/Tag oral über 7 – 10 Tage). Bei schwerem Verlauf werden die Antibiotika intravenös verabreicht: Piperacillin und Tazobactam 3,375 oder 4,5 g i. v. alle 6 h oder Cefotaxim (Claforan) 1 – 2 g/Tag alle 6 h plus Metronidazol 500 mg 3 – 4×/Tag.

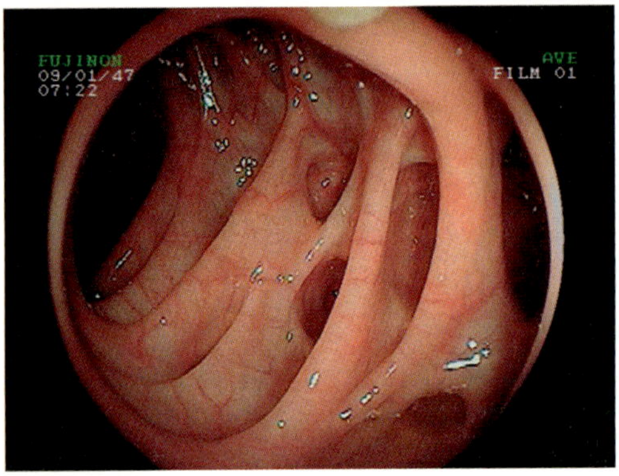

Abb. 41.25 Ausgeprägte Sigmadivertikulose in der Endoskopie. Viele große bis sehr große Divertikel, Lumen stark gerafft mit erschwerter Einsicht in die Haustren. (aus Messmann, Lehratlas der Koloskopie, Thieme)

Operative Therapie.
Sie ist indiziert:

- **sofort:** bei Perforation in die freie Bauchhöhle oder in ein benachbartes Hohlorgan, konservativ nicht zu stillender Blutung, komplettem Ileus sowie bei Ausbildung einer Ileussymptomatik mit Stenosierung des Dickdarms
- **dringlich:** Fistel- und Abszessbildung, Stenose, rezidivierende Blutungen, fehlendes Ansprechen auf die konservative Therapie
- **elektive Operation:** bei häufigen Rezidiven

Patienten mit rezidivierenden divertikulitischen Schüben sollten im beschwerdefreien Intervall operiert werden. Dabei wird das Divertikel tragende Segment des Kolons, also meist das Colon sigmoideum, entfernt.

41.23 Appendizitis

Synonym: Blinddarmentzündung
engl.: appendicitis

Definition. Akute oder chronische Entzündung des Wurmfortsatzes des Zökums.

Epidemiologie. Die Appendizitis ist auch heute noch eine der häufigsten Indikationen für Abdominaloperationen. Über 5 % der Bevölkerung in Deutschland werden im Laufe ihres Lebens wegen einer akuten Appendizitis operiert.

Ätiopathogenese. Wahrscheinlich führt eine Verlegung des Wurmfortsatzlumens durch Darminhalt (z. B. Kotstein) zur sekundären bakteriellen Entzündung der Darmwand.

Klinik. Leitsymptom ist der **Abdominalschmerz**, der oft primär einen diffusen Charakter hat oder in die Magengegend lokalisiert wird und innerhalb von Stunden in den rechten Unterbauch wandert (lokale Peritonitis). Der ziehende oder krampfartige Schmerz (Spontan-, Druck-, Loslassschmerz) tritt dann typischerweise am **McBurney-Punkt** (lateraler Drittelpunkt auf der Verbindungslinie zwischen Nabel und rechter Spina iliaca anterior) oder am **Lanz-Punkt** (rechter Drittelpunkt auf der Verbindungslinie zwischen beiden Spinae iliacae anterior) auf. Weitere Symptome sind:

- Appetitlosigkeit, Übelkeit, Brechreiz
- Diarrhö oder Obstipation
- Fieber (meist > 38,5° C, häufig rektal-axilläre Temperaturdifferenz > 0,8° C)
- allgemeines Krankheitsgefühl
- in schweren Fällen bietet sich ein septisch-toxisches Bild bei akutem Abdomen mit diffuser Abwehrspannung und paralytischem Ileus

(!) Bei Diabetikern kann die Appendizitis trotz ausgeprägter Entzündungsreaktion und selbst bei schon erfolgter Perforation oder Penetration symptomarm verlaufen.

Diagnostik. Die **Palpation des Abdomens** kann entscheidende Hinweise liefern:

- lokale oder generalisierte Abwehrspannung als Hinweis auf lokale Peritonitis (bei retrozökaler Lage der Appendix kann die Abwehrspannung fehlen)
- Druckschmerz am McBurney-Punkt
- Loslassschmerz bei kontralateraler Prüfung (Blumenberg-Zeichen)
- Dehnungsschmerz bei retrogradem Ausstreichen des Kolons (Rovsing-Zeichen)
- Psoasschmerz (Patient empfindet bei aktiver Anhebung des gestreckten Beins oberhalb der rechten Leiste Schmerzen)

Bei der **Rektaluntersuchung** fällt eine ausgeprägte Schmerzhaftigkeit des Douglas-Raums auf, insbesondere bei kaudaler Lage der Appendix. Bei der **Laboruntersuchung** kann die BSG erhöht sein, meist findet sich eine Leukozytose. Mithilfe der **Sonografie** kann die verdickte Wand der Appendix zu erkennen sein (evtl. durch Abszedierung in die Umgebung bedingt). Mögliche Differenzialdiagnosen sind in Tab. 41.27 zusammengefasst.

Therapie. Die Behandlung besteht in der frühen **Appendektomie,** die heute meist laparoskopisch durchgeführt wird. Die Mortalitätsrate beträgt < 0,2 %, im hohen Alter liegt sie jedoch bei 7 %. Auch bei komplizierten Fällen ist im Prinzip die laparoskopische Appendektomie möglich; hierbei wird die Laparoskopie auch differenzialdiagnostisch zur Inspektion des gesamten Abdomens genutzt.

Tab. 41.27 Differenzialdiagnosen der akuten Appendizitis

Erkrankung	Bedeutung	Kommentar
Erkrankungen im rechten Unterbauch		
Morbus Crohn	+++	Anamnese, Sonografie, Befallmuster, Fisteln, Resistenz im Abdomen
Divertikulitis des rechten Kolons oder Sigmas	++	meist nicht zu unterscheiden, evtl. Sonografie; Fieber
Enteritis (z. B. Yersiniose)	++	Stuhlkultur, Serologie, Arthritis, Biopsie aus dem Ileum
Ileozökaltuberkulose	+	weniger akute Schmerzsymptomatik, Fieber, Nachtschweiß, Inkompetenz der Ileozökalklappe, Lungenbefund
Meckel-Divertikel	+	Blutung, Szintigrafie
Invagination und Volvulus	+	selten bei Erwachsenen, Sonografie, Enteroklysma nach Sellink
gynäkologische Ursachen		
Adnexitis	+++	gynäkologischer Befund, Sonografie
Extrauteringravidität	++	Anamnese, Schwangerschaftstest
stielgedrehte Ovarialzyste	++	Sonografie, sehr plötzlich einsetzender Schmerz
Erkrankungen im Oberbauch		
Cholezystitis	++	heftiger rechtsseitiger Oberbauchschmerz, Gallensteine sonografisch erkennbar, positives sonografisches Murphy-Zeichen
Ulkuspenetration oder -perforation	++	akutes Abdomen, freie Luft im Abdomen bei Perforation, Gastroskopie: Ulkus
Pankreatitis	++	Amylase, Lipase erhöht, Sonografie, CT können Hinweise liefern, Cullen-Gray-Turner-Zeichen: periumbilikale Zyanose und Gitterzyanose der übrigen Bauchhaut, Oberbauchschmerz mit Ausstrahlung in den Rücken, Gummibauch
retroperitoneale Ursachen		
Psoasabszess	++	sonografisch erkennbar
Urolithiasis	+	kolikartige Schmerzen, Blut im Urin
Pyelitis	+	Urinbefund: Leukozyturie, Bakteriurie
Zystitis	+	Schmerzen im mittleren Unterbauch, Urinbefund
metabolische Ursachen		
Diabetes mellitus	+	Anamnese, Blutzuckeruntersuchung
akute intermittierende Porphyrie	+	kolikartige abdominelle Schmerzen, auffälliges neurologisch-psychiatrisches Verhalten, Obstipation; Porphobilinogen und δ-Aminolävulinsäure im 24-Stunden-Urin erhöht

41.24 Intestinale Tuberkulose

→ vgl. Kapitel „Infektionskrankheiten", S. 1003 ff.

Definition. Infektion des Gastrointestinaltrakts mit Mycobacterium tuberculosis.

Epidemiologie. In Mitteleuropa selten, aber mit deutlich zunehmender Tendenz bei Einwanderern aus Endemiegebieten sowie bei abwehrgeschwächten Patienten (z. B. unter Chemotherapie, Immunsuppression, AIDS). Die Häufigkeit korreliert mit der Schwere des Befalls der Lunge: 1 % bei minimalem, 4,5 % bei mäßigem und 25 % bei ausgedehntem Lungenbefall. Bei 50 % der Patienten finden sich jedoch keine Hinweise für einen Befall der Lunge.

Ätiopathogenese. Die **Übertragung** erfolgt durch Verschlucken infizierten Sputums bei Tuberkulose des Respirationstrakts (s. S. 451), durch hämatogene Ausbreitung, über infizierte Galle oder per continuitatem von Nachbarorganen. Der Befall des Gastrointestinaltraktes durch infizierte Milch (Mycobacterium bovis) ist selten.

Je nach Pathologie werden 3 Formen unterschieden:

- ulzeröse Form (60 %): multiple oberflächliche Ulzerationen, die meist auf das Epithel beschränkt sind (besonders virulent)
- hypertrophische Form (10 %): Narben und Fibrosierungen, die oft wie ein Karzinom imponieren
- ulzerös-hypertrophische Form (30 %): Mischform mit Schleimhautulzera sowie narbigen Veränderungen

Häufig besteht eine Funktionseinschränkung der Ileozökalklappe, was als Unterscheidung zum Morbus Crohn hilfreich ist.

In allen Abschnitten des Gastrointestinaltrakts ist der Befall mit Tuberkelbakterien möglich, am häufigsten ist mit 85 – 90 % die **Ileozökalregion** betroffen. In abnehmender Häufigkeit werden befallen: Colon ascendens, Jejunum, Appendix, Duodenum, Magen, Ösophagus, Colon sigmoideum und Rektum.

Klinik. Nur wenige Patienten haben spezifische Symptome. Am häufigsten ist der **chronische Abdominalschmerz** (80 – 90 %) sowie Durchfall und Blut im Stuhl; auch Gewichtsabnahme, Fieber, Übelkeit, Erbrechen, Nachtschweiß sowie ein Malabsorptionssyndrom können vorkommen.

Als **Komplikationen** kann es zu Blutung, Perforation, Obstruktion, Fistelbildung und Malabsorption kommen. Wenn mesenteriale Lymphknoten befallen sind („Tabes mesenterica"), entsteht eine Steatorrhö, da Fette dann nicht mehr über die Lymphe abtransportiert werden können.

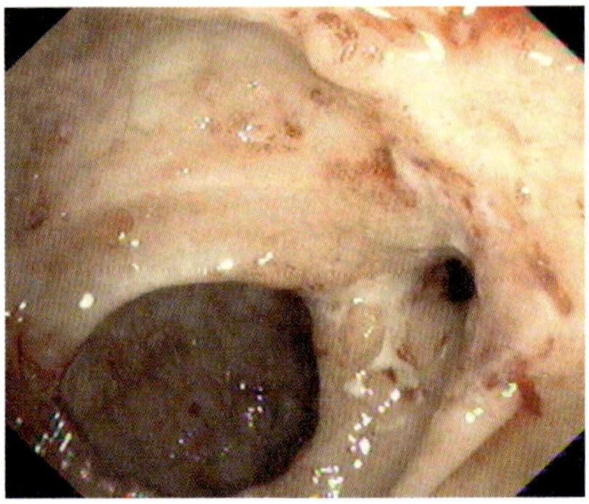

Abb. 41.26 Ileozökaltuberkulose.

Diagnostik. Bei ⅔ der Patienten ist im rechten Unterbauch eine Resistenz palpabel. Die Laborbefunde sind unspezifisch: häufig ist eine Anämie nachweisbar, die Leukozytenanzahl ist meist normal.

In der **Endoskopie mit Biopsie** zeigen sich makroskopisch Ulzera und polypoide Strukturen, die oft tumorartig aussehen (Abb. 41.26). Die Histologie der befallenen Schleimhaut zeigt nur selten typische Veränderungen (z. B. verkäsende Granulome).

Bei der **mikroskopischen und kulturellen Untersuchung von Biopsiematerial** oder Stuhlproben sind bei ⅓ der Patienten säurefeste Stäbchen nachweisbar; das Ergebnis ist jedoch bei gleichzeitig bestehender offener Lungentuberkulose diagnostisch nicht zu verwerten.

Auch **bildgebende Untersuchungen** können weiterhelfen:

- Sonografie: Wandverdickung, Lymphknoten, evtl. Fisteln im Ileozökalbereich
- Röntgen-Leeraufnahme im Stehen oder in Linksseitenlage: ein (Sub-)Ileus stellt sich durch Dünn- oder Dickdarmspiegel dar
- Röntgen-Kontrastmitteluntersuchung des Dickdarms: Ulzera, polypoide Strukturen, narbige Stenosen
- CT: vergrößerte Lymphknoten, Konglomerattumor im rechten Unterbauch.

Differenzialdiagnostisch ist an Morbus Crohn, Yersiniose und kolorektales Karzinom zu denken.

Therapie. Tuberkulostatika wie bei Lungentuberkulose (s. S. 1005).

41.25 Chronische intestinale Pseudoobstruktion (CIPO)

engl.: chronic intestinal pseudoobstruction

Definition. Die CIPO ist ein Syndrom, bei dem man zwar aufgrund der Symptome einen mechanischen Ileus des Dünn- oder Dickdarms vermutet, jedoch keine anatomischen Hindernisse bestehen, die den Nahrungstranport verhindern. Die Darmsegmente sind dilatiert. Es handelt sich somit um eine Motilitätsstörung, die Dünn- und Dickdarm betreffen kann. Häufig haben die Patienten eine Obstipation als Folge von bestimmten Grunderkrankungen oder Medikamenteneinnahme, die zu Motilitätsstörungen, nicht aber zu Stenosen im Gastrointestinaltrakt führen. Die CIPO geht häufig mit einer Verlängerung der Kolontransitzeit einher.

Ätiopathogenese. Die Ursachen sind zahlreich und in **Tab. 41.28** zusammengefasst. Bei mehr als 50 % findet man keine Ursache (idiopathische CIPO).

Klinik. Die CIPO kann zusätzlich zu der Obstipation (48 %) mit Distension des Abdomens (75 %), Bauchschmerzen (58 %), Übelkeit (49 %), Sodbrennen/Regurgitation (46 %), Völlegefühl (44 %), Erbrechen (36 %) und Gewichtsverlust einhergehen. Die Obstipation kann sich mit einer Diarrhö abwechseln. Sehr häufig besteht eine bakterielle Überwucherung des Dünndarms mit Vitamin B_{12}-Mangel.

Diagnostik.

> **!** **Daran denken – häufig werden Patienten mit CIPO unter dem Verdacht eines Ileus unnötig operiert!**

Da es sich um eine systemische Erkrankung des gesamten Gastrointestinaltrakts handelt, sind bei subtiler Diagnostik auch Veränderungen am Ösophagus, Magen, Duodenum, Dünndarm, Sphincter Oddi, Kolon und Rektum nachzuweisen, auch wenn sich klinisch eine Prädominanz im Dünn- und Dickdarmbereich zeigt.
Bei der **Koloskopie** oder Röntgen-Kontrastuntersuchung sind Dünn- und Dickdarm erheblich aufgeweitet, der Dickdarm zeigt einen Haustrenverlust. Der **Nachweis einer intestinalen Dysmotilität** erfolgt mit der Manometrie: typisch ist die Reduktion der Nüchtern- und postprandialen Motilität des Dünndarms sowie die Hypomotilität des Ösophagus. Auch szintigrafisch kann eine Magenentleerungs- und Dünnarmtransitstörung nachgewiesen werden. Eine weitere Möglichkeit ist die intestinale Transitzeitbestimmung.
Falls eine Operation zur Sicherung der Diagnose durchgeführt wurde, kann mithilfe der Histologie zwischen neuropathischer und myopathischer Form unterschieden werden.

Therapie. Tritt die CIPO im Rahmen einer behandelbaren Grunderkrankung oder durch Medikamenteneinnahme auf, ist die Grunderkrankung zu behandeln und mögliche schädigende Medikamente sind abzusetzen.

Tab. 41.28 Mögliche Ursachen für eine CIPO

Ursache	Beispiele
myopathisch	Sklerodermie, Amyloidose
metabolisch	Hypothyreose
neuropathisch (Plexus myentericus)	infiltrativ: Amyloidose, Sklerodermie Störungen der Entleerung bei gestörtem Defäkationsreflex und unzureichender Erschlaffung des Sphincter ani (erworben: Anismus; angeboren: Morbus Hirschsprung) familiäre viszerale Neuropathie Diabetes mellitus
infektiös	Chagas-Krankheit
medikamentös	trizyklische Antidepressiva, Vincristin
paraneoplatisch	kleinzelliges Bronchialkarzinom
idiopathisch, unklar	betrifft ca. die Hälfte aller Fälle!

Häufig ist eine totale **parenterale Dauerernährung** nicht zu umgehen. Gelegentlich ist auch eine kontinuierliche enterale Sondenernährung mit „Astronautenkost“ (= chemisch definierte Diät, laktose- und ballaststoffarm) hilfreich. Eine bei der CIPO meist bestehende bakterielle Überbesiedlung wird mit **Breitbandantibiotika** (Ciprofloxacin 500 mg 2 ×/Tag, Doxycyclin 100 mg 2 ×/Tag, Metronidazol 400 mg 2 ×/Tag) behandelt. Behandlung meist 7–10 Tage pro Monat, d. h. 1 Woche Therapie, 3 Wochen Pause usw.

Bei neuropathischen Formen ist **Erythromycin,** das neben seinen antibiotischen Eigenschaften auch als **Motilinagonist** wirksam ist, in einer Dosierung von 3 mg/kg KG alle 8 h i. v. zur Motilitätssteigerung sinnvoll, alternativ kann auch Metoclopramid verabreicht werden.

Auch Opiatantagonisten wie Naloxon und Trimebutamin sind gelegentlich erfolgreich. Experimentell sind elektrisches „Pacing“ und die Dünndarmtransplantation bei der myopathischen Form im Erprobungsstadium.

Prognose. Die Prognose der CIPO ist schlecht. Patienten mit dauerhafter zentralvenöser Heimernährung sterben häufig an septischen Komplikationen.

41.26 Tumoren des Dickdarms und Rektums

41.26.1 Polypen und Polyposen des Dickdarms

Definition. Polypen sind Darmtumoren, die aus Vorwölbungen der Darmwand in das Darmlumen bestehen. Der Begriff sagt nichts über den histologischen Befund aus. Polyposen sind angeborene Erkrankungen, die mit zahlreichen Polypen einhergehen. Häufig sind auch andere Organsysteme von Neubildungen betroffen.

Bei Polypen im Kolon sollten Bezeichnungen wie „Carcinoma in situ“ und „intramuköses Karzinom“ vermieden werden. Ein besserer Ausdruck ist „High-Grade-Dysplasie“.

Einteilung

Die WHO teilt die kolorektalen Polypen nach Dignität und Gewebetyp ein (**Tab. 41.29**).

Je nach Histologie werden außerdem unterschieden:

- **Epitheliale Polypen:** Unterteilung in nicht neoplastische hyperplastische (ca. 25 % aller Polypen) und neoplastische (50–70 % aller Polypen, z. B. Adenome) Polypen. Es gibt auch ein hyperplastisches Polyposis-Syndrom (HPS), bei dem die Patienten mehr als 30 hyperplastische Polypen im Kolon haben (**Tab. 41.30**). Patienten mit HPS haben ein erhöhtes Risiko für ein kolorektales Karzinom.
- **Hamartöse Polypen:** Hierzu gehören die juvenilen Polypen, die aus Lamina propria und dilatierten zystischen Drüsen bestehen. Multiple juvenile Polypen kommen bei der autosomal-dominant vererbten familiären juvenilen Polyposis vor (FJP). Auch das Peutz-Jeghers-Syndrom (PJS) ist eine hamartöse Polypose (**Tab. 41.30**).
- **Neoplastische Adenome:** Ca. 66 % aller Polypen im Gastrointestinaltrakt sind Adenome. Sie sind histologisch durch eine vermehrte Anzahl von Drüsen gekennzeichnet und haben maligne Entartungstendenz. Asymptomatische Adenome finden sich bei 25–30 % aller Personen ab dem 50. Lebensjahr.

Tab. 41.29 Klassifikation kolorektaler Polypen

in der Mukosa neoplastisch	nicht neoplastisch	in der Submukosa
gutartig (Adenome):	hyperplastische Polypen	Colitis cystica profunda
tubuläres Adenom	juveniler Polyp	Pneumatosis cystoides
tubulovillöses Adenom	Peutz-Jeghers-Polyp	lymphoide Polypen (gut- oder bösartig)
villöses Adenom	entzündlicher Polyp	Lipom und Fibrom
bösartig (Karzinome):		Leiomyom, -fibrom
High-Grade-Dysplasie		Neurinom/Neurofibrom
		Hämangiom
intramuköses Karzinom		Karzinoide, metastatische Neoplasien

Morphologische Klassifikation der Adenome:

- tubulär (80 %), niedriges Entartungsrisiko (1 – 4 % bei Adenomen > 1 cm)
- tubulovillös (5 – 15 %), mittleres Entartungsrisiko (bis 10 % bei Adenomen > 1 – 2 cm)
- villös (5 – 15 %), höchstes Entartungsrisiko (bis 50 % bei Adenomen > 2 cm)

Das Entartungsrisiko der einzelnen Adenome ist unterschiedlich hoch (**Tab. 41.30**). Es gibt verschiedene **gastrointestinale Polyposissyndrome**, die teilweise mit einem deutlich erhöhten Entartungsrisiko einhergehen. Sie sind in **Tab. 41.30** zusammengefasst.

Tab. 41.30 Gastrointestinale Polyposissyndrome

	Entartungsrisiko	Besonderheiten
vererbt		
Familiäre adenomatöse Polyposis (FAP = familiäre Polyposis coli)	Obligate Präkanzerose 100 %	Prävalenz: 1:10 000 Einwohner; > 100 bis oft > 1 000 Polypen; bei der FAP liegt der genetische Defekt am langen Arm des Chromosoms 5 (5q21 – q22). Über 300 verschiedene Mutationen wurden bislang festgestellt
Gardner-Syndrom	100 %	phänotypische Variante der FAP, die durch spezifische Mutationen im APC-Gen bedingt ist; hereditäre Kolonpolypose mit gleichzeitigen Knochen- und Weichteiltumoren: Osteome im Schädel- und Kieferbereich, Epidermoidzysten, Weichteiltumoren der Haut, Desmoide, Zahnanomalien, periampulläre Karzinome, Schilddrüsenkarzinome
Turcot-Syndrom	100 %	kolorektale Karzinome sowie Glio- oder Medulloblastome; es finden sich ebenfalls genetische Veränderungen des FAP-Gens
Peutz-Jeghers- Syndrom	50 % bis zum 60. Lebensjahr	Trias: Lippen- und Gesichtspigmentierung, intestinale Polypose (Dünndarm: 64 %, Dickdarm: 64 %, Magen: 49 %, Rektum: 32 %) mit nicht neoplastischen hamartösen Polypen; autosomal-dominanter Erbgang (Mutation des Gens, das die Serin-Threonin-Kinase kodiert [LKB1 oder STK11]); häufigste Komplikation: mechanischer Ileus durch große Polypen und Invagination sowie intestinale Blutung; deutlich erhöhtes Karzinomrisiko (Magen-, Dündarm-, Dickarm- und Pankreaskarzinom, 50 % im Alter von 60 Jahren)
familiäre juvenile Polyposis	8 – 47 %	zu unterscheiden von der familiären adenomatösen Polyposis; multiple (> 10) Polypen im Kolon und Rektum bei Patienten im Jugendalter mit erhöhtem Risiko für ein KRK
Cowden-Syndrom	0 %	hereditäre, autosomal-dominant vererbbare Polypose durch gastrointestinale (Ösophagus bis Kolon) und extraintestinale (Haut-) Hamartome; die Hamartome können einen Darmverschluss oder eine intestinale Blutung verursachen
nicht vererbt		
Cronkhite-Canada-Syndrom	ca. 5 %	seltene Polypose mit zystischer Degeneration der Mukosa vom Magen bis zum Dickdarm; zusätzlich zu der generalisierten Polypose bräunliche Hautverfärbung, Alopezie, Nagelveränderungen, schwere Diarrhöen, Steatorrhö
hyperplastische Polypen	0 %	kommen früher als Adenome vor (10. – 40. Lebensjahr); selten größer als 5 – 10 mm
benigne lymphoide Polypose	0 %	oft beetartiger Befall von Dünn- und/oder Dickdarm, kann physiologisch sein, oft stark ausgeprägt bei Lambliasis
entzündliche Polypen	0 %	kleine Polypen, die auf den Spitzen der Falten sitzen, häufig bei Patienten mit Colitis ulcerosa und Morbus Crohn (Pseudopolypen)

I

> Große Polypen entarten häufiger als kleine. Villöse Adenome entarten häufiger als tubuläre Adenome.

Das Ausmaß der bestehenden Epitheldysplasie (früher: -atypie) wurde früher in drei Grade eingeteilt (Grad 1 leichte, Grad 2 mäßige, Grad 3 schwere Zelldysplasie). In der Zwischenzeit unterscheidet der Pathologe nur noch zwischen **Low-Grade- und High-Grade-Dysplasie.**

Klinik

Kleine Polypen verursachen keine Symptome und werden oft durch Zufall entdeckt. Größere Polypen sind gelegentlich Ursachen von Mikro- oder Makroblutungen (insbesondere Hämangiome). Bei villösen Adenomen – insbesondere bei breitflächiger Ausbreitung im Rektum – kommt es zu Schleimabgängen sowie Protein- und Kaliumverlust.

Diagnostik, Therapie und Nachsorge

Da die verschiedenen Polypen makroskopisch nicht unterschieden werden können, gilt:

> Jeder Polyp muss komplett entfernt und histologisch untersucht werden.

Bei Verdacht auf Polypen im Dickdarm ist die **totale Koloskopie** die Standardmethode, da sie neben der Feststellung der Polypen auch gleich die **histologische Sicherung durch Polypektomie** und damit auch eine Therapie erlaubt (**Abb. 41.27**). Immer ist eine totale und vollständige Koloskopie erforderlich, da häufig mehrere Polypen an den unterschiedlichsten Stellen des Dickdarms zu finden sind.

Polypen von über 5 mm Größe sollten immer vollständig abgetragen werden. Die alleinige Biopsie ist unsicher, da ein fokales Karzinom im Polypen verfehlt werden kann. Große (> 3 cm) oder breitbasig wachsende Polypen können endoskopisch nach vorheriger Unterspritzung mit Kochsalzlösung unter Umständen in mehreren Portionen reseziert werden (endoskopische Mukosaresektion).

Das Perforationsrisiko liegt bei der einfachen Koloskopie bei 0,1 %, nach zusätzlicher Polypektomie bei 1 %.

Das **Vorgehen bei der Therapie** von Polypen und die erforderliche Nachsorge sind in **Abb. 41.28** dargestellt. Eine **Nachsorge** ist notwendig, da neue Polypen entstehen können. Die Frequenz der Nachsorge (totale Koloskopie) richtet sich nach der Größe und der Art der entfernten Polypen. Bei Polypen < 1 cm Größe reicht eine Nachsorge nach 3 Jahren aus. Wurden villöse Adenome entfernt, wird die Nachsorge kurzfristiger erfolgen als bei tubulären Adenomen.

41.26.2 Kolorektales Karzinom (KRK)

engl.: colorectal cancer, colorectal carcinoma

Definition. Adenokarzinome sind für 95 % aller malignen Dickdarmtumoren verantwortlich. Nur selten finden sich im Dickdarm Lymphome, Sarkome oder Karzinoide.

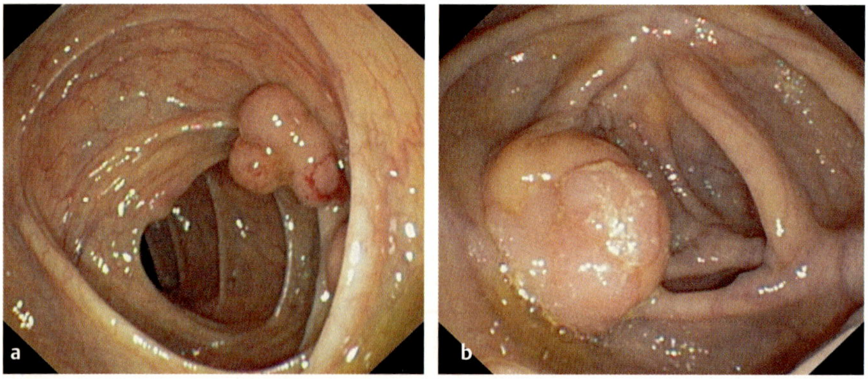

Abb. 41.27 Polypen im Kolon. a Kleine, sessile tubuläre Adenome mit normaler bis leicht erythematöser Oberfläche und glatter bis lobulierter Kontur. **b** Sessiles tubulovillöses Adenom mit erythematöser Oberfläche und gelappter Kontur. (aus Messmann, Lehratlas der Koloskopie, Thieme)

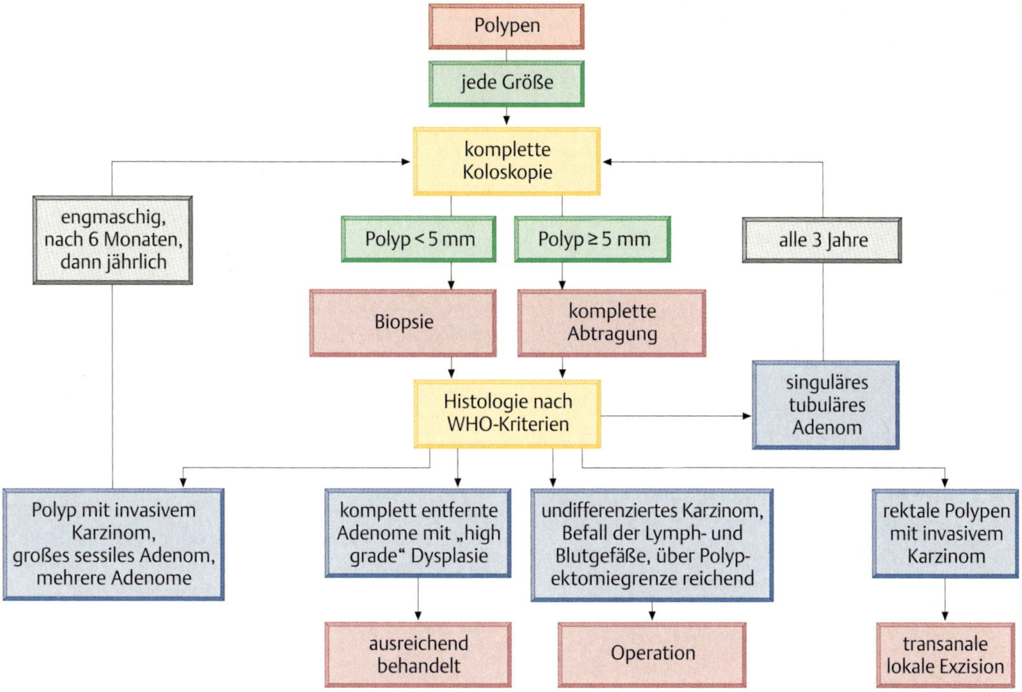

Abb. 41.28 Therapie von Polypen und Nachsorge nach Polypektomie. Die erste Kontrollkoloskopie sollte 3 Jahre nach Polypektomie durchgeführt werden, um belassene synchrone Polypen oder neue (metachrone) Adenome zu erfassen. Wenn die erste Kontrolle negativ war, werden die Folgeuntersuchungen in 5-Jahres-Abständen durchgeführt.

Epidemiologie

Das Dickdarmkarzinom ist ein Malignom des höheren Lebensalters und der Industrienationen. Die Inzidenz steigt in den westlichen Industrienationen ab dem 50. Lebensjahr deutlich an und beträgt im 4. Lebensjahrzehnt 10/100 000 Einwohner, im 8. Lebensjahrzehnt ca. 400/100 000 Einwohner.

> **!** **Die Häufigkeit des Kolonkarzinoms nimmt weiterhin zu.**

Bei Frauen ist es das zweithäufigste (nach Mammakarzinom), bei Männern das dritthäufigste Karzinom (nach Bronchial- und Prostatakarzinom). Insgesamt sind ca. 15 % aller Krebstodesfälle auf das KRK zurückzuführen. Man geht davon aus, dass 75 % der KRK sporadisch bei Patienten > 40 Jahre ohne Risikoanamnese auftreten. Das Lebenszeitrisiko liegt für diese Gruppe bei 6 %. Die übrigen 25 % gehören zu einer der folgenden **Risikogruppen:**

- Patienten mit kolorektalen Adenomen
- Verwandte 1. Grades von KRK-Patienten (KRK im Alter > 60 Jahre): Risiko 10 %
- Patienten mit Colitis ulcerosa mit > 15-jähriger Krankheitsdauer: Risiko 15 %
- Verwandte 1. Grades von KRK-Patienten (KRK im Alter < 60 Jahre): Risiko 30 %
- Patienten mit HNPCC (5 %): Risiko 75 %. Das **hereditäre nicht polypöse Kolonkarzinom (HNPCC, Lynch-Syndrom)** ist eine autosomal-dominant vererbte Form des kolorektalen Karzinoms ohne Polyposis. Diese Patienten haben außerdem ein hohes Risiko für weitere Neoplasien, z. B. Endometrium, Ovarial- und Magenkarzinom sowie Urothelkarzinome.
- Patienten mit FAP (1 %, s. **Tab. 41.30**): Risiko 100 %

Lokalisation. 40 % der kolorektalen Karzinome sind im Rektum, 60 % im Kolon lokalisiert. Im Kolon ist vor allem das **Colon sigmoideum** betroffen, gefolgt vom Colon ascendens. In den letzten Jahren hat man einen Lokalisationswandel des KRK festgestellt: häufiger ist das KRK im proximalen Kolon lokalisiert, was für die Durchführung einer totalen Koloskopie bei Vorsorge und Diagnostik im Vergleich zur alleinigen Sigmoidoskopie spricht. Ausnahme: Beim genetisch bedingten HNPCC (s. u.) ist der Tumor im Gegensatz zu den sporadisch auftretenden KRK zu > 75 % im rechten Kolon lokalisiert.

Ätiopathogenese

Vermutlich entstehen die meisten KRK aus Adenomen **(Adenom-Karzinom-Sequenz)**. Der Adenomgipfel tritt ca. 10 Jahre vor Ausbruch eines Karzinoms auf. Im Karzinom finden sich häufig Adenomreste. Das Risiko eines invasiven Karzinoms nimmt mit zunehmender Größe des Adenoms zu, es kann jedoch durch **prophylaktische koloskopische Polypektomie** gesenkt werden. De-novo-Karzinome treten möglicherweise häufiger bei Colitis ulcerosa sowie bei HNPCC auf. Die Ursache ist hier unbekannt.

Zu Pathogenese existieren zahlreiche weitere Hypothesen, z. B. die Änderung der Ernährungsgewohnheiten (zu viel Fett, zu wenig Ballaststoffe), karzinogene Eigenschaften von Gallensäuren u. a.
Besonders gefährdet sind **Patienten mit Polyposen** (vgl. Tab. 41.30) und bei Patienten mit einer Colitis ulcerosa von mehr als 10 Jahren Dauer. Die langjährige Einnahme von ASS (Aspirin) oder anderer COX-2-Hemmer senkt das Risiko für Polypen und ein KRK – möglicherweise über eine Hemmung des Enzyms Cyclooxigenase 2 (COX 2) des Arachidonsäurestoffwechsels. Allerdings kann man sich nicht dazu entschließen, ASS zur Prophylaxe zu empfehlen wegen der möglichen Nebenwirkungen (gastroduodenale Blutungen).
Zusammenfassend ist anzunehmen, dass das KRK über mehrfache genetische Schritte mit Veränderungen der chromosomalen DNA entsteht. Mögliche genetische Defekte und entsprechende phänotypische Veränderungen fasst Tab. 41.31 zusammen. Die gängigen Vorsorgeempfehlungen für Familien mit einem HNPCC zeigt Tab. 41.32.

Tab. 41.31 Genetische Defekte und entsprechende phänotypische Veränderungen beim kolorektalen Karzinom

genetische Veränderung	phänotypische Veränderungen
–	normales Epithel
APC-(5q-)Mutation/Verlust	hyperproliferierendes Epithel
DNA-Hypomethylierung	**Adenom I** (< 1 cm), tubulär, geringgradige Dysplasie
k-ras-(12 p-)Mutationen	**Adenom II** (1 – 2 cm), tubulovillös, mittelgradige Dysplasie
DCC-(18q-)Verlust	**Adenom III** (> 2 cm), villös, hochgradige Dysplasie
p53-(17 p-)Verlust	Karzinom
weitere genetische Alterationen	metastasiertes Karzinom

Tab. 41.32 Vorsorgeempfehlungen bei Personen aus HNPCC-Familien (nach den Empfehlungen der HNPCC-Studiengruppe)

Lebensjahr	Maßnahmen
16. – 18.	Beratungsgespräch
20.	bei weiblichen Betroffenen: gynäkologische Krebsvorsorge, vaginale Sonografie, jeweils jährlich
ab 25.	klinische Untersuchung jährlich Oberbauchsonografie jährlich Urinzytologie jährlich Koloskopie: • wenn Adenome vorliegen: jährlich • wenn keine Adenome vorliegen: alle 2 Jahre Magenspiegelung alle 2 Jahre

Pathologie

Folgende **Wachstumsformen** des kolorektalen Karzinoms werden makroskopisch unterschieden:

- polypös (blumenkohlartig)
- schüsselförmig ulzerierend
- ringförmig stenosierend
- diffus infiltrierend

Histologisch sind 95 % der Karzinome Adenokarzinome, der Rest entfällt auf die schleimbildenden Adenokarzinome (Gallert-Karzinome) und Siegelringzell-Karzinome.

Es werden vier Differenzierungsgrade **(Grading)** unterschieden: 1. gut differenziert, 2. mäßig differenziert, 3. schlecht differenziert, 4. entdifferenziert.

Früherkennung

Der Früherkennung kommt große Bedeutung zu. Das Screening bei asymptomatischen Patienten umfasst folgende Maßnahmen:

- **Allgemeine Maßnahmen:** Risikoanamnese erfassen, d. h. erbliche Syndrome (FAP, HNPCC), Colitis ulcerosa, Adenome oder ob in der Vergangenheit beim Patienten schon einnmal ein kolorektales Karzinom diagnostiziert wurde
- **ab dem 45. Lebensjahr:**
  - Test auf okkultes Blut im Stuhl (z. B. Hämokkult)
  - Rektaluntersuchung (digital) jährlich
- **ab dem 55. Lebensjahr:** Vorsorge-Koloskopie (bei unauffälligem Befund erneut alle 10 Jahre)

> **!** **Bei Nachweis von okkultem Blut im Stuhl → totale Koloskopie.**

Klinik

Die Beschwerden beginnen oft schleichend unter dem Bild einer Obstipation oder dem **Wechsel zwischen Obstipation und Diarrhö.** 75 % der Patienten haben makro- oder mikroskopisch **Blutbeimengungen im Stuhl,** die häufig als Hämorrhoidalblutungen missdeutet werden. Rektumkarzinome verursachen oft schmerzhaften Stuhldrang (Tenesmen) mit Abgang von Blut und Schleim, Stenosebeschwerden mit „Bleistiftstuhl" und unwillkürlichem Stuhl- und Windabgang („falscher Freund"). Bei Tumoren des Zökums bestehen häufig Schmerzen im rechten Unterbauch. Größere Kolontumoren können durch die Bauchwand als walzenförmige Resistenz tastbar und auch sonografisch erfassbar werden.

Zu den **Komplikationen** zählen Obstruktion, Blutungen, Perforation mit Abszess- und Fistelbildung sowie die Metastasierung des Karzinoms durch infiltratives Wachstum in die Nachbarorgane (Blase, weibliche Geschlechtsorgane), in Lymph- und Blutwege sowie durch Implantation von Tumorzellen in die Bauchhöhle bei Durchbruch der Serosa. Lokale Lymphknoten und die Leber, seltener Skelett und Lunge, sind die bevorzugten Zielorgane einer **Metastasierung** beim Kolonkarzinom. Beim Rektumkarzinom sind Leber und Lunge gleich häufig von Metastasen betroffen.

Diagnostik

Wichtig sind die **Suche nach Blut im Stuhl** und die **digitale Austastung** des Rektums. Die Diagnose wird **endoskopisch** (Rektoskopie/Koloskopie, **Abb. 41.29**) mit gleichzeitiger bioptischer Sicherung gestellt. Eine Röntgenuntersuchung (Spiral-CT, 3 D-MRT = virtuelle Koloskopie) ist nur notwendig zum Ausschluss eines Zweitkarzinoms, wenn die Tumorstenose nicht mit dem Koloskop passierbar war.

Tumormarker des kolorektalen Karzinoms ist das **CEA (karzinoembryonales Antigen).** Es ist jedoch nicht tumorspezifisch und eignet daher nur bei der Verlaufskontrolle nach Operation (Rezidivsuche) eine Rolle. Ergänzende, für das Staging wichtige Untersuchungen sind:

- zur Beurteilung der Tumorausbreitung: rektale Endosonografie oder Spiral-CT bei Rektumkarzinom, gynäkologische Untersuchung
- zur Metastasensuche: Sonografie der Leber, evtl. Angio-CT oder MRT, Röntgenthorax
- Tumormarker präoperativ: CEA

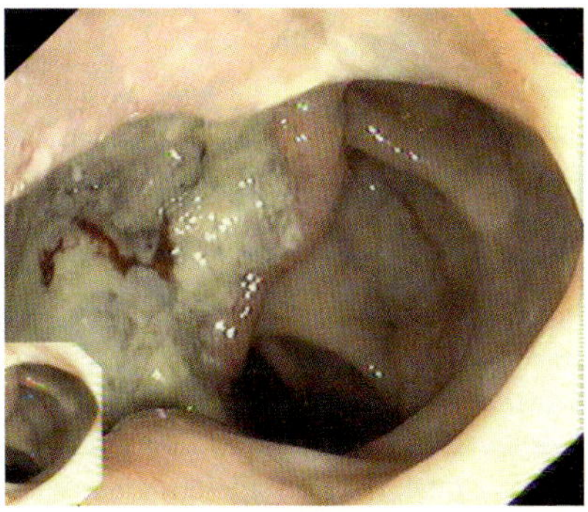

Abb. 41.29 **Kolonkarzinom.**

I

Tab. 41.33 Synopsis der Stadieneinteilung des kolorektalen Karzinoms

UICC-Stadium	T	N	M	Dukes	Astler/Coller
0	Tis	N0	M0	A	A
I	T1	N0	M0	A	A
	T2	N0	M0	A	B1
II	T3	N0	M0	B	B2
	T4	N0	M0	B	B3
III	T1–2	N1 - 2	M0	C	C 1
	T3	N1 - 2	M0	C	C 2
	T4	N1 - 2	M0	C	C 3
IV	jedes T	jedes N	M1	D	D

Tis Tumor in situ – nicht invasives Karzinom
T1 Tumor infiltriert Lamina propria mucosae und Tela submucosae
T2 Tumor infiltriert Tunica muscularis
T3 Tumor infiltriert Tunica adventitia oder nicht peritonealisiertes perikolisches/perirektales Gewebe
T4 Tumor infiltriert Nachbarstrukturen bzw. Penetration des viszeralen Peritoneums
N0 keine regionalen Lymphknotenmetastasen
N1 1 - 3 regionale Lymphknotenmetastasen
N2 > 3 regionäre Lymphknoten befallen
M0 keine Fernmetastasen
M1 Fernmetastasen vorhanden

Staging

Der Londoner Pathologe Dukes entwickelte 1932 eine erste Stadieneinteilung des KRK (Dukes-Stadien A – D, s. **Tab. 41.33**). Das C-Stadium wurde später noch einmal von Astler und Coller modifiziert (C_1 = Lymphknoten ohne komplette Darmwandpenetration, C_2 = Lymphknotenmetastasen und Darmwandpenetration). Des Weiteren wird die TNM Klassifikation verwandt.

Therapie und Nachsorge

Chirurgische Therapie

Die chirurgische Therapie besteht in der Resektion nach den Prinzipien der Karzinomchirurgie. Die Durchführbarkeit wird vom Allgemeinzustand des Patienten, dem Lokalbefund und dem Nachweis von Metastasen bestimmt. Im Optimalfall erfolgt die **En-bloc-Resektion des Primärtumors unter Mitnahme der regionären Lymphknoten** und der infiltrierten Nachbarorgane. Der Sicherheitsabstand zum Tumor soll mindestens 5 cm betragen. Die Resektionsgrenzen werden abhängig von arterieller Versorgung und Lymphabflussgebiet festgelegt. Auf die Vermeidung einer perioperativen lokalen und systemischen Tumorzellverschleppung ist zu achten.

Typische Resektionen beim **Kolonkarzinom:**

- Hemikolektomie rechts: bei Tumor des Caecum und des Colon ascendens
- Transversumresektion: bei Tumor des Colon transversum
- Hemikolektomie links: bei Tumor der linken Flexur und des Colon descendens
- Sigmaresektion: bei Tumor im proximalen und mittleren Drittel des Colon sigmoideum

Typische Resektionen beim **Rektumkarzinom:**

- kontinenzerhaltende Resektionsverfahren: anteriore Rektumresektion mit totaler Mesorektumexzision bei Tumoren oberhalb 5 cm von der Anokutanlinie
- bei Low-Grade (T1)-Karzinomen ist die transanale endoskopische Mukosaresektion (TEM) möglich
- abdominoperineale Rektumexstirpation mit Anlage eines endständigen Anus praeter sigmoidalis

Treten **isolierte Lebermetastasen** auf, sollte die chirurgische Entfernung der Metastase angestrebt werden.

Adjuvante Chemotherapie

Eine adjuvante Chemotherapie ist nach Operation eines Kolonkarzinoms im Stadium III indiziert, möglicherweise auch schon bei Risikokonstellation im Stadium II (z. B. bei T4, N0, M0-Situation oder bei Tumorperforation) sinnvoll. Nach neuesten Empfehlungen wird bei der adjuvanten Chemotherapie das **FOLFOX-4-Schema** eingesetzt (**Tab. 41.34**). Bei Unverträglichkeit von Oxaliplatin kann eine orale Chemotherapie mit der oralen 5-FU-Prodrug Capecitabin erfolgen.

Palliative Chemotherapie

Die palliative chemotherapeutische Standardtherapie des metastasierten Kolonkarzinoms wird ebenfalls mit Folinsäure und 5-FU in Kombination mit Oxaliplatin (FOLFOX 4) oder mit Irinotecan durchgeführt (**Tab. 41.35**).

> **!** **Vorsicht bei Erhöhung der Cholestaseparameter!**

Neoadjuvante Therapie

Beim Rektumkarzinom im Stadium T3 oder T4 sollte vor der Operation eine neoadjuvante Radiochemotherapie durchgeführt werden.

Biologicals

Es stehen zudem humanisierte monoklonale Antikörper mit Wirkung auf den vaskulären endothelialen Faktor **(VEGF)** und dessen Rezeptor **(Bevacizumab)** sowie den epithelialen Wachstumsfaktor **(EGFR)** und dessen Rezeptor **(Cetuximab, Panitumo-**

Tab. 41.34 Therapieschema zur adjuvanten Chemotherapie des Kolonkarzinoms (FOLFOX-4)

Wirkstoff	Dosierung	Verabreichung	Zeitpunkt
Oxaliplatin	85 mg/m² KOF	i. v. über 2 h	Tag 1
Fluorouracil	400 mg/m² KOF 600 mg/m² KOF	i. v. Bolus, dann i. v. über 22 h	Tag 1 Tag 1 + 2
Folinsäure	200 mg/m² KOF	i. v. über 2 h	Tag 1 + 2
→ Wiederholung alle 14 Tage über 6 Monate			
Bei Unverträglichkeit von Oxaliplatin:			
Capecitabin	2 × 1 250 mg/m² KOF	oral	Tag 1 – 14
Alle 3 Wochen, insgesamt 8 Zyklen			

Tab. 41.35 Therapieschema zur palliativen Chemotherapie des Kolonkarzinoms

mit Oxaliplatin/Folinsäure/Fluorouracil (FOLFOX 4)		
Oxaliplatin	85 mg/m² KOF	über 2(– 6) h; Tag 1
Folinsäure	200 mg/m² KOF	über 2 h; Tag 1 (parallel zu Oxaliplatin) und Tag 2
Fluorouracil	400 mg/m² KOF	als Bolus; Tage 1 und 2 (jeweils nach Folinsäure)
Fluorouracil	600 mg/m² KOF	über 22 h; Tage 1 und 2
Wiederholung am Tag 15		
mit Irinotecan/Folinsäure/Fluorouracil (FOLFIRI)		
Irinotecan	180 mg/m² KOF	über 60 – 90 min; Tag 1
Folinsäure	400 mg/m² KOF	über 2 h; Tag 1
Fluorouracil	400 mg/m² KOF	im Bolus Tag 1, gefolgt von 2 400 – 3 000 mg/m² über 48 h
Wiederholung Tag 15		

mab) zur Verfügung. In Kombination mit irinotecanhaltigen (FOLFIRI) oder oxaliplatinhaltigen (FOLFOX-4) Schemata werden bessere Ansprech- und Überlebensraten erreicht als mit den etablierten Kombinationsschemata.

Cetuximab (Erbitux) ist für die Ersttherapie zugelassen und wirkt nur bei fortgeschrittenen KRK, wenn keine K-ras-Mutationen im Tumor vorliegen (Wild-Typ-K-ras Tumoren, s. **Tab. 41.31**). Es wird initial in einer (Loading)-Dosis von 400 mg/m² über 120 min infundiert, danach wöchentlich 250 mg/m² über 60 min verabreicht. Hauptnebenwirkungen sind Schwäche, Übelkeit, Infusionsreaktionen und ein akneartiger Hautausschlag. Dieser hat prognostische Bedeutung: wenn er auftritt, ist die ein Zeichen für ein besseres Ansprechen auf Cetuximab.

Bevacizumab (Avastin) ist für die Ersttherapie zugelassen. Es wird in einer Dosis von 5 oder 10 mg/kg KG alle 2 Wochen zusätzlich zu einem 5-FU-haltigen Schema verabreicht. Mögliche Nebenwirkungen von Bevacizumab sind Proteinurie, Hypertonie, Perforationen im Gastrointestinaltrakt und potenziell fatale arterielle Thromboembolien (TIA, Schlaganfall, Angina pectoris, Herzinfarkt).

Panitumumab (Vectibix) ist wie Cetuximab ein EGF-Rezeptor-Antikörper. Es wird in der Dosis von 6 mg/kg alle 2 Wochen i. v. in Kombination mit FOLFOX-4 oder FOLFIRI beim metastasierten KRK vom Kras-Wildtyp eingesetzt.

Nachsorge

Wegen der hohen Rezidivrate und der Möglichkeit der Entstehung von Zweittumoren (3 %) ist eine regelmäßige Nachsorge notwendig. Im 1. Jahr sollten erfolgen

- vierteljährlich:
  - körperliche Untersuchung
  - Hämokkult-Test
  - Labor (BSG, Blutbild, Leberwerte, CEA)
- halbjährlich:
  - Sonografie
  - Rektoskopie (bei Anastomose mit Rektum)
  - Koloskopie
  - Röntgenaufnahme des Thorax
  - CT des kleinen Beckens (bei Rektumkarzinom)

Ab dem 2. Jahr werden die Untersuchungsabstände größer. Ob die zahlreichen starren Nachsorgeschemata sinnvoll sind, ist fraglich.

> **!** **Eine sinnvolle Früherkennung ist wichtiger als eine übertriebene, teure und den Patienten belastende Nachsorge.**

Verlauf und Prognose

Die Prognose des KRK ist weitgehend davon abhängig, in welchem Stadium der Erkrankung der Tumor erkannt und entfernt wird. Beim Dukes-Stadium A (Infiltration bis zur Lamina muscularis propria) beträgt die 5-Jahres-Überlebensrate 90 – 100 %, bei Dukes B (Infiltration über Lamina muscularis propria) 60 – 85 % und bei Dukes C (Lymphknotenmetastasen) 25 – 60 %. Bestehen Fernmetastasen, sinkt die 5-Jahres-Überlebensrate auf 0 – 5 %. Die Frühdiagnostik ist deshalb dringend notwendig! Zur Früherkennung dient der Test auf okkultes Blut im Stuhl in Kombination mit der Sigmoido- und Koloskopie.

Klinischer Fall

Ein 76-jähriger Patient stellt sich wegen allgemeiner Abgeschlagenheit und nachgewiesener, leichtgradiger mikrozytärer Anämie (Hb 10,5 g/dl) zur Koloskopie vor. Als Vorerkrankung besteht ein arterieller Hypertonus und ein Diabetes mellitus Typ IIa. Für beides nimmt der Patient Medikamente ein. Eine Vorsorgesigmoidoskopie vor sieben Jahren war bis auf einen gutartigen Polypen unauffällig. Die linke Niere wurde wegen eines Nierenzellkarzinoms (pT2, pN0, M0) vor sieben Jahren entfernt. Bisher ist kein Rezidiv beobachtet worden.

Bei der Koloskopie findet der Gastroenterologe einen derb-polypösen Tumor von etwa 25 mm Größe im rektosigmoidalen Übergang bei knapp 18 cm Höhe, im Zökum trägt er zudem einen etwa 10 mm großen Polypen ab. Histologisch entspricht der Zökumpolyp einem tubulären Adenom (im Gesunden reseziert), die Biopsien aus dem Tumor im Rekto-Sigmoid zeigen Zellen eines Adenokarzinoms mit geringer Differenzierung (G3).

Im Röntgen-Thorax und im Sono-Abdomen ergibt sich ein Normalbefund, auch ein CT-Abdomen zeigt bis auf eine Darmwandverdickung am Sigma keine Auffälligkeiten. Laborchemisch fällt neben der Anämie bei der erweiterten Diagnostik, eine Erhöhung des CEA (carcinoembryonales Antigen) auf 5,2 ng/ml auf. Die Chirurgen resezieren laparaskopisch das Sigma. Im Präparat findet sich histologisch ein undifferenziertes, schleimbildendes Adenokarzinom mit Infiltration der Muscularis bis in die Subserosa, aber ohne Wandüberschreitung. Von den entnommenen 24 Lymphknoten sind zwei metastatisch befallen. Der Tumor wird mikroskopisch im Gesunden reseziert (pT3, pN1, M0, G3, R0). Bei Dukes-Stadium C erfolgt postoperativ eine Chemotherapie mit oralem 5-Fluorouracil (Capecitabine).

41.27 Strahlenschädigung

Eine Strahlentherapie im Bereich des Abdomens und des Beckens kann zu einer Schädigung des Dickdarms (Strahlenkolitis) und auch des Dünndarms (Enteritis) führen. Die Häufigkeit der Strahlenkolitis und Schädigung des Dünndarms hängt vom Ort und der Gesamtdosis der Bestrahlung ab. Ab einer Gesamtdosis von 40 – 50 Gy muss mit einer stärkeren Erkrankungshäufigkeit gerechnet werden. Man unterscheidet zwischen einer Strahlenfrüh- und -spätreaktion.

Strahlenfrühreaktion. Sie geht meist mit Brechreiz, Erbrechen, krampfartigen Durchfällen mit Blut- und Schleimbeimengungen einher und ähnelt klinisch der Colitis ulcerosa (s. S. 766). Rektoskopie und Koloskopie erbringen den Nachweis der entzündlichen Veränderungen. Die Therapie ist unbefriedigend. Loperamid wird symptomatisch bei Strahlenenteritis eingesetzt; eine rektale Applikation von Klysmen mit 5-ASS (z. B. Salofalk) oder SASP (z. B. Azulfidine) und/oder Hydrocortison ist sinnvoll. Manche Patienten sprechen auch gut auf Acetylsalicylsäure (Aspirin) an, da ASS in das Cyclooxigenasesystem eingreift und damit die Entzündungsreaktion hemmt.

Strahlenspätreaktion. Sie ist durch eine Fibrosierung kleiner und mittlerer Gefäße des Darms bedingt und kann Monate oder erst bis zu 15 Jahre nach einer Strahlentherapie symptomatisch werden. Es finden sich dann Strikturen, Stenosen, Wandstarre und Fistelbildungen. Konservative Behandlungsmaßnahmen sind weitgehend erfolglos. Entsprechend der Symptomatik ist häufig ein chirurgisches Vorgehen erforderlich.

41.28 Proktologie

41.28.1 Pruritus ani

Häufigstes Symptom in der Proktologie ist der Pruritus ani, der meist als Folge eines Hämorrhoidalleidens entsteht. Er ist anatomisch begünstigt durch Trichteranus und verstärkte Behaarung mit Neigung zu vermehrtem Schwitzen und Akne oder durch eine unqualifizierte Lokalbehandlung mit einem der zahlreichen Hämorrhoidaltherapeutika. Diese enthalten häufig allergisierende Substanzen und/oder Kortison mit der Gefahr der Hautatrophie und zusätzlicher Candidainfektion. Weitere Ursachen eines Pruritus ani sind:

- Ekzeme (mikrobiell, intertriginös)
- Kontaktdermatitis
- Urtikaria
- Candidiasis
- Tinea
- Herpes simplex
- Lichen ruber
- Psoriasis vulgaris
- Neurodermitis
- Condylomata acuminata
- Condylomata lata (Lues)
- Pruritis sine materia

Die **Therapie** hat sich nach der **Grunderkrankung** zu richten. Symptomatisch helfen **Sitzbäder** mit Kamillosan oder Tannolact.

41.28.2 Analfissur

engl.: anal fissure

Bei der Analfissur, die überwiegend (90 %) als schmerzhafter längs ovaler Einriss des Anoderms in der **posterioren Kommissur** imponiert, besteht meist ein stark erhöhter Analsphinktertonus. Die Analfissur wird durch kräftiges Spreizen der Gesäßbacken und des Afters von außen sichtbar. Die frische Analfissur bewirkt heftige Schmerzen und Blutungen bei der Defäkation sowie Afternässen. Die Ränder sind bei der frischen Fissur glatt, bei der meist nicht schmerzhaften chronischen Analfissur finden sich stumpfe und unterminierte Ränder. Die akute Analfissur wird **konservativ** behandelt:

- Stuhlregulation
- Unterspritzung mit 1 %igem Lokalanästhetikum ohne Adrenalinzusatz oder lokale Applikation von Nitrosalbe (halberbsengroße Menge von 0,2 % Glyceryltrinitratsalbe, vom Apotheker herzustellen, da nicht als Fertigarzneimittel im Handel) 4 × pro Tag zur Sphinkterrelaxation oder Injektion von Botulinumtoxin (0,4 ml, 20 Einheiten) an beiden Seiten der Fissur mit einer 27-G-Injektionskanüle
- warme Sitzbäder 3 ×/Tag mit Kamillosan oder Tannolact
- kortikoidfreie Salbe
- Analdehnung bei ausgeprägter Sphinkterhypertonie (die Dehnungsbehandlung wird vom Patienten selbst zu Hause durchgeführt)

Beim Scheitern der konservativen Therapie ist die Operation mit Durchführung einer lateralen Sphinkterotomie und/oder Fissurektomie anzustreben.

41.28.3 Analfisteln

engl.: anal fistula

Anorektale Fisteln entstehen als Folge eines Abszesses, der von der Kryptenregion ausgeht. Das Fistelleiden ist typisch für den Morbus Crohn (s. S. 757), kann jedoch auch ohne Vorliegen dieser Erkrankung auftreten. Im Einzelnen wird auf Lehrbücher der Chirurgie verwiesen.

41.28.4 Hämorrhoidalleiden

engl.: haemorrhoids

Definition. Beim Hämorrhoidalleiden liegt eine Vergrößerung des arteriell versorgten inneren Hämorrhoidalplexus (Corpus cavernosum recti) vor.

Epidemiologie. Das Hämorrhoidalleiden kommt häufig vor: Prävalenz 4,4% der Bevölkerung, am häufigsten zwischen dem 45. – 65. Lebensjahr und ist gleich häufig bei Frauen und Männern anzutreffen.

Ätiologie und Einteilung. Die Erkrankung ist meist auf sozioökonomische Einflüsse zurückzuführen, d. h. Bewegungsmangel, falsche Ernährungsgewohnheiten mit Obstipation und Laxanzienabusus, starkem Pressen bei der Defäkation.
Man unterteilt das Hämorrhoidalleiden in 4 **Schweregrade:**

- Grad 1: nur proktoskopisch sichtbare submuköse Polster
- Grad 2: bei Bauchpresse in den unteren Analkanal oder vor den Anus prolabierende Knoten mit spontaner Retraktion
- Grad 3 prolabierende Knoten ohne spontane Retraktion, jedoch manuell reponierbar
- Grad 4: äußere, nicht reponierbare Knoten

Klinik. Blutungen können bei allen Schweregraden auftreten. Typisch für eine Hämorrhoidalblutung ist das Auftreten **frischen, hellroten Blutes**, das dem Stuhl aufgelagert ist, oder bei der Reinigung des Afters am Toilettenpapier sichtbar wird. Außerdem können Pruritus ani, Sekretion (Nässen), Stuhlschmieren und Kontinenzstörungen auftreten.

Diagnostik. Die Diagnose lässt sich nur durch die **Proktoskopie** stellen, wobei man zur Feststellung des Schweregrades den Patienten pressen lassen muss (Abb. 41.30). Außen sichtbare, schmerzhafte Schwellungen sind meist auf perianale Thrombosen (intravasale Thromben im Plexus haemorrhoidalis inferior) oder deren Folgezustände, die fibrosierten vergrößerten Hautfalten (Marisken), zurückzuführen. Diese Zustände werden fälschlicherweise als „äußere Hämorrhoiden" bezeichnet.
Bei peranalem Blutabgang (Hämatochezie) darf sich die Untersuchung nicht auf die Proktoskopie beschränken; es muss zum Ausschluss einer Blutungsquelle aus dem oberen Dickdarm eine totale Koloskopie durchgeführt werden.

Therapie. Die symptomfreie Vergrößerung des Plexus hämorrhoidalis wird nicht therapiert. Im Vordergrund steht eine genaue Aufklärung des Patienten hinsichtlich einer **Änderung der Lebens- und Essgewohnheiten:** Bewegung, Steigerung der Flüssigkeitszufuhr, ballaststoffreiche Ernährung (3 × 2 Esslöffel Weizenkleie). Am verbreitetsten ist die **Sklerosierungstherapie** mit 1%igem Äthoxysklerol. Am wirksamsten (beste Dauerergebnisse) bei Hämorrhoiden 2. Grades ist die **Gummibandligatur.** Hierbei kann es nicht selten zu Nachblutungen kommen. Nur in seltenen Fällen ist ein operatives Vorgehen

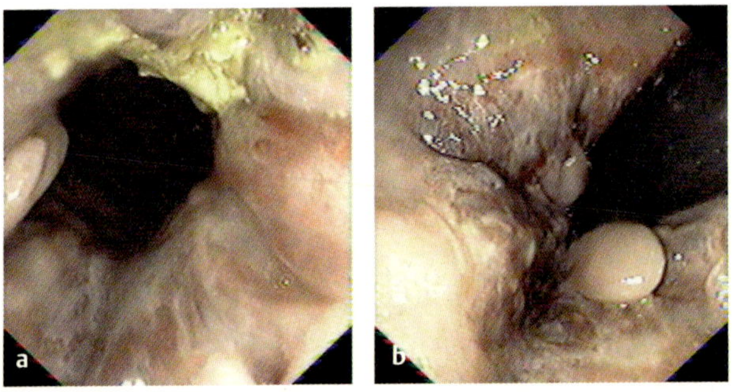

Abb. 41.30 Hämorrhoiden II. Grades. a Prograde Ansicht der Hämorrhoiden bei flexibler Endoskopie, **b** retrograder Blick vom Rektum in Richtung Anus.

notwendig (Technik nach Milligan-Morgan oder modifizierte plastische Verfahren).

41.28.5 Proctalgia fugax

Bei der Proctalgia fugax besteht ein schmerzhafter, **lokalisierter Spasmus** im Analbereich, der einige Minuten dauert und dann spontan abklingt. Organveränderungen liegen nicht vor. Diagnostisch ist der Ausschluss einer zugrundeliegenden Analerkrankung erforderlich. Die **Therapie** besteht in Wärmeapplikation (heißes Sitzbad), allgemein sedativ-spasmolytische Behandlung, Beseitigung einer begleitenden Obstipation und lokaler Applikation von Nitraten (Glyceroltrinitrat-Salbenzubereitung aus der Apotheke).

41.28.6 Anal- und Rektumprolaps

Analprolaps

Durch jahrelanges vermehrtes Pressen bei der Defäkation, z. B. bei chronischer Obstipation, kann es durch eine Insuffizienz des muskulären Halteapparates der Beckenbodenmuskulatur und des M. canalis ani zu einem Tiefertreten des Analkanals kommen. Hieraus kann dann ein partieller oder totaler Analprolaps entstehen, der zunächst nur beim Pressvorgang selbst, später auch allein in aufrechter Körperhaltung auftritt. Es resultiert zumeist eine relative Inkontinenz mit Pruritus ani.
Die Diagnose wird klinisch gestellt, indem der Patient zum Pressen aufgefordert wird. Man erkennt dann das Tiefertreten des gesamten Analkanals, das prolabierende Gewebe weist eine radiäre Schleimhautfältelung auf. Die Therapie ist zumeist operativ.

Rektumprolaps

Ein Rektumprolaps entsteht, wenn bei tief stehender peritonealer Umschlagfalte während der Defäkation eine Invagination der Rektum- bzw. auch der Sigmaschleimhaut in den Analkanal und durch ihn hindurch erfolgt. Es tritt dann Rektumschleimhaut nach außen hervor. Dies lässt sich klinisch einfach nachweisen und grenzt den Befund vom Analprolaps ab. Im Akutfall sollte ein Versuch der manuellen Reposition unternommen werden. Langfristig ist ausschließlich die chirurgische abdominelle Rektopexie erfolgversprechend.

41.28.7 Proktitis und Pouchitis

Ätiopathogenese. Die häufigsten entzündlichen Veränderungen des Rektums entstehen im Rahmen **chronisch entzündlicher Darmerkrankungen** (s. S. 757 ff.). Jedoch können auch andere Ursachen zu einer Proktitis führen:

- **Strahlenproktitis:** nach Strahlentherapie des kleinen Beckens, z. B. bei gynäkologischen Tumoren; tritt häufig erst nach langer Latenz auf
- **infektiöse Proktitis:** durch verschiedene Erreger wie Treponema pallidum, Neisseria gonorrhoeae, Zytomegalie-, Herpesviren, Chlamydien oder Mykoplasmen bedingt (insbesondere bei Patienten mit AIDS zu erwarten)
- **Pouchitis:** Entzündung des Neorektums nach ileoanaler Pouchoperation (z. B. bei Colitis ulcerosa), die bei ca. 30 % aller Patienten postoperativ zu erwarten ist; die Genese ist unklar

Klinik. Eine Proktitis führt zu häufigem Stuhldrang, der als fäkale Inkontinenz imponieren kann. Der Stuhlgang ist häufig mit Blut- und Schleimabgängen sowie krampfartigen Schmerzen (Tenesmen) verbunden.

Diagnostik. Die Diagnose wird endoskopisch und bioptisch gesichert.

Therapie. Symptomatisch haben sich bei allen Proktitisformen einschließlich der Pouchitis Glukokortikoid- oder Mesalazinsuppositorien oder -klysmen (Salofalk) bewährt. Die infektiöse Proktitis wird entsprechend den nachgewiesenen Erregern behandelt. Die Pouchitis spricht oft gut auf eine Therapie mit Metronidazol 2 – 3 × 400 mg/d und/oder Budenosid-Klysmen an.

41.28.8 Stuhlinkontinenz

engl.: fecal incontinence

Definition. Unfähigkeit, den Stuhl- und/oder Windabgang willkürlich zu kontrollieren. Man kann prinzipiell zwischen einer Grob- (Unfähigkeit, festen Stuhl zu halten) und einer Feininkontinenz (Unfähigkeit, breiig-flüssigen Stuhl zu halten) unterscheiden.

Epidemiologie. Die Prävalenz bei Berufstätigen ist mit ca. 4:1 000 sehr gering. Bei über 65-Jährigen steigt sie jedoch sprunghaft auf 5 % an. Bei pflegebedürftigen Patienten und Heimbewohnern ist in bis zu 50 % der Fälle mit einer analen Inkontinenzproblematik zu rechnen (hohe Dunkelziffer).

Ätiopathogenese. Insbesondere im Hinblick auf die therapeutische Option ist es wichtig, die unterschiedlichen Ursachen zu kennen:

- **muskuläre Inkontinenz:** direkte traumatische Schädigung der Sphinktermuskulatur, z. B. postoperativ, nach Pfählungsverletzung, durch Analfisteln oder durch Denervierung der Muskulatur durch Dehnungsschaden des N. pudendus nach vaginalen Geburten
- **sensorische Inkontinenz:** im Rahmen einer Polyneuropathie (z. B. Diabetes mellitus) oder nach Entfernung der sensiblen Analschleimhaut durch Hämorrhoidenoperation
- **neurogene Inkontinenz:** bei Schädigung des Sakralmarks, z. B. traumatisch oder bei Spina bifida, zerebralen Läsionen im frontalen Kortex oder ZNS-Systemerkrankungen wie multipler Sklerose
- **eingeschränkte Reservoirfunktion:** nach operativer Verkleinerung des Rektums (anteriore Rektumresektion) sowie bei verminderter Wandelastizität des Rektums im Rahmen einer Proktitis

Diagnostik. Nach ausführlicher Anamnese kann durch den **Infusionsretentionstest** das Ausmaß der Inkontinenz grob quantifiziert werden. Normalerweise können > 0,8 l Wasser eingehalten werden. Die anorektale Manometrie sowie das Analsphinkter-EMG dienen zur differenzierten Ursachenklärung. Die anale Endosonografie kann lokalisierte Sphinkterdefekte nachweisen.

Therapie. Bei diffuser muskulärer sowie sensorischer Inkontinenz sollte ein Biofeedback-Training versucht werden. Umschriebene Sphinkterdefekte können operativ rekonstruiert werden. Alternativ kann ein operativer Aufbau eines künstlichen Verschlussapparates („Post Anal Repair“) versucht werden. Bei neurogener Inkontinenz bleibt als Ultima Ratio oft nur die Anlage eines Kolostomas.

Weiterführende Informationen

Leitlinien zu Helicobacter pylori und gastroduodenale Ulkuskrankheit, kolorektales Karzinom, M. Crohn, Colitis ulcerosa, Refluxkrankheit und Reizdarmsyndrom im Internet über http://www.dgvs.de

Zöliakie beim Erwachsenen über http://www.dzg.de

Leber, Gallenwege, Pankreas

J

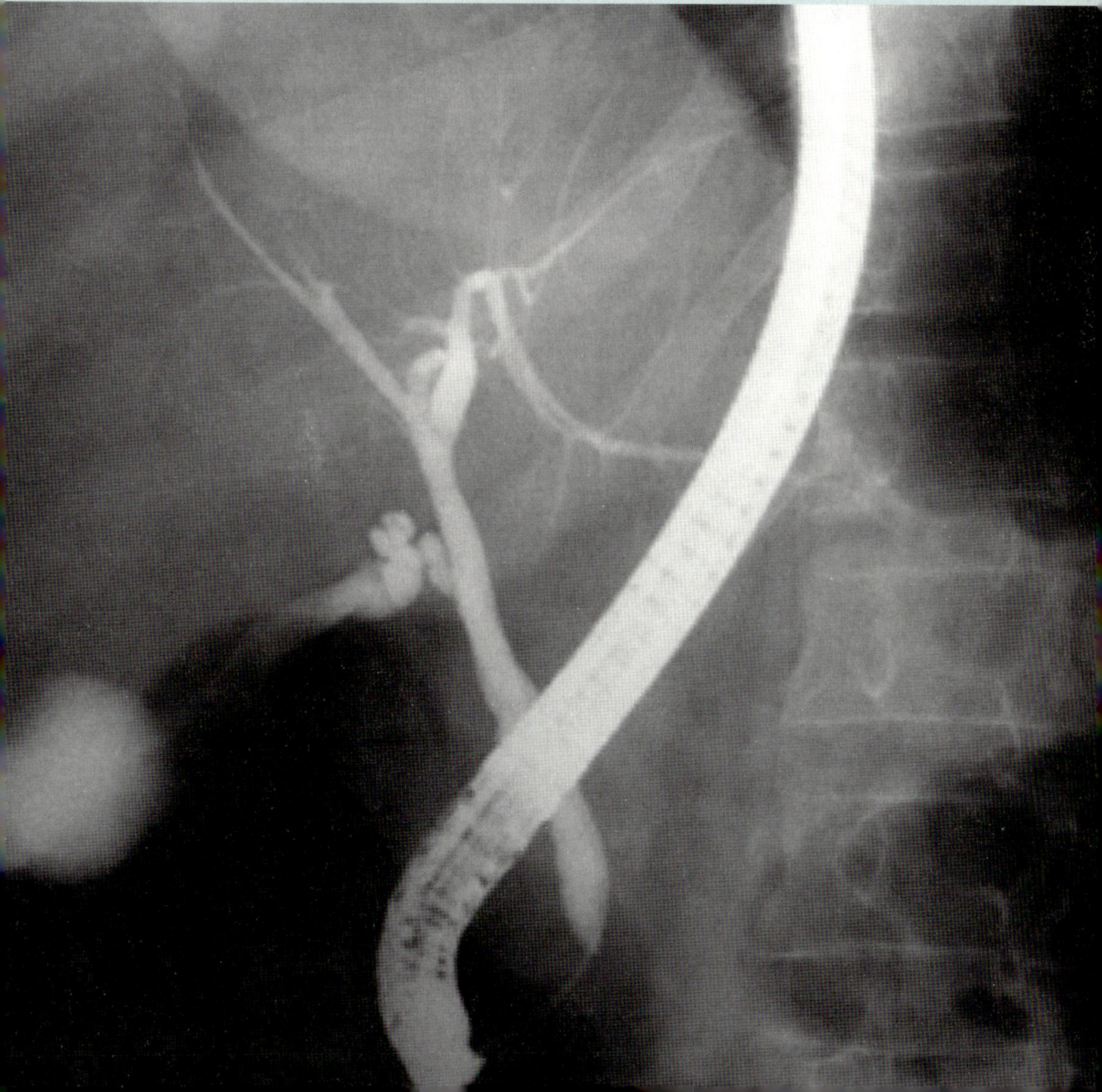

42 Leber und intrahepatische Gallenwege

Johannes Hadem, Michael P. Manns, Martin Caselitz

Vorbemerkung. Die Hepatologie ist wie kein anderes Fachgebiet der Inneren Medizin durch Interdisziplinarität und ein breites Spektrum an therapeutischen Ansätzen gekennzeichnet. Die Therapie der viralen Hepatitiden erschließt sich nur dem gründlich in Immunologie und Virologie geschulten Hepatologen. Die Differenzialdiagnostik der häufigen Leberrundherde erfordert solide Kenntnisse der hepatischen Sonografie. Die Therapie des hepatozellulären Karzinoms plant der onkologisch versierte Hepatologe zusammen mit den Kollegen der hepatobiliären Chirurgie. Daneben agiert der Hepatologe bei Patienten mit akutem Leberversagen oder dekompensierter Leberzirrhose häufig im Bereich der Intensivmedizin und verfügt über endoskopisch-interventionelle Expertise bei der zeitkritischen Stillung akuter Varizenblutungen. Alle oben genannten Teilaspekte der Hepatologie bieten vielfältige Möglichkeiten für wissenschaftliche Projekte. Das folgende Kapitel vermittelt die praxisrelevanten Fakten für Diagnostik und Therapie häufiger hepatologischer Erkrankungsbilder.

42.1 Grundlagen

42.1.1 Anatomie

Die Leber liegt intraperitoneal unter der rechten Zwerchfellkuppe hinter dem rechten Rippenbogen. Das Lig. falciforme und das Lig. teres hepatis unterteilen die Leber in den **größeren Lobus dexter** und den **kleineren Lobus sinister.** An der Unterfläche der Leber befindet sich die Leberpforte, die als Eintrittstelle für die V. portae und A. hepatica propria sowie als Austrittsstelle für den Ductus hepaticus communis dient.

Blut erhält die Leber sowohl aus dem systemischen Kreislauf über die **A. hepatica propria** als auch aus dem portalen Kreislauf durch die **V. portae.** Sie führt O_2-armes, aber sehr nährstoffreiches Blut in die Leber.

Strukturelle Einheit der Leber ist das polygonale **Leberläppchen**. An den Ecken dieses Leberläppchens befinden sich die **Portalfelder** mit dem Glisson-Dreieck (periportales Feld), bestehend aus einem Ast der V. portae, einem Ast der A. hepatica propria und einem Gallengang. Im Zentrum des Polygons verläuft die **Zentralvene**. Zwischen Portalfeldern und Zentralvene sind die Hepatozyten in Bälkchen angeordnet. Sie werden vom Blut der Lebersinusoide umspült (**Abb. 42.1**).

42.1.2 Physiologie

Die Leber ist das **zentrale Stoffwechselorgan**. Durch ihre Synthese- und Metabolisierungsfunktion spielt sie eine bedeutende Rolle im Kohlenhydrat-, Eiweiß- und Fettstoffwechsel. Weiterhin hat die Leber eine wesentliche **Entgiftungsfunktion** sowohl für körperfremde als auch körpereigene Substanzen. Die bei

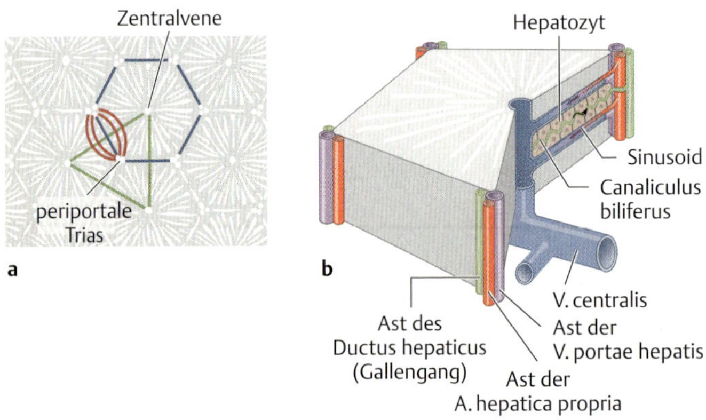

Abb. 42.1 Anatomie der Leber.
a, b Strukturelle Gliederung der Leber: Lebervenenläppchen (blau), Leberazinus (rot), Portalvenenläppchen (grün) (**a**), Zentralvenenläppchen (**b**) (aus Prometheus, LernAtlas der Anatomie, Thieme)

diesen Vorgängen in der Leber entstehenden Produkte können auf zwei Wegen abgegeben werden:

- direkte Abgabe in die Blutbahn
- Ausscheidung mit der Gallenflüssigkeit

42.2 Diagnostik

42.2.1 Anamnese und klinische Untersuchung

Anamnese

Die hepatologische Anamnese sollte folgende Ereignisse und Symptome der Krankengeschichte abfragen:

- Leistungsminderung, Müdigkeit, Schlafstörungen, Vigilanzminderung
- Appetitlosigkeit, Übelkeit, Erbrechen
- Bluterbrechen, Teerstuhl
- Oberbauchschmerzen, Völlegefühl
- Ikterus, Entfärbung des Stuhls, Dunkelfärbung des Urins, Juckreiz
- Zunahme des Bauchumfangs und des Körpergewichts, Auftreten einer Nabelhernie, Luftnot, Beinödeme
- Durchfall, Obstipation
- Fieber, Gewichtsverlust, Nachtschweiß
- Bluttransfusionen, Piercing, Tattoos, Nadelstichverletzungen, Drogenkonsum, Ikterus bei Lebenspartnern, Auslandsaufenthalte, Impfstatus
- Begleiterkrankungen und deren Therapie (z. B. Immunsuppressiva)
- Alkoholkonsum (hier muss evtl. auch mittels Fremdanamnese im Detail eruiert werden, welche Alkoholika wie oft in der Woche konsumiert werden), aktuelle Medikation (immer explizit nach Paracetamol fragen), berufliche Exposition gegenüber lebertoxischen Substanzen
- Lebererkrankungen in der Familie

Klinische Zeichen der Lebererkrankung

Die klinischen Zeichen bei Lebererkrankungen sind in **Tab. 42.1** zusammengefasst. Sie besitzen eine unterschiedliche Signifikanz im Hinblick auf die Erkennung einer Lebererkrankung. Beispiel für einen Befund mit hoher Spezifität ist der Kayser-Fleischer-

Tab. 42.1 Klinische Zeichen bei Lebererkrankungen

Klinische Zeichen	Hinweis auf...
(Skleren-)Ikterus, heller Stuhl, dunkler Urin	Cholestase
(sub-)febrile Temperaturen	spontane bakterielle Peritonitis, Sepsis
abgeschwächter abdomineller Klopfschall (abhängig von der Lagerung des Patienten, sog. „shifting dullness“)	Aszites (evtl. mit hepatischem Hydrothorax) bei dekompensierter Leberzirrhose
Adipositas	nicht alkoholische Steatohepatitis
Ataxie, Tremor, Abfall der schulischen Leistung	Erstmanifestation eines Morbus Wilson
CREST-Syndrom	primär biliäre Zirrhose
Dupuytren-Kontraktur	(alkoholische) Leberzirrhose
Emphysem	Alpha-1-Antitrypsin-Mangel
hepatische Enzephalopathie, ggf. mit Asterixis (sog. „Flapping tremor“ im überstreckten Handgelenk bei ausgestrecktem Arm)	akutes oder chronisches Leberversagen
Exanthem	Herpersvirusinfektion
Hepatomegalie	Fettleber, virale Hepatitis, Kongestion bei Herzinsuffizienz oder Budd-Chiari-Syndrom, Tumor

Fortsetzung ►

Tab. 42.1 Fortsetzung

Klinische Zeichen	Hinweis auf...
Hyperpigmentation	primär biliäre Zirrhose, Hämochromatose („Bronzediabetes“)
Kayser-Fleischer-Kornealring	Morbus Wilson
Kratzspuren	Juckreiz bei chronischer Cholestase
Lichen planus	primär biliäre Zirrhose, Autoimmunhepatitis, chronische Hepatitis C
muskuläre Hypotrophie, Fettgewebsschwund	Malnutrition i.R. einer chronischen (Leber-)Erkrankung
neurologische Herdzeichen, Pupillendifferenz (v. a. bei zurückliegendem Trauma)	intrakranielle Blutung bei Lebersynthesestörung
Palmarerythem, Weißnägel (Leukonychie)	Leberzirrhose
paraumbilikale superfizielle Venen (falls ausgeprägt „Caput medusae“)	portosystemische Kollateralen bei portaler Hypertension
Porphyria cutanea tarda	chronische Hepatitis C
Purpura, Hämatome	Thrombozytopenie bei Hypersplenismus
Spider-Teleangiektasien	Leberzirrhose, portale Hypertension
Splenomegalie	Leberzirrhose, Verschluss von Lebervenen oder Pfortader, chronische Hepatitis, chronische Hämolyse, Lymphom, Myeloproliferation
subkonjunktivale Einblutung	Lebersynthesestörung bei akutem oder chronischem Leberversagen
süßlicher, leicht fäkaler Geruch (Foetor hepaticus)	Leberentgiftungsstörung bei Leberzirrhose
testikuläre Atrophie, weibliche Körperhaarverteilung, Gynäkomastie	Leberzirrhose
Vitiligo, Alopezie, Thyreoiditis	Autoimmunphänomene bei primär biliärer Zirrhose, Autoimmunhepatitis oder chronischer Hepatitis
warme Peripherie, Tachykardie, Hypotension	Sepsis, akutes Leberversagen
Xanthelasmen	chronische Cholestase, z. B. bei primär biliärer Zirrhose

Kornealring, wohingegen die Spider-Teleangiektasie recht unspezifisch ist.

42.2.2 Labor

Die Enzymdiagnostik kann bei der Diagnosefindung bereits wichtige Hinweise liefern.

Entzündliche Aktivität? Leberzellnekrose?

- Aminotransferasen: Alanin-Aminotransferase (ALT, syn. Glutamat-Pyruvat-Transaminase, GPT), Aspartat-Aminotransferase (AST, syn. Glutamat-Oxalacetat-Transaminase, GOT)
- Glutamat-Dehydrogenase (GLDH)
- Gamma-Glutamyl-Transferase (γ-GT)

Die Höhe des Enzymanstiegs korreliert in etwa mit dem Ausmaß der Leberschädigung. Bei leichteren Leberparenchymschäden sind vor allem die membrangebundenen Enzyme (γ-GT) und die intrazellulären Enzyme (AST, ALT) im Serum erhöht. Hier ist das Verhältnis von AST/ALT (der sog. De-Ritis-Quotient) häufig < 1. Bei schweren Parenchymschäden (z. B. zurückliegende Leberischämie im Rahmen hämodynamischer Instabilität) sind zusätzlich erhöhte Werte der mitochondrialen Enzyme (GLDH) im Serum zu messen, und der De-Ritis-Quotient ist oft > 1. Allerdings ist zu beachten, dass in der Erholungsphase nach Schädigung die AST aufgrund kürzerer Halbwertzeit regelmäßig schneller abfällt als die ALT, sodass der De-Ritis-Quotient in dieser Zeit wieder Werte < 1 annehmen kann. Umgekehrt findet sich ein positiver De-Ritis-Quotient mit führender AST nicht selten bei Patienten mit fortgeschrittener Leberfibrose.

Cholestase?

- γ-GT
- alkalische Phosphatase (AP)
- Bilirubin (konjugiert/unkonjugiert)

Zu beachten ist, dass die AP im Serum die Summe der Aktivitäten unterschiedlicher AP-Isoenzyme (Gallengangs-, Knochen-, Dünndarm-, Leber-AP) reflektiert. Die häufigsten Ursachen einer führend erhöhten γ-GT (evtl. mit mäßig erhöhten Aminotransferasen) sind hepatotoxische Medikamente, die Fettleber(-hepatitis) und postseptische oder postischämische Cholangiopathien (die Gallenwege werden nur arteriell und nicht wie das umgebende Leberparenchym zusätzlich portalvenös versorgt), die später in eine sekundäre sklerosierende Cholangitis (SSC) münden können.

Lebersynthesefunktion?

- INR (auch Quick-Wert)
- Vitamin-K-abhängige Gerinnungsfaktoren (II, VII, IX, X)
- Protein C und S
- Serum-Albumin
- Cholinesterase (CHE)
- Faktor V (kurze Halbwertzeit, Vitamin-K-unabhängige Synthese)

Serum-Albumin, CHE und die INR werden routinemäßig zur Beurteilung der Lebersynthesefunktion herangezogen. Falls Malnutrition, eine akute Infektion und ein Albuminverlust (intestinal oder renal) ausgeschlossen werden können, korreliert das Serum-Albumin gut mit der Lebersynthesefunktion. Ist es erniedrigt, signalisiert dies eine chronische Lebererkrankung und ist prognostisch ungünstig. INR und die Vitamin-K-abhängigen Gerinnungsfaktoren bleiben bei stark eingeschränkter Lebersynthesefunktion trotz Vitamin-K-Gabe erniedrigt. Auch andere Faktoren (V, XI, XII, XIII, Antithrombin und Fibrinogen) werden bei schwerer Leberinsuffizienz nur eingeschränkt synthetisiert, wobei Faktor V aufgrund seiner kurzen Halbwertzeit v. a. bei akuter Leberinsuffizienz diagnostisch von Bedeutung ist. Die genannten Parameter steigen ebenso wie die CHE nach Gabe von Fresh Frozen Plasma an.

Leberentgiftungsfunktion?

- Bilirubin
- Ammoniak (im Plasma)
- Gallensäuren

Diese drei Laborparameter sind häufig bei schlechter hepatozellulärer Entgiftungsfunktion erhöht, unterliegen jedoch erheblichen extrahepatischen Einflüssen. Erhöhte Ammoniakwerte misst man auch bei gleichbleibender Leberleistung bei zunehmender portosystemischer Kollateralisierung (so z. B. nach Anlage eines TIPS, s. S. 802). Deutliche Ammoniakerhöhungen bei Jugendlichen und jungen Erwachse-

Tab. 42.2 Differenzialdiagnose der funktionellen Hyperbilirubinämien

	Morbus Gilbert-Meulengracht	Crigler-Najjar-Syndrom Typ I	Crigler-Najjar-Syndrom Typ II	Dubin-Johnson-Syndrom	Rotor-Syndrom
Vererbungsmodus	autosomal-dominant	autosomal-rezessiv	autosomal-rezessiv	autosomal-rezessiv	autosomal-rezessiv
Bilirubin im Blut	2 – 4 mg/dl unkonjugiert	sehr hoch: 20 mg/dl unkonjugiert	hoch: 6 – 20 mg/dl unkonjugiert	leicht erhöht: 2 – 5 mg/dl konjugiert	leicht erhöht: 2 – 5 mg/dl konjugiert
Alter bei Auftreten des Ikterus	oft zufällig im Jugendalter, bei Stress	erste Tage nach Geburt	erstes Lebensjahr bis 2. Dekade	sehr variabel, 2. Dekade	variabel, Kindesalter
spezielle diagnostische Befunde	Abfall des Bilirubins nach Phenobarbital, konjugiertes Bilirubin kaum nachweisbar	Phenobarbital ohne Effekt auf Bilirubinkonzentration	Phenobarbital senkt Bilirubinkonzentration	Pigmentation der Leber	

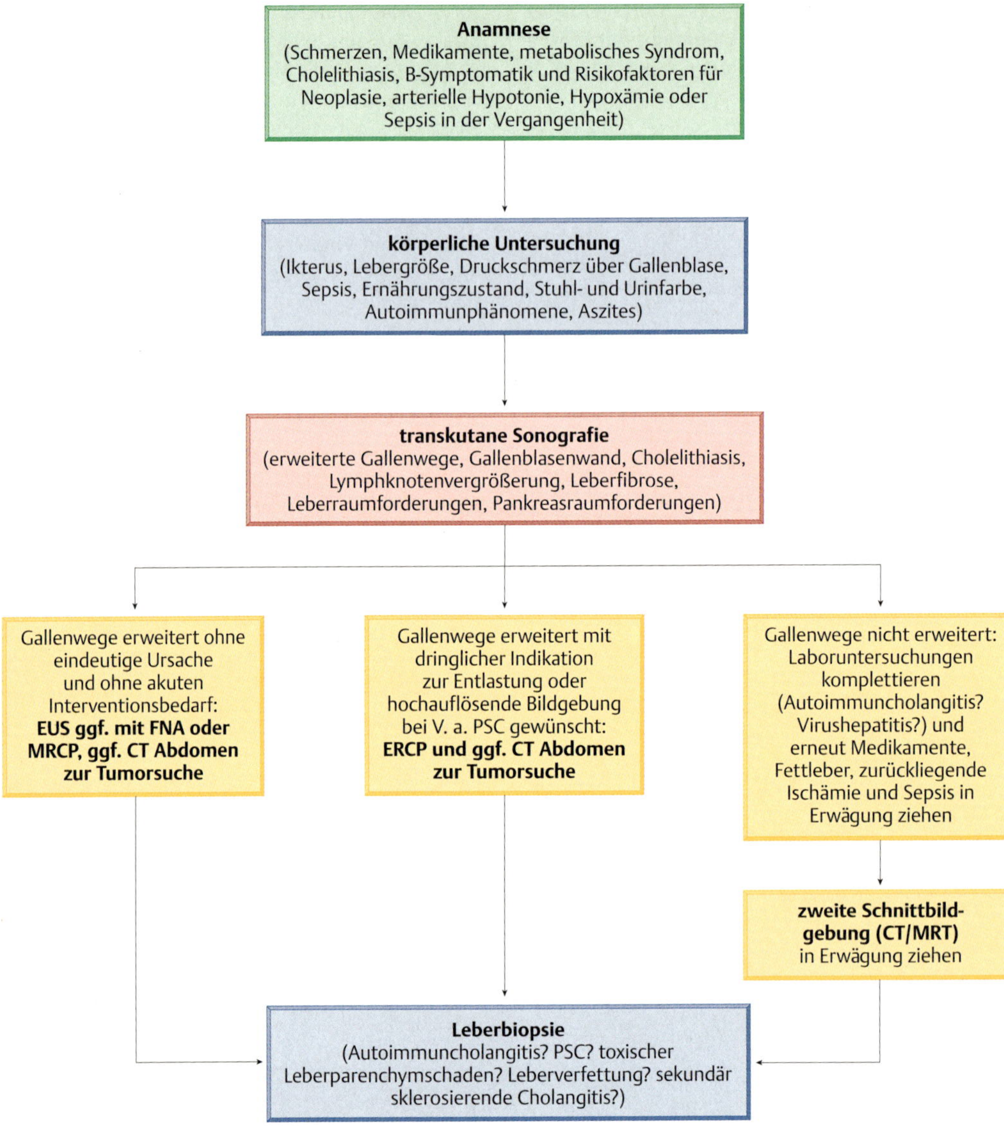

Abb. 42.2 Stufendiagnostik bei unklarer Cholestase. EUS = endoskopischer Ultraschall, FNA = Feinnadelaspiration, MRCP = Magnet-Resonanz-Cholangio-Pankreatikografie, CT = Computertomografie, ERCP = Endoskopische retrograde Cholangio-Pankreatikografie, MRT = Magnet-Resonanz-Tomografie.

nen sollten differenzialdiagnostisch an angeborene Harnstoffzyklusdefekte denken lassen. Auch die Höhe des Bilirubins korreliert nicht unbedingt mit der hepatozellulären und kanalikulären Funktion. Ein Sklerenikterus ist ab einem Gesamtbilirubin > 1,2 mg/dl, der Hautikterus ab einem Gesamtbilirubin > 2,0 mg/dl erkennbar. Neben extrahepatischen Ursachen (Hämolyse) einer Bilirubinerhöhung kommen auch angeborene Bilirubinstoffwechselstörungen (funktionelle Hyperbilirubinämien) als Ursache inrrage (s. **Tab. 42.2**). Die häufigste funktionelle Hyperbilirubinämie ist der **Morbus Gilbert-Meulengracht** mit einer Prävalenz von 2% in der Gesamtbevölkerung.

Bilirubinerhöhungen sind der führende Befund bei Cholestase, d. h. der Störung von Galleproduktion

oder -sekretion. Die Differenzialdiagnose reicht hier von einer hepatischen Insuffizienz im Rahmen einer Sepsis bis zu extrahepatischen Ursachen, z. B. einer Choledocholithiasis oder einer papillären Raumforderung (beide mit initial guter Leberentgiftungsfunktion).
Zur Unterscheidung eines prähepatischen von einem posthepatischen Ikterus kann die Differenzierung zwischen konjugiertem (posthepatischer Ikterus) und unkonjugiertem (prähepatischer Ikterus) Bilirubin sinnvoll sein. Ein möglicher Untersuchungsgang bei unklarer intra- oder posthepatischer Cholestase ist in **Abb. 42.2** wiedergegeben.

Spezielle Laboruntersuchungen

Nachdem die allgemeinen Laboruntersuchungen eine Beurteilung des Schädigungsmusters und eine erste differenzialdiagnostische Eingrenzung ermöglicht haben, gilt es nachfolgend, die Erkrankung mittels spezieller Laboruntersuchungen ätiologisch einzuordnen.

Untersuchungen bei viraler Hepatitis

- Komplementbindungsreaktion (KBR)
  Beispiel: Adenoviren
- Enzym-Linked-Immunosorbent-Assay (ELISA, oftmals automatisiert)
  Beispiele: HBsAG (Antigennachweis), anti-HBs-Ak, anti-HBe-Ak, anti-HBc-Ak, anti-HCV-Ak, anti-HAV-IgM-Ak (Antikörpernachweis), IgM und IgG spezifisch gegen CMV, EBV, HSV, VZV, HHV-6 (Antikörpernachweis)
- Indirekte Immunfluoreszenz (IIF)
  Beispiele: CMV-pp65-early-antigen in Leukozyten
- Polymerasekettenreaktion (PCR)
  Beispiele: HBV-DNA-Viruslast, HCV-RNA-Viruslast, CMV-DNA-Viruslast, EBV-DNA-Viruslast
- Leberbiopsie mit Lichtmikroskopie und DNA-basierten Nachweistechniken
  Beipiele: HSV (In-situ-Hybridisierung oder PCR)

Untersuchungen bei bakteriellem, mykotischem oder parasitärem Leberbefall

- Blutausstrich
  Beispiel: Plasmodium falciparum
- Blutkulturen
  Beispiele: Leptospiren
- Kulturen aus Leberaspirat, Galle oder Stuhl
  Beispiele: Cholangitis durch Escherichia coli, Abszess durch Yersinien oder Entamoeba histolytica, hepatische Aspergillose
- Stuhlmikroskopie
  Beispiele: Clonorchis sinensis, Entamoeba histolytica,
- Enzym-Linked-Immunosorbent-Assay (ELISA)
  Beispiele: Echinococcus granulosus
- Leberbiopsie mit Spezialfärbungen
  Beispiele: M. tuberculosis (Ziehl-Neelsen), Aspergillus (Grocott)

Untersuchungen bei autoimmunen Lebererkrankungen

- indirekte Immunfluoreszenz (IIF)
  Beispiele: AMA = antimitochondriale Antikörper, ANA = antinukleäre Antikörper, ANCA = antineutrophile zytoplasmatische Antikörper, LKM = mikrosomale Antikörper (Leber/Niere), SLA = Antikörper gegen lösliches Leberantigen, SMA = Antikörper gegen glatte Muskulatur
- Leberbiopsie mit Lichtmikroskopie

Untersuchungen bei vermutetem Lebertumor

- **α-Fetoprotein** (erhöht bei hepatozellulärem Karzinom [HCC], aber auch bei Hodentumor, Leberregeneration nach akuter Schädigung): Dieser Parameter ist diagnostisch für ein HCC 1. bei ansteigenden Werten im Verlauf auf dem Boden einer Leberzirrhose und 2. bei Werten > 200 µg/l plus Nachweis einer HCC-typisch vaskularisierten hepatischen Raumforderung in einer (wenn RF > 2 cm) bzw. zwei (wenn RF 1-2 cm) dynamischen Bildgebungen. Kommt es kurz nach einem akuten Leberversagen zu einem deutlichen Anstieg, so signalisiert dies ein gesteigertes Potenzial zur Regeneration und besitzt möglicherweise prognostische Aussagekraft.
- **CA 19-9:** Dieser Parameter ist bei cholangiozellulärem Karzinom, aber auch bei anderen cholestatischen Erkrankungen und der Fettleberhepatitis erhöht.

42.2.3 Bildgebende Verfahren

Transkutane Sonografie

Die transkutane Sonografie der Leber ist ein elementares, heute überall verfügbares Untersuchungsverfahren zur Beurteilung des Leberparenchyms. Im Gegensatz zur Computertomografie und der Magnetresonanztomografie kann die Sonografie bewegte Bilder generieren und dem Hepatologen einen tiefen Einblick in Lebererkrankungen liefern. Zusätzlich zur konventionellen „B-Bild-Sonografie" sind in den letzten Jahren zahlreiche spezielle sonografische Anwendungen entwickelt worden: Farbdopplersonografie, Duplexsonografie, Power-Doppler, Kontrastmittel-Sonografie und dynamische transiente Elastografie (Fibroscan®). In der hepatologischen Praxis hat die Sonografie ihren festen Platz

- zum Nachweis und Einordnung umschriebener Leberparenchymveränderungen (z. B. Zyste, Hämangiom, hepatozelluläres oder cholangiozelluläres Karzinom)
- zum Nachweis von Leberumbauzeichen und zur Quantifizierung der Leberfibrose
- zur Beurteilung der hepatischen Gefäße (z. B. Verlauf der Lebervenen, Budd-Chiari-Syndrom, Pfortaderthrombose)
- zur Beurteilung extra- und intrahepatischer Gallenwege (z. B. Cholangitis, Konkremente) und der Gallenblase
- zur Beurteilung extrahepatischer Manifestationen der Lebererkrankung (Lymphknoten im Lig. hepatoduodenale, Milzgröße, portosystemische Kollateralen, große spontane Shunts, Aszites, Duplexsonografie der Nieren)
- zur Überwachung von Eingriffen an der Leber (perkutane Ethanolinjektion, Radiofrequenzablation).

Interventionelle Endosonografie (EUS)

Die Endosonografie des hepatobiliären Systems ist indiziert bei vermuteter, jedoch noch ungesicherter Choledocholithiasis, unklaren Prozessen in der Papillenregion, zum Staging eines vermuteten cholangiozellulären Karzinoms (auch als Minisonden-EUS) sowie als Feinnadelaspirations-EUS zur Gewinnung einer Zytologie z. B. von Lymphknotenmetastasen.

Computertomografie (als Spiral- oder Multidetektor-CT)

Die Indikation besteht z. B. bei unklarem Sonografiebefund, zum Staging bei Tumoren und zur Beurteilung der Ausdehnung einer Pfortaderthrombose vor einer Lebertransplantation. Standardmäßig wird neben einer Nativ-CT eine kontrastmittelverstärkte früharterielle und portalvenöse Leberparenchymdarstellung durchgeführt. Bei Verdacht auf Hämangiom oder hepatozelluläres Karzinom sind Darstellungen in einer späteren Kontrastmittelphase notwendig.

Magnetresonanztomografie (MRT) und Magnetresonanz-Cholangiopankreatikografie (MRCP)

Die MRT hat in der nativen Bildgebung eine der CT vergleichbare Aussagekraft. Von Bedeutung ist die Kontrastmittel-MRT: Gadolinium-Verbindungen erlauben Rückschlüsse auf die Lebervaskularisation. Hepatospezifische Kontrastmittel (in Erprobung) können hepatische von nicht hepatischen Raumforderungen unterscheiden. Retikuloendotheliale Kontrastmittel (Eisenoxidpartikel) können ebenfalls zur Leberkontrastierung (Erkennung von Metastasen) eingesetzt werden.
Die MRCP ist durch die Anwendung moderner Hoch- und Mittelfeldsysteme (1,0 – 1,5 – 3,0 Tesla) in Konkurrenz zum EUS und der ERCP getreten und hat sich neben dem EUS bei der Diagnostik von Choledocholithiasis, biliärer Pankreatitis und der Gallengangstenose etabliert. Die MRCP ist immer dann eine Alternative, wenn eine therapeutische Intervention unwahrscheinlich oder eine ERCP aus anatomischen Gründen (z. B. nach Roux-Y-Anastomose) nicht möglich ist.

Positronenemissionstomografie (PET)

Die PET kann in der Standarduntersuchung als FDG-PET eine für Tumoren typische gesteigerte Glykolyserate diagnostizieren und so Lebermetastasen recht gut erkennen. Da differenzierte hepatozelluläre Karzinome eine sehr variable FDG-Speicherung aufweisen, ist die Abgrenzung von gesundem Leberparenchym oft nicht eindeutig möglich, weshalb die Untersuchung hier von eingeschränkter Bedeutung ist.

42.2.4 Endoskopische Verfahren

Ösophagogastroduodenoskopie

Sie erlaubt die Beurteilung von Ösophagus- und Magenfundusvarizen und einer portalen Gastropathie. Weitere Informationen s. S. 688.

Endoskopische retrograde Cholangiopankreatikografie (ERCP)

Während eine primäre diagnostische ERCP fast nur noch bei vermuteter (primär) sklerosierender Cholangitis zu rechtfertigen ist (ansonsten sind die EUS oder MRCP erste Wahl), kommt die ERCP immer dann zum Einsatz, wenn eine zytologisch-histologische Diagnostik im Gallenwegsystem oder eine therapeutische Maßnahme im Bereich der großen Gallenwege wahrscheinlich ist. Beispiele sind die Steinextraktion bei gesicherter Cholelithiasis oder die Stentimplantation bei Gallengangstenose. Ist ein endoskopischer Zugang zum Gallenwegsystem nicht möglich, kann die Intervention auch von perkutan als perkutane transhepatische Cholangiografie (PTC) erfolgen.

Leberbiopsie und Feinnadelaspiration

Die Leberbiopsie ist das genaueste Verfahren zur Evaluation von Art und Ausmaß einer Leberschädigung. Sie kann als transhepatische, transjuguläre oder laparoskopische Leberbiopsie durchgeführt werden. Ziel ist die Gewinnung eines 1,5 cm langen Zylinders, um mindestens 8 Portalfelder mikroskopisch beurteilen zu können. Zu den Indikationen zählen:

- Diagnostik, Grading und Staging bei (nicht)alkoholischer und autoimmuner Hepatitis
- Diagnostik, Grading und Staging bei chronischer viraler Hepatitis
- Diagnostik des Morbus Wilson mit quantitativer Kupferbestimmung
- Diagnostik der Hämochromatose mit quantitativer Eisenbestimmung
- Evaluation unklar erhöhter Leberwerte (auch nach Transplantation)
- Feinnadelaspiration unter kontinuierlicher sonografischer Kontrolle: Diagnostik unklarer Leberraumforderungen

42.3 Hepatitis

42.3.1 Akute Hepatitis

engl.: acute hepatitis

Definition. Unter einer akuten Hepatitis versteht man eine innerhalb von Tagen bis wenigen Wochen auftretende Inflammation des Leberparenchyms mit deutlicher Aminotransferasenaktivität und fehlendem Hinweis für eine vorbestehende Lebererkrankung. Davon abgegrenzt werden sollte die sog. „akut-auf-chronische Hepatitis“, die durch eine akute Leberparenchyminflammation auf dem Boden einer chronischen Lebererkrankung gekennzeichnet ist.

> **!** **Arztmeldung an das Gesundheitsamt bei Verdacht, Erkrankung oder Tod durch akute virale Hepatitis!**
> **Labormeldung an das Gesundheitsamt bei Nachweis einer akuten viralen Hepatitis!**

Ätiopathogenese

Die akute Hepatitis wird meist durch eine Infektion der Leber mit hepatotropen Viren hervorgerufen. Hier kommen neben den Hepatitisviren A – E auch das Herpes-simplex-Virus, Zytomegalievirus, Epstein-Barr-Virus und möglicherweise auch das Humane Herpes-Virus 6 und Adenoviren infrage. Etwa 50 % aller Patienten mit Autoimmunhepatitis zeigen klinisch eine akute Hepatitis, die selten bis zum akuten Leberversagen führen kann. Weiterhin differenzialdiagnostisch zu berücksichtigen sind die alkoholinduzierte, die medikamententoxische und die Fettleberhepatitis, die sog. ischämische Hepatitis (nach kardiogenem Schock) sowie die Exazerbation eines vorbestehenden Morbus Wilson (**Tab. 42.3**).

Klinik

Die Symptomatik der akuten Hepatitis lässt anfangs keinen Rückschluss auf die Ätiologie zu, letztere beeinflusst die Prognose jedoch entscheidend (z. B. selbstausheilende Hepatitis A vs. akuter Schub eines Morbus Wilson). Während des **Prodromalstadiums** kommt es in variabler Ausprägung zu Abgeschlagenheit, Müdigkeit, Muskelschmerzen, Schwäche, Übelkeit, Erbrechen und Arthralgien. In der Folge können Ikterus und Cholestase auftreten, welche häufig von druckdolenter Hepatomegalie begleitet sind. In **Tab. 42.4** sind die fünf primär hepatotropen Viren vergleichend gegenübergestellt.

Diagnostik

vgl. S. 796 ff.

Anamnese. Fragen nach kürzlich stattgefundenem Urlaub (Mittelmeer, Tropen, Asien oder indischer Subkontinent), Beruf, Bluttransfusionen vor 1990, Drogenabusus, wechselnden Sexualpartnern, zurückliegendem kardiogenem Schock, Autoimmunerkrankungen; außerdem typische klinische Symptome abfragen, wie Arthralgien, Appetitlosigkeit, Übelkeit, Diarrhö.

Klinische Untersuchung. Ikterus, (schmerzhafte) Lebervergrößerung, subfebrile Temperaturen, flüchtiges Exanthem.

Tab. 42.3 Differenzialdiagnose der akuten viralen Hepatitis

Erkrankung	Bedeutung	Kommentar
alkoholische Hepatitis (s. S. 836)	+++	AST > ALT, häufig markante Leukozytose, ggf. Malnutrition, ggf. Zieve-Syndrom (Hämolyse, Hypertriglyzeridämie, Hepatitis)
ischämische Hepatitis	+++	AST und GLDH ungewöhnlich hoch, zurückliegende Hypoxämie oder kardiale Stauung, steile und kurz andauernde Aminotransferasenpeaks mit hoher LDH
medikamentös induzierte Hepatitis (Paracetamol, Phenprocoumon, Voriconazol, u. a., s. S. 837)	+++	Medikamentenanamnese (immer explizit nach Paracetamol fragen!)
Autoimmunhepatitis (s. S. 824)	++	verläuft meist chronisch, oft typische Autoantikörperbefund, evtl. begleitende Autoimmunphänomene
Morbus Wilson (s. S. 830)	+	häufig mit Hämolyse, niedriger AP und neurologischen Auffälligkeiten

Tab. 42.4 Vergleich der Hepatitis A, B, C, D und E

	Hepatitis A	Hepatitis B	Hepatitis C	Hepatitis D	Hepatitis E
Virus	Picornavirus (RNA, 28 nm)	Hepadnavirus (DNA, 42 nm)	Flavivirus (RNA, 50 nm)	defektes Virion (RNA, 36 nm)	unklassifiziert (RNA, 30 nm)
bevorzugte Jahreszeit	Herbst/Winter	keine	keine	keine	„Regenzeit"
Inkubationszeit (Tage)	14 – 45	30 – 180	15 – 160	30 – 180	20 – 75
Beginn	Akut	akut/schleichend	schleichend	akut/schleichend	Akut
Übertragungsweg:					
fäkal/oral	+++	–	–	–	+++
sexuell/perinatal	–	+++	+	+	–
parenteral	–	++	++	++	–
Schwere der Erkrankung	Kindesalter: mild Erwachsene: oft schwer	oft schwer	fast immer mild	schwerer als Hepatitis B	oft mild
Prognose	Kindesalter: gut, mit zunehmendem Alter schlechter	mit zunehmendem Alter schlechter	mäßig	oft schlecht	gut (Ausnahme: Infektion Schwangerer)
chronischer Verlauf	Nein	Infektion Erwachsener: 5 – 10 %, perinatale Infektion: über 90 %	50 – 90 %	Koinfektion: 5 %, Superinfektion: über 90 %	Nein

Fortsetzung ►

Tab. 42.4 Fortsetzung

	Hepatitis A	Hepatitis B	Hepatitis C	Hepatitis D	Hepatitis E
fulminanter Verlauf	0,2%	1%	praktisch nie	2–20%	unbekannt (Ausnahme bei Infektion Schwangerer: Letalität 20%)
Therapie der akuten Infektion	symptomatisch	Nukleos(t)id-analogon (Lamivudin, Entecavir, Telbivudin, u. a.) möglicherweise sinnvoll bei noch unzureichender Datenlage	PEG-Interferon innerhalb der ersten Monate, falls keine Ausheilung	s. Hepatitis B	Symptomatisch

Labor. Suchprogramm bei V. a. akute Virushepatitis (Details s. unter entsprechenden Erkrankungen):

- Aminotransferasen, Lebersynthese- und -entgiftungsmaker (s. o.)
- Anti-HAV gesamt, falls positiv Anti-HAV-IgM
- zunächst HBsAG und Anti-HBc gesamt (s. **Abb. 42.4**, S. 809)
  - falls beide positiv: Anti-HBc-IgM, HBeAg und Anti-HBe
  - falls nur HBsAg positiv: HBsAg-Bestätigungstest und bei positivem Ergebnis HBV-DNA, ansonsten Kontrolle HBsAg und Anti-HBc-IgM in 2–4 Wochen
  - falls nur Anti-HBc positiv: Anti-HBs bestimmen (wenn positiv, dann ausgeheilte Hepatitis B, wenn negativ, dann Bestimmung von Anti-HBc-IgM und HBV-DNA)

- Anti-HCV (in 90% nachweisbar), noch sensitiver ist die HCV-RNA
- bei Reiseanamnese ggf. auch Anti-HEV
- nach Diagnose einer akuten Hepatitis B: Untersuchung auf Anti-HDV
- ggf. Herpesvirusserologie
- ggf. Autoantikörper (s. u.)

Leberbiopsie. Eine Leberbiopsie ist bei akuter Hepatitis A–E nur selten indiziert, da diese Erkrankungen serologisch diagnostiziert werden können. Hingegen kann eine Biopsie immer dann wertvolle Hinweise liefern, wenn der Verdacht auf akute Exazerbation einer chronischen Lebererkrankung besteht. Bei positivem HBsAG könnte die Leberhistologie z. B. die vermutete chronische Hepatitis B mit akuter Exazerbation bestätigen. Auch die differenzialdiagnostische Abklärung eines Morbus Wilson, einer Autoimmunhepatitis oder einer CMV-/HSV-Hepatitis unter Immunsuppression kann mithilfe der Leberbiopsie erfolgen.

Therapie

Bis heute erfolgt die Therapie der akuten Hepatitis in vielen Fällen rein symptomatisch. Patienten mit Aminotransferasen > 1000 U/l oder INR > 1,2 bzw. Quickabfall > 30% sollten stationär aufgenommen werden. Die Überweisung in ein hepatologisches Zentrum erfolgt bei Aminotransferasen > 2 000 U/l, bei deutlicher Einschränkung der Lebersynthesefunktion (INR > 1,5 bzw. Quick < 50%, Cave: CHE und Albumin können noch normal sein), bei tendenzieller klinischer Verschlechterung, spätestens jedoch beim Auftreten einer hepatischen Enzephalopathie und immer bei akutem Anstieg der Leberwerte auf dem Boden eines Morbus Wilson.

Des Weiteren sind spezifische Maßnahmen zu erwägen, die in den folgenden Kapiteln ausführlich beschrieben werden:

- Absetzen potenziell hepatotoxischer Noxen/Medikamente
- Bei der akuten Hepatitis B ist die frühzeitige Gabe eines Nukleos(t)idanalogons (Lamivudin, Entecavir oder Tenofovir) möglicherweise sinnvoll.
- Bei der akuten Hepatitis C können durch frühzeitigen Einsatz von (PEG-)Interferon-α hohe Ausheilungsraten erzielt werden.

- Bei Herpesviren kommen Aciclovir, Ganciclovir und selten auch Foscarnet zur Anwendung.
- Bei der alkoholtoxischen Hepatitis kann die Gabe von Pentoxifyllin (in ausgewählten Fällen auch Steroiden) sinnvoll sein.

Prophylaxe

Eine Immunisierung ist gegen Hepatitis A und B möglich. Eine erfolgreiche Impfung gegen Hepatitis B schützt auch gegen Hepatitis D. Details zur Immunisierung fasst **Tab. 42.5** zusammen.

Akute Hepatitis A

Definition. Die Hepatitis A wird durch das zu den Picornaviren gehörende Hepatitis-A-Virus (HAV) verursacht.

Epidemiologie und Pathogenese. HAV wird fast ausschließlich durch fäkal-orale Transmission übertragen. Schlechte hygienische Verhältnisse und enge Gemeinschaftsunterkünfte prädisponieren zur Kontamination von Speisen durch HAV. Risikogruppen sind in **Tab. 42.5** aufgeführt. 5% der gegen Hepatitis A ungeschützten Reisenden kehren aus tropischen Ländern mit einer Hepatitis-A-Infektion zurück. Insgesamt rückt die Infektion in das Erwachsenenalter, wobei sie dann schwerer verläuft. In tropischen Regionen erfolgt die Durchseuchung zu nahezu 100% in der Kleinkindphase bis zum 10. Lebensjahr. In der Regel wird Immunität ohne klinisch manifeste Erkrankung erworben (stille Feiung), die dann lebenslang anhält.

Diagnostik. Die Diagnose einer Hepatitis A wird gestellt durch Nachweis von **anti-HAV-IgM** im Serum bei typischer Symptomatik einer akuten Hepatitis. Anti-HAV-IgM-Titer erreichen ihr Maximum in der akuten Krankheitsphase und sind etwa 6 Monate nachweisbar. Eine Bestimmung des Virus im Stuhl ist nicht notwendig, außerdem sinkt die Ausscheidung von Hepatitis-A-Virus im Stuhl rasch nach Krankheitsausbruch ab (**Abb. 42.3**).

Tab. 42.5 Immunisierung gegen Hepatitis A und B

	Hepatitis A	Hepatitis B (D)
aktive Immunisierung		
Indikation/ Zielgruppe	• Reisen in Länder mit hoher (Mexiko, Zentral- und Südamerika, Grönland, Afrika, dem Mittleren Osten und Gesamtasien) oder intermediärer Prävalenz (Osteuropa, Mittelmeerraum einschl. Türkei, ehemalige Sowjetunion) • vorbekannte chronische Lebererkrankung • Drogenkonsum • Dialysepatienten • regelmäßige Gabe von gepoolten Gerinnungsprodukten • Beruf im Gesundheitswesen (einschl. Küchenpersonal, Asylbewerberheime etc.) • Berufe mit Abwasserkontakt • Kontakt zu Hepatitis-A-Erkrankten	• Exposition mit HBsAg-positivem oder wahrscheinlich kontaminiertem Material und fehlender Impfschutz (bzw. anti-HBsAg-Ak < 100 IE/l) • lange zurückliegende Impfung Lebererkrankung • Dialysepatienten • Hämophiliepatienten • HIV-Infizierte • Patienten vor Herzoperation • Sexualverhalten mit hoher Infektionsgefährdung • Drogenabhängige • Patienten in psychiatrischer Einrichtung • Beruf im Gesundheitswesen (aber auch Polizei, Justiz und Sozialarbeiter) • antiHBs-Ak < 100 IE/l nach Impfung • alle Medizinstudenten (!)
	Eine Testung auf anti-HAV-IgG wird empfohlen 1. bei Kontakt zu Personen aus Endemiegebieten oder 2. bei Alter > 50 Jahre	

Fortsetzung ►

Tab. 42.5 Fortsetzung

	Hepatitis A	Hepatitis B (D)
Substanz/ Dosierung	Havrix®: • > 1. – 15. Lj.: 720 ELISA-Einh. (0,5 ml) i. m. 2 Dosen im Abstand 6 – 12 Monaten • > 15. Lj.: 1 440 ELISA-Einh. (1 ml) i. m. 2 Dosen im Abstand 6 – 12 Monaten VAQTA®: • > 2. – 18. Lj.: 25 Einh. (0,5 ml) i. m. 2 Dosen im Abstand 6 – 18 Monaten • > 18. Lj.: 50 Einh. (1 ml) i. m. 2 Dosen im Abstand 6 – 18 Monaten	Gen-H-B-VAX®: • > 15. Lj.: 10 µg (1 ml) bzw. > 18. Lj. + Dialysepatienten 40 µg (1 ml) i. m. (entweder Monat 0,1 und 6 oder Monat 0,1,2 und 12) HBVAXPRO® (Nachfolgeprodukt von Gen-H-B-VAX): • Geburt bis 15. Lj.: 5 µg (0,5 ml) • > 15. Lj.: 10 µg (1 ml) • > 18. Lj. + Dialysepatient: 40 µg (1 ml) • i. m.; entweder Monat 0,1 und 6 oder Monat 0, 1, 2 und 12 Engerix B®: • Geburt bis 15. Lj.: 10 µg (0,5 ml) • > 15. Lj.: 20 µg (1 ml) • > 15. Lj. + Dialysepatient: 40 µg (2 × 1 ml) • i. m. entweder Monat 0,1 und 6 oder Monat 0, 1, 2 und 12
Kombinationsimpfung	Twinrix®: • > 1. – 15. Lj.: 720 ELISA-Einh. (0,5 ml) + 10 µg HBsAg i. m. Monat 0, 1 und 6 • > 15. Lj.: 1 440 ELISA-Einh. (1 ml) + 20 µg HBsAg i. m. Monat 0, 1 und 6 • ggf. akzeleriertes Impfschema (Tag 0, 7, 21 und Monat 12; je 1 ml i. m.)	
Schutz	länger als 5 – 10 Jahre, Serokonversion in > 99 % der Fälle, bei älteren Personen allerdings nur in 65 %	> 95 % bei Kindern, 60 % bei 60-Jährigen, daher Titerkontrolle (anti-HBs) erforderlich: • < 10 IU/ml sofortige Wiederholung der Impfung • < 100 IU/ml erneute Impfung nach 6 – 12 Monaten • > 100 IU/ml erneute Impfung nach 5 Jahren
passive Immunisierung simultan zur aktiven Impfung		
Indikation/ Zielgruppe	HAV-exponierte Hochrisikopatienten mit chronischer Hepatitis oder Patienten > 50 Jahre, die anti-HAV-IgG negativ sind (innerhalb von 14 Tagen nach Exposition), Gabe bei kurzfristigem Reiseantritt (< 2 Wo) wird in den USA, aber nicht in Deutschland empfohlen	Exposition mit HBsAg-positivem oder wahrscheinlich kontaminiertem Material und fehlender Impfschutz; anti-HBsAg-Ak < 100 IE/l; lange zurückliegende Impfung; Neugeborene HBsAg-positiver Mütter
Substanz/ Dosierung	anti-HAV-haltiges Immunglobulin (z. B. Beriglobin®) 0,02 – 0,06 ml/kg KG i. m., evtl. Wdh. nach 6 – 8 Wochen	Hepatect®: alle Altersstufen 10 IE (= 0,2 ml) / kg KG postexpositionell i. v. Hepatitis-B-Immunglobulin Behring®: alle Altersstufen 0,06 ml/kg KG postexpositionell i. m.
Impferfolg	bei 85 % der passiv Immunisierten wird über 3 Monate eine Infektion verhindert	Schutz wahrscheinlich, aber nicht absolut sicher

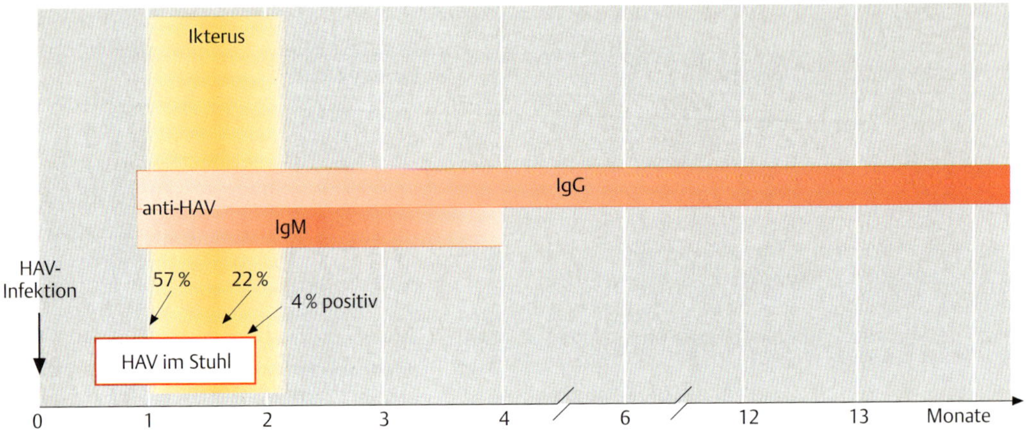

Abb. 42.3 **Hepatitis A.** Verlauf einer Hepatitis-A-Virus-Infektion. Die Farbintensität deutet den Antikörper-Titerverlauf sowie die Intensität des Ikterus an.

Verlauf. Etwa 30 Tage nach Infektion entwickeln sich die **unspezifischen Prodromalsymptome** der akuten Hepatitis A, bevor es nach 1 bis 2 Wochen zur ikterischen Phase kommt. Nach 1 bis 2 Monaten sollten sich Klinik und biochemische Veränderungen normalisiert haben. Die Hepatitis A heilt immer aus. Bei einem Alter > 50 Jahre und vorbestehender Lebererkrankung kann es jedoch zu protrahierten Verläufen kommen. Das Risiko eines akuten Leberversagens von normalerweise 0,1 – 1 % ist in diesen Fällen um den Faktor 30 – 60 erhöht.

Prophylaxe. Zur Immunisierung s. **Tab. 42.5**. Außerdem sind folgende **Hygienemaßnahmen** zur Vorbeugung einer Hepatitis A und E einzuhalten:

- Obst waschen bzw. schälen
- rohe Salate und ungekochte Meeresfrüchte meiden
- Leitungswasser und Eiswürfel meiden (auch nicht zum Zähneputzen)
- Wasser abkochen (> 3 min) oder chemisch sterilisieren (Handfilter bieten keinen Schutz)
- öffentliche sanitäre Einrichtungen meiden
- ggf. alkoholische Händedesinfektion durchführen

! **Generell gilt beim Verzehr von Lebensmitteln in Ländern mit hoher HAV-Prävalenz: "Cook it, peel it or forget it !"**

Akute Hepatitis B

Definition. Die akute Hepatitis B entsteht durch Neuinfektion mit dem Hepatitis-B-Virus (HBV). Das Virus gehört zur Gruppe der Hepadnaviren und existiert in 8 Genotypen, die Einfluss auf Krankheitsverlauf und Therapieansprechen haben (s. **Tab. 42.4**).

Epidemiologie. HBV wird **parenteral** durch Exposition gegenüber infiziertem Blut oder anderen Körperflüssigkeiten übertragen. Während in Regionen hoher HBV-Prävalenz die perinatale Transmission bedeutsam ist, breitet sich das Virus in Mitteleuropa vorwiegend horizontal in Risikogruppen aus. Etwa 40 % der Neuinfektionen werden sexuell übertragen. Weitere 16 % der Neuinfektionen ereignen sich durch perkutane Inokulation, die im Bereich der Krankenversorgung eine bedeutende Rolle spielt. Aber auch bei Organtransplantationen eines anti-HBc-positiven Spenders kann HBV übertragen werden.

Pathophysiologie. Das Hepatitis-B-Virus zählt zur Familie der Hepadnaviren und besteht aus einer 42 nm messenden Hülle, die das Nukleokapsid mit dem HBV-Genom enthält. Letzteres ist kompakt angeordnet und kodiert für drei Hüllproteine, die das **HBsAg** (früher „Australia-Antigen") bilden. Die intakte Hüllstruktur wurde früher elektronenmikroskopisch als Dane-Partikel bezeichnet. Aus dem Core-Gen leiten sich das Kapsidprotein (trägt das HBcAg) und das HBeAg (ein Marker der aktiven Virusreplikation) ab. Schließlich enthält das Virion die HBV-Polymerase.

Die Hepatitis mit allen klinischen Erscheinungen wird nicht durch HBV selbst, sondern v. a. durch die **spezifische Immunantwort** verursacht. CD 8-zytotoxische T-Zellen sind wesentlich an der Viruskontrolle beteiligt. Sie erkennen bestimmte HBV-Epitope und führen dann über zytopathische und nicht-zytopathische Mechanismen (TNF-α, IFN-γ) zur Viruselimination. Das Zusammenspiel der zellulären Immunkomponenten entscheidet so darüber, ob die akute Hepatitis B ausheilt oder chronifiziert.

> **Merkhilfe für die zeitliche Abfolge nachweisbarer HBV-Partikel und -Antikörper im Fall einer Ausheilung der akuten Hepatitis B: secces - HBsAg, HBeAg, HBc-Ag, anti-HBc, anti-HBe, anti-HBs.**

Laborbefunde.

- Aminotransferasen erhöht im Bereich von 2 500 U/l (ALT > AST)
- bei Abfall der Syntheseparameter (INR > 1,5 bzw. Quick < 50 %): „schwere akute Hepatitis B" → Cave: akutes Leberversagen
- HBsAg bereits 2 – 6 Wochen vor klinischen Symptomen positiv, HBeAg (signalisiert hohe Replikation) und anti-HBc-IgM (erster Indikator einer Immunantwort, diagnostisch hilfreich im sog. „diagnostischen Fenster" zwischen HBsAg-Elimination und anti-HBs-Ak-Nachweis) bald nach HBsAg positiv. In vielen Fällen wird die Hepatitis B durch sog. **HBeAg-Minus-Mutanten** verursacht. Hier beobachtet man eine hochpositive HBV-DNA bei negativem HBeAg
- HBV-DNA (quantitativ) als sensitivster Replikationsmarker über mindestens 6 Wochen positiv, häufig bereits vor HBsAg, persistiert bei Anwendung hochsensitiver Assays nicht selten trotz klinischer Ausheilung und negativem HBsAg
- anti-HBe-Ak signalisieren sog. „partielle Serokonversion", meist mit deutlichem Rückgang der Virusreplikation
- anti-HBs-Ak signalisieren Ausheilung und Immunität

> **Stets muss eine Testung auf anti-HDV erfolgen!**

Eine sinnvolle Stufendiagnostik veranschaulicht **Abb. 42.4**. Den serologischen Verlauf der akuten (ausheilenden) Hepatitis B zeigt **Abb. 42.5**.

Natürlicher Verlauf und Komplikationen. Die akute Hepatitis B verläuft klinisch variabel von der asymptomatischen Infektion (etwa 65 %) bis hin zur fulminanten Hepatitis mit Leberversagen (0,1 – 1 %). Die perinatal erworbene HBV-Infektion persistiert in 90 %, wohingegen eine Neuinfektion im Erwachsenenalter nur in 5 % der Fälle in eine chronische Hepatitis B übergeht (vgl. auch **Abb. 42.10**).

Therapie. Die Therapie ist **primär symptomatisch**, da in den allermeisten Fällen (95 – 99 %) eine spontane Ausheilung ohne Residuen zu erwarten ist. Geht die akute Hepatitis B mit einer deutlichen Einschränkung der Leberfunktion (INR > 1,5) einher, so ist die Indikation zur Verlegung in ein hepatologisches Zentrum gegeben. Auch wenn die Datenlage zur Therapie der schweren akuten Hepatitis B mit antiviralen Medikamenten uneinheitlich ist, spre-

J

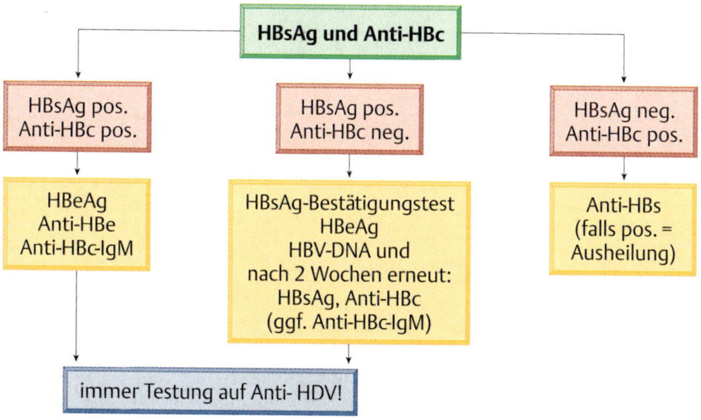

Abb. 42.4 **Stufendiagnostik bei V. a. akute Hepatitis B.**

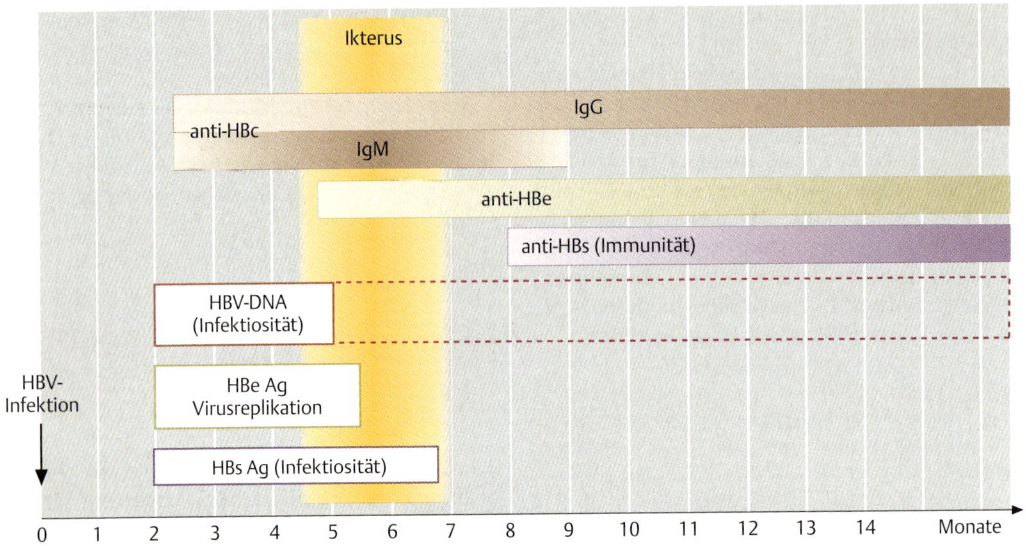

Abb. 42.5 Serologischer Verlauf der akuten HBe-Ag-positiven Hepatitis B. Die Farbverläufe deuten die Titerverläufe der Antikörper an.

Tab. 42.6 Hepatitis-B-Prophylaxe nach HBV-Exposition (STIKO 2008)

aktueller Anti-HBs-Titer	Gabe von Hepatitis-B-Impfstoff	Immunglobulin
> 100 IU/l	nein	nein
10 bis < 100 IU/l	ja	nein
< 10 IU/l	ja	ja
nicht innerhalb 48 h zu bestimmen	ja	ja

chen sich mehrere Fachgesellschaften für eine **frühzeitige orale antivirale Therapie** solcher Patienten aus (z. B. Entecavir 0,5 mg/Tag oder Tenofovir 245 mg/Tag oder Lamivudin 100 mg/Tag).

Spätestens das Auftreten einer hepatischen Enzephalopathie, die Ausdruck eines akuten Leberversagens ist, muss zur sofortigen Verlegung in ein hepatologisches Zentrum Anlass geben. Nach Stichverletzung mit einer HBV-kontaminierten Nadel sollte eine **Postexpositionsprophylaxe als aktiv-passive Impfung** (HBsAg i. m. plus Anti-HBs-Immunglobulin i. v. oder i. m.) erfolgen (**Tab. 42.6**). Zum Ablauf der aktiven Immunisierung s. **Tab. 42.5**.

Akute Hepatitis C

Definition. Die akute Hepatitis C wird durch Neuinfektion mit dem parenteral übertragenen Hepatitis-C-Virus (HCV) aus der Gruppe der Flaviviren verursacht (s. **Tab. 42.4**).

Epidemiologie. Die Inzidenz der akuten Hepatitis-C ist seit Einführung der Anti-HCV-Antikörper-Testung potenzieller Blutspender deutlich zurückgegangen. Heute ist die HCV-Kontamination von Blutprodukten durch PCR-Screeninguntersuchungen praktisch ausgeschlossen. Als Infektionsursachen kommen daher v. a. der intravenöse Drogenabusus, akzidentelle Nadelstichverletzungen und selten die sexuelle Übertragung infrage.

Ätiopathogenese. Bisher sind sechs separate, aber verwandte HCV-Genotypen identifiziert worden. In Deutschland ist der **Genotyp 1b** (50 – 80% der Fälle) am häufigsten, Genotyp 3 a findet sich nicht selten bei ehemals Drogenabhängigen. Zur Elimination von HCV ist eine ausreichend starke und persistierende spezifische Immunantwort von CD4- und CD8-Lymphozyten erforderlich. In 50 – 90% kommt es aber zur persistierenden Virusreplikation. Die **hohe Chronifizierungsrate** der Hepatitis C könnte durch das rasche Auftreten von sog. HCV-Quasispezies bedingt sein. Diese HCV-Mutanten entkommen durch leicht veränderte Oberflächenstruktur möglicherweise immer wieder der spezifischen Immunantwort.

Laborbefunde.
- Anstieg der Aminotransferasen auf etwa 500 U/l 6 – 12 Wochen nach Exposition
- HCV-RNA (etwa 1 – 3 Wochen nach HCV-Exposition nachweisbar)
- anti-HCV-Ak (4 – 10 Wochen nach Exposition nachweisbar, positiv in 50 – 70% bei Symptombeginn und in 90% 3 Monate nach Exposition)

Verlauf. Die Hepatitis-C-Infektion kann asymptomatisch (85%) verlaufen oder als akute Hepatitis C (15%) mit Abgeschlagenheit, Schwäche und Ikterus einhergehen (Dauer der Beschwerden 2 – 12 Wochen). Fulminante Verläufe werden praktisch nicht beobachtet. Ein geringes Inokulum, niedriges Alter, weibliches Geschlecht, ein rascher Abfall der HCV-Last und v. a. eine symptomatische Infektion sind Faktoren, die eine spontane Ausheilung begünstigen. Diese tritt dann nahezu immer innerhalb von 8 – 12 Wochen ein. Wahrscheinlich kommt es aber unbehandelt in 50 – 90% der Fälle zur Viruspersistenz (**Abb. 42.6**, **Abb. 42.7**).
Die Unterscheidung zwischen akuter und chronischer HCV-Infektion kann häufig nur mithilfe der Anamnese, Symptomatik und evtl. anhand einer HCV-Serokonversion gestellt werden.

Therapie. Nach Stichverletzung mit HCV-kontaminierter Nadel existiert keine Postexpositionsprophylaxe. Vielmehr sollten Aminotransferasen und die HCV-RNA sofort und nach 4, 8 und 12 Wochen sowie anti-HCV sofort und nach 12 Wochen kontrolliert werden. Kommt es nach positivem HCV-Nachweis zur Elimination der HCV-RNA, so sind dennoch weiterführende HCV-Kontrollen in vierteljährlichen Intervallen sinnvoll. Persistiert die Infektion an Woche 12, so ist eine Therapie indiziert, mit der eine Heilung in bis zu 98% erzielt werden kann (s. S. 821). Bei asymptomatischer akuter Hepatitis C kann ggf. bereits früher mit der Therapie begonnen werden. Asymptomatische HCV-Infektionen sind meist Ausdruck einer relativ schwachen Immunantwort mit entprechend höherer Rate einer Viruspersistenz.
Etabliert ist die Gabe von PEG-Interferon-α in einer Dosis von 1,5 µg/kgKG 1x/Woche s. c. über 6 Monate oder alternativ Interferon-α 5 Mio E s. c. tgl. über 3 Wochen und dann 3 x wöchentlich über weitere 20 Wochen. Patienten mit Genotyp 1 profitieren evtl. von einem früheren Therapiebeginn bereits zur Woche 8. Persistiert HCV auch nach 3 Monaten Therapie, ist eine Kombinationstherapie mit PEG-IFN+ Ribavirin sinnvoll.

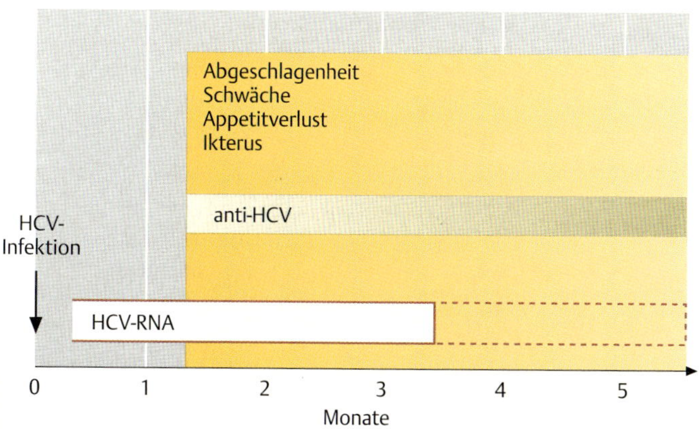

Abb. 42.6 Akute Hepatitis C. Serologischer Verlauf der akuten Hepatitis C.

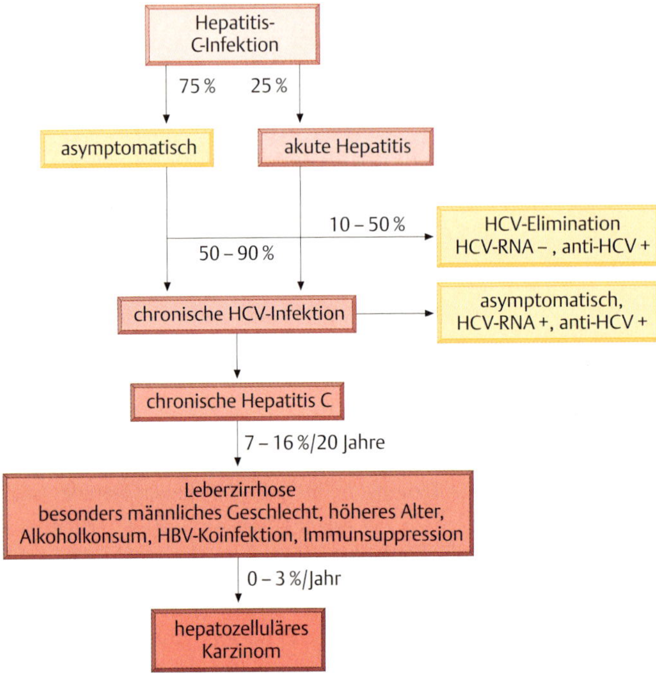

Abb. 42.7 Natürlicher Verlauf der Hepatitis-C-Infektion.

Akute Hepatitis D

Definition. Die akute Hepatitis D wird verursacht durch Infektion mit dem Hepatitis-D-Viroid (HDV) bei schon bestehender oder zeitgleicher Infektion mit HBV (s. **Tab. 42.4**).

Epidemiologie. Bis zu 5 % aller Patienten mit chronischer Hepatitis B sind zusätzlich mit HDV infiziert (weltweit schätzungsweise 15 bis 20 Mio. Menschen, hierzulande v. a. Patienten aus dem Mittelmeerraum und Drogenabhängige). Der Transmissionsmodus entspricht dem bei Hepatitis B.

Ätiopathogenese. Das Hepatitis-D-Virus ist ein Viroid, welches immer einer Koinfektion mit Hepatitis B bedarf, wobei HBsAg die Hülle für das Hepatitis-D-Virus bildet. Prinzipiell kann eine akute Hepatitis D durch Superinfektion eines chronischen Hepatitis-B-Virusträgers oder durch gleichzeitige Infektion (Koinfektion) mit Hepatitis D und B erfolgen (**Abb. 42.8**).

Diagnostik.
- Anti-HDV-Ak gesamt (wenn positiv, dann anti-HDV-IgM)
- HDV-RNA (wenn anti-HDV positiv, danach HDV-RNA-Quantifizierung und HDV-Genotyp)
- Diagnose der akuten HDV-Superinfektion: Anti-HBc-IgM meist negativ, HDV über längeren Zeitraum nachweisbar, ansteigende anti-HDV-Titer
- Diagnose der HBV-HDV-Koinfektion: typischerweise hoher anti-HBc-IgM-Titer

Therapie. Hier gelten die auf S. 816 genannten Therapieempfehlungen für die akute Hepatitis B. Eine spezifische Therapie der akuten Hepatitis D ist nicht etabliert.

Akute Hepatitis E

Definition. Eine Infektion mit dem Hepatitis-E-Virus, einem RNA-Virus aus der Gruppe der Caliciviren, führt zur Hepatitis E (s. **Tab. 42.4**).

Epidemiologie und Verlauf. Das Hepatitis-E-Virus ist endemisch auf dem indischen Subkontinent, in China, in Zentralafrika und im Mittleren Osten und dort verantwortlich für schwerste Epidemien der fäkal-oral übertragenen akuten Virushepatitis in der Erwachsenenbevölkerung. In gemäßigten Regionen Mitteleuropas werden sporadisch Hepatitis-E-Fälle beschrieben, vor allem bei Rückkehr aus endemischen Tropengebieten. Wahrscheinlich wird die

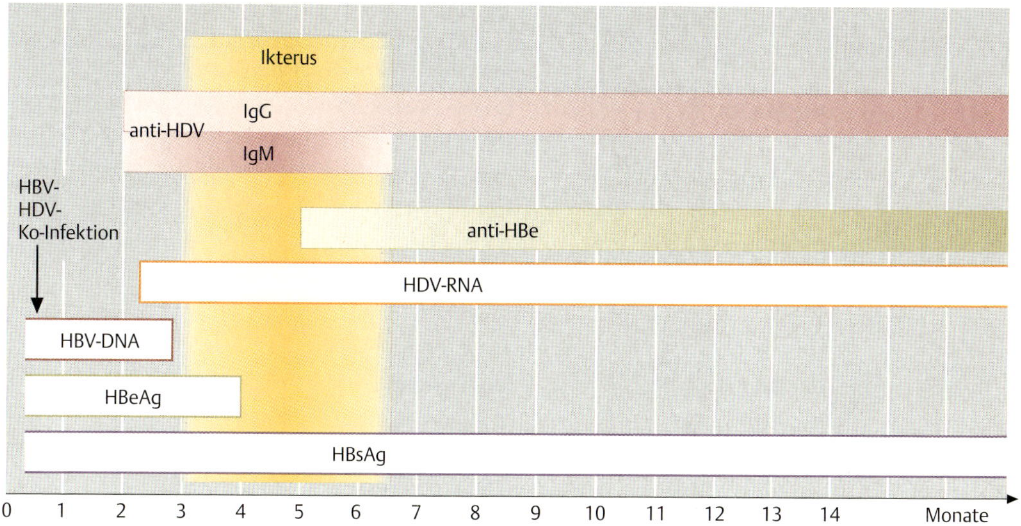

Abb. 42.8 Hepatitis D. Verlauf einer HBV-HDV-Koinfektion. Die Farbintensität deutet die Höhe des Antikörpertiters sowie den Ikterusverlauf an.

Erkrankung bei uns zu selten diagnostiziert. Bei Schwangerschaft, Malnutrition und vorbestehender Lebererkrankung kommt es gehäuft zu fulminanten Verläufen mit akutem Leberversagen. Chronische Verläufe sind bei immunsupprimierten Patienten nach Organtransplantation beschrieben worden.

Diagnostik.

- Anti-HEV-IgM-Ak (maximaler Titer zeitgleich mit erhöhten Aminotransferasen, 4 – 5 Monate nachweisbar)
- anti-HEV-IgG-Ak (niedrigere Sensitivität)
- HEV-RNA in Serum und Stuhl

> **!** **Bei unklarer akuter Hepatitis nach Rückkehr aus den Tropen an akute Hepatitis E denken.**

Prophylaxe und Therapie. Die Therapie der akuten Hepatitis E erfolgt primär symptomatisch. Bei Zeichen des akuten Leberversagens (Enzephalopathie, Synthesestörung) erfolgt die Verlegung in ein Transplantationszentrum. Ein effektiver Impfstoff wurde kürzlich entwickelt, ist jedoch noch nicht kommerziell verfügbar. Ansonsten gelten die allgemein empfohlenen Hygienemaßnahmen für Auslandsreisende.

42.3.2 Allgemeines zur chronischen Hepatitis

engl.: chronic hepatitis

Definition. Die chronische Hepatitis ist ein ätiologisch heterogenes Syndrom mit laborchemischen und histologischen Zeichen der hepatischen Inflammation und einer Dauer von mindestens 6 Monaten. Neben den Virushepatitiden B, D und C sind v. a. die alkohol- und medikamententoxische Hepatitis, die nichtalkoholische Steatohepatitis (NASH), die Autoimmunhepatitis, Infektionen mit Herpesviren und die kryptogene Hepatitis als Ursachen zu nennen. Differenzialdiagnostisch kommen Stoffwechselerkrankungen (Morbus Wilson, Hämochromatose, u. a.), primär biliäre Erkrankungen (primär biliäre Zirrhose, primär sklerosierende Cholangitis), Lebergefäßerkrankungen (z. B. die Lebervenenobstruktion) und verschiedene Systemerkrankungen (Amyloidose, Sarkoidose, u. a.) in Betracht.

Epidemiologie. Während die viralen Hepatitiden B (Prävalenz 1 % in Nordamerika, 10 – 20 % in China) und C (Prävalenz 0,5 % in den USA, 15 % in Ostafrika) den Hauptanteil aller chronischen Hepatitiden ausmachen, zeigt sich die Autoimmunhepatitis mit einer Prävalenz von etwa 0,02 % v. a. in den Industrienationen. Sehr viel bedeutender ist der Alkohol-

J

Tab. 42.7 Differenzialdiagnose der chronischen Hepatitis

Einteilung	Ursache	Nachweis/Ausschluss durch
viral	Hepatitis B, C, D	HBsAg, anti-HBc, HBV-DNA, anti-HCV, HCV-RNA, anti-HDV, HDV-RNA
	Zytomegalievirus (CMV)	CMV-pp65-early-antigen, anti-CMV-IgM und CMV-DNA (Plasma und ggf. auch aus dem Leberbiopsat)
	Epstein-Barr-Virus (EBV)	Blutausstrich, Paul-Bunnell-Test, anti-VCA, anti-EBNA, EBV-DNA (Plasma und ggf. auch Leberbiopsat)
	Herpes-simplex-Virus (HSV)	HSV-IgM, Antigennachweis
bakteriell	sekundär bakterielle Cholangitis	Kultur aus der Gallenflüssigkeit
	Leptospirose	Anamnese, IgM-Antikörpernachweis
	Bruzellose	Antikörpertiter (KBR)
	Rickettsiose	Antikörpertiter (KBR)
	Tuberkulose	Ziehl-Neelsen-Färbung, PCR, Kultur, Interferontest
toxisch	Alkohol	Anamnese, γ-GT, CDT, MCV, IgA
	Medikamente	Anamnese
autoimmun	Autoimmunhepatitis (AIH)	Leberbiopsie, AIH-Diagnosekriterien nach Alvarez
	primär sklerosierende Cholangitis (PSC)	MRCP, ERC, (Leberbiopsie)
	primär biliäre Zirrhose (PBC)	AMA, ELISA (PDH-E2), (Leberbiopsie)
metabolisch	NASH (nichtalkoholische Steatohepatitis)	Sonografie, Blutzuckerwerte, Cholesterin und Triglyzeride im Serum, Leberbiopsie
	Morbus Wilson	24 h-Urin-Kupferausscheidung, Kupfer im Leberbiopsat, Coeruloplasmin, Kayser-Fleischer-Kornealring
	alpha-1-Antitrypsinmangel	Serumelektrophorese, alpha-1-Antitrypsin, Leberbiopsie
	Hämochromatose	Ferritin, Transferrinsättigung, Eisen im Leberbiopsat
kryptogene Hepatitis		Ausschlussdiagnose

Abkürzungen: **anti-EBNA:** EBV-nukleäres Antigen, **anti-VCA:** virales Capsid-Antigen (IgG, IgM), **AMA:** antimitochondriale Antikörper, **CDT:** kohlenhydratdefizientes Transferrin, **ERC:** endoskopisch-retrograde Cholangiografie, **γ-GT:** Gamma-Glutamyltransferase, **KBR:** Komplementbindungsreaktion, **MCV:** mittleres korpuskuläres Erythrozytenvolumen, **MRCP:** Magnetresonanz-Cholangio-Pankreatikografie, **PCR:** Polymerase-Kettenreaktion.

abusus als Auslöser der alkoholtoxischen Hepatitis. In einigen Ländern wird er für 40 – 80% aller Leberzirrhosen verantwortlich gemacht.

Nach und nach bekannt wird das Ausmaß der nichtalkoholbedingten Fettleberhepatitis. Sie dürfte in einigen Industrienationen 3% der normalgewichtigen, jedoch bis zu 19% der übergewichtigen Bevölkerung betreffen und verdient daher besondere Aufmerksamkeit. Nicht selten ist sie die Ursache unklarer Leberwerterhöhungen.

Pathophysiologie. Chronische virale Hepatitiden können durch die lang anhaltende entzündliche Aktivität die Struktur des Leberparenchyms verändern. Bei der viralen Hepatitis kommt es zunächst zu einer **lymphozytären Infiltration der Portalfelder**, die unter dem histologischen Bild von sog. „Mottenfraßnekrosen" auch auf das angrenzende Parenchym übergreifen kann. Kommt es zu einer Progression der Erkrankung, so bereiten fokale bzw. später konfluierende **Leberzellnekrosen** einem zunehmenden **fibrotischen Umbau** den Weg. Nach mehrjährigem

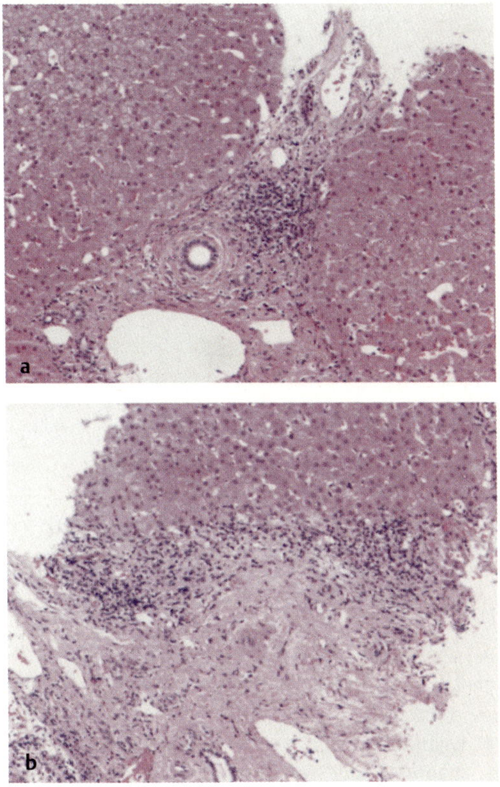

Abb. 42.9 Histopathologie der chronischen viralen Hepatitis. a Lymphozytäres Infiltrat im Portalfeld mit follikulärer Aggregation (Hematoxylin-Eosin, etwa 40-fach). **b** „Interface-Hepatitis" mit Übergreifen der Lymphozyten auf das periportale Parenchym und fibröser Expansion der Portalfelder mit portoportaler Brückenbildung (Hematoxylin-Eosin, etwa 20-fach, Aufnahmen von PD Länger, MHH)

Verlauf kann es zur Ausbildung einer Leberzirrhose kommen, die durch verschiedene Komplikationen (portale Hypertension, Aszites, Enzephalopathie, hepatozelluläres Karzinom) zur Verminderung der Lebenserwartung führt.
In vielen Fällen korreliert die Höhe der Aminotransferasen grob mit der entzündlichen Aktivität und dem Risiko eines fibrotischen Umbaus. Besteht bei chronischer Hepatitis Unklarheit über das Ausmaß der Inflammation und Leberfibrose, sollte eine histologische Abklärung erfolgen, um die Indikation für eine therapeutische Intervention besser abschätzen zu können.

Klinik. Die Symptomatik der chronischen Hepatitis ist zumeist unabhängig von der Ätiologie, unspezifisch und sehr variabel. Sie umfasst:

- Müdigkeit und Abgeschlagenheit
- Druckgefühl im rechten Oberbauch
- Gelenk- und Muskelschmerzen
- Juckreiz
- evtl. Symptome einer Leberzirrhose (s. S. 856)

Leberpunktion. Neben den anfangs erwähnten Laboruntersuchungen und der Sonografie ist die **Leberpunktion** von besonderer Bedeutung. Histologisch beurteilt werden im Fall der viralen Hepatitiden die entzündliche Aktivität (Grading) und der fibrotische Umbau (Staging, Stadieneinteilung nach Ishak: F0 = keine Fibrose bis F6 = zirrhotischer Umbau, s. **Abb. 42.9**). Durch Spezialfärbungen lassen sich wichtige Differenzialdiagnosen unterscheiden (**Tab. 42.7**).

42.3.3 Chronische Hepatitis B

Epidemiologie

Weltweit gehört die chronische Hepatitis B mit etwa 300 – 400 Mio. HBV-Trägern zu den wichtigsten Virusinfektionen überhaupt. In Deutschland ist von etwa 500 000 HBsAg-positiven Personen auszugehen. Ein chronischer Verlauf kommt bei 5 – 10 % der Erwachsenen und > 90 % der neugeborenen HBsAg-Träger vor. Jährlich sind etwa 5 000 (USA) bzw. 1 Mio. (weltweit) Todesfälle auf die Folgen einer HBV-vermittelten Leberzirrhose, Leberversagen und hepatozellulärem Karzinom (HCC) zurückzuführen.

Natürlicher Verlauf

Man unterscheidet 8 HBV-Genotypen mit unterschiedlichen Charakteristika hinsichtlich Therapieansprechen und klinischem Verlauf.
Nach einer HBV-Infektion entscheidet die **Spezifität und Stärke der Immunantwort** des infizierten Organismus über den Verlauf der Hepatitis B (**Abb. 42.10**). Die Progression der akuten Infektion zur chronischen Hepatitis B wird dabei wesentlich vom Alter des Patienten zum Zeitpunkt der Infektion bestimmt. Im asiatischen Raum, wo vor allem perinatale (sog. vertikale) Infektionen vorkommen, kommt es durch immunologische Toleranz sehr häufig zur chronischen Infektion (Letalität 40 %). In den westlichen Industrienationen (horizontale Infektion)

J

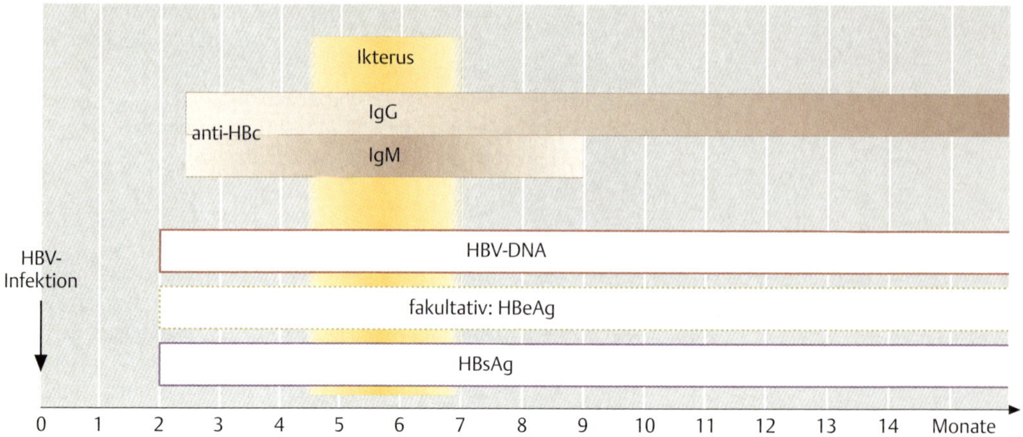

Abb. 42.10 Chronische Hepatitis B. Verlauf einer chronischen Hepatitis-B-Virus-Infektion. Die Farbintensität deutet die Höhe des Antikörpertiters sowie den Ikterusverlauf an.

tritt nicht selten klinisch eine akute Hepatitis auf, die in > 90% der Fälle zur viralen Elimination führt. Bei einigen Patienten mit chronischer Hepatitis B kommt es nach mehreren Jahren der Immuntoleranz zu einer immunreaktiven Phase mit gesteigerter Nekroinflammation. Dies kann zur Inaktivierung der Erkrankung mit Entwicklung normaler Aminotransferasen, Besserung der Histologie, HBV-DNA-Abfall unter die Nachweisgrenze und Serokonversion von HBeAg nach anti-HBe bei weiterhin bestehendem HBsAg-Trägerstatus führen. Besteht trotz HBeAg-Serokonversion eine hohe Virusreplikation und/oder hohe entzündliche Aktivität, muss an eine Superinfektion mit HDV, HCV oder eine Infektion mit der sog. HBeAg-Minusmutante gedacht werden. HBsAg-Serokonversionen („Ausheilung") sind selten. Nach Diagnose einer chronischen Hepatitis B beträgt das Risiko innerhalb von 5 Jahren eine Leberzirrhose zu entwickeln 8 – 20%.

Klinik

Die chronische Hepatitis B kann asymptomatisch verlaufen, oder – bei hoher entzündlicher Aktivität – mit Schwäche, Inappetenz, Oberbauchschmerzen, Arthralgien, Juckreiz und Ikterus einhergehen. Bestimmte extrahepatische Erkrankungen, wie Panarteriitis nodosa (s. S. 1131), Kryoglobulinämie (s. S. 1133) oder Glomerulonephritis (s. S. 286), werden in bis zu 25% der Fälle durch eine chronische Hepatitis B ausgelöst.

Diagnostik

Bei Erstdiagnose einer HBV-Infektion sind neben den typischen Laborbefunden und der HBV-Serologie erforderlich (vgl. S. 803, 808):

- Anamnese (insbesondere Familien- und Partneranamnese) und körperliche Untersuchung
- Ausschluss evtl. bestehender Koinfektionen (HDV, HCV, HIV)
- HAV-Serologie (ggf. Impfung)
- Oberbauchsonografie (Leberzirrhose? portale Hypertension? HCC?)
- Bestimmung des α-Fetoproteins (bei HCC-Verdacht)
- Leberbiopsie (fast immer indiziert bei erhöhten Aminotransferasen und/oder HBV-DNA > 2000 IU/ml; Ausnahmen: bekannte Leberzirrhose, bereits bestehende Therapieindikation)

Zur Differenzialdiagnose s. **Tab. 42.7**.

Therapie

Therapieziel. Primäres Ziel der Hepatitis-B-Therapie ist die Verbesserung der Lebensqualität und Überlebensrate, indem die Progression der Erkrankung hin zur (dekompensierten) Leberzirrhose und zum hepatozellulären Karzinom verhindert wird. Leider wird eine HBsAg-Serokonversion nur sehr selten erreicht. Auch die Beurteilung des Therapieansprechens anhand der HBeAg-Serokonverson ist problematisch, da 1. eine solche Serokonversion nicht unbedingt vor Komplikationen schützt und 2. HBV-Varianten, die kein HBeAg exprimieren, trotz fehlendem HBeAg hoch virämisch sein können. Daher stehen die **dauerhafte Unterdrückung der HBV-Replikation** möglichst unterhalb der Nachweisgrenze (aktuell 10 – 15 IU/ml in der Real-Time-PCR), die Absenkung der Aminotransferasen in den unteren Normalbereich und die Verbesserung der Nekroinflammation und Fibrose im Mittelpunkt der therapeutischen Bemühungen. Mehrere Gründe sprechen für die HBV-DNA als Verlaufsparameter:

1. Das Risiko von Leberzirrhose und HCC steigt deutlich bei HBV-DNA > 10 000 Kopien/ml
2. HBV-DNA < 5 000 Kopien/ml+normale ALT haben ein niedriges Risiko einer Progression, HBV-DNA < 200 Kopien/ml schützt vor Therapieresistenz
3. Selbst die HBsAg-Serokonversion (das bisherige ultimative Ziel aller Therapien) kann bei Patienten > 50 Jahren die Entwicklung eines HCC wahrscheinlich nicht verhindern.

Therapieindikation. Alle Patienten mit chronischer Hepatitis B sind grundsätzlich Kandidaten für eine antivirale Therapie. Diese sollte in Erwägung gezogen werden bei einer HBV-DNA > 2 000 IU/ml (bzw. > 10 000 Kopien/ml) und Zeichen der Inflammation oder Fibrose (d. h. entweder > 2-fach erhöhte Aminotransferasen oder mindestens moderate Nekroinflammation (i. e. A2/F2 nach Metavir) in der Leberhistologie). Insbesondere Patienten mit dekompensierter Leberzirrhose benötigen eine konsequente antivirale Therapie bei jedem Nachweis einer Virämie. Eine Entscheidungsfindung zeigt **Abb. 42.11**.

Therapieoptionen. Die Therapieoptionen der chronischen Hepatitis B befinden sich derzeit in einer stürmischen Weiterentwicklung, was zu komplexen Therapieentscheidungen geführt hat. Dabei stehen die Interferone den oralen Nukleos(t)idanaloga gegenüber. Die Vor- und Nachteile der beiden Therapien sind in **Tab. 42.8** widergegeben, die aktuellen europäischen Leitlinien in **Abb. 42.12**.

Derzeit stehen folgende Substanzen zur Therapie der chronischen Hepatitis B zur Verfügung:

- **pegyliertes Interferon-α-2a** (Pegasys®, 180 µg/Woche s. c. über 6 – 12 Monate): Nebenwirkungsspektrum s. **Tab. 42.9.**, v. a. indiziert bei niedriger HBV-Last, hoher ALT und Genotyp A.
- **Lamivudin** (Zeffix®, Nukleosidanalogon, 100 mg/Tag oral)
- **Adefovir dipivoxil** (Hepsera®, Nukleotidanalogon, 10 mg/Tag oral, Anpassung bei Niereninsuffizienz)
- **Telbivudin** (Sebivo®, Tyzeka®, Nukleosidanalogon, 600 mg/Tag oral):

Tab. 42.8 Therapieoptionen Hepatitis B: Vor- und Nachteile verschiedener HBV-wirksamer Therapien

Kriterium	pegyliertes Interferon	orale Nukleosid(t)analoga
Applikation	subkutan	per os
Nebenwirkungen	zahlreich, s. **Tab. 42.9**	wenige
Monitoring	Zytopenie, TSH, Depression	Serum-Kreatinin
Therapiedauer	48 Wochen	in > 80 % > 1 Jahr bis dauerhaft
HBeAg-Serokonversion (%)	30 (nach 48 Wochen, d. h. dauerhaft!)	20 (nach 1 Jahr), bis zu 40 – 50 (nach 3 – 5 Jahren)
HBV-DNA unterhalb der Nachweisgrenze nach einjähriger Therapie (%).	25	HBeAg positiv: 21 (Adefovir) bis zu 74 (Tenofovir) HBeAg negativ: 51 (Adefovir) bis zu 93 (Tenofovir)
HBsAg-Verlust (%)	3 – 4 (nach 48 Wo Therapie)	0-3(-6) (nach bis zu 5 Jahren Therapie, bestes Ergebnis beim Tenofovir - 6 % nach 2 Jahren)
antivirale Resistenz (%)	keine	0 – 70 (nach 5-jähriger Therapie)
dekompensierte Zirrhose	kontraindiziert	unbedingt indiziert
Depression / Psychose / Autoimmunerkrankung	kontraindiziert	möglich

(nach Dienstag JL, NEJM 2008;359:1486). Die Prozentangaben sind aufgrund verschiedener Assays nur eingeschränkt miteinander vergleichbar.

J

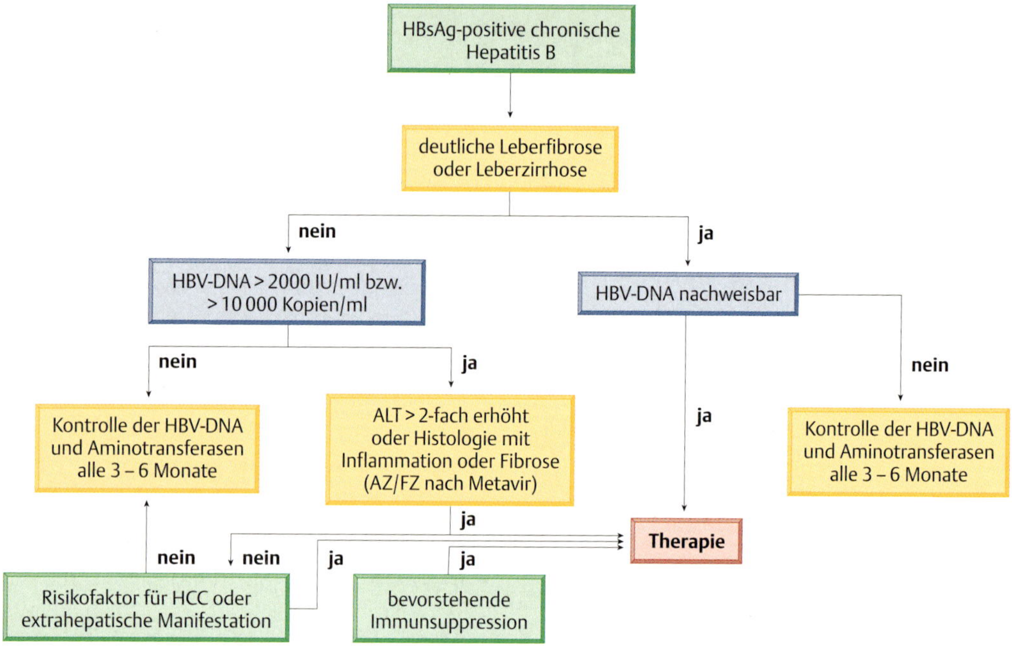

Abb. 42.11 Therapieindikation bei chronischer Hepatitis B.

- **Entecavir** (Baraclude®, Nukleosidanalogon, 0,5 mg/Tag, bei Lamivudinresistenz 1 mg/Tag oral)
- **Tenofivir disoproxil fumarat** (Viread®, Nukleotidanalogon, 245 mg/Tag oral, Anpassung bei Niereninsuffizienz)

Die fünf genannten Nukleos(t)idanaloga zeigen Unterschiede in der Häufigkeit viraler Resistenzen gegen die betreffenden Substanzen, d. h. sie haben eine unterschiedliche Resistenzbarriere. Substanzen mit häufiger Resistenzbildung (niedriger Resistenzbarriere) sind Lamivudin und Adefovir (70% bzw. 30% Resistenz nach 5-jähriger Therapie), aber auch Telbivudin (22%). Diese Substanzen sind v. a. bei niedrig virämischen Patienten sinnvoll, erfordern in Monotherapie jedoch eine engmaschige Überwachung und sollten in Risikosituationen (dekompensierte Leberzirrhose) eher zurückhaltend eingesetzt werden. Entecavir und Tenofovir sind hingegen Substanzen mit hoher antiviraler Potenz und hoher Resistenzbarriere. Sie kommen in Risikosituationen als Erstlinientherapie und bei Resistenzentwicklung gegen andere Substanzen zum Einsatz.

Therapiegrundsätze. Die initiale Therapie erfolgt entweder mit (PEG-)Interferon-α oder mit einem Nukleos(t)idanalogon. Für beide ist ein verlängertes Überleben und Verbesserung der Leberhistologie (in 60-70% der Fälle) nachgewiesen. In der deutschen Leitlinie von 2007 steht das (PEG-)Interferon am Anfang der Therapieüberlegungen, da die bessere immunologische Kontrolle unter dieser Substanz mit einer höheren und dauerhafteren Rate an HBsAg-Serokonversionen einhergeht.

Ziel der Therapie ist eine Unterdrückung der HBV-Replikation unterhalb der Nachweisgrenze bzw. eine HBeAg-Serokonversion.

Die Therapie mit einem oralen Nukleos(t)idanalogon sollte bei HBeAg-negativer Hepatitis B dauerhaft zur Anwendung kommen, bei Serokonversion einer initial HBeAg-positiven Hepatitis B nach weiteren 6 Monaten beendet und bei HBsAg-Serokonversion mit Ausbildung von anti-HBs > 100 IU/L ebenfalls beendet werden.

Nukleos(t)idanaloga werden v. a. bei Leberzirrhose in aller Regel dauerhaft gegeben. Unter dieser Therapie sank in den USA die Anzahl der transplantationsgelisteten Hepatitis-B-Patienten um 30%! Aufgrund des hohen Risikos einer Exazerbation einer chronischen Hepatitis B nach versehentlichem Absetzen des Nukleos(t)idanalogons, sollte gerade an

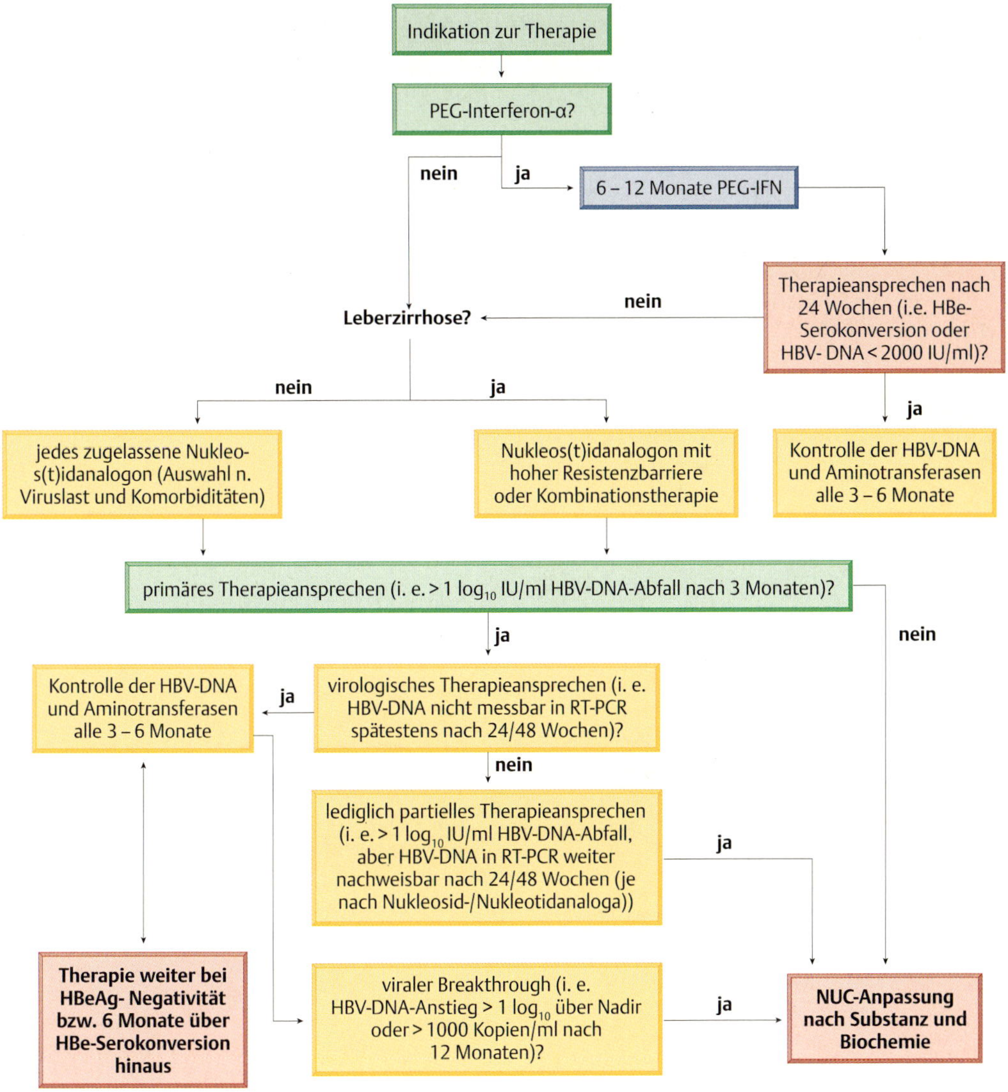

Abb. 42.12 Behandlungsalgorithmus bei chronischer Hepatitis B. RT-PCR: Real-Time- Polymerasekettenreaktion, NUC: Nukleos(t)idanalogon, viraler Breakthrough: viraler Virusdurchbruch, d. h. erneute Virusreplikation nach vormals guter HBV-Suppression – meist verursacht durch virale Resistenz (nach Cornberg 2007 und EASL 2009).

den Schnittstellen zwischen ambulanter und stationärer Versorgung penibel an die Fortführung dieser Medikation gedacht werden.

Patienten mit hämatologischer Erkrankung vor Immunsuppression werden auch 3 – 12 Monate über die Immunsuppression hinaus mit einem Nukleos(t)idanalogon behandelt, wenn sie 1. HBsAg-positiv oder 2. Anti-HBc-positiv und HBV-DNA-positiv sind. Ist HBsAg und anti-HBc negativ, erfolgt vor Immunsuppression die Aktivimpfung (s. **Tab. 42.5**).

An eine Lebertransplantation sollte bei beginnender hepatischer Dekompensation (Child B/C, s. **Tab. 42.26**) frühzeitig gedacht werden. In solchen Fällen ist es sinnvoll, auch die antivirale Therapie

Tab. 42.9 PEG-Interferon-α: Indikationen, Kontraindikationen und Nebenwirkungen

Indikationen	Kontraindikationen	Nebenwirkungen
• serologischer Nachweis einer chronischen Hepatitis B oder C • erhöhte Aminotransferasen über > 6 Monate • histologischer Nachweis von entzündlicher Infiltration und beginnender Fibrose • akute Hepatitis C	• akute Hepatitis B oder ALT > 10-faches der oberen Norm • dekompensierte Leberzirrhose (Child B/C) • Autoimmunhepatitis • Autoimmunthyreoiditis • dekompensierte kardiopulmonale Erkrankungen • ausgeprägte Leukopenie, Thrombopenie • Schwangerschaft • Kinder < 6 Jahre • Depressionen	• häufig Muskel-, Gelenkschmerzen, Schwäche, Fieber • Leuko- und Thrombopenie • Haarausfall, reversibel • Depressionen • Manifestation von Autoimmunerkrankungen (Immunthyreoiditis, -hepatitis, Diabetes mellitus und Polyarthritis)

bereits mit dem Transplantationszentrum abzusprechen.
Alle 6 – 12 Monate sollte eine Sonografie durchgeführt und ggf. AFP bestimmt werden zur Früherkennung eines HCC (s. S. 844).

Prophylaxe. Wichtiger als alle o. g. Therapiemaßnahmen ist die rechtzeitige Hepatitis-B-Impfung, die u. a. für alle Kinder und Jugendlichen, aber auch für alle Medizinstudenten empfohlen wird (s. **Tab. 42.5**).

Klinischer Fall

Seit 1984 bestehen bei der 51-jährigen Patientin Arthralgien in Sprung-, Schulter- und Handgelenken, die zur Diagnose einer rheumatoiden Arthritis führten. Im Rahmen der rheumatologischen Abklärung fielen bereits damals erhöhte Aminotransferasen auf: AST 63 U/l (0 – 35 U/l), ALT 107 U/l (0 – 35 U/l). Die Hepatitisserologie erbrachte folgenden Befund: HBsAg positiv, anti-HBsAg negativ, HBeAg positiv, anti-HBeAg negativ, HBcAg positiv, anti-HCV negativ, anti-HAV positiv, anti-HAV-IgM negativ, anti-HDV negativ.
1988 wurde die Diagnose einer chronischen Hepatitis B gestellt, ohne dass der Transmissionsmodus geklärt werden konnte. 1992 zeigte sich in einer Leberbiopsie das Bild einer beginnenden Zirrhose. Bereits im Jahr 2001 musste die Patientin wegen einer Ösophagusvarizenblutung und zunehmender Aszitesbildung stationär behandelt werden. Die Patientin stellt sich jetzt aufgrund einer zunehmenden Abgeschlagenheit, depressiven Verstimmung und einem Druckgefühl im Oberbauch bei ihrem Internisten vor.
Der Allgemeinzustand der Patientin ist bei der aktuellen Vorstellung recht gut, Größe 158 cm, Gewicht 45 kg. Es finden sich noch mäßig erhöhte Aminotransferasen, eine recht gute Lebersynthesefunktion (entsprechend einer Child-A-Zirrhose), eine deutlich erhöhte Immunglobulin-G-Fraktion, negative Befunde für ANA, AMA, LKM und SMA, die o. g. Hepatitisserologie und eine deutlich erhöhte HBV-DNA. Sonographisch imponiert eine Leberzirrhose mit portaler Hypertension und Nachweis von freier intraperitonealer Flüssigkeit (Aszites).
Bei der Patientin liegt eine chronische Hepatitis B mit kompensierter Leberzirrhose im Stadium Child A vor. Wenngleich nach den aktuellen EASL-Empfehlungen (European Association for the Study of the Liver) eine Interferon-α-Therapie in diesem Fall noch zu diskutieren wäre, lassen die fortgeschrittene Lebererkrankung, die hohe Viruslast und die eher mäßig erhöhten Aminotransferasen kein gutes Ansprechen der Interferon-Therapie erwarten. Wichtiger ist die Berücksichtigung der hier bestehenden Begleiterkrankungen und Interferon-Kontraindikationen: eine rheumatoide Arthritis kann sich unter Interferon deutlich verschlechtern. Bei der bestehenden Thrombozytopenie von 51 000/ µl bedingt durch den Hypersplenismus und einer anzunehmenden depressiven Störung ist bzgl. der Gabe von Interferon äußerste Zurückhaltung geboten. Man entscheidet sich daher zu einer Therapie mit Tenofovir (245 mg täglich p. o.) die von

der Patientin nebenwirkungsfrei vertragen wird. Während der Therapie wird die Patientin regelmäßig kontrolliert hinsichtlich Aminotransferasen, HBV-DNA, Kreatinin, einer Zytopenie, dem erneuten Auftreten einer gastrointestinalen Blutung oder eines Aszites sowie der Entstehung eines hepatozellulären Karzinoms.

Nach 12-monatiger Therapie berichtet die Patientin – abgesehen von den bekannten Arthralgien – über ein recht gutes Allgemeinbefinden. Die Aminotransferasen sind nun normwertig, und es kommt bei negativer HBV-DNA erfreulicherweise zu einer partiellen HBe-Serokonversion. Die antivirale Therapie sollte noch 6 – 12 Monate fortgesetzt werden. Sollte es darunter zu einer plötzlichen Zunahme der entzündlichen Aktivität kommen, müsste Tenofovir erneut angesetzt werden. Auf den HAV-Impfstatus ist zu achten. Bei Progression der Erkrankung ins Stadium Child B empfiehlt sich unbedingt die Kontaktaufnahme mit einem hepatologischen Zentrum bezüglich einer Lebertransplantation.

42.3.4 Chronische Hepatitis C

Ätiopathogenese

Eine frühe, ausreichend starke und multispezifische Immunantwort gegen HCV-infizierte Hepatozyten mit Ausschüttung antiviraler Interleukine (z. B. IFN-γ) entscheidet über die mögliche Ausheilung der HCV-Infektion. Bei 50 – 90 % aller Infektionen kommt es zur Chronifizierung. Ein gleichzeitiges Vorliegen mehrerer Quasi-Spezies des Hepatitis-C-Virus bei infizierten Patienten ist für die hohe Zahl der chronischen Virusträger mitverantwortlich. **Abb. 42.7** zeigt den natürlichen Verlauf der Hepatitis C.

Klinik

Sie ist vergleichbar mit der chronischen Hepatitis B (s. S. 816). Extrahepatische Manifestationen (gemischte Kryoglobulinämie, membranoproliferative Glomerulonephritis, Panarteriitis nodosa, Non-Hodgkin-Lymphom, Immunthyreopathie) kommen häufiger vor als bei Hepatitis B.

Diagnostik

Die Suche nach Antikörpern gegen HCV (Anti-HCV) sollte erfolgen bei Personen mit erhöhten Aminotransferasen bzw. chronischer Lebererkrankung, Empfängern von Blut oder Blutprodukten, Transplantatempfängern, Blut-, Organ- oder Gewebespendern, Hämodialysepatienten, aktiven und ehemaligen Drogenkonsumierenden, Insassen von Justizvollzugsanstalten, HIV- und/oder HBV-Infizierten, Haushaltsangehörigen bzw. Sexualpartnern HCV-Infizierter, Kindern HCV-positiver Mütter, medizinischem Personal und bei Personen mit Migrationshintergrund aus Regionen mit erhöhter anti-HCV-Prävalenz. Die Labor- und apparativen Untersuchungen umfassen:

- Aminotransferasen (ALT > AST, normwertig oder moderat erhöht)
- anti-HCV-Ak (positiv)
- HCV-RNA (gerade bei Immunsuppression immer durchführen, stets mit quantitativer Bestimmung der HCV-Viruslast)
- Bestimmung des HCV-Genotyps (hat therapeutische Relevanz)
- HBsAg, anti-HBs, anti-HBc, anti-HIV I/II
- HAV-Serologie (ggf. Impfung)
- TSH, ggf. auch fT 4, fT 3 und Schilddrüsen-Auto-Antikörper. Diese Untersuchungen können eine Autoimmunthyreopathie aufdecken, die oftmals eine Kontraindikation für eine Interferontherapie darstellt.
- Oberbauchsonografie zum Ausschluss einer Leberzirrhose bzw. eines HCC
- α-Fetoprotein (bei HCC-Verdacht)
- Leberbiopsie (sicher indiziert bei unklarer Therapieindikation, ansonsten wünschenswert)
- Alle 6 – 12 Monate ist eine Verlaufssonografie (und ggf. AFP) zur Früherkennung eines HCC angezeigt. Die Differenzialdiagnosen zeigt **Tab. 42.7**.

Therapie

Therapieindikation. Die Indikation zur antiviralen Therapie besteht prinzipiell bei jeder chronischen Hepatitis C. Erhöhte Aminotransferasen und/oder der Nachweis einer Leberfibrose sind keine unbedingt notwendigen Voraussetzungen. Auch extrahepatische Manifestationen, berufliche Gründe oder der persönliche Wunsch des Patienten nach einer Behandlung kann eine Therapie rechtfertigen. Ein frühzeitiger Behandlungsbeginn steigert die Chancen auf eine Viruselimination und wird daher empfohlen. Echte Kontraindikationen für eine medikamentöse Therapie sind in schweren Zweiterkrankungen, unkontrolliertem Drogen- und Alkoholabusus sowie in der Schwangerschaft und Stillzeit zu sehen (vgl. **Tab. 42.9**).

J

Aktuelle Therapieempfehlungen. Die Behandlung erfolgt als Kombinationstherapie aus pegyliertem **(PEG-)Interferon-α-2a** (180 µg/Woche s. c., bei Adipositas ggf. auch 270 µg/Woche gerechtfertigt) **oder pegyliertem (PEG-)Interferon-α-2b** (1,5 µg/kgKG/Woche s. c.) jeweils **plus Ribavirin** (optimalerweise 15 mg/kg KG/Tag, d. h. 800 – 1 400 mg/Tag p. o., Dosisreduktionen aber nicht selten notwendig) und dauert 24 – 72 Wochen.

In den letzten Jahren hat sich eine an Genotyp und Viruskinetik ausgerichtete, individualisierte Therapie etabliert. Man unterscheidet

- Rapid Responder: HCV nicht mehr nachweisbar nach 4 Wochen Therapie
- Standard Responder: HCV nicht mehr nachweisbar nach 12 Wochen Therapie
- Slow Responder: HCV nicht mehr nachweisbar nach 24 Wochen Therapie

Einen Überblick über die Therapie bei Genotyp 1 bzw. 2/3 geben **Abb. 42.13** und **Abb. 42.14**. Die Raten eines dauerhaften Ansprechens – d. h. HCV-RNA negativ 24 Wochen nach Therapieende (= Sustained Viral Response, SVR) – betragen unter dieser Therapie zwischen 42 und 90 %.

Wesentlich für den Therapieerfolg ist die engmaschige Patientenführung angesichts der zu erwartenden Nebenwirkungen. Ribavirin ist teratogen, daher ist eine suffiziente Kontrazeption zwingend! Interferon kann Depressionen und eine Thyreopathie auslösen.

Eine suffiziente Ribavirindosis (optimalerweise 15 mg/kg KG) ist anzustreben, Dosisreduktionen oder Therapiepausen müssen vermieden werden. Es gilt die 80/80/80-Regel: optimales Ansprechen nur bei Einnahme von 80 % der Interferon-Zieldosis, 80 % der Ribavirin-Zieldosis über mindestens 80 % der geplanten Therapiedauer. Viele Patienten entwickeln eine IFN-induzierte depressive Verstimmung und eine Ribavirin-induzierte Anämie, gegen die Antidepressiva und unter Umständen auch Erythropoetin zur Anwendung kommen können. Ausgeprägte Zytopenien, depressive Episoden und Immunthyreoitiden zwingen aber manchmal zur Dosisreduktion oder zum Abbruch der Therapie.

Ist in der Vergangenheit bereits eine Therapie erfolglos gewesen (Non-Response), kann eine erneuter Therapieversuch mit erhöhten Dosen von Interferon, optimierter Ribavirindosis und 72 Wochen Therapiedauer in 6 – 16 % doch noch ein dauerhaftes Ansprechen (SVR) erzielen.

An eine Listung zur Lebertransplantation sollte bei beginnender hepatischer Dekompensation (Child B) gedacht werden.

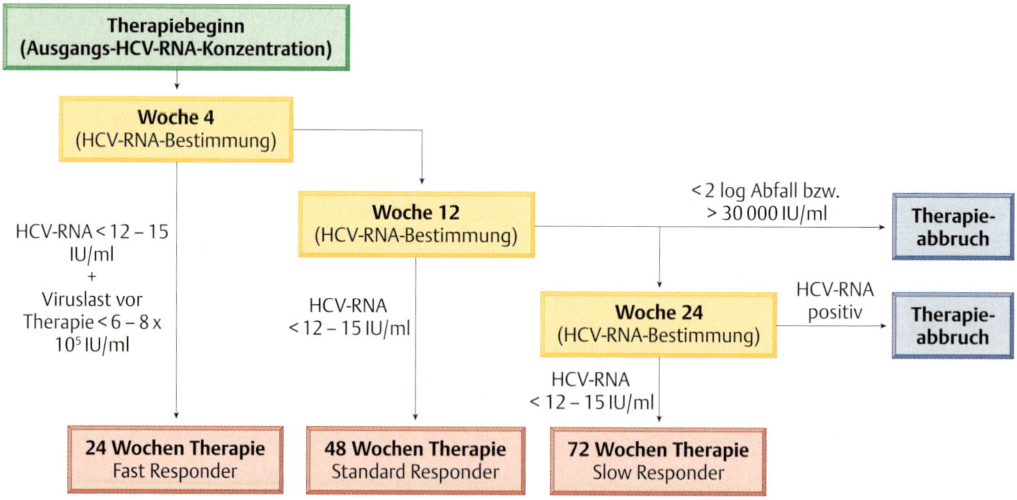

Abb. 42.13 Therapiealgorithmus bei HCV-Infektion mit Genotyp 1. Anmerkungen: 1. HCV-RNA < 12 – 15 IU/ml entspricht der Nachweisgrenze in hochsensitiven Assays, 2. Grenzwert für Ausgangsviruslast zur Verkürzung der Therapie auf 24 Wochen war 600 000 IU/ml für PEG-IFN-α-2 b und 800 000 IU/ml für PEG-IFN-α-2a. Bei negativen Prädiktoren (fortgeschrittene Fibrose, metabolisches Syndrom, Insulinresistenz, Steatosis hepatis) sollte eine Therapieverkürzung kritisch diskutiert werden (nach Dollinger und Sarrazin 2008).

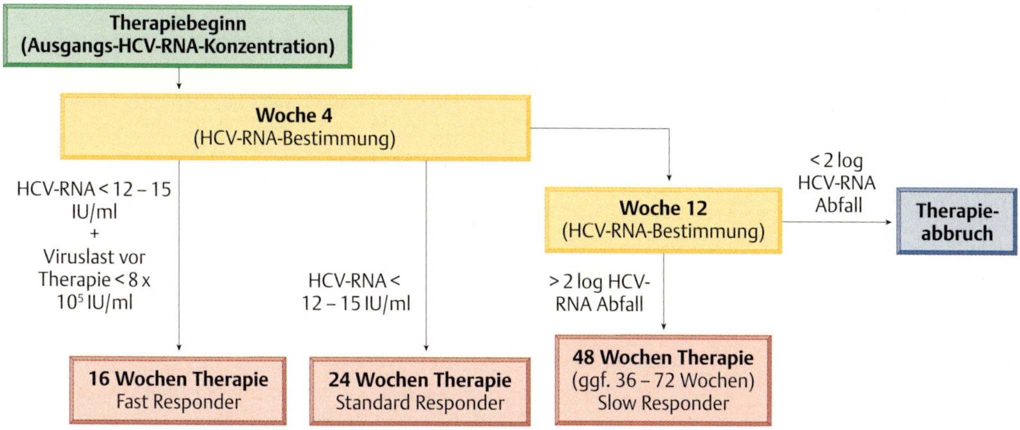

Abb. 42.14 Therapiealgorithmus bei HCV-Infektion mit Genotyp 2/3. Anmerkungen: 1. HCV-RNA < 12 – 15 IU/ml entspricht der Nachweisgrenze in hochsensitiven Assays, 2. Bei negativen Prädiktoren (fortgeschrittene Fibrose, metabolisches Syndrom, Steatosis hepatis) sollte auf eine Therapieverkürzung auf 16 Wochen verzichtet werden. 3. Bei fehlendem Abfall der HCV-RNA unter die Nachweisgrenze (< 12 – 15 IU/ml) bis Woche 24 wird Therapieabbruch empfohlen (nach Dollinger und Sarrazin 2008).

Perspektiven. Zukünftig werden HCV-spezifische Hemmstoffe, die in Kombination mit einer Standardtherapie gegeben werden, zu einer Verbesserung des dauerhaften virologischen Ansprechens führen. Ein solcher Effekt konnte für den NS 3/4A-Proteaseinhibitor Telaprevir gezeigt werden. Weitere erfolgversprechende HCV-spezifische Hemmstoffe sind in Entwicklung. Besteht neben der Hepatitis C eine Insulinresistenz, so kann eine begleitende Metformintherapie eventuell die Ansprechrate verbessern.

Prophylaxe

Eine Impfung gegen Hepatitis C steht nicht zur Verfügung. Die Heilungschancen bei Therapie innerhalb der ersten 4 Monate nach HCV-Infektion sind gut.

42.3.5 Chronische Hepatitis D

Das Hepatitis-D-Virus wird als Koinfektion mit Hepatitis B oder als Superinfektion eines chronischen Hepatitis-B-Trägers erworben. Bei einer Koinfektion treten in etwa 5 – 10 % chronische Verläufe auf, bei Superinfektion in über 90 % der Fälle. Die chronische Hepatitis B nimmt dann einen ungünstigen, rasch progredienten Verlauf, weshalb die Hepatitis D als schwerste Form der viralen Hepatitiden gilt. Das mittlere Lebensalter der Patienten bei Auftreten einer HDV-bedingten Leberzirrhose liegt um 10 Jahre niedriger als bei reinen Hepatitis-B-bedingten Zirrhosen, zudem ist das Risiko eines HCC erhöht (vgl. S. 812).

Diagnostik.
- Anti-HDV-Ak-gesamt (wenn positiv, dann anti-HDV-IgM)
- HDV-RNA (wenn anti-HDV positiv, danach evtl. HDV-RNA-Quantifizierung und HDV-Genotyp)
- Diagnose der akuten HDV-Superinfektion: Anti-HBc-IgM meist negativ, HDV über längeren Zeitraum nachweisbar, ansteigende anti-HDV-Titer
- Diagnose der HBV-HDV-Koinfektion: typischerweise hoher anti-HBc-IgM-Titer
- Leberbiopsie

Weitere Diagnostik wie bei chronischer Hepatitis B (s. S. 816).

Therapie und Prophylaxe. Eine Impfung gegen Hepatitis B verhindert die Hepatitis-D-Virus-Infektion und hat daher auch hier oberste Priorität. In der HIDIT-1-Studie war die Gabe von pegyliertem Interferon-α-2a (180 µg/Woche s. c. über 48 Wochen) bei 40 % der Patienten antiviral wirksam und führte bei 25 % der Patienten zur HDV-RNA-Negativierung. Nukleosidanaloga haben wahrscheinlich keinen Effekt auf die HDV-Replikation. An eine Lebertransplantation sollte bei beginnender hepatischer Dekompensation (Child B) gedacht werden.

42.3.6 Autoimmunhepatitis

Definition. Eine Autoimmunhepatitis (AIH) ist eine chronische (>6 Monate, nur selten akute Erstmanifestation), periportal-betonte Hepatitis, die typischerweise mit Hypergammaglobulinämie, zirkulierenden Autoantikörpern und extrahepatischen Syndromen einhergeht, bevorzugt Frauen betrifft und auf Immunsuppression anspricht. Die Diagnose lässt sich nicht anhand eines einzelnen Befundes stellen, sondern beruht auf verschiedenen diagnostischen Kriterien, die in einem Scoring-System der International Autoimmune Hepatitis Group zusammengefasst worden sind.

Epidemiologie

Die Autoimmunhepatitis ist in gemäßigten Regionen für etwa 10 – 20% der chronischen Hepatitiden verantwortlich. 90% der Patienten sind weiblich.

Ätiopathogenese

Obwohl der genaue Trigger der Erkrankung (hepatotrope Viren?) unklar bleibt, so ist doch unzweifelhaft, dass der Autoimmunhepatitis ein **Verlust an Selbsttoleranz des Immunsystems** zugrundeliegt. Die bisher beschriebenen Autoantikörper sind Ausdruck dieser Dysregulation des humoralen und zellulären Immunsystems und machen deutlich, dass die AIH eine heterogene Gruppe von Krankheitsentitäten darstellt. Auffällig ist eine genetische Assoziation mit dem HLA-A1-B8-DR3-Phänotyp bzw. dem DR4 -Haplotyp.

Klinik

In bis zu 25% der Fälle erfolgt die Erstmanifestation der AIH unter dem Bild einer akuten Hepatitis. Ansonsten unterscheidet sich die Symptomatik der AIH nicht von der chronischer viraler Hepatitiden. Auffällig ist allerdings das häufige Auftreten extrahepatischer Manifestationen (Vitiligo, Alopezie, Thyreoiditis, Nageldystrophie, Colitis ulcerosa, rheumatoide Arthritis, Myasthenia gravis, Diabetes mellitus, Vaskulitiden und Sjögren-Syndrom).

Diagnostik

Die Diagnose der AIH ist eine Ausschlussdiagnose (Tab. 42.10), der immer auch eine Leberstanzbiopsie mit histologischer Beurteilung vorangehen sollte. Klinische, serologische, laborchemische und histologische Kriterien, die eine AIH unterstützen, sind:

- weibliches Geschlecht
- deutlich erhöhte Gammaglobulinfraktion (hier typischerweise eine selektive IgG-Erhöhung)
- Nachweis von ANA, SMA, LKM-1- oder SLA-Antikörpern (können auch bei Hepatitis C nachweisbar sein)
- negative Hepatitisserologie und Alkoholanamnese
- Vorliegen eines HLA-DR3 oder -DR4-Haplotyps
- Vorliegen anderer Autoimmunerkrankungen
- Ansprechen auf immunsuppressive Therapie
- periportale Hepatitis mit Infiltration von Lymphozyten und Plasmazellen

Manchmal findet man bei Patienten sog. **Overlap-Syndrome** mit Charakteristika sowohl einer AIH als auch einer Autoimmuncholangitis (10%), primär sklerosierenden Cholangitis (6%) oder primär biliären Zirrhose (8%). Wichtigste Differenzialdiagnose ist die Fettleberhepatitis. Auch im Rahmen einer Hepatitis C können Autoantikörper nachgewiesen werden, vor allem antinukleäre Antikörper (ANA) und mikrosomale Antikörper (LKM-1).

Therapie

Eine Therapie ist indiziert **bei inflammatorischer Aktivität**. So wird man Patienten dann behandeln, wenn die Aminotransferasen und Gammaglobulinfraktion mindestens zweifach erhöht sind und sich in der Histologie eine mindestens mittelschwere periportale Hepatitis zeigt bzw. wenn eine Krankheitsprogression zu beobachten ist. Ein Therapieschema mit **Prednisolon und Azathioprin** zeigt Tab. 42.11. Generell wird zur Remissionserhaltung die Kombinationstherapie bevorzugt, um Steroidnebenwirkungen zu minimieren (s. S. 586). Die Erhaltungstherapie muss fast immer über 24 Monate gegeben werden. Erst dann kann im Falle einer histologisch gesicherten kompletten Remission (in 65% der Fälle) die Immunsuppression langsam ausgeschlichen und ein Therapieauslass versucht werden.

Falls unter Azathioprin Nebenwirkungen (Panzytopenie, Pankreatitis, Cholestase) auftreten (weniger als 10% der Patienten) oder Schwangerschaftswunsch besteht, kann auf eine Prednisolon-Monotherapie ausgewichen werden. Ältere Patienten mit niedriger Inflammation können evtl. unbehandelt bleiben. Budesonid könnte in der Dauertherapie eine nebenwirkungsärmere Behandlungsalternative zum Prednisolon darstellen. Falls auch mit erhöhten Dosen eine Remission nicht zu erzielen ist, kommen (versuchsweise) Ciclosporin A, Mycophenolatmofetil, Ursodeoxycholsäure oder Cyclophosphamid zur Anwendung. An eine Lebertransplantation sollte

Tab. 42.10 Autoantikörper bei Leberkrankheiten

Antikörper	Abkürzung (Zielantigen)	Vorkommen
antinukleäre Antikörper Smooth-Muscle-Antikörper	ANA SMA (Aktin)	Autoimmunhepatitis Typ 1 (PBC, PSC, Hepatitis-C-Virus-Infektion)
Leber-Nieren-Mikrosomen-Antikörper Typ 1 – 3	LKM*-1 (P_{450} = CYP2D 6 und UGT)	Autoimmunhepatitis Typ 2 (HCV)
	LKM-2 (P_{450} = CYP2C 9)	Arzneimittelhepatitis
	LKM-3 (UGT 1A2)	Hepatitis D, Autoimmunhepatitis Typ 2, autoimmunes polyendokrines Syndrom Typ 1 (APS 1)
Leber-Mikrosomen-Antikörper	LM	Arzneimittelhepatitis (Dihydralazin), autoimmunes polyendokrines Syndrom Typ 1 (APS 1)
Antikörper gegen lösliches Leberantigen	SLA** (UGA-Suppressor-Serin-tRNA-Protein-Komplex)	Autoimmunhepatitis Typ 3
Antikörper gegen Leber-Pankreas-Antigen	LP	Autoimmunhepatitis Typ 3
antimitochondriale Antikörper	AMA (E_2-Untereinheit der Pyruvatdehydrogenase = PDH-E_2)	primär biliäre Zirrhose
Antikörper gegen Asialoglykoprotein-rezeptor	ASGPR***	Autoimmunhepatitis (primär biliäre Zirrhose, Virushepatitis)
perinukleäre antineutrophile zytoplasmatische Antikörper	p-ANCA (Histone)	primär sklerosierende Cholangitis, Autoimmunhepatitis, Colitis ulcerosa

LKM = liver kidney microsome, ** SLA = soluble liver antigen, * ASPGR = antibodies to asialoglycoprotein receptor*

bei beginnender hepatischer Dekompensation (Child B) gedacht werden.

Prognose

Patienten mit AIH sprechen auch bei nachgewiesener Zirrhose in den meisten Fällen gut auf eine immunsuppressive Therapie an und haben dann eine sehr gute Langzeitprognose. Bei 10% der AIH-Patienten wird im Verlauf jedoch eine Lebertransplantation (LTx) notwendig. Die Dekompensation einer Leberzirrhose, ein kontinuierlich steigendes Bilirubin oder eine fehlende Remission auch nach 4-jähriger Therapie sind Prädiktoren der Notwendigkeit einer LTx, die meist mit einem exzellenten Langzeitergebnis einhergeht.

Tab. 42.11 Therapie der Autoimmunhepatitis

Induktionstherapie (bis zum Erreichen einer Remission)	Erhaltungstherapie
Monotherapie 50 mg Prednison/Tag	*Monotherapie* 10 – 20 mg Prednison/Tag oder 2 mg/kg KG Azathioprin/Tag
Kombinationstherapie 50 mg Prednison/Tag + 50 – 100 mg Azathioprin/Tag (ca. 1 mg/kg KG)	*Kombinationstherapie* 5 – 10 mg Prednison/Tag + 50 – 100 mg Azathioprin/Tag (1 mg/kg KG, ggf. steigern auf 2 mg/kg KG)

42.4 Nicht eitrige Cholangitiden

42.4.1 Primär biliäre Zirrhose (PBC)

engl.: primary biliary cirrhosis

Definition. Bei der primär biliären Zirrhose (PBC) handelt es sich um eine chronische nicht eitrige, destruierende Cholangitis, die durch T-Zell-vermittelte Autoimmunität verursacht wird und typischerweise mit extrahepatischen Autoimmunphänomenen einhergeht (Abb. 42.15). Nahezu 100 % der Patientinnen zeigen Autoimmunität gegen Enzyme des 2-Oxoacid-Dehydrogenase-Komplexes oder andere nukleäre Antigene. Damit ist die PBC ein außergewöhnliches Beispiel für die Aufdeckung eines spezifischen Antigens als Auslöser von Autoimmunität.

Epidemiologie

Die PBC hat eine Prävalenz von 60:100 000 bei Frauen und von 0,7:100 000 bei Männern. Damit betrifft die Erkrankung in über 90 % der Fälle Frauen, und zwar bevorzugt im Alter zwischen 40 und 59 Jahren.

Ätiopathogenese

Die PBC ist eine **chronische cholestatische Lebererkrankung**, die Charakteristika einer Autoimmunerkrankung trägt. Nach heutiger Vorstellung initiiert ein noch unbekannter Umweltfaktor oder infektiöses Agens einen dann nicht mehr umkehrbaren, persistierenden T-Zell-mediierten Angriff auf die Epithelzellen der intralobulären Gallengänge. Es kommt zu einem **progressiven Verlust funktionierender Gallengänge** mit Aufstau von Gallensäuren und Schädigung von Zellmembranen. Die Autoantigene der T-Zell-Antwort und pathognomonischen antimitochondrialen Antikörper (AMA) liegen im Bereich der Enzyme des 2-Oxo-Säure-Dehydrogenase-Komplexes (zumeist ein Peptid der E2-Untereinheit der Pyruvatdehydrogenase, PDH).
Der histologisch nachweisbare Progress der PBC von der portal begrenzten Inflammation bis zur biliären Zirrhose mit Regeneratknoten wird in 4 Stadien unterteilt.

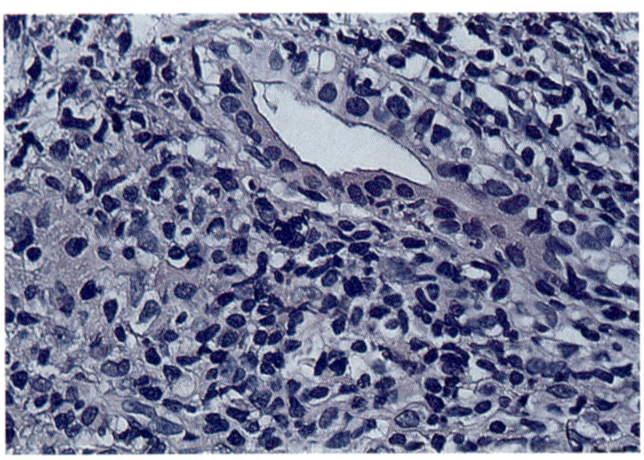

Abb. 42.15 Histologie der primär biliären Zirrhose. Typische Histologie einer primär biliären Zirrhose im Stadium I mit entzündlichem Infiltrat am Gallengang. HE, 400fache Vergrößerung (mit freundlicher Genehmigung von Prof. Dr. H. Maschek, Institut für Pathologie, MHH).

Klinik

Heute bleiben die meisten Patienten bis zur Diagnosestellung asymptomatisch. Neben unspezifischen Beschwerden wie Müdigkeit (70 %) und Druckgefühl im Oberbauch deuten **Juckreiz** (früh), Ikterus (spät), Hyperpigmentierungen der Haut und seltener Xanthelasmen auf die andauernde Cholestase hin. Nur wenige Patienten zeigen bei Erstdiagnose bereits Komplikationen einer portalen Hypertension bei Leberzirrhose. Werden die Patienten symptomatisch, so sinkt das 5-Jahres-Überleben von 90 auf 50 %. In 84 % bestehen **zusätzlich andere Autoimmunerkrankungen** (Autoimmunthyreoidits, Sjögren-Syndrom, rheumatoide Arthritis, chronisch-entzündliche Darmerkrankung, Zöliakie u. a.)

Diagnostik

Bei laborchemischen Zeichen einer Cholestase wird man zunächst mittels Sonografie einen extrahepatischen Gallenwegverschluss ausschließen. Gerade bei typischer Konstellation, d. h. Frau im mittleren Lebensalter mit Zeichen einer hepatischen Fibrose, schließt sich die **Bestimmung antimitochondrialer Antikörper (AMA)** an. Hier erfolgt zunächst eine indirekte Immunfluoreszenz mit anschließender Spezifizierung im ELISA gegen die E2-Untereinheit der Pyruvatdehydrogenase (PDH-E2), BCKD-E2 und OGD-E2 und abschließender Bestätigung im Western Blot.

> **!** AMA sind hochspezifisch hinsichtlich einer PBC. Sie sind bei 95 % der PBC-Patienten, jedoch nur bei 1 % gesunder Probanden nachweisbar.

Möglicherweise genügt in Zukunft auch die Durchführung eines PDH-E2-ELISA als alleiniger diagnostischer Test. 50 % der AMA-negativen PBCs sind außerdem ANA-positiv (Zielantigene GP-210 und SP

Tab. 42.12 Differenzialdiagnosen der PBC

Differenzialdiagnosen	Wegweisende Diagnostik
Autoimmuncholangitis (syn. AMA-negative PBC)	Laborkonstellation wie bei PBC, Sono unauffällig, AMA negativ
Autoimmunhepatitis	ANA, SMA, LKM, SLA, IgG deutlich erhöht, AMA negativ
primär sklerosierende Cholangitis (s. S. 828)	begleitende CED (s. S. 757)? Sono: lokal dilatierte Gallenwege, ERC: Strikturen der extrahepatischen Gallengänge, Leberbiopsie: fibroobliterative Gallengangsläsion
cholangiozelluläres Karzinom (s. S. 846)	Sono: segmentale Cholestase, CT: Raumforderung, CA 19-9 deutlich erhöht
alkoholtoxische Leberzirrhose (s. S. 836)	typischerweise IgA-Erhöhung, AMA negativ, Leberbiopsie: keine periduktuläre Inflammation
cholestatisch verlaufende Virushepatitis (s. S. 803)	HBsAg, antiHBc, anti-HCV, HCV-RNA
Fettleberhepatitis (s. S. 834)	metabolisches Syndrom, Sono: Leberverfettung, ALT deutlich erhöht
medikamententoxische Hepatitis (s. S. 837)	Medikamentenanamnese, Auslassversuch, AMA negativ
Sarkoidose (s. S. 471)	pulmonale Beteiligung, Erythema nodosum, AMA negativ

100, Overlap-Syndrom in 19% der PBC-Patienten, vgl. S. 824).
Bei positiven AMA (> 1:40), erhöhter alkalischer Phosphatase (> 6 Monate) und typischer Konstellation, sollte eine Leberbiopsie die Diagnose und das Stadium einer primär biliären Zirrhose sichern. Daneben sind weitere Untersuchungen zum Ausschluss extrahepatischer Komplikationen sinnvoll: Vitamine D und K, TSH, evtl. Knochendichtemessung.
Tab. 42.12 nennt die wichtigsten Differenzialdiagnosen der PBC.

> **!** **Patienten mit positiver AMA-Serologie haben auch bei noch unauffälligen klinisch-chemischen Befunden eine sehr hohe Wahrscheinlichkeit der Entwicklung einer PBC.**

Therapie

Die Therapie der ersten Wahl und gleichzeitig einzige zugelassene Behandlungsoption ist **Ursodeoxycholsäure** (UDCA). In einer Dosis von 13 – 15 mg/kgKG/Tag p. o. führt UDCA nach 5-jähriger Therapie bei 45% der Patienten zu einer Normalisierung der Leberwerte, verzögert die Progression der Leberfibrose und verbessert wahrscheinlich das Überleben, wenn die Therapie früh begonnen wird.

> **!** **Ursodeoxycholsäure ist die Therapie der ersten Wahl bei PBC und ermöglicht drei von fünf Patienten mit PBC eine normale Lebenserwartung über einen Verlauf von 20 Jahren. Dafür muss die Therapie jedoch möglichst frühzeitig begonnen werden.**

Etwa 20% aller PBC-Patienten sprechen nicht auf die UDCA-Monotherapie an und zeigen zusätzlich Charakteristika einer Autoimmunhepatitis **(PBC-AIH-Overlap-Syndrom).** Nach Leberbiopsie kann eine immunsuppressive Therapie mit Prednisolon oder Budesonid erwogen werden.
Andere Immunsuppressiva und Colchizin haben derzeit noch keinen gesicherten Stellenwert.
Wichtig ist ferner die Prävention und Therapie von Komplikationen:

- Osteoporosebehandlung: Kalzium- und Vitamin-D-Substitution von fraglichem Nutzen, körperliche Aktivität, ggf. Alendronat, rechtzeitige LTx
- Substitution der Vitamine A, D, E und K
- Linderung des Pruritus: Cholestyramin (4 – 24 g/Tag, zeitversetzt zur UDCA-Einnahme), Rifampicin (2 × 150 mg/Tag, regelmäßige Überwachung von Leberwerten und Blutbild, Interaktion mit Antidepressiva) oder Naltrexon (50 mg/Tag)

J

- Impfung gegen Hepatitis A und B
- halbjährlich HCC-Screening

Einzig kurative Maßnahme bei fortgeschrittener Erkrankung ist die Lebertransplantation. Die Listung zur Transplantation ist in jedem Fall indiziert mit einem Bilirubin > 100 µmol/l, frühere Vorstellung in einem Transplantationszentrum aber wünschenswert.

Prognose

Da heute die PBC häufig bereits im asymptomatischen Stadium erkannt wird und die Therapie früher erfolgt, hat sich die Prognose der PBC verbessert. Vor Einführung von Ursodeoxycholsäure (UDCA) betrugen die 10-Jahres-Überlebensrate asymptomatischer Patienten etwa 60% und das mittlere Überleben symptomatischer Patienten 5 – 8 Jahre. Nach Einführung von UDCA beobachtet man heute 10- bzw. 20-Jahres-Überlebensraten von 84% bzw. 66%.

42.4.2 Primär sklerosierende Cholangitis (PSC)

engl.: primary sclerosing cholangitis

Definition. Die primär sklerosierende Cholangitis (PSC) ist eine chronische, mit Strikturen und Dilatationen einhergehende, diskontinuierliche Fibrosierung der intra- und extrahepatischen Gallenwege.

Epidemiologie

Die Prävalenz der PSC wird bei Männern in Nordamerika auf 21/100 000 geschätzt. Männer sind etwa doppelt so häufig wie Frauen betroffen. Über 75% der Patienten mit PSC haben gleichzeitig eine Colitis ulcerosa, das Alter bei Diagnosestellung liegt zwischen 25 und 40 Jahren.

Ätiopathogenese

Die Ätiologie der PSC ist unklar. Allerdings legen die häufig zu beobachtenden antineutrophilen Autoantikörper (pANCA), die Assoziation mit den HLA-Haplotypen B8 und DR3 und andere begleitende Autoimmunphänomene eine Immunpathogenese nahe. Diese könnte durch **Strukturähnlichkeiten zwischen bakteriellen und körpereigenen Antigenen** ausgelöst werden. Über die gestörte intestinale Epithelbarriere könnten bakterielle Produkte direkt in die portale Zirkulation gelangen und in der Folge eine überschießende intrahepatische Immunantwort triggern.

Die Stadieneinteilung der PSC folgt histologischen Kriterien, die die zunehmende Ausdehnung der vom Portalfeld ausgehenden Fibrose bis zur Ausbildung der biliären Zirrhose berücksichtigt (Stadium 1 – 4).

Klinik

50% der Patienten sind asymptomatisch. Juckreiz und Ikterus zählen zu den häufigsten Symptomen. Hinter diesen Zeichen der Cholestase kann sich aber auch bereits ein cholangiozelluläres Karzinom verbergen. Die klinischen Zeichen der bakteriellen Cholangitis (Fieber, rechtsseitige Oberbauchschmerzen und Ikterus = Charcot-Trias) treten auf, wenn es zu einer bakteriellen Superinfektion retinierter Galle proximal von Gallnwegsstrikturen kommt. Nicht selten finden sich Symptome einer gleichzeitig bestehenden entzündlichen Darmerkrankung (in 70% der Fälle geht eine Colitis ulcerosa klinisch voraus, s. S. 757). Evtl. treten extrahepatische Begleiterkrankungen wie die retroperitoneale Fibrose (Morbus Ormond) oder ein Sicca-Syndrom auf.

Diagnostik

Hinweise geben die typische Symptomatik, männliches Geschlecht (vorwiegend betroffen) und das Lebensalter (oftmals um das 40. Lebensjahr). Regelmäßig finden sich Zeichen einer chronisch-entzündlichen Darmerkrankung (daher initial immer Koloskopie).

Im **Labor** ist der Nachweis einer zweifach über die obere Norm erhöhten alkalischen Phosphatase und γ-GT über mindestens 6 Monate richtungsweisend. Der Nachweis von pANCA ist gelegentlich differenzialdiagnostisch hilfreich, stellt jedoch einen unspezifischen Befund dar.

Sonografisch sind lokal dilatierte Gallenwege und verdickte Gallengangswände nachweisbar.

Bei der **endoskopischen retrograden Cholangiografie** (ERC, **Abb. 42.16 a, b**, ggf. mit Cholangioskopie und Bürstenzytologie) ist vor allem auf Strikturen im Gallenwegssystem („Perlschnurphänomen“) und Hinweise auf ein cholangiozelluläres Karzinom zu achten.

Die **Magnetresonanz-Cholangiografie** (MRC) ist der ERC bei der Darstellung kleiner Gallenwege noch unterlegen, jedoch wesentlich komplikationsärmer, daher erste Wahl zur Diagnosestellung bei fortgeschrittener PSC ohne Notwendigkeit einer Gallenwegsintervention. In der Frühdiagnostik ist die rein diagnostische ERC jedoch regelmäßig notwendig.

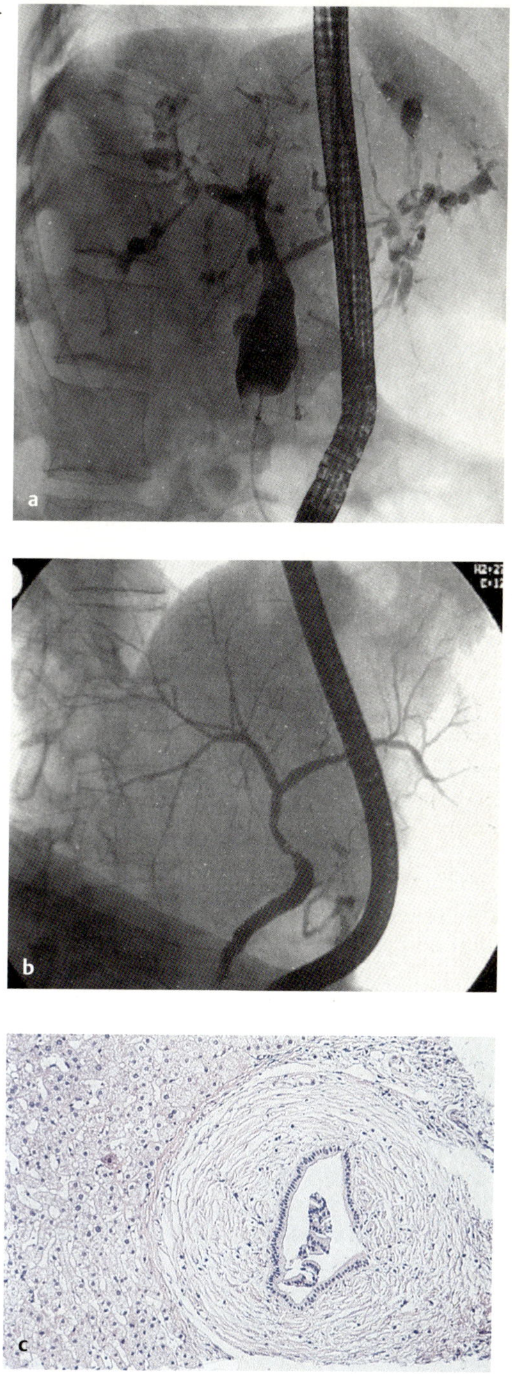

Abb. 42.16 ERC und Histologie bei primär sklerosierender Cholangitis. Typisches Bild der primär sklerosierenden Cholangitis **a** in der endoskopischen retrograden Cholangiografie (ERC) im Vergleich zum Normalbefund **b** (mit freundlicher Genehmigung von Dr. J. Wedemeyer, Hannover); **c** histologisches Bild. Dieses typische Biopsieergebnis wird oft nicht gesehen, da die Erkrankung herdförmig ist (mit freundlicher Genehmigung von Prof. Dr. H. Maschek, Institut für Pathologie, MHH).

Die **Leberbiopsie** (nicht obligat zur Diagnosestellung) kann die fibroobliterativen Gallengangsläsionen, eine Duktopenie und die biliäre Zirrhose nachweisen (**Abb. 42.16 c**). Nur mit der Histologie wird eine sog. „Small-Duct-PSC" mit guter Prognose erkannt.

Differenzialdiagnostisch müssen alle anderen Formen cholestatischer Lebererkrankungen abgegrenzt werden (s. **Tab. 42.12**).

Therapie

Die verfügbaren Daten zeigen, dass **Ursodeoxycholsäure** (UDCA, 15 – 20 mg/kgKG/Tag) Serumleberwerte und Surrogatmarker für die Prognose verbessert, das Überleben selbst aber nicht verlängert. Wenn damit auch keine generelle Therapieempfehlung für UDCA ausgesprochen werden kann, so ist es doch unsere Praxis, v. a. PSC-Patienten in frühen Krankheitsstadien einer Langzeitbehandlung mit UDCA (15 – 20 mg/kg/Tag) zuzuführen. Eine immunsuppressive Therapie ist nur bei klarem Nachweis einer Autoimmunhepatitis (Histologie, typisches Labor und Autoimmunserologie) gerechtfertigt.

Gefürchtet sind bakterielle Cholangitiden bzw. die Cholangiosepsis, die z. B. mit Ampicillin/Sulbactam, Ceftriaxon und Metronidazol oder – bei schwerer Erkrankung – mit einem Carbapenem therapiert werden. Hier ist fast immer eine endoskopische Dilatation (ggf. plus Stenting) oder perkutane transhepatische Cholangiodrainage (PTCD) bei bestehenden Gallenwegstrikturen notwendig (verbessert zusammen mit der Gabe von UDCA das Überleben). Gleichzeitig sollten Bürstenzytologien (CCC?) entnommen werden, da benigne und maligne Stenosen in der ERC kaum zu unterscheiden sind.

Die Prävention und Therapie weiterer Komplikationen entspricht der unter PBC genannten (s. S. 827).

Die **Lebertransplantation** führt zu einer 10-Jahres-Überlebensrate von 70%, wenn rechtzeitig, d. h. vor

Entwicklung eines cholangiozellulären Karzinoms (CCC) transplantiert wird. Nur sehr wenige Zentren propagieren Protokolle, nach denen selbst bei diagnostiziertem, nicht metastasiertem CCC im Anschluss an eine neoadjuvante Radiochemotherapie noch transplantiert wird. Die Entscheidung über den richtigen Zeitpunkt der Listung zur LTx ist eine Herausforderung. Das Rezidivrisiko liegt bei 10 – 40 %.

Prognose. Bei der PSC handelt es sich um eine progressive Erkrankung mit einer mittleren Überlebenszeit von 12 Jahren nach Diagnosestellung. Problematisch sind bei der PSC einerseits die Entwicklung einer biliären Leberzirrhose und die komplizierende bakterielle Cholangitis. Außerdem besteht eine deutliche **Assoziation mit Neoplasien**:

- cholangiozelluläres Karzinom (CCC): Inzidenz 10 – 20 %, i. e. 1,5 % pro Jahr, 160-fach erhöhtes Risiko
- kolorektales Karzinom: 10-fach erhöhtes Risiko, jährliche Kontrollkoloskopien!
- Pankreaskarzinom: 14-fach erhöhtes Risiko

42.5 Genetisch bedingte Stoffwechselerkrankungen der Leber

42.5.1 Morbus Wilson

engl.: Wilson's disease

Definition. Der Morbus Wilson ist eine autosomal-rezessiv vererbte Erkrankung des Kupferstoffwechsels.

Epidemiologie

Die Erkrankung kommt mit einer Prävalenz homozygoter Patienten von 1:30 000 vor. Heterozygote Träger (1:200) sind klinisch gesund. Die Erstdiagnose erfolgt meist zwischen dem 5. und 35. Lebensjahr.

Ätiopathogenese

Ursache des Morbus Wilson sind Mutationen im Wilson-Gen ATP7B auf Chromosom 13, das für ein Metalltransportprotein kodiert. Die daraus resultierende eingeschränkte Funktion des ATP7B-Proteins führt zur **Abnahme der biliären Kupferexkretion** mit konsekutiv erhöhter Kupferkonzentration im Blut und Kupfereinlagerung in verschiedenen Organen mit der Folge einer unterschiedlich rasch fortschreitenden Organdysfunktion. Der Coeruloplasminspiegel sinkt reaktiv als Folge einer gestörten Kupferbindung.

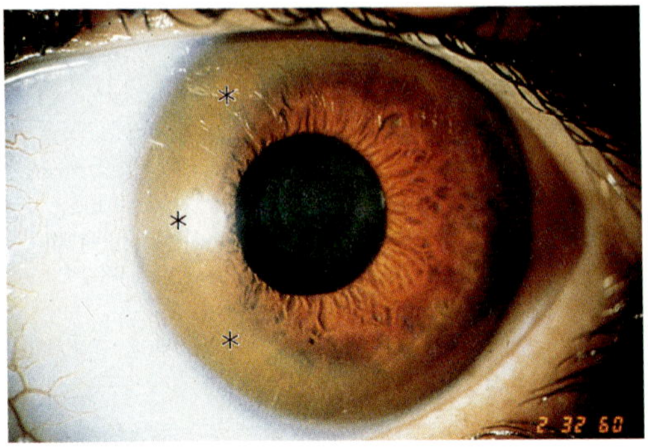

Abb. 42.17 **Kayser-Fleischer-Ring.** Kupferablagerungen in der Kornea bei Morbus Wilson verdecken die Zeichnung der Iris (Sternchen).

Klinik

Bei einem Morbus Wilson kann man je nach klinischem Erscheinungsbild eine hepatische, neurologische und akute Verlaufsform unterscheiden.

- Leber: asymptomatische Hepatosplenomegalie, erhöhte Aminotransferasen, Zirrhose, akute Hepatitis bis hin zum fulminanten Leberversagen
- ZNS: Ataxie, Rigor, grobschlägiger Tremor, Dysarthrie, Verhaltensstörungen
- Blut: Hämolyse (z. T. hämolytische Krisen), Leuko- und Thrombopenie, Blutungs- oder Thromboseneigung
- Niere: Glukosurie, Nierensteine
- Auge: Kayser-Fleischer-Kornealring (**Abb. 42.17**)
- Herz: Rhythmusstörungen
- Skelett: Osteomalazie

Diagnostik

Die hepatische Manifestation beginnt bereits im 10. – 15. Lebensjahr, die neurologischen Manifestationen in der 3. Lebensdekade (neurologische und in 10 % psychiatrische Symptome).

Die Aminotransferasen sind variabel erhöht, die AP ist vergleichsweise niedrig. Eventuell finden sich Zeichen der reduzierten Leberfunktion. **Coeruloplasmin** ist **erniedrigt** (besonders signifikant, falls < 50 mg/l), die 24-h-Kupferausscheidung im Urin zeigt typischerweise Werte > 100 µg (Werte > 40 µg sind abklärungsbedürftig, d. h. Leberbiopsie zur Diagnosesicherung).

Bei der **Spaltlampenuntersuchung** wird nach einem Kayser-Fleischer-Kornealring gesucht. Ist dieser vorhanden und ein erniedrigtes Coeruloplasmin nachgewiesen, ist die Diagnose gestellt.

Die **Leberbiopsie** sichert die Diagnose endgültig (> 250 µg Cu/g Trockengewicht, Bild wie AIH, evtl. Fibrose). In der kranialen MRT kann ggf. eine erhöhte Signalintensität in den Stammganglien und im Hirnstamm in der T 2-Wichtung nachgewiesen werden.

Ein genetisches Screening erstgradiger Angehöriger kann mittels Haplotypanalyse erfolgen.

Therapie

Folgende Therapieoptionen stehen zur Verfügung:

- **Kupferrestriktion** (keine Schokolade, Nüsse, Schellfisch, Innereien u. a.)
- **D-Penicillamin:** Erhöht als Chelatbildner die Cu-Ausscheidung. Anfangs 250 mg/d später 1 000 – 1 500 mg/d in 3 Dosen (Erhaltungstherapie 750 – 1000 mg/d in 2 Dosen).
  Nebenwirkungen: Fieber, Exantheme, aplastische Anämie, Leukopenie, nephrotisches Syndrom, lupusähnliche Syndrome
- **Trientine:** Chelatbildner, zur initialen und Erhaltungstherapie; 750 – 1000 mg/d in 2 oder 3 Dosen
  Nebenwirkungen: Gastritis, aplastische Anämie
- **Zink** (als verschiedene Salze verfügbar): 150 mg elementares Zink/d in 3 Dosen für asymptomatische Patienten oder als Erhaltungstherapie
- **Lebertransplantation:** bei Progression unter medizinischer Therapie und fulminantem Leberversagen
- **bei Schwangeren:** Fortführung der Therapie in reduzierter Dosis (sonst Gefahr des Leberversagens)
- **Therapiemonitoring** anhand der 24-h-Kupfer-Ausscheidung im Urin (typischerweise 200 – 500 µg/Tag).

Prognose

Bei früher Diagnose und konsequenter D-Penicillamin-Therapie ist eine konservative Therapie oft ausreichend und eine Lebertransplantation sollte nicht erforderlich sein.

42.5.2 Genetische Hämochromatose

engl.: genetic haemochromatosis

Definition. Die genetische Hämochromatose ist eine autosomal-rezessiv vererbte Störung (Chromosom 6) der intestinalen Eisenresorption mit der Folge von Ablagerung von Eisen im gesamten Organismus.

Epidemiologie

Das Manifestationsalter ist meist zwischen dem 40. und 60. Lebensjahr. Die Prävalenz beträgt 1,5 – 5/1 000 Europäer im Alter zwischen 18 und 70 Jahren. 10 – 13 % der Nordeuropäer sind Genträger.

Ätiopathogenese

Die klassische genetische Hämochromatose wird in den meisten Fällen durch einen Gendefekt im HFE-1-Gen auf Chromosom 6 hervorgerufen. Eine Homozygotie für die Missense-Mutation C282Y (90 %) oder seltener eine Heterozygotie für die Mutationen C282Y und H63 D (sog. Compound-Mutation) bewirken die Expression eines defekten HFE-Genproduktes, das die intestinale Eisenresorption mitreguliert. Noch seltener sind die juvenile Hämochromatose (Mutationen im Hämojuvelin-Gen, rascher klinischer Progess) und Mutationen in den HFE-3- und HFE-4-Genen (autosomal-dominant).

Normalerweise werden täglich nur 1 – 1,5 mg Eisen intestinal resorbiert. Bei der Hämochromatose wird das im Darm vorhandene Eisen (10 – 20 mg) jedoch fast vollständig aufgenommen und in Leber, Pankreas, Herzmuskel, Milz, Magen, Intestinum, endokrinen Organen und Nervengewebe abgelagert. So kann das Gesamtkörpereisen von normalerweise 4 g auf bis zu 60 g ansteigen und wird nach Absättigung des Ferritins als freies zelltoxisches Eisen im Parenchym deponiert.

Bei Heterozygotie ist eine Eisenüberladung selten, es sei denn, Alkoholmissbrauch, Hepatitis C oder alkoholische Steatohepatitis bestehen gleichzeitig.

Klinik. Typischer Fall ist der männliche Patient mittleren Alters mit Müdigkeit, Arthralgien, Oberbauchbeschwerden und Potenzstörungen. Das klassische Bild des Bronzediabetes (Diabetes mellitus mit dunkler Hautpigmentierung) ist heute selten. Durch die **Eisenablagerung in die Organe** kann es zu den unterschiedlichsten Symptomen kommen:

- endokrine Organe: Diabetes mellitus, Hypothyreose, sekundärer Hypogonadismus mit Libidoverlust und Osteoporose

J

Tab. 42.13 Erworbene Hämosiderosen als wichtige Differenzialdiagnosen der genetischen Hämochromatose

Erkrankung	Bedeutung	Besonderheiten
Alkoholabusus	+++	ebenfalls erhöhte Ferritinwerte, hepatischer Eisenindex jedoch < 2, Eisen wird in Kupffer-Zellen und nicht in Hepatozyten abgelagert
nicht alkoholische Fettleber	++	metabolisches Syndrom, Sonografie und Leberbiopsie
Bluttransfusionen	++	Umgehung der Darmmukosa bei aplastischer Anämie und Myelofibrose (Knochenmarkspunktion!)
Hepatitis B und C	+	Hepatitisserologie
hämolytische Anämie	+	erhöhtes Eisenangebot durch anfallendes Eisen (LDH erhöht, Haptoglobin erniedrigt)
iatrogene Eisenüberladung des Organismus durch i. v. Eisentherapie	(+)	Anamnese

- Herz: Kardiomyopathie mit Herzinsuffizienz und Rhythmusstörungen
- Leber: Hepatomegalie, Leberzirrhose (200-fach erhöhtes Risiko für ein hepatozelluläres Karzinom)
- Gelenke: Arthropathie mit gelenknahen Zysten und fehlendem Gelenkspalt im MCP der Digiti II und III (schmerzhafter Händedruck!), Chondrokalzinose

Diagnostik

Wegweisend ist die typische Symptomatik, wobei differenzialdiagnostisch sekundäre Siderosen und deren Ursachen berücksichtigt werden müssen (Tab. 42.13).

Die **Transferrinsättigung** (= Serumeisen/totale Eisenbindungskapazität) ist pathologisch erhöht und beträgt nach nächtlicher Nahrungskarenz bei Frauen > 50 % und bei Männern > 60 %. Auch das **Ferritin** ist erhöht: > 200 µg/l (Frauen) bzw. > 300 µg/l (Männer); ebenso die Aminotransferasen mit führender ALT.

Die Bestätigung der Diagnose bei erhöhter Transferrinsättigung/erhöhtem Ferritin erfolgt durch Leberbiopsie oder Genotypisierung bezüglich einer HFE-Gen-Mutation (C282Y und H63 D). Bei einem Ferritinwert > 1 000 µg/l oder erhöhten Aminotransferasen ist eine **Leberbiopsie** angezeigt, da bei diesen Konstellationen ein erhöhtes Leberfibroserisiko besteht (besonders wenn der Patient älter als 40 Jahre ist). Hierbei erfolgt die quantitative Eisenbestimmung (> 1 800 µg/g Trockengewicht; hepatischer Eisenindex [= Eisengehalt/Lebensjahre] > 1,9 µmol/g/Lj.). Auch bei erstgradigen Verwandten erfolgt eine **Genotypisierung.**

Mithilfe der Sonografie kann z. B. eine bereits entstandene Zirrhose oder ein hepatozelluläres Karzinom nachgewiesen werden.

Therapie

Bereits frühzeitig sollten mit dauerhaften **Aderlässen** begonnen werden (anfangs alle 1 – 2 Wochen 500 ml Blut = 250 mg Eisen → Hämatokritabfall um < 20 %/Sitzung, Ziel-Ferritin 25 – 50 µg/l). Ein erneuter Anstieg der Transferrinsättigung (Ziel < 30 %) signalisiert die Notwendigkeit häufigerer Aderlässe. Innereien wie Leber sollten wegen ihres Eisenreichtums vermieden werden. Weitergehende diätetische Einschränkungen sind nicht praktikabel und der Aderlasstherapie in ihrer Effektivität weit unterlegen.

Eisenchelatoren (früher Deferoxamin, in Zukunft evtl. Deferasirox) werden nicht generell empfohlen, da sie der Aderlasstherapie hinsichtlich Wirksamkeit und Nebenwirkungsprofil unterlegen sind.

Eventuelle Komplikationen durch eine Leberzirrhose sind entsprechend zu therapieren (s. S. 856). Wichtig ist vor allem das regelmäßige Screening auf ein hepatozelluläres Karzinom. Ggf. ist nach Ausschluss von Kardiomyopathie, diabetischen Folgeschäden und extrahepatischen Tumoren eine Lebertransplantation zu erwägen. Sekundäre Organschäden, wie z. B. Diabetes mellitus, Kardiomyopathie, Hypogonadismus oder Arthritis, werden symptomatisch behandlelt.

! Mit einem Aderlass von 500 ml Blut können 250 mg Eisen entfernt werden.

Prognose

Werden Leberzirrhose und Diabetes mellitus durch frühzeitige Aderlasstherapie verhindert, so beträgt das 20-Jahres-Überleben etwa 70%. Entscheidend sind also Familien-Screening und früher Therapiebeginn. Dennoch sterben 30% der Patienten mit genetischer Hämochromatose am hepatozellulären Karzinom und weitere 20% an den Komplikationen der Leberzirrhose. Weiterhin sind die Patienten durch kardiale Komplikationen gefährdet.

42.5.3 α_1-Antitrypsin-Mangelsyndrom

Synonym: Proteaseninhibitorenmangel
engl.: α_1-antitrypsin deficiency

→ vgl. Kapitel Lungenerkrankungen, S. 428 f.

Definition. Beim α_1-Antitrypsin-Mangel-Syndrom handelt es sich um einen autosomal-rezessiv vererbten Stoffwechseldefekt, der zu einer Zerstörung des Lungen- und (seltener) des Lebergewebes führt.

Epidemiologie. Der α_1-Antitrypsin-Mangel hat eine Häufigkeit von 1:2 000 entsprechend einer Prävalenz von 0,05%. Es handelt sich primär um eine Erkrankung des Kindesalters und ist dort zweithäufigste Ursache einer neonatalen Cholestase.

Ätiopathogenese. Im Gegensatz zum physiologischen Phänotyp PiMM gehen die durch genetische Mutation hervorgerufenen Phänotypen PiZZ, PiSZ, PiMZ und PiMS mit unterschiedlich ausgeprägtem α_1-Antitrypsin-Mangel einher. Bei α_1-Antitrypsin-Konzentrationen unter 10% des Normalwertes im Serum kommt es zur unbehinderten Aktivität von Trypsin und anderen Proteasen. Dies führt zu Lungenveränderungen im Sinne eines Lungenemphysems. Bei 20% der Fälle mit dem Genotyp PiZZ kommt es zur Akkumulation von defektem α_1-Antitrypsin in der Leberzelle und schließlich zur Leberzirrhose. Über 75 verschiedene Allele des Gens auf Chromosom 14 sind bekannt, 20 verschiedene Mutationen können in verschiedenen Stufen der α_1-Antitrypsin-Bildung und -Sekretion zu verminderten Serumspiegeln führen.

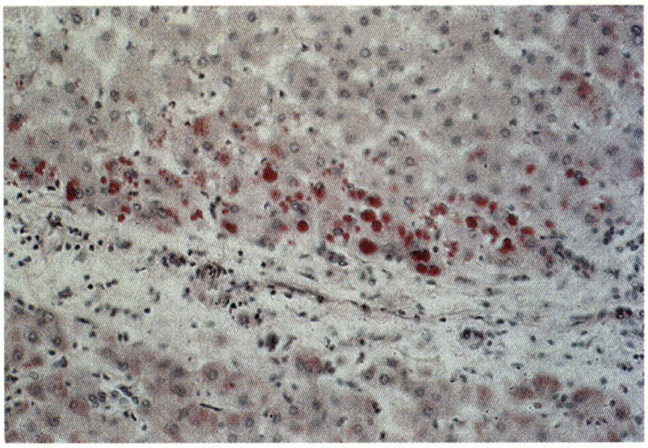

Abb. 42.18 α_1-Antitrypsin-Mangelsyndrom. Die PAS-positiven Granula in der Leberbiopsie sind als dunkelrote Punkte zu erkennen (mit freundlicher Genehmigung von Prof. Dr. H. Maschek, Institut für Pathologie, MHH).

! Nur Genotypen, die mit Ablagerung von pathologischem α_1-Antitrypsin in der Leberzelle einhergehen, führen zur Leberzirrhose.

Klinik. Von den homozygot erkrankten Patienten (PiZZ) werden 2/3 im Erwachsenenalter symptomatisch, aber nur 10% entwickeln ein fortgeschrittenes Lungenemphysem oder eine Leberzirrhose. Pulmonale Obstruktion, Leberwerterhöhungen oder Komplikationen der Leberzirrhose (hepatozelluläres Karzinom) stehen klinisch im Vordergrund. Die heterozygoten Formen (PiMZ oder PiMS) prädisponieren bei Leberzirrhose anderer Genese zu einem signifikant schwereren Verlauf.

Diagnostik.

- Serum-Elektrophorese: fehlender α_1-Peak
- Leberbiopsie (**Abb. 42.18**): Ablagerung PAS-positiver Granula im Lebergewebe, die immunhistochemisch als α_1-Antitrypsin identifiert werden können
- Bestimmung des α_1-Antitrypsin-Phänotyps in der isoelektrischen Fokussierung und PCR-(Polymerase-Kettenreaktion-)Analyse der spezifischen Mutationen

Therapie.

- Verzicht auf Nikotinkonsum
- ausreichende Ernährung und Supplementation fettlöslicher Vitamine
- Ursodeoxycholsäure (fraglicher Nutzen)
- Therapie der Zirrhose-Komplikationen

J

- Lebertransplantation (häufig bereits im Kindesalter, 5-JÜR 80%)
- (inhalatives oder) i. v. α_1-Antitrypsin bei erst mäßig eingeschränkter Lungenfunktion, allerdings nicht sinnvoll bei dominanter Hepatopathie.

Prognose und Verlauf. Patienten mit > 10% des normalen α_1-Antitrypsin-Spiegels haben eine normale Lebenserwartung. Bei den 10% der Patienten vom Typ PiZZ, die eine Leberzirrhose entwickeln, bestehen bei rechtzeitiger Lebertransplantation recht gute Überlebensraten. Erreichen Patienten mit α_1-Antitrypsin-Mangel das Erwachsenenalter, so dürfte die mittlere Lebenserwartung um 60 Jahre liegen.

42.6 Nicht alkoholische Fettlebererkrankung

engl.: nonalcoholic fatty liver disease (NAFLD), non alcoholic steatohepatitis (NASH)

Definition. Die nicht alkoholische Fettlebererkrankung umfasst ein Erkrankungsspektrum von der einfachen, meist makrovesikulären Steatosis hepatis über die nicht alkoholische Steatohepatitis (NASH) bis zur Fibrose und schließlich Leberzirrhose.

Epidemiologie

Die Fettleber ist in den Industrieländern die häufigste Leberkrankheit überhaupt. Die Prävalenz der Steatosis hepatis beträgt 20 – 40% in den Industrienationen und erreicht sogar > 60% bei übergewichtigen Personen (BMI > 25 kg/m^2). Sie betrifft 3% der Gesamtbevölkerung und 19% der übergewichtigen Bevölkerung in den USA. Bei vielen der bisher als unklar klassifizierten Hepatopathien dürfte es sich nach neueren Erkenntnissen um eine nicht alkoholische Fettlebererkrankung handeln.

Pathophysiologie und natürlicher Verlauf

Die häufigsten Erkrankungen, die mit einer Steatosis hepatis assoziiert sind, fasst **Tab. 42.14** zusammen. Insgesamt ist die Pathogenese der Steatosis hepatis bis hin zur Steatohepatitis noch nicht gut verstanden. Bisher geht man jedoch davon aus, dass die **Insulinresistenz** wesentlich an der hepatozytären Fettakkumulation beteiligt ist (**Abb. 42.19**). Die erhöhte Konzentration freier Fettsäuren dürfte dann als Substrat für die Produktion reaktiver Sauerstoffspezies in den Mitochondrien dienen und über Lipidperoxidation, Induktion von Zytokinen und eine Induktion von Fas-Ligand zur Hepatitis führen.

Tab. 42.14 Ursachen der Steatosis hepatis

Alkoholismus
Insulinresistenz
• metabolisches Syndrom (Übergewicht, Diabetes mellitus, Hypertriglyzeridämie und arterielle Hypertonie)
• Lipoatrophie
Fettstoffwechselstörungen
• Hypobetalipoproteinämie
• Glykogenose Typ IV (Andersen-Erkrankung)
totale parenterale Ernährung
starker Gewichtsverlust
• jejunoilealer Bypass und Kurzdarmsyndrom
• Unterernährung
medikamentöse Ursachen (z. B. Amiodaron, Diltiazem, Tamoxifen, Steroide, antiretrovirale Therapie)
andere Hepatotoxine (Hepatiis-C-Virus, Pilze, Petrochemikalien, organische Lösungsmittel)
akute Schwangerschaftsfettleber

Zur NASH dürfte es in etwa 10% der Patienten mit Steatosis hepatis im Verlauf von 10 Jahren kommen. Bei 5 – 25% der Patienten mit NASH entwickelt sich schließlich eine Leberzirrhose, wovon wiederum 30 – 50% der Patienten innerhalb von 10 Jahren an hepatischen Komplikationen versterben.

Klinik

Die meisten Patienten sind symptomfrei, manche klagen über Abgeschlagenheit, Druckgefühl im rechten Oberbauch oder Symptome einer bereits bestehenden Leberzirrhose.

Diagnostik

Folgende diagnostische Maßnahmen sind hilfreich:

- Suche nach Zeichen des metabolischen Syndroms (s. S. 664): Übergewicht (40 – 80%), Diabetes mellitus (20 – 30%), Hypertriglyzeridämie (bis zu 80%), Hypercholesterinämie und arterielle Hypertonie (30 – 60%)
- Medikamentenanamnese (s. **Tab. 42.14**)

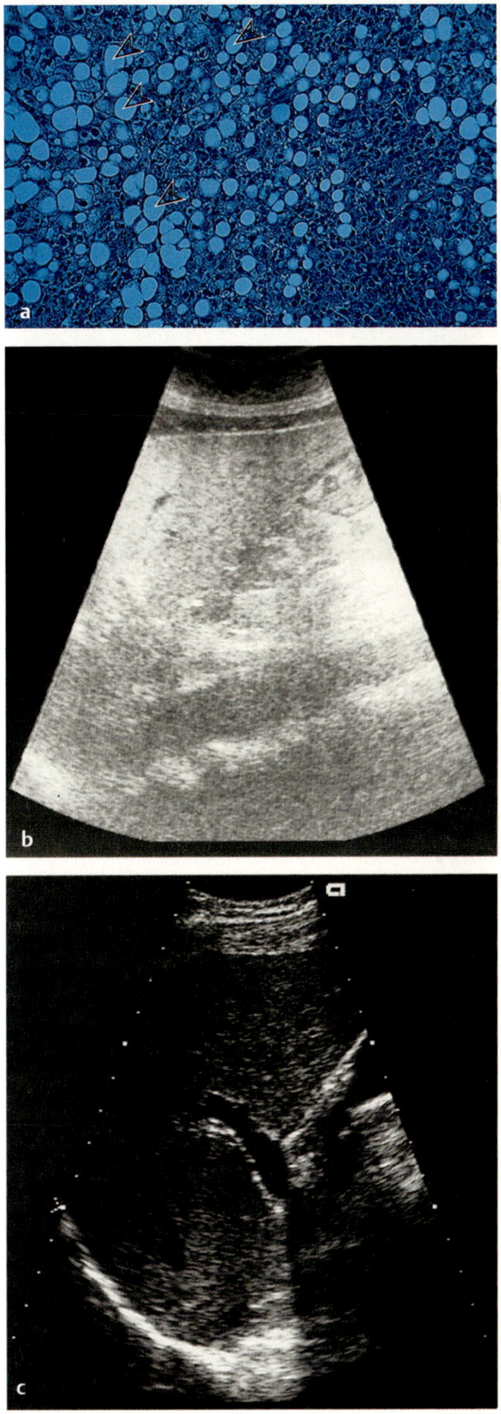

Abb. 42.19 Fettleber. a Es sind die durch Paraffineinbettung herausgelösten Fetteinlagerungen zu erkennen, die sich als nicht angefärbte Vakuolen darstellen („Löcher", Pfeile). HE, 100fache Vergrößerung (mit freundlicher Genehmigung von Prof. Dr. H. Maschek, Institut für Pathologie, MHH). **b** Typisches sonografisches Bild einer Fettleber im Vergleich zum Normalbefund **c**. Charakteristisch ist die vermehrte Echodichte des Parenchymmusters.

- Ausschluss von Alkoholismus (detaillierte Anamnese: viele Autoren sehen im Genuss von > 20 – 40 g Alkohol/Tag einen signifikanten Alkoholkonsum), Virushepatitis, Hämochromatose, Autoimmunhepatitis und Morbus Wilson

Bestehen klinische Zeichen eines metabolischen Syndroms, sind die Aminotransferasen in typischer Weise erhöht (ALT > AST, oftmals führende (γ-GT) und kann sonografisch eine Hepatomegalie mit erhöhter Echogenität nachgewiesen werden, so ist eine Steatosis hepatis bzw. (bei entsprechender Klinik und erhöhten Leukozyten) Steatohepatitis sehr wahrscheinlich. Die Konstellation ALT < AST kann auf eine alkoholische Steatohepatitis oder eine bestehende Leberfibrose hindeuten.

Die Diagnose einer NASH kann letztendlich jedoch nur mithilfe einer **Leberbiopsie** gestellt werden.

Therapie

Die Therapie erfolgt kausal. Gerade bei **Übergewicht** (BMI > 25 kg/m^2) ist zur Überwindung der Insulinresistenz eine langsame und moderate Gewichtsreduktion angezeigt (max. 10% in 6 – 12 Monaten). Dies wird erreicht durch eine Reduktion der Nahrungsfette auf < 30% der Gesamtkalorienaufnahme, den Verzicht auf rasch verfügbare Kohlehydrate sowie durch regelmäßige sportliche Betätigung (vgl. S. 665).

Bei sehr ausgeprägtem Übergewicht (BMI > 40 kg/m^2) können evtl. spezielle chirurgische Maßnahmen (Gastric Banding, Roux-Y-Magen-Bypass-OP) sinnvoll sein. Außerdem ist eine **komplette Alkoholabstinenz** vom Patienten einzuhalten. Falls ein **Diabetes mellitus** besteht, muss dieser behandelt werden (Ziel-HbA1 c < 7%). Medikamentöse Maßnahmen (Rosiglitazone, Pioglitazone, Metformin u. a.) zeigten nur in kleinen Studien Effekte und sind bisher nicht zur Therapie der nicht alkoholischen Fettlebererkrankung zugelassen.

Bei fortgeschrittener Lebererkrankung kann evtl. eine Lebertransplantation indiziert sein.

42.7 Alkoholtoxische Leberschäden

engl.: alcoholic (fatty) liver disease

Definition. Progrediente Leberzellschädigung durch chronische Einnahme von Alkohol. Dabei können klinisch drei alkoholinduzierte Leberschäden abgegrenzt werden:

1. alkoholbedingte Fettleber (Sonderform: Zieve-Syndrom)
2. Alkoholhepatitis
3. alkoholinduzierte mikronoduläre Leberzirrhose (mit einem erhöhten Risiko für ein hepatozelluläres Karzinom)

Epidemiologie

Alkoholtoxische Lebererkrankungen sind häufig. Mindestens 10 von 100 000 Personen sterben in Westeuropa jährlich an den Folgen einer alkoholinduzierten Leberzirrhose.

Ätiopathogenese

Als Schwellendosis für die Auslösung einer alkoholinduzierten Leberkrankheit gilt die kontinuierliche Einnahme von 60 g Alkohol bei Männern und 30 g bei Frauen pro Tag (entspricht 0,6 bzw. 0,3 l Wein bzw. 1,5 bzw. 0,75 l Bier). Individuell schwankt diese **Toleranzgrenze**, viele Autoren schätzen bereits 20 – 40 g Alkohol/Tag als signifikanten Alkoholkonsum ein. Ab einem Konsum von 40 Gläsern Wein oder 20 Flaschen Bier/Woche entwickeln 70 % der Patienten eine Fettleber und 30 % eine Leberzirrhose. Die Metabolisierung von Alkohol erfolgt über die Alkoholdehydrogenase und das mikrosomale Oxidationssystem mit Bildung von Azetaldehyd und freien Radikalen.

Histologisch imponieren intrazelluläre Verfettung, wabige Leberzellen, intrazelluläres Hyalin (Mallory-Bodies), Neutrophileninfiltration der Portalfelder und perizelluläre Fibrose. Wahrscheinlich wird der Progress der Erkrankung häufig durch Kofaktoren beschleunigt: etwa 15 % symptomatischer Alkoholiker wiesen in einer Untersuchung eine begleitende Hepatitis C auf.

> ! Bei Lebererkrankungen anderer Genese kann bereits geringgradiger Alkoholkonsum eine deutliche Progredienz der Leberfibrose bewirken.

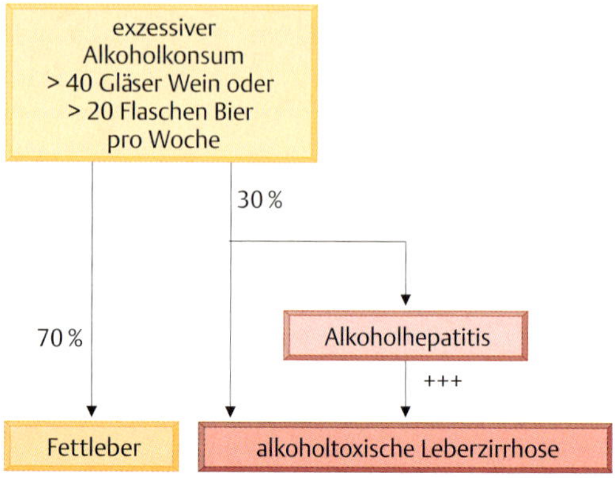

Abb. 42.20 **Folgen des exzessiven Alkoholkonsums.**

Klinik

Die alkoholinduzierte Fettleber ist in der Regel **symptomfrei.** Führt die Fettleber zu deutlicher Hepatomeglie, kann ein Druckgefühl im rechten Oberbauch auftreten. Eine Sonderform ist das **Zieve-Syndrom**: Fettleber mit Hyperlipoproteinämie Typ V, hämolytische Anämie mit Ikterus und fakultativ Pankreatitis. Die Alkoholhepatitis kann asymptomatisch verlaufen, jedoch auch unter dem Bild eines akut-auf-chronischen Leberversagens zum Tod des Patienten führen. Bei der alkoholbedingten Leberzirrhose können bis zum Auftreten von Komplikationen (Aszites, Ösophagusvarizenblutung, Ikterus) Symptome völlig fehlen (**Abb. 42.20**).

Diagnostik

Wichtig ist die sorgfältige **Alkoholanamnese**. Hier sind ggf. auch Personen aus dem Umfeld des Patienten und der Hausarzt zu befragen. Oft wird der Alkoholkonsum unterschätzt. Außerdem ist nach Risikofaktoren einer Virushepatitis und anderer metabolischer bzw. autoimmuner Hepatopathien zu fragen.

Leitenzym alkoholtoxischer Lebererkrankungen in der Laboruntersuchung ist die **Erhöhung der γ-Glutamyltransferase (γ-GT).** Typischerweise ist AST > ALT. Häufig bestehen zudem eine Makrozytose und eine Hyperchromasie der Erythrozyten, ein erhöhtes CDT (Carbohydrate-Deficient-Transferrin, „Alkoholgedächtnis“, bei Leberzirrhose jedoch wenig aussagekräftig) und eine erhöhte Immunglobulin-A-Fraktion. Evtl. ist eine Bestimmung des Ethanolspiegels hilfreich.

Tab. 42.15 Glasgow Alcoholic Hepatitis Score (GAHS)

Score	1	2	3
Alter	< 50	> 50	
Leukozyten (/µl)	< 15 000	> 15 000	
Harnstoff (mmol/l)	< 5	> 5	
INR	< 1,5	1,5 – 2,0	> 2,0
Bilirubin (µmol/l)	< 125	125–250	> 250
Gesamt-Score	**transplantatfreies Überleben (%)**		
Tag 1	am Tag 28	am Tag 84	
< 9	87	79	
> 9	46	40	
Tag 6 – 9			
< 9	93	86	
> 9	47	37	

Bei der **Sonografie** fällt eine **erhöhte Echogenität** des Leberparenchyms auf, die sehr sensitiv und spezifisch für eine Leberverfettung ist. Bei Fettleberhepatitis findet sich ein vergröbertes Leberparenchymmuster. Von einer Leberzirrhose muss man ausgehen, wenn zusätzlich die Leberoberfläche im Gallenblasenbett wellig bis höckrig verändert ist, die Lebervenen rarefiziert und verzogen erscheinen, und wenn sich Zeichen der portalen Hypertension (Aszites, portosystemische venöse Shunts u. a.) finden.

Die **Leberbiopsie** ist ggf. indiziert zur Klärung der Differenzialdiagnose und zwecks Beurteilung des Ausmaßes von Inflammation und Fibrose. Sie ist nicht notwendig zur Diagnosestellung und bei bestehender Leberzirrhose mit erhöhtem Blutungsrisiko behaftet.

Therapie

Oberstes Ziel ist das Erreichen einer Alkoholabstinenz. Zu diesem Zweck ist ggf. eine Psycho- oder Gesprächstherapie erforderlich. Selbsthilfegruppen wie die „Anonymen Alkoholiker" bieten Patienten und Angehörigen durch Gesprächsangebote und Gruppenerfahrungen wichtige Hilfestellung.

Auf eine **adäquate Nutrition** ist zu achten. Die enterale Ernährung ist unbedingt zu bevorzugen, eine glukosereiche parenterale Ernährung begünstigt hingegen die hepatische Verfettung. Außerdem muss **Thiamin** supplementiert werden (300 mg/Tag über mindestens 7 Tage und Folsäure).

Falls bereits eine Leberzirrhose besteht, muss diese entsprechend behandelt und überwacht werden (s. S. 856).

Bei schwerer Alkoholhepatitis kommen zudem folgende Optionen mit allerdings noch geringer Evidenz in Betracht: TNFα-Inhibitoren (z. B. Pentoxifyllin 3 × 400 mg) oder Prednisolon 40 mg/Tag für 28 Tage (evtl. Abbruch der Therapie, wenn am Tag 7 kein Bilirubinabfall festzustellen ist).

Die Lebertransplantation ist bei dekompensierter Leberzirrhose und glaubhafter, vom Patienten willentlich entschiedener Alkoholabstinenz über mindestens 6 Monate zu erwägen. Um die Prognose für ein transplantatfreies Überleben besser abschätzen zu können, hat sich der Glasgow Alcoholic Hepatitis Score (GAHS) etabliert (**Tab. 42.15**).

42.8 Arzneimittelinduzierte Leberschäden

Definition. Durch Medikamente ausgelöste akute oder chronische Leberschädigung.

Epidemiologie. Es liegen keine verlässlichen Daten über die Epidemiologie arzneimittelinduzierter Leberschäden vor. In bis zu 25 % der Fälle wird das akute Leberversagen auf Arzneimittelschäden zu-

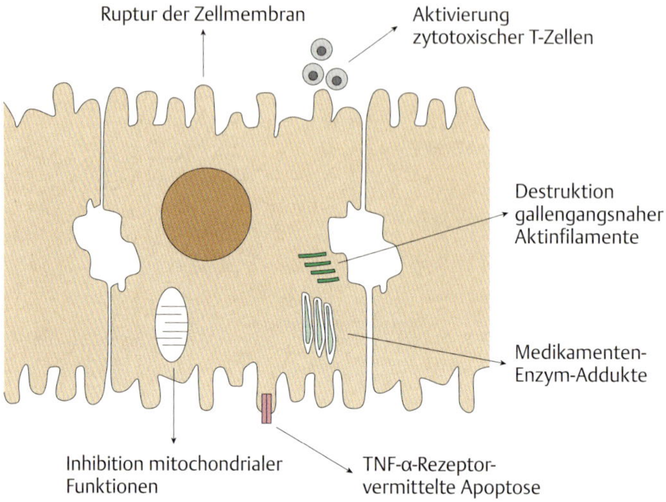

Abb. 42.21 Leberparenchymschaden. Die 6 Mechanismen des Leberparenchymschadens (modifiziert nach Lee).

rückgeführt. Passagere Erhöhungen der Aminotransferasen werden bei zahlreichen Medikamenten während der Langzeittherapie beobachtet.

Ätiopathogenese. Die meisten lipophilen Arzneimittel werden in der Leber im Rahmen der Biotransformation in hydrophile Substanzen metabolisiert und dann entweder im Urin oder mit der Galle ausgeschieden. Mikrosomale Enzyme aus den Membranen des endoplasmatischen Retikulums sind für diese Metabolisation verantwortlich. Als Folge der Biotransformation werden die Arzneimittel nicht nur entgiftet, sondern es können auch sog. **reaktive Metaboliten** entstehen, die selbst für toxische Arzneimittelreaktionen verantwortlich sind.

> **!** **Arzneimittel können nahezu alle Formen akuter und chronischer Lebererkrankungen einschließlich Lebertumoren auslösen und unterhalten.**

Man unterscheidet sechs verschiedene **Mechanismen des toxischen Leberzellschadens:**

- Medikamente, die die Kalziumhomöostase des Hepatozyten beeinflussen, können die Integrität der oberflächennahen Aktinfibrillen stören und so zur Ruptur der Zellmembran und Zelllyse führen.
- Medikamente, die eine Cholestase verursachen, schädigen die gallengangsnahen Aktinfilamente und beeinträchtigen darüber wichtige biliäre Exkretionsfunktionen.
- Medikamente können mit Enzymen des Cytochrom-P450-Systems hochenergetische Bindungen eingehen, die zu nicht funktionsfähigen Addukten führen.
- Solche Medikament-Enzym-Addukte können nach Präsentation an der Zelloberfläche als Antigen wirken und zytotoxische T-Zellen aktivieren, die in der Folge zytolytische Zytokine (z. B. TNFα) ausschütten.
- Über den in der Zellmembran lokalisierten TNFα-Rezeptor können intrazelluläre Caspasen aktiviert werden. Folge ist der programmierte Zelltod.
- Medikamente können mitochondriale Funktionen wie die β-Oxidation und Zellatmung inhibieren und dadurch den Stoffwechsel des Hepatozyten „lahmlegen".

Die häufige **Paracetamol-induzierte Hepatotoxizität** äußert sich histologisch durch eine schwere zentrilobuläre, mittzonale Nekrose unter Aussparung des Portalfeldes. Nur 5% des ingestierten Paracetamol (PCM) werden über die Isoform E1 des Cytochrom P450-Enzymkomplexes (CYPE1) zum hoch zytotoxischen Metaboliten *N*-Acetyl-*p*-Benzochinon-Imin (NAPQI) verstoffwechselt. NAPQI wird normalerweise durch Konjugation an Glutathion oder Protein vollständig entgiftet. Erst bei Überschreiten einer Grenzdosis von 10 (seltener bereits 3 – 4) g/Tag wird der Glutathion-Speicher depletiert, sodass keine ausreichende Detoxifikation von NAPQI erfolgen kann. NAPQI bindet dann an essenzielle Membran- und Mitochondrienmoleküle, zerstört die intrazelluläre Kalziumhomöostase und führt zum Zelltod.

Klinik. Arzneimittelinduzierte Leberschäden können sich hinter jeder Art von Lebererkrankung verbergen. Erste Warnzeichen können Abgeschlagenheit, Ikterus und erhöhte Aminotransferasen sein. Die Symptome können allen anderen akuten und chronischen Lebererkrankungen gleichen.

Diagnostik.

- Sorgfältige Medikamentenanamnese
- Bestimmung von Aminotransferasen inclus. γ-GT (diese ist oftmals führend, AST und ALT hängen vom Grad der Parenchymschädigung ab), Bilirubin, INR (Erhöhung = Synthesestörung = stationäre Aufnahme)
- Auslassversuch des verdächtigen Medikaments
- Ausschluss anderer Lebererkrankungen (s. Kap. „Akute Hepatitis")
- Leberbiopsie

Therapie.

- sofortiges Absetzen des verdächtigen Medikaments
- bei Paracetamolintoxikation und allen Formen mit Lebersynthesestörung: N-Acetylcystein
- akutes Leberversagen: N-Acetylcystein und Verlegung in ein Transplantationszentrum
- idiosynkratische, immunologisch vermittelte Arzneimittelreaktion sind evtl. einer Therapie mit Prednisolon zugänglich
- Cholestase: symptomatische Therapie (s. S. 827)
- Adenome, die durch kontrazeptive Steroide entstanden sind, müssen hinsichtlich einer drohenden malignen Transformation überwacht werden (s. S. 841)

42.9 Gefäßerkrankungen der Leber

42.9.1 Budd-Chiari-Syndrom

Definition. Beim Budd-Chiari-Syndrom (BCS) handelt es sich um eine Störung der venösen Drainage der Leber, wobei der Verschluss sich auf Ebene der hepatischen Venolen, der großen Lebervenen oder der V. cava inferior befinden kann.

Epidemiologie. Das BCS ist eine seltene Erkrankung. Oft sind Frauen um das 35. Lebensjahr betroffen.

Ätiopathogenese. Folgende Erkrankungen sind mit dem BCS assoziiert: myeloproliferative Syndrome (40 – 50 %), Faktor-V-Leiden-Mutation (25 %) und Faktor-II-Mutation (5 %), anti-Kardiolipin-Antikörper (25 %), Protein-C- und -S-Mangel, paroxysmale nächtliche Hämoglobinurie, Morbus Behçet, Tumorinvasion durch hepatozelluläres, Nierenzell- oder Nebennierenkarzinom. Die **Thrombose der Lebervenen** führt zur Kongestion, portalen Hypertension, ischämischen Nekrose mit progredienter Fibrose oder akutem Leberversagen.

Klinik. Die häufigere **chronische Verlaufsform** ist charakterisiert durch indolenten Aszites, obere gastrointestianele Blutungen, mild erhöhte Aminotransferasen und leicht reduzierte Lebersynthesefunktion. Häufig sind schubartige klinische Verschlechterungen zu beobachten.
Die **akute Verlaufsform** ist gekennzeichnet durch Bauchschmerzen, Fieber, Aszites, starke Aminotransferasenerhöhung und deutlichen Abfall der Synthesefunktion. In 20 % entwickelt sich zusätzlich eine Pfortaderthrombose.

Diagnostik.

- Anamnese und körperliche Untersuchung
- schubartige Anstiege von AST, ALT, GLDH und Bilirubin mit erniedrigtem Albumin

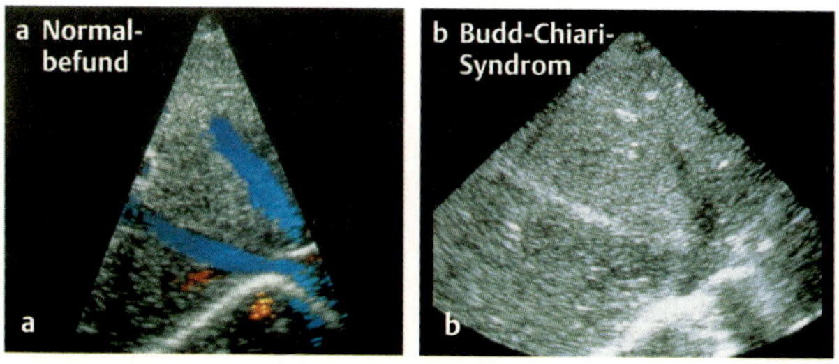

Abb. 42.22 Sonografie des Budd-Chiari-Syndroms. a Die offenen Lebervenen sind farbdopplersonografisch gut erkennbar (blau). **b** Obliterierte Gefäße lassen sich dagegen farbdopplersonografisch nicht darstellen.

J

- **Farbduplex- und Dopplersonografie** der Lebervenen (Sensitivität und Spezifität >80%: fehlender oder retrograder Fluss + Nachweis intrahepatischer Kollateralvenen + vergrößerter Lobus caudatus, **Abb. 42.22**), ggf. alternativ MRT-Untersuchung oder auch direkte Venografie
- Differenzialblutbild, evtl. KM-Punktion, Diagnostik der o. g. Koagulopathien
- evtl. Ösophago-Gastro-Duodenoskopie bei portaler Hypertension

Differenzialdiagnose. Andere Lebererkrankungen, Herzinsuffizienz, Perikarditis, „venoocclusive disease" (Verschluss der kleinen Lebervenen nach Chemotherapie).

Therapie.

- Kontaktaufnahme mit einem hepatologischen Zentrum
- Antikoagulanzientherapie: Beginn mit (niedermolekularem) Heparin und überlappende orale Antikoagulation (Cave: erhöhte Blutungsneigung aus Ösophagusvarizen!)
- Therapie von Komplikationen der portalen Hypertension (s. S. 860)
- bei Persistenz von Aszites, Nierenversagen, gastrointestinaler Blutung, Leberversagen oder allgemeiner klinischer Verschlechterung: **Anlage eines transjugulären intrahepatischen portosystemischen Shunts (TIPS).**
  Indikationen für den TIPS: Leberzellnekrosen + Aszites + deutliche Reduktion des Portalvenenflusses. Selten angewandte Alternative: Angioplastie mit In-situ-Thrombolyse.
- **Lebertransplantation und Antikoagulanzientherapie** indiziert bei akutem Leberversagen, dekompensierter Leberzirrhose und hepatorenalem Syndrom. Polycythaemia vera muss keine Kontraindikation sein; 10-Jahresüberlebensrate 75%
- Behandlung der hämatologischen Grundkrankheit

42.9.2 Pfortaderthrombose

Synonym: Pylethrombose
engl.: portal vein thrombosis

Definition. Eine Thrombose kann in jedem Bereich des portalen Gefäßsystems von den Mesenterialvenen bis zu den intrahepatischen Verästelungen der V. portae auftreten.

Ätiopathogenese. Prädisponierende Faktoren für die Entstehung einer Pfortaderthrombose bei Erwachsenen sind intraabdominelle Entzündungsprozesse oder Tumoren, Thrombophilie (Faktor-V-Leiden- und Prothrombinmutationen sowie Polycythaemia vera) und Abdominaltraumen. Des Weiteren kann die Pfortaderthrombose sekundär bei fortgeschrittenem zirrhotischem Leberumbau, im Rahmen einer Schwangerschaft, unter der Einnahme oraler Kontrazeptiva, bei akuter Pankreatitis, bei Lymphomen, Sepsis, Schistosomiasis und möglicherweise auch nach früherer Nabelveneninfektion auftreten.
In der Folge kommt es zur portalen Hypertension, evtl. mit oberer gastrointestinaler Blutung, Aszites oder intestinaler Ischämie. Inzidenz der Pfortaderthrombose: 48% bei myeloproliferativem Syndrom, 35% bei dekompensierter Leberzirrhose, 20–50% bei akuter Pankreatitis, 6% nach Splenektomie.

Klinik. Bei der **akuten Pfortaderthrombose** kommt es zu plötzlichem Bauchschmerz evtl. begleitet von Durchfall, Aszites und den Symptomen begleitender Pankreatitis bzw. Darmischämie. Die **chronische Verlaufsform** äußert sich durch obere gastrointestinale Blutungen (risikoabhängig von der Schwere der Lebererkrankung) und – im Falle einer begleitenden Zirrhose – evtl. auch durch Aszites und eine hepatische Enzephalopathie. Bei Einbeziehung der Mesenterialvenen besteht ein geringeres Blutungs-, jedoch ein erhöhtes Darmischämierisiko.

Diagnostik.

- Anamnese und körperliche Untersuchung
- Farbduplex- und Pulsdopplersonografie der V. portae: fehlender oder retrograder Fluss + Nachweis von Kollateralvenenkonvoluten („kavernöse Transformation"), ggf. auch Nachweis von Pankreatitis, Zirrhose und/oder Tumoren (**Abb. 42.23**)
- alternativ Angio-CT, MR-Untersuchung oder auch direkte Venografie
- Ösophago-Gastro-Duodenoskopie zur Erkennung von Varizen
- Blutbild (häufig Leuko- und Thrombozytopenie durch Hypersplenismus), Infektparameter (septische Pylephlebitis?), evtl. KM-Punktion und Diagnostik der o. g. prothrombotischen Erkrankungen

Differenzialdiagnosen. Andere häufige Ursachen der portalen Hypertension sind Leberzirrhose, hepatozelluläres Karzinom, Budd-Chiari-Syndrom und Bilharziose.

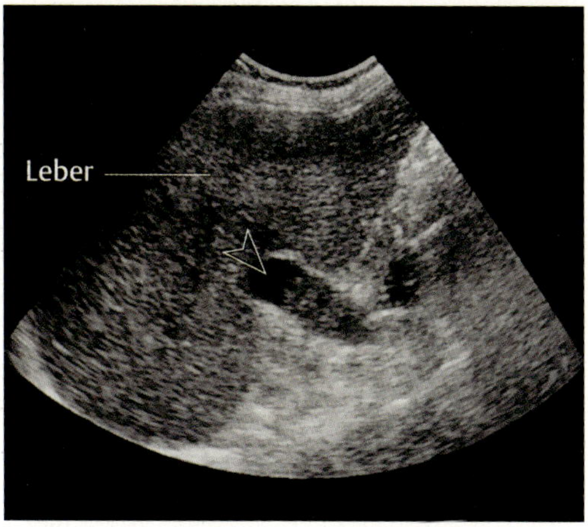

Abb. 42.23 **Sonografie der Pfortaderthrombose.** Sonografisches Bild einer Pfortaderthrombose. Der Pfeil verweist auf intraluminäres Material in der Pfortader.

Therapie. Patienten mit **akuter** (< 14 Tage) Pfortaderthrombose profitieren möglicherweise von einer **frühzeitigen Lysetherapie** (rtPA über transjugulär oder transhepatisch eingelegten Katheter). Bei akuter Pfortaderthrombose erfolgt eine Antikoagulation mit niedermolekularem Heparin und überlappender Umstellung auf Phenprocoumon (bei zugrundeliegender Thrombophilie erst nach adäquater Behandlung von Ösophagusvarizen).

Bei der **chronischen Pfortaderthrombose** gilt jedoch generell, dass eine Therapie erst beim Eintritt von Komplikationen indiziert ist. Hierzu zählen die Therapie der Grunderkrankung und die adäquate endoskopische und medikamentöse Behandlung von Varizen in Ösophagus und Magen. Die Anlage eines TIPS ist bei distal gelegener, umschriebener Pfortaderthrombose teilweise noch möglich, bei der organisierten proximalen Thrombose oder kavernösen Transformation ist sie kontraindiziert. Die Datenlage zur Lysetherapie der chronischen Pfortadrethrombose ist unzureichend. Ischämische Gallenwegstrikturen als Folge der kavernösen Pfortadertransformation müssen symptomatisch behandelt werden.

42.10 Tumorerkrankungen der Leber

42.10.1 Benigne Lebertumoren

Leberzelladenom

engl.: liver cell adenoma

Definition. Das Leberzelladenom ist ein benigner Lebertumor, der vom Hepatozyten ausgeht.

Epidemiologie und Ätiologie. Die Inzidenz des Leberzelladenoms beträgt 1/1 Million bei Frauen, die keine Kontrazeptiva einnehmen, und 30 – 40/1 Million bei Frauen mit Kontrazeptivaeinnahme. Es tritt in > 90 % der Fälle bei Frauen im Alter zwischen 20 und 44 Jahren auf. Trotz der offensichtlichen **Assoziation mit oralen Kontrazeptiva** ist ein kausaler Zusammenhang bisher nicht nachgewiesen. Leberzelladenome werden auch bei Glykogenspeicherkrankheiten beobachtet. Es besteht die Gefahr der Transformation in ein hepatozelluläres Karzinom.

Leberzelladenome sind in 75 % der Fälle **solitär**. Sie können aber auch, z. B. bei der Glykogenspeicherkrankheit, multilokulär vorkommen.

Klinik. In der Regel treten keine Symptome auf. Multiple oder große Adenome über 20 cm Durchmesser oder nah an der Leberkapsel lokalisierte Adenome können Druckgefühl im rechten Oberbauch oder Übelkeit auslösen. Blutungen in das Adenom oder Rupturen mit intraperitonealer Blutung imponieren unter dem Bild eines akuten Abdomens.

J

Diagnostik

- Anamnese: junge Frauen, typischerweise nach Einnahme oraler Kontrazepativa
- Sonografie: inhomogenes Echomuster, meist hyperechogen im Vergleich zum umgebenden Leberparenchym, evtl. zentrale Nekrose oder Hämorrhagie, peripher-betonte venöse Vaskularisierung
- CT/MRT: hypo- bzw. (nach Einblutung) hyperdense bzw. hyperintense Läsion mit früharterieller, irregulärer KM-Anreicherung (DD: fokale noduläre Hyperplasie, s. S. 843), dann jedoch raschem Kontrastabfall innerhalb von 60 – 90 sec
- fehlende Speicherung („kalte“ Läsion) in der ^{99m}Tc-Schwefelkolloid-Szintigrafie aufgrund des geringen Anteils an Kupfferzellen im Adenom
- fehlende Speicherung („kalte“ Läsion) in der ^{99m}Tc-Etifenin-Szintigrafie aufgrund fehlender Gallenwege im Adenom (im Ggs. zur FNH)

- α-Fetoprotein zum Ausschluss eines HCC
- Biopsie: pleomorphe, monotone Hepatozyten ohne Gallenkapillaren (DD: hochdifferenziertes HCC)

Vor allem bei großen Adenomen schließt eine gutartige Zytologie einen malignen Befund nicht aus.

Mögliche Differenzialdiagnosen sind in Tab. 42.16 zusammengefasst.

Therapie.

- orale Kontrazeptiva absetzen, Schwangerschaft vermeiden
- chirurgische Resektion, Radiofrequenzthermoablation (RFA) oder perkutane Ethanolinjektion (PEI) bei:
  1. symptomatischem, solitärem, technisch resezierbarem Leberzelladenom
  2. asymptomatischem Leberzelladenom, welches nach Absetzen der Kontrazeptiva keine Größenabnahme zeigt
- engmaschige Verlaufskontrolle, transarterielle Embolisation oder Lebertransplantation bei sehr großen oder multiplen Tumoren, die nicht resektabel sind

Prognose. Gut nach vollständiger Resektion, ansonsten besteht die Gefahr der malignen Transformation in ein hepatozelluläres Karzinom. Unklare Prognose des nicht resezierten Leberzelladenoms auch nach Absetzen der Kontrazeptiva, die spätere Entwicklung eines HCC ist auch bei initialer Größenabnahme nicht ausgeschlossen.

Kavernöses Hämangiom

engl.: hepatic hemangioma

Definition. Häufigster gutartiger Lebertumor, der histologisch durch verschieden große vaskuläre, endothelial ausgekleidete Hohlräume gekennzeichnet ist.

Epidemiologie. Hämangiome sind die häufigsten Lebertumoren überhaupt. Sie werden in der Regel bei der **Sonografie** als **Zufallsbefund** im rechten Leberlappen entdeckt und haben meist einen Durchmesser von < 4 cm. Die Häufigkeit bei Autopsien liegt zwischen 0,4 – 7,4 %. Frauen sind 6-mal häufiger betroffen als Männer. In 10 % der Fälle treten Hämangiome multipel auf.

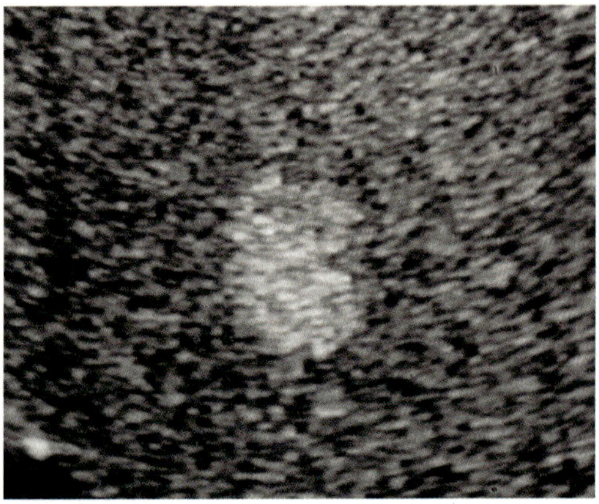

Abb. 42.24 **Hämangiom.** Die Sonografie zeigt eine gut abgrenzbare, echoreiche Raumforderung.

Pathogenese. Hämangiome sind oft als Fehlbildung angelegt, Wachstum tritt erst mit zunehmendem Alter, in der Schwangerschaft oder bei Einnahme von Östrogenen auf. Im Erwachsenenalter kommt es häufig zum Wachstumsstillstand über Jahre. Es besteht **keine Entartungsgefahr**.

Klinik. In der Regel bleiben die Hämangiome unbemerkt, da eine Größenzunahme selten ist und langsam verläuft. Bei oberflächlicher Lage besteht eine lediglich geringe Rupturgefahr.

Diagnostik.

- (Kontrastmittel-)Sonografie (Abb. 42.24): echoreiche Läsion („white tumor"), nur selten hypoechogen, häufig im Winkel zweier Lebervenen lokalisiert, kein Halo (echoarmer Randsaum), zentripetale KM-Anreicherung
- CT: isodens im Vergleich mit den Blutgefäßen, oft lobuliert, nach KM-Gabe früharterielle girlandenförmige randbetonte KM-Anreicherung mit nachfolgender zentripetaler KM-Anreicherung („Irisblendenphänomen")
- Feinnadelbiopsie: wenig hilfreich, Blutungsgefahr bei subkapsulärer Lage

Differenzialdiagnosen sind in Tab. 42.16 zusammengefasst.

Therapie und Prognose. Hämangiome bedürfen generell keiner Therapie, da die Prognose sehr gut ist. Lediglich sehr große, symptomatische Hämangiome bedürfen der Resektion. Daher ist eine sonografische

Kontrolle in ca. 6 Monaten nach Erstdiagnose erforderlich. Alternativ zur Operation ist die transarterielle Embolisation möglich.

Fokale noduläre Hyperplasie (FNH)

engl.: focal nodular hyperplasia

Definition. Die fokale noduläre Hyperplasie ist ein benigner Lebertumor ohne Entartungstendenz, der histologisch durch ein Gemisch aus Hepatozyten, Bindegewebssepten, zahlreiche Gallengänge und gelegentlich auch Zeichen der Cholestase gekennzeichnet ist.

Epidemiologie. Die Erkrankung tritt 4- bis 5-mal häufiger bei Frauen als bei Männern auf. In 20% der Fälle beginnt sie bereits im Kindesalter. Das Hauptalter bei Erkrankung liegt zwischen dem 20. und 50. Lebensjahr.

Pathogenese. Bei der fokalen nodulären Hyperplasie kommt es zu einer Proliferation von Hepatozyten und Gallengangskapillaren. Die regelhaft darstellbare sternförmig sich aufzweigende zentrale Arterie ohne begleitende portale Strukturen lässt die FNH als **vaskuläre Malformation** erscheinen. Dafür spricht auch, dass nicht selten andere Gefäßmalformationen (Aneurysmen, Morbus Osler) und Hirntumoren neben der FNH zu finden sind. **Orale Kontrazeptiva** können das Größenwachstum begünstigen, etwa 60% der Patientinnen haben orale Kontrazeptiva eingenommen. Maligne Entartung wird nicht beobachtet.

Klinik. In 90% der Fälle bestehen keine Symptome. Bei größeren FNH über 15 cm Durchmesser kann gelegentlich ein Druckgefühl im rechten Oberbauch und Appetitlosigkeit auftreten. Rupturgefahr besteht selten.

Diagnostik.

- Sonografie: variable, isoechogene Läsion mit radial verlaufenden Linien, Halo in 15%, Nachweis einer zentralen Arterie im Power-Doppler bzw. in der KM-Sonografie und regulärem, radialem Gefäßmuster
- CT: gering hypo- bis isodense Läsion mit kurzer, massiver, früharterieller KM-Anreicherung, in der portalvenösen Phase zentrale, hypodense Narbe
- ^{99m}Tc-Schwefelkolloid-Szintigrafie und ^{99m}Tc-Etifenin-Szintigrafie: Anreicherung („heiße" Läsion) im Gegensatz zum Leberzelladenom
- α-Fetoprotein zum Ausschluss eines HCC

Für die definitive Diagnose der FNH und insbesondere die sichere Differenzierung vom HCC ist eine Biopsie erforderlich.

Mögliche Differenzialdiagnosen sind in Tab. 42.16 zusammengefasst.

Tab. 42.16 Differenzialdiagnose benigner Lebertumoren

	kavernöses Hämangiom	fokale noduläre Hyperplasie	Leberzelladenom	Leberzyste
Häufung bei Frauen	+	+	+	–
Entartungsrisiko	–	–	+	–
Assoziation mit oralen Kontrazeptiva	+	+	++	–
Sonografiebefund (Farbdoppler)	echoreich, „Irisblendenphänomen" nach KM-Gabe	sternförmige zentrale Narbe, nach KM Darstellung der zentralen Arterie und radiales Gefäßmuster	inhomogen, oft hyperechogen, früharterielle KM-Anreicherung mit raschem KM-Abfall	echofrei
CT-Befund	isodens im Vergleich mit Blutgefäßen, „Irisblendenphänomen" nach KM-Gabe	gering hypodens, früharterielle KM-Anreicherung mit zentraler Hypodensität	irregulär hypo- und hyperdens	hypodens
α-Fetoprotein	normal	normal	normal	normal

Therapie. Das Absetzen oraler Kontrazeptiva ist nicht unbedingt erforderlich. Alle 6 bis 12 Monate sollte eine Größenkontrolle durchgeführt werden. Eine Resektion ist in aller Regel nicht erforderlich.

42.10.2 Maligne Lebertumoren

Hepatozelluläres Karzinom (HCC)

engl.: hepatozellular carcinoma

Definition. Das hepatozelluläre Karzinom (HCC) ist ein hochmaligner Tumor, der durch die maligne Entartung von Hepatozyten entsteht.

Epidemiologie

Das HCC gehört in Südostasien und Afrika mit einer Inzidenz von bis zu 30 Fällen/100 000 Einwohner zu den häufigsten Malignomen. Dahingegen beträgt die Inzidenz in Europa und den USA etwa 6 (Männer) bzw. 2 (Frauen) Fälle/100 000 Einwohner mit allerdings dramatisch steigender Tendenz (Verdopplung in den vergangenen 20 Jahren). Das Haupterkrankungsalter liegt bei 50 – 60 Jahren.

Ätiopathogenese

Risikofaktoren für die Entstehung eines HCC sind die **virale Hepatitis B und C** und die **Leberzirrhose** unterschiedlichster Ätiologie. Abhängig von Grunderkrankung, Lebensalter und dem Stadium der Leberzirrhose ist das HCC-Risiko hier 35- bis 120-fach erhöht. Das absolute HCC-Risiko beträgt bis zu 55% bei Hepatitis C, 50% bei Hepatitis B/D, 40% bei Hämochromatose und 30% bei alkoholischer Zirrhose, während ein HCC bei Patienten mit PBC, Autoimmunhepatitis oder Morbus Wilson nur selten vorkommt.

Überwiegend handelt es sich um Adenokarzinome, etwa 20% sind fibrolamelläre HCCs. Zur malignen Transformation der Hepatozyten tragen erhöhter Zellumsatz mit genetischen Alterationen, Aktivierung von Onkogenen, Überexpression von Wachstumsfaktoren und Telomerase-Aktivierung bei.

Klinik

Uncharakteristische Beschwerden wie Gewichtsverlust, Druck im rechten Oberbauch, Appetitlosigkeit, Abgeschlagenheit und selten Fieber treten auf. Ebenso sind alle Symptome der Leberzirrhose und ihrer Dekompensation möglich.

Diagnostik

Die bei klinischem Verdacht oder aber im Rahmen des Früherkennungsprogramms durchgeführte **Oberbauchsonografie** steht immer am Anfang der Diagnostik. Hier imponiert das HCC als hypo-, iso- oder auch hyperechogene Raumforderung mit inhomogener Struktur und meist unregelmäßigem Randsaum (**Abb. 42.25**). Fast immer sind zusätzlich Zeichen einer Leberzirrhose zu finden. Die anschließend durchgeführte Kontrastmittelsonografie zeigt dann eine frühe KM-Anflutung als Ausdruck der Hypervaskularisation (Cave: 15 – 20% aller HCC sind hypovaskulär!).

Das weitere Vorgehen zur Sicherung der Diagnose ist in **Abb. 42.26** dargestellt. Klinisch-chemische Untersuchungen sind wenig wegweisend. Für die weitere Therapieplanung spielen das Child-Stadium der Leberfunktion (s. **Tab. 42.26**) und die Leistungsfähigkeit des Patienten eine Rolle. Diese können z. B. in die BCLC-Klassifikation integriert werden (**Tab. 42.17**).

Therapie

In Abhängigkeit von Allgemeinzustand (ECOG), Leberrestfunktion (Child), anatomischer Lage und Me-

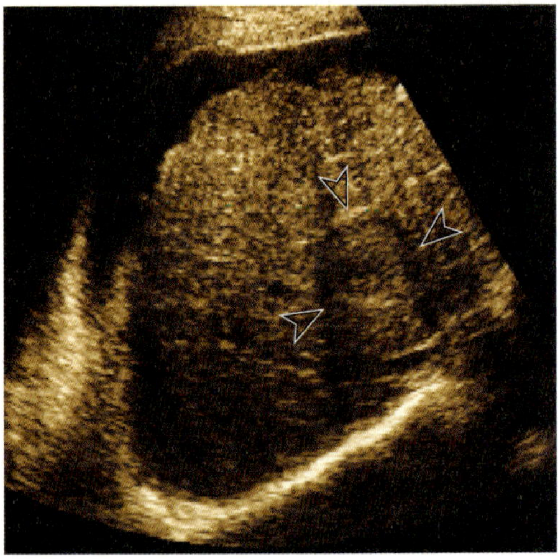

Abb. 42.25 Sonografischer Aspekt eines hepatozellulären Karzinoms. Die höckrige Leberoberfläche ist Ausdruck der bestehenden Zirrhose. Der dunkle Flüssigkeitssaum am oberen Bildrand entspricht Aszites. Im rechten Leberlappen demarkiert sich das hepatozelluläre Karzinom (Pfeile, mit freundlicher Genehmigung von Prof. M. Gebel, Hannover).

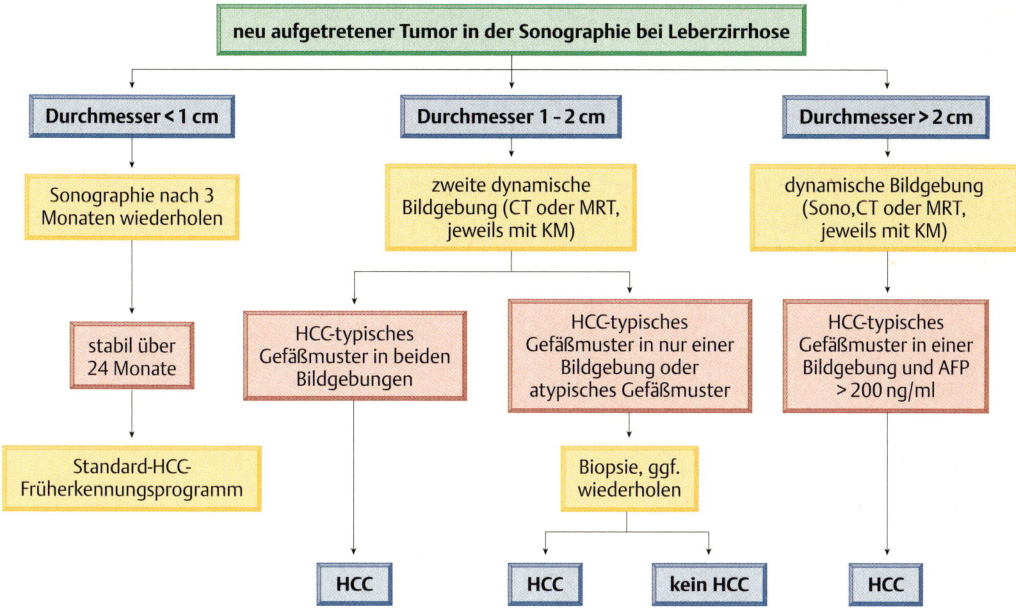

Abb. 42.26 Raumforderung in der Leber. Diagnostischer Algorithmus bei neuer Raumforderung in einer Leberzirrhose (modifiziert nach Greten 2008).

Tab. 42.17 BCLC-Klassifikation zur Einschätzung der Prognose von Patienten mit HCC zur Entscheidunsfindung der optimalen Therapie

BCLC-Stadium*	Allgemeinzustand	Tumor	Leberfunktion
A1	ECOG** 0	1 Herd < 5 cm	keine portale Hypertension, normales Bilirubin
A2	ECOG 0	1 Herd < 5 cm	portale Hypertension, normales Bilirubin
A3	ECOG 0	1 Herd < 5 cm	portale Hypertension, Bilirubin erhöht
A4	ECOG 0	max. 3 Herde < 3 cm	Child A oder B (s. **Tab. 42.26**)
B	ECOG 0	groß multilokulär	Child A oder B
C	ECOG 1-2	Gefäßinvasion oder Metastasen	Child A oder B
D	ECOG 3-4	Egal	Child C

** BLCL = Barcelona Clinic Liver Cancer (BCLC A = frühes Stadium; BCLC B = Zwischenstadium, BCLC C = fortgeschrittenes Stadium, BCLC D = Endstadium)*
*** ECOG = Eastern Cooperative Oncology Group zur Klassifikation zur körperlichen Leistungsfähigkeit (ECOG 0 = normale Leistungsfähigkeit, ECOG 4 = bettlägerig)*

tastasierung können heute selbst fortgeschrittene HCCs einer Behandlung zugeführt werden. Die Auswahl des Therapieverfahrens erfolgt individuell.

Kurative Verfahren (Resektion, Lebertransplantation und PEI/RFA) stehen Patienten im Stadium BCLC A zur Verfügung.

Für die Mehrzahl der Patienten in **palliativer Situation** kommt im Zwischenstadium (BCLC B) die transarterielle Chemoembolisation (TACE) und im fortgeschrittenen Stadium (BCLC C) die Gabe von Sorafenib infrage.

- **Leberresektion:** in sehr frühem Stadium und singulärer Raumforderung < 5 cm und Leberfunktion Child A (BCLC A1)
- **Lebertransplantation (LTx):** bei 1 Knoten < 5 cm oder 3 Knoten < 3 cm, ECOG 0 – 2, Child A/B und fehlenden Begleiterkrankungen (BCLC A2 – 4)
- **PEI (perkutane Alkoholinstillation)** oder besser **Radiofequenzablation**: bei 1 Knoten < 5 cm oder 3 Knoten < 3 cm, ECOG 0 – 2, Child A/B (BCLC A2 – 4), jedoch Begleiterkrankungen, die eine LTx verbieten, oder auch als Überbrückungsmaßnahme bis zur LTx (evtl. auch bei > 3 Knoten bis max. 5 cm)
- **TACE (transarterielle Chemoembolisation)** mit Doxorubicin/Cisplatin und Lipiodol oder sog. „DC Beads" (Hydrogel-Mikrosphären, die z. B. mit Doxorubicin beladen werden können): bei großen multilokulären Raumforderungen, ECOG 0 – 2, Child A/B (BCLC B), auch als Überbrückungsmaßnahme bis zur LTx
- **Sorafenib:** in fortgeschrittenem Stadium (BCLC C) mit ECOG 1 – 2, Child A, Portalgefäßinvasion
- Verwendung neuerer Substanzen im Rahmen von Studien: bei fortgeschrittenem Stadium (BCLC C) mit ECOG 1 – 2, Child B, Portalgefäßinvasion
- palliative Maßnahmen, Best Supportive Care: im Endstadium BCLC D (ECOG > 2, Child C)

Prognose

Die Lebenserwartung korreliert mit dem Tumorstadium, dem Grad der Leberinsuffizienz und den möglichen Therapieoptionen. Die Überlebensrate behandelter Patienten liegt bei kurativer Therapie eines singulären Tumorknotens ohne Gefäßinvasion (BCLC A) > 70 %, hingegen beträgt die mittlere Überlebenszeit bei fortgeschrittenem Stadium (BCLC C) nur 7 – 10 Monate.

Cholangiozelluläres Karzinom (CCC)

engl.: cholangiocarcinoma

Definition. Vom Gallengangsepithel ausgehendes Adenokarzinom, wobei die desmoplastische **duktale Form** von der **intrahepatischen Form** abgegrenzt werden kann. Eine besondere Form ist die Manifestation im Bereich der Hepatikusgabel, der sog. **Klatskin-Tumor**. Das CCC ist ein wenig vaskularisierter Tumor, mit infiltrativem Wachstum in das Leberparenchym sowie entlang der Gallenwege.

Epidemiologie

In den USA beträgt die Inzidenz etwa 1 – 2/100 0000 Einwohner. ⅓ der CCC wachsen als intrahepatische Raumforderung, ⅔ sind duktale CCC. Das CCC tritt am häufigsten um das 60. Lebensjahr auf und macht 3 % aller biliodigestiven Malignome aus.

Ätiopathogenese

Risikofaktoren für das CCC sind:

- PSC (s. S. 828): Lebenszeitrisiko 1,5 % pro Erkrankungsjahr, v. a. junge Männer mit cholangitischen Schüben sind betroffen (bei 40 % autopsierter PSC-Patienten findet sich ein nicht entdecktes CCC)
- Caroli-Syndrom (seltene angeborene Erkrankung der Gallenwege mit zystischen Erweiterungen der Gallengänge in Kombination mit einer angeborenen Fibrose der Leber)
- angeborene intrahepatische Gallengangzysten (Risiko eines CCC bis zum 50. Lebensjahr 3 – 30 %)
- intrahepatische Cholelithiasis (Risiko 10 %)
- außerhalb Europas Parasitosen (z. B. Clonorchis sinensis)

Fraglich assoziiert sind Hepatitis C und biliodigestive Anastomosen. An der Entstehung des CCC sind proinflammatorische Zytokine, NO, als Wachstumsfaktoren wirkende Gallensäuren sowie K-ras- und p53-Mutationen beteiligt.

Klinik

Beim intrahepatischen CCC können Bauchschmerzen, Anorexie, B-Symptomatik und eine abdominelle Raumforderung auftreten.

Beim duktalen CCC sind ein Ikterus mit entfärbtem Stuhl und dunklem Urin, Pruritus, selten Cholangitis mit Fieber, Schüttelfrost und Bauchschmerzen auffällig.

Diagnostik

Folgende diagnostische Maßnahmen sind sinnvoll:

- typische Anamnese (z. B. PSC mit rascher Cholestaseentwicklung, o. g. Symptomatik)
- AP erhöht, evtl. Bilirubin erhöht, CA 19-9 > 100 U/l erhöht in bis zu 80 % (unspezifisch) ohne Zeichen der Cholangitis
- (Doppler-)Sonografie: intrahepatische Raumforderung, prästenotische (segmentale) Cholestase, reduzierter Fluss in der A. hepatica oder portalvenöse Striktur

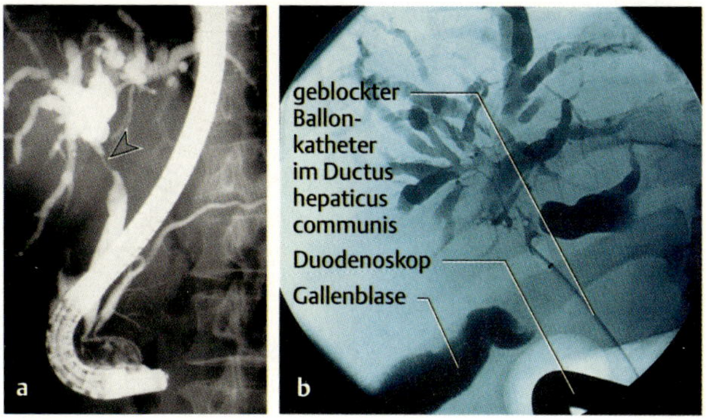

Abb. 42.27 ERCP bei Cholangiokarzinom.
a Cholangiokarzinom mit hochgradiger Stenose im proximalen Ductus choledochus (Pfeil).
b Klatskin-Tumor im Bereich der Hepatikusgabel mit Aufstau der intrahepatischen Gallenwege.

- CT/MRT: intrahepatische Raumforderung, Atrophie der betroffenen Lebersegmente
- MRCP (Magnetic Resonance Cholangiography): umschriebene Stenose und Cholestase
- ERC/PTC: Gallenwegsstenosen (**Abb. 42.27**); Abgrenzung von entzündlichen PSC-Stenosen oftmals nur mittels Bürstenzytologie möglich
- intraduktaler Ultraschall und Cholangioskopie: Spezialuntersuchungen, mit denen die CCC-typischen zottigen Wucherungen von Gallengangskonkrementen abgegrenzt werden können
- Bürstenzytologie bzw. Zangenbiopsie: einzige Verfahren zur Sicherung der Diagnose, nur in 40 – 70 % der Fälle positiv (daher bei Risikopatienten regelmäßig wiederholen)
- PET mit [^{18}F]2-Desoxy-D-Glukose: Anreicherung bei ausreichender Tumormasse, Abgrenzung von gutartiger entzündlicher Stenose oftmals problematisch

Das Staging erfolgt nach der TNM-Klassifikation (**Tab. 42.18**). Bei Klatskin-Tumoren erfolgt die Klassifikation nach Bismuth-Corlette in Stadium I-IV.

Tab. 42.18 TNM-Klassifikation des extrahepatischen cholangiozellulären Karzinoms

TNM-Klassifikation	Erklärung
T – Primärtumor	
Tis	Carcinoma in situ
T 1	begrenzt auf den Gallengang
T 2	überschreitet Wand des Gallengangs
T 3	infiltriert Leber, Gallenblase, Pankreas, Portalvenenast oder Ast der A. hepatica
T 4	infiltriert Portalvenenhauptast, A. hepatica communis oder andere angrenzende Organe
N – regionale Lymphknoten (Lk)	
N0	keine regionären Lk-Metastasen
N1	Lk-Metastasierung
M – Fernmetastasen	
M0	keine Fernmetastasen
M1	Fernmetastasen (Leber, Peritoneum)

Therapie und Prognose

Die **therapeutischen Möglichkeiten** beim CCC sind aufgrund des häufig fortgeschrittenen Stadiums bei Erstdiagnose **begrenzt.**

Patienten ohne intrahepatische Fernmetastasierung, Infiltration benachbarter Organe oder Tumorinvasion in V. portae bzw. A. hepatica communis sollten chirurgisch exploriert werden. Eine Resektion (standardmäßig mit Lobektomie und Lk-Dissektion) ist bei einem Lk-Befall über das Lig. hepatoduodenale hinaus nicht mehr sinnvoll.

Ergebnisse der chirurgischen Resektion in kurativer Absicht: beim intrahepatischen CCC 3-Jahres-Überlebensrate 50 %, beim duktalen CCC 5-Jahresüberlebensrate 30 %, beim CCC plus PSC 5-Jahres-Überlebensrate < 10 %

Bei makroskopischem Resttumor und evtl. adjuvant bei mikroskopisch positivem Resektionsrand erfolgt die palliative (Radio-)Chemotherapie (Gemcitabine ± Cisplatin oder 5-FU + Oxaliplatin). Die photodynamische Therapie ist bei nicht resektablem Tumor oder Tumorrezidiv angezeigt.

Eine weitere Möglichkeit besteht in der palliativen Dilatation stenosierter Gallenwege und „Schienung“

mittels (Metall-)Stent bei obstruktivem Ikterus, evtl. auch als PTCD (perkutane transhepatische Cholangiodrainage); evtl. auch bilioenterische palliative Anastomose
Eine Lebertransplantation ist bei gesichertem CCC nicht indiziert. Eine kombinierte Radiochemotherapie + LTx bei sehr frühem CCC wird aber an wenigen Zentren experimentell durchgeführt.

Lebermetastasen

Epidemiologie. Die häufigsten malignen hepatischen Raumforderungen in Mitteleuropa sind Metastasen von Kolorektal-, Pankreas-, Mamma- oder Bronchialkarzinomen sowie malignen Lymphomen. Als Faustregel gilt, dass Raumforderungen < 1 cm häufig benigne sind.

Klinik. Nur bei großen Metastasen treten Druck und Schmerz im rechten Oberbauch auf, selten kommt es zur Ruptur.

Diagnostik. Die **Sonografie** zeigt vor allem bei schnell wachsenden Tumoren wie Bronchial- und Pankreaskarzinom und beim Lymphom eine hypoechogene Raumforderung. Ein eher hyperechogenes Aussehen haben Metastasen der Leber bei langsamer wachsenden Tumoren, wie z. B. dem kolorektalen Karzinom. Häufig ist ein sog. **Halo** (echoarmer Randsaum) zu sehen. Kalzifikationen und regressive Veränderungen kommen vor. Eine Differenzierung vom HCC kann mittels Kontrastmittel-verstärkter Sonografie erfolgen.
In der **CT** stellen sich Lebermetastasen oft als hypodense Raumforderungen mit peripher beginnender KM-Aufnahme dar (typisch für Adenokarzinome).

Differenzialdiagnosen. (parasitäre) Zysten, Hämatom, Abszess, Minderverfettungsareale bei Steatosis hepatis, Hämangiom, HCC, FNH, Adenom, cholangiozelluläres Karzinom, Regeneratknoten.

Therapie und Prognose. siehe entsprechende Tumorentitäten.

42.11 Nicht neoplastische Raumforderungen der Leber

42.11.1 Leberabszesse

Definition. Infektiöse Einschmelzung des Lebergewebes durch Bakterien, Pilze oder Parasiten.

Epidemiologie. Bis zu 20 von 100 000 Patienten entwickeln im Rahmen eines Krankenhausaufenthaltes einen Leberabszess, wobei 80 % bakterieller Genese und etwa 10 % Amöbenabszesse sind.

Ätiologie. Leberabszesse treten durch hämatogene Streuung von Darmbakterien im Rahmen einer Divertikulitis, Appendizitis o. Ä. auf. Daneben stellen Gallenwegsobstruktionen und die Cholezystitis eine häufige Ursache von Leberabszessen dar. Zunehmend ist die Zahl der cholangiolären Leberabszesse durch Interventionen am Gallenwegsystem (Papillotomie, PTCD, transarterielle Chemoembolisation). Typische Erreger sind *Enterobacteriaceae* (v. a. *Klebsiella sp.*), *Bacteroides*, Enterokokken und seltener *Entamoeba histolytica* sowie (bei Hämochromatose) *Yersinia enterocolitica*.

Klinik. Fieber (90 %), Schüttelfrost, Druckgefühl im rechten Oberbauch, seltener Schulterschmerz und Ikterus.

Diagnostik.
- Sonografie: echoarme Raumforderung mit unscharfer Begrenzung und oftmals nachweisbarer Sedimentierung, die unter sonografischer Sichtkontrolle zur Keimidentifizierung (einschließlich Antibiogramm!) punktiert werden sollte.

Tab. 42.19 Differenzialdiagnose des pyogenen Leberabszesses

Erkrankung	Bedeutung	Kommentar
Cholezystitis	+++	Sonografie, Murphy-Zeichen
sekundär infizierte nekrotische Lebermetastasen (vor allem beim Pankreaskarzinom)	+	Sonografie, Zytopunktion der Raumforderung
Amöbenabszess	+	Serologie, Stuhlprobe, Erregernachweis
Echinokokkuszysten	+	Serologie

- Labor: Leukozytose, CRP und – bei pyogenem Abszess – Procalcitonin erhöht, erhöhte Aminotransferasen (γ-GT führend bei biliärer Genese), Amöbenserologie, Blutkulturen
- ERCP: Anschluss ans Gallenwegsystem? Gallesaft für Mikrobiologie asservieren!
- CT: zentral hypodense Raumforderung mit hyperdensem Randsaum nach KM-Gabe, evtl. Lufteinschlüsse

Differenzialdiagnosen fasst **Tab. 42.19** zusammen.

Therapie. Standard ist die Kombination aus Drainage und systemischer Antibiotikatherapie. Bei multiplen Abszessen muss ggf. chirurgisch reseziert werden. Bei schwerer, pyogener Infektion ist noch vor Erhalt des Antibiogramms eine empirische Therapie erforderlich. Als Primärtherapie kommen z. B. infrage: 1. Ceftriaxon + Metronidazol oder 2. Ampicillin + Sulbactam oder 3. Ampicillin + Aminoglykosid + Metronidazol oder 4. ein Carbapenem. Bei Amöbenabszess ist die Gabe von Metronidazol sinnvoll.

Prognose und Verlauf. Bei verschleppter Diagnose ist eine Letalität von bis zu 80% zu verzeichnen. Nach Einführung der CT und der Sonografie liegt die Letalität heute zwischen 10 und 40%.

42.11.2 Echinokokkose der Leber

engl.: echinococcus cyst

Parasitäre Infektion mit *Echinococcus granulosus* (Hundebandwurm) oder *E. multilocularis* (Fuchsbandwurm), wobei der Mensch als „Fehlzwischenwirt" fungiert. Die Infektion mit *E. granulosus* führt zur zystischen Echinokokkose, die Infektion mit *E. multilocularis* zur alveolären Echinokokkose.

E. granulosus ist weltweit verbreitet. *E. multilocularis* trifft man v. a. in der nördlichen Hemisphäre, in bestimmten Gebieten auch endemisch an (u. a. Süddeutschland, Schweiz, Österreich). Dennoch ist die Echinokokkose in Deutschland selten. Im Jahr 2002 wurden dem Robert Koch-Institut 22 *E-. granulosus*- und 6 *E.-mulitlocularis*-Fälle gemeldet.

Tab. 42.20 Charakteristika der Echinokokkose

Parasit	*Echinococcus granulosus* (Hundebandwurm)	*Echinococcus multilocularis* (Fuchsbandwurm)
Übertragung	Mensch als Fehlzwischenwirt durch orale Aufnahme von Eiern	
natürlicher Zyklus	Hund → Schaf, Rind, Pferd, Schwein → Hund	Fuchs → Nagetiere (Feldmäuse) → Fuchs (seltener Wolf, Hund, Katze)
Pathophysiologie	Leberbefall in 60%, Lungenbefall in 25%, auch andere Organe können befallen werden; in 70% singuläre Zyste	fast ausschließlich hepatische, infiltrativ wachsende Proliferationsschläuche ohne geschlossene Zystenbildung; neoplasieähnliche, destruierende Ausbreitung im Leberparenchym; hämatogene Ausbreitung möglich
Klinik	initial asymptomatisch, dann ggf. Gewichtsverlust und Druckgefühl durch raumfordernden Prozess ab 10 cm Durchmesser abhängig von der Organlokalisation; Kompression kann zu Cholestase oder Budd-Chiari-Syndrom führen; Zystenruptur kann sich mit Cholangitis, Leberabszess oder anaphylaktischem Schock manifestieren.	
Diagnostik	Sonografie, bei hochgradigem Verdacht auch CT zur Detektion extrahepatischer Zysten, ergänzend Serologie. Diagnostische Punktionen aufgrund der Gefahr anaphylaktischer Reaktion oder einer „Metastasierung" kontraindiziert. In 10% der Fälle Nachweis einer Eosinophilie; in 50% Nachweis von erhöhtem Gesamt-IgG oder spezifischen IgG-Antikörpern gegen *E. granulosus* bzw. *E. multilocularis*	
Therapie	• chirurgische Resektion (90% Heilungsrate) • ultraschallgesteuerte Zystenaspiration und Injektion von Ethanol oder hypertoner NaCl-Lösung (nicht bei gekammerten Zysten) • Albendazol oder Mebendazol bei inoperablem Zysten über 3 – 6 Monate	• bei noch begrenztem Befall (selten): chirurgische Resektion und mind. 2 Jahre Albendazol • bei inoperablem Befund: Albendazol lebenslang

Pathophysiologie, Klinik, Diagnostik und Therapie sind in **Tab. 42.20** zusammengefasst (vgl. auch **Abb. 50. 11**, S. 1052).

42.11.3 Einfache Leberzyste

engl.: simple hepatic cyst

Definition. Leberzysten sind meist singulär auftretende intrahepatische flüssigkeitsgefüllte Hohlräume, die von kubischem Gallengangsepithel ausgekleidet werden und häufig subkapsulär lokalisiert sind. Im Gegensatz zur polyzystischen Lebererkrankung zeigt das umgebende Lebergewebe keine fibrotischen Veränderungen.

Epidemiologie. Isolierte Leberzysten sind sehr häufig als **Zufallsbefund bei einer sonografischen Untersuchung** nachweisbar. Die Prävalenz liegt um 5 % mit Zunahme im höheren Lebensalter und einem Frauen-Männer-Verhältnis von 4:1.

Klinik. Meist asymptomatisch, selten Oberbauchschmerz durch Größenzunahme oder Infektion bzw. Einblutung.

Diagnostik. Oft ist die Sonografie allein ausreichend. Bei Septen oder verdickter ekzentrischer Zystenwandung sollte die „komplizierte Zyste" mithilfe einer weiteren Bildgebung (CT oder T_2-gewichtete MRT) genauer charakterisiert werden. Bei Verdacht auf Echinokokkuszyste ist eine entsprechende Serologie durchzuführen.

Therapie. In der Regel keine. Bei großen symptomatischen Zysten kann eine perkutane Sklerosierungstherapie durchgeführt werden. Nur in Einzelfällen kommt eine chirurgische Resektion infrage.

42.11.4 Polyzystische Lebererkrankung im Rahmen einer autosomal-dominanten polyzystischen Nierenerkrankung

engl.: polycystic liver disease (PLD) bzw. (bei Nierenbeteiligung) autosomal dominant polycystic kidney disease (ADPKD)

Definition und Epidemiologie. Die autosomal-dominante polyzystische Nierenerkrankung (ADPKD) tritt bei 1 von 800 Geburten auf und betrifft damit 4 – 6 Mio Menschen weltweit (s. S. 306). Bei 5 % der Patienten tritt die Erkrankung durch sporadische Mutation auf. Zur polyzystischen Lebererkrankung, die allerdings auch ohne eine renale Beiligung auftreten kann, kommt es bei über 80 % der Patienten.

Pathophysiologie. Für die autosomal-dominant vererbte PLD/PKD sind Mutationen in den PKD 1- und PKD 2-Genen auf Chromosom 16 und 4 beschrieben. Beide Gene kodieren für sog. Polycystine, transmembranäre Proteine, die Einfluss auf die tubuläre und vaskuläre Differenzierung verschiedener Organe haben. Mutationen im PKD 1-Gen sind für 85 % der Erkrankungsfälle verantwortlich und beinhalten ein höheres Risiko einer renalen Beteiligung mit rascherer renaler Verschlechterung.

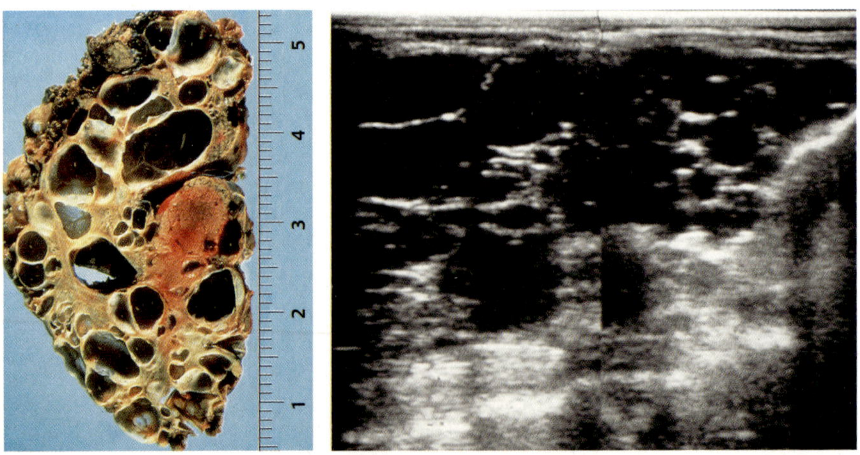

Abb. 42.28 **Sonografischer Befund bei polyzystischer Lebererkrankung.**

Tab. 42.21 Differenzialdiagnose der polyzystischen Lebererkrankung

Erkrankung	Bedeutung	Kommentar
einfache Zyste	+++	solitäre Zyste, die o. g. Kriterien nicht erfüllt; Zyste tritt zeitlich vor renaler Insuffizienz auf, keine umgebende Fibrose
cholangioläre, zystische Abszesse	++	bekannte Cholangitis
tuberöse Sklerose	+	begleitend Angiomyolipome, Café-au-Lait-Flecken, periunguale Fibrome
Echinokokkose und Amöbenbefall der Leber	+	serologische Untersuchung

Klinik. Die Organomegalie von Leber und Nieren führt oft zu Druckgefühl und Schmerzen im rechten Oberbauch. Es kommt mit zunehmender Größe des Organs wegen unzureichender Nahrungsaufnahme durch mechanische Behinderung zu Gewichtsabnahme und Kachexie (**Abb. 42.28**). Die Leberfunktion selbst bleibt oft lange erhalten. Bei Nierenbeteiligung kommt es zudem zu arterieller Hypertonie (schon in der Kindheit), Hämaturie (60 %), Flankenschmerz und Harnwegsinfekten. Pyelonephritis und Zysteninfektionen sind problematisch. 50 % der Patienten mit renaler Beteiligung entwickeln später ein dialysepflichtiges Nierenversagen. In 8 % der Patienten entwickeln sich Hirnarterienaneurysmata mit Gefahr der Subarachnoidalblutung.

Diagnostik. Die Diagnose der ADPKD wird gestellt bei mindestens 2 uni- oder bilateralen Nierenzysten (Patient < 30 Jahre), mindestens 2 Nierenzysten pro Niere (Patient 30 – 59 Jahre) bzw. mindestens 4 Nierenzysten pro Niere (Patient ab 60 Jahre). Die Diagnose steht ebenfalls bei Nachweis begleitender extrarenaler Zysten. Die Bildgebung erfolgt mittels Sonografie, nur selten mithilfe von KM-CT oder T_2-gewichteter MRT. Zur Differenzialdiagnose **s. Tab. 42.21**.

Therapie. Bei größeren Zysten kann eine perkutane, symptomorientierte Zystensklerosierung indiziert sein. Infizierte Zysten bedürfen der frühzeitigen antibiotischen Therapie.
Eine Lebertransplantation ist indiziert, wenn wegen der Größe und Schwere des Organs Ernährungsprobleme bis hin zur Kachexie auftreten.
Hinsichtlich der renalen Zystenmanifestation sind folgende Maßnahmen angezeigt: Blutdruckeinstellung auf Werte < 130/80 mmHg mit ACE-Hemmer, GFR-Monitoring spätestens ab einem kombinierten Nierenvolumen > 1 500 ml, ausreichende Hydrierung bei Hämaturie, Dialyse bei chronischem Nierenversagen und evtl. Nierentransplantation.

42.12 Schwangerschaftsspezifische Lebererkrankungen

Zu den schwangerschaftsspezifischen Erkrankungen werden die akute Schwangerschaftsfettleber (acute fatty liver of pregnancy, AFLP), die intrahepatische Schwangerschaftscholestase (intrahepatic cholestasis of pregnancy, ICP) und die Lebermanifestationen von Präeklampsie, Eklampsie und HELLP-Syndrom gerechnet. **Abb. 42.29** gibt einen Überblick über das zeitliche Auftreten dieser Erkrankungen. Unabhängig hiervon können alle anderen Lebererkrankungen in der Schwangerschaft manifest werden, wie z. B. akute bzw. chronische Virushepatitis, Autoimmun-

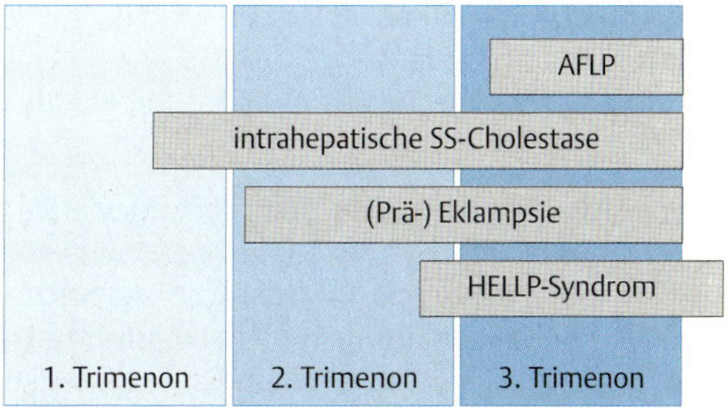

Abb. 42.29 Typische Manifestationszeitpunkte schwangerschaftsassoziierter Lebererkrankungen. (nach Moradpour 2008)

hepatitis oder die Leberzirrhose anderer Genese. Für einige Erkrankungen prädisponiert die Schwangerschaft, wie z. B. das Budd-Chiari-Syndrom (s. S. 839).

42.12.1 Akute Schwangerschaftsfettleber

engl.: acute fatty liver of pregnancy

Definition. Die akute Schwangerschaftsfettleber (AFLP) ist eine mit der Schwangerschaft spezifisch assoziierte mikrovesikuläre Verfettung unter Betonung des Läppchenzentrums (ähnlich der Steatosis beim Reye-Syndrom oder der Valproattoxizität).

Epidemiologie. Die Erkrankung tritt in den USA mit einer Prävalenz von 1:14 000 Schwangerschaften auf und zeigt eine erhöhte Inzidenz bei Mehrlingsschwangerschaften und männlichen Feten. Der Manifestationsgipfel liegt zwischen der 30. und 40. Schwangerschaftswoche.

Ätiopathogenese. Die akute Schwangerschaftsfettleber gehört wahrscheinlich zur Gruppe der **mitochondrialen Zytopathien**. Genetisch bedingte Enzymdefekte führen dabei zur inadäquaten Fettsäureoxidation. Besonders gut untersucht wurde eine heterozygote Mutation der LCHAD, einem Enzym der β-Oxidation, die in 44% mit einer AFLP assoziiert ist. Ein verändertes hormonales Profil während der Schwangerschaft und die Produktion von Fettsäuren durch den ebenfalls vom Gendefekt betroffenen Fetus erhöht das Angebot freier Fettsäuren und Triglyzeride an die mütterliche Leber.

Klinik. Unspezifische Allgemeinsymptome wie Oberbauchbeschwerden, Appetitlosigkeit, Übelkeit, Erbrechen und zunehmender Ikterus in der Spätschwangerschaft bis hin zum akuten Leberversagen sind typische Symptome. Es besteht eine deutliche Überlappung mit klinischen Zeichen einer Präeklampsie oder eines HELLP-Syndroms (in 20 – 50% der Fälle).

Diagnostik. Wie bei anderen mitochondrialen Störungen kommt es neben den o. g. Symptomen zusätzlich zu Hypoglykämie, Laktatazidose und mikrovesikulärer Leberverfettung. Die Aminotransferasen sind bis zu 5-fach erhöht, das Bilirubin sogar bis zu 10-fach. Der Quick ist erniedrigt bedingt durch Lebersynthesestörung und Verbrauchskoagulopathie. Außerdem tritt in 80% der Fälle eine Hyperurikämie auf.

Therapie. Die einzige kurative Maßnahme ist die sofortige Entbindung, ansonsten siehe Therapie des akuten Leberversagens (s. S. 853). Es besteht kein erhöhtes Wiederholungsrisiko bei erneuter Schwangerschaft (Ausnahme: 25% Rezidivrisiko bei Vorhandensein des LCHAD-Gendefektes).

Prognose und Komplikationen. Die Prognose der Erkrankung ist ernst mit einer Letalität zwischen 8 und 33% für die Mutter bzw. zwischen 14 und 66% für das Kind.

42.12.2 Intrahepatische Schwangerschaftscholestase

engl.: intrahepatic cholestasis of pregnancy (ICP)

Definition. Die rezidivierende intrahepatische Schwangerschaftscholestase ist eine schwangerschaftsspezifische Cholestase, die typischerweise im dritten Trimenon auftritt, mit Pruritus assoziiert und nach Entbindung rasch rückläufig ist.

Epidemiologie. Die Erkrankung tritt mit regionalen Unterschieden bei 0,5 – 5% aller Schwangerschaften typischerweise im dritten Trimenon auf. Bei 25% der Patientinnen manifestiert sie sich jedoch bereits im 2. Trimenon.

Ätiopathogenese. Verschiedene Ursachen der intrahepatischen Schwangerschaftscholestase sind vermutet worden: genetische Polymorphismen von Galletransportern und gallensäuremetabolisierenden Enzymen, Selenmangel und erhöhte Östrogen- und Gestagenspiegel (v. a. im Rahmen einer Mehrlingsschwangerschaft).

Klinik. Das erste, obligate Symptom ist der **Pruritus** ohne Beeinträchtigung des Allgemeinbefindens, an den sich 2 bis 4 Wochen später in etwa 20% der Fälle ein Ikterus manifestiert. Selten bestehen Übelkeit und Oberbauchschmerzen.

Labor. Gallensäuren erhöht auf > 10 µmol/l im Nüchternserum. Konjugiertes Bilirubin selten über 5 mg/dl (86 µmol/l), Aminotransferasen gering erhöht, Erhöhung der alkalischen Phosphatase (physiologisch in der Schwangerschaft) bei oft normwertiger γ-GT.

Therapie.

- Ursodeoxycholsäure 15 mg/kg/d ist die Therapie der ersten Wahl
- ggf. Cholestyramin 3 × 4 g/d und Vitamin-K-Gabe
- ggf. Dexamethason

- frühzeitige Entbindung bei fetalem Stress bereits in der 36. SS-Woche sowie möglicherweise vorbeugend bei hohen Gallensäurespiegeln

Prognose. Die mütterliche Prognose ist gut, die Cholestase oft innerhalb weniger Tage reversibel. Die kindliche Prognose (meist erst ab Gallensäurespiegel > 40 µmol/l) ist gekennzeichnet durch ein Frühgeburtsrisiko von 20% und eine fetale Letalität von 1 – 2%.

42.12.3 Leberbeteiligung bei Gestationshypertension

Synonym: (Prä-)Eklampsie
engl.: hypertension related liver disease of pregnancy

Definition. Der Begriff der **Gestationshypertension** beinhaltet eine Gruppe von schwangerschaftsassoziierten Erkrankungen, deren gemeinsames Merkmal die arterielle Hypertonie ist (vgl. S. 252). Bei der **Präeklampsie** (10% aller Schwangerschaften) findet man zusätzlich Proteinurie und Ödeme. Bei der **Eklampsie** treten Konvulsionen oder Koma hinzu. Beim **HELLP-Syndrom** findet man erhöhte Aminotransferasen, Thrombozytopenie und hämolytische Anämie im Rahmen einer Mikroangiopathie.

Epidemiologie. Die Inzidenz der Präeklampsie beträgt 5% aller Schwangerschaften (Leberbeteiligung in 10 – 30%), die Inzidenz der Eklampsie beträgt 0,2% aller Schwangerschaften (Leberbeteiligung in 70%). Das HELLP-Syndrom kommt bei 0,5% aller Schwangerschaften vor und kann auch noch nach der Entbindung auftreten (in 30% der Fälle bis zu zwei Tage postpartal).

Ätiopathogenese. Nach heutiger Auffassung kommt es als Folge der hypertensiven Entgleisung zu Vasokonstriktion, Endothelschädigung und Thrombozytenaggregation, was dann über mikroangiopathische Gefäßläsionen zu ischämischen Organschäden – auch an der Leber – führt.

Klinik. Symptome der Präeklampsie sind Kopfschmerz, Oberbauchschmerz, Hyperreflexie und Sehstörungen. Die Symptome des HELLP-Syndroms sind unspezifisch (Unwohlsein, Übelkeit, Erbrechen, selten Ikterus). Die Leberruptur ist eine seltene Manifestation bei Eklampsie.

Diagnostik. Die Erhöhung der Aminotransferasen korreliert mit dem Grad der arteriellen Hypertonie. Daneben findet sich die typische Laborkonstellation der intravasalen Hämolyse sowie Fragmentozyten und evtl. erniedrigtes Fibrinogen. Sonografisch erkennt man ggf. einen hepatischen Infarkt mit Hämatombildung.

Therapie. Sofortige Entbindung bei schwerer Präeklampsie, Eklampsie und HELLP-Syndrom.

Prognose. Kindliche Letalität 10 – 35% bedingt durch Frühgeburtlichkeit. Mütterliche Letalität heute um 1% bedingt durch zerebrale ischämische Komplikationen, Leberruptur und akutes Nierenversagen.

42.13 Akutes Leberversagen

engl.: acute liver failure (ALF)

Definition

Das akute Leberversagen ist definiert als akute (i. d. R. innerhalb von 12 – 24 Wochen) Entwicklung einer schweren Leberfunktionsstörung (Quick < 50% bzw. INR > 1,5) mit hepatischer Enzephalopathie bei Ausschluss einer vorbestehenden Lebererkrankung. Anhand des Zeitintervalls vom Auftreten des Ikterus bis zu den ersten Zeichen einer hepatischen Enzephalopathie unterscheidet man das hyperakute (7 Tage), das akute (8 – 28 Tage) und das subakute (> 28 Tage) Leberversagen. Abzugrenzen ist das viel häufigere „akut-auf-chronische" Leberversagen bei Exazerbation einer vorbestehenden chronischen Lebererkrankung. Eine fulminante Erstmanifestation von Morbus Wilson, vertikal erworbener chronischer Hepatitis B oder Autoimmunhepatitis gilt ebenfalls als akutes Leberversagen, auch wenn die Erkrankung bereits zur Leberzirrhose geführt hat.

Epidemiologie

Das akute Leberversagen ist eine seltene Erkrankung, die in jedem Alter auftreten kann. Das durchschnittliche Erkrankungsalter ist 38 Jahre, 70% der Patienten sind Frauen.

Ätiopathogenese

Abb. 42.30 gibt einen Überblick über die ätiologische Verteilung beim akuten Leberversagen an unserem Zentrum. Das kryptogene akute Leberversagen, **medikamentöse Ursachen** (allen voran ausgelöst durch Paracetamol) und die **akute Virushepatitis** machen zusammen über 50% der Fälle aus. Ein häufiges Szenario ist auch die akute Leberinsuffizienz im Rah-

J

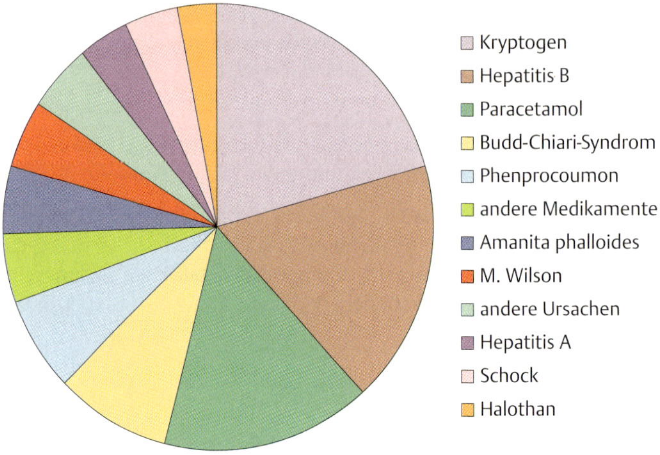

Abb. 42.30 Ätiologie des akuten Leberversagens in Norddeutschland.

men eines kardiogenen Schocks oder einer Reanimation mit spitzen Aminotransferasen-Peaks. Die Prognose dieser ischämischen Hepatitis ist abhängig von der raschen Wiederherstellung adäquater hämodynamischer Verhältnisse.

Als weitere, seltene Ursachen sind zu nennen: akute Schwangerschaftsfettleber, HELLP-Syndrom, Malignominfiltration, Sepsis, Hepatitis E, Begleithepatitis im Rahmen einer Infektion mit Herpes- oder Adenoviren, Humanes-Herpesvirus 6 (HHV-6), Enteroviren, Masern- und Rötelnvirus, Parvovirus B19, Gelbfieber- und Denguevirus.

Der Untergang von Hepatozyten kann über **vielfältige Mechanismen** mediiert werden:

- Inhibition mitochondrialer Funktionen durch Medikamente
- Bildung zytotoxischer Metaboliten mit lobulärer Nekrose (Paracetamol)
- zytotoxische T-Zellen mit Zytokinausschüttung (Hepatitis B)
- Apoptose (Morbus Wilson)
- Hemmung der Proteinbiosynthese (Amanitatoxin)
- Ischämie und oxidativer Hepatozytenschaden (Rechtsherzinsuffizienz und Budd-Chiari-Syndrom)

Klinik

Das akute Leberversagen beginnt meist mit unspezifischen Symptomen wie Unwohlsein, Schwäche, Übelkeit und Völlegefühl, die begleitet werden von Zeichen der Leberinsuffizienz wie Ikterus und progredienter hepatischer Enzephalopathie (s. S. 866). Evtl. treten auch Blutungen (Hämatome, Nasenbluten) Infektionen oder ein dem hepatorenalen Syndrom ähnelndes akutes Nierenversagen auf (vgl. S. 310). Gerade beim hyperakuten Leberversagen ist das Hirnödem eine gefürchtete Komplikation, das zur plötzlichen transtentoriellen Herniation mit beidseitiger Mydriasis führen kann.

Generell gilt: je oligosymptomatischer der Krankheitsbeginn, desto wahrscheinlicher ist ein primäres akutes Leberversagen (im Gegensatz zur Begleithepatitis bei systemischer Virusinfektion, der Stauungsleber beim kardiogenen Schock oder der Leberinsuffizienz im Rahmen eines septischen Multiorganversagens).

Diagnostik

Im Rahmen der **Anamnese** ist eine Paracetamoleinnahme explizit zu erfragen! Auch Risikofaktoren für die Exazerbation einer bis dahin latenten viralen Hepatitis (Chemotherapeutika, Rituximab) sowie die Intoxikation mit anderen Medikamenten oder pflanzlichen Hepatotoxinen (Amanitatoxin o. a.) sind zu eruieren. Besteht eine Schwangerschaft? Gibt es Hinweise für eine kürzlich zurückliegende Hypoxämie im Rahmen eines Krampfanfalls oder kardiogenen Schocks?

Im Labor lässt sich das Ausmaß der **Leberfunktionsstörung** nachweisen. Bei akutem Leberversagen ist der INR ≥ 1,5, der Faktor V erniedrigt (wenn II < V, dann Vitamin-K-Mangel vermuten), Bilirubin erhöht, Laktat erhöht. Zu einem Abfall von Albumin und CHE kommt es erst mit zeitlicher Verzögerung. Auch Blutzucker- und Harnstoffwerte sind häufig erniedrigt. Die **Höhe der Aminotransferasen** kann ebenfalls Hinweise auf die Ursache geben:

>> 5 000 IU/l → V. a. ischämische Hepatitis, 2 500 IU/l → V. a. virale Hepatitis, < 2 000 IU/l → oft kryptogenes akutes Leberversagen oder Autoimmunhepatitis. Wichtig sind außerdem die Hepatitis-Serologie (HBsAg, HBV-DNA, anti-HAV-IgM, anti-HEV-IgM bzw. Serologie der Herpesviren, anti-HCV) und ein Differenzialblutbild (Leukämie? Lymphom?). Falls eine Autoimmunhepatitis vermutet wird, sind entsprechende Autoantikörper zu bestimmen (s. **Tab. 42.10**). Bei Verdacht auf Morbus Wilson kann eine augenärztliche Untersuchung hilfreich sein (s. S. 830).

Mithilfe der **(Doppler-)Sonografie** können eine Leberzirrhose und ein HCC ausgeschlossen werden. Außerdem können ein Budd-Chiari-Syndrom und eine Pfortaderthrombose so diagnostiziert werden.

Die transjuguläre oder laparoskopische Leberbiopsie ist nur bei unklarer Ätiologie, Verdacht auf eine Herpeshepatitis oder Verdacht auf eine Leukämie oder ein Lymphom indiziert. Eine Leberblindbiopsie wäre bei der komplexen Gerinnungsstörung eines akuten Leberversagens zu risikoreich.

Ein Anstieg des α-Fetoprotein (AFP) innerhalb der ersten 3 Tage nach Krankenhauseinweisung kann beim Paracetamol-induzierten Leberversagen eine Leberparenchymregeneration anzeigen und damit prognostisch hilfreich sein. Kranielle CT und invasive Hirndruckmessung können indiziert sein bei hohem Risisko (hohes Serum-Ammoniak) bzw. klinischen Zeichen eines Hirnödems und therapeutischer Relevanz (bevorstehende Lebertransplantation).

Therapie

> **!** **Bei einem Patienten mit akuter Leberinsuffizienz (i. e. INR > 1,5 und fehlenden Zeichen einer chronischen Lebererkrankung) sollte frühzeitig Kontakt mit einem Transplantationszentrum aufgenommen werden!**

Zunächst ist die Unterscheidung zwischen einem akutem und einem „akut-auf-chronischem" Leberversagen sowie die Klärung der Ätiologie wichtig, da dies prognoserelevant ist. Je nach **Ursache** erfolgt dann die **Therapie**, z. B.:

- Paracetamolintoxikation: N-Acetylcystein (sofort Bolus von 150 mg/kg KG in 200 ml Glukose 5 % über 15 min, dann weiter nach üblichem Schema) *Hinweis:* Die frühe Gabe von N-ACC ist wahrscheinlich bei allen Frühformen (Enzephalopathie Grad I – II) des akuten Leberversagens sinnvoll
- Knollenblätterpilzintoxikation: Silibinin, evtl. frühzeitig Aktivkohle
- schwangerschaftsassoziiertes ALF: frühzeitige Entbindung
- Hepatitis B: die frühzeitige Gabe eines Nukleosidanalogons (z. B. Tenofovir, Entecavir) ist wahrscheinlich sinnvoll

Außerdem sind immer **symptomatische (supportive) Maßnahmen** angezeigt.

- großzügige Gabe kristalloider Flüssigkeit, ggf. Noradrenalin und Hydrokortison, bei arterieller Volumendepletion
- keine routinemäßige Gerinnungssubstitution
- engmaschige Überwachung des Blutzuckers und ggf. Glukosesubstitution
- großzügige Indikation zur antibiotischen Prophylaxe (z. B. Ampicillin/Sulbactam)
- im Falle von Blutungen: Fresh Frozen Plasma, Antithrombin
- möglichst enterale Ernährung
- Bei HE Grad III – IV: tracheale Intubation

Extrakorporale Leberunterstützungsverfahren sind bislang ohne gesicherten Nutzen.

Prognose

Nur 40 % aller Patienten mit akutem Leberversagen überleben ohne Lebertransplantation. Die Prognose ist dabei ganz wesentlich abhängig von der Ätiologie (**Tab. 42.22**) und dem Schweregrad der hepatischen Enzephalopathie. Generell gilt, dass die Prognose umso besser ist, je kürzer das zeitliche Intervall zwischen Beginn des Ikterus und Beginn der Enzephalopathie ist. Prädiktoren der Notwendigkeit einer Le-

Tab. 42.22 Transplantatfreies Überleben beim akuten Leberversagen in Abhängigkeit von der Ätiologie

Ursachen	Anteil der überlebenden Patienten ohne Transplantation
Paracetamolintoxikation	70 %
Hepatitis A	60 %
Schwangerschaftsassoziierte Hepatopathie	50 %
akute Hepatitis B	40 %
Autoimmunhepatitis	20 %
unklares akutes Leberversagen	18 %

bertransplantation sind u.a. steigendes Laktat, hohes Bilirubin, anhaltend hohe INR, zusätzliches Nierenversagen und (bei der Paracetamolintoxikation) fehlender Anstieg des α-Fetoproteins.

42.14 Leberzirrhose und ihre Komplikationen

42.14.1 Leberzirrhose

engl.: liver cirrhosis

Definition. Als Leberzirrhose bezeichnet man eine diffuse Hepatozytennekrose mit Zerstörung der Leberparenchymarchitektur und Ausbildung von Regeneratknoten sowie portoportalen Bindegewebssepten.

> **!** Die Leberzirrhose ist die gemeinsame Endstrecke unterschiedlichster Lebererkrankungen und stellt eine Präkanzerose dar.

Epidemiologie und Ätiopathogenese

Die Prävalenz der Leberzirrhose in der Gesamtbevölkerung beträgt etwa 4 – 10 %. Schätzungsweise 400 000 Patienten mit Leberzirrhose leben in Deutschland, wovon jährlich 20 000 an den Folgen der Erkrankung versterben. Die Ursachenverteilung zeigt Tab. 42.23. Bemerkenswert ist die zunehmende Zahl von Leberzirrhosen, die mit einer Steatosis hepatis assoziiert sind (derzeit etwa 0,3 % in der Gesamtbevölkerung). Trotz intensiver Diagnostik bleibt die Ursache in etwa 10 % der Fälle unklar („kryptogene Leberzirrhose").

Die genannten Erkrankungen führen über verschiedene Mechanismen (Gallensäuren, Zytokine, zytotoxische T-Zellen, Radikalbildung) zum Hepatozytenuntergang via immunologisch vermittelter Zytolyse, Apoptose oder toxischer Koagulationsnekrose. Im Rahmen von Regenerationsprozessen wird daraufhin kollagenreiche, extrazelluläre Matrix produziert, die aber nur unvollständig degradiert wird. So kommt es zur **Ausbildung von Bindegewebssepten mit Zerstörung der Läppchenstruktur** und sekundär zur Entstehung von Regeneratknoten. Dies bedingt die u.g. Komplikationen.

Klinik

Einen Überblick über die häufig unspezifische Klinik gibt Tab. 42.24.

Diagnostik

Neben der Frage nach typischen Symptomen (s. Tab. 42.24) ist auch nach der Menge des wöchentlichen Alkoholkonsums sowie nach Risikofaktoren für eine virale Hepatitis zu fragen. Auch die Medikamentenanamnese ist wichtig, ebenso eine Blutungsneigung sowie die Farbe von Urin und Stuhl. Direktes Erfragen der beruflich und privat noch zu

Tab. 42.23 Ursachen der Leberzirrhose

Ursachen		Anteil in Westeuropa
viral	Hepatitis B, Hepatitis C, Hepatitis D	ca. 10 – 15 %
toxisch	Alkohol (s. S. 836)	ca. 60 – 70 %
autoimmun	Autoimmunhepatitis, primär biliäre Zirrhose, primär sklerosierende Cholangitis	bis zu 15/100 000 Einwohner
bakteriell/hypoxisch	sekundär biliäre Zirrhose nach rezidivierender Cholangitis oder Hypoxie	Selten
metabolisch*	genetische Hämochromatose, Morbus Wilson, α_1-Antitrypsin-Mangelsyndrom	bis zu 100 pro 100 000 Einwohner
	Steatosis hepatis und nichtalkoholische Steatohepatitis (NASH)	Prävalenz der Fettleber-assoziierten Leberzirrhose 0,3 %
vaskulär	chronische Herzinsuffizienz, chronisches Budd-Chiari-Syndrom	selten

** Dies sind die genetisch bedingten metabolischen Lebererkrankungen im Erwachsenenalter. Zahlreiche hier nicht genannte genetisch bedingte Lebererkrankungen führen zur Lebertransplantation bereits im Kindesalter.*

Tab. 42.24 Beschwerden bei Leberzirrhose

Symptom	Häufigkeit in %
Abgeschlagenheit, Leistungsminderung	60–80
Dyspepsie, Meteorismus	50–70
Splenomegalie	50–75
Müdigkeit, Schlafstörungen, Reizbarkeit	50
Libidoverlust	25–70
Anorexie, Gewichtsverlust	30–40
Blutungsneigung	10–20
Ikterus, Juckreiz, Aszites, Ödeme	Spätzeichen

bewältigenden körperlichen Leistungsfähigkeit ist unabdingbar, um zu eruieren, ob der Patient für belastende Therapieoptionen (z. B. eine Lebertransplantation) geeignet ist.

Bei der klinischen Untersuchung ist auf **Leberhautzeichen** (s. Tab. 41.1) zu achten. Hierzu zählen Spider naevi, Gynäkomastie, Kratzspuren (Pruritus bei Cholestase), portosystemische venöse Kollateralen im Bereich der Bauchwand, Bauchglatze, Palmarerythem, Dupuytren-Kontraktur (Alkoholzirrhose) und Xanthelasmen (primär biliäre Zirrhose). Die **Palpation der Leber** ergibt initial oft eine Hepatomegalie, später ist eine Hypotrophie v. a. des rechten Leberlappens sowie eine höckrige Organoberfläche nachweisbar.

Zu achten ist weiterhin auf den **Ernährungszustand und den Volumenstatus**: Körpergewicht, Hypotrophie der Muskulatur, Zahnstatus, Feuchte der Mundschleimhaut, Hautturgor, Ödeme an Rumpf und Extremitäten, Aszites, hepatischer Hydrothorax, Halsvenen, arterielle Hypotonie.

Aszites, portosystemische venöse Kollateralen im Bereich der Bauchwand und Splenomegalie deuten auf **portale Hypertension** hin (s. S. 860). Dyspnoe, Tachypnoe und abgeschwächter pleuraler Klopfschall deuten auf einen hepatischen Hydrothorax hin; Trommelschlegelfinger können Ausdruck eines hepatopulmonalen Syndroms oder einer portopulmonalen Hypertonie sein. Weitere diagnostische Maßnahmen fasst **Tab. 42.25** zusammen.

Tab. 42.25 Diagnostik bei Leberzirrhose

Diagnostik	Bewertung, Indikationen
Prüfen der Leberzellfunktion und Suche nach entzündlicher Aktivität	• Synthese: Albumin, Quickwert, Pseudocholinesterase, Faktor V • Entgiftung: Ammoniak, Bilirubin • Speicher: Blutzucker, Vitamine, Zink • Infektabwehr: Laktat, CRP, Interleukin-6 • Aminotransferasen (häufig AST > ALT), GLDH erhöht • isoliert erhöhte γ-GT: Verfettung oder anhaltende Toxizität
Aufdeckung der Ätiologie	• Alkohol: Ethanol, MCV, IgA, CDT • virale Hepatitis: HBsAg, anti-HBc, anti-HBs, anti-HDV, anti-HCV • nichtalkoholische Fettleber: Glukose, Lipidelektrophorese • Autoimmunhepatitis: ANA, LKM, SMA, SLA, Serumelektrophorese, Leberbiopsie • genetische Hämochromatose: Eisen erhöht, Transferrinsättigung > 60 %, Ferritin > 300 µg/l, Genotypisierung, Leberbiopsie mit quantitativer Eisenbestimmung • primär biliäre Zirrhosee: AP und γ-GT erhöht, AMA (Subtyp Anti-$_{M2}$) • primär sklerosierende Cholangitis: p-ANCA, AP und γ-GT erhöht, MRCP oder ERCP • Morbus Wilson: Serum (Cu^{2+} erniedrigt, Coeruloplasmin erniedrigt); Urin (Cu^{2+} erhöht) • α_1-Antitrypsin-Mangel: α_1-Antitrypsin erniedrigt in der Serumelektrophorese, Leberbiopsie, α_1-Antitrypsin-Phänotyp

Fortsetzung ▸

Tab. 42.25 Fortsetzung

Diagnostik	Bewertung, Indikationen
Aufdeckung von Komplikationen	• gastrointestinale Blutung: Hb, Harnstoff, Ammoniak • GFR und Cystatin C: Niereninsuffizienz • spontan-bakterielle Peritonitis: CRP und Procalcitonin erhöht • hepatozelluläres Karzinom: α-Fetoprotein (AFP) erhöht • hepatopulmonales Syndrom: pO_2 niedrig, $AaDO_2$ > 15 mmHg*, KM-Echokardiografie mit Rechts-links-Shunt • portopulmonale Hypertonie: mittlerer PAP** > 25 mmHg in der Echokardiografie
Sonografie (niedrige Sensitivität, aber hohe Spezifität)	• fein- oder grobnoduläre Leberparenchymoberfläche • fehlende Impression des Parenchyms bei Fingerpalpation • inhomogenes Parenchymmuster • Lebervenen mit peripherer Rarefizierung, Kaliberschwankungen und nicht gestrecktem Verlauf • verbreiterte periportale Reflexe und portale Kalibersprünge • Zeichen portaler Hypertension: Rekanalisierung der Umbilikalvene, (Cruveilhier-Baumgarten-Syndrom), Dilatation der V. portae auf > 14 mm, portokavale Anastomosen, Splenomegalie, fehlende Komprimierbarkeit der V. lienalis • Lebervenen offen (Budd-Chiari-Syndrom)?, Raumforderungen (Regeneratknoten versus hepatozelluläres Karzinom)? • Asziteslokalisationen: zwischen den Dünndarmschlingen, Flankenregion, Bursa omentalis, Douglasraum, Morison-Grube, splenorenale Pouch • hepatischer Hydrothorax? • Suche nach Infektfokus bei septischer Kreislauflage
Leberbiopsie	• perkutan, transjugulär oder laparoskopisch • Retikulinpräparation ist Goldstandard in der Zirrhosediagnostik
Ösophagogastroduodenoskopie	• bei oberer gastrointestinaler Blutung dringlich nach Stabilisierung der Vitalfunktionen, ansonsten im Intervall zur Früherkennung von Varizen
diagnostische Aszitespunktion	• immer bei Infektionszeichen oder arterieller Hypotonie, keine Substitution der Gerinnungsfaktoren notwendig, soweit keine hämorrhagische Diathese bekannt • immer B-Bild-Sonografie mit einem 3,5 MHz-Sektorschallkopf und orientierende Farbdopplersonografie (bei „blinder" Punktion könnten Schwangerschaft, Ovarialzysten, Hydronephrose, innere Umgehungskreisläufe oder eine Splenomegalie übersehen werden) • Punktion im linken oder rechten unteren Quadranten (etwa 5 cm oberhalb und medial der Spina anterior superior) oder seltener 2 cm unterhalb des Nabels in der Linea alba • visuelle Beurteilung (rötlicher Aszites bei 50 % aller hepatozellulären Karzinome) • Bestimmung von Zellzahl, Granulozyten, Albumin, Glukose, LDH, Lipase, Triglyzeride sowie ggf. Gramfärbung und Zytologie (Sensitivität für Malignität bis zu 75 %)

Fortsetzung ►

Tab. 42.25 Fortsetzung

Diagnostik	Bewertung, Indikationen
zerebrale CT	• indiziert bei neurologischen Herdzeichen und schwerer Vigilanzminderung zum Ausschluss einer intrazerebralen Blutung
kontrastmittelverstärkte Echokardiografie, Rechtsherzkatheter, AaDO2	• Diagnostik für HPS*** und PPHTN****
Instrumente der Schweregradeinteilung	• klinische Untersuchung • Child-Pugh-Klassifikation (**Tab. 42.26**) • MELD-Score (INR, Bilirubin und Kreatinin, Berechnungsprogramm unter http://www.unos.org oder http://www.labor-limbach.de)

** $AaDO_2$ = alveolär-arterielle Sauerstoffdifferenz; ** PAP = pulmonal artery pressure; *** HPS = hepatopulmonales Syndrom; **** PPHTN = portopulmonary hypertension*

Tab. 42.26 Child-Pugh-Klassifikation der Leberzirrhose

Parameter	1 Punkt	2 Punkte	3 Punkte
Aszites	keiner	wenig	moderat
Enzephalopathie	keine	I – II	III – IV
Serum-Bilirubin in mg/dl (µmol/l)	< 2 (36)	2 – 3 (36 – 54)	> 3 (54)
bei primär biliärer Zirrhose	< 4 (72)	4 – 10 (72 – 180)	> 10 (180)
Quick (%)	> 70	40–70	< 40
Albumin im Serum (g/dl)	> 3,5	2,8 – 3,5	< 2,8

Auswertung: ≤ 6 Punkte: Stadium A; 7 – 9 Punkte: Stadium B; 10 – 15 Punkte: Stadium C

Tab. 42.27 Überleben bei chronischer Lebererkrankung in Abhängigkeit vom Child-Stadium (nach Christensen)

Child-Stadium	nach 1 Jahr (%)	nach 5 Jahren (%)	nach 10 Jahren (%)
A	84	44	27
B	62	20	10
C	42	21	0

Therapie

Die Therapie der Leberzirrhose besteht einerseits in der **Begrenzung hepatotoxischer Noxen** (Alkohol, Medikamente, Impfung gegen Hepatitis A und B, antivirale Therapie im Fall von Hepatitis B und C) und andererseits in der **Früherkennung und Therapie** der Komplikationen. Ab dem Stadium Child B sollte eine Vorstellung in einem hepatologischen Zentrum hinsichtlich einer Lebertransplantation erfolgen, wenn der Patient hierfür geeignet erscheint (biologisches Alter? Alkoholabstinenz? s. S. 868). Vor allem bei Aufnahme dekompensierter, bereits zur Transplantation gelisteter Patienten ist eine frühe Kontaktaufnahme mit dem Transplantationszentrum wichtig, da nur so eine Beschleunigung der Organallokation erfolgen kann.

Prognose

Die Komplikationen bestimmen das Überleben des Patienten. Seit langem wird daher der Child-Pugh- und in letzter Zeit auch der MELD-Score zur Beurteilung der Überlebenswahrscheinlichkeit eingesetzt (**Tab. 42.27**).

Die häufigsten Todesursachen von Patienten mit Leberzirrhose sind das Leberzellversagen (34%), die zerebrale Funktionsstörung (22%), die gastrointestinale Blutung (14%), das hepatozelluläre Karzinom (13%) und infektiöse Komplikationen (10%). Die Aufnahme auf einer Intensivstation ist mit einer Hospitalletalität von > 70% assoziiert.

42.14.2 Komplikationen der Leberzirrhose

Leberzellinsuffizienz und Malnutrition

Pathophysiologie

Störungen des Aminosäurenstoffwechsels: Bei der Leberzirrhose sind im peripheren Blut aromatische Aminosäuren (z. B. Tyrosin) erhöht und verzweigtkettige (z. B. Valin, Leucin) erniedrigt. Die Ursache für diese Veränderungen sind multifaktoriell (Enzymverschiebungen, Ernährung u. a.) und noch nicht abschließend geklärt. Die Bedeutung dieser Verschiebungen liegt in der Begünstigung der Entstehung einer hepatischen Enzephalopathie (vgl. S. 866).

Störungen des Eiweißstoffwechsels: Da die Leber der wichtigste Eiweißproduzent ist, kommt es bei der fortgeschrittenen Leberzirrhose zur herabgesetzten Proteinsynthese. Die Folge ist eine Abnahme der Gerinnungsfaktoren mit erhöhter Blutungsneigung (Quick-Test und Konzentration der Gerinnungsfaktoren erniedrigt). Die Beeinträchtigung des Eiweißstoffwechsels äußert sich auch in der Entstehung von Ödemen und Aszites (Albumin im Serum erniedrigt), wenngleich hier verschiedene pathophysiologische Faktoren eine Rolle spielen.

Störungen des Kohlenhydratstoffwechsels: Die im Rahmen der Leberzirrhose nicht selten zu beobachtende diabetische Stoffwechsellage ist gekennzeichnet durch eine periphere Insulinresistenz mit Down-Regulation des Insulinrezeptors, kompensatorischer Insulinhypersekretion und verminderter hepatischer Insulinmetabolisierung. Dies kann verstärkt werden durch die pankreatische Siderose bei Hämochromatose oder eine chronische Pankreatitis bei andauerndem Alkoholabusus. Erst im Endstadium beobachtet man Hypoglykämien bei unzureichender Glukoneogenese.

Störungen des Gallensäurestoffwechsels: Die Gallensäurekonzentration im peripheren Blut ist durch eine geringere Aufnahme in der Leber bei portosystemischen Shunts und verringerter Leberzellmasse erhöht. Dennoch ist der Gallensäurepool aufgrund der verminderten Cholsäureproduktion erniedrigt.

Störungen des Knochenstoffwechsels: Durch eine verminderte Resorption fettlöslicher Vitamine (Vitamin D) wird eine Osteoporose begünstigt (s. S. 826).

Störungen des Gerinnungssystems: Die im Rahmen der Fibrinolyse anfallenden Fibrinogenspaltprodukte behindern die ohnehin eingeschränkte humorale Gerinnung.

Ernährungstherapie

Patienten in ausreichendem Allgemeinzustand erhalten je nach Nutritionsstatus eine hochkalorische, vorzugsweise ovolaktovegetabile Kost mit normalem Proteinanteil.

Patienten in reduziertem Allgemeinzustand sollten enteral mittels Trinknahrung oder Sondenkost (gastrale, duodenale oder perkutane Sonde) supplementiert werden. Mittelfristiges Ziel ist eine normokalorische Ernährung mit einer Proteinzufuhr von 1,5 g/kg/Tag (z. B. Fresubin HP energy® [1,5 kcal/ml] oder – bei Enzephalopathie – Fresubin Hepa® [1,3 kcal/ml – jedoch kein sicherer Vorteil für verzweigtkettige Aminosäuren]).

Eine vollkalorische parenterale Ernährung ist wegen der Gefahr der Leberverfettung in den ersten 10 Tagen nicht indiziert. Es gilt: immer so viel enterale Ernährung wie möglich. Ist eine **parenterale Ernährung** nötig, ist auf folgende Details zu achten:

- Anteil Protein/Aminosäuren 0,8 – 1,5 g/kgKG (bei Enzephalopathie evtl. Aminoplasmal-Hepa® 10%); nicht aus Protein stammende Energie anfangs 10 kcal/kg/d, später bis 30 kcal/kg/d; bis zu 50% der Energie als Fett zuführen
- täglich substituieren: wasserlösliche (z. B. 1 Ampulle Soluvit®) und fettlösliche (z. B. 1 Ampulle Vitalipid®) Vitamine sowie Spurenelemente (z. B. 1 Ampulle Addel N®)
- vor allem bei Alkoholabusus: Zink 6 mg/Tag, Folsäure 5 mg/Tag, Thiamin 100 – 300 mg/Tag
- Vitamin K nach INR

Portale Hypertension und Varizenblutung

→ vgl. S. 720 ff.

Definition. Die portale Hypertension ist definiert als Lebervenenverschlussdruck > 6 mmHg. Sie kann zur Ausbildung ösophagealer und/oder im Magenfundus

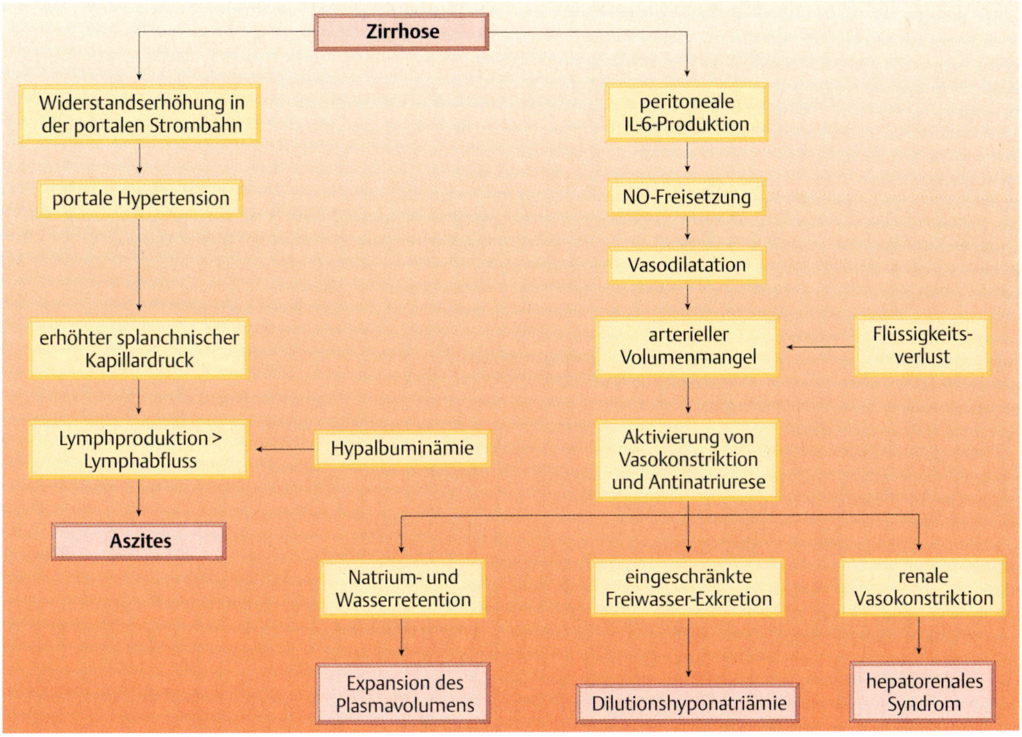

Abb. 42.31 Pathophysiologie von portaler Hypertension, Aszites und hepatorenalem Syndrom. (modifiziert nach Gines 2007)

lokalisierter variköser portosystemischer venöser Kollateralgefäße führen.

Pathophysiologie und Epidemiologie. Unterschieden werden die prähepatische (10%, z. B. Pfortaderthrombose), intrahepatische (80%, Leberzirrhose, Veno-occlusive disease) und posthepatische (10%, Budd-Chiari-Syndrom) portale Hypertension (**Abb. 42.31**). Pathogenetisch bedeutsam ist einerseits der erhöhte portalvenöse Blutfluss durch intraperitoneale Interleukin-6- und NO-Produktion, andererseits der erhöhte hepatische portalvenöse Widerstand durch Hepatozytenschwellung. Folge ist die Ausbildung von portosystemischen Kollateralgefäßen (Ösophagus- und Magenfundusvarizen) mit Shunting von Blut in die systemische Zirkulation.
Die Prävalenz von Ösophagusvarizen beträgt 30% bei kompensierter und 60% bei dekompensierter Leberzirrhose.

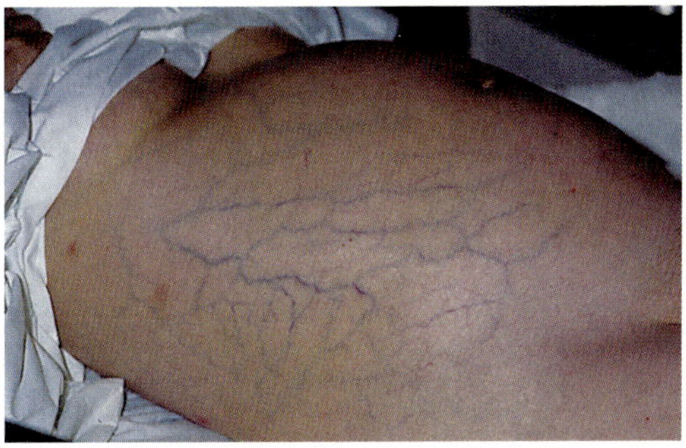

Abb. 42.32 Caput medusae. Über die wiedereröffnete Nabelvene kommt es zu periumbilikal dilatierten Hautvenen (aus Füeßl, Middeke, Duale Reihe Anamnese und klinische Untersuchung, Thieme).

Klinik der Varizenblutung. Körperliche Schwäche, Übelkeit, Hämatemesis (Bluterbrechen) und/oder Meläna (Teerstuhl), arterielle Hypotonie bis zum Schock.

Diagnostik. Bei Verdacht auf portale Hypertension ohne Blutungszeichen: Sonografie (s. **Tab. 42.25**), Ösophago-Gastro-Duodenoskopie (ÖGD) und eventuell (selten praktiziert) Sicherung der Diagnose mittels Lebervenenverschlussdruckmessung.

Bei akuter Varizenblutung:

- kontinuierliches Monitoring von EKG, RR und O_2-Sättigung
- Blutbild (Hb und Hk können anfangs noch normal sein), Blutgruppe, Kreuzblut, INR, PTT; ggf. auch Faktoren II, V, VII, XIII
- ÖGD nach Stabilisierung der Vitalfunktionen (vgl. S. 688)

Therapie der akuten Varizenblutung. Der Therapieablauf bei akuter Varizenblutung ist in **Abb. 42.33** zusammengefasst. Den endoskopischen Aspekt bei

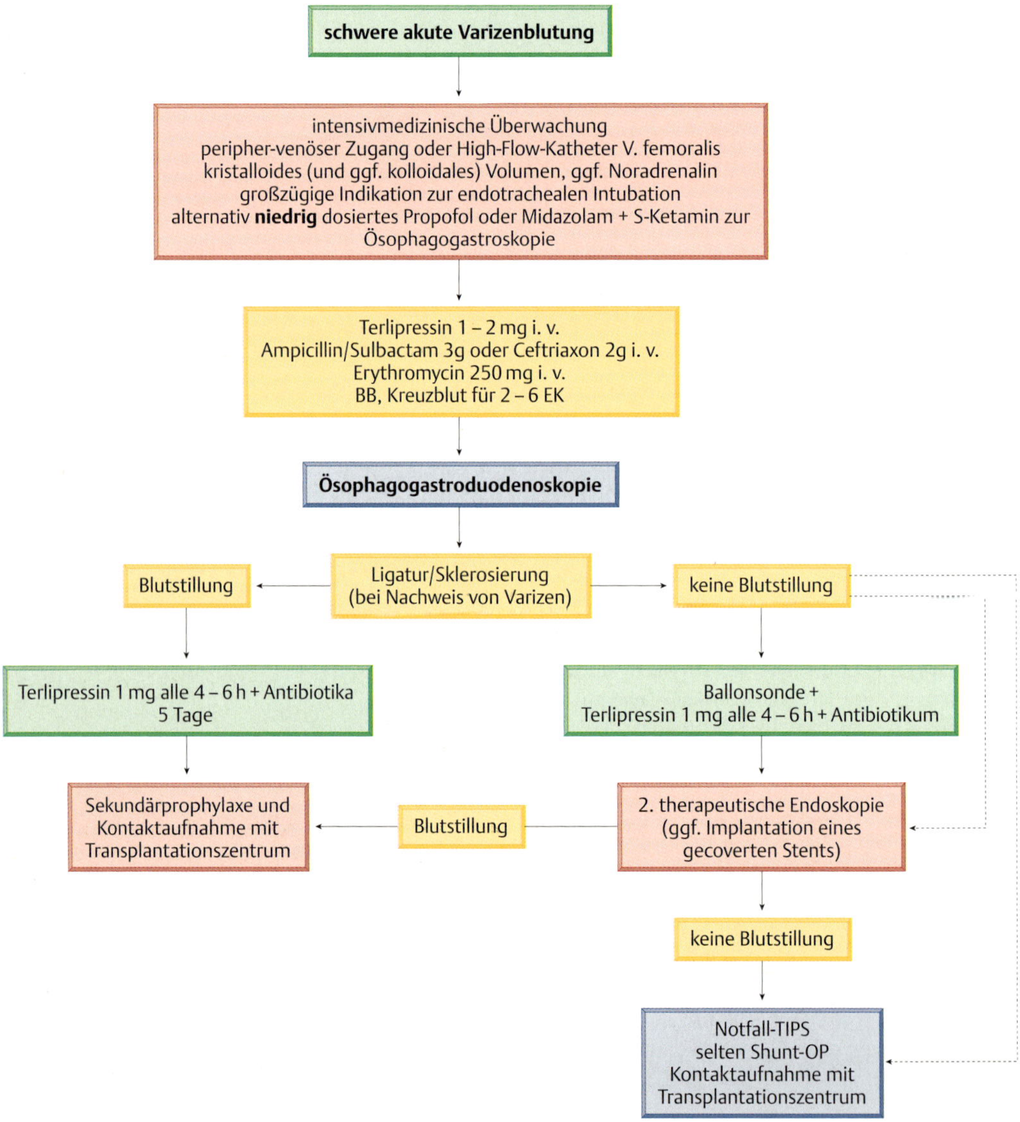

Abb. 42.33 **Therapie bei schwerer akuter Varizenblutung.**

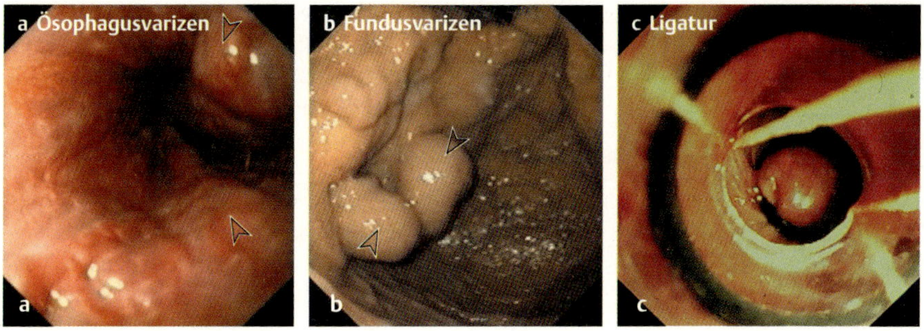

Abb. 42.34 Varizen bei portaler Hypertension. a Endoskopischer Befund von Ösophagusvarizen (Grad 2) und **b** von Fundusvarizen vor Therapie (Pfeile). **c** Anlegen einer Ligatur der Ösophagusvarizen über das Endoskop.

Varizenligatur zeigt Abb. 42.34. Die Klinikletalität der Varizenblutung beträgt 10 – 15 %.

Primärprophylaxe. Ziel der Primärprophylaxe ist die Senkung des portalen Drucks um 20 % bzw. unter einen Schwellenwert von 12 mmHg, was unter der u. g. Prophylaxe bei etwa der Hälfte der Patienten erreicht wird. Alle Patienten mit Leberzirrhose sollen eine Ösophagogastroduodenoskopie erhalten, welche auch bei unauffälligem Befund alle 2 – 3 Jahre wiederholt werden sollte. Bei erhöhtem Blutungsrisiko (= Ösophagusvarizen > 5 mm Durchmesser) wird ein **Betablocker** verabreicht, entweder Propranolol oder Carvedilol. Die Dosis wird schrittweise gesteigert, bis die Herzfrequenz um 25 % bzw. auf 55/min abfällt. Darunter kann das Risiko, innerhalb der nächsten zwei Jahre eine Blutung zu erleiden, von 40 auf 20 % reduziert werden. Bei Unverträglichkeit des Betablockers erfolgt die **endoskopische Ligatur**, die prognostisch zumindest ebenbürtig ist.

Sekundärprophylaxe. Nach der ersten Blutung tritt mit 70 %iger Wahrscheinlichkeit eine Rezidivblutung innerhalb von zwei Jahren mit einer Letalität von etwa 30 % auf. Nichtselektive Betablocker reduzieren das Risiko einer Rezidivblutung um etwa 20 %. Die Kombination mit Nitraten ist derzeit nicht Standard. Die beste Maßnahme zur Sekundärprophylaxe besteht in der **vollständigen Ligatur aller Varizenstränge** bei gleichzeitiger Gabe eines Betablockers. Bei Patienten im Stadium Child A/B ist nach wiederholter Rezidivblutung die Anlage eines sog. **TIPS** (Abb. 42.35) zu erwägen.

Aszites und spontan bakterielle Peritonitis

engl.: ascites, spontaneous bacterial peritonitis

Definition. Aszites: seröse, freie Flüssigkeit in der Bauchhöhle.
Spontan bakterielle Peritonitis (SBP): bakterielle Peritonitis auf dem Boden von Aszites.

Ätiopathogenese

Die portale Hypertension im Rahmen einer Leberzirrhose stellt mit 80 % die häufigste Ursache von Aszites dar. Weitere Aszitesursachen sind Neoplasien (10 %, häufig Peritonealkarzinose, aber auch Lymphome), Herzinsuffizienz (3 %) und Entzündungsprozesse (Appendizitis, Divertikulitis, Tuberkulose, akute Pankreatitis).
Geringe Mengen freier Flüssigkeit sind bei der Frau im Rahmen des menstruellen Zyklus normal.
Notwendige Faktoren für die Aszitesbildung sind ein erhöhter sinusoidaler Strömungswiderstand und eine **Hypalbuminämie**. Die bei Leberzirrhose verstärkte peritoneale Produktion von Interleukin 6 und anderer Zytokine führt über die Freisetzung von Stickstoffmonoxid zur peripheren arteriellen Vasodilatation. Dieser entscheidende pathophysiologische Schritt führt in der Folge zu Kompensationsversuchen:

1. gesteigerte Vasopressinsekretion mit Hyponatriämie
2. Aktivierung des Renin-Angiotensin-Systems (RAAS)
3. adrenerge Stimulation

Hierunter wird zwar eine hämodynamische Kompensation erreicht, allerdings um den Preis eines

J

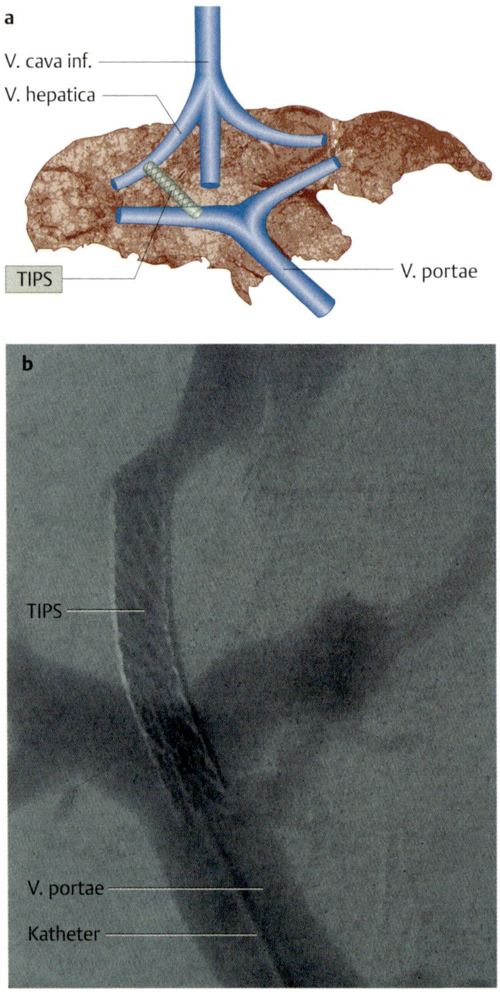

Abb. 42.35 Transjugulärer intrahepatischer portosystemischer Stent-Shunt (TIPS). a Ein Maschendraht-Stent stellt in der zirrhotischen Leber einen Kurzschluss zwischen rechter Lebervene und rechtem Portalast her. **b** Auf der Röntgenaufnahme ist zu erkennen, wie das über einen Katheter in den Pfortaderast eingebrachte Kontrastmittel über den Stent in die Lebervene abfließt.

erhöhten splanchnischen Blutflusses mit der Folge Aszites.

Bei etwa 10–30% der Patienten mit Aszites kommt es zur spontanen bakteriellen Peritonitis (SBP) durch Translokation von Bakterien aus dem intestinalen Lumen in die Lymphknotenstationen und nachfolgender Bakteriämie mit Infektion des Aszites. Am häufigsten lassen sich fakultativ aerobe, gramnegative (v. a. E. coli) und Enterococcus ssp. isolieren. In etwa 30% kommt es zur Ausbildung eines hepatorenalen Syndroms mit hoher Mortalität. Die Rezidivrate der SBP beträgt 70% innerhalb des ersten Jahres.

Klinik

Typisch ist die Zunahme des Bauchumfangs mit vorgewölbtem Abdomen, im Liegen ausladenden Flanken und ggf. verstrichenem Nabel (evtl. Nabelhernie). Bei der Palpation ist eine verschiebliche Dämpfung auffallend („shifting dullness"). Bei Zwerchfellhochstand und/oder hepatischem Hydrothorax kann zudem eine Dyspnoe bestehen. Abgeschlagenheit, Fieber, Druck- oder Loslassschmerz müssen immer an eine spontan bakterielle Peritonitis denken lassen.

Diagnostik

Am Anfang steht die klinische Untersuchung mit sorgfältiger Beurteilung des **Volumenstatus** (Schleimhäute, Haut, Herzfrequenz, Blutdruck).

Die **Sonografie** ist diagnostisches Mittel der 1. Wahl und trägt wesentlich zur ätiologischen Einordnung des Aszites bei. Mit hochauflösendem 7,5-MHz-Schallkopf sind bereits 10 ml Flüssigkeit erkennbar.

Bei der **Blutuntersuchung** ist vor allem zu achten auf: BB, INR, AST, CHE, Protein, Albumin, Lipase, Kreatinin, Na^+, K^+, CRP (und ggf. Procalcitonin).

Nach diagnostischer Punktion unter Sonografiekontrolle wird der **Aszites** untersucht im Hinblick auf: Zellzahl, Protein, Cholesterin, Lipase, LDH, Zytologie, Bakteriologie. Bei der Beurteilung ist auf folgende Punkte zu achten:

- hämorrhagisch: Karzinom, Pankreatitis, Tbc, Trauma
- chylös: Verlegung des Ductus thoracicus durch Lymphom, Leukämie, Metastasen
- Differenz Serum-Albumin minus Aszites-Albumin = Serum-Aszites-Albumingradient (SAAG): die Höhe der Differenz korreliert mit dem portalen Druck
- Bestimmung der Zell- und Granulozytenzahl im Aszites: > 250 neutrophile Granulozyten → bakterielle Infektion
- Bakteriologie: Sensitivität der Gramfärbung 10%, Sensitivität der Asziteskultur 85%
- Lymphozytose: häufig bei peritonealer Tuberkulose nachweisbar
- Aszites-Amylase > Serum-Amylase: häufig bei Pankreaskarzinom

- allgemeine Hinweise auf einen malignen Aszites: Nachweis von Tumorzellen, LDH > 200 IE/l, Cholesterin > 45 mg/dl, Albumingradient > 1,1 g/dl

Therapie

Tritt aufgrund einer portalen Hypertension ein ausgeprägter Aszites auf, wird die intravasale Volumendepletion häufig unterschätzt. Unter einer forcierten diuretischen Therapie mit dem Ziel der Aszitesreduktion verschlechtert sich häufig die renale Situation. Meist ist daher initial eine großzügige Gabe kristalloider Flüssigkeit (+ Albumin) bei gleichzeitiger Parazentese angezeigt.

Die Basismaßnahmen Natriumrestriktion, Flüssigkeitsrestriktion und Diuretika kommen zum Einsatz, wenn kein ausgeprägtes intravasales Volumendefizit besteht.

- **Diät:** Natrium-Restriktion auf 1 – 2 g/d (Erfolgsrate 15 %).
- **Flüssigkeitsrestriktion** auf 1 500 ml/d, bei Natrium < 130 mmol/l auf 1 000 ml/d.
- **Diuretika** (angestrebter Gewichtsverlust 500 g/d; Erfolgsrate ca. 85 %):
  - Spironolacton (Aldactone® 100 – 400 mg/d): volle Wirkung erst nach 3 Tagen!
    NW: Gynäkomastie, Hyperkaliämie
    KI: Hyperkaliämie, schwere Hyponatriämie, Niereninsuffizienz, akutes Nierenversagen, Anurie
  - Xipamid (Aquaphor® 10 – 40 mg/d), Furosemid (Lasix® 40 mg/d) oder Torasemid (Torem® 10 mg/d):
    NW: Hypokaliämie, Rebound-Effekt
    KI: Coma hepaticum, Hypokaliämie, Sulfonamidallergie, Hyperurikämie
- **Therapeutische Parazentese:**
  Indikation: Schmerzen durch gepannte Bauchdecke, Dyspnoe bei hepatischem Hydrothorax, Diuretikaresistenz
  Durchführung: 4 – 6 l Aszites ableiten und ersetzen mit Albumin (6 – 8 g/l Aszites)
- **Transjugulärer intrahepatischer portosystemischer Shunt (TIPS)** (s. Abb. 42.35)
  Indikation: rezidivierende Varizenblutung, hochfrequente Parazentesen, ggf. auch zeitverzögert nach spontaner bakterieller Peritonitis und hepatorenalem Syndrom
  Kontraindikation: hepatische Enzephalopathie, organisierte V.-portae-Thrombose, Bilirubin > 3 mg/dl
  Keine sichere Verbesserung des LTx-freien Überlebens

Therapie der spontan bakteriellen Peritonitis.

- großvolumige Parazentese, ggf. Aszitesdrainage und kontinuierliche Spülung der Bauchhöhle mit NaCl
- Ceftriaxon (2 g i. v.) evtl. plus Metronidazol (3 × 500 mg i. v.) oder Ampicillin (3 × 3 g i. v.) plus Sulbactam (3 × 1 g i. v.)
- Albumin i. v. (1,5 g/kg KG initial und 1 g/kg KG nach 48 h)
- Aszitesmenge i. v. ersetzen und diuretische Therapie zunächst pausieren
- möglicherweise sinnvoll: antibiotische Langzeitprophylaxe (Chinolone oder Trimethoprim-Sulfamethoxazol)
- Lebertransplantation geeigneter Patienten im infektfreien Intervall

Abb. 42.36 veranschaulicht das Überleben von Patienten mit therapierefraktärem Aszites.

Hepatorenales Syndrom (HRS)

engl.: hepatorenal syndrome (HRS)

Definition. Funktionelle, prinzipiell reversible Niereninsuffizienz durch eine renale Vasokonstriktion bei fortgeschrittener Lebererkrankung, ohne dass andere Ursachen der Nierenfunktionseinschränkung vorliegen.

Ätiopathogenese. Bei 10 % der Patienten mit fortgeschrittener Zirrhose und Aszites folgt auf die Vasodilatation im arteriellen Stromgebiet mit Reduktion des effektiven Blutvolumens kompensatorisch eine so **ausgeprägte renale Vasokonstriktion**, dass es zum Nierenversagen im Sinne eines HRS kommt. Fast immer sind zur Entstehung eines HRS sog. „second hits", d. h. zusätzliche komplizierende Faktoren notwendig, wie z. B. die spontan bakterielle Peritonitis, Blutverlust oder Diarrhö. Beim HRS Typ 1 kommt es zum raschen Kreatininanstieg auf über 1,5 mg/dl innerhalb von 2 Wochen mit progredienter Oligurie (mittleres Überleben < 1 Monat), beim HRS Typ 2 beobachtet man einen nur moderaten Anstieg des Kreatinins.

Diagnostische Kriterien (nach International Club of Ascites 2007):

1. Leberzirrhose mit Aszites
2. Serum-Kreatinin > 1,5 mg/dl (133 µmol/l)
3. kein Abfall des Kreatinins (< 1,5 mg/dl) nach mindestens 48-stündiger Diuretikapause und Volumenrepletion mit Albumin (empfohlene Dosis 1 g/kg KG/Tag bis zu einer Maximaldosis von 100 g/Tag)

J

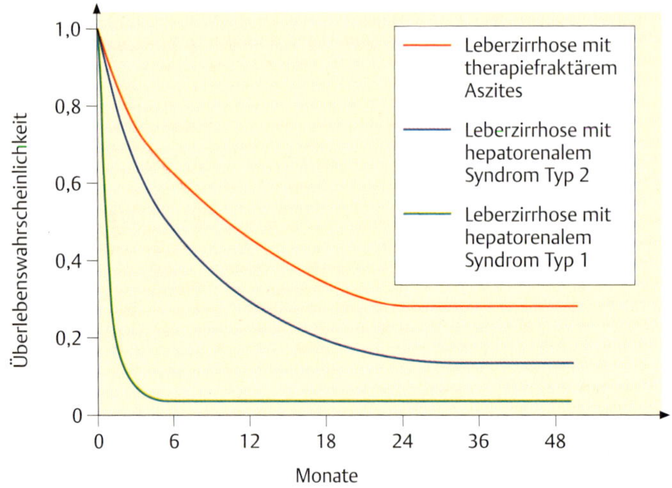

Abb. 42.36 Refraktärer Aszites und hepatorenales Syndrom verschlechtern das Überleben bei Patienten mit Leberzirrhose (nach Gines 2007).

4. Ausschluss eines Schocks
5. keine aktuelle oder zurückliegende Medikation mit nephrotoxischen Substanzen

Differenzialdiagnostisch muss eine Volumendepletion durch Diuretika, Sepsis, nephrotisches Syndrom, akute Tubulusnekrose und Obstruktion der ableitenden Harnwege ausgeschlossen werden.

Therapie. Wichtigste Maßnahme ist die ausreichende Volumenrepletion. Weiterhin werden bei arterieller Hypotonie Vasokonstriktoren verabreicht (Terlipressin 4 – 6 × 1 mg i. v., Noradrenalin 10 mg/50 ml, LR 2 – 5 ml/h), evtl. in Kombination mit Albumin. Diese Maßnahmen führen bei ca. 50 % der Patienten zu einer vorübergehenden Stabilisierung.
Hilfreich kann auch die TIPS-Anlage sein. Sie ist allerdings bei 30 % aller Patienten kontraindiziert aufgrund eines Bilirubins > 5 mg/dl oder Enzephalopathie > Grad II. In besonders schweren Fällen hilft nur noch eine Lebertransplantation. Eine überbrückende Nierenersatztherapie ist nur bei kurzfristiger LTx-Option sinnvoll.

Prognose. Trotz vielversprechender Ergebnisse beim Einsatz von Vasokonstriktoren plus Albumin ist die Prognose ohne Lebertransplantation ungünstig.

Hepatische Enzephalopathie (HE)

engl.: hepatic encephalopathy

Definition. Funktionsstörungen des zentralen Nervensystems im Gefolge schwerer oder fortgeschrittener Lebererkrankungen, die durch eine Reihe charakteristischer, jedoch nichtspezifischer neurologischer und psychiatrischer Auffälligkeiten gekennzeichnet sind. Diese Funktionsstörungen umfassen ein Spektrum von subklinischen Veränderungen bis hin zum Coma hepaticum.

Ätiopathogenese. Die Pathogenese der HE ist multifaktoriell. In 80 % der Fälle können einer oder mehrere der folgenden Faktoren im Vorfeld eruiert werden: diätetische Eiweißbelastung, gastrointestinale Blutung, Infektionen, Obstipation, Dehydratation, sedierende Medikamente, Hypokaliämie und Hypoxie. Nach wie vor gilt die **Hyperammonämie** als wichtigster pathogenetischer Faktor. Sie ist assoziiert mit Astrozytenschwellung, Radikalbildung, RNA-Oxidation und Hirnödem.

Klinik. Die Symptome umfassen Stimmungsschwankungen, Konzentrationsstörungen, Reaktionszeitverlängerung, Störungen des Schlaf-wach-Rhythmus, Veränderungen des Schriftbildes, Flapping-Tremor bis hin zu Somnolenz oder Bewusstseinsverlust. **Tab. 42.28** fasst die Stadieneinteilung der HE zusammen.

Diagnostik. Die Diagnose einer manifesten HE wird klinisch gestellt und bedarf für die Routine keiner technischen Hilfsmittel. Folgende Untersuchungen sind dennoch im Einzelfall sinnvoll:

Tab. 42.28 Stadien der hepatischen Enzephalopathie (HE)

Stadium	Klinik
miminale HE	keine augenfällige klinische Symptomatik, jedoch pathologische psychometrische Tests
1	Konzentrationsstörungen, Fehler bei einfachen Rechenaufgaben, Stimmungsschwankungen, Störungen des Schlaf-wach-Rhythmus
2	Desorientiertheit, Verwirrtheit, Schläfrigkeit, Rechnen unmöglich, Flapping Tremor
3	schläft meist, ist aber erweckbar
4	nicht erweckbar, Reaktion auf Schmerzreize aber evtl. noch erhalten

Tab. 42.29 Differenzialdiagnose der hepatischen Enzephalopathie

Erkrankung	Bedeutung	Kommentar
Benzodiazepinüberhang	+	Bestimmung der Metaboliten im Urin, (Fremd-)Anamnese
intrakranielle Blutung	++	CT, Pupillendifferenz
Hypo-/Hyperglykämie	++	Blutzuckerbestimmung
postiktale Somnolenz	++	beobachtete Krampfaktivität, Mydriasis, Zungenbiss, Urininkontinenz, Laktatanstieg, CK-Erhöhung, Prolaktinanstieg
Exsikkose	+++	Elektrolytverschiebungen, Hautturgor, Venenfüllung, zentraler Venendruck

- Glukosebestimmung: Ausschluss einer Hypoglykämie bei fortgeschrittener Leberinsuffizienz
- Ammoniakbestimmung: bei 10% aller HE unauffällig
- kraniale CT: immer beim komatösen Patienten zum Ausschluss einer intrakraniellen Blutung
- psychometrische Tests: zur Erkennung der sog. (minimalen) HE,
- Elektroenzephalografie: zur Erkennung der Differenzialdiagnose postiktale Vigilanzminderung oder Status epilepticus

Therapie. Zentral ist der Ausschluss und die Behandlung auslösender Faktoren.

Die symptomatische Therapie der **akuten HE** umfasst folgende Maßnahmen:

- Ornithin-Aspartat (z. B. 20 – 40 g/Tag i. v.) zur Senkung des Ammoniakspiegels
- Einlauf mit 1 – 2 l 20%iger Laktulose → Absenkung des Dickdarm-pH senkt $NH4^+$-Aufnahme, Hyperosmolalität wirkt propulsiv, Modifikation der Kolonflora (Verdrängung von Ureasebildnern)
- keine Besserung nach 48 h: Antibiotika (Paromomycin, Metronidazol, Rifaximin)
- Lebertransplantation

Bei Patienten mit **chronischer HE** sollte zusätzlich eine vollkalorische, ovolaktovegetabile Diät (möglichst mit normalem Proteinanteil) durchgeführt werden, ggf. Eiweißreduktion auf max. 50 – 70 g/Tag über einen begrenzten Zeitraum. Laktulose wird hier oral verabreicht (z. B. 3 × 10 – 40 ml p. o.), ebenso Ornithin-Aspartat (3 × 6 g Granulat p. o.). Bei nachgewiesener Proteinintoleranz können Supplemente mit verzweigtkettigen Aminosäuren (20 – 40 g/Tag p. o.) gegeben werden. Außerdem wird 150 mg Zinkacetat/Tag p. o. verabreicht, da viele Leberzirrhose-Patienten an einem Zinkmangel leiden und eine Assoziation zur HE diskutiert wird.

Hepatozelluläres Karzinom

Das hepatozelluläre Karzinom (HCC) ist eine prognostisch ungünstige Komplikation der Zirrhose. Bei jedem Patienten mit Leberzirrhose sollte alle 6 Monate eine Oberbauchsonografie und eine α-Fetoprotein-Bestimmung zur HCC-Früherkennung erfolgen. Die Details werden auf S. 844 ff. besprochen.

Hepatopulmonales Syndrom und portopulmonale Hypertonie

Das hepatopulmonale Syndrom (HPS) tritt bei bis zu 20% aller Patienten mit Leberzirrhose auf und ist durch eine arterielle Hypoxämie aufgrund pulmonaler Vasodilatation mit konsekutivem Rechts-links-Shunt gekennzeichnet. Klinisch imponieren Spider naevi und Trommelschlegelfinger. Therapeutisch ist neben dem TIPS im Anfangsstadium noch eine LTx möglich. Die portopulmonale Hypertonie (PPHTN) tritt bei 2 – 5% aller Leberzirrhosen auf. Die Genese ist unklar. Eine LTx ist bei ausgeprägter pulmonalarterieller Hypertonie meist kontraindiziert.

Tab. 42.30 Kontraindikationen für eine Lebertransplantation

Kontraindikationen:
• kompensierte Leberzirrhose (Child A) ohne Komplikationen
• extrahepatische Tumorerkrankung
• floride Sepsis
• fortgeschrittene kardiopulmonale Erkrankung
• fortbestehender Alkoholismus oder andere Substanzabhängigkeit
• anatomische Abnormalität mit Unmöglichkeit der LTx
• in den meisten Zentren auch: cholangiozelluläres Karzinom und HIV-Infektion

nach Second Consensus Conference, 1993

42.15 Lebertransplantation

→ auch „Grundlagen der Transplantationsimmunologie“, S. 1104 ff.

engl.: liver transplantation

Die Lebertransplantation (LTx) wird derzeit etwa 700-mal pro Jahr in Deutschland durchgeführt. Sie erfolgt als orthotope Implantation eines kompletten Spenderorgans oder als Implantation des erweiterten rechten Leberlappens (Segmente IV – VIII) im Rahmen einer Verstorbenen-Splitleber-Transplantation. Hier werden die verbleibenden Segmente II und III dann für eine pädiatrische LTx verwandt. Ausnahmsweise kann im Rahmen einer Leberteil-Lebendspende auch eine Transplantation des rechten Leberlappens (Segmente V – VIII) erfolgen.

Indikationen zur Lebertransplantation

Die Indikation zur Lebertransplantation besteht bei den meisten Formen des akuten oder chronischen Leberversagens, wenn dadurch eine Lebensverlängerung *und* eine Verbesserung der Lebensqualität erreicht wird. Anzustreben ist die frühzeitige Vorstellung im Transplantationszentrum (etwa ab dem Stadium Child B). Voraussetzung zur LTx ist die Ausschöpfung aller konservativen Therapiemaßnahmen, der Ausschluss von Kontraindikationen und die Möglichkeit einer adäquaten Kommunikation mit dem Patienten. Jenseits des 65. Lebensjahres treten regelmäßig Begleiterkrankungen auf, die den Erfolg einer LTx gefährden können.

Die häufigsten Indikationen im Erwachsenenalter sind chronische Hepatitis C, alkoholische Lebererkrankung, chronische Hepatitis B, nicht alkoholische Steatohepatitis, PSC, kryptogene Lebererkrankung, Autoimmunhepatitis, PBC, hepatozelluläres Karzinom und das akute Leberversagen. Im Kindesalter stehen hingegen die verschiedenen Formen der Gallenwegsatresie im Vordergrund.

Die Kontraindikationen für eine Lebertransplantation fasst **Tab. 42.30** zusammen.

Allokation von Spenderorganen

Da der Bedarf an Spenderorganen das Angebot bei weitem übersteigt, existiert in Europa das sog. „Eurotransplant Liver Allocation System“ oder „ELAS“ zur möglichst gerechten Verteilung der verfügbaren Organe. Hierzu werden die Patienten nach Dringlichkeit der LTx geordnet und zentral registriert. Grundlage der Beurteilung ist momentan der auf Kreatinin, Bilirubin und INR basierende MELD-Score. Die LTx erfolgt blutgruppenkompatibel. Während Patienten mit akutem Leberversagen meist innerhalb von wenigen Tagen ein Organ zur Verfügung steht, müssen Patienten mit chronischer Lebererkrankung in Abhängigkeit von der Schwere der Lebererkrankung nicht selten mehrere Jahre auf ein Organangebot warten. Patienten mit stark reduzierter Lebenserwartung aufgrund zunehmender Leberinsuffizienz können jedoch rascher transplantiert werden. Nur in ausgewählten Fällen wird die Spender-Patient-Konstellation eine Lebendspende ermöglichen (z. B. beim frühen hepatozellulären Karzinom).

Vorgehen vor Lebertransplantation:

- Sicherung der Diagnose und Festlegung der Indikation

- Einschätzung des individuellen Krankheitsverlaufs und Festlegung des optimalen Transplantationszeitpunkts
- Ausschluss eventueller Kontraindikationen

Immunsuppression und Komplikationen nach LTx

Zur **immunsuppressiven Therapie** nach LTx stehen heute Ciclosporin A, Tacrolimus, Mycophenolat-Mofetil, Prednisolon, Basiliximab, Daclizumab und Rapamycin zur Verfügung. Die Schemata variieren, typisch ist aber z. B. die Kombination von Basiliximab (initial) + Ciclosporin A oder Tacrolimus (dauerhaft) ± Mycophenolat-Mofetil oder Prednisolon (dauerhaft).

An relevanten **Nebenwirkungen** sind v. a. arterielle Hypertonie, Nephrotoxizität, Zytopenie und ein erhöhtes Lymphomrisiko zu nennen. Die Plasmakonzentrationen der Substanzen müssen daher engmaschig kontrolliert werden. Neben den postoperativen Gallenwegsstenosen mit rezidivierenden Cholangitiden und chronischen Abstoßungen stellen virale Infektionen ein Hauptproblem nach LTx dar.

Nach Transplantation eines CMV-positiven Organs sollte eine Prophylaxe mit Valganciclovir und ggf. auch die i. v. Therapie mit Ganciclovir erfolgen. EBV-Infektionen werden für die Entstehung von Lymphomen verantwortlich gemacht. Patienten mit chronischer Hepatitis B können heute mit gutem Langzeitergebnis transplantiert werden. Sie erhalten ein Nukleos(t)idanalogon (Erfahrungen bestehen mit Lamivudin und Adefovir; Tenofovir und Entecavir aufgrund höherer Resistenzbarriere vielleicht überlegen) in Kombination mit anti-HBs-Immunglobulin zur Prophylaxe einer HBV-Reinfektion des Transplantates. Eine Prophylaxe der häufigen Hepatitis-C-Reinfektion existiert derzeit nicht.

Akute Abstoßungsepisoden (häufig erkennbar am deutlichen GLDH-Anstieg) werden stets histologisch gesichert (typisch ist eine lymphozytäre Infiltration mit Endothelialitis) und ggf. mit einer Steroidstoßtherapie (3 × 500 mg Methylprednisolon) behandelt.

Prognose

Die Lebertransplantation stellt die einzige kurative Behandlungsoption bei Patienten mit fortgeschrittener Lebererkrankung und vielen Patienten mit akutem Leberversagen dar. Die 10-Jahres-Überlebensraten liegen heute bei etwa 75 %.

Weiterführende Informationen

http://www.easl.eu
http://www.dgvs.de

43 Extrahepatische Gallenwege

Jens Koopmann, Jan Schmielau

43.1 Grundlagen

43.1.1 Anatomie

Die Sekretion der Gallenflüssigkeit beginnt auf der Ebene der Gallenkapillaren (Kanalikuli) in den Zellzwischenräumen der Hepatozyten. Den Übergang zwischen Kanalikuli und interlobulären Gallengängen bilden die Hering-Kanäle. Die interlobulären Gallengänge vereinigen sich weiter zu intra- und interlobulären Gallengängen, den beiden Ductus hepatici, dem Ductus hepaticus und – nach Einmündung des Ductus cysticus – dem Ductus choledochus. Dieser begleitet die A. hepatica und die V. portae im Lig. heptaoduodenale der Leberpforte.

Der Ductus choledochus verläuft im distalen Anteil in einer Rinne des Pankreaskopfes dorsal des Duodenums und vereinigt sich in 90 % mit dem Ductus pancreaticus zur gemeinsamen Mündung auf der Papilla major (Vateri) in der medialen Wand des Duodenums. Der Schließmuskelapparat (Sphinkter Oddi) besteht aus separaten Sphinkteren für Gallen- und Pankreasgang und einem gemeinsamen distalen Anteil. Diese müssen für einen ausreichenden endoskopischen Zugang zum Gallenwegssystem häufig durchtrennt werden (Papillotomie).

Die Gallenblase wird anatomisch in Corpus, Fundus und Infundibulum unterteilt. Sie ist mit ihrer anterioren Wand an der Leber fixiert und am Fundus und der posterioren Wand vom viszeralen Peritoneum bedeckt. Die arterielle Versorgung erfolgt (variabel) aus der A. cystica, einem Ast der A. hepatica propria.

43.1.2 Physiologie

Die Galle ist eine komplexe mizelläre Lösung mit den Hauptbestandteilen Bilirubin, Gallensäuren, Phospholipiden und Cholesterin. Sie spielt u. a. eine komplexe Rolle bei der Cholesterinhomöostase und der Resorption von Triglyzeriden aus der Nahrung.

Die von der Leber in konjugierter Form (sekundäre Gallensäuren) ausgeschiedenen Gallensäuren werden fast komplett im terminalen Ileum rückresorbiert (enterohepatische Zirkulation). Die Sekretion erfolgt über verschiedene aktive zelluläre Transporter. Mutationen dieser Transportproteine können zu intrahepatischer Cholestase mit konsekutiver Leberschädigung führen. Ein Beispiel ist die Mutation der sog. BSEP (Bile Salt Exporting Pump) bei der progressiven familiären intrahepatischen Cholestase Typ 2).

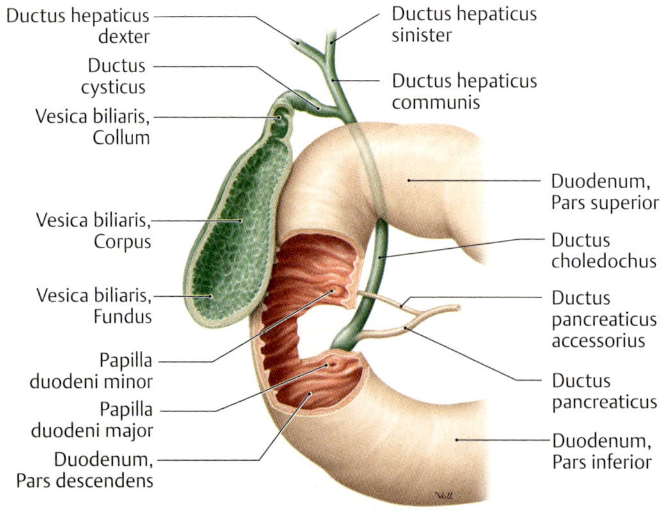

Abb. 43.1 Gallenblase mit extrahepatischen Gallenwegen. (aus Prometheus, LernAtlas der Anatomie, Thieme)

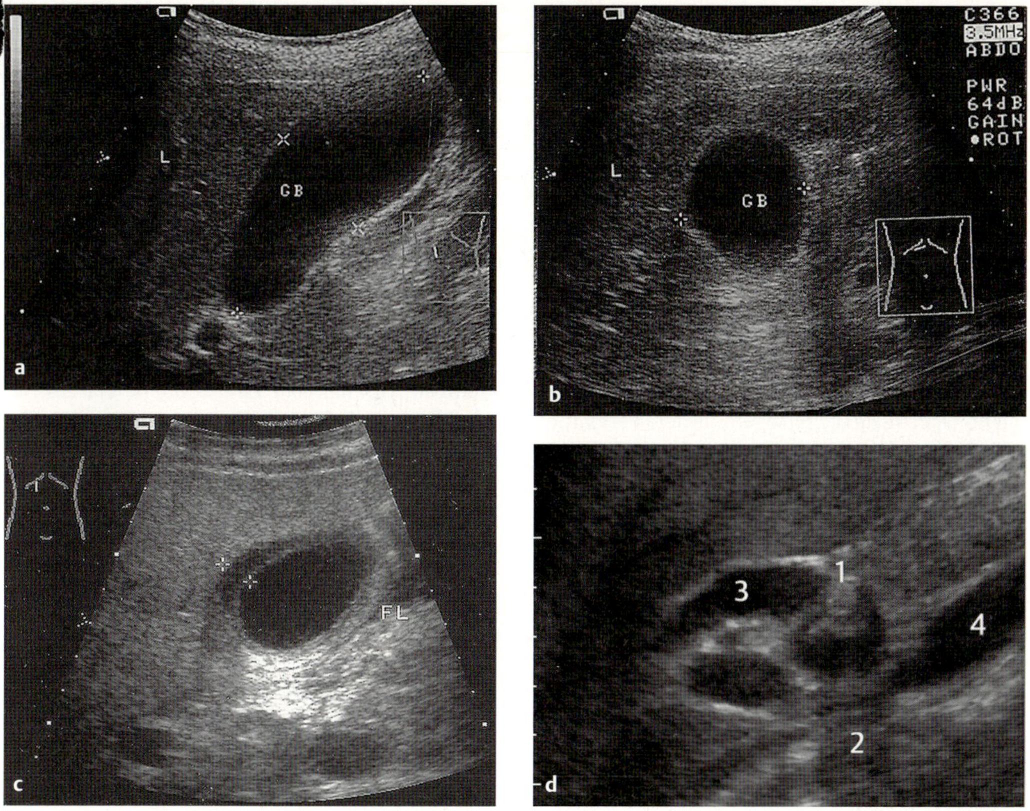

Abb. 43.2 Sonografie der Gallenblase. Normale Gallenblase im Längsschnitt (**a**) und subkostalen Querschnitt (**b**) (GB = Gallenblase, L = Leber), **c** Akute Cholezystitis mit intensiv hyporeflexiver Wandverdickung (Distanzmarken), etwas freie Flüssigkeit (FL), **d** Mirizzi-Stein (1) mit Schallschatten (2) und Gallenblasenanschnitt (4) sowie gestautem Ductus hepaticus (3) (aus Schmidt, Checkliste Sonografie, Thieme).

Eine unzureichende Rückresorption von konjugierten Gallensäuren nach Resektion oder Erkrankung des terminalen Ileums, z. B. bei Morbus Crohn, ist die Ursache einer chologenen Diarrhö, da diese im Kolon die Wasser- und Elektrolytresorption hemmen (vgl. S. 726).

43.2 Diagnostik

43.2.1 Sonografie

Die sonografische Untersuchung der Gallenblase dient vor allem dem Nachweis von Gallensteinen, außerdem können Entzündungen, ein Gallenaufstau und Tumoren nachgewiesen werden. Sonografisch erscheint die Gallenblase als echofreier Hohlraum an der Leberunterfläche, die Größe variiert je nach Kontraktionszustand (**Abb. 43.2 a, b**). Die Wand der Gallenblase ist normalerweise zart und schmal. Eine verdickte Wand ist in der Regel pathologisch (**Abb. 43.2 c**). Auch ein erweiterter bzw. gestauter Ductus choledochus kann so nachgewiesen werden (**Abb. 43.2 d**).

43.2.2 ERCP und MRCP

Mit der **endoskopischen retrograden Cholangiopankreatografie (ERCP)** können in über 90 % der Fälle die Gallen- und Pankreasgänge dargestellt werden. Die mit einer Seitblickoptik ausgestatteten Endoskope ermöglichen eine Sondierung der Papilla Vateri und damit Kontrastmitteldarstellung der intra- und extrahepatischen Gallengänge sowie des Pankreasgangs unter Röntgendurchleuchtung.

Sind Interventionen am Gallengangs- oder Pankreasgangsystem notwendig (z. B. Steinextraktion, Stenteinlage), wird eine endoskopische Papillotomie (EPT) vorgenommen. Diese erfolgt mit einem durch die Papille einbebrachten Katheter, der einen dünnen Draht unter gleichzeitiger Elektrokoagulation bogenförmig spannt. Mit einem Ballonkatheter oder einem entfaltbaren Drahtkorb (Dormiakörbchen) können anschließend Steine geborgen werden. Potenzielle Komplikationen sind eine ERCP-bedingte Pankreatitis, retroperitoneale Perforation oder Sedierungszwischenfälle.

Eine Alternative zur ERCP stellt die kernspintomografische Darstellung der Gallengänge und des Pankreasgangs dar, die sog. **Magnetresonanz-Cholangio-Pankreatikografie** (MRCP). Ihr Vorteil liegt in der Vermeidung ERCP-typischer Komplikationen. Ihre Anwendung ist allerdings auf diagnostische Fragestellungen begrenzt. Auch die Bildauflösung ist der ERCP zurzeit noch unterlegen.

43.2.3 Labordiagnostik

Bestimmte Laborparameter sind typischerweise bei Erkrankungen der Gallenblase und der extrahepatischen Gallenwege verändert.

Alkalische Phosphatase (AP). Alkalische Phosphatasen sind in großer Menge im Skelettsystem, im Leberparenchym und in den Gallengangsepithelien vorhanden. Laborchemisch können verschiedene Isoenzymgruppen differenziert werden (u. a. leber- und knochenspezifische Isoenzyme). Bei einer Erhöhung der Gesamt-AP im Serum sind unter Zuhilfenahme von γ-GT und Transaminasen differenzialdiagnostisch Leber- und Gallenwegserkrankungen von anderen Erkrankungen abzugrenzen. Die AP besitzt eine hohe Sensitivität für cholestatische Erkrankungen.

Gamma-Glutamyl-Transferase (γ-GT). Die γ-GT ist ein überwiegend membrangebundenes Enzym des Glutamatzyklus, das in größeren Mengen in Hepatozyten und Gallenwegsepithelien vorkommt. Eine normale γ-GT schließt eine Leber- oder Gallenwegserkrankung nahezu aus. Eine Enzyminduktion durch Noxen (z. B. Alkohol) kann eine Erhöhung bis zu etwa dem Dreifachen der oberen Norm bewirken. Bei gleichzeitiger Erhöhung der Transaminasen ist jedoch eine Leberschädigung anzunehmen.

GOT (= Glutamat-Oxalazetat-Transaminase = Aspartat-Aminotransferase = AST = ASAT). Die GOT ist überwiegend in den Mitochondrien lokalisiert, weshalb deutliche Erhöhungen auf einen ausgeprägten Zellschaden hindeuten. Da die AST kein leberspezifisches Enzym ist, kann sie u. a. auch bei Herz- und Skelettmuskelschäden erhöht sein.

GPT (= Glutamat-Pyruvat-Transaminase = Alanin-Aminotransferase = ALT = ALAT). Hierbei handelt es sich um ein leberspezifisches, im Zytoplasma gelöstes Enzym, dessen Erhöhung mit der Anzahl der geschädigten Hepatozyten korreliert.

Bilirubin. Das Bilirubin, ein Abbauprodukt des Hämoglobins sowie anderer hämhaltiger Proteine, ist in seiner unkonjugierten Form kaum wasserlöslich und im Blut an Albumin angelagert. In den Hepatozyten wird Bilirubin durch Glukuronidierung in konjugiertes Bilirubin überführt und in die Gallenkapillaren ausgeschieden. Das Nachweisverfahren unterteilt das Gesamtbilirubin aufgrund der chemischen Eigenschaften in direktes (konjugiertes) und indirektes (unkonjugiertes) Bilirubin. Bei extrahepatischer Cholestase ist vorwiegend das konjugierte Bilirubin erhöht.

43.3 Fehlbildungen

Gallengangatresie

engl.: biliary atresia

Eine nicht erbliche Erkrankung mit Obstruktion oder Fehlen der intra- oder extrahepatischen Gallenwege mit einer Inzidenz von 1:10 000 bis 1:15 000. Ist die chirurgische Anlage einer biliodigestiven Anastomose mit Hepatoportoenterostomie nicht möglich, wird eine Lebertransplantation notwendig.

Gallengangzysten

engl.: choledochal cysts

Extrahepatische Gallengangszysten haben eine Inzidenz von 1:13 000 bis 1:15 000. Sie manifestieren sich meist während der ersten Lebensmonate mit Ikterus und acholischen Stühlen und werden später durch Oberbauchschmerzen mit Zeichen der Cholangitis oder Pankreatitis auffällig. Es wird eine chirurgische Rekonstruktion angestrebt, die ggf. durch eine interne endoskopische Drainage ersetzt werden kann.

Caroli-Syndrom

Kongenitale fokale Dilatation der intrahepatischen Gallengänge. Diese kann mit weiteren Malformationen (multiple Nierenzysten, extrahepatische Gallengangszysten, kongenitale hepatische Fibrose) assoziiert sein. Als Komplikation der intrahepatischen Gallenwegdilatationen kann es zu einer intrahepatischen Steinbildung (Hepatikolithiasis) und nachfolgend rezidivierenden Cholangitiden sowie der Ausbildung einer sekundären biliären Zirrhose kommen.

Alagille-Syndrom

Das Alagille-Syndrom (ALGS) ist ein sehr seltenes autosomal-dominant vererbtes Syndrom (Mutation des JAG-1 Gens). Folge ist eine Hypoplasie der intrahepatischen interlobulären Gallengänge. Assoziierte extrahepatische Manifestationen sind u. a. Kleinwuchs, typische Fazies, Skelettfehlbildungen.

43.4 Cholelithiasis

Synonym: Gallensteinleiden
engl.: cholelithiasis

Definition. Gallensteine entstehen durch Veränderungen der Zusammensetzung der Gallenflüssigkeit. Die Mehrheit der Patienten ist asymptomatisch (Steinträger). Beschwerden verursachen Gallensteine überwiegend durch eine Steineinklemmung im Ductus cysticus oder Ductus choledochus bei Cholezystolithiasis bzw. Choledocholithiasis. Diese führt zu akuten oder chronisch rezidivierenden Gallenkoliken und kann eine Entzündung der Gallenwege (Cholangitis) auslösen. Eine Choledocholithiasis ist überwiegend auf eine Cholezystolithiasis zurückzuführen. Gallensteine können jedoch auch primär im Ductus choledochus und selten den intrahepatischen Gallenwegen entstehen.

Epidemiologie

10 – 15 % der Bevölkerung haben Gallensteine, 80 % dieser Steine haben einen überwiegenden Cholesterinanteil. Auch in Skandinavien und Nordamerika ist die Inzidenz für Cholesterinsteine hoch, während sie in zentralafrikanischen Regionen niedrig ist. Erstgradig Verwandte haben ein 4,5-fach erhöhtes Risiko für eine Cholelithiasis. Junge Frauen haben ein mehrfach erhöhtes Risiko gegenüber gleichaltrigen Männern.

Ätiopathogenese

Risikofaktoren für Gallensteine sind: Übergewicht, fettreiche Ernährung, rascher Gewichtsverlust, parenterale Ernährung, Schwangerschaft, Gallensäureverlustsyndrom sowie einige Medikamente (Fibrate, Ceftriaxon). Es gilt die sog. **5-F-Regel:** female (weiblich), fair (blond), fat (übergewichtig), forty (vierzig), fertile (fruchtbar). In der Schwangerschaft kommt es häufig zu einer vorübergehenden Eindickung der Gallenflüssigkeit (Gallenblasen-Sludge).
Man unterscheidet Cholesterinsteine und gemischte Steine (> 70 % Cholesterin), die zusammen ca. 80 % der Gallensteine ausmachen, sowie Bilirubinsteine (ca. 20 %).

Cholesterinsteine. Prinzipiell sind an der Entstehung von Cholesterinsteinen drei Mechanismen beteiligt: Übersättigung der Galle mit Cholesterin, beschleunigte Nukleation (= Kristallisation der Gallebestandteile zum eigentlichen Stein) und Hypomotilität der Gallenblase. Cholesterin wird in der Galle durch Phospholipide und Gallensäuren (Cholat, Chenodeoxycholat) in Lösung gehalten.
Eine Erhöhung des Cholesterinsättigungsindex (CSI > 1) und damit die Präzipitation von Gallensteinen kann entstehen durch (**Abb. 43.3**):

- vermehrte LDL-Aufnahme über Apo-B-, Apo-E-Rezeptoren auf Leberzellen
- verminderten Einbau von Cholesterin in Lipoproteine über Acyl-CoA-Cholesterin-Acyl-Transferase (ACAT)
- gesteigerte Cholesterinsynthese über HMG-CoA-Reduktase
- verminderte Gallensäurebildung durch 7α-Hydroxylase
- verminderte Gallensäuresynthese (Hepatitis, Zirrhose)
- erhöhten intestinalen Gallensäureverlust bei der enterohepatischen Zirkulation

Pigmentsteine. Schwarze Pigmentsteine entstehen durch Hämolyse mit vermehrtem Anfall von unkonjugiertem Bilirubin, z. B. bei chronisch hämolytischer Anämie. Braune Pigmentsteine resultieren aus einer bakteriellen Kolonisierung der Gallenwege mit Abbau gut löslicher Bilirubindiglukuronide zu Bilirubinmonoglukoruniden und sind meistens mit einer Abflussstörung vergesellschaftet.

J

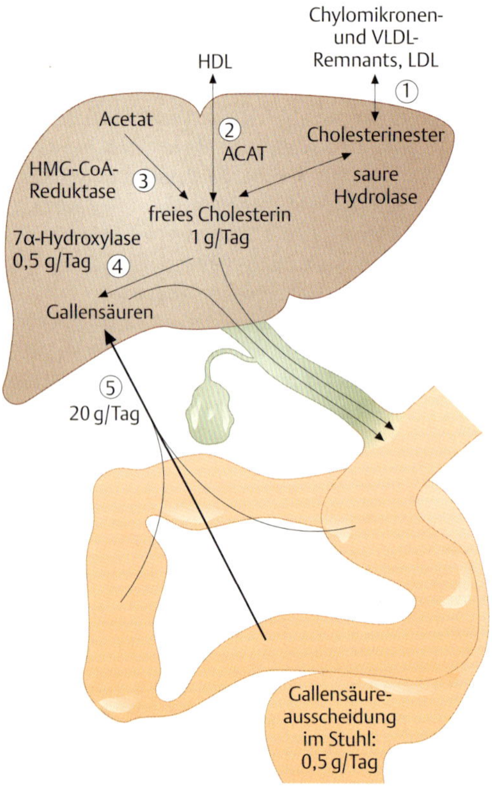

Abb. 43.3 Gallensäurestoffwechsel: Pathophysiologie. ① Stimulierung der LDL-Aufnahme durch Fibrate, insbesondere Clofibrat, und Östrogene, ② verminderte Integration in Lipoproteine durch Fibrate und Östrogene, ③ gesteigerte Cholesterinsynthese bei Hypertriglyzeridämie. HMG-CoA Reduktase-Hemmer reduzieren die Cholesterinsynthese, ④ verminderte Gallensäuresynthese bei Lebererkrankungen wie Hepatitis, Zirrhose und im Alter, ⑤ Gallensäureverlust bei Dünndarmresektion oder -erkrankungen (Morbus Crohn) sowie Behandlung mit Kationenaustauscherharzen.

Klinik

Gallensteine sind häufig symptomlos (**asymptomatische Gallensteine**). Erst durch eine Obstruktion oder Entzündung der Gallenwege kommt es zum Auftreten von Beschwerden (**symptomatische Gallensteine**).

Neben unspezifischen Oberbauchbeschwerden kann es als typisches Symptom zum Auftreten von **Gallenkoliken** kommen: sie sind gekennzeichnet durch einen schweren, über 15 Minuten bis 1 Stunde zunehmenden, teilweise über Stunden anhaltenden und danach langsam nachlassenden Schmerz im rechten und mittleren Oberbauch. Häufig wird eine Ausstrahlung in den Rücken und die rechte Schulter beobachtet. Eine Gallenkolik kann durch eine reichliche, fette Mahlzeit ausgelöst werden.

Neben einem Druck bzw. Völlegefühl im Oberbauch können zeitgleich Übelkeit und Erbrechen sowie ein Ikterus auftreten. Es handelt sich in diesem Fall um einen **(Verschluss-)Ikterus** mit acholischem Stuhl, bierbraunem Urin und Pruritus, Anstieg der cholestaseanzeigenden Enzyme sowie des konjugierten Bilirubins (**Tab. 43.1**).

Fieber oder Schüttelfrost deuten auf Komplikationen wie Cholezystitis, Cholangitis oder Pankreatitis hin. Bei langsam einsetzender Cholestase stellt sich zunächst oft nur ein Juckreiz ein.

Diagnostik

Bei der körperlichen Untersuchung finden sich bei einer einfachen Gallenkolik in der Regel bis auf einen leichten Druckschmerz im rechten Oberbauch keine Abnormaliäten. Ein Innehalten bei Inspiration während der Palpation im rechten Oberbauch **(Murphy-Zeichen)** hat eine hohe Spezifität für das Vorliegen einer akuten Cholezystitis. Eine prallelastische, schmerzlos tastbare Gallenblase **(Courvoisier-Zeichen)** deutet hingegen auf einen Tumor mit Abflussstörung hin (s. S. 892).

> ! **Wegweisend ist der klinische Befund mit Gallenkoliken und Druckschmerz im rechten Oberbauch.**

Bei akutem Verschlussikterus steigen zunächst die γ-GT und die Transaminasen an, während eine deutliche Erhöhung der AP erst nach etwa einem Tag auftritt. Die Serum-Bilirubin-Werte übersteigen 10 mg/dl in der Regel erst bei anhaltendem Verschluss. Eine biliäre Pankreatitis ist durch den Anstieg der Lipase zu erkennen (s. S. 885). Leukozytose und CRP-Erhöhung deuten auf eine Cholezystitis bzw. Cholangitis hin (s. S. 876 ff.). Differenzialdiagnosen fasst **Tab. 43.2** zusammen.

Sonografie. Die transabdominelle Sonografie ist aufgrund der raschen Verfügbarkeit und der hohen Sensitivität für die Darstellung von Gallensteinen das bildgebende Verfahren der Wahl bei Verdacht auf symptomatische Cholelithiasis. Steine ab 2 mm Durchmesser (Schallschatten), Wandveränderungen

Tab. 43.1 Differenzialdiagnose des extrahepatischen Verschlussikterus

Erkrankungen	Bedeutung	Kommentar
Tumor	+++	Cholangio-, Pankreas- oder Papillenkarzinom mit überwiegend schmerzlosem Ikterus
Papillenstenose	++	traumatisch-entzündlich (z. B. rezidivierende Gallensteinpassagen) oder hyperplastisch
Cholangiopathie bei AIDS	+	Papillenstenose oder extrahepatische Strikturen
Cholangitis	+	Schmerzen, Fieber; meist steinbedingt
Choledochuszysten	+	Manifestation meist im Säuglings- und Kindesalter
Cholezystolithiasis	+	Mirizzi-Syndrom, Kompression durch Pericholezystitis
Pankreatitis	+	Kompression durch Schwellung, Pankreaspseudozyste

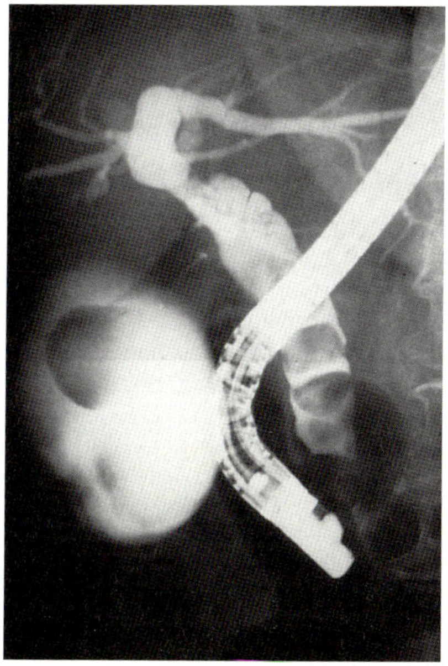

Abb. 43.4 ERCP bei Choledocholithiasis. Choledocholithiasis mit großen Konkrementen im erweiterten Ductus choledochus und Cholezystolithiasis.

der Gallenblase (Ödem) sowie ein Aufstau der Gallenwege können beurteilt werden. Die Beurteilung von Steinen im Ductus choledochus gelingt jedoch selten.

Endosonografie. Für den Nachweis oder Ausschluss einer Choledocholithiasis steht inzwischen mit der Endosonografie eine komplikationsarme und sehr sensitive Untersuchungsmethode zur Verfügung. Ist allerdings eine Intervention am Gallenwegssystem absehbar erforderlich (Cholangitis bei Cholestase, biliäre Pankreatitis), sollte primär eine ERCP erfolgen.

ERCP. Mit der ERCP lassen sich Gallengangskonkremente ebenso wie Gallenblasenkonkremente nachweisen. Die ERCP bietet gleichzeitig nach endoskopischer Papillotomie die Möglichkeit der Intervention (Konkrementextraktion, Stenteinlage, **Abb. 43.4**).

Therapie

Stumme Gallensteine. Asymptomatische Gallenblasensteine bedürfen in der Regel keiner Behandlung. Eine (seltene) Ausnahme sind Gallenblasensteine von > 3 cm Größe, die aufgrund des erhöhten Risikos für ein assoziiertes Gallenblasenkarzinom eine Indikation für eine elektive Gallenblasenentfernung darstellen. Asyptomatische Gallengangssteine müssen nicht unbedingt entfernt werden, hier ist eine individuelle Nutzen/Risikoanwägung vorzunehmen.

Analgesie bei Gallenkolik.

- N-Butylscopolamin: Spasmolyse durch Parasympatholyse
- periphere Analgetika: Metamizol, Diclofenac, Indometacin, Paracetamol
- Morphinderivate mit geringer spasmogener Wirkung auf den Sphincter Oddi wie Buprenorphin oder Pethidin

Choledocholithiasis. Eine symptomatische Choledocholithiasis bedarf immer der Behandlung, da sonst eine Cholangitis mit Sepsis oder eine Pankreatitis zu befürchten ist. In etwa 90% der Fälle lassen sich Gallengangssteine nach Papillotomie endoskopisch entfernen. Werden Steine auch nach mechanischer

Tab. 43.2 Differenzialdiagnose der Gallenkolik

Erkrankungen	Bedeutung	Kommentar
akute Appendizitis	+++	im Verlauf meist stärkere Schmerzen mit Verlagerung in den rechten Unterbauch und Abwehrspannung
akute Pankreatitis	+++	evtl. biliäre Pankreatitis mit epigastrischem Druckschmerz bei tiefer Palpation
Myokardinfarkt	+++	epigastrischer Schmerz, EKG- und CK-Kontrolle
Nierenkolik	++	in der Flanke beginnend, in die Leiste ziehend, Dysurie, Hämaturie
peptische Ulzera	++	schwere Symptomatik bei Perforation mit Peritonitis und Schock, Ösophago-Gastro-Duodenoskopie
Mesenterialischämie	++	postprandiale Angina visceralis. Bei Infarkt beschwerdefreies Intervall und paralytischer Ileus, Laktazidose, LDH und CK erhöht, ggf. Angiografie
Lungenembolie	+	atemabhängiger Schmerz, arterielle Blutgasanalyse, Perfusionsszintigrafie
Pleuritis	+	atemabhängiger Schmerz, Auskultationsbefund, Röntgen-Thorax

oder Laserlithotripsie nicht geborgen, kann eine extrakorporale Stoßwellenlithotripsie (ESWL) oder eine operative Choledochusrevision notwendig werden. Nach erfolgter Gallengangssanierung sollte bei gleichzeitiger Cholezystolithiasis innerhalb von 6 Wochen eine elektive Cholezystektomie erfolgen.

Medikamentöse Litholyse. Auf Wunsch des Patienten oder bei Kontraindikationen für eine operative Therapie kann in Einzelfällen eine medikamentöse Litholyse mit Ursodeoxycholsäure (UDCA, 10 mg/kg/d für 6 – 24 Monate) durchgeführt werden. Der Patient ist jedoch auf das Rezidivsteinrisiko von bis zu 50% innerhalb von fünf Jahren hinzuweisen.

Cholezystektomie. Wegen der geringen Komplikationsrate und der häufigen Rezidive bei konservativer Therapie ist die laparoskopische Cholezystektomie die Therapie der Wahl. Beim Vorliegen von Komplikationen (Perforation, Abszess) sollte primär eine offene Cholezystektomie erfolgen.

43.5 Entzündungen

43.5.1 Akute Cholezystitis

Synonym: akute Gallenblasenentzündung
engl.: acute cholecystitis

Definition. Bei der akuten Cholezystitis kommt es zu einer Entzündung der Gallenblasenwand; Ursache ist meist eine Cholezystolithiais. Nur in 10% der Fälle tritt eine Cholezystitis ohne Cholezystolithiasis auf (akalkulöse Cholezystitis).

Ätiopathogenese. Eine mechanische Obstruktion des Gallenblasenausflusstrakts durch einen eingeklemmten Stein im Ductus cysticus oder im Gallenblasenhals führt zur Aktivierung einer Kaskade von proinflammatorischen Mediatoren (z. B. Phospholipase A).
Mögliche Ursachen einer akalkulösen Cholezystitis sind eine aufsteigende Cholangitis (z. B. durch Salmonellen) oder eine Ischämie (hämodynamische Instabilität nach Operation, Trauma oder bei älteren Patienten).

Klinik. Die Symptomatik einer akuten Cholezystitis unterscheidet sich zunächst nicht von der einer Gallenkolik. Der Schmerz kann als viszeraler **Schmerz** zunächst nur unscharf lokalisiert werden und verlagert sich dann mit Einsetzten der Entzündung als Ausdruck eines parietalen Schmerzes vom Epigastrium in den **rechten Oberbauch**. Bei entsprechender Palpation führt ein schmerzhafter Kontakt mit der entzündeten Gallenblase typischerweise zu einem

Innehalten bei tiefer Inspiration (Murphy-Zeichen, positiv prädiktiver Wert >90%). Die einsetzende Übelkeit mit Erbrechen ist meist weniger ausgeprägt als bei der akuten Pankreatitis oder einem Ileus. Ein anhaltender Schmerz über 6 h hinaus sowie Einsetzen von Fieber, Leukozytose und CRP-Anstieg zeigen den Übergang einer Gallenkolik in eine akute Cholezystitis an.

! Besteht neben dieser Symptomatik eine Leukozytose über 15/nl und Fieber über 39 °C mit Schüttelfrost, muss ein Gallenblasenempyem oder eine Perforation in Betracht gezogen werden.

Diagnostik. Die akute Cholezystitis ist durch die transabdominelle Sonografie in der Regel sicher zu diagnostizieren. Die ERCP oder Endosonografie sind indiziert bei Hinweisen für eine assoziierte Choledocholithiasis (z. B. sonografischer Nachweis einer extrahepatischen Cholestase). Bei Verdacht auf das Vorliegen von Komplikationen wie Gallenblasenabszess oder Perforation, die sonografisch nicht zu klären sind, sollte eine CT durchgeführt werden.

Sonografisch kann bei akuter Cholezystitis eine **Verdickung der Gallenblasenwand** über 3 mm nachgewiesen werden. Beim nüchternen Patienten ist dies fast immer pathologisch. Die Gallenblasenwand stellt sich durch die ödematöse Schwellung dreischichtig dar und kann von einem pericholezystischen Ödem umgeben sein (Abb. 43.5). Wichtige Hinweise sind zudem Gallensteine im Gallenblasenhals und Ductus cysticus (können aufgrund der fehlenden umgebenden Galle schwer darstellbar sein) sowie eine Gallenblasenvergrößerung oder Sludge (Gallengries) in der Gallenblase. Differenzialdiagnosen zeigt Tab. 43.3.

Therapie. Die akute Cholezystitis wird durch eine frühelektive laparoskopische Cholezystektomie behandelt (innerhalb von 72 h). Bei Patienten mit einer bereits länger bestehenden Symptomatik oder schwerwiegenden Begleiterkrankungen wird zunächst konservativ behandelt. Nach Abklingen einer Cholezystitis bei konservativer Therapie sollte eine elektive Cholezystektomie im Intervall von 1 – 3 Monaten durchgeführt werden. Die konservative Therapie besteht aus:

- **Allgemeinmaßnahmen:** Kreislaufüberwachung, Nahrungskarenz, ggf. parenterale Ernährung über zentralvenösen Katheter mit Volumen- und Elektrolytausgleich sowie Analgesie

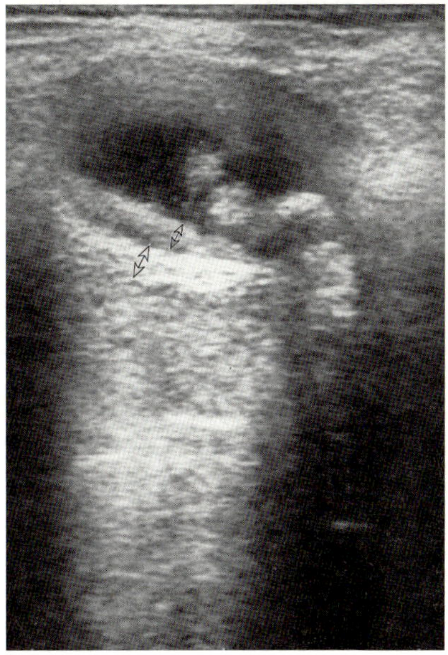

Abb. 43.5 Sonografischer Befund bei Cholezystitis. Cholezystitis mit verdickter dreischichtiger Gallenblasenwand (Pfeile), Gallensteinen und dorsalem Schallschatten.

- **Antibiotika:** Behandlung einer bakteriellen Entzündung bzw. deren Prävention. In weniger schweren Fällen beispielsweise mit Ceftriaxon. Bei schweren Verläufen eine Kombination z.B aus einem Cephalosporin der 3. Generation (z. B. Ceftriaxon) und Metronidazol.

Verlauf und Komplikationen. Unter alleiniger konventioneller Behandlung gesunden etwa 60% der Patienten. Zu einem komplizierten Verlauf kommt es bei 20 – 30% der Patienten. Bei lokalen Komplikationen wie Perforation, Gangrän, Abszess muss notfallmäßig eine Cholezystektomie erfolgen. Einen Sonderfall stellt die emphysematöse Cholezystitis dar, bei der eine Infektion der Gallenblasenwand mit gasbildenden Bakterien vorliegt (Risikogruppe: Diabetiker). Sie stellt ebenfalls eine dringliche Indikation zur Cholezystektomie dar. Eine Fistelbildung von der Gallenblase in den Darm (cholezystoenterische Fistel), meist ins Duodenum, wird möglicherweise erst bei einem mechanischen Ileus durch einen Gallenstein bemerkt.

Beim **Mirizzi-Syndrom** bewirkt ein im Gallenblasenhals oder Ductus cysticus gelegener Gallenstein direkt oder über eine entzündliche Reaktion eine

Tab. 43.3 Differenzialdiagnose der akuten Cholezystitis

Erkrankungen	Bedeutung	Kommentar
akute Appendizitis	+++	anfängliche epigastrische Schmerzen verlagern sich in den rechten Unterbauch, ggf. Abwehrspannung, höheres Fieber und ausgeprägte Leukozytose, sonografisch evtl. vergrößerte, nicht kompressible Appendix
akute Pankreatitis	+++	möglicherweise biliäre Pankreatitis mit Amylase- und Lipaseerhöhung, neben Sonografie ggf. ERCP oder CT
Myokardinfarkt	+++	evtl. nur epigastrischer Schmerz, EKG- und CK-Kontrollen, GOT meist unter 150 U/l, keine GPT-Erhöhung
Nierenerkrankungen	++	Urinanalyse
peptische Ulzera	++	bei Perforation freie Luft in der Röntgenleeraufnahme, ÖGD
Pleuritis	+	atemabhängig, Auskultationsbefund, Röntgenaufnahme des Thorax
Abszess oder Tumor der Leber	+	Sonografie, Pleuraerguss rechts

Kompression des Ductus hepaticus communis mit Cholestase (s. **Abb. 43.2 d**).

43.5.2 Chronische Cholezystitis

Synonym: chronische Gallenblasenentzündung
engl.: chronic cholecystitis

Definition. Die chronische Cholezystitis ist ein chronischer Entzündungszustand der Gallenblase, der meist mit Gallensteinen vergesellschaftet ist und rezidivierenden akuten Cholezystitiden folgen kann.

Ätiopathogenese. Die chronische Entzündung der Gallenblase wird auf persistierende oder akut rezidivierende mechanische Reizungen der Gallenblasenwand zurückgeführt. Bakterien können nur maximal bei ¼ der Patienten nachgewiesen werden. Selten finden sich Parasiten wie Askariden oder Lamblien (s. S. 1051, 1050). Einen Sonderfall stellt die diffuse Verkalkung der Gallenblasenwand bei chronischer Cholezystitis dar, die sog. **Porzellangallenblase**. Sie ist in bis zu 20% der Fälle mit einem Gallenblasenkarzinom assoziiert.

Klinik. In der Regel haben die Patienten zuvor wiederholt Gallenkoliken erlebt, die einerseits nach größeren Mahlzeiten, andererseits nachts oder nach längerer Ruhe auftreten. Die Intervalle können Wochen oder Jahre betragen, wobei sich häufig eine gewisse Regelmäßigkeit einstellt. Dyspeptische Beschwerden sind ein unspezifisches Zeichen. Es finden sich eine Unverträglichkeit, insbesondere von fetten Speisen, Übelkeit, Völlegefühl mit Aufstoßen oder Erbrechen, Meteorismus, rasches Sättigungsgefühl und epigastrisches Brennen.

Diagnostik. Die Symptomatik ist gegenüber der akuten Cholezystitis geringer ausgeprägt. Bei druckempfindlichem rechten Oberbauch ist die Bauchdecke meist weich. Es können besonders abendliche Temperaturanstiege, intermittierender Ikterus sowie erhöhte laborchemische Entzündungsparameter nachgewiesen werden. Mit der Sonografie erfolgt der Steinnachweis, evtl. kann eine Wandverdickung mit narbiger Verziehung beobachtet werden. Eine ERCP oder MRCP ermöglicht eine Beurteilung hinsichtlich Choledochussteinen (vgl. S. 877). Eine Porzellangallenblase ist in der Regel schon in konventionellen Übersichtsaufnahmen des Abdomens nachweisbar.

Therapie. Der akute Schub einer chronischen Cholezystitis wird wie die akute Cholezystitis behandelt. Eine definitive Therapie durch Cholezystektomie sollte nach Abklingen der Symptome im Intervall erfolgen. Die Porzellangallenblase stellt wegen des erhöhten Malignitätsrisikos ebenfalls eine Indikation zur Cholezystektomie dar.

43.5.3 Cholangitis

Synonym: Angiocholitis
engl.: cholangitis

Definition. Die Cholangitis ist eine Entzündung der intra- oder extrahepatischen Gallenwege, meist bedingt durch eine sekundäre Keimbesiedlung bei Obstruktion der Gallenwege im Rahmen einer Choledocholithiasis. Sie kann akut oder chronisch bzw. chronisch-rezidivierend auftreten.

Ätiopathogenese. In 85% der Fälle ist eine akute Cholangitis durch einen im Ductus choledochus eingeklemmten Stein mit nachfolgendem Galleaufstau und bakterieller Besiedlung bedingt. Häufig sind Mischinfektionen mit E. coli, Klebsiella, Pseudomonas, Enterokokken und Proteus die Ursache, in 15% der Fälle werden auch Anaerobier wie Bacteroides fragilis oder Clostridium perfringens isoliert. Insbesondere bei der rezidivierenden eitrigen Cholangitis der asiatischen Bevölkerung mit zahlreichen intraduktalen Pigmentsteinen werden Parasiten wie Askariden oder Clonorchis gefunden.
Eine iatrogene Cholangitis kann durch Einschwemmen von Keimen bei ERCP oder durch Einschränkung der Barrierefunktion nach Anlage einer biliodigestiven Anastomose entstehen. Selten kann eine Cholangitis bei Immunsuppression (HIV) durch Infektion mit CMV oder Kryptosporidien bedingt sein.

Klinik. Die in 70% der Fälle gemeinsam vorkommenden Leitsymptome Oberbauchschmerz, Fieber und Ikterus werden als **Charcot-Trias** bezeichnet. Neben dem unspezifischen Oberbauchschmerz erleben die Patienten teilweise nur vorübergehend Schüttelfrost und eine Dunkelfärbung des Urins. Bei ikterischen Patienten kann die Leber vergrößert und druckempfindlich sein, eventuell besteht eine Abwehrspannung als Zeichen einer Peritonitis. Hypotension und zunehmende Minderung der Vigilanz deuten auf die Entwicklung einer Sepsis hin.

Diagnostik. Die laborchemischen Untersuchungen weisen allgemeine Entzündungszeichen mit Leukozytose, teilweise jedoch nur ausgeprägter Linksverschiebung sowie eine Erhöhung des Serum-Bilirubins häufig über 2 mg/dl sowie der AP und γ-GT nach. Bei einer Leberbeteiligung sind die Transaminasen ebenfalls erhöht. Zur Identifikation des auslösenden Keims sollten **Blutkulturen** entnommen werden. Sonografisch fallen eventuell entzündliche Sklerosierungen der Gallengänge als verbreiterte echodichte Wände auf. Gelegentlich können Komplikationen wie Abszesse oder Gasbildung beobachtet werden. Die CT gestattet häufig eine bessere Beurteilung bei einer Obstruktion durch Tumoren. Die Diagnose wird mit der ERCP gestellt, die neben der Darstellung eines Abflusshindernisses mit der endoskopischen Papillotomie (EPT) und Konkrementextraktion auch eine therapeutische Funktion hat. Mögliche Differenzialdiagnosen fasst **Tab. 43.4** zusammen.

Therapie. Eine **ERCP mit Konkrementextraktion** ist innerhalb von 24 h – bei septischen Zeichen notfallmäßig – durchzuführen. Ist die Aufhebung einer Obstruktion nicht möglich, besteht die Gefahr einer Sepsis, die auch mit antibiotischer Therapie nicht beherrschbar ist. In solchen Fällen kann zunächst eine vorübergehende Drainage durch eine Stenteinlage in den Gallengang mit Abfluss in das Darmlumen erreicht oder endoskopisch eine nasobiliäre Sonde platziert werden. Zur definitiven Versorgung kann dann eine perkutane transhepatische Cholangiodrainage (PTCD) oder als Ultima Ratio die operative Entfernung des Abflusshindernisses durchgeführt werden. Die weiteren Maßnahmen entsprechen denen der konservativen Behandlung der Cholezystitis (s. S. 877). Bei rezidivierenden Cholangitiden und anatomischer Prädisposition (z. B. biliodigestive Anastomose) kann prophylaktisch eine langfristige antibiotische Therapie indiziert sein.

Tab. 43.4 Differenzialdiagnose der Cholangitis

Erkrankungen	Bedeutung	Kommentar
Cholezystitis	+++	Sonografie, ERCP
Hepatitis	++	deutliche Transaminasenerhöhung, keine Sepsis, Hepatitisserologie, Autoantikörper, Morbus Wilson, Hämochromatose
Pankreatitis	+	selten Abwehrspannung, Erhöhung von Amylase und Lipase, evtl. biliäre Pankreatitis
Leberabszess	+	Sonografie, CT

Komplikationen und Verlauf. Es kann eine lebensbedrohliche, chologene Sepsis entstehen, die meist durch gramnegative Bakterien und Leberabszesse ausgelöst wird. Die Letalität einer im Notfall durchgeführten Operation beträgt 20 – 60%. Werden die Ursachen nicht beseitigt, führen rezidivierende Schübe einer chronischen Cholangitis mit oft milderer Symptomatik meist zu Leberparenchymschäden mit sekundär biliärer Zirrhose.

43.6 Sphinkter-Oddi-Dysfunktion (SOD)

engl. sphicter of oddi dysfunction

Definition. Es handelt sich hierbei um eine benigne, nicht steinbedingte Obstruktion der Gallenwege bedingt durch eine Dysfunktion des M. sphincter Oddi. Sie kann durch eine passive Obstruktion (z. B. narbige Papillenstenose) oder eine aktive Obstruktion (Muskelkontraktionen des M. sphincter Oddi) bedingt sein.

Klinik. Eine SOD ist mögliche Ursache für folgende Beschwerdekonstellationen:

- persistierende Gallenkoliken nach Cholezystektomie ohne Nachweis von Gallengangssteinen (Postcholezystektomiesyndrom)
- idiopathische rezidivierende Pankreatitis
- rezidivierende Gallenkoliken ohne Nachweis einer Cholelithiasis

Diagnostik. Die Milwaukee-Klassifikation legt die klinischen Kriterien für das Vorliegen einer SOD fest:

- 1. biliäre Schmerzen
- 2. GOT/GPT oder AP-Erhöhung über das 2-fache der Norm
- 3. Ductus choledochus > 12 mm dilatiert

Die Anzahl der vorliegenden Kriterien korreliert dabei mit der Erfolgsrate einer therapeutischen Papillotomie (Erfolg = klinische Besserung der Beschwerden). Eine invasive endoskopische Druckmessung kann in Einzelfällen zur Therapieplanung sinnvoll sein, ist allerdings mit einer hohen Komplikationsrate behaftet (Auslösen einer Pankreatitis in 20% der Fälle).

Therapie. Eine medikamentöse Therapie mit Substanzen, die eine Erschlaffung der glatten Muskulatur des Sphinkter Oddi bewirken (Nitrate, Kalziumantagonisten, Spasmolytika) kann versucht werden. Eine definitive Behandlung erfordert jedoch meistens eine weite endoskopische Papillotomie. Hierbei liegt die Erfolgsrate je nach Anzahl der vorhandenen Milwaukee-Kriterien und Manometriebefund zwischen < 10% (1 Kriterium, Manometrie normal) und 90 – 95% (3 Kriterien).

43.7 Tumoren der Gallenblase und Gallenwege

Benigne Tumoren

Als gutartige Tumoren der Gallenwege können Papillome, Adenome und Zystadenome auftreten. Sie sind insgesamt sehr selten. Papillome können im gesamten Gallengangssystem auftreten und kommen meist multipel vor, während Adenome eher unifokal auftreten. Beide Tumoren sollten engmaschig kontrolliert und bei Ikterus, Größenzunahme oder in Zweifelsfällen operativ entfernt werden. Papillome besitzen eine hohe Rezidivrate.

Maligne Tumoren

Cholangiozelluläres Karzinom

s. S. 846.

Weiterführende Informationen

http://www.dgvs.de (aktuelle S 3-Leitlinie Gallensteinleiden)
http://www.gastro.org

44 Bauchspeicheldrüse

Jens Koopmann, Jan Schmielau

44.1 Grundlagen

44.1.1 Anatomie

Das Pankreas wird in Kopf, Korpus und Schwanzabschnitte unterteilt. Nach medial schließt sich dem Pankreaskopf der Proc. uncinatus an. Das gesamte Organ liegt retroperitoneal. Der Pankreaskopf wird durch das Duodenum umschlossen; der Pankreasschwanz reicht bis an den Milzhilus heran. Der Pankreaskorpus hat nach ventral breitflächigen Kontakt zur Magenwand (Voraussetzung für die endosonografische Punktion des Pankreas vom Magen aus). Zwischen den beiden Organen liegt die Bursa omentalis, dorsal des Pankreaskorpus liegen Aorta und V. cava inferior. Am Unterrand des Korpus – medial des Pankreakopfes – kreuzen A. und V. mesenterica sup. die Pars horizontalis duodeni (**Abb. 44.1**). Die V. lienalis verläuft dorsal an Pankreaskorpus und -schwanz bis in den Milzhilus. Der Zusammenfluss von V. lienalis und V. mesenterica superior zur Pfortader (Konfluens) liegt dorsal des Pankreaskopfes. Die arterielle Versorgung des Pankreaskopfes erfolgt über zwei pankreatikoduodenale Arkaden, die aus der A. gastroduodenalis und der A. mesenterica superior gespeist werden.

Der Pankreashauptgang (Ductus Wirsungianus) mündet in 90% der Fälle gemeinsam mit dem Ductus choledochus auf der Papilla major (Papilla Vateri). Ein akzessorischer Pankreasgang (Ductus: Santorini) aus der dorsalen Pankreasanlage kann in 10% persistieren und mündet auf der Papilla minor. Durch fehlende Verschmelzung der dorsalen und ventralen Pankreasanlage kann ein Pancreas divisum oder anulare resultieren (s. S. 883)

44.1.2 Physiologie

Die **exokrinen Funktionen** des Pankreas mit einer Sekretion von etwa 1 – 2 l/d werden von Gang- und Drüsenepithel ausgeübt. Das Bikarbonat der Gangzellen neutralisiert den sauren Speisebrei nach Magenentleerung, damit die überwiegend erst im Darmlumen aus Enzymvorläuferstufen (Zymogen) aktivierten Enzyme der Drüsenzellen die Nahrung weiter aufspalten können. Hierzu gehören kohlenhydratspaltende (α-Amylase, Glukosidasen), fettspaltende (Lipase, Phospholipase A und B, Cholesterinesterase), nukleinspaltende (Desoxyribo- und Ribonukleasen) und proteinspaltende Enzyme (Trypsin, Chymotrypsin, Elastase, Kollagenase, Kallikrein, Carboxypeptidase).

Sekretin stimuliert die Bildung eines bikarbonatreichen Pankreassekrets, während **Cholezystokinin** vorwiegend die Freisetzung von Enzymen bewirkt. Eine

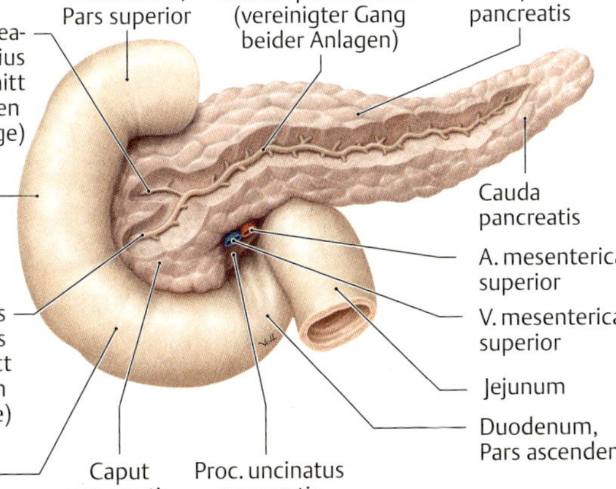

Abb. 44.1 Form und Abschnitte des Pankreas. (aus Prometheus, LernAtlas der Anatomie, Thieme)

hemmende Regulierung (Feedback-Mechanismus) wird den intraluminären Proteasen zugeschrieben. Die unterschiedlichen Zellen der **Pankreasinseln** geben eine Vielzahl von Hormonen in die Blutbahn ab (z. B. Insulin, Glukagon, Somatostatin, vasoaktives intestinales Polypeptid, pankreatisches Polypeptid, Gastrin), deren Sekretion durch Glukose, Aminosäuren und Fettsäuren beeinflusst wird. Sie besitzen zum Teil hemmende oder stimulierende Wirkungen auf die exokrine Pankreasfunktion.

44.2 Diagnostik

44.2.1 Apparative Diagnostik

Sonografie und Endosonografie

Die Sonografie ist vor allem indiziert bei Verdacht auf Pankreatitis, Pankreaspseudozysten und Pankreastumoren. Bei der Endosonografie ist die Auflösung bedingt durch die Nähe des Schallkopfes zum Organ noch besser (**Abb. 44.2**). Im Rahmen dieser Untersuchung können auch Punktionen vorgenommen werden.

ERCP und MRCP

Die endoskopische retrograde Cholangio-Pankreatikografie und die Magnetresonanz-Cholangio-Pankreatikografie werden auf s. S. 802 besprochen.

CT und MRT

CT und MRT dienen vorwiegend der weiteren Differenzierung unklarer Sonografiebefunde. Auch bei Tumoren kommen diese Untersuchungen im Rahmen des Staging zum Einsatz, um die Ausdehnung besser einschätzen zu können und ggf. Metastasen nachzuweisen. Auch eine CT-gesteuerte Punktion ist möglich.

44.2.2 Funktionsdiagnostik

Direkte exokrine Pankreasfunktionsprüfung

Sekretin-Pankreozymin-Test. Aufwändiges, aber sehr sensitives Verfahren zur Bestimmung einer exokrinen Pankreasinsuffizienz. Der Duodenal- und Magensaft wird fraktioniert mittels einer unter Durchleuchtung platzierten doppelläufigen Sonde gewonnen. Nach intravenöser Injektion von Sekretin wird zunächst die Wasser- und Bikarbonatsekretion über eine Stunde bestimmt. Im Anschluss nach Injektion von Pankreozymin (CCK) werden die Amylase-, Lipase- und Trypsinmenge des Duodenalsaftes ebenfalls über eine Stunde ermittelt.

Indirekte exokrine Pankreasfunktionsprüfung

Pankreolauryltest. Die mit einer Testmahlzeit eingenommene Substanz Fluorescein-Dilaurat wird durch die pankreasspezifische Cholinesterase gespalten. Das freie Fluorescein wird anschließend resorbiert und über die Niere ausgeschieden. Die aus-

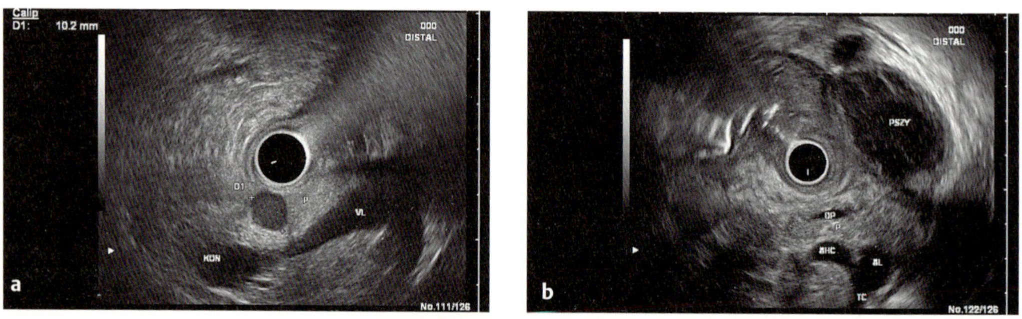

Abb. 44.2 Endosonografie des Pankreas. a Darstellung des Pankreaskorpus (P). Das Pankreaskorpus kann mit der Leitstruktur der V. lienalis (VL) vom Konfluens (Kon) bis zur Kauda abgegrenzt werden (a), hier bei einem Patienten mit Pankreastumor gezeigt (D 1). Als weitere Leitstruktur dient der Truncus coeliacus (TC), hier bei einem Patienten mit chronischer Pankreatitis und Pseudozyste dargestellt (**b**). AL = A..lienalis, AHC = A. hepatica communis (aus Dietrich, Endosonografie, Thieme).

geschiedene Farbstoffmenge im Urin ist ein Maß für die exokrine Pankreasfunktion.

Elastase im Stuhl. Die Elastase im Stuhl wird mittels ELISA bestimmt (normal > 200 µg/g Stuhl). Der Test wird durch die Substitution von Pankreasenzympräparaten nicht beeinflusst. Durch die einfache Durchführbarkeit Methode ist dies die Methode der ersten Wahl bei Verdacht auf eine exokrine Pankreasinsuffizienz bei allerdings eingeschränkter Sensitivität für gering ausgeprägte Pankreasinsuffizienz.

Endokrine Pankreasfunktionsprüfung

Oraler Glukosetoleranztest. Nach Einnahme von 75 g Glukose sind Blutzuckerwerte über 200 mg/dl nach 2 h pathologisch (vgl. S. 613).

44.3 Angeborene Erkrankungen

Pancreas anulare

Die zirkuläre Umwachsung des Duodenums durch das ventrale Pankreas während der embryonalen Entwicklung ist die am häufigsten vorkommende Anomalie und mit einer Obstruktion des Duodenums kombiniert (Inzidenz 1:20 000). Ein Teil der Patienten wird erst im Erwachsenenalter durch Duodenalstenose, chronische Pankreatitis oder Ulzera symptomatisch. Bei symptomatischen Stenosen wird eine Umgehungsoperation vorgenommen.

Pancreas divisum

Eine fehlende embryonale Verschmelzung der Gänge des ventralen und dorsalen Pankreas führt zu einer Situation, in der die Hauptmenge des Pankreassekrets über die akzessorische Papille des Ductus Santorini abgeleitet wird. Dabei scheint ein vermehrtes Risiko für eine Pankreatitis nur bei gleichzeitiger Stenose der Minorpapille zu bestehen. Eine endoskopische Papillotomie der Minorpapille ist nur bei rezidivierenden Pankreatitiden indiziert.

Ektopes Pankreasgewebe

Akzessorische Bauchspeicheldrüsen oder ektopes Pankreasgewebe können im gesamten Magen-Darm-Trakt vorkommen, am häufigsten treten sie jedoch im Magen, Duodenum und proximalen Jejunum auf. Sie initiieren durch fortbestehende Sekretion mitunter Entzündungen mit Ulzerationen, Perforationen, Blutungen und Stenosen.

Zystische Fibrose

Die Pankreasbeteiligung bei zystischer Fibrose ist eine der Hauptmanifestationen dieser autosomal-rezessiv vererbten Erkrankung (siehe Kapitel „Erkrankungen der Atemwege“ auf S. 441 ff.). Es handelt sich um Mutationen des CF-Gens, welches für das CFTR-Protein (Cystic Fibrosis Transmembrane Conductance Regulator) kodiert und eine Veränderung der Transportvorgänge an den Ionenkanälen mit Bildung eines zähen Sekretes bewirkt. Die Lebenserwartung wird wesentlich durch die pulmonale Beteiligung bestimmt.
Eine Obstruktion der Pankreasgänge führt zu Zystenbildung sowie Infiltrationen mit fibrotischen Veränderungen. Mehr als 85 % der Betroffenen entwickeln Zeichen der exokrinen Pankreasinsuffizienz mit chronischen Durchfällen und einer Maldigestion. Eine pathologische Glukosetoleranz ist häufig zu finden. 13 % der Patienten über dem 25. Lebensjahr haben einen manifesten Diabetes mellitus. Die Therapie beinhaltet eine Pankreasenzym- und Vitaminsubstitution (s. S.).

Hereditäre Pankreatitis

Mutationen im kationischen Trypsinogen-Gen (PRSS 1) mit autosomal-dominantem Erbgang führen zu einer hereditären Pankreatitis mit rezidivierenden akuten Pankreatitiden bereits im Kindesalter. Die Mutationen führen hierbei zu einer konstitutionellen Aktivierung des Enzyms Trypsinogen. Im Verlauf kommt es durch die wiederkehrenden Pankreatitisschübe zur Ausbildung einer endo- und exokrinen Pankreasinsuffizienz. Weiterhin ist das Risiko für ein Pankreaskarzinom gegenüber der Normalbevölkerung um das 50-fache gesteigert. Für die Diagnostik steht eine Mutationsanalyse des PRSS 1-Gens zur Verfügung.
Eine familiäre Häufung von rezidivierenden Pankreatitiden wird auch bei Trägern von Mutationen im SPINK1-Gen beobachtet (Familiäre Pankreatitis). Das SPINK1-Genprodukt ist ein spezifischer Inhibitor des kationischen Trypsinogen-Gens. Es entwickeln allerdings nur ca. 1 % der Träger dieser Mutationen eine Pankreatitis, sodass weitere Modifikatoren (z. B. Nikotin) an der Pathogenese beteiligt sein müssen. Mutationen im SPINK1-Gen finden sich ebenfalls bei 50 % der Patienten mit **tropischer Pankreatitis;** einer in Asien verbreiteten Variante mit prominenten Kalzifikationen des Pankreas.
Weitere genetische Ursachen für eine familiäre Häufung von Pankreatitiden sind die familiären Hyper-

J

triglyzeridämien (Frederickson Typ I, IV, V, s. S. 657) und ein familiärer Hyperparathyreoidismus (s. S. 535).

44.4 Entzündungen

44.4.1 Akute Pankreatitis

engl.: acute pancreatitis

Definition. Die akute Pankreatitis ist eine Entzündung der Bauchspeicheldrüse, welche in ihrer milden Form als **ödematöse Pankreatitis** in der Regel zu einer vollständigen Ausheilung führt. Die schwere Form wird als **nekrotisierende Pankreatitis** bezeichnet und ist durch ausgedehnte intra- und peripankreatische Nekrosen, Parenchymnekrosen angrenzender Organe sowie Hämorrhagien gekennzeichnet. Sie kann von schweren systemischen Reaktionen einschließlich Sepsis und Multiorganversagen begleitet werden und verläuft in 2 – 10 % der Fälle tödlich.

Epidemiologie

Die Inzidenz beträgt 5 – 40 pro 100 000 Einwohner, Männer sind häufiger betroffen. Der Altersgipfel hängt u. a. vom Auslöser ab: Altersgipfel bei Cholelithiasis zwischen 40 – 60 Jahren, Altersgipfel bei Alkoholabusus zwischen 20 – 40 Jahren. In 10 % der Fälle kommt es zu einem nekrotisierenden Verlauf.

Ätiopathogenese

Für die Entstehung einer Pankreatitis werden verschiedene ursächliche Mechanismen diskutiert. Hierzu gehören eine Druckerhöhung durch **eingeklemmte Gallensteine**, Reflux von Galle und aktivierten Enzymen, Blutzirkulationsstörungen und Stoffwechselstörungen wie Hyperkalzämie und Hypertriglyzeridämie (**Tab. 44.1**).

Entscheidend ist eine Schädigung des Pankreasazinus mit Aktivierung von Trypsin und nachfolgend der proteolytischen Enzymkaskade mit Selbstverdauung (Autodigestion) des Pankreas. Hierbei werden **proinflammatorische Mediatoren** in großer Menge (u. a. TNF, Il-1, IL-6, IL-8, Prostaglandine) freigesetzt. Diese führen im Zusammenspiel mit den proteolytischen Enzymen des Pankreas zur Entwicklung lokaler Organnekrosen und eines systemischen

Tab. 44.1 Ätiologie der akuten Pankreatitis

Ursache	Kommentar
Gallenwegserkrankungen (40 %)	biliäre Pankreatitis bei Choledocholithiasis
Alkoholabusus (30 – 40 %)	akute und chronische Pankreatitis
idiopathisch (10 – 30 %)	keine Ursache erkennbar
Medikamente (5 %)	z. B. Furosemid, Mesalazin, Dexamethason, Sulfasalazin, Trimethoprim + Sulfamethoxazol
metabolisch	Hyperlipidämie, Hyperkalzämie, terminale Niereninsuffizienz
hereditär	selten; Mutationen im PRSS 1- CFTR- oder SPINK1-Gen
Infektion	selten; Viren (Mumps, Coxsackie, Echovirus, HIV), Bakterien (Salmonellen, Campylobacter jejuni, Mykoplasmen), Parasiten (Askariden)
Trauma	Abdominaltrauma, abdominelle Operation, Herz-Lungen-Maschine
ERCP	Ödeme bzw. Verletzung der Papilla Vateri (Risiko1 – 5 %)
vaskulär	selten; Mitbeteiligung bei systemischer Vaskulitis, Cholesterinembolie-Syndrom
autoimmun	selten; Infiltration des Pankreas mit IgG4-positiven Plasmazellen, Mitbeteiligung der Gallenwege (sklerosierende Cholangitis) möglich, Serum-IgG4 erhöht, CT: pseudotumoröser Aspekt möglich, gutes Ansprechen auf Steroidtherapie
Obstruktion	Pankreasneoplasien, v. a. intraduktal papillär muzinöse Neoplasmen (IPMN) des Pankreas mit Beteiligung des Ductus pancreaticus

inflammatorischen Syndroms (SIRS) mit möglichem Multiorganversagen (MOV).
Eine ödematöse Pankreatitis liegt in etwa 90% der Fälle vor, sie kann jedoch auch in eine nekrotisierende Pankreatitis übergehen. Eine sekundäre Superinfektion der Organnekrosen bzw. peripankreatischer Flüssigkeitsansammlungen auf hämatogenem Weg oder durch Translokation der Darmflora führt zur Ausbildung infektionsbedingter Komplikationen wie Pankreasabszess oder infizierter Pseudozyste.

Klinik

Typisch ist ein **starker dumpfer und bohrender Dauerschmerz** im gesamten Oberbauch mit raschem Beginn und Erreichen der maximalen Intensität innerhalb von 15 – 60 Minuten. Er wird diffus lokalisiert und strahlt bei der Hälfte der Patienten **gürtelförmig** in den Rücken aus. Schmerzfreiheit ist selten und dann meist mit einem beginnenden Schockgeschehen verbunden. Übelkeit und Erbrechen sind bei 90% der Patienten vorhanden. Fieber bis 38,5 °C ist auch ohne Vorliegen septischer Komplikationen häufig. Enzymhaltige Ergüsse können als Aszites oder Pleuraerguss imponieren.
Septische Temperaturen deuten auf infizierte Nekrosen, Abszesse oder Cholangitis hin. Innerhalb von Stunden kann sich eine manifeste Schocksymptomatik entwickeln. Diese ist neben Tachykardie und Hypotonie oft durch eine Bewusstseinsstörung erkennbar. Ein Ikterus deutet auf eine biliäre Genese der Pankreatitis hin.

Diagnostik

Die Diagnose einer akuten Pankreatitis ergibt sich aus der Kombination von klinischem Befund und erhöhter Serum-Lipase bzw. Serum-Amylase (mindestens Erhöhung über das 3-fache der Norm).

Körperliche Untersuchung. Eine tiefe Palpation löst im Oberbauch in der Regel heftigste Schmerzen aus, wobei eine zunächst nur geringe Spannung der Bauchdecke auffällig ist (Gummibauch). Im Verlauf kann sich ein paralytischer Ileus ausbilden. Selten finden sich Einblutungen in den Flanken (Grey-Turner-Zeichen) und periumbilikal (Cullen-Zeichen) sowie insbesondere an den Extremitäten subkutane Fettgewebsnekrosen. Als pulmonale Komplikation kann ein Pleuaerguss oder Atelektasen nachweisbar sein.

Labordiagnostik.

- Amylase ↑: 2 – 12 h nach Symptombeginn bis etwa 3 – 5 Tage, geringe Spezifität
- Lipase ↑: höhere Spezifität, nach Ausheilung länger erhöht
- γ-GT, AP ↑: bei biliärer Genese der Pankreatitis, Obstruktion bzw. Kompression der Gallenwege
- Transaminasen ↑: bei Choledocholithiasis, alkoholischen Leberveränderungen
- Glukose ↑: anfänglicher Glukagonüberschuss durch Zerstörung von Langerhans-Inseln, Insulinmangel bei ausgedehntem Organbefall
- Kalzium ↓: Hypalbuminämie, Kalziumeinlagerung in Nekrosen, Hypokalzämie als prognostischer Parameter
- pO_2 ↓: bis unter 60 mmHg prognostischer Parameter, Zeichen für systemische Komplikationen
- Leukozyten ↑: Superinfektion, bei Leukozytose > 15/nl evtl. Zeichen der Sepsis
- CRP, Interleukin-6, Procalcitonin: prognostische Parameter, Erhöhung korreliert mit Schwere des Verlaufs

Sonografie. Obligat ist eine zeitnahe sonografische Beurteilung der Gallenwege, um ggf. die Indikation zur ERCP zu stellen. Auffallen können weiterhin ein geschwollenes Pankreas mit unscharfer Begrenzung als Korrelat einer ödematösen Pankreatitis oder umschriebene Nekroseareale sowie Abszessformationen, Einblutungen, Pseudozysten (s. **Abb. 44.2 b**), Aszites oder Pleuraergüsse.

> **!** **Bei paralytischem Ileus kann die Untersuchung des Pankreas durch Luftüberlagerung erschwert oder unmöglich sein.**

CT. Sie findet ihren Einsatz bei schweren Verlaufsformen mit Auftreten von Komplikationen oder wenn die Sonografie keine sichere Aussage erlaubt. Die computertomografische Untersuchung mit Kontrastmittel ist bei der Beurteilung des Pankreas, der Nekroseausbreitung und weiterer Komplikationen der Sonografie überlegen. Eine Prognoseabschätzung erlaubt eine CT mit KM nach 72 h Krankheitsverlauf (als radiologischer Score: CT Severity Index, CTSI).

ERCP und Endosonografie. Bei biliärer Genese einer akuten Pankreatitis sollte eine ERCP innerhalb von 72 h, bei Vorliegen einer begleitenden Cholangitis innerhalb von 24 h erfolgen. Eine vermeintliche idiopathische Pankreatitis kann evtl. ebenfalls auf eine Obstruktion durch eine Choledocholithiasis, Striktur, kleinere Pseudozysten, Verkalkung, Pankreasanomalie oder einen Pankreas- oder Papillentumor zurückgeführt werden.

Die Endosonografie hat bei der akuten Pankreatitis einen Stellenwert in der Beurteilung einer Gallengangsobstruktion (bei fehlendem Nachweis keine ERCP notwendig) sowie in der Erkennung und ggf. interventionellen Behandlung von lokalen Komplikationen (infizierte Nekrosen, Pseudozysten).

Konventionelle Röntgenaufnahmen. In der Abdomenübersicht können Motilitätsstörungen mit luftgeblähten Darmschlingen, insbesondere im Mittelbauch und linken Oberbauch, Pankreasverkalkungen oder Gallensteine auffallen. Thoraxaufnahmen weisen Pleuraergüsse, links häufiger als rechts, Plattenatelektasen oder basale Infiltrate nach.

Zu berücksichtigende Differenzialdiagnosen sind in Tab. 44.2 zusammengefasst.

Therapie

Allgemeine Maßnahmen. Alle Patienten mit einer akuten Pankreatitis sollten **stationär** aufgenommen und engmaschig überwacht werden. Hierzu gehören wiederholte klinische Untersuchungen des Abdomens und der Kreislaufparameter (Blutdruck, Puls, ZVD) mit Flüssigkeitsbilanzierung sowie die Bestimmung von Elektrolyten, Glukose, Kreatinin, Harnstoff, Lipase, CRP, Cholestaseparameter, Gerinnung, Blutbild und Blutgasanalyse.

Bei nekrotisierender Pankreatitis, Schocksymptomatik sowie Zeichen des Organversagens ist von Beginn an, wie auch bei einer Verschlechterung des Zustandes des Patienten, eine **intensivmedizinische Überwachung** obligat. Initial ist eine generelle **Nahrungskarenz** erforderlich.

Ein Ausgleich des oft ausgeprägten Flüssigkeitsbedarfs (initial 5 – 10 l) erfolgt durch Elektrolytlösungen unter ZVD-Kontrolle (8 – 12 cm Wassersäule). Bei Darmatonie mit Erbrechen ist eine Magensonde als Ablauf sinnvoll. Eine frühzeitige enterale Ernährung (innerhalb 1 Woche) mit nasojejunaler Sonde hilft bei der Vermeidung einer Darmatonie mit komplizierender Sepsis. Sollte diese nicht toleriert werden, ist eine komplette parenterale Ernährung notwendig. Eine Säureblockade mit Protonenpumpeninhibitoren ist nicht notwendig.

Alle Patienten sollten eine **adäquate analgetische Therapie** erhalten. Neben peripher wirksamen Analgetika (Metamizol) stehen hier Morphinderivate mit geringer Wirkung auf den Sphinkter Oddi (Buprenorphin, Pethidin) und ggf. auch ein Periduralkatheter zur rückenmarksnahen Analgesie zur Verfügung. Nach Sistieren der Schmerzen und Abfall der Serumlipase wird bei Wiedereinkehren der normalen

Tab. 44.2 Differenzialdiagnose der akuten Pankreatitis

Erkrankung	Bedeutung	Kommentar
peptisches Ulkus	+++	perakutes Schmerzereignis, radiologisch subphrenische Luftsichel, endoskopischer Ulkusnachweis, Pankreatitis bei Penetration in das Pankreas
Cholezystitis	+++	Schmerzen im rechten Oberbauch (Murphy-Zeichen), sonografische Gallenblasenwandverdickung
Gallenkolik	+++	Cholestase, evtl. mit Pankreatitis, sonografisch Steinnachweis
Myokardinfarkt	+++	bei Kammerendteilveränderungen im EKG Infarktausschluss mittels EKG-Verlauf und Enzymdiagnostik
Nierenkolik	++	Schmerzausstrahlung in die Leiste, Mikrohämaturie
Mesenterialinfarkt	++	postprandiale Angina visceralis, blutige Diarrhöen, Angiografie
Aneurysma dissecans	++	Strömungsgeräusch, Pulse, Hb-Abfall, Sonografie, Angiografie
Lungenembolie	+	atemabhängige akute Schmerzen
Pneumonie	+	evtl. basale Infiltrate bei Pankreatitis
diabetische Ketoazidose	+	abdominelle Schmerzen mit Erhöhung der Gesamt-, jedoch nicht der Pankreasisoamylase
chronische Pankreatitis	+	rezidivierende Schmerzen mit irreversiblen Strukturveränderungen, permanente exo- und endokrine Pankreasinsuffizienz

Darmperistaltik mit einem vorsichtigen Kostaufbau begonnen.

Diätetische Maßnahmen nach Ausheilung einer Pankreatitis beinhalten vor allem die Anpassung an eine mögliche endokrine Insuffizienz mit diabetischer Stoffwechsellage. Weiterhin müssen ursächliche Grunderkrankungen (z. B. Hyperkalzämie, Hyperlipidämie) behandelt und begünstigende Noxen (z. B. Alkohol, Medikamente) ausgeschaltet werden.

Antibiotika. Eine antibiotische Therapie ist bei Nachweis infektiöser Komplikationen der akuten Pankreatitis obligat (Pankreasabszess, superinfizierte Nekrose, Cholangitis, komplizierende Pneumonie, Katheterinfektion). Hier sollten bei Nachweis einer Infektion des Pankreas **Substanzen mit guter Parenchympenetration** (Imipenem, Fluorochinolone) verwendet werden. Bei Verdacht auf das Vorliegen einer Superinfektion einer Pankreasnekrose oder Pseudozyste ist eine diagnostische und ggf. therapeutische Punktion zur Gewinnung von Material für die Mikrobiologie indiziert.

Ein prophylaktischer Einsatz von Antibiotika zur Verhinderung infektionsbedingter Komplikationen kann nicht generell empfohlen werden.

Therapie bei Komplikationen

Biliäre Pankreatitis. Die Prognose einer biliären Pankreatitis kann durch Beseitigung der Obstruktion (Konkrementextraktion) mittels ERCP mit Papillotomie deutlich verbessert werden. Hier ist eine frühzeitige (< 72 h), bei gleichzeitigem Vorliegen einer Cholangitis notfallmäßige (< 24 h) ERCP notwendig. Bei Nachweis einer Choledocholithiasis und Cholezystolithiasis sollte nach Abklingen der Pankreatitis im gleichen stationären Aufenthalt eine elektive Cholezystektomie zur Verhinderung eines Rezidivs erfolgen.

Pankreasnekrosen. Sterile Pankreasnekrosen bedürfen in der Regel keiner Therapie. Bei Verdacht auf eine Superinfektion einer Nekrose ist eine diagnostische endosonografische oder CT-gesteuerte Punktion zur Materialgewinnung, bei bestätigter Superinfektion eine interventionelle Therapie (endosonografisch gesteuerte transgastrale Drainage oder Nekrosektomie) indiziert. Bei ausgeprägter infizierter Pankreasnekrose sowie bei Nachweis eines lokalisierten Pankreasabszesses kann – nach interdisziplinärer Evaluation – eine chirugische Nekrosektomie notwendig sein.

> **!** **Der Verdacht auf das Vorliegen einer bakteriellen Superinfektion von Nekrosen besteht immer, wenn es im Verlauf einer Pankreatitis zum Auftreten von Fieber oder einem Anstieg der Entzündungsparameter kommt.**

Weitere Komplikationen. Weitere lokale Komplikationen sind die Entstehung von Pankreaspseudozysten, eine Pfortader- oder Milzvenenthrombose mit Ausbildung einer lokalen portalen Hypertension (und Entwicklung von Fundusvarizen), ein Pankreasabszess, Blutungen bei einer Arrosion der Milzgefäße, Pankreasgangfisteln bei Organnekrose sowie Pseudoaneurysmata der A. lienalis.

Als systemische Komplikationen kann es zur Entwicklung eines Multiorganversagens (MOV) mit akutem Nierenversagen (s. S. 310), ARDS (Schocklunge, s. S. 464) und disseminierter intravasaler Gerinnung (DIC, s. S. 374) kommen.

Prognose

Die Abschätzung der Prognose bei einer akuten Pankreatitis erlauben klinische (Ranson, APACHE II, Atlanta-Kriterien) und radiologische (CT severity index) Score-Systeme. Eine erhöhte Punktzahl korreliert hier gut mit der zu erwartenden Mortalität und kann so die weitere Diagnostik und Therapie beeinflussen (**Tab. 44.3**).

Klinischer Fall

Die 56-jährige Frau O. wird blassgesichtig und mit Brechschale in der Hand auf der Liege in die Ambulanz geschoben. Sie stöhnt unter stärksten Bauch- und Rückenschmerzen. Bei der Palpation erkennt der aufnehmende Arzt, dass die Bauchdecke gummiartig nachgibt. Die Laborwerte erbringen folgendes Ergebnis: Leukozyten 18,5/nl (4,5 – 11/nl), Hämoglobin 16,2 g/dl (12,0 – 16,5 g/dl), Lipase 1 370 U/l (0 – 160 U/l), Amylase 2 890 U/l (60 – 180 U/l), GOT 210 U/l (0 – 35 U/l), GPT 310 U/l (0 – 35 U/l), LDH 860 U/l (100 – 190 U/l), CRP 120 mg/l (0,08 – 3,1 mg/l). Im Normbereich liegen Elektrolyte, Kreatinin, Bilirubin, GGT und AP. Im Ultraschall sieht der Arzt ein ödematöses, unscharf begrenztes Pankreas ohne echoarme Areale, dem Bild einer akuten Pankreatitis entsprechend. Zudem kann der Untersucher einen erweiterten Ductus hepaticus communis (DHC) erkennen. Somit besteht der Verdacht einer biliären Genese der Entzündung. Die Patientin soll zunächst nüchtern bleiben und bekommt Flüssigkeit, Elekrolyte

Tab. 44.3 Prognoseabschätzung bei akuter Pankreatitis (Ranson Score)

bei Aufnahme		**Mortalität**
Alter	> 55 Jahre	
Leukozyten	> 16 000/µl	
Glukose	> 200 mg/dl	
LDH	> 350 IU/l	
GOT	> 250 IU/l	< 3 Kriterien: 3 % 3 – 4 Kriterien: 16 % 5 – 6 Kriterien: 40 % > 6 Kriterien: 100 %
nach 48 h		
Hämatokritabfall	> 10 %	
Harnstoffanstieg	> 5 mg/dl	
Kalzium	< 8 mg/dl	
arterieller pO_2	< 60 mmHg	
Basendefizit	> 4 mmol/l	
Flüssigkeitsverlust	> 6 l	

und Pethidin intravenös. Bei der schnell durchgeführten ERCP findet sich ein Konkrement im distalen DHC. Es erfolgt eine Papillotomie und eine Steinextraktion mittels Dormia-Körbchen. Galle und Pankreassaft können nun wieder abfließen. Nach dieser Maßnahme bessern sich das klinische Bild und die Laborwerte – insbesondere die Pankreasenzyme – von Frau O. rasch. Die Patientin wird nach Abklingen der akuten Pankreatitis elektiv cholezystektomiert.

44.4.2 Chronische Pankreatitis

engl.: chronic pancreatitis

Definition. Bei der chronischen Pankreatitis besteht eine chronische Entzündung der Bauchspeicheldrüse, die zu einer irreversiblen Zerstörung des Pankreasparenchyms mit nachfolgendem Funktionsverlust (exo- und endokrine Pankreasinsuffizienz) führt. Pathologisch ist die chronische Pankreatitis durch eine progressive Fibrose, Atrophie und lymphozytäre Infiltration des Organs gekennzeichnet.

Epidemiologie. Inzidenz 2 – 10, Prävalenz 20 – 70 pro 100 000 Einwohner, ♂ > ♀, etwa 3:1.

Ätiopathogenese

Die genaue Ursache ist unbekannt. Als auslösende Faktoren werden neben einer Obstruktion des Pankreasgangs (Präzipitation von Proteinen des Pankreassekrets im Gang, Pankreasgangsteine) eine direkt toxische Wirkung exogener Faktoren (**Alkohol:** Nekrose der Pankreasazinuszellen, Freisetzung von proinflammatorischen Mediatoren, konsekutive Fibrose) sowie die Abfolge von rezidivierenden Schüben einer akuten Pankreatitis mit Nekrosebildung und progressiver Fibrose angenommen.

Am Fortschreiten der Erkrankung sind weitere genetische Faktoren beteiligt (CFTR, SPINK-1, Zytokinpolymorphismen), sodass letztendlich ein **Zusammenspiel mehrerer pathogenetischer Faktoren** den Verlauf der Erkrankung bestimmt (**Tab. 44.4**). Hierfür spricht auch die Tatsache, dass nur ca. 10 % aller Patienten mit einer chronischen Alkoholkrankheit (Konsum > 150 g/d für mind. 5 Jahre) eine chronische Pankreatitis entwickeln. Ein weiterer wichtiger Faktor bei der Progression einer chronischen Pankreatitis stellt der **Nikotinkonsum** dar. Als Folge des fortschreitenden Funktionsverlusts kommt es erst zur Entwicklung einer exokrinen und später auch einer endokrinen (pankreopriver Diabetes) Pankreasinsuffizienz.

Klinik

Leitsymptom ist ein heftiger, häufig nahrungsabhängiger **Schmerz im Epigastrium**, der **gürtelförmig** in den Rücken und die Schultern ausstrahlen und tagelang anhalten kann. Besserung verspüren die Patienten mit angezogenen Knien im Sitzen oder Liegen. Gelegentlich, insbesondere in Spätstadien, kann der Schmerz fehlen.

Typischerweise beginnt eine erste Schmerzattacke in einem Alter von 30 – 40 Jahren, nachdem nicht selten bei chronischem Alkoholabusus ein Alkohol-

Tab. 44.4 Ätiologie der chronischen Pankreatitis

Ätiologie	mögliche Ursachen
toxisch-metabolisch (80 %)	Alkohol, Hyperkalzämie, Hyperlipidämie, Urämie, Medikation
idiopathisch (20 %)	Ursache unbekannt
genetisch	Mutationen im PRSS-1, CFTR und SPINK-1 Gen
autoimmun	s. **Tab. 44.1**
obstruktiv	rezidivierende Choledocholithiasis, SOD (Sphinkter-Oddi-Dysfunktion, s. S. 880), Pancreas divisum, intraduktaler Tumor

exzess vorausgegangen ist. Die schmerzfreien Intervalle können Monate bis Jahre andauern. Ein Gewichtsverlust ist einerseits bedingt durch eine Maldigestion bei exokriner Pankreasinsuffizienz mit Diarrhö und Steatorrhö, andererseits durch verminderte Nahrungsaufnahme wegen postprandialer Schmerzen. Beeinträchtigt sind die Patienten ferner durch Völlegefühl und Meteorismus.

Ein Teil der Patienten fällt auch erst durch Auftreten von Symptomen eines pankreaopriven Diabetes mellitus oder einer Stenose des Ductus choledochus mit Ikterus auf.

Der akute Schub einer chronischen Pankreatitis ist bei Erstmanifestation mitunter nicht von einer akuten Pankreatitis zu unterscheiden.

Diagnostik

Die körperliche Untersuchung ist in der Regel nicht richtungsweisend, kann aber Hinweise auf die Ätiologie (Stigmata der Alkoholkrankheit) sowie möglicher Komplikationen (Kachexie) geben. Ein „Goldstandard" in der Diagnose der chronischen Pankreatitis ist nicht vorhanden, für die Diagnosestellung wird eine **Kombination von Funktionstests und bildgebenden Verfahren** des Pankreas verwendet. Generell sind pathologische Veränderungen bei längerer Erkrankungsdauer häufiger zu finden als in Initialstadien. Die Bestimmung der Pankreasenzyme (Lipase/Amylase) hat bei der Diagnostik einer chronischen Pankreatitis keinen Stellenwert (normale Werte durch Parenchymverlust).

Generell sollten weniger invasive Vefahren (Elastase im Stuhl, transabdominelle Sonografie) initial angewendet werden und nur bei nicht richtungsweisendem Befund durch invasivere Verfahren (ERCP, invasive Funktionstests) ergänzt werden. Als bildgebende Methode der ersten Wahl bietet sich aufgrund der guten diagnostischen Genauigkeit und minimalen Invasivität die **Endosonografie** an.

Funktionsdiagnostik. Alle indirekten Funktionstests der exokrinen Pankreasfunktion ergeben erst bei fortgeschrittener Insuffizienz pathologische Werte. Ein Diabetes mellitus entwickelt sich oft erst, nachdem eine exokrine Insuffizienz manifest geworden ist.

Konventionelle Röntgenaufnahmen. In der Leeraufnahme des Oberbauchs sind evtl. Pankreasverkalkungen nachweisbar. Sie können einer Pankreasinsuffizienz vorausgehen.

Sonografie. In frühen Stadien ist sie weniger aussagekräftig als die CT. Typische Befunde in späten Stadien sind Atrophie, Kalzifikationen, Dilatation des Ductus pancreaticus, evtl. Nachweis von Pseudozysten.

CT. Parenchymatrophie, Pankreasgangdilatationen, Kalzifizierungen, Pseudozysten und Pankreasraumforderungen werden mit hoher Sensitivität erkannt. Weiterhin können Komplikationen wie Pfortader- oder Milzvenenthrombose, gastrale Varizen und Cholestase auffallen. Die CT des Pankreas (Dünnschichttechnik) ist der MRT hinsichtlich der diagnostischen Genauigkeit überlegen.

Endosonografie. Als typische Zeichen einer chronische Pankreatitis lassen sich am Parenchym echoreiche Areale oder Stränge, eine Pseudolobulierung oder Zysten und am Gangsystem eine Dilatation (Hauptgang oder Seitenäste), Irregularität der Wand mit verstärkter Echogenität oder Pankreasgangsteine nachweisen. Bei Vorliegen von > 3 dieser Kriterien kann endosonografisch eine chronische Pankreatitis diagnostiziert werden (**Abb. 44.3**). Gleichzeitig können durch Feinnadelaspirations-

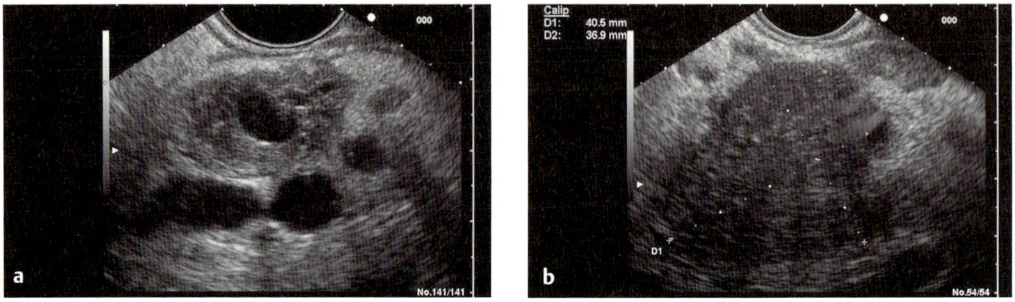

Abb. 44.3 **Endosonografie bei chronischer Pankreatitis.** Veränderungen bei einer chronischen Pankreatitis im Pankreasschwanz (**a**) im Vergleich zu einem großen Pankreaskopfkarzinom (**b**) (aus Dietrich, Endosonografie, Thieme).

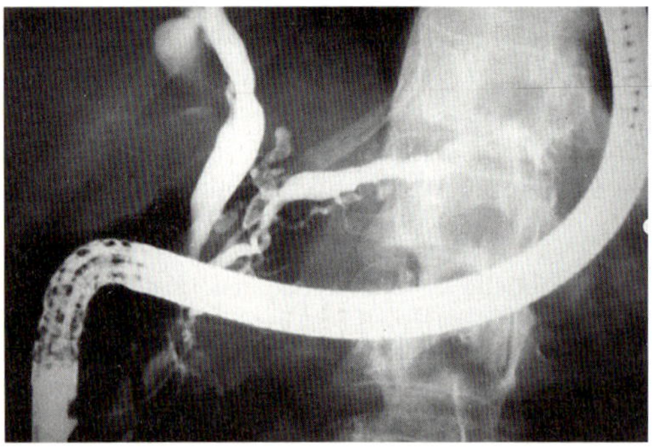

Abb. 44.4 **ERCP bei chronischer Pankreatitis.** Chronische Pankreatitis mit Aufweitung und Gangunregelmäßigkeiten des Ductus pancreaticus sowie Verplumpung der Äste 1. und 2. Ordnung. Durch Pankreaskopfvergrößerung komprimierter Ductus choledochus mit prästenotischer Dilatation.

zytologie (FNA) fokale Pankreasveränderungen weiter eingeordnet werden.

ERCP. Pankreasgangveränderungen sind häufig mit einer zunehmenden Pankreasinsuffizienz vergesellschaftet. Stenosierungen des Hauptganges wie auch der Seitenäste (Abb. 44.4) und Dilatationen bis über 1 cm führen dabei zu perlschnurartigen Veränderungen („Chain of Lakes"). Gangsteine sind insbesondere häufig bei der alkoholinduzierten chronischen Pankreatitis. Die ERCP ist in der diagnostischen Genauigkeit der MRCP hier überlegen.

Im akuten Schub einer chronischen Pankreatitis sind die **Differenzialdiagnosen** einer akuten Pankreatitis vordringlich (s. S. 885). Morphologische Veränderungen und Pankreasinsuffizienzzeichen sichern die Diagnose einer chronischen Pankreatitis im Verlauf. Sie ist von Erkrankungen mit Insuffizienz wie Mukoviszidose oder Hämochromatose sowie einer verminderten Enzymstimulation bei entzündlichen Veränderungen des Duodenums wie Sprue abzugrenzen. Gelegentlich kann eine chronische Pankreatitis durch ein Pankreaskarzinom bedingt sein oder ein solches bewirken.

Therapie

Eine kausale Therapie der chronischen Pankreatitis gibt es derzeit nicht. Bei alkoholbedingter chronischer Pankreatitis muss der Patient auf die Notwendigkeit einer **Alkoholkarenz** aufgeklärt und entsprechende Therapiemaßnahmen (Entgiftung, strukturierte Entwöhnungstherapie) eingeleitet werden.

Schmerzen. Chronische Schmerzen sind das häufigste und am meisten beeinträchtigende Symptom der chronischen Pankreatitis. Die mögliche Beseitigung auslösender lokaler Faktoren wie Abflussbehinderungen, Pseudozysten und Magenentleerungsstörungen muss immer geprüft werden. Im weiteren Verlauf sollte nach einem Stufenschema vorgegangen werden. Wie bei anderen chronischen Schmerzen steht nicht die Gefahr einer Abhängigkeit, sondern eine Schmerzfreiheit des Patienten im Vordergrund. Hierfür wird folgendes Stufenschema empfohlen:

- *Stufe 1:* Kombination Spasmolytika (Butylscopolamin) und peripher wirkende Analgetika (Metamizol, Paracetamol).
- *Stufe 2:* zusätzlich schwach wirksame Opioide (Tramadol)
- *Stufe 3:* zusätzlich stark wirksame Opioide (Pethidin, Buprenorphin)

Zur Schmerztherapie kann weiterhin eine endosonografisch gesteuerte Plexus-coeliacus-Blockade (lokale Injektion von Ethanol) eingesetzt werden. Die Erfolgsrate (Schmerzreduktion) liegt hier bei 25 – 50 %, der Effekt hält in der Regel über 2 – 4 Monate an. Als Ultima Ratio kann eine Pankreasresektion oder Drainageoperation notwendig sein.

Exokrine Pankreasinsuffizienz. Vorrangig ist eine **Substitution der Lipase**. Eine Enzymsubstitution sollte bei einer täglichen Fettausscheidung von mehr als 15 g oder einer Abnahme des Körpergewichts eingeleitet werden. Die Einnahme erfolgt zu den Mahlzeiten und richtet sich nach Abnahme der Stuhlfrequenz und Steatorrhö sowie einer adäquaten Gewichtszunahme. Eine Linderung von Meteorismus und Diarrhö kann jedoch auch schon bei einer geringeren Pankreasinsuffizienz erreicht werden. Dosierung: pro Mahlzeit initial 30 000 IU Lipase, Dosisanpassung nach Klinik.

Endokrine Pankreasinsuffizienz. → vgl. Kapitel „Glukosestoffwechsel“, S. 602 ff.
Die endokrine Funktionseinschränkung wird meist erst nach Manifestation der exokrinen Insuffizienz auffällig und bedarf einer Insulintherapie (s. S. 616). Wegen einer eingeschränkten Gegenregulation bei Hypoglykämie (erniedrigte Glukagonsekretion, unzureichende Nahrungsaufnahme und häufig fortgesetzter Alkoholkonsum) sollte nur bei gesicherter Mitarbeit des Patienten eine normoglykämische Einstellung angestrebt werden.

Diät. Eine spezielle Pankreasschonkost gibt es nicht. Unter der Berücksichtigung einiger Empfehlungen sollte der Patient essen, was ihm bekommt. Empfohlen wird: Alkohol und Nikotinkarenz, häufige (6 – 8/d) kleine Mahlzeiten, Fettreduktion (100 – 120 g/d), ausreichende Proteinzufuhr (100 – 150 g/d), ggf. Substitution fettlöslicher Vitamine.

Pankreasgangstrikturen und -steine. In der Mehrzahl der Fälle lassen sich intraduktale Konkremente (Pankreatikolithiasis) nach endoskopischer Papillotomie und eventuell extrakorporaler Stoßwellenlithotripsie (ESWL) extrahieren. Die Hälfte der Patienten wird so langfristig symptomfrei. Ferner können Pankreasgangstrikturen dilatiert oder durch mehrfache Stenteinlagen aufbougiert werden. Bei Stenosen auf Ebene des Sphinkter Oddi ist eventuell eine selektive Papillotomie des Pankreasgangsphinkters angezeigt.

Pankreaspseudozysten. Pankreaspseudozysten können im Laufe einer akuten oder chronischen Pankreatitis als Komplikation entstehen (ca. 25 % der Patienten). Bei einer Größenzunahme der Pseudozysten besteht die Gefahr einer Kompression des Ductus choledochus oder Ductus pancreaticus sowie einer Ruptur mit Ausbildung einer Peritonitis. Weiterhin können Pankreaspseudozysten Ursache hämodynamisch relevanter Einblutungen sein. Eine Superinfektion stellt eine dringliche Indikation zur Zystendrainage dar. Die meisten Pankreaspseudozysten sind allerdings asymptomatisch, bilden sich wieder zurück und bedürfen keiner Therapie. Symptomatische und insbesondere infizierte Pseudozysten sollten jedoch drainiert werden. Standardvorgehen ist eine transgastrale, endosonografisch gesteuerte **Drainagenanlage** mit Pigtail-Katheter durch die Magen- oder Duodenalwand.

Obstruktion. Bei chronisch kalzifizierender Kopfpankreatitis kann sich als häufige Komplikation eine Röhrenstenose des distalen Ductus choledochus ausbilden. Diese wird mittels endoskopischer Papillotomie und Stenteinlage behandelt. Die Abgrenzung eines Pankreaskarzinoms ist in dieser Situation häufig schwierig. Als weitere Manifestation einer chronischen Kopfpankreatitis kann aufgrund des raumfordernden Effekts eine symptomatische Duodenalstenose mit Magenentleerungsstörung auftreten.

Blutung. Neben einer Einblutung in Pseudozysten kann es bei der chronischen Pankreatitis als Komplikation zur Ausbildung von Pseudoaneurysmata besonders der A. lienalis mit nachfolgender Blutung kommen. Hier ist eine Angiografie mit Embolisation angezeigt. Bei Thrombose der V. lienalis tritt als typische Komplikation eine lokale portale Hypertonie mit Ausbildung von Fundusvarizen auf. Eine Blutung wird hier interventionell-endoskopisch mittels Injektion von Histoacryl behandelt.

Chirurgische Therapie

Drainageoperation. Durch Druckreduktion im Pankreasgewebe wird oftmals eine Besserung der chronischen Schmerzen erreicht. Eine End-zu-Seit-Pankreatojejunostomie mit Roux-Y-Anastomose wird bei einer isolierten Stenose des Pankreasganges durchgeführt, wohingegen eine Seit-zu-Seit-Pankreatojejunostomie bei multiplen Stenosen erforderlich ist. Große Pseudozysten, die einer endoskopischen Drainage nicht zugänglich sind, werden mit einer Zystojejunostomie versorgt.

Pankreasresektion. Ist eine Drainageoperation nicht möglich oder persistieren Schmerzen nach einer solchen Operation, bei Pfortader- oder Milzvenenthrombose, Fistelbildung oder Karzinomverdacht wird eine Pankreasresektion erforderlich. Sie wird entweder als Pankreaslinks- oder Pankreaskopfresektion (dann duodenumerhaltend) oder als Duodenopankreatektomie (Whipple-Operation) vorgenommen.

44.5 Pankreaskarzinom

engl.: pancreatic cancer

Definition. Das Pankreaskarzinom ist ein schnell wachsender Tumor mit hoher Letalität. In ca. 90% der Fälle handelt es sich um duktale Adenokarzinome mit schlechter Prognose. Zu den restlichen 10% der Tumoren des exokrinen Pankreas zählen u. a. das seröse und muzinöse Zystadenokarzinom und die intraduktal papillär muzinöse Neoplasie (IPMN). Sie zeichnen sich durch eine bessere Prognose aus.

Epidemiologie und Ätiologie

Inzidenz 2 – 10 pro 100 000 Einwohner, ♂ > ♀. Risikofaktoren sind chronische Pankreatitis, Zigarettenrauchen und genetische Ursachen.

Klinik

Charakteristisch für das Pankreaskarzinom ist die **Symptomarmut in frühen Stadien**. Häufigstes Symptom sind Oberbauchschmerzen mit Ausstrahlung in den Rücken wie bei einer chronischen Pankreatitis. Unspezifische Symptome wie Abgeschlagenheit, Appetitverlust, Übelkeit und Gewichtsverlust treten im Verlauf auf.

> ! **Bei der Hälfte der Patienten ist ein schmerzloser Ikterus durch Kompression des Ductus choledochus das erste Symptom. Hierbei kann die Gallenblase prallelastisch tastbar sein (Courvoisier-Zeichen).**

Eine weitere mögliche Manifestation sind **paraneoplastische Syndrome**, wie z. B. eine migratorische Thrombophlebitis insbesondere der unteren Extremitäten. Auch ein neu aufgetretener Diabetes mellitus kann durch ein Pankreaskarzinom verursacht sein.

Diagnostik

Ziel ist es, ein Pankreaskarzinom in einem frühen Stadium zu erkennen, um eine kurative chirurgische Therapie zu ermöglichen. Dies gelingt allerdings nur bei 15 – 20% aller Patienten. Die Ausbreitungsdiagnostik orientiert sich an den Kriterien der Resektabilität (Fernmetastasierung, Infiltration großer Gefäße).

Einziger Tumormarker von klinischer Bedeutung ist das **CA19-9** im Serum. Sensitivität und Spezifität (80%, Grenzwert 37 U/ml) reichen allerdings für eine Diagnosestellung nicht aus. Erhöhte Werte können auch bei akuter und chronischer Pankreatitis sowie Gallenwegserkrankungen benigner Genese vorkommen. CA 19-9 ist daher nur für eine Verlaufskontrolle nach operativer Resektion oder während einer Chemotherapie geeignet.

Eine **CT mit Kontrastmittel** von Pankreas und Oberbauch hat eine gute diagnostische Genauigkeit bei der Diagnose des Pankreaskarzinoms. Insbesondere ist sie zur Feststellung einer Fernmetastasierung (Leber, Peritoneum) geeignet.

Die **Endosonografie** ist wegen der hohen lokalen Bildauflösung die bildgebende Methode der Wahl bei Verdacht auf das Vorliegen eines Pankreaskarzinoms. Sie ist der CT und MRT in der diagnostischen Genauigkeit überlegen. Gleichzeitig bietet sie mit der gezielten **Feinnadelaspirationszytologie** die Möglichkeit zur Sicherung der Diagnose. Pankreaskarzinome stellen sich hierbei als unscharf begrenzte, echoarme Raumforderungen mit eventuell vorliegender Infiltration von Nachbarorganen oder Gefäßen dar (Abb. 44.5).

Die **ERCP** besitzt eine diagnostische Sensitivität von über 90%. Es können auch kleine Gangunregelmäßigkeiten entdeckt werden, die aus einer unifokalen Stenose mit oder ohne prästenotische Dilatation, einem abrupten Gangabbruch, Verdrängung des Ductus pancreaticus oder unregelmäßigen Kontrastmittelanreicherungen in Tumornekrosearealen bestehen (Abb. 44.6). Die Differenzierung zu Veränderungen bei chronischer Pankreatitis ist allerdings schwierig. Die ERCP bietet weiterhin die Möglichkeit, in gleicher Sitzung bei nicht resektablen Tumoren palliative Maßnahmen wie z. B. eine Stenteinlage in den Ductus choledochus durchzuführen.

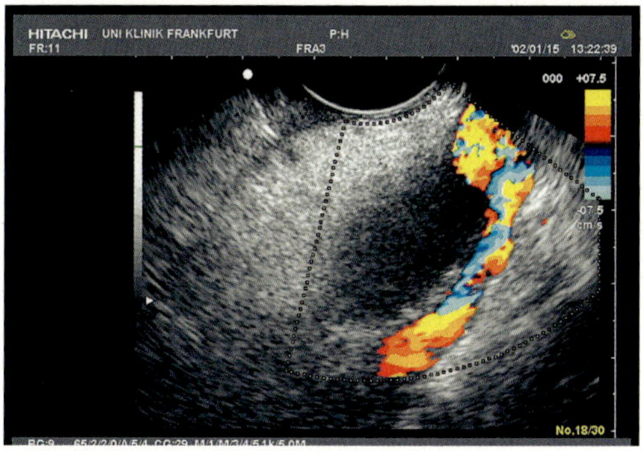

Abb. 44.5 Endosonografie bei Pankreaskarzinom. Pankreaskarzinom mit Infiltration der Pfortader (aus Dietrich, Endosonografie, Thieme).

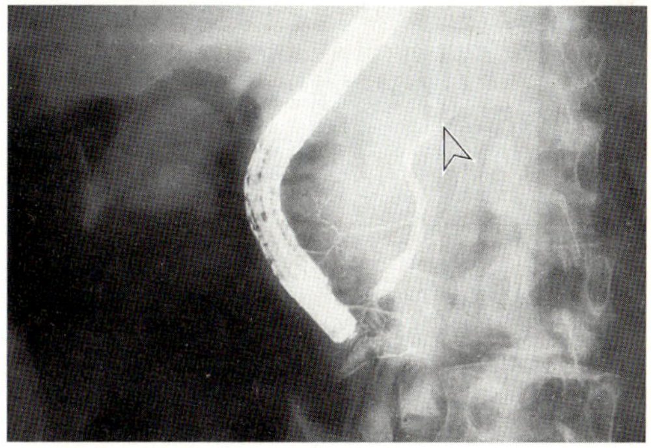

Abb. 44.6 ERCP bei Pankreaskarzinom. Pankreaskarzinom mit Abbruch des Ductus pancreaticus im Korpusbereich (Pfeil).

Therapie

Weniger als 20% der Patienten mit Pankreaskarzinom können einer kurativen Operation zugeführt werden. Kriterien der Irresektabilität sind eine Fernmetastasierung sowie die Invasion von Truncus coeliacus oder A. mesenterica superior.

Entsprechend der Lokalisation des Tumors erfolgt eine Duodenopankreatektomie (pyloruserhaltend oder als klassische Whipple-OP) oder eine Pankreaslinksresektion. Auch nach kurativer Resektion liegt die 5-Jahres-Überlebensrate nur bei 10 – 15%. Eine postoperative adjuvante Chemotherapie mit Gemcitabin kann nach kurativer Resektion das krankheitsfreie Überleben verlängern.

Bei irresektabler Erkrankung ist eine palliative Chemotherapie mit Gemcitabin zur Verbesserung der Lebensqualität indiziert. Weitere **palliative Interventionsmöglichkeiten** sind: endoskopische Stenteinlage in den Ductus choledochus bei Ikterus mit Pruritus, Metallstenteinlage in das Duodenum bei maligner Duodenalstenose zur Passagewiederherstellung, Plexus-coeliacus-Blockade zur Schmerztherapie, lokale Bestrahlung symptomatischer Metastasen (Skelett, ZNS).

Prognose

Die 5-Jahres-Überlebensrate beträgt 0,2 – 0,4%. Nach kurativer Resektion erhöht sie sich auf 10 – 25%.

44.6 Neuroendokrine Tumoren des Pankreas

Synonym: endokrine Pankreastumoren

Die Besonderheit neuroendokriner Tumoren des Pankreas (NET) besteht darin, dass Symptome durch unkontrollierte Freigabe verschiedener Hormone ausgelöst werden können (funktionell aktive NET). Die Mehrzahl der neuroendokrinen Pankreastumoren sind allerdings funktionell inaktiv und werden durch lokale Komplikationen symptomatisch (Blutung, Obstruktion). Da oft mehrere Hormone von einem Tumor sezerniert werden, besitzen sie kein uniformes Erscheinungsbild. Bei Diagnose eines endokrin aktiven Pankreastumors sollte deshalb jeweils Gastrin, VIP, Glukagon, Somatostatin, und pankreatisches Polypeptid bestimmt werden. Chromogranin A im Serum findet als Tumormarker Verwendung.

Neuroendokrine Tumoren des Pankreas werden nach ihrer Pathologie und Prognose in hochdifferenzierte neuroendokrine Tumoren sowie hochdifferenzierte und niedrigdifferenzierte neuroendokrine Karzinome unterteilt (WHO-Klassifikation). Prädiktoren eines malignen Verhaltens sind hierbei:

- Größe (> 2 cm)
- angioinvasives Verhalten
- Metastasierung
- Mitosenreichtum und histologischer Proliferationsindex (Mib-1)

J

Die Symptome endokrin aktiver Pankreastumoren können ebenfalls durch weitere Hormone einer assoziierten multiplen endokrinen Neoplasie Typ I (MEN-1, Wermer-Syndrom) mit zusätzlichen Nebenschilddrüsen- und Hypophysenadenomen überlagert werden (s. S. 588).

Insulinom

Der häufigste funktionell aktive neuroendokrine Pankreastumor, das Insulinom, wird im Kapitel „Glukosestoffwechsel" auf S. 645 ff. beschrieben.

Gastrinom

Synonym: Zollinger-Ellison-Syndrom
engl.: gastrinoma

Gastrinome sind neuroendokrine Tumore die überwiegend malignes Verhalten zeigen und mit einer **autonomen Gastrinsekretion** einhergehen. Häufigste Lokalisation sind Duodenum und Pankreas.
Die Symptomatik erklärt sich durch die Hypergastrinämie: **rezidivierende Ulzera und Diarrhö** (Zollinger-Ellison-Syndrom) sowie gastroösophageale Refluxkrankheit, Gewichtsverlust und abdominelle Schmerzen. Situationen, die den Verdacht auf ein Gastrinom nahe legen, sind daher: rezidivierende Ulcera ventriculi oder duodeni, Ulzera in untypischen Lokalisationen, Ulzera mit chronischer Diarrhö, therapieresistente Ulzera.
Die Diagnose wird durch eine **Gastrinbestimmung im Serum** bestätigt. Werte oberhalb dem 10-fachen der Norm sind diagnostisch beweisend für ein Gastrinom. Erhöhte Gastrinwerte unterhalb des 10-fachen der Norm sollten mittels **Sekretintest** (Anstieg des Serumgastrins > 200 pg/ml nach i. v.-Sekretingabe) weiter differenziert werden. Erhöhte Gastrinwerte anderer Ursache, wie etwa bei der chronisch-atrophischen Gastritis oder nach Magenteilresektion, zeigen hierbei keinen weiteren Anstieg nach Stimulation.
Bei der Lokalisationsdiagnostik eines Gastrinoms steht die **Endosonografie** an erster Stelle. In der Ausbreitungsdiagnostik kommt die **Somatostatinrezeptorszintigrafie** zum Einsatz: 100% der Gastrinome exprimieren Somatostatinrezeptoren.
Therapeutisch ist fast immer ist eine dauerhafte medikamentöse Behandlung mit Protonenpumpeninhibitoren zur Symptomkontrolle erforderlich (Omeprazol max. 120 mg/d). Da Gastrinome oft sehr klein sind oder bei malignen Tumoren häufig bereits eine Lebermetastasierung besteht, können nur wenige Gastrinome chirurgisch entfernt werden. Chemotherapie und Embolisation von Lebermetastasen über die A. hepatica können jedoch eine partielle Remission bewirken.
Werden Komplikationen wie Perforation oder Blutung eines Ulkus erfolgreich therapiert, ist die Prognose benigner Gastrinome unter medikamentöser Therapie gut. Bei den zu etwa 60% auftretenden bösartigen Gastrinomen mit langsamem Wachstum wird der Verlauf durch die lokale Verdrängung und die Lebermetastasierung bestimmt. Die 10-Jahres-Überlebensrate beträgt dann etwa 25%.

VIPom

Synonym: Verner-Morrison-Syndrom, WDHA-Syndrom
engl.: VIPoma

Das VIPom ist ein Tumor der D_1-Zellen der Pankreasinseln, welche das **vasoaktive intestinale Peptid** sezernieren. Leitsymptom sind **w**ässrige **D**iarrhöen, die zusammen mit einer **H**ypokaliämie und **A**nazidität auch als **WDHA-Syndrom** bezeichnet werden. Das Stuhlvolumen überschreitet meist 3 l/d. Die metabolische Azidose wird durch den gesteigerten Bikarbonatverlust verursacht (s. S. 338). Weiterhin werden eine Hyperkalzämie, Hypophosphatämie und eine durch Hypokaliämie und gesteigerte Glykogenolyse geförderte Hyperglykämie beobachtet.
Die Diagnose wird bei typischem klinischen Befund durch eine VIP-Bestimmung im Plasma gestellt. Bei der Lokalisationsdiagnostik kommen wiederum Endosonografie, CT und Somatostatinrezeptorszintigrafie zum Einsatz. Bei Diagnosestellung ist der Tumor nur bei 33% der Patienten kurativ resektabel. Neben einem Ausgleich des Flüssigkeits- und Elektrolytverlusts werden die Diarrhöen durch subkutane Applikation des **Somatostatinanalogons Octreotid** behandelt. Bei Vorhandensein von Lebermetastasen kann auch eine Embolisation zur Reduktion der Tumormasse und damit zur Symptomkontrolle beitragen.

Glukagonom

engl.: glucagonoma

Das Glukagonom ist ein überwiegend bösartiger Tumor der A_2-Zellen der Pankreasinseln mit charakteristischen erythematösen, blasigen oder schuppenden Hautveränderungen (Erythema necroticans migrans). Eventuell ist auch ein latenter Diabetes mellitus vorhanden. Die Diagnose wird anhand der **erhöhten Glukagonspiegel** gestellt. Wenn der Tumor bemerkt wird, haben sich in 50% der Fälle schon Leber- und Knochenmetastasen manifestiert. Zur palliativen Therapie kommt Octreotid und evtl. eine chirurgische Resektion zur Tumoreduktion zum Einsatz.

Somatostatinom

engl.: somatostatinoma

Das Somatostatinom ist ein meist bösartiger Tumor der D-Zellen der Pankreasinseln oder des Duodenums. Das typische **Somatostatinsyndrom** besteht aus Diabetes mellitus, Cholelithiasis, Diarrhoen und Gewichtsverlust. Es handelt sich überwiegend um große Tumoren, die bei Diagnosestellung meist bereits eine Metastasierung aufweisen. Durch die chirurgische Therapie kann nur eine Tumorreduktion erreicht werden.

Weiterführende Informationen

http://www.dgvs.de (S 3 Leitlinien Pankreaskarzinom)
http://www.gastro.org
http://www.medizin.uni-greifswald.de/gastro/heraeditaere-pancreatitis.htm

Hämatologie, Onkologie

K

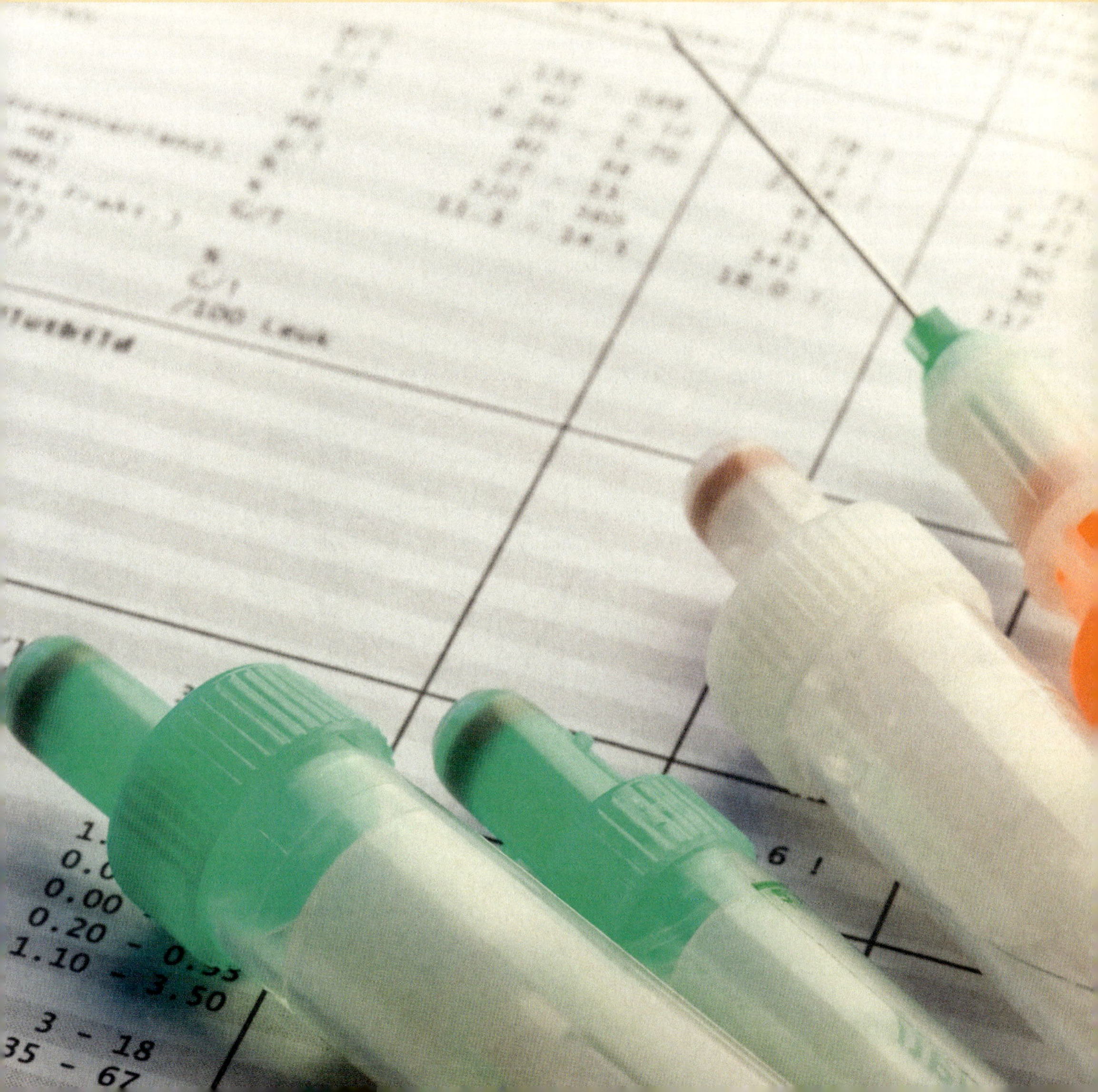

45 Erythropoiese

André Tichelli, Richard Herrmann

45.1 Grundlagen

45.1.1 Eisenhaushalt

Die Erythrozyten transportieren Sauerstoff durch reversible Bindung an Hämoglobin. Sie garantieren damit die Sauerstoffversorgung der Gewebe.

Die **Erythropoiese** erfolgt im Knochenmark. Sie wird durch humorale Regulationsmechanismen (Erythropoetin aus der Niere) stimuliert. Sensor für die Freisetzung des Hormons ist eine erniedrigte Sauerstoffspannung im Gewebe. Die Entwicklungszeit vom Erythroblasten zum kernlosen reifen Erythrozyten beträgt etwa 5 Tage.

Kernhaltige Zellen der Erythropoiese finden sich normalerweise nur im Knochenmark. 1 bis 2 Tage nach der Entkernung enthalten die jüngsten Erythrozyten noch RNA- und Organellenreste und werden deshalb als **Retikulozyten** bezeichnet. Die Retikulozytenzahl im peripheren Blut gibt somit Hinweise über das Maß der Regenerationskapazität der Erythropoiese im Knochenmark.

Die mittlere Überlebensdauer der Erythrozyten im peripheren Blut beträgt 120 Tage. Ihr Abbau erfolgt in den Makrophagen der Milz und des Knochenmarks. Eiweißbestandteile und Eisen werden zur erneuten Biosynthese verwandt (**Abb. 45.1**), der Porphyrinanteil des Hämoglobins wird zu Bilirubin umgebaut und schließlich als Urobilin ausgeschieden.

Eine zentrale Rolle bei der Regulierung des gesamten Körpereisengehalts spielt das Protein **Hepcidin**. Hepcidin wird in der Leber produziert und **hemmt die Eisenaufnahme** über den Darm und die Freisetzung von Eisen aus dem retikuloendotelialen System durch **Bindung an Ferroportin**, das verantwortlich für den Transport von Eisen aus der Zelle ist. Ist Hepcidin an Ferroportin gebunden, kann das Eisen nicht mehr aus der Zelle exportiert werden und in die Zirkulation gelangen.

Bei Eisenmangel ist Hepcidin niedrig. Dies hat eine gesteigerte Eisenaufnahme und Eisenmobilisierung zur Folge. Chronische Entzündungen stimulieren über bestimmte Zytokine die Produktion von Hepcidin. Als Folge wird die Eisenabsorption durch den Darm und die Eisenmobilisierung aus den Makrophagen gehemmt. Entsprechend ist das Serumeisen tief und die Transferrinsättigung erniedrigt.

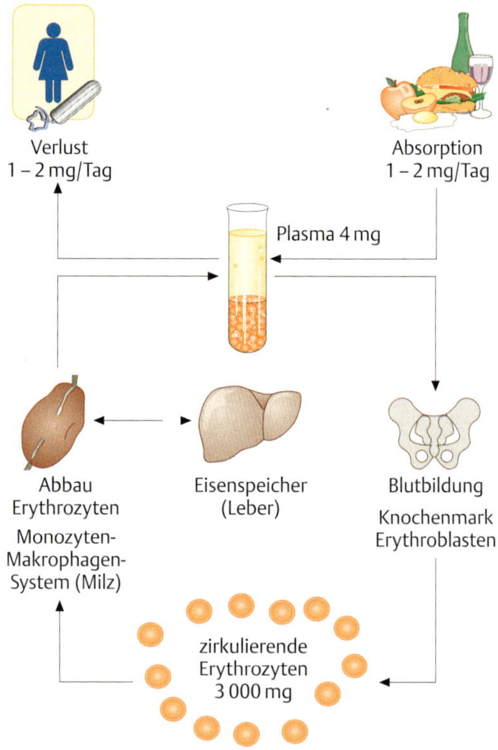

Abb. 45.1 Eisenzyklus beim Menschen. Das im Plasma zirkulierende Eisen wird im Knochenmark für die Bildung der Erythrozyten verwendet. Eisen zirkuliert dann in Form von ausgereiften Erythrozyten im Blutkreislauf. Nach 120 Tagen werden die Erythrozyten im Monozyten-Makrophagen-System (vorwiegend in der Milz) abgebaut. Ein Teil des zurückgewonnenen Eisens wird in Form von Ferritin oder Hämosiderin gespeichert, das restliche Eisen kann erneut für die Bildung von Erythrozyten verwendet werden. Bei durchschnittlicher Ernährungsweise beträgt die tägliche Eisenzufuhr 10 – 15 mg, von denen 5 bis 10 % resorbiert werden können. Somit werden täglich 1 – 2 mg Eisen aus der Nahrung aufgenommen. Der Organismus verliert physiologisch täglich etwa 1 – 2 mg Eisen über den Darm, die Niere und die Haut.

45.1.2 Anämien

Synonym: Blutarmut
engl.: anemia

Definition. Die Anämie ist definiert als eine Verminderung der Hämoglobinkonzentration des Blutes, begleitet von einem Abfall der absoluten Erythrozytenzahl.

Ätiopathogenese

Pathophysiologisch werden die Anämien hervorgerufen durch

- peripheren Verbrauch (regenerative Anämien) oder
- Produktionsstörung im Knochenmark (aregenerative Anämien) (**Tab. 45.1**).

Regenerative Anämien sind bei Blutungen, Hämolysen und Hypersplenismus zu finden und durch eine erhöhte Retikulozytenzahl gekennzeichnet.

Aregenerative Anämien sind Folgen einer Stammzellerkrankung, einer Verdrängung der Blutbildung im Knochenmark oder kommen durch den Mangel einer für die Erythropoiese wichtigen Substanz zustande. Anämien im Rahmen einer chronisch entzündlichen Erkrankung und Anämien bei Niereninsuffizienz sind ebenfalls hyporegenerativ. Die Zahl der Retikulozyten ist im Verhältnis zum Schweregrad der Anämie zu tief (inadäquater Anstieg).

Tab. 45.1 Einteilung der Anämien nach pathogenetischen Gesichtspunkten

Einteilung	Erkrankung/Befund
regenerative Anämien	akute und chronische Blutungen (falls noch kein Eisenmangel besteht), hämolytische Anämien: • korpuskulär: – Defekt der Erythrozytenmembran: hereditäre Sphärozytose, Elliptozytose – erythrozytärer Enzymmangel: Glukose-6-PDH-Mangel, Pyruvatkinasemangel – paroxysmale nächtliche Hämoglobinurie • extrakorpuskulär: – Immunhämolysen – mechanisch bedingt – toxisch-medikamentös bedingt • Hypersplenismus
aregenerative Anämien	Mangelanämien: • Eisenmangel • Vit.-B_{12}-/Folsäuremangel (megaloblastäre Anämien) Hämoglobinopathien Hämoglobinopathien Stammzelldefekt • aplastische Anämien • myelodysplastische Syndrome Knochenmarkverdrängung • Tumor • malignes Lymphom, multiples Myelom • Leukämien • Knochenmarksfibrose Anämien bei chronisch entzündlicher Erkrankung • Infekt • Autoimmunerkrankung • Tumor • Niereninsuffizienz

Klinik

> **! Zwischen dem Schweregrad der Anämie und der Ausprägung der Symptome besteht keine strenge Korrelation.**

Die klinische Symptomatik wird nicht nur durch den Schweregrad der Anämie allein, sondern auch durch die Geschwindigkeit ihres Auftretens, das Lebensalter und die Kompensationsbreite des kardiopulmonalen Systems bestimmt. Da die typischen Symptome Ausdruck einer Hypoxie des Gewebes sind, treten sie bei allen Formen der Anämie auf und erlauben keine Zuordnung zu einer bestimmten Ursache. Hierfür ist in den meisten Fällen eine **Labordiagnostik unerlässlich**.

Die Symptomatik einer Anämie wird durch die Gewebshypoxie und die kompensatorischen kardiopulmonalen Mechanismen hervorgerufen. Typisch sind Leistungsminderung, Schwäche, rasche Ermüdbarkeit, Herzklopfen, Dyspnoe bei Belastung, Schwindel, Kopfschmerzen und Ohrensausen. Der klinische Aspekt zeigt Blässe von Haut und Schleimhäuten.

Die akute, durch Blutung oder Hämolyse ausgelöste Anämie ist klinisch je nach Schwere und Schnelligkeit ihres Auftretens durch ein mehr oder weniger ausgeprägtes Schockbild charakterisiert.

K

Diagnostik

Die Anämiediagnostik erfolgt immer in Form einer Stufendiagnostik, um einen übermäßigen Laboraufwand zu vermeiden. Sie orientiert sich an differenzialdiagnostischen Erwägungen (**Abb. 45.4**, **Abb. 45.5**).

> **!** **Die Anämie ist keine Krankheit, sondern ein Befund, das als Begleitmanifestation verschiedenster Krankheiten auftreten kann. Deshalb ist die Suche der Ursache einer Anämie unerlässlicher Bestandteil einer Anämieabklärung.**

Anamnese

Ernährung. Strenge Vegetarier können eine Eisenmangelanämie entwickeln.

Regelanamnese. Die Menstruationsanamnese ergibt Hinweise auf stärkeren Blutverlust und Eisenmangel.

Vorerkrankungen. Ein Gallensteinleiden kann auf eine Hämolyse hinweisen, Skelettschmerzen können erstes Symptom eines Plasmozytoms oder der Metastasierung eines malignen Tumors sein. Nachtschweiß und Gewichtsverlust sind unspezifische Tumorsymptome und Aktivitätszeichen maligner Lymphome. Eine verstärkte Blutungsneigung weist im Zusammenhang mit einer Anämie auf eine hämatologische Systemerkrankung hin.

Familienanamnese. gibt Anhalt für Hämoglobinopathien und/oder angeborene Erythrozytendefekte.

Körperliche Untersuchung

Zu achten ist auf die Zeichen der Anämie wie Blässe der Haut und der Schleimhäute, Mundwinkelrhagaden und Längsrillen der Nägel (bei Eisenmangel). Bei chronischer Niereninsuffizienz mit der Folge eines Erythropoetinmangels ist das Hautkolorit schmutzig-braun (s. S. 298). Ein Ikterus ohne Hautjucken kann auf eine Hämolyse hindeuten (strohgelbliches Hautkolorit). Ikterus und Splenomegalie sind Hinweise auf eine hämolytische Anämie (s. S. 912).

Laboruntersuchung

Blutbild. Erythrozytenzahl, Hämoglobinkonzentration, Hämatokrit, Erythrozytenindizes (MCV, MCH, MCHC, **Tab. 45.2**), Erythrozytenverteilungsbreite (EVB), Leukozytenzahl und Thrombozytenzahl, automatisierte und mikroskopische Differenzierung, Retikulozytenbestimmung, inklusive Retikulozytenindizes.

Retikulozyten.

- Bestimmung der Retikulozytenzahl für die Einteilung in regenerative und aregenerative Anämie
- Messung der Fluoreszenzaktivität für die Unterscheidung in reife und unreife Retikulozyten
- CHr-Bestimmung für den Hämoglobingehalt der Retikulozyten

Tab. 45.2 Definition der Erythrozytenindizes

Parameter	Definition	Aussage
mittleres korpuskuläres Volumen (MCV)	durchschnittliches Volumen der Erythrozyten [fl]	Einteilung der Anämien in normo-, mikro- und makrozytär
mittleres korpuskuläres Hämoglobin (MCH)	durchschnittlicher Hämoglobingehalt der Erythrozyten [pg]	erniedrigt bei Eisenmangel und Thalassaemia minor
mittlere korpuskuläre Hämoglobinkonzentration (MCHC)	durchschnittliche Hämoglobinkonzentration des Einzelerythrozyten [g/dl]	Einteilung der Anämien in normo-, hypo- und hyperchrom. Erniedrigt bei Eisenmangel, normal bei Thalassaemia minor, erhöht bei Kugelzellanämie und gewissen Hämoglobinopathien
Erythrozytenverteilungsbreite (EVB = RDW, **R**ed Blood Cell **D**istribution **W**idth)	Variabilität des Volumens der gesamten Erythrozytenpopulation	gesteigerte EVB spricht für Anisozytose/Poikilozytose oder eine Doppelpopulation
CHr	Hämoglobingehalt der Retikulozyten	Frühzeitige Erfassung eines Eisenmangels: erniedrigt bei Eisenmangel und Thalassaemia minor

Tab. 45.3 Beurteilung der Erythrozyten im Blutausstrich

Befund	Darstellung/Erklärung	Vorkommen
Formveränderung		
• Anisozytose	unterschiedliche Größe	Produktionsstörung
• Poikilozytose	unterschiedliche Formen	Produktionsstörung
• Makrozyten	> 8 µm	megaloblastäre Anämien, Äthanol, Lebererkrankung
• Mikrozyten	< 6,4 µm	Eisenmangel, Thalassämien
• Sichelzellen		Sichelzellanämie
• Tränenzellen (syn. Tear Drops)		Knochenmarkfibrose
• Sphärozyten (syn. Kugelzellen)	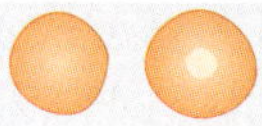	Kugelzellanämie, immunhämolytische Anämie
• Fragmentozyten (syn. Schistozyten)	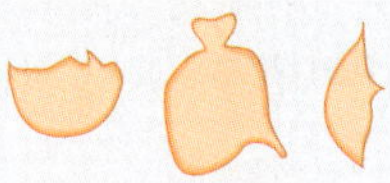	mechanischer Schaden, Mikroangiopathie
• Targetzellen	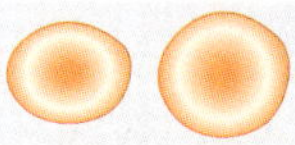	Thalassämien, Lebererkrankung
• Stomatozyten	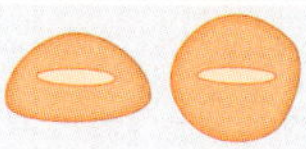	Äthanol
Inklusionen		
• basophile Tüpfelchen		Thalassämien, Bleivergiftung
• Howell-Jolly-Körper (Kerninklusionen)	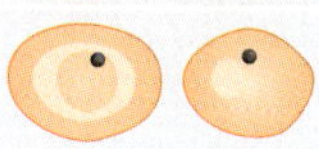	nach Splenektomie, Asplenie
• Heinz-Körper	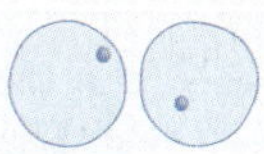	instabile Hämoglobine
• Hb-H-Inklusionen		α-Thalassämien, Hb-H-Krankheit

Blutausstrich mit mikroskopischer Differenzierung. zur Erkennung typischer Veränderungen der Erythrozyten, Leukozyten und Thrombozyten (**Tab. 45.3**, **Abb. 45.2**, **Abb. 45.3**).

Chemie. je nach Fragestellung, Eisenhaushalt, Vitamin B_{12}, Folsäure, Erythropoetinspiegel usw.

Knochenmarkdiagnostik

Sie ist nur indiziert, wenn die üblichen Untersuchungen keine Klärung bringen. Knochenmark wird dann sowohl durch Aspiration als auch durch Biopsie entnommen. Die Aspiration dient zur Analyse der Zytologie und die Biopsie zur Beurteilung der Histologie des Knochenmarks. Zusätzlich können, falls indiziert, aus dem Aspirationsmaterial flowzytometrische, zytogenetische und molekular-

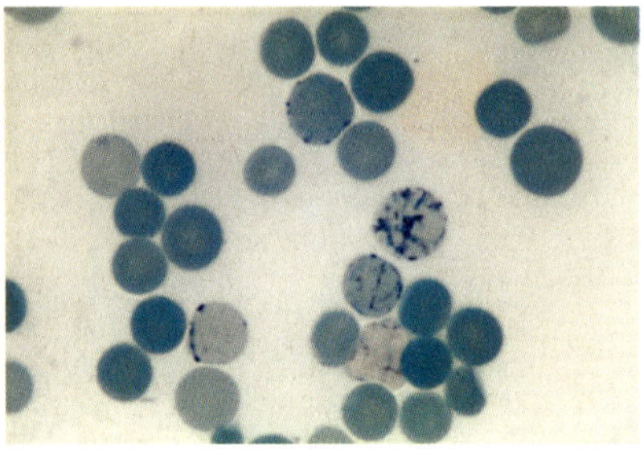

Abb. 45.2 Retikulozyten. Die Retikulozyten enthalten eine fein punktierte, netzartige Struktur (Reste von Zellorganellen).

genetische Untersuchungen veranlasst werden. Beide Untersuchungsmethoden (Zytologie und Histologie) ergänzen sich in ihren Aussagen.

Einteilung der Anämien

Die Anämien werden nach **morphologischen und pathophysiologischen Kriterien** eingeteilt. Die morphologische Einteilung beruht auf den Erythrozytenindizes (MCV), die pathophysiologische Einteilung auf der Retikulozytenzahl:

Morphologische Einteilung.

- mikrozytäre Anämien (MCV < 80 fl)
- makrozytäre Anämien (MCV > 100 fl)
- normozytäre Anämien (MCV 80 – 100 fl)

→ vgl. Abb. **Abb. 45.4**, **Abb. 45.5**

Pathophysiologische Einteilung (s. Tab. 45.1).

- regenerative Anämien (adäquater Anstieg der Retikulozyten)
- aregenerative Anämien (inadäquater Anstieg der Retikulozyten)

Normozytäre, normochrome Anämien werden üblicherweise nach pathophysiologischen Kriterien eingeteilt (**Abb. 45.5**).

45.2 Akute und chronische Blutungsanämien

Definition. Eine **akute Blutungsanämie** entwickelt sich nach dem plötzlichen Verlust von mehr als 1 l Blut (20 % der Gesamtblutmenge). **Chronische Blutungen** führen erst dann zu einer Anämie, wenn sie durch eine gesteigerte Erythropoiese nicht mehr ausgeglichen werden können.

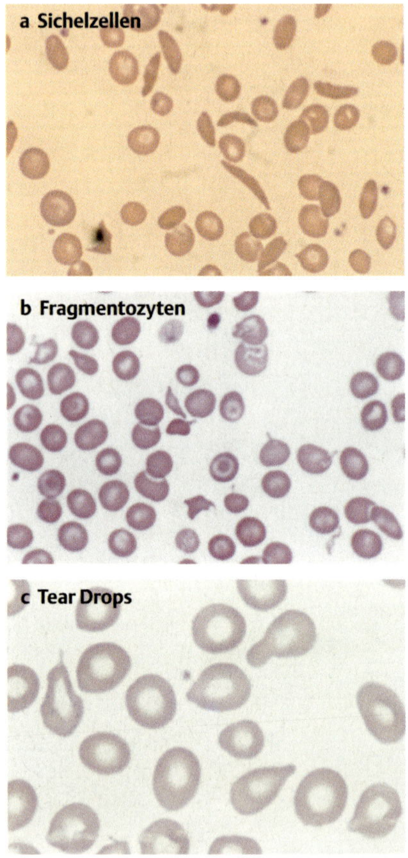

Abb. 45.3 Formveränderungen von Erythrozyten. **a** Sichelzellen, **b** Fragmentozyten, **c** Tear Drops.

Auf die Dauer führt die chronische Blutungsanämie zusätzlich zu einer **Eisenmangelanämie.**
Chronische Blutungen und Eisenmangelanämie sind aber nicht synonym zu verwenden, da es erst dann zu einer Eisenmangelanämie kommt, wenn die Eisenspeicher sich durch den Blutverlust entleert haben.

Ätiopathogenese

Bei Frauen im Gebäralter dominieren die chronischen gynäkologischen Blutungen. Sonstige Ursachen sind Blutungen im Gastrointestinaltrakt (Hämatemesis, Teer- oder Blutstuhl, s. S. 720), selten in den ableitenden Harnwegen (Hämaturie, s. S. 280). Gerinnungsstörungen können die Blutungen zusätzlich steigern. Bei einem plötzlichen Verlust von mehr als 2 l besteht akute Lebensgefahr. Bei chronischen Blutungen führt nicht nur der direkte Ver-

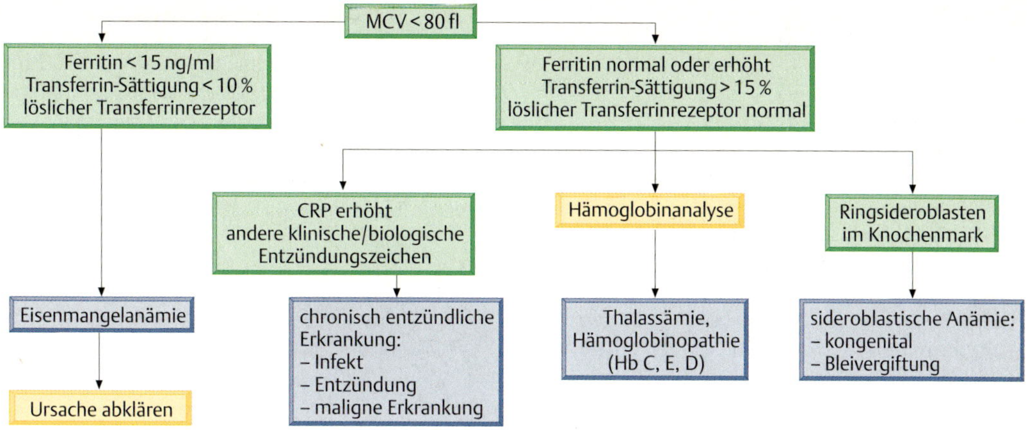

Abb. 45.4 Algorithmus zur Abklärung einer mikrozytären Anämie.

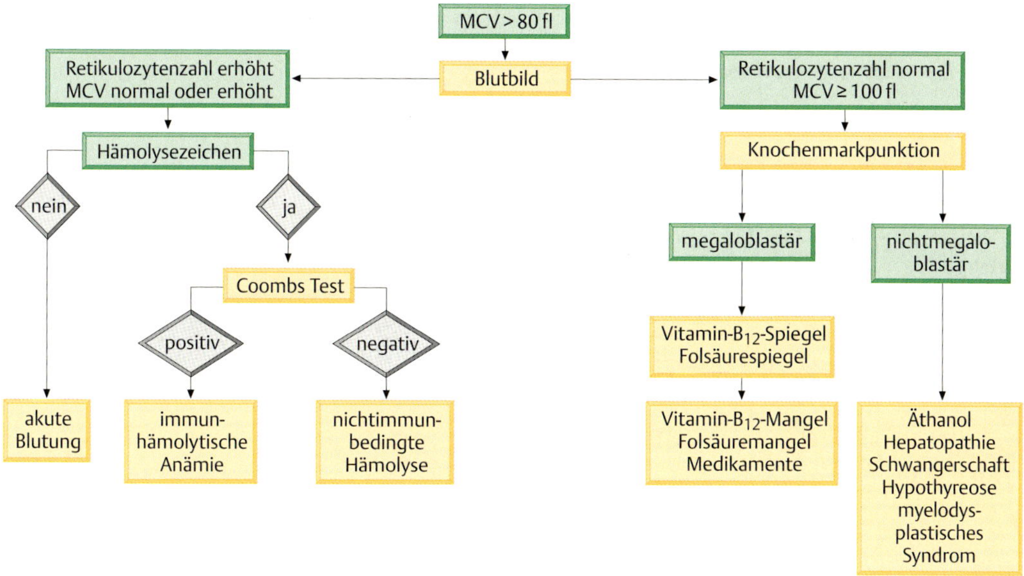

Abb. 45.5 Algorithmus zur Abklärung einer nicht mikrozytären Anämie.

lust von Erythrozyten, sondern auch die durch den Eisenverlust verminderte Erythropoiese zur (Eisenmangel-)Anämie.

Klinik

Die Symptomatik der akuten Blutung wird geprägt durch den Volumenverlust (hämodynamische Störungen mit Blutdruckabfall, Tachykardie, Schweißausbruch) und durch den Verlust an Sauerstoffträgern (Hypoxie).

Bei der chronischen Blutung sind die subjektiven Beschwerden häufig diskreter, abhängig vom Ausmaß der Anämie, vom Alter des Patienten, von der Ursache der Anämie, der Geschwindigkeit des Auftretens (Tage, Wochen, Monate) und von den Begleiterkrankungen (s. S. 899).

Diagnostik

→ vgl. S. 900 ff.

- Bei Frauen: Menstruationsanamnese und gynäkologische Untersuchung.
- Suche nach Blutungsquellen im Gastrointestinaltrakt (Hämokkult, Endoskopie) und in den ableitenden Harnwegen.
- Labor: Bei chronischem Blutverlust kommt es mit der Zeit zu einem Eisenmangel. Das Ferritin und die Transferrinsättigung sind erniedrigt und der lösliche Transferrinrezeptor (sTfR) gesteigert. Die Erythrozyten- und die Retikulozytenindizes verändern sich erst, wenn als Folge der Blutung ein Eisenmangel auftritt. Dann sind die ersten Zeichen das erniedrigte CHr und die erhöhte Zahl der hypochromen Erythrozyten (> 5 %). Mit der Zeit werden die gesamten Erythrozyten mikrozytär (MCV ↓) und hypochrom (MCHC ↓). Bei chronischem Blutverlust ist es zudem sinnvoll, eine Gerinnungsabklärung durchzuführen, so ist z. B. ein Von-Willebrand-Faktor-Mangel keine Seltenheit.

Differenzialdiagnose. Das schrittweise differenzialdiagnostische Vorgehen bei Anämie wird auf S. 900 ff. und in den **Abb. 45.4** und **Abb. 45.5** beschrieben.

Therapie

Bei akuter Blutung stehen Blutstillung, Volumenersatz, Kreislaufstabilisation und evtl. die Erythrozytentransfusion im Vordergrund der Behandlung. Bei chronischem Blutverlust ist die Beseitigung der Blutungsquelle indiziert. Bei vermindertem Eisenspeicher (Ferritin) erfolgt eine perorale oder parenterale Eisensubstitution (s. S. 904).

45.3 Anämie durch Störungen der Hämoglobinsynthese

Störungen der Hämoglobinsynthese führen zu mikrozytären Anämien (MCV ↓). Die wichtigsten Protagonisten sind die Eisenmangelanämien (fehlendes Eisen für die Hämoglobinsynthese), Thalassämien (gestörte Globinproduktion für die Hämoglobinsynthese) und Anämien bei chronisch entzündlichen Erkrankungen (gestörter Eiseneinbau in das Hämoglobin).

45.3.1 Eisenmangelanämie

Definition. Durch Eisenmangel verursachte, chronisch verlaufende Anämie mit **hypochromen, mikrozytären Erythrozyten**, verminderter Transferrinsättigung, vermindertem Serum-Ferritin, gesteigertem löslichem Transferrinrezeptor und Sideroblastenanteil im Knochenmarkausstrich.

> ! **Die Eisenmangelanämie ist stets Ausdruck einer anderen Grunderkrankung und kein eigenständiges Krankheitsbild.**

Epidemiologie

Die Eisenmangelanämie ist die **häufigste Anämieform** in Mitteleuropa. Bei erwachsenen Männern sind gastrointestinale, bei Frauen im gebärfähigen Alter menstruelle Blutverluste und Schwangerschaft die häufigste Ursache des Eisenmangels. Der Bedarf an Eisen während der Schwangerschaft und der Geburt beträgt insgesamt ca. 1 – 3 g.

Ätiopathogenese

Das Eisen ist mengenmäßig das bedeutendste und funktionell das wichtigste Metall für den Organismus und wird bei vielen biochemischen Reaktionen essenziell gebraucht. Es ist auf verschiedene Speicher ungleich verteilt.

Die **Eisenverteilung beim gesunden Erwachsenen** setzt sich wie folgt zusammen (gesamtes Körpereisen 3 – 4 g):

- Erythrozyten (Hämoglobin) 2 – 2,5 g
- Myoglobin und Enzyme (Gewebeeisen) 150 – 300 mg
- Ferritin und Hämosiderin im Monozyten-Makrophagen-System (MMS-Speichereisen): 1 g (Männer), 100 – 400 mg (Frauen)
- Transferrin (Transporteisen): 200 – 400 mg/dl

Die **Resorption** beträgt etwa 1 – 2 mg/d, sie kann bei erhöhtem Bedarf und ausreichendem Angebot auf maximal 4 – 6 mg gesteigert werden.

Der obligatorische Verlust pro Tag liegt zwischen 1 mg bei Männern und etwa 1,5 – 2 mg bei Frauen. Eine Eisenmangelanämie entsteht, wenn das Speichereisen aufgebraucht und Eisen nicht mehr ausreichend für die Hämoglobinsynthese verfügbar ist.

Die **Ursachen einer negativen Eisenbilanz** sind vielfältig:

- chronischer Verlust (Blutung oder intravaskuläre Hämolyse)
- erhöhter Bedarf (Schwangerschaft, Geburt, Laktation, Wachstum)
- verminderte Resorption (Dünndarmerkrankung, Malabsorptionssyndrom, Z. n. Gastrektomie)
- ungenügende Zufuhr durch die Nahrung, z. B. bei streng vegetarischer Diät und bei geriatrischen Patienten

Klinik

Zu den auf S. 899 genannten Symptomen kommen bei der Eisenmangelanämie weitere, speziell durch den Eisenmangel bedingte Symptome hinzu: nicht hämatologische trophische Störungen, Mundwinkelrhagaden, brüchige Nägel und Haare, Zungenbrennen, Dysphagie durch große Schleimhautfurchen (Plummer-Vinson-Syndrom), Appetitlosigkeit und Obstipation. Außerdem können Zeichen der ursächlichen Grunderkrankung auftreten.

Diagnostik

Die Normalwerte wichtiger Parameter des Eisenstoffwechsels sind in **Tab. 45.4** aufgeführt.

Ein Abfall des CHr (< 27 pg) ist ein frühzeitiges Zeichen eines Eisenmangels. Eine **mikrozytäre hypochrome Anämie** (MCV < 80 fl, MCHC < 30 g/dl) sowie Veränderung der Erythrozytenmorphologie (Mikrozyten, Poikilozytose, Anulozyten) erwecken den Verdacht auf eine Eisenmangelanämie (s. S. 900 ff., **Abb. 45.6**). Beweisend ist die **verminderte Serum-Ferritin-Konzentration** oder das fehlende Speichereisen im Knochenmark.

> **!** **Ein niedriger Ferritinwert ist beweisend für einen Eisenmangel. Ein normales oder sogar erhöhtes Ferritin schließt den Eisenmangel jedoch nicht aus. Bei chronischen Erkrankungen kann das Ferritin trotz Eisenmangels als Akutphasenprotein gesteigert sein. Der sTfR und die Transferrinsättigung erlauben dann die Diagnose.**

Die Serum-Ferritin-Konzentration korreliert gut mit dem Gesamtspeichereisengehalt des Körpers. Nach der Diagnosestellung einer Eisenmangelanämie muss stets die Ursache abgeklärt werden (gastroenterologische Diagnostik, Hämokkult).

Differenzialdiagnose. Mikrozytäre Anämien können auch bei Thalassämien (s. S. 907) und bei Anämien im Rahmen einer chronisch-entzündlichen Erkran-

Tab. 45.4 Normalwerte der Eisenstoffwechsel-Parameter

Parameter	Normalwert
Ferritin	20 – 280 ng/ml (Männer) 15 – 210 ng/ml (Frauen)
Transferrin-Sättigung	20 – 45 %
löslicher Transferrin-rezeptor (sTfR)	methodenabhängig

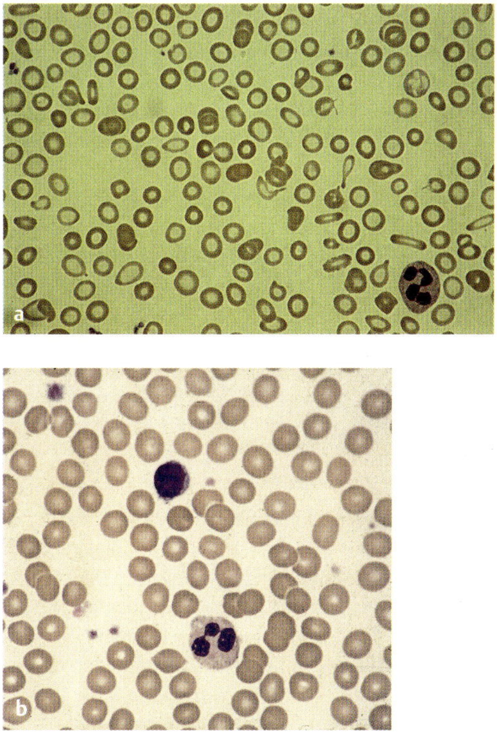

Abb. 45.6 Blutausstrich bei Eisenmangel (a) und zum Vergleich beim Gesunden (b). a Die Erythrozyten sind klein und weisen eine zentrale hämoglobinarme Zone auf. **b** Die Erythrozyten sind normal groß und zeigen zentral nur eine geringe Aufhellung (aus Sitzmann, Duale Reihe Pädiatrie, Thieme).

K

kung vorkommen. Die Bestimmung des Serum-Eisens, des Serum-Ferritins und des Speichereisens erlaubt die definitive Diagnose eines Eisenmangels.

Therapie

Erster Schritt ist immer die **Beseitigung** der zum Eisenverlust führenden **Ursache** mit Wiederauffüllung der Speicher durch **orale Eisensubstitution**. Auch die intravenöse Applikation ist heute eine effektive Behandlungsform und, wenn das Eisen korrekt verabreicht wird, mit einem geringen Risiko verbunden. Die parenterale Eisensubstitution ist indiziert, wenn die orale Behandlung schlecht toleriert wird, die Compliance des Patienten ungenügend ist, der Eisenverlust größer ist, als mit einer oralen Behandlung substituiert werden kann, oder bei Resorptionsstörungen.

Orale Eisensubstitution

Prinzip. Peroral verabreichtes zweiwertiges Eisensulfat ist die einfachste und vorteilhafteste Behandlungsform.

Dosierung. 100 – 150 mg $Eisen^{2+}$/Tag für mindestens 3 Monate oder bis die Eisenspeicher aufgefüllt sind (intestinale Resorption etwa 5 – 15%). Zusätze von Mineralien und Vitaminen können das Behandlungsergebnis nicht verbessern.

Nebenwirkungen. Die Resorption von p. o. zugeführtem Eisen ist besser zwischen den Mahlzeiten. Die Einnahme von Kaffee, Tee, Nahrungsmitteln wie Hafer, Kleie, Getreide und gewisse Gemüsesorten verringern die Eisenabsorption. Jedoch haben viele Patienten bei dieser Applikation gastrointestinale Beschwerden, die bei einer Tabletteneinnahme unmittelbar nach dem Essen seltener auftreten.
Misserfolge der Therapie beruhen meist auf zu geringer Dosis und zu kurzer Behandlungsdauer sowie auf dem Weiterbestehen der Blutungsquelle.

Intravenöse Eisensubstitution

Prinzip. Vor Beginn einer parenteralen Eisensubstitution muss die Gesamtdosis errechnet werden (Cave: Eisenüberladung). Während der Eisentherapie muss eine genaue Bilanz der verabreichten Dosis geführt werden. Das Eisen für die intravenöse Substitution liegt im Saccharose-Komplex vor.

Dosierung. Eisen kann intravenös als Bolus (100 mg pro Dosis) oder durch Kurzinfusionen (200 – 300 mg pro Dosis) verabreicht werden. Carboxymaltose-Eisen kann auch in höheren Einzeldosen verabreicht werden.

Nebenwirkungen. Die häufigsten Nebenwirkungen wie Hypotonie, Nausea und Erbrechen sind dosisabhängig und auf eine direkte Toxizität des Eisens zurückzuführen. Aus diesem Grund darf die **Gesamtdosis nicht in einer Applikation** verabreicht werden. Die maximale Bolusapplikation beträgt 200 mg, die Maximal-Dosis einer Infusion 500 mg. Andere Nebenwirkungen der intravenösen Applikation sind Phlebitiden, Fieber, Flush, Kopfschmerzen, Adenopathien, Hautausschlag. Anaphylaktoide Reaktionen sind im Vergleich zu der früheren Applikationsform (Dextran-Komplex) seltener geworden.

Klinischer Fall

Die 29-jährige Frau V. stellt sich in der hämatologischen Sprechstunde vor. Sie erzählt, dass bei ihr bereits mit 17 Jahren eine Eisenmangelanämie aufgetreten sei. Seitdem nehme sie die Pille, um die Menstruationsblutung zu schwächen. Seit einiger Zeit ernährt sich die junge Frau ausschließlich vegetarisch. Nun gehe es ihr wieder schlechter. Sie kann sich schlechter konzentrieren und ist vergesslicher. Wenn sie Treppen steigt, ist sie schneller außer Atem und ihr Herz rast. Zudem fallen ihr die Haare vermehrt aus, außerdem klagt sie über ein Brennen in den Beinen. Die Patientin wünscht eine definitive Abklärung der Ursache ihrer Blutarmut, zumal schon ihre Mutter unter Eisenmangel gelitten hätte. Im Labor fällt ein Hb von 11,2 g/dl, ein MCV von 74,1 fl (normal 79 – 95), ein MCH von 23,1 pg (normal 27 – 33,2) und ein MCHC von 311 g/l (normal 320 – 360) auf. Der Hämatologe diagnostiziert eine hypochrome, mikrozytäre Anämie. Als nächstes untersucht er die Eisenresorption, die unauffällig ist. In einer Gastroskopie kann kein Hinweis auf eine Blutungsquelle erhoben werden, auch die gynäkologische Untersuchung ist unauffällig. Eine Zöliakie wird ebenfalls ausgeschlossen. Wahrscheinlich ist der Eisenmangel also auf die rein vegetarische Ernährung von Frau V. zurückzuführen. Hinweise darauf liefert auch der Vitamin B12-Mangel und das leicht erhöhte Homocystein, das im Labor festgestell wurde. Da Frau V. orale eingenommene Eisenpräparate nicht verträgt, empfiehlt der Hämatologe eine intravenöse Gabe. Zudem soll die Patientin eine Vitamin B12-Substitution erhalten, die dann s. c. alle drei Monate aufgefrischt wird. Wegen des erhöhten Turnovers soll Frau V. in dieser Zeit auch Folsäure einnehmen.

45.3.2 Thalassämien

Definition. Heterogene Gruppe autosomal-rezessiv vererbter Anomalien, die zu einer **verminderten Hämoglobinsynthese** führt, bei denen als Leitsymptom bei heterozygoter Form ein mikrozytäres Blutbild auftritt. Nach dem Eisenmangel stellen sie die wichtigste Ursache einer hypochromen Anämie dar.

Epidemiologie

Thalassämien kommen in Europa besonders im Mittelmeerraum vor. Thalassämien sind zudem häufige Anomalien in Afrika, im Nahen Osten, in Indien, Pakistan und Südostasien.

Ätiopathogenese

Das Hämoglobinmolekül besteht normalerweise aus je zwei α- und β-Polypeptidketten. Den Thalassämien liegt als Ergebnis autosomaler Genmutation eine **quantitative Störung dieser Polypeptidkettensynthese** zugrunde. Als Folge der verminderten Synthese der α- oder der β-Ketten werden andere Ketten zusammengesetzt, die funktionsfähige, physiologisch jedoch nur in geringen Mengen vorhandene Hämoglobin-Moleküle (HbF > 2 %, HbA_2 > 3,5 %, Ab-H, Ab-Bart etc.) bilden. Für die Anämie ist im Wesentlichen eine **ineffektive Erythropoiese**, die Verminderung der Hämoglobinsynthese sowie in geringerem Maße eine Hämolyse verantwortlich.

Einteilung

Die Thalassämien werden nach klinischen und genetischen Kriterien eingeteilt. Die klinische Einteilung basiert auf dem Schweregrad der Krankheit: Man unterscheidet somit die Thalassaemia minor, intermedia und major. Genetisch werden die Thalassämien je nach Defekt der Globinkette in α-, β- oder γδ-Thalassämien bzw. nach dem Vererbungsmuster in homozygote und heterozygote Formen eingeteilt.

Die **Thalassaemia minor** ist meistens eine heterozygote Form (α-, β- oder γδ-Thalassämie), die **Thalassaemia major** immer eine homozygote β-Thalassämie und die **Thalassaemia intermedia** häufig eine Kombination von zwei verschiedenen Hämoglobinopathien.

Klinik

Thalassaemia minor. Die Patienten sind meist beschwerdefrei und zeigen einen unauffälligen Untersuchungsbefund. Die mikrozytäre Anämie wird oft nur zufällig entdeckt. Eine vollständige genetische Abklärung der Patientin und des Partners ist bei Kinderwunsch wichtig, denn eine Heterozygotie beider Partner kann zu einem Nachkommen mit einer Thalassaemia major führen;

Thalassaemina intermedia. Mittelschwere hypochrome Anämie, Splenomegalie, extramedulläre Blutbildung mit Weichteilkompressionsphänomenen und gelegentlich Knochendeformierungen; Transfusionen sind je nach Schweregrad der Erkrankung in unterschiedlichem Maß notwendig.

Thalassaemia major. Diese Form manifestiert sich klinisch meist im 1. Lebensjahr mit schwerer Anämiesymptomatik, Wachstumsstörungen, Ikterus, Hepatosplenomegalie und Knochenmarkshyperplasie mit erweiterten Markräumen (Bürstenschädel im Röntgenbild).

Diagnostik

Im peripheren Blutausstrich zeigt sich die mikrozytäre hypochrome Anämie. Die Erythrozyten sind dünn und Hb-arm, mit einem ungefärbten blassen Ring zwischen Zentrum und Rand (**Schießscheibenzellen** = Targetzellen mit basophiler Tüpfelung).

Bei Thalassaemia minor sind MCV und MCH niedrig, MCHC praktisch normal. Beim Eisenmangel sind alle drei Indizes erniedrigt. Serum-Ferritin und Speichereisen sind bei Patienten mit Thalassaemia major und gelegentlich Thalassaemia intermedia erhöht. Bei der Thalassaemia minor sind die Eisenreserven hingegen nicht per se gesteigert. Diese Patienten können durchaus auch einen Eisenmangel aufweisen. In schweren Fällen finden sich Zeichen einer ineffektiven Erythropoiese.

Die Diagnose wird mittels **Hämoglobinelektrophorese** oder **HPLC** (High Performance Liquid Chromatography) durch den charakteristischen Befund in der Analyse der verschiedenen normalen (HbA, HbA_2, HbF) und abnormen Hämoglobine (z. B. HbS, HbC, HbE) gestellt. Die Diagnose wird durch eine **genetische Untersuchung** bestätigt.

Differenzialdiagnose. Insbesondere die Eisenmangelanämie muss ausgeschlossen werden.

Therapie

Symptomatische Maßnahmen sind möglich, wie die Transfusion von Erythrozytenkonzentraten, um einen Hämoglobinspiegel von 10 – 11 g/dl aufrechtzuerhalten. Regelmäßige **Erythrozytentransfusionen** verbessern nicht nur den Sauerstofftransport, sondern verhindern ebenfalls die Folgen der gesteigerten medullären und extramedullären Blutbildung

K

und deren Komplikationen (Knochendeformation im Kindesalter, Osteoporose beim Erwachsenen, Pseudotumorbildung mit Kompressionserscheinungen).
Zur Verzögerung des Auftretens einer Eisenüberladung durch die Erythrozytenkonzentrate ist ein **Eisenentzug mit Chelatbildnern** indiziert. Heute kann die subkutane Dauerinfusion von Desferoxamin durch die orale Behandlung mit Deferasirox ersetzt werden.
Bei Thalassaemia major ist eine **allogene Knochenmarktransplantation** von einem HLA-identischen gesunden Geschwister (allenfalls einem Geschwister mit einer heterozygoten Thalassämie) oder einem kompatiblen unverwandten Spender die einzig kurative Behandlung.

Prognose

Während die Patienten mit Thalassaemia minor eine normale Lebenserwartung haben, leben Patienten mit der Majorform ohne Eisenchelation selten länger als 25 Jahre. Wenn keine Transfusionen verabreicht werden, versterben die Kinder an der Anämie. Mit regelmäßigen Transfusionen, aber ohne Eisenchelation versterben die Thalassämiepatienten an den Folgen der Eisenüberladung. Wird eine konsequente Eisenchelation ab dem 10. Lebensjahr durchgeführt, ist die Lebenserwartung wesentlich länger. Todesursachen sind Folgen der Eisenüberladung (Kardiomyopathie) oder Infektionen.

45.3.3 Andere Hämoglobinopathien

Im Gegensatz zu den Thalassämien handelt es sich um **qualitative Hämoglobinanomalien** mit Veränderungen der Aminosäurensequenz in einer Polypeptidkette des normalen Hämoglobins. Die häufigste Form ist die Sichelzellanämie.

Sichelzellanämie

Definition. Autosomal-rezessiv vererbte qualitative Hb-Veränderung, die zu chronischer mehr oder weniger ausgeprägter Anämie mit sichelartiger Verformung der Erythrozyten führt. Als Folge dieser erythrozytären Verformungen treten typische vasookklusive Phänomene mit multiplen Infarkten verschiedenster Organe auf.
Die **Sichelzellanomalie** ist die heterozygote und die **Sichelzellanämie** die homozygote Form der Krankheit. Unter **Sichelzellkrankheit** versteht man die Kombination einer heterozygoten Anomalie mit einer anderen Hämoglobinopathie (z. B. β-Thalassämie, Hämoglobin C).

Epidemiologie

Die höchste Genfrequenz findet sich in Zentral-, West- und Ostafrika. Träger des Sichelzellgens zeigen eine **erhöhte Resistenz gegen Malaria**: Dies kann die verstärkte Ausbreitung in diesen Gebieten erklären. In Nigeria sind z. B. bis zu 30 % der einheimischen Bevölkerung Genträger. In Süditalien, Sizilien, Sardinien und anderen Mittelmeergebieten sind Sichelzellkrankheiten vom Typ HbS/β-Thalassämie keine Seltenheit.

Ätiopathogenese

Der Sichelzellanämie liegt ein wasserunlösliches Hämoglobin, das **HbS** zugrunde, das sich durch den **Austausch der Glutaminsäure gegen Valin** in Position 6 der β-Kette vom normalen Hämoglobin unterscheidet. Die Sichelzellenbildung ist abhängig vom HbS-Gehalt der Erythrozyten (heterozygot, homozygot, doppelt heterozygot) und dem Sauerstoffpartialdruck, da die Hb-S enthaltenden Erythrozyten nur dann die Sichelform annehmen, wenn kein Sauerstoff gebunden ist.

> **!** **Alle Faktoren, welche die Sauerstoffaffinität der Erythrozyten herabsetzen (Azidose, Enzymmangel usw.) oder Maßnahmen, welche die intrazelluläre Hämoglobinkonzentration der Erythrozyten von Sichelzellpatienten erhöhen (Dehydratation), verstärken die irreversible Sichelzellenbildung.**

Der Prozentsatz irreversibler Sichelzellbildung variiert beim Homozygoten beträchtlich. Die ständige Bildung und vorzeitige Destruktion irreversibel geschädigter Sichelzellen führt zur schweren **hämolytischen Anämie** und zu hämolytischen Krisen.

Klinik

Bei homozygoten Merkmalsträgern treten die Symptome bereits nach dem 6. Lebensmonat auf (wenn HbF durch HbS ersetzt wird). Die klinische Symptomatik verläuft schubweise, oft krisenhaft:

- **Infarktkrise:** Die Verstopfung kleiner Blutgefäße durch gesichelte Erythrozyten führt zum Gewebeuntergang mit starken Schmerzen, besonders in Knochen, Thorax und Abdomen. Multiple Milzinfarkte führen zur Schrumpfung der Milz (Autosplenektomie).

- **Aplastische Krise:** Im Rahmen von (besonders viralen, speziell Parvovirus B19) Infekten kommt es zu einer Verminderung der Erythropoiese.
- **Sequestrationskrise:** Hier tritt ein plötzliches Pooling der Erythrozyten besonders in der Milz auf, mit schwerer Anämie, was gelegentlich die Todesursache bei Kleinkindern ist.

Sichelzellkrankheiten vom Typ HbS/β-Thalassämien zeigen häufig ähnliche klinische Manifestationen mit Infarktkrisen wie homozygote Sichelzellanämien. Im Gegensatz zur homozygoten Sichelzellanämie ist aber das Blutbild mikrozytär (MCV↓). Der klinische Verlauf ist sehr variabel. Homozygot Erkrankte sterben oft im Kindesalter. Nur die Hälfte erreicht das 30. Lebensjahr. Heterozygote Merkmalsträger können symptomlos sein.

Diagnostik

Bei Patienten mit schwarzer Hautfarbe weisen eine normochrome hämolytische Anämie, Schmerzkrisen, Arthropathie und Knöchelulzera auf die Diagnose einer Sichelzellenanämie hin. Im peripheren Blut sind **Targetzellen** sowie Sichelzellen mit **Howell-Jolly-Körperchen** zu finden. Howell-Jolly-Körperchen sind Kernreste, die im Blutausstrich zu suchen sind. Der Nachweis von Kernresten spricht für einen Hyposplenismus (s. S. 951). Diese Patienten müssen wie splenektomierte Patienten geimpft und bei Infekt entsprechend behandelt werden.

Diagnostisch entscheidend ist der Befund der **Hämoglobinelektrophorese oder der HPLC**. Homozygote haben oft einen HbS-Anteil > 70%. Die **genetische Analyse** bestätigt die Diagnose und unterscheidet zwischen einer homozygoten Sichelzellanämie und einer Sichelzellerkrankung. Besteht zum Vorliegen von HbS gleichzeitig ein mikrozytäres Blutbild (MCV), so liegt eine HbS/β-Thalassämie (HbS > 50%) oder eine α-Thalassämie (HbS < 34%) vor.

Differenzialdiagnose. Andere Hämoglobinopathien und hämolytische Anämien.

Therapie

Mit Ausnahme der hämopoietischen Stammzelltransplantation existiert keine kausale Therapie. Bei Schmerzkrisen werden Analgetika (Opiate) verabreicht. Durch die Gabe von Hydroxyharnstoff kann der HbF-Anteil erhöht werden.

Bei schweren vasookklusiven Krisen oder prophylaktisch vor einem schweren chirurgischen Eingriff werden Austauschtransfusionen versucht.

Prinzipiell sollten die Betroffenen jeglichen Zustand von Sauerstoffmangel (z. B. Höhenaufenthalte) und schwere körperliche Belastungen vermeiden. Komplikationen drohen z. B. auch bei Pneumonie, Narkose, Azidose, Exsikkose und Dehydratation.

Bei funktioneller Asplenie sind die entsprechenden Impfungen erforderlich (v. a. Pneumokokken, s. S. 952).

Weitere Beispiele für Hämoglobinopathien

Es gibt eine ganze Reihe weiterer Hämoglobinopathien, die hier aber nur kurz erwähnt werden sollen:

- Hämoglobin C (Abstammung Westafrika), Hämoglobin E (Abstammung Südostasien)
- Hämoglobinopathien mit instabilen Hämoglobinvarianten (Hb Turin, Hb Köln, Hb Zürich usw.)
- Methämoglobinämien

45.4 Megaloblastäre Anämien

45.4.1 Grundlagen

Definition. Megaloblastäre Anämien sind eine ätiologisch uneinheitliche Krankheitsgruppe, bei der ein Vitamin-B_{12}- oder Folsäuremangel zu einer **beeinträchtigten DNA-Synthese der Knochenmarkzellen** führt. Es kommt zu typischen hämatologischen Veränderungen mit vergrößerten Erythrozyten **(Megalozyten)** und Megaloblasten im Knochenmark.

Ätiopathogenese. Die **häufigsten Ursachen** einer megaloblastären Anämie sind in **Tab. 45.5** dargestellt

Vitamin B_{12}

Vitamin B_{12} wird vom menschlichen Körper nicht selbst synthetisiert, es wird vor allem durch Fleisch und Milchprodukte zugeführt. Im Magen wird das Vitamin B_{12} an den Intrinsic Factor gebunden, ein von den Belegzellen des Magens sezerniertes Mukoprotein. Nur der **Vitamin-B_{12}-Intrinsic-Factor-Komplex** wird im distalen Ileum resorbiert und von

K

Tab. 45.5 Ursachen der megaloblastären Anämie

Pathogenese	Vitamin-B_{12}-Mangel	Folsäuremangel
verminderte Zufuhr	Vegetarier	chronische Alkoholiker
fehlender Intrinsic Factor	perniziöse Anämie, Zustand nach Gastrektomie	
verminderte Resorption	Sprue, Morbus Crohn,, Malabsorption, Zustand nach Dünndarmresektion	Sprue, Malabsorption
gesteigerter Verbrauch	Fischbandwurmbefall	Schwangerschaft, Laktation, chronische Hämolyse, Tumorkrankheiten, chronische Dialyse
Medikamente		• Zytostatika: Purin- und Pyrimidinanaloga, Hydroxyurea • Folsäureantagonisten: Methotrexat, Pentamidin, Triamteren, Trimetoprim • Antikonvulsiva: Phenytoin, Primidon, Phenobarbital

einem spezifischen Protein, dem Transcobalamin, transportiert. Vitamin B_{12} wird zu über 50% in der Leber gespeichert. Der Tagesbedarf beträgt etwa 2 µg. Der gespeicherte Vorrat an Vitamin B_{12} ist etwa für 3 Jahre ausreichend. Als essenzielles Koenzym greift Vitamin B_{12} in den Folatstoffwechsel ein. Beim Fehlen wird die DNA-Synthese blockiert. Die RNA und Proteinsynthese laufen jedoch unbeeinflusst weiter, wodurch es in allen proliferativen Geweben zu einer Dissoziation zwischen Kern- und Zytoplasmareifung mit den charakteristischen morphologischen Atypien kommt.

Folsäure

Hauptquelle für die Folsäure sind Früchte und Gemüse. Da Folsäure hitzelabil ist, wird sie durch Kochen zerstört. Die zugeführte Folsäure wird im proximalen Jejunum resorbiert. Der minimale Tagesbedarf beträgt normalerweise etwa 50 µg. Gesunde können etwa 5 – 20 mg Folsäure, die Hälfte davon in der Leber, speichern. Folsäure dient als Koenzym der DNA-Synthese. Ihre Hauptfunktion besteht im molekularen Transfer von Monokohlenstoffverbindungen. Als Folge eines Folsäuremangels wird die DNA-Synthese blockiert (**Abb. 45.7**).

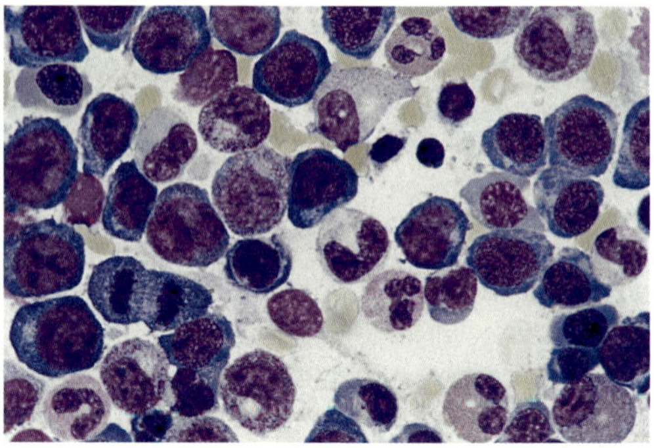

Abb. 45.7 Knochenmarkbefund bei Folsäuremangel. Zahlreiche vergrößerte Erythrozyten-Vorstufen mit großen, aufgrund des hohen RNA-Gehalts stark basophilen Zellkernen (aus Rassow, Duale Reihe Biochemie, Thieme).

45.4.2 Perniziöse Anämie

Synonym: Morbus Biermer, Perniziosa
engl.: pernicious anemia

Definition. Megaloblastäre Anämie, bei der das Vitamin-B_{12}-Defizit durch einen Mangel an Intrinsic Factor bei chronischer atrophischer Gastritis entstanden ist. Unbehandelt führt die Anämie zum Tode, daher der Name „Perniziosa" (lat. verderblich).

Epidemiologie

Die perniziöse Anämie kommt meist im mittleren und höheren Lebensalter vor. Sie ist als Folge einer Autoimmunerkrankung häufig vergesellschaftet mit anderen Erkrankungen, für die Autoimmunphänomene verantwortlich gemacht werden (z. B. Morbus Basedow).

Ätiopathogenese

Den Veränderungen in der Magenschleimhaut liegt ein Autoimmunprozess zugrunde, wobei **gegen Parietalzellen und Intrinsic Factor gerichtete Autoantikörper** sowie zelluläre Immunphänomene nachweisbar sind. Durch das Fehlen des von den Parietalzellen gebildeten Intrinsic Factors kann Vitamin B_{12} nicht mehr aufgenommen werden, was zu DNA-Synthesedefekten der Schleimhäute, Nervenscheiden und in allen drei Reihen der Hämatopoese führt. Folge ist eine Panzytopenie.

Klinik

Die Patienten klagen über eine ausgeprägte **Anämiesymptomatik** mit Schwäche, Schwindel, Tachykardie, Luftnot.
Weiterhin sind **gastrointestinale Symptome** typisch, denn auch an der Schleimhaut macht sich die DNA-Synthesestörung bemerkbar: brennende Zunge, Geschmacksstörungen, atrophische Glossitis, Diarrhö und Gewichtsabnahme.
Unter dem Namen **funikuläre Myelose** wird die neurologische Symptomatik zusammengefasst: Parästhesien und Hyperästhesie der Extremitäten, gestörtes Vibrationsempfinden, Muskelschwäche, Ataxie, Areflexie, Parese; seltener Verwirrtheitszustände und Psychosen.

> (!) **Den neurologischen Symptomen gehen nicht selten mehrere Jahre einer Anämieentwicklung voraus.**

Diagnostik

Blutbild. Leitbefunde im peripheren Blut sind (vgl. Tab. 45.2, Tab. 45.3):

- makrozytäre Anämie (MCV > 100 fl)
- Poikilozytose
- Anisozytose
- hypersegmentierte Granulozyten
- bei schweren Formen auch Leukopenie und Thrombopenie

Die Retikulozytenzahl ist trotz erhöhter Erythroblastenzahl im Knochenmark erniedrigt (ineffektive Erythropoiese).

Knochenmark.

- Erythropoiese: megaloblastär und hyperplastisch
- Myelopoiese: reifungsgestört (Riesenmetamyelozyten)
- Megakaryopoiese: reifungsgestört (hypersegmentierte Megakaryozyten)

> (!) **Diese Veränderungen sind bereits unmittelbar nach Vitamin-B_{12}-Gabe nicht mehr nachweisbar.**

Befunde im Serum.

- Zeichen der intramedullären Hämolyse: LDH erhöht, indirektes Bilirubin gesteigert
- Vitamin B_{12}, respektive Folsäurespiegel ist erniedrigt

Weitere Abklärung. Die weiteren Untersuchungen hängen vom Vitamin-B_{12}-Spiegel ab:

- Bei B_{12}-Spiegeln > 300 pg/ml ist ein Vitamin-B_{12}-Mangel unwahrscheinlich – deshalb erfolgt keine weitere Untersuchung zum Nachweis des B_{12}-Mangels.
- Bei einem B_{12}-Spiegel zwischen 200 und 300 pg/ml ist das Resultat unsicher. Erhöhte Serumspiegel von Methylmalonsäure und Homocystein bestätigen dann den B_{12}-Mangel: erhöhte Werte sprechen für einen Vitamin-B_{12}-Mangel, normale Werte schließen ihn praktisch aus. Ist nur das Serum-Homocystein gesteigert, besteht wahrscheinlich ein isolierter Folsäuremangel.
- Bei einem B_{12}-Spiegel < 200 pg/ml ist der B_{12}-Mangel praktisch gesichert.

Bei **nachgewiesenem Vitamin-B_{12}-Mangel** muss die Ursache abgeklärt werden. **Anti-Intrinsic-Factor-Antikörper** sind sehr spezifisch und erlauben die Diagnose einer perniziösen Anämie. Weitere Abklärungen erübrigen sich dann. Werden diese Antikörper nicht nachgewiesen, muss der **Schilling-Test** durchgeführt werden. Dieser gibt Hinweise auf eine normale bzw. gestörte Aufnahme von Vitamin-B_{12}. Dem Patienten wird hierzu radioaktiv markiertes Vitamin-B_{12} oral verabreicht. Dann wird die Ausscheidung im 24-h-Urin verfolgt. Liegt eine verminderte Aufnahme des Vitamin B_{12} vor, wird der Test unter zusätzlicher Gabe von Intrinsic-Factor wiederholt. Der Schilling-Test ist nur bei unklarer Situation indiziert (z.B. tiefer B_{12}-Spiegel, keine Anti-Intrisic-

Factor-Antikörper nachweisbar) und wird wie folgt interpretiert:

- normaler Schilling-Test: ungenügende Einnahme von Vitamin B_{12}
- verminderte Resorption mit und ohne Intrinsic Factor: Resorptionsstörung im Dünndarm
- verminderte Resorption ohne Intrinsic Factor, normale mit Intrinsic Factor: perniziöse Anämie oder Zustand nach Gastrektomie

Eine **Gastroskopie** ist für die Diagnose nicht mehr erforderlich. Patienten mit einer perniziösen Anämie haben jedoch ein erhöhtes Risiko, ein Magenkarzinom oder ein kolorektales Adenokarzinom zu entwickeln. Ein regelmäßiges Monitoring ist deshalb indiziert.

Differenzialdiagnose. Differenzialdiagnostisch sind ein myelodysplastisches Syndrom und akute Leukämien auszuschließen (s. S. 932, 933).

Therapie

Hydroxycobalamin 1000 µg täglich i. m. über 5 Tage, anschließend bis zur Normalisierung der Anämie 500 µg 1 × wöchentlich, danach lebenslange Erhaltungstherapie mit 500 µg alle 3 Monate. Bereits 4 Tage nach Beginn der Behandlung kommt es zu einem Anstieg der Retikulozytenzahl (Retikulozytenkrise!). Die Retikulozytenkrise unterstützt die Diagnose, hat aber für den Patienten keine klinische Relevanz.
Bei regelmäßiger Substitutionsbehandlung ist die Prognose sehr gut. Eine fortgeschrittene neurologische Symptomatik ist dagegen irreversibel.
Die Blutbildveränderungen des Vitamin-B_{12}-Mangels können auch durch Folsäure beseitigt werden. Diese Therapie ist jedoch streng kontraindiziert, da sie das Krankheitsbild verschleiert und die neurologische Symptomatik sogar verschlechtern kann. Bei zusätzlichem Eisenmangel erfolgt eine Eisensubstitution (erhöhter Eisenbedarf in der Regeneration).

45.4.3 Megaloblastäre Anämie durch Folsäuremangel

Definition. Durch Folsäuremangel verursachte megaloblastäre Anämie.

Ätiologie. Häufigste Ursache ist Mangelernährung (z. B. im Rahmen eines Alkoholabusus) oder gesteigerter Verbrauch (chronische Hämolyse).

Klinik. Häufig stellen sich die Patienten in reduziertem Ernährungszustand vor. Die gastrointestinalen Manifestationen wie bei Vitamin-B_{12}-Mangel sind häufig klinisch ausgeprägter und schwerer. Eine neurologische Symptomatik besteht nicht. Die hämatologischen Veränderungen entsprechen denen des Vitamin-B_{12}-Mangels.

Diagnostik. Blutbilduntersuchungen wie bei Vitamin-B_{12}-Mangel (s. S. 910). Der Beweis der Diagnose erfolgt durch erniedrigte Erythrozytenfolsäurekonzentration bei normalem Vitamin-B_{12}-Spiegel. Auch eine normale Methylmalonsäure mit erhöhtem Homocysteinspiegel spricht für einen Folsäuremangel. Durch Transfusionen von Erythrozyten normalisiert sich die Erythrozytenfolsäurekonzentration.

Differenzialdiagnose. Wie bei Vitamin-B_{12}-Mangel (s. S. 910).

Therapie. Substitution mit Folsäure 5 mg/d p. o. bis zur Blutbildnormalisierung. Eine akute Retikulozytose ist nach etwa 4 Tagen, eine Normalisierung des Hb-Wertes nach etwa 5 Wochen zu beobachten. Die Therapiedauer hängt von der Ursache des Mangelzustandes ab. Wichtig ist die Ausschaltung aller Faktoren, die zum Folsäuremangel geführt haben.

45.5 Hämolytische Anämien

45.5.1 Grundlagen

Definition. Bei einer hämolytischen Anämie kommt es aus unterschiedlichen Ursachen zum **beschleunigten und gesteigerten Abbau der Erythrozyten** mit kompensatorisch gesteigerter Erythrozytenneubildung.

Ätiopathogenese. Hämolytische Anämien werden differenziert

- nach der **Entstehung** in:
  - kongenitale und
  - erworbene
- nach der **Pathogenese** in:
  - korpuskuläre und
  - extrakorpuskuläre

  Eine korpuskuläre Hämolyse bedeutet, dass der Erythrozyt defekt ist. Mehrheitlich handelt es sich um kongenitale Anomalien des Erythrozyten (Membrandefekt, Enzymdefekt, Hämoglobindefekt). Die extrakorpuskulären Hämolysen sind erworben; der Erythrozyt ist intakt, wird aber „von außen" angegriffen (z. B. durch Antikörper).

Tab. 45.6 Zeichen gesteigerter Erythrozytendestruktion und -neubildung

Parameter	Normalwert	bei Hämolyse
Plasma/Serum: Indikatoren für gesteigerte Erythrozytendestruktion		
freies Hämoglobin	< 0,5 g/l	erhöht (intravaskuläre Hämolyse)
Haptoglobin	0,9 – 3,80 g/l	erniedrigt
Bilirubin	< 18 µmol/l (≤ 1,2 mg/dl)	indirektes Bilirubin erhöht
LDH	140 – 290 U/l	erhöht
Harn: Indikatoren für gesteigerte Erythrozytendestruktion		
Hämoglobinurie	–	+ (intravaskuläre Hämolyse)
Hämosiderinurie	–	+ (intravaskuläre Hämolyse)
Bilirubin	–	+
Urobilinogen	–	+
Blut: Indikatoren für gesteigerte Erythropoese		
Retikulozyten	5 – 15 ‰	erhöht
unreife Vorstufen	–	+
Knochenmark: Indikator für gesteigerte Erythropoese		
Erythropoese	normal	gesteigert

- nach dem **Ort des Abbaus** in:
  - extravaskuläre und
  - intravaskuläre hämolytische Anämien

  Die Mehrzahl der Hämolysen sind extravaskuläre Hämolysen, d. h. dass der gesteigerte Erythrozytenabbau im Retikuloendothelialen System (Milz) stattfindet. Bei der intravaskulären Hämolyse werden die Erythrozyten in der Zirkulation zerstört.

Die Anämie entsteht, wenn die kompensatorisch gesteigerte Erythropoiese die beschleunigte Destruktion nicht mehr ausgleichen kann.

Klinik. Klinische Symptome einer hämolytischen Anämie sind neben den typischen Zeichen der Anämie auch die der Hämolyse: Ikterus, brauner Urin durch die Urobilinogen-Ausscheidung und Splenomegalie.

Diagnostik. Die biochemischen Zeichen der gesteigerten Erythrozytendestruktion sind ebenso wie die Zeichen der gesteigerten Erythrozytenneubildung in Tab. 45.6 dargestellt.

45.5.2 Korpuskuläre hämolytische Anämien

Zu den korpuskulär bedingten Hämolysen zählen die hereditäre Sphärozytose und die enzymopenischen hämolytischen Anämien (Glukose-6-Phosphat-Dehydrogenase-Mangel, Pyruvatkinasemangel). Sie sind durch einen angeborenen Defekt der Erythrozytenmembran oder des Hämoglobinmoleküls und durch eine verminderte Enzymausstattung der Erythrozyten charakterisiert.
Die paroxysmale nächtliche Hämoglobinurie ist die einzige erworbene Form einer korpuskulären Hämolyse.

Hereditäre Sphärozytose

Synonym: Kugelzellenanämie
engl.: hereditary spherocytosis

Definition. Autosomal-dominant vererbter Membrandefekt der Erythrozyten, der mit Kugelzellen, hämolytischer Anämie, Ikterus und Splenomegalie einhergeht.

Epidemiologie. In Mitteleuropa die am häufigsten vorkommende angeborene, korpuskulär bedingte

K

hämolytische Anämie mit 2 Erkrankungen pro 10 000 Einwohner.

Ätiopathogenese. Ursache ist eine Störung der Ionenpermeabilität der Erythrozytenmembran. Qualitative und quantitative Defekte der Membranproteine führen zu Vesikelbildung und **Membranverlust der Erythrozyten**. Defekte der Membranproteine betreffen das Spektrin, den Spektrin/Ankyrin-Komplex, die Bande 3 oder das Pallidin. Der Membrandefekt führt zu einer erhöhten Permeabilität für Natrium und Wasser in den Zellen, in deren Folge die bikonkave Scheibenform der Erythrozyten in eine **Kugelform** übergeht und die Verformbarkeit vermindert. Diese verformten Erythrozyten werden dadurch bei der Milzpassage leichter lysiert.

Klinik. Variabler klinischer Verlauf mit langen Phasen des Wohlbefindens und in Schüben verlaufenden Hämolysen, evtl. hervorgerufen durch interkurrente Erkrankungen, Operationen oder Infekte. Anämiesymptome, Ikterus und eine mehr oder weniger ausgeprägte Splenomegalie können bereits im frühen Kindesalter bestehen. Bei anderen Patienten erfolgt eine Diagnose erst im Erwachsenenalter. Infolge der Hämolyse kommt es zur Bildung von Bilirubin-Gallensteinen.

Diagnostik. Die Anamnese (insbesondere Familienanamnese), die Splenomegalie, die typischen mikrozytären Kugelzellen im Blutausstrich und das abnorm erhöhte MCHC lassen eine Kugelzellenanämie vermuten (Abb. 45.8). Beweisend ist die **Verminderung der osmotischen Resistenz** der Erythrozyten, die man in vitro durch Zugabe von NaCl messen kann: normale Erythrozyten platzen erst bei einer 0,46%-igen NaCl-Lösung, Kugelzellen bereits bei Konzentrationen über 0,46%.

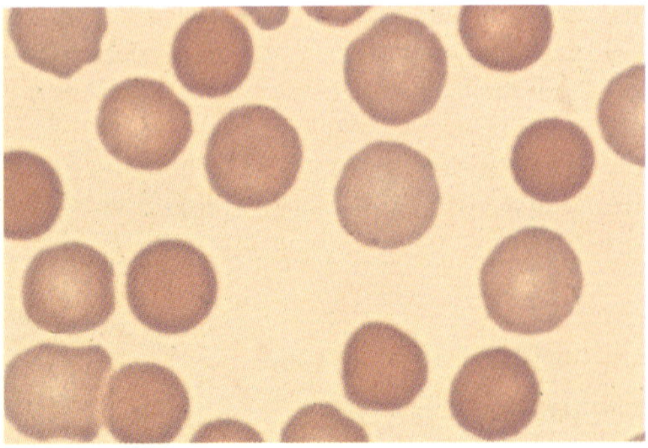

Abb. 45.8 Kugelzellen. Es handelt sich um kleine, runde, stark mit Hämoglobin gefüllte Erythrozyten (Mikrosphärozyten), bei denen die zentrale Aufhellung fehlt oder nur sehr gering ist. Sie treten am häufigsten bei der hereditären Kugelzellenanämie auf, kommen aber auch bei anderen hämolytischen Anämien vor. (aus Dörner, Klinische Chemie, Thieme)

Differenzialdiagnose. Andere hereditäre, nichtsphärozytäre hämolytische Anämien. Sphärozyten bei autoimmunhämolytischen Anämien, bei Splenomegalie und Leberzirrhose.

Therapie. Durch **Splenektomie** (möglichst erst mit 5 Jahren und nach Pneumokokkenimpfung) kann der Abbau der Kugelzellen verlangsamt werden. So wird die Anämie beseitigt und die Überlebenszeit der Erythrozyten verlängert, auch wenn die Kugelzellen mit ihrem Defekt fortbestehen. Die Indikation einer Splenektomie ist klar bei symptomatischen Patienten. Bei asymptomatischen Patienten ist das Risiko einer späteren fulminanten Sepsis größer als der Vorteil einer Splenektomie.

Komplikationen. Komplikationen sind schwere hämolytische Krisen und vermehrte Gallensteinbildung. Sie werden durch eine Splenektomie im asymptomatischen Intervall vermieden.
Wegen des Risikos einer späten fulminanten Sepsis müssen Patienten vor Splenektomie gegen Pneumokokken, Haemophilus und Meningokokken geimpft werden. Eine Prophylaxe mit Penicillinen kann besonders bei Kleinkindern in Betracht gezogen werden. Zudem müssen splenektomierte Patienten über das Risiko einer fulminanten Sepsis instruiert werden (s. S. 1001).

Prognose. Nach Splenektomie haben die Patienten eine normale Lebenserwartung.

Glukose-6-Phosphat-Dehydrogenase-Mangel

Synonym: G-6-PDH-Mangel
engl.: glukose-6-phosphate-dehydrogenase deficiency

Definition. Der Glukose-6-Phosphat-Dehydrogenase-Mangel ist eine X-chromosomal vererbte Erkrankung, die zu einer enzymatischen Anomalie der Erythrozyten führt. Ihre klinischen Manifestationen sind auf eine Hämolyse zurückzuführen.

Epidemiologie. Die G-6-PDH-Mangelanämie ist bei Afrikanern, Asiaten sowie im Mittelmeerraum weit verbreitet. Betroffen sind Millionen von Menschen auf der ganzen Welt. Es gibt über 250 Enzymvarianten.

Ätiopathogenese. Morphologie und osmotische Resistenz der Erythrozyten sind normal. Ihre Struktur, Funktion und Lebensdauer sind vom Intermediärstoffwechsel abhängig, d. h. von der anaeroben Glykolyse, dem Pentosephosphat-Shunt und dem Glutathionstoffwechsel.
Es sind zahlreiche unterschiedlich lokalisierte Enzymdefekte beschrieben worden, die sich klinisch nicht oder zum Teil nur diskret unterscheiden.
Die Hämolyse ist abhängig von der Konzentration der Enzymaktivität, ältere Erythrozyten werden eher lysiert als jüngere. Im Mittelpunkt der Pathogenese steht das **verminderte intrazelluläre Redoxpotenzial**. Hämolysen können ausgelöst werden durch:

- Bohnen (Vicia Faba)
- Medikamente wie z. B. Dapson, Methylenblau, Naphtalin und Derivate, Niridazol, Nitrofurantoin, Phenacetin, Primaquin, Pamaquin (Malariamittel), Pyramidon, Sulfanilamid, Sulfapyridin, Sulfoxon.

Dabei ist die akute Hämolyse selbst limitierend, da nur die älteren Erythrozyten lysiert werden.

Klinik. Mehrheitlich sind die Patienten asymptomatisch, haben ein normales Blutbild mit normaler Morphologie der Erythrozyten, entwickeln aber hämolytische Krisen bei Einnahme bestimmter Medikamente, bei Infekt oder metabolischen Anomalien. Ikterus, Anämie und die Symptome der Splenomegalie führen den Patienten zum Arzt. Bei G-6-PDH-Mangel treten 1 bis 2 Tage nach entsprechender Exposition charakteristische abdominelle Schmerzen mit Ikterus, Braunverfärbung des Harns und Anämie auf.

Diagnostik.

- typische Anamnese, familiäre Häufung
- nichtsphärozytäre hämolytische Anämie mit normaler osmotischer Resistenz der Erythrozyten und negativem Coombs-Test (s. S. 918)
- bei Glukose-6-Phosphat-Dehydrogenase-Mangel positiver Heinz-Körper-Nachweis (s. **Tab. 45.3**)

Die Bestätigung des biochemischen Defektes beweist die Diagnose (hämatologisches Speziallabor).

> **!** **Bei Männern mit schwarzafrikanischem Ursprung und intermittierend hämolytischen Episoden muss an diese Diagnose gedacht werden.**

Differenzialdiagnose. Andere Formen der nichtsphärozytären hämolytischen Anämie, Hämoglobinopathien.

Therapie. Eine kausale Therapie ist nicht möglich. Die G-6-PDH-Mangelanämie ist selbstlimitierend, da junge Erythrozyten und Retikulozyten weniger hämolysieren. Vordergründig ist die Expositionsprophylaxe. Transfusionen sind selten indiziert. Bei Auftreten einer hämolytischen Episode muss auf eine ausreichende Urinausscheidung geachtet werden. Patienten werden angehalten, viel zu trinken.

Prognose. Die Prognose ist bei konsequenter Expositionsprophylaxe und Vermeidung der Komplikationen günstig.

Pyruvatkinasemangel

Bei diesem autosomal-dominant vererbten Leiden ist die **Glykolyse der Erythrozyten** betroffen. Dies führt zu einer Energieverarmung des Erythrozyten und zur Anhäufung von Stoffwechselmetaboliten, die den aktiven Membrantransportmechanismus stören und damit eine Hämolyse auslösen. Die Symptomatik gleicht derjenigen des Glukose-6-Phosphat-Dehydrogenase-Mangels. Eine Splenektomie verlängert die Lebenszeit der Erythrozyten und kann die Transfusionshäufigkeit senken.

Paroxysmale nächtliche Hämoglobinurie (PNH)

Definition. Diese **erworbene Stammzellerkrankung** ist charakterisiert durch eine korpuskulär bedingte Hämolyse und eine Produktion von defekten Thrombozyten und Leukozyten. Die Bezeichnung der Erkrankung weist auf einen zyklischen Verlauf intravaskulärer Hämolysen hin. Der morgendliche Nachweis von Hämoglobinurie ist ein wichtiges Merkmal.

Epidemiologie. Sehr selten, vor allem bei jüngeren Erwachsenen.

Ätiopathogenese und Klinik. Der Störung liegt die **Mutation einer hämatopoetischen Stammzelle** mit einem typischen Membrandefekt zugrunde, durch den Erythrozyten, Granulozyten und Thrombozyten außerordentlich komplementsensibel werden. Die komplementvermittelte Hämolyse und das gesteigerte Thromboserisiko stehen klinisch im Vordergrund.
Die Schwere der klinischen Symptomatik korreliert mit dem Anteil membrandefekter Erythrozyten. Sie

reicht von diskreter chronischer **Hämolyse** bis zu kurzfristig rezidivierenden schweren hämolytischen Krisen. Die Hämolyse **setzt häufig nachts ein** und fällt durch die Braunverfärbung des Morgenurins auf. Oft beginnt sie nach Infektionen, Impfungen, Operationen, Medikamentengabe oder Bluttransfusionen.

Charakteristisch sind schmerzhafte **Abdominalkrisen**, die einem hämolytischen Schub vorangehen können. Die komplementinduzierte Funktionsstörung der Thrombozyten verursacht Thrombosen und Störungen der Mikrozirkulation (Mikrothromben). **Thrombosen in ungewöhnlichen Venengebieten** sind typisch (Budd-Chiari-Syndrom, Thrombosen der Pfortader und der Mesenterialvenen, ZNS-Thrombosen) und sollten den Verdacht auf eine PNH lenken.

Es kommt zu Symptomen eines **Eisenmangels** durch chronische intravaskuläre Hämolyse mit Verlust des Eisens im Urin (Hämosiderin im Urin).

Bei gleichzeitiger Knochenmarksaplasie steht die Symptomatik der **Panzytopenie** im Vordergrund. Die PNH ist eng mit der aplastischen Anämie verbunden und wie diese kann die PNH auch in eine akute Leukämie transformieren (s. S. 915).

Diagnostik. Hinweise auf die Diagnose geben die **normochrome hämolytische Anämie** mit Hämosiderinurie, Granulozytopenie und Thrombozytopenie sowie Thrombosen. Die Diagnose basiert heute auf der flowzytometrischen Untersuchung und hat heute den Säure-Hämolyse-Test nach Ham weitgehend ersetzt: es wird das Fehlen von **Ankerproteinen** auf den Neutrophilen und Erythrozyten nachgewiesen. Ankerproteine auf der Zelloberfläche schützen die Erythrozyten vor der Komplementlyse.

Therapie. Die **hämopoietische Stammzelltransplantation** ist die einzige kausale Therapie. Bei klinisch stabiler Situation ist eine symptomatische Behandlung angezeigt, d. h.:

- Transfusion gewaschener Erythrozytenkonzentrate (kein Vollblut)
- Antikoagulation mit Cumarinderivaten bei hohem Anteil von PNH Zellen

Bei schwerem Verlauf oder nach Übergang in eine aplastische Anämie sind Knochenmarktransplantation oder eine immunsuppressive Therapie mit ATG und Ciclosporin A indiziert.

Auch **Eculizumab**, ein monoklonaler Antikörper, der an das Komplement bindet und somit die Komplement-Aktivierung der Erythrozyten verhindert, kann eingesetzt werden bei Patienten mit symptomatischer Hämolyse und hohem Thromboserisiko.

Prognose. Die mediane Lebenserwartung liegt bei klassischer klinischer Symptomatik unter 10 Jahren. Ein Übergang in eine aplastische Anämie oder akute myeloische Leukämie ist möglich.

45.5.3 Extrakorpuskulär bedingte hämolytische Anämien

Hierbei handelt es sich um Anämien, bei denen normal strukturierte Erythrozyten vorzeitig durch serogene Faktoren (s. **Tab. 45.1**) hämolysiert werden. Wichtigstes Beispiel sind die immunhämolytischen Anämien.

Immunhämolytische Anämie

Durch Antikörper hervorgerufene Hämolysen. Unterschieden werden:

- **alloimmunhämolytische Anämien:**
  - hämolytische Transfusionsreaktion
  - Morbus haemolyticus neonatorum
- **autoimmunhämolytische Anämien:**
  - Wärmeantikörper (IgG, selten IgA)
  - Kälteagglutinine (IgM)
- **medikamenteninduzierte immunhämolytische Anämien**

Autoimmunhämolytische Anämien

Epidemiologie

Wärmeautoantikörper sind wesentlich häufiger hämolyseauslösend als Kälteagglutinine. Sie treten in etwa 80% der Fälle bei anderen Grundleiden symptomatisch, in 20% der Fälle idiopathisch auf. Vorkommen in jedem Lebensalter, bevorzugt bei Frauen und älteren Personen. Niedrige Kälteagglutinintiter finden sich auch bei Gesunden. Eine signifikante Erhöhung des Titers kann bei malignen Lymphomen, chronischer idiopathischer Kälteagglutininkrankheit oder vorübergehend bei infektiöser Mononukleose und bei der Mykoplasmenpneumonie auftreten.

Wärmeantikörper induzieren eine extravaskuläre Hämolyse. Es handelt sich um **inkomplette Antikörper** (IgG mit oder ohne Komplement, selten IgA), weil sie ohne Makrophagensystem keine Hämolyse induzieren können. Sie fixieren sich an die Zelloberfläche der Erythrozyten, ohne per se eine Hämolyse

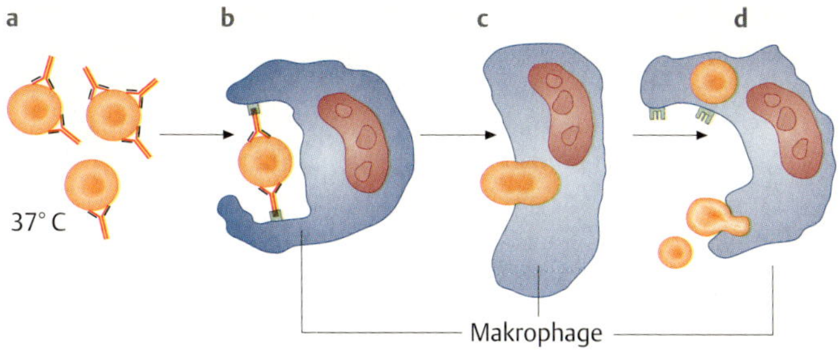

Abb. 45.9 Sequenz bei AIHA mit Wärmeantikörpern. a Erythrozytenspezifische Antikörper (IgG) binden sich mittels ihres Fab-Fragments an die körpereigenen Erythrozyten. **b** Die Fc-Fragmente erythrozytengebundener Antikörper binden sich an Fc-Rezeptoren von Makrophagen. **c** Der Makrophage phagozytiert den Erythrozyten oder „beißt ihn an". **d** Der Rest des Erythrozyten rezirkuliert zuerst als Fragmentozyt und bildet dann einen Mikrosphärozyten.

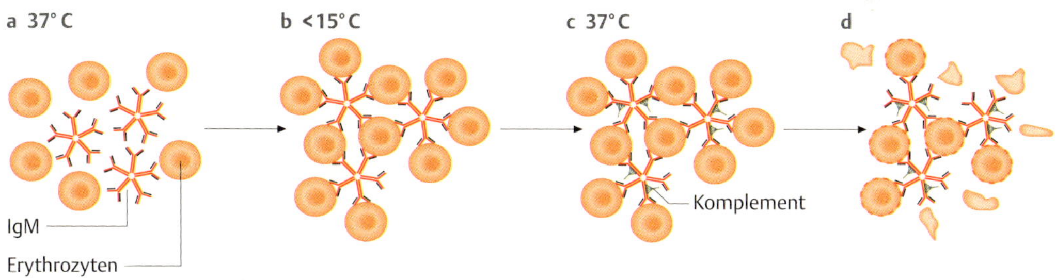

Abb. 45.10 Sequenz bei AIHA mit Kälteagglutininen. a Bei Körpertemperatur (37 °C) zirkulieren IgM (Pentamer) frei im Blut, ohne sich an die Erythrozyten zu binden. **b** Bei tiefer Temperatur (< 15 °C) binden sich die IgM-Antikörper an die Erythrozyten. Es entsteht eine reversible Agglutination der Erythrozyten. **c** Bei Aufwärmen der Erythrozyten wird das Komplement aktiviert. **d** Die Erythrozyten werden intravaskulär hämolysiert.

auszulösen (**Abb. 45.9 a**). Fc-Rezeptoren des MMS-Systems (Monozyten, Makrophagen, Milz) binden das Fc-Fragment des Antikörpers (**Abb. 45.9 b**). Folglich werden die Erythrozyten entweder vollständig phagozytiert oder „angebissen" und ein Teil des Erythrozyten wieder freigelassen. Diese Erythrozytenüberreste bilden **Mikrosphärozyten** (**Abb. 45.9 c, d**). Wärmeautoantikörper werden im **Coombs-Test** nachgewiesen. Die Immunhämolyse kann zu lebensbedrohlicher Anämie und Verbrauchskoagulopathie führen. Eine Blutgruppenbestimmung ist wegen des Antikörpers, der als Panagglutinin wirkt, gelegentlich nicht sicher möglich. Hauptdestruktionsort der antikörperbeladenen Erythrozyten ist die Milz.

Kälteagglutinine sind komplette Antikörper (IgM), die bei tiefer Temperatur eine Agglutination der Erythrozyten induzieren (**Abb. 45.10 a**). Die IgM-Antikörper werden bei einer Temperatur im Bereich von 37 °C aktiviert und führen zu einer intravaskulären Lyse der Erythrozyten (**Abb. 45.10** b). Die Ätiologie des Kälteagglutininantikörpers ist nicht bekannt. Bei den meisten Patienten mit der Kälteagglutininkrankheit ist der Antikörpertiter bei 4 °C sehr hoch (1:10 000 und mehr), bei 37 °C normal (< 1:16). Blutentnahme und Ausstriche verursachen Schwierigkeiten. Neben der Hämolyse kommt es zu einer gestörten Mikrozirkulation, insbesondere an den Akren (vgl. S. 228).

Klinik

Bei Hämolysen durch Wärmeautoantikörper treten neben den Befunden Anämie, Hämolyse und Splenomegalie Begleitsymptome wie Fieber, Bauchschmerzen und venöse Thrombosen auf. Meist entwickeln sich die klinischen Symptome im Zusammenhang mit einer Infektion.

K

Die Symptome der Kälteagglutininhämolyse sind kälteinduziert: Akrozyanose, Raynaud-Phänomen, Hautmarmorierung, gestörte Mikrozirkulation; selten Gangrän.

Diagnostik

Für die **Hämolyse durch Wärmeautoantikörper** ist der positive Coombs-Test beweisend. Es bestehen zudem die typischen Laborbefunde einer hämolytischen Anämie. Der **Coombs-Test** (syn. Antiglobulintest) ist indiziert zum Nachweis von auf Erythrozyten absorbiertem Immunglobulin oder Komplement (direkter Coombs-Test), z. B. bei Verdacht auf Wärmeautoantikörper, oder zum Nachweis von freien Antikörpern im Serum (indirekter Coombs-Test).
Prinzip des Coombs-Tests:

- **direkter Coombs-Test:** Patientenerythrozyten werden mit polyspezifischem (anti-Ig und anti-C 3 d) Antiserum inkubiert. Agglutination der Erythrozyten bedeutet positives Ergebnis. Spezifizierung durch Verwendung monospezifischer Antiseren.
- **indirekter Coombs-Test:** Ein Panel normaler Erythrozyten wird mit Patientenserum inkubiert. Die Serumantikörper binden an die Erythrozyten, die das entsprechende Antigen exprimieren. Durch Zugabe eines anti-IgG-Antiserums kommt es dann zur Agglutination.

Die **Kälteagglutininkrankheit** wird durch die typische klinische Symptomatik bei Kälteexposition und den Nachweis eines hohen Kälteagglutinintiters im Serum diagnostiziert.

Differenzialdiagnose. Hämolyse anderer Genese, z. B. hereditäre Sphärozytose, mikroangiopathische Hämolyse (Thrombotisch thrombozytopenische Purpura; TTP).
Bei Hämolysen durch Wärmeautoantikörper muss eine mögliche Grundkrankheit (Lymphom, systemischer Lupus erythematodes) sowie eine medikamentöse Ursache (Anamnese) ausgeschlossen werden.
Bei der Kälteagglutininkrankheit muss an Akrozyanosen anderer Ursache, Raynaud-Phänomene sowie an eine paroxysmale Kältehämoglobinurie gedacht werden.

Therapie

Wärmeantikörper. Die Therapie der Wahl ist **Prednison** (2 mg/kgKG/d) bis zum Ansprechen (mindestens 3 Wochen), später langsame Dosisreduktion. Bei ungenügendem Ansprechen erfolgt die zusätzliche Gabe von Azathioprin (2 – 3 mg/kgKG/d) oder Cyclophosphamid (2 – 3 mg/kgKG/d) bis zum Ansprechen. Bei Cyclophosphamid-Behandlung nach Remission Erhaltungsdosis von (1 – 2 mg/kgKG/d).
Rituximab, ein monoklonaler anti-CD 20-Antikörper gegen B-Lymphozyten kann heute als Zweitlinientherapie eingesetzt werden. Die Splenektomie ist bei therapierefraktärer Hämolyse indiziert.
Bei refraktärer, behandlungsbedürftiger Hämolyse stehen folgende Medikamente zur Diskussion: Ciclosporin, Danazol, monoklonale Antikörper vom anti-CD 52 (Alemtuzumab) oder intravenöse Immunglobuline. Bei therapieresistenten, lebensbedrohlichen Formen können Plasmapherese oder Austauschtransfusionen zur Anwendung kommen.
Zurückhaltung ist mit Transfusionsbehandlungen angezeigt. Sie sollten nur bei ausgeprägter, symptomatischer Anämie erfolgen. Notfalls muss Blut der Blutgruppe 0 negativ gegeben werden.

Kälteagglutinine. Die wichtigsten Maßnahmen bei autoimmunhämolytischer Anämie durch Kälteagglutinine ist die **Vermeidung von Kälteexposition**. Die Behandlung mit Prednison sowie die Splenektomie sind ineffektiv. Wenn die Ursache der Hämolyse ein Lymphom ist, kann dessen Behandlung zur Besserung führen. Vorläufige Daten zeigen, dass auch hier Rituximab erfolgreich eingesetzt werden kann. Eine Plasmapherese erlaubt, IgM physisch zu entfernen und so die Hämolyse zu reduzieren. Wenn Transfusionen indiziert sind, muss das Blut auf Körpertemperatur vorgewärmt werden.

Prognose

Die Prognose ist abhängig vom Grundleiden. Auch nach Sistieren der Hämolyse und Normalisierung der Hämoglobinkonzentration kann der Coombs-Test positiv bleiben.

45.6 Anämien bei chronischen Erkrankungen

Synonym: Infektanämie, Tumoranämie

Es handelt sich um eine leichte bis mittelschwere, normochrome, hyporegenerative Anämie. Bei einem Teil der Patienten ist die Anämie hypochrom und mikrozytär. Die Anämie tritt bei chronisch-entzündlichen Krankheiten (Autoimmunerkrankungen wie rheumatoider Arthritis, systemische Sklerodermie, systemischer Lupus erythematodes), chronischen Infekten oder malignen Erkrankungen auf.

Ätiopathogenese

Die durch die Entzündung provozierte Zytokinproduktion (IL-1, TNF) führt zu einer Hemmung der Erythropoetinbildung und somit zu einer **verminderten Produktion von Erythrozyten**. Gleichzeitig wird der **Eisenhaushalt gestört**: die Eisenaufnahme durch den Darm ist vermindert, die Clearance des Eisens aus dem Serum ist gesteigert und die Eisenspeicherung in den Makrophagen wird gefördert. Diese Wirkung wird durch das Hepcidin, das bei chronischer Entzündung in der Leber produziert wird, verursacht. Dies führt zu einem **funktionellen Eisenmangel**, d. h. das Eisen ist zwar im Organismus vorhanden, kann aber nicht für die Erythropoiese verwendet werden.

Diagnostik

Blutbild und Retikulozyten. Leichte bis mittelschwere Anämie mit einem Hämoglobin von 7 – 12 g/dl, MCV/MCHC normal oder vermindert (bei ca. 20% der Patienten), normale oder verminderte Retikulozytenzahl.

Eisenhaushalt. Serum-Eisen niedrig, Transferrinsättigung > 15%, Ferritin normal oder gesteigert, löslicher Transferrin-Rezeptor (sTfR) normal.

Knochenmarkuntersuchung. Erythropoiese morphologisch unauffällig, Eisenspeicherung in den Makrophagen gesteigert, kein Eisen in den Erythroblasten.

Differenzialdiagnose. Anämie bei Niereninsuffizienz, bei Malnutrition (besonders bei geriatrischen Patienten) und bei bestimmten endokrinen Dysfunktionen (z. B. Hypothyreose, Hyperthyreose, Hypopituitarismus, Hypoparathyreoidismus, Hyperparathyreoidismus). Bei mikrozytären Erythrozyten muss ein Eisenmangel ausgeschlossen werden.

Therapie

Wenn möglich die Ursache der Anämie, d. h. die chronisch-entzündliche Krankheit behandeln. Eine symptomatische Anämie kann bei hämatologischen Neoplasien mit rekombinantem **Erythropoietin** behandelt werden. Die Behandlung kann in Form von Erythropoietin-α, Erythropoietin-β oder Darbepoetin verabreicht werden. Alle drei Substanzen haben eine vergleichbare klinische Effizienz. Die Halbwertszeit von Darbepoetin ist länger als bei den beiden anderen beiden Substanzen. Ein gutes Ansprechen wird erwartet bei Patienten mit inadäquatem Erythropoietinspiegel und guter Knochenmarkfunktion.

Therapieschema mit Erythropoietin -α oder -β. 30 000 U 1 × pro Woche s. c. Wenn nach 4 Wochen die Hämoglobinkonzentration weniger als 1 g/dl beträgt, sollte die Dosis verdoppelt werden. Wenn nach weiteren 4 Wochen kein adäquater Anstieg zu verzeichnen ist, sollte die Erythropoietin-Behandlung abgebrochen werden.

Therapieschema mit Darbepoetin. Beginn der Therapie mit 2,25 µg/kgKG s. c. 1 × pro Woche. Bei ungenügendem Ansprechen nach 4 Wochen sollte die Dosis auf 4,5 µg/kgKG 1 × pro Woche gesteigert werden. Bei ungenügendem Ansprechen nach weiteren 4 Wochen, ist ein Abbruch der Darbepoetin-Therapie indiziert.

Ziel der Behandlung Hämoglobin 11 – 12 g/dl. Wegen des thromboembolischen Risikos darf das Hämoglobin während der Erythropoietinbehandlung den Wert von 12 g/dl nicht überschreiten.
Bei der Erythropoietin-Behandlung tritt häufig zu Beginn ein funktioneller Eisenmangel auf. Dies hat ein inadäquates Ansprechen auf Erythropoietin zur Folge. Wenn der funktionelle Eisenmangel rechtzeitig erkannt wird, kann er mittels intravenöser Eisenapplikation aufgehoben werden und somit ein gutes Ansprechen auf Erythropoietin erlauben. Ein funktioneller Eisenmangel ist zu erwarten bei Transferrin-Sättigung < 20%, einem Serum-Ferritin < 100 ng/ml und/oder einem CHr < 26 pg.

46 Leukopoetisches System

André Tichelli, Richard Herrmann

46.1 Physiologie und Pathophysiologie

Leukozyten sind die **kernhaltigen** Zellen des Blutes. Sie werden nach ihrer Morphologie und Funktion unterteilt, wobei die Granulozyten nach ihrem Färbeverhalten noch weiter differenziert werden können. Von folgenden Referenzwerten kann ausgegangen werden:

Leukozyten: 3,5 – 10 × 10^9/l. Davon sind

- Granulozyten:
  - neutrophile: 1,8 – 7 × 10^9/l
  - basophile: ≤ 0,2 × 10^9/l
  - eosinophile: ≤ 0,45 × 10^9/l
- Lymphozyten: 1 – 3 × 10^9/l
- Monozyten: ≤ 0,8 × 10^9/l

Abweichungen von diesem Normbereich können die Folge einer primären Erkrankung des hämopoietischen Systems oder sekundäre, reaktive Veränderungen im Rahmen einer anderen Erkrankung sein. Qualitative Veränderungen mit Einschränkung der normalen Funktion sind bei den Leukozyten eher selten.

Tab. 46.1 Die wichtigsten hämatopoietischen Wachstumsfaktoren

Wachstumsfaktor	induzierte Zellen
Erythropoetin (EPO)	Erythrozyten
Thrombopoetin (TPO)	Thrombozyten
Granulozyten-Kolonie-stimulierender Faktor (G-CSF)	neutrophile Granulozyten
Granulozyten-Makrophagen-Kolonie- stimulierender Faktor (GM-CSF)	neutrophile Granulozyten, eosinophile Granulozyten, Monozyten

Die im Blut vorkommenden Zellen leiten sich alle von einer multipotenten Stammzelle ab (**Abb. 46.1**). Spezielle Wachstumsfaktoren sind verantwortlich für die Proliferation und Differenzierung (Ausreifung) zu den weiter determinierten Vorläuferzellen und letztlich den peripheren Blutzellen (**Tab. 46.1**). Bei Erwachsenen erfolgt dies im Wesentlichen im Knochenmark.

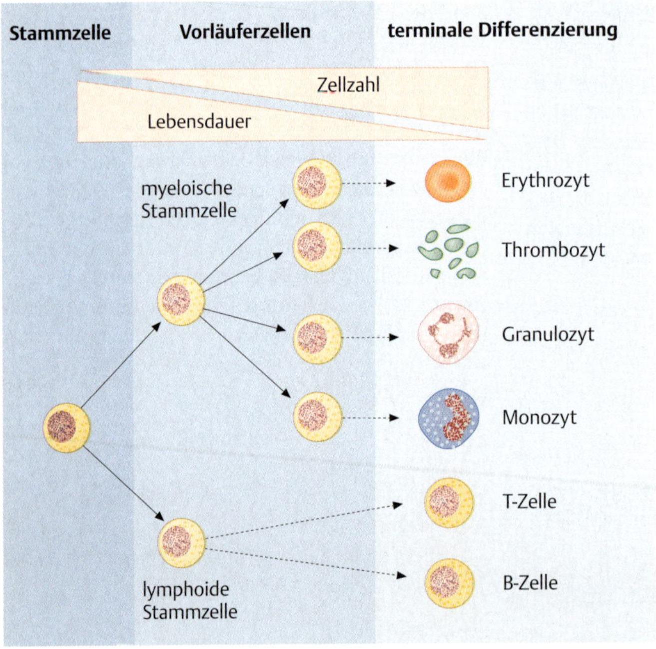

Abb. 46.1 Differenzierungsmöglichkeiten der hämatopoetischen Stammzelle.

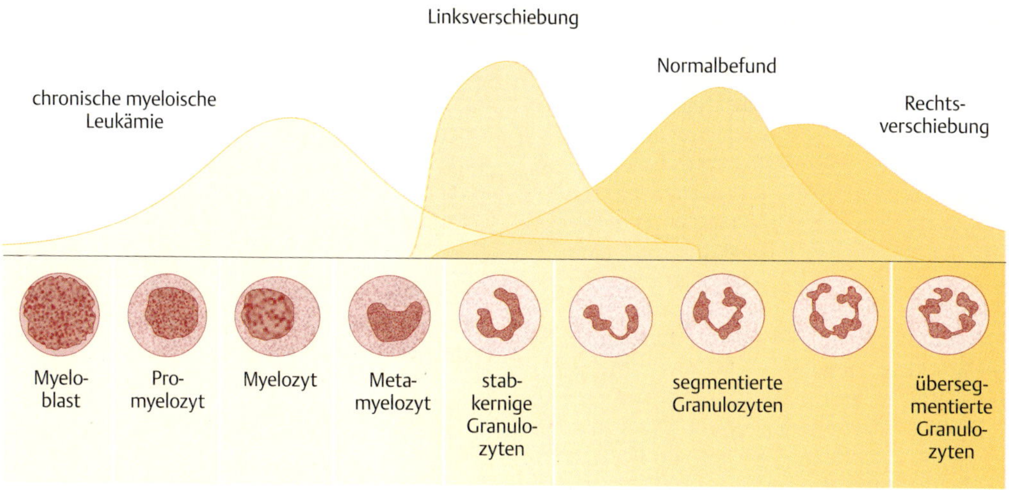

Abb. 46.2 Verschiedene Entwicklungsstufen der Granulozyten im Blutbild. Normalerweise finden sich stabkernige und segmentierte sowie wenige übersegmentierte Granulozyten im peripheren Blut. Das vermehrte Auftreten von älteren (d. h. übersegmentierten) Granulozyten wird als Rechtsverschiebung bezeichnet. Bei Entzündungen werden verstärkt junge (stabkernige) Granulozyten sowie vereinzelt Metamyelozyten ins periphere Blut ausgeschwemmt, man spricht von einer Linksverschiebung. Unreife Vorstufen wie Myeloblasten, Promyelozyten und Myelozyten verlassen das Knochenmark hingegen nur bei einer chronischen myeloischen Leukämie oder bei einer anderen myeloproliferativen Neoplasie.

46.1.1 Neutrophile Granulozyten

Die Funktion der Neutrophilen liegt in der **unspezifischen Abwehr** von Infektionen mit Bakterien und Pilzen und der Beteiligung an Entzündungsreaktionen. 90% der Granulozyten und deren Vorläuferzellen befinden sich im Knochenmark, nur 2–3% zirkulieren im Blut. Der verbleibende Rest befindet sich als „marginaler Pool" an den Gefäßwänden. Bei Entzündungen kommt es zu erhöhtem Verbrauch der Neutrophilen und durch Zytokinausschüttung zu erhöhter Abgabe junger Granulozyten (stabkernige) oder deren Vorstufen. Dieser Vorgang wird als **„Linksverschiebung"** bezeichnet (Abb. 46.2). Eine **„Rechtsverschiebung"** bezeichnet dagegen das Überwiegen alter (übersegmentierter) Granulozyten im Blut und ist Zeichen einer Proliferationshemmung im Knochenmark, z.B. durch Zytostatika oder im Rahmen einer megaloblastären Anämie (s. S. 909).
Unterschieden werden qualitative und quantitative Störungen, wobei die quantitativen Störungen weitaus häufiger und klinisch von wesentlich größerer Bedeutung sind:

- **qualitative Störungen:** Myeloperoxidasemangel, Chédiak-Higashi-Syndrom, chronische granulomatöse Erkrankung. Folge: rezidivierende, eitrige Infektionen. Patienten mit Myeloperoxydasemangel sind asymptomatisch.
- **quantitative Störungen:** Verminderung (Neutropenie) und Vermehrung (Neutrophilie) der Granulozytenzahl im Blut

Neutropenie

Die Neutropenie ist definiert als **absolute Verminderung der Neutrophilenzahl** im peripheren Blut ($< 1{,}5 \times 10^9/l$). Von klinischer Bedeutung sind insbesondere schwere Neutropenien mit Zellzahlen von $< 0{,}5 \times 10^9/l$. Eine isolierte Verminderung der Neutrophilen $< 0{,}5 \times 10^9/l$ wird als **Agranulozytose** bezeichnet.

Ätiopathogenese. Neutropenie: Vier verschiedene Mechanismen können Ursache sein:

- verminderte Produktion
- ineffektive Myelopoiese
- Marginalisierung der Neutrophilen
- gesteigerter peripherer Verbrauch

Die Neutropenie kann weiterhin in kongenitale und erworbene Formen unterteilt werden.

K

Isolierte Agranulozytose: Eine isolierte Agranulozytose ist eine schwere, isolierte Neutropenie und wird am häufigsten durch **Medikamente** ausgelöst. Selten sind eine zyklische Neutropenie und der periphere Verbrauch durch Neutrophilenantikörper (Felty-Syndrom, systemischer Lupus erythematodes) der Grund. Eine Verminderung der Neutrophilenzahl findet sich auch bei malignen Erkrankungen und der aplastischen Anämie. Die Neutropenie ist dann aber begleitet von einer Anämie und Thrombopenie.

Viele verschiedene Medikamente können einen Abfall der Granulozytenzahl bis hin zur Agranulozytose verursachen. Mögliche Mechanismen sind:

- **Direkte Proliferationshemmung** (medikamentös-toxische Wirkung, „Phenothiazintyp"): chronische, **dosisabhängige Schädigung** des Knochenmarks, Verminderung der Granulozyten und ihrer Vorstufen in der Knochenmarkzytologie. Zumeist voll reversibel.
  Die wichtigsten auslösenden Medikamente sind: Antibiotika, Antiarrhythmika, Antikonvulsiva, psychotrope Medikamente wie Phenothiazine und Clozapin, Sedativa, Thyreostatika, nicht steroidale Antiphlogistika und Zytostatika.
  Während das Ausmaß der Granulozytopenie bei den Zytostatika gut vorhersagbar ist, besteht bei den anderen Medikamentengruppen eine große Variation der individuellen Empfindlichkeit.
- **Medikamentös-allergische Wirkung** („Pyrazolontyp"): akute Medikament-Hapten-Antikörper-Reaktion, **dosisunabhängig**, bei Patienten, die bereits vorher mit der Substanz Kontakt hatten. Zumeist reversibel nach Absetzen der verantwortlichen Substanz.
  Wichtigste Substanzen: Pyrazolderivate (Metamizol, Phenylbutazon, Oxyphenbutazon, Propyphenazon); ferner: Diphenylhydantoin, Goldsalze, Methyl- und Prophylthiouracil, Chlorpromazin und verschiedene Sulfonamide.
  Typisch ist der perakute Beginn.
- **Durch Folsäureantagonisten verursachter Typ:** ausgelöst durch Methotrexat und Trimethoprim, aber auch durch Diphenylhydantoin und Primidon. Abgesehen von Methotrexat kommt es selten zu schweren Granulozytopenien.

> ! Frauen sind häufiger als Männer von einer medikamenteninduzierten Agranulozytose betroffen.

Klinik. Die Neutropenie verursacht nicht per se Symptome. Sie führt aber zu schweren Infektionen primär an den Mundschleimhäuten, aber auch in Form einer Pneumonie oder eines septischen Krankheitsbildes. Typisch sind **hohes Fieber und Schüttelfrost**. Wegen der fehlenden Granulozyten werden keine typischen morphologischen Korrelate einer Infektion wie Infiltration und Abszessbildung gefunden.

Diagnostik. Das diagnostische Vorgehen hängt von der Dauer (akut versus chronisch) und dem Schweregrad der Neutropenie ab:

- sorgfältige Medikamentenanamnese einschließlich Fremdanamnese
- Blutbild mit Differenzialblutbild (Blutausstrich)
- Die Knochenmarkzytologie und -histologie zeigt eine Reifungshemmung der Granulozytopoiese. Die anderen Zellreihen sind nicht betroffen.
- Versuch eines Erregernachweises (Blutkultur, Abstriche, Urin- und Sputumkultur)

Differenzialdiagnose. Aplastische Anämie, akute Leukämie, myelodysplastisches Syndrom und fulminante Sepsis mit Verbrauchskoagulopathie.

Therapie. Erste Maßnahme ist das **Absetzen** aller für die Auslösung einer Agranulozytose infrage kommenden **Medikamente**.

Bei **Fieber** muss die sofortige Behandlung mit einem **Breitspektrumantibiotikum** auch ohne Erregernachweis (s. S. 975, 1082) erfolgen; der Patient ist eventuell in einer keimarmen Umgebung unterzubringen.

Granulozytenwachstumsfaktoren können möglicherweise bei nicht allergischen Ursachen die Dauer der schweren Granulozytopenie verkürzen. Bei Auftreten eines Infektes ersetzen sie eine antiinfektiöse Therapie nicht.

Bei protrahiertem Krankheitsbild entsprechen die supportiven Maßnahmen denen wie bei akuter Leukämie (spezialisierte Institutionen).

Komplikationen. Gelegentlich werden schwere, nicht beherrschbare Infektionen mit Bakterien und Pilzen beobachtet.

Prognose. Zumeist gut, abhängig von der Dauer und dem Schweregrad der Agranulozytose und der Beherrschbarkeit der Komplikationen.

Neutrophilie

Die Neutrophilie oder Granulozytose ist eine häufige, meist reaktive Veränderung bei verschiedenen Erkrankungen und nach exogenen Reizen. Benigne Neutrophilien zeigen selten Werte $> 20 \times 10^9/l$, in Einzelfällen jedoch auch bis $> 50 \times 10^9/l$ („leukämoide Reaktion“). Seltener ist die Neutrophilie auch Ausdruck einer primären, malignen Stammzellerkrankung (myeloproliferative Neoplasie). Meist sind dann auch andere Blutbildveränderungen zu finden (u. a. unreife myeloische Vorläuferzellen, Poikilo- Anisozytose der Erythrozyten, Erythroblasten, Blasten, Thrombopenie oder Thrombozytose).
Die häufigsten Ursachen sind in **Tab. 46.2** aufgeführt.

46.1.2 Basophile Granulozyten

Basophile Granulozyten sind Vermittler der **Hypersensitivitätsreaktionen vom Soforttyp**: Asthma bronchiale, Urtikaria, allergische Rhinitis und Anaphylaxie. Der normale Basophilenanteil im Blut beträgt 0,5 % der kernhaltigen Zellen.
Eine **Basophilie** besteht, wenn die Zahl der Basophilen im Blut $> 0{,}2 \times 10^9/l$ beträgt. Eine Basophilie ist eine **Seltenheit** und wird vorwiegend bei der chronischen myeloischen Leukämie und anderen myeloproliferativen Neoplasien beobachtet. Vermehrt Basophile oder Mastzellen (Gewebebasophile) werden bei **systemischer Mastozytose** gefunden (s. S. 747).

46.1.3 Eosinophile Granulozyten

Die eosinophilen Granulozyten spielen eine wichtige Rolle bei der **Entzündungsreaktion:** Sie sind zytotoxische Effektorzellen für verschiedene **Parasiten** und wirken durch Freisetzung des Inhaltes ihrer Granula (lysosomale Enzyme), wodurch auch Gewebsschäden verursacht werden können. Die normale Zahl der Eosinophilen liegt unter $0{,}35 \times 10^9/l$ Blut. Es bestehen erhebliche zirkadiane Schwankungen, eine Verminderung kann durch systemische Gabe von Glukokortikoiden auftreten.
Ursachen für eine **Eosinophilie** sind Parasiteninfektionen, allergische Erkrankungen, Kollagenosen, maligne Erkrankungen und Dermatitiden.
Sind alle diese Ursachen ausgeschlossen, muss eine myeloische oder einer lymphoide Neoplasie mit Eosinophilie und molekulargenetischen Anomalien (PDGFRA, PDGFRB, FGFR1) gesucht werden. Diese Krankheiten können sich in Form einer chronischen eosinophilen Leukämie, einer myeloproliferativen Neoplasie, einer akuten Leukämie oder einer T-Zell-lymphoiden Neoplasie manifestieren.
Das **hypereosinophile Syndrom** ist eine Ausschlussdiagnose. Die Definition des hypereosinophilen Syndroms (HES) beinhaltet eine Eosinophilenzahl im peripheren Blut von $> 1{,}5 \times 10^9/l$ über mehr als 6 Monate ohne offensichtliche Ursache und mit Zeichen oder Symptomen eines Organschadens (Herz oder Lunge).
Benigne Erkrankungen werden mit Steroiden+/- Hydroxyurea behandelt. Bestimmte myeloproliferative Neoplasien mit Eosinophilie lassen sich mit Imatinib oder anderen Tyrosinkinase-hemmern behandeln.

Tab. 46.2 **Häufigste Ursachen für eine Neutrophilie beim Erwachsenen**

Ursache	Beispiele
benigne Erkrankungen bzw. Ursachen	mit Fieber: • Infektionen • Entzündungen • Autoimmunerkrankungen
	ohne Fieber: • Nikotinabusus, Stress, Hitze, Kälte • Ovulationshemmer, Heparin, Chlorpropamid, Digitalis, Lithium • hormonelle und metabolische Veränderungen (Schwangerschaft, Stillen, Azidose, Gicht) • Glukokortikoide
maligne Erkrankungen	solide Tumoren, z. B. Magen-, Bronchial-, Mamma-, Nierenkarzinom maligne Lymphome myeloproliferative Neoplasien

K

Bei aggressiveren Erkrankungen ist die Prognose ungünstig, dann stehen die Chemotherapie und die hämopoietische Stammzelltransplantation zur Diskussion.

46.1.4 Monozyten

Die Monozyten des peripheren Blutes wandern nach einiger Zeit in das Gewebe und werden dort zu **Makrophagen**. Ihre Funktion besteht in der Antigenpräsentation, Zytokinsekretion und Phagozytose.
Reaktive Ursachen für eine **Monozytose** sind chronische Infekte und entzündliche Erkrankungen: Tuberkulose, Brucellose, subakute bakterielle Endokarditis, Malaria. Selten tritt eine Monozytose bei soliden Tumoren, Leukämien und granulomatösen Erkrankungen wie Sarkoidose und Morbus Crohn auf. Primäre Stammzellerkrankungen wie myelodysplastische/myeloproliferative Neoplasien vom Typ einer chronischen myelomonozytären Leukämie können zu einer absoluten Monozytose führen.

> ! **Ein isolierter Anstieg des Monozytenanteils im peripheren Blut ist häufig der erste Hinweis für eine Regeneration nach schwerer Neutropenie (z. B. bei der hämopoietischen Erholung nach Chemotherapie).**

46.1.5 Lymphozyten

Bei den Lymphozyten erfolgt früh eine Differenzierung in die im Thymus heranreifenden T-Lymphozyten und NK-Lymphozyten (NK = Natural Killer) sowie die aus dem Knochenmark stammenden B-Lymphozyten. Ihre Funktion liegt in der Gewährleistung der **zellulären und humoralen Immunität**. Eine Charakterisierung der Lymphozytensubtypen erfolgt durch spezifische Oberflächenstrukturen (Antigene, Rezeptoren, vgl. S. 1067).

- **T-Zellen:** 80% der Lymphozyten des peripheren Blutes sind T-Zellen (CD 3-positive Lymphozyten). Die Mehrheit dieser T-Lymhozyten exprimiert einen T-Zell-Rezeptor (TCR) mit α- und β-Ketten. Die reifen T-Lymphozyten lassen sich einteilen in
  - zytotoxische T-Zellen, die vorwiegend das CD 8 exprimieren, und
  - regulatorische Lymphozyten, die CD 4-positiv sind.
- **B-Zellen:** Ungefähr 10 – 15% der zirkulierenden Lymphozyten sind B-Zellen. Ihre Funktion besteht in der Produktion von Antikörpern. Nach Antigenkontakt reifen sie zu antikörperproduzierenden Plasmazellen oder zu Gedächtniszellen heran.
- **NK-Zellen:** Eigenständige Lymphozytensubpopulation (etwa 5% der peripheren Lymphozyten). Die Funktion ist noch nicht definitiv geklärt, wahrscheinlich haben sie eine wichtige Funktion für die Virus- und Tumorzellabwehr.

Lymphozytopenie

Bei bestimmten Virusinfektionen (CMV, HIV), hämatologischen Neoplasien, Therapie mit Glukokortikoiden, Behandlung mit monoklonalen Antikörpern vom Typ Rituximab, Bestrahlung oder zytostatischer Therapie kann eine Lymphozytopenie auftreten. Eine längerfristige Verminderung der CD 4-positiven T-Zellen ($< 0{,}2 \times 10^9/l$) birgt die Gefahr opportunistischer Infektionen. Eine Prophylaxe gegen eine Infektion mit Pneumocystis jiroveci ist dann indiziert (s. S. 457).

Lymphozytose

Eine **reaktive Lymphozytose** tritt bei bestimmten Virusinfektionen (Epstein-Barr-Virus, akute CMV-Infektion, Virushepatitis) auf. In der Mehrzahl handelt es sich um eine Vermehrung von zytotoxischen T-Zellen. Selten muss eine lymphoide Neoplasie als Ursache der Lymphozytose durch flowzytometrische Immunphänotypisierung der Lymphozyten ausgeschlossen werden.
Weiterhin tritt eine **Lymphozytose** bei malignen lymphoproliferativen Erkrankungen vom Typ einer chronischen lymphatischen Leukämie und bei Lymphomen mit leukämischer Ausschwemmung auf.

46.2 Aplastische Anämie

engl.: aplastic anemia

Definition. Schwere Hypoplasie oder Aplasie des Knochenmarks mit Verminderung aller Zellreihen (Panzytopenie). Eine schwere aplastische Anämie erfüllt zumindest 2 von 3 Kriterien im peripheren Blut:

- Granulozyten $< 0{,}5 \times 10^9/l$
- Thrombozyten $< 20 \times 10^9/l$
- Retikulozyten < 1% (korrigierte Retikulozyten = gemessener Hämatokrit × gemessene Retikulozy-

ten) oder 20×10^9/l (mikroskopische Bestimmung)

Wenn die Retikulozyten mit einer flowzytometrischen Methode bestimmt werden, ist das Kriterium mit einem Wert $< 60 \times 10^9$/l erfüllt.

Epidemiologie. Die Erkrankung ist weltweit sehr selten, in Asien häufiger.

Ätiopathogenese. T-Zell-vermittelte Autoimmunerkrankung, die zur Schädigung der pluripotenten Stammzellen und damit Verminderung aller daraus entstehenden Blutzellen führt. Die Ursache wird meist nicht gefunden, infrage kommen chemische Substanzen (Benzol, Zytostatika, Chloramphenicol, Gold- bzw. Arsenverbindungen, Insektizide, Phenylbutazon), ionisierende Strahlen, Virusinfektionen (Hepatitis). Eine genetische Prädisposition ist möglich (z. B. Fanconi-Anämie). Es besteht eine enge Korrelation zwischen der aplastischen Anämie und Krankheiten wie der paroxysmalen nächtlichen Hämoglobinurie (PNH, s. S. 915) und dem hypoplastischen myelodysplastischen Syndrom (MDS, s. S. 931).

Klinik. Schwäche, Müdigkeit, Adynamie (durch die Anämie), Infektionen (durch die Granulozytopenie), Blutungsneigung (durch Thrombozytopenie).

Diagnostik. Im Blut gibt eine **Panzytopenie mit verminderter Retikulozytenzahl** einen Hinweis (**Abb. 46.3**), die mikroskopische Analyse des Blutbildes zeigt nur diskrete Anomalien der Blutzellen, keine Blasten und keine Erythroblasten. Knochenmarkhistologie und -zytologie zeigen ein „leeres Knochenmark" mit Fettgewebe.

Außerdem muss eine Hepatitisserologie durchgeführt werden (s. S. 805), da die aplastische Anämie virusassoziiert sein kann (v. a. Hepatitis B- und C-Virus, EBV)

Therapie. Eine Behandlung ist immer bei Patienten mit schwerer aplastischer Anämie oder bei Patien-

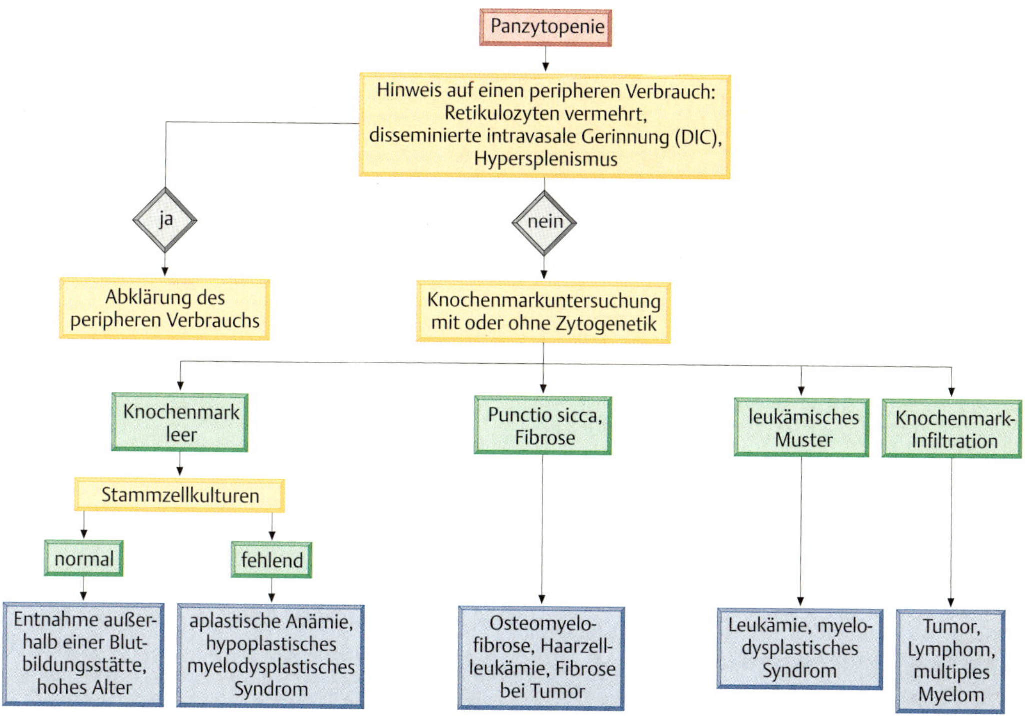

Abb. 46.3 Diagnostisches Vorgehen bei Panzytopenie. (u. a. bei aplastischer Anämie). Anmerkung: ist bei „leerem" Knochenmark die Stammzellkultur normal, kann dies daran liegen, dass bei der Knochenmarkpunktion zufällig eine zellfreie Region getroffen wurde. Insbesondere im hohen Alter sind die Blutbildungsstätten nicht mehr über das gesamte Knochenmark verteilt.

K

ten mit mittelschwerer, aber symptomatischer aplastischer Anämie (Infekte, Transfusionsbedürftigkeit) indiziert.
Patienten mit einem HLA-identischen Geschwister und Alter ≤40 Jahre erhalten eine **allogene Stammzelltransplantation**. Wenn eine Transplantation nicht zur Diskussion steht, ist die immunsuppressive Therapie mittels ATG (Anti-Thymozyten-Globulin) und Ciclosporin A eine Option.
Bei allen Patienten sind **supportive Maßnahmen** wie Infektbehandlung, Thrombozyten- und Erythrozytensubstitution indiziert. Der Stellenwert von Wachstumsfaktoren in Kombination mit der immunsuppressiven Therapie ist noch nicht definitiv geklärt.

Prognose. Unbehandelt erfolgt bei schweren Fällen eine rasche Verschlechterung und Tod durch Infektion oder Blutung. Die 1-Jahres-Überlebensrate nach allogener Stammzelltransplantation (SZT) und nach immunsuppressiver Therapie mittels ATG und Cyclosporin liegt zwischen 60 und 80%.

46.3 Myeloproliferative Neoplasien (MPN)

Es handelt sich um eine Gruppe von Erkrankungen mit **klonaler, neoplastischer Veränderung der hämatopoetischen Stammzelle**. Das gemeinsame Merkmal einer MPN ist der Anstieg im peripheren Blut einer oder mehrerer Zellreihen (Polyglobulie, Leukozytose, Thrombozytose). Man unterscheidet die primäre Myelofibrose (PMF), essenzielle Thrombozythämie (ET), Polycythaemia vera (PV) und chronische myeloische Leukämie (CML). Eine klare Zuordnung zum Subtyp ist zu Beginn nicht immer möglich. Übergänge von einem in das andere Krankheitsbild werden selten beobachtet. Bei den Philadelphia-negativen MPN ist bei 40 – 95% der Patienten eine JAK2-V617F-Mutation auf Exon 14 nachweisbar. Eine JAK2-Mutation ist beweisend für eine myeloide Neoplasie und bei reaktiven Veränderungen nicht zu finden. Das Fehlen der Mutation schließt ein MPN allerdings nicht aus.

46.3.1 Primäre Myelofibrose (PMF)

Synonym: chronische idiopathische Myelofibrose
engl.: agnogenic myeloid metaplasia, myelofibrosis

Definition. Erkrankung der hämatopoetischen Stammzellen mit zunehmender Fibrosierung, später auch Sklerosierung des Knochenmarks mit extramedullärem Wachstum und Reifung des malignen Stammzell-Klons.

Epidemiologie. Am häufigsten im mittleren und höheren Lebensalter, selten auftretendes Krankheitsbild.

Ätiopathogenese. Die primäre Erkrankung ist eine **klonale Myeloproliferation** mit einer atypischen Hyperplasie der Megakaryozyten. Das präfibrotische Stadium ist gekennzeichnet durch eine Thrombozytose mit oder ohne Leukozytose, mit hyperzellulärem Knochenmark. Der sekundäre Prozess der **Myelofibrose** ist das Resultat einer nichtklonalen **Proliferation von Fibroblasten im Knochenmark**, induziert durch von Megakaryozyten produzierten Wachstumsfaktoren. Es kommt zur Metaplasie der blutbildenden Zellen in Milz, Leber und anderen Organen. Das normale Knochenmark wird zunehmend ersetzt durch faserreiches Bindegewebe, im Verlauf kommt es auch zu Sklerosierung und Verknöcherung der Knochenmarkräume. Die extramedulläre Blutbildung führt zu **Hepatomegalie und Splenomegalie**, die exzessiv sein können und ihrerseits die Lebenszeit der zirkulierenden Blutzellen verkürzen (s. S. 952).

Klinik. Zunächst **uncharakteristisch** mit Müdigkeit, Schwäche, Appetitlosigkeit, Druckgefühl im Oberbauch. Später Schmerzen, Völlegefühl und Atemnot durch die massive Splenomegalie.

Diagnostik.
- **Klinische Untersuchung:** Allgemeinzustand, Milz- und Lebergröße.
- **Blutbild:** Leukozytose, später Leukozytopenie, Anämie, Thrombozytose, später Thrombozytopenie.
- **Blutausstrich:** pathologische Linksverschiebung, Poikilozytose, Tränentropfenerythrozyten, Fragmentozyten, Erythroblasten, Megakaryozytenkernreste.
- **Knochenmarkhistologie:** Markfibrose, Atypien der Megakaryopoiese, Verminderung der Blutbildung, ggf. Punctio sicca in fortgeschrittenem Stadium (Knochenmarkspunktion ohne Gewinnung von Aspirat). Bei 40 – 60% Patienten mit einer primären Myelofibrose ist eine JAK2-V617F-Mutation in den neutrophilen Granulozyten nachweisbar.

Differenzialdiagnose. Sekundäre Myelofibrose im Rahmen von Lymphomen, Haarzell-Leukämie, Morbus Paget, durch ionisierende Strahlung, metastasierenden Tumor; akute Myelofibrose: akute myeloische Leukämie (s. S. 933).

Therapie. Bei Patienten ≤ 55 Jahre mit HLA-identischem Geschwister sollte eine **allogene Stammzelltransplantation** diskutiert werden (einzige Behandlung mit kurativer Absicht), ansonsten sind die therapeutischen Maßnahmen limitiert und beschränken sich auf **symptomatische Maßnahmen:**

- symptomatische Anämie: Erythrozytentransfusionen, allenfalls Erythropoietinbehandlung (bei inadäquatem Erythropoietinspiegel)
- symptomatische Zytopenie: Thalidomide, Androgene (Danazol) oder Splenektomie
- Thrombozytose:
  - **Hydroxyurea** ist die Therapie der Wahl und wirkt als Zytostatikum
  - Anagrelide wird bei Intoleranz auf Hydroxyurea oder bei jungen Patienten eingesetzt (kein Risiko einer sekundären Leukämie)
  - Interferon α hat eine antiproliferative Wirkung. Es ist das einzige Medikament, das in der Schwangerschaft eingesetzt werden kann.
- symptomatische Splenomegalie (Schmerzen, Schweregefühl): Hydroxyurea oder Splenektomie
- Allgemeinsymptome: Steroide

Die Milzbestrahlung führt bei myeloproliferativen Syndromen zu einer lang dauernden Zytopenie und sollte nur dann durchgeführt werden, wenn bei Patienten mit schmerzhafter Splenomegalie die Splenektomie nicht möglich ist.

Komplikationen. Milzinfarkte (akuter Schmerz im linken Bauch), portale Hypertension, Folgen der Panzytopenie (Blutung, Infektion). Der Übergang in eine akute myeloische Leukämie wird selten beobachtet.

Prognose. Die mittlere Lebenserwartung beträgt 4 bis 5 Jahre.

46.3.2 Essenzielle Thrombozythämie (ET)

Synonym: Thrombozythämie
engl.: primary thrombocythemia

Definition. Chronische myeloproliferative Erkrankung mit anderweitig nicht erklärbarer, anhaltender Thrombozytose von > 600 × 10^9/l.

Epidemiologie

Erkrankung des mittleren bis höheren Lebensalters. Inzidenz ca. 0,5 pro 100 000 Einwohner/Jahr.

Ätiopathogenese

Die Ätiologie ist unbekannt. Es kommt zu einer Proliferation hämatopoetischer Vorläuferzellen mit **gesteigerter Bildung von Megakaryozyten** (Knochenmark-Riesenzellen) und Thrombozyten, die in ihrer Funktion gestört sind und sowohl zu thrombembolischen Komplikationen als auch zu Blutungen Anlass geben können. Im Verlauf entwickelt sich häufig eine Markfibrose.

Klinik

Thromboseneigung, Mikrozirkulationsstörungen mit neurologischen Symptomen, seltener Blutungen. Blutungen treten besonders bei sehr hoher Thrombozytenzahl (> 1 500 × 10^9/l) wegen einem funktionellen von-Willebrand-Faktor-Mangel auf (vgl. S. 358).

Diagnostik

Das Ziel der Abklärung ist die Abgrenzung einer reaktiven Thrombozytose (Entzündungen, chronische Infekte, Tumor, Eisenmangel, Status nach Splenektomie) von einer primären Knochenmarkerkrankung mit Thrombozytose.
Die Diagnostik umfasst die klinische Untersuchung, Blutbild mit Blutausstrich, Knochenmarkaspiration und -biopsie, Blutgerinnungsstatus mit Bestimmung der Blutungszeit, Zytogenetik (Philadelphia-Chromosom) und molekularbiologische Untersuchung (BCR/ABL) zum Ausschluss einer CML, Eisenstatus zum Ausschluss eines Eisenmangels als Ursache einer reaktiven Thrombozytose. Bei 40 – 60 % der Patienten ist eine JAK2-V617F-Mutation in den Neutrophilen nachweisbar (nie bei reaktiver Thrombozytose).

Blutbild. Thrombozytose, allenfalls leicht erhöhte Leukozyten, normales rotes Blutbild.

Blutausstrich. Riesenthrombozyten.

Knochenmarkhistologie. nur geringe Hyperplasie des Knochenmarks, Megakaryozytenzahl gesteigert, in Nestern liegende atypische Megakaryozyten (Riesen-Megakaryozyten), Markfibrose erst im fortgeschrittenen Stadium.

> **!** Bei ausgeprägter Thrombozytose ist gelegentlich ein falsch hohes Serum-Kalium (Pseudohyperkaliämie) festzustellen. Im Zweifel sollte das Plasma-Kalium bestimmt werden.

Therapie

Eine **Indikation** zur Therapie stellt sich bei Risikopatienten für thromboembolische Komplikationen (Vorgeschichte eines thromboembolischen Ereignisses, Patienten über 60 Jahre), bei Patienten mit kardiovaskulären Risikofaktoren (Hypertonie, Diabetes etc.) und bei starken Blutungen. Bei stark erhöhter Thrombozytenzahl ($> 1\,500 \times 10^9/l$) wird üblicherweise auch eine zytoreduktive Behandlung gestartet. Ziel der Behandlung ist eine Thrombozytenzahl $< 400 \times 10^9/l$.

Hydroxyharnstoff. Übliche Dosierung 1 – 1,5 g/d p. o.; Therapie der ersten Wahl; meistens gut verträglich, gelegentlich treten therapierefraktäre Hautulzera auf. Junge Patienten (< 50 Jahre) sollten besser nicht mit Hydroxyharnstoff behandelt werden, da das Risiko einer sekundären Leukämie nicht ausgeschlossen ist.

Pegyliertes Interferon-α. 50 – 150 mg/Woche s. c. Nebenwirkungen: Fieber, evtl. grippeähnliche (flu-like) und gastrointestinale Beschwerden, Gewichtsverlust, neurologische Symptome. Bei jungen Patienten.

Anagrelide. 2 mg/d p. o.; Nebenwirkungen: Kopfschmerzen, gastrointestinale Beschwerden, Anämie. Bei Intoleranz Hydroxyurea.

> **!** Hydroxyharnstoff und Anagrelide sind während der Schwangerschaft kontraindiziert. Die Gabe von Interferon-α und pegyliertem Interferon-α ist möglich.

Aspirin. 100 mg/d p. o. bei allen Patienten; Kontraindikationen: Blutungen oder Antikoagulation.

Prognose

Die mediane Lebenserwartung liegt bei über 10 Jahren. Todesfälle treten durch thromboembolische Komplikationen auf.

46.3.3 Polycythaemia vera (PV)

engl.: polycythemia vera

Definition. Erkrankung der hämatopoetischen Stammzellen mit **Vermehrung aller Zellreihen**, insbesondere der Erythrozyten.
Unter **Polyglobulie** versteht man eine Zunahme der Erythrozytenkonzentration mit entsprechender Steigerung des Hämatokrits und folglich der Blutviskosität.

Epidemiologie

Auftreten im mittleren und höheren Lebensalter. Mit 0,5 – 1 pro 100 000 Einwohner handelt es sich um eine eher seltene Erkrankung.

Ätiopathogenese

Die Ätiologie ist unbekannt. Es besteht eine klonale Proliferation hämatopoetischer Vorläuferzellen, bevorzugt werden Erythrozyten produziert. Der Serum-Erythropoetin-Spiegel ist erniedrigt, die Erythrozytenmasse bezogen auf kgKG ist vermehrt. Für die Symptome ist vor allem die erhöhte Blutviskosität (hoher Hämatokritwert) mit Störung der Mikrozirkulation verantwortlich.

> **!** Der Erythropoetin-Spiegel im Serum ist bei Polycythämia vera erniedrigt.

Klinik

Typisch ist eine sog. **Plethora** (Blutfülle) mit starker Rötung von Haut und Schleimhäuten. Kopfschmerzen, Schwindel, Herzbelastung, arterielle und venöse Thrombosen, Juckreiz, Oberbauchschmerzen (durch die begleitende Splenomegalie, welche durch die extramedulläre Blutbildung in der Milz zustande kommt, s. S. 952).

Diagnostik

Bei einer Abklärung einer Polyglobulie basiert die Diagnostik heute weitgehend auf dem **Nachweis einer JAK2-Mutation** und der Bestimmung des **Erythropoietinspiegels**. Bei Unklarheit muss die Knochenmarkspunktion durchgeführt werden.
Folgende Untersuchungen sind durchzuführen: klinische Untersuchung, Blutbild, Blutausstrich, Knochenmarkausstrich und -biopsie, Abdomensonografie, Serum-Erythropoetin sowie Stammzellkulturen mit und ohne Erythropoetin (**Abb. 46.4**, **Abb. 46.5**), Bestimmung der Erythrozytenmasse. 90 – 95 % der

Patienten mit einer Polycythaemia vera haben die **JAK2-V617F-Mutation** auf dem Exon 14 der Neutrophilen. Ein kleiner Anteil der Patienten mit negativem Befund haben eine JAK2-Mutation auf dem Exon 12.

Blutbild. Leichte Leukozytose, ausgeprägte Erythrozytose. Hämatokrit und Hb erhöht, BSG erniedrigt.

Knochenmarkhistologie. Gesteigerte Hämatopoese, insbesondere ausgeprägte Erythropoese, im Verlauf zunehmende Markfibrose.

Erythropoetinspiegel. Deutlich erniedrigt.

In-vitro-Stammzellkulturen. Wachstum der erythroiden Kolonien mit und ohne Zugabe von Erythropoetin.

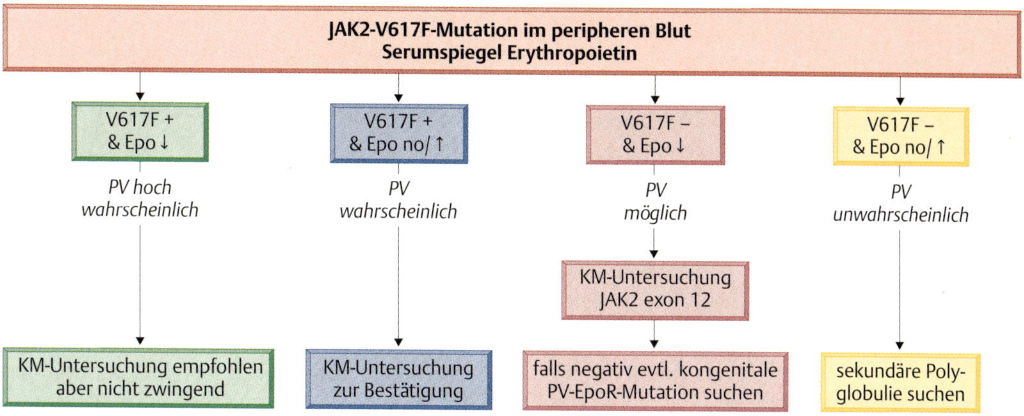

Abb. 46.4 Algorithmus der Abklärung einer Polyglobulie bzw. Polycythaemia vera.

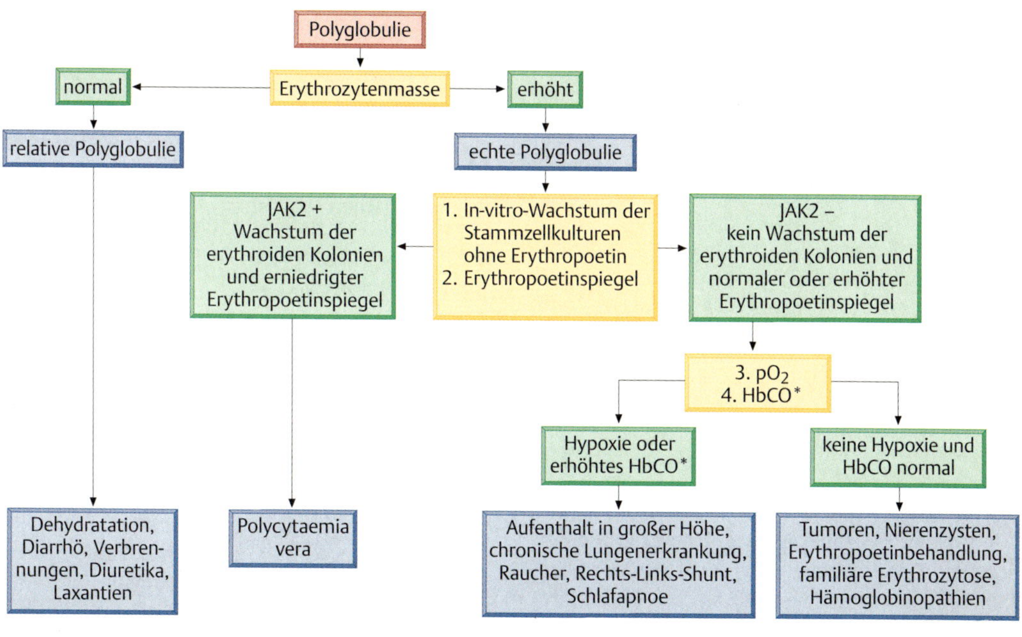

Abb. 46.5 Differenzialdiagnose einer Polyzythämie (Polyglobulie). * HbCO hat eine gesteigerte Affinität zum Hämoglobin, verdrängt somit das O_2 und führt zu einer Hypoxie.

Bestimmung der Erythrozytenmasse. Bei einem Hämoglobin zwischen 13 und 18,5 g/dl (16,5 g/dl bei der Frau) und Verdacht auf ein myeloproliferatives Syndrom, muss die Erythrozytenmasse bestimmt werden (Nuklearmedizin).

> **!** **Da die Erythrozytenzahl eine Konzentration (Zellen pro Volumen) ist, kann bei einer Polycythaemia vera ein gleichzeitig hohes Plasmavolumen einen falsch tiefen Wert ergeben und somit eine Polyglobulie maskieren.**

Therapie

Aderlassbehandlung zur Senkung des Hämatokrits auf < 45 %, zu Beginn zweimal wöchentlich, später nach Bedarf. Bei ausgeprägter Thrombozytose gleiches Vorgehen wie bei der essenziellen Thrombozythämie (s. S. 927). **Pegyliertes Interferon-α** (50–150 mg/Woche s. c.) wird besonders bei jüngeren Patienten mit einer Therapieindikation eingesetzt. Unter dieser Behandlung verschwindet bei einem Teil der Patienten die JAK2-Mutation.

Komplikationen und Prognose

Die mittlere Lebenserwartung einer Polycythaemia vera beträgt unter adäquater Behandlung 10–15 Jahre. Das Überleben wird durch thromboembolische Ereignisse sowie sekundäre Transformation in eine akute Leukämie beeinträchtigt.

46.3.4 Chronische myeloische Leukämie (CML)

engl.: chronic myelocytic leukemia

Definition. Maligne Entartung der pluripotenten Stammzellen mit starker Vermehrung von Granulozyten und deren Vorstufen.

Epidemiologie

Die Erkrankung tritt in jedem Lebensalter auf mit einem Gipfel bei 30 – 40 Jahren (ca. 1,5 Erkrankungen pro 100 000 Einwohner/Jahr).

Ätiopathogenese

Die Ätiologie ist unbekannt. Strahlenexposition erhöht das Risiko (Überlebende einer Atombombenexplosion, Bestrahlung wegen Morbus Bechterew). In der Entwicklung spielt das **Philadelphia-Chromosom**, eine reziproke Translokation zwischen Chromosom 9 und 22, eine entscheidende Rolle. Das durch die Translokation auf Chromosom 22 innerhalb einer beschränkten Region entstehende rekombinante Gen heißt BCR-(**B**reak Point **C**luster **R**egion)-ABL-(Homolog des **A**belson-**L**eukämie-**V**irus)-Gen. Der Nachweis erfolgt mithilfe der PCR.

5 – 10 % der Patienten mit CML haben kein Philadelphia-Chromosom, jedoch ein BCR-ABL-Gen. Der genetische Defekt findet sich in einer hämatopoetischen Stammzelle und führt zu einer Expansion des betreffenden Klons mit Verdrängung der gesunden Hämatopoese. Betroffen sind Granulozytopoese, Erythrozytopoese und Thrombozytopoese, im Vordergrund steht jedoch die ausgeprägte **Zunahme der Granulozyten und ihrer Vorstufen**. Die Verdrängung aus dem Knochenmark führt zur extramedullären Blutbildung in Milz und Leber, später auch in anderen Organen.

Die Erkrankung verläuft in drei Phasen:

- **chronische Phase:** ausgeprägte Granulozytose mit Granulozytenvorstufen im peripheren Blut und noch kompensierter Thrombozytopoiese und Erythrozytopoiese. Splenomegalie, Allgemeinsymptome wie Müdigkeit, Leistungstief und Nachtschweiß sind wenig ausgeprägt. Die Erkrankung spricht üblicherweise gut auf die Therapie an.
- **akzelerierte Phase:** durch genetische Instabilität entstehen zusätzliche Chromosomenveränderungen, zunehmende Milzgröße, Anämie oder Thrombozytopenie mit Allgemeinsymptomen.
- **Blastenkrise:** Symptomatik wie bei akuter Leukämie. Der Anteil der Blasten im Blut bzw. Knochenmark ist ≥ 20 %. Der Phänotyp der Blasten ist in 2/3 der Fälle myeloischen und in ⅓ der Fälle lymphatischen Ursprungs.

Klinik

Zu Beginn Druckschmerzen und Völlegefühl durch die Splenomegalie, Abgeschlagenheit und Leistungsschwäche durch Anämie, selten Gelenkschmerzen und Blutungen. Im Übergang zur Blastenkrise Fieber, Nachtschweiß und Gewichtsverlust, Blutungen und Infektionsneigung.

Diagnostik

Klinische Untersuchung von Milz und Leber, Blutbild mit Blutausstrich, Knochenmarkaspiration und -biopsie. Zytogenetik mit Bestimmung des Philadelphia-Chromosoms und/oder Nachweis des BCR-ABL-Gens. Bestimmung LDH und Harnsäure im Serum (erhöhtes Risiko einer Gicht durch Zellzerfall).

Blutbild. Leukozytose (Neutrophilie, s. S. 923) bis zu mehreren 100 × 10^9/l, häufig Basophilie, Eosinophilie, Thrombozytose.

Blutausstrich. Pathologische Linksverschiebung mit reichlich Granulopoese (**Abb. 46.6**), gesteigerte, morphologisch abnorme Megakaryopoiese.

Knochenmarkhistologie. Hyperzelluläres Knochenmark mit praktisch fehlendem Fettgehalt (packed marrow), dominierende, durchreifende Myelopoiese, gesteigerte morphologisch abnorme Megakaryopoiese. Im fortgeschrittenen Stadium, zunehmender Anteil an Basophilen, Eosinophilen und Blasten. Eine Knochenmarkfibrose kann auftreten.

Genetische Untersuchung. Zytogenetische Translokation t(9; 22)(q34; q11) (entspricht dem Philadelphia-Chromosom) nachweisbar. Molekulargenetisch Fusionsgen BCR-ABL, Typ b2a2 oder b3a2, selten e1a2.

Scoring System. Das Hasford-Scoring-System erlaubt das Risiko der CML aufgrund des Alters des Patienten, der Milzgröße (cm unter dem Rippenbogen), dem Blastenanteil im Blut (%), der Basophilie im Blut (%), der Eosinophilie im Blut (%) und der Thrombozytenzahl im Blut (x 10^9/l) festzulegen. Die Patienten werden in Low, Intermediate und High Risk eingeteilt. Der Score kann im Internet ausgewertet werden (http://www.pharmacoepi.de/cgi-bin/pharmacoepi/cmlscore.cgi).

Differenzialdiagnose. Andere myeloproliferative Erkrankung (s. S. 926), andere Ursachen für eine Neutrophilie (s. S. 923).

Therapie

Sobald die Diagnose der CML gestellt ist, wird das Therapiekonzept festgelegt und eine Behandlung begonnen:

- **Imatinib** (Glivec®) ist heute First-line-Therapie bei allen Patienten mit einer CML.
- **Dasatinib** (Sprycel®) und **Nilotinib** (Tasigna®) sind Tyrosinkinasehemmer und können erfolgreich bei Patienten, die ungenügend auf Imatinib ansprechen, eingesetzt werden.
- Die **allogene Stammzelltransplantation** ist Therapie der Wahl bei jungen Patienten mit einer Hochrisiko-CML sowie Patienten, die auf die medikamentöse Therapie ungenügend ansprechen.

Als **alternative Behandlungen** stehen Hydroxyurea, besonders zu Beginn bei hoher Leukozytenzahl, und Interferon-α, respektive pegyliertes Interferon-α evtl. in Kombination mit Imatinib (Studien) zur Verfügung.

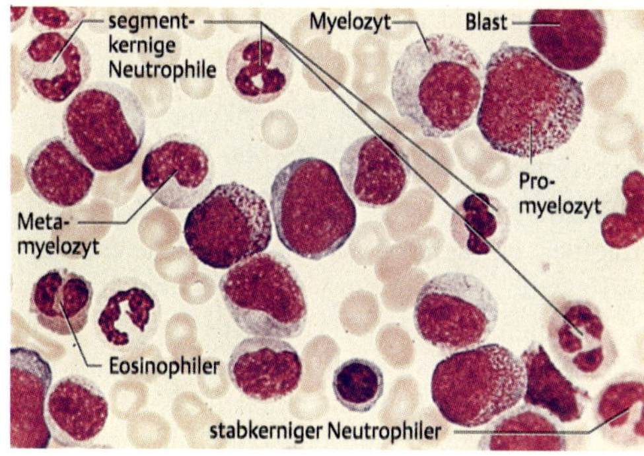

Abb. 46.6 **Chronische myeloische Leukämie.** Blutausstrich bei CML in 500facher Vergrößerung.

Komplikationen und Prognose

Die sekundäre Entwicklung einer Kinase-Mutation kann im Verlauf einer Behandlung zu einer Resistenz auf Imatinib und zu einem genetischen oder klinischen Rezidiv der CML führen. Da jedoch nicht alle Tyrosinkinasehemmer dasselbe Resistenzmuster aufweisen, kann unter bestimmten Voraussetzungen Dasatinib oder Nilotinib eingesetzt werden. Bei exzessiver Leukozytose kommt es zu kapillärer Leukostase. Tumorartige Manifestationen (Myelosarkome) in der akzelerierten Phase oder in der Blastenkrise werden beobachtet.

Die Lebenserwartung hat sich mit dem Einsatz von Tyrosinkinasehemmern dramatisch verbessert. Das 5-Jahres-Überleben beträgt nun mehr als 90 % (früher war das mediane Überleben einer CVML 3 – 5 Jahre). Bei Hochrisikopatienten und günstigen Voraussetzungen kann mit der allogenen Stammzelltransplantation eine Heilungsrate von ca. 60 % erreicht werden.

46.4 Myelodysplastisches Syndrom (MDS)

Synonym (ältere Bezeichnung): sideroachrestische Anämie, sideroblastische Anämie, Präleukämie
engl.: myelodysplastic syndrome

Definition. Erworbener, idiopathischer oder sekundärer Stammzelldefekt mit hyperplastisch und dysplastisch ineffektiver Hämatopoiese, die zu einer akuten Leukämie führen kann.

Epidemiologie. Mittleres Erkrankungsalter ca. 70 Jahre. 4 Erkrankungen pro 100 000 Einwohner/Jahr.

Ätiopathogenese. Die Ätiologie ist zumeist nicht eruierbar. Ionisierende Strahlen, toxische Substanzen, insbesondere alkylierende Zytostatika und Benzol, können verantwortlich sein. Chromosomale Aberrationen, besonders in den Chromosomen 5, 7, 8, 11 und 20, werden bei der Hälfte der Patienten gefunden. Betroffen sind eine, zwei oder alle drei Reihen der Hämatopoiese mit Zytopenien und Funktionsstörungen.

Morphologie und Klassifikation. Entsprechend der WHO-Einteilung 2008 werden 8 Subtypen von MDS unterschieden:

1. Refraktäre Zytopenie mit Dysplasie einer Zellreihe: hierzu zählen die Refraktäre Anämie (RA), Refraktäre Neutropenie (RN) und Refraktäre Thrombopenie (RT). Es ist jeweils nur eine der drei Zellreihen betroffen. Die anderen Zellreihen sind nicht oder nur diskret betroffen.
2. Refraktäre Anämie mit Ringsideroblasten (RARS): Morphologisch wie RA, zusätzlich im Knochenmark > 15% der Erythroblasten mit perinukleärer Eisenablagerung (Ringsideroblasten, **Abb. 46.7**).
3. Refraktäre Zytopenie mit multilineärer Dysplasie (RCMD): Bizytopenie oder Panzytopenie mit Dysplasie in > 10% der Zellen einer Zellreihe in ≥ 2 Zellreihen.
4. Refraktäre Zytopenie mit multilineärer Dysplasie mit Ringsideroblasten (RCMD-RS): Wie RCMD, zusätzlich im Knochenmark > 15% der Erythroblasten mit perinukleärer Eisenablagerung (Ringsideroblasten), Zytopenie und im Knochenmark Dysplasie von ≥ 2 Zellreihen.
5. Refraktäre Anämie mit Blastenexzess-1 (RAEB-1): Zytopenie und Blastenexzess, < 5% im peripheren Blut und/oder 5 – 9% im Knochenmark.
6. Refraktäre Anämie mit Blastenexzess-2 (RAEB-2): Zytopenie und Blastenexzess, 5 – 19% im peripheren Blut und/oder 10 – 19% im Knochenmark.
7. MDS assoziiert mit isolierter zytogenetischer Anomalie: Deletion des langen Armes des Chromosoms 5.
8. Nicht weiter klassifizierbares MDS: MDS-Formen, die sich nicht in eine der 7 Subtypen einordnen lassen.

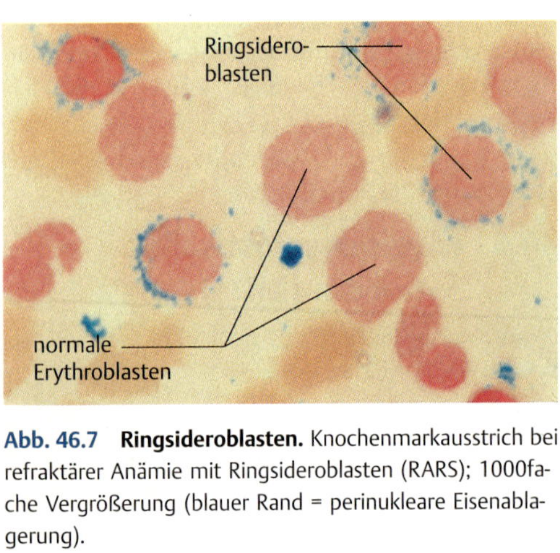

Abb. 46.7 Ringsideroblasten. Knochenmarkausstrich bei refraktärer Anämie mit Ringsideroblasten (RARS); 1000fache Vergrößerung (blauer Rand = perinukleare Eisenablagerung).

Zusätzlich zu den typischen MDS gibt es eine Mischgruppe von myeloischen Neoplasien, die sog. **myelodysplastischen/myeloproliferativen Neoplasien** (MDS/MPN). Diese Krankheiten sind charakterisiert durch Dysplasiezeichen im Knochenmark und Proliferation der Blutzellen:

- chronische myelomonozytäre Leukämie (CMML)
- atypische chronische myeloide Leukämie
- juvenile myelomonozytäre Leukämie
- unklassifizierbare MDS/MPN

Bei Blasten im Blut oder Knochenmark = 20% handelt es sich um eine akute Leukämie.

Klinik. Symptome der Anämie, Infektneigung, Blutungsneigung.

Diagnostik. Klinische Untersuchung, Blutbild und Blutausstrich, Knochenmarkaspiration, Knochenmarkbiopsie und Zytogenetik.

Differenzialdiagnose. Hypersplenismus (s. S. 952), hämolytische Anämien (s. S. 912), Infiltration des Knochenmarks im Rahmen von Tumorleiden oder Infekten.

Therapie. Die Wahl der Therapiestrategie hängt vom Ziel der Behandlung, dem Alter und allgemeinen Zustand des Patienten und der Prognose des MDS ab. Die **allogene Stammzelltransplantation** ist die einzige Behandlung mit kurativer Absicht. Je nach Ziel der Behandlung stehen folgende weitere Optionen zur Verfügung:

- supportive Massnahmen: z. B. Transfusionen, Antibiotika
- Behandlung der transfusionsbedingten Eisenüberladung: Eisenchelation mit Deferasirox, Desferal Deferipron (s. S. 832)
- hämopoietische Wachstumsfaktoren zur Behandlung der Anämie, d. h. Erythropoietin stimulie-

Tab. 46.3 Risikogruppen

Risikogruppen	Score
niedriges Risiko	0
Intermediär-1-Risiko	0,5 – 1,0
Intermediär-2-Risiko	1,5 – 2,0
hohes Risiko	> 2,5

rende Substanzen (Erythropoietin, Darbopoetin mit oder ohne G-CSF)

- hypomethylierende Medikamente: 5-Azacytidin, Decitabin
- immunmodulierende Therapien: ATG, Cyclosporin, Thalidomid, Lenalidomid
- intensive Chemotherapie wie bei der AML-Behandlung (s. S. 933).

Komplikationen. Infektionen, Blutung, Eisenüberladung durch häufige Transfusionen. Der Übergang in eine akute Leukämie ist vor allem bei der refraktären Anämie mit Blastenexzess häufig.

Prognose. Die Prognose wird heute mittels eines allgemein anerkannten Risiko-Scores, dem IPSS (International Prognostic Scoring System) ermittelt (**Tab. 46.3**). Grundlagen der Einordnung sind das Ausmaß der Zytopenie, der Blastenanteil im Knochenmark und die genetischen Anomalien der hämopoietischen Zellen. Je höher der Score desto kürzer das Überleben und desto höher das Risiko einer sekundären Leukämie.

46.5 Akute Leukämien

engl.: acute lymphoblastic leukemia, acute myeloblastic leukemia

Definition. Unkontrolliertes Wachstum unreifer Vorläuferformen der Blutzellen. Unterschieden wird zwischen akuter lymphatischer Leukämie (ALL) und akuter nichtlymphatischer bzw. myeloischer Leukämie (AML).

Epidemiologie

Die ALL tritt häufiger im Kindes- und Jugendalter auf, die AML häufiger bei Erwachsenen. Insgesamt kommt es zu ca. 5 Fällen pro 100 000 Einwohner/Jahr. Die beiden Häufigkeitsgipfel für ALL liegen ca. beim 3. Lebensjahr und dem 7. Lebensjahrzehnt, medianes Erkrankungsalter für AML ist 62 Jahre.

Ätiopathogenese

Die Ätiologie ist zumeist unklar. Folgende Faktoren gehen mit einem erhöhten Leukämierisiko einher:

- Genetik: Down-Syndrom, Fanconi-Anämie, Bloom-Syndrom
- Viren: human-t-cell-leukemia-virus-I (HTLV-I) induziert T-Zell-Leukämie des Erwachsenen (ATLL)
- ionisierende Strahlung: das Risiko ist abhängig von Dosis und Bestrahlungsfeld
- chemische Substanzen: Benzol, aromatische Kohlenwasserstoffe, alkylierende Zytostatika, Etoposid

Der malignen Transformation durch eine unbekannte Zahl genetischer Ereignisse folgt die klonale Expansion mit Verdrängung der normalen Blutbildung aus dem Knochenmark, in dem keine oder nur noch begrenzte Zellreifung stattfindet. Zum Teil ist dies verbunden mit typischen chromosomalen Veränderungen.

Morphologie und Klassifikation

Aufgrund unterschiedlicher Therapie und Prognose ist es notwendig, die ALL und AML voneinander zu unterscheiden. Die Unterscheidung erfolgt nach morphologischen, immunologischen, zytochemischen und molekulargenetischen Charakteristika.

ALL

Die Einteilung erfolgt bevorzugt nach zytogenetischen, molekulargenetischen und immunologischen Kriterien. Dadurch ist eine Zuordnung zu einem bestimmten Differenzierungsstadium und dem B- bzw. T-Zell-Ursprung möglich. In der Mehrzahl der Fälle handelt es sich um unreife B-Zell ALL mit Nachweis des common ALL-Antigens (CALLA), etwa 20% der ALL sind vom T-Zell-Typ.

AML

Eine Subdifferenzierung wird im Wesentlichen nach morphologischen (**Abb. 46.8 a, b**) zytochemischen

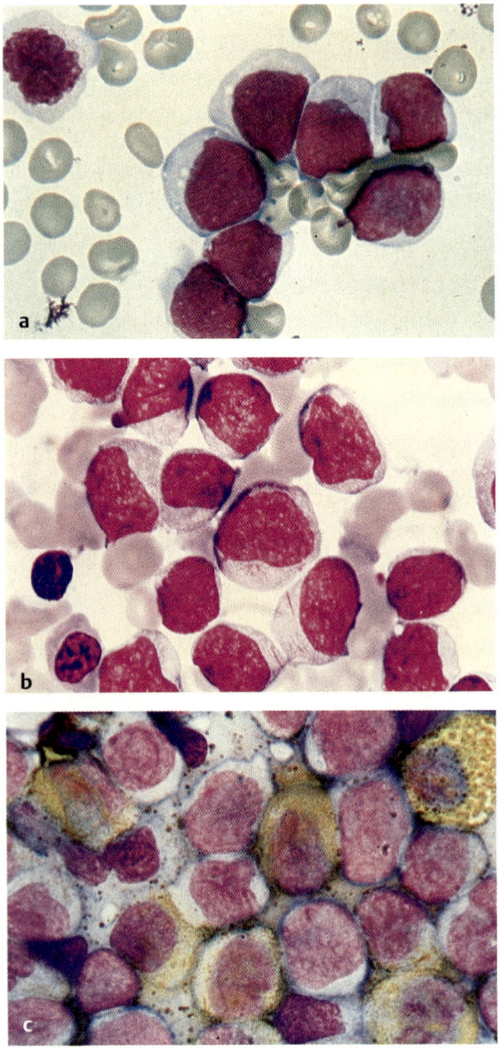

Abb. 46.8 Akute myeloische Leukämie. a Blutausstrich einer akuten myeloischen Leukämie vom Typ M5 (monozytär), **b** AML Typ M2 (myeloisch mit Differenzierung) mit Auer-Stäbchen (Knochenmark), **c** Peroxydasereaktion bei AML Typ M4 (myelomonozytär).

Tab. 46.4 Akute myeloische Leukämie (nach WHO-Klassifikation 2008)

Einteilung
1. AML mit wiederkehrenden genetischen Anomalien (recurrent genetic abnormalities)
• AML mit t(8;21)(q22;q22); RUNX1-RUNX1T 1 (früher AML 1/ETO)
• akute Promyelozyten-Leukämie mit t(15;17)(q22; q12); PML/RARa und Variante
• AML mit inv(16)(p13;q22) oder t(16;16)(p13;q22); CBFβ/MYH11
• AML mit t(9;11)(p22;q23); MLLT3-MLL
• AML mit t(6;9)(p23;q34); DEK-NUP214
• AML mit inv(3)(q21;q26.2) oder t(3;3)(q21;q26.2); RPN1-EVI1
• AML mit t(1;22)(p13;q13); RBM15-MKL 1
• AML mit einer Genmutation, z. B. FLT 3-ITD, NPM1 Mutation, CEBPA Mutation, ERG Mutation
2. AML mit Myelodysplasie-assoziierten Veränderungen (früher: mit multilineärer Dysplasie)
• mit Vorgeschichte eines MDS, MPN oder MD/MPN
• mit MDS assoziierten zytogenetischen Anomalien
• mit Dysplasiezeichen
3. Therapie-assoziierte AML
4. Nicht anderweitig klassifizierte AML
• AML mit minimaler Differenzierung (M0)
• AML ohne Ausreifung (M1)
• AML mit Ausreifung (M2)
• akute myelomonozytäre Leukämie (M4)
• akute monoblastäre und monozytäre Leukämie (M5)
• akute erythroide Leukämie (M6)
• akute megakaryoblastäre Leukämie (M7)
• akute basophile Leukämie
• akute Myelofibrose (acute panmyelosis with myelofibrosis), myeloides Sarkom

(**Abb. 46.8 c**) und molekulargenetischen Kriterien vorgenommen (**Tab. 46.4**).

Klinik

Symptome der Anämie (Blässe und Leistungsschwäche), der Granulozytopenie (Infektionen mit Fieber) und der Thrombozytopenie (Petechien und Hämatom). **Extramedulläre leukämische Infiltrate** sind in allen Geweben möglich, Haut- und Schleimhautinfiltrate finden sich besonders beim M4- und M5-Subtyp. Vergrößerung von Leber, Milz oder Lymphknoten sind möglich, ebenso Knochenschmerzen. Bei einer Infiltration der Meningen (Meningeosis leucaemica) kann es zu Kopfschmerzen, Übelkeit und Augenmuskelparesen kommen. Die **Meningeosis leucaemica** kommt häufiger bei ALL vor.

Diagnostik

Klinische Untersuchung, Blutbild mit Blutausstrich, Knochenmarkaspiration, Typisierung der Leukämiezellen mit zytochemischen, immunologischen und molekulargenetischen/zytogenetischen Methoden, LDH, Harnsäure, Blutgerinnungsstatus.
Eine vollständige HLA-Typisierung des Patienten und der Familie muss so rasch wie möglich durchgeführt werden, wenn eine Stammzelltransplantation im Therapiekonzept vorgesehen ist.

Blutbild. Leukozytose, selten Leukozytopenie, zumeist Thrombozytopenie und Anämie.

Blutausstrich. Blasten und Neutrophile in allen Reifungsstadien mit dem typischen Bild des **Hiatus leucaemicus**, d. h. es fehlen intermediäre Differenzierungsformen wie Myelozyten und Metamyelozyten. In den Blasten einer AML können **Auerstäbchen** gefunden werden. Auerstäbchen sind kleine, stäbchenförmige, azurophile Granula, die irregulären Zellorganellen entsprechen und Zeichen einer Reifungsstörung der Zelle sind.

Knochenmarkhistologie. Dichte Infiltrate von Blasten mit unterschiedlicher Morphologie, Verdrängung der normalen Hämatopoese.

Therapie

Die kurative Therapie hat die Ausrottung des leukämischen Zellklons zum Ziel. Die notwendige aggressive Therapie erfordert eine hochspezialisierte Betreuung mit Substitution von Thrombozyten und Erythrozyten sowie kompetentem infektiologischen Management.

ALL

Behandlungsprinzip. Aggressive Kombinationstherapie mit mehreren Substanzen unter Einschluss von Vincristin, Prednison, Anthrazyklinen und Cyclophosphamid, zusätzlich evtl. Methotrexat, 6-Thioguanin, 6-Mercaptopurin, Asparaginase (**Induktionstherapie**). Nach Erreichen der Vollremission ist eine prophylaktische Behandlung des zentralen Nervensystems mit Schädelbestrahlung und intrathekaler Chemotherapie indiziert. Anschließend folgt eine Erhaltungstherapie von bis zu 2 Jahren (**Konsolidierungstherapie**). Die Behandlungsintensität ist dabei abhängig von prognostischen Faktoren (initiale Leukozytenzahl, Alter, ALL-Subtyp).

Prognose. Eine Vollremission wird bei 70 – 90 % erreicht. Langzeitremissionen kommen bei Kindern in ca. 70 %, bei Erwachsenen in ca. 40 % der Fälle vor.

> **!** **Eine allogene Stammzelltransplantation sollte bei Hochrisikopatienten in der ersten kompletten Remission erwogen werden, sonst nach Rezidiv in der zweiten kompletten Remission.**

AML

Behandlungsprinzip. Aggressive Chemotherapie im Wesentlichen mit Cytosinarabinosid und einem Anthrazyklin. Bei Vollremission schließt sich eine konsolidierende Behandlung durch weitere Chemotherapie an. Bei der AML erfolgt üblicherweise keine prophylaktische ZNS-Bestrahlung. Die Erhaltungstherapie ist nicht Standard.

Prognose. Hier liegt die Vollremissionsrate bei 60 – 80 % der Fälle. Das mediane Überleben beträgt ca. 12 Monate. Langzeitremission sind bei 10 – 30 % der Patienten zu erwarten. Ungünstige prognostische Faktoren sind:
- höheres Alter
- exzessive Leukozytenzahlen
- schwere Thrombozytopenie
- hohe LDH-Werte.

Die Indikation für eine allogene Stammzelltransplantation basiert auf dem Krankheitsrisiko, dem Transplantationsrisiko und der Verfügbarkeit eines kompatiblen Spenders. Wenn die Indikation für eine Transplantation gestellt wird und kein geeigneter Familienspender vorhanden ist, muss unverzüglich ein Fremdspender gesucht werden.

Besonderheit bei Promyelozytenleukämie (M3-Typ). Die Promyelozytenleukämie hat einen speziellen Stand: Akut bei Neudiagnose besteht das höchste Risiko, an Blutungskomplikationen zu versterben. Langfristig haben die Patienten, die die Akutphase überleben, die beste Prognose.
Hier erfolgt zunächst eine initiale Behandlung mit **All-Trans-Retinolsäure** (ATRA). Durch eine Translokation auf genetischer Ebene bei diesem Leukämie-Typ ist der Retinolsäurerezeptor so verändert, dass er Retinol schlecht bindet. Dies führt zu einer Blockade der Bildung von reifen Blutzellen und zur Ansamm-

lung von Promyelozyten. Hohe Dosen systemisch eingesetztes Retinol können diese Blockade überwinden, es entstehen reife Granulozyten mit Verlust der mitotischen Aktivität. Parallel erfolgt eine Chemotherapie. Die Prognose der Promyelozytenleukämie ist besonders günstig.

Klinischer Fall

Der 28 Jahre alte Herr W. stellt sich bei seinem Hausarzt vor. Seitdem er vor drei Wochen aus einem Keniaurlaub heimgekehrt sei, fühle er sich schlapp, habe Gliederschmerzen und leichtes Fieber. Nachts wache er schweißgebadet auf. Zudem blute sein Zahnfleisch jetzt häufig beim Zähneputzen, er leidet weiterhin an Halsschmerzen. Dem Hausarzt fällt auf, dass der junge Patient sehr blass aussieht. An den Beinen findet er einzelne Petechien, bei der Mundinspektion stellen sich ihm vergrößerte und gerötete Tonsillen dar. Die Lymphknoten sind palpabel nicht vergrößert, jedoch tastet der Arzt eine vergrößerte Leber. Im Ultraschall bestätigt sich eine Splenomegalie. Der Hausarzt nimmt Blut für Blutbild inklusive Differenzialblutbild und BSG, einen Mononukleose-Schnelltest, sowie einen dicken Tropfen zum Ausschluss einer Malariaerkrankung ab. Mit dem Ergebnis der Blutuntersuchung wird der Patient gleich am nächsten Tag in eine hämatologische Abteilung geschickt: Hb: 9,8 mg/dl (normal 13,5 – 17,5 g/dl), Leukozyten 50/nl (normal 4 – 10/nl), Thrombozyten 52/nl (normal 150 – 400/nl). Im Differenzialblut sind zahlreiche Myeloblasten nachweisbar. In der Klinik werden weitere Blutproben zu Ausstrichen entnommen und eine sofortige Knochenmarkpunktion wird durchgeführt. Das Punktat wird zytologisch und histologisch untersucht. Zudem wird eine Immunphänotypisierung und eine Zytogenetik durchgeführt. Unter dem Mikroskop sehen die Hämatologen sowohl im peripheren Blut als auch im Knochenmarkausstrich massig Myeloblasten. Im Ausstrich zählen sie mehr als 20 %.

Damit ist die Diagnose einer akuten myeloischen Leukämie schnell bestätigt. Mit dem Ziel der kompletten Remission – d. h. der Reduktion der Leukämiezellen unter die lichtmikroskopische Nachweisgrenze von weniger als 5 % Blasten im Knochenmark – wird schon am nächsten Tag beim Patienten die Induktionstherapie begonnen. Das ist eine Polychemotherapie, die hauptsächlich aus dem Anthrazyklin Daunorubicin und dem Cytosin Arabinosid besteht. Steht Herr W. die immunschwächende Chemo ohne Infektion durch und wird tatsächlich die volle Remission erreicht, braucht der junge Mann dringend einen HLA-kompatiblen Knochenmarkspender. Hoffnung setzt er dabei besonders in seine drei Geschwister. Dann könnte sich sein Knochenmark mit den hämopoetischen Stammzellen des Spenders erholen und neue Blutzellen bilden. Mit dieser Therapieform läge die Wahrscheinlichkeit eines Rezidivs bei nur 10 bis 20 %.

46.6 Lymphatische Neoplasien

46.6.1 Grundlagen

Es handelt sich um maligne Erkrankungen, die in den verschiedenen Differenzierungsstufen der lymphatischen Zellen ihren Ursprung nehmen. Die Klassifikation dieser Krankheitsgruppe hat eine stürmische Entwicklung hinter sich. Die jetzt international geltende WHO-Klassifikation von 2008 basiert auf morphologischen, immunphänotypischen, genetischen und klinischen Kriterien.

Die neue Klassifikation unterscheidet zwischen folgenden lymphatischen Neoplasien:

- Neoplasien lymphatischer Vorläuferzellen (B- und T-ALL bzw. Lymphome)
- reife B-Zell-Neoplasien
- reife T-Zell- und NK-Zell-Neoplasien
- Hodgkin-Lymphome
- Immundefizienz-assoziierte Lymphoproliferationen

Die 3. Auflage der WHO-Klassifikation von 1999 hat den bis dahin verwendeten Begriff Non-Hodgkin-Lymphome aufgegeben. Allerdings wird dieser Begriff vereinzelt noch verwendet und bezeichnet alle lymphatischen Neoplasien, die nicht die morphologischen Kriterien des Hodgkin-Lymphoms erfüllen. Auch die klinische Unterteilung in niedrigmaligne und hochmaligne Lymphome ist entfallen.

Einige **molekulargenetische Veränderungen**, die bei der Lymphomentstehung eine Rolle spielen, sind:

- Translokation des bcl 2-Gens vom Chromosom 18 auf das Chromosom 14. Dadurch kommt es zur Überexpression des bcl 2-Proteins, das die Apoptose hemmt. Diese Genese ist typisch beim follikulären Lymphom.
- Eine Translokation des c-myc-Protoonkogens von Chromosom 8 auf Chromosom 14 und eine zusätzliche Punktmutationen im c-myc-Gen führen zur Aktivierung des Protoonkogens; dies ist typisch bei Burkitt-Lymphomen.
- Inaktivierung des p53-Tumorsuppressorgens durch Punktmutationen.

Tab. 46.5 Klassifikation der reifen B-Zell-Neoplasien* (WHO 2008)

reife (periphere) B-Zell-Neoplasien
• chronische lymphatische Leukämie (CLL)/kleinlymphozytisches Lymphom
• Haarzellleukämie
• lymphoplasmazytisches Lymphom
• Plasmazellneoplasien
• extranodales Marginalzonen-Lymphom vom MALT-Typ
• follikuläres Lymphom
• Mantelzelllymphom
• diffuses großzelliges B-Zell-Lymphom
• Burkitt-Lymphom/Burkitt-Zell-Leukämie

* *Diese Tabelle enthält nur die häufigeren Entitäten. Bezüglich der seltenen Entitäten wird auf die entsprechende Fachliteratur verwiesen.*

- t(11;14) Translokation mit Überexpression von Cyclin D 1 bei der Mehrzahl der Mantelzell-Lymphome.
- t(2;5) Translokation des ALK-Gens (ALK = anaplastic lymphoma kinase) auf Chromosom 5 beim anaplastischen großzelligen T-Lymphom.

46.6.2 Reife B-Zell-Neoplasien

Definition. Zu dieser Gruppe gehören nach der WHO Klassifikation von 2008 29 Subtypen, einschließlich der chronischen lymphatischen Leukämie und den Plasmazell-Neoplasien.

Chronische lymphatische Leukämie (CLL)/ kleinlymphozytisches Lymphom

Definition. Monoklonale Proliferation reifer B-Lymphozyten in Knochenmark, Lymphknoten, Blut, Leber, Milz u. a.

Epidemiologie.

- Erkrankungsgipfel im 6. und 7. Lebensjahrzehnt.
- ♂ > ♀
- Inzidenz etwa 3 Fälle pro 100 000 Einwohner/Jahr, > 10 Fälle/100 000 bei > 65-Jährigen

Ätiopathogenese. Die Ätiologie ist unbekannt. Diskrete monoklonale B-Zell-Populationen werden gelegentlich viele Jahre vor Erkrankungsbeginn festgestellt. Familiäre Häufungen werden unter allen Lymphomen hier mit ca. 5 % am häufigsten gefunden. Verschiedene prognostisch bedeutsame chromosomale Aberrationen sind beschrieben, so findet sich bei der Hälfte der Patienten eine Deletion am Chromosom 13q, bei 20 % eine Trisomie 12. Die B-Lymphozyten der CLL haben eine einheitliche Leichtkette, entweder κ oder λ. Dies nennt man **Leichtkettenrestriktion**, sie ist Beweis der Monoklonalität.

Die monoklonale B-Zell-Population breitet sich in Knochenmark, Lymphknoten, Leber, Milz und Blut aus. Bei zunehmender Proliferation entstehen ubiquitäre Lymphknotenvergrößerungen, Hepatomegalie und zunehmende lymphatische Expansion im Blut. Es kommt zur Verdrängung der normalen B-Zell-Reifung mit Hypogammaglobulinämie und Antikörpermangel-Syndrom und zu Störungen der T-Zell-Funktionen.

Eine Autoimmunhämolyse (überwiegend Antikörper vom Wärmetyp) mit positivem Coombs-Test ist bei ca. 5 % der Patienten zu beobachten (s. S. 918).

Klinik. Anfangs bestehen oft keine Symptome. Bei fortgeschrittener Erkrankung folgen dann Symptome der Anämie, der Thrombozytopenie, der Splenomegalie und der vergrößerten Lymphknoten, Infektneigung.

Diagnostik.

- Blutbild mit Differenzialblutbild, Immunphänotypisierung, genetische Untersuchungen mit FISH-Analyse. Die FISH-Analyse (Fluoreszenz In-situ-Hybridisierung) ist eine genetische Untersuchung, die die konventionelle Zytogenetik mit der molekularen Genetik kombiniert. Somit kann

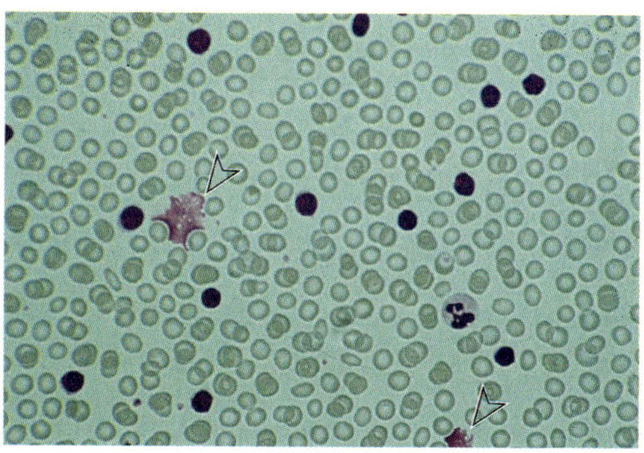

Abb. 46.9 Chronische lymphatische Leukämie. Im Blutausstrich sind die Gumprecht-Kernschatten (Pfeile) deutlich zu erkennen.

Tab. 46.6 Stadieneinteilung der CLL nach Binet

Stadium	Befund	Lebenserwartung (median)
A	< 3 Lymphknotenstationen betroffen*	> 120 Monate
B	≥ 3 Lymphknotenstationen betroffen*	84 Monate
C	Anämie/Thrombozytopenie	20 Monate

** Leber und Milz gelten als jeweils eine Lymphknotenstation*

ein leukämisches Fusionsgen in einer Zelle (in situ) nachgewiesen werden.
- Knochenmarkhistologie
- ausführliche klinische Untersuchung, Sonografie von Leber und Milz, Röntgenaufnahme des Thorax, Eiweißelektrophorese, Immunfixation, Coombs-Test.

Die klinische Stadieneinteilung ist in **Tab. 46.6** aufgeführt.

Immunphänotyp. Die typische Konstellation lautet CD 19$^+$, CD 5$^+$, CD 23$^+$, FMC 7, CD 79 b und IgM schwach, CD 103 und CD 10 negativ. ZAP-70 ist ein Surrogatmarker für den IgV-Hypermutations-Status: ZAP-70-Positivität entspricht einem unmutierten Status (schlechte Prognose), ZAP-70-Negativität einem mutierten Status (gute Prognose).

Zytogenetik. Folgende prognostisch relevante Anomalien können gefunden werden:
- isolierte Deletion Typ del(13q14): gute Prognose
- normaler Karyotyp oder Trisomie 12: mittlere Prognose
- Deletion 11q22.3-q23.1 und Deletion 17p13 (7 – 10%): schlechte Prognose

Therapie. Eine kurative Therapie existiert nicht. Eine Indikation zur Therapie besteht außerhalb von klinischen Studien nur bei:
- Symptomen oder kosmetischen Problemen durch vergrößerte Lymphknoten
- schnellem Fortschreiten der Erkrankung
- fortgeschrittenem Krankheitsstadium (Stadium C nach Binet).

Viele Patienten können mit dieser Erkrankung jahrelang ohne Therapie bestens leben. Eine Transformation mit dem histologischen Bild eines diffusen großzelligen B-Lymphoms ist möglich (Richter-Syndrom).

Standardtherapie ist heute die Kombination von FCR (Fludarabin, Cyclophosphamid und Rituximab). Sie führt zu einem längeren leukämiefreien Zustand. Bei älteren Patienten oder bei Patienten mit wesentlicher Komorbidität kann auch eine Behandlung mit Chlorambucil durchgeführt werden. Bei jüngeren Patienten mit ungünstiger Prognose (z. B. Deletion 17p13) ist die allogene Stammzelltransplantation indiziert.

Haarzellleukämie

Die Haarzellleukämie ist selten. Klinisch besteht zumeist eine ausgeprägte Panzytopenie und Milzvergrößerung. Typisch sind die **haarartigen, zytoplasmatischem Ausziehungen** der leukämischen Zellen (**Abb. 46.10**). Therapie der ersten Wahl ist das Purinanalogon 2-Chlorodesoxyadenosin (Cladribin), mit dem bei über 80 % der Patienten eine anhaltende komplette Remission erreicht werden kann. Therapie der zweiten Wahl ist α-Interferon. Die Krankheit tritt median um das 50. Lebensjahr auf. Das Überleben beträgt 70 – 85 % 12 Jahre nach Behandlung.

Lymphoplasmazytisches Lymphom (LPL)

Das lymphoplasmazytische Lymphom wurde früher als Immunozytom bezeichnet. Typisch für dieses Lymphom sind kleine B-Lymphozyten, lymphoplasmazytoide Lymphozyten und Plasmazellen, die sich überwiegend im Knochenmark und der Milz, aber häufig auch im Blut nachweisen lassen. Eine Unterscheidung von anderen kleinzelligen Lymphomen, wie z. B. der CLL, ist manchmal schwierig. Das häu-

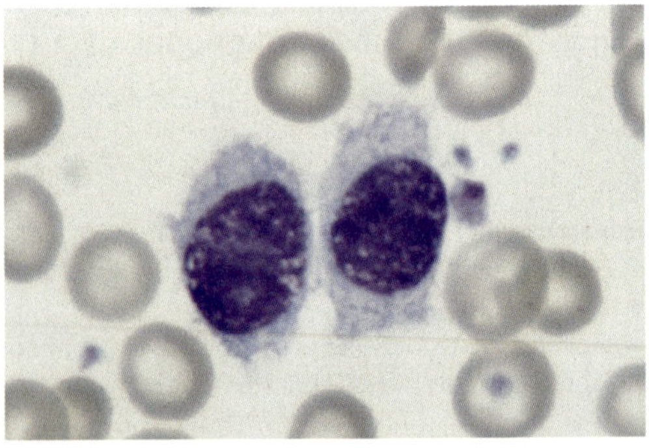

Abb. 46.10 Haarzell-Leukämie. Typische Haarzellen im Blutausstrich.

fige Vorhandensein eines Paraproteins vom IgM-Typ wird als **Waldenströms Makroglobulinämie** bezeichnet. Bei bis zu 30% der Patienten besteht eine **Hyperviskosität** des Blutes bedingt durch eine hohe IgM-Konzentration. Das Paraprotein kann Autoantikörper- oder Kryoglobulinaktivität aufweisen. Häufigstes initiales Symptom ist die anämiebedingte Schwäche. Das lymphoplasmazytische Lymphom tritt meistens im höheren Lebensalter auf (> 70 Jahre). Die Krankheit weist einen langsamen Verlauf und die Prognose ist meistens günstig.

! **Kryoglobuline sind Eiweiße, die bei Temperaturen unter 37 °C ausfallen und dadurch in der Peripherie die Blutversorgung beeinträchtigen (vgl. S. 1133). Monoklonale Kryoglobuline (zumeist IgM oder IgG) kommen vor bei lymphozytischem (CLL) und lymphoplasmazytischem Lymphom, Plasmazellmyelom und MGUS. Eine gemischte Kryoglobulinämie mit monoklonalem IgM und polyklonalem IgG findet sich bei Vaskulitiden, Glomerulonephritis und chronischen Infektionen. Polyklonale Kryoglobulinämien entstehen bei Infektionen oder entzündlichen Erkrankungen, sind aber klinisch unbedeutend.**

Plasmazell-Neoplasien

Allgemeines

Bei den Plasmazell-Neoplasien handelt es sich um eine Gruppe monoklonaler, lymphoproliferativer Erkrankungen mit exzessiver Sekretion identischer Immunglobuline (Ig oder Ig-Fragmente). Der Nachweis der Paraproteine gelingt in der Eiweißelektrophorese, zumeist in der γ-Fraktion, daher die Bezeichnung **Gammopathien**. Die Bezeichnung **M-Protein** bzw. **M-Gradient** entstand wegen des typischen Elektrophoresemusters (Abb. 46.11).

Folgende Krankheitsbilder können einer zufällig entdeckten monoklonalen Gammopathie zugrundeliegen:

- monoklonale Gammopathie unbestimmter Signifikanz (MGUS; 66%)
- Multiples Myelom (13%)
- Amyloidose (9%)
- solitäres oder extramedulläres Plasmozytom (2%)
- Makroglobulinämie (monoklonale IgM Paraproteinämie bei lymphozytischem Lymphom, lymphoplasmazytischem Lymphom = Morbus Waldenström; 2%)

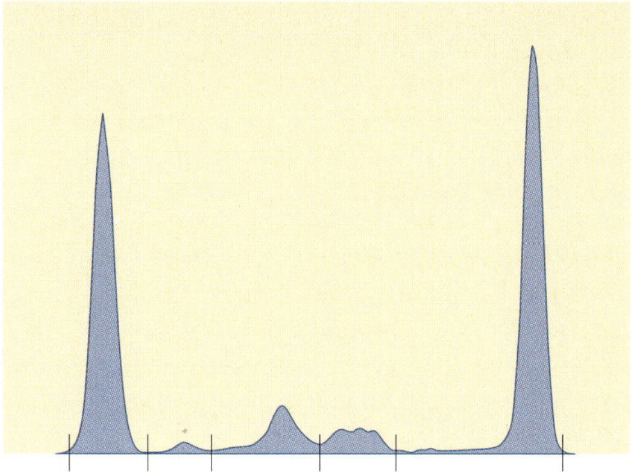

Abb. 46.11 M-Gradient in der Eiweißelektrophorese. Die Gammaglobulinfraktion zeigt bei einer monoklonalen lymphoproliferativen Erkrankung typischerweise eine schmalbasige Zacke (rechts).

- andere B-Zell-Lymphome (6%)
- CLL (2%)

Monoklonale Gammopathie unbestimmter Signifikanz (MGUS)

Das früher verwendete Synonym „Benigne monoklonale Gammopathie“ wird heute nicht mehr verwendet, da sich erst im weiteren Verlauf entscheidet, ob es sich tatsächlich um einen benignen Prozess handelt.

Definition. Nachweis eines monoklonalen Proteins (M-Protein) ohne Hinweis für eine ursächliche Erkrankung.

Epidemiologie. Die MGUS ist ein häufiger Befund. Prävalenz: 1% bei über 50-Jährigen, 3% bei über 70-Jährigen.

Diagnostik. Eine MGUS wird diagnostiziert, wenn

- die M-Protein-Konzentration < 30 g/l liegt
- weniger als 10% Plasmazellen im Knochenmark nachgewiesen werden können
- geringe oder keine M-Proteine im Urin gefunden werden
- Osteolysen, Anämie, Hyperkalzämie und Niereninsuffizienz fehlen
- keine B-Zell-Neoplasie vorliegt
- keine Amyloidose besteht

Therapie. Eine Behandlung ist nicht erforderlich. Kontrolle nach 6 Monaten, bei stabilen Verhältnissen dann jährlich.

Prognose. Das Risiko für die Entstehung eines multiplen Myeloms beträgt ca. 1 % pro Jahr.

Plasmazell-Neoplasie

Synonym: Multiples Myelom, Plasmozytom
engl.: multiple myeloma, plasma cell myeloma

Definition. Maligne Proliferation eines Plasmazellklons mit Produktion eines homogenen Immunglobulins oder von Immunglobulinfragmenten. Sehr selten gibt es auch asekretorische Formen. Man unterscheidet das symptomatische vom asymptomatischen multiplen Myelom.

Epidemiologie

2 – 3 Erkrankungen pro 100 000 Einwohner/Jahr. Der Altersgipfel liegt zwischen 60 und 70 Jahren. Erkrankungen vor dem 40. Lebensjahr sind sehr selten.

Ätiopathogenese

Die Ätiologie ist unbekannt. Im Verlauf der Erkrankung kommt es zu herdförmigen, später diffusen Infiltrationen des Knochenmarks durch die neoplastischen Zellen (**Abb. 46.12**). Der **maligne Plasmazell-Klon** kann auch im peripheren Blut nachgewiesen werden. Eine Monosomie des Chromosoms 13 oder eine Deletion 13q14 kann vorkommen und ist prognostisch ungünstig. Pathophysiologisch sind im Wesentlichen folgende Bereiche betroffen:

- **Knochen:** Myelomzellen produzieren Interleukin-1 und andere Zytokine, die Osteoklasten aktivieren und Osteoblasten hemmen. Dadurch kommt es zu Osteolysen, diffuser Osteoporose und pathologischen Frakturen sowie Hyperkalzämie (s. S. 529).
- **Nieren:** Einschränkung der Nierenfunktion ist eine häufige Komplikation. Meistens sind dafür die monoklonalen Leichtketten ($\lambda > \kappa$) verantwortlich. Sie führen zu cast nephropathy (Nierenerkrankung, die durch Ablagerung von Leichtketten in den Tubuli der Niere zustande kommt), light chain deposition disease (Nierenerkrankung, die durch Ablagerung von Leichtketten in den Glomeruli der Niere zustande kommt) oder primärer Amyloidose (s. S. 323).
- Eine zusätzliche Nierenschädigung ist möglich durch die begleitende Hyperkalzämie und Untersuchungen, die die Gabe von Röntgenkontrastmittel erfordern.
- **Knochenmark:** Hemmung und Verdrängung der normalen Hämatopoiese.
- **Immunsystem:** Mangel an normalen Immunglobulinen (Antikörpermangelsyndrom) mit ausgeprägter Infektneigung.
- **Periphere Nerven:** sensibel-motorische Polyneuropathien.

Klinik

Zunächst unspezifisch, eingeschränkte Leistungsfähigkeit, im Verlauf diffuse oder fokale **Knochenschmerzen**. Bei oligosymptomatischer Sinterung der Wirbelkörper fällt den Patienten zunächst eine Verminderung der Körpergröße auf.

Diagnostik

Auf Anamnese und klinische Untersuchung folgen:

Morphologische Verfahren.

- Knochenmarkaspiration und -biopsie (**Abb. 46.12 b**)
- Differenzialblutbild
- Flowzytometrie aus dem Knochenmark
- Zytogenetik aus dem Knochenmark

Serumuntersuchungen zum Nachweis eines M-Proteins (monoklonales Protein).

- Eiweißelektrophorese
- Immunfixation (sensitiver als Immunelektrophorese)
- Free Light Chain im Serum
- Kreatinin
- Kalzium
- β_2-Mikroglobulin (prognostischer Faktor; > 3.5 mg/l schlechte Prognose)

Urin.

- Urinstatus
- Nachweis von Immunglobulinleichtketten im Urin, qualitativ und quantitativ

Bildgebende Verfahren.

- Röntgen der statisch belasteten Knochen; Wirbelsäule, Becken, Humerus, Femur (**Abb. 46.12 a**)
- evtl. MRT der Wirbelsäule (sensitiver als Röntgen),

Die Skelettszintigrafie ist nicht indiziert, da in 50 % der Fälle falsch negativ.
Weitere diagnostische Kriterien für das Plasmozytom sind in **Tab. 46.7** aufgeführt.

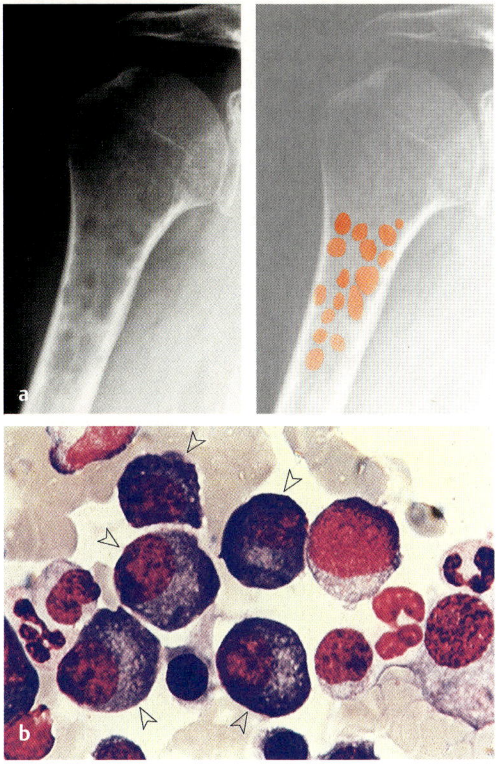

Abb. 46.12 Plasmazell-Neoplasie. a Die Röntgenaufnahme des proximalen Humerus zeigt multiple osteolytische Veränderungen. **b** Im Knochenmarkausstrich sieht man die atypischen Plasmazellen (Pfeile).

Therapie

Die Stadieneinteilung hilft bei der Therapieindikation und ist von prognostischer Bedeutung (Tab. 46.8). Die Behandlung hat sich in den letzten Jahren stark verändert und ist nur indiziert bei symptomatischer Plasmazell-Neoplasie. Falls keine Behandlung durchgeführt wird, müssen regelmäßige Kontrollen stattfinden (M-Gradient, alle 3 bis 6 Monate). Bei rascher Progredienz wird unverzüglich eine Behandlung gestartet.

Systemische Therapie. Bei der Erstlinientherapie wird zunächst unterschieden, ob der Patient für eine hämopoietische Stammzelltransplantation qualifiziert ist oder nicht. Patienten, die sich für eine Stammzelltransplantation qualifizieren, erhalten bis zur Sammlung von Stammzellen keine Alkylanzien. Das Therapieschema für Patienten, die nicht für eine Stammzelltransplantation qualifizieren, sieht wie folgt aus:

- **Kombination von Melphalan, Prednison und Thalidomid**
  Vorteil: einfache Anwendung, gute Verträglichkeit
  Nachteil: unbefriedigende Wirkung bei weit fortgeschrittenem aggressiven Myelom. Polyneuropathie als häufige Nebenwirkung von Thalidomid.
- **Lenalidomid und/oder Bortezomib** können bei therapierefraktärem Zustand eingesetzt werden.

Bei Patienten, die für eine Stammzelltransplantation qualifizieren, können als Erstlinientherapie verschiedenen Schemata eingesetzt werden:

- Thalidomid mit Dexamethason
- Lenalidomid und Dexamethason
- Bortezomib und Dexamethason (bessere Kombination bei Niereninsuffizienz)

Stammzellentransplantation. Diese Therapieschemata werden gefolgt von einer **autologen Stammzellsammlung:**

- **Hochdosischemotherapie mit autologer Blutstammzellunterstützung:** im Anschluss an eine Induktionschemotherapie, verlängert das progressionsfreie Intervall. Bei ungenügendem An-

Tab. 46.7 Diagnostische Kriterien für eine Plasmazell-Neoplasie

symptomatisch vs. asymptomatisch	Kriterien
symptomatische Plasmazell-Neoplasie	• M-Protein im Serum oder Urin (kein minimaler Wert notwendig als Kriterium) • Knochenmarkinfiltration durch klonale Plasmazellen oder Gewebeplasmozytom • gewebe- oder organassoziierte Veränderungen (Hyperkalzämie, Niereninsuffizienz); Anämie, Knochenherde, Amyloidose oder rezidivierende Infekte
asymptomatische Plasmazell-Neoplasie	• M-Protein im Serum (> 30 g/l) • ≥ 10 % klonale Plasmazellen im Knochenmark • keine gewebe- oder organassoziierten Veränderungen

Tab. 46.8 Stadieneinteilung der Plasmazell-Neoplasie (nach Durie u. Salmon)

Stadium	Kriterien	Wert
I	alle Kriterien erfüllt:	
	Hämoglobin	> 100 g/l
	Serum-Kalzium	normal
	Knochen	keine oder isolierte Osteolysen
	IgG	< 50 g/l
	IgA	< 30 g/l
	Leichtketten im Urin	< 4 g/24 h
	normale Immunglobuline im Serum	im Normalbereich
II	Stadium II ist ein Ausschlussstadium; es liegt vor, wenn weder Kriterien für Stadium I noch für Stadium III gegeben sind	
III	eines oder mehrere Kriterien erfüllt:	
	Hämoglobin	< 85 g/l
	Serum-Kalzium	erhöht
	Knochen	multiple Osteolysen
	IgG >	70 g/l
	IgA >	30 g/l
	Leichtketten im Urin	> 12 g/24 h

Die Subklassifikation A und B erfasst die Nierenfunktion als besonderen Prognosefaktor:
Stadium A: normale Nierenfunktion (Serum-Kreatinin < 2 mg/dl)
Stadium B: auf mehr als die Hälfte eingeschränkte Nierenfunktion mit Erhöhung des Serum-Kreatinins (> 2 mg/dl)

sprechen kann eine zweite Hochdosistherapie durchgeführt werden.

- **Allogene hämopoietische Stammzelltransplantation:** kann bei einem Teil der Patienten zu einem langfristigen krankheitsfreien Überleben führen. Sie ist bei jüngeren Patienten in Erwägung zu ziehen.Behandlungsziele: Besserung myelombedingter Symptome (Schmerzen, Allgemeinzustand); Besserung der Laborbefunde (Blutbild, M-Gradient).

Behandlungsergebnisse: objektivierbare Remission bei ca. 60 % der Fälle, Remissionsdauer durchschnittlich ca. 11 Monate.

Strahlentherapie.

- solitäres Plasmozytom (Plasmazell-Neoplasie mit als einziger Manifestation ein lokalisierter Plasmazelltumor)
- symptomatische, extramedulläre Lokalisationen (mit Kompressionszeichen)
- Schmerztherapie bei gut lokalisierbaren Schmerzen
- nach chirurgischer Intervention bei pathologischen Frakturen oder an der Wirbelsäule

Chirurgische Therapie. Eine chirurgische Behandlung ist bei pathologischen Frakturen, zur Stabilisierung der Wirbelsäule sowie bei Kompression des Rückenmarks angezeigt.

> **!** **Bei Rückenschmerzen an extradurale Kompression des Rückenmarks durch Plasmazelltumor denken! Rasche Diagnostik (MRT) und Operation mit Bestrahlung verhindern irreversiblen Querschnitt.**

Symptomatische Therapie. Die symptomatische Therapie bei Schmerzen erfolgt durch Analgetika, Bestrahlung, Operation bzw. **Bisphosphonate** (s. S. 556). Die Gabe von rekombinantem **Erythropoetin** kann eine myelombedingte Anämie bessern und damit die Lebensqualität steigern. Die Behandlung mit Erythropoietin steigert allerdings das Risiko thromboembolischer Komplikationen. Zur Therapie bei Hyperkalzämie s. S. 533. Tritt ein Hyperviskositätssyndrom auf, ist die Plasmapherese indiziert. Infektionen werden konsequent antibiotisch behandelt, evtl. ist die Immunglobulinsubstitution sinnvoll.

Prognose

Moderne Therapiestrategie mit Einsatz von Kombinationen mit Bortezomib und/oder Lenalidomid gefolgt von autologer hämopoietischer Stammzelltransplanation haben die Prognose der Patienten mit einer Plasmazell-Neoplasie wesentlich verbessert. Diese Behandlungen sind allerdings selten kurativ. Das mediane Überleben beträgt zwischen 3 – 5 Jahren, variiert aber stark je nach Stadium der Krankheit und Risikogruppe.

Extranodales Marginalzonen-Lymphom vom MALT-Typ

MALT-Lymphome (MALT = mucosa associated lymphoid tissue) entstehen häufig auf dem Boden einer **chronischen Entzündung oder** einer **Infektion**, z. B. mit Helicobacter pylori oder Campylobacter jejuni. Auch ein Sjögren-Syndrom (s. S. 1128) oder eine Hashimoto-Thyreoiditis (s. S. 525) können zugrundeliegen. Etwa die Hälfte der MALT-Lymphome finden sich im **Gastrointestinaltrakt** und dort ganz überwiegend im Magen. Durch Eradikation der verantwortlichen Erreger mit Antibiotika wird die von bakteriellen Antigenen aktivierte T-Zellen-abhängige Proliferation der MALT-Lymphomzellen gehemmt. So können insbesondere gastrische MALT-Lymphome in einem frühen Stadium erfolgreich behandelt werden. Die fortgeschrittene Erkrankung oder andere Primärlokalisationen werden behandelt wie ein follikuläres Lymphom (bei Nachweis großzelliger Komponenten wie ein großzelliges B-Lymphom).

Follikuläres Lymphom (FL)

Epidemiologie. Das follikuläre Lymphom ist mit 20 % das zweithäufigste der Lymphome. Es tritt fast ausschließlich im Erwachsenenalter auf mit einem medianen Erkrankungsalter bei ca. 60 Jahren. Frauen erkranken etwas häufiger.

Ätiopathogenese. Bevorzugt sind Lymphknoten, Milz und Knochenmark befallen, seltener extranodale Manifestationen und Blut. Zum Diagnosezeitpunkt liegt meist bereits ein spätes Stadium III oder IV vor (nach dem Ann-Arbor-System, s. Tab. 46.11). Histomorphologisch werden abhängig von der Zahl der Zentroblasten 3 Schweregrade unterschieden (Grad 1 bis 3). Zentroblasten sind unreife B-Lymphozyten-Vorstufen, die in den Keimzentren der Lymphknoten zu finden sind.
Der **Immunphänotyp** ist positiv für SIg, CD 19, CD 20, CD 22, CD79a, BCL 2, BCL 6, CD 10; negativ für CD 5, CD 43. Eine t(14;18) Translokation ist bei bis zu 90 % der Patienten nachweisbar.

Klinik. Häufig wird die Erkrankung zufällig entdeckt (schmerzlose Lymphknotenvergrößerungen).

Diagnostik.
- Biopsie mit Immunphänotypisierung, Blutbild mit Differenzialblutbild, genetische Untersuchungen mit FISH-Analyse
- Knochenmarkhistologie
- ausführliche klinische Untersuchung, Sonografie von Leber und Milz, Röntgenaufnahme des Thorax, Eiweißelektrophorese, Immunfixation, Coombs-Test.

Therapie. Im Stadium I und begrenzten Stadium II erfolgt die **Strahlentherapie** mit kurativer Zielsetzung, da follikuläre Lymphome im Prinzip sehr strahlensensibel sind. In den fortgeschrittenen Stadien Grad 1 – 2, die nicht kurativ behandelbar sind, besteht eine Therapieindikation nur bei progredientem Tumorwachstum oder Auftreten von Symptomen. Die **Chemotherapie** erfolgt mit Chlorambucil und Prednison oder dem COP-Schema (Cyclophosphamid, Vincristin, Prednison) oder Bendamustin auch in Kombination mit Rituximab über 6(– 12) Monate. Die Ansprechraten liegen über 80 %, eine Verlängerung des progressionsfreien Intervalls ist durch eine Rituximaberhaltungstherapie möglich. Bei einem Rezidiv erfolgt eine erneute Chemotherapie. Bei lokalen Problemen (Kompressionssymptomatik, ausgeprägte Splenomegalie) werden gute Erfolge mit der Strahlentherapie erreicht. In fortgeschrittenen Stadien Grad 3 wird die Behandlung wie beim diffusen großzelligen B-Lymphom durchgeführt (s. S. 944).

Prognose. Insgesamt wächst das follikuläre Lymphom langsam, ein stationärer Verlauf über Jahre ist möglich. Transformation in ein diffuses großzelliges B-Lymphom kommen bei bis zu einem Drittel der Fälle vor. Prognostische Faktoren spielen ebenfalls eine Rolle. Ungünstig sind Alter > 60, Stadium III/IV, Hämoglobin < 12 g/dl, > 4 Lymphknotenareale beteiligt, erhöhte LDH-Werte. Je nach Risikoprofil betragen die 5- bzw. 10-Jahres-Überlebensraten 52 – 91 % bzw. 36 – 71 %.

Mantelzelllymphom (ML)

Etwa 5 % der Lymphome sind Mantelzelllymphome. Häufig ist eine t(11;14)-Translokation nachweisbar. Der Krankheitsverlauf ist sehr variabel, prognostisch ist das ML jedoch ungünstiger als das follikuläre Lymphom. Das Ansprechen auf eine Chemotherapie ist schlechter, das progressionsfreie Intervall kürzer. Im seltenen Stadium I und II erfolgt die Strahlentherapie mit kurativer Zielsetzung. Im fortgeschrittenen, nicht heilbaren Stadium ist der Therapiebeginn wie beim follikulären Lymphom erst bei Auftreten von Symptomen oder rascher Progression mit einer anthracyclinhaltigen Chemotherapie indiziert. Eine allogene Stammzelltransplantation ist ggf. zu erwägen.

Diffuses großzelliges B-Zell-Lymphom

Epidemiologie und Pathogenese. Mit 25 – 30 % handelt es sich um **das häufigste Lymphom**. Das mittlere Erkrankungsalter liegt bei etwa 65 Jahren. In der Histologie zeigen sich typische große, blastenähnliche Zellen. Ca. ⅓ der Fälle wird im Stadium I oder II diagnostiziert (s. **Tab. 46.11**). Extranodale Manifestationen treten bei bis zu 40 % der Fälle in Gastrointestinaltrakt, Knochen, ZNS und an anderen Lokalisation auf. **Risikofaktoren** sind in **Tab. 46.9** aufgelistet.

Klinik. Meist rasch wachsende Lymphknoten, z. T. mit lokalen druckbedingten Problemen. Eine **B-Symptomatik** (Fieber, Nachtschweiß, Gewichtsverlust) ist seltener als beim Hodgkin-Lymphom.

Diagnostik Biopsie mit Immunphänotypisierung, Blutbild mit Differenzialblutbild, Knochenmarkhistologie, LDH-Wert, Leber- und Nierenfunktionsparameter, CT von Hals, Thorax und Abdomen. Die PET kann fakultativ bei bestimmten Fragestellungen eingesetzt werden. Wegen des erhöhten Risikos einer meningealen Beteiligung ist bei Knochenmarkbefall auch die Liquordiagnostik indiziert.

Therapie.

- **Stadium I und II mit wenig Risikofaktoren:** Chemotherapie mit CHOP-Schema (Cyclophosphamid, Adriamycin, Vincristin, Prednison) plus Rituximab (anti-CD 20-Antikörper, s. S. 963) für ca. 2 – 3 Monate, dann Bestrahlung der befallenen Areale, alternativ alleinige Chemoimmuntherapie.
- **Stadium II mit Risikofaktoren, Stadium III und Stadium IV:** Chemotherapie mit CHOP-Schema plus Rituximab für 6 Zyklen.
- Evtl. Bestrahlung von ursprünglich großen Tumormanifestationen.

Im Rezidiv und evtl. bei Hochrisikopatienten wird mit dosisintensivierter Chemotherapie und Unterstützung peripherer Blutstammzellen behandelt.

Prognose. In frühen Stadien belaufen sich die Vollremissionsraten auf 90 %, in den fortgeschrittenen Stadien immerhin noch auf 50 – 70 %. Das langfristige krankheitsfreie Überleben richtet sich nach der prognostischen Gruppe (**Tab. 46.9**).

Klinischer Fall

Der 60 Jahre alte Patient Herr B. stellt sich bei seinem Hausarzt vor. Seit Monaten fühlt er sich schlapp und müde. Nachts schwitzt er so stark, dass er T-Shirt und teilweise auch die Bettwäsche wechseln muss. Zudem hat er in den letzten Monaten fünf Kilogramm abgenommen. Und am Morgen sei ihm schließlich eine Schwellung in der rechten Achsel aufgefallen.

Eine Tuberkulose sei nicht bekannt, die Reiseanamnese ist blande. Herr B. ist Raucher mit 20 Pack Years. Der Hausarzt tastet einen vier Zentimeter derben Lymphknoten rechts supraklavikular und zervikal. Die Milz ist zwei Querfinger unter dem linken Rippenbogen zu tasten. Diese Befunde und die Anamnese lassen den Arzt ein Lymphom vermuten. In der Labordiagnostik findet sich eine normozytäre und normochrome Anämie mit einem Hb von 10,3 g/dl (normal 13,5 – 17,5 g/dl) und eine LDH Erhöhung auf 480 U/l (normal 100-190 U/l). Herr B. wird in einer onkologischen Abteilung aufgenommen. Dort erfolgt eine ausführliche laborchemische und serologische Untersuchung (HIV, EBV, infektiöse Mononukleose und Zytomegalie) des Blutes und eine Biopsie des supraklavikulären Lymphknotens. Die Histologie und Immunhistochemie bringen Klarheit: Herr B. hat ein diffuses großzelliges B-Zell-Lymphom mit Expression des Oberflächenantigens CD 20.

Zum Staging ordnen die Onkologen Röntgen Thorax, Sonografie des Abdomens und eine CT von Thorax und Abdomen an und führen eine Knochenmarks-

Tab. 46.9 Risikofaktoren und Prognose der großzelligen Lymphome

Anzahl der Risikofaktoren*	International Index	5-Jahres-Überlebensrate**
0–1	low	73%
2	low intermediate	51%
3	high intermediate	43%
4–5	high	26%

* *Risikofaktoren: Alter ≥ 60 Jahre, Stadium III oder IV (***Tab. 46.11***), erhöhte Serum-LDH-Werte, schlechter Allgemeinzustand (Aktivitatsstatus > 1; s. S. 958), > 1 extranodale Manifestation*
** *Diese Zahlen stammen aus der Zeit vor Einführung des Rituximab und sind jetzt um mindestens absolut 10% besser.*

punktion mit Knochenmarksdiagnostik (Histologie, Zytologie, Zytogenetik, Immunzytologie) durch. Danach steht fest, dass nicht nur die axillären, sondern auch die mediastinalen Lymphknoten befallen sind. Ein Stadium III nach Ann Arbor wird diagnostiziert. Bei Herrn B. soll nun eine kurative Chemotherapie nach dem R-CHOP Regime (Rituximab, Cyclophosphamid, Hydroxydaunorubicin (Adriamycin), Vincristin (Oncovin) und Prednisolon begonnen werden. Der Antikörper Rituximab wirkt nur bei Patienten, deren Tumor über das Oberflächenantigen CD 20 verfügt. Damit verbessert diese Tumoreigenschaft die Prognose. Herr B. soll zunächst sechs Zyklen der Chemotherapie erhalten. Bei gutem Ansprechen der Therapie, ist die Tumormasse dann nicht mehr nachweisbar.

Burkitt-Lymphom/Burkitt-Zell-Leukämie

Das Burkitt-Lymphom ist ein seltenes, sehr rasch wachsendes Lymphom. In unseren Breitengraden ist das Auftreten sporadisch, am häufigsten sind **Kinder und Jugendliche** betroffen. In einigen Gegenden Afrikas ist die Erkrankung endemisch. Auch im Zusammenhang mit einer HIV-Infektion kann ein Burkitt-Lymphom auftreten (s. S. 945).
Das Lymphom kann überall auftreten und präsentiert sich häufig mit einer großen Tumormasse. Außerdem können innere Organe, im Spätstadium auch ZNS, Knochenmark und die Meningen betroffen sein.
Diagnostisch kann häufig das **Epstein-Barr-Virus-Genom** nachgewiesen werden. Das Virus verursacht ein polyklonales Wachstum der B-Lymphozyten. Weiterhin können genetische Ursachen für die Entstehung verantwortlich sein, z. B. die Translokation t (8;14).

Mit konsequenter Chemotherapie ist das Burkitt-Lymphom in bis zu 90% der Fälle heilbar.

46.6.3 T-Zell-und NK-Zell-Neoplasien

In dieser Gruppe finden sich 18 Subentitäten, von denen die wichtigsten hier beschrieben werden (vgl. S. 936, **Tab. 46.10**).

Enteropathie-assoziiertes T-Zell-Lymphom

Das Enteropathie-assoziierte T-Zell-Lymphom tritt fast ausschließlich bei Patienten auf, die an einer Zöliakie leiden (s. S. 740). Entstehungsort ist das Jejunum oder Ileum. Erstes Symptom kann eine Darmperforation sein. Wie andere überwiegend großzellige Lymphome wird mit dem CHOP-Schema behandelt, die Prognose ist allerdings eher ungünstig.

Mycosis fungoides und Sézary-Syndrom

Es handelt sich um seltene Erkrankungen der CD 4⁺-T-Lymphozyten, die sich **primär kutan** manifestieren. In fortgeschrittenem Stadium Befall von Lymphknoten und inneren Organen.

Mycosis fungoides (MF). Prodromalstadium bis zu 10 Jahren mit stark juckenden roten Flecken der Haut. Eine histologische Sicherung ist in diesem Stadium häufig nicht möglich (**Abb. 46.13**). Später entstehen erythematöse Plaques mit Schuppung der Haut, histologisch imponieren mononukleäre Zellinfiltrate der Epidermis (Pautrier-Mikroabszesse), immunhistologisch sind CD 4⁺-Zellen (T-Helfer-Zellen) nachweisbar. Im Verlauf ist eine Lymphknoten- und Organbeteiligung möglich.

K

Tab. 46.10 Einteilung der reifen T-Zell- und NK-Zell-Neoplasien*

reife T-Zell-/NK-Zell-Neoplasien
• Enteropathie-assoziiertes T-Zell-Lymphom • Mycosis fungoides • Sézary-Syndrom • peripheres T-Zell Lymphom, nicht anderweitig spezifiziert • angioimmunoblastisches T-Zell-Lymphom • anaplastisches grosszelliges Lymphom, ALK+/ALK-

** Diese Tabelle enthält nur die häufigeren Entitäten. Bezüglich der seltenen Entitäten wird auf die entsprechende Fachliteratur verwiesen.*

Sézary-Syndrom. Variante der Mycosis fungoides mit leukämischer Aussaat der malignen Sézary-Zellen (lymphoide Zellen mit zerebriformen Kernen, Abb. 46.14) und einer **diffusen Erythrodermie**. Die Prognose ist ungünstiger als bei MF.

Therapie. Für MF unspezifische topische Behandlungen, Photochemotherapie (PUVA = **Psoralen +UVA-Bestrahlung**), symptomatische Behandlung, topische Chemotherapie. Systemische Therapie mit α-Interferon, Purinanaloga (Fludarabin), Vitamin-A-Säure-Derivate. Eine Heilung ist nicht möglich. In frühen Stadien zeigt die Mykosis fungoides einen langsamen Verlauf. Im Tumorstadium kommt es zur raschen Progredienz, die Prognose ist dann schlecht.

Peripheres T-Zell-Lymphom (nicht anderweitig spezifiziert)

Das nicht anderweitig spezifizierte, periphere T-Zell-Lymphom ist mit ca. 30% das häufigste Lymphom aus dieser Gruppe. Männer sind doppelt so häufig betroffen wie Frauen. Es entsteht zumeist in peripheren Lymphknoten, kann aber auch extranodal auftreten (Abb. 46.15). Klinisch bestehen meist B-Symptome. Der Verlauf ist in der Regel aggressiv mit schlechtem Ansprechen auf Therapie und niedrigem 5-Jahres-Überleben.

Angioimmunoblastisches T-Zell-Lymphom

Das angioimmunoblastische T-Zell-Lymphom im Anfangsstadium wurde früher als angioimmunoblastische Lymphadenopathie bezeichnet. Histomorphologisch sind kleine bis mittelgroße Lymphozyten mit reichlich Venolen typisch, klinisch häufig rasch progredient, meist mit schlechter Prognose. Meist besteht eine generalisierte Lymphadenopathie, Hepatosplenomegalie, Hautausschlag und B-Symptomatik. Dazu kommt eine **polyklonale Hypergammaglobulinämie**, zum Teil mit Coombs-positiver hämolytischer Anämie und anderen **Autoantiikörpern** (s. S. 918). Die Therapie erfolgt mit Glukokortikoiden, α-Interferon und einer Kombinationschemotherapie (s. S. 944).

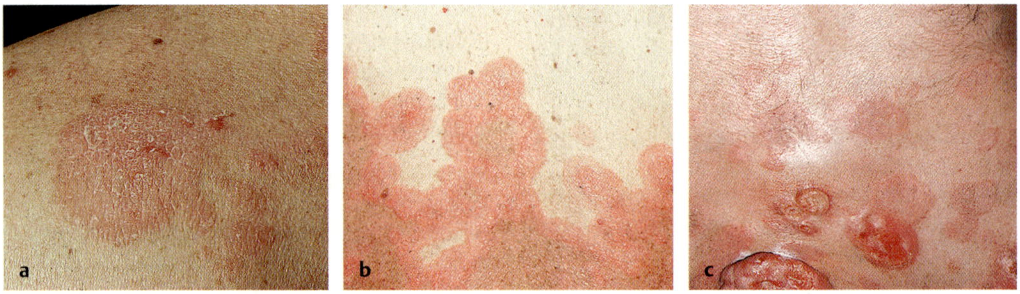

Abb. 46.13 Mycosis fungoides. a Ekzemstadium mit multiplen, in den Spaltlinien angeordneten erythematösen Makulae mit leichter Schuppung und atropher Oberfläche (Stadium I). **b** Infiltrationsstadium (Stadium II). **c** Pilzartige Knoten im Tumorstadium (Stadium III). (aus Moll, Duale Reihe Dermatologie, Thieme)

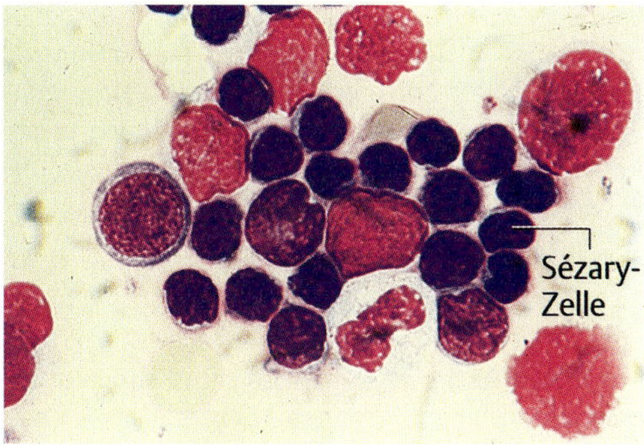

Abb. 46.14 **Sézary-Syndrom.** Die Sézary-Zellen sind im Knochenmarkausstrich als kleine Zellen mit dichtem Chromatin zu erkennen.

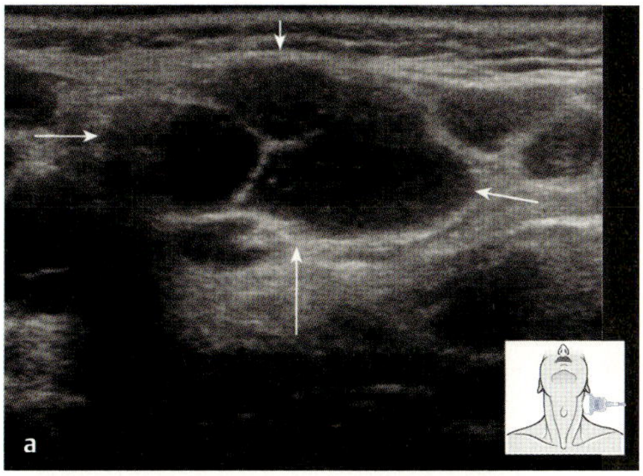

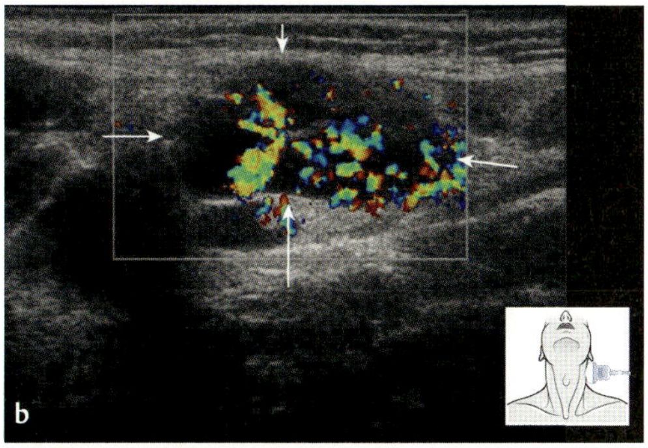

Abb. 46.15 **Sonografie Lymphom. a** Konglomerat von echoarmen Lymphknoten (→), die ein bienenwabenartiges Aussehen aufweisen. Dieses Bild ist typisch für maligne Lymphome. **b** In der Dopplersonografie sind die Lymphknoten gefäßreich. (aus Debus, Delorme, Duale Reihe Sonographie, Thieme)

Anaplastisches großzelliges Lymphom (ALK+/ALK-)

Das anaplastische großzellige Lymphom kann in einer ALK-positiven und einer ALK-negativen Variante vorkommen (ALK = anaplastic lymphoma kinase). Die **ALK-positive Variante** tritt im Kindes- und Jugendalter, die **ALK-negative Variante** bei älteren Erwachsenen auf. Symptome treten meist erst im fortgeschrittenen Stadium mit B-Symptomen auf. Eine Polychemotherapie führt zu einem krankheitsfreiem 5-Jahres-Überleben von 70% bei ALK positivem Lymphom und 45% bei ALK negativem Lymphom.

46.6.4 Hodgkin-Lymphome

engl.: Hodgkin lymphoma (Hodgkin's disease)

Definition. Monoklonale maligne Erkrankung charakterisiert durch **Hodgkin- und Reed-Sternberg-Zellen**.

Epidemiologie

30% der Lymphome, Inzidenz stabil bei ca. 3 Erkrankungen pro 100 000 Einwohner/Jahr. Tritt in jedem Lebensalter auf, bevorzugt im Alter zwischen 15 und 35 Jahren; Männer sind etwas häufiger betroffen.

Ätiopathogenese

Die Ätiologie ist unbekannt. Eine Beteiligung von Epstein-Barr-Viren an der Entstehung wird diskutiert. Der Einfluss einer genetischen Prädisposition ist wahrscheinlich: bei eineiigen Zwillingen erkranken beide häufiger als bei zweieiigen Zwillingen.

Die Ursprungszelle ist eine lymphatische Zelle, wobei an den Hodgkin-Zellen sowohl Merkmale von B- als auch von T-Lymphozyten festgestellt wurden. Mehrheitlich handelt es sich jedoch um eine **B-Zell-Erkrankung** und damit eigentlich um ein B-Zell-Lymphom. Histologisch überwiegen reaktive Zellen wie T-Lymphozyten, Makrophagen und eosinophile Granulozyten. Deren Wachstum wird gefördert durch Wachstumsfaktoren (Zytokine), die durch die für das Hodgkin-Lymhom typischen **Hodgkin-Zellen** freigesetzt werden.

Die Erkrankung entsteht in einem **Lymphknoten**, am häufigsten oberhalb des Zwerchfells, und breitet sich

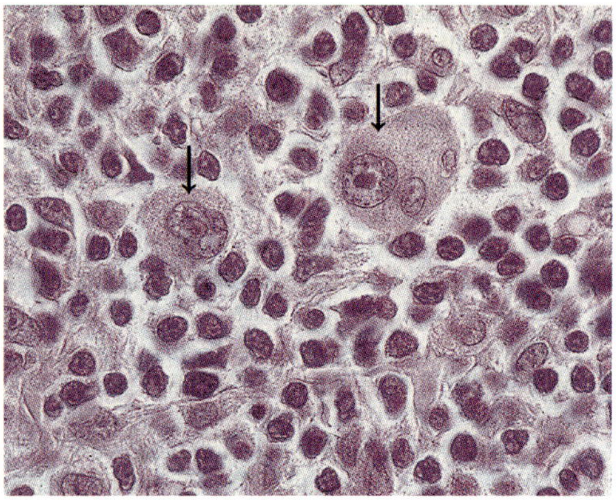

Abb. 46.16 Sternberg-Reed-Zelle. Typische Tumorzelle beim Hodgkin-Lymphom: vereinzelt oder in Gruppen gelegene mehrkernige Riesenzellen mit zwei bis fünf Kernen, die im Zentrum einen prominenten eosinophilen Nukleolus besitzen. (aus Riede et al., Allgemeine und Spezielle Pathologie, Thieme)

von dort über das lymphatische System, später auch hämatogen aus.

> **!** **Bei Patienten mit Hodgkin-Lymphom ist überwiegend das zelluläre, aber auch das humorale Immunsystem beeinträchtigt. Dadurch besteht ein erhöhtes Risiko, an Infektionen mit Herpes-Zoster-Virus, Zytomegalievirus, Kryptokokken, Pneumocystis jirovecii und Pilzen zu erkranken.**

Histologische Klassifikation (WHO-Klassifikation von 2008).

- nodulärer Typ mit Lymphozyten-Prädominanz
- klassisches Hodgkin-Lymphom:
  - noduläre Sklerose (Grad 1 und 2)
  - lymphozytenreich
  - gemischt-zellulär
  - lymphozytenarm

Die Prognose verschlechtert sich mit Abnahme des Lymphozytengehaltes. Im Verlauf kann sich die Histologie zu einem prognostisch ungünstigeren Typ entwickeln. Die Therapieentscheidung wird vom histologischen Subtyp nicht beeinflusst.

Die malignen Zellen des klassischen Hodgkin-Lymphoms sind Hodgkin-Zellen und Sternberg-Reed-Riesenzellen. **Hodgkin-Zellen** sind große, einkernige Zellen mit einer relativ grobsträhnigen Chromatinstruktur und einem auffallend großen Nukleolus. Sternberg-Reed-Riesenzellen sind sehr große, doppel- oder mehrkernige Zellen, die ansonsten Hodgkin-Zellen entsprechen (**Abb. 46.16**). In mindestens zwei Kernen oder zwei Kernlappen dieser Riesenzellen sollte ein sehr großer Nukleolus zu erkennen sein.

Klinik

Die Mehrzahl der Patienten ist zum Zeitpunkt der Diagnosestellung asymptomatisch (Zufallsbefund). Etwa ¼ klagt über Allgemeinsymptome wie **B-Symptomatik** (Fieber, Nachtschweiß, Gewichtsverlust), Juckreiz und durch Alkoholkonsum induzierte Schmerzen an Stellen der Krankheitsmanifestation. Große Lymphommanifestationen können Schmerzen oder Druck verursachen, bei Lage im Mediastinum kann eine obere Einflussstauung durch Kompression der V. cava superior entstehen.

> **!** **Wichtig bei der Anamnese ist die Frage nach den prognostisch ungünstigen B-Symptomen:**
> - **Fieber**
> - **Nachtschweiß**
> - **Gewichtsverlust (> 10 % des Körpergewichts innerhalb von 6 Monaten)**

Diagnostik

Für die Erstdiagnose muss eine **histologische Sicherung durch Biopsie eines befallenen Lymphknotens** erfolgen. Nach Diagnosestellung erfolgt dann das Staging zur genauen Festlegung des Stadiums und der prognostischen Faktoren als Voraussetzung für eine stadiengerechte Therapie (**Tab. 46.11**).

Obligatorische Untersuchungen.

- ausführliche Anamnese und körperliche Untersuchung einschließlich Beurteilung des Waldeyer-Rachenrings
- Labor: unspezifische Krankheitsparameter, BSG, LDH, Blutbild und Differenzialblutbild sowie Leber- und Nierenfunktionsparameter
- Bildgebende Verfahren: Thoraxröntgen, CT Hals, Thorax und Abdomen
- Knochenmarkbiopsie

Fakultative Untersuchungen.

- Positronenemissionstomografie (PET).

Zur Differenziadiagnose s. **Tab. 46.12**.

Tab. 46.11 Stadieneinteilung des Hodgkin-Lymphoms (modifizierte Ann-Arbor-Klassifikation)

Stadium	Definition
I	Beteiligung einer einzelnen Lymphknotenregion **(I/N)** oder eines einzelnen extralymphatischen Organs **(I/E).**
II	Beteiligung von 2 oder mehr Lymphknotenregionen auf einer Seite des Zwerchfells **(II)** oder Beteiligung eines extralymphatischen Organs **(E)** und einer oder mehrerer Lymphknoten auf einer Seite des Zwerchfells **(II/E)**
III	Beteiligung von Lymphknotenregionen auf beiden Seiten des Zwerchfells **(III/N),** zusätzliche Beteiligung der Milz **(III/S)** oder lokalisierte Beteiligung eines extralymphatischen Organs **(III/E)**
III_1	mit oder ohne splenische, hiläre, zöliakale oder portale Lymphknoten
III_2	mit paraaortalen, iliakalen oder mesenterialen Lymphknoten
IV	diffuse Beteiligung eines oder mehrerer extralymphatischer Organe oder Gewebe mit oder ohne Lymphknotenbeteiligung

Jedes Stadium wird ergänzt durch den Buchstaben A oder B:

- **B** bedeutet Vorhandensein von Fieber, Nachtschweiß und/oder 10 % Gewichtsverlust in den letzten 6 Monaten.
- **A** bedeutet das Fehlen dieser Symptome.

Tab. 46.12 Differenzialdiagnose des Hodgkin-Lymphoms

Erkrankung	Bedeutung	Kommentar
andere Lymphone	+++	diffuse großzellige B-Lymphome wachsen schneller, follikuläre Lymphome sind häufig früh disseminiert, Histologie!
benigne Lymphknotenerkrankungen (Virusinfekte)	+++	Verlauf, serologische Untersuchung, Histologie!

Therapie

Das Therapieziel ist grundsätzlich **kurativ.** Therapieoptionen sind Strahlentherapie und Chemotherapie. Bei der Chemotherapie werden immer Kombinationen mehrerer wirksamer Substanzen verabreicht. Wirksame Substanzen sind u. a. **C**yclophosphamid, Vincristin (**O**ncovin), **V**inblastin, **P**rocarbazin, **A**driamycin, **B**leomycin, **E**toposid, **P**rednison, **D**acarbacin. Die Auswahl der Kombination richtet sich nach der Wirksamkeit und nach den zu erwartenden akuten und späten Nebenwirkungen. Gängige Kombinationen sind: **ABVD, BEACOPP.** Die Wahl der Therapieoptionen oder ihre Kombinationen richtet sich nach dem Stadium und folgenden Risikofaktoren:

- großer Mediastinaltumor
- lokalisierter extranodaler Befall (E-Stadium)
- B-Symptome
- erhöhte BSG
- massiver Milzbefall
- 3 oder mehr befallene Lymphknotenareale
- „Bulky-Disease", d. h. Lymphommasse über 5 cm Durchmesser

Stadien IA und IIA ohne Risikofaktoren. Kombination von Chemotherapie über 2 – 4 Monate und dosisreduzierter Megavoltstrahlentherapie auf die initial befallenen Areale (Involved Field). Nach 10 Jahren sind 80 – 85 % der Patienten rezidivfrei, 80 – 95 % der Patienten sind noch am Leben.

> **!** **Aufgrund der beobachteten Spätkomplikationen nach Strahlentherapie werden Dosis und Umfang der Bestrahlung mehr und mehr reduziert zugunsten einer Chemotherapie auch im frühen Stadium.**

Intermediärstadien (Stadien I und II mit Risikofaktoren, Stadium IIIA ohne Risikofaktoren). Chemotherapie über ca. 4 Monate, anschließend Bestrahlung der primär betroffenen Areale. Nach 10 Jahren leben ca. 70% der Patienten rezidivfrei, Gesamtüberleben ca. 80%.

Fortgeschrittene Stadien (IIIA mit Risikofaktoren, IIIB und IV). Chemotherapie für ca. 6 – 8 Monate. Komplette Remission bei ca. 90% der Patienten; nach 10 Jahren rezidivfreies Überleben ca. 65%, Gesamtüberleben ca. 75%.

Behandlung eines Rezidivs

Die Prognose des Rezidivs ist abhängig von der Vorbehandlung und dem krankheitsfreien Intervall. Nach alleiniger Strahlentherapie besteht im Rezidiv eine kurative Behandlungschance durch konsequente Kombinationschemotherapie. Bei Rezidiv nach Chemotherapie und mehr als einjährigem krankheitsfreien Intervall kann mit konventioneller Chemotherapie eine langfristige Remission erreicht werden. In dieser Situation, aber besonders bei prognostisch ungünstiger Erkrankung, muss eine Hochdosischemotherapie mit Unterstützung peripherer Blutstammzellen erwogen werden.

Komplikationen

Folgende Komplikationen der Erkrankung können auftreten:

- Kompression der V. cava superior durch große mediastinale Tumoren (obere Einflussstauung)
- epidurale Kompression des Rückenmarks
- Infektionsneigung
- Sekundärneoplasien durch Bestrahlung und/oder Chemotherapie. Risiko 15 Jahre nach Therapie ca. 15%, überwiegend solide Tumoren, in den ersten Jahren auch akute Leukämien, seltener andere Lymphome und Mammakarzinom sowie Bronchialkarzinom nach Mediastinalbestrahlung.
- Infertilität, das Risiko ist abhängig von Art und Dauer der Chemotherapie. Bei Frauen erholt sich die Gonadenfunktion häufiger als bei Männern.
- Strahlenpneumonitis nach wenigen Monaten, selten Strahlenkarditis, Koronarsklerose.
- Schilddrüsenfunktionsstörungen, Hypothyreose, aber auch Hyperthyreose insgesamt bei mehr als ⅓ der Patienten, die kombiniert behandelt wurden.

Nachsorgeuntersuchungen

Rezidive sind am häufigsten in den ersten 5 Jahren, sie können jedoch auch nach mehr als 10 Jahren noch auftreten. Ziele der Nachsorge sind die frühzeitige Entdeckung eines Rezidivs sowie die Entdeckung und Behandlung von Therapiespätfolgen.

- Frequenz der Untersuchungen: Im 1. Jahr alle 2 Monate, im 2. und 3. Jahr alle 3 Monate, im 4. und 5. Jahr alle 6 Monate, danach jährlich.
- Erforderliche Maßnahmen: Anamnese, körperliche Untersuchung, Laborscreening, bildgebende Verfahren je nach damaligem Primärstadium.

46.6.5 Immundefizienz-assoziierte Lymphoproliferation

Folgende mit einer Störung des Immunsystems einhergehende Erkrankungen oder Situationen können das Auftreten einer lymphoproliferativen Erkrankung begünstigen:

- angeborener Immunmangel bzw. primäre Störungen des Immunsystems
- HIV-Infektion
- nach Transplantation eines Organs oder des Knochenmarks
- iatrogene Immunsuppression

Das Risiko für eine solche Lymphoproliferation, häufig induziert durch eine EBV-Infektion, ist insbesondere abhängig vom Schweregrad der Immunsuppression.

Das Spektrum dieser Krankheitsgruppe reicht von Mononukleosis-ähnlichen Bildern bzw. Morphologien bis zu von den sonstigen Lymphomen nicht unterscheidbaren diffusen, großzelligen B-Zell-Lymphomen. Auffällig häufig finden sich diese extranodal, z. B. im Gehirn und Gastrointestinaltrakt.

Die Reduktion der Intensität einer Immunsuppression, z. B. nach Organtransplantation, kann bei einigen Patienten zu einer Regression der Lymphoproliferation führen. Seit Einführung hochwirksamer antiretroviraler Therapien ist auch die Inzidenz HIV-assoziierter Lymphome deutlich gesunken.

Die Behandlung orientiert sich an der Histologie, dem Ausbreitungsstadium und der Gesamtsituation des Patienten.

Weiterführende Informationen

http://www.lymphome.de
http://www.lymphoma.com
http://www.leukemia-lymphoma.org

47 Milz

Richard Herrmann

47.1 Anatomie und Physiologie

Die Milz ist das größte lymphatische Organ. Ihre Funktion betrifft im Wesentlichen zwei Bereiche:

- zelluläre und humorale Immunantwort auf Infektion und Entzündung (weiße Pulpa),
- Filterfunktion zur Elimination von alternden Blutzellen und Mikroorganismen (rote Pulpa).

Diese Funktionen sind beeinträchtigt nach Splenektomie oder bei funktionellem Hypersplenismus (**Tab. 47.1**). Risiko der fehlenden Milzfunktion ist eine schwer verlaufende Sepsis, die sog. **Overwhelming Postsplenectomy Infection (OPSI),** besonders bei Kindern und Jugendlichen durch Infektion mit Pneumokokken, Meningokokken oder Haemophilus influenzae. Sorgfältige Impfstrategie und Antibiotikaprophylaxe sind bei diesen Patienten zu beachten.

Die normale Milz des Erwachsenen ist mit Ultraschall gemessen maximal 13 cm lang. Für die dreidimensionale Messung gilt die „4711" Faustregel 4 × 7 × 11 cm. Es besteht keine eindeutige Korrelation mit der Körpergröße (**Abb. 47.1**).

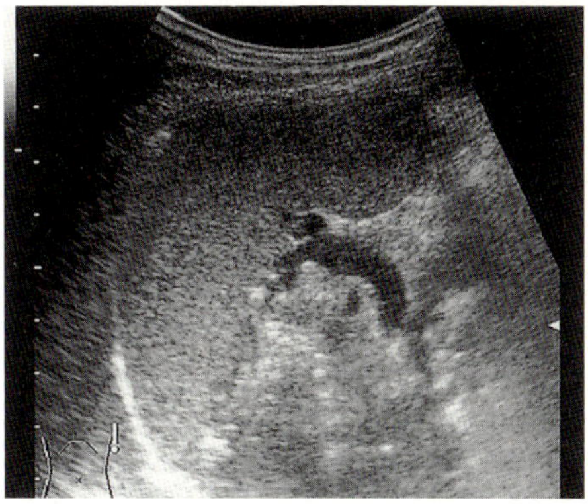

Abb. 47.1 Normal große Milz in der Sonografie. (aus Hofer, Sono-Grundkurs, Thieme)

47.2 Diagnostik

Klinisch wird die Milz untersucht in Rechtsseitenlage des Patienten, der leicht die Beine anwinkelt. Der Untersucher tastet den Bauch ab vom Unterbauch aus bis in Richtung des rechten Rippenbogens und lässt dabei den Patienten tief ein- und ausatmen. Allerdings ist klinisch nur eine mäßig oder deutlich vergrößerte Milz zu tasten. Die Ultraschalluntersuchung ist in jedem Fall sensitiver und genauer (**Abb. 47.2**).

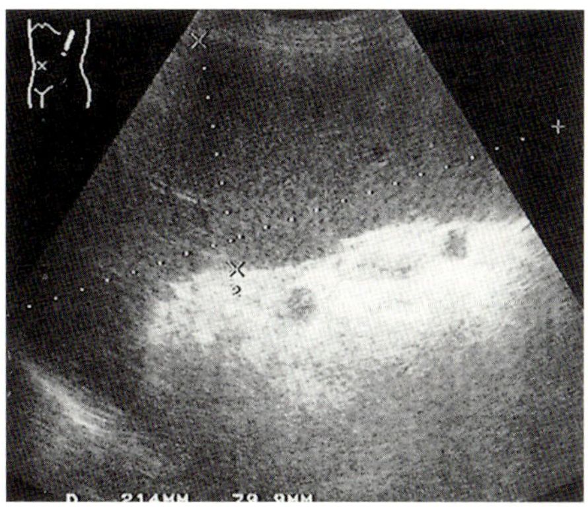

Abb. 47.2 Diffuse Splenomegalie. Deutlich vergrößerte Milz in der Sonografie. (aus Hofer, Sono-Grundkurs, Thieme)

Tab. 47.1 Gründe für Funktionsstörungen der Milz

zu wenig (Hyposplenismus)	zu viel (Hypersplenismus)
• Zustand nach Splenektomie • Milzinfarkte: z. B. Sichelzellanämie • Verdrängung: Amyloid, multiples Myelom, Lymphom • andere: Colitis ulcerosa, systemischer Lupus erythematodes	• Splenomegalie mit lymphoider Hyperplasie: Infektionen, chronische entzündliche Erkrankungen • Splenomegalie mit phagozytärer Hyperplasie: Sphärozytose, Autoimmunzytopenien Stauungsmilz: Leberzirrhose, Herzinsuffizienz

Tab. 47.2 Ursachen für eine Splenomegalie

Einteilung	Ursache
Infektionen	*viral:* EBV, HIV, Hepatitis (s. S. 803) *bakteriell:* Sepsis, Endokarditis, Tuberkulose, Syphilis (s. S. 1012) *parasitär:* Malaria, Histoplasmose (s. S. 1020)
immunologische Erkrankungen	rheumatoide Arthritis (= Felty-Syndrom, s. S. 1110) systemischer Lupus erythematodes (s. S. 1124) Immunzytopenien
Zirkulationsstörungen	Leberzirrhose (portale Hypertonie, s. S. 860) Pfortader- oder Milzvenenverschluss chronische Rechtsherzinsuffizienz (s. S. 99)
Erkrankungen der Erythrozyten	Sphärozytose (s. S. 913) Sichelzellanämie (s. S. 908) Thalassämie (s. S. 907)
Verdrängung des Milzgewebes	*gutartig:* Amyloidose, Speicherkrankheiten, extramedulläre Blutbildung, gutartige Tumoren *bösartig:* Leukämien, Lymphome, myeloproliferative Erkrankungen, primäre oder sekundäre Tumormanifestationen. Metastasen in der Milz sind eher selten, sie treten meist erst bei weit fortgeschrittener Metastasierung auf. Absolut gesehen findet man Milzmetastasen am häufigsten bei malignem Melanom, Mammakarzinom und CUP(cancer of unknown primary)-Syndrom.
Verschiedenes	Sarkoidose (s. S. 471) Anämie durch Mangel an Eisen oder Vitamin B_{12} (s. S. 909) Hyperlipidämien (s. S. 656)

47.3 Splenomegalie

Die Ursachen einer Splenomegalie sind vielfältig (Tab. 47.2). Sie kann sowohl einen Hypo- als auch Hypersplenismus zur Folge haben.

47.3.1 Hypersplenismus

Der Hypersplenismus ist eine Komplikation der Splenomegalie. Durch Vergrößerung der Milz steigt ihre funktionelle Kapazität über das notwendige Maß hinaus an. Als Folge werden normale Blutzellen übermäßig durch die Milz eliminiert. Die sich daraus ergebende Panzytopenie kann die einzelnen Blutzellreihen unterschiedlich treffen. Falls die Grundkrankheit nicht behandelbar ist, muss bei schwerer Zytopenie splenektomiert werden.

47.4 Asplenie

Bei der Asplenie wird zwischen dem tatsächlichen Fehlen der Milz (angeborene Asplenie, nach Splenektomie) und der funktionellen Asplenie unterschieden.

Die funktionelle Asplenie kann z. B. im Rahmen von Sichelzellenanämie, bei systemischen Autoimmunerkrankungen oder bei Amyloidose entstehen. Im Blutbild sind Howell-Jolly-Körperchen nachweisbar. Das sind pathologische Zellkernfragmente in den normalerweise kernlosen Erythrozyten, die bei Asplenie oder bei hämolytischen und megaloblastären Anämien vorkommen können. Sie werden normalerweise beim Durchtritt durch die Endothelspalten in der Milz aus den Erythrozyten entfernt.

Aufgrund einer Asplenie steigt für den Patienten die Gefahr von Infektionen. Insbesondere kapseltragende Bakterien wie Pneumokokken können bei Asplenie ein OPSI verursachen (s. o.). Eine Pneumokokkenimpfung ist unverzichtbar.

Weiterführende Informationen

http://www.nlm.nih.gov/medlineplus/spleendiseases.html
http://www.merck.com/mmhe/sec14/ch179/ch179a.html
http://www.charite.de/ch/chir/chir/leist/milz.htm

48 Allgemeine internistische Onkologie

Richard Herrmann

48.1 Grundlagen

Krebserkrankungen sind insgesamt die zweithäufigste Todesursache nach den Herz-Kreislauf-Erkrankungen. Betrachtet man jedoch nur Menschen bis zum 80. Lebensjahr, stehen die Krebserkrankungen an erster Stelle. Sie sind damit auch die Erkrankungsgruppe, die am häufigsten zu einem vorzeitigen Tod führen, einem Tod zur „Unzeit". Außerdem wird die Diagnose einer Krebserkrankung weithin als eine persönliche oder familiäre Katastrophe wahrgenommen, weil viele Menschen bereits die Diagnose gleichsetzen mit Leiden und Tod. Bei kompetenter Betreuung kann jedoch heute bereits mehr als die Hälfte der Erkrankten geheilt werden. Auch wenn eine Heilung nicht möglich ist, bestehen häufig Behandlungsoptionen, die es ermöglichen, für eine gewisse Zeit, manchmal über Jahre, ein annähernd normales Leben zu führen.

In diesem Kapitel werden nur allgemeine Aspekte der Onkologie besprochen. Die Beschreibung der speziellen Tumorerkrankungen findet sich jeweils bei den verschiedenen Organsystemen.

48.1.1 Krebsursachen

Eine maligne Erkrankung ist die Folge einer Summe genetischer Veränderungen in der betroffenen Zelle. Diese Veränderungen führen zu einem Mehr an Funktion, z. B. durch Aktivierung von Onkogenen, oder zu einer Verminderung der Funktion, z. B. durch Verlust von Suppressorgenen.

Liegen Veränderungen von bestimmten Genen bereits in der Keimbahn, also in jeder Körperzelle vor, dann entsteht eine Krebserkrankung leichter und in der Regel auch früher als bei Transformationen in einzelnen Körperzellen.

Die meisten Krebsgene prädisponieren zu einer bestimmten Krebserkrankung, gehen aber zusätzlich mit einem erhöhten Risiko für andere Krebserkrankungen einher. Krebsgene können einerseits vererbt werden, andererseits auch spontan in der Keimzelle entstanden sein.

Während in früheren Jahren eine genetische Ursache aufgrund gehäuften familiären Vorkommens lediglich vermutet wurde, gelang es bereits, eine große Zahl solcher Krebsgene zu identifizieren, sodass sie in der Zukunft diagnostiziert werden können (**Tab. 48.1**).

Auch andere Faktoren spielen eine Rolle bei der Krebsentstehung (**Tab. 48.2**). Sie wurden durch epidemiologische oder tierexperimentelle Untersuchungen entdeckt. Dabei spielen sowohl die Intensität als auch die Dauer der zur malignen Entartung führenden Schädigung eine Rolle. Zum Beispiel sind ca. 90% der Bronchialkarzinome mit Rauchen assoziiert und jeder zehnte starke Raucher wird an einem Bronchialkarzinom erkranken. Insgesamt werden ca. 30% aller Krebserkrankungen mit dem Rauchen in Verbindung gebracht. Außerdem spielen genetische Faktoren eine Rolle, die be-

Tab. 48.1 Die wichtigsten vererbten Krebsgene

defektes Gen	Krebserkrankung	Penetranz einer Tumorerkrankung
BRCA1 BRCA2	Mammakarzinom Mammakarzinom, Ovarialkarzinom	je ca. 85% bis zum 85. Lebensjahr
FAP (**Abb. 48.1**)	Kolonkarzinom (s. S. 784)	bis zu 100%
MLH 1, MSH 2	HNPCC (= Hereditary Nonpolyposis Colon Cancer)	85% bis zum 60. Lebensjahr
p53	Li-Fraumeni-Syndrom, verschiedene	bis 100%
Retinoblastom-Gen	Retinoblastom (**Abb. 48.2**)	bis zu 100%
Neurofibromatose-Gen (NF1)	Fibrosarkome	3%

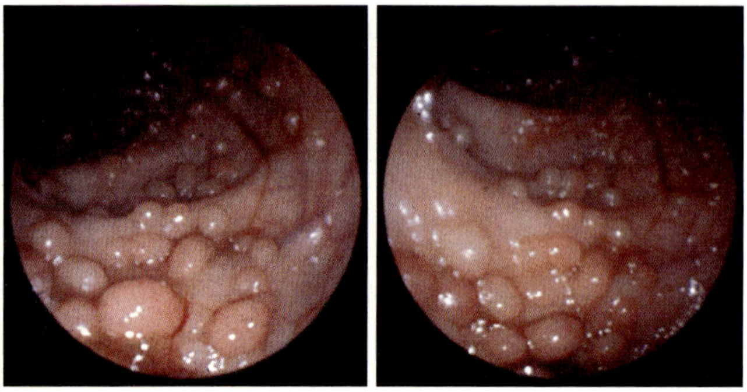

Abb. 48.1 Familiäre adenomatöse Polyposis coli. (aus TIM Thiemes Innere Medizin)

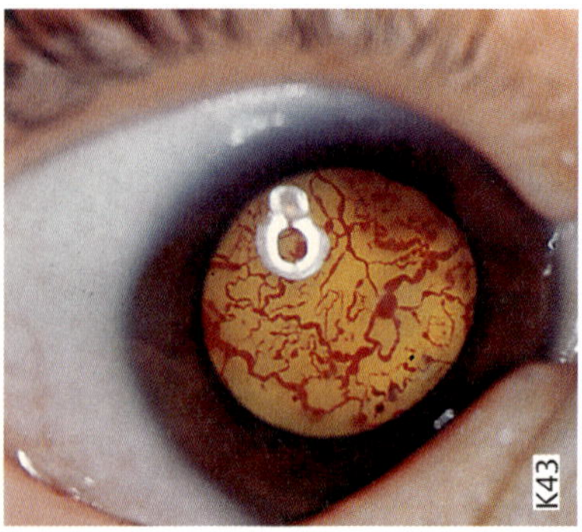

Abb. 48.2 Leukokorie bei Retinoblastom. Helle Pupille mit Gefäßzeichnung aufgrund eines den Glaskörper ausfüllenden Retinoblastoms. (aus Sachsenweger, Duale Reihe Augenheilkunde, Thieme)

stimmen, wie stark die individuelle Schädigung ausfällt. Es kommt zu Veränderungen (Mutationen, Deletionen, Translokationen) von z. T. charakteristischen Genen.

Mehrheitlich ist die maligne Transformation das **Ergebnis der Summe verschiedener genetischer Veränderungen.** Damit wird auch verständlich, warum Menschen, die bereits eine mit einer Krebserkrankung assoziierte genetische Veränderung geerbt haben, häufig bereits im jüngeren Lebensalter erkranken: ein Schritt in der malignen Transformation ist bereits in ihrem Erbgut angelegt. Dies ist Veranlassung, besonders bei jüngeren Krebspatienten eine familiäre Belastung in Erwägung zu ziehen und eine ausführliche diesbezügliche Familienanamnese zu erheben.

Tab. 48.2 Die häufigsten bekannten Krebsursachen

Einteilung	Ursachen	häufige Manifestationsformen/-orte
chemisch	• Zigarettenrauch	Lunge, Kopf/Hals, Ösophagus, Blase, Zervix, Pankreas
	• Anilin	Blasenkarzinom
	• Benzol	akute myeloische Leukämie
	• Aflatoxin	primäres Leberkarzinom
	• Alkohol	Leber, Ösophagus, Kopf-/Halskarzinome, Mammakarzinom
physikalisch	• ionisierende Strahlen • UV Strahlen	solide Tumoren, Leukämien, Hauttumoren
chronische Entzündungen	• Colitis ulcerosa	Kolon- bzw. Rektumkarzinom
Viren	• Hepatitis-B-Virus	Leberzellkarzinom
	• Hepatitis-C-Virus	Leberzellkarzinom
	• Epstein-Barr-Virus	Lymphome

Fortsetzung ►

Tab. 48.2 Fortsetzung

Einteilung	Ursachen	häufige Manifestationsformen/-orte
	• humane Papillomviren	Zervixkarzinom, Mundhöhlenkarzinom
	• Polyomavirus	Merkelzellkarzinom
Bakterien	• Helicobacter pylori	Magenlymphom, Magenkarzinom
Immundefekt	• angeboren oder erworben	Lymphome, Hautkarzinome (über Infekte)

geschätzte Neuerkrankungen

Männer | Frauen

Männer		
Prostata	186 320	25 %
Lunge und Bronchien	114 690	15 %
Kolon und Rektum	77 250	10 %
Harnblase	51 230	7 %
Non-Hodgkin-Lymphome	35 450	5 %
Melanome	34 950	5 %
Niere und Nierenbecken	33 130	4 %
Mundhöhle und Pharynx	25 310	3 %
Leukämie	25 180	3 %
Pankreas	18 770	3 %
Gesamt	**745 180**	**100 %**

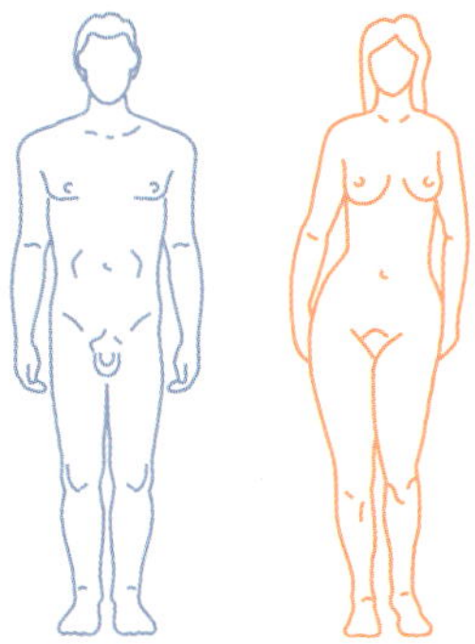

Frauen		
Mamma	182 460	26 %
Lunge und Bronchien	100 330	14 %
Kolon und Rektum	71 560	10 %
Corpus uteri	40 100	6 %
Non-Hodgkin-Lymphome	30 670	4 %
Schilddrüse	28 410	4 %
Melanome	27 530	4 %
Eierstock	21 650	3 %
Niere und Nierenbecken	21 260	3 %
Leukämie	19 080	3 %
Gesamt	**692 000**	**100 %**

geschätzte Todesfälle

Männer | Frauen

Männer		
Lunge und Bronchien	90 810	31 %
Prostata	28 660	10 %
Kolon und Rektum	24 260	8 %
Pankreas	17 500	6 %
Leber und intrahepatisches Gallensystem	12 570	4 %
Leukämie	12 460	4 %
Ösophagus	11 250	4 %
Harnblase	9950	3 %
Non-Hodgkin-Lymphome	9790	3 %
Niere und Nierenbecken	8100	3 %
Gesamt	**294 120**	**100 %**

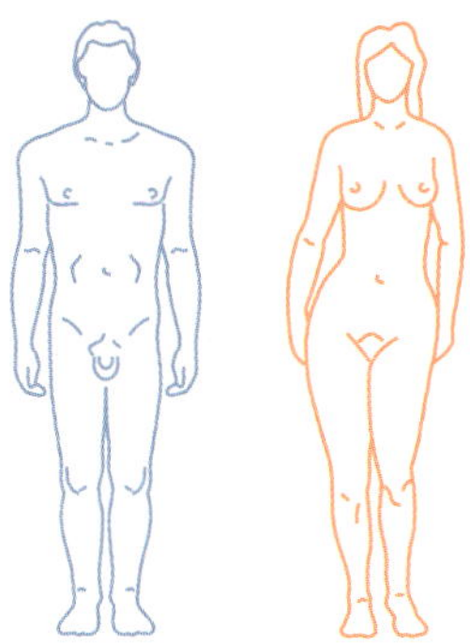

Frauen		
Lunge und Bronchien	71 030	26 %
Mamma	40 480	15 %
Kolon und Rektum	25 700	9 %
Pankreas	16 790	6 %
Eierstock	15 520	6 %
Non-Hodgkin-Lymphome	9370	3 %
Leukämie	9250	3 %
Corpus uteri	7470	3 %
Leber und intrahepatisches Gallenwege	5840	2 %
ZNS	5650	2 %
Gesamt	**271 530**	**100 %**

Abb. 48.3 Die zehn führenden Krebsarten (Vereinigte Staaten 2008)

Individuell kann das **Krebsrisiko** deutlich **gesenkt** werden durch:

- Verzicht auf Rauchen
- ausgewogene, ballaststoffreiche Ernährung
- Vermeidung übermäßiger Sonnenexposition
- Vermeidung übermäßigen Alkoholkonsums
- körperliche Aktivität (Vermeidung von Übergewicht)
- Impfung (gegen humane Papillomviren)

Nicht alle Krebserkrankungen lassen sich jedoch einer äußeren oder inneren Ursache zuschreiben. Ein Teil entsteht wahrscheinlich aus nicht beeinflussbaren Ursachen.

48.1.2 Häufigkeiten

Epidemiologische Untersuchungen weisen darauf hin, dass Lebens-, Ess- und Genussmittelgewohnheiten die Häufigkeit mehrerer Krebserkrankungen wesentlich beeinflussen. So ist in Entwicklungsländern das bei uns häufige Kolonkarzinom sehr selten, während in Afrika und Asien das bei uns seltene primäre Leberkarzinom die häufigste Tumorerkrankung darstellt. Wegen des Fehlens flächendeckender Krebsregister in Deutschland gibt es keine zuverlässigen Daten der Krebshäufigkeiten. In **Abb. 48.3** werden daher die US-amerikanischen Zahlen angegeben, die im Wesentlichen den mitteleuropäischen entsprechen dürften.

48.2 Krebsdiagnostik und Klassifizierung

Voraussetzung für die **Diagnose einer Krebserkrankung** ist die histologische, ausnahmsweise auch die zytologische Sicherung. Therapie und Prognose werden im Wesentlichen vom Grad der Ausbreitung, d. h. dem **Tumorstadium**, bestimmt. Die für die Stadieneinteilung erforderlichen Maßnahmen sind von der Lokalisation des Primärtumors abhängig. Sie orientieren sich an der lokoregionären Ausbreitungstendenz und an den bevorzugten Metastasenlokalisationen. Ziel dieser Untersuchungen ist die Feststellung von Tumorlokalisationen, soweit dies für die Betreuung des Patienten Konsequenzen hat, nicht die Dokumentation jeder einzelnen Metastase.

Bei etwa 10% der Patienten werden initial nur Metastasen, aber kein Primärtumor entdeckt. Die Suche nach dem Primärtumor erstreckt sich hier im Wesentlichen auf solche, bei denen für den Patienten eine sinnvolle Behandlungsmöglichkeit angeboten werden kann, z. B. kolorektales Karzinom, Mammakarzinom, Ovarialkarzinom, Keimzelltumoren, differenziertes Schilddrüsenkarzinom, Lymphom. Eine persönliche Rücksprache mit der Pathologie ist unverzichtbar.

Die soliden Tumoren (Karzinome, Sarkome) werden international nach dem **TNM-System** (**T**umor/**N**odulus/**M**etastasis) klassifiziert.

- T mit einem Suffix 0 – 4 steht für Größe und Ausdehnung des Primärtumors
- N mit einem Suffix 0, 1, 2, (3) steht für das Ausmaß der regionären Lymphknotenbeteiligung
- M mit dem Suffix 0 oder 1 steht für das Fehlen bzw. den Nachweis von Fernmetastasen

Präfix p bzw. c geben an, ob das Stadium **p**athologisch (z. B. bei einer Operation) oder nur klinisch (**c**linical) gesichert wurde. Mehrere TNM-Kategorien werden dann zusammengefasst in zumeist 4 Stadien (I – IV).

Beispiel: Ein pT2pN1M0-Mammakarzinom beschreibt einen chirurgisch entfernten Primärtumor der Größe 2 – 5 cm, Befall von 1 – 3 axillären Lymphknoten, kein Nachweis von Fernmetastasen.

Zusätzlich zur histologischen Typisierung und zum TNM Stadium gibt es für die meisten Tumoren weitere Faktoren, die die individuelle Prognose noch genauer beschreiben wie z. B. der mikroskopische Nachweis einer Invasion des Tumors in Blut- und Lymphgefäße. Für das klinische Management sind allerdings bestimmte **prädiktive Faktoren** noch wichtiger, da sie Einfluss auf den Therapieentscheid haben. Meist handelt es sich um **Biomarker**, die dabei helfen die Wirksamkeit oder Unwirksamkeit einer Therapie vorherzusagen Etabliert sind:

- der Hormonrezeptorstatus und der Nachweis einer HER2-neu-Amplifikation beim Mammakarzinom
- der Mutationsstatus des Protoonkogens KRAS beim kolorektalen Karzinom

Weitere derartige molekulare Biomarker sind in der Entwicklung.

48.2.1 Metastasen bei unbekanntem Primärtumor

Bei ca. 5 – 10% der Krebserkrankungen kann zum Zeitpunkt der Diagnose von Tumormetastasen kein zugrundeliegender Primärtumor identifiziert werden. In der englischsprachigen Literatur wird dies auch als **CUP-Syndrom** (Cancer of Unknown Primary) bezeichnet. Zunächst ist hier das Gespräch mit dem Pathologen zu suchen. Bei den meisten Fällen lautet die initiale histopathologische Diagnose Adenokarzinom oder undifferenziertes Karzinom.

Patientenalter, Geschlecht, Metastasenlokalisationen und Risikokonstellation kann häufig zusammen mit Ergebnissen der Immunhistologie die Zahl der möglichen Primärtumorlokalisationen deutlich einengen. Dies kann dann die Basis für weitere diagnostische Maßnahmen sein, welche grundsätzlich nicht „schrotschussartig" erfolgen sollten. In allererster Linie geht es darum, Erkrankungen auszuschließen, für die es auch im metastasierten Krankheitsstadium gute und vor allem lebensverlängernde oder sogar kurative Behandlungen gibt, wie z. B. Keimzelltumoren, Mammakarzinom, Ovarialkarzinom und kolorektales Karzinom. Bei Verdacht auf andere Primärtumoren, wie z. B. Pankreaskarzinom oder Bronchialkarzinom, sollte die Primärtumordiagnose keinesfalls mit den Patienten belastenden oder gefährdenden Eingriffen erzwungen werden, da im metastasierten Stadium dieser Erkrankungen die Behandlungschancen ohnehin eingeschränkt sind.

48.2.2 Tumormarker

Tumormarker sind tumorspezifische, häufiger aber tumorassoziierte Proteine, die in den Tumorzellen produziert werden und häufig im Blut nachweisbar sind. Für die meisten Tumormarker gibt es eine gewisse Korrelation zwischen der Höhe der Konzentration im Blut und der Tumormasse. Wegen diskontinuierlicher Freisetzung kann der Verlauf der Konzentration jedoch sehr variabel sein.
Tumormarker kommen bei folgenden Indikationen zur Anwendung:

- **Rezidivdiagnostik:** Keimzelltumoren (α-Fetoprotein, β-HCG), Prostatakarzinom (PSA), differenziertes Schilddrüsenkarzinom (Thyreoglobulin)
- **Beurteilung des Therapieeffekts:** Keimzelltumoren (α-Fetoprotein, β-HCG), multiples Myelom (β_2-Mikroglobulin), Ovarialkarzinom (CA 12-5), Leberzellkarzinom (α-Fetoprotein), Prostatakarzinom (PSA), bei schlecht messbaren Metastasen des Mammakarzinoms (Ca 15-3)
- **Screening:** nicht geeignet, eventuelle Ausnahme PSA
- **Diagnostik:** wegen zu geringer Sensitivität und Spezifität zur Primärtumorsuche nicht geeignet. Ausnahme: PSA (Prostatakarzinom).

48.3 Onkologische Therapien

Als Therapieoptionen stehen in der Onkologie folgende Therapien zur Verfügung:

- Operation
- Bestrahlung
- medikamentöse Behandlungen
  - Chemotherapie
  - neue Krebsmedikamente mit definierten Angriffspunkten
  - Hormontherapie
  - Immuntherapie
- unterstützende Maßnahmen

Häufig werden diese Verfahren kombiniert oder in Sequenz eingesetzt.
Nicht unwesentlich für die Therapieplanung ist die Einschätzung der **Leistungsfähigkeit des Patienten.** Hier haben sich verschiedene Skalen als brauchbar erweisen (**Tab. 48.3**).

48.3.1 Patientenaufklärung

Tumortherapien sind in den meisten Fällen eingreifende Maßnahmen verbunden mit einem Morbiditäts- oder Toxizitäts- und bisweilen auch einem Mortalitätsrisiko. Patient und Bezugspersonen müssen in die **Abwägung von Nutzen und Risiko einer Therapie** mit einbezogen werden. Dies gilt insbesondere, wenn es verschiedene Therapieoptionen gibt. Voraussetzung dafür ist eine Aufklärung über die Erkrankung und ihre Prognose angepasst an die Aufnahmefähigkeit des Patienten und idealerweise in Anwesenheit einer oder mehrerer Vertrauenspersonen wie z. B. Ehepartner, Eltern, Geschwister oder Freunden. Diese **schwierigen Aufklärungsgespräche** erfordern eine Schulung und einige Erfahrung. Auch wenn zum vorgeschlagenen Therapievorschlag scheinbar keine Alternativen bestehen, ist diese Aufklärung erforderlich, da die Patienten die Freiheit haben müssen, auch einen solchen Vorschlag abzulehnen.
In einem weit fortgeschrittenen Tumorstadium muss häufig empfohlen werden, auf eine spezifische Tumortherapie zu verzichten, da dann das Risiko, dem Patienten zu schaden oft größer ist, als ihm zu nutzen. In dieser Situation sollte aber ausführlich über die Möglichkeiten der Palliativmassnahmen wie z. B. Schmerztherapie aufgeklärt werden.

K

Zweitmeinungen

Verständlicherweise möchten Krebspatienten und ihre Angehörigen nichts unversucht lassen, um die bestmögliche Behandlung zu bekommen. Daher wollen sich viele an einer unabhängigen Instanz informieren, ob die vorgeschlagenen Therapiemaßnahmen dem aktuellen Stand des Wissens entsprechen. Dies darf von den primär Betreuenden nicht als Misstrauen gewertet werden. Insbesondere wenn der behandelnde Arzt spürt, dass Patient oder Angehörige unsicher sind, sollte das Einholen

Tab. 48.3 Beurteilung der Leistungsfähigkeit

Skala nach Zubrod (WHO)		Skala nach Karnofsky u. Mitarb.	
0	Patient entfaltet normale Aktivität	100 %	beschwerdefrei, keine Krankheitszeichen
		90 %	fähig zur normalen Aktivität, nur geringe Krankheitszeichen
1	lebt zu Hause mit tolerablen Tumorsymptomen	80 %	mit Anstrengung normale Aktivität, mäßige Krankheitszeichen
		70 %	Selbstversorgung ist möglich, Patient ist jedoch unfähig zur Entfaltung einer normalen Aktivität oder aktiven Tätigkeit
2	leidet unter behindernden Tumormanifestationen, ist aber weniger als die Hälfte des Tages bettlägerig	60 % 50 %	benötigt gelegentlich fremde Hilfe benötigt erhebliche Hilfeleistungen und häufig medizinische Pflege
3	stark behindert und mehr als die Hälfte des Tages bettlägerig, jedoch fähig aufzustehen	40 % 30 %	behindert und pflegebedürftig stark behindert, Krankenhausaufenthalt ist indiziert
4	schwer krank und vollständig bettlägerig	20 %	schwer krank, Krankenhausaufnahme ist zur aktiven unterstützenden Therapie notwendig
		10 %	moribund, rasches Fortschreiten der lebensbedrohlichen Erkrankung

einer Zweitmeinung vorgeschlagen und unterstützt werden.

48.3.2 Operation

Die Operation erfolgt mit kurativem Ziel bei der überwiegenden Mehrzahl der lokal oder lokoregionär begrenzten soliden Tumoren, ggf. unter Mitentfernung der regionären Lymphknoten. Voraussetzung für eine Heilung ist die der Biologie des Tumors entsprechende Radikalität des Eingriffs mit **Resektion im Gesunden**. In Kombination mit Bestrahlung und/oder Chemotherapie kann bei einzelnen Tumoren die Radikalität eingeschränkt werden zur Erhaltung eines Organs (z. B. brusterhaltende Therapie des Mammakarzinoms) oder einer Funktion (z. B. Extremitätenerhaltung bei Sarkomen).

Bei geeigneter Auswahl der Tumoren (z. B. Nierenzellkarzinom, Kolonkarzinom, Melanom) und der Patienten (keine anderen Tumormanifestationen, guter Allgemeinzustand) lassen sich **einzelne Metastasen** aus der Leber, der Lunge oder dem Gehirn mit kurativer Zielsetzung chirurgisch entfernen.

Palliative Operationen können Komplikationen der Krebserkrankung beseitigen, z. B. Dekompression, Umgehungsanastomosen, Osteosynthese bei (drohender) pathologischer Fraktur.

48.3.3 Radiotherapie

Die Strahlentherapie maligner Tumoren, überwiegend mit hochenergetischen Elektronen, wird eingesetzt

- mit kurativem Ziel allein (z. B. Larynxkarzinom, Prostatakarzinom)
- mit kurativem Ziel in Kombination mit Chemotherapie (z. B. Analkarzinom, Ösophaguskarzinom, großzellige Lymphome Stadium I)
- mit palliativem Ziel zur Behandlung tumorbedingter Schmerzen oder Kompressionssymptome und Hirnmetastasen
- prä- oder postoperativ zur Verbesserung des Operationsergebnisses (z. B. Rektumkarzinom, Brusterhaltung bei Mammakarzinom)

Die Behandlungsergebnisse sind abhängig von der **Strahlensensibilität des Tumors** und der Strahlentoleranz des mitbestrahlten gesunden Gewebes (**Abb. 48.4**). Diese beeinflusst auch die verabreichte Gesamtdosis, die in der Regel in täglichen Fraktionen von 1,8 – 2 Gray (Gy) verabreicht wird.

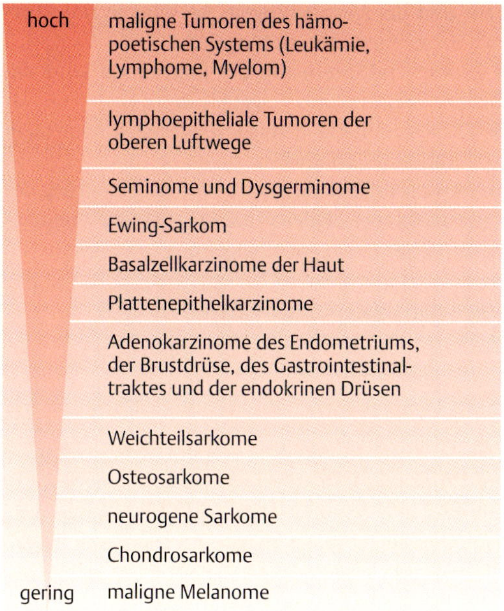

Abb. 48.4 Strahlenempfindlichkeit verschiedener maligner Erkrankungen.

Bei der Brachytherapie wird die Strahlenquelle (z. B. ^{192}Iridium) in unmittelbare Nähe des Tumors gebracht, sodass bei geringer Belastung des gesunden Gewebes lokal hohe Dosen verabreicht werden können.

48.3.4 Chemotherapie

Die antineoplastische Chemotherapie verwendet chemisch definierte Substanzen mit antiproliferativen Eigenschaften (**Zytostatika**). Ziel ihrer Verwendung ist die Vernichtung maligner Zellen durch Beeinflussung ihrer vitalen Funktionen. Da sich maligne Tumoren von gesundem Gewebe bezüglich ihrer Empfindlichkeit häufig nur wenig unterscheiden, kommt es meist zu einer Schädigung auch von gesundem Gewebe.

Pharmakologie der Zytostatika

Entsprechend ihrer Herkunft oder ihrem Wirkmechanismus werden die Zytostatika in verschiedene Gruppen eingeteilt (Näheres siehe Lehrbücher der Pharmakologie oder spezielle onkologische Literatur).

Die Auswahl der Substanzen für die Behandlung bestimmter Erkrankungen erfolgt nach Erfahrungswerten. Häufig werden 2, 3 oder 4 Zytostatika aus verschiedenen Substanzklassen kombiniert (Kombinations-Chemotherapie), um möglichst die Effekte zu addieren, während sich die substanzklassenspezifischen Nebenwirkungen verteilen.

Für die meisten Zytostatika gibt es eine klare Dosis-Wirkungs-Beziehung. Da nach oben die Dosierung jedoch durch die Nebenwirkungen begrenzt ist, wird die Dosis so gewählt, dass die zu erwartenden Nebenwirkungen den Patienten nicht gefährden.

Die Art der Verabreichung (i. v. Bolus, kontinuierliche Infusion, einmalig, an mehreren Tagen) richtet sich nach der Kenntnis des Wirkmechanismus und der Erfahrung.

Für die sichere intravenöse Verabreichung der Chemotherapie sind gute Venenverhältnisse unabdingbar. Da dies jedoch bei vielen Krebspatienten unsicher ist, werden häufig sogenannte **Portsysteme** implantiert. Sie bestehen aus einer flachen Kammer mit einer Gummimembran und einem angeschlossenen Katheter. Der Port wird unterhalb der Clavicula subkutan implantiert und der Katheter dabei in die V. subclavia eingeführt, so dass seine Spitze vor dem rechten Vorhof liegt. Mit einer Spezialnadel (seitliche Öffnung) ist dann perkutan ein direkter Weg zu einer großlumigen Vene möglich. Hauptkomplikation eines Portsystems ist die Infektion. Daher muss bei jeder Manipulation streng aseptisch gearbeitet werden.

Die Behandlung wird dann wiederholt, wenn die akut dosislimitierenden Nebenwirkungen, zumeist Blutbildveränderungen, wieder abgeklungen sind, in der Regel nach 3 – 4 Wochen.

In manchen Situationen kann eine **regionale Verabreichung** der Chemotherapie sinnvoll sein:

- intraarteriell (Leber, Extremitäten)
- intrakavitär (Peritoneum bei Peritonealkarzinose)
- intrathekal/intraventrikulär (neoplastischer Befall der Meningen bei Leukämie, Lymphomen, soliden Tumoren)

K

Indikationen und Ziele für eine Chemotherapie

Die zytostatische Chemotherapie wird eingesetzt

- mit **kurativem Ziel**
  - allein bei Lymphomen, Leukämien, Keimzelltumoren u. a.
  - in Kombination mit Strahlentherapie beim Analkarzinom, Ösophaguskarzinom u. a.

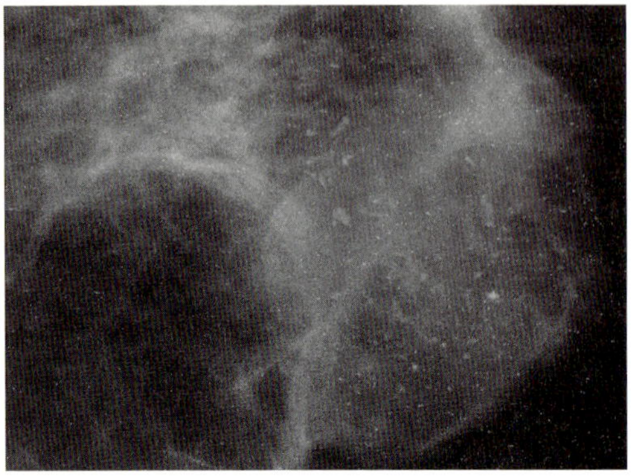

Abb. 48.5 Mammakarzinom. Mammografische Darstellung eines größeren Tumorherdschattens mit karzinomtypischen Mikroverkalkungen. (aus Breckwoldt et al., Gynäkologie und Geburtshilfe, Thieme)

  - zur Verminderung des Rezidivrisikos nach Operation durch Zerstörung von Mikrometastasen z. B. beim Mammakarzinom (**Abb. 48.5**), Kolonkarzinom (= **adjuvante Chemotherapie**)
  - zur Verbesserung des Operationsergebnisses präoperativ z. B. beim Osteosarkom oder bei Lebermetastasen des kolorektalen Karzinoms (= **neoadjuvante Chemotherapie**)
- mit **palliativem Ziel** zur
  - Verlängerung des Lebens
  - Besserung tumorbedingter Symptome

> **!** **Die Chance, dass ein Tumor auf eine Chemotherapie gut reagiert, ist abhängig**
> - **vom Typ des Primärtumors,**
> - **vom Ausbreitungsgrad der Erkrankung,**
> - **von der individuellen Tumorbiologie und**
> - **von patientenspezifischen Faktoren.**

Eine exakte Vorhersage der Wirksamkeit ist nicht möglich. Daher müssen vor Einleitung einer Chemotherapie das Behandlungsziel, z. B. kurativ oder palliativ, und die Parameter, z. B. tastbare, zweidimensional gemessene Tumorknoten oder Röntgenbefunde, anhand derer Erfolg oder Nichterfolg der Behandlung dokumentiert werden können, klar festgelegt werden. Kommt es nach 6 bis 8 Wochen Therapiedauer nicht zu einer Besserung, muss die Behandlung abgebrochen werden. Im Übrigen richtet sich die Behandlungsdauer nach der Grundkrankheit und der Verträglichkeit. Sie wird in der Regel vor Behandlungsbeginn festgelegt.

Entsprechend internationaler Konvention wird das **Behandlungsergebnis** eingeteilt in

- **CR** = komplette Remission: Verschwinden aller Tumormanifestationen
- **PR** = partielle Remission: > 50 % Verkleinerung des Produkts der beiden größten senkrecht aufeinander stehenden Durchmesser der Tumorläsion
- **NC** = no change: Rückbildung weniger als PR, Vergrößerung geringer als PD
- **PD** = progressive Disease: > 25 % Vergrößerung des Produkts (s. o.)

Diese Regeln gelten im Prinzip auch für andere systemische Tumortherapien.

Die vorhandenen Kenntnisse bei der Verabreichung der Chemotherapie basieren im Wesentlichen auf Ergebnissen klinischer Studien. Die Behandlung von Patienten in nationalen oder internationalen Studienprotokollen sichert daher eine weitere Verbesserung des Wissensstandes und bietet den Patienten eine Behandlung, die den neuesten Erkenntnissen entspricht.

Allgemeine Nebenwirkungen

Da Zytostatika nicht spezifisch auf Tumorzellen wirken, ist immer auch mit einer unerwünschten Wirkung auf gesundes Gewebe zu rechnen. Die meisten Nebenwirkungen sind reversibel. Vor jeder Verabreichung von Chemotherapie müssen das Nebenwirkungsrisiko und der potenzielle Nutzen sorgfältig gegeneinander abgewogen werden. Die folgenden **allgemeinen Nebenwirkungen** treten bei verschiedenen Substanzen bzw. Substanzklassen häufig, allerdings nicht obligat auf:

Knochenmarktoxizität: Diese ist für die meisten Zytostatika dosislimitierend.

- Granulozytopenie führt zu erhöhter Anfälligkeit für bakterielle und Pilzinfektionen. Therapeutisch konsequente antimikrobielle Therapie, prophylaktisch eventuell Gabe granulozytenstimulierender Wachstumsfaktoren (z. B. G-CSF).
- Thrombozytopenie führt zu Blutungsneigung (Petechien, Schleimhautblutungen), therapeutisch Thrombozytentransfusion bei Thrombozytenzahl < 10 000 – 20 000/µl.
- Anämie (erst nach mehrwöchiger Chemotherapie), therapeutisch Erythrozytentransfusion bei symptomatischer Anämie.

Schleimhauttoxizität: Schädigung der Mundschleimhaut (Stomatitis) und der Darmschleimhaut (Diarrhö). Eine Prophylaxe für Stomatitis und Diarrhö gibt es nicht. Unterstützende Maßnahmen bei Stomatitis: Analgetika, Lokalanästethetika, kalte Getränke, Vermeiden säurehaltiger Nahrung, Spülungen mit Kamillentee. Unterstützende Maßnahmen bei Diarrhö: Loperamid, parenterale Flüssigkeit.

Alopezie (Haarausfall): Die Mehrzahl der Zytostatika verursacht partielle oder totale Alopezie, die typischerweise ca. 3 Wochen nach Beginn einsetzt und nach Abschluss der Chemotherapie reversibel ist. Da viele Patienten, vor allem Patientinnen, dies als gravierend empfinden, muss vor Therapiebeginn eine sorgfältige Aufklärung erfolgen einschließlich der Besprechung möglicher Alternativen.

Übelkeit und Erbrechen: Zentral bedingte Übelkeit und Erbrechen sind je nach Substanz sehr unterschiedlich ausgeprägt. Sie treten innerhalb weniger Stunden nach Therapiebeginn auf und dauern Stunden bis mehrere Tage, variieren jedoch in der Stärke von Patient zu Patient erheblich. Prophylaktisch werden Antiemetika in ausreichender Dosierung und Zeitdauer je nach zu erwartender Stärke verabreicht.

Keimepitheltoxizität: Sekundäre Amenorrhö oder Oligo- bzw. Azoospermie treten abhängig vom Alter der Patienten und der Art und Dauer der Chemotherapie auf. Eine Erholung der Gonadenfunktion ist möglich.

Teratogenität: Wird eine Chemotherapie vor dem Ende des ersten Trimenons verabreicht, muss mit schweren Missbildungen gerechnet werden. Daher ist bei Frauen vor der Menopause vor Beginn der Chemotherapie eine Schwangerschaft auszuschließen. In bestimmten Situationen, wenn das Leben der Mutter gefährdet ist, kann im 2. und 3. Trimenon der Schwangerschaft eine Chemotherapie in normaler Dosis verabreicht werden. Hierzu gibt es Erfahrungen, z. B. bei der Behandlung von Lymphomen und Mammakarzinom, ohne dass es zu erkennbaren Schädigungen der Kinder kam.

Kanzerogenität: Grundsätzlich können Chemotherapeutika Krebserkrankungen auch induzieren. Dies ist besonders von Bedeutung, wenn sie in kurativer Absicht eingesetzt wurden. Das Risiko ist abhängig von der gewählten Substanz und der verabreichten Gesamtdosis. Am häufigsten treten akute myeloische Leukämien (AML) auf, z. T. mit charakteristischen chromosomalen Aberrationen. Gefährdend sind hier vor allem die alkylierenden Substanzen und das Etoposid. Während die akute myeloische Leukämie bereits wenige Jahre nach Chemotherapie auftreten kann, dauert es bei den soliden Tumoren deutlich länger. Um diese Spätkomplikationen der Therapie genau zu erfassen und gegebenenfalls Therapiestandards zu ändern, müssen alle Menschen, die in ihrem Leben eine Chemotherapie erhalten haben, langfristig nachgesorgt werden.

Spezifische Nebenwirkungen

Verschiedene Zytostatika verursachen neben den allgemeinen auch spezifische Nebenwirkungen, die häufig von der kumulativ verabreichten Dosis abhängig sind (**Tab. 48.4**).

K

Tab. 48.4 **Organtoxizität verschiedener Zytostatikagruppen**

Medikament	Organ
Vinca-Alkaloide, Cisplatin, Taxane, Oxaliplatin	Neurotoxizität (Störungen der Sensibilität, der Motorik sowie des autonomen Nervensystems)
Methotrexat, Cisplatin	Nephrotoxizität
Nitrosoharnstoffe, 6-Mercaptopurin	Lebertoxizität (intrahepatische Cholestase, Leberzellnekrosen)
Anthracyclin-Antibiotika	akute und chronische Kardiomyopathien
Busulfan, Bleomycin, Nitrosoharnstoffe, Mitomycin C	Lungenfibrose
Oxazaphosphorinderivate (Cyclophosphamid, Ifosfamid)	hämorrhagische Urozystitis (Antidot: Mesna [2-Mercaptoethansulfonat-Natrium])

Hochdosis-Chemotherapie

Für mehrere Chemotherapeutika ist die Knochenmarktoxizität dosislimitierend. Dieses Problem kann umgangen werden mit dem **Einsatz autologer Blutstammzellen**. Diese werden nach Stimulation mit einem Granulozyten-Wachstumsfaktor (G-CSF) durch Leukapherese gesammelt und aufbewahrt. Der Patient erhält dann eine hochdosierte Chemotherapie gefolgt von der Retransfusion seiner Stammzellen. Etwa nach 2 Wochen hat sich das Blutbild bei den meisten Patienten ausreichend erholt. Bisher ist dieses Verfahren etabliert beim rezidivierten, chemotherapiesensiblen großzelligen Lymphom und Hodgkin-Lymphom sowie beim Multiplen Myelom (s. S. 947, 940).

48.3.5 Neue Krebsmedikamente mit definierten Angriffspunkten

Die zunehmenden Erkenntnisse über die molekularen Mechanismen, die für eine maligne Transformation verantwortlich sind, haben zur Entwicklung von Medikamenten geführt, die diese Mechanismen gezielt angreifen (targeted therapy). Neben den therapeutischen monoklonalen Antikörpern (s. u.) sind dies **Tyrosinkinaseinhibitoren** (TKI) und eine Reihe anderer Moleküle wie z. B. die **mTOR-Inhibitoren** (Temsirolimus, Evirolimus), die **Imide** (Thalidomid, Revlimid) und **Hemmer des Proteasoms** (Bortezomib).

Die TKI hemmen eine variable Zahl verschiedener Tyrosinkinasen, die eine Rolle spielen für verschiedene Funktionen einer Krebszelle, wie z. B. die Angiogenese und die Proliferation. **Tab. 48.5** zeigt die wichtigsten z. Zt. auf dem Markt befindlichen TKI. Viele weitere Substanzen befinden sich in der klinischen Erprobung.

Da die meisten Ziele der TKIs nicht tumorspezifisch sind, muss ähnlich wie bei der klassischen Chemotherapie mit verschiedenen Nebenwirkungen gerechnet werden. So ist z. B. bei Substanzen, die die Angiogenese hemmen, indem sie sich an einen spezifischen Rezeptor binden wie z. B. VEGFR, die arterielle Hypertonie eine häufige Nebenwirkung. Bei Hemmern des EGFR dagegen ist mit einem Hautausschlag zu rechnen.

48.3.6 Hormontherapie

Das Wachstumsverhalten verschiedener Tumoren ist vom hormonellen Milieu des Patienten abhängig. Für die Therapie ist dies von Bedeutung beim **Mammakarzinom, Prostatakarzinom und Endometriumkarzinom.** Die hormonelle Beeinflussung des Tumorwachstums erfolgt über spezifische Rezeptoren und die Beeinflussung der Proteinsynthese im Tumor.

Von den **ablativen Hormontherapien** spielen heutzutage nur noch die Ovarektomie beim Mammakarzinom und die Orchiektomie beim Prostatakarzinom eine eingeschränkte Rolle.

Für die **additive Hormontherapie** stehen mehrere Substanzgruppen zur Verfügung. Androgene und Östrogene sind nur noch in Ausnahmen indiziert (**Tab. 48.6**).

Tab. 48.5 **Tyrosinkinaseinhibitoren**

Substanz	Ziel	Indikation	wichtigste Nebenwirkungen
Imatinib	Bcr-abl, c-kit, PDGFR	CML, GIST	Übelkeit, Erbrechen, Bauchschmerzen, Ödeme
Sunitinib	VEGFR, PDGFR, c-kit u. a.	Nierenzellkarzinom, GIST	Müdigkeit, Hypertonie, Neutropenie
Sorafenib	VEGFR, BRAF, PDGFR u. a.	Nierenzellkarzinom	Myelotoxizität, Übelkeit, Hypertonie, Hand-Fuß-Syndrom, Müdigkeit, Hautausschlag
Lapatinib	EGFR, HER2-neu	HER2-neu-positives Mammakarzinom	Hautausschlag, akneiforme Dermatitis, Schmerzen
Erlotinib	EGFR	nicht kleinzelliges Bronchialkarzinom, Pankreaskarzinom	Hautausschlag, akneiforme Dermatitis, Diarrhoe

Tab. 48.6 Hormontherapie

Substanzgruppe	Wirkung	Substanzen	Indikation	Nebenwirkungen
Gonadotropin-releasing-Hormone (GnRH)	Downregulation der GnRH-Rezeptoren in der Hypophyse, dadurch Kastrationseffekt	verschiedene	Prostatakarzinom, Mammakarzinom	initial vorübergehender Hormonanstieg, Hitzewallungen, Potenz- und Libidoverlust
Antiöstrogene	kompetitive Bindung an Östrogenrezeptoren	Tamoxifen, Toremifen	Mammakarzinom	gastrointestinal, Thrombopenie
Antiandrogene	kompetitive Bindung an Androgenrezeptoren	Cyproteronacetat, Flutamid	Prostatakarzinom	Impotenz, Antriebsschwäche
Gestagene	unbekannt	Megestrolacetat, Medroxyprogesteron-acetat	Mammakarzinom	Gewichtszunahme, Thromboembolien
Aromatasehemmer	Hemmung der Östrogenbiosynthese im peripheren Gewebe	Anastrozol, Letrozol, Exemestan	Mammakarzinom	Zeichen des Östrogenentzugs
Glukokortikoide	bindet an spezifische Rezeptoren, „lympholytisch“	Prednison, Methylprednisolon, Dexamethason	Lymphome, lymphatische Leukämie, multiples Myelom, Antiemese	bei vorübergehender Gabe gering

Tab. 48.7 Monoklonale Antikörper zur Tumortherapie

Antikörper	Antigen	Anwendung
Rituximab	CD 20	CD 20-positive Lymphome
Campath-1 H	CD 52	CLL
Trastuzumab	HER2-neu	HER2-neu-positive Mammakarzinome
Cetuximab, Panitumumab	EGFR (epidermal growth factor receptor)	kolorektales Karzinom Kopf-Hals-Tumoren
Bevacizumab	VEGF (vascular endothelial growth factor)	kolorektales Karzinom, Mammakarzinom, Nierenzellkarzinom, Adenokarzinom der Lunge

48.3.7 Immuntherapie

Wenn ein Krebs klinisch manifest ist, hat das Immunsystem offenbar versagt. Dafür kennt man verschiedene Gründe, z. B. Fehlen spezifischer Antigene, ungenügende Präsentation vorhandener Antigene, vom Tumor produzierte Hemmfaktoren u. a. Bisher gibt es wenige etablierte Immuntherapien zur Krebsbehandlung. Zur Anwendung kommen Interferon-α, Interleukin-2 und monoklonale Antikörper.

Interferon-α. Es wird bei folgenden Erkrankungen eingesetzt:

- chronische myeloische Leukämie
- Kaposi-Sarkom
- malignes Melanom
- Nierenzellkarzinom
- Larynxpapillomatose

K

Interleukin-2. Es wird selten beim Nierenzellkarzinom eingesetzt.

Monoklonale Antikörper. Mit der Verabreichung gentechnologisch hergestellter spezifischer monoklonaler Antikörper kann die Funktion von für das Tumorwachstum wichtigen Eiweißstoffen gehemmt werden (**Tab. 48.7**). Ziele dieser Antikörper sind tumorassoziierte Antigene, die aber auch in gesundem Gewebe bzw. gesunden Zellen exprimiert werden. Daraus lässt sich zumeist das zu erwartende Nebenwirkungsspektrum recht gut vorhersagen.
Eine besondere Form der Antikörpertherapie ist die **Radioimmuntherapie**. Dabei wird ein in der Regel beta-emittierendes Radioisotop an den Antikörper gekoppelt. Dieser bindet sich dann an das tumorassozierte Antigen auf der Oberfläche der Tumorzelle und gibt dort eine Strahlung ab, die idealerweise die Tumorzelle und ihre nähere Umgebung zerstört.
Die Radioimmuntherapie wird erfolgreich eingesetzt bei B-Zell-Lymphomen mit einem Y90-markierten anti-CD-20-Antikörper.

48.4 Tumornachsorge

Nach dem Abschluss einer Tumortherapie, die mit kurativer Zielsetzung erfolgte, beginnt die **Tumornachsorge.** Diese hat drei wesentliche Ziele:

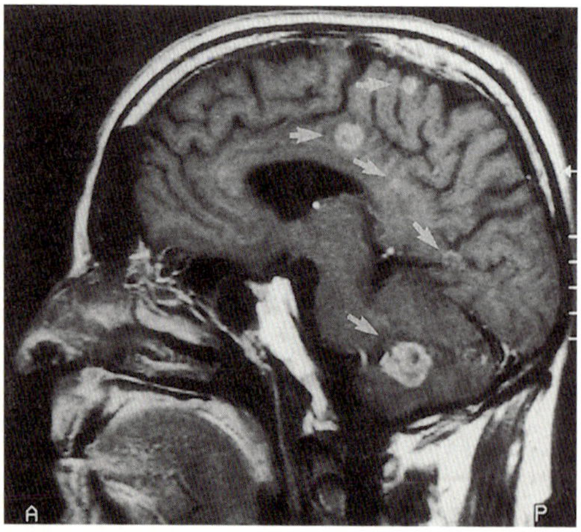

Abb. 48.6 Metastasierung. Multiple zerebelläre und zerebrale, ringförmig Kontrastmittel aufnehmende Metastasen eines Bronchialkarzinoms in der MRT (aus Thurn et al., Einführung in die radiologische Diagnostik, Thieme).

- die Erkennung behandelbarer Rezidive bzw. Metastasen,
- die frühzeitige Entdeckung von Zweittumoren und
- die Erkennung und Behandlung von Folgen der Tumortherapie.

Das Risiko eines Rezidivs oder einer Metastasierung ist sehr vom Tumortyp abhängig (**Abb. 48.6**). Während bei der einen Erkrankung selten ein Rückfall später als 24 Monate nach Therapieabschluss festgestellt wird (z. B. Keimzelltumoren), kann es bei anderen auch noch nach Jahrzehnten passieren (z. B. Mammakarzinom).
Zweittumoren entstehen synchron oder metachron im gleichen Organ (kontralaterale Mamma, kontralateraler Hoden, Kolon/Rektum, Lunge) oder als Folge der Grundschädigung (weitere Raucher-assoziierte Karzinome nach Bronchialkarzinom). Im Bestrahlungsareal ist nach ca. 20 Jahren das Risiko für Organtumoren, aber auch für Sarkome eindeutig erhöht.
Für die meisten Organtumoren gibt es **nationale Nachsorgeempfehlungen**, in denen die Art der Untersuchungen und ihre Frequenz festgelegt sind.
Von besonderer Bedeutung ist die menschliche Betreuung und Begleitung der Patientinen und Patienten, die zumeist durch die vorangegangene lebensbedrohliche Erkrankung und die Angst vor einem Rezidiv **psychisch stark belastet** sind. Es ist hilfreich, diese Ängste bei den Nachsorgegesprächen direkt anzusprechen und bei Bedarf professionelle Unterstützung durch besonders ausgebildete Psychoonkologen zu vermitteln. Demgegenüber ist eine Ausweitung oder häufigere Durchführung von technischen Untersuchungen weder aus medizinischen noch aus psychologischen Gründen nützlich.

48.5 Onkologische Therapien im Alter

Höheres Lebensalter ist nicht prinzipiell ein Ausschlussgrund für eine onkologische Therapie. Operation, Bestrahlung, Hormontherapie und Chemotherapie sind in gleicher Weise zu erwägen wie bei jüngeren Patienten. Allerdings müssen einige Besonderheiten berücksichtigt werden:
Menschen in höherem Lebensalter

- leiden häufiger an Begleiterkrankungen mit Einschränkung von Organfunktionen
- haben eine verminderte Kreatinin-Clearance

- erhalten häufig verschiedene andere Medikamente, dadurch besteht die Möglichkeit der Interaktion
- laufen damit insgesamt Gefahr einer veränderten Pharmakokinetik von Zytostatika

Durch systemische Therapien gut behandelbare oder sogar heilbare Erkrankungen sollten auch in höherem Lebensalter behandelt werden. Dazu gehören u. a.

- maligne Lymphome
- chronische Leukämien
- Ovarialkarzinom
- kleinzelliges Bronchialkarzinom
- Mammakarzinom (bevorzugt hormonell)
- Prostatakarzinom (hormonell)

Die Dosierung der Chemotherapie kann initial leicht reduziert werden. Sie orientiert sich dann an den sorgfältig zu dokumentierenden Nebenwirkungen.

48.6 Unterstützende Behandlungen

Ein wesentliches Ziel der unterstützenden Behandlung ist die **Besserung der krankheitsbedingten Symptome**, wie z. B. Schmerzen, Störungen der Nahrungsaufnahme (Appetitlosigkeit, Gewichtsverlust, Übelkeit) und psychische Belastung. Ihre Behandlung erfordert spezielle Kenntnisse in der Pharmakotherapie, der Ernährungsberatung und der psychosozialen Betreuung. Ein weiteres wichtiges Ziel ist das Verhindern, die Beseitigung oder Linderung der therapiebedingten Begleiterscheinungen (s. S. 960).

48.6.1 Schmerztherapie

Besonders fortgeschrittene Tumorerkrankungen gehen häufig mit Schmerzen einher.

> ! **Eine der wichtigsten Aufgaben bei der Betreuung von Tumorpatienten ist daher die Schmerzbehandlung.**

Handelt es sich um eine Erkrankung, die erfahrungsgemäß gut von einer systemischen Therapie (Chemo- oder Hormontherapie) profitiert, sollte gleichzeitig mit der symptomatischen Therapie eine gezielte antitumoröse Therapie eingeleitet werden. An rein symptomatischen Behandlungsoptionen stehen im Wesentlichen systemisch oder regional verabreichte Analgetika zur Verfügung. Bei lokal oder regional begrenzten Schmerzen, z. B. bei Knochenmetastasen oder Nervenkompression, kommt eine Bestrahlung infrage, seltener auch eine Operation, z. B. zur Stabilisierung von Knochen.

Bei nachgewiesenen Knochenmetastasen ist eine **Bisphosphonatbehandlung** indiziert. Diese kann das Risiko von Knochenkomplikationen, wie z. B. Frakturen, Schmerzen, Bestrahlungsbedürftigkeit, reduzieren (s. S. 539, 556).

> ! **Prinzip der symptomatischen Tumorschmerzbehandlung ist die Verordnung eines festen Medikamentenschemas mit dem Ziel der Schmerzfreiheit.**

Dieses feste Medikamentenschema muss meist noch durch eine **Bedarfsmedikation** für gelegentlich auftretende Durchbruchschmerzen ergänzt werden.

Zum Einsatz kommen:

- bei leichten Schmerzen (Stufe 1 der WHO): Paracetamol, nicht steroidale Antiphlogistika, Metamizol
- bei mittelstarken Schmerzen (Stufe 2): zusätzlich ein mittelstarkes Opioid (Tramadol, Tilidin, Codein) bevorzugt in retardierter Form
- bei starken Schmerzen (Stufe 3): anstelle des mittelstarken Opioids (unter Beibehaltung des peripher wirkenden Mittels) Morphium oder eine ähnlich potente Substanz bevorzugt in retardierter Form oder als transkutane Verabreichung

Die Dosierung von Morphium richtet sich nach der Wirkung. Die Dosis wird stufenweise gesteigert, bis die erwünschte Wirkung erreicht ist. Die Einmaldosis der Bedarfsmedikation beträgt ca. $^1/_7$ der Tagesdosis.

Als **Begleitmedikamente** können nützlich sein:

- Laxanzien (immer bei Opioiden oder Opiaten)
- Antiemetika
- Antidepressiva
- Sedativa
- Antikonvulsiva (Carbamazepin bei Nervenschmerzen)
- Glukokortikoide

Zur **regionalen Schmerztherapie** werden Nervenblockaden oder peridurale bzw. intrathekale Analgesien durchgeführt (siehe Lehrbücher der Anästhesie).

Krebsbedingte Fatigue

Krebsbedingte Fatigue ist ein belastendes, andauerndes, subjektives Gefühl von physischer, emotionaler und/oder kognitiver **Müdigkeit oder Erschöpfung** im Zusammenhang mit der Krebserkrankung und/oder der Krebstherapie. Fatigue sollte bei jedem Patienten mittels Eigenbeurteilung eingeschätzt werden. Fatigue liegt selten isoliert vor, sondern besteht häufig zusammen mit anderen Symptomen wie Angst, Schmerzen, Anämie, Schlafstörungen, Appetitlosigkeit u. a. Die Behandlung ist schwierig und erfordert spezifische Fachkompetenz. Sie beinhaltet Aktivierungsmaßnahmen, psychosoziale Interventionen, Ernährungsberatung und Schlafberatung.

48.7 Onkologische Notfälle

48.7.1 Tumorlysesyndrom (TLS)

Definition: Metabolische Störungen verursacht durch plötzliche massive Freisetzung von Zellbestandteilen in das Blut im Gefolge eines raschen Zerfalls maligner Zellen.

Vorkommen: Am häufigsten findet man ein TLS bei Patienten mit Leukämien oder Lymphomen unmittelbar nach dem Beginn einer hochwirksamen Chemotherapie. Selten wird es auch bei anderen Tumoren gefunden, die eine hohe Proliferationsrate, eine große Tumormasse und eine hohe Empfindlichkeit auf Chemotherapie aufweisen.

Pathogenese: Die Freisetzung von intrazellulären Metaboliten wie Nukleinsäuren, Proteinen, Phosphaten und Kalium kann die normalen Regulationsmechanismen überfordern und zu Hyperurikämie, Hyperkaliämie, Hyperphosphatämie, Hypokalzämie und Nierenversagen führen.

Klinik: schwer kranker Patient, Übelkeit/Erbrechen, Lethargie, Ödeme, Krämpfe, Synkope, Rhythmusstörungen.

Prophylaxe: Hydrierung und Diurese, Gabe von Allopurinol, Überwachung von Elektrolyten und harnpflichtigen Substanzen.

Therapie: Hydrierung, Diurese, Allopurinol (verhindert Bildung von Harnsäure), Rascurbase (Uratoxidase, metabolisiert vorhandene Harnsäure).

48.7.2 Tumorhyperkalzämie

Definition. Kalzium im Serum albuminkorrigiert > 2,8 mmol/l im Verlauf einer Tumorerkrankung ohne erkennbare andere Ursache.

Vorkommen. Bei Multiplem Myelom, Mammakarzinom, Bronchialkarzinom, seltener bei anderen soliden Tumoren und Lymphomen.

Pathophysiologie. Sekretion von Parathormon-related Protein (PTHrP), selten Calcitriol (Lymphome) durch Tumorzellen; direkte osteolytische Aktivität des Tumors (s. S. 940).

Klinik. Übelkeit, Erbrechen, Obstipation, Polyurie und Polydipsie. Neuromuskuläre Störungen wie Müdigkeit, Muskelschwäche, Hyperreflexie und psychische Störungen bis zum Koma.

Differenzialdiagnose. Primärer Hyperparathyreoidismus.

Therapie. Bisphosphonat parenteral, reichlich Flüssigkeit oral, Mobilisierung des Patienten (Immobilität steigert die Knochenresorption). Behandlung der Grundkrankheit.
Bei höheren Werten (> 3,2 mmol/l korrigiert) parenterale Gabe von NaCl 0,9 % initial 3 l/d, eventuell Furosemid.
Wiederholung der Bisphosphonatbehandlung nach 2 – 4 Wochen bzw. in Abhängigkeit vom Verlauf des Serumkalziumwertes.

> **!** **Bei Hyperkalzämie Absetzen einer Digitalismedikation wegen Gefahr von Rhythmusstörungen.**

48.7.3 Drohendes Querschnittsyndrom

Definition. Zumeist durch epidurale Tumormanifestation bedingte Kompression des Myelons mit der Gefahr eines Querschnittsyndroms. Ausgehend von Metastasen der Wirbelsäule oder Durchwachsen von ventralen Tumormanifestationen. Vorkommen besonders bei Mammakarzinom, Prostatakarzinom, Bronchialkarzinom, multiplem Myelom und Lymphomen.

Klinik. Beginnend mit Rückenschmerzen, zum Teil mit radikulärer Ausstrahlung, später motorische und sensible Ausfälle, Blasen- oder Mastdarmlähmung.

Diagnostik. Wegen der potenziell irreversiblen Veränderung ist eine rasche Diagnostik zwingend erforderlich. MRT ist das sensitivste Verfahren, bei fehlender Verfügbarkeit Myelografie oder Myelo-CT.

> ! **Die Läsion entspricht nicht immer der Höhe des klinischen Befundes. Spinale Läsionen können auf mehreren Niveaus vorliegen.**

Therapie. Dexamethason-Bolus 24(–100) mg i. v., dann 24 mg 1 × täglich. Bei soliden Tumoren ist die sofortige Operation mit Laminektomie und ggf. stabilisierenden Maßnahmen die Therapie der Wahl. Ihr schließt sich in der Regel eine Strahlentherapie an. Diese kann auch eingesetzt werden bei allgemeiner Inoperabilität und/oder bei Vorliegen mehrerer Niveaus. Indikation zur Chemotherapie bei chemotherapieempfindlichen Tumoren und fehlender neurologischer Störung.

48.7.4 Obere Einflussstauung (V.-cava-superior-Syndrom)

Definition. Kompression der V. cava superior durch intrathorakale Tumoren, evtl. sekundär Thrombosen.

Klinik. Stauung der Halsgefäße, Schwellung von Hals und Gesicht, Kopfschmerz, Schwindel.

Diagnostik. Klinische Prüfung der venösen Abflussverhältnisse der oberen Extremität (Umgehungskreisläufe über subkutane thorakale Venen!), CT des Thorax, Dopplersonografie, Phlebografie.

Therapie. Hochlagerung des Patienten. Einlage eines Stents in die V. cava superior. Therapie der Grundkrankheit.

48.7.5 Fieber bei Granulozytopenie

Eine der häufigsten Komplikationen der Chemotherapie maligner Erkrankungen. Wegen ungenügender zellulärer Infiltrate am Ort der Infektion fehlen häufig die üblichen Symptome einer Infektion (s. S. 1047 f). Bei Auftreten von Fieber im Anschluss an eine Chemotherapie (üblicherweise in der 2. Woche nach Verabreichung) muss daher von einem zumeist bakteriellen Infekt ausgegangen werden. Da das Immunsystem des Patienten nicht in der Lage ist, den Infekt selbständig unter Kontrolle zu bringen, besteht die Gefahr einer raschen Ausbreitung und einer Sepsis mit hoher Letalität.

Die Diagnostik besteht in der klinischen Untersuchung auf mögliche Infektherde (Haut, Perianalbereich), Rachenabstrich, Urinkultur, Blutkultur, Kultur verdächtiger Haut oder Schleimhautläsionen, Röntgenthorax.

Die Therapie erfolgt mittels empirischer antibiotischer Behandlung mit einer breit wirksamen Antibiotikakombination (z. B. Aminoglykosid und Cephalosporin der 4. Generation). Evtl. Gabe von Knochenmarkwachstumsfaktoren (G-CSF, s. S. 920). Weitere Behandlung nach Verlauf, siehe auch „Spezielle antiinfektive Strategien“, S. 1082.

Weiterführende Informationen

HYPERLINK "http://www.nccn.org/clinical.asp" http://www.nccn.org/clinical.asp (Klinische Empfehlungen des National Comprehensive Cancer Network der USA)

http://www.cancer.gov/ (Website des National Cancer Institute USA)

http://www.krebsgesellschaft.de/ (Leitlinien 2008 der Deutschen Krebsgesellschaft)

Infektiologie

L

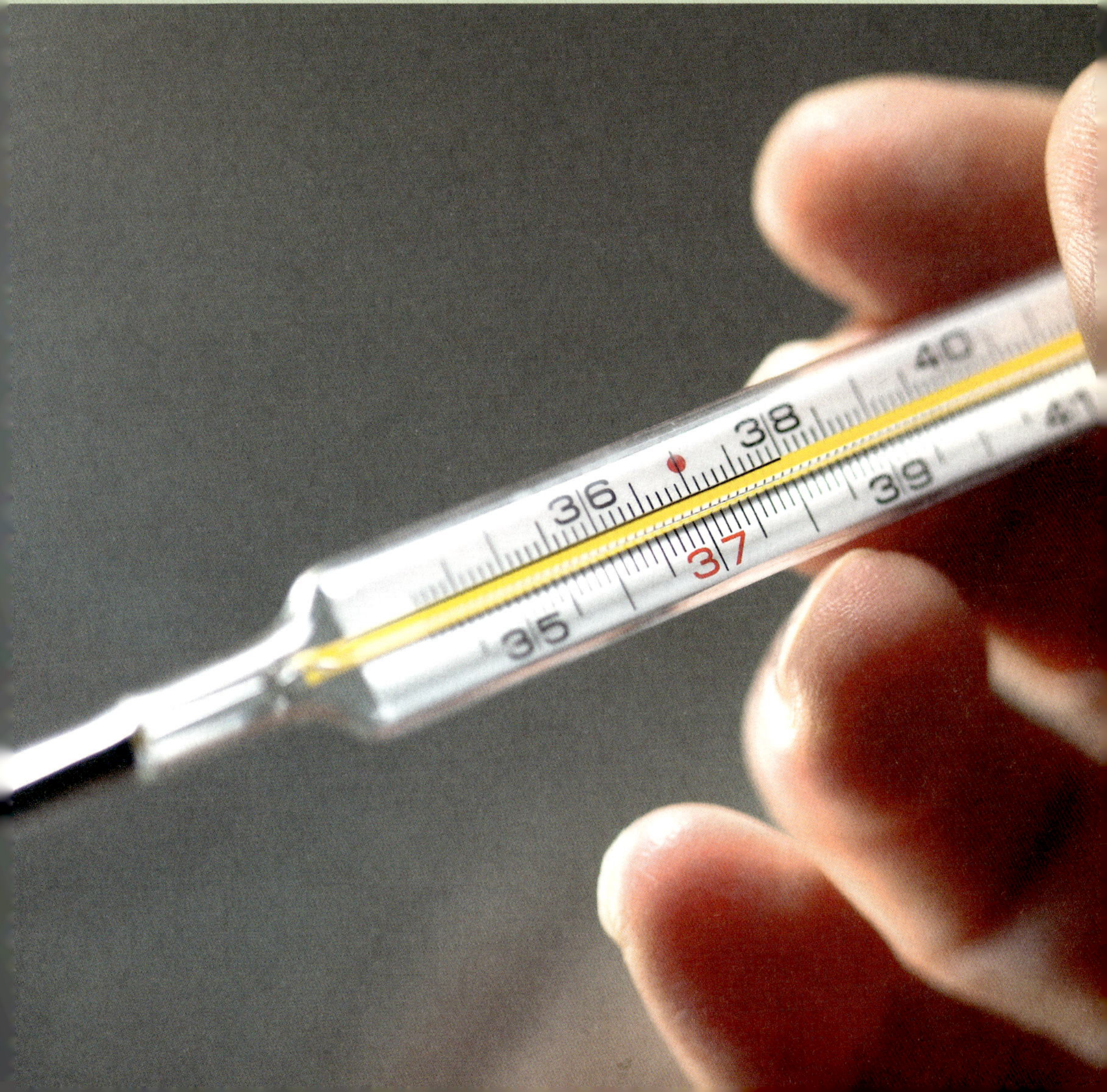

49 Infektionskrankheiten

Manuel Battegay, Ursula Flückiger, Hans-Jürgen Stellbrink, Pramod M. Shah

49.1 Grundlagen

Unter einer Infektionskrankheit versteht man eine lokale oder systemische Pathologie inklusive der Reaktion auf Krankheitserreger oder ihr Eindringen in normalerweise sterile Wirtsgewebe (Infektion, Ansteckung durch Krankheitserreger, lat. inficere = anstecken, vergiften). Die Begriffe Infektion und Infektionskrankheit werden oft synonym verwendet. Davon abzugrenzen ist die Kolonisation von Haut und Schleimhäuten mit Standortflora, die keiner antibiotischen Behandlung bedarf, jedoch unter Umständen eine Infektion auslösen kann.

49.1.1 Infektion und Immunität

(→ detaillierte Informationen zum Thema sind im Kapitel „Immunologie“ auf S. 1062 ff. zusammengefasst)

Unspezifische und spezifische Mechanismen sind an der Infektionsabwehr beteiligt:

- Barrierefunktion von Haut und Schleimhaut
- normale Exkretionsfunktionen und gerichteter Sekretfluss (Bronchialschleimhaut, Galle, Urin, Stuhl)
- physiologische Mikroflora (Haut, Schleimhaut, Dickdarm)
- Azidität des Magensafts
- unspezifische Serumfaktoren (Komplement, Properdin, β-Lysin, Transferrin, Komplement-aktivierte Mediatoren, Antikörper)
- Defensine
- natürliche Killerzellen (NK)
- Phagozyten (Granulozyten, Monozyten, Makrophagen)

Einflussfaktoren auf Erkrankungsrisiko und Schwere der Infektion sind in **Tab. 49.1** dargestellt.

Bei vielen Erregern gelingt dem Immunsystem keine vollständige Elimination, sondern nur eine weitgehende Immunkontrolle (z. B. Herpesviren, Toxoplasmose, Zytomegalieviren) bei Immunkompetenz. Bei zunehmender Immunschwäche beginnen sich Pathogene zu replizieren und verursachen opportunistische Infektionen (z. B. Tuberkulose, Pneumonie durch *Pneumocystis jirovecii*, Toxoplasmose).

Immer häufiger ist zu beobachten, dass sich „Kinderkrankheiten“ ohne Impfung (Infektionserkrankungen mit überwiegendem Erstkontakt im Kindesalter) erst im Erwachsenenalter manifestieren. Dann muss mit schwereren Verläufen gerechnet werden (z. B. Varizellen, Masern).

Einteilung

Infektionskrankheiten lassen sich nach verschiedenen Gesichtspunkten einteilen:

- **Lokalisation:** für klinische und therapeutische Belange ist die Fokussuche wichtig (z. B. Endokarditis, Pneumonie, Meningitis)
- **Klinik:**
  - zeitlicher Verlauf: akut, chronisch, foudroyant, rezidivierend, reaktiviert
  - klinische Ausprägung: lokalisierte Infektion (z. B. Abszess, Erysipel, Empyem), Bakteriämie, Sepsis, schwere Sepsis, septischer Schock
- **Erreger**
  - Bakterien, Viren, Pilze oder Protozoen
  - Unterscheidung zwischen obligat pathogenen (z. B. Yersinia pestis) oder fakultativ pathogenen (z. B. Escherichia coli) oder opportunistischen (z. B. Toxoplasmose) Erregern
- **Ursprung**
  - endogen (Erreger stammt aus der körpereigenen Flora, z. B. Cholangitis)
  - exogen (Erreger stammt aus der Umgebung, z. B. Lues, Malaria)

Wichtige Definitionen

Bakteriämie. Nachweis von Bakterien in der Blutkultur (s. S. 973):

- transient: Dauer wenige Minuten; z. B. während Endoskopien, Zahnextraktionen und Manipulationen von infektiösen Herden
- kontinuierlich: Dauer Stunden, Tage oder noch länger
  Hinweis: mehrere positive Blutkulturen, die an verschiedenen Zeitpunkten abgenommen wurden, sind ein klarer Hinweis auf einen intravaskulären Herd (Endokarditis, septische Thrombose, infiziertes Aneurysma, infizierte Gefäßprothese)

Tab. 49.1 Einflussfaktoren auf Erkrankungsrisiko und -schwere einer Infektionskrankheit

	Faktor	Beispiele
Erreger	Menge des Inokulums	Salmonellenenteritis
	Art der Inokulation	Inhalation, orale Ingestion, Verletzungen, „spontane" Invasion
	Virulenz, Toxinbildung	*S. aureus*, enteroinvasive *E. coli*, Scharlach, Diphtherie
Wirt	Störung der Barrierefunktionen von Haut und Schleimhaut	Wunden, Erosionen, Ekzeme, Koinfektionen, Fremdkörper, gastrale Hypazidität, i. v. Drogenkonsum
	gestörter Sekretfluss	Gallenwege, Darm, Harnwege
	Störung der physiologischen Flora	Darm, Vaginalschleimhaut, Mundhöhle
	Mangel-/Fehl-/Unterernährung	Alkoholkrankheit
	Bradytrophie und Minderdurchblutung von Geweben	Herzklappen, Knorpel, Gangrän
	Immunsuppression	Neutropenie, Antikörpermangel, T-Zell-/NK-Zell-Funktionsstörung, medikamentöse Immunsuppression
	genetische Faktoren	HLA-System, Polymorphismen von Rezeptoren und immunregulatorischen Genen
	Alter	unreife bzw. physiologisch nachlassende Immunfunktionen
	erreger-/toxinspezifische (Teil)-Immunität	Malaria, Diphtherie, Scharlach
	Begleiterkrankungen	COPD, Z. n. Splenektomie

- intermittierend: positive Blutkulturen nur zu Beginn der klinischen Symptome (evtl. ist der Patient noch afebril); v. a. bei extravaskulären Infektionsherden, z. B. Cholangitis, Pyelonephritis

SIRS (systemic inflammatory response syndrome). Mindestens zwei der folgenden Entzündungszeichen müssen nachweisbar sein:

- Temperatur > 38 °C (tympanal) oder < 36 °C
- Tachypnoe > 20/min
- $PaCO_2$ < 4,25 kPa/32 mmHg
- Tachykardie > 90/min
- Leukozyten > 12 × 10^9/l oder < 4 × 10^9/l oder > 10 % stabkernige Neutrophile

Sepsis. SIRS mit dokumentiertem oder vermutetem Infektfokus (klinisch oder mikrobiologisch).

Schwere Sepsis (Letalität in der Klinik ca. 30 %). Sepsis mit Hypotension (RR syst < 90 mmHg oder Abfall 40 mmHg) oder Zeichen einer Organdysfunktion:

- Oligurie < 0,5 ml Urin/kg KG in 1 h bei liegendem Blasenkatheter oder Nierenersatzverfahren oder Kreatininanstieg > 0,5 mg/dl
- marmorierte Haut
- kapilläre Reperfusion > 3 sec
- arterielle Hypoxämie (PaO_2/FiO_2 < 300)
- Ileus (fehlende Darmgeräusche)
- disseminierte intravasale Gerinnung (INR > 1,5 oder aPTT > 60 sec)
- Thrombopenie (< 100 000/ml)
- kardiale Dysfunktion (Echokardiographie)
- Laktat > 1 mmol/l
- neu aufgetretene Bewusstseinsstörung und/oder abnormes EEG
- Hyperbilirubinämie (> 4 mg/dl oder 70 mmol/l).

Septischer Schock. Schwere Sepsis (Letalität ca. 50 %) mit Zeichen der Organminderperfusion **und** Hypotension (RR systolisch < 90 mmHg oder Abfall 40 mmHg) trotz adäquater Rehydrierung (40 – 60 ml/KG NaCl oder 20 – 30 ml/KG kolloidale Flüssigkeiten) **oder** Vasoaktiva als Therapie der Hypotonie und Organminderperfusion.

Multiorganversagen (MOF). Multiorganversagen (MOV; auch: MODS: Multi organ dysfunction syndrome; MOF: Multi organ failure) bezeichnet das gleichzeitige oder sequenzielle Versagen oder die schwere Funktionseinschränkung verschiedener lebenswichtiger Organsysteme des Körpers.

49.1.2 Vorgehen bei Verdacht auf eine Infektionskrankheit

Anamnese

Bei jeder akut auftretenden Erkrankung, vor allem wenn sie mit Fieber einhergeht, muss eine Infektionskrankheit in Erwägung gezogen werden. Es sind u. a. folgende Informationen zu erfragen:

- möglicher Zeitpunkt einer Infektionsübertragung sowie Beginn und Dauer der Klinik: die Inkubationszeit erlaubt gewisse Rückschlüsse auf den möglichen Erreger
- Auftreten ähnlicher Erkrankungen in der Umgebung (Familie, Reisegesellschaft), Beruf, Auslandsaufenthalte (Malaria), Insektenstiche, Tierkontakte, Impfungen
- prädisponierende Faktoren für einen schweren Verlauf (Abwehrschwäche, Medikamente, Operation, Fremdkörper wie Hüftprothesen oder Prothesenklappen, Herzklappenvitien)
- exakte Beschwerdeanamnese, auch bezüglich des Fieberverlaufs (Höhe, zeitlicher Verlauf, u. a. intermittierender/remittierender Charakter, Schüttelfrost). Diese Angaben lassen Vermutungen hinsichtlich der Art des Erregers oder einer alternativen Fieberursache zu
- Schmerzen inklusive Ausstrahlung (Meningitis, Peritonitis usw.)
- Ikterus
- pulmonale Symptome

Fieber

Definition Fieber. Tympanal > 38,5 °C (einmalig) oder > 38 °C (zweimal gemessen) (axillär −1 °C, oral −0,5 °C). Physiologische Schwankungen im Tagesverlauf, bei Muskelarbeit, Hitze, zweiter Zyklushälfte und Schwangerschaft sollten berücksichtigt werden.

Anamnese

Fiebertyp: intermittierend, remittierend, Kontinua
Fieberdauer:

- < 3 Wochen, rascher Anstieg und Begleitsymptome: meist Infektion oder Allergie
- > 3 Wochen und langsamer Anstieg ohne Begleitsymptome: siehe FUO, **Tab. 49.2**

Begleitsymptome: z. B. Schüttelfrost, Hitzegefühl, Schwitzen, Schwäche, Krankheitsgefühl, Kopfschmerzen, Delir, Krampfanfälle (z. B. Herpes labialis-Reaktivierung bei Pneumokkoken Pneumonie)
Infektfokus: Schnupfen, Schluckbeschwerden, Husten, Auswurf, Atemnot, Kopfschmerzen, Rückenschmerzen, Dysurie, Flankenschmerzen, Diarrhö, Gelenkschmerzen, Abdominalschmerzen, Hautausschlag
Prädisposition: Grundkrankheiten (z. B. HIV-Infektion, Asplenie, chronisch entzündliche Darmkrankheit, Tumorleiden, Tuberkulose), Herzvitium, Schwangerschaft, vorangegangene Operationen, Prothesenmaterial, intramuskuläre Injektionen, Zytostatika, Immunsuppressiva, Drogenkonsum
Epidemiologie: Herkunft, Umgebung, Auslandaufenthalte, Tierkontakte, Beruf, Einnahme von Antibiotika, Krankenhausaufenthalte
Mögliche nicht infektiöse Ursachen: Thrombophlebitis, Lungenembolie, Kontakt mit toxischen Substanzen oder Allergenen, Medikamente (Auslassversuch beachte Halbwertszeit), Factitia (selbstinduziert), Systemerkrankungen (Polyarthritis, Vaskulitis, Fiebersyndrome)

Klinische Untersuchung

Fieber objektivieren: Höhe, Variation, Ohrtemperatur beidseits (nicht manipulierbar)

> **Bei SIRS ist die Fokussuche essenziell.**

Fokussuche: Bewusstsein, Meningismus, fokal-neurologische Zeichen, Lunge, Herz, HNO-Status, Zahnfleisch und Zähne, Parotis, Haut inkl. Kathetereinstichstellen und septische Embolien, Lymphknoten, Abdomen, Bewegungsapparat etc.

Labor

Beurteilung von Blutbild (Linksverschiebung, Thrombozytose, Thrombopenie, Eosinophilie, Infektanämie), C-reaktivem Protein, evtl. Procalcitonin, Kreatinin, Leberwerten.
Mikrobiologie: Abnahme von Blutkulturen (s. S. 973), Untersuchung von Sputum, Urin, bakteriologische Abstriche (z. B. Rachen, Urethra).
Bei der Differenzialdiagnose ist die Einbeziehung der speziellen Situationen hilfreich (**Tab. 49.2**).

Tab. 49.2 **Fieber in verschiedenen Situationen**

Situation	mögliche Ursachen
hospitalisierter Patient	• Komplikation der Grundkrankheit (z. B. Erguss, Abszess, Atelektase) • postoperative Wundinfektion (s. u.) • Superinfektion: Keimselektion unter Antibiotika • Phlebitis/Katheterinfektion • Harnwegsinfektion bei Dauerkatheter • Aspiration (Pneumonitis/Pneumonie) • Thrombose/Lungenembolie • Medikamentenfieber (häufig: Betalaktame, Phenytoin u. a.m.)
postoperativ	• sofort: präexistenter Infekt, Fokusmanipulation, maligne Hyperthermie, Neurochirurgie (Hypothalamusläsion), Hypermetabolismus, Atelektasen, Transfusionen • 24 h postoperativ: Clostridienmyonekrose, Gangrän nach Abdominalchirurgie • 2 – 3 Tage postoperativ: Aspirationspneumonie, Zellulitis • 3 – 5 Tage postoperativ: infiziertes Hämatom, Harnwegsinfekt, Phlebitis, Katheterinfektion, subkutaner Wundinfekt, postoperative Pneumonie • > 5 Tage postoperativ: Thrombose, tiefer Abszess, Medikamentenfieber
i. v.-Drogenabhängige	• Abszess und Zellulitis: meist *S. aureus*, β-hämolysierende Streptokokken, an-/aerobe Mischinfektionen • septische Phlebitis: *S. aureus*, β-hämolysierende Streptokokken • Pneumonie: Pneumokokken, Mundflora bei Aspiration, Tuberkulose • Endokarditis: 80 % *S. aureus*, 10 % Streptokokken, 10 % andere • septische Arthritis und Osteomyelitis (Spondylitis): *S. aureus*, gramnegative Keime, Candida-Arten, Tuberkulose • Hepatitis: Hepatitis B, Hepatitis C, Delta-Hepatitis, CMV • HIV: HIV-assoziierte Krankheiten
F U O = Fever of Unknown Origin Definition: Fieber während > 3 Wochen (mehrmals) und fehlende Diagnose nach 3 Tagen (stationärer) Abklärung	• 10 – 20 % Infektionen: Tuberkulose, Abszesse (intraabdominell, intramuskulär nach Injektionen), Sinusitis, Endokarditis, viral (CMV, HIV, Hepatitis) • 10 % Neoplasien: Lymphom, Leukämie, solide Tumoren (Nieren- und Zervixkarzinom) • 20 % Systemkrankheiten: Kollagenosen, juvenile Arthritis, Riesenzellartheritis, SLE, rheumatoide Arthritis, Vaskulitis, granulomatöse Krankheiten • 5 % andere: z. B. Thyreoiditis, Morbus Crohn, allergische Alveolitis • 50 % keine Diagnose (= gute Prognose) Diagnostik: • wiederholte, detaillierte Anamnese und Status, Fieber objektivieren • Labor (Blutbild, klinische Chemie, Blutkulturen, Infekt- und Rheumaserologie, Ausschluss Tuberkulose) • bildgebende Verfahren (CT Thorax oder Abdomen) auch bei fehlendem Fokus • Knochenmarkpunktion, Leberpunktion
Factitia (vorgetäuschtes Fieber)	Methoden: Thermometermanipulation, selbsterzeugte Infektion (z. B. Stuhl-, Speichelinjektion), medikamentös Kennzeichen: hohe abrupte Temperaturspitzen (> 41 °C) ohne andere Krankheitszeichen (keine Tachykardie, kein Schwitzen), kein Fieber, wenn kontrolliert, ungewöhnliche Tagesschwankungen, oral/rektale Temperaturdifferenz, begleitendes Münchhausen-Syndrom, andere Factitia-Leiden

Blutkulturen (BK)

Der Zeitpunkt der Probenentnahme sollte möglichst vor Beginn oder dem Wechsel einer antimikrobiellen Therapie und – falls möglich – bei Fieberanstieg bzw. bei Schüttelfrost erfolgen.

Die Anzahl der Blutkulturen richtet sich nach der Situation:

- **Notfallstation:** 2 × 2 BK im Abstand von minimal 30 min (bei schwerer Sepsis mit dringlicher Antibiotikagabe evtl. kürzer). Bei neu gelegtem Katheter dürfen BK bis 6 h nach Einlage aus demselben abgenommen werden.

- **Hospitalisierte Patienten:** Bei neuem Fieber 1 × 2 BK-Flaschen zentral aus Venenkatheter und gleichzeitig 1 × 2 BK-Flaschen peripher (falls möglich). Bei mehrlumigen Kathetern nur 1 Lumen kultivieren. Arteriell nur bei lokalen Infektzeichen. Bei persistierendem Fieber Abnahme von 1 × 2 BK-Flaschen, nur wenn > 72 h febril oder maximal einmal täglich, falls Patient immunsupprimiert oder septisch ist. Bei unklarer Fieberätiologie ist die Abnahme von 4 × 2 BK-Flaschen sensitiver als 2 × 2-BK-Flaschen
- **Spezielle Situationen:**
  - **V. a. Endokarditis:** 3 – 4 × 2 BK-Flaschen, Abstand mindestens 30 min. Beim kreislaufinstabilen Patienten ist eine rasche antibiotische Therapie essenziell, d. h. evtl. nur 2 × 2 BK-Flaschen und sofortiger Start einer empirischen Therapie. Nach Therapiebeginn täglich 1 × 2 BK-Flaschen, bis negativ
  - **V. a. Katheterinfekt:** Je ein Paar BK-Flaschen zentral aus Katheter und peripher gleichzeitig („time to positivity" hilfreich bei der Diagnose eines Katheterinfektes). Bei Ziehen des Katheters: Spitze mikrobiologisch untersuchen lassen.

Die Entnahmetechnik variiert:

- **peripher:** Hautdesinfektion mit alkoholischem Präparat, eintrocknen lassen, Vene nicht mehr palpieren.
- **zentral:** Keine Desinfektion des Dreiwegehahns. 20 ml Blut entnehmen und nicht verwerfen. Gummimembran der BK-Flasche mit Alkoholtupfer desinfizieren. Je 10 ml Blut in 1 aerobe und 1 anaerobe Kulturflasche überführen und sofort ins Mikrobiologielabor transportieren.

Zu beachten ist außerdem:

- Entnahmeort (zentral, peripher) und -zeit auf dem Auftragsformular angeben
- bei Verdacht auf Endokarditis und Brucellose: Vermerk auf dem Auftragsformular anbringen (längere Bebrütungszeit)
- Blutkulturen auf Mykobakterien: 6 – 10 ml Blut in Heparinröhrchen (Monovette grün)
- vor Untersuchungen auf spezielle Erreger (Legionellen, Mykoplasmen, spezielle Pilze) oder mit quantitativem Nachweis Rücksprache mit dem Labor

Klinische Untersuchung

Wichtig sind Erfassung und Dokumentation pathologischer Befunde am Ort der primären Beschwerdelokalisation an Haut und Schleimhäuten (z. B. Exanthem, Soor, Blutungen), Leber, Milz und Lymphknoten. Die typischen Zeichen der Entzündung sind Rubor, Calor, Dolor, Functio laesa. Eine Bewusstseinsstörung kann auch ohne neurologische Herdzeichen auf Hirnabszess, Meningitis, diffuse Enzephalitis oder Sepsis hinweisen. Bei rezidivierendem Fieber ist immer auch an eine Endokarditis zu denken. Bei hinreichendem Verdacht Diagnostik (Blutkulturen) und sofortige Antibiotikatherapie einleiten.

Laborchemische Untersuchungen

In jedem Fall sinnvoll ist die Anfertigung eines Blutbilds mit Differenzialblutbild inklusive Thrombozytenzahl, C-reaktives Protein, Nierenfunktionsparameter bei schweren Verläufen Blutgasanalyse mit Laktat.
Diverse spezifische Tests stehen ebenfalls zur Verfügung. So zeigt der Nachweis von Nitrit im Urin in der Teststreifenuntersuchung eine Harnwegsinfektion mit Enterobacteriaceae an, der Urease-Schnelltest aus der Antrum-Biopsie und der Harnstoff-Atemtest weisen eine *Helicobacter-pylori*-Infektion nach.

Mikrobiologische und histologische Untersuchungen

- Erreger aus Blutkulturen (z. B. *S. aureus*, *E. coli*, Pneumokokken, koagulase-negative Staphylokokken) können Hinweise geben auf den Primärfokus
- mikroskopisch (z. B. säurefeste Stäbchen, Stuhlmikroskopie für Parasiten)
- histologisch (z. B. Tuberkulose, *Helicobacter pylori*)
- kulturell (z. B. Urinkultur)
- serologisch (z. B. HIV)
- molekularbiologisch (z. B. PCR für Herpes-simplex-Enzephalitis, atypische Herpes-zoster-Manifestationen, In-situ-Hybridisierung)

Klinischer Fall

Der 47-jährige Patient Herr S. wird in schlechtem Allgemeinzustand mit über 39 °C Fieber und Schüttelfrost in ein kleines Krankenhaus eingewiesen. Dem

aufnehmenden Arzt erklärt Herr S., dass er sich seit dem Vortag kaum auf den Beinen halten kann und es ihm schwindelig sei. Zudem klagt er über seit drei Wochen bestehende starke Rückenschmerzen. Bei der körperlichen Untersuchung kann kein klarer Infektfokus ausgemacht werden: kein Meningismus, Lungen auskultatorisch frei, Herzauskultation unauffällig, Abdomen leicht gespannt, diffuse Druckdolenz über dem Rücken.
Die Blutuntersuchung ergibt ein stark erhöhtes C-reaktives Protein auf 24,7 mg/l, eine Leukozytose von 26,3/nl und Hämoglobin 11,8 g/dl. Nach Abnahme von Blutkulturen bekommt Herr S. eine orale Antibiose mit Amoxicillin und Clavulansäure (3 x 625 mg). Am nächsten Tag zeigt eine von vier Blutkulturen grampositive Kokken in traubenförmiger Anordnung. Dies wird zunächst als Kontamination gewertet. Da der Zustand von Herrn S. zunehmend bedrohlich wird, ohne dass die Ursache der Infektion gefunden ist, wird er in eine Universitätsklinik verlegt.
Im Computertomogramm von Thorax und Abdomen erkennen die Radiologen eine Spondylodiszitis mit Verdacht auf einen Epiduralabszess von LWK1 bis LWK4. Inzwischen ist der in der Blutkultur gefundene Keim identifiziert: *Staphylococcus aureus*. Zudem ist eine zweite Kultur positiv für diesen Keim. Der hinzugezogene Wirbelsäulenchirurg sichert die Diagnose des Epiduralabszesses und kann ihn drainieren. Die nachfolgenden Kulturen bestätigen, dass die Spondylodiszitis durch *Staphylococcus aureus* bedingt ist.
Das Antibiogramm zeigt einen Oxacillin-sensiblen *S. aureus*. Die Antibiose von Herrn S. wird von nun intravenös auf Flucloxacillin umgestellt (4 × 2 g i. v.). Der Patient erhält dieses Medikament nun über einen Zeitraum von sechs Wochen. Zunehmend fühlt er sich besser und auch die Rückenschmerzen lassen deutlich nach.

49.1.3 Rechtliche Aspekte

Meldepflicht. Das Infektionsschutzgesetz enthält gesetzliche Bestimmungen zum Zwecke der Erkennung von Seuchen und ihrer Eindämmung durch Präventionsmaßnahmen, die bei bestimmten Infektionskrankheiten einzuhalten sind. Verdacht, Nachweis, Erkrankung oder Tod unterliegen unterschiedlichen Graden der Meldepflicht, die strafbewehrt ist. Zu Einzelheiten siehe Homepage des Robert Koch-Instituts (http://www.rki.de). Manche Krankheiten müssen direkt an das RKI gemeldet werden, ansonsten erfolgt die Meldung an die örtlichen Gesundheitsbehörden. Auch nicht aufgeführte Erreger sind meldepflichtig, wenn eine Erkrankung ungewöhnlich schwer verläuft, sie bei 2 oder mehr Patienten auftritt und/oder eine Gefahr für die Allgemeinheit besteht. Ein gehäuftes Auftreten nosokomialer Infektionen unterliegt ebenfalls der Meldepflicht.

Information von Patienten und Partnern. Insbesondere bei Geschlechtskrankheiten müssen die Patienten auf die Notwendigkeit einer Mitberatung, des Schutzes von Partner/innen und ggf. von deren Mitbehandlung hingewiesen werden. Eine entsprechende Aufklärung sollte dokumentiert werden.

49.1.4 Antimikrobielle Therapie

Überlegungen zur Wahl der antimikrobiellen Therapie

Die Wahl und der optimale Einsatz der antimikrobiellen Therapie beruhen auf einer sequenziellen Beurteilung des Patienten und der Befunde und nicht nur auf dem Wirkspektrum und der Resistenzprüfung.

> **!** **Jede antimikrobielle Therapie muss auf einer korrekten Indikation basieren.**

Folgende Definitionen sind in diesem Zusammenhang wichtig:

- **Prophylaxe:** Antibiotikum gelangt vor dem Erreger an den Zielort, z. B. chirurgische Prophylaxe, in der Regel als Einzeldosis
- **präemptive Therapie:** Antibiotikum gelangt erst nach dem Erreger an den Zielort, jedoch bevor eine Infektionskrankheit entsteht, z. B. Antibiotikagabe nach Hundebiss
- **empirische Therapie:** Antibiotikawahl vor der mikrobiologischen Kultur- und Resistenzbestimmung aufgrund von Erfahrungswerten der möglichen Erreger
- **gezielte Therapie:** Antibiotikawahl aufgrund eines definierten Keimes mit nachgewiesener Empfindlichkeit.

1. Hat der Patient aufgrund der Anamnese, des klinischen Befundes und der Laborparameter vermutlich einen bakteriellen Infekt?
Anamnestisch ist wichtig zu erfahren, ob die Krankheitssymptome abrupt und rasch begonnen haben (z. B. Influenza, Pneumokokken-Pneumonie, bakterielle Meningitis, Staphylococcus-aureus-Endokardi-

tis) oder sich über Tage bis Wochen entwickelt haben (z. B. Streptococcus-viridans-Endokarditis, Tbc-Meningitis, Lungentuberkulose). Weitere hilfreiche Fragen

- Alter (Pharmakokinetik, Toxizität)
- Grundleiden (Tumor, Nieren- oder Leberkrankheit)
- Impfanamnese
- Immunusupression (z. B. Kollagenosen, Transplantationen)
- kürzliche Operationen (tiefer Wundinfekt)
- kürzliche Hospitalisationen (Kolonisation von multiresistenten Erregern)
- kürzliche Infektion (Rezidiv)
- Reisen (Tropen, Kolonisation mit resistenten Erregern)
- Immunkompetenz
- Medikamenteneinnahme/Drogen/Alkohol/Nikotin
- implantierte Fremdkörper wie z. B. Hüft- und Knieprothesen, künstliche Herzklappen, Schrittmacher

Bei der **klinischen Untersuchung** sollte jeder Patient mit V. a. eine Infektionskrankheit gezielt auf einen vorhandenen infektiösen Fokus untersucht werden.

- Vitalparameter: Temperatur (Fieber?), Blutdruck, Puls, Atemfrequenz
- Bewusstsein, Meningismus, enzephalitische Zeichen
- Lungen- und Herzauskultation
- HNO-Status
- Abdomen (inkl. Nierenloge)
- Klopfdolenz der Wirbelsäule, Gelenke
- Inspektion der Haut
- Lymphknoten

Folgende Laborparameter sind zu bestimmen:

- Abnahmen von Leukozyten, CRP, evtl. Pro-Calcitonin
- 2 × 2 Blutkulturen (s. S. 973)
- je nach Anamnese und Klinik: Urinstatus und Urinkultur, Sputum, Liquorpunktion

Da die Resultate der mikrobiologischen Untersuchungen nicht sofort erhältlich sind, muss aufgrund der Anamnese, des klinischen Status und schnell verfügbarer Laborresultate wie Leukozyten und CRP eine klinische Infektionsdiagnose gestellt werden.

2. Handelt es sich um einen bakteriellen Infekt und muss mit einer empirischen Antibiotikatherapie begonnen werden?

Die empirische Antibiotikawahl richtet sich nach dem häufigsten Erreger, der zum klinischen Bild passt (z. B. Meningokokken und Pneumokokken bei bakterieller Meningitis; Pneumokokken, *Haemophilus* species, *S. aureus*, Legionellen bei ambulant erworbener Pneumonie, gramnegative Erreger bei Ventilator-assoziierter Pneumonie usw.). Falls der Patient Zeichen einer schweren Sepsis oder sogar eines septischen Schocks aufweist, muss die empirische Therapie breiter sein und schnell (innerhalb 1 – 2 h nach Eintreffen beim Notfall) gegeben werden. Zusätzlich sind bei der Wahl der korrekten antimikrobiellen Substanz die Richtlinien aus klinischen Studien notwendig, da sonst ggf. ein erhöhtes Risiko für ein Therapieversagen oder für ein Rezidiv besteht. Dies betrifft vor allem Meningitis, Endokarditis, Staphylokokkensepsis, Osteomyelitis, Arthritis, Implantatinfektionen, Fieber bei Neutropenie, Legionellose, Brucellose, Tuberkulose. Das Gleiche gilt im Verlauf einer schweren Infektionskrankheit, wenn der Erreger kultiviert wurde, aber die Resistenzprüfung noch nicht vorliegt. Das Antibiotikum muss entsprechend der vorliegenden Infektionskrankheit gewählt werden und soll nach dem Resultat der Resistenzprüfung angepasst werden.

3. Intravenöse oder orale Verabreichung

Bei schweren Infektionen ist eine parenterale Gabe der Antibiotika indiziert. Parenterale antimikrobielle Substanzen sind in der Regel teurer als orale. Bei vielen Infektionskrankheiten ist eine orale Antibiotikagabe möglich und sinnvoll. Von der intravenösen Therapie muss so schnell wie möglich zur oralen Therapie gewechselt werden (im Allgemeinen nach 2 – 3 Tagen).

Ein Wechsel auf orale Antibiotika ist möglich, falls

- eindeutiger Temperaturrückgang, bzw. afebril für mehr als 24 h h
- klinische Verbesserung
- orale Aufnahme von Flüssigkeit möglich
- kein Erbrechen, kein Durchfall
- Schlucken von Tabletten möglich

Bei folgenden Situationen ist eine orale Therapie in der Regel nicht möglich:

- nicht sanierter, tiefliegender infektiöser Fokus, z. B. Abdominalabszess
- schwere Weichteilinfektionen (z. B. nekrotisierende Fasziitis)
- Osteomyelitis

- septische Arthritis
- ZNS-Infektionen (Meningitis, Hirnabszesse)
- Bakteriämien mit *S. aureus*, Enterokokken, Viridansstreptokokken, *P. aeruginosa*, polymikrobielle Bakteriämie
- bakterielle Endokarditis oder intravaskuläre Infektionen
- Fieber in Neutropenie

4. Wann soll das Breitspektrumantibiotikum gewechselt werden?
Sobald der Keim und die Resistenzlage aus dem mikrobiologischen Labor erhältlich ist, muss auf ein schmales Spektrum gewechselt werden. Der Vorteil des Antibiotikums mit schmalem Spektrum ist, dass weniger Resistenzen und Nebenwirkungen beim Patienten auftreten, da ein Teil der physiologischen Flora erhalten werden kann. Nach ca. 3 Tagen einer Breitspektrumantibiotikatherapie ist die normale Flora abgetötet und die Gefahr steigt, dass der Patient mit resistenten Keimen oder Pilzen (v. a. Candida-Arten) kolonisiert wird. Aus epidemiologischen Gründen soll ein Antibiotikum mit schmalem Spektrum gewählt werden, um die Resistenzentwicklung zu vermindern. Ebenfalls ist daran zu denken, dass viele Breitspektrumantibiotika teuer sind.

5. Kürzliche Antibiotikatherapien und Hospitalisationen beachten
Falls der Patient kürzlich Antibiotika eingenommen hat, ist daran zu denken, dass er nun eine Infektion mit einem auf dieses Antibiotikum resistenten Keim haben kann. In dieser Situation sollte ein anderes Antibiotikum mit einem breiteren Spektrum gegeben werden. War der Patient innerhalb der letzten 2–3 Monate in der Klinik, besteht die Möglichkeit, dass er mit einem resistenten Keim kolonisiert ist (z. B. MRSA).

6. Vorgehen bei Therapieversagen
Wenn eine antibiotische Therapie nicht die gewünschte Wirkung hat, sollte nicht einfach eine andere Substanz aus dem Antibiogramm gewählt werden, vielmehr muss das Problem neu evaluiert werden:

- Ist die klinische Diagnose korrekt?
- Handelt es sich um eine bakterielle Infektion oder evtl. um eine virale Infektion (insbesondere bei respiratorischen Infektionen)?
- Infektionen durch einen anderen Keim?
- Resistenzentwicklung unter Therapie, z. B. bei *Pseudomonas aeruginosa*
- falsche Applikationsart (z. B. darf eine *S.-aureus*-Sepsis nicht mit oralem Flucloxacillin behandelt werden, da die erreichbaren Serum- und Gewebespiegel bei weitem ungenügend sind)
- nicht sanierter infektiöser Fokus
- Medikamentenfieber durch Antibiotikum

Empirische Therapie

Die Prognose ist häufig abhängig vom Zeitpunkt eines frühen Beginnes einer adäquaten Therapie. Dies soll sich gegen den wahrscheinlichsten Mikroorganismus richten. **Tab. 49.3** zeigt verschiedene Beispiele für eine empirische Therapie.
Beispiele für einen **Synergismus** sind

- die Kombination aus Penicillinen bzw. Cephalosporinen und Aminoglykosiden, die jedoch bei Parallelinfusion eine physikalische Inkompatibilität (Auskristallisieren) aufweist oder
- die Kombination der bakteriostatischen Substanzen Sulfamethoxazol und Trimethoprim, die als Cotrimoxazol bakterizid wirken;

Beispiele für einen **Antagonismus** sind

- die Kombination aus Penicillinen und Tetrazyklinen oder
- aus Erythromycin und Clindamycin.

Die Einstufung eines Erregers als sensibel, intermediär (= mäßig empfindlich) oder resistent erfolgt aufgrund von Sensitivitätstestungen im Agar-Diffusions- oder im Dilutionstest.

Antimykotische und antiprotozoale Substanzen

Therapiemöglichkeiten bei Mykosen fasst **Tab. 49.4** zusammen. Die neueren Antimykotika Voriconazol und Caspofungin haben Amphotericin B als „Goldstandard" der Therapie systemischer Mykosen abgelöst. Hohe Kosten und die Möglichkeit einer Resistenzentwicklung verbieten jedoch einen unkritischen Einsatz. Antiprotozoale Substanzen werden im Kapitel Tropenkrankheiten auf S. 1032 ff. besprochen.

Antivirale Substanzen

Zur Prophylaxe bzw. Frühtherapie einiger Virusinfektionen stehen Hyperimmunglobulin-Präparate zur Verfügung (Varicella-Zoster-Virus [VZV], Hepatitis B, Hepatitis A, CMV), deren Einsatz jedoch nur bei fehlender Vakzinationsmöglichkeit (z. B. nach

Tab. 49.3 Empirische Therapie

Klinische Situation	Reihenfolge entsprechend der Präferenz	Bemerkungen
septischer Schock mit unklarem Fokus	Carbapenem Piperacillin/Tazobactam +/-Aminoglykosid	Wechsel, sobald Kulturresultate vorhanden
Fieber in Neutropenie ohne Fokus (< 500 Neutrophile)	Carbapenem Piperacillin /Tazobactam Cefepim +/-Amikacin	Reevaluation Therapie spätestens nach 72 h
Abdominalsepsis	Piperacillin/Tazobactam Cefotaxim Carbapenem	Anpassung nach Keimidentifikation
pseudomembranöse Colitis (vgl. S. 996)	Metronidazol Vancomycin	
Pneumonie (vgl. S. 444)		
• Aspiration	Cefotaxim oder Cefotaxim plus Clindamycin Carbapenem	→ bei ambulant erworbener schwerer Pneumonie kombinieren mit einem Makrolid bei Verdacht auf Legionellen
• ambulant erworben	Ampicillin Doxycyclin	
• nosokomial erworben < 6 Tage	Cefotaxim Ceftriaxon Piperacillin/Tazobactam Carbapenem	
• nosokomial erworben > 6 Tage und VAP	Piperacillin/Tazobactam Cefepim Carbapenem	wegen Pseudomonaden Kombination mit Ciprofloxacin oder Aminoglykosid
Hirnabszess	Meropenem	Anpassung an Keimisolation
Urosepsis	Cefotaxim Ciprofloxacin	lokale Resistenz beachten
Endokarditis s. S. 146		
infizierte diabetische Gangrän mit Zellulitis	Ampicillin/Sulbactam Piperacillin/Tazobactam Carbapenem	chirurgisches Débridement obligatorisch
Erysipel	Penicillin Cefazolin	
bakterielle Arthritis	Ampicillin/Sulbactam	Anpassung an den isolierten Keim
nekrotisierende Faszitis	Piperacillin/Tazobactam plus Clindamycin Carbapenem plus Clindamycin	chirurgisches Débridement obligatorisch

Tab. 49.4 Therapiemöglichkeiten bei Mykosen

Klinische Situation	Reihenfolge entsprechend der Präferenz	Kommentar
Candidämie, keine Neutropenie	Fluconazol Echinocandin Lipid-Amphotericin B Amphotericin B deoxycholate	Fluconazol bei mildem Verlauf und fehlender Azol-Exposition in der Vorgeschichte möglich (C. albicans) Amphotericin B deoxycholate nephrotoxisch
Candidämie, Neutropenie	Echinocandin Lipid-Amphotericin B Amphotericin B deoxycholate	Fluconazol-Resistenz häufig bei Azol-Exposition Amphotericin B deoxycholate nephrotoxisch
Candida albicans	Fluconazol	
Candida krusei	Echinocandin Lipid-Amphotericin B Amphotericin B deoxycholate	Azole vermindert wirksam Amphotericin B deoxycholate nephrotoxisch
Candida glabrata	Echinocandin Lipid-Amphotericin B Amphotericin B deoxycholate	Amphotericin B deoxycholate nephrotoxisch
mukokutane Kandidose	lokal: Nystatin, Amphotericin B systemisch: Fluconazol	Systemische Therapie erst bei Versagen der Lokaltherapie. Der asymptomatische Nachweis ist nicht behandlungsbedürftig!
invasive Aspergillose	Voriconazol Lipid-Amphotericin B Amphotericin B Caspofungin	Itraconazol nur bei leichteren Fällen (cave: Resorption pH-abhängig), Caspofungin als Salvage-Therapie Amphotericin B deoxycholate nephrotoxisch
Aspergillom der Lunge	Resektion bei unklarem Befund oder großem Herd Voriconazol Caspofungin Amphotericin B	Itraconazol nur bei Inoperabilität
Kryptokokkose, nicht ZNS	Fluconazol Itraconazol Amphotericin B	Therapie 6 – 12 Monate; bei Immunsuppression wie ZNS-Kryptokokkose behandeln
Kryptokokkose, ZNS	Amphotericin B + Flucytosin Fluconazol	verschiedene Schemata (z. B. Amphotericin B → Fluconazol)
Zygomykose	Amphotericin B Posaconazol	

Nadelstichverletzung, VZV-Kontakt eines immunsupprimierten VZV-seronegativen Patienten) erfolgen sollte. Virustatika wirken bei bestehender Infektion durch

- Verhinderung der Bindung an die Rezeptoren der Zielzelle (z. B. Neuraminidase-Inhibitoren bei Influenzaviren)
- Verhinderung der Penetration in die Zielzelle (z. B. Fusionsinhibitoren bei HIV-1)
- Hemmung der intrazellulären Vermehrung (z. B. Aciclovir bei Herpes simplex)
- Hemmung von Maturation oder Freisetzung aus der Zielzelle (z. B. Proteaseinhibitoren bei HIV).

Auch bei Virustatika ist die Resistenzentwicklung häufig. Zum Nachweis einer Resistenz werden molekularbiologische (Nachweis von resistenzassoziierten Mutationen mittels PCR, Sequenzierung oder Hybridisierung) oder kulturelle Verfahren verwendet.

49.2 Infektionskrankheiten des oberen Respirationstraktes

Synonym: Erkältungskrankheit
engl.: common cold

Der folgende Abschnitt fasst die häufigsten Infektionen des oberen Respirationstraktes zusammen. Infektionen des unteren Respirationstraktes werden im Kapitel „Pneumonologie" besprochen: Bronchitis s. S. 426, Pneumonie s. S. 444.

Definition. Begriff für Entzündungen der Schleimhäute des Nasenrachenraumes, die in mehr als 90% der Fälle viral bedingt sind. Klinisch ist eine Unterscheidung viral gegenüber bakteriell häufig nicht möglich (**Tab. 49.5**). Einen Hinweis auf eine bakterielle Beteiligung kann das Vorhandensein von eitrigem Sekret bzw. Belägen liefern. Der Verlauf ist meist selbstlimitierend.

Klinik. Die häufigsten Symptome sind Husten, Schnupfen, Heiserkeit und Halsschmerzen. Fieber kann vorhanden sein.

Diagnostik und Therapie. Laboruntersuchungen oder mikrobiologische Diagnostik sind nur bei protrahiertem Verlauf sinnvoll. Die Behandlung erfolgt symptomatisch; Antibiotika sind nur bei bakteriellen Sekundärkomplikationen angezeigt.

49.2.1 Rhinitis

Synonym: Schnupfen, Koryza
engl.: rhinitis

Als Rhinitis wird eine akute oder chronische Entzündung der Nasenschleimhaut durch infektiöse, allergische und pseudoallergische Mechanismen bezeichnet. Am häufigsten tritt sie im Rahmen einer Erkältung auf. Die akute infektiöse Rhinitis äußert sich durch eine vermehrte initial seröse, später eitrige Sekretion. Die Übertragung der meist viralen Infektion erfolgt häufig über die Hände oder aerogen per Tröpfcheninfektion. Die Behandlung ist rein symptomatisch.

Bei chronischer Rhinitis oder eitrigem Sekret können bakterielle Erreger (z. B. Pneumokokken, Haemophilus influenzae) beteiligt sein. Bei chronischem Verlauf sollte das Nasensekret daher bakteriologisch untersucht werden. Auch andere Ursachen müssen dann ausgeschlossen werden (z. B. allergische Genese, Wegener-Granulomatose, Kokainkonsum).

49.2.2 Sinusitis

Synonym: Nebenhöhlenentzündung
engl.: sinusitis

Bei der Sinusitis kommt es zu einer akuten oder chronischen Entzündung einer oder mehrerer Nasennebenhöhlen. Häufig liegt eine virale Genese zugrunde, eine bakterielle (Super-)Infektion ist klinisch schwer zu differenzieren. Typische Symptome sind Kopfschmerzen, eitriges Nasensekret, bei akutem Verlauf auch Fieber. Häufige bakterielle Erreger sind Pneumokokken, *H. influenzae*, *M. catarrhalis*, *S. aureus*. Auch aerobe/anaerobe Mischinfektionen sind möglich. Generell ist eine Antibiotikatherapie bei Sinusitis beim Immunkompetenten selten indiziert, wie jüngere Metaanalysen zeigen. Falls doch eine antibiotische Behandlung erforderlich ist, kann die Therapie mit Amoxicillin, Doxycyclin oder Erythromycin über 7 – 10 Tage erfolgen. Es können orbitale und endokranielle Komplikationen auftreten. Eine Sonderform ist die nosokomiale Sinusitis, die durch *S. aureus* und gramnegative Erreger verursacht wird. Sie tritt als Komplikation von Intubationen auf und wird nach Resistenztestung behandelt. Ein Pilzbefall (z. B. durch Aspergillus) kommt bei immunsupprimierten Leukämiepatienten vor.

> **!** **Eine Sinusitis kann Ursache eines FUO sein (s. S. 972 ff.).**

49.2.3 Tonsillitis

Synonym: Angina tonsillaris
engl.: tonsillitis

Ätiopathogenese. Bakterielle Erreger der eitrigen Tonsillitis sind β-hämolysierende Streptokokken der Gruppe A, selten *N. gonorrhoeae*, *M. pneumoniae*, *C. pneumoniae*.

Tab. 49.5 Differenzialdiagnosen bei Infektionen des oberen Respirationstraktes

Erkrankung	Bedeutung	Kommentar
Rhinitis		
allergische Rhinitis	+++	bei unklarem Befund kann durch Provokationstests eine allergische Genese ausgeschlossen werden
vasomotorische Rhinitis	+	in der Anamnese nach der Einnahme von Reserpin oder abschwellenden Nasentropfen (Privinismus) fragen
Kinderkrankheiten	+	Varizellen, Scharlach und Masern gehen häufig mit einer Rhinitis einher
Sinusitis		
Migräne	+++	rezidivierend, häufig Flimmerskotom zu Beginn, oft mit Licht- oder Geruchsempfindlichkeit
Meningitis	+++	auf Meningismus und andere neurologische Zeichen achten
Arteriitis temporalis Horton	+	Verhärtung der A. temporalis, häufig mit rheumatischen Beschwerden kombiniert
Tonsillitis, Pharyngitis		
HIV-Infektion	++	ein HIV-Test sollte bei einer Pharyngitis und mehrtägiges Fieber im Erwachsenenalter durchgeführt werden, insbesondere, wenn die Ursache der Pharyngitis unklar bleibt
Infektiöse Mononukleose	++	eine infektiöse EBV-Mononukleose ist im Erwachsenenalter selten
Diphtherie	+	bakteriologischer Nachweis mit Klinik
Angina Plaut-Vincenti		
Streptokokkenangina Diphtherie infektiöse Mononukleose	+++ + ++	bei diesen 3 Erkrankungen klagen die Patienten auch über allgemeines Krankheitsgefühl und Fieber, die Befunde sind meist beidseitig
Diphtherie		
infektiöse Mononukleose	+++	monozytäres Blutbild
Streptokokkenangina	+++	die Streptokokkenangina zeigt keine Pseudomembranen
Angina Plaut-Vincenti	++	meist einseitig und nekrotisch
Mumps	+	ohne Beläge im Rachen
infektiöse Mononukleose		
Toxoplasmose	+++	wichtige Differenzialdiagnose! Nachweis mittels IgG und IgM
akute HIV-Infektion	++	Risikofaktoren sind häufig wechselnde Geschlechtspartner mit ungeschütztem Sexualkontakt, i. v. Drogenabusus, Sexualkontakte zu Prostituierten

Klinik. Kratzen bzw. Schmerzen im Rachen, evtl. verbunden mit Schluckbeschwerden. Für Streptokokkeninfektionen sind eitriges Tonsillenexsudat, zervikale Lymphknotenschwellungen und Fieber typisch. Husten tritt nicht auf.

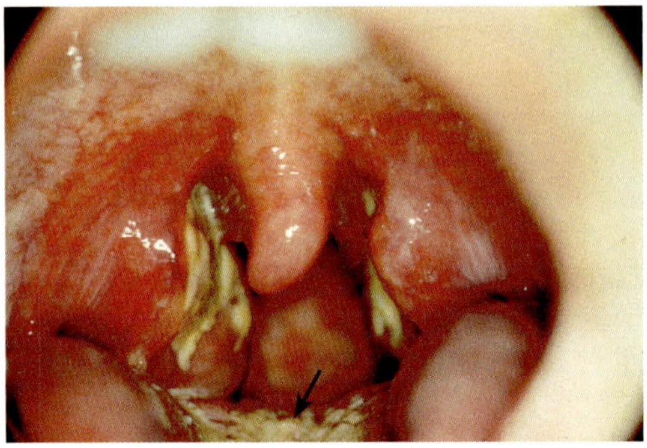

Abb. 49.1 Angina follicularis. Eitrige Beläge auf den Tonsillen und dem Zungengrund (aus Behrbohm et al., Kurzlehrbuch Hals-Nasen-Ohren-Heilkunde, Thieme),

Bei einer unbehandelten Tonsillitis kann es zu lokalen (z. B. durch regionale Abszesse) und systemischen Komplikationen (rheumatisches Fieber 10 – 20 Tage nach einer Tonsillitis) kommen.

Diagnostik. Die Diagnosestellung erfolgt klinisch (Abb. 49.1), Bestätigung durch Schnelltest, evtl. kulturell. Als Differenzialdiagnosen kommen z. B. Mononukleose, primäre HIV-Infektion, Influenza, Gonorrhö und Diphtherie infrage.

Therapie. Bei Streptokokkeninfektion erfolgt die Therapie über 10 Tage mit Penicillin V (3 × 1,2 Mega). Alternativ kann eine Therapie mit Makroliden über 5 Tage durchgeführt werden (Clarithromycin oder Azithromycin; Cave: zunehmende Resistenzen!). Orale Cephalosporine weisen bei Gruppe-A-Streptokokken eine höhere Eradikationsrate auf, sind aber teuer und daher nur bei Penicillinallergie und Makrolidresistenz angezeigt.

> **!** **Keine Überbehandlung der häufigen viralen Pharyngitis mit Antibiotika!**

49.2.4 Angina Plaut-Vincenti

Auslöser dieser seltenen Form der Angina ist Fusobacterium fusiforme in Verbindung mit Treponema vincenti. Meist kommt es zu einseitigem Befall der Tonsillen zunächst mit grauweißen Belägen, später mit tiefen Nekrosen und schmierigen Pseudomembranen sowie starkem, unangenehmem Mundgeruch. Die Patienten verspüren ein nur geringes Krankheitsgefühl. Die Therapie erfolgt mit Penicillin V 3 × 1,2 Mega. Differenzialdiagnostisch ist an Lues und Diphtherie zu denken.

49.2.5 Diphtherie

engl.: diphtheria

Arztmeldung an das Gesundheitsamt bei Verdacht, Erkrankung oder Tod.
Labormeldung an das Gesundheitsamt bei Nachweis einer akuten Infektion.

Definition. Die Diphtherie wird durch exotoxinbildende Stämme von *Corynebacterium diphtheriae* verursacht. Die Übertragung erfolgt meist per Tröpfcheninfektion.

Klinik. Die Erreger vermehren sich an der Eintrittspforte, daher ist die Rachendiphtherie am häufigsten. Sie geht mit akuten Schluckbeschwerden, Kopfschmerzen und schwerer Beeinträchtigung des Allgemeinzustandes bei geringem Fieber einher. Die vergrößerten Tonsillen weisen dicke, festhaftende grauweiße pseudomembranöse Beläge auf, die auf die Umgebung der Tonsillen übergreifen können und beim Versuch des Abwischens leicht bluten. Die regionären Lymphknoten sind stark vergrößert. Die Patienten haben einen auffällig süßlichen Mundgeruch und eine nasale Sprache. Ist der Kehlkopf beteiligt, kommt es zu schwerem Husten ohne Auswurf, dem rasch die Zeichen der Stenose mit Stridor und Dyspnoe folgen. Unbehandelt können gefährliche Komplikationen auftreten, wie Gaumensegel-, Augenmuskel- und Zwerchfellparesen sowie eine toxisch bedingte Myokarditis.

Diagnostik. Der Verdacht wird durch den mikroskopischen und kulturellen Nachweis bestätigt. Zur endgültigen Diagnose ist der Toxinnachweis erforderlich. Alternativ kann das Toxingen auch durch PCR nachgewiesen werden.

> **!** **Bei schwerer Tonsillitis mit weißlichen, nicht abwischbaren Belägen Rachenabstrich sofort mikroskopisch auf Diphtheriebakterien untersuchen und den Patienten isolieren!**

Therapie. Sofortige Isolation des Patienten bei Verdacht! 10 000 I.E. Diphtherie-Antitoxin (vom Pferd;

langsam i. v.; Cave: Allergien, Serumkrankheit): begrenzter Schutz 8 bis 10 Tage. Gleichzeitig Antibiotika und passive Impfung Pferdeserum) in Kombination mit Penicillin G 3 × 5 MU i. v. (später ggf. Umsetzen auf 3 × 1,2 MU Penicillin V oral) für 14 Tage. Alternativ: Erythromycin 2 × 500 mg. Strikte Überwachung (EKG)!

Prophylaxe. Aktive Impfung im Kindesalter und Boosterung im Erwachsenenalter. Zu beachten ist, dass geimpfte Personen den Erreger übertragen können, ohne selbst schwer zu erkranken.

49.2.6 Influenza

Synonym: Grippe
engl: flu

Labormeldung an das Gesundheitsamt bei Nachweis einer akuten Infektion.

Ätiopathogenese. Erreger sind Influenzaviren der Klasse A und B. Insbesondere Influenza-A-Viren unterliegen einer periodischen Veränderung ihrer Oberflächenantigene **Hämagglutinin (H)** und **Neuraminidase (N),** nach denen die zirkulierenden Stämme klassifiziert werden (humanpathogen: H1-3N1-2). Geringere Veränderungen werden als Antigen-„Drift“, stärkere als Antigen-„Shift“ bezeichnet. Diese Veränderungen unterlaufen die (Teil-)Immunität der Bevölkerung. Epidemiologisch relevant ist der Befall von Hausschweinen in Südostasien. Gelegentlich gelingt der Sprung von anderen Spezies auf den Menschen („Vogelgrippe“ H5N1, s. S. 1059).
Die Grippe führt im Rahmen der alljährlichen pandemischen Ausbreitung zu schweren Erkrankungen besonders bei Kindern und älteren Menschen (über 65-Jährige mit kontinuierlich steigender Morbidität und Mortalität je betagter ein Patient ist) und verursacht vor allem in den Hochrisikogruppen eine signifikante Morbidität und Mortalität. Im Jahre 2009/2010 wurde ein Schweinegrippevirus auf den Menschen übertragen, das eine weltweite Pandemie auslöste. Aufgrund der nicht vorhandenen Restimmunität erkrankten vor allem junge Menschen.

Klinik. Hauptsymptome sind **abrupt** und praktisch gleichzeitig **einsetzende katarrhalische Symptome** des oberen Respirationstrakts wie beim Schnupfen, schweres Krankheitsgefühl, Fieber, Myalgien, Kopfschmerzen. Der Überwindung der Virusinfektion folgen häufig bakterielle Sekundärkomplikationen. Der klinische Schweregrad ist sehr variabel.
Risikogruppen sind Patienten mit
- Alter über 65 Jahre (das Risiko für Mortalität ist bei über 85-jährigen Menschen gegenüber 65-Jährigen ca. um das 20-Fache erhöht)
- kardiovaskulären und pulmonalen Erkrankungen
- Diabetes mellitus
- Nierenerkrankungen
- Immunsuppression
- Hämoglobinopathien

Hauptkomplikationen sind die Grippepneumonie (primär viral oder sekundär bakteriell), Peri/Myokarditis, Myositis und Rhabdomyolyse, Reye-Syndrom (bei Kindern) und neurologische Komplikationen. Erhöht ist insbesondere die kardiovaskuläre Morbidität und Mortalität.

Diagnostik. Die Diagnostik erfolgt primär klinisch aufgrund des epidemischen Auftretens und Fiebers in Verbindung mit Husten binnen 48 Stunden nach Symptombeginn. Die Diagnose kann durch Schnelltests (Immunfluoreszenz, Enzymimmunoassays, PCR) gesichert werden. Vielerorts haben Schnelltests die Viruskultur ersetzt. Die Sensitivität hängt vom Sampling ab, da die Erreger im Nasopharynxraum replizieren und nicht in den Nares. Bei Verdacht auf Influenzapneumonie soll zusätzlich aus der Bronchiallavage ein Schnelltest respektive eine Viruskultur durchgeführt werden.

Therapie. Die Therapie ist in **Tab. 49.6** zusammengefasst. Eine Prophylaxe ist im Rahmen von Epidemien bei influenzaexponierten Personen mit Risiko bis zum Eintreten der Wirkung einer Impfung zu erwägen. Eine Therapie ist bis zu 48 Stunden nach Symptombeginn sinnvoll (vorzugsweise mit Neuramidase-Inhibitor). Die Indikation muss wegen möglicher Resistenzentwicklung zurückhaltend gestellt werden.

Prophylaxe. Die jährlich wiederholte, prophylaktische Influenza-Vakzinierung ist bei über 50-Jährigen, Bewohnern von Pflegeheimen, bei Hochrisikopersonen, bei Personal im Gesundheitswesen sowie anderen, selteneren Indikationen sinnvoll. Es ist ein den zirkulierenden Stämmen entsprechender inaktivierter Impfstoff verfügbar. Im Einzelfall kann eine Chemoprophylaxe zur Überbrückung der Zeit bis zur Wirksamkeit der Impfung sinnvoll sein.

Tab. 49.6 Substanzen, die gegen Influenza zum Einsatz gelangen

Substanz	Wirkweise	wirksam gegen	Indikation	Applikation/Dosis
Oseltamivir	Neuraminidase-Inhibitor	Influenza A + B	Prophylaxe (P)/ Therapie (T)	1 × (P) bzw. 2 × (T) 75 mg oral für 5 Tage*
Zanamivir	Neuraminidase-Inhibitor	Influenza A + B	Therapie	2 × 10 mg per inhal. für 5 Tage*

** zur Prophylaxe evtl. länger*

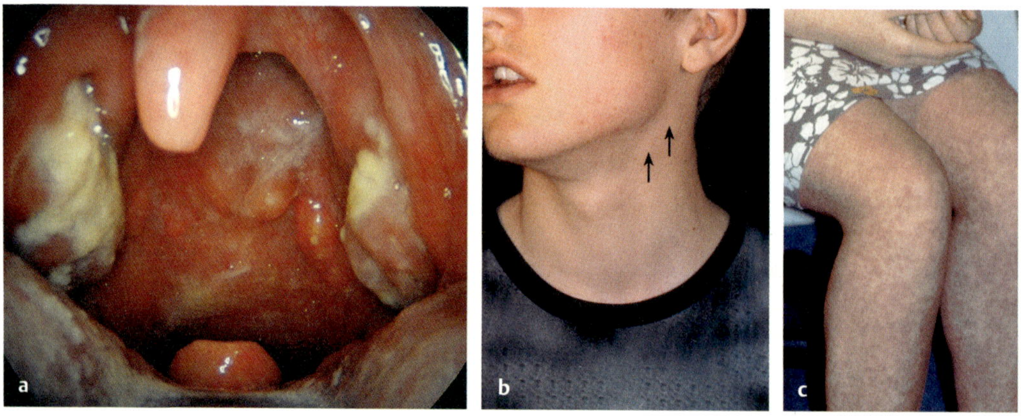

Abb. 49.2 Infektiöse Mononukleose. **a** Hochrote Tonsillen mit lakunären Belägen, **b** deutliche Schwellung der Halslymphknoten, **c** typisches Exanthem nach fälschlicher Gabe von Ampicillin (aus Behrbohm et al., Kurzlehrbuch Hals-Nasen-Ohren-Heilkunde, Thieme).

49.2.7 Infektiöse Mononukleose

Synonyme: Pfeiffer-Drüsenfieber, Morbus Pfeiffer
engl.: infectious mononucleosis, glandular fever, kissing disease

Ätiopathogenese. Erreger ist das Epstein-Barr-Virus (EBV, 2 Serotypen); die Übertragung erfolgt über infektiösen Speichel mit einer Inkubationszeit von 10 – 50 Tagen. Betroffen sind vor allem Jugendliche zwischen dem 15. und 19. Lebensjahr. Nach dem 30. Lebensjahr ist die Durchseuchung nahezu 100%. Das Virus persistiert lebenslang und kann intermittierend, v.a bei schwerer Immunsuppression, reaktiviert werden.

Klinik. Fieber, tonsilläre Pharyngitis, Lymphknotenvergrößerungen (**Abb. 49.2 a, b**), evtl. Hepatosplenomegalie, Hautausschlag und Ikterus. Seltene Komplikationen sind Myo- und Perikarditis, Enzephalitis, Guillain-Barré-Syndrom und Hepatitis, hämolytische Anämie, Thrombozytopenie, aplastische Anämie, hämolytisch-urämisches Syndrom, Verbrauchskoagulopathie, u. U. tödliche Milzruptur (1 – 2/1 000, Cave: vorsichtige Milzpalpation, besser Sonographie).
Bei abwehrgeschwächten Patienten kann das Virus maligne Erkrankungen auslösen (z. B. B-Zell-Lymphome, s. S. 944).

Diagnostik. Typisches lymphomonozytäres Reizbild im Blutausstrich in Verbindung mit typischer Klinik und serologischem Nachweis von Antikörpern. Eine akute HIV-Infektion, CMV-, HHV-6-, Toxoplasmose- und Hepatitis-B-Infektion können ein ähnliches Krankheitsbild verursachen.

Therapie. Körperliche Schonung. Eine spezifische Therapie ist nicht möglich. Wird empirisch Ampicillin bzw. Amoxicillin verabreicht (bei EBV-Infektion nicht indiziert! **Abb. 49.2 c**), tritt häufig ein pseudoallergisches Exanthem nach wenigen Tagen auf.

49.3 Infektionskrankheiten mit Hauterscheinungen

49.3.1 Exanthematische Virusinfektionen

Exanthematische Virusinfektionen treten überwiegend als akute epidemische Erkrankungen im Kindesalter auf. Sie verlaufen überwiegend mit Allgemeinsymptomen, wie reduziertem Allgemeinzustand, Fieber, Lymphadenopathie, Haut- und Schleimhautbeteiligung. Tab. 49.7 fasst die häufigsten Erkrankungen zusammen. Differenzialdiagnosen zeigt Tab. 49.8.

Etliche Erkrankungen können durch aktive Impfung im Kindesalter (Masern, Röteln) verhindert werden. Bei ungeschützten Personen kann nach einer Infektion eine manifeste Erkrankung durch Hyperimmunglobulin (z. B. Röteln, Windpocken, Hepatitis A und B) oder normales Immunglobulin (z. B. Masern) verhindert werden.

Tab. 49.7 Häufige exanthematische Infektionskrankheiten

Krankheit	Erreger (E), Diagnostik (D), Inkubationszeit (I)	Therapie	Klinik (Kl), Komplikationen (Ko), Meldepflicht (M)
Erysipel	E: Streptokokken der Gruppe A, selten der Gruppe B, C oder G D: klinische Diagnose, Hauterhabenheit, scharfe Ränder der Rötung I: Stunden	Penicillin i. v.	Kl: akutes Fieber, Schüttelfrost, reduzierter Allgemeinzustand. Prädilektionsstellen: Gesicht oder Unterschenkel Ko: septischer Verlauf M: –
Erythema infectiosum (*syn.* Ringelröteln)	E. Parvovirus-B-19 D: serologisch (Antikörper) I: 4 – 12 Tage	symptomatisch	Kl: leichtes Fieber und Unwohlsein, konfluierendes Exanthem, Beginn an Wangen, symmetrische Ausbreitung an Armen, Beinen und Stamm. Aussparung der Hand- und Fußflächen Ko: schwere Anämie bei Immunsupprimierten, Embryopathie, Totgeburt M: –
Exanthema subitum (*syn.:* Roseola infantum, Dreitagefieber)	E: humanes Herpesvirus Typ 6 D: serologisch (Antikörper) I: 5 – 15 Tage	symptomatisch	Kl: akutes Fieber bis 40 °C, das für 3 – 4 Tage anhält (Dreitagefieber!), am 4. Tag akute Entfieberung und gleichzeitiges Auftreten von stammbetonten makulopapulösem Exanthem (**Abb. 49.3**) Ko: Krampfanfälle bei hohem Fieber M: –
Masern (*syn.* Morbilli)	E: Morbillivirus D: serologisch (Antikörper) I: 8 – 12 Tage	symptomatisch	Kl: Prodromalstadium mit Fieber, Hals- und Kopfschmerzen, Konjunktivitis, Rhinitis. **Koplik-Flecken,** makulopapulösem Exanthem hinter dem Ohr beginnend, Lymphadenopathie Ko: Otitis media, Pneumonie, Enzephalitis, subakute sklerosierende Panenzephalitis (SSPE) M: Tod
Röteln (*syn.* Rubella, Rubeola)	E: Rubellavirus D: serologisch (Antikörper) I: 14 – 21 Tage	symptomatisch	Kl: Prodromalstadium sehr diskret, subfebrile Temperatur, grippeähnliche Symptome. Makulopapulöses Exanthem, im Gesicht beginnend Ko: Embryonalschädigung bei Infektionen in den ersten Schwangerschaftsmonaten M: Embryopathie (Gregg-Syndrom), konnatale Erkrankung und Tod

Fortsetzung ▸

L

Tab. 49.7 Fortsetzung

Krankheit	Erreger (E), Diagnostik (D), Inkubationszeit (I)	Therapie	Klinik (Kl), Komplikationen (Ko), Meldepflicht (M)
Scharlach (*syn.* Scarlatina)	E: *Streptococcus pyogenes* (Streptokokken der Gruppe A) D: kulturell oder Schnelltest	Oral-Penicillin	Kl: akutes Fieber, reduzierter Allgemeinzustand, Enanthem, am Brustkorb beginnendes kleinfleckiges Exanthem (Mundpartie ausgespart!), groblamelläre Schuppung der Hände und Füße in der Rekonvaleszenzphase Ko: u. a. rheumatische Erkrankungen M: Tod
Windpocken (*syn.* Varizellen)	E: Varizella-Zoster-Virus (VZV) D: serologisch (Antikörper oder direkter Nachweis im Bläscheninhalt) I: 14 – 16 Tage	symptomatisch	Kl: schubweises Auftreten von juckenden Hautbläschen, zunächst am Kopf, dann kaudalwärts wandernd (**Abb. 49.4**) Ko: Pneumonie, Enzephalitis M: –

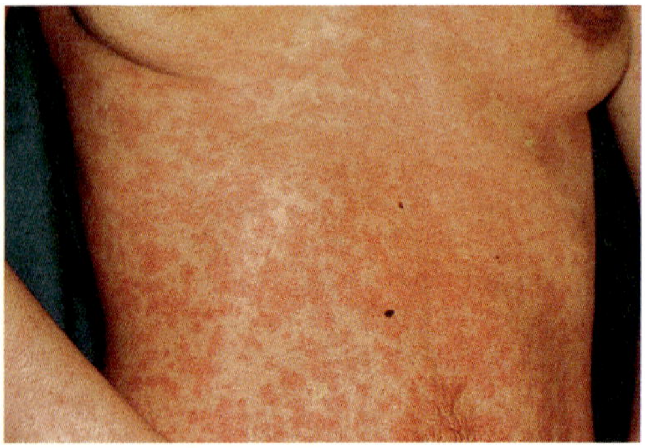

Abb. 49.3 Masern. Ausgeprägtes morbilliformes (makulopapulöses) Exanthem bei einer erwachsenen Frau (mit freundlicher Genehmigung von Dr. Dr. J. Kreusch, Lübeck).

Ringelröteln

Synonyme: Erythema infectiosum, „fünfte Erkrankung"

Labormeldung an das Robert Koch-Institut bei Nachweis einer konnatalen Infektion!

Definition. Akute exanthematische Infektion mit Parvovirus B19.

Klinik. Selbstlimitierende exanthematische Virusinfektion mit Infektion vorwiegend von erythrozytären Progenitor-Zellen. Sie kann zu Arthralgien/Arthritis (seltener Myokarditis, Vaskulitis, Nephritis), bei Infektion während der Schwangerschaft evtl. zu Hydrops fetalis führen. Bei Personen mit patholo-

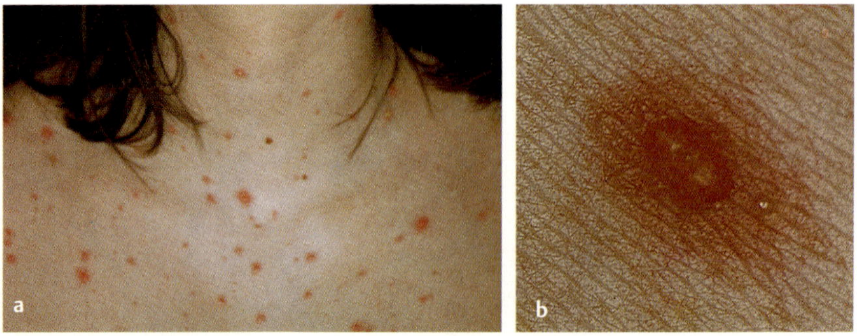

Abb. 49.4 Windpocken. a Typischer „Sternenhimmel" der Effloreszenzen, **b** Detailaufnahme der nicht gekammerten Bläschen (mit freundlicher Genehmigung von Dr. Dr. J. Kreusch, Lübeck).

gisch gesteigerter Erythropoese kann eine aplastische Krise, bei Immunsupprimierten eine persistierende Erythroblastenphthise (PRCA = pure red cell aplasia) auftreten.

Diagnostik. Serologie, evtl. PCR (oft unspezifisch positiv) aus Knochenmark, Serum, Synovialflüssigkeit.

Therapie. Bei nachgewiesener Viruspersistenz polyvalente Immunglobuline.

49.3.2 Erysipel

Das Erysipel ist als Infektion der Haut und des Unterhautgewebes mit scharfer Demarkation zum umgebenden gesunden Gewebe vorwiegend durch β-hämolysierende Streptokokken der Gruppe A definiert, im Gegensatz zur weniger klar demarkierten phlegmonösen Entzündung (engl. Cellulitis).

Klinik. Akut auftretende, scharf begrenzte, druckschmerzhafte Rötung und Schwellung vorwiegend der oberen Hautschichten („peau d'orange"), oft mit erkennbarer Eintrittsstelle. Die Phlegmone ist weniger stark druckschmerzhaft (**Abb. 49.5**).

Diagnostik. Die Diagnosestellung erfolgt klinisch, manchmal sind die Blutkulturen positiv.

Therapie. Penicillin G (3 × 5 – 10 MU/Tag) intravenös, in leichten Fällen Amoxicillin, alternativ Cephalosporine, Dauer 10 – 14 Tage. Bei häufigen Rezidiven mit Gabe von Antibiotika an Patienten zur frühzeitigen Therapie und/oder evtl. Langzeittherapie. In atypischen Fällen Clindamycin, Dicloxacillin oder Flucloxacillin, da häufiger durch *S. aureus* verursacht.

49.3.3 Toxisches Schocksyndrom (TSS)

Das TSS wird vor allem nach Infektionen durch toxinbildende Arten von *Staphylococcus aureus* (TSST-1 oder Enterotoxine A, C, D, E, H) beobachtet. Seltener wird das TSS durch hämolysierende Streptokokken verursacht.

Klinik. Akuter Beginn mit septischem Fieber (39 – 40 °C), Hypotension bis Schock, Diarrhö, Muskelschmerzen, Pharyngitis, Erythrodermie mit Enanthem (Erdbeerzunge) und Konjunktivitis. Die Patienten sind schwerstkrank. Mit Fortschreiten der Erkrankung kommt es als Folge des Schocks zu einer Multiorgandysfunktion. In der initialen Phase tritt ein diffuses, erythematöses Exanthem auf.
In der Rekonvaleszenzphase kommt es zu einer großflächigen Desquamation der Handflächen und Fußsohlen sowie Haar- und Nagelausfall. Bei Streptokokken bestehen zusätzlich oft Schmerzen am Inokulationsort (Fasziitis, Myositis).

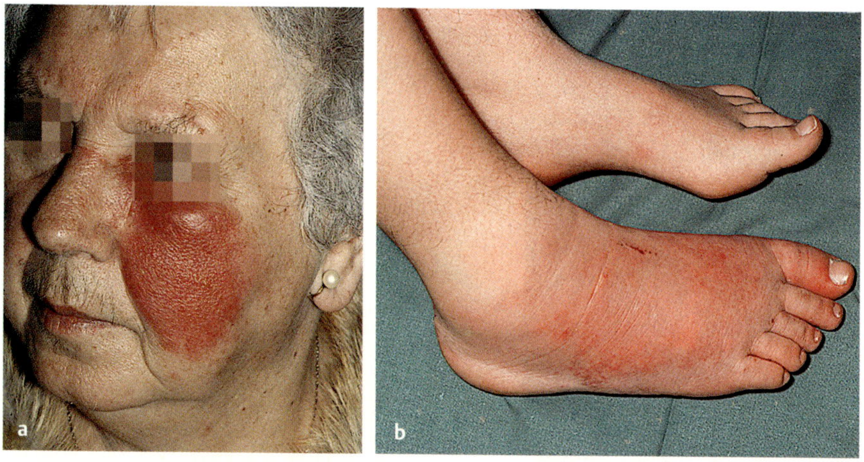

Abb. 49.5 Erysipel. a Gesichtserysipel mit hochroter, ödematöser Schwellung der linken Wange mit zungenförmigen Ausläufern über dem Nasenrücken, **b** beginnendes Erysipel am rechten Fuß (Eintrittspforte Zwischenzehenmykose) mit lymhpogener Ausbreitung zur Wade (aus Moll, Duale Reihe Dermatologie, Thieme)

Diagnostik. Bei *Staphylococcus aureus* kann der Erreger aus der Eintrittsstelle gezüchtet werden, die Blutkulturen bleiben negativ. Im Gegensatz hierzu sind bei Streptokokken der Gruppe A die Blutkulturen positiv. Der Nachweis der Toxine gelingt über die Kultur mittels PCR.

Therapie. Die chirurgische Fokussanierung ist essenziell. Verabreicht werden außerdem Breitspektrumantibiotika wie Ampicillin/Sulbactam, Cefazolin, Piperacillin/Tazobactam oder Carbapenem in Kombination mit Clindamycin. Nach definitiver Erregerbestimmung ist die antibiotische Therapie ggf. anzupassen. Bei Nachweis von Streptokokken wird Penicillin intravenös verbareicht, bei Nachweis von Staphylokokken kann Flucloxacillin oder alternativ Cefazolin gegeben werden. Die intravenöse Gabe von Immunglobulinen zu Beginn der Therapie bei Streptokokkeninfektion hat einen unklaren Stellenwert. Eine adäquate Sepsistherapie (Katecholamine, Volumengabe etc.) ist indiziert.

49.3.4 Herpes zoster

Synonym: Gürtelrose
engl.: shingles

Ätiopathogenese. Das Varizella-Zoster-Virus verbleibt nach der Erstinfektion mit Windpocken latent in den Ganglionzellen und kann nach vielen Jahren reaktiviert werden. Begünstigende Faktoren sind Stress, schwere abwehrmindernde Erkrankungen sowie ein Alter > 60 Jahre (über 80-Jährige haben ein nochmals deutlich erhöhtes Risiko).

Klinik. Prodromi mit leichtem Frösteln und Fieber sowie Unwohlsein können vorhanden sein. Gleichzeitig verspürt der Patient an der später betroffenen Stelle Brennen und Schmerzen, denen innerhalb von 4 – 5 Tagen eine Rötung mit Bläschenbildung folgt (Abb. 49.6). Die Effloreszenzen sind meist einseitig, entsprechend den Dermatomen der befallenen sensorischen Nervenwurzeln oder Ganglien. Die Bläschen vertrocknen und verkrusten allmählich.
Besondere Manifestationsformen:

- Zoster oticus (Ramsay-Hunt-Syndrom, bzw. Zoster geniculatus): bei Befall des Ggl. geniculi mit Schmerzen im Ohr, Bläschenbildung und einer Gesichtsparese auf der betroffenen Seite
- Zoster ophthalmicus: bei Befall des V. Hirnnerven.

Diagnostik. Die Diagnosestellung erfolgt klinisch, in unklaren Fällen über den direkten Nachweis im Bläscheninhalt oder durch PCR.

Therapie und Prophylaxe. Die Lokaltherapie kann mit eintrocknenden Lotionen durchgeführt werden. Innerhalb von 48 – 72 h nach Beginn der Erkrankung ist für 7 Tage Aciclovir 5 × 800 mg oral oder Valaciclovir 3 × 1000 mg, Famciclovir 3 × 250 mg oral für 7 Tage oder Brivudin 4 × 125 mg zu verabreichen. In schweren Fällen, bei Immunsuppression und Zoster oticus und ophthalmicus wird die Therapie intravenös durchgeführt.
Auch eine passive Immunisierung mit Hyperimmunglobulin innerhalb von < 72 Stunden nach Exposition ist bei gefährdeten seronegativen Personen (z. B. bekannte Abwehrschwäche) möglich. Wenn eine passive Impfung nicht möglich ist, erfolgt die virostatische Therapie.

Impfung. Ein Lebendimpfstoff gegen das Virus bei älteren und betagten Menschen hat die Krankheitsbelastung (Schmerzen, postherpetische Neuralgie)

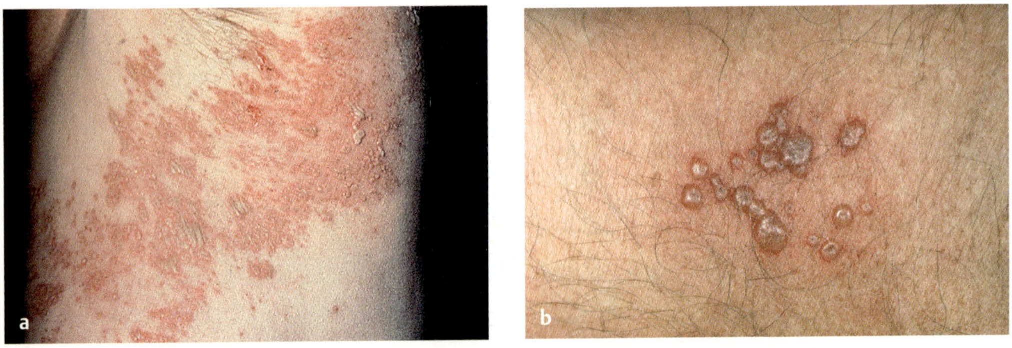

Abb. 49.6 Herpes zoster. a Typische Anordnung, **b** Detail (aus Moll, Duale Reihe Dermatologie, Thieme).

um über 50% gesenkt und dürfte in Zukunft häufiger zur Anwendung kommen.

> **!** **Bei Herpes zoster muss die Therapie bei den ersten Symptomen eingeleitet werden, um die Krankheitsdauer abzukürzen und das Risiko der postherpetischen Neuralgie zu reduzieren. Ein Einsatz später als 72 Stunden nach Beginn der Erkrankung hat kaum noch Einfluss auf den Verlauf.**

Postherpetische Schmerzen in der befallenen Region können länger persistieren, daher muss frühzeitig eine Schmerztherapie erfolgen. Bei älteren Patienten mit starken Schmerzen kann eine adjuvante Prednisontherapie sinnvoll sein (60 mg/Tag für 7 Tage, dann 7 Tage 30 mg und 7 Tage 15 mg).

Klinischer Fall

Mit starken Schmerzen über seiner linken Thoraxhälfte stellt sich der 76-jährige Herr C. bei seinem Hausarzt vor. Er beschreibt einen ziehenden Schmerz mit sehr hoher Intensität (auf der Schmerzskala 9/10). Herr C. hat zeitlebens keinen hohen Blutdruck gehabt und nie geraucht. Der Hausarzt schreibt ein EKG und sieht einen unauffälligen Befund mit einem Sinusrhythmus von 84/min. Als der Patient am nächsten Tag noch stärkere Schmerzen verspürt und auch Hautrötungen am Brustkorb bemerkt, sucht er seinen Arzt erneut auf. Herr C. erklärt, dass die Schmerzen nun permanent auftreten, doch plötzlich auch extrem stark wie ein Lassohieb einschießen würden. Und an diesem Tag sieht der Arzt auch auf dem thorakalen Dermatom zehn Bläschen. Er diagnostiziert einen Herpes Zoster.
Im Blutbild zeigt sich eine leichte Anämie von 13,4 g/l und eine Leukozytose von 10,7/nl. Das CRP liegt bei 1,4 mg/l. Herr C. soll nun über einen Zeitraum von fünf Tagen Valaciclovir 3 × 1 g/Tag einnehmen.

Tab. 49.8 Differenzialdiagnose exanthematischer Infektionskrankheiten

Erkrankung	Bedeutung	Bemerkung
Scharlach	+++	gehäuftes Auftreten, Tonsillitis, Pharyngitis, Schuppung in der Rekonvaleszenz
Erysipel	+++	scharf begrenztes, lokales, hyperthermes Exanthem, das sich allmählich ausbreitet
allergisch (Arzneimittel-Exanthem)	++	Medikamentenanamnese, Eosinophilie im Blutbild, selten Fieber, keine Hinweise auf Epidemie
Masern	++	Hinweise auf Epidemie, „Kinderkrankheit“, Koplik-Flecken, Lichtempfindlichkeit, Granulozytopenie
Röteln	++	Hinweise auf Epidemie, „Kinderkrankheit“, schmerzhafte postaurikuläre und okzipitale Lymphadenopathie, Gelenkbeteiligung
Exanthema subitum	++	Auftreten des Exanthems mit Verschwinden des Fiebers, Granulozytopenie
Erythema infectiosum	++	Exanthem beginnt an Wangen und breitet sich auf Arme, Stamm und Beine aus, Leukozytose mit Eosinophilie
Mononukleose	++	Lymphadenopathie, Splenomegalie, geringes Krankheitsgefühl, Monozyten im Differenzialblutbild
HIV	++	Fieber, Pharyngitis, Kopfschmerzen, virale Meningitis, Diarrhö, Lymphadenopathie
Ekzema herpeticatum	++	Unterscheidung durch den virologischen Nachweis
toxisches Schocksyndrom	++	schwerer Verlauf; Tamponbenutzung in der Menstruation; Schuppung in der Rekonvaleszenz
Herpes zoster	++	segmentale Anordnung der Effloreszenzen

Gegen die Schmerzen verschreibt ihm sein Arzt Paracetamol. Risikofaktoren wie ein übermäßiger Alkoholkonsum liegen bei dem Patienten nicht vor. Eine Immunsuppression durch eine HIV-Infektion lässt sich durch einen negativen Test ausschließen, und auch Hinweise auf ein Lymphom kann der Arzt derzeit nicht finden.

49.3.5 Infektionen durch Herpes-simplex-Viren

Verschiedenste Viren gehören zur Gruppe der Herpesviren. Eine kurze Übersicht gibt **Tab. 49.9**. Besonders häufig sind Infektionen mit **Herpes-simplex-Virus Typ 1 und 2**. Sie verursachen latente Infektionen, die jederzeit exazerbieren können. Die Viren sind gegen Umwelteinflüsse sehr empfindlich, daher ist eine Übertragung nur durch engen körperlichen Kontakt möglich. Eine aktive oder passive Impfung ist nicht möglich.

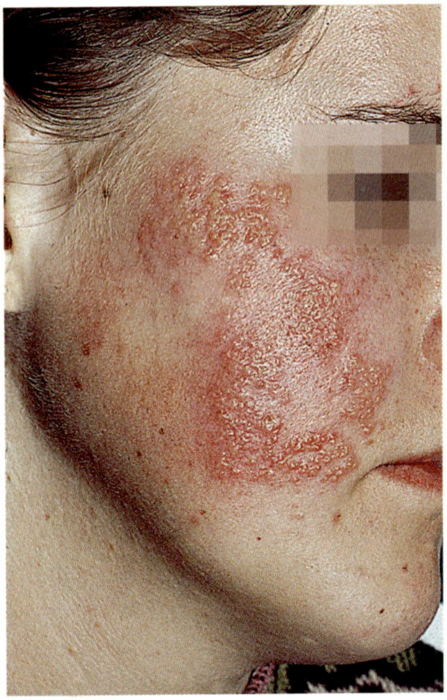

Abb. 49.7 Herpes simplex. Primärinfektion der rechten Wange mit ausgedehnten, teils konfluierenden Herpesfeldern, Lymphknotenschwellungen und Fieber (aus Moll, Duale Reihe Dermatologie, Thieme).

49.4 Infektiöse Durchfallerkrankungen

Infektiöse Enteritiden sind bei Verdacht, Erkrankung und Tod immer meldepflichtig, wenn der Patient im lebensmittelverarbeitenden Gewerbe und der Gastronomie tätig ist.

Akute und chronische Durchfallerkrankungen werden auch im Kapitel „Dünn- und Dickdarm“ auf S. 732 ff. besprochen. An dieser Stelle soll nur auf wichtige, durch Mikroorganismen verursachte Durchfallerkrankungen eingegangen werden. Die wichtigsten Ursachen der akuten Diarrhö sind zumeist infektiöser Natur und in **Tab. 49.10** zusammengefasst. **Tab. 49.11** zeigt die Pathogenitätsmechanismen bakterieller Erreger und **Tab. 49.12** informiert über den Hauptlokalisationsort verschiedener Erreger.

49.4.1 Norovirus-Enteritis

Labormeldung an das Gesundheitsamt bei Nachweis einer akuten Infektion!

Definition. Durch Noroviren hervorgerufener akuter epidemischer Brechdurchfall.

Epidemiologie. Noroviren (früher: Norwalk-like-Virus) sind die häufigsten Erreger epidemischer Gastroenteritiden im Erwachsenenalter (pro Jahr ca. 40 000 Fälle gemeldet) und in der westlichen Welt deutlich häufiger als bakterielle Erreger.

Ätiopathogenese. Die Erkrankung ist hoch infektiös. Die Inkubationszeit beträgt im Allgemeinen 18 – 48 Stunden. Die Infektiosität dauert bis ca. 48 h nach Abklingen der Klinik an, die Virusausscheidung noch eine bis zu zwei Wochen. Die Infektion hinterlässt keine anhaltende Immunität. Der Verdacht auf eine akute Gastroenteritis erfordert in Krankenhäusern, Pflegeheimen und anderen Gemeinschaftseinrichtungen die sofortige Isolation der Betroffenen und die Verwendung von Desinfektionsmitteln mit verbesserter Wirkung auf unbekapselte Viren.

Klinik. Akut einsetzendes Erbrechen und Durchfall, nach 2 – 3 Tagen selbstlimitierend.

Diagnostik. Die Diagnosestellung muss klinisch erfolgen, Bestätigung bei epidemischem Auftreten mittels PCR, die aufgrund der hohen Kosten nicht bei allen Betroffenen einer Epidemie eingesetzt werden muss.

Tab. 49.9 Herpesviren, typische Erkrankungen und Behandlung

Erreger	Typische Erkrankung	Therapie
Herpes-simplex-Virus Typ 1	Herpes labialis, Enzephalitis	Aciclovir, Valaciclovir, Famciclovir**, Vidarabin, Brivudin***, Foscarnet****
Herpes-simplex-Virus Typ 2	Herpes genitalis, Enzephalitis	Aciclovir, Valaciclovir, Famciclovir, Foscarnet****
Varicella-zoster-Virus	Windpocken, Herpes zoster, Enzephalitis	Aciclovir, Valaciclovir, Famciclovir, Brivudin, Foscarnet****
Epstein-Barr-Virus	Mononukleose, lymphoproliferative Erkrankungen*, endemisches Burkitt-Lymphom, Nasopharynx-Karzinom, seltenere Tumoren	(Aciclovir?)
Cytomegalievirus	CMV-Mononukleose, Retinitis*, Kolitis*, Hepatitis*	Ganciclovir, Valganciclovir, Foscarnet, Cidofovir
Humanes Herpesvirus Typ 6	Exanthema subitum (Roseola infantum), „Mononukleose"	keine
Humanes Herpesvirus Typ 7	Exanthema subitum	keine
Humanes Herpesvirus Typ 8	Kaposi-Sarkom*, Körperhöhlen-Lymphom*, Castleman-Syndrom, (Multiples Myelom?)	(Interferon α?)

** überwiegend bei Immunsuppression, ** Prodrug von Penciclovir, das auch topisch einsetzbar ist, *** keine Zulassung für Immunsupprimierte, **** bei Resistenz*

Tab. 49.10 Ursachen der akuten Diarrhö*

Einteilung	Ursachen
Infektionen (einschließlich Reisediarrhö)	
• Bakterien	*Bacillus cereus, Campylobacter species, Clostridium difficile, Clostridium perfringens, Escherichia coli (ET, EI, EH O157:H7), Listeria monocytogenes, Salmonella enteritidis, Shigella species, Staphylococcus aureus, Vibrionen, Yersinia enterocolitica*
• Parasiten/Protozoen	Cyclospora, Cryptosporidien, Entamoeba histolytica, Lamblien
• Viren	Adenoviren, Norovirus, Rotavirus
andere Ursachen	Medikamente, nicht resorbierbare Zucker, intestinale Ischämie

** akut: < 2 – 3 Wochen Dauer*

Tab. 49.11 Einteilung enteropathogener Bakterien nach Pathogenitätsmechanismen

Pathogenitätsmechanismus	Erreger
invasiv	*Campylobacter jejuni*, enteroinvasive *E. coli* (EIEC), Salmonellen, Shigellen, *Vibrio parahaemolyticus, Yersinia enterocolitica*
zytotoxisch	*Clostridium difficile*, enterohämorrhagische *E. coli* (EHEC), enteropathogene *E. coli* (EPEC), Shigellen, *Staphylococcus aureus*
enterotoxisch	Aeromonas species, enterotoxigene E. coli (ETEC), Staphylococcus aureus, Vibrio cholerae, Yersinia enterocolitica
enteroadhäsiv	enteropathogene E. coli (EPEC)

L

Tab. 49.12 **Infektiöse Pathogene im Dünndarm und Dickdarm**

Pathogen	Dünndarm	Dickdarm
Bakterien	*Aeromonas hydrophila, Bacillus cereus, Clostridium perfringens, Escherichia coli***, *Salmonella**, *Staphylococcus aureus, Vibrio cholerae*	Campylobacter*, *Clostridium difficile*, enteroinvasive *E. coli* (EIEC), *Plesiomonas shigelloides*, Shigella, Yersinia, *Vibrio parahaemolyticus*
Viren	Norovirus, Rotavirus	Adenovirus, Herpes-simplex-Virus, Zytomegalievirus*
Protozoen	Cyclospora, Cryptosporidium*, Giardia lamblia, Isospora, Microsporidium*	*Entamoeba histolytica*

** können sowohl Dünn- als Dickdarm befallen, angegeben ist die Hauptlokalisation*
*** EPEC, EAggEC, EHEC, ETEC*

Therapie. Symptomatisch, hygienische Maßnahmen.
Im Kindesalter sind **Rotavirus-Enteritiden** häufig (endemisch), die aufgrund der ebenfalls hohen Infektiosität ähnlich behandelt werden müssen. Differenzialdiagnostisch kommen weiterhin enterale Adenoviren und Astroviren in Betracht.

49.4.2 Salmonellen-Enteritis

Labormeldung an das Gesundheitsamt bei Nachweis einer akuten Infektion!

Definition. Durch Enteritis-Salmonellen verursachte Infektionen, die vor allem nach dem Konsum kontaminierter Lebensmittel auftreten.

Ätiopathogenese. Enteritis-Salmonellen sind im Tierreich weit verbreitet. Bei Unterbrechung der Kühlkette von kontaminierten Lebensmitteln (Geflügelprodukte!) können sich Salmonellen vermehren. Infektionen treten überwiegend in den Sommermonaten auf. Risiko und Schwere der Erkrankung sind höher bei höherer Infektionsdosis (100% der exponierten Personen erkranken bei > 10^6 Bakterien), höherem Magen-pH und bei Antibiotikatherapie (Schutzwirkung der Darmflora). Die Inzidenz beträgt 60 – 170/100 000 Einwohner. Pro Jahr werden in Deutschland ca. 50 000 Fälle gemeldet. Die Inkubationszeit beträgt je nach Infektionsdosis 12 – 48 Stunden.

Klinik. Wichtigste Symptome sind Fieber, Erbrechen, Tenesmen und wässrige Durchfälle. Bakteriämische Verläufe sind bei geriatrischen Patienten, Säuglingen, Kleinkindern, Patienten mit Anazidität und HIV-infizierten Patienten bekannt; bei gesunden Personen kommen eher selbstlimitierende Diarrhöen mit Abdominalschmerzen vor.

Diagnostik. Kultureller Nachweis in der Stuhl- und evtl. der Blutkultur.

Therapie. Symptomatisch; eine antibiotische Therapie ist nur bei schwerem Verlauf oder bei gefährdeten Patienten indiziert. Antibiotika der Wahl sind Gyrasehemmer (z. B. oral Ciprofloxacin 2 × 500 mg für 3 – 7 Tage oder Ceftriaxon 2 g/d). Die Therapie beeinflusst die Keimausscheidung nicht.

Verlauf. Nach einer überstandenen Salmonellose scheiden < 5% der Patienten in den ersten 3 Monaten Salmonellen im Stuhl aus. Nach 6 Monaten sind es < 1%.

49.4.3 Typhus und Paratyphus

engl.: typhoid fever

Arztmeldung an das Gesundheitsamt bei Verdacht, Erkrankung oder Tod.
Labormeldung an das Gesundheitsamt bei Nachweis einer akuten Infektion.

Ätiopathogenese. Erreger sind *Salmonella typhi* (einziges Reservoir: Mensch) bzw. *Salmonella paratyphi* A, B oder C (Hauptreservoir: Mensch). Nach der Schleimhautpenetration im terminalen Ileum kommt es zunächst zu einer Schwellung der Peyer-Plaques, von wo aus die Erreger über die mesenterialen Lymphknoten die Blutbahn erreichen und zur

Sepsis führen. Bei Typhus bzw. Paratyphus handelt es sich in der Regel um importierte Infektionen. 2008 wurden in Deutschland 69 Typhus- und 86 Paratyphusfälle gemeldet. Die Inkubationszeit beträgt 7 – 14 Tage, je nach Inokulum.

Klinik. Die Krankheit beginnt mit einem allmählichen Fieberanstieg in den ersten 72 h bis 40 °C, später ist das Fieber vom Continua-Typ. Es kann bei unbehandelten Patienten 3 – 4 Wochen andauern und fällt dann ab. Weitere Symptome sind Kopfschmerzen, Benommenheit (typhöser Zustand), Abdominalschmerzen; zuerst eher Obstipation, später Diarrhö und Splenomegalie. In den ersten Tagen ist außerdem ein makulopapulöses Exanthem am Stamm **(Roseolen)** und eine relative Bradykardie typisch. Als Komplikationen können Darmblutung, Darmperforation, Hepatitis und Cholezystitis auftreten. 1 – 3 % der Patienten werden zu Dauerausscheidern, die überwacht und medikamentös saniert werden müssen.

Diagnostik. Ein kultureller Nachweis kann in der 1. Woche in Blut- und evtl. Knochenmarkskulturen und in der 2. Woche im Stuhl versucht werden. Ab der 3. Woche ist ein serologischer Nachweis (Widal) möglich. Im Blutbild fällt eher eine Leukopenie mit Linksverschiebung auf.

Therapie. Symptomatischer Flüssigkeits- und Elektrolytersatz; Gyrasehemmer (z. B. Ciprofloxacin 2 × 500 mg) für 10 – 14 Tage. Allerdings hat die Resistenzrate gegen Ciprofloxacin zugenommen. Deshalb alternativ Cephalosporin der 3. Generation (z. B. Ceftriaxon oder Cefotaxim). Je nach klinischem Befund i.v. Therapie.

Prognose. Sie ist bei rechtzeitiger antibiotischer Behandlung sehr gut, als Prophylaxe wird bei Auslandsreisen eine aktive Impfung empfohlen. Bei Persistenz in den Gallenwegen kann eine Cholezystektomie sinnvoll sein.

49.4.4 Shigellose

Synonym: bakterielle Ruhr
engl.: bacillary dysentery

Labormeldung an das Gesundheitsamt bei Nachweis einer akuten Infektion.

Definition. Hauptsächlich das Kolon befallende Infektionskrankheit verursacht durch Bakterien der Spezies Shigella. Die Erkrankung wird fast ausschließlich im Ausland erworben.

Ätiopathogenese. Nach Eindringen in die Epithelzellen des terminalen Ileums und des Kolons entstehen ulzeröse Läsionen, wodurch es zu blutigen Diarrhöen kommt. Bei *Shigella dysenteriae* wird durch das Shiga-Toxin eine hämorrhagische Kolitis hervorgerufen. Die Inkubationszeit beträgt 1 – 7 Tage.

Klinik. Akutes Fieber bis 40 °C, Tenesmen mit Stuhldrang, initial profuse, später blutige Durchfälle.

Diagnostik. Kultureller Nachweis im Stuhl, selten auch im Blut; PCR im Stuhl.

Therapie. Symptomatische Therapie mit Flüssigkeits- und Elektrolytersatz. Gyrasehemmer (z. B. oral Ciprofloxacin 2 × 500 mg) für 3 – 5 Tage. Bei frühzeitigem Einsatz kann auch eine einzige Gabe ausreichend sein. Bei Kindern kommen Cephalosporine der 3. Generation, z. B. Ceftriaxon, zur Anwendung. Zu beachten ist die zunehmende Antibiotikaresistenz. In diesem Fall kommt Azithromycin zum Einsatz.
Komplikationen sind toxisches Megakolon, Darmperforation und selten eine Sepsis. Eine prophylaktische Impfung ist nicht möglich.

49.4.5 Campylobacter-Enteritis

Labormeldung an das Gesundheitsamt bei Nachweis einer akuten Infektion!

Definition. Darminfektion, die am häufigsten durch die Arten *Campylobacter jejuni* und *Campylobacter coli* verursacht wird.

Ätiopathogenese. Das natürliche Reservoir bilden Geflügel, verschiedene Haustiere und andere Vogelarten. Die Übertragung erfolgt z. B. über ungenügend gegartes Fleisch, rohe Austern oder über Ziegenmilchprodukte. Fäkal-orale Übertragungen von Mensch zu Mensch sind bekannt. Die Inkubationszeit beträgt 1 – 7 Tage.

Klinik. Akute Enterokolitis mit Bauchkrämpfen, Fieber, Übelkeit, Erbrechen und Durchfällen, die gelegentlich blutig sein können. Die Krankheit ist bei Immunkompetenten selbstlimitierend und heilt innerhalb von 2 – 7 Tagen ab.

Diagnostik. Kultureller Nachweis in Stuhl und Blutkulturen; der serologische Nachweis ist nicht üblich.

Therapie. Campylobacter-Infektionen sind üblicherweise mild und selbstlimitierend. Symptomatisch steht die Therapie des Flüssigkeits- und Elektrolytverlusts im Vordergrund. Bei schwerer Erkrankung und/oder hohem Allgemeinrisiko (z. B. hohes Alter) kommen Makrolide (z. B. Azithromycin 500 mg/d für 3 Tage) oder Ciprofloxacin (häufig Resistenz) (2 × 500 mg für 5 – 7 Tage) zur Anwendung.

49.4.6 Yersiniose

engl.: yersiniosis

Labormeldung an das Gesundheitsamt bei Nachweis einer akuten Infektion.

Definition. Die Yersiniose ist eine infektiöse Durchfallerkrankung. Erreger der Yersiniose sind *Yersinia pseudotuberculosis* und *Yersinia enterocolitica*, die im Tierreich weit verbreitet sind. Die Inkubationszeit beträgt 2 – 7 Tage.

Klinik. Typisch sind Diarrhöen und Bauchschmerzen (Enterokolitis) mit begleitendem Fieber. Bei Infektion durch *Yersinia pseudotuberculosis* können ähnliche Symptome wie bei einer Appendizitis auftreten („Pseudo-Appendizitis") begleitet von einer Lymphadenitis mesenterica und Ileitis terminalis. Bei Patienten mit bestimmten HLA-Antigenen (z. B. HLA-B27) können Wochen nach einer Infektion Arthritiden auftreten (s. S. 1108). Bei älteren Patienten können septikämische Verläufe vorkommen.

Diagnostik. Kultureller Nachweis im Stuhl und serologischer Nachweis von Antikörpern.

Therapie. Flüssigkeits- und Elektrolytersatz, Tetrazykline (z. B. Doxycyclin 2 × 100 mg) oder Ciprofloxacin (2 × 500 – 750 mg) für 2 – 3 Wochen

49.4.7 Infektionen mit darmpathogenen Escherichia coli

Labormeldung an das Gesundheitsamt bei Nachweis einer akuten EHEC-Infektion.

Die darmpathogener Kolibakterien werden in 5 Gruppen eingeteilt:

- enteroinvasive *E. coli* (EIEC)
- enterotoxinbildende *E. coli* (ETEC)
- enteropathogene *E. coli* (EPEC) und diffus adhärierende *E. coli* (DAEC)
- enterohämorrhagische *E. coli* (EHEC)
- enteroaggressive *E. coli* (EAEC)

Die unterschiedlichen Pathogenitätsgruppen verursachen spezifische Krankheitsbilder und haben eine unterschiedliche Epidemiologie sowie Virulenz (**Tab. 49.13**). In Deutschland kommen EAEC und EHEC als Erreger akuter Durchfälle häufig vor. ETEC, EPEC und EIEC sind vor allem in Ländern der warmen Klimazonen endemisch. Alle darmpathogenen Kolibakterien unterscheiden sich von den verwandten apathogenen *E. coli* durch die Präsenz von Pathogenitätsgenen. Spezifische Gene, deren Produkte für die Toxinbildung, Adhärenz oder Invasivität verantwortlich sind, werden durch einen Gentransfer erworben.

Klinik. Die schwerwiegendsten Komplikationen kann eine EHEC-Infektion verursachen: der zunächst wässrige Durchfall kann bei 15 – 20 % der Erkrankten als Ausdruck einer schweren Infektion in eine hämorrhagische Kolitis übergehen. Eine gefürchtete Komplikation ist das hämolytisch-urämische Syndrom (HUS), insbesondere beim Shiga-Toxin-bildenden Serotyp O157:H7. Das klassische HUS ist die häufigste Ursache des akuten Nierenversagens im Kindesalter und durch einen biphasischen Verlauf gekennzeichnet: Durchfall, kurzes Intervall, Erbrechen, Bauchkrämpfe, Lethargie, Blässe, Ikterus, Petechien, akutes Nierenversagen (vgl. S. 310).

49.4.8 Nahrungsmittelvergiftung

engl.: food poisoning

Wichtigste Erreger von Nahrungsmittelvergiftungen sind *Staphylococcus aureus, Clostridium perfringens Typ A, Bacillus cereus, Clostridium botulinum*. Häufig sind mehrere Personen gleichzeitig betroffen, die sorgfältige Anamnese deckt die Quelle oft auf. Die Krankheit wird durch das Toxin und nicht durch Bakterien direkt vermittelt.
Im Vordergrund stehen gastrointestinale Beschwerden, vor allem schweres Erbrechen mit Bauchkrämpfen, gefolgt von Durchfällen. Fieber ist häufig, kann aber auch fehlen. Die Krankheiten sind meist akut und selbstlimitierend, die typischen Inkubationszeiten sind der **Tab. 49.14** zu entnehmen.

Diagnostik. Unterschiedlich: je nach Erreger Toxin ab Kultur oder direkt.

Therapie. Im Vordergrund stehen Elektrolyt- und Flüssigkeitsersatz.

Tab. 49.13 Darmpathogene *Escherichia coli*

	EIEC	ETEC	EPEC	EHEC	EAEC
Epidemiologie	Lebensmittel, Trinkwasser, Reiserückkehrer aus warmen Ländern	Lebensmittel, Trinkwasser, für 50 % aller Reisediarrhöen verantwortlich	auf Säuglingsstationen; in Entwicklungsländern für 20 % der Todesfälle durch Durchfall bei Säuglingen verantwortlich	rohe Lebensmittel, kontaminiertes Trinkwasser, hohe Infektiosität, von Mensch zu Mensch, alle Altersgruppen in Deutschland	häufig in Deutschland bei Kleinkindern, Kontaktinfektion von Mensch zu Mensch
Pathogenitätsmechanismen	Invasion in die Mukosa, dort Vermehrung, Virulenz wie Shigellen	bildet hitzelabiles (LT), und hitzestabiles (ST) Enterotoxin	lokalisierte Adhärenz, Signaltransduktion, Veränderungen der Enterozyten	Shigatoxine, Epithelzellen verlieren Mikrovilli	Anheftung an Mukosa, zytotoxische Zerstörung der Mikrovilli
Diagnostik	Stuhl: Serogruppe, PCR	Stuhl (ELISA), PCR	Stuhl: Serogruppe, HEp2-Zellen-Adhärenztest, PCR	Stuhl: Nachweis der Shigatoxine	Stuhl: PCR
Symptome	Durchfälle	wässrige Durchfälle, Dauer 7 – 14 Tage, Übelkeit, Abdominalkrämpfe	wässrig-blutige Durchfälle bei Säuglingen	wässrig-blutige Durchfälle, hämorrhagische Kolitis	schleimig-wässrige Durchfälle
Komplikationen			Exsikkose	hämolytisch-urämisches Syndrom (HUS)	
Therapie	Rehydratation, Ciprofloxacin	Rehydratation, Loperamid, ggf. Ciprofloxacin	Rehydratation, Antibiotika nach Antibiogramm, da oft Antibiotikaresistenz	Rehydratation Antibiotika und Loperamid sind kontraindiziert	Rehydratation, evtl. Antibiotika, dann Ciprofloxacin

Tab. 49.14 Häufige toxinvermittelte Enteritiden

Erreger	Inkubationszeit	Erbrechen	Diarrhö	Abdominalkrämpfe
Staphylococcus aureus	1 – 12 h	+++	+	+++
Clostridium perfringens Typ A	6 – 24 h	+	+++	+++
Clostridium difficile	Tage bis Wochen	–	+++	++
Bacillus cereus	2 – 24 h	+	+++	+++
Vibrio cholerae	12 – 72 h	(+)	++++	–
Clostridium botulinum	6 h–wenige Tage	(+)	+	+
E. coli (toxinbildende)	12 – 120 Stunden	(+)	+++	+++

L

Botulismus

engl.: botulism

Arztmeldung an das Gesundheitsamt bei Verdacht, Erkrankung oder Tod.
Labormeldung an das Gesundheitsamt bei Nachweis einer akuten Infektion.

Die sehr seltene Erkrankung (< 10 Fälle/Jahr in Deutschland) wird durch ein von *Clostridium botulinum* produziertes Neurotoxin ausgelöst und steht im Zusammenhang mit dem Verzehr von ungenügend sterilisierten, meist selbst hergestellten Konserven, z. B. Bohnen, Wurst oder ungenügend geräuchertem Fleisch (*lat.* botulus = Wurst). Vereinzelt ist von Botulismus ausgehend von Wundinfektionen bzw. Darmbesiedlung (bei Kindern) berichtet worden. Botulinustoxin ist auch ein möglicher Kampfstoff der biologischen Kriegsführung. Es findet weiterhin medizinische Anwendung bei muskulären Spasmen und neuerdings in der kosmetischen Chirurgie.

Klinik. Die häufigsten Symptome sind allgemeine Muskelschwäche, Sehstörung (Doppelbilder), Dysphagie, Trockenheit im Mund, Bauchschmerzen mit Diarrhö, die beim Fortschreiten in Obstipation übergehen können, und absteigende Lähmungen mit entsprechender Klinik, vor allem respiratorischer Insuffizienz.

Diagnostik. Nachweis von Toxin im Serum oder Stuhl des Patienten; am einfachsten und sichersten gelingt der Nachweis in Speiseresten, wobei gelegentlich nur der verzehrte Anteil einer Konserve kontaminiert sein kann. Die Abgrenzung anderer Infektionskrankheiten bereitet kaum Probleme. Schwieriger kann die Unterscheidung von neurologischen Erkrankungen sein.

Therapie. frühzeitige Gabe von Antitoxin.

49.4.9 Enterokolitis durch Clostridium difficile – Pseudomembranöse Kolitis (PMC)

Definition. Entzündliche Erkrankung des Dickdarms durch das Toxin von *Clostridium difficile*.

Äätiopathogenese. Die Erreger kommen ubiquitär vor und können Teil der Standortflora des Darms sein. Da sie resistent gegen fast alle Breitspektrumantibiotika sind, kann es unter jeder antibiotischen Therapie zu einer Vermehrung von *Clostridium difficile* und Verdrängung der Standortflora kommen. Risikofaktoren sind hohes Alter, Immunsuppression, vorausgegangene Breitspektrumantibiotikatherapie und Abdominaloperationen. Häufig erfolgt eine Kolonisation im Krankenhaus.

Klinik. Von asymptomatischen Verläufen bis hin zu einem schweren, septischen Krankheitsbild mit Fieber bis 40 °C, blutig-schleimigen Diarrhöen und kolikartigen Bauchschmerzen ist alles möglich.

Diagnostik. Nachweis des Toxins aus Stuhlproben, kultureller Nachweis toxinbildener C.-difficile-Stämme. Endoskopisch sind Pseudomembranen typisch. Neue Stämme vom Ribotyp 027 sind besonders pathogen und können mittels molekularen Methoden nachgewiesen werden.

Therapie. Möglichst Absetzen der Antibiotikatherapie. Orale Gabe von Metronidazol (3 × 250 – 500 mg) oder oral verabreichtes Vancomycin. Metronidazol ist auch intravenös wirksam (Vancomycin hingegen nicht).
Als Komplikationen sind Megakolon, Ileus und Kolonperforation gefürchtet.

! **Bei jeder antibiotikaassoziierten Abdominalklinik an PMC denken!**

49.5 Infektionen des Zentralnervensystems

49.5.1 Meningitis

Synonym: Hirnhautentzündung
engl.: meningitis

Arztmeldung an das Gesundheitsamt bei Verdacht auf Meningokokken-Meningitis, Erkrankung oder Tod.
Labormeldung an das Gesundheitsamt bei Nachweis einer akuten Meningokokken-Infektion.

Definition. Entzündung der Hirnhaut mit Erhöhung der Zellzahl und des Eiweißgehalts im Liquor. Meist durch Bakterien oder Viren, selten durch Pilze oder Parasiten bedingt.

Einteilung

Akute eitrige Meningitis. Mit bakteriellem Erreger und einem akuten, schweren Verlauf. Im Erwachsenenalter sind Pneumokokken *(Streptococcus pneumoniae)* oder Mengingokokken *(Neisseria meningitidis)* die häufigsten Erreger. Seltener und meist bei bestimmten Vorerkrankungen (Leberzirrhose, Organtransplantation) werden Listerien gefunden. Der Liquor ist makroskopisch trüb. Bei schleichendem Verlauf, Lähmung des N. abducens bzw. der basalen Hirnnerven und/oder eher lymphozytärer Zellzahlerhöhung muss eine Infektion mit *Mycobacterium tuberculosis* erwogen werden.

Subakute nicht eitrige Meningitis. Der lymphozytenreiche Liquor ist makroskopisch klarer als bei bakteriellen Entzündungen. Hier kommen Tuberkulose, Lues, Borreliose und eine virale Infektion infrage. Häufige virale Erreger sind FSME, ECHO-, Coxsackie- und Mumpsviren.
In **Tab. 49.15** sind die häufigsten Erreger mit den typischen Symptomen und der gängigen Therapie aufgeführt.

Klinik

Akute eitrige Meningitis.
- starke Kopfschmerzen: meist diffus über den ganzen Kopf verteilt
- Nackensteifigkeit: der Patient ist unfähig, seinen Kopf auf die Brust zu beugen
- Fieber: die Temperatur steigt häufig innerhalb weniger Stunden auf über 39 °C
- Allgemeinsymptome: Schwäche, Erbrechen und Bewusstseinseintrübung, Licht- und Geräuschempfindlichkeit
- petechiale Hautherde weisen auf Meningokokken hin (Waterhouse-Friderichsen-Syndrom).

Subakute nicht eitrige Meningitis. Schleichender Beginn mit geringem Krankheitsgefühl, die o.g. Symptome sind schwächer ausgeprägt. Meist leiden die Patienten erst unter einer fieberhaften Infektion, zu der einige Tage später Kopfschmerzen, Übelkeit und Erbrechen hinzukommen. Bewusstseinsstörungen werden eher selten beobachtet.

Komplikationen. Bei der akut eitrigen Meningitis können schwere Komplikationen auftreten, v. a. bleibende zerebrale Schäden sind möglich. Unbehandelt verläuft die Entzündung fast immer tödlich, doch auch unter Therapie muss mit einer Letalität von 5 – 30 % gerechnet werden.
Bei der subakut nicht eitrigen Meningitis hängt die Prognose stark vom spezifischen Erreger ab (TB Meningitis mit ernster Prognose versus FSME mit guter Prognose.

Diagnostik

Eine Diagnostik wie die Liquoruntersuchung und die CT dürfen die Antibiotikagabe um maximal 30 min. verzögern. Gleichzeitig mit Lumbalpunktion sollen Blutkulturen abgenommen werden. In jedem Fall erfolgt vor einer computertomographischen Untersuchung bei hohem Verdacht auf eine bakterielle

Tab. 49.15 Häufigste Erreger der akuten Meningitis

Konstellation	Erreger	Therapie
jugendliche und jüngere Patienten mit Exanthem, akuter Beginn	*Neisseria meningitidis*	Penicillin G oder Cefotaxim oder Ceftriaxon
jugendliche oder ältere Patienten, akuter Beginn, Läsionen im Kopfbereich bekannt	*Streptococcus pneumoniae*	Cefotaxim oder Ceftriaxon oder Penicillin G
Immunsuppression, Leberzirrhose, Dialysepatient	*Neisseria meningitidis, Streptococcus pneumoniae, Listeria monocytogenes*	Cefotaxim allein oder in Kombination mit Ampicillin (Listerien)
HIV-Infektion	*Cryptococcus neoformans*	Amphotericin B + Flucytosin + Fluconazol
Zeckenbiss vorausgegangen, Erythema chronicum migrans	*Borrelia species*	Penicillin G oder Cefotaxim oder Ceftriaxon
Zeckenbiss vorausgegangen, Symptome einer Enzephalitis	Flavivirus (Frühsommermeningoenzephalitis = FSME)	symptomatisch

Tab. 49.16 Liquorbefunde in der Meningitisdiagnostik

Erkrankung	Zellen	Eiweiß	Glucose
bakterielle Meningitis	segmentkernige Pleozytose	↑	↓
Virusmeningitis (**Abb. 49.8**)	lymphomonozytäre Pleozytose	↑ oder normal	normal
tuberkulöse Meningitis	gemischtzellige Pleozytose	↑	↓ ↓
Meningitis durch Pilze	lymphomonozytäre Pleozytose	↑	↓
Hirntumor	normal oder vermehrt	↑ (Albumin)	normal

↑ = erhöht / ↓ = erniedrigt

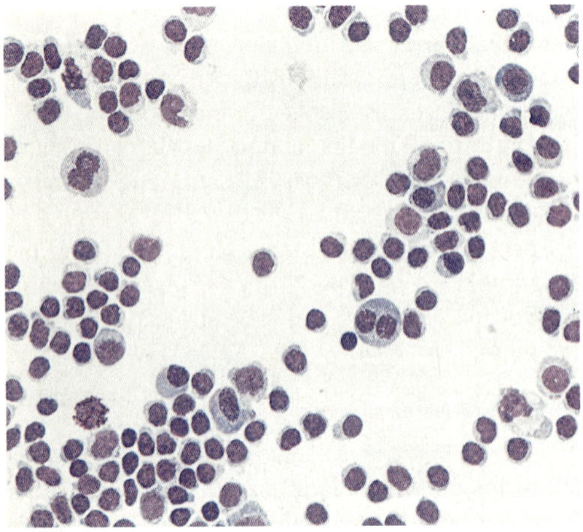

Abb. 49.8 Lymphozytäre Meningitis. Das Zellsediment enthält überwiegend Lymphozyten. Man sieht das gesamte Spektrum der lymphozytären Transformation bis hin zu Plasmazellen (z. T. in Mitose), außerdem einige Monozyten (aus Masuhr, Neumann, Duale Reihe Neurologie, Thieme).

Tab. 49.17 Differenzialdiagnose der Meningitis

Erkrankung	Bedeutung	Kommentar
Subarachnoidalblutung	+	Beginn schlagartig, kein Fieber, makroskopisch blutiger Liquor
intrakranielle Tumoren	+	langsamer Beginn, Übelkeit, Erbrechen, Sehstörungen, Liquor makroskopisch und mikroskopisch unauffällig

Meningitis eine erste Antibiotikagabe (siehe Therapie).

Liquor. Eine Lumbalpunktion steht immer an erster Stelle der Diagnostik. Der Liquor ist sofort zu untersuchen auf Zell-, Eiweiß- und Glukosegehalt; gezielter Erregernachweis (Gram-Färbung, Latex-Test, Kultur), bei V. a. Kryptokokkose Tusche-Präparat und/oder Antigen-ELISA in Liquor und Serum. Neben der Liquorglukose wird gleichzeitig die Serumglukose bestimmt und daraus der Liquor-Serum-Quotient berechnet (niedriger Wert bei bakterieller Meningitis). Diese Untersuchungen weisen schon häufig auf den Erreger oder auch auf andere neurologische Erkrankungen hin (**Tab. 49.16**). Bei Nachweis gramnegativer Diplokokken (Meningokokken) ist die sofortige Therapie von Kontaktpersonen erforderlich.

Labor. Blutbild, Differenzialblutbild, CRP, Liquor- und Blutkulturen, Serum-Kreatinin und -Elektrolyte.

CT. Das CT kann unauffällig sein oder eine leptomeningeale Anreicherung zeigen, z. B. basale Meningitis bei Tuberkulose.

Therapie

Die beiden häufigsten Erreger, Pneumokokken und Meningokokken, sind in der Regel hoch empfindlich gegen **Penicillin G** (Megacillin, 5 Mio. IE alle 8 h als Infusion). Aus dem Ausland, v. a. aus Frankreich, Spanien und Ungarn, sind penicillinresistente Stämme bekannt. In solchen Fällen wird Cefotaxim (3 × 2 – 4 g) oder Ceftriaxon (2 × 2 g) in Kombination mit Vancomycin (2 × 1 g) bis Erhalt der Empfindlichkeitstestung empfohlen. Cefotaxim ist auch bei Haemophilus influenzae Typ B (kommt bei Kindern vor) als Mittel der Wahl anzusehen.

Die Gabe von **Dexamethason** (Fortecortin® 10 mg 6-stdl. i.v. über 4 Tage) unmittelbar vor der Antibiotikagabe ist assoziiert mit einer verminderten Mortalität und weniger persistierenden neurologischen Ausfällen, da die entzündliche Antwort auf die Infektion reduziert wird. Dies konnte gezeigt werden für Pneumokokken, ein Trend für ein besseres Outcome besteht für die übrigen bakteriellen Meningitiserreger. Bei Verdacht auf eine bakterielle Meningitis sollte somit vor der 1. Antibiotikagabe Dexamethason gegeben werden, wobei die Antibiotikagabe nicht mehr als 15 min zu verzögern ist.

Bei starkem Verdacht auf Meningitis und Vorliegen von Hautbefunden schon vor Krankenhauseinweisung ohne einen Erregernachweis sofort eine Therapie mit Penicillin G bzw. Cefotaxim oder Ceftriaxon beginnen.

Prophylaxe

Die Impfung ist gegenüber der in Deutschland häufigsten Serogruppe A der Menigokokken nicht wirksam. Gegen FSME sollen sich Personen impfen lassen (Tot-Impfstoff), die in einem FSME-gefährdeten Gebiet wohnen oder dorthin reisen und sich gerne in der Natur aufhalten. Exponierte Personen erhalten eine Chemoprophylaxe (2 Tage Rifampicin oder Einmaldosis Ceftriaxon i.m. bzw. Ciprofloxacin 500 mg). Durch die aktive Impfung mit Haemophilus-influenzae-(HIB)-Impfstoff ist es zu einem sehr starken Rückgang der Meningitis durch Haemophilus influenzae im Kindesalter gekommen.

Tab. 49.18 Viren, die das zentrale Nervensystem infizieren können

Erregertyp	Serotypen	Inkubationszeit (in Tagen)		
Adenoviren	47	(2)	5 – 7	(10)
Coxsackie-A-Viren	23		2 – 6	
Coxsackie-B-Viren	6		2 – 6	
ECHO-Viren	31		2 – 6	
Enteroviren	4		2 – 6	
Epstein-Barr-Virus	1		7 – 14	(28)
FSME[1]-Virus	1		4 – 14	
Herpes-simplex-Viren	2	(2)	3 – 9	(20)
HI[2]-Viren	2	Monate bis Jahre		
Influenza-A-, -B-, -C-Virus	3		0,7 – 3	
LCM[3]-Virus	1		6 – 13	
Masernvirus	1	(8)	9 – 12	(18)
Masernvirus: SSPE[4]	1	Jahre		
Mumpsvirus	1	(12)	16 – 20	(26)
Parainfluenzaviren	4		2 – 3	
Polioviren	3	(6)	9 – 14	(> 21)
Polyomavirus: PML[5] (**Abb. 49.9**)	1	Jahre		
Rabiesvirus (Tollwut)	1	(6)	20 – 100	(> 300)
Respiratory-Synzytial-Virus	1		3 – 5	(7)
Rötelnvirus: PRP[6]	1	Jahre		
Varizella-Zoster-Virus	1	(9)	14 – 21	(28)
Zytomegalievirus	1		30 – 50	

(in Klammern = zeitliche Extremvarianten)
[1] FSME = Frühsommermeningoenzephalitis
[2] HI = Human immunodeficiency
[3] LCM = lymphozytäre Choriomeningitis
[4] SSPE = subakut sklerosierende Panenzephalitis
[5] PML = progressive multifokale Leukenzephalopathie
[6] PRP = progressive Rötelnpanenzephalitis

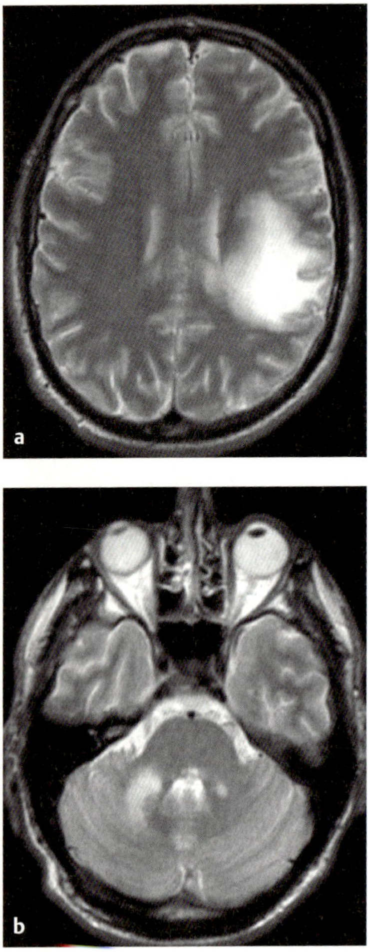

Abb. 49.9 Progressive multifokale Leukenzephalopathie (PML) bei AIDS. Seit 8 Jahren HIV-infizierter Patient mit zunehmenden Wortfindungsstörungen, latenter Hemiparese und gesteigerten Eigenreflexen. MRT-Nachweis T 2-hyperintenser, nicht kontrastmittelaufnehmender Läsionen links parietal im periventrikulären Marklager subkortikal (**a**), geringfügiger auch im Kleinhirn, rechts ausgeprägter als links (**b**) (aus Masuhr, Neumann, Duale Reihe Neurologie, Thieme).

49.5.2 Enzephalitis

engl.: encephalitis

Definition. Infektion des Hirnparenchyms meist durch Viren, selten durch Bakterien oder Protozoen.

Ätiopathogenese. Eine Vielzahl von Viren kann eine Enzephalitis auslösen (**Tab. 49.18**). Selten kommen Enzephalitiden im Rahmen einer hämatogenen Streuung bei bakteriellen Infektionen vor. In Mitteleuropa ist die Frühsommermeningoenzephalitis (FSME) nach der Borreliose die zweitwichtigste durch Zecken übertragene Infektionskrankheit. Endemiegebiete für die FSME sind vor allem Österreich, Ost- und Süddeutschland, Elsass, Ostschweiz, Tschechien, Slowakei, Polen, Westrussland und Finnland.

Klinik. Die Zeichen der Enzephalitis sind oft sehr diskret, häufige Symptome sind

- Fieber
- Wesensveränderungen mit Sprachstörungen, Bewusstseinsstörungen, Benommenheit bis zum Koma
- neurologische Herdsymptome und Krampfanfälle

Diagnostik. Der Charakter als **diffuse Enzephalitis** (Viren, Spirochäten, post-/parainfektiös) bzw. **fokale Enzephalitis** (Hirnabszesse bei bakteriellen, mykotischen und protozoalen Infektionen, z. B. Toxoplasmose) ist diagnostisch wegweisend.

- **Liquor:** Zellzahl und Eiweiß nur mäßig erhöht, meist Lymphozytose; Kultur und Serologie
- **Labor:** Bei viraler Genese nur geringe Leukozytose, im Differenzialblutbild eher eine Lymphozytose, nur mäßige CRP-Erhöhung
- nach der **Erregerdiagnostik** werden unterschieden:
  - **primäre Enzephalitis:** Erreger kann angezüchtet bzw. mittels PCR oder histologisch nachgewiesen werden
  - **post- oder parainfektiöse Enzephalitis:** Erreger kann nicht angezüchtet, mittels PCR oder histologisch nachgewiesen werden

Therapie. Meist nur symptomatisch, da bei viraler Genese eine gezielte Therapie nur bei der Herpes-simplex- oder Varicella-Zoster-Enzephalitis mit Aciclovir (z. B. Zovirax 3 × 10 mg/kgKG/d) möglich ist. Bei der FSME muss das Hyperimmunglobulin innerhalb von 48 h nach Zeckenbiss gegeben werden, um eine Erkrankung zu verhindern. Dies gelingt allerdings sehr selten. Außerdem sind deletäre Verläufe nach Gabe von Hyperimmunglobulin beschrieben worden.

Prophylaxe. Die Schutzimpfung gegen FSME wird bei Reisen in Endemiegebiete und für gefährdete Personen (z. B. Waldarbeiter) empfohlen.

Rabies

Synonym: Tollwut
engl.: Rabies

Arztmeldung an das Gesundheitsamt bei Verdacht, Erkrankung oder Tod.
Labormeldung an das Gesundheitsamt bei Nachweis einer akuten Infektion.

Definition. Die Tollwut führt unbehandelt zu einer unweigerlich tödlichen Enzephalomyelitis durch das Rabiesvirus (Lyssavirus), das über Speichel oder einen Biss durch ein erkranktes Tier übertragen wird. Übertragungen über Kornea-Transplantate sind beschrieben.

Klinik. Die Inkubationszeit ist sehr variabel und abhängig von der Entfernung der Eintrittspforte zum ZNS (Tage bis zu 12 Monaten). Im Prodromalstadium kommt es zu unspezifischen Symptomen (Kopfschmerzen, Unruhe, Übelkeit), im darauf folgenden sensorischen Stadium treten Parästhesien an der bereits verheilten Bissstelle auf. Im typischen Exzitationsstadium kommt es zu starker Angst, Muskelkrämpfen und Hyperreflexie, Delir und Wutanfällen. Auffällig sind der vermehrte Speichelfluss (Hypersalivation) und eine ausgeprägte Hydrophobie (pharyngeale Spasmen bei Flüssigkeitsaufnahme). Im paralytischen Stadium entwickelt sich dann eine zunehmende progressive Paralyse. Der Tod tritt nach ca. 7 Tagen ein.

Diagnostik. Anamnese (Bissverletzung, Verhalten des Tiers, Endemiegebiet), wenn möglich Untersuchung des Tieres, Serologie sofort und im Verlauf.

Therapie. Wundbehandlung. Bei passender Anamnese sind aktive und passive Immunisierung dringlich, aber nicht notfallmäßig erforderlich. Nach Ausbruch der Krankheit ist keine Therapie möglich, die zur Heilung führt. Die Prognose ist dann infaust.

Prophylaxe. Primärprophylaxe (Vakzination) bei zu erwartender Exposition.

49.5.3 Poliomyelitis

Enterovirusinfektion (3 Serotypen) mit Befall des Zentralnervensystems. Die Infektion ist hochgradig kontagiös, wird fäkal-oral übertragen und weist häufig einen biphasischen Verlauf auf. Einer unspezifischen fieberhaften Erkrankung 3 – 5 Tage nach Exposition folgt eine Besserung. 9 – 12 Tage nach Exposition tritt eine erneute fieberhafte Phase mit neurologischen Symptomen auf (aseptische Meningitis und Myelitis, Paralyse einer oder mehrerer Extremitäten). Die Letalität beträgt ca. 8 %, in ca. 37 % verbleiben Lähmungen. Aufgrund unzureichenden Impfschutzes ist die Poliomyelitis in Teilen Afrikas und Asiens weiterhin endemisch. Zu Diagnostik und Therapie s. S. 1044.

49.6 Sepsis

engl.: septicaemia

Definitionen. Lebensbedrohliche Komplikation schwerer Infektionen mit systemischen Entzündungszeichen und Gewebeschäden in verschiedenen Organen (Sepsis = SIRS mit dokumentiertem oder vermutetem Infektfokus).
Von einem **systemischen Entzündungssyndrom SIRS** spricht man, wenn zwei oder mehr der folgenden Zeichen einer systemischen Entzündungsreaktion vorhanden sind:

- Fieber > 38 °C oder Hypothermie < 36 °C
- Leukozytose > 12/nl oder Leukopenie < 4/nl oder > 10 % stabkernige Granulozyten
- Tachykardie > 90/min
- Tachypnoe > 20/min oder $PaCO_2$ < 32 mmHg

Die Sepsis wird eingestuft als

- „einfache" Sepsis: klinische Hinweise auf eine Infektion plus mindestens 2 der oben erwähnten Symptome
- schwere Sepsis: zusätzlich Zeichen einer Organdysfunktion, -hypoperfusion oder Hypotension
- septischer Schock: zusätzlich Kreislaufschock trotz Flüssigkeitssubstitution

Bei passagerem Vorhandensein von Erregern im Blut (z. B. bei Zahnextraktionen) ohne klassische Symptome einer Sepsis spricht man von **Bakteriämie** (*engl.:* bacteraemia). Klinisch fehlen die typischen Zeichen einer Allgemeininfektion.

Epidemiologie. In **Tab. 49.19** sind die typischen Erreger der Sepsis nach Häufigkeit ihres Auftretens und mit den häufigsten Eintrittspforten wiedergegeben. Bei 95 % der Patienten verursacht ein einziger Erreger die Sepsis (Monoinfektion). In Blutkulturen, die bei Verdacht auf Sepsis vor Gabe eines Antibiotikums beimpft werden, gelingt es in ca. 60 % der Fälle, einen pathogenetisch relevanten Erreger nachzuweisen.

Tab. 49.19 Häufigste Erreger der Sepsis*

Erreger	Häufigkeit (%)	typische Eintrittspforten
Escherichia coli	23,9	Harnwege, Gastrointestinaltrakt
Staphylococcus aureus	20,4	Hautinfektionen, intravasale Fremdkörper
koagulasenegative Staphylokokken	9,3	intravasale Fremdkörper, Katheterinfektionen
Klebsiella species	5,4	Harnwege
Pseudomonas aeruginosa	4,2	Beatmung, Verbrennungswunden
Proteus mirabilis	2,3	Harnwege

** die Zahlen stammen aus einer multizentrischen Studie*

Ätiopathogenese. Besonders gefährdet sind stationäre Patienten in hohem Alter und solche mit schweren Allgemeinerkrankungen (Diabetes mellitus, Tumoren). Auch nach Verbrennungen, großen Operationen, invasiver Diagnostik, unter immunsuppressiver Therapie und nach Splenektomie (Pneumokokken, *Haemophilus influenzae*) ist das Risiko erhöht. Das Krankheitsbild und die Folgen der Sepsis werden durch vier Faktoren bestimmt:

- den in den Körper eingedrungenen Erreger
- die gebildeten Produkte (Toxine)
- die Abwehrreaktion des Organismus
- Art und Ausmaß des Organversagens

Vor allem die **Freisetzung körpereigener Mediatoren** (Zytokine, z. B. Tumor-Nekrose-Faktor, Interleukine) wird für zahlreiche Symptome verantwortlich gemacht. Je nach Abwehrlage des Organismus führt die Streuung der Erreger zu einzelnen oder zahlreichen Metastasen in anderen Organen, z. B. Nieren, Lunge, Leber und Meningen. Dabei kann die schwere Form zum septischen Schock mit Multiorganfunktionsstörung führen.

Klinik. Bei folgenden Symptomen besteht Verdacht auf eine Sepsis:

- Fieber > 38 °C oder Untertemperatur (< 36,5 °C)
- Schüttelfrost
- Tachykardie (wenn keine Herzerkrankung vorliegt)
- Hypotonie
- Tachypnoe (wenn keine Lungenerkrankung vorliegt)
- Benommenheit, Verwirrtheit
- Schock unklarer Genese
- Durchfall (wenn keine gastrointestinale Erkrankung vorliegt)
- metabolische Entgleisung (z. B. bei Diabetes mellitus)
- Thrombozytopenie und Blutungsneigung durch Verbrauchskoagulopathie
- Niereninsuffizienz, Multiorgandysfunktion

Diese Symptome können auch fehlen, sodass bei jedem schweren, unklaren Krankheitsbild differenzialdiagnostisch an eine Sepsis gedacht werden muss. Häufig kann schon durch sorgfältige Anamnese und körperliche Untersuchung eine Sepsis erkannt werden. Oft deuten die Befunde bereits auf einen bestimmten Erreger hin (**Tab. 49.20**).

Diagnostik. Um eine gezielte antibiotische Therapie zu ermöglichen und eine kontinuierliche Bakteriämie zu dokumentieren, müssen vor Therapiebeginn genügend **Blutkulturen** entnommen werden (3 × 2 Blutkulturen). Darüber hinaus ist die Bestimmung von Blutbild, Differenzialblutbild und Elektrolyten erforderlich. Harnstoff und Kreatininwert können Hinweise auf eine Nierenbeteiligung geben. CRP und Procalcitonin sind bei Sepsis deutlich erhöht.

! **Der Nachweis des Erregers ist am häufigsten ½ bis 2 h nach einer Fieberspitze erfolgreich. Dennoch kann man im klinischen Alltag nur selten auf eine Fieberspitze mit Schüttelfrost warten. Vor Antibiotikatherapie müssen mindestens 2 Paar Blutkulturen (je aerob und anaerob) im Abstand von 10 – 30 min entnommen werden. Hierbei gilt: lieber zuviel als eine zu wenig.**

Tab. 49.20 **Erregerspektrum bei klinischen Formen der Sepsis**

Klinische Form	Haupterreger
subakute bakterielle Endokarditis	vergrünende Streptokokken, Enterokokken
septische/postoperative Endokarditis	Staphylokokken
hämatogene Osteomyelitis	*Staphylococcus aureus*
hämatogene Meningitis	Meningokokken, Pneumokokken, *Haemophilus influenzae*
Neugeborenensepsis	Enterobakterien, Streptokokken der Gruppe B, *Pseudomonas species*
Fremdkörpersepsis	Staphylokokken, Streptokokken, Sprosspilze, *Pseudomonas species*
Infusionssepsis	nicht fermentierende Bakterien, kryophile Keime
Urosepsis	Enterobakterien, *Pseudomonas species*
Sepsis von der Galle ausgehend	*E. coli*, Enterokokken, andere Enterobakterien, Pseudomonas
Sepsis vom Darm ausgehend	Enterobakterien, *Bacteroides fragilis*, anaerobe Streptokokken, Clostridien
Sepsis vom weiblichen Genitale ausgehend	*E. coli, Bacteroides species*, anaerobe Streptokokken, hämolysierende Streptokokken, Gonokokken
Sepsis bei immunsupprimierten Patienten	Enterobakterien, Pseudomonas species, Staphylokokken, Streptokokken, Sprosspilze

49.7 Tuberkulose

49.7.1 Allgemeines

Synonym: Morbus Koch
engl.: tuberculosis

Arztmeldung an das Gesundheitsamt bei Verdacht, Erkrankung oder Tod.
Labormeldung an das Gesundheitsamt bei Nachweis einer akuten Infektion.

Definition. Die Infektion durch *Mycobacterium tuberculosis, M. bovis oder M. africanum* kann verschiedene Organe betreffen (**Tab. 49.21**), sodass die Klinik unterschiedlich geprägt ist. Während Klinik und Befund der Tuberkulose in den jeweiligen Kapiteln behandelt werden, soll hier grundsätzlich auf die Erkrankung und vor allem auf die therapeutischen Möglichkeiten eingegangen werden.

Ätiopathogenese. Der Erreger wird in der Regel aerogen (Tröpfcheninfektion) übertragen und führt bei empfänglichen Personen zu einer Primärinfektion. An der Eintrittsstelle bildet sich der **Primärherd**, aus dem die Erreger über die Lymphbahnen (lymphogene Streuung) zu den regionären Lymphknoten (meist Lungenhilus) gestreut werden und zusammen mit dem Primärherd den **Primärkomplex** bilden. Diese Phase der Infektion ist meist ohne klinische Symptome. Die Erreger überleben intrazellulär latent für viele Jahre. Je nach Disposition des Infizierten kann sich aus dem Primärkomplex eine klinisch manifeste progrediente Tuberkulose mit entsprechender Klinik entwickeln (Lebenszeitrisiko ca. 7%). Häufig besteht eine mehr oder weniger ausgeprägte Abwehrschwäche durch begleitende Kofaktoren wie Mangelernährung, HIV, Alkoholabusus.

Klinik. Das befallene Organ prägt die Klinik und die Symptome. Diese können in den ersten Monaten sehr diskret sein: subfebrile Temperatur, reduzierter Allgemeinzustand, Leistungsminderung, Nachtschweiß, Gewichtsverlust.

Diagnostik.
- **Mikroskopisch:** Direktnachweis von säurefesten Stäbchen im klinischen Material. Die Sensitivität ist je nach Material gering; hohe Spezifität.
- **Kultureller Erregernachweis** in Sputum, Magensaft, Pleuraexsudat, Liquor, Urin, Biopsiematerial, gelegentlich auch im Blut. Die Sensitivität und Spezifität der kulturellen Untersuchung ist besser als die der mikroskopischen Untersuchung (**Abb. 49.10**). *Nachteil:* Dauer bis zum Erhalt des

L

Tab. 49.21 Häufigste Organmanifestationen der Tuberkulose

Organmanifestation	Material für Diagnostik	Details
Pleuritis tuberculosa	Pleuraexsudat, Pleurabiopsie	s. S. 487
Lungentuberkulose	Sputum, bronchoskopisch abgesaugtes Sekret	s. S. 451
Lymphknotentuberkulose	Biopsat oder Punktat	s. S. 1006
Urogenitaltuberkulose	Urin	s. S. 321
Miliartuberkulose	Blut oder Knochenmark	s. S. 1006
Meningitis	Liquor	s. S. 996
Knochen, Wirbelsäule, Gelenk	Punktat oder Biopsat	

Ergebnisses ca. zwei bis mehrere Wochen. Die Sensitivität der mikroskopischen und kulturellen Untersuchung bei Lungentuberkulose beträgt für Sputum 44%, für bronchoskopisch abgesaugtes Material 74% und für Magensaft 36%. Sie ist am höchsten bei kavernösen Lungentuberkulosen.

- **Molekularbiologischer Nachweis** mittels PCR in Körpersekreten wie Sputum, Liquor, Aszites, Pleurapunktat (hoch sensitiv, gelegentlich falsch positiv).
- **Histologischer Nachweis** von Granulomen mit verkäsenden Nekrosen im Biopsiematerial ist beweisend.
- **intrakutane Testung** mit definierter Menge Tuberkulin (s. S. 453)
- **Röntgenaufnahme** des Thorax in zwei Ebenen
- **Labor:** BSG ist stark beschleunigt, CRP ist mäßig erhöht.

Therapie. Die Behandlung der Tuberkulose kann weitgehend ambulant erfolgen. Häufig wird sie – insbesondere bei mikroskopisch offener Tuberkulose – stationär eingeleitet und nach 2 bis 3 Wochen andauernder Sputumkonversion ambulant weiter fortgeführt. Indikationen für prolongierte, stationäre Therapie sind:

- Nachweis großer Mengen säurefester Stäbchen in Sputum oder Bronchiallavage
- Nachweis säurefester Stäbchen in Sputum oder Bronchiallavage und Herkunft aus einem Gebiet mit hoher Prävalenz der multiresistenten Tbc
- beidseitig ausgedehnte (d. h. bakterienreiche), fortgeschrittene Lungentuberkulose, komplizierende Begleiterkrankung (Leber-, Nierenerkrankungen, Diabetes mellitus, Alkoholkrankheit)
- reaktivierte Tuberkulose, insbesondere mit bekannter Antituberkulotikaresistenz
- Verdacht auf unzureichende Mitarbeit des Patienten
- Gefahr der sekundären Übertragung

Die antituberkulotische Behandlung erfordert immer eine **Kombinationstherapie** (Tab. 49.22). Eine Monotherapie führt zur Selektion resistenter Keime. In Deutschland sollte die Behandlung wegen der hohen Rate von Isoniazid-(INH)-Resistenzen (> 4%) primär vierfach kombiniert erfolgen. Vielfach muss die Therapie ambulant überwacht werden (DOT: daily observed therapy).

Da INH, Rifampicin (RMP) und Pyrazinamid (PZA) synergistisch sterilisierend auf alle Bakterienpopulationen (auch ruhende Mykobakterien) wirken, sollten die **Behandlungsregime** während der gesamten Behandlungszeit INH und RMP enthalten (Cave: INH-Hepatotoxizität!), in der Initialphase ergänzt durch PZA und Ethambutol (EMB) oder Streptomycin (SM, Maximaldosis beachten!). Ein Behandlungszeitraum von 6 Monaten (2 Monate vierfach, 4 Monate zweifach) kann bereits ausreichend sein, eine 9-monatige Behandlung hat eine niedrigere Rate an Therapieversagen. Die Therapiekontrolle erfolgt über die Parameter Sputumkonversion, Besserung der Klinik, Kulturnegativierung und die Rückbildung von Organveränderungen. Zu beachten ist die lokal hohe Rate an multiresistenten Erregern, insbesondere bei Patienten aus Ländern der früheren Sowjetunion. Hier ist eine rasche und konsequente Isolation nötig („lieber zu früh und zu oft"). Ein gebräuchliches Therapieregime sieht wie folgt aus:

- Initialphase (2 – 3 Monate): Isoniazid + Rifampicin + Pyrazinamid

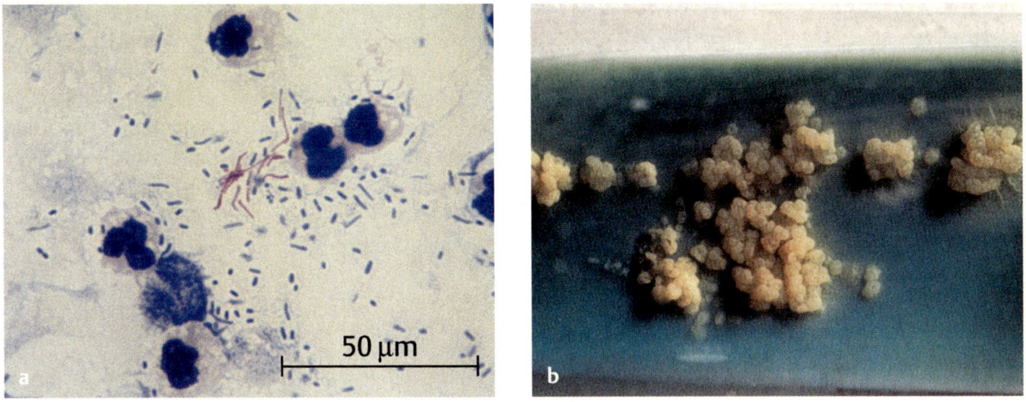

Abb. 49.10 Mycobacterium tuberculosis. a Ziehl-Neelsen-Färbung eines Präparats aus Urin: feine, rote, säurefeste Stäbchen. Klinische Diagnose: Nierentuberkulose, **b** Kultur von M. tuberculosis auf Eiernährmedium nach Löwensten-Jensen. Nach 3 bis 8 Wochen Bebrütung entstehen raue, blumenkohlartige, gelbliche Kolonien (aus Kayser et al., Taschenlehrbuch Medizinische Mikrobiologie, Thieme).

Tab. 49.22 Gebräuchliche Antituberkulotika

Medikamentenname (Kurzform)	Tagesdosis (mg/kg KG)	max. Tagesdosis	Kontraindikationen	Nebenwirkungen	Interaktion
Rifampicin (RMP)	10	0,75 g	schwere Lebererkrankungen, Thrombozytopathie	Nausea, cholestatische Hepatopathie, Thrombopenie, Überempfindlichkeitsreaktion	Kortikosteroide, Antikoagulanzien, Ovulationshemmer (Aufklären!) Alkohol, Proteaseinhibitoren, Ketoconazol
Isoniazid (INH)	5	0,4 g	schwere Lebererkrankungen, Psychosen	Nausea, Hepatopathie, Polyneuropathie, epileptiforme Krämpfe, allergische Reaktionen	Hydantoine, Barbiturate, Cumarine, Alkohol
Pyrazinamid (PZA)	30 – 35	2,5 g	Niereninsuffizienz, Gicht	Nausea, Hautexanthem, Harnsäureretention, Arthralgie, Photosensibilisierung	Acetylsalicylsäure, jodhaltige Kontrastmittel, Probenecid
Streptomycin (SM)	15	1,0 g	Schaden des N. vestibularis, Niereninsuffizienz	allergische Reaktionen, Ototoxizität, Nephrotoxizität	Aminoglykoside
Ethambutol (EMB)	20 – 25	2,0 g	Optikusneuritis, Niereninsuffizienz	Einschränkung von Gesichtsfeld, Sehvermögen und Farbsehen, Nausea	Antazida

nach: Empfehlung des Deutschen Zentralkomitees zur Bekämpfung der Tuberkulose, Pneumologie 2001

- Stabilisierungsphase (3 – 4 Monate): Isoniazid+Rifampicin

> **Therapiedauer prinzipiell 6 Monate; eine Therapieverlängerung bei folgenden Situationen:**
> - **kavernöse Tuberkulose mit positiven Kulturen nach 2 Monaten: 9 Monate**
> - **extrapulmonale (Lymphknoten oder skeletal) Tuberkulose: 9 Monate**
> - **tuberkulöse Meningitis: 12 Monate**
> - **resistente Tuberkulosen: je nach Resistenz 12 – 18 Monate**

Die Medikamenteneinnahme erfolgt in täglicher Einzeldosis gleichzeitig, weil so Spitzenkonzentrationen von Antituberkulotika mit unterschiedlichem Angriffspunkt gesichert sind. Die Tagesdosen werden nicht verteilt, es wird alles morgens oder alles abends verabreicht.

Prophylaxe. Die Impfung mit BCG-Impfstoff bietet keinen absoluten Schutz (Schutzwirkung ca. 50 %) vor einer Erkrankung. Es gibt jedoch Hinweise, dass die Impfung einen 75 – 86 %igen Schutz vor der schweren disseminierten Form der Tuberkulose gewährt. In westlichen Ländern wird die BCG-Impfung nicht mehr empfohlen.

Häufigste Organmanifestationen der Tuberkulose

Lungentuberkulose

Die Lungentuberkulose wird im Kapitel „Lunge" auf S. 451 ff. besprochen.

Lymphknotentuberkulose

Leitsymptom ist die Schwellung der Lymphknoten, vor allem im Halsbereich. Bei Abdominaltuberkulose können auch die Abdominallymphknoten vergrößert sein. Die Patienten klagen über subfebrile bis febrile Temperaturerhöhung, Nachtschweiß, Gewichtsverlust, Müdigkeit und Abgeschlagenheit.
Bei Laboruntersuchungen fällt eine beschleunigte BSG auf. Die Röntgenuntersuchung des Thorax zeigt vergrößerte, z. T. verkalkte Lymphknoten. Sonographisch können bei einer Abdominaltuberkulose Lymphadenopathien und Aszites nachgewiesen werden. Die Diagnose muss oft bioptisch gesichert werden. Differenzialdiagnostisch ist an Mononukleose, Toxoplasmose und Lymphome zu denken.

Bei Beginn der Therapie in den ersten Wochen nimmt die Größe der Lymphknoten häufig zu. Es können sich Fisteln bilden. Durch den Zerfall der Mykobakterien und freigesetzte Antigene kann bei verbesserter Immunlage die Entzündungsreaktion zunehmen. Besonders ausgeprägt ist die Immunrekonstitution bei HIV-infizierten Patienten bei gleichzeitiger tuberkulostatischer und antiretroviraler Therapie.

> **Die Lymphknotentuberkulose gilt als geschlossene Tuberkulose.**

Miliartuberkulose

Die Miliartuberkulose ist die generalisierte Form der Tuberkulose, die im Rahmen einer hämatogenen Streuung entsteht. Gefährdet sind Patienten mit massiver Abwehrschwäche oder schweren Grundkrankheiten. Symptome sind reduzierter Allgemeinzustand, hohes Fieber, schweres Krankheitsgefühl mit Benommenheit. Bei meningealer Beteiligung kommt es zu Zeichen einer basalen Meningitis mit Hirnnervenbeteiligung. Im Röntgenbild der Lungen sieht man feine, diffuse, kleine Knötchen, im Augenhintergrund chorioidale Tuberkel.

Tuberkulöse Meningitis

Die tuberkulöse Meningitis hat einen schleichenden Beginn mit subfebrilen Temperaturen, Kopfschmerzen, Benommenheit und allgemeinem Krankheitsgefühl und anderen oben beschriebenen Symptomen für mehrere Wochen, bevor die Symptome einer basalen Meningitis (Nackensteifigkeit, Läsionen der Hirnnerven II, III, IV, VI, VII und VIII) manifest werden. Manchmal tritt auch eine oligosymptomatische Manifestation mit psychiatrischer Klinik auf.
Diagnostisch ist der Liquordruck erhöht, makroskopisch ist ein klarer Liquor (Zellzahl ca. 500/µl) nachweisbar. Nach längerem Stehenlassen entsteht bei Zimmertemperatur ein sog. **Spinnwebgerinnsel.**
Therapie: initial Vierfachkombination (s. **Tab. 49.22**). Die Gesamttherapiedauer beträgt 12 – 24 Monate. Adjuvant wird Dexamethason verabreicht. Die Verbesserung des Überlebens mit Steroiden wird auf die antiinflammatorische Wirkung zurückgeführt.

49.8 Verschiedene Infektionskrankheiten

49.8.1 Infektionen durch Borrelien

Borrelien sind mikroaerophile, gramnegative, bewegliche Bakterien, die weltweit sowohl bei wild lebenden als auch bei Haustieren vorkommen. Die Übertragung der klinisch wichtigen Spezies *Borrelia recurrentis* (Erreger des epidemischen Rückfallfiebers) erfolgt durch Läuse (Pediculus humanus), der Spezies *Borrelia duttoni* (Erreger des tropischen endemischen Rückfallfiebers) durch Lederzecken (Ornithodorus Spp.) und von *Borrelia burgdorferi* (Erreger der Lyme-Borreliose) durch Schildzecken (Ixodes ricinus oder Ixodes dammini). Der kulturelle Nachweis ist schwierig. Die Diagnostik basiert überwiegend auf serologischen Methoden, die jedoch ebenfalls unbefriedigend sind.

Lyme-Borreliose

Definition. Erreger ist *Borrelia burgdorferi* mit weltweitem Vorkommen. Das Reservoir sind Tiere, die Übertragung erfolgt durch infizierte Zecken (vgl. S. 164).

Klinik. Die Krankheit wird in 3 Stadien eingeteilt (**Tab. 49.23**) von einem anfangs eher lokalen Geschehen zu einer mehr systemischen Beteiligung.

Tab. 49.23 Stadieneinteilung und Zuordnung klinischer Symptome der Lyme-Borreliose

	Stadium I	Stadium II	Stadium III
Ausbreitung	lokale Infektion	Generalisierung mit Befall verschiedener Organe	chronisches generalisiertes Stadium
Allgemeinsymptome	Müdigkeit, Kopfschmerzen, Fieber	–	–
Haut	Erythema chronicum migrans (**Abb. 49.11**): breitet sich aus, kann zentral abheilen und über Monate als wandernder Ring fortbestehen. Häufig ist eine gleichmäßige dunkelrötliche Effloreszenz. Spontaner Rückgang der Effloreszenzen	–	Acrodermatitis atrophicans: gelenknahe blaurote Verfärbung, ödematöse Schwellung der Haut
Bewegungsapparat	Arthralgien, Myalgien	–	Gelenkschmerzen hauptsächlich an den großen Gelenken
Nervensystem	–	subakute Meningitis: Kopfschmerzen, Photophobie, Nackensteifigkeit Meningoradikulitis: Bannwarth-Syndrom mit lymphozytärer Pleozytose im Liquor, starken, vor allem nächtlichen Zeichen einer Radikulitis kraniale Neuritis: Beteiligung des N. facialis	chronisch progrediente Enzephalomyelitis
Herz	–	Myokarditis, Perikarditis mit Herzklopfen, Rhythmusstörungen, AV-Block	–
Zeitraum des Auftretens	3 Tage–16 (median 1,5) Wochen nach Infektion	Wochen bis Monate nach dem Stadium I	Monate bis Jahre später

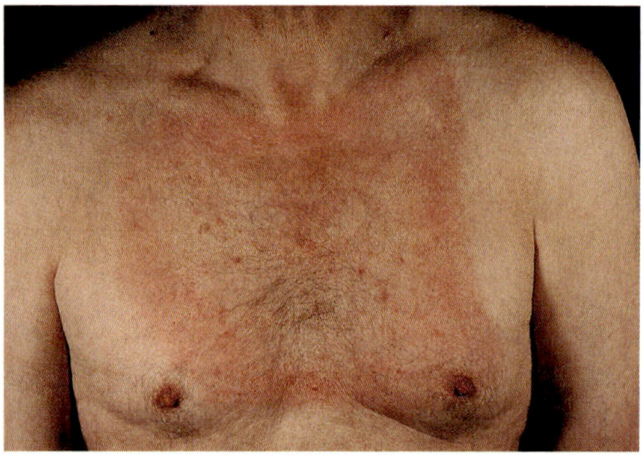

Abb. 49.11 Erythema (chronicum) migrans. Das Erythema (chronicum) migrans breitet sich zentrifugal aus. Da die Effloreszenzen zentral abblassen, entsteht ein wandernder Ring.

Diagnostik. In der Regel erfolgt ein serologischer Nachweis mit Antikörpern. IgM-Antikörper sind erst ab der 3. Woche positiv. Wiederholung der Untersuchung nach 3 – 4 Wochen. Gelegentlich ist auch ein kultureller Nachweis im Biopsiematerial oder durch PCR möglich.

Therapie. Die frühzeitige (innerhalb von Stunden) Entfernung der Zecke(n) schützt vor einer Infektion. Je nach Stadium erfolgt die medikamentöse Behandlung:

- **Stadium I:** Doxycyclin (2 × 100 mg) oder Amoxicillin (3 × 500 mg), evtl. Cefuroximaxetil (2 × 500 mg) für 14 – 21 Tage.
  Alternativen: Erythromycin (4 × 500 mg oder 2 × 500 mg) für 14 – 21 Tage oder Azithromycin (1 × 500 mg) für 7 – 10 Tage.
  Bei früher neurologischer Beteiligung oder AV-Block Ceftriaxon (1 × 2 g) für 14 – 28 Tage oder Penicillin G (3 × 10 Mio IE), bei Allergie Doxycyclin.
- **Stadium II und III:** Ceftriaxon oder Penicillin G (s. o.).

Bei Rezidiven sind – vor allem im Stadium II und III – wiederholte Behandlungen erforderlich.

> **!** **Bei einer „sterilen" Meningitis nach Zeckenbiss an Borreliose denken.**

Rückfallfieber

→ s. S. 1031

49.8.2 Brucellose

Synonym: Morbus Bang (für Rinderbrucellose)
engl.: brucellosis

Labormeldung an das Gesundheitsamt bei Nachweis einer akuten Infektion.

Definition. Subakute, systemische Infektion durch *Brucella species*, die weltweit vorkommen. Das Reservoir bilden infizierte Rinder *(Brucella abortus)*, Schafe und Ziegen *(Brucella melitensis)*, Schweine *(Brucella suis)* und Hunde *(Brucella canis)*. Die Inkubationszeit beträgt 10 – 21 (–100) Tage.

Ätiopathogenese. Durch Sanierung des Rinderbestandes gelang es in Deutschland, die Brucellose zu eliminieren. Sie kommt heute nur als Importinfektion nach Aufenthalt vor allem in den Mittelmeerländern vor. Die Übertragung erfolgt durch kontaminierte Milchprodukte oder durch Aerosol. Erkrankung und Tod sind meldepflichtig.

Klinik. Prodromalstadium mit Kopf- und Gliederschmerzen, langsam ansteigendes Fieber bis 39,5 ° C, das oft intermittierend ist (undulierendes Fieber). Der Allgemeinzustand ist nur wenig beeinträchtigt. Häufig kommt es zu einer Hepatosplenomegalie. Bei chronischem Verlauf kommt es vor allem zu Osteomyelitis und Endokarditis.

Diagnostik. Der Erreger kann aus Blut- und Knochenmarkkulturen bei langer Bebrütung angezüchtet werden. Die Verdachtsdiagnose muss dem Labor mitgeteilt werden! Die Diagnose wird letztendlich meist serologisch gestellt.

Therapie. Doxycyclin (2 × 100 mg) in Kombination mit Rifampicin (1 × 450 – 600 mg) für 3 – 4 Wochen.

Prophylaxe. Sanierung des Tierbestandes und aktive Impfung der Tiere.

> **!** **Bei chronischem Fieber mit Hepatosplenomegalie nach Auslandsaufenthalt an Brucellose denken.**

49.8.3 Leptospirose

engl.: leptospirosis

Labormeldung an das Gesundheitsamt bei Nachweis einer akuten Infektion.

Definition. Generalisierte Erkrankung nach einer Infektion mit *Leptospira interrogans*, von dem zahlreiche Serovare bekannt sind. Die Wichtigsten sind: *Leptospira icterohaemorrhagiae* (Morbus Weil), *Leptospira grippotyphosa* (Feldfieber) und *Leptospira canicola*. Sie sind im Tierreich (Nagetiere, Hund etc.) weit verbreitet und werden im Urin ausgeschieden. Die Übertragung erfolgt über kontaminiertes Wasser (Schwimmen in Kiesgruben im Sommer!). Die Inkubationszeit beträgt 4 – 19 Tage. Pro Jahr werden in Deutschland ca. zwischen 30 – 100 Erkrankungen gemeldet.

Klinik. Akuter Beginn mit hohem Fieber, Gliederschmerzen, unproduktiver Husten, Übelkeit, Erbrechen, Diarrhö, Bauchschmerzen, Hautausschlag, Halsschmerzen, Ikterus, Petechien, Hämorrhagien, konjunktivale Suffusionen. Die Patienten sind schwer krank. Bei fortschreitender Erkrankung kommt es zum Schock mit Nierenversagen sowie einer hämorrhagischen Pneumonitis.

Diagnostik. Im septischen Stadium kann ein direkter mikroskopischer Erregernachweis im Dunkelfeld aus Blut, Urin und Liquor versucht werden. Die Anzüchtung auf speziellen Nährmedien ist zeitaufwendig. In späteren Krankheitsstadien ist diagnostisch ausschließlich die Serologie erfolgversprechend. IgM- und später auch IgG-Antikörper sind über längere Zeit nachweisbar.

Therapie. Sofort Penicillin G (3 × 5 Mega i. v.) oder Doxycyclin (2 × 100 mg i. v.) für 7 Tage.

Prophylaxe. Eine Impfung beim Menschen ist nicht möglich. Bei Arbeiten in stehenden Gewässern (z. B. Kanalarbeitern) sollte stets Schutzkleidung (z. B. Stiefel) getragen werden!

! **Bei schwerer Erkrankung mit Ikterus und hohem Fieber nach dem Baden in Kiesgruben etc. an Leptospirose denken und sofort mit Penicillin behandeln.**

49.8.4 Listeriose

Labormeldung an das Gesundheitsamt bei Nachweis einer akuten Infektion.

Definition. Infektionen durch *Listeria monocytogenes*, deren natürlicher Standort Erdboden, Staub, Wasser, fast alle Tiere und der Mensch ist. Ca. 1 % der Bevölkerung scheidet Listerien im Stuhl aus. Bei Schlachthausarbeitern findet man ca. 5 % Dauerausscheider.

Ätiopathogenese. Die Infektion erfolgt durch kontaminierte Nahrungsmittel, auch eine diaplazentare Übertragung auf den Fetus ist möglich. Gefährdet sind Schwangere, alle abwehrgeschwächten Menschen, vor allem Patienten mit hämatologisch-onkologischen Grunderkrankungen oder Leberzirrhose sowie Organtransplantierte und Patienten mit AIDS.

Klinik. Die wichtigsten Krankheiten sind die Sepsis ohne Organlokalisation und die Meningitis (eher subakuter Verlauf, Liquorzellzahl zwischen 1 000 – 12 000/mm³). Bei Schwangeren sind eher „grippeartige" Symptome mit Fieber, Myalgie und gelegentlich Zeichen einer Infektion des Gastrointestinaltraktes vorhanden.

Diagnostik.
- Kultureller Nachweis in Blut- und Liquorkultur; die Serologie ist unzuverlässig.
- Im Grampräparat des Liquors fallen grampositive Stäbchen auf.
- Im Differenzialblutbild kann eine Monozytose vorhanden sein.

Differenzialdiagnostsich ist bei Monozytose und Lymphadenopathie eine Mononukleose auszuschließen.

Therapie. Ampicillin (3 × 5 g i. v.) in Kombination mit einem Aminoglykosid. Cephalosporine sind unwirksam.

! **Bei „subakuter" Meningitis des abwehrgeschwächten Patienten an Listerien denken. Bei mehreren Erkrankungsfällen nach gemeinsamer Quelle (meist Lebensmittel, z. B. Käse) suchen.**

L

49.8.5 Tetanus

Definition. In mit Erdreich verschmutzten Wunden kann sich *Clostridium tetani* unter anaeroben Bedingungen vermehren und das Neurotoxin Tetanospasmin bilden, das für die Erkrankung verantwortlich ist.

Ätiopathogenese. Das Neurotoxin breitet sich hämatogen oder retrograd entlang der Nervenaxone in Richtung ZNS aus und führt zur Blockierung der normalen Hemmung der motorischen Endneurone. Hierdurch kommt es zur Steigerung der Erregbarkeit der Muskulatur. Zum Zeitpunkt der klinischen Manifestation kann die Wunde bereits abgeheilt sein. Die Inkubationszeit beträgt 7 – 21 Tage, sehr selten mehrere Wochen.

Klinik. Beginn mit allgemeinem Schwächegefühl, Schwierigkeiten beim Schlucken (Wasserphobie) oder Kauen mit allmählich zunehmenden generalisierten Muskelkrämpfen, die bei geringstem Reiz, wie z. B. Licht, Berührung auftreten. Im fortgeschrittenen Stadium kommt es zum Opisthotonus (krampfhafte Überstreckung vor allem der Rückenmuskeln). Auffällig ist der tonische Krampf der Kaumuskeln (sog. Trismus, bei 75 % der Patienten) und der Krampf der Gesichtsmuskeln, der sog. „Risus sardonicus".

> ! **Trotz schwerer neurologischer Klinik sind die Patienten bei vollem Bewusstsein.**

Diagnostik. Die genaue Anamnese über Verletzungen und infizierte Wunden sowie den Tetanusimpfstatus liefert wichtigste Hinweise. Ein kultureller Nachweis ist oft schwierig. Eine serologische Untersuchung ist nicht möglich.

Therapie. Humanes Tetanushyperimmunglobulin (initial 5 000 – 10 000 IE), Wiederholung der Applikation an den folgenden Tagen mit je 3 000 IE, je nach klinischem Verlauf und zusätzlich Penicillin G (3 × 5 Mega). Sedierung des Patienten und Unterbringung in einem abgedunkelten Zimmer, um Lichtreize auszuschalten. Gleichzeitig ist die aktive Impfung mit Tetanus-Toxoid einzuleiten.

Prophylaxe. Aktive Impfung und Boosterung alle 10 Jahre. Auch bei kleineren Verletzungen sollte man den Patienten immer nach der letzten Impfung befragen!

49.8.6 Gasbrand

Synonym: Clostridienmyonekrose
engl.: gas gangrene, clostridial myonecrosis

Definition. Durch Exotoxine von *Clostridium perfringens* Typ A hervorgerufene Infektion.

Ätiopathogenese. In über 80 % der Fälle ist *Clostridium perfringens* der Auslöser, selten *C. novyi* oder *C. septicum*. Sporen von *C. perfringens* kommen ubiquitär im Erdreich vor. In Gewebsnekrosen nach ausgedehnten Traumen oder arterieller Minderdurchblutung (z. B. bei Arteriosklerose, diabetischer Gangrän) kann es zur Bildung und Vermehrung von *C. perfringens* aus Sporen kommen. Durch die Exotoxine (v. a. durch das α-Toxin Phospholipase C) kommt es lokal zu Nekrosen mit Gasbildung und hämorrhagischem, übelriechendem Sekret (Clostridien-Zellulitis, Synonym: Gasödem) und bei systemischer Streuung (Clostridien-Sepsis, z. B. nach septischem Abort, Abdominaloperation) zu Hämolyse und septischem Schock.

Klinik. Neben den Zeichen einer Wundinfektion (Schwellung, Rötung, Schmerzen) entleert sich hämorrhagisches Sekret (Abb. 49.12). Bei vorsichtiger **Palpation** kann man **Gasknistern** feststellen. Beim Fortschreiten der Infektion treten hohe Temperaturen mit allen Zeichen einer septischen Infektion sowie ein septischer Schock auf.

Diagnostik. Punktat oder Eitermaterial muss unter anaeroben Bedingungen (Transportmedium verwenden) sofort ins Laboratorium eingeschickt werden. Schon der mikroskopische Nachweis von gram-

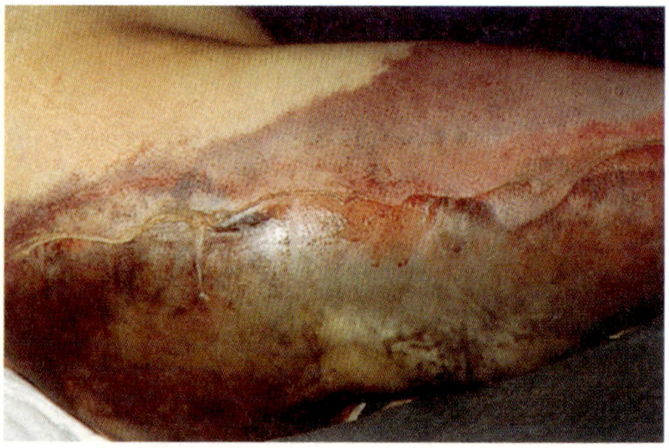

Abb. 49.12 Gasbrand. Durch eine postoperative Infektion mit *Clostridium perfringens* entstandener Gasbrand am Oberschenkel eines Patienten (aus Hof, Dörries, Duale Reihe Medizinische Mikrobiologie, Thieme).

positiven Stäbchen erhärtet die Verdachtsdiagnose. Im Blutbild fallen Leukozytose mit Linksverschiebung und Hämoglobinverminderung (durch Hämolyse) auf.

Therapie. Neben chirurgischen Maßnahmen (Herdsanierung, Amputation) muss die sofortige Gabe von 3 × 5 Mio. IE Penicillin G/Tag erfolgen, eventuell unterstützt durch eine hyperbare Sauerstofftherapie.

Rasches Handeln und sofortige Gabe von Penicillin auch bei Verdacht. Die Letalität beträgt auch heute noch bis zu 25 %.

49.8.7 Hantavirus-Infektion

engl.: haemorrhagic fever with renal syndrome, Hanta virus pulmonary syndrome

Arztmeldung an das Gesundheitsamt bei Verdacht, Erkrankung oder Tod.
Labormeldung an das Gesundheitsamt bei Nachweis einer akuten Infektion.

Ätiopathogenese. Erreger sind Hantaviren aus der Familie der Bunyaviridae, die vor allem bei Nagetieren in vielen Ländern der Welt vorkommen. Die Übertragung erfolgt durch Aerosole, Speichel, Urin, Fäzes oder direkten Kontakt mit den Nagern. In Europa werden vor allem das **hämorrhagische Fieber mit renalem Syndrom** (HFRS, meist zwischen dem 20. und 40. Lebensjahr, bei Männern häufiger) und die **Nephropathia epidemica** beobachtet. Im Mai 1993 wurden erstmalig pulmonale Manifestationen (HPS) aus den USA berichtet. Die Antikörperprävalenz in Deutschland liegt bei ca. 2 %. Die Inkubationszeit beträgt 5 – 35 Tage.

Klinik. Die Erkrankung beginnt mit akut hohem Fieber, das über 3 – 4 Tage anhält und mit Allgemeinsymptomen wie Schüttelfrost, Photophobie, Enanthem, Husten und Konjuktivitis einhergeht. Nach 3 – 6 Tagen stellen sich zusätzlich Lumbalgien, abdominale Schmerzen mit Übelkeit und Erbrechen ein. Eine Erhöhung der Nierenretentionswerte kann bereits in den ersten Tagen vorliegen und sich progredient verschlechtern. Es kann bis hin zur Oligurie und evtl. dialysepflichtigen Niereninsuffizienz kommen.
Bei pulmonaler Manifestation kommt es zu subakuter respiratorischer Insuffizienz mit peribronchialen Infiltraten im Röntgenbild.

Diagnostik. Bei der Laboruntersuchung fallen eine Kreatininerhöhung, Thrombozytopenie (bei 50 % der Patienten) und eine Leukozytose (bei 80 % der Patienten) auf. Die Bestätigung der Verdachtsdiagnose erfolgt durch den Antikörpernachweis.

Therapie. Meist nur symptomatisch; bei frühzeitiger Gabe ist Ribavirin wirksam.

49.8.8 Nokardiose

Die Nokardiose ist eine seltene Infektion ausgelöst durch aerobe Actinomyceten der Gattung *Nocardia*. Die **Klinik** ähnelt der Tuberkulose und invasiven Mykosen: Befall der Lunge, häufig von einem kutanen oder pulmonalen Herd per continuitatem oder metastatisch Ausbreitung in praktisch alle Organe, auch das ZNS. Die **Diagnose** wird durch mikroskopischen Nachweis des Erregers (schwach grampositiv, variabel säurefest) und durch Anzüchtung in der Kultur gestellt. Die **Therapie** besteht in der Abszessdrainage, der Gabe von Cotrimoxazol, Sulfadiazin (bei schwerem Verlauf kombiniert mit Aminoglykosid). Alternativ kommt Imipenem/Cilastatin infrage.

49.8.9 Aktinomykose

Die Aktinomykose ist eine subakute bis chronische bakterielle Infektion durch Actinomyceten, oft als Mischinfektion mit anderen Keimen der oropharyngealen Standortflora. Sie tritt gehäuft bei Patienten auf, die wegen Tumoren im Mundbereich eine Radiotherapie erhalten haben.
Die Lokalisationen sind unterschiedlich. Der Befall kann zervikofazial, thorakal (als Abszess oder Pneumonie) oder abdominell und im Becken als Abszedierung vorkommen.
Die Diagnose wird durch den mikroskopischen Nachweis der grampositiven Stäbchen oder durch Anzüchtung in der Kultur bestätigt.
Die Therapie besteht in der Gabe von 3 × 5 – 10 MU Penicillin G für 1 bis 2 Wochen, dann oral Penicillin V 3 × 1,2 MU für 6 bis 12 Monate. Alternativ Doxycyclin 2 × 100 mg oder Clindamycin 3 × 600 mg oder Ceftriaxon 2 g/Tag.

49.9 Geschlechtskrankheiten

engl.: venereal diseases, sexually transmitted diseases (STD)

Obwohl viele Infektionen wie z. B. Hepatitis, Herpes genitalis auch oder – wie bei HIV – vor allem durch den Geschlechtsverkehr übertragen werden können, zählen zu den Geschlechtskrankheiten im engeren Sinne Lues, Gonorrhö, Ulcus molle und Lymphogranuloma inguinale. Da sich diese Erkrankungen mit Veränderungen an Haut und Schleimhaut manifestieren, werden sie traditionell in der Dermatologie behandelt. Bei allen Geschlechtskrankheiten besteht **Melde- und Behandlungspflicht.** Eine namentliche Meldung hat zu erfolgen, wenn der Erkrankte sich einer Therapie entzieht. Wichtig ist, den Geschlechtspartner (Ansteckungsquelle) zu eruieren und ebenfalls zu behandeln.

49.9.1 Lues

Synonym: Syphilis
engl.: syphilis, lues

Labormeldung an das Robert Koch-Institut bei Nachweis einer akuten Infektion.

Definition. Erreger der Lues ist *Treponema pallidum ssp. pallidum.* Die Übertragung erfolgt in der Regel beim Geschlechtsverkehr oder durch direkten Kontakt der Haut oder Schleimhaut mit erregerhaltigem Sekret. Eine Übertragung kann auch kongenital über die Plazenta (Lues connata), durch Bluttransfusion oder bei Verletzungen mit kontaminierten Gegenständen erfolgen. Die Inkubationszeit beträgt normalerweise 14 – 21 Tage.

Klinik. Die Lues wird in 3 Stadien eingeteilt:
Primärstadium (Lues I): Der Primäraffekt (harter Schanker), eine derbe, nicht schmerzhafte Infiltration, zerfällt später geschwürig. Er ist meist an der Eintrittspforte, d. h. an den Geschlechtsorganen oder an der Mundschleimhaut lokalisiert. Zusammen mit den nicht schmerzhaft vergrößerten Lymphknoten bildet der Primäraffekt den **Primärkomplex.** Dieser verschwindet innerhalb von 3 – 8 Wochen auch ohne Behandlung. Weitere Symptome bestehen nicht, die Patienten sind jedoch weiterhin infektiös.
Sekundärstadium (Lues II): Ca. 4 – 10 Wochen nach dem Primärstadium beginnt durch **hämatogene**

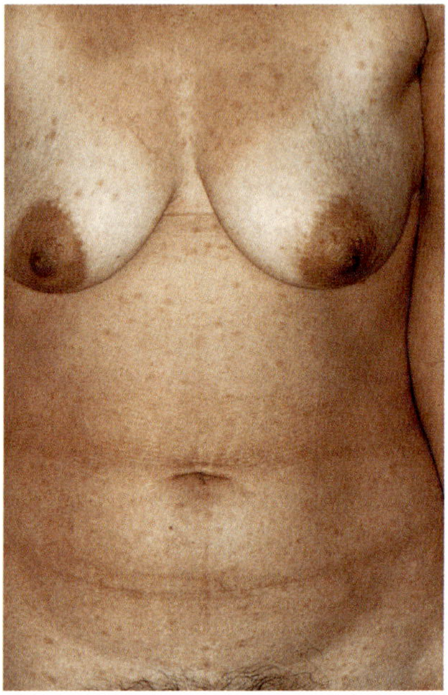

Abb. 49.13 Lues II. Makulopapulöses Exanthem (mit freundlicher Genehmigung von Dr. Dr. J. Kreusch, Lübeck).

Streuung des Erregers das systemische Sekundärstadium: allgemeines Krankheitsgefühl, Hals-, Glieder- und Kopfschmerzen, Gewichtsverlust und subfebrile Temperaturen sowie ein makulöses Exanthem. Ein paar Tage später erscheinen symmetrische, rote bis rotbraune, leicht erhabene Papeln am Stamm (**Abb. 49.13**), an den Extremitäten, Handflächen und Fußsohlen. In den feuchtwarmen Körperregionen (Axilla, Leistenregion) können breite, grauweiße, breitflächige Kondylome auftreten (Condylomata lata), die oft nahe des Primäraffekts lokalisiert sind. Weiterhin können Arthritis, Uveitis, Iritis, Glomerulonephritis oder nephrotisches Syndrom vorliegen.
Nur wenige Patienten (1 – 2 %) haben neurologische Symptome, aber im Liquor findet man fast immer eine Pleozytose und eine Eiweißvermehrung (seröse, abakterielle Meningitis). Eine allgemeine Lymphadenopathie ist vorhanden. Auch ohne Behandlung verschwinden alle Symptome der Lues II spontan innerhalb von 3 – 12 Wochen.
Tertiärstadium (Lues III oder Lues latens). Nach einer unterschiedlich langen Latenzzeit, die im Allgemeinen mehr als zwei Jahre beträgt, treten die ersten

Symptome auf: **Gummen** (echte epitheloidzellige Granulome mit Riesenzellen und zentraler Nekrose) an Haut, Schleimhaut, Knochen (überwiegend Tibia, Fibula, Klavikula oder Schädel), Knorpel und anderen Organen wie Leber oder Hoden. Bei einer Beteiligung des Periosts klagen die Patienten über Knochenschmerzen. Weitere gefürchtete Manifestationen sind die syphilitische **Aortitis** mit Medianekrose (Mesaortitis luetica) und die **Neurosyphilis** (Tabes dorsalis oder progressive Paralyse) mit Paresen, Ataxie, Argyll-Robertson-Zeichen (reflektorische Pupillenstarre oder -trägheit mit Anisokorie), Augenmuskellähmungen, sensiblen Störungen mit diffusen, lanzinierenden Schmerzen, Hyp- und Parästhesien, Inkontinenz, Impotenz, Demenz, manisch-depressivem Verhalten und expansiv-maniformer Psychose mit Wahnideen.

> ! **Die Neurosyphilis beginnt schleichend meist 10 – 20 Jahre nach der Infektion, und die Symptome können am Anfang sehr diskret sein.**

Diagnostik.

- mikroskopischer Nachweis von Treponemen im Exsudat oder Lymphknotenpunktat im Dunkelfeld
- serologischer Nachweis im Treponema-pallidum-Hämagglutinationstest (TPHA-Test) als Screeningverfahren
- Venereal Disease Research Laboratory Test (VDRL-Test) zur Verlaufskontrolle unter Therapie
- Immunfluoreszenztest (FTA-Abs-Test)
- bei Verdacht auf Neurosyphilis auch Antikörpernachweis im Liquor

> ! **Der TPHA-Test bleibt lebenslang auch nach einer ausgeheilten Syphilis positiv.**

Therapie. Bei dokumentierter Ansteckung innerhalb des letzten Jahres: Benzathin-Penicillin 2,4 Mega i. m. einmalig, andernfalls 1 ×/Woche über 3 Wochen. Bei allen anderen Manifestationen (u. a. Neurolues) bzw. bei Immunsuppression: Penicillin G (3 × 5 – 10 Mega i. v.). Bei der Neurolues ist eine i. v. Penicillintherapie erforderlich (10 – 14 Tage). Bei Penicillinunverträglichkeit Tetrazykline, Erythromycin oder Cephalosporine. Gyrasehemmer sind gegen Treponema pallidum nicht wirksam.

49.9.2 Gonorrhö

Synonym: Tripper
engl.: gonorrhea, clap

Definition. Erreger der Gonorrhö ist *Neisseria gonorrhoeae* (Gonokokken). Einziges Reservoir ist der Mensch. Die Übertragung erfolgt beim Geschlechtsverkehr, die Inkubationszeit beträgt 3 – 5 Tage. Das asymptomatische Trägertum kann je nach Risikogruppe bei Frauen bis zu 50 % und bei Männern bis zu 15 % betragen.

Klinik. Klinische Manifestationen in der Reihenfolge der Häufigkeit: Urethritis (mit Dysurie und eitrigem Ausfluss), Zervizitis (mit eitrigem Ausfluss und Bartholinitis), Salpingitis (akute Bauchschmerzen mit Fieber), Proktitis, Prostatitis, Epididymitis, Pharyngitis, Konjunktivitis, selten auch Sepsis, in deren Rahmen eitrige einseitige Arthritiden nicht selten sind.

> ! **Auch bei Pharyngitis an Gonorrhö denken!**

Diagnostik. Bei Verdacht muss der mikroskopische Nachweis von typischen gramnegativen intrazellulären (oder extrazellulären) Diplokokken im eitrigen Exsudat erfolgen. Beweisend ist der kulturelle oder DNA-Nachweis (PCR, Hybridisierung mit Gensonde). Wichtigste Differenzialdiagnose ist die Chlamydieninfektion (unspezifische oder nichtgonorrhoische Urethritis), deren Klinik der Gonorrhö sehr ähnlich ist. Bei der nichtgonorrhoischen Urethritis ist das Urethralsekret klarer. Die Klinik ist durch chronisches Brennen in der Urethra gekennzeichnet.

Therapie. Wegen der zunehmenden Penicillin-, Tetrazyklin- und Ciprofloxacinresistenz sind Ceftriaxon 125 – 250 mg i. m. bzw. Cefixim oral bei der Urethritis oder Zervizitis angezeigt. Bei septikämischen Verläufen oder Adnexitis wird Ceftriaxon (2 g i. v.) oder Cefotaxim (3 × 1 g) für 7 Tage verabreicht. Azithromycin (1 × 2 g) wirkt simultan gegen Begleitinfektionen mit Chlamydien. Cave: hohe Resistenzraten und hohe Raten an gastrointestinalen Nebenwirkungen.

> !
> - **Die Infektion hinterlässt keine Immunität.**
> - **Eine Lues als Zweitinfektion ist serologisch auszuschließen.**
> - **Bei jeder Gonorrhö zusätzlich an Chlamydien (unspezifische Urethritis) denken.**

L

49.9.3 Ulcus molle

Synonym: weicher Schanker
engl.: chancroid, soft chancre, ulcer molle

Definition. Erreger ist *Haemophilus ducreyi*, die Übertragung erfolgt durch Geschlechtsverkehr. Die Erkrankung ist in Asien, Afrika sowie Lateinamerika endemisch. Die Inkubationszeit beträgt 3 – 5 Tage.

Klinik. Bei klinischer Manifestation entsteht an der Eintrittspforte eine Papel, die innerhalb von 2 – 3 Tagen ulzeriert (weicher Schanker). Die Ulzera beim Mann sind schmerzhaft (Unterschied zu Syphilis!). Zusätzlich besteht eine inguinale Lymphadenopathie.

Diagnostik. kultureller Nachweis im Ulkussekret, evtl. PCR.
Differenzialdiagnostisch ist eine (begleitende) Syphilis auszuschließen. Die Verwechslung mit den bei uns häufiger vorkommenden Herpesinfektionen ist möglich.

Therapie. Einmaldosis Azithromycin (1 g), Ciprofloxacin (500 mg) oder Ceftriaxon (250 mg i. m.).

!

- Syphilis ausschließen.
- Verwechslung mit der bei uns häufigeren Herpesinfektion ist möglich.

49.9.4 Lymphogranuloma venereum

Synonyme: Lymphogranuloma inguinale, Nicolas-Durand-Favre-Krankheit, klimatischer Bubo
engl.: lymphogranuloma venereum, Nicolas-Favre disease, climatic bubo

Definition. Der Erreger ist *Chlamydia trachomatis* (Serovare L 1, L 2 und L 3). Die Übertragung erfolgt durch Geschlechtsverkehr auch mit asymptomatischen Trägern. Die Krankheit ist in Asien, Afrika sowie Lateinamerika endemisch. Die Inkubationszeit beträgt 3 – 20 Tage.

Klinik. An der Eintrittspforte bildet sich ein schmerzloses Bläschen, das sich zu einem flachen, kleinen Geschwür entwickelt und rasch zurückbildet. 2 – 6 Wochen später kommt es zur Vergrößerung der lokalen Lymphknoten, die sich spontan unter Fistelbildung entleeren. Durch die entstehenden Strikturen kann eine Behinderung der Lymphdrainage mit Elephantiasis von Skrotum, Penis oder Vulva auftreten. Im Spätstadium können Allgemeinsymptome wie Fieber, Schüttelfrost, Kopfschmerzen, Myalgie, Arthralgie sowie Meningismus vorhanden sein.

Diagnostik. Züchtung des Erregers in der Zellkultur und/oder serologischer Nachweis von Antikörpern. Das Lymphogranuloma venereum wird häufig mit dem Granuloma venereum (fünfte Geschlechtskrankheit, Donovanosis; Erreger: Calymmatobacterium granulomatis) verwechselt.

Therapie. Vor Beginn der Therapie Untersuchung auf Syphilis. Dann Gabe von Doxycyclin (2 × 100 mg) oder Erythromycin (2 × 500 mg) für 3 Wochen. Bei großen Abszessen Entlastung durch wiederholte Feinnadelpunktionen.

49.10 Hygienische Probleme

Die **Entwicklung breiter Antibiotikaresistenzen** und ihre Weitergabe insbesondere unter Enterobakterien (z. B. über Plasmide) stellt ein zunehmendes therapeutisches und vor allem hygienisches Problem dar. Eine besondere Bedeutung hat im klinischen Alltag die Kolonisation mit hochgradig antibiotikaresistenten *Staphylococcus-aureus-*, Enterokokken-, *Escherichia-coli-* und *Pseudomonas-aeruginosa*-Stämmen.
Die Infektion bzw. **Kolonisation durch multiresistente Erreger** ist mit einer erhöhten Letalität vergesellschaftet. Aufgrund der im Allgemeinen nicht veränderten Pathogenität der Erreger besteht jedoch üblicherweise keine erhöhte Morbidität. Die Weitergabe erfolgt häufig, aber nicht ausschließlich in Gemeinschaftsinstitutionen wie Alten- und Pflegeheimen oder Krankenhäusern.
Der Nachweis oder die anamnestische Angabe einer Kolonisation erfordert eine sofortige Isolation der Patienten (evtl. als Kohortenisolation). Bei Vorliegen von MRSA (methicillinresistente *S. aureus*) muss das Personal wegen der Gefahr der nasalen Kolonisation einen Mundschutz tragen.
Bei **MRSA** kann mit Mupirocin-Nasensalbe und desinfizierenden Seifen eine „Eradikation" bzw. eine Reduktion der Kolonisation zugunsten sensibler Stämme versucht werden. Eradikationsversuche mit systemischer Gabe von Vancomycin oder Linezolid sind üblicherweise frustran und mit dem Risiko einer weiteren Resistenzentwicklung behaftet. Die Indikation zur systemischen Antibiotikatherapie

Tab. 49.24 Häufigste hygienische Problemkeime

Keim	Kürzel	wirksame Antibiotika
methicillinresistenter *S. aureus*	MRSA	Vancomycin, Teicoplanin, Linezolid, Daptomycin; gel.: Cotrimoxazol, Quinupristin/Dalfopristin, Clindamycin, Minocyclin, Rifampicin (nur in Kombination), Fosfomycin
vancomycinresistente Enterokokken	VRE	Tetrazykline, Chloramphenicol, Linezolid; gel.: Ampicillin/Sulbactam, Teicoplanin (VanB- und VanC-Stämme), Quinupristin/Dalfopristin
Extended-spectrum-Beta-Lactamase-bildende Enterobacteriaceae	ESBL	Carbapenem, ansonsten nach Resistenztestung

sollte bei aktuellen und früheren MRSA-Trägern zurückhaltend gestellt werden, um das Überwuchern der resistenten Keimpopulation zu verhindern. Nur der Nachweis eines hochresistenten Erregers in einem sonst sterilen Körperkompartiment oder -sekret in Verbindung mit der passenden Klinik bedarf einer antibiotischen Therapie, die nach Erhalt der Resistenztestung anzupassen ist (**Tab. 49.24**).

49.11 Erkrankungen durch Pilze

Synonym: Mykosen
engl.: fungal infection, mycosis

In Mitteleuropa kommen ausschließlich Infektionen durch opportunistisch-pathogene Pilze vor. Risikofaktoren sind: die Immunabwehr mindernde Grunderkrankungen, immunsuppressive Therapien sowie die Therapie mit einem Breitspektrumantibiotikum, unter der es zu einer Selektion von Pilzen kommen kann.
Im Ausland sind auch obligatorisch pathogene Pilze wie *Histoplasma, Coccidioides, Blastomyces* und *Paracoccidioides species* bekannt. Sie können als Importinfektionen von Bedeutung sein und sind gelegentlich bei HIV-infizierten Patienten auch in Deutschland diagnostiziert worden. Die sehr häufigen, oberflächlichen (topischen) Mykosen sind eine Domäne der Dermatologie, spielen aber im Rahmen der o. g. Risikofaktoren auch in der Allgemeinmedizin eine große Rolle.

49.11.1 Kandidose

Synonym: Soor, Moniliasis
engl.: thrush, candidosis

Unterschieden werden oberflächliche (Haut), tiefe (Schleimhaut) und systemische (generalisierte) Formen der Infektionen durch *Candida species*. Am häufigsten wird *Candida albicans* nachgewiesen. Durch die breite Anwendung von Azolderivaten (z. B. Fluconazol) kann es zur Selektion resistenter Spezies wie *Candida glabrata* oder *Candida krusei* mit anschließender Superinfektion kommen. Unterschieden werden die folgenden Formen der Kandidose:

Kandidainfektionen der Haut. Typisch ist der Befall der Hautfalten (interdigital, anogenital, submammär, **Abb. 49.14 a**) mit Rhagadenbildung, leichter Rötung, Schuppung und geringer Nässung. Diagnostik: Nachweis von Candida im Abstrichmaterial. Therapie: topische Anwendung von Clotrimazol oder Nystatin.

Schleimhautkandidose (Soor). Befall der Schleimhaut (Oropharynx, **Abb. 49.14 b**, Ösophagus, Vagina) mit Juckreiz, Brennen, Schluckstörungen oder Ausfluss (bei Vaginalmykosen). Klinisch fallen initial weiße Stippchen auf, die später zu ausgedehnten, weißen, abwischbaren Belägen konfluieren. Diagnostik: Inspektion, Zytologie (Gram, KOH). Therapie: lokale Anwendung von Amphotericin B, Nystatin oder bei schwerem Befall systemische Therapie mit Fluconazol (1 × 150 mg oder 200 mg/Tag für 3 Tage).

Systemische Kandidose. Lebensbedrohliche, septische Erkrankung vor allem bei intensivmedizinisch betreuten Patienten oder bei Patienten mit Venenkathetern und bei Patienten mit Granulozytopenie. Die Erreger sind in der Regel endogenen Ursprungs.

L

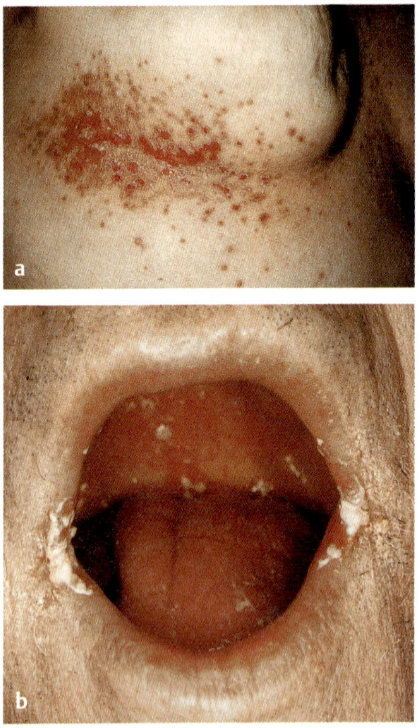

Abb. 49.14 Kandidose. a Intertriginöse, submammäre Kandidose mit typischen Satellitenherden. **b** Mundsoor (Stomatitis candidomycetica) mit Pilzkolonien in den Mundwinkeln, auf der Zunge und am weichen Gaumen bei einem Diabetiker (mit freundlicher Genehmigung von Dr. Dr. J. Kreusch, Lübeck).

Klinisch steht Fieber, das trotz antibakterieller Therapie fortbesteht, im Vordergrund. Diagnostik: Der Nachweis in Blutkulturen gelingt nur selten. Die Serologie (Antikörper- oder Antigennachweis) ist unzuverlässig. Therapie:

- leichtere Erkrankung: Fluconazol 400 – 800 mg/Tag
- in schweren Fällen Amphotericin B (> 0,6 mg/kg KG) bzw. liposomale Präparation, evtl. in Kombination mit Flucytosin (3 × 2,5 g) für 3 – 4 Wochen. Alternative: Caspofungin 70 – 50 mg/Tag i. v.

Cave: Non-albicans-Species weisen eine verminderte Fluconazol-Empfindlichkeit auf.

49.11.2 Mukormykose

Synonym: Zygomykose
engl.: mucormycosis, zygomycosis

Unter dem Begriff Mukormykosen werden Infektionen zusammengefasst, die durch eine Reihe ubiquitär vorkommender Pilze der Ordnung *Mucorales* bzw. *Entomophthorales* ausgelöst wird. Betroffen sind überwiegend Patienten mit Diabetes mellitus, nach Organtransplantation, malignen Erkrankungen oder Deferoxamin-Therapie bei Eisenüberladung. Es werden verschiedene Formen unterschieden.

Die **rhinozerebrale Mukormykose** ist die häufigste Form (75 %). Sie kommt fast ausschließlich bei Diabetikern mit Ketoazidose vor. Der Verlauf ist fulminant mit einseitigen Kopf- und Orbitalschmerzen, Sehstörungen, Schwellung des betroffenen Auges und mukosanguinolenter Nasensekretion. Diagnostisch sieht man im Röntgenbild der Nasennebenhöhlen eine Verschattung der befallenen Seite. Wächst der Pilz invasiv in die Tiefe, kann es zu Gefäßperforation und zerebraler Beteiligung kommen.

Lungenmukormykosen bzw. **disseminierte Mukormykosen** können im Rahmen einer hämatogenen Streuung nach rhinozerebraler Mukormykose vorkommen. Klinisch stehen septische Temperaturen mit progredienten pulmonalen Infiltrationen im Vordergrund. Bei der **gastrointestinalen Mukormykose** sind Tenesmen, Diarrhö, Hämatemesis oder Meläna vorhanden. Selten kommt eine **akute Mukormykose** nach Abdominaloperationen oder bei ausgedehnten Verbrennungen vor. Die Läsionen erscheinen als Follikulitiden, erythematöse Plaques, Erosionen oder Ulzerationen.

Obwohl der Erreger auf allen üblichen Nährmedien gut wächst, gelingt der kulturelle Nachweis nur in 15 % der Fälle. Eine Serologie ist nicht möglich.

> ! **Bei Diabetikern mit einseitigen Kopfschmerzen und Sinusitis an Mukormykose denken.**

Einzige Therapiemöglichkeit stellt **Amphotericin B**-Desoxycholat oder lipidhaltiges Amphotericin B in maximaler Dosierung i. v. dar. Neuere Azole, wie Posaconazol, sind ebenfalls wirksam und eine Alternative zu Amphotericin B.

49.12 HIV (Human Immunodeficiency Virus)

engl.: acquired immune deficiency syndrome

Labormeldung an das Robert Koch-Institut bei Nachweis einer Infektion.

Definition. AIDS ist das Endstadium einer häufig über Jahrzehnte verlaufenden, persistierenden, chronischen Infektion mit dem HIV-1 oder HIV-2 (Human Immunodeficiency Virus), die nach einer unterschiedlich langen Zeitspanne (unbehandelt im Mittel 9 – 10 Jahre) zu einer zellulären Immunschwäche mit rezidivierenden opportunistischen Infektionen und Tumoren führt („Vollbild AIDS").

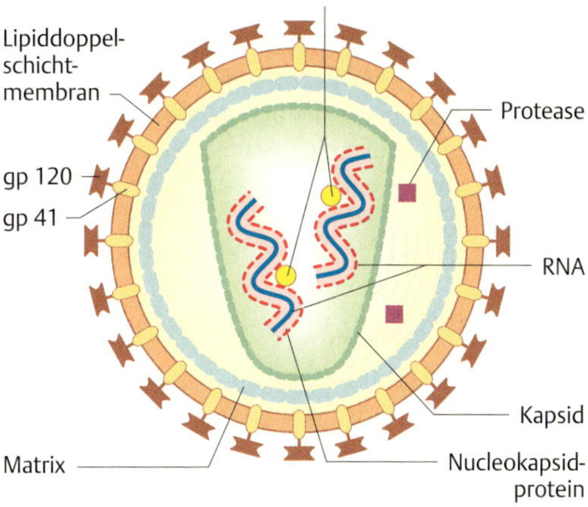

Abb. 49.15 Struktur des HIV. Die replikationsrelevanten Enzyme befinden sich im Nukeokapsid. Die Oberflächenproteine gp120 und gp41 vermitteln die Verschmelzung mit der Wirtszelle.

Ätiopathogenese

Der Erreger ist ein **lympho- und neurotropes Retrovirus**, das im Infektionsverlauf eine Verminderung der T-Helferzellen (CD4-Zellen) verursacht (Abb. 49.15). Bei einem Abfall < 200/µl steigt das Risiko von Erkrankungen durch opportunistische Erreger und bestimmte Tumoren deutlich an. HIV befällt aber nicht nur CD4-Zellen, sondern auch die Mikroglia oder dendritische Zellen. HIV-Infizierte bilden Antikörper, die jedoch nicht zu einer Viruselimination führen. HIV-2 ist weniger pathogen als HIV-1 und vorwiegend in Westafrika und Teilen Asiens (in Europa: Portugal) verbreitet.

Häufige Übertragungswege

Sexualverkehr. Dies ist der häufigste Übertragungsweg. Sexualpraktiken, Infektiosität des Sexualpartners sowie Anzahl und Virulenz der aufgenommenen Erreger spielen eine Rolle. Zu einer Übertragung vom Mann auf die Frau kommt es häufiger als umgekehrt. Die sog. Primoinfektionsphase – d. h. die erste Phase nach der Infektion mit HIV – mit hoher Virämie ist mit deutlich höheren Transmissionsraten assoziiert. Die Wahrscheinlichkeit, sich beim ungeschützten Geschlechtsverkehr mit einer infizierten Person anzustecken, wird auf 0,11 % pro Kontakt geschätzt und hängt von der Höhe der Virämie ab. Aufklärung über die Gefahren sowie die Benutzung von Kondomen sind die wichtigsten Präventionsmaßnahmen.

Bei eindeutiger HIV-Exposition im Rahmen eines ungeschützten Sexualkontakts muss über die Möglichkeit der prophylaktischen Einnahme einer antiretroviralen Kombinationstherapie informiert werden. Diese sollte bei Zustimmung des Betroffenen binnen maximal 72 Stunden nach dem Ereignis eingeleitet werden (aktuelle Empfehlungen unter http://www.rki.de). Cave: Keine Zulassung der Medikamente für diese Indikation!

Vertikale Übertragung. Das Kind wird von der Mutter intrauterin vorwiegend im letzten Trimenon, unter der Geburt oder durch Stillen infiziert. Die Wahrscheinlichkeit dafür beträgt 15 – 30 %. Durch eine effektive antivirale Behandlung der Mutter im letzten Trimenon, eine Entbindung über Sectio caesarea und eine postnatale prophylaktische Therapie des Kindes wird das Risiko einer Übertragung auf ca. 1 % gesenkt (vgl. Konsensusempfehlungen unter http://www.rki.de).

Übertragung durch Blutprodukte. Die Gefahr einer Infektion durch infizierte Blutprodukte oder Organtransplantationen ist bei Beachtung der Vorschriften zur Spenderuntersuchung extrem gering.

Übertragung durch Drogengebrauch. Die gemeinsame Benutzung von Injektionsnadeln ist hierbei der übliche Übertragungsweg.

Andere Übertragungswege. Tränen, Schweiß und Speichel sind als Übertragungsmedium praktisch ausgeschlossen. Übertragungen durch Insektensti-

L

che oder durch Tröpfcheninfektion wurden bisher nicht beobachtet. Bei normalen pflegerischen oder ärztlichen Tätigkeiten besteht daher keine Ansteckungsgefahr. Im Falle einer akzidentellen Nadelstichverletzung mit eindeutiger HIV-Exposition sollte binnen 24 Stunden eine antiretrovirale Postexpositionsprophylaxe eingeleitet werden (s. obige Hinweise unter Sexualverkehr).

Stadieneinteilung und Klinik

Nach der WHO-/CDC-Klassifikation erfolgt die Einteilung in 3 klinische und 3 CD4-Zellzahl-Kategorien.

Klinische Stadien:

- A-Stadium: asymptomatisch
- B-Stadium mit HIV-assoziierten Krankheiten
- C-Stadium mit AIDS-definierenden Erkrankungen

CD4-Zell-Kategorien:

- Kategorie 1: > 500 Kopien/ml
- Kategorie 2: 200 – 500 Kopien/ml
- Kategorie 3: < 300 Kopien/ml

(Anmerkung: in den USA gilt eine CD4-Zellzahl < 200 als AIDS-definierend, bereits ohne opportunistische Erkrankungen).

Kategorie A. Nach einer Inkubationszeit von 1 – 3 Wochen kommt es in 60 – 90 % der Fälle zur akuten Erkrankung mit unspezifischer grippeähnlicher Klinik: Fieber, Schwitzen, Glieder- und Muskelschmerzen, Erbrechen, Durchfälle, Kopfschmerzen und ein stammbetonter makulöser, leicht juckender Hautausschlag. Lymphknotenschwellungen und Pharyngitis können an eine Mononukleose erinnern. Die Symptome klingen innerhalb von 1 – 2 Wochen wieder ab. Neurologische Komplikationen können auftreten (z. B. Meningoenzephalitis, Guillain-Barré-Syndrom) und haben eine gute Prognose.

Der HIV-Antikörper-Test ist in dieser Phase häufig noch negativ. HIV-Antikörper können erst 2 – 3 Wochen nach einer Übertragung nachgewiesen werden (s. S. 1021). Deshalb sollen neue Tests, die auch HIV-Antigen messen, zur Anwendung kommen. Diese verkürzen die Serokonversionszeit um mehrere Wochen, d. h. eine effektiv infizierte Person wird mit über 90 % Wahrscheinlichkeit nach 6 Wochen positiv getestet, nach 3 Monaten in nahezu 100 %.

Der Phase der akuten Infektion folgt eine oft jahregelegentlich jahrzehntelange Phase ohne klinische Klinik, z. T. einhergehend mit generalisierten Lymphknotenschwellungen.

Kategorie B. Dieses Stadium ist geprägt von weniger schweren opportunistischen Erkrankungen wie z. B. oropharyngeale oder vulvovaginale Kandidose, anhaltendes Fieber, Diarrhö, orale Haarleukoplakie. Die gastrointestinalen Störungen werden auf S. 748 besprochen.

Kategorie C. Kategorie C beinhaltet die klassischen AIDS-definierenden Erkrankungen. Diese Krankheiten können zu einem großen Teil auch bei anderweitig verursachter Immunsuppression vorkommen (z. B. nach Transplantation), d. h. entsprechende Krankheiten sind für HIV nicht pathognomonisch. Trotzdem muss bei jeder dieser Krankheiten, falls nicht schon erfolgt, ein HIV-Test durchgeführt werden.

> **!** **Bei unklarem Krankheitsbild mit Fieber, reduziertem Allgemeinzustand, Lymphadenopathie und bekannten Risikofaktoren (häufig wechselnde Geschlechtspartner, i. v. Drogenkonsum) an HIV-Infektion denken.**

AIDS-definierende Erkrankungen

***Pneumocystis-jirovecii-* (früher: carinii-)Pneumonie (PCP).** Bis heute die häufigste Erstmanifestation von AIDS mit einer ca. 10 %igen Letalität. Unter Primärprophylaxe (Cotrimoxazol oder inhalatives Pentamidin) bei CD4-Zell-Zahlen < 200/µl und vor allem durch die moderne antiretrovirale Therapie ist die Inzidenz deutlich zurückgegangen. Hauptsymptome sind Fieber, trockener Husten und progrediente Belastungsdyspnoe. Der Nachweis des Erregers gelingt mikroskopisch aus provoziertem Sputum oder Bronchialsekret (kultureller Nachweis nicht möglich). Mittel der Wahl ist Cotrimoxazol (120 mg/kgKG auf 3 – 4 Tagesdosen verteilt) über 21 Tage, alternativ Pentamidin-Isethionat (4 mg/kgKG 1 ×/Tag). Atovaquone und die Kombination von Clindamycin und Primaquin (in Deutschland nicht zugelassen) sind bei milder PCP wirksam. Eine adjuvante Kortikosteroidtherapie vermindert das Risiko einer Beatmungspflichtigkeit.

Toxoplasmose-Enzephalitis. In der Regel handelt es sich um die Reaktivierung einer latenten Infektion (IgG-Antikörper im Serum positiv). Ein fokaler ZNS-Befall mit hirnorganischem Psychosyndrom, Paresen, Krampfanfällen bei fehlendem Fieber sind die häufigsten Manifestationen. Die Therapie erfolgt mit Sulfonamid (Sulfadiazin 4 × 1 – 2 g), alternativ Clindamycin (4 × 600 mg), beides in Kombination mit Pyrimethamin (100 mg/Tag) und zusätzlich 15 mg Folinsäure für mindestens 14 Tage, gefolgt von einer Rezidivprophylaxe, die mit Cotrimoxazol 960 mg/Tag durchgeführt werden kann. Cave: Folsäure antagonisiert die Pyrimethamin-Wirkung!

Soor-Ösophagitis. Die durch *Candida albicans* verursachte oberflächliche Schleimhautinfektion gehört zu den häufigsten opportunistischen Infektionen bei HIV-Patienten. Retrosternale Schmerzen und Dysphagie sind hinweisend. Therapeutisch kommen systemisch Fluconazol (200 mg) bzw. Itraconazol (100 mg) zum Einsatz.

Rezidivierende bakterielle Pneumonien. Pneumonien sind bei Patienten mit CD4-Zellzahlen < 300/µl häufig. Dabei unterscheidet sich die Klinik kaum von der nicht HIV-Infizierter. Eine Beteiligung mehrerer Lappen und eine hämatogene Streuung werden häufiger beobachtet. Das Ansprechen auf eine antibiotische Therapie ist gut.

Kryptosporidien-Enteritis. Die Krankheit manifestiert sich meist mit schwerem, wässrigem Durchfall. Auslöser ist die Infektion mit *Cryptosporidium parvum*, das mikroskopisch im Stuhl und/oder mit Antigen-EIA nachgewiesen wird. Die Therapie ist symptomatisch, es sind nur experimentelle Therapien verfügbar. Paromomycin ist marginal wirksam, Nitazoxanid (2 × 200 mg/Tag für 3 Tage) nur für Kinder erprobt und nicht in Europa zugelassen. Eine antiretrovirale Therapie führt oft zur Ausheilung.

Isosporiasis. Erreger ist *Isospora belli* oder *Isospora hominis*. Die Klinik entspricht derjenigen bei Kryptosporidiose. Die Diagnose kann durch mikroskopischen Nachweis im Stuhl gesichert werden. Therapie mit Cotrimoxazol (3 × 960 mg täglich) über 10 Tage, dann 3 Wochen lang täglich 2 × 960 mg. Bei Therapieversagen evtl. Pyrimethamin plus Sulfadiazin. Bei Rezidiven Suppressionstherapie mit täglich 960 mg Cotrimoxazol. Die Infektion ist in Europa sehr selten.

Rezidivierende Salmonellensepsis. Hämatogene, rezidivierende Streuung von Salmonellen aus dem Darm. Diese sprechen auf eine antibakterielle Therapie (z. B. mit Ciprofloxacin 2 × 500 mg oral) gut an.

Waisting-Syndrom. Oft mit Fieber unklarer Genese einhergehender Gewichtsverlust von mehr als 10% bzw. mind. 6 kg, mit mehr als zwei wässrigen Durchfällen/Tag über mindestens einen Monat und Kachexie, ohne Sicherung eines Erregers.

AIDS-Enzephalopathie. Anfangs nur diskrete Klinik mit Störung des Kurzzeitgedächtnisses und Konzentrationsstörungen. Ohne ART Fortschreiten zur AIDS-Demenz.

Tuberkulose. Bei CD4-Zellzahlen > 300/µl verläuft die Tuberkulose auch bei AIDS wie auf S. 1003 beschrieben. Bei Patienten mit CD4-Zellen < 100/µl kommt es oft zu einer raschen hämatogenen Streuung in alle Organe (Landouzy-Sepsis). Die therapeutischen Erfolge unter der üblichen tuberkulostatischen Therapie sind im frühen Stadium gut. Eine Rezidivprophylaxe ist nicht erforderlich. Bei der Therapie sind Interaktionen von Rifampicin bzw. Rifabutin mit der antiretroviralen Therapie zu beachten.

Atypische Mykobakteriose. Die disseminierte atypische Mykobakteriose wird am häufigsten durch *Mycobacterium-avium/intracellulare* verursacht. *M. kansasii*, *M. fortuitum* und lokalisierte, vorwiegend abdominelle Lymphknotenabszesse durch *M. genavense* sind seltener. Der Nachweis gelingt zytologisch (Ziehl-Neelsen-Färbung) in Knochenmark, Lymphknoten und anderen Organen sowie kulturell in Blut oder Organpunktaten. Der Nachweis in Stuhl und Bronchialsekret entspricht oft einer Kolonisation ohne invasive Erkrankung und ist nicht per se therapiebedürftig. Die Klinik (Fieber, Anämie, Abdominalschmerzen und Diarrhö) ist eher diskret und uncharakteristisch. Die Therapie erfolgt mit Rifabutin in Kombination mit Clarithromycin und Ethambutol.

Zytomegalie-Virus-Erkrankung. Neben der unbehandelt zur Erblindung führenden CMV-Retinitis (mit ca. 25% die häufigste Manifestation) kommen Ösophagitiden, Kolitiden, Pneumonien und Hepatitiden vor. Die Behandlung wird entweder intravenös mit Ganciclovir (2 × 5 mg/kgKG), Foscarnet (3 × 60 oder 2 × 90 mg/kgKG), Cidofovir (5 mg/kgKG für 2 Wochen) oder oral mit Valganciclovir 2 × 900 mg durchgeführt. Eine Erhaltungstherapie in halber Dosis ist bis zu einer ausreichenden Immunrekonstitution notwendig. Zur Lokaltherapie stehen ein Ganciclovir-Implantat mit verzögerter Substanzfreisetzung und ein Antisense-Oligonukleotid (Fomivirsen) zur Verfügung, jedoch zu sehr hohen Kosten und mit begrenztem Effekt.

Herpes-simplex-Virus-Erkrankung. Die rezidivierende HSV-Infektion verläuft bei HIV-Erkrankten schwerer und ist häufiger von Komplikationen mit ausgedehnten Ulzerationen (z. B. perianal) begleitet.

Die Therapie mit Aciclovir (5 × 800 mg oral) oder Valaciclovir ist erfolgreich. Rezidive sind häufig, es kann zur Resistenzentwicklung kommen.

Multisegmentaler Herpes zoster. Im Gegensatz zum monosegmentalen Auftreten beim klassischen Verlauf verläuft der Herpes zoster bei fortgeschrittener HIV-Infektion oft multisegmental. Eine intravenöse Therapie ist im Allgemeinen erforderlich (s. S. 988, s. **Abb. 49.6**).

Kryptokokkose. Nach Inhalation von *Cryptococcus-neoformans*-haltigem Staub, einer symptomarmen Pneumonie und hämatogener Streuung kommt es zu einer subakuten Meningitis mit Kopfschmerzen, Fieber und geringer Nackensteifigkeit, die jedoch auch vollkommen fehlen kann (**Abb. 49.16 b**). Im Liquor findet sich eine Eiweißerhöhung bei nur mäßig erhöhter Zellzahl. Der Erreger kann mikroskopisch im Tuschepräparat des Liquors, kulturell im Liquor oder durch Antigennachweis in Serum, Urin und Liquor nachgewiesen werden. Therapie mit Amphotericin B (langsame Dosissteigerung auf 0,5 mg/kgKG/d) mit Flucytosin (3 × 50 mg/kgKG) oder Fluconazol (2 × 200 mg). Rezidivprophylaxe mit 200 mg Fluconazol. Auch Itraconazol ist wirksam.

Kaposi-Sarkom. Multifokaler Tumor von Haut- und Schleimhaut, in späteren Stadien auch innerer Organe, verursacht durch das Humane Herpesvirus Typ 8 (HHV-8), welches auch an der Entstehung von hochmalignen Non-Hodgkin-Lymphomen der Körperhöhlen beteiligt ist (**Abb. 49.16 a**). Weitere Formen sind:

- sporadisches (klassisches) KS
- endemisches KS in Afrika
- epidemisches KS ohne AIDS

Die Therapie erfolgt lokal (Exzision, Laser, Radiotherapie, lokale Chemotherapie), mit hochdosiertem Interferon α oder einer systemischen Chemotherapie, vorzugsweise mit liposomalem Doxorubicin. Häufig erfolgt eine Rückbildung nach Einleitung einer ART.

Malignes Lymphom. Hochmaligne Non-Hodgkin-Lymphome (NHL) vom B-Zelltyp verlaufen bei AIDS oft mit ZNS-Beteiligung, wobei diese Tumoren häufig EBV-assoziiert und polyklonal sind. Die Therapie besteht in einer klassischen Polychemotherapie (möglichst intensiv), beim primär zerebralen NHL aus der Bestrahlung des ZNS und Kortikosteroiden in Verbindung mit einer ART. Darunter ist die Prognose quoad vitam deutlich verbessert.

Progressive multifokale Leukenzephalopathie (PML). Erreger ist das JC-Virus, ein Poliomavirus (Seroprävalenz: bis zu 76% der gesunden Erwachsenen). Schleichender Beginn mit – je nach Lokalisation – Sprach- und Sehstörungen und Einschränkungen der intellektuellen Fähigkeiten. Im fortgeschrittenen Stadium Paresen und Erblindung. Fieber und Kopfschmerzen fehlen. Die Diagnose kann mittels PCR aus dem Liquor bestätigt werden. Eine kurative Therapie ist nicht bekannt. Cidofovir weist eine fragliche Wirksamkeit auf. Eine ART führt oft zur Abheilung, wobei zum Teil erhebliche Residualschäden verbleiben (s. **Abb. 49.9**).

Invasives Zervixkarzinom. Erreger sind humane Papillomviren, insbesondere HPV-16 und -18. Die Erkrankung ist AIDS-definierend. Sie tritt bei HIV-Infizierten zehnmal häufiger als bei Nichtinfizierten auf. HIV-infizierte Frauen müssen in 6-monatigen Intervallen gezielt auf diese Komplikation hin untersucht werden.

Histoplasmose. Erreger ist das obligat pathogene *Histoplasma capsulatum*, das v. a. im amerikanischen Mittelwesten, in der Karibik, in Süd- und Mittelamerika und in Äquatorialafrika auftritt. Nach Inhalation kommt es in der Regel zu einem inapparenten Verlauf, mit Hinterlassung einer lebenslangen zellulären Immunität. Bei Patienten mit Grunderkrankungen (HIV-Infektion, hämatologischen Grundleiden oder immunsuppressiver Therapie) kann es zu der disseminierten Histoplasmose kommen. Leitsymptome sind Fieber und Gewichtsverlust.
Beim Röntgen-Thorax fallen interstitielle oder noduläre Infiltrate und hiläre Lymphknotenvergrößerung auf. ¼ der Patienten hat eine Hepato- oder Splenomegalie. Der Erreger kann kulturell aus Blut, Knochenmark oder Urin angezüchtet werden. Auch die histologische Untersuchung von Knochenmark, Lymphknoten- oder Lungengewebe bestätigt die Diagnose. Serologische Untersuchungen sind in Referenzlaboratorien möglich. Differenzialdiagnostisch muss an eine Tuberkulose gedacht werden. Mittel der Wahl ist Amphotericin B (für 10 – 14 Tage) oder Itraconazol (2 × 200 mg täglich) über mindestens zehn Wochen.

Kokzidioidomykose. In Europa seltene, im trockenen Südwesten der USA endemische Mykose durch *Coccicioides immitis*. Die Infektion bei Immunkompetenten erfolgt meistens asymptomatisch. Therapie mit Fluconazol, Itraconazol oder Amphotericin B.

Nokardiose. s. S. 1011.

Opportunistische Infektionen. Die bazilläre Angiomatose (Erreger: *Bartonella henselae, B. quintana*), die Mikrosporidien-Enteritis (Erreger: *Enterocytozoon bieneusi, Encephalitozoon intestinalis und hellem*) und die Infektion mit *Rhodococcus equi* stellen opportunistische Infektionen außerhalb der AIDS-Falldefinition dar, ebenso die invasive Aspergillose (Erreger: *A. fumigatus, A. flavus*): Diese nicht AIDS-definierende Komplikation tritt im weit fortgeschrittenen AIDS-Stadium auf; meist sind andere Lungeninfektionen vorausgegangen. Hauptsymptome sind Fieber, Husten mit blutigem Auswurf und Dyspnoe. Kopfschmerzen, Schwindel, Krampfanfälle und Benommenheit sind Zeichen einer Hirnbeteiligung. In der Endphase sind metastatische Absiedlungen in anderen Organen häufig. Diagnostik und Therapie (Voriconazol, Amphotericin B) sind schwierig.
Alle opportunistischen Infektionen zeigen eine beinahe 100%ige Rezidivrate, solange der Grad der Immunsuppression weiterbesteht. Nach ausreichender Erholung der $CD4^+$-Lymphozytenzahlen unter einer ART kann die Prophylaxe häufig abgesetzt werden.

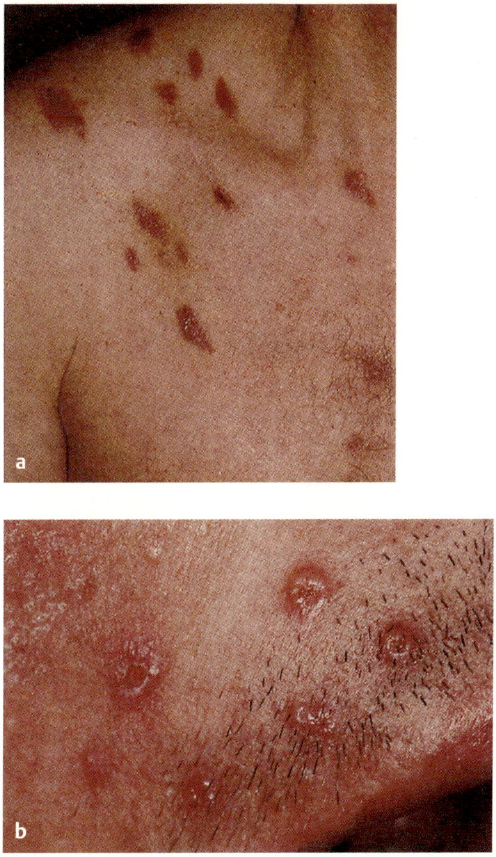

Abb. 49.16 HIV-assoziierte Erkrankungen. a Kaposi-Sarkom im fortgeschrittenen Stadium mit livid-roten bis bläulichen Knoten, **b** kutane Kryptokokkose im Gesicht (aus Moll, Duale Reihe Dermatologie, Thieme).

Diagnostik

Eine HIV-Infektion kann durch PCR innerhalb von wenigen Tagen nach der Infektion nachgewiesen werden. Beweisend ist auch der Antikörpernachweis mit Western-Blot-Technik nach einem positiven Suchtest (ELISA-Verfahren), welcher selten unspezifisch positiv sein kann. Unter antiretroviraler Therapie kann durch Quantifikation der HIV-RNA im Plasma („Viruslast“) der therapeutische Erfolg gemessen werden.

Therapie und Prognose

Die HIV-Infektion ist nicht heilbar. Mit einer Kombination von antiretroviralen Substanzen (hochaktive antiretrovirale Therapie = HAART) kann jedoch die HIV-Replikation bis unter die Nachweisgrenze hochsensitiver Nachweisverfahren reduziert, eine Rekonstitution des Immunsystems ermöglicht und eine Resistenzentwicklung verzögert werden. Regelmäßige Kontrollen der Viruslast und der $CD4^+$-Lymphozytenzahl sind erforderlich.
Prinzipiell werden **drei antiretroviral wirksame Substanzen** kombiniert. Die tägliche, gewissenhafte Einnahme (sog. Adherence) ist entscheidend, um einen vollen Therapieeffekt zu erhalten. Neue Studien zeigen, dass antiretrovirale Therapien die Lebenserwartung dramatisch verlängert haben auf eine praktisch normale Lebenserwartung, sofern chronische, zuweilen schwere Komorbiditäten nicht vorhanden sind.
Meist werden zwei Nukleosid-Reverse-Transkriptase-Hemmer mit einem Nicht-Nukleosid-Reverse-Transkriptase-Hemmer oder zwei Nukleosid-Reverse-Transkriptase-Hemmer mit einem mit Ritonavir geboosteten Protease-Hemmer kombiniert.
Die Therapie kann von kurzfristigen (Allergien, ZNS-Nebenwirkungen, Hepatotoxizität) und langfristigen Nebenwirkungen (Körperfettumverteilung, Hyperlipoproteinämie, Diabetes mellitus, Laktatazidose) kompliziert werden. Es kann zur Resistenzentwicklung kommen, die den Einsatz komplexer Kombina-

L

Tab. 49.25 Anti-HIV-Medikamente

Wirksubstanz	Dosierung (mg/d)[1]	VL ↓ [2]/CD4 ↑	Nebenwirkungen, cave: Interaktionen[3]
Entry-Inhibitoren: Korezeptor-Antagonisten (CCR5-Antagonisten)			
Maraviroc (MVC)[5]	2 × 150 – 600[3]	++/++	Kopfschmerzen, Hepatitis, Exanthem
Entry-Inhibitoren: Fusionsinhibitoren (FIs)			
Enfurtivide (T-20) [5]	2 × 90	++/++	Reaktionen an Injektionsstelle, Hypersensitivität, Eosinophilie
Reverse Transkriptase-Inhibitoren: Nukleosidanaloga (NRTIs)			
Abacavir (ABC)[4]	1 × 600 oder 2 × 300	++/++	Hypersensitivitätsreaktion (HSR)
Didanosin (ddI)[4]	1 × 400 nüchtern (≥ 60 kg) 1 × 250 nüchtern (< 60 kg)	++/++	Diarrhö, Pankreatitis, Interaktionen mit TDF & Ribavirin
Emtricitabin (FTC)[4]	1 × 200	+/+	Kopfschmerzen, Nausea
Lamivudin (3TC)[4]	1 × 300 oder 2 × 150	+/+	Kopfschmerzen, Nausea
Stavudin (d4 T)[4]	2 × 40 (≥ 60 kg) 2 × 30 (< 60 kg)	++/++	Polyneuropathie
Zidovudin (ZDV, AZT)[4]	2 × 300, auch 2 × 250	+/+	Anämie, Neutropenie, Nausea
Reverse Transkriptase-Inhibitoren: Nukleotidanaloga (NtRTIs)			
Tenofovir (TDF)[4]	1 × 300	++/++	Übelkeit, Inteaktionen mit ddI, ATV
Reverse Transkriptase-Inhibitoren: Nicht-Nukleosidanaloga (NNRTIs)			
Efavirenz (EFV)	1 × 600[3]	+++/+++	ZNS-Symptome, Exanthem, Transaminasen ↑, selten Steven-Johnson-Syndrom nicht in Schwangerschaft
Etravirin (TMC 125)[5]	2 × 200[3] (nach dem Essen)	+++/+++	ZNS-Symptome, Exanthem, Transaminasen ↑, selten Steven-Johnson-Syndrom, Diarrhö. Pankreatitis nicht in Schwangerschaft
Nevirapin (NVP)	2 × 200[3], evtl. 1 × 400	+++/+++	Transaminasen ↑ ↑ bis hin zur fulminanten Hepatitis, massiv-lebensbedrohliches Exanthem v. a. in den ersten 6 Wochen
Integrase-Inhibitoren (IIs)			
Raltegravir (RGV)[5]	2 × 400	+++/+++	ATV/r → RGV ↑ 41 % TPV/r → RGV ↓ ↓
Protease-Inhibitoren (PIs)			
Atazanavir (ATV)[6]	RTV 1 × 100+ATV 1 × 300 mit dem Essen	+++/+++	Bilirubin ↑, Transaminasen ↑ nicht in Schwangerschaft
Darunavir (DRV)[5, 6]	RTV 2 × 100+TMC 2 × 600 mit dem Essen	+++/+++	Diarrhö, Exanthem, selten Steven-Johnson-Syndrom nicht in Schwangerschaft

Fortsetzung ►

Tab. 49.25 Fortsetzung

Wirksubstanz	Dosierung (mg/d)[1]	VL ↓ [2]/CD4 ↑	Nebenwirkungen, cave: Interaktionen[3]
Fos-Amprenavir (FAPV)[6]	RTV 2 × 100+FAPV 2 × 700	+++/+++	Nausea, Diarrhö, bei Leberinsuffizienz Dosis ↓, Exanthem, selten Steven-Johnson-Syndrom nicht in Schwangerschaft
Indinavir (IDV)	RTV 2 × 100+IDV 2 × 800 mit dem Essen	++/++	Nephrolithiasis, Transaminasen ↑, bei Leberinsuffizienz Dosis ↓ nicht in Schwangerschaft
Lopinavir/RTV (LPV/r)	2 × 400/100	+++/+++	Diarrhö, Nausea, Lipide ↑, bei Leberinsuffizienz Dosis ↓
Saquinavir (SQV)[6]	RTV 2 × 100+SQV 2 × 1 000 mit dem Essen	+++/+++?	Diarrhö, Nausea
Tipranavir (TPV)[5, 6]	RTV 2 × 200+TPV 2 × 500	+++/+++	Transaminasen ↑↑, intrakranielle Blutung, Diarrhö, Exanthem, Nausea nicht in Schwangerschaft
Kombinationspräparate			
ZDV + 3TC[4]	2 × 300/150	+++/+++	siehe AZT + 3TC
ABC + 3TC[4]	1 × 600/300	+++/+++	siehe ABC + 3TC
ABC + ZDV + 3TC[4]	2 × 300/300/150	+++/+++	siehe ABC + AZT + 3TC
TDF + FTC[4]	1 × 300/200	+++/+++	siehe TDF + FTC
EFV + TDF + FTC[3]	1 × 600/300/200	++++/++++	siehe EFV + TDF + FTC

[1] *Dosierung bei Erstbehandlung von Erwachsenen und Einsatz zusammen mit 2 NRTIs bei normaler Nieren- und Leberfunktion*
[2] *VL = viral load = Virustiter = Viruskonzentration = Anzahl HIV-RNA-Kopien/ml Plasma*
[3] *CCR5-Antagonisten, Nicht-Nukleosidanaloga, RT-Inhibitoren und Proteaseinhibitoren werden über das Cytochrom P 450-System metabolisiert. Interaktionen mit anderen Arzneimitteln können zum Teil schwerwiegende Nebenwirkungen verursachen. Cave: Die Kombination von NNRTIs (NVP/EFV) mit PIs führt infolge Enzyminduktion zu erniedrigten PI-Serumspiegeln (Resistenzentwicklung!): Modifikation der PI-Dosierung notwendig.*
[4] *NRTI-Only-Dreierkombinationen sind infolge geringerer Wirksamkeit als 2-Klassen-Regime nicht empfohlen*
[5] *„Reservemedikamente": Wirksamkeit basierend auf einem anderen Wirkmechanismus (MVT, T 20, RGV) bzw. relativ geringer Kreuzresistenz mit älteren Substanzen (ETV bzw. DRV und TPV)*
[6] *Proteasehemmer grundsätzlich nie ohne RTV, insbesondere nicht bei gleichzeitigem Einsatz von Efavirenz, Etravirin und Nevirapin*
(mit freundlicher Genehmigung von Dr. M. Flepp, Zürich, http://www.hiv.ch)

tionen erfordert. Einige Substanzen weisen erhebliche Wechselwirkungen untereinander und mit einer etwaigen Begleitmedikation auf, die unbedingt beachtet werden müssen.
Die Lebenserwartung eines Patienten mit dem Vollbild von AIDS beträgt ohne ART nur wenige Jahre. Mit einer ART ist die Mortalität um mindestens 80 % reduziert.

> **!** **Sofern Substanzen und Dosierungen genannt werden, beziehen sich diese auf ansonsten gesunde Erwachsene. Für Kinder, ältere Menschen und Patienten mit Nieren- und Leberfunktionseinschränkungen sowie bei interagierender Begleitmedikation können davon abweichende Indikationseinschränkungen oder Dosisempfehlungen gelten.**

L

Weiterführende Informationen

http://www.rki.de/
http://www.daignet.de
http://www.hiv.ch.de

50 Tropische und kosmopolitisch-parasitäre Erkrankungen

Reto Nüesch, Hans Jochen Diesfeld, Gérard Krause

50.1 Einleitung

Tropenkrankheiten im engeren Sinne sind Krankheiten, deren Erreger oder Überträger an bestimmte, lokal oder zonal begrenzte, tropische oder subtropische, makro- oder mikroklimatische Bedingungen gebunden sind und deshalb meist ausschließlich in den Tropen bzw. Subtropen vorkommen. Infolge des umfangreichen Wanderarbeiter- und Touristenverkehrs sowie durch Flüchtlinge und Asylanten können diese Krankheiten heute vermehrt mitgebracht werden. Sie konfrontieren den Arzt häufig mit unbekannten diagnostischen und therapeutischen Problemen. Unter Tropenkrankheiten versteht man jedoch nicht nur Infektionskrankheiten, sondern auch andere toxische, degenerative, onkologische, ernährungs- oder genetisch bedingte Erkrankungen, die im Wesentlichen auf die „Tropenzonen" und ihre Bewohner beschränkt sind.

Tropenkrankheiten im weiteren Sinne des Wortes sind demnach auch die ubiquitären Infektionskrankheiten, die besonders unter sozial- und umwelthygienisch sowie wirtschaftlich ungünstigen Lebensbedingungen, meist in Verbindung mit schlechter präventiv- und kurativmedizinischer Versorgung oder unter Katastrophenbedingungen gehäuft auftreten.

In diesem Kapitel wird eine Auswahl der Krankheiten getroffen, die auch für Studierende und Mediziner außerhalb der Tropen wichtig sind. Die Krankheitsbilder sind hierbei nach dem Übertragungsmodus gegliedert. Diese Zusammenstellung erhebt keinen Anspruch auf Vollständigkeit und ist als tropenmedizinischer Ratgeber für den praktizierenden Arzt nicht ausreichend. Hierzu muss auf weiterführende Literatur verwiesen werden.

> **!** **Heute muss jede Anamnese die Frage nach einem Aufenthalt in oder der Herkunft aus warmen oder hygienisch ungünstigen Regionen enthalten, auch wenn der Aufenthalt schon längere Zeit zurückliegt.**

Tropenklima und Tropentauglichkeit

Als Tropen im klimatologischen Sinn werden Zonen zu beiden Seiten des Äquators innerhalb der 20 °C-Jahresisotherme bezeichnet oder Gebiete, in denen der Tagesgang der Temperatur größere Schwankungen aufweist als der Jahresgang. Regenzeit und Trockenzeit beherrschen in den Tropen die Natur so, wie dies Winter und Sommer in den gemäßigten Zonen tun. In Bezug auf die Verträglichkeit und die Akklimatisation unterscheidet man:

- **tropisch-humides Klima:** Subjektives Schwüleempfinden, geringe Tag-Nacht- und jahreszeitliche Temperaturschwankungen, hoher sichtbarer Schweißverlust
- **tropisch-arides Klima:** Belastung durch hohe Sonneneinstrahlung, Lufttrockenheit und große Tag-Nacht-Temperaturschwankungen, hoher unsichtbarer Schweißverlust
- **tropisches Höhenklima:** In den Tropen werden Höhenlagen bis über 4 000 m über Meeresspiegel bewohnt. Kurzzeitreisende können Höhenadaptationsstörungen ab 2 000 m vor allem im Herz-Kreislauf-Bereich bekommen.

In der Regel erfolgt die **Akklimatisation** innerhalb von 4 – 6 Wochen problemlos. Jeder Tropenreisende nimmt jedoch sein persönliches Gesundheitsrisiko mit auf die Reise. Tropenreisen mit Kindern bedürfen einer besonders sorgfältigen Risiko-Nutzen-Abwägung und tropenpädiatrischen Beratung.

Impfungen für Tropenreisende

Es kann zwischen **Pflichtimpfungen** und **empfohlenen Basis- und Indikationsimpfungen** unterschieden werden. Gelbfieber- und Meningokokken-Impfungen sind die einzigen, die aufgrund internationaler Bestimmungen bei Einreise in endemische oder potenziell endemische Gebiete vorgeschrieben sind. Je nach Exposition und Reiseland werden zusätzlich folgende Impfungen empfohlen, die in Basisimpfungen und Indikationsimpfungen unterteilt werden können:

- **Basisimpfungen** sind jene Impfungen, die auch in Europa indiziert sind, wie Polio (Salk), Tetanus, Diphterie. Falls nötig, sollten diese Impfungen aufgefrischt werden.
- **Indikationsimpfungen** sind jene Impfungen, deren Indikation je nach Reiseland und Exposition gestellt wird:
  - Hepatitis A und Typhus: bei Reisen in Endemiegebiete, insbesondere dann, wenn mit verminderter Trinkwasser- und Lebensmittelhygiene zu rechnen ist
  - Hepatitis B: wenn ein längerfristiger Aufenthalt in einem Endemiegebiet bevorsteht oder ein enger Kontakt zur einheimischen Bevölkerung erwartet wird
  - Meningokokkenmeningitis (A, C, W135, Y), Japanische Enzephalitis: bei Reisen in Endemiegebiete
  - Tollwut: bei längeren Aufenthalten oder „Abenteuerreisen" in Ländern mit hoher Tollwutinzidenz
  - Cholera/Reisediarrhö: Choleraimpfung ist bei Reisenden kaum je indiziert, jedoch bei Katastrophenhelfer- oder anderen Einsätzen in Endemiegebieten. Die Choleraimpfung bietet auch einen gewissen Schutz gegen Reisediarrhö.

Impfungen gegen *Tuberkulose* sind nur bei Kleinkindern in Endemiegebieten indiziert.
Zu Anwendung, Wirksamkeit, Indikation, Kontraindikation und möglichen unerwünschten Wirkungen dieser Impfungen sind die Fachliteratur bzw. die regelmäßig aktualisierten Empfehlungen der Deutschen Tropenmedizinischen Gesellschaft (DTG) oder der Ständigen Impfkommission (STIKO) zu konsultieren.

Differenzialdiagnose tropischer Erkrankungen

Jede Anamnese muss heute die Frage nach vorausgegangenen Aufenthalten in **warmen Ländern** enthalten (geografische Anamnese: wo? wann? wie lange? wann zurückgekehrt? Tätigkeitsmerkmale und Umweltverhältnisse im Ausland, Impfanamnese).
Weiterhin ist es wichtig herauszufinden, welche **Krankheiten** in Betracht kommen. Hierbei hilft es, die folgenden Punkte zu beachten:

- **Malaria** ist immer noch die am häufigsten erworbene spezifische Tropenkrankheit. Bei Rückkehrern ist auch bei einer mehr oder weniger kompletten Malariaprophylaxe in allen Fällen von Fieber an Malaria zu denken, auch wenn die sonstigen Symptome und Befunde nicht dafür zu sprechen scheinen.
- **Spezifischen Tropenkrankheiten** (mit Ausnahme von Malaria und Amöbiasis) sind die europäischen Reisenden meist sehr viel weniger ausgesetzt als die einheimische Bevölkerung. Vielfach ist eine längere Exposition und ein enger Kontakt mit dem Erreger notwendig, bevor es zur klinischen Manifestation kommt.
- **Ubiquitär vorkommende infektiöse und parasitäre Krankheiten** wie z. B. Hepatitis A, Typhus abdominalis u. a. Salmonellosen, Poliomyelitis, Tuberkulose, inkl. AIDS und Hepatitis B, infektiöse Mononukleose, Brucellose u. a. Zoonosen werden in den Tropen häufiger erworben als spezifische Tropenkrankheiten.
- Die **Inkubations- oder Präpatenzzeit** (Zeit bis zum Auftreten von nachweisbaren Geschlechtsprodukten von Parasiten) beträgt oft Wochen bis Monate, weshalb eine einmalige Rückkehruntersuchung, selbst wenn keine Beschwerden vorliegen, nicht ausreichend ist. Der Rückkehrer muss sich noch mehrere Monate seiner Tropenanamnese bewusst bleiben, damit wichtige Frühsymptome richtig gedeutet werden können.
- Gewisse Krankheiten wie Strongyloidose oder Melioidose können über Jahre mit wenigen bis keinen Symptomen persistieren.
- **Eosinophilie** ist bei Rückkehrern indikatorisch für einen Parasitenbefall, insbesondere für Helmintheninfektionen, wobei Filariasen, Schistosomiasis oder nichtmenschenpathogene Parasitosen eine besonders hohe Eosinophilie verursachen können. Die „tropische Eosinophilie" ist keine selbstständige Krankheit, sondern Symptom für das Vorliegen einer Parasitose.

Im nächsten Schritt sollte die **geografische Einengung** der möglichen Tropenkrankheiten erfolgen. Dies wird ermöglicht durch die Kenntnis der geografischen Verbreitung von zonal und lokal begrenzt vorkommenden Tropenkrankheiten.

L

> **!** **Der individuelle Reisestil und das Hygieneverhalten des Einzelnen bestimmen heute mehr das Gesundheitsrisiko als die objektiven tropischen Gesundheitsgefahren.**

50.2 Durch Arthropoden übertragene Erkrankungen

Arthropoden (Insekten und Spinnentiere) sind sowohl Erreger von Krankheiten als auch Zwischenwirte, Reservoir und Überträger von human- und tierpathogenen Organismen. **Tab. 50.1** fasst die wichtigsten so übertragenen Erreger zusammen.

50.2.1 Viruserkrankungen

Zurzeit sind etwa 535 Viren bekannt, die durch Arthropoden übertragen werden (Arboviren; Arbo = arthropode-born). 71 dieser Arboviren sind menschenpathogen, von diesen sind 25 für gefährliche Erkrankungen verantwortlich. Sie werden in der Regel von Stechmücken oder Zecken übertragen, einige können auch durch Milch, Exkrete oder Aerosol übertragen werden. Die meisten haben ein **tierisches Reservoir.** Vielfach verlaufen die menschlichen Infektionen stumm, uncharakteristisch oder benigne, mit den für Viruserkrankungen typischen klinischen Erscheinungen; sie können aber z. B. auch einen enzephalitischen oder hämorrhagischen Verlauf nehmen.

Dengue-Fieber und hämorrhagisches Dengue-Fieber (DHF)

Synonym: Sieben-Tage-Fieber
engl.: dengue fever, dengue haemorrhagic fever, breakbone fever

Arztmeldung an das Gesundheitsamt bei Verdacht, Erkrankung oder Tod.
Labormeldung an das Gesundheitsamt bei Nachweis einer akuten Infektion.

Definition. Das Dengue-Fieber ist eine akute fieberhafte Erkrankung mit starken Myalgien, die durch das Dengue-Virus (Flavivirus) der Serotypen 1 – 4 hervorgerufen wird. Die Überträger sind Stechmücken (Aedesarten).

Epidemiologie. Die Krankheit kommt in den Tropen und Subtropen häufig epidemisch vor, in letzter Zeit vermehrt in Lateinamerika, der Karibik und dem Pazifik. 1997 wurden z. B. in Vietnam > 100 000, in Brasilien > 250 000 Fälle gemeldet. Neben der Zunahme und Verdichtung der urbanen Bevölkerungen in tropischen Megastädten bei Verschlechterung der sanitären und gesundheitlichen Infrastrukturen werden auch die Klimaschwankungen durch „El Niño“ hierfür verantwortlich gemacht.
In Südostasien, insbesondere in Thailand, ist der Verlauf als hämorrhagisches Fieber oder Schocksyndrom besonders häufig. In Deutschland werden jährlich ca. 200 Fälle bei Tropenrückkehrern gemeldet. Die Zahl der tatsächlich auftretenden Infektionen ist wahrscheinlich höher.

Ätiopathogenese. Das Dengue-Virus wird durch den Stich der infizierten *Aedes aegypti* und andere Aedesarten übertragen. 4 verschiedene Serotypen sind geografisch unterschiedlich verbreitet. Der Mensch dient als Reservoir, wobei die ersten Krankheitserscheinungen nach einer Inkubationszeit von 2 – 8 Tagen auftreten.

Klinik. Das Denguefieber kann in zwei Formen vorkommen:

- **klassisches Dengue-Fieber:** kurz dauernde, heftige Erkrankung mit zweigipfligem Fieber, starken Kopf-, Glieder- und Muskelschmerzen und flüchtigem Exanthem;
- **Dengue-hämorrhagisches Fieber und Dengue-Schock-Syndrom:** schweres Krankheitsbild mit Hämorrhagien und hypovolämischem Schock.

Vermutlich führen Infektionen bei Individuen mit präexistierenden Antikörpern eines anderen Sero-

Tab. 50.1 Beispiele für durch Arthropoden übertragene Erkrankungen

Viren	Bakterien	Protozoen	Helminthen
• Dengue-Fieber • Chikungunya-Gelbfieber • japanische Enzephalitis • Rifttal-Fieber u. a. Arbovirosen	• Pest • Rickettsiosen • Spirochätosen (z. B. Borreliose, Rückfallfieber)	• Malaria • Leishmaniasen • Trypanosomiasen (Schlafkrankheit, Chagas-Krankheit)	• Filariasen (Onchozerkose, Wucheria bancrofti, Loa Loa u. a.)

Tab. 50.2 Differenzialdiagnosen des klassischen Dengue-Fiebers

Erkrankung	Bedeutung	Kommentar
Malaria	+++	Nachweis im Dicken Tropfen, Blutausstrich
andere Arbovirosen	+++	z. T. sehr ähnliche Klinik, ausgeprägte Lymphadenopathie, epidemiologische Abgrenzung, Serologie
akute HIV-Infektion	+++	z. T. ähnliche Symptome, Lymphadenopathie, Stomatitis, in vielen tropischen Ländern weit verbreitet
Typhus abdominalis	++	Blutkultur, Kopf- und Gliederschmerzen weniger ausgeprägt
Influenza	+	geringere Gliederschmerzen, zusätzlich respiratorische Symptome
Masern	+	typisches Exanthem

typs (bei Kindern z. B. durch mütterliche AK, bei Erwachsenen durch vorangegangene Infektionen) zum DHF. Die präexistierenden Antikörper sind nicht oder nur ungenügend virusneutralisierend und aktivieren eine immunologische Kaskade. Diese führt zu einer generalisierten Störung der Gefäßpermeabilität mit Flüssigkeitsverlust ins Interstitium, Blutungen aufgrund von Thrombozytopenie und Verbrauchskoagulopathie (DHF) und/oder zum Schocksyndrom (DSS) aufgrund einer ausgeprägten Hypovolämie durch Flüssigkeits-, Protein- und Elektrolytverlust.

Diagnostik. Während einer Epidemie ist die Diagnose klinisch gut möglich. In der **Serologie** sind Antikörper ca. ab dem 4. Krankheitstag nachweisbar. Der Virusnachweis erfolgt durch Anzucht auf speziellen Zellkulturen. Viruspartikel werden mittels Reverse-Transkriptase-Polymerase-Kettenreaktion (RT-PCR) nachgewiesen. Hämatokrit und Thrombozyten sollen regelmäßig überwacht werden. Ein Anstieg des Hämatokrits ist ein Hinweis auf intravasalen Flüssigkeitsverlust und DHF/DSS, der durch prompten Volumenersatz behandelt werden soll.
Zu beachtende Differenzialdiagnosen fasst **Tab. 50.2** zusammen.

Therapie. Symptomatisch sind schmerzlindernde und fiebersenkende Maßnahmen angezeigt. Bei Vorliegen eines DHF muss eine Schock- und Blutungsbekämpfung (Volumenersatz, Vollblut) durchgeführt werden. Eine optimale und rechtzeitige Volumentherapie reduziert die Mortalität auf < 1 %.

Prognose. Patienten mit klassischem Dengue-Fieber haben zwar häufig eine verzögerte Rekonvaleszenz, aber insgesamt eine gute Prognose. Beim DHF verlaufen je nach Schweregrad bei Therapiebeginn und Möglichkeiten der Schockbehandlung bis zu 50 % der Fälle letal.

Prophylaxe. Brutplätze in Städten und Siedlungen vermeiden (z. B. wassergefüllte Autoreifen, Abfälle u. a.). Weitere Schutzmaßnahmen vor Mückenstichen sind Moskitonetz und Repellenzien. Einen Impfstoff gibt es nicht.

Chikungunya

Definition. Akute fieberhafte Erkrankung mit charakteristischen, ausgeprägten Arthralgien und Exanthem ausgelöst durch das Chikungunya-Virus, ein Arbovirus, das zu den Alphaviren (Familie der Togaviren) gehört und durch Aedesmücken übertragen wird.

Epidemiologie. Vektoren sind verschiedene Aedes-Arten. Menschen dienen als Resevoir während der Epidemien. Außerdem findet sich das Virus in Affen, Nagetieren, Vögeln und anderen bisher nicht identifizierten Wirbeltieren. Die erste Epidemie wurde 1952 – 53 in Tansania dokumentiert, anschließend sind Fälle in mehreren afrikanischen und asiatischen Ländern beschrieben worden. Seit der großen Epidemie im Indischen Ozean und La Réunion 2005 hat sich die Krankheit stark ausgebreitet, und mit der zunehmenden Verbreitung von Aedesmücken nach Norden kam es sogar zu einem lokalen Ausbruch in Italien.

Ätiopathogenese. Nach der Übertragung durch eine infizierte Aedesmücke dauert die Inkubationszeit typischerweise 2 – 4 (1 – 12) Tage.

Klinik. Der Krankheitsbeginn ist akut mit hohem Fieber, Kopfschmerzen, Rückenschmerzen und **starken Arthralgien**. Letztere können ausgesprochen schmerzhaft sein und befallen bevorzugt die kleinen Gelenke der Extremitäten. In 40 – 50 % der Fälle tritt ein Exanthem auf, typischerweise stammbetont, makulopapulös und juckend. Gesichtsödem und besonders bei Kindern bullöse Formen kommen vor.

Diagnostik. PCR oder Serologie (IgG, IgM).

Prognose. Die akuten Symptome klingen im Allgemeinen nach 7 – 10 Tagen ab, die Gelenkbeschwerden können jedoch noch länger andauern (manchmal über Jahre). Die Mortalität ist gering (ca. 0,001 %).

Prophylaxe. Schutz vor Mückenstichen (Repellents, Kleidung, Moskitonetz etc.), Brutplätze in Städten und Siedlungen sanieren (z. B. wassergefüllte Autoreifen, Abfälle u. a.). Einen Impfstoff gibt es noch nicht.

Gelbfieber

engl.: yellow fever

Bei hämorrhagischem Verlauf Arztmeldung an das Gesundheitsamt bei Verdacht, Erkrankung oder Tod.
Labormeldung an das Gesundheitsamt bei Nachweis einer akuten Infektion.

Definition. Akute lebensbedrohliche, fieberhafte Erkrankung, die durch das von **Aedes aegypti** und anderen Aedesmücken übertragene Gelbfiebervirus (Flavivirus) hervorgerufen wird. Die Erkrankung kann zu akutem Leber- und Nierenversagen führen.

Epidemiologie. Das Gelbfieber ist primär eine Affenseuche. Durch fakultativ anthropophile Aedesarten kann sie jedoch auch auf den Menschen übertragen werden und zu Epidemien führen. Das Gelbfieber kommt in Afrika zwischen 15° N und 15° S vor sowie in der nördlichen Hälfte Südamerikas. Aktuelle Endemiegebiete nach WHO-Angaben sind

- in Südamerika: Argentinien, Bolivien, Brasilien, Ecuador, Guayna, Kolumbien, Peru
- in Afrika: Benin, Burkina Faso, Elfenbeinküste, Gabun, Ghana, Kamerun, Liberia, Nigeria

Weltweit kommt es jährlich zu etwa 200 000 Fällen, davon verlaufen ca. 30 000 tödlich.

Ätiopathogenese. Nach dem Stich vermehrt sich das Virus zunächst an der Eintrittspforte in dendritischen Zellen und streut dann in die regionalen Lymphknoten. Von hier aus beginnt die hämatogene Dissemination vor allem in Leber und Nieren, wobei ausgedehnte Organnekrosen entstehen können. Die Inkubationszeit beträgt 3 – 6 Tage.

Klinik. Schlagartiger Beginn mit Fieber, Schüttelfrost, generalisierten Schmerzen, Erbrechen. Übergang in eine Phase mit Oligurie, Albuminurie, Ikterus gefolgt von Zeichen des Leber- und Nierenversagens.

Diagnostik. Die Diagnose ist selbst in Endemiegebieten schwierig. Erst ab dem 5. Krankheitstag ist der **serologische Nachweis** (ELISA, KBR, HHT) möglich, der Virusdirektnachweis durch PCR, Tierversuch oder Anzüchtung auf Zellkulturen bleibt Speziallabors vorbehalten. Differenzialdiagnosen zeigt Tab. 50.3.

Therapie. Sie erfolgt symptomatisch, einschließlich intensivmedizinischer Maßnahmen.

Tab. 50.3 Differenzialdiagnose des Gelbfiebers

Erkrankung	Bedeutung	Kommentar
Malaria tropica	+++	vor allem bei Krankheitsbeginn, Parasitennachweis im Blut
Virushepatitiden	+++	Serologie, weniger akuter Beginn
Rückfallfieber	+	typische Epidemiologie
Leptospirose	+	typische Epidemiologie
andere Arbovirosen	+	in Endemiegebieten schwer abgrenzbar, bei Gelbfiebergeimpften eher wahrscheinlich als Gelbfieber
akutes Leber- und Nierenversagen anderer Ursachen, z. B. Vergiftungen	+	Anamnese

Tab. 50.4 Differenzialdiagnose der japanischen Enzephalitis

Erkrankung	Bedeutung	Kommentar
zerebrale Malaria	+++	Erregernachweis im Blutausstrich und im Dicken Tropfen
andere enzephalitische Arbovirosen	+++	seltener lokalisierte Paresen
bakterielle Meningitis	++	Liquorbefund: Glukose ↓, Protein ↑, Leukozyten ↑

Prognose. Die Mehrzahl der Infektionen verläuft inapparent oder führt nach längerer Rekonvaleszenzphase zur völligen Heilung. Die Letalität bei symptomatischen Patienten schwankt zwischen 10 und 50 %.

Prophylaxe. Die **Lebendimpfung** ist hoch wirksam und die entscheidende Prophylaxe sowohl individuell als auch zur akuten Eindämmung von Epidemien (nationale und internationale Impfbestimmungen beachten). Personen, die in Endemiegebiete reisen, müssen deshalb unbedingt geimpft werden, selbst wenn die nationalen oder internationalen Impfvorschriften dies nicht nachdrücklich fordern.
Die **Vektorbekämpfung** mit Insektiziden und durch Beseitigung von Brutplätzen ist nur in urbanen Regionen erfolgreich.

Japanische Enzephalitis

Synonym: japanische B-Enzephalitis
engl.: Japanese encephalitis

Definition. Meist inapparente, selten enzephalitische Erkrankung mit dem JE-Virus (Flavivirus).

Epidemiologie. Die japanische Enzephalitis kommt in Ostasien, Sibirien, Japan, Süd- und Südostasien und Nordaustralien vor. Jährlich werden weltweit etwa 50 000 Fälle gemeldet. In gemäßigten Zonen erfolgt die Übertragung hauptsächlich von Spätsommer bis Frühherbst; in den Tropen während der Regenzeit.

Ätiopathogenese. Als **Reservoir** dienen dem Virus Mensch, Schweine, Pferde und Vögel. **Überträger** sind Stechmücken, z. B. Culexarten, die in Reisfeldern brüten. Die Inkubationszeit beträgt 5 – 15 Tage. Das Virus führt zu kleinen perivaskulären hämorrhagischen Nekrosen des Gehirns.

Klinik. Meist verläuft die Krankheit inapparent. Bei 0,2 % der Infektionen äußert sie sich jedoch mit einer akuten Meningoenzephalitis, Stupor, Rigor und Parese (Letalität bis zu 50 %).

Diagnostik.
- Liquorpunktion: lymphozytäre Pleozytose, mäßig erhöhtes Protein
- Serologie, KBR
- Virusnachweis aus dem Liquor mittels Kultur oder PCR-Verfahren (nur in Speziallabors)

Zu den Differenzialdiagnosen s. **Tab. 50.4**.

Therapie. Sie erfolgt symptomatisch.

Prognose. Bei schwerem Verlauf beträgt die Letalität ca. 30 %.

Prophylaxe. Es steht ein Totimpfstoff zur Verfügung, der in Deutschland zugelassen ist. Der Impfstoff ist in tropenmedizinischen Impfzentren vorrätig. Eine weitere Möglichkeit ist die Expositionsprophylaxe gegen Mücken.

50.2.2 Bakterielle Infektionen

Zu den tropischen vektorübertragenen bakteriellen Infektionen gehören z. B. die Pest sowie Borreliosen und Rickettsiosen.

Pest

engl.: plague

Arztmeldung an das Gesundheitsamt bei Verdacht, Erkrankung oder Tod.
Labormeldung an das Gesundheitsamt bei Nachweis einer akuten Infektion.

Definition. Nagetierseuche, hervorgerufen durch Yersinia pestis. Hierbei handelt es sich um gramnegative anaerobe Stäbchen, die durch Nagetier- und Menschenfloh oder – bei Pestpneumonie – durch Tröpfcheninfektion auf den Menschen übertragen

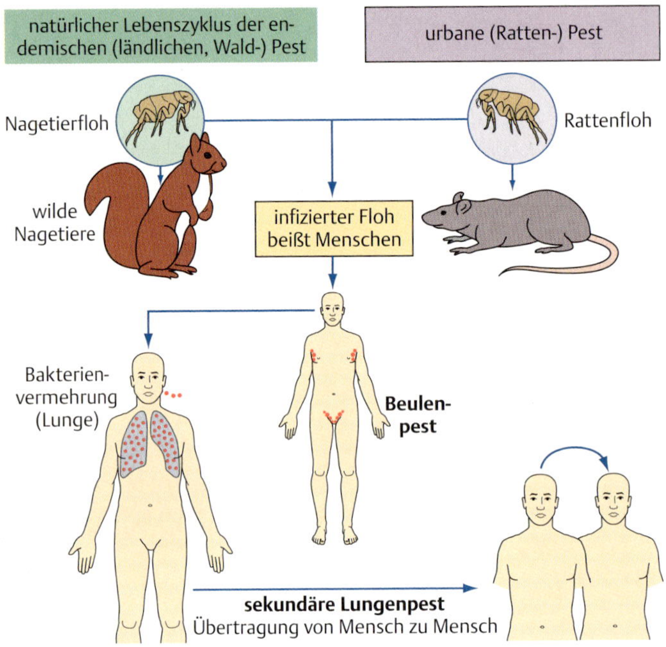

Abb. 50.1 **Epidemiologie der Pest.**

werden. Klinisch tritt die Erkrankung als Lymphadenitis, Pneumonie oder Sepsis auf.

Epidemiologie. Enzootie, die gelegentlich sporadisch oder in kleinen herdförmigen Epidemien auf den Menschen überspringt. Derzeitiges Vorkommen in

- Afrika: Madagaskar, Tansania, Zaire
- Amerika: Brasilien, Peru, USA
- Asien: China, Kasachstan, Mongolei, Myanmar, Vietnam

Jährlich werden 1 000 – 3 000 Fälle gemeldet, die Dunkelziffer dürfte sehr hoch sein. Eine Einschleppung nach Europa ist – abgesehen von Einzelfällen – extrem unwahrscheinlich.

Ätiologie. Der Erreger *Yersinia pestis*, ein gramnegatives anaerobes Stäbchen, wird durch den Stich vom infizierten Nagetier- und Menschenfloh oder bei Pestpneumonie durch Tröpfcheninfektion übertragen (**Abb. 50.1**).

Klinik. Im Lymphabflussbereich des infizierenden Flohstichs kommt es zu einer **spezifischen Lymphadenitis** (Beulenpest). Solange die Lymphknoten geschlossen sind, besteht keine Ansteckungsgefahr. Erst durch die hämatogene Aussaat mit Organbefall und Sepsis gelangt der Erreger in die Lunge (sekundäre Lungenpest). Dann ist durch aerogene Übertragung auch die Ansteckung mit einer primären Lungenpest möglich.

Diagnostik. Neben dem epidemiologischen Verdacht sind vor allem die typische Klinik sowie die kulturelle Anzüchtung aus Eiter, Blut oder Sputum wegweisend, ebenso die Serologie. Differenzialdiagnostisch kommen Malaria, Typhus, bakterielle Sepsis und Lymphadenitis anderer Genese in Betracht.

Therapie. Infrage kommen Doxycyclin, Tetracyclin, Streptomycin, Gentamycin, Ciprofloxacin und Cephalosporine der 3. Generation.

> **!** **Bei ausreichendem epidemiologischen und klinischem Verdacht muss die Therapie vor dem Erregernachweis eingeleitet werden.**

Prognose. Die Gesamtletalität liegt bei 10 %, bei unbehandelter oder zu spät behandelter Pestpneumonie und Pestsepsis jedoch nahe 100 %!

Prophylaxe. Ratten- und Flohbekämpfung, Meldung von unerklärlichem Nagetiersterben. Isolation von Erkrankten, Chemoprophylaxe von Pflegepersonal. Der Totimpfstoff ist mit vielen Nebenwirkungen belastet und nur in besonderen Fällen (Laborpersonal) indiziert.

Rückfallfieber

Definition. Akute, fieberhafte Infektionen durch Borrelien. *Borrelia recurrentis* wird durch Läuse (Pediculus humanus, var. corporis) übertragen, *Borrelia duttoni* durch Lederzecken (Ornithodorus spp.).
Diese Erkrankungen sind nicht mit der klassischen Lyme-Borreliose zu verwechseln. Diese tritt in den Tropen nicht auf und wird auf S. 1007 besprochen.

Ätiopathogenese. Nach Durchdringung der Haut erfolgt die hämatogene und lymphogene Ausbreitung der Erreger in die inneren Organen. Sie vermehren sich in den Kapillaren und Blutsinus. Es kommt zur Nekrose von Endothelzellen.

Klinik. Die Inkubationszeit beträgt 2 – 14 Tage. Nach einem akutern Fieberanstieg für 5 – 7 Tage erfolgt ein kritischer Abfall mit anschließendem Wiederanstieg nach 5 – 9 Tagen. Petechiale Blutungen, Hämorrhagien und Gliederschmerzen treten auf. Pneumonie, Nephritis und Meningoenzephalitis sind mögliche Komplikationen.

Diagnostik. Geografische Anamnese, Suche nach Läusebefall und Zeckenbissen; Blutausstrich, Dicker Tropfen, Dunkelfeldmikroskopie (Borrelien sind 5 – 20 µm lang und gewunden); Serologie. Als Differenzialdiagnosen kommen vor allem die Malaria oder hämorrhagische Virusinfektionen infrage.

Therapie. Tetracyclin, Erythromycin. Wie bei allen Infektionen mit Spirochäten besteht auch hier die Gefahr einer Jarisch-Herxheimer-Reaktion. Hierbei handelt es sich um eine bis zu mehreren Tagen andauernde Reaktion des Körpers auf Endotoxine, die durch den therapiebedingten Zerfall einer großen Menge von Erregern entstehen und zur Freisetzung von Entzündungsbotenstoffen führen.

Prognose. Bei frühzeitiger Behandlung gut, ansonsten beträgt die Letalität 2 – 10 %.

Prophylaxe. Läuse- und Zeckenbekämpfung.

Rickettsiosen

Synonym: Fleckfieber, Flecktyphus
engl.: rickettsial diseases, typhus fevers

Arztmeldung an das Gesundheitsamt bei Verdacht, Erkrankung oder Tod.

Labormeldung an das Gesundheitsamt bei Nachweis einer akuten Infektion.

Definition. Infektion mit verschiedenen Rickettsienarten, die alle mit Fieber und (abgesehen vom Q-Fieber) mit Exanthem einhergehen. Rickettsien sind obligat intrazelluläre Bakterien und werden von Läusen, Flöhen, Zecken oder Milben übertragen.

Epidemiologie. Vorkommen teils ubiquitär, teils regional begrenzt, endemisch oder epidemisch; insgesamt scheint die Inzidenz jedoch abzunehmen.

- Läusefleckfieber: weltweit
- Flohfleckfieber: Tropen, Subtropen
- Zeckenfleckfieber (Rocky Mountains Fever): Nord- und Südamerika
- Queensland Fever: Australien
- Fièvre boutonneuse: Mittelmeerraum, Afrika, Asien
- Q-Fieber (Query Fever): weltweit, auch große Ausbrüche in Deutschland
- Milbenfleckfieber (Rickettsial Pox): Nordamerika, Afrika
- Tsutsugamushi-Fieber: Asien, Pazifik, Australien

Ätiopathogenese. Die Übertragung erfolgt durch Arthropoden: bei Läusen, Flöhen und Milben über deren Fäzes, bei Zecken über deren Speichel. Eine Ausnahme bildet das Q-Fieber (Zoonose), das aerogen, meist ausgehend von hochkontaminierten Plazenten von Schafen auf den Menschen übertragen wird.
Die Basisläsion entsteht durch **Befall der Endothelzellen** der kleinen Blutgefäße. Diese werden zerstört, wobei weitere Rickettsien frei werden. Es bilden sich lokale Entzündungen und Nekrosen, die das klinische Bild bestimmen.

Klinik. Akuter Beginn mit kontinuierlich hohem Fieber sowie starken Kopf- und Gliederschmerzen. Je nach Schwere der Infektion stehen außer bei Q-Fieber petechial exanthemische oder enzephalitische Symptome im Vordergrund.

Diagnostik.

- Expositionsanamnese (Zeckenbiss, Floh- oder Läusestich?)
- klinischer Verdacht bei Fieber und Exanthem oder Primärafffekt bei Zeckenstich (syn. Eschar, tâche mère)
- Antikörpernachweis im Serum: spezifische IgG- und IgM-Antikörper und Mikroimmunfluoreszenz

Zu den Differenzialdiagnosen s. **Tab. 50.5**

Tab. 50.5 Differenzialdiagnose der Rickettsiosen

Erkrankung	Bedeutung	Kommentar
Typhus abdominalis	+++	ähnliches klinisches Bild (typhoid)
Malaria	+++	kein Exanthem
Masern	+++	rasch konfluierende Exantheme (Kinder)
Meningitis mit Purpura	+++	Rötung entwickelt sich schnell und früh

Therapie. Doxycyclin 200 mg für 3 – 5 Tage. Lediglich bei Fièvre boutonneuse ist eine Therapie nicht unbedingt notwendig.

Prognose. Durch Antibiotikabehandlung sinkt die Letalität auf < 1 %. Bisweilen dauert die Rekonvaleszenz Monate. Rückfälle sind bei ungenügender Therapie möglich.

Prophylaxe. Repellenzien, Kontaktinsektizide sowie Inspektion des Körpers nach Zecken und deren vorsichtiges Entfernen.

! **Bei Tropenreisenden aus Afrika sind eine nekrotische Zeckenbissstelle, Fieber sowie ein flüchtiges Exanthem charakteristisch für Zeckenfleckfieber.**

50.2.3 Protozoeninfektionen

Malaria

engl.: malaria

Der Erregernachweis (Labormeldepflicht) ist an das Robert Koch-Institut zu melden.

Definition. Wichtigste Tropenkrankheit in den Endemiegebieten der Tropen und wichtigste importierte Tropenkrankheit. Fieberhaftes Krankheitsbild durch erythrozytären Befall mit Protozoen der Gattung **Plasmodium:**

- *P. falciparum:* Erreger der lebensbedrohlichen Malaria tropica
- *P. vivax* und *P. ovale:* Erreger der Malaria tertiana
- *P. malariae:* Erreger der Malaria quartana
- *P. knowlesi:* neu verbreitete Plasmodienart in Malaysia/Borneo

Epidemiologie

Hauptverbreitungsgebiete sind Afrika (südlich der Sahara), das Amazonasgebiet sowie Süd- und Südostasien. In Südostasien und Afrika wird *P. falciparum*, der Erreger der Malaria tropica zunehmend therapieresistent.

40 % (2,4 Mrd.) der Weltbevölkerung leben in Malariaregionen. In diesen Regionen rechnet man mit ca. 300 – 500 Mio. Erkrankungen pro Jahr; 90 % davon treten in Afrika auf. Die Malaria verursacht in Endemiegebieten ca. 1,5 – 3 Mio. Todesfälle pro Jahr; ungefähr 1 Mio. dieser Toten sind Kinder unter 5 Jahren.

In Deutschland werden jährlich ca. 800 – 1 000 Fälle gemeldet (zu 65 % Malaria tropica).

Entwicklungszyklus der Malariaplasmodien in Mücken und Mensch

Plasmodien sind intrazelluläre, pigmentbildende Protozoen (Sporozoen), deren vier menschenpathogene Arten drei verschiedene Krankheitsbilder verursachen (**Tab. 50.6**). Hauptwirt und Überträger der Plasmodien sind weibliche Stechmücken (60 Arten der Gattung *Anopheles*), die zur Eireifung menschliches Blut benötigen. Ihr spezifisches Biotop bestimmt das Vorkommen und die Verbreitung der Malaria.

Während des Mückenstichs werden aus dem Speichel der Mücke **Sporozoiten** in die Blutbahn des Menschen inokuliert (**Abb. 50.2** ①) Sie dringen innerhalb von 30 Minuten in Leberparenchymzellen ein (**Abb. 50.2** ②). Dort entwickeln sie sich innerhalb von 5 – 14 Tagen durch Teilung zu **Gewebsschizonten**, die je nach Plasmodienspezies mehrere tausend **Merozoiten** enthalten. Nach Ruptur dieser parasitierten Leberzelle ergießen sich diese in die Blutbahn des Lebersinus und dringen unverzüglich in **Erythrozyten** ein (**Abb. 50.2** ③). Dort reifen sie je nach Spezies innerhalb von 48 – 72 Stunden zu **Schizonten** heran (**Tab. 50.6**). Die Folge ist die Ruptur der

Tab. 50.6 Parasitologische und klinische Merkmale der Malaria

Erkrankung	Erreger	exoerythrozytäre Phase (entspricht der Inkubationszeit)	erythrozytäre Phase	klinische Merkmale
Malaria tropica	*Plasmodium falciparum*	7 – 15 Tage, bildet keine Leberhypnozoiten	48 h, periodisches Fieber jedoch selten	potenziell tödlicher Verlauf, Medikamentenresistenz verbreitet
Malaria tertiana	*P. vivax* *P. ovale*	12 – 18 Tage, bildet Leberhypnozoiten	48 h	benigne Verlaufsform, Rezidive bis 2 Jahre nach Infektion, benigne Verlaufsform, Rezidive bis 5 Jahre
Malaria quartana	*P. malariae*	18 – 40 Tage, bildet keine Leberhypnozoiten	72 h	benigne Verlaufsform, Rezidive bis 50 Jahre nach Infektion möglich

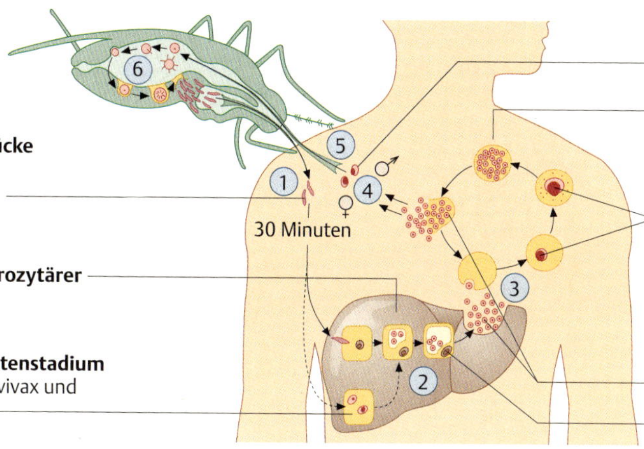

Abb. 50.2 Entwicklungszyklus der Malariaplasmodien in Mücke und Mensch.

Erythrozytenmembran. Nach einigen Zyklen führt dies zu **Gametozyten** (Abb. 50.2 ④), die beim Blutsaugen der Mücke aufgenommen werden (Abb. 50.2 ⑤) und sich letztlich zu **Sporozoiten** (Abb. 50.2 ⑥) entwickeln. Diese werden in der Speicheldrüse der Mücke angereichert.

Bei *Plasmodium vivax* und *ovale* verbleiben einige Leberschizonten als einzellige **Hypnozoiten** in einer mehrmonatigen oder mehrjährigen Ruhephase. Aus dieser können sich jederzeit Merozoiten entwickeln, die wiederum Erythrozyten befallen, so dass es zu den bekannten Rezidiven kommt. Bei *Plasmodium falciparum* kommen keine Hypnozoiten vor. *Plasmodium malariae* kann vermutlich lebenslang in geringer Zahl in inneren Organen als erythrozytäres Stadium persistieren, aus dem sich Rückfälle einer klinischen Malaria entwickeln können.

Pathophysiologie

Das klinische Bild der Malaria wird durch die Dichte und den Stoffwechsel der Plasmodien bestimmt. Ausdruck hiervon sind Destruktion von Erythrozyten, Sequestration, Zytoadhärenz und verminderte Deformierbarkeit von parasitierten Erythrozyten mit folgender Gewebshypoxie in den betroffenen Strombahnen, insbesondere im Gehirn. Bewohner in Endemiegebieten erwerben im Verlauf mehrerer Jahre eine Teilimmunität, die bei Erwachsenen ein abgeschwächtes Krankheitsbild bewirkt, nicht jedoch die Infektion verhindert. **Angeborene Schutzfaktoren** sind:

- Hämoglobinopathien (z. B. G-6-PDH-Mangel, Thalassämie, Heterozygotie des Sichelzellgens; s. S. 907 ff) schützen durch verminderte Erythrozytenresistenz gegenüber oxidativem Stress vor massiven Parasitämien und vermindern somit die Letalität an Malaria
- fehlendes Duffy-Blutgruppenantigen (gegen *P. vivax*)

Klinik

Malaria tropica. Die Klinik ist insgesamt uncharakteristisch: Fieberverlauf > 38,5 °C ohne erkennbaren Rhythmus, Kopf- und Gliederschmerzen, Abgeschlagenheit, Erbrechen, Abdominalschmerzen, Durchfall, Oligurie. Symptome einer Hypoglykämie und Laktazidose.

Malaria tertiana und quartana. Die Klinik ist insgesamt schwächer; das Fieber neigt zu rhythmischem Verlauf (48 bzw. 72 Stunden).

Malaria in der Schwangerschaft. Schwangere, vor allem Primigravidae, haben ein erhöhtes Risiko, an Malaria zu erkranken und für einen schweren Verlauf; es kann zu lebensbedrohlichen Anämien kommen. Eine Malaria der Schwangeren führt zu verringertem Geburtsgewicht des Kindes und beinhaltet die Gefahr der Früh- und Fehlgeburt. Eine transplazentare Übertragung der Malaria ist möglich, aber selten.

Malaria bei Kindern. Sie zieht eine hohe Letalität infolge zerebraler Malaria (Koma), Anämie oder Pneumonie nach sich.

Diagnostik

> **Immer an die Möglichkeit einer Malaria denken!**

Tropenanamnese. Malaria ist die wichtigste, akut lebensbedrohliche importierte Tropenkrankheit außerhalb der Endemiegebiete.

Dicker Tropfen. Bluttropfen zirkulär auf dem Objektträger ausstreichen und antrocknen lassen, hämolysieren, Anfärbung mit Giemsa. Dieses Verfahren erzielt gegenüber dem Ausstrich (s. u.) eine Anreicherung um den Faktor 20 – 40 und ist zur Diagnose bei niedriger Parasitämie (0,1 ‰) unverzichtbar.

Blutausstrich. Zur Differenzierung der unterschiedlichen Plasmodien (**Abb. 50.3**).

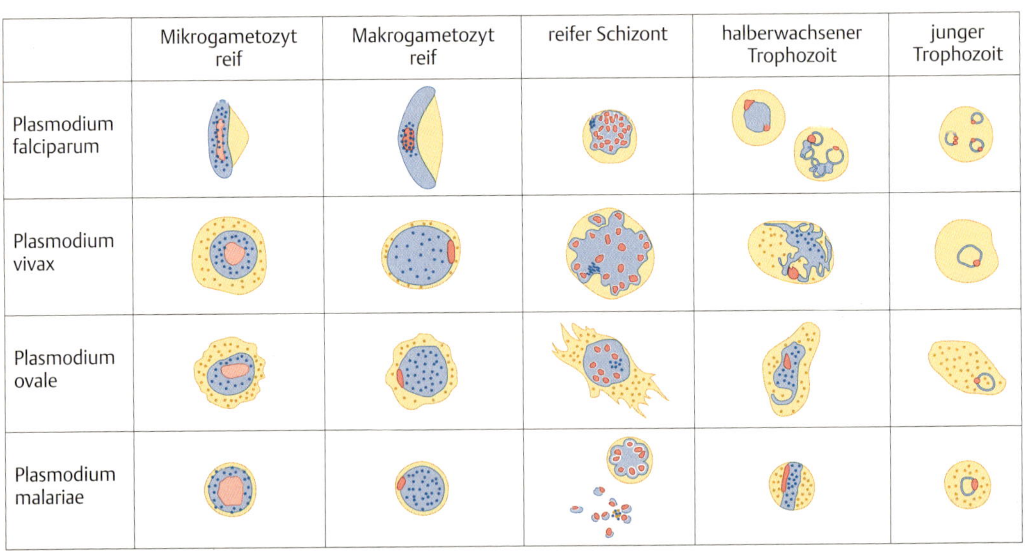

Abb. 50.3 Differenzialdiagnose der Malariaplasmodien im Blutausstrich. Typische morphologische Eigenschaften und Entwicklungsweise der Plasmodien während der erythrozytären Phase im Menschen ermöglichen die Differenzierung und Diagnose.

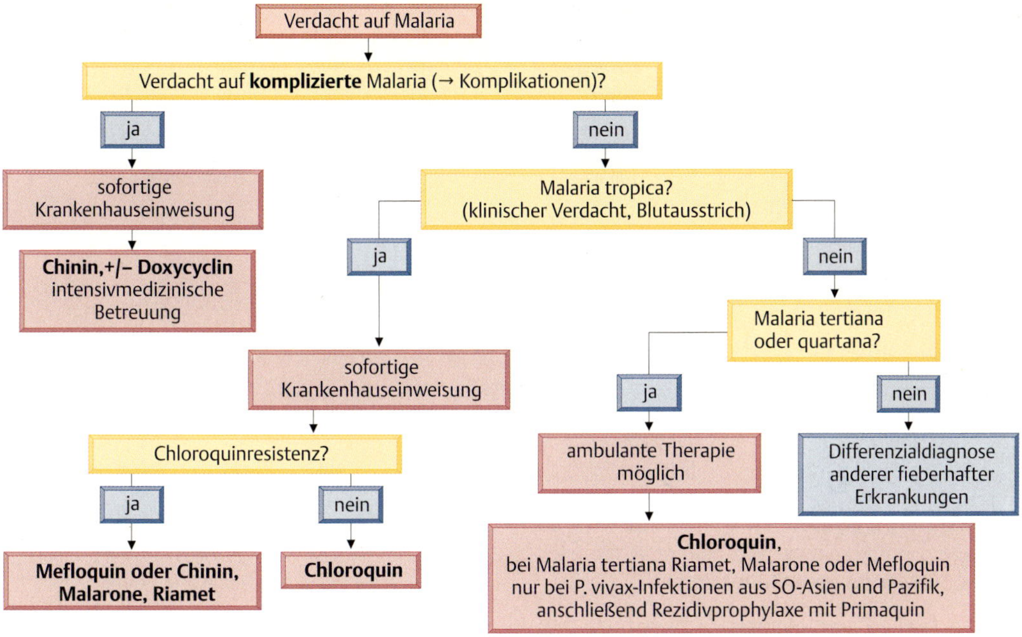

Abb. 50.4 Vorgehen bei Verdacht auf Malaria.

> **!** Bei schwerer Malaria tropica kann es durch Sequestration an den Endothelien zu niedriger peripherer Parasitämie kommen, die nach Therapiebeginn zunächst ansteigen kann.

QBC (quantitative buffy coat). Ähnliche Sensibilität wie Dicker Tropfen, rascheres Ergebnis, jedoch teuer, da ein Fluoreszenzmikroskop benötigt wird.

Immunochromatografische Schnelltests mit Teststreifen. Sie dienen dem Nachweis von plasmodienspezifischen Antigenen (z. B. Parasight F, MalaQuick, ICT Malaria P.f.) und stellen eine Ergänzung des diagnostischen Spektrums dar. Der mikroskopische Erregernachweis wird dadurch nicht ersetzt.

PCR. Ähnlich sensitiv wie Mikroskopie, aber teuer und an entsprechende Infrastruktur gebunden.

Serologie (IFAT, ELISA). Sie spielt in der Diagnostik der akuten Infektion keine Rolle, sondern hat anamnestische und epidemiologische Bedeutung.

> **!** Jedes Fieber nach Tropenaufenthalt ist malariaverdächtig, die frühe Diagnose ist daher entscheidend für das Leben des Patienten. Dicker Tropfen und Ausstrich sollten bei bestehendem Verdacht mehrfach wiederholt werden. Nicht erst auf den nächsten Fieberschub warten!

Wichtige zu berücksichtigende Differenzialdiagnosen fasst **Tab. 50.7** zusammen.

Therapie

Malaria tropica. Die Therapie muss im Zweifelsfall auch vor bzw. ohne Parasitennachweis erfolgen. Auch nach Therapiebeginn muss mit kurzfristiger Verschlechterung und Auftreten von Komplikationen gerechnet werden. Durch Ausbildung von Medikamentenresistenz wird die Therapie der Malaria tropica zunehmend erschwert, sie sollte stets stationär erfolgen.

> **!** Die Malaria tropica beim Nichtimmunen ist stets ein Notfall.

Tab. 50.7 Differenzialdiagnose der Malaria

Erkrankung	Bedeutung	Kommentar
grippaler Infekt	+++	mit leichten Formen bzw. beginnender Malaria zu verwechseln, vor allem nach Rückkehr aus den Tropen
Typhus abdominalis	+++	anfangs ähnlich wie Malaria, Erregernachweis in Blutkultur
bakterielle Sepsis	++	Herdsuche, Blutkultur
Hitzschlag	++	Anamnese, Malariaausschluss
Meningitis, Meningoenzephalitis	++	Nachweis durch Liquorpunktion
fulminante Hepatitiden	+	Transaminasen sind pathologisch erhöht (s. S. 872)
Koma unterschiedlicher Genese	+	z. B. hypoglykämischer Schock, intrakranielle Blutung, zerebraler Infarkt

Die Wahl der Therapeutika richtet sich nach der Schwere der Erkrankung. **Tab. 50.8** fasst die wichtigsten Malariatherapeutika zusammen.

Malaria tertiana und quartana. *Plasmodium ovale* und *Plasmodium malariae* sind chloroquinempfindlich. Nur bei *Plasmodium vivax* wird vereinzelt vor allem in Papua-Neuguinea eine Resistenz beobachtet, Malaria tertiana und quartana können daher in der Regel gut mit Chloroquin und meist ambulant behandelt werden. Bei Malaria tertiana sollte zudem nach der Therapie eine zweiwöchige Einnahme von Primaquin zur Rezidivprophylaxe erfolgen (s. S. 1036).

Neue Medikamente. Quinghaosu ist eine pflanzliche Substanz mit schizontizider Wirkung. Ihre Derivate Artemisinin, Artesunate und Artemeter stehen heute in Endemiegebieten zur Routinebehandlung zur Verfügung, in Industrieländern sind die parenteralen Formen meist nicht zugelassen.

Komplikationen. Eine komplizierte Malaria tritt nur bei Malaria tropica auf (eines oder mehrere der folgenden Zeichen):

- Koma Grad II: zerebrale Malaria
- wiederholte generalisierte Konvulsionen
- schwere normozytäre (hämolytische) Anämie
- Niereninsuffizienz (Diurese < 12 ml/kgKG/d)
- Lungenödem (ARDS)
- Hypoglykämie (< 40 mg/dl)
- Kreislaufkollaps (Blutdruck systolisch < 70 mmHg)
- DIC (= disseminierte intravasale Gerinnung)
- massive Hämoglobinurie
- Azidose (arterieller pH < 7,25)

> **!** Cave: paradox niedrige Parasitämie bei kapillarer Sequestration in befallenen Blutstromgebieten.

Weitere Hinweise für einen komplizierten Verlauf sind: Eintrübung ohne Koma, Hyperparasitämie (> 5% bei Nichtimmunen ist akut lebensbedrohlich), Ikterus und Hyperthermie.

Prognose

Beim nichtimmunen Patienten ist die Malaria tropica oft eine schnell progrediente Erkrankung, die bei zu spät einsetzender Therapie tödlich verlaufen kann (Parasitämie > 5%: Beginn eines lebensgefährlichen Verlaufs!).
Malaria tertiana und quartana heilen, allenfalls auch unbehandelt, nach einigen Rückfällen spontan aus.

Prophylaxe

Individuelle Expositionsprophylaxe.

- Nach Sonnenuntergang mückenabweisende Mittel, lange Kleidung und Räucherstäbchen
- Mückengitter vor Fenster und Türen, Versprühen von Kontaktinsektiziden
- permethrinimprägnierte Moskitonetze um die Betten spannen
- Vermeidung bzw. Beseitigung von Mückenbrutplätzen im Wohnbereich

Individuelle Chemoprophylaxe. Je nach Vorkommen der Plasmodienarten, ihrer Chemoresistenz und ihrer Übertragungsdynamik muss zusätzlich während der Übertragungsperiode bzw. 1 Woche vor Exposition bis 4 Wochen nach Exposition regel-

Tab. 50.8 Die wichtigsten Malariatherapeutika

Medikament	Indikation	therapeutische Dosierung	unerwünschte Wirkungen (UW), Wechselwirkungen (WW), Kontraindikation (KI)
Chloroquin (z. B. Weimerquin, Resochin)	Therapie unkomplizierter Malaria tropica ohne Verdacht auf Resistenz sowie Malaria tertiana u. quartana *Plasmodium-falciparum-Resistenz:* Süd- und Südostasien, Afrika, Amazonasbecken	• initial 600 mg Base, entspricht 4 × 250 mg Chloroquinphosphat • nach 6 h 300 mg (5 mg/kgKG) • am 2. und 3. Tag je 300 mg (5 mg/kgKG)	**UW:** Übelkeit, Kopfschmerzen, Blutdruckabfall
Chinin (z. B. Chininum)	Therapie der komplizierten Malaria tropica, wenn Parasitämie 2 % oder orale Medikation nicht möglich oder Mefloquin erfolglos war *Plasmodium-falciparum-Resistenz:* Südostasien, insb. Thailand, Grenzgebiete:	• 20 mg/kgKG über 4 h in 5 % Glukose (Aufladedosis), nicht wenn Therapie mit Mefloquin od. Chinin vorausging • nach 8 h 10 mg/kgKG über 4 h alle 8 h • Umstellung auf orale (Chininsulfat) Gesamtdauer der Therapie 7 – 10 Tage	**UW:** Hypotonie, Hypoglykämie, Tinnitus, Seh- u. Hörstörungen, myokardiale Überleitungsstörung, **WW:** Mefloquin u. Halofantrin, Digoxin u. a.
Mefloquin (z. B. Lariam)	Therapie der unkomplizierten Malaria tropica, wenn orale Medikation möglich und keine vorangegangene Prophylaxe o. Therapie mit Mefloquin o. Halofantrin erfolgt ist *Plasmodium-falciparum-Resistenz:* Südostasien, insb. Thailand, beginnend in Afrika	• initial 750 mg • nach 8 h 500 mg • nach weiteren 8 h 250 mg (letzte Gabe entfällt bei KG < 60 kg) Gesamtdosis 25 mg/kgKG	**UW:** Übelkeit, Erbrechen, Schwindel, Konvulsionen, psychopathologische Erscheinungen, Bradykardie, **KI:** Schwangere im 1. Trimenon u. Kinder < 5 kg **WW:** Ca-Antagonisten, β-Blocker, Chinin, Halofantrin ($t_{½}$ von Mefloquin 21 d!)
Atovaquon/Proguanil (z. B. Malarone)	unkomplizierte Malaria tropica (evtl. Standby) *Plasmodium-falciparum-Resistenz:* noch nicht bekannt	1 000 mg/400 mg (= 4 Tabl.) tägl. für 3 Tage	**UW:** Kopfschmerzen, Verdauungsbeschwerden **WW:** Tetrazyklin **KI:** strenge Indikationsstellung bei Schwangerschaft und Stillzeit
Artemether/Lumefantrin (Riamet)	Therapie der unkomplizierten Malaria tropica einschließlich notfallmäßiger Selbstbehandlung. Kein Prophylaktikum	1 Tbl. = 20 mg/120 mg 1. initial 4 Tbl. 2. nach 8 Std. weitere 4 Tbl. 3. 2 × tägl. je 4 Tbl. an Tag 2 und 3 entspricht insgesamt 24 Tbl.	**UW:** Kopfschmerzen, Schwindel, Verdauungsstörungen **KI:** Herzerkrankungen Anwendung beschränkt auf Personen von mindestens 12 Jahren und > 35 kgKG
Primaquin	Rezidivprophylaxe nach Therapie einer Malaria tertiana	15 mg/d für 14 Tage	**UW:** gastrointestinale Beschwerden **KI:** G-6-PDH-Mangel (Gefahr der MetHb-Bildung und Hämolyse)

Fortsetzung ►

L

Tab. 50.8 Fortsetzung

Medikament	Indikation	therapeutische Dosierung	unerwünschte Wirkungen (UW), Wechselwirkungen (WW), Kontraindikation (KI)
Proguanil (z. B. Paludrine)	Prophylaxe in Regionen mit Chloroquinresistenz, nur in Kombination mit Chloroquin wirksam	nicht zur Therapie	**UW:** Magen-Darm-Beschwerden, Haarausfall
Doxycyclin	Therapie und Prophylaxe bei mefloquin- und chininresistenter Malaria	200 mg täglich zusätzlich zur Chinintherapie	**UW:** phototoxische Wirkung, Störung der Zahnentwicklung, Fetopathien **KI:** Schwangerschaft, Kinder < 8 Jahre

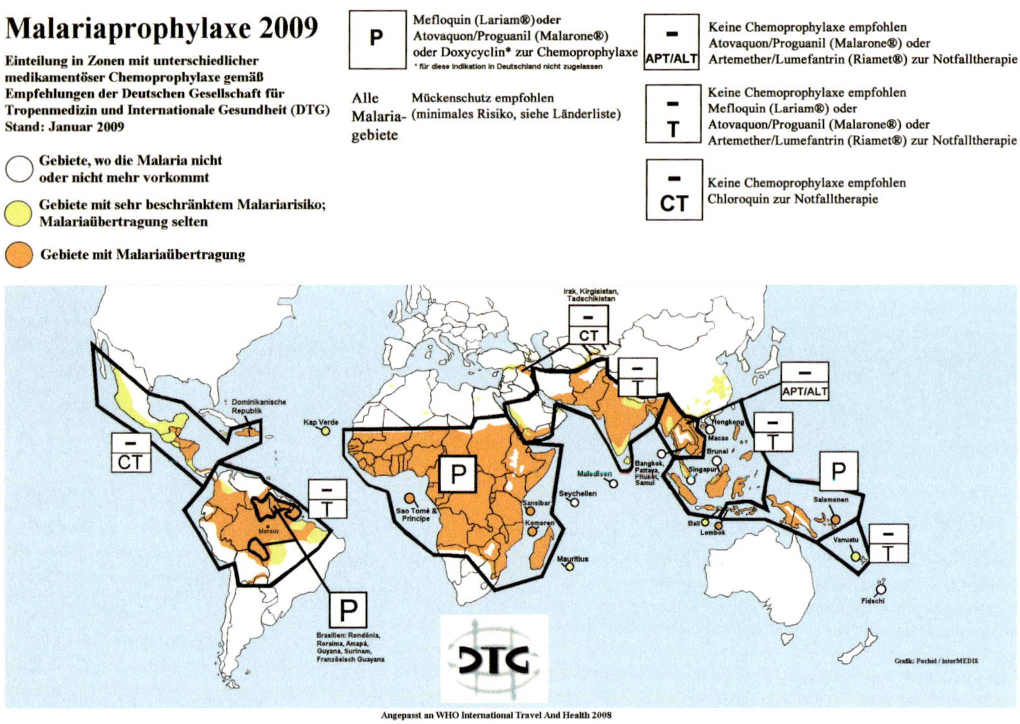

Abb. 50.5 **Malariaprophylaxe** (mit freundlicher Genehmigung der DTG).

mäßig eine Chemoprophylaxe unter Berücksichtigung individueller Verträglichkeit oder der Kontraindikationen durchgeführt werden.

Hauptsächliche Gebiete mit teilweiser Resistenz (vor allem bei *Plasmodium falciparum*) gegen mehrere Medikamente sind Afrika, vor allem Ostafrika, Südostasien, Neuguinea und das Amazonasbecken. Bei den übrigen Plasmodienarten bestehen bisher noch kaum Resistenzprobleme. Aktuelle Informationen werden jährlich von der WHO und der Deutschen Tropenmedizinischen Gesellschaft (http://www.dtg.mwn.de) veröffentlicht.

Leishmaniasen

Synonyme: Tab. 50.9
engl.: leishmaniasis

Definition. Durch Leishmanien hervorgerufene Protozoenerkrankung, die sich als Haut- oder Schleimhautleishmaniase bzw. viszerale Leishmaniase äußert.

Epidemiologie. Viszerale Leishmaniase 400 000, kutane und mukokutane Leishmaniase 11 – 12 Mio. neue Fälle pro Jahr.

Ätiopathogenese. Die Leishmanien werden von Sandmücken (Phlebotomus, Lutzomyia) in die Haut inokuliert und von Makrophagen aufgenommen. Je nach Leishmanien-Spezies und Wirtsimmunität verursachen sie regionale Hautläsionen, befallen die Schleimhäute oder innere Organe. Nach Vorkommen werden die Leishmaniasen der sog. „Neuen Welt" (NW) in Mittel- und Südamerika von denen der „Alten Welt" (AW) in Asien, Afrika und Europa getrennt, da sie sich regional bezüglich des Reservoirs und auch im klinischen Bild unterscheiden. Viszerale Leishmaniase und HIV-Infektion verstärken sich wechselseitig im Sinne der Immunsuppression.

Klinik.

- **kutane Leishmaniase (CL):** meist ulzerierende, z. T. nekrotisierende Hautläsion mit schlechter oder später Spontanheilung
- **mukokutane Leishmaniase (MCL):** oft massiv entstellende, z. T. lebensbedrohliche Affektion der Haut-/Schleimhautregionen des Gesichts
- **diffus kutane Leishmaniase (DCL):** bei immungeschwächten Patienten (z. B. HIV-Infizierten), lepromatoide, sich ausbreitende Hautläsion mit schlechter Prognose
- **viszerale Leishmaniase (VL):** schwere Allgemeinerkrankung mit rezidivierendem Fieber, Gewichtsverlust und Hepatosplenomegalie
- **dermales Post-Kala-Azar-Leishmanoid (PKDL):** diffuse erythematöse, später noduläre Hautläsionen, meist nach vorangegangener viszeraler Leishmaniase (Infektionsquelle für Überträgermücke)

Diagnostik und Therapie. Siehe Tab. 50.9.

Tab. 50.9 Klinisches Bild, Diagnose und Therapie der Leishmaniasen

	viszerale Leishmaniase (Kala-Azar)	kutane Leishmaniase	mukokutane Leishmaniase
Verbreitung	AW: Indien, Pakistan, China, vorderer Orient, Mittelmeerraum (Spanien!) NW: Mittel- u. Südamerika	AW: Asien, vorderer Orient, Ostafrika, Mittelmeerraum NW: Mittel- u. Südamerika	Mittel- und Südamerika
spezielle Verlaufsformen	kann sich äußern als: VL, PKDL, (CL)	kann sich äußern als: CL, DCL	kann sich äußern als: CL, MCL
Erreger	AW: L. donovani, L. infantum NW: L. Chagasi	AW: Leishmania tropica, L. aethiopica, L. major NW: Leishmania-mexicana-Komplex	Leishmania-brasiliensis-Komplex
Reservoir	Hunde, Nagetiere, Menschen	Hunde, Nagetiere, Menschen	Nagetiere
Diagnose	Milz- u. Knochenmarkpunktion, Serologie	Biopsie o. Punktat aus Wundrand, oft nur klinisch möglich	Biopsie oder Punktat aus Wundrand, Serologie teilweise positiv
Therapie	liposomales Amphotericin B	Bei CL der AW oft frühe Spontanheilung. Bei verzögerter Heilung Paramomycin + Methylbenzethoniumchlorid als Salbe. Bei DCL liposomales Amphotericin B	liposomales Amphotericin B

AW = Alte Welt; NW = Neue Welt; CL, MCL, DCL, VL, PKDL → Klinik

L

Tab. 50.10 Differenzialdiagnose der Leishmaniasen

Erkrankung	Bedeutung	Kommentar
viszerale Leishmaniase		
Tuberkulose	+++	Sputum, Röntgen-Thorax
Malaria	++	vor allem in Endemieregionen, Erregernachweis im Blut
Brucellose	+	Berufsanamnese, Blutkultur
kutane und mukokutane Leishmaniase		
Frambösie, Syphilis	+++	Wundabstrich, Komplementbindungsreaktion (KBR), Immunfluoreszenztest (IFT)
tropisches Ulkus	+++	Wundabstrich (bakterielle Untersuchungen), Biopsie
Mykosen	++	Wundabstrich (nativ, Anreicherungskulturen)
Lepra, Tuberkulose	+	vor allem bei diffus kutaner Leishmaniase

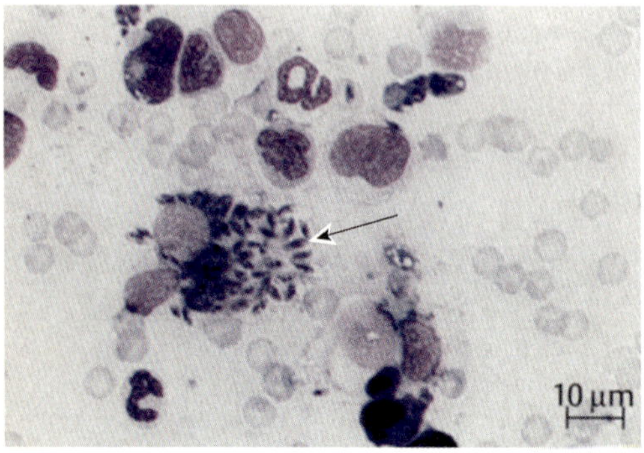

Abb. 50.6 Nachweis von Leishmanien. Nachweis von Leishamnia in einem Makrophagen im giemsagefärbten Knochenmarkausstrich (aus Hof, Dörries, Duale Reihe Medizinische Mikrobiologie, Thieme).

Trypanosomiasen

Synonym: Schlafkrankheit

engl.: sleeping sickness, nur für afrikanische *Form, sonst:* trypanosomiasis

Trypanosomiasen werden durch begeißelte Protozoen (Trypanosomen) hervorgerufen, die morphologisch ähnlich sind, jedoch völlig verschiedene Krankheitsbilder verursachen: Man unterscheidet eine südamerikanische Trypanosomiase (Chagas-Krankheit) von zwei hiervon sehr verschiedenen, unter sich jedoch ähnlichen afrikanischen Trypanosomiasen. Zu Epidemiologie, Klinik, Diagnose und Therapie siehe **Tab. 50.11** und **Tab. 50.12**.

Tab. 50.11 Afrikanische Trypanosomiase

	westafrikanische Schlafkrankheit	ostafrikanische Schlafkrankheit
Epidemiologie	20 000 – 30 000 Neuerkrankungen/Jahr	
Vorkommen	herdförmig in West- u. Zentralafrika (an Flussufern)	herdförmig in Ost- u. Südafrika (in Savannen)
Erreger	Trypanosoma brucei gambiense	Trypanosoma brucei rhodesiense
Vektor	Glossina-palpalis-Gruppe (Tsetse-Fliege)	Glossina-morsitans-Gruppe
Reservoir	Mensch, Hausschwein, Rind	Antilopen, Rind, Mensch

Fortsetzung ►

Tab. 50.11 Fortsetzung

	westafrikanische Schlafkrankheit	ostafrikanische Schlafkrankheit
klinisches Bild	*Trypanosomenschanker:* schmerzhafte Primärläsion an Inokulationsstelle (2 – 3 Wochen) mit Schwellung der regionalen Lymphknoten *I. hämolymphatisches Stadium:* periodische fieberhafte Phasen (Dauer ca. 1 Woche), Kopf- und Gliederschmerzen, Lymphadenopathie, Ödeme, Aszites *II. meningoenzephalitisches Stadium:* gestörter Schlafrhythmus, Somnolenz, Verhaltensstörung, Meningoenzephalitis, Koma	
Besonderheiten	langsam progredient; Stadium II erst nach 4 – 6 Monaten, häufig Tod infolge Mangelernährung und Sekundärinfektion	schneller Verlauf, akut, fieberhaft, Primärläsion in 80 % der Fälle, häufig Herztod noch vor Stadium II, Stadium II nach einigen Wochen
Diagnose	Parasitennachweis im Primärschanker und im Blut (rhodesiense); Lymphknoten- u. Liquorpunktion (gambiense); Serologie	
Therapie	*Stadium I:* Suramin (hohe Toxizität) oder (nur gambiense) Pentamidin *Stadium II:* (Liquor positiv): Vorbehandlung mit Suramin, dann Melarsoprol i. v. (Arsenverbindung), Eflornithine	
Prognose	unbehandelt immer tödlich, bei frühzeitiger Behandlung im Stadium I: 90 % Heilung, z. T. Defektheilung, Melarsoproltherapie in 2 – 5 % tödlich	
Kontrolle	Vektorbekämpfung (Insektizide, Tsetse-Fallen), aktive Fallsuche, Chemoprophylaxe mit Pentamidin selten indiziert	

Tab. 50.12 Amerikanische Trypanosomiase

	Chagas-Krankheit
Epidemiologie	16 – 18 Mio. infiziert, ca. 2 Mio. erkrankt
Vorkommen	Mittel- und Südamerika, vor allem in Slumregionen
Erreger	Trypanosoma cruzi
Vektor	Raubwanze (Triatoma)
Reservoir	Mensch, Haustier, Opossum, Gürteltier
klinisches Bild	Übertragung durch den Kot der Raubwanze, Blutspenden und kongenital, Chagom an Inokulationsstelle, befällt intrazellulär die glatte Muskulatur. *akute Phase:* 2 – 4 Wochen nach Infektion: Fieber, Atemnot, Kardiomegalie, meist im Kindesalter *chronische Phase:* oft jahrzehntelang Latenz, chronische Myokarditis, Megakolon, Megaösophagus, Meningoenzephalitis
Diagnose	*akute Phase:* Blutausstrich, Dicker Tropfen u. a. Anreicherungen, Blutkultur, Xenodiagnose (Laborwanzen auf die Haut ansetzen und Blut saugen lassen), Herzmuskelbiopsie, ELISA, KBR, IFT
Therapie	Nifurtimox oder Benznidazol (toxisch)
Prognose	Tod durch Herzversagen (bereits vorhandene Organschäden werden von Therapie nicht beeinflusst)
Kontrolle	Verbesserung der Wohnverhältnisse, Vektorbekämpfung mit Insektiziden, Screening von Blut- und Organspendern

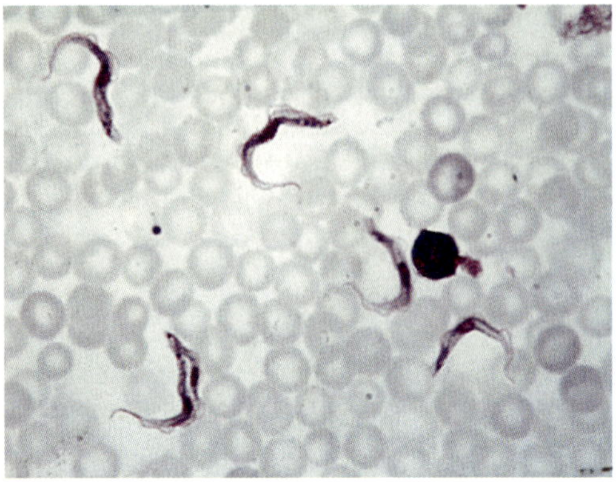

Abb. 50.7 Trypanosomen im Blutausstrich. Trypanosoma brucei (aus Hof, Dörries, Duale Reihe Medizinische Mikrobiologie, Thieme).

50.2.4 Helminthiasen (Filariasen)

engl.: filariasis

Definition. Befall mit Nematoden (Fadenwürmern) der Gattung Filarioidea, die das lymphatische System, das oberflächliche oder tiefe Bindegewebe parasitieren und durch Insekten übertragen werden.

Epidemiologie. Siehe Tab. 50.13

Ätiopathogenese. Die fadenförmigen adulten Würmer sind getrenntgeschlechtlich. Die Weibchen gebären Larven (Mikrofilarien), die von verschiedenen blutsaugenden Insekten, welche wiederum gleichzeitig als Zwischenwirte dienen, übertragen werden. Die Mikrofilarien einiger Arten zirkulieren im Blut und sind dort nachweisbar (Tab. 50.13). Andere Mikrofilarienarten treten in der Haut auf. Die Krankheitserscheinungen sind zum einen durch die mechanische Verlegung der Lymphbahnen und zum anderen durch bakterielle Begleitinfektionen und die Entzündungsreaktion des Wirtes auf die Würmer bedingt.

Klinik. Siehe Tab. 50.13.

Diagnostik. Zunächst helfen die **geografische Anamnese** und das typische klinische Bild (Tab. 50.13) weiter. Darüberhinaus muss eine **Blutuntersuchung** erfolgen: Eosinophilie, Serologie (speziesunspezifisch), Parasitennachweis im Blut nach Anreicherung nach Fülleborn oder Provokation mit Diäthylcarba-

Tab. 50.13 Die wichtigsten Filariasen des Menschen

Erreger	Wuchereria bancrofti	Brugia malayi, Brugia timori	Loa-Loa	Onchocerca volvulus
Vorkommen	Asien, Pazifik, Afrika, Mittel- u. Südamerika	Süd-, Südost- u. Ostasien	afrikanischer Regenwald	Afrika, Mittel- u. Südamerika (ca. 20 Mio. Erkrankte)
Krankheitsbezeichnung	lymphatische Filariasis, Elephantiasis		Loiasis, Augenwurm	Onchozerkose (Flussblindheit)
Überträger	Mücken: Culex, Aedes, Anopheles	Mücken: Anopheles, Aedes, Mansonia	Fliegen: Chrysops	Kriebelmücken: Simulium
Lokalisation des adulten Wurmes	Lymphsystem		(sub)kutanes Bindegewebe	
Auftreten der Mikrofilarien	Blut (nachtperiodisch)		Blut (tag-periodisch)	Haut (aperoidisch)
Inkubationszeit	3 – 16 Monate	8 – 16 Monate	> 6 Monate	> 1 Jahr
klinisches Bild	Lymphangiitis, Lymphadenitis, remittierendes Fieber, Funikulitis, Orchitis, Chylurie, Hydrozele, Elephantiasis, bei Brugia meist auf untere Extremitäten beschränkt		oft symptomlos, juckende, entzündliche Kalabarschwellungen, flüchtige Filarie in der Konjunktiva	Hautknoten (Onchozerkom), umschriebener Pruritus, Dermatitis, Lymphadenopathie (Adenolymphozelen), Augenbefall mit Erblindung

Tab. 50.14 Differenzialdiagnose der Filariasen

Erkrankung	Bedeutung	Kommentar
andere Parasitosen mit Eosinophilie	+++	parasitologische Stuhluntersuchungen
Pruritus anderer Ursachen	++	z. B. Allergensuche
Lymphödeme anderer Ursachen	+	z. B. chronisch entzündliche Prozesse oder Tumoren

mazin (cave: allergische Reaktion!). Zum Nachweis von *Onchocerca volvolus* ist eine **Hautbiopsie** erforderlich. Differenzialdiagnosen zeigt **Tab. 50.14**.

Therapie.

- *Wuchereria, Brugia:* Albendazol, Ivermectin
- *Loa-Loa:* Diäthylcarbamazin, Ivermectin, Albendazol unter Corticoidschutz
- Doxycyclin (für 3 – 6 Wochen) zerstört Wolbachia Endosymbiont und führt zum Entwicklungsstopp der Filarien. Auch zur Vorbehandlung der Filariose bei hoher Parasitämie.

> **!** Gefahr der eosinophilen Enzephalitis bei raschem Zerfall der Filarien!

Onchozerkose: Ivermectin (Einmaldosis, jährlich wiederholen), cave: in Loiasis-Endemiegebieten (s. Loiasis, **Tab. 50.13**),
Auch die Therapie der entzündlichen Ödeme der lymphatischen Filariasis erfolgt mit Antibiotika.

Prophylaxe. Die Bekämpfung der Flussblindheit (*Onchozerkose*) hat durch konsequente Insektizidapplikation in Flüssen beachtliche Erfolge erzielt. Daneben wird durch die jährliche Behandlung der betroffenen Bevölkerung mit Ivermectin das menschliche Reservoir an Mikrofilarien reduziert. Die Expositionsprophylaxe besteht aus bedeckender Kleidung und Repellenzien.

> **!** Bei europäischen Reisenden macht sich eine Mikrofilariose gelegentlich durch eine flüchtige Schwellung der Haut bemerkbar. Die Reise liegt dann oft schon 9 – 12 Monate zurück. Bei typischer Anamnese und Klinik muss daher auch an eine Loiasis gedacht werden.

50.3 Oral erworbene Infektionskrankheiten

Oral erworbene Infektionskrankheiten sind in der Regel mit niedrigem Standard der Wasserversorgung, Lebensmittelhygiene und Abwasserbeseitigung assoziiert und werden somit mittelbar oder unmittelbar fäkal-oral übertragen. Die meisten dieser Erkrankungen sind weltweit verbreitet und werden im Kapitel „Infektiöse Darmerkrankungen“ auf S. 990 ff. besprochen. Hier werden exemplarisch nur die wichtigsten, außerhalb Europas vorkommenden bzw. erworbenen Infektionskrankheiten besprochen (**Tab. 50.15**).

50.3.1 Bakterielle und virale Infektionen

Poliomyelitis

Synonym: Kinderlähmung
engl.: poliomyelitis

Arztmeldung an das Gesundheitsamt bei Verdacht, Erkrankung oder Tod.
Labormeldung an das Gesundheitsamt bei Nachweis einer akuten Infektion.

Definition. Der Erreger der Kinderlähmung ist das Poliovirus, ein Picornavirus.

Epidemiologie. Seit 1988 strebt die Weltgesundheitsorganisation die globale Eradikation der Kinderlähmung an. In Europa ist seit 1999 kein autochthoner Fall mehr gemeldet worden. Für Süd- und Mittelamerika gilt dies seit 1996. Poliomyelitis ist jedoch weiterhin endemisch in einzelnen Ländern Afrikas und Asiens.

L

Tab. 50.15 Oral erworbene Infektionskrankheiten

Viren	Bakterien	Protozoen	Helminthen
Poliomyelitis (s. S. 1001) Hepatitiden (s. S. 803) Enterovirosen (s. S. 909)	Salmonellose (s. S. 992) Shigellosen (s. S. 993) Cholera (s. S. 1045) Campylobacter-Enteritis (s. S. 993) Escherichia-coli-Enteritis (s. S. 994)	Amöbiasis (s. S. 1046) Giardiasis (s. S. 1049) Kokzidosen Toxoplasmose (s. S. 1118) primäre Amöben-Meningoenzephalitis	Nematodiasen (Ascaris, Trichuris, Oxyuren, Toxocara, Drakunkulus u. a.) Zestodiasen (Taenia, Echinokokken u. a.) Trematodiasen (Opisthorchis, Paragonimus u. a.)

! **Entgegen der irreführenden Bezeichnung „Kinderlähmung" kann Poliomyelitis sehr wohl im Erwachsenenalter auftreten; sie verläuft dann sogar schwerer als in der Kindheit.**

Ätiopathogenese. Nach oraler Infektion vermehren sich die Viren im Gastrointestinaltrakt und passieren nach einer Virämie die Blut-Hirn-Schranke. Im ZNS werden vorwiegend die Vorderhornzellen geschädigt und bewirken so die bekannten Lähmungserscheinungen. Daneben kann es zur aseptischen Meningitis kommen.

Klinik. Über 90% der Infektionen verlaufen inapparent („stille Feiung"). Sichtbare Krankheitszeichen treten nach einer Inkubationszeit von 1 – 2 Wochen auf. Es werden drei Krankheitsbilder unterschieden:

- **abortive Poliomyelitis.** 2- bis 3-tägige, unspezifische, fieberhafte grippale Symptomatik mit Spontanheilung. Nach kurzzeitiger Besserung kann sich jedoch auch die paralytische Poliomyelitis einstellen.
- **meningitische Poliomyelitis.** aseptische Meningitis mit rascher und vollständiger Heilung innerhalb weniger Tage.
- **paralytische Poliomyelitis.** einige Tage nach der „abgeheilten" abortiven Poliomyelitis tritt erneut Fieber auf, begleitet von meningealen Reizsymptomen, schlaffer Lähmung, allgemeiner Muskelschwäche sowie Spasmen. In der Folge kommt es zu Atemstörungen, Myokarditis, Lungenödem, Atemwegs- und Harnwegsinfektionen. Die Lähmungen sind zum Teil reversibel, können aber auch einen progredienten Verlauf haben.

Diagnostik. Typisch sind Lähmungserscheinungen mit mononukleär-lymphozytärer Pleozytose bei normalen Glukose- und Proteinwerten im Liquor. Der Virusnachweis kann in Stuhlproben, Liquor und ggf. aus einem Rachenabstrich erfolgen. Weiterhin kommen die PCR und serologische Verfahren zum Einsatz (KBR, ELISA).

Prognose. Mindestens 95% der Infektionen verlaufen inapparent. In ca. 4% finden sich Symptome wie Fieber, Kopfschmerzen, Halsschmerzen, Übelkeit. In ca. 0,1% der Fälle bilden sich 2 – 5 Tage nach der ersten fieberhaften Erkrankung neurologische Symptome aus. Bei dieser Form der Erkrankung beträgt die Sterblichkeit 5 – 10%. Residuelle Lähmungen bleiben meist bestehen.

Prophylaxe. Eine gut wirksame Impfung mit einer inaktivierten Totvakzine (IPV, Salk) steht zur Verfügung. Die orale Lebendimpfung (OPV, Sabin) wird in Deutschland nicht mehr empfohlen.

Hepatitis A und E

Die Hepatitis ist eine der häufigsten oral übertragenen Tropenkrankheiten. Hepatitis A und E werden fast ausschließlich fäkal-oral übertragen. Für sie gelten die üblichen prophylaktischen Maßnahmen bei der Zubereitung von Getränken und Speisen. Ausführliche Details zu den beiden Krankheitsbildern sind auf S. 806 und 808 zu finden.

Cholera

engl.: cholera

Arztmeldung an das Gesundheitsamt bei Verdacht, Erkrankung oder Tod.
Labormeldung an das Gesundheitsamt bei Nachweis einer akuten Infektion.

Definition. Akute enterotoxische, potenziell lebensbedrohliche Dünndarmerkrankung mit profusen „reiswasserartigen" Durchfällen, Erbrechen, Muskelkrämpfen, Oligurie und Schock, hervorgerufen durch *Vibrio cholerae 01* oder *0139* oder *Vibrio cholerae Biotyp El Tor.*

Epidemiologie. *Vibrio cholerae Biotyp El Tor* ist der Hauptkeim der aktuellen weltweiten Cholera-Pandemie. Er zeigt erhöhte Tendenz zu Endemien, geringere Pathogenität und längeres Überleben in der Umgebung als der klassische Choleraerreger *Vibrio cholerae*. 2003 wurden aus Afrika 97% aller bekannt gewordenen Cholerafälle gemeldet (ca. 108 000), 33 aus Südamerika und 3 463 aus Asien (Cave: hohe Dunkelziffer). In Europa wurden 2003 13 importierte Fälle gemeldet.

Ätiopathogenese. Die Übertragung erfolgt fäkaloral durch fäkal kontaminiertes Wasser, Meeresfrüchte, Fische und andere roh genossene Nahrungsmittel. Der Mensch ist Wirt und Reservoir zugleich. Die Infektionsrate ist sehr hoch, die Erkrankungsrate beträgt 1:2 bis 1:4 bei *Vibrio cholerae*, 1:30 bis 1:100 bei *Vibrio cholerae El Tor*. Das **Cholera-Enterotoxin** führt zu einer typischen Schädigung der Enterozyten mit Resorptions- und Sekretionsstörungen im Dünndarm.

Klinik. Die Inkubationszeit kann wenige Stunden bis zu 3 Tage betragen. Häufig findet sich ein subklinischer oder milder Verlauf. Typische Symptome sind

- akuter Beginn mit „reiswasserartigen" Durchfällen bis zu 5 l/d, unter Rehydratation bis zu 25 l/d
- Abdominalschmerzen, Erbrechen, rasche Entwicklung eines schweren Krankheitsbildes
- Exsikkose (stehende Hautfalten, eingefallene Augäpfel)
- Elektrolytstörungen (Hyponatriämie, Hypokaliämie, Azidose), hypovolämischer Schock
- Oligo- bis Anurie, Hypothermie, Unruhe, Benommenheit, Muskelkrämpfe

Tab. 50.16 Differenzialdiagnose der Cholera

Erkrankung	Bedeutung
enterotoxische E.-coli-Enteritis	+++
Salmonellenenteritis	+++
Shigellenruhr	++
Campylobacter-jejuni-Enteritis	+
Nicht-01/0139-Vibrionen-(70 Serotypen) Nicht-Cholera-Vibrionen-Infektionen	+

Diagnostik. Anamnese und klinisches Bild geben Verdachtshinweise. Der Erregernachweis erfolgt im Stuhl (Rektalabstrich) und im Erbrochenen. *Vibrio cholerae* kann in Kulturmedien transportiert und kultiviert werden. Differenzialdiagnosen zeigt Tab. 50.16.

Therapie. Wesentlich sind die Wiederherstellung des Flüssigkeits- und Mineralhaushalts und die Beseitigung der Azidose. Eine frühzeitige Behandlung mit **Tetrazyklin** (Erwachsene 500 mg oral alle 6 h über 72 h, Kinder < 8 Jahren 50 mg/kg KG/d in 4 Dosen über 72 h) oder eine Einzeldosis Doxyzyklin (Erwachsene 300 mg oral, Kinder 6 mg/kgKG) wirkt im Darmlumen bakteriostatisch und kürzt die Zeit der Toxinbildung ab.

Prognose. Bei sofortiger Rehydratation und antibiotischer Therapie beträgt die Letalität < 1%, bei mangelnder medizinischer Versorgung kann sie > 20% sein. Bei günstigem Verlauf lassen die Durchfälle nach 3 – 6 Tagen nach und der Kreislauf stabilisiert sich. Im Spätstadium schwerer Verläufe sind Nierenschäden durch Tubulusnekrose möglich.

Prophylaxe. Abgekochtes, gefiltertes oder chemisch behandeltes Trinkwasser sowie klare Trennung von Trink- und Abwasser sind die wichtigsten prophylaktischen Maßnahmen. Wirksame Impfstoffe gegen Cholera zur individuellen Prophylaxe und zur Eindämmung von Epidemien sind verfügbar.

Reisediarrhö

Bei der Reisediarrhö handelt es sich um eine meist harmlose, kurzfristige Gesundheitsstörung im Zusammenhang mit Reisen in vorwiegend subtropische oder tropische Zonen, hervorgerufen durch verschiedene enterotoxische Keime. Besonders häufig sind Kleinkinder, Jugendliche und ältere Menschen betroffen. Die am häufigsten isolierten Erreger sind enterotoxische *Escherichia coli* (ETEC), vor allem im Sommer und in der Regenzeit. Im Winter und in der Trockenzeit herrschen *Campylobacter jejuni* vor. In 30 – 50 % der untersuchten Fälle lässt sich kein pathogener Keim nachweisen. Mittelbar oder unmittelbar fäkal kontaminierte Speisen sind wesentliche Ursache. Bei unkomplizierter Reisediarrhö Erwachsener sollte der Patient normal weiter essen und vermehrt trinken, insbesondere zuckerhaltige Getränke, dazu Salzgebäck. Auch Motilitätshemmer (z. B. Loperamid) können hilfreich sein. Als Monotherapie bei dysenterischen Verläufen (Fieber und blutig-schleimige Stühle) sind sie allerdings kontraindiziert. Bei Kindern und älteren Personen mit starkem Flüssigkeitsverlust ist eine orale Rehydrierungstherapie angezeigt. Antibiotika werden nur bei schwerem oder persistierendem Durchfall und bei Fieber mit blutig-schleimigen Durchfällen gegeben. Zur Anwendung kommt z. B. Chinolone (Resistenzen gegen Campylobacter) oder Azithromycin (1 g als Einmaldosis). In verschiedenen Ländern ist auch Rifaximin erhältlich, ein luminal wirksames Antibiotikum.

Weitere ausführliche Details zu Klinik, diagnostischem Vorgehen, Differenzialdiagnose und Therapie sind im Kapitel Dünn- und Dickdarm auf S. 732 ff. zu finden.

50.3.2 Tropische Enteropathien

engl.: tropical sprue

Definition. Bei der tropischen Sprue handelt es sich um ein in den Tropen vorkommendes Malabsorptionssyndrom unbekannter Genese. Neben den Bewohnern der Endemiegebiete erkranken auch Personen, die diese Gegenden besuchen oder besucht haben.

Das davon unterschiedliche Krankheitsbild der einheimischen Sprue ist auf S. 740 ff. beschrieben.

Ätiologie. Die Ursache ist unbekannt. Man nimmt jedoch an, dass der Dünndarm mit enteropathogenen Keimen chronisch kontaminiert ist.

Klinik. Im Vordergrund stehen Durchfälle, Blähungen, Anorexie, abdominelle Distension („Blähbauch"), Übelkeit, Erbrechen und Fieber. Das klinische Bild wird wesentlich von der Dauer der Störung und von den körperlichen Reserven der Betroffenen bestimmt. Durch die Malabsorption von Vitamin B_{12} kommt es oft zum Auftreten einer megaloblastären Anämie (s. S. 909).

Diagnostik. Wegweisend ist die Anamnese (Auslandsaufenthalt). Bei einer Biopsie aus Duodenum oder Jejunum findet man meist nur diskrete Veränderungen des Zottenreliefs. Die Befunde können variieren zwischen total flacher Schleimhaut, verdickten und plumpen Zotten, breiten Blattformen mit gyriformem Relief. Unter der Therapie bessert oder normalisiert sich der histologische Befund.

Therapie. Ausgleich der Malabsorption durch Gabe von Folsäure (z. B. Folsan 5 – 15 mg/d) und Vitamin B_{12} (z. B. Cytobion 1 000 µg/Woche i. m. über 6 – 8 Wochen). Zusätzlich langfristige Gabe von Tetracyclin (z. B. Vibramycin 4 × 250 mg/d p. o. über 1 – 6 Monate).

Prognose. Unbehandelt verläuft die Erkrankung progredient.

50.3.3 Protozoeninfektionen

Amöbiasis

Synonym: Amöbenruhr
engl.: amoebiasis

Definition. Intestinaler oder extraintestinaler Befall des Menschen mit der pathogenen *Entamoeba histolytica.*

Epidemiologie

Weltweit sind über 500 Mio. Menschen infiziert (vorwiegend in den Tropen und Subtropen). Die Erkrankungsrate beträgt etwa 8 %, wobei die Krankheit bei homosexuellen Männern gehäuft vorkommt. Jährlich sterben 40 000 – 100 000 Menschen an der Amöbiasis. Die Prävalenz in der europäischen Bevölkerung liegt bei 3 %.

Amöbenabszesse können noch Jahre nach einem Tropenaufenthalt auftreten. Meist tritt die Krankheit sporadisch, jahreszeitlich gehäuft auf. Sie ist nach der Malaria die wichtigste mitgebrachte Protozoeninfektion und wird oft fehldiagnostiziert. Unter den Reisediarrhöen sind weniger als 1 % der Erkrankungen auf Amöben zurückzuführen.

Ätiopathogenese

Entamoeba histolytica ist die einzige humanpathogene Darmamöbenart. Erst seit einiger Zeit weiß man,

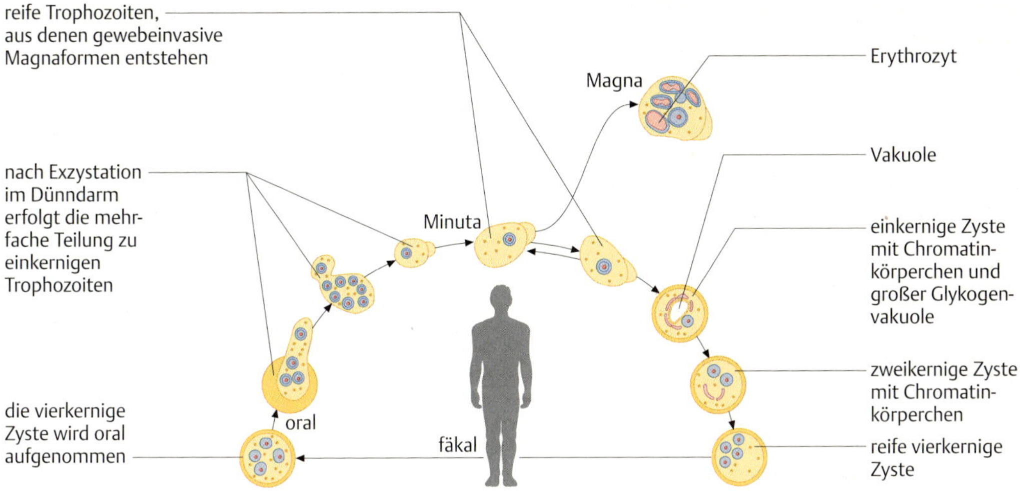

Abb. 50.8 Entwicklungszyklus von Entamöba histolytica.

dass sich hinter diesem Begriff eigentlich zwei Spezies verbergen, die morphologisch nicht voneinander zu unterscheiden sind:

- *Entamoeba dispar*
- *Entamoeba histolytica*

Im Gegensatz zu *E. dispar* bildet *E. histolytica* wichtige Virulenzfaktoren, mit deren Hilfe sie in das Gewebe eindringen kann.

Die Krankheit wird fäkal-oral über verunreinigte Lebensmittel und fäkal kontaminiertes Wasser übertragen. Die oral aufgenommene Amöbenzyste kann sich über mehrere Stadien im Intestinum zu gewebeinvasiven hämatophagen Trophozoiten entwickeln (Abb. 50.8). Es kommt dann zur **Amöbenruhr** (Amöbenkolitis) mit Ulzerationen der Kolonmukosa, blutig-schleimigen Entleerungen und evtl. Blutungen und Perforation. Infolge hämatogener Verschleppung kann eine **extraintestinale Amöbiasis** entstehen, die häufig in der Leber zu einer scharf umrandeten Nekrose führt (Amöbenleberabszess), die aber auch andere Organe betreffen kann.

Klinik

Amöbendurchfall und **Amöbendysenterie** haben eine Inkubationszeit von einer Woche bis zu mehreren Monaten. Die Krankheit beginnt schleichend mit breiigem, teils blutig-schleimigem Stuhlgang. Meistens ist der Patient schmerz- und fieberfrei und hat nur ein geringes Krankheitsgefühl. Die Klinik kann sich zur Dysenterie mit starken blutigen Durchfällen und Tenesmen steigern. Unbehandelt bessern sich die Symptome bei unproblematischen Fällen innerhalb von 6 Wochen.

Ein auftretender **Amöbenleberabszess** kann zeitlich unabhängig vom Amöbendurchfall (auch nach klinisch stummer Amöbiasis) auftreten und macht sich durch Fieber, Übelkeit und rechts subkostalen oder interkostalen Schmerzen bemerkbar.

Diagnostik

Amöbendurchfall.

- Reiseanamnese, Risikofaktoren
- Untersuchung frischen, körperwarmen Stuhls zur Identifikation von Trophozoiten
- Untersuchung konservierter Stuhlproben (SAF = Sodiumacetat-Acetic Acid-Formaldehyd-Konzentrationsmethode) zum Nachweis von Zysten
- Nachweis des Amöbenantigens durch direkten EIA im Stuhl

Um die Diagnose einer Amöbeninfektion zu stellen, sollten mindestens 3 Stuhlproben untersucht werden (Vorsicht: der parasitologische Stuhlbefund „E. coli" bezeichnet in der Regel den Befall mit der apathogenen *Entamoeba coli* und sollte nicht mit dem Bakterium *Escherichia coli* verwechselt werden).

Die differenzialdiagnostische Unterscheidung kann mikroskopisch oder anhand des Enzymmusters erfolgen. *Entamoeba histolytica* kann anhand des Enzymmusters (Zymodeme) in pathogene und apatho-

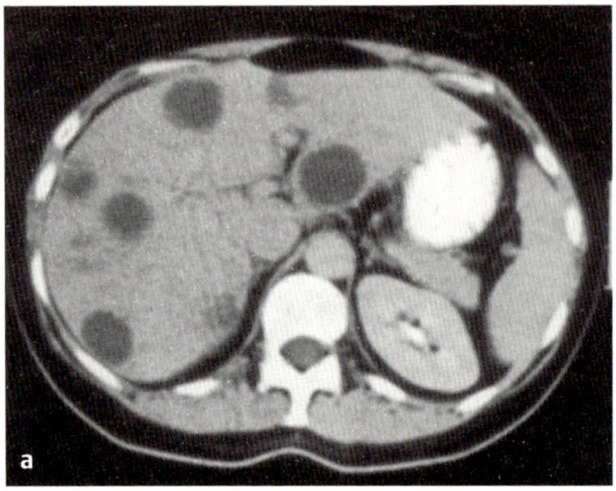

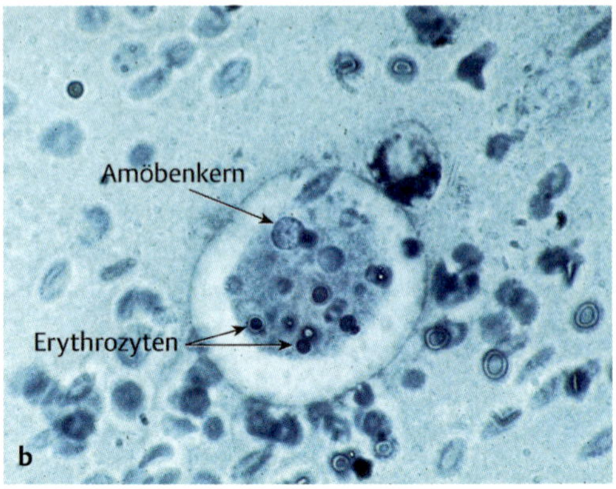

Abb. 50.9 **Infektion mit *Entamoeba histolytica*.** **a** Multiple Amöbenleberabszesse in der CT. **b** Gewebstrophozoit (Magnaform) von *Entamoeba histolytica* (aus Hof, Dörries, Duale Reihe Medizinische Mikrobiologie, Thieme). Pathognomonisch sind die intrazellulären Erythrozyten (aus Groß, Kurzlehrbuch Medizinische Mikrobiologie und Infektiologie, Thieme).

Tab. 50.17 **Differenzialdiagnose der Amöbiasis**

Erkrankung	Bedeutung	Kommentar
Amöbendurchfall, -dysenterie		
bakterieller Durchfall	+++	akuter Beginn, oft von Erbrechen begleitete, schmerzhafte, wässrige Durchfälle, Spontanheilung innerhalb einiger Tage, keine Rückfälle
Shigellose	+++	blutige Durchfälle, Fieber, Stuhlkultur
Colitis ulcerosa, Morbus Crohn	++	typischer Befund in der Koloskopie, kein Erregernachweise im Stuhl. DD ist sehr wichtig für die Therapie (Immunsuppressiva sind bei Amöbeninfektion streng kontraindiziert)“
Kolonkarzinom	+	meist Patienten > 50 Jahre, Leistungsminderung, Müdigkeit, Gewichtsverlust
Amöbenleberabszess		
bakterieller Leberabszess	+	ältere Patienten, vorangegangene Darmerkrankung oder -operation
Gallenblasenempyem	+	sonografisch differenzierbar
Echinokokkenzysten	+	Echinokokkenserologie, sonografisch differenzierbar
Typhus abdominalis	+	Splenomegalie, Roseolen, Benommenheit, Typhuszunge, Fieber, Bradykardie, Leukopenie

gene (*E. dispar*, ca. 90% aller E.-histolytica-Befunde) Formen differenziert werden.

Amöbenleberabszess.

- Palpation des Abdomens (Hepatomegalie, subkostale oder interkostale Spannung, Klopf- und Druckschmerz)
- Oberbauch-Sonografie: echoarme, gut abgegrenzte Zone
- bei sonografischem Verdacht serologische Diagnostik mit Nachweis von Antikörpern (IFT, ELISA, IHA)
- Stuhlproben häufig negativ

Für eine Abszesspunktion gibt es keine diagnostische Indikation. Nur bei Gefahr der Ruptur unter einer i.v. Therapie mit Metronidazol kann eine enge therapeutische Indikation gegeben sein. Differenzialdiagnosen zeigt **Tab. 50.17**.

Therapie

Amöbendurchfall (Amöbendysenterie, Amöbenruhr). Bei asymptomatischen Ausscheidern von *Entamoeba histolytica* (*E. dispar*, Zystenformen) gilt: solange im Einzelfall die Pathogenität von Entamoeba histolytica nicht geklärt werden kann, ist eine Sicherheitsbehandlung angezeigt: Diese erfolgt mit Paromomycin (Humatin®) 25 – 100 mg/kg aufgeteilt in 4 Dosen für 5 – 10 Tage oder Diloxanid-Furoat (Furamide®) 500 mg 3 × täglich für 10 Tage (Kinder < 12 J. 10 mg/kg KG 3 × täglich für 5 Tage).
Die akute Amöbendysenterie mit Ausscheidung von Entamoeba-histolytica-Magnaformen wird folgendermaßen therapiert:

- Metronidazol (z. B. Clont®) 500 mg 3 × täglich oral für 5 – 10 Tage, (Kinder < 12 J. 10 mg/kg KG 2 × täglich) oder
- Tinidazol (Simplotan®) 1 g 2 × täglich für 5 Tage (Kinder < 12 J. 10 mg/kg KG 2 × täglich für 5 Tage)

Grundsätzlich ist eine Nachbehandlung mit Diloxanid-Furoat oder Paromomycin wie oben beschrieben erforderlich. 4 Wochen nach Therapieende sollte eine Stuhlprobe zur Therapiekontrolle untersucht werden.

Amöbenleberabszess. Metronidazol (Clont®) 1. Dosis 1 000 mg, dann 500 mg 3 × täglich über 30 min i. v. für 3 – 5 Tage, gefolgt von Metronidazol 1 500 mg täglich oral für 5 Tage (Kinder < 12 J.: 25 – 50 mg/kg KG verteilt auf 3 Dosen).

> **!** **Der Therapieerfolg beim Amöbenleberabszess sollte nach klinischen Kriterien beurteilt werden, da die Besserung des sonografischen und serologischen Befundes verzögert ist.**

Prophylaxe

Trinkwasser sollte gefiltert oder abgekocht werden. Eine Chlorierung des Trinkwassers ist nicht effektiv. Vor allem kopfgedüngtes Gemüse ist gründlich zu waschen; dies gilt auch außerhalb der Tropen („Cook it, peel it, boil it or forget it").

Giardiasis

Synonym: Lambliasis
engl.: giardiasis

Labormeldung an das Gesundheitsamt bei Nachweis einer akuten Infektion.

Definition. Infektion des menschlichen Dünndarms mit Giardia lamblia.

Epidemiologie. In Ländern mit schlechten hygienischen und sanitären Bedingungen tritt die Krankheit endemisch auf. Vor allem mangelernährte Kinder und Kleinkinder nach dem Abstillen sind betroffen (in manchen Regionen zu annähernd 100 %).
In Industrieländern sind Erwachsene und Kinder gleich häufig, insgesamt jedoch selten betroffen. Eine Infektion mit Giardia führt hier seltener zu Krankheitserscheinungen. Homosexuelle Männer haben ein erhöhtes Infektionsrisiko. Bei Tropenrückkehrern ist die Giardiasis die am häufigsten diagnostizierte Protozoeninfektion.

Ätiopathogenese. Die Infektion erfolgt fäkal-oral durch Schmierinfektion, kontaminiertes Wasser und kontaminierte Nahrungsmittel über Giardiazysten (< 10 Zysten sind ausreichend). Sie entwickeln sich im Dünndarm zu begeißelten **Trophozoiten**, die an der Darmmukosa anhaften und sich vermehren. Beim Verlassen der Darmwand verwandeln sie sich wieder in Zysten. Die Besiedelung der Mukosa führt zur Atrophie des Bürstensaumes und zur Verminderung der Disaccharidasen und alkalischen Phosphatasen. Die Folge sind Laktoseintoleranz und Durchfall.

Klinik. Die häufigsten Symptome sind geblähtes Abdomen, periumbilikaler Druckschmerz, Flatulenz und Aufstoßen mit charakteristisch fauligem Geruch. Aber auch chronisch-breiige Durchfälle, Gewichtsverlust und Malabsorptionserscheinungen kommen vor und nehmen zum Teil bedrohliche Formen an. In Endemiegebieten treten häufig nur geringe oder gar keine Verdauungsbeschwerden auf.

Diagnostik. Die Diagnose der Giardiasis kann sehr schwierig sein (Tab. 50.18):

- zunächst: Tropenanamnese und Durchfallanamnese, dann
- mindestens 3 mikroskopische Stuhluntersuchungen sowie
- Giardiaantigennachweis im Stuhl (ELISA) und direkter Immunfluoreszenztest.

Tab. 50.18 Differenzialdiagnose der Giardiasis

Erkrankung	Bedeutung	Kommentar
Giardiasis ist eine oft opportunistische Besiedelung bei anderen gastrointestinalen Störungen, z. B.		
Malabsorptionssyndrom/tropische Sprue	++	Fettstühle, Eiweißmangelerscheinungen (z. B. Ödeme), Anämie
chronische Pankreatitis	+	häufig in Afrika! gürtelförmige Oberbauchschmerzen, evtl. Diabetes mellitus
Divertikulose	+	Beschwerden meist schon vor Giardiabefall (s. S. 776)

Auch der Nachweis aus dem Duodenalsaft ist möglich.

! Bei anhaltendem klinischen Verdacht ohne Nachweis von Giardia im Stuhl kann eine Therapie ex juvantibus einen indirekten diagnostischen Hinweis bringen und eine deutliche Besserung bewirken.

Therapie. Sie ist nur bei symptomatischen Fällen angezeigt. Infrage kommen:

- Metronidazol oral, 0,8 – 1 g (Kinder 15 – 20 mg/kg KG) 2 × täglich für 3 Tage
- Tinidazol oral 2 g (Kinder 50 mg/kg KG) einmalig
- Nitaxozanid 500 mg 2 × täglich für 3 Tage
- Paromomycin 4 x 500 mg für 7 Tage

Unter der Therapie mit Nitroimidazolen (Metronidazol, Tinidazol) können diverse unerwünschte Wirkungen auftreten, wie z. B. zentralnervöse Störungen (Ataxie, Krampfanfälle), gastrointestinale Störungen und metallischer Geschmack. Wechselwirkungen mit Cumarinen, Barbituraten und Alkohol (verstärkte Unverträglichkeit und Wirkungsminderung) sind zu beachten. Absolute Kontraindikation ist eine Schwangerschaft im 1. Trimenon (strenge Indikationsstellung im 2. und 3. Trimenon).

Prophylaxe. Wichtig ist vor allem eine adäquate Nahrungs- und Trinkwasserhygiene. Die infektiösen Zysten können außerhalb des Wirts drei Monate überleben und werden auch durch Chlorierung des Wassers nicht abgetötet.

50.3.4 Helmintheninfektionen

Synonym: Wurminfektion
engl.: helminthiasis

Definition. Helminthiasen sind Infektionen mit verschiedenen parasitischen Würmern. Sie kommen in allen Klimazonen vor, insbesondere jedoch in den Subtropen und Tropen. Unhygienische sanitäre Wasser- und Lebensmittelversorgung begünstigen ihre Verbreitung.
Man unterscheidet drei wichtige humanpathologische Gattungen, **Nematoden, Zestoden** und **Trematoden**, die jeweils charakteristische Entwicklungszyklen und somit auch epidemiologische und ätiopathologische Besonderheiten aufweisen. Eine Auswahl der wichtigsten Erreger wird hier vorgestellt.

Infektionen mit Nematoden

Askariasis, Enterobiasis, Trichuriasis

Oral erworbene Nematodiasen werden durch Rund- oder Fadenwürmer (Nematoden) verursacht, deren Eier ohne Zwischenwirt aus dem Darm des Menschen durch Kotverschmutzung der Umwelt über geeignete Vehikel wie Hände, Staub, Wasser, Gemüse per os wieder aufgenommen werden. Die wichtigsten Arten weltweit vorkommender Nematoden sind:

- *Ascaris lumbricoides* (Spulwurm)
- *Enterobius vermicularis* (Madenwurm, Oxyuren)
- *Trichuris trichiura* (Peitschenwurm)

Jede Art hat bestimmte Übertragungswege und epidemiologische Charakteristika. Die Präpatenzzeit, d. h. der Zeitraum, der zwischen der Übertragung und der Manifestation der Parasitose liegt, beträgt 1 – 3 Monate.

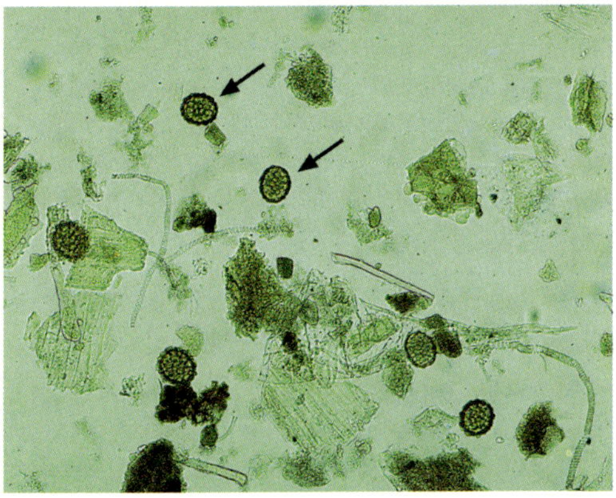

Abb. 50.10 Ascaris lumbricoides. Stuhl mit Eiern von Ascaris lumbricoides (aus Groß, Kurzlehrbuch Medizinische Mikrobiologie und Infektiologie, Thieme).

Die oral aufgenommenen embryonierten Eier durchlaufen bei *Ascaris lumbricoides* einen komplizierten Weg vom Darm über Lunge, Pharynx, Ösophagus zum Darm. Bei stärkerem Befall kommt es zu heftigen Beschwerden (Lungeninfiltrat mit begleitender Eosinophilie, intestinale Symptome). Die Diagnose wird durch den mikroskopischen Einachweis gestellt. Da *Ascaris lumbricoides* 20 – 30 cm lang ist, wird er als Adultwurm oft auch sichtbar spontan ausgeschieden.

Trichuris trichiura und *Enterobius vermicularis* führen im Vergleich zu eher symptomarmen Verläufen. *Enterobius vermicularis* befällt das Kolon. Durch Eiablage am After kommt es zu starkem Pruritus und durch das darauffolgende Kratzen zur fäkal-oralen Autoinfektion. Diagnostisch ist bei Trichurien die mikroskopische Stuhluntersuchung auf Wurmeier wegweisend, bei Verdacht auf *E. vermicularis* wird ein Klebestreifen-Abklatsch durchgeführt.

Die Therapie erfolgt mit Breitbandanthelminthika, z. B. Mebendazol (Vermox®) oder Albendazol (Zentel®). Bei *Enterobius vermicularis* kann auch Pyrvinium (Molevac®) oder Pyrantel (Helmex®) verordnet werden, da oft eine Medikamentenresistenz besteht.

Trichinose

Labormeldung an das Gesundheitsamt bei Nachweis einer akuten Infektion.

Trichinella spiralis ist ebenfalls eine Nematode. Die durch sie hervorgerufene Zoonose kommt weltweit vor allem bei Wild- und Hausschweinen, Bären und Farmpelztieren vor. Beim Menschen tritt sie – auch in Europa – gelegentlich nach dem Verzehr von rohem Fleisch auf (Schwein, Wildschwein). Es handelt sich dann meist um lokale Ausbrüche.

Nach Infektion siedeln sich die Larven vor allem in der **quergestreiften Muskulatur** an. Es kommt zu einem schweren Krankheitsbild mit hohem Fieber, starken Muskelschmerzen, Urtikaria und Eosinophilie. Gefürchtete Komplikationen sind der Befall des Myokards oder des Gehirns.

Die Trichinose ist therapeutisch schwierig zu beeinflussen und kann tödlich verlaufen. Zur Anwendung kommt Albendazol (2 × 400 mg für 8 – 14 Tage, ggf. kombiniert mit Prednison). Die Prophylaxe besteht in entsprechender Fleischhygiene.

Drakunkulose

Die durch *Dracunculus medinensis* (Medinawurm) verursachte Drakunkulose kommt in wasserarmen Zonen Afrikas und Asiens vor. Wasserstellen und Brunnen sind mit bestimmten larvenhaltigen Krebsarten kontaminiert, die beim Trinken mitverschluckt werden. Die Larven entwickeln sich im Menschen innerhalb von 9 Monaten zu bis 1 m langen Fadenwürmern im Bindegewebe. Vorwiegend sind die Extremitäten betroffen.

Das Kopfende des Wurms verursacht durch bestimmte Ausscheidungen ein Ulkus. Kommt dieses mit Wasser in Berührung, platzt die dünne Haut im Zentrum auf. Gleichzeitig reißt die Haut des dicht darunterliegenden weiblichen Wurms und die lebenden Larven entleeren sich ins Wasser – so werden die Wasserstellen kontaminiert. Die Ulzerationen führen zu wochenlanger schwerer körperlicher Behinderung, bis der Wurm abstirbt.

Es gibt keine spezifische Therapie. Traditionell wird der Wurm mit einem Holzstäbchen entfernt: das Vorderteil wird aufgewickelt und jeden Tag ein Stückchen weiter herausgezogen.

Die Prophylaxe besteht in der Sanierung von Wasserstellen und im Filtern des Trinkwassers. Hier existieren sehr erfolgreiche WHO-Bekämpfungsprogramme, die zu einem starken Rückgang der Drakunkulose geführt haben.

Infektionen mit Cestoden

Cestodeninfektionen (syn. Bandwurminfektionen) kommen weltweit vor, wobei vor allem auch die nördliche Hemisphäre betroffen ist.

Taenia

Rinder- (*Taenia saginata*) und **Schweinebandwürmer** (*Taenia solium*) gibt es weltweit überall dort, wo rohes oder ungenügend gegartes Fleisch verzehrt wird und keine ordnungsgemäße Fleischinspektion erfolgt. Die Präpatenzzeit beträgt 6 Monate. Bandwürmer haben einen End- und einen oder zwei Zwischenwirte. Der Mensch ist Endwirt von *Taenia saginata* (Zwischenwirt: Rind), von *Taenia solium* (Zwischenwirt: Schwein) und von *Diphyllobothrium latum* (Zwischenwirt: Cyclops und Fisch). Bei Schweinebandwurmbefall kann der Mensch auch Fehlzwischenwirt sein.

Die Infektion mit dem Rinderbandwurm verläuft meist symptomarm, ggf. kann es zu uncharakteristischen Abdominalbeschwerden und Abmagerung kommen (Nährstoffverbrauch des Wurms). Bei Infektion mit dem Schweinebandwurm kann es zum Krankheitsbild der **Zystizerkose** kommen: die Larven entwickeln sich dann vorwiegend im Auge, dem Gehirn oder der Muskulatur mit entsprechenden klinischen Symptomen.

Die Diagnose erfolgt durch den Einachweis im Stuhl. Bei *Taenia saginata, Taenia solium* und *Diphylobothrium latum* gehen einzelne Bandwurmglieder ab, der Adultwurm ist mehrere Meter lang. Die Therapie erfolgt mit Praziquantel oder Albendazol.

Echinococcus

Die **Echinokokkose** ist eine weltweit, vor allem auch in Europa vorkommende Infektion mit dem **Hunde-** und **Fuchsbandwurm** (Echinococcusarten). Wegen des chronischen und schweren Verlaufs der Erkrankung ist der Fuchsbandwurm in Deutschland die wichtigste Helmintheninfektion. Weitere ausführliche Informationen zur Diagnose und Therapie der Echinokokkose sind im Kapitel „Leber" auf S. 849 ff zu finden.

Infektionen mit Trematoden

Trematoden werden durch den Genuss parasitierter roher Süßwasserfische, Krebse, Krabben oder Wassergemüsearten aufgenommen. Für den Menschen wichtig sind z. B.

- Leberegel: *Fasciola hepatica, Opisthorchis viverini, Clonorchis sinensis*
- Lungenegel: Paragonimus-Arten

Trematoden sind in Eurasien, China und Südostasien herdförmig, z. T. auch weit verbreitet. Paragonimusarten kommen auch in Afrika vor. Fasciola-, Opisthorchis- und Clonorchisarten können zu Leber- und Gallenwegserkrankungen bis hin zu Leberzirrhose und Gallengangskarzinom, Paragonimusarten zu Lungenabszessen führen.

Diagnostisch ist der Nachweis von Eiern im Stuhl bzw. Sputum beweisend. Die Therapie erfolgt mit Praziquantel. Lediglich bei Fasciolaarten ist Praziquantel unwirksam, Therapie der Wahl ist hier Triclabendazol. Die Prognose ist bei Frühbehandlung günstig.

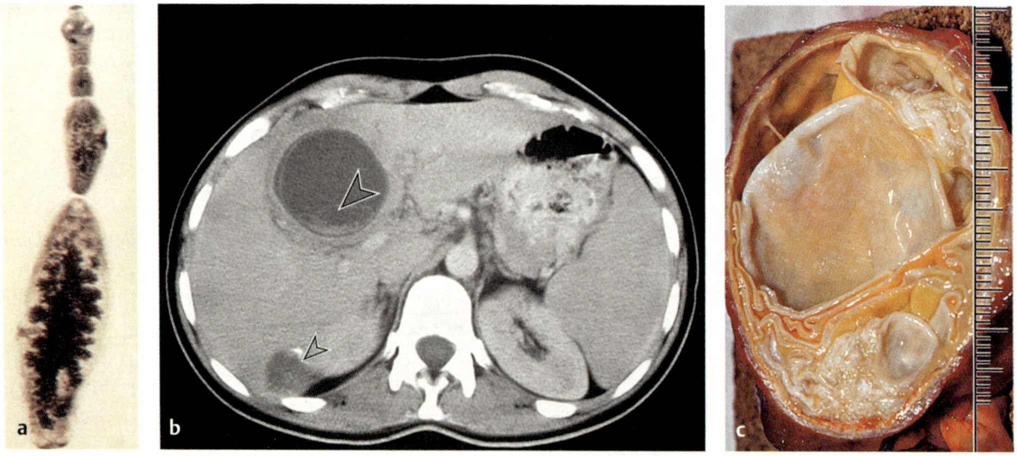

Abb. 50.11 Echinococcus granulosus. **a** adulter Wurm, **b** CT einer Echinokokkose: Zysten von *E. granulosus* in der Leber (Pfeile), **c** operativ entfernte Zyste (aus Hof, Dörries, Duale Reihe Medizinische Mikrobiologie, Thieme).

Reisende in Endemiegebiete sollten unbedingt rohe Süßwasserfische, Krabben usw. meiden.

50.4 Perkutan erworbene Infektionen

In diesem Kapitel werden perkutan erworbene tropische Infektionen mit Helminthen (Nematoden, Trematoden) und Ektoparasiten (z. B. Myiasis, Tungiasis, Askariasis) besprochen.

50.4.1 Helmintheninfektionen

Synonym: Wurminfektion
engl.: helminthiasis

Perkutan erworbene Helmintheninfektionen werden mittelbar durch Kontamination der Umgebung mit menschlichen Ausscheidungen übertragen. Im Falle der Hakenwürmer und anderer Nematoden entwickeln sich aus den mit Fäzes ausgeschiedenen Eiern Infektionslarven. Im Fall der Schistosomenarten werden embryonierte Eier durch Urin (Blasenbilharziose) oder durch Stuhl (Darmbilharziose) im Wasser abgesetzt. Sie entwickeln sich über Schnecken als Zwischenwirte zu perkutan penetrierenden Larvenstadien. Auch die durch Insektenstich übertragenen Filarien gehören streng genommen zu den perkutan übertragenen Helminthen (s. **Tab. 50.13**). Während die Bilharziose bei europäischen Reisenden häufiger auftritt, sind die perkutan erworbenen Nematodeninfektionen vergleichsweise selten.

Infektionen mit Nematoden

Perkutan erworbene **Hakenwurminfektionen** (z. B. Ancylostoma duodenale) sind in feuchtwarmen Tropenzonen eine wichtige Ursache von Anämien. Eine individuelle Therapie, z. B. mit Mebendazol, hat ohne Verbesserung der sanitären und allgemeinen Lebensbedingungen keinen großen Effekt. Infektionen mit dem **Zwergfadenwurm** (Strongyloidesarten) können wegen ihrer Tendenz zur Endoautoinfektion durch infektionstüchtige Larven zu einem Circulus vitiosus vor allem bei Immunsuppression oder in der Schwangerschaft führen. Die Therapie erfolgt mit Ivermectin oder Albendazol.

Schistosomiasis

Synonym: Bilharziose
engl.: schistosomiasis, bilharziasis

Definition. Parasitischer Befall mit jeglicher Spezies der humanpathogenen Trematodenarten (Saugwürmern) der Gattung Schistosoma (Pärchenleberegel), eine der wichtigsten tropischen Parasitosen, von der weltweit 250 Mio. Menschen befallen sind. Nach der bevorzugten Lokalisation der Adultwürmer in urogenitalen oder mesenterialen Venenkomplexen unterscheidet man eine urogenitale von einer intestinalen Schistosomiasis, vom klinischen Bild darüberhinaus noch eine dermale und eine hepatolienale Schistosomiasis.

Epidemiologie

Die Schistosomiasis ist an tropische Zonen und stehende bzw. langsam fließende Gewässer mit Schneckenhabitat gebunden. Dammbauten, Bewässerungsanlagen, Ausdehnung der Landwirtschaft und Bevölkerungszunahme in diesen Gebieten führen zur ständigen Ausdehnung der Schistosomiasisherde.

In Afrika sowie auf Madagaskar und der arabischen Halbinsel gibt es ausgedehnte Herde von *Schistosoma mansoni* und *Schistosoma haematobium*; *Schistosoma intercalatum* kommt herdförmig in Zentralafrika vor; in Süd- und Mittelamerika gibt es nur *Schistosoma mansoni*, in China und den Philippinen (Leyte, Mindanao) *Schistosoma japonicum*; *Schistosoma mekongi* gibt es in Laos, Kambodscha, Thailand und am Unterlauf des Mekong.

Ätiopathogenese

Beim Menschen kommen drei Gruppen von Schistosomen vor:

- der *Schistosoma-haematobium*-Komplex: Erreger der Blasen-(Urogenital-)Bilharziose
- der *Schistosoma-mansoni*-Komplex: Erreger der Darm- und Leberbilharziose
- die *Schistosoma-japonicum*-Gruppe: Erreger der fernöstlichen Darm- und Leberbilharziose

Zwischenwirte sind verschiedene erregerspezifische **Süßwasserschnecken**, aus denen nach einer Entwicklungsphase infektionstüchtige Gabelschwanzzerkarien ins Wasser gelangen. Wenn diese innerhalb von 36 Stunden in Kontakt mit menschlicher Haut kommen, können sie durch diese in den Menschen eindringen.

Die verschiedenen Entwicklungsstadien und vor allem die unterschiedlich zahlreich abgelegten Eier

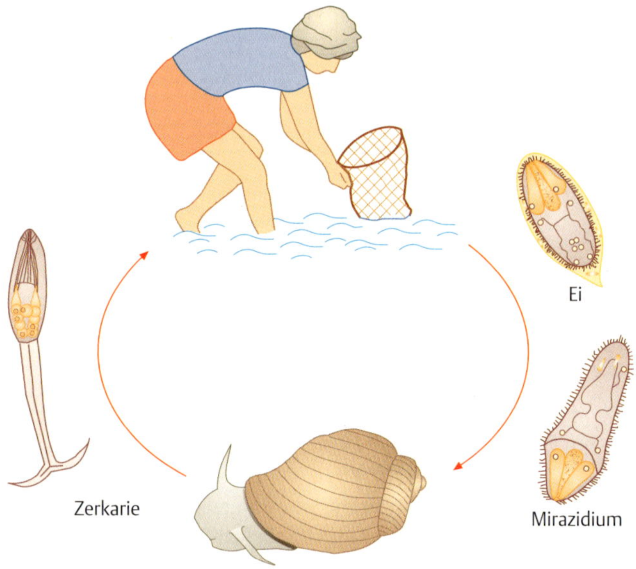

Abb. 50.12 Entwicklungszyklus der Schistosomen. Aus den Schistosomen-Eiern schlüpfen im Wasser Mirazidien, die sich Süßwasserschnecken als Zwischenwirt suchen. Nach ungeschlechtlicher Vermehrung in der Schnecke schlüpfen Zerkarien, die durch die menschliche Haut eindringen können (nach Hof, Dörries).

bestimmen die Pathologie im Endwirt. *Schistosoma japonicum* legt pro Tag und weiblichem Wurm 1 500 – 3 000 Eier ab, *Schistosoma haematobium* 500 – 1 000 und *Schistosoma mansoni* 250 – 500 Eier. Die Durchdringung der Haut durch die Zerkarien kann zu einer vorübergehenden Dermatitis führen. Bei nicht humanpathogenen Arten, z. B. Vogel-Zerkarien, kann diese Reaktion sehr heftig sein. Über Blut- und Lymphbahnen gelangen die Zerkarien über die Lunge, wo sie eine eosinophile Pneumonitis auslösen. Von dort erreichen sie das hepatische Pfortadersystem, wo sie sich ungestört von wesentlichen Wirtsreaktionen zu adulten Würmern (Pärchenleberegel) entwickeln.

Klinik

Frühestens 4 Wochen (30 – 90 Tage) nach der Zerkarieninvasion sind die Adulten geschlechtsreif. Jetzt beginnt das Stadium der Eiablage, das bis zu 10 Jahre bestehen kann und zu einer chronischen Überschwemmung des Wirts mit Eiern führt. Hierbei kommt es zu mehr oder weniger heftigen Allgemeinreaktionen, Fieber, Kopf- und Gliederschmerzen bis hin zu schweren allergischen Reaktionen (Katayama-Syndrom). Die Eier werden je nach Schistosomen-Spezies in den Venolen der Pfortader- und Mesenterialvenen, des Plexus venosus rectalis oder vesicalis abgelegt und wandern durch das Gewebe in Richtung Dickdarm bzw. Harnblase, durch die sie ausgeschieden werden. Auf ihrem Weg kommt es zu charakteristischen Gewebsreaktionen und granulomatösen Veränderungen.

Je nach hauptsächlicher Lokalisation der Gewebsreaktionen kann eine urogenitale, intestinale und hepatolienale Klinik auftreten. Schistosomeneier können jedoch auch andere Organe befallen (insbesondere ZNS, Lunge und Herzmuskel). Die Differenzialdiagnosen sind entsprechend vielfältig (**Tab. 50.19**).

Diagnostik

Die Diagnose wird durch den Nachweis der Eier im Stuhl bzw. im Urin gestellt (Anreicherungsverfahren, d. h. der Urin wird zentrifugiert und das Sediment untersucht). Typisch ist auch eine Eosinophilie. Auch die Serologie ist hilfreich, da sie schon vor dem Einachweis oder auch bei zu geringer Eiausscheidung positiv ist. Die Unterscheidung der Schistosomenart ist mikroskopisch durch die typische Morphologie möglich.

Therapie

Praziquantel ist Mittel der Wahl. Als alternative Präparate kommen Metrifonat oder Oxamniquin infrage.

Prognose und Prophylaxe

Die Prognose ist bei rechtzeitiger Behandlung sehr gut. Die individuelle Prophylaxe beinhaltet die Ex-

Tab. 50.19 Differenzialdiagnose je nach Lokalisation der Schistosomiasis

Parasit/Differenzialdiagnose	Bedeutung	Kommentar
S. haematobium:		eine Hämaturie muss differenzialdiagnostisch eine Schistosomiasis immer mit einschließen
Tumoren	+++	
Urogenitaltuberkulose	++	
S. mansoni:		bei Blut im Stuhl muss immer auch an eine Schistosomiasis gedacht werden
Kolitis anderer Ursachen	++	
S. japonicum:		als importierte Tropenkrankheit ohne Bedeutung
Leberzirrhose	+	
portale Hypertonie	+	

positionsprophylaxe, Vermeidung von auch nur flüchtigem Kontakt mit kontaminiertem Süßwasser, Seen, Bächen, Flüssen, Bewässerungssystemen in den Tropen (inkl. Trinken, Waschen). Wasser ist nach 36 Stunden, Chlorieren, Filtern oder Erhitzen nicht mehr infektiös.

! Bei Tropenreisenden, die beruflich in Endemiegebieten tätig waren, oder bei „Abenteuerreisenden" werden nicht selten Schistosomeninfektionen beobachtet. Ein erhöhter Antikörpertiter ist bei diesen Patienten von großem Wert und rechtfertigt eine Therapie, weil bei relativ schwachem Befall der Einachweis oft nicht gelingt.

50.4.2 Ektoparasitosen der Haut

Ektoparasitosen werden durch Parasiten verursacht, die einige Zeit in der Haut leben und dort einen Teil ihrer Entwicklung durchlaufen. Sie kommen relativ häufig bei Tropenreisenden vor und lassen sich in der Regel gut diagnostizieren und therapieren (=614; hierzu Lehrbücher der Dermatologie). Unterschieden werden folgende Parasitosen:

- *Tungiasis* (Tunga penetrans, Sandfloh)
- *Akariasis* (Skabies, Sarcoptes scabiei, Krätzmilbe)
- *Myiasis* (Larven der Fleischfliegen, Diptera)
- *Larva migrans cutanea* (Ancylostoma brasiliense und Larven anderer Nematoden)

50.5 Kontaktinfektionen

Virale und bakterielle Kontaktinfektionen kommen in den Tropen vor allem unter ungünstigen Hygienebedingungen vor. Eintrittspforte sind in der Regel die Haut oder die Schleimhäute des Respirations- oder Urogenitaltrakts. Hierzu gehören demnach vor allem die sexuell übertragenen Erkrankungen, insbesondere HIV/AIDS (s. S. 1017), aber auch Tuberkulose (s. S. 1003), bakterielle epidemische Meningitis (s. S. 996) und die Chlamydieninfektionen (s. S. 451). Als Tropenkrankheiten im engeren Sinne werden Lepra und die tropischen Treponematosen (Frambösie, endemische nichtvenerische Syphilis und Pinta) bezeichnet. Im Falle von HIV/AIDS und Tuberkulose bestimmen die sozioökonomischen Rahmenbedingungen sowie die diagnostischen, therapeutischen und pflegerischen Möglichkeiten entscheidend die Epidemiologie, den individuellen Krankheitsverlauf und die Präventions- und Kontrollmöglichkeiten.

50.5.1 AIDS in den Tropen

Der Erregernachweis (Labormeldepflicht) ist an das Robert Koch-Institut zu melden.

Das klinische und epidemiologische Bild von AIDS unterscheidet sich in den Tropen zum Teil von den in Industrieländern bekannten Erscheinungsformen. Diese Unterschiede sind auf Armut, Mangelernährung und z. T. fehlende medizinische Versorgung zurückzuführen. Die sozialen und ökonomischen Auswirkungen dieser Epidemie sind in zahlreichen afrikanischen Ländern bereits gravierend. Allerdings wurden in den letzten Jahren durch Prävention und Verbreitung von antiretroviralen Therapien auch in Ländern mit beschränkten Ressourcen deutliche Fortschritte erreicht.

Epidemiologische Besonderheiten. Die wichtigsten Übertragungswege in den Tropen sind die sexuelle

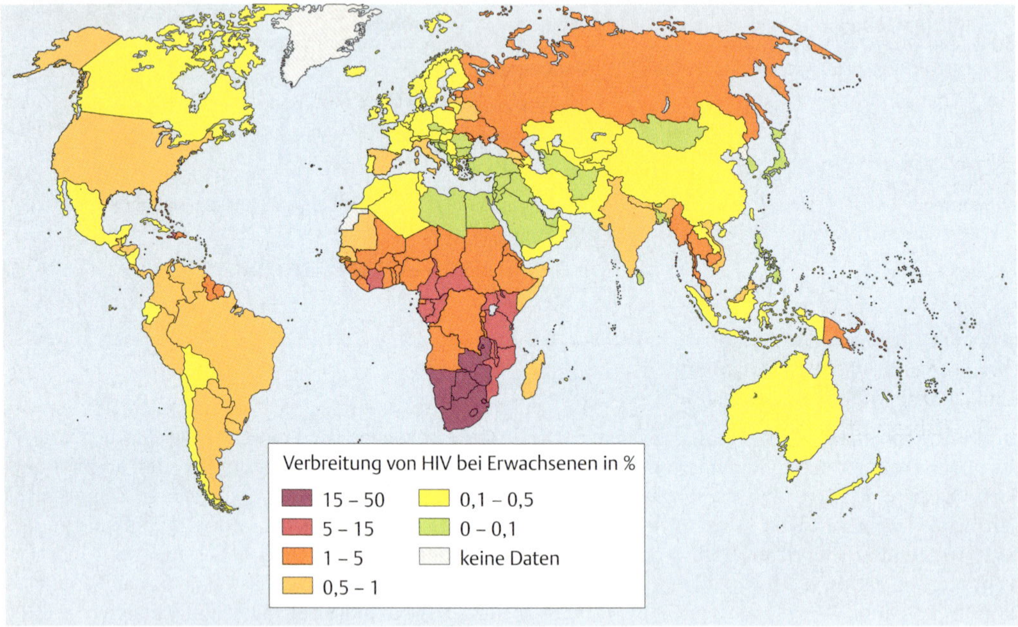

Abb. 50.13 Verbreitung von HIV-Infektionen (nach UNAIDS Global Report 2008).

Übertragung (heterosexuell), infizierte Blutkonserven und die vertikale Übertragung (transplazentar, perinatal und durch Muttermilch). Hauptaltersgruppe sind die 20- bis 40-Jährigen, wobei Frauen und Männer gleichermaßen betroffen sind. Es gibt einen hohen Anteil infizierter Kinder (10 – 20%, zum Vergleich: in Europa nur 4%). Die weltweite Verteilung der Erkrankung ist in **Abb. 50.13** dargestellt.

Klinische Besonderheiten. Das klinische Bild der HIV-Patienten in den Entwicklungsländern wird vor allem durch opportunistische Infektionen geprägt, vor allem durch

- Tuberkulose (oft extrapulmonal)
- orale Kandidose
- Herpes zoster
- Kryptokokkose
- Pneumokokkenpneumonie
- Salmonellosen
- Waisting-Syndrome

Weitere Details sind auf S. 1017 ff. nachzulesen.

Therapie und Kontrolle von AIDS in den Tropen. Die üblichen Standardtherapeutika für nicht opportunistische Infektionen sind in der Regel wirksam (falls vorhanden, s. S. 1021). Zahlreiche Programme zwecks antiretroviraler Therapie sowie zur Prophylaxe einer vertikalen Übertragung von der Mutter zum Kind sind im Gange und werden durch verschiedene Institutionen und Länder finanziert. Die Anzahl an Patienten, die Zugang zu antiretroviralen Medikamenten hat, variiert von Land zu Land stark, nimmt jedoch generell zu.

Präventive Maßnahmen wie Gesundheits- und Sexualerziehung, zur-Verfügung-Stellen von Kondomen etc. sind wirksam, jedoch sehr kosteneffizient. Außerdem ist die Prävention und Therapie von sexuell übertragenen Krankheiten aller Art wichtig, ebenso das Screening von Blutkonserven.

> **!** **Bei geplanter medizinischer oder pflegerischer Tätigkeit (z. B. Famulaturen) in Entwicklungsländern sei daran erinnert, dass Handschuhe oftmals nicht zur Verfügung stehen. Hauptrisiko einer HIV-Infektion ist jedoch auch für in Heilberufen Tätige nach wie vor der ungeschützte Geschlechtsverkehr.**

50.5.2 Tuberkulose in den Tropen

Arztmeldung an das Gesundheitsamt bei Verdacht, Erkrankung oder Tod.
Labormeldung an das Gesundheitsamt bei Nachweis einer akuten Infektion.

90% der Tuberkulosefälle weltweit kommen in den Entwicklungsländern vor. Das Risiko, sich mit *M. tuberculosis* zu infizieren, ist etwa 100-mal höher als in Mitteleuropa. Das gemeinsame Auftreten von Tuberkulose und HIV/AIDS ist häufig.
Klinik, Diagnostik und Therapie werden auf S. 1003 ff. besprochen.

Bei unklaren fieberhaften Erkrankungen bei Tropenbewohnern, aber auch bei Rückkehrern von Tropenaufenthalten unbedingt auch an Tuberkulose denken.

50.5.3 Lepra

Synonym: Aussatz
engl.: leprosy

Labormeldung an das Gesundheitsamt bei Nachweis einer akuten Infektion.

Definition. Chronische, verhältnismäßig wenig kontagiöse Infektionskrankheit der Haut und der peripheren Nerven, die zu Anästhesien, trophischen Veränderungen und Verstümmelungen führt. Auslöser ist das säurefeste Stäbchen *Mycobacterium leprae.*

Epidemiologie. Lepra kann als aussterbende Krankheit bezeichnet werden. Seit Einführung der Mehrfachtherapie 1980 ist die Prävalenz von ca. 10 Mio. auf 220 000 Fälle im Jahr 2006 zurückgegangen. Die höchste Prävalenzrate findet sich 2007 in Brasilien. Weltweit haben nur noch sechs Länder eine Prävalenzrate von > 1:10 000 Einwohner/Jahr. Sporadisch kommt die Lepra auch noch im Mittelmeerraum und in den Südstaaten der USA vor.

Ätiopathogenese. Als Übertragungsweg wird die Tröpfcheninfektion mit infektiösem Nasensekret vermutet. Die Inkubationszeit ist lang und kann sich auf mehrere Jahre belaufen. Das Mykobakterium besiedelt die Makrophagen der Haut und die Schwann-Zellen peripherer Nerven. Wichtig für die Entwicklung der Lepra ist die zelluläre Immunabwehr. Eine hyperergе Immunlage führt zur Entwicklung von Epitheloid-/Riesenzellgranulomen und der Kontrolle der Erreger (tuberkuloide Lepra). Bei anerger Immunlage ist die lokale Entzündungsreaktion nur schwach ausgeprägt und der Erreger kann sich massiv im Gewebe vermehren (lepromatöse Lepra).

Tab. 50.20 Klinik der Lepra

Form	Klinik
tuberkuloide Lepra (paucibacilläre Form): → gutartig, lokal begrenzt	• Haut und periphere Nerven • Papeln und Maculae (Depigmentierungen) • verdickte Nervenstränge • Lähmungen → Muskelatrophien (Daumenballen) • Facies antonina (Mönchsgesicht) mit Fazialisparese und Ptosis • Sensibilitätsstörungen • Superinfektion von Ulzera • z. T. Deformation der Extremitäten • **Spontanheilung in 90% der Fälle**
lepromatöse Lepra (multibacilläre Form) → bösartig, systemisch	• Leprome (knotige Infiltrate) • massiver Befall der Nasenschleimhaut mit Zerstörung der Nase (Kleeblattnase) • Facies leonina (Löwengesicht) mit Infiltrationen im Gesicht plus Keratokonjunktivitis • schwerste Deformationen • **keine Spontanheilung**

L

Tab. 50.21 Differenzialdiagnosen der Lepra

Erkrankung	Bedeutung	Kommentar
Hautmykosen	+++	Juckreiz, kein Sensibilitätsausfall
Pigmentstörungen (z. B. bei Onchozerkose, Pinta)	+++	kein Sensibilitätsausfall
Granuloma anulare	++	kein Sensibilitätsausfall
periphere Neuropathie	+	keine Hautläsionen

Klinik. Das klinische Bild variiert zwischen zwei Fronten: der lepromatösen und der tuberkuloiden Lepra (**Tab. 50.21**). Es kann sich bei veränderter Immunitätslage oder im Therapieverlauf verändern. Patienten suchen erstmals oft wegen Verbrennungen ärztliche Hilfe auf (als Folge mangelnder Schmerzempfindlichkeit).

Diagnostik. Die Diagnose ist schwierig, da der Erreger kulturell nicht anzüchtbar ist. Vor allem bei der lepromatösen Form kann aufgrund der Vielzahl der Erreger der direkte Nachweis von säurefesten Stäbchen aus Gewebssekret (nach Hautinzision), Hautbiopsie oder Nasensekret gelingen. Schwieriger ist der Nachweis bei der tuberkuloiden Form. In Speziallaboren steht eine spezifische PCR zur Verfügung. Mögliche Differenzialdiagnosen zeigt **Tab. 50.21**.

Therapie. „Multi-Drug-Therapy" mit Rifampizin, Chlofazimin und Dapsone nach unterschiedlichen Schemata (je nach bakteriologischem Status).

Prognose. Lepra ist bei frühzeitiger Therapie, also vor Einsetzen der neurologischen und trophischen Schäden, und guter Compliance des Patienten heilbar. Ohne ausreichende Therapie kommt es zu Folgeschäden vor allem durch Sensibilitätsstörungen und Lähmungen.

Prophylaxe. Wichtig ist die frühzeitige Diagnose (Untersuchung der Patientenumgebung) und Therapie.

50.5.4 Tropische Treponematosen

Der Erregernachweis (Labormeldepflicht) ist an das Robert Koch-Institut zu melden.

Neben der weltweit verbreiteten venerischen Treponematose Syphilis (*Treponema pallidum,* s. S. 1012) kommen in den Tropen drei weitere Treponematosen vor, deren Erreger sich morphologisch, immunologisch oder kulturell nicht von dem der Syphilis unterscheiden, jedoch klinisch und epidemiologisch klar voneinander zu trennen sind:

- Frambösie: *Treponema pallidum ssp. pertenue*
- endemische Syphilis: *Treponema pallidum ssp. endemicum*
- Pinta: *Treponema pallidum ssp. carateum*

Es handelt sich um **Kontaktinfektionen**, die in der frühen Kindheit erworben werden. Die Erreger sind an feuchtwarmes Milieu gebunden. So siedeln sie sich entweder in feuchtwarmen Gebieten der Haut oder in trockenen Gebieten der Schleimhäute und angrenzenden Hautpartien an. Gemeinsam ist ihnen, dass sie im primären Stadium unbehandelt sekundäre und tertiäre Läsionen der Haut, Knochen und Knorpel und damit Verstümmelungen verursachen können. Sie sprechen gut auf **Penicillin** an und sind in weiten Teilen der Tropen stark im Rückgang begriffen.
Allgemeine Körperhygiene, Wasser und Seife, Hebung des Lebensstandards und primäre medizinische Versorgung lassen tropische Dermatosen rasch aus einer Bevölkerung verschwinden, bei Zusammenbruch dieser Minima aber auch wieder zurückkehren (z. B. in Flüchtlingslagern).

50.6 Von Nagetieren übertragene hämorrhagische Zooanthroponosen

Arztmeldung an das Gesundheitsamt bei Verdacht, Erkrankung oder Tod.
Labormeldung an das Gesundheitsamt bei Nachweis einer akuten Infektion.

Neben den durch Arthropoden übertragenen Infektionen (s. S. 1026) gibt es eine Reihe von Virusinfektionen bei Nagetieren, die mittelbar durch Körpersekrete auf den Menschen und dann nosokomial von Mensch zu Mensch (meist bei der Krankenpflege oder bei Totenzeremonien) übertragen werden können. Die Durchseuchung kann herdförmig relativ hoch, die Erkrankungsrate und Letalität beim Menschen, in Abhängigkeit vom Infektionsmodus, gering oder sehr hoch sein. Die bekanntesten, durch Nagetiere übertragenen Virusinfektionen sind das **Lassa-Fieber** in Westafrika, das **Ebola-Fieber** im Südsudan, Nordzaire, Uganda und Kenia, das **Junin-Fieber** und das **Machupo-Fieber** in Südamerika sowie das **Hanta-Fieber** in Korea und China, das sich auch weiter westwärts bis nach Europa ausgebreitet hat.

50.7 Aviäre Influenza

engl.: avian flu
Synonym: Vogelgrippe

Labormeldung an das Gesundheitsamt bei Nachweis einer akuten Infektion.

Definition. Erkrankung, die primär Geflügel und nur in Ausnahmefällen Menschen befällt und durch Influenza-A-Viren der Subtypen H5 und H7 verursacht werden. Das Reservoir dieser Erreger stellen vermutlich Wildvögel (insbesondere Wasservögel) dar, deren Infektion in der Regel asymptomatisch verläuft.

Epidemiologie. Zwischen 1959 und 2003 sind 21 Ausbrüche bei Geflügel bekannt geworden. Eine schwere Erkrankung beim Menschen wurde erstmals 1997 in Hongkong beobachtet. Seitdem wurden 6 Situationen bekannt, in denen **hochpathogene aviäre Influenzaviren (HPAI)** auf Menschen übertragen wurden. Im Frühjahr 2003 trat ein großer Ausbruch mit H7 bei Geflügel in über 1000 Geflügelbetrieben in den Niederlanden auf. Dabei kam es bei über 300 Personen, die zumeist engen Kontakt zu erkrankten Tieren hatten, zu einer grippeähnlichen Erkrankung und/oder Konjunktivitis.
Mitte Dezember 2003 begann ein Ausbruch von aviärer Influenza, der Geflügel in 8 asiatischen Ländern betraf und in dessen Verlauf bis Mitte März 2004 in Vietnam und Thailand insgesamt 34 Menschen erkrankten. Bis Mitte 2008 hat sich die Krankheit weiter ausgebreitet, und menschliche Erkrankungen sind in Vietnam, Indonesion, Laos, Bangladesh, Kambodscha, China, Burma, Djibuti, Ägypten, Nigeria, Irak, Pakistan und der Türkei aufgetreten. Insgesamt erkrankten bisher 385 Menschen, 243 sind verstorben.
Im Geflügel hat sich H5N1 als Pandemie etabliert und kommt neben Asien auch in Europa und Afrika vor.

Ätiopathogenese. HPAI werden von infiziertem Geflügel respiratorisch und über Schmierinfektion auf den Menschen übertragen. Diese Infektionen verlaufen vermutlich beim Menschen zumeist asymptomatisch. Übertragungen von Influenza Typ A, Subtyp H5N1 von Mensch zu Mensch sind bislang noch nicht nachgewiesen worden.

Klinik. Das klinische Bild beginnt ähnlich wie bei anderen Influenza-Subtypen mit grippeähnlichen Beschwerden, die jedoch zur Pneumonie fortschreiten können. Als weitere Komplikation kann ein Multiorganversagen auftreten.

Diagnostik. Rachenabstriche und Untersuchung mittels Influenza-A-Schnelltest unter adäquaten Schutzmaßnahmen und ggf. weiterführende Diagnostik in einem nationalen Referenzlabor (http://www.rki.de).

Therapie. Neben der symptomatischen Therapie kann der Einsatz von Oseltamivir und Zanamivir versucht werden. Behandlungsdauer, Dosierung und allfällige Kombinationen sind noch Gegenstand der Forschung. Bei bakteriellen Begleitinfektionen ist eine antibiotische Therapie indiziert.

Prophylaxe. Mehrere Impfstoffe für Menschen gegen Influenza A sind entwickelt worden. Die herkömmliche Influenzaimpfung kann das Risiko einer Neukombination herkömmlicher Influenzaviren mit den aviären Influenzaviren reduzieren, weshalb eine Influenzaimpfung für Personen empfohlen wird, die sich in Regionen aufhalten, die von aviärer Influenza betroffen sind.
Bei Kontakt mit Patienten, die in Verdacht stehen an aviärer Influenza erkrankt zu sein, sind Maßnahmen zur Vermeidung aerogener Übertragung empfohlen.

Prognose. Von 385 Menschen, die bis Mitte 2008 durch Influenza-A-H5N1 erkrankten, verstarben 243.

50.8 Tollwut

Tollwut spielt in einer Reihe von Tropenländern eine große Rolle. Daher sollte gegebenenfalls eine Impfung nach entsprechender Beratung erfolgen. Weitere ausführliche Informationen sind im Kapitel „Infektionskrankheiten“ auf S. 1001 zusammengefasst.

50.9 Tropische Gifttiere

Vergiftungen durch Schlangen, Spinnen und Skorpione

Das Risiko für Reisende, in den Tropen von Giftschlangen gebissen zu werden, ist gering. Zudem wird bei nur ca. 50 % der Bisse Gift injiziert. Vergiftungen durch Spinnen (Biss) oder Skorpione (Stich) sind dagegen häufiger, da diese sich auch in menschlichen Behausungen aufhalten. Insgesamt variiert die Klinik je nach Art und Menge des aufgenommenen Giftes erheblich.

Fischvergiftungen

Vergiftungen durch den Verzehr von kontaminierten Fischen wie Barracuda oder Red Snapper treten in der Regel innerhalb weniger Stunden akut mit den typischen Symptomen einer Lebensmittelvergiftung sowie nachfolgenden oder gleichzeitigen neurologischen, kardialen oder vaskulären Erscheinungen auf. Eine spezifische antitoxische Therapie gibt es nicht. Einzige Prophylaxe ist die Vermeidung von Fischgerichten in Endemiegebieten, vor allem in der Karibik und am Pazifik. Das häufigste Gift ist **Ciguateca**, das aus einer in den Tropen verbreiteten Planktonart, dem Dinoflagellat Gambierdiscus toxicus, stammt.

Weiterführende Informationen

http://www.rki.de
http://www.dtg.mwn.de

Immunologie

51 Immunologie internistischer Erkrankungen

Joachim Kalden, Gerhard Eger

51.1 Einleitung

Das immunologische System ist direkt und indirekt an einer Vielzahl von Krankheitsprozessen beteiligt. Teile des Systems sind aber ebenso im Einsatz, wenn es darum geht, Krankheiten zu verhindern oder unmittelbar in ihrer Entstehung zu unterdrücken. Dies gilt nicht nur bei der **Immunabwehr** infektiöser Organismen, die oft ohne unser Wissen lautlos beseitigt werden, sondern auch bei der Korrektur ständig anfallender maligner Veränderungen. Umgekehrt ist auch die **immunologische Toleranz** ein aktiver Vorgang. Ihre korrekte Funktion gegenüber körpereigenen und körperfremden Strukturen (Darmflora, Nahrungsmittel, Schwangerschaft) dient wie die Immunabwehr dem Erhalt der stofflichen Integrität des menschlichen Körpers bzw. ist überhaupt notwendig zum Erhalt der menschlichen Art. Das immunologische System muss also zwischen

- „selbst" und „fremd" sowie weiter zwischen
- „fremd-harmlos" und „fremd-gefährlich" unterscheiden können.

Fehlleistungen lösen Erkrankungen aus, die entweder als Folge eines Mangels oder einer Überreaktion einzelner Komponenten der Immunabwehr aufzufassen sind, oder durch unkontrollierte Proliferation von Immunzellen zustande kommen. Aus pathophysiologischer Sicht unterscheidet man demnach vier wesentliche Gruppen immunologischer Erkrankungen:

- **Immundefizienz,**
- **Hyperreaktivität,**
- **Autoaggressivität** und
- **maligne Immunproliferation.**

In den folgenden Kapiteln werden Aufbau und Organisation der menschlichen Immunabwehr dargestellt und versucht, mithilfe der bekannten pathophysiologischen Zusammenhänge Diagnostik und Therapie der verschiedenen Immunkrankheiten systematisch zu verstehen und anzuwenden.

51.2 Aufbau und Organisation der Immunabwehr

51.2.1 Allgemeine Grundlagen

Das immunologische System ist als kooperatives Netzwerk angelegt (**Abb. 51.1**) und besteht aus einem antigenselektiven Teil, der erst bei Wirbeltieren zur Verfügung steht und aus Abwehrprinzipien, die in der Evolution schon frühzeitig verfügbar waren und heute unter dem Begriff der angeborenen Immunabwehr summiert werden. Der wesentliche Unterschied zwischen antigenselektiver und angeborener Immunabwehr ist die unterschiedliche Art der Erkennung pathogener Mikroorganismen.

Angeborene Immunabwehr

Synonym: innate Immunabwehr (Immunsystem)

Antigenerkennung mithilfe **keimbahnkodierter Rezeptoren**, die lediglich molekulare Grundmuster pathogener Organismen erkennen (Pathogen Associated Molecular Patterns = PAMP, z. B. LPS, Peptidoglykane, Doppelstrang-RNA). Diese Mustererkennungsrezeptoren (Pattern Recognition Receptors = **PRR**, z. B. LPS-Rezeptor, CRP, Komplement) binden molekulare Strukturen, die essenzielle Bedeutung bei den jeweiligen Krankheitserregern haben, so dass eine Selektion resistenter Keime erst gar nicht möglich wird. Die Bindung von PAMP an PRR enthält dabei die wichtige Information „fremd-gefährlich", sodass Abwehrmaßnahmen aktiviert werden, die schließlich auch die antigenselektive Immunabwehr einbeziehen.

Antigenselektive Immunabwehr

Synonym: adaptive Immunabwehr (Immunsystem)

Antigenerkennung mithilfe von Antigenrezeptoren des lymphatischen Systems **(T- und B-Zell-Rezeptor)**, die erst im Laufe der Individualentwicklung durch **somatisches Genrearrangement** gebildet werden. So repräsentiert jeder Lymphozyt eine eigene Antigenspezifität. Bei Antigenkontakt im Rahmen einer Infektion oder einer Impfung werden die jeweils benötigten Zellklone selektiv stimuliert und expan-

Angeborenes Immunsystem

humorale Elemente:
- **Zytokine und Lymphokine:** IL1, IL6, TNFα, IL8, IFNα etc.
- **Komplementfaktoren**
- **Entzündungsmediatoren:** Amine, Anaphylatoxine, Eicosanoide
- **sonstige Faktoren:** Akutphaseproteine, antibiotische Proteine, CRP, Chemotaxine

zelluläre Elemente:
- **Phagozyten**
  - **sessil:** Makrophagen (in Milz, Leber, Niere, Peritoneum, Lunge, Pleura, Synovia), Mikroglia (im ZNS), Osteoklasten
  - **mobil:** neutrophile Granulozyten, Monozyten, dentritische Zellen, Langerhans-Zellen
- **antigen-präsentierende Zellen (APZ):** professionelle APZ und induzierte APZ (Monozyten und dendritische Zellen sowie Langerhans-Zellen)
- **inflammatorische Zellen**
  - **sessil:** Mastzellen, Endothelzellen
  - **mobil:** basophile Granulozyten, eosinophile Granulozyten, Thrombozyten
- **Killerzellen**: NK-Zellen, Granulozyten

↓ ↓ ↓ ↓ ↓

Typ 1: Soforttypreaktion
(IgE, Mastzellen/basophile Granulozyten, Entzündungsmediatoren, Chemotaxine, weitere inflammatorische Zellen)

Typ 2: zytotoxische Reaktion
(Lyse: IgG/IgM, Komplement, Immunphagozytose: IgG/IgM, Phagozyten, ADCC-Reaktion: IgG/IgM, Killerzellen)

Typ 3: Immunkomplexreaktion
(IgG/IgM, Komplement, Phagozyten, inflammatorische Zellen)

Typ 4: zelluläre Reaktion
(DTH-Reaktion: APZ, DTH-Lymphozyten, Lymphokine, inflammatorische Zellen, Phagozyten, zytotoxische Reaktion: CTL, Lymphotoxin, Perforine)

nicht definierte Immunreaktionen
(eosinophile Gewebsreaktion, Granulomreaktion, GVH-Reaktion, Transplantatabstoßung)

↑ ↑ ↑ ↑ ↑

Erworbenes Immunsystem

humorale Elemente:
- **Immunoglobuline:** IgA, (IgD), IgE, IgG, IgM
- **Entzündungsmediatoren:** Lymphotoxin, Eicosanoide
- **sonstige Faktoren:** Chemotaxine, Perforine

zelluläre Elemente:
- **antigenspezifische T-Lymphozyten:**
  - **immunregulierende T-Zellen:** Helferzellen, Suppressorzellen, regulatorische T-Zellen
  - **Effektor-T-Zellen:** DTH-Lymphozyten, zytotoxische T-Lymphozyten (CTL), antigenspezifische Killerzellen
  - **T-Gedächtniszellen**
- **B-Lymphozyten:** Plasmazellen, B-Gedächtniszellen

Abb. 51.1 Kooperation im immunologischen Netzwerk. Immunologische Reaktionsformen nach Gell und Coombs, Kooperation angeborener und antigenselektiver Immunabwehr innerhalb des Netzwerks.

diert und sichern bei erneutem Kontakt eine effektivere Erregerabwehr. Demnach gewährleisten die Komponenten der angeborenen Immunabwehr zwar schon für sich allein einen Schutz gegenüber Infektionserkrankungen, wie viele Beispiele aus dem Tier- und Pflanzenreich verdeutlichen. Die Überlegenheit der antigenselektiven Immunabwehr, wie sie sich in Wirbeltieren entwickelt hat, besteht jedoch in der Gedächtnisfunktion, die vor allem den langlebigen Organismen entscheidende Überlebensvorteile sichert. In bestimmten Fällen kann das immunologische Gedächtnis schon nach einem einmaligen Erregerkontakt einen lebenslang anhaltenden Schutz aufbauen.

Das innate und adaptive Immunsystem sind nicht als in sich geschlossene Kompartimente zu betrachten: für die Entwicklung einer physiologischen wie pathophysiologischen Immunantwort ist eine enge Interaktion zwischen Komponenten beider Systeme notwendig. So geschieht eine Antigen-Präsentation in der Regel durch Makrophagen und dendritische Zellen an T-Zellen, Zytokine des innaten Immunsystems sind mit der Entwicklung pathologischer wie physiologischer Mechanismen des Gesamtimmunsystems beteiligt. Zusätzlich hat man in letzter Zeit gelernt, dass bestimmte Moleküle des innaten Immunsystems, z. B. Toll-like-Rezeptoren und hier besonders der Toll-like Rezeptor 9, Zielstrukturen für die Immunintervention bei Autoimmunerkrankungen darstellen (v. a. beim systemischen Lupus erythematodes, vgl. S. 1124).

51.2.2 Lymphorgane

Zu den wichtigsten Aufgaben der Lymphorgane gehören:

- die Reproduktion und Differenzierung (Reifung) der Immunzellen,
- die Expansion antigenspezifischer Zellen und die Induktion von Toleranz gegenüber körpereigenen Strukturen (Prägung der Immunabwehr bzw. Festlegung des immunologischen Repertoirs) und
- der Informationsaustausch zwischen zirkulierenden und sessilen Zellen der Immunabwehr.

Man unterscheidet:

primäre Lymphorgane, in denen **T**- (**T**hymus) und **B**-Lymphozyten (Knochenmark, engl.: **B**one Marrow, ältere Literatur: **B**ursa fabricii für das B-Zell-Reifungsorgan, das man bei Vögeln identifiziert hat) zu immunkompetenten (= antigenerkennenden) Zellen heranreifen, und

sekundäre Lymphorgane (Reaktionsorgane bzw. Wachstationen des Immunsystems), die vorzugsweise an Erregereintrittspforten lokalisiert sind. Dazu zählen Lymphozytenansammlungen in Haut und Schleimhäuten, Lymphfollikel in Ileum und Appendix vermiformis (Peyer-Plaques), Lymphknoten und Tonsillen. Reife T- und B-Lymphozyten besiedeln die sekundären Lymphorgane, vermehren sich dort und setzen bei Antigenkontakt spezifische Immunreaktionen in Gang.

51.2.3 Komponenten der innaten (angeborenen) Immunabwehr

Zelluläre Komponenten

Makrophagen. „Fresszellen" (Monozyten) kommen als mobile und sessile Zellen (Makrophagen) im Blutkreislauf und fast allen Geweben vor. Bereits aufgrund einfacher Erkennungsmerkmale (PAMP, s. S. 1062) können sie körperfremdes Material erkennen, nehmen es auf und bauen es intrazellulär ab. Die quantitative Verstärkung der Phagozytoseleistung durch humorale Faktoren (CRP, Collectine, Komplement, Antikörper) wird als Opsonisierung bezeichnet. Diese Faktoren binden das körperfremde Material und werden dann von den Phagozyten aufgenommen, die hierzu spezielle Rezeptoren auf ihrer Zelloberfläche tragen (z. B. Fc-Rezeptoren für Antikörper, Komplementrezeptoren usw.). Die Gesamtheit aller phagozytierenden Zellen nennt man Monozyten-Makrophagen-System (MMS, früher RHS = retikulohistiozytäres System). Quantitative und qualitative Störungen der Phagozyten verursachen eine Abwehrschwäche gegenüber gewöhnlich apathogenen Bakterien (s. S. 1079).

Inflammatorische Zellen. Hierzu zählen Mastzellen, neutrophile, basophile und eosinophile Granulozyten, Endothelzellen und Thrombozyten. Sie werden in die efferente Phase spezifischer und immununspezifischer Reaktionen eingebunden und dienen dabei als eine Verstärkung chronisch-entzündlicher Immunreaktionen im Sinne von Abwehrmechanismen, aber auch bei autoreaktiven (s. S. 1093) und allergischen Vorgängen (s. S. 1082).

Dendritische Zellen (DC). Professionelle, antigenpräsentierende Zellen (APC) sind darauf spezialisiert, Antigene – auch Autoantigene – aufzunehmen, zu prozessieren, an T-Zellen zu präsentieren und damit eine adaptive Immunantwort zu initiieren. Dendritische Zellen spielen auch eine Rolle bei der Induktion einer Immuntoleranz sowie bei der Generierung und Expansion von regulatorischen T-Zellen. Es werden follikulär-dendritische Zellen in den Keimzentren der Lymphknoten von myelodendritischen Zellen und plasmozytoiden dendritische Zellen unterschieden. Plasmozytoide dendritische Zellen scheinen über die Produktion von Interferon α im Anschluss an eine Virusinfektion eine zentrale Rolle in der Pathogenese des systemischen Lupus erythematodes zu spielen. Derzeit gibt es außerdem

Versuche, die Zellvakzinierung mit dendritischen Zellen in die Therapie von Tumoren zu integrieren.

Natürliche Killerzellen. NK-Zellen sind granuläre zytotoxische T-Lymphozyten. Sie werden der angeborenen Immunabwehr zugeordnet. Noch weitgehend unbekannt sind die Erkennungsmechanismen zum Aufspüren von Tumorzellen bzw. virusinfizierten Zellen, die das primäre Ziel der NK-Zellen darstellen. Killerinhibitorische Rezeptoren (KIR) der NK-Zellen binden an polymorphe Domänen von MHC-Klasse-I-Molekülen (s. S. 1071) und hemmen dabei die zytotoxische Aktivität. Veränderte oder fehlende MHC-I-Motive führen hingegen zur Lyse durch NK-Zellen. Deren zytotoxische Effizienz wird durch Zytokine (IFN-γ, IL-2) aus gleichzeitig aktivierten T-Lymphozyten der antigenselektiven Immunabwehr potenziert. Versuche, NK-Zellen in die Therapie von Tumorerkrankungen einzuführen, haben bislang nicht den gewünschten Erfolg gezeigt. Derzeit gibt es Therapiestudien mit gegen NK-Zellen gerichteten Therapieprinzipien in der Therapie rheumatischer Krankheitsbilder.

Humorale Komponenten

Zytokine und Chemokine

Zytokine und Chemokine sind die **Signalproteine** aller Zellen der innaten wie auch adaptiven Immunabwehr. Sie wirken auto- und parakrin und sind deshalb unter physiologischen Bedingungen im Serum nur in sehr geringer Konzentrationen nachzuweisen. Derzeit sind 33 Interleukine charakterisiert. Für adaptive wie innate Immunmechanismen sind besonders der Tumornekrosefaktor alpha (TNF-α), Interleukin-1 und -6, Interleukin-12, -22 und -23 von Bedeutung. Interleukine wie auch deren Rezeptoren sind in den letzten Jahren als Zielmoleküle für eine gerichtete Immunintervention bei Autoimmunerkrankungen sowie bei autoinflammatorischen Krankheitsbildern definiert worden.

Ebenso wie die Zytokine spielen Chemokine bei normalen wie bei pathophysiologischen Immunreaktionen eine Rolle. Zytokine und Zytokin-Rezeptoren sind vor allem in die Zellmigration unterschiedlicher Zellen unseres Abwehrsystems mit involviert. Interferone werden in Typ-I- und Typ-II-Interferone unterteilt. Zu den Typ-I-Interferonen zählt Interferon alpha und Interferon beta. Diese Interferone sind säurelabil und virusinduziert. Typ-II-Interferone beinhalten Interfon-γ. Interferon-γ spielt in der T-Zell-Entwicklung sowie in der T-Zell-Funktion bei physiologischen und pathophysiologischen Mechanismen eine Rolle.

Bei den Typ I-Interferonen scheint Interferon-α, das von plasmazytoiden dendritischen Zellen sezerniert wird, in **die** Pathogenese des systemischen Lupus erythematodes involviert zu sein. Interferon-α wird zusätzlich als Therapeutikum bei Hepatitis C, Hepatitis B, kutanen T-Zell-Lymphomen und H-Zell-Leukämie angewandt. Interferon-β ist ein wichtiger Bestandteil der Medikation der multiplen Sklerose.

Komplementsystem

Der Begriff Komplementsystem ist eine Sammelbezeichnung für mehr als 25 Proteine (u. a. C 1 – 9), die im Serum und auf Zelloberflächen vorkommen und in einer kaskadenartigen Reaktion zur Lyse fremder Zellen, zur Opsonisierung und zur Aktivierung von Phagozyten, Lymphozyten, Mastzellen und anderen inflammatorischen Zellen führen können. Das Komplementsystem kann auf verschiedenen Wegen aktiviert werden:

- Beim klassischen (zuerst entdeckten) Reaktionsweg wird die Reaktionskette durch Antigen-Antikörper-Komplexe des IgG- oder IgM-Isotyps ausgelöst (Beginn mit Aktivierung von C1q).
- Auf den (später entdeckten) alternativen Reaktionswegen wird die Kaskade entweder durch Lektine (Lektinweg), durch andere Antigene oder auch durch Antigen-Antikörper-Komplexe des IgA- und IgE-Isotyps aktiviert (Beginn mit Aktivierung von C 3).

Darüber hinaus sind proteolytische Enzyme aus inflammatorischen Zellen in der Lage, Spaltprodukte des Komplementsystems (Anaphylatoxine) freizusetzen. Sie haben u. a. Bedeutung bei der Entwicklung höhergradiger anaphylaktischer Reaktionen (s. S. 1084, **Tab. 51.5**).

Der **hereditäre Mangel** bestimmter Komplementfaktoren ist mit Abwehrstörungen gegenüber bakteriellen Erregern verbunden, es besteht zusätzlich eine Assoziation mit Autoimmunopathien, wie dem SLE oder allergieähnlichen Krankheitsbilder.

51.2.4 Komponenten der adaptiven Immunabwehr

An der antigenselektiven Immunabwehr wirken zelluläre und humorale Mechanismen mit, wobei nahezu jede spezifische immunologische Reaktion Elemente der angeborenen Immunabwehr einbezieht

Tab. 51.1 Einteilung und Klinik der Immundefekterkrankungen

Defektart	Erkrankung	Klinik
Antikörpermangel	• X-chromosomale infantile Hypogammaglobulinämie • transitorische infantile Hypogammaglobulinämie • selektiver IgA-Mangel • selektiver IgM-Mangel • selektiver IgG-Subklassen-Mangel • Hyper-IgM-Syndrom • Common Variable Immune Deficiency (CVID) • Polysaccharid-Antikörper-Defekt	rezidivierende bakterielle Infektionen, septische und sterile Arthritis, Diarrhö (infektiös/noninfektiös), Autoimmunopathie, Allergieneigung, Malignomrisiko
T-Zell-Defekt	• chronisch mukokutane Kandidiasis • Acrodermatitis enteropathica • idiopathische CD 4-Lymphopenie	virale und bakterielle (intrazelluläre Erreger) Infektionen, mykotische und parasitäre Infektionen, opportunistische Erreger, Malignomrisiko
kombinierte Defekte	• T^-B^+-SCID (X-chromosomal) • T^-B^--SCID-Syndrome (autosomal) • MHC-Expressionsdefekte • Nezelof-Syndrom	virale, bakterielle, mykotische und parasitäre Infektionen, opportunistische Erreger, Wachstums-, Gedeihstörungen, Malignomrisiko
Syndrome mit Immundefekt	• DiGeorge-Syndrom • Wiskott-Aldrich-Syndrom (WAS) • retikuläre Dysgenesie • Ataxia teleangiectatica (Louis-Barr-Syndrom) • X-chrom.-lymphoproliferatives Syndrom • hämophagozytäre Lymphohistiozytose (HLH)	virale, bakterielle, mykotische und parasitäre Infektionen, Leukämie- und Lymphomrisiko, Überlebenschance ohne Transplantation: Monate bei retikulärer Dysgenesie, wenige Jahre bei DiGeorge-Syndrom und WAS familiäre Form ist lebensbedrohend. Therapie Stammzelltransplantation
zelluläre Defekte der angeborenen Immunabwehr	• Leukozyten-Adhäsionsdefekte (Typ 1 und 2) • septische Granulomatose • Chediak-Higashi-Syndrom • Hyper-IgE-Syndrom • Myeloperoxidasedefekt • NK-Zell-Defekt	rezidivierende bakterielle Infekte (häufig apathogene Spezies), Wundheilungsstörungen, Abszesse
Komplementdefekte	• C 1, C 2, C 4 (klassische Aktivierung)	rezidivierende bakterielle Infekte, autoreaktive Störungen
	• C 3 (alternative Aktivierung)	rezidivierende bakterielle Infekte und Glomerulonephritis
	• C 5, C 6, C 7, C 8 (Membranlysekomplex)	fulminante Neisserieninfektionen
	• C 1-Inhibitor, Faktor I, Carboxypeptidase B (Komplementinhibitoren)	allergieartige Krankheitsbilder (z. B. Urtikaria)

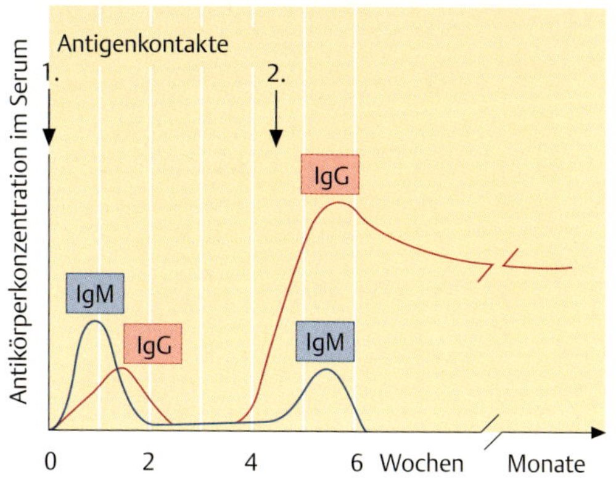

Abb. 51.2 Humorale Immunantwort. Immunglobulinklassen bei primärer und sekundärer Immunantwort.

(s. S. 1064). **Humorale Reaktionen** dienen der Abwehr bzw. Neutralisation von extrazellulär lokalisierten Antigenen, vor allem von extrazellulär proliferierenden Bakterien und von Toxinen und Viren, bevor sie in Zielzellen eindringen können. **Zelluläre Immunreaktionen** sind wichtig zur Abwehr vorwiegend intrazellulär lokalisierter Erreger wie Viren, Pilze, Protozoen und intrazellulär proliferierende Bakterien (z. B. Listerien, Mykobakterien).

Die antigenselektive Immunabwehr verfügt über eine spezifische Gedächtnisleistung, die gegenüber manchen Erregern schon nach einmaligem Kontakt lebenslangen Schutz verleiht. Sie wird besonders anschaulich, wenn man die primäre und sekundäre humorale Immunantwort vergleicht (**Abb. 51.2**). Bei erstmaligem Kontakt mit einem fremden Antigen bilden die B-Lymphozyten nach einer Sensibilisierungsphase von 8 – 10 Tagen spezifische IgM-Antikörper (Primärantwort). Während dieser Zeit werden auch antigenspezifische T-Helfer-Zellen sensibilisiert. Sie unterstützen (verstärken) die B-zelluläre Immunantwort und verändern sie qualitativ (Isotyp-Switch von IgM- auf IgG-Produktion), wenn das Antigen persistiert oder zu einem späteren Zeitpunkt (Wochen bis Jahre) erneut in den Organismus eindringt. Bedingt durch die Gedächtnisleistung der T-Lymphozyten ist die Latenz der sekundären humoralen Immunantwort deutlich kürzer (3 – 7 Tage).

Zelluläre Komponenten

Die Zellen der antigenselektiven Immunabwehr sind die T- und B-Lymphozyten. Wie alle anderen Zellen des hämopoetischen Systems entstammen sie der pluripotenten Knochenmarkstammzelle und gehören entwicklungsgeschichtlich zum **Mesoderm**. Ein angeborener Stammzelldefekt, der als retikuläre Dysgenesie bezeichnet wird, ist die schwerste bekannte Form eines primären Immundefekts mit Fehlen von Lymphozyten und Granulozyten. Die Situation ist mit dem Leben nicht vereinbar und erfordert die umgehende Transplantation hämopoetischer Stammzellen (s. S. 941).

Der reife Organismus des Erwachsenen verfügt über etwa 10^{12} Lymphozyten (= ca. 1 kg Zellmasse), die sich vorwiegend in den Lymphbahnen und Lymphorganen (s. S. 1064) aufhalten. Nur etwa 2 % aller Lymphozyten befinden sich im Blut. Davon sind etwa 75 % T-Lymphozyten und 15 % B-Lymphozyten.

B-Lymphozyten

B-Lymphozyten sind als Vorläufer der antikörpersezernierenden Plasmazellen die **Träger der spezifischen humoralen Immunität**. Aufgabe der B-Lymphozyten ist die Erkennung extrazellulär lokalisierter Antigene und die daran anschließende Produktion und Sekretion spezifischer Antikörper (s. S. 1072). Jede immunkompetente B-Zelle produziert Antikörperkopien einer definierten Spezifität, die bereits bei der Reifung durch genetische Rekombination der Immunglobulin-Keimbahngene festgelegt wird. Zur Antigenerkennung dient der B-Zell-Rezeptor (BZR, *engl.*: surface immunoglobulin = sIg), ein in der Zellmembran verankerter Antikörperisotyp, der mit signalübermittelnden Proteinen (Igα- und -β-Ketten, CD 19, CD 20, CD 21) in unmittelbarer Verbindung steht.

B-Lymphozyten sind nicht nur die Produktionsstätte der fünf unterschiedlichen Immunglobulin-Klassen und damit zentral für eine spezifische humoral-vermittelte Immunabwehr, sondern sie können durch die Produktion von Autoantikörpern, durch die Antigen-Präsentation an T-Zellen, durch einen regulatorischen Einfluss auf T-Zellen sowie letztendlich durch die Produktion proinflammatorischer Zytokine wie Interleukin-6 in die Entwicklung immunpathophysiologischer Mechanismen involviert sein.

Für die Therapie Autoantikörper-vermittelter Erkrankungen ist ein vor Kurzem entwickeltes Konzept, das kurzlebige von langlebigen Plasmazellen unterscheidet, von Bedeutung. So konnte gezeigt

M

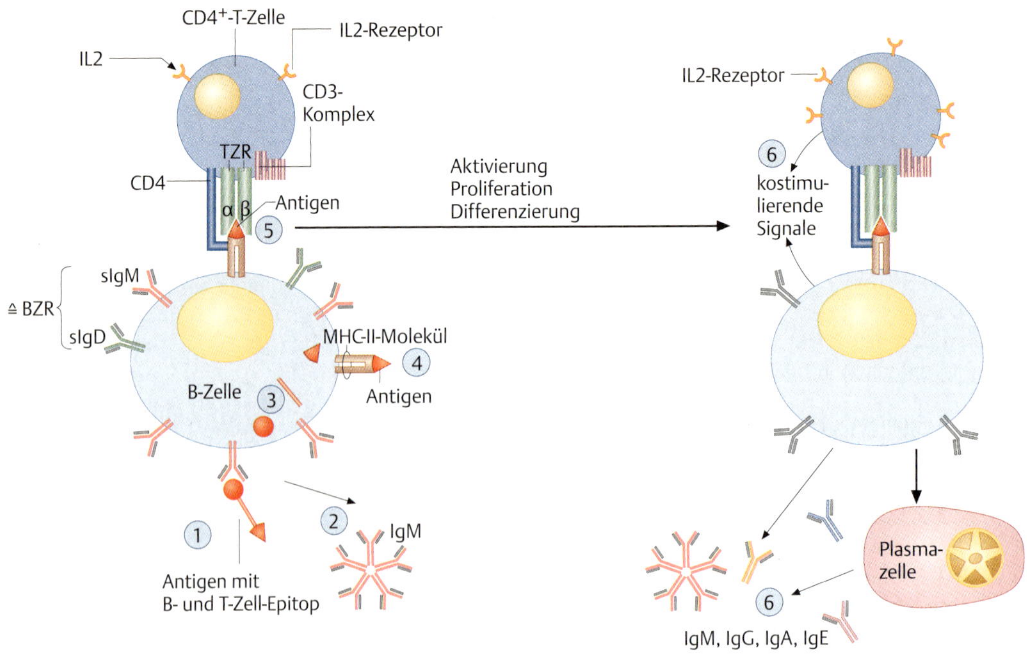

Abb. 51.3 Immunantwort auf extrazelluläre Antigene. Antigenerkennung, primäre und sekundäre humorale Immunantwort. Die Zahlen beziehen sich auf die Beschreibung im Text.

werden, dass langlebige Plasmazellen, die sich in Nischen im Knochenmark aufhalten, nicht durch die gängigen immunsuppressiv wirkenden Medikamente ausgeschaltet werden können, was den relapsierenden Charakter von Autoimmunerkrankungen erklärt. Neue Medikamente und neue Therapieprinzipien, wie z. B. eine spezifisch konditionierte autologe Stammzelltransplantation, werden derzeit entwickelt, um langlebige Plasmazellen auszuschalten und damit lang anhaltende Remissionen bei Patienten mit Autoimmunerkrankungen zu erzielen.

Antigenerkennung durch B-Lymphozyten. Wenn ein extrazelluläres Antigen mit dem passenden B-Zell-Epitop (= molekulare Struktur, die mit BZR bzw. Antikörpern reagiert) an den BZR bindet, wird die B-Zelle aktiviert (**Abb. 51.3** ①). Sie beginnt mit der Produktion und Sekretion löslicher IgM-Antikörper ②. Gleichzeitig wird das gebundene Antigen in die Zelle aufgenommen und dort „analysiert" (Antigenprozessierung, ③, s. S. 1070). Handelt es sich um ein Proteinantigen, werden T-Lymphozyten in die Immunantwort einbezogen, indem die B-Zelle Peptidfragmente des aufgenommenen Antigens mittels MHC-Klasse-II-Molekülen (s. S. 1071) auf ihrer Zelloberfläche reexponiert (Antigenpräsentation, ④). Die Antigenbruchstücke werden von spezifischen T-Zellen erkannt, die dabei in unmittelbaren Kontakt mit der B-Zelle kommen ⑤. Je nach Prägung der spezifischen T-Lymphozyten stimulieren oder hemmen sie die Antikörperproduktion.

Von besonderer Bedeutung ist die T-zellulär induzierte „Umschaltung" der IgM-Produktion auf andere Isotypen (IgG, IgA, IgE) gleicher Spezifität (Isotyp-Switch, ⑥), wodurch das Spektrum möglicher Immuneffektorfunktionen enorm erweitert wird. Die B-Zell-Reaktion auf Saccharid- und Lipidantigene ohne T-Zell-aktivierenden Proteinanteil (TI-Antigene = Thymus Independent) beschränkt sich auf die IgM-Antwort, eine phylogenetisch primitive Form der antigenselektiven Immunabwehr. Ein Defekt im Isotyp-Switch bewirkt die Überproduktion von IgM mit Mangel der Antikörper anderer Klassen (sog. „Hyper-IgM-Syndrom", s. S. 1066, **Tab. 51.1**).

T-Lymphozyten

T-Lymphozyten sind die Träger der spezifischen **zellulären Immunität** und haben als **immunregulatorische Zellen** eine zentrale Bedeutung im immunologischen Netzwerk. Schon bald nach der Klassifizierung von T-Zellen aufgrund der Expression von Oberflächenmarkern in **CD 4⁺-Helfer- und CD 8⁺-zytotoxisch-aktiven Zellen** stellte sich heraus, dass die CD 4⁺-Helferzellen eine heterogene Population darstellen. Zunächst im Maussystem und später auch im Humansystem konnten die CD 4⁺-T-Helferzellen zunächst in eine **T-Helferzelle I** und **T-Helferzelle II** aufgrund unterschiedlicher Zytokinmarker definiert werden, mit unterschiedlichen physiologischen und pathophysiologischen Implikationen.

Heute hat man CD 4⁺ T-Helferzellen in weitere Subklassen mit unterschiedlichen Funktionsmechanismen identifizieren können. Besonders die **TH17-Zellen**, die vor allem Interleukin 17 a und 17 f sezernieren, sind für die Entwicklung von Autoimmunopathien von zentraler Bedeutung. Mit der Definition unterschiedlicher TH-Subpopulationen sind neue Ansätze für neue immuntherapeutische Strategien zur Therapie von Autoimmunopathien gegeben. **Abb. 51.4** zeigt die unterschiedlichen Subpopulationen der T-Helferzellen und ihre Funktionen:

- Wenn naive CD 4⁺-Helferzellen Antigen präsentiert bekommen, entwickeln sich unter Einflüssen von Zytokinen unterschiedliche Effektorzellpopulationen. Unter dem Einfluss von Interleukin-2 und Interleukin-4 entstehen TH2-Helferzellen, charakterisiert durch den Transkriptionsfaktor GATA3. Diese Zellen produzieren nach Aktivierung Interleukin-4, -5, -9 und -13 und aktivieren damit eosinophile und basophile Granulozyten sowie Mastzellen. TH2-Zellen sind wichtig für die Eliminierung von extrazellulären Parasiten. Sie sind zentral involviert in die Entwicklung eines atopischen Asthmas.
- Unter dem Einfluss von Interferon und Interleukin-12 kommt es zu einer Differenzierung in TH1-Zellen, die durch den Transkriptionsfaktor T-bet charakterisiert sind und die unter anderem Interferon γ, Tumornekrosefaktor α und Lymphotoxin α nach Stimulation produzieren und damit Makrophagen und NK-Zellen aktivieren. TH1-Zellen sind wichtig für die Eliminierung von intrazellulären Bakterien, Pilzinfektionen, Protozoninfektionen, sie sind in pathophysiologischen Sinn mit involviert in die Entwicklung von Autoimmunopathien.
- Interleukin-1 und -3 sowie TGF-beta (TGF = transforming growth factor), Interleukin-6 und

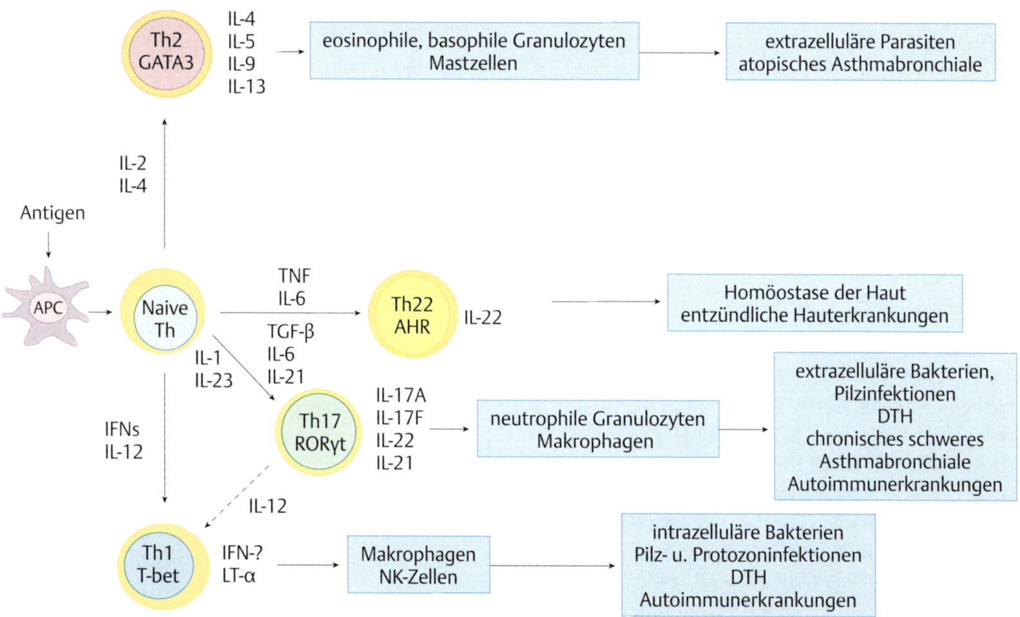

Abb. 51.4 T-Helferzellen. Subpopulationen und Funktionen von CD 4⁺-T-Helferzellen. Erklärungen siehe Text.

-21 sind wichtig für die Ausdifferenzierung von Th 17-Zellen, die in menschlichen Systemen den Transkriptionsfaktor RORC haben. Nach Stimulation werden die Zytokine Interleukin-17a und -17f, Interleukin-22 und -21 sezerniert, es kommt zu einer Aktivierung von Neutrophilen und von Makrophagen. TH17-Zellen sind von Bedeutung in der Elimination von extrazellulären Bakterien und Pilzinfektionen. Sie sind wie TH1-Zellen involviert in die Entwicklung von DTH-Reaktionen. Im pathophysiologischen Sinne sind sie von zentraler Bedeutung für die Entwicklung eines chronischen und schweren Asthma bronchiale sowie für die Entwicklung von Autoimmunerkrankungen.

- Eine neue Subpopulation wurde kürzlich beschrieben, TH22-Zellen, die sich aus naiven Th-Helferzellen unter dem Einfluss von Tumornekrosefaktor-α und Interleukin-6 entwickeln. Sie sezernieren Interleukin-22 und spielen wohl eine Rolle bei der immunologischen Homeostase der Haut und ebenso in der Entwicklung von chronisch-entzündlichen Hauterkrankungen.
- Nicht dargestellt sind bekannte Rückkopplungsmechanismen; so beeinflusst Interleukin-4 die Aktivierung von TH1-Zellen.

Zusätzlich zu den Subklassen der T-Helferzelle wurde durch Mausexperimente eine Subgruppe von sog. regulatorischen Zellen definiert, die sowohl CD 4 wie auch CD 8 exprimieren können. Diese regulatorischen T-Zellen, besonders die CD 4^+, sind in der Maus exakt zu bestimmen durch die Expression eines Transkriptionsfaktors (fox p3) und des CD 125-Moleküls, wobei in humanen Systemen eine exakte Definition noch aussteht. In Versuchstiermodellen konnte die **Bedeutung regulatorischer T-Zellen** für die Entwicklung von Autoimmunerkrankungen klar nachgewiesen werden. Insgesamt sind regulatorische T-Zellen ein interessanter Forschungsbereich, um auf der einen Seite Autoimmunerkrankungen, aber auch andererseits Krankheitssituationen wie die Graft-versus-Host-Reaktion nach Stammzelltransplantationen erfolgreich zu therapieren.

Jeder antigenspezifische T-Lymphozyt exprimiert einen **zellspezifischen Antigenrezeptor** (T-Zell-Rezeptor, TZR), dessen Spezifität bei der Reifung durch Rekombination der TZR-Keimbahngene festgelegt wird. Er steht in Verbindung mit den als CD 3-Komplex bezeichneten Signalübertragungsmolekülen, die an der Aktivierung der T-Zelle beim Antigenkontakt unmittelbar beteiligt und auf allen antigenspezifischen T-Zellen zu finden sind. Der TZR ist ein Heterodimer und kommt in zwei Isoformen vor, die exklusiv exprimiert werden.

- Der vorherrschende Rezeptortyp, der auf über 90% aller T-Zellen zu finden ist, hat α/β-Konformation und reagiert nur mit Antigenpeptiden, die von körpereigenen MHC-Molekülen präsentiert werden.
- Antigenspezifische T-Zellen des γ/δ-Isotyps reagieren dagegen unabhängig von der MHC-Konformation mit Zielantigenen auf der Oberfläche anderer Zellen. Eine besondere Bedeutung von γ/δ-T-Zellen bei der GVH-Reaktion (s. S. 1106) wird deshalb vermutet.

Stabile, lösliche Derivate des T-Zell-Rezeptors analog zu B-Zell-Rezeptor und Antikörper gibt es nicht.

Die Induktion einer Immunreaktion über den trimolekularen T-Zell-Rezeptorkomplex mit einer antigenpräsentierenden Zelle geschieht nur dann, wenn simultan eine Aktivierung sog. sekundärer kostimulatorischer Oberflächenmoleküle auf der T-Zelle erfolgt. Das wichtigste Rezeptorligandensystem zwischen T-Zelle und antigenpräsentierender Zelle (z. B. dendritische Zelle), ist die Interaktion zwischen CD 28 auf der T-Zelle und den Molekülen CD 80 und CD 86 auf der Antigen-präsentierenden Zelle. Eine Blockierung dieses wichtigen sekundären Aktivierungssignals mit Fusionsproteinen ist erfolgreich in die Therapie der rheumatoiden Arthritis eingeführt worden und wird derzeit bei unterschiedlichen Tumorerkrankungen erprobt.

Antigenerkennung durch T-Lymphozyten. T-Lymphozyten sind im Unterschied zu B-Lymphozyten nicht in der Lage, native Antigene zu erkennen. Sie können aber mit modifizierten Proteinantigenen reagieren, die auf der Oberfläche anderer körpereigener Zellen mithilfe von MHC-Molekülen präsentiert werden. Diese besondere Organisationsform der Antigenerkennung ermöglicht einen vielfältigen Informationsaustausch zwischen antigenpräsentierender Zelle und T-Lymphozyt auf der Basis des antigenspezifischen Zell-Zell-Kontakts.

Antigenprozessierung und -präsentation

Die intrazelluläre Proteolyse von Proteinantigenen zur Herstellung von Peptiden wird als **Antigenprozessierung** bezeichnet. Alle kernhaltigen Zellen prozessieren intrazellulär anfallende Proteine, seien es Genprodukte der zelleigenen Erbsubstanz oder eingedrungener Organismen. Zur Prozessierung von primär extrazellulärem Material sind nur spezialisierte Zellen befähigt, die als **antigenpräsentierende**

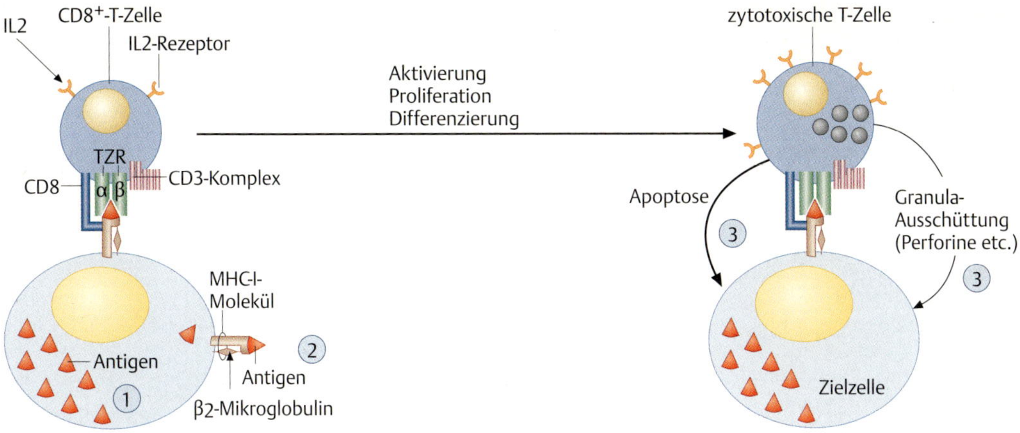

Abb. 51.5 Immunantwort auf intrazelluläre Antigene. Antigenerkennung und zytotoxische Immunantwort. Die Zahlen beziehen sich auf den Text.

Zellen (APZ) bezeichnet werden. Die entstehenden Antigenbruchstücke assoziieren mit MHC-Molekülen, translozieren mit deren Hilfe an die Zelloberfläche und werden als MHC-gebundene Peptide exponiert (Antigenpräsentation).

MHC-Moleküle sind neben BZR und TZR eine dritte Rezeptorgruppe zur Erkennung von Antigen. Da ihre Spezifität vergleichsweise gering ist, treffen sie nur eine Vorauswahl potenzieller T-Zell-Antigene (Determinant Selection). Während jedes Individuum über eine unüberschaubare Vielfalt antigenspezifischer B- und T-Zell-Rezeptoren verfügt, ist die intraindividuelle Variabilität der MHC-Moleküle gering. Jedes gesunde Individuum ist mit mindestens 3 (Homozygotie) bis maximal 6 unterschiedlichen Allelen in beiden MHC-Klassen (I und II) ausgestattet. Das besondere Kennzeichen dieser Genabschnitte ist ihr hochgradiger ***inter*****individueller (genetischer) Polymorphismus**. Deshalb wurde zunächst die Bedeutung der MHC-Moleküle als Transplantationsantigene bekannt (s. S. 1104). Der kodierende Abschnitt der MHC-Moleküle auf dem Chromosom 6 erhielt die Bezeichnung Haupthistokompatibilitätskomplex (**M**ajor **H**istocompatibility **C**omplex), die Genprodukte nennt man MHC-Moleküle. In der Transplantationsmedizin werden sie auch als **HLA-Antigene** (**H**uman **L**eukocyte **A**ntigens) bezeichnet, da sie auf Leukozyten zu finden sind.

MHC-Klasse-I-Moleküle. Sie assoziieren mit Antigenpeptiden **intrazellulärer Herkunft**, die im endogenen Prozessierungspfad entstehen (**Abb. 51.5**, ①). Alle kernhaltigen Zellen des menschlichen Organismus verfügen über diese intrazellulären Antigenrezeptoren, die nach Bindung eines Antigenpeptids an die Zelloberfläche translozieren ②. Die Präsentation zelleigener Antigenpeptide dient dazu, immunologische Toleranz zu induzieren. Eine weitere Bedeutung hat die Präsentation endogener Antigene bei Infektionen durch intrazellulär persistierende Erreger (Viren, Mykoplasmen, Protozoen, manche Bakterien). Deren Genprodukte werden auf gleiche Weise präsentiert und sprechen reaktive T-Zell-Klone vom Typ der CD 8⁺-zytotoxischen T-Zellen (CTL) an. Sie provozieren dabei eine vernichtende Immunreaktion ③, gekennzeichnet durch Freisetzung zytotoxischer Mediatoren (inflammatorische Reaktion) oder apoptoseinduzierender Signalmoleküle (nichtinflammatorische Reaktion). Erreger und Wirtszelle werden gleichermaßen ausgelöscht. Typ-1-Interferone, die im Rahmen von Virusinfektionen produziert werden, steigern die MHC-I-Expression infizierter und benachbarter Zellen und verstärken so die Effizienz der T-zellulären Zytotoxizität.

MHC-Klasse-II-Moleküle. Diese assoziieren mit Antigenpeptiden **extrazellulärer Herkunft**, die bei Prozessierung im endosomalen Pfad anfallen, und translozieren ebenfalls an die Zelloberfläche. Zu dieser Leistung sind nur die Zellen befähigt, die MHC-II-Moleküle konstitutiv exprimieren: die antigenpräsentierenden Zellen (APC). Hierzu gehören Thymusepithelzellen, dendritische Zellen und B-Lymphozyten, unter bestimmten Voraussetzungen auch Ma-

M

antigenpräsentierende Zellen	Herkunft des Antigens	Prozessierungspfad	Präsentation durch	bindender Rezeptor/ Korezeptor	T-Zell-Population
professionelle/ induzierte APZ	extrazellulär →	endosomal →	MHC II →	← TZR/CD4	Helferzellen DTH-Lymphozyten
alle somatischen Zellen	intrazellulär →	endogen →	MHC I →	← TZR/CD8	Suppressorzellen zytotoxische T-Zellen

Abb. 51.6 Antigenrestriktion der T-Lymphozyten. Restriktion der T-Subpopulationen auf Antigene extra- bzw. intrazellulärer Herkunft, bedingt durch unterschiedliche Prozessierungs- und Präsentationswege.

krophagen und Endothelzellen. Durch Typ-2-Interferon (IFN-γ), das ebenfalls im Rahmen von Virusinfekten freigesetzt wird, kommt es zu einer gesteigerten Bildung von MHC II und unter Umständen auch zu einer ektopen Produktion in anderen Zellen. Autoimmunerkrankungen können infolge der MHC-II-Ektopie ausgelöst werden (s. S. 1093). Eine mangelhafte MHC-II-Expression ist unter dem Namen „Bare Lymphocyte Syndrome" (nackte Lymphozyten) bekannt. Bei diesem kombinierten Immundefekt (s. S. 1079) ist die antigenabhängige Reifung von CD 4^{+}-T-Zellen erheblich beeinträchtigt.

MHC-Restriktion der T-zellulären Antigenerkennung. Grundsätzlich ist die Antigenerkennung durch α/β-T-Lymphozyten auf Antigene beschränkt, die mit körpereigenen MHC-Varianten präsentiert werden. Diese Restriktion ist bedingt durch die Konformation des TZR, der nicht allein das präsentierte Antigenpeptid, sondern auch dessen unmittelbare Umgebung, die variable Region des präsentierenden MHC-Moleküls erkennt. Der Stabilisierung der T-zellulären Antigenbindung und der Festigung des Zell-Zell-Kontakts dienen weitere Membranproteine, insbesondere die CD 4- und CD 8-Moleküle der T-Lymphozyten. Die Ko-Rezeptorproteine assoziieren mit komplementären konstanten Regionen der MHC-Moleküle, sobald das präsentierte Antigen durch den TZR erkannt und gebunden wird. Auf reifen immunkompetenten T-Zellen wird der CD 4- oder der CD 8-Korezeptor exprimiert. CD 4 bindet spezifisch an MHC-II- und CD 8 an MHC-I-Moleküle. Daraus ergibt sich eine weitere Restriktion der T-zellulären Reaktivität (Antigenrestriktion, **Abb. 51.6**).

Humorale Komponenten

Immunglobuline (Antikörper) sind sind die humoralen Erkennungsproteine der antigenselektiven Immunabwehr. Sie kommen als B-Zell-Rezeptoren (BZR) auf der Oberfläche von B-Lymphozyten vor und werden von stimulierten, differenzierten B-Lymphozyten (Plasmazellen) in großen Mengen (ca. 2 000 Kopien/s) als lösliche Antikörper sezerniert. Folgende Antikörperklassen (Isotypen) werden unterschieden:

IgA-Antikörper. Sie kommen vor allem in Körpersekreten vor und dienen der Inaktivierung körperfremder Antigene, bevor diese in den Organismus eindringen können (Immunexklusion). Ein angeborener oder erworbener Mangel dieser Antikörper bleibt meist ohne klinische Folgen (s. S. 1078), da ein Teil der Funktion durch sezernierte IgM-Monomere kompensiert werden kann.

IgM-Antikörper. Sie sind die Immunglobuline der Primärantwort. Sie zeichnen sich durch eine hohe Bindungsstärke an Makromoleküle mit repetitiven Epitopen aus, da sie als Pentamere über 10 identische Antigenbindungsstellen verfügen.

IgG-Antikörper. Diese machen etwa 75 % der zirkulierenden Immunglobuline aus. Sie sind auch qualitativ die wichtigsten und langfristig schützenden Antikörper. Es handelt sich um Immunglobuline der sekundären Immunantwort, d. h. sie werden bei wiederholter oder anhaltender Antigenstimulation gebildet und sind dauerhaft im Serum nachzuweisen („Seronarbe" als Hinweis auf früheren Antigenkontakt). Ein quantitativer oder qualitativer Mangel dieses Antikörperisotyps hat eine erhöhte Anfälligkeit zur Folge (vorwiegend für bakterielle Infektionen und Infektionen mit Viren der Herpesgruppe, s. S. 1078).

IgE-Antikörper. Sie haben pathophysiologische Bedeutung im Rahmen der allergischen Sofortreaktion und sind bei atopisch veranlagten Individuen gelegentlich mehr als 10- bis 100fach erhöht im Serum zu finden. Über spezifische IgE-Rezeptoren (Fcε-RI) werden sie an die Zellmembran von Mastzellen und basophilen Leukozyten gebunden und aktivieren diese Zellen bei Antigenkontakt.

IgD-Antikörper. Sie sind an Differenzierungsvorgängen von B-Lymphozyten beteiligt und bereits auf der Oberfläche von unreifen B-Lymphozyten nachweisbar (Surface IgG = sIg = B-Zell-Rezeptor). Im Serum sind sie nur von geringer Bedeutung.

51.3 Erhöhte Infektanfälligkeit – primäre und sekundäre Immundefekte

51.3.1 Grundlagen

Definition. Man unterscheidet die **primären** Immundefekte (angeboren oder erworben), die als eigentliche Immundefekterkrankungen gelten, von den **sekundären** Immundefekten, die im Rahmen anderer Erkrankungen, vorwiegend aber auch im Rahmen immunsuppressiv wirkender Medikationen auftreten. Während den primären Immundefekterkrankungen Störungen in der Zelldifferenzierung zugrundeliegen (**Abb. 51.7**), sind sekundäre Defekte durch einen permanenten oder auch vorübergehenden Verlust humoraler oder zellulärer Elemente durch eine anhaltende oder zytotoxische Therapie gekennzeichnet.

Epidemiologie

Primäre Immundefekte. Die Gesamthäufigkeit klinisch relevanter **primärer Immundefekte** ist insgesamt niedrig (1:10 000). Im Einzelnen beträgt die Häufigkeit für

- B-zelluläre (humorale) Immundefekte: 1:20 000
- T-zelluläre Immundefekte: 1:100 000
- kombinierte (T- und B-zelluläre) Immundefekte: 1:50 000
- Defekte des unspezifischen zellulären Systems (Phagozyten, NK-Zellen): 1:50 000
- Komplementdefekte: 1:500 000

Der häufigste primäre Immundefekt ist der selektive IgA-Mangel (1:700), der aber in der Regel symptomlos bleibt.

Unter Verwendung von molekulargenetischen Untersuchungsmethoden sind in den letzten Jahren eine Vielzahl von familiären Defektimmunosyndromen definiert und beschrieben worden, wobei die Definition hochspezifische und genetisch orientierte Untersuchungsmethoden notwendig macht. Mit einem sich ständig erweiternden Wissen, nicht zuletzt der genetischen Prädisposition, wird es möglich sein, vor allem auch primäre Defektimmunopathien noch besser zu therapieren, als das bislang in der Klinik möglich war.

Sekundäre Immundefekte. Sie sind wesentlich häufiger als primäre Immundefekterkrankungen. In den meisten Fällen entwickeln sich sekundäre Immundefekte infolge einer anhaltenden immunsuppressiven bzw. zelltoxischen Medikation. Zu den sekundären Immundefekten gehört auch das erworbene Immundefektsyndrom (AIDS) infolge einer HIV-Infektion (s. S. 1017).

Ätiopathogenese

Angeborene und erworbene Immundefekte prädisponieren zu rezidivierenden, häufig lebensbedrohlichen Infektionen. Darüber hinaus sind sie mit einer gesteigerten Anfälligkeit für Malignome und Autoimmunerkrankungen verbunden. Infektrezidive, bedingt durch gleiche Erreger, sind typisch bei primären und sekundären Immundefekten. Die Keime werden als opportunistisch bezeichnet, da sie sich nicht aufgrund besonderer Virulenzfaktoren, sondern aufgrund der geschwächten Abwehr des Wirtsorganismus ausbreiten. Bei physiologischer Immunabwehr rufen sie in der Regel keine Infektionszeichen hervor (primär apathogene Mikroorganismen). Die Identifikation **opportunistischer Keime** als Krankheitserreger begründet deshalb schon allein den Verdacht auf einen zugrundeliegenden Immundefekt. Umgekehrt gelingt bei bekanntem Immundefekt häufig die Voraussage möglicherweise involvierter Erreger. Eine kalkulierte antiinfektive Behandlung kann deshalb schon vor der sicheren Erregeridentifikation eingeleitet werden.

Die Abnahme der Immunreaktivität im Alter ist neben anderen Ursachen häufig Folge eines unzureichenden Ernährungszustands. Eine vermehrte Suszeptibilität gegenüber Infektionskrankheiten kann auch allein durch Störungen physikalischer (Darmperistaltik, Zilienmotilität), chemischer (Tränen, Magensäure, Schweiß) und mikrobieller Schutzfaktoren (natürliche Flora von Haut, Respirationstrakt und Magendarmtrakt) hervorgerufen werden. Wenn die

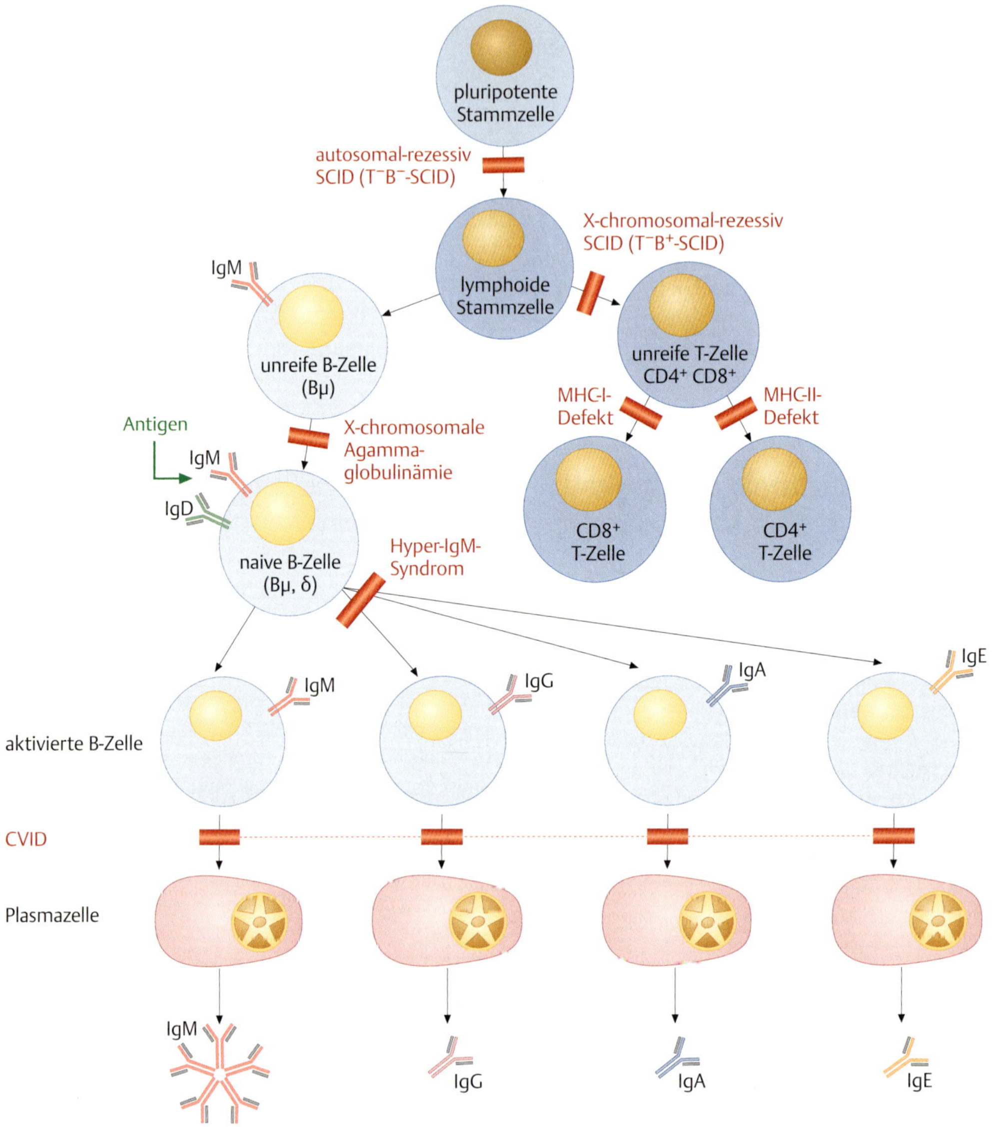

Abb. 51.7 Störungen der Zelldifferenzierung als Ursache von Immundefekterkrankungen. Lokalisation von Differenzierungsblockaden der lymphatischen Zellreifung bei primären Immundefekten.

Keimelimination an den Grenzflächen des Organismus gestört ist, wie bei der chronischen Bronchitis (zerstörtes Flimmerepithel) oder der Mukoviszidose (zäher Mukus), kommt es zur Kolonisation mit pathologischen Erregern, die im Verlauf eine Reihe von Antibiotikaresistenzen entwickeln und Ausgangsherde für multiple Rezidive bilden. Die angeführten Situationen werden nicht zu den Defektimmunopathien gezählt.

Klinik

Klinisches Spektrum, Schweregrad, Verlauf und therapeutische Beeinflussbarkeit von Immundefekterkrankungen weisen untereinander und innerhalb einer Entität erhebliche Unterschiede auf. Selbst

Tab. 51.2 Erkrankungen mit sekundären Abwehrstörungen

Grunderkrankung		Gestörte Abwehrfunktionen
Infektion	HIV-Infektion	CD 4⁺-T-Lymphozyten ↓, Antikörper zunächst ↑, später ↓
	EBV-Infektion	B-Lymphozyten ↓
	Maserninfektion	T- und B-Lymphozyten ↓ („Killervirus")
	Septikämie (Superantigene)	T-Lymphozyten ↓
Malignität	akute Leukämie	Granulozyten ↓ ↓
	Non-Hodgkin-Lymphome allgemein	Antikörper ↓ T-Zellen ↓, Granulozyten ↓
	speziell bei B-CLL und Plasmozytom	funktionsfähige Antikörper ↓ ↓
	Morbus Hodgkin	T-zelluläre Immunität ↓ ↓
	solide Tumoren	Immunparese (TGFβ), Verdrängung der Hämopoese
Immunopathie	Allergie (Atopie)	Suppressorzellaktivität ↓ TH1-Aktivität ↓
	Sarkoidose	DTH-Aktivität (s. S. 1089): peripher ↓ intraläsional ↑
	MGUS (nichtmaligne Gammopathie)	Paraprotein ↑, funktionsfähige Antikörper ↓
	rheumatoide Arthritis	Lymphozyten ↓ neutrophile Granulozyten ↓ Komplement ↓
	systemischer Lupus erythematodes	Lymphozyten ↓ neutrophile Granulozyten ↓ Komplement ↓
	Komplementmangel durch Autoantikörper	Komplementfaktoren ↓
	Kryoglobulinämie	Komplementfaktoren ↓ Antikörper ↓
therapiebedingt	Zytostatika	Granulozyten ↓ Antikörper ↓
	Immunsuppressiva	T-zelluläre Immunität ↓ sekundär: Antikörper ↓
	Plasmaseparation	Antikörper ↓ Komplementfaktoren ↓
	Lymphapherese	T-Zellen ↓ B-Zellen ↓
	Strahlentherapie	T-Zellen ↓ ↓ B-Zellen ↓ Knochenmarkschädigung
	Splenektomie	Blutfilterfunktion ↓ IgM-Produktion ↓
	Tonsillektomie	lokale Abwehr ↓
sonstige Erkrankungen	Diabetes mellitus	Phagozytose ↓ Chemotaxis ↓ Bakterizidie ↓
	Nierenversagen	Neutrophilenbeweglichkeit ↓
	Leberzirrhose	Leukozytenmobilität ↓ Pfortaderfilter ↓
	Alkoholkrankheit	Leukozytenproliferation ↓ Knochenmarkschädigung
	nephrotisches Syndrom	Antikörper ↓ Komplementfaktoren ↓
	exsudative Enteropathie	Antikörper ↓ Komplementfaktoren ↓

Fortsetzung ►

Tab. 51.2 Fortsetzung

Grunderkrankung		Gestörte Abwehrfunktionen
	intestinale Lymphangiektasie	Antikörper ↓ Lymphozyten ↓
	Sichelzellanämie	funktionelle Hypo-/Asplenie (rezidivierende Milzinfarkte)
	Unterernährung	CD 4^+-T-Lymphozyten ↓ Antikörper zunächst ↑, später ↓
	Vitamin-D-Mangel	Granulozytenfunktion ↓
	Zinkmangel	CD 4^+-T-Lymphozyten ↓ NK-Aktivität ↓
	Verbrennungstrauma	Antikörper ↓ CD 4^+-T-Lymphozyten ↓

Tab. 51.3 Malignomrisiko bei Immundefekt

Immundefekte (primär/sekundär)	Malignom	Gesamthäufigkeit
Common Variable Immunodeficiency (CVID)	Non-Hodgkin-Lymphom (NHL), Magenkarzinom	10 %
Wiskott-Aldrich-Syndrom	NHL, akute myeloische Leukämie, Morbus Hodgkin	30 %
X-chrom.-lymphoproliferatives Syndrom	NHL	35 %
erworbener Immundefekt AIDS	NHL, Kaposi-Sarkom	20 – 40 %
nach allogener Transplantation	NHL, Kaposi-Sarkom, Hautkrebs	10 – 20 %

subtile antigenspezifische Defekte mit normaler Antikörperkonzentration und regelrechter Lymphozytenzahl können schwerste rezidivierende Infektionen bedingen. Ein **B-zellulärer Defekt** wird erst Monate nach der Geburt symptomatisch, da der Säugling durch diaplazentar und via Laktation übertragene Antikörper mütterliche Leihimmunität erhält. Bald nach der Geburt fallen Gedeihstörung und Wachstumsverzögerung auf, wenn die **T-zelluläre Immunität** betroffen ist. Entsprechende Allgemeinsymptome bei Immundefekten des Erwachsenen sind Gewichtsverlust, Appetitlosigkeit, Abgeschlagenheit und Antriebsminderung. Diese Symptomatologie, die auch in infektionsfreien Intervallen vorherrschen kann, ist oft Ausdruck der anhaltenden Auseinandersetzung des Organismus mit gewöhnlich harmlosen Keimen der physiologischen Flora äußerer und innerer Körperoberflächen. **Tab. 51.1** zeigt die Symptomatik der wichtigsten Immundefekterkrankungen. In **Tab. 51.2** sind die sekundären Immundefekte bei den verschiedenen Grunderkrankungen zusammengefasst.

Folgende **Anhaltspunkte** sollten zur **Verdachtsdiagnose Immundefekt** führen:

- rezidivierende Infekte, oft mit gleichen Erregern
- opportunistische Infektionen
- ungewöhnliche Infektmanifestationen
- unzureichender oder verzögerter Erfolg einer üblicherweise adäquaten antibiotischen Therapie
- ungewöhnliche und häufige Infektkomplikationen
- Hypoplasie lymphatischer Organe
- ausbleibende Reaktionen lymphatischer und/oder hämopoetischer Organe (Lymphknotenschwellung, Splenomegalie, Leukozytose und Linksverschiebung können fehlen)
- ausbleibende Impfreaktion auf inaktivierte Vakzine
- fatale Infektionen durch Lebendvakzine
- Infektneigung assoziiert mit Malignom (**Tab. 51.3**), untypische Verläufe und außergewöhnliche Lokalisationen maligner Prozesse
- Infektneigung mit assoziierter (Auto-)Immunopathie

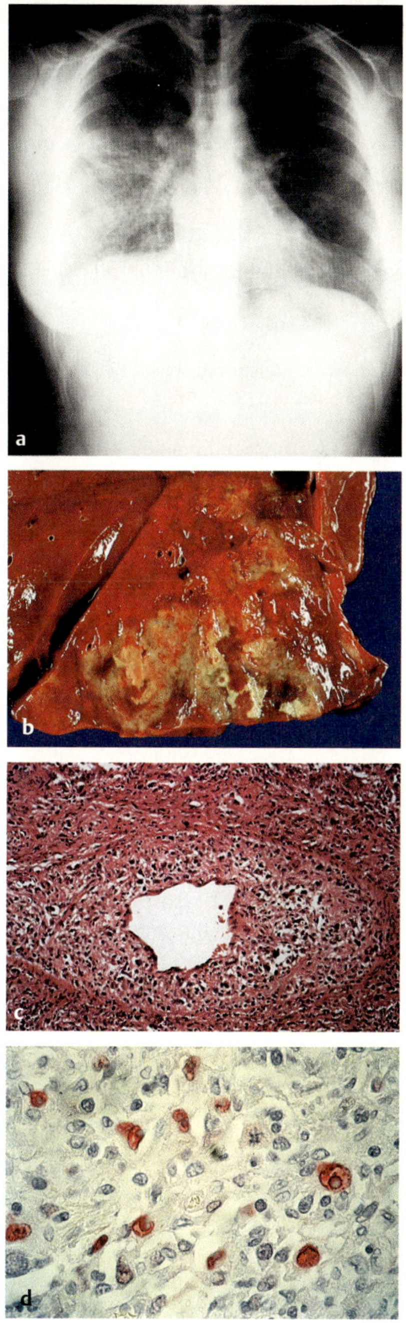

Abb. 51.8 Tumormanifestation bei CVID. EBV-assoziiertes, hoch malignes angiozentrisches B-Zell-Lymphom bei CVID.
a Thorax-Röntgenübersicht: pulmonales Infiltrat im rechten Mittel- und Unterfeld
b makroskopisch ausgedehnte landkartenartige Lymphominfiltration der Lunge mit Nekrosen
c mikroskopisch hochmalignes angiozentrisches Lymphom mit massiver Tumorinfiltration der Gefäßwand
d Nachweis der EBV-Assoziation durch Detektion von EBV-kodierten kleinen RNA (EBER) in den Lymphozyten mittels nicht radioaktiver In-situ-Hybridisierung (mit freundlicher Genehmigung von Prof. Kirchner, Institut für Pathologie, Universität Erlangen)

Symptomatik von Infektmanifestationen. Selbst bei weit fortgeschrittener Erregerinvasion ist die klinische Symptomatik der Patienten mit Immundefekt primär nur von milder Ausprägung. Die folgenden Beispiele verdeutlichen, weshalb die Brisanz einer Infektion bei diesen Patienten oft unterschätzt werden kann:

- Pneumonie (s. S. 5444): leichtgradige Dyspnoe, nicht produktiver Husten
- Septikämie (s. S. 1001): Low-Grade-Fieber (< 39 °C), evtl. Blutdruckabfall
- beginnender septischer Schock: Blutdruckabfall um > 20 mmHg, Tachykardie
- bakterielle Meningitis (s. S. 996): Bewusstseinsstörung, kein Meningismus, kein eitriger Liquor
- Hepatitis-B-Infektion (s. S. 808): symptomlos bei massiver Virämie

Immundefekt und Malignität. Das erhöhte Malignomrisiko primärer und sekundärer Immundefekte ist in **Tab. 51.3** zusammengefasst. Untypische Manifestationen sind häufig anzutreffen, wie z. B. das ZNS-Lymphom bei AIDS oder das extralymphatische B-NHL bei Common Variable Immune Deficiency (CVID). Eine sichere Abgrenzung von Infekt und Malignom gelingt oft nur durch eine Gewebebiopsie, die dringend angezeigt ist, wenn der Erfolg der antiinfektiven Behandlung ausbleibt. **Abb. 51.8** zeigt das Beispiel eines EBV-induzierten B-Zell-Lymphoms bei CVID.

51.3.2 Klinik

Humorale Defektimmunopathien

> ! Antikörper-Defizienz-Syndrome machen die Mehrzahl der primären Immundefizienz-Syndrome aus.

Formen humoraler Defektimmunopathien

X-chromosomale infantile Hypogammaglobulinämie.

Synonym: Bruton-Typ der Agammaglobulinämie; *engl.:* X-linked Agammaglobulinämia, XAG

Defekte im pre-B-Zell-Rezeptorkomplex führen zu einem Block in der Differenzierung früher B-Zellen. Resultat ist eine Agammaglobulinämie. Betroffene männliche Kinder werden ab dem 2. Lebensjahr symptomatisch (Differenzialdiagnose: transitorische Hypogammaglobulinämie).

Common Variable Immune Deficiency (CVID). Diese humorale Immundefekterkrankung wird häufig erst im Erwachsenenalter (2. – 3. Dekade) manifest. Die primäre Ursache ist bis heute unbekannt. Primäre humane Antikörper-Defizienz-Syndrome wie das CVID, können infolge von Mutationen und epigenetischen Veränderungen, die mit einer normalen Entwicklung und Aktivierung von B-Zellen einhergehen, manifest werden. So wurden kürzlich homozygote Mutationen in den TACI-, CD 19-, BAFFBR-Genen bei der CVID nachgewiesen. Die CVID ist gekennzeichnet durch progredienten Antikörpermangel, rezidivierende bakterielle Infekte und weitere immunologische Störungen, wie z. B. eingeschränkte T-zelluläre Immunität mit Autoimmunopathie und erhöhtem Malignomrisiko (**Tab. 51.3**, **Abb. 51.8**, vergleichbare Situation unter Ciclosporintherapie, s. S. 1100). Sämtliche Antikörperklassen sind vermindert, Plasmazellen fehlen, während die B-Zell-Areale der Lymphorgane hyperplastisch sind. Zu IgG-Subklassendefekten (meist IgG_2-Mangel), die mit IgA-Mangel kombiniert sein können, bestehen fließende Übergänge. Eine Häufung humoraler Defekte wurde in Familien von CVID-Patienten dokumentiert.

Selektiver IgA-Mangel.

engl.: selective IgA-deficiency

Er ist der häufigste primäre humorale Immundefekt (1:700) und durch Fehlen des IgA in Serum (< 5 mg/dl) und Körpersekreten charakterisiert. Er kann angeboren oder als unerwünschte Wirkung einer Therapie z. B. mit Captopril, Chloroquin, Goldsalzen oder Phenytoin auftreten. Selten jedoch äußert sich dieser Defekt mit Krankheitssymptomen wie respiratorischen und gastrointestinalen Infekten mit mildem Verlauf, da die meisten Funktionen der fehlenden IgA-Antikörper von anderen Immunglobulinen kompensiert werden. Als Immundefekterkrankung manifestiert sich der selektive IgA-Mangel frühzeitig.

Sekundäre humorale Defekte. Hier steht das Antikörpermangelsyndrom bei CLL (s. S. 937), Plasmozytom und Morbus Waldenström (s. S. 939) im Vordergrund, selten wird es bei Sarkoidose (s. S. 471) beobachtet. Eine vorübergehende oder dauerhafte humorale Defizienz tritt unter Therapie mit Glukokortikoiden, Endoxan und anderen Immunsuppressiva ein sowie nach Plasmaseparation und Immunapherese. Bei Schädigung der T-zellulären Abwehr ist das humorale System mitbetroffen.

Klinik humoraler Defekte

Disseminierte Infekte mit kapseltragenden Bakterien stehen im Vordergrund. Ein weiteres Problem humoraler Defekte ist die beeinträchtigte Fähigkeit zur Neutralisation bakterieller Toxine. Rezidivierende bakterielle Infekte an Haut- und Schleimhäuten, Atemwegen und Magendarmtrakt sind bei allen Formen humoraler Immundefekte anzutreffen. Während bei Kindern die Manifestation an den oberen Luftwegen vorherrscht (eitrige Rhinitis, Otitis, Mastoiditis, Tympanonperforation), stehen bei erwachsenen Patienten sinupulmonale Infekte und deren Komplikationen (Pansinusitis, Bronchiektasie, Lungenfibrose) im Vordergrund. Gefürchtet ist die bakterielle Meningitis.

Systemische Infekte und septische Organkomplikationen treten rascher ein als bei Immungesunden. Durchfallerkrankungen sind meist durch Infekte mit Lamblien oder Enteroviren verursacht.

Auffällig ist die erhöhte Suszeptibilität gegenüber Herpesviren (CMV, HSV, EBV und VZV). Varizella-Zoster-Reaktivierungen werden in 20 % aller CVID-Patienten dokumentiert. Weitere immunpathologische Auffälligkeiten humoraler Immundefekterkrankungen sind die aseptische Arthritis (Differenzialdiagnose: juvenile Arthritis, septische Arthritis durch Mykoplasmen), die nicht infektiöse Diarrhö aufgrund der Hyperplasie intestinaler Lymphgewebe, die Bildung nicht verkäsender Granulome (Differenzialdiagnose: Sarkoidose) und die erhöhte Malignomrate. Beim selektiven IgA-Mangel sind Allergien und gastrointestinale Störungen (Zöliakie, Disaccharidasemangel, Morbus Crohn und Colitis ulcerosa) assoziiert, auch wenn keine Immundefekterkrankung vorliegt.

T-zelluläre und kombinierte (T- und B-zelluläre) Defektimmunopathien

Formen T-zellulärer und kombinierter Defekte

DiGeorge-Syndrom.
engl.: DiGeorge anomaly

Es gilt als klassische Manifestation eines T-zellulären Immundefekts, bedingt durch quantitativen Mangel an immunkompetenten T-Zellen. Die Embryopathie ist durch die Trias von typischer Morphologie (Missbildungen an Herz, großen Gefäßen und fazial), Tetanie ($Ca^{2+}\downarrow$ durch Fehlanlage der Parathyreoidea) und T-Lymphozytopenie (Thymusfehlanlage) definiert.

SCID-Syndrom.
engl.: severe combined immune deficiency

Unter dieser Bezeichnung wird eine Reihe schwerster kombinierter Immundefektsyndrome unterschiedlicher Ursache summiert. Etwa ⅓ aller Fälle wird X-chromosomal-rezessiv vererbt (T-B + SCID), bedingt durch die Deletion der gemeinsamen γ-C-Kette mehrerer Zytokinrezeptoren (u. a. IL-2-Rezeptor). In den übrigen Fällen sind nahezu 50% durch Mangel der Adenosindeaminase (ADA-Mangel, *Synonym:* Agammaglobulinämie vom Schweizer Typ, T-B-SCID) verursacht. Das „Bare Lymphocyte Syndrome" ist durch mangelhafte Expression von MHC-I- oder -II-Molekülen gekennzeichnet.

Wiskott-Aldrich-Syndrom (WAS). Es handelt sich um ein progredient verlaufendes Immundefektsyndrom (absoluter oder funktioneller Defekt des Wiskott-Aldrich-Syndrom-Proteins WASP), das X-chromosomal-rezessiv vererbt wird. Bei Manifestation in den ersten Lebensjahren ist zunächst nur die B-zelluläre Antwort auf TI-Antigene („Thymus Independent Antigens", s. S. 1068) gestört (fehlende natürliche Antikörper), innerhalb weniger Jahre zeigt sich dann ein zunehmender Verlust der T-zellulären Immunität. Das Syndrom wird durch die Trias Immundefekt, Thrombozytopenie und Ekzem charakterisiert (Differenzialdiagnose: Neurodermitis, Hyper-IgE-Syndrom, s. S. 1080).

Sekundäre T-zelluläre Defekte. Sie sind quantitativer oder qualitativer Art: HIV-Infektion, andere virale Infekte (Masernvirus, HTLV1), Malignität (T-NHL, T-ALL, Morbus Hodgkin) und Medikamente (Glukokortikoide, CD4-Antikörper, Zytostatika, insbesondere das Purinanalogon 2-Chlorodeoxyadenosine [2-CDA] und Fludarabin) sind die häufigsten Ursachen. Selten sind umwelttoxische Einflüsse von Bedeutung (z. B. Dioxine: 2,3,7,8-TCDD).

Klinik T-zellulärer und kombinierter Defekte

Bei T-zellulären Defekten ist die Abwehr gegenüber viralen Erregern, bestimmten Pilzspezies und Protozoen eingeschränkt. Die häufigsten Infekte werden durch Pneumocystis jirovecii (interstitielle und alveoläre Pneumonie), Candida (Soor, invasive Mykose, Candidasepsis) und Zytomegalievirus (Retinitis, Enteritis, Pneumonie, Enzephalitis) verursacht. Die zahlreichen Infektmanifestationen entsprechen im Wesentlichen dem Erregerspektrum beim erworbenen Immundefektsyndrom AIDS (s. S. 1017). Patienten, die zusätzliche humorale Defekte aufweisen (kombinierte Immundefekte), können Infekte durch nahezu jegliche Art von Mikroorganismus erleiden. Aufgrund der eingeschränkten T-zellulären Immunität kann sich eine GVH-Erkrankung (s. S. 1106) aufpfropfen, wenn fremde T-Lymphozyten in den Organismus eindringen (perinatale Übertragung, transfusions- und transplantationsbedingt) und wegen der eingeschränkten T-zellulären Abwehr nicht vernichtet werden können. Beim erworbenen T-Zell-Defekt infolge der HIV-Infektion ist die Gefahr allerdings gering, da auch die fremden Lymphozyten durch die HIV-Infektion zugrundegehen. Beim Wiskott-Aldrich-Syndrom stehen zunächst Infektmanifestationen durch kapseltragende Bakterien (Otitis, Sinusitis, Pneumonie, Meningitis) im Vordergrund, später sind es die opportunistischen Infekte (Pneumocystis jirovecii, Varizella-Zoster-Virus).

Phagozytendefekte

Formen

Septische Granulomatose.
engl.: chronic granulomatous disease, CGD

Hier ist die intrazelluläre Keimabtötung in Phagozyten gestört. Die Abwehrschwäche betrifft besonders katalasepositive Erreger wie Staphylococcus aureus, Serratia-Arten und Aspergillen. Konduktorinnen des X-chromosomalen Defekts werden selten als Erwachsene symptomatisch, und zwar dann, wenn eine klonale Verschiebung zwischen defektbehafteten (mütterliches X) und gesunden (väterliches X) Phagozyten eintritt. In der Regel manifestiert sich die Erkrankung frühzeitig nach der Geburt.

Leukozyten-Adhärenzdefekt (LAD). Er betrifft sämtliche adhäsionsabhängigen Funktionen der Phagozyten, wie Endotheladhärenz, Chemotaxis, Phagozytose und zelluläre Zytotoxizität. Bei deutlich erhöhter Neutrophilenzahl im peripheren Blut ist die Eiterbildung in den Infektionsherden auffallend gering. In der Vorgeschichte ist die verzögerte Abheilung der Nabelschnur (> 3 Wochen) charakteristisch.

Hyper-IgE-Syndrom. Es handelt sich um eine Immundefekterkrankung der neutrophilen Granulozyten mit Störungen von Chemotaxis und T-zellulärer Immunregulation. Bei verminderter IgG-Synthese ist die Bildung von staphylokokkenspezifischem IgE exzessiv erhöht (> 5 000 IU/ml). Lokalisierte und systemische Infekte mit Staphylokokken (Abszesse), Candida und Aspergillen stehen im Vordergrund. Die Kinder leiden an stark juckenden Ekzemen (Differenzialdiagnose: atopisches Ekzem).

Zyklische Neutropenie. Sie ist ein seltener quantitativer Phagozytendefekt, der durch reversible neutropenische Phasen in Intervallen von 2 – 3 Wochen auffällt. Durch Gabe von G-CSF, einem Wachstumsfaktor für Granulozyten, kann die Infekthäufigkeit erheblich reduziert werden.

Sekundäre Phagozytendefekte. Häufigste Form ist die therapieinduzierte Neutropenie durch chemo- und strahlentherapeutische Behandlung bei Neoplasien. Sekundäre Phagozytendefekte sind außerdem von (vorübergehender) Bedeutung bei Transplantation hämopoetischer Stammzellen. Im Rahmen akuter und chronischer Leukämien sowie anderer Malignome mit primärer oder sekundärer Knochenmarkbeteiligung steht die neutropenische Abwehrschwäche ebenfalls im Vordergrund. Bei akuten viralen und manchen bakteriellen Infektionskrankheiten, bei Autoimmunerkrankungen, insbesondere der Perniziosa, und durch Medikamente kann eine (reversible) Neutropenie auftreten.

Klinik der Phagozytendefekte

Fieber, Abgeschlagenheit, Stomatitis, Pharyngitis und assoziierte Lymphknotenschwellungen sind häufige klinische Zeichen schwerer Phagozytendefekte. Neutropenische Patienten mit einer Granulozytenzahl < 1 000/µl sind durch bakterielle Septikämie (Staphylokokken, Pseudomonaden, andere gramnegative Keime) und invasive Mykosen (Candida, Aspergillen) hochgradig gefährdet. Üblicherweise apathogene Erreger endogener Herkunft (z. B. Staphylococcus epidermidis, Keime der intestinalen Flora) können ebenfalls schwerste systemische Infektionen verursachen. Die Klinik der Infektmanifestation ist zunächst nur mäßig ausgeprägt, Hinweise auf eine Organlokalisation fehlen. Das fortgeschrittene Stadium der Infektion wird oft unterschätzt, wenn Fieber das einzig fassbare Zeichen bleibt. Unbehandelt ist das Risiko des Patienten, einen fatal verlaufenden septischen Schock zu erleiden, extrem hoch.

Komplementdefekte

Infektmanifestationen bei Defekten des alternativen Aktivierungsweges ähneln denen bei Phagozytendefekten. Homozygote Mangelzustände sind aber extrem selten. Während Defekte des klassischen Aktivierungsweges weniger durch Abwehrschwäche als durch autoreaktive Störungen gekennzeichnet sind, kommt es insbesondere bei Defizienz der Faktoren des lytischen Komplexes C5, C6, C7 oder C8 zu einer fulminanten Meningitis oder Sepsis durch kapseltragende, gramnegative Neisserien.

51.3.3 Diagnostisches Vorgehen

Die Diagnose einer Immundefekterkrankung wird anhand Klinik, Verlauf und besonderer laborchemischer, histologischer oder molekulargenetischer Charakteristika gestellt. Sekundäre Immundefekte leiten sich aus der jeweiligen Grunderkrankung ab. Die Erhebung des Immunstatus erfordert

- eine ausführliche familiäre Anamnese, da eine Vielzahl der primären Defektimmunopathien genetisch bedingt sind
- die Charakterisierung aktueller infektiöser Herde, von Infektresiduen bzw. -komplikationen (Lungenfibrose, Bronchiektasie, chronische Sinusitis usw., Schweregrad der Infektion)
- die klinische, ggf. bildgebende Beurteilung der Lymphorgane (Hypo- bzw. Hyperplasie)
- die quantitative und qualitative Erfassung humoraler und zellulärer Elemente des Immunsystems

Basisdiagnostik bei Verdacht auf Immundefekt

Blutbild mit Differenzierung, eventuell Knochenmarkbiopsie.

Lymphozytentypisierung: quantitative Bestimmung von B-Zellen, T-Zellen, NK-Zellen, T-Helferzellen, T-Suppressorzellen, CD 4/CD 8-Ratio: erniedrigt bei AIDS, erhöht bei Allergie und (Auto-)Immunopathie.

Quantitative Bestimmung aller Immunglobulinklassen und -subklassen, einschließlich IgE: Mangel bei humoralen Defekten, erhöhtes IgE bei Atopie, Hyper-IgE-Syndrom und T-Zell-Defekten, erhöhtes IgM beim Hyper-IgM-Syndrom.

Phagozytenfunktionsdiagnostik: Phagozytoseleistung, Chemotaxis, Bildung reaktiver Sauerstoffmetabolite.

Komplementfaktoren C 3 und C 4: Anamnese der gesamthämolytischen Aktivität. Quantitative Bestimmung der repräsentativen Schlüsselfaktoren des klassischen und alternativen Aktivierungswegs, Verbrauch?, hereditärer Mangel?, erhöht bei akuten inflammatorischen Prozessen.

Gesamthämolytische Aktivität CH50 und AP50: funktionelle Beurteilung der Gesamtaktivität des klassischen und alternativen Komplementaktivierungsweges.

In-vivo-Reaktivität auf Antigene, mit denen das Immunsystem bereits in Kontakt gekommen ist, sog. Recall-Antigene. Z. B. Tine-Test. Zunehmend werden In-vitro-Tests, so der Elispot-Essay (Multiferon für die Diagnostik einer Tuberkulose) angewandt.

In-vivo-Reaktivität auf B-Zell-Antigene: Analyse von B-Zell-Subpopulationen aufgrund von Oberflächenmarkern, von pre-B-Zellen, B-Gedächtniszellen, möglicherweise in der Zukunft von kurz- und langlebigen Plasmazellen. In-vitro-Analyse von TACI und BAFF als Marker der B-Zell-Differenzierung und Proliferation.

Genetische Analysen im Sinne einer besseren Identifizierung von vorliegenden Immundefizienzerkrankungen mit der Möglichkeit gezielter Substitutionsmaßnahmen.

HIV-Serologie (ELISA und Immunblot): erfasst die Grunderkrankung des sekundären Immundefekts AIDS, bei frischer HIV-Infektion evtl. negativ; in diesem Fall Antigennachweis führen (p24) oder besser auf provirale DNA untersuchen (vgl. S. 1021).

Röntgen von Thorax und Nasennebenhöhlen: Loci minores resistentiae bei Verdacht auf Immundefekt grundsätzlich untersuchen, auch bei unauffälliger Klinik.

Bei vollständiger Durchführung der genannten Untersuchungen werden mehr als 95 % aller bekannten Immundefekte erfasst. Sie dienen zur Eingrenzung der Defektlokalisation, als Voraussetzung weiterer aufwendiger Spezialuntersuchungen, die in immunologischen Zentren verfügbar sind. Altersabhängige Normwerte und die physiologisch verminderte Immunreaktivität bei Säuglingen, Kleinkindern und im Alter, vor allem bei der Anwendung der In-vivo-Verfahren, ist zu berücksichtigen.

Diagnostik im akuten Infekt

Laborchemische Zeichen einer akuten Infektion wie Leukozytose (bei Neutropenie!) oder beschleunigte Blutsenkung (bei Agammaglobulinämie) können bei Immundefizienz fehlen, ebenso der Nachweis von spezifischen IgM-Antikörpern oder Titerbewegungen als Hinweis auf eine frische Infektion oder auf die Art des Erregers.

Akutphaseproteine, so das CRP oder hochspezifische CRP, sowie Serumamyloid können als weitere laborchemische Parameter hinzugezogen werden.

Serologische Untersuchungen zur Erregeridentifikation haben nach Immunglobulinsubstitution keine diagnostische Bedeutung mehr, da infundierte Antikörper miterfasst werden. Lege artis gewonnenes Untersuchungsmaterial (Blutkulturen, Urin, Sputum, Trachealsekret, Bronchiallavage, Sekrete, Ergusspunktat, Abstriche usw.) für Direktnachweis, Erregeranzucht und zur molekularen Diagnostik (z. B. PCR) sind von vitaler Bedeutung. Die Erregerdiagnostik darf den Beginn einer antiinfektiven Therapie, die alle potenziellen Erreger des jeweiligen Defekts abdecken muss, nicht verzögern.

51.3.4 Grundlagen der Therapie

Kurative und supportive Maßnahmen

Antikörpermangel. Der selektive IgA-Mangel bedarf in der Regel keiner Therapie. Die spezifische Behandlung der anderen humoralen Defekte ist die Immunglobulingabe (0,2 – 0,4 g 7S-Immunglobulin/kgKG/2 – 3 Wochen). Eine antibiotische Infektprophylaxe ist nicht erforderlich; im akuten Infekt IgG-Spiegel auf 1 000 mg/dl, bei Verbrennungstrauma auf > 1 000 mg/dl anheben.

> **!** Vorsicht mit Immunglobulinsubstitution bei
> - IgA-Mangel: Gefahr der anaphylaktischen Reaktion (IgA-armes Ig bei IgG2/IgA-Mangel geben)!
> - hochtitrigen Rheumafaktoren (= Anti-IgG): Gefahr der Immunkomplexnephritis (s. S. 289)!

T-zelluläre Defekte. Einziger kurativer Ansatz ist die Transplantation mit hämatopoetischen Stammzellen, die bei einer Reihe primärer T-zellulärer Defekte, kombinierten Immundefekten und Phagozytosedefekten mit Erfolg angewandt wird. Blutkonserven müssen zur Prophylaxe einer GVH-Reaktion (→ S. 1106f) bestrahlt werden. Zur Pneumozystisprophylaxe wird Cotrimoxazol oder Pentamidin, zur Pilzprophylaxe Ketokonazol oder Fluconazol gegeben.

Phagozytendefekte. Kommt eine Stammzelltransplantation nicht infrage (transiente oder intermittierende Defekte, fehlender Spender), ist die wichtigste Maßnahme die antibiotische Infektprophylaxe und die parenterale Gabe von Granulozytenwachstumsfaktoren wie GCSF (Dosierung: 200 – 400 µg/d, bei Infekt steigern) und GM-CSF (s. S. 920), um Zahl und Aktivierungsgrad zu erhöhen. Eine Pilzprophylaxe, systemisch mit Fluconazol oder lokal im Bereich innerer und äußerer Schleimhäute mit Amphotericin B, sollte bei Neutropenie < 1 000/µl und bei vergleichbaren Phagozytendefekten verabreicht werden. Patienten mit septischer Granulomatose können von einer Behandlung mit Interferon (IFN-γ) profitieren, das die NADPH-Expression und hierdurch die intrazelluläre Keimabtötung steigert.

Spezielle antiinfektive Strategien

- Infektprophylaxe je nach Gefährdungspotenzial und erwartetem Erregerspektrum: intestinale Darmdekontamination bei Neutropenie (z. B. mit Co-trimoxazol/Colistin oder Gyrasehemmer), Pneumozystisprophylaxe (oral Cotrimoxazol, inhalativ Pentamidin) bei T-Zell-Defekten und Marasmus
- umgehender Behandlungsbeginn bei Infektionsverdacht, Dokumentation aller Befallsherde (vorher Materialasservation zur Erregerdiagnostik, ohne die Therapie zu verzögern!)
- Meningitisverdacht: Liquorpunktion nach Ausschluss von Hirndruckzeichen! Unmittelbar danach Behandlungsbeginn mit einem Breitbandantibiotikum
- Fieber bei Phagozytendefekt:
  - Breitspektrumpenicillin mit β-Lactamase-Inhibitor oder Penempräparat, kein Ansprechen nach 48 h: zusätzlich Vancomycin oder Teicoplanin (Staphylokokken?), ggf. Linezolid
  - kein Ansprechen nach weiteren 48 h: zusätzlich Azolderivat (Fluconazol, Voriconazol), Caspofungine oder Amphotericin B (systemische Mykose?), ggf. auch Kombinationstherapie
- phagozytengängige Antibiotika bei Störung der intrazellulären Keimabtötung (z. B. Cotrimoxazol, Rifampicin, Fosfomycin, Makrolide, insbes. Azithromycin, in Ausnahmefällen Chloramphenicol)
- T-zelluläre Defekte:
  - Verdacht auf pulmonalen Infekt: pneumozystisspezifische Behandlung (Cotrimoxazol oder Pentamidin i. v., zur Suppression der inflammatorischen Reaktion begleitend Glukokortikoide)
  - Verdacht auf CMV-Retinopathie: sofortige CMV-spezifische Behandlung (Ganciclovir und Foscavir, ggf. zusätzlich CMV-Hyperimmunglobulin)
- Hyperimmunglobulin, nicht nur beim *quantitativen* Antikörpermangel (CMV,VZV, Echovirus)
- Intensivierung der supportiven Maßnahmen bei Infektmanifestation

51.4 Hyperreaktivität der antigenselektiven Immunabwehr/Allergie

51.4.1 Definitionen

Allergie: individuelle Änderung der immunologischen Reaktionsbereitschaft im Sinne einer übersteigerten, krankmachenden Immunantwort (Hyperreaktivität) gegen körperfremde Antigene (Allergene), die bei physiologischer Immunitätslage apathogen sind, also von sich aus keine Schädigung hervorrufen würden.
Allergene: körperfremde Vollantigene oder niedermolekulare Haptene, die in sensibilisierten, reaktionsbereiten Individuen eine allergische Reaktion auslösen. Im Unterschied zum Vollantigen, das aufgrund seiner Größe und der Zahl seiner Valenzen (Epitope) eine Immunreaktion auslösen kann, benötigen (monovalente) Haptene zusätzlich Trägermoleküle (Carrier), mit denen sie sich zum Vollantigen verbinden.
Sensibilisierung: zwingende Voraussetzung einer allergischen Reaktion, jedoch nicht gleichzusetzen mit allergischer Reaktionsbereitschaft. Der Vorgang erfordert den mindestens einmaligen Kontakt des Organismus mit dem Allergen oder einer molekularähnlich konfigurierten „kreuzreaktiven" Substanz. Dabei werden allergenspezifische B- und T-Lymphozyten aktiviert. Ein erneuter Allergenkontakt ver-

stärkt in der Regel den Grad der Sensibilisierung (Booster-Effekt, wie bei Impfungen).

Atopie: familiäre, gesteigerte Sensibilisierbarkeit gegen Umweltallergene, gekennzeichnet durch Aktivierung allergenspezifischer T-Helferzellen des TH2-Typs (s. S. 1069) und Bildung allergenspezifischer IgE-Antikörper. Diese spezielle Form einer allgemein erhöhten Allergiebereitschaft ist zwar genetisch determiniert (Chromosom 5 und 11), wird aber durch Umwelteinflüsse in erheblichem Umfang moduliert.

Anaphylaktische Reaktion: vital bedrohliche allergische Akutreaktion.

51.4.2 Ätiopathogenese

Wichtigster Risikofaktor für die Entwicklung einer allergischen Erkrankung ist die Allergenexposition, wobei insbesondere Menge und Dauer des Allergenkontakts eine Rolle spielen. Langsam-Acetylierer (*engl.:* slow acetylator, 40 – 60% aller Kaukasier), Patienten mit Niereninsuffizienz sowie Träger des genetischen Polymorphismus CYP2D 6 der Cyt-P450-Monooxygenasen (*engl.:* poor metabolizier, 5 – 10% aller Kaukasier) sind im besonderen Maße gefährdet, Allergien auf Arzneimittel zu entwickeln. In diesen Situationen kommt es bei Medikamenteneinnahme zur Akkumulation reaktiver Haptene. Das genetisch-familiäre Risiko, eine Soforttypallergie des atopischen Formenkreises zu erwerben, ist zumindest in der Bundesrepublik von erheblicher Bedeutung. Für das Neugeborene beträgt es in unauffälligen Familien etwa 15%, steigt aber über 40% bei atopischer Erkrankung eines Elternteils und auf 70% bei Erkrankung beider Eltern. Hingegen bedarf es offenbar keiner besonderen familiär-erblichen Voraussetzung, um anaphylaktisch zu reagieren, wie es die Familienanamnese der meisten Insektengiftallergiker belegt.

Die Sensibilisierbarkeit gegenüber einem definierten Allergen wird vorwiegend durch Gene des MHC, des TZR- und BZR-Rezeptors (s. S. 1067) und bestimmter Zytokine determiniert. Sie beeinflussen das individuelle immunologische Repertoire (Spektrum potenzieller Zielantigene). Molekulare Eigenschaften des Allergens (z. B. Wasserlöslichkeit), Substanzmenge und Expositionswege sind exogene Faktoren, die wie der Zeitpunkt der Allergenexposition während einer bestimmten Entwicklungsphase des Immunsystems die Sensibilisierbarkeit beeinflussen. Soforttypallergene rufen besonders während der immunologischen Reifung im Säuglings- und Kleinkindalter eine IgE-Antwort hervor. Virale Infekte während dieser Phase wurden dagegen in jüngsten epidemiologischen Studien als protektive Faktoren identifiziert.

51.4.3 Epidemiologie

Soforttyp. Bis zu 20% der bundesdeutschen Bevölkerung (mit steigender Tendenz) leiden an Allergien vom Soforttyp, 15% an allergischer Rhinitis und fast 5% an allergischem Asthma bronchiale (s. S. 432). Angaben zur Prävalenz allergischer Erkrankungen aus den USA bewegen sich zwischen 19 und 34%. Damit gehören Allergien zu den häufigsten Erkrankungen in Ländern mit hohem Lebensstandard. Ihre Bedeutung in ärmeren Regionen und in Entwicklungsländern ist hingegen gering.

In Mitteleuropa werden etwa 60% aller Soforttypallergien durch Pollenallergene, jeweils 15% durch Milben- und Tierhaarallergene und jeweils weniger als 5% durch Nahrungsmittel (vorwiegend pflanzlicher Herkunft) und Medikamente ausgelöst. Die ubiquitäre Verbreitung der Soforttypallergene erklärt die Häufigkeit von Soforttypallergien. Allein Latexprodukte haben durch ihren Einsatz in der Medizin (z. B. Kathetermaterial, Handschuhe) bereits bei über 10% des Personals, aber auch bei vielen Langzeitpatienten eine Sensibilisierung hervorgerufen.

Spättyp. An Spättypallergien (vorwiegend Kontaktekzem) leiden ca. 0,5% der allgemeinen Bevölkerung. Nur scheinbar ist hier die Neigung des menschlichen Immunsystems, allergisch zu reagieren, geringer als bei den Soforttypallergien. Bezogen auf die allergenexponierte Population ist sie sogar wesentlich höher (z. B. bei über 70% aller Patienten mit Ulcus cruris, die Externa anwenden).

Typ-2- und Typ-3-Allergien. Die Prävalenz von Typ-2- und Typ-3-Allergien sowie sonstiger, bislang nicht klassifizierter allergischer Erkrankungen (z. B. Granulomreaktion, eosinophile Gewebsreaktion) hat ebenfalls größere Bedeutung in den allergenexponierten Populationen, z. B.

- exogen allergische Pneumonitis (Typ-3/4-Reaktion): 10 – 15% der chronisch exponierten Population (organisches Staubmaterial)
- heparininduzierte Thrombozytopenie Typ II (Typ-2/3-Reaktion): 0,5 – 3% bei Heparingabe > 5 Tage

Pseudoallergische Reaktionen. Über die Häufigkeit pseudoallergischer Reaktionen ist wenig bekannt. Weit verbreitet ist die Laktoseintoleranz (bis 30% der Erwachsenen, Differenzialdiagnose: Nahrungsmittelallergie), über 15% der Bevölkerung erleiden mindestens einmal eine generalisierte Urtikaria (Differenzialdiagnose: Anaphylaxie Stadium I) und etwa 10% aller Asthmatiker reagieren auf Aspirin und nicht steroidale antiinflammatorische Substanzen (NSAID) mit akuter Bronchokonstriktion (Analgetikaasthma).

51.4.4 Pathophysiologie und Klinik

Krankheitsbild und Verlauf allergischer Reaktionen werden schon während der Sensibilisierungsphase durch die Art der aktivierten Komponenten der antigenselektiven Immunabwehr definiert. Im efferenten Schenkel der allergischen Reaktion stehen dagegen die Effektorfunktionen der angeborenen Immunabwehr ganz im Vordergrund. In **Tab. 51.4** sind die häufigsten allergischen Krankheitserscheinungen mit potenziellen Auslösern und Pathomechanismen zusammengefasst. Auf der Basis ihrer Immunpathologie werden vier allergische Reaktionsformen unterschieden.

Typ-1-Allergie (Soforttypallergie)

Die allergische Sofortreaktion wird durch IgE-Antikörper vermittelt. Allergenspezifisches IgE wird von B-Lymphozyten und Plasmazellen gebildet und sezerniert, die dabei von T-Helferzellen des Typs TH2 unterstützt werden. Durch Fixation des IgE auf der Zelloberfläche von Mastzellen und basophilen Granulozyten via eines membranbeständigen Rezeptors (FcεRI) werden diese primär unspezifischen Effektorzellen gegenüber den IgE-definierten Zielallergenen (passiv) sensibilisiert. Bei Kontakt mit mindestens bivalenten Allergenen vernetzen die membranständigen IgE-Antikörper (*engl.:* bridging), destabilisieren dabei die Zellmembran und verursachen, falls eine kritische Schwelle erreicht wird, die „Degranulation" der Effektorzellen. Dieser Vorgang umfasst sowohl die Freisetzung präformierter Mediatoren aus Speichergranula (v. a. Histamin, Peptidleukotriene, plättchenaktivierender Faktor PAF, Heparin, Bradykinin, Proteasen u. a.) als auch die unmittelbar einsetzende Neusynthese und Sekretion von Mediatoren und Zytokinen.

Die Symptome der Akutphase der Sofortreaktion (s. u., s. **Tab. 51.5**), die auch als **Frühphase** (*syn.* Mediatorphase) bezeichnet wird, leiten sich aus den pleiotropen Mediatorwirkungen ab. Nach deren Rückbildung setzt mit unterschiedlicher Latenz (bis zu mehreren Stunden) die **Spätphase** der Sofortreaktion (*syn.* zelluläre Phase) ein. Sie resultiert primär aus chemotaktischen Mediator- und Zytokinwirkungen (Interleukin 4 und 5, Peptidleukotriene, PAF). Die in die allergische Reaktion einbezogenen Gewebe werden von T-Helferzellen des Typs TH2 sowie neutro- und eosinophilen Granulozyten infiltriert. Unter Einfluss der TH2-Zytokine geben sie weitere Mediatoren wie Prostaglandine, Leukotriene, Thromboxan und zytotoxische Proteine (ECP, EDNT) ab, die einen intensiven chronischen Entzündungsprozess unterhalten. Die zelluläre Phase hält über Stunden, z. T. bis zu Tagen an. Bei rezidivierender oder chronischer Allergenexposition steht sie ganz im Vordergrund der allergischen Soforttypreaktion.

Anaphylaktische Reaktion

Sie kann organbezogen (lokalisiert) oder generalisiert (systemisch) unter Beteiligung mehrerer Organsysteme ablaufen und in ihrer maximalen Ausprägung zum (irreversiblen) anaphylaktischen Schock führen (**Abb. 51.9**). Die IgE-vermittelte anaphylaktische Reaktion ist eine **Soforttypallergie** mit vorherrschender Frühphasereaktion. Differenzialdiagnostisch ist auch an die Immunkomplexanaphylaxie (s. S. 1088) und die ähnlich verlaufenden anaphylaktoiden Reaktionen zu denken, an denen die antigenselektive Immunabwehr nicht beteiligt ist (keine Antigen-Antikörper-Reaktion). Nach enteraler oder parenteraler Zufuhr unverträglicher Substanzen kommt es bei allen genannten Formen zur Freisetzung von Mediatoren aus Effektorzellen der angeborenen Immunabwehr. Das erklärt die oft gleichartige Symptomatologie anaphylaktischer und anaphylaktoider Reaktionen, die sich aus den Mediatorwirkungen an Herz und Gefäßen, glatter Muskulatur, Drüsengeweben und Gerinnungssystem (Proteasen) ableitet (s. **Tab. 51.5**).

T-Helferzellen des Typs TH2

Diese Zellen nehmen bei den allergischen Soforttyperkrankungen eine zentrale Stellung ein. Sie unterstützen in der afferenten Phase der Immunreaktion die Bildung von IgE (T-zellulär induzierter Isotyp-Switch in B-Lymphozyten) und sind in der efferenten Phase an den zellulären Entzündungsvorgängen

Tab. 51.4 Allergiesyndrome, Pathomechanismen, klinische Manifestationen und auslösende (Pseudo-)Allergene

Allergiesyndrome	Pathomechanismen	Manifestationsformen	(Pseudo-)Allergene
inhalative Allergie Insektengiftallergie, Arzneimittelallergie, Nahrungsmittel-allergie orales allergisches Syndrom und andere Formen der Kontaktallergie	Typ-1-Reaktion (Sofortreaktion)	Urtikaria Angioödem Dermatitis Rhinitis Konjunktivitis Laryngitis/Larynxödem Asthma Gastroenteritis Anaphylaxie	Pollen Milben Schimmelpilze Tierhaare, -epithelien Insektenproteine Nahrungsallergene Latexproteine Medikamente Chemikalien*
	Typ-2-Reaktion (zytotoxische Reaktion)	Thrombopenie hämolytische Anämie Neutropenie Agranulozytose Nephritis	Medikamente Nahrungsallergene* Insektenproteine*
	Typ-3-Reaktion (Immunkomplex-reaktion)	kutane Arthusreaktion Serumkrankheit Vasculitis allergica Pneumonitis Arzneimittelfieber Anaphylaxie Nephritis Arthritis	Schimmelpilze Bakterien tierische Eiweiße Insektenproteine Milben Chemikalien Arzneimittel organische Stäube Nahrungsallergene*
	Typ-4-Reaktion (zelluläre Reaktion)	Dermatitis Exanthem Pneumonitis Hepatitis Nephritis Arzneimittelfieber	Kosmetika Desinfektionsmittel Metallverbindungen Gummiprodukte Phytoallergene Harze Medikamente Nahrungsallergene*
	pseudo-allergische Reaktion	Urtikaria Angioödem Konjunktivitis Rhinitis Laryngitis/Larynxödem Asthma Gastroenteritis Thrombopenie Kreislaufschock und andere allergieartige Krankheitsbilder	Konservierungsstoffe Antioxidanzien Farbstoffe Glutamat, Nitrit, Sulfit hyperosmolare Lösungen Acetylsalicylsäure, NSAID Aminosäuren und Alkine (Histamin, Tyramin usw.) Laktose, Alkohol Insektengifte (* selten)

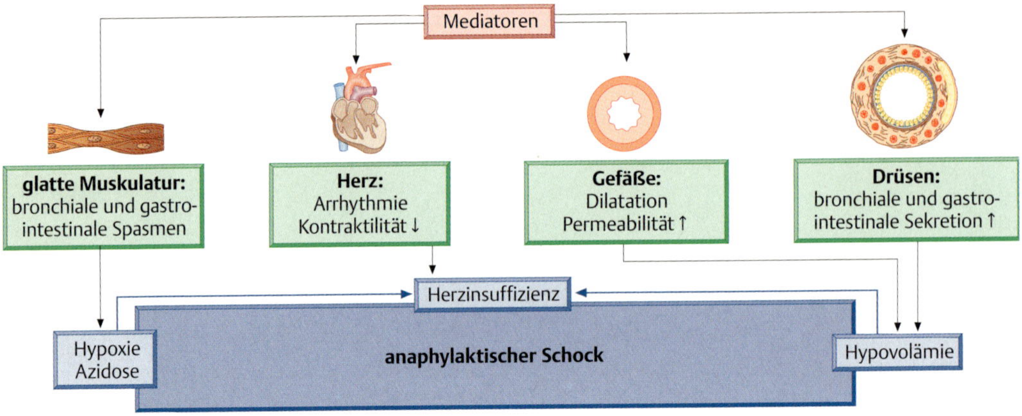

Abb. 51.9 **Pathophysiologie der anaphylaktischen Reaktionen.**

Tab. 51.5 Symptomatik und Notfalltherapie der anaphylaktischen Reaktion

Stadium	Krankheitsmanifestation	Therapie
1 = leichte Allgemeinreaktion	• disseminierte kutane Reaktion (Pruritus, Flush, generalisierte Urtikaria, Angioödeme) • Schleimhautreaktion (oral/nasal/konjunktival) • Allgemeinreaktion (Unruhe/Kopfschmerz)	H_1-Antagonist i. v. (z. B. 4 mg Clemastin), Steroide i. v. (z. B. 125 mg Prednisolon) fakultativ H_2-Antagonist
2 = ausgeprägte Allgemeinreaktion	• Kreislaufdysregulation (Blutdruck- und Pulsveränderungen) • Dyspnoe (leichtgradig, beginnender Bronchospasmus) • Stuhl- und Urindrang	**pulmonale Reaktion:** $β_2$-Mimetika inhalativ (z. B. Salbutamol), Steroide i. v. (z. B. bis 500 mg Prednisolon) **kardiovaskuläre Reaktion:** Volumen: kristalloid (> 500 ml), ggf. kolloidal
3 = schwere Allgemeinreaktion	• Schock (Hypotension, Blässe) • ausgeprägte Dyspnoe und Bronchospasmus • Bewusstseinstrübung/-verlust • Stuhl-/Urinabgang	**pulmonale Reaktion:** $β_2$-Minimetika inhalativ (z. B. Salbutamol), Steroide i. v. (z. B. 1 000 mg Prednisolon) Theophyllin (initial 5 mg/kgKG, dann als Dauerinfusion) **kardiovaskuläre Reaktion:** Volumen: kristalloid > 2 000 ml, kolloidal > 1 000 ml, Katecholamine (Adrenalin i. v. 0,1 mg/min oder Dopamin i. v. 2,5 – 5 mg/min)
4 = vitales Organversagen	• Herz-Kreislauf-Stillstand • Atemstillstand	Reanimationsmaßnahmen

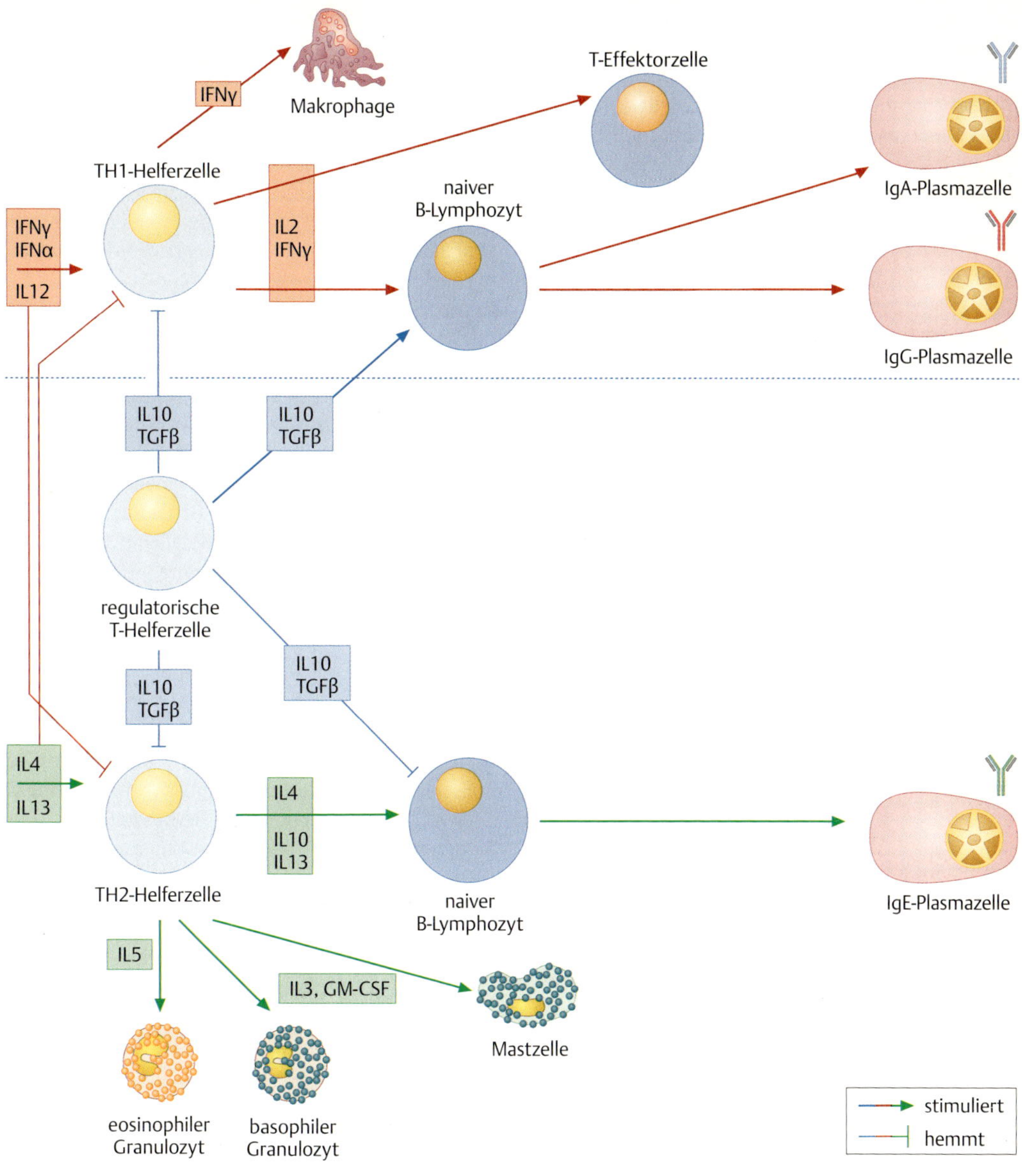

Abb. 51.10 Regulation der Immunantwort durch T-Helferzellen. Zytokinspektrum und -wirkungen der Helferzellsubtypen TH1 und TH2.

der Spätphase beteiligt. Dieser Helferzelltyp wird durch die Sekretion proallergisch wirksamer Zytokine definiert (**Abb. 51.10**), wie z. B. Interleukin 4 (IL4), 5 (IL5) und 13 (IL13). Die Eosinophilie, die man häufig bei allergischen Reaktionen beobachtet, ist eine Wirkung von IL5. Interleukin 4 stimuliert die IgE-Bildung in B-Lymphozyten und aktiviert Mastzellen und basophile Granulozyten. Dagegen hemmt es Aktivität und Expansion der **TH1**-Zellen, die Abwehrvorgänge gegenüber infektiösen Krankheitserregern auf zellulärer und humoraler Ebene regulieren. Die charakteristischen Zytokine dieses

Helferzelltyps, Interleukin 2 (IL2) und Interferon γ (IFN-γ), unterstützen die IgG-Bildung und T-zelluläre Effektorzellen. IFN-γ hemmt darüber hinaus die Entwicklung und Proliferation von Helferzellen des TH2-Phänotyps. Dies erklärt den suppressiven Einfluss von Virusinfektionen auf die Entwicklung atopischer Erkrankungen (vgl. **Abb. 51.4**).

Symptomatik

Die Soforttypallergie manifestiert sich bevorzugt an den Grenzflächenorganen (Haut, Schleimhäute, Atemwege und Verdauungstrakt), da sie reich mit Mastzellen ausgestattet sind. In der **Frühphase der Reaktion**, die schon nach wenigen Minuten, aber auch mit einer mehrstündigen Latenz nach Allergenkontakt (z. B. bei gastrointestinal vermittelter Allergie) einsetzen kann, bestimmen die präformierten Mediatoren (v. a. Histamin) das klinische Bild. Es kommt zu

- Vasodilatation,
- gesteigerter Gefäßpermeabilität (Plasmaextravasation, Ödembildung),
- verstärkter Sekretion der Schleimhäute (Rhinorrhö, Bronchorrhö, Diarrhö),
- Kontraktion glatter Muskelgruppen (Bronchokonstriktion, abdominelle Hyperperistaltik und Koliken, Uteruskontraktionen),
- kardialen Wirkungen (Low Output, Arrhythmie) und
- Instabilität des Gerinnungssystems.

Die **Kreislaufwirkungen von Histamin** erklären sich durch direkte myokardiale Wirkungen (H1-Rezeptoren) sowie durch die Öffnung präkapillärer Sphinkter, die über H2-Rezeptoren vermittelt wird. Pruritus, Husten, Niesreiz und schmerzhafte Sensationen der Schleimhäute sind Ausdruck der Reizung sensibler Fasern, die das Nervensystem in das Geschehen integrieren. Die klinische Symptomatik hängt davon ab, welche Organe direkt oder durch Allergenstreuung indirekt mit dem Antigen in Kontakt kommen und in welchem Umfang freigesetzte Mediatoren lokal oder systemisch wirksam werden:

- Haut: Erythem, Urtikaria, Angioödem
- oberer Respirationstrakt und Augen: Rhinitis, Konjunktivitis, Pharyngitis, Laryngitis
- unterer Respirationstrakt: Tracheitis, Asthma bronchiale, Lungenödem
- Mund/Rachenraum: orales allergisches Syndrom (OAS)
- Gastrointestinaltrakt: akute Gastroenteritis, abdominelle Koliken, akutes Abdomen, Aszites
- Herz-Kreislauf-System: Arrhythmie, Tachykardie, Bradykardie, Hypotension, anaphylaktischer Schock.

Während die Frühphasereaktion rasch wieder abklingt, entwickelt sich innerhalb von 2 – 8 Stunden nach Kontakt mit dem Soforttypallergen die **Spätphasereaktion** (zelluläre Phase). Sie ist durch ausgeprägte entzündliche Gewebsveränderungen gekennzeichnet, die auf antiallergische Medikation nur verzögert ansprechen. Es handelt sich um die Krankheitsbilder des atopischen Formenkreises, atopische Dermatitis, Rhinosinusitis, Konjunktivitis, Asthma bronchiale und bestimmte Formen der Nahrungsmittelallergie, bei denen die Spätphasereaktion ganz im Vordergrund steht. Von diesen Erkrankungen werden die frühphasebetonten Soforttypallergien des anaphylaktischen Formenkreises abgegrenzt, die organbezogen (z. B. Urtikaria) oder generalisiert (systemisch) unter Beteiligung mehrerer Organsysteme ablaufen können (Anaphylaxie, s. **Tab. 51.5**).

Typ-2-Allergie

Niedermolekulare Arzneimittel (Haptene) rufen nach Kopplung an körpereigene Carrier-Moleküle meist eine humorale Immunantwort vom Typ IgM oder IgG hervor. Haptenaffine Bestandteile der Zellmembran sind dafür verantwortlich, dass die gebildeten Antikörper an die Zelloberfläche binden und eine Zerstörung der hierdurch opsonisierten Zelle hervorrufen (durch Komplementlyse, Immunphagozytose oder ADCC-Reaktion, s. **Abb. 51.1**). Lösliche Immunkomplexe, die sich bei einer Typ-3-Reaktion bilden, können an Zellmembranen adsorbieren und dann prinzipiell ähnliche Reaktionen in Gang setzen. In diesem Fall werden die Zellen als „Innocent Bystander" bezeichnet.

Klinik. Typ-2-Allergien manifestieren sich als Hämozytopenie, selten als interstitielle Nephritis. Die klinischen Folgen ergeben sich aus dem Verlust funktionsfähiger Zellen: Immundefekt (Agranulozytose), hämolytische Anämie, thrombozytopenische Purpura oder Niereninsuffizienz.

Typ-3-Allergie

Allergenspezifische IgM oder IgG-Antikörper stehen in einem quantitativen Missverhältnis zur Menge eingedrungener Allergene (z. B. inhalierte Stäube, eingenommene Medikamente, applizierte Seren).

Signifikante Allergenmengen verbleiben deshalb im Organismus und aktivieren als Immunkomplexe die Effektormechanismen der angeborenen Immunabwehr (z. B. Komplementaktivierung → Anaphylatoxinfreisetzung C3a, C4a, C 5 a → Mastzelldegranulation → Rekrutierung inflammatorischer Zellen).

Allergische Immunkomplexreaktionen sind als arzneimittelinduzierte kutane und systemische Vasculitis allergica, als Glomerulonephritis (s. S. 286), Serumkrankheit (Lymphadenopathie, Arthralgien, Myalgien, Fieber, Nephritis, Neuritis und Dermatitis), Arzneimittelfieber, exogen allergische Pneumonitis (s. S. 469) und Immunkomplexanaphylaxie bekannt. Im Zusammenhang mit Antigenen infektiöser Organismen, die „Zweiterkrankungen" im Anschluss oder noch während der akuten Infektion induzieren, spricht man von infektallergischen Vorgängen (s. S. 287). Die IgM- oder IgG-vermittelte Entzündungsreaktion, die erst mit Verzögerung nach mehreren Stunden evident wird oder bei Allergenpersistenz im Anschluss an die Sensibilisierungsphase auftritt, geht grundsätzlich mit Gewebsschädigung einher. Dies ist bedingt durch Aktivierung von Phagozyten, die reaktive Sauerstoffmetaboliten und proteolytische Enzyme freisetzen. Selbst bei absoluter Allergenkarenz können sich diese Vorgänge weiter fortsetzen, sodass sich nicht selten aus einer Pneumonitis eine Lungenfibrose entwickelt.

Typ-4-Allergie (Spättypallergie)

engl.: **d**elayed **t**ype **h**ypersensitivity (DHT)

Die Spättypreaktion entwickelt sich im sensibilisierten Organismus innerhalb von 24 – 72 Stunden. Sensibilisierte DTH-Lymphozyten kommen via Antigenpräsentation durch antigenpräsentierende Zellen (APZ, s. S. 1070) in Kontakt mit dem Allergen und werden dabei aktiviert. Durch Abgabe von Zytokinen, Entzündungsmediatoren und chemotaktischen Substanzen wie IL-2, IFN-γ, makrophagenaktivierender Faktor (MAF), migrationinhibierender Faktor (MIF) und Lymphotoxin (TNF-β) wird ein Entzündungsvorgang eingeleitet, der vorwiegend durch Makrophagen und Monozyten weiter unterhalten wird. Es werden vier Formen der T-zellulären Hypersensitivität unterschieden:

- Tuberkulintyp,
- Ekzemtyp,
- basophile Hypersensitivität (Jones-Mote) und
- granulomatöse Reaktion.

In der Allergologie hat vor allem der Ekzemtyp große Bedeutung. Neuere Forschungen zeigen, dass an diesen allergischen T-Zell-Reaktionen, insbesondere auf Arzneimittel, nicht nur CD 4$^+$-Lymphozyten, sondern auch CD 8$^+$-Lymphozyten und γ/δ-T-Zellen beteiligt sind. Die klinischen Manifestationen umfassen kutane, aerogene und hämatogene Kontaktdermatitis, das Arzneimittelexanthem und Reaktionen im Rahmen der exogen allergischen Pneumonitis (s. S. 469). Arzneimittelexantheme sind häufig mit einer arzneimittelallergischen Begleithepatitis bzw. -nephritis assoziiert. Bedingt durch hämato- und lymphogene Allergenverschleppung werden fern des initialen Allergenkontakts oft weitere Entzündungsherde beobachtet.

Klinisch-allergologische Parameter und Begriffe

Reaktionskinetik

Typisch für jede allergische Reaktion ist ein symptomfreies Intervall zwischen Allergenexposition und Krankheitsmanifestation. Anhand der Reaktionskinetik wird die Soforttypreaktion (Typ 1: Minuten) von der verzögerten Reaktion (Typ 3: Stunden) und der Spättypreaktion (Typ 4: Tage) unterschieden. Ausnahmen von dieser schematisierten Einteilung sind häufig:

- Bei atopischen Erkrankungen (Soforttypallergie) treten schwerwiegende Spätphasereaktionen auf, oft erst Stunden nach Abklingen der initialen Soforttypsymptomatik.
- Nahrungsmittelallergien verlaufen oft protrahiert, bedingt durch verzögerte Allergenresorption aus dem Gastrointestinaltrakt oder durch vorgeschaltete Verdauungsvorgänge, bei denen das wirksame Allergen erst demaskiert wird (erwartete „Sofortreaktion" innerhalb von mehreren Stunden).
- Verzögerte anaphylaktische Reaktionen und eine rezidivierende Symptomatik nach mehreren Stunden (ohne erkennbare erneute Allergenexposition) sind Folge der Allergenspeicherung im MMS (s. S. 1064).
- Zytotoxische Immunreaktionen (bei Typ-2-Allergie) fallen meist erst dann auf, wenn der Verlust funktionsfähiger Zellen einen Schwellenwert überschreitet. Die Klinik dieser Reaktionen wird durch die Folgen des Zelluntergangs (z. B. Immundefekt bei Neutropenie) definiert.

Sensibilisierung

Die immunologische Sensibilisierung verläuft in aller Regel unerkannt. Eine Penicillinallergie kann in utero, bei Verzehr penicillinhaltiger Lebensmittel oder durch eine frühere antibiotische Behandlung erworben werden. Bei Reexposition kommt es dann überraschend zur Krankheitsmanifestation. Allgemein beträgt die Dauer der Sensibilisierungsphase bei der

- humoralen Reaktion (Typ 1, 2, 3) mindestens 7 – 10 Tage
- bei der zellulären Reaktion (z. B. Typ 4) mindestens 14 – 20 Tage

Bei Allergenpersistenz geht die Sensibilisierungsphase schleichend in die Manifestationsphase der allergischen Erkrankung über. Verlauf und Symptomatik sind dann untypisch, vor allem bei der Soforttypallergie. Die entstehenden IgE-sensibilisierten Effektorzellen werden in diesen Fällen kontinuierlich degranuliert. Statt vital bedrohlicher anaphylaktischer Akutreaktionen steht die chronische Entzündung im Vordergrund (z. B. wenn bei Insektengiftallergikern die Schwellung am Einstichort über Tage zunimmt und z. T. groteske Ausmaße erreicht).

Kreuzallergie

Allergene weisen untereinander häufig Epitopverwandtschaften auf, z. B. die Pollen vieler Gräser- und Getreidearten, sodass der allergische Patient schon zu Beginn auf ein ganzes Spektrum von Allergenen unterschiedlicher Herkunft reagiert. Von besonderem klinischen Interesse sind Kreuzreaktionen zwischen inhalativen und nutritiven Allergenen. Vegetabile Lebensmittel, insbesondere Stein- und Kernobstarten, Wurzelgemüse, Getreide und Nüsse enthalten eine Reihe von Allergenen, die mit Pollenallergenen kreuzreagieren. Im Rahmen der Sensibilisierung des oberen Respirationstrakts ist meist auch die Mundschleimhaut betroffen und mit reaktionsbereiten Mastzellen ausgestattet. Patienten mit Pollenallergie leiden deshalb neben der Rhinokonjunktivitis oder dem Pollenasthma häufig zusätzlich an einem **oralen allergischen Syndrom (OAS)** bei Verzehr solcher Lebensmittel.

Das OAS ist eine Art Nahrungsmittelallergie, wobei die allergischen Reaktionen infolge der Aufnahme von Früchten, Nüssen oder anderen Nahrungsmitteln sich vorwiegend im Mund- und Halsbereich entwickeln. Die Symptomatik kann sehr rasch auftreten; sie kann beginnen mit einem Juckreiz im Bereich der Lippen, der Mundschleimhaut, der Ohrkanals oder auch des Pharynx. Zeitweise können allergische Reaktionen auch im Bereich der Augen, der Nase und im Bereich der Haut auftreten. Ein Anschwellen der Lippe, der Zunge und der Uvula können beobachtet werden. Nur selten kommt es zu einer anaphylaktischen Reaktion. Ähnlich ist die Situation bei der Milchallergie von Rinderhaltern, beim Vogel-/Ei-Syndrom (Eiallergie bei Vogelhaltern) und bei der Latexallergie (Kreuzreaktionen mit Bananen, Avocado, Kastanien und Buchweizen).

Rebound-Phänomen

Neuerliche Allergenexposition nach länger dauernder Karenz provoziert eine perakut einsetzende allergische Reaktion. Dies hat Bedeutung bei der Rückkehr an den allergenbelasteten Arbeitsplatz nach dem Urlaub oder bei Allergenprovokation nach Eliminationsdiät. Die intensive Reaktion erklärt sich durch Anhäufung spezifischer IgE-Antikörper bei fehlendem Verbrauch durch allergische Reaktionen. Gelegentlich wird in solchen Fällen eine Notfallbehandlung erforderlich.

Etagenwechsel

Wenn innerhalb von Monaten bis wenigen Jahren die allergische Reaktionsbereitschaft von den sinunasalen und konjunktivalen Schleimhäuten auf Pharynx, Larynx, Trachea und Bronchialschleimhaut übergreift, spricht man vom Etagenwechsel. Ähnlich verläuft die Entwicklung des oralen allergischen Syndroms (OAS) zur intestinalen Nahrungsmittelallergie. Frühzeichen des Etagenwechsels ist die unspezifische Überempfindlichkeit der tieferliegenden Schleimhäute.

Unspezifische Überempfindlichkeit

Allergenexposition und allergische Reaktion sind bei den Soforttypallergien meist ohne Schwierigkeiten einander zuzuordnen. Bei Meidung des ursächlichen Allergens bessern sich die Symptome oder verschwinden gänzlich. Bedingt durch chronische Entzündungsvorgänge, vor allem infolge rezidivierender Allergenbelastung, entwickelt sich eventuell eine unspezifische Überempfindlichkeit der Schleimhäute (unspezifische Rhinitis, bronchiale Hyperreaktivität, unspezifische Enteritis), die sich selbst bei absoluter Allergenkarenz erst nach Monaten zurückbildet. Die Identifikation des ursächlichen Allergens ist in diesen Fällen erschwert.

Als Hinweis für eine eventuelle unspezifische Überempfindlichkeit der Atemwege gilt die Reagibilität auf ein breites Spektrum physikochemischer Noxen,

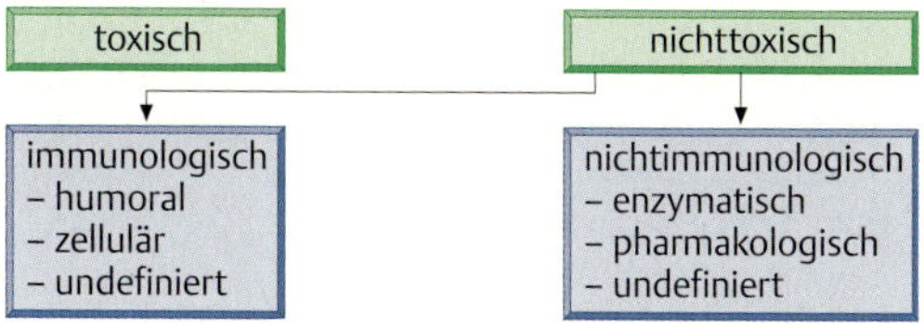

Abb. 51.11 Einteilung der Unverträglichkeitsreaktionen. Systematische Gliederung allergischer und pseudoallergischer Reaktionen.

wie z. B. kalte oder trockene Atemluft, Zigarettenrauch, Autoabgase, Lösungsmittel und körperliche Anstrengung (Hyperventilation → endobronchiale Luftfeuchtigkeit ↓). Klinisch sind die Reaktionen von allergischen Vorgängen nicht zu unterscheiden. Während die unspezifischen Reaktionen der oberen Luftwege erhebliches Krankheitsgefühl verursachen, ist die bronchiale Hyperreagibilität prognostisch von größter Bedeutung als Vorstadium eines Asthma bronchiale und späteren Lungenemphysems. Bei hinreichendem Verdacht muss eine standardisierte bronchiale Provokationstestung (mit Carbachol, Histamin, Metacholin oder Kaltluft) durchgeführt und bei Bestätigung eine topische antiinflammatorische Dauerbehandlung mit DNCG, ggf. auch Glukokortikoiden verordnet werden.

Pseudoallergien

Die klinischen Erscheinungen allergischer und pseudoallergischer Reaktionen sind vielgestaltig und gleichen einander in vielerlei Hinsicht. Zwei wesentliche Charakteristika erlauben die Abgrenzung immunologischer und nichtimmunologischer Überempfindlichkeitsreaktionen (**Abb. 51.11**):

1. Jeder immunologischen Reaktion geht eine Sensibilisierungsphase voraus, pseudoallergische Reaktionen manifestieren sich hingegen oft schon beim Erstkontakt.
2. Der Schweregrad pseudoallergischer Reaktionen ist dosisabhängig. Allergische Reaktionen erfolgen oberhalb der Schwellendosis nach dem „Alles-oder-nichts-Prinzip“.

51.4.5 Diagnostisches Vorgehen

Die allergologische Diagnostik stützt sich auf Anamnese, Klinik, Hauttest und Laboranalyse und – falls erforderlich – auf Provokationstestungen unter realistischen Bedingungen.

Fundierte Anamnese. Art der Beschwerden, betroffene Organsysteme, zeitlicher Zusammenhang mit äußeren Gegebenheiten (saisonal, perennial, berufsbezogen, abhängig von Nahrungs- und Arzneimitteln), Einfluss antiallergischer Medikamente, aktuelle Medikation, spezifische und unspezifische Auslöser, Latenz zwischen Exposition und Symptomatologie, assoziierte Störungen wie orale, intestinale oder kutane Nahrungsmittelallergie bei respiratorischen Allergien oder asthmatische und rhinitische Erscheinungen bei Nahrungsmittelallergien sind gezielt abzufragen.

Labor.

- Differenzialblutbild: Eosinophilie?, arzneimittelinduzierte Mononukleose?
- Gesamt-IgE: erhöht bei Atopikern, aber ein normaler Wert schließt eine Soforttypallergie nicht aus!
- allergenspezifisches IgE: RAST-, CAP-Verfahren, andere Immunoassays
- allergenspezifisches IgG: Gliadinantikörper, allergenspezifische Antikörper bei Hyposensibilisierung (Verlaufskontrolle), als Expositionsnachweis (arbeitsmedizinische Diagnostik)
- allergenspezifisches IgA: Gliadinantikörper bei Zöliakie (s. S. 740)
- präzipitierende Antikörper: evtl. Identifikation des Allergens bei exogen allergischer Pneumonitis
- Lymphozytentransformationstest: erfasst die Beteiligung von T-Lymphozyten bei allergischen Reaktionen; in der Praxis wird er meist bei Typ-4-Reaktionen durchgeführt
- Histamin-Release-Test (HRT), zellulärer Antigen-Stimulationstest (*engl.:* CAST) und andere Mediatorfreisetzungstests (bei Typ-1-Reaktionen)
- Basophilenstimulationstest (FACS-Analyse nach Allergenstimulation)
- Serum-ECP (eosinophiles kationisches Protein): Aktivierungsparameter bei exogen allergischem Asthma und Neurodermitis.

Hauttestungen. Das verdächtige Allergen wird mit den in der Haut angesiedelten, möglicherweise sensibilisierten Effektorzellen in Kontakt gebracht. Liegt eine Sensibilisierung vor, kommt es zu einer charakteristischen Hautreaktion (Typ 1: Erythem und Urtika, Typ 3: Rötung, Induration, evtl. Nekrose, Typ 4: Ekzemreaktion). Das Ergebnis kann nach 15 – 30 Minuten (bei Typ 1), 6 – 10 Stunden (bei Typ 3) bzw. 48 – 72 Stunden (bei Typ 4) abgelesen werden.

! Ein positives Testergebnis gibt noch keine Auskunft über die klinische Relevanz des Allergens, ein negatives Ergebnis kann durch antiallergische Medikamente bedingt sein.

- **Pricktest** (Typ-1-Allergene): Ein Tropfen der standardisierten Testlösung wird auf die Haut aufgebracht (bestes Testareal: Rücken) und mit einer Pricklanzette in die obere Hautschicht eingebracht. Prick to Prick mit frischen Lebensmitteln: die Lanzette wird zuerst in das Testpräparat, dann in die Haut eingestochen.
- **Intrakutantest** (Typ-1- und Typ-3-Allergene): Die standardisierte Testlösung wird streng intrakutan injiziert.
- **Reibetest** (Typ-1-Allergene): Das native Allergen (z. B. ein Stück Apfel) wird auf der Haut gerieben.
- **Scratchtest** (Typ-1-Allergene): Vor Einreiben des Allergens wird das Testareal mit einer Pricklanzette oberflächlich skarifiziert.
- **Epikutantest** (Typ-4-Allergene): In Vaseline gemischtes Allergen wird unter dicht abschließenden Pflastern (Finn Chambers) auf der Haut befestigt (bestes Testareal: Rücken).
- **Atopiepatchtest** (Typ-1-Allergene): Prinzip wie bei Epikutantest, aber mit Soforttypallergenen.

Provokationstestungen.

- Unspezifische Provokation (z. B. mit Histamin, Carbachol, Metacholin, Kaltluft), dient dem Nachweis einer chronischen Entzündungsreaktion der Atemwege und erklärt im positiven Fall eine polyvalente Überempfindlichkeit, die eine allergische Reaktion überlagern oder vortäuschen kann.
- Allergenelimination (Symptombesserung?)
- Allergenprovokation (nach erfolgreicher Elimination!)
- Provokation mit pseudoallergisch wirksamen Substanzen

! Haut- und Provokationstestungen dürfen nur unter ärztlicher Aufsicht durchgeführt werden. Die Einleitung umgehender Notfallmaßnahmen und die unmittelbare intensivmedizinische Behandlung müssen gewährleistet sein, wenn bei diesen Untersuchungen eine anaphylaktische Reaktion auftritt.

51.4.6 Grundlagen der Therapie

Allergenkarenz. Diese setzt die Identifikation der allergen wirksamen Substanz voraus und beinhaltet Maßnahmen wie allergenfreie Diät, Hochgebirgsaufenthalte, Wohnraumsanierung, Abgabe von Haustieren und Berufsaufgabe bzw. Umschulung.

Hyposensibilisierung. Die Methode ist etabliert bei Typ-1-Allergie der Atemwege und bei Typ-1-Insektengiftallergie. Bereits bei allergischer Rhinokonjunktivitis sollte die Behandlungsmethode zur Vermeidung des Etagenwechsels bzw. zur Rückbildung der bronchialen Hyperreagibilität (bessere Ergebnisse als bei der inhalativen Steroidtherapie) eingesetzt werden. Die Hyposensibilisierung bei allergischem Asthma ist möglich, wenn parallel Allergenkarenz gewährleistet und das FEV1 unter Dauermedikation > 70 % ist.

Zwei unterschiedliche Präparationen werden angewendet: Vollantigenlösungen und Allergoide (chemisch modifizierte Vollantigene). Das denaturierte Allergen löst keine IgE-vermittelte Reaktion aus und ist deshalb oft besser verträglich (Einsatz bei Asthma bronchiale), wirkt aber weiter als T-Zell-Antigen. Kontraindikationen: floride infektiöse und noninfektiöse entzündliche Prozesse, aktuelle Medikation mit Betablocker (erschwerte Notfalltherapie!), aktuelle Medikation mit ACE-Hemmer (verzögerter Bradykininmetabolismus und damit verstärkte allergische Reaktionsbereitschaft).

Die allergenspezifische Hyposensibilisierung wirkt durch die Modifikation der Funktion allergenspezifischer T-Zellen und zwar im Sinne einer Aktivierung regulatorischer CD 4-Zellen, die Interleukin-10 und den Transforming Growth Factor (TGF) produzieren. Zusätzlich ist eine Verschiebung der dominanten TH2-Antwort zugunsten einer stärkeren TH1-Antwort beschrieben worden. Letztlich scheint es auch im Rahmen der Hyposensibilisierung zu einer Funktionshemmung von Effektorzellen, wie Mastzellen und basophilen Granulozyten bzw. eosinophilen Granulozyten, zu kommen.

Medikamentöse Therapie. (vgl. auch Therapie des Asthma bronchiale, S. 432). Die wichtigsten Substanzen wirken mastzellstabilisierend (lokal anwendbar: Cromoglicin = DNCG, Nedocromil; systemisch: Ketotifen, gleichzeitig H_1-Antagonist), antihistaminerg (sedierende, aber besser: nichtsedierende H_1-Antagonisten, z. B. Cetirizin), antiinflammatorisch und immunsuppressiv (Glukokortikoide, topisch und systemisch anwendbar, in schwersten Fällen evtl. Ciclosporin, Tacrolimus). Zur antiinflammatorischen und antiasthmatischen Therapie steht außerdem ein Leukotrienrezeptorantagonist zur Verfügung (Montelukast = Singulair® antagonisiert die Wirkung von Leukotrien durch Bindung an den Cys-LT-Rezepor 1 auf Mastzellen, eosinophilen Granulozyten und glatter Muskulatur der Bronchien).
Mit der FDA-Zulassung des Anti-IgE-Antikörpers Omalizumab (Xolair®) steht für das schwer therapierbare allergische Asthma eine zusätzliche Option zur Verfügung. Der Antikörper blockiert die Bindung von IgE an den Fcε-Rezeptor auf Mastzellen und basophilen Granulozyten. Die Dosierung erfolgt nach Gesamt-IgE und Körpergewicht. Andere monoklonale Antikörper sowie anti-inflammatorisch wirkende Zytokine werden derzeit auf ihren Einsatz bei Allergien erprobt.

Notfalltherapie der anaphylaktischen Reaktion. Stadienadaptierte Behandlung mit Antihistaminika, Glukokortikoiden, Volumenersatzmitteln, inhalativen β_2-Adrenergika, Theophyllin und Katecholaminen (s. **Tab. 51.5**). Bei Progredienz H_1- und H_2-Antagonisten sowie Glukokortikoide nachgeben (sofern nicht bereits verabreicht), im therapieresistenten Kreislaufschock Noradrenalin, bei Betablockade Höherdosierung der Katecholamine, ggf. Versuch mit Glukagon.

Patienten-Notfallapotheke (bei rez. anaphylaktischer Reaktion). Kortikoidsaft mit ca. 250 mg Prednisonäquivalent, 4 mg Clemastin oral, Adrenalin-Spray oder Adrenalin-Injektionsset.

51.5 Autoaggression/ Autoimmunopathie

51.5.1 Definitionen

Autoimmunität

Autoimmunität entsteht bei einem Toleranzverlust des adaptiven Immunsystems gegen körpereigene Strukturen (Autoantigene). Da vor allem die periphere Toleranz des Immunsystems (im Vergleich zur zentralen Immuntoleranz) durch ständige Kontrollmechanismen aufrechterhalten werden muss, um Autoaggressivität zu vermeiden, kann es jederzeit, z. B. im Rahmen von Infektionen, zu einem zeitlich begrenzten Verlust der Toleranz kommen. Dies ist dann mit dem Auftreten von Autoantikörper-Phänomenen im Serum und möglicherweise der Entstehung von Autoimmunerkrankungen verbunden.
Die Aufrechterhaltung der Toleranz des adaptiven Immunsystems gegenüber Autoantigenen ist ein sich ständig erneuernder notwendiger Mechanismus, um die Entwicklung einer permanenten Autoaggression zu vermeiden.

Autoimmunopathien

Autoimmunopathien sind gekennzeichnet durch eine Zerstörung körpereigener Gewebe infolge von autoaggressiven humoralen oder zellulären Immunmechanismen. Für die Entwicklung von Autoimmunopathien sind genetische Faktoren von zentraler Bedeutung. Zunehmend werden wichtige Umweltfaktoren, wie z. B. das Rauchen, in der Entwicklung von Autoimmunerkrankungen definiert. Auch Infektionen werden, wenn auch nicht bewiesen, bei einer genetischen Prädisposition als mögliche Initiatoren für die Entwicklung einer Autoimmunerkrankung diskutiert. Eine von Roitt vorgeschlagene Untergliederung in organspezifische und systemische Autoimmunerkrankungen weist fließende Übergänge auf (**Tab. 51.6**). Mechanismen, die für eine organspezifische bzw. systemische Autoimmunopathie verantwortlich sind, sind noch immer schlecht definiert. Diskutiert werden genetische Faktoren, unterschiedliche proinflammatorische Zytokine, die zu unterschiedlichen Zeitpunkten der Entwicklung einer Autoimmunerkrankung wirksam sind, und letztlich Autoantigene mit einer Spezifität für ein bestimmtes Organ.

Toleranz

Die zentrale Toleranz basiert auf der selektiven Aussortierung autoreaktiver T-Lymphozyten während der Entwicklung des Immunsystems. Ihr steht die periphere Toleranz gegenüber, wie erwähnt ein ständig aktiver Mechanismus, der vor allem T-Zellen daran hindert, eine Autoreaktion gegen körpereigene Substanzen zu initiieren. In unserem Repertoire der Zellen des adaptiven Immunsystems sind auch bei gesunden Personen autoreaktive B- wie T-Zellen nachweisbar, was die Notwendigkeit eines ständig aktiven toleranzinduzierenden Mechanismus auf T-Zell-Ebene nicht nur erklärt, sondern notwendig macht.

Abgeschirmte Autoantigene

Eine besondere Situation der Nichtreaktivität liegt vor, wenn Autoantigene eine privilegierte Stellung

Tab. 51.6 Epidemiologische Daten der wichtigsten Autoimmunopathien

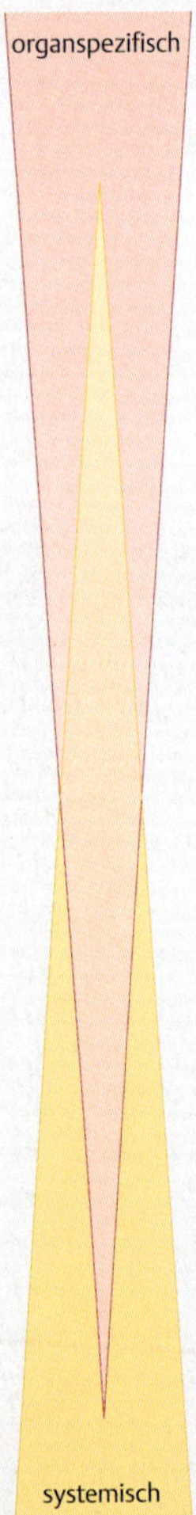

Autoimmunopathie	Prävalenz	Manifestationsalter	w : m
Hashimoto-Thyreoiditis	+++	40 – 60	9:1
Basedow-Thyreoiditis (Morbus Basedow)	+++	20 – 40	6:1
Diabetes mellitus Typ 1	+++	12 – 20	1:1
Morbus Addison	+	20 – 40	2:1
Glutenenteropathie (Zöliakie)	++	0,5 – 2, um 50	1:1
Typ-A-Gastritis (Perniziosa)	+++	60 – 70	3:2
Autoimmunhepatitis Typ 1, 2, 3	++	10 – 25, 50 – 60	3:1
primär biliäre Zirrhose (PBC)	+	> 35	9:1
Myasthenia gravis	+	20 – 30	3:1
multiple Sklerose (MS)	+++	um 30	3:2
Dermatitis herpetiformis Duhring (DHD)	++	20 – 40	1:1
Pemphigus vulgaris	+	40 – 60	1:1
chronisch diskoider Lupus (CDL)	+++	20 – 30	3:1
hämolytische Anämie	+	> 50	3:2
idiopathische Thrombopenie	+	20 – 40	4:1
Goodpasture-Syndrom	+	20 – 30, > 60	2:1
Sjögren-Syndrom (SS)	++	um 50	9:1
Spondylitis ankylosans (Morbus Bechterew)	+++	15 – 35	1:3
Riesenzellarteriitis (RZA)	++	> 50	1:1
Takayasu-Arteriitis (RA)	+	15 – 30	9:1
rheumatoide Arthritis (RA)	+++	35 – 50	3:1
progressive systemische Sklerose (PSS)	+	45 – 65	3:1
Polymyositis/Dermatomyositis (PM/DM)	+	45 – 65	2:1
systemischer Lupus erythematodes (SLE)	++	20 – 40	9:1
Churg-Strauss-Vaskulitis	+	40 – 60	1:1
Wegener-Granulomatose (Morbus Wegener)	+	30 – 50	1:1

Prävalenz: +++ = > 1:1 000, ++ = < 1:1 000, + = < 1:10 000

einnehmen und den Immunzellen unter normalen Bedingungen nicht zugänglich sind (Augenlinse, Herzgewebe, Spermien usw.). Gegenüber diesen Autoantigenen kann keine immunologische Toleranz aufgebaut werden. Bei Verletzung der natürlichen Schranken reagiert das Immunsystem wie auf das Eindringen von Xenoantigenen.

51.5.2 Epidemiologie und Pathogenese

Autoimmunreaktionen zählen nach den allergischen Reaktionen mit zu den häufigsten Erkrankungsursachen in den entwickelten Ländern (z. B. Diabetes mellitus Typ 1, rheumatoide Arthritis). In **Tab. 51.6** sind die epidemiologischen Daten der wichtigsten Autoimmunopathien zusammengefasst.

Genetische und konstitutive Risikofaktoren

Dass genetische Faktoren für die Entwicklung von Autoimmunerkrankungen von Bedeutung sind, wird durch eine **Häufung von Autoimmunopathien in Familien** unterstrichen. Für die Diagnose einer Autoimmunopathie ist daher eine sehr sorgfältige Erhebung der Familienanamnese notwendig. Zusätzlich bestehen Assoziationen mit Genen des MHC, die in **Tab. 51.7** exemplarisch für eine Reihe von Autoimmunopathien dargestellt sind.

Neben Genen lokalisiert im MHC auf dem Chromosom 6 sind in letzter Zeit Gene auf anderen Chromosomen beschrieben worden. So Gene auf dem Chromosom 1, die mit dem Auftreten eines systemischen Lupus erythematodes assoziierbar sind. Auch werden zunehmend Gen-Polymorphismen, z. B. von Zytokinrezeptoren beschrieben, die mit dem Auftreten von chronisch-entzündlichen Krankheitsbildern oder Autoimmunopathien einhergehen. Ein Beispiel sind Polymorphismen im Interleukin-23-Rezeptorgen, die mit dem Auftreten von Spondylarthropathien assoziiert sind.

Dass Autoimmunopathien sich besonders bei Frauen in der 3. Lebensdekade manifestieren, weist auf eine Rolle der Geschlechtshormone in der Entwicklung hin. Auf die Assoziation von Autoimmunopathien mit Immundefektsyndromen wurde bereits hingewiesen.

Umweltfaktoren

Chemische und pharmakologische Noxen: Induziert werden können Pemphiguskrankheiten nach Einnahme von Captopril, Penicillamin; SLE-Syndrome (s. S. 1124) nach Verabreichung von Azulfidine, Dihydralazin, Procainamid, Isoniazid, α-Methyldopa und Phenothiazinen; Symptome der kutanen wie systemischen Sklerose (s. S. 1126) nach Einnahme von Vinylchlorid, Silikaten, Tryptophan, Carbidopa, Bleomycin.

Vor allem für die Entwicklung einer rheumatoiden Arthritis wie auch für den SLE konnte nachgewiesen werden, dass Nikotin einen entscheidenden zusätzlichen Umweltfaktor darstellt.

Physikalische Noxen: Von größerer Bedeutung ist die Exposition mit UV-Licht, die zur Exazerbation kutaner Lupussyndrome beitragen kann.

Infektiöse Noxen: Akute und chronische Infekte gehen mit vielfältigen Autoimmunphänomenen einher. Beispiele sind das Auftreten von Rheumafaktoren und organspezifischen Autoantikörpern bei Tuberkulose oder infektiöser Mononukleose (EBV). Die wesentlichen Theorien zur Erklärung para- und postinfektiöser Autoimmunphänomene sind:

Tab. 51.7 HLA-assoziiertes Erkrankungsrisiko

Autoimmunopathie	HLA-Assoziation	relatives Risiko
Myasthenia gravis	HLA-B8	4 ×
Spondylitis ankylosans infektreaktive Arthritiden	HLA-B27	87 × 14 – 37 ×
multiple Sklerose Goodpasture-Syndrom	HLA-DR2	5 × 13 ×
Dermatitis herpetiformis	HLA-DR3	56 ×
rheumatoide Arthritis	HLA-DR4	6 ×
Hashimoto-Thyreoiditis	HLA-DR5	3 ×

- **Polyklonale Lymphozytenaktivierung:**
  - **lymphotrope Viren** der Herpesgruppe (CMV, EBV) induzieren eine polyklonale Stimulation der infizierten Lymphozyten und aktivieren dabei auch autoreaktive Zellen. Wie erwähnt, sind in der Regel Autoimmunphänomene infolge einer Infektion nachweisbar (s. S. 1078).
  - **bakterielle Superantigene:** Es handelt sich um hochaffine bivalente Proteine, die ohne den üblichen Weg der Antigenprozessierung bis zu 20% aller T-Zellen gleichzeitig aktivieren können (normale T-Zell-Antigene reagieren nur etwa mit einer von 100 000 Zellen). Durch Zytokine (IFN-γ, TNF und IL-2) werden weitere Immunzellen aktiviert
- **Kreuzreaktivität** (*engl.:* molecular mimikry): Strukturell ähnliche Antigene lösen ähnliche Immunreaktionen aus, vorausgesetzt, sie werden auf gleiche Weise prozessiert und präsentiert (MHC I bzw. MHC II). Im Rahmen von Infektionen wird das Immunsystem mit Xenoantigenen konfrontiert, die mit Autoantigenen gemeinsame Epitope aufweisen (d. h. kreuzreagieren). Werden diese Antigenstrukturen nun von APZ mittels MHC-II-Molekülen präsentiert (z. B. bei bakteriellen Infektionen), kann die bisherige periphere Toleranz gegenüber dem kreuzreaktiven Autoantigen aufgehoben werden. Beispiele: Poststreptokokkenkarditis, Antikörperbildung gegen die Blutgruppensubstanz I bei Mykoplasmeninfektion, postinfektiöse HLA-B27-assoziierte Arthritis.
- **Ektope MHC-II-Expression:** MHC-II-Moleküle werden von antigenpräsentierenden Zellen konstitutiv exprimiert, andere Zellen sind hierzu nur unter bestimmten Bedingungen befähigt, z. B. bei Einwirkung von IFN-γ. Aktivierte T-Lymphozyten geben das Zytokin bei Virusinfektionen an die Umgebung ab. Organspezifische Autoimmunkrankheiten, die nach Virusinfektionen auftreten, stehen sehr wahrscheinlich mit der verstärkten MHC-II-assoziierten Präsentation lokaler Autoantigene im Zusammenhang.

51.5.3 Klinik

Wie bei anderen konsumierenden Prozessen findet man **Allgemeinsymptome** wie Fieber, Abgeschlagenheit, unfreiwilligen Gewichtsverlust und Nachtschweiß. Die spezielle Symptomatologie hängt von der Art betroffener Organsysteme ab. Endokrine und hämatopoetische Insuffizienz, Hepatitis und andere hepatobiliäre Störungen, entzündliche Reaktionen der Haut, der Bewegungsorgane, des Gastrointestinaltrakts, der Nieren, der Lungen, des Herzens und des ZNS können Autoimmunopathien darstellen. Die Erkrankungen des rheumatischen Formenkreises und die primären Vaskulitiden werden als systemische Autoimmunopathien bezeichnet. Insbesondere wenn die klinischen Befunde nicht in ein typisches Schema passen, weil „offenbar unsystematisch" **unterschiedliche Organsysteme** in den Erkrankungsprozess **involviert** sind, sollte man an eine systemische Autoimmunkrankheit denken. Gar nicht selten sind sekundäre Autoimmunphänomene im Rahmen anderer Grundleiden zu finden, zum Beispiel bei Immundefekt und Neoplasie sowie bei medikamentösen, toxischen und infektiösen Einwirkungen. Auf die Beschreibung der einzelnen Krankheitsbilder wird an dieser Stelle verzichtet. Sie ist in den nach Organsystemen gegliederten Fachkapiteln zu finden.

51.5.4 Diagnostisches Vorgehen

Wegen der **Heterogenität** der unter pathophysiologischen Gesichtspunkten zusammengefassten Erkrankungen ist es nicht möglich, allgemeine Regeln zum diagnostischen Vorgehen aufzustellen. Zufallsbefunde oder bestimmte Symptomkonstellationen geben Anlass zu einer Verdachtsdiagnose. Im Zusammenhang mit direkten oder indirekten Autoimmunphänomenen (intravitale Zeichen, Autoantikörper, autoreaktive T-Lymphozyten, histologische bzw. immunhistochemische Zeichen, immungenetische Merkmale) wird die Diagnose gestellt. Vor allem der **Nachweis von Autoantikörpern** hat durch den Einsatz zuverlässiger moderner Techniken und umfangreicher epidemiologischer Untersuchungen einen hohen Stellenwert in der Diagnostik von Autoimmunkrankheiten erlangt. Als Markerantikörper (hohe Spezifität und Sensitivität) sind sie Bestandteil etablierter Diagnosekriterien (s. **Tab. 51.8**, **Tab. 51.9**). Dabei ist es unerheblich, ob sie kausal am Krankheitsgeschehen beteiligt oder nur typisch für das Krankheitsbild sind.

Unspezifische Antikörperphänomene (z. B. niedrigtitrige antinukleäre Faktoren, niedrigtitrige Rheumafaktoren) werden bei Rauchern, bei Einnahme von Ovulationshemmern, bei Infektionen und im Alter nachweisbar. Die Bestimmung der Krankheitsaktivität ist für das diagnostische und therapeuti-

Tab. 51.8 Immunfluoreszenzdiagnostik antinukleärer Antikörper bei systemischen Autoimmunopathien

	ANA	homogen	grob-granulär	nukleolär	Zentromer	nativ-DNA pos. Chrit.*
ANA-Screening (Testsubstrat: Rattenleber) ANA-Differenzierung (Testsubstrate: HEp_2, Chrit.)	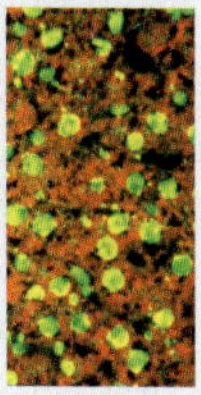	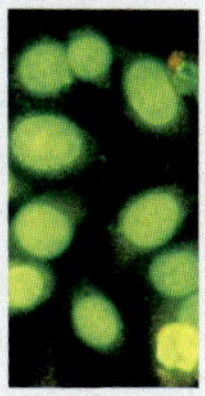	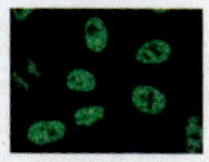 fein-granulär 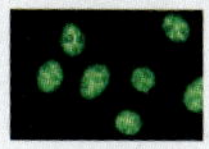	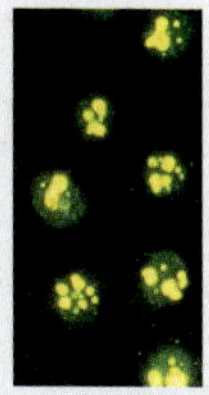	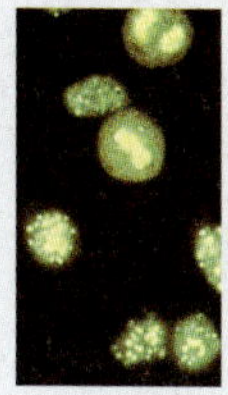	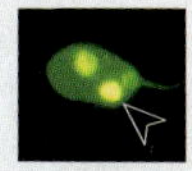 neg.Chrit. 
rheumatoide Arthritis (RA)	80 – 90 %	häufig	häufig	selten		
Sjögren-Syndrom (SS)	80 – 90 %	selten	häufig	selten		
arzneimittelinduzierter Lupus (drug-LE)	100 %	häufig	selten			
systemischer Lupus erythematodes (SLE)	95 %	häufig	häufig	selten	selten	60 %
MCTD (Sharp-Syndrom)	95 %	selten	häufig		selten	
progressive Systemsklerose (PSS)	98 %	häufig	selten	häufig	10 – 15 %	
CREST-Syndrom (limitierte Sklerose)	60 – 90 %				80 – 90 %	
Poly-/Dermatomyositis (PM/DM)	70 – 80 %	selten	selten	selten		
erfassbare Autoantigene:	nukleäre Antigene	ss-, ds-DNA, Histonproteine	*grob:* Sm, U1-RNP, SS-A *fein:* SS-B	Scl70, PM-Scl, RNA-Pol. I	Zentromerproteine A-E	Nativ-ds-DNA

**Häufigkeit positiver Testergebnisse bei indirekter Immunfluoreszenztestung von Patientenseren; möglicherweise zugrunde liegende Autoantikörperspezifitäten. Die Testsubstrate (Rattenleber, HEp_2 = humane Epithelzellen, Chrit. = Chritidia lucilliae) werden auf Objektträgern mit Serum inkubiert und gebundene Antikörper mit fluoreszenzmarkiertem Anti-Human-Antikörper detektiert. Auswertung durch Fluoreszenzmikroskopie. Bei Chritidia lucilliae färbt sich bei Vorliegen von Nativ-ds-DNA-Antikörpern das mit Pfeil markierte Riesenmitochondrium an. Darunter zum Vergleich negativer Befund.*

sche Vorgehen von grundsätzlicher Bedeutung. Bei niedriger Aktivität kann die Diagnose meist nicht mit hinreichender Sicherheit gestellt werden (Fehlen klinischer Zeichen, negative Autoimmunphänomene usw.). Zur Aktivitätsbestimmung dienen in erster Linie serologische Parameter wie Blutsenkung, CRP und Serumelektrophorese (α_2- und γ-Fraktion erhöht), die das Ausmaß der entzündlichen Aktivität erfassen, sowie typische klinische Zeichen und Autoantikörpertiter, sofern die Diagnose bereits bekannt ist.

Die **systematische Suche nach einer Autoimmunerkrankung** umfasst verschiedene Punkte. Zunächst erfolgt die Suche nach den **primär am Krankheitsprozess beteiligten Organen**. Auch bei den organspezifischen Autoimmunopathien können weitere

Tab. 51.9 Markerautoantikörper systemischer und organspezifischer Autoimmunopathien

Autoimmunopathie		Markerantikörper (Antigen)
rheumatoide Arthritis (RA) → s. S. 1108		Rheumafaktor (IgG-Fc) (ACPA)
Sjögren-Syndrom (SS) → s. S. 1128		Anti-SS-A (= Ro), Anti-SS-B (= La) Ribonukleoproteine
arzneimittelinduzierter Lupus (drug-LE) → s. S. 1125		Anti-Histon H1 – H4 (Histonproteine)
systemischer Lupus erythematodes (SLE) → s. S. 1124	+	Anti-ds-DNA, Anti-Sm (Smith-Antigen-Ribonukleoprotein)
MCTD (Sharp-Syndrom) → s. S. 1125		Anti-U1-RNP (Ribonukleoprotein)
progressive Systemsklerose (PSS) → s. S. 1126	(+)	Anti-Scl70 (DNA-Topoisomerase)
CREST-Syndrom → s. S. 1128		Anti-CEN P-B (Kinetochorprotein B)
Poly-/Dermatomyositis (PM/DM) → s. S. 1129		Anti-Jo1 (Histidyl-Synthetase)
Goodpasture-Syndrom → s. S. 294	+	Anti-Typ-IV-Kollagen
Morbus Wegener → s. S. 295	+	Anti-Proteinase 3
Phospholipidsyndrom	(+)	Phospholipidantikörper
hypokomplementämische MPGN I → s. S. 292	(+)	Anti-C4b2 a (= C 4-Nephritisfaktor)
hypokomplementämische MPGN II → s. S. 292	(+)	Anti-C3bBb (= C 3-Nephritisfaktor)
hypokomplementämische Urtikariavaskulitis	(+)	Anti-C 1 q (Komplementfaktor C1q)
Hemmkörperhämophilie → s. S. 370	+	Anti-VIII, IX, XI, XII, V (Gerinnungsfaktoren)
Morbus Addison → s. S. 575		Nebennierenrinden-Antikörper
Typ-1-Diabetes mellitus → s. S. 602		Inselzell-Antikörper Anti-Glutamatdecarboxylase
Myasthenia gravis		Anti-Acetylcholinrezeptor
Autoimmunhepatitis Typ 1 → s. S. 824		glatte Muskelzellantikörper
Autoimmunhepatitis Typ 2 → s. S. 824		Anti-LKM (Leber-Nieren-Mikrosomen)
primär biliäre Zirrhose → s. S. 826		Anti-M2 (Mitochondrienantigen)
Pemphigus vulgaris	(+)	Anti-Epithelzellen
Morbus Basedow → s. S. 523	(+)	Anti-TSH-Rezeptor
Hashimoto-Thyreoiditis → s. S. 525		Anti-Thyreoideaperoxidase
Typ-A-Gastritis → s. S. 709 f	(+)	Parietalzellantikörper
idiopathische Thrombozytopenie → s. S. 352	(+)	Anti-IIIa (Thrombozytenmembranglykoprotein)

+ kausal am Krankheitsgeschehen beteiligt, (+) wahrscheinlich kausal beteiligt

Organe betroffen sein, z. B. Morbus Basedow mit endokriner Orbitopathie oder das thyreogastrische Syndrom (Thyreoiditis mit Perniziosa). *Vorgehen:* Dokumentation aller geschilderten Beschwerden, internistischer, dermatologischer, neuropsychiatrischer, augenärztlicher Status, Basislabor, gezielte Autoantikörperdiagnostik, Aktivitätsmarker (BKS, CRP, Elektrophorese, Komplementverbrauch), Röntgenaufnahme des Thorax, EKG, Sonografie/Doppler-Sonografie von Abdomen, Herz und Gefäßen.

Dann beginnt die Suche nach **sekundären Schäden**, bedingt durch zirkulierende Immunkomplexe. Sie manifestieren sich bevorzugt in Gefäßprovinzen mit inhomogener Blutströmung. Sekundäre Vaskuli-

Tab. 51.10 Malignomrisiko von Autoimmunopathien

Autoimmunopathie	Malignom	relatives Risiko
Sjögren-Syndrom	(Speicheldrüsen-) NHL	44 ×
Hashimoto-Thyreoiditis	(Schilddrüsen-) NHL	67 ×
rheumatoide Arthritis	NHL	10 ×
Typ-A-Gastritis	Magenkarzinom	4 ×
Sklerodermie (PSS)	Lungenkarzinom	4 ×
Glutenenteropathie	(intestinales) NHL	40 ×

NHL = Non-Hodgkin-Lymphom

tiden und Glomerulonephritiden kommen vor allem im Rahmen systemischer Autoimmunopathien mit hoher Krankheitsaktivität vor, insbesondere bei rheumatoider Arthritis (RA) und SLE. *Vorgehen:* Zirkulierende Immunkomplexe im Serum, Kryoglobuline, Urinsediment, Kreatinin-Clearance und Proteinurie (24-Stunden-Urin), Augenhintergrund, Kapillarmikroskopie, ggf. Nierenbiopsie, ggf. weitere Gewebsproben und Angiografie.

Hilfreich ist auch die Suche nach einer **sekundären Defektimmunopathie**. *Vorgehen*: Infektmanifestation, Erregerart, Differenzialblutbild, Lymphozytentypisierung, Immunglobuline quantitativ, Komplementdiagnostik (C 3, C 4, CH50 und AP50).

Da Patienten mit Autoimmunerkrankungen ein hohes Risiko für **sekundäre Malignome** haben, sollte auch danach gesucht werden (Tab. 51.10). *Vorgehen:* engmaschige Verlaufskontrolle mit risikoorientierter Tumordiagnostik. Insbesondere muss überprüft werden, ob

- sekundäre paraneoplastische (nicht selten!),
- sekundäre parainfektiöse oder
- sekundäre Autoimmunphänomene im Rahmen einer anderen Immunopathie vorliegen.

Die Diagnose der primären Autoimmunopathie wird schließlich durch Vergleich der Befundkonstellation mit etablierten Diagnosekriterien mit höchster Wahrscheinlichkeit gestellt.

51.5.5 Therapie

Bei der Therapie von Autoimmunopathien ist zu berücksichtigen, dass Spontanremissionen und charakteristische wellenförmige Verläufe mit Remissionen und Exazerbationen vorkommen können.

einerseits die Indikation zu einer aggressiven, z. B. immunsuppressiven Medikation erschweren und andererseits die Beurteilbarkeit eines angewendeten Therapieprinzips erheblich einschränken. Die Aggressivität einer Medikation richtet sich vor allem nach der klinischen Symptomatik, nach dem Befall von lebenswichtigen Organen wie z. B. Niere, ZNS oder Herz. Vor allem systemische Autoimmunopathien sind per se potenziell lebensbedrohlich.

Die Behandlung von Autoimmun-Endokrinopathien orientiert sich an der Ersetzbarkeit der ausfallenden Organleistungen und beschränkt sich deshalb in der Regel auf eine gezielte Substitutionsbehandlung (z. B. Insulin, Schilddrüsenhormone) und gegebenenfalls die Gabe entzündungshemmender Medikamente. Selten wird die Anwendung von immunsuppressiv wirkenden Medikamenten notwendig. Zur therapeutischen Anwendung kommen.

- nicht steroidale Antiphlogistika, klassische wie moderne COX-2 Inhibitoren
- sog. krankheitsmodifizierende Medikamente (DMARD = disease modifying antirheumatic drugs)
- immunsuppressiv wirkende Medikamente inklusive Zytostatika
- immunmodulierende Medikamenten (sog. Biologika)
- Glukokortikoide, systemische oder lokal verabreicht

Nicht steroidale antiinflammatorische Medikamente (NSAID)

NSAID (nicht steroidale antiinflammatorische Medikamente) haben im Vergleich zu Glukokortikoiden eine geringere antiinflammatorische Potenz. Als Hemmstoffe der Zyklooxygenasen (COX1, COX2) verhindern sie die Produktion von Prostaglandinen, wodurch sich antipyretische, analgetische, thrombozytenaggregationshemmende und schleimhautschädigende Wirkungen erklären. Die antiinflammatorische Wirkung tritt erst bei höherer Dosierung ein und wird überwiegend durch Hemmung des COX2-Isoenzyms vermittelt, das im Rahmen autoreaktiver Entzündungsprozesse durch Zytokine und andere Mediatoren aktiviert und vermehrt wird. Hoch selektive Hemmstoffe der COX2 (Coxibe) vermitteln eine gezielte entzündungshemmende Wirkung. Bei einer Langzeitmedikation mit NSAID und COX-2-Inhibitoren ist auf die Entwicklung von Nieren- und Leberschäden, besonders auf Herz-Kreislauf-Toxizität inklusive einer Hypertonie, zu achten. Die unerwünschten Wirkungen von Substanzen wie Ibuprofen und Diclofenac auf Thrombozyten und gastrale Mukosa (Ulkusrisiko) sind Folgen der COX1-Hemmung.

Die Dosierungen sind in der Regel bei Ibuprofen 2 × 200 mg bis 3 × 800 mg, Diclofenac 3 × 50 mg bis 3 × 100 mg, Nabroxen 3 × 30 mg bis 3 × 40 mg Dauertherapie in Verbindung mit einem Magenschutzpräperat. Die Dosierung der COX-2 Inhibitoren richtet sich nach dem jeweiligen therapeutischen Molekül.

Glukokortikoide

Glukokortikosteroide sind ein fester Bestandteil in der Therapie von Autoimmun- und auch allergischen Krankheitsbildern. Auch bei einer Dauermedikation niedrig dosiert mit etwa 2,5 mg Prednisolon pro Tag ist mit einem Anstieg von Nebenwirkungen im Sinne einer Osteoporose, glukokortikosteroidinduziertem Diabetes mellitus, Hautveränderungen sowie Augenveränderungen zu rechnen. In den Akutbehandlung, z. B. bei systemischen Vaskulitiden oder SLE, werden über wenige Tage z. B. 500 mg/d. gegeben mit einer sich dann über Wochen anschließenden sukzessiven Dosisreduktion. Glukokortikosteroide sind in der Regel Bestandteil einer Kombinationstherapie mit DMARD, mit Biologika oder auch in einer Kombination mit NSAID.

Krankheitsverlaufmodifizierende Medikamente

engl. disease modifying antirheumatic drugs (DMARD)

Zu diesen Medikamenten zählen Chloroquinderivate, die bei einer geringen Krankheitsaktivität bei SLE, RA und anderen rheumatischen Krankheitsbildern indiziert sind. Zu beachten ist hier die mögliche Entwicklung einer Retinopathie. Zur Anwendung kommt auch Azulfidine, wobei zu bedenken ist, dass diese Substanz die Symptomatik eines SLE induzieren kann.

Goldsalze und D-Penicillamin werden vorwiegend wegen bekannter und schwerer Nebenwirkungen nur noch selten für die Therapie chronisch-entzündlicher und rheumatischer Krankheitsbilder angewandt.

Immunsuppressive Medikamente

Immunsuppressiva werden in der Regel in Kombination mit einer niedrig dosierten Gabe von Glukokortikosteroiden bzw. mit biologisch wirksamen Substanzen angewandt.

- **Klassische Immunsuppressiva:** Ciclosporin A (CsA), Tacrolimus (FK506) und Leflunomid greifen durch Synthesehemmung von IL 2 und IL 2-Rezeptor in die autokrine und parakrine T-Zell-Aktivierung ein. Die Expansion antigenspezifischer T-Zell-Klone wird unterdrückt. Die Medikamente werden eingesetzt bei RA, SLE und anderen systemischen Autoimmunkrankheiten, außerdem zur Prophylaxe einer GVH-Reaktion (s. S. 1106). Kontrolle von Blutdruck und Nierenfunktion, Gefahr eines EBV-induzierten B-NHL durch Suppression der T-Zell-Immunität).
- **Antimetaboliten:** Methotrexat (MTX) und Azathioprin (Imurek) haben indirekte immunsuppressive Wirkungen durch Inhibition der Zellproliferation (Lymphozyten proliferieren rasch!).

> **!** **Azathioprin nicht mit Allopurinol kombinieren (→ schwere Knochenmarkdepression.)**

- **Zytostatika:** Cyclophosphamid wird bei aggressiven Krankheitsverläufen (SLE, Morbus Wegener, Mittel der Wahl bei sympathischer Ophthalmie) entweder als Stoßtherapie oder orale Dauertherapie verabreicht. In therapierefraktären Situationen wird auch Chlorambucil gegeben. Engmaschige Blutbildkontrollen!

Immunmodulierende Medikamente (sog. Biologika)

In diesen Bereich gehört die Behandlung mit einer hochdosierten Immunglobulingabe sowie die Gabe von Fusionsproteinen und **monoklonalen Antikörpern** gegen proinflammatorische Zytokine sowie Oberfächenmoleküle autoaggressiver B- und T-Zellen. Zusätzlich kommen neuerdings auch sog. **Small Molecules** vermehrt in die klinische Erprobung, die bestimmte Signaltransduktionswege intrazellulär blockieren können. Neben der Inhibition entzündungaggressiver Zytokine und Zellen kommen zusätzlich Zytokine zur Anwendung, wie Interferon-β oder Interleukin-10. Sie führen zu einer Downregulation autoaggressiver Entzündungsmechanismen.

Die erfolgreiche Gabe von gepooltem, polyvalenten **7S-Humanimmunglobulin** ist bei autoimmunologisch bedingter Hämozytopenie gesichert, insbesondere beim Morbus Werlhof (s. S. 352). Die hochdosierten Antikörper binden an freie Fc-Immunglobulinrezeptoren der Phagozyten und blockieren hierdurch die Immunphagozytose opsonisierter Blutzellen (Blockade des MMS, s. S. 1064). Gepooltes Immunglobulin wird auch beim Kawasaki-Syndrom (eine primäre Vaskulitis mittelgroßer Gefäße) sowie beim Guillain-Barré-Syndrom (GBS) mit Erfolg eingesetzt. Für die Anwendung bei anderen Autoimmunopathien gibt es keine kontrollierten Therapiestudien.

Therapie mit **Anti-Lymphozyten und Anti-Thymozyten-Globulin**, werden unter anderem bei der Therapie der aplastischen Anämie sowie im Rahmen einer hämatologischen Stammzelltransplantation eingesetzt.

Monoklonale Antikörper gegen den Tumornekrosefaktor α haben das Therapierepertoire für Patienten mit unterschiedlich chronisch verlaufenden rheumatischen Krankheitsbildern (RA, ankylosierende Spondylitis, idiopathische juvenile Arthritis) signifikant gebessert. Neben einem chimerischen anti-TNF alpha-Antikörper (Remicade®) stehen für die Klinik ein humaner monoklonaler Antikörper (Humira®) sowie ein Fusionsprotein (Enbrel®) bestehend aus dem TNFα-Rezeptor P55 und dem Fc-Bestandteil eines menschlichen Immunglobulins zur Verfügung. Monoklonale Antikörper gegen TNFα werden ebenfalls mit Erfolg bei unterschiedlichen Hauterkrankungen wie der Psoriasis und bei chronisch entzündlichen Darmerkrankungen wie dem Morbus Crohn eingesetzt.

In der Regel werden die gegen das TNFα-Molekül gerichteten biologischen Substanzen in einer Kombination mit Methotrexat gegeben. Da nur etwa 60 % von Patienten mit unterschiedlichen entzündlich-rheumatischen Krankheitsbildern eine signifikant klinische Besserung auf die Gabe von TNFα-Blockern zeigen, sind weitere Biologika in der Entwicklung, die sich gegen unterschiedliche proinflammatorische Zytokine, Zytokin-Rezeptoren und pro-inflammatorische Zellen richten. Zugelassen ist ein chimerisierter monoklonaler Antikörper gegen den Interleukin-6 Rezeptor (Tocilizumab®) für die Therapie der rheumatoiden Arthritis. Interessanterweise kann ein Patient, der auf einen Antagonisten gegen TNFα nicht die gewünschte Wirkung zeigt, von einem Wechsel auf einem anderen TNFα-Blocker profitieren.

Das **Fusionsprotein CTLA-4** mit einem Fc-Teil eines menschlichen Immunglobulins (Orencia®) unterbindet die Interaktion zwischen CD 80, CD 86 Oberflächenmolekülen auf antigenpräsentierenden Zellen und dem CD 28 Molekül auf T-Zellen. Es wurde sehr erfolgreich in die Therapie der rheumatoiden Arthritis eingebracht. Derzeit laufen Studien bei Patienten mit SLE.

Konzepte einer gegen B-Zell-gerichteten Immunintervention haben zum Ziel, entweder autoreaktive B-Zellen zu depletieren, zu modulieren bzw. zu einer Revision des B-Zell-Rezeptors zu führen. Für die Therapie der rheumatoiden Arthritis ist **Rituximab** zugelassen. Es handelt sich hierbei um einen depletierenden Antikörper, der gegen das CD 20 Oberflächenmolekül von B-Zellen gerichtet ist. Weitere monoklonale Antikörper gegen das CD 22 (Ebratuzumab®) sowie eine Blockade von BAFF/APRIL werden derzeit in Studien erprobt. Anzumerken ist, dass Rituximab langlebige Plasmazellen nicht eliminiert. Rituximab hat sich auch in der Medikation der multiplen Sklerose, einer eher T-Zell-vermittelten Autoimmunopathie, als sehr effektiv erwiesen. Dieses Beispiel zeigt, dass das Wissen über den exakten Mechanismus der zur klinischen Anwendung kommenden monoklonalen Antikörper und Fusionsproteine noch lückenhaft ist.

Weitere monoklonale Antikörper, z. B. gegen die P40 Subunit von IL 12 und IL 23, haben sich als wirkungsvoll in der Therapie der Psoriasis und der Psoriasisarthritis erwiesen. Zusätzlich ist eine Reihe monoklonaler Antikörper und Fusionsproteine zur Therapie chronisch-entzündlicher Krankheitsbilder derzeit in einer klinischen Studie Phase III.

Sog. **Small Molecules**, die in die intrazellulären Signaltransduktionsmechanismen eingreifen, werden ebenfalls getestet. Erfolgreich – wenn auch bislang nur in Studien – wurde gezeigt, dass eine Inhibition des Proteasoms bzw. von Tyrosin-Kinasen und des Signalmoleküls STAT 3 mögliche und neue Therapieprinzipien für eine effektive Behandlung von Autoimmunopathien darstellt. Kürzlich wurde berichtet, dass die Inhibition eines Proteinase-Rezeptors sehr gute klinische Ergebnisse bei der multiplen Sklerose gezeigt hat. Besonders in diesem Bereich der Entwicklung von oral zu verabreichenden Medikamenten sind neue und effektive Therapieverfahren für Autoimmunopathien zu erwarten.

Die **Gabe von Zytokinen**, so die Medikation mit Interferon-β, ist bei einer schubförmigen und progredienten Sklerodermie zugelassen. Unter den Zytokinen ist das β-Interferon (→ Typ-1-Interferon) bei schubförmiger und sekundär progredienter multipler Sklerose verfügbar. Als Nebenwirkungen treten vor allem grippeartige Symptome auf, deshalb zusätzlich Paracetamol geben.
Bei Patienten mit systemischen Autoimmunopathien, die schwer therapiebar sind (z. B. Sklerodermie), oder die sich refraktär gegenüber den zur Verfügung stehenden Medikamenten zeigen (z. B. SLE), gibt es Studien, bei denen versucht wird, das Krankheitsbild durch eine autologe Stammzelltransplantation unter Verwendung bestimmter Konditionierungsverfahren zu bessern. So konnte am Beispiel des SLE gezeigt werden, dass sich bei Patienten mit einem therapierefraktären SLE mit diesem Therapieverfahren langzeitige und medikationsfreie Remissionen erzielen lassen. Mit diesem Therapieprinzip werden langlebige Plasmazellen in gleicher Weise eliminiert wie durch die Anwendung von **Proteasom-Inhibitoren.** Das Proteasom ist ein Proteinkomplex im Zytoplasma der Zelle und wichtig für den Abbau von Proteinen, gleichzeitig ist das Proteasom ein Regulator intrazellulärer Signaltransduktionsmechanismen. Aufgrund von Ergebnissen aus der Anwendung von Proteasom-Inhibitoren (z. B. Velcade) bei dem multiplen Myelom werden derzeit Inhibitoren des Proteasoms als neues Therapeutikum bei therapierefraktären Autoimmunerkrankungen, z. B. dem systemischen Lupus erythematodes und der rheumatischen Arthritis, getestet.

Sonstige Behandlungsverfahren

Physikalische Maßnahmen. Die Plasmapherese ist ein Verfahren zum unspezifischen Austausch von Plasmaeiweiß. Etwa 20% davon entspricht der Immunglobulinfraktion, die auch die krankheitsrelevanten Autoantikörper enthält. Die entzogene Eiweißfraktion wird mit Albumin oder Fresh Frozen Plasma (FFP) ersetzt. Eine zeitgleiche hochdosierte Glukokortikoidbehandlung und die Einleitung einer immunsuppressiven Behandlung sichert den Langzeiterfolg. Die Gabe von 7S-Immunglobulin nach Abschluss der „Blutwäsche" kann ein Rebound-Phänomen mit gesteigerter Autoantikörperbildung eventuell verhindern. Das Verfahren wird bei kausaler Beteiligung von Autoantikörpern am medikamentös nicht beherrschbaren Krankheitsgeschehen eingesetzt. Gesicherte Indikationen: Goodpasture-Syndrom, Typ IVa und IVb der Lupusnephritis (WHO-Klassifikation), vital bedrohliche autoreaktiv bedingte Hämozytopenien, Hyperviskositätssyndrom und Guillain-Barré-Syndrom.

Substitutive Behandlungsverfahren. Hierzu zählt die Gabe von Hormonen bei Insuffizienz endokriner Drüsen, die Substitution von Blutbestandteilen und die Organersatztherapie. Dialyse bei terminaler Niereninsuffizienz, Nierentransplantation (z. B. nach Lupusnephritis), HSC-Transplantation (bei aplastischer Anämie) und die Lebertransplantation (bei akutem Leberversagen im Rahmen einer Autoimmunhepatitis) sind die wichtigsten Organersatzmaßnahmen bei Autoimmunkrankheiten.

51.6 Periodische Fiebersyndrome – autoinflammatorische Syndrome

Autoinflammatorische Syndrome oder heriditäre periodische Fiebersyndrome sind gekennzeichnet durch

- rezidivierende Fieberschübe,
- Manifestationen im Haut- und Schleimhautbereich sowie
- entzündliche Gelenkerkrankungen.

In der Regel besteht eine ausgeprägte serologische Entzündungskonstellation mit einer Erhöhung des Serumamyloids. Monogene Erkrankungen, bei denen Vererbungsmodus und Genmutationen bekannt sind, werden von polygenen Erkrankungen mit Symptomen wie bei klassischen autoinflammatorischen Syndromen unterschieden. Bei den monogenen Erkrankungen (FMF, TRAPS, HIDS, CAPS, pyogene Arthritis, Akne, Papa-und-Blau-Syndrom) sind Mutationen in Genen beschrieben worden, die zu einer **vermehrten Produktion von Interleukin-1β** führen. Als mögliche autoinflammatorische Erkrankungen werden auch der Morbus Still im Kindes- und Erwachsenenalter sowie der Morbus Behçet diskutiert. In der Regel sind diese Syndrome optimal mit **Anakinra**, einem IL-1 Rezeptor-Antagonisten zu therapieren. Erwähnenswert ist auch, dass mit Anakinra eine optimale wenn auch nicht ganz billige Medikation für die Gicht, auch für akute Gicht-Anfälle zur Verfügung steht. Die Wirkung wird durch eine Inhibition des **Inflammasoms** durch die Blockade von IL-1β erklärt. Das Inflammasom ist ein zytosolischer Proteinkomplex, der durch exogene Faktoren aktiviert wird und durch die Spaltung von Kaspase 1 das proinflammatorische Zytokin Interkeukin-1 beta aktiviert.

51.7 Immunologische Prinzipien von Transfusion und Transplantation

Die Übertragung vitaler Zellen, Gewebe und Organe dient in der Regel dazu, ausfallende oder extrem eingeschränkte Vitalfunktionen zu verbessern. Werden nicht regenerationsfähige Blutzellen auf ein anderes Individuum übertragen, spricht man von einer **Transfusion**. Die Übertragung von teilungsfähigen Zellen, Gewebsverbänden oder Organen bezeichnet man als **Transplantation**. Dabei ergeben sich immunologische Probleme aufgrund individuell unterschiedlicher Gewebsantigene (Alloantigene). Bei der Abwehr inkompatibler Blutzellen (Transfusionsreaktion) stehen Antikörperwirkungen im Vordergrund, während die Abstoßung transplantierter Gewebe (Host-versus-Graft-Reaktion) vorwiegend durch alloreaktive T-Lymphozyten (DTH- und zytotoxische T-Zellen) vermittelt wird. Die Graft-versus-Host-Reaktion als Immunreaktion transplantierter Zellen gegen den Wirt wird auf S. 1106 beschrieben.

51.7.1 Grundlagen der Transfusionsimmunologie

Blutgruppenantigene

Major-Antigene

AB0-System. Die Antigene A, B und H sind Glykolipide auf Erythrozyten, Epithel- und Endothelzellen und bei über 80% der Bevölkerung in Körpersekreten (z. B. Speichel) zu finden. Grundbaustein des AB0-Blutgruppensystems ist die H-Substanz, die durch Glykotransferase (A oder B) weiter modifiziert wird. Gegen im eigenen Organismus nicht gebildetes A- oder B-Antigen entwickeln T-Zell-unabhängige B-Lymphozyten im Lauf des ersten Lebensjahres Antikörper des IgM-Isotyps (**Tab. 51.11**), ohne jemals mit dem Zielantigen in Kontakt zu kommen (sog. „natürliche Antikörper"). Kommt das Immunsystem später bei inkompatibler Transfusion tatsächlich in Kontakt mit der allogenen Blutgruppensubstanz, werden IgG-Antikörper gebildet.

Tab. 51.11 Antigene und Antikörper des AB0-Blutgruppensystems

Genotyp	Phänotyp	Antikörper
AA	A	Anti-B
A0	A	Anti-B
BB	B	Anti-A
B0	B	Anti-A
AB	AB	keine Antikörper
00	0	Anti-A, Anti-B
A_1A_1,	A_1 (hohe A-Dichte)	Anti-B
A_10	A_1 (hohe A-Dichte)	Anti-B
A_1A_2	A_2 (niedrige A-Dichte)	Anti-B, Anti-A,
A_2A_2,	A_1B (hohe A-Dichte)	keine Antikörper
A_20	A_2B (niedrige A-Dich-	Anti-A_1
A_1B	te)	
A_2B		

Die A-Eigenschaft wird weiter unterteilt in A_1 (hohe Dichte des A-Antigens) und A_2 (niedrige Dichte, bei 20% aller A-Individuen). Die Eigenschaft A_1 ist dominant gegenüber A_2 und verfügt über zusätzliche Epitope, die sich aufgrund der hohen Dichte in unmittelbarer Umgebung des A-Antigens ergeben. Individuen mit der phänotypischen Eigenschaft A_2 haben deshalb gelegentlich natürliche Antikörper gegen A_1.

> **!** Während im Labor Blutgruppenbestimmung und Kreuzprobe durchgeführt werden können, erfolgt im sog. Bedside-Test lediglich die nochmalige Überprüfung der Übereinstimmung des AB0-Systems von Blutkonserve und Empfänger. Bedside-Test und Gabe von Blutkonserven ist eine ärztliche Aufgabe, die nicht an Dritte delegierbar ist.

Rhesusantigene. Sie sind nur auf Erythrozyten zu finden (über 30 verschiedene Allelvarianten). Die aktuelle Nomenklatur nach Fisher-Race enthält die Eigenschaften c, d, e, C, D, E. Das D-Antigen wird dominant vererbt und ist von allen Spezifitäten das stärkste Immunogen und deshalb bei Bluttransfusionen von größter Bedeutung. Die Eigenschaft D ist schon für sich allein gleichbedeutend mit „Rhesus positiv", fehlt sie (= d), lautet die Rhesusgesamtformel „Rhesus negativ". Etwa 15% der Bevölkerung sind „Rhesus negativ". Natürliche Antikörper gegen Rhesusantigene analog zum AB0-System sind nicht bekannt. Zur Sensibilisierung gegen Rh-Antigene

(Bildung von IgG-Antikörpern) kommt es im Zusammenhang mit rhesusinkompatibler Transfusion, bei freiwilligen Impfungen von Männern zur Gewinnung von Rhesusseren oder bei Geburt eines Rh^+-Kindes einer Rh^--Mutter, wenn fetale Erythrozyten in den mütterlichen Blutkreislauf übertreten. Bei erneuter Schwangerschaft mit einem Rh^+-Kind kommt es zu einer intrauterinen hämolytischen Anämie wegen des transplazentaren Übertritts der mütterlichen IgG-Antikörper.

Minor-Antigene

Minor-Antigene haben im Hinblick auf Transfusionsinkompatibilität nur eine untergeordnete Bedeutung. Gegen sie werden, abgesehen von den Lewis-Antigenen, keine natürlichen Antikörper gebildet. Die Sensibilisierung erfolgt entweder bei Transfusionen oder in der Schwangerschaft. Selten kommt es bei Inkompatibilitäten folgender Systeme zu Transfusionsreaktionen:

- Lewis-System: Le_a und Le_b (kodominant)
- MN-System: M und N (kodominant)
- Ss-System: S und s
- Kell-System: K und k
- Duffy-System: Fy_a und Fy_b (kodominant)

Symptomatologie der Transfusionsreaktionen

Transfundierte inkompatible Blutzellen werden entweder intravasal hämolysiert oder beschleunigt phagozytiert (Opsonisierung). Folgende immunologische Reaktionen sind von klinischer Bedeutung:

Hämolytische Reaktion: schwerwiegendste Folge einer Bluttransfusion, entweder durch AB0-Inkompatibilität, Rh-Inkompatibilität (D-Antigen ist stärkstes Blutgruppenantigen überhaupt) oder einer Minor-Inkompatibilität des Kell- oder Duffy-Faktors. Innerhalb weniger Minuten nach Beginn der Transfusion kommt es zu Kopfschmerzen, Übelkeit, Erbrechen, generalisierten Muskelschmerzen und Anstieg der Körpertemperatur mit Schüttelfrost. Akuter Kreislaufschock mit Nierenversagen und Verbrauchskoagulopathie kennzeichnen den weiteren Verlauf. Die Transfusion muss sofort abgebrochen und eine Schockbehandlung eingeleitet werden.

Febrile Transfusionsreaktion: Meist Folge der Antikörperbildung gegen Minor-Blutgruppen, deshalb sollten wiederholte Transfusionen mit Minor-Inkompatibilitäten vermieden werden. Wird auch nach Thrombozytengabe beobachtet, hat bei einer HLA-Sensibilisierung ebenfalls Bedeutung.

Allergische Reaktionen: Sämtliche Schweregrade einer Anaphylaxie von leichtgradiger Quaddelbildung bis zum Kreislaufschock wurden bei Transfusionen beobachtet (vgl. **Tab. 51.5**). Die Ursache können entweder mitübertragene Antigene sein, gegen die der Patient sensibilisiert ist, oder übertragene Spender-IgE-Antikörper, die mit Antigenen im Organismus des Empfängers reagieren. Ein geläufiges Phänomen ist die reversible, durch eine Transfusion übertragene Pollenallergie.

Besonderheiten bei Thrombozytentransfusionen: Thrombozyten exprimieren zwar die Major-Antigene A, B und H (= Blutgruppe 0), dennoch werden sie bei AB0-inkompatibler Transfusion weder zerstört noch in ihrer Funktion beeinträchtigt. Die Ursache ist unbekannt. Rhesusantigene kommen auf Thrombozyten nicht vor, ebenso MHC-Klasse-II-Moleküle. Dagegen sind MHC-Klasse-I-Moleküle auf Thrombozyten konstitutiv. Hauptprobleme bei der Thrombozytensubstitution ist das Risiko der HLA-Sensibilisierung (s. S. 1105). Spätere Transfusionen von Thrombozyten sind dann weniger effektiv und falls eine Transplantation ansteht, ist das Risiko einer Abstoßungsreaktion erhöht. Aufgrund der üblichen Kontamination der Präparate mit Leukozyten sind auch Sensibilisierungen gegen MHC-Klasse-II-Moleküle zu erwarten.

51.7.2 Grundlagen der Transplantationsimmunologie

Man unterscheidet die immunologisch unproblematische Transplantation im autologen und syngenen System, von der allogenen Transplantation zwischen genetisch verschiedenen Individuen.

Transplantationsantigene

Major-Antigene der Transplantation. Es handelt sich um die HLA-Antigene (engl.: **h**uman **l**eucocyte **a**ntigens), die auch als MHC-Moleküle bezeichnet werden. Ihr Polymorphismus in der Bevölkerung wird von keinem anderen menschlichen Gen übertroffen. Die Moleküle beider MHC-Klassen sind Heterodimere, jeweils drei Isoformen werden in beiden Klassen kodiert und kodominant exprimiert. Die Isoformen der Klasse I werden mit A, B und C bezeichnet, die der Klasse-II-Moleküle mit DP, DQ und DR. Jedes Individuum exprimiert zwischen 3 und maximal 6 unterschiedliche Klasse-I- und -II-Heterodimere. Aufgrund der gekoppelten Vererbung des gesamten MHC-I- und -II-Locus werden sog. **HLA-Haplotypen** en bloc vererbt. HLA-Haplotypen sind die auf einem Chromosom in enger Nachbarschaft kodierten Sequenzen aller MHC-Moleküle (Rekombinationsfrequenz mit dem Schwesterchromosom < 1%). Mit Kenntnis des HLA-Typs der Eltern ist es deshalb möglich, die Haplotypen eines Individuums anzugeben.

Minor-Antigene der Transplantation. Es gibt offenbar auch außerhalb des MHC Histokompatibilitätsantigene, da auch bei Transplantation zwischen voll HLA-kompatiblen Individuen GVH-Reaktionen vorkommen.

Bedeutung der Gewebetypisierung

Bei Transplantation solider Organe ist die AB0-Kompatibilität wichtiger als die Übereinstimmung der HLA-Antigene (AB0-System auch auf Endothelzellen). Unter den HLA-Antigenen ist das **Klasse-II-DR-Antigen** am wichtigsten. Seit der Verfügbarkeit wirkungsvoller Immunsuppressiva zur Verhinderung der Transplantatabstoßung werden auch hämatopoetische Stammzellen über HLA-Grenzen hinweg transplantiert. Die Chance, in den derzeit verfügbaren Spenderdateien einen zumindest haploidentischen Fremdspender zu finden, liegt heute zwischen 30 und 50%. Unter Geschwistern beträgt die Wahrscheinlichkeit eines vollkompatiblen Spenders 25%.
Drei unterschiedliche Verfahren der HLA-Typisierung sind gebräuchlich:
Serologische Gewebetypisierung mithilfe menschlicher Antiseren (von HLA-sensibilisierten Multipara) oder mit monoklonalen Antikörpern. Die Zahl erfassbarer Spezifitäten ist durch die limitierte Zahl verfügbarer Seren begrenzt.
Eine **PCR-gestützte molekulargenetische Typisierung** erfolgt durch Sequenzierung amplifizierter Genabschnitte des MHC. Mit dieser Methode können Abweichungen der MHC-Moleküle in einer einzigen Aminosäure nachgewiesen werden.
Die **gemischte Lymphozytenkultur** (MLR, *engl.:* **m**ixed **l**ymphocyte **r**eaction) ist ein Globaltest zur Gewebeverträglichkeit, da derzeit nicht alle theoretisch möglichen HLA-Spezifitäten im Rahmen der HLA-Typisierung erfasst werden können. Zur Beurteilung des Abstoßungsrisikos wird die Proliferation der Empfängerlymphozyten durch Zugabe bestrahlter oder Mitomycin-C-behandelter Spenderlymphozyten gemessen. Will man das GVH-Risiko erfassen (z. B. vor Transplantation von humanen Stammzellen), wird der Ansatz umgekehrt und die Proliferation der Spenderlymphozyten gemessen. Die MLR hat nur bei Lebendspendern Bedeutung, da sie mehrere Tage in Anspruch nimmt.

Transplantatabstoßungsreaktion

Pathogenese. Drei immunologische Mechanismen werden unterschieden:

- Etwa 5% aller verfügbaren T-Lymphozyten werden durch die körperfremden MHC-Moleküle des Transplantats direkt aktiviert. Sie reagieren mit der Freisetzung von Zytokinen und unmittelbarer Zytotoxizität, einschließlich der Induktion von Apoptose.
- Die MHC-Moleküle des Transplantats werden regulär in den antigenpräsentierenden Zellen des Empfängers prozessiert und präsentiert. DTH-Lymphozyten werden aktiviert und setzen IL-2, IFN-γ und TNFα frei, die weitere Effektorzellen der angeborenen Immunabwehr aktivieren (Typ-4-Reaktion, s. S. 1089).
- Zytotoxische HLA-Antikörper entstehen infolge einer HLA-Sensibilisierung und bewirken eine komplementvermittelte Lyse transplantierter Zellen (Typ-2-Reaktion, s. S. 1088).

Die Transplantatabstoßungsreaktion wird durch antiinflammatorische und immunsuppressive Behandlung wirksam unterdrückt. Bei Verminderung der Immunsuppression kann es zur akuten Abstoßungsreaktion kommen. Herz-, Nieren- und Lebertransplantate verursachen seltener eine Abstoßungsreaktion als Haut- und Knochenmarktransplantate.

Klinischer Verlauf. Drei Formen werden unterschieden:
Hyperakute Transplantatabstoßung durch zytotoxische Antikörper: Sie manifestiert sich innerhalb weniger Stunden. Häufig ist diese Form nach Polytransfusion (leukozytenkontaminierte Konzentrate, HLA-Klasse-I auf Thrombozyten), nach Mehrfachschwangerschaft oder vorausgegangener Transplantation anzutreffen. Konsequenz: möglichst wenig Bluttransfusionen, dabei Verwendung von Leukozytenfiltern, auf keinen Fall Konserven von verwandten Spendern. *Therapieoptionen:* keine.
Akute Transplantatabstoßung: Bei HLA-Inkompatibilität und unzureichender immunsuppressiver Therapie. Sie tritt wenige Tage nach Transplantation auf. *Therapieoptionen:* Glukokortikoide, Anti-Lymphozy-

ten-Globulin, Anti-CD 3-Antikörper (pan-T), Anti-CD 25-Antikörper (gegen IL 2-Rezeptor), Azathioprin, Cyclophosphamid, Ciclosporin A, Tacrolimus (FK506).

Chronische Transplantatabstoßung: Sekundärer, progredienter Verlust der Organleistung, Wochen bis Monate nach zunächst erfolgreicher Transplantation. Da bereits irreversible postentzündliche Veränderungen vorliegen, ist eine immunsuppressive Behandlung nicht indiziert. *Therapieoptionen:* Retransplantation.

Graft-versus-Host-Erkrankung

engl.: graft versus host disease, GVHD

Pathogenese. Die allogene Transplantation hämopoetischer Stammzellen unterscheidet sich von anderen Gewebeverpflanzungen durch die massive Immunsuppression des Empfängers (z. B. Immundefekte, Knochenmarkaplasie, Leukämie). Es besteht deshalb ein erhebliches Risiko, dass immunkompetente T-Lymphozyten des Transplantats vom Empfänger nicht abgewehrt werden können und sich im Empfängerorganismus etablieren und ausbreiten. Analog zur Transplantatabstoßung entwickelt sich die Transplantat-gegen-Wirt-Reaktion. Die GVH-Erkrankung wird auch in folgenden Situationen erworben:

- Übertragung vitaler Lymphozyten bei Bluttransfusion auf Patienten mit T-zellulärem Immundefekt (Konsequenz: bestrahlte Konserven geben, nicht erforderlich bei AIDS, da das HI-Virus auch die allogenen T-Zellen zerstört)
- maternofetale, peripartale Übertragung vitaler Lymphozyten auf Kinder mit Immundefekterkrankung (*Therapieoptionen:* keine, Verlauf infaust)
- Übertragung vitaler Lymphozyten bei Gabe von Blutkonserven von Verwandten mit sehr ähnlichem HLA-Typ. Aufgrund zu geringer HLA-Unterschiede werden die Spenderlymphozyten nicht ausreichend abgewehrt (Konsequenz: keine Konserven von Verwandten, *Therapieoption:* immunsuppressive Therapie)

Die immunologischen Reaktionsmechanismen der GVHD sind bislang ungeklärt. Es wird vermutet, dass die Reaktion hauptsächlich durch nicht MHC-restringierte γ/δ-T-Lymphozyten vermittelt wird.

Klinischer Verlauf. Man unterscheidet die **hyperakute**, die **akute** und die **chronische** GVHD. Die Erkrankung tritt meist als akute GVHD etwa 7 – 30 Tage nach Übertragung der fremden Lymphozyten klinisch in Erscheinung. Mögliche Symptome sind Hepatitis, Dermatitis, Enteritis, Karditis, Pneumonitis und ZNS-Manifestationen. Das Immunsystem selbst ist Ziel der GVH-Reaktion, sodass eine massive Immunsuppression eintritt, die sich weiter durch die notwendige immunsuppressive Behandlung verschärft. Meist versterben die Patienten an einer nicht beherrschbaren Sepsis.

Therapieoptionen. Glukokortikoide, Ciclosporin A, Tacrolimus, Denileukin Difitox (Ontak, ein Konjugat von Interleukin-2 und Diphterietoxin), anti-CD 25-Antikörper (CD 25 = Interleukin-2-Rezeptor): chimär: Basiliximab (Simulect), humanisiert: Daclizumab (Zenupax), anti-CD 20-Antikörper: Rituximab (MabThera), Anti-Lymphozyten-Globulin, Thalidomid, Mycophenolat motefil, bei Darm-GVH auch anti-TNF-Antikörper: Infliximab (Remicade), Photopharese. Derzeit laufen Studien mit in vitro propagierten, regulatorischen T-Zellen, um die GVHD nach Knochenmarktransplantation zu unterdrücken, ohne dass es zu einer negativen Beeinträchtigung der Graft-versus-leukemia-Reaktion kommt.

Rheumatologie

N

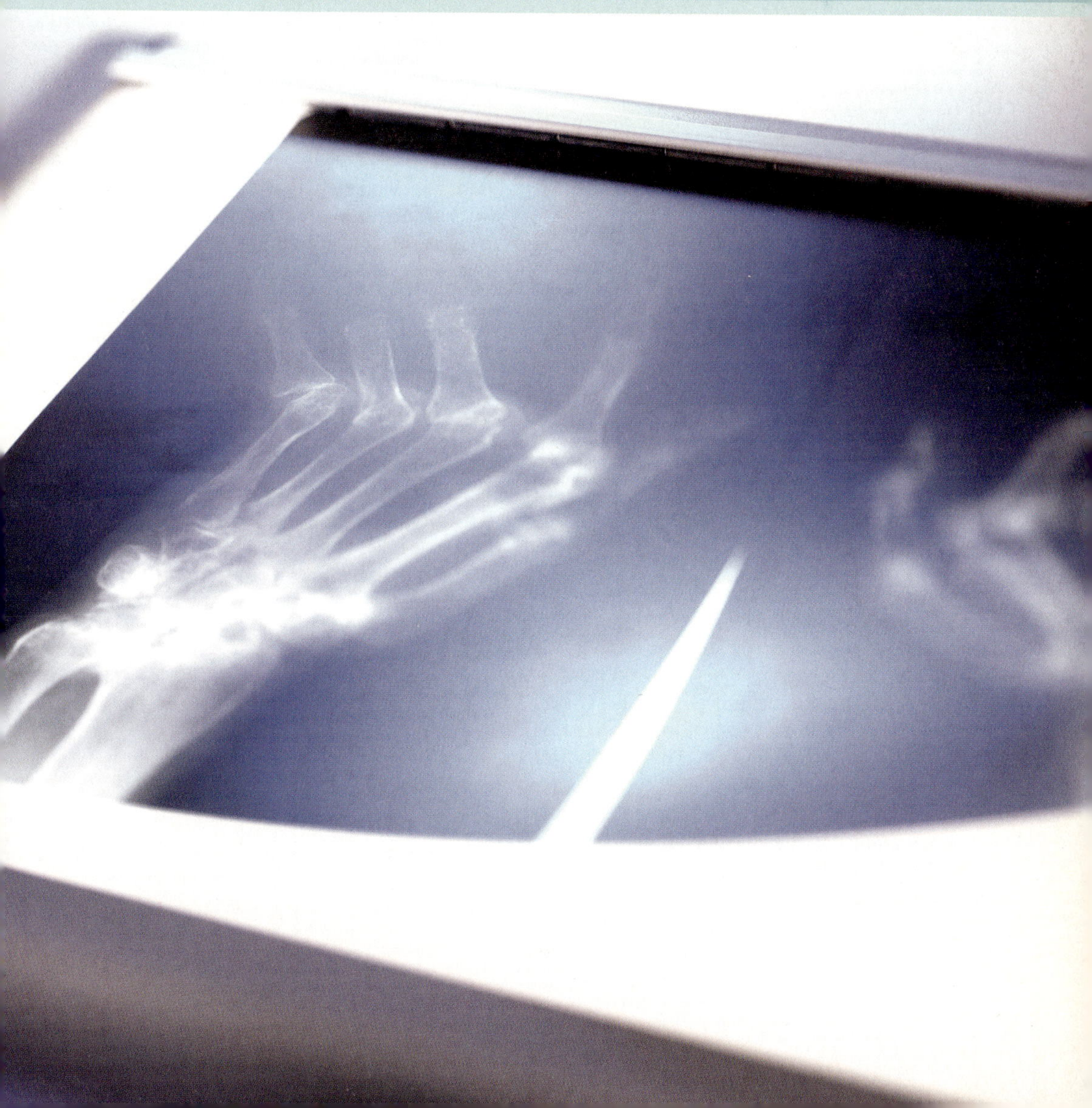

52 Gelenke

Georg Schett, Knut Grasedyck

52.1 Entzündliche Gelenkerkrankungen (Arthritis)

52.1.1 Grundlagen

Die Ursachen der Arthritis sind vielfältig. So können sowohl virale als auch bakterielle Infektionen eine Arthritis auslösen, wobei eine direkte Infektion des Gelenks von immunologischen Reaktionen auf Infektionen – wie bei der reaktiven Arthritis – abzugrenzen sind. Bei der reaktiven Arthritis besteht ein Zusammenhang zwischen genetischem Hintergrund (z. B. HLA-B27) und der Anfälligkeit für eine Arthritis. Ähnlich können entzündliche Darmerkrankungen sowie eine Psoriasis die Ursache für eine Arthritis sein, wobei auch hier ein Zusammenspiel zwischen einem infektiösen Trigger, damit gestörter Barrierefunktion von Haut oder Darm und einer genetischen Komponente wie HLA-B27 vermutet wird.
Die **rheumatoide Arthritis** gilt als Autoimmunerkrankung aufgrund des Vorliegens spezifischer Autoantikörper wie Rheumafaktoren oder Antikörper gegen zitrunillierter Proteine. Es ist bekannt, dass die Zeichen der Autoimmunreaktion, insbesondere die Bildung von Autoantikörpern, dem Ausbruch der Erkrankung um Jahre vorausgehen. Autoantikörper bei rheumatoider Arthritis stehen im engen Zusammenhang mit Lebensgewohnheiten (Rauchen) sowie gewissen genetischen Komponenten wie beispielsweise HLA-DR4 Merkmalen (Shared Epitope) oder PTPN 22.
Pathophysiologisch kommt es bei einer Arthritis zum **Einstrom von Entzündungszellen**, darunter Granulozyten, Makrophagen sowie T-und B-Lymphozyten, **in das Gelenk**, was zu einer Entzündungsreaktion der Synovialmembran führt. Dies führt wiederum zu einer Gelenkschwellung, zu Schmerzhaftigkeit sowie zu funktionellen Einschränkungen. Gleichzeitig kommt es bei vor allem bei chronischen Verläufen der Arthritis zur Proliferation der normalerweise dünnen Gelenkinnenhaut. Entzündungszellen produzieren **proinflammatorische Zytokine** wie TNF, Interleukin 1 und Interleukin 6, welche zur Entzündungsreaktion beitragen, indem diese weitere Entzündungszellen anlocken (Chemotaxis), Angio- und Vaskulogenese induzieren sowie zur Zerstörung von Knorpel und Knochen beitragen.
Die **Pathogenese der Arthrose** ist nur unzureichend geklärt. Man weiß, dass Faktoren wie erhöhtes Lebensalter sowie erhöhtes Körpergewicht, insbesondere Adipositas, zur Entwicklung einer Arthrose beitragen. Zudem können auch andere Erkrankungen wie vorhergehende Traumata, Diabetes mellitus oder eine Eisenüberladung zur Arthrose führen. Eine vermehrte mechanische Belastung von Gelenken begünstigt ebenfalls die Entwicklung einer Arthrose. Pathophysiologisch dürfte der **Zerstörung des Gelenkknorpels** eine zentrale Bedeutung zukommen. Dabei gehen zuerst Proteoglykane verloren, anschließend kommt es zu einer Zerstörung des Knorpels, welche irreversibel ist. Begleitend kommt es bei Arthrose auch zur milden Synovitiden und zur Veränderungen der Knochenarchitektur, insbesondere zur subchondralen Sklerose des Knochens sowie zur Bildung von Knochenspornen (Osteophyten).

52.1.2 Rheumatoide Arthritis (RA)

Synonym: chronische Polyarthritis,
engl. rheumatoid arthritis

Definition. Die rheumatoide Arthritis (RA) ist eine langsam progrediente, meist schubartig verlaufende Arthritis mit vorwiegendem Befall der Hand- und Fingergelenke. Meist tritt die RA symmetrisch auf. Morgensteifigkeit sowie Anlaufschmerzen in den betroffenen Gelenken gelten als typische Zeichen. Die RA führt zur Zerstörung von Knorpel, Knochen und der dem Gelenk benachbarten Bänder und Sehnen. Zusätzlich kommt es im Rahmen der systemischen Entzündungsreaktion zu Schädigungen von gelenkfernen Organen.

Epidemiologie

Je nach Angaben erkranken zwischen 0,5 und 1% der Bevölkerung an einer RA. Die Erkrankung kann in jedem Lebensalter auftreten (auch Kinder!), ein Maximum liegt jedoch im 50. Lebensjahr.

Ätiopathogenese

Die Ätiologie der rheumatoiden Arthritis ist nicht bekannt. Es ist eine genetische Assoziation mit HLA-DR4 bekannt, wobei 65 bis 80 % der RA-Patienten HLA-DR4-positiv sind (gesunde Kontrollpersonen nur zu 25 %). Zudem dürften Umweltfaktoren wie Rauchen einen wesentlichen Beitrag zur Entwicklung der RA leisten. Dabei gibt es einen starken Zusammenhang zwischen Rauchen, dem Vorkommen von HLA-DR4 und der Entwicklung von Autoantikörpern gegen zitrullinierte Proteine. Als unmittelbare Auslöser der Erkrankung werden oft banale Infekte sowie psychische und physische Belastungsreaktionen beschrieben.

Klinik

Klassisches Symptom sind **Gelenkschwellungen** (**Abb. 52.1 a**), die sich im palpatorischen Befund teigig-weich (synovitisch) anfühlen. Meist sind hierbei die proximalen Interphalangealgelenke (PIP) und Metakarpophalangealgelenke (MCP) betroffen. Die distalen Interphalangealgelenke sind nie betroffen. Auch eine Beteiligung der Kniegelenke und der Knie-, Fuß- und Zehengelenke kommt häufig vor. Die Gelenkschwellung kann initial oligoartikulär und asymmetrisch sein, später ist sie meist polyartikulär und symmetrisch.

> **!** **Die Gelenkschwellung bei RA ist meist polyartikulär und symmetrisch mit Beginn in den kleinen Gelenken, besonders der Finger.**

Weiterhin besteht eine **Druckschmerzhaftigkeit** an geschwollenen Gelenken, aber auch nicht geschwollenen Gelenken sowie eine Schmerzhaftigkeit der MCP-Reihen (Gänslen-Zeichen). Bei Maximalbewegung des Gelenks tritt ein sog. **Endschmerz** auf (bei Beugung oder Streckung bis zum Ende der Bewegungsfreiheit). Die Patienten berichten über eine typische **Morgensteifigkeit** der Gelenke, die mehr als eine Stunde anhält und sich bei Bewegung bessert. Außerdem treten **Allgemeinsymptome** wie Müdigkeit und Abgeschlagenheit sowie Schlafstörungen häufig begleitend auf.

Selten finden sich bei der Untersuchung **Rheumaknötchen**, welche insbesondere an den Streckseiten der Gelenke entstehen (z. B. an den Streckseiten der proximalen Interphalangealgelenke oder der Ellbogengelenke). Strukturelle Veränderungen wie Muskelatrophien, Subluxationen, Luxationen der

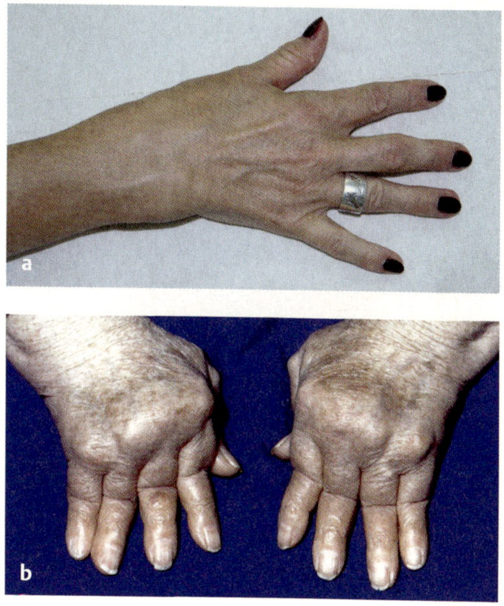

Abb. 52.1 Rheumatoide Arthritis. a Synovitis (Schwellung des Mittelfingergelenks), **b** Fehlstellung.

Gelenke mit Ulnardeviation der Langfinger, Hallux valgus und Hammerzehen (**Abb. 52.1 b**) können ebenfalls vorkommen.

Aufgrund der **chronischen systemischen Entzündungsreaktion** ist ein gehäuftes Auftreten von kardiovaskulären Erkrankungen wie koronare Herzerkrankung, Myokardinfarkt und Apoplex zu beobachten. Häufig besteht eine Osteoporose mit erhöhter Frakturneigung im Bereich des Achsenskeletts und der langen Röhrenknochen.

Sonderformen

Es gibt viele Sonderformen der rheumatoiden Arthritis, bei denen besondere Symptomkombinationen vorliegen, und die einen eigenen Verlauf haben.

- frühe RA: RA im ersten Jahr der Erkrankung (jedes Lebensalter); häufig oligoartikulär und asymmetrisch
- juvenile RA: RA vor dem 18. Lebensjahr; sowohl polyartikuläre als auch oligoartikuläre Verläufe sind möglich
- RA des älteren Menschen: häufig eher akuter Beginn und höhere CRP-Werte, häufig oligoartikulär und Befall der großen Gelenke
- Still-Syndrom: akute Form der RA mit schweren Allgemeinsymptomen, Lymphknotenschwellung,

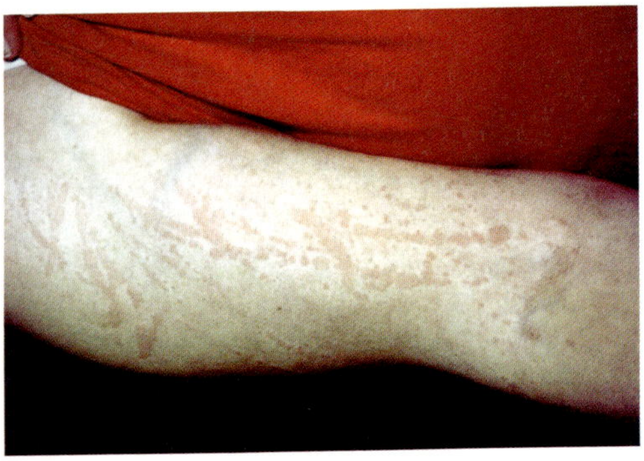

Abb. 52.2 **Still-Exanthem.**

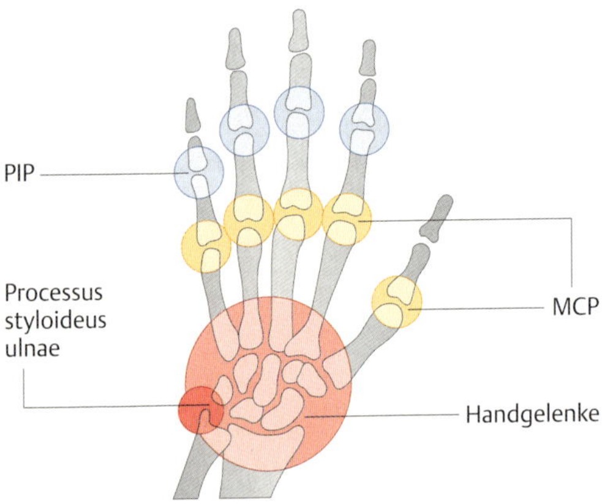

Abb. 52.3 **Typisches Befallsmuster bei RA.** Bei der rheumatoiden Arthritis sind meist symmetrisch die proximalen Interphalangeal-(PIP-) und Metakarpophalangeal-(MCP-)Gelenke, die Handgelenke sowie der Proc. styloideus betroffen.

Leber- und Milzschwellung, Exanthem (lachsfarben und passager, Abb. 52.2) und negativen Autoantikörpern sowie erhöhtem Ferritin; meist bei Jugendlichen und im jungen Erwachsenenalter

- palindromer Rheumatismus: rezidivierende, meist nur kurz anhaltende Gelenkentzündung ohne Destruktion
- Caplan-Syndrom: RA mit peripheren granulömatösen Lungenrundherden, wobei meist eine Silikose als Ursache vorliegt
- Felty-Syndrom: schwere Verlaufsform der RA bei meist älteren Patienten mit Splenomegalie, Rheumaknoten und hochtitrigen Rheumafaktoren
- Pfropfarthritis: Synovitis aufgepfropft auf eine degenerative Gelenkerkrankung (meist Arthrose); typischerweise bei älteren Patienten

Diagnostik

Labor. Bei der Laboruntersuchung ist nach Zeichen der Entzündungsreaktion mit Akutphaseproteinen zu suchen (CRP und Blutsenkung). Oft besteht eine milde Anämie und Thrombozytose. Weiterhin ist die Bestimmung von Rheumafaktoren (IgM-Antikörper gegen den Fc-Teil von Immunglobulinen) sowie von Antikörpern gegen citrullinierte Proteine erforderlich (CCP-AK; Nachweis mit ELISA).

> **!** **Bei ca. ⅓ der RA-Patienten ist der Rheumafaktor negativ.**

Ein positiver Rheumafaktor sowie der Nachweis von Antikörpern gegen CCP sprechen für eine ungünstige Prognose im Hinblick auf die Chronizität der Erkrankung. Weitere Kriterien für einen prognostisch ungünstigen Verlauf sind: die Arthritis besteht länger als 6 Wochen, es liegen ein polyartikulärer Befall oder bereits Erosionen bei der Erstdiagnose vor.

Röntgen. Es werden konventionelle Röntgenaufnahmen der vorwiegend betroffenen Gelenke angefertigt. Röntgenaufnahmen in zwei Ebenen der Hände sind obligat, ebenso der Vorfüße sowie der Halswirbelsäule in Inklination und Reklination. Bei aktiven Verläufen ist häufig eine Betiligung des atlantoaxialen Gelenks nachweisbar.

Sonografie und MRT. Bei speziellen Fragestellungen, z. B. zur Feststellung einer Synovitis sowie eines entzündlichen Ödems im Knochenmark können Sonografie und MRT sinnvolle bildgebende Ergänzungsmethoden darstellen.

Diagnosekriterien und Aktivitätskriterien. Die diagnostischen Kriterien der ACR zeigt Tab. 52.1. Die Aktivität der RA kann anhand des **DAS 28** bestimmt werden (DAS = Disease Activity Score, 28 = 28 Gelenke). Hierbei gehen ein:

- Anzahl der druckschmerzhaften Gelenke (0 – 28)
- Anzahl der geschwollenen Gelenke (0 – 28)
- BSG (mm/h)
- Einschätzungen des Krankheitszustandes/Aktivität der Krankheit durch den Patienten (visuelle Analogskala, VAS)

Tab. 52.1 Diagnostische Kriterien der ACR (American College of Rheumatology)

Befund	Beurteilung
Morgensteifigkeit	während mindestens 1 h
Arthritis (Schwellung) an mindestens 3 Gelenkregionen	14 Gelenkregionen (bds.): Metakarpophalangealgelenke, proximale Interphalangealgelenke, Hand-, Ellenbogen-, Knie-, Sprung- und Metatarsophalangealgelenke
Arthritis (Schwellung) an Hand- und Fingergelenken	Befall mindestens eines Hand-, Metakarpophalangeal- oder proximalen Interphalangealgelenks
symmetrische Arthritis	bds. Befall der gleichen Gelenkregion
subkutane Rheumaknoten	über Knochenvorsprüngen oder gelenknahen Streckseiten
Nachweis von Rheumafaktor	im Serum
typische Röntgenveränderungen	dorsovolare Handaufnahme: gelenknahe Osteoporose und/oder Erosionen der betroffenen Gelenke

Rheumatiode Arthritis: mindestens 4 der 7 Kriterien erfüllt, wobei die Kriterien 1 – 4 während 6 Wochen bestehen müssen

Tab. 52.2 Differenzialdiagnosen der rheumatoiden Arthritis

Erkrankung	Bemerkungen
Psoriasisarthritis	Hautmanifestationen, fehlende Autoantikörper, Verteilungsmuster (z. B. DIP)
reaktive Arthritis	Anamnese, Befall großer Gelenke, meist achsensymmetrisch und mono- bzw. oligoartikulärer Verlauf
Kristallarthropathien	häufig akuter Verlauf, häufig Rötung des Gelenks, Allgemeinsymptomatik, Erregernachweis im Punktat
septische Arthritis	akuter Verlauf, Rötung des Gelenks, spontane Besserung, Nachweis von Kristallen im Gelenkspunktat
Parvorvirusarthritis	klinisch sehr ähnlich der RA mit symmetrischem Befall der MCP-Gelenke und PIP, allerdings selbst limitiert (maximal 2 – 3 Wochen), positiver IgM und IgG-Nachweis für Parvorviren
Hämachromatose	Osteophytenbildung, erhöhtes Ferritin, fakultativ Hepatopathie und Diabete, ausgeprägte degenerative Gelenkveränderungen

Anhand einer Formel kann die Aktivität berechnet werden. Der DAS liegt zwischen 0 und 10. In der Praxis dient der DAS der Beurteilung der Basistherapie:

- gutes Ansprechen: Reduktion des DAS-28 um mindestens 1,2 und Senkung des DAS 28 auf einen Absolutwert ≤ 3,2
- ungenügendes Ansprechen: Reduktion des DAS-28 um weniger als 1,2 und/oder Persistieren des DAS-28 > 5,1
- Remission: DAS-28 < 2,6

Differenzialdiagnose. Mögliche Differenzialdiagnosen zeigt **Tab. 52.2**.

Therapie

Eine kausale Therapie ist bisher nicht möglich. Wesentlich ist die Therapie mit sog. **Disease Modifying Antirheumatic Drugs (DMARD).** Diese DMARD-Therapie sollte zu einer Remission der Erkrankung führen. Glukokortikoide sollten nur kurzfristig und nicht dauerhaft eingenommen werden.

DMARD

DMARDs dienen der **langfristigen Kontrolle der Krankheitsaktivität** mit dem Ziel, die RA in Remission zu bringen. Dabei wird als Remission das Fehlen von druckschmerzhaften oder geschwollenen Gelenken, eine normale Gelenksfunktion sowie das Fehlen von Parametern der Entzündungsreaktion angesehen. Die DMARD-Therapie ist eine Langzeittherapie und soll verhindern, dass es zu einer neuerlichen Krankheitsaktivität kommt bzw. dass eine aktive Erkrankung in Remission kommt. Dabei beeinflussen DMARDs sowohl die Entzündungsreaktionen im Gelenk als auch die Knorpel- und Knochenzerstörung der RA.

Methotrexat (Lantarel®)ist der Goldstandard. Es ist ein Folsäureantagonist, wobei diese Eigenschaft nur in hohen Dosierungen, die üblicherweise in der Tumortherapie eingesetzt werden, zum Tragen kommt. In den rheumatologischen Dosierungen (10 – 25 mg pro Woche) ist der Mechanismus von Methotrexat nicht der einer Folsäurehemmung, sodass gleichzeitig Folsäure (zumeist 1 – 3 mal 5 mg pro Woche) zur besseren Verträglichkeit substituiert wird.

Methotrexat wird üblicherweise oral eingenommen, kann aber auch subkutan und selten intramuskulär oder intravenös verabreicht werden. Der Wirkungseintritt ist nach 6 – 8 Wochen zu erwarten. Die Schwangerschaft bildet eine absolute Kontraindikation für Methotrexat. Weitere Kontraindikationen sind erhöhte Leberwerte, eingeschränkte Nierenfunktion (bei einem Kreatininwert von > 1,5 mg/dl oder eine Kreatinin-Clearance von < 40 – 60 ml/min ist Methotrexat kontraindiziert) sowie Blutbildstörungen. Selten treten bei Methotrexat Nebenwirkungen auf, in erster Linie handelt es sich dabei um Stomatitis, Erhöhung der Leberwerte, Leukozytopenie sowie sehr selten eine Pneumonitis.

Leflunomid (Arava®) ist ein Pyrimidinsynthesehemmer, wobei eine Dosierung zwischen 10 und 30 mg täglich eingenommen wird. Die Therapie ist ausschließlich in Tablettenform 1 × täglich durchzuführen. Nebenwirkungen sind in erster Linie Exantheme, Anstieg der Transaminasen sowie gastrointestinale Nebenwirkungen.

Auch **Sulfasalazin** kann eingesetzt werden. Die Dosierung beträgt 2 – 3 g täglich, das sind üblicherweise 4 – 6 Tabletten pro Tag. Sulfasalazin kann auch in Kombination mit Methotrexat als DMARD-Therapie eingesetzt werden (vgl. S. 1112).

Hydroxychloroquin bzw. Chloroquin (Quensyl®) wird eher bei milden Verläufen der RA wie beispielsweise bei der Pfropfarthritis eingesetzt oder in Kombination mit anderen DMARDs wie Methotrexat und Sulfasalazin. Meist besteht eine gute Verträglichkeit, wobei augenärztliche Kontrollen alle 6 Monate aufgrund der möglichen Kornea- oder Retinaeinlagerung empfohlen werden.

Goldsalze haben nur noch historische Bedeutung aufgrund des hohen Nebenwirkungspotenzials (Exantheme, Nephritis).

Ciclosporin A wird eher selten eingesetzt, jedoch ist dessen Wirkung als DMARD erwiesen. Aufgrund der relativ schwachen Wirkung sowie des Nebenwirkungspotenzials (Hypotonie, Anstieg der Retentionsparameter) hat es nur eingeschränkte Bedeutung bei der Behandlung der RA.

Zur Gruppe der **Biologicals** zählen Zytokininhibitoren, Kostimulationsinhibitoren und zelldepletierende Antikörper. Diese Gruppe von Medikamenten wird insbesondere bei Versagen der konventionellen krankheitsmodifizierenden Therapie mit synthetischen DMARDs (Methotrexat, Leflonomid, Sulfasalazin, Resochin, Chloroquin) eingesetzt. Hierbei kommen in erster Linie Tumornekrosefaktor (TNF)-blockierende Substanzen zur Anwendung, wobei derzeit 3 Präparate am Markt sind:

- Etanercept (Enbrel®), ein rekombinanter TNF-Rezeptor II, welcher mit dem Fc-Teil von IgG1 fusioniert ist. Die Verabreichung erfolgt subkutan (2 × 25 mg oder 1 × 50 mg 1 × wöchentlich).
- Infliximab (Remicade®), ein primärer Antikörper gegen TNF, wird alle 6 Wochen intravenös appliziert (3 – 10 mg pro kg KG).
- Adalimumab (Humira®), ein humaner TNF-Antikörper, wird alle 2 Wochen subkutan verabreicht (40 mg).

Üblicherweise werden TNF-Blocker zur Behandlung der rheumatoiden Arthritis in Kombination mit Methotrexat eingesetzt. Der Wirkungseintritt ist rasch. Vor Verabreichung ist ein Screening auf latente Tuberkulose mittels Mendel-Mantoux-Test und Thorax Röntgen erforderlich.

Anakinra (Kineret®) ist ein löslicher, rekombinanter Interleukin-1-Rezeptor-Antagonist und blockiert damit die Wirkung des proinflammatorischen Zytokins Interleukin 1. Die Verabreichung erfolgt subkutan täglich in einer Dosierung von 100 mg. Seine Bedeutung zur Behandlung der rheumatoiden Arthritis ist eher gering, zumal die Wirkung eher begrenzt ist. Anakinra wirkt allerdings sehr gut bei Morbus Still und bei periodischen Fiebersyndromen

wie dem Muckle-Wells Syndrom. Als Nebenwirkung ist eine erhöhte Rate an Infektionen zu erwähnen.
Tocilizumab (Roactemra®) ist ein Antikörper gegen den Interleukin-6-Rezeptor. Es wird in einer Dosierung von 8 mg pro kg KG 1 × pro Monat als Infusion appliziert. Die Zulassung erfolgte als Monotherapie sowie auch in Kombination mit Methotrexat.
Rituximab (MabThera®) ist ein Antikörper gegen das B-Zell-spezifische Oberflächenmolekül CD 20. Die Verabreichung von Rituximab erfolgt als Infusion in der Dosierung 2 × 500 bzw. 2 × 1 000 mg, was praktisch zu einer kompletten Depletion der zirkulierenden B-Zellen führt. Rituximab ist zur Behandlung der rheumatoiden Arthritis in Kombination mit Methotrexat zuglassen, wenn klassische DMARDs bzw. auch TNF-Blocker versagen.
Abatacept (Orencia®) ist ein rekombinantes CTLA 4 und fusioniert mit dem Fc-Teil von IgG1. CTLA-4 ist ein Molekül, das auf T-Zellen exprimiert ist und hochaffin an CD 80 und CD 86 an der Oberfläche antigenpräsentierender Zellen bindet. Damit wird die Kostimulation von T-Zellen unterbunden, welche durch Bindung von CD 80 und CD 86 an CD 28 erfolgt. Abatacept ist zur Behandlung der therapierefraktären rheumatoiden Arthritis in Kombination mit Methotrexat zugelassen.

! Die Behandlung der RA erfordert eine konsequente entzündungshemmende Therapie mit DMARDs. Sollten diese nicht ausreichend sein, kommen Biologicals zur Anwendung.

Symptomatische Therapie

Glukokortikoide können in oraler Applikation in einer mäßiger Dosierung von 10 – 25 mg rasch zu einer Besserung der Gelenkbeschwerden im Sinne der Schmerzreduktion und Besserung von Schwellungen führen. Diese Therapie sollte nur möglichst kurzfristig eingesetzt werden und von einer langfristigen DMARD-Therapie abgelöst werden. Bei längerfristiger Anwendung von Glukokortikoiden kommt es insbesondere bei einer Dosierung von über 7,5 mg pro Tag zur Cushing-Symptomatik, Hautatrophie, Osteoporose und gehäuftem Auftreten von Diabetes mellitus (s. S. 602). Jede Glukokortikoid-Therapie sollte mit einer Kalzium- und Vitamin-D-Supplementation vergesellschaftet sein.
Als symptomatische Therapie können auch **nicht steroidale Antirheumatika (NSAR)** oder spezifische **Cox-2-Hemmer** hilfreich sein. NSAR werden vor allem bedarfsweise (Schmerzen) verabreicht. Dies kann bei einer DMARD-Therapie unterstützend und hilfreich sein. Beispielsweise kommen Diclofenac (3 × 50 mg), Ibuprofen (3 × 400 mg) oder Celecoxib (2 × 200 mg) zur Anwendung. Ggf. sollte eine Magenschutztherapie mit Protonenpumpenhemmern erfolgen, insbesondere falls zusätzliche Risikofaktoren wie erhöhtes Lebensalter, positive Anamnese für Gastritis oder Magenulkus, eine begleitende Therapie mit Thrombozytenaggregationshemmer vorliegen oder hohe Steroiddosen verabreicht werden.

Nicht medikamentöse Therapie

Physikalische Therapie: Im akuten Stadium Kälteanwendung, vorübergehend Ruhigstellung, vorsichtige krankengymnastische Mobilisation. Nach Abklingen der akuten Symptomatik: Wärmeanwendung, Bewegungsübungen, z. B. individuell abgestimmte krankengymnastische Übungen im Bewegungsbad, Ergotherapie, Rehabilitationsmaßnahmen.
Lokaltherapie: intraartikuläre topische Anwendung von Glukokortikoiden durch Injektionen von kristallinen Glukokortikoiden; insbesondere bei therapierefraktären Gelenkbeschwerden.
Radiosynoviorthese: Injektion von Radioisotopen wie z. B. ^{90}Yttrium, ^{186}Renium oder ^{169}Erbium je nach Gelenksgröße.
Operative Verfahren: Synovektomie bei ausgeprägter proliferativer Gelenkentzündung, die nicht auf eine medikamentöse Therapie anspricht. Umstellungsoperationen bei Subluxationen und Luxationen, Gelenksversteifungen (Arthrodese). Resektion der Metatarsalköpfchen bei schweren Metatarsalphalangealgelenksbefall, Gelenkersatzoperation.
Begleittherapie: Patientenschulung, z. B. Selbsthilfegruppen der Rheuma-Liga.

Schwangerschaft

Meist bessert sich die RA während der Schwangerschaft. Eine niedrig dosierte Glukokortikoidtherapie darf eingenommen werden, die Einnahme von Sulfasalazin als DMARD-Therapie ist ebenfalls möglich. Absolute Kontraindikationen bestehen für Methotrexat und Leflunomid. Bezüglich des Einsatzes von Biologicals bestehen während der Schwangerschaft zu wenig Erfahrungen, um diese empfehlen zu können.

Prognose, Komplikationen und Verlauf

Prognostisch ungünstige Faktoren sind positive Autoantikörper (Rheumafaktoren, anti-CCP-Antikörper), eine lange Erkrankungsdauer, die Ausbildung von knöchernen Schädigungen (Erosionen) sowie eine hohe Entzündungsaktivität (polyartikulärer Befall, lange Morgensteifigkeit, hohe Akutphase).

Durch die RA kommt es zu einer Erhöhung des kardiovaskulären Risikos mit erhöhter Inzidenz von Myokardinfarkten, Angina pectoris sowie Apoplex und dadurch insgesamt zu einer verkürzten Lebenserwartung bei inadäquater Therapie. Als weitere Komplikationen kann es zu einer systemischen Osteoporose mit erhöhter Frakturneigung im Bereich des Achsenskeletts und peripher kommen (s. S. 549). Auch eine Amyloidose kann auftreten (s. S. 323). Aufgrund der chronischen Immunstimulation haben die Patienten ein erhöhtes Risiko, an einem Lymphom zu erkranken (s. S. 936). Bei langjähriger unkontrollierter Entzündung in den betroffenen Gelenken kommt es zu zunehmenden funktionellen Beeinträchtigungen, ggf. einer Einschränkung der Erwerbsfähigkeit und Hilfsbedürftigkeit.

Klinischer Fall

Die 55-jährige Frau M. stellt sich in der rheumatologischen Ambulanz vor. Seit einem halben Jahr schmerzen ihre Hand- und Fingergelenke der rechten Hand und sind stark geschwollen. Schon vorher sei sie morgens zunehmend unbeweglicher gewesen und habe sich schlechter gefühlt. Seit zwei Monaten bestehen nun auch Probleme mit der linken Hand. Vorgeschichtlich ist eine arterielle Hypertonie bekannt, die mittels Betablocker und Angiotensin-2-Blocker behandelt wird.

Der Ambulanzarzt stellt synovitische Schwellungen an den Metakarpal- und den proximalen Interphalangealgelenken fest. Laborchemisch spricht alles für eine ausgeprägte Entzündungsreaktion. Das CRP ist auf 54 mg/l, die Blutsenkung auf 42 mm/h erhöht. Im Blutbild stellt sich eine Thrombozytose von 525×10^3/l dar (normal $150 - 350 \times 10^3$/l). Ein ebenfalls bestehender Eisenmangel wird der Entzündungsreaktion zugeschrieben. Die immunologische Diagnostik erbringt normale Immunglobuline und Komplementfaktoren und ein negatives Autoantikörperscreening. Trotzdem steht die Diagnose rheumatoide Arthritis. Frau M. wird eine Therapie mit Methotrexat (20 mg/Woche) und eine Kortisontherapie mit Methylprednisolon in absteigender Dosierung verschrieben (zwei Wochen 15 mg, dann Reduktion auf 8 mg für 4 Wochen und 4 mg fortlaufend). Zusätzlich ordnet der Ambulanzarzt ihr ein Kalzium- und Vitamin-D 3-Mischpräparat zur Vermeidung einer Osteoporose sowie Folsäure an.

Drei Wochen später stellt sich die Patientin erneut vor. Sie fühlt sich deutlich besser, vor allem die Schmerzen haben nachgelassen. In der MRT des rechten Handgelenks sieht der Radiologe eine ausgeprägte Synovitis im Bereich der MCP-Gelenke II und III mit beginnenden Erosionen. Damit ist die Diagnose auch mittels der ACR-Kriterien gesichert.

52.1.3 Seronegative Spondylarthritiden

Als seronegative Spondylarthritis wird eine heterogene Erkrankungsgruppe bezeichnet, welche

1. seronegativ (d. h. Rheumafaktor negativ) ist und
2. mit einem Befall des Achsenskeletts (Spondylitis) bzw. der peripheren Gelenke (Arthritis) einhergeht.

Zu dieser Gruppe wird die ankylosierende Spondylitis (AS) gezählt (Morbus Bechterew), die Psoriasisarthritis (PsA), die enteropathische Arthritis sowie die reaktive Arthritis gezählt. Als Sonderform gilt das sog. Reitersyndrom, welches aus der Trias Arthritis, Urethrits und Konjunktivitis besteht. Häufig besteht eine genetische Assoziation mit HLA-Molekülen, typischerweise HLA-B27.

Ankylosierende Spondylitis

Synonym: Morbus Bechterew
engl.: ankylosing spondylitis

Epidemiologie

Die Krankheit tritt bei ca. 0,1 – 0,5 % der Gesamtbevölkerung auf. Männer erkranken häufiger als Frauen, wobei das ursprüngliche Geschlechterverhältnis von 10:1 deutlich weniger ausgeprägt sein dürfte, zumal die Erkrankung bei Frauen eher unterdiagnostiziert ist. Wesentlich ist der frühe Erkrankungsbeginn, welcher typischerweise zwischen dem 15. und 30. Lebensjahr eintritt. Erkrankungen nach dem 40. Lebensjahr sind äußerst selten, in diesen Fällen sollten insbesondere andere Differenzialdiagnosen wie z. B. infektiöse Spondylitis überdacht werden.

Ätiopathogenese

Die **genetische Prädisposition** spielt eine große Rolle: 70 – 90 % der Patienten sind **HLA-B27 positiv** (HLA-B27 kommt bei 7 % der Normalbevölkerung vor). Auch Infekte und eine gestörte Barrierefunktion sind als Auslöser relevant. Da bei einem gewissen Anteil der Patienten mit AS auch eine subklinische bis klinische Beteiligung des Darms (Morbus Crohn, Colitis ulcerosa) oder der Haut (Psoriasis) nachweisbar sind, wird eine gestörte Barrierefunktion und Immunstimulation durch Kontakt mit bakteriellen Antigenen diskutiert.

Klinik

Klassisches Symptom ist der **entzündliche Rückenschmerz**. Dieser unterscheidet sich vom degenerativen Rückenschmerz durch folgende Kriterien:

- Beginn vor dem 40. Lebensjahr
- schleichender Beginn
- Besserung bei Bewegung
- nächtlicher Rückenschmerz
- keine Besserung der Schmerzen in Ruhe

Neben diesen Hauptsymptomen des entzündlichen Rückenschmerzes treten auch atemabhängige Thoraxschmerzen, Arthritis mit vorwiegendem Befall der unteren Extremitäten, Uveitis anterior sowie selten ein AV-Block und eine Aortenklappeninsuffizienz auf. Die Atemexkursionen können eingeschränkt sein. Spätsymptome sind Bewegungseinschränkung und zunehmende Kyphosierung der Wirbelsäule bei Ankylose (**Abb. 52.4**).

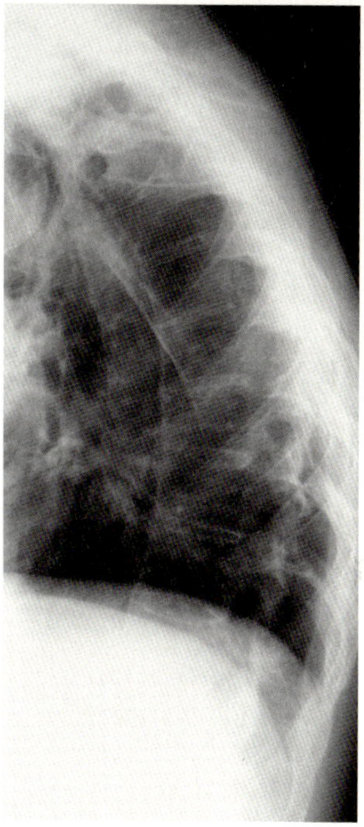

Abb. 52.4 Ankylosierende Spondylitis. Typische Kyphose im Röntgenbild.

Diagnostik

Klinisch über entzündlichen Rückenschmerz sowie laborchemisch über HLA-B27. Das gemeinsame Vorkommen beider Befunde macht die Diagnose deutlich wahrscheinlicher. Als zusätzliche laborchemische Untersuchungen sind Akutphaseparameter wie BSG und CRP zu bestimmen.

Bei der körperlichen Untersuchung sind folgende Befunde zu erheben:

- kleine Wirbelgelenke: Schmerzen bei passiver Beugung und Drehung
- HWS: Abstand Hinterkopf – Wand und Kinn – Sternum (Angabe in cm)
- BWS: **Ott-Zeichen** = am stehenden Patienten wird eine Hautmarke über dem Dornfortsatz C 7 und 30 cm kaudal aufgetragen. Die Änderungen der Messstrecke bei Flexion werden festgehalten: 3 – 4 cm sind normal.
- LWS: **Schober-Zeichen** = am stehenden Patienten wird eine Hautmarke über dem Dornfortsatz von S 1 und 10 cm kranial aufgetragen. Bei maximaler Flexion weichen die Hautmarken normalerweise um 5 cm auseinander, bei Retroflexion verringert sich der Abstand um 1 – 2 cm.
- Iliosakralgelenke: **Mennell-Handgriff** = Dehnung der Iliosakralgelenke in Bauchlage durch Anheben des Beins und Fixieren des Sakrums mit der anderen Hand; positiv bei Schmerzauslösung
- gesamte Wirbelsäule: Finger-Boden-Abstand bei maximalem Beugen (normal 0 cm)
- Thorax: Atembreite = Thoraxumfang bei In- und Exspiration (Differenz normal ca. 5 cm)

Außerdem finden sich häufig **typische Röntgenbefunde** bei ankylosierender Spondylitis:

- Iliosakralgelenke: Sakroiliitis, Erosionen, periartikuläre Sklerosezonen, sog. „buntes Bild", Ankylose
- Wirbelsäule: Syndesmophytenbildung mit Bambusstabwirbelsäule (**Abb. 52.5 b**), Spondylitis anterior, Verkalkung des vorderen Längsbandes

N

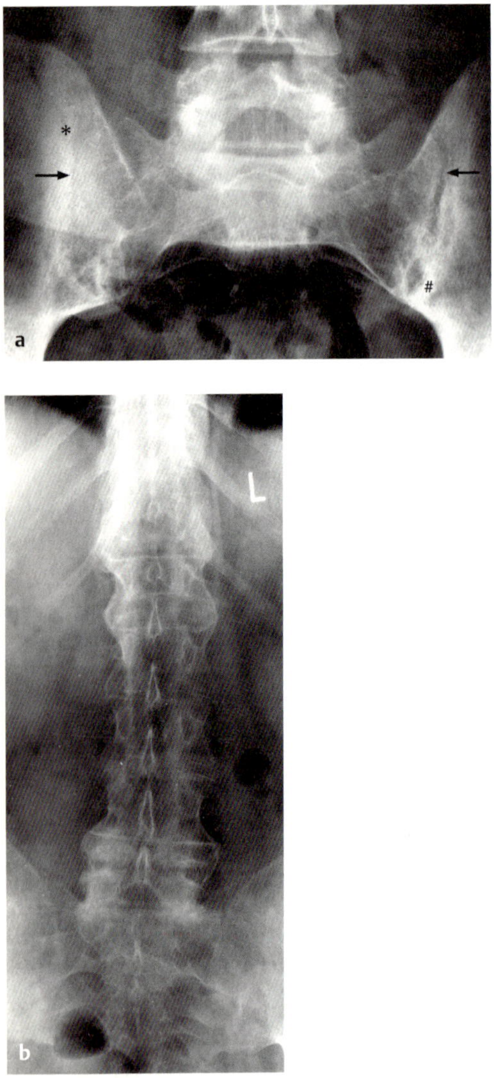

Abb. 52.5 Befunde bei ankylosierender Spondylitis.
a Sakroiliitis (→ Syndesmophyten, * Ankylose des rechten Sakroiliakalgelenks, # Erosion mit benachbarter Sklerose), **b** Bambusstabwirbelsäule.

- peripher: Knochensporne (Osteophyten) im Bereich der Sehnenansätze (Enthesiopathien)

Die **MRT** zeigt eine Osteiitis im Bereich des Kreuz- und Darmbeins sowie der Wirbelkörper. Differenzialdiagnosen fasst **Tab. 52.3** zusammen.

Therapie

Physikalische Therapie: Haltungs- und Bewegungsübungen, Atemgymnastik, nächtliche Flachlagerung; Ziel: Funktionserhalt, Funktionsverbesserung, Vorbeugung von Verkrümmung und Versteifungen; sportliche Betätigungen, z. B. gymnastische Übungen, Schwimmen, Vermeiden von Überlastung.

NSAR: symptomatische Therapie bei Schmerzen und Entzündungszeichen. Die Rolle von NSAR in der Behandlung von AS ist deutlich größer als in der Behandlung der RA. Viele Patienten sind unter der Einnahme von NSAR und Gymnastik beschwerdefrei.

Biologicals: Alle 3 TNF-Blocker (Etanercept, Infliximab sowie Adalimumab) sind zur Behandlung der therapierefraktären AS zugelassen (s. S. 1112). Voraussetzung ist eine hohe Krankheitsaktivität und das Versagen von zumindest zwei NSAR in adäquater Dosierung und bei adäquater Dauer der Einnahme. Klassische DMARDs sind zur Behandlung der AS nicht geeignet. Bei peripherer Arthritis kann ein Therapieversuch mit Sulfasalazin unternommen werden.

Operative Therapieverfahren: Selten sind Kolumnotomien (sog. Aufrichtungsoperationen) der Wirbelsäule bei extremer Kyphose notwendig.

Prognose, Komplikationen und Verlauf

Der Verlauf der Erkrankung ist sehr unterschiedlich. Es gibt Fälle, die durch ausreichende Gymnastik gut beherrschbar sind, sowie schwere Fälle, die eine komplexe Therapie unter Einsatz von Biologicals erfordern. Im Allgemeinen ist die Prognose günstiger, je früher eine entsprechende Therapie eingeleitet wird. Ankylosen gelten als irreversibel und nicht durch eine medikamentöse Therapie abänderbar. Organkomplikationen sind Iritis, AV-Blockierungen oder Aortenklappeninsuffizienz. Zusätzlich können restriktive Ventilationsstörungen aufgrund des steifen Thorax entstehen. Eine Amyloidose kann aufgrund der chronischen Entzündungsreaktion auftreten (s. S. 323).

> **!** **Bei der AS haben physikalische Therapie sowie NSAR einen großen Stellenwert. Therapierefraktäre Verläufe können mit TNF-Blockern behandelt werden.**

Tab. 52.3 Differenzialdiagnose der ankylosierenden Spondylitis

Erkrankung	Bemerkungen
Spondylarthrose	Spondylophytenbildung, jedoch keine Syndesmophytenbildung. Spondylophyten sind unregelmäßig angeordnet und führen zu keiner Brückenbildung
Morbus Forrestier	diffuse idiopathische Skeletthyperostose (DISH), nicht entzündliche Spondylophytenbildung im Bereich der Wirbelsäule mit teilweise knöcherner Überbrückung der Bandscheibenräume, welche gelegentlich mit Diabetes mellitus und Fettstoffwechselstörungen assoziiert ist. Keine klassischen Syndesmophyten, nur wenige entzündliche Veränderungen in der MRT
bakterielle Spondylitis	bakterielle Infektionen, TBC, meist bei älteren Patienten, auch postinterventionell nach orthopädischen Eingriffen

Psoriasisarthritis

engl.: psoriatic arthritis

Epidemiologie und Ätiopathogenese. 10% der Psoriasispatienten entwickeln Gelenkmanifestationen mit einem Erkrankungsmaximum zwischen dem 20. und 40. Lebensjahr und unabhängig vom Geschlecht. Bei Spondylitis und Befall der Iliosakralgelenke ist in 70% der Fälle HLA-B27 positiv.

Klinik: Asymmetrische Oligo- oder Polyarthritis, seltener Monoarthritis. Ein transversaler Befall (z. B. MCP-Reihe) ist vom strahlenartigen Befall (z. B. alle Gelenke eines Fingers) zu unterscheiden (**Abb. 52.6**, **Abb. 52.7 a**). Typischerweise kann es auch zur Einbeziehung der distalen Interphalangealgelenke (DIP) kommen, die bei RA nicht betroffen sind. Gehäuft auch die Gelenke der unteren Extremitäten befallen.

Enthesitiden sind häufig, z. B. im Bereich der Plantaraponeurose oder der Achillessehne. Weiterhin kann eine Daktylitis auftreten mit „Wurstzehen“ oder „-fingern“ als Zeichen einer massiven Sehnentzündung (**Abb. 52.7 b**).

Der psoriatische Hautbefall besteht in rötlichen, schuppenden Plaques mit typischem Lokalisationsmuster am Haaransatz (Capilitium), Nabel, Streckseiten der Ellenbogen, anal sowie Streckseiten der Kniegelenke und der Unterschenkel sowie gelegentlich auch der Hand- und Fußsohlen. Typisch für die Psoriasis ist außerdem der Nagelbefall mit Tüpfelnägel und Ölflecken (**Abb. 52.7 c**).

Diagnostik: Laborchemisch findet sich oft ein unauffälliger Befund mit normalen Entzündungswerten. Manchmal sind die Harnsäurewerte erhöht. Autoantikörper sind in der Regel negativ. Die Diagnose erfolgt durch das Vorliegen einer Arthritis mit typischem klinischen Befallsmuster (s. o.) und der Anamnese einer Psoriasis (auch in der Familienanamnese).

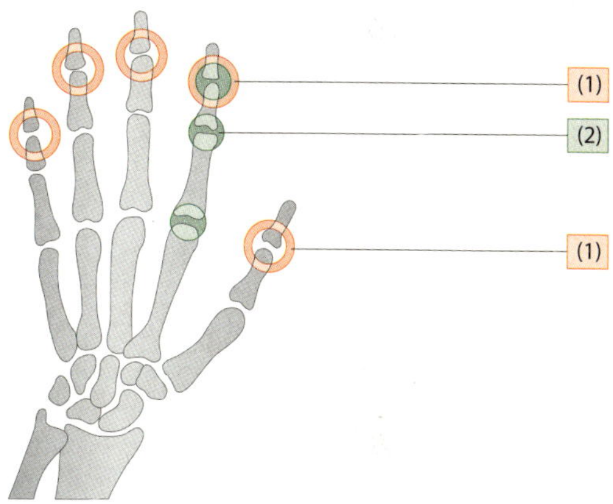

Abb. 52.6 Arthritis psoriatica. Die Gelenke können transversal (1) und strahlenförmig (2) oder mit unregelmäßigem Verteilungsmuster befallen sein.

Therapie. Die Therapie entspricht weitgehend jener der RA, wobei auch hier eine krankheitsmodifizierende Therapie mit sog. DMARDs angestrebt wird. Goldstandard ist auch hier Methotrexat, mit dem auch die meisten Erfahrungen vorliegen. Gelegentlich kann auch eine Therapie mit Sulfasalazin und Chloroquin sowie Leflonomid erwogen werden. Bei therapierefraktären Fällen kommen Biologicals zum Einsatz, wobei auch hier alle drei TNF-Blocker (Etanercept, Infliximab und Adalimumab) zugelassen sind (s. S. 1112).

N

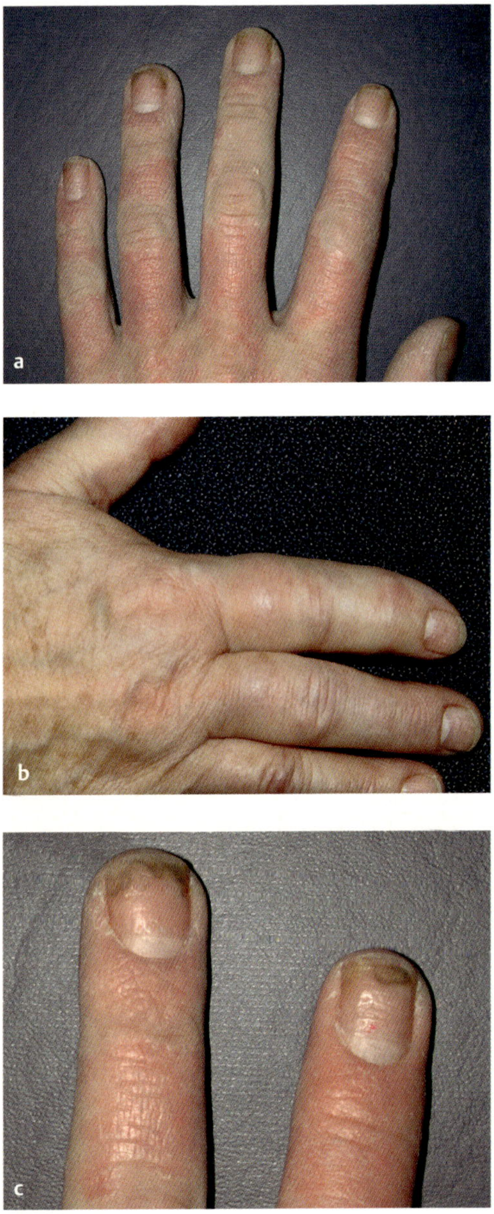

Abb. 52.7 Befunde bei Psoriasis. a Hautbefall mit Arthritis des proximalen Interphalangealgelenks 2, **b** Daktylitis, **c** Nagelveränderungen.

Prognose, Komplikationen und Verlauf. Die Lebenserwartung ist bei Psoriasisarthritis meist nicht eingeschränkt. Es kann jedoch zu Mutilationen der Gelenke kommen, sodass die Psoriasisarthritis als eine chronisch destruierende Gelenkerkrankung anzusehen ist, welche eine ähnlich aggressive Therapie wie die der rheumatoiden Arthritis benötigt.

Enteropathische Arthritis

Die enteropathische Arthritis tritt im Rahmen von chronisch-entzündlichen Darmerkrankungen wie Morbus Crohn und Colitis ulcerosa bei ca. 25 % der Patienten auf (s. S. 757). Selten ist auch eine Arthritis im Rahmen der bakteriellen Infektion des Darms mit Tropheryma whipplei zu beobachten (Morbus Whipple, s. S. 744).

Klinik: Es werden Typ-1- und Typ-2-Arthritiden unterschieden. Typ-1-Arthritiden betreffen meist nur eines oder wenige Gelenke, am häufigsten ist das Kniegelenk betroffen. Der Verlauf ist selbstlimitierend und nicht destruktiv. Typ-2-Arthritiden sind hingegen Polyarthritiden, vor allem der Fingergrundgelenke, mit häufigen Rezidiven. Im Rahmen von chronisch-entzündlichen Darmerkrankungen kann es auch zu einer Beteiligung des Achsenskeletts insbesondere zur unilateralen Sakroiliitis, seltener zur Beteiligung der Wirbelkörper kommen.

Diagnostik: Gezielte Anamnese bei Patienten mit entzündlichen Darmerkrankungen nach arthritischen Beschwerden oder entzündlichem Rückenschmerz. Auch umgekehrt sollte bei Patienten mit Arthritis ggf. eine gezielte Suche nach entzündlicher Darmerkrankung erfolgen.

Therapie: Die Therapie dient in erster Linie der Kontrolle der Grunderkrankung. Spezifische Effekte auf Gelenke hat Sulfasalazin (Dosierung 2 – 3 g täglich). Milde Verläufe können mit NSAR ausreichend behandelt werden. Schwere Verläufe werden mit TNF-Blockern behandelt.

Prognose und Verlauf: Das Spektrum der Erkrankung reicht von sehr milden Verläufen mit Arthralgien oder spontan limitierter Arthritis bis zu schweren Verläufen mit Spondylarthritis, Mitbeteiligung des Achsenskeletts und dem Vollbild der anykolierenden Spondylitis.

Reaktive Arthritis

engl.: reactive arthritis

Epidemiologie und Ätiopathogenese. Es besteht auch hier eine genetische Prädisposition (Assoziation mit HLA-B27). Die Symptomatik tritt ca. 1 – 3 Wochen nach einem enteralen (meist Yersinien-Infektion, seltener Campylobacter) oder urogenitalen (meist Chlamydia trachomatis, Mykoplasmen oder Ureaplasmen) Infekt auf. Häufig sind jüngere Patienten betroffen. Immunkomplexe bewirken den lokalen Entzündungsreiz mit nachfolgender zellulärer Infiltration und Zellproliferation.

Klinik: Typisch ist eine Mono- oder Oligoarthritis der unteren Extremitäten, häufig besteht auch eine Beteiligung des Achsenskeletts, vorwiegend mit unilateraler Sakroiliitis. Selten kommt es zu einer Beteiligung der Wirbelkörper. Das klinische Vollbild wird als **Reiter-Syndrom** bezeichnet und weist folgende Hauptsymptome auf:

- Arthritis
- Urethritis
- Konjunktivitis/Iritis
- Reiter-Dermatose (psoriasiforme Hautveränderungen, Balanitis, aphthöse Läsionen im Mund)

Diagnostik. Wegweisend sind die positive Infektanamnese und ein entsprechendes Intervall bis zum Auftreten der entsprechenden Gelenkbeschwerden. Ggf. gelingt der Nachweis des Erregers z. B. anhand eines Urethraabstrichs. HLA-B27 ist häufig positiv, die Entzündungsparameter können erhöht sein.

Therapie. Neben der Infektsanierung bei Nachweis einer Infektion erfolgt eine symptomatische Therapie mit NSAR und evtl. passager Glukokortikoiden. Meist kommt es zu einer spontanen Ausheilung. Bei Chronifizierung kann Therapieversuch mit Sulfasalazin gestartet werden.

Prognose, Komplikationen und Verlauf. Meist selbst limitierte Erkrankung mit passagerer Synovitis und spontaner Remission unter NSAR. Seltener protrahierte Verläufe.

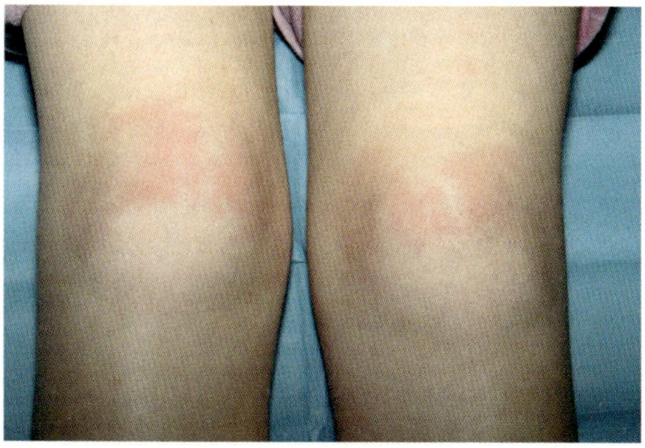

Abb. 52.8 **Reaktive Arthritis Knie.**

Rheumatisches Fieber

Das rheumatische Fieber ist durch die Therapie mit Penicillinen bei Streptokokkeninfektionen heute in den Inustrieländern selten geworden. Es handelt sich dabei um eine reaktive Arthritis im Anschluss an eine Streptokokkeninfektion der oberen Atemwege. Pathogenetisch ist eine Kreuzreaktion von Antikörpern gegen Streptokokken der Gruppe A mit menschlichen Geweben wie Haut, Gelenken und dem Herzmuskel die Ursache.
Nach einem Intervall von 10 bis 20 Tagen tritt das rheumatische Fieber als Zweiterkrankung auf. Symptome sind Fieber, meist eine Oligoarthritis der unteren Extremitäten, eine Polyserositis, Endo- und Myokarditis sowie ein Erythema anulare marginatum oder nodosum. Selten tritt eine Chorea minor auf. Der Nachweis eines Streptokokkeninfekts der Gruppe A gelingt durch den positiven Rachenabstrich (Kultur oder Schnelltest) sowie den Antikörpernachweis: Antistreptolysin-O-Titer sowie anti-DNAse B.

> **!** **Ohne zusätzliche passende Klinik sind diese Befunde allerdings nur Ausdruck einer Immunreaktion gegen Streptokokken der Gruppe A und nicht als diagnostischer Befund eines rheumatischen Fiebers zu interpretieren.**

Therapeutisch wird der Streptokokkeninfekt mit Penicillin behandelt. Außerdem erfolgt eine symptomatische Therapie mit NSAR sowie ggf. passager mit Glukokortikoiden, insbesondere bei Befall der inneren Organe. Eine Langzeitprophylaxe mit Penicillin für ca. 1 Jahr ist erforderlich (z. B. Benzathin-Penicillin 1,2 Mio Einheiten i. m. alle 4 Wochen).

52.1.4 Infektiöse Arthritis

Ätiopathogenese. Im Gegensatz zur reaktiven Arthritis kommt es bei der infektiösen Arthritis zu einer **direkten Infektion** des Gelenks. Dabei ist der häufigste Infektionsweg die Inokulation nach intraartikulärer Injektion, seltener kommen hämatogene oder lymphogene Infektionen vor. Die infektiöse Arthritis ist meist eine Monoarthritis, kann jedoch insbesondere bei hämatogener Infektion auch als Oligo- oder Polyarthritis imponieren. Keime, die zur infektiösen Arthritis führen können, sind Staphylokokken, Borrelien sowie die Mykobakterien.

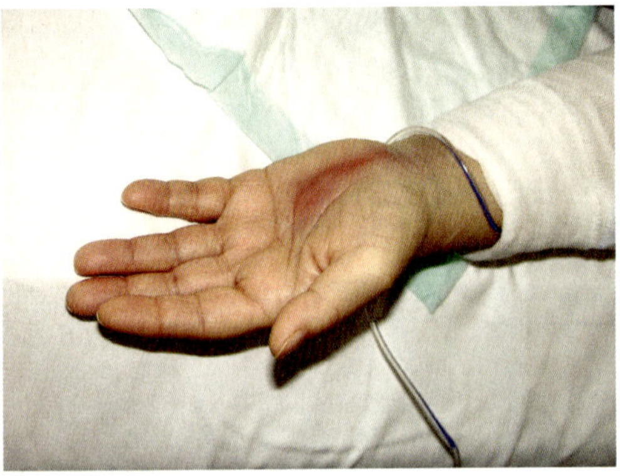

Abb. 52.9 **Infektiöse Arthritis.**

Klinik: Meist handelt es sich um eine **Monoarthritis**. Das Gelenk ist geschwollen, überwärmt und druckschmerzhaft (**Abb. 52.9**).

> **!** Die infektiöse Arthritis ist ein medizinischer Notfall und bedarf in der Regel der operativen Sanierung des betroffenen Gelenks. Eine Ausnahme bildet die Borrelienarthritis, die einer antibiotischen Therapie zugänglich ist.

Diagnostik: Gelenkpunktion unter sterilen Bedingungen. Typisch ist die trübe Synovialflüssigkeit mit verminderter Viskosität vermindert und eine Zellzahl über 50 000 Zellen pro µl (überwiegend Granulozyten). Aus dem Punktat erfolgt der Bakteriennachweis und im Anschluss die Resistenzbestimmung.

Therapie. Operative Sanierung mit Spüldrainagen, Antibiotika nach Antibiogramm, begleitend NSAR.

Komplikationen und Verlauf. Rasche Zerstörung des Gelenks bei infektiöser Arthritis, hochgradiges Sepsisrisiko, das nur durch rasch eingeleitete therapeutische Maßnahmen (Operation!) zu kontrollieren ist. Die Borrelienarthritis wird in erster Linie mit Doxycyclin in der Dosierung von 200 mg täglich über 3 Wochen behandelt, alternativ können auch Cephalosporine der dritten Generation zum Einsatz kommen.

Parvovirus-Arthritis

Die Parvovirus-Arthritis ist eine selbstlimitierende akute Polyarthritis, die das klinische Bild einer rheumatoiden Arthritis imitiert. Die Beschwerden treten im Rahmen der Infektion mit dem Parvovirus B19 auf (Auslöser der Ringelröteln im Kindesalter). Typisch ist eine Polyarthritis der Hand- und Fingergelenke. Die Diagnose wird anhand des Nachweis von IgM- und IgG-Antikörpern gegen Parvovirus gestellt. Die Abgrenzung gegenüber der rheumatoiden Arthritis kann klinisch schwierig sein. Hier helfen der Antikörpernachweis und der spontan limitierte Verlauf bei der Differenzialdiagnose weiter. Die Therapie erfolgt symptomatisch mit NSAR.

> **!** Auch andere Viren, wie z. B. das Rötelnvirus oder das Hepatitis-C-Virus, können eine Arthritis auslösen.

52.2 Degenerative Gelenkerkrankungen

52.2.1 Spondylarthrose

Ätiopathogenese. Ursächlich spielen verschiedene Faktoren für die Entstehung der degenerativen Wirbelsäulensyndrome eine Rolle.
In erster Linie sind dies angeborene Fehlstellungen, Fehlbelastungen, Überlastungen (z. B. Übergewicht, Beruf), Traumafolgen sowie abgelaufene entzündliche Prozesse (Sekundärarthrose). Die Reparaturvorgänge führen zu proliferativen Veränderungen wie Sklerosierung und Spondylophytenbildung.

Klinik. Die klinische Symptomatik korreliert nicht unbedingt mit dem Ausmaß der radiologischen Veränderungen. Häufig bestehen lokale, seltener radikulär ausstrahlende Schmerzen und Funktionseinschränkungen. Auch Myogelosen (Muskelhartspann) sind bei vielen Patienten zu finden.

Diagnostik: Wichtig ist der klinische Untersuchungsbefund, wobei die Beschwerden vom entzündlichen Rückenschmerz abzugrenzen sind (s. S. 1115). Die Laborbefunde sind meist unauffällig. Die Diagnosesicherung erfolgt mittels **Röntgenbefund** (Gelenkspaltverschmälerung, Resorptions- und Geröllzysten, Osteophyten, Sklerosierung).
Differenzialdiagnostisch abzugrenzen sind Spondylarthritiden, infektiöse Erkrankungen der Wirbelsäule wie infektiöse Spondylitis oder Spondylodiszitis sowie Metastasen (Prostatakarzinom, Mammakarzi-

nom), multiples Myelom oder primäre Knochentumoren.

Therapie: Die Therapie soll das weitere Fortschreiten der Arthrose aufhalten bzw. verzögern, den Schmerz beseitigen und der Funktionserhaltung bzw. -verbesserung dienen. Dies wird durch Allgemeinmaßnahmen (z. B. Gewichtsreduktion), physikalische Therapie und die Gabe von NSAR erreicht.

52.2.2 Arthrose der peripheren Gelenke

Synonym: Coxarthrose, Gonathrose, Fingerpolyarthrose, Rhizarthrose
engl:. Osteoarthritis

Epidemiologie. Die Arthrose ist die häufigste Gelenkerkrankung des Menschen und betrifft überwiegend ältere Menschen. Jede zweite Frau und jeder dritte Mann entwickelt im Laufe des Lebens eine radiologisch fassbare Arthrose des Hüft- und Kniegelenks.

Ätiopathogenese Die Pathogenese ist ähnlich wie bei der Spondylarthrose, wobei spezifische Faktoren bei den einzelnen Lokalisationen der Osteoarthrose eine Rolle spielen:

- Gonarthrose (Kniegelenk): Achsenfehlstellungen des Beins (Genua vara oder valga)
- Coxarthrose (Hüftgelenk): angeborene Hüftgelenksdysplasie
- Fingerpolyarthrose: Überlastungen und chronische Mikrotraumen (z. B. DIP-Arthrose bei Klettersportlern)

Darüber hinaus dürften genetische Faktoren eine Rolle spielen, zumal periphere Arthrosen familiär gehäuft vorkommen. Alter und Körpergewicht sind wesentliche begünstigende Faktoren. Sekundäre Arthrosen kommen als Zustand nach Traumata oder entzündlichen Erkrankungen (z. B. rheumatoide Arthritis) vor. Auch Stoffwechselerkrankungen führen zu gehäuftem Vorkommen von peripheren Arthrosen.

Formen der Arthrose sind die Heberden-Arthrose (DIP, **Abb. 52.10**), die Bouchard-Arthrose (PIP), die Rhizarthrose (Daumensattelgelenk), die Gonarthrose (Knie), die Coxarthrose (Hüfte) und die Omarthrose (Schulter).

Klinik. Typisch sind Belastungsschmerz, teilweise passageres Anschwellen der betroffenen Gelenke (aktivierte Arthrose), Funktionseinschränkung.

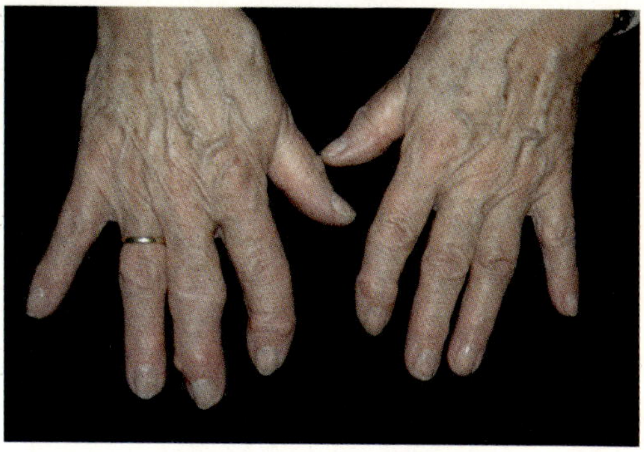

Abb. 52.10 Arthrose der Fingergelenke.

Durch die Osteophytenbildung an den betroffenen Gelenken kann eine sog. knöcherne Schwellung entstehen.

Diagnose. Neben dem klinischen Befund hilft vor allem der Röntgenbefund weiter. Hier ist typischerweise eine Gelenkspaltverschmälerung, Geröllzysten, Sklerosierung und osteophytäre Knochenbildung zu sehen (**Abb. 52.11**). Die Laborparameter sind meist unauffällig.

Therapie. Wichtig ist die Ausschaltung von Risikofaktoren (Körpergewicht, Fehlbelastung). Medikamentös kommen vor allem NSAR zur Anwendung. Auch die intraartikuläre Injektion von Glukokortikoiden ist möglich, allerdings nur bei entzündlich aktivierter Arthrose sinnvoll. Unterstützend können Chondroitinsulfat und Glucosaminoglykane eine gewisse subjektive Besserung erreichen. Auch die physikalische Therapie ist hilfreich.

52.2.3 Metabolische Arthropathien

Stoffwechselerkrankungen, endokrine Störungen, hämatologische und neurologische Erkrankungen können ebenfalls Arthropathien verursachen, die mit Ausnahme der Gicht selten zur ausgeprägten Gelenkentzündungen, gelegentlich aber zu Deformierungen und Destruktionen führen:

- Gicht: Die akute Gichtarthropathie manifestiert sich meist als Monoarthritis mit Rötung, Schwellung und Schmerzhaftigkeit des betroffenen Gelenks. Zum Teil meist ausgeprägte Schmerzen (Patient berichtet, dass selbst die Belastung der Bettdecke die Schmerzen verursacht). Meist ist das Zehengrundgelenk betroffen, jedoch kann

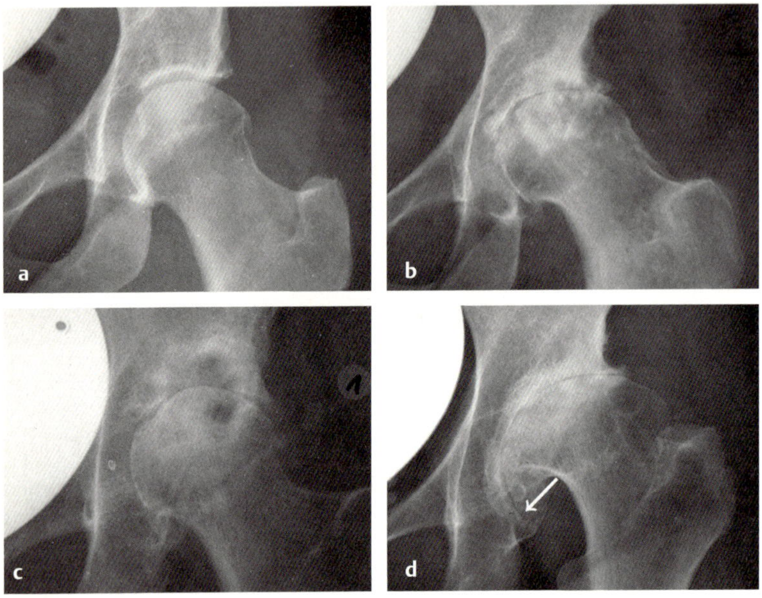

Abb. 52.11 Coxarthrose. **a** Normalbefund bei einem älteren Menschen, **b–d** typische Veränderungen bei Coxarthrose, **b** Gelenkspaltverschmälerung insbesondere im belasteten lateralen Teil, **c** ausgeprägte Geröllzysten am Azetabulum und am Hüftkopf, **d** großer, medial und kaudal gelegener Osteophyt am Femurkopf (aus Wülker, Taschenlehrbuch Orthopädie und Unfallchirurgie, Thieme).

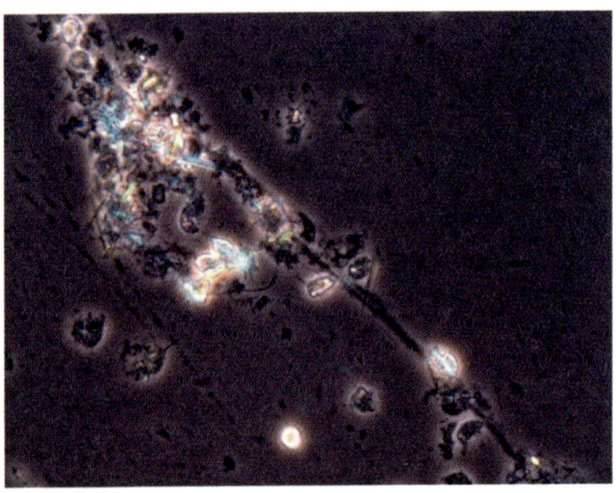

Abb. 52.12 Harnsäurekristalle.

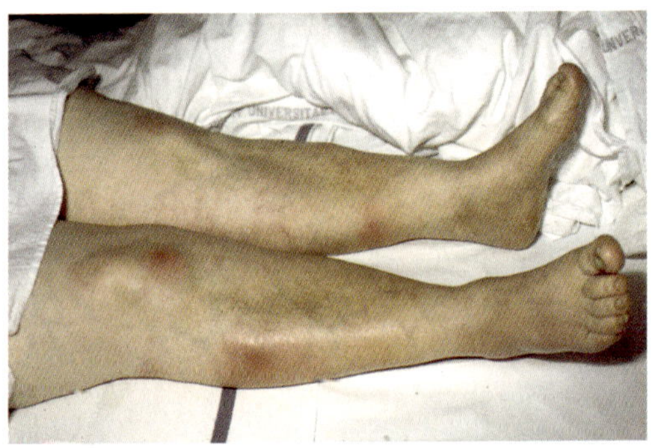

Abb. 52.13 Erythema nodosum.

die Gichtarthropathie praktisch jedes Gelenk betreffen. Chronische Verläufe führen auch zu Oligo- und selten zu Polyarthritiden der betroffenen Gelenke. Diagnose: Punktion des Gelenks und Nachweis intrazellulärer doppeltbrechender Harnsäurekristalle (**Abb. 52.12**). Eine ausführliche Darstellung der Gicht findet sich auf S. 669 ff.

- Chondrokalzinose (Synonym Pseudogicht): akute und chronische Gelenksbeschwerden durch Ablagerung von Pyrophosphatkristallen im Knorpel. Diagnose: Nachweis mittels Gelenkspunktion und Feststellung von nicht-doppelbrechenden Kristallen im Punktat.
- Diabetes mellitus: diabetische Osteoarthropathie mit massiven Fehlstellungen und Verplumpung der Füße (Charcot-Gelenk). Zusammenspiel mit diabetischer Neuropathie (s. S. 642).
- Hyperlipidproteinämien: xanthomatöse Arthropathie mit schubweisem Befall einzelner Gelenke, Tendopathien (Achillessehne), paraartikuläre Knochenzysten und Osteonekrosen (s. S. 647).
- Hämachromatose: Arthralgien im Sinne von Osteoarthrosen. Häufig Befall der MCP-Gelenke. Im Röntgenbild sind typische Osteophyten nachweisbar, Gelenksspaltverschmälerung. Selten Arthritis der MCP-Gelenke.

- Hämophilie: destruktive Arthropathie durch rezidivierende Gelenkeinblutungen, Knorpeldestruktion (s. S. 355).
- Hypo- und Hyperthyreose: Arthralgien (s. S. 510)
- Amyloidose: Karpaltunnelsyndrom (s. S. 323)
- Alkaptonurie: Ochronose (schwarze Knorpelverfärbung durch Homogentisinsäureablagerung, Knorpelabbau und Osteolysen), Tendopathien
- Sarkoidose: Bei ⅓ der Patienten kommt es zu Arthralgien sowie Arthritiden, typischerweise dem Befall beider Sprunggelenke. Insbesondere Häufung bei jüngeren Patienten. Häufig gleichzeitiges Auftreten einer Sprunggelenksarthritis mit einem Erythema nodosum (**Abb. 52.13**, s. S. 1122).

53 Rheumatologisch-immunologische Systemerkrankungen

Georg Schett, Knut Grasedyck

Das Synonym „Kollagenosen“ ist nur historisch zu verstehen. Es handelt sich um rheumatisch immunologische Systemerkrankungen, für die bestimmte Autoimmunphänomene charakteristisch sind. Bezüglich der pathophysiologischen Grundlagen siehe Kapitel „Immunologie“ auf S. 1073 ff.

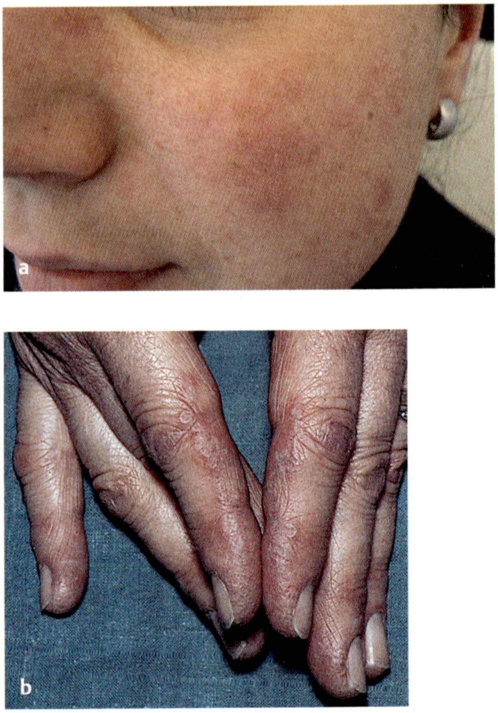

Abb. 53.1 **SLE. a** Typisches Schmetterlingserythem, **b** Plaques und streifige Rötungen mit geringer Hyperkeratose an den seitlichen Bereichen der Finger bei SLE (b aus Möll, Duale Reihe Dermatologie, Thieme)

53.1 Systemischer Lupus erythematodes (SLE)

Definition. Der systemische Lupus erythematodes (SLE) ist eine chronisch-entzündliche Erkrankung, die vor allem das Bindegewebe der Gefäße, die Serosa und die Haut betrifft.

Epidemiologie. Der SLE ist mit 50/100 000 Einwohnern relativ häufig. Es erkranken überwiegend Frauen im Alter zwischen 20 und 40 Jahren.

Ätiopathogenese. Die genaue Ätiologie ist nicht bekannt. Es kommt zum Versagen der Immuntoleranz gegenüber bestimmten intrazellulären Eiweißen (z. B. Histone) sowie der DNA. Es besteht eine genetische Disposition mit einem gehäuften Vorkommen bei Patienten mit HLA-DR2 und HLA-DR3.
Nachweisbar ist auch eine gestörte Phagozytose von apoptotischen Zellen, was wiederum zur Freisetzung intrazellulärer Proteine führt. Es kommt zur Autoantikörperbildung gegen intrazelluläre Proteine und der Bildung von Immunkomplexen sowie zur Komplementaktivierung (s. S. 1095).

Klinik. Die Klinik ist äußerst vielgestaltig, typisch ist ein schubartiger Verlauf. Neben Allgemeinsymptomen wie Fieber, Müdigkeit und Leistungsminderung (Fatigue) manifestiert sich der SLE auf viele andere Arten. Bei > 70 % der Patienten kommt es zum Hautbefall. Klassisch ist das schmetterlingsförmige Gesichtserythem (**Abb. 53.1**) über Wangen und Nase. Dazu treten scheibenförmige, rote schuppende Effloreszenzen auf (chronisch diskoider Lupus erythematodes CDLE) überwiegend an lichtexponierten Stellen auf. Es besteht eine erhöhte Photosensibilität, viele Patienten berichten über Alopezie und Schleimhautulzera. Häufig treten Arthralgien, eine passagere Arthritis und Myalgien auf, ebenso eine Raynaud-Symptomatik (s. S. 228). Der Organbefall betrifft vor allem

- Pleura: Pleuritis (s. S. 487)
- Nieren: Glomerulonephritis (s. S. 286), nephrotisches Syndrom (s. S. 284)
- Herz: Perikarditis, Libman-Sacks-Endokarditis, Myokarditis (s. S. 159)
- Nervensysten: Kopfschmerzen, psychische Veränderungen (Psychose, Depression)
- Lunge: interstitielle Lungenerkrankungen

Tab. 53.1 Diagnostische Kriterien der ACR (American College of Rheumatologie) beim SLE*

Befunde
• Schmetterlingserythem
• CDLE-Herde
• Photosensibilität
• Schleimhautulzera
• nicht erosive Arthritis an zwei oder mehr peripheren Gelenken
• Serositis (Pleuritis oder Perikarditis)
• Nierenbeteiligung: persistierende Proteinurie > 0,5 g/d oder Zylindrurie
• ZNS-Beteiligung: Krampfanfälle oder Psychosen
• hämatologische Beteiligung: hämolytische Anämie oder Leukopenie < 4 000/µl oder Lymphopenie < 1 500/µl oder Thrombopenie < 100 000/µl
• immunologische Befunde: Anti-dsDNA-Antikörper oder Anti-Sm-Antikörper oder Antiphospholipid-Antikörper
• antinukleäre Antikörper (**Abb. 53.2**)

**SLE ist wahrscheinlich, wenn 4 von 11 Kriterien erfüllt sind*

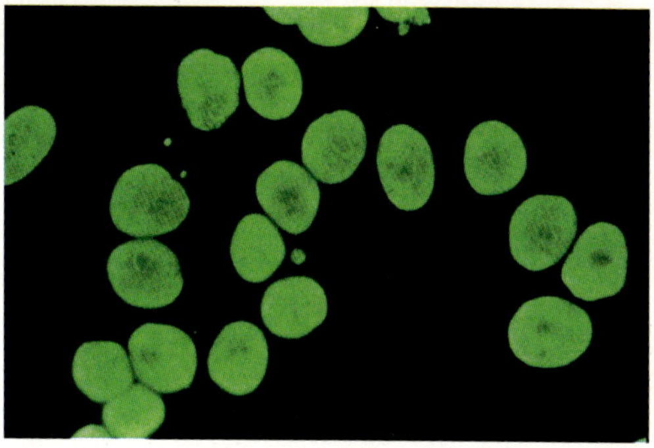

Abb. 53.2 Antinukleäre Antikörper. Zur Abklärung bei klinischem Verdacht auf SLE wird eine Untersuchung auf antinukleäre Antikörper (ANA) mittels des indirekten Immunfluoreszenztests mit HEp-2-Zellen als Untersuchungssubstrat durchgeführt. So ist die Erkennung von Immunfluoreszenzmustern möglich und dadurch die Identifizierung der Autoantikörperspezifität.

Diagnostik. Neben der Beachtung der klinischen Symptomatik sind vor allem verschiedene Laborparameter auffällig: Akutphase-Reaktion (BSG- und CRP-Erhöhung), Leukozytopenie, Thrombozytopenie und Anämie, entweder isoliert oder in Kombination. Richtungsweisend sind **antinukleäre Antikörper (ANA)** und Antikörper gegen doppelsträngige DNA **(anti-dsDNA-AK)** (Abb. 53.2). Durch den Komplementverbrauch sind C_3- und C_4-Komplement erniedrigt. Bei manchen Patienten lassen sich auch **Antikörper gegen die Proteine Ro/SS-A oder Sm** nachweisen, des Weiteren sind **auch Anti-Kardiolipin-Antikörper** beim SLE vermehrt anzutreffen. Biopsien aus den betroffenen Geweben, z. B. Haut oder Niere, und der Nachweis von Antikörpern und Komplementablagerungen verschaffen weitere diagnostische Sicherheit. Die diagnostischen Kriterien der ACR fasst **Tab. 53.1** zusammen.

Differenzialdiagnose. Der **medikamentös induzierte Lupus erythemathodes** kann durch verschiedene Arzneimittel wie Antihypertensiva (Dihydralazin), Antiarrhythmika (Procainamid), Antikonvulsiva, Antibiotika oder Tuberkulostatika ausgelöst werden. Der Verlauf ist meist milder als beim SLE, die klinische Symptomatik bessert sich nach Absetzen des betreffenden Medikaments. Die Patienten haben positive ANA, aber typischerweise keine Anti-dsDNA-AK. Dafür sind die Anti-Histon-AK meist positiv.
Das **Sharp-Syndrom**, auch Mischkollagenose genannt (engl.: MCTD, mixed connective tissue disease) ist ein dem SLE verwandtes Krankheitsbild. Es hat jedoch meist einen milderen klinischen Verlauf, innere Organbeteiligungen kommen nur selten vor. Kardinalsyndrom ist eine Raynaud-Symptomatik gepaart mit Arthralgien und Myalgien, seltener besteht auch eine Arthritis. Auch Exantheme können vorkommen. Pathognomonisch ist der Nachweis von Antikörpern gegen U1-RNP.

Therapie. Allgemein gilt es körperliche und seelische Belastungssituationen sowie UV-Exposition zu vermeiden, da so Schübe des SLE ausgelöst werden können.
Bei mildem Verlauf und insbesondere bei Arthralgien werden **NSAR** eingesetzt. **Glukokortikoide** werden mäßig bis hoch dosiert zur Kupierung eines akuten Schubes sowie auch zur Behandlung der Manifestation des SLE an den inneren Organen, wie Nephritis, ZNS, Vaskulitis, Pneumonitis oder Myokardbeteiligung, eingesetzt.
Bei schweren Verlaufsformen mit Befall der inneren Organe wird hauptsächlich **Cyclophosphamid** eingesetzt (500 – 1 000 mg/m² KG alle 4 Wochen über 6 – 12 Monate). Mycophenolat, Azathioprin und Methotrexat dienen der Erhaltungstherapie nach The-

N

rapieinduktion mit Cyclophosphamid und Prednisolon zur Aufrechterhaltung der klinischen Remission.
Chloroquinderivate wie Hydroxochloroquin bzw. Chloroquin sind insbesondere beim milden SLE zur langfristigen Therapie geeignet und vor allem bei Gelenkbefall gut wirksam.

Prognose. Es gibt leichte Verlaufsformen und Spontanremissionen. Die Prognose des SLE ist wesentlich von der Organmanifestation abhängig, insbesondere vom Nierenbefall (Cave: Glomerulonephritis, WHO IV mit rasch progredienter Niereninsuffizienz), ZNS-Vaskulitis und Pneumonitis. Selten sind auch schwere Herzbeteiligungen mit Myokarditis, welche zur akuten Herzinsuffizienz führen und die einer raschen Therapie bedürfen. Die Überlebensrate hat sich durch den Einsatz von Medikamenten wie Cyclophosphamid und hoch dosierten Steroiden deutlich gebessert.
In der Schwangerschaft kommt es häufig zu einer Exazerbation des SLE, Schwangerschaften bei SLE-Patientinnen sind daher als Risikoschwangerschaften anzusehen.
Selten kommt es durch Übertragung von Antikörpern von der Mutter auf das Kind zu einem neonatalen Lupus oder einem angeborenen AV-Block beim Kind (letztes v. a. bei SLE-Patientinnen mit Antikörpern gegen Ro/SS-A).

Prognose. Die Prognose von SLE-Patienten ist heute durch den Einsatz immunsuppressiver Therapien wie Cyclophosphamid, Mycophenolat Mofetil oder Azathioprin auch bei Beteiligung innerer Organe gut. Trotzdem kommen oft sehr schwerwiegende Verläufe vor, sodass eine rasche Diagnose und Einleitung der Therapie bei Patienten mit SLE von großer Bedeutung ist.

Klinischer Fall

Der diensthabende Arzt trifft in der Notaufnahme auf den 39-jährigen Patienten Herrn G. Dieser klagt darüber, dass es ihm zunehmend schlechter gehe, er sich matt fühle und Schmerzen in den Gelenken habe. In seiner Jugend sei ein systemischer Lupus erythematodes mit kardialer Beteiligung aufgetreten. Seitdem habe er keinen erneuten Schub gehabt. Vor drei Wochen sei er wegen einer tiefen Beinvenenthrombose in stationärer Behandlung gewesen. Das bei der Phlebographie verwendete Kontrastmittel habe anscheinend seine Niere geschädigt.
Eingewiesen wurde der Patient von seinem Hausarzt unter der Diagnose „akutes Nierenversagen" mit einem Kreatinin 2,5 mg/dl (normal < 1,5 mg/dl) und Harnstoff 140 mg/dl (normal 10 – 20 mg/dl) sowie dem Verdacht auf einen erneuten Schub des systemischen Lupus erythematodes. Im Blutbild ist eine Leukopenie und Anämie auffällig. BSG und CRP sind deutlich erhöht und die Komplemente C 3 und C 4 stark erniedrigt. Die Antikörper-Diagnostik bestätigt, dass ANA (1:10 000) und Anti-DNS-Antikörper (> 1 000 U/ml) deutlich erhöht sind. Damit können die behandelnden Ärzte von Herrn G. ein Lupusrezidiv beweisen.
Als Therapie werden bei Herrn G. zunächst hochdosiert Steroide angesetzt. Wegen des Nierenversagens erfolgt eine weitere Diagnostik. Im Urin ist zunächst eine Proteinurie von 580 mg/Tag und ein Sediment mit Leukozyten, deformierten Akanthozyten und Erythrozytenzylindern (sog. „aktives" Sediment) nachweisbar. Einige Tage später steigt die Proteinurie auf 3 g/d. Für die geplante Nierenpunktion muss zunächst die therapeutische Antikoagulation abgesetzt werden, die Herr G. seit der tiefen Beinvenenthrombose bekommt. Die histologische Untersuchung einer Probeexzision der Niere liefert die Diagnose einer lupusbedingten Glomerulonephritis. Herr G. wird nun zusätzlich mit dem Proliferationshemmer Mycophenolatmofetil sowie Resochin behandelt.
Herr G spricht gut auf diese Therapie an, er fühlt sich zunehmend besser und Proteinurie, Kreatininwert und Komplementverbrauch normalisieren sich. Bei Entlassung erklärt der Stationsarzt abschließend, dass er das akute Nierenversagen am ehesten als eine Kombination aus Lupusschub und der Kontrastmittelgabe wertet.

53.2 Progressive systemische Sklerose (PSS)

Synonym: Sklerodermie
engl.: systemic sclerosis

Definition. Die progressive systemische Sklerose ist eine Systemerkrankung des Bindegewebes und des Gefäßsystems mit überschießender Kollagenbildung und Fibrosierung der Haut und der viszeralen Organe. An den Gefäßen kommt es zu einer obliterierenden Angiopathie.

Epidemiologie. Frauen sind dreimal häufiger betroffen als Männer und bei Erstmanifestation meist im mittleren Lebensalter.

Ätiopathogenese. Die Ursache ist unbekannt.

Klinik. Typischerweise beginnt die Symptomatik mit einer **Raynaud-Symptomatik** (s. S. 228). Begleitend finden sich Ödeme der Haut, welche zunehmend insbesondere akral induriert sind (Sklerodaktylie, **Abb. 53.3 a**). Im weiteren Verlauf kommt es zur Hautatrophie und **akralen Atrophie** sowie gangränösen Veränderungen (sog. Mottenfraßnekrosen, **Abb. 53.3 b**). Die Sklerodermie schreitet zentripetal fort, insbesondere kommt es zum Befall des Gesichts mit Gesichtsstarre sowie einer Einschränkung der Mundöffnung (Mikrostomie) mit typischer radiärer Faltenbildung (Tabaksbeutelmund, **Abb. 53.3 c**). Es treten Teleangiektasien und Pigmentverschiebungen auf.

Durch den Befall des gesamten Bindegewebes im Körper kommt es auch zu Einschränkungen der Gelenkfunktion und einer Verkürzung des Zungenbändchens. Bei einem Teil der Patienten tritt eine nicht erosive Polyarthritis auf. Am häufigsten befallene Organsysteme sind:

- Lunge: Lungenfibrose, pulmonal-arterielle Hypertonie, Cor pulmonale
- Herz: Kardiomyopathie, Reizleitungsstörungen
- Gastrointestinaltrakt: Schluckstörungen, Ösophagusmotilitätsstörungen, Malabsorption
- Nieren: Niereninsuffizienz und renale Hypertonie infolge rezidivierender Niereninfarkte (eher selten)

Diagnostik. Die Verdachtsdiagnose ergibt sich aus dem klinischen Erscheinungsbild. Wichtiges Frühsymptom ist das Raynaud-Syndrom. Die **Nagelfalzkapillaren** können mithilfe eines Lupenmikroskops untersucht werden. Typischerweise sind bei PSS bereits in der Frühphase Kaliberschwankungen mit Stenosen und Aussackungen (Megakapillaren) sowie avaskuläre Bereiche.

Auch dem **Nachweis von Autoantikörpern** kommt Bedeutung zu:

- Antikörper gegen Topoisomerase/Scl70
- Antikörper gegen Centromer-B (CENP-B-AK) (vor allem bei CREST-Syndrom nachweisbar, s. u.)
- ANA (unspezifisch)

Bei Unklarheit kann auch eine Haut- oder Gefäßbiopsie mit anschließender histologischer Untersuchung den Verdacht bestätigen.

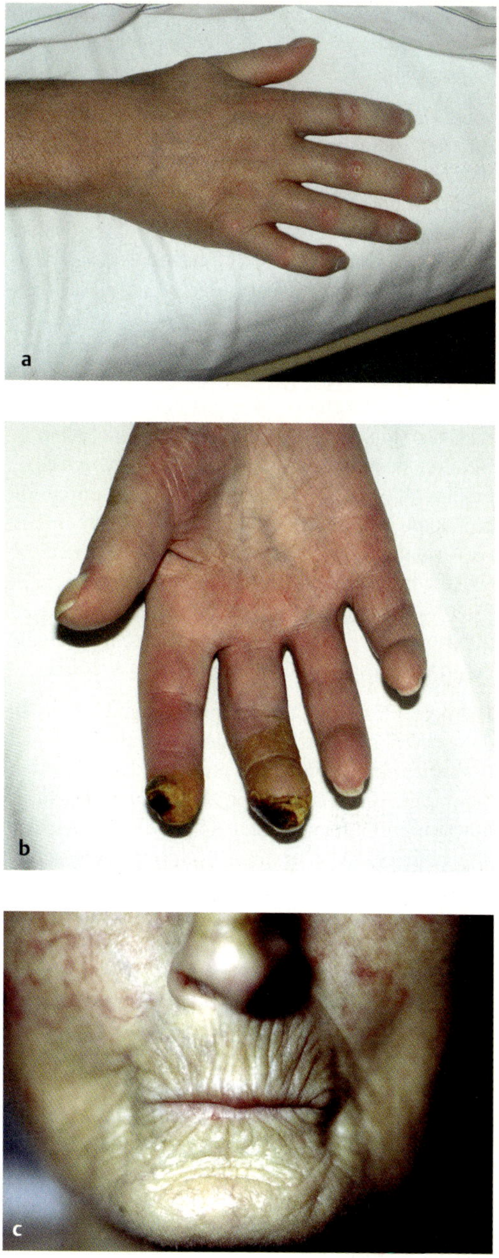

Abb. 53.3 Klinische Befunde bei Sklerodermie. a Sklerodaktylie, **b** gangränöse Hautnekrosen an den Fingerkuppen („Mottenfraßnekrosen"), **c** typische radiäre Faltenbildung (Tabaksbeutelmund).

N

Die Organbeteiligung wird mit den entsprechenden Untersuchungsverfahren nachgewiesen (z. B. Lungenfunktionstest, Ösophagusbreischluck).

Sonderformen. Es sind einige Sonderformen und Differenzialdiagnosen von der PSS abzugrenzen. Hierzu gehören:

CREST-Syndrom: Calcinosis cutis (subkutane Mikroverkalkungen), Raynaud-Syndrom, Ösophagusmotilitätsstörung, Sklerodaktylie, Teleangiektasien. Häufig Nachweis von Anticentromer-AK (kein Nachweis von Anti-Scl70-AK).

Eosinophile Fasziitis (Synonym: Shulman-Syndrom): Umschriebene schmerzhafte Anschwellung an den Extremitäten, ausgeprägte Eosinophilie und typische Histologie (mit entzündlichen eosinophilen Infiltraten subkutan und im Bereich der Faszien).

Eosinophilie-Myalgie-Syndrom: Es wird durch die Einnahme von verunreinigtem L-Trypotophan hervorgerufen. L-Tryptophan wird beispielsweise bei Schlafstörungen eingenommen.

Sklerodermieähnliche Erkrankungen können auch durch Vinylchlorid, Kunstharze, Siliconimplantate, verunreinigtes Speiseöl u. a. verursacht werden.

Therapie. Eine kausale Therapie ist nicht möglich, daher beschränkt sich die Therapie auf symptomatische Maßnahmen. Die physikalische Therapie dient der Vermeidung von Bewegungseinschränkungen. Atemübungen und Kälteschutz sind ebenfalls hilfreich. Die Therapie der pulmonal-arteriellen Hypertonie wird mit Bosentan oder Sildenafil durchgeführt (s. S. 122). Bei gastrointestinaler Beteiligung können Protonenpumpenhemmer eingesetzt werden. Die Therapie der Raynaud-Symptomatik erfolgt mit Vasodilatotoren, wie z. B. Nifedipin. Bei digitalen Ulzera können auch Sildenafil und Bosentan eingesetzt werden. Arthralgien und Myalgien können bedarfsweise Steroidstöße erfordern. Die Lungenbeteiligung wird mit Cyclophosphamid behandelt.

Prognose. Das Überleben hängt entscheidend vom Grad des Organbefalls ab (vor allem Herz und Lunge). Die Angaben schwanken zwischen 30% und 70% nach 5 Jahren.

53.3 Sjögren-Syndrom

Definition. Chronisch-entzündliche Erkrankung der exokrinen Drüsen, insbesondere der Tränen- und Speicheldrüsen.

Epidemiologie und Ätiopathogenese. Über 90% der Erkrankten sind Frauen um das 50. Lebensjahr. Man unterscheidet:

- primäres Sjögren-Syndrom: Als auslösender Faktor werden virale Infekte diskutiert. Es tritt gehäuft auf bei positivem HLA-DR3 und -B8 – dies spricht für eine genetische Prädisposition.
- sekundäres Sjögren-Syndrom: entsteht im Rahmen anderer Erkrankungen, z. B. rheumatoide Arthritis oder Hepatitis C („Overlap-Syndrom", s. S. 824)

Histologisch finden sich charakteristische lymphozytäre Infiltrate in den Speichel- und Tränendrüsen.

Klinik. **Sicca-Syndrom** mit Xerophthalmie (trockene Augen) und Xerostomie; Schwellungen der Speicheldrüsen sind möglich, ebenso eine Raynaud-Symptomatik, Arthralgien, Arthritis und Myalgien. Selten sind auch innere Organe befallen und das Risiko für die Entwicklung eines Non-Hodgkin-Lymphoms ist erhöht (s. S. 936).

Diagnostik. Im Schirmer-Test ist die Tränenproduktion auf < 5 mm (normal 15 mm) in 5 Minuten verringert. Charakteristische Laborbefunde sind positive ANA, Antikörper gegen zytoplasmatische Proteine (Ro/SS-A und La/SS-B). Rheumafaktoren sind ebenfalls häufig positiv, manchmal besteht eine deutliche Hypergammaglobulinämie.

Weiterhin kann eine Biopsie aus der Lippeninnenseite entnommen werden. Histologisch ist eine lymphozytäre Sialadenitis pathognomonisch.

Therapie. Im Vordergrund steht der Ersatz von Tränenflüssigkeit und Speichel durch künstlichen Speichel und Augentropfen. Bei starken Beschwerden kann auch ein Therapieversuch mit dem Cholinergikum Pilocarpin (Salagen®) gestartet werden. Arthritiden werden mit NSAR und ggf. Hydroxychloroquin/Chloroquin behandelt. Immunsuppressiva und Glukokortikoide sind bei der seltenen Beteiligung innerer Organe indiziert.

Prognose. Bei begleitender Vaskulitis oder Befall innerer Organe sind lebensbedrohliche Verläufe beschrieben. Auffällig ist ein deutlich erhöhtes Lymphomrisiko.

53.4 Polymyositis und Dermatomyositis

Definition. Chronisch-entzündliche Erkrankung der quergestreiften Muskulatur (Polymyositis), die von entzündlichen Hautveränderungen begleitet werden kann (Dermatomyositis).

Epidemiologie. Die Erkrankung ist relativ selten, Frauen sind doppelt so häufig betroffen wie Männer.

Ätiopathogenese. Bei den idiopathischen Formen gibt es Hinweise für eine genetische Disposition (häufig in Kombination mit HLA-B8 und -DR3). Zudem können Dermatomyositis und Polymyositis als paraneoplastisches Syndrom bei malignen Tumoren oder im Rahmen anderer rheumatologisch-immunologischer Systemerkrankungen auftreten („Overlap-Syndrom").

> **!** **Die Polymyositis bzw. Dermatomyositis ist häufig mit einem malignen Tumor assoziiert.**

Klinik. Bei beiden Erkrankungen kommt es im Rahmen der generalisierten Muskelentzündung zu **Muskelschmerzen** und **Muskelschwäche** (vor allem proximale Extremitätenmuskeln = Schulter-/Beckengürtel). Begleitend berichten die Patienten über Müdigkeit und Abgeschlagenheit, manchmal bestehen subfebrile Temperaturen. Bei der Dermatomyositis kommt es zusätzlich auch zu Hautbeteiligung, wobei typischerweise ein **livides Gesichtserythem** (heliotropes Erythem) mit Lidödemen zu finden ist (Abb. 53.4). Auch innere Organe können betroffen sein.

Diagnostik. Neben der klinischen Symptomatik finden sich bei der Laboruntersuchung eine Erhöhung von CK, LDH und Aldolase sowie unspezifische entzündliche Veränderungen (BSG, CRP). ANA sind häufig positiv, hier vor allem Jo-1-Antikörper (PL-1), die sich gegen das zytoplasmatische Enzym Histidyl-t-RNS-Synthetase richten, und Mi-2-, PM-Scl- und U1-nRNP-Antikörper. Bei Vorhandensein von Jo-1-AK spricht man auch vom „Anti-Synthetase-Syndrom" mit Myositis, interstitieller Lungenerkrankung und nicht erosiver Synovitis. Zusätzlich spielen eine MRT der befallenen Muskelpartien, die Elektromyografie sowie die Biopsie des betroffenen Muskels in der Diagnostik eine maßgebliche Rolle.

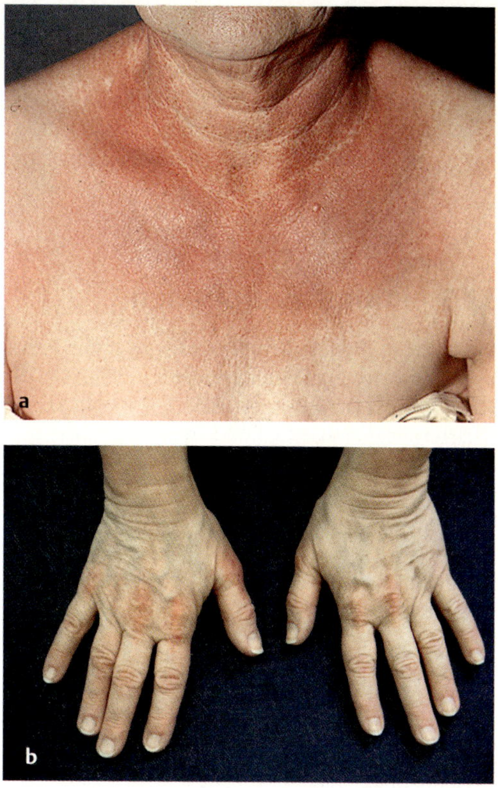

Abb. 53.4 Dermatomyositis. **a** Rötung und Schwellung im Hals- und Brustbereich mit unscharfer Begrenzung (aus Möll, Duale Reihe Dermatologie, Thieme), **b** Befall am Handrücken mit leicht keratotischen Infiltraten über den Streckseiten der Fingergelenke

Differenzialdiagnose. Andere Ursachen ähnlicher Beschwerden sind Muskelkater, Infektionen (virale Infekte mit erhöhter CK, Trichinose), primäre (hereditäre) und sekundäre (erworbene) Myopathien bei endokrinen Erkrankungen, Stoffwechselstörungen bzw. medikamentös induzierter Myolyse (z. B. Statine), neurogene und neuromuskuläre Störungen. Traumata sowie tumoröse Muskelerkrankungen (Fibrom, Rhabdomyom, Rhabdomyosarkom).

Therapie. Sofern eine Ursache zu finden ist (z. B. Tumor), ist diese zu behandeln. Therapie der Wahl ist die Behandlung mit Steroiden, begleitend Immunsuppressiva wie Methotrexat oder Azathioprin. Bei therapierefraktärem Verlauf sind eine hochdosierte Immunglobulin-Therapie oder die Plasmapherese zu erwägen.

Prognose. Die Krankheiten verlaufen meist schubweise. Komplikationen können durch Befall von Augen-, Schluck- und Atemmuskulatur sowie Myokard auftreten. Die Prognose hat sich durch die modernen Möglichkeiten der Immunsuppression deutlich gebessert. Bleibende Muskelschädigungen mit Muskelschwäche sind aber möglich.

53.5 Immunvaskulitiden

Vaskulitiden sind Systemerkrankungen, die durch immunreaktive Entzündungsprozesse in den Gefäßwänden verursacht werden. Eine allgemeine Klassifizierung zeigt Tab. 53.2.

53.5.1 Riesenzellarteriitis

Arteriitis temporalis und Polymyalgia rheumatica

Definition. Granulomatöse Vaskulitis der Schädelarterien, ggf. in Kombination mit einer Begleitarteriitis von Schulter- und Beckengürtel (Polymyalgia rheumatica).

Epidemiologie. Das Krankheitsbild tritt typischerweise bei Frauen > 60. Lebensjahr auf. Männer sind seltener betroffen.

Ätiopathogenese. Die Ursache ist unbekannt.

Klinik. Die Riesenzellarteriitis macht sich durch pochende, heftige Schläfenkopfschmerzen bemerkbar. Eventuell bestehen Schmerzen beim Kauen. Häufig und besonders gefährlich ist die Augenbeteiligung mit Sehstörungen bis hin zur Erblindung bei Verschluss der A. centralis retinae. Zusätzlich können Allgemeinsymptome wie Leistungsschwäche, Müdigkeit und subfebrile Temperaturen vorhanden sein.
Bei der Polymyalgia rheumatica stehen heftige Myalgien im Bereich des Schulter- und Beckengürtels im Vordergrund der Beschwerden.

Diagnostik. Neben der typischen Klinik (s. o.) kann eine druckschmerzhafte oder verhärtete Temporalarterie vorhanden sein (Abb. 53.5). Diagnostisch wegweisend ist die **stark beschleunigte BSG** („Sturzsenkung" > 40 mm in der 1. Stunde). Die übrigen Laborparameter sind meist im Normbereich. Im biopsierten Material aus der Temporalarterie lassen sich meist typische histologische Veränderungen nachweisen (vor Biopsie Ausschluss einer Karotisstenose auf der entsprechenden Seite). Als ergänzende Diagnostik kann eine Dopplersonografie eine Verdickung der Gefäßwand der A. axillaris, brachialis, carotis oder temporalis nachweisen.

Therapie. Die Erkrankung spricht prompt auf Glukokortikoide an (1 mg pro kg KG pro Tag). NSAR können als supportive Therapie verabreicht werden. Bei therapierefraktärem Verlauf wird Methotrexat gegeben.

> ! **Bei jedem älteren Patienten mit plötzlichen heftigen Kopfschmerzen ist an eine Arteriitis temporalis zu denken. Bereits im Verdachtsfall muss die Therapie mit Steroiden eingeleitet werden.**

Tab. 53.2 Klassifizierung der Immunvaskulitiden

betroffene Gefäße	Erkrankung
Vaskulitiden großer Gefäße	• Polymyalgia rheumatica und Riesenzellarteriitis • Takayasu-Arteriitis
Vaskulitiden mittlerer Gefäße	• Panarteriitis nodosa • Kawasaki-Syndrom
Vaskulitiden kleiner Gefäße	
• ANCA-assoziiert	• Wegener-Granulomatose • Churg-Strauss-Syndrom (allergische Granulomatose) • mikroskopische Polyangiitis
• nicht-ANCA-assoziiert	• Purpura Schönlein-Henoch • kryoglobulinämische Vaskulitis • kutane leukozytoklastische Vaskulitis

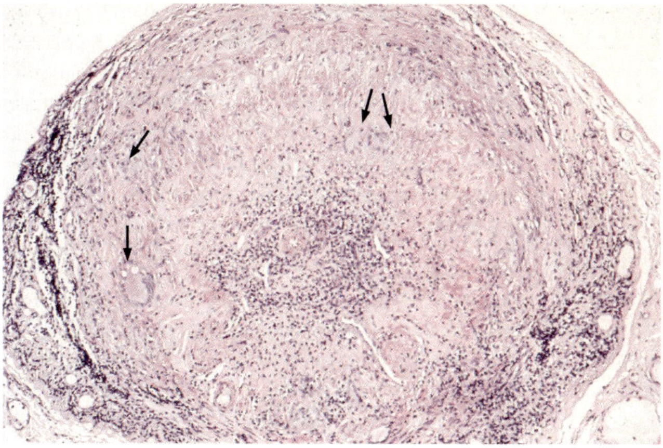

Abb. 53.5 Arteriitis temporalis. Massive Verbreiterung der Intima mit fast vollständiger Okklusion des Arterienlumens (→ Riesenzellenbildung).

Prognose. Unbehandelt kann es zur Erblindung kommen. Bei konsequenter Therapie ist die Prognose hingegen günstig.

53.5.2 Takayasu-Arteriitis

Sehr seltene Erkrankung mit Erkrankungsbeginn meist vor dem 40. Lebensjahr. Vor allem Frauen sind betroffen. Überwiegend sind die Aorta (Aortitis) sowie die proximalen Aortenabgänge betroffen. Zu Klinik, Diagnostik und Therapie s. Kapitel „Arterien“ auf S. 230 ff.

53.5.3 Panarteriitis nodosa

Synonym: Polyarteriitis nodosa

Definition. Systemische, nekrotisierende, nicht granulomatöse Vaskulitis der mittelgroßen Gefäße von Muskulatur und viszeralen Organen.

Epidemiologie. Männer sind häufiger betroffen als Frauen. Der Erkrankungsbeginn liegt typischerweise über dem 50. Lebensjahr.

Ätiopathogenese. Die Ursache ist unbekannt. Bisweilen besteht ein Zusammenhang mit einer Hepatitis-B-Infektion (s. S. 808).

Klinik. Zunächst treten Prodromalsymptome wie Schwäche, Fieber, Gewichtsverlust, Arthralgien und Myalgien auf. Die Symptome sind je nach betroffenen Organen sehr vielfältig, z. B. Nierenfunktionseinschränkung bei Nephritis, Angina abdominalis bei Befall der Mesenterialarterien oder Angina pectoris bei Befall der Koronarien. Auch das periphere Nervensystem kann betroffen sein (Mono- und Polyneuropathie), ebenso sind zerebrale Veränderungen möglich. Die Beteiligung der Haut kann sich in Form von subkutaner Knötchenbildung entlang der Arterien zeigen. Weiterhin findet sich häufig eine Livedo reticularis.

Diagnostik. Es gibt keine charakteristischen Laborbefunde, eventuell auffällige Entzündungsparameter oder eine positive Hepatitis-B-Serologie. Mithilfe der intraarteriellen digitalen Subtraktionsangiografie (DSA) oder Angio-MRT können Gefäßverschlüsse und -unregelmäßigkeiten diagnostiziert werden. Histologisch lassen sich die granulomatösen Arterienwandinfiltrationen nachweisen.

Therapie. Bei Vorliegen einer Hepatitis-B-Infektion wird diese entsprechend therapiert (s. S. 809). Die Vaskulitis selbst wird meist mit Cyclophosphamid behandelt. Im Anschluss daran erfolgt die Umstellung auf Methotrexat bzw. alternativ Azathioprin oder Mycophenolat. Eine begleitende Therapie mit Glukokortikoiden ist erforderlich.

Prognose. Nach 5 Jahren leben bei konsequenter immunsuppressiver Therapie noch mehr als 90% der Patienten.

N

53.5.4 Wegener-Granulomatose und mikroskopische Panarteriitis

Synonym: Morbus Wegener bzw. mikroskopische Polyangiitis

Definition. Wegener-Granulomatose: granulomatöse, nekrotisierende Entzündung der kleinen Arterien. Die Erkrankung beginnt mit einer granulomatösen Entzündung des Respirationstrakts, im weiteren Verlauf entwickelt sich dann die Vaskulitis.
Mikroskopische Panarteriitis: Vaskulitis mit entzündlichem Befall kleiner Gefäße (im Vergleich zur Wegener-Granulomatose nicht granulomatös).

Ätiopathogenese. Die Ursachen sind nicht bekannt.

Klinik. Die **Wegener-Granulomatose** beginnt mit einem lokal begrenzten Initialstadium, in dem nur der Respirationstrakt betroffen ist: chronische Rhinitis, Sinusitis, blutiger Schnupfen und borkige Auflagerungen, in späteren Stadien Septumperforation und Sattelnase, Husten, Dyspnoe, Stridor. Im weiteren Verlauf geht die Krankheit in das Generalisationsstadium mit pulmorenalem Syndrom über: rapid progressive Glomerulonephritis (s. S. 290), alveoläre Beteiligung mit Hämoptoe (s. S. 423). Die Granulome können sich auch im ZNS und in anderen Organen entwickeln.
Bei der **mikroskopischen Panarteriitis** steht die Glomerulonephritis im Vordergrund. Auch hier kann sich ein pulmorenales Syndrom entwickeln. Häufig sind auch Hautveränderungen vorhanden (Purpura, Knötchen).

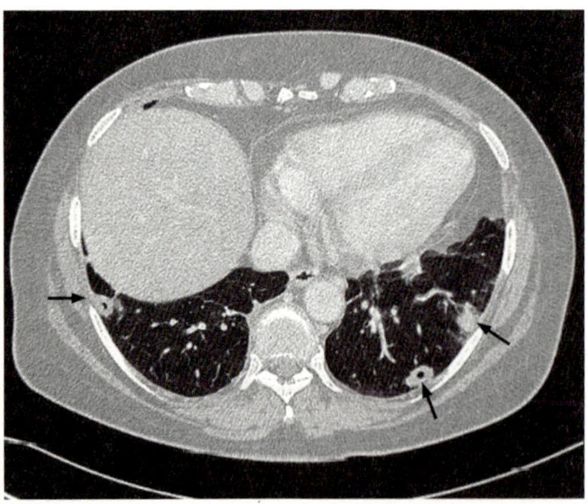

Abb. 53.6 Wegener-Granulomatose. CT des Thorax bei Morbus Wegener. Die Pfeile zeigen granulomatöse Läsionen an.

Diagnostik. Leitbefund beim Morbus Wegener ist der Nachweis antineutrophiler cytoplasmatischer Antikörper mit cytoplasmatischem Fluoreszenzmuster **(c-ANCA)**, meist mit dem Zielantigen Proteinase 3 (PR3-AK). Bei mikroskopischer Polyangiitis sind meist antineutrophile cytoplasmatische Antikörper mit perinukleärem Fluoreszenzmuster vorhanden **(p-ANCA)**.

Therapie. Bei beiden Erkrankungen wird Cyclophosphamid 750 mg pro m^2 entweder als Monotherapie oder 200 mg täglich per os verabreicht. Zusätzlich kommen (hochdosierte) Steroide zur Anwendung. Anschließend erfolgt die Umstellung auf Azathioprin, Methotrexat oder Mycophenolat.

Prognose. Der Morbus Wegener ist eine lebensgefährliche Erkrankung und bedarf einer intensiven und langen immunsuppressiven Therapie. Nach Absetzen der Immunsuppression kommt es häufig zu Rezidiven. Die Prognose ist bei konsequenter immunsuppressiver Therapie gut und liegt bei > 90 % nach 5 Jahren.

53.5.5 Churg-Strauss-Syndrom

Definition. Chronisch-entzündliche Erkrankung der kleinen Arterien, die vor allem den Respirationstrakt betrifft.

Ätiopathogenese. Die Erkrankung tritt bevorzugt bei Patienten auf, die zuvor unter Asthma bronchiale oder einer Allergie gelitten haben. Auch Medikamente können Auslöser sein (z. B. der Leukotrienantagonist Montelukast, s. S. 437).

Klinik. Typisch ist eine allergische Rhinitis, Sinusitis und ein Asthma bronchiale. In der Generalisationsphase kommt es zum Organbefall mit granulomatösen Lungeninfiltraten, Arthralgien, Arthritis, Myalgien, **Mono- und Polyneuropathien**, Befall des Myokards, der Koronararterien sowie Nierenbefall mit Glomerulonephritis (vergleichsweise milder Verlauf).

Diagnostik. Auffallend ist eine ausgeprägte **Eosinophilie**. Außerdem ist eine **IgE-Erhöhung** typisch, selten sind p-ANCA nachweisbar. Histologisch sind eosinophile Infiltrate in den Gefäßen nachweisbar.

Therapie. Glukokortikoide, bei therapierefraktären Verläufen Immunsuppressiva.

53.5.6 Purpura Schönlein-Henoch

→ vgl. S. 294

Definition. Systemische allergische Vaskulitis mit Symptomen in der Haut, Gelenken des Gastrointestinaltrakts und der Nieren.

Epidemiologie. Die Erkrankung tritt vorzugsweise im Vorschulalter auf, Jungen sind häufiger als Mädchen betroffen. Die Purpura Schönlein-Henoch kann jedoch auch im Erwachsenenalter auftreten.

Ätiopathogenese. IgA induzierte Immunkomplexvaskulitis. Histologisch sind Ablagerungen von IgA-haltigen Immunkomplexen in den betroffenen Organen typisch. Die Erkrankung tritt häufig im Anschluss an einen Infekt der oberen Luftwege auf.

Klinik. An der **Haut** kommt es zu multiplen kleinen Petechien und tastbarer Purpura, vorzugsweise in den unteren Extremitäten. Häufig sind die **Gelenke** in Form einer nicht destruierenden Arthritis beteiligt (v. a. Sprunggelenke). Symptome finden sich auch vonseiten des **Gastrointestinaltrakts**: die Patienten klagen über Erbrechen, Diarrhö mit zum Teil gastrointestinalen Blutungen und kolikartigen Schmerzen. An der **Niere** kann eine Nephritis mit Proteinurie und Makrohämaturie auftreten.

Therapie. Therapie der Wahl sind Glukokortikoide. Bei therapieresistenten Verläufen können Immunsuppressiva eingesetzt werden (Cyclophosphamid).

Prognose. Die Langzeitprognose ist meist gut, die Erkrankung heilt gewöhnlich aus.

53.5.7 Morbus Behçet

Definition. Schubartig verlaufende systemische Vaskulitis mit Befall arterieller und venöser Gefäße vor allem der Haut, Schleimhaut und am Auge.

Epidemiologie. Männer und Frauen erkranken gleich häufig, meist im Alter zwischen 20 und 30 Jahren. Ein gehäuftes Auftreten findet sich im Mittelmeerraum (Türkei).

Ätiopathogenese. Eine genetische Prädisposition scheint zu bestehen: HLA-B51 ist bei 60 % der Patienten nachweisbar.

Klinik. Obligat sind schmerzhafte orale Ulzerationen (Aphthen, **Abb. 53.7**), außerdem kommen genitale Ulzera vor. Meist besteht auch eine Augenbeteiligung (z. B. Uveitis, Iritis, Optikusneuritis, Zentralvenenverschluss) sowie eine Arthritis. Bei Befall der Gefäße (Arterien und Venen) sind arterielle Verschlüsse und Thrombophlebitiden möglich. Begleitend besteht häufig ein Erythema nodosum sowie akneiforme Knötchen.

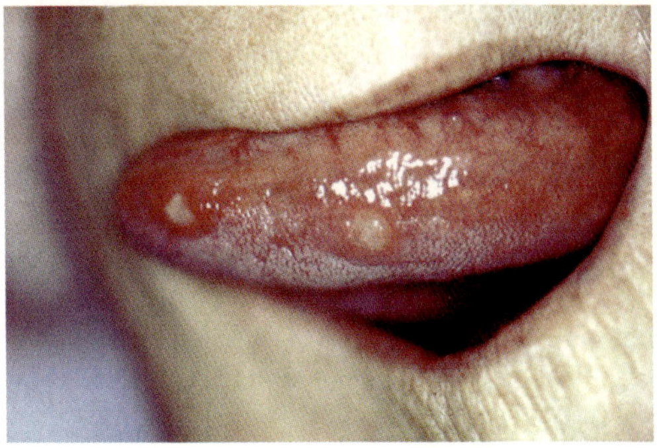

Abb. 53.7 **Aphthen bei Morbus Behçet.**

Diagnostik. Die Diagnose ergibt sich aus der typischen Klinik (Mundulzera und zwei der o. g. Symptome). Einen weiteren Hinweis liefert der **Pathergie-Test**: die intradermale Injektion von physiologischer NaCl-Lösung (eigentlicher Pathergie-Test) oder auch eine Hautverletzung (z. B. Einstichstelle bei Blutentnahme) führt zu einer großen eitrigen Pustel.

Therapie. Bei Schleimhautulzerationen werden Glukokortikoide eingesetzt, bei systemischen Manifestationen (Augenmanifestation, Vaskulitis) zusätzlich Immunsuppressiva wie beispielsweise Ciclosporin A. Bei Gelenkbefall kann Colchicin verabreicht werden.

Prognose. Die Prognose ist überwiegend gut und nur bei Befall viszeraler Organe und begleitender Vaskulitis ernst.

53.5.8 Weitere Formen

Immunkomplexvaskulitiden der kleinen Gefäße können auch im Rahmen anderer Erkrankungen vorkommen.

Kryoglobulinämie. Kryoglobuline sind Immunglobuline, die bei Kälte präzipitieren. Sie können primär (essenzielle Kryoglobulinämie) oder sekundär im Rahmen von Infektionen (v. a. Hepatitis C), systemischen Autoimmunerkrankungen (v. a. SLE) oder Lymphomen vorkommen. Kryoglobuline können durch Komplexbildung eine Kleingefäßvaskulitis auslösen. Der Nachweis von Kryoglobulin erfordert das Warmhalten der Serumprobe bei 37 °C über 2 h, um eine Präzipitation zu verhindern. Bei Abkühlung fallen die Kryoglobuline aus, bei Erwärmung lösen sie sich wieder auf.

Leukozytoklastische Angiitis. Es handelt sich hierbei um eine Immunkomplexvaskulitis mit vorwiegender Beteiligung der Haut. Sie kann isoliert oder im Zusammenhang mit Infektionen oder Medikamenteneinnahme auftreten. Die Erkrankung spricht gut auf Glukokortikoide an. Eine Sonderform ist die Purpura Schönlein-Henoch (s. S. 1133).

53.6 Fibromyalgiesyndrom

Definition. Komplexes Schmerzsyndrom mit chronischen multilokulären Schmerzen im Bereich von Muskeln, Bindegewebe und Skelett in Kombination mit vegetativen, funktionellen und psychischen Störungen.

Epidemiologie. Betroffen sind überwiegend Frauen um das 50. Lebensjahr.

Ätiopathogenese. Die Ursachen für eine generell gesteigerte Schmerzempfindlichkeit sind bisher nicht bekannt. Diskutiert werden Störungen in der Reizleitung sowie im Neurotransmittersystem. Charakteristische morphologische Veränderungen lassen sich nicht nachweisen.

Klinik. Im Vordergrund steht eine allgemeine **Schmerzsymptomatik** (Ganzkörperschmerz). Zur Diagnosesicherung müssen mindestens 11 von 18 Druckpunkten positiv sein (Hinterkopf, untere Halswirbelsäule lateral, Trapezius, Supraspinatus, 2. sternaler Rippenansatz, Epicondylus lateralis, Trochanter major, Kniegelenkspalt jeweils rechts und links). Es wird ein primäres Fibromyalgiesyndrom (in Assoziation mit Stress, Konfliktsituationen, psychosomatische Störungen, Depressionen, Schlafentzug) von einem sekundären Fibromyalgiesyndrom (bei bekannter Grunderkrankung, z. B. entzündlich rheumatischen Erkrankungen) unterschieden.
Die **vegetativen und funktionellen Symptome** sind ebenfalls vielfältig, z. B. kalte Akren, Tremor, Schlafstörungen, Abgeschlagenheit, Migräne, Herzbeschwerden, gastrointestinale Beschwerden.

Diagnostik. Neben der ausführlichen Anamnese und körperlichen Untersuchung ist das Fibromyalgiesyndrom vor allem eine Ausschlussdiagnose.

Therapie. Es gibt keine kausale Therapie, die Behandlung erfolgt rein symptomatisch. Physiotherapie kann ebenso hilfreich sein wie das Erlernen von Entspannungsmethoden und regelmäßige Bewegung (Schwimmen, Walken, Radfahren). Ggf. kann Psychotherapie indiziert sein. Bei Bedarf können Analgetika, Antidepressiva (z. B. Amitriptylin) oder Pregabalin verabreicht werden.

Prognose. Die Erkrankung ist chronisch und häufig schwer zu beeinflussen. Relativ häufig resultieren eine Arbeitsunfähigkeit und eine vorzeitige Berentung der Patienten.

Weiterführende Informationen

http://www.dgrh.de
http://www.eular.org

54 Knochen

Michael Amling

54.1 Grundlagen

Zur **Anatomie des Knochens** s. S. 548.
Zur **Regulation der Kalzium- und Phosphathomöostase** s. S. 529.
Hinweis: Die generalisierten metabolischen und endokrinen Osteopathien Osteoporose, Osteomalazie und Ostitis fibrosa sind im Kapitel „Metabolische Osteopathien" auf S. 548 dargestellt.

54.2 Osteopetrose und Osteopetrorachitis

Definition. Die Osteopetrose, früher auch als Marmorknochen-Krankheit oder nach dem Hamburger Radiologen als Morbus Albers-Schönberg bezeichnet, ist eine generalisierte Erkrankung und durch eine erhöhte Knochenmasse infolge einer gestörten oder fehlenden osteoklastären Resorption charakterisiert. Trotz der erhöhten Knochenmasse führt die Störung der Knochenresorption zu einer gesteigerten Frakturanfälligkeit, da die Kollagenfasern die Osteone nicht mehr miteinander verbinden und Geflechtknochen nicht in lamellären Knochen remodelliert werden kann. Man unterscheidet (Abb. 54.1):

- **Osteopetrose**: Knochenmasseerhöhung durch Funktionsstörung der Osteoklasten
- **Osteopetrorachitis**: Knochenmasseerhöhung und Mineralisationsdefekt / Wachstumsstörung durch kombinierte Funktionsstörung von Osteoklasten und Parietalzellen des Magens

Epidemiologie. Die geschätzte Inzidenz der Osteopetrose liegt bei 1:100 000 bis 1:200 000.

Ätiopathogenese. Bei der Osteopetrose handelt es sich um eine Differenzierungs- oder Funktionsstörung der Osteoklasten aufgrund von Mutationen. Erworbene Formen sind nicht bekannt. Die Erkrankung manifestiert sich in der Regel im Kindesalter, mildere Verlaufsformen werden teilweise auch erst im Erwachsenenalter diagnostiziert.
Die molekulare Grundlage der Osteopetrose bzw. Osteopetrorachitis ist heute für die meisten, jedoch nicht alle Patienten bekannt. Etwa 50 % der Patienten weisen eine **autosomal-rezessive Mutation von TCIRG1** (Atp6i) auf, kodierend für die α3-Untereinheit der vakuolären Protonenpumpe. Seltener besteht eine Haploinsuffizienz der Chloridkanal-7-Ak-

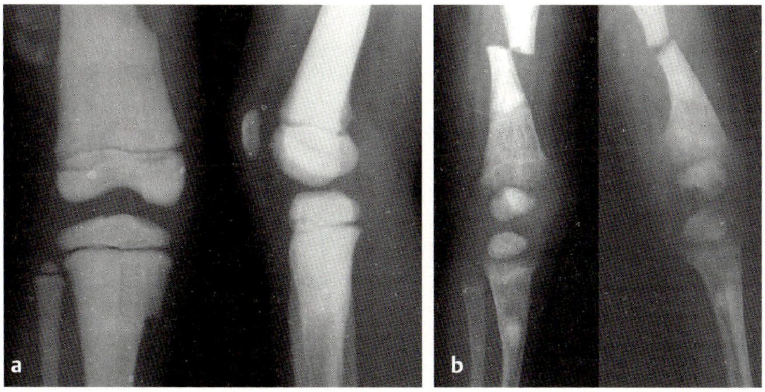

Abb. 54.1 Röntgen Osteopetrose vs. Osteopetrorachitis. a. Kind mit Osteopetrose. Hohe Knochenmasse ohne Verbreiterung der Wachstumsfugen. **b** Kind mit Osteopetrorachitis. Hier fällt neben der Knochenmasseerhöhung auch eine Verbreiterung der Wachstumsfugen und becherförmiger Ausweitung der Metaphysen als charakteristische Zeichen der Mineralisationsstörung und Rachitis auf. Die Femurfraktur verdeutlicht die erhöhte Knochenbruchanfälligkeit von Patienten mit Osteopetrorachitis und Osteopetrose (Röntgenaufnahme des Kniegelenks in 2 Ebenen).

tivität durch deaktivierende Mutationen in CLCN7. CLCN7-Mutationen können ebenfalls autosomal-rezessive oder intermediäre Formen der Osteopetrose verursachen.

Die **Deaktivierung der Carboanhydrase II** durch eine rezessive Mutation im CA2-Gen führt zu einem Mangel an Carboanhydrase II und so über einen Ausfall der Azidifizierung im osteoklastären Resorptionskompartiment ebenfalls zur Osteopetrose. Gleiches gilt für Mutationen mit einem Funktionsverlust des GL-Gens (GL = grey-lethal), welches für OSMT 1 (osteopetrosis associated transmembrane protein 1) kodiert.

In sehr seltenen Fällen sind auch deaktivierende Mutationen von **RANKL** als Ursache der Osteopetrose bei Patienten beschrieben worden. RANKL (Receptor Activator of NF-κB Ligand) ist ein Protein aus der Familie der Tumornekrosefaktoren, das wesentlich an der Regulation des Knochenabbaus durch Förderung der Osteoklasten-Differenzierung und -Aktivität beteiligt ist.

Eine sehr seltene Sonderform der Osteopetrose stellt die durch Cathepsin-K-Mutationen verursachte Pyknodysostose dar. **Cathepsine** sind Enzyme, die beispielsweise in Lysosomen, eosinophilen Granulozyten und Osteoklasten zu finden sind und einen hydrolytischen Abbau der extrazellulären Matrix und der Basalmembran bewirken. Der Funktionsausfall von Cathepsin K führt zur Osteoklastendysfunktion und zur Pyknodysostose. Aus diesem Grund wird die Hemmung von Cathepsin K derzeit auch als therapeutisches Konzept zur Behandlung der Osteoporose in Phase-3-Studien geprüft.

Der prominenteste unter den etwa 150 bis heute beschrieben Patienten mit Pyknodysostose ist der französische Impressionist Henri de Toulouse-Lautrec.

Osteopetrose und Osteopetrorachitis stellen zwei verschiedene Krankheitsbilder dar. Bei **Ausfall der Osteoklastenfunktion** kommt es zu einem Anstieg der Knochenmasse und dem Bild einer **Osteopetrose**.

Wenn neben dem Ausfall der Osteoklastenfunktion **zusätzlich eine Funktionsstörung der Parietalzellen** des Magens vorliegt, kommt es zu einer deutlichen Störung der Kalziumhomöostase, da nicht nur die Kalziummobilisation aus dem Knochen, sondern auch die gastrointestinale Kalziumaufnahme gestört ist. Die Konsequenz ist eine **Osteopetrorachitis**, also eine Kombination aus erhöhter Knochenmasse und Mineralisationsstörung des Knochens, sowie einer Wachstumsstörung, weil die enchondrale Ossifikation ebenfalls betroffen ist (Abb. 54.2).

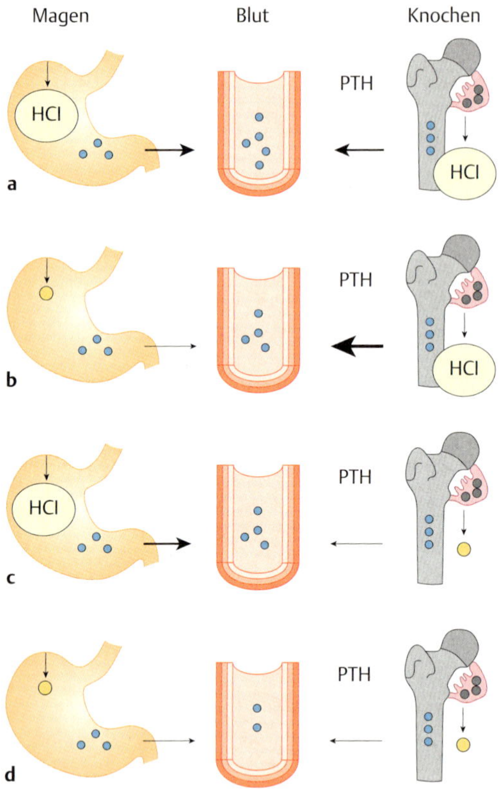

Abb. 54.2 Regulation der Kalziumhomöostase durch gastrale Azidifizierung und osteoklastäre Knochenresorption. a Physiologische intestinale Kalziumaufnahme bei intakter gastraler Azidifizierung und funktionell intakter osteoklastärer Resorption. **b** Hypochlorhydrie führt zu verringerter intestinaler Kalziumaufnahme und bedingt durch einen sekundären Hyperparathyreoidismus zu vermehrter Kalziummobilisation aus dem Knochen mit der Folge eines Knochenmasseverlustes (Osteoporose). **c** Bei erhaltener intestinaler Kalziumaufnahme kommt es durch einen Ausfall der Osteoklastenfunktion zu einer Osteopetrose. **d** Bei Ausfall der gastralen Azidifizierung (Hypochlorhydrie) und Funktionsausfall der Osteoklasten entsteht eine Hypokalzämie und eine Osteopetrorachitis.

Klinik. Bei den infantilen, malignen Formen der Osteopetrorachitis treten aufgrund des gestörten Kalziumstoffwechsels **hypokalzämische Krampfanfälle** teilweise schon im Neugeborenenalter auf. Es imponiert eine Anämie und Thrombopenie assoziiert mit einer Hepatosplenomegalie bei extramedullärer Blutbildung in den ersten Lebensmonaten. **Sensoneurologische Ausfälle**, wie Taubheit und Blindheit, entstehen innerhalb der ersten Lebensjahre, da durch die fehlende Knochenresorption eine ossäre Enge im Bereich der Nervenaustrittspunkte entsteht. Eine irreversible Nervenschädigung ist die Folge. Komplikationen und mögliche Todesursachen sind Blutungen und Infektionen infolge des Knochenmarkversagens. Die Kinder leiden darüberhinaus trotz ihrer erhöhten Knochenmasse an **häufigen Knochenbrüchen**, da durch die fehlende Osteoklastenfunktion ein Remodeling und damit eine Anpassung des Knochens an biomechanische Belastungen sowie dessen Erneuerung nicht möglich sind.

Diagnostik. Die Verdachtsdiagnose ist radiologisch anhand einer für das Lebensalter deutlich gesteigerten Knochendichte zu stellen.

Eine **Beckenkammbiopsie**, die zwingend unentkalkt histologisch aufgearbeitet werden muss (in Deutschland beispielsweise in dem Institut für Osteopathologie des Universitätsklinikums Hamburg Eppendorf), erlaubt nicht nur Aussagen zum Knochenmark, sondern ermöglicht auch die Differenzierung zwischen Osteopetrose und Osteopetrorachitis, da neben einer Beurteilung von Osteoklasten und Osteoblasten auch der Mineralisationsstatus des Knochens beurteilt werden kann (Abb. 54.3). Hieraus ergibt sich eine wichtige Eingrenzung für die **molekulargenetische Diagnostik**, in der Mutationen in den entsprechenden Kandidatengenen (TCIRG1, CLCN7, CAII, GL, CATHK, RANKL, AE2) ausgeschlossen oder verifiziert werden können.

Therapie. Da sich die Osteoklasten von der hämatopoetischen Stammzelle des Knochenmarks ableiten, kann eine **allogene Blutstammzelltransplantation** eine wirksame und kurative Therapie der Osteopetrose darstellen. Wegen des komplexen Behandlungsverfahrens und der hohen Komplikationsrate wird eine derartige Transplantation nur in spezialisierten Zentren durchgeführt (in Deutschland z. B. in der Universitätskinderklinik Ulm).

Die therapeutischen Möglichkeiten einer Knochenmarktransplantation bei Osteopetroseformen, die auch extraskelettale Manifestationen des jeweils bestehenden Gendefekts aufweisen (z. B. zerebrale Defekte bei CLCN7-Mutation), sind jedoch limitiert und stellen somit bei diesen Patienten allenfalls eine relative Indikation zu einer derartigen Therapie dar. Außerdem besteht beispielsweise bei Patienten mit TCIRG1-Mutationen, für die die Knochenmarkstransplantation eine gute Therapieoption darstellt, der Funktionsdefekt der Parietalzellen mit Hypochlorhydrie möglicherweise fort. Dann muss eine lebenslange Kalziumgluconat-Supplementation erwogen werden.

> **!** Die Diagnostik und Therapie der Osteopetrose, Osteopetrorachitis und Pyknodysostose ist eine Domäne spezialisierter Zentren. In Deutschland existieren derartige Zentren beispielsweise in der Universitätsklinik Hamburg Eppendorf, in der Charité Berlin oder in der Universitätskinderklinik Ulm.

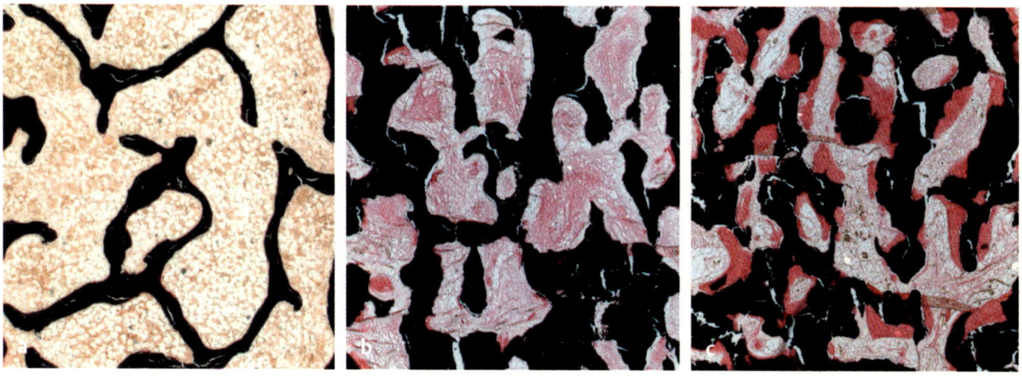

Abb. 54.3 Unentkalkte Beckenkammbiopsien von Patienten mit Osteopetrose (b) und Osteopetrorachitis (c) im Vergleich zum Normalbefund (a). Osteopetrose und Osteopetrorachitis sind durch eine erhöhte Knochenmasse gekennzeichnet. Bei der Osteopetrorachitis findet sich zusätzlich ein pathologisch gesteigerter Anteil nicht mineralisierten Knochens (Osteoid) als Zeichen der Mineralisationsstörung. Unentkalkte Histologie von Beckenkammbiopsien, 5µm Schnittdicke, von Kossa- / van Gieson-Färbung: mineralisierter Knochen = schwarz, nicht mineralisierter Knochen (Osteoid) = rot.

Prognose. Die Erfolgsrate der Knochenmarktransplantation (KMT) ist abhängig von der Art des verfügbaren Spenders und von der zugrunde liegenden ursächlichen Mutation der Osteopetrose/Osteopetrorachitis (je osteoklastenspezifischer das mutationsbedingte Krankheitsbild ist, desto besser die Prognose nach KMT; beispielsweise kann die zerebrale Manifestation einer clc7-Mutation natürlich im Gegensatz zu der osteoklastären Resorptionsstörung durch eine KMT nicht geheilt werden). Die Wahrscheinlichkeit eines krankheitsfreien Überlebens nach 5 Jahren lag nach einer Studie der EBMT (European Group for Blood and Marrow Transplantation) von 2003 bei 73% nach KMT von einem HLA-identischen Familienspender, bei 40 – 43% nach KMT von einem HLA-kompatiblen unverwandten bzw. nicht genotypisch HLA-identischen Familienspender, jedoch nur bei 24% nach KMT von einem HLA-haploidentischen Familienspender.

54.3 Osteitis deformans Paget

Synonym: Morbus Paget des Knochens

Definition. Die Osteitis deformans ist durch eine lokale, unphysiologisch erhöhte Knochenresorption charakterisiert, die von einer vermehrten Osteoblastenaktivität begleitet wird. Dies führt zu einem unstrukturierten, mosaikartigen Knochen von biomechanisch verminderter Qualität.

Der Morbus Paget des Knochens ist keine systemische Erkrankung, sondern eine mono- oder polyostotische, progrediente Skeletterkrankung. Lokal erhöhte Knochenumbauvorgänge führen zu Verformungen, chronischen Schmerzen und Frakturen sowie bei gelenknahem Befall zur Arthrose.

Epidemiologie. Die Osteitis deformans Paget tritt mit einer Prävalenz von 1 – 6% und vornehmlich in fortgeschrittenem Alter auf. Damit ist sie nach der Osteoporose die zweithäufigste metabolische Skeletterkrankung. Typischerweise sind Männer etwas häufiger betroffen als Frauen. Die Prävalenzraten unterliegen geografischen Schwankungen. Die Erkrankung zeigt einen deutlichen Anstieg der Prävalenz nach dem 50. Lebensjahr mit einem Gipfel in der 8. Dekade. Neuere epidemiologische Studien belegen, dass in den letzten 20 Jahren die Prävalenzraten deutlich abnahmen. Der genaue Grund ist unklar, doch wird zum einen eine vermehrte ethnische Durchmischung der Bevölkerung angenommen und zum anderen, nachdem auch eine virale Genese vermutet wird, der vermehrte Gebrauch von Impfungen in der Bevölkerung.

Ätiopathogenese. Der genaue Pathomechanismus der Osteitis deformans ist nach wie vor nicht abschließend bekannt. Neben einem genetischen Faktor werden **virale Ursachen**, aber auch Umwelteinflüsse diskutiert. Eine genomweite Analyse konnte **Suszeptibilitätsloci** identifizieren, die mit einem erhöhten Risiko an Morbus Paget zu erkranken einhergehen (Tab. 54.1). Suszeptibilitätsgene sind Gene, welche die Empfänglichkeit für eine genetische Schädigung erhöhen. Dabei besteht für die Mutation des SQSTM1 mit 10 – 50% die häufigste Assoziation mit dem familiären Morbus Paget.

Nachdem in Paget-Osteoklasten nukleäre Einschlusskörperchen nachgewiesen werden konnten, wurde die Erkrankung auch in Zusammenhang mit einer Infektion von Paramyxoviren gebracht. Zwar sind diese Einschlusskörperchen typisch für die Erkrankung, sie konnten aber auch in Osteoklasten anderen Skeletterkrankungen wie der Osteopetrose, der Pyknodysostose, dem Riesenzelltumor und in Makrophagen bei Oxalose nachgewiesen werden. Darüberhinaus konnte der immunhistologische und molekularbiologische Nachweis einer viralen Infektion nicht einheitlich geführt werden.

Pathohistologisch wechseln sich beim Morbus Paget Episoden erhöhter Osteoklastentätigkeit mit Phasen überschießender Osteoblastentätigkeit ab. Der **Knochenabbau** findet in der Regel **subkortikal** statt, der folgende Knochenanbau ist hingegen am Periost lokalisiert. Endergebnis ist ein Knochen mit gestörter Architektur und eingeschränkter Belastbarkeit.

Klinik. In der Mehrzahl der Fälle ist der Morbus Paget des Knochens **asymptomatisch**. Darüber hinaus treten vor allem **Schmerzen** direkt im unmittelbar betroffenen Skelettareal auf oder durch Komplikation wie Deformitäten, Frakturen, Arthrose oder Nervenkompression in weit fortgeschrittenem Stadium. Das **Becken** ist mit über 50% die am häufigsten betroffene Skelettlokalisation, gefolgt von Wirbelsäule, Femur, Schädel und Tibia. Außerdem kann es zu einer Zunahme des Kopfumfangs („Hut passt nicht mehr") und einer Ankylose der Gehörknöchelchen mit Schalleitungsschwerhörigkeit kommen. In der Mehrzahl der Fälle liegt eine **polyostotische Manifestation** vor, wobei aufgrund der besseren Behandlung mit Bisphosphonaten und der früheren Diagnosestellung in den letzten Jahren ein Trend zum monostotischen Befall zu erkennen ist.

Tab. 54.1 Genomweite Analyse mit Suszeptibilitätsloci, die mit erhöhtem Risiko für einen Morbus Paget einhergehen

Lokus	Chromosom	Gen
PDB1*	Chromosom 6q21	HLA, möglicherweise falsch positiv
PDB2	Chromosom 18q21	Rank, möglicherweise falsch positiv
PDB3	Chromosom 5q35	SQSTM1
PDB4	Chromosom 5q31	unbekannt
PDB5	Chromosom 2p36	unbekannt
PDB6	Chromosom 10p13	unbekannt
PDB7	Chromosom 18q23	unbekannt

* *PDB = Paget Disease of Bone*

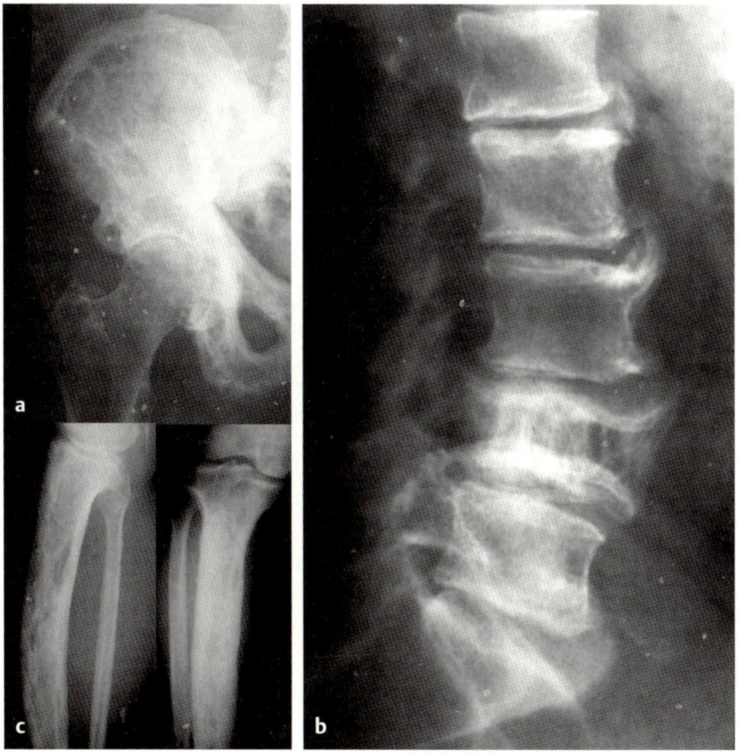

Abb. 54.4 Typische Röntgenbefunde des Morbus Paget. a Morbus Paget des gesamten rechten Beckens. **b** Morbus Paget des LWK 4. Charakteristisch ist die Verbreiterung des Wirbelkörpers in a. p.-Ausrichtung. **c** Morbus Paget der Tibia mit typischer Verbiegung i. S. einer „Säbelscheiden-Tibia".

Eine sehr seltene Komplikation ist die maligne Entartung (Paget-Osteosarkom). Gleichwohl ist diese potenzielle Komplikation einer der Gründe, warum eine lebenslange jährliche osteologische Kontrolle empfohlen ist.

Diagnostik. Oftmals wird die Osteitis deformans als **Zufallsbefund** entdeckt. Bei über 95 % der Patienten ist laborchemisch die **alkalische Phosphatase** moderat oder deutlich erhöht. Bei Hinweisen auf eine begleitende Lebererkrankung sollte zusätzlich die knochenspezifische AP bestimmt werden. Nach Ausschluss eines manifesten Vitamin-D-Mangels sollte in diesen Fällen zur Lokalisationsdiagnostik eine **Skelettszintigrafie** durchgeführt werden. **Konventionelle Röntgenaufnahmen** sind von schmerzhaften Skelettregionen oder auffälligen Herden in der Szintigrafie anzufertigen (Abb. 54.4).

N

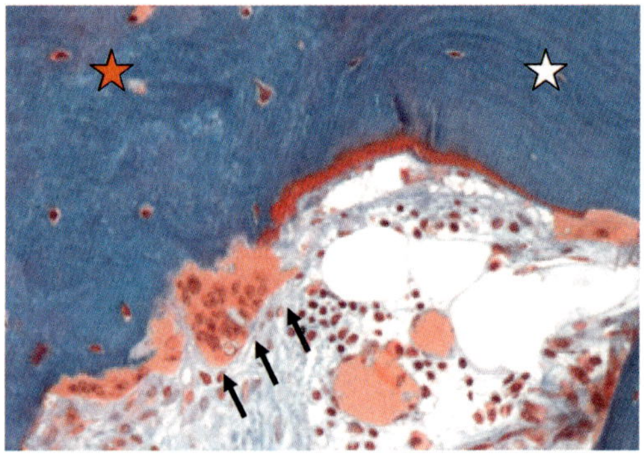

Abb. 54.5 Typische Befunde in der Histologie bei Morbus Paget. Riesenosteoklasten (schwarze Pfeile) mit mehr als 10 Zellkernen sind für den Morbus Paget pathognomonisch. Die Knochenmatrix ist mosaikartig aufgebaut. Es finden sich Anteile lammellärer Matrix (weißer Stern) neben irregullär strukturierten Anteilen von Geflechtknochen (roter Stern). (unentkalkte Histologie, 5 µm Schnittdicke, Goldner-Färbung, mineralisierter Knochen = grün/ blau).

Die radiologischen Aufnahmen zeigen einen **stadienhaften Verlauf** mit einem variablen Erscheinungsbild:

1. Das **osteolytische Stadium** ist durch das Auftreten von Osteolysen vor allem in der Metaphyse gekennzeichnet. Dabei kommt es typischerweise an den langen Röhrenknochen zur einer V-förmigen, scharf begrenzten Aufhellung (sog. Kerzenlichtphänomen).
2. Im **intermediären oder gemischtförmigen Stadium** kommt es gleichermaßen zu osteolytischen und osteosklerotischen Herden, was zu einer Verplumpung der Trabekel führen kann. Im Bereich des Schädels führt die Hyperostose zu einer Verdickung der Kalotte, die wie Baumwolle aussehen kann (Baumwollschädel).
3. Das **sklerotische Stadium** ist durch eine Zunahme von Knochenvolumen und -dichte charakterisiert. Vor allem an den lasttragenden langen Röhrenknochen kann es durch die mechanische Instabilität des neugebildeten Knochens zu einer Verformung kommen mit Verdickung der Kortikalis an der konkaven und Aufblätterung an der konvexe Seite (Säbelscheidentibia, Hirtenstab des Femurs).

In unklaren Fällen, vor allem bei positiver Tumoranamnese zum Ausschluss einer Knochenmetastase, ist eine Biopsie zur Diagnosesicherung indiziert.

> **!** **Pathognomonisch ist der histologische Nachweis von Riesenosteoklasten / Paget-Osteoklasten mit mehr als 10 Zellkernen (Abb. 54.5).**

Differenzialdiagnose. Differenzialdiagnostisch sind Metastasen, Osteomyelitiden, Osteosklerosen, die Osteodystrophia fibrosa generalisata oder die Osteomalazie in Betracht zu ziehen. Wegweisend für die differenzialdiagnostische Abgrenzung sind neben einer ausführlichen Anamnese in Kombination mit dem radiologischen Erscheinungsbild das Manifestationsalter und vor allem die histologischen Charakteristika.

Therapie. Die **medikamentöse Therapie** soll die Knochenschmerzen reduzieren und durch Hemmung der osteoklastenvermittelten Knochenresorption ein Fortschreiten der Erkrankung verhindern. Eine **Indikation zur pharmakologischen Therapie** besteht daher bei Schmerzen, erhöhtem Risiko für Deformitäten oder Frakturen, bei bestehender Hyperkalzämie durch einen polyostotischen Befall oder neurologischen Symptomen mit knöcherner Nervenkompression.

Mittel der Wahl stellen heute aufgrund ihrer überlegenen Wirksamkeit die **Bisphosponate Risedronat** (oral 30 mg/Tag für 2 Monate) oder **Zoledronat** (i. v. 5 mg Kurzinfusion in 15 Minuten) dar (vgl. S. 538). Zwar sind auch ältere Bisphosphonate (Pamidronat, Tiludronat, Etidronat) und Kalzitonin für die Therapie des Morbus Paget in Deutschland zugelassen, jedoch haben diese heute eher historische Bedeutung.

Die **chirurgische Therapie**, die an erfahrenen Zentren durchgeführt werden sollte, ist in fortgeschrittenem Stadium mit schweren orthopädischen Komplikationen indiziert und beinhaltet Umstellungsosteotomien bei Fehlstellung, die Frakturversorgung, den künstlichen Gelenksersatz sowie die spinale Dekompression.

Prognose. Der Morbus Paget ist nicht kurativ therapierbar. Die Symptome können durch die genannten Therapien, insbesondere die medikämentöse Bisphosphonat-Therapie, positiv beinflusst und in den meisten Fällen in ein klinisch asymptomatisches Stadium überführt werden.

Bei ca. 1 % der Patienten kann es zu einer malignen Entartung, dem Paget-Sarkom, kommen. Unter Therapie des Paget-Sarkoms beträgt die 5-Jahres-Überlebens-Rate durchschnittlich 50%. Lungenmetastasen sind ein schlechtes prognostisches Zeichen.

54.4 Knochen- und Skelettdysplasien

Synonym: konstitutionelle Knochenkrankheiten, Dysostosen

Definition. Bei den Knochen- und Skelettdysplasien liegen pathologische Abweichungen von der Körperbauform vor, an denen das Skelett maßgeblich beteiligt ist. Es handelt sich überwiegend um genetisch bedingte oder intrauterin erworbene Störungen. Unterschieden werden.

- **Dysplasien:** generalisierte Defektbildung des Knorpel- und Knochengewebes. Überwiegende Manifestation an den Epi-, Meta- und Diaphysen der langen Röhrenknochen oder der Wirbelsäule.
- **Dysostosen:** lokalisierte Fehlbildungen einzelner Knochen.

Epidemiologie. Bei den konstitutionellen Knochenerkrankungen handelt es sich um eine Vielzahl sehr heterogener Störungen von unterschiedlicher Häufigkeit. Einige Krankheitsbilder sind bislang nur in wenigen Einzelfällen beschrieben. Die Häufigkeit insgesamt beträgt geschätzt etwa 20 – 40/10 000 Geburten.

Ätiopathogenese. In einer aktuellen Klassifikation der Skelettdysplasien aus dem Jahr 2006 werden insgesamt 372 unterschiedliche Erkrankungen unterschieden und insgesamt 37 Krankheitsgruppen zugeordnet. Die Gruppeneinteilung erfolgte nach molekularen, biochemischen und histopathologischen Kriterien. Von den 372 Skelettdysplasien lassen sich derzeit 215 mit Mutationen in einem oder mehreren von 140 Genen assoziieren. Gegenwärtig nimmt die Zahl der Erkrankungen, bei denen eine bedeutende skelettale Beteiligung bekannt ist, deutlich zu, wobei die Unterscheidung zwischen Skelettdysplasien, metabolischen Skeletterkrankungen, Skelettdysostosen und skelettalen Malformationen zunehmend Unschärfen aufweist. Somit sind auch einige Skelettdysplasien, welche durch Knochen-

Tab. 54.2 Klassifikation der Skelettdysplasien (Auszug)

Krankheitsgruppe	Erbgang	Genmutation
1. Fgf3-Gruppe		
• a. Achondrodysplasie	AD	FGFR3
2. Metaphysäre Dysplasien		
• b. Jansen Typ Metaphysäre Dysplasie	AD	PTH/PTHRP Rezeptor 1
• c. Schmid Typ Metaphysäre Dysplasie	AD	COL10A 1
3. Neonatale, osteosklerotische Dysplasien		
• a. Blomstrand Dysplasie	AD	PTH/PTHRP Rezeptor 1
4. Hochknochenmasse-Syndrome mit meta-/diaphysärer Beteiligung		
• a. Sclerostosis	AR	SOST/Sclerostin
• b. van Buchem endostotische Hyperostose	AR	SOST/Sclerostin
5. Niedrigknochenmasse-Syndrome		
• a. Osteogenesis imperfecta	AD/AR	COL1A1 & COL1A2
• b. Osteoporosis Pseudoglioma Syndrom	AR	LRP5
6. Syndrome mit Mineralisationsstörung		
• a. Hypophosphatämische Rachitis	XLD	PHEX
• b. Hypophosphatämische Rachitis	AD	FGF23
• c. Hypophosphatasie	AR/AD	ALPL

Fortsetzung ►

Tab. 54.2 Fortsetzung

Krankheitsgruppe	Erbgang	Genmutation
7. Lysosomale Speicherkrankheiten		
• a. Mucopolysaccharidose Typ 3A	AR	HSS
8. Disorganisierte Skelettentwicklung		
• a. Fibröse Dysplasie (polyostotisch)	SP	GNAS 1
9. Kleidokraniale Dysplasien		
• a. Kleidokraniale Dysplasie	AD	RUNX2
10. Kraniosynostosen		
• a. Apert-Syndrom	AD	FGFR2

stoffwechselstörungen verursacht werden, in diesem Lehrbuch in den Kapiteln zu metabolischen Osteopathien oder Stoffwechselerkrankungen besprochen (s. S. 548). Eine komplette Aufstellung würde das Format eines Lehrbuchs sprengen, daher sind beispielhaft 10 Krankheitsgruppen mit jeweils ein bis zwei wichtigen Vertretern hier aufgeführt.

Klinik. Klinisches Leitsymptom ist in den meisten Fällen ein **dysproportionierter Minderwuchs** aufgrund unterschiedlicher Deformierungen der Extremitäten bzw. der Wirbelsäule. Weitere Manifestationsformen bestehen in einer Veränderung der Knochenmasse und einer veränderten Frakturanfälligkeit.

Diagnostik. Die Diagnosestellung erfolgt in der Mehrzahl der Krankheitsbilder im Kindesalter. Wichtig ist die interdisziplinäre Zusammenarbeit von Pädiatern, Osteologen, Pathologen, Humangenetikern und Orthopäden in Differenzialdiagnostik und Therapie der Patienten. Die Differenzialdiagnostik der Skelettdysplasien ebenso wie die oft diffizile Therapie ist die Domäne spezialisierter Zentren. Daher sollten Patienten mit Skelettdysplasien frühzeitig einer interdiziplinären Beurteilung zugewiesen werden, um eventuell mögliche therapeutische Interventionen bereits im frühesten Kindesalter durchzuführen bzw. zu planen.

54.5 Knochentumoren und tumorähnliche Knochenläsionen

Definition. Knochentumoren sind Geschwülste unterschiedlicher Histogenese. Sie lassen sich in Abhängigkeit von ihrer Dignität in maligne, intermediäre und benigne Tumoren einteilen. Weiterhin können sie in primäre, direkt vom Knochengewebe ausgehende Tumoren, sowie in sekundäre Knochentumoren, also Metastasen maligner Tumoren anderer Organsysteme, unterteilt werden.

Epidemiologie. Die häufigsten primären malignen Knochentumoren sind **Osteosarkome** gefolgt von Chondrosarkomen, Ewing-Sarkomen, malignen primären Lymphomen und Fibrosarkomen. Primäre maligne Knochentumoren gelten im Gegensatz zu den sekundären Knochentumoren als seltene Tumorentität (< 1% aller malignen Tumoren). Man geht in Deutschland von ca. 700 – 800 Neuerkrankungen pro Jahr aus, wovon 10% im Kindesalter (< 15 Jahre) auftreten.

Die **sekundären Knochentumoren** stellen bei weitem die häufigste Manifestationsform von malignen Tumoren an den Bewegungsorganen dar. Je nach Stadium treten in bis zu 90% der Fälle ossäre Metastasen bei Bronchial-, Mamma-, Schilddrüsen-, Nierenzell- und Prostatakarzinomen auf. Andere Malignome verursachen jeweils weniger als 1% der Skelettmetastasen.

Bei den benignen Knochentumoren des gesamten Skeletts ist die Inzidenz, wie bei den intermediären Läsionen, weitgehend unbekannt. Eine Untersuchung von Tumoren der langen Röhrenknochen ergab mit

Tab. 54.3 Klassifikation der Knochentumoren nach dem Ursprungsgewebe

Ursprungsgewebe	maligne Tumoren	benigne Tumoren	tumorähnliche Läsionen
osteogen	Osteosarkom • zentral (medullär) • parossal (periostal)	Osteom Osteoidosteom Osteoblastom	
chondrogen	Chondrosarkom • primär und sekundär • dedifferenziertes CHOSA • periostales CHOSA • mesenchymales CHOSA • Klarzell-CHOSA	Chondrom • Enchondrom • periostal/juxtakortikal Osteochondrom (Exostose) • solitär, multiple, heriditär Chondroblastom Chondromyxoidfibrom	
Knochenmark	Ewing-Sarkom PNET (neuroektodermaler Tumor) malignes Lymphom Plasmozytom		eosinophiles Granulom Langerhans-Histiozytose
Fibrös	Fibrosarkom malignes fibröses Histiozytom	benignes fibröses Histiozytom desmoplastisches Fibrom	metaphysärer fibröser Defekt: MFD (metaphysärer fibröser Defekt) = NOF (nichtossifizierendes Knochenfibrom) = FKD (fibröser Kortikalisdefekt) fibröse Dysplasie
Endothel	Angiosarkom Hämangioperizytom Hämangioendotheliom	Hämangiom Lymphangiom Glomustumor	aneurysmatische Knochenzyste juvenile Knochenzyste
Chorda	Chordom		
unklar		Adamantinom	Riesenzelltumor Epidermoidzyste intraossäres Ganglion reparatives Riesenzellgranulom

68,3 % ein Überwiegen der benignen im Verhältnis zu den malignen Tumoren (31,7 %). Unter den benignen Tumoren sind die häufigsten das **Osteochondrom**, das Chondrom und das Osteoidosteom.

Klinik und Klassifikation. In den meisten Fällen führen Knochentumoren erst relativ spät zu Beschwerden. Die häufigsten Symptome sind **lokalisierte Schmerzen** durch Beteiligung des Periosts und **Schwellung** bei großem extraossären Tumoranteil und/oder ausgeprägter Weichteilinfiltration. Häufig treten auch Funktionseinschränkungen auf, die zumeist Folge der Schmerzsymptomatik sowie sekundärer Sehnenkontrakturen sind. Eine übersichtliche Klassifikation der Knochentumoren kann anhand der Ursprungsgewebe erfolgen (Tab. 54.3).

! Bei der Diagnostik sind folgende Punkte zu berücksichtigen:

- Wachstum tut nicht weh!
- Jede unklare Läsion am distalen Femur und an der proximalen Tibia im Jugendalter gilt bis zum Beweis des Gegenteils als dringend verdächtig auf ein Osteosarkom.

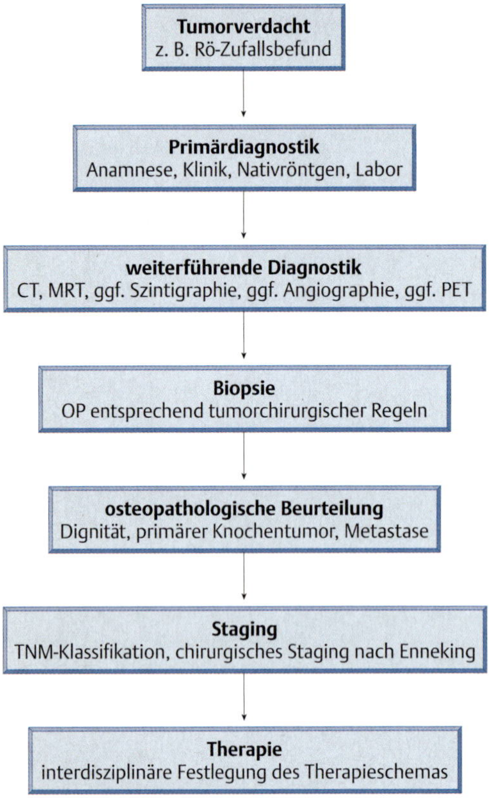

Abb. 54.6 Stufendiagnostik.

Diagnostik. Neben der genauen Anamnese (Beginn, Art, Dauer, familiäre Disposition) und der klinischen Untersuchung stellen vor allem die bildgebenden Verfahren ein wichtiges diagnostisches Mittel dar (Röntgenuntersuchung, Skelettszintigrafie, CT, MRT, Positronenemissionstomografie (PET) und Angiografie). Ein abgestuftes diagnostisches Vorgehen ist in Abb. 54.6 dargestellt.

Differenzialdiagnose. Differenzialdiagnostisch sind die intermediären Knochenläsionen zu beachten, aber auch Erkrankungen wie Osteomyelitis, Arthritis und Morbus Paget. Wegweisend in der differenzialdiagnostischen Betrachtung sind vor allem der Röntgenbefund, die Tumorlokalisation und das Manifestationsalter.

Staging. Bisher gibt es keine einheitliche, allgemein akzeptierte Stadieneinteilung für Knochentumoren. Neben dem System der TNM-Klassifikation ist das chirurgische Staging maligner Knochentumoren nach Enneking weit verbreitet. Letzteres basiert zum einen auf dem histologischen Grad des Tumors und zum anderen auf der Ausbreitung in den unterschiedlichen Kompartimenten (Tab. 54.4).

Tab. 54.4 Staging maligner Knochentumoren (nach Enneking)

Stadium	Bedeutung
IA	Low grade, intrakompartimentell
IB	Low grade, extrakompartimentell
IIA	High grade, intrakompartimentell
IIB	High grade, extrakompartimentell
III	Metastasen

Therapie. Zu Beginn der Therapie wird häufig eine **neoadjuvante Chemotherapie** durchgeführt, die z. B. bei den besonders strahlensensiblen Ewing-Sarkomen noch durch eine **präoperative Radiatio** ergänzt wird. Bei hypervaskulierten Knochentumoren kann eine präoperative Embolisation der chirurgischen Therapie vorausgehen. Je nach Tumorstadium kommen unterschiedlich radikale Operationsstrategien in Betracht. In Abhängigkeit von der statistischen Rezidivhäufigkeit können für die **operative Therapie** von Knochentumoren bestimmte Regeln angewendet werden:

- intra- und extrakapsuläre Resektion nur bei benignen Tumoren
- Resektion mit deutlichem Sicherheitsabstand bei niedrigmalignen Tumoren
- vollständige Entfernung der befallenen Kompartimente (radikale Resektion) bei hochmalignen Knochentumoren

Es existieren für die einzelnen Tumorentitäten unterschiedliche therapeutische Konzepte und Chemotherapeutika-Kombinationen, die im Rahmen von großen Multicenterstudien ständig aktualisiert werden (z. B. EURAMOS 1, EURO-B.O.S. S. bzw. EURO-EWING 99). Daher sollte die **Behandlung ausschließlich an Zentren** mit einem in der Therapie dieser Tumoren erfahrenen Team und im Rahmen der aktuellen Studien erfolgen. Dann sind mittels multimodaler und interdisziplinärer Therapiekonzepte krankheitsfreie Überlebensraten von 50 – 70 % erreichbar.

Weiterführende Informationen

http://www.dv-osteologie.org
http://www.iobm.de

Internistische Intensivmedizin

O

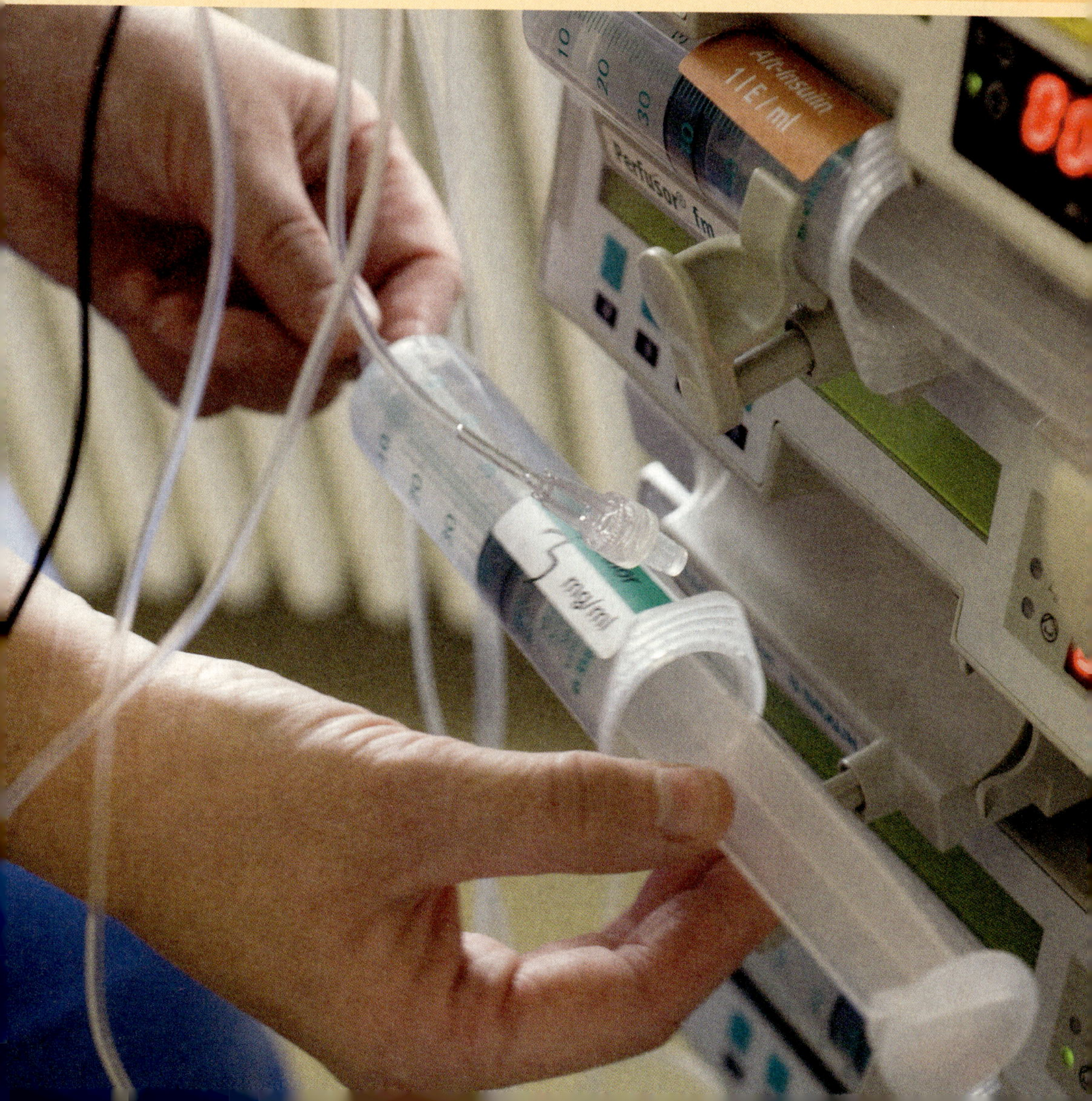

55 Internistische Intensivmedizin

Stefan Kluge, Georg Kreymann

55.1 Grundlagen

Die internistische Intensivmedizin zeichnet sich durch eine Besonderheit aus: im Gegensatz zur postoperativen Intensivmedizin, in der die meisten Patienten bereits mit einer prä- oder intraoperativ gestellten Diagnose auf der Intensivstation aufgenommen werden, ist der intensivmedizinisch tätige Internist häufig mit einer Situation konfrontiert, in der Patienten in vital bedrohtem Zustand entweder direkt aus dem Alltagsleben oder von einer peripheren Station mit noch völlig unklaren Diagnosen zur Aufnahme kommen. Diese Situation erfordert nicht nur schnelles Handeln zur Wiederherstellung und Stabilisierung der Vitalfunktionen, sondern auch ein möglichst rasches Erkennen, welche Erkrankung der aktuellen Störung zugrundeliegt.

Internistische Intensivmedizin ist somit nicht nur Intensivbehandlung, sondern auch intensive Diagnostik. Aus diesem Grund ist eine enge Verzahnung mit allen internistischen Schwerpunktsbereichen und die sofortige Verfügbarkeit ihrer apparativen und laborchemischen diagnostischen Möglichkeiten für die internistische Intensivmedizin eine absolute Notwendigkeit. Internistische Intensivmedizin erfordert somit von den in ihr tätigen Ärzten ein fundiertes Wissen der gesamten Inneren Medizin. Das breite Spektrum der möglichen Erkrankungen bringt mit sich, dass die internistische Intensivmedizin heute vielleicht der letzte Bereich ist, in dem die Innere Medizin in ihrem Gesamtansatz zum Tragen kommt.

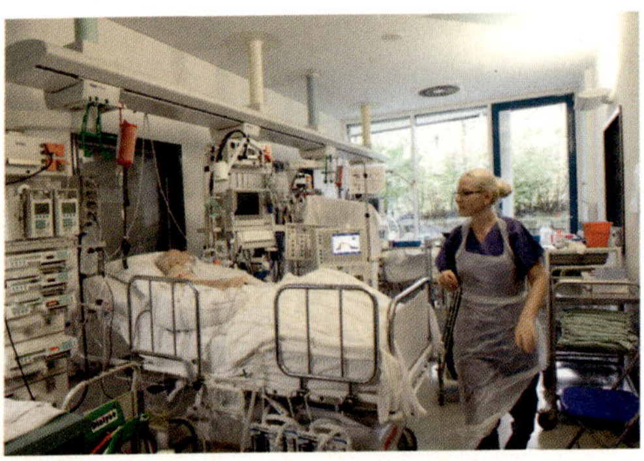

Abb. 55.1 Intensivstation.

In diesem Buch sind die organbezogenen intensivpflichtigen Erkrankungen in den jeweiligen Kapiteln aufgeführt und sollen hier nicht noch einmal in Kurzform wiederholt werden. Ziel dieses Kapitels ist es vor allem, eine Übersicht über übergeordnete Themen der Intensivmedizin zu geben, die nicht den jeweiligen Organkapiteln zugeordnet werden können.

Internistische Intensivmedizin bedeutet aber auch die Auseinandersetzung mit schwersten und häufig nicht mehr kurativ zu therapierenden Erkrankungen. Aus dieser Situation ergeben sich häufig Problemstellungen, die ein großes Einfühlungsvermögen und eine hohe ethische Kompetenz erfordern. Ziel der Intensivmedizin ist die Überbrückung lebensbedrohlicher Krankheitszustände und die Wiederherstellung eines physischen und psychischen Zustandes, der ein sinnvolles Leben in der menschlichen Gemeinschaft möglich macht. Zu der sinnvollen Bewältigung dieser Aufgabe gehört aber auch die Erkenntnis der Grenzen der Intensivmedizin, d. h. zu sehen, wann dieses Ziel nicht mehr zu erreichen ist. Eine sinnlose Fortsetzung intensivmedizinischer Maßnahmen um jeden Preis wird von vielen Patienten gefürchtet und von vielen intensivmedizinisch Tätigen kritisch gesehen. So beschäftigt sich heute eine Vielzahl von intensivmedizinischen Publikationen mit der Therapie am Ende des Lebens.

In den letzten Jahren hat eine eindeutige Trendwende der Rechtssprechung stattgefunden, die immer mehr das Selbstbestimmungsrecht des Patienten in den Vordergrund rückt und jetzt auch in Deutschland die Rechtsverbindlichkeit von Patientenverfügungen anerkannt hat. Damit dürften letzte rechtliche Bedenken und Zweifel, die bei vielen Menschen noch gegenüber einer Reduktion oder Beendigung der intensivmedizinischen Maßnahmen bestehen, weiter in den Hintergrund rücken.

Wichtig ist allerdings, dass Entscheidungen über eine Therapiereduktion im Konsens aller Beteiligten – d. h. behandelnde Ärzte, Familie des Patienten und Pflegepersonal – getroffen werden. Das Modell der „Familienkonferenz“ findet deswegen eine immer größere Verbreitung. Ebenso wichtig ist es, dass

Tab. 55.1 Internistische Notfälle

Erkrankung
• akutes Koronarsyndrom → s. S. 43 • akute Herzrhythmusstörungen → s. S. 62 • hypertensive Krise → s. S. 256 • Lungenembolie → s. S. 458 • Status asthmaticus → s. S. 433 • ARDS → s. S. 1152 und S. 464 • gastrointestinale Blutung → s. S. 720 • akutes Nierenversagen → s. S. 310 • hyperkalzämische Krise → s. S. 531, Tumorhyperkalzämie → s. S. 966 • thyreotoxische Krise → s. S. 513 • akute Nebennierenrindeninsuffizienz → s. S. 575 • Hypoglykämie → s. S. 637 • Coma diabeticum, hyperglykämische Entgleisungen → s. S. 633 • akutes Leberversagen → s. S. 853 • Sepsis → s. S. 1156 und S. 1001 • Schock → s. S. 1157

nach einer solchen Entscheidung das Therapieziel geändert wird im Sinne einer humanen Sterbebegleitung und – so paradox es klingen mag – die Intensivstation auf diese Weise zu einem Ort adäquater Palliativmedizin wird.
Eine Übersicht über typische internistische Notfallsituationen zeigt **Tab. 55.1**.

55.2 Kardiopulmonale Reanimation (CPR)

→ s. S. 76

eng.: cardiopulmonary resuscitation (CPR)

In Deutschland sterben jährlich weit über 100 000 Menschen außerhalb von Krankenhäusern an einem plötzlichen Versagen der Herzfunktion. Insgesamt überleben weniger als ein Drittel der Patienten das Reanimationsereignis. Doch selbst wenn das akute Ereignis überlebt wird, stellt der hypoxische Hirnschaden einen Hauptfaktor für Morbidität und Mortalität dar. Viele Patienten versterben im Verlauf oder überleben mit schweren irreversiblen Hirnschädigungen.
Dabei kann eine frühe und qualitativ kompetent durchgeführte kardiopulmonale Reanimation die Überlebenschancen, insbesondere beim plötzlichen Herztod, deutlich erhöhen. Problematisch sind jedoch unzureichende Kenntnisse der Reanimationsmaßnahmen bei Laien und medizinischem Personal. Zudem sind viele Helfer nicht bereit bei unbekannten Personen eine Mund-zu-Mund oder Mund-zu-Nase-Beatmung durchzuführen.
In den 2005 publizierten internationalen Empfehlungen zur Reanimation wurden daher die Maßnahmen für den Laienhelfer soweit wie irgend möglich vereinfacht, um die Bereitschaft zur Anwendung der Basismaßnahmen zu erhöhen. Insbesondere wurde bei der Reanimation des Erwachsenen die **Bedeutung der Herzdruckmassage** herausgestellt.
Häufige Ursachen für einen Herzkreislaufstillstand beim Erwachsenen sind:

- kardiovaskuläre Ursachen: >80%, insbesondere koronare Herzkrankheit, Herzrhythmusstörungen, Kardiomyopathien, Myokarditis, Klappenfehler, Perikardtamponade, Aortendissektion
- zirkulatorisch: Lungenembolie, Schock
- respiratorisch/hypoxisch: Verlegung der Atemwege, Aspiration, Ertrinken, COPD, Asthma bronchiale
- zerebrale Blutungen, Hirninfarkt
- Intoxikationen
- Traumata

Die häufigste zugrundeliegende Rhythmusstörung sind **ventrikuläre Tachykardien und Kammerflimmern** (ca. 80%), welche sich insbesondere bei kardiovaskulär bedingten Herzkreislaufstillständen finden (s. S. 76). Es ist daher sinnvoll, dass an Orten mit hohem Publikumsverkehr (z. B. Flughäfen, Sportstätten) Defibrillatoren installiert werden, die im Notfall von Laien bedient werden können, bevor das Rettungsteam eintrifft. Eine Asystolie findet sich häufiger bei Lungenembolien und respiratorischen Störungen.

Basismaßnahmen

- Bewusstsein prüfen
- Atemwege freimachen, fehlende oder abnormale Atmung?
- Pulskontrolle (max. 10 Sekunden, empfohlen nur für medizinisches Fachpersonal)

Beim **Fehlen der obengenannten Zeichen** sollte unverzüglich mit der kardiopulmonalen Reanimation begonnen werden.

> ! **Initial werden 30 Thoraxkompressionen (Herzdruckmassage) mit einer Frequenz von 100/Minute durchgeführt, dann erfolgen 2 Beatmungen (Mund-zu-Mund oder Mund-zu-Nase).**

O

Die weitere Reanimation erfolgt fortlaufend im Verhältnis 30:2 (Thoraxkompression:Beatmung). Diese Maßnahme wird erst dann eingestellt, wenn ein ausreichender Spontankreislauf vorhanden ist.

Erweiterte Reanimationsmaßnahmen

Parallel zu den Basismaßnahmen ist eine EKG-Analyse für das weitere Vorgehen entscheidend.

Vorgehen bei Kammerflimmern/pulsloser ventrikuläre Tachykardie: zusätzlich zur Basisreanimation

- sofortige **einmalige** Defibrillation (Energiemenge 150 – 360 J biphasisch, 360 J monophasisch); nach Abgabe dieses Schocks wird die kardiopulmonale Reanimation ohne Kontrolle von Rhythmus oder Puls über 2 Minuten (fünf Zyklen 30:2) fortgesetzt
- bei längerdauerndem Kreislaufstillstand sollte vor der Defibrillation über eine mindestens zweiminütige Phase Basis-CPR (30:2) durchgeführt werden; dies erhöht die Effektivität konsekutiver elektrischer Schocks
- bei persistierendem Kammerflimmern erneute Defibrillation, gefolgt von weiteren 2 Minuten CPR
- besteht auch bei der dritten Rhythmusanalyse Kammerflimmern, so wird 1 mg Adrenalin + 9 ml NaCl 0,9 % i. v. injiziert, dann erfolgt die erneute Defibrillation
- nach drei erfolglosen Defibrillationsversuchen wird 300 mg Amiodaron i. v. appliziert

Mit dem Beginn der Herzdruckmassage soll nicht mehr abgewartet werden, bis der Herzrhythmus analysiert ist, sondern die Thoraxkompressionen sollen unmittelbar nach dem Schock wieder aufgenommen werden. Ziel ist es, die Unterbrechungen der Thoraxkompressionen so kurz wie möglich zu halten.

Vorgehen bei Asystolie/pulslose elektrische Aktivität (PEA): zusätzlich zur Basisreanimation

- 1 mg Adrenalin + 9 ml NaCl 0,9 % i. v. alle 3 – 5 Minuten
- bei hochgradigem Verdacht auf eine Lungenembolie Thrombolyse i.v. (z. B. mit 50 mg Alteplase) während der Reanimation (s. S. 458)

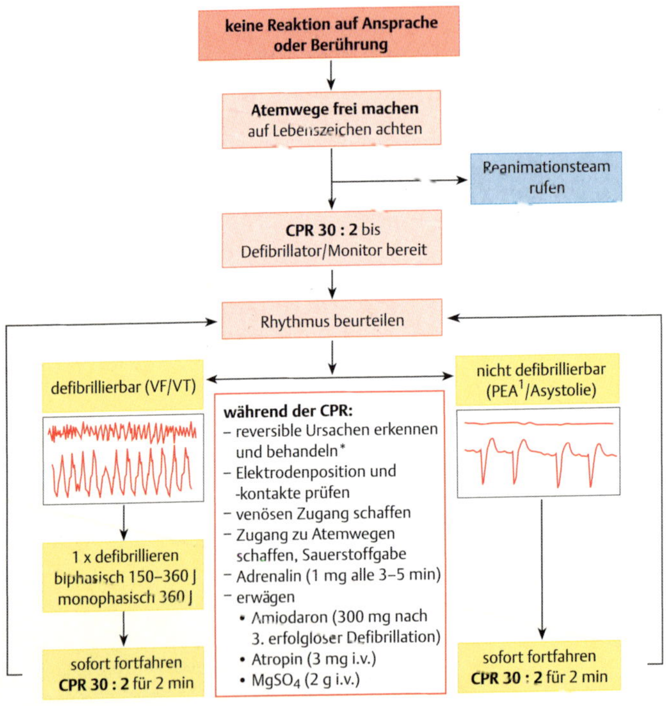

Abb. 55.2 Ablauf der Reanimationsmaßnahmen. [1]PEA = pulslose elektrische Aktivität.

Potenziell reversible Ursachen müssen während der Reanimationsphase überdacht werden:

- „vier H": **H**ypoxie, **H**ypovolämie, **H**yperkaliämie, **H**ypothermie
- „HITS": **H**erzbeuteltamponade, **I**ntoxikation, **T**hromboembolie, **S**pannungspneumothorax

Den Ablauf der Reanimationsmaßnahmen zeigt Abb. 55.2.

Postreanimationsphase

In der Vergangenheit wurde immer wieder versucht, durch verschiedene medikamentöse Interventionen das Ausmaß der Hirnschädigung nach Reanimation zu begrenzen. So wurden u. a. Barbiturate, Glukokortikoide und Kalziumantagonisten ohne wesentlichen Erfolg eingesetzt. In den letzten Jahren konnten jedoch mehrere große Studien zeigen, dass eine **kontrollierte milde Hypothermie** sich günstig auf die Überlebensrate und das neurologische Ergebnis nach Reanimation auswirkt. Daher sollte bei allen bewusstlosen Patienten mit spontaner Zirkulation nach Reanimation bei Kammerflimmern die Temperatur durch Kühlung für eine Dauer von 12 – 24 h auf 32 – 34 °C gesenkt werden.

Als physiologische Grundlage des neuroprotektiven Effekts einer Hypothermie können eine durch die Absenkung der Körpertemperatur induzierte Verminderung des zerebralen Sauerstoffbedarfs, eine Verlangsamung destruktiver enzymatischer Prozesse und eine Verminderung freier Radikalreaktionen angenommen werden.

Auch zwischen hohen Blutglukosewerten nach Reanimation und einem schlechten neurologischen Ergebnis besteht eine strenge Assoziation. Aus diesem Grund wird empfohlen, die Blutglukose nach Reanimation engmaschig zu kontrollieren. Eine **Hyperglykämie** sollte vermieden werden.

> !
>
> - **Das Verhältnis Thoraxkompression zur Beatmung beträgt 30:2.**
> - **Bei Kammerflimmern wird initial nur einmalig defibrilliert.**
> - **Die Thoraxkompressionen sollten so wenig wie möglich unterbrochen werden.**

55.3 Maschinelle Beatmung

Die maschinelle Beatmung ist heute ein Routineverfahren, das bei einer Vielzahl von Erkrankungen und Prozeduren eingesetzt wird. Eine maschinelle Beatmung kann erforderlich werden bei einer

- Störung der Ventilation (COPD, Asthma bronchiale, Lungenemphysem, Muskeldystrophien)
- Störung des Gasaustausches (Lungenödem, Pneumonie, Lungenfibrose)
- Störungen des Atemantriebs (Intoxikationen, zerebrale Störungen)

Bei vielen Patienten kann auch eine Kombination von zwei oder allen drei Störungen bestehen.

Bei der Beatmung eines Patienten werden generell zwei Möglichkeiten unterschieden:

- die **invasive Beatmung**, die die Insertion eines Tubus oder einer Trachealkanüle erfordert, über die der Patient beatmet wird
- die **nicht invasive Beatmung**, bei der die Ankoppelung des Beatmungsgeräts an den Patienten über eine Nasen- oder Mundmaske, eine Gesichtsmaske oder einen Helm geschieht

> ! **Alle beatmeten Patienten sollten, um das Aspirationsrisiko zu verringern und die Entwicklung einer ventilatorassoziierten Pneumonie zu verhindern, mit erhöhtem Oberkörper (30 – 45°) gelagert werden.**

Während über lange Zeit die invasive Beatmung als unkritisch angesehen wurde, hat sich in den letzten zwanzig Jahren immer mehr die Erkenntnis durchgesetzt, dass jede Form der Beatmung mit einem positiven Inspirationsdruck im Prinzip unphysiologisch und potenziell für den Patienten schädlich ist. Sie kann sowohl durch ein zu hohes Atemhubvolumen (Volutrauma) als auch durch einen zu hohen Inspirationsdruck (Barotrauma) zu einer Lungenschädigung führen. Aus dieser Erkenntnis ergab sich eine starke Bewegung hin zur nicht invasiven Beatmung, da diese in den meisten Fällen mit einem Spontanatmungsmodus verbunden ist. Wenn die invasive Beatmung nicht zu vermeiden ist, dann wird sie möglichst „protektiv" durchgeführt.

Invasive Beatmung

Bei der invasiven Beatmung steht eine Vielzahl von Beatmungsmodi zur Verfügung. Deren Benennung ist eher verwirrend, weil die Bezeichnungen nicht medizinisch vorgegeben, sondern von den jeweiligen Herstellern der Geräte frei erfunden wurden. Als Folge tragen häufig identische Modi aus patentrechtlichen Gründen unterschiedliche Bezeichnungen. Auch die Ergebnisse der 1992 von der American Association for Respiratory Care initiierten Konsensuskonferenz wurden bisher noch nicht allgemein übernommen, sollen aber die Grundlage der nachfolgenden Gliederung sein.

Kontinuierliche maschinenbestimmte Beatmung (CMV)

Synonym: kontrollierte Beatmung
engl. continuous mandatory ventilation (CMV)

Die CMV ist die älteste Beatmungsform. Alle Parameter werden durch das Beatmungsgerät vorgegeben; der Patient hat keine wesentlichen Einflussmöglichkeiten.
Es bestehen zwei grundlegende Variationen:

- VC (volume controlled)-CMV (**Abb. 55.3**)
- PC (pressure controlled)-CMV (**Abb. 55.4**).

Generell können beide Beatmungsmodi verwendet werden. Im klinischen Alltag wird in Deutschland PC-CMV bzw. BIPAP (s. u.) vorgezogen.
Während bei der VC-CMV das Beatmungsgerät nach Erreichen eines eingestellten Atemzugvolumens mit der inspiratorischen Luftzufuhr sistiert, ist bei der PC-CMV der inspiratorische Druck die Kontrollvariable und das Gerät sistiert, sobald ein vorgegebener Inspirationsdruck erreicht ist. Der wichtigste Ergänzungsparameter ist ein positiver endexspiratorischer Druck (PEEP), da dadurch die funktionale Reservekapazität erhöht und der Gasaustausch verbessert wird. Darüberhinaus verfügen heute alle Beatmungsgeräte über einen **Triggermechanismus**, der dem Patienten erlaubt, im Bedarfsfall einen Beatmungszyklus zu initiieren (Trigger = Auslöser). Ein solcher Trigger sollte grundsätzlich auch eingeschaltet sein, um ein gelegentliches Triggern zu ermöglichen und den „Kampf des Patienten mit dem Ventilator" zu vermeiden. Ein regelmäßiges Triggern des Gerätes durch den Patienten sollte aber vermieden werden, da heute bessere Möglichkeiten zur Integration der Spontanatmung bestehen.
Mit beiden Modi können auch heute noch Patienten, die über keinen eigenen Atemantrieb verfügen, beatmet werden, ohne einen beatmungsbedingten

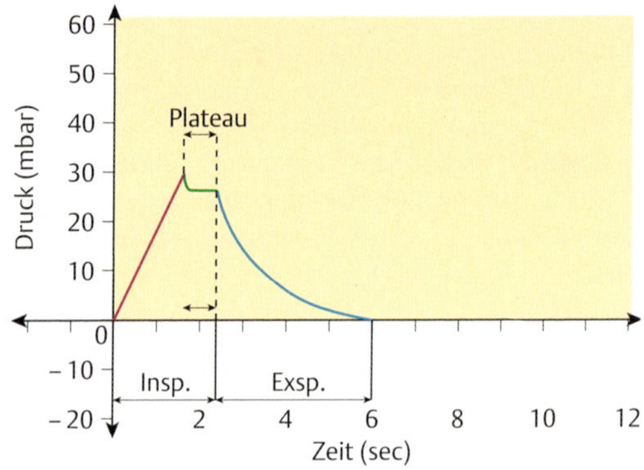

Abb. 55.3 Inspiratorisches Plateau bei volumenkontrollierter Beatmung (VC-CMV). Die Abbildung zeigt den Verlauf des Beatmungsdrucks während einer Inspiration und Exspiration.

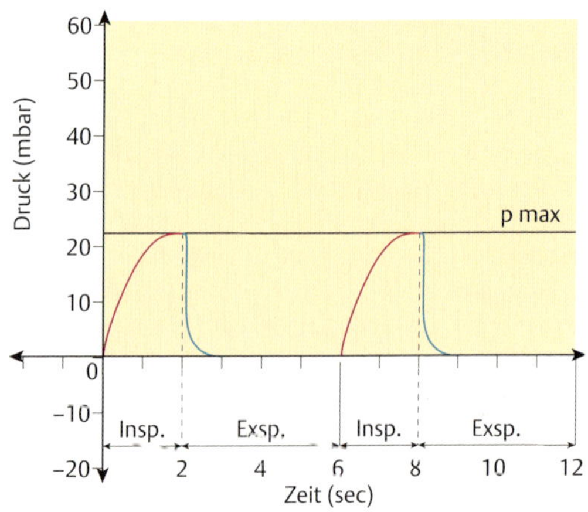

Abb. 55.4 Druckkontrollierte Beatmung (PC-CMV). Die Abbildung zeigt den Verlauf des Beatmungsdrucks während einer Inspiration und Exspiration.

Lungenschaden zu induzieren. Es ist darauf zu achten, dass sowohl der Inspirationsdruck als auch das Inspirationsvolumen begrenzt werden. Insgesamt ist es deutlich einfacher mit einer druckkontrollierten als mit einer volumenkontrollierten Beatmung eine solche lungenprotektive Beatmung durchzuführen.

Kontinuierliche Spontanatmung (CSV)

engl. continuous spontaneous ventilation (CSV)

Die einfachste Form ist CSV + PEEP, also die Spontanatmung mit positivem endexspiratorischen Druck (allgemein CPAP genannt). Diese Beatmungsform wird häufig in der postoperativen, zum Teil aber auch in der Inneren Medizin eingesetzt. Technisch deutlich anspruchsvoller ist die Variante CSV mit Druckunterstützung (*syn.* pressure support ventilation, assisted spontaneous breathing, BiPAP, **Abb. 55.5**). Hierbei wird jede spontane Inspiration des Patienten durch das Beatmungsgerät mit einem bestimmten, einzustellenden Druck unterstützt. Dies erfordert einen sehr sensiblen Triggermechanismus, der sowohl den Beginn als auch das Ende der Inspiration korrekt erkennt.
Eine nicht-invasive Beatmung wird überwiegend in CSV plus Druckunterstützung durchgeführt (s. u.); in der invasiven Beatmung wird dieser Modus häufig zum Abgewöhnen von der Beatmung („weaning“) eingesetzt.

Mischformen

Die historisch erste Mischform von Spontanatmung mit maschinenbestimmter Beatmung war die SIMV (synchronized intermittend mandatory ventilation), bei der der Patient im Rahmen einer VC- oder PC-CMV während der Exspirationsphase spontane Atemzüge machen konnte. So sollte dem Patienten in der Entwöhnungsphase eine zunehmend gesteigerte Zahl von Spontanatmungszügen ermöglicht werden.
Inzwischen kann der Patient auch in der Inspirationsphase spontane Atemzüge durchführen. Dieser Modus war ursprünglich ebenfalls als Entwöhnungsmodus gedacht, bei dem der Patient auf zwei unterschiedlichen PEEP-Niveaus atmen sollte; er wird deshalb BIPAP (= biphasischer positiver Atemwegsdruck) oder BiLevel (**Abb. 55.6**) genannt. Der Wechsel von dem unteren auf das obere PEEP-Niveau ist aber identisch mit der Inspiration während einer PC-CMV – der Modus ist somit die Kombination einer druckkontrollierten Beatmung mit der gleichzeitigen Möglichkeit der Spontanatmung sowohl in der Exspirations- als auch der Inspirationsphase.
Dieser Modus wird heute häufig als genereller Beatmungsmodus eingesetzt, unabhängig davon ob der Patient die Spontanatmung nutzt oder nicht.

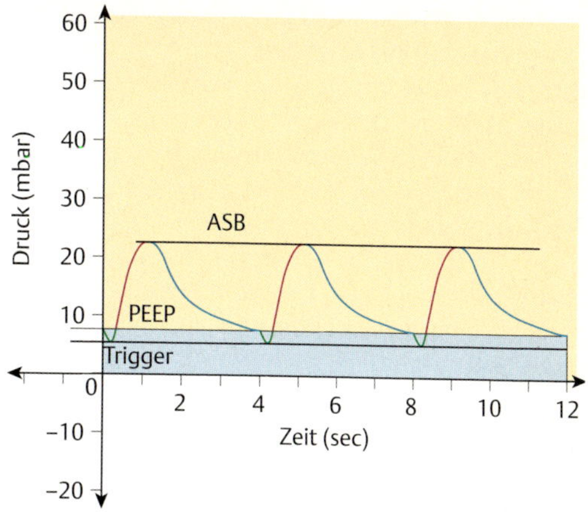

Abb. 55.5 CSV + Druckunterstützung. Die Abbildung zeigt den Verlauf des Beatmungsdrucks während einer Inspiration und Exspiration. (ASB = assisted spontaneous breathing)

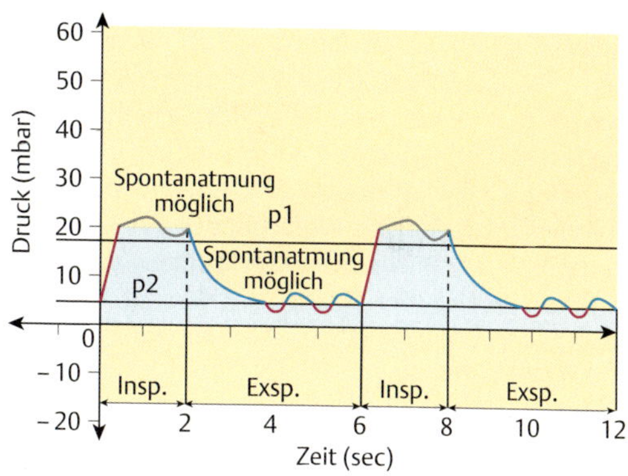

Abb. 55.6 PC-CMV + kontinuierliche Spontanatmung (BIPAP). Die Abbildung zeigt den Verlauf des Beatmungsdruckes während einer Inspiration und Exspiration.

Nicht invasive Beatmung

engl. non invasive ventilation

Bei der nicht invasiven Beatmung wird unterschieden zwischen

- Non invasive Negative Pressure Ventilation (NiNPV): „eiserne Lunge“, wird heute nur noch sehr selten und experimentell eingesetzt
- Non invasive Positive Pressure Ventilation (NiPPV): alle Verfahren mit einem positiven

Atemwegsdruck, im Allgemeinen als **Non invasive Ventilation (NIV)** abgekürzt

Nicht invasive Beatmung ist heute das Verfahren der ersten Wahl bei der Exazerbation einer COPD. Es kann außerdem eingesetzt werden bei einem kardialen Lungenödem. Der Sinn eines Einsatzes bei einem hypoxischen Lungenversagen ist noch Gegenstand der Diskussion. Darüberhinaus kommt nicht invasive Beatmung zum Einsatz bei respiratorischen Problemen nach einer Extubation zur Verhinderung einer Reintubation.

Durch NIV werden die durch Intubation oder Tracheotomie bedingten Komplikationen vermieden, die natürliche Abwehrsperre der Atemwege bleibt erhalten und auch die Komplikationen nach der Extubation wie eine Obstruktion der oberen Luftwege oder Heiserkeit werden vermieden. Patienten müssen für NIV nicht oder nur ganz leicht sediert werden, sie können weiterhin sprechen und sich verständlich machen. Nicht invasive Beatmung kann darüberhinaus jederzeit für ein kürzeres oder längeres Intervall unterbrochen werden.

Diese Form der Beatmung ist jedoch mehr als nur eine „Beatmung über eine Maske", sie stellt deutlich höhere Anforderungen an das Pflegepersonal. Mangelnde Kooperation und eine Störung der Bewusstseinslage sind eine Kontraindikation für die nicht invasive Beatmung. Das Wohlbefinden des Patienten hängt im Wesentlichen von drei Punkten ab:

- dem Interface (der Maske)
- dem Beatmungsmodus und der individuellen Einstellung
- den technischen Spezifikationen des Beatmungsgerätes

Als Interface stehen unterschiedliche Masken und Helme zur Verfügung, die einen möglichst guten Kompromiss zwischen Abdichtverhalten und Tragekomfort bieten sollten.

Als Beatmungsmodus wird heute überwiegend die CSV mit Druckunterstützung eingesetzt (s. S. 1151). Patienten mit chronischer respiratorischer Insuffizienz infolge einer neuromuskulären Erkrankung oder einer restriktiven Atemwegserkrankung werden mit VC- oder PC-CMV beatmet, wenn die Atemmuskulatur vollständig entlastet werden soll.

Der Patientenkomfort wird bei der nicht invasiven Beatmung überwiegend durch das Triggerverhalten und die sog. Leckagekompensation bestimmt: alle Masken haben eine mehr oder wenig ausgeprägte Undichtigkeit (Leckage), über die ein Teil des Luftstroms entweicht, der dann vom Gerät kompensiert werden muss.

55.4 Akutes Lungenversagen (ARDS)

engl. adult respiratory distress syndrome (ARDS)

Definition. Das akute Lungenversagen ist charakterisiert durch eine aggressive, inflammatorische Reaktion des Organismus gegen das Lungenparenchym mit ausgeprägter Oxygenierungsstörung.

Ätiopathogenese. Als Auslöser kommen verschiedenste Reize infrage, wie z. B. pulmonale Infektionen, Sepsis oder Traumata. Folge ist eine alveolokapilläre Schädigung, die ein nicht hydrostatisches Lungenödem und eine schwere Hypoxämie nach sich zieht. Ein ARDS ist nach den bis heute gültigen Vorgaben der amerikanisch-europäischen Konsensuskonferenz folgendermaßen definiert.

- interstitielles/intraalveoläres Exsudat/Ödem: bilaterale Infiltrate im Röntgenthorax (**Abb. 55.7**)
- Oxygenierungsstörung: schwere Hypoxämie, $paO_2/FiO_2 \leq 200$ mmHg
- Ausschluss eines kardiogenen Lungenödems: pulmonalkapillärer Verschlussdruck (PCWP) < 18 mmHg bzw. kein Anhalt für Linksherzversagen (z. B. echokardiografisch)

Zur Diagnosestellung müssen alle 3 Kriterien erfüllt sein.

Der Quotient paO_2/FiO_2 wird auch Horovitz-Quotient genannt. Der paO_2 wird hierbei in mmHg gemessen, mit FiO_2 wird die inspiratorische Sauerstoffkonzentration bezeichnet, die zwischen 0,21 (= 21 %) und 1,00 (100 %) liegen kann. Liegt der Horovitz-Quotient zwischen 201 – 300 mmHg, handelt es sich um eine akute Lungenschädigung: **Acute Lung Injury (ALI), der Vorstufe des ARDS.**

Epidemiologie. ALI bzw. ARDS stellen mit einer Inzidenz von ca. 7 % häufige Krankheitsbilder auf Intensivstationen unterschiedlicher Fachdisziplinen dar.

Klinik. Hauptsymptom ist die Dyspnoe mit resultierender Tachypnoe bei Nachweis einer schweren Hypoxämie die fast immer eine invasive Beatmung erforderlich macht.

Diagnostik

In den meisten Fällen eines ARDS ergibt sich der auslösende Faktor aus der Krankengeschichte oder einfachen diagnostischen Maßnahmen wie Labor, Röntgenthorax bzw. Thorax-CT.

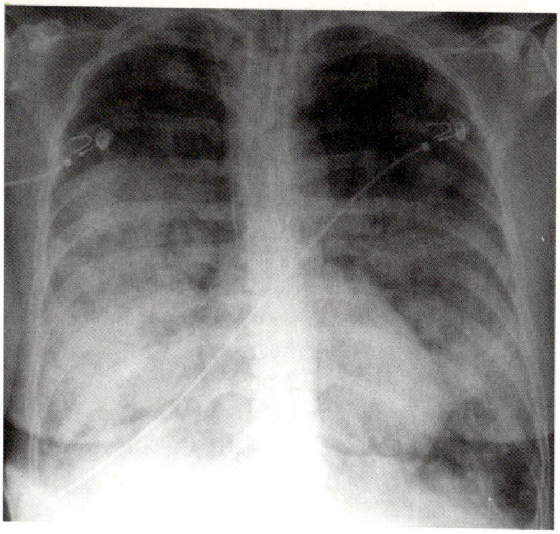

Abb. 55.7 **ARDS bei schwerer, ambulant erworbener *Staphylococcus aureus*-Pneumonie.**

Blutgasanalyse. schwere respiratorische Partialinsuffizienz (pO_2 erniedrigt), im Verlauf zusätzliche CO_2-Erhöhung

Röntgenthorax. Typische bilaterale Infiltrate. Allerdings zeigt sich in der Praxis immer wieder, dass sich bei der Beurteilung von Röntgenthoraxaufnahmen im Hinblick auf dieses Kriterium nur eine mäßige Interoberserver-Übereinstimmung erzielen lässt.

Thorax-CT. Flächige Verschattungen in den abhängigen Lungenabschnitten (dorsal), Verdickungen der interlobären Septen sowie kleinere Pleuraergüsse sind typisch für ein ARDS.

Bronchoskopie. Bleibt die Ursache des ARDS auch weiterhin unklar, sollte eine Bronchoskopie mit bronchoalveolärerer Lavage (BAL) durchgeführt werden (s. S. 424). In erster Linie dient sie zum Nachweis von Krankheitserregern im Tracheobronchialsystem, zusätzlich kann so die Schleimhaut beurteilt werden. Außerdem können zytologische bzw. laborchemische BAL-Untersuchungen differenzialdiagnostische Informationen liefern.
Nur noch in Ausnahmefällen wird heute ein Pulmonalarterienkatheter bei ARDS-Patienten eingesetzt.
Wichtigste **Differenzialdiagnose** des ARDS ist das kardiogene Lungenödem (s. S. 9 ff). Definitionsgemäß muss eine Linksherzinsuffizienz ausgeschlossen werden (s. o.). Neben Anamnese, EKG und Echokardiographie kommen zunehmend Biomarker wie BNP bzw. proBNP (s. S. 103) zum Ausschluss einer kardiogenen Ursache zum Einsatz.

Therapieempfehlungen

Entscheidend ist die Therapie der ursächlichen, zum ARDS führenden Störung (z. B. Pneumonie, Schock). Unabhängig davon sind in den letzten Jahren eine Reihe von adjuktiven Therapiemaßnahmen entwickelt worden.

Protektive Beatmung. Die protektive Beatmung ist eine spezielle Beatmungseinstellung zur Verhinderung sekundärer Lungenschäden bei akuter Lungenschädigung. Dies wird erreicht durch einen druckkontrollierten Beatmungsmodus, die Reduktion des Plateaudrucks (= Maß für den endinspiratorischen Druck in den distalen Atemwegen) auf 30 cm H_2O und die Reduktion des Atemzugvolumens auf 6 ml/kg standardisiertem Körpergewicht.
Es ist wichtig, dass bei dieser Berechnung nicht das aktuelle, sondern das standardisierte Körpergewicht eingesetzt wird, da mit zunehmender Adipositas das Thorax- und damit das Lungenvolumen nicht zunehmen. Berechnung des Standardkörpergewichts:

- Gewicht Männer [kg] = 50 + 0,91 × (Größe [cm]–152,4)
- Gewicht Frauen [kg] = 45,5 + 0,91 × (Größe [cm]–152,4)

Ebenfalls Teil der lungenprotektiven Beatmung ist ein PEEP (positiver endexspiratorischer Druck), der mit zunehmendem Schweregrad der Gasaustauschstörung individuell angepasst gesteigert werden sollte.
Ggf. kann eine Hyperkapnie bis zu einem pH-Wert von 7,2 toleriert werden, wenn sich die protektiven Beatmungseinstellungen sonst nicht einhalten lassen (permissive Hyperkapnie).

Rekruitmentmanöver. Damit wird die Anwendung von hohen positiven Atemwegsdrücken („Blähen" der Lunge) über eine kurze Zeitspanne bezeichnet: so sollen in einer kritischen Oxygenierungssituation atelektatische Alveolen wiederbelüftet werden. Problematisch sind die fehlende Standardisierung dieser Prozedur und die bislang limitierten Studiendaten, daher stehen klare Empfehlungen diesbezüglich noch aus.

Lagerung. Eine Bauchlagerung bzw. 135°-Seitenlage kann die Oxygenierung bei einem Teil der Patienten signifikant verbessern. Dies sollte bei schwerster Hypoxämie ($paO_2/FiO_2 < 100$ mmHg) erwogen werden, wenn keine Komplikationen durch die Umlagerung zu erwarten sind und Erfahrungen mit dieser Lagerungsart bestehen.

Flüssigkeitsbilanz. Um die Beatmungsdauer und Intensivverweildauer zu verkürzen, wird bei Patienten ohne Nachweis einer Gewebeminderperfusion eine negative Flüssigkeitsbilanz empfohlen. Dadurch bessert sich häufig die Oxygenierung.

Inhalative Vasodilatatoren. Die Anwendung von Vasodilatatoren (NO, Prostazykline) per Inhalation beschränkt sich auf Patienten mit schwerster Hypoxämie und/oder pulmonaler Hypertonie. Bislang konnte aber kein signifikanter letalitätssenkender Effekt bei ARDS-Patienten nachgewiesen werden.

Steroide. Eine im Jahre 2009 veröffentlichte Metaanalyse kam zu dem Ergebnis, dass eine Therapie mit niedrig dosierten Steroiden die Mortalität und Morbidität verbessert. Vermehrte Nebenwirkungen der Therapie wurden hierbei nicht beobachtet.

Extrakorporale Membranoxygenierung (ECMO). Bei diesem Verfahren erfolgt nach der Kanülierung großlumiger Gefäße eine pumpengetriebene Perfusion des Blutes durch Membranoxygenatoren. Hierdurch ist eine effektive Oxygenierung und CO_2-Elimination möglich. ECMO ist speziellen Zentren vorbehalten und kommt bei anderweitig nicht therapierbarer schwerster Hypoxämie zum Einsatz. Limitierend ist der hohe technische, personelle und finanzielle Aufwand.

Interventional lung assist (ILA). ILA ist ein System zur extrakorporalen, pumpenfreien Lungenunterstützung, bei dem das Blut durch eine spezielle Gasaustauschmembran geleitet wird. Bei Patienten mit moderater Einschränkung der Oxygenierung und ausgeprägter Hyperkapnie kann durch dieses neuartige Verfahren eine effektive CO_2-Elimination erreicht werden.

Prognose

Die Mortalität scheint im Verlauf der vergangenen zwei Jahrzehnte zu sinken, ist aber mit > 40 % immer noch sehr hoch.

55.5 Ernährung auf der Intensivstation

Formen. Die Ernährungstherapie auf der Intensivstation ist eine supportive Maßnahme bei Patienten, die oral keine ausreichende Nahrung zu sich nehmen können. Es gibt zwei Möglichkeiten:

- **enterale Ernährung:** über Magensonde, Dünndarmsonde oder PEG; bei hämodynamisch stabilen Patienten mit intaktem und funktionierendem Gastrointestinaltrakt
- **parenterale Ernährung:** unter Umgehung des Gastrointestinaltrakts; bei Patienten, bei denen eine enterale Ernährung kontraindiziert ist oder die nicht ausreichend enteral ernährt werden können

Die Bedeutung der Ernährung des Intensivpatienten wird heute allgemein anerkannt, da alle schweren Erkrankungen **mit einer ausgeprägten Katabolie assoziiert** sind, die wiederum nosokomiale Infektionen begünstigt, das Abgewöhnen vom Ventilator verlängert und die allgemeine Rehabilitation erschwert. Ernährungstherapie kann dem entgegenwirken und somit zu einer schnelleren Heilung beitragen, in einigen Fällen kann sie sogar das Überleben verbessern. Allerdings müssen einige wichtige Grundsätze berücksichtigt werden, damit Ernährung diesen Erwartungen gerecht wird und sich nicht negativ auf den Krankheitsverlauf auswirkt.

In Europa besteht heute weitestgehend Einigkeit darüber, dass eine **Kombination aus enteraler und parenteraler Ernährung** durchgeführt werden sollte. Dies bedeutet, dass alle Patienten, die enteral ernährt werden können, auch enteral ernährt werden sollen, dass aber Patienten, die nicht vollständig oder gar nicht enteral ernährt werden können, supplementierend oder vollständig parenteral ernährt werden sollten.

Pathophysiologie. Der Energieumsatz eines Intensivpatienten ist nicht konstant. Bereits in den 40er Jahren des letzten Jahrhunderts beschrieb Cuthbertson, dass die Anpassung des Organismus an schwere systemische Infektionen, Traumata oder Operationen mit spezifischen metabolischen, hämodynamischen und immunologischen Reaktionen einhergeht. Diese Anpassung wird auch unter dem Begriff **Postaggressionsstoffwechsel** zusammengefasst. Anhand des zeitlichen Verlaufs werden folgende Phasen unterschieden:

- initiale Akutphase oder **„Ebb-Phase"** in den ersten 24 – 72 h mit niedrigem Energieumsatz

- **katabole** Übergangs- oder Reparationsphase (**Flowphase**) mit steigendem Energieumsatz, die dann in eine **anabole** Flowphase übergeht; der Energieumsatz normalisiert sich langsam wieder.

Ziel der Katabolie ist die endogene Bereitstellung von Substraten, da während der langen Evolution des Menschen eine schwere Erkrankung immer auch mit einer stark reduzierten oder sogar aufgehobenen Nahrungsaufnahme verbunden war. Inzwischen ist bekannt, dass sich diese endogene Substratproduktion durch eine exogene Substratzufuhr nicht beeinflussen lässt und unvermindert weiterbesteht. Um eine Hyperalimentation zu vermeiden, muss aus diesem Grund in der katabolen Flowphase – in der eine hohe endogene Substratproduktion besteht – die exogene Substratzufuhr stark reduziert werden. Abb. 55.8 gibt eine Übersicht über den Zusammenhang zwischen Energieumsatz und Energiezufuhr in den einzelnen Phasen.

> **!** **In der initialen katabolen Phase der Erkrankung sollte die Energiezufuhr reduziert werden und unter dem aktuellen Energieumsatz liegen. In der nachfolgenden anabolen Phase sollte die Energiezufuhr hingegen über dem aktuellen Energieumsatz liegen, da der Körper in dieser Phase wieder in der Lage ist, sich die vorher verlorenen Ressourcen zurückzuholen.**

Parenterale Ernährung. Die parenterale Ernährung erfolgt in den meisten Fällen mit einem **Dreikammerbeutel**, der die drei **Grundsubstrate Glukose, Aminosäuren und Fett** enthält, allerdings – im Gegensatz zu den enteralen Sondennahrungen – keine Vitamine und keine Spurenelemente, sodass diese separat hinzugefügt werden müssen. Hierbei werden die in getrennten Kammern gelagerten Lösungen kurz vor der Anwendung gemischt.

Idealerweise sollte der Energiegehalt der Dreikammerbeutel – ebenso wie der der enteralen Sondennahrung – 1 kcal/ml betragen, da in diesem Fall eine Zufuhrrate pro Stunde in Höhe des Körpergewichtes über 24 Stunden zu einer Zufuhr von 24 kcal/kg KG führt, die nur geringfügig über dem Durchschnitt des Grundumsatzes liegt und somit einer guten Grundeinstellung entspricht. Diese Grundeinstellung muss dann aber entsprechend den o. g. Phasen modifiziert werden. Wichtig ist jedoch, dass die enteral und parenteral zugeführten Mengen addiert und mit dem jeweiligen Ernährungsziel abgestimmt werden.

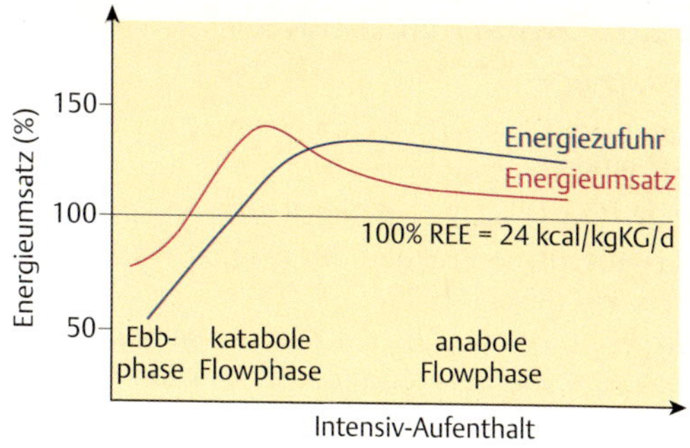

Abb. 55.8 Schematischer Verlauf des Energieumsatzes und der zugeführten Energie in den verschiedenen Stoffwechselphasen. REE = Grund- oder Ruheenergieumsatz (resting energy expenditure).

Was die Fettkomponente der Dreikammerbeutel anbetrifft, sollten heute – zumindest bei Intensivpatienten – keine Fettemulsionen mehr eingesetzt werden, die nur Omega-6-langkettige Triglyzeride aus Sojabohnenöl enthalten. Stattdessen sollte eine immunneutrale Kombination aus Sojabohnenöl und Olivenöl oder Kombinationen aus Sojabohnenöl und Fischöl (und Olivenöl), die ebenfalls einen immunneutralen Charakter haben, zum Einsatz kommen. Darüberhinaus besteht heute Einigkeit darüber, dass parenterale Ernährung bei Intensivpatienten durch eine parenterale Gabe von Glutamin ergänzt werden sollte, da dadurch die Infektionsrate und Mortalität gesenkt werden kann.

Enterale Sondennahrung. Große Fortschritte wurden in den letzten 10 Jahren bei den **enteralen Sondennahrungen** durch die Entwicklung der sog. „Immunonutrition" erzielt, d. h. die Ergänzung normaler Sondenkost mit bestimmten Fett- und Aminosäuren, Nukleotiden und Antioxidantien. Dieser Terminus ist jedoch irreführend, da sich dahinter völlig unterschiedliche Mischpräparate verbergen, die auch zu völlig unterschiedlichen Studienergebnissen geführt haben. Heute sind zwei Gruppen zu unterscheiden: Zum einen Sondennahrungen vom Typ Impact® (Nestle), die mit Fischöl, Arginin, Nukleotiden und Antioxidantien ergänzt sind und bei elektiv operierten Patienten zu einer Verkürzung der Liegezeiten und der infektiösen Komplikationen führen, zum anderen Oxepa® (Abbott), das mit Fischöl, Gamma-Linolensäure und Antioxidanzien ergänzt ist und bei Patienten mit einem ARDS den Gasaustausch verbessert und bei Patienten mit einer Sepsis zu einer Verbesserung der Überlebensrate führt.

55.6 Sepsis und SIRS

engl. sepsis

Definition

Unter **Sepsis** wird eine komplexe systemische inflammatorische Reaktion des Organismus auf eine Infektion verstanden.

Als **SIRS** (Systemic Inflammatory Response Syndrome) wird die inflammatorische Reaktion des Immunsystems auf einen Stimulus bezeichnet. Dieses systemische Inflammationssyndrom muss nicht notwendigerweise durch eine Infektion hervorgerufen werden, nicht infektiöse Ursachen sind z. B. Verbrennungen, Traumata oder eine Pankreatitis. Ein SIRS ist gegeben, wenn 2 der folgenden 4 Kriterien erfüllt sind:

- Fieber (≥ 38 °C) oder Hypothermie (≤ 36 °C)
- Tachykardie: Herzfrequenz ≥ 90/min
- Tachypnoe (Frequenz ≥ 20/min) oder Hyperventilation ($paCO_2$ ≤ 4,3 kPa/ bzw. ≤ 33 mmHg)
- Leukozytose (≥ 12 000/mm^3) oder Leukopenie (≤ 4 000/mm^3) oder ≥ 10% unreife Neutrophile im Differenzialblutbild

Eine **Sepsis** liegt immer dann vor wenn eine gesicherte oder hochwahrscheinliche Infektion vorliegt und gleichzeitig die SIRS-Kriterien erfüllt sind. Hierbei stellen Sepsis, schwere Sepsis und septischer Schock ein Krankheitskontinuum mit zunehmender Letalität dar.

Die Definition der **schweren Sepsis** ist an das Vorliegen von zusätzlichen Organdysfunktionen wie z. B. arterielle Hypoxämie oder renale Dysfunktion geknüpft.

Als **septischer Schock** wird ein Zustand bezeichnet, bei dem zusätzlich trotz adäquater Volumengabe ein systolischer arterieller Blutdruck ≤ 90 mmHg bzw. ein mittlerer arterieller Blutdruck ≤ 65 mmHg oder notwendiger Vasopressoreinsatz vorliegt.

Der mikrobiologische Nachweis des Erregers, z. B. in Form einer Bakteriämie, ist mittlerweile keine conditio sine qua non mehr für die Diagnose einer Sepsis und findet sich in Abhängigkeit von einer antibiotischen Vorbehandlung nur bei durchschnittlich 10 – 30% der Patienten.

Epidemiologie

Die Inzidenz der schweren Sepsis und des septischen Schocks liegt in Deutschland bei ca. 110 pro 100 000 Einwohnern pro Jahr. Sie ist eine der Haupttodesursachen bei Intensivpatienten, die Letalität nimmt mit zunehmendem Schweregrad zu. Besteht bereits ein septischer Schock, so versterben ca. 60% der Patienten.

Ätiologie

Eine Sepsis kann durch Bakterien, Viren und Pilze ausgelöst werden. Die bakteriell bedingte Sepsis ist mit Abstand am häufigsten. Wichtige anamnestische Fragen betreffen eine bestehende Immunsuppression (z. B. vorhergehende Chemotherapie, HIV-Infektion), relevante Grunderkrankung (bestehendes Malignom), individuelle Prädisposition (z. B. Z. n. Splenektomie?) oder vorangegangene Auslandsaufenthalte. Im weiteren Verlauf wird versucht durch Anamnese und Untersuchungsbefunde den vermuteten Ursprungsort der Infektion zu identifizieren (Husten und produktiver Auswurf? Dysurie? Diarrhoe? etc.).

Pathophysiologie

Durch pathogene Mikroorganismen und deren Produkten (z. B. Endotoxine) kommt zu einer Aktivierung von humoralen und zellulären Abwehrsystemen (s. S. 1064). Folgen sind die Freisetzung von pro- und antiinflammatorischen Zytokinen mit konsekutiver direkter Zellschädigung. An den Gefäßen ist die Kapillarpermeabilität pathologisch erhöht mit Abstrom von Flüssigkeit in das Interstitium. Der systemische Gefäßwiderstand fällt ab. Dies führt zu einem intravasalen Volumendefizit, Blutdruckabfall und damit zum septischen Schock. Weitere Kennzeichen der schweren Sepsis sind eine kardiale Dysfunktion und das Vorhandensein von Mikrozirkulationsstörungen.

Klinik

Fieber und Schüttelfrost sind klassische klinische Hinweise für eine Sepsis. Zu beachten ist jedoch, dass auch eine Hypothermie auf eine Sepsis hinweisen kann und eine normale Körpertemperatur keineswegs eine Sepsis ausschließt. Weitere Symptome sind:

- Tachykardie
- Tachypnoe
- veränderter Bewusstseinsstatus (z. B. Benommenheit, Erregung)
- Schock unklarer Genese
- arterielle Hypoxämie
- Thrombozytopenie, Gerinnungsstörung, Laktatanstieg
- akutes Nierenversagen, Multiorganversagen

Bei jedem schweren unklaren Krankheitsbild sollte differenzialdiagnostisch an eine Sepsis gedacht werden. Bei der körperlichen Untersuchung wird versucht, den Sepsisfokus durch gezielte Untersuchung der verschiedenen Organsysteme (Lunge, Herz, Abdomen, Haut, ZNS) weiter einzugrenzen.

Diagnostik

Blutkulturen müssen schnellstmöglichst über eine periphere Venenpunktion abgenommen werden (s. S. 973). Ggf. sind weitere bakteriologische Untersuchungen angezeigt (Abstriche, Urinkultur, etc.). Bei der Laboruntersuchung ist u. a. auf Blutbild, Differenzialblutbild, CRP, Prokalzitonin, Blutgasanalyse mit Laktat und zentralvenöse Sauerstoffsättigung ($ScvO_2$) zu achten.
Durch eine entsprechende apparative Diagnostik mit Röntgenbild des Thorax, abdomineller Sonographie und Echokardiographie wird versucht den Fokus der Sepsis weiter einzugrenzen bzw. zu erhärten. Ggf. können durch eine CT, MRT oder weitere Untersuchungen, wie z. B. eine ERCP, Informationen gewonnen werden. Das Transportrisiko des Patienten von der Intensivstation zu den jeweiligen Untersuchungsorten ist hierbei jedoch immer gegen den potenziellen Informationsgewinn abzuwägen. Ein chirurgisch sanierbarer Infektionsherd sollte durch die erwähnten diagnostischen Maßnahmen nachgewiesen oder weitgehend ausgeschlossen werden.

> **!** **Der häufigste Fokus einer Sepsis ist die Lunge, gefolgt vom Abdomen. Die wichtigsten nosokomialen Sepsisquellen sind neben Pneumonien, Katheter-, Wund- und Urogenitalnfektionen.**

Therapie

Kausale Therapie. Eine frühzeitige und konsequente Therapie ist essenziell. Daher sollte umgehend nach Abnahme von Material für die mikrobiologische Untersuchung in jedem Fall eine **antibiotische Therapie** erfolgen. Die **Sanierung der septischen Infektionsquelle** (Drainage, operativ) hat oberste Priorität, wenn immer möglich sollte eine umgehende Fokussanierung erfolgen. Im Hinblick auf die antibiotische Therapie gilt:

- Beginn innerhalb der ersten Stunde nach Diagnosestellung!
- hochdosiert (initial volle Dosis, dann Anpassung an Nieren- und Leberfunktion)
- initial möglichst breite (adäquate) Therapie

Supportive und adjunktive Therapie.

- adäquate Volumentherapie mit Kristalloiden und ggf. Kolloiden
- Noradrenalin als Vasopressor bei fortbestehender Hypotonie (mittlerer arterieller Blutdruck MAD < 65 mmHg)
- Dobutamin bei eingeschränktem Herzzeitvolumen
- Hydrokortison (200 – 300 mg/Tag) nur bei schwerstem anhaltenden Schock
- Blutzuckereinstellung: Zielblutzucker < 150 mg/dl (cave Hypoglykämie)
- ggf. Einsatz von aktiviertem Protein C, Selen und Immunglobulinen (dem aktivierten Protein C werden neben seiner antikoagulatorischen Wirkung auch antiinflammatorische Funktionen zugeschrieben. Durch die Gabe von Selen als Antioxidans soll der Bildung von reaktiven Sauerstoffradikalen in der Sepsis entgegengewirkt werden)

> **!** **Die Diagnose einer Sepsis muss aus prognostischen Gründen innerhalb kürzester Zeit gestellt werden. Nach entsprechender mikrobiologischer Diagnostik ist eine sofortige antibiotische Therapie innerhalb der ersten Stunde nach Diagnosestellung obligat. Wichtige weitere prognostische Faktoren sind die Möglichkeit der Fokussanierung und die passende primäre antibiotische Therapie.**

55.7 Schock

engl. shock

Die adäquate Behandlung des Schocks ist eine der Hauptaufgaben des Notfall- und Intensivmediziners. Da die Prognose von Schockpatienten von einer schnellen Diagnosestellung, aber auch von einer effizienten Therapie abhängt, müssen diagnostische und therapeutische Maßnahmen in schneller Abfolge parallel durchgeführt werden.

Definition. Schock ist definiert als ein Zustand verminderter Gewebsperfusion, der zu einem Missverhältnis zwischen Sauerstoffzufuhr und Sauerststoffbedarf führt und dadurch eine Hypoxie vitaler Organe bewirkt. Schreitet der Prozess weiter fort, kommt es konsekutiv zum Multiorganversagen und schließlich zum Tod des Patienten.

Ätiopathogenese. Verschiedene Formen und Ursachen sind in **Tab. 55.2** zusammengefasst. Pathophy-

Tab. 55.2 Formen und Ursachen des Schocks

Form	Ursache
hypovolämischer Schock	• Blutungsschock (u. a. Traumata, gastrointestinale Blutungen und Gefäßrupturen) • Verlust von freiem Wasser (u. a. profuse Durchfälle, anhaltendes Erbrechen, Polyurie bei Diabetes insipidus oder akutem Nierenversagen, akute Pankreatitis oder Peritonitis)
kardialer Schock	• u. a. akuter Myokardinfarkt, Myokarditis, Kardiomyopathien, Rhythmusstörungen, Herzklappenerkrankungen • obstruktiver Schock (extrakardiale „obstruktive" Ursachen eines kardialen Schocks) u. a. Lungenembolie, Perikardtamponade, Spannungspneumothorax
distributiver Schock	
• septischer Schock	Infektionen verschiedener Lokalisation, u. a. Lunge, Abdomen, Knochen, Weichteile, Gastrointestinaltrakt, Harnwege, Genitaltrakt
• anaphylaktischer Schock	häufige Allergene sind Medikamente, Nahrungsmittel, Insektenstiche und Röntgen-Kontrastmittel
• neurogener Schock	ursächlich sind schwere neurologische Krankheitsbilder, wie z. B. Trauma, Ischämie und Blutung

siologisch führt das Absinken des Perfusionsdrucks zu einer überschießenden Sympathikusaktivität. Es kommt hierbei durch selektive Konstriktion der Arteriolen in verschiedenen Organen zu einer Umverteilung der Perfusion zugunsten der lebenswichtigen Organe Gehirn und Herz. Hierbei führt die verminderte Gewebsperfusion zu einer Hypoxie vitaler Organe mit nachfolgender Schädigung.

Klinik. Allgemeine Schocksymptome sind Hautblässe und Kaltschweißigkeit infolge Vasokonstriktion bei Sympathikusaktivierung, agitierte oder nur noch eingeschränkte Bewusstseinlage durch zerebrale Hypoxie, Tachypnoe und Oligurie. Je nach Ursache kommen weitere Symptome hinzu:

- hypovolämischer Schock:
  - Stadium 1: annähernd normaler Blutdruck, feucht-kühle, blasse Haut
  - Stadium 2: Tachykardie, systolischer Blutdruck < 100 mmHg, Durst, Rückgang der Diurese mit Oligurie
  - Stadium 3: systolischer Blutdruck < 60 mmHg, kaum tastbarer Puls, flache, schnelle Atmung, Bewußtseinsstörungen, Anurie
- kardialer Schock: s. S. 101
- septischer Schock: s. S. 971, 1156
- anaphylaktischer Schock: s. S. 1086
- neurogener Schock: Bewusstseinsverlust, Bradykardie, RR-Abfall, Verlust spinaler Reflexe

Diagnostik.

> **! Am wichtigsten ist es, überhaupt zu erkennen, dass sich der Patient im Schock befindet.**

Leitparameter sind hierbei der **systolische Blutdruck** und der **Schockindex**, d. h. das Verhältnis der Herzfrequenz zum systolischen Blutdruck. Systolische Druckwerte < 90 mmHg in Verbindung mit einem Schockindex > 1, also einer Herzfrequenz > 90/min, sind beweisend für die Diagnose Schock, höhere Druckwerte oder ein Index < 1 schließen diesen aber nicht mit Sicherheit aus.
Initial erfolgt eine kurze Anamnese sowie eine orientierende körperliche Untersuchung. Weitere allgemeine diagnostische Maßnahmen sind:

- EKG
- Blutdruckmessung (initial nicht invasiv, so schnell wie möglich invasiv)
- Pulsoxymetrie
- venöser Zugang (initial periphervenös, so schnell wie möglich zentralvenös)
- Blasenkatheterisierung (zur Bestimmung der Diuresemenge und Temperaturmessung)
- Laboruntersuchungen (Blutgasanalyse mit Laktat und zentralvenöser Sauerstoffsättigung [ScvO2] weitere Untersuchungen sind abhängig von der vermuteten Schockursache)
- Röntgenthorax

Weitere diagnostische Schritte, wie z. B. Sonographie, Echokardiographie, CT, Linksherzkatheter, Endoskopie, Angiographie, werden abhängig von der Schockursache initiiert. Beim therapierefraktären Schock, beim kardialen Schock und beim Schock unklarer Genese ist zusätzlich zum Standardmonitoring ein erweitertes hämodynamisches Monitoring (Pulmonalarterienkatheter oder Pulskonturanalyse mittels PiCCO®-System) empfehlenswert.
Bei der Pulskonturanalyse wird eine spezielle arterielle Kanüle, die über einen Temperatursensor verfügt, in die A. femoralis gelegt und nun an dieser Stelle die Abkühlung des Blutes durch einen in die obere Hohlvene applizierten Kältebolus gemessen. Darüber wird dann das Herzzeitvolumen bestimmt. Ebenso werden weitere, für die Volumentherapie wichtige Parameter gemessen: das intrathorakale Blutvolumen (ITBV), das globale enddiastolische Volumen (GEDV) als Maß des Preloads sowie das extravaskuläre Lungenwasser (EVLW) als Maß eines erhöhten Flüssigkeitsgehalts der Lungen.

Therapie. Nach der Diagnosestellung und der Bestimmung der Schockursache ist für alle Schockformen – außer dem kardialen Schock – der entscheidende therapeutische Schritt die **frühzeitige Einleitung einer ausreichenden Volumentherapie**.
Zur Volumentherapie werden **Kristalloide** (u. a. Ringer-Lösung und NaCl 0,9%), **synthetische Kolloide** (u. a. Hydroxyethylstärke (HES) und Gelantinelösungen) und **Albuminpräparate** eingesetzt. Beim hämorrhagischen Schock ist zusätzlich die Substitution **zellulärer und plasmatischer Blutbestandteile** mit Hilfe von Erythrozyten-, Frischplasma- oder Thrombozytenkonzentraten erforderlich.
Kristalloide enthalten keine Makromoleküle, sodass sie sich relativ schnell zwischen Intravasalraum und Interstitium verteilen. Sie verbleiben nur zu ca. 30% intravasal, ihr Volumeneffekt ist daher gering und zeitlich sehr limitiert: verglichen mit Kolloiden ist etwa die 4fache Menge zum Ausgleich eines identischen intravasalen Volumendefizits erforderlich. Kristalloide sind von daher weniger geeignet zur schnellen Kompensation eines großen intravasalen Volumendefizits; sie sind besonders geeignet zum Ausgleich eines generellen, auch das Interstitium betreffenden Flüssigkeitsmangels, z. B. bei Dehydratation.
Vorteile der kolloidalen Lösungen sind ein deutlich niedrigeres Substitutionsvolumen und eine längere Verweildauer im Intravasalraum. Vor allem ältere HES-Lösungen mit hohem Substitutionsgrad wurden allerdings immer wieder mit Nierenfunktionsstörungen in Verbindung gebracht.

> **!** **Nach heutigem Kenntnisstand ist der Zeitpunkt und die Geschwindigkeit der Volumensubstitution wichtiger als die Art des Volumenersatzes.**

Der Einsatz von vasokonstriktiven Substanzen sollte nur als eine zusätzliche symptomatische und zeitlich begrenzte Maßnahme angesehen werden. Zur Therapie der spezifischen Schockursachen wird auf die entsprechenden Kapitel (Sepsis s. S. 1156, kardiogener Schock s. S. 101, Lungenembolie s. S. 458, akute gastrointestinale Blutung s. S. 720, anaphylaktische Reaktion s. S. 1084) verwiesen

Prognose. Die Sterblichkeit beträgt bei den häufigsten Schockformen – dem septischen und kardialen Schock – immer noch 50 – 60%. Da die Prognose von einer unverzüglichen und effizienten Therapie abhängt, sind die schnelle Diagnose des Schocks und das Erkennen der zugrundeliegenden Ursache von elementarer Bedeutung.

55.8 Elektrounfälle

Kontakt mit Strom ist in der Regel unbeabsichtigt und in vielen Fällen vermeidbar. Schäden für die Betroffenen können durch die direkte Einwirkung des Stroms auf das Reizleitungssystem des Herzens, durch Verbrennungen infolge der Umwandlung von elektrischer in thermische Energie und durch mechanische Traumen bedingt durch unbeherrschbare Muskelkontraktionen und Stürze entstehen. Je nach Stromspannung und Stromstärke treten unterschiedliche Symptome auf (**Tab. 55.3**, **Tab. 55.4**).
Elektrounfälle werden relativ willkürlich eingeteilt in Verletzungen durch

- Blitzschlag (> 10 Millionen Volt)
- Hochspannung (> 1 000 Volt)
- Niederspannung (< 1 000 Volt)
- elektrische Waffen (Stun Gun, Taser; 5 – 30 Pulse à > 50 000 Volt, < 1 msec)

Tab. 55.3 Verletzungen und Symptome abhängig von der Stromspannung

	Niederspannung	Hochspannung
Spannung	< 1 000 V	> 1 000 V
Atmung	selbstständig, unter Umständen Hyperventilation	Atemstörungen möglich
ZNS	nicht beeinflusst	Bewusstseinsstörungen möglich
Herz-Kreislauf-System	Hypertonie, Tachykardie, Extrasystolen, selten Kammertachykardien, Kammerflimmern	• Asystolie, elektromechanische Dissoziation oder Kammerflimmern • Schocksymptomatik mit Tachykardie und Hypotonie
Verletzungen	• Sturzverletzungen • Strommarken bei < 50 % der Unfälle	• Strommarken • ausgedehnte und tiefe Verbrennungen • Spontanfrakturen, Muskelfaser- und Sehnenrisse

aus Lederer, S., Notfall Stromschlag: Durch Mark und Bein, Via Medici 2/2007, Thieme Verlagsgruppe

Tab. 55.4 Verletzungen und Symptome abhängig von der Stromstärke

Stromstärke	Symptome
bis 25 mA	• Muskelkontraktionen • Blutdruckanstieg • Atembeschwerden • kein Einfluss auf Herzrhythmus • 15 – 25 mA „Loslassgrenze“
bis 80 mA	• Arrhythmien, Extrasystolen oder primäre Asystolie • ab 50 mA: Bewusstseinsstörungen und Atemstörungen
80 mA–3 A	• Herz-Kreislauf-Stillstand • Atemstillstand
über 3 A	Verbrennung Grad IV (Verkohlung)

aus Lederer, S., Notfall Stromschlag: Durch Mark und Bein, Via Medici 2/2007, Thieme Verlagsgruppe

Ursachen

Blitzschlag

Nach einem Blitzschlag versterben rund ⅓ der Personen innerhalb der ersten Stunden nach dem Ereignis entweder an einer letalen **Arrhythmie** oder respiratorischem Versagen. Bis zu ¾ der Überlebenden tragen langwierige oder dauerhafte Schäden davon. Bei einigen der Betroffenen kann es zu einer speziellen Form einer **transienten Paralyse** kommen, der sogenannten Keraunoparalyse, die mit einer Vasokonstriktion und sensorischen Störungen einhergeht. Aufgrund einer autonomen Dysfunktion können solche Patienten vorübergehend lichtstarre und asymmetrische Pupillen aufweisen, die in diesem Fall nicht zu einem Unterlassen oder Abbrechen der Reanimationsbemühungen führen sollten.

Vermeidung von Blitzschlägen

- **Bergkämme und Höhenzüge meiden, ebenso große Bäume und Sendemasten**
- **auf einer Freifläche in die Hocke gehen und die Füße dicht aneinander stellen, um die Schrittspannung zu minimieren**

Hochspannungsverletzungen

Hochspannungsverletzungen sind häufig Arbeitsunfälle. Neben der direkten Einwirkung auf das Herz, die in ungünstigen Fällen zu einer tödlichen Arrhythmie – in der Regel Kammerflimmern – führen kann, haben die Patienten fast immer schwere Verbrennungen und mechanische Traumen. Die äußerlich sichtbaren **Verbrennungen** können leicht dazu führen, dass das Gesamtausmaß der Verbrennungen unterschätzt wird. Relativ kleine äußerliche Verbrennungen können einhergehen mit größten **Muskelkoagulationen und -nekrosen**. Am zentralen und peripheren Nervensystem kann es zu Bewusstseinsverlust, Schwäche oder Paralyse, autonomer Dysfunktion und respiratorischem Versagen kommen.

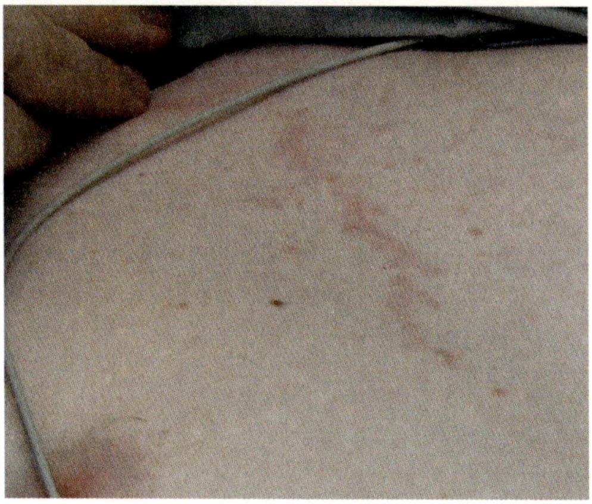

Abb. 55.9 Typische verzweigte Blitzmarken. Sog. Lichtenbergfigur oder Farnkrautphänomen bei einem Patienten nach Blitzunfall (mit freundlicher Genehmigung von Prof. E. Reisinger, Institut für Tropenmedizin und Infektionskrankheiten, Universität Rostock)

Bei der Erstversorgung von Hochspannungsunfällen ist **Eigenschutz** besonders wichtig. Der Stromkreis muss zunächst von entsprechenden Experten abgeschaltet und vor dem Wiedereinschalten gesichert werden. Bis dahin müssen alle Helfer einen entsprechenden Sicherheitsabstand von der Unfallstelle halten (Gefahr von „Lichtbögen").

Niederspannungsverletzungen

Niederspannungsverletzungen ereignen sich überwiegend im Haushalt. Im Vordergrund stehen hier die infolge der **direkten Stromeinwirkung auf das Herz** auftretenden Arrhythmien, seltener sind Verbrennungen zu sehen. Aus diesem Grund werden solche Patienten auch häufiger in der internistischen Notaufnahme vorgestellt und behandelt. Im Gegensatz zu einer weitläufig bestehenden Meinung ist aber eine längere Überwachung von Patienten, die bei der Aufnahme ein unauffälliges EKG zeigen, nicht erforderlich. Sogar von 48 Patienten mit einer Hochspannungsverletzung, die initial ein unauffälliges EKG hatten, hatte keiner im weiteren stationären Verlauf eine Rhythmusstörung.

Elektrische Waffen

Beim Einsatz von Stun Guns oder Tasern kam es bereits wiederholt zu Todesfällen, die entweder auf eine zu lange Zeitdauer des Einsatzes oder eine schwächere Konstitution der Betroffenen zurückzuführen sind.

Generelle therapeutische Maßnahmen

Eine kardiopulmonale Reanimation sollte bei Stromverletzten auf jeden Fall durchgeführt werden, wobei auch eine Asystolie keine Kontraindikation darstellt. Der Wiederherstellung einer ausreichenden Respiration kommt ebenfalls eine große Bedeutung zu, da solche Patienten einen isolierten Atemstillstand haben können. Alle Patienten mit einem auffälligen Aufnahme-EKG sollten mit einem EKG Monitor überwacht werden. Ansonsten gelten die üblichen Regeln des Trauma- und Verbrennungsmanagements.

> **!** **Patienten mit einer Hochspannungsverletzung sind in der Regel Traumapatienten und werden auch in entsprechenden Abteilungen versorgt.**

55.9 Vergiftungen

engl. intoxication

Laut Gesundheitsberichterstattung des Bundes war 2007 in Deutschland „Vergiftung durch Arzneimittel, Drogen und biologisch aktive Substanzen" in 44 812 Fällen die Hauptdiagnose und so für rund 2,5 ‰ aller stationär behandelten Patienten verantwortlich.
Die Behandlung eines intoxikierten Patienten beginnt damit, dass eine Intoxikation überhaupt in Erwägung gezogen wird. Es folgt die Identifikation der betreffenden Substanzen, die die Intoxikation verursacht haben, das Erkennen des Schweregrades und das Abschätzen der Toxizität. Bestehen die leichtesten Zweifel oder Unsicherheit sollte eine Erkundigung bei einer Giftinformationszentrale eingeholt werden.

Diagnostik

Bei jedem klinischen Bild, das auch mit einer Intoxikation vereinbar ist, sollte ein toxikologisches Screening im Plasma oder Urin durchgeführt werden. Auch wenn durch **Fremd- oder Eigenanamnese** bereits eine ursächliche Substanz bekannt ist, sollten durch eine solche breitgefächerte Analyse weitere Toxine ausgeschlossen werden. Die weitere **quantitative Bestimmung der jeweiligen Substanzen im**

O

Plasma ist dann die Grundlage für therapeutische Entscheidungen, wie die Gabe eines Antidots oder die Durchführung einer maschinellen sekundären Giftelimination.

Antidotgabe

Wenn der Typ des Giftes bekannt ist und ein Antidot klinisch indiziert ist, hat die Verabreichung desselben absoluten Vorrang. **Tab. 55.5** enthält die wichtigsten Antidote.

Primäre Giftelimination

Mit primärer Giftelimination wird die **Entfernung eines noch nicht resorbierten Giftes** bezeichnet.
Die **Gabe von Aktiv-Kohle** – auch in multiplen Dosen mit der einmaligen Gabe eines Laxans – ist eine Routinemaßnahme, die auch bereits bei Verdacht einer Vergiftung durchgeführt werden sollte. Empfohlen werden 1 g/kg KG Aktivkohle zusammen mit 1 – 2 ml/kg KG Sorbitol (70%) oder 20 – 30 g Natriumsulfat ggf. gefolgt von 0,5 – 1 g/kg KG Aktivkohle in 2- bis 4-stündigen Abständen (dann jedoch ohne Laxans).

Entgegen der landläufigen Meinung, dass Patienten mit einer oral zugeführten Vergiftung medikamentös induziert erbrechen und – falls Erbrechen nicht möglich ist – eine Magenspülung auch noch längere Zeit nach der Intoxikation erhalten sollten, stellte die American Academy of Clinical Toxicology zusammen mit der European Association of Poison Centres and Clinical Toxicologists bereits 1997 folgendes fest: **Ipecacuanha-Sirup** sollte nicht routinemäßig eingesetzt werden, da in experimentellen Studien die Menge des entfernten Materials sehr variabel war und mit der Zeit abnahm. Ipecacuanha ist der Saft der Brechwurzel und dient als orales Emetikum zum provozierten Erbrechen bei wachen Patienten. Klinische Studien haben außerdem bisher keinen Beweis dafür geliefert, dass Ipecacuanha-Sirup die Prognose für einen Patienten mit Vergiftung verbessert. Um den Einsatz von Ipecacuanha-Sirup unmittelbar nach der Gifteinnahme zu unterstützen oder abzulehnen, liegen allerdings nicht ausreichend Daten vor.
Eine **Magenspülung** sollte aus denselben Gründen nicht routinemäßig eingesetzt werden: die Menge

Tab. 55.5 Anwendung und Dosierung gebräuchlicher Antidote (Dosisempfehlungen für Erwachsene)

Wirkstoff bzw. Toxin	Antidot	Dosierung
Alkylphosphat-Insektizide	Atropin (Atropinsulfat)	initial 2 – 5 mg i. v., wenn kein Erfolg 10 mg alle 5 min (max. 50 mg)
	Obidoximchlorid (Toxogonin)	nach Atropingabe 1 Amp. Toxogonin (250 mg) langsam i. v., anschließend Erhaltungsdosis als Dauerinfusion am 1. – 3. Tag mit 750 mg/d
Atropin (Tollkirsche)	Physostigmin (Anticholium)	initial 2 mg i. v., ggf. alle 20 min wiederholen
Amanitin (Knollenblätterpilz)	Silibinin (Legalon SIL)	Tagesdosis 20 mg/kg KG – verteilt auf 4 Infusionen über jeweils 2 h
Benzodiazepine	Flumazenil (Anexate)	initial 0,2 mg i. v., bei persistierender Bewusstlosigkeit ggf. 2. Dosis 0,1 mg i. v. (maximale Gesamtdosis: 1 mg)
Carbamat-Insektizide	Atropin (cave: Obidoxim ist kontraindiziert)	initial 2 – 5 mg i. v., bei ausbleibendem Erfolg 10 mg alle 5 min (maximale Gesamtdosis: 50 mg).
Digitalis-Präparate Digitoxin	Digitalis-Antitoxin (DigiFab)	initial 160 mg innerhalb von 20 Minuten i. v., dann 30 mg/h für 7 – 8 h, weiteres Vorgehen nach Digitalisspiegel
Eisen	Deferoxamin (Desferal)	15 mg/kg /KG/h i. v. über 4 – 6 h; Infusion in 5 %iger Glukoselösung

Fortsetzung ►

Tab. 55.5 Fortsetzung

Wirkstoff bzw. Toxin	Antidot	Dosierung
Ethylenglykol	Ethanol (alternativ Fomepizol)	Initialdosis 0,6 g/kg KG i. v. über 1 h, Erhaltungsdosis 0,1 g/kg KG/h
Heparin	Protamin (Protamin ME)	abhängig von Art und Menge des zu neutralisierenden Heparins – 1000 IE Protamin i. v. anagonisieren 1000 IE unfraktioniertes Heparin
Methämoglobinbildner (Aniline, Nitrobenzol, Nitrit, u. a.)	Toloniumchlorid (Toluidinblau)	bei Met-Hb 40 %: 2 – 4 mg/kg KG, evtl. einmalig wiederholen nach 30 min
Methanol	Ethanol (alternativ Fomepizol)	Initialdosis 0,6 g/kg KG i. v. über 1 h, Erhaltungsdosis 0,1 g/kg KG/h
Morphin/Opioide	Naloxon (Narcanti u. a.)	initial 0,2 – 0,4 mg (cave: Länger dauernde Opiodwirkung!)
Neuroleptika	Biperiden (Akineton)	2,5 – 5 mg langsam i. v.
Paracetamol	Acetylcystein (Fluimucil)	Infusionsschema: 1.: 150 mg/kg KG in 200 ml Glukose 5 % über 15 min 2.: 50 mg/kg KG in 500 ml Glukose 5 % über 4 h 3.: 100 mg/kg KG in 1000 ml Glukose 5 % über 16 h
Quecksilber u. a. Schwermetalle	DMPS (Dimaval)	bei akuten Vergiftungen 12 – 24 Kapseln in Einzeldosen über den Tag verteilt, z. B. 12mal 1 – 2 Kapseln pro Tag
Schaumbildner (Spül- oder Waschmittel)	Simeticon (sab simplex)	2 – 3 x 10 ml p. o. täglich
Schwermetalle (Blei, Kobalt, Kupfer u. a.)	Natriumcalziumedetat (Ledclair)	15 – 20 mg/kg KG über 2 h, dann bis 50 mg/kg KG/d aufgeteilt in 3 Dosen
Vitamin K_1-Antagonisten (Cumarin-Derivate u. a.)	Phytomenadion = Vitamin K_1 (Konakion MM)	5 – 10 mg i. v.
Zyanid (Blausäure)	4-Dimethylaminophenol (4-DMAP)	250 mg langsam i. v.
	danach Gabe von Natriumthiosulfat 10 %	anschließend 50 – 100 mg/kg KG

zu weiteren Details (Dosierung, Nebenwirkungen, Wechselwirkungen, Kontraindikationen) siehe Rote Liste und/oder Fachinformationen

O

entfernten Materials ist sehr variabel und nimmt mit der Zeit ab. Auch hier lässt sich keine Verbesserung der Prognose nachweisen, im Gegenzug ist die Magenspülung mit einer nicht vernachlässigbaren Morbidität verknüpft. Eine Magenspülung sollte deshalb nur vorgenommen werden, wenn der Patient eine potenziell lebensbedrohliche Dosis eines Gifts eingenommen hat und die Magenspülung innerhalb von 60 min nach der Einnahme durchgeführt werden kann.

Sekundäre Giftelimination

Unter sekundärer Giftentfernung versteht man die **Elimination resorbierter Gifte nach der Resorption**. Hier stehen drei Möglichkeiten zur Verfügung:

- forcierte Diurese
- Hämodialyse
- Hämoperfusion

Zwecks Unterbrechung des enterohepatischen Kreislaufs ist auch die **Gabe von Aktivkohle** möglich.
Forcierte Diurese bedeutet Steigerung des Urinvolumens auf > 200 ml/h durch vermehrte Flüssigkeitszufuhr in Kombination mit Diuretika. Diese Maßnahme ist jedoch nur sinnvoll bei Vergiftungen mit Substanzen, die überwiegend renal ausgeschieden werden und nur eine geringe Eiweißbindung haben. Zusammen mit einer Alkalisierung des Urins (Urin-pH > 7,5) kann dadurch z. B. die Ausscheidung von Salizylaten und Phenobarbital deutlich gesteigert werden.
Eine **Hämodialyse** ist, abhängig vom klinischen Bild, indiziert bei Giftstoffen mit kleinem Molekulargewicht, geringem Verteilungsvolumen und geringer Plasma-Eiweiß-Bindung (z. B. Patienten mit schweren Alkohol-, Salizylat- oder Lithiumintoxikationen).
Bei der **Hämoperfusion** wird das Blut über einen Kohle- oder Kunstharzfilter geleitet, an welchen das Toxin durch Absorption bindet und dadurch eliminiert wird. Teilweise besteht für einzelne Filter eine spezielle Indikation. Dieses Verfahren kommt z. B. bei Carbamazepin-, Theophyllin- und Valproinsäureintoxikation zum Einsatz.

> **!** **Giftinformationszentralen bieten bei allen Fragen zu Intoxikationen telefonische Hilfe an.**

Weiterführende Informationen
http://www.giftinfo.uni-mainz.de/

Anhang

Referenzbereiche klinisch wichtiger Laborparameter

Franz Rinninger

Anmerkung: Die Referenzbereiche von Laborparametern sind abhängig von der verwendeten Bestimmungsmethode. Natürlich gibt es Fortentwicklungen bei der Laboranalytik, damit können Änderungen der Normwerte einhergehen. Empfohlen wird deshalb, dass man bei der Interpretation von Befunden die Referenzbereiche des jeweiligen Labors zugrunde legt. Die in der folgenden Tabelle enthaltenen Werte sind deshalb nur zur Orientierung gedacht.

Probenmaterial: P = Plasma; S = Serum; U = Urin; WB = Vollblut (whole blood)

Parameter	Material	konv. Einheit	SI-Einheit
• Hämatologie und Gerinnung			
Activated Clotting Time	WB	70 – 180 Sek	70 – 180 Sek
Antithrombin III (AT III)	P	80 – 130 %	0,8 – 1,3 U/l
Anti-Xa-Assay (niedermolekulares Heparin)	P	0,2 – 0,4 U/ml prophylaktischer Bereich 0,4 – 1,0 U/ml therapeutischer Bereich	0,2 – 0,4 U/ml prophylaktischer Bereich 0,4 – 1,0 U/ml therapeutischer Bereich
Blutsenkung (BSG)	WB		
– Frauen		1 – 30 mm/Stunde	1 – 30 mm/Stunde
– Männer		1 – 20 mm/Stunde	1 – 20 mm/Stunde
Blutungszeit	P	2,0 – 9,5 Min	2,0 – 9,5 Min
D-Dimere	P	< 0,5 µg/ml	< 0,5 mg/l
Differenzialblutbild	WB		
– Neutrophile		40 – 70 %	0,40 – 0,70
– Stabkernige		0 – 10 %	0 – 0,10
– Lymphozyten		22 – 44 %	0,22 – 0,44
– Monozyten		4 – 11 %	0,04 – 0,11
– Eosinophile		0 – 8 %	0 – 0,08
– Basophile		0 – 3 %	0 – 0,03
Erythrozyten	WB		
– Frauen		4,0 – 5,2 × 10^6/mm^3	4,0 – 5,2 × 10^6/mm^3
– Männer		4,5 – 5,9 × 10^6/mm^3	4,5 – 5,9 × 10^6/mm^3
Fibrinogen	P	150 – 400 mg/dl	1,50 – 4,00 g/l
Hämatokrit	WB		
– Frauen		36 – 46 %	0,36 – 0,46
– Männer		41 – 53 %	0,41 – 0,53
Hämoglobin	WB		
– Frauen		12,0 – 16,0 g/dl	7,4 – 9,9 mmol/l
– Männer		13,5 – 17,5 g/dl	8,4 – 10,9 mmol/l
Leukozyten	WB	4,5 – 11,0 × 10^3/mm^3	4,5 – 11,0 × 10^3/mm^3
Mittleres korpuskuläres Hämoglobin (MCH)	WB	26,0 – 34,0 pg/Zelle	26,0 – 34,0 pg/Zelle

Fortsetzung ►

Fortsetzung

Parameter	Material	konv. Einheit	SI-Einheit
Mittleres korpuskuläres Volumen (MCV)	WB	80 – 100 µm³	80 – 100 fl
Aktivierte partielle Thromboplastinzeit, APTT (PTT)	P	22,1 – 35,1 Sek.	22,1 – 35,1 Sek.
Prothrombin-Zeit (Thromboplastinzeit, Quick Wert, TPZ)	P	80 – 100 %	80 – 100 %
INR (International Normalized Ratio)	P	1,00 – 1,10 Ratio	1,00 – 1,10 Ratio
Retikulozyten	WB	0,5 – 2,0 %	0,005 – 0,020
Thrombin-Zeit (TZ)	P	16 – 24 Sek.	16 – 24 Sek.
Thrombozyten	WB	150 – 350 × 10³/mm³	150 – 350/nl
● Klinische Chemie			
Albumin	S	3,5 – 5,5 g/dl	35 – 55 g/l
Aminotransferasen – Aspartate (AST, SGOT)	S	0 – 35 U/l Frauen, 0 – 50 U/l Männer	0 – 0,58 µmol/s/l Frauen, 0 – 0,834 µmol/s/l Männer
– Alanine (ALT, SGPT)		0 – 35 U/l Frauen, 0 – 50 U/l Männer	0 – 0,58 µmol/s/l Frauen, 0 – 0,834 µmol/s/l Männer
Ammoniak	P	10 – 80 µg/dl	6 – 47 µmol/l
Amylase	S	60 – 180 U/l	1,0 – 3,0 µmol/s/l
Bilirubin (gesamt)	S	0,3 – 1,0 mg/dl	5,1 – 17,0 µmol/l
Bilirubin (direkt)	S	0,1 – 0,3 mg/dl	1,7 – 5,1 µmol/l
Bilirubin (indirekt)	S	0,2 – 0,7 mg/dl	3,4 – 12,0 µmol/l
Blutgase – pH – Bicarbonate (HCO_3^-) – CO_2-Partialdruck – O_2-Partialdruck	WB art.	 7,38 – 7,44 21 – 28 mEq/l 35 – 45 mmHg 80 – 100 mmHg	 7,38 – 7,44 21 – 28 mmol/l 4,7 – 5,9 kPa 11 – 13 kPa
Calcium	S	9,0 – 10,5 mg/dl	2,2 – 2,6 mmol/l
Cholinesterase (CHE)	S	5 – 12 kU/l	83,3 – 200,0 µmol/s/l
Chlorid	S	98 – 106 mEq/l	98 – 106 mmol/l
Cholesterin (gesamt)	S	< 200 mg/dl	< 5,17 mmol/l
C-reaktives Protein (CRP)	S	0,08 – 3,10 mg/l	0,08 – 3,10 mg/l
Creatin Kinase (CK), gesamt – Frauen – Männer	S	 40 – 150 U/l 60 – 400 U/l	 0,67 – 2,50 µmol/s/l 1,00 – 6,67 µmol/s/l
Creatin Kinase MB Isoenzym (CK-MB)	S	< 6 % der Gesamt-CK	< 6 % der Gesamt-CK
Creatinin – Frauen – Männer	S	 < 1,1 mg/dl < 1,3 mg/dl	 < 97,2 µmol/l < 114,9 µmol/l

Fortsetzung ►

P

Fortsetzung

Parameter	Material	konv. Einheit	SI-Einheit
γ-Glutamyltransferase (γGT)	S	Frauen bis 38 U/l, Männer bis 65 U/l	Frauen bis 0,63 µmol/s/l, Männer bis 1,08 µmol/s/l
Glucose (nüchtern)	P	75 – 115 mg/dl	4,2 – 6,4 mmol/l
Hämoglobin A_{1c} (HbA_{1c})	WB	3,8 – 6,4 %	28 – 38 mmol/mol HbA_{1c}/Hb
Eisen	S	50 – 150 µg/dl	9 – 27 µmol/l
Eiweiß (gesamt)	S	5,5 – 8,0 g/dl	55 – 80 g/l
Eiweiß-Elektrophorese	S		
– α_1-Globuline		4,2 – 7,2 %	0,042 – 0,072
– α_2-Globuline		6,8 – 12,0 %	0,068 – 0,120
– β-Globuline		9,3 – 15,0 %	0,093 – 0,150
– γ-Globuline		13,0 – 23,0 %	0,130 – 0,230
Ferritin	S		
– Frauen		20 – 291 ng/ml	20 – 291 µg/l
– Männer		22 – 322 ng/ml	22 – 322 µg/l
Harnsäure	S		
– Frauen		1,5 – 6,0 mg/dl	90 – 360 µmol/l
– Männer		2,5 – 8,0 mg/dl	150 – 480 µmol/l
Harnstoff-N	S	5 – 23 mg/dl	0,83 – 3,83 µmol/l
Immunglobuline	S		
– IgA		60 – 309 mg/dl	0,60 – 3,09 g/l
– IgE		10 – 179 IU/ml	24 – 430 µg/l
– IgG		614 – 1 295 mg/dl	6,14 – 12,95 g/l
– IgM		53 – 334 mg/dl	0,53 – 3,34 g/l
Kalium	S	3,5 – 5,0 mEq/l	3,5 – 5,0 mmol/l
Kupfer	S	70 – 140 µg/dl	11 – 22 µmol/l
Lactat	P (ven.)	5 – 15 mg/dl	0,6 – 1,7 mmol/l
Lactat-Dehydrogenase (LDH)	S	100 – 190 U/l	1,67 – 3,16 µmol/s/l
Lipase	S	13 – 60 U/l	0,22 – 1,00 µmol/s/l
Magnesium	S	1,8 – 3,0 mg/dl	0,8 – 1,2 mmol/l
Mikroalbumin (24 h Sammelurin)	U	< 31 mg/24 h	< 0,031 g/24 h
Natrium	S	136 – 145 mEq/l	136 – 145 mmol/l
NT-pro BNP (natriuretisches Peptid)	S	Frauen bis 248 ng/l, Männer bis 194 ng/l	Frauen bis 29,3 pmol/l, Männer bis 22,9 pmol/l
Phosphatase, alkalische (AP)	S		
– Frauen		35 – 104 U/l	0,58 – 1,73 µmol/s/l
– Männer		40 – 129 U/l	0,67 – 2,15 µmol/s/l
Phosphat (anorganisch)	S	3,0 – 4,5 mg/dl	1,0 – 1,4 mmol/l
Procalcitonin	S	< 0,5 µg/l	< 0,5 µg/l
Triglyceride	S	< 160 mg/dl	< 1,8 mmol/l
Troponin T (TNT)	S	< 0,05 ng/ml	< 0,05 µg/l

Fortsetzung ►

Fortsetzung

Parameter	Material	konv. Einheit	SI-Einheit
• Hormone			
Adrenocorticotropin (ACTH)	P	10 – 48 pg/ml	2,22 – 10,7 pmol/l
Aldosteron (normale Ernährung)	S	3,8 – 31,3 ng/dl	105 – 867 pmol/l
Cortisol (nüchtern)	S	5 – 25 µg/dl	138 – 690 nmol/l
C-Peptid	S	0,8 – 3,9 ng/ml	0,22 – 1,09 nmol/l
Dehydroepiandrosterone-(DHEA-) Sulfat	S		
– Frauen		12 – 535 µg/dl	120 – 5 350 µg/l
– Männer		10 – 619 µg/dl	100 – 6 190 µg/l
Gastrin	S	< 100 pg/ml	< 47,7 pmol/l
Growth Hormone (GH, Wachstumshormon)	S	bis 6,0 ng/ml	bis 6,0 µg/l
Insulin	S, P	2 – 20 µU/ml	14,35 – 143,5 pmol/l
Östradiol (Frauen, zyklusabhäng.)	S, P	19 – 571 pg/ml	70 – 2 095 pmol/l
Parathormon (PTH), intakt	P	14 – 72 pg/ml	1,48 – 7,63 pmol/l
Prolaktin	S		
– Frauen		1,8 – 29 µg/l	38 – 619 mU/l
– Männer		2,1 – 17,7 µg/l	44,5 – 375 mU/l
Testosteron (Männer)	S	2,7 – 8,0 ng/ml	9,2 – 27,7 nmol/l
Thyroid Stimulating Hormone (TSH)	S	0,5 – 4,7 µU/ml	0,5 – 4,7 mU/l
Thyroxin, frei (fT_4)	S	0,8 – 2,7 ng/dl	10,3 – 35,0 pmol/l
Trijodthyronin, frei (fT_3)	S	1,4 – 4,4 pg/ml	2,2 – 6,78 pmol/l

Literaturverzeichnis

Kapitel 1 Grundlagen in der Kardiologie

[1] R.H. Anderson, R. Razavi, A.M. Taylor. Cardiac anatomy revisited. J. Anat. 2004; 205: 159-177.

[2] Cosío FG, Anderson RH, Becker A, Borggrefe M, Campbell RW, Gaita F, Guiraudon GM, Haïssaguerre M, Kuck KJ, Rufilanchas JJ, Thiene G, Wellens HJ, Langberg J, Benditt DG, Bharati S, Klein G, Marchlinski F, Saksena S. Living anatomy of the atrioventricular junctions. A guide to electrophysiological mapping. A Consensus Statement from the Cardiac Nomenclature Study Group, Working Group of Arrythmias, European Society of Cardiology, and the Task Force on Cardiac Nomenclature from NASPE. North American Society of Pacing and Electrophysiology. Eur Heart J. 1999; 20:1068-75.

[3] Holldack K, Gahl K. Auskultation und Perkussion. Inspektion und Palpation. Mit Audio-CD. 13. Aufl. Stuttgart: Thieme 2003. *Ein Klassiker der klinischen Untersuchungsmethoden.*

[4] Börger HH, von Olshausen K. EKG-Information. 7. Auflage Darmstadt: Steinkopff Verlag 1996. *Bezüglich Didaktik und Bebilderung gutes Lehrbuch.*

[5] Gonska BD, Heinecker R. EKG in Klinik und Praxis. Stuttgart: Thieme Verlag 1999. *Verständliche Darstellung mit vielen Abbildungen.*

[6] Löllgen H, Winter UJ, Erdmann E. Ergometrie. Belastungsuntersuchungen in Klinik und Praxis. 2. Auflage Berlin: Springer 2001.*Umfassende Darstellung zur Pathophysiologie, Indikation, Durchführung und Interpretation von Belastungsuntersuchungen.*

[7] Flachskampf FA. Praxis der Echokardiographie. Stuttgart: Thieme Verlag 2002. *Differenzierte Darstellung von Techniken und Befunden der Echokardiographie mit vielen Abbildungen.*

[8] Eichstädt H. Röntgenbefunde bei Herzerkrankungen. Internist. 1994; 35: 95 – 133. *Gut bebilderte Übersichtsarbeit.*

[9] Schäfers M, Flachskampf F, Sechtem U, Achenbach S, Krause BJ, Schwaiger M, Breithardt G (Hrsg.). Nichtinvasive kardiale Bildgebung. Spektrum, Methodik, Indikation und Interpretation. Ecomed Medizin 2008. ISBN 978-3-609-16 282-9 *Monografie mit interdisziplinärer Darstellung der verschiedenen nichtinvasiven bildgebenden Verfahren.*

[10] Buchwalsky R. Einschwemmkatheter: Technik, Auswertung und praktische Konsequenzen. 4. Auflage; Erlangen: Spitta. *Ausführliche Darstellung.*

[11] Krakau I, Lapp H. Das Herzkatheterbuch. Stuttgart: Thieme Verlag 2004. *Gute Darstellung von Techniken und Befunden der Herzkatheterdiagnostik.*

[12] Schäfers M, Flachskampf F, Sechtem U, Achenbach S, Krause BJ, Schwaiger M, Breithardt G. Nichtinvasive kardiale Bildgebung. Spektrum, Methodik, Indikation und Interpretation. Ecomed Medizin 2008 (ISBN 978-3-609-16 282-9).

[13] Gerstenblith G, Lakatta EG. Aging and the Cardiovascular System. In: Willerson JT, Cohn JN, (eds.): Cardiovascular Medicine. New York: Churchill Livingstone 1995: 1539 – 49. *Übersicht über den Einfluss des Alters bei kardiovaskulären Erkrankungen.*

[14] Eagle KA et al. ACC/AHA Guideline update for perioperative cardiovascular evaluation for noncardiac surgery – executive summary. Circulation. 2002; 105: 1257 – 1267.

[15] Grundy SM, et al. Assessment of cardiovascular risk by use of multiple-risk-factor ssessment equations. Circulation. 1999: 1348 – 1359.

[16] Froehlich JB, Eagle KA. Anaesthesia and the cardiac patient: the patient versus the procedure. Heart. 2002; 87: 91 – 96. Übersichtliche Darstellungen der wesentlichen Aspekte zur Risikoeinschätzung und zum perioperativem Management kardiologischer Patienten vor nicht-kardialen Operationen.

Kapitel 2 Koronare Herzkrankheit

[17] Bassand JP et al. Management of acute coronary syndromes (ACS) in patients presenting without persistent ST-segment elevation. Eur Heart J 2007;28:1598-1660

[18] Graham I. European guidelines on CVD prevention in clinical practice. Eur Heart J 2007;28:2375-2414

[19] Thygesen K, et al. Universial definition of myokardial infarction. Eur Heart J 2007;28:2525-2538

[20] Hamm CW. Leitlinien: Akutes Koronarsyndrom (ACS). Teil 1: ACS ohne persistierende ST-Hebung. Z Kardiol 2004; 93: 72 – 90. Teil 2: ACS mit ST-Hebung. Z Kardiol. 2004; 93:324 – 341.

[21] Van de Werf F, et al. Management of acute myocardial infarction in patients presenting with persistent ST-segment elevation: the Task Force on the Management of ST-Segment Elevation Acute Myocardial Infarction of the European Society of Cardiology.Eur Heart J. 2008 Dec;29:2909-45.

[22] Chen ZM, et al; COMMIT (ClOpidogrel and Metoprolol in Myocardial Infarction Trial) collaborative group.Early intravenous then oral metoprolol in 45,852 patients with acute myocardial infarction: randomised placebo-controlled trial.Lancet. 2005 Nov 5;366:1622-32.

[23] Bonzel T, et al. Perkutane Koronarinterventionen (PCI). Clin Res Cardiol 2008;97:513 – 547.

Kapitel 4 Herzinsuffizienz

[24] Olschewski H, Hoeper MM, Borst MM et al. Diagnostik und Therapie der chronischen pulmonalen Hypertonie. Clin Res Cardiol 2007; 96: 301-330

[25] Newman JH, Fanburg BL, Archer SL, et al. Pulmonary hypertension: Future directions. Circulation. 2004; 109: 2947 – 2952. *Aktuelle Übersicht zur Pathogenese und neue Therapieansätzen bei pulmonaler Hypertonie.*

[26] Humbert M, Sitbon O, Simonneau G.. Treatment of pulmonary arterial hypertension. N Engl J med. 2004; 351: 1425 – 36. *Aktuelle Übersicht zur Therapie der pulmonalen Hypertonie.*

Kapitel 5 Pulmonale Hypertonie und Cor pulmonale

[27] Dickstein K, Cohen-Solal A et al. ESC Guidelines for the diagnosis and treatment of acute and chronic heart failure 2008. Eur Heart J. 2008; 29: 2388 – 2442. *Aktuelle Leitlinien der Europäischen Gesellschaft für Kardiologie zur Diagnose und Therapie der akuten und chronischen Herzinsuffizienz.*

[28] Hoppe UC, Erdmann E, et al. Leitlinien zur Therapie der chronischen Herzinsuffizienz. Z Kardiol. 2005; 94: 488 – 509. *Aktuelle Leitlinien der Deutschen Gesellschaft für Kardiologie zur Therapie der chronischen Herzinsuffizienz*

Kapitel 6 Kardiomyopathien und Herztumoren

[29] Elliott P, Andersson B, Arbustini E, et al. Classification of the cardiomyopathies: a Position Statement from the European Society of Cardiology Working Group on Myocardial and Pericardial Diseases. Eur Heart J. 2008;29:270-276.

[30] Maron BJ, Towbin JA, Thiene G, et al. Contemporary definitions and classification of the cardiomyopathies. An AHA scientific statement. Circulation. 2006;113:1807-1816.

[31] Schultheiss HP, Noutsias M, Kühl U, Lassner D, Gross U, Poller W, Pauschinger M. Kardiomyopathien Teil I: Klassifikation der Kardiomyopathien – dilatative Kardiomyopathie. Internist. 2005;46:1245-1258

[32] Schultheiss HP, Noutsias M, Kühl U, Gross U, Lassner D, Poller W, Pauschinger M. Kardiomyopathien Teil 2: Hypertrophe Kardiomyopathie, restriktive Kardiomyopathie, arrhythmogene rechtsventrikuläre Kardiomyopathie. Internist. 2005;46:1373-1388

[33] Maron BJ, McKenna WJ, Danielson GK et al. American College of Cardiology and European Society of Cardiology Clinical Expert Consensus Document on Hypertrophic Cardiomyopathy. Eur Heart J. 2003;24:1965-1991.

[34] Wichter T, Paul M, Eckardt L, Gerdes P, Kirchhof P, Böcker D, Breithardt G. Arrhythmogenic Right Ventricular Cardiomyopathy: Antiarrhythmic Drugs, Catheter Ablation, or ICD? Herz 2005;30:91 – 101.

[35] Engberding R, Yelbuz TM, Breithardt G. Isolated noncompaction of the left ventricular myocardium: A review of the literature two decades after the initial case description. Clin Res Cardiol. 2007;96:1-8

[36] Gianni M, Dentali F, Grandi AM, Sumner G, Hiralal R, Lonn E. Apical ballooning syndrome or tako-tsubo cardiomyopathy: a systematic review. Eur Heart J. 2006;27:1523-1529

[37] Hilfiker-Kleiner D, Schieffer E, Meyer GP, Podewski E, Drexler H. Die postpartale Kardiomyopathie. Dtsch Arztebl 2008; 105:751 – 756

[38] Guerri-Guttenberg RA, Grana DR, Ambrosio G, Milei J. Chagas cardiomyopathy: Europe is not spared! Eur Heart J. 2008.29:2587-2591

Kapitel 7 Entzündliche Erkrankungen des Herzens

[39] Gerber MA, Baltimore RS, Eaton CB, et al. Prevention of Rheumatic Fever and Diagnosis and Treatment of Acute Streptococcal Pharyngitis. Circulation. 2009;119:1541-1551. *Aktuelle amerikanische Leitlinie zur Prävention des rheumatischen Fiebers.* Download unter: *http://circ.ahajournals.org/cgi/reprint/CIRCULATIONAHA.109 191 959*

[40] Ferrieri P et al. for the Jones criteria working group. Proceedings of the Jones criteria workshop. Circulation. 2002;106;2521-23. Download unter: http://circ.ahajournals.org/cgi/reprint/106/19/2521?ck=nck

[41] Dajani AS, Ayoub EM, Biermann FZ et al. Guidelines for the diagnosis of rheumatic fever: Jones criteria, updated 1992. JAMA 1992; 268: 2069 – 73. *Diagnosekriterien des rheumatischen Fiebers.*

[42] Habib G, Hoen B, Tornos P, et al. Guidelines on the prevention, diagnosis and treatment of infective endocarditis (new version 2009). Eur Heart J. 2009;30:2369-2413. *Aktuelle Leitlinie der europäischen Fachgesellschaft (ESC) mit detaillierten Angaben zu diagnostischen Algorithmen, Therapie-Empfehlungen (Antibiotika-Regime), sowie aktualisierten Empfehlungen zur Endokarditis-Prophylaxe.* Download unter: http://www.escardio.org/guidelines-surveys/esc-guidelines/GuidelinesDocuments/guidelines-IE-FT.pdf

[43] Westphal N, Plicht B, Naber C. Endokarditis – Prophylaxe, Diagnostik und Therapie. Dtsch Ärztebl Int 2009; 106: 481 – 90. Aktuelle Übersichtsarbeit zu allen relevanten Aspekten der infektiösen Endokarditis. Download unter: http://www.aerzteblatt.de/v4/archiv/pdf.asp?id=65 298

[44] Naber CK, Al-Nawas B, Baumgartner H, et al. Prophylaxe der infektiösen Endokarditis. Kardiologe. 2007;1:243 – 250. *Positionspapier deutscher Fachgesellschaften mit Leitlinien-Charakter.* Download un-

P

ter: http://leitlinien.dgk.org/images/pdf/leitlinien_volltext/2007-13-endokarditis-prophylaxe.pdf

[45] Wilson W, Taubert KA, Gewitz M, et al. Prevention of Infective Endocarditis: Guidelines From the American Heart Association. Circulation. 2007;116;1736-1754. *Leitlinie der amerikanischen Fachgesellschaft zur Prävention der infektiösen Endokarditis.* Download unter: http://circ.ahajournals.org/cgi/reprint/CIRCULATIONAHA.106 183 095

[46] Maisch B, Seferovic PM, Ristic AD, et al. Guidelines on the diagnosis and management of pericardial diseases. Eur Heart J. 2004; 25: 587 – 610. *Aktuelle Leitlinien der Europäischen Gesellschaft für Kardiologie zur Diagnose und Therapie perikardialer Erkrankungen.* Download unter: http://www.escardio.org/guidelines-surveys/esc-guidelines/GuidelinesDocuments/guidelines-pericardial-FT.pdf

[47] Lange RA, Hillis LD. Acute pericarditis. N Engl J Med. 2004; 351:2195-202 *Übersichtsarbeit zur Pathogenese und Therapie der akuten Perikarditis.*

[48] Dennert R, Crijns HJ, Heymans S. Acute viral myocarditis. Eur Heart J. 2008; 29:2073 – 2082

[49] Magnani JW, Dec GW. Myocarditis: Current Trends in Diagnosis and Treatment. Circulation. 2006;113:876-890.

[50] Cooper LT, Baughman KL, Feldman AM, et al. The role of endomyocardial biopsy in the management of cardiovascular disease. Eur Heart Jl. 2007;28:3076 – 3093

[51] *Aktuelle Übersicht zu Indikationsstellung und diagnostischem Wert der Endomyokardbiopsie bei myokardialen Erkrankungen.* Download unter: http://www.escardio.org/guidelines-surveys/esc-guidelines/GuidelinesDocuments/guidelines-endomyocardial-biopsy-FT.pdf

[52] Brehm M, Rellecke P, Strauer BE. Entzündliche Herzerkrankungen bei primär extrakardialen Erkrankungen. Internist. 2007; 49:27-33

Kapitel 8 Erworbene Herzklappenfehler

[53] Bonow RO, Carabello BA, Chatterjee K et al.. 2008 focused update incorporated into the 2006 ACC/AHA 2006 guidelines for the management of patients with valvular heart disease. A report of the American College of Cardiology / American Heart Association Task Force on Practice Guidelines. J Am Coll Cardiol. 2008;52:e1-142

[54] Vahanian A, Baumgartner H, Bax J, et al.. Guidelines on the management of valvular heart disease: The Task Force on the Management of Valvular Heart Disease of the European Society of Cardiology. Eur Heart J. 2007;28:230-68

[55] Buck T, Breithardt OA, Faber L, et al.. Manual zur Indikation und Durchführung der Echokardiographie. Clin Res Cardiol Suppl. 2009;4 (Suppl. 1): 14-23

[56] Zoghbi WA, Enriquez-Sarano M, Foster E, et al. Recommendations for evaluation of the severity of native valvular regurgitation with two-dimensional and Doppler echocardiography. American Society of Echocardiography. J Am Soc Echocardiogr 2003:777-802

Kapitel 9 Angeborene Herzfehler im Erwachsenenalter

[57] Gatzoulis MA, Webb G, Daubeney PEF. Diagnosis and management of adult congenital heart disease. Verlag Churchill Livingstone, 2003. *(Hervorragende Darstellung aller wesentlicher klinischer Aspekte zur Diagnostik und Therapie angeborener Herzfehler im Erwachsenenalter).*

[58] Schmaltz AA, Bauer U, Baumgartner H, et al. Medizinische Leitlinie zur Behandlung von Erwachsenen mit angeborenen Herzfehlern (EMAH) der deutsch-österreichisch-schweizerischen kardiologischen Fachgesellschaften. http://leitlinien.dgk.org/images/pdf/leitlinien_volltext/2008-03_emah.pdf

[59] Schmaltz AA (Herausgeber) Erwachsene mit angeborenen Herzfehlern (EMAH). S 2-Leitlinie der DGK, DGPK, und DGTHG zur Diagnostik und Therapie in Klinik und Praxis. Steinkopf Verlag 2008

[60] Warnes CA, Williams RG, Bashore TM, et al. ACC/AHA 2008 guidelines for the management of adults with congenital heart disease. J Am Coll Cardiol. 2008.52:e143-263 *(Aktuelle Leitlinie der amerikanischen Fachgesellschaften)* Download unter: http://content.onlinejacc.org/cgi/reprint/52/23/e143.pdf

[61] Deanfield J, Thaulow E, Warnes C, Webb G, Kolbel F, et al. Task Force on the management of grown-up congenital heart disease of the European Society of Cardiology. Eur Heart J 2003; 24: 1035 – 1084.

[62] Therrien J, Dore A, Gersony W, Iserin L, Liberthson R, Meijboom F, Colman JM,Oechslin E, Taylor D, Perloff J, Somerville J, Webb GD. CCS Consensus Conference 2001 update: recommendations for the management of adults with congenital heart disease. Part I. Can J Cardiol 2001;17:940-5

[63] Therrien J, Gatzoulis M, Graham T, Bink-Boelkens M, Connelly M, Niwa K, Mulder B,Pyeritz R, Perloff J, Somerville J, Webb GD. Canadian Cardiovascular Society Consensus Conference 2001 update: Recommendations for the Management of Adults with Congenital Heart Disease–Part II. Can J Cardiol 2001;17:1029-50.

[64] Therrien J, Warnes C, Daliento L, Hess J, Hoffmann A, Marelli A, Thilen U, Presbitero P, Perloff J, Somerville J, Webb GD. Canadian Cardiovascular Society Consensus Conference 2001 update: recommendations for the management of adults with congenital heart disease part III. Can J Cardiol 2001;17:1135-58

Kapitel 10 Arterien

[65] Eckstein HH et al. Operative Therapie extracranieller Carotisstenosen. Chirurg. 2004; 75: 93 – 110.

[66] Hackam DG, Spence JD 2007: Stroke 38: 1881 - 1885

[67] Diehm C, Lange S, Darius H, Pittrow D, v.Stritzky B, Tepohl G, Haberl R, Allenberg JR, Dasch B, Trampisch HJ (2006) Association of low ankle brachial index with high mortality in primary care. 3-year results of the getABI-Study. Eur Heart J; 27:14; 1743-9

[68] Diehm C, Allenberg JR, Keiko Nimura-Eckert. Farbatlas der Gefäßkrankheiten. Berlin: Springer 2004. *Ein Farbatlas aller wichtigen Krankheiten der Arterien, Venen und Lymphgefäße.*

[69] Diehm C, Diehm N. Non-Invasive Treatment of Critical Limb Ischemia. In: Current Drug Targets. Cardiovascular & Haematological Disorders 2004; 4: 241 – 247.

[70] S 3-Leitlinien Diagnostik und Therapie der PAVK. AWMF online. AWMF-Leitlinien-Register Nr. 065/003, Entwicklungsstufe 3 + IDA

[71] Lawall H, Diehm C, Pittrow (2009) Leitlinien zur Diagnostik und Therapie der peripheren arteriellen Verschlusskrankheit (PAVK). VASA Supplement Vol 38 S/75

[72] Diehm C, Musch Annemarie (2008) Cilostazol. Phosphodiesterasehemmer zur Behandlung der Claudicatio intermittens. Arzneimitteltherapie 26:7; 230-6

Kapitel 11 Venen

[73] Diagnostik undThrapie der Bein- und Beckenvenenthrombose und Lungenenembolie

[74] AWMF online - Leitlinien Angiologie: Bein und Beckenvenenthrombosen und Lungenembolien

[75] AWMF - Leitlinienregister Nr. 065/002 Überarbeitung 2009 in Arbeit

Kapitel 13 Arterielle Hypertonie

[76] Kaplan NM, Lieberman E, Neal W. Kaplan's Clinical Hypertension 9. Aufl. Philadelphia: Lippincott Williams und Wilkins 2005. *Standardlehrbuch, sehr pragmatisch und klinisch orientiert.*

[77] Izzo JL, Black HR, Sica DA. Hypertension Primer 4. Aufl. Philadelphia: Lippincott Williams und Wilkins 2008. *Sehr aktuelles Nachschlagewerk zur Vertiefung spezieller Aspekte.*

[78] Canadian Hypertension Education Program: Recommendations 2008. http://www.hypertension.ca/chep/recommendations/recommendations-overview/ *Eine aktuelle Leitlinie – anders als viele Leitlinien gut lesbar und praktisch hilfreich.*

[79] Rettig R, Peters J. Antihypertensiva: Physiologie, Pharmakologie und klinische Anwendung. 1. Aufl. Stuttgart: Wissenschaftliche Verlagsgesellschaft 2007. *Nachschlagewerk zu blutdrucksenkenden Medikamenten, aktuelle und umfassende Informationen.*

Kapitel 14 Niere

[80] Davidson AM, Cameron JS, Grünfeld JP. Oxford Textbook of Clinical Nephrology. 2nd ed. Oxford University Press 1997. *Dreibändiges Standardwerk mit ausführlichen Beiträgen zum gesamten Spektrum der Nephrologie.*

[81] Massry SG, Glassock RJ. Massry & Glassock's Textbook of Nephrology. 3rd ed. Williams and Wilkins 1995. *Englischsprachiges Nachschlagewerk.*

[82] Brenner BM, Rector FC. Brenner & Rector's The Kidney. 7th ed. WB Saunders Co. 2003. *Klassiker unter den englischsprachigen Nachschlagewerken.*

[83] Feehally J., Floege J., Johnson R.J. Comprehensive Clinical Nephrology, 3rd edition, Mosby Elsevier, 2003

[84] Kuhlmann U, Walb D, Luft FC. Nephrologie. 4. Aufl. Stuttgart: Thieme 2003. *Aktuelles deutschsprachiges ausführliches Lehrbuch der Nephrologie.*

[85] Hörl W. Replacement of renal function by dialysis. 5th ed. Springer Heidelberg 1996. *Übersichtswerk über die Dialysetherapie.*

Kapitel 16 Säure-Basen-Haushalt

[86] Arief AI, DeFronzo RA. Fluid, Electrolyte and Acid-base Disorders. New York: Churchill Livingstone 1985.

[87] Narins RG. ed. Maxwell & Kleeman's Clinical Disorders of Fluid and Electrolyte Metabolism. 5th ed. New York: McGraw-Hill Inc. 1994.

Kapitel 17 – 19 Hämostaseologie

[88] Colman RW, Hirsh J, Marder VJ, Salzman EW, ed. Haemostasis and Thrombosis. Basic Principles and Clinical Practice. 5th ed. Philadelphia: J. B. Lippincott 2005. *Für den Spezialisten.*

[89] Kitchens CS, Alving BM, Kessler CM. Consultative Hemostasis and Thrombosis. Saunders. 2007. *Für den Facharzt.*

[90] Mueller-Eckhardt C, Kiefel V, Hrsg. Transfusionsmedizin. Grundlagen, Therapie, Methodik. 3. Aufl. Heidelberg: Springer 2004. *Für junge Assistenten und den Facharzt.*

[91] Müller-Berghaus G, Pötzsch B, Hrsg. Hämostaseologie. Molekulare und zelluläre Mechanismen, Pathophysiologie und Klinik. Berlin: Springer 1998. *Für junge Assistenten und den Facharzt.*

[92] Pötzsch B, Madlener K. Gerinnungskonsil. Rationelle Diagnostik und Therapie von Gerinnungsstörungen. Stuttgart: Thieme 2002. *Für junge Assistenten und den Facharzt.*

[93] Thomas L, Hrsg. Labor und Diagnose. Indikation und Bewertung von Laborbefunden für die medizinische Diagnostik. 6. Aufl. Frankfurt/Main: TH-Books Verlagsgesellschaft 2005. *Für Studenten und junge Assistenten.*

P

Kapitel 20 Grundlagen der Pneumologie

[94] Lorenz J. Checkliste Pneumologie. 2. Auflage, Thieme 2003. Didaktisch gelungene, übersichtliche Darstellung der diagnostischen Maßnahmen.

Kapitel 21 Atemwege

[95] C. Vogelmeier et al.: Leitlinie der Deutschen Atemwegsliga und der deutschen Gesellschaft für Pneumologie zur Diagnostik und Therapie von Patienten mit chronisch- obstruktiver Bronchitis und Lungenemphysem (COPD). Pneumologie 2007; 61: e1–e40. *Entscheidungshilfe für ein optimiertes Management von Patienten mit COPD.*

[96] R et al. Leitlinie zur Diagnostik und Therapie von Patienten mit Asthma. Pneumologie. 2006;60:139 – 183 *Evidenzbasierte, aktuelle Darstellung mit umfangreichen Literaturhinweisen.*

[97] Cystic Fibrosis Adult Care: Consensus Committee Report. Chest. 2004; 125 Suppl. 1: 1 s– 39 s.

Kapitel 22 Lunge

[98] Häffgen G et al. S 3-Leitlinie zu ambulant erworbener Pneumonie. Pneumologie. 2005;59:612 – 664.

[99] Tuberkulose. Schwerpunktheft. Der Pneumologe. 2007;4:149 – 193. Aktuelle Darstellung von Epidemiologie, Pathogenese, Immunologie und Therapie der Tuberkulose.

[100] Schmidt B, Schellong S. Management der Lungenembolie. Der Internist. 2005;46:899 – 909.

[101] Hoeper MM. Aktuelle Diagnostik und Therapie der pulmonalen Hypertonie. Pneumologie. 2006;60: 428 – 445.

[102] American Thoracic Society: Statement on Sarcoidosis. Am. J. Respir. Crit. Care Med. 1999; 160: 736 – 755. *Konsensusbericht zum derzeitigen Wissen über die Sarkoidose.*

[103] DeVita VT Jr, Hellmann S, Rosenberg SA. Cancer. Principles and Practice of Oncology. 8. Aufl. Philadelphia: J. B. Lipincott 2008. *Umfangreiche, didaktisch hervorragende Darstellung des Themas, ausführliches Literaturverzeichnis.*

Kapitel 23 Schlafbezogene Atmungsstörungen

[104] Becker H. F. et al. Schlafstörungen und schlafbezogene Atmungsstörungen. Der Internist. 2004; 1: 57 – 83. *Übersichtliche Darstellung aller wichtigen Inhalte der Schlafmedizin.*

Kapitel 24 Pleura

[105] Serie: Pleuraerkrankungen. Pneumologie. 2004;58, 2005; 59. Umfangreiche, gut verständliche Darstellung mit klaren Anleitungen für Diagnostik und Therapie.

Kapitel 26 Hypothalamus und Hypophyse

[106] Schneider HJ, Aimaretti G, Kreitschmann-Andermahr I, Stalla GK, Ghigo E. Hypopituitarism. Lancet 2007; 369: 1461 – 1470. *Aktuelle Übersicht über Epidemiologie, Ursachen, Diagnostik und Therapie der Hypophyseninsuffizienz.*

[107] Dekkers OM, Pereira AM, Romijn JA. Treatment and follow-up of clinically nonfunctioning pituitary macroadenomas. J Clin Endocrinol Metab 2008; 93:3717-3726. *Aktuelle Übersicht über die Natur und behandlungsstrategien bei hormoninaktiven Hypophysentumoren.*

[108] Melmed S. Acromegaly. New England Journal of Medicine 2006; 355: 2558 – 2573. Aktuelle Übersicht über Pathogenese, Diagnostik und Therapie der Akromegalie.

[109] Casanueva FF, Molitch ME, Schlechte JA, Abs R, Bonert V, Bronstein MD, Brue T, Cappabianca P, Colao A, Fahlbusch R, Fideleff H, Hadani M, Kelly P, Kleinberg D, Laws E, Marek J, Scanlon M, Sobrinho LG, Wass JA, Giustina A. Guidelines of the Pituitary Society for the diagnosis and management of prolactinomas. Clin Endocrinol (Oxf) 2006; 65: 265-273. *Leitlinien zur Diagnostik und Therapie von Prolaktinomen.*

Kapitel 27 Schilddrüse

[110] Paschke R, Ludgate M. The thyreotropin receptor in thyroid diseases. New England Journal of Medicine, 1997; 337(23): 1675 – 1681.

[111] Krohn K, Führer D, Bayer Y, Eszlinger M, Brauer V, Neumann S, Paschke R. Etiology of euthyriod and toxic multinodular goiter. Endocrine Reviews. 26: 504 – 524, 2005

[112] Autonomie der Schilddrüse und seltene Formen der nicht autoimmunen Hyperthyreose. R. Paschke. Medizinische Welt, 11: 435 – 440, 2008-11-04

[113] Brauer VFH, Paschke R. Pathophysiologische Grundlagen der Prävention und medikamentöse Therapie von euthyreoten Schilddrüsenknoten. Deutsche Medizinische Wochenschrift. 2003; 44: 2324-2328.
Übersicht zur Pathophysiologie und Metaanalyse von Therapiestudien der euthyreoten Struma.

[114] Thyroid nodules: a review of current guidelines, practices and prospects H. Gharib, E. Papini, R. Paschke European Journal of Endocrinology, 159 (5): 493 – 505, 2008

[115] Scherbaum WA. Schilddrüsenentzündungen: Häufige Irrtümer bei der Diagnose und typische Fehler bei der Behandlung der Thyreoiditis. In: Pfannenstiel, P, Hrsg.: Verhandlungsbericht des 12. Wiesbadener Schilddrüsengesprächs, Mai 1993. Frankfurt: PMI 1993. *Praxisrelevante Darstellung von Diagnostik und Therapie der Thyreoiditiden.*

[116] Struma diffusa und Knotenstruma; R. Paschke, G. Brabant, H. Dralle, C. Reiners Funktionelle Autonomie; C. Reiners, R. Paschke, K. Mann In: Rationelle Diagnostik und Therapie in Endokrinologie, Diabetologie und Stoffwechsel Hrsg.: Lehnert / DGE in press *Standards der Diagnostik und Therapie von Schilddrüsenerkrankungen*

[117] Pacini F, Schlumberger M, Dralle H et al.: European consensus for the management of patients with differentiated thyroid carcinoma of the follicular epithelium. Eur.J.Endocrinol. 2006; 154: 787-803. Europäscher Consensus zur Diagnostik und Therapie der Schilddrüsenkarzinome.

Kapitel 28 Nebenschilddrüse und Kalziumstoffwechsel

[118] Bringhurst FR, Demay MB, Kronenberg HM. Hormones and disorders of mineral metabolism. In: Wilson JD, et al., eds., Williams Textbook of Endocrinology. 9th ed. Philadelphia: W.B. Saunders Company 1998: 1155 – 1209. *Eine relativ aktuelle, klar gegliederte, übersichtliche und umfassende Darstellung von Pathophysiologie, Diagnostik und Therapie von Störungen des Mineralhaushaltes mit besonderer Berücksichtigung des Hyperparathyreoidismus.*

[119] Besser M, Thorner MO. Atlas of endocrine imaging. London: Mosby Europe Limited 1994. Ein ausgezeichnet gestaltetes Buch über die speziellen sonographischen, computertomographischen und röntgenologischen Veränderungen bei endokrinen Erkrankungen einschließlich des Hyper- und Hypoparathyreoidismus.

[120] Bilezikian JP, Silverberg SJ. Asymptomatic Primary Hyperparathyroidism. NEJM 2004; 350 (17): 1746 – 51. Aktualisierte Empfehlungen zu Diagnostik und Therapie des asymptomatischen primären Hyperparathyreoidismus.

[121] Peacock M et al. Cinacalcet hydrochloride maintains long-term normocalcemia in patients with primary hyperparathyroidism. J Clin Endocrinol Metab 2005; 90: 135 – 41 *Erstbeschreibung der Wirkung von Cinacalcet für die Behandlung des primären Hyperparathyreoidismus*

[122] Silverberg SJ, Bilezikian JP, Bone HG, Talpos GB, Horwitz MJ, Stewart AF. Therapeutic controversiesin primary hyperparathyroidism. J. Clin Endocrinol Metab. 1999; 84 (7): 2275 – 85. *Eine gelungene und spannende Pro-und-Kontra-Diskussion zur Therapie des primären Hyperparathyreoidismus unter besonderer Berücksichtigung des „asymptomatischen" primären HPT.*

[123] Shoback DM, Bilezikian JP, Turner SA et al. The calcimimetic cinacalcet normalizes serum Kalzium in subjects with primary hyperparathyroidism. J Clin Endocrinol Metab 2003; 88: 5644 – 49. *Klinische Studie zur Wirksamkeit des Kalzimimetikums Cinacalcet bei Patienten mit primärem Hyperparathyreoidismus.*

[124] Wysolmerski JJ, Stewart AF. The physiology of parathyroidhormone-related protein: an emerging role as a developmental factor. Annu Rev Physiol 1998; 60: 431 – 460. *Eine umfassende und aktuelle Übersicht über die Physiologie und teilweise über die Pathologie des PTHrP.*

Kapitel 29 Metabolische Osteopathien

[125] American Society for Bone and Mineral Research. Primer on the metabolic bone diseases and the disorders of mineral metabolism. 7th ed. Sheridan Press, Washington, 2008. *Umfassende Übersichtsarbeiten zu den Grundlagen des Calcium- und Knochenstoffwechsels, sowie auch zur Klinik und Therapie skelettaler Erkrankungen.*

[126] Dachverband der osteologischen Fachgesellschaften (DVO): Leitlinien zur Diagnostik und Therapie der Osteoporose. 2009. *Evidenzbasierte S 3 Leitlinie zur Prophylaxe, Diagnostik und Therapie der Osteoporose in Deutschland.*

[127] Holick MF. Vitamin D deficiency. N Engl J Med 357: 266 – 281, 2007.

[128] Jakob F. Metabolic bone diseases. Internist 48: 1101 – 1118, 2007.

[129] Patzer L, van't Hoff W, Dillon MJ X-linked hypophosphataemic rickets: recognition, treatment and prognosis. Curr Paediatr 8: 26 – 30, 1998.

Kapitel 30 Nebenniere

[130] Artl W, Allolio B. Adrenal Insufficiency. Lancet 2003; 361: 1881 – 1893

[131] Funder JW, Carey RM, Fardella C, Gomez-Sanchez CE, Mantero F, Stowasser M, Young WF Jr, Montori VM; Endocrine Society. Case detection, diagnosis, and treatment of patients with primary aldosteronism: an endocrine society clinical practice guideline. J Clin Endocrinol Metab 2008; 93: 3266-3281.

[132] Evidenz-basierte Leilinie zur Diagnostik und Therapie des Conn-Syndroms der Endocrine Society.

[133] Bornstein SR, Gruber M, Willenberg HS, Stratakis CA, Chrousos GP. Cushing`s Syndrome, Medical Aspects. In: George Fink, (Editor-inChief).Encyclopedia of Stress, Second edition, vol.1. Oxford: Academic Press 2007: 682- 687

[134] Bornstein SR. Predisposing Factors for Adrenal Insufficiency. N Engl J Med 2009; 360: 2328 – 2339

[135] Nieman LK, Biller BMK, Findling JW, Newell-Price J, Savage MO, Stewart PM, Montori VM. The Diagnosis of Cushing's Syndrome: An Endocrine Society Clinical Practice Guideline. Journal of Clinical Endocrinology and Metabolism 2008; 93: 1526 – 1540. *Leitlinien der Endocrine Society zur Diagnostik des Cushing-Syndroms.*

[136] Lenders JW, Eisenhofer G, Mannelli M, Pacak K. Pheochromocytoma. Lancet 2005; 366: 665 – 675.

[137] Newell-Price J, Bertagna X, Grossman AB, Nieman LK. Cushing's syndrome. Lancet 2006; 367: 1605 – 1617. *Klinisch gehaltene Zusammenfassung der Differentialdiagnostik und Differentialtherapie des Cushing-Syndroms.*

[138] Mansmann G, Lau J, Balk E, Rothberg M, Miyachi Y, Bornstein SR.: The Clinically Inapparent Adrenal Mass: Update in Diagnosis and Management. Endocr Rev 2004; 25: 309 – 340.

[139] Grumbach MM, Biller BMK, Braunstein GD, Campbell KK, Carney JA, Godley PA, Harris EL, Lee JKT, Oertel YC, Posner MC, Schlechte JA, Wieand HS. Management of the Clinically Inapparent Adrenal Mass ("Incidentaloma"). Annals of Internal Medicine 2003; 138: 424 – 429. *Beide Zusammenfassungen geben die Inhalte der NIH-Consensus Conference in einem systematischem Review wieder.*

[140] Willenberg, Bornstein SR. Chrousos GP. Adrenal Insufficiency. In: Fink G (Ed.): Encyclopedia of Stress. Academic Press, Oxford 2007, Vol. 1. 47 – 51.

[141] Merke DP, Bornstein SR, Avila NA, Chrousos GP. NIH conference. Future directions in the study and management of congenital adrenal hyperplasia due to 21-hydroxylase deficiency. Ann Intern Med. 2002; 136: 320 – 34.

[142] Merke DP, Bornstein SR. Congenital adrenal hyperplasia. Lancet 2005; 365: 2125 – 2136.

[143] Knape P, Reisch N, Dörr, HG, Reincke M, Quinckler M. Behandlung des klassischen adrenogenitalen Syndroms mit 21- Hydroxylase- Defekt bei erwachsenen Männern. DMW. 2008; 133: 1025-1029

[144] Martin KA et al. Clinical Practice Guideline: Evaluation and Treatment of Hirsuitism in Premenopausal Women: An Endocrine Society Clinical Practice Guideline. J Clin Endocrinol Metab 2008; 93: 1105- 1120

[145] Manelli M. Management and treatment of pheochromocytomas and paragangliomas. Ann N Y Acad Sci 2006; 1073: 405 – 416. *Darstellung des Krankheitsbildes mit Hinweisen zur Diagnostik und Therapie.*

[146] Willenberg HS, Zschucke D, Bornstein SR. Nebennierentumoren. Der Internist 2007; 48: 971 – 986. *Überblick über die Diagnostik und Therapie von Phäochromozytomen.*

[147] Pacak K, Eisenhofer G, Ahlman H, Bornstein SR, Gimenez-Roqueplo AP, Grossman AB, Kimura N, Mannelli M, McNicol AM, Tischler AS. Pheochromocytoma: recommendations for clinical practise from the First International Symposium. Nat Clin Pract Endocrinol Metab. 2007; 3 (2): 92- 1002

[148] Eisenhofer G, Siegert S, Kotzerke J, Bornstein SR, Pacak K. Current Progress and Future Challenges in the Biochemical Diagnosis and Treatment of Pheochromocytomas and Paragangliomas. Hormon Metab Res 2008; 40: 329- 337

[149] Haynes RC, Murad F. Adrenocorticotropic hormone; adrenocortical steroids and their synthetic analogues; inhibitors of adrenocortical steroid biosyntheses. In: Goodman, Gilman's The Pharmacological Basis of Therapeutics. 7th ed. New York: Macmillan 1985. *Ausführliche Beschreibung der Wirkungen und Nebenwirkungen von Steroiden.*

[150] Kaiser H, Kley HK. Cortisontherapie. Corticoide in Klinik und Praxis. 11. Auflage Stuttgart: Thieme 2002 *Praktische Vorgehensweise bei der Therapie mit Steroiden.*

[151] Hochberg Z, Pacak K, Chrousos GP. Endocrine withdrawal syndromes. Endrocrine Reviews 2003; 24: 523 – 38.

Kapitel 31 Multiple endokrine Neoplasien

[152] Brandi ML, Gagel RF, Angeli A et al. Guidelines for Diagnosis and Therapy of MEN Type 1 and Type 2. J Clin Endocrinol Metab 2001; 86:5658-5671 *Empfehlungen zur Diagnostik und Therapie von MEN 1 und MEN 2 Patienten*

[153] Gagel RF. Multiple Endocrine Neoplasia. In: Wilson JD et al., eds. Williams Textbook of Endocrinology. 9th ed. Philadelphia: W. B. Saunders Company1998: 1627 – 1649. *Eine relativ aktuelle, klar gegliederte, übersichtliche und umfassende Darstellung von Pathophysiologie, Diagnostik und Therapie dieses komplexen Krankheitsbildes.*

[154] Ilias I, Sahdev A, Reznek RH et al. The optimal imaging of adrenal tumours: a comparison of different methods. Endocr Rel Canc 2007: 14:587-599 *Ausgezeichneter Artikel, der die Wertigkeit verschiedener Bildgebender Verfahren zur (Lokalisations-)Diagnostik von Pheochromozytomen beschreibt*

[155] Machens A, Niccoli-Sire P, Hoegel J. Early malignant progression of hereditary medullary thyroid carcinoma. N Engl J Med 2003; 349: 1517-1527 *Interessanter Artikel der das frühzeitige Entstehen eines medullären Schilddrüsenkarzinoms bei Patienten mit hereditärer Genese beschreibt.*

[156] Ponder BA. The phenotypes associated with ret mutations in the multiple endocrine neoplasia type 2 syndrome. Cancer Res 1999; 59 (Suppl.7): 1736 – 1741. *Übersicht über die molekulargenetischen Grundlagen und klinischen Phänotypen bei RET Mutationen im Rahmen der MEN 2.*

[157] Scholz GH, Borte G, Windgassen M, Kösling S, Emmrich P, Friedrich T, Lamesch P. Multiple endokrine Neoplasie Typ 2A. 3. Max Bürger Symposium am Zentrum für Innere Medizin der Universität Leipzig. Eine interdisziplinäre Falldemonstration auf CD-ROM, ISBN 3-00-002 810-2, 1997. *Multimediale (Text, Bilder, Video, Ton) Darstellung der Ätiologie, Diagnostik und Therapie bei MEN 2A am Bei-*

spiel der Familie K. mit interdisziplinärer Diskussion von Möglichkeiten und Grenzen der modernen Medizin mit den Tutoren Prof. Dr. W.A. Scherbaum und Prof. Dr. W. Siegenthaler.

Kapitel 32 Polyglanduläre Autoimmunsyndrome

[158] Eisenbarth GS, Gottlieb PA. Autoimmune polyendocrine syndromes. N Engl J Med 2004; 350:2068-2079.
[159] Dittmer M, Kahaly G.J. Polyglandular Autoimmune Syndromes: Immunogenetics and long-term follow-up. J Clin Endocrinol Metab 2003; 88:2983-2992
[160] Perheentupa J. Autoimmune polyendocrinopathy-candidiasis-ectodermal dystrophy. J Clin Endocrinol Metab 2006; 91:2843-2850.
[161] Alimohammadi M, Björklund P, Hallgren Å et al. Autoimmune Polyendocrine Syndrome Type 1 and NALP5, a parathyroid autoantigen. New Engl J Med 2008; 358:1018-1028.

Kapitel 33 Störungen der Hodenfunktion und Gynäkomastie

[162] WHO Laborhandbuch zur Untersuchung des menschlichen Ejakulates und der Spermien/Zervixschleim-Interaktion. Übersetzung aus dem englischen Original von E. Nieschlag und Mitarbeitern. 3. Aufl. Stuttgart: Schattauer 1988.
[163] Jockenhövel F, Nieschlag E. Männliche Fertilitätsstörungen und Hypogonadismus. In: Hesch RD. Hrsg. Endokrinologie, Teil B, Krankheitsbilder. München: Urban & Schwarzenberg 1989.
[164] Nieschlag E, Scriba PC (ed.). Hypogonadismus und Infertilität des Mannes. Internist (Berl). 1993; 34 (8): 699 – 702. *Ausführliche Beiträge zur Diagnostik und Therapie des Hypogonadismus.*

Kapitel 34 Glukosestoffwechsel

[165] Cryer, P. E., et al., J. Clin. Endocrinol. Metab. 2009; 94: 709. *Umfassende Übersicht.*
[166] Service, G. J., et al., New England Journal of Medicine 2005; 353: 249
[167] Lawrence, J. M., et al., Diabetes Care 2008; 31: 899
[168] Metzger, B. E., et al., N. Engl. J. Med. 2008; 358: 1991
[169] Literatur zu LADA Diabetes: Leslie, R. D., et al., J. Clin. End. Metab. 2006; 91: 1654
[170] Literatur zum Metabolischen Syndrom: Alberti, G. K., The metabolic syndrome – worldwide definition, Lancet 2005; 336: 1059
[171] American Diabetes Association: Clinical practice recommendations 2004. Diabetes Care 27 (Suppl. 1) 2004: S 5-S 10
[172] Expert committee on the diagnosis and classification of diabetes mellitus. Follow-up report on the diagnosis of diabetes mellitus. Diabetes Care 2003; 26: 3160-3167
[173] American Diabetes Association: Executive summary: standards of medical care in diabetes – 2010. Diabetes Care 33 (Suppl. 1) 2010: S 4-S 10
[174] Retnakaran, R., et al., Diabetes Care 2005; 28: 1835-1836
[175] Siebenhofer, A., et al., Diabetologia 2004; 47: 1895-1905
[176] Literatur zur Insulin-Therapie: „Diabetologie kompakt“. Herausgeber Helmut Schatz. THIEME Verlag Stuttgart, New York, 4. Auflage, 2006
[177] Leitlinie der Deutschen Diabetes-Gesellschaft (DDG): Therapie des Diabetes mellitus Typ 1
[178] Literatur zur GLP-1-Rezeptorstimulation: Nauck, M. A., et al., Diabetes Care 2009; 32: 84-90
[179] (Keine Autoren genannt) ADA workgroup on hypoglycaemia. Defining and reporting hypoglycemia in diabetes: a report from the American Diabetes Association Workgroup on Hypoglycemia. Diabetes Care 2005; 28:1245-1249
[180] Cryer, P. D., et al., J. Clin. Endocrinol. Metab. 2009; 94: 709 (Übersicht der amerikanischen Endocrine Society)
[181] Boulton, A. J., et al., Diabetic neuropathies: a statement by the American Diabetes Association. Diabetes Care 2005; 28: 956

Kapitel 35 Fettstoffwechsel

[182] Schwandt P, Richter WO, Parhofer KG. Handbuch der Fettstoffwechselstörungen. 3. Aufl. Stuttgart: Schattauer Verlag 2007. *Ausführliches Handbucher zum Nachschlagen der Grundlagen zu den Fettstoffwechselstörungen.*
[183] Windler E. Lipidtherapie in der Prävention und Behandlung koronarer Herzkrankheiten. 2. Aufl. Hamburg: Selbstverlag (ISBN 3-00-004378-0) 1999. *Dieses, an der Universität Hamburg entstandene Buch stellt die klinischen Bezüge zwischen Fettstoffwechselstörungen und koronarer Herzkrankheit dar.*
[184] Windler E. Hyper- und Dyslipoproteinämien. In: Wolff HP, Weihrauch TR (Hrsg.). Internistische Therapie 2008/9. 17. Aufl. München: Elsevier 2008. S. 987-1008. *Nachschlagewerk für ausführliche therapeutische Handlungsanweisungen.*

P

Kapitel 36 Adipositas

[185] Herpertz S, de Zwaan M, Zipfel S (Hrsg.) Handbuch Essstörungen und Adipositas. Springer, Heidelberg; 2008

[186] Weiner R, Adipositaschirurgie – Indikation und Therapieverfahren. Uni-Med, Bremen; 2006

[187] Wirth A. Adipositas – Epidemiologie, Ätiologie, Folgekrankheiten, Therapie. 3. Aufl. Springer, Heidelberg; 2008. *Umfassendstes und bestes deutschsprachiges Buch zum Thema Adipositas.*

[188] Prävention und Therapie der Adipositas. Herausgeber: Deutsche Adipositas-Gesellschaft, Deutsche Diabetes-Gesellschaft, Deutsche Gesellschaft für Ernährung, Deutsche Gesellschaft für Ernährungsmedizin. www.adipositas-gesellschaft.de oder www.awmf-online.de

Kapitel 37 Hyperurikämie und Gicht

[189] Dore RK. Gout: what primary care physicians want to know.

[190] J Clin Rheumatol. 2008 Oct;14(5 Suppl):S 47-54 *Aktueller Beitrag zu praktischen Gesichtspunkten der Gicht*

[191] Emmerson BT. The management of gout. N Engl JMed. 1996; 334(7): 445 – 51. *Grundlegende Übersicht über Behandlungsmöglichkeiten der Gicht*

[192] Gröbner W, Walter-Sack I (2002) Hyperurikämie und Gicht. Dtsch Med. Wschr 127: 207 – 213 *Eine Übersicht über Diagnostik und Therapie*

[193] Kuang-Hui Yu, Yeong-Jian Jan Wu. Gout and Hyperuricemia: Recent Advances and a Systematic Review. J Rheumatol R.O.C. 2006; 20: 6-18

[194] Mertz DP. Gicht. 6. Aufl. Stuttgart: Thieme 1993.

[195] *Ausführliche Mongraphie zu allen Aspekten der Gicht.* Wolfram G. Diät bei Hyperlipidämie, Hypertonus und Gicht. Internist (Berl). 1995 Nov;36 (11):1070-6

Kapitel 38 Sonstige hereditäre Stoffwechselerkrankungen

[196] In: Scriver CR, Beaudet AL, Sly SW, Valle D, Childs B, Kinzler KW, Vogelstein B, eds. The metabolic & molecular bases of inherited diseases. 8th ed. London: McGraw Hill: 2001. *Umfassende Übersicht zu diesen Themen. Klassische Artikel zu den Themen.*

[197] Assmann G, Seedorf U. Acid lipase deficiency: wolman disease and cholesteryl ester storage disease. Volume III, pages 3551 – 3572 in [196].

[198] Schuchmann EH, Desnick RJ. Niemann-Pick disease types A and B: Acid sphingomyelinase deficiencies. Volume III, pages 3589 – 3610 in [196].

[199] Beutler E, Grabowski GA. Gaucher disease. Volume III, pages 3635 – 3668 in [196].

[200] Hopkin RJ, Grabowski GA Lysosomal Storage Diseases. Page 2452 – 2456. In: Harrison's Principles of Internal Medicine, 17th Edition. McGraw-Hill. Editors: Fauci AS, Braunwald E, Kasper DL, Hauser SL, Longo DL, Jameson JL, Loscalzo J 2008. *Zur Vertiefung dieses Themas für Interessierte gut geeignet.*

[201] Neuere Literatur zu Morbus Gaucher: Jmoudiak M, Futerman AH. Gaucher disease: pathological mechanisms and modern management. Br. J. Haematol. 2005; 129: 178

[202] Hirschhorn R, Reuser AJJ. Glycogen storage diseases. Volume III, pages 3389 – 3420. In: Scriver CR, Beaudet AL, Sly SW, Valle D, Childs B, Kinzler KW, Vogelstein B, eds. The metabolic & molecular bases of inherited diseases. 8th ed. London: McGraw Hill: 2001. *Umfassende Übersicht.*

[203] Steinmann B, Gitzelmann R, van den Berghe G. Disorders of fructose metabolism. In: Scriver CR, Beaudet AL, Sly SW, Valle D, Childs B, Kinzler KW, Vogelstein B, eds. The metabolic & molecular bases of inherited diseases. Volume I, 8th ed. London: McGraw Hill: 2001. Pages 1489 – 1520. *Umfassende Übersicht.* (Anmerkung: Das Buch „The metabolic & molecular bases of inherited diseases" ist „der" Klassiker für Stoffwechselerkrankungen. Soweit im Internet recherchiert, wurde die letzte Auflage 2001 publiziert. Derzeit gibt es eine „Online Version" dieses Werkes. Siehe „OMMBID" = The Online Metabolic & Molecular Bases of Inherited Disease". Allerdings ist der Zugang zu dieser Datenbank gebührenpflichtig beim Verlag McGraw Hill.)

Kapitel 39 Ösophagus

[204] Pohl D, Tutuian R. Achalasia: an overview of diagnosis and treatment.

[205] J Gastrointest Liv Dis 2007; 16: 297-303. Gute Übersicht über aktuelle diagnostische und therapeutische Strategien.

[206] Eckardt VF, Aignherr G, Bernhard G. Predictors of outcome in patients with achalasia treated by pneumatic dilatation. Gastroenterology. 1992; 103: 1732 – 8.

[207] Finley RJ, Rattenberry J, Clifton JG, Finley CJ, Yee J. Practical approaches to the surgical management of achalasia. Am Surg 2008; 74: 97-102. *Umfassende Übersicht über operative Behandlungsstrategien bei Achalasie.*

[208] Pasricha PJ, Ravich WJ, Hendrix TR, Kalloo AN, et al. Intrasphincteric botulinum toxin for the treatment of achalasia. N. Engl. J. Med. 1995; 322: 774 – 8. *Erste prospektive Studie, die den Effekt von Botulinustoxin bei Achalasie belegt.*

[209] Wehrmann T, Jacobi V, Jung M, Lembcke B, Caspary WF. Pneumatic dilatation in achalasia with low

compliance balloons. A five year prospective evaluation. Gastrointest. Endosc. 1995; 41: 732 – 36. *Originalarbeiten zur Therapie der Achalasie mittels pneumatischer Dilatation.*

[210] Wehrmann T, Stergiou N. Motilitätsstörungen des Ösophagus. In: Therapie gastroenterologischer Krankheiten. Caspary WF, MössnerJ, Stein J, Hrsg. Heidelberg: Springer 2005: 39 – 48. *Umfassender Lehrbuchartikel über die Therapie aller Motilitätsstörungen des Ösophagus.*

[211] Smith CD. Anti-reflux surgery. Surg Clin North Am 2008; 88: 943-958. *Exzellente Übersicht der operativen Behandlung der Refluxerkrankung.*

[212] Kahrilas P. Clinical Practice: Gastroesophageal reflux disease. New Engl J Med 2008; 359: 1700-1707 *Umfassende neueste Übersicht über Diagnostik und Therapie der Refluxkrankheit.*

[213] Baddredine RJ, Wang KK. Barrett´s esophagus: pathogenesis, treatment and prevention. Gastrointest Endosc Clin N Am 2008; 18: 495-512. *Sehr umfassende, asktuelle Übersicht zum Thema Barrett-Ösophagus.*

[214] Koop H, Schepp W, Müller-Lissner S, et al. Ergebnisse einer evidenzbasierten Konsensuskonferenz zur gastro-ösophagealen Refluxkrankheit. Z f Gastroenterol 2005; 43: 163-179. *Aktuelle deutsche Leitlinie zur Diagnostik und Therapie von Refluxkrankheit und Barrett-Oesophagus.*

[215] Halm U, Witzigmann H. Ösophagustumoren. In: Therapie gastroenterologischer Krankheiten. Caspary WF, Mössner J, Stein J, Hrsg. Heidelberg: Springer 2005: 24 – 30. *Umfassender Lehrbuchartikel über die Therapie des Ösophaguskarzinoms.*

[216] Pech O, May A, Rabenstein T, Ell C. Endoscopic resection of early oesophageal cancer. Gut 2007; 56: 1625-1634. *Exzellente Übersicht zu endoskopischen Therapieoptionen bei Platteneithel- und Adeno-Frühneoplasien des Ösophagus.*

[217] Mariette C, Piessen G, Triboulet G. Therapeutic strategies in oesophageal cancer: role of surgery. Lancet Oncol 2007; 8: 554-558. *Aktuelle Übersicht der chirurgischen Therapie des Ösophaguskarzinoms.*

[218] Weinberg L, Forrastiere AA. Chemoradiation in the management of esophageal cancer. J Clin Oncol 2007; 10: 41 110-4117. *Ausführliche Übersicht über die Chemotherapie und Radiotherapie des Ösophaguskarzinoms.*

Kapitel 40 Magen und Duodenum

[219] Caspary WF, Arnold R, Bayerdörffer E, Behrens R, Birkner B, Braden B, et al. Diagnostik und Therapie der Helicobacter-pylori-Infektion. Leitlinien der Deutschen Gesellschaft für Verdauungs- und Stoffwechselkrankheiten. Z. Gastroenterologie. 1996; 34: 392 – 401.

[220] Fuccio L, Laterzal L, Zagari RM, Cwnnano V, Grilli D, Bazzoli F. Treatment of Helicobacter pylori infection. BMJ 2008; 337: 1444-1454

[221] Anand BS, Graham DY. Ulcer and gastritis. Endoscopy. 1999; 31; 215 – 25. *Gute Übersicht zur endoskopischen und histologischen Gastritisdiagnostik.*

[222] Kiltz U, Zöchling J, Schmidt WE, Braun J. Use of NSAIDs and infection with Helicobacter pylori-what does the reheumatologist need to know? Rheumatology 2008; 47: 1342-1347. *Übersicht über den Zusammenhang zwischen NSAR-Einnahme,gastro-intestinalen Beschwerden und Helicobacter-Infektion.*

[223] Chan FKL, Leung WK. Peptic ulcer disease. Lancet. 2002; 360; 933 – 941. *Ausgezeichnete Übersicht über die peptische Ulkuskrankheit.*

[224] Pang SH, Leung WK, Graham DY. Ulcer and gastritis. Endoscopy 2008; 40: 136-139. *Aktuelle Literaturübersicht zur Diagnostik und Therapie der Ulkuskrankheit.*

[225] Rösch W, Fuchs KH, Peptisches Ulkus, Ulkusblutung, In; Therapie gastroenterologischer Krankheiten. Caspary WF, Mössner J, Stein J, Hrsg. Heidelberg: Springer 2005: 70 – 79. *Umfassender Lehrbuchartikel über die Diagnostik und Therapie des Magens- und Duodenalulkus.*

[226] Camillieri M. Functional dyspepsia: mechanisms of symptom generation and appropriate management of patients. Gastroenterol Clin North Am 2007; 36: 649-664.

[227] Henningsen P, Zipfel S, Herzog W. Management of functional somatic syndromes. Lancet 2007; 369: 946-955. *Übersicht zur Reizmagen-Problematik.*

[228] Caspary WF. Gastrointestinale Stromatumoren (GIST) und Sarkome des GI-Trakts. In: Therapie gastroenterologischer Krankheiten. Caspary WF, Mössner J, Stein J, Hrsg. Heidelberg: Springer 2005: 97 – 101. *Umfassende Übersicht über die GIST-Tumoren des gesamten GL-Trakts.*

[229] Dickson JLB, Cunningham D. Systemic treatment of gastric cancer. Europ J Gastroenterol Hepatol. 2004; 16: 255 – 263. *Fundierte Übersicht über die Chemotherapie des Magenkarzinoms.*

[230] Menges M. Diagnosis, staging and therapy of gastric cancer. Z Gastroenterol. 2004; 42:767-773. *Gute Übersicht (in Deutsch) zum Magenkarzinom.*

[231] Sahms S, Caspary WF, Hrsg. Gastroenterologische Onkologie. Stuttgart: Schattauer 2003. *Enthält ausführliches Kapitel über die stadiengerechte Therapie des Magenkarzinoms.*

[232] Fischbach W. Gastrointestinal lymphomas. Z Gastroenterol. 2004 Sep;42:1067-72. *Beste Übersicht zu Diagnose und Therapie von Magenlymphomen.*

[233] Becker HD, Caspary WF. Postvagotomy and postgastrectomy syndromes. Berlin: Springer 1980. *Standardwerk zu den postoperativen Folgezuständen am Magen.*

P

[234] Gralnek IM, Barkun AN, Bardou M. Management from acute bleeding from peptic ulcer. N Engl J Med 2008; 359: 928-937. *Guter Überblick zum aktuellen Vorgehen und den Resultaten bei peptischer Ulkusblutung.*

[235] Forrest JA, Finlayson DJ, Scherman C. Endoscopy in gastrointestinal bleeding. Lancet. 1974; II: 394 – 7. *Erstmalige Beschreibung der Forrest-Klassifikation und ihrer Bedeutung zum weiteren Management bei Ulkusblutung.*

[236] Lau JYW, Sung JJY, Lee KKC et al. Effect of intravenous omeprazole on recurrent bleeding after endoscopic treatment of bleeding peptic ulcers. New Engl J Med. 2000; 343: 310 – 316. *Studie über den Stellenwert der Omeprazoltherapie nach endoskopischer Blutstillung von blutenden Ulzera.*

[237] Wehrmann T, Fremdling D, Lemcke B, Jung M. Epinephrine plus polidocanol for endoscopic treatment of peptic ulcer haemorrhage: a prospective, randomized trial. Europ J Gastroenterol Hepatol. 1994; 6: 1033 – 8. *Originalarbeit zur Injektionstherapie bei der Ulkusblutung.*

Kapitel 41 Dünn- und Dickdarm

[238] Stein J, Lembcke B. Funktionsdiagnostik. In: Caspary WF, Stein J, Hrsg. Darmkrankheiten. Berlin: Springer 1999: 163 – 180. *Übersicht über Funktionsdiagnostik bei Dünndarmkrankheiten*

[239] Caspary WF. Maldigestion und Malabsorption. In: Caspary WF, Stein J, Hrsg. Darmkrankheiten. Berlin: Springer 1999: 107 – 124. *Lehrbuchartikel mit neuester und ausführlicher Darstellung des Malabsorptionssyndroms.*

[240] Ell C, May A, Nachbar, L, et al. Push-and-pull enteroscopy in the small bowel using the double-balloon technique – results of a prospective European multicenter study. Endoscopy 2005; 37:613-616 *Große Multizenterstudie, die den diagnostischen Nutzen und die Sicherheit der Doppelballon Enteroskopie beschreibt.*

[241] Caspary WF. Diarrhö. In: Caspary WF, Stein J, Hrsg. Darmkrankheiten. Berlin: Springer 1999: 87 – 106. *Ursachen und Diagnostik der Diarrhö.*

[242] Fine KD, Kreis GJ, Fordtran JS. Diarrhea. In: Gastrointestinal Disease, Sleisenger MV, Fordtran JS., eds. Philadelphia: WB Saunders 1994: 1043 – 1072. *Wie entsteht eine Diarrhö? Welche Folgen, welche Ursachen?*

[243] Hill DR, Ericsson CD, Pearson RD, et al. The practice of travel medicine: guidelines by the Infectious Disease Society of America. Clin Infect Dis 2006; 43: 1499-1539 *Ausführliche aktuelle Übersicht über Ursachen, Klinik und Therapie infektiöser Durchfälle.*

[244] Powell DW. Approach to the patient with diarrhea. In: Yamada T, Alpers DH, Laine L, Owyang C, Powell DW, Hrsg. Textbook of Gastroenterology. Philadelphia: Lippincott Williams & Wilkins 1999: 858 – 909. *Ausführliche Diskussion über die verschiedensten Mechanismen als Ursache einer Diarrhö: osmotisch, sekretorisch, motilitätsbedingt, Entzündungsreaktionen und gegenseitige Wechselwirkungen.*

[245] Caspary WF, Maldigestion und Malabsorption. In: Caspary WF, Stein J, Hrsg. Darmkrankheiten. Berlin: Springer 1999: 107 – 124. *Lehrbuchartikel mit ausführlicher Darstellung des Malabsorptionssyndroms.*

[246] Cellier C, Delabesse, E, Helmer C et al. Refractory sprue, coeliac disease, and enteropathy-associated T-cell lymphoma. French Coeliac Disease Study Group. Lancet 2000; 356:203-208 *Wichtige Arbeit über die refraktäre Sprue*

[247] Ciclitira PJ. Celiac disease. In: Yamada T, Alpers DH, Laine L, Owyang C, Powell DW, Hrsg. Textbook of Gastroenterology. Philadelphia: Lippincott Williams & Wilkins 1999: 1660 – 1676. *Aktueller ausführlicher Lehrbuchartikel über Sprue/Zöliakie.*

[248] Farrell RJ, Kelley CO. Celiac diesease. New Engl J Med. 2002; 346: 180 – 188. *Umfassende Übersicht über die Zöliakie/Sprue.*

[249] Fasano A., Catassi C. Current approaches to diagnosis and treatment of celiac disease: an enveloping spectrum. Gastroenterology 2001; 120: 636-651. *Ausführliche Darstellung des weiten klinischen Spektrums der Sprue und der Therapieoptionen.*

[250] Dobbins WOI. Whipple's disease. Springfield Ill., Charles C. Thomas: 1987. Standardwerk des Mannes, der die meisten Fälle von Morbus Whipple auf der Welt gesammelt hat.

[251] Fenollar F, Puechal X, Raolt D. Whipple's disease. New Engl J Med 2007; 356:55-65 *Neueste ausgezeichnete Übersichtsarbeit über den M. Whipple.*

[252] Relman DA, Schmidt T M, Mac Dermott RP, Falkow S. Identification of the uncultered bacillus of Whipple's disease. New Engl J Med. 1992; 327: 293 – 301. *Meilenstein – nach über 50 Jahren wird Tropheryma whippeli mit PCR identifiziert.*

[253] Stein J, Milovic V. Enterales Eiweißverlustsyndrom. In: Caspary WF, Stein J, Hrsg. Darmkrankheiten. Berlin: Springer 1999: 125 – 130. *Aktueller Lehrbuchartikel zum enteralen Eiweißverlustsyndrom.*

[254] Hammarstrom L, Vorechovsky I, Webster D. Selective IgA-deficiency (SIgAD) and common variable immunodeficiency (CVID). Clin Exp Immunol 2000; 120:225-231 *Ausgezeichnete Übersichtsarbeit über Immunmangelsyndrome*

[255] Shah JB, Kotler DP. Gastrointestinal infections in the immunocompromised host. Current Opinion Gastroenterol. 1995; 11: 83 – 86. *Ausgezeichnete Übersicht über intestinale Infektionen und Durchfälle bei Patienten mit AIDS.*

[256] Simon D, Brandt LJ. Diarrhea in patients with the acquired immunodeficiency syndrome. Gastroenterology. 1993; 106: 1238 – 1242. *Übersicht über Ursache, Diagnostik und Therapie der Durchfälle bei AIDS-Patienten.*

[257] Caspary WF. Angeborene Dünndarmkrankheiten und Kohlenhydratintoleranzen. In: Caspary WF, Stein J, Hrsg. Darmkrankheiten. Berlin: Springer 1999: 275 – 282. *Übersicht über Laktose- und andere Kohlenhydratintoleranzen.*

[258] Newcomer AD, Mc Gill DB. Clinical importance of lactase deficiency. New Engl J Med. 1984; 310: 12 – 13. *Klassische Publikation über Ursache und klinische Manifestation des Laktasemangels.*

[259] Rasinpera H, Savinlahti E, Enatta NS, et al. A genetic test which can be used to diagnose adult-type hypolactasia in children. Gut 2004; 53:1571-1576 *Genetischer Test zur Erfassung des C/T (-13 910)-Polymorphismus als Screening-Test für Laktasemangel.*

[260] Creutzfeldt W, Stöckmann F. Carcinoids and carcinoid syndrome. Am J Med. 1987; 82: 4 – 16. Klassische Publikation der besten Kenner auf dem Gebiet endokrin aktiver Tumoren des GI-Trakts.

[261] Modlin IM, Kidd M, Latich I et al. Current status of gastrointestinal carcinoids. Gastroenterology 2005; 128:1717-1751 *Umfassende Übersicht über Karzinoide.*

[262] Raedle J, Zeuzem S. Tumoren des Dünndarms (einschließlich Hormon produzierender Tumoren). In: Caspary WF, Stein J, Hrsg. Darmkrankheiten. Berlin: Springer 1999: 371 – 382.

[263] Sahm S, Caspary WF. Gastroenterologische Onkologie. 2. Auflage, Stuttgart: Schattauer-Verlag 2003. *Praktische Anleitung zur Durchführung der Chemotherapie bei gastrointestinalen Tumoren*

[264] Booth IW. Enteral nutrition as primary therapy in short bowel syndrome. Gut. 1994 (suppl.1): 69 – 72. *Über die Bedeutung der Ernährungstherapie beim Kurzdarmsyndrom.*

[265] Brown CR, DiBaise JK. Intestinal rehabilitation : a management program for short-bowel syndrome. Prog Transplant 2004; 14:290-296

[266] Feodorak RN. Short bowel syndrome. In: Yamada T, Alpers DH, Laine L, Owyang C, Powell DW, Hrsg. Textbook of Gastroenterology. Philadelphia: Lippincott Williams & Wilkins 1999: 1704 – 1721. *Aktuelle Übersicht über Komplikationen und Therapie des Kurzdarmsyndroms.*

[267] Bonen DK, Cho JH. The genetics of inflammatory bowel disease. Gastroenterology. 2003; 124: 521 – 536. Ausgezeichnete neueste Übersicht über die genetische Disposition bei der Pathogenese von M. Crohn und Colitis ulcerosa.

[268] Caspary WF, Stein J, Hrsg. Darmkrankheiten. Berlin: Springer 1999. Enthält ausführliche und aktuelle Beiträge zum Morbus Crohn und Colitis ulcerosa in Deutsch.

[269] D'Haens G, Bert F, van Assche G et al. Early combined immunosuppression or conventional management in patients with newly diagnosed Crohn's disease: an open randomized trial. Lancet 2008; 371: 660-667 *Klinische Studie über die frühzeitige immunsuppressive Therapie des M. Crohn*

[270] Dietrich CF, Caspary WF. Atypische Kolitiden. In: Therapie gastroenterologischer Krankheiten. Caspary WF, Mössner J, Stein J, Hrsg. Heidelberg: Springer 2005: 288 – 296. *Lehrbuchartikel über atypische Kolitiden, insbesondere über die mikroskopische Kolitis.*

[271] Hanauer SB, Feagan BG, Lichtenstein GR et al. Maintenance infliximab for Crohn's disease: the ACCENT I randomized trial. Lancet. 2002; 359: 1541 – 1549.

[272] Herrlinger K, Stange EF, Schröder O, Stein J, Buhr HJ, Kroesen AJ. Chronisch entzündliche Darmerkrankungen. In: Therapie gastroenterologischer Krankheiten. Caspary WF, Mössner J, Stein J, Hrsg. Heidelberg: Springer 2005: 249 – 282. *ausführliche Lehrbuchübersicht über die medikamentöse und operative Therapie von M. Crohn und Colitis ulcerosa.*

[273] Hoffmann JC, Preiß JC, Autschbach F et al. S 3-Leitlinie „Diagnostik und Therapie des Morbus Crohn". Z Gastroenterologie 2008; 46:1094-1146 *Leitlinie deutscher Gastroenterologen und Chirurgen zur Diagnostik und Therapie des M. Crohn*

[274] Podolsky DK. Inflammatory bowel disease. New Engl J Med. 2002; 347: 417 – 429. Ausgezeichnete Übersicht über die Pathogenese, Diagnostik und Therapie von chronisch entzündlichen Darmkrankheiten.

[275] American Gastroenterological Association medical position statement: irritable bowel syndrome. Gastroenterology 2002 ; 123 : 2105-2123 *ausgewogene Darstellung zur Klinik und Therapie des RDS*

[276] Johanson JF, Sonnenberg A. The prevalence of hemorrhoids and chronic constipation. Gastroenterology. 1990; 98: 380 – 386.

[277] Schindlbeck NE, Klauser AG, Müller-Lissner SA. Messung der Kolontransitzeit. Z. Gastroenterologie. 1990; 28: 399 – 404. *Artikel über die Bedeutung und Durchführung der Bestimmung der Kolontransitzeit bei der Obstipation.*

[278] Wald A. Constipation. In: Management of gastrointestinal diseases. Winawer, S. J., eds. New York, London: Gower Medical 1992; 33.1 – 33.2. *Umfassender, gut verständlicher Lehrbuchartikel über Ursache, Diagnostik und Therapie der Obstipation.*

[279] Caspary WF, Hanisch E. Divertikulose und Divertikulitis. In: Darmkrankheiten. Caspary WF, Stein J, Hrsg. Berlin: Springer 1999: 499 – 505. *Lehrbuchartikel über die Divertikelkrankheit aus internistischer und chirurgischer Sicht.*

[280] Wald A. Colonic diverticulosis. In: Management of gastrointestinal diseases. Winawer SJ, eds. New York: Gower Medical 1992: 33.1 – 33.24. *ausgezeichneter und gut verständlicher Lehrbuchartikel über die Divertikulose und Divertikulitis.*

[281] Coulie B, Cammileri M. Intestinal pseudoobstruction. Annu Rev Med 1999: 50 :37-55 *ausgezeichnete Übersicht über die CIPO.*

[282] Gerl A. Chronische intestinale Pseudoobstruktion. Dtsch med Wschr. 1992; 117: 1492 – 1498. *deutsche Übersicht über Pathogenese und Klinik der CIPO.*

[283] Schuster MM. Chronic intestinal pseudo-obstruction. In: Winawer SJ, eds.: Management of gastrointestinal diseases. New York: Gower Medical: 1992: 35.1 – 35.18. *Exzellenter Lehrbuchartikel des besten Kenners der CIPO.*

[284] Bazzoli F, Fossi S, Scottili S et al. The risk of adenomatous polyps in asymptomatic first-degree relatives of persons with colon cancer. Gastroenterology. 1995; 109: 783 – 788. *Polypenrisiko bei Patienten aus Familien mit einem kolorektalen Karzinom.*

[285] Burt R, Neklason DW. Genetic testing for inherited colon cancer. Gastroenterology 2005;128:1696-1716. *Es wird auf die genetische Testung beim erblichen Kolonkarzinom eingegangen*

[286] O'Brien M, Winawer SJ, Waye JD: Colorectal polyps. In: Winawer, SJ, eds. Management of gastrointestinal diseases. New York: Gower Medical; 1992: 26.1 – 26.45. *Ausgezeichneter sehr praktisch orientierter Lehrbuchartikel über Polypen und Polyposen des Kolons.*

[287] O'Brien MJ, Winawer SJ, Zauber AG et al. The National Polyp Study. Patient and polyp characteristics associated with highgrade dysplasia in colorectal adenomas. Gastroenterology. 1990; 98: 371 – 379. *Wegweisender Artikel aus der amerikanischen Polypenstudie über die Bedeutung der Dysplasie.*

[288] Winawer SJ, Zauber AG, Gerdes H et al. Risk of colorectal cancer in the families of patients with adenomatous polyps. New Engl J Med. 1996; 334: 82 – 87. *Originalpublikation der führenden amerikanischen Experten über das Karzinomrisiko bei Patienten mit adenomatösen Polypen.*

[289] Winawer SJ, Zauber AG, O'Brien MJ et al. Randomized comparison of surveillance intervals after colonoscopic removal of newly diagnosed adenomatous polyps. New Engl J Med. 1993; 328: 901 – 906. *Wichtige Originalpublikation über die Nachsorge nach Entfernung von kolorektalen Polypen.*

[290] Boland CR. Malignant tumors of the colon. In: Yamada T, Alpers DH, Laine L, Owyang C, Powell DW, Hrsg. Textbook of Gastroenterology. 3rd ed. Philadelphia: Lippincott Williams & Wilkins 1999: 2023 – 2082. *ausgezeichneter Lehrbuchartikel über das kolorektale Karzinom.*

[291] Caspary WF, Sahm S, Hanisch E. Kolorektales Karzinom und HNPCC. In: Caspary WF, Stein J, Hrsg. Darmkrankheiten. Berlin: Springer 1999: 545 – 575. *Ausführliche Darstellung der Diagnostik, Therapie (einschließlich Operation und Chemotherapie) des kolorektalen Karzinoms.*

[292] Gill S, Thomas RB, Goldberg RM. Review article: colorectal cancer chemotherapy. Aliment Pharmacol Therap. 2003; 18: 683 – 692. *Sehr gute Übersicht über die Chemotherapie des kolorektalen Karzinoms.*

[293] Karapetis CS, Khabata-Ford S, Janker DJ. K-ras mutations and benefit from Cetuximab in advanced colorectal cancer. New Engl J Med 2008;359:1757-1765 *Wichtige Arbeit über das Ansprechen von Cetuximab beim fortgeschrittenen Kolonkarzinom in Abhängigkeit vom K-ras Mutationszustand des Tumors.*

[294] Lynch HAT, de al Chapelle A. Hereditary colorectal cancer. New Engl J Med. 2003; 348: 891 – 899. *Aktuelle Übersicht über genetische Faktoren bei der Entstehung des kolorektalen Karzinoms.*

[295] Rex DK, Cummings OW, Helper DJ, Nowak TV, McGill JM, Chiao GZ, et al. 5-year incidence of adenomas after negative colonoscopy in asymptomatic average-risk persons. Gastroenterology. 1996; 111: 1178 – 1181. *Wichtige Arbeit über das Wiederauftreten von kolorektalen Polypen und Konsequenzen für die Überwachungsstrategie.*

[296] Sahm S, Caspary WF, Hrsg. Gastroenterologische Onkologie – Klinischer Leitfaden für Diagnostik und Therapie. Stuttgart: Schattauer Verlag 2003. *Praktischer Leitfaden der gastroenterologischen Onkologie: Strategien der Chemotherapie beim kolorektalem Karzinom.*

[297] Saltz LB, Cox JV, Blanke C et al. Irinotecan plus fluorouracil and leucovorin for metastatic colorectal cancer. New Engl J Med. 2000; 343: 905 – 914. *Erste Publikation über die Therapieerfolge mit Irinotecan bei der Chemotherapie des Kolonkarzinoms.*

[298] Sauer R, Becker H, Hohenberger W et al. Preoperative versus postoperative chemoradiotherapy for rectal cancer. New Engl J Med. 2004; 351:1731-1740 *Wichtige Publikation aus Deutschland über den Nutzen der Radiochemotherapie beim Rektumkarzinom im Stadium T3/T4.*

[299] Winawer S, Fletcher R, Rex D et al. Colorectal cancer screening and surveillance: Clinical Guidelines and rationale – updated based on evidence. Gastroenterology. 2003; 124: 544 – 560. *Richtlinien der amerikanischen Gastroenterologen und Chirurgen für die Früherkennung des kolorektalen Karzinoms.*

[300] Johanson JF, Sonnenberg A. The prevalence of hemorrhoids and chronic constipation. Gastroenterology. 1990; 98: 380 – 386. *Zusammenhang von Obstipation und Hämorrhoiden.*

[301] Jorge JMN, Wexner SD. Etiology and management of fecal incontinence. Dis Colon Rectum. 1993; 37: 77 – 97. *Umfassende und aktuelle Übersicht zur Diagnostik und Therapie analer Funktionsstörungen.*

[302] Miner Jr, P. Management of fecal incontinence. In: Winawer SJ, ed.: Management of gastrointestinal diseases. New York: Gower Medical 1992: 36.1 – 36.20. *Praxisnahe Übersicht über anale Funktionsstörungen.*

Kapitel 42 + 43 Gallenwege

[303] Lammert F, et al. S 3- Leitlinien der Deutschen Gesellschaft für Verdauungs- und Stoffwechselkrankheiten zur Behandlung von Gallensteinen. Zeitschrift für Gastroenterologie. 2007; 45(9): 971-1001. *Aktuelle Leitlinie der Fachgesellschaft mit Kommentaren.*

Kapitel 44 Pankreas

[304] Adler G et al., S 3-Leitlinie Exokrines Pankreaskarzinom 2007 der Deutschen Gesellschaft für Verdauungs- und Stoffwechselkrankheiten. Z Gastroenterol 2007;45: 487-523. *aktuelle Leitlinie der Fachgesellschaft mit Kommentaren*

[305] Forsmark CE, Baillie J. AGA technical review on acute pancreatitis. Gastroenterology 2007;132: 1022-1044. aktuelle Leitlinie der American Gastroentrological Association zur Diagnostik und Behandlung der akuten Pankreatitis

[306] Teich N, Keim V, Mössner J. Chronische Pankreatitis-Klinische Bedeutung genetischer Risikofaktoren. Internist 2005; 46:123-130 *Übersicht zur molekularer Pathologie und genetischen Ursachen der Pankreatitis*

Kapitel 49 Infektionskrankheiten

[307] Robert Koch-Institut. Infektionsepidemiologisches Jahrbuch für 2003. Berlin 2004.

Kapitel 50 Tropische und kosmopolitische Erkrankungen

[308] Bell DR. Lecture Notes on Tropical Medicine, 5th ed., Oxford: Blackwell Science: 2004. Das Beste aller kurz gefassten Taschenbücher der Tropenmedizin im engeren Sinne, nur die wichtigsten Erkrankungen werden äußerst kompetent behandelt.

[309] Deutsche Gesellschaft für Tropenmedizin und Internationale Gesundheit DTG: www.dtg.mwn.de/index.htm und www.fit-for-travel.de *Empfehlungen zur Malariavorbeugung, Empfehlungen zu Reiseimpfungen, Leitlinien zur Diagnostik und Therapie der Malaria, der Amöbenruhr, des Amöbenleberabszesses und der viszeralen Leishmaniasis (Kala Azar) in Zusammenarbeit mit der Arbeitsgemeinschaft der Wissenschaftlichen Medizinischen Fachgesellschaften (MWMF), Liste der Tropenmedizinischen Institutionen in Deutschland, der Gelbfieber-Impfstellen, der Ärzte mit DTG-Zertifikat „Reisemedizin in Deutschland", der reisemedizinisch fortgebildeten Ärzte, Tropenmedizinische Weiterbildung und Kurse.*

[310] Diesfeld JH, Krause G, Teichmann D. Praktische Tropen- und Reisemedizin, Patientenberatung und Empfehlungen zur Diagnose und Therapie von Tropenkrankheiten. 2. vollständig überarbeitete Aufl. Stuttgart: Thieme: 2003. *Untersuchung vor der Reise und Reisevorbereitung, Untersuchung von Tropenrückkehrern und Einreisenden aus den Tropen, Differenzialdiagnose tropischer Infektionskrankheiten, Systematik der Tropenkrankheiten nach Übertragungswegen, häufige Fragen aus der tropenmedizinischen Sprechstunde, meldepflichtige Erkrankungen, Adressen tropenmedizinischer Einrichtungen, Vorkommen ausgewählter Krankheiten mit spezifischen Endemiegebieten.*

[311] Eddelston M, Pirini S. Oxford Handbook of Tropical Medicine. Oxford: Oxford University Press: 2002. *Ein umfassendes Handbuch der allgemeinen und Tropenmedizin mit WHO-Richtlinien zur Therapie nach rationalen preiswerten Standards. Die wichtigsten Krankheiten, Fieber, Kardiologie, Pneumologie, Nephrologie, Gastroenterologie, Neurologie, Dermatologie, Endokrinologie, Hämatologie, Ernährung, Verletzungen, Impfungen.*

[312] Kayser FH, Bienz KA, Eckert J, Lindemann J. Medizinische Mikrobiologie, 10. Aufl. Stuttgart: Thieme: 2004. *Ein außerordentlich nützliches Kompendium, das die tropenmedizinisch relevanten Krankheitserreger, ihre systematische Einordnung und ihren Entwicklungszyklus vorzüglich darstellt.*

[313] Lang W, Loescher Th, Hrsg.: Tropenmedizin in Klinik und Praxis, 3. Aufl. Stuttgart: Thieme: 1999. *Über 50 Einzelautoren, 61 Kapitel über tropische und kosmopolitische Infektionskrankheiten mit besonderer Bedeutung für die Tropen, einschließlich fachbezogener Aspekte der Chirurgie, Geburtshilfe und Gynäkologie, Pädiatrie, Neurologie und Psychiatrie, Pharmakologie, Hämatologie, Reise- und Arbeitsmedizin, Ernährungsstörungen, Entwicklungszusammenarbeit, Aus- und Weiterbildung, Dermatologie, Venerologie, Ophthalmologie, Onkologie, Tropentauglichkeit und Rückkehrerfragen, prophylaktischer Medizin.*

[314] Cook G, Zumla A, Hrsg. Manson's Tropical Diseases, 21. Aufl. London: W. B. Saunders: 2003. *Das erste Lehrbuch der Tropenmedizin, begründet 1898. Klas-*

sisches Handbuch einschließlich medizinischer Protozoologie, Helminthologie und Entomologie, repräsentiert die "britische Tradition der Tropenmedizin".

[315] Junghanss T, Bodio M. Notfall-Handbuch Gifttiere. Stuttgart: Thieme: 1996.

Kapitel 54 Knochen

[316] Schinke T, Schilling AF, Baranowsky A, Seitz S, Marshall RP, Linn T, Blaeker M, Huebner AK, Schulz A, Simon R, Gebauer M, Priemel M, Kornak U, Perkovic S, Barvencik F, Beil FT, Fattore AD, Frattini A, Streichert T, Pueschel K, Villa A, Debatin KM, Rueger JM, Teti A, Zustin J, Sauter G, Amling M. Impaired gastric acidification negatively affects calcium homeostasis and bone mass. Nat Med. May 17. [Epub ahead of print], 2009.

[317] Villa A, Guerrini MM, Cassani B, Pangrazio A, Sobacchi C. Infantile malignant, autosomal recessive osteopetrosis: the rich and the poor. Calcif Tissue Int 84(1):1-12, 2009.

[318] Schilling AF, Mülhausen C, Lehmann W, Santer R, Schinke T, Rueger JM, Amling M. High bone mineral density in pycnodysostotic patients with a novel mutation in the propeptide of cathepsin K. Osteoporos Int. 18(5):659-69, 2007.

[319] Seitz S, Priemel M, Zustin J, Beil FT, Semler J, Minne H., Schinke M, Amling M. Paget's disease of bone: Histologic analysis of 754 patients. J Bone Miner Res. 24(1):62-9, 2009

[320] Ralston, SH. Pathogenesis of Paget's disease of bone. Bone. 43(5):819-25, 2008.

[321] Jakob, F. Morbus Paget des Knochens, Verlag : UNI-MED, Bremen, 2006 (ISBN 978-3-89 599-890 4)

[322] Leitlinien zur Diagnostik und Behandlung des Morbus Paget des Knochen. (DVO) AoG-LSOS, 2006, http://www.dvosteologie.de

[323] Superti-Furga A, Unger S. Nosology and classification of genetic skeletal disorders: 2006 revision. Am J Med Genet A. 2007 Jan 1;143(1):1-18.

Kapitel 55 Internistische Intensivmedizin

[324] Dirks B, Sefrin P. Reanimation 2006. Empfehlungen der Bundesärztekammer nach den Leitlinien des European Resuscitation Council. Deutsches Ärzteblatt 2006 Heft 34-35.

[325] Krenzelok EP, McGuigan M, Lheur P. Position statement: ipecac syrup. American Academy of Clinical Toxicology; European Association of Poisons Centres and Clinical Toxicologists. J Toxicol.Clin Toxicol. 1997;35: 699-709.

[326] Kreymann G, Adolph M, Druml W, Jauch KW. Leitlinie Parenterale Ernährung der DGEM - Intensivmedizin. Akt.Ernähr. 2007;Med. 32: S 89-S 92.

[327] Purdue GF, Hunt JL. Electrocardiographic monitoring after electrical injury: necessity or luxury. J Trauma 1986; 26: 166-167.

[328] Reinhart K, Brunkhorst FM, Bone HG et al. Diagnose und Therapie der Sepsis. S-2 Leitlinien der Deutschen Sepsis-Gesellschaft e. V. (DSG) und der Deutschen Interdisziplinären Vereinigung für Intensiv- und Notfallmedizin (DIVI). Internist 2006; 47:356-373.

[329] Sprung CL, Cohen SL, Sjokvist P et al. End-of-life practices in European intensive care units: the Ethicus Study. JAMA 2003; 290: 790-797.

[330] Vale JA. Position statement: gastric lavage. American Academy of Clinical Toxicology; European Association of Poisons Centres and Clinical Toxicologists. J Toxicol.Clin Toxicol. 1997; 35:711-719.

Quellenverzeichnis

Abb. 1.8, 1.9 Hamm C, Willems S. Checkliste EKG. 3. Aufl., Thieme, Stuttgart 2007

Abb. 1.17 Thelen et al. Bildgebende Kardiodiagnostik. 1. Aufl., Thieme, Stuttgart 2007

Abb. 2.4, 4.3 Schuster H.-P, Trappe J. EKG-Kurs für Isabel, 5. Aufl., Thieme, Stuttgart 2009

Abb. 3.1 Schünke M, Schulte E, Schumacher U. Prometheus. LernAtlas der Anatomie. Innere Organe. Illustrationen von M. Voll und K. Wesker. 2. Aufl. Stuttgart: Thieme; 2009

Abb. 9.3, 9.7 Flachskampf F. Praxis der Echokardiografie. 4. Aufl., Thieme, Stuttgart 2008

Abb. 10.1 Schünke M, Schulte E, Schumacher U. Prometheus. LernAtlas der Anatomie. Innere Organe. Illustrationen von M. Voll und K. Wesker. 2. Aufl. Stuttgart: Thieme; 2009

Abb. 10.9, 10.13, 10.14 Kopp H, Ludwig M. Checkliste Doppler- und Duplexsonografie. 3. Aufl., Thieme, Stuttgart 2007

Abb. 11.1 Schünke M, Schulte E, Schumacher U. Prometheus. LernAtlas der Anatomie. Innere Organe. Illustrationen von M. Voll und K. Wesker. 2. Aufl. Stuttgart: Thieme; 2009

Abb. 11.3, 11.8 Kopp H, Ludwig M. Checkliste Doppler- und Duplexsonografie. 3. Aufl., Thieme, Stuttgart 2007

Abb. 11.4 b Hirner A, Weise K. Chirurgie. 2. Aufl., Thieme, Stuttgart 2008

Abb. 11.11 Moll I. Duale Reihe Dermatologie. 7. Aufl., Thieme, Stuttgart, 2010

Abb. 12.1 Schünke M, Schulte E, Schumacher U. Prometheus. LernAtlas der Anatomie. Innere Organe. Illustrationen von M. Voll und K. Wesker. 2. Aufl. Stuttgart: Thieme; 2009

Abb. 13.6 Lang G. Augenheilkunde. 4. Aufl., Thieme, Stuttgart, 2008

Abb. 13.11 Reiser M, Kuhn FP, Debus J. Duale Reihe Radiologie. 2 Aufl., Thieme, Stuttgart, 2006

Abb. 14.10 bis 14.15 von Prof. R. Waldherr, Universität Heidelberg

Abb. 14.21, 14.23 Koeppen-Hagemann I, Ritz E. Nierensonografie. 1. Aufl., Thieme, Stuttgart, 1992

Abb. 18.3, 18.6 Sitzmann, FC. Duale Reihe Pädiatrie. 3. Aufl., Thieme, Stuttgart, 2006

Abb. 18.4 Dörner K. Taschenlehrbuch Klinische Chemie und Hämatologie. 7. Aufl., Thieme, Stuttgart, 2009

Abb. 18.5 Library of Congress / Science Photo Library

Abb. 19.1 Steve Gschmeissner / Science Photo Library

Abb. 19.3 Sartor K. Neuroradiologie. 3. Aufl., Thieme, Stuttgart, 2005

Abb. 19.6 Prokop et al. Ganzkörper-Computertomografie. 2. Aufl., Thieme, Stuttgart, 2006

Abb. 20.1, 20.10 Block B. POL Respiratorisches System. 1. .Aufl., Thieme, Stuttgart, 2006

Abb. 20.2, 20.3, 20.4 Schünke M, Schulte E, Schumacher U. Prometheus. LernAtlas der Anatomie. Innere Organe. Illustrationen von M. Voll und K. Wesker. 2. Aufl. Stuttgart: Thieme; 2009

Abb. 20.5 Silbernagl S, Despopoulos A. Taschenatlas Physiologie. 7. Aufl., Thieme, Stuttgart, 2007

Abb. 20.6 Wülker N. Taschenlehrbuch Orthopädie und Unfallchirurgie. 2. Aufl., Thieme, Stuttgart, 2009

Abb. 20.11, 20.13 Reiser M, Kuhn, FP, Debus, J. Duale Reihe Radiologie. 2 Aufl., Thieme, Stuttgart, 2006

Abb. 21.6 von Prof. Dr. Weiss, Radiologische Klinik Lübeck

Abb. 21.7, 21.8 Sitzmann, FC. Duale Reihe Pädiatrie. 3. Aufl., Thieme, Stuttgart, 2006

Abb. 22.3 TIM Thiemes Innere Medizin. 1. Aufl., Thieme, Stuttgart, 1999

Abb. 22.5 Groß U. Kurzlehrbuch Medizinische Mikrobiologie und Infektiologie. 2. Aufl., Thieme, Stuttgart, 2009

Abb. 27.1 Schünke M, Schulte E, Schumacher U. Prometheus. LernAtlas der Anatomie. Innere Organe. Illustrationen von M. Voll und K. Wesker. 2. Aufl. Stuttgart: Thieme; 2009

Abb. 27.4 von Prof. Dr. P. Emmrich, Institut für Pathologie, Universität Leipzig

Abb. 27.6 Hofer M. Sono-Grundkurs. 6. Aufl., Thieme, Stuttgart, 2009

Abb. 28.3 Schuster H.-P, Trappe J. EKG-Kurs für Isabel, 5. Aufl., Thieme, Stuttgart 2009

Abb. 29.1 Schünke M, Schulte E, Schumacher U. Prometheus. LernAtlas der Anatomie. Innere Organe. Illustrationen von M. Voll und K. Wesker. 2. Aufl. Stuttgart: Thieme; 2009

Abb. 30.1 Schünke M, Schulte E, Schumacher U. Prometheus. LernAtlas der Anatomie. Innere Organe. Illustrationen von M. Voll und K. Wesker. 2. Aufl. Stuttgart: Thieme; 2009

Abb. 30.12 Sitzmann, FC. Duale Reihe Pädiatrie. 3. Aufl., Thieme, Stuttgart, 2006

P

Abb. 31.2, 31.3 von Prof. Dr. Emmrich, Institut für Pathologie, Universität Leipzig

Abb. 31.4 von Prof. Dr. L. Otto, Institut für Nuklearmedizin, Universität Leipzig

Abb. 32.2 Moll I. Duale Reihe Dermatologie. 7. Aufl., Thieme, Stuttgart, 2010

Abb. 33.3 mit freundlicher Genehmigung von Jens Jacobeit, Endokrinologikum Hamburg. Erschien im Rahmen des Artikels: Jacobeit J, Kliesch S. Gynäkomastie. Diagnostik und Therapie. Dtsch Med Wochenschr 2008; 133: 2567 – 2571

Abb. 34.9 Lang G. Augenheilkunde. 4. Aufl., Thieme, Stuttgart, 2008

Abb. 34.10 Baenkler et al., Kurzlehrbuch Innere Medizin. 1. Aufl., Thieme, Stuttgart, 2007

Abb. 35.2 Dörner K. Taschenlehrbuch Klinische Chemie und Hämatologie. 7. Aufl., Thieme, Stuttgart, 2009

Abb. 35.3 Füeßl H, Middeke M. Duale Reihe Anamnese und klinische Untersuchung. 4. Aufl., Thieme, Stuttgart, 2010

Abb. 36.1 Suter P. Checkliste Ernährung. 3. Aufl., Thieme, Stuttgart, 2008

Abb. 36.2 Block B. Der Sono-Trainer. 4. Aufl., Thieme, Stuttgart, 2008

Abb. 40.9, 40.11 Block, B Schachschal, G, Schmidt, H. Gastroskopie-Trainer. 2. Aufl., Thieme, Stuttgart, 2005

Abb. 41.4, 41.23 Oestmann J.-W. Radiologie – vom Fall zur Diagnose. 2. Aufl., Thieme, Stuttgart, 2005

Abb. 41.7, 41.18, 41.19, 41.25, 41.27 Messmann H. Lehratlas der Koloskopie. 1. Aufl., Thieme, Stuttgart, 2004

Abb. 41.10, 41.12 Krams M, Frahm O, Kellner U, Mawrin C. Kurzlehrbuch Pathologie. 1. Aufl., Thieme, Stuttgart, 2009

Abb. 42.1 Schünke M, Schulte E, Schumacher U. Prometheus. LernAtlas der Anatomie. Innere Organe. Illustrationen von M. Voll und K. Wesker. 2. Aufl. Stuttgart: Thieme; 2009

Abb. 42.15, 42.16 c, 42.18, 42.19 a von Prof. Dr. Maschek, Institut für Pathologie der Medizinischen Hochschule Hannover

Abb. 42.25 von Prof. Dr. Gebel, Medizinische Hochschule Hannover

Abb. 42.32 Füeßl H, Middeke M. Duale Reihe Anamnese und klinische Untersuchung. 4. Aufl., Thieme, Stuttgart, 2010

Abb. 43.1 Schünke M, Schulte E, Schumacher U. Prometheus. LernAtlas der Anatomie. Innere Organe. Illustrationen von M. Voll und K. Wesker. 2. Aufl. Stuttgart: Thieme; 2009

Abb. 43.2 Schmidt G. Checkliste Sonografie. 3. Aufl., Thieme, Stuttgart, 2004

Abb. 44.1 Schünke M, Schulte E, Schumacher U. Prometheus. LernAtlas der Anatomie. Innere Organe. Illustrationen von M. Voll und K. Wesker. 2. Aufl. Stuttgart: Thieme; 2009

Abb. 44.2, 44.3, 44.5 Dietrich CF. Endosonografie. 1. Aufl., Thieme, Stuttgart, 2008

Abb. 45.6, 45.7 Rassow et al. Duale Reihe Biochemie. 2. Aufl., Thieme, Stuttgart, 2008

Abb. 45.8 Dörner K. Taschenlehrbuch Klinische Chemie und Hämatologie. 7. Aufl., Thieme, Stuttgart, 2009

Abb. 46.13 Moll I. Duale Reihe Dermatologie. 7. Aufl., Thieme, Stuttgart, 2010

Abb. 46.15 Delorme S, Debus J. Duale Reihe Sonografie. 2. Aufl., Thieme, Stuttgart, 2004

Abb. 46.16 Block B. POL Respiratorisches System. 1. . Aufl., Thieme, Stuttgart, 2006

Abb. 47.1, 47.2 Hofer M. Sono-Grundkurs. 6. Aufl., Thieme, Stuttgart, 2009

Abb. 48.1 Sachsenweger M. Duale Reihe Augenheilkunde. 2. Aufl., Thieme, Stuttgart, 2002

Abb. 48.2 TIM Thiemes Innere Medizin. 1. Aufl., Thieme, Stuttgart, 1999

Abb. 48.5 Breckwoldt M, Kaufmann M, Pfleiderer A. Gynäkologie und Geburtshilfe. 5. Aufl., Thieme, Stuttgart, 2007

Abb. 48.6 Sitzmann, FC. Duale Reihe Pädiatrie. 3. Aufl., Thieme, Stuttgart, 2006

Abb. 49.1, 49.2 Behrbohm H, Kaschke O, Nawka T. Kurzlehrbuch Hals-Nasen-Ohren-Heilkunde. 1. Aufl., Thieme, Stuttgart, 2009

Abb. 49.5, 49.6, 49.7, 49.16 Moll I. Duale Reihe Dermatologie. 7. Aufl., Thieme, Stuttgart, 2010

Abb. 49.8, 49.9 Masuhr KF, Neumann M. Duale Reihe Neurologie. 6. Aufl., Thieme, Stuttgart, 2007

Abb. 49.10 Kayser F et al. Taschenlehrbuch Medizinische Mikrobiologie. 11. Aufl., Thieme, Stuttgart, 2005

Abb. 49.12 Hof H, Dörries R. Duale Reihe Medizinische Mikrobiologie. 4. Aufl., Thieme, Stuttgart, 2009

Abb. 50.1, 50.9 b, 50.10, 50.12 Groß U. Kurzlehrbuch Medizinische Mikrobiologie und Infektiologie. 2. Aufl., Thieme, Stuttgart, 2009

Abb. 50.6, 50.7, 50.9 a, 50.11 Hof H, Dörries R. Duale Reihe Medizinische Mikrobiologie. 4. Aufl., Thieme, Stuttgart, 2009

Abb. 51.8 b–d von Prof. Dr. Kirchner, Institut für Pathologie, Universität Erlangen

Abb. 52.11 Wülker N. Taschenlehrbuch Orthopädie und Unfallchirurgie. 2. Aufl., Thieme, Stuttgart, 2009
Abb. 53.1 b , 53.4 a Moll I. Duale Reihe Dermatologie. 7. Aufl., Thieme, Stuttgart, 2010
Abb. 55.1 Thieme Verlagsgruppe, Fotograf Paavo Blåfield
Abb. 55.9 mit freundlicher Genehmigung von Prof. E. Reisinger, Institut für Tropenmedizin und Infektionskrankheiten, Universität Rostock
Erschien im Rahmen des Artikels: Duppel H, Löbermann M, Reisinger E. Aus heiterem Himmel vom Blitz getroffen. Dtsch Med Wochenschr 2009; 134: 1214 - 1217

Abbildungen Inhaltsübersichten
Teil A Studio Nordbahnhof Stuttgart
Teil B aus Lüllmann-Rauch, Histologie, 2. Aufl., Thieme, Stuttgart, 2006
Teil C Fotograf: Michael Zimmermann
Teil D Thieme Verlagsgruppe
Teil E V. Yakobchuk / Fotolia
Teil G Thieme Verlagsgruppe
Teil H Fotograf: Chris Meier
Teil J Thieme Verlagsgruppe
Teil K Zarathustra / Fotolia
Teil L creativ collection
Teil M creativ collection
Teil N Studio Nordbahnhof Stuttgart
Teil O Fotograf: Paavo Blåfield
Anhang Fotograf: Michael Zimmermann

Sachverzeichnis

Halbfette Seitenzahlen = Hauptfundstelle

A

P

B

P

P

C

P

D

P

F

G

P

H

P

I

J

K

P

L

P

P

P

O

P

S

P

T

U

P

V

P

P

Referenzbereiche

Probenmaterial:
P = Plasma; S = Serum; U = Urin; WB = Vollblut (whole blood)

Parameter	Material	konv. Einheit	SI-Einheit
Hämatologie und Gerinnung			
Activated Clotting Time	WB	70 – 180 Sek	70 – 180 Sek
Antithrombin III (AT III)	P	80 – 130 %	0,8 – 1,3 U/l
Anti-Xa-Assay (niedermolekulares Heparin)	P	0,2 – 0,4 U/ml prophylaktischer Bereich 0,4 – 1,0 U/ml therapeutischer Bereich	0,2 – 0,4 U/ml prophylaktischer Bereich 0,4 – 1,0 U/ml therapeutischer Bereich
Blutsenkung (BSG)	WB	1 – 30 mm/Stunde Frauen 1 – 20 mm/Stunde Männer	1 – 30 mm/Stunde 1 – 20 mm/Stunde
Blutungszeit	P	2,0 – 9,5 Min	2,0 – 9,5 Min
D-Dimere	P	< 0,5 µg/ml	< 0,5 mg/l
Differenzialblutbild	WB		
– Neutrophile		40 – 70 %	0,40 – 0,70
– Stabkernige		0 – 10 %	0 – 0,10
– Lymphozyten		22 – 44 %	0,22 – 0,44
– Monozyten		4 – 11 %	0,04 – 0,11
– Eosinophile		0 – 8 %	0 – 0,08
– Basophile		0 – 3 %	0 – 0,03
Erythrozyten	WB	4,0 – 5,2 × 10^6/mm^3 Frauen 4,5 – 5,9 × 10^6/mm^3 Männer	4,0 – 5,2 × 10^6/mm^3 4,5 – 5,9 × 10^6/mm^3
Fibrinogen	P	150 – 400 mg/dl	1,50 – 4,00 g/l
Hämatokrit	WB	36 – 46 % Frauen 41 – 53 % Männer	0,36 – 0,46 0,41 – 0,53
Hämoglobin	WB	12,0 – 16,0 g/dl Frauen 13,5 – 17,5 g/dl Männer	7,4 – 9,9 mmol/l 8,4 – 10,9 mmol/l
Leukozyten	WB	4,5 – 11,0 × 10^3/mm^3	4,5 – 11,0 × 10^3/mm^3
Mittleres korpuskuläres Hämoglobin (MCH)	WB	26,0 – 34,0 pg/Zelle	26,0 – 34,0 pg/Zelle
Mittleres korpuskuläres Volumen (MCV)	WB	80 – 100 µm^3	80 – 100 fl
Aktivierte partielle Thromboplastinzeit, APTT (PTT)	P	22,1 – 35,1 Sek.	22,1 – 35,1 Sek.
Prothrombin-Zeit (Thromboplastinzeit, Quick Wert, TPZ)	P	80 – 100 %	80 – 100 %
INR (International Normalized Ratio)	P	1,00 – 1,10 Ratio	1,00 – 1,10 Ratio
Retikulozyten	WB	0,5 – 2,0 %	0,005 – 0,020
Thrombin-Zeit (TZ)	P	16 – 24 Sek.	16 – 24 Sek.
Thrombozyten	WB	150 – 350 × 10^3/mm^3	150 – 350/nl
Klinische Chemie			
Albumin	S	3,5 – 5,5 g/dl	35 – 55 g/l
Aminotransferasen	S		
– Aspartate (AST, SGOT)		0 – 35 U/l Frauen 0 – 50 U/l Männer	0 – 0,58 µmol/s/l 0 – 0,834 µmol/s/l
– Alanine (ALT, SGPT)		0 – 35 U/l Frauen 0 – 50 U/l Männer	0 – 0,58 µmol/s/l 0 – 0,834 µmol/s/l
Ammoniak	P	10 – 80 µg/dl	6 – 47 µmol/l
Amylase	S	60 – 180 U/l	1,0 – 3,0 µmol/s/l
Bilirubin (gesamt)	S		
– gesamt		0,3 – 1,0 mg/dl	5,1 – 17,0 µmol/l
– direkt		0,1 – 0,3 mg/dl	1,7 – 5,1 µmol/l
– indirekt		0,2 – 0,7 mg/dl	3,4 – 12,0 µmol/l

Fortsetzung ►